U0234759

第二版
Second Edition

A Practical Handbook for Fine Organic Synthesis

实用精细有机合成手册

段行信 / 编著

化学工业出版社
·北京·

内容简介

本书按照有机化合物的官能团类别，分别介绍了烷烃、烯烃和炔烃、醇、醛/酮、羧酸、酯、酰胺、腈、醚、卤素化合物、磺酸及其衍生物、硝基化合物、胺及其衍生物、重氮化合物、硫化合物、元素有机化合物、杂环化合物，同时增设了缩合反应和重排反应两章反应类型。详细介绍了每类化合物的合成方法，包括反应背景、机理、操作过程及注意事项。针对每类合成方法，有代表性地选取了几个具体物质的制备，包括基本性状、重要理化常数、合成反应，以及制备方法的基本原理、工艺条件、仪器设备及收率等内容，并对合成中出现的问题及操作有关注意事项加以说明。最后，对有机合成实验操作中非常重要的一些操作过程，如产物的纯化、试剂的制备与处理及使用安全等，在书后以附录的形式呈现，便于合成工作者查找。

本书适合有机合成工作者，特别是工业化学品合成工作者阅读参考。

图书在版编目（CIP）数据

实用精细有机合成手册 / 段行信编著. —2 版. —
北京：化学工业出版社，2021.11
ISBN 978-7-122-39503-0

I. ①实… II. ①段… III. ①有机合成-手册 IV.
①O621.3-62

中国版本图书馆 CIP 数据核字（2021）第 136209 号

责任编辑：李晓红　仇志刚　　　　　　　　装帧设计：刘丽华
责任校对：刘　颖

出版发行：化学工业出版社（北京市东城区青年湖南街 13 号　邮政编码 100011）
印　　装：三河市航远印刷有限公司
787mm×1092mm　1/16　印张 63½　字数 1630 千字　2023 年 4 月北京第 2 版第 1 次印刷

购书咨询：010-64518888　　　　　　　　售后服务：010-64518899
网　　址：http://www.cip.com.cn
凡购买本书，如有缺损质量问题，本社销售中心负责调换。

定　　价：398.00 元

前　言

本书内容多乃北京化工厂特殊订货——特殊的化学及分析试剂——以及我退休后在公司实验室工作生产记录。由于工作具有任务性质，多以快速、可行为上策，实际工作中也经常调整条件以及变更方法，以完成任务为上。

在工作中按门类顺序将众多实验以及学习、所闻及见知有用者记录下来，以便寻绎变通使用；后经不断补充缀编，遂成此册。由于受工作任务要求所限，多从纵向考虑问题，未及横向综合考虑。

不敢贪天，在二十世纪五十年代，我之共事者有来自清华大学、武汉大学、厦门大学、四川大学以及大连理工大学的老师和同学；他们从地域上是来自上海、天津、沈阳的化工精英，皆能以专业为本，彼此问题共究、成果共享。今之写记某项工作时，多会想到其人、工作场景，对话内容历历在目，编写此书也是"为了忘却的纪念"。

我从事有机合成工作已有五十六年，其间遇到诸多方面的诸多问题，略识之。养成分析问题的习惯，学会分析问题的方法；去粗取精，去伪存真，由此及彼；找出事物的本质，研究此事物与彼事物的关系，力争做到有所发现、有所发明、有所创造、有所前进，永远在路上。

祝大家成功！

段行信

2023 年 2 月

目 录

第三章　醇 ··· 076

第五章　羧酸 ……………………………………………………187

第十章 卤素化合物 ···················· 389

三、磺酸基、酚羟基、羧基的亲核卤代……449
1,5-二氯蒽醌（450）；1,8-二氯蒽醌（450）；1-氯蒽醌（451）；2,4,6-三硝基氯苯（451）
第四节　氮、氧的氯化物和溴化物……453
N-溴代乙酰胺（453）；次氯酸叔丁酯（454）

第十一章　磺化、磺酸、亚磺酸、磺酰氯……455

第一节　概述……455
一、磺酸基被其它原子或基团取代……455
二、合成中的阻基目的……455
三、分离异构体及精制目的……456
第二节　脂肪族磺酸……457
一、硫化物（—SCN、—SH、—S—S—）的氧化……457
甲磺酸（457）；十二烷基磺酸钠一水合物（458）；1-庚基磺酸钠一水合物（458）
二、活泼卤原子被亚硫酸盐亲核取代……459
烯丙基磺酸钠（459）；苯甲醛-2-磺酸钠（459）
三、环氧烷与亚硫酸钠的亲核取代……461
四、其它合成……461
2-磺基十六酸（461）；*β*-苯乙烯基磺酰氯（461）
第三节　芳香族磺酸……463
一、直接磺化……463
p-甲苯磺酸一水合物（465）；5-磺基水杨酸二水合物（465）；2,6-萘二磺酸钠及 2,7-萘二磺酸钠（466）；2-甲基萘-6-磺酸钠（467）；2,5-二氯苯磺酸（468）；3-硝基苯磺酸（469）；蒽醌-2,6-二磺酸钠二水合物 及 蒽醌-2,7-二磺酸钠四水合物（469）；蒽醌-1-磺酸钠一水合物（470）；2-氨基-5-甲基苯磺酸（471）；2-氨基苯磺酸（471）
二、间接方法引入磺基……472
第四节　磺酰氯……472
一、磺酸、亚磺酸及其盐的酰氯化……472
4-甲苯亚磺酰氯（472）；联苯-4-磺酰氯（473）；2-甲基萘-6-磺酰氯（473）；苯磺酰氯（473）；甲苯-3,4-二磺酰氯（474）；4-氯-苯磺酰氯（474）
二、硫化物的氯氧化……475
氯磺酸（475）；甲磺酰氯（476）；十六烷基磺酰氯（477）；2-硝基苯磺酰氯（477）
第五节　亚磺酸……478
2-甲基萘-6-亚磺酸钠（478）；4-甲基苯亚磺酸（479）；苯亚磺酸（479）
第六节　芳基磺酸钠的碱熔……480
4-羟基苯甲酸（481）；3,5-二羟基苯甲酸·$1.5H_2O$（482）；3-羟基苯甲酸（482）；4-羟基联苯（483）；2,5-二甲基-3-羟基苯甲酸（484）
第七节　脱磺酸基……485
第八节　磺基被硝基取代……486

第十二章　硝基化合物——硝化及亚硝化……487

第一节　概述……487
2-氯-3′,4′-二氰基二苯醚（489）
第二节　脂肪族硝基化合物……489
一、烷烃的直接硝化……489
二、*α*-卤代羧酸（及酯）卤原子被硝基取代……490
硝基甲烷（491）；*α*-硝基丁酸乙酯（492）
三、卤代烷卤原子的硝基取代……492
硝基辛烷（493）；1,4-二硝基丁烷（493）
四、*C*-亚硝基的氧化……494

第十三章　胺及 N-烃基化 ·························537

第十四章　重氮化及重氮基的变化·······581

二苯基膦酰氯（768）；三环己基膦（769）；苯基二甲基膦（770）；三苯基膦（770）；三苯基锑（771）
五、烃基钠（卤代烃/钠）对 P、As 氯化物的反应……771
三苯基胂（771）
六、$AlCl_3$作用下卤代烃、芳烃对亚磷（砷）的烃基化……772
三氯甲基膦酰二氯（772）；苯基二氯化膦（773）；二苯基氯化膦（773）
第五节 锡、铅有机化合物……774
一、格氏试剂对 $SnCl_4$、$PbCl_2$的反应……774
四丁基锡（774）；四苯基铅（774）
二、卤代烃（烃基钠）对$SnCl_4$的反应……775
四苯基锡（775）
三、卤代烃和金属反应……775
四、元素有机化合物与其卤化物的交换平衡……776
二苯基二氯化锡（776）；顺-丁烯二酸二丁基锡（776）
第六节 硼、铝有机化合物……777
叔丁胺·甲硼烷（777）
第七节 锌有机化合物……779
二乙基锌（779）；4-乙基-2-甲基-3-羟基辛酸乙酯（780）
第八节 硅有机化合物……780
一、硅烷……781
二、烃氧基硅烷……781
三乙氧基硅烷（781）；二乙氧基-甲基硅烷（781）
三、烃基硅烷……782
甲基-苯基-二乙氧基硅烷（782）；甲基-苯基-二氯硅烷（783）；甲基-*p*-氯苯基-二乙氧基硅烷（784）；甲基-*γ*-氰丙基二氯硅烷（785）；三氟丙基-甲基二氯硅烷（785）；三乙氧基-氰丙基硅烷（786）；三乙氧基-*γ*-氨丙基硅烷（786）；2,3-环氧丙氧丙基-三乙氧基硅烷（786）；氰乙基三乙氧基硅烷（787）；甲基-氰乙基二氯硅烷（787）
四、硅醇及多缩硅醇……788
含氯苯基环体（790）；苯基硅油（791）

第十九章 杂环化合物……795

第一节 概述……795
一、杂环化合物的命名……795
二、杂环化合物的一般性质……797
第二节 氧杂环化合物……798
一、呋喃及其衍生物……798
γ-氧代庚二酸二乙酯（799）；2-氨基-3-羟基吡啶（799）；2,5-二甲氧基四氢呋喃（800）；3-甲基呋喃（801）；木糖（802）；*α*-呋喃-甲二醇-1,1-二乙酸酯（803）；反-*α*-呋喃丙烯酸（803）；*α*-呋喃丁烯-2-酮（803）；3-甲基呋喃-2-甲酸甲酯（804）；3-甲基苯并呋喃（805）；2-甲基苯并呋喃（806）；2-苯基呋喃并[3,2-*b*]吡啶（807）；4-甲基-5-乙氧基噁唑（807）
二、吡喃、吡喃酮及其衍生物……809
闹马酸甲酯（811）；4,6-二甲基-*α*-吡喃酮（811）；4,6-二甲基-*α*-吡喃酮-5-甲酸（811）；*α*-吡喃酮-5-甲酸（812）；黄酮（813）；6,7-二羟基-4-甲基-苯并-*α*-吡喃酮（813）
第三节 氮杂环……814
一、吡咯、吲哚与咔唑……815
吡咯-2-甲醛（815）；2,5-二甲基吡咯（816）；2,4-二甲基吡咯（816）；吲哚-3-甲醛（817）；吲哚-3-乙酸（818）；吲哚-3-丙酸（819）；吲哚-3-丁酸（819）；靛红（820）；2-甲基吲哚（821）；1,2,3,4-四氢咔唑（822）；1,2-苯并-3,4-二氢咔唑（822）
二、吡啶及其衍生物……822
α-苄基吡啶（823）；3-溴吡啶（824）；5-溴烟酸（824）；2-氨基-3-硝基吡啶（825）；2-氨基-5-硝基吡啶（825）；

第一章

烷烃及 *C*-烷（烃）基化

第一节　概述

　　本章讲述烷烃、芳烃的 *C*-烷（烃）基化及 C=C 双键的加氢。

　　烷烃在合成中的用途不大，但还是有个别烷烃、芳烃在试验室以合成制取，如乌兹合成、芳烃的烷基化（傅-克反应，或简称 F-C 反应）、碳原子上的还原及 C=C 双键的加氢。

　　为了改变某些性质也向芳核上引入烷基，如：叔丁基-邻苯二酚、叔丁基-对苯二酚、2,6-二叔丁基-4-甲酚以及作为中间体的烷基化产物。

　　芳烃上直接引入烷基是烃基正离子的亲电取代，当芳核上推电子的影响占主导时，烷基化得以进行。在酸性条件下，三个碳以上的伯基正离子在反应中多发生重排异构，得到复杂的混合物。因此，向芳核上引入正构烷基常采用碱性条件的间接方法，如乌兹合成（碱性条件避免了异构化）、α-羰基醇的还原及其它的低温条件。

第二节　乌兹合成

　　乌兹（Wurtz）反应是两个相同或不同的卤代烃用金属钠处理，在分子间彼此脱去卤原子，偶联生成碳链增长的烃和卤化钠，一般只用伯卤代烃或有较远支链的伯卤代烃，仲、叔卤代烃和金属钠作用绝大部分分解成烯烃；两种不同的卤代烃反应得到三种不同比例的烷烃混合物，最常用的卤代烃是氯代烃和溴代烃，一般不使用碘代烃，因为它在反应条件下太容易发生 β-消除。乌兹反应是放热相当大的化学反应（-103kcal/mol）❶，由于金属钠粒小，如果要保持清新和反应放热量大，必须控制好开始的引发过程，否则突发的放热反应太剧烈便不易控制；为了控制反应温度，防止局部过热和搅拌方便，可以使用苯或石油醚等非极性溶剂，但不可以使用甲苯等"酸性"物

---

❶ 1kcal=4.18kJ，全书同。

质，因为金属钠作用下卤代烃也会与甲苯（α-C—H 取代）反应生成 Ar—CH$_2$—R。

乌兹合成和格氏试剂与卤代烃的偶联相似，反应分两步进行：第一步，反应中，"酸性"更强的（烷基或芳基）卤代烃首先和钠反应生成钠盐；第二步，在反应温度下，钠盐和积聚的卤代烃反应，得到产率尚可的目的产物，也发生相同卤代烃间的乌兹反应以及过度反应。例如：在正戊苯的合成中，分馏的高沸物底子主要是进一步烷基化的产物。又如：3-溴甲苯与溴代正戊烷在苯中金属钠的作用下反应，溴原子诱导的影响对于间位甲基的"酸性"影响不大，得到尚可产率的 3-正戊基甲苯。而 4-溴甲苯与溴乙烷的乌兹反应，溴原子对于 4-位甲基的影响较大，而且乙基化之后，两个 α-碳仍都可以进一步烷基化使反应混乱。以上都是在溴原子的位置上发生的（主体）反应，如果使用甲苯作溶剂，由于甲苯的比例占绝对优势，且甲苯 α-C—H 的"酸性"，在甲苯甲基的烷基化比正常产物多出一倍，特别是对于短链卤代烃，如下所示。

$$RNa + CH_3—C_6H_5 \longrightarrow NaCH_2—C_6H_5 + R—H$$

$$R—X + NaCH_2—C_6H_5 \longrightarrow R—CH_2—C_6H_5 + NaX$$

$$CH_3(CH_2)_4—Br + Br—C_6H_5 + 2Na \xrightarrow[110℃]{甲苯} CH_3(CH_2)_4—CH_2C_6H_5 + CH_3(CH_2)_4—C_6H_5$$
$$\quad\qquad\qquad\qquad\qquad\qquad\qquad\qquad\qquad\qquad 65\% \qquad\qquad\qquad 35\%$$

自由基未作为独立存在的形式（反应中没有发生烷基异构化），反应应该有歧化，而不是简单的偶联。事实上，产物主要是两个烃基在原来卤原了的位置连接在一起，只有少量分解和歧化；在反应温度太高（>180℃）及卤代烃不足时，单分子分解产生独立的自由基，进而发生分解和歧化。

分子较大的伯卤代烷沸点也较高，卤原子在分子中所占比例相对较低，进行乌兹反应时可以不用其它溶剂，生成的烷烃本身就可以作为溶剂。

实验操作如下：

伯卤代烷加热至 130℃左右时移去热源，用反应放热维持反应温度 120~140℃。将金属钠切块分多次慢慢加入，加入后熔化。搅拌开，待基本反应完时，反应物温度开始下降，之后再加入下一块。聚积的溴化钠（蓝紫色）包裹有金属钠，应尽可能将固体物压碎、搅拌开，让剥露的金属钠小粒继续反应以免局部过热以及局部卤代烃不足而发生烃基的热解，必要时将部分溴化钠分离以便于搅拌，即便如此，热解及歧化也不能完全避免。气相色谱分析结果显示有许多其它成分。如图 1-1 所示为在 140~170℃制备三十六烷的粗品组分。

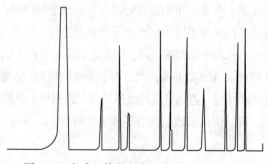

图 1-1 合成正构烷烃粗品组分 GC 示意图

反应完毕后，另需处理掉未反应的钠小粒（约过量 20%）。将上层的反应混合物移入至广口桶中（剩下溴化钠部分），趁热小心慢慢加入冷水，比重小的烷烃浮在水上层封盖，产生的氢气透过厚的烷烃层放出被引风机引远或吹远散开，控制液体在较低温度以保障处理的安全。加入约两倍烷烃体积的水，搅拌并慢慢加入含金属钠的溴化钠，蓝紫色的溴化钠接触水立即变为白色，溶解于水，放出的氢气通过厚厚的烷烃层随时逸散。分离出的粗品再用热水洗尽无机盐，分馏除去裂解和歧化产生的小分子烃，分馏或/和结晶得到成品。对于较小分子烷烃的合成，由于物料的沸点较低，不宜在敞开容器中操作，必须使用冷凝器在密封容器中进行，为了搅拌必须使用溶剂，最好是以产物本身作溶剂。

二十烷 M 282.54，mp 36.8℃，bp 343℃，d^{20} 0.7886，n_D^{20} 1.4425。

$$2CH_3(CH_2)_9Br + 2Na \xrightarrow{120\sim140℃} CH_3(CH_2)_{18}CH_3 + 2NaBr$$

10L 容积的搪瓷桶中加入 4.45kg（20mol）溴代正癸烷，加热至 130℃，用木棒搅动，控制反应温度 120~140℃（移开热源，用放热维持），将 700g（30mol）金属钠（切成 15g 左右的小块浸在无水苯中）一块块地慢慢加入，金属钠一块作用完后再加下一块。过程中一定要把沉下的溴化钠搅动起来以免局部过热，若搅拌困难可不时将溴化钠捞出。加完金属钠块后，将捞出的溴化钠（蓝紫色）返回反应混合物中压碎，保温 0.5h。放冷后，冷却、搅动下，用分液漏斗慢慢滴入冰水以分解过剩的钠及溶解溴化钠。分取上面油层，以热水洗两次，减压分馏，收集 192~198℃/10mmHg❶馏分，得 1.5kg（产率 51%），可将馏出物冰冷、分离出结晶以精制之。

精制：以上 1.5kg 蒸馏过的产品中加入 150mL 纯苯，加热溶化、搅匀，在冰箱中放置过夜，离心分离，风干得 800g，GC 纯度 99.7%。

三十六烷 M 506.98，mp 76℃，bp 265℃/1mmHg。

$$2CH_3(CH_2)_{17}-Br + 2Na \xrightarrow{140\sim160℃} CH_3-(CH_2)_{34}-CH_3 + 2NaBr$$

5L 容积的不锈钢杯中加入 3.3kg（10mol）溴代十八烷，加热至 140℃停止加热，控制温度 140~160℃，用木棒搅动着，将 288g（12.5mol）金属钠（切成 15g 左右的小块在无水苯中）一块块地加入，每加一块、熔化、搅碎，反应立即开始，钠粒表面有蓝紫色溴化钠生成，放热升温可达 160℃，自然降温至 140℃再加下一块。一定要搅动下面的溴化钠以防局部过热，随时压碎溴化钠以使钠充分反应，加完后保温搅拌 0.5h。在压碎和搅拌下降温至 100℃以下，慢慢滴入冷水以分解过剩的金属钠及溶解溴化钠，趁热分取上油层，热水洗。溶于 5L 苯中，放置过夜，次日离心分离，再如此处理两次。风干后加热融化、脱色，用三角漏斗保温过滤，得无色产品 1.25kg（产率 50%），mp 76~77℃。冰母液回收苯得粗品。

具有比较活泼的甲基（α-C—H）卤代烃的乌兹合成中，苯基钠对于 α-C—H 的交换产生

---

❶ 1mmHg=133.322Pa，全书同。——编者注

副产物及过度反应（应当用格氏试剂与其它卤代烃在 NiCl$_2$ 催化下偶联——由于 Na、Mg 的活性不同，以及制备格氏试剂还可使用更低的反应温度——不构成过度反应的条件）。

甲苯基卤化物分子间偶联，生成的联苯对于甲基 α-C—H 显示更强的"酸性"，比芳基卤原子烷基化的反应速度要快 2 倍，多缩产物约占 65%。

2 CH$_3$—⬡—Cl + 2Na $\xrightarrow[80℃]{C_6H_6}$

CH$_3$—⬡—⬡—CH$_3$ (CH$_3$—⬡—⬡—CH$_2$—⬡—CH$_3$) + 2 NaCl

4,4′-二甲基联苯
30%, mp 120℃, bp 295℃

CH$_3$(CH$_2$)$_{11}$Br + Br—⬡ + 2Na $\xrightarrow[80℃]{C_6H_6}$ CH$_3$(CH$_2$)$_{11}$—⬡ + 2 NaBr

正十二烷基苯
46%, bp 336℃

CH$_3$(CH$_2$)$_4$Br + Br—⬡—CH$_3$ + 2Na $\xrightarrow[80℃]{C_6H_6}$ CH$_3$(CH$_2$)$_4$—⬡—CH$_3$ + 2 NaBr

3-戊基甲苯
45%, bp 224~226℃

CH$_3$CH$_2$—Br + Br—⬡—CH$_3$ + 2Na $\xrightarrow[80℃]{C_6H_6}$ CH$_3$CH$_2$—⬡—CH$_3$ + 2 NaBr

4-乙基甲苯

戊基苯　M 148.25，bp 205.4℃，d^{20} 0.8585，n_D^{20} 1.4878。

CH$_3$(CH$_2$)$_4$—Br + Br—⬡ + 2Na $\xrightarrow[80℃]{C_6H_6}$ CH$_3$(CH$_2$)$_4$—⬡ + 2 NaBr

5L 三口烧瓶中加入 395g（17mol）金属钠小粒、1.8L 无水苯（不可以再少），搅拌下加热保持微弱的回流，加入 40mL 1.1kg（7mol）溴苯及 1.05kg（7mol）溴代正戊烷的混合液以引发反应，混匀。反应引发后，于 4h 左右慢慢加入剩余的混合液，反应放热可维持回流，加完后，深蓝色的悬浮反应物再保温搅拌半小时。搅拌下放冷至 40℃以下，冷却及搅拌下滴入 400mL 乙醇、500mL 水，分取上层，水洗，分馏，收集 180~215℃馏分，GC 纯度大于 90%，高沸物底子约 190mL[❶]。

粗品第二次分馏收集 196~208℃馏分，头分再分馏，第三次分馏收集 204~207℃馏分，得 300g，GC 纯度 96%。

【自由基在芳核上的取代】

芳基在芳核上的取代反应不同于亲电取代，反应的难易及取代位置选择遵循一定的规律：自由基进攻芳核生成加成中间基，所需能量越低、反应速度越快。加成中间体的孤对电子可以分散到苯环的三个位置，还可以分散到苯环的原有取代基上，无论取代基是吸电子还是推

---

❶ 产率低的原因：对比以上正十二烷基苯的大位阻，戊基苯的 α-C—H 比较敞开且酸度低；又反应物浓度大，容易在 α-碳上进一步烷基化。对于氯甲苯，无论底物和产物 α-C—H 的酸性强弱如何，多缩物占 65%。

电子的，反应速度都比未取代的苯要快，并且在原有取代基的邻位取代占最高比率、对位次之；间位取代的中间基孤对电子不能分散到原有取代基上，生成加成中间基所需能量未被降低，反应速度和没有取代基的苯相近。

表 1-1 为过氧化二苯甲酰（苯基）对于不同取代的苯环在 70~80℃反应的反应速率及不同取代位置产物的比率。例如：甲苯的苯基取代，在同等基础上比较其取代的概率，邻位 67%÷2=33.5%，间位 19%÷2=9.5%，对位 14%，即 $o:m:p$=33.5:9.5:14。

表 1-1　过氧化二苯甲酰对于不同取代的苯环在 70~80℃反应的产物及反应速率

$$C_6H_5 \cdot + C_6H_5 —X \longrightarrow C_6H_5 —C_6H_4 —X$$

反应物 C_6H_5—X	产物比例/%			反应速率（苯=1）
	o-	m-	p-	
吡啶	58	28	14	1.04
Ph—F	54	31	15	1.08
Ph—Cl	50	32	18	1.06
Ph—Br	50	33	17	1.29
Ph—I	52	31	17	1.32
Ph—CH_3	67	19	14	1.23
Ph—CF_3[①]	29	41	30	
Ph—$C(CH_3)_3$[①]	24	49	27	0.64
Ph—$Si(CH_3)_3$[①]	31	45	24	
Ph—SO_3—OCH_3[②]	53	33	14	
Ph—CN	60	10	30	
Ph—NO_2	62	10	28	2.94
Ph—CO_2CH_3	58	17	25	1.78
Ph—Ph	49	23	18	2.94
萘	α, 79	β, 21		

① 巨大的空间位阻使邻位取代远低于间位取代。

② 苯磺酸甲酯虽有较大的邻位位阻，但其电性吸引及对孤对电子分散却很有利。

表 1-2 为过氧化二乙酰对于不同取代的苯环甲基化的相对反应速率。

表 1-2　过氧化二乙酰在异辛烷中对不同取代的苯环甲基化的相对反应速率

苯	1	Ph—O—CH_3	0.65	Ph—CH_3	1.7
Ph—F	2.2	Ph—CO—CH_3	2.4	Ph—Ph	5
Ph—Cl	4.2	Ph—CO—Ph	11	Ph—NO_2	10
Ph—Br	3.6	Ph—CO_2—Ph	5.5	Ph—CN	12

用过氧化物进行的烃基化常在乙酸溶剂中进行（共热），酸使过酸催化分解。芳基氮盐产生芳基自由基与芳基发生偶联。例子详见 598~599 页。

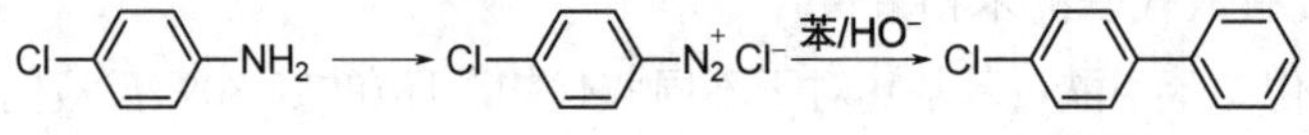

4-氯联苯
产率 20%，mp 77%

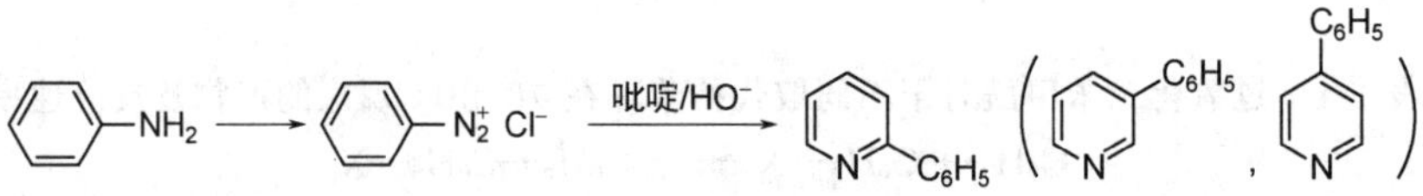

2-苯基吡啶

第三节　格氏试剂方法

作为烃的合成方法之一，格氏试剂和水、醇或其它"酸"为反应原料。首先一分子格氏试剂与水或醇的氧原子结合，随即第二分子格氏试剂作为亲核试剂夺取质子生成产物烃，又释放出一分子格氏试剂继续反应。

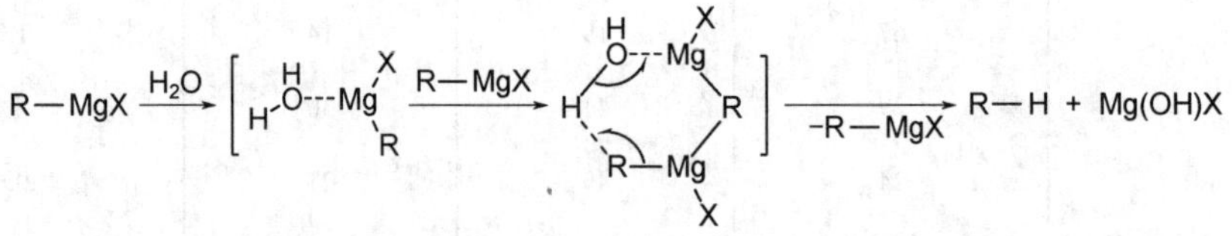

格氏试剂和卤代烃的反应——偶联，以及和硫酸酯、磺酸酯的反应。

一、格氏试剂用水或醇分解

格氏试剂水解完成氢取代，生成烃及 Mg(OH)X，为了分层清楚方便分离，向反应物中加入稀盐酸（不可用稀硫酸!），对于酸敏感的产物可使用氯化铵水溶液。在制备格氏试剂时，如果温度较高就会产生较多的烃基偶联产物以及少量 β-C—H 消除产物（烯）。这些反应都是格氏试剂对于卤代烃的反应，尤其对于活泼的卤代烃，要求更低的反应温度及过量的镁屑。

十八烷　M 254.50，fp 27.5℃，mp 28~30℃，bp 317℃，d^{28} 0.777。

$$CH_3(CH_2)_{17}Br + Mg \xrightarrow{Et_2O} CH_3(CH_2)_{17}-MgBr \xrightarrow{H_2O} CH_3(CH_2)_{16}CH_3 + Mg(OH)Br$$

向 10L 三口烧瓶中加入 264g(11mol)镁屑，用无水乙醚盖没，加入约 150mL 由 3.31kg（10mol）溴代十八烷和 3L 无水乙醚配制的溶液，混匀。加入几小粒碘引发反应后，于 4h 左右，控制反应放热，保持中等回流将其余的溶液慢慢加入，加完后再回流 6h。冷后用水小心分解，最后用浓盐酸调整水层为弱酸性，分取上层，水洗，回收乙醚后得粗品。用 5L 苯分两次加热提取悬浮三十六烷的水层，水洗、回收苯后得含较多三十六烷的粗品。与以上粗品合并，加热熔化于烧杯中放冷过夜。次日析出三十六烷结晶，过滤，得含十八烷的粗品，用冷的浓硫酸洗四次[1]，水洗两次，以无水硫酸钠干燥后减压蒸馏，收集 185~187℃/20mmHg 馏分，得 1.5~1.77kg（产率 60%~70%），GC 纯度＞99%[2]。

3-甲基庚烷　M 114.23，bp 119℃，d^{20} 0.7058，n_D^{20} 1.3985。

$$CH_3(CH_2)_3\underset{\overset{|}{C_2H_5}}{CH}-CH_2Br + Mg \longrightarrow CH_3(CH_2)_3\underset{\overset{|}{C_2H_5}}{CH}-CH_2MgBr \xrightarrow{水} CH_3(CH_2)_3\underset{\overset{|}{C_2H_5}}{CH}-CH_3$$

10L 烧瓶中加入 400g（17mol）镁屑，用无水乙醚盖没，加入约 150mL 由 2.9kg（15mol）2-乙基-1-溴己烷与 3L 无水乙醚配制的溶液，混匀。加入几小粒碘引发反应后，于 4h 左右慢慢加入其余的溶液，加完后加热回流 2h[1]。冷后用分液漏斗慢慢加入 4L 水，最后加入盐酸酸化使分层清晰，分取乙醚层，回收乙醚后减压分馏，收集 117~119℃ 馏分，得 700g（产率 54%）[3]。

二、格氏试剂和卤代烃偶联

制备格氏试剂的副反应：（1）格氏试剂作为亲核试剂和卤代烃偶联，作为 C-烃基化的合成方法；（2）格氏试剂作为碱反应时，使卤代烃发生 β-C—H 消除生成烯，格氏试剂得到氢原子生成烃和卤化镁。

以上两则反应，首先卤化物的卤原子容易离去。如果 β-碳上没有氢（如氯化苄）或 β-碳上的氢原子受推电子的影响；或格氏试剂的分支碳原子与卤代烃支链彼此被推远，不与 β-C—H 形成过渡态，如 5,8-二乙基十二烷；巨大烷基长链的螺旋排列对于 β-C—H 的消除造成位阻，如制备十八烷收集到较多的三十六烷。β-C—H 消除的位阻，对 α-取代（偶联）有利。

如果 β-碳上是活泼、容易离去的氢原子，格氏试剂和卤代烃反应，绝大部分生成烯烃和烷烃。仲、叔卤代烃很活泼，由于其位阻，不易和格氏试剂靠近发生偶联，更容易按下式消除 β-C—H，在短支链上的 β-C—H 更容易离去；仲卤代烃或叔卤代烃在制备格氏试剂时，卤代烃与生成的格氏试剂发生歧化分解，格氏试剂从卤代烷夺取 β-C—H，生成了烯烃和烷烃，偶联比例仅有 15%~20%（只在低温条件下才得以保留正常的格氏试剂）。

$$2\ (CH_3)_3C-Cl + Mg \longrightarrow \underset{\underset{\overset{|}{H}}{CH_2}}{(CH_3)_2C}\underset{}{\overset{Cl}{\underset{R}{Mg}}}{Cl} \longrightarrow (CH_3)_3C=CH_2 + RH + MgCl_2$$

叔丁基氯在＜10℃、无水乙醚中与镁屑反应，生成的格氏试剂仍绝大部分发生了歧化分解，偶联产物四甲基丁烷的产率仅 15%。

---

[1] 如果不是先洗除十八烯（约 1%），产品的纯度为 99%。为了除去十八烯可将粗品作多次减压分馏，每次分馏蒸出 85%左右，共蒸四次，把每次蒸馏的剩余物合并，再分馏，得到不含烯的产品 0.8~1.0kg，纯度（GC）99.7%；或在 40℃用浓硫酸洗除，也可添加乙醚重结晶。

[2] 粗品减压蒸馏的高沸物是三十六烷，450g。

[3] 由 2-乙基-1-溴己烷制备格氏试剂的反应速率比溴代十八烷更慢，也容易偶联（反应时间和温度造成的）。底子减压分馏收集到 600g 2-乙基-1-溴己烷，继续减压分馏，收集 143~144℃/10mmHg 馏分，得到 400g 偶联产物 5,8-二乙基十二烷 $CH_3(CH_2)_3\underset{\overset{|}{C_2H_5}}{CH}-CH_2CH_2-\underset{\overset{|}{C_2H_5}}{CH}-(CH_2)_3-CH_3$。如回流时间延长，偶联产物会更多。

$$(CH_3)_3C—Cl + Cl—Mg—C(CH_3)_3 \xrightarrow{<10℃} (CH_3)_3C—C(CH_3)_3$$

六甲基乙烷 15%

mp 101℃，bp 106.5℃

又：叔卤代烷和其它格氏试剂反应（或可使用 NiCl$_2$ 催化偶联）。

$$C_2H_5—\underset{\underset{CH_3}{|}}{\overset{\overset{CH_3}{|}}{C}}—Cl + Cl—Mg—{}^nC_4H_9 \longrightarrow \left[\begin{array}{c} CH_3 \\ | \\ C \\ | \\ CH_2 \\ | \\ C_2H_5 \end{array} \begin{array}{c} Cl \\ \diagdown \\ Mg—Cl \\ \diagup \\ R \end{array}\right] \longrightarrow C_2H_5—\underset{\underset{CH_3}{|}}{C}=CH_2 + C_2H_5—\overset{\overset{CH_3}{|}}{C}H—CH_3$$

$+ CH_3CH_2—C(CH_3)_2—{}^nC_4H_9$

20%, bp 137℃

与上文 2-乙基溴己烷相近结构的溴代异丁烷，其格氏试剂与其卤代烃发生偶联的反应中，支链对于 β-C—H 的消除未造成位阻，绝大部分发生了歧化分解，偶联比例只有 20%。

$$CH_3—\overset{\overset{CH_3}{|}}{C}H—CH_2—Br + Br—Mg—CH_2—\underset{\underset{CH_3}{|}}{C}H—CH_3 \xrightarrow{约10℃} CH_3—\overset{\overset{CH_3}{|}}{C}H—CH_2—CH_2—\underset{\underset{CH_3}{|}}{C}H—CH_3$$

2,5-二甲基己烷

20%, bp 109℃

无水氯化镍 NiCl$_2$ 催化了格氏试剂和卤代烃的偶联。在非对称的偶联中，由于格氏试剂中残存未反应的卤代烃，在催化下也发生了偶联，以及其后加入的卤代烃与格氏试剂间可能有少量变换平衡，产生了少量其后加入的卤代烃间的偶联，两个都是对称的副产物，在对称的偶联中，此项偶联不作为副反应。

为了减少副反应，应尽量减少格氏试剂中残留的卤代烃。如：溴苯在 40℃和过量 0.5 倍的细小镁屑在四氢呋喃中制取的格氏试剂只含 0.6%的联苯；在 80℃反应，生成联苯的比率才增至 1%。大过量的镁屑可以做到尽少量的卤代烃残留。

产物中的联苯主要是残留卤代烃在 NiCl$_2$ 催化下和格氏试剂产生的，为减少此项偶联，可使格氏试剂以络合物形式析出，倾出溶有卤代烃及联苯的上层溶液作分离回收。

4-甲基联苯 M 168.28，无色片晶，mp 47℃，bp 267~268℃。

在 500mL 三口烧瓶中加入 25g（1.04mol）细碎的镁屑、80mL 四氢呋喃，引发反应后控制温度 65~75℃大约 3h，从分液漏斗慢慢加入 157g（1mol）溴苯和 140mL 无水苯的溶液，加完后保温搅拌 2h，只剩约 0.3~0.4g 未反应的镁屑，反应物为灰色（冷后为黏稠的流体，几小时后形成结晶）。趁热小心倾入 107g（0.85mol）4-氯甲苯中，并用 20mL 无水苯冲洗烧瓶及未反应的镁屑，洗液并入混合液充分混匀。

在 1L 三口烧瓶中加入 1g 无水氯化镍和 30mL 四氢呋喃，搅拌下加热至 55℃左右，停止加热，于 2h 左右慢慢加入上面的混合溶液，一经加入即放热，反应物变为棕黄色，加完后保温搅拌 2h。加热蒸馏，分别回收四氢呋喃和苯至浴温 120℃，稍冷，用水泵抽真空减压除尽溶剂及未反应的物料至浴温 150℃，析出结晶盐。放冷至 130℃以下，装上回流装置（分水器），于 2h 左右慢慢滴入 200mL 5%硫酸（应改用盐酸），放热导致回流，从分水器回收由于分解放出的四氢呋喃以及残存的苯，加完后放置 2h 或吹入空气代替搅拌以使盐固体崩解或溶解。搅拌下加热回流 0.5h，稍冷，分取有机层，产率（GC）：4-甲基联苯 72%，4,4′-二甲基联苯 17%，其它未记入。

分馏：得 85g，质量未见提高（产率折合 43%）。

其它制法：

① 在邻二氯苯中，联苯与五甲苯或六甲苯在 AlCl$_3$ 作用下于 100℃加热 0.5h，位置选择性 98%，但也存在分离问题。

② 联苯-4-甲醛的联氨还原。

③ 4-溴联苯通过格氏试剂的甲基化。

4,4′-二乙基联苯　M 210.30，mp 83~84℃，bp 315℃。

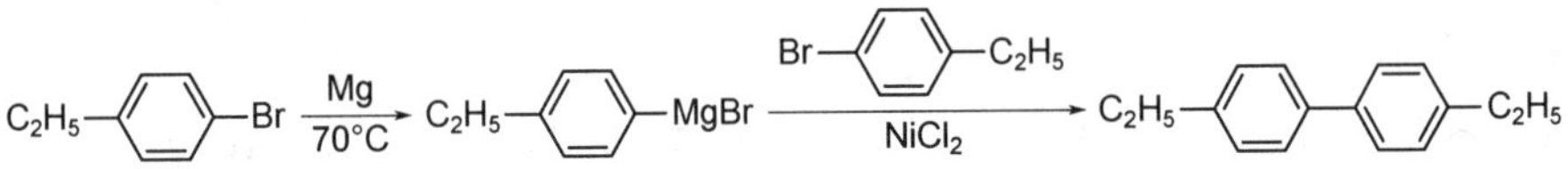

$$C_2H_5 \!-\!\!\bigcirc\!\!-\!Br \xrightarrow[70℃]{Mg} C_2H_5\!-\!\!\bigcirc\!\!-\!MgBr \xrightarrow[NiCl_2]{Br-\bigcirc-C_2H_5} C_2H_5\!-\!\!\bigcirc\!\!-\!\!\bigcirc\!\!-\!C_2H_5$$

在 500mL 三口烧瓶中加入 25g（1.04mol）镁屑、80mL 四氢呋喃，引发反应后放热，控制反应温度 70~75℃，于 3h 左右慢慢加入 184g（1mol）4-溴乙苯和 140mL 四氢呋喃的溶液，加完后保温搅拌 2h，只剩 0.3~0.4g 未反应的镁屑（冷后为黏稠的流体，几小时后有结晶形成）。趁热小心倾入 156g（0.85mol）4-溴乙苯中，用 20mL 无水苯冲洗烧瓶及未反应的镁屑，洗液并入混合液充分混匀。

1L 三口烧瓶中加入 1g 无水氯化镍及 30mL 四氢呋喃，搅拌下加热至 55℃左右停止加热，于 2h 左右慢慢加入上面的混合溶液。一经加入即放热，反应物变为棕黄色，加完后保温搅拌 2h。油浴加热回收溶剂至液温 120℃，稍冷，用水泵抽真空减压收尽溶剂至浴温 160℃，析出大量结晶盐。放冷至 130℃以下，在回流分水器下于 2h 左右慢慢加入 200mL 5%硫酸（应改用盐酸），放热并有回流，从分水器回收由于水解放出的四氢呋喃及残存的苯，加完后放置 2h 或吹入空气使固体物崩解开或溶解。搅拌下加热回流半小时，冷后分取有机层，用热水洗一次，得 217g。减压分馏，收集 174~180℃/15mmHg 馏分，得 113g，GC 纯度 91%，mp 79~82℃。

精制：以上粗品用甲苯（0.2mL/g）溶析一次，再用 10mL 冷的甲苯洗涤❶，干燥后得 90g 产品，GC 纯度 98%（折合产率 49.5%），mp 81~83℃。

用同样的方法从 4-溴甲苯制得 4,4′-二甲基联苯（mp 120℃，bp 295℃），产率 53%。

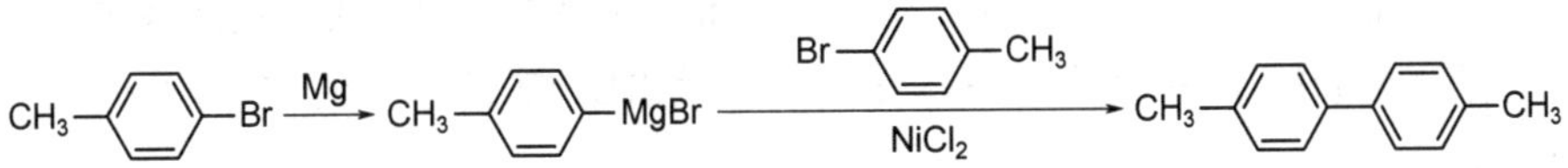

$$CH_3\!-\!\!\bigcirc\!\!-\!Br \xrightarrow{Mg} CH_3\!-\!\!\bigcirc\!\!-\!MgBr \xrightarrow[NiCl_2]{Br-\bigcirc-CH_3} CH_3\!-\!\!\bigcirc\!\!-\!\!\bigcirc\!\!-\!CH_3$$

如果完全使用 4-氯甲苯，最后回流 20h 也很少反应。

---

❶ 精制母液及减压分馏的前馏分、后中间馏分重新分馏以作回收。

3-氯-2-甲基联苯　*M* 202.66。

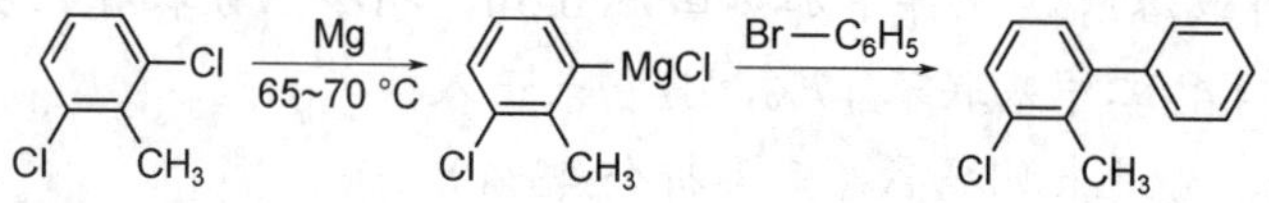

0.5L 三口烧瓶中加入 25g（1.04mol）镁屑、60mL 四氢呋喃，反应引发后控制反应温度 60~70℃，搅拌下慢慢加入 161g（1mol）2,6-二氯甲苯及 180mL 四氢呋喃的溶液，加完后保温搅拌 2h。

1L 三口烧瓶中加入 1g 无水氯化镍、60mL 四氢呋喃及 133g（0.85mol）溴苯。搅拌下于 4h 左右慢慢加入上面的格氏试剂溶液，保持放热的反应温度 55℃±2℃，加完后，保温搅拌 2h。油浴加热回收溶剂至油浴温度升至 160℃，放冷至反应物温度降至 130℃，在回流分水器下于 2h 左右慢慢加入 200mL 5%硫酸中和反应物，放热导致回流，从冷凝器下端分水器回收分解出来的四氢呋喃，放置 2h 或吹入空气使固体物崩解开或溶解，搅拌下加热回流半小时，冷却后分取油层，用热水洗，减压分馏，收集 106~108℃/2mmHg 馏分，得 155g（产率 89%）。

三、格氏试剂和硫酸酯、磺酸酯反应

格氏试剂和硫酸酯、磺酸酯的烷基化，经常使用硫酸二甲酯、硫酸二乙酯。依据硫酸酯的用量，反应条件及反应的方式也不尽相同，如 1mol 的硫酸二甲酯在不同温度反应，首先格氏试剂的阴离子交换（脱去 CH_3X），再加热至 80℃ 以上完成（甲）烷基化。

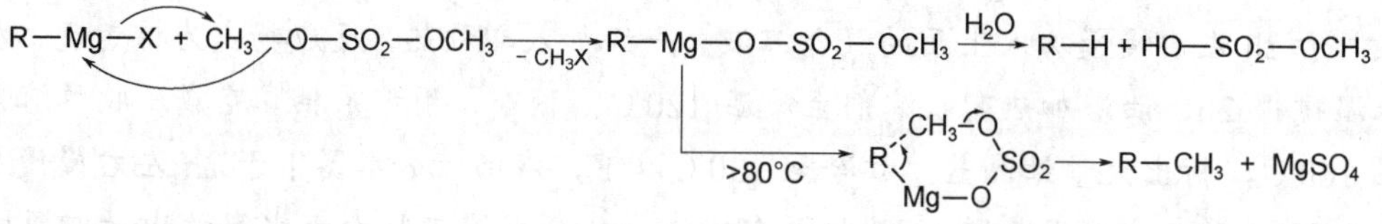

如果使用过量的硫酸二甲酯（2mol），即将格氏试剂加入硫酸二甲酯中，虽然反应较低温度，也还是得到甲基化的烃。

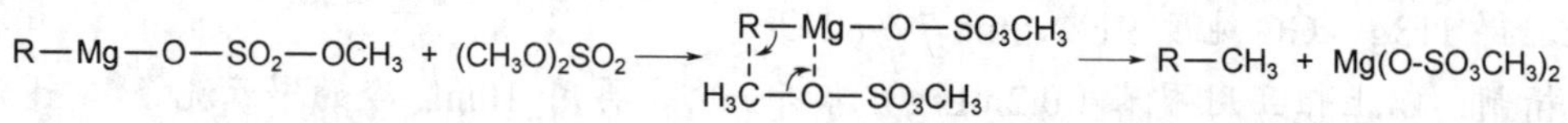

如果反应温度较低，虽然使用了 2mol 硫酸二甲酯，仍会析出大量硫酸甲酯-烃基镁盐（$CH_3OSO_3^-{}^+MgR$）与乙醚的络合物，反应不均匀而且不完全。应使用四氢呋喃和苯作溶剂以获得较高的反应温度，使用等摩尔的硫酸二甲酯加入到沸腾着的格氏试剂溶液中，立即完成反应，避免了甲酯硫酸-烃基镁盐（$R—Mg—O—SO_3CH_3$）滞留及产生 $Mg(—O—SO_3CH_3)_2$ 影响反应和搅拌。

4-甲基联苯　*M* 168.24，mp 47℃，bp 267~268℃。

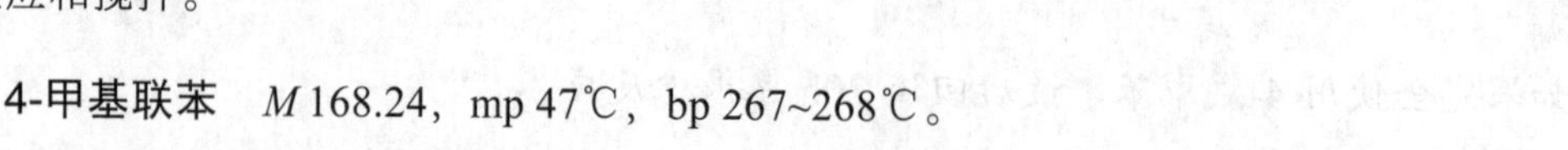

在 1L 三口烧瓶中加入 25g（1.04mol）镁屑，用 50mL 四氢呋喃淹没[1]。加入 1mL 碘甲烷（或格氏试剂）引发反应后，保持微沸回流（75~80℃）并搅拌，于 3h 左右从分液漏斗慢慢滴入 233g（1mol）4-溴联苯溶于 380mL 无水苯的溶液。加完后在搅拌下加热回流 3h。

保持微弱的回流，搅拌下于 4h 左右从分液漏斗慢慢加入 139g（1.1mol）硫酸二甲酯溶于 120mL 无水苯的溶液（如果加入太快 $MgSO_4$ 会形成泡沫），加完后加热回流 3 小时[2]。蒸馏回收四氢呋喃和苯，当回收了 400mL 以后[3]，反应物几乎干涸，停止加热和搅拌（当以水泵减压回收）。从分液漏斗于 2h 左右慢慢滴入 200mL 5%盐酸（加入 1/2 以后可以快加），2h 后固体物溶解开，开动搅拌加热回流半小时，从分水器回收最后的溶剂。稍冷，分取上面的油层，滤除固体不溶物 15~20g（可能是四联苯）。油状物加热至 200℃干燥，用水冲泵负压吸去瓶中的湿气。降温至 120℃加入 5g 金属钠保温搅拌半小时，冷至 80℃慢慢加入 50mL 乙醇于 80℃搅拌 30min，加入 200mL 水搅拌 30min。分取油层减压分馏，蒸出前馏分约 15g，收集 140~155℃/20mm Hg 馏分，得产物 115g，纯度（GC）93%[3]（折合产率 63%）。

第四节　烯烃及其它 C＝C 双键的加氢及还原

乙烯是最简单的烯烃，骨架镍催化在 100~130℃能顺利加氢。许多烯烃在钯、铂催化下在室温、常压即可进行反应，为使反应迅速，经常在 100℃左右及压力下进行。烯烃的加氢速度依据如下：①烯烃的结构及空间阻碍；②催化剂及其状态；③溶剂；④反应温度；⑤搅拌速度。

烯烃的加氢是放热反应：$\ce{>C=C< + H2 -> >CH-CH<}$

一、烯烃的结构及空间阻碍

乙烯的加氢比较困难，烷基取代将双键极化使它容易加氢。取代烷基数目越多、烷基碳链的邻近支链及链长超过四个碳，都造成空间阻碍使加氢变得困难。取代程度相同的烯烃加氢反应速度相近。C_4 以上的取代烷烃，键角使碳链的螺旋排列对双键有更大的屏蔽作用，它近似于两个烷基的屏蔽作用。

比如：3-乙基-3-庚烯 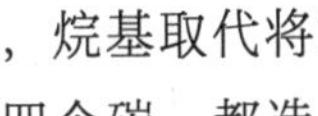 能顺利加氢，比它只增加了一个碳的 3-乙基-3-辛烯（使碳链增加到四个碳）的加氢就困难了许多；

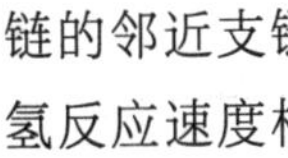

又如： 、CH_3O OCH_3 在 < 0℃ 就可迅速加氢。

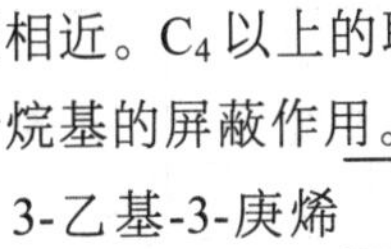

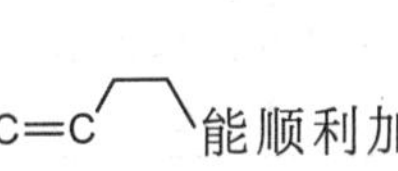

以相同的条件对不同烯烃加氢，完成反应的时间比较如表 1-3 所示。

---

[1] 工业四氢呋喃含水<0.02%，此处 50mL 不足。第一次应使用 80mL，回收溶剂 400mL 与无水苯用于下次合成，因其中含四氢呋喃，故减重为 50mL。

[2] 回流 6h 比回流 3h 联苯的含量只下降了 0.4%，还是有 5.5%的联苯生成，为格氏试剂水解产生。

[3] 为除去联苯（bp 255℃），应提高分馏柱效率或用苯溶析。

表 1-3 等体积的甲醇及底物烯，重约 8～10g 骨架镍，在摇动釜中加氢的时间比较

烯烃	取代数目	反应温度/℃	压强/MPa	完成时间/h
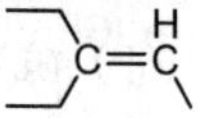 (丙基)C=CH(H) 烯结构	3	90～100	5～2	5
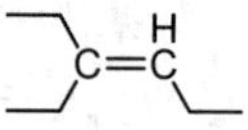 烯结构	3	90～100	5～2	5
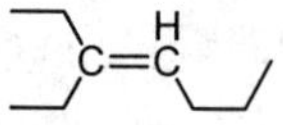 烯结构	3	90～100	5～2	5
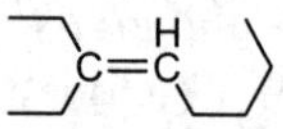 烯结构	3（相当于 4）	90～100	5～2	>15
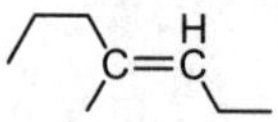 烯结构	3	90～100	5～2	5～6
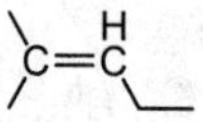 烯结构	3	90～100	5～2	4～5
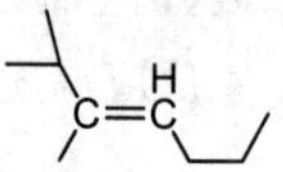 烯结构	3	90～100	5～2	5
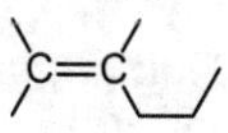 烯结构	4	90～100	5～2	>15
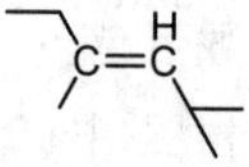 烯结构	3	90～100	5～2	5～6
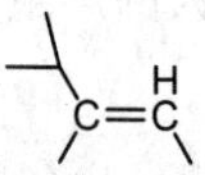 烯结构	3	90～100	5～2	5～6
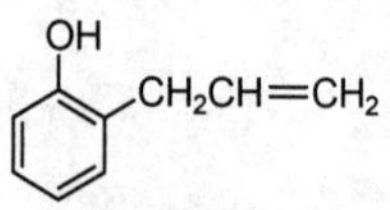 OH 苯酚—$CH_2CH=CH_2$	1	<25～70	3～1	1
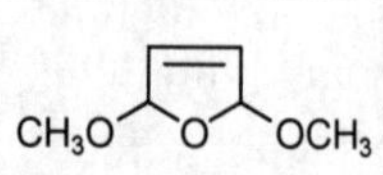 CH_3O—二氢呋喃—OCH_3	2	有氢解开环 <0~50	3～1	0.5

3-乙基戊烷 M 100.21，bp 93.5℃，d^{20} 0.6982，n_D^{20} 13934。

$$(C_2H_5)_2C=CH-CH_3 + H_2 \xrightarrow[90\sim100℃]{Ni} (C_2H_5)_2CH-CH_2CH_3$$

1L 摇动式压力釜中加入 108g（150mL，1.1mol）3-乙基-2-戊烯、150mL 甲醇及 10g 骨架镍，封闭后依次用氮气、氢气排空各两次；向釜内充氢气至 5.0MPa 开始摇动并加热，开始约半分钟有约 0.5MPa 的压降，为溶解及吸附氢；继续加热至 90℃，釜压上升达到 6.0MPa，开始有明显的压降，约 7h 压力平衡，降至 1.4~1.5MPa（正好达到计算耗氢的压降 4.6MPa）保温 1h，停止加热和摇动。放冷至室温后放去余压，用吸管搅动下吸取出反应物，用 10% 的食盐水稀释，控温 10℃ 以下慢慢滴入 20mL 浓盐酸以破坏催化剂的活性，充分搅拌，分取粗品。控温 10℃ 以下慢慢滴入液溴至溴的颜色不再褪去（每次加入 2 滴，充分摇动）分去最后的少许水层。水浴加热，用水泵在 -0.05~-0.06MPa 减压分馏两次；再分馏收集 65~72℃/-0.05~-0.06MPa 馏分（叔卤原子容易 β-消除，故在较低温度减压蒸馏以除尽溴化物），最后常压分馏，收集 93~94℃ 馏分，得 77g（产率 70%），GC 纯度 99.5%。

2-丙基苯酚　M 136.19，bp 220℃，d^{15} 1.015。

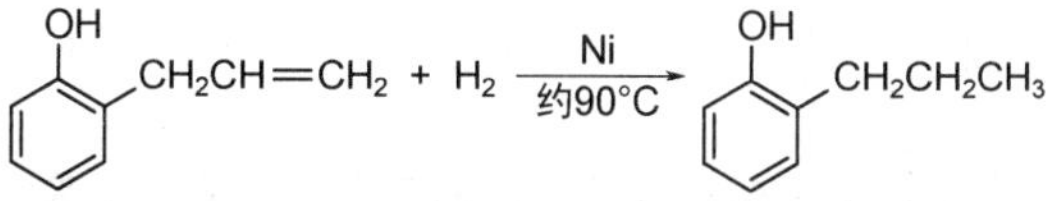

1L 压力釜中加入 153g（150mL，1.14mol）2-烯丙基苯酚和 150mL 甲醇，再加入约 10g 骨架镍，封盖后依次用氮气、氢气排空各两次。向釜内充氢气至 5.0MPa，摇动并加热，开始时耗氢降压，约 1h 后压力平衡，按计算耗氢，压强降至 0.5MPa。冷后放空，滤除骨架镍（妥善处理），常压分馏，产率 80%。

又（见 800 页）：

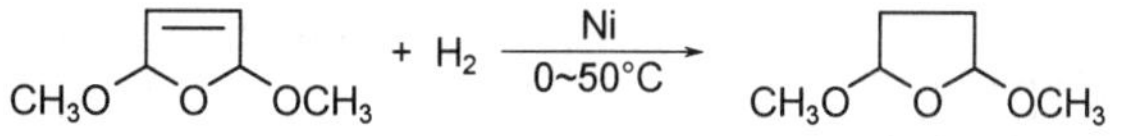

共轭二烯及其它共轭烯很容易与氢加成，共轭二烯和等摩尔氢气的加成不同于 1,4-加成，而是按所有可能的方式进行，催化剂的活性对反应速度及方位选择有很大影响，催化剂对于加氢的活性顺序为：铂 > 钯 > 镍。

例如： 与等摩尔氢气在不同催化剂作用下加氢，产物组分的比率见表 1-4。

表 1-4　不同催化剂下 2,5-二甲基-2,4-己二烯与等摩尔氢气加成的产物比率

产物组分	产物比率/%		
	铂	钯	镍
未反应物	11	0	0

产物组分	产物比率/%		
	铂	钯	镍
1,4-加成 CH_3-CH-CH=CH-HC(CH_3)(CH_3) (二 CH_3 在两端)	13	6	9
CH_3-CH-CH=C(CH_3)(CH_3) (端基 CH_3)	63	86	90
CH_3-CH-CH_2-CH_2-CH(CH_3)(CH_3)	17	7	1

与 C=C 双键共轭的苯基，共轭效应大于空间阻碍的影响，很容易在 C=C 双键加氢。至于多个苯环的情况，空间阻碍又大大超过共轭的影响，使加氢变得困难（见表 1-5）。

表 1-5 苯基取代 3-乙基-2-戊烯的乙基后对烯基加氢速度的影响

烯 烃	加氢产物	完成时间/h
$C_2H_5$$C_2H_5$$C$=$C$($H$)($CH_3$)	$C_2H_5$$C_2H_5$$CH$-$CH_2CH_3$	5
C_2H_5,PhC=C(H)(CH_3)	C_2H_5,PhCH-CH_2CH_3	3
Ph,PhC=C(H)(CH_3)	Ph,PhCH-CH_2CH_3	> 15，（6）[①]

① 把骨架镍最后加入，放在固体物料上面，它可以先吸附一定的氢气，这样，6h 可以完成反应；若先把骨架镍加入溶剂里，反应要 15h 以上才得以完成。

注：甲醇，骨架镍 8%～10%；反应温度 90～100℃，压力 2～5MPa。

1,1-二苯基丙烷 M 196.30，bp 280℃，d^{14} 0.995，$n_D^{14.1}$ 1.5681。

$$Ph,Ph\,C=CH-CH_3 + H_2 \xrightarrow[90\sim100℃]{Ni} Ph,Ph\,CH-CH_2CH_3$$

1L 压力釜中加入 150mL 甲醇，再加入 150g（0.77mol）1,1-二苯基-1-丙烯，固体物料未全浸在甲醇中，加入约 15g 骨架镍于固体物料上（如果先加入骨架镍就沉浸在下面，没有先吸附氢的过程，就不能顺利加氢，要 15h 以上才能完成反应），封盖后依次用氮气、氢气排空各两次，最后充氢气至 5.0MPa。开始摇动并加热，在最初的 0.5min 有约 0.5MPa 的压降，为溶解氢的过程；继续加热，至 90℃压强升至 6MPa，开始反应，有明显的压降，约 6h 压力停止下降，至 2.8MPa，保温 1h。停止加热和摇动，冷后放空，用吸管搅动着吸取反应物。

滤除骨架镍（妥善处理），回收甲醇，水洗。在 10℃以下用溴处理未反应的烯烃（烯烃与溴加成），干燥后在 120℃用金属钠处理，再用乙醇处理掉未反应的钠小粒，水洗及干燥后减压分馏，收集 140~141℃/13mmHg 馏分，得 121g（产率 80%）。

3-苯基戊烷　M 148.11，bp 187.5℃，d 150.8755，n_D^{20} 1.4890。

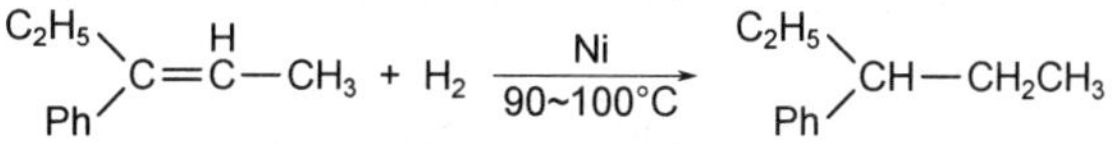

$$\underset{Ph}{\overset{C_2H_5}{>}}C=\overset{H}{C}-CH_3 + H_2 \xrightarrow[90\sim100℃]{Ni} \underset{Ph}{\overset{C_2H_5}{>}}CH-CH_2CH_3$$

1L 压力釜中加入 108g（150mL，0.82mol）3-苯基-2-戊烯、150mL 甲醇及 15g 骨架镍，封闭后依次用 N_2、H_2 排空各两次，最后充氢气至 5.0MPa，开始摇动并加热。开始约 0.5min 有约 0.5MPa 的压降，于 90~100℃、4h 压力降至 2.7MPa 时停止下降，保温 1h（压降从 6.0MPa 降至 2.7MPa 达到计算的耗氢量 3.3MPa），停止加热，冷后放空，取出反应物。

滤除骨架镍，用水洗去甲醇，在 10℃以下用溴处理掉未反应的烯烃。水浴加热减压分馏（剩余物为溴化物），再常压分馏，收集 185~188℃馏分，得 90g（产率 75%）。

混合共轭双键也是活泼烯，空间阻碍也使加氢困难，以下 α,β-不饱和酸分别与等摩尔的 α-哌烯及氢气一起催化加氢，比较它们加氢的分配比率：

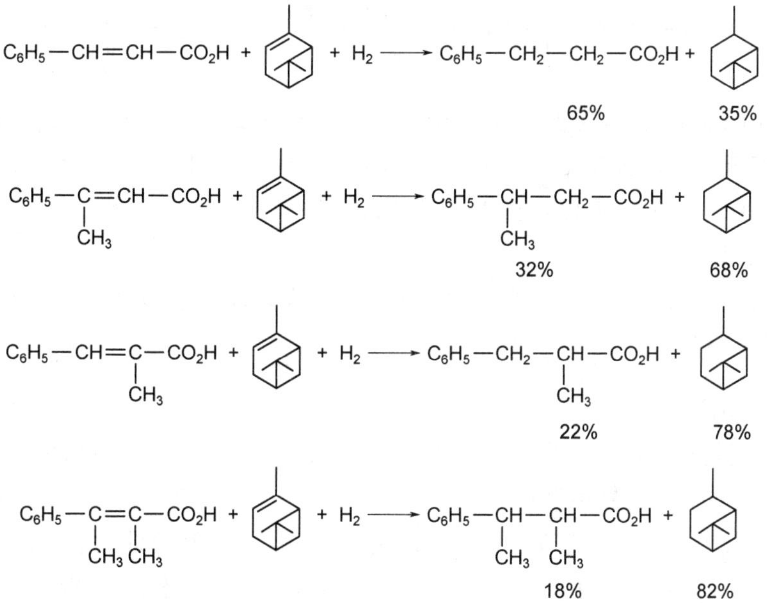

使用锌汞齐/盐酸的方法还原也反映出这个难易程度的变化。

3-苯基丙酸　M 150.18，mp 48.6℃，bp 279.8℃，d^{49} 1.0712。

$$C_6H_5-CH=CH-CO_2H + 2[H] \xrightarrow{Zn/Hg/HCl} C_6H_5-CH_2CH_2-CO_2H$$

15L 烧瓶中加入 1.6kg（24mol）苔状锌，用水盖没，用 70g 氯化汞制成锌汞齐，倾去水，加入 3L 30%盐酸及 600g（4mol）肉桂酸，于电热上小心加热。剧烈反应过去后❶，再加入 600g（4mol）肉桂酸及 2L 盐酸，加热回流 6h。冷至 50℃分取上层粗品（水层应该用苯提取及回收处理；锌汞齐虽活性降低，但尚能使用）。

精制：以上粗品溶于苯（0.2mL/g）中，于 10℃以下放置过夜，次日滤出结晶❷，mp＞40℃，减压分馏，得 720~780g（60%~65%），mp 48~49℃。

2-甲基-3-苯基丙酸　M 164.20，mp 37℃，bp 312℃。

$$C_6H_5-CH=\underset{CH_3}{C}-CO_2H + 2[H] \xrightarrow{Zn/Hg/HCl} C_6H_5-CH_2-\underset{CH_3}{CH}-CO_2H$$

5L 三口烧瓶中加入 400g（6mol）苔状锌，用水淹没，用 20g 氯化汞制成锌汞齐，倾去水。加入 700mL 30%盐酸及 162g（1mol）2-甲基肉桂酸，于电热套上加热回流 8h（反应速度比肉桂酸的还原慢了许多）。次日分取油层约 160g，减压分馏，收集 163~165℃/10mmHg 馏分，得 112g（产率 70%），fp＞32℃。

烯基酮与苯基共轭，C=C 的加氢有很好的选择性，虽然使用活泼的铂催化剂，只要氢不是过量，选择 C=C 氢化，而酮羰基保留（乙酸乙酯溶剂降低了羰基的活性）。

1,3-二苯基-1-丙酮　M 210.28。

$$C_6H_5-CH=CH-\underset{O}{\overset{\|}{C}}-C_6H_5 + H_2 \xrightarrow{Pt/乙酸乙酯} C_6H_5-CH_2CH_2-\underset{O}{\overset{\|}{C}}-C_6H_5$$

20.8g（0.1mol）1,3-二苯基丙烯酮溶于 150mL 乙酸乙酯中，加入 0.2g 氧化铂催化剂。用氮气排除空气，再用氢气充满，开始摇动，直至吸收了 0.1mol 氢气为止，约 15~20min 可以完成（如果使用 0.1g 氧化铂要 3h 才能完成；而如果使用 0.5g 氧化铂，则只要 3~4min 就可以完成反应）。

滤除催化剂，回收溶剂，剩余物用 25mL 乙醇重结晶❸，得产物 17~20g（产率 81%~85%），mp 72~73℃。

【芳核的氢化】

芳核的氢化比一般不饱和键的加氢困难得多，如：苯的第一步加氢后生成环己二烯，它立即氢化为环己烷，反应物中没有加氢的中间产物，只是苯和环己烷。苯的同系物加氢要相对容易些，在气相、高温条件下，电效应起主导作用，如：在镍催化剂上，苯的同系物在 170~210℃有 80%~90%被氢化，而苯要在 200~220℃才能达到这样的氢化程度。

在液相、高温、高压及活泼催化剂的压力釜加氢，空间因素起主导作用，常发生支链异构及开环。例如：苯侧链在 C_3 以下对于苯环加氢速度的影响相当于一个取代基团，如果是

---

❶ 剧烈反应几乎是瞬时的，约 1h 完成。

❷ 母液及提取液经回收溶剂后，减压分馏，再结晶。

❸ 乙醇母液中有非选择加氢的副产物及少许产品。

C₄ 或以上的侧链，键角使它靠近苯环，相当于两个基团的影响。苯环上每增加一个烷基（如甲基），其加氢速度将下降 50%。进一步取代会有更大程度的降低，相似于一般不饱和键加氢速度的降低（见表 1-3）。在镍催化剂上，疏开排列的对二甲苯比邻二甲苯、间二甲苯更慢些；铂催化剂的加氢速度比镍催化剂加氢快得多，与镍催化相反，疏开排列比密集排列的加氢速度快一倍以上，并且普遍地比镍催化速度快许多，见表 1-6。

表 1-6　液相、铂或镍催化苯及同系物加氢的反应速率

苯的同系物	铂催化	镍催化
苯	100	100
甲苯		50
邻二甲苯	32	24
对二甲苯	65	
1, 2, 3-三甲苯	14	
1, 3, 5-三甲苯	58	10

稠环与苯环的加氢不同，它们在活性最高的环上加氢饱和，最后以有取代基苯环的方式完成氢化，有不完全氢化的环，例如：萘的加氢分阶段生成二氢萘、四氢萘，最后是十氢萘。稠环化合物环之间相互影响，电效应起主导作用，如：蒽和菲的 9,10 位置，受两个相并苯环的影响，在该位置上首先氢化，后面的氢化则类似烷基取代苯的氢化，都是以缓慢的速度进行，尤其是在一个环饱和生成四氢蒽（或菲），之后是另一边的环饱和生成八氢蒽，可以视为是四个烃基的苯环，最后的加氢产物是十四氢蒽。

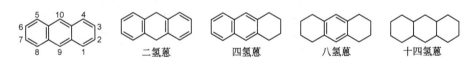

二氢蒽　　　四氢蒽　　　八氢蒽　　　十四氢蒽

稠环化合物氢化，第一阶段的反应速度，以苯环的加氢速率为 100 比较。

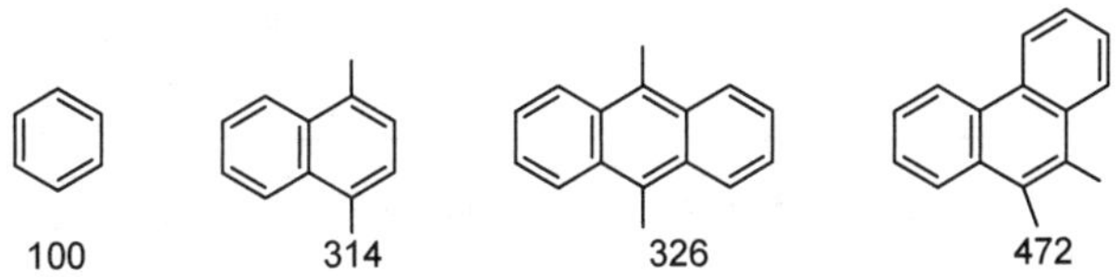

100　　　　314　　　　326　　　　472

二、催化剂的状态

液相、镍催化氢化时，氢气向催化剂表面吸附的烯烃撞击，如果氢气在催化剂上预先吸附会使催化剂的活性降低，以致使对某些烯烃的加氢不起作用。在气相进行的烯烃加氢时，用氢气或不饱和化合物处理催化剂表面是有意义的。

在液相的催化加氢中，在镍催化剂表面预先吸附一定数量的氢气也是有用的，是因为氢气及不饱和化合物在骨架上的吸附比例影响催化剂的活性。例如：1,1-二苯基-1-丙烯的加氢，按通常习惯，把骨架镍和溶剂首先加入，最后才加入底物 1,1-二苯基-1-丙烯，加氢速度很慢，要

16~17h 才能完成；如果最后加骨架镍，放在固体物料上，在排空和充氢气的过程中催化剂也就预先吸附了一定量的氢气，反应就在 6h 顺利完成（见 14 页）。

$$\left(\right)_2\text{—C=CHCH}_3 + \text{H}_2 \xrightarrow[\text{90~100℃}]{\text{Ni}} \left(\right)_2\text{—CH—CH}_2\text{CH}_3$$

1,1-二苯基丙烷
产率 80%

如果让骨架镍吸附的氢达到饱和［骨架镍在 4MPa 氢气压力下，70℃，每克骨架镍可以吸附 700~800mL（0.063~0.073g）氢气］，大量吸附氢气阻碍了对四取代烯的吸附，致使烯烃不能发生加氢反应，如：

三取代的 2,3-二甲基-3-己烯（A）和四取代的 2,3-二甲基-2-己烯（C）的混合物加氢得到同一物质——2,3-二甲基己烷（B）。用预先吸附了饱和氢气的骨架镍为催化剂在摇动式压力釜中加氢，发现：比预先未吸附饱和氢气的催化剂的反应温度高出 20~30℃，要在 120℃ 才能正常反应。吸收停止后取样 GC 分析，三取代烯有 90% 发生了反应，而四取代烯未能加氢，仍予保留，见图 1-2（b）。补加未预先吸附氢的催化剂继续加氢，吸收停止后，四取代烯有 95% 氢化，见图 1-2（c）。

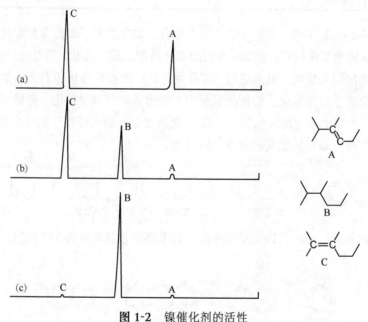

图 1-2　镍催化剂的活性

（a）试样；（b）加入氢饱和的催化剂试样；（c）补加未氢饱和的催化剂试样
A—2,3-二甲基-3-己烯（三取代乙烯）；B—2,3-二甲基己烷（加氢产物）；
C—2,3-二甲基-2-己烯（四取代乙烯）

从消耗氢气的数量计算，反应并没有消耗预先吸附的氢。以上说明：吸附多量氢气的结果是形成稳定的复合物，氢与镍表面的结合能量增加，使催化剂对于烯烃的吸附困难，对位阻大的烯烃加氢失去活性。

【骨架镍的粒度和中毒】

骨架镍的粒度不宜过粗或过细，过粗则表面积小，过细则部分破坏了骨架镍的结构，两者都使活性降低，一般以 65 目左右为宜，在水中能较快沉降。一般经验检查其活性的方法是：从浸泡骨架镍的甲醇中取约 20~25mg 骨架镍，在中粗的滤纸上压去溶剂，在日光或白炽灯下干燥，在 10s 内出现火花可引燃滤纸并有火花跳动，这样的骨架镍是合格的。

卤（X^-）和硫能使骨架镍中毒，骨架镍也用于脱卤、脱硫，为此，加氢的物料必须纯净，除掉卤负离子和硫化物；或使用 Pd/C（钯/炭）催化剂。

加氢的反应速度除受底料特性影响外，和催化剂的活性及用量也有很大关系。催化剂使用过后仍有活性，但在加氢过程中，中途停止放冷若干时间会使骨架镍的活性降低，至少降低到对于四取代烯的加氢失去活性。对于异原子多重键（如：$-C\equiv N$、$\diagup C=N-$、$\diagup C=O$）的加氢，只要操作得当，反应完成后进行简单分离，催化剂的活性降低较少，如 *N,N*-二乙基-1,3-丙二胺的加氢反应可以连续使用五次以上（见 577 页）。

$$(C_2H_5)_2N-CH_2CH_2-C\equiv N + 2H_2 \xrightarrow[130\sim150\degree C]{Ni/NH_3} (C_2H_5)_2N-CH_2CH_2-CH_2-NH_2$$

三、溶剂的影响

使用催化剂的加氢有时不使用溶剂（如：*N,N*-二乙基-1,3-丙二胺），但大多数还是在溶剂中进行的。溶剂既能影响反应速度也能影响反应的方式——催化剂表面状态，溶媒电解质的组成对于不饱和化合物的偶极作用，以及不同溶媒促进或抑制在催化剂表面上的吸附方式。例如：苯丙烯醛在乙醇溶液中添加氯化亚铁及乙酸锌，在铂催化下加氢时，由于极化作用选择地在醛羰基氢化，得到 3-苯基丙烯醇。又例如：1,3-二苯基-2-丙烯-1-酮，受多量乙酸乙酯中的场效应影响，同样使用铂催化，选择性地在烯烃的双键加氢，得到 1,3-二苯基-1-丙酮。

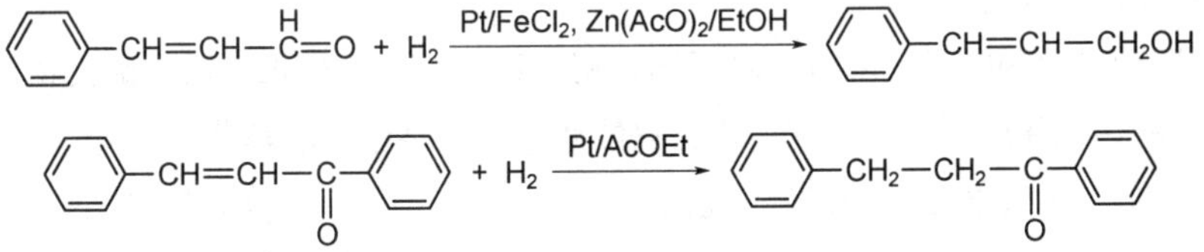

溶剂的性质对于提取催化氢的数量随碱的浓度降低而递减，这可以从镍铝合金用苛性钠处理掉铝以后来验证，用水洗去碱而后用甲醇替换水，每更换一次溶剂在放置的最初阶段有相当多的氢气放出，吸附氢的数量依次为：碱 ≫ 水 > 醇。例如：用容易被还原的 2-硝基酚（钠）从骨架镍提取到吸附氢的数量随碱浓度降低而渐少，见表 1-7。

表 1-7　2-硝基酚还原中，在 20℃、2h 内从骨架镍提取到吸附氢的数量随碱浓度的变化

碱（NaOH）的浓度/（mol/L）	0.01	0.05	0.1	0.5	1.0	5.0
提取到的氢/（mL/g Ni）	105.7	107	113.2	113.6	114.7	125.2

溶剂的性质对于吸附氢的活性依以下次序递增：碱 ≪ 水 < 醇。使用反应能力较弱的不饱和化合物顺-丁烯二酸钠盐，在不同浓度的碱水溶液中从催化剂提取吸附氢，随碱浓度增加，提取到的氢递减（见表 1-8）。为使吸附氢有较高的活性（容易释出），常使用甲醇、乙醇作反应溶剂。

表 1-8　顺-丁烯二酸钠还原中，在 20℃、2h 内从催化剂提取到吸附氢的数量随碱浓度的变化

碱（NaOH）的浓度/（mol/L）	0.01	0.05	0.1	0.5	1.0	5.0
提取到的氢/（mL/g Ni）	67.4	68.4	60.3	—	36.5	25.8

前者检查不同碱浓度、催化剂吸附氢的数量变化；后者检查吸附氢的活性变化。不同溶剂及碱浓度的改变影响氢在催化剂表面的结合状态，酸性（如乙酸）降低氢与催化剂表面的结合能，故而使反应速度提高；碱性增加氢与催化剂表面的结合能，使反应速度降低。例如：环己烯在弱酸条件溶剂中相当容易加氢，但在 0.01mol/L NaOH 的 96%乙醇溶液中，则完全不能加氢。溶剂性质对于加氢的活性：乙酸 > 水 > 乙醇 > 乙酸乙酯。

【溶剂的用量】

对于在催化剂表面吸附很弱的烯烃，如多取代乙烯，增加溶剂用量会使吸附减少而反应速度提高。如：三取代乙烯（1,1-二苯基-1-丙烯）的加氢，它与溶剂甲醇的体积比为 1∶1 时能顺利加氢，曾把甲醇用量减为 0.5∶1，反应速度大大下降。

反应能力很强且空间阻碍小的硝基、氰基能从催化剂提取到大部分氢，可以不用溶剂或减少溶剂用量。

溶剂对于氢化反应速度的影响主要在于底物的介电性质，溶剂对于加氢底物的极化作用、场效应、酸碱度及用量。

四、控制剂

在需要选择的加氢反应中，可以通过一些方面的调整来实现：

① 毒化剂的作用

"毒化剂"使催化剂的活性降低，对于铂、钯，毒化剂通常是汞、铅、硫化物、氰化物、胺等，使催化剂的活性降低到一定程度，使它只能还原催化某些活泼基团。

Q/S 抑制剂：1g 喹啉和 6g 硫黄一起回流 5h，再用二甲苯冲稀至 70mL。

骨架镍在喹啉/硫（Q/S）毒化剂作用下中毒，失去对加氢的催化作用，但不失去脱卤的作用，与羧酸酰氯作用得到醛，而不继续氢化成醇。

$$R-CO-Cl + H_2 \xrightarrow{Ni} R-\overset{H}{\underset{}{C}}=O + HCl$$

② 改变溶剂的性质使某一基团致纯。

③ 改变在催化剂表面的瞬间吸附比率。

五、搅拌及反应温度

压力釜中的液相、镍催化加氢反应中，搅拌速率影响反应速度，尤其对于四取代乙烯。如：2-甲基-2-辛烯在摇动压力釜中加氢反应速度很慢，几乎不能发生加氢反应，在有电磁搅拌的立式釜中以约 500r/min 搅拌则能进行 2-甲基-2-辛烯的加氢。可提高反应温度以使反应速度提高。在反应过程中从较高温度降到室温，次日再重新加热升温，不能使催化剂恢复到原来的活性，尤其不能放置过夜——这可能致使催化剂表面被氢气填满。

六、压力釜的构造及实际操作

压力釜为不锈钢材质，有一定的准确标定的容积，配有附属设施：电和热、温度自控装置。搅拌的形式有摇动釜、电磁搅拌、脉冲控制的翻动以及密封的轴动搅拌。容积 2L 以内实验室用的小釜，釜盖上有两个或四个手柄热电偶温度计接控制仪表；釜压力表及管线上的压力表；作为进出料口，进气、排气的共用阀门；釜内的加热及冷却部件；与物料接触的部位均为不锈钢材质。详见图 1-3。

一般应尽量减少打开釜盖次数，1L 压力釜有的不设进出料口的插底管，需要每次打开釜盖，用吸管负压吸出反应物及洗釜洗液。开启、封闭釜盖时要垂直上下移动，密封平面对准，不可移变位置以免影响密封，要多次、对称地上紧螺栓，上紧螺栓最大力度为 30kg（用力过大会压坏接口），每次操作时接口必须洁净。

检查各项设施正常后，按规定投料。首先向釜内充氮气至压力 0.2~0.3MPa，放空，再充氮气一次并放空；再如上充氢气两次并放空，最后不再放尽，慢慢充氢气至操作要求的压力，一般是 3~5MPa。开始摇动并加热，至开始出现正常的压降即作为反应的开始，保持或稍高的反应温度，当釜压降至 1~2MPa 时要适当补充氢气，直至压力不再下降为止，再保温 1~2h。按下式计算氢的吸收量，停止加热。冷却后，停止摇动搅拌，放去余压（有接地线以防静电），依物料的稳定性可以带不高的压力过夜。

经济的耗氢计算公式：
$$\rho = \frac{0.0821NT}{V}$$

式中　ρ——计算耗氢的数量，以压降 kgf/cm^2（0.1MPa）计；

　　　N——投入物料计算的耗氢数量，以 mol（摩尔）计；

　　　T——反应的热力学温度，以 K（开）计；

　　　V——投料后，压力釜内的剩余空间，以 L（升）计。

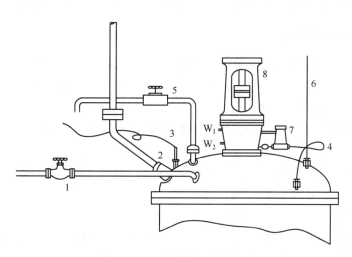

图 1-3　2L 压力釜配置示意图

1—插底的进出料口，ϕ37mm；2—防爆泄压口，ϕ78mm；3—热电偶温度计；4—压润滑油的恒压管；5—减压阀门；6—N$_2$、H$_2$来源及放空管道；7—润滑油贮存；8—密封轴动搅拌，W$_1$、W$_2$—冷却轴封的冷水进出口压力釜加氢应该注意的问题：

① 加氢反应后的骨架镍仍有活性，要及时处理，水封保存。

② 压力釜、釜身及 H_2、N_2 管路必须安装静电接近线。工作范围内的电源开关、电机、照明必须防爆。穿棉布工作服，必须戴安全帽以防头发引发静电火花。操作场地需用胶地板及穿胶鞋以防撞击地面引起火花。操作场所必须有良好通风及防爆墙隔开控制操作台。

③ 放空压力时的管线内线速度必须小于 5m/s，以防静电火花。

④ 使用大量氢气可以用流量计计算，也可以用氢气钢瓶的压降计算，如下式：

$$\Delta p = \frac{(p_1 - p_2)V_a}{V}$$

式中　Δp——压降从氢气钢瓶 a 中用掉的氢气折算成在压力釜中的压降；

　　　p_1——使用前钢瓶的压力，以 kgf/cm^2（0.1MPa）计；

　　　p_2——使用后钢瓶的压力；

　　　V_a——钢瓶的容积，以 L（升）计；

　　　V——压力釜（投料后）的剩余空间，以 L（升）计。

第五节　芳烃的烷基化

采用乌兹方法及格氏试剂方法实现芳烃烷基化在前边已经叙述过。

芳烃与卤代烃、烯烃、醇等在酸催化剂如 $BF_3 \cdot Et_2O$、无水 $AlCl_3$（或 $FeCl_3$、$ZnCl_2$、$SnCl_4$）、硫酸或磷酸作用下缩合，直接引入烷基；也有用无水 HF 的实例，能得到很好的产率；间接有 α-芳酮的还原等。

在傅-克反应中作为碳正离子的中间体会发生复杂的异构化，在室温下只有甲基、乙基、异丙基、叔丁基在反应中能得到正常产物，引入仲丁基要在-5℃的低温进行。

一、碳正离子的重排

在强"酸"作用下，卤代烃中的卤原子或其它负性基团（如：—OH）带着成键电子对离去，生成碳正离子（或在 C=C 质子加成为碳正离子），伯碳正离子的寿命一般很短，很快重排为更稳定的仲、叔基碳正离子。

重排中经常遇到也是最容易发生的是甲基、氢原子以及苯基的迁移。甲基由于氢原子的体积很小，C—H 的 σ 电子比较裸露，在碳原子上有较大的电子云密度，具有一定的电负性，通过 π 络合过程背面进攻重排到相邻的碳正中心，如：

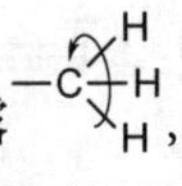

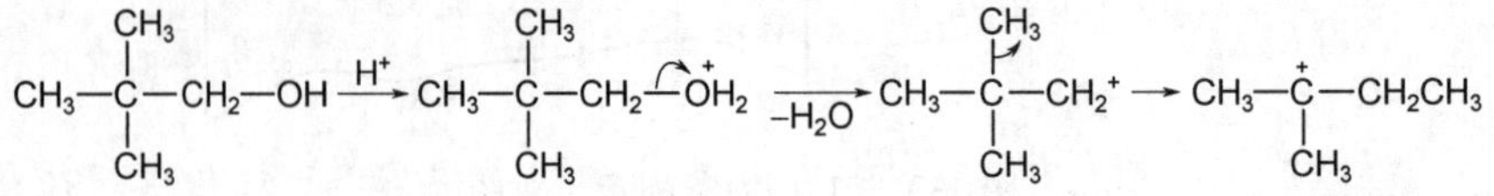

异丁基碳正离子的仲碳原子 $CH_3—\overset{|}{\underset{H}{C}}—CH_2^+$ 受两个甲基的影响有较大的电子云密度，氢原子

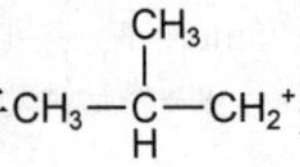

容易重排到相邻的碳正离子中心，生成稳定的叔基碳正离子。下面的例子是经过两次重排为更稳定的碳正离子——叔基和苄基。

$$CH_3-CH-CH_2CH_3 \xrightarrow[-Br]{AlCl_3} CH_3\overset{+}{C}H-CH_2CH_3 \longrightarrow CH_3\overset{.}{C}H-\overset{..}{C}H_2 \longrightarrow CH_3-\overset{CH_3}{\underset{H}{\overset{|}{C}}}-CH_2^+ \longrightarrow CH_3-\overset{CH_3}{\underset{+}{\overset{|}{C}}}-CH_3$$

（Br在CH的下方）

$$CH_3-CH-CH_2-Br \xrightarrow[-Br]{AlCl_3} CH_3-CH-CH_2^+ \longrightarrow CH_3-\overset{+}{C}H-CH_2-\text{（苯基）} \longrightarrow CH_3CH_2-\overset{+}{C}H-\text{（苯基）}$$

氯丙烷在 $AlCl_3$ 作用下在 40℃和苯缩合得到 70%异丙苯和 30%正丙苯，在-10℃反应则主要得到正丙苯。

$$CH_3CH_2CH_3-Cl + \text{（苯）} \xrightarrow{AlCl_3/苯}$$

40℃ → 苯-CH₂CH₂CH₃ (30%) + 苯-CH(CH₃)₂ (70%)

-10℃ → 苯-CH₂CH₂CH₃

又如：溴代仲丁烷在 $AlCl_3$ 作用下和苯缩合，在 40℃反应，40%~50%发生了重排；而在 0℃以下反应，则得到正常产物。

$$CH_3CH_2-CH-CH_3 + \text{（苯）} \xrightarrow{AlCl_3/苯}$$
（CH的下方为Br）

40℃ → CH₃CH₂-CH-CH₃(苯) + 苯-C(CH₃)₃ (40%~50%)

<0℃ → CH₃CH₂-CH-CH₃(苯) (50%~60%)

新戊基氯在 $AlCl_3$ 作用下和苯缩合，在-5℃反应缩合，约 40%发生重排生成叔戊苯，而在-10℃则很少重排，得到正常产物新戊苯。叔戊基氯在-10℃和苯缩合有 16%重排为新戊苯。

叔基是良好的离去基，叔戊基和新戊基可以重排互换，新戊苯比叔戊苯稳定，叔戊苯与强"酸"共热、脱去、重排和苯缩合为比较稳定的新戊苯。反应是在分子间进行的，转化率平衡达 65%。

$$CH_3CH_2-\overset{|}{\underset{|}{C}}(CH_3)_2 \xrightarrow{AlCl_3/苯} CH_3CH_2-C(CH_3)_2 \xrightarrow{H^+}$$
（第一个C下方为Cl，第二个C下方为苯基）

$$\left[CH_3CH_2-C(CH_3)_2 \longrightarrow CH_3-CH_2-\overset{+}{C}(CH_3)_2 \right] \xrightarrow{-H^+} \text{（苯基）}-CH_2-C(CH_3)_3$$

在叔戊苯的合成中，为防止叔戊苯发生重排，使用无水 ZnCl₂ 催化，以叔戊烯和苯缩合。

由于叔基容易被转移，有时为了阻塞目的先向底物引入叔基，在其它取代反应完成以后，再把叔丁基重排到最初底物上再去取代，如此反复，当芳核上有了拉电子基，叔（丁）基一经离去便不可逆转，如：

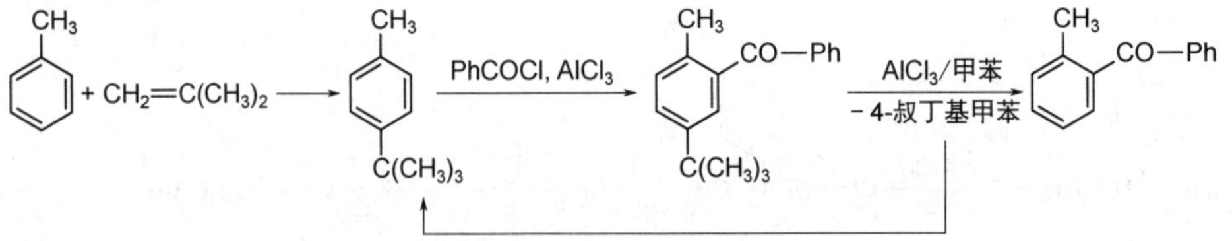

异构化的另一个方面是苯环上烷基位置发生改变，二烷基芳烃与 AlCl₃ 长时间加热使间位产物的比率增加。邻二甲苯用 HBr/AlCl₃ 处理后得到间二甲苯，没有对二甲苯；对二甲苯重排处理后也得到间二甲苯，没有邻二甲苯。迁移过程：强"酸"H⁺在推电子影响更大的、电负性更强的碳位置插入，在芳核上相邻位置形成碳正中心，烷基带着成键电子对向电正中心作 1,2-迁移，脱去质子完成重排，是分子内进行的，这个位置是另一个推电子基的间位（疏开位置），重排的多是甲基、乙基，大的烷基对 1,2-迁移构成位阻。

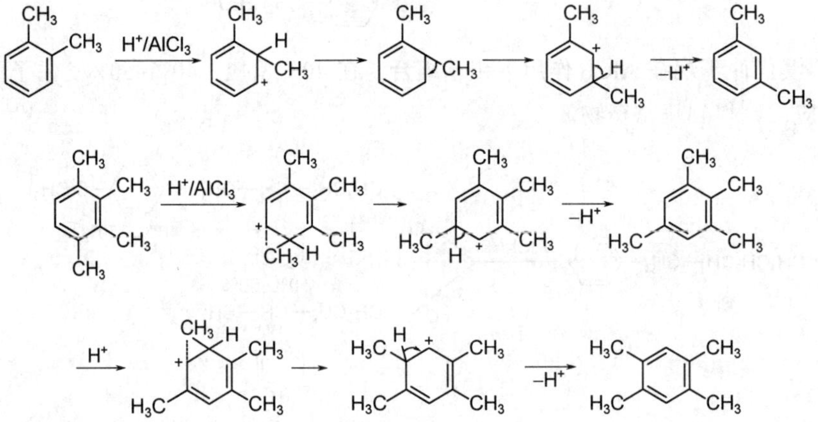

碳正离子重排的首要条件是对新生成的碳正离子在能量上有利，如：3′-氯丙酰苯在 AlCl₃ 作用下和苯的缩合，β-C—H 在相邻羰基拉电子的影响下，没有可以迁移的原子或基团，缩合得到没有重排的正常产物（见 166 页）。

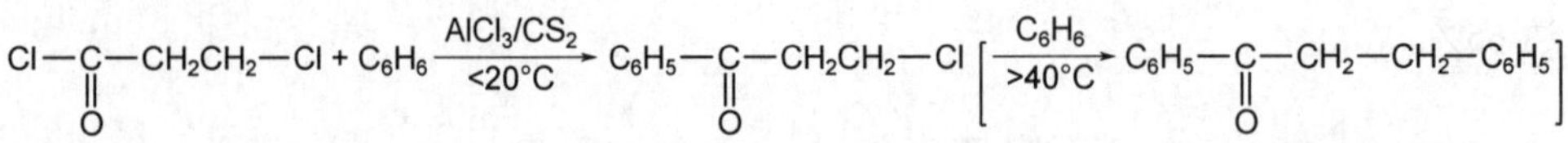

二、卤代烷与芳烃的缩合

傅-克反应是在 AlCl₃ 催化下卤代烷对于芳烃的烷基化，AlCl₃ 中铝原子的价电子层不完整，缺少一对电子，与卤代烷中卤原子的未共用电子对配位络合，生成的碳正离子（C₃ 以上要发生重排）与芳烃缩合，脱下来的质子与 AlCl₃X⁻作用释放出 HX，AlCl₃ 继续对反应催化。

$$R-X + AlCl_3 \longrightarrow R^+-AlCl_3X^-$$

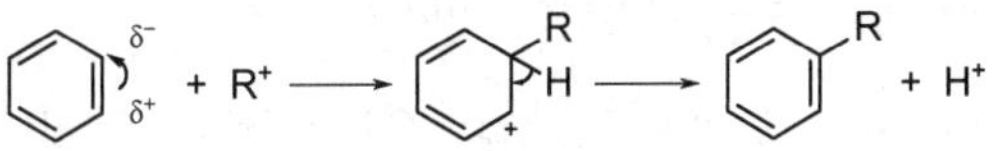

$$H^+ + AlCl_3X^- \longrightarrow HX + AlCl_3$$

部分 $AlCl_3$ 以络合物状态保持到最后，其用量一般为 $0.05\sim0.1mol$，具体用量和络合物的稳定性有关。活泼的中间络合物在反应后立即分解开，放出 HX 及 $AlCl_3$ 再生，其用量仅为 $0.05mol$，如：从氯苄制取二苯甲烷，或从 1,2-二氯乙烷制取 1,2-二苯乙烷。如果产物有电负性基团（O、N、S、X），会与 $AlCl_3$ 生成稳定的络合物，一直保持到最后，这样 $AlCl_3$ 的用量需大于 1mol。如：

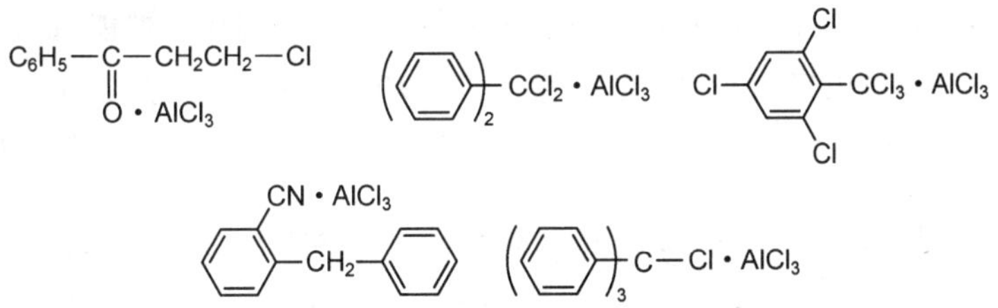

反应温度、催化剂的强弱及用量对于反应过程中碳正离子的产生及重排有重要影响。催化剂的强弱顺序为：$AlBr_3 > AlCl_3 > FeCl_3 > SnCl_4 > ZnCl_2$。

卤代烃中卤原子对反应速度的影响：$Br > Cl$，不使用碘代烷。

在傅-克反应中，芳烃取代基对反应有重要影响，推电子基使反应速度增加，吸电子基几乎使反应不能发生，氯、溴取代的芳烃底物由于对苯环的共轭关系，尚可进行烷基化。受推电子影响的芳烃底物，为减少多取代，必须使用过量 $5\sim10$ 倍的芳烃，因为苯环烷基化以后更容易进一步烷基化。

二苯甲烷　M 168.23，mp 25.3℃，bp 264.3℃，d^{20} 1.0060，n_D^{20} 1.5753。

$$C_6H_5-CH_2-Cl + C_6H_6 \xrightarrow[30℃]{C_6H_6, AlCl_3} C_6H_5-CH_2-C_6H_5 + HCl$$

2L 三口烧瓶中加入 625g（8mol）无水苯及 10g（0.074mol）$AlCl_3$，开动搅拌，控制 30℃左右从分液漏斗慢慢滴入 127g（1mol）氯化苄（开始加入 1/3 体系有升温，而后反应放热和 HCl 的吸热放出相平衡），约 2h 加完。加热至 80℃以赶尽 HCl，至冷凝器开始回流，稍冷，加入 100mL 水，分取苯层得 556g，加热回收苯，剩余物 153g。剩余物减压分馏，收集 120~130℃/8~10mmHg 馏分❶❷❸，得 113g（产率 70%）淡黄色液体，水冷结晶。

---

❶ 蒸馏的高沸物残留是进一步烷基化的产物。

❷ 产品的淡黄色是使用 $AlCl_3$ 造成的，不能被蒸馏除去，可考虑使用如二苯甲酮制备方法之颜色的处理：用 70% H_2SO_4 于 110~120℃热洗后蒸馏。

❸ 使用无水氯化锌作缩合剂，在 80℃反应，得到更好的产率和质量，只有很少的进一步缩合的产物，$ZnCl_2$ 也便于回收。
$$C_6H_5-CH_2-Cl + C_6H_6 \xrightarrow[80℃]{C_6H_6, ZnCl_2} C_6H_5-CH_2-C_6H_5 + HCl$$

1,2-二苯乙烷 M 182.27，白色针状晶体，mp 52.2℃。

$$2C_6H_6 + Cl-CH_2CH_2-Cl \xrightarrow[40\sim50℃]{C_6H_6, AlCl_3} C_6H_5-CH_2CH_2-C_6H_5 + 2HCl$$

2L 三口烧瓶中加入 1.2L（1.05kg，13.5mol）无水苯及 15g AlCl$_3$，开动搅拌，维持 40~50℃，于 2h 左右慢慢加入 200g（2mol）1,2-二氯乙烷，加入 1/3 量后开始放出 HCl，加完后继续加热回流 1h 以赶除 HCl。冷后倒入 1L 冷水中充分搅拌，水洗，回收苯后减压分馏，收集 135~145℃/10mmHg 馏分（有升华物）约 210g（产率 57%），剩余高沸物残留 110~120g。

使用溴代仲丁烷向苯环引入仲丁基，虽然使用了溴代烷及较多的 AlCl$_3$，但是控制低温（<0℃）重排也很少发生（仲基正离子有中等的稳定性，重排需要能量）。如果在 40℃ 反应，则有约 40%~50% 是重排后的叔基取代物，而在 10℃ 以下反应仍属正常，故选定在 0℃ 反应，对比实验在 -5 ~ -8℃ 反应的产率稍有提高。亦见叔戊苯的合成，应避免强无机酸。

i-丁基苯 M 134.22，bp 173.3℃，d^{20} 0.8620，n_D^{20} 1.4890。

$$CH_3CH_2-\underset{\underset{Br}{|}}{CH}-CH_3 + C_6H_6 \xrightarrow[<0℃]{C_6H_6, AlCl_3} CH_3CH_2-\underset{\underset{CH_3}{|}}{CH}-C_6H_5 + HBr$$

10L 三口烧瓶中加入 4L（3.5kg，45mol）无水苯，搅拌下加入 400g（3mol）AlCl$_3$，控制 -5℃ 左右，于 4h 内从分液漏斗慢慢加入 1.39kg（10mol）溴代仲丁烷，加完后保温搅拌 4h，放置过夜。次日倾入于大量冰水中充分搅拌，分取苯层，水洗二次，回收苯后分馏，收集 171~173℃ 馏分，得 940g（产率 70%）。

四氯化碳与苯的缩合可依次进行，当第一个苯基的缩合完成以后，三氯甲基苯比四氯化碳更容易和苯缩合生成二苯基二氯甲烷与 AlCl$_3$ 的分子复合物。三氯甲基是吸电子基，不会向三氯甲基苯中引入第二个三氯甲基。二苯二氯甲烷只在苯大大过量、加热条件下才生成三苯基氯甲烷。三苯甲基和氯原子间近似离子键，与 AlCl$_3$ 生成稳定的分子复合物，不能和苯进一步反应。

三苯基氯甲烷 M 278.77，mp 110~112℃。

$$3\,C_6H_6 + CCl_4 + AlCl_3 \xrightarrow[15\sim25℃]{C_6H_6} \xrightarrow{\triangle} (C_6H_5)_3C-Cl \cdot AlCl_3 \xrightarrow{H_2O} (C_6H_5)_3C-Cl$$

10L 三口烧瓶中加入 5L（56mol）苯，搅拌下加入 1.34kg（8.6mol）无水四氯化碳，冰水浴冷却控制 15~25℃，分多次加入 0.96kg（7.2mol）AlCl$_3$❶，反应速度快，放出大量 HCl，反应物变为棕红色，约 2~3h 可以加完，放置过夜。

次日，蒸汽浴加热以赶除 HCl 并完成反应。

水解：1.8L 30% 盐酸及 2.1kg 碎冰的混合物，维持 25℃ 以下慢慢加入上面的反应物，充分搅拌，分去水层，以 5% 盐酸洗两次（2×1.5L）至苯层颜色由棕红变为土黄色，以

---

❶ 应该先加入 AlCl$_3$，可以在较高温度加入四氯化碳以便于操作；AlCl$_3$ 的用量不足，应与四氯化碳 8.6mol 相当或更多。

无水氯化钙干燥两次。水浴加热回收苯，最后用水泵减压收尽，放冷至 60~70℃时加入 40mL 乙酰氯或 10mL PCl₃，摇匀后沸水浴加热半小时，倾入烧杯中，放冷并经常搅动使析出松散的结晶，冷后滤出，以冷苯冲洗两次，洗去绿色物质至微黄绿色，减压干燥[1]，得 740g，mp 110~112℃。

母液及洗液合并，水浴加热，减压回收苯，再得到 280g 产物，mp 107~110℃（总产率 50%）。

精制：用苯（1mL/g）重结晶，搅拌下放冷，滤出，用苯冲洗一次，减压干燥，得成品 715g，mp 110~112℃，外观为无色针状晶体。

1,3,5-三氯苯引入三氯甲基以后，致钝使其不能继续与 CCl₄ 反应；由于空间因素，也不能进一步与三氯苯反应。

$\alpha,\alpha,\alpha,2,4,6$-六氯甲苯　　M 298.85。

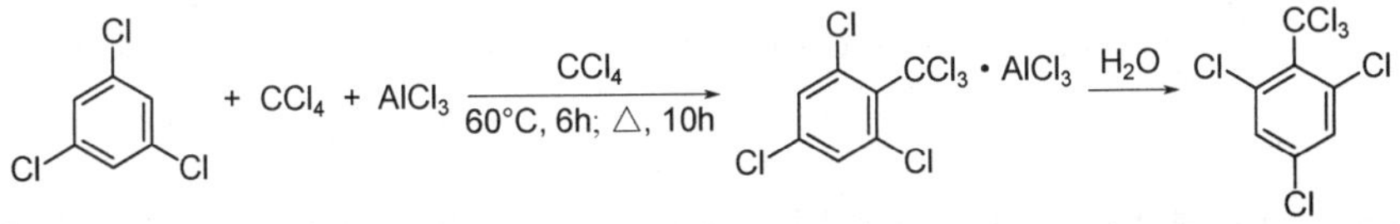

100L 反应罐中加入 18.1kg（100mol）1,3,5-三氯苯、70kg（455mol）四氯化碳，搅拌下加入 22kg（158mol）AlCl₃。慢慢加热至 60℃开始放出大量 HCl，调整加热，控制较慢的反应速度[2]，6h 后反应缓和，再加热回流 10h。冷后将反应物倾入大量碎冰中，充分搅拌，分取下面油层，冷水洗两次，回收四氯化碳后得棕色油状物 34kg[3]，减压蒸馏，收集 165~168℃/4~6mmHg 馏分，得 28.5kg（产率 95%）。

2-氰基二苯甲烷　　M 193.25。

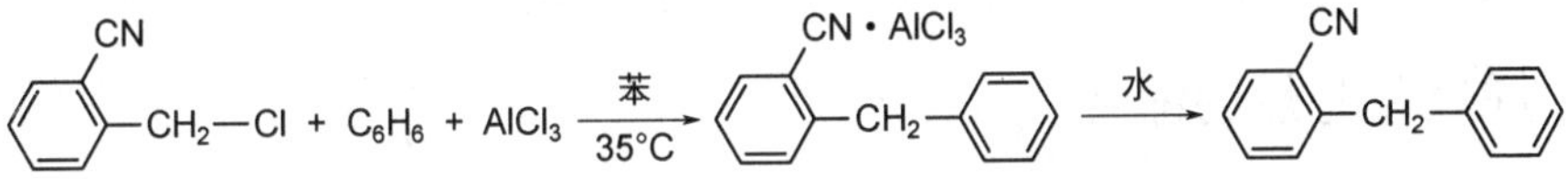

1L 三口烧瓶中加入 600mL（525g，6.7mol）无水苯及 150g（1.1mol）三氯化铝，维持 35℃左右，搅拌下慢慢加入 152g（1mol）2-氰基苄基氯于 200mL 无水苯的溶液，加完后，慢慢加热回流 2h。冷后倾入 0.5kg 碎冰中充分搅拌，分取苯液，冰水洗，回收苯，剩余物减压分馏，收集 155~160℃/5mmHg 馏分，得 160g（产率 83%）。

三、醇与芳烃的缩合

醇脱去羟基与芳烃的缩合，可以采用 AlCl₃、P₂O₅、BF₃、无水 HF、发烟硫酸、硫酸或磷酸作缩合剂，向芳核引入叔基或简单仲基，过程中由于碳正离子异构以及耗用大量缩合剂，

---

[1] 精制前不必干燥。

[2] 反应温度 60℃在 CCl₄ 的沸点以下，切不可过度加热！如某次试验中突然发生反应，放出 HCl 造成喷罐，用水冲洗，形成结晶，完成水解，生成 2,4,6-三氯苯甲酸。为使反应温和进行，可考虑在回流下慢慢加入三氯苯或将四氯化碳溶液慢慢加入。

[3] 用水泵减压蒸尽溶剂的粗品直接用于水解制取 2,4,6-三氯苯甲酸。

不是理想的合成方法。如活泼底物 o-苯二酚、p-苯二酚在85%磷酸催化作用下，在二甲苯溶剂中使用叔丁醇向芳核引入叔丁基，由于反应不完全，不如直接使用异丁烯的方法产率高、质量好。

γ-丁内酯在 $AlCl_3$ 作用下发生烃氧分裂产生碳正离子，在 $AlCl_3$ 作用下与苯环缩合生成4-苯基丁酯，继而环合。

α-萘满酮（α-四氢萘酮） M 146.18，mp 6℃，bp 143~145℃/20mmHg，d 1.099，n_D^{20} 1.5685。

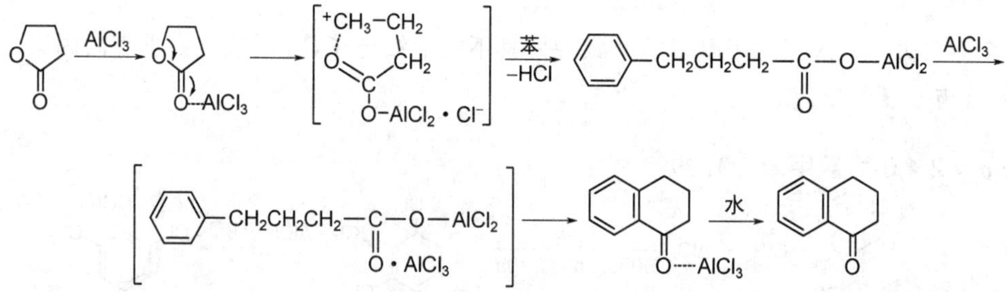

2L 三口烧瓶配置机械搅拌、高效回流冷凝器，上口装氯化钙干燥管，另一侧口用粗皮管接 1L 锥形瓶，瓶中装有 600g（4.5mol）无水氯化铝。

烧瓶中加入 1L 无水苯及 104g（1.21mol）γ-丁内酯（208~210℃馏分），搅拌下于 2h 左右慢慢加入锥形瓶中的三氯化铝，反应放热，反应物逐渐变为暗棕色，有微弱回流并放出 HCl，加完后于蒸汽浴上加热回流 16h。冷后倒入 0.5L 盐酸及大量碎冰中充分搅拌分取苯层，水层用 0.5L 苯提取一次，提取液与分出的苯层合并，水洗两次，用碱调节至碱性，再水洗，以无水硫酸钠干燥后回收苯，剩余物减压分馏，收集 75~85℃/0.3mmHg 馏分[1]，得 160~170g（产率 90%~96%），n_D^{20} 1.565~1.568。

四、烯烃与芳烃的缩合

在"酸"催化下，质子在烯的双键加成为碳正离子，在芳核亲电取代，释放出质子。

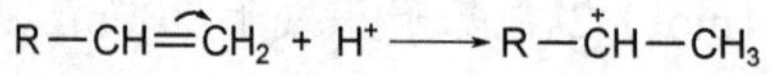

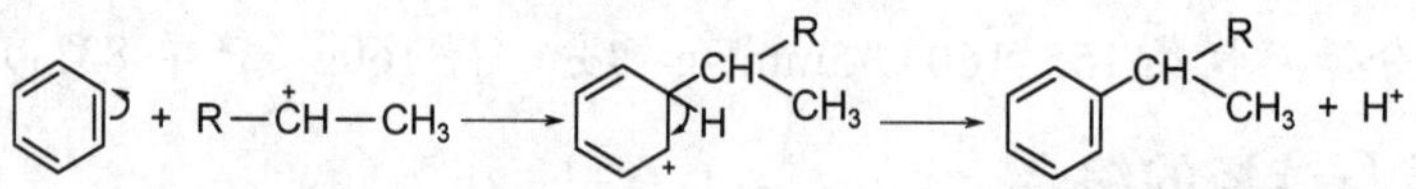

烯烃与芳烃缩合的反应速度取决于烯烃的质子化速度：$(CH_3)_2C{=}CH_2 > CH_3CH{=}CH_2$，又因催化剂"酸"性的不同而有很大区别。例如：乙烯和苯缩合，用 $AlCl_3$ 催化，反应温度 70~90℃；而用 $BF_3 \cdot Et_2O$ 催化，反应温度 20~25℃。又如：丙烯和苯用 96%硫酸催化反应，0℃ 就生成了异丙苯；环己烯和苯同样用浓硫酸催化，反应温度 5~10℃，得到 68%的苯基环己烷。

最常用的缩合催化剂的强弱次序为：$BF_3 \cdot Et_2O > H_2SO_4 > H_3PO_4$，磷酸是温和、安全的催

---

❶ 黏稠的高沸剩余物 130~150g。

化剂，经常在酚类的烷基化中使用，反应平和。

邻苯二酚、对苯二酚在二甲苯溶剂中以 85%磷酸为催化剂，搅拌，通入理论量的异丁烯，得到 68%产率的叔丁基-o-苯二酚或 80%产率的叔丁基-p-苯二酚。同样操作条件，使用 $BF_3 \cdot Et_2O$ 为催化剂制取叔丁基-o-苯二酚（计算量的异丁烯），正沸点产物收率下降为 46%。强催化导致多取代、烯烃的聚合以及二甲苯的烷基化。

4-t-丁基-o-苯二酚　M 166.22，mp 52~55℃，bp 285℃。

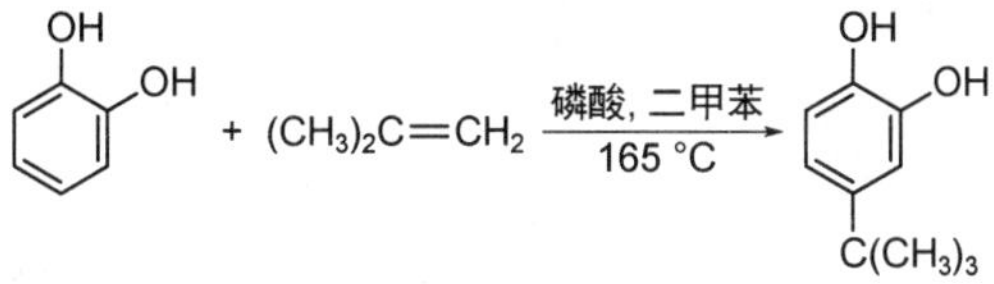

10L 三口烧瓶配置机械搅拌、温度计、插底的通气管及回流冷凝器，上口用皮管接二甲苯封管以检查吸收状况，外用电热套加热。

烧瓶中加入 1.11kg（10mol）o-苯二酚、3.8L 的二甲苯，搅拌下加热溶解后再加入 1.8kg 85%磷酸。加热维持 105℃左右通入工业异丁烯，以 10mL/s 的速度通入吸收较好，大约 6h 后吸收缓慢，反应物逐渐稍有变稠并显棕色，开始有异丁烯逸出，此时增重 540g（9.7mol）异丁烯，继续通入 10min。放冷至 50℃左右，分取上层（磷酸重复使用），用 60℃饱和 $NaHCO_3$（3L 热水中加入 700g $NaHCO_3$，搅拌下加热至 60℃）分两次洗。分馏回收二甲苯，剩余物减压分馏，收集 144~160℃/10mm Hg 馏分，得浅黄色液体 1.13kg（产率 68%），稍冷即结为固体。

精制：用二甲苯重结晶。

另外，还有下式的制备方法。

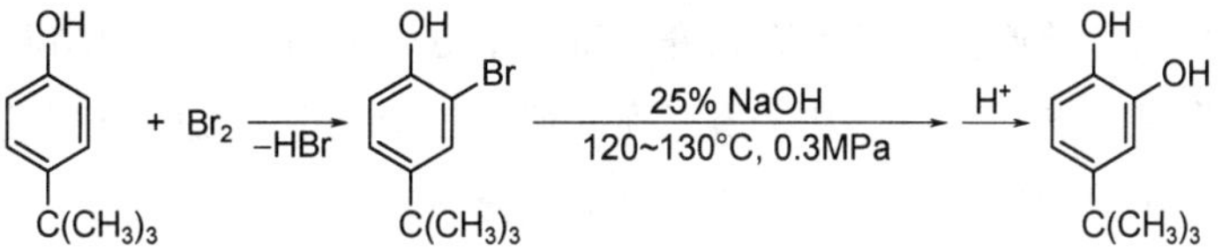

2-t-丁基-p-苯二酚　M 166.22，mp 129℃。

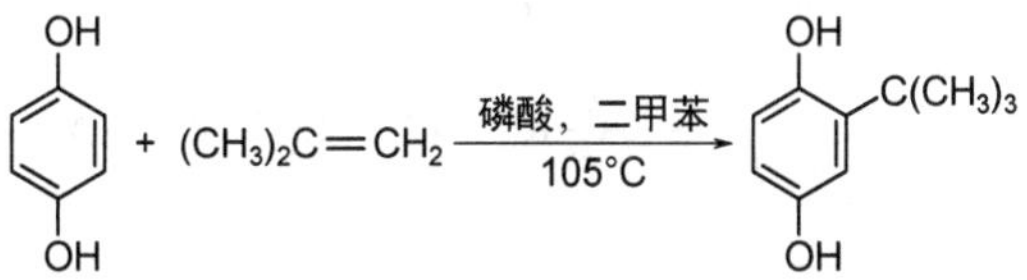

3L 烧瓶中加入 600g 无水草酸，在 80~90℃油浴上加热，从分液漏斗慢慢滴入 780g（10.5mol）无水叔丁醇，发生的异丁烯通过分馏柱导入至如下反应物中。❶

10L 三口烧瓶中加入 1.11kg（10mol）对苯二酚、3.8L 二甲苯，搅拌下加热，再加入 1.8kg 85%工业磷酸，维持 105℃左右，将以上发生的异丁烯从插底管导入，约 3h 加完。

---

❶ 使用工业异丁烯的效果较差，故仍保留此法。结晶草酸烘水过程有升华（毒）！〔草酸，mp 104~106℃（含水）；mp 190℃（无水）〕或用二甲苯共沸脱水的方法。

随着反应进行对苯二酚逐渐消溶，通入异丁烯结束后保温搅拌 0.5h。趁热分取上层（下层磷酸重复使用），冷后从二甲苯溶液中析出结晶，得粗品 1.3kg（产率 80%），mp 121~126℃。

精制[❶]：用沸水（15mL/g）重结晶，得 600~700g，mp 127~128℃，外观淡粉红色。再用二甲苯（8mL/g）重结晶，得无色结晶 500~600g，mp 128~129℃。

苯酚在强催化剂（$BF_3 \cdot Et_2O$）作用下用叔烯烷基化，反应在 20~25℃进行，引入两个叔戊基，得到高产率的 2,4-二叔戊基苯酚。

2,4-二叔戊基苯酚 M 234.39。

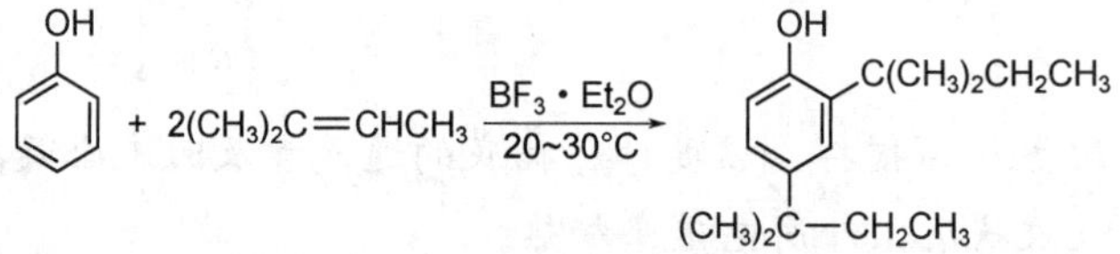

5L 三口烧瓶中加入 940g（10mol）苯酚（新蒸的）及 10mL 40% BF_3 的乙醚溶液（$BF_3 \cdot Et_2O$），在冰水浴中冷至 7~8℃，搅拌下加入 280g（4mol）异戊烯，移去冰水浴使升至室温 25~30℃，如升温太慢可稍加热，维持 25~30℃，再慢慢加入 1.2kg（共 1.48kg，20~21mol）异丁烯，加完后慢慢升至 60℃保温搅拌 3h，减压蒸馏，得 1.8~1.9kg（77%~81%）。

精制：用二甲苯溶析处理。

五、α-羰基的锌汞齐/盐酸还原及 C═C 键还原氢化

锌汞齐/盐酸的还原能力很强，可以将 $\overset{\displaystyle Ar-C-R}{\underset{\parallel}{}}$ 结构中的 α-羰基、α-醇、C═C 键以及硝基顺利还原，为单电子还原。羰基从锌汞齐获得一个电子成为负离子自由基，立即从供质子剂（盐酸）取得质子，这样才可以从金属表面取得第二个电子生成碳负离子，从供质子剂取得质子生成 α-醇；α-醇的还原速度较慢使产品得以分离。

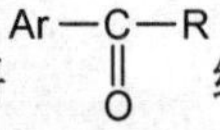

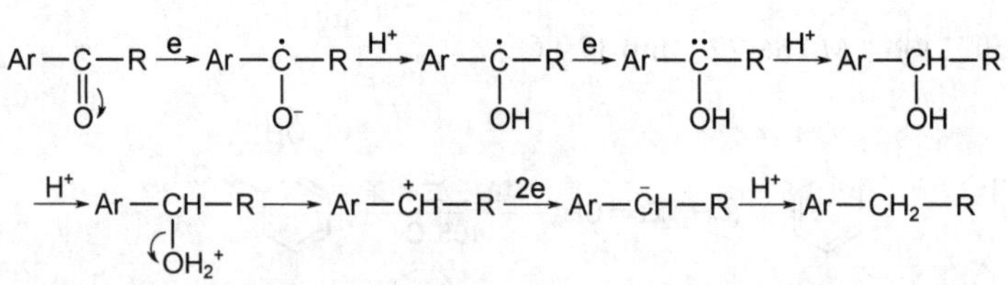

锌汞齐中，汞锌配比对反应速度有重要影响。如：从苯甲酰吡啶还原制取 4-苄基吡啶时，按通常使用量（质量），即用锌（锍屑）量 1/45 的氯化汞制作的锌汞齐在 15%~20%盐酸中回流还原 16h，得到的产物基本是 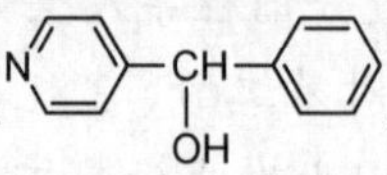 ，mp 126℃；如氯化汞用量增至锌量的 1/25，回流 20h，就完成了 4-苄基吡啶的制备，少量 4-苄醇基吡啶很容易以分馏方式分开。

---

❶ 或直接用二甲苯重结晶。

又如：邻、间位羟基取代的 α-芳酮在还原过程中，虽然负离子自由基能得到质子，但由于羟基的推电子作用使孤对电子得到部分稳定——发生自由基偶联；一般有适宜的温度条件，过度加热会提高偶联的反应速度，在较低温度时主要是还原反应，如：2,4-二羟基苯丙酮在 56~58℃还原为 2,4-二羟基丙基苯（见 32 页）。

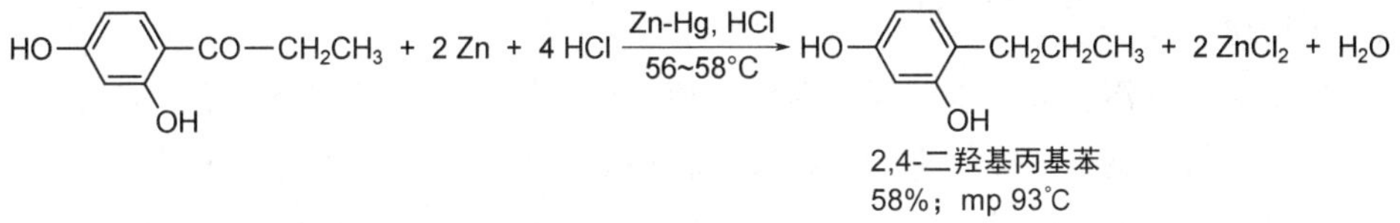

$$\text{HO}\overset{}{\diagdown}\text{C}_6\text{H}_3(\text{OH})\text{-CO-CH}_2\text{CH}_3 + 2\text{Zn} + 4\text{HCl} \xrightarrow[56\sim58℃]{\text{Zn-Hg, HCl}} \text{HO-C}_6\text{H}_3(\text{OH})\text{-CH}_2\text{CH}_2\text{CH}_3 + 2\text{ZnCl}_2 + \text{H}_2\text{O}$$

2,4-二羟基丙基苯
58%; mp 93℃

3-羟基苯乙酮按常规方法还原时主要发生偶联反应；4-羟基-3-甲氧基苯甲醛（香兰素）的还原，由于酸性条件下甲氧基吸电子作用对于羟基的影响抵消，以相当快的速度还原为 4-羟基-3-甲氧基甲苯。

α-芳酮的锌汞齐/盐酸还原要考虑：①质子及电子的提供状况；②底物的电效应，即自由基的稳定性及屏蔽、阻碍因素。还原中，底物大多难溶于水，又由于锌汞齐质重、脆而易碎，沉在下面不便于搅拌，与底物难以接触；中间体物质被底物提取提供了偶联反应的条件。下面实例中，对于溶于酸、水的底物，如：4-苯甲酰吡啶、2,4-二羟基苯丙酮，都给还原提供了方便，使用部分乙醇或乙酸改善介质条件对反应有所帮助。α-苯丁酮的还原制取正丁苯，使用锌量 1/13 的 $HgCl_2$ 制得锌汞齐，回流 20h，得到正常产物正丁苯；如果 $HgCl_2$ 用量减少至锌量的 1/20，反应缓慢，自由基又比较裸露，则主要发生偶联。又如 α-苯庚酮，可能碳链对自由基偶联有阻碍作用，还原时间要 70h，得到较好的收率；而十二酰苯回流还原 120h，只有 50%收率。因为锌汞齐的活性逐渐降低，反应时间并不能直接反映反应速度，只是比较出大致的次序。

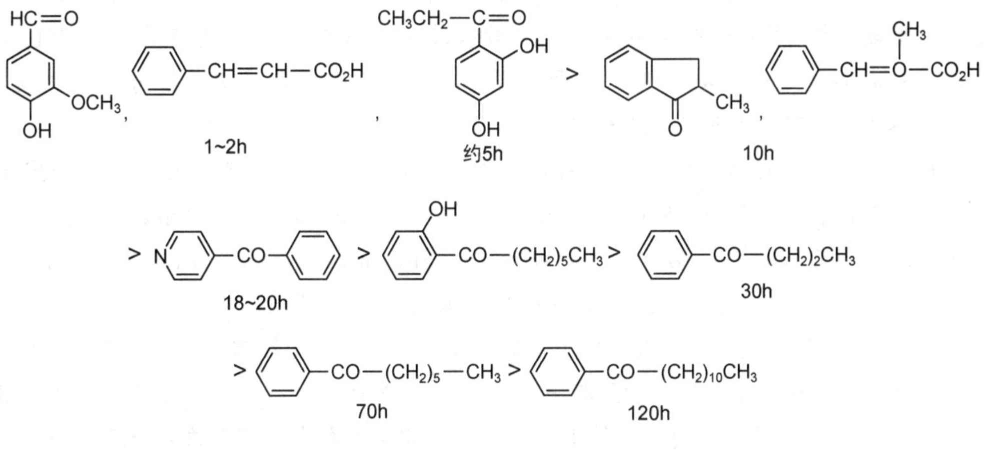

反应的实施：为了增加物料与锌的接触，将锌制成苔状或镟屑。当锌镟屑在水中与氯化汞一经接触，立即在锌表面生成光亮的锌汞齐（机械强度变小），大大降低了与盐酸的反应速度，在加热的情况下也能使反应平和地进行，总是有新鲜的锌与物料接触。锌用量为计算量的 4~6 倍，盐酸用量为计算量的 2~3 倍，大量过剩的锌汞齐活性大约降低了 50%。如果只用剩下的锌汞齐还原，反应时间要延长一倍或更长。

锌汞齐的配制：一般在使用前临时制备以减少在空气中的暴露时间，由于锌汞齐的机械强度很差、很脆，其制作方法如下：把苔状锌或锌镦屑加入到烧瓶中用水盖没，摇动着或从瓶底吹入急速的空气让水流动，慢慢加入加有少许盐酸的 $HgCl_2$ 水溶液。$HgCl_2$ 可以较好地分散，使下面的苔状锌也成为大致相同程度的锌汞齐，氯化汞加完后再摇动几分钟使水中的氯化汞作用完全。

大多数反应物难溶于酸性水溶液，为了加速反应接触可加入乙酸或乙醇。在反应罐中生产是将锌汞齐置于用漏板架支起来的编织袋上，用酸泵将反应物打循环，旧的锌汞齐不必每次更换，只是每批次补加锌汞齐，若干批次以后再打开罐盖取出。在水中用 10mm×10mm 的网筛分离较大的锌汞齐继续使用，筛下的细小含汞废渣倾去水，用 30%硝酸处理掉大部分锌以后，以汞盐的形式回收汞（仍含少量锌），测定汞含量，用以制取锌汞齐。

4-丙基-1,3-苯二酚（2,4-二羟基丙基苯）　*M* 152.20，可溶于水，mp 92~93℃，bp 172℃/14mmHg。

$$HO-\text{苯环}(-CO-CH_2CH_3)(OH) + 2\ Zn + 4\ HCl \xrightarrow[56\sim58℃]{Zn\text{-}Hg,\ HCl} HO-\text{苯环}(-CH_2CH_2CH_3)(OH) + 2\ ZnCl_2 + H_2O$$

1000L 反应罐中的塑料支架上放好比罐直径更大、更高、多孔的织袋，安装罐盖压住织袋周边，向罐中加入 420kg（6.4kmol）锌镦屑，加入水盖没，用耐酸泵从罐下口打循环，用 12.6kg 氯化汞配成的溶液慢慢加入制成锌汞齐，加完后再打循环 3h，将"废水"放出（另用）。

向罐中加入 60kg（360mol）2,4-二羟基苯丙酮及 200L 以上的"废水"，再加入 400kg（3.33kmol）30%盐酸及 45L 乙醇，加热维持 56~58℃❶条件下将反应物打循环 4.5h，趁热取样（油层）GC 分析：主体物含量>75%，原料酮<5%（因为以后的分离困难，这个标准很重要）❷，否则继续反应 1~1.5h 后再取样进行 GC 分析。达标后加入 75L 纯苯加热保温打循环 15min，冷至 50℃分取苯层，再如上重复提取两次，合并的提取液 GC 分析：主体物>88%，原料酮<2.5%❸。

按锌汞齐的消耗速度及活性降低程度，在以下的还原中有三个因素按以下规定进行调整：①以 300kg 盐酸换掉 350kg 提取过的反应液；②补加 80kg（1.2kmol）按上法制得的锌汞齐；③以后每批次的反应时间大致为 5h、5h、6h、6h、9h、9h、10h、10h、10h、10h、11h、11h、11h、11h，加上最初的一次（4.5h），共操作 15 批次。

如上 15 批次的苯提取物（或分次）用饱和盐水洗两次，蒸馏回收苯至液温 140℃时将剩余物合并，水泵减压收尽低沸物至液温 140℃/-0.06MPa。稍冷，用油泵减压蒸馏，收集 147~155℃/5~6mmHg 馏分，前馏分很少，不必分别收集。每次蒸馏后放尽釜底高沸物。

精制：以上 15 批所得蒸馏物粗品用苯（1mL/g）溶解，搅匀后放冷 24h 以上，离心

---

❶ 更高的反应温度会引起更多的偶联。

❷ 原料酮作为杂质，重结晶处理无效果；减压分馏一次使纯度提高 1%~3%。

❸ 由于提取出水中溶解的中间物时、取样检测时以及提取过程中都在进行着还原，故最后的主体含量升至 88%，酮含量又下降至 2%~3%。

分离，冷苯冲洗❶，干燥后得 480kg（产率 58%），mp 89~91℃，GC 纯度 97.5%。

4-苄基吡啶　M 169.23，有槐树豆样的气味，bp 288℃，d^{20}1.061，n_D^{20} 1.5820。

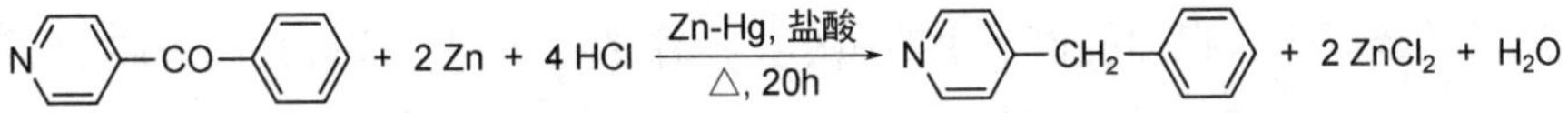

10L 烧瓶中加入 1.65kg（25mol）苔状锌，用 75g 氯化汞制成锌汞齐。加入 3.3L 水及 2L 30%盐酸，加入 400g（2.2mol）4-苯甲酰吡啶，加热回流 6h 后补加 1.8L 30%盐酸，再回流 14h❷，放置过夜(冬季室外)❸。倾去水层，剩下黏稠的无色流体（下面）及粘在锌汞齐上的黄色固体，向其中加入 2L 20%氢氧化钠溶液，在沸水浴上加热并不时摇动，至锌汞齐上的固体及油状物全部分解开。产物在上层，冷至 50℃ 左右分取粗品，得 380~390g。减压分馏，收集 165~174℃/30mmHg 的馏分，得 310~330g（产率 70%~78%）；再减压分馏一次以除尽 4-苯甲醇基吡啶（mp 126℃）。

另法：黄鸣龙用联氨还原的方法更好（见 36 页）。

2-甲基氢茚　M 132.21，bp 187℃，d^{20} 0.9034，n_D^{20} 1.5070。

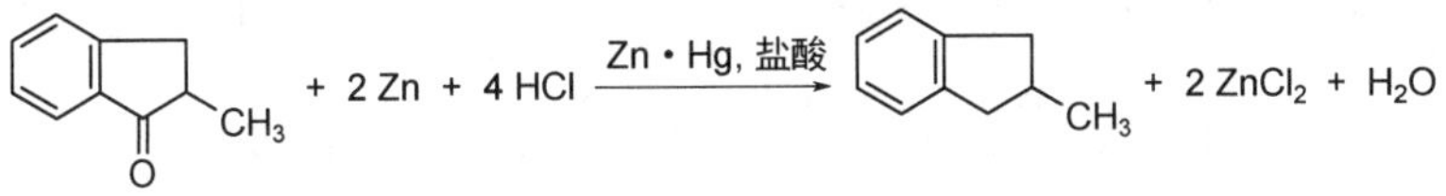

5L 烧瓶中加入 400g（6.1mol）苔状锌，用 20g 氯化汞制成锌汞齐。加入 200mL 水、700mL 30%（7mol）工业盐酸，再加入 145g（1mol）2-甲基氢茚-1-酮，加热回流 10h，产物油层的相对密度下降至 0.93（因包裹含有盐酸的水，相对密度高属于正常），又回流 10h，比重没有改变（反应 10h 应该已经还原完毕。如果是含未反应的原料酮 $d^{21.2}$1.0651，则油层产物的相对密度应该继续下降），分取油层，水洗，干燥后分馏，收集 183~185℃ 馏分，得 75g（产率 58%）。

2-庚基苯酚　M 192.29。

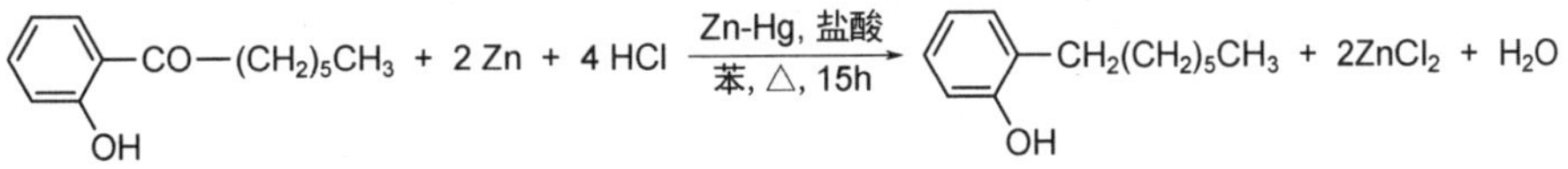

5L 三口烧瓶中加入 700g（10.8mol）苔状锌，用 20g 氯化汞制成锌汞齐。加入 600mL 水、700mL（8mol）36%盐酸，再加入 207g（1mol）2-庚酰基苯酚溶于 200mL 乙醇的溶液，搅拌下加热回流 15h。稍冷，加入 300mL 甲苯提取（应改用苯），热水洗，回收苯，剩余物减压分馏，收集 118~123℃/1mmHg 馏分，得 150~155g（产率 75%~80%）。

---

❶ 从苯母液回收的部分产物及酮重新进行还原。

❷ 如果回流 8h，或减少锌汞齐的汞量，或增加苯甲酰吡啶的投入量都会使还原不完全，分馏剩下相当多的高沸物残留——4-苯甲醇基吡啶。

❸ 淡黄色的固体物主要是 4-苄基吡啶和氯化锌的复盐；白色针晶晶体是 4-苄基吡啶、4-苯甲醇基吡啶和氯化锌的复合盐；水层用碱处理及苯提取可增加约 10%的产率。

C_4 以下的 α-芳酮在还原中，由于中间基比较裸露及有机相的提取而容易偶联，通过提供足够的质子、电子用以减少偶联。如：2,4-二羟基苯丙酮的还原中，使用常规 3 倍量的锌汞齐及较低温度，并加入乙醇以增大溶解度，使用循环泵以加强接触；又如苯丁酮的还原，虽然使用常规量的锌汞齐，但却提高了汞的比率，应添加乙醇用于改善介质条件。

n-丁基苯　M 134.22，bp 183.2℃，d 0.860，n_D^{20} 1.4890。

$$C_6H_5-CO-CH_2CH_2CH_3 \xrightarrow[\text{甲苯，}\triangle\text{，30h}]{\text{Zn-Hg，盐酸}} C_6H_5-CH_2CH_2CH_2CH_3$$

10L 烧瓶中加入 2kg（30mol）苔状锌，用 150g 氯化汞制成锌汞齐。加入 1.25L 水、2L 30%盐酸及 740g（5mol）α-苯丁酮，加热回流 10h。再加入 2L 30%盐酸回流 10h[❶]，又补加 2L 盐酸（共 60mol）回流 10h。冷后分取上层，用 80%~85%硫酸洗三次[❷]，至硫酸层不再变红；水洗三次，干燥后分馏，收集 181.5~183.5℃馏分[❸]，得 340~410g（产率 50%~60%）。

4-苯基丁酸　M 164.2，从水中得片状晶体，mp 52℃，bp 290℃。

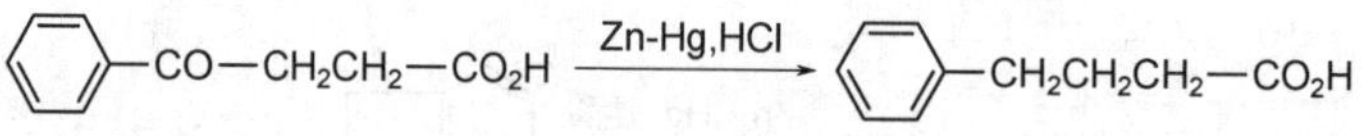

$$\text{C}_6\text{H}_5-CO-CH_2CH_2-CO_2H \xrightarrow{\text{Zn-Hg,HCl}} \text{C}_6\text{H}_5-CH_2CH_2CH_2-CO_2H$$

5L 烧瓶中加入 400g（6.1mol）苔状锌，用 30g 氯化汞制成锌汞齐。加入 250mL 水及 500mL 30%盐酸，再加入 178g（1mol）β-苯甲酰丙酸及 300mL 甲苯，加热回流 20h，每回流 5h 补加 150mL 盐酸（共 3 次）。冷却后分取有机层，水洗，回收甲苯，剩余物减压分馏，收集 178~185℃/15~20mmHg 馏分，得 125~135g（产率 76%~82%），mp 38~41℃。

其它实例：

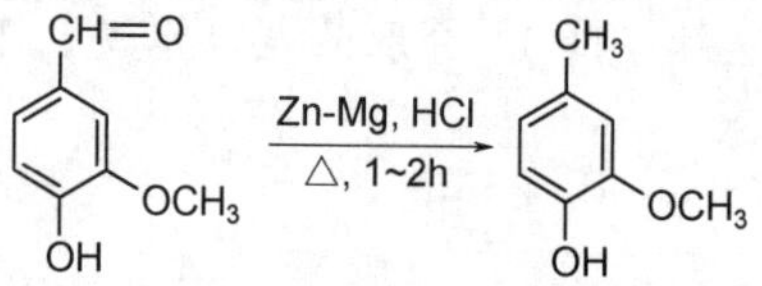

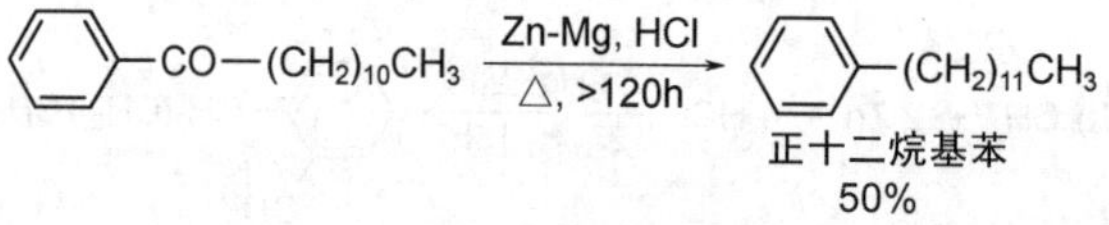

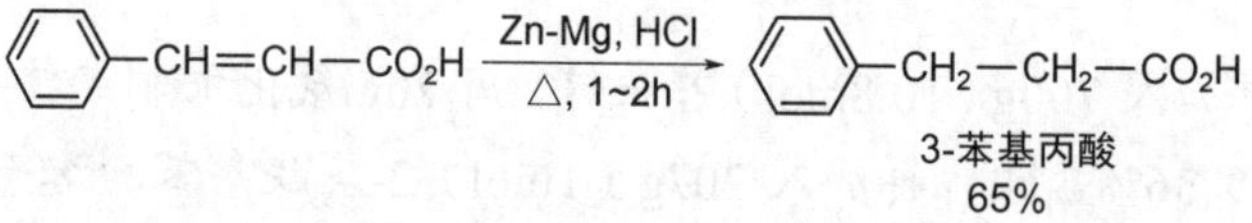

正十二烷基苯
50%

3-苯基丙酸
65%　　（见 15 页）

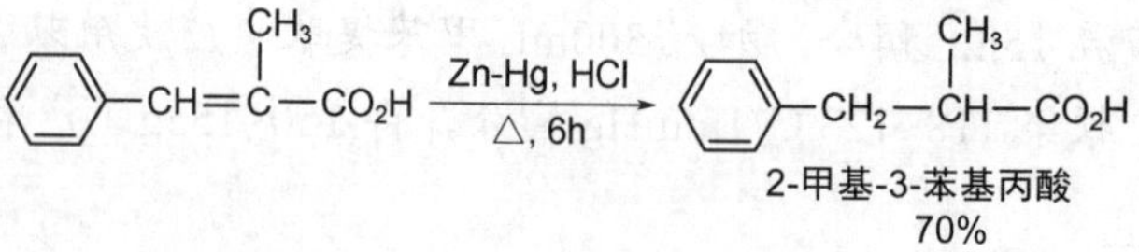

2-甲基-3-苯基丙酸
70%　　（见 16 页）

[❶] 此时油层变得容易散开并有向下游动的倾向。

[❷] 用硫酸洗去中间产物"醇"，否则在分馏时发生 β-消除，产物不易分离。

[❸] 偶联高沸物已经很多，$HgCl_2$ 减少为 100g 时偶联产物更多，应添加乙醇溶剂。

六、羰基的联氨还原 $(\ce{>C=O} \longrightarrow \ce{>CH_2})$

联氨还原羰基比锌汞齐/盐酸的克莱门森法还原具有更多优点：①反应物均一、反应速度快、产率更高；②不存在对酸敏感及偶联问题；③避免了毒害废料渣的处理；④溶剂辅料便于处理，回收再利用。

应该注意的问题：底物卤原子、酯基。

反应过程：醛（酮）与过量的水合肼在二乙二醇中（有时加少许乙酸催化）共热，蒸出水和过量肼（bp 113.5℃）及水合肼（bp 120.1℃），至液温150℃，制得腙的溶液。在醇钠作用下共热至150~160℃进行质子转移分解，完成反应，最后升温至200℃保温，使反应完全。过程中首先生成腙负离子、电负中心转移及质子迁移生成偶氮负离子，分解放出氮气，碳负离子及溶剂夺取氢完成还原，碱再生，反应过程如下：

$$
\underset{R'(H)}{R-C=O} + H_2N-NH_2 \xrightarrow[\triangle,\ -H_2O,\ 约150℃]{\text{二乙二醇}} \underset{R'(H)}{R-C=N-NH_2} \xrightarrow[-ROH]{RO^-} \underset{R'(H)}{R-C=N-NH^-}
$$

$$
\longrightarrow \underset{R'(H)}{R-C=N=N-H} \longrightarrow \underset{R'(H)}{\underset{H}{R-C-N=N^-}} \xrightarrow{-N_2} \underset{R'(H)}{R-C^-} \xrightarrow[-RO^-]{R-OH} R-CH_2-R'(H)
$$

总反应式：$R-\underset{R'(H)}{C}=O + H_2N-NH_2 \longrightarrow R-CH_2-R'(H) + H_2O + N_2$

碱一般只有二乙二醇钠（从甲醇钠和二乙二醇交换制得的二乙二醇钠溶液）参与反应过程，所以甲醇钠的用量只要0.3mol或者更少；或使用氢氧化钠；个别情况只要更高的反应温度即可。在腙的合成中联氨必须有较大的过量（1~2倍），以减少生成脲（$\ce{>C=N-N=C<}$），由于不能被还原而导致产率降低。有水存在的高温条件下，过量的联氨抑制了腙水解生成脲的副反应，脱水后过量的水合肼被蒸出回收。最后的保温过程仍有少量氮气持续发生，不一定反应没有结束，或是残存联氨在高温下的分解所致。

二乙二醇能达到要求的比较高的反应温度及对反应物料的溶解，是较好的溶剂。

二乙二醇钠是由甲醇钠的甲醇溶液与二乙二醇交换蒸出甲醇制得，切不可使金属钠与二乙二醇作用，否则产生的氢气会发生爆燃（可能是醚的过氧化物和氢气反应造成的）。

反应底物中邻近羰基的拉电子基使反应加速，推电子基使反应速度降低。

反应的实施：醛（酮）与过量的水合肼在二乙二醇中反应，蒸去水及大部分过量的水合肼至反应物温度到160℃，维持150~160℃慢慢加入二乙二醇钠溶液，并随时蒸出低沸点的物质以维持反应温度，同时放出氮气（导出），最后升温至200℃保温使反应完全。

为了减少二乙二醇的消耗，将反应物直接分离或蒸出产物后，再蒸出计算量的二乙二醇用作合成腙的溶剂，剩余物作为二乙二醇钠可重复使用三次以上。如果为了回收二乙二醇，以50% H_2SO_4 中和至 pH 6，放置过夜或更长时间以析出结晶硫酸钠，分离并用少许甲醇冲洗，合并的溶液作为二乙二醇用于腙的合成，或减压分馏回收（bp 125~126℃/11mmHg）。

4-苄基吡啶

a. 二乙二醇钠的制备

$$HOCH_2CH_2-O-CH_2CH_2OH + CH_3ONa \xrightarrow[\text{约125℃, }-CH_3OH]{} HOCH_2CH_2-O-CH_2CH_2ONa$$

5L 烧瓶中加入 2L 二乙二醇及 1.5L 30%（7.5mol）甲醇钠甲醇溶液，混匀后加热，慢慢蒸出甲醇至液温 125℃即认为交换完全。

b. 腙及还原

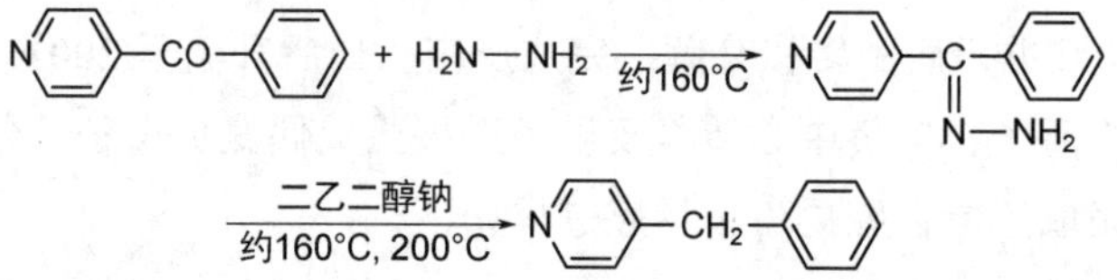

10L 三口烧瓶中加入 2L 二乙二醇、3.8L 50%（36mol）水合肼及 75mL 乙酸，混匀，加入 2.75kg（15mol）4-苯甲酰基吡啶，搅拌下加热蒸除水及过剩的水合肼至液温 160℃（约 5h 可以完成，冷后凝结）。

将以上腙的溶液加热维持 150~160℃，于 5h 左右从分液漏斗慢慢加入前面制得的二乙二醇钠溶液，反应立即开始，放出氮气形成泡沫，但不致溢出，并有少许低沸物随氮气挥发蒸出，有气味，从反应容器导出室外。加完后将反应物升温至 200℃，保温 3h，停止加热和搅拌，放冷后分取上层（或加入 4L 水，用苯提取三次），回收溶剂，剩余物减压分馏，收集 160~170℃/20mmHg 馏分，得 2kg（产率 79%）。

同法制取：

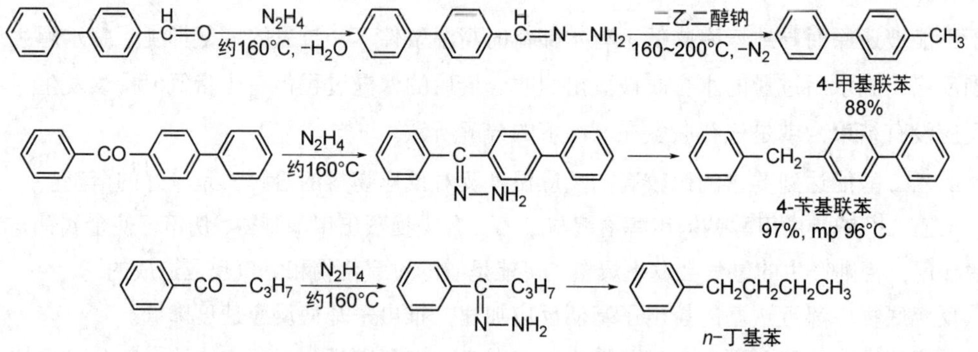

联苯-4-乙酮在制备腙的蒸水过程中，由于温度较高，已经开始还原。

4-乙基联苯　M 182.27，无色蜡状，mp 34~35.5℃，bp 149~150℃/12mmHg。

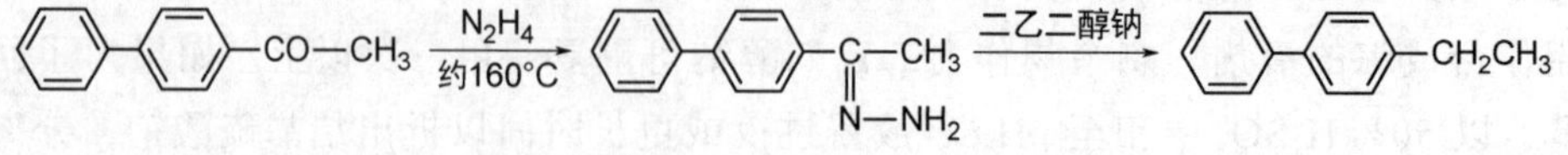

0.5L 三口烧瓶中加入 50mL（0.25mol）甲醇钠甲醇溶液、70mL 二乙二醇，混匀，加热蒸除甲醇至液温 125℃，即认为交换完全。

1L 三口烧瓶中加入 98g（0.5mol）4-乙酰基联苯、94g 80%（1.5mol）水合肼，再加入 250mL 二乙二醇❶及 2.5mL 乙酸，搅拌下加热于 100℃ 反应 1h，继续加热蒸除水及过剩的水合肼，至 170℃ 反应物均一。在蒸除过程中有泡沫产生，搅拌位置在液面下 2cm 处以打碎泡沫（已经开始还原）。维持 150～160℃ 于 3h 左右慢慢加入上面配制的二乙二醇钠溶液，同时放出氮气，加完后于 200℃ 保温搅拌 2h。放冷至 110℃ 倾入 1L 烧杯中放置过夜，或加入 50mL 水，以 50% H_2SO_4 中和至 pH 6，加热使分层清晰，放置过夜。次日取出上面的结晶块，加热熔化再固化，尽量分离除去液体，得 74g，减压蒸馏，收集 149～150℃/12mmHg 馏分，得 67g（产率 73%），fp 33℃。

在以下 2,4-二甲氧基苯丁酮中，甲氧基与羰基共轭及场效应都使电负中心转移和质子转移分解困难，推电子的影响使每一步骤都反应缓慢——虽然最后延长了保温（180℃）和加入较多的醇钠（1mol）（对比 2,4-二羟基丙苯、4-羟基-3-甲氧基甲苯的制备方法或用克莱门森 Zn-Hg/HCl 的方法还原为好）。

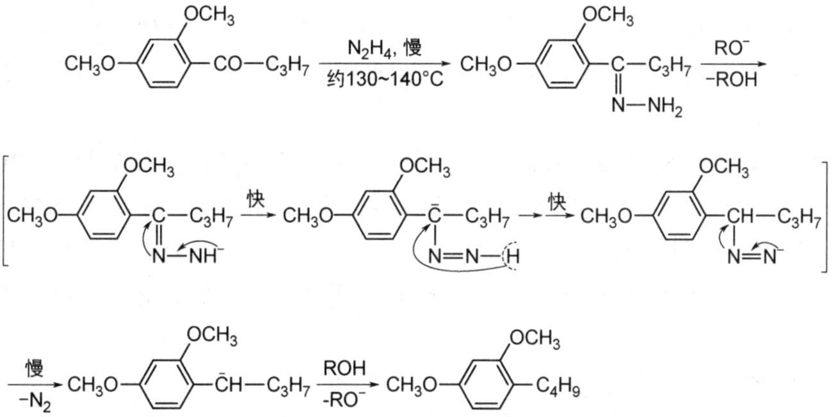

β,γ-不饱和的 α-芳酮在用联氨还原的过程中，重排为共轭的 α,β-不饱和链。

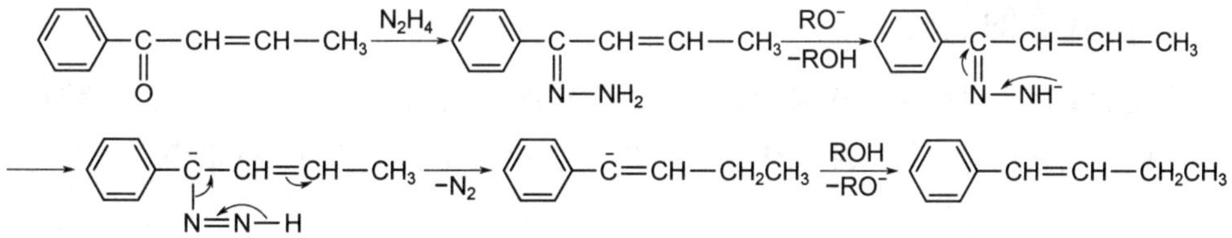

在脂环酮，如 3-甲基-1,2,4-环戊三酮的还原中，1-位羰基有更强的加成活性，由于选择性较差，使用较弱的碱（氨基脲 ）在较低的反应温度下反应以提高其加成的选择性。由于腙的结晶可以分离处理，又无过量的联氨，能得到准确位置上单一的还原产物即 2-甲基-1,3-环戊二酮。

2-甲基-1,3-环戊二酮　　M 112.13，mp 213～215℃。

---

❶ 加入多量的二乙二醇是为了搅拌方便及最后反应物均一。

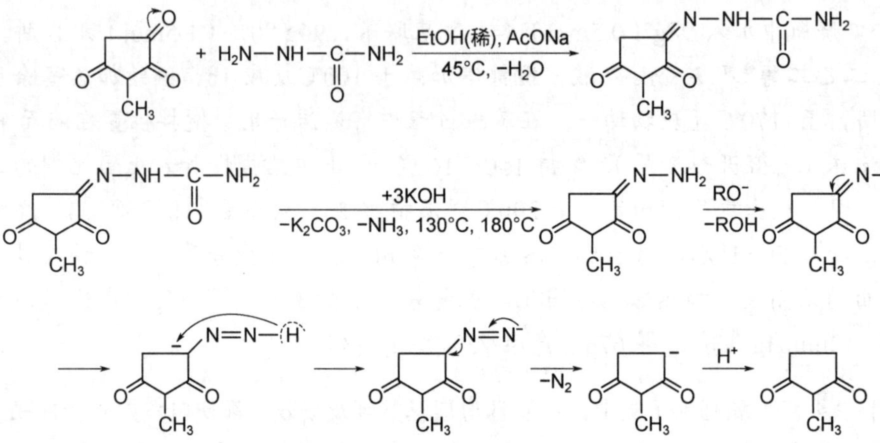

5L 三口烧瓶中加入 1.5L 乙醇、144g（1mol）结晶 3-甲基-1,2,4-环戊三酮-水合物，再加入 0.5L 水，溶解后加入 150g（1.1mol）结晶乙酸钠（AcONa·3H$_2$O）溶解在 200mL 水的溶液，充分搅拌，必要时过滤。保持 45℃ 左右，搅拌下于 1.5h 左右慢慢加入 250mL 水中溶解有 112g（1mol）盐酸氨基脲及 150g（1.1mol）结晶乙酸钠（AcONa·3H$_2$O）的溶液，加完后再保温搅拌 1h。冷却后滤出结晶，用稀乙醇冲洗，于 100℃ 烘干，得 110~120g（产率 60%~65%）。

2L 三口烧瓶中加入 115g（2mol）苛性钾、1.15L 乙二醇，搅拌下加入 12mL 水，加热溶解。维持 130℃ 左右，于 40min 慢慢加入以上制得的腙，加完后于 150℃ 保温 0.5h，再于 180~185℃ 保温 2h。稍冷，减压蒸除乙二醇，剩余物用 250mL 水溶解，用浓盐酸小心酸化，放出大量 CO$_2$，滤出结晶，用水浸洗，用 400mL 50% 乙醇重结晶（脱色过滤），冷后滤出结晶，得 40~44g。

从母液浓缩回收到 10~12g。

精制：以上粗品与母液回收到的粗品合并，再用稀乙醇重结晶一次，得产品 42~47g（产率 62%~64%，以腙计），mp 211~212℃。

七、卤代烃的氢解

卤代烃的氢解可供使用的还原剂很多，氢化铝锂（LiAlH$_4$）的用途最广泛，常见的卤代烃都能还原，其它还原剂如：硼氢化钠（NaBH$_4$），金属与供质子剂，联氨等。

1. 金属氢化物脱卤

金属氢化物 LiAlH$_4$、NaBH$_4$ 的还原是 AlH$_4^-$、BH$_4^-$ 负离子进行的亲核取代反应，可能不是经过独立的 H$^-$ 负离子直接反应，很可能是经过络合物过程进行的，因为当存在空间阻碍时，伯卤代烃更容易反应。

NaBH$_4$ 比较稳定，在室温下不与水、醇及空气中的 CO$_2$ 反应，但遇"酸"或较高温度（如 100℃）就会发生分解，产生剧毒易燃的 BH$_3$。如：NaBH$_4$ + BF$_3$·Et$_2$O ⟶ BH$_3$ + NaHBF$_3$。NaBH$_4$ 不溶于醚，可溶于强极性溶剂，如二甲基甲酰胺（DMF）、二甲基亚砜（DMSO）、环丁砜。在室温条件下不能脱卤，一般都要比较高的温度及使用过量的 NaBH$_4$。NaBH$_4$ 可以还原碘代烃，但对于脱氯就比较差。叔基氯在环丁砜中在 200℃ 脱氯；砜及亚砜在 COCl$_2$ 或 Pd 催化下被还原为硫醚。

$$C_6H_5-SO_2-C_6H_5 \xrightarrow{\text{NaBH}_4,\ \text{CoCl}_2,\ \text{EtOH}} C_6H_5-S-C_6H_5$$

脱卤实例 1：4-乙基庚烷

$$CH_3CH_2CH_2-\underset{\underset{Cl}{|}}{\overset{\overset{CH_2CH_3}{|}}{C}}-CH_2CH_3 \xrightarrow[200℃,\ 18h]{\text{NaBH}_4,\ 环丁砜} CH_3CH_2CH_2-\underset{\underset{H}{|}}{\overset{\overset{CH_2CH_3}{|}}{C}}-CH_2CH_3 + BH_3 + NaCl$$

0.015mol 4-氯-4-乙基庚烷、0.028mol 硼氢化钠及 50mL 环丁砜的混合物在油浴 120℃加热 2.5h，加入 28.2g 戊酸，在 190~200℃加热 18h。冷却后倾入 250mL 水中，用环己烷提取几次，合并的提取液干燥后分馏，收集 135~136℃馏分，收率 60%。

$$Bu_3SnCl + NaBH_4 \xrightarrow[<-10℃]{乙二醇二甲醚} Bu_3SnH + BH_3 + NaCl$$

10%的三丁基氯化锡/乙二醇二甲醚溶液，<-10℃条件下，滴加到三倍计算量的 3%硼氢化钠乙二醇二甲醚溶液中，反应后，在氮气保护下减压分馏，转化率 96%。

$LiAlH_4$ 的化学性质活泼，能与水、醇、空气中的 CO_2 反应，其参与的脱卤反应只能在无水乙醚、四氢呋喃或其它醚溶液中进行。$LiAlH_4$ 在无水乙醚中的溶解度为 25%，在四氢呋喃中为 18%。使用时必须除掉溶剂中的水、醇和过氧化物，微量残存也会消耗试剂，生成不溶于醚的醇基氢化铝锂结晶物：

$$R-OH + LiAlH_4 \longrightarrow Li^+AlH_3^- -OR + H_2$$

AlH_4^- 的第一个氢原子的还原能力很强、反应很快，其余氢原子的还原能力依次减弱。在脱卤中一般使用过量的 $LiAlH_4$，在使用 $LiAlH_4$ 时的注意事项如同使用金属钠，在煤油中贮存及粉碎处理，然后用溶剂（醚）洗去煤油，要特别注意由于氢气引起的爆燃。

脱卤实例 2：2-氯-4,7-内亚甲基-环庚烯

$$\xrightarrow[20~25℃,\ 12h]{\text{LiAlH}_4,\ \text{Et}_2\text{O}}$$

0.3mol（A）溶于 50mL 无水乙醚中，慢慢滴入至搅拌及水浴冷却的 0.9mol $LiAlH_4$ 溶于 400mL 无水乙醚的悬浮液中，加完后室温下再搅拌 12h。滴加 10% H_2SO_4 小心分解过剩的还原剂，分取乙醚层，用饱和食盐水洗两次，以无水硫酸钠干燥后回收乙醚，剩余物减压分馏，收集 56℃/10mmHg 馏分，收率 86%。

脱卤实例 3：联苯

$$\xrightarrow[\triangle]{\text{LiAlH}_4,\ \text{THF}}$$

2.33g（0.01mol）4-溴联苯溶于 10mL 四氢呋喃中，慢慢滴入至搅拌的 0.04mol $LiAlH_4$ 溶于 30mL 四氢呋喃的沸溶液中，加完后搅拌下回流 12h。用水分解反应物，加入 3mL 饱和酒石酸钾钠（羟基丁二酸钾钠）使沉析物溶解，分层、分离，乙醚提取，收率 90%。

2. 催化氢解脱卤

在催化氢化的反应中，有些原子或基团可被氢解脱落，如：脱氢、脱卤、脱硫、脱氨及

脱苄基。

酰氯在氢化催化剂 Pd/BaSO$_4$ 作用下被还原成醛，添加控制剂 Q/S，醛不被还原成醇，不饱和链也得以保留。也有活泼酰氯不用控制剂，只控制加氢数量完成氢解。其它活泼的卤原子也可以氢解脱卤。由于脱卤会很快导致镍中毒，在反应中一般只使用 Pd/C，或 Pd/BaSO$_4$、Pd/CaCO$_3$。又认为：骨架镍在 Q/S 毒剂作用下中毒，失去对于加氢的催化的作用，但不失其脱卤的作用，与酰氯作用得到醛而不继续加氢成醇。

2-萘甲醛　M 156.18，mp 59~62℃。

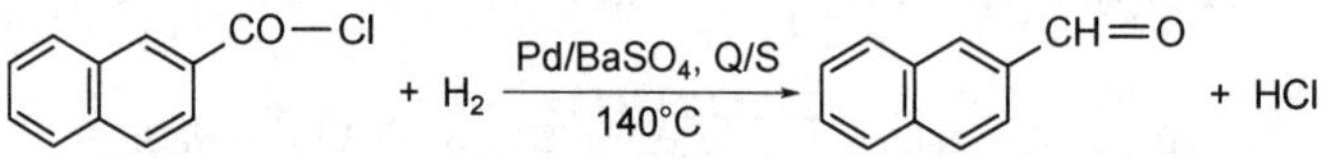

0.5L 三口烧瓶中加入 57g（0.3mol）2-萘甲酰氯、200mL 无水二甲苯、6g 5%钯催化剂（5% Pd/BaCO$_3$）及 6mL Q/S 抑制剂，从回流冷凝器上口接一负压吸收瓶，瓶中放入 20mL 水及酚酞指示剂以计量分解出的 HCl。

开始加热并通入氮气以赶除烧瓶中的空气，控制油浴 140~150℃，快速搅拌下以 1mL/s 的速度通入氮气，放出的 HCl 通过回流冷凝器导入水吸收，用标准 20%氢氧化钠溶液随时滴定使酚酞指示为弱碱性，以观察反应进行的情况。在开始时的 12~15min 内消耗了约 5mL 20% NaOH 溶液，约 3h 反应完毕，此时反应突然停止放出 HCl，应立即停止通氮，共加入了约 55mL 20% NaOH 溶液（0.275mol）。

向反应物中加入 2g 活性炭脱色，过滤，沸水浴加热，用水泵减压回收二甲苯，剩余物减压分馏，收集 147~149℃/11mmHg 馏分[1]，得 34.5~38g（产率 71%~81%），mp 59~60℃。

氮杂环上 2 位、4 位的卤原子容易氢解。

4-甲基喹啉　M 143.19，mp 9~10℃，bp 261~262℃，d 1.083，n_D^{20} 1.6200。

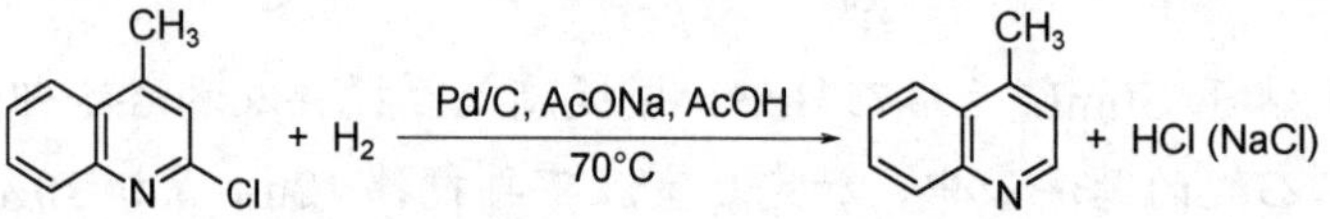

1L 压力釜中加入 20g（0.11mol）2-氯-4-甲基喹啉、9.3g（0.11mol）无水乙酸钠粉末溶于 200mL 冰乙酸的溶液[2]，再加入 3g 10% Pd/C 催化剂。封盖后用氮气排除空气，充氢气至 2kgf/cm^2[3]。开始搅动并加热，维持 55~70℃约 1.5~2h 吸收了理论量的氢（3.9kgf/cm^2 的压降），停止加热、摇动和供氢。稍冷放空，取出反应物脱色过滤，用冰乙酸浸洗滤渣，滤液合并，用水浴加热减压回收乙酸。剩余物用水溶解[4]，用 10% NaOH 中和至碱性，用乙醚提取三次（分别为 100mL、50mL、50mL），合并提取液，干燥后回收乙醚，剩余

---

❶ 轻微刺激性气味可能来自未反应的酰氯。
❷ 反应物的无水是重要的，氯水解后便不能被还原氢化。
❸ 产物不继续氢化，可一次充氢气至 5kgf/cm^2 压强（约 0.5MPa），即可够用。1MPa = 10.204kgf/cm^2。
❹ 不一定让产物完全溶解，充分搅拌以水解未脱氯的产物，成钠盐而溶于水。

物减压蒸馏，收集 126~127℃/14~15mm Hg 馏分，得 13~14g（产率 82%~89%）。

【催化下使用联氨还原及脱卤】

使用联氨在催化剂作用下的还原及氢解脱卤与以上的催化氢解脱卤不同，氢的来源是联氨的催化分解，$H_2N—NH_2 \longrightarrow 2H_2 + N_2$，还有少量氨。不同的催化剂和反应条件会导致分解产物的比例差异，强碱对上式分解有利，任何酸性条件都会导致分解生成氨，强碱还会导致脂肪卤在反应中发生 β-C—H 消除或 α-取代，产物复杂很少使用；芳族卤化物中的吸电子效应使氢解加速，钯催化剂使脱卤并发生加氢还原。

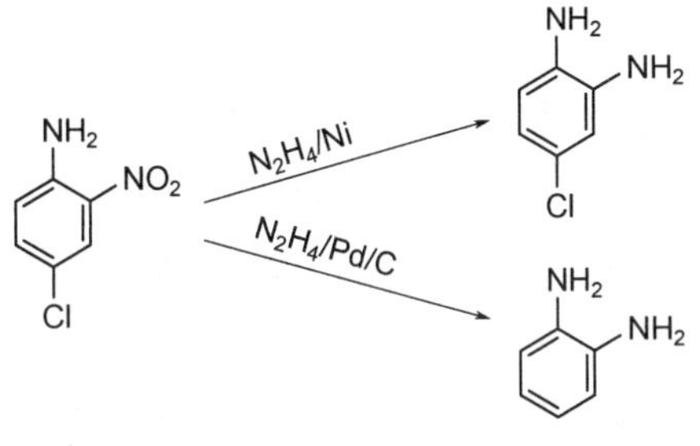

使用联氨的催化脱卤对于某些活泼的芳基卤化物（碘化物及氮杂环的 2-位、4-位卤化物）可以通过联氨取代为联亚胺的脱氢，生成偶氮化合物，偶氮化合物热均裂分解产生自由基是慢步骤，其后是自由基偶联。

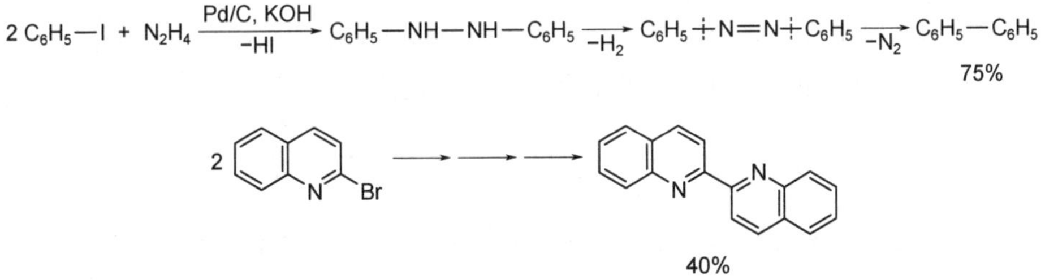

3. 联氨钠的脱卤

无水联氨是无色液体（bp 113℃），强碱性，挥发气体遇到湿气和空气中的二氧化碳生成水合物或碳酸盐而显白色烟雾；如与金属钠反应生成联氨钠，在无水溶剂中及氮气保护下将许多芳基卤化物氢解。脱卤反应是经过联氨负离子进行的，这个方法对于活泼、有空间阻碍的卤化物的氢解是有用的，联亚胺不稳定，在碱作用下按下式分解（类似于羰基的联氨还原）。

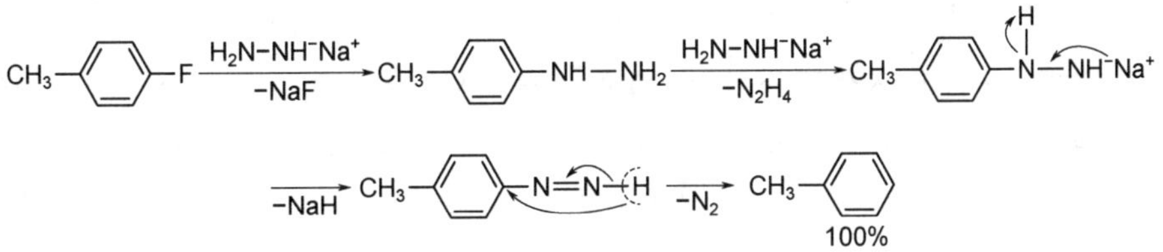

对于活泼的卤化物可以使作用于磺酰肼，得以避免偶氮化合物分解的偶氮基发生偶联。将磺酰肼取代物在碱性条件下加热分解完成氢取代。如：9-氯吖啶的氯原子很活泼，在氯仿溶液中与 4-甲基苯磺酰肼几乎定量生成取代物（其本身—N＝兼作质子捕获剂），在稀乙二醇钠（HO—CH₂CH₂—ONa）溶液中（100℃）顺利完成氢解，如下式（见853页）：

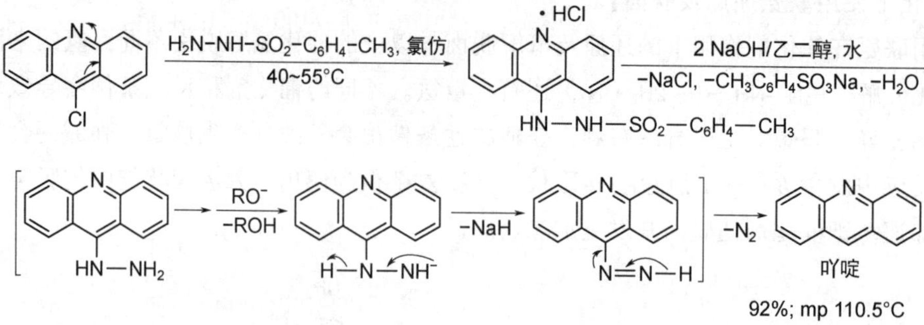

4. 金属与供质子剂的氢解脱卤

向溶有卤代烃并加有锌粉（有金属光泽，>60目）的冰乙酸热反应物中，搅拌下通入氯化氢或滴入 d 1.18 浓度>36%的盐酸，将卤代烃的卤原子氢解。卤原子反应难易顺序：Br > Cl。

卤原子（或其它吸电子基）增大了 α-碳的电正性，加强了夺取电子的能力，最后从质子溶剂取得质子完成氢解。这个反应和格氏试剂的合成及其后氢解相似，所不同的是在质子溶剂中，生成的有机锌立即分解，完成氢解脱卤。

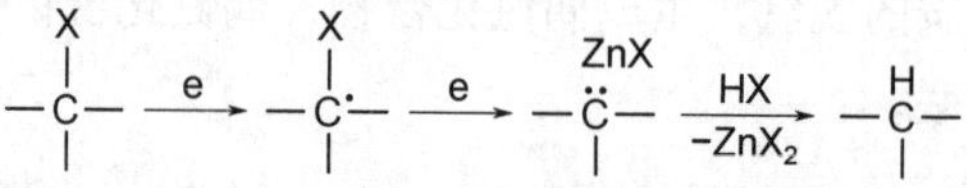

卤代烃在冰乙酸中能很好地溶解，生成的烷烃从极性溶剂体系中分层分离，反应完全。锌粉和 HCl 的量为计算量的 2~3 倍，反应时间也应更长。

n-十六烷　M 226.45，mp 18.17℃，bp 287℃，d^{20} 0.7733，n_D^{20} 1.4345。

$$CH_3(CH_2)_{14}CH_2—Br + Zn + HCl \xrightarrow[90\sim100℃]{AcOH} CH_3(CH_2)_{14}—CH_3 + ZnBrCl$$

3L 三口烧瓶中加入 1L 冰乙酸，搅拌下加入 327g（5mol）有金属光泽的 60~80 目锌粉及 305g（1mol）溴化十六烷。用电热套加热，维持 95~100℃于 25h 左右慢慢滴入 1L 36%（d 1.18，11.6mol）浓盐酸，加完后再保温搅拌 3h。冷后，分取上层，下层用水冲稀后滤出未反应的锌粉，并用乙醚冲洗；再用此乙醚提取水层，乙醚液与分取的粗品合并，回收乙醚。底物用 90% H_2SO_4 洗两次，再水洗，减压分馏，收集 156~158℃/14mmHg 馏分，得 192g（产率 85%），fp>16℃。

又如下实例：α-羟基环癸酮分子中有可被还原的羟基和羰基，由于分子内氢键的关系，α-C—OH 更容易从金属表面取得电子。反应温度对于选择性很重要，<75℃反应缓慢，>80℃羟基和羰基都能被还原，有相当多的全还原产物——环癸烷；如果在回流温度（100℃）反应，得到 27%环癸酮及 32%的环癸烷。

环癸酮　M 154.26，mp 28℃，bp 106.7℃/13mmHg，d^{20} 0.9654，n_D^{20} 1.4806。

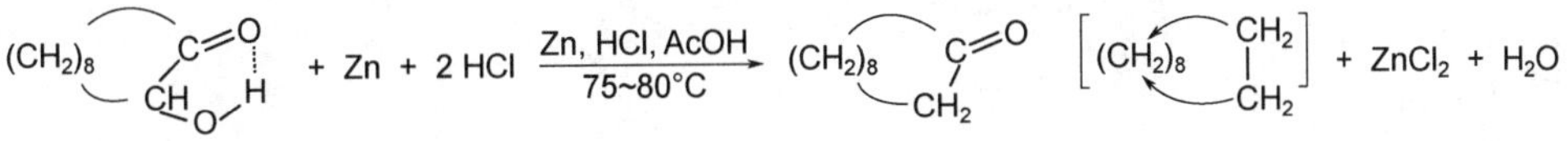

$$(CH_2)_8 \begin{matrix} C=O \\ CH-OH \end{matrix} + Zn + 2\ HCl \xrightarrow[75\sim80℃]{Zn,\ HCl,\ AcOH} (CH_2)_8 \begin{matrix} C=O \\ CH_2 \end{matrix} \left[(CH_2)_8 \begin{matrix} CH_2 \\ | \\ CH_2 \end{matrix} \right] + ZnCl_2 + H_2O$$

1L 三口烧瓶中加入 100mL 冰乙酸、40.6g（0.6mol）锌粉，搅拌下加入 42.5g（0.25mol）2-羟基环癸酮。快速搅拌下，控制反应温度 75~80℃，在发泡允许的情况下（必要时用水冷却），用分液漏斗于 10min 内滴加 90mL 36%（1.05mol）浓盐酸，加完后搅拌 0.5h；再加入 90mL 36%浓盐酸保温搅拌 0.5h；又加入 90mL 36%浓盐酸保温搅拌 0.5h。稍冷，把反应物中的液体倾入 700mL 饱和盐水中，用 4×250mL 乙醚提取锌渣和液体部分，提取液合并，用饱和盐水洗三次，10%碳酸钠溶液洗、饱和盐水洗，以无水硫酸钠干燥后回收乙醚，剩余物精确控制分馏温度，收集 99~101℃/8mmHg 馏分，得 29~30g（产率 75%~78%），n^{25}1.4808~1.4810。

n-十七烷　M 240.48，mp 22℃，bp 301.8℃，d^{20} 0.7780，n_D^{20} 1.4369。

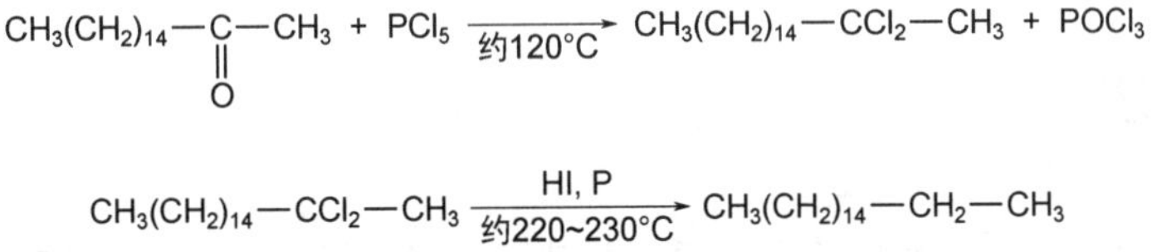

$$CH_3(CH_2)_{14}-\underset{\underset{O}{\|}}{C}-CH_3 + PCl_5 \xrightarrow{约120℃} CH_3(CH_2)_{14}-CCl_2-CH_3 + POCl_3$$

$$CH_3(CH_2)_{14}-CCl_2-CH_3 \xrightarrow[约220\sim230℃]{HI,\ P} CH_3(CH_2)_{14}-CH_2-CH_3$$

1L 三口烧瓶中加入 225g（1mol）2-十七酮，在回流冷凝器下慢慢加入 208g（1mol）五氯化磷（开始有引发），反应缓和后加热回流 2h，蒸除 POCl_3（150g），剩余物为 2,2-二氯十七烷。

向反应物中加入 220g 47%氢碘酸及 24g 红磷，于 4h 左右慢慢加热至 220~230℃，再保温搅拌 2h，冷后滤除红磷得粗品，用 10% NaOH 洗，水洗，干燥后减压蒸馏。

第二章

烯烃、炔烃

第一节　概述

依 C═C 的数目烯烃分为单烯、双烯；双键与单键相间的烯烃称为共轭烯；闭合环中的碳碳双键称为环烯。如：

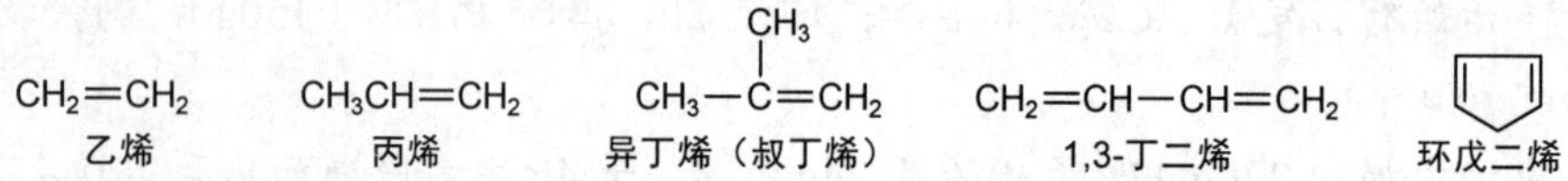
CH2═CH2
乙烯
CH3CH═CH2
丙烯
CH3
CH3—C═CH2
异丁烯（叔丁烯）
CH2═CH—CH═CH2
1,3-丁二烯
环戊二烯

双键受其它基团诱导或共轭的影响而极化，表现出很大活性，可进行多种加成，也影响到邻近其它基团的性质。

双键的顺反异构：双键不发生自由旋转，两端的四个原子或基团被固定在一个平面，于是可以有两种情况：①双链两端的一个碳上的两个原子或基团相同，就没有顺反异构；②双键两端的两个碳上都是两个不同的原子或基团才有顺反异构，相同的原子或基团处于同侧面，称为“顺式”；处于相反的两侧，称为“反式”。如：

（顺式）
（反式）

顺式结构的 C═C 双键化合物用无机酸处理，可以转换成反式，是空间因素和电性相斥的结果——达到更稳定的结构形式。

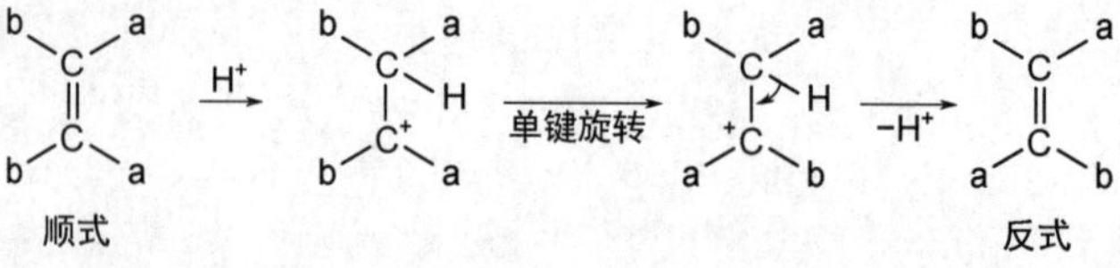
H+
单键旋转
-H+
顺式
反式

酸处理、质子加成形成单键，由于空间因素及电性相斥，旋转至生成更稳定的结构形式。

有时，正好把另一碳上相同的基团挤到同侧成为更稳定的形式，如：1′,2′-二甲基苯乙烯用酸处理生成的是顺-1′,2′-二甲基苯乙烯。

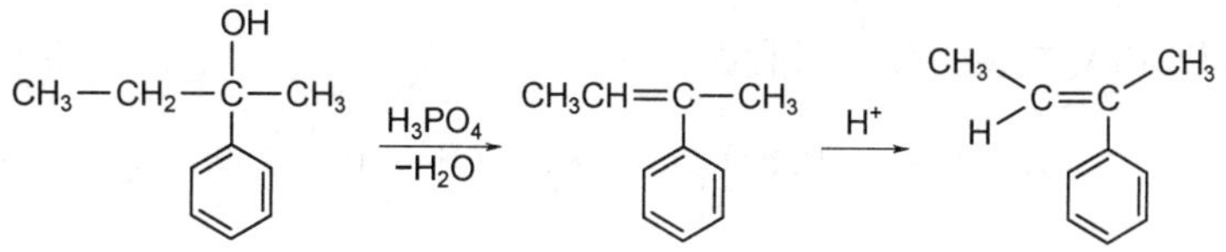

聚合：聚合是烯烃的重要性质，分为离子型异裂聚合和自由基型均裂聚合。如异丁烯的极化程度很大$(CH_3)_2C\overset{\curvearrowright}{=}CH_2$，容易发生异裂聚合，无水叔丁醇在浓硫酸中生成酸式硫酸酯，在 10℃放置过程中产生异丁烯，随即二聚、三聚，三聚异丁烯的空间阻碍使聚合停止。叔烯在更强酸（$AlCl_3$、BF_3）作用下在-70℃即可发生聚合，使用硫酸则要在 10~15℃才聚合。丙烯、丁烯在 BF_3 作用下室温就能聚合，磷酸几乎完全不会引起聚合。

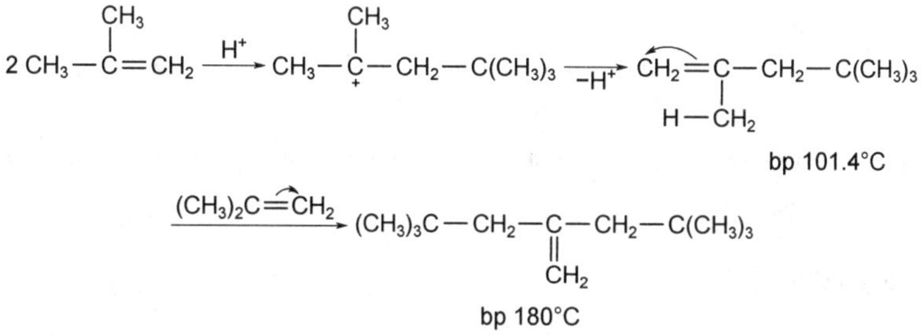

乙烯一般不会异裂聚合，在引发剂作用下发生自由基型均裂聚合。

环戊二烯在室温放置即聚合成稳定的二聚环戊二烯，bp 170℃；它在 200℃加热解聚为单体（环戊二烯）。

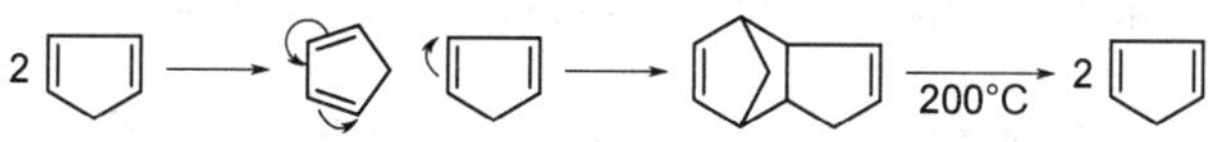

不饱和键电子云密度比较密集，容易被氧化，产生自由基引发聚合，多添加抗氧化剂，如：对苯二酚、4-羟基苯甲酚、4-叔丁基-邻苯二酚、4-叔丁基-对苯二酚、2,4-二叔丁基苯酚；4-羟基二苯胺、二苯胺以及吩噻嗪（硫撑二苯胺）等，作为抑制剂和稳定剂。添加量为 0.01%~0.1%。

第二节　烯烃的制取

烯烃 C=C 双键可用以下方法制取：

① 醇的分子内脱水及烯的异构化

$$R—CH_2CH_2—OH \longrightarrow R—CH=CH_2 + H_2O$$

② 卤代烃的分子内、分子间脱去 HX

$$n\text{-}R—CH_2—CHBr—CH_2Br \xrightarrow{-HBr} n\text{-}R—CH=CH—CH_2Br$$

$$Ar-CH_2-Br + Br-CH_2-Ar \xrightarrow{-HBr} \underset{\underset{Br}{|}}{Ar-CH}-\overset{\overset{H}{|}}{CH}-Ar \xrightarrow{-HBr} Ar-CH=CH-Ar$$

③ 相邻二卤及甲叉二卤的分子间脱卤

$$R-CHBr-CH_2Br + Zn \longrightarrow R-CH=CH_2 + ZnBr_2$$

$$2\,Ph_2CCl_2 + 4\,Cu \xrightarrow[\triangle]{苯} Ph_2C=CPh_2 + 4\,CuCl$$

④ 羧酸酯的裂解——热消除反应

$$CH_3-\overset{\overset{H}{|}}{CH}-CH_3 \xrightarrow{500℃} CH_3-CH=CH-CH_3 \quad (CH_3CH_2-CH=CH_2)$$
$$\underset{|}{\overset{}{}}$$
$$O-CO-CH_3$$

⑤ 黄原酸酯的裂解

$$R-CH_2-CH_2-O-\overset{}{\underset{S}{C}}-SNa \xrightarrow[-NaX]{R'X} R-\overset{\overset{H}{|}}{CH}-CH_2-O-\overset{}{\underset{S}{C}}-SR' \longrightarrow R-CH=CH_2 + R'SH + COS$$

⑥ 季铵碱及叔胺的裂解

$$CH_3-\overset{}{\underset{O}{C}}-\overset{\overset{H}{|}}{CH}-CH_2-N(C_2H_5)_2 \xrightarrow{\triangle} CH_3-\overset{}{\underset{O}{C}}-CH=CH_2 + HN(C_2H_5)_2$$

$$(CH_3)_3\overset{+}{N}-\overset{\overset{H}{|}}{CH}-CH_2\cdot{}^-OH \longrightarrow CH_2=CH_2 + (CH_3)_3N + H_2O$$

⑦ 羰基的烯基化——维悌希（Wittig）反应及 Horner-Emmons 反应

$$Ar-CH_2-PO(OC_2H_5)_2 + \overset{\overset{H}{|}}{O=C}-Ar' \xrightarrow[-CH_3OH]{+CH_3ONa} Ar-\overset{}{\underset{}{CH}}-\overset{}{\underset{}{CH}}-Ar' \xrightarrow[-PO(OC_2H_5)_2]{-NaO,} Ar-\overset{\overset{H}{|}}{C}=\overset{\overset{H}{|}}{C}-Ar'$$
$$(C_2H_5O)_2-PO\cdots ONa$$

⑧ 醛（酮）羰基和活泼甲基、亚甲基的脱水缩合

⑨ 格氏试剂方法

一、醇的分子内脱水及烯烃的异构

醇的脱水依反应条件、醇的结构及催化剂，可按两个方向进行：分子内脱水生成烯和分子间脱水生成醚。在强酸作用下两个反应不能截然分开，如：乙醇在浓硫酸作用下液相脱水，在 125~140℃主要生成醚，在 160℃反应主要生成乙烯。

气相、气化的醇通过一定温度下的、填充有催化剂的反应塔，产生烯烃的转化率为 80%。最常用的催化剂是 Al_2O_3，其它如硫酸铝、氧化钛、氧化钍，也有直接使用活性白土，酸性催化剂是更强的、也更容易导致烯烃异构。催化剂只在水合状态存在时才呈现活性，活性中

心是表面带有羟基的氧化铝 $\rangle$Al—OH，醇被吸附到催化剂表面生成烷氧化物 $\rangle$Al—O—CH$_2$CH$_2$—R（铝酸酯），在高温下裂解生成烯，副产物是醚。提高反应温度和延长反应时间，醚的转化率会达到一个最高值，而后又开始下降，而烯的转化率却是一直上升。

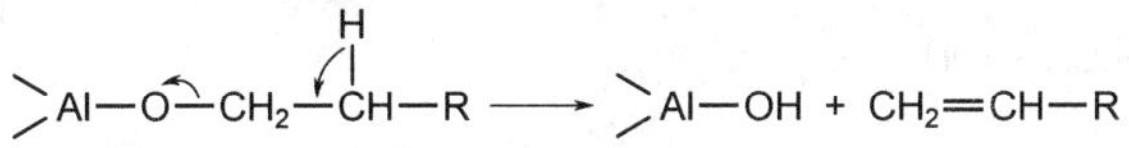

$$\rangle Al—O—CH_2—CH—R \longrightarrow \rangle Al—OH + CH_2=CH—R$$

双键的异构化，只有乙醇、丙醇和叔丁醇的分子内脱水得到正常产物——乙烯、丙烯和叔丁烯（异丁烯）。其它醇在催化剂酸及高温（350~550℃）下的脱水都有异构现象，是热力学控制的反应，异构过程是双键向着生成最稳定的形式迁移，生成分支更多或处于共轭状态的双键，这种迁移可能是通过质子的加入和移去的重排过程，产物是平衡的混合物，组分比例依反应温度、结构性质、接触时间和催化剂的特征而有所变化。

碳链有分支的伯醇的脱水中，叔碳正离子是其中最稳定的形式，生成烯的平衡混合物，以叔烯为主。例如：异戊醇的气相、催化的分子内脱水，由于反应的高温条件，作为反应的直接产物 α-异戊烯含量总是很小，最多的是分支较多的 β-异戊烯（叔烯）（应当以磷酸催化脱水）。

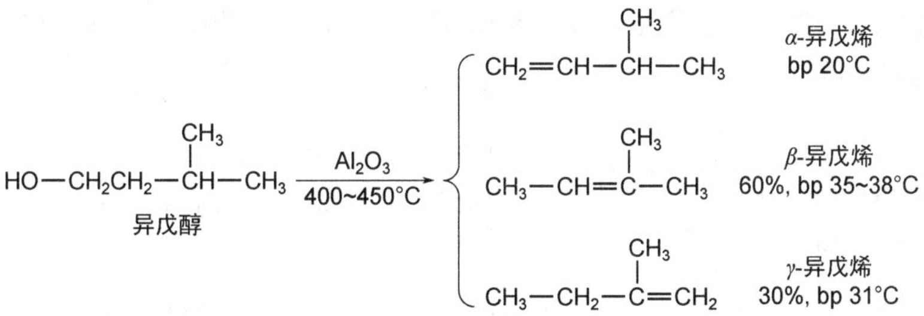

异戊醇以 2L/h 的速率加入至直径 75mm、高 2300mm、填充有优质活性 Al$_2$O$_3$ 分子筛的反应塔，保持塔内温度 400~450℃，产出的气体经水冷、冰水冷，用冷阱收集。产物分馏，收集 35~38℃馏分，产品 GC 分析：β-异戊烯含量为 50%~60%，γ-异戊烯含量为 30%，总转化率 95%。

醇的分子内脱水生成烯烃的反应顺序为：叔醇 > 仲醇 > 伯醇。伯醇的分子量越大反应也越容易。在以上 α-异戊醇（3-甲基丁醇）的气相分子内脱水中，为了使它异构为叔烯，应选择比较高的反应温度 400~450℃。

其它醇的脱水，如：

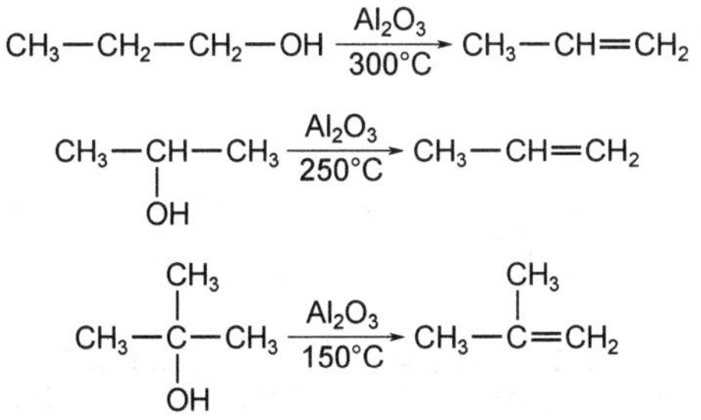

正丁醇（伯醇）通过 380℃ 的 Al_2O_3 催化脱水，Al_2O_3 接近中性，正常产物 1-丁烯占 85%；而用 $Al_2(SO_4)_3$ 或其它酸性物质催化，正常产物占 10%，其余 90% 异构为 2-丁烯。

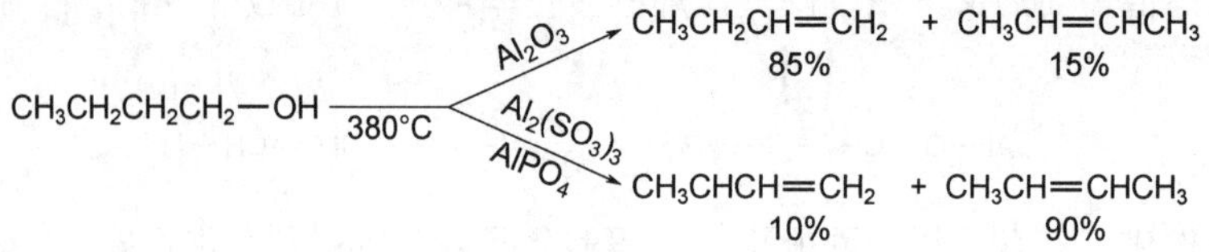

$$CH_3CH_2CH_2CH_2-OH \xrightarrow[380℃]{} \begin{array}{l} \xrightarrow{Al_2O_3} CH_3CH_2CH=CH_2 \ (85\%) + CH_3CH=CHCH_3 \ (15\%) \\ \xrightarrow[AlPO_4]{Al_2(SO_3)_3} CH_3CHCH=CH_2 \ (10\%) + CH_3CH=CHCH_3 \ (90\%) \end{array}$$

仲醇、叔醇的脱水方向是生成支链较多的烯烃。

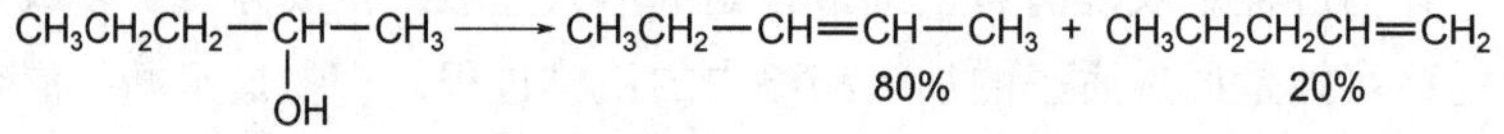

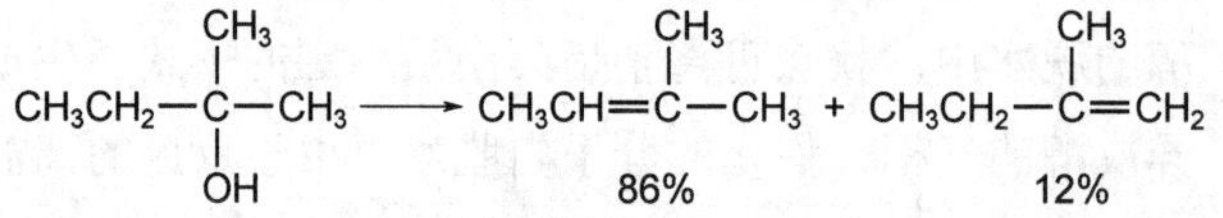

$$CH_3CH_2CH_2-\underset{\underset{OH}{|}}{C}H-CH_3 \longrightarrow CH_3CH_2-CH=CH-CH_3 \ (80\%) + CH_3CH_2CH_2CH=CH_2 \ (20\%)$$

$$CH_3CH_2-\underset{\underset{OH}{|}}{\overset{\overset{CH_3}{|}}{C}}-CH_3 \longrightarrow CH_3CH=\overset{\overset{CH_3}{|}}{C}-CH_3 \ (86\%) + CH_3CH_2-\overset{\overset{CH_3}{|}}{C}=CH_2 \ (12\%)$$

强酸催化剂使得分子内脱水成烯的反应温度大为降低，例如：叔醇用浓硫酸为催化剂的脱水可在 30℃ 以下进行。使用磷酸则要在 100℃ 以上，转化率约 100%，主要生成分支较多的烯烃异构体的混合物，几乎完全不发生聚合和焦化，是常用的醇的脱水催化剂，可通过以下实例比较其组成的比率。

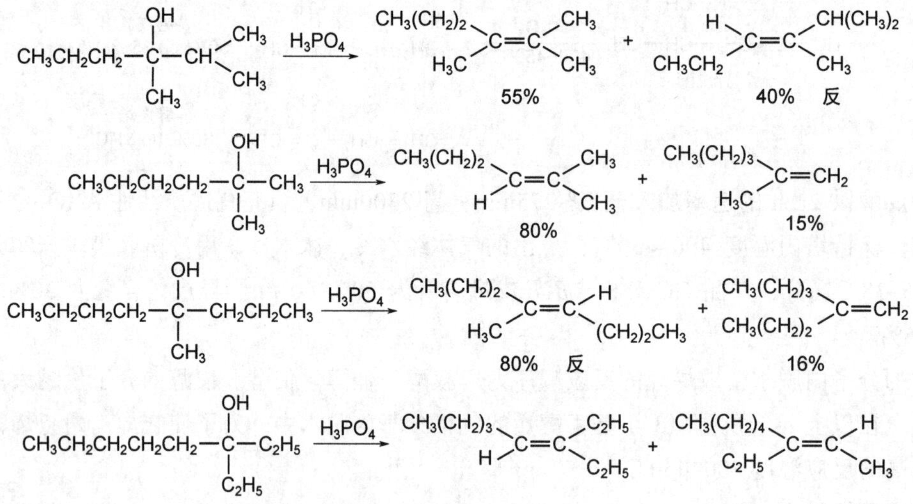

2-苯基-2-丁烯 M 132.21。

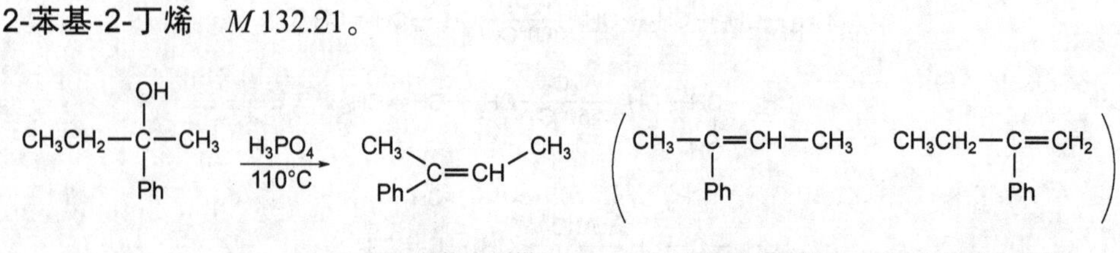

顺-2-苯基-2-丁烯 60%　　　反-2-苯基-2-丁烯 bp173~174℃，d^{25} 0.8918　　　2-苯基-1-丁烯 d^{20} 0.9063，20%

2L 烧瓶中加入 750g（5mol）2-苯基-2-丁醇及 100g 85%的磷酸，加热分馏脱水，直至脱出计算量的水后，把反应物加热至 180℃，放冷后分离粗品。分馏收集 192~194℃馏分，得 250g，为顺-2-苯基-2-丁烯，纯度（GC）95%（折合产率 36%）。

分馏头馏分，收集 178~180℃馏分，得 2-苯基-1-丁烯，纯度 >80%。

最后的头馏分精馏二次，收集 173~174℃馏分，回收反-2-苯基-2-丁烯。

3-苯基-2-戊烯　M 146.24，bp 198℃，d^{14} 0.9143。

$$CH_3CH_2-\underset{\underset{\text{（苯基）}}{|}}{\overset{\overset{OH}{|}}{C}}-CH_2CH_3 \xrightarrow[150℃]{H_3PO_4} CH_3CH_2-\underset{\underset{\text{（苯基）}}{|}}{C}=CH-CH_3$$

2L 三口烧瓶安装分馏柱接支管蒸馏瓶作接收器，接水泵减压。

烧瓶中加入 1.31kg（8mol）3-苯基-3-戊醇及 100mL 85%磷酸，于 150℃油浴上加热，开水泵，微小真空下从插底的毛细管鼓泡，脱出的水夹带部分产品蒸出。脱水完毕，将馏出物分去水层后再返回烧瓶脱水一次。反应物冷后分去磷酸、水洗，干燥后分馏，收集 196~199℃馏分，得 800g（产率 75%）。

1,1-二苯基丙烯　M 194.28，mp 52℃，bp 280~281℃，d^{60} 0.984，d^{20} 1.025。

$$\left(\text{（苯基）}\right)_2\overset{\overset{OH}{|}}{C}-CH_2CH_3 \xrightarrow[150℃]{H_3PO_4} \left(\text{（苯基）}\right)_2C=CH-CH_3$$

2L 三口烧瓶中加入 1.27kg（6mol）1,1-二苯基-1-丙醇及 100mL 85%的磷酸，安装温度计及插底的鼓泡毛细管、分馏柱接支管蒸馏瓶作接收器。于 150℃油浴上加热，物料融化后从插底管用负压引入空气鼓泡，脱出的水夹带少许产物蒸出。脱水完毕，馏出物分去水后返回烧瓶再次脱水。稍冷，分去磷酸，以热水洗两次，风干后减压蒸馏，收集 148~149℃/10~11mmHg 馏分，得 930g 产品（产率 80%）。

2-乙基-1-己烯　M 112.22，bp 120℃，d^{20} 0.7270，n_D^{20} 1.4157。

$$n\text{-}C_4H_9-\underset{\underset{\underset{\text{bp180℃}}{}}{\overset{|}{C_2H_5}}}{\overset{|}{CH}}-CH_2-OH \xrightarrow[\text{约120℃}]{H_3PO_4} n\text{-}C_4H_9-\underset{\overset{|}{C_2H_5}}{C}=CH_2 \left(n\text{-}C_4H_9-\underset{\overset{|}{CH_3}}{C}=CH-CH_3\right)$$

2L 烧瓶中加入 1.3kg（10mol）2-乙基-1-己醇及 100mL 85%的磷酸，安装分馏柱及接收器，加热水分馏。由于 2-乙基己醇的脱水温度高，在达到反应温度之前主要是醇与磷酸中的水进行共沸，当达到更高的反应温度才发生分子内脱水生成烯烃，至蒸发速率变慢无水蒸出为止。分取水层，剩余物返回烧瓶进一步蒸馏脱水，干燥后分馏，收集 118~121℃馏分，得 1kg（产率 89%）。

空间阻碍大的叔醇可以使用硫酸（10%~20%）催化脱水成烯烃，无聚合副产物。

三苯乙烯　M 256.36，mp 72℃。

$$C_6H_5-CH_2-Cl \xrightarrow{Mg} \left[C_6H_5-CH_2-MgCl \xrightarrow{(C_6H_5)_2C=O} C_6H_5-CH_2-\underset{\underset{OMgCl}{|}}{C}(C_6H_5)_2\right]$$

$$\xrightarrow[H_2SO_4]{H_2O} C_6H_5-CH_2-\underset{\underset{OH}{|}}{C}(C_6H_5)_2 \xrightarrow{\triangle,\ 6h,\ -H_2O} C_6H_5-CH=C(C_6H_5)_2$$

0.5m³ 反应罐中加入 7.4kg（300mol）新鲜、干燥的镁屑和 30L 无水四氢呋喃，加入 1kg 氯化苄，引发反应（由于溶剂中的微少水分，生成的 Mg(OH)Cl 使镁屑有粘连，以下正常反应后很快分散开），控制 50~60℃，搅拌下于 6h 左右慢慢加入如下溶液：38kg（300mol）氯化苄、43.6kg（240mol）二苯甲酮溶于 90 L 甲苯的溶液。

加完后保温搅拌 6h，镁屑基本消失。慢慢加入 125kg 50%（640mol）H₂SO₄，放热使反应物回流，搅拌下再加热回流 6h 完成醇的脱水反应。加入 90L 水，搅拌下加热回流 10min，分去下面水层至另一反应瓶中，用 20L 甲苯提取后弃去。提取液与甲苯溶液合并，水洗两次（2×100L），回收甲苯至液温 130℃，最后用水泵抽真空收尽。放冷至 60~80℃，将剩余物放至两个开口桶中，各加入 30L 甲醇充分搅拌析出结晶，静置过夜，次日离心分离，得粗品 54 kg。

精制：用甲苯（0.2mL/g）重结晶❶（脱色），干燥后得 36 kg（产率 58%），mp 68.5~70℃。

1,1,4,4-四苯基-1,3-丁二烯　M 358.49，mp 207~209℃；白色结晶，易溶于苯及 DMF。

$$Br-CH_2CH_2-Br \xrightarrow{2Mg} BrMg-CH_2CH_2-MgBr \xrightarrow{2(C_6H_5)_2C=O} (C_6H_5)_2\underset{\underset{BrMgO}{|}}{C}-CH_2CH_2-\underset{\overset{OMgBr}{|}}{C}(C_6H_5)_2$$

$$\xrightarrow{H_2SO_4} (C_6H_5)_2\underset{\underset{OH}{|}}{C}-CH_2-CH_2-\underset{\overset{OH}{|}}{C}(C_6H_5)_2 \xrightarrow[-2H_2O]{\triangle,\ 8h} (C_6H_5)_2C=CH-CH=C(C_6H_5)_2$$

0.5m³ 反应瓶中加入 7.4kg（304mol）新鲜、干燥的镁屑和 30L 无水四氢呋喃，及 0.3kg（1.6mol）二溴乙烷，引发反应在 60℃搅拌下于 6h 左右慢慢加入以下溶液：100kg 甲苯中加入 60kg（320mol）二苯甲酮和 28kg（150 mol）二溴乙烷溶解混匀。加完后保温搅拌 6h，镁屑基本消失。慢慢加入 125kg 50%（640mol）H₂SO₄，加完后再回流 8h，以完成叔醇脱水。加入 90L 水搅拌 10min，趁热（75℃）分去下面水层，于另一反应罐中用 20L 甲苯提取后弃去，甲苯提取液与甲苯溶液合并，用热水洗两次。回收甲苯至剩 80L 左右，于开口容器中放冷，滤出结晶（mp 182~190℃），母液回收部分甲苯，得第二部分结晶，共得（干）43kg。

精制：以上粗品用 DMF（3mL/g）重结晶❷（脱色），分离出的结晶用 DMF 洗，再

---

❶ 从母液回收再精制，回收到 5~6kg 成品（总产率 66%~68%，按二苯甲酮计）。

❷ DMF 对合成原料及中间体有很好的溶解性（比甲苯好得多）。

水洗，干燥后得 25.2kg（产率 47%），纯度（HPLC）>99%，mp 207.5~208.9℃。

二、卤代烃的分子内、分子间脱去 HX

脂肪族卤化物在碱作用下发生 β-消除，HX 离去生成碳碳双键；同时伴有 α-取代，与醇钾生成醚，有水则有水解产物。碱从 β-C—H 夺取氢，卤原子带着成键电子对从另一侧离去（异侧消除）生成烯，与"碱"进攻 α-碳的取代反应相竞争，如下式：

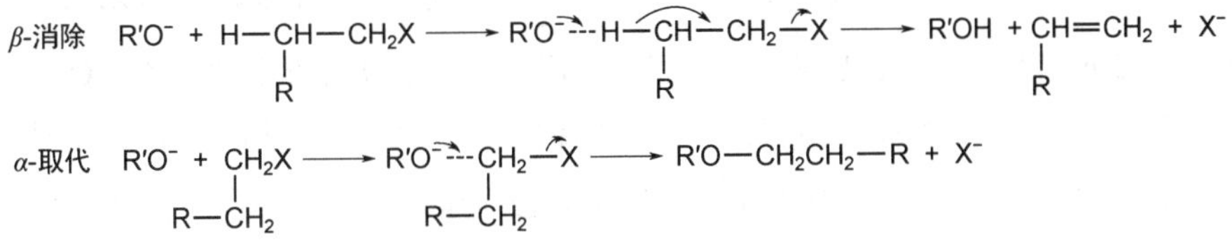

反应的竞争选择性依以下条件：

① 进攻试剂的碱性越强，体积越大，更利于 β-消除。碱的强弱顺序如下：

$$C_6H_5—Li > RO^- > HO^- > C_6H_5—O^- > CH_3CO_2^-$$

② 离去基的极性越强更利于 β-消除：$I > Br > Cl$。

③ 烃基结构、α-碳的空间阻碍越大，亲核试剂难以靠近，有利于 β-消除。

如：溴代叔丁烷与 RO^- 或其它碱作用，由于 α-碳的空间阻碍大，亲核试剂"碱"只能进攻 β-碳，生成 100% 异丁烯。或有其它拉电子的影响，使 β-C—H 的酸性增强，在碱作用下生成碳负离子，进攻离去基的位置发生 β-消除生成烯，作为离去基不仅有卤原子，硫酸基 $HO—SO_2—O^-$ 使醇生成硫酸酯，也使脱水迅速进行。

许多卤代烷加热至一定温度即发生分子内消除，生成 C=C 双键，热消除反应的活性有以下规律，烃基依：叔基 > 仲基 > 伯基，卤原子依：$I > Br > Cl$。叔基卤代烷的热消除 HX 得到正常产物（叔烯），仲、伯的热消除常伴有双键移位和碳结构重排。

例如：蒸馏氯代叔丁烷（bp 52℃），产物中出现相当多的 HCl，是由于电热套加热的局部过热造成的；三乙基氯甲烷在沸点温度则全部分解。

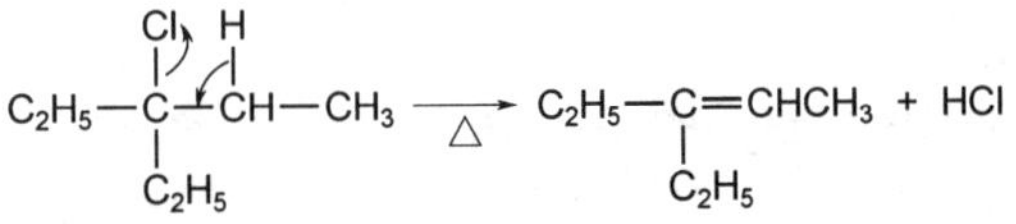

伯卤代烷一般比较稳定，在 β-碳上有支链时，叔碳原子的氢由于诱导的作用，受 α-碳上卤原子的吸引很容易脱去 HX 生成烯。又如：2-乙基溴己烷或由于空间阻碍的关系，也可能是端位甲基与溴原子的电场关系使它相对稳定了许多，减压蒸馏的温度不会导致分解，但常压下加热则完全分解，特别是在酸性有水条件加热时，脱 HBr 相当迅速。

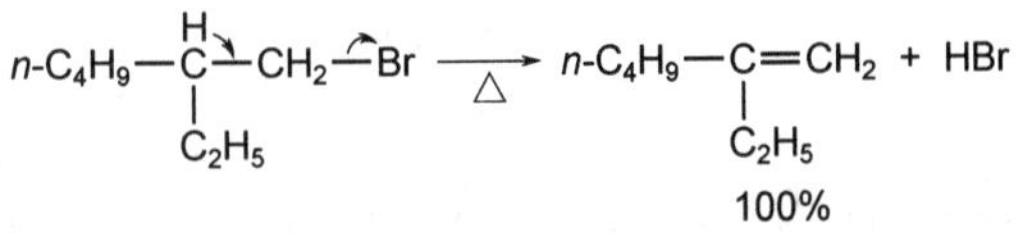

2-乙基溴己烷的化学稳定性也表现在制备格氏试剂时反应速度缓慢。

仲卤是活泼的离去基，如：1,2-二溴十七烷加热至 200℃按下式分解：

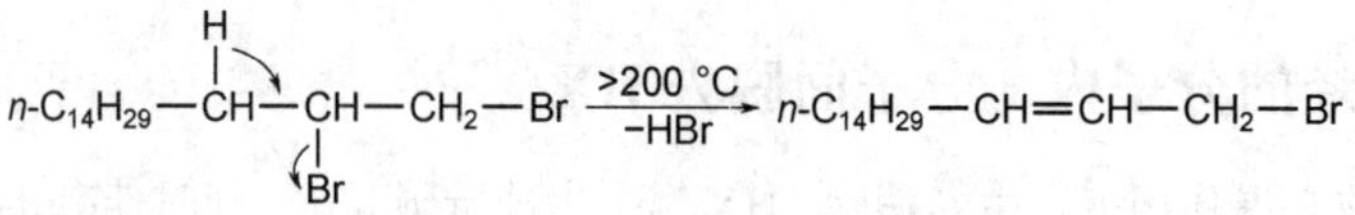

$$n\text{-}C_{14}H_{29}-\underset{\underset{Br}{|}}{\overset{\overset{H}{|}}{CH}}-CH-CH_2-Br \xrightarrow[-HBr]{>200\,℃} n\text{-}C_{14}H_{29}-CH=CH-CH_2-Br$$

1. 分子内的脱 HX

下面实例中的 β-消除和 α-取代竞争进行，$Ph-\underset{\underset{Br}{|}}{\overset{\overset{Br}{|}}{C}}H-\underset{\underset{O}{|}}{\overset{\overset{2}{}}{C}}H-\overset{\overset{}{}}{C}-Ph$ 两个溴原子分别进行 α-取代和 β-消除，当与 2mol 甲醇钠（CH_3ONa）甲醇溶液反应时，2 位由于电性对 CH_3O^- 的排斥及位阻的作用不易靠近；3 位是苯环影响的 α-位，受苯环和溴原子共同的影响，CH_3O^- 首先在 3 位取代；然后继续进攻 3 位氢，β-消除 2-溴；最后是醚键水解。详见 185 页。

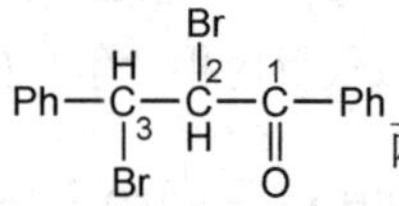

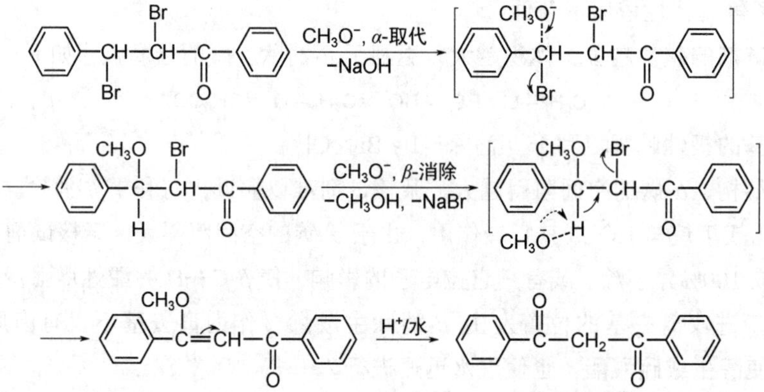

二苯甲酰甲烷
64%, mp 79℃

又如：下面化合物 A 有三个基团分别与碱作用：酯基水解、α-取代、β-消除（见 806 页）。

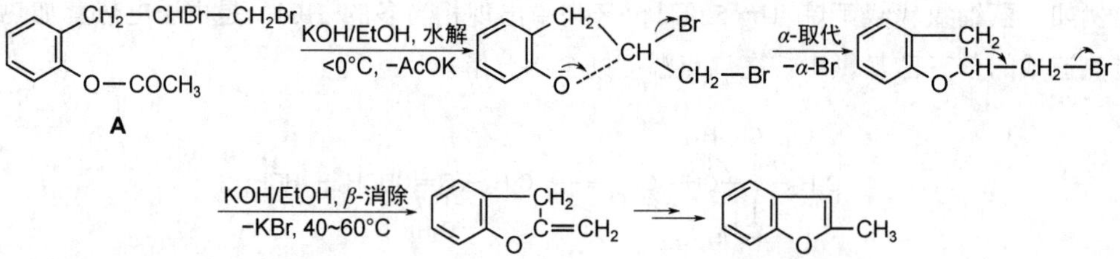

2-甲基苯并呋喃

再一例（见 678 页）：

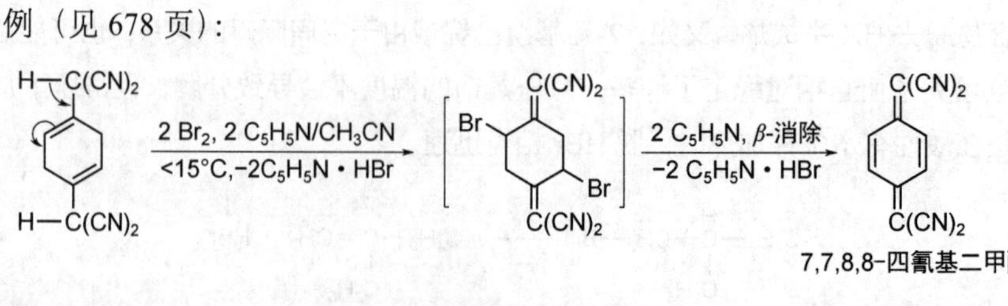

7,7,8,8-四氰基二甲醌

受拉电子影响的 α, β-二溴代苯丙酸钾，在强碱作用下先以强"酸"（β-C—H）完成 β-消去 HBr，而后以过渡态过程完成脱羧的 β-消除，生成三键。最常用的碱是 KOH 在甲醇、乙醇、乙二醇、二乙二醇及其醚以 R—O⁻ 形式或在 DMF 中进行。

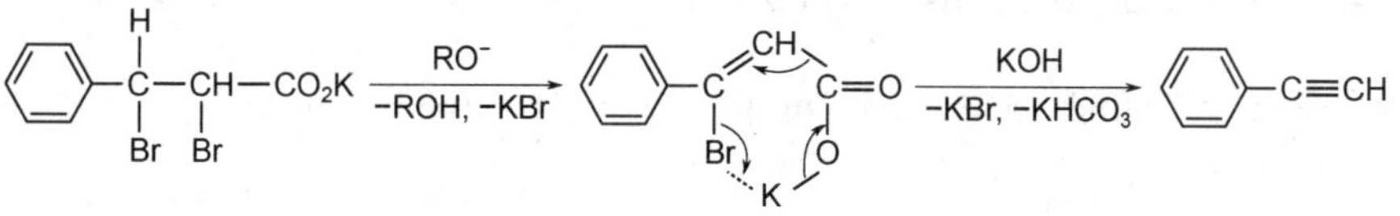

使用羧酸酯脱去 HX 时，不构成过渡态，因而羧基得以保留。

苯丙炔酸 M 130.15，mp 136℃。

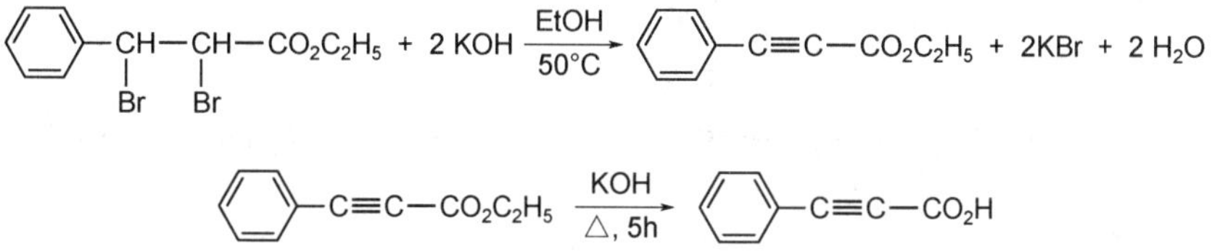

2L 三口烧瓶中加入 1.2L 95% 的乙醇，搅拌下加入 252g（4.5mol）苛性钾，溶解后保持 50℃ 左右慢慢加入 336g（1mol）α, β-二溴苯丙酸乙酯，加完后保温搅拌半小时，再加热回流 5h。冷却后滤出苯丙炔酸钾盐和溴化钾的混合物；母液部分控制 20℃ 以下用溴氢酸中和至中性，水浴加热回收乙醇至气相 ≥85℃，底物中加入 800mL 水及以上滤出的结晶混合物，溶解后，控制 10℃ 以下用溴氢酸酸化至 pH 3，搅拌半小时，滤取结晶，以 2% 稀硫酸洗，得浅棕色结晶。

以上粗品溶于 1L 5% 碳酸钠溶液中，脱色过滤，于 10℃ 左右以 20% 硫酸酸化至 pH 3，滤出结晶，以 2% 稀硫酸洗（2×25mL）、水洗，干燥后得 112~118g（产率 77%~78%），mp 115~125℃。

重结晶：用四氯化碳（3mL/g）重结晶，精制的收率为 70%，mp 135~136℃。

2,3-二溴丁二酸的 α-C—H 的酸性很强，使用 KOH 的甲醇溶液（CH₃OK）首先进攻 α-C—H 完成消除，羧基被稳定下来。

丁炔二酸 M 116.06。

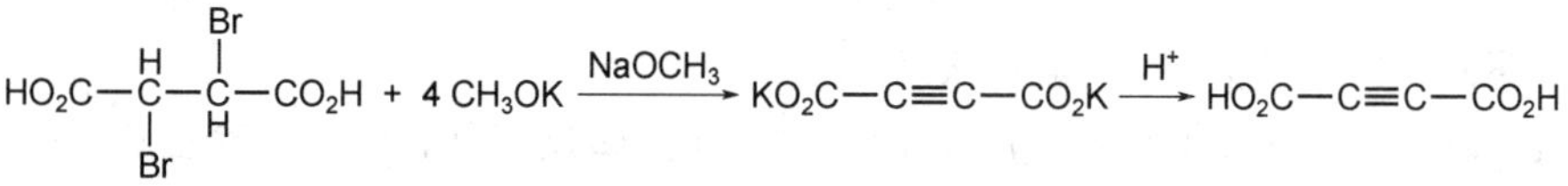

2L 三口烧瓶中加入 700mL 甲醇，搅拌下加入 125g（2.2mol）>99% 的氢氧化钾，溶解后加入 100g（0.36mol）2,3-二溴丁二酸，加完后水浴加热回流 1.5h。冷后滤出，甲醇冲洗，得丁炔二酸钾及溴化钾的混合物 145g。混合物溶于 250mL 水中，加入 15.6g（0.16mol）H₂SO₄ 用 30mL 水稀释后的稀酸，冷后滤出产物酸式盐，再将它溶于 240mL 水、60mL 浓硫酸的稀酸中，用乙醚提取（5×100mL），提取液合并，回收乙醚，剩余物为水合丁炔二酸，在硫酸干燥器中真空干燥，得 30~36g（产率 73%~88%），mp 175~176℃。

α-溴代-α-甲基十二酸酯有两个 β-碳，都有 β-C—H。其甲酯使用喹啉作为碱，选择在

主链上发生 β-消除，生成 α-甲基-2-十二烯酸甲酯。其叔丁酯使用叔丁醇钾作为碱以及巨大主链的空间阻碍使选择进攻 α-甲基脱去 HBr，水解后得到 α-甲叉十二酸。

反-2-甲基-2-十二烯酸　M 212.33，mp 32℃，bp 166~168℃/3mmHg。

$$CH_3(CH_2)_8CH_2-\underset{\underset{CH_3}{|}}{CH}-CO_2H + PBr_3 \longrightarrow CH_3(CH_2)_8CH_2-\underset{\underset{CH_3}{|}}{CH}-COBr + POBr_2 + HBr$$

$$CH_3(CH_2)_8CH_2-\underset{\underset{CH_3}{|}}{CH}-COBr \xrightarrow[-HBr]{Br_2} CH_3(CH_2)_8CH_2-\underset{\underset{Br}{|}}{\overset{\overset{CH_3}{|}}{C}}-COBr \xrightarrow[-HBr]{CH_3OH} CH_3(CH_2)_8CH_2-\underset{\underset{Br}{|}}{\overset{\overset{CH_3}{|}}{C}}-CO_2CH_3$$

α-溴代-α-甲基十二酸甲酯

$$\xrightarrow[160℃, 3h, -HBr]{\text{喹啉}} -CH_3(CH_2)_8CH=\underset{\underset{CO_2CH_3}{|}}{\overset{\overset{CH_3}{|}}{C}} \xrightarrow[\triangle, 1.5h]{KOH} \xrightarrow{H^+} CH_3(CH_2)_8CH=\underset{\underset{CO_2H}{|}}{\overset{\overset{CH_3}{|}}{C}}$$

a. α-溴代酰溴

250mL 三口烧瓶中加入 30g（0.14mol）2-甲基十二酸，13.7mL（0.14mol）PBr$_3$，搅拌下滴入 44g（0.28mol）用 P$_2$O$_5$ 干燥并重蒸过的无水液溴，于 85℃保温 1.5h，再加入 10.8g（0.067mol）无水液溴保温 18h（见 α-溴代-异丁酰溴）。

b. 酯化

以上产物搅拌及冷却下于半小时左右慢慢加入 45g（1.4mol）甲醇，反应物是棕红色的两层，加热回流 15min。冷后将反应物加入至 2g 亚硫酸氢钠、少量水及 150g 碎冰的混合物中，充分搅拌，用石油醚提取（2×75mL），提取液合并，水洗，以无水硫酸钠干燥后，水浴加热回收乙醚，最后水泵抽真空减压收尽，得 α-溴代-α-甲基十二酸甲酯粗品 41.5~42.5g。

c. 从主链脱去 HBr 得反-2-甲基-2-十二烯酸甲酯

250mL 三口烧瓶中加入（b）中的酯粗品及 82.5g（0.64mol）喹啉，油浴加热，在 160℃搅拌反应 3h。冷后将黑色反应物倾入 160g 20%（0.9mol）盐酸中充分搅拌，再加入 200mL 石油醚继续搅拌至喹啉盐及凝聚物溶解，分取石油醚层，水层再用 200mL 石油醚提取一次，石油醚溶液合并，用 10%盐酸洗两次，水洗两次（水洗液应无色），以无水硫酸钠干燥后水浴加热回收乙醚，最后用水泵抽真空减压收尽，剩余物减压分馏，收集 153~154℃/14.5mmHg 馏分，得 22~27g（产率 70%~78.5%），外观无色，n_D^{25} 1.452 ~ 1.453。

d. 水解——反-2-甲基-2-十二烯酸

每 10g 以上酯用 50mL 8% KOH 乙醇溶液，加热回流 1.5h，回收乙醇至反应物剩余 1/3 体积。用 5 倍水稀释，于 15℃以下用 15%硫酸酸化至 pH 3，用石油醚提取两次（2×150mL），提取液合并、水洗，以无水硫酸钠干燥后减压回收乙醚，剩余物减压分馏，收集 166~168℃/3mmHg 馏分，得 20~24g（产率 67%~80%），mp 28.5~32℃。

2-亚甲基十二酸　M 212.33，mp 33~34℃。

$$CH_3(CH_2)_8CH_2-\underset{\underset{Br}{|}}{\overset{\overset{CH_3}{|}}{C}}-COBr + KOC(CH_3)_3 \xrightarrow{-KBr} CH_3(CH_2)_8CH_2-\underset{\underset{Br}{|}}{\overset{\overset{CH_3}{|}}{C}}-CO_2-C(CH_3)_3 \xrightarrow[-KBr, -(CH_3)_3COH]{KOC(CH_3)_3}$$

$$CH_3(CH_2)_8CH_2-\overset{\overset{\displaystyle CH_2}{\|}}{C}-CO_2C(CH_3)_3 \xrightarrow[-(CH_3)_3COH]{KOH} \xrightarrow{H^+} CH_3(CH_2)_8CH_2-\overset{\overset{\displaystyle CH_2}{\|}}{C}-CO_2H$$

a. 酯化及脱 HBr 得 2-亚甲基十二酸叔丁酯

250mL 三口烧瓶中加入 30g（0.14mol）2-甲基十二酸，按反-2-甲基-2-十二烯酸中的方法制取 α-溴代-α-甲基十二酰溴，在保温 18h 后按如下方法处理制得 α-溴代酰溴供使用。

冷后倾入于 350g 碎冰中，加入 150mL 苯充分搅拌至下面有机层被苯提取至上层，分取苯层，水层再用 100mL 苯提取，苯液合并，用 200mL 冰水充分搅拌，分取苯层。以无水硫酸钠干燥后在 <70℃ 水浴上加热，用水泵抽真空条件下回收苯及多余的溴，得到 α-溴代-α-甲基十二酰溴粗品，控制 15℃ 左右慢慢加入如下制得的叔丁醇钾中。

1L 三口烧瓶中加入 300mL 用金属钠处理并蒸过的无水叔丁醇，在回流冷凝器上端安装有无水氯化钙的干燥管，搅拌，并通入氮气，控制 15℃ 以下，以每次加入 0.5g，慢慢加入 13.7g（0.35mol）金属钾小块❶使作用完毕。

α-溴代酰溴加完后，在搅拌下加热回流 1h。冷后加入 1L 冰水中充分搅拌，用石油醚提取 2-亚甲基十二酸叔丁酯（2×100mL），提取液合并，水洗，以无水硫酸钠干燥后水浴加热回收石油醚，用水泵抽真空减压收尽，剩余物减压分馏，收集 129~130℃/3mmHg 馏分，得 18.5~21g 含部分杂质的 2-亚甲基-十二酸叔丁酯，n_D^{25} 1.4405~1.4413。

b. 水解得 2-亚甲基十二酸

每 10g（a）中粗酯用 40mL 8% KOH 乙醇溶液加热回流 6h，回收乙醇至剩余 1/3 体积，冷后用三倍水冲稀，用石油醚提取未水解的酯（2×100mL）。水溶液控制 20℃ 左右用 15% H_2SO_4 酸化至 pH 3，用石油醚提取产物（2×100mL），提取液合并，水洗（3×100mL）。以无水硫酸钠干燥后回收石油醚，最后用水泵减压收尽，剩余物减压分馏，收集 149~151℃/1.7mmHg 馏分（其中含有约 5% 主链 β-C—H 脱去 HBr 的副产物 2-甲基-2-十二烯酸），得 10.5~12g（产率 35%~40%，按 2-甲基十二酸计），mp 32℃。

精制：用丙酮重结晶的收率为 70%，mp 33.3~34.2℃。

羧酸的 α-溴代中，β-溴代副产物在敞开位置发生 β-消去，生成 β,γ-C=C，其酸的酯化速度（由于对于羧基的电性不同）远大于目的产物 α-烯酸的酯化速度。借此分离出产品。

反-2-十二烯酸 M 198.30，mp 18℃，bp 158℃/3mmHg。

a. 溴代十二酸

$$n\text{-}CH_3(CH_2)_7CH_2CH_2CH_2-CO_2H \xrightarrow[85℃]{Br_2,\ PCl_3} n\text{-}CH_3(CH_2)_7CH_2CH_2-\overset{\alpha}{C}HBr-CO_2H$$

$$(+n\text{-}CH_3(CH_2)_7CH_2-\overset{\beta}{C}HBr-CH_2-CO_2H)$$

副产物

250mL 三口烧瓶中加入 30g（0.15mol）十二酸（mp 43~44℃）及 0.6mL PCl_3 维持 85℃ 左右，于 10min 慢慢加入 8.5mL（0.165mol）无水液溴，保温 3h；再慢慢加入 8mL（0.15mol）

---

❶ 加入金属钾小块之前必须用干燥的氮气赶除体系中的空气，以防剧烈反应产生火花造成氢气爆燃，自始至终通入氮气，并保持反应温度在 15℃ 以下。

无水液溴保温 7h，冷后加入 100mL 四氯化碳，以冰水洗二次，以无水硫酸钠干燥后水浴加热，用水泵减压回收四氯化碳及过量溴，剩余物为浅红色粗品。

b. 脱 HBr——反-十二烯酸

$$CH_3(CH_2)_7CH_2-CH-CH-CO_2H \xrightarrow[-2\,HO-C(CH_3)_3,\,-KBr]{2\,KO-C(CH_3)_3} \xrightarrow[-K^+]{H^+} CH_3(CH_2)_7CH_2-\overset{\beta}{C}H=\overset{\alpha}{C}H-CO_2H$$

$$CH_3(CH_2)_7CH-CH-CH_2-CO_2H \xrightarrow[-2\,HO-C(CH_3)_3,\,-KBr]{2\,KO-C(CH_3)_3} \xrightarrow[-K^+]{H^+} CH_3(CH_2)_7\overset{\lambda}{C}H=\overset{\beta}{C}H-CH_2-CO_2H$$

1L 三口烧瓶中加入 350mL 用金属钾处理并蒸过的无水叔丁醇，回流冷凝器上口装氯化钙干燥管，搅拌下通入干燥的氮气清除烧瓶中的空气，控制<15℃，以每份 0.5g 慢慢加入 14.7g（0.37mol）金属钾小块，使作用完毕。

搅拌下慢慢加入（a）中的溴代十二酸粗品（含少量 β-溴代十二酸），反应物成糊状，水浴加热使微沸 4h。将反应物加入至 1L 冰水中（应先减压回收无水叔丁醇），以 10% H_2SO_4 酸化至 pH 4，用石油醚提取十二烯酸（2×100mL），提取液合并，水洗，以无水硫酸钠干燥后回收溶剂，最后减压收尽，剩余物减压分馏，收集 166~169℃/3mmHg 馏分，得 14~15g（产率 47%~50%），n_D^{25} 1.4610。

c. 分离异构物（反-3-十二烯酸）

$$\left.\begin{array}{l} CH_3(CH_2)_7CH_2-CH=CH-CO_2H \\ CH_3(CH_2)_7-CH=CH-CH_2-CO_2H \end{array}\right\} \xrightarrow[20℃,\,2h]{乙醇,\,H_2SO_4} \begin{array}{l} CH_3(CH_2)_7CH_2-CH=CH-CO_2H \\ CH_3(CH_2)_7-CH=CH-CH_2-CO_2C_2H_5 \end{array}$$

α-不饱和酸由于与羰基共轭，其酯化速度是 β-不饱和酸的 0.2~0.3 倍，在酯化处理下得以分离——多量硫酸使完全异构化的 α-不饱和酸不被酯化，而 β-不饱和酸迅速酯化。

1L 三口烧瓶中加入（b）中制得的 14~15g 含 β-不饱和酸的粗品及 150mL 无水乙醇，搅拌加入 1.3mL 浓硫酸，于 20℃左右放置 2h[❶]。搅拌下加入 600mL 冰水冲稀，用石油醚提取 β-不饱和酸乙酯及 α-不饱和酸，提取液合并，水洗，依次用碱提取 α-不饱和酸：250mL 3.5% KOH/20%乙醇溶液，125mL 1.7% KOH/20%乙醇溶液；再用 125mL 蒸馏水提洗一次，合并提洗液用 250mL 石油醚提取可能存在的残存酯。碱提取液用 10% H_2SO_4 酸化后用石油醚提取三次，水洗，以无水硫酸钠干燥，回收石油醚，剩余物减压分馏，收集 155~158℃/3mmHg 馏分，得 8~12g（产率 27%~34%，按十二酸计），n_D^{25} 1.4629。

精制：用己烷重结晶，产物的 mp 13~18℃。

2,3-二溴丙烯 M 199.87，bp 145℃；强催泪性。

$$CH_2Br-CHBr-CH_2Br \xrightarrow[150℃]{NaOH} \left[\begin{array}{c} Br-CH_2 \\ HO\cdots H-CBr \\ CH_2-Br \end{array}\right] \longrightarrow Br-CH_2-CBr=CH_2$$

---

❶ 此时要中间控制监测：取样用乙醇冲稀、乙酸钠中和硫酸，做气相色谱分析。

0.5L 三口烧瓶配置机械搅拌、蒸馏冷凝器及接收器，烧瓶中加入 200g（0.71mol）1,2,3-三溴丙烷及 10mL 水❶，搅拌下慢慢加入 50g（1.25mol）片状氢氧化钠（使用 KOH 反应剧烈不易控制），小心加热，碱层乳化，剧烈反应开始，产物被蒸出，继续加热至不再有油状物馏出为止。分取有机层，得含有未反应物料的粗品 140~145g，以无水硫酸钠干燥后减压分馏，收集 73~76℃/75mmHg 馏分❷，得 105~120g（产率 73%~84%）。

溴代乙烯　M 106.94，mp −139℃，bp 16~17℃，d 1.517。

$$Br—CH_2—CH_2—Br + NaOH \xrightarrow{50℃} CH_2=CH—Br + NaBr + H_2O \ (HC\equiv CH)$$

9.4g（0.05mol）1,2-二溴乙烷溶于 20mL 乙二醇二甲醚中，于半小时左右滴入 8g（0.2mol）粉末状的氢氧化钠中，反应放热，产物气体用−30℃的冷阱收集（过程中缓缓通入氮气使产物及时排出体系），加完后继续通入氮气保温搅拌半小时。收集到的产物分馏，得 4.2g（产率 80%）。

另法：

$$CH_3—CHBr_2 + C_6H_5—NH_2 \xrightarrow{120~125℃} CH_2=CH—Br + C_6H_5—NH_2 \cdot HBr$$

9.3g（0.1mol）苯胺与 18.8g（0.1mol）1,1-二溴乙烷的混合物，在 120~125℃油浴上加热，溴乙烯的产率为 59%。

苯乙炔　M 102.14，bp 142~144℃，d 0.930，n_D^{25} 1.5490。

$$C_6H_5—CH=CHBr + KOH \xrightarrow{200℃} C_6H_5—C\equiv CH + KBr + H_2O$$

0.5L 三口烧瓶的中心口安装 18cm 的分馏柱接蒸馏冷凝器，侧口安装分液漏斗，另一侧口安装玻璃棒以便搅开溴化钾、氢氧化钾形成的硬壳，外用油浴加热。

烧瓶中加入 190g 90%（2.6mol）氢氧化钾，在 200℃油浴加热，15~20min 后氢氧化钾融化（85% KOH，mp 110~120℃；无水 KOH，mp 360℃），于 1h 左右慢慢滴入 100g（0.55mol）β-溴代苯乙烯，油浴温度慢慢提升至 220℃，加完后提升至 230℃，至无馏出物为止。分去水层，以 KOH 干燥后分馏，收集 142~144℃馏分，得 37g（产率 67%）。

另法：

$$C_6H_5—CHBr—CHBr + 2 NaNH_2 \xrightarrow{液氨} C_6H_5—C\equiv CH + 2 NaBr + 2 NH_3$$

5L 三口烧瓶配置机械搅拌、两个侧口安装附有短管的橡皮塞。

向烧瓶中慢慢加入 2L 液氨及 2g 硝酸铁，100g（4.35mol）金属钠切成截面积 3.5cm²、长 7cm 的矩形块，搅动下将勾在铁丝末端的钠块伸入液氨中以调节反应速率，约 45min 所有的钠块反应完毕，反应物从蓝色变为灰色。移去铁丝。快速搅拌下加入 2g 苯胺，用 1h 或更长时间慢慢加入 528g（2mol）干燥的二溴乙烯基苯粉末，加完后再搅拌 2h（搅

---

❶ 为减少焦油化（卤丙烯化合物过度加热多有发生焦油化），应使用可移动的油浴加热并及时将产物从体系中蒸出。1,2,3-三溴丙烷，mp 17℃，bp 220℃；关于过度反应加热 CH₂=CH—CH₂—X 的焦化，参见 3-丁烯腈（352 页）。

❷ 高沸物底子约 20g。

拌 2.8h，产率增加了 11%）。慢慢加入 600mL 浓氨水及 1L 蒸馏水，搅动下放置使反应物升至室温。

将反应物水汽蒸馏，至不再有油状物馏出为止，约 6h 收集到 1.5~2L 馏出液，分取上面油层，用蒸馏水洗去氨（如用酸处理可能会使产品变暗），以无水硫酸钠干燥后高效分馏，收集 73~74℃/80mmHg 馏分，得 93~106g（产率 45%~52%），n_D^{25} 1.5465~1.5484。

氨基钠在液氨中的脱 HX 更适用于制备炔烃，其用法有二：①向氨基钠的矿物油悬浮液中滴入卤化物，反应速度较慢，一般为：110℃要 20h；130℃要 3~4h；160℃只需要 0.5h（NH₃Na，mp 210℃）；不要超过 170℃。②氨基钠的液氨悬浮液是很强的脱 HX 试剂，可以在室温乃至-70℃的条件进行。

研碎氨基钠应注意：暴露在湿空气中，表面生成一层氢氧化钠使活性降低；有时还有一层"黄色物质"，可能是过氧化的氨基钠，应予以剥除销毁，含过氧化物的氨基钠即使在矿物油中研磨也有潜在的爆炸危险。

2-丁炔醇 M 70.09，bp 160~161℃，91~93℃/50mmHg，n_D^{25} 1.4635。

a. 3-氯-2-丁烯醇 bp 140~141℃，87~88℃/100mmHg，n_D^{25} 1.4517~1.4520

$$2\ CH_3-\underset{\underset{Cl}{|}}{C}=CH-CH_2-Cl + Na_2CO_3 \xrightarrow[\triangle]{水} 2\ CH_3-\underset{\underset{Cl}{|}}{C}=CH-CH_2-OH + 2\ NaCl + CO_2$$

2L 三口烧瓶中加入 250g（2mol）1,3-二氯-2-丁烯及 1.32kg 10%（1.25mol）碳酸钠溶液，搅拌下加热回流 3h。冷后用乙醚提取（3×300mL），合并提取液用无水硫酸钠干燥，回收乙醚，剩余物减压分馏，收集 58~60℃/8~10mmHg 馏分，得 134g（产率 63%）。

b. 脱 HCl 得 2-丁炔醇

$$CH_3-\underset{\underset{Cl}{|}}{C}=CH-CH_2-OH + 2\ NaNH_2 \xrightarrow[-NH_3,\ NaCl]{液氨} CH_3-C\equiv C-CH_2-ONa$$

$$\xrightarrow[-NaCl,\ -NH_3]{NH_4Cl} CH_3-C\equiv C-CH_2-OH$$

5L 三口烧瓶中加入 3L 液氨及 1.5g 结晶硝酸铁 Fe(NO₃)₃·9H₂O，搅拌下将用铁丝钩住的矩形金属钠块 65g（2.8mol）慢慢伸入浸到液氨中（控制反应速度），反应后，于 0.5h 左右滴入（a）中 134g（1.26mol）3-氯-2-丁烯醇，搅拌过夜。次日，控制放热，慢慢加入 148g（2.8mol）氯化铵，加完后将反应物倾入 5L 的不锈钢桶中让氨挥发。次日，剩余物用乙醚提取（5×250mL），合并提取液，回收乙醚，剩余物减压分馏，收集 91~93℃/50mmHg 馏分，得 66~75g（产率 75%~85%）；n_D^{25} 1.4550[❶]。

3-环己基丙炔 M 122.21，bp 61~63℃/24mmHg。

$$\bighexagon\!-CH_2-\underset{\underset{Br}{|}}{C}=CH_2 + NaNH_2 \xrightarrow[160℃,\ 2\sim3h]{矿物油} \bighexagon\!-CH_2-C\equiv CH + NaBr + NH_3$$

---

❶ Aldrich：bp 142~143℃，d 0.937，n_D^{20} 1.4530。

120g（3.07mol）无黄色外皮的氨基钠及 200mL 沸点＞250℃的矿物油在研钵中研成细粉的悬浮物加入 2L 三口烧瓶中，粘在研钵上的物料另用 200mL 矿物油冲洗至烧瓶，油浴加热控制 160~165℃，搅拌下于 2h 左右从分液漏斗加入 203g（1mol）3-环己基-2-溴-1-丙烯，加完后保温搅拌 2h。冷后，冷却下加入 500mL 乙醚，搅拌均匀，将反应物倾入盛有 1.5kg 碎冰的烧杯中，充分搅拌，用浓盐酸酸化（约用 280mL），分取“醚层”。以无水氯化钙干燥后回收乙醚，剩余物减压分馏，收集 115℃/20mmHg 以前的馏分，再分馏一次，收集 58~63℃/20mmHg 馏分，得 80g（产率 66%）。

同法制备以下产物：

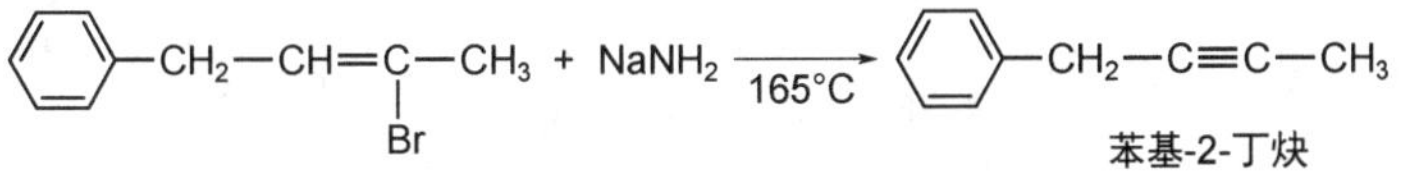

苯基-2-丁炔
60%, bp 99°C/17mmHg

$$n\text{-}C_8H_{17}\text{—}CBr\text{=}CH_2 + NaNH_2 \xrightarrow{165°C} n\text{-}C_8H_{17}\text{—}C\equiv CH$$

癸炔
68%, bp 80°C/22mmHg

2. 分子间脱 HX

卤原子离去基的 α-碳有高活化的 α-C—H，在碱作用下生成 α-C⁻，与另一分子卤代烃发生亲核取代，生成单键，得到偶联产物；第二步才是偶联产物分子内的 β-消除，形成 C═C 双键。如果起始原料有 β-C—H，且 α-C—H 的酸性不够强，就只在起始原料发生 β-消除。

3,4-二硝基-3-己烯　*M* 174.36，mp 32℃；充氮气避光保存。

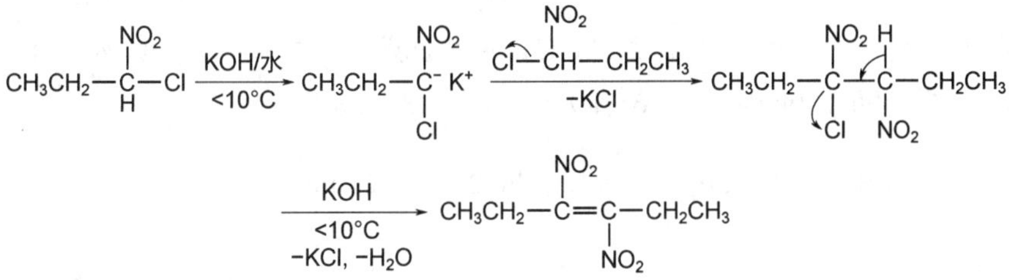

注：要特别小心可能涉及的爆炸性！

1L 三口烧瓶配置机械搅拌、温度计、分液漏斗及冰盐浴冷却。烧瓶中加入 118g（1.8mol）85%氢氧化钾溶于 300mL 水的溶液，搅拌，控制 0~10℃于半小时左右从分液漏斗慢慢加入 247g（205mL，2mol）1-氯-1-硝基丙烷（bp 143℃），必要时可直接向反应物中加入冰块，反应完后移去冰盐浴。从分液漏斗慢慢滴入浓盐酸中和至 pH 9（滴酸时出现绿色，随即消散），放热升温达 70℃，暗绿色的油状物析出，继续搅拌 3h。温度降至室温，分取油层，与 75mL 20% KOH 溶液在 30~35℃充分搅拌，副产物 1,1-二硝基丙烷成钾盐被洗除❶，分取油层得 100~110g，由于潜在危险，弃去碱洗液。油层与 90mL 95%乙醇混匀于−5～−10℃冷却结晶和分离，并以 5mL −5℃的乙醇冲洗两次，得粗品 50g。

❶ 提出者介绍：冷冻提取液分离出 15~20g 1-硝基丙烷-硝酸酯的钾盐，这个产物有爆炸的危险。提取洗涤 1,1-二硝基丙烷使用 NaOH，其钠盐有更大的溶解度。

母液及洗液合并，在氮气保护下，水浴加热减压蒸除 75℃/20mmHg 以下的低沸物，剩余物中加入 25mL 95%乙醇❶，按以上条件结晶及洗涤，回收到 8~10g 粗品。

精制：粗品合并共得 58~60g，用 80mL 95%乙醇重结晶，按以上条件冷冻结晶、滤出及洗涤，得亮黄色针状晶体 50~55g（产率 29%~32%），mp 31~32℃。

4,4′-双-(2-苯并噁唑)-1,2-二苯乙烯（增白剂 OB-1）　M 414.46，376~378℃。

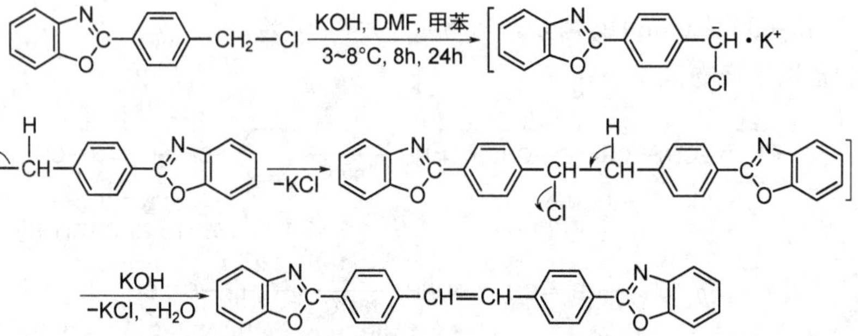

1m³ 反应罐中加入 380kg DMF 及 180kg 甲苯，用冰盐水冷却控制 3~8℃，搅拌下加入 28kg 85%（0.43kmol）氢氧化钾粉末；然后将 112kg 85%（1.7kmol）氢氧化钾粉末与 171kg（0.7kmol）2-(4-氯苄基)-苯并噁唑（压碎）（质量比 1.5∶1）混匀后均匀地加入，约 8h 可以加完，加完后再保温搅拌 24h。

将反应物移入到另一个可供加热的 1m³ 反应罐中，搅拌下用浓盐酸中和调节至 pH 5~6，中和放热，但不要超过 80℃，半小时后再检查 pH 5~6。加热回流 1h，稍冷，离心分离，用 70℃ 热水充分洗涤，至洗液中 Cl⁻ 不再减少。烘干后的粗品用硝基苯（5mL/g）在 140~150℃保温搅拌 2h，放置降温至 120℃，离心分离，用甲苯冲洗去掉硝基苯以便烘干，在 130℃烘干得产品 100kg（产率 65%）❷，mp 348~358℃。

乙烯四甲酸乙酯　M 316.30，mp 54℃，bp 210℃/22mmHg。

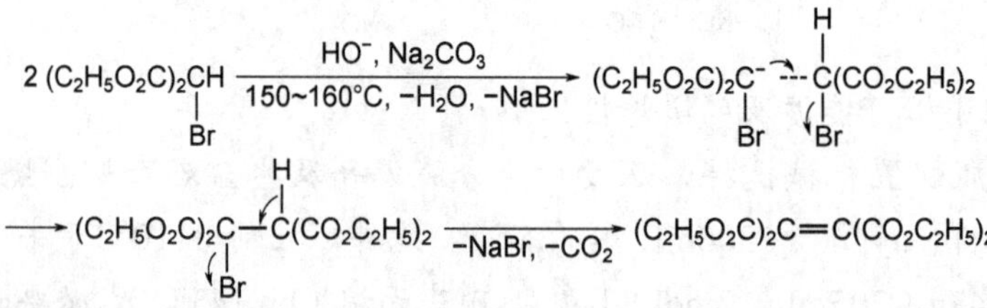

2L 三口烧瓶中加入 200g（1.9mol）碳酸钠细粉及 300g（1.25mol）溴代丙二酸二乙酯，搅拌下在 150~160℃油浴上加热反应 3h，让反应产生的水随时蒸出以避免可能发生的水解。冷至 120℃，加入 300mL 二甲苯继续搅拌半小时以提取产物。移去油浴，冷后

---

❶ 在蒸除低沸物过程要特别小心出现玻璃状的聚硝基物的危险。
❷ 对比从苯并噁唑-2-4′-苯磷酸乙酯在甲醇钠作用下与加成活泼性强的苯并噁唑-2-4′-苯甲醛的醛基加成，此反应速度快，溶剂易回收，粗品产率 89%，mp 343~348℃；使用 DMF（5mL/g）热（130℃）DMF（5mL/g）浸洗后，成品产率按起始原料计算，为 79.7%，mp 376~378℃。

加入 600mL 冰水，充分搅拌使无机盐溶解，分取有机层，水洗，以无水硫酸钠干燥后回收溶剂，剩余物减压蒸馏，收集 170~230℃/15mmHg 馏分，得 150~160g（产率 75%~80%），很快凝固。

精制：以上粗品用 75mL 乙醇溶解，放冷至 10~12℃滤出结晶，风干，得 95~110g（产率 49%~56%），mp 52.5~53℃。

三、羰基的烯基化——Wittig 及 Horner-Emmons 方法

在 Wittig 的羰基烯基化反应中，强碱作用于锑盐（季磷盐）生成亚甲基磷化物——锑内盐即 Wittig 试剂，是含碳负离子及相邻带有正电荷的杂原子（N、P、As、S）如 $\overset{|}{\underset{|}{C}}-\overset{|}{P}\underset{|}{}$ 。

【季磷盐的制法】 同制备季铵盐相似，反应速率依赖于卤代烃的活性。

$$\overset{H}{\underset{}{\overset{|}{C}}}{-}Cl + P(C_6H_5)_3 \xrightarrow[\triangle, 100\sim200℃]{} \overset{H}{\underset{}{\overset{|}{C}}}{-}\overset{+}{P}(C_6H_5)_3 \cdot Cl^-$$

伯、仲卤代烃，α-碳上有氢原子，与亚膦共热得到高产率的季磷盐（二卤代物亦可制得二季磷盐），在溶剂中往往不能完全析出，或加入非极性溶剂使结晶析出，或蒸出溶剂及未反应的物料后直接使用。制备季磷盐要求无水。

季磷盐在强碱作用下生成作为活泼中间体存在的 Wittig 试剂。

$$\overset{H}{\underset{}{\overset{|}{C}}}{-}\overset{+}{P}(C_6H_5)_3 \cdot Cl^- \text{(季磷盐, 锑盐)} \xrightarrow[-NaCl, -H_2O]{NaOH} \overset{-}{\underset{}{\overset{|}{C}}}{-}\overset{+}{P}(C_6H_5)_3 \text{ (锑内盐)}$$
Wittig试剂

Wittig 试剂有如下内盐式和双键式的互变异构：

$$\overset{-}{\underset{}{\overset{|}{C}}}{-}\overset{+}{P}(C_6H_5)_3 \rightleftharpoons \overset{}{\underset{}{\overset{|}{C}}}{=}P(C_6H_5)_3$$

它们的电正性都不是很大，不倾向与碳负离子形成普通的双键，倾向形成分子内、电荷分离的 Wittig 试剂，在反应中生成的 Wittig 试剂立即与羰基底物（醛、酮）加成及脱去氧化三苯基膦完成反应，如下式：

$$\begin{array}{c} R^1 \\ R^2 \end{array}\overset{-}{\underset{}{\overset{|}{C}}}{-}\overset{+}{P}(C_6H_5)_3 + \overset{O}{\underset{}{\overset{||}{C}}}\begin{array}{c} R^3 \\ R^4 \end{array} \longrightarrow \begin{array}{c} R^1 \\ R^2 \end{array}\overset{|}{\underset{(C_6H_5)_3 P^+ \cdots O^-}{\overset{|}{C}}}{-}\overset{|}{\underset{}{\overset{R^3}{C}}}\begin{array}{c} R^3 \\ R^4 \end{array} \xrightarrow{-PO(C_6H_5)_3} \begin{array}{c} R^1 \\ R^2 \end{array}C{=}C\begin{array}{c} R^3 \\ R^4 \end{array}$$

反应速度取决于 Wittig 试剂的亲核性和底物羰基的加成活性，R^1、R^2 为推电子基使 α-碳的亲核性更强，亦与其它亲电物质：酸、水、氧（或过酸）加成，如：

$$\begin{array}{c} R^1 \\ R^2 \end{array}\overset{-}{\underset{}{\overset{|}{C}}}{-}\overset{+}{P}(C_6H_5)_3 \longrightarrow \begin{cases} \xrightarrow{HCl} \begin{array}{c} R^1 \\ R^2 \end{array}\overset{H}{\underset{}{\overset{|}{C}}}{-}\overset{+}{P}(C_6H_5)_3 \cdot Cl^- \text{ 季磷盐} \\ \\ \xrightarrow{O_2或-CO_3H} \begin{array}{c} R^1 \\ R^2 \end{array}\overset{\cdot\cdot}{\underset{O-O}{\overset{|}{C}}}{-}P(C_6H_5)_3 \longrightarrow \begin{array}{c} R^1 \\ R^2 \end{array}C{=}O + (C_6H_5)_3PO \\ \\ \xrightarrow{H_2O} \begin{array}{c} R^1 \\ R^2 \end{array}\overset{H}{\underset{H-O}{\overset{|}{C}}}{-}P(C_6H_5)_3 \longrightarrow \begin{array}{c} R^1 \\ R^2 \end{array}CH_2 + (C_6H_5)_3PO \end{cases}$$

在制备使用这类 Wittig 试剂时，严格要求无水、无酸，并在氮气保护下防止空气和湿气侵入。R^1、R^2 若为拉电子基团，它们的亲核性会很弱，或不能和一般酮的羰基反应，但和加成活性强的醛能正常反应。如果 R^1、R^2 全是苯基，便不和水、醇、酸反应，也不发生使羰基烯基化的 Wittig 反应。

R^1、R^2 为推电子基使 α-碳有更大的电负性，使用强碱才能消去质子，形成碳负离子；吸电子的影响使 α-C—H 呈一定的酸性，甚至可在水中用 Na_2CO_3 制备，如：

$$O_2N\text{—}\underset{}{\bigcirc}\text{—}\overset{H}{\underset{}{CH}}\text{—}\overset{+}{P}(C_6H_5)_3 \cdot Cl^- \xrightarrow{Na_2CO_3, H_2O} O_2N\text{—}\bigcirc\text{—}CH\text{=}P(C_6H_5)_3$$

依季鏻盐中 α-C—H 的酸性，可供选择使用的碱强弱顺序为：$NaH > C_6H_5Li > CH_3ONa > KOH > NaOH$。

常使用的溶剂：无水乙醇、甲醇、四氢呋喃、乙醚、二甲基亚砜、DMF。

1,4-双-(4′-苯基-丁二烯基)-苯 M 334.44。

a. 二氯化-1,4-苯-二亚甲基三苯鏻

$$Cl\text{—}CH_2\text{—}\bigcirc\text{—}CH_2\text{—}Cl + 2\,P(C_6H_5)_3 \xrightarrow[\triangle,\ 160℃,\ 3h]{DMF} (C_6H_5)_3\overset{+}{P}\text{—}CH_2\text{—}\bigcirc\text{—}CH_2\text{—}\overset{+}{P}(C_6H_5)_3 \cdot 2\,Cl^-$$

2L 烧瓶中加入 262g（1mol）三苯基膦、84g（0.48mol）4-氯甲基苄基氯及 1L DMF，加热溶解后回流 3h，冷后滤出结晶，再用 100mL DMF 温热浸洗，冷后滤出。再乙醚浸洗，于 80℃真空干燥，得 313~329g（产率 89%~94%）。

b. 1,4-双-（4′-苯基-丁二烯基）苯

$$(C_6H_5)_3\overset{+}{P}\text{—}CH_2\text{—}\bigcirc\text{—}CH_2\text{—}\overset{+}{P}(C_6H_5) \cdot 2\,Cl^- + 2\,C_6H_5\text{—}CH\text{=}CH\text{—}\overset{H}{\underset{}{C}}\text{=}O + 2\,C_2H_5OLi$$

$$\xrightarrow[-2LiCl,\ -2C_2H_5OH]{无水乙醇} 反应中间体$$

$$\xrightarrow{-2(C_6H_5)_3PO} \bigcirc\text{—}CH\text{=}CH\text{—}CH\text{=}CH\text{—}\bigcirc\text{—}CH\text{=}CH\text{—}CH\text{=}CH\text{—}\bigcirc$$

2L 三口烧瓶中加入 70g（0.1mol）（a）中制备的季鏻盐、250mL 无水乙醇及 35g（0.26mol）肉桂醛，搅拌下加入 1.4g（0.25mol）金属锂作用于 1L 无水乙醇的溶液，加完后放置过夜。次日滤出黄色沉淀，用 300mL 60%乙醇洗，在 70℃真空干燥，得 29~32g。用 2L 二甲苯溶解，脱色过滤，浓缩至 1.2L，冷后用微量结晶碘作晶种，放置过夜。次日滤出黄色结晶，二甲苯洗后在 70℃真空干燥，得 23~25g（产率 68%~74%），mp 285~287℃。

有吸电子影响的烯类合成——Horner-Emmons 方法

拉电子影响的 α-碳上有氢的烃基膦酸酯，磷酸基拉电子影响使 α-C—H 的酸性更强，在碱作用下异构为烯醇式的烃基膦酸酯钠。异构平衡的结果是碳负中心与醛（酮）底物发生羰

基加成，最后脱掉磷酸二酯钠，生成 C=C 双键，反应迅速，在室温得以进行。

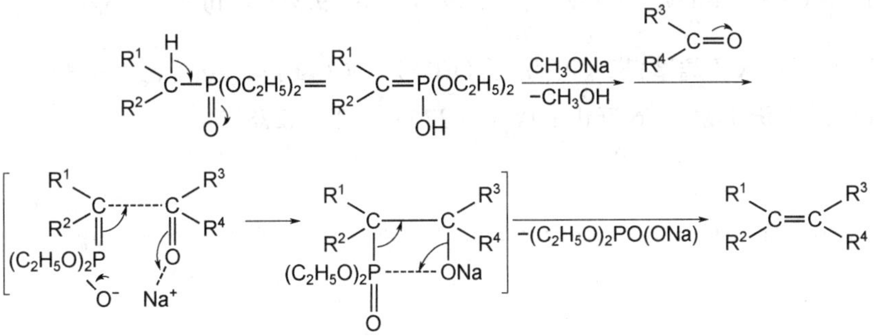

Horner-Emmons 试剂（具有拉电子基的烃基膦酸酯）很容易从有 α-C—H 键的伯卤化物和亚磷酸三乙酯共热，以卤乙烷脱去一个酯基，得到很好的产率，蒸除低沸物后可直接使用。它对于空气和湿气也不甚敏感，操作方便，对以下的合成结果与 Wittig 方法相同，应用更广泛，可以很方便地使用甲醇钠/甲醇溶液、KOH（85%）粉末，对溶剂要求也不苛刻，容易分离和回收。

4,4′-双-（2-苯并噁唑)-1,2-二苯乙烯（增白剂 OB-1）　M 414.46，mp 376~378℃。

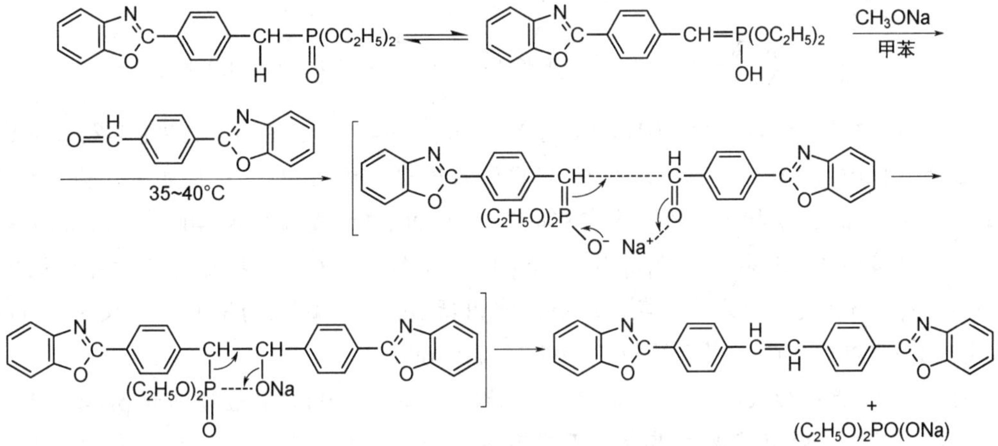

本合成工艺无过滤过程，物料必先滤清后使用。首先配制两份溶液：

① 56g（0.25mol）苯并噁唑-2-苯-4′-甲醛溶于 440mL 热甲苯中，滤清。

② 92.5g（0.26mol）苯并噁唑-2-苯-4′-甲磷酸二乙酯溶于 230mL 热甲苯中滤清。

将溶液①和②趁热加入 2L 三口烧瓶中，搅拌下用冰水冷却控制反应温度 35~40℃，于 3h 左右慢慢加入 118g 含 30g（0.65mol）甲醇钠的甲醇溶液❶，加完后保温搅拌 7h。用盐酸酸化至 pH 5，再加入 260mL 搅拌片刻再调节至 pH 5。加热回收甲苯（回收到约 500mL 甲苯及 170mL 含甲醇、乙醇的水层），冷至 60℃滤出结晶，水洗，干燥后得 92.5g（产率 89.3%)，mp 343~348℃。

------

❶ 甲醇钠用量太大，按如下 OB-4 试验其用量应比计算量稍多即可。

精制：以上粗品与 5 倍重的 DMF 一起加热维持 130℃搅拌半小时，冷至 90℃滤出结晶，热水洗（3×70mL）。干燥后得 82.5g（产率 79.7%），mp 376~378℃。

1,4-双-(4′-氰基苯乙烯基)苯（增白剂 OB-4） M 332.38，亮黄色结晶粉末。溶于沸硝基苯（16mL/g）、沸 DMF（6.7mL/g）。mp 275℃，277~278℃。

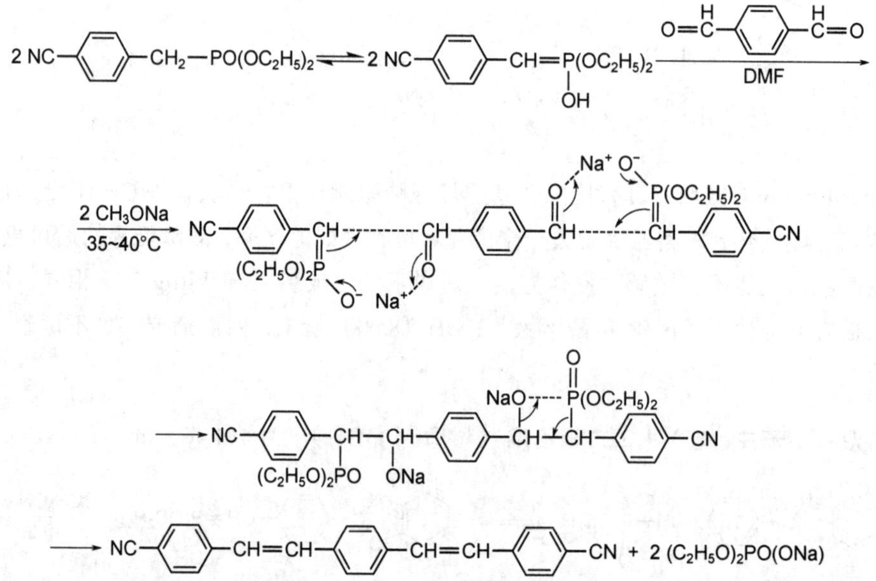

1L 三口烧瓶中加入 134g（1mol）对苯二甲醛、540g（2.18mol）97% 4-氰基苄基磷酸二乙酯、160g DMF，搅拌下加热至 80℃保温过滤，移入 2L 三口烧瓶中（冷后约 1/2 对苯二甲醛析出）。搅拌下水冷控制 35~40℃，于 2h 左右慢慢加入 400g（2.2mol）30% 甲醇钠甲醇溶液（实测按 CH₃ONa 计 28.5%），反应快，放热，在接近加完时停止放热[❶]，再保温搅拌 4h，反应物为棕红色悬浮液。滤出结晶，并以回收的甲醇洗脱吸附的 DMF（2×60mL）[❷]以便回收，得干燥粗品 396g（湿品 600g）。

2L 三口烧瓶中加入以上湿品及 1L 水，搅拌下加热于 90℃用盐酸调节 pH 4，保温搅拌半小时，反应悬浮物变为亮黄色，于室温滤出结晶，温水洗三次，干后得 296g（产率 89%），纯度（HPLC）＞95%，mp 247~252℃。

精制：2L 三口烧瓶中加入 600mL DMF，加热至 100℃以上搅拌下加入以上干燥的粗品 296g，于 140℃搅拌 1h，外观变得更鲜亮，冷后滤出，母液重复使用[❸]，结晶用甲醇浸洗，水洗，干后得 237~245g（产率 71%~74%），纯度（HPLC）99.4%，mp 269~272℃。

4,4′-双-(2-磺酸钠苯乙烯基)联苯（增白剂 CBS-X） M 562.56；稍浅的亮黄绿色结晶

---

❶ 此现象说明：反应中碱用量几乎是定量的。

❷ 洗液与滤液合并，常压回收甲醇至液温 100℃，再补充 60mL DMF 重新用于合成，以后处理至精制以前得粗品，干后得 344g，直接计算产率超百，为 103%（避免了溶解损失），mp 269~272℃。

❸ 精制的母液以 2mL/g 溶剂重复使用一次，处理的收率从 80%提升至 90%，成品纯度（HPLC）下降了 0.3%，为 99.1%，应再以 DMF 热洗一次弥补。

性粉末，溶于 DMSO、DMF，溶于沸水（4mL/g）中。

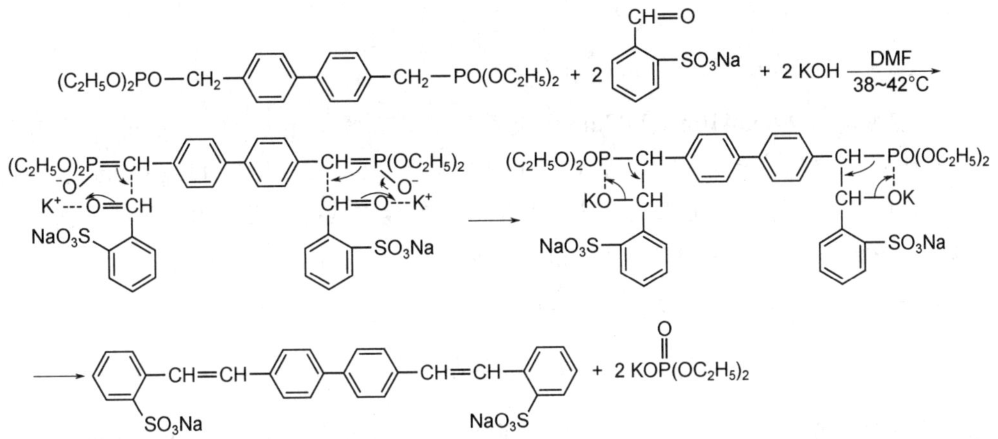

1L 三口烧瓶中加入 400mL DMF，开动搅拌，加入 91g（0.2mol）4,4'-联苯基磷酸二乙酯、105g［纯度（滴定法）79%~80%，0.41mol］[1]苯甲醛-2-磺酸钠粉末，加热至 40℃，0.5h 后固体物溶解，控制 38~42℃于 3h 左右慢慢加入 101g 87%（1.5mol）氢氧化钾粉末（一经加入即在氢氧化钾粉末表面形成一层蓝色物质，随即消失），放热量不大，加完后保温搅拌 10h（或作不时搅动），反应物为浅蓝灰色浆状物。[2]

反应物在 150℃油浴上加热，减压回收溶剂（如果用甲醇钠/甲醇溶液作为碱，则分别收集）[3]至反应物温度 > 115℃/-0.095MPa，共收集到含乙醇及少量二甲胺的 DMF 300~310g，常压分馏至柱顶温度 145℃，剩余物 230g 重复使用。

趁热向反应物中慢慢加入前次精制后的母液水 450mL，通入空气并加热使固体物崩解，开动搅拌使反应物呈均匀的悬浮液，于 40℃左右用工业盐酸中和至 pH 3（约用 100mL，1mol），反应物析出浅黄绿色结晶，加入前次从母液盐析出来的湿的粗品[4]，加热至 90℃搅拌均匀，放冷，次日滤出，用 50mL 水浸洗，得湿品 150~160g。

精制：以上湿的粗品溶于 420mL 沸水中，脱色过滤，冷后滤取结晶，干后得 84g（74% 以季膦酯计），灰分 25.8%~26.0%（计算值 25.25%）。

下面实例涉及烃基磷酸酯的合成——选择水解也反映了磷酸酯对于水解的稳定性，最后的反应是 Horner-Emmons 试剂的双键合成。

环己叉乙醛（环己烯基乙醛） *M* 124.18。
a. 2,2-二乙氧基乙基膦酸二乙酯

---

[1] 工业品纯度（滴定法）78%~80%，纯度（HPLC）98%；干燥失重 7.3%；灰分 44%（计算值 34.13%），从 HPLC 纯度和硫酸盐灰分计算其纯度，按下式计算：（100－干燥失重）×HPLC 纯度×100%＝真实纯度。

[2] 使用工业 DMF 合成，反应物为蓝紫色，使用回收处理的 DMF 合成，反应物为浅灰的蓝白色。

[3] 从调节酸性计算，KOH 约过量 2 倍。使用 1mol 甲醇钠/甲醇溶液，精制后灰分 23.7%。使用 DMSO，由于对无机盐的溶解度小，直接产率 81%，但灰分增至 27.3%。

[4] 滤出粗品的母液约 750mL，与同体积的饱和盐水加热至 80℃（可能有油状物析出），静置 10min，小心倾取夹杂有结晶物的溶液放置过夜，次日倾去清液，滤取下面的结晶，得湿品 38g（干燥后 20~25g），灰分 38.4%，外观灰色。

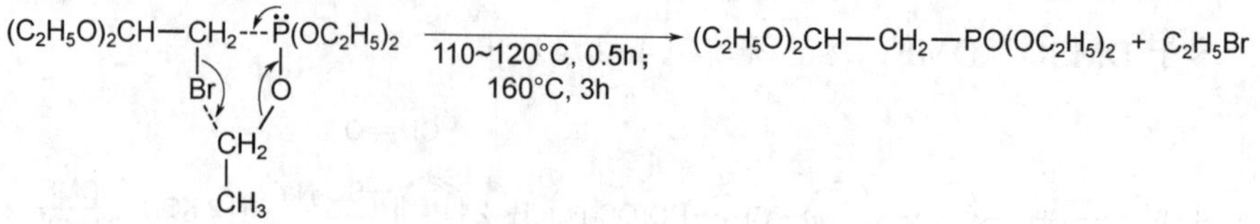

$$(C_2H_5O)_2CH-CH_2\overset{\underset{\displaystyle Br}{|}}{P}(OC_2H_5)_2 \xrightarrow[160℃, 3h]{110\sim120℃, 0.5h;} (C_2H_5O)_2CH-CH_2-PO(OC_2H_5)_2 + C_2H_5Br$$

（图中下方结构）
$$\overset{\displaystyle CH_2}{\underset{\displaystyle CH_3}{|}}$$

2L 三口烧瓶中加入 410g（2.07mol）溴乙醛缩二乙醇（bp 170℃，分解），通入干燥的氮气排除系统中的空气，搅拌下控制 110~120℃于 0.5h 左右加入 332g（2mol）亚磷酸三乙酯（bp158℃），放出的溴乙烷经冷凝收集。加完后慢慢升温至 160℃保温搅拌 3h（油浴），减压分馏，收集 160~165℃/20mmHg 馏分，得 353g（产率 69%）。

b. 选择水解——甲酰基甲基磷酸二乙酯

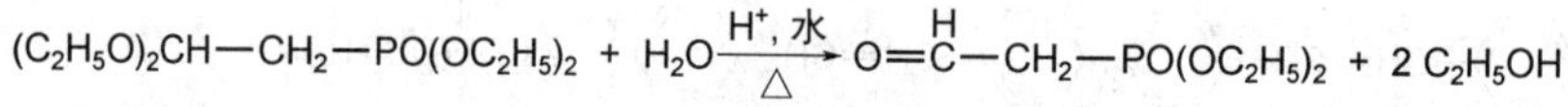

$$(C_2H_5O)_2CH-CH_2-PO(OC_2H_5)_2 + H_2O \xrightarrow[\triangle]{H^+, 水} O=\overset{\displaystyle H}{\underset{\displaystyle |}{C}}-CH_2-PO(OC_2H_5)_2 + 2\,C_2H_5OH$$

2L 三口烧瓶中加入 1L 2%盐酸，搅拌下加热至 80~90℃，加入 254g（1mol）2,2-二乙氧乙基膦酸二乙酯，在氮气保护及搅拌下回流 10min。冷至 30℃，加入 300g 食盐搅拌溶解，分取油层，水层用二氯甲烷提取（3×0.5L），提取液与分取的油层合并，用 80mL 5% NaHCO$_3$ 溶液洗，再用 300mL 饱和盐水洗。以无水硫酸钠干燥后于 70℃水浴上加热，水泵减压回收溶剂，剩余物在氮气保护下减压蒸馏，收集 100~103℃/20mmHg 馏分，得 138g（产率 76%）。

c. 2-环己氨基乙烯基膦酸二乙酯

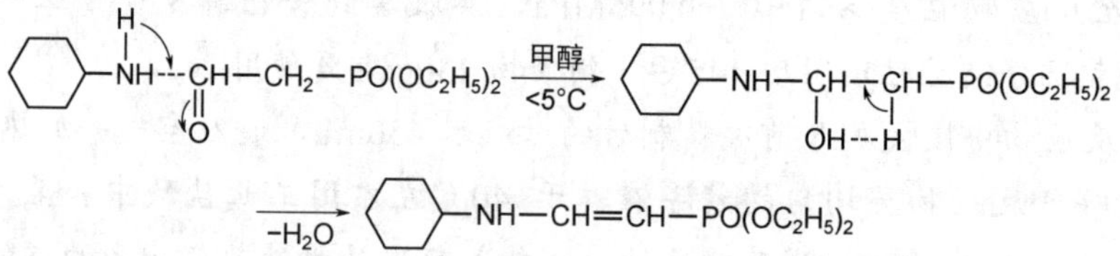

1L 三口烧瓶中加入 90g（0.5mol）甲酰甲基膦酸二乙酯、400mL 甲醇，在氮气保护下控制 0~5℃，搅拌下于 5min 左右加入 49.6g（0.5mol）环己胺。移去冰浴，升至室温，水泵减压于 30℃蒸去甲醇，剩余物置于 300mL 乙醚中用无水碳酸钾干燥后回收乙醚，剩余物中加入 0.3g 无水碳酸钾减压蒸馏，收集 126~141℃/0.8mmHg 馏分，得 68g（产率 52%）。

精制：戊烷重结晶产物的熔点为 58~61℃。

d. 环己叉乙醛

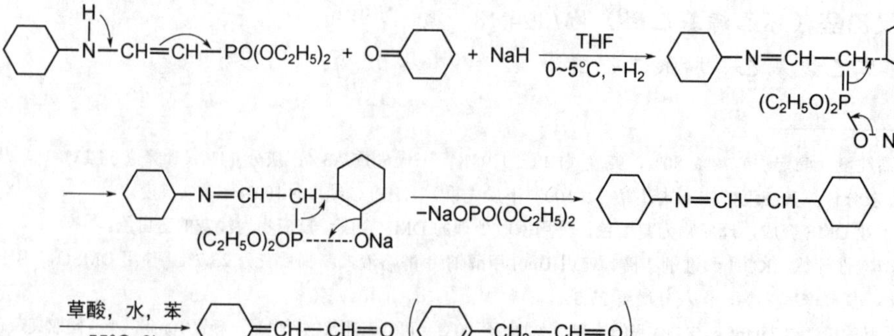

1L 三口烧瓶中加入含 5.45g（0.22mol）氢化钠的 51%悬浮液及 30mL 四氢呋喃，用氮气清除空气，控制 0~5℃，搅拌下于 15min 左右慢慢加入 30.2g（0.115mol）2-环己氨基乙烯基膦酸二乙酯溶于 90mL 四氢呋喃的溶液，保温搅拌 15min；再于 20min 左右慢慢滴入 10.3g（0.1mol）环己酮与 70mL 四氢呋喃的溶液，加完后于 20~25℃搅拌 1.5h。将反应物倾入 0.5L 冷水中以洗去磷酸二乙酯钠盐，用乙醚提取（3×300mL），提取液合并，用饱和食盐水洗（2×200mL）。以无水硫酸钠干燥后，在 30℃左右水泵减压（35mmHg）蒸去溶剂。剩余物溶于 300mL 苯中，倒入 2L 三口烧瓶中，加入 72g（0.57mol）二水草酸溶于 900mL 水的溶液，在氮气保护及搅拌下回流 2h 使亚胺水解。分取苯层，水层用乙醚提取（2×300mL），提取液与分取的苯层合并，用 200mL 水洗，饱和盐水洗，以无水硫酸钠干燥，水泵减压回收溶剂，剩余物水浴加热减压蒸馏，收集 78~84℃/12mmHg 馏分，得 10.8g（产率 83%），异构体环己烯基乙醛占 15%。

四、相邻二卤及二卤（分子间）的脱卤

相邻二卤代物的脱卤常使用锌粉、锌铜偶在"溶剂"条件共热脱去卤原子形成 C=C 双键，过程中通过有机金属化合物的过程，有如格氏试剂和卤代烃的反应即通过卤代烃 C—X 键的均裂进行，生成比较稳定的烃基金属卤化物，在一定温度条件随即分解出氯化锌。

1-己烯　M 84.16，bp 63.35℃，d^{20} 0.673，n_D^{20} 1.3837。

a. 按 1-辛烯的方法从 5mol 溴丙烷制取 1-己烯，粗品纯度（GC）>90%。

b. 1,2-二溴己烷的制备

$$CH_3(CH_2)_3CH{=}CH_2 + Br_2 \xrightarrow{-5\sim0℃} CH_3(CH_2)_3CHBr{-}CH_2Br$$

保持粗品 1-己烯反应物-5~0℃，搅拌下慢慢滴入计算量的（或至反应物出现持久的红色）无水液溴。洗去过量的溴，油浴加热减压蒸馏，收集 85~90℃/15mmHg 馏分。

c. 脱溴

$$n\text{-}C_4H_9{-}CHBr{-}CH_2Br + Zn \longrightarrow n\text{-}C_4H_9{-}CH{=}CH_2 + ZnBr_2$$

0.5L 三口烧瓶安装机械搅拌、温度计、滴液漏斗、弯管接蒸馏冷凝器及接收器。

烧瓶中加入 130g（60 目，2mol）锌粉及 100mL 95%乙醇，开动搅拌，将反应物加热至微沸，移去热源，从滴液漏斗慢慢加入 408g（2mol）1,2-二溴己烷，用反应放热维持反应物微沸，使生成的 1-己烯随时蒸出，必要时加热。将产物水洗，干燥后分馏，收集 61.5~62.5℃馏分，产率按溴丙烷计为 50%。

1,1-二氯-2,2-二氟乙烯　M 132.92，bp 17℃。

$$CCl_3{-}CClF_2 + Zn \xrightarrow[60\sim65℃]{甲醇} CCl_2{=}CF_2 + ZnCl_2$$

0.5L 三口烧瓶配置机械搅拌、滴液漏斗、温度计及短分馏柱接蒸馏冷凝器，冷凝器用通过干冰/丙酮浴的乙醇作循环，接收器用冰盐浴冷却。

烧瓶中加入 42.2g（0.65mol）锌粉及 0.2g 无水氯化锌粉末，再加入 150mL 甲醇，搅

拌下加热保持 60~65℃（甲醇 bp 64.6℃），开始滴入 10~15mL 以下溶液引发反应，即 122.4g （0.6mol） 1,1,1,2-四氯-2,2-二氟乙烷与 50mL 乙醇混合溶液。

反应开始并逐渐变得剧烈沸腾（移去热源），加料速度和馏出速度控制为 2:1，柱顶温度 18~22℃[❶]，维持反应温度 60~65℃，约 1h 可以加完，再保温搅拌 1h，让最后的产物蒸出，共收集到 71~76g（产率 89%~95%），n_D^0 1.3730~1.3746，含 1.7%甲醇及微量起始原料。

二甲基乙烯酮　M 70.09。

a. α-溴代异丁酰溴

$$8\ (CH_3)_2CH\!-\!CO_2H + 2\ P + 8\ Br_2 \xrightarrow{100℃} 8\ (CH_3)_2CBr\!-\!CO\!-\!Br + 2\ H_3PO_4 + 10\ HBr$$

1L 三口烧瓶中加入 250g（2.85mol）异丁酸、35g（1.1mol）红磷，于 90℃左右，搅拌着慢慢加入 880g（5.5mol）液溴，加完后于 100℃左右保温搅拌 6h。水泵减压回收未作用的溴及赶除 HBr，小心倾取液体以分离红磷，用水泵减压分馏，收集 91~98℃/100mmHg（-0.087MPa）馏分，得 493~540g（产率 75%~83%）。

b. 脱溴——二甲基乙烯酮

$$(CH_3)_2C\!-\!CO\!-\!Br + Zn \longrightarrow (CH_3)_2C\!=\!C\!=\!O + ZnBr_2$$
$$\quad\ \ |$$
$$\quad\ \ Br$$

0.5L 三口烧瓶配置氮气导入管、分液漏斗及短分馏柱，通过冷凝器下口延长管伸入支管蒸馏瓶接收器的中间底部，用干冰/丙酮浴作冷阱冷却。用水泵减压，通过附有放空阀门的安全瓶接向接收器的支管。

烧瓶中加入 40g（0.6mol）锌粉及 300mL 乙酸乙酯，施以-0.06MPa（300mmHg）真空，用氮气排除系统中可能存在的湿气，继续通入氮气并加热至微沸状态（乙酸乙酯的真空下沸点为 50℃/300mmHg），保持微沸，慢慢滴入 111g（0.48mol）α-溴代异丁酰溴，生成的二甲基乙烯酮随同乙酸乙酯蒸出，得 190~200mL 含 8%~10%二甲基乙烯酮的乙酸乙酯溶液[❷]，产率 46%~54%。

鉴定试验：75mL 乙醚中溶解 15g 苯胺，摇动着加入 35mL 二甲基乙烯酮溶液，3min 后，反应液依次用 60mL 10%盐酸洗、5% Na_2CO_3 洗、水洗，蒸发乙醚和乙酸乙酯，得到按滴定含量计算 90%收率的异丁酰苯胺，mp 103℃。

【甲叉二卤化物分子间的脱卤偶联】

四氰基乙烯　M 128.09，mp 200℃（201~203℃升华品质）。

$$4\ (CN)_2CH_2 + 8\ Br_2 + KBr \xrightarrow{5\sim8℃} [(NC)_2CBr_2]_4 \cdot KBr + 8\ HBr$$

---

❶ 此温度和操作环境相关。

❷ 含量的测定方法：在冰冷条件下，以酚酞为指示剂，以 0.1mol/L NaOH 标准溶液滴定（同等条件做空白）。

$$(CH_3)_2C\!=\!C\!=\!O \xrightarrow{H_2O} (CH_3)_2CH\!-\!CO_2H \xrightarrow[-H_2O]{NaOH} (CH_3)_2CH\!-\!CO_2Na$$

$$[(NC)_2CBr_2]_4 \cdot KBr + 8 Cu \xrightarrow[\triangle]{\text{苯}} 2 (NC)_2C{=}C(CN)_2 + 8 CuBr + KBr$$

2L 三口烧瓶中加入 0.9L 水、99g（1.5mol）丙二腈及 75g（0.63mol）溴化钾，控制 5~10℃搅拌下，于 3h 左右慢慢加入 488g（3.05mol）液溴，加完后再搅拌 2h。滤出结晶，冰水冲洗，真空干燥，得 324~340g（产率 85%~89%），具刺激性。

2L 三口烧瓶中加入 1L 无水苯及 254g（0.25mol）上述二溴络合物，搅拌下加热用共沸分水的方法脱去最后的水分，加入 100g（1.57mol）沉淀铜粉，搅拌下回流 16h（铜粉用量以生成亚铜计，欠量 1/3；与下例中四苯乙烯的用量相比缺少 1/2，产品产率达到 > 55%，或与细度及回流时间相关）。反应液黄色，过滤铜及亚铜，再与 300mL 无水苯搅拌下回流提取，滤除。苯溶液合并，浓缩至剩余物约 300mL，冷后水冷，滤出结晶，用 50mL 冷苯分两次浸洗，干后得 35~42g（产率 55%~62%），mp 197~199℃。

精制：用氯苯（9mL/g）重结晶，精制的收率 85%~90%，mp 199~200℃（闭管）。

四苯乙烯 M 332.44，mp 223~225℃，bp 420℃。

$$2 (C_6H_5)_2CCl_2 + 4 Cu \xrightarrow[\triangle]{\text{苯}} (C_6H_5)_2C{=}C(C_6H_5)_2 + 4 CuCl$$

0.5L 四口烧瓶中加入 75g（0.32mol）二苯基二氯甲烷、250mL 无水苯，搅拌下加热溶解，回流（85℃），于 1h 左右将 50g（0.78mol）铜粉[1]分 10 次加入，加完后回流 4h[2]。冷后滤除未作用的铜粉及亚铜，得 63g（湿品）；反应液回收苯（230mL），剩余物冷后滤出结晶（母液单独存放），乙醇冲洗，干后得 18g（产物 34%），mp 219~220℃。

精制：用甲苯（5mL/g）重结晶，得 15g，mp 222~224℃，纯度（HPLC）>99%。

五、热裂解消除——亦见醇、卤代烃的分子内消除

（1）羧酸酯、黄酸酯的裂解

羧酸酯（甲酸酯、乙酸酯、苯甲酸酯）、硫代羧酸酯、原黄酸酯以及季铵盐，由于它们的拉电子作用仅加热即可发生 β-消去，生成烯。经过环过渡态，协同进行同侧消除，反应速度和酯基 β-C—H 离去的难易及羧酸的强弱有关，强酸的酯及 β-C—H 容易离去，反应速度快，反应要求的温度也比较低。在此项烯烃的合成中一般使用乙酸酯，如：

---

[1] 铜粉的制备方法：在<40℃用锌粉作用于硫酸铜溶液，最后用乙酸洗去最后的锌（不一定完全洗净），乙醇冲洗、烘干，外观棕红色。

[2] 回流时间疑似太短，按氯化亚铜的 10g 增重计算，转化率应为 44.6%。上个实例中的四氰基乙烯之脱卤，铜粉用量比之尚缺 33%，回流 16h 的转化率>55%。

消除方向：如果分子中有两个 β-碳原子，都可以提供可消去 β-C—H，影响消除方向的因素有以下几种：

① β-C—H 的活性　受吸电子影响 β-C—H 可脱离其共价电子对，容易以质子形式离开，消除反应随之发生，活泼氢是反应的决定因素，如：

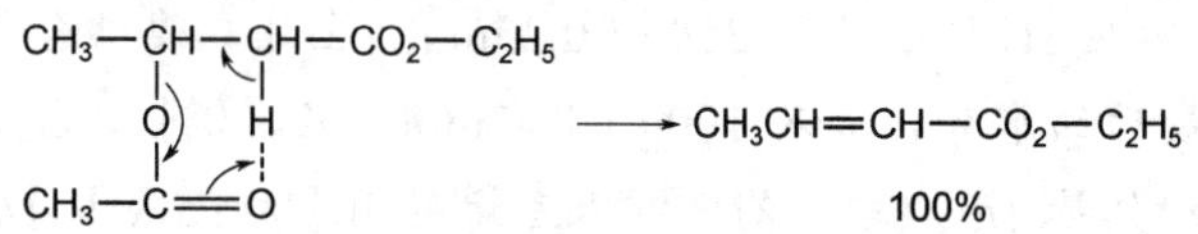

$$CH_3-CH-CH-CO_2-C_2H_5 \longrightarrow CH_3CH=CH-CO_2-C_2H_5$$
$$100\%$$

② 机遇因素　两个 β-碳上可被消去的氢原子数目不同，在没有致活的 β-C—H 占主导的情况，机遇因素就成为主要的因素。如下它们的机遇关系值是 6∶2，实验结果亦如此。

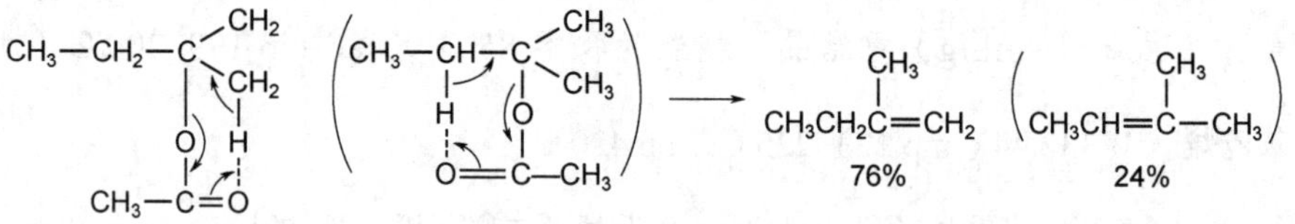

$$CH_3CH_2C=CH_2 \quad (CH_3CH=C-CH_3)$$
$$76\% \qquad\qquad 24\%$$

③ 热力学因素　链内的 C=C 烯比端位烯稳定，反式比顺式烯稳定。所以，叔基酯比仲基酯更容易发生 β-消除，并且反式多于顺式；烯烃在反应的高温下（500℃）端位烯也会逐渐转向链内烯，生成支链转多的烯烃，顺式也会转化为反式。

④ 位阻的因素　4-乙酰氧基-2,2-二甲基己烷分子内的两个 β-碳上都是两个氢原子，机遇的因素相等，另外似乎 5 位碳上的氢更活泼，其异构物比例理论上应该稍多，但实验结果却是 30∶70，究其原因，主要电性原因使酯基的存在形式避开位阻造成的——两个甲基距离太近，互相排斥为疏开排列。

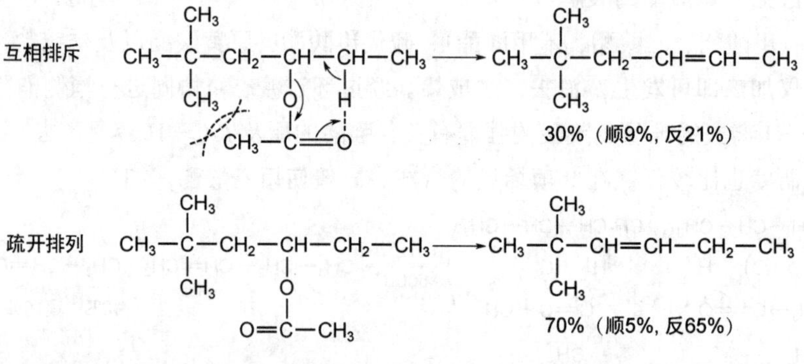

互相排斥

$$CH_3-C-CH_2-CH-CH_2-CH_3 \longrightarrow CH_3-C-CH_2-CH=CH-CH_3$$
$$30\%（顺9\%，反21\%）$$

疏开排列

$$CH_3-C-CH-CH_2-CH_2-CH_3 \longrightarrow CH_3-C-CH=CH-CH_2-CH_3$$
$$70\%（顺5\%，反65\%）$$

伯基酯，其酯基在链端，裂解的产物是端位烯，在反应为中性条件下，一般不发生双键移位和重排。使用软脂酸酯、硬脂酸酯，裂解下来的羧酸较弱，对产物的稳定有利。端位酯碳链在 C_6 以上的正构酯（裂解下来的端位烯，由于碳链的螺旋排列，端位的电子云有重叠，提高了它的稳定性）进行热消除可以得到单一的端位烯，例如：软脂酸 n-十六酯加热至 320~350℃，生成单一的 1-正十六烯及软脂酸，也有使用乙酸酯在 450~500℃通过填充石英或碎玻璃的反应器进行气相反应。

1,4-戊二烯　M 68.12，bp 26~27℃，d 0.659，n_D^{20} 1.3890。

$$CH_3CO_2-CH_2(CH_2)_3CH_2-O_2CCH_3 \xrightarrow[575℃±10℃]{} CH_2=CH-CH_2-CH=CH_2 + 2\,CH_3CO_2H$$

如图 2-1 所示，在 50cm 的管式电炉中，安装一支内径 45mm、长 90cm，下口有变径管硬玻璃管、上端有带刻度的恒压分液漏斗（三通管恒压兼作氮气通入管）及可移动的热电偶温度计以测量不同位置的温度，管式炉顶调节在硬质玻璃管上口以下 10cm 的位置，向管中填充 0.8cm×0.8cm 玻璃环管节至加热部位稍高处，硬质玻管下口接 1L 三口烧瓶用水浴冷却，串联两个 0.5L 三口烧瓶，第一个冰水浴冷却，第二个用干冰/丙酮浴冷却。开始加热，以 1.5mL/s 的速度通入氮气[1]，1~2h 后已除去系统中的空气，反应器中温度已趋稳定在 565~585℃，以 1 滴/秒的速度开始从恒压滴液漏斗加入 638g（3.5mol）1,5-二乙酸戊二酯[2]，约 3.5h 加完。将三个冷阱收集到的液体合并，用 15cm 分馏柱分馏（冷凝器用冰水冷却，接收器在冰盐浴中冷却），收集 25~55℃ 馏分[3]，得 170~190g。再用 60cm 填充分馏柱分馏，收集 26~27.5℃ 馏分，得 150~170g（产率 63%~71%），n_D^{25} 1.3861~1.3871。

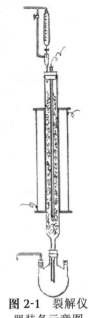

图 2-1 裂解仪器装备示意图

高温条件在吸电子影响下发生裂解脱羧，亦见 1,4-环己二酮。

氰基环己烷 M 95.15。

$$\text{环戊烷}(CN)(CO-O-CH_2-CH_2-H) \xrightarrow{510℃} \text{环戊烷-CN} + CO_2 + CH_2=CH_2$$

101g（0.6mol）1-氰基环戊甲酸乙酯于 3h 左右滴入 510℃ 的裂解反应管中，收集冷凝物，用填充分馏柱减压分馏，收集 67~68℃/20mmHg 馏分，得 47.3g（产率 83%，扣除回收原料 11.1g，计算产率 92%）。

黄原酸酯的裂解 R—CH—CH$_2$—O—C—SCH$_3$ 比羧酸酯裂解温度低（100~250℃），由于不产生酸性物质，很少发生 C=C 移位及碳骨架重排。没有可移变的 β-C—H 的黄原酸酯在较高温度下 O-烃基重排到亲核性更强的 S 原子，生成更稳定的硫醇（或硫酚）。

通过黄原酸酯的方法，都要经过黄原酸盐 R—CH$_2$—CH$_2$—O—CS—S$^-$ K$^+$（Na$^+$）。第一步制备醇钾或醇钠可以使用甲醇钠甲醇溶液与底物醇进行交换，也有使用叔醇钾、仲醇钾与之交换，多数简单醇可以直接使用 KOH、NaOH。

黄原酸可以是单酯、双酯，单酯只能以盐的形式存在 R—O—C(=S)—S$^-$·Na$^+$，为了裂解制备 C=C 烯，将黄原酸单酯 S-甲基化，制成 S-甲基黄原酸酯（双酯），对于消除反应有利，加热裂解形成 C=C 烯和硫基酯（单酯），硫基酯立即分解为（甲）硫醇和 COS，裂解温度也比较低，为同侧通过环过渡态进行的 β-消除，如下式：

---

[1] 不使用氮气的产率会稍低。

[2] 1,5-二乙酸戊二酯，bp 130℃/10mmHg。

[3] 蒸馏时的室温条件应当在 0℃ 左右。

$$R-CH_2-CH_2-O-CS-S^- Na^+ + (CH_3O)_2SO_2 \longrightarrow R-CH_2-CH_2-O-CS-SCH_3 + CH_3O-SO_3Na$$

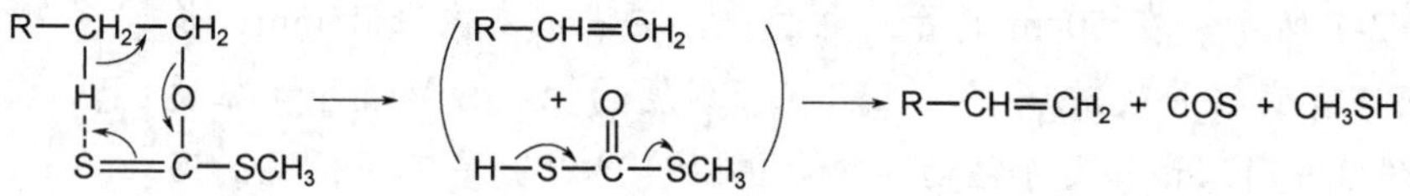

"异侧消除"：有时裂解得到部分"异侧消除"的产物，实际上，它是在一定条件下异构化为同侧后消除的。如：在强拉电子基影响下的 α-C—H（对于消去裂解是 β-C—H）很活泼，具有较强的酸性，有人证实在较高温度下它发生了电解。互相平衡的结果，实际上仍是同侧发生的消除。如：十氢萘-1-醇，羟基与9-位氢原子（β-C—H）处于异侧，在制备黄原酸酯的第一步醇钾时，由于负电荷的吸引，有部分异构化为同侧，制得异构后的、同侧的黄原酸酯，裂解时得到"异构消除"产物。

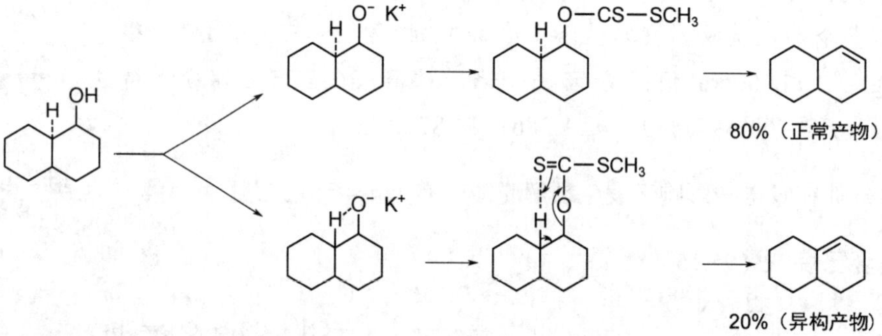

80%（正常产物）

20%（异构产物）

（2）N-氧化叔胺及季铵碱的裂解

N-氧化叔胺的加热分解，依有氢的 β-碳的数目，得到一种、两种或三种烯烃的混合物。因反应物的碱性，不发生双键移位和碳骨架重排，裂解温度也较低（约150℃）。

N-氧化叔胺很容易用双氧水在丙酮、水中氧化，得到高产率的 N-氧化物。为了减少其它方向分解，一般只用N上有两个甲基的叔胺，没有其它可移变的 β-C—H，N-氧化物中氮原子的电正性促进了不活泼 β-C—H 的消除。

甲叉环己烷 M 96.17，bp 102~103℃，d 0.800，n_D^{20} 1.4490。

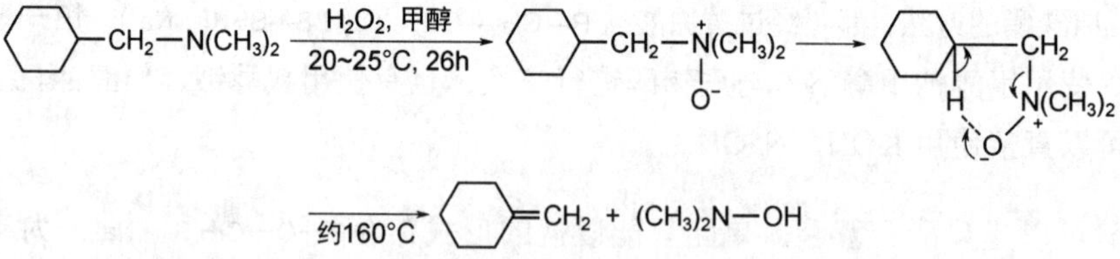

0.5L 三口烧瓶中加入 49.4g（0.35mol）N,N-二甲基-环己基甲胺、45mL 甲醇，摇动下加入 39.5g 30%（0.35mol）双氧水，于室温放置 26h，在放置 2h 和 5h 时各补加 39.5g 30% 双氧水（共加入 1.05mol），在氧化后期不时检测反应的终点❶。达到终点后加入微少量铂黑，搅拌直至停止放出氧氨。

---

❶ 氧化的终点测定：一滴试样置于白瓷板上，加一滴酚酞及 3 滴水不显色。

过滤回收铂黑，在 50~60℃水浴上加热，用水泵减压蒸除溶剂和水。其后用油泵减压蒸发至瓶中的剩余物即 N-氧化叔胺的水合物凝固。

烧瓶安装密封搅拌、20cm 分馏柱接蒸馏冷凝器，下口伸入到浸在干冰/丙酮中的支管烧瓶作接收器，支管接真空泵，在 90~100℃油浴上加热，反应物熔化后开动搅拌，减压蒸馏结晶水，至真空度达 10mmHg，脱水完毕，瓶中的无水物又发生固化，慢慢升温至 160℃，2h 左右蒸馏完全。

向接收器馏出物中加入 100mL 水，摇动清洗，再冷冻，用吸管分离产物，依次用水洗（2×5mL）❶、10%盐酸洗（2×5mL）❷、10%碳酸氢钠洗，冷却下用玻璃棉过滤，加入一小片金属钠干燥，分馏，收集 100~102℃馏分，得 26.6~29.6g（产率 79%~88%），n_D^{20} 1.4474。

在 N-氧化叔胺裂解前必须除尽过氧化氢，否则会在烯烃 C=C 双键氧化为相邻二醇。为降低双氧水的用量，应考虑使用较高温度（譬如 44~45℃），或可以使用 H_2O_2 氧化催化剂。

其它吸电子影响对于叔胺是 β-C—H 很活泼，可以以质子形式离去，作为碱的叔氨基是以消除这个质子脱去仲胺（常是二甲胺），得到 α,β-双键产物，多为共轭烯，如：

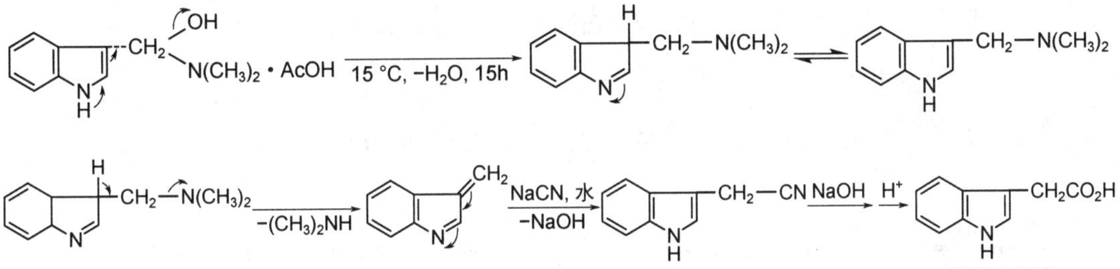

吲哚-3-乙酸
80%, mp 198℃

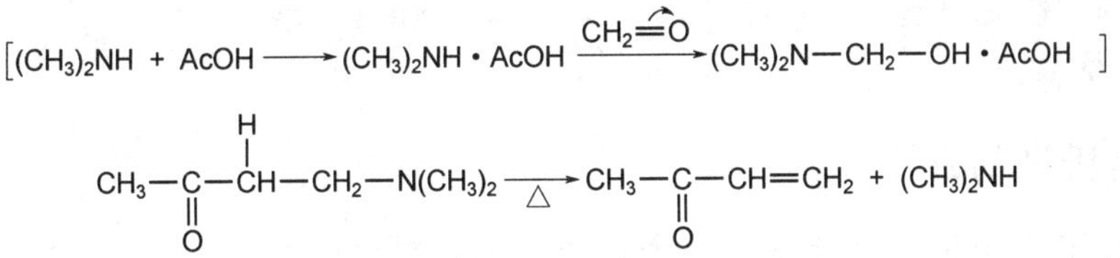

$$[(CH_3)_2NH + AcOH \longrightarrow (CH_3)_2NH \cdot AcOH \xrightarrow{CH_2=O} (CH_3)_2N—CH_2—OH \cdot AcOH]$$

甲基-乙烯基甲酮
bp 80℃

【季铵碱的裂解】

C—N 键开裂如果没有目标位置便发生分解，如：季铵碱、季铵盐的热分解。

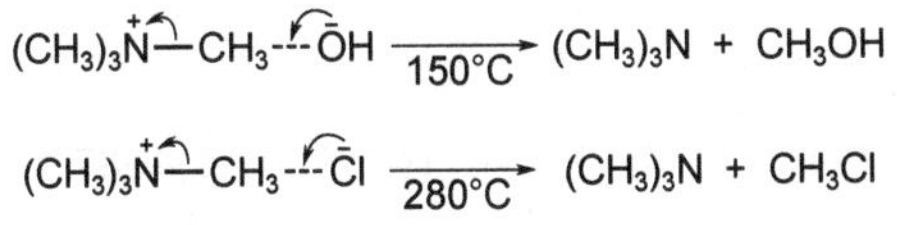

$$(CH_3)_3\overset{+}{N}—CH_3 \cdots \overset{-}{O}H \xrightarrow{150℃} (CH_3)_3N + CH_3OH$$

$$(CH_3)_3\overset{+}{N}—CH_3 \cdots \overset{-}{C}l \xrightarrow{280℃} (CH_3)_3N + CH_3Cl$$

---

❶ 回收$(CH_3)_2NOH$：分出的水层及水洗液合并，加入 45mL（0.5mol）盐酸酸化，水浴加热减压浓缩至近干，在氢氧化钾真空干燥器干燥，得 30~32g（产率 90%~96%）。

N,N-二甲基羟胺 ·HCl，mp 103~106℃（闭管）；异丙醇（1.4mL/g）重结晶，得 26.6~30.7g（产率 78%~90%），mp 106~108℃（闭管）。

❷ 由于烯对酸敏感，不可以用酸洗。

受其它吸电子（较弱推电子）影响的、具有较强"酸"性的质子、相对敞开位置的 β-C—H 是"碱"选择的进攻对象，在 β-C—H 离去的同时氨基氮（N^+）得到一对电子以叔胺形式离去，得到分支较少的烯烃，如：

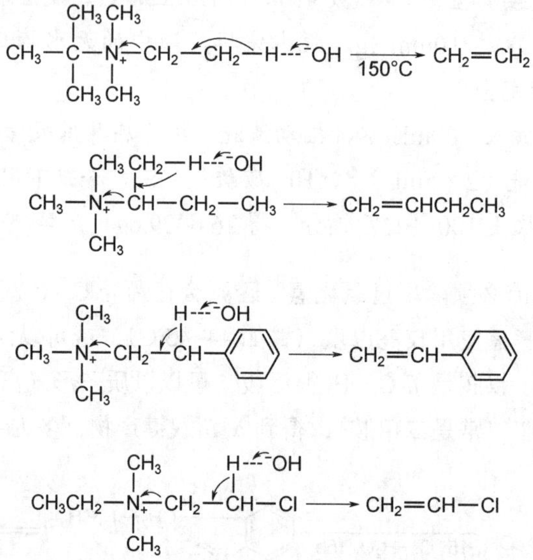

$$(CH_3)_3C—N^+(CH_3)_2—CH_2—CH_2—H \cdots OH \xrightarrow{150^{\circ}C} CH_2=CH_2$$

$$CH_3—N^+(CH_2CH_3)_2(CH_3)—CH_2—CH_2—CH_3 + H\cdots OH \longrightarrow CH_2=CHCH_2CH_3$$

$$CH_3—N^+(CH_3)_2—CH_2—CH_2—C_6H_5 + H\cdots OH \longrightarrow CH_2=CH—C_6H_5$$

$$CH_3CH_2—N^+(CH_3)_2—CH_2—CH—CH_2Cl + H\cdots OH \longrightarrow CH_2=CH—CH_2Cl$$

六、醛（酮）羰基和活泼甲基、亚甲基的脱水缩合

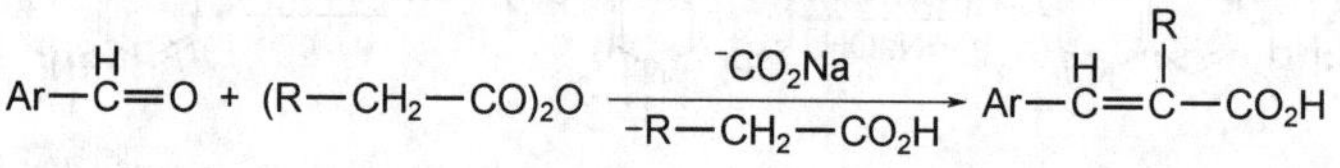

$$Ar—\overset{H}{C}=O + (R—CH_2—CO)_2O \xrightarrow[-R—CH_2—CO_2H]{^-CO_2Na} Ar—\overset{H}{C}=\overset{R}{C}—CO_2H \quad （见 676 页）$$

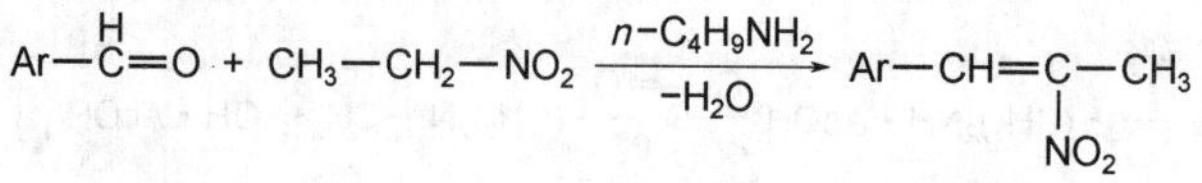

$$Ar—\overset{H}{C}=O + CH_3—CH_2—NO_2 \xrightarrow[-H_2O]{n-C_4H_9NH_2} Ar—CH=\underset{NO_2}{C}—CH_3 \quad （见 496 页）$$

七、格氏试剂方法

格氏试剂和氯丙烯反应得到增加三个碳原子的端位烯烃。

$$R—MgBr + Cl—CH_2—CH=CH_2 \longrightarrow R—CH_2CH=CH_2 + MgBrCl$$

氯丙烯、溴丙烯非常活泼，在反应中几乎立即与格氏试剂反应并析出无机固体，为了减少包裹应使用搅拌及更长的反应时间，副产物是未反应的卤代烃、格氏试剂的水解物、卤代烷的偶联以及消除产物。

1-辛烯 M 122.22，bp 121~122℃，d^{20} 0.7169，n_D^{20} 1.4087。

$$n-C_4H_9—CH_2—Br + Mg \longrightarrow n-C_4H_9—CH_2—MgBr$$

$$n-C_4H_9—CH_2—MgBr + Br—CH_2CH=CH_2 \longrightarrow n-C_4H_9—CH_2CH_2CH=CH_2 + MgBr_2$$

10L 烧瓶中加入 300g（12mol）镁镟屑，用最少量无水乙醚盖没，加入 2~3 小粒碘及 15mL 溴代正戊烷，引发反应后慢慢加入 1.67kg（11mol）溴代正戊烷与 1.7L 无水乙醚的混合液，加完后加热回流2h，冷后，小心倾入于另一个10L烧瓶中以分离少量未作用的镁屑。加热或反应放热维持反应物回流，慢慢加入1.2kg（10mol）溴丙烯与1.2L无水乙醚的溶液（应该使用搅拌），开始时反应物出现灰绿色，继而分为两层，析出溴化镁结晶，反应平和后再加热回流4h。冷后慢慢加入4L水，分取乙醚层，分馏回收乙醚；产物收集115~123℃馏分，得430g，纯度（GC）85%，产率30%。

精制：以上粗品搅拌、回流下于2h左右慢慢加入15g金属钠切片，搅拌下加热回流2h，使未反应的溴代正戊烷偶联后分离，冷后过滤，高效分馏，收集121~122.5℃馏分，得210g，纯度（GC）98%~99%。

注：应该回流更长时间使溴代正戊烷反应完全；应该反复处理先后馏分以减少损失。

第三章

醇

第一节　概述

　　醇分为伯醇、仲醇、叔醇。脂环醇如环己醇，属于仲醇。多元醇如丙三醇（甘油）、乙二醇。

　　甲醇、乙醇、丙醇与水互溶，C_4~C_6 醇在水中有一定的溶解，庚醇以上几乎不溶于水，十二醇以上在室温条件呈固体、蜡状。

　　醇分子中电负性很强的氧原子的未共用电子对与另一分子醇的氢原子间存在氢键，液态醇不保持单分子状态。醇基具有酸性，随碳链延长而渐弱。

　　简单醇或水与氯化钙、氯化镁形成分子化合物，如：$MgCl_2 \cdot 6CH_3OH$，$CaCl_2 \cdot 4C_2H_5OH$，遇水能分解。醇对于抗氧化剂不稳定。

　　多元醇中几个羟基的酸性以及取代活性不同，可以选择性地单独进行反应。如：丙三醇有两个伯醇和一个仲醇，只有伯醇与金属钠反应而仲醇保持不变。与 HCl 反应，一般也只生成 1,3-二氯-2-丙醇。又如：乙二醇在 50℃与钠反应生成乙二醇一钠，使第二个醇基的酸性减弱。

第二节　醇的制取

　　醇可以用以下几种方法制取：①烯烃的水合；②卤代烃的碱水解；③格氏试剂方法；④醛、酮的还原；⑤金属氢化物还原；⑥C=C 双键的氧化及水合；⑦酮 α-C—H 的氧化及还原——α-羟基酮。

一、烯烃的水合

　　烯烃在无机酸作用下质子首先加成在极化双键电子云密度较大的碳上，如：在硫酸中烯烃首先是质子化，生成酸式硫酸酯，然后水解得到醇，反应速度决定于烯烃的质子化的速度。如下式：

$$R-CH=CH_2 \xrightarrow{H_2SO_4} R-\overset{+}{C}H-CH_3 \cdot HSO_3^- \longrightarrow \underset{\underset{O-SO_3H}{|}}{R-CH-CH_3} \xrightarrow[-H_2SO_4]{H_2O} \underset{\underset{OH}{|}}{R-CH-CH_3}$$

提高硫酸浓度、反应温度及压力使反应速度提高，也使生成醚、烯烃的聚合及氧化副反应速度提高，反应有最合适的硫酸浓度、反应浓度及烯烃的分压条件。双键的极化程度越大，反应也越容易，只有乙烯水合才得到伯醇，乙烯的同系物水合得到仲醇，叔烯水合得到叔醇。乙炔水合得到乙醛，乙炔的同系物水合得到酮。

$$R-C\equiv CH + H_2O \longrightarrow \underset{\underset{O-H}{|}}{R-C=CH_2} \longrightarrow \underset{\underset{O}{||}}{R-C-CH_3}$$

烯烃的直接水合是催化下的气相水合，由于反应温度较高，生成的醇在分子内脱水的逆反应也在发生。

$$R-CH=CH_2 + H_2O \Longleftrightarrow \underset{\underset{OH}{|}}{R-CH-CH_3}$$

反应速率：异丁烯 ≫ 1-丁烯 > 乙烯。烯烃水合的转化率依分子量增大而降低，高温条件倾向逆反应（尤其是叔烯），为了取得较快的反应速率，一般仍要较高的反应温度和压力。

催化剂以负载到各种载体上的磷酸最好，它不易导致烯烃的聚合。适宜的磷酸含量为40%~50%，在气相水合中一部分磷酸不可避免地被反应物带走而加剧了设备的腐蚀，因此，发现一种不含磷酸的替代催化剂有十分重要的工业意义，如 W_2O_5 的催化剂（使用或不使用载体）。

二、卤代烃的碱水解

卤代烃水解得到醇，从表面上看是从醇制取卤代烃的逆反应，但是，只有叔卤代烷烃才观察到这一现象。大多数卤代烷烃的水解都使用碱，在碱作用下的水解总是向产物方向进行，反应中卤原子总是带着成键电子对离去，卤代烃的水解是亲核的 α-取代，常伴有 β-消除，两者依烃基结构、卤原子种类、亲核试剂的强弱及溶剂的作用条件而互相竞争。

1. 烃基结构的影响

如叔卤代烃与水共热就能水解（与碱共热，由于空间阻碍，亲核试剂更容易进攻在空间上比较有利的 β-碳原子导致 β-消除生成烯），伯基卤化物的水解比较困难，需要较高温度及压力下进行。另一种情况，受吸电子影响的强亲核试剂，容易接近形成过渡态，离去基被推离中心碳原子，使原有键断开的同时形成新键完成反应，是亲核试剂从背面进攻中心碳原子（S_N2）。

2. 卤原子的离去

以相同的烃基为基础比较卤原子离去的难易顺序为 I > Br > Cl。碘的原子半径大，外层电子受原子核的吸引较弱，C—I 的可极化程度大，利于双分子的亲核取代，也更利于涉及双分子过渡态的 β-消除。经常使用氯代烷、溴代烷作为离去基，氯代烷的反应能力较弱，亲核试剂容易靠近，有利于 α-取代及较少的 β-消除。氯代烷来源方便，在水介质条件、较高温度（压力）下添加乳化剂还是容易反应的，如：伯氯代烷在 280℃（压力）可以水解。有碱参加反应可以使反应温度大为降低，如：1,2-二氯乙烷与碳酸钠共热至 190℃（压力 1MPa），30min 可以完成反应，乙二醇的收率 80%。

3. 亲核试剂对反应的影响

取代反应按单分子历程进行时，反应速度取决于卤代烃离去基的异裂产生碳正离子的速度，它与亲核试剂迅速结合形成新键，与亲核试剂的浓度无关；按双分子历程进行时，亲核试剂参与过渡态的形成，亲核试剂的"碱性"强弱及浓度对反应速度有重要影响。

强"碱"对于双分子亲核取代及 β-消去有利，弱碱在 α-取代中很少发生 β-消去，亲核试剂的碱性强弱大致有以下次序：

$$C_2H_5-O^- > HO^- > C_6H_5-O^- > CH_3COO^- > > H_2O$$

在醇中，碱的水解过程有以下平衡：$NaOH + C_2H_5OH \rightleftharpoons C_2H_5ONa + H_2O$，这个平衡依水的数量（碱浓度）而改变，如：4-苯基苄氯在甲醇溶液中用 50%NaOH 水溶液处理，主要是甲醇钠反应的产物。

4. 溶剂的影响

一般多使用极性溶剂，因为极性溶剂对于离子的反应有利，但对于生成中性产物的反应速度有所减慢。质子溶剂与亲核试剂形成以氢键结合的溶剂化的亲核试剂离子，反应需要克服氢键；在非质子极性溶剂 DMF、DMSO 中，解除亲核试剂与之溶剂化所需的能量很小，也就提高了亲核试剂的亲核能力。另外，对于底物碳正中心的静电吸引力比在质子溶剂中更容易形成反应的过渡态，从而使反应更为迅速。

许多亲核取代，由于亲核试剂的强弱、浓度、底物的结构、离去基团的性质以及溶剂等因素决定反应历程，反应中既非纯粹单分子历程，也非纯粹双分子历程，而是不同侧重。如果在溶剂介入底物分子使离去基发生电荷分离，亲核试剂从背面接近中心碳原子形成过渡态，是溶剂和亲核试剂诱导的结果，离去基被推远，离开中心碳原子发生异裂，同时亲核试剂与之形成新键完成反应，是双分子亲核取代；如果是在第二步，溶剂介入了离子对，亲核试剂取代溶剂的位置，或是在第三步，已经离解开的离子对与亲核试剂反应，都属于单分子历程；不同侧重是指在不同阶段溶剂化的底物、亲核试剂和溶剂对底物相争的结果。

强的亲核试剂，对于弱极性溶剂和难以离子化的反应底物（如：伯基卤化物），主要在第一步（溶剂介入底物分子使离去基发生电荷的分离阶段）与之反应，是双分子亲核取代；如果在强极性溶剂中和容易发生解离的底物，溶剂对于离去基的静电吸引及对离子的亲和力把离去基拉开，离解的离子溶剂化，此时亲核试剂取代溶剂化位置，是单分子亲核取代；如果离解的碳正离子有很强的电正性，它和强极性溶剂结合成稳定的溶剂化离子，溶剂还来不及离开中心碳原子，强亲核试剂只能从背面进攻，这种情况，强"碱"更利于 β-消除（如分子间的脱去 HX），为降低消去反应的比率，使用强极性溶剂时应采用弱的亲核试剂。

亲核取代中，苄基 —CH_2^+、烯丙基 $CH_2=CH-CH_2^+$ 由于电性被分散而得以稳定（容易形

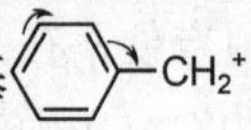

成），它们的氯化物在丙酮中被 I⁻ 取代的反应速度是氯乙烷的碘代的 93 倍和 35 倍；卤原子邻近的吸电子基（羰基、氰基、醚基）对于碳正离子的单独存在不利，都加强了中心碳原子的电正性，对于双分子的亲核取代却是十分有利的。

α-取代和 β-消去相竞争的实例如：下列反应式中化合物 A 在质子溶剂乙醇中，低温（0~5℃）逐渐加入 KOH/乙醇溶液（C_2H_5OK），首先生成酚的钾盐，是比较弱的"碱"，又由于成环规律（生成五元环是六元环速度的五十倍）和卤原子的活性，更倾向仲溴（容易断裂）反应的亲核取代，（该仲溴原子和酚的氧原子处于异侧）氧负离子从背面进攻得到 B。作为副反应是进攻伯溴的亲核取代，生成六元环的 C。最后的升温及加入 KOH/乙醇溶液，主、副反应的中间体都有活泼的 β-C—H，几乎完全按各自的 β-消去方式完成反应（如果把溴化物加入到 KOH/乙醇中，反应完全没有选择性）。

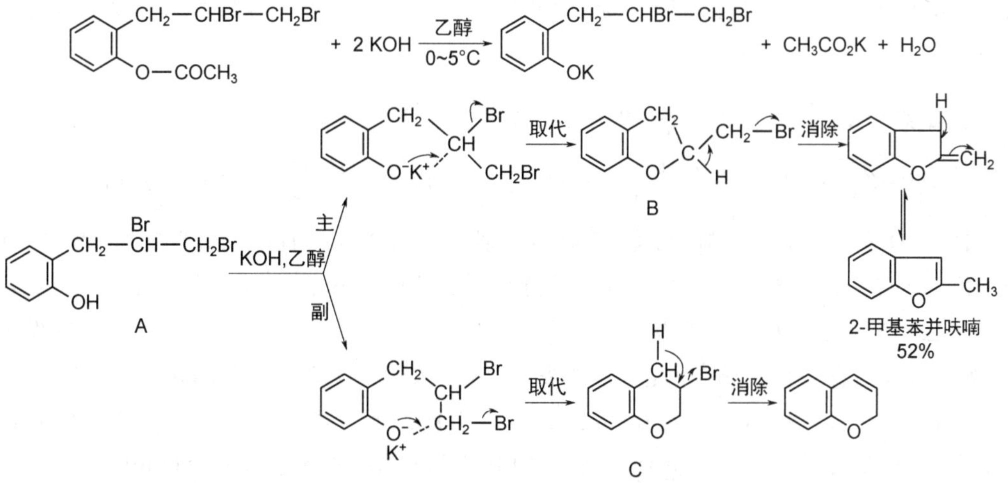

从卤化物制取醇（被羟基取代），为减少醚副产物的生成，使用弱碱［如：乙酸钠、甲酸钠（钾）］在极性溶剂（甲酸、乙酸、甲醇、乙醇溶液）中进行。首先生成酯，而后是酯的水解，醇解交换得到醇。如果使用氢氧化钾、氢氧化钠的醇溶液则主要生成醚，也或底物分子间的醚，醚基可以在较高温度下酸（水）分解。

4,4′-联苯二甲醇 M 214.26，mp 191~193℃；溶于醇及苯。

a. 4,4′-联二乙酸苄酯

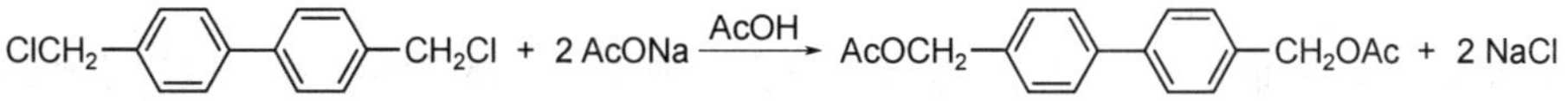

1L 三口烧瓶中加入 550mL 冰乙酸，开动搅拌并适当加热，慢慢加入 150g（1.4mol）工业碳酸钠，加完后蒸除部分乙酸使液温达 130℃以上。稍冷，加入 252g（1mol）>96% 4,4′-联氯苄，搅拌下加热回流 4h，回流温度降至 118℃❶。冷至 70℃滤除 NaCl，并以 100mL 热的回收稀酸浸洗，洗液与滤液合并，减压回收乙酸至溶液 130℃/−0.09MPa（约回收到

---

❶ 回流 4h 分析：主体（酯）72%，其它为水解产物。

400mL）；冷至 100℃加入 0.5L 水，充分搅拌，水洗，冷后得凝块酯 300g（产率约 98%）。

b. 水解

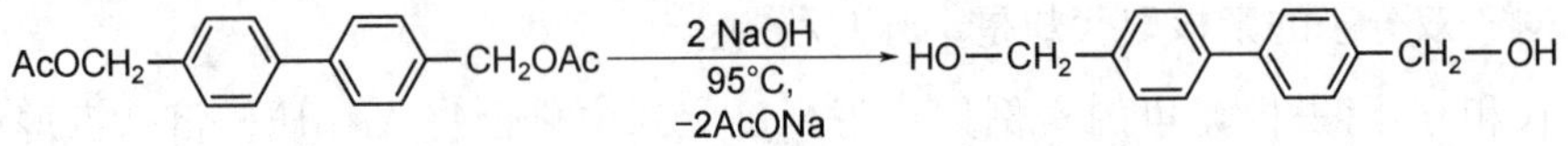

1L 三口烧瓶中加入（a）中全部 300g 粗酯及 400g 30% 的氢氧化钠（3mol）溶液，加热，热酯融化后开动搅拌，控制 95~97℃保温搅拌 5h，油状的粗酯水解变为松散的结晶（二醇），再保温搅拌 2h，控制沸腾温度以下以免形成泡沫。稍冷，滤出、水洗，干后得 200g，产率 93%，mp 179~186.5℃。

精制：用乙醇（3.5mL/g）重结晶，乙醇浸洗，得浅暗黄色结晶，mp 85~188℃。

因为目的产物是二醇，不用避免发生中间体（酯）水解，在加完碳酸钠后即加入联氯苄，随即开始回收乙酸至沸点液温 130℃，回流 2h 后，即用水泵减压回收，得同样的结果。

4-硝基苄醇　M 153.14，mp 97℃，bp 260℃；淡黄色结晶。

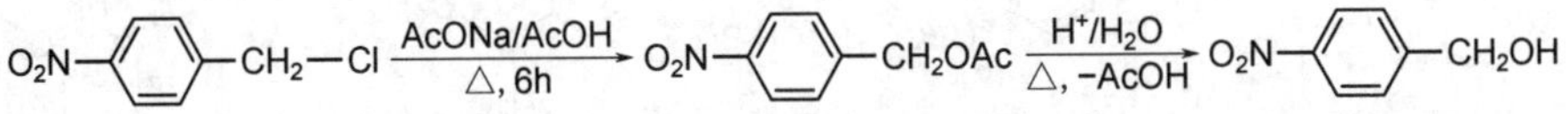

2L 三口烧瓶中加入 0.5L 乙酸，加热及搅拌下加入 108g（1mol）工业碳酸钠❶，于 0.5h 分三次加入 257g（1.5mol）4-硝基苄氯，搅拌下加热回流 6h。次日滤出粗酯及氯化钠，母液回收乙酸至 1/2 体积，冷后再滤取粗酯及氯化钠。最后的母液用水浴加热减压蒸发至近干，加入前边所得的固体物，一起用水洗去氯化钠，风干得 190g（产率 64%）❷，mp 79~80℃。

水解：2L 三口烧瓶中加入 600mL 乙醇、200mL 水，搅拌下加入 50g 浓硫酸及 196g（1mol）4-硝基乙酸苄酯，加热回流 4h。回收乙醇至 1/2 体积，加入 500mL 水，加热使初析出的结晶溶解，脱色过滤，放置过夜。次日滤出结晶，水冲洗，干后得 138g（产率 90%），mp 95~97℃。

同法可制得：

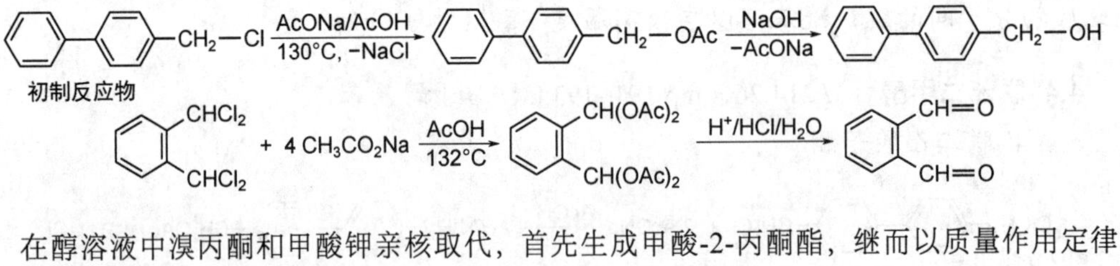

在醇溶液中溴丙酮和甲酸钾亲核取代，首先生成甲酸-2-丙酮酯，继而以质量作用定律的形式进行酯交换，得到羟基丙酮。

羟基丙酮　M 74.08，bp 145~146℃、54℃/18mmHg，d^{20}1.070，n_D^{20} 1.423；无色液体，对热不稳定。

---

❶ 4-硝基苄醇的酸性较强，为避免该氧负离子对于底物的亲核取代生成底物醚，不可使用强碱作亲核试剂。此苄氯很活泼，或用 CaCO₃ 促其水解，或用 65% H₂SO₄ 水解。
❷ 产率低的原因可能是 4-硝基苄醇以钠盐形式被溶解洗掉。

$$HCO_2K + Br-CH_2-\overset{\overset{\displaystyle O}{\|}}{C}-CH_3 \xrightarrow[-KBr]{CH_3OH} HCO_2-CH_2-\overset{\overset{\displaystyle O}{\|}}{C}-CH_3 \xrightarrow[-HCO_2CH_3]{甲醇} HO-CH_2-\overset{\overset{\displaystyle O}{\|}}{C}-CH_3$$

　　10L 三口烧瓶中加入 5L 甲醇及 1.01kg（12mol）无水甲酸钾粉末，搅拌下加热溶解；稍冷，搅拌下慢慢加入 1.4kg（10mol）溴丙酮粗品（强刺激性），很快析出溴化钾结晶，完成酯化。水浴加热，搅拌下回流 16h 以完成酯交换，冷后水冷，滤除溴化钾。甲醇溶液以水泵减压低真空分馏回收甲醇，剩余物减压分馏，收集 20~30℃/40mmHg 馏分为中间馏分（剩余物保存），中间馏分重新分馏，留存>30℃/40mmHg 以上的剩余物并与前边的剩余物合并；减压分馏，收集 30~40℃/40mmHg 馏分为"中间馏分"，得 170g（GC 纯度 93%、甲醇 7%），更换受器接瓶继续减压分馏，至馏出停止，馏出温度下降[1]，得 200g（纯度 93%，甲醇 7%）[2]，用甲醇稀释至 50% 可存放一年以上。

　　α-卤原子邻近的吸电子基（羰基、氰基、醚基、卤原子及其它）对于碳正离子的单独存在不利，却加强了中心碳原子的电正性。在强极性溶剂水中，对于双分子的亲核取代都十分有利，还可以使用更弱的其它碱完成亲核取代，或用 65% H_2SO_4。

$$Cl-CH_2\overset{\frown}{CH}=CH_2 + HO\overset{\frown}{\leftharpoonup}Cl \longrightarrow Cl-CH_2-\underset{\underset{\displaystyle Cl}{|}}{CH}-CH_2-OH \left(Cl-CH_2-\underset{\underset{\displaystyle OH}{|}}{CH}-CH_2-Cl \right)$$

$$\xrightarrow{Na_2CO_3, 水} HO-CH_2-\underset{\underset{\displaystyle OH}{|}}{CH}-CH_2-OH$$

$$Cl-CH_2-CO_2H + H_2O\ (HO^-\cdot NH_4^+) \xrightarrow[40\sim50℃]{水} HO-CH_2-CO_2H$$

$$Br-\overset{\text{苯环}}{\bigcirc}-CHBr_2 + CaCO_3 \xrightarrow[\triangle]{水} Br-\overset{\text{苯环}}{\bigcirc}-\overset{H}{\underset{}{C}}{=}O + CaBr_2 + CO_2$$
4-溴苯甲醛
60%~80%

芳基卤原子的羟基取代：

$$\text{(2,4-二氯-3-乙基-6-硝基苯酚结构)} \xrightarrow[74\sim78℃, 4h]{KOH/甲醇} \text{(钾盐结构)} \xrightarrow[70\sim75℃, 10h]{22\% H_2SO_4} \text{(2,4-二氯-3-乙基-6-硝基苯酚)}$$
2,4-二氯-3-乙基-6-硝基苯酚
68%

$$\text{(2-溴-4-叔丁基苯酚)} \xrightarrow[120\sim130℃, 0.3MPa]{25\% NaOH} \xrightarrow{H^+} \text{(4-叔丁基邻苯二酚)}$$

---

[1] 蒸馏底子是羟基丙酮的聚合物及溴化钾的混合物。

[2] 纯度折百，产率 46%。

三、格氏试剂方法

使用格氏试剂合成某些醇有许多优点：格氏试剂容易制取；它能和许多亲电试剂反应如醛、酮、酰氯、酸酐、酯及环氧乙烷，得到相应的醇；反应迅速，产物、反应物容易分离。

1. 格氏试剂和醛、酮加成

格氏试剂几乎可以和所有的羰基加成，由于格氏试剂的亲核性很强，羰基碳的电正性对于加成活性的差别不是很大，所以主要是空间因素的影响。

格氏试剂和羰基加成的第一步是与羰基氧形成络合物，它提高了羰基碳的电正性，然后是第二个格氏试剂分子提供亲核基团，完成反应的同时又释放出一分子格氏试剂参加反应，反应物水解得到醇。反应过程并不涉及碳负离子，如下所示：

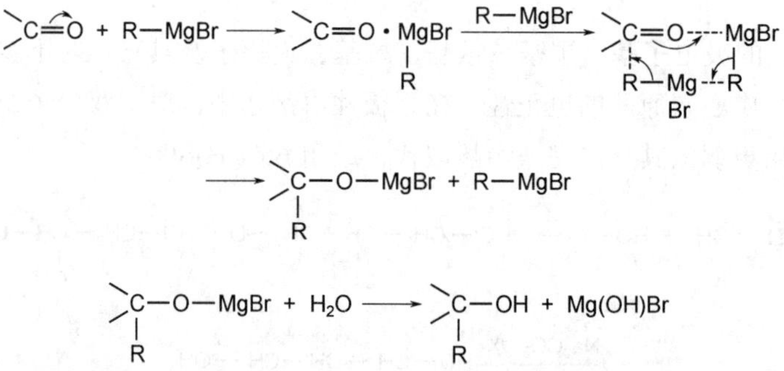

副反应：格氏试剂和醛、酮的反应除生成正常的产物醇外，还会发生如异丙醇铝、异丙醇钠对底物醛、酮的还原反应，尤其对于酮，不利于第二个格氏试剂分子向羰基碳靠近。如：异丙基格氏试剂与酮生成羰基氧的络合物，加强了羰基碳的电正性，结果是它的 β-C—H 与羰基碳成键，得到还原产物仲醇，同时格氏试剂的烃基脱去一个氢原子（β-C—H）生成烯，如下所示：

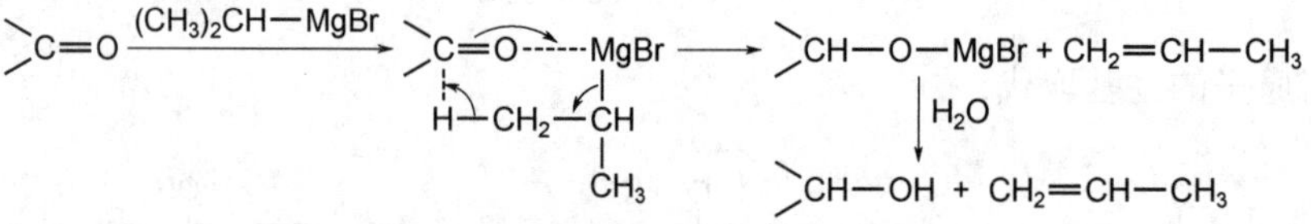

其它副反应是制备格氏试剂时产生的歧化及偶联产物。

α-碳或 β-碳有支链的烷基以及苄基、烯丙基的格氏试剂不容易制备，是因为生成的格氏试剂和卤代烃先反应，发生了歧化（生成烷和端位烯）及偶联，这是格氏试剂作为"碱"反应的结果。如：溴代异丁烷在制备格氏试剂时，由于电性和空间的关系，歧化的比率远大于偶联。更大烷基推电子的影响使卤代烃和镁的反应缓慢，反应温度也相对高，增加了和格氏试剂偶联的概率。如：溴代十八烷在制备格氏试剂的产物中，正常产物格氏试剂所占比率64%、歧化产物6%、偶联产物20%；2-乙基溴己烷按通常在乙醚中制取格氏试剂的反应中，正常产物占43%，有20%卤代烷未反应，偶联产物占比23%；而溴苯在制备格氏试剂时在40~45℃很少偶联。

歧化反应:

$$CH_3-CH(CH_3)-CH_2-Br \cdots MgBr \longrightarrow (CH_3)_2CH-CH_3 + (CH_3)_2C=CH_2$$

$$(CH_3)_2C-CH_2 \quad 63\%$$

偶联反应:

$$(CH_3)_2CH-CH_2-Br$$
$$(CH_3)_2CH-CH_2-MgBr \longrightarrow (CH_3)_2CH-CH_2-CH_2-CH(CH_3)_2$$
$$20\%$$

又如:

$$CH_3(CH_2)_{15}-CH_2CH_2-Br + Mg \xrightarrow[]{\text{乙醚}} \xrightarrow{\text{水}} \begin{cases} CH_3(CH_2)_{15}CH_2CH_3 & \text{正常产物 } 64\% \\ CH_3(CH_2)_{34}CH_3 & \text{偶联产物 } 20\% \\ CH_3(CH_2)_{15}-CH=CH_2 & \text{歧化产物 } 6\% \end{cases}$$

又如:

$$CH_3(CH_2)_3CH(C_2H_5)-CH_2-Br + Mg \xrightarrow[]{\text{乙醚}} \xrightarrow{\text{水}}$$

$$\begin{cases} CH_3(CH_2)_3CH(C_2H_5)-CH_2Br & \text{未反应物 } 20\% \\ CH_3(CH_2)_3CH(C_2H_5)-CH_3 & \text{正常产物 } 43\% \\ CH_3(CH_2)_3CH(C_2H_5)-CH_2-CH_2-CH(C_2H_5)(CH_2)_3CH_3 & \end{cases}$$

偶联产物 23%

氯化苄由于苯基共轭的影响，在极性溶剂中苄基与卤原子容易发生电荷的分离，中心碳原子对其格氏试剂的烃基碳原子有吸引，从背面进攻完成偶联。

$$\begin{matrix} C_6H_5-CH_2-Cl \\ C_6H_5-CH_2-MgCl \end{matrix} \longrightarrow C_6H_5-CH_2-CH_2-C_6H_5 + MgCl_2$$
$$>65\%$$

为了减少在制备格氏试剂时的歧化及偶联，故将卤代烃与底物的混合物加入至引发了的反应物中，格氏试剂一经生成就立即与底物反应，如下反应详见 50 页三苯乙烯的合成。

$$Ph-CH_2-Cl + Ph_2C=O \xrightarrow[50\sim60^\circ C]{Mg/THF/甲苯} Ph_2C(OMgCl)-CH_2-Ph \xrightarrow[-Mg(OH)Cl]{水} Ph_2C(OH)-CH_2-Ph \xrightarrow[\triangle,-H_2O]{H^+} Ph_2C=CH-Ph$$

1,1,2-三苯乙醇   三苯乙烯 65%

表 3-1 中分开制备格氏试剂，正构烃格氏试剂和正构酮反应得到较高产率的叔醇（表 3-1 中序号 1~4）。对于相邻羰基有支链的酮，依位阻大小叔醇产率有较大幅度的降低（表 3-1 中序号 5~7）。α-芳酮中苯基吸电子的影响大于位阻的影响，和正构烷基格氏试剂反应得到更高产率的叔醇（表 3-1 中序号 8、9）。芳基格氏试剂和芳基酮反应，叔醇产率又稍有下降（表 3-1 中序号 10）。相比较而言，在三苯乙醇合成中苄基的位阻较小，二苯甲酮的位阻又较大，二者相抵，由于混合原料，副反应少，产率又有提高（表 3-1 中序号 11）。由于邻近支链的卤代烷在制备格氏试剂时的歧化及偶联消耗，使叔醇的产率很低（表 3-1 中序号 12、13）。

表 3-1　不同的酮与格氏试剂反应制取叔醇的结果

序号	酮	格氏试剂	产物	产率/%
1	$CH_3-\overset{\underset{\parallel}{O}}{C}-CH_3$	n-C_4H_9—MgBr	n-$C_4H_9-\overset{\overset{OH}{\mid}}{\underset{\underset{CH_3}{\mid}}{C}}-CH_3$	50
2	$CH_3-\overset{\underset{\parallel}{O}}{C}-CH_2CH_3$	n-C_3H_7—MgBr	n-$C_3H_7-\overset{\overset{OH}{\mid}}{\underset{\underset{CH_3}{\mid}}{C}}-CH_2CH_3$	60
3	$CH_3CH_2-\overset{\underset{\parallel}{O}}{C}-CH_2CH_3$	n-C_3H_7—MgBr	n-$C_3H_7-\overset{\overset{OH}{\mid}}{\underset{\underset{C_2H_5}{\mid}}{C}}-C_2H_5$	60
4	$CH_3CH_2-\overset{\underset{\parallel}{O}}{C}-CH_2CH_3$	n-C_5H_{11}—MgBr	n-$C_5H_{11}-\overset{\overset{OH}{\mid}}{\underset{\underset{C_2H_5}{\mid}}{C}}-C_2H_5$	62
5	$\overset{CH_3}{\underset{CH_3}{>}}CH-\overset{\underset{\parallel}{O}}{C}-CH_3$	C_2H_5—MgBr	$C_2H_5-\overset{\overset{OH}{\mid}}{\underset{\underset{C_2H_5}{\mid}}{C}}-CH(CH_3)_2$	53
6	$\overset{CH_3}{\underset{CH_3}{>}}CH-\overset{\underset{\parallel}{O}}{C}-CH_3$	n-C_3H_7—MgBr	n-$C_3H_7-\overset{\overset{OH}{\mid}}{\underset{\underset{CH_3}{\mid}}{C}}-CH(CH_3)_2$	36
7	$(CH_5)_3C-\overset{\underset{\parallel}{O}}{C}-CH_3$	n-C_3H_7—MgBr	n-$C_3H_7-\overset{\overset{OH}{\mid}}{\underset{\underset{CH_3}{\mid}}{C}}-C(CH_3)_3$	29
8	$\langle\!\!\!\bigcirc\!\!\!\rangle-\overset{\underset{\parallel}{O}}{C}-CH_3$	C_2H_5—MgBr	$C_2H_5-\overset{\overset{OH}{\mid}}{\underset{\underset{CH_3}{\mid}}{C}}-\langle\!\!\!\bigcirc\!\!\!\rangle$	80
9	$\langle\!\!\!\bigcirc\!\!\!\rangle-\overset{\underset{\parallel}{O}}{C}-C_2H_5$	C_2H_5—MgBr	$C_2H_5-\overset{\overset{OH}{\mid}}{\underset{\underset{C_2H_5}{\mid}}{C}}-\langle\!\!\!\bigcirc\!\!\!\rangle$	80
10	$\langle\!\!\!\bigcirc\!\!\!\rangle-\overset{\underset{\parallel}{O}}{C}-C_2H_5$	$\langle\!\!\!\bigcirc\!\!\!\rangle$—MgBr	$\langle\!\!\!\bigcirc\!\!\!\rangle-\overset{\overset{OH}{\mid}}{\underset{\underset{C_2H_5}{\mid}}{C}}-\langle\!\!\!\bigcirc\!\!\!\rangle$	>60
11	$\langle\!\!\!\bigcirc\!\!\!\rangle-\overset{\underset{\parallel}{O}}{C}-\langle\!\!\!\bigcirc\!\!\!\rangle$	$[\langle\!\!\!\bigcirc\!\!\!\rangle-CH_2-MgBr]$	$\langle\!\!\!\bigcirc\!\!\!\rangle-CH_2-\overset{\overset{OH}{\mid}}{C}(\langle\!\!\!\bigcirc\!\!\!\rangle)_2$	>65
12	$CH_3-\overset{\underset{\parallel}{O}}{C}-CH_3$	$\overset{CH_3}{\underset{}{\mid}}$ $CH_3-CH-CH_2-MgBr$	$CH_3-\overset{\overset{CH_3}{\mid}}{CH}-CH_2-\overset{\overset{OH}{\mid}}{\underset{\underset{CH_3}{\mid}}{C}}-CH_3$	26
13	$CH_3-\overset{\underset{\parallel}{O}}{C}-C_2H_5$	$\overset{CH_3}{\underset{}{\mid}}$ $CH_3-CH-CH_2-MgBr$	$CH_3-\overset{\overset{CH_3}{\mid}}{CH}-CH_2-\overset{\overset{OH}{\mid}}{\underset{\underset{CH_3}{\mid}}{C}}-C_2H_5$	28

2,2,3-三甲基-3-己醇　　*M* 144.26，bp 170℃，d^{20} 0.8474，n_D^{20} 1.4402。

$$n\text{-}C_3H_7\text{—}Br + Mg \longrightarrow n\text{-}C_3H_7\text{—}MgBr$$

$$n\text{-}C_3H_7\text{—}MgBr + CH_3\text{—}\underset{O}{\overset{}{C}}\text{—}C(CH_3)_3 \longrightarrow \longrightarrow n\text{-}C_3H_7\text{—}\underset{CH_3}{\overset{OH}{C}}\text{—}C(CH_3)_3$$

15L 烧瓶中加入 360g（15.5mol）镁屑，用最少的无水乙醚盖没，引发反应后于 2h 左右加入 1.85kg（15mol）溴丙烷及 1.5L 无水乙醚的混合液，加完后加热回流 1h。然后在不时摇动下慢慢加入 1.2kg（12mol）叔丁基甲基甲酮与 2L 无水乙醚的溶液，加完后再摇匀。加热回流 3h，小心用冷水分解，分取乙醚层，回收乙醚后的剩余物减压分馏，收集 74~78℃/30mmHg 馏分，得 510g（产率 29%）。

1-甲基-1-苯基-1-丙醇　　*M* 150.22，bp 222~224℃。

$$C_2H_5\text{—}Br + Mg \longrightarrow C_2H_5\text{—}MgBr$$

$$C_2H_5\text{—}MgBr + CH_3\text{—}\underset{O}{\overset{}{C}}\text{—}\langle\text{苯基}\rangle \longrightarrow \longrightarrow C_2H_5\text{—}\underset{CH_3}{\overset{OH}{C}}\text{—}\langle\text{苯基}\rangle$$

10L 三口烧瓶中加入 360g（15.5mol）镁屑，按常规用 1.65kg（15mol）溴乙烷制成格氏试剂，保持微沸，不时摇动下慢慢加入 1.2kg（10mol）苯乙酮与 1L 无水乙醚的溶液，如果乙醚太少，生成的 1-甲基-1-苯基-1-丙氧基溴化镁·乙醚会结为固体，搅匀后再加热回流 2h，放置过夜。

次日用水小心分解，倾出乙醚层，回收乙醚后减压蒸馏，得 1.2kg（产率 80%）。

3-苯基-3-戊醇　　*M* 164.25，bp 223~224℃，d^{20} 0.9831，n_D^{20} 1.5165。

$$C_2H_5\text{—}MgBr + \langle\text{苯基}\rangle\text{—}\underset{O}{\overset{}{C}}\text{—}CH_2CH_3 \longrightarrow \longrightarrow C_2H_5\text{—}\underset{C_2H_5}{\overset{OH}{C}}\text{—}\langle\text{苯基}\rangle$$

10L 烧瓶中加入 300g（12.5mol）镁屑，按常规方法用 1.31kg（12mol）溴乙烷制成格氏试剂。保持微沸，在不时摇动下慢慢加入 1.35kg（10mol）苯丙酮与 1.5L 无水乙醚的混合液，加完后搅匀再加热回流 2h。用冰水分解，分出乙醚层，再用乙醚提取一次，乙醚溶液合并，回收乙醚，剩余物减压分馏，收集 107~111℃/12mmHg 馏分，得 1.31kg（产率 80%）。

1,1-二苯基-1-丙醇　　*M* 212.30，白色结晶，易溶于醇及苯中，mp 95℃。

$$C_6H_5\text{—}MgBr + \langle\text{苯基}\rangle\text{—}\underset{O}{\overset{}{C}}\text{—}C_2H_5 \longrightarrow \longrightarrow \langle\text{苯基}\rangle\text{—}\underset{C_2H_5}{\overset{OH}{C}}\text{—}\langle\text{苯基}\rangle$$

10L 三口烧瓶中加入 300g（12.5mol）镁屑，按常规方法用 1.89kg（12mol）溴苯制成格氏试剂，加热保持回流，在不时摇动下慢慢加入 1.35kg（10mol）苯丙酮与 1.5L 无水乙醚的混合液，加完后摇匀，加热回流 6h。加入 3L 苯溶剂，用水小心分解反应物，充分搅拌，分取有机层，水层用苯提取一次，苯液合并。回收乙醚及苯，倒出剩余物，放冷结晶，滤出，风干后得 1.27kg（产率 60%），母液回收。

2,4-二甲基-2-戊醇　M 116.21，mp −20℃，bp 133.1℃，d^{20} 0.8103。

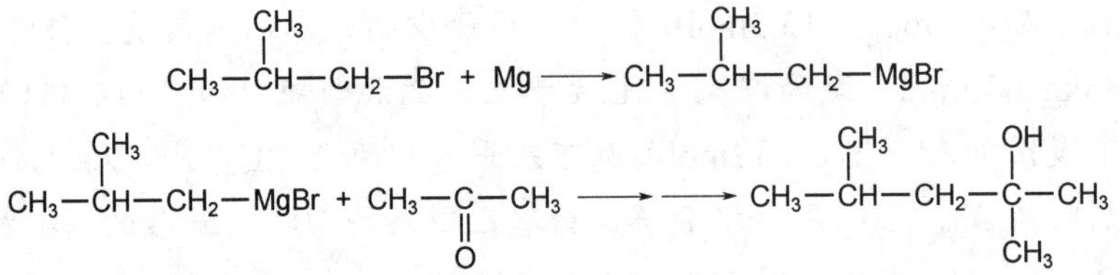

10L 烧瓶中加入 150g（6.3mol）镁屑，用最少的无水乙醚盖没，引发反应后从分液漏斗慢慢加入 0.9kg（6mol）溴代异丁烷与 1L 无水乙醚的溶液，加完后加热回流 2h（从冷凝器上口观察到有相当多的异丁烷、异丁烯放出，物料发生了歧化分解）❶。再将 237g（4mol）无水丙酮与 0.5L 无水乙醚的混合液慢慢加入，加完后摇匀，加热回流 2h。次日用水小心分解反应物，分取乙醚层，回收乙醚后减压分馏，收集 85~88℃/200mmHg 馏分，约 120g（产率 26%）。

醛的加成活性很强，空间阻碍小，一般可以得到较好的产率，在以下实例中，有支链烃基的格氏试剂制备中应该控制更低的反应温度、温和条件以减少歧化分解。

3-甲基-2-丁醇　M 88.15，bp 112.9℃，d^{20} 0.817 ~ 0.818，n_D^{20} 1.408g。

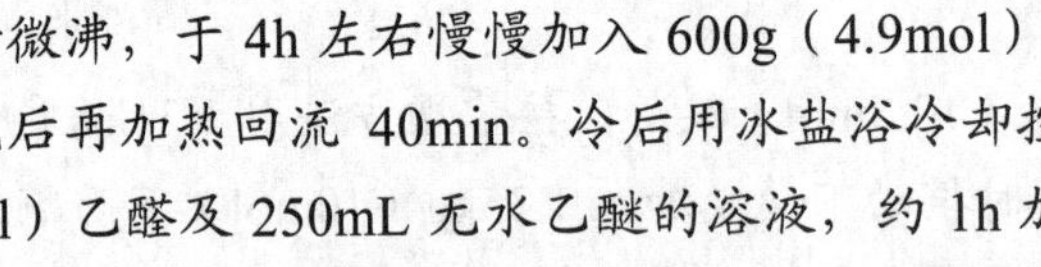

3L 三口烧瓶配置机械搅拌、分液漏斗及回流冷凝器，上口加氯化钙干燥管。

烧瓶中加入 146g（6.1mol）镁屑及 250mL 用金属钠干燥并蒸过的无水乙醚，引发反应后用反应放热保持微沸，于 4h 左右慢慢加入 600g（4.9mol）溴代异丙烷及 300mL 无水乙醚的溶液，加完后再加热回流 40min。冷后用冰盐浴冷却控制温度在−5℃以下，慢慢滴入 200g（4.5mol）乙醛及 250mL 无水乙醚的溶液，约 1h 加完，放置过夜。次日用冰水分解，分取乙醚层，再用乙醚提取（4×150mL），乙醚萃取溶液合并，以无水碳酸钾干燥后回收乙醚，分馏收集 70~100℃为头分，110~111.5℃馏分为产物，头分重新干燥和分馏。产物共得 210~215g（产率 53%~54%）。

2. 格氏试剂和羧酸酯反应

格氏试剂和稍过量的羧酸酯反应得到酮，和甲酸酯反应得到醛。超过两摩尔的格氏试剂

---

❶ 为了减少歧化分解，应参考丙烯基溴化镁的方法制备。使用更多的无水乙醚和细小镁屑、更低的反应温度、更长的反应时间，并且使用搅拌。在此项合成中也或可以如 1,1,2-三苯乙醇的制备中使用混合投料的方法。

和羧酸酯反应，水解后得到叔醇，和甲酸酯反应得到仲醇，如下式：

$$(H)R-\overset{O}{\overset{\|}{C}}-OC_2H_5 + R'-MgBr \longrightarrow (H)R-\overset{OMgBr}{\underset{R'}{\overset{|}{C}}}-OC_2H_5 \begin{cases} (H)R-\overset{O}{\overset{\|}{C}}-R' \\ \\ (H)R-\overset{OH}{\underset{R'}{\overset{|}{C}}}-R' \end{cases}$$

表 3-2　异构烃基格氏试剂和不同羧酸酯制取醇的产率

序号	羧酸酯	格氏试剂	产物	产率/%
1	HCO₂C₂H₅	2 n-C₄H₉—MgBr	n-C₄H₉—CH—C₄H₉ 　　　　　OH	80
2	HCO₂C₂H₅	2 CH₂=CH—MgBr	CH₂=CH—CH—CH=CH₂ 　　　　　OH	68
3	CH₃CO₂C₂H₅	2 n-C₄H₉—MgBr	CH₃ n-C₄H₉—C—C₄H₉ 　　　　OH	61
4	CH₃CH₂CO₂C₂H₅	2 C₂H₅—MgBr	C₂H₅ C₂H₅—C—C₂H₅ 　　　OH	73
5	邻氯苯甲酸乙酯 CO₂C₂H₅ Cl	苯基MgBr	邻氯三苯甲醇	48

1,4-戊二烯-3-醇　　M 84.12，bp 115~116℃，d 0.845，n_D^{20} 1.4460。

$$2\ CH_2=CH-MgCl + HCO_2CH_3 \longrightarrow CH_3-CH-CH-CH=CH_2$$
$$\underset{\ \ OH}{\ }$$

1mol 乙烯基镁氯化物的四氢呋喃溶液在冰盐浴中冷却控制 0~5℃，搅拌下慢慢滴入 27g（0.45mol）甲酸甲酯（bp 34℃），加完后再搅拌 1h。慢慢加入 250mL 饱和氯化铵水溶液，分取有机层，加入 0.1g 对苯二酚（防止聚合），水浴加热，用水泵减压蒸馏回收四氢呋喃（＜40℃/−0.04MPa），剩余物减压分馏，收集 50~56℃/80mmHg（−0.01MPa）馏分，得 20.9g；中间馏分重新分馏又回收到 5g 产品，共得 25.9g（产率 68.5%），n_D^{17} 1.4470。

5-甲基-5-壬醇　　M 159.29。

$$n\text{-}C_4H_9-Br + Mg \longrightarrow n\text{-}C_4H_9-MgBr$$

$$2\ n\text{-}C_4H_9-MgBr + CH_3CO_2C_2H_5 \longrightarrow n\text{-}C_4H_9-\overset{OH}{\underset{CH_3}{\overset{|}{\underset{|}{C}}}}-C_4H_9$$

10L 三口烧瓶中加入 360g（15.5mol）镁屑，按常规方法用 2.01kg（15mol）溴丁烷制成格氏试剂。搅拌下慢慢加入 530g（6mol）乙酸乙酯及 1L 无水乙醚的溶液，加完后加热回流 6h。次日用冰小心水解，分取乙醚层，回收乙醚后剩余物减压分馏，收集 95~100℃/30mmHg 馏分，得 580g（产率 61%）。

1′,1′-二苯基-2-氯-苄醇（2-氯苯基-二苯甲醇） M 294.77，mp 90~93℃。

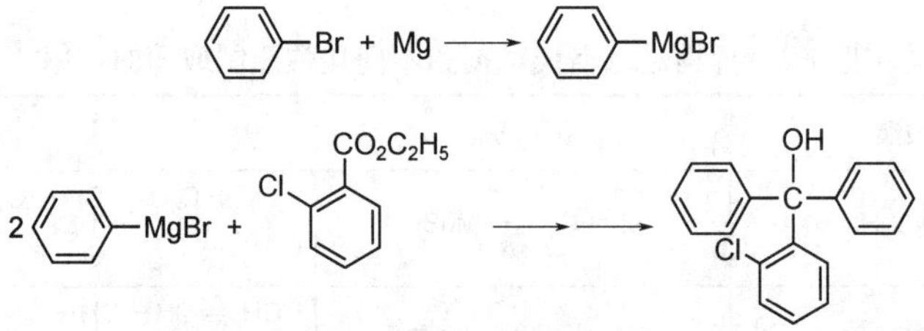

10L 三口烧瓶中加入 505g（21mol）镁屑及 2L 无水乙醚，引发反应后于 3h 左右慢慢加入 3.14kg（21mol）溴苯与 3L 无水乙醚的混合液，加完后再加热回流 2h，保持微沸，于 3h 左右慢慢加入 1.3kg（7mol）2-氯苯甲酸乙酯与 1L 无水乙醚的溶液，加完后加热回流 6h（应该使用搅拌）。次日，将反应物慢慢加入加有 2kg 氯化铵的冰水中，充分搅拌，分取有机层。回收乙醚后，水蒸气蒸馏以除去未反应的溴苯、2-氯苯甲酸乙酯及联苯，此项操作要 16h。冷后倾去水层，得黄色半固体物 1.5kg，用精制过的乙醇母液溶析一次。

精制：以上粗品溶于乙醇（2mL/g）中，脱色过滤（析出结晶很慢），冰冷过夜。次日滤出，以少许冷乙醇浸洗一次，风干后得 960g（产率 46%），mp 88~90℃。

3. 格氏试剂和环氧乙烷反应

环氧乙烷的环张力很大，容易开环，格氏试剂和环氧乙烷的反应为亲核反应，从背面进攻，空间因素对于进攻方向起重要作用，从更敞开的一侧进攻。和环氧丙烷的反应主要生成仲醇，从另一侧进攻生成伯醇，依烃基大小其比率大约为 2:1，如下式：

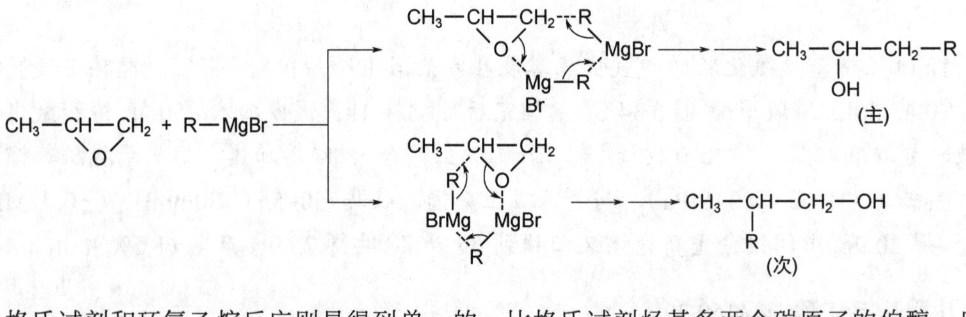

格氏试剂和环氧乙烷反应则是得到单一的、比格氏试剂烃基多两个碳原子的伯醇，反应放热。由于反应析出大量结晶物包裹，反应不易充分，并使用大量无水溶剂。

n-二十醇 M 298.56，从苯中得片状结晶，mp 73℃（67℃），bp 269℃。

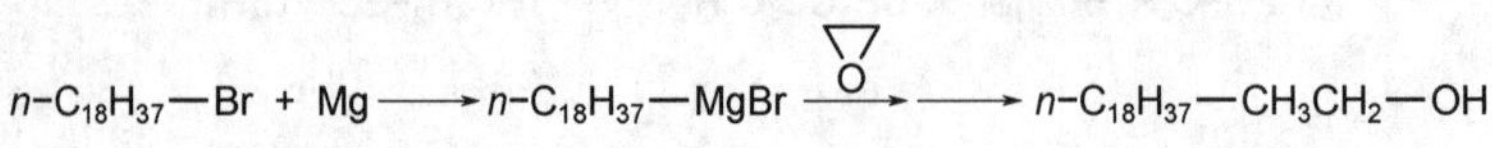

10L 三口烧瓶中加入 275g（11mol）镁屑，用无水乙醚盖没，加入 100mL 3.3kg（10mol）溴代十八烷和 3.3L 无水乙醚的混合液及 5mL 碘甲烷或 1g 碘（不要摇动），几分钟后反应引发，于 3h 左右慢慢加入其余的混合液，加完后再加热回流 3h。

冷后，加入 1L 无水乙醚，于冰水浴冷却及搅动下 4h 左右慢慢加入溶有 308g（7mol）环氧乙烷的乙醚溶液。反应放热，体系变得稠厚乃至搅拌困难❶。

次日，将反应物小心加入至冰冷着的 3L 15%盐酸中，水浴加热回收乙醚，温热下分取油层，浑浊的水层用苯提取（2×1.5L），提取液与分出的油层合并，混匀后放冷结晶。次日滤出，用冷苯浸洗一次，再冲洗，干后得 1kg，mp＞60℃；从苯母液处理回收到 250g❷，共得粗品 1.25kg。

减压分馏，收集 213~216℃/11mmHg 馏分❸，得 1.2kg（产率 40%），mp 64.8~65.4℃。

四、醛、酮的还原

醛、酮还原得到相应的伯醇或仲醇，可采用以下方法：①催化加氢；②有机还原剂{碱作用下的 $H_2C=O$、$(CH_3)_2CHOH$、$[(CH_3)_3CO^-]_3Al$}；③金属与供质子剂——克莱门森还原及双分子还原。

1. 醛、酮的催化加氢

醛、酮都可在骨架镍催化下氢化得到相应的醇，醛比酮更容易氢化。在同时存在其它可被氢化的基团时，溶剂的性质可以提高或抑制醛、酮的极化以提高加氢的选择：醛基比 C=C 更容易氢化，为制备饱和醛则要将醛基先进行保护，但可以选择制得不饱和醇；不饱和酮可以氢化制得饱和酮。

4-羟基-3-甲氧基苄醇（香兰醇）　　M 154.17，针状晶体，易溶于热水、醇，mp 113~115℃。

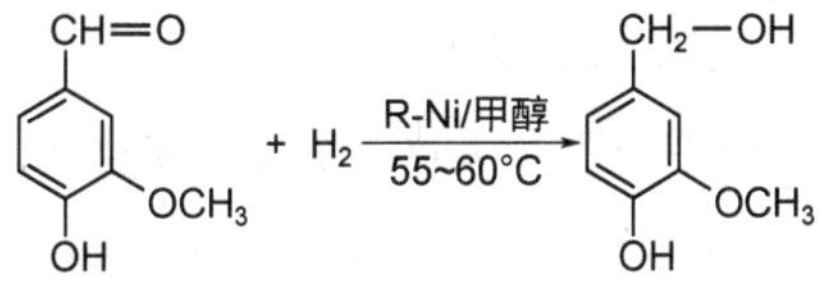

1L 压力釜中加入 152g（1mol）香兰素、300mL 甲醇及 15g 骨架镍，排除空气，充氢气至 2MPa，开动搅拌及加热，控制反应温度 55~60℃，约 4h 后压降几乎停止，再保温搅拌 3h❹。冷后取出反应物，过滤催化剂，水泵减压回收溶剂，剩余物冷后滤出结晶，甲醇冲洗，干后得 112~115g（72~74℃），mp 111~112℃。

精制：用甲苯（2mL/g）重结晶❺（精制的收率 92%），HPLC 纯度 99%，mp 113.3~114.7℃。

---

❶ 反应中用无水苯代替部分乙醚会方便些。

❷ 从苯母液蒸馏，收集 140~170℃/11mmHg 馏分，得 850g 主要是十八烷。剩余物用苯（2mL/g）溶解，放冷至 25℃ 左右滤出结晶，用苯浸洗，回收到 250g 二十醇粗品。从最后的母液可回收到 400~450g 三十六烷。

❸ 三十六烷，mp 76℃，bp 265℃/1mmHg、300℃/5mmHg，可以方便地在减压分馏中分开。

❹ 直接检测反应液：主体≥85%，香兰素 2%，其它副产物 13%。

❺ 苯用量应增加至 3.2mL/g，在这个浓度放冷不致分出油层。

又如:

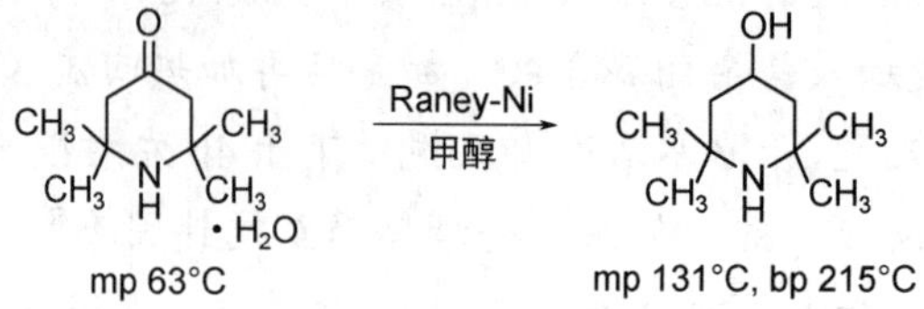

mp 63℃　　　　　　　　　　　mp 131℃, bp 215℃

3-甲基-1,5-戊二醇　M 118.18。

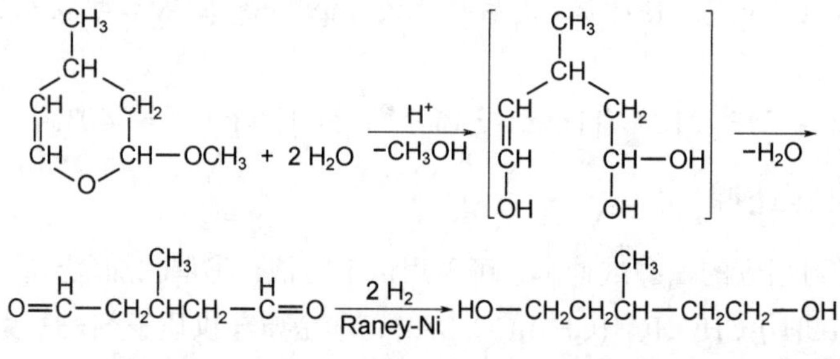

2L 三口烧瓶中加入 336g(2.62mol)3,4-二氢-4-甲基-2-甲氧基吡喃、600mL 水和 24mL 38% 盐酸,控制 40~50℃搅拌 2h,反应放热,用 NaHCO$_3$ 中和至中性❶,此时的反应物总重约 1kg。

以上反应物移入于 3L 容积的压力釜中,加入 39g 骨架镍 (考虑供用钯催化剂),充氢气至 10MPa,开始摇动和加热,保持 125℃反应 4h,压力可降至 6.4MPa。冷后取出反应物,分离催化剂,浓缩后减压分馏,收集 139~146℃/7mmHg 馏分,得 251~256g(产率 82%)。

2. 有机还原剂——H$_2$CO,(CH$_3$)$_2$CH—OH 和[(CH$_3$)$_3$CO]$_3$Al

在没有 α-C—H 的醛、酮还原为伯醇的反应中,最常用的还原剂是强碱作用下的甲醛、异丙醇钠、异丙醇铝。在使用甲醛的还原中,底物醛首先是没有 α-C—H 而且是较低的加成活性,以免发生底物间的氧化还原——康尼查罗反应。

有 α-C—H 的醛、酮在碱作用下首先是 α-C—H 与甲醛加成,引入了羟甲基,然后才是碱作用下的醛 (酮) 羰基被还原,如: 新戊二醇、2,2,6,6-四羟甲基环己醇、季戊四醇。

在强碱作用下,有 α-C—H 的醛 (酮) 与甲醛作用引入了羟甲基,与底物醛 (酮) 的分子间缩合是重要的副反应,为了减少此副反应发生,应使用尽可能弱的碱及较低的反应温度。反应中可将过量甲醛与底物的混合物慢慢加入到碱中,也可将弱碱更慢地加到混合物中。

2,2-二甲基-1,3-丙二醇(新戊二醇)　M 104.15,针状晶体,易溶于水及苯,mp 130℃ (123~127℃),bp 206℃。

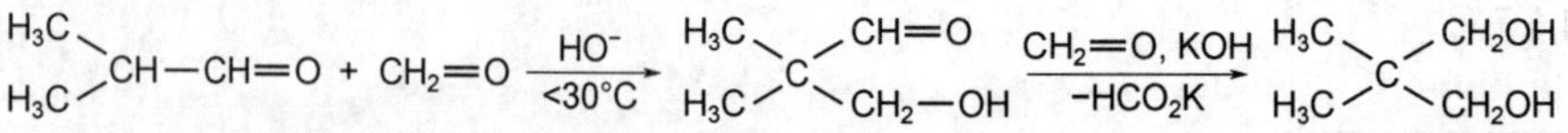

2L 三口烧瓶配置机械搅拌、回流冷凝管、分液漏斗、温度计及冰水浴。烧瓶中加入 175g (85%,3mol) 氢氧化钾及 750mL 乙醇 (应使用甲醇),搅拌溶解,控制温度在 30℃

---

❶ 在此阶段可以分离出 3-甲基戊二醛,bp 85~86℃/7mmHg,n_D^{25}1.4307~1.4351。容易聚合,重新蒸馏聚合物又解聚为单体,其 50%水或乙醇溶液是稳定的。

以下慢慢加入如下溶液：500mL 40%（6.4mol）甲醛水溶液、180g（2.5mol）异丁醛及适量乙醇或甲醇使成为均一溶液。加完后保温搅拌4h，再加热回流5h，于沸水浴加热回收溶剂，最后用水泵抽真空减压散尽。稍冷，用甲苯提取四次，回收甲苯后常压蒸馏，收集170~206℃馏分，用苯（2mL/g）重结晶，产率50%，mp 122~124℃。

2,2,6,6-四羟甲基环己醇　M 218.25。

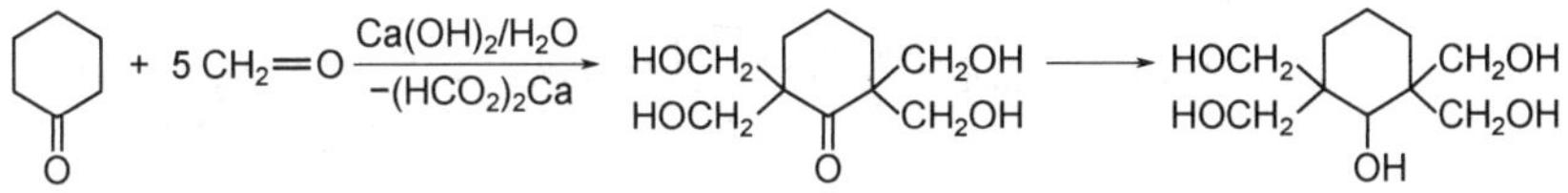

5L 三口烧瓶中加入 196g（206ml，2mol）计量的环己酮，312g（折合甲醛 11mol）多聚甲醛及 1.8L 水（或相当数量的甲醛水），控制 10~15℃，搅拌下慢慢加入 70g 氢氧化钙粉末，反应放热可升至 40℃，保持 40℃左右将氢氧化钙慢慢加完，加完后再搅拌 0.5h，移去水浴，以甲酸中和至 pH 6~6.5，减压蒸干以便提取。

向近干的反应物中加入 1L 甲醇，加热使产物溶解而甲酸钙沉在下面，将清液在保温下过滤，滤渣用 50mL 热甲醇浸洗，洗液与滤液合并。水浴加热减压蒸馏回收溶剂至反应物剩 1/2 体积，糖浆状的浓缩液冷后于冰浴中冷却 24h，滤出结晶，用 50mL 甲醇冲洗，再用 200~300mL 丙酮研洗三次，洗去未能全羟甲基化的产物，滤尽母液，风干。母液及洗液合并，回收溶剂，冰冷结晶；母液再处理，一切手续同前；共得粗品 320~374g（产率 73%~85%），mp 128~129℃。

精制：以上粗品溶于甲醇（1.75mL/g）中，脱色过滤，冷后滤出结晶，风干，精制的收率为 84%，mp 129~130℃。

又如，季戊四醇的制备：

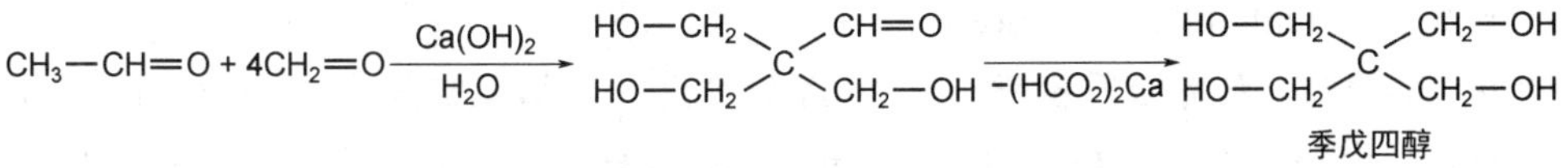

使用甲醛还原无 α-C—H 的醛（酮），甲醛的加成活性远大于底物醛（酮），与过量浓碱作用生成双负离子 NaO—CH$_2$—ONa，然后与加成活性较低的醛（酮）反应，以甲酸钠形式脱除，底物被还原成醇。如果底物醛基受强吸电子的影响，HO⁻ 与底物也加成为较多双负离子，作用于底物，使醇的产率降低，羧酸的比率增加。

如果单一的芳醛与浓碱在较低温度反应，产物是对半的醇及羧酸。如果高温条件（170~200℃），立即均裂分解，生成羧酸（盐）。

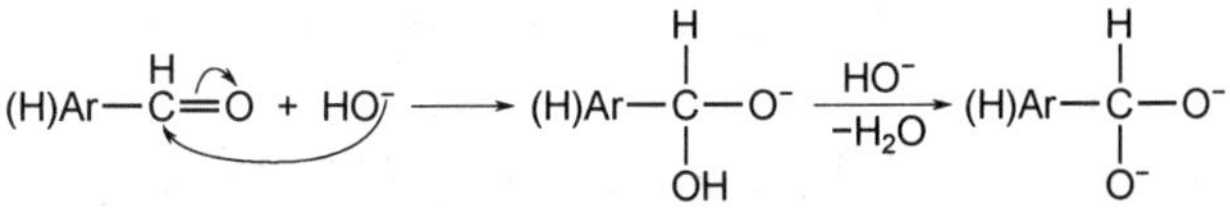

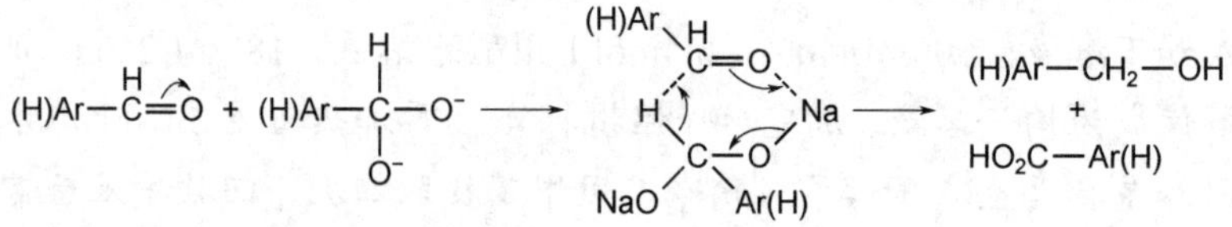

呋喃-2-甲醇（糠醇） M 98.10，mp $-29℃$，bp $171\sim172℃$，d^{20} $1.1296\sim1.131$，n_D^{20} 1.4868。

呋喃-2-甲酸（糠酸） M 112.19，片状晶体，mp$128\sim130℃$（133℃），bp 130℃/50mmHg。

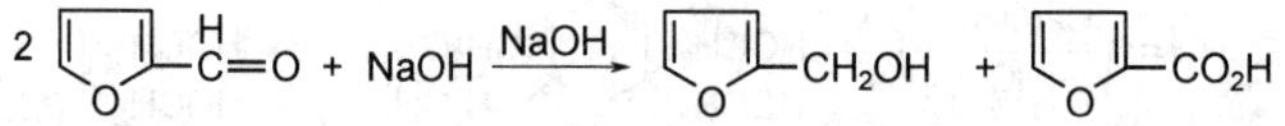

4L 容积的不锈钢杯中加入 960g（10mol）优质糠醛，冰水浴冷却控制温度在 20℃以下，搅拌下慢慢加入 830g 33%（6.8mol）氢氧化钠溶液，约 0.5h 可以加完，加完后再搅拌 1h，过程中糠酸钠盐开始析出。加入 400mL 水，用溶剂提取呋喃-2-甲醇，回收溶剂后减压分馏，收集 75～77℃/15mmHg 馏分，得 310g（产率 63%）。

水溶液以稀硫酸酸化，冰冷后滤出结晶，以 2.5L 热水重结晶，得 360～380g（产率 64%～67%），mp 121～124℃。

在使用甲醛还原醛（酮）时，将底物的醇溶液与甲醛水溶液或多聚甲醛同步加入至 50～70℃过量的氢氧化钾（或氢氧化钠）的溶液中，反应放热。

4-甲基苄醇 M 122.17 mp 61～62℃；微溶于水，易溶于醇及苯中。

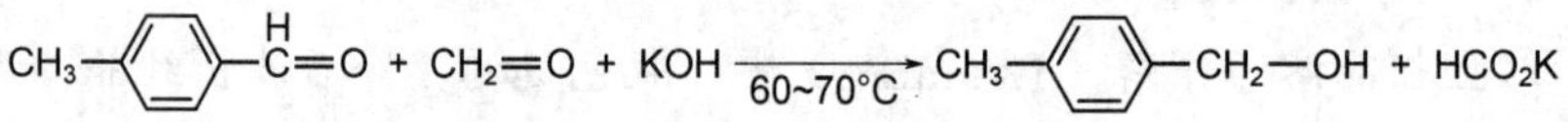

3L 三口烧瓶中加入 0.5kg 85%（7.6mol）氢氧化钾及 750mL 甲醇，搅拌使溶解，维持 60～70℃搅拌下慢慢加入如下的溶液：360g（3mol）4-甲基苯甲醛、300mL 甲醇溶解混匀，再加入 300mL 40%（3.9mol）甲醛水溶液，混匀。

大约 1h 加完，加完后再搅拌 3h。水浴加热用水泵抽真空减压（−0.06MPa）回收甲醇；向剩余物中加入 1L 热水，分取上面油层，碱水层用苯提取三次，提取液与分出的粗品合并，用水洗去夹杂的 4-甲基苯甲酸钠。以无水硫酸钠干燥后回收苯，剩余物减压分馏，收集 116～118℃/20mmHg 馏分，得 330g（产率 90%）。

精制：用等量的石油醚重结晶，得 260g（产率 70%），mp 60～61℃。

同法制得 4-甲氧基苄醇CH$_3$O—〈〉—CH$_2$OH（产率 80%），mp 23～25℃，bp 143℃/14mmHg。应该从 4-甲氧基苄氯用弱碱水解制取。

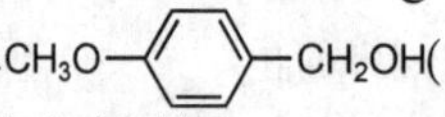

受其它拉电子影响的 α-C—H 在"碱"作用下和甲醛的加成 ——羟甲基化，以及吡啶或喹啉的 2-位或 4-位烷基的羟甲基化，反应速度依赖于碱的强度，如：

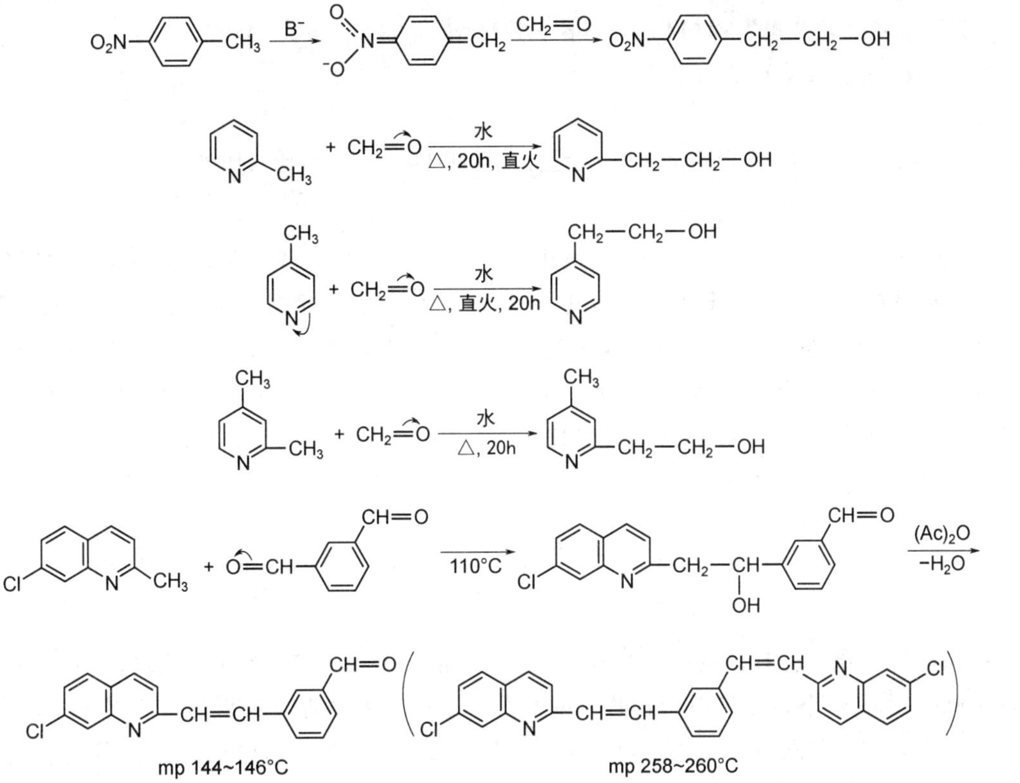

異丙醇鋁是温和的还原剂，反应中由于铝原子的缺电子状态，与醛（酮）羰基氧原子络合而选择性地还原羰基、双键、硝基，卤原子不受影响。反应使用无过氧化物的异丙醇作溶剂，异丙醇铝通常在使用前临时制备，方法如下：无水异丙醇中加入新鲜的铝屑，用碘引发反应，最后加热使反应完全，铝屑消失，产物是异丙醇铝的异丙醇溶液。可以直接使用，或回收无水异丙醇后减压蒸馏，bp 140~150℃/12mmHg，mp 138~142℃。

異丙醇鋁、異丙醇镁、异丙醇钠都可以用作还原剂，由于它们的碱性不同，依羰基的极性有所选择。反应中，羰基被还原成醇，醇基被氧化为丙酮（乙醛）随时蒸出体系，从分馏蒸出温度可推知反应进行的大概情况（丙酮 bp 56℃，乙醛 bp 21℃，异丙醇 82.4℃，乙醇 78℃），反应如下式：

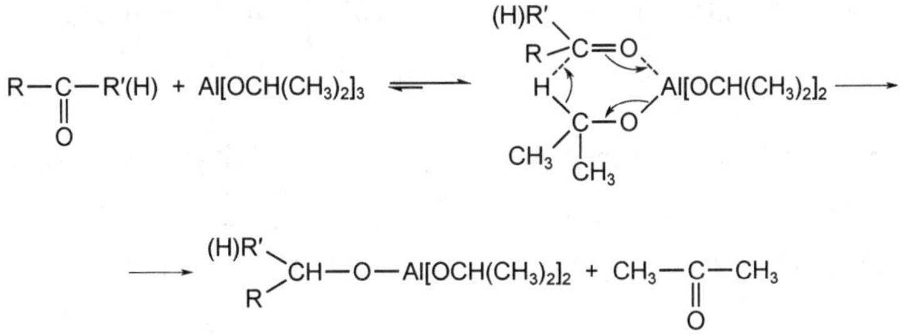

2-乙基-1,3-己二醇[❶] M 146.22, bp 244℃, d^{22} 0.9325, n_D^{20} 1.4497。

a. 2-乙基-3-羟基己醛

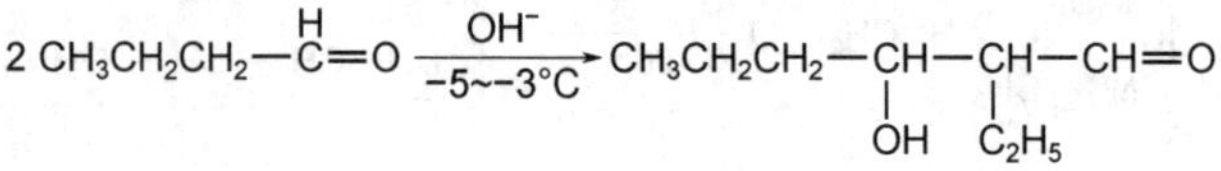

10L 三口烧瓶中加入 2.6kg（30mol）正丁醛及 1.5L 乙醚，用冰盐浴冷却控制反应温度 -5~-3℃，搅拌下慢慢滴入 300mL 10% KOH 溶液，由于反应迅速，放热量大，开始要严格控制加料速度，以 1 滴/（3~4）s 的速度加入，约 4h 可以加完。加完后保温搅拌 5h，再慢慢升至室温。分去碱水层，乙醚层水洗三次，以无水硫酸钠干燥后回收乙醚，最后减压蒸除低沸物至液温 100℃/-0.096MPa（30~40mmHg），得产物 2~2.3kg。

b. 还原

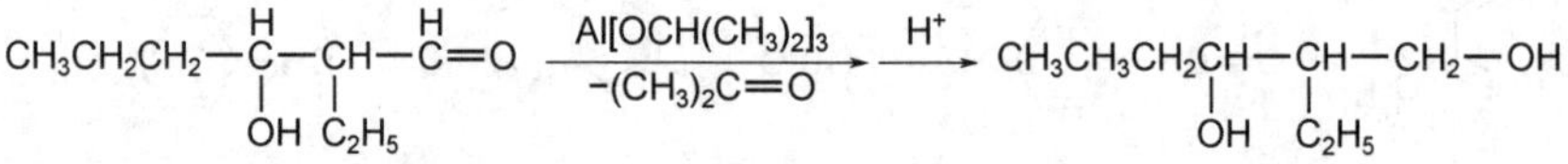

异丙醇铝制备：10L 烧瓶中加入 324g（12mol）铝屑及 2L 无水异丙醇，加入 1g 碘，在 100cm 球形水冷凝管下小心加热引发反应，立即移去热源，放出的氢气引出室外高远处。当绝大部分铝屑进入反应后再加入 3L 无水异丙醇，加热回流 6h，反应物为深灰色。

将 a 中所得缩醛加入至异丙醇铝溶液中，安装 100cm 填充分馏柱接蒸馏冷凝器，缓缓加热使生成的丙酮缓慢蒸出，最后回收异丙醇至柱顶温度达到 80℃ 以上[❷]，停止加热，约 6h 可以完成。稍冷，以 15% H_2SO_4 中和至弱酸性[❸]，分取油层，水洗三次，以无水硫酸钠干燥后得 3L，用 60cm 填充分馏柱分馏，收集 238~242℃ 馏分[❹]，得 600g（产率 23%）。200~238℃ 的中间馏分 600g 需要重新分馏。

产品馏分中含 4%~5% 缩醛，补充异丙醇铝重新处理，该杂质下降至 2%，依此推算开始的 6h 并没有完成反应，应以 2,4-二硝基苯肼检查蒸出丙酮的变化。

2,2,2-三氯乙醇 M 149.40, 微溶于水，溶于碱, mp 19℃, bp 151℃, d^{20} 1.536, n_D^{20} 1.4861。

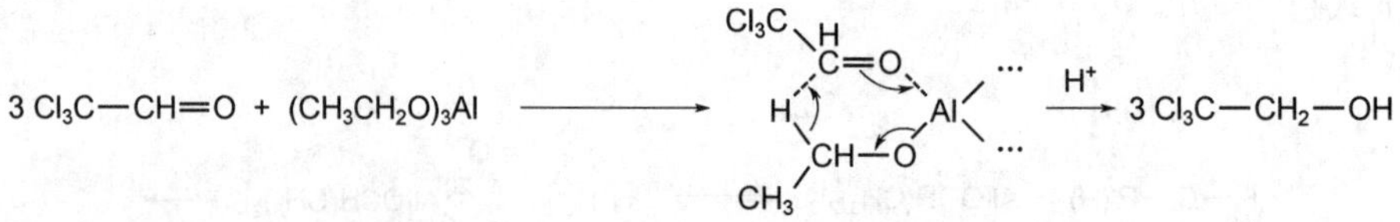

2L 三口烧瓶配置回流冷凝器及 60cm 填充分馏柱，用冰盐浴冷阱收集乙醛。

烧瓶中加入 250g（1.7mol）三氯乙醛、650mL 无水乙醇及 75g（0.46mol）乙醇铝（mp 157℃），加热以较大的回流速度使乙醛蒸发（bp 21℃），在 2~3 天共约 30h 可以完

[❶] 应使用其它还原剂还原，氢或甲醛。
[❷] 此后应减压回收无水异丙醇。
[❸] 酸化后减压回收含水异丙醇，分取的油层不必水洗，应当添加碳酸钠干燥剂处理以免产品溶解损失。
[❹] 蒸馏的高沸物 300g 当继续蒸馏收集后中间馏分（进一步缩合都比较少）。

成反应，中间进行含量监测控制，操作如下：

取几滴反应液用水冲稀，取清液加入几滴硫化铵（黄色），加热至沸出现深棕色，表示仍有未反应的三氯乙醛。

水浴加热回收乙醇至近干（不再馏出），以 250mL 20% H_2SO_4（0.6mol）中和，水蒸气蒸馏（剩余物中有三氯乙醛与水的缩合产物），分取油层，水层用硫酸钠饱和后用乙醚提取（$3 \times 100mL$），提取液与分出的油层合并，以无水硫酸钠干燥后回收乙醚，剩余物减压分馏，收集 94~97℃/125mmHg 馏分，得 215g（产率 84%）[❶]，mp 16~17℃。

3. 金属与供质子剂的还原及双分子还原

金属与供质子剂作还原剂的还原及在非质子溶剂中用活泼金属的还原，都属于单电子转移的还原。反应中，羰基从金属表面取得一个电子成为负离子自由基，它在非质子溶剂中有一定的稳定性，由于无法获取质子而发生了分子间偶联，为双分子还原。

负离子自由基在质子溶剂中（水、醇、酸）能迅速得到质子生成（醇）自由基，它又可以取得一个电子生成碳负离子，而后得到质子完成还原生成醇，如下所示：

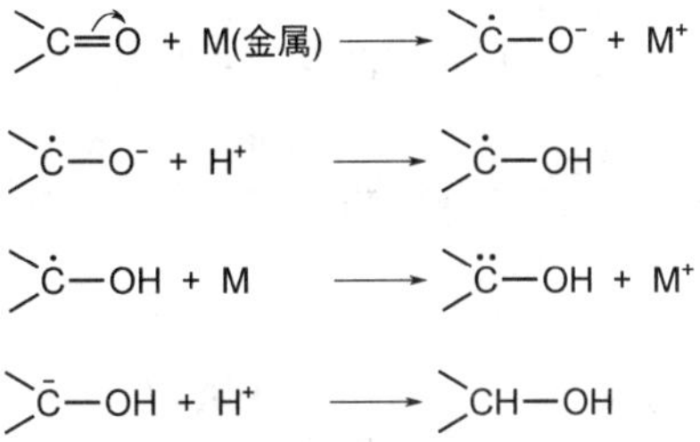

$$>C{=}O \ + \ M(金属) \longrightarrow \ >\dot{C}{-}O^- \ + \ M^+$$

$$>\dot{C}{-}O^- \ + \ H^+ \longrightarrow \ >\dot{C}{-}OH$$

$$>\dot{C}{-}OH \ + \ M \longrightarrow \ >\ddot{C}{-}OH \ + \ M^+$$

$$>\bar{C}{-}OH \ + \ H^+ \longrightarrow \ >CH{-}OH$$

总反应式：

$$>C{=}O \ + \ 2M \ + \ 2H^+ \longrightarrow \ >CH{-}OH \ + \ 2M^+$$

活泼金属与供质子剂（酸）组合是很强的还原剂，它能将羰基、硝基、亚硝基、活泼的 C=C 双键还原以及卤代烃氢解。依反应特点，金属与供质子剂有许多组合可供选择。又如：α-芳酮在锌汞齐/盐酸的还原中，一般是还原到底，$ArCOR \longrightarrow ArCH_2R$，控制锌汞比和反应条件还可以调节反应进程。如 4-苯甲酰吡啶还原，可以制得 4-苄基吡啶或 4-苄醇基吡啶为主的产物。

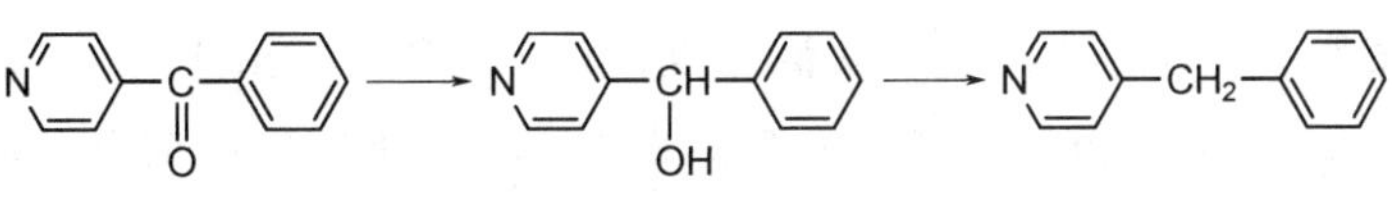

mp 126℃

2-庚醇 M 116.20，bp 160~162℃，d 0.817，n_D^{20} 1.4210。

$$CH_3{-}\underset{\underset{O}{\|}}{C}{-}(CH_2)_4CH_3 \ + \ 2 H_2O \ + \ 2 Na \xrightarrow[<30℃]{70\%乙醇} CH_3{-}\underset{\underset{OH}{|}}{CH}{-}(CH_2)_4CH_3 \ + \ 2 NaOH$$

2L 三口烧瓶加入 228g（2mol）2-庚酮及 600mL 95%乙醇，搅拌下慢慢加入 0.2L 水，

---

❶ 如果只是回流，而不是刻意赶除乙醛的分馏，产率为 67%。

冰水浴冷却控制反应温度在 30℃ 以下[1]，慢慢加入 130g（5.6mol）金属钠切片，待金属钠完全反应后慢慢加入至 2L 冰水中，冷至 15℃ 以下分取上面油层，用 50mL 15%盐酸洗，水洗，以无水硫酸钠干燥后分馏，收集 155~157.5℃ 馏分，得 145~150g（产率 62%~65%）。

双分子还原：在非质子溶剂中（苯、乙醚、四氢呋喃）用活泼金属还原，羰基碳原子从金属表面取得一个电子生成负离子自由基，由于没有供质子剂提供质子，被负离子稳定的自由基发生分子间偶联，生成反磁性双负离子，最后从酸化或水解得到质子生成醇，完成了双分子还原。

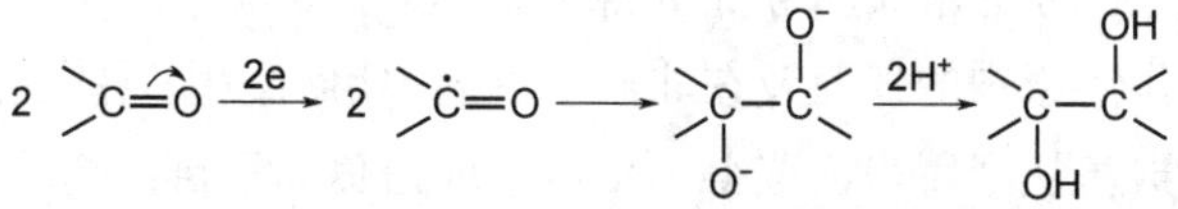

$$2 \; \text{>C=O} \xrightarrow{2e} 2 \; \text{>Ċ—O}^- \longrightarrow \text{双负离子} \xrightarrow{2H^+} \text{二醇}$$

酯的双分子还原得到偶联的 α-羟基酮，中间产物是相邻的二酮。羰基碳从金属钠表面获得电子，生成双负离子自由基，偶联成为烯（双键）的二醇钠，酸化后一个烯醇式转化为酮式，完成反应。如果金属钠不足，反应不充分，最后会保留一些黄色的二酮。

5-羟基-4-辛酮　M 144.22，mp $-10℃$，bp 95℃/20mmHg，d^{20} 0.9231，n_D^{20} 1.4290。

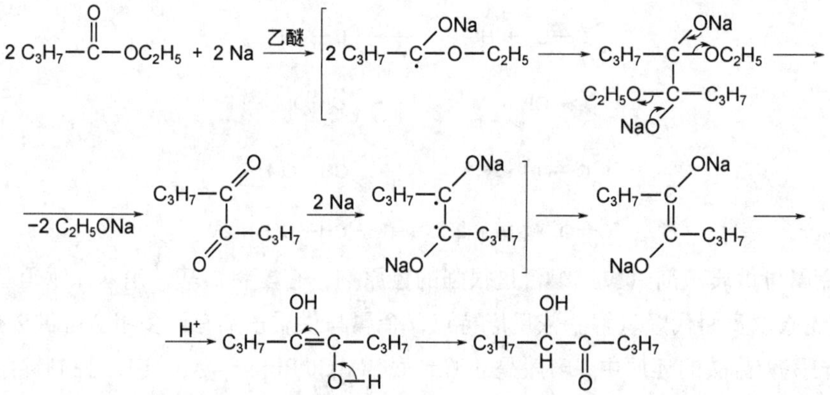

$$\text{反应式}$$

5L 三口烧瓶中加入 92g（4mol）金属钠及 250mL 二甲苯，加热使金属钠熔化，移去热源，快速搅拌下放冷以制成钠小粒，倾去二甲苯，以无水乙醚洗去残存的二甲苯。加入 1.2L 无水乙醚[2]，开动搅拌，从分液漏斗慢慢滴入 232g（2mol）优质的丁酸乙酯（有引发过程），用放热维持微弱的回流，加完后加热回流 1h，金属钠小粒消失，生成松散的黄色钠盐粉末悬浮在反应物中。

冰水浴冷却，搅拌着慢慢、小心滴入 360mL 冰水[3]及 210g（2.05mol）浓硫酸配制的稀硫酸（冷）酸化，加完后再搅拌 10min，移去搅拌。放置过夜使硫酸钠结晶完全析出，倾出乙醚液，再用回收乙醚冲洗结晶，乙醚溶液合并，用 100mL 20% Na_2CO_3 溶液洗，以无水碳酸钾干燥后[4]回收乙醚，剩余物水浴加热减压分馏，收集 80~86℃/12mmHg 馏分；

---

[1] 温度太高，会增加缩合产物。
[2] 可在无水苯中进行，但是反应速度要慢许多。
[3] 尚剩有钠小粒，必须低温小心酸化；此水量刚好为生成结晶硫酸钠的量。
[4] 应该用无水硫酸钠干燥。

前馏分与后中间馏分合并再分馏，共得 94~101g（产率 65%~70%），外观黄色[1]。

此项还原，钠的用量只是计算量，应增加金属钠用量。

用此法制取以下 α-羟基酮的产率：

$$CH_3CH_2CH-C-CH_2CH_3 \quad bp\ 60\sim65\,^\circ C/12mmHg$$
$$\underset{OH}{|}\ \underset{O}{\|} \qquad\qquad 50\%$$

$$(CH_3)_2CH-CH-C-CH(CH_3)_2 \quad bp\ 70\sim75\,^\circ C/14mmHg$$
$$\underset{OH}{|}\ \underset{O}{\|} \qquad\qquad 70\%$$

$$(CH_3)_3C-C-C-C(CH_3)_3 \quad mp\ 80\sim81\,^\circ C,\ bp\ 85\sim95\,^\circ C/12mmHg$$
$$\underset{OH}{|}\ \underset{O}{\|} \qquad\qquad 52\%\sim70\%$$

酮的双分子还原，如：无水丙酮在无水苯中和镁（汞齐）反应的负离子自由基偶联，水解后得到的还原产物是四甲基乙二醇。

频哪醇（2,3-甲基 2,3-丁二醇）　M 116.16，无色结晶，有叔醇特特有的气味，易溶于热水、乙醇及苯中。mp 43℃（无水），47℃（含六个结晶水），bp 174.7℃，微弱升华。

$$2\ CH_3-\underset{O}{\underset{\|}{C}}-CH_3 + Mg \xrightarrow{HgCl_2} \left(CH_3-\underset{O^-}{\underset{|}{\dot{C}}}-CH_3\right)_2 Mg^{2+} \longrightarrow (CH_3)_2C-\underset{O^-}{\underset{|}{\overset{O^-}{\overset{|}{C}}}}(CH_3)_2 \cdot Mg^{2+} \xrightarrow{H_2O} (CH_3)_2C-\underset{OH}{\underset{|}{\overset{OH}{\overset{|}{C}}}}(CH_3)_2$$

15L 烧瓶安装 120cm 球形管回流冷凝器（下口口径 16~17mm），烧瓶中加入 340g（14mol）镁镟屑及 1.6L 无水苯[2]，先用分液漏斗从冷凝器上口加入 1/3 如下配制的氯化汞丙酮溶液：340g（1.25mol）工业级升华氯化汞溶于 2L 无水丙酮中[3]，混匀。待引发反应开始[2]后，以反应放热维持回流，冷凝器能适应（常在冷凝器中保留许多冷凝液体）较快的回流速度，只在必要时才用流水冷却烧瓶。加完氯化汞溶液后随即加入 1.6L 无水苯与 1L 无水丙酮的溶液，加完后用厚重编织物将烧瓶作简单保温，让其自行继续回流 6h，此频哪醇镁膨起充满烧瓶的 3/4，此时也停止了放热回流（冬季室温 >18℃）。冷后，将反应物搅开松散，倾入搪瓷桶中，搅动着加入 650mL 热水（加热保持 45~50℃）使反应物变得稍稀薄，在通风处趁热过滤分离，得黄色滤液，滤渣用热回收苯提洗两次（2×1.8L），滤液及洗液合并。蒸汽浴加热回收溶剂至不出为止，倾入于小搪瓷桶中，加入 1L 水充分搅拌，放置过夜（<15℃）滤出结晶，用回收溶剂冲洗，风干，得水合频哪醇粗品 1.25kg（产率 27.4%，按丙酮计）[4]。

粗品母液及洗液合并，再次回收苯至不出为止，冷后加入 70mL 水充分搅拌，放置过夜，次日分离[4]，风干得 62~63g 外观棕黄色的水合频哪醇。

---

[1] 因产物含相邻二酮故为黄色。为除去二酮，可使之与 100mL 饱和 $NaHSO_3$ 一起摇动使成为单加合物，用饱和盐水洗脱，重新蒸馏。

[2] 同样操作的引发时间也不尽一致，有的引发很快，反应剧烈，其后镁盐膨起的时间反而晚许多，反应结果都相同，是汞齐过度集中造成的，说明 Hg/Mg 比例小的部位也能正常反应，依此，$HgCl_2$ 用量应当减半，慢慢加入至沸腾的 Mg/苯反应物中去作引发。

[3] 升华的氯化汞易溶于丙酮中（亚汞难溶），加入后要立即搅开，以免吸水结块。

[4] 最后母液为丙酮在反应中与醇镁"碱"作用及回流温度下产生的大量缩合产物，故而产率低，消耗大；还存在大量汞的消耗及处理问题，此法已停用。

以上全部水合频哪醇粗品溶于等重热水中，脱色过滤，冷后滤出无色的水合频哪醇结晶，精制的收率为 90%～95%。

脱水及蒸馏：水合频哪醇用填充分馏柱分馏脱水，至液温 140℃可以脱掉绝大部分结晶水（约 1/15 频哪醇随水蒸出），继续加热至 170℃。停止加热，放冷至 50℃左右重新加热，减压分馏，收集 72~74℃/20mmHg 馏分，得无色液体 570~630g（产率按丙酮计为 23.7%~26.5%，按镁计为 34%~38%），GC 纯度 98.5%，mp 38.6~41.5℃。

于塑料桶中缓慢将熔化物放冷至 15℃以下，打碎结晶，离心分离未结晶物约小于 2%，产品 GC 纯度＞99%。

另法：

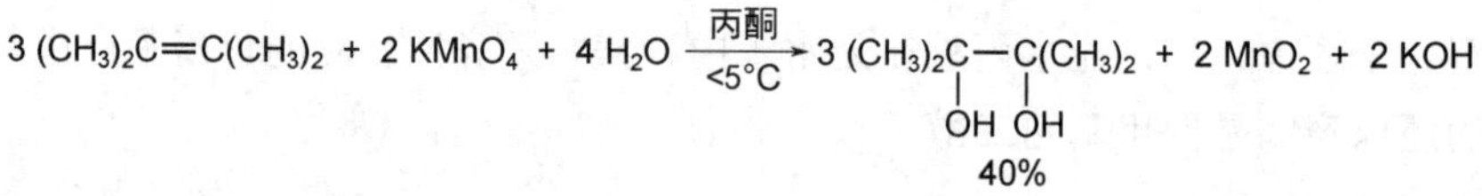

3 (CH3)2C═C(CH3)2 + 2 KMnO4 + 4 H2O
丙酮
<5°C
3 (CH3)2C—C(CH3)2 + 2 MnO2 + 2 KOH
OH OH
40%

五、金属氢化物还原

$LiAlH_4$、$NaBH_4$、$LiBH_4$ 是分子复合物，作为羰基的还原剂，反应速度快、条件温和、选择性好、产率高。在某些方面成为无可替代的还原剂，如：1mol *α*,*β*-不饱和醛（酮）（共轭关系）的还原，用 0.25mol $LiAlH_4$ 还原得到不饱和醇，双键不受影响；用过量的、1mol $LiAlH_4$ 还原才得到饱和醇。

CH═CH—CH═O
0.25mol LiAlH4
−10°C
CH═CH—CH2—OH
1mol LiAlH4
25°C
CH2—CH2—CH2—OH

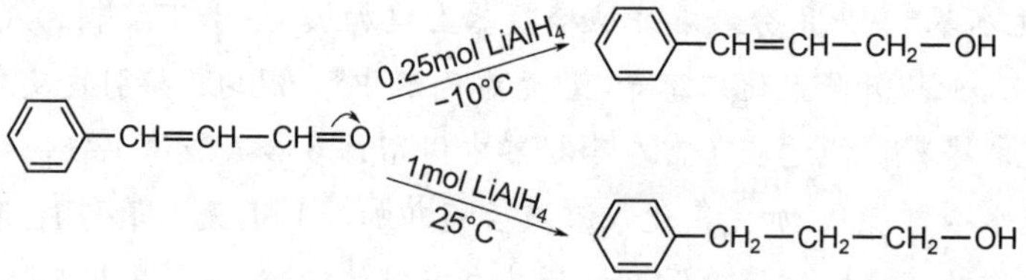

肉桂醇　*M* 134.18，mp 35℃，bp 250℃，*d* 1.034。

4
CH═CH—CH═O + LiAlH4
乙醚
−10°C
CH═CH—CH2—O
4
LiAl
水
4
CH2═CH—CH2—OH

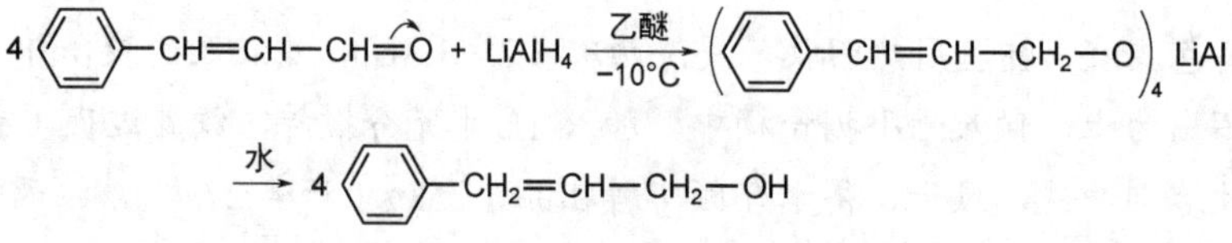

0.5L 三口烧瓶中加入 31g（0.235mol）肉桂醛溶于 80mL 无水乙醚中，冰盐浴冷却控制−10℃左右，搅拌下慢慢滴入 2.5g（0.065mol）粉碎的 $LiAlH_4$ 溶于 65mL 无水乙醚的溶液，约 0.5h 可以加完，加完后升温至 10℃左右。10min 后小心滴入水至不再放出氢气为止（约用 5mL），再加入 80mL 10% H_2SO_4，充分搅拌，分取乙醚层，水层用乙醚提取二次，乙醚溶液合并，干燥后回收乙醚，剩余物减压蒸馏，得 28g（产率 89%），mp 33~34℃（产率按 $LiAlH_4$ 计为 80%）。

金属氢化物可以将酰氯、醛（酮）、羧酸、酰胺、酯、氰基以及硝基还原得到相应产物；还可以将芳硝基、亚硝基还原为偶氮化合物；二硫化物还原为两个硫醇；亚砜还原为硫醚；

以及脱卤、脱醇等。金属氢化物作还原剂的使用范围见表3-3。

羰基的还原：羰基的加成活性决定反应速度，被还原的大致顺序为：

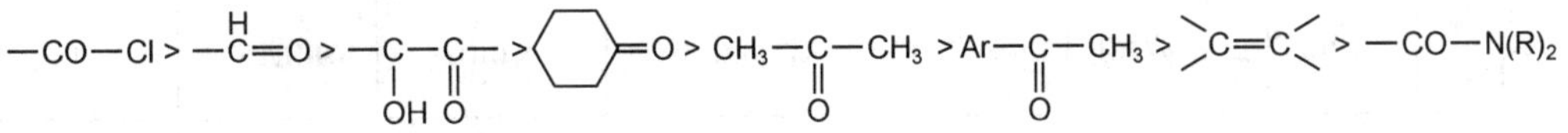

$$-CO-Cl > \underset{H}{-C}\!\!=\!\!O > \underset{OH}{\overset{|}{-C}}\!\!-\!\!\underset{O}{\overset{\|}{C}}\!\!- > \bigcirc\!\!=\!\!O > CH_3-\underset{O}{\overset{\|}{C}}-CH_3 > Ar-\underset{O}{\overset{\|}{C}}-CH_3 > \rangle\!C\!\!=\!\!C\langle > -CO-N(R)_2$$

羰基的 α 位或邻近的其它吸电子基提高了羰基碳的电正性，使得能被还原能力差的 $NaBH_4$ 还原成醇。

它们大多或有更好的还原方法。金属氢化物还原的特点是氢负离子迁移（由氢负离子进行的还原反应），$LiAlH_4$、$NaBH_4$ 反应的第一步是亲核的，过程中如果是酸性条件或反应温度大于 100℃，就有分解放出 AlH_3、BH_3 的可能（毒性）（$-CH\!\!=\!\!O + NaBH_4 \longrightarrow -CH_2-ONa + BH_3$）。由于它们的价电子层不完整，在反应过程中与电负性更强、有未共用电子对的氮原子或氧原子配位键结合，然后是氢负离子迁移完成还原（$-CH\!\!=\!\!O + BH_3 \longrightarrow -\overset{+}{C}H-O-\overset{-}{B}H_2 \longrightarrow -CH_2-OBH_2$）。

如 2-苄基-4,4-二甲基-5-氧-噁唑啉的氢化：

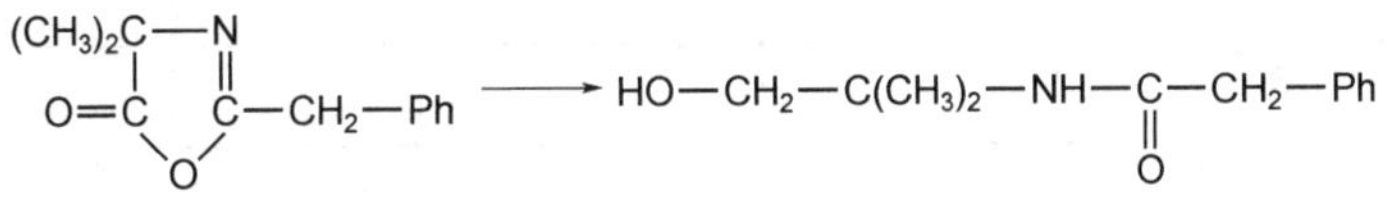

由于 AlH_3、BH_3 的还原反应条件温和、选择性好，在羰基的还原时形成配位键提高了羰基碳的电正性，使氢负离子迁移容易发生。直接用途是选择地将羧酸还原为醇，还原酰胺为酯胺，强大的电负中心对于同时存在的卤原子、酯基、酮及氰基不受影响。

$LiAlH_4$、$NaBH_4$ 基本上属于离子型化合物（$Li^+ \cdot AlH_4^-$，$Na^+ \cdot BH_4^-$），其还原能力取决于负离子的活性，正离子也影响到其还原性能。例如：反应中加入 LiCl 的 $Na^+BH_4^-$，提高了负离子的电负性才能还原酯类；加有 $AlCl_3$ 的 $LiAlH_4$ 才可以将芳醛还原为甲基芳烃；这一混合体系有双分子分解的"软硬酸碱"的平衡，使还原剂更具共价成分，或如下式：

$$NaBH_4 + LiCl \Longleftrightarrow LiBH_4 + NaCl$$

$$3\,LiAlH_4 + AlCl_3 \Longleftrightarrow Al(AlH_4)_3 + 3\,LiCl$$

一般来说，离子键的共价成分较高时，其还原能力也较强，因此，改变 $LiAlH_4$ 和 $NaBH_4$ 的正离子或负离子部分，可以衍生出多种还原能力各异的氢负离子迁移的还原剂，以供不同要求的还原选择，如：$LiAlH_4/AlCl_3$、$LiAlH_4$、$LiAl(OCH_3)_3H$、$LiAl(OC_2H_5)_3H$、$LiAl(OC_4H_9)_3H$；$LiB(OC_2H_5)_3H$、$LiBH_4$、$NaBH_4$、$NaB(OAc)_3H$、BH_3。具体见表3-3。

选择还原时需要依据底物的基团特征、产物的分离以及溶剂、催化剂及反应温度来进行。

还原试剂：氢负离子迁移的还原最常用的还原剂是 $LiAlH_4$ 和 $NaBH_4$（铝氢化物和硼氢化物）两类。

表 3-3　金属氢化物常用于以下还原反应

还原剂 ＼ 底物基团	LiAlH$_4$	LiAH$_4$/AlCl$_3$	LiAl(OC$_4$H$_9$)$_3$H	LiAl(OCH$_3$)$_3$H	NaBH$_4$	NaBH$_4$/LiCl	BH$_3$
$-\overset{O}{\underset{}{C}}-Cl$	$-CH_2-OH$		$-\overset{H}{\underset{}{C}}=O$	$-\overset{H}{\underset{}{C}}=O$	$-CH_2-OH$	$-CH_2-OH$	
$-\overset{H}{\underset{}{C}}=O$	$-CH_2-OH$	$-CH_2-OH$	$-CH_2-OH$	$-CH_2-OH$	$-CH_2-OH$	$-CH_2-OH$	$-CH_2-OH$
$-\overset{}{\underset{O}{C}}-R$	$-\underset{OH}{CH}-R$	$-\underset{OH}{CH}-R$	$-\underset{OH}{CH}-R$	$-\underset{OH}{CH}-R$	$-\underset{OH}{CH}-R$	$-\underset{OH}{CH}-R$	$-\underset{OH}{CH}-R$
$-CO_2-R$	$-CH_2-OH$				$-CH_2-OH$	$-CH_2-OH$	
$-CO_2H$	$-CH_2-OH$						$-CH_2-OH$
$-C≡N$	$-CH_2-NH_2$			$-\overset{H}{\underset{}{C}}=O$			
$-CO-NH_2$	$-CH_2-NH_2$						$-CH_2-NH_2$
$-CO-NHR$	$-CH_2-NH-R$						$-CH_2-NH-R$
$-CO-NR_2$	$-CH_2-NR_2$						
$>C=N-$	$>CH-NH-$				$>CH-NH-$		
$R-NO_2$	$R-NH_2$						
$Ar-NO_2,\ Ar-NO$	$Ar-N=N-Ar$						
$Ar-CH=O,\ Ar-CH_2-CH$	$Ar-CH_3$						

LiAlH$_4$几乎是最强的还原剂，能还原大部分羰基化合物、亚胺及极化的C=C双键，它对于电正中心的反应如格氏试剂非常活泼；对于质子溶剂，如水、醇、酸、烯醇化的醛酮及空气中氧和二氧化碳反应分解放出氢气。LiAlH$_4$的四个氢原子都可以用于还原，第一个氢原子反应后，其后的氢原子还原活性递减，反应中究竟几个氢原子参与反应取决于羰基碳的电正性及空间因素。如：LiAlH$_4$的四个氢原子都可以去还原丙酮，而对于有阻碍的二异丙基甲酮，在还原过程中，底物及被烃氧基取代后的还原剂双重的阻碍使反应只能用到两个氢原子；羧酸及酯还原的中间产物是醛，不能停留在中间阶段，立即还原为醇，虽然如此，还是使用稍过量的还原剂。

特别制备的、部分氢原子被烷氧基取代的金属氢化物，如：三甲氧基氢化铝锂（三甲氧基铝氢化锂）、三乙氧基氢化锂铝、三叔丁氧基-氢化铝锂等，具有不同的还原能力、不同的化学和立体选择性。

反应溶剂主要使用金属钠干燥并重蒸过的乙醚、四氢呋喃、乙二醇二甲醚、二乙二醇二甲醚。LiAlH$_4$要在煤油覆盖下压碎，再用无水溶剂洗脱煤油，其在100mL溶剂中的溶解度：

25g（无水乙醚）、18g（THF），溶液要充氮气密封保存。

NaBH$_4$的化学性质不是很活泼，在室温条件下和水、醇反应。NaBH$_4$的第一个氢原子的活性较低，其后因烃氧基取代后其活性有所提高。反应温度在 0℃左右，中性或碱性条件进行（酸性条件会分解，放出剧毒、易燃的 BH$_3$），反应溶剂可使用水、醇、四氢呋喃以及二甲基亚砜、环丁砜、乙二醇二甲醚、二乙二醇二甲醚，主要用于醛、酮和酰氯的还原。

1. 醛、酮及酰氯的还原

烯醇化的醛、酮只是以醇消耗 LiAlH$_4$（0.25mol）而不被还原。醛、酮在非极性溶剂、醚中难以烯醇化，很快被还原成醇，同时存在其它可被还原的基团会使反应混乱，为提高反应的选择性使用更低的反应温度或控制还原剂的用量。

NaBH$_4$的还原能力较差，更具选择性，可以在醇溶剂中还原活泼基团。

在下面的反应中，乙醚中 AlCl$_3$ 和 LiAlH$_4$ 共同的作用，对于底物叔丁基，使反应以反式位置进行。添加 AlCl$_3$ 的 LiAlH$_4$，双分子分解的平衡有改变阳离子的倾向，从而使还原的活性提高，还原剂 LiAlH$_4$ 的用量为 0.28mol（底物以 1mol 计，比理论量稍多）。

反-4-叔丁基环己醇 M 156.27，mp 82.5~83℃。

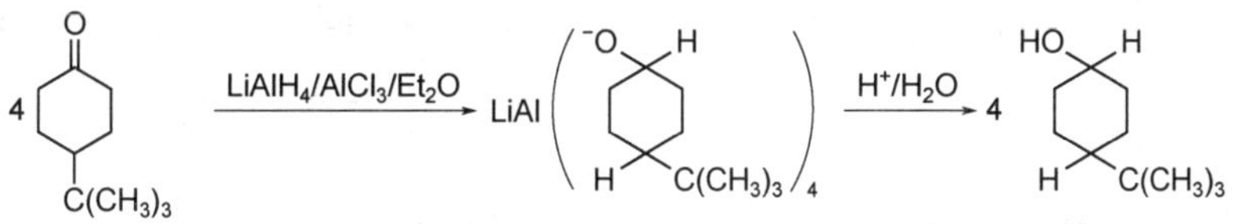

LiAlH$_4$、AlCl$_3$ 的乙醚络合物溶液配制：3L 三口烧瓶配置机械搅拌、回流冷凝器、粗大转心阀门的分液漏斗。烧瓶中加入 0.5L 无水乙醚，在冰水浴中冷却及搅拌下慢慢加入 67g（0.5mol）三氯化铝，几分钟后从分液漏斗慢慢加入 5.5g（0.145mol）氢化铝锂在 140mL 无水乙醚的溶液，加完后再搅拌 0.5h，移去冰水浴。

还原：将以上 LiAlH$_4$/AlCl$_3$ 的乙醚络合物溶液温热，搅拌下从分液漏斗慢慢加入 77.2g（0.51mol）4-叔丁基环己酮溶于 500mL 无水乙醚的溶液，加入速度以维持放热使乙醚溶液微弱的回流，约 1h 可以加完，加完后再搅拌加热回流 2h。慢慢加入 10mL 无水叔丁醇以分解过剩的氢化铝锂，再回流 10min。加入 3g 4-叔丁基环己酮溶于 20mL 无水乙醚的溶液，继续回流搅拌 4h 以上，使其中的顺式结构转换为反式，放置过夜。

水解及分离：冰水浴冷却及搅拌下慢慢滴入 100mL 水及 250mL 10% H$_2$SO$_4$，分取乙醚层，水层用 150mL 乙醚提取，醚液合并以无水硫酸镁干燥后回收乙醚，最后用水泵抽真空减压收尽，剩余物 85~87g（GC 含量：反式醇 96%，顺式醇 0.8%，原料酮 3.2%）。

精制：用 60~70℃ 馏程石油醚重结晶，再用石油醚浸洗，得 57~61g（产率 73%~78%），mp 75~80℃（GC 含量：反式醇 99.3%，顺式醇 0.3%，原料酮 0.4%）。

从母液回收得粗品 12g，GC 纯度 99%。

酰氯可以被几乎所有的金属氢化物还原，LiAlH$_4$ 的还原能力几乎是最强的，不能使反应停留在醛的阶段，还原产物为醇。

醛基也是非常容易被还原的基团（仅次于酰氯），特别制备的、$LiAlH_4$ 的三个氢负离子被 RO 基取代的金属氢化物 $LiAl(OR)_3H$ 使还原能力降低，可以实现选择性还原，如：三叔丁氧基氢化铝锂是更温和的还原剂，可依物料配比、加入顺序及反应温度，依次将酰氯还原成醛、进一步还原成醇，得以选择还原避免混乱。

三叔丁氧基氢化铝锂对于酯基、环氧化物反应缓慢，几乎不还原 —C≡N、—NO，也不脱卤，有较强的化学选择性及立体选择性，其它三甲基、三乙基氢化铝锂也有使用。

$$R-\overset{\underset{\|}{O}}{C}-Cl + LiAl(O-{}^tC_4H_9)_3H \longrightarrow R-CH=O\cdots Al(O-{}^tC_4H_9)_3 + LiCl \xrightarrow{水解} R-\overset{\overset{H}{|}}{C}=O$$

$$R-\overset{\overset{H}{|}}{C}=O + LiAl(-O-{}^tC_4H_9)_3H \longrightarrow R-CH_2-O-Al(-O-{}^tC_4H_9)_3 \cdot Li^+ \xrightarrow{水} R-CH_2-OH$$

又：

$$R-\overset{\underset{\|}{O}}{C}-Cl + LiAlH_4 \xrightarrow{-LiCl} R-\overset{\underset{\|}{O}}{C}-AlH_4 \longrightarrow R-\overset{\underset{\|}{O}}{C}H \longrightarrow R-\overset{\overset{O\cdots AlH_3}{|}}{C}^+H \longrightarrow R-\overset{\overset{O-\bar{A}lH_3}{|}}{C}^+H \longrightarrow R-\overset{\overset{O-AlH_2}{|}}{C}H_2$$

$$R-CH_2-O-AlH_2 + R-\overset{\underset{\|}{O}}{C}-Cl \longrightarrow R-CH_2-O-AlH + R-CH=O \longrightarrow (R-CH_2-O-)_2AlCl$$

总反应式：

$$2\,R-CO-Cl + LiAlH_4 \longrightarrow (R-CH_2-O-)_2Al-Cl + LiCl$$
$$\downarrow 2\,H_2O$$
$$2\,R-CH_2-OH + (HO)_2AlCl$$

2,2-二氯乙醇　M 114.96，bp 146℃，d_4^{19} 1.416，d_4^{25} 1.404，n_D^{20} 1.4730。

$$2\,Cl_2CH-CO-Cl + LiAlH_4 \xrightarrow{-LiCl} (Cl_2CH-CH_2-O-)_2AlCl \xrightarrow[-ClAlSO_4]{H_2SO_4/H_2O} 2\,Cl_2CH-CH_2-OH$$

1L 三口烧瓶配高效的回流冷凝器、机械搅拌、滴液漏斗，开口处安装干燥管。向系统中充以干燥的氮气，出气口导向通风。

烧瓶中加入 13.6g（0.36mol）粉碎的氢化铝锂，加入 300mL 特制干燥的无水乙醚，并用以冲下沾在器壁上的氢化铝锂，开动搅拌，15min 后基本溶解得到乳浊液，控制放热反应微弱的回流，慢慢滴入 88.6g（0.6mol）二氯乙酰氯及 75mL 无水乙醚的溶液（反应有引发过程，引发反应前不可积聚多量物料），引发反应后约 2.5h 可以加完，加完后保温搅拌 0.5h。冰水冷却及搅拌下，小心滴入水以分解过剩的 $LiAlH_4$，同时析出多量氢气并析出大量 $Al(OH)_3$ 成为半固体状，至停止放出氢气。慢慢加入约 0.5L 10%（0.54mol）硫酸，搅拌 0.5h，反应物变清，分取乙醚层；水层用乙醚提取（2×100mL），醚液合并，回收乙醚，剩余物减压分馏，收集 37~38.5℃/6mmHg 馏分，得 44~45g（产率 64%~65%），d_4^{20} 1.404，n_D^{20} 1.4626。

4-硝基苯甲醛　M 151.12，mp 105~106℃。

三叔丁氧基氢化铝锂的制备：

$$LiAlH_4 + 3\ (CH_2)_3C\!\!-\!\!OH \longrightarrow LiAl(\!-\!O\!-\!^tC_4H_9)_3H + 3\ H_2$$

0.5L 无水乙醚溶解 9.5g（0.25mol）粉碎的 LiAlH$_4$ 的溶液，在冰水浴冷却下慢慢滴入 60g（0.81mol）无水叔丁醇，加完后再搅拌 10min，待白色固体沉降后小心倾去上面乙醚层，下层沉降物使溶于二乙二醇二甲醚中。

还原：

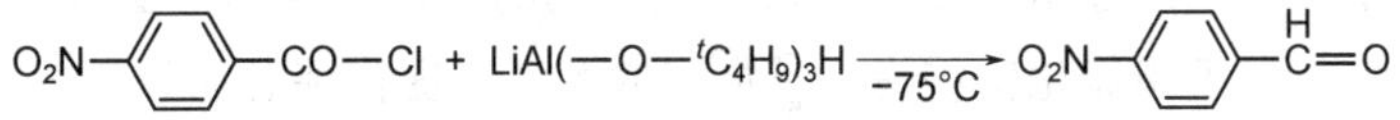

$$O_2N\!\!-\!\!\langle\bigcirc\rangle\!\!-\!\!CO\!-\!Cl + LiAl(\!-\!O\!-\!^tC_4H_9)_3H \xrightarrow{-75℃} O_2N\!\!-\!\!\langle\bigcirc\rangle\!\!-\!\!\overset{H}{\underset{}{C}}\!\!=\!\!O$$

1L 三口烧瓶中加入 45.3g（0.24mol）4-硝基苯甲酰氯溶于 100mL 二乙二醇二甲醚的溶液，在干冰/丙酮浴中冷却维持-75℃（已是最低），搅拌下慢慢滴入上面制得的三叔丁氧基氢化铝锂溶液，加完后慢慢升至室温。倾入冰水中，滤出，压干的固体物用乙醇提取，蒸除乙醇后得粗品 29.4g（产率 79%）。

硼氢化钠的还原能力较弱，仍能以较快的速度将酰氯、醛（酮）还原成醇，但对于一般酯反应很慢。添加的 AlCl$_3$ 助剂与 NaBH$_4$ 的双分子分解平衡改变阳离子性质，增加了阴离子 BH$_4^-$ 的活性使酯基得以被还原。由于中间产物（烃氧基硼氢化物）对以后的还原致钝，一般按提供两个氢原子计算用量。硼氢化钠通常不能还原硝基、不脱卤、不脱硫。

4-羟基环己基甲酸甲酯　M 158.20。

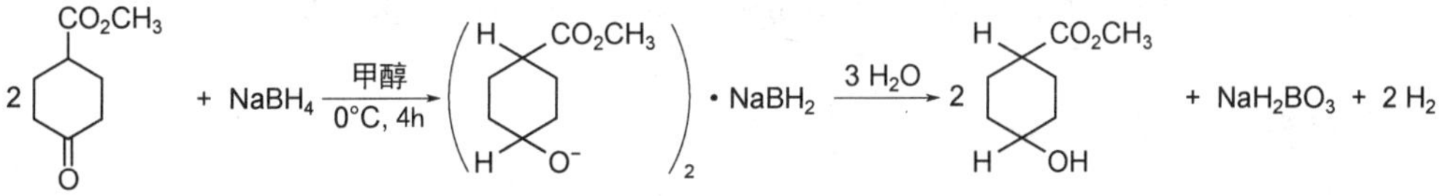

1.56g（10mmol）4-环己酮甲酸甲酯、0.189g（5mmol）硼氢化钠及 25mL 甲醇，在 0℃一起搅拌4h。用 20%盐酸中和至 pH 5，至无氢气放出。水浴加热减压蒸馏甲醇，冷后用乙醚提取，合并后蒸除乙醚，剩余物减压蒸馏，沸点 125℃/0.2mmHg，得 1.3g（产率 82%），其中顺式占 86%~88%。

4,4-二硝基 1-戊醇　M 164.14。

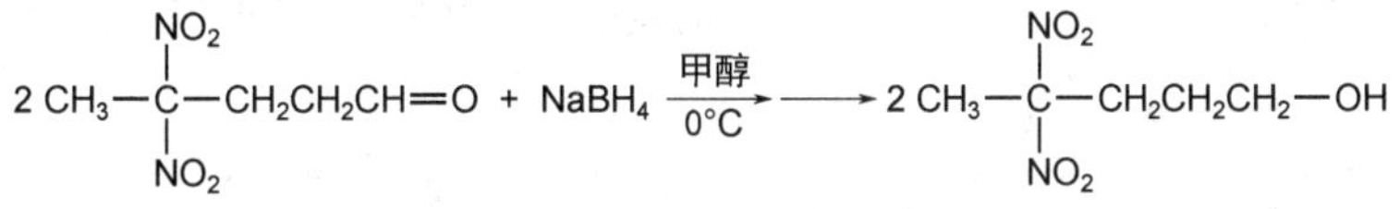

7.27g（44.3mmol）4,4-二硝基戊醛溶于 25mL 甲醇中，加入 10mL 水，冰水浴冷却及搅拌下慢慢加入 10mL 水溶解 0.795g（21mmol）硼氢化钠及 1 滴 25% NaOH 的溶液。再慢慢加入 10mL 水溶解 1.7g 尿素及 1.7mL 乙酸的溶液，充分搅拌以消耗掉过剩的还原剂。用 40% H$_2$SO$_4$ 调节反应液至 pH 3~4（约用 <2mL），乙醚提取，以无水硫酸钠干燥后回收乙醚，剩余物减压蒸馏。收集 114~118℃/1.2mmHg 馏分，得 4.97g（产率 67%）。

2. 羧酸、酸酐及酯被 LiAlH$_4$ 还原

羧酸、酸酐及酯被强还原剂 LiAlH$_4$ 还原直接得到醇，多用于还原酯，以避免碳链上 C=C

双键氢化，在-60℃进行以显示其选择性。内酯被还原为二醇，使用反应能力较弱的三乙氧基氢化铝锂可将内酯还原为分子内的半缩醛。

$$\text{(丁内酯)} + \text{LiAl(OC}_2\text{H}_5)_3\text{H} \longrightarrow \overset{\text{Li}^+}{\underset{}{\text{O}^-}} \text{---Al(}-\text{OC}_2\text{H}_5)_3 \xrightarrow{\text{H}^+/\text{H}_2\text{O}} \text{(四氢呋喃-2-醇)}$$

硼氢化钠对于一般酯的还原很慢，但对于酯羰基的 α-C 有吸电子基团或其它条件使羰基碳的电正性提高，有利于硼氢化钠的进攻，如：内酯、杂氮内酯也可以被 $NaBH_4$ 还原。另一方面，改变 $NaBH_4$ 正离子金属性质，使用 $LiBH_4$ 或向 $NaBH_4$ 的还原反应物中添加无水 LiCl，双分子的分解生成电离度比较小的 $LiBH_4$ 析出，还原能力却比 $NaBH_4$ 强许多。$LiBH_4$ 可以还原酯类、内酯和环氧化物，不能还原羧酸、氰基及硝基。

$NaBH_4$ 在 100g 溶剂中的溶解度：乙醚中为 4g，四氢呋喃中为 21g。

$$R\text{—}\overset{O}{\overset{\|}{C}}\text{—OR}' + \text{LiAlH}_4 \longrightarrow R\text{—}\overset{\text{Li}^+\ \ \text{O}^-}{\underset{H}{\overset{|}{\overset{|}{C}}}}\text{—OR}' \longrightarrow R\text{—}\overset{H}{\underset{}{\overset{|}{C}}}{=}O + \text{LiAl(OR')H}_3 \longrightarrow R\text{—CH}_2\text{—O—}\bar{\text{Al}}(\text{OR}')\text{H}_2 \cdot \text{Li}^+$$

$$\longrightarrow R\text{—}\overset{O}{\overset{\|}{C}}\text{—OR}' + R\text{—CH}_2\text{—O—}\bar{\text{Al}}(\text{OR}')\text{H}_2 \cdot \text{Li}^+ \longrightarrow R\text{—}\overset{\text{Li}^+\ \ \text{O}^-}{\underset{H}{\overset{|}{\overset{|}{C}}}}\text{—OR}'\ \ \text{Al(OR')H(OCH}_2\text{R)}$$

$$\longrightarrow R\text{—}\overset{H}{\underset{}{\overset{|}{C}}}{=}O + \text{LiAl(OR')}_2\text{H(OCH}_2\text{R)} \longrightarrow \text{LiAl(OR')}_2(\text{OCH}_2\text{R})_2$$

总反应式：

$$R\text{—CO}_2\text{—R}' + \text{LiAlH}_4 \longrightarrow \text{LiAl(OR')}_2(\text{OCH}_2\text{R})_2 \xrightarrow{2\ \text{H}_2\text{O}} 2\ \text{RCH}_2\text{—OH} + 2\ \text{R'OH} + \text{LiAlO}_2$$

$$\text{(环结构)} \xrightarrow[\text{THF/Et}_2\text{O}]{\text{NaBH}_4} \left[\ldots \right] \xrightarrow[-\text{H}_3\text{BO}_3]{\text{水}} \text{HO—CH}_2\text{—C(CH}_3)_2\text{—}\overset{H}{\underset{}{N}}\text{—}\overset{O}{\underset{\|}{C}}\text{—CH}_2\text{—Ph}$$

2,2-二甲基-2-(苯乙酰)氨基乙醇

2-(1'-吡咯烷基)丙醇 M 129.20，bp 95~96℃/20mmHg，n_4^{20} 0.973，n_D^{25} 1.4758，n_D^{20} 1.4780。

$$2\ \text{(吡咯烷基)}\text{N—}\overset{}{\underset{\text{CH}_3}{\overset{|}{C}}}\text{H—CO}_2\text{C}_2\text{H}_5 + \text{LiAlH}_4 \xrightarrow{\text{Et}_2\text{O}} \left(\text{N—}\overset{}{\underset{\text{CH}_3}{\overset{|}{C}}}\text{H—CH}_2\text{O} \right)_2 (\text{C}_2\text{H}_5\text{O})_2\text{AlLi}$$

$$\xrightarrow{6\ \text{HCl/H}_2\text{O}} 2\ \text{(吡咯烷基)}\text{N—}\overset{}{\underset{\text{CH}_3}{\overset{|}{C}}}\text{H—CH}_2\text{—OH} \cdot \text{HCl} \xrightarrow{2\ \text{HO}^-} 2\ \text{(吡咯烷基)}\text{N—}\overset{}{\underset{\text{CH}_3}{\overset{|}{C}}}\text{H—CH}_2\text{—OH}$$

2L 三口烧瓶中加入 21.3g（0.56mol）粉碎了的 LiAlH₄ 及 300mL 无水乙醚，搅拌下加热使基本溶解（工业品或长时间存放会产生不溶物质），保持放热反应微弱的回流，搅拌下慢慢加入 157.3g（0.92mol）2-(1′-吡咯烷基)丙酸乙酯与 200mL 无水乙醚的溶液，加完后保温搅拌 0.5h。反应结束，慢慢加入 50mL 乙酸乙酯以消耗过剩的还原剂，再慢慢加入 600mL 20%盐酸以溶解沉降物；分去醚层，水层再用乙醚提取；水溶液用 25% NaOH 中和至强碱性，产物析出成乳液；改成乙醚自动提取装置进行提取，至新提取液对 pH 试纸不再显碱性。以无水碳酸钾干燥、回收乙醚，最后用水泵减压除尽，剩余物减压分馏，收集 95~96℃/20mmHg 馏分，得 95~106g（产率 80%～90%）。

3,5-二甲氧基苄醇　*M* 168.19，mp 49~50℃。

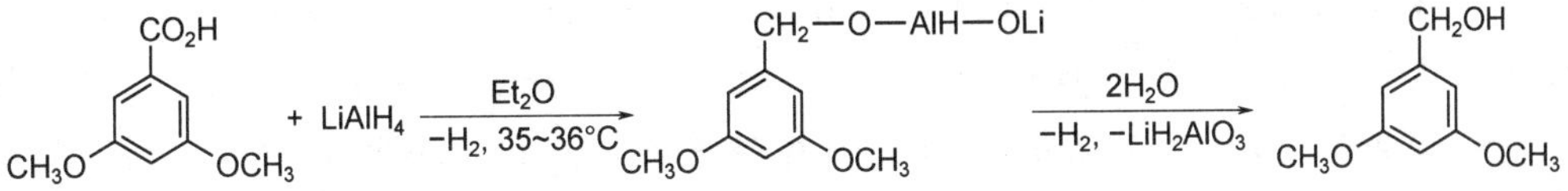

10L 三口烧瓶中加入 24g（0.59mol）94% LiAlH₄ 粉末溶于 1.5L 无水乙醚的溶液（少量不溶物）。将 91g（0.5mol）3,5-二甲氧基苯甲酸细粉与 1.5L 无水乙醚的溶液于大分液漏斗中，在快速搅拌下，以回流冷凝器能适应的情况迅速加入，加完后再加热回流 1h。冷后，在冰水冷却下，尤其在开始的几毫升，以很慢的速度加入 150mL 水以分解过剩的金属氢化物，再加入 1.8L 10%（1.8mol）硫酸，充分搅拌以溶解沉降物，分取乙醚层，依次用 2% H₂SO₄、NaHCO₃、水洗涤，以无水硫酸钠干燥后回收乙醚，最后减压干燥至 170℃/0.6mmHg，得产物 76g（产率 90%），mp 46℃。

2-氨基苄醇　*M* 123.16，mp 83~85℃，bp 162℃/15mmHg。

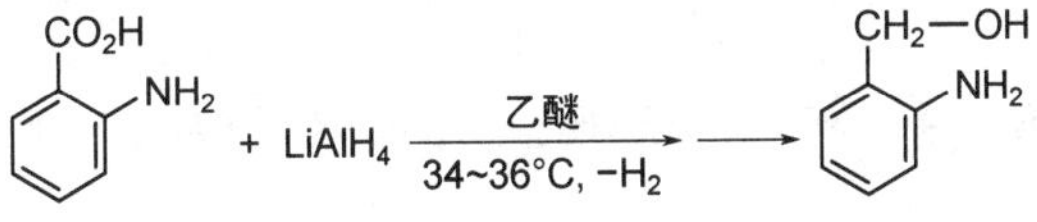

2L 三口烧瓶中加入 9.1g（0.24mol）粉碎的氢化铝锂及 600mL 无水乙醚，提取器的滤纸桶中放入 13.7g（0.1mol）邻氨基苯甲酸，在搅拌下作加热回流提取直至邻氨基苯甲酸全部溶解进入反应，再回流片刻。冷后安装分液漏斗，小心、缓慢地滴入 12~15mL 水，分解过剩的金属氢化物，至不再放出氢气为止。再加入 250mL 10% NaOH 充分搅拌，分取乙醚层，水层用乙醚提取（2×200mL），醚液合并，干燥后回收乙醚，剩余物真空干燥，产率 97%，mp 82℃。

3. 酰胺及氰基的还原

酰胺的还原产物是相对应的胺，LiAlH₄ 与酰胺（在非极性溶剂—CO—NH—）活泼氢作用放出 H₂，形成酰胺 N⁻、铝烷与羰基氧以配键结合的铝氧化物，而后在 N⁻ 作用下铝氧化物分离出去（脱去 LiO—AlH₂）生成亚胺铝化物，进一步还原为伯胺或仲胺。

$$R-\overset{\displaystyle O}{\overset{\|}{C}}-NH_2 + LiAlH_4 \xrightarrow{-H_2} R-\overset{\displaystyle O^{--}AlH_3}{\overset{\|}{C}}-NH^- \cdot Li^+ \longrightarrow R-\overset{\displaystyle O^--AlH_2}{\underset{\displaystyle H}{C}}-NH \cdot Li^+ \longrightarrow R-\overset{\displaystyle H}{C}=NH--Al(OLi)H_2$$

$$\longrightarrow R-CH_2-NH-Al(OLi)H \xrightarrow{2 H_2O} R-CH_2-NH_2 + H_2 + LiH_2AlO_3$$

总反应式:

$$R-CO-NH_2 + LiAlH_4 \xrightarrow{-H_2} R-CH_2-NH-Al(OLi)H \xrightarrow{2 H_2O} R-CH_2-NH_2 + H_2 + LiH_2AlO_3$$

N-甲基十二胺　M 199.38。

$$n\text{-}C_{11}H_{23}-CO-NH-CH_3 + LiAlH_4 \xrightarrow[34\sim36^\circ C]{Et_2O} \longrightarrow n\text{-}C_{11}H_{23}-CH_2-NH-CH_3$$

5L 三口烧瓶配置机械搅拌及内径 7cm、长 30cm 装料筒的连续提取器，配置大冷却面积的回流冷凝器。烧瓶中加入 1.8L 无水乙醚及 38g（1mol）粉碎的 LiAlH₄。在提取器的物料杯中加入 160g（0.75mol）N-甲基月桂酸酰胺（mp 67~69℃），开动搅拌，加热使回流作提取溶解进入反应，约 3h 可以完成，再加热回流 2h。

搅拌及冷却下以很慢的速度滴入 82mL 水，以分解过剩的氢化铝锂及金属合成物，加完后再搅拌 0.5h，停止放出氢气表示水解完全。滤除铝氧化物并以乙醚充分洗涤，乙醚溶液合并，回收乙醚，剩余物减压分馏，收集 110~115℃/1.2~1.5mmHg 馏分，得 121~142g（产率 81%~95%）。

酰化的仲胺，氮原子上没有可移变的质子氢，无法形成酰胺 N⁻，通过氮原子的未共用电子对与羰基碳形成亚胺，脱去 LiO—AlH₂，经过亚胺盐中间体的还原得到叔胺，如：

$$R'-\overset{\displaystyle O}{\overset{\|}{C}}-NR_2 + LiAlH_4 \longrightarrow R'-\overset{\displaystyle Li^+O^--AlH_3}{\underset{\displaystyle}{C}}-NR_2 \longrightarrow R'-\overset{\displaystyle O-AlH_3^- \cdot Li^+}{\underset{\displaystyle}{C}}-NR_2$$

$$\longrightarrow R'-CH=\overset{+}{N}R_2 \cdot LiO-Al\bar{H}_3 \xrightarrow{\triangle,\ 15h} R'-CH_2-NR_2 + LiO-AlH_2$$

总反应式:

$$R'-CO-NR_2 + LiAlH_4 \longrightarrow R'-CH_2-NR_2 \cdot LiOAlH_2 \xrightarrow{2 H_2O} R'-CH_2-NR_2 + LiH_2AlO_3 + 2 H_2$$

亚胺盐中间体进一步还原成叔胺的反应缓慢，如果在中间步骤进行水解，便得到醛。为了避免亚胺盐继续还原，用烷氧基（RO—）代替氢化铝锂的部分氢以降低其活性，又能比较准确地计量；烷氧基的空间阻碍影响还原反应，如：三叔丁氧基氢化铝锂 LiAl(O′C₄H₉)₃H 与硝基、环氧基的反应缓慢。

环己基甲醛　M 112.16。

a. 三乙氧基氢化铝锂的制备

$$CH_3CO_2-C_2H_5 + LiAlH_4 \xrightarrow{0^\circ C} CH_3-\overset{\displaystyle O^- Li^+ AlH_3}{\underset{\displaystyle H}{C}}-OC_2H_5 \longrightarrow CH_3-\overset{\displaystyle H}{C}=O + LiAl(OC_2H_5)H_3$$

$$\longrightarrow LiAl(OC_2H_5)_2H_2 \xrightarrow{CH_3CO_2C_2H_5} CH_3\overset{\displaystyle H}{C}=O + LiAl(OC_2H_5)_3H$$

总反应式：$3\ CH_3CO_2C_2H_5 + 2\ LiAlH_4 \xrightarrow{0℃} 2\ LiAl(OC_2H_5)_3H$

2L 三口烧瓶安装机械搅拌、回流冷凝器及分液漏斗。烧瓶中加入 15.2g（0.4mol）氢化铝锂粉末及 400mL 无水乙醚，搅拌下加热溶解，再加入 250mL 无水乙醚，冰盐浴冷却控制 0℃左右，慢慢滴入 52.8g（0.6mol）乙酸乙酯，加完后再搅拌 0.5h，反应物呈糊状，移去冰水浴。

b. 还原

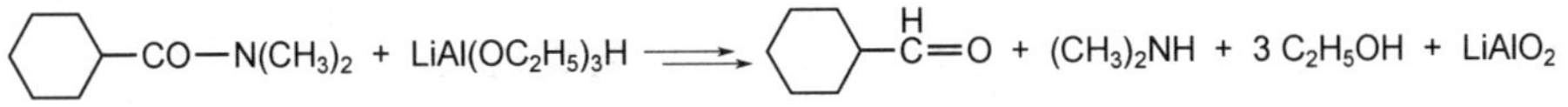

以上三乙氧基氢化铝锂反应物在搅拌下，慢慢滴入 61.5g（0.4mol）环己基甲酰二甲胺，加入速度依反应放热维持乙醚缓缓回流，加完后再搅拌 1h。冰浴冷却下慢慢滴入 25%硫酸以分解复合物至反应物变清，分取醚层，水层用乙醚提取（2×100mL），醚液合并，水洗，NaHCO₃ 溶液洗，以无水硫酸钠干燥后回收乙醚，剩余物减压分馏，收集 74~78℃/20mmHg馏分，得 35g（产率 78%）。

N,N-二甲基-环己基甲胺 *M* 141.26。

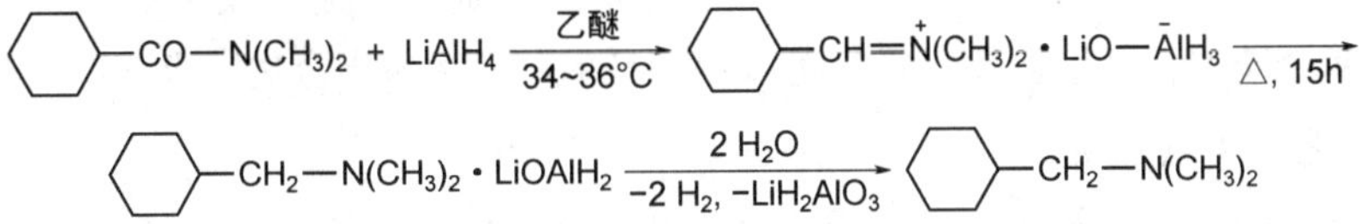

3L 三口烧瓶配置机械搅拌、装有干燥管的回流冷凝器及分液漏斗。

烧瓶中加入 32g（0.85mol）粉碎的 LiAlH₄ 及 400mL 无水乙醚，搅拌加热 40min，氢化铝锂基本溶解。停止加热，搅拌下慢慢滴入 135g（0.86mol）N,N-二甲基环己基甲酰胺溶于 300mL 无水乙醚的溶液，用加入速度放热控制反应物缓缓回流，约 1h 可以加完，加完后再用电热套微微加热回流 15h。冰水冷却及搅拌下慢慢滴入 70mL 水以分解过剩的还原剂及金属复合物，再慢慢加入 200g（5mol）NaOH 溶于 500mL 水的冷溶液，水蒸气蒸馏，至馏出液对 pH 试纸呈中性，收集到约 1.5L。以浓盐酸酸化，分取水层，醚层用 10%盐酸提取两次，水溶液合并，水浴加热减压浓缩至 100℃/40mmHg 无馏出为止。剩余物溶于少量水中（<200mL），搅动及冷却下慢慢加入约 110g 片状 NaOH，分取上层，下层用乙醚提取两次，提取液与分取的油层合并，再用 40g KOH 干燥后回收乙醚，减压分馏，收集 76℃/29mmHg 馏分，得 106~107g（产率 88%），n_D^{25} 1.4462~1.4463。

氰基（—C≡N）用 LiAlH₄ 氢化得到伯胺，作为中间体的金属氢化物还原能力较弱，难以继续反应而停止。

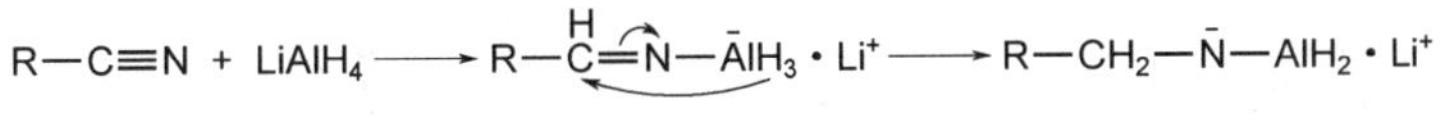

如果能继续反应，一分子氰基应该消耗 0.5 分子 LiAlH₄。

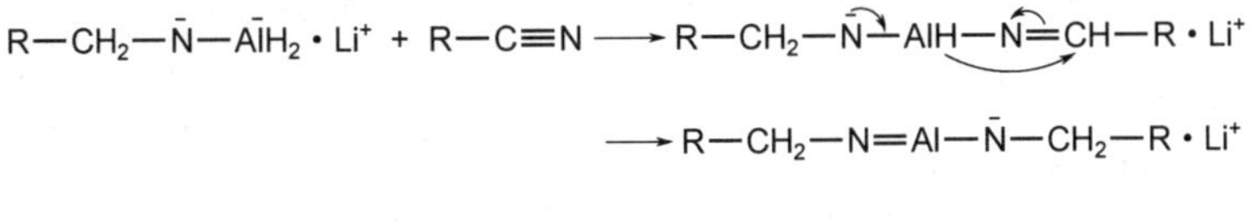

辛胺　M 129.29，mp $-5\sim1℃$，bp $175\sim177℃$，d 0.782，n_D^{20} 1.4920。

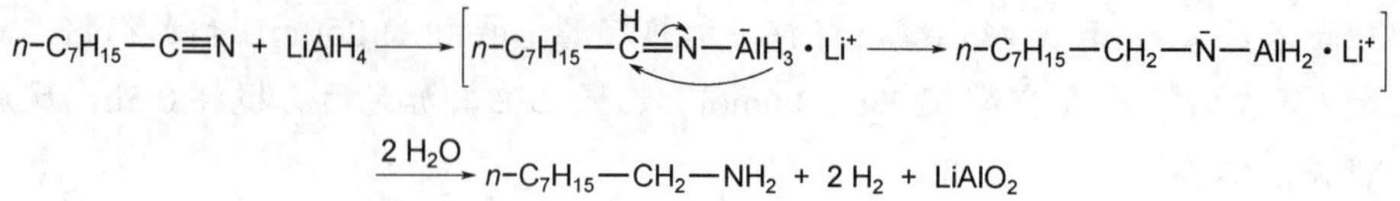

$$n\text{-}C_7H_{15}\text{—}C\equiv N + LiAlH_4 \longrightarrow \left[n\text{-}C_7H_{15}\text{—}\overset{H}{\underset{}{C}}=\bar{N}\text{—}\bar{A}lH_3\cdot Li^+ \longrightarrow n\text{-}C_7H_{15}\text{—}CH_2\text{—}\bar{N}\text{—}AlH_2\cdot Li^+ \right]$$

$$\xrightarrow{2\,H_2O} n\text{-}C_7H_{15}\text{—}CH_2\text{—}NH_2 + 2\,H_2 + LiAlO_2$$

0.5L 三口烧瓶配置机械搅拌、分液漏斗及回流冷凝器。烧瓶中加入 3.8g（0.1mol）粉碎的氢化铝锂及 200mL 无水乙醚，搅拌下加热回流 0.5h 使基本溶解。在冰水浴冷却及搅拌下慢慢滴入 12.5g（0.1mol）辛腈溶于 20mL 无水乙醚的溶液，加完后再搅拌 0.5h。在冰水冷却下，快速搅拌以打碎加入的水滴，慢慢滴入 4mL 水，同时放出大量氢气从冷凝器上口导向高远处。再慢慢加入 3mL 20% NaOH 用 14mL 水稀释的溶液，倾取乙醚溶液，颗粒状的无机物再用乙醚提取两次，醚液合并，回收乙醚，剩余物减压蒸馏，收集 $53\sim54℃/6mmHg$ 馏分，得 $11.5\sim11.9g$（产率 88%~92%）[1]。

六、碳碳双键 C=C 的氧化

碳碳双键 C=C 有较大电子云密度，容易被氧化。强氧化剂、剧烈条件下氧化会发生裂解生成酮或两个羧酸；温和条件下氧化可以得到环氧（乙烯）化合物，水解得到相应的二醇。

1. 环氧化合物及相邻二醇

碳碳双键 C=C 的环氧化，最常用的氧化剂是过氧化物，如：过氧酸、过氧化氢，其它氧化剂如 $KMnO_4$。为了减少环氧化物水合，使用非水溶剂，低温条件下用过酸氧化，如下式：

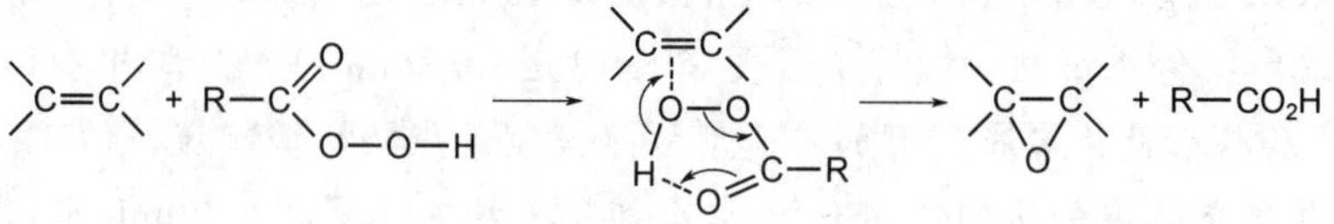

过酸分子内都可配位成键 R—C(=O—...H)—O—O，其氧化能力依其对应酸的酸性，有以下次序：

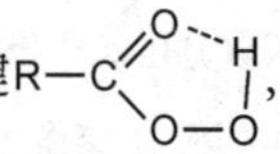

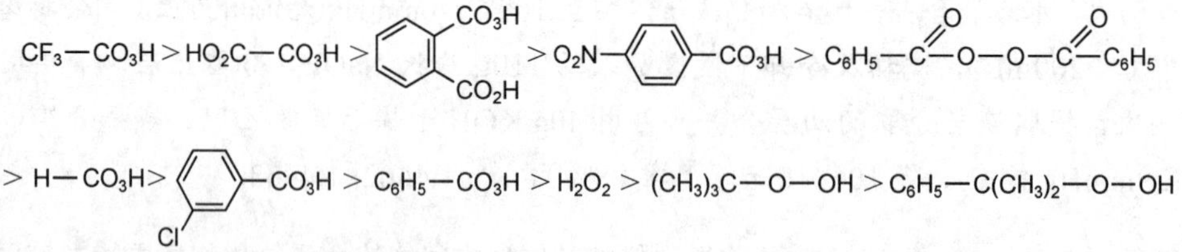

$$CF_3\text{—}CO_3H > HO_2C\text{—}CO_3H > \begin{smallmatrix}CO_3H\\ \\ CO_2H\end{smallmatrix} > O_2N\text{—}\!\!\!\!\!\!\!\!\bigcirc\!\!\!\!\!\!\!\!\text{—}CO_3H > C_6H_5\text{—}C(=O)\text{—}O\text{—}O\text{—}C(=O)\text{—}C_6H_5$$

$$> H\text{—}CO_3H > \text{Cl-}\!\!\!\!\!\!\!\!\bigcirc\!\!\!\!\!\!\!\!\text{—}CO_3H > C_6H_5\text{—}CO_3H > H_2O_2 > (CH_3)_3C\text{—}O\text{—}OH > C_6H_5\text{—}C(CH_3)_2\text{—}O\text{—}OH$$

氧化发生在更高电子云密度的 C=C 双键上，如：

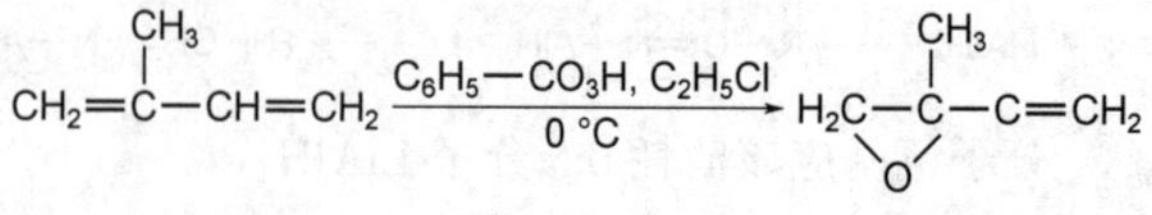

30%~60%

---

[1] 比辛腈在 R—Ni 催化加氢制备的方法要方便得多。

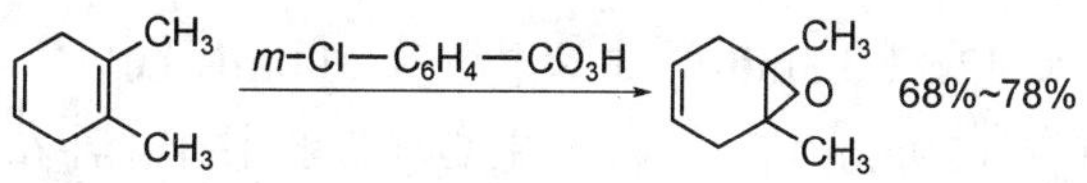

$$68\% \sim 78\%$$

α,β-烯基酮的 C=C 双键环氧化常伴有部分氧化重排为不饱和的羧酸酯, 甚至有时是主要产物; 它进一步氧化为环氧基的酯。

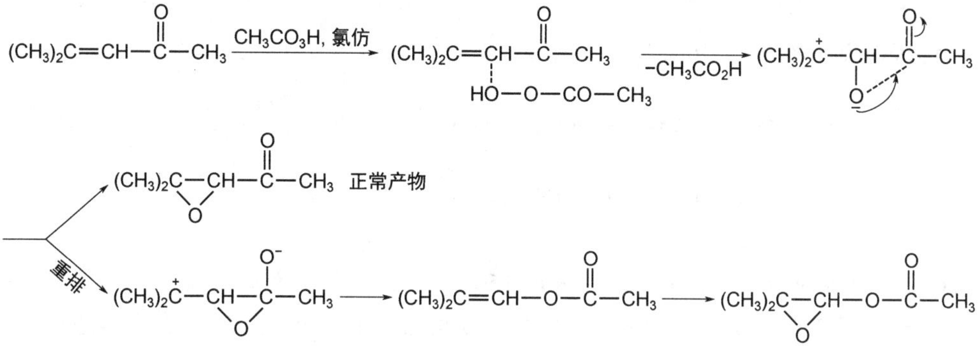

为了减少在 α,β-烯基酮 C=C 双键氧化中重排为酯的副反应, 使用过氧化氢或叔丁基过氧化氢在碱性、极性溶剂中进行, 实际上是 NaOOH、NaOOC(CH$_3$)$_3$ 对于烯酮的 1,4-加成及其后的环氧化。

3,5,5-三甲基-2,3-环氧-1-环己酮（氧化异佛尔酮） M 154.21。

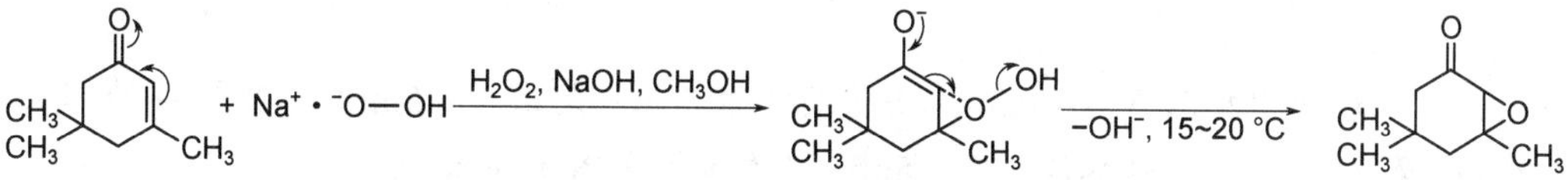

1L 三口烧瓶中加入 55.2g（0.4mol）3,5,5-三甲基环己-2-烯-1-酮（异佛尔酮）, bp 80~84℃/9mmHg, n_D^{25} 1.4755）、400mL 甲醇及 115mL 30%（1.2mol）双氧水。冰水浴冷却控制反应物 15~20℃[注]，于 1h 左右, 搅拌着慢慢滴入 8g（0.2mol）氢氧化钠溶于 25mL 水的溶液, 加完后在 20~25℃保温搅拌 3h。将反应物加入 0.5L 冷水中, 用乙醚提取两次（2×400mL）, 合并提取液, 水洗, 以无水硫酸钠干燥后分馏回收乙醚, 剩余物减压分馏, 收集 70~73℃/5mmHg 馏分, 得 43~44.5g（产率 70%~72%）, n_D^{25} 1.4500~1.4510。

烯烃的环氧化在无水溶剂中进行, 使用过氧酸氧化, 反应温度在 50~130℃。

氧化苯乙烯 M 120.15, mp -37℃, bp 194℃, d 1.051, n_D^{20} 1.5350。

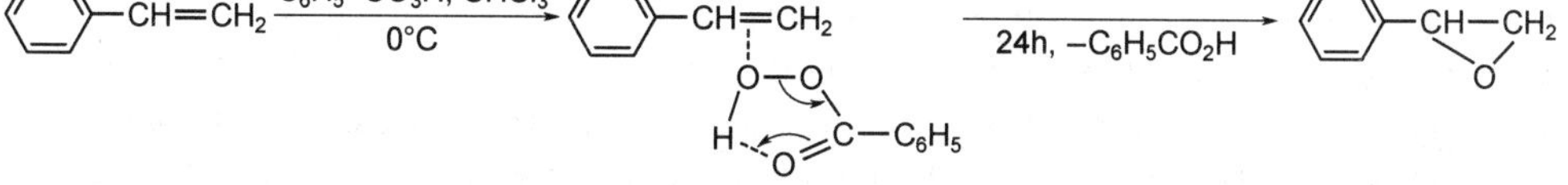

---

❶ 低于 15℃反应缓慢, 高于 20℃反应放热不易控制, ＞30℃可能发生水合使环氧物收率下降。应延长加碱的时间以控制反应温度。

1L 三口烧瓶中加入 42g（0.3mol）过苯甲酸及 500mL 氯仿[1]，冰（盐）浴冷却，维持0℃左右慢慢滴入30g(0.29mol)苯乙烯,加完后保温搅拌1h,再在冰水浴中保持0℃ 24h 后，检测剩余过苯甲酸的含量[2]。反应完成后，冰冷及搅拌下以 10% NaOH 中和至碱性，水洗，以无水硫酸钠干燥后分馏回收氯仿，剩余物减压分馏，收集 100~102℃/40mmHg 馏分，得 24~26g（产率 69%~75%）。

9,10-环氧硬脂酸   M 298.47。

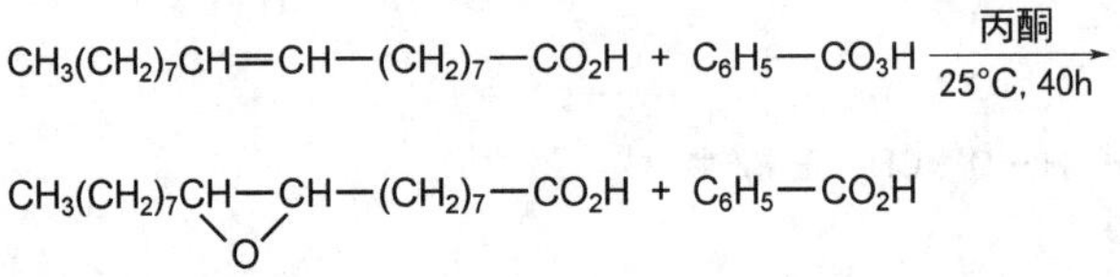

$$CH_3(CH_2)_7CH=CH-(CH_2)_7-CO_2H + C_6H_5-CO_3H \xrightarrow[25℃, 40h]{丙酮}$$

$$CH_3(CH_2)_7\underset{\underset{O}{\diagdown\diagup}}{CH-CH}-(CH_2)_7-CO_2H + C_6H_5-CO_2H$$

1L 三口烧瓶中加入 55.2g（0.4mol）过苯甲酸及 700mL 丙酮，搅拌使溶解，冰冷保持 0℃左右，慢慢加入 85g（0.3mol）油酸，搅匀后于室温放置 40h，在干冰浴中放冷至 -25℃，滤出沉淀物，用少许冷丙酮洗涤，风干得 85g（产率 95%），纯度 95%~99%。

精制：用丙酮溶解，在-25℃分离结晶，风干后熔点为 59.5~59.8℃。

α,α'-环氧联苄（1,2-二苯基环氧乙烷）   M 196.23。

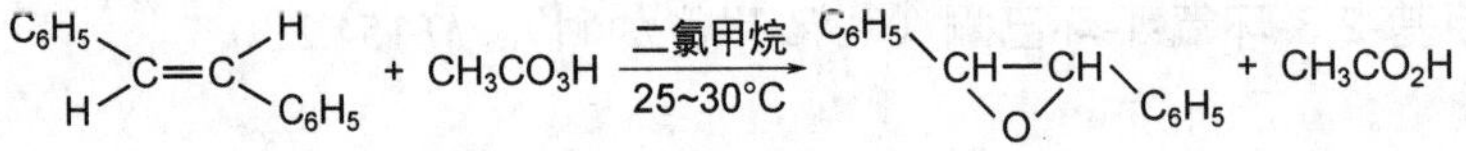

$$\underset{H}{\overset{C_6H_5}{}}C=C\underset{C_6H_5}{\overset{H}{}} + CH_3CO_3H \xrightarrow[25~30℃]{二氯甲烷} \underset{O}{\overset{C_6H_5}{}}CH-CH\overset{H}{\underset{C_6H_5}{}} + CH_3CO_2H$$

1L 三口烧瓶中加入 54g（0.3mol）优质 1,2-二苯乙烯溶于 450mL 二氯甲烷的溶液，搅拌着冷至 20℃，移去冰水浴，于 15min 左右慢慢加入如下溶液：

含量约 40%的工业品过氧乙酸，分析含量后折算取 32.3g（0.425mol）过氧乙酸的乙酸溶液，加入 5g 结晶乙酸钠 CH₃CO₂Na·3H₂O 溶解后使用[3]。

加完后于 25℃左右（不得超过 35℃）再搅拌15h[4]。将反应物倾入于 500mL 冷水中，分取有机层，水层用二氯甲烷提取两次（2×150mL），二氯甲烷溶液合并，以 10% Na₂CO₃ 洗涤两次，水洗，以无水硫酸镁干燥后水浴加热回收溶剂，最后用水泵减压收尽，剩余物用甲醇（3mL/g）重结晶，风干后得 46~49g（产率 78%~83%），mp 66~69℃[5]。再用己烷（3mL/g）重结晶一次，得 41~44g（产率 70%~75%），mp 68~69℃。

二羟基化：在水或混有水的溶剂中用过氧化氢氧化烯烃, $\diagup$C=C$\diagdown$ 氧化成环氧化物 $\underset{O}{\overset{\diagdown}{}}$C—C$\overset{\diagup}{}$

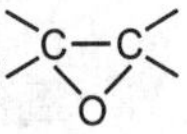

---

[1] 或只使用制备过苯甲酸的氯仿溶液，测定含量及干燥后使用。

[2] 剩余过苯甲酸的测试方法：200mL 锥形瓶中加入 1g 碘化钾溶于 30mL 水中，加入 2mL 冰乙酸（或 5mL 20%盐酸）混匀后加入 5mL 反应液，充分摇动，于冷暗处放置 10min，以 0.05mol/L 标准硫代硫酸钠溶液滴定（1mL 相当于 6.9mg 过苯甲酸），以淀粉溶液为指示剂。

[3] 工业品过氧乙酸中含少量硫酸，用乙酸钠中和后滴定其含量为 0.497g/mL，需要 0.425mol（32.3g）折算成 65mL 该溶液用于合成。

[4] 如果不是太冷，在最初的 2h 内会升至 32~35℃，以后逐渐回落。

[5] 该熔点是用甲醇重结晶以后，真空干燥 12h 以后的熔点。

的反应很慢，使用某些金属作催化剂（如：V_2O_5、WO_3、MoO_3、Na_2WO_4）以加速反应，有时加入络合试剂以提高催化剂的活性，如在 N-氧代-2,2,6,6-四甲基哌啶-4-醇的制备中，虽然使用了 Na_2WO_4，但没有 EDTA 二钠就很难反应。

使用过氧酸，由于过氧酸分子内氢键成环而加速了第一步的亲核反应。一般使用过氧甲酸或是使用双氧水与甲酸的溶液，过氧甲酸的含量虽然不高（<5%），但在大过量甲酸下随着氧化的进行，不断产生过氧甲酸，有时加入少量硫酸以加速过氧酸生成。

反-1,2-环己二醇 M 116.16，mp 105℃，bp 117℃/13mmHg，d^{20} 1.147。

$$H_2O_2 + HCO_2H \longrightarrow HCO_3H + H_2O$$

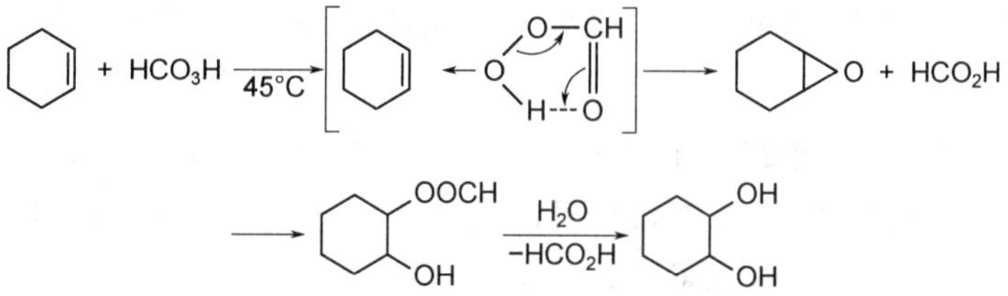

1L 三口烧瓶中加入 600mL 85%（11.7mol）甲酸，控制温度在 50℃以下搅拌下慢慢加入 140mL 30%（1.4mol）双氧水，反应放热。维持 45℃±2℃，于 2h 左右慢慢加入 82g（1mol）新蒸的环己烯（bp 83℃），氧化放热，加完后保温搅拌 2h。水浴加热用水泵减压蒸除水及甲酸，至液温升至 100℃/-0.09MPa，将剩余物冷却，维持 45℃左右，搅拌下慢慢加入 230g 35%（2mol）氢氧化钠溶液，再保温搅拌 1h。仍维持 45℃左右用乙酸乙酯提取（6×350mL），合并提取液，回收溶剂至约剩 300mL 开始析出结晶，放冷后冰冷至 0℃，滤出结晶，得 77~79g，mp 90~98℃。母液再浓缩至 70mL，又可得 4~15g, mp 80~89℃。合并粗品，减压蒸馏，收集 120~125℃/14mmHg 馏分，得 75~85g（产率 65%~73%），mp 101.5~103℃。

苯基乙二醇 M 138.17，白色絮状结晶，mp 67~68℃，bp 274℃。

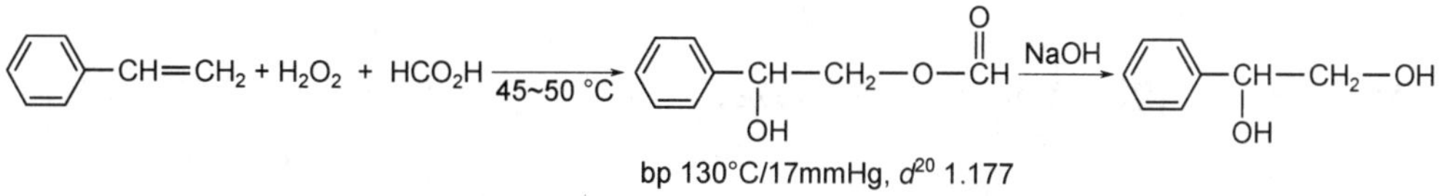

bp 130℃/17mmHg, d^{20} 1.177

1L 三口烧瓶中加入 600g 75%~80%（10mol）甲酸，维持 45~50℃搅拌下，于 2h 左右，同步加入 126g（1.2mol）苯乙烯及 186g 28%~30%（1.5mol）双氧水，反应放热，加完后保温搅拌 2h。水浴加热，减压蒸水及甲酸，至液温 100℃/-0.09MPa，剩余物为甲酸酯粗品，减压蒸馏，收集 118~128℃/10mmHg 馏分，得 130g，水洗两次，得 120g。

水解：1L 三口烧瓶中加入 120g（0.72mol）上步蒸过的甲酸酯，搅拌下于 60℃左右，1h 慢慢加入 245g 15%（0.9mol）氢氧化钠溶液，再保温搅拌 3h。维持 25~30℃通入 CO_2 中和至 pH 6~7，通入不久即出现结晶物（$NaHCO_3$），加入 100mL 水，维持 40℃左右用四氢呋喃提取（3×150mL），提取液以无水硫酸钠干燥后回收溶剂至液温 108℃。冷至 50℃加入 180mL 石油醚，快速搅拌下冷至 20℃，分层的两相形成结晶[❶]，滤出，得 98g。再用 98mL 苯和石油醚（体积比 1∶1）的混合溶剂将结晶搅拌成糊状，滤出，再以混合溶剂冲洗，干后得 84g，mp 53.7~54.5℃，纯度（HPLC）92%。

精制：用 1∶1 的苯-石油醚混合溶剂（8mL/g）反复提取 6 次，得到产品的 HPLC 纯度 97%，mp 63.5~65℃。

对比以上 1,2-环己二醇，应该直接用 30% NaOH 水解浓缩后的剩余物；或可用丁醇提取，以避免油浴加热可能产生的消除脱水。

meso-1,4-二溴-2,3-丁二醇　M 247.92，mp 114℃。

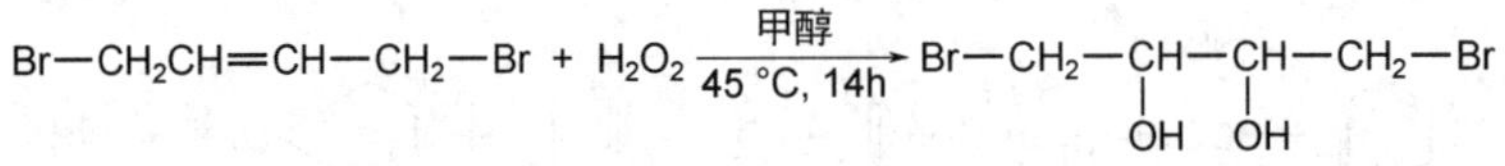

$$Br{-}CH_2CH{=}CH{-}CH_2{-}Br + H_2O_2 \xrightarrow[\text{45 ℃, 14h}]{\text{甲醇}} Br{-}CH_2{-}\underset{OH}{CH}{-}\underset{OH}{CH}{-}CH_2{-}Br$$

30g（0.14mol）1,4-二溴-2-丁烯悬浮在 120mL 甲醇中，搅拌加入 25mL 25%（0.18mol）双氧水，维持 45℃搅拌 6h，或更长时间，反应物均一后再保温搅拌 8h。于沸水浴加热减压蒸发，剩余物放冷，析出结晶。

2. 碳碳双键的 KMnO₄ 氧化——相邻二醇

KMnO₄ 对于碳碳双键在剧烈条件会过度氧化发生碳键断裂，生成裂解产物。如：从蓖麻油酸（12-羟基-9-烯-十八酸）的氧化裂解制取壬二酸；中性或弱碱性条件，在水或与丙酮的混合溶剂，温和条件下氧化为相邻二醇。锰原子从正七价降至正四价生成不溶于水的 MnO₂ 沉淀出来，氧化反应经过锰酸酯的过程，如下式：

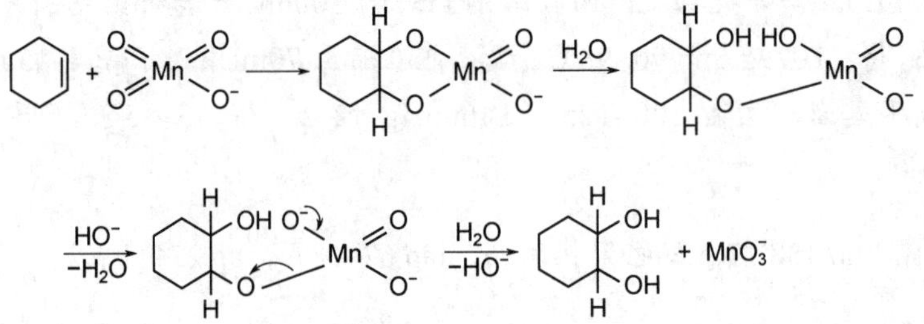

$$\tag{1}$$

MnO₃⁻ 在 HO⁻ 浓度 < 1mol/L 条件不稳定，按下式歧化析出 MnO₂ 并产生 MnO₄⁻ 再进入反应。

$$3\,MnO_3^- + H_2O \longrightarrow 2\,MnO_2 + HO^- + MnO_4^- \tag{2}$$

总反应式：式（1）+式（2）

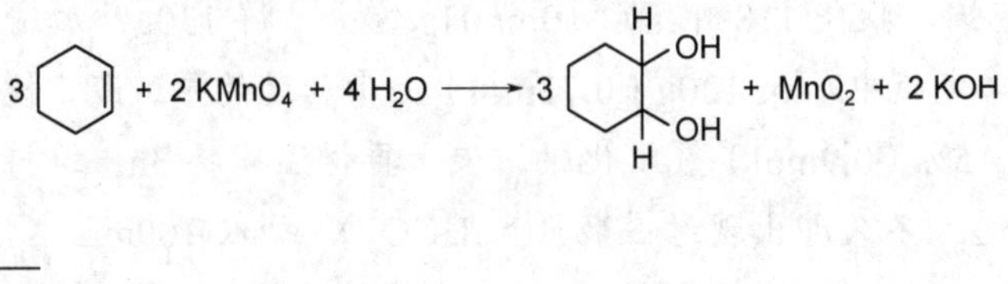

$$\tag{3}$$

[❶] 必要时种晶。

用 $KMnO_4$ 氧化，在反应过程中 MnO_3^- 歧化产生的 MnO_2 很容易以松散的结晶性粉末析出。随着反应进行，HO^- 的浓度不断升高，在接近终点时，碱浓度 > 1mol/L，反应会出现胶态，为让它凝聚以便于分离，要延长保温时间或补加水降低碱的浓度。

频哪醇（2,3-二甲基-2,3-丁二醇） M 116.16。

$$3\ (CH_3)_2C{=}C(CH_3)_2 + 2\ KMnO_4 + 4\ H_2O \xrightarrow[0\sim5℃]{\text{丙酮}} 3\ (CH_3)_2\underset{OH}{C}{-}\underset{OH}{C}(CH_3)_2 + 2\ MnO_2 + 2\ KOH$$

1L 三口烧瓶中加入 600mL 丙酮、84g（1mol）四甲基乙烯（bp 73℃）及 90mL 水❶，维持 0~5℃搅拌着于 3~4h 慢慢加入 117g（0.7mol）❷ $KMnO_4$ 粉末，加完后再搅拌 1h，让可能出现的胶态二氧化锰凝聚❸，否则要延长反应时间，或温热，或补加一些水。滤除 MnO_2 并用 60mL 丙酮冲洗❹，合并的丙酮溶液回收丙酮至液温 90~93℃。剩余物倾入于烧杯中放冷后滤出结晶，得含 KOH 的水合频哪醇 90~100g；使溶于 150mL 热水中，滤清后放置过夜，次日滤取六水合频哪醇结晶，以 100mL 冷水冲洗（此水用于处理下次的粗品），风干，得六水合物 90g（产率 40%）。❹

脱水及蒸馏见 98 页，得到产品 mp 43~44℃，GC 纯度 99.8%。

***dl*-1,4-二溴-2,3-丁二醇** M 247.92，mp 88~89℃。

$$3\ BrCH_2CH{=}CH{-}CH_2Br + 2\ KMnO_4 + 4\ H_2O \xrightarrow[-10\sim-5℃]{\text{丙酮}} 3\ Br{-}CH_2CH{-}\underset{OH}{CH}CH_2Br + 2\ MnO_2 + 2\ KOH$$

2L 三口烧瓶中加入 214g（1mol）反-1,4-二溴-2-丁烯及 1.32L 丙酮，搅拌溶解，再慢慢加入 190mL 水，在冰盐浴中冷却控制-10 ~ -5℃，于 1~2h 慢慢加入 170g（1.05mol）粉碎的 $KMnO_4$，加完后移去冰盐浴，再搅拌 0.5h。滤除 MnO_2，用少量丙酮冲洗 MnO_2 滤渣，洗液与滤液合并，在 50℃水浴上加热❺用水泵减压回收丙酮至蒸干为止，得 180g 含氢氧化钾的粗品❻，直接用于以下酯化❼。

酯化：将上述 *dl*-1,4-二溴-2,3-丁二醇粗品溶于氯仿中，干燥滤清后以吡啶为质子捕获剂与酰氯作用，反应完成后用水洗去盐酸吡啶，干燥后回收氯仿，产率 86%，mp 101℃。

---

❶ 使用回收丙酮按如下步骤调节物料配比：在 660mL 回收丙酮中加入 84g（1mol）四甲基乙烯，搅匀后清亮均一，慢慢加入冷水至刚刚出现浑浊（约 30mL），再补加 50mL 水即可进行如上氧化操作。

❷ 回收丙酮中包含未反应的四甲基乙烯（约 28g）。从使用工业丙酮开始，在使用三次以后就要检测回收丙酮中的原料含量，计算其含量一般为 82~85g，即：在第四次氧化已经够用，不再补加四甲基乙烯，直接进行氧化反应，但要补加 80mL 水（30+50）。

❸ 因 $KMnO_4$ 有其它消耗，总有未反应的四甲基乙烯，在加完 $KMnO_4$ 以后 1h，反应液在滤纸上的渗圈都可以褪至无色。

❹ 如果每次使用 60mL 丙酮冲洗 MnO_2 滤渣，作为丙酮的补充，这样回收丙酮可以满足循环使用，第四次合成也计入总产量，产率按（总）四甲基乙烯计算为 53.5%。产率低的原因可能有氧化裂解，应该使用更低的反应温度-5~-10℃氧化。

❺ 为防止碱作用下的消除反应，应该将碱中和后再回收溶剂。

❻ 粗品可以使用氯仿提取，分离无机组分。

❼ *dl*-1,4-二溴-2,3-丁二醇二乙酸酯，mp 101℃。

$$Br-CH_2-\underset{OH}{CH}-\underset{OH}{CH}-CH_2-Br + 2\ CH_3CO-Cl + 2\ C_5H_5N \xrightarrow{\text{氯仿}} Br-CH_2-\underset{\underset{COCH_3}{|}{O}}{CH}-\underset{\underset{COCH_3}{|}{O}}{CH}-CH_2-Br + 2\ C_5H_5N \cdot HCl$$

3. 碳碳双键与 HOCl 亲核加成及水解——相邻二醇

合成甘油，HOCl 与氯丙烯在 C=C 双键加成（10℃±5℃）及其后水解，也可用于其它合成。

$$Cl_2 + NaHCO_3 \xrightarrow[5\sim15℃]{\text{水}} HOCl + NaCl$$

$$Cl-CH_2CH=CH_2 + HOCl \longrightarrow Cl-CH_2-\underset{Cl}{CH}-CH_2-OH \xrightarrow[-2\ NaCl]{2\ NaOH} OH-CH_2-\underset{OH}{CH}-\underset{OH}{CH_2}$$

七、酮 *α*-C—H 的氧化及还原——*α*-羟基酮

酮类的 *α*-C—H 活泼氢烯醇化，与氧按下式迅速氧化生成 *α*-过氧羟基酮，还原得到 *α*-羟基酮（类似过氧化氢异丙苯及其还原）。如果 *α*-碳上有两个氢原子，在第一个 *α*-C—H 生成 *α*-过氧羟基酮以后，在碱（*t*-BuOK/*t*-BuOH）作用下 *β*-消除生成为羰基（二酮），*α*-羟基酮的产率会很低。

碱作用下为减少分子间缩合，应使用更低的反应温度。

$$-\overset{||}{\underset{O}{C}}-CH_2- \xrightarrow[< -20℃]{(HO^-)} -\underset{HO}{C}=CH- \xrightarrow{O_2} -\underset{\underset{O_2}{|}{\underset{H-O}{}}}{C}=CH- \longrightarrow -\overset{||}{\underset{O}{C}}-\underset{\underset{O-OH}{|}}{\overset{H}{C}}-$$

$$-\overset{||}{\underset{O}{C}}-\underset{\underset{O-OH}{|}}{\overset{H}{C}}- \xrightarrow{Na_2SO_3} -\overset{||}{\underset{O}{C}}-\underset{\underset{OH}{|}}{\overset{H}{C}}-$$

$$\xrightarrow[-H_2O]{HO^-} -\overset{||}{\underset{O}{C}}-\underset{\underset{O-OH}{|}}{\overset{\bar{C}}{}}- \xrightarrow{-HO^-} -\overset{||}{\underset{O}{C}}-\overset{||}{\underset{O}{C}}-$$

八、醛（酮）羰基与有活泼氢的化合物的加成缩合

电负性基团的 *α*-C—H 都有离去的倾向，依拉电子基的强弱，在碱作用下形成稳定的碳负离子，在分子间加成。反应速度依羰基的加成活性及亲核试剂的强弱，活泼稳定的碳负离子在加成活性最强的羰基加成占绝对优势。如：

$$\underset{CH_3}{\overset{CH_3}{>}}CH-CH=O + CH_2=O \xrightarrow[<30℃]{HO^-} \underset{CH_2-OH}{\overset{CH_3}{\underset{}{\overset{CH_3}{>}C<}}}CH=O \xrightarrow[-HCO_2K]{CH_2=O} \underset{CH_2-OH}{\overset{CH_3}{\underset{}{\overset{CH_3}{>}C<}}}CH_2-OH \quad \text{（见 90 页）}$$

$$\text{（环己酮）} + 4\ CH_2=O \xrightarrow{Ca(OH)_2/H_2O} \text{（四羟甲基环己酮）} \xrightarrow{CH_2=O} \text{（产物）} \quad \text{（见 91 页）}$$

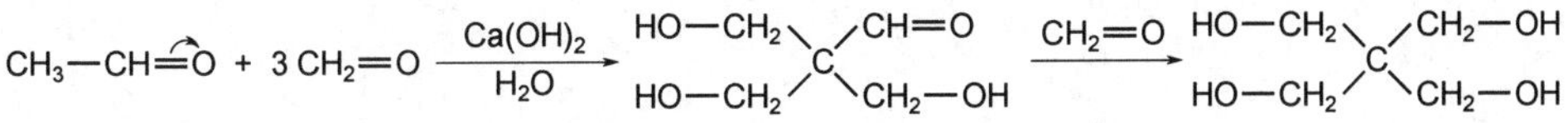

$$CH_3-CH\overset{\frown}{=}O + 3\,CH_2{=}O \xrightarrow[H_2O]{Ca(OH)_2} \begin{array}{l}HO-CH_2 \\ HO-CH_2\end{array}\!\!C\!\!\begin{array}{l}CH{=}O \\ CH_2-OH\end{array} \xrightarrow{CH_2{=}O} \begin{array}{l}HO-CH_2 \\ HO-CH_2\end{array}\!\!C\!\!\begin{array}{l}CH_2-OH \\ CH_2-OH\end{array}$$

其它拉电子基影响的碳负子在醛（酮）的羰基加成。

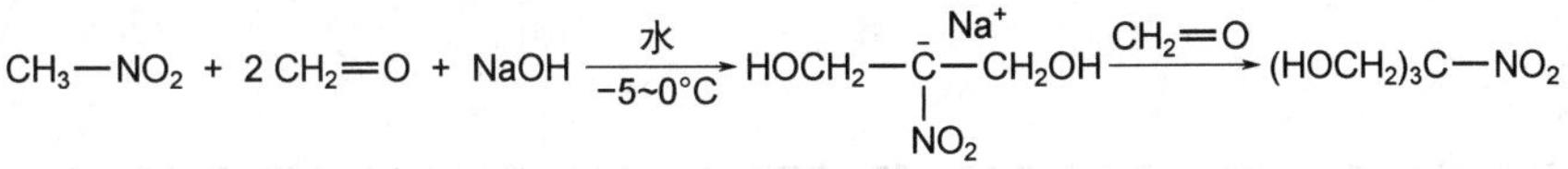

$$CH_3-NO_2 + 2\,CH_2{=}O + NaOH \xrightarrow[-5\sim0℃]{水} HOCH_2-\underset{NO_2}{\overset{Na^+}{\underset{|}{\overset{|}{C}}}}-CH_2OH \xrightarrow{CH_2{=}O} (HOCH_2)_3C-NO_2 \quad （见 494 页）$$

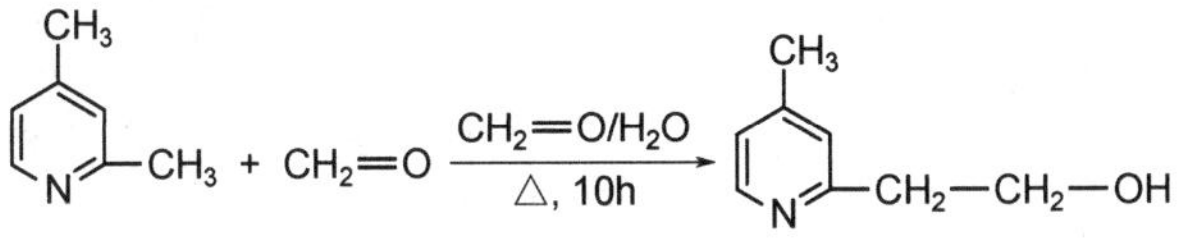

$$\underset{N}{\overset{CH_3}{\bigcirc}}CH_3 + CH_2{=}O \xrightarrow[\triangle,\,10h]{CH_2{=}O/H_2O} \underset{N}{\overset{CH_3}{\bigcirc}}CH_2-CH_2-OH \quad （见 829 页）$$

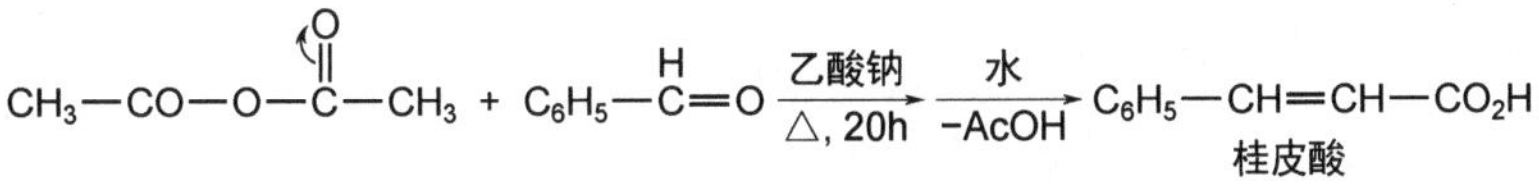

$$CH_3-CO-O-\overset{\overset{O}{\shortparallel}}{C}-CH_3 + C_6H_5-\overset{H}{\underset{}{C}}{=}O \xrightarrow[\triangle,\,20h]{乙酸钠} \xrightarrow[-AcOH]{水} \underset{桂皮酸}{C_6H_5-CH{=}CH-CO_2H} \quad （见 676 页）$$

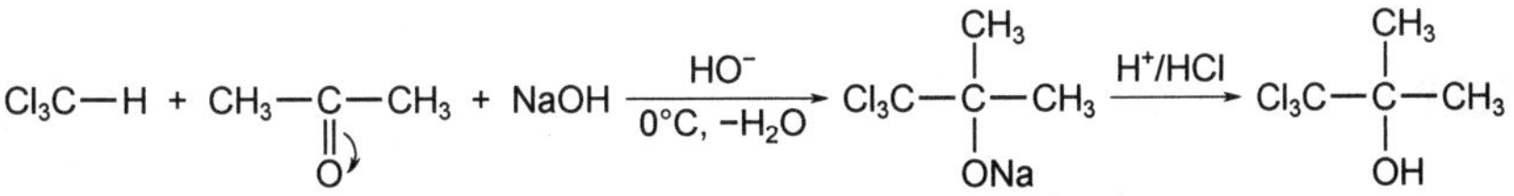

$$Cl_3C-H + CH_3-\overset{\overset{}{\underset{\shortparallel}{O}}}{C}-CH_3 + NaOH \xrightarrow[0℃,\,-H_2O]{HO^-} Cl_3C-\underset{ONa}{\overset{CH_3}{\underset{|}{\overset{|}{C}}}}-CH_3 \xrightarrow{H^+/HCl} Cl_3C-\underset{OH}{\overset{CH_3}{\underset{|}{\overset{|}{C}}}}-CH_3 \quad （见 681 页）$$

第四章

醛、酮

第一节　概述

醛、酮羰基的加成活性依赖于羰基碳原子的有效正电荷及空间因素,醛比酮活泼许多;羰基还影响到 α-C—H,使之容易发生质子移变,使 α-碳成为碳负离子以及烯醇化,是其重要的变化。羰基可以与 NH_2—OH、NH_2NH_2、HCN、NH_3 等加成,进一步脱水、水合、醇化、缩合;可以和格氏试剂反应;还有氧化成酸、氧化重排成酯;还原成醇。

许多醛在空气中暴露就很容易氧化成酸,醛在空气中的氧化是分子氧进行的自由基反应,无需催化剂,也叫自氧化反应。氧化反应是亲电的,芳醛中芳核对醛基的共轭使它比脂醛更容易氧化,芳核上推电子基及其共轭使氧化尤为容易发生;拉电子基使芳醛稳定,卤原子属拉电子性质,邻、对位的卤原子对于醛基的共轭效应更大而使醛基容易氧化。氧化的第一步产物是过酸(苯甲醛与空气在 5℃的丙酮溶液中、光照下通入空气即产生过苯甲酸),过酸与芳醛加成为过酸酯,并立即分解为两个羧酸。

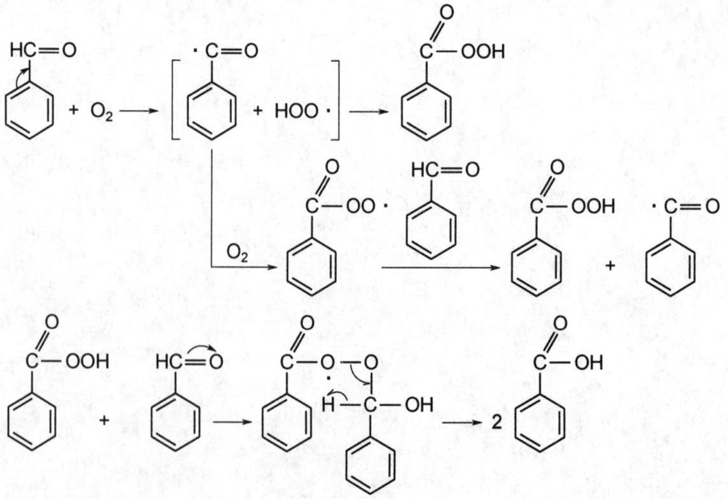

芳醛在空气中被氧化成羧酸的难易、稳定性强弱的经验顺序如下：

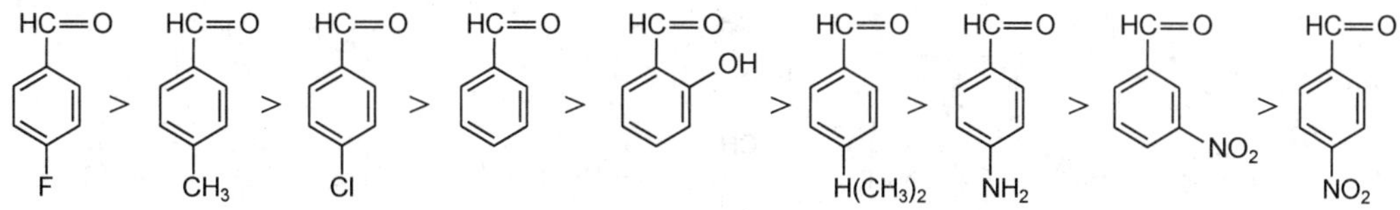

抗氧化剂（自由基捕获剂）能阻止或减缓醛的氧化，通过试验对比，筛选出更适合的抗氧剂，一般添加数量为 0.05%~0.1%，常用的抗氧剂如：对苯二酚、4-羟基苯甲醚、叔丁基对苯二酚、叔丁基邻苯二酚、吩噻嗪、4-羟基二苯胺、2,6-二叔丁基苯酚、2,4,6-三叔丁基酚，以及其它硫化物铜盐{如[C_6H_5—N(C_4H_9)—C(S)—S]_2Cu}、N-苯基-N-丁氨基二硫代甲酸铜及其它铜盐和金属铜。

第二节　酮的 α-取代

羰基双键有很大的极性，呈现多种加成，而且影响到 α-C—H，使之活化，容易发生质子迁移，是羰基的酮式和烯醇式的互变异构，这种互变在酸、碱条件下迅速达到平衡，不对称的酮有两种烯醇化产物，它们的平衡趋向更稳定的、分支较多的烯醇。

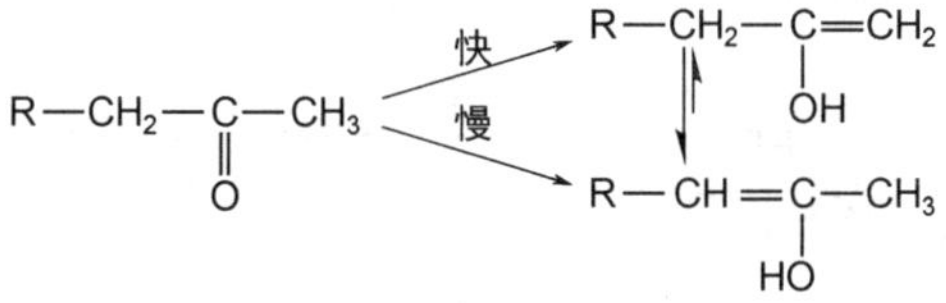

羰基化合物进行反应时都要经过这种互变，两种异构体的反应活性不是静态"酸""碱"强度决定的（的碱性更强）。在质子溶剂中，尤其在无机酸作催化剂的条件下，很快达到两种烯醇化产物间的平衡，倾向生成更稳定的、分支较多的烯醇，占较大比例，这与烷基 R 的推电子性质及烯醇的平面结构有关。

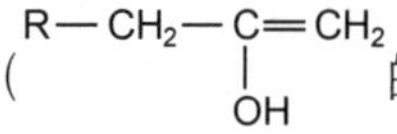

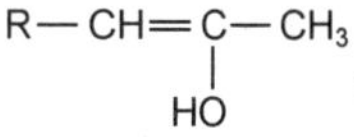

例如：苯乙酮的 α-取代，以酮式与溴的反应很慢，引发过程会产生一定数量的酸；如果在开始向反应物添加氢溴酸催化使之烯醇化，溴的反应则能在 1~2s 内完成。又如：丁酮在无机酸（HCl）作用下迅速完成烯醇化的平衡，生成分支较多、更稳定的烯醇，在 40~45℃溴代生成 3-溴丁酮；在酸催化下与亚硝酸乙酯反应生成 3-亚硝基丁酮（丁二酮一肟），没有酸催化则不反应或很慢。

在非质子溶剂中，两种烯醇化产物的平衡还未形成就和亲电试剂反应，这时产物的比率依各自烯醇化的速度——动力学因素起控制作用，位阻较小、氢原子较多的位置上发生质子转移，主要生成分支较少的烯醇，溴代产物是。

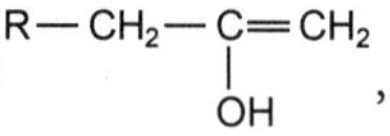

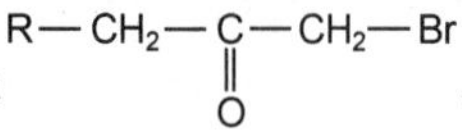

在质子移变的互变异构没有平衡以前，氢→氘交换的速度为各自烯醇化的反应速度，受电效应和空间因素的影响（推电子及空间阻碍都不利于碳负离子形成），不同的酮在碱性条件

下 H→D 交换的相对速率如下:

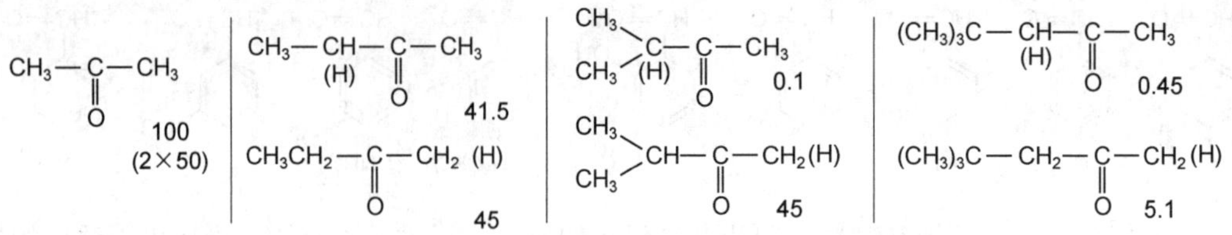

$CH_3-\overset{\displaystyle O}{\underset{\displaystyle \parallel}{C}}-CH_3$ 100 (2×50)

$CH_3-\underset{(H)}{CH}-\overset{\displaystyle O}{\underset{\displaystyle \parallel}{C}}-CH_3$ 41.5

$CH_3CH_2-\overset{\displaystyle O}{\underset{\displaystyle \parallel}{C}}-CH_2(H)$ 45

$\overset{\displaystyle CH_3}{\underset{\displaystyle CH_3}{\underset{(H)}{>CH}}}-\overset{\displaystyle O}{\underset{\displaystyle \parallel}{C}}-CH_3$ 0.1

$\overset{\displaystyle CH_3}{\underset{\displaystyle CH_3}{>CH}}-\overset{\displaystyle O}{\underset{\displaystyle \parallel}{C}}-CH_2(H)$ 45

$(CH_3)_3C-\underset{(H)}{CH}-\overset{\displaystyle O}{\underset{\displaystyle \parallel}{C}}-CH_3$ 0.45

$(CH_3)_3C-CH_2-\overset{\displaystyle O}{\underset{\displaystyle \parallel}{C}}-CH_2(H)$ 5.1

上述几个 α-甲基的 H→D 交换速度相近,并且反应速度很快。其中,4,4-二甲基-2 戊酮(结构如右图所示)的 1 位虽是甲基,由于 4 位甲基(3 个)与 1 位甲基有电场效应,重叠交拥使 C—D 的交换速度慢很多,只有一般甲基交换速度的 1/9(5.1),难以烯醇化;3 位 α-C—H 由于叔丁基位阻的影响,交换很慢。

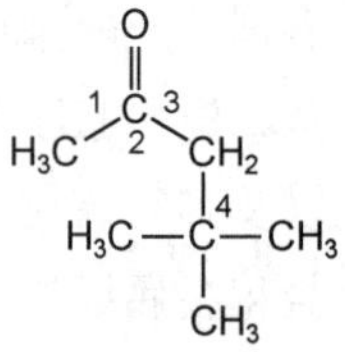

碳碳双键为平面结构,形成烯醇式,氧在溶剂化后与巨大的烷基可能有顺式位阻,因而增大了形成烯醇所需要的能量——巨大的烷基酮不易烯醇化。

酸、碱都能催化醛、酮的烯醇化,碱的作用更强,取代的反应速度和酮的结构有关,和亲电试剂的浓度无关,所以必须先加入催化剂使酮烯醇化以免造成亲电试剂积聚;为防止自由基反应,通常使用极性溶剂(水、乙酸),如果是溴代,可以从反应物的颜色变化观察反应进行的情况。如下反应详见 416 页。

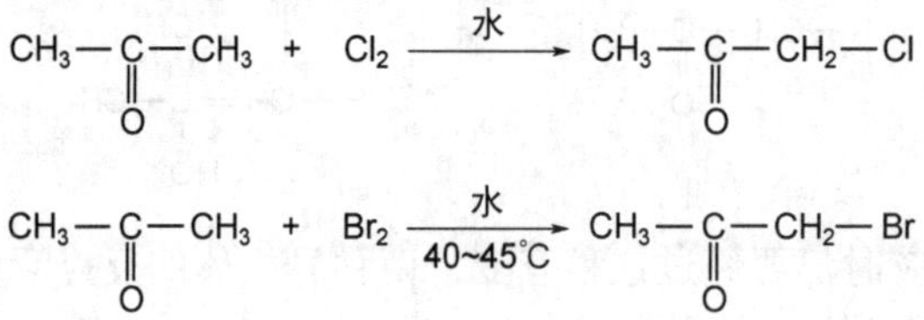

$CH_3-\overset{\displaystyle O}{\underset{\displaystyle \parallel}{C}}-CH_3 + Cl_2 \xrightarrow{\text{水}} CH_3-\overset{\displaystyle O}{\underset{\displaystyle \parallel}{C}}-CH_2-Cl$

$CH_3-\overset{\displaystyle O}{\underset{\displaystyle \parallel}{C}}-CH_3 + Br_2 \xrightarrow[40\sim45℃]{\text{水}} CH_3-\overset{\displaystyle O}{\underset{\displaystyle \parallel}{C}}-CH_2-Br$

苯乙酮在 6 倍水的悬浮液中溴代,得到很好的质量和产率(见 417 页)。

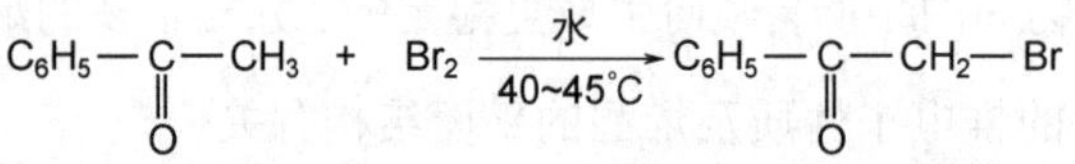

$C_6H_5-\overset{\displaystyle O}{\underset{\displaystyle \parallel}{C}}-CH_3 + Br_2 \xrightarrow[40\sim45℃]{\text{水}} C_6H_5-\overset{\displaystyle O}{\underset{\displaystyle \parallel}{C}}-CH_2-Br$

α-溴代苯乙酮
>90%

苯乙酮在冰乙酸中使用 2 倍 mol 的溴可以方便地制得 α,α-二溴苯乙酮。

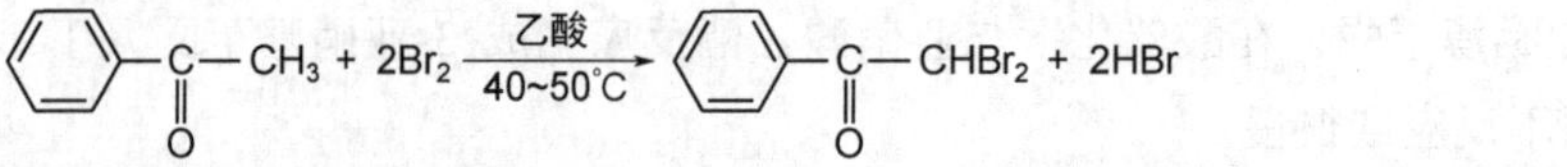

$\langle\!\!\langle \rangle\!\!\rangle-\overset{\displaystyle O}{\underset{\displaystyle \parallel}{C}}-CH_3 + 2Br_2 \xrightarrow[40\sim50℃]{\text{乙酸}} \langle\!\!\langle \rangle\!\!\rangle-\overset{\displaystyle O}{\underset{\displaystyle \parallel}{C}}-CHBr_2 + 2HBr$

不对称的脂肪酮在酸作用下迅速完成烯醇化的平衡,主要生成更稳定、分支较多的烯醇,然后发生取代(加成和消除)。

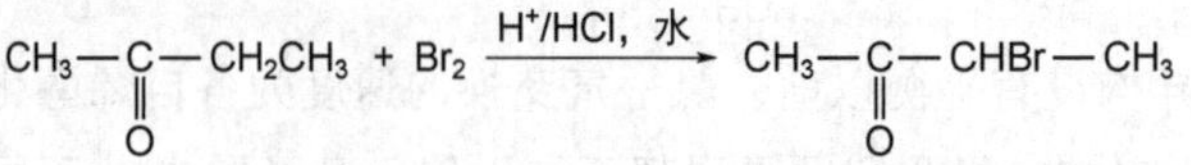

$CH_3-\overset{\displaystyle O}{\underset{\displaystyle \parallel}{C}}-CH_2CH_3 + Br_2 \xrightarrow{H^+/HCl, \text{水}} CH_3-\overset{\displaystyle O}{\underset{\displaystyle \parallel}{C}}-CHBr-CH_3$

3-溴-2-丁酮

(见 416 页)

$$CH_3-\overset{\displaystyle O}{\underset{\displaystyle \|}{C}}-CH_2CH_3 + C_2H_5-O-NO \xrightarrow[40℃,\ -C_2H_5OH]{H^+} CH_3-\overset{O}{\overset{\|}{C}}-\underset{\underset{N O}{|}}{CH}-CH_3 \rightleftharpoons CH_3-\overset{O}{\overset{\|}{C}}-\underset{\underset{N-OH}{\|}}{C}-CH_3$$

丁二酮一肟 （见 529 页）

$$HO-CH_2CH_2CH_2-\overset{O}{\overset{\|}{C}}-CH_3 \xrightarrow{(Ac)_2O} CH_3CO_2-CH_2CH_2CH_2-\overset{O}{\overset{\|}{C}}-CH_3 \xrightarrow{Cl_2/氯仿} CH_3CO_2CH_2CH_2\underset{\underset{Cl}{|}}{CH}-\overset{O}{\overset{\|}{C}}-CH_3$$

乙酸(3-氯-3-乙酰基)丙酯

$$\text{（2-甲基环己酮）} + SO_2Cl_2 \xrightarrow[25\sim35℃]{四氯化碳} \text{（2-甲基-2-氯环己酮）} \qquad （见 418 页）$$

85%

$$CH_3-\overset{O}{\overset{\|}{C}}-CO_2H + Br_2 \xrightarrow{40℃} Br-CH_2-\overset{O}{\overset{\|}{C}}-CO_2H \qquad （见 417 页）$$

97%

第三节　醛、酮的加成活性

羰基的加成是典型的亲核加成，C＝O 双键的π电子极化、不平均分配使碳原子带部分正电荷，容易受亲核试剂的进攻，羰基碳原子的电正性越强就越容易发生加成；羰基邻近烃基的推电子效应及空间阻碍降低其加成活性，对加成不利；吸电子基及敞开位置对加成有利，醛比酮活泼得多，容易加成。

在相同条件，醛、酮对于较大体积的、容易表现空间因素的 $KHSO_3$ 加成的反应速度见表 4-1，以比较它们的加成活性——电效应及空间阻碍的影响。

表 4-1　醛、酮对 $KHSO_3$ 的加成，反应 1h 后的产物比率

醛、酮	产物比率/%	醛、酮	产物比率/%
$H_2C\!=\!O$	90	$CH_3-\overset{O}{\overset{\|}{C}}-CH_2CH_2CH_3$	12
$R-CH\!=\!O$	70	$CH_3-\overset{O}{\overset{\|}{C}}-CH(CH_3)_2$	3
环己酮 $=\!O$	35	$CH_3CH_2-\overset{O}{\overset{\|}{C}}-CH_2CH_3$	2
$CH_3-\overset{O}{\overset{\|}{C}}-CH_3$	22	$C_6H_5-\overset{O}{\overset{\|}{C}}-CH_3$	1

可以看出，醛与 $KHSO_3$ 的加成很快；丙酮的加成则慢了许多；环己酮的加成比丙酮又快许多。另外，电性作用更大的 α-酮酸酯的加成活性又很强。对于体积小、碱性又比较强的亲核试剂的加成，如：$H_2N—OH$、N_2H_4、NH_3 以及 $—CN$，这种差别要小得多，都能得到较好的产率和质量。

羰基与 $NaHSO_3$ 的加成主要用于醛、酮的分离和精制。

$$R-\overset{H}{\underset{}{C}}=O + NaHSO_3 \longrightarrow R-\overset{H}{\underset{SO_3Na}{C}}-OH \overset{Na_2CO_3}{\underset{H_2SO_4}{\longrightarrow}} \begin{cases} R-\overset{H}{C}=O + Na_2SO_4 \\ R-\overset{H}{C}=O + NaHSO_4 + SO_2 + H_2O \end{cases}$$

一、醛、酮与羟胺的加成——肟

羟胺中相邻的氮原子和氧原子都有未共用电子对，有很强的亲核性，与醛、酮在水或醇溶液中室温即可完成加成。通常最后还是要稍加热，羟胺也常过量5%。

$$\rangle C=O + NH_2—OH \longrightarrow \rangle \overset{OH}{\underset{N-OH}{C}} \longrightarrow \rangle C=N—OH + H_2O$$

羟胺的体积小，亲核性又很强，所以受底物的电效应及空间因素的影响小，一般都能得到良好的产率，如：二苯甲酮肟。

肟对于碱稳定，在酸性条件下水解，水解速度依赖于肟的碱性及酸的强度，如：丙酮肟与盐酸作用能很快水解。

$$\rangle C=N—OH \overset{H^+}{\longrightarrow} \rangle \overset{+}{C}—NH—OH \overset{H_2O}{\longrightarrow} \rangle \underset{O-H}{C}—\overset{+}{N}H_2—OH \longrightarrow \rangle C=O + H_2N—OH$$
$$\overset{HCl}{\longrightarrow} H_2N—OH \cdot HCl$$

二苯甲酮肟　M 197.24，白色结晶（针），可溶于苯，易溶于乙醇，mp 144℃。

$$C_6H_5-\overset{}{\underset{O}{C}}-C_6H_5 + H_2N—OH \cdot HCl + NaOH \overset{45℃}{\longrightarrow} C_6H_5-\overset{}{\underset{NOH}{C}}-C_6H_5 + NaCl + H_2O$$

200mL 乙醇中溶解 100g（0.55mol）二苯甲酮，加入 60g（0.87mol）盐酸羟胺及 40mL 水的溶液，搅拌及冷却下慢慢滴入 40g（1mol）氢氧化钠溶于 60mL 水的溶液，水浴加热回流 1h。冷后倾入 20mL 盐酸及 2L 水的溶液中，1h 后滤出结晶，水洗，干燥后得 106~107g（产率98%，按二苯甲酮计），mp 141~142℃。

环戊酮肟　M 99.13，mp 58℃，bp 196℃。

$$\bigcirc\hspace{-0.2cm}=O + NH_2—OH \cdot HCl + NaOH \overset{40~45℃}{\longrightarrow} \bigcirc\hspace{-0.2cm}=N—OH + NaCl + H_2O$$

1L 三口烧瓶中加入 200mL 乙醇、129g（1.5mol）环己酮，低于 50℃搅拌下慢慢加入 100g（1.56mol）盐酸羟胺溶于 70mL 热水的溶液（放热，此时已开始反应），控制 40~45℃于 1h 左右慢慢滴入 63g（1.56mol）苛性钠溶于 100mL 水的溶液，加完后保温搅拌 0.5h。

回收乙醇至液温 110℃，冷至 40℃反应物分层（不必分离）用苯提取（2×100mL），苯液合并、回收苯后减压分馏，收集 76~78℃/13mmHg 馏分,得无色产品 123g（产率 82.7%），mp 56~58℃。

3,4-二甲氧基苯甲醛肟　M 181.09。

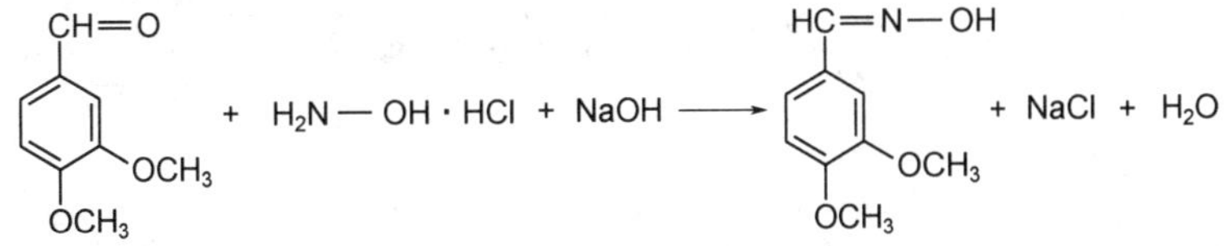

200mL 乙醇中溶解 82g（0.5mol）3,4-二甲氧基苯甲醛,搅拌及冷却下加入 42g（0.6mol）盐酸羟胺溶于 40mL 水的溶液,再慢慢滴入 30g（0.75mol）氢氧化钠溶于 40mL 水的溶液，充分搅拌。水浴加热，用水泵减压浓缩蒸出约 200mL 液体后加入 250mL 水,以盐酸调节至反应物为中性，分取油层，得 88~89g（产率 97%），冰冷凝固。

盐酸羟胺是强酸与强碱的盐，必须用强碱才能使其分解，下面实例中使用碳酸钠分解盐酸羟胺，生成的 $NaHCO_3$ 是弱碱，pH 6.5~7，只能以与盐酸羟胺的平衡成三元缓冲液的形式反应，反应缓慢且溶解度低，从含水乙醇中析出而被滤除，造成碱量不足而肟的产率低。

3,4-二甲基苯乙酮肟　M 163.21。

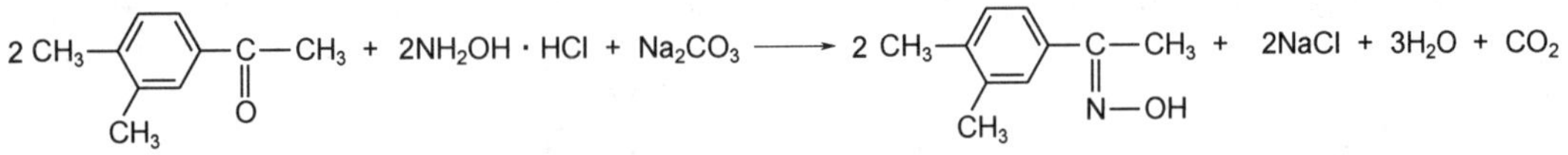

10L 三口烧瓶中加入 1.3L 热水，搅拌下加入 1.1kg（16mol）盐酸羟胺，溶解后加入 2.2L 乙醇，再慢慢加入 950g（9mol）碳酸钠放出大量 CO_2，再搅拌 10min。滤除氯化钠❶并用 1L 乙醇冲洗，洗液与滤液合并。加入 2.25kg（15mol）3,4-二甲基苯乙酮，搅匀后放置 2h，放热并有 CO_2 气泡，析出结晶或分层，于沸水浴加热回流 2h（应作回收乙醇），冷后倾入冰水中，滤出结晶，以石油醚浸洗，冲洗，风干后得 1.3kg（产率 53%），mp 81~85℃。

二、醛、酮与胺（氨）的加成（生成亚胺）及还原

参见 571 页。

三、醛、酮与肼、氨基脲的加成——腙及缩氨基脲

肼、氨基脲的两个相邻的氮原子都有未共用的电子对，具很强的亲核性，在水、醇溶液中与醛、酮加成得到腙或缩氨基脲。

大多数亚胺、肟、腙、缩氨基脲容易形成完美的结晶，用稀酸水解得到原来的醛、酮，常用此法使醛、酮生成衍生物进行鉴定或分离杂质，为了熔点鉴定常使用 4-硝基苯肼、2,4-二硝基苯肼。

---

❶ 开始加入 Na_2CO_3 时，因为是大量盐酸羟胺，开始阶段有部分 $NaHCO_3$ 参加了"中和"放出 CO_2；产率低的原因是 $NaHCO_3$ 随同氯化钠滤出而碱量不足。考虑使用 16mol 氢氧化钠溶液慢慢加入至低温的反应物中。

在黄鸣龙醛、酮的还原方法中：醛、酮在一缩二乙二醇中与较多过量的水合肼反应后，蒸除水及过量的水合肼至液温≥150℃达到还原所需的温度(使用较多过量的肼以避免产生连氮化合物 RHC=N—N=CHR，即腙)，在较高温度下加入一缩二乙二醇钠进行腙的还原分解，见羰基的联氨还原。如：

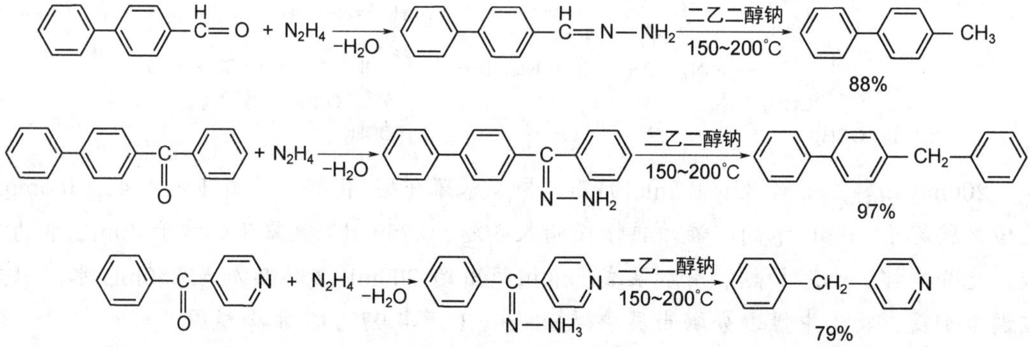

连氮化合物（=N—N=）：1mol 水合肼加入 2mol 醛的溶液中，立即生成黄鸣龙方法无法还原的连氮化合物（腙）。如果使用硫酸肼，可用稍不足量的氨水作为碱以中和反应释出的硫酸（并不是用氨水分解出联氨），加成活性很强的醛在水溶液中从硫酸肼夺取联氨生成连氮化合物析出，硫酸被加入的氨水中和。连氮化合物—CH=N—N=CH—在紫外光照下发蓝紫色荧光，四甲醛三嗪（见 575 页）没有此特点。

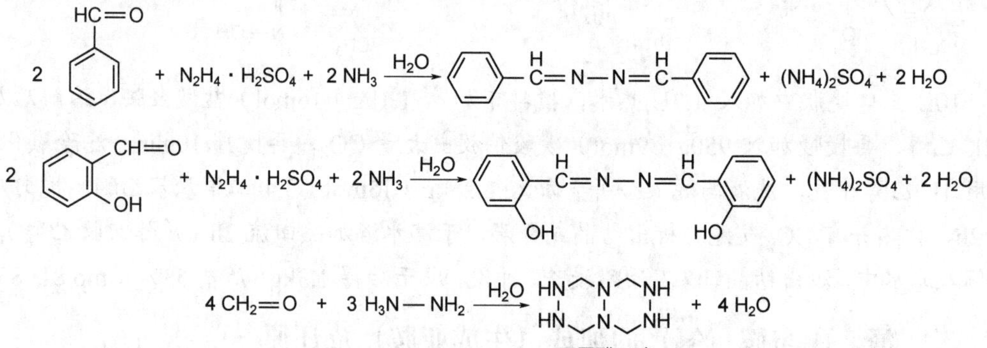

四甲醛三嗪

在以水合肼制备腙时，为避免生成不被还原的连氮化合物（腙），把醛、酮慢慢加入过量 1~2 倍的水合肼二乙二醇溶液中，以乙酸为催化剂，反应完成后回收过量的水合肼。如果目的为制取腙，可以使用甲醇、乙醇为溶剂进行回收处理。

双环己酮草酰二腙（铜试剂）　*M* 278.36，mp 214~216℃；溶于热乙醇。

a. 草酰二肼（从水中得针晶，mp 243℃）

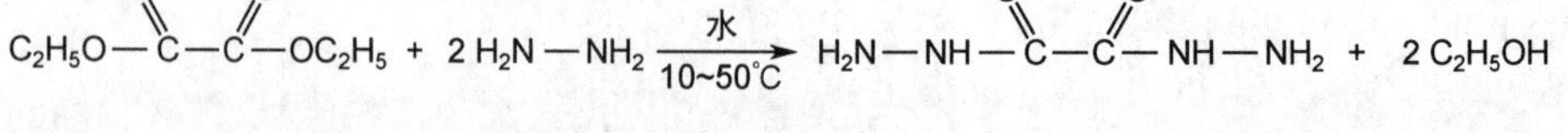

300L 开口反应罐中加入 155kg（539mol）水合肼（16%），冰水冷却控制 10~30℃搅拌着慢慢加入 35kg（240mol）草酸二乙酯（当加入 5L 左右就开始有白色结晶析出），加

完后升温至 50℃搅拌 2h。冷后离心分离，用蒸馏水冲洗吸附的水合肼，干燥后得 22~23kg（产率 78%~81%），mp 241~242℃。

b. 双环己酮草酰二腙

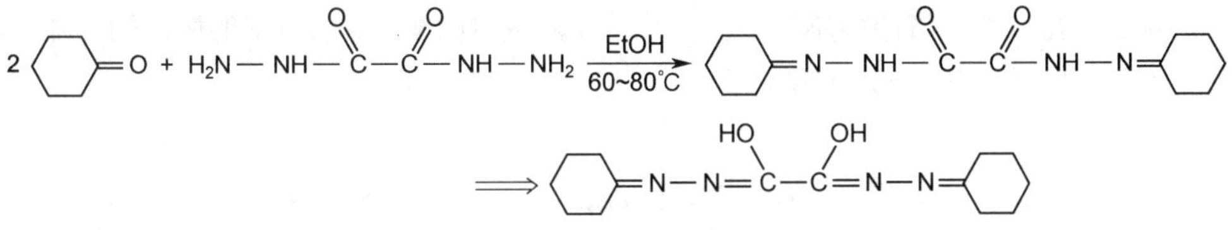

300L 开口反应罐中加入 129L 滤清的乙醇及 98kg（1kmol）环己酮，搅拌下加热至 60℃，慢慢撒开加入上述 39.8kg（337mol）草酰二肼，反应放热，当加入约 1/3 时，放热使反应物温度升至 80℃，开始有沸腾现象，随之析出大量结晶，反应物变得稠厚[1]，反应缓和后再慢慢加入其余的草酰二肼，加完后于 80℃保温搅拌 2h，放置过夜。次日离心分离，用蒸馏水洗至中性，再用 30L 乙醇冲洗，甩干得粗品 110kg（折干品 88kg，产率 94%）。

c. 精制[2]

称取 26kg（650mol）化学纯级氢氧化钠使溶于 300L 蒸馏水中，配制成 8% NaOH 溶液，搅拌下撒开加入析干的 93kg（334mol）粗品，加热溶解，以处理过的酸洗脱色炭脱色过滤，滤液以化学纯级 36%盐酸慢慢酸化至 pH 2（约用 70L），离心分离，用蒸馏水冲洗后再用蒸馏水浸洗三次，最后用 30L 蒸过的乙醇冲洗，干后得 90kg，mp 204~209℃。

二苯乙二酮单腙 M 224.24，mp 150~152℃。

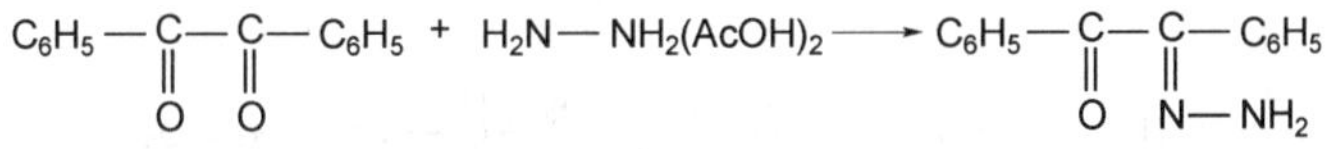

1L 锥形瓶中加入 250mL 水及 110g（0.8mol）三水乙酸钠，加热溶解，加入 52g（0.4mol）硫酸肼，加热使溶并加热至沸，放冷至 60℃加入 225mL 甲醇，放冷后滤清，析出的硫酸钠以少许甲醇冲洗，洗液与滤液合并，备用。

1L 锥形瓶中加入 50g（0.24mol）二苯基乙二酮及 75mL 甲醇，加热溶解后搅拌着慢慢加入上面的乙酸肼溶液[3]，加完后加热回流半小时。冷后滤出结晶，以少许乙醚浸洗，干后得 50.5g（产率 94%），mp 147~151℃。

四、醛、酮、亚胺与 HCN 的加成——α-羟基腈及α-氨基腈

氰化氢中氰基与氢的结合 H—C≡N 似共价键，$^-$CN 却是相当强的亲核试剂，在水中可以单独存在，氰基负离子的碳原子和氮原子都可以提供电子对，是双负离子$^-$C$\dot{\text{N}}$，氮原子核对于外层电子控制得比较紧，以及氮原子未共用电子对的排斥作用极化向碳的一端和碳正中心结合，介质的 pH 高时，$^-$CN 的离子浓度增加，利于加成；pH 低时，酸性抑制解离，使反

---

[1] 乙醇母液容易回收，应适当补充乙醇以便于搅拌和反应均匀；

[2] 为防止钙污染产品，必须使用蒸馏水，乙醇也要重新蒸过；脱色炭用盐酸煮，并用蒸馏水洗去酸性。

[3] 相邻的两个羰基，在一个羰基与肼取代后，电性、位阻以及介质条件对于第二个羰基的肼加成不利。

应速度降低或不能进行。

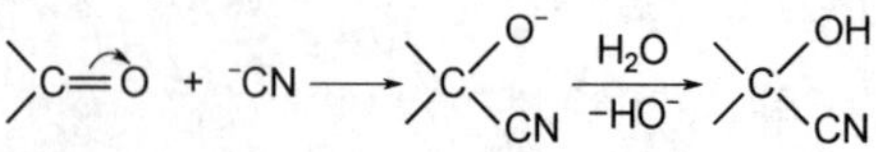

$$\text{\>C=O} + \ ^-CN \longrightarrow \ \overset{O^-}{\underset{CN}{\text{\>C}}} \xrightarrow[-HO^-]{H_2O} \overset{OH}{\underset{CN}{\text{\>C}}}$$

α-羟基腈在碱性水溶液中不稳定，加热容易脱去 HCN，生成原来的醛、酮，加热蒸馏时应该保持中性、弱酸性及无水条件。

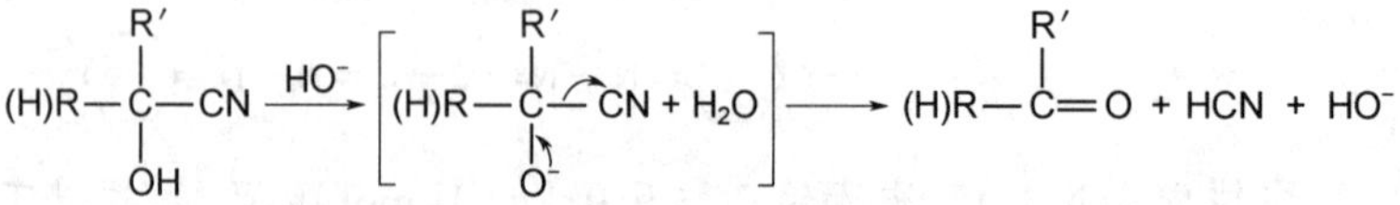

$$(H)R-\overset{R'}{\underset{OH}{\text{C}}}-CN \xrightarrow{HO^-} \left[(H)R-\overset{R'}{\text{C}}-CN + H_2O \right] \longrightarrow (H)R-\overset{R'}{\text{C}}=O + HCN + HO^-$$

利用 α-羟基腈的碱性水解放出 HCN 以完成某些合成反应，实际上产生 HCN 也很方便，如：丁二腈的合成是把氰化钠溶液滴加到 35~40℃的稀硫酸中以产生 HCN。使用 α-羟基腈的方法如下：

$$CH_2=CH-CN + (CH_3)_2\overset{OH}{\underset{CN}{\text{C}}} \xrightarrow[60~80℃]{HO^-,\ NaCN,\ 微量水,\ Cu^{2+}} NC-CH_2CH_2-CN + (CH_3)_2C=O$$

合成 α-羟基腈有下列两种情况：

① 没有 α-C—H 的醛、酮与 HCN 加成，介质的碱性是 NaCN 物料本身，在较低温度下加入 $NaHSO_3$ 浆状物、溶液或稀硫酸，如：

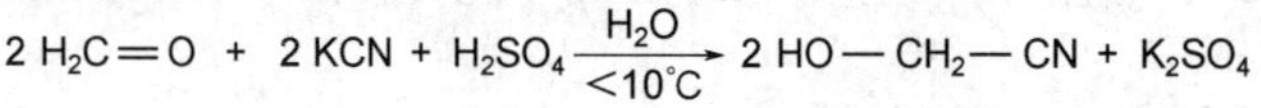

$$2\ H_2C=O + 2\ KCN + H_2SO_4 \xrightarrow[<10℃]{H_2O} 2\ HO-CH_2-CN + K_2SO_4 \qquad （见 358 页）$$

羟基乙腈
73%, bp 119℃/24mmHg

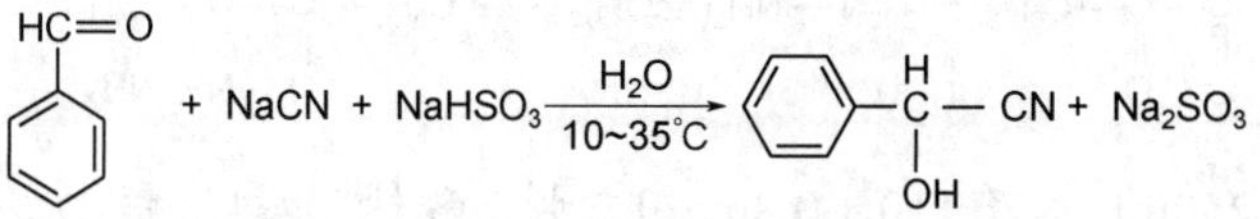

$$\text{苯甲醛} + NaCN + NaHSO_3 \xrightarrow[10~35℃]{H_2O} \text{苯基-}\overset{H}{\underset{OH}{\text{C}}}\text{-}CN + Na_2SO_3 \qquad （见 198 页）$$

苯基羟基乙腈
80% mp 21~22℃

二异丙基甲酮虽有 α-C—H，它对于缩合反应有空间阻碍，但对于 ^-CN 的小体积的加成却得到高产率的加成产物，对于稀酸的水解有阻碍，难以发生。

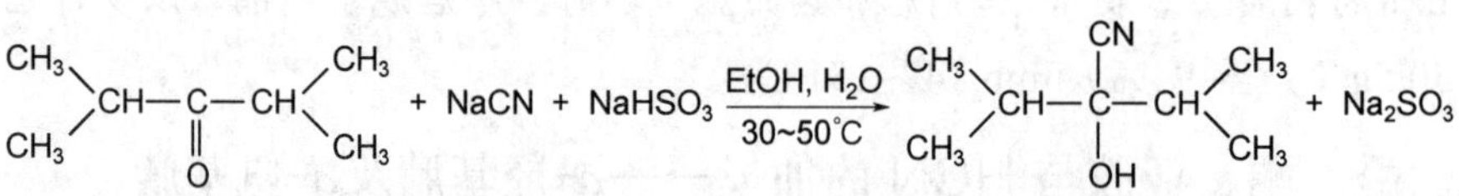

$$\overset{CH_3}{\underset{CH_3}{\text{CH}}}-\overset{O}{\underset{}{\text{C}}}-CH\overset{CH_3}{\underset{CH_3}{}} + NaCN + NaHSO_3 \xrightarrow[30~50℃]{EtOH,\ H_2O} \overset{CH_3}{\underset{CH_3}{\text{CH}}}-\overset{CN}{\underset{OH}{\text{C}}}-\overset{CH_3}{\text{CH}}\underset{CH_3}{} + Na_2SO_3$$

二异丙基羟基乙腈
80%

② 对于有 α-C—H 活泼氢的醛、酮，在强碱作用下会发生分子间缩合，为此使用弱碱 AcO^-（少量乙酸及乙酸钠）在较低温度通入 HCN（bp 25.5℃），反应立即发生。

2-羟基丙腈 M 71.08, bp 182~184℃、102℃/30mmHg, d^{20} 0.9877。

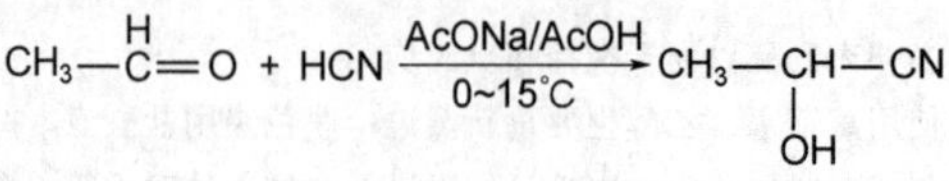

$$CH_3-\overset{H}{\underset{}{\text{C}}}=O + HCN \xrightarrow[0~15℃]{AcONa/AcOH} CH_3-\overset{}{\underset{OH}{\text{CH}}}-CN$$

3L 三口烧瓶安装机械搅拌及冰水浴，其它安装见 362 页。烧瓶中加入 3g 乙酸钠及 3g 冰乙酸[1]，加入 1.7kg（40mol）新蒸的乙醛（bp 21℃），冰冷至 0℃，维持 15℃以下通入用 3kg（93%，56mol）氰化钠产生的 HCN，放置过夜或更长时间。次日水浴加热蒸除过剩的乙醛，剩余物减压分馏，收集 63~69℃/5mmHg 馏分，得 1.4kg（产率 50%）[2]，d^{20} 0.987~0.991。

亚甲基亚胺 $\overset{\diagdown}{\diagup}C{=}N{-}$ 与 HCN 的加成：

$$CH_3{-}NH_2 \cdot HCl + NaCN \xrightarrow[6℃, -NaCl]{H_2O} CH_3{-}NH_2 + HCN$$

$$CH_3{-}NH_2 + H_2C{=}O \longrightarrow CH_3{-}\overset{H}{\underset{}{N}}{-}CH_2{-}OH \xrightarrow{-H_2O} CH_3{-}N{=}CH_2$$

$$CH_3{-}N{=}CH_2 + HCN \longrightarrow CH_3{-}NH{-}CH_2{-}CN$$

$$CH_3{-}NH{-}CH_2{-}CN + HCl \xrightarrow[<6℃]{Et_2O} CH_3{-}NH{-}CH_2{-}CN \cdot HCl$$

N-甲氨基乙腈盐酸盐
60%, mp 95℃
（见 299 页）

$$NH_4Cl + NaCN \longrightarrow NH_3 + HCN$$

$$NH_3 + CH_3CH{=}O \longrightarrow CH_3{-}\overset{}{\underset{OH}{CH}}{-}\overset{H}{\underset{}{NH}} \xrightarrow{-H_2O} CH_3{-}CH{=}NH$$

$$CH_3{-}CH{=}NH + HCN \longrightarrow CH_3{-}\overset{}{\underset{CN}{CH}}{-}NH_2 \xrightarrow{HCl} CH_3{-}\overset{}{\underset{CN}{CH}}{-}NH_2 \cdot HCl$$

α-氨基丙腈盐酸盐

五、醛、酮的水合、醇合（缩醇）及其它合成

醛（酮）羰基碳原子有较大的电正性，与水能生成水合物；与醇发生醇合；简单酸酐在无机酸催化下与醛生成 1,1-二醇二酸酯 R—CH（—O—COCH_3）_2；与 PCl_5 的加成及取代——羰基转化为 α-二氯化物；醛与强碱 HO⁻生成双负离子的康尼查罗反应以及多种加成及脱水缩合。

水合：甲醛有稳定的水合物，羰基邻近的拉电子基使水合物稳定，可以从水中析出结晶，水合依羰基碳的电正性或被酸催化，如下式：

$$\overset{H}{\underset{}{-C}}{=}O \xrightarrow{H^+} \overset{H}{\underset{+}{-C}}{-}OH \xrightarrow{H_2O} \overset{H}{\underset{OH_2}{-C}}{-}OH \xrightarrow{-H^+} \overset{H}{\underset{OH}{-C}}{-}OH$$

醛比酮有更大的加成活性，更多见醛的水合物。

$$CH_2{=}O + H_2O \longrightarrow H_2C\overset{OH}{\underset{OH}{\diagdown\diagup}} (\rightleftharpoons CH_2{=}O \cdot H_2O)$$

---

[1] 为防止任何分子间的缩聚。
[2] 产率低的原因可能是蒸馏过程中产物有分解。

$$Cl_3C-\overset{\text{H}}{\underset{}{C}}=O + H_2O \longrightarrow Cl_3C-\overset{\text{H}}{\underset{}{C}}\overset{OH}{\underset{OH}{}}$$

$$\text{(邻苯二甲酰茚三酮)} + H_2O \longrightarrow \text{(水合物)}$$

$$\text{Ph-CO}-\overset{\text{H}}{\underset{}{C}}=O + H_2O \longrightarrow \text{Ph-CO}-\overset{\text{H}}{\underset{}{C}}\overset{OH}{\underset{OH}{}}$$

醇合：醇合常使用无水醇，强吸电子基的影响使醇合反应非常迅速，在无机酸催化下进行的可逆反应，依质量作用定律。如：4-硝基苯甲-1,1-二醇二乙酸酯在 50%乙醇中，酸作用下加热很容易水解为 4-硝基苯甲醛；当用乙醇结晶时，少量未洗尽的硫酸又催化生成了大量醇缩醛，该缩醛与 10% H_2SO_4 一起加热，又水解为原来的醛。

$$\text{(4-硝基苯甲-1,1-二醇二乙酸酯)} \xrightarrow[\triangle,\ 3h,\ -2AcOH]{H^+,\ H_2SO_4,\ 50\%EtOH} \text{(4-硝基苯甲醛)} \underset{H^+/H_2O}{\overset{H^+/EtOH}{\rightleftharpoons}} \text{(缩醛)}$$

对于醇合活性特弱的化合物，如：*p*-二甲氨基苯甲醛，乙醇重结晶也必须注意此类醇合。

简单醛在室温或更低温度与无水醇反应，用酸催化、或酸作为脱水剂，如：HCl、无水氯化钙作脱水完成反应；加热会使反应复杂，有时会出现沥青状物，多采取延长反应时间的方法以避免半缩醛（作为醇基）在分子间脱水。

乙醛缩二乙醇 M 118.18，bp 103.2℃，d^{20} 0.8314，n_D^{20} 1.3834。

$$CH_3-\overset{\text{H}}{\underset{}{C}}=O + 2\ C_2H_5OH \xrightarrow[<8℃]{CaCl_2/EtOH} CH_3-\overset{\text{H}}{\underset{}{C}}(OC_2H_5)_2 + H_2O$$

5L 三口烧瓶中加入 1.05kg 95%乙醇，搅拌下加入 200g 无水氯化钙（烘焙过），充分搅拌，待放热停止后，控制 8℃以下，搅拌着慢慢加入 500g（11.4mol）新蒸的乙醛（bp 21℃），反应放热，加完后再搅拌片刻，将烧瓶密封后放置两天（在 1~2h 后就开始分层，一天以后就无明显变化）。分取有机层得 1.28kg，用冰水洗三次，得 990g，25g 无水碳酸钾干燥后用 100cm 填充分馏柱分馏，收集 101~103℃馏分，再分馏一次，得 700g（产率 60%）。

同法制取乙醛缩二丙烯醇，产率 68%，bp 152℃，n_D^{20} 1.4200。

1,3-二氧杂环戊烷（甲醛缩乙二醇） M 74.08，bp 78℃，d^{20} 1.0600，n_D^{20} 1.3974。

$$H_2C=O + HO-CH_2CH_2-OH \xrightarrow{CaCl_2/乙二醇} \text{(1,3-二氧杂环戊烷)} + H_2O$$

用以上乙醛缩二乙醇相似的方法，使用 40%甲醛水与乙二醇在多重氯化钙作用下制取二氧杂环戊烷。

3-氯丙醛缩二乙醇　M 166.65，bp 52℃/9mmHg，d^{19} 0.9951。

$$CH_2\!\!=\!\!CH\!-\!CH\!=\!\!O + HCl \longrightarrow Cl\!-\!CH_2\!-\!CH\!=\!CH\!-\!OH \longrightarrow Cl\!-\!CH_2CH_2\!-\!CH\!=\!\!O$$

$$Cl\!-\!CH_2CH_2\!-\!CH\!=\!\!O + 2\,C_2H_5OH \longrightarrow Cl\!-\!CH_2CH_2\!-\!CH(OC_2H_5)_2 + H_2O$$

0.5L 三口烧瓶中加入 200g（253mL，4.4mol）无水乙醇，维持 0℃左右通入干燥的氯化氢至饱和（约增重 135g）。将通气管换成分液漏斗，保持 0℃左右搅拌着于 2h 左右慢慢滴入 112g（2mol）丙烯醛，加完后再搅拌 2h[❶]。分取有机层，用粉末状的碳酸氢钠中和至中性（否则水洗时很快水解），过滤后用冰水洗去半缩醛（2×50mL），用 10g 无水碳酸钾干燥 10h，过滤后减压分馏，收集 58~62℃/8mmHg 馏分，得 112g（产率 33%）。

α,β-不饱和醛由于共轭双键使醛的加成活性降低,制取此类醛缩醇时采用原甲酸乙酯与之交换的方法，这样，反应中不涉及水和酸的分解，能得到较好的产率。

丙烯醛缩二乙醇　M 130.19，bp 123.5℃，d^{15} 0.8543，n_D^{20} 1.4000。

$$CH_2\!\!=\!\!CH\!-\!\overset{H}{C}\!=\!\!O + HC(OC_2H_5)_3 \xrightarrow{NH_4NO_3} CH_2\!\!=\!\!CH\!-\!\overset{H}{C}(OC_2H_5)_2 + HCO_2\!-\!C_2H_5 \;(bp\;52℃)$$

0.5L 三口烧瓶中加入 44g（52.4mL，0.79mol）丙烯醛及 144g（169mL，1mol）原甲酸乙酯，搅拌下加入 3g 硝酸铵溶于 50mL 无水乙醇的溶液，于室温搅拌 6~8h（在开始的 2h 应保持温热）。过滤，加入 4g 无水碳酸钠进行分馏，收集 120~125℃馏分，得 73~81g（77%~78%），n_D^{25} 1.398~1.407。

另法：

$$Cl\!-\!CH_2\!-\!\overset{H}{CH}\!-\!CH(OC_2H_5)_2 + KOH \longrightarrow CH_2\!\!=\!\!CH\!-\!CH(OC_2H_5)_2 + H_2O + KCl$$

0.5L 三口烧瓶中加入 340g（6mol）在 350℃熔融脱水并球磨粉碎的氢氧化钾粉末（否则产率降低）以及 167g（1mol）3-氯丙醛缩二乙醇，立即搅拌，安装分馏柱及蒸馏冷凝器（反应猛烈），在 210~220℃油浴上加热至无馏出物为止。分去水层，以 10g 左右无水碳酸钾干燥后分馏，收集 122~126℃馏分，得 98g（产率 75%）。

季戊四醇在水中、酸催化下、室温,和稍不足量的苯甲醛反应得到单一苯甲醛缩季戊四醇；和超过 2mol 苯甲醛反应，得到双苯甲醛缩季戊四醇，其反应性与环合有关。

mp 159~160℃

---

❶ 反应中无水乙醇及 HCl 都显不足，如果反应按定量计算，剩余物组分中：乙醇 18.4g，水 36g，HCl 62g，似乎尚可。可能是在处理过程中水解造成损失，抑或反应条件不充足使过多的半缩醛被洗脱。

甲叉二氯化物（Ar—CHCl$_2$）与甲醇钠甲醇溶液共热制得醛偏二甲醇，拉电子影响使反应速度加快，也使该醛缩醇容易酸性水解得到醛。

（反应式）苯并噁唑—C_6H_4—CHCl$_2$ + 2 CH$_3$ONa $\xrightarrow[80\sim85℃, 35h]{CH_3OH}$ 苯并噁唑—C_6H_4—CH(OCH$_3$)$_2$

$\xrightarrow[90℃]{HCl/H_2O}$ 苯并噁唑—C_6H_4—CH=O （见144页）

2-(4'-甲酰苯基)苯并噁唑
77%

（反应式）邻-CHCl$_2$／CN苯 + 2 CH$_3$ONa $\xrightarrow[\triangle, 22h]{CH_3OH}$ CH(OCH$_3$)$_2$／CN苯 $\xrightarrow[<35℃]{HCl/H_2O}$ CH=O／CN苯 （见145页）

2-氰基苯甲醛
57%

（反应式）吡啶—CHCl$_2$ + 2 CH$_3$ONa $\xrightarrow[\triangle, 22h]{CH_3OH}$ 吡啶—CH(OCH$_3$)$_2$ $\xrightarrow{HCl/H_2O}$ 吡啶—CH=O

格氏试剂和原甲酸乙酯反应得到醛缩醇，水解得到醛，和过量的格氏试剂反应得到仲基乙基醚。以下反应见161页和162页。

（反应式）联苯—Br $\xrightarrow{Mg}$ 联苯—MgBr $\xrightarrow{HC(OC_2H_5)_3}$ 联苯—CH(OC$_2$H$_5$)$_2$

$\xrightarrow[约100℃]{H^+}$ 联苯—CH=O

联苯-4-甲醛
48%

（反应式）n-C$_5$H$_{11}$—Br $\xrightarrow{Mg}$ n-C$_5$H$_{11}$—MgBr $\xrightarrow{HC(OC_2H_5)_3}$ n-C$_5$H$_{11}$—CH(OC$_2$H$_5$)$_2$ $\xrightarrow[100℃]{HCl/H_2O}$ n-C$_5$H$_{11}$—CH=O

己醛
50%

其它合成：乙酸酐、PCl$_5$在加热下发生离子分解，在醛、酮羰基上加成。酸酐加热或无机酸催化分解为酰基正离子和羧酸负离子（或羧酸），与羰基加成为甲二醇二乙酸酯。

（反应式）（CH$_3$CO）$_2$O $\xrightarrow{H^+}$ 质子化酸酐 → CH$_3$—C$^+$=O + CH$_3$CO$_2$H

（反应式）Ar—CH=O $\xrightarrow{CH_3C^+=O}$ Ar—CH$^+$—O—COCH$_3$ $\xrightarrow[-H^+]{CH_3CO_2H}$ Ar—CH(O—COCH$_3$)$_2$

（反应式）CH$_3$CH=O（三聚乙醛）+ (CH$_3$CO)$_2$O $\xrightarrow{125℃}$ CH$_3$—CH(OCOCH$_3$)$_2$ $\xrightarrow{H_2C(CO_2C_2H_5)_2}$ CH$_3$CH=C(CO$_2$C$_2$H$_5$)$_2$ （见679页）

乙叉丙二酸二乙酯
68%~77%

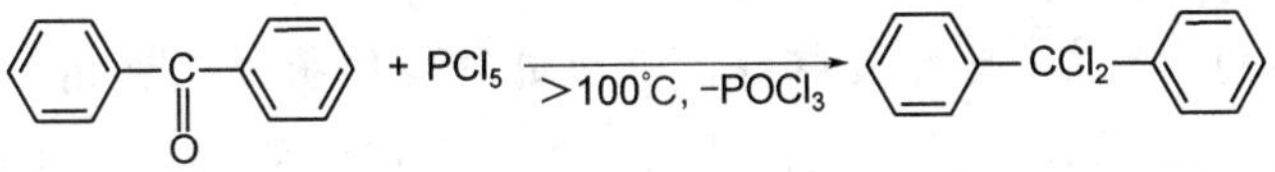

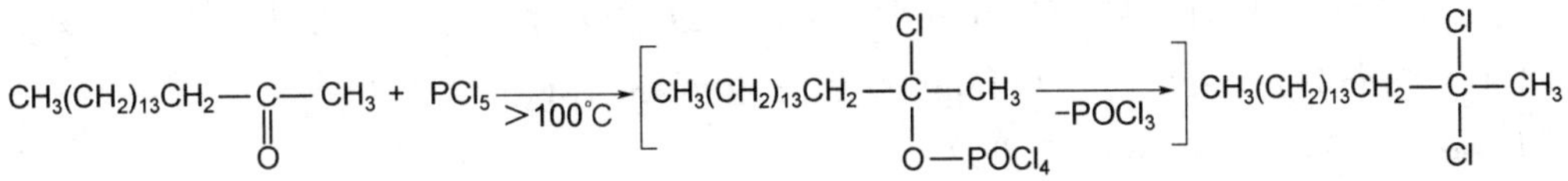

第四节 醛、酮的合成

醛、酮可以通过以下方法合成：①芳烃侧链的 α-位氧化；②同碳二卤代烃的水解；③醇的氧化；④从乙酰乙酸乙酯、丙二酸二乙酯的合成——β-酮酸酯的水解及失羧；⑤用乌洛托品引入醛基；⑥羧酸碱土金属盐的干馏——分子间脱羧；⑦F-C 反应得 α-芳酮，即酰氯、酸酐以及羧酸与芳烃反应；⑧格氏试剂和原甲酸酯反应及水解；⑨二氯卡宾的插入及水解；⑩甲酸衍生物作为甲酰化试剂。

一、芳烃侧链的α位氧化

苯基使 α-C—H 致活，用氧化剂氧化芳烃侧链。例如：甲苯在 25%~40%硫酸中，40℃下用二氧化锰氧化可制得苯甲醛（它很快被空气氧化成苯甲酸）；其它正构烷基氧化为 α-芳酮，如：2-硝基乙苯在稀硫酸中使用不足量的 $KMnO_4$ 氧化为 2-硝基苯乙酮（工业方法是催化氧化）；又：4-硝基乙苯用 0.2%乙酸锰（吸附在 9 倍重量的轻体碳酸钙上）作催化剂，搅拌着，于 140~145℃通过分散头通入纯氧，对于每千克硝基乙苯氧气通入速率为 0.7~1L/min，反应的终点是氧气无明显消耗及分出的水明显减少。

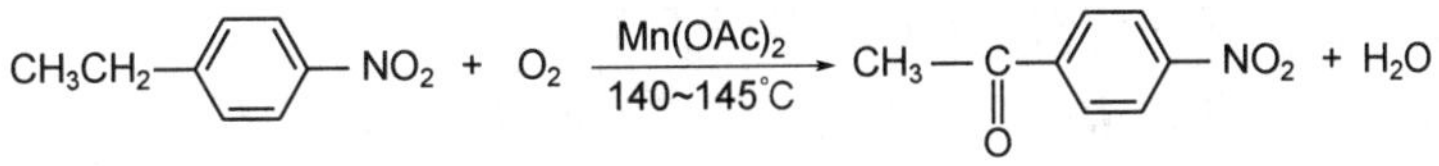

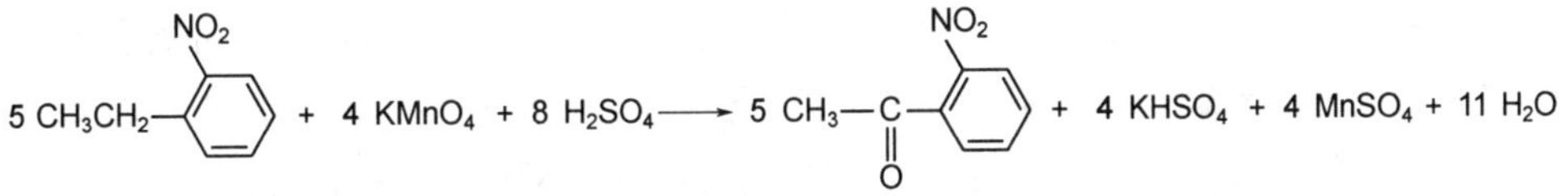

4-乙酰苯甲酸甲酯 M 178.19。

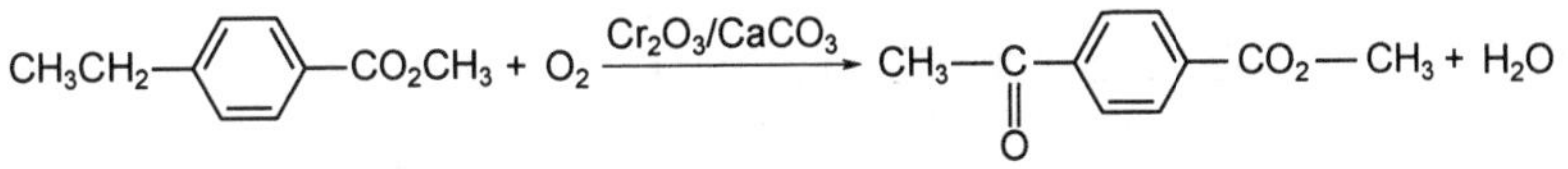

250mL 三口烧瓶配置机械搅拌、温度计，伸入近瓶底的通气管及球形管回流冷凝器，外用电热套加热。

烧瓶中加入 98g（0.6mol）4-乙基苯甲酸甲酯及如下配备的催化剂：1g Cr_2O_3 与 4g 轻体碳酸钙在研钵中研成细粉的混合物。

通入氧气，搅拌下加热维持 140~145℃，从冷凝器顶端用负压导出空气流反应 24h，

用冷阱检查生成水的情况[注] （也可用取样检查形成结晶的状况或色谱分析），反应结束后稍冷，加入 100mL 苯溶解反应物，趁热滤清，用热苯冲洗滤渣，洗液与滤液合并，回收苯后减压分馏，收集 118~121℃/16mmHg 馏分，29~32g 为未反应的物料，氧化产物收集 149~150℃/7mmHg 馏分，得 43~45g，瓶底高沸物 13~18g。

精制：用苯重结晶，mp 92~95℃。

硫酸作用下的铬酸酐 CrO_3 或重铬酸钠 $Na_2Cr_2O_7 \cdot 2H_2O$ 有非常强的氧化能力，它几乎能把所有的有机物氧化或破坏，重铬酸钠以及反应产生的硫酸钠比钾盐有更大的溶解度。为了便于处理，不使用钾盐。反应的实施是：在乙酸溶液中，不高的温度可能将芳侧链烷基 α-位醇氧化为醛、酮，进一步氧化为羧酸；剧烈条件可使有机物破坏分解。所以，必须使用尽可能低的反应温度，按下式调节计算氧化剂的用量。

$$2\,CrO_3 + 6\,CH_3CO_2H \longrightarrow 2\,Cr(CH_3COO)_3 + 3\,H_2O + 3\,[O]$$

$$2\,CrO_3 + 3\,H_2SO_4 \longrightarrow Cr_2(SO_4)_3 + 3\,H_2O + 3\,[O]$$

$$Na_2Cr_2O_7 + 4\,H_2SO_4 \longrightarrow Cr_2(SO_4)_3 + Na_2SO_4 + 4\,H_2O + 3\,[O]$$

$$Na_2Cr_2O_7 + H_2O \longrightarrow Cr_2O_3 + 2\,NaOH + 3\,[O]$$

三氧化铬 $(CrO_3)_n$ 也叫无水铬酸、铬酸酐，为暗红色细小结晶，mp 大约 195℃；易吸湿，为避免吸湿结块，常制成片状；极易溶于水，在冰乙酸中的溶解度较小，切不可加热溶解（曾在沸水浴加热溶解，氧化使冰乙酸剧烈燃烧），少量水不影响反应的情况下可将它先溶于水，再用冰乙酸调节浓度；需要无水条件时，在搅拌下慢慢加入粉碎的铬酐。搅拌要到平底反应容器的底部（平底对于固体物料的分散有利），每次加入都要观察反应升温、降温的变化以尽量做到无过多积聚的铬酐，搅拌下能将底部沉下、积聚的铬酐搅起的情况也会在局部猛烈反应而燃烧——小火从液面下冒出。

CrO_3 在 20℃以下氧化乙酸酐溶液中的 4-硝基甲苯（硫酸作用下），氧化过程中有乙酸酐酯化保护——生成 4-硝基苯甲-1,1-二醇二乙酸酯，虽此，仍有 10%被氧化成羧酸，约 6%~8% 4-硝基甲苯未被氧化。无论如何，乙酸酐要大大过量（计算量的 7 倍以上），否则会析出大量黏稠的硫酸铬使搅拌困难，CrO_3 不便分散。下面的实例中，虽使用了 7 倍量的乙酸酐，最后，黏稠的、墨绿色的硫酸铬也还是有析出。CrO_3 的用量为计算的 115%~120%。

二乙酸酯在 50%乙酸中酸化水解得到 4-硝基苯甲醛。

4-硝基苯甲醛 M 151.22，针晶，易溶于乙醇（3mL/g），mp 106℃，d 1.496。

a. 4-硝基苯甲二醇二乙酸酯（M 253.21，mp 127℃）

[注] 产生的水必须及时驱除，有水会使催化剂黏结，影响氧化，用空气中的氮气随时把水汽吹出。

200L平底不锈钢桶外用冰水浴冷却，桶中加入40kg冰乙酸，75kg（90%，661mol）工业乙酸酐，搅拌下加入6.2kg（45mol）4-硝基甲苯溶于8L冰乙酸的溶液；控制20℃以下慢慢加入8L（14.7kg，150mol）浓硫酸（放热），控制氧化温度13~17℃，于7h左右慢慢加入7kg（70mol）粗碎的无水铬酸，加完后再搅拌半小时[1]。次日[2]，将反应物加入至搅拌着的大量碎冰中，加水及碎冰使最后的体积达500L，充分搅拌，放置6h使结晶沉下，用虹吸法吸去上面清液，滤出结晶，充分水洗，得湿品8~10kg（含水25%），再以5% Na$_2$CO$_3$溶液搅开洗涤，并调节pH 8，以洗去4-硝基苯甲酸，再水洗，干燥后得5.8~7.2kg（51%~63%），mp 118~126℃，其中含4-硝基甲苯6%~7%。

b. 水解

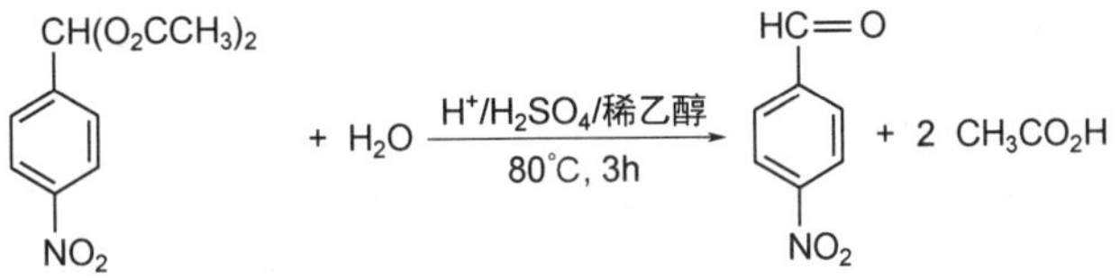

50L反应罐中加入6.5kg上述a中制得的（干）二乙酸酯、18L水及20L乙醇，搅拌下慢慢加入2kg浓硫酸，慢慢加热回流3h以水解完全，停止加热和搅拌，稍冷，流放出罐，冷后滤出结晶，充分水洗，最后以10% Na$_2$CO$_3$调整洗液pH 9。

精制：用调节后pH 8的乙醇（4mL/g）重结晶，溶解过程随时以Na$_2$CO$_3$调节pH 8[3]。脱色过滤，冷后滤出结晶，母液回收乙醇，所得粗品仍如上方法重结晶，共得2.8~2.9kg（按二乙酸酯计算产率71%~74%；按4-硝基甲苯计41%~42%），mp 104.5℃。

2-硝基苯甲醛　M 151.12，mp 43.5~44℃，bp 153℃/23mmHg，d^{50} 1.2844。

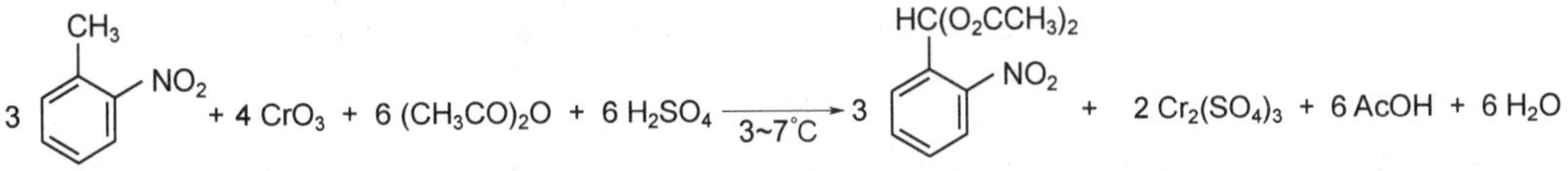

2L三口烧瓶中加入50g（0.36mol）2-硝基甲苯、600mL（90%，5.3mol）乙酸酐，维持10℃以下，搅拌着慢慢加入75ml（1.4mol）浓硫酸，维持5℃左右于2h慢慢加入60g（0.6mol）无水铬酸，加完后再搅拌2h，移去冰浴再于室温搅拌半小时。将反应物慢慢加入至4kg碎冰（水）中充分搅拌，使乙酸酐水解开，起初的油状物逐渐形成结晶，冰冷过夜，次日滤出（20℃）得结晶27.5g，分离出滤液中的油层17g，水洗两次，水蒸气蒸馏除去未反应的2-硝基甲苯，剩余的油状物冰冷过夜，滤取析出的结晶，以少许乙醇浸洗一次，风干得3g，mp 82~85.7℃，共得30.5g（产率33.5%）。

水解：方法同4-硝基苯甲醛。

---

[1] 如乙酸酐用量不足或中间有水进入，在氧化近于终点时，黏稠的硫酸铬突然析出使搅拌困难，因氧化几近完成，使收率降低的影响不是很大。

[2] 可不放置过夜。

[3] 无机酸催化生成醛缩醇可在50%乙醇中的10% H$_2$SO$_4$加热水解。

$$\underset{\text{2-硝基苯甲醛缩二乙酯}}{\overset{\displaystyle HC(O_2CCH_3)_2}{\bigcirc}\!\!-\!NO_2} + H_2O \xrightarrow[80℃,\ 3h]{H^+/H_2SO_4/稀乙醇} \underset{}{\overset{\displaystyle HC\!=\!O}{\bigcirc}\!\!-\!NO_2} + 2\,CH_3CO_2H$$

二、醇的氧化

伯醇在庚烷或丙酮中，铂（PtO_2 氢化后）催化下用纯氧氧化为醛；如果维持反应物的弱碱性则得到高产率的羧酸。

铬酸作氧化剂时，氧化伯醇、仲醇为醛、酮，常使用重铬酸钠和硫酸氧化饱和醇；不饱和醇在乙酸中用铬酸酐氧化为好；用铬酸酐与吡啶的复合物氧化对酸敏感的醇。

1,3-二氯丙酮　M 126.98，mp 43℃（45℃），bp 173℃，d^{46} 1.3864，n^{46} 1.4714；溶于水、醇及苯，强催泪刺激性。

a. 1,3-二氯丙-2-醇的制备

$$HO\!-\!CH_2\!-\!\underset{\underset{OH}{|}}{CH}\!-\!CH_2\!-\!OH + 2\ HCl \xrightarrow{110℃} Cl\!-\!CH_2\!-\!\underset{\underset{OH}{|}}{CH}\!-\!CH_2\!-\!Cl + 2\ H_2O$$

10L 三口烧瓶中加入 4.6kg（或 90% 5kg，50mol）甘油及 100mL 乙酸，混匀后于 100~110℃通入 HCl 至饱和，开始吸收快，接近饱和时吸收很慢，增重至 4.3~4.4kg（约 120mol）。冷后以 Na_2CO_3 中和过剩的 HCl，并加入过量碱兼作干燥剂，共加入 2kg，充分搅拌几小时，过滤，滤干，滤渣用乙醇浸洗、苯冲洗，洗液与滤液合并，回收溶剂后减压蒸馏，收集 68~75℃/14mmHg 馏分，得 4.5kg（产率 70%），bp 176℃，d^{17} 1.3506。

b. 氧化得1,3-二氯丙酮

$$3Cl\!-\!CH_2\!-\!\underset{\underset{OH}{|}}{CH}\!-\!CH_2\!-\!Cl + Na_2Cr_2O_7 + 5H_2SO_4 \xrightarrow{20~25℃}$$
$$3Cl\!-\!CH_2\!-\!\underset{\underset{O}{\|}}{C}\!-\!CH_2\!-\!Cl + 2Na_2HSO_4 + Cr_2(SO_4)_3 + 7H_2O$$

20L 搪瓷桶中加入 1.8L 水、2.62kg（20.6mol）上述 a 中制得的 1,3-二氯丙-2-醇，搅拌下加入 2.62kg（8.8mol）结晶重铬酸钠 $Na_2Cr_2O_7\cdot 2H_2O$[❶]，冰水浴冷却控制反应温度 20~25℃，于 7~8h 从分液漏斗慢慢加入 3.7kg（36mol）浓硫酸用 1L 水稀释后的稀硫酸（73%~74%），加完后再保温搅拌 3h，放置过夜。次日用苯（3×5L）提取（产品挥发，催泪刺激性，在通风处操作），提取液合并，滤清后回收苯，剩余物减压蒸馏，收集 68~72℃/20mmHg 馏分，得 1.65~1.78kg（65~70℃）[❷]，mp 40.2~42℃。

2-甲基环己酮　M 110.17，bp 163℃，d 0.924，n_D^{20} 1.448。

$$3\ \underset{}{\overset{\displaystyle OH}{\bigcirc}\!CH_3} + Na_2Cr_2O_7 + 5\ H_2SO_4 \xrightarrow[9~10℃]{苯} 3\ \underset{}{\overset{\displaystyle O}{\bigcirc}\!CH_3} + 2\ Na_2HSO_4 + Cr_2(SO_4)_3 + 7\ H_2O$$

---

❶ 不可用 $K_2Cr_2O_7$ 代替，因其相关钾盐的水溶解度都较小，不便操作；此合成中 $Na_2Cr_2O_7\cdot 2H_2O$ 过量30%、硫酸过量11%，应当减少用量。

❷ 产率低的原因可能是提取不完全。

3L 三口烧瓶中加入 228g（2mol）2-甲基环己醇及 1L 苯，冰水浴冷却控制反应温度 8~10℃，搅拌下于 3h 左右从分液漏斗慢慢加入如下氧化剂：500mL 水中加热溶解 238g（0.8mol）结晶重铬酸钠（过量 20%），加入 100mL 乙酸，再慢慢加入 550g（5.5mol）浓硫酸（过量 66%）混匀。

加完后再搅拌 1h，分取苯层，水层加入 250mL 水稀释后用苯提取两次，苯溶液合并，水洗两次，NaHCO₃ 水溶液洗、再水洗，以无水硫酸钠干燥后回收苯，剩余物分馏，收集 162~163℃馏分，得 193~200g（产率 85%~88%），n_D^{25} 1.445。

石油醚（bp 30~60℃）中的铬酸叔丁酯将伯醇氧化成醛，铬酸吡啶盐（CrO₃·2C₅H₅N，吸湿）氧化同样得到高产率的醛，但反应时间很长——在室温要放置两周。

硝酸是温和的氧化剂，用不同浓度的硝酸，以适当的反应条件控制氧化和分离以减少过度氧化。苄基卤化物 Ar—CH₂—Cl 的氧化是经过水解为苄醇的中间过程进行的，如：4,4′-联苄氯用 Na₂Cr₂O₇ 氧化为 4,4′-联苯二甲酸水溶液、240℃（压力下）并不反应，当加入少量 NaOH 才正常反应制得羧酸，反应本身产生 NaOH。

又如：

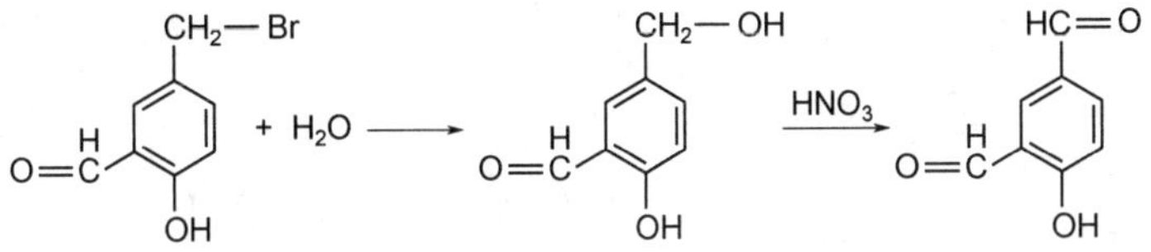

5g（0.025mol）6-羟基-3-溴甲基苯甲醛与 25mL（d 1.4）硝酸在 80℃以下反应 10min，将反应物倾入 50mL 水中，得到产率 70%的 4-羟基-m-苯二甲醛。

再如：

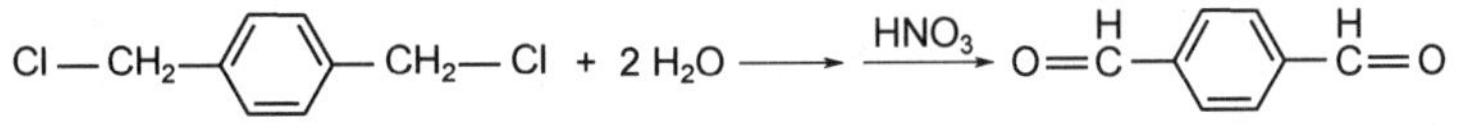

二甲基亚砜作氧化剂：伯醇、仲醇及其与下列物质对应的衍生物——α-卤代酸（酯）、Ar—CO—CH₂X、Ar—CH₂X、碘代烷、磺酸的酯，在"活化剂"配合下被二甲基亚砜氧化为醛（酮），二甲基亚砜被还原为二甲硫醚。一般在室温条件反应，反应温和、选择性好、产率高、分离方便。β-碳上有不饱和键（或 C=O 双键）的伯醇、仲醇用二甲基亚砜也同样比饱和醇更容易氧化成醛、酮，不饱和键不受影响。

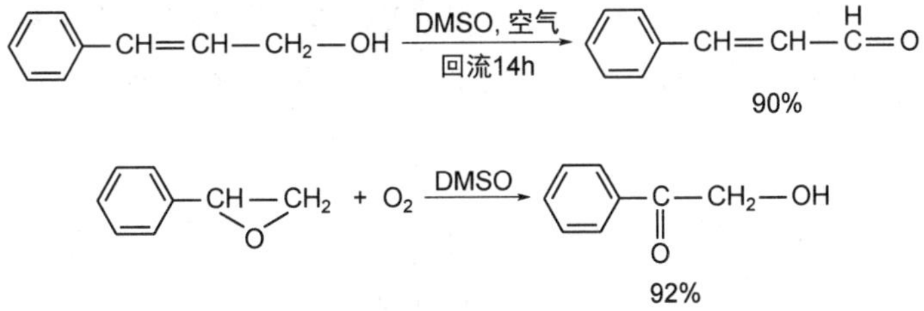

苯乙酮醛·H₂O M 152.15，mp 76~79℃（无水），bp 142℃/125mmHg。

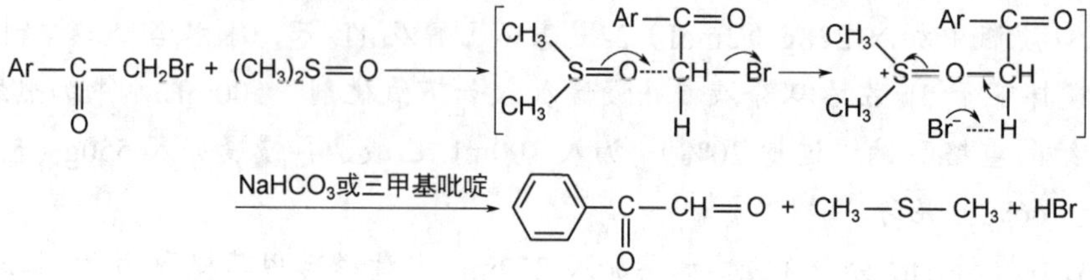

Ar—C—CH$_2$Br + (CH$_3$)$_2$S=O ⟶ [reaction scheme]

$\xrightarrow{\text{NaHCO}_3\text{或三甲基吡啶}}$ 苯甲酰—C—CH=O + CH$_3$—S—CH$_3$ + HBr

　　15.96g（0.08mol）α-溴代苯乙酮溶于 100mL（1.4mol）无水二甲基亚砜中，放置 9h 后倾入于冰水中，用乙醚提取，水洗三次，以无水硫酸镁干燥后回收乙醚，剩余物溶于最少的乙酸乙酯中，冷后滤出，以乙酸乙酯浸洗，得一水结晶 11.2g（产率 92%），mp 123~124℃。

　　使用二甲基亚砜的氧化反应，首先与醇生成烷氧基锍盐—CH$_2$—O—$\overset{+}{\text{S}}$(CH$_3$)$_2$·B$^-$，是合成中决定反应速度的步骤，为提高反应速度，使用活化剂与二甲基亚砜组合形复合物的形式以提高锍（硫）原子的电正性，以利于醇（氧）的进攻；或以醇的衍生物——氯甲酸酯、碳酸酯——以提高 α-碳的电正性，利于二甲基亚砜氧原子的进攻。

　　可供选择的"活化剂"有二环己基碳二酰亚胺（DCC，M 206.22，mp 34~35℃，bp 122~124℃/6mmHg，高毒及刺激性）、乙酸酐（P$_2$O$_5$，SO$_3$）、光气、草酰氯等。如：

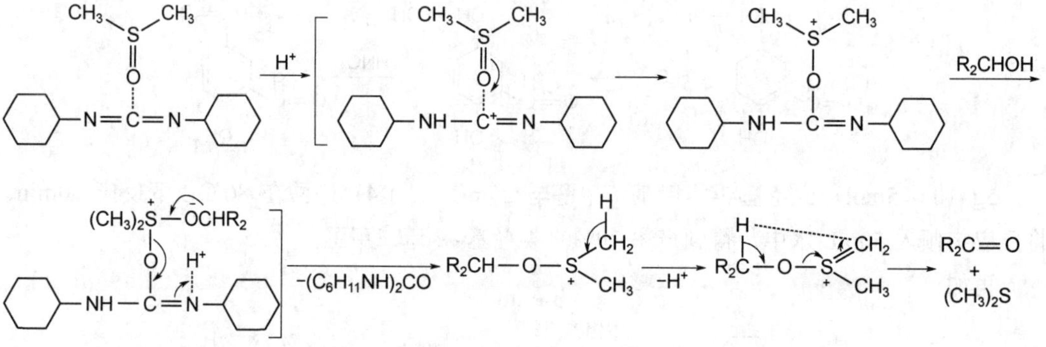

[reaction scheme]

p-硝基苯甲醛（以 2,4-二硝基苯腙的形式分离）

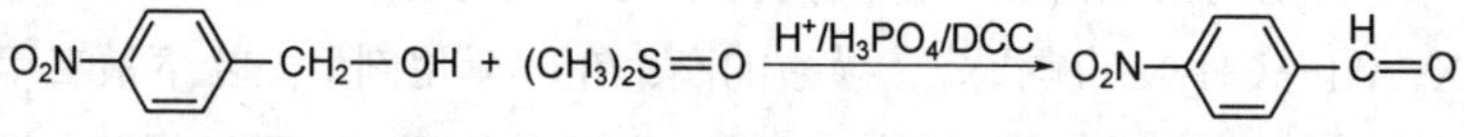

O$_2$N—C$_6$H$_4$—CH$_2$—OH + (CH$_3$)$_2$S=O $\xrightarrow{\text{H}^+/\text{H}_3\text{PO}_4/\text{DCC}}$ O$_2$N—C$_6$H$_4$—CH=O

　　5mL 无水二甲基亚砜中加入 618mg（3mmol）DCC，及 153mg（1mmol）对硝基苯甲醇及 0.5mmol 无水磷酸，混匀后于室温放置 1h，加入 216mg（2.4mol）无水草酸以除去过剩的 DCC，使生成加成物析出，过滤并以(CH$_3$)$_2$S=O 浸洗，清液减压蒸干，剩余物溶于少量乙醇中，加入至 218mg（1.1mmol）2,4-二硝基苯肼溶于含硫酸的稀乙醇溶液中，滤出析出的腙，乙醚浸洗，用乙酸乙酯重结晶，得 307mg（产率 92%），mp 316~317℃。

胆烷-24-醛

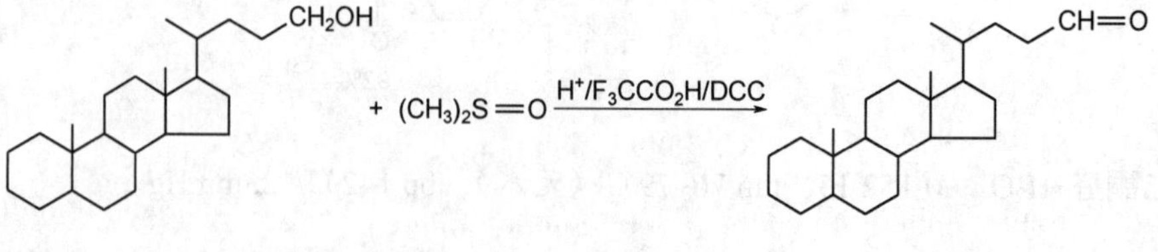

[structure] + (CH$_3$)$_2$S=O $\xrightarrow{\text{H}^+/\text{F}_3\text{CCO}_2\text{H}/\text{DCC}}$ [structure]

50mL 具磨口玻璃塞的锥形瓶中加入 1.033g（3mmol）胆烷-24-醇、10mL 无水苯及 15mL 无水二甲基亚砜，温热使溶解，放冷后加入 0.24mL 无水吡啶、0.12mL 新蒸的三氟乙酸及 1.85g（9mmol）DCC，塞紧、摇动使固体物溶解，于室温放置 18h，加入 30mL 苯，滤除二环己基脲，用苯洗脱吸附，苯液水洗三次，以无水硫酸钠干燥后回收苯，得粗品 2.12g，用苯/己烷溶剂溶解，通过直径 3cm、含 125g（0.05~0.2mm）硅胶的色谱柱，并用同样溶剂洗脱，在除掉前组分后收集洗脱液，蒸去溶剂，得 870mg 胆醛，mp 102~104℃。用 5mL 丙酮重结晶后 mp 103~104℃。

雄甾-4-烯-3,17-二酮　M 286.39。

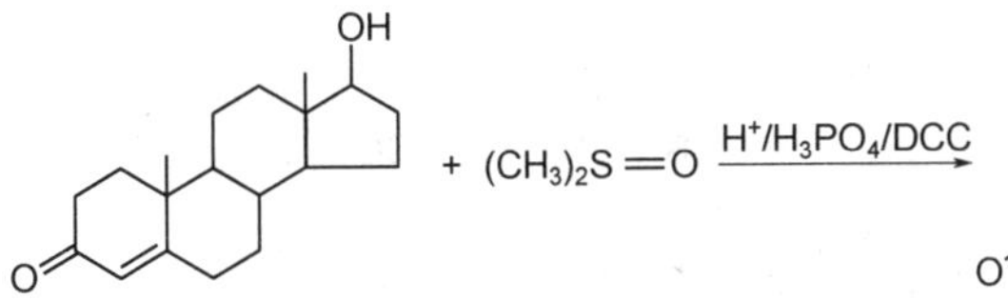

5.7g（0.02mol）睾丸酮溶于 20mL 二甲基亚砜，摇动下加入 12.4g（0.06mol）DCC 溶于 10mL 无水苯的溶液，混匀后加入 0.4mL（5mol/L）无水磷酸在二甲基亚砜中的溶液，于室温放置 2h。加入 50mL 乙酸乙酯，再加入 5g（0.056mol）无水草酸溶于甲醇的饱和溶液，混匀，0.5h 后滤除二环己基脲（12.7g），用乙酸乙酯浸洗，滤液用碳酸氢钠溶液洗后再水洗，以无水硫酸钠干燥，回收溶剂，剩余物放冷固化，用 20mL 甲醇重结晶，得产品 5g，mp 169~170℃。产率 87%。

乙酸酐（及磷酸酐）作活化剂，使用方便。

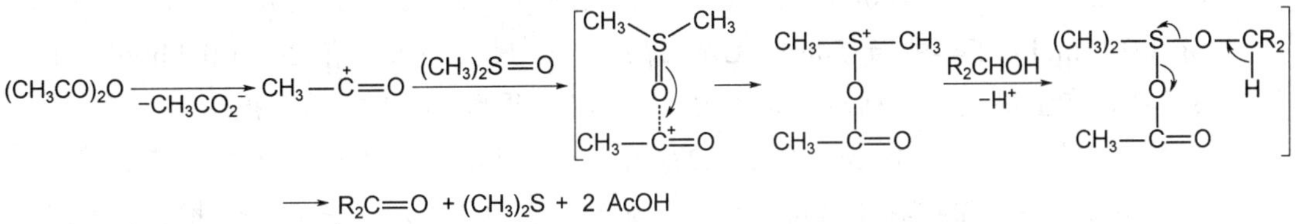

育亨宾酮　M 352.46。

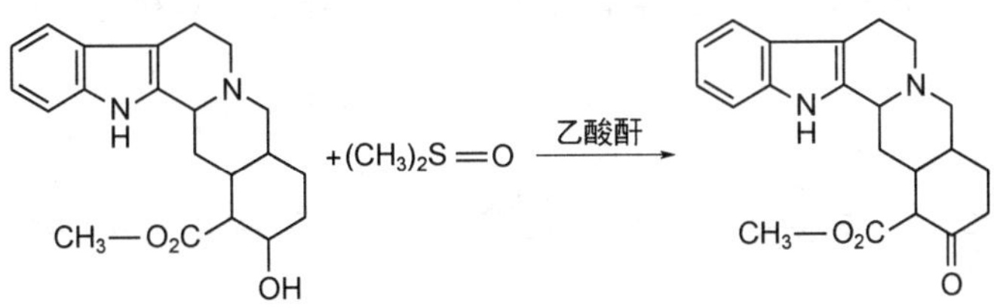

50L 反应罐中加入 886g（2.5mol）育亨宾溶于 7.55L（105mol）无水二甲基亚砜中，再加入 5.05L（53mol）乙酸酐，放室温下搅拌 18h。加入 16.8L 乙醇搅拌 1h，再加入 4.2L 水冲稀，冷却及搅拌下维持 15~30℃慢慢加入 11L（约 120mol）17%~20%氨水至反应液 pH 8，再加入 16.8L 水冲稀，滤出茶色结晶，干燥后得 818g（产率 93%），mp 248~250℃。用乙醇浸洗（2×2L），得纯品 742g（84%产率），mp 253~254℃。

活化底物——拉电子基的α-位置或者醇与强拉电子基酸的酯化物使烃基α-碳电正性提高，有利于二甲基亚砜氧原子的进攻，和过量的二甲基亚砜在碳酸氢钠或三甲基吡啶存在下直接反应，产率较高。

氯甲酸酯方法：光气和醇在40℃下反应制得氯甲酸酯，在室温和二甲基亚砜及胺或碳酸氢钠存在下反应，氯甲酸酯方法适用于简单伯醇、仲醇（α-C—H容易离去），推电子烷基使α-碳的活性降低导致产率较低。

$$R—CH_2—OH + COCl_2 \longrightarrow R—CH_2—O—CO—Cl + HCl$$

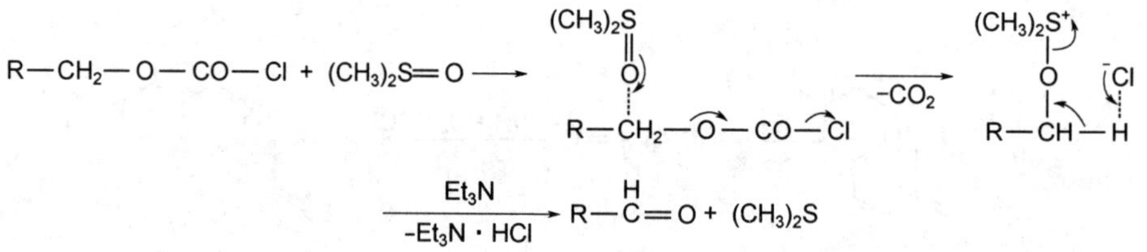

丁二醛　*M* 86.09。

$$HO—CH_2CH_2CH_2CH_2—OH + 2\,COCl_2 \xrightarrow{<40℃} Cl—\overset{O}{\overset{\|}{C}}—O—CH_2CH_2CH_2CH_2—O—\overset{O}{\overset{\|}{C}}—Cl + 2\,HCl$$

$$Cl—\overset{O}{\overset{\|}{C}}—O—CH_2CH_2CH_2CH_2—O—\overset{O}{\overset{\|}{C}}—Cl + 2\,(CH_3)_2S{=}O \xrightarrow{25\sim30℃} \xrightarrow[-Et_3N\cdot HCl]{Et_3N} O{=}\overset{H}{C}—CH_2CH_2—\overset{H}{C}{=}O$$

将光气通入冷却着的100mL无水乙醚中至饱和（达到15%~20%）。

10g（0.11mol）丁二醇与50mL无水乙醚混匀，慢慢加入含有24g（0.24mol）光气的乙醚溶液，在室温反应片刻后蒸出乙醚，得二(氯甲酸)-1,4-丁二酯粗品。

取以上氯甲酸酯粗品1mmol（约0.23g），加入10mL（140mmol）二甲基亚砜，在15℃搅拌2min，再室温搅拌15min。冷却下加入173g（2.4mol）三乙胺，搅拌至室温后再搅拌20min，加入218mg（1.1mmol）2,4-二硝基苯肼（溶于含有H_2SO_4）的稀乙醇溶液，滤出结晶，稀乙醇浸洗，用乙醇重结晶，得丁二醛-2,4-二硝基苯腙（产率80%）。

磺酸酯方法：

1,3-二苯氧基丙酮　*M* 242.24。

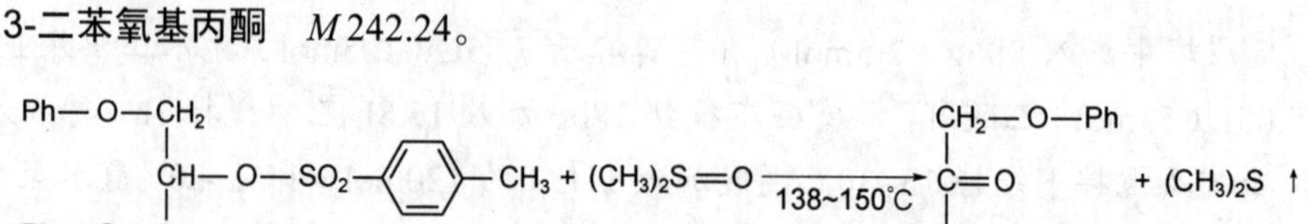

0.5L 烧瓶中加入 19.9g（0.05mol）对甲苯磺酸-1,3-二苯氧基丙醇酯、4.2g（0.05mol）碳酸氢钠及 75mL（1.05mol）无水二甲基亚砜，搅拌下慢慢于 2h 左右加热至 138℃，于 138~150℃保温 2h。冷却后将反应物倾入水中。析出的产物用苯溶解，水洗三次，以无水硫酸钠干燥，回收苯后的剩余物（半固体）用丙酮浸泡提取（不溶物为 1,3-二苯氧基丙醇），滤液分馏，收集 158~163℃/（0.3~0.36）mmHg 馏分，冷后固化，用异丙醇重结晶两次，mp 57℃（产率 90%）。

$$\text{Br}-\text{C}_6\text{H}_4-\text{CH}_2-\text{Br} \xrightarrow[\;]{\text{CH}_3-\text{C}_6\text{H}_4-\text{SO}_3\text{Ag}} \xrightarrow{(CH_3)_2S=O} \text{Br}-\text{C}_6\text{H}_4-\text{CHO}$$
76%

$$\text{C}_7\text{H}_{15}-\text{CH}_2-\text{O}-\text{SO}_2-\text{C}_6\text{H}_4-\text{CH}_3 \xrightarrow{(CH_3)_2S=O} \text{C}_7\text{H}_{15}-\text{CHO}$$
78%

$$\text{CH}_3(\text{CH}_2)_7-\text{CH}=\text{CH}-(\text{CH}_2)_7-\text{CH}_2-\text{O}-\text{SO}_2-\text{C}_6\text{H}_4-\text{CH}_3 + (CH_3)_2S=O \xrightarrow{DMSO}$$
$$\text{CH}_3(\text{CH}_2)_7-\text{CH}=\text{CH}-(\text{CH}_2)_7-\text{CHO}$$
64%

其它拉电子影响的活化底物：

$$\text{C}_6\text{H}_{13}-\text{CH}_2-\text{I} \xrightarrow{DMSO} \text{C}_6\text{H}_{13}-\text{CHO}$$
70%

$$\text{HC}\equiv\text{C}-(\text{CH}_2)_5-\text{CH}_2-\text{I} + (CH_3)_2S=O \xrightarrow{DMSO} \text{HC}\equiv\text{C}-(\text{CH}_2)_5-\text{CHO}$$
70%

$$\text{C}_6\text{H}_5-\text{CO}-\text{CH}_2-\text{Br} + (CH_3)_2S=O \xrightarrow{DMSO} \text{C}_6\text{H}_5-\text{CO}-\text{CHO}$$
84%

（见 133 页）

注：酰氯与二甲基亚砜的反应剧烈，慎用。

三、同碳二卤代烃的水解

苄叉二氯在酸或碱作用下完成水解得到醛（酮），依据活性选择不同的试剂和反应条件，其方法及实例如下。

（1）水和盐酸（考虑回收酸）

$$\text{C}_6\text{H}_5-\text{CCl}_2-\text{C}_6\text{H}_5 \xrightarrow[10\sim40℃]{\text{水}} \text{C}_6\text{H}_5-\text{CO}-\text{C}_6\text{H}_5$$

$$\text{(3,4-二甲苯基)}-\text{CCl}_2-\text{(2,4-二甲苯基)} \xrightarrow[>65℃]{\text{水}} \text{(3,4-二甲苯基)}-\text{CO}-\text{(3,4-二甲苯基)}$$

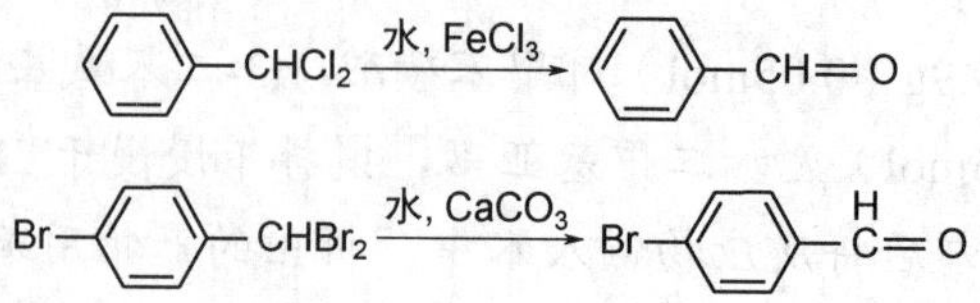

（2）不同浓度的硫酸或发烟硫酸

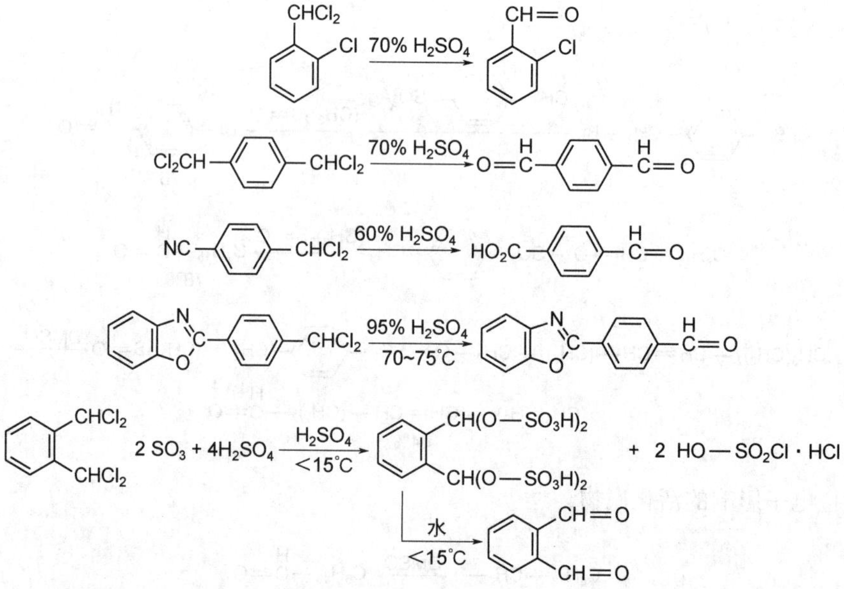

（3）乙酸钠作亲核试剂

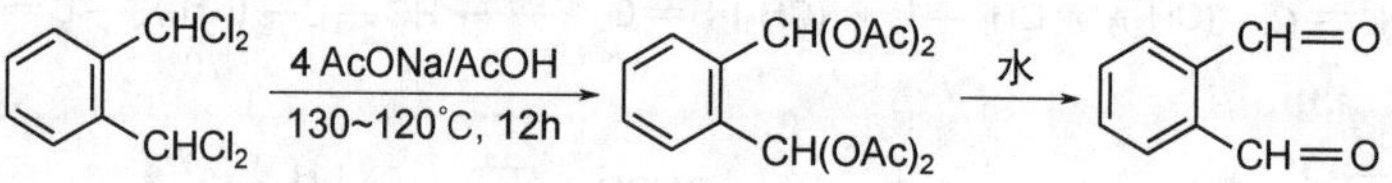

（4）甲醇钠作亲核试剂——醛缩醇——水解生成醛

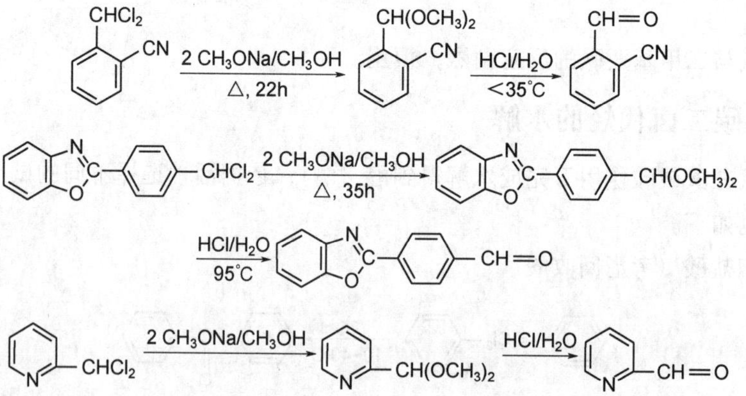

　　苯在 AlCl$_3$ 作用下与四氯化碳（兼作溶剂）在 5~15℃反应，当第一个苯进入反应生成 C$_6$H$_5$—CCl$_3$ 以后，它比 CCl$_4$ 更活泼，类似酰氯，新加入的苯来不及和 CCl$_4$ 反应，立即被复合物 C$_6$H$_5$—$\overset{\delta^+}{\overset{\frown}{CCl_3}}$·AlCl$_3$ 夺取生成二苯基二氯甲烷与 AlCl$_3$ 的络合物。二苯基二氯甲烷·AlCl$_3$，由于空

间的原因，即使再多的苯也要更高的温度才能生成三苯基氯甲烷和 $AlCl_3$ 的络合物。

二苯甲酮　M 182.22，mp 48.1℃，bp 305.9℃，d^{20} 1.146，n_D^{20} 1.067。

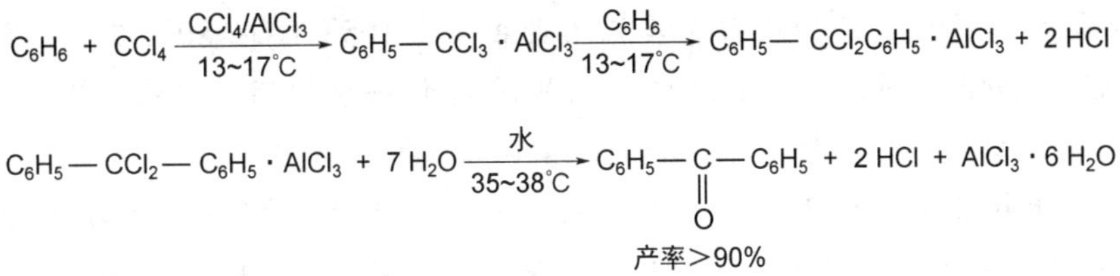

$$C_6H_6 + CCl_4 \xrightarrow[13\sim17℃]{CCl_4/AlCl_3} C_6H_5-CCl_3 \cdot AlCl_3 \xrightarrow[13\sim17℃]{C_6H_6} C_6H_5-CCl_2C_6H_5 \cdot AlCl_3 + 2HCl$$

$$C_6H_5-CCl_2-C_6H_5 \cdot AlCl_3 + 7H_2O \xrightarrow[35\sim38℃]{水} C_6H_5-\underset{\underset{O}{\|}}{C}-C_6H_5 + 2HCl + AlCl_3 \cdot 6H_2O$$

$$产率>90\%$$

粗品减压蒸馏产物总显示蓝绿色并有酰氯气味，或是 $C_6H_5-CCl_3 \cdot AlCl_3$ 残余造成的，用 10%NaOH 热洗无效，用 1/4 70%硫酸在 110~120℃ 热洗 2h，水洗，干燥后减压蒸馏，收集 187~190℃/17mmHg 馏分（无头分），产率 80%，mp 47~48.5℃。

另法：

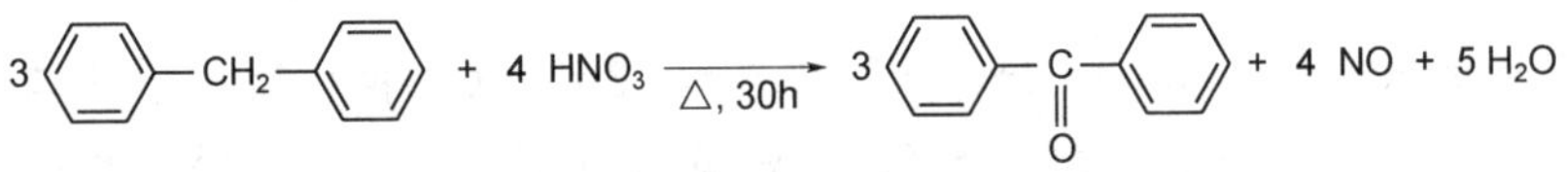

2L 三口烧瓶配置一填充的短管 ϕ40mm×200mm，上接回流冷凝器，另一口安装有分散头的插底管，冷凝器上口用负压以 10mL/s 的速度导入空气。烧瓶中加入 285g（1.7mol）二苯甲烷及用 850mL 冷水及 250g（d 1.5，3.9mol）硝酸配制的稀硝酸（22.5%[❶]），通入空气条件下回流 30h，初、冷凝中出现黄色乃至棕黄色液体，18h 以后几乎为无色，表示氧化近于完全，又继续反应 12h 以确保反应完全。稍冷，分去酸水层[❷]，调节浓度重复使用，得粗品 300~310g（产率 98%~99%），fp 42℃。热水洗两次，减压蒸馏，得 260g（产率 84%），mp 46~47.5℃，外观微黄（应改用其它催化剂）。

3,3′,4,4′-四甲基二苯甲酮　M 238.33，mp 143℃。

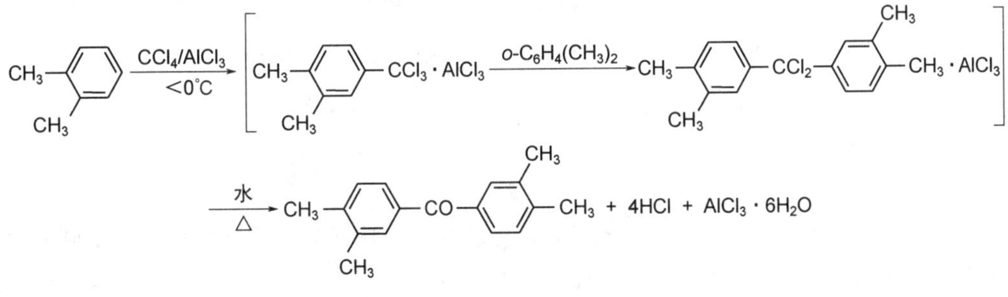

5L 三口烧瓶中加入 478g（3.6mol）三氯化铝及 1.6L 干燥无水四氯化碳，外用冰盐浴冷却，开动搅拌，当温度降至 0℃，加入 50g 邻二甲苯，放热，释放出的 HCl 导出至水吸收。控制 0℃以下于 2h 左右从分液漏斗滴入 660g（共 6.7mol）邻二甲苯，反应物呈

---

❶ 此硝酸浓度似乎太高，在开始的 8h 至少有 50%被氧化，并有少量硝化，应降低硝酸浓度至 15%或更低，使用氧气。
❷ 最后酸水浓度为 13%~14%，实际耗酸 105g（计算应得 140g），如果把仪器按试验中叙述的使用填充短管（本试验未用），调节进气速度，硝酸的消耗量将有更大降低。

棕色，移去冰盐浴再搅拌 1h。于 0.5h 左右将反应物加热至沸，保持微沸，从分液漏斗于 1.5h 慢慢滴入 0.5L 水，放出大量 HCl（必须在沸腾下滴水水解，否则在回收 CCl_4 至液温 105℃ 会有突发的放热）；加完后基本不再放出 HCl，再以较快速度加入 1.3L 水，充分搅拌。将冷凝器作蒸馏装置加热回收四氯化碳至液温 105℃（在 80℃ 左右，尚存有相当多四氯化碳时就析出大量结晶，黏结成块状），稍冷倾去氯化铝水溶液，再水洗二次，风干得 800g（产率约 99%），HPLC 分析：主体 74%，异构物 23%[1]。

精制：以上粗品用 1.5mL/g 精制成品的甲苯母液溶析一次[2]（干燥后得 690g，纯度 85%），再用甲苯重结晶，得（干品）550g（折合产率 68%），HPLC 纯度 98%[3]。

2-氯苯甲醛　M 140.57，mp 9~11℃，bp 212~214℃，d 1.248。

0.5L 三口烧瓶中加入 380g（3mol）2-氯甲苯、3mL PCl_3 和 0.4g 过氧化二苯甲酰，维持 92~97℃ 通入干燥的氯气使增重 85~95g，升温至 105℃±2℃ 继续通入氯气使增重总量达 191g（约 5.4mol）[4]，约 10h 可以完成，最后保温 0.5h。

水解：2L 三口烧瓶中加入 0.7kg 70% H_2SO_4，加热维持 118~123℃ 搅拌着，在氮气保护下从分液漏斗于 3h 左右慢慢滴入上面的氯化物（570g），放出的 HCl 导出至水吸收，加完后保温 1h，稍冷，立即分取上面油层 392g，并立即加入 0.4g 4-羟基苯甲醚或对苯二酚，水洗两次（2×300mL），以无水硫酸钠干燥后在氮气保护下减压分馏，收集 92~97℃/15mmHg 馏分，得 290g（产率 69%），添加 0.15% 4-羟基苯甲醚，充氮气避光保存。

注：以 o-二甲苯直接氯化为 α,α,α'-三氯-o-二甲苯的反应温度为 75~80℃，可不加 PCl_3。同法制得 4-氯苯甲醛，易氧化，mp 47.5℃，bp 213~214℃，d^{61} 1.196。

4-溴苯甲醛　M 185.03，mp 57℃，bp 66~68℃/2mmHg；从乙醇中得片晶。

1L 三口烧瓶中加入 100g（0.58mol）4-溴甲苯，搅拌下加热至 105℃，用 100W 白炽灯照射着，维持 105~110℃ 慢慢滴入 100g（0.62mol）无水液溴，约 1h 加完，放出的 HBr 导出至水吸收；升温至 135℃ 左右于 2h 滴入另一份 100g 无水液溴（共 1.24mol），加完

---

[1] 或以更低的反应温度以减少异构物的比例。

[2] 溶析的母液中 HPLC 检测 90% 以上为异构物。

[3] 减压蒸馏（有少量升华）后再甲苯重结晶，mp141~143℃。

[4] 以上通氯增重 196g，GC 分析：一氯 2%；二氯 82%；三氯 15%。增重 187g，GC 分析：一氯 15%；二氯 79%；三氯 3%。

后升温至 150℃保温 1h。将反应物倾入 2L 三口烧瓶中，加入 300mL 水及 200g（2mol）轻体碳酸钙，搅拌下作水蒸气蒸馏，最初的 1L 馏出液收集到 50~60g，mp 55~57℃；以后的馏出液收集到 15~20g，mp 50~56℃的粗品，该粗品与 50mL 饱和亚硫酸氢钠溶液一起研磨 3h，滤出结晶，用乙醇洗两次。合并产物与碳酸钠一起水蒸气蒸馏，收集到 13~18g，mp 55~57℃，共得 65~75g（产率 60%~68%）。

4-羧基苯甲醛 M 150.13，mp 247℃；可溶于沸乙酸（8mL/g）。

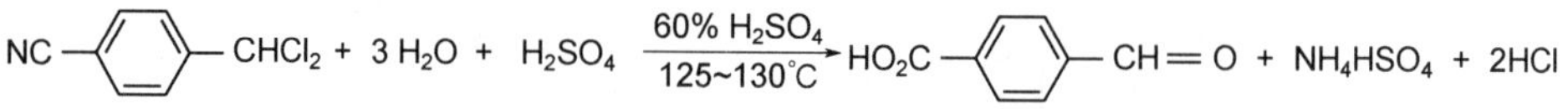

$$NC\!-\!\!\!\!\fbox{ }\!\!\!\!-CHCl_2 + 3H_2O + H_2SO_4 \xrightarrow[125\sim130℃]{60\% \ H_2SO_4} HO_2C\!-\!\!\!\!\fbox{ }\!\!\!\!-CH\!=\!O + NH_4HSO_4 + 2HCl$$

0.5L 三口烧瓶中加入 160mL 水，搅拌下加入 250g（2.5mol）浓硫酸配制成 60%的稀硫酸[1]，加热保持 125~128℃，于 1h 左右从有塞的三角漏斗慢慢压入 47g（0.25mol，97.4%）氰基苄叉二氯，放出的 HCl 导出至水吸收，压入的物料很快熔化进入反应，又很快形成结晶。加完后保温搅拌 3h（1.5h 后就不再放出 HCl），并不时加速搅拌以冲刷瓶壁上的结晶使完全水解。稍冷倾出，冷后滤出结晶，充分水洗，干后得米黄色的结晶 35g（产率 95%），HPLC 纯度 98.8%[2]。用热乙酸（13mL/g）重结晶（脱色）[2]。

1,4-苯二甲醛 M 134.13，mp 116℃，bp 267℃；可溶于热水（8mL/g），易溶于乙酸（1.5mL/g）及苯中。

a. 氯化

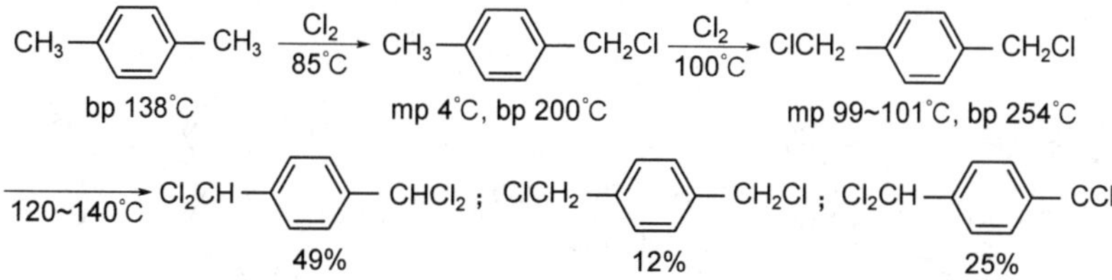

1L 三口烧瓶中加入 318g（3mol）对二甲苯，控制反应 85℃±2℃，加入 0.1g 过氧化二苯甲酰（散射光稍差），通入氯气使增重 105g（2.9mol）氯，取样 GC 分析，如图 4-1（a），主体 $CH_3\!-\!\!\fbox{ }\!\!-CH_2Cl$ 为 56%~60%；再 100℃通氯使增重 100g（2.8mol），GC 分析如图 4-1（b）[3]，主体 $ClCH_2\!-\!\!\fbox{ }\!\!-CH_2Cl$ 为 40%；再 125℃±2℃通氯增重 100g，最后 140℃使增重 95g，此时通氯总量 400~405g，GC 分析见图 4-1（c）。

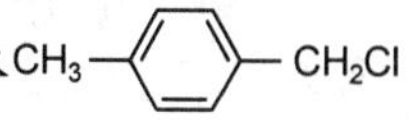

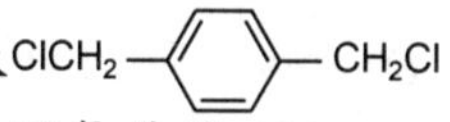

在氯化之初约 18g（5%）对二甲苯被 HCl 吹出，依此计算增量=（318-18）×4×

---

[1] 使用 50% H_2SO_4 在 118~120℃水解时观察到首先氰基水解得到酰胺，而后晶形改变并放出 HCl，以及酰胺水解，产品纯度＞98%，外观仍为米黄色；又使用 70%H_3PO_4 在 140℃反应缓慢，外观只比米黄稍好。

[2] 粗品不可用 NaOH 酸碱沉析处理，严重的康尼查罗反应产生的对苯二甲酸竟升至 10%，被还原产生的羟甲基苯甲酸被水洗掉。酸碱处理只可用 NaHCO₃。

[3] 曾用如下方法氯化，很方便，得到同样结果。方法：烧瓶中加入 318g（3mol）对二甲苯，加热至 70℃，在 100W 白炽灯光照下（在夜间室外），以 20~25mL/s 的速度通入氯，关掉电热，放热使反应物温度升至 110℃，维持 110~120℃通氯至增重 348~360g（因约 10%对二甲苯损失，故此为理论量）。过程中有产物在冷凝器中结晶，要注意随时捅堵。约 3h 可以完成，得氧化物 678~690g，稍冷即结为固体。

35.5/106g=402g，操作中实际增重为（400g+18g）418g，超过计算量16g，从检测图分析，这个数量应该减下来。

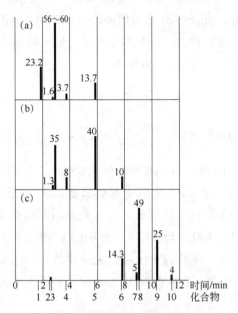

图4-1 对二甲苯侧链氯化示意图

1—对二甲苯；2—环乙一氯；3—4-甲基苄氯；4—未知物；5—4-氯甲基苄氯；
6—α,α,α'-三氯代对二甲苯；7,10—未知物；8—$\alpha,\alpha,\alpha',\alpha'$-四氯代对二甲苯；
9—$\alpha,\alpha,\alpha,\alpha',\alpha'$-五氯代对二甲苯；10—未知物

b. 水解

$$Cl_2CH{-}C_6H_4{-}CHCl_2,\ ClCH_2{-}C_6H_4{-}CHCl_2,\ Cl_2CH{-}C_6H_4{-}CCl_3 \xrightarrow[140\sim150^{\circ}C]{12\,H_2O,\ 70\%\ H_2SO_4} OHC{-}C_6H_4{-}CHO,\ HOCH_2{-}C_6H_4{-}CHO,\ OHC{-}C_6H_4{-}CO_2H$$

1L 三口烧瓶中加入 800g 70% H_2SO_4（d 1.61）及 1/2 量（350g）上述 a 中所得的混合氯化物（熔点约 65~70℃），开动搅拌，加热熔化至 100℃开始有 HCl 放出，导至水面吸收，控制反应不太剧烈的情况，于 1h 以上将反应物加热至 140℃，因为反应消耗水而使回流温度升高，要随时补加水以保持回流温度 140~150℃。15h 后，再于 1h 左右分次加入另一半（350g）上面氯化产物，加完后仍以随时回流滴水的方法维持水解温度 145~150℃。5h 后不再有 HCl 放出，再保温 2h 以水解完最后的氯甲基，总共加入水 100~110mL。放冷至 70℃左右倾出反应物，放置过夜，次日分别收集上层凝固的产物和酸液中的结晶。上层凝固产物水冲洗，得 420g；从酸液滤出的结晶，水洗，得 75g。分别分析 HPLC，结果如图 4-2 所示。

分离出的"废硫酸"重复使用。

c. 分离以提取酸性物质

2L 烧杯中加入 0.5L 水及 0.5kg 碎冰，加入 126g（1.5mol）碳酸氢钠，控制放出 CO_2

不致横溢，搅拌下慢慢加入熔化的上述水解产物（共 495g）快速搅拌以成细小颗粒以便提取，加完后再搅拌 10min，滤出物（干）324~360g（应以粉碎再处理，母液回收 4-甲酰苯甲酸）。

提取：5L 烧瓶中加入 4L 沸水，30g 脱色炭及（c）中所得产物，搅拌煮沸 5min，过滤，冷后滤取白色结晶，干后得 120~126g，mp 104~106℃；用水母液作第二次提取滤渣，得 60g，mp 90~102℃；再第三次提取得 21g，mp 80~90℃，共得 201~207g。

精制：用乙酸（1.5mL/g）重结晶❶，得 146g（36%，按对二甲苯计），mp 112~114℃，外观白色至淡黄色。

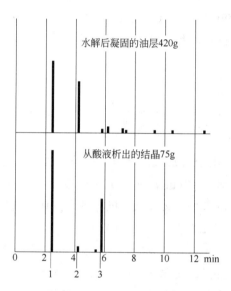

图 4-2 氯化物水解产物分析 HPLC

1—对苯二甲醛；2—对羟甲基苯甲醛；3—4-甲酰苯甲酸

对苯二甲叉二氯可以在浓硫酸中生成硫酸酯，其后水解得到对苯二甲醛。邻苯二甲叉二氯与浓硫酸发生严重的分子内反应生成磺酸二酯或缩聚，析出沥青状物（或可被水解为醛）。下面使用发烟硫酸、SO_3 参加反应（10~15℃）生成—CH(—O—SO_2—Cl)，水解时分解放出 HCl。

1,2-苯二甲醛 M 134.13，mp 55~58℃，bp 135℃/15mmHg。

$$\underset{\text{CHCl}_2}{\overset{\text{CHCl}_2}{\bigcirc}} \xrightarrow[\text{15℃, -2 HCl}]{\text{2 SO}_3\text{, 2 H}_2\text{SO}_4} \underset{\text{CHOSO}_2\text{Cl}}{\overset{\text{CHOSO}_2\text{Cl}}{\underset{\text{OSO}_3\text{H}}{\overset{\text{OSO}_3\text{H}}{\bigcirc}}}} \xrightarrow[\text{15℃, -4 HCl, -4 H}_2\text{SO}_4]{\text{4 H}_2\text{O}} \underset{\text{CH=O}}{\overset{\text{CH=O}}{\bigcirc}}$$

2L 三口烧瓶中加入 1.8kg 20% SO_3 的发烟硫酸（4.5mol），冰水浴冷却，反应温度保持在 15℃以下，搅拌着慢慢加入 488~530g(>92%，2mol)邻苯二甲叉二氯(mp 78~82℃)，

---

❶ 液体稍冷就出现荧光的浑浊，是对苯二甲酸造成的（规格允计 0.1%）。

反应放热几近平衡，也无 HCl 放出。加完后保温搅拌 2h，反应物溶液均一，生成络合物。

5L 三口烧瓶中加入 3L 冰水，用冰盐浴冷却控制温度在 15℃以下，于 1h 左右慢慢加入以上反应物，放出的 HCl 导出至水吸收。几小时后析出结晶，用甲苯提取（4×400mL），提取液合并，以 5% Na_2CO_3 调节 pH 8，用无水硫酸钠干燥后回收甲苯至液温 80℃/-0.09MPa，减压下冷却至 60℃/-0.09MPa，倾入烧杯中（剩余物 260g），冷后滤出结晶，得 240g，GC 纯度 94%~97%（折合产率 85%），以四氯化碳浸洗一次（冷溶解度 3%）。

精制：用四氯化碳（6mL/g）重结晶（脱色），冷至 0℃滤出晶体，以四氯化碳冲洗，风干，得 210~220g（产率 78%~82%），mp 53~55℃，GC 纯度 99%，外观暗黄。

又将产品用石油醚（90~120℃）（8mL/g）加热至 80℃形成溶液，在放冷过程中，有颜色的产品以油状物首先析出，约 1/5 以油状析出后小心倾取清液，冷后滤出，得近于无色的产品。

另法：

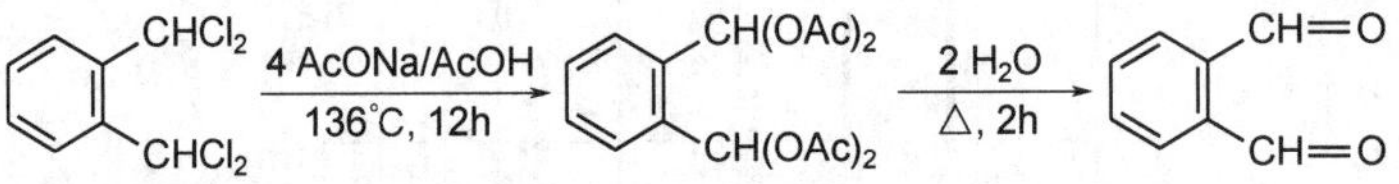

2L 三口烧瓶中加入 1.4L 85%乙酸，开动搅拌并加热，慢慢加入 300g（2.7mol）碳酸钠，搅拌下加热蒸出部分水（100mL，弃去）及稀乙酸（300mL），冷至 100℃左右加入 244~265g（＞92%,1mol）邻苯二甲叉二氯，搅拌下加热回流 12h（回流温度从 136℃降至 126℃）析出大量氯化钠。停止加热，冷至 60℃开动水泵减压蒸馏回收乙酸至液温 140℃/-0.09MPa，冷至 110℃以下加入 0.8L 水加热回流 15min 再开动搅拌回流 2h，冷至 60℃用甲苯提取三次（3×200mL），提取液合并，以无水硫酸钠干燥后减压蒸馏回收甲苯至液温 110℃/-0.09MPa，冷至 80℃放空至常压，倾出暗红色油状物 140g（主体物 74%）[❶]，放冷结晶，再冰冷，滤出得 72g，纯度 93%（折合产率 50%）。

2-(4′-甲酰苯基)苯并噁唑　M 223.23，　mp175℃。

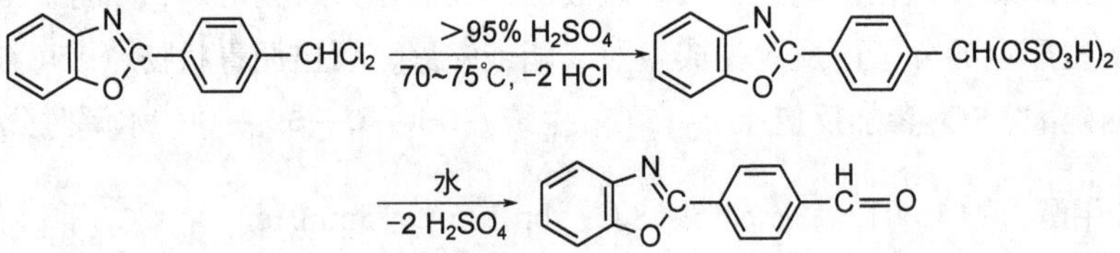

1L 三口烧瓶中加入 300mL 浓硫酸，维持 70~75℃搅拌下于 1h 左右慢慢加入 140g（0.5mol）2-(4′-二氯甲基苯基)苯并噁唑，放出的 HCl 导至水面吸收，加完后保温搅拌 5h，取样按如下处理后中控分析 HPLC 纯度达到 94%（或因硫酸浓度、反应温度和时间不足未达标准时，应予补足）。搅拌下将反应物加入 0.8L 水中，充分搅拌，滤出结晶、水洗，干后得 108g，HPLC 纯度 94%（折合产率 91%），mp 169~171℃。

必要时可用 DMF（1.5mL/g，150℃）重结晶或溶析。

另法：在甲醇溶液中苄叉二氯与甲醇钠反应生成醛缩醇，拉电子效应使反应增速，

---

❶ 可能是乙酸酯未水解完全，应用 5% H_2SO_4 水解。

推电子影响使反应非常缓慢。即使是拉电子的影响，反应速度仍然缓慢，或可更换溶剂以获得更高的反应温度。

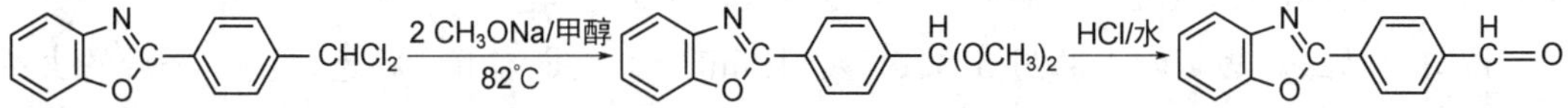

1L 三口烧瓶中加入 140g（0.5mol）2-（4′-二氯甲基苯基）苯并噁唑及 300mL 甲醇，搅拌下加热至回流，于 2h 左右加入 286g（30%,1.58mol）甲醇钠的甲醇溶液，搅拌下加热回流过程中随时蒸出部分甲醇以维持回流温度 80~82℃❶，约 10h 后回流的液温下降缓慢，仍维持 80~82℃，共回流 35h（取样按如下方法处理后 HPLC 分析，主体约占 81%，又增加回流时间 6h，主体含量没有增加）。回收甲醇至液温 100℃，析出的大量固体物（产物及氯化钠）有跳动的现象；稍冷，加入 140mL 水，加热回流 0.5h 以溶解氯化钠以免块状物撞击搅拌头，搅拌下加热回流 1h 让块状物崩解，稍冷滤出，水洗，干后得醇 130g，纯度（HPLC）90%❷（折合产率 87%），mp 12~128℃。

水解：1L 三口烧瓶中加入以上 130g 90%醛缩醇，100mL 水及 200mL 30%盐酸，搅拌下加热维持 90~95℃（如果沸腾会使轻体产物形成泡沫溢出），保温搅拌 1.5h 或更长，冷至 50℃时滤出结晶，水洗，干后得 105g，HPLC 纯度 84%❸（以起始原料计算，折合产率 79%），mp166~169℃。

精制：105g 以上 84%的粗品与 158mL（1.5mL/g）DMF 搅拌下加热至 150℃，溶解，慢慢放冷❹，滤出结晶，充分水洗，干燥后得 87g，纯度 97.4%（以起始原料计算，折合产率 76%），mp173.1~174℃，白色晶体。

2-氰基苯甲醛　*M* 131.13，易溶于乙醇及乙酸，mp103℃。

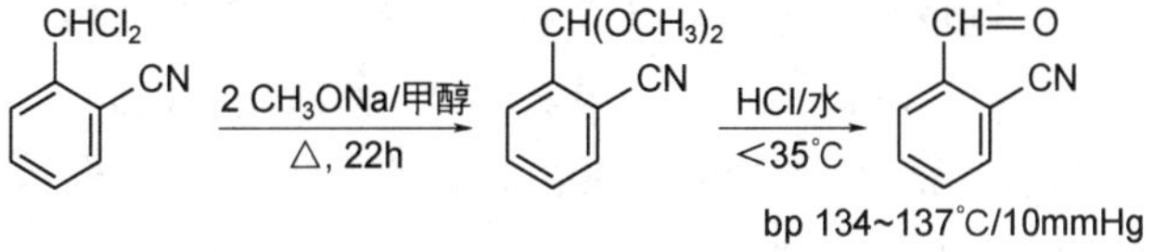

2L 三口烧瓶中加入 372g（以 2mol 2-氰基苄氯氯化的纯度 80%未经分离的氯化物，重 372~374g，折合 1.6mol）2-氰基苄叉二氯、300mL 甲醇，搅拌下加热保持回流，于 2h 左右加入 1kg 30%（5.5mol）甲醇钠甲醇溶液❺，加完后再加热回流搅拌 20h，转化率 80%，继续反应 6h 转化率没有提高。冷后滤除氯化钠并以甲醇冲洗，溶液合并，水浴加热回收甲醇 [见 2-（4′-甲酰苯基）苯并噁唑，本页脚注❷]，得黏稠含甲醇钠及氯化钠的 2-氰基苯甲醛缩甲醇。

---

❶ 应更多地回收甲醇，使反应温度达 95℃或更高，可在 10h 完成反应。
❷ 反应温度升高以后，转化率达到 90%，仍未达到原料"二氯物"含量>98%应有的转化率。或应更换溶剂，如乙二醇，以获得更高的反应温度，缩短反应时间，提高转化率。
❸ 应予延长水解时间。
❹ 如果是搅动放冷，产物以粉末析出，纯度降为 95.2%，mp 164.8~168.6℃。
❺ 以氯化物总氯计算，甲醇钠过量 37%。

水解：2L 烧杯中加入 1L 工业盐酸（d 1.15），冰水浴冷却控制 35℃以下搅拌着慢慢加入上步得到的醛缩醇混合物，约 1h 可以加完，很快有结晶析出，再搅拌 1h，滤出，水洗二次，用 50%乙酸浸洗，得湿品 300g（折合干品 234g）。

精制：以上产物折合干品用 50%乙酸（1.5mL/g）加热溶解，脱色过滤，冷后滤出结晶，以 50%乙酸浸洗一次，于 70℃以下烘干，得 120g，mp 101.7~102.8℃，纯度 99%（产率 43%，按 2-氰基苄氯计，未计入精制中母液回收的产物）

同样方法以 4-氰基苄叉二氯制备 4-氰基苯甲醛的产率为 40%。

水杨醛　M 122.12，　mp 1~2℃，bp 197℃ ，d 1.146，n_D^{20} 1.572。

a. 氯甲酸-o-苯甲酚酯

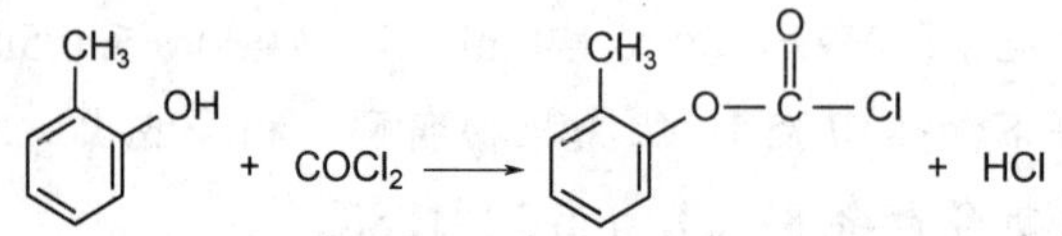

5L 三口烧瓶中加入 2L 无水甲苯、540g（5mol）o-苯甲酚，控制＜30℃搅拌下通入不含氯气的光气至饱和（停止放热），此时已经通入了 556g（5.6mol）光气。控制 20℃左右慢慢加入 640g（5.3mol）N,N-二甲基苯胺，通入氮气 1h 以赶除多余的光气。反应物用冰水洗（2×500mL）（水层碱化回收 N,N-二甲基苯胺），有机层干燥后回收甲苯，剩余物减压分馏，收集 84℃/11mmHg 馏分，得 836g（产率 98%）。

b. 氯化及水解

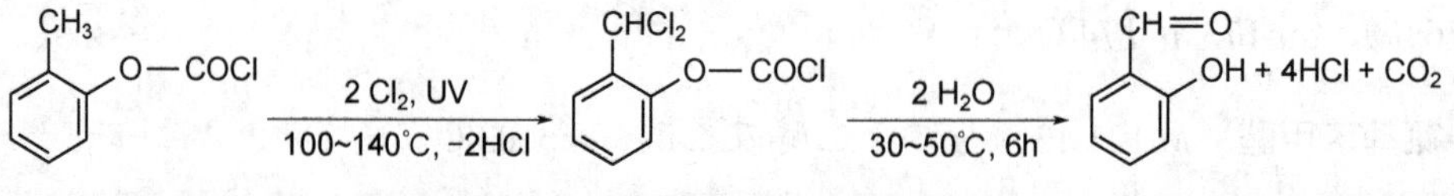

2L 三口烧瓶中加入 855g（5mol）氯甲酸-o-苯甲酚酯，控制 120~140℃搅拌及紫外光照下通入氯气使增重 272g（7.6mol）。分馏，首先收集约 400g＜125℃/12mmHg 一氯物（需重新氯化）；收集 134℃/13mmHg 馏分得 700g 二氯物，进行下一步水解。

5L 三口烧瓶中加入 2.8L 水及 720g（3mol）2-氯甲酰氧基苄叉二氯，于室温搅拌 2h，温热下搅拌 2h，再 90℃搅拌 2h，取样滴定至 HCl 不再生成，水蒸气蒸馏，分取有机层，以无水氯化钙干燥后蒸馏，得 340g（产率 92.8%）。

四、β-酮酸酯的水解及脱羧——由乙酰乙酸乙酯、丙二酸二乙酯合成，或乙酰乙酸乙酯及其它β-酮酸酯水解及脱羧得到酮

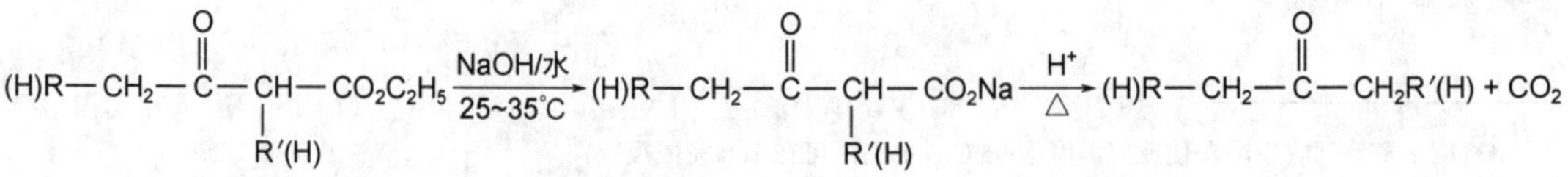

乙酰乙酸乙酯、丙二酸二乙酯的亚甲基受两个羰基拉电子的影响，α-C—H 类似于"酸"，与碱作用生成碳负离子，作为亲核试剂与卤化物电正中心缩合，其后酯基水解、失羧，得到甲基酮或其它酮（此法大量物料消耗，应考虑以格氏试剂得到对应的酰氯或羧酸酯来制备）。

2-庚酮 M 114.19， mp $-35.5℃$， bp151℃， d^{20} 0.8111， n_D^{20} 1.4088。

a. n-丁基-乙酰乙酸乙酯

$$CH_3CO—CH_2—CO_2C_2H_5 \xrightarrow[-CH_3OH]{CH_3ONa} CH_3CO—\overset{-}{C}H—CO_2C_2H_5 \xrightarrow{n\text{-}C_4H_9Br} CH_3CO—\underset{\underset{C_4H_9}{|}}{CH}—CO_2C_2H_5$$

5L 三口烧瓶中加入 2L 无水乙醇，在回流冷凝下分多次加入 115g（5 mol）金属钠切片，反应完后，搅拌下慢慢加入 650g（5mol）乙酰乙酸乙酯，再缓慢回流及搅拌下于 2h 左右慢慢加入 750g（5.47mol）溴丁烷，加完后再搅拌回流 2h。冷后滤除溴化钠，并以无水乙醇冲洗，醇溶液合并，回收乙醇，剩余物 925g，减压蒸馏，收集 112~115℃/16mmHg 馏分，得 642~672g（产率 69%~72%）。

b. 水解及脱羧

$$CH_3CO—\underset{\underset{C_4H_9}{|}}{CH}—CO_2—C_2H_5 \xrightarrow{NaOH/水} CH_3CO—\underset{\underset{C_4H_9}{|}}{CH}—CO_2Na \xrightarrow{H^+/H_2SO_4} CH_3—\underset{\underset{O}{||}}{C}—CH_2—C_4H_9$$

10L 三口烧瓶中加入 5L 5%（6.5mol）NaOH 溶液，加入上述制得未经蒸馏的 925g 正丁基乙酰乙酸乙酯粗品，在室温下搅拌 4h 使皂化溶解。分离出未进入反应的油状物（二丁基缩合物对于皂化反应有位阻），将水溶液脱色滤清，搅拌下慢慢加入 500mL 50%（3.6mol）硫酸酸化，当放出二氧化碳较少后，加热蒸出 1/2 体积后以氢氧化钠调节至碱性，再蒸出 90%，分取油层。水层再蒸出 1/3 体积，分取油层。剩余水层又蒸出 1/3 体积，分取油层。三次分取的油层合并以无水硫酸钠干燥后分馏，收集 148~150℃馏分，得 300~350g（产率 52%~61%），GC 纯度 >95%，d^{20} 0.812~0.818。

其它酮也可以从相应的 β-酮酸酯制取，其它 β-酮酸酯是从乙酰乙酸乙酯和醇镁、醇钠、或有水条件下的氢氧化钠反应，在活泼的亚甲基上生成碳负离子，与酰氯作用引入酰基。为了减少酰氯和醇的反应，依酰氯的活性，在低温以及使用其它溶剂（苯、石油醚），调整溶剂配置以提高反应的选择性或予保护作用，反应完成后酸化，分离出乙酰-α-酰基乙酸乙酯。乙酰基几乎是同系物中加成活性最强、空间阻碍最小的，乙醇钠总是在乙酰基加成中以乙酸乙酯的形式脱掉——生成其它酰基的乙酸乙酯，乙醇钠再生使反应催化进行。

对于活性强的乙酰-α-酰基乙酸乙酯，在用醇钠催化脱去乙酰基的过程中，也或发生 α-碳负离子在分子间与羧基缩合，使用氯化铵，在水中被反应物中的碱分解出 NH_3，作用于敞开位置的乙酰羰基以乙酰胺形式脱掉。

丁酰乙酸乙酯 M 158.20， bp104℃/22mmHg， $d^{15.6}$ 0.9862。

a. 乙酰-α-丁酰乙酸乙酯

$$2\ C_2H_5OH + Mg \xrightarrow{苯} (C_2H_5O)_2Mg + H_2$$

$$CH_3CO—CH_2—CO_2C_2H_5 \xrightarrow[-C_2H_5OH]{(C_2H_5O)_2Mg} CH_3CO—\underset{\underset{OC_2H_5}{|}}{\underset{\underset{Mg}{|}}{C}H}—CO_2C_2H_5 \xrightarrow[25℃,\ -C_2H_5OMgCl]{C_3H_7COCl} CH_3CO—\underset{\underset{COC_3H_7}{|}}{CH}—CO_2C_2H_5$$

10L 三口烧瓶中加入 250g（10.3mol）新鲜的镁碎锹屑、250mL 无水乙醇及 50mL 四氯化碳，3~5min 开始反应，放热回流，反应缓和后加入 1.5L 无水苯，开动搅拌，于 1h 左右从分液漏斗慢慢加入 1.3kg（10mol）乙酰乙酸乙酯及 1L（共 1.25L，0.98kg，21mol）无水乙醇的混合液，加完后搅拌下加热回流使镁屑作用完全。反应物为灰绿色稍稠浑浊液体。

搅拌下控制 25℃ 左右于 1h 左右慢慢加入 1.07kg（10mol）乙酰氯及 1.5L 无水苯的溶液，加完后再搅拌 1h。控制温度 35℃ 以下，用 30% H_2SO_4 酸化，反应物颜色突然变浅（过剩酸与未反应的镁作用将杂质 Fe^{3+} 还原为 Fe^{2+}），可以判定为终点。分取有机层，以无水硫酸钠干燥，回收溶剂，减压分馏，得 1.12~1.38kg（产率 55%~68%）。

b. 脱去乙酰基——丁酰乙酸乙酯

$$CH_3-\overset{O}{\overset{||}{C}}-CH-CO_2C_2H_5 + C_2H_5O^- \xrightarrow{\text{乙醇}} \left[CH_3-\underset{C_2H_5}{\overset{O^-}{\overset{|}{C}}}-\underset{COC_3H_7}{\overset{|}{CH}}-CO_2C_2H_5 \right]$$
$$\underset{COC_3H_7}{\overset{|}{}}$$

$$\xrightarrow[-CH_3CO_2C_2H_5]{H^+} \xrightarrow{H^+} C_3H_7-\overset{O}{\overset{||}{C}}-CH_2-CO_2C_2H_5$$

5L 三口烧瓶中加入 1L 无水乙醇，分次加入 30g 金属钠切片，反应完后加入以上全部乙酰-α-丁酰乙酸乙酯，加热回流 3h。冷至＜30℃，用稀硫酸中和至中性（应先回收乙酸乙酯和乙醇），分取油层，水层用苯提取，与油层合并，水洗，以无水硫酸钠干燥后回收苯，剩余物减压分馏，得 850g（产率 53%，按乙酰乙酸乙酯计）。

苯甲酰乙酸乙酯 M 192.21，bp 265~270℃，165~169℃/20mmHg，d 1.110，n_D^{20} 1.5270；有不愉快的气味，遇光及空气变黄。

$$CH_3-\overset{O}{\overset{||}{C}}-CH_2-CO_2C_2H_5 + 2NaOH + C_6H_5-CO-Cl \xrightarrow[5~10℃,-NaCl]{\text{石油醚/水}} \left[CH_3-\underset{Na^+}{\overset{O}{\overset{||}{C}}}-\underset{}{\overset{CO-C_6H_5}{\overset{|}{C}}}-CO_2C_2H_5 \right]$$

$$\xrightarrow[-NaCl,16h]{NH_4Cl} \xrightarrow{NH_3} CH_3-\underset{H_2N^+-H}{\overset{O^-}{\overset{|}{C}}}-\underset{}{\overset{CO-C_6H_5}{\overset{|}{CH}}}-CO_2C_2H_5 \xrightarrow{-CH_3CONH_2} C_6H_5-CO-CH_2-CO_2C_2H_5$$

3L 三口烧瓶中加入 250mL（95~110℃）石油醚，500mL 水及 195g（1.5mol）乙酰乙酸乙酯，控制 5~10℃ 搅拌下慢慢加入 65mL 33%（0.73mol）氢氧化钠溶液。快速搅拌下用两个滴液漏斗分别同步加入 230g（190mL，1.62mol）苯甲酰氯以及 270mL 33%（3mol）氢氧化钠溶液，约 2h 可以加完，移去冰水浴，再于 30~35℃ 搅拌 1h。分去有机层；水层搅拌下加入 80g（1.5mol）氯化铵，于室温下搅拌 16h，加入食盐使水层相对密度大于 1.13，产出的油层上浮，静置、分去水层●，烧瓶用少许苯清洗，与油层合并，水洗（3×100mL）。减压分馏，收集 145~150℃/12mmHg 馏分，得 197~203g（产率 68%~71%）。

● 分出的水层酸化，回收到 62g 苯甲酸。

β-酮酸酯可以从羧酸酯在无水醇中、醇钠参与下使 α-C—H 生成碳负离子，与另一分子羧酸酯的羧基加成，脱去醇——脱醇缩合，是分子间的、也可以是分子内的二元酸酯环合。分子间的合成如：乙酰乙酸乙酯、丁二酰丁二酸二乙酯、甲酰乙酸乙酯；二元酸酯的缩合符合成环规律（如五元环、六元环）在分子内进行，生成环-β-酮酸酯。

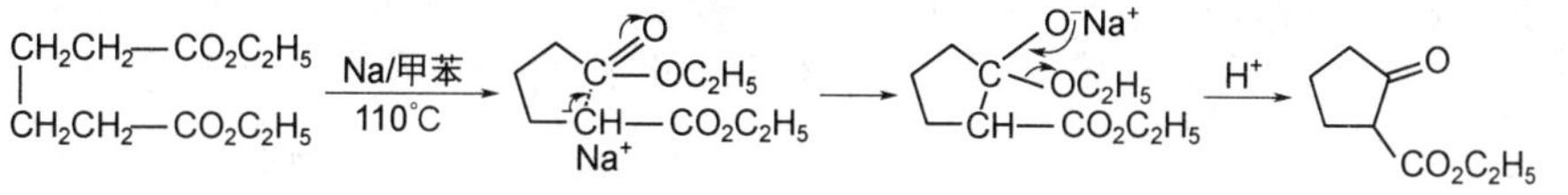

（见 691 页）

环戊酮-2-甲酸乙酯
74%

（见 866 页）

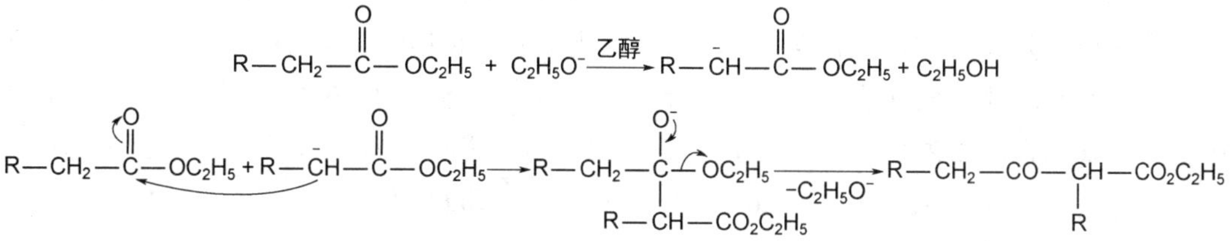

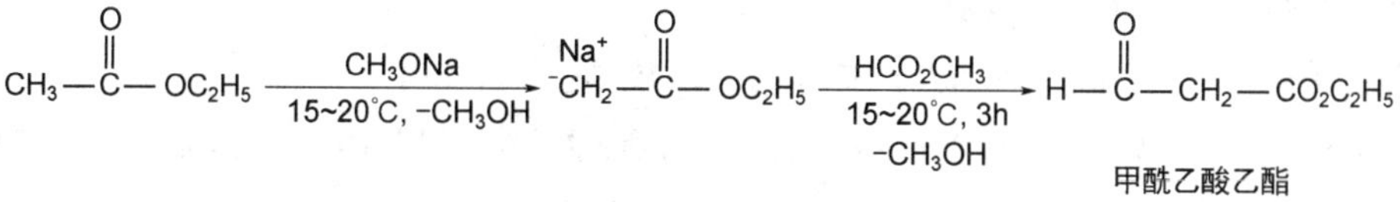

甲酰乙酸乙酯

丁二酸二乙酯在无水乙醇中、醇钠作用下脱醇缩合得到丁二酰丁二酸二乙酯，由于产物的钠盐结晶影响物料流动及环合位阻影响，要回流 30h 以上才能完成反应，回收乙醇及中和后得到丁二酰丁二酸二乙酯。其后在压力釜中加热其水溶液出现几乎瞬时的裂解反应，得到1,4-环己二酮。

1,4-环己二酮 M 112.12，mp 78℃，bp 135℃/20mmHg。

a. 丁二酰丁二酸二乙酯

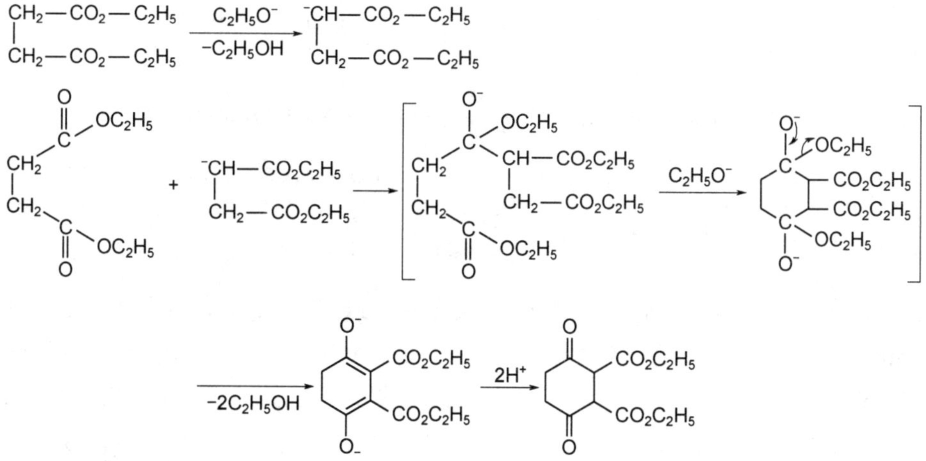

15L 烧瓶中加入 5L 无水乙醇，在回流下慢慢加入 900g（39mol）金属钠切片，反应完后加入 3.5kg（20mol）丁二酸二乙酯，搅匀后于沸水浴上加热回流 30h，烧瓶中充满了丁二酰丁二酸二乙酯二钠的结晶，回收乙醇，冷后用 20L 10%（21mol）硫酸将反应物

（块）崩解开并反复冲洗出来，将块状物打碎，充分搅拌 2h，滤出、水洗，干后得 1.32kg（产率 51%），mp 126~127℃。

b. 裂解——1,4-环己二酮

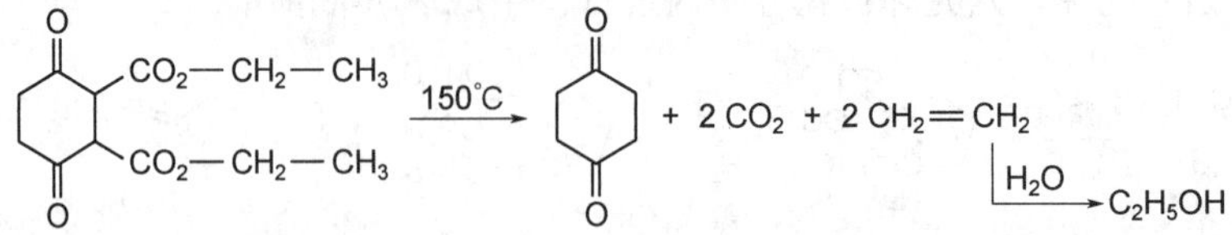

5L 压力釜中加入 516g（2mol）丁二酰丁二酸二乙酯及 516mL 水，搅拌均匀，封闭压力釜开始加热，至 150℃开始反应，压力迅速上升，继续加热至 180℃（温度不可以再升高，也不可以增加投料量[1]），压力升至 4.5~6.0MPa。放冷至 50℃以下，放空二氧化碳及乙烯，吸取出反应液（约 1L），沸水浴加热，减压蒸馏浓缩至不再有水蒸出为止。剩余物减压蒸馏，收集 125~135℃/20mmHg 馏分，得 150g（产率 67%），mp 74~76℃。

另法：常压下酸性水解及脱羧。

100L 反应罐中加入 2.6kg（10mol）丁二酰丁二酸二乙酯、80L 水，搅拌下加入 16kg 85%磷酸[2]及 1.5L 乙醇，加热回流 96h，冷后用 12L 氯仿反复提取 10 次，回收氯仿后得粗品 700g（产率 60%）。

从丙二酸二乙酯的酮合成——主要产物是甲基酮。

丙二酸二乙酯在碱作用下以碳负离子与酰氯缩合，之后水解和失羧得到甲基酮；如果要制备的酮的加成活性很强，应该使用乙醇镁作用于丙二酸二乙酯得到碳负离子，与酰氯缩合，它在过程中不是强碱条件，空间阻碍不会造成其它缩合。

2-硝基苯乙酮 M 165.15，mp 28~29℃，bp 158℃/16mmHg，n_D^{20} 1.5468。

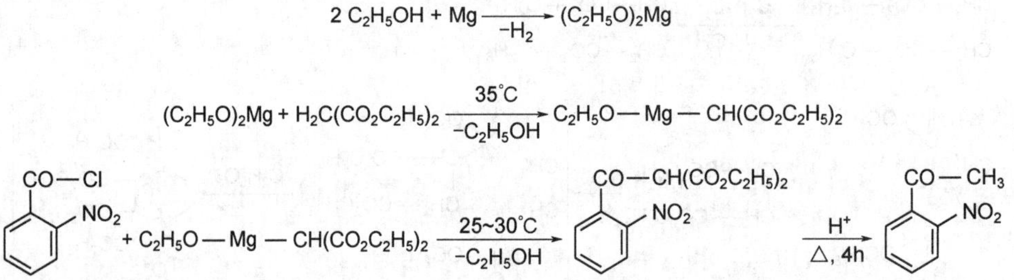

0.5L 三口烧瓶中加入 5.4g（0.22mol）镁屑及 5mL 无水乙醇，再加入 0.5mL 四氯化碳，3~5min 开始反应（必要时稍加热或加入 1 小粒碘引发），反应缓和后，搅拌着慢慢加入 150mL 无水乙醚[3]，维持微沸慢慢加入如下溶液：35g（0.22mol）丙二酸二乙酯、20mL（共 25mL）无水乙醇及 25mL 无水乙醚的溶液。加完后水浴加热回流 3h 使镁作用

---

[1] 升温更高产率将降低，不增加投料量以便留有较大的空间比率。

[2] 应考虑使用 40L 水配成 24%的磷酸，并以检查放出 CO₂ 的情况判定终点。体积小，酸的浓度大，水解速度可能更快，也便于提取。

[3] 应考虑使用无水苯更方便处理。

完全，得灰色浑浊溶液。

维持 30℃ 左右，搅拌着慢慢加入 37g（0.2mol）*o*-硝基苯甲酰氯与 50mL 无水乙醚的溶液，约 15min 加完，继续加热回流至体系变得稠厚使搅拌困难，再保温搅拌 1h。冷后用 230mL 10%（0.25mol）稀硫酸酸化使固体物消溶，分取有机层，用乙醚提取水层，乙醚液合并，回收乙醚，得 2-硝基苯酰丙二酸二乙酯。

水解及脱羧：0.5L 三口烧瓶中加入 40mL 水及 7.6mL 浓硫酸，加入 60mL 乙酸及上步所得粗酯，混匀后加热回流至无 CO_2 放出，约 4h 完成。冷后控制 30℃ 以下以 20% 氢氧化钠中和❶，用乙醚提取 7 次，提取液合并、水洗，以无水硫酸钠干燥，回收乙醚，剩余物减压分馏，收集 158~159℃/10mmHg 馏分，得 27~27.5g（82%~83%）。

注：2-硝基苯乙酮及 4-的工业制法是以硝基乙苯催化氧化。

2-氯苯乙酮 M 154.20，bp 227~228℃，d^{17} 1.200，n_D^{20} 1.5435。

$$C_2H_5-OH + Mg + H-CH(CO_2C_2H_5)_2 \xrightarrow[85℃]{\text{苯}} C_2H_5-O-Mg-CH(CO_2C_2H_5)_2 + H_2$$

$1m^3$ 反应罐中加入 13.5kg（555mol）新鲜的镁镟屑（碎），从高位瓶加入 6kg 无水乙醇及 9kg 无水苯的溶液，再加入 1kg 无水四氯化碳，约 8~16min 反应引发，放热并回流，立即从高位瓶加入无水苯控制回流速度，反应缓和后于半小时左右把剩余的无水苯（共加入 110kg）加完。加热保持中等程度的回流❷于 5h 或更长时间从高位瓶加入如下混合液：87.5kg（0.54kmol）丙二酸二乙酯、44kg（共计 50kg）无水乙醇及 55kg 无水苯，混匀。

加完后继续搅拌，加热回流 2h，此时镁已作用完毕，产物为灰色浑浊液体。

从夹套通入冰水或冷冻液控制反应温度 20~35℃，搅拌着于 4h 左右从高位瓶加入 87.5kg（0.5kmol）2-氯苯甲酰氯与 110kg 无水苯的混合液，当接近加完时反应物变得稠厚，加完 1h 后慢慢将反应物加热至 70~75℃，反应物仍为灰色黏稠，为析出氯化乙醇镁之故。

【酸化——溶解镁盐】

将反应物冷至 45℃，搅拌下从高位瓶加入 110kg 未经干燥的回收苯，此时反应物温度下降至 40℃，再从高位瓶加入 200kg 冷水及 30kg（0.3kmol）浓硫酸配制的稀酸，当加入 1/4 时，反应物析出大量镁盐，放热使反应物温度上升至 65℃，析出的镁盐使搅拌困难，此后稀酸快速加入，约 1.5h 加完，加热使析出的镁盐溶解❸，反应物分为两层，停止搅拌。从罐下口检查水层仍为弱酸性❸，继续加热搅拌，以每小时 55kg 的速度蒸馏

---

❶ 参照下面邻氯苯乙酮的合成没有中和硫酸及提取，是直接分出中和。

❷ 反应放热可以维持回流，加入 1/2 以后再使用加热，切不可让未反应的丙二酸二乙酯积聚，突发反应存在危险。放出的氢气通过冷凝器上口导向高远处。

❸ 加入稀硫酸 0.3kmol（0.6keq）与酰氯上脱掉的氯（Cl⁻ 0.5keq）相加（0.6+0.5×2=1.1）稍低于镁的当量数 0.555×2=1.11，几乎相当。

回收苯至反应物液温大于 98℃，共蒸出苯及水 440~480kg。分去水层，以苯层的 1/2 作酸化前稀释反应物，另一半分馏脱水干燥或以无水氯化钙干燥两天，检测水分小于 0.1%（KF 方法），当做无水苯用于下次合成。

回收苯后，向反应物中加入 150kg 水以溶解镁盐，冷至室温，停止搅拌，放置 0.5h，分取下面淡黄色油层 136kg 为 2-氯苯甲酰丙二酸二乙酯。向罐中水层加入 170kg 回收苯提取悬浮在水中的产物，此提取苯用于以上酸化前稀释反应物，可以增加酯化物 12kg。

【水解及脱羧】

$1m^3$ 反应罐中加入 100L 水，搅拌下慢慢加入 32g 浓硫酸，再从高位瓶加入 155kg 乙酸，加热并搅拌保持回流，于 3h 从高位瓶慢慢加入上一步制得的全部 2-氯苯甲酰丙二酸二乙酯（128~148kg），加完后再回流 2h。慢慢蒸出主要是乙酸乙酯的馏分约 30kg，再回流 4h 后蒸出主要是乙酸乙酯的馏分约 30kg，这样能够提高反应物的回流温度，再回流 4h 使完全水解脱羧（取样分析 GC，原料酯应完全消失，它在以后的分馏中难以分离掉），冷后停止搅拌，静置 0.5h 后分去下面酸水层（180~195kg，调节后留作下次使用❶）。

洗涤及中和：向罐中产物中加入 25L 水搅拌 10min，静置半小时，分取下面油层（上面水层约 50kg 与"酸水解液"合并，调节后留作下次使用❶），油层返回罐中，加入 50L 水，搅拌下加入碳酸钠中和至 pH 8，消耗 0.9~1.0kg。静置 0.5h 分取下面油层粗品，首次生产得 60~63kg；连续生产得 77~80kg/批。

蒸馏：100L 蒸馏罐中加入 120kg 粗品作减压蒸馏，得 4~5kg 初馏分，然后蒸出约 15kg 作为中间馏分集中处理，最后蒸出的为成品直至蒸馏结束。产物清亮无色，纯度（GC）大于 98%（每批平均产量 60kg，产率 77%，按 o-氯苯甲酰氯计）。

同样的方法用于制取 2-甲基苯乙酮 （结构式：苯环上 CO—CH₃ 和 CH₃），M 134.18，bp 214℃（210~213℃），d 1.026、1.016。在加入 2-甲基苯甲酰氯后反应物没有变得很稠厚，未加入更多的苯作稀释，酸化过程未出现结晶镁盐妨碍搅拌（可能是温度较高的缘故）。

在水解及脱羧过程，将生成的乙酸乙酯随时蒸出以控制反应温度保持 105℃，回流下的液温不再下降表示水解及脱羧基本完成，最后将温度升至 108~110℃再回流 6h。

另法：o-甲苯胺重氮化与乙醛肟加成及水解。

同法可制取 2-溴苯乙酮 （结构式：苯环上 CO—CH₃ 和 Br），M 199.05，bp 145℃/10mmHg，d^{20} 1.476，n_D^{20} 1.568。在反应过程中，加完 2-溴苯甲酰氯后不久反应物变得很稠厚，以致无法搅拌，为此改用 20% 盐酸酸化反应物，氯化镁的水溶解度非常大，酸化前未加苯稀释，搅拌及回收苯都很方便。

---

❶ 收集的"酸水解液"（180~195kg）及第一次水洗下来的酸水（50kg）合并，补充 70kg 乙酸及 2kg 浓硫酸，混匀后重新用于水解及脱羧工序。

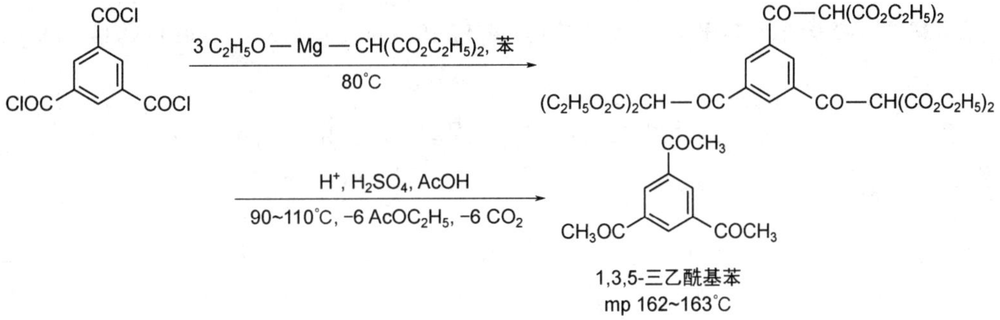

应当考虑以甲基格氏试剂与酰氯反应的方法。

五、用乌洛托品引入醛基

用乌洛托品（六亚甲基四胺）向芳核引入醛基是亲核的；苄卤底物作为亲电试剂进攻氮原子，都经过亚胺及其后的水解，应考虑其它物料不便回收及其后处理问题。

4-二甲氨基苯甲醛　*M* 149.19，mp 74~75℃；易溶于乙醇。

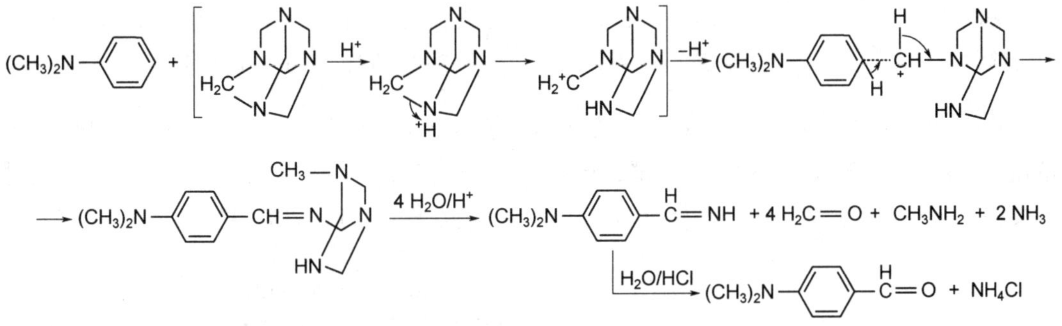

500L 反应罐装有机械搅拌、冷却面积大于 1.6m^2 的双管回流冷凝器及高位瓶。反应罐中加入 97kg（760mol）*N,N*-二甲基苯胺、54kg 乙醇，搅拌下慢慢加入 128kg（900 mol）乌洛托品，加热回流，从另外的高位瓶于 1h 左右慢慢加入 128kg（2.3kmol）冰乙酸与 23L 水配制的 85%乙酸，以催化反应及中和，加完后较剧烈地回流 16h。冷至 50℃将反应物移入至 2000L 反应罐中，以盐酸中和至 pH 3（约用 30%工业盐酸 250kg），保温搅拌 0.5h❶后以 4 倍水冲稀，冷后离心分离，用水冲洗，得湿品 54kg。洗液及母液合并，以 Na$_2$CO$_3$ 中和至 pH 8.5~9，析出的结晶离心分离，水冲洗，得第二部分湿品 72kg。

精制❷：500L 反应罐中加入 200L 15%（900mol）的试剂盐酸，搅拌下加入以上全部湿品共 126kg，加热溶解，脱色过滤，以试剂级氢氧化钠配制的 15% NaOH 中和至 pH 9，冷后离心分离，水冲洗，得湿品 108kg。

最后用 78%乙醇（2mL/g）重结晶，干燥后得成品，mp 72~75℃。

---

❶ 在盐酸中和至 pH 3 后应减压回收稀乙酸，以保证亚胺完全水解。用水冲稀后应直接碱化及分离粗品，这样可以保证粗品无酸，从而避免在醇精制时产生半缩醛。

❷ 依此粗品中含盐酸或盐酸盐或亚胺未能完全水解，在乙醇重结晶后熔点不合格造成如下返工处理。

丁香醛（4-羟基-3,5-二甲氧基苯甲醛） M 182.18, mp 110~113℃, bp 193℃/14mmHg。

$$HO-C_6H_2(OCH_3)_2 + (CH_2)_6N_4 \xrightarrow{\text{甘油, } H^+} HO-C_6H_2(OCH_3)_2-\overset{H}{C}=O + CH_3NH_2 + 3NH_3 + 4CH_2=O$$

2L 三口烧瓶中加入 740mL 甘油、216g（3.5mol）硼酸, 油浴加热及搅拌下于 170℃ ±2℃ 保温 0.5h。降温至 150℃, 加入 154g（1mol）2,6-二甲氧基苯酚（焦棓酚-1,3-二甲醚）与 154g（1.1mol）乌洛托品的混合物, 反应物温度降至约 125℃, 立即加热至约 145~148℃, 此间放热反应开始, 小心维持 150~160℃反应 6min（长时间受热使产率急剧降低——醚键的酸分解）, 迅速降温至 110℃。将反应物加入至准备好的稀硫酸中 [620mL 冰水中加入 184mL（3.38mol）浓硫酸, 冰水冷却备用], 充分搅拌并冷至 25℃以下, 滤去析出的硼酸, 用 400mL 冰水浸洗, 洗液与滤液合并, 用氯仿提取三次（3×0.5L）, 氯仿提取液与滤过的 184g 亚硫酸氢钠溶于 620mL 水的溶液一起搅拌 1h, 分取水层, 用氯仿提取两次[1], 水溶液滤清, 用 55mL 水及 55mL 硫酸配制的稀酸酸化, 蒸汽浴加热赶除 SO_2, 产物以油状结晶析出, 冷后滤出、水洗, 风干后得亮橘色结晶 62.5~66g, mp 110.5~110℃。用 10%甲醇（3.3mL/g）重结晶, 得 56~59g（产率 31%~32%）, mp 111~112℃。

α-卤代甲基化合物（Ar—CH$_2$—X）在水或氯仿溶剂中与乌洛托品反应生成"西弗盐"（季铵盐）, 该盐易溶于水, 加热水解为醛、甲胺、氨及甲醛。为了减少亚胺（C=N）在水及过量酸作用下的水解, 对于加成活性很弱的醛可以直接在水中水解, 如下式:

$$Ar-CH_2-Cl + (CH_2)_6N_4 \longrightarrow [Ar-CH_2-N^+...]Cl^- \xrightarrow{\Delta} [Ar-CH=N^+...]Cl^-$$

西弗盐

$$\xrightarrow{6H_2O/\text{水}} Ar-\overset{H}{C}=O + CH_3NH_2 \cdot HCl + 3NH_3 + 5CH_2=O$$

季铵盐的合成在氯仿中进行, 更活泼的苄基卤化物和乌洛托品可在水溶液中 50℃左右进行, 更高的温度可发生其后的水解, 添加乙酸以改善溶剂条件及中和产生的甲胺和氨。

西弗盐在酸条件下水解很快, 可在 10~120min 完成, 生成的醛及胺、氨的反应也在进行, 有以下平衡:

$$-\overset{H}{C}=O + NH_4Cl(CH_3NH_2) \rightleftharpoons -\overset{H}{C}=O + NH_3 + CH_3NH_2 \cdot HCl \longrightarrow$$

$$-\overset{H}{C}=NH + H_2O + CH_3NH_2 \cdot HCl \rightleftharpoons -\overset{H}{C}=N-CH_3 \cdot HCl$$

由于产物醛的加成活性不同导致平衡位置有异, 从而决定产品的产率。对于吸电子影响的加成活性很强的醛更倾向生成不溶的苄叉亚胺而使反应难以逆转, 所以有反应的最佳条件

---

[1] 再用 NaHSO$_3$ 如上处理一次可回收得到 3~4g 产品。

（酸的强度、反应温度和反应时间），尤其对于加成活性强的醛，延长加热时间反而是有害的。

如：4-氰基苯甲醛的合成，在氯仿中 4-氰基苄氯和乌洛托品合成为西弗盐，加入稀盐酸回流（70~75℃）水解 1h，分取氯仿层，回收氯仿后得 44% 产率的产品，再用氯仿提取水层，产率只有很少的增加；如果回流 5h 后分离及回收，由于加热时间太长，几乎得不到正常产物。同法制备 2-氰基苯甲醛，由于加成活性更强，则反应完全没有成功；3-氰基对于醛基的影响最弱（电性在芳环上诱导的影响远不及共轭的影响），其产率提高，在同等基础上比较其产率按苄氯计算为 53%（西弗盐氯仿母液未计入，按固体西弗盐计为 75%）。

对于加成活性很弱的噻吩-3-甲醛，在制备中，水解过程未使用酸，而以水蒸气蒸馏带出产物，使醛的加成平衡向左得以完成。比较以下实例，醛的加成活性以及使用酸的强弱、数量与直接反应、水解的产率关系：1-萘甲醛、联苯-4-甲醛、4-氟苯甲醛的加成活性都不是太强，水解使用了过量的乙酸兼作溶剂，产率都稍有提高；加成活性较强的苯并噁唑-2-苯基-4'-甲醛，使用过量两倍的乙酸，得到 65% 的产率（按西弗盐计算为 76%），而在未使用过量酸的制备中只能得到中等以下的产率。

噻吩-3-甲醛 M 112.15，bp197~199℃，d 1.280，n_D^{20} 1.583。

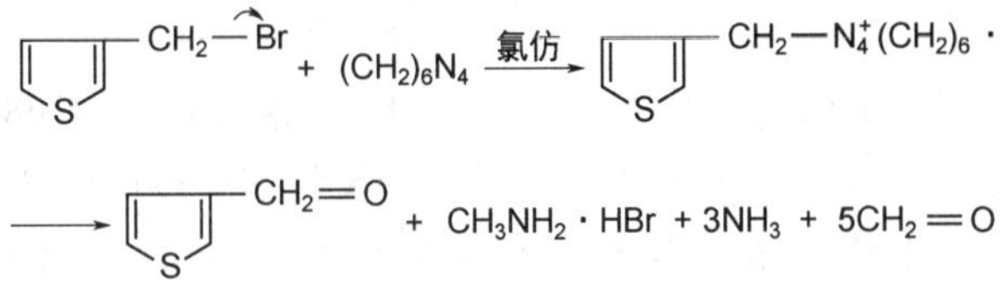

77g（0.55mol）乌洛托品溶于 200mL 氯仿中，搅拌下加入 88g（0.5mol）3-溴甲基噻吩，立即反应，放热而回流，水浴加热，搅拌下回流半小时。加入 200mL 水搅拌使西弗盐溶于水，分去氯仿层。氯仿层用水提取二次[1]，水提取液与分取的水层合并，水蒸气蒸馏至馏出液变清为止[2]（收集馏出液约 1L）。馏出液盐酸酸化后用乙醚提取（3 × 100mL），提取液合并，干燥后回收乙醚。剩余物减压分馏，收集 72~78℃/12mmHg 馏分，得 30~40g（产率 50%~52%）[3]。

4-氟苯甲醛 M 124.12，bp 176~179℃，d^{17} 1.176；在空气中很容易氧化成酸。

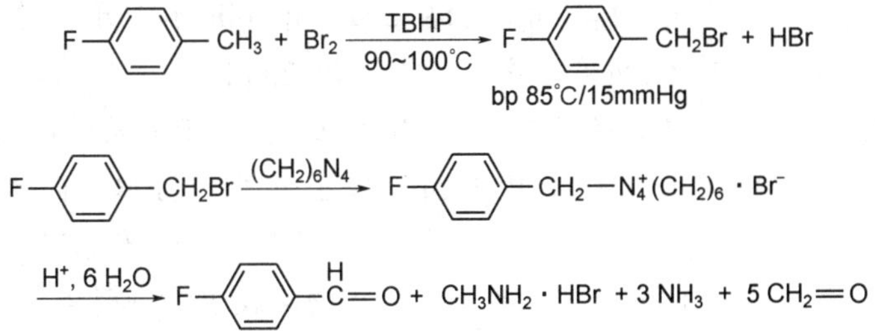

----

[1] 西弗盐水解很快，应仔细分馏回收氯仿以检查是否有产生的醛被提取。

[2] 或以分馏分水的方法收集产品。

[3] 或应使用酸中和水解。

a. 4-氟苄溴

125g（1.14mol）4-氟甲苯中加入 0.3g 叔丁基过氧化氢，搅拌下，控制 95~100℃于 1h 左右慢慢滴入 182g（1.14mol）无水液溴，加完后保温搅拌 0.5h，反应物最后褪至橘黄色。

b. 4-氟苯甲醛

2L 三口烧瓶中加入 200g（1.42mol）乌洛托品及 200mL 水，搅拌下加热至 60℃即可溶解，停止加热，于 0.5h 左右加入上述（a）中的 4-氟苄溴粗品，维持 60℃左右搅拌 1.5h，生成的西弗盐析出。加入 100mL 水及 200mL（3.3mol）乙酸（应增加至 4mol），搅拌下加热回流 2h，再加入 200mL 水作加热水蒸气蒸馏[1]，从分水器收集到 80g（产率 56%）粗品（接收器中先放入 0.04g 4-羟基苯甲醚以阻止氧化），以无水硫酸钠干燥后分馏（接收器中先放入 0.04g 4-羟基苯甲醚），收集 176~179℃馏分[2]，得 75g（产率 53%，按 4-氟甲苯计）。

1-萘甲醛 M 156.20，mp 33~34℃，bp 292℃，d^{20} 1.1503，n_D^{20} 1.6507。

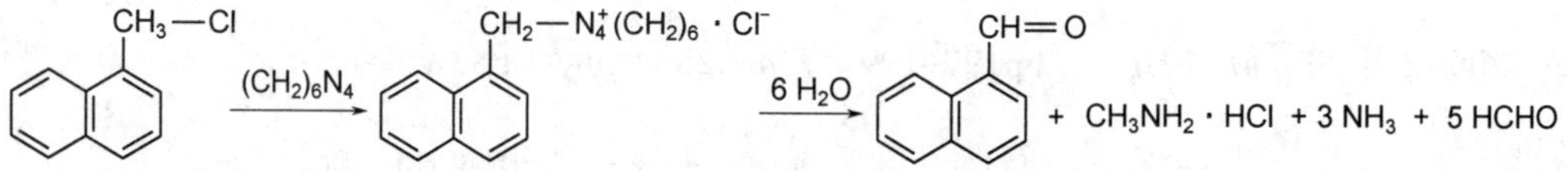

1L 三口烧瓶中加入 106g（0.6mol）1-氯甲基萘（mp 24~26℃）、168g（1.2mol）乌洛托品、250mL 水及 250mL（4.3mol）冰乙酸，将混合物搅拌下加热回流 3h（约 15min 反应物成为均一溶液，然后出现油层），稍冷再加入 236g 36%（2.36mol）浓盐酸回流 15min。冷后用 300mL 苯提取，提取液水洗，10% Na_2CO_3 洗，再水洗，以无水硫酸钠干燥，回收溶剂，剩余物减压分馏，收集 160~162℃/14mmHg 馏分，得 70~77g（产率 75%~82%），fp 0~25℃[3]。

联苯-4-甲醛 M 182.22，mp 57~59℃，bp 184℃/11mmHg。

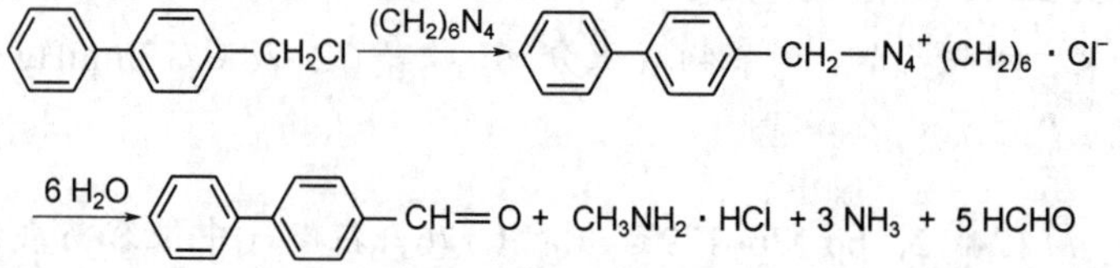

2L 三口烧瓶中加入 336g（2.4mol）乌洛托品、400mL 水，开动搅拌并加热至 60℃即可溶解，停止加热，加入 580g（含量约 70%，约 2mol）4-氯甲基联苯，维持 60℃搅拌 1.5h，开始的油状物（4-氯甲基联苯粗品）与乌洛托品生成西弗盐结晶析出，加入 600mL（10mol）冰乙酸，加热维持 95~100℃反应 5h。冷至 65℃，分取上面油层，酸水层用甲苯提取二次（150mL，100mL），提取液与分出的油层合并（酸水溶液做回收乙酸处理），用 10% NaCl 洗一次，加入 0.2%对苯二酚，减压蒸馏回收甲苯，剩余物 420g 用油泵减压

---

[1] 水蒸气蒸馏最后剩有一定量的棕红色物质，可能是苄叉亚胺盐。

[2] 分馏的沸点很稳定。

[3] 用 $NaHSO_3$ 加成及处理后闪点没有改变，可能有环上直接引入的醛基。所以第一步西弗盐应该在氯仿中单独制备，然后水解。

分馏，首先蒸出的馏分为联苯（冷后即凝结为固体），然后收集 140~190℃/10mmHg 包括中间馏分的产品 340g，GC 纯度 88%（折合产率 82%），剩余高沸物底子 40~50g。

粗品馏分 340g，加热熔化，在适当保温下缓慢降温，析出结晶几小时后再冰水冷却过夜。次日滤出得 300g，用甲苯（0.15mL/g）溶解、放冷、冰冷过夜，滤出得（干）180~185g，GC 纯度 95%，两次的母液合并，重新分馏及以上处理，回收到 50g，共得产品 230~235g。

以上粗品 235g 中加入 0.5g 对苯二酚，减压分馏，收集 185~195℃/20mmHg 馏分，再用甲苯（0.2mL/g）溶析处理，风干得 170g；母液分馏，收集以上馏分及处理后，得成品 40g，共得 210g（产率 57%），mp 57~59℃，GC 纯度 99%。

另法（见 161 页）：

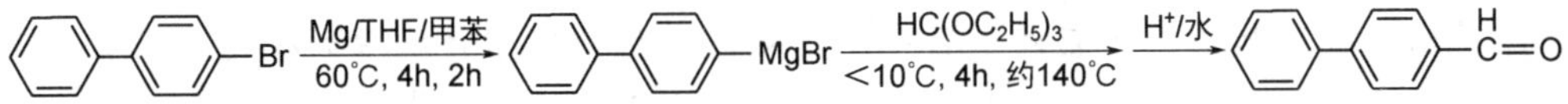

2-（4′-甲酰苯基）苯并噁唑　*M* 223.25，mp 175℃。

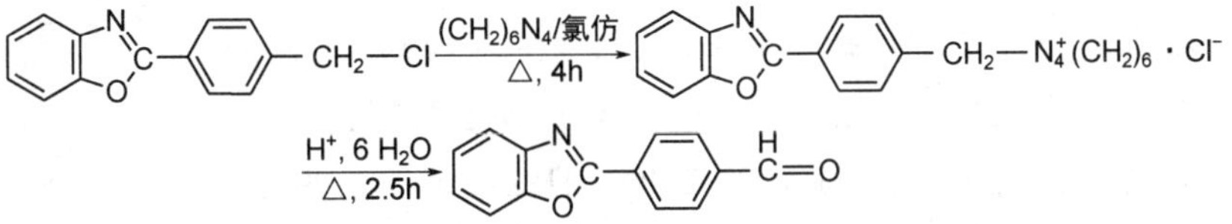

2L 三口烧瓶中加入 150g（1.07mol）乌洛托品、1.23L 氯仿，搅拌下加热至 50℃即可溶解，加入 244g（1mol）2-(4′-氯甲苯基)苯并噁唑，反应放热，在将近回流时绝大部分溶解，很快析出西弗盐细小结晶，搅拌下回流 4h，由于晶形长大溶液变得稀薄容易搅拌，冷后滤出结晶，得湿品 650g（折合干品 328g，产率 85%）。

水解：2L 三口烧瓶中加入上面全部西弗盐湿品（0.85mol）及 1kg 50%（8.3mol）稀乙酸❶，搅拌下加热至 55℃，反应物溶化成均一溶液，加热回流，从分水器回收湿品中的氯仿，继续加热回流 2.5h，冷后滤出结晶❷，水洗两次，干后得 146~147g（产率 76%，按西弗盐计），mp 173~174℃，HPLC 纯度 94%❸。

曾试用盐酸水解，反应很快生成大量稠厚细小的结晶，不溶于 50% 乙酸，mp > 200℃，可能是强酸在杂氮原子上发生质子化——作为强拉电子基使生成的醛与氨迅速加成为苄叉亚胺之故。

另法（见 144 页）：

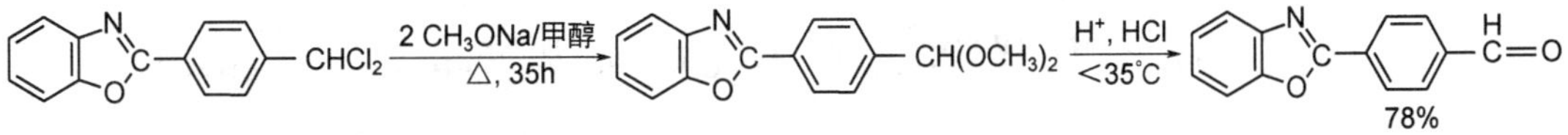

---

❶　此酸量为计算量的两倍，切不可减少，否则得到多量苄叉亚胺产物。

❷　母液用浓硫酸酸化至 pH 2，将乙酸铵分解出乙酸，补加 200mL 50% 乙酸，可重复使用一次；以后再用浓硫酸酸化至 pH 2，回收乙酸至液温 130℃，剩余物硫酸氢铵趁热放出弃之，回收乙酸的浓度为 50%~55%。

苯并噁唑-2-(4′)-苄基氯不溶于水，熔点 148~150℃。在酸水中和乌洛托品反应不完全，故在溶剂氯仿中制取。

❸　粗产品的熔点很好而纯度较低，可能含苄叉亚胺所致。

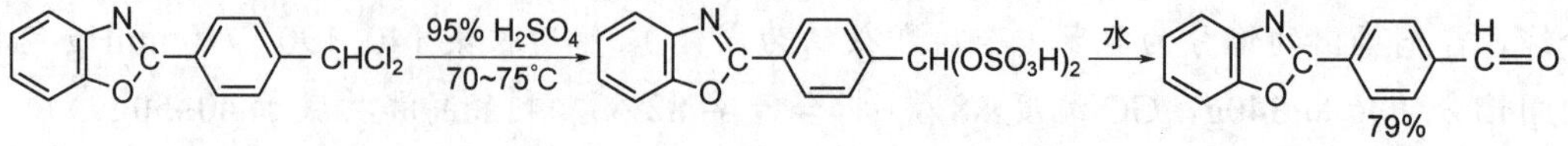

3-氰基苯甲醛 M 131.14, mp 81℃, bp 210℃; 针状晶体, 易溶于乙醇。

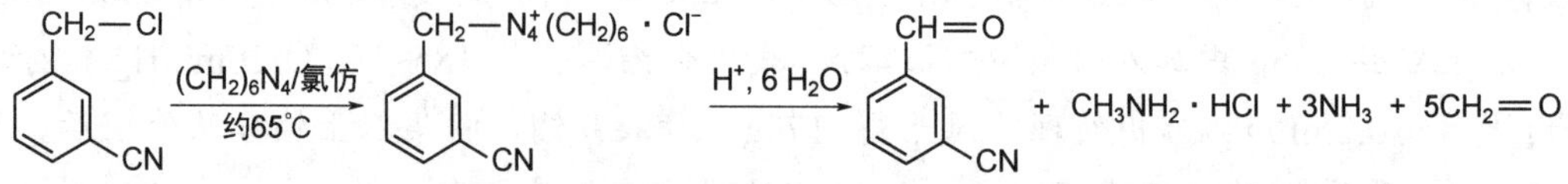

500L 反应罐中加入 56kg (400mol) 乌洛托品及 370kg 氯仿, 搅拌下加热至 50℃, 0.5h 可以溶解。再加入 56kg (0.37kmol) 3-氰基苄氯, 放热, 加热使微沸 0.5h, 开始有西弗盐析出, 停止加热, 回流停止后将反应物流放至开口塑料桶中放冷过夜。次日离心分离, 不必干燥, 得 82.5kg (折合干品 78.3kg, 产率 73%)。

水解: 500L 反应罐中加入上步所得西弗盐 (270mol) 及 230kg 30% (1.15kmol) 乙酸, 搅拌下慢慢加热, 从分水器回收最后的氯仿后再加热回流 2.5h, 放冷至 70℃后流放至开口塑料桶中放置过夜, 次日离心分离, 冲洗, 干后约得 26kg 产品 (按西弗盐计, 产率 73%; 按苄氯产率 53%), 纯度 97.3%, mp 77.5~81.2℃。

用 50%乙醇 (2mL/g) 重结晶, 得 24kg, HPLC 纯度 > 99%, mp 79.2~80.4℃。

4-氰基苯甲醛 M 131.14, mp 103℃, bp 265~268℃, 153℃/12mmHg。

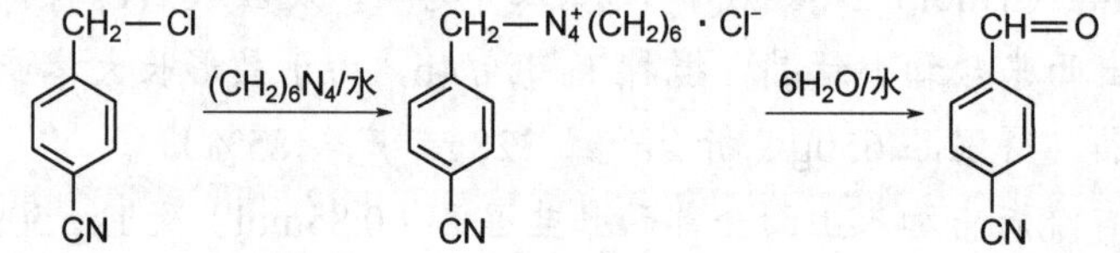

1L 三口烧瓶中加入 200mL 水、126g (0.9mol) 乌洛托品, 搅拌下加热至 60℃溶解, 于 10min 左右加入 114g(0.75mol)优质的 4-氰基苄氯, 反应放热升温至 70℃(不可 > 80℃), 维持 70~75℃搅拌 1h (开始有西弗盐析出), 加入 180mL (3.1mol) 乙酸及 50mL 水的稀乙酸❶, 加热回流 2h (或应试改为 1.5h。反应物颜色变黄), 脱色过滤, 放置过夜。次日滤出结晶, 干燥后得 42g (产率 42.7%), mp 100.5~101.5℃, 纯度 > 99%。

精制: 用 50%乙酸 (1mL/g) 重结晶。

另法 (见 146 页):

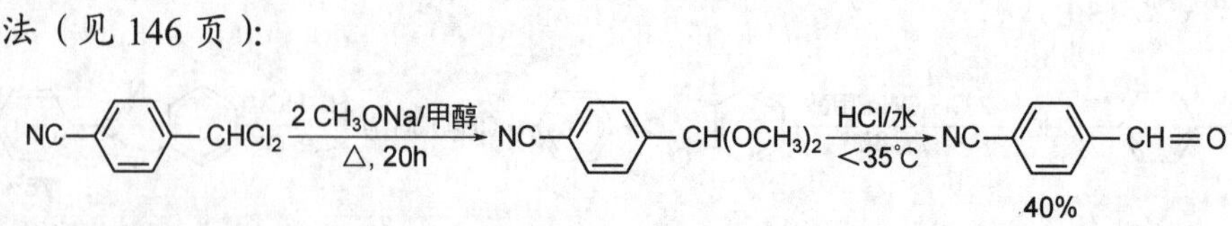

---

❶ 在氯仿溶液中合成西弗盐, 其后用 350mL 30% (3.5mol) 盐酸在氯仿条件下回流 (70~75℃) 1h, 回收氯仿, 得 44% 产率, 再提取水层, 只有很少增加。在水溶液中合成, 使用盐酸条件水解 (70~75℃) 1.5h; 冷后滤出结晶, 冲洗, 干后得 39.5g (产率 40%), mp 98.8~99.5℃。

六、甲酰仲胺在 POCl₃ 作用下作为 C-甲酰化试剂的合成

常使用的甲酰仲胺有：HCO—N(CH₃)₂(DMF)和 $\overset{\displaystyle HCO—N—C_6H_5}{\underset{\displaystyle CH_3}{|}}$ ，没有可移动的活泼氢原子，在非极性溶剂中与 POCl₃ 作用生成电正性很强的甲酰-二氯磷酰二甲铵氯化物，作为亲电试剂在底物的负电中心亲电取代，水解后得到较高产率的醛即 C-甲酰化，向活泼底物直接引入醛基。

$$HC \overset{O}{\parallel} —N(CH_3)_2 + POCl_3 \longrightarrow HC \overset{O}{\parallel} —\overset{+}{N}(CH_3)_2—POCl_2 \cdot Cl^-$$

$$HC \overset{O}{\parallel} —\overset{+}{N}(CH_3)_2—POCl_2 \longrightarrow Ar—\overset{H}{\underset{}{C}}=O + (CH_3)_2N—POCl_2 \cdot HCl$$

$$\overset{Ar}{\underset{H}{\searrow}} \overset{+}{\underset{Cl^-}{}} \xrightarrow{3H_2O} (CH_3)_2NH \cdot HCl + H_3PO_4 + 2HCl$$

N,N-(二-4'-甲苯基)-4-氨基苯甲醛　*M* 301.38，mp 112~113℃。

$$(4—CH_3—C_6H_4)_2N \overset{\hexagon}{} + HCO—N(CH_3)_2 + POCl_3 \xrightarrow[0\sim5℃,\triangle]{苯}$$

$$\xrightarrow{水} (4—CH_3—C_6H_4)_2N \overset{\hexagon}{} —CH=O + (CH_3)_2NH \cdot HCl + H_3PO_4 + 2HCl$$

1L 三口烧瓶中加入 136.5g（0.5mol）4,4'-二甲基三苯胺（93%，折百使用）❶，再加入 55g（0.75mol）新蒸的二甲基甲酰胺及 600mL 无水苯，搅拌使溶解。控制 0~5℃于 1h 左右慢慢加入 100g（0.65mol）新蒸的 POCl₃，反应放热，反应物颜色变暗；移去冰盐浴，于室温搅拌 2h；再于 2h 左右加热至回流搅拌 1h。冷至 50℃以下将反应物移入于 2L 烧杯中，搅拌下慢慢加入 110g（2.75mol）氢氧化钠溶于 0.8L 水的溶液，中和至 pH 7~8，分取苯层，水洗两次（分析 HPLC：主体 83%~84%，原料 1.8%），回收苯至液温 105℃，剩余物 220~230mL，放冷后水冷，滤出结晶❶，以 20mL 乙酸乙酯冲洗，风干得 78~80g，纯度 92%❷，外观暗棕黄色。

精制：用乙酸乙酯（1mL/g）重结晶，得 66.5g（产率 44%），纯度 97.5%，外观柠檬黄色。

此法与用乌洛托品向芳核引入醛基相似，见 153 页 4-二甲氨基苯甲醛的制备。

同法可发生以下反应：

$$\overset{\pentagon}{\underset{N}{\underset{H}{}}} + HCO—N(CH_3)_2 + POCl_3 \xrightarrow[<5℃]{二氯甲烷} \underset{N}{\underset{H}{}} \cdots \overset{O}{\underset{H}{C}} —\overset{+}{N}(CH_3)_2—POCl_2 \cdot Cl^- \xrightarrow{AcONa} \underset{N}{\underset{H}{}} —CH=O$$

吡咯-2-甲醛
89%, mp 46~47℃

（见 815 页）

$$\overset{\text{吲哚}}{} + HCO—N(CH_3)_2 + POCl_3 \xrightarrow[10\sim30℃]{DMF} \xrightarrow{NaOH/水} \overset{\text{吲哚-3-CHO}}{}$$

吲哚-3-甲醛
96%, mp 197℃

（见 817 页）

---

❶ 滤出粗品的母液回收苯至 50mL，过滤得结晶 15g，纯度 75%。

❷ 使用纯度 88% 的 4,4'-二甲基三苯胺折算，得 100g 纯度 84% 粗品（折合产率 56%），精制一次得 61g，纯度 92%；又精制一次得 51g，纯度 97.5%。

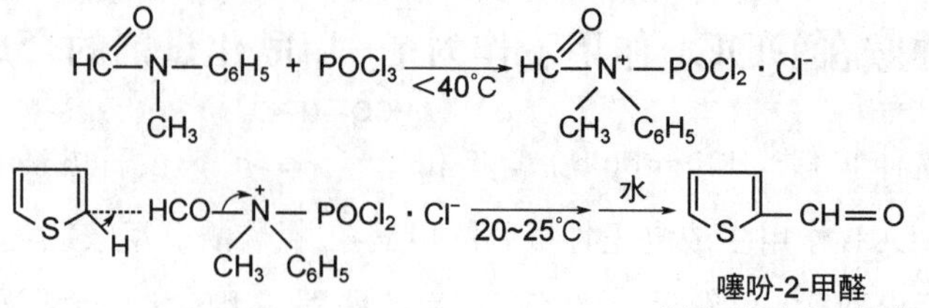

（见 872 页）

噻吩-2-甲醛
71%~74%, bp 189℃

以下酰胺有可移变的氢原子，在极性溶剂中异构化为亚胺酸  ，取代在酸的位置发生，在更高温度下加热则重排为更稳定的酰胺形式。

4-二甲氨基-二苯甲酮 M 225.29。

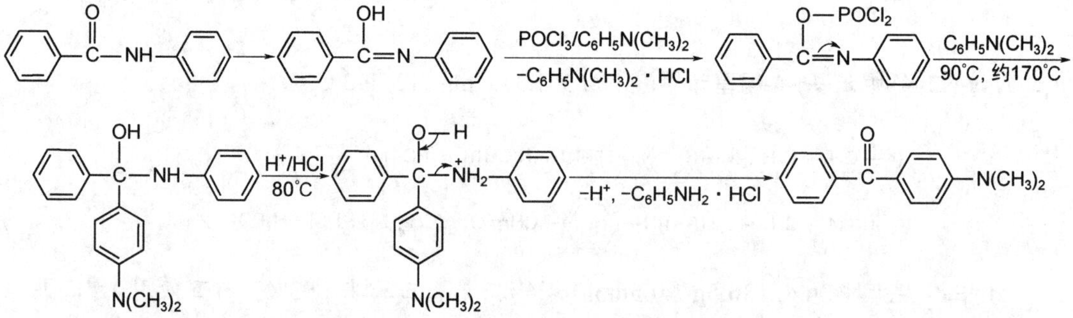

3L 三口烧瓶中加入 1.03kg（8.5mol）N,N-二甲基苯胺，搅拌下加入 500g（2.5mol）苯甲酰苯胺粉末，再慢慢加入 525g（307mL，3.4mol）氧氯化磷，于沸水浴上缓缓加热至 90~100℃，其间有突发的放热，几分钟升温可达 170~180℃，于沸水浴加热 3h。

水解：15L 搪瓷桶中加入 2L 热水及 325mL（4mol）浓盐酸，维持 80℃ 左右慢慢加入以上反应物，滤除未反应的苯甲酰苯胺，保温几小时后慢慢加入 8L 水，随即析出产品结晶，冷后滤出，充分水洗，风干得 350~390g。母液加热至 70℃ 左右以 625g 40%（6.2mol）苛性钠溶液中和至碱性，得到品质较差的粗品 95~100g，用乙醇（4mL/g）溶析一次，得 50g，mp 88~90.5℃。共得产品 410~440g（产率 72%~77%），外观浅绿色。

精制：以上粗品用乙醇（6mL/g）重结晶（脱色），冷后水冷，滤出，乙醇洗，精制的收率为 80%，mp 89.5~90.5℃。

七、格氏试剂和羧酸衍生物反应

格氏试剂和羧酸衍生物（酰氧、酰胺、酯）的反应迅速，产物是醛（酮），过量的格氏试剂使反应混乱，为提高反应的选择性，采用如下方法：

① 格氏试剂和酰氯合成醛（酮），使用助催化剂无机镁盐、铜盐，或使用吡啶生成 $(R)H—CO—N^+C_5H_5 \cdot Cl^-$，在有其它干扰时用于提高反应的选择性。

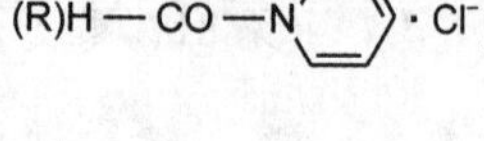

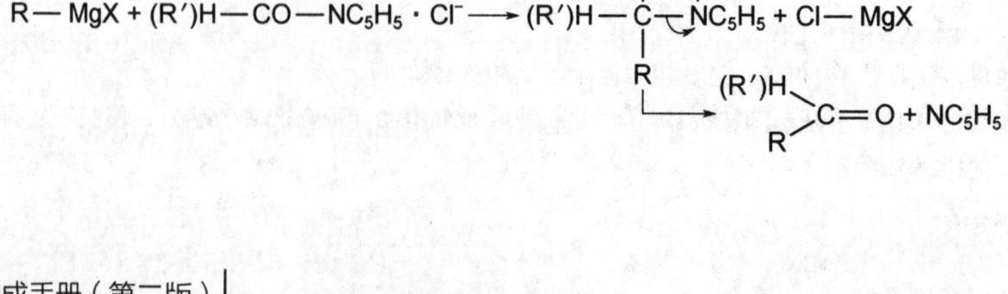

② 酰胺氮原子没有可移变的氢原子，如：二甲基甲酰胺、N-甲酰吗啡啉、N-甲酰哌啶，和格氏试剂反应及水解引入醛基。

③ 格氏试剂和原甲酸乙酯反应得到稳定的醛缩醇，水解后得到醛，在 15℃ 以下难以和第二个格氏试剂反应，只有在加热（≥35℃）时反应才生成稳定的仲基乙基醚。

联苯-4-甲醛　*M* 182.23，mp 59℃，bp 184℃/11mmHg。

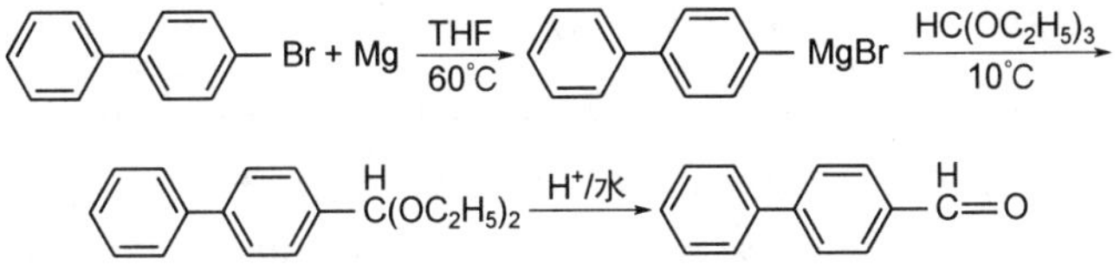

1L 三口烧瓶中加入 25g（1.04mol）干燥细小的镁屑，用 90mL 四氢呋喃盖没，加入 15mL 如下溶液及 2 小粒碘，微热使反应开始，5min 后反应缓和，再加入 90mL 四氢呋喃❶，维持 60℃ 左右❷于 4h 从分液漏斗慢慢加入如下溶液：233g（1mol）4-溴联苯溶于 370mL 热甲苯中❶，混匀。加完后再搅拌 2h，镁屑基本消失，冷却控制 10℃ 左右慢慢加入 148.5g（1mol）原甲酸乙酯❸，反应放热，加完后保温搅拌 4h，慢慢加热回流 1h，回收溶剂至液温升至 140℃，约回收到无水溶剂 500mL，用于下次合成。

水解：冷却保持 30~40℃，搅拌下于 0.5h 左右慢慢加入 100mL 水，以后可以较快的速度加入 250mL 水及 180mL 30%（1.8mol）工业盐酸，加热至沸，从分水器回收剩余溶剂，脱水使回流的液温≥100℃，再回流 1h 以水解缩醛，稍冷。分去水层，油层用 70℃、300mL 热水充分搅拌洗涤，分取下面油层得 183g（GC 组分：主体 75%；联苯 16%；未知物可能是二联苯甲基乙基醚❸ 6%，放冷过夜可凝固）。

分馏：油浴加热，用水泵减压蒸除水至液温 180℃/-0.09MPa，放冷至 110℃ 改用油泵减压分馏，收集<160℃/10mmHg 馏分，得 38g，放冷至室温几小时后滤出结晶约 20g，主要是联苯；液体部分 18g，联苯甲醛占 54%。

继续分馏，收集 160~175℃/9mmHg 馏分至不出为止，得 93g，91% 纯度 GC。

精制：以上粗品用甲苯（0.1mL/g）溶析两次，风干得 66g（产率 36%），纯度 98.6%，mp 57.2~58.6℃。

以上母液及中间馏分合并，分馏及如上溶析，回收到成品 18~20g（总产率 47%）。

菲-9-醛　*M* 206.25，mp 100~102℃，bp 235~245℃/20mmHg。

---

❶ 回收的无水溶剂，其中 GC 测定结果：四氢呋喃 20%；甲苯 75%；原甲酸乙酯 0.1%。用它全部去溶解 4-溴联苯，它已含约 100mL 四氢呋喃，不再补加引发反应后的 90mL，其总量缺失 10% 当予以补足。

❷ 60℃ 已是此项反应的较低温度。

❸ 联苯是未反应的格氏试剂水解产生的，应该使用无水原甲酸乙酯（常含水 1%~2%），使用前应检控。6% 组分可能是 4-溴联苯，为使充分反应应以过量的镁在管道中反应。气相色谱检查高沸物可能是二联苯甲基乙基醚，应以更低的温度将格氏试剂加入原甲酸乙酯中以减少过度反应。

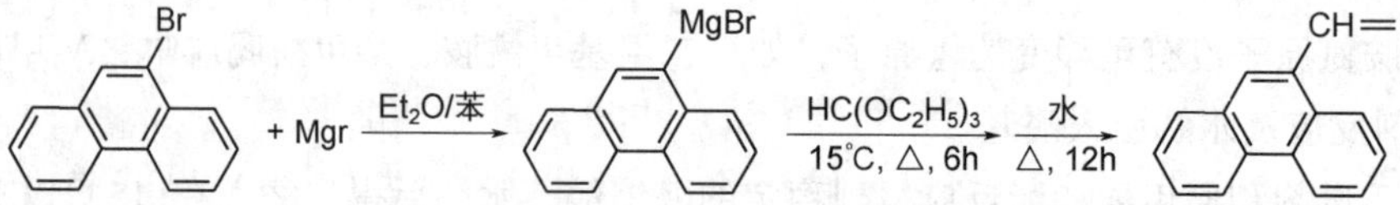

2L 三口烧瓶中加入 25.3g（1.05mol）新鲜镁屑，按常规方法引发反应，慢慢加入 257g（1mol）9-溴菲（mp 60~64℃）溶于 0.5L 无水乙醚的溶液。加完后再保温搅拌 1h，加入 0.5L 无水苯，加热回流 4h。控制温度 15℃左右，搅拌着慢慢加入 148g（1mol）原甲酸乙酯，加完后保温搅拌 2h，慢慢加热回流 6h。冷后慢慢加入 0.5L 10%（1.45mol）盐酸，充分搅拌，分取有机层，回收溶剂，剩余物中加入 0.5L 20% H_2SO_4，搅拌下加热回流 12h 以水解醛缩醇；分去酸水层，有机层以热水洗二次，使溶于 0.5L 苯中，并与 750mL 水溶解 600g 亚硫酸氢钠的溶液充分搅拌过夜，次日滤取加成产物，用苯浸洗一次。

与 Na_2CO_3 水溶液一起加热分解加合物得粗品，热水洗，风干后减压蒸馏，收集 235~245℃/20mmHg 馏分，得 103~108g（产率 50%~51%）。

精制：用乙醇（3mL/g）重结晶。

己醛　*M* 100.16，bp 131℃，*d* 0.834，n_D^{20} 1.4035。

$$n\text{-}C_5H_{11}—Br + Mg \xrightarrow{Et_2O} n\text{-}C_5H_{11}—MgBr$$

$$n\text{-}C_5H_{11}—MgBr \xrightarrow[15℃,\ 6h]{HC(OC_2H_5)_3} n\text{-}C_5H_{11}—CH(OC_2H_5)_2 \longrightarrow n\text{-}C_5H_{11}—CHO$$

2L 三口烧瓶中加入 30g（1.25mol）新鲜的碎镁锭屑，按常规方法引发反应后，慢慢加入 189g（1.25 mol）溴戊烷及 150mL 无水乙醚的溶液。加完后再搅拌下加热回流 0.5h。控制反应温度 15℃左右，搅拌着慢慢滴入 148g（1mol）原甲酸乙酯，加完后保温搅拌 2h，于 0.5h 左右慢慢加热至回流，回流 6h（如果回流时间太短，在回收溶剂后期会出现突然、不易控制的剧烈放热，也可能是析出固体物结晶所致），长时间回流也未能提高产率，油浴加热回收溶剂至浴温 110℃无馏出物为止。冷却下慢慢加入 0.5L 水及 125mL 30%（1.25mol）工业盐酸的溶液，固体物消溶后分取己醛缩二乙醇。

以上醛缩醇与 160mL 15% H_2SO_4 作分馏脱水，搅拌下加热作水解、分馏，将生成的己醛随时蒸出，水层随时返回。馏出物用 100g 亚硫酸氢钠（或 91g 焦亚硫酸钠 $Na_2S_2O_5$）充分搅拌 1h，水蒸气蒸馏蒸除戊醇及其它有机杂质；稍冷后加入 80g（0.95mol）碳酸氢钠再水蒸气蒸馏、分解加合物及蒸出产物。分取上层以无水硫酸钠干燥后分馏，收集 126~127℃馏分，得 45~50g（产率 45%~50%）。

八、瑞门/蒂曼反应——二氯卡宾（$:CCl_2$）插入及水解

氯仿在过量强碱作用下发生 α-消除，首先生成碳负离子的金属盐，而后脱去氯原子（Cl^-）生成二氯卡宾，为活泼、不稳定的二价中间体，二氯卡宾的产率较低，但操作方便，如下式：

$$H—CCl_3 + NaOH \xrightarrow[-H_2O]{} [Na^+ {}^-CCl_3] \xrightarrow[-NaCl]{} :CCl_2$$

卡宾碳原子的价电子层不饱和，是非常活泼的强亲电试剂。卡宾的反应是在双键 C═C、或在 C—H 键间插入。卡宾的活泼顺序：$H_2C\colon > R_2C\colon > Ar_2C\colon > Cl_2C\colon$，二氯卡宾的活性较差，通常根本不发生在 C—H 间的插入（更活泼的卡宾在 C—H 插入没有选择性）。在酚类引入醛基（甲酰化）的合成中，苯酚在苛性钠溶液中生成酚钠，在邻位有很强的电负性；氯仿在强碱中生成的二氯卡宾，它首先在碳双键插入，而后质子转移，成为二氯卡宾在 2-位的取代，其后水解为醛基。虽然产率较低，仍有采用。

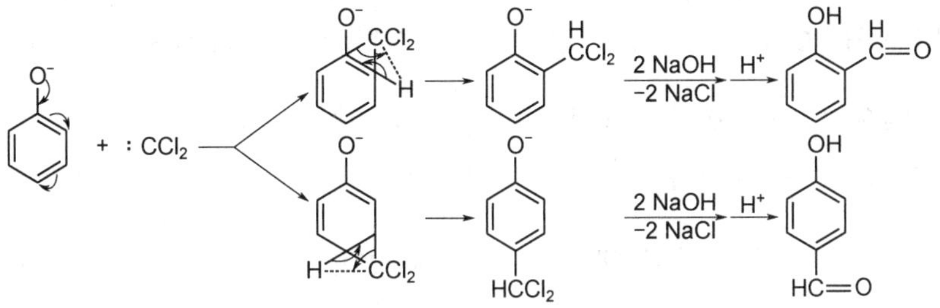

酚的 2 位、4 位有简单烷基，与卡宾反应有少许"环酮"产生。

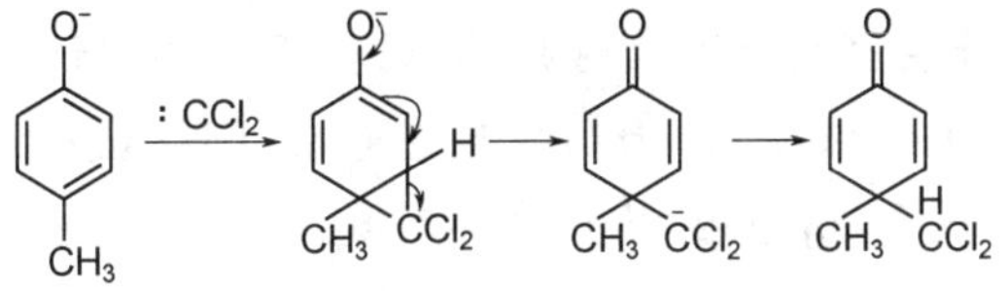

反应过程：过量的氯仿慢慢加入到酚与过量的苛性钠溶液中，水蒸气蒸馏蒸出未反应的氯仿，稍冷，酸化得到粗品。Ar—O⁻ 与醛基共轭，不产生双负离子，无康尼查罗反应。

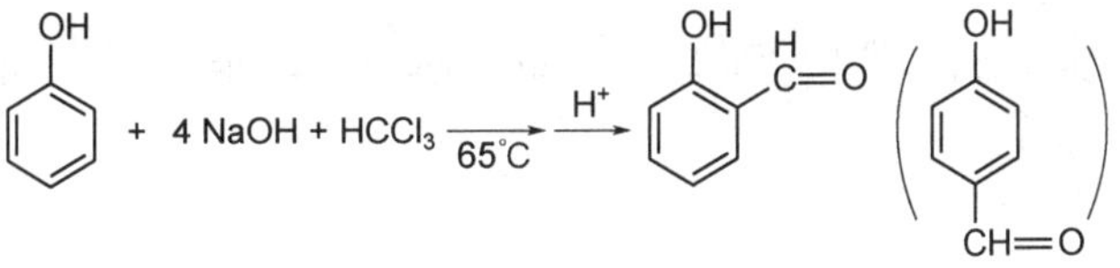

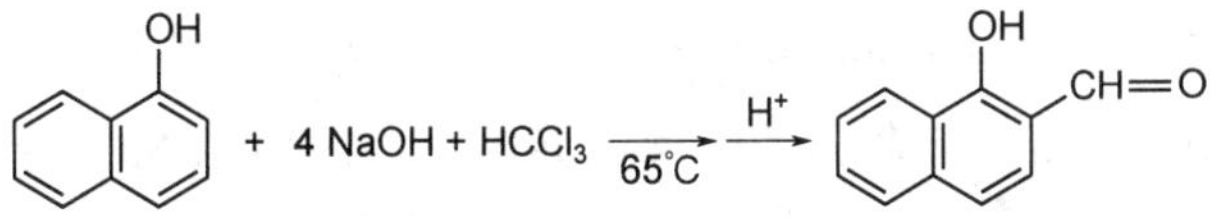

2-羟基-5-甲基-苯甲醛　M 136.15，mp 56~60℃。

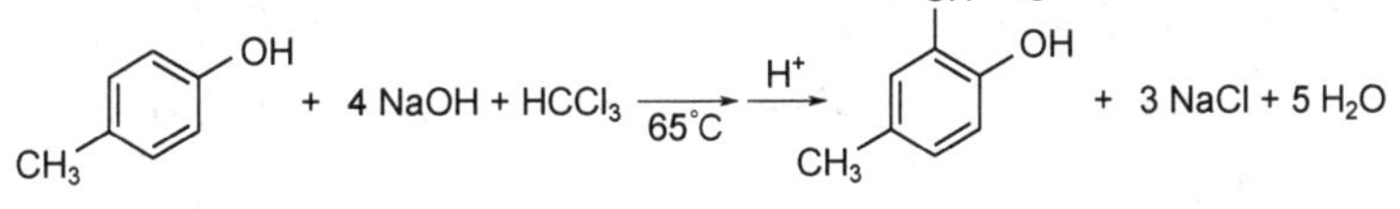

2L 三口烧瓶配置机械搅拌、温度计、回流冷凝器、分液漏斗及电加热。

烧瓶中加入 750g 45%（8.4mol）氢氧化钠溶液，搅拌下加入 162g（1.5mol）4-甲酚，加热维持 65~70℃于 3h 左右从分液漏斗慢慢滴入 179g（1.5mol）氯仿，反应物有大量的泡沫，加完后保温搅拌 1.5h。冷至 40℃以浓盐酸酸化，分出油层 213g[❶]，减压蒸馏，收集 125~135℃/10mmHg 馏分，得 100g。

2L 三口烧瓶中加入 280mL 水，搅拌下加入 162g（0.85mol）焦亚硫酸钠 $Na_2S_2O_5$，基本溶解后加入上述蒸过的产物，充分搅拌 4h（反应放热），析出大量加合物结晶，滤出，以甲醇浸洗两次（2×100mL），得湿品 196g（干燥后得 105g，产率 20%，按 4-甲酚计）。

水解：1L 三口烧瓶中加入 300mL 水及以上加合物，于 85℃左右搅拌下慢慢加入 90g（0.8mol）碳酸钠，加完后保温搅拌 2h。冷至 50℃分取有机层得 70g。减压蒸馏，收集 138~142℃/14mmHg 馏分，得 57g（产率 28%，按 4-甲酚计），mp 51~52℃[❷]，GC 纯度 95%。

溴甲基环丙烷　M 135.01，bp 105~107℃，d 1.392，n_D^{20} 1.4570。

a. 乙醛缩-二-2,2-二氯环丙基甲醇

$$CH_3CH(O—CH_2—CH=CH_2)_2 + 2\ NaOH + HCCl_3 \longrightarrow CH_3CH(O—CH_2—CH—CH_2)_2 + 2\ NaCl + 2\ H_2O$$

0.5L 三口烧瓶中加入 320mL 50%（488g，6mol）氢氧化钠溶液，240g（2mol）氯仿及 1.8g TEBA（三乙基苄铵盐表面活性剂），控制 40℃（不超过）剧烈搅拌下于 2h 左右慢慢加入 28.4g（0.2mol）乙醛缩-二-丙烯醇及 200mL（2.5mol）氯仿的溶液，加完后于 40~45℃保温搅拌 2h。冷后分取氯仿层，水层用氯仿提取（4×100mL），合并的氯仿溶液水洗两次，以无水硫酸钠干燥后回收氯仿，剩余物减压蒸馏，收集 138~140℃/5mmHg 馏分，得 51.5g（产率 83%），n_D^{18} 1.4895。

b. 脱卤及水解——环丙基甲醇

$$CH_3CH(O—CH_2—CH—CH_2)_2 \xrightarrow[-4NaCl,\ \triangle,\ 8h]{4Na/t\text{-}C_4H_9OH/THF} CH_3CH(O—CH_2—CH\triangleleft)_2 \xrightarrow{H/H_2O} 2\ HO—CH_2—CH\triangleleft$$

1L 三口烧瓶中加入 62g（0.2mol）乙醛缩-二-2,2-二氯环丙基甲醇，480mL 用金属钠干燥过的四氢呋喃及 100mL（1.06mol）无水叔丁醇，通入干燥的氮气并开动搅拌以赶除空气，慢慢加入 72g（3.1mol）金属钠小块，加完后加热回流 8h。冷却后于 30℃以下慢慢加入 480mL 甲醇以分解过剩的金属钠，待钠作用完毕将反应物加入至 0.5kg 冰水中充分搅拌，分取有机层，水层用四氢呋喃提取（4×150mL），提取液与分取的油层合并，用饱和食盐水洗两次（2×150mL），以无水硫酸钠干燥后回收溶剂。向剩余物中加入 15mL 6% H_3PO_4，水浴加热于 80℃搅拌半小时以水解缩醇，冷后用 160mL 乙醚分两次提取，提取液用饱和盐水洗（3×20mL），以无水硫酸钠干燥后分馏，收集 122~126℃馏分，得 14.5g（产率 50%），n_D^{25} 1.4282。

---

❶ 酸化分出的有机层可能包含氯仿、4-甲酚及"环酮"，直接用 $NaHSO_3$ 处理，其它有机物妨碍加合物结晶，也不易过滤分离。

❷ 其加合物仍包含沸点相近的其它有机物（或"环酮"），以致蒸馏无前馏分，分离或应以结晶作溶析处理。

c.溴代

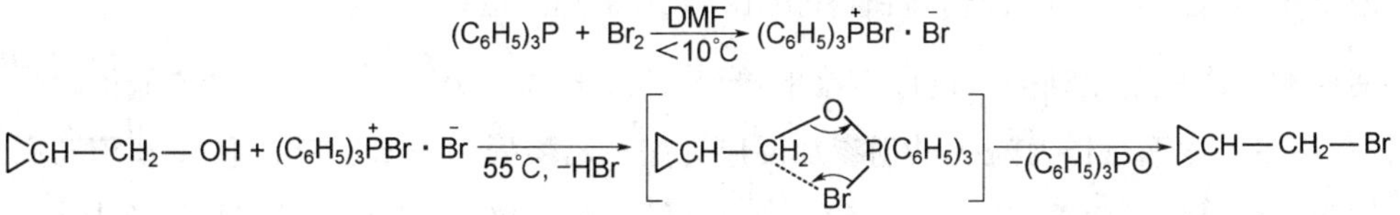

250mL 三口烧瓶中加入 140mL DMF 及 42g（0.16mol）三苯膦，搅拌溶解后控制 <10℃慢慢滴入 24g（0.15mol）液溴至反应物呈现稳定的橙色，再于 30℃左右慢慢滴入 10.8g（0.15mol）环丙基甲醇，加完后于 50~55℃搅拌 0.5h。冷后减压蒸馏，收集 30~36℃/5mmHg 馏分，将馏出物加入至 700mL 冰水中充分搅拌以洗去其中的 DMF，分取有机层，以无水硫酸钠干燥后得 15g（产率 75%），n_D^{20} 1.4766。

九、酰氯、酸酐以及羧酸对于芳烃的酰化

非强拉电子基影响的芳烃在缩合剂（如：$AlCl_3$、H_2SO_4、$SnCl_4$、$ZnCl_2$）作用下，依"酸、碱"强度甚至在室温就能和酰氯顺利反应，生成 α-芳酮（或芳醛）与 $AlCl_3$ 的络合物并放出 HCl，水解得产品。酰化试剂可以是酰氯、酸酐，也可以是亚胺酸酰氯、羧酸、烯酮。

反应中使用足够量的芳烃兼作溶剂，许多情况也可以使用其它溶剂，如：硝基苯、二硫化碳、氯苯、苯。因为反应温和，能很好控制反应的选择性，芳烃分子中有吸电子基使亲电取代困难，需要更高的反应温度，较远位置的吸电子基对反应不会有太大影响。对于活泼的芳烃，反应时可以使用相对不活泼的芳烃作为溶剂，如：苯乙醚、联苯、萘的芳核酰化时可以使用苯作溶剂；而 1-甲基萘的乙酰化，在 -5℃ 以下可以使用甲苯作溶剂。

酰氯的反应性很强，四氯化碳在傅-克反应中也是很强的亲电试剂。在室温以下与芳烃的反应使用四氯化碳作溶剂也可以选择进行，为避免四氯化碳与芳烃缩合，其加料顺序是先将酰氯和四氯化碳中的 $AlCl_3$ 生成复合物，酰基正离子比四氯化碳有强得多的反应能力，从而具有反应的选择性。如下反应详见 169 页。

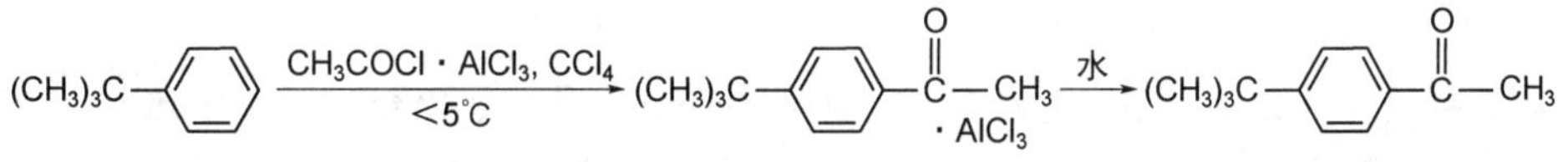

酰氯在 $AlCl_3$ 作用下与芳烃反应制取 α-芳酮，要使用 1.0~1.05mol 的 $AlCl_3$ 作缩合剂，而使用酸酐的酰化则要 2.1~2.2mol $AlCl_3$，如下式：

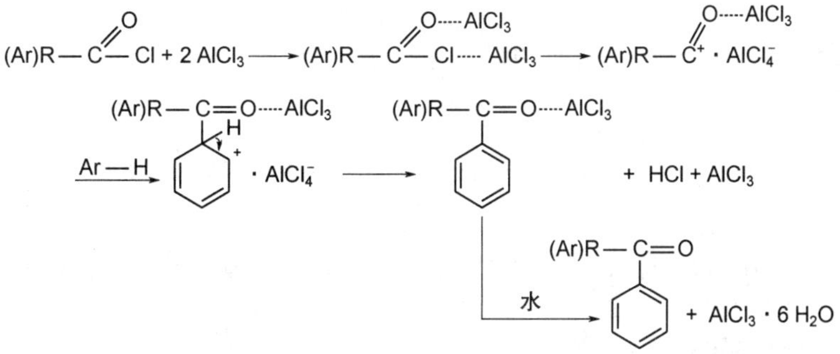

络合状态一直保持到水解之前，水解后它不再起作用；与氯原子络合的$AlCl_4^-$与反应释放出的质子结合生成HCl放出，同时释放出$AlCl_3$参加反应。

使用酸酐作为酰化试剂，反应下来的羧酸-二氯化铝$R-C\overset{O}{\diagup}O-AlCl_2$（是软碱和硬酸的酸酐），在稍高温度下也作为酰化试剂参加反应，如：乙酸酐和溴苯反应制取 4-溴苯乙酮，溴苯只比酸酐计算量多20%，其后回收CS_2溶剂也只达液温90℃，产率按乙酸酐计算为>110%，酰基是较弱的拉电子基，更高的温度会导致进一步酰化，如：1-甲基萘的乙酰化。

一般合成方法：将酰氯慢慢加入至底物、溶剂和氯化铝的混合物中；或将底物加入到低温下的酰氯、惰性溶剂和氯化铝的混合物中；或者最后向底物、溶剂和酰氯的混合物中加入三氯化铝。反应的外部特征是放出HCl及颜色改变（变暗），停止放出HCl表示反应结束，反应物冷后分层或析出络合物结晶，最后酸性水溶液中分解，产物被分离出来。

此项合成耗用大量$AlCl_3$，且不能回收再用，造成污染。应该首要考虑使用能够回收再用的缩合剂，如无水氯化锌作用于酸酐、羧酸，以及酰氯（羧酸、氯化剂）与无水氯化锡。

应该注意：烷基芳烃（甲基、乙基、异丙基、仲丁基除外）使用氯化铝作缩合剂，在较高温度下会发生烷基移变和歧化使产物变得复杂；醚基也容易分解开，应避免使用$AlCl_3$。

如果酰化试剂有两个反应基团，如β-氯代丙酰氯（$ClCH_2CH_2COCl$）、2-丁烯酰氯（$CH_3CH=CHCOCl$），必须严格控制反应条件以加强反应的选择性，酰氯的反应性很强，控制更低的反应温度加入底物苯，而使反应选择进行；如果高于40℃，虽然只使用计算量的苯，还是得到两个基团作用的产物——失去选择性。以下两个实例应该改变加料顺序，在更低的反应温度下将底物苯加入酰氯、惰性溶剂和三氯化铝的混合物中，或向苯和酰氯的反应物中慢慢加入$AlCl_3$。在水解处理之前的加热都会发生过度反应。

1-苯基-2-丁烯-1-酮　M 146.19，bp 130~135℃/20mmHg。

$$CH_3CH=CH-CO-Cl + C_6H_6 \xrightarrow[<30℃]{AlCl_3,\ 苯} \text{〈苯基〉}-\overset{O}{\underset{}{C}}-CH=CH-CH_3 + HCl$$

5L三口烧瓶中加入2.5L无水苯及500g（3.7mol）**❶**三氯化铝，搅拌下维持30℃以下慢慢滴入208g（2mol）2-丁烯酰氯，立即析出白色结晶并放出HCl，加完后保温搅拌2h，将反应物倾入含盐酸的冰水中充分搅拌，分取苯层，水洗，5% NaOH洗，再水洗，加入0.5g对苯二酚，回收苯后的剩余物减压蒸馏，收集180℃/10mmHg以下的馏分**❷**，再分馏，收集130~140℃/15mmHg馏分。

3-氯丙酰苯　M 168.62，mp 49~50℃。

a. 3-氯丙酰氯

$$3\ Cl-CH_2CH_2-CO_2H + PCl_3 \xrightarrow{\triangle} 3\ Cl-CH_2CH_2-CO-Cl + H_3PO_3$$

---

❶ $AlCl_3$用量太过（反应温度也高），催化了进一步反应生成1,3-二苯基丁酮，应该在更低的温度下向苯和酰氯的反应物中慢慢加入欠量的三氯化铝。

❷ 相当多的高沸物残余是过度反应的产物。

10L 烧瓶中加入 1.96kg（18mol）3-氯丙酸，搅拌下慢慢加入 1.4kg（10mol）三氯化磷，慢慢加热回流 2h，冷却后加入 3kg 二硫化碳使酰氯溶解，过滤后使用。

b. 酰化

$$Cl-CH_2CH_2-CO-Cl + C_6H_6 \xrightarrow[<30℃]{AlCl_3,CS_2} Cl-CH_2CH_2-\overset{\displaystyle O}{\underset{\displaystyle \|}{C}}- \text{（苯环）} + HCl$$

10L 三口烧瓶中加入 3.5kg 新蒸的二硫化碳、1.33kg（17mol）无水苯，再加入 2.4kg（18mol）氯化铝。搅拌着，控制 30℃以下从滴液漏斗慢慢加入上述（a）中制得的酰氯的二硫化碳溶液，加完后再搅拌 2h，放置过夜。次日倾入 10kg 碎冰中，充分搅拌，倾去上面水层，再冰水洗一次，以无水氯化钙干燥，水浴加热回收二硫化碳，剩余物放冷，滤出结晶，风干得 1.8kg（产率 63%，按投入苯计），mp 49~51℃。

肉桂酸酰氯、α-甲基肉桂酸酰氯的分子内缩合为五元环非常容易进行，为避免在分子间反应，使用更低的反应温度以提高选择性——生成苯并的脂环酮。

2-甲基氢茚-1-酮　M 146.19，bp 125~127℃/18mmHg。

a. 2-甲基苯丙酰氯（bp 125~127℃/2mmHg）

$$\text{（苯环）}-CH_2-\overset{\displaystyle CH_3}{\underset{\displaystyle |}{CH}}-CO_2H + SOCl_2 \xrightarrow{\triangle} \text{（苯环）}-CH_2-\overset{\displaystyle CH_3}{\underset{\displaystyle |}{CH}}-CO-Cl + HCl + SO_2$$

2L 三口烧瓶中加入 492g（3mol）2-甲基苯丙酸，从冷凝器上口慢慢加入 500g（4.2mol）二氯亚砜，反应缓和后水浴加热回流 4h，用水泵减压蒸除过剩的二氯亚砜，剩余物直接用于下面合成。

b. 2-甲基氢茚-1-酮

$$\text{（苯环）}-CH_2-\overset{\displaystyle }{\underset{\displaystyle \underset{CL}{|}\;\overset{\|}{O}}{CH}}-CH_3 \xrightarrow[<5℃]{AlCl_3,CS_2} \text{（苯并五元环酮）} CH_3 + HCl$$

5L 三口烧瓶中加入 2.5L 干燥的二硫化碳，500g（3.7mol）无水氯化铝，冰盐浴冷却控制反应温度 5℃以下，搅拌着从滴液漏斗慢慢加入上述（a）中的酰氯粗品，放出的 HCl 从冷凝器上口导致水面吸收，加完后移去冰盐浴，搅拌下升至室温继续搅拌 3h，最后加热至沸（此加热使未用尽的酰氯与产物分子间发生缩合，使产率下降）。冷后将反应物慢慢加入至碎冰中，充分搅拌，分取有机层，水洗，回收二硫化碳，剩余物减压分馏，收集 125~127℃/18mmHg 馏分，得 262g（产率 62%）。

4-乙酰基联苯　M 196.25，mp 121℃，bp 325℃。

2-乙酰基联苯　mp 67~68℃，bp 255~257℃。

$$\text{（联苯）} + CH_3CO-Cl \xrightarrow[40℃]{AlCl_3,\text{苯}} \text{（联苯）}-COCH_3 \quad \underset{93.2\%}{} \quad \left(\text{（联苯-邻位）}\underset{COCH_3}{}\right)6.4\%$$

200L 反应罐中加入 31kg（200mol）联苯、70L 无水苯，搅拌下加入 36kg（270mol）氯化铝，维持 40℃左右于 4h 慢慢加入 22kg（270mol）乙酰氯，放出的 HCl 从冷凝器上口导出至水面吸收，加完后于 70℃左右保温搅拌 2h。冷至 40℃将反应物流放至约 200kg 碎冰中，充分搅拌并加热至 50℃，分去下面水层。将上面油层置于开口大塑料桶中，封好放置过夜至 20~25℃，次日离心分离，用 8L 苯冲洗，干后得 28kg（产率 71.5%），外观淡黄色，mp 118~120℃。

滤液及洗液合并，回收苯至液温 120℃，冷至 80℃加入剩余物 1/2 体积的乙醇，搅匀后放置过夜。次日滤出棕黄色结晶●，以少许乙醇冲洗，再与 2.5L 乙醇一起搅拌下加热至 80℃。放置过夜，次日滤出结晶，干后得 4kg，mp 115~117℃。

同样可制取：4-苯甲酰联苯，mp 99~101℃，bp 419~420℃，产率 88%。

4-乙酰-1-甲基萘

1-甲基萘的 4-位对于亲电取代的酰化是很活泼的，使用甲苯作溶剂，反应条件和物料配比如下：1-甲基萘 1mol、AlCl$_3$ 1.1mol、溶剂甲苯 0.5L、乙酰氯 1.02mol，反应温度约-5℃，保温后水解，减压蒸馏，收集 200~215℃/-0.09MPa 馏分（最后浓溶液＞300℃/-0.095MPa，剩余高沸物 35g），得 123g，GC 纯度 95%（产率 63%，未能减少过度反应产物，或 1-甲基萘应该使用 1.3mol，反应水解后回收）。

4-乙酰-1-甲基萘

4-苯甲酰基吡啶　M 183.20，mp 71.5~72.5℃，bp 313.5~314℃。

$$N\text{—}CO_2H \xrightarrow{\text{二氯亚砜}} HCl \cdot N\text{—}CO\text{—}Cl \xrightarrow[<30℃]{C_6H_6, AlCl_3} \xrightarrow{水} \xrightarrow{HO^-} N\text{—}CO\text{—}$$

a. 异烟酰氯盐酸盐

15L 烧瓶中加入 3.69kg（30mol）异烟酸，水冷却慢慢加入 15kg（9L，125mol）二氯亚砜，放出的 HCl 及 SO$_2$ 从冷凝器上口导出至水及碱水吸收，最后于沸水浴加热回流 3~4h，至很少气体放出为止。回收二氯亚砜，最后用水泵减压收尽（或加入苯后再作蒸出），冷后取出结晶，风干后得 5.4~5.5kg（产率 98%~99%）。

b. 酰化——4-苯甲酰吡啶

50L 反应罐中加入 7.2kg（40mol）1）中制得的异烟酸氯盐酸盐、20L 无水苯，冷却控制 30℃以下，搅拌着于 3h 左右慢慢加入 13.3kg（100mol）无水 AlCl$_3$，放出的 HCl 导出至水吸收，反应物变为棕红色，酰氯也很快消溶，并分为两层，下层是苯甲酰吡啶与 AlCl$_3$ 的络合物，由于反应放出大量 HCl 的吸热与反应放热几近平衡，体系只在开始由于 HCl 的溶解而稍有升温，加完几小时后升温至 60℃保温搅拌 4h，放置过夜。次日反应物结为固体

● 双乙醇母液及洗液回收乙醇至液温 150℃，剩余物 12kg（其组分：苯乙酮 24%、2-乙酰联苯 22%、4-乙酰联苯 52%），减压分馏，收集＜175℃/20mmHg 馏分，得 4kg；剩余物 7kg 为 4-乙酰联苯 90%。

将＜175℃/20mmHg 馏分（4kg）常压分馏，收集 230℃以前的馏分 2.2kg（GC：苯乙酮 78.6%，2-乙酰联苯 20.1%）；230~285℃馏分 1.1kg（GC：2-乙酰联苯 83%，4-乙酰联苯 11%），重新分馏，收集 250~257℃馏分 0.8kg（GC：2-乙酰联苯 93%，4-乙酰联苯 4%），mp 61~65℃。

（保温以后进行水解更方便），弄碎加入至 60kg 碎冰及 6L 盐酸的混合物中（或用该溶液逐渐溶洗出反应物），充分搅拌，分出上面苯层，水洗两次，洗液与下面水层合并。

水溶液是 4-苯甲酰吡啶盐酸盐及氯化铝的溶液，用 40% NaOH 中和至生成的固体 Al(OH)$_3$ 进一步生成铝酸钠而基本溶解，约消耗 NaOH 50~55kg，碱化过程保持 75℃左右，冷后产物凝结成块或球状、片状，用筛网捞出，水洗，得湿品 10.8~11kg（捞出粗品以后的水溶液用回收苯提取以提高产率）。

精制：以上粗品溶于 5L 热乙醇中，充分搅拌，静置，分为两层，下层是水和无机盐，分取上层热溶液脱色过滤，冷后结晶，离心分离，风干后得 5kg，mp 70.5~72.5℃。

母液回收部分乙醇可得 800~900g，总产量 5.8~5.9kg（总产率 80%）。

4-溴苯丙酮　M 213.08，mp 47℃，bp 138~140℃/14mmHg。

$$Br-\text{⟨⟩}+CH_3CH_2-CO-Cl \xrightarrow[-HCl]{AlCl_3, 二硫化碳} \xrightarrow{H^+, 水} Br-\text{⟨⟩}-CO-CH_2CH_3$$

1L 三口烧瓶中加入 157g（1mol）溴苯、285mL 二硫化碳、138g（1.02mol）氯化铝，搅拌下保持 40℃左右于 1h 从滴液漏斗慢慢加入 93g（1mol）丙酰氯，加完后保温搅拌半小时。水浴加热回收二硫化碳至液温 85℃，稍冷将反应物加入 50mL 盐酸及 0.5kg 碎冰中，充分搅拌，滤出结晶，风干得 163g（产率 76%），纯度（GC）95%。

精制：用乙醇（0.6mL/g）重结晶，mp 46.5~47.5℃，纯度（GC）98%。

另法：以相同条件用溴苯兼作溶剂，反应及处理后常压分馏，产率 95%。

4-叔丁基苯乙酮　M 137.26，mp 5℃，17~18℃（双晶），bp 260℃。

$$(CH_3)_3C-\text{⟨⟩}+CH_3CO-Cl \xrightarrow{AlCl_3, 苯} \xrightarrow{H^+, 水} (CH_3)_3C-\text{⟨⟩}-CO-CH_3 + HCl$$

1L 三口烧瓶中加入 265g（2mol）叔丁苯、200mL 无水苯，搅拌下加入 268g（2mol）氯化铝，控制 15℃左右于 1h 慢慢加入 158g（2mol）乙酰氯，加完后再室温搅拌 2h，加入至冷水中充分搅拌，分取有机层，水洗，分馏（中间物有约 5%苯乙酮）[●]，收集 135~142℃/20mmHg 馏分，得 240g（产率 68%）。

酚基酯与氯化铝的络合物加热（160℃）酸分解，重排为 o- 及 p-羟基苯乙酮；醚基则更容易脱去生成氧烷和酚羟基。

2-羟基苯乙酮　及 4-羟基苯乙酮

$$\text{⟨⟩}-O-CO-CH_3 \xrightarrow[160℃]{AlCl_3} HO-\text{⟨⟩}-CO-CH_3 \quad \left(\begin{array}{c}HO-\text{⟨⟩} \\ COCH_3\end{array}\right)$$

mp 106℃, bp 320℃　　　mp 4-6℃, bp 218℃

10L 三口烧瓶中加入 2.7kg（20mol）乙酸苯酯，搅拌下加入 2.7kg（20mol）氯化铝（有 HCl 放出），于 150~170℃油浴加热 6h。冷后水解，分取油层，水蒸气蒸馏至不再有

---

❶ 使用 CCl$_4$ 作溶剂，先加入 AlCl$_3$ 和乙酰氯，在 5℃以下将叔丁基苯滴加到体系中，产率 80%。

油珠馏出为止，得 450g（产率 17%）2-羟基苯乙酮（含乙酸乙酯 3%），剩余物用 5% NaOH 碱化至强碱性，脱色过滤，酸化，滤取结晶，水洗，风干后减压蒸馏（去掉颜色）得 700g，用乙醇浸洗两次，干燥后得 450g（产率 17%）4-羟基苯乙酮[❶]。

使用苯乙醚在氯化铝作用下的酰化产物是 4-羟基苯乙酮（或是氯化铝过量 33%造成的）。

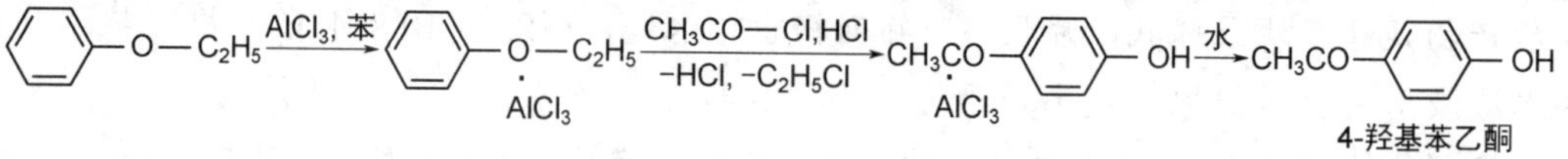

$$\text{4-羟基苯乙酮}\\67\%$$

2,4-二羟基苯丙酮　M 166.18，mp 100℃；易溶于醇及苯。

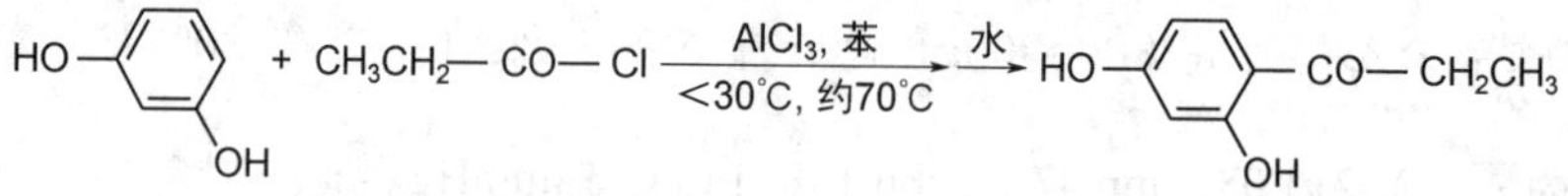

2L 三口烧瓶中加入 110g（1mol）间苯二酚、0.5L 无水苯，搅拌下加入 133g（1mol）氯化铝（微有放热），搅拌 0.5h 固体物基本溶消，控制 25~30℃，于 2h 左右慢慢加入 93g（1mol）丙酰氯，放出 HCl 导至水面吸收，加完后再搅拌 1h 开始有固体物析出，移去冰水浴，于 2h 左右升温至 70~80℃，保温 1h，随着加热，反应物渐变浓稠以致结为固体，物料被放出的 HCl 膨起几乎充满烧瓶，停止加热和搅拌，放冷至 40℃ 左右。从滴液漏斗于 2h 滴入 0.5L 水及 0.5L 工业盐酸的溶液（不可减少，否则固体物不能全溶），加完后放置 1h 或更长，让反应物自行崩解开，当能搅动时再开动搅拌，于 1h 左右加热至 70℃，0.5h 以后固体物全溶，稍冷，分去下面水层[❷]（苯层放置过夜会有 40%左右的结晶析出，不必分离），回收苯至剩 180~200mL，滤清后放置过夜。次日滤出结晶[❷]，以 35mL 冷苯浸洗一次，干后得 98g（产率 60%），mp 96.8~98.5℃，GC 纯度 98%，外观土黄色。

精制：用苯（1.5mL/g）重结晶，精制品的收率为 94%，纯度 99.6%，mp 99.4~100.4℃。

用以上 AlCl₃ 为缩合剂的方法制取其他化合物：2,4-二羟基苯丁酮，mp 70~71℃；2,4-二羟基苯己酮，mp 57℃，bp 243℃；2,4-二甲氧基苯丁酮，酰化温度 60~65℃，在 80℃ 保温后反应物分层（络合物为流体，并不浓稠），产物熔点 33~34℃。

另法：开口容器中加入 110g（1mol）间苯二酚，274g（3.7mol）丙酸，272g（2.0mol）无水氯化锌，搅动下加热至反应放热，移去热源自行反应至放热停止后保温。回收丙酸后加入水中充分搅拌，分取有机层，水洗，减压分馏，收集 163℃/3mmHg 的馏分，参见 174 页 2,4-二羟基苯己酮。

又：

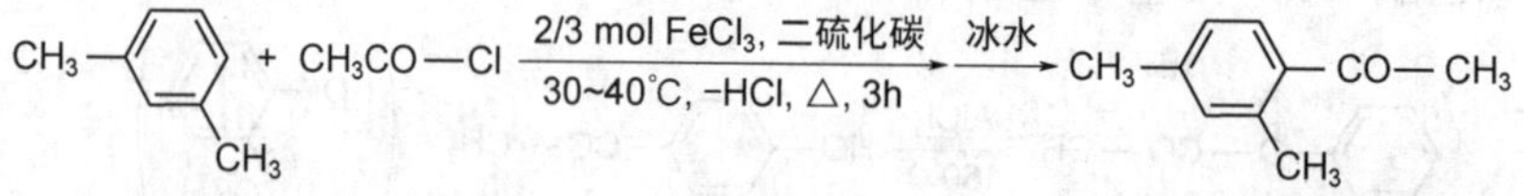

$$\text{2,4-二甲基苯乙酮}\\\text{产率74\%，bp 228℃(235℃)}$$

[❶] 初期曾使用二硫化碳作溶剂以此方法来合成羟基苯丙酮，反应物在搅拌下回流 2h（放出 HCl），回收 CS₂ 后再油浴保温。水解后从分离物中分离出 4-羟基苯丙酮 mp 149℃，2-羟基苯丙酮 bp 115℃/18mmHg，成品总产率大于 70%。

[❷] 母液当进一步回收以及水层提取。

4-甲基苯甲醛　M 120.15，bp 204~205℃，d^{17} 1.0194，n_D^{20} 1.5454。

$$CO + HCl \longrightarrow [H-CO-Cl]$$

$$CH_3-\text{\textcircled{}}- + [HCO-Cl] \xrightarrow[18\sim20℃]{AlCl_3} \longrightarrow CH_3-\text{\textcircled{}}-\overset{H}{\underset{}{\overset{|}{C}}}=O + HCl$$

0.5L 细长大口瓶配置机械搅拌，两支插底的通气管及导出管，外用冰水冷却。

瓶中加入 200g（2.17mol）无水甲苯，搅拌下加入 30g 氯化亚铜及 267g（2mol）氯化铝，将 CO 和 HCl 以 2∶1 的流量比例通入搅拌着的反应物中，从气体导出管的气体流量可推知反应进行的情况。最初的 CO 可以完全吸收，当反应物变得浓稠后，吸收就不够完全（考虑增加甲苯用量以便于搅拌、吸收和提取），约 7~8h 可以完成。将反应物慢慢加入 1.5kg 碎冰中充分搅拌，水蒸气蒸馏至无油状物蒸出为止，分取有机层，再用甲苯提取水层，与分出的油层合并，以无水氯化钙干燥后回收甲苯。剩余物减压蒸馏（常压收集 201~205℃馏分），得 121~123g（产率 50%）；再蒸馏一次收集 203~205℃馏分（损失很少），为了保存添加 0.1%对苯二酚作稳定剂。

相似的方法制备联苯-4-甲醛，物料配比：联苯 1mol、AlCl₃ 2mol、CuCl 10g，溶剂苯 0.6L，反应温度 35~40℃。苯溶液以 NaHSO₃ 加合物分离，产率 55%。

酸酐作为 C-酰化试剂与芳烃缩合，氯化铝作为"酸"与酸酐作用产生酰基正离子与芳烃亲电取代，生成 α-芳酮。

$$R-\overset{O}{\underset{}{\overset{\|}{C}}}-O-\overset{O}{\underset{}{\overset{\|}{C}}}-R + AlCl_3 \longrightarrow \left[\text{...} \right] \longrightarrow R-\overset{+}{C}=O + R-\overset{O}{\underset{}{\overset{\|}{C}}}-O-AlCl_2 \cdot Cl^-$$

$$R-\overset{+}{C}=O + Ar-H \longrightarrow Ar-\overset{}{\underset{O}{\overset{|}{C}}}-R + H^+$$

$$Ar-\overset{}{\underset{O}{\overset{|}{C}}}-R + AlCl_3 \longrightarrow Ar-\overset{}{\underset{O \cdot AlCl_3}{\overset{|}{C}}}-R$$

$$H^+ + Cl^- \longrightarrow HCl$$

总反应式：

$$Ar-H + (RCO)_2O + 2AlCl_3 \longrightarrow Ar-\overset{}{\underset{O \cdot AlCl_3}{\overset{\|}{C}}}-R + RCO-O-AlCl_2 + HCl$$

实际工作中常常是把酸酐加入底物、溶剂和 AlCl₃ 的混合物中，大量 AlCl₃ 使酸酐酰化后脱掉的羧酸都在进行着酰化，这样，产率按酸酐计算会超百分百，尤其在最后的加热时仍可以反应。酰基只是较弱的拉电子基，尤其底物过量不太多时，在更高的温度可以过度反应，应该考虑 R-$\overset{O}{\underset{}{\overset{\|}{C}}}$-O-AlCl₂ 的酰氧分裂的酰化作用。

在使用酸酐的酰化反应中，可能考虑酸酐的酰化能力较弱使用 2mol 的 AlCl$_3$。如：苯和丙酸酐在多量 AlCl$_3$ 作用下于 35~40℃ 反应及保温后水解，只有 40% 生成了 α-苯丙酮；加热回流 5h，产率升至 95% 以上（未包括中间馏分及底物回收），如回收部分苯以提高回流温度，将使产率更高。又如：4-溴苯乙酮的合成，按乙酸酐的含量计算产率（包括回收）大于 130%。

4-溴苯乙酮　M 199.05，mp 50℃，bp 255.5℃，d 1.647。

$$Br—\langle\rangle + (CH_3CO)_2O \xrightarrow[40\sim60℃, 约90℃]{2AlCl_3, 二硫化碳} \xrightarrow{水} Br—\langle\rangle—CO—CH_3 + CH_3CO_2H$$

50L 反应罐中加入 15.7kg（100mol）溴苯、36kg 二硫化碳[1]、30kg（225mol）三氯化铝，开动搅拌，加热保持微回流，于 5h 左右从高位瓶慢慢加入 8.2kg（80mol）乙酸酐，放出的 HCl 导至水面吸收，加完后保温搅拌 2h，回收二硫化碳至液温 90℃。稍冷，将反应物加入盐酸（10L）及 150kg 碎冰中，充分搅拌，得黄色结晶，离心分离出油状物，得粗品 16kg（按溴苯计，产率 80%；按乙酸酐纯度计，产率 110%）。

苯丙酮　M 134.17，mp 21℃，bp 218℃，d^{20} 1.012。

$$\langle\rangle + (CH_3CH_2—CO)_2O \xrightarrow[30℃, 5h]{2AlCl_3, 苯} \xrightarrow{水} \langle\rangle—CO—CH_2CH_3 + CH_3CH_2CO_2H$$

10L 三口烧瓶中加入 6L 无水苯、4.1kg（30mol）三氯化铝，搅拌及冷却下控制反应温度 30℃ 左右，于 3h 从滴液漏斗慢慢加入 1.82kg（14mol）丙酸酐[2]，反应立即开始，放出 HCl 导至水面吸收，加完后保温搅拌 2h，加热赶尽 HCl，再加热回流 5h[3]。冷后将反应物倾入加有盐酸的冰水中，充分搅拌，分取苯层，水洗两次，回收苯后常压分馏，收集 215~218℃ 馏分，得 1.7~1.9kg（产率 90%~95%）。

萘用苯作溶剂和乙酸酐在 AlCl$_3$ 作用下的 C-酰化，得到 1-萘乙酮（主）和 2-萘乙酮以及进一步的酰化产物。1-萘乙酮、2-萘乙酮的熔点、沸点接近，不能用分馏或水蒸气蒸馏的方法分离，1-萘乙酮与苦味酸定量地生成分子化合物（mp 118℃），以结晶的形式和 2-萘乙酮分开，结晶分子化合物用氢氧化钠溶液分离，得到 1-萘乙酮。

萘在酰化后对于另一个苯环的反应性降低不是很多，况且在过量氯化铝作用下，脱掉的羧酸仍可以进入反应，这样容易造成混乱，应以过量底物在更低的温度进行反应。也见 1-甲基萘的 4-位乙酰化。

1-萘乙酮　M 170.21，mp 34℃，bp 298℃（170~170.5℃/20mmHg），$d^{21.5}$ 1.117，n_D^{22} 1.628。
2-萘乙酮　M 170.21，mp 56℃，bp 301~302℃。

---

[1] 曾试用溴苯兼作溶剂代替二硫化碳，有高熔点物生成，可能是从反应物回收溴苯，温度过高发生的过度反应造成的。
[2] 常使用相同重量的含量 70% 的丙酸酐，得到与以上相近的产率。
[3] 如果未回流，产率只有 40%；当回收部分苯以提高回流温度，产量或可再增加。

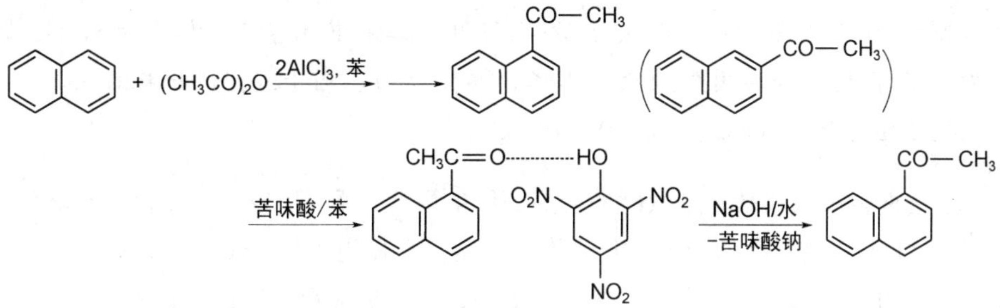

15L 三口烧瓶中加入 2kg（15mol）精制萘、7L 无水苯及 16kg（约 15mol）乙酸酐，搅拌溶解后控制 20~30℃于 6h 左右慢慢加入 4kg（30mol）氯化铝，在加入 1/2 量以前，放热较大，反应物的颜色无大变化；加入剩余的 1/2 量，放热较少，反应物变得黏稠，颜色更暗，放热不大仍要慢慢加入，加完后再搅拌 2h，再于 1.5h 慢慢升温至 70℃，保温搅拌 3h[❶]。冷后加入 2kg 盐及大量碎冰中充分搅拌，分取苯层，水洗三次，回收苯后减压分馏，收集 163~175℃/20mmHg 馏分，得 1.25kg，稍冷，倾去黏稠的高沸物底子[❷]（为进一步酰化的产物）。

分离异构物：1.45kg（6.5mol）苦味酸溶于 4L 苯中，搅拌下加入以上 1.25kg 异构混合物与 0.6L 苯的溶液，搅匀后放置过夜，次日滤取结晶，以冷苯浸洗一次，干后得 1.6kg，mp 115~117℃，母液处理得到 200g 2-萘乙酮。

分解复合物：10L 烧瓶中加入以上 1.6kg 苦味酸盐及 3L 苯，水浴加热回流 2h 左右，加入 190g（4.7mol）氢氧化钠溶于 1.6L 水的溶液（不可更浓，否则影响水解），加完后回流 4h，放置过夜，次日滤除苦味酸钠结晶[❸]，以冷苯冲洗，洗液与滤液合并，分取苯层，水洗三次，回收苯后减压分馏，收集 160~165℃/20mmHg 馏分，得 510g（分解的收率为 75%），d^{20} 1.117~1.119。

以下为低温条件下，二乙酰化制备 4,4′-二乙酰联苯，使用过量 1.5 倍的酰化剂。

4,4′-联苯乙酮（4,4′-二乙酰基联苯）　M 238.29。

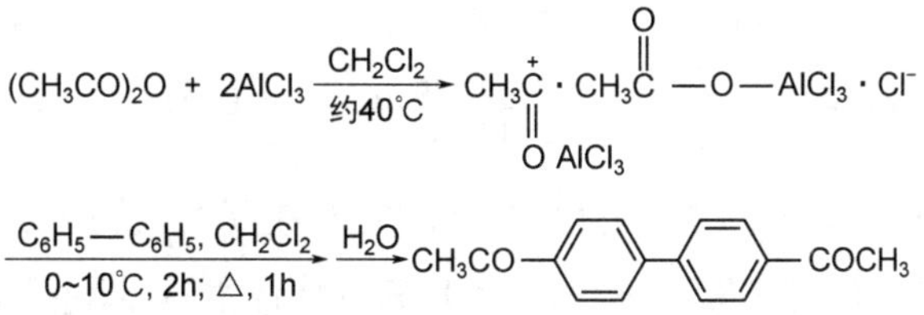

1L 三口烧瓶中加入 270g（2mol）氯化铝、350mL 二氯甲烷（bp 40℃），搅拌着，冰水浴冷却慢慢加入 102g（1mol）乙酸酐，生成复合物，反应放热。

1L 三口烧瓶中加入 31g（0.2mol）联苯，使溶于 200mL 二氯甲烷中，搅拌着，用盐

---

❶ 从粗品蒸馏回收到 30%萘未进入反应（一酰化占 CH₃C̈，酰化剂的 49%；过度反应高沸物占用约 20%；以及苯乙酮），从酰化基团分配估算，保温后脱掉的乙酸似未进入反应。造成混乱的原因：反应后半部分的 AlCl₃ 加入太快，加完后的保温时间太短，其后的升温速度也太快。

❷ 应该使用硝酸酸化苦味酸钠，以得到较好的外观质量。

浴冷却控制 0~10℃慢慢加入上面氯化铝·乙酸酐的二氯甲烷溶液，加完后保温搅拌 2h，温水浴加热回流 1h。冷后用含盐酸的冰水分解反应物，充分搅拌，分取油层，水洗，回收溶剂，得 24g（产率 50%），mp 190~191℃。

对于电负性强或取代基对酰敏感的芳烃底物的酰化，可使用较弱的缩合剂及酰化剂，如：苯甲醚使用 AlCl₃ 和酰氯在低温酰化也会脱去烷基；而使用少量 ZnCl₂ 作用下与乙酸酐回流，得到较好产率的 4-甲氧基苯乙酮——保留了酰基；如果反应温度较高，反应时间长，还是会发生烷基脱去；在用酸酐酰化，当底物不够过量时，在更高的温度还容易发生过度反应，缩合剂的强度、用量和反应温度对反应结果起重要作用。对于电负性强的底物可以使用 ZnCl₂、SnCl₄ 作缩合剂，也便于在较大范围内选择使用，还要做物料的回收。

4-甲氧基苯乙酮　M 150.18，fp 38℃，bp 258℃，d^{41} 1.0818。

$$CH_3O\text{—}\underset{}{\bigcirc}\text{—}H + (CH_3CO)_2O \xrightarrow{\text{氯化锌}} CH_3O\text{—}\underset{}{\bigcirc}\text{—}COCH_3 + CH_3CO_2H$$

5L 三口烧瓶中加入 108kg（10mol）苯甲醚、720g（7mol）乙酸酐、7g 无水氯化锌，油浴加热，搅拌下回流 6h，回流温度从开始的 145℃下降至 135℃，反应物在回流过程中逐渐变为红棕色。水浴加热减压回收乙酸及过量的苯甲醚，剩余物冷后水洗，10% Na₃CO₃ 溶液洗，再水洗，干燥后减压分馏，收集 123~126℃/12mmHg 馏分，得产品 700g（产率 66%，按乙酸酐计），fp > 34℃。

注：有报道称，使用二硫化碳作溶剂，与等摩尔乙酸酐在氯化铝作用下酰化的产率为 90%；又有说，以上氯化锌的方法制取 4-乙氧基苯乙酮的产率为 25%，蒸馏得许多高沸物底子（或是过度反应产物）。

对于电负性强的底物，使用无水氯化锌作缩合剂时还可以使用羧酸作酰化剂。

2,4-二羟基苯己酮　M 208.26，mp 57℃，bp 343℃。

$$CH_3(CH_2)_4\text{—}CO_2H + \underset{}{\bigcirc}\overset{HO}{\underset{OH}{}} \xrightarrow[\text{122~127℃, 3h}]{ZnCl_2} CH_3(CH_2)_4\text{—}CO\underset{OH}{\overset{HO}{\bigcirc}}$$

1L 三口烧瓶中加入 460g（3.3mol）氯化锌及 460g（3.9mol）正己酸，搅拌下加热维持 122~127℃（氯化锌绝大部分溶入），于 1h 左右慢慢加入 320g（2mol）间苯二酚，反应放热，加完后保温搅拌 3h。减压回收己酸至液温 125℃/-0.09MPa，稍冷，倾入同体积的冰水中充分搅拌，分取有机层（从水层回收未反应的间苯二酚和氯化锌），温水洗，再热水洗，并以 Na₂CO₃ 溶液调整水层 pH 6.5~7，再温水洗，放冷后再冰冷，滤出结晶，尽量滤干，得 210g（产率 50%），GC 纯度 > 95%。

2,4-二羟基苯甲酸是非常弱的亲电试剂，反应速度非常缓慢，向反应体系添加 POCl₃，使之具有酸酐或脱氯的特点。或者直接使用酸酐或酰氯用于稳定羧酸的相类似的合成。

2,2′,4,4′-四羟基二苯甲酮·1.5 H₂O　M 273.23，mp 200~203℃（无水）；遇铁变暗红色。

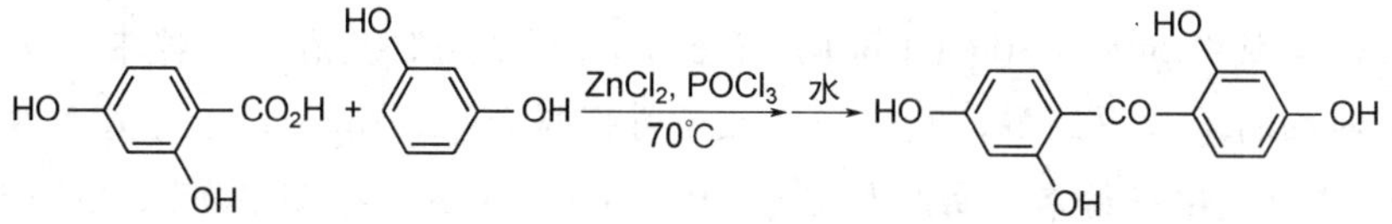

5L 三口烧瓶中加入 100g（0.65mol）品质优良的 2,4-二羟基苯甲酸及 100g（0.9mol）间苯二酚，加入 400g 新鲜的在 360℃熔融脱水过的试剂级无水氯化锌粉末（$Fe < 10^{-5}g/g$[❶]）充分混匀，加入 0.5L 新蒸的 $POCl_3$，充分混匀，安装短的冷凝器配置干燥管以防吸湿，在不时摇动下于 70℃保温（水浴或空气浴约 80℃）[❷]，反应物慢慢变为棕红并且黏稠，约 45min 可以完成[❸]。冷后倾入用蒸馏水冻结的冰水中，充分搅拌，滤出红棕色结晶，水洗二次，再以 $NaHCO_3$ 水洗，再水洗，得粗品。

精制：以沸水（20mL/g）重结晶（脱色），干后得 60~100g（产率 36%~56%），mp 196~198℃[❹]。

对于二元酸的酸酐（如：o-苯二甲酸酐、o-磺基苯甲酸酐），使用 $AlCl_3$ 为缩合剂，对于电负性强的底物，低温反应需要 2mol 的 $AlCl_3$，得到高产率的酰化产物

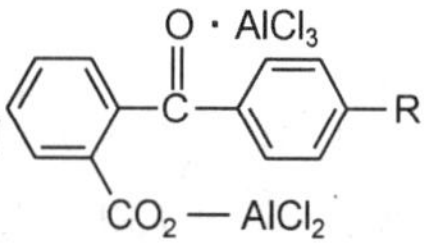

由于氯化铝进入反应，虽然反应底物兼作溶剂也很少进一步反应，但此方法耗用大量氯化铝。应当考虑其它如以氯化锌脱水、在较高温度以及使用酸酐对强电负性芳烃的酰化。使用 $ZnCl_2$ 作缩合剂，没有络合物形成的位阻，受邻位（酸）拉电子的影响，使用过量的芳烃可以更快与羰基缩合，最后在分子内环合（五元）脱水生成酐，反应速度依芳烃底物的电负性而定。

反应如下式：

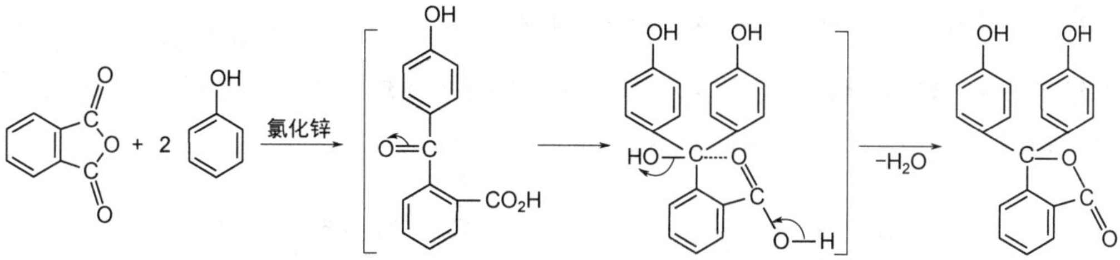

百里酚酞 M 430.55，mp 255℃；白色结晶性粉末。pH 指示剂：pH 9.0~10.2，无色至蓝色。

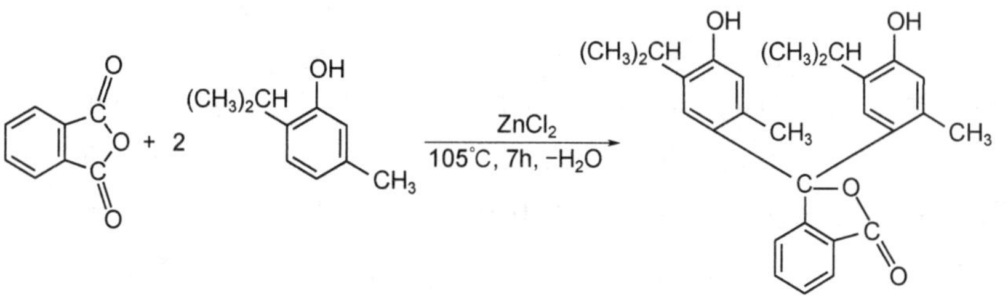

---

❶ 一切物料都要避免 Fe，宜考虑使用无水 $SnCl_4$（bp 114℃），也便于蒸馏回收。
❷ 反应物中的水分都会使 2,4-二羟基苯甲酸在较高温度下脱羧。
❸ 或应延长反应时间，或提高反应温度。
❹ 产品水溶解试验不合格，又重结晶一次，mp 199℃。

1L 三口烧瓶中加入 150g（1mol）百里酚，于 100℃左右，搅拌下慢慢加入 150g（1.15mol）研细的苯二甲酸酐，大部分溶入后再慢慢加入 150g（约 1.1mol）在＞300℃熔融脱水处理过的氯化锌粉末，油浴加热于 105~107℃保温搅拌 7h。加入 250mL 水，水蒸气蒸馏，蒸除未反应的百里酚，稍冷，滤出结晶，用苯和乙醚（体积比 1/1）的混合液洗至近于白色。粗品用甲醇溶解，脱色过滤，加蒸馏水溶析出结晶，滤出，得（干）90g（产率 41%）❶，mp 251~255℃。

酚红（苯酚磺酞） M 354.38，深红色有光泽的结晶性粉末，溶于乙醇、乙酸或稀氢氧化钠溶液。pH 指示剂：pH 6.8~8.4，黄色至红色。

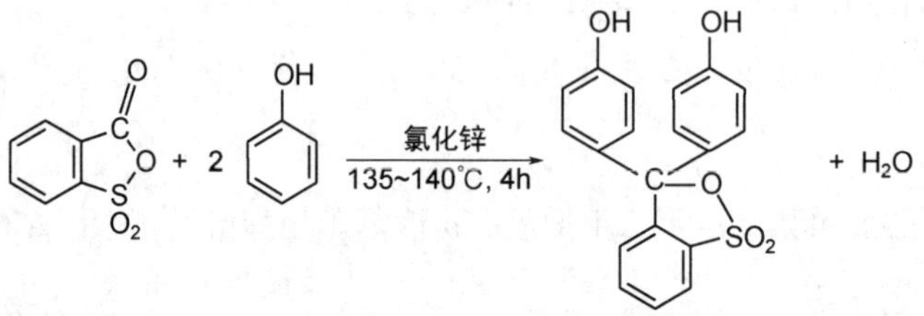

0.5L 三口烧瓶中加入 110g（0.6mol）邻磺基苯甲酸酐、150g（1.6mol）苯酚，搅拌下加热维持 130~135℃慢慢加入 110g 在 290℃以上熔融脱水处理的无水氯化锌粉末，于油浴 140℃左右保温 4h，如果反应物的水汽泡沫过于严重就要移开热源，水汽冒出停止以后再保温 1h 或更长。稍冷，将反应物加入 0.5L 热水中充分搅拌或加热使产物颗粒崩解开，滤出、水洗，得粗品。

以上粗品溶于最少量的 60℃左右 20% NaOH 溶液中，脱色滤清，于 80℃左右用 15% 试剂级盐酸酸化，趁热滤出，用热水充分洗涤，干后得 120g（产率 56%），外观深红，有光泽，细小结晶，纯度（滴定法）98%~101%。

邻甲酚红 M 382.44，深红色结晶性粉末，微溶于丙酮，可溶于乙醇及乙醚，溶于稀氢氧化钠溶液。pH 指示剂：pH 7.2~8.2，黄色至紫色。

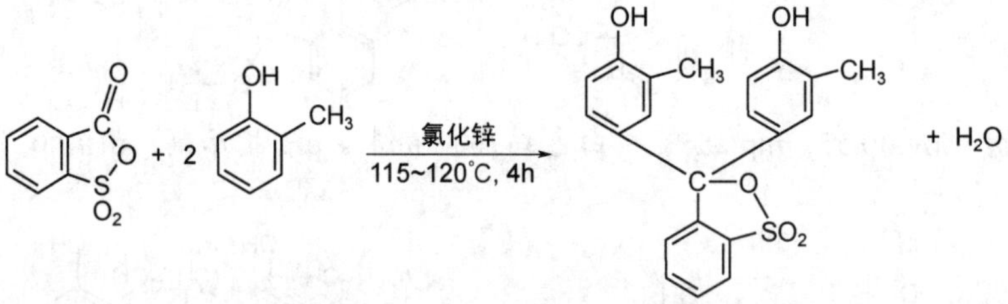

1L 三口烧瓶中加入 110g（0.6mol）邻磺基苯甲酸酐及 152g（1.4mol）邻甲酚，油浴加热保持 115~120℃，搅拌着慢慢加入 15~25g 经熔融脱水处理后粉碎的无水氯化锌，加完后再保温搅拌 4h❷。冷后将反应物加入 0.5L 热水及 30mL 盐酸中，充分搅拌并加热使块状物崩解开，趁热滤出，热水洗，乙醇洗，干后得 120g（产率 52%）❸。

---

❶ 或应延长反应时间。

❷ 必要时移开热源，反应平稳后再加热，水汽停止后再保温 1h。

❸ 此粗品在乙酸中溴化制取溴甲酚紫，M 540.24，淡黄色结晶性粉末，可溶于乙醇及乙酸，mp 245℃，pH 指示剂：5.2~6.8 黄色至紫色。

溴甲酚紫　mp 245℃；可溶于乙醇及乙酸；pH 指示剂，pH 5.2~6.8，黄色至紫色。

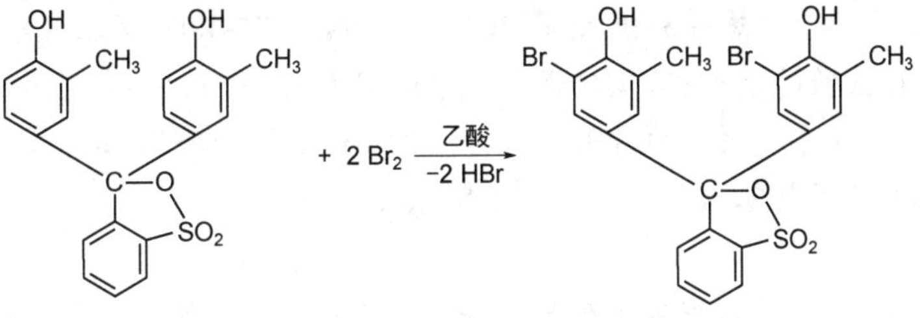

$+ 2Br_2 \xrightarrow[-2\,HBr]{乙酸}$

1L 三口烧瓶中加入 39g（0.1mol）邻甲酚红及 40mL 冰乙酸，搅拌下加热回流使溶解，回流条件下从滴液漏斗慢慢滴入 40g（0.25mol）液溴与 100mL 冰乙酸的溶液（约 1h 可以加完），加完后再搅拌回流 1h，放出的 HBr 从冷凝器上口导至水面吸收。冷后滤出结晶，以少许乙酸洗，苯洗，干后得 32g（产率 59%）。

在以上二元酸酐的酰化反应中，观察到羧基对每步骤的反应速度影响依次增加，不便于使用二元酸酐的酰化产物依此法在中间步骤停顿——以分离制取 1-苯甲酰苯-2-甲酸，或可考虑使用二元酸的单酰胺或单酯——反应完成后再水解——以降低其拉电子性质。

使用 AlCl₃ 作缩合剂，反应中与产物形成络合物，其巨大阻碍使进一步的缩合难以发生，得到高产率的 1-苯甲酰苯-2-甲酸（巨大的氯化铝消耗不能回收）如：

2-氯蒽醌　M 242.65，mp 211℃；淡黄色针晶，可溶于苯、乙酸，可升华。

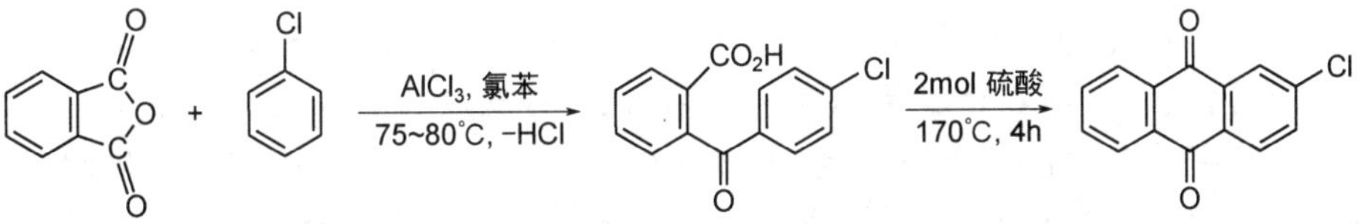

$\xrightarrow[75\sim80℃,\,-HCl]{AlCl_3,\,氯苯}$ ... $\xrightarrow[170℃,\,4h]{2mol\ 硫酸}$

10L 三口烧瓶中加入 6kg 氯苯、2kg（15mol）氯化铝，搅拌下加热维持 75~80℃于 4h 左右慢慢加入 1.05kg（7mol）苯二甲酸酐，加完后保温搅拌 2h。稍冷将反应物加入至加有 300mL 盐酸的冰水中，充分搅拌，得到含析出结晶的氯苯层，水洗两次，离心分离，水洗，干后得 4′-氯苯甲酰苯-2-甲酸 1.5kg（产率 81%），mp 147~150℃。

从氯苯回收后只析出很少的、质量很差的产物。

环合：5L 三口烧瓶中加入 3kg 浓硫酸及 1.5kg（5.7mol）4′-氯苯甲酰苯-2-甲酸，搅拌下加热至 145℃反应 1h，再 170℃保温 4h（似不必要）。稍冷，在结晶析出前用冰水分解反应物（应从反应物中直接分离结晶以便于硫酸母液的再利用），滤出结晶，水洗、碱水洗、再水洗，干后得 1.4kg（产率 >95%），mp 209~211℃。

精制：用冰乙酸（20~22mL/g）重结晶（脱色），干后得 1kg，mp 209~211℃。

2-甲基蒽醌　M 222.24，mp 177~179℃；可溶于冰乙酸、乙酸乙酯。

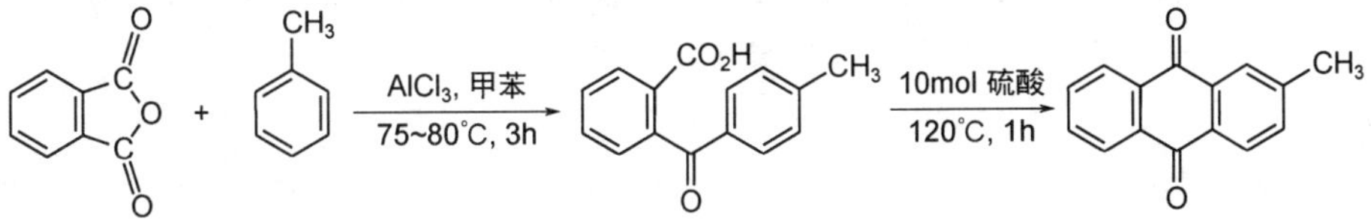

$\xrightarrow[75\sim80℃,\,3h]{AlCl_3,\,甲苯}$ ... $\xrightarrow[120℃,\,1h]{10mol\ 硫酸}$

50L 反应罐中加入 22kg 甲苯、4.9kg（33mol）苯二甲酸酐，搅拌下分 10 次加入 10kg（74mol）氯化铝，反应放热并放出大量 HCl，缓和后于 75~80℃保温 3h。稍冷后将反应物加入至加有 2L 盐酸的冰水中，充分搅拌，分取甲苯层，回收甲苯，剩余物水溶液溶解，煮沸并脱色过滤，趁热酸化，初析出油状物，随即结晶，稍冷滤出，水洗，干后得 8kg（产率 96%）4′-甲苯甲酰苯-2-甲酸，mp 134~138℃。

环合：100L 反应罐中加入 83kg 浓硫酸（应该按 2-氯蒽醌的用量或更少，依条件调节），搅拌下加入 8kg（33mol）4′-甲苯甲酰苯-2-甲酸，反应放热，加完后于 120℃保温 1h，放冷后倾入于大量冰水中，通入蒸汽煮沸 1h，冷至 50℃滤出，水洗、碱水洗、再水洗，干后得 7.1kg（产率 95%），mp 166~174℃。

精制：用冰乙酸（8mL/g）"溶析"一次，干后用乙酸乙酯（10mL/g）搅拌下加热回流溶解，脱色过滤[1]，冷后滤出结晶，精制的收率为 75%，mp 175.9~176.4℃。

2-新戊基蒽醌　M 280.36，mp 93.8℃。

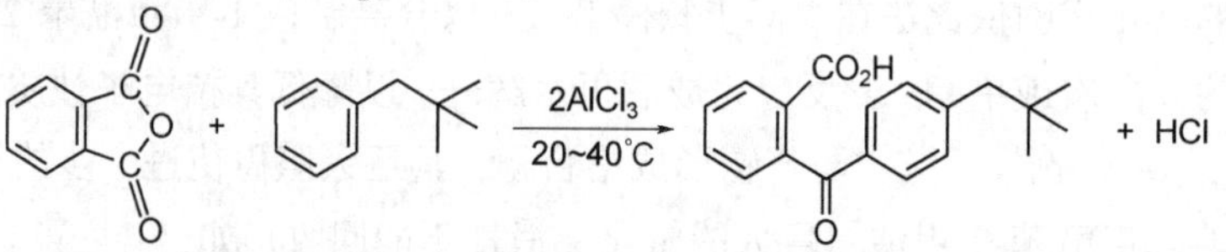

a. 4′-新戊基苯甲酰苯-2-甲酸（mp 154℃）

1L 三口烧瓶中加入 250mL 二氯苯、74g（0.5mol）4-苯二甲酸酐，控制 20℃左右，搅拌着慢慢加入 108g（0.96mol）氯化铝，继续冷却和搅拌，于 3h 左右慢慢滴入 75g（0.5mol）新戊苯，加完后于 1h 左右升温至 40℃再搅拌 1h。将反应物加入大量碎冰中充分搅拌，分取油层，水洗，用 NaOH 调节水层 pH 4~4.5。分取油层，用 NaOH 溶液提取，提取液加热酸化，滤出，水洗，干后得 140.8g（产率 95%），mp 154.2℃。

b. 环合

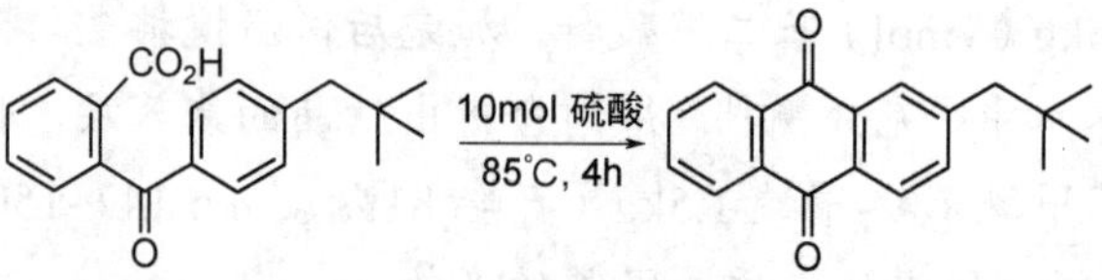

1L 三口烧瓶中加入 900g 100%硫酸，搅拌下维持 60℃左右，慢慢加入 90g（0.3mol）4′-新戊基苯甲酰苯-2-甲酸，加完后于 85℃保温 4h，冷后加入至 2kg 碎冰中充分搅拌，滤出结晶，水洗，以 5% Na_2CO_3 溶液洗，再水洗，干燥后减压蒸馏，收集 240℃/50Pa 馏分，得 75.5g（产率 89%），mp 93.8℃。

2-叔戊基蒽醌　M 278.36，mp 约 70℃，bp 200℃/3mmHg；黄色结晶，易溶于甲苯、乙酸、乙酸乙酯。

a. 4′-叔戊基苯甲酰苯-2-甲酸　M 296.34，mp 140℃；无色柱状或结晶性粉末，易溶于甲苯（0.3mL/g）、乙醇及乙酸中，不溶于水。

---

[1] 2-甲基蒽醌在乙酸乙酯中的溶解度为 2.5g/100mL（25℃），12.5g/100mL（80℃）。此精制溶剂已过量 20%~25%，容易过滤。

应考虑使用如苯甲醚（叔戊苯）同乙酸酐（苯二甲酸酐和适当溶剂）用无水氯化锌催化酰化，避免在"强酸"作用下的脱去叔基、异构、烷基而造成混乱。

b. 环合

磷酸对于叔基是稳定的。它对于 2-氯苯甲酰苯-2-甲酸的环合不起作用。

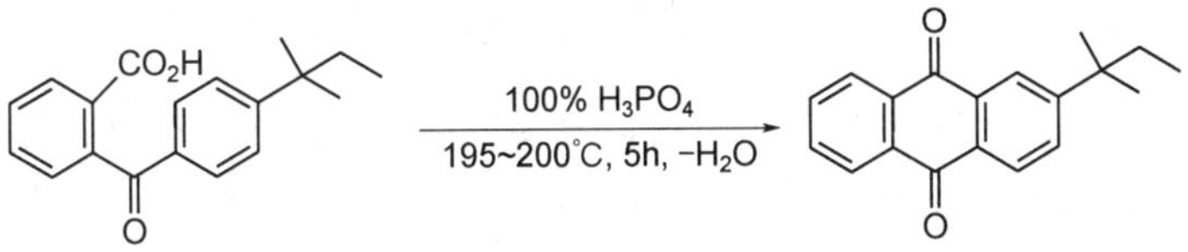

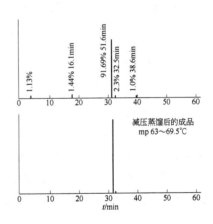

$$\xrightarrow[195\sim200℃,\ 5h,\ -H_2O]{100\%\ H_3PO_4}$$

0.5L 三口烧瓶中加入 500g 85%工业磷酸，搅拌下加入 200g 五氧化二磷，反应放热，制成焦磷酸，冷后即结为固体（100% H_3PO_4，mp 44℃）。加热维持 140~160℃搅拌下加入 178g（HPLC 90.1%，折合 0.54mol，mp 138.3~139.8℃）上述 a 中所得并酸碱处理过的 4'-叔戊基苯甲酰苯-2-甲酸。快速搅拌（180r/min）以利于两相接触，加热维持 195~200℃反应 5h（应监测，修正反应温度和反应时间）。放冷至 120℃以下，将反应物倾入烧杯中封盖以免吸湿，放置过夜。次日取出上面凝固的产物❶，用冷水洗去沾附的磷酸，用甲苯（2.5mL/g）加热（70℃）溶解，用含15%氯化钠及 15%氢氧化钠的温热溶液洗两次（2×150mL），洗去未环合的酮酸，水洗，以无水硫酸钠干燥后回收甲苯，减压收尽，至液温 200℃/-0.09MPa，剩余物 117g❷（HPLC 纯度 91.6%，折合产率 71%），用油泵减压蒸馏，收集 198~203℃/3mmHg 馏分，得 80g（产率 52%），外观铬黄色液体，过夜结成固体，mp 63~69.5℃。

【亚胺酸酰氯对于芳烃的 *C*-酰化】

氯化氢在（H）R—CN 加成为亚胺酰氯，在缩合剂 $AlCl_3$ 或 $ZnCl_2$ 作用下与活泼的芳烃缩合，水解后得到酮（醛）。亚胺酰氯还可以在缩合剂"酸"作用下与氰基加成，消耗酰化试剂。

---

❶ 分离出的磷酸补充18g 五氧化二磷（欠缺部分补足），重复使用四次。

❷ 产率低的原因可能是环合不完全，应当从碱液回收未反应的物料。环合过程应监测反应的终点，2-叔戊基蒽醌的检测条件。

仪器：Agilent1100。色谱柱：C_{18}，柱长 250mm，柱温 50℃，波长 260nm，流动相组分：A—甲醇 68V，水 24V；B—乙腈。

流速 1mL/min，A%+B%混合物比例如下：

0~20min	92	8
20~40min	92	8
40~50min	30	70
50~60min	0	100

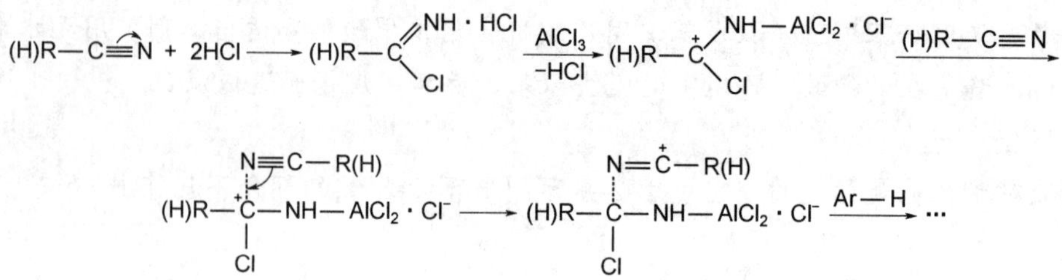

操作 无水 HCN（bp 25.7℃，剧毒）也可以直接使用 NaCN 粉末代替，在反应过程中生成 HCN，反应温度可以提高至 100℃。

2,4,6-三羟基苯乙酮 M 168.15，mp 222~224℃（无水），215~221℃（一水化物）；无水物在空气中吸湿。

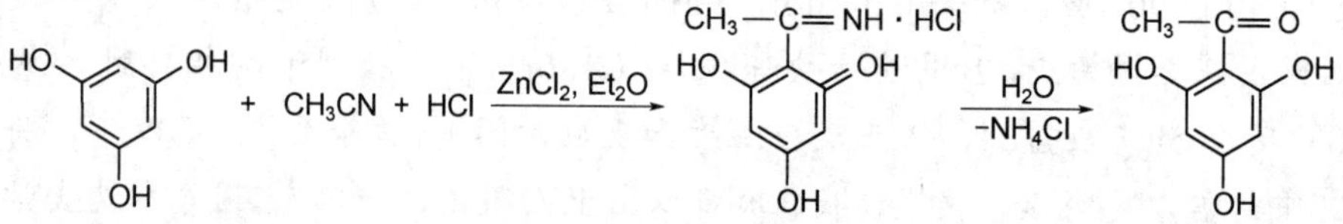

250mL 三口烧瓶安装可以随时打开的直角三通的通气管，回流冷凝器顶端安有干燥管。外用冰盐浴冷却。

烧瓶中加入 20g（0.16mol）在 120℃烘去结晶水的间苯三酚（市售常含 2 H$_2$O）、13g（0.32mol）无水乙腈、80mL 无水乙醚及 4g 新鲜的在 350℃加热除水的无水氯化锌粉末。冰盐浴冷却通入无水 HCl 至饱和（吸收约 30g），在冰浴中放置三天（每天补充通入无水 HCl 维持饱和），滤出结晶，用乙醚冲洗三次，得亚胺的盐酸盐。

水解：2L 烧瓶中加入上面亚胺盐酸盐及 1L 水，加热回流 2h，脱色过滤，用热水冲洗脱色炭滤渣，洗液与滤液合并，放置过夜。次日滤取淡黄色针晶（一个结晶水），在 120℃烘干，得 20~23.5g（74%~87%），mp 217~219℃（无水）。

精制：用沸水（35mL/g）重结晶，mp 218~219℃（无水）。

十、羧酸碱土金属盐的干馏脱羧

羧酸的镁盐、钡盐干馏，在分子间脱去一个羧基，生成酮（或醛），如下式：

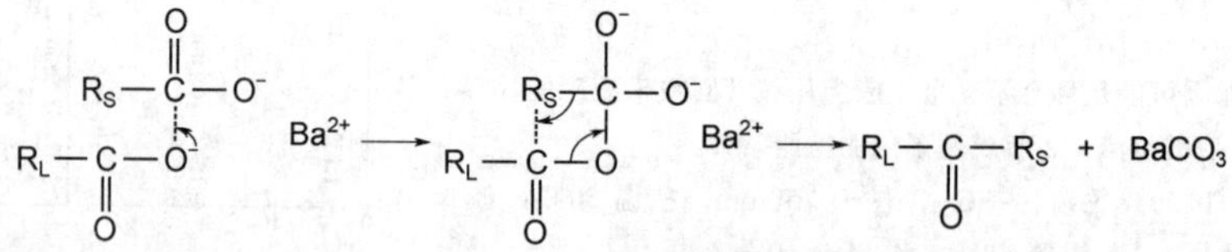

镁盐应该是作为催化剂使用的，在反应过程中脱羧生成的碳酸镁，又与羧酸成盐，如此反复。如：己二酸与 5% Ba(OH)$_2$ 的混合物干馏（290℃），得到 75%~80%收率的环戊酮，产物中主要杂质是羧酸，更高温度会使己二酸蒸发，最好使用分馏和搅拌。己二酸的分子内脱羧，成环规律使环合容易进行（直链酸间的脱羧要在 340~360℃）。

环戊酮　M 84.13，mp −51.3℃，bp 130.6℃。

$$HO_2C-(CH_2)_4-CO_2H \xrightarrow{Ba(OH)_2} \text{环戊酮} + H_2O + CO_2$$

1L 直管蒸馏瓶中加入 200g（1.34mol）己二酸及 10g 氢氧化钡粉末混匀，安装伸入近瓶底的温度计，在文火上加热保持反应物温度 285~295℃进行蒸馏，直至瓶中只剩少许残渣，收集到的粗品中夹杂有水、少量己二酸（酐）。用氯化钙饱和，分取的上层用 10% Na_2CO_3 洗、饱和盐水洗，以无水硫酸钠干燥后分馏，收集 128~131℃馏分，得 86~92g（产率 75%~80%），d^{20} 0.947~0.951。

简单羧酸在达到脱羧温度以前已经蒸馏，为达到反应的脱羧温度，不得不以它们的镁盐进行干燥，由于直火加热会有一些炭化。

异丁酸镁在高温下分子间脱羧的产物是二异丙基甲酮，异丁酸镁作为还原剂，有部分产物被还原为醇——二异丙基甲醇——应含有异丙烯基的酮。不应以此方法制备醛。

二异丙基甲酮　M 114.19，bp 124~125℃，d^{20} 0.8108，n_D^{20} 1.3999。

$$2\,(CH_3)_2CH-CO_2H + MgO \xrightarrow{-H_2O} [(CH_3)_2CH-CO_2]_2Mg$$

$$\xrightarrow{340~360℃} (CH_3)_2CH-\underset{O}{C}-CH(CH_3)_2 \left[(CH_3)_2CH-\underset{OH}{CH}-CH(CH_3)_2 \right]$$

9kg（100mol）异丁酸中加入 9L 水，搅拌下加入 2.1kg（50mol）氧化镁中和，过滤后蒸发至干并粉碎。

15L 不锈钢小罐中加入 2.5kg 上述干燥的镁盐，安装插底的温度计（360℃），弯管接蒸馏冷凝器。文火加热，首先蒸出来未完全干燥的水分，升温至 300℃左右开始有产物馏出并有烟雾，在 340~360℃馏出物最多，继续加热至无馏出物为止，分去水层。全部异丁酸镁共得馏出物 4~4.2L，冰冷后有片状结晶析出，为二异丙基甲醇，滤出；液体部分用 10% Na_2CO_3 洗二次，再盐水洗，干燥后分馏，收集 121~125℃馏分，共得 2.4kg（产率 42%）。

不对称酮（醛）是用不同羧酸碱土金属盐的混合物干馏脱羧制取，反应过程原则上是强酸脱去 CO_2，实际选择性相当差，除非电性差别很大。为了得到某种主要产物，可以调节两种羧酸盐的配比，以质量作用定律约束，如：从十六酸（棕榈酸）钡和乙酸钡的混合物制取 2-十七酮，虽然使用了多达五倍计算量的乙酸钡，也还是有约 5%在棕榈酸钡分子间的脱羧产物——16-三十一酮。

2-十七酮　M 256.46，mp 48℃，bp 320℃，180℃/15mmHg，d_{48}^{48} 0.8140。

$$[CH_3(CH_2)_{14}CO_2]_2Ba + (CH_3CO_2)_2Ba \longrightarrow CH_3(CH_2)_{14}-\underset{O}{C}-CH_3\ ([CH_3(CH_2)_{14}]_2CO)$$

直径 40cm 的搪瓷桶中加入 30L 沸水、2.8kg（11mol）棕榈酸，搅拌下加入 1.1kg 40%（11mol）氢氧化钠溶液，溶解后慢慢加入 1.35kg（5.5mol）结晶氯化钡配制的热水溶液，立即析出钡盐结晶，搅匀。次日滤出，水洗，干燥后得 3.4kg（产率约 100%）。

10L 不锈钢小罐中加入 650g（1mol）棕榈酸钡粉末及 1.28kg（5mol）乙酸钡充分混匀，安装温度计，弯管接蒸馏冷凝器，于文火上加热至反应开始（在蒸馏温度 340~360℃馏出物最多）至无馏出物为止，得 380~420g。

以上全部棕榈酸钡反应后共得馏出物 2.2kg，水浴加热，水泵减压蒸除丙酮，剩余物减压分馏，收集 175~182℃/15mmHg 馏分[1]，得 1.2~1.3kg（产率 42%~46%）。

十一、α-C-H 的氧化——硝基作氧化剂

在强碱作用下，硝基的吸电子作用使α-C—H 质子移变生成叉硝酸钠═NO(ONa)化合物；与苄基卤化物或甲醌 CH_2═作用，经过亚硝酸苄酯的分解，亚甲基（苄）被氧化为芳醛，硝基被还原为亚硝基（或肟）。反应式如下：

如下分子内的氧化还原实际上也是分子间的，对硝基甲苯在强碱作用下，硝基的吸电子作用使对位甲基氢原子发生α-C—H 的质子转移，在分子内同时具备了醌式结构的甲醌和叉硝酸钠

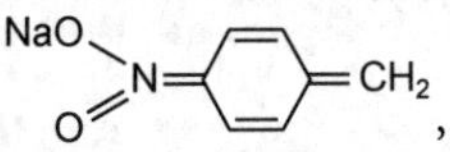

，在相同分子间彼此发生氧化还原，亚甲（醌）被氧化成醛基，硝基被还原为亚硝基，中间产物是 4-亚硝基苯甲醛，添加的温和还原剂 Na_2S_x 还原亚硝基为氨基。

4-氨基苯甲醛 M 121.14，橘黄色结晶，mp 68~70℃。

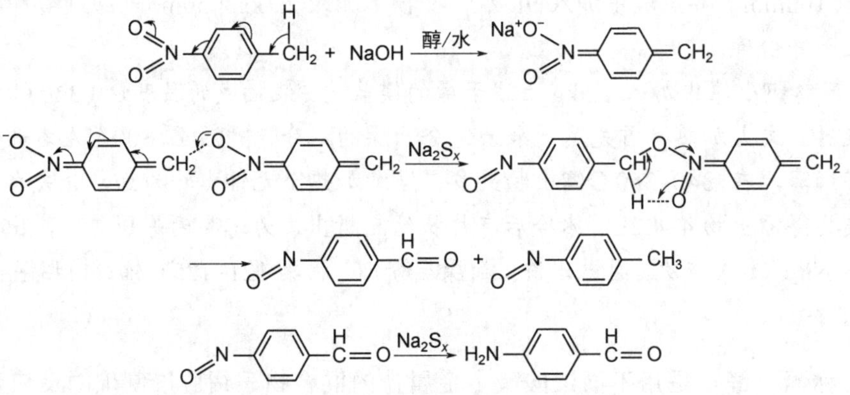

$$（3\,R — NO + 2\,Na_2S_2 + 3\,H_2O \longrightarrow 3\,R — NH_2 + 2\,Na_2S_2O_3）$$

2L 三口烧瓶中[2]加入 300mL 95%乙醇及 50g（0.36mol）4-硝基甲苯，搅拌下维持微

---

❶ 蒸馏的残留物约 200g，溶于 400mL 苯中，过滤后加入 1.2L 丙酮，混匀后加热使初析出的结晶溶解，放冷，滤出结晶，以丙酮冲洗，得（干）50g，mp 82.5~84℃，应从干馏残渣中提取回收棕榈酮。

❷ 已在 200L 反应罐中扩大 100 倍生产。所用结晶硫化钠按以下方法制取：100kg 工业硫化钠，Na_2S 含量 66%~68%，按 $Na_2S \cdot 2H_2O$ 计算含量为 98%~99%。使溶于 115L 煮沸过的蒸馏水中，封闭下慢慢放冷至 60℃，滤取上面清液，基本清亮的溶液在密封下静置>72h（<25℃），含铁的机械杂质沉下，取壁上无色透明结晶可供用。

沸（75~80℃），以较快的速度加入如下配制的 Na_2S_x 溶液：

1L 三口烧瓶中加入 600mL 蒸馏水加热煮沸 5min 以赶尽空气，加入 30g（0.125mol）结晶硫化钠 $Na_2S \cdot 9H_2O$、15g（0.47mol）硫黄华（粉），再加入 27g（0.67mol）化学纯氢氧化钠（片碱）加热溶解。

加完后继续加热回流 3h，还原完全得深红色溶液，立即水蒸气蒸馏至馏出液变清（约收集到馏出液 1.2~1.5L）[1]，烧瓶中的剩余物为 0.5~0.6L，如果不足要用煮沸过的蒸馏水补足，以无铁的脱色炭脱色过滤，迅速冷却再冰冷，诱导使析出结晶，2h 后滤出橘黄色结晶，冰水冲洗再浸洗，于氢氧化钾干燥器中干燥 24h 以上[2]，得 18~22g（产率 40%~50%），mp 68~70℃。

硝基烷烃（异丙基的空间阻碍不使反应混乱）在醇钠作用下非常容易发生质子转移，生成异丙叉次硝酸钠，与苄卤取代为异丙叉硝酸苄酯，分解为醛基，硝基被还原为肟（亚硝基）。

2-甲基苯甲醛　M 120.15，易氧化，bp 199~200℃，d^{20} 1.039，n_D^{20} 1.5470。

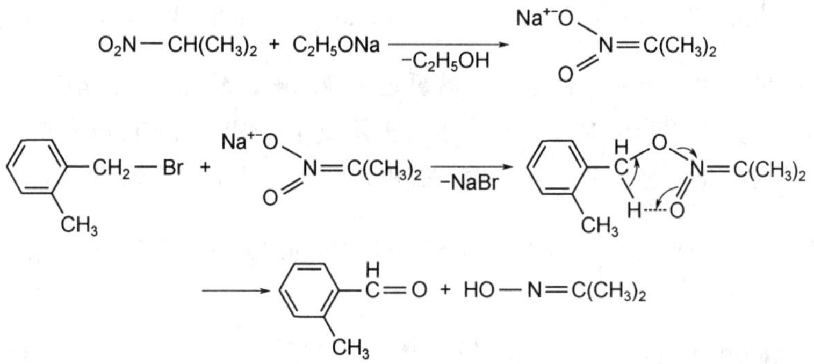

1L 三口烧瓶中加入 0.5L 无水乙醇，在回流冷凝器下分次加入 11.5g（0.5mol）金属钠切片，反应完后冷至室温，搅拌下慢慢加入 46g（0.52mol）2-硝基丙烷，再慢慢加入 92.5g（0.5mol）2-甲基苄溴，加完后搅拌 4h，反应物温度从室温升到温热，并析出溴化钠结晶，冷后滤除溴化钠。

水浴加热回收乙醇[3]，冷后向剩余物中加入 150mL 水及 100mL 乙醚，充分搅拌，分取乙醚层，用 10% NaOH 洗两次（2×50mL），以洗去未反应的 2-硝基丙烷及丙酮肟，再水洗，以无水硫酸钠干燥后回收乙醚，剩余物减压蒸馏，收集 68~72℃/6mmHg 馏分，得41~44g（产率 68%~73%）。

十二、亚胺的水解——醛、酮

为了制备醛、酮，亚胺的来源可以从氰基部分还原，通过亚胺及水解得到醛。或醛、酮

---

[1] 此为加热下的水蒸气蒸馏。应先分馏蒸出 350mL 以回收乙醇，剩余物约为 0.5~0.6L，保持体积作水蒸气蒸馏，蒸除对甲苯胺。

[2] 干燥季节，产品可于冷暗处风干。在 60℃ 以上烘干则有分子间缩聚，测熔点观察到的熔化物不清亮，滴定含量（N）超百，外观变为暗红色。

[3] 当以分馏回收乙醇，以减少丙酮肟损失，应当将它氧化回收硝基异丙烷。

用硝基烷烃以碳负子引入，生成相邻羟基的硝基烷烃，脱水得到不饱和的 α-硝基烷烃，还原异构为亚胺，水解得到碳链增长的醛、酮。如下反应详见 496 页：

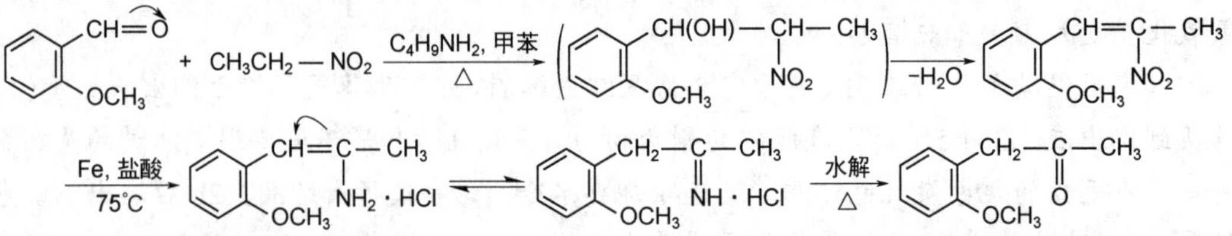

2-甲氧基苯丙-β-酮
65%, bp 150℃/30mmHg

【氰基的部分还原——亚胺及水解】

无水乙醚中的 HCl 与氰基加成为亚胺甲酰氯，继而被添加的无水氯化亚锡还原，氢解脱卤——氢原子替换氯的位置，生成亚胺盐酸盐，酸水解得到醛。

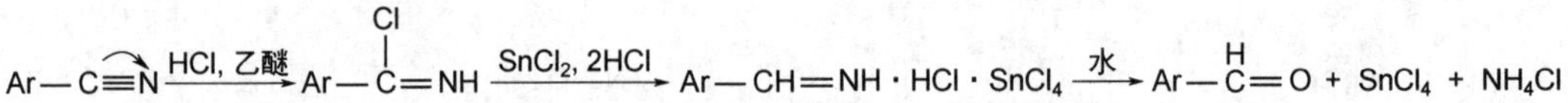

所用试剂要求无水、无醇，否则亚胺酰氯定量地水解、醇解，生成酸或酯。

反应的实施：无水乙醚用 HCl 饱和，溶解无水氯化亚锡，加入反应底物腈，充分搅拌，生成亚胺盐酸盐与氯化高锡的分子化合物，倾出乙醚后加热水解得到醛。

2-萘甲醛 M 156.18，mp 61~63℃，bp 160℃/19mmHg，d^{99} 1.0775，n_D^{99} 1.6201。

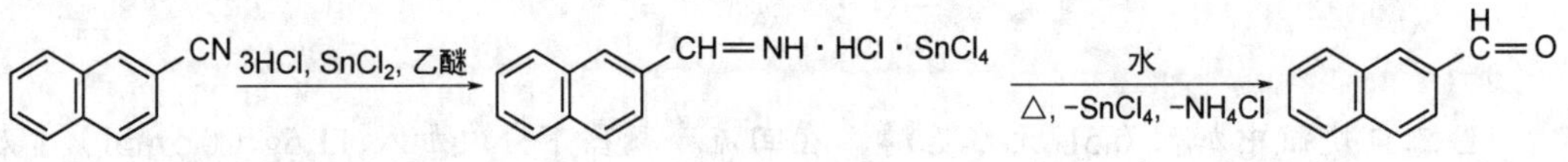

2L 三口烧瓶配置机械搅拌、伸入瓶底的通气管、温度计及气体导出管。

烧瓶中加入 76g（0.4mol）无水氯化亚锡、400mL 无水乙醚，冰冷着通入无水氯化氢至饱和，此时氯化亚锡与氯化氢成为黏稠的下层，搅拌着慢慢滴入 30.6g（0.2mol）2-氰基萘溶于 200mL 无水乙醚的溶液，继续通入 HCl 使饱和并快速搅拌 1h，放置过夜。次日倾出上面的乙醚层（此乙醚无水、无醇，应考虑重复使用），下面产物用乙醚洗两次。在 130℃油浴上加热作水蒸气蒸馏，从馏出物滤出结晶，干后得 23~25g（产率 73%~80%），mp 53~54℃；再减压蒸馏，收集 156~158℃/15mmHg 馏分，mp 57~58℃。

相同方法制得 4-甲基苯甲醛，产率为 34%，bp 204.5℃，或应将无水 $SnCl_2$ 加入至亚胺酰氯中。

又：

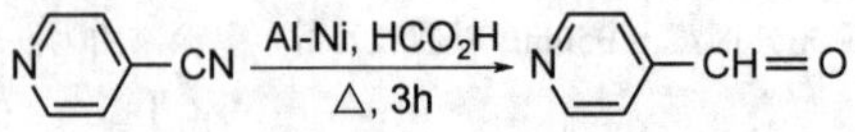

十三、芳基重氮盐分解与不饱和键加成

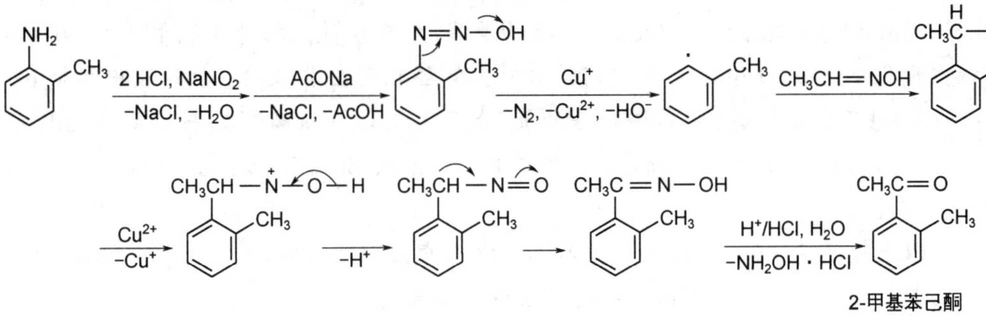

2-甲基苯己酮
73%

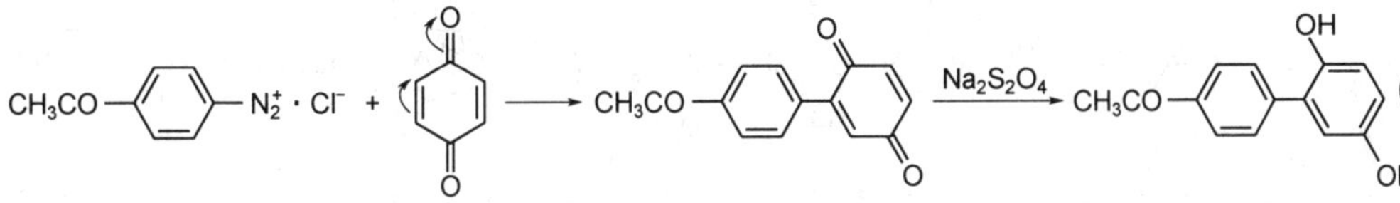

（见 606 页）

2-p-乙酰苯基对苯二酚

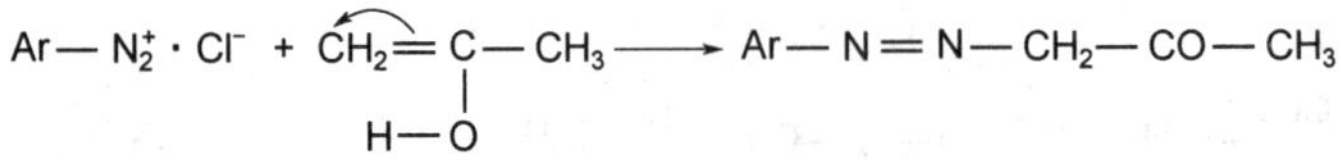

（见 605 页）

十四、其它方法

二苯甲酰甲烷　M 224.26，mp 79℃，bp 219～221℃/18mmHg。

a. 2,3-二溴-1,3-二苯基-1-丙酮

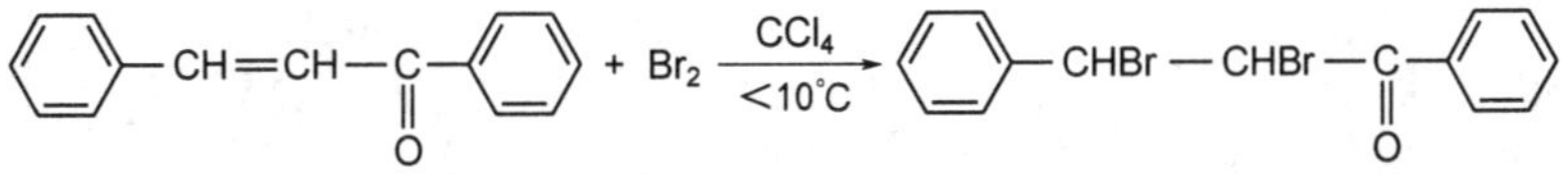

　　1L 三口烧瓶中加入 208g（1mol）1,3-二苯基-2-丙烯-1-酮及 600mL 四氯化碳，搅拌溶解后，控制温度在 10℃以下，从滴液漏斗慢慢滴入 160g（1mol）无水液溴，加完后再搅拌半小时，滤出结晶，冷乙醇浸洗，得（干）310g（产率 84%），mp 156～157℃。

　　b. 二苯甲酰甲烷

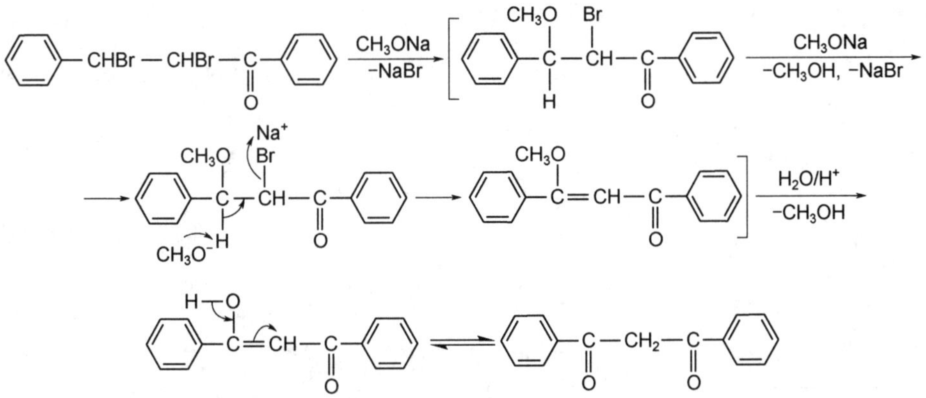

2L 三口烧瓶中加入 184g（0.5mol）2,3-二溴-1,3-二苯基-1-丙酮（粉碎）粗品及 250mL 甲醇，搅拌使成糊状，保持 30℃，以较快的速度，5min 左右加入 190g 甲醇钠（甲醇钠含量 28.2%，1mol）甲醇溶液，立即反应，溴化物消溶，放热使反应物升温近于沸腾（70℃）并立即析出溴化钠结晶，15min 后加热回流 0.5h。冷至 40℃ 左右以 45%氢溴酸中和至 pH 3 后再补加 10mL❶（本试验是用盐酸处理的），冷至 30℃ 以下从滴液漏斗滴入 160mL 冰水，再冰冷至 15~20℃，1h 后滤出结晶，水洗二次，以 80mL 50%乙醇浸洗，干后得 72~75g（产率 64%~67%）。

精制：以上粗品用甲醇（2mL/g）重结晶，冰冷滤出，风干得 65g，mp 74.5~76.6℃。

本品与无机酸共热会发生分解——生成苯甲酸和苯乙酮。

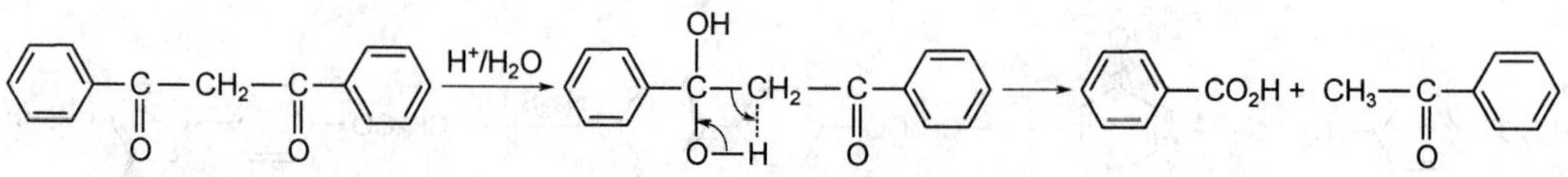

也可以从苯乙酮在碱作用下和苯甲酸甲酯的脱醇缩合——克莱门森缩合来制备（见 690 页）。

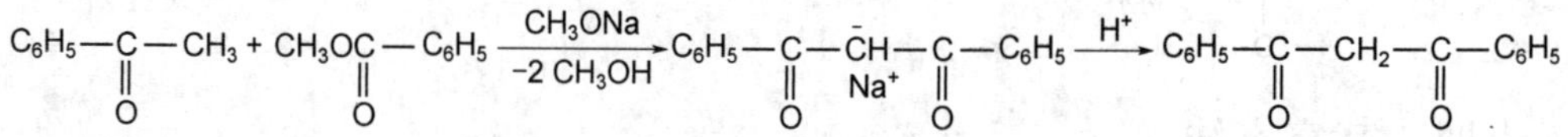

---

❶ 中和至 pH 3 以后的另加 10mL 无机酸以促进甲醚的分解。

第五章

羧酸

第一节 概述

羧基，从形式上看分子中有羰基和羟基，这两个基团紧密连接、互相影响，羟基氧原子的未共用电子对与羰基双键成共轭关系；羧基氢离子或其盐正离子与两个氧原子同等结合 $R-C \underset{O}{\overset{O}{\lessgtr}} H^+ (Me^+)$。

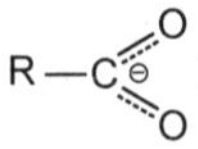

一、羧酸的酸性

有机酸多表现为弱酸，它们的酸性强弱受多方面因素的影响：溶剂效应、氢键作用和取代基的影响（拉电子基使其酸性增强，推电子基使其酸性减弱）等；脂肪族、芳香族及取代基位置又显示出很大差别。拉电子基强弱大致有以下次序：

$$-CF_3 > -\overset{+}{S}R_2 > -\overset{+}{N}H_3 > -NO_2 > -SO_3R > -CN > -CO_2H > -CCl_3 > -C \equiv C- > -F > -Cl$$
$$> -Br > -I > -CO_2R > -OR$$

双键的电子云密度比较集中，有拉电子的作用，与羧基相近的不饱和酸比相应的饱和酸的酸性更强，如丙烯酸比丙酸的解离常数大得多；碳碳三键（—C≡C—）对于羧酸解离的影响是碳碳双键（—C═C—）影响的近百倍。反-α-丁烯酸中，双键的拉电子效应被甲基的超共轭效应影响（部分抵消），其解离常数比丁酸提高不多（丁酸氢键的作用使其酸性比丙酸又有提高），两者相抵后相差不大；顺-α-丁烯酸的甲基氢原子与羰基氧形成分子内氢键，另外 —CH═CH— 的双键具有拉电子效应，二者共同的影响而使其显示较强的酸性。

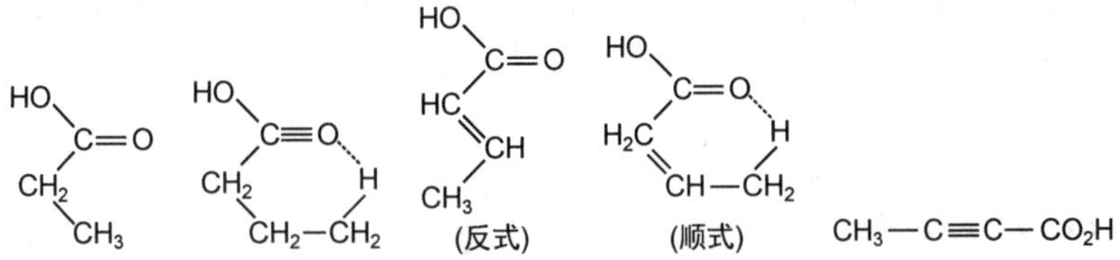

$k \times 10^5$: 　　1.34　　　　　　1.56　　　　　　2.1　　　　　　4.16　　　　　　250

取代基距离羧基越远，对其影响越弱，表 5-1 列出了不同取代基取代的羧酸，按照酸性增强的顺序排列。

表 5-1　不同取代基对羧酸酸性的影响（酸性从 1→18 逐渐增强）

序号	酸	序号	酸	序号	酸
1	$(CH_3)_3C-CO_2H$	7	$CH_3CH_2CH_2CH=CH-CO_2H$	13	$C_6H_5-CO_2H$
2	$(CH_3)_2CH-CO_2H$	8	反-$CH_3CH=CH-CO_2H$	14	$ClCH_2-CO_2H$
3	$CH_3CH_2-CO_2H$	9	$CH_3CH_2CH=CHCH_2-CO_2H$	15	FCH_2-CO_2H
4	$CH_3CH_2CH_2-CO_2H$	10	$CH_3CH=CHCH_2-CO_2H$	16	Cl_2CH-CO_2H
5	$CH_3CH_2CH_3-CO_2H$	11	顺-$CH_3CH=CH-CO_2H$	17	F_2CH-CO_2H
6	CH_3-CO_2H	12	$C_6H_5CH_2-CO_2H$	18	F_3C-CO_2H

苯甲酸的苯环与羧基共轭，环上取代基的影响通过苯环传递给羧基，卤原子表现为拉电子性质，与共轭效应相抵，对位卤原子的取代对于酸的解离常数提高不多。间位卤原子的共用电子对不能通过共轭的形式分散到羧基，只表现拉电子的性质，通过苯环诱导传递的电效应比脂肪族的影响小得多，只显示稍强的酸性。邻位取代基与羧基可以形成氢键，拉电子效应也较为突出，无论取代基的电效应如何，都使邻位羧基的解离常数大为增加。取代基对苯甲酸解离常数的影响见表 5-2。

表 5-2　取代苯甲酸的解离常数 $k×10^5$（以苯甲酸的解离常数 = 6.27）

取代基的位置	取代基							
	CH_3-	$F-$	$Cl-$	$Br-$	$I-$	$HO-$	CH_3O-	O_2N-
o-	12.3	54.1	114.0	140	137	105	8.06	671
m-	5.34	13.65	14.8	15.4	14.1	8.3	8.17	32.1
p-	4.24	7.22	10.5	10.7	—	2.9	3.38	37.6

二元酸的两个羧基互相影响，相距越近，其影响越大，拉电子效应使第一个羧基呈现更强的酸性，可以生成酸式盐或酸式酯，其后使得第二个羧基表现为相当弱的酸性。相距较远的两个羧基相互影响较小，或可以视为两个独立的羧基。

溶剂效应：在不同溶剂中，酸的解离度取决于溶剂的介电常数（离解为离子对的速率）、溶剂对于羧酸离子溶剂化的能力和空间阻碍等。如羧酸在水中（水的酸性小、体积小、极性大）非常容易溶剂化，比在无水乙醇（酸性大、体积大、极性小）中的解离常数要大 $10^5～10^6$ 倍。

二、羧酸的失羧

脂肪族的许多羧酸及其酯或盐，在 α-位、β-位的拉电子基以及 β,γ-C=C 双键、α-S^+、α-N^+

都对脱羧有利。大多数在反应中显示六中心的环过渡态，产物类似互变的烯醇，溶剂极性的改变对反应速率的影响很小，不受酸碱的催化影响说明不涉及游离的碳负离子，如庚-2-酮的制备，酸化己酰乙酸，加酸即分解脱羧。

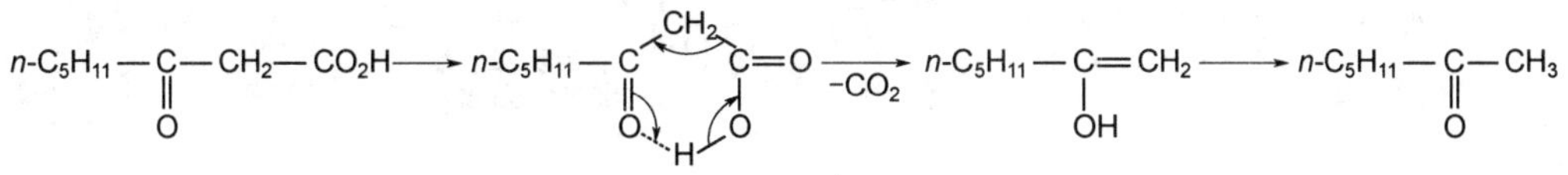

加热 β-酮酸很容易脱羧。β-酮酸酯、α-氰基酸酯可以在水或弱碱条件（150℃的压力釜中）或二甲基亚砜中加热，不通过游离酸的步骤直接脱羧，反应可能是通过环过渡态完成的，因为酯基部分生成了烯。游离的酮酸也不是实际中间产物，因为在一定温度出现瞬时反应时，酯基确实有一部分生成了对应的醇，原因是在反应的高温下生成的不饱和键更容易水解所致。

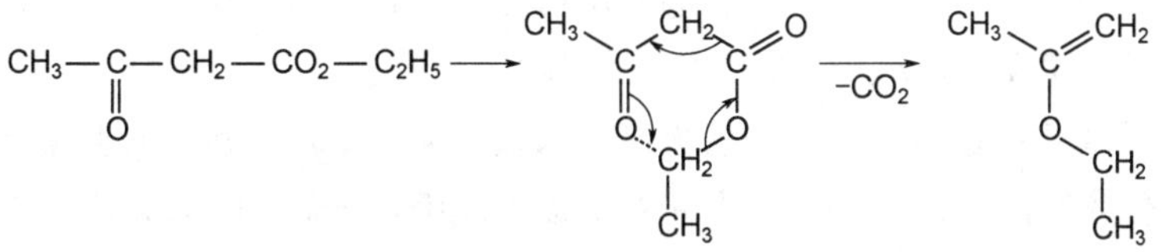

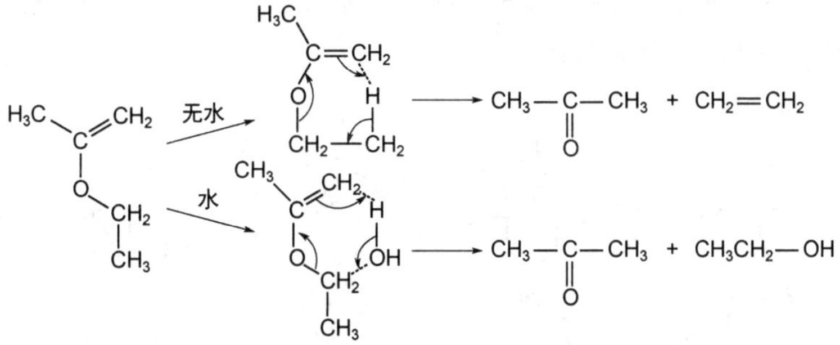

例如，丁二酰丁二酸二乙酯的水悬浮液（物）在压力釜中加热至 150℃出现瞬时反应，在 1~2min 中，压强从 0.5MPa（近于此条件下水的蒸气压）升至 4.5~6.0MPa，这个超高十倍的压强说明产生沸点很低的物质（乙烯）产生。

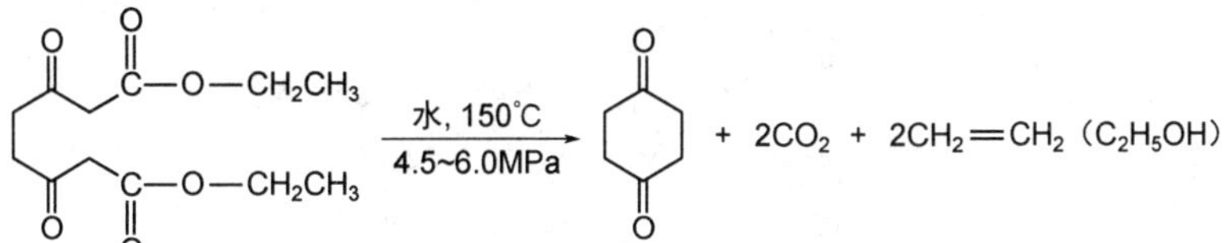

1,4-环己二酮
67%, mp 78℃

另一方法，在酸性条件下，则是经过 β-酮酸的失酸过程。

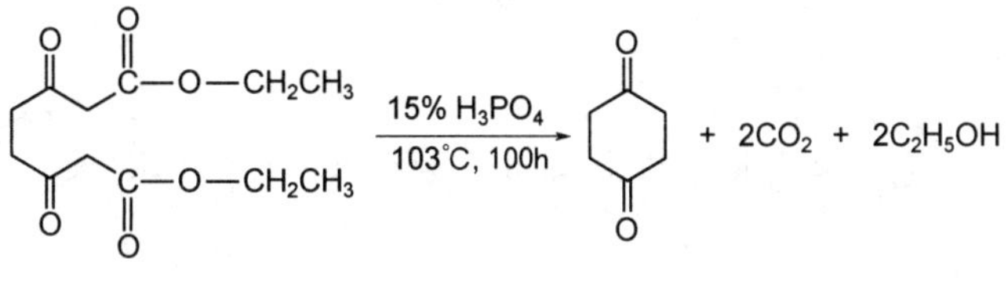

例如：

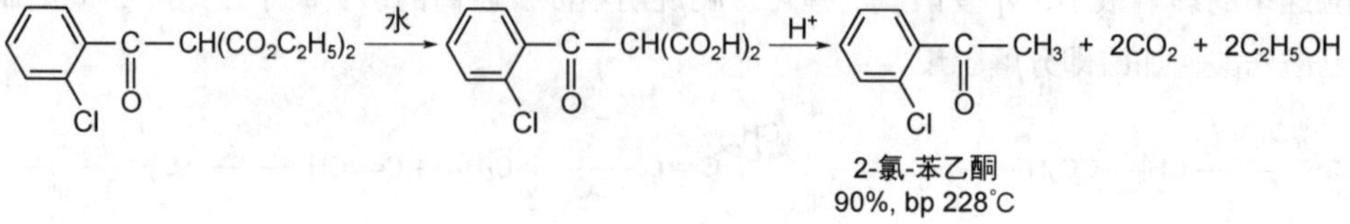

2-氯-苯乙酮
90%, bp 228℃

【芳基羧酸的脱羧】

①芳基羧酸的加热脱羧：在苯体系中 H^+ 作为亲电试剂、CO_2 作为离去基，是以芳烃弱离子的机理发生的。

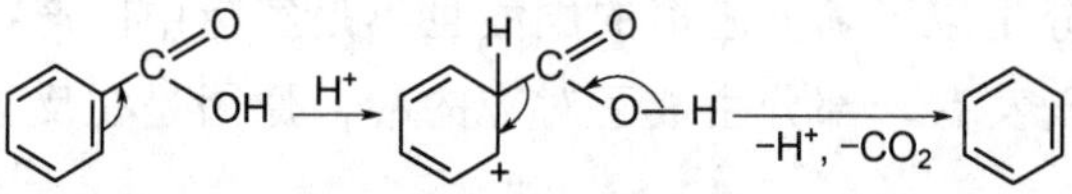

这个过程受 2 位、4 位推电子基影响使反应加速，也被邻位基团拉电子基以另一形式使环 π 电子偏移而加速反应过程——如 2,4,6-三硝基苯甲酸。

如 2,4-二羟基苯甲酸、4-氨基水杨酸在用水重结晶时不可以用电加热煮沸，操作过程要快而稳以减少受热时间。由于湿的产品在 85℃ 以上就缓慢分解，所以必须在 50℃ 以下风干后再烘干，干燥的纯品是相当稳定的 [mp 213℃（含水），227℃（无水）（分解点）]。3,5-二羟基苯甲酸的羟基对失羧几乎不起作用。

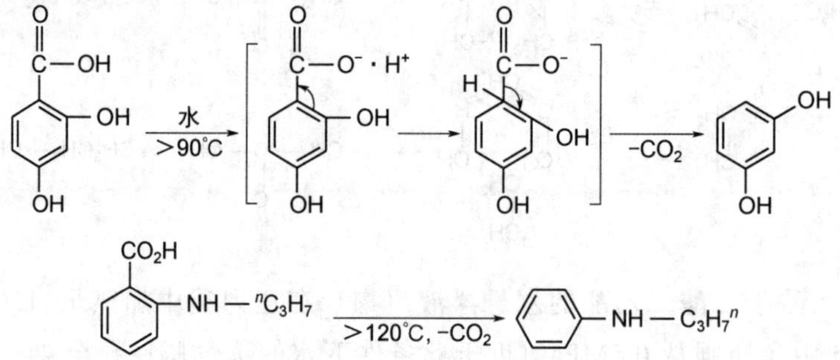

2,4,6-三硝基苯甲酸在水中加热，很快脱羧得到 1,3,5-三硝基苯。

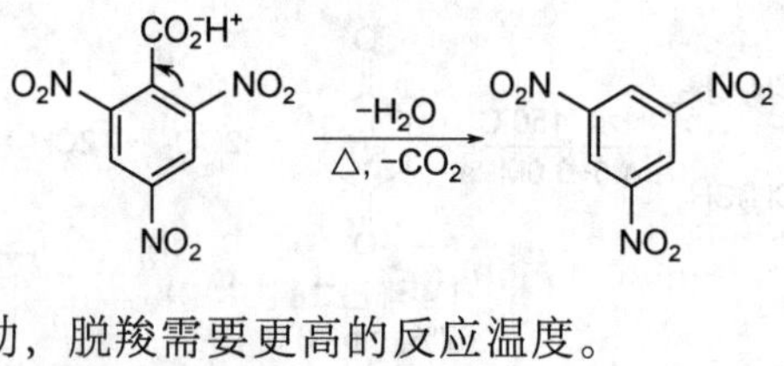

以下反应没有邻基协助，脱羧需要更高的反应温度。

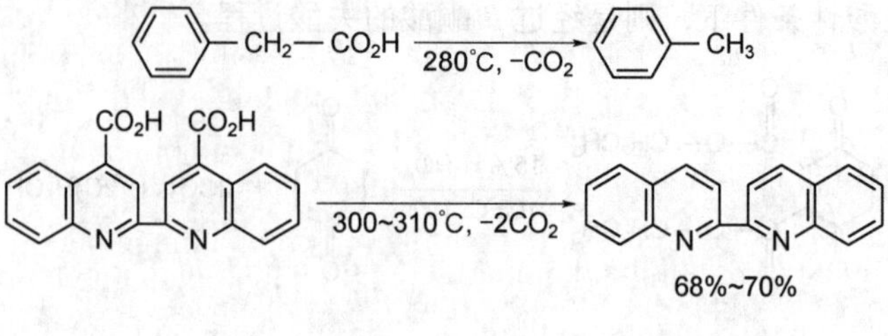

68%~70%

②羧酸盐脱酸：芳香环上拉电子基对于稳定碳负离子有利，盐的金属原子半径越大，与羧基氧原子间的键越长，越容易离去，该反应是亲电的单分子反应。

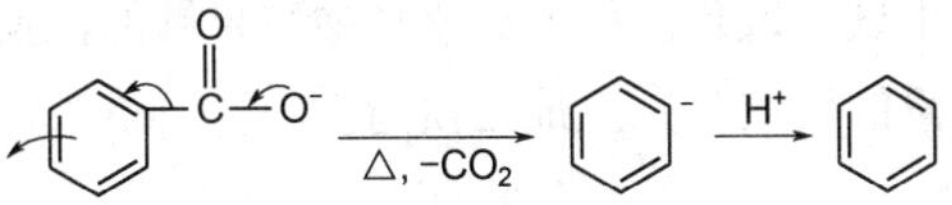

干馏羧酸碱土金属盐的脱羧是分子间进行的缩合，从强酸脱去羧基的碳负中心与弱酸羧基的碳正中心加成缩合（选择性差）用于酮、醛的合成。

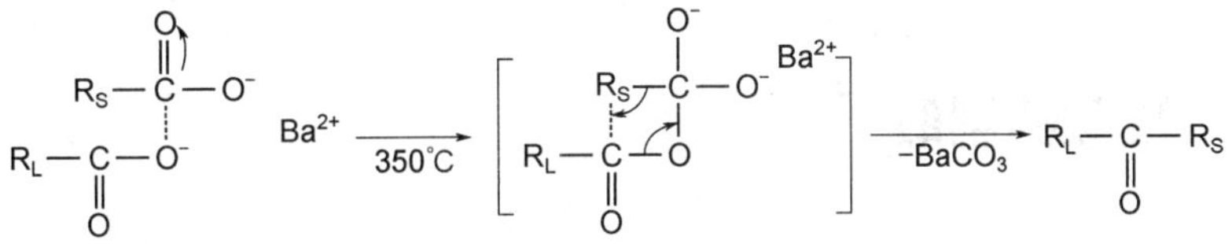

羧酸盐的重排：邻苯二甲酸盐与催化剂量镉（Cd^{2+}）共热（400℃）重排为对苯二甲酸盐；苯甲酸钾以类似的过程歧化为苯和对苯二甲酸钾，因为产物盐从反应物中离析而使反应平衡向右进行；又如：水杨酸钾加热重排为4-羟基苯甲酸的钾盐。

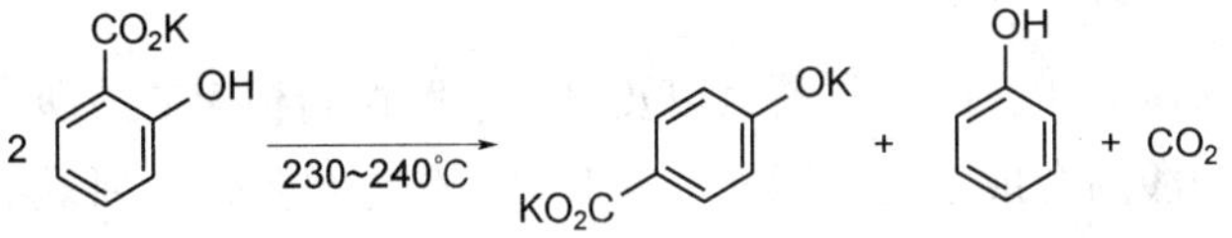

③羧酸和碱如喹啉（bp 235℃）或 N,N-二甲基苯胺（bp 194℃）一起加热，铜能催化反应。如果使用亚铜并排除系统中的空气，则反应进行的更快，说明羧酸的亚铜盐在起催化作用，亚铜（Cu^+）有助于 Ar—C(=O)—O⁻ 脱羧产生 Ar⁻，与反应溶液底物反应生成脱羧产物。亚铜在叔胺中有较大溶解度。

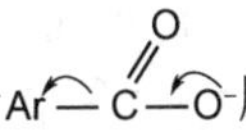

有些羧酸只用叔胺作"溶剂"加热脱羧；也可只用铜盐催化；也有使用大过量的 70% KOH 溶液进行反应，采用高浓度以获得较高的反应温度。如：

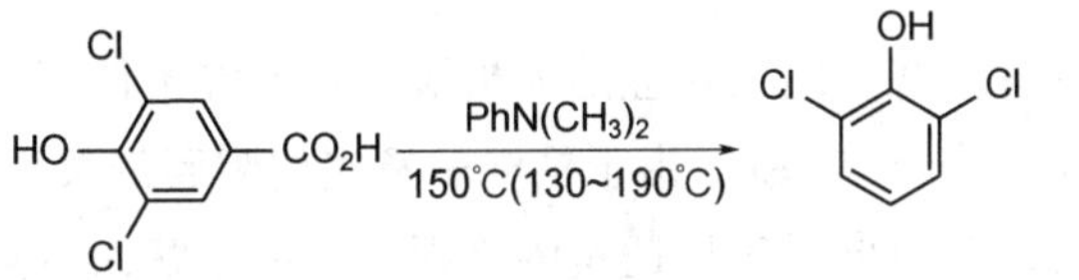

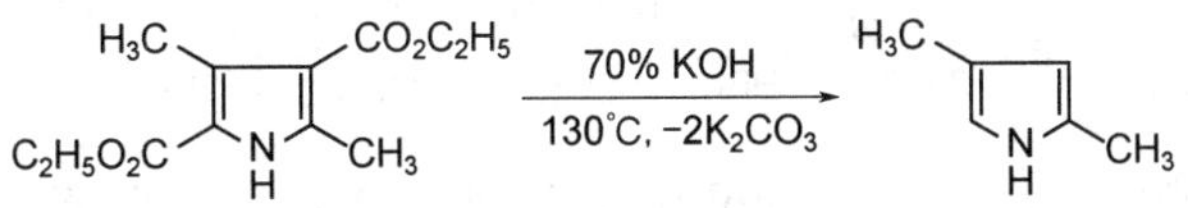

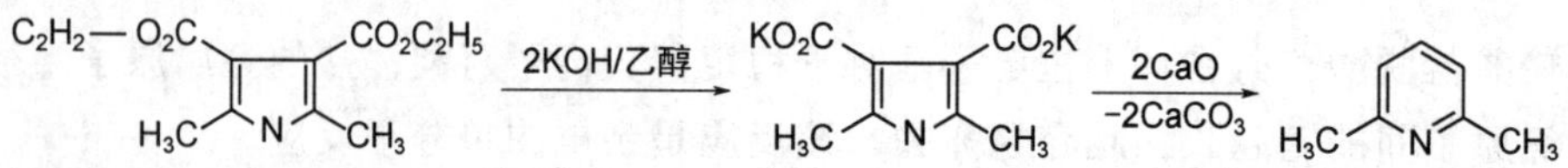

④羧基可被其它亲电试剂取代。例如：水杨酸与足够的溴反应，首先在 3,5-位溴代，随后在较高温度羧基被过量的溴取代，生成三溴酚。

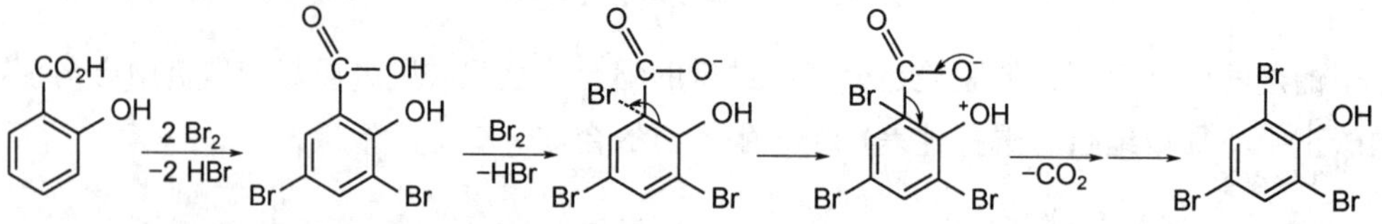

第二节　羧酸的制取

羧酸可以用以下方法制取：①羧酸衍生物的水解；②烃、醇、醛、酮和烯的氧化；③三氯甲基（—CCl₃）的水解；④以 CO_2 为原料的合成；⑤由草酰氯向芳香环上引入羧基；⑥苯二酸二乙酯为原料的合成。

一、羧酸衍生物的水解

羧酸衍生物包括羧酸酯、酰胺、酰氯以及氰基水解得到相应的羧酸。羧酸衍生物多是从羧酸制取，所以在羧酸的合成上没有意义，有时只用作分离处理；氰基的水解使用较多。它们的水解是通过羰基加成，而后 α-消去离去基团。反应速率与羧基碳的电正性有关，电正性越强，反应速率越快；而后是离去基带着成键电子对离去。

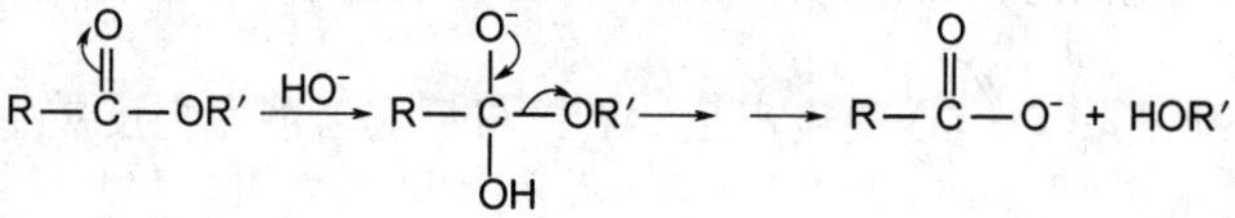

1. 酯的水解（见 302 页）

2. 酰胺的水解（见 344 页）

3. 酰氯的水解

酰氯通常很容易水解，在强酸（对应的无机酸）及低温条件下有一定稳定性；推电子基以及大分子脂肪族酰氯，如：十八酰氯由于推电子及空间阻碍的关系，对冷水有一定稳定性；溴代琥珀酸酰氯很活泼，在较低温度用适量的水即可完成水解，得到溴代琥珀酸。

溴代琥珀酸　M 197.00，mp 159℃（161℃），165℃（分解）；易溶于水，19g/100mL（25℃）。

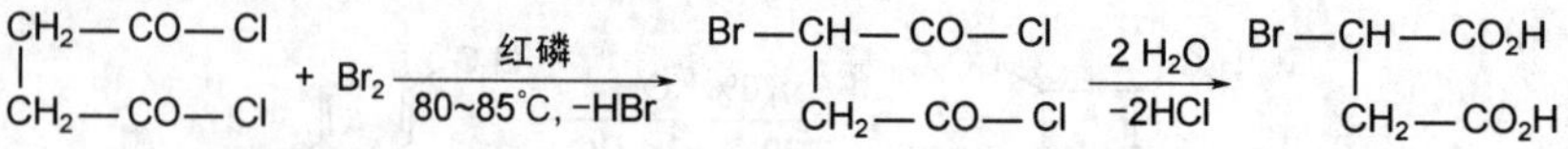

250mL 三口烧瓶中加入 155g(1mol)琥珀酰氯和 0.5g 红磷❶，水浴加热维持 70~80℃，

---

❶ 虽不是必需的，但加入红磷后反应速度明显加快。琥珀酰氯应使用丁烯二酸与 HBr 加成的方法制取。

搅拌着大约 2h 慢慢加入 170g（1.06mol）液溴，放出的 HBr 从冷凝器上口导出至水吸收，加完后保温搅拌 30min。最后以沸水浴加热赶除 HBr，冷后小心倾入 500mL 烧杯中，得溴代琥珀酰氯 260g（产率 108%，含少量 HBr 和溴）。

冰水冷却，控制温度低于 60℃ 搅拌下慢慢加入 100mL 冰水，放出大量 HCl（控制更低的温度，将反应物向多量 15% 盐酸中加入更方便水解）并充分搅拌，反应物成为松散的白色结晶，几乎没有流动的水。滤出，以氯仿冲洗，风干得 220~250g（只除掉了氯仿），外观近于白色。

精制：以上粗品用 270mL 乙醚分两次提取，合并提取液并加入 450mL 苯，分去水层。有机相滤清后回收乙醚和苯至 300mL，过滤后放置过夜，次日滤出结晶，用苯浸洗，干燥后得白色结晶 100g（产率 51%），mp 158~159℃，母液再回收部分溶剂，尚可得 20g 产物。

4.氰基的水解

氰基在酸或碱作用下水解是制取羧酸的重要方法，控制溶剂和碱性条件还可以分离中间产物（酰胺），或随即的降解（添加 NaOCl）。

在硫酸（50%~55%）中，氰基的水解更方便，副反应少，也便于回收利用，如下式：

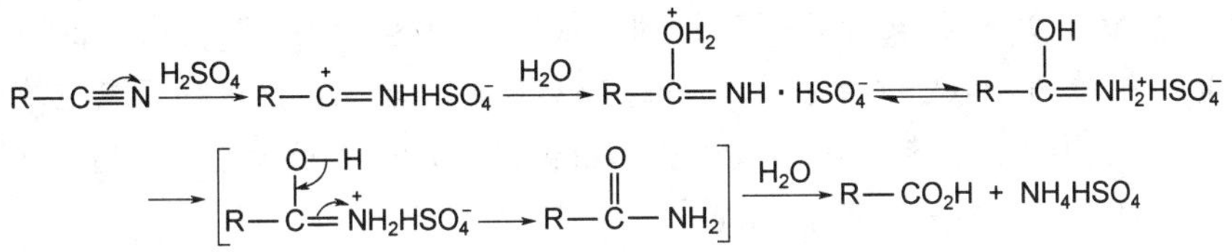

碱性条件水解：

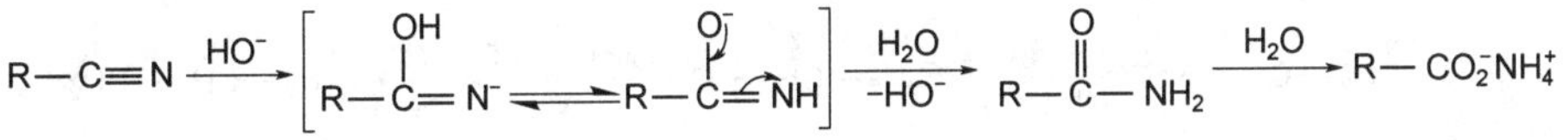

用碱水解氰基，为使反应进行到底，常使用过量 10% 左右的氢氧化钠，水解过程放出氨气，检查放出氨气的情况可以推知反应进程，但应注意 α-C—H 带来的副反应问题。如：苯乙腈的芳基、氰基共同影响使 α-C—H 中的质子离去，在碱作用下形成碳负离子，与另个苯乙腈在氰基加成缩合；苯乙腈与 Na_2CO_3 粉末共热至温度 110℃ 以上发生同样的缩合。

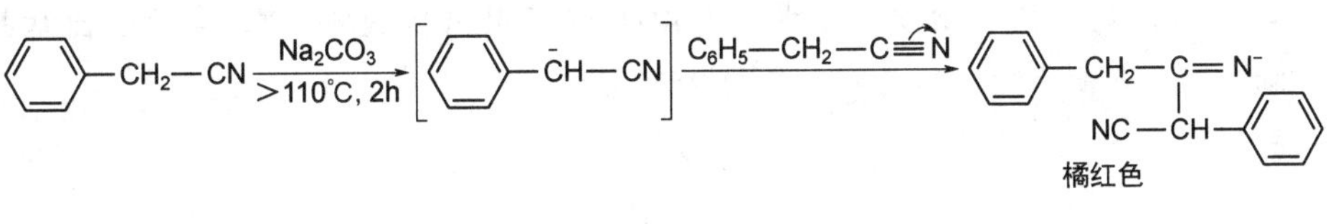

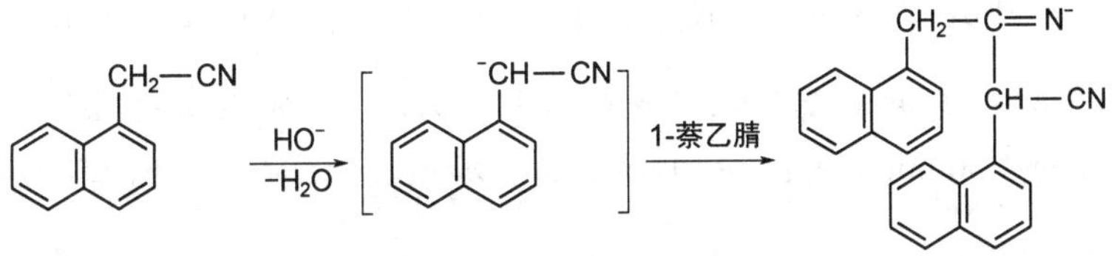

氰基的不完全水解：适当的反应条件可以将比较稳定的中间产物（酰胺）分离出来。如

2-苄基苯甲酰胺、4-氯甲基苯甲酰胺；或在中间体反应制备亚胺酸酯盐酸盐；或在水解过程随时降解为氨基，如：2-氯-5-氨基吡啶；又如：

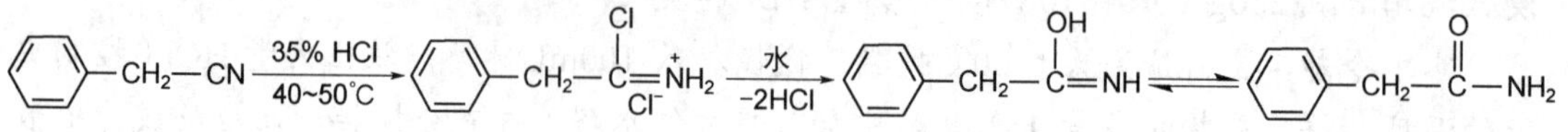

【碱性条件水解】

多数腈难溶于水，在搅拌下加热一般也要 5~7h；难溶于水的腈水解生成羧酸钠盐溶于水表示水解完全（也或以氨气释放停止），由于加成缩合副反应存在，总残留少量未进入溶液的物质，但不宜过度升高反应温度来提高反应速率，可以用醇水或表面活性剂扩大和溶剂接触面积。

比较苯乙腈酸在碱中水解的特点来选择水解条件，以 4-甲氧基苯乙腈为例，推电子基使反应缓慢，酸水解过程中会有醚基的水解。

4-甲氧基苯乙酸 *M* 166.18，mp 86~88.5℃，bp 138~140℃/3mmHg。

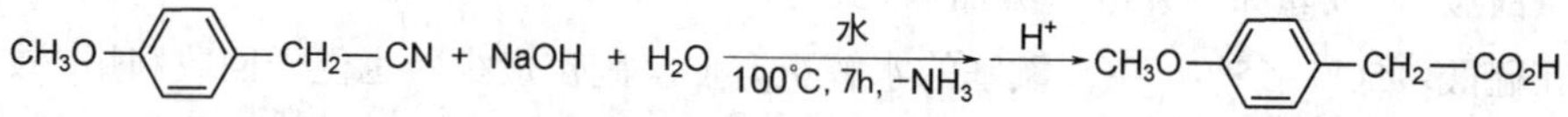

1L 三口烧瓶中加入 400g 25%（2.5mol）氢氧化钠溶液和 147g（约 1mol）4-甲氧基苯乙腈粗品，维持约 100℃搅拌下反应 7h。冷后用苯提取未反应的腈及其它有机物；水层用盐酸中和至 pH 8，脱色过滤，酸化后滤出结晶，水洗，干燥后得 84g（产率 52%，按起始原料 4-甲氧基苄醇计），mp 80℃。

苯乙酸 *M* 134.14，mp 76.5℃，bp 265℃。

$$C_6H_5—CH_2—Cl + NaCN \xrightarrow[-NaCl]{H_2O} C_6H_5—CH_2—CN \xrightarrow[-NH_3]{NaOH/H_2O} \xrightarrow{H^+} C_6H_5—CH_2—CO_2H$$

① 苯乙腈：从 1.27kg（10mol）氯化苄合成的粗品。

② 水解：分离出的苯乙腈粗品中加入 0.5kg（12.5mol）氢氧化钠溶于 2L 水的溶液，加热回流（不用搅拌）8h 进行水解。如果不分离出粗苯乙腈，向反应物中加入 1.0kg 50%（12.5mol）氢氧化钠溶液，搅拌下加热回流 8h，至很少量 NH_3 放出，难溶于水的苯乙腈应全部水解而消溶。稍冷，加入 1L 水，于 40℃以下用浓盐酸酸化❶，冷后滤出结晶，熔态下以热水洗，减压蒸馏，得 1kg（产率 75%）。

另法：

$$C_6H_5—CH_2—CN + 2H_2O + H_2SO_4 \xrightarrow{65\%H_2SO_4} C_6H_5—CH_2—CO_2H + NH_4HSO_4$$

500mL 水中加入 500mL 浓硫酸配成 65% H_2SO_4 溶液，加热维持 125~130℃搅拌下约 1h 慢慢加入 609g（600mL，5.19mol）苯乙腈，加完后保温搅拌 3h，回流冷凝器下口无

---

❶ 酸化至最后有剧毒的 HCN 挥发（味苦），应按照使用氰化钠的注意事项在通风处操作。酸化后的水母液在反应罐中加热或引风回收 HCN，或水解。制备苯乙腈的 NaCN 加入量应减少至 1.2mol。

苯乙腈的油珠。稍冷倾入 2L 烧杯中放冷，冷后揭取凝结的上层[1]，水洗，得 700g（产率约 95%）。

氰基在硫酸条件下的水解经常是在 50%~80% H_2SO_4 中进行，稀酸水解要困难许多，主要是溶剂化程度和反应温度决定了反应速率。含水硫酸兼作溶剂，水解中，酸的用量、浓度和反应温度可供选择，用较低浓度的硫酸和调节温度可以控制反应并分离中间体酰胺。反应的最终产物羧酸直接从反应物中分离出来，冷后废酸中析出大量包含少许产物的硫酸氢铵，分离后调节硫酸浓度重复使用。

氰基水解的第一步是生成酰胺，进一步水解为羧酸。4-氰基苄叉二氯用 48%～50% H_2SO_4 水解为 4-羧基苯甲醛，在 116～118℃ 的加热过程中观察到这一现象，浮在液面上熔化的底物首先改变为絮状物，30min 后进一步水解为羧酸，形成结晶。

氯化甲基在含水硫酸中的热稳定性：$ArCCl_3 < ArCHCl_2 < ArCH_2Cl$。

1-萘乙酸　M 186.21，mp 133℃。

a. 1-氯甲基萘（mp 32℃，bp 167~169℃/25mmHg）

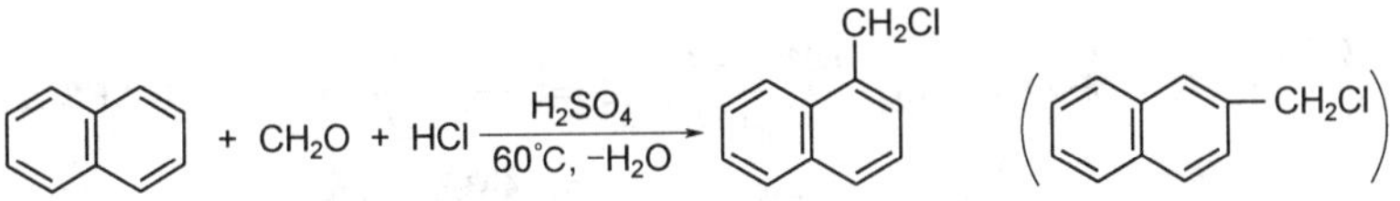

5L 三口烧瓶中加入 1.28kg（10mol）粉碎的精制萘、770g 37%（9.5mol）甲醛水溶液，搅拌下加入 1.1L 36%（13mol）浓盐酸，稍有放热。搅拌下以较快的速度加入 800mL 浓硫酸，再以较慢的速度加入 200mL 浓硫酸，反应物温度升至 50℃，于 50~55℃ 保温搅拌 12h（2h 后萘融化）。冷后分取油层得 1.4kg 液体粗品，水洗一次后为 1.25kg，用于以下合成（应调节加入硫酸的方式以减少磺化）。

b. 1-萘乙腈（1-萘乙腈，mp 32~35℃，bp 162~164℃/12mmHg；2-萘乙腈，mp 82.6℃，bp 182~186℃/12mmHg）

5L 三口烧瓶中加入 460g（9mol）细碎的氰化钠和 2.5L 乙醇，搅拌下加热至 70℃后停止加热，从分液漏斗约 1h 慢慢加入 a 中产物 1.25kg（约 90%，6.3mol）1-氯甲基萘粗品，反应放热导致回流，加完后维持 60~65℃ 继续搅拌 3h。冷后滤除析出的氯化钠固体，乙醇冲洗，洗液与滤液合并，回收乙醇（水浴加热下减压蒸馏）。冷后滤清，减压分馏，收集 120~160℃/2~5mmHg 馏分，得 720g；再分馏一次，收集 130～135℃/3~5mmHg 馏分，得 470g；高沸物水蒸气蒸馏可回收 150g（总产率 58%）。

---

[1] 酸液放置过夜，析出大量 NH_4HSO_4 结晶，分离后的废酸调整浓度补足量后重复使用。

分馏前应洗去任何碱性物质以减少其它缩合反应发生。

c. 氰基水解

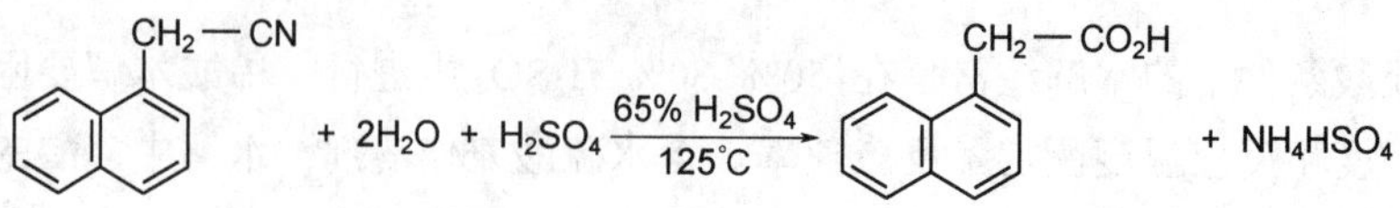

3L 三口烧瓶中加入 500mL 水，搅拌下慢慢加入 500mL 浓硫酸，维持 120~125℃用分液漏斗慢慢加入 505g（约 3mol）上述 b 中蒸馏过两次的 1-萘乙腈，水解很快[1]，但不是太剧烈，约 20min 加完，加完后搅拌下加热回流 40min（bp 127~130℃，应补充水）。稍冷，倾出反应物，即刻凝结成固体，滤出、水洗，得粗酸 600g（产率约 98%）。

以上粗品溶于 600mL 15%氨水中[2]，脱色过滤，冷后滤取铵盐结晶，用丙酮冲洗，得铵盐 250g，溶于 250mL 水中，脱色过滤，趁热用盐酸酸化，滤取结晶，水洗，干燥后得 140g，mp 132~133.2℃。

滤出铵盐的母液酸化，所得结晶用乙醇重结晶（应该用乙酸），不时搅动下放冷，滤出结晶，用冷乙醇冲洗，干燥后得 280g（总产率 75%），mp 127~132℃。

酸性条件下氰基水解的下列两个实例分别见 141 页和 297 页：

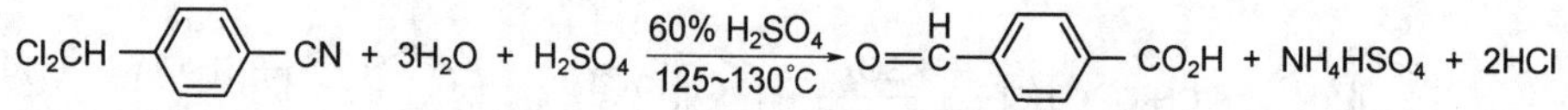

4-羧基苯甲醛
93%，mp 247℃

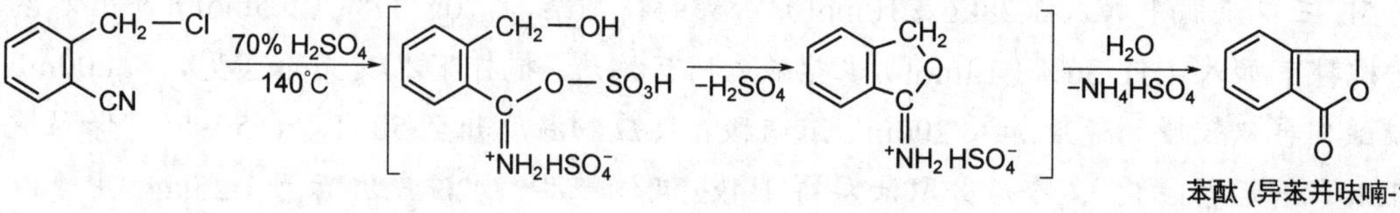

苯酞 (异苯并呋喃-1-酮)
90%

使用浓盐酸水解氰基的过程中，底物、中间物酰胺和产物羧酸与盐酸始终处于两相，很少溶解，反应温度又低，比含水硫酸中的反应速率慢很多，且"废酸"也不便于回收，不过对于分离中间产物酰胺却是有利的。

4-氯甲基苯甲酸 M 170.60，mp 201~202℃。

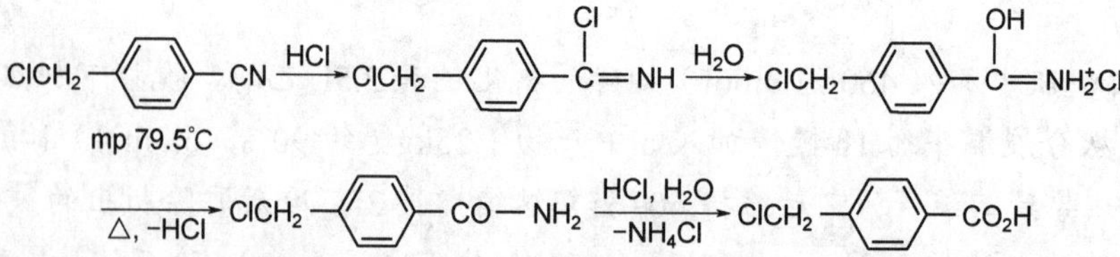

2L 三口烧瓶中加入 1.5L 30%盐酸和 152g（1mol）4-氰基苄氯，搅拌 1h 后再于 2h 左右慢慢加热至回流以减少 HCl 损失，搅拌下加热保持微沸反应 10h，过程中有 4-氰基

---

[1] 应使用较低的温度进行保温处理，以分离中间体酰胺，精制，mp 181~183℃。
[2] 应使用少量更高浓的氨水，以析出更多的铵盐。

苄氯随水汽挥发而在冷凝器中凝结，要不时停止通冷却水使之熔化，约 6h 以后就很少挥发，反应物也由液态变为包有 4-氰基苄氯的结晶块（酰胺）。继续搅拌，加热回流，最后变为松散的结晶。冷后滤出❶，水洗[风干得 146g（产率 85%），mp 184~190℃]，湿品用 150mL 乙醇分两次浸洗❷（或用 1.5mL/g 甲苯煮洗），风干得 113g（产率 66%），mp 193.8~196.7℃。

另法：

$$ClCH_2-\!\!\left\langle\right\rangle\!\!-CN + 2H_2O + H_2SO_4 \xrightarrow[115℃, 6h]{50\% H_2SO_4} ClCH_2-\!\!\left\langle\right\rangle\!\!-CO_2H + NH_4HSO_4$$

50g（0.32mol）4-氰基苄氯和 500mL 50% H_2SO_4 搅拌下加热回流（bp 115℃）6h（反应后期细小结晶在沸腾状态形成泡沫，故控制稍低于沸点的温度进行反应）❸，冷后滤出结晶，水洗，酸、碱沉淀后用乙醇重结晶，得 43g（产率 79%），mp 199~200℃。

又另法：

$$ClCH_2-\!\!\left\langle\right\rangle\!\!-CH_3 + 2HNO_3 \xrightarrow[90~100℃]{30\% HNO_3} \underset{86\%}{ClCH_2-\!\!\left\langle\right\rangle\!\!-CO_2H} + 2NO + 2H_2O$$

戊二酸 M 32.12，mp 98℃，bp 303℃，d^{15} 1.429；易溶于水和乙醇。

$$NC-(CH_2)_3-CN + 4H_2O + 2HCl \xrightarrow[110℃, 6h]{HCl} HO_2C-(CH_2)_3-CO_2H + 2NH_4Cl$$

2L 烧瓶中加入 94g（1mol）戊二腈❹和 400mL 25%盐酸，电热套加热，反应比较猛烈，反应缓和后加热回流 6h。水浴加热、水泵减压蒸发至近干，压碎，用 500mL 乙醚加热提取一次，再提取两次（2×100mL），提取液合并回收乙醚至剩余量小于 200mL。加入 940mL 苯，加热溶解，脱色过滤，冷却后冰冷，滤出结晶得 90g；又从母液回收到 10g，共得 100g（总产率 75%），mp 97~98℃，必要时用苯重结晶。

同法可制备（见 364 页）：

$$C_6H_5-\underset{\underset{CN}{|}}{CH}-CH_2CO_2C_2H_5 + 3H_2O + HCl \xrightarrow{\triangle, 18h} C_6H_5-\underset{\underset{CO_2H}{|}}{CH}-CH_2CO_2H + NH_4Cl + C_2H_5OH$$

苯基琥珀酸
82%, mp 166℃

$$C_6H_5-CH\!=\!\!\overset{\frown}{C}-CO_2-C_2H_5 \xrightarrow{NaCN} C_6H_5-\underset{\underset{CN}{|}}{CH}-\underset{\underset{CN}{|}}{\overset{-}{C}}-CO_2-C_2H_5 \cdot Na^+ \xrightarrow[-NaCl]{HCl} C_6H_5-\underset{\underset{CN}{|}}{CH}-\underset{\underset{CN}{|}}{CH}-CO_2-C_2H_5$$

$$\longrightarrow C_6H_5-\underset{\underset{CN}{|}}{CH}-\underset{\underset{CN}{|}}{CH}-CO_2H \xrightarrow{-CO_2, -2NH_4Cl} C_6H_5-\underset{\underset{CO_2H}{|}}{CH}-CH_2-CO_2H$$

---

❶ 盐酸母液重复使用，反应速度会慢许多。在回流 1h 后补加 150mL 36%盐酸，回流温度也只提高了 2℃，为 112℃。

❷ 粗品应该用酸、碱沉析的方法分离掉未反应的物料。

❸ 考虑使用 65% H_2SO_4，仍在 115℃反应，因为在沸点以下反应，避免了形成泡沫的问题，且硫酸用量也应减少一半。

❹ 工业上用 γ-丁内酯氰解的方法制取。

α-羟基腈只可用酸水解，碱性条件使 α-羟基腈分解脱去 HCN 生成原来的醛（酮）。

$$(H)R-\underset{\underset{OH}{|}}{\overset{\overset{R'}{|}}{C}}-CN \xrightarrow[-H_2O]{HO^-} (H)R-\underset{\underset{O-H}{|}}{\overset{\overset{R'}{|}}{C}}\curvearrowright CN \xrightarrow[-NO^-]{H_2O} (H)R-\underset{\underset{O}{||}}{\overset{R'}{C}}-R' + HCN$$

有 α-C—H 的醛（酮）在氰化钠存在的碱性条件下可能发生严重的分子间缩合、加成，其后水解得到相当低产率的正常产物羧酸；或应在低温条件下将氰化钠溶液慢慢加入至酮和酸物质的混合物中。苦醛酸的制备中有 α-C—H 的缩合反应，与 HCN 加成及水解可以得到尚好的产率。

dl-苯基羟基乙酸（苦杏仁酸） M 152.15，mp 121~123℃（119℃），bp（加热分解），d^{20} 1.300；易溶于水，溶解度 16g/100mL（20℃）；极易溶于醇、醚。

a. 扁桃腈（苯基羟基乙腈） mp 21~22℃（文献值 10℃），bp 170℃（分解）。

$$C_6H_5-\overset{\overset{H}{|}}{C}=O + NaCN + NaHSO_3 \xrightarrow[20\sim25℃]{水} C_6H_5-CH(OH)-CN + Na_2SO_3$$

2L 三口烧瓶中加入 107g（含量大于 93%，2mol）氰化钠[●]和 300mL 水，搅拌下加热约 20℃溶解，搅拌下加入 212g（2mol）无酸的苯甲醛，再慢慢加入 200g（1.05mol）失水亚硫酸氢钠 $Na_2S_2O_5$（焦亚硫酸钠）配成的饱和液（浆状物），约 30min 加完，测定 pH 为 8，加完后再搅拌 30min。静置，分取上面橘红色油层（<0℃粗腈可凝固，已扩大 100 倍进行生产），得 210~220g（产率 79%~82%，水母液应予提取）。

b. 水解

$$C_6H_5-CH(OH)-CN + 2H_2O + HCl \xrightarrow[65℃]{HCl, H_2O} C_6H_5-CH(OH)-CO_2H + NH_4Cl$$

2L 烧杯中加入 300mL 30%工业盐酸，加热至 70℃，维持 65~70℃约 1h 搅拌下慢慢加入 210g（约 1.5mol）以上苯羟乙腈，反应放热，加完后保温搅拌 2h。冷后冰冷，滤出含少量氯化铵的粗品，得 200g；用 400mL 乙醚分两次提取母液及结晶，回收乙醚至 1/3 体积，移入烧杯中封盖放置过夜。次日冰冷，滤出结晶，尽量滤尽母液，得 130g（产率 57%）。

精制：粗品用热水重结晶（快），用冰水冲洗过滤，50℃以下风干，达 AR 级标准。

同法，以丁酮制取 2-羟基-2-甲基丁酸中，由于 α-C—H 的存在。可能在 NaCN 碱作用下大量分子间发生缩合反应，正常产物产率仅为 20%。缩合产物酮

（$C_2H_5-\underset{\underset{OH}{|}}{\overset{\overset{CH_3}{|}}{C}}-\overset{\overset{CH_3}{|}}{CH}-\overset{\overset{}{||}}{\underset{O}{C}}-CH_3$ bp 183℃）也应该与 HCN 发生加成及水解反应，或应当从氰基水解物中以减压分馏的方式分离产物（$C_2H_5-\underset{\underset{CH_3}{|}}{C(OH)}-CO_2H$ bp 117℃/10mmHg）。

[●] 氰化钠剧毒，切勿入口眼，勿与创伤处接触。

所以在羟基腈的合成中，应在更低温度下将氰化钠溶液加至酮和酸的混合物中。

二、三氯甲基的水解

芳香环侧链甲基容易氯化制得一氯、二氯和三氯取代物，可以方便地在含水硫酸中水解为芳基甲醇、芳醛和芳酸，水解从易到难次序为：Ar—CCl$_3$ > Ar—CHCl$_2$ > Ar—CH$_2$Cl。

$$Cl_2CH \text{—} \bigcirc \text{—} CCl_3 + 3H_2O \xrightarrow[110℃]{70\% \ H_2SO_4} O=C\overset{H}{\text{—}}\bigcirc\text{—}CO_2H + 5HCl$$

将三氯甲基（—CCl$_3$）引入芳香环上可以使用傅-克反应的方法，在缩合剂作用下使用CCl$_4$向芳香环上直接引入，—CCl$_3$属拉电子基，一般不会引入第二个。但是，—CCl$_3$的活性远比CCl$_4$强得多（如酰氯），很容易与芳香底物进一步缩合生成二苯基二氯甲烷与三氯化铝的络合物（C$_6$H$_5$—CCl$_2$—C$_6$H$_5$·AlCl$_3$）稳定下来。络合物仍很活泼，如果在大大过量的苯中加热，产物是三苯基氯甲烷与三氯化铝的络合物 [(C$_6$H$_5$)$_3$CCl·AlCl$_3$]，空间阻碍的关系不再进一步缩合。只有在电性和位阻合适的情况才能以CCl$_4$直接向芳香环引入—CCl$_3$（如：2,4,6-三氯-α,α,α-三氯甲基苯），多数情况是由甲基氯化制得。

三氯甲基在含水硫酸中很快水解，如下面2,4,6-三氯-α,α,α-三氯甲基苯使用80%硫酸水解，应改用60%~70% H$_2$SO$_4$，产品从反应物析出，分离后，加水调节"废酸"的浓度可重复使用。

三氯甲基在水条件的酸水解反应速率在pH 2~3时有最大值，随时加入碱以中和调节水层的pH。如：4-氰基苯甲酸的合成中，4-氰基苄叉二氯在该条件下水解相当缓慢，依次在pH 2~3水解三氯甲基，以羧酸盐分离其中的一氯和二氯杂质。

2,4,6-三氯苯甲酸　M 225.46，mp 162~164℃。

$$\underset{Cl}{\overset{CCl_3}{\underset{Cl}{\bigcirc}}} + 2H_2O \xrightarrow[123~128℃]{80\% \ H_2SO_4} \underset{Cl}{\overset{CO_2H}{\underset{Cl}{\bigcirc}}} + 3HCl$$

2L三口烧瓶中加入300mL水，搅拌下加入2.2kg（1.2L，93%，20mol）硫酸，加热维持123~128℃于1.5h或更长时间慢慢加入510g（约85%，1.45mol）含少量四氯化碳的2,4,6-三氯-α,α,α-三氯甲基苯粗品❶，加完后保温搅拌1h，残余的四氯化碳被HCl吹出。稍冷倾出，放冷过夜。冰冷过夜，滤出结晶，水洗，干燥后得粗品240g（产率71%），mp 161~163℃。用50%乙酸（2mL/g）重结晶，得190g（干燥），mp 161.8~162.5℃。

4-氰基苯甲酸　M 143.13，mp 220~222℃。

4-氰基-苄叉二氯　M 186.04，mp 41℃。

---

❶ 此量为1.5mol 1,3,5-三氯苯制得的粗品。放大50倍生产的加料时间为6h。曾因加料太快造成氯化物积聚，瞬时反应造成HCl喷罐，也完成了水解。

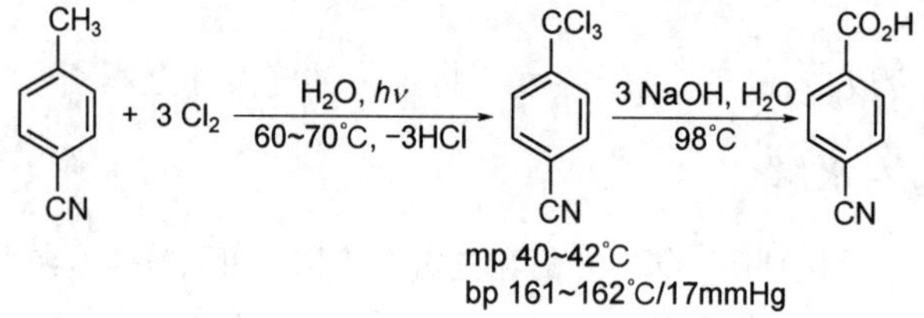

mp 40~42℃
bp 161~162℃/17mmHg

1L 三口烧瓶中加入 234g（2mol）4-氰基甲苯和 500mL 水，在水银灯照射下，快速搅拌着，控制温度 60~70℃通入氯气至冷凝器上口有明显的 HCl 放出，此时反应物中盐酸的浓度达到 30%。分去含酸水层，得氯化物油层。

水解：5L 三口烧瓶中加入油层氯化物❶（相当于 2mol 4-氰基-三氯甲基苯）和 900mL 水，加热控制 98℃±1℃❷，快速搅拌下从分液漏斗慢慢（约 >18h）加入由 360g（9mol）氢氧化钠溶于 1.2L 水中配制的溶液（约 23%）。

加碱液过程中调节加碱速率以控制水层 pH 2~3，开始阶段以 1 滴/s 为宜（按每毫升 18 滴计算），加入 500mL 以后，以更慢的速率 1 滴/3s 加入，如果滴加失误使反应物 pH 升至 5，须停止加碱，用盐酸调节 pH 后再开始滴加，严格按规定的速率滴入不会出现问题，或向反应物中滴入甲基橙指示剂[pH 3.0（红）~4.4（黄）]。

水解过程中产物羧酸随时析出，加完碱后再保温搅拌 2h。停止加热，冷至 60℃慢慢加入 30% NaOH 中和溶解析出的 4-氰基苯甲酸至 pH 8（约用 280g 30% NaOH），分开水层和油层分别处理。

油层：从油层处理回收 4-氰基苄叉二氯

趁热用甲苯（2×200mL）提取水层，提取液与分出的油层合并，加入 400mL 热水，搅拌下用 30% NaOH 溶液调节水层为持久的碱性 pH 9，分去水层。甲苯层再水洗，水泵减压蒸除剩余水和甲苯至液相 120℃/-0.08MPa，得油状物 1120g❸，分析见图 5-1（a）。10℃以下放置过夜，次日滤出结晶，以 200mL 80%甲醇（0.25mL/g）溶析一次❹，风干得 300g，mp 37~39℃（文献值 41℃），纯度（GC）97.3%。分析见图 5-1（c）。

水层：4-氰基苯甲酸钠水溶液

在 15℃以下放置过夜，次日滤取钠盐结晶，溶于 2L 热水中，于 80℃左右用盐酸酸化至 pH 4，析出大量结晶，在不时搅动下于沸水浴保温搅拌 30min，放冷至 50℃滤出结

---

❶ 此"油层氯化物"是 4-氰基苄氯继续氯化的产物 1.57kg，分析见图 5-1（A），4-氰基-三氯甲基苯 28%（相当于 2mol）、4-氰基苄叉二氯 62%和 4-氰基苄氯 7%。水解后三氯物降至 8.7%，折算 97.5g（0.44mol）三氯物未进入水解。应该增加水解用碱量或为 11mol 及延长水解时间，依反应物 pH 变化及分析结果判定。

❷ 温度在沸点以下避免形成泡沫。

❸ 这样质量的二氯物产率为 77.5%［图 5-1（b）］，折百后，依 2-氰基苯甲醛的制备方法，制备 4-氰基苯甲醛的产率为 40%；用于制取 4-二氯甲基苯甲亚胺酸甲酯盐酸盐（结构见右图）的产率为 50%，mp 169.5~170℃，纯度（HPLC）90%。

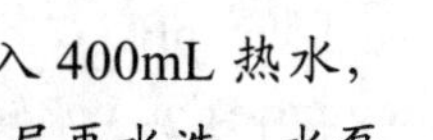

❹ 过滤出 4-氰基苄叉二氯后的母液及洗液，减压蒸除甲醇和水，用以制备亚胺酸酯甲酯盐酸盐的质量很差（HPLC 纯度 84%），再用以制备 2-(4′-二氯甲基苯基)苯并噁唑的质量有很大提高，方法如下：

折百使用 HPLC 纯度 84%的 4′-二氯甲基苯甲亚胺酸甲酯盐酸盐与 o-氨基酚在甲醇中回流 2h，在 40℃滤出结晶，甲醇冲洗，水洗去氯化铵，得 2-(4′-二氯甲基苯基)苯并噁唑的产率为 75%，HPLC 纯度 98.4%，mp 118.2~119.4℃。

晶，以 50℃温水冲洗两次❶，风干得 194g，纯度（HPLC）95%。

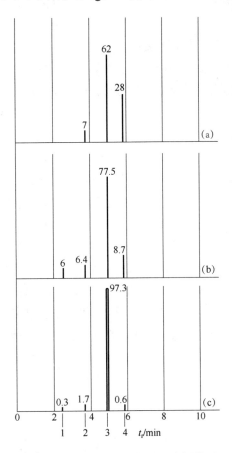

图 5-1 4-氰基苄叉二氯 GC 分析结果

1—4-氰基苯甲醛；2—4-氰基苄氯；3—4-氰基苄叉二氯；4—4-氰基-α,α,α-三氯甲基苯

精制：以上湿品与甲苯（1.8mL/g）在搅拌下加热回流，脱水完全后放冷至 60℃滤出，干燥后得 184g，纯度（HPLC）>98%。

又：

$$Cl—CH_2 \underset{}{\overset{}{\bigcirc}}\overset{}{\bigcirc} CH_2Cl \xrightarrow{4\ NaOCl,\ NaO_2} Cl_3C \overset{}{\bigcirc}\overset{}{\bigcirc} CCl_3$$

$$\xrightarrow{8NaOH} \xrightarrow{H^+} HO_2C \overset{}{\bigcirc}\overset{}{\bigcirc} CO_2H$$

---

❶ 过滤出 4-氰基苯甲酸钠的母液及水洗液合并，在 80℃慢慢酸化、保温，放冷至 60℃滤取细小结晶（过滤很慢），热水洗，干后得 33g，分析 HPLC，其中对苯二甲酸含量 17.5%，4-氰基苯甲酸含量 44.7%。

4-氰基苯甲酸前面的两个杂质可用醇洗掉，但效果不是很好，或可用定量的 NaOH 以可溶盐的形式洗掉对苯二甲酸（见对甲基苯甲酸中洗掉对苯二甲酸）；后面的杂质可用甲苯热煮洗脱。

三、烃的氧化（催化）

1. 石蜡烃的氧化

石蜡烃氧化成羧酸过程的产物相当复杂，它包括醇、醛、酮和部分过氧化物，以及产物间的反应产物、树脂类物质等。

烃被氧气氧化的反应是自由基反应，催化剂是脂肪酸的钴盐、锰盐，铁盐也起催化作用，金属离子只是诱导反应发生，通入氧气后反应物颜色变深，金属离子被氧化为高价态，而后又变浅并析出沉淀。在反应温度 130~135℃ 条件下，沉淀完全或滤除沉淀，对反应并无影响而继续进行。说明：第一阶段是反应的引发过程，产生足够多的"活性物质"；第二阶段是连锁反应开始，过氧化物催化反应连续进行。反应过程中会产生"负催化剂"，使反应速率降低或停止。这是由于在液相反应中各种中间物的浓度不断增加，使得中间基相互作用消失，以及还原物质的作用使连锁反应速率降低或停止。在连续氧化过程中，烃在体系中一定时间内氧化到特定程度，将氧化产物随时从体系分离，适当极性的溶剂不但抽提了产物，也抽提了副产物，这样就不再受负催化剂的影响，体系中各组分可以基本保持不变，用此方法得到的主要产物是醇。氧化成醇使用 5%硼酸作催化剂，反应温度 165~170℃。

在间歇液相氧化中，生成的脂肪酸的分子量逐渐降低，这是由自由基的裂解和失羧造成的。由于反应条件剧烈，时间越长影响越大。在连续氧化反应中可基本避免以上缺陷，生成较大平均分子量、较稳定比率的混合物，如果接触时间短，按下式生成反应中间物的比率就更大，碳链结构也越接近原来的烃。

氧化是从碳链的两端开始。

在间歇氧化的第一阶段，即 135℃ 引发后滤除催化剂，控制比较低的反应温度，如 107℃ 氧化，该温度下的反应速率比 135℃ 氧化降低约 30%，与未加催化剂在 135℃ 的氧化速率相近。107℃ 的氧化反应温度在烃基过氧化物均裂的分解点以下，由于足够多的过氧化物"活性物质"对于反应速率非常重要，如果在第一阶段就在较低温度下反应，没有产生足够多的活性物质，反应速率就要相比降低 50%~70%，反应时间大大延长，产物间的副反应增加，所以氧化温度107℃比 130~135℃ 并无优势。

氧化的实施：饱和烃在乳化的情况下，以羧酸的锰盐或钴盐，或者直接使用 $KMnO_4$ 或 V_2O_5 为催化剂，在 140~160℃ 通入空气或氧气可以相当容易地氧化成羧酸。氧化过程中有碳碳键的断裂和氧化位置的混乱，产物较难分开。因此，仅用此方法制取简单羧酸。

2. 芳烃侧链的催化氧化

催化氧化为自由基反应：引发过程中有机分子产生自由基导致连锁反应开始；最后是自由基结合、反应终止。

在引发阶段可以认为自由基是由以下两种方式产生：

① 反应底物 C—H 键发生均裂　　　　　$Ar—CH_2—H \longrightarrow Ar—CH_2· + ·H$

② （更可能是）分子发生碰撞产生　　　$Ar—CH_3 + O_2 \longrightarrow Ar—CH_2· + ·OOH$

烃自由基与氧作用生成过氧化自由基，过氧化自由基又从底物烃夺取氢，生成烃基过氧化氢和烃自由基。

$$Ar-CH_2 \cdot + O_2 \longrightarrow Ar-CH_2-O-O \cdot$$

$$Ar-CH_2-O-O \cdot + Ar-CH_3 \longrightarrow Ar-O-O-H + Ar-CH_2 \cdot$$

在此阶段初期是引发、产生自由基"活性物质"和积累的过程；引发后，反应迅速发展为自动催化。烃基过氧化氢和过氧化自由基在反应中可以产生一系列的氧化中间产物，同时自由基再生；也发生自由基偶联（终止）。中间经过多少次自由基传递——自由基消灭过程，主要依据自由基的活性特点。

反应过程中氧分子生成活化态——双自由基 $\cdot O-O \cdot$，与底物作用生成分子氧化物，很快转化为过氧化物形式，分解后又不断产生自由基，整个氧化过程为自动催化。如下为氧化成醇、醛和羧酸的反应过程。

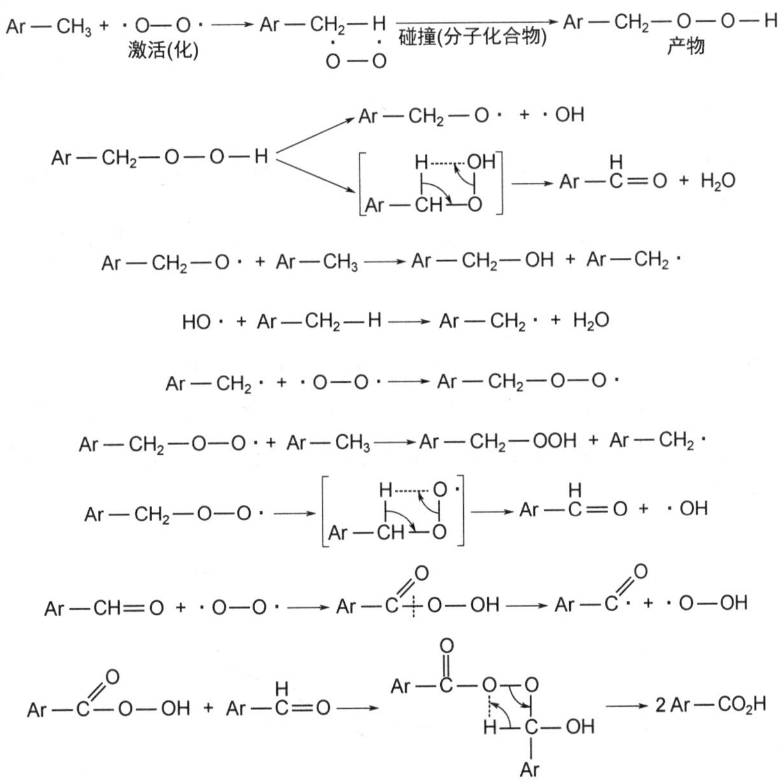

氧化的实施：芳烃侧链和氮杂环侧链催化氧化为羧酸，常使用的催化剂是羧酸的锰盐、钴盐或直接使用 $KMnO_4$、二氧化锰；气相氧化的催化剂是五氧化二钒。但甲苯的气相钒催化氧化为苯甲酸效果并不是很好；液相，用环烷酸钴或苯甲酸钴为催化剂，反应温度 140℃、压力 0.2MPa，用空气氧化为苯甲酸的产率为 80%。

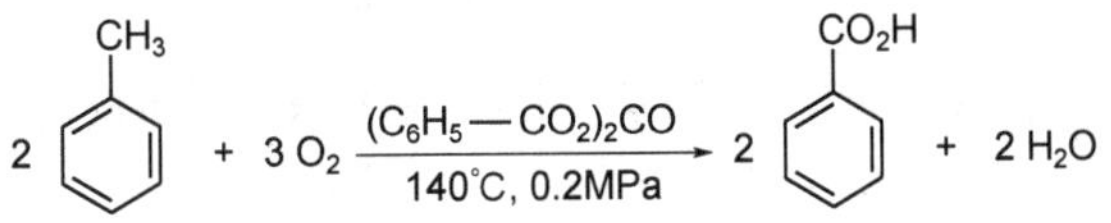

$$2 \underset{CN}{\overset{CH_3}{\bigcirc}} + 3 O_2 \xrightarrow[110\sim120℃]{O_2/Ph\!-\!Cl} 2 \underset{CN}{\overset{CO_2H}{\bigcirc}} + 2 H_2O$$

【异丙苯的氧化——过氧化氢异丙苯】

异丙苯的 α-C—H 非常活泼,在少量(1% Na_2CO_3 维持碱性)碱存在下,温度 110~125℃ 通入空气或氧气,得到过氧化氢异丙苯。为了减少进一步的副反应产物——α-甲基苯乙烯、α,α-二甲基苄醇以及苯乙酮、甲醇,需要控制氧化深度为 25%~30%,收率按异丙苯的消耗计算为 80%~83%。

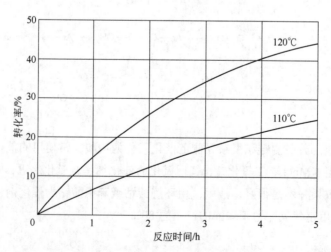

在温度 120~130℃ 条件下用氧气将异丙苯氧化,提高反应温度可以加速过氧化异丙苯的生成,同时也加速了产物的分解;降低反应温度,氧化速率又太慢。所以选择 120~125℃,氧化深度 25% 为宜。氧化初期的转化率近 100%;当含量达到 20% 以上,分解的副反应变得严重,见图 5-2。

图 5-2 异丙苯在 110℃ 和 120℃ 氧化的反应深度、时间和转化率的关系

在生产制备时氧化至含量 25%，减压浓缩至 80%，在硫酸（5%）的丙酮溶液中重排分解，可以有以下两种形式：

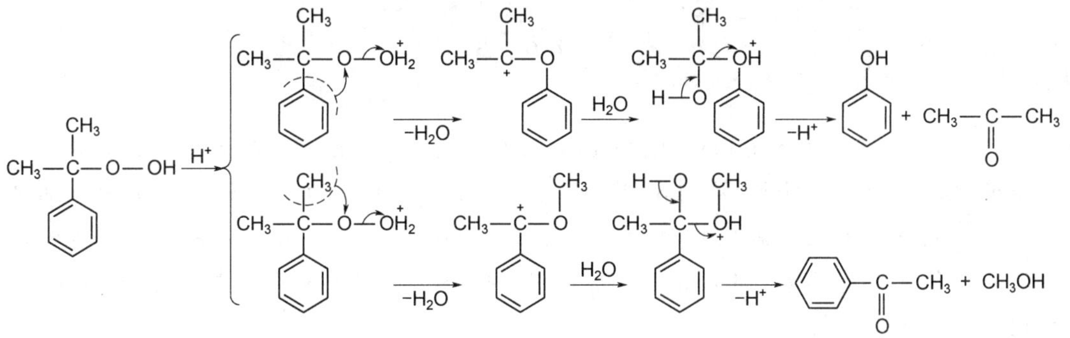

电效应对分解为苯酚和丙酮有利；另一种分解方式为苯乙酮和甲醇作为副反应产物，这种分解的比率占 2%。硫酸浓度对这种向缺电子氧的 1,2-迁移分解的反应速率有较大影响，1% H_2SO_4 中要 5h，10% H_2SO_4 中要 1h，在 93% 硫酸中小于 1s 即发生爆炸性分解，放热引起着火。铁对于分解有催化作用。

过氧化氢异丙苯 M 152.20，fp 80℃（闭环 56℃），bp 101℃/8mmHg，d^{20}1.0619，n_D^{20} 1.5242[工业品: 纯度(滴定法)79%~80%，异丙苯 20%~21%，d^{20}1.037~1.038，n_D^{20} 1.5210]。

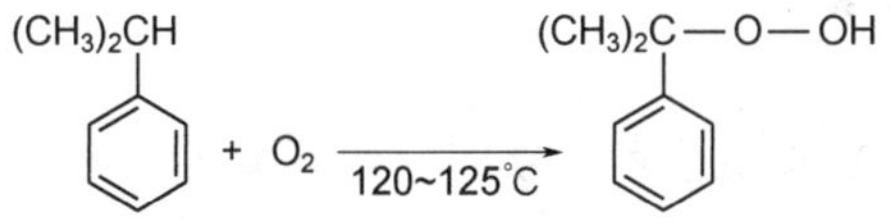

10L 三口烧瓶中加入 5L（4.32kg，36mol）异丙苯，油浴加热控制反应温度 120~125℃，加入 50g 无水碳酸钠细粉，从插底的通气管通入氧气，测定过氧化氢异丙苯的含量达到 25%~30%[1]时停止通氧气和加热。

提取分离：10L 搪瓷桶中加入 3.2kg 25%（20mol）[2]NaOH 溶液，用冰水浴冷却，控制 15~20℃搅拌下慢慢加入以上制得的氧化产物，继续冷却和搅拌，很快析出钠盐结晶，冰冷 3~4h 使结晶完全[3]，滤出结晶，以 1L 20% NaOH 浸洗，再用 500mL 20% NaOH 冲洗[4]，风干后得钠盐 1.7kg。

将 1.7kg 钠盐溶于 1.7L 水中，用稀硫酸中和至 pH 6，分取油层，水洗两次，以无水硫酸钠干燥两次[5]，得 1.4kg。纯度（滴定法）>98℃，d^{20} 1.059。

---

[1] 含量测定方法：取 0.2mL 反应物（测定成品要准确称量）加入至 100mL 磨口锥形瓶中，加入 15mL 36%乙酸及 5mL 40% KI 溶液摇匀，于冷暗处放置 20min，以 0.05mol/L $Na_2S_2O_3$ 标准溶液滴定至终点。1.00mL $Na_2S_2O_3$ 标准溶液相当于 7.61mg 过氧化氢异丙苯。

[2] 为使产品以钠盐析出结晶，故使用过量（1 倍）的 NaOH 溶液。

[3] 过氧化氢异丙苯钠盐极易溶于水，在雨季能吸湿溶化；也曾使用较少的 NaOH 溶液，在 35℃将分层的异丙苯分离。

[4] 应减少洗涤碱的用量。

[5] 使用过的硫酸钠在铸铁锅中炒干，又去干燥产品，在 3h 后发生了自燃，陶罐中的 35kg 产品被烧毁，未爆炸。铁催化它的分解。

1,2,3,4-四氢萘-1-过氧化氢　M 164.20，mp 54~54.5℃。

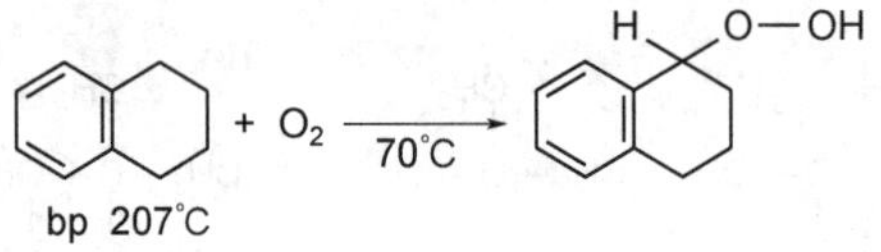

1L 三口烧瓶中加入 600g（4.54mol）优质四氢萘（分馏后用冷乙酸水洗，再用冷浓硫酸洗，再分馏以除尽萘，bp 217.7℃），用恒温浴控制约 70℃通过有分散头的插底管通入氧气，直至过氧化物含量达到 25%~30%，约 24~48h 可以完成。含量测定方法同过氧化氢异丙苯：1.00mL 标准溶液（0.05mol/L $Na_2S_2O_3$）相当于 8.21mg 过氧化物。

反应物高效分馏（高真空度）以除去未反应的四氢萘至溶液剩余约 70%/0.2~0.4mmHg❶，约回收到 380g 四氢萘（bp 32~45℃/0.2~0.4mmHg），剩余物 225~235g，含量（滴定法）80%，为棕黄色微黏稠的流体。为了安全，蒸馏前加入少量 Na_2CO_3 粉末，并使用防护罩。

精制：以上产物溶于甲苯（2mL/g）中，于干冰/乙醇中冷至-50℃，1h 后滤出细小结晶，室温下真空（1~2mmHg）干燥，得 120~125g，mp 50~52℃，纯度 94%（滴定法）（产率 41%~42%）。再用 4mL/g 甲苯溶解，冷至-30℃滤出，干燥后得 80~85g，纯度（滴定法）99%，mp 54~54.5℃❷。

氮杂环的气相催化氧化温度低于苯和萘的，如下实例：

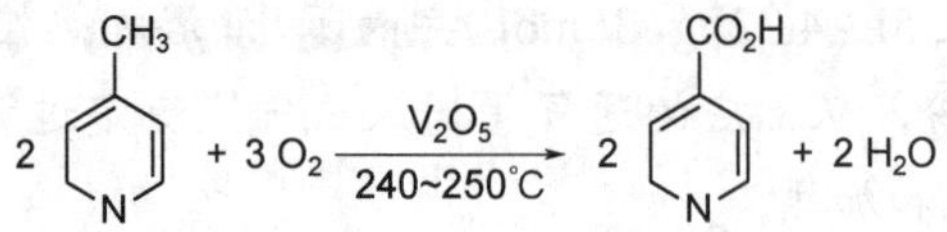

如图 5-3 所示，4-甲基吡啶和 8 份水溶解好，进气化室中，空气通过预热器加热至约 250℃，气化的物料按 1:20 与空气相混合，维持 240℃进入装有钒催化剂的转化器中，由于氧化放热，出口温度可达 270℃，经过氧化的物料（异烟酸、水和未氧化的 4-甲基吡啶）经过冷凝器和旋风分离器收集异烟酸，尾气经过吸收塔回收未反应的 4-甲基吡啶。异烟酸的收率 65%，回收 4-甲基吡啶 20%，损失 15%。

钒催化剂的制取：4.1g NH_4VO_3（偏钒酸铵）溶于 50mL 水中，加入 25g K_2SO_4 和 4.7g 草酸，搅拌下加热溶解，冷至 40℃慢慢加入 7.4mL 浓硫酸并加热至 70℃以分解过剩的草酸，放出 CO_2，溶液呈蓝色透明状。加入 50g 硅胶（直径约 7mm，半球形）在不断搅动下保温 30min。取出，于 80℃干燥，筛去粉末，装入转化器通入 270℃的空气活化 30min 即可使用。

---

❶ 或可用 NaOH 溶液作提取分离。

❷ 产品不稳定，夏季存放几个月就分解为黏稠的流体；在 0℃暗处存放 1 个月外观和纯度没有明显变化。

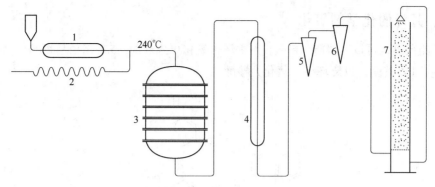

图 5-3 异烟酸生产设备示意图

1—气化室；2—预热器；3—转化器；4—冷凝器；5,6—旋风分离器；7—吸收塔

3. 芳香环的催化氧化

催化氧化（气相）过程包括反应速率不同的、一系列平行进行的、催化和非催化的、单相和多相等诸多复杂的反应。催化剂表面和空间都有氧化发生，在催化剂表面，烃直接氧化得到产物是主要的反应；从催化剂表面离析下来的自由基物质在空间空气中的发展是非催化的均相热氧化过程引发反应，产物中酚、醌类产物可能就是在空间发展反应时产生的。

钒催化下进行苯的多相氧化，在 350℃ 左右生成顺丁烯二酸酐的产率为 65%，产物中有酚和醌存在。萘的催化氧化生产 o-苯二甲酸酐，产物中同时伴有少量 1,4-萘醌，这并不能说明是催化的中间过程，只能是复杂的次要过程，是非催化、缓慢的、均相热氧化过程的产物，因为它们比其它中间体稳定才保留下来。

四、芳烃的化学剂氧化

芳烃侧链氧化可以制得酮、羧酸；芳香环上氧化可生成酚（5,8-二羟基喹啉）、醌（苯醌、9,10-菲醌、1,4-萘酮）以及环破坏氧化为羧酸。

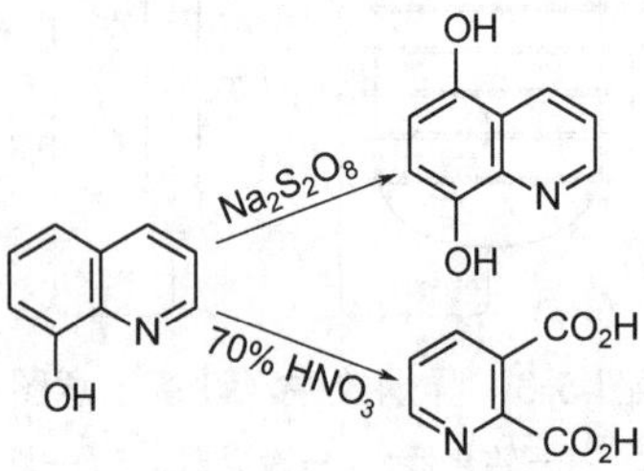

芳烃侧链氧化首先在 α-碳上发生，推电子的影响使 α-C—H 活泼，依芳香环上取代基种类及不同位置侧链，其氧化难易程度有很大差别（叔基一般不被氧化）。苯环上有多个烷基时，反应首先在一个更活泼的位置上发生，烷基很快被氧化为羧酸，由于拉电子影响使其后烷基的氧化相对困难，如果这种影响较小，其它烷基也会发生不同比例的氧化。如：o-二甲苯用稀硝酸氧化为 2-甲基苯甲酸，产物中有约 5% o-苯二甲酸；同样条件，以 p-二甲苯氧化制取 p-甲基苯甲酸，由于拉电子的影响较弱，p-苯二甲酸的比率增加到 12%；又如：使用更稀的硝酸氧化均三甲苯制取 3,5-二甲苯甲酸时，由于羧基位于间位，又有甲基推电子的影响，其中进一步氧化为 5-甲基-1,3-苯二甲酸的比率更大，增至 22%~25%，也有一定量的硝化产物。

反应常用的氧化剂是硝酸，另外，$KMnO_4$、$Na_2Cr_2O_7$ 和 CrO_3 也可供选择使用。

氧化反应是亲电反应，对于侧链和芳香环的氧化，因氧化剂和反应条件不同，存在相互竞争，具体在制备中应根据底物的不同而选择使用。芳香环上的羟基、氨基取代基与苯环共轭，使芳香环具有较大的电负性，更利于酸性条件下 Cr^{6+} 从中得到电子，使芳香环更容易氧化。只有当芳香环上没有活泼基团或强拉电子基团使其钝化时，氧化才在侧链上发生，如对硝基苯甲醛。

$$Cr^{6+} + 3e \longrightarrow Cr^{3+}$$

$$2\,H_2CrO_4 + 3\,H_2SO_4 \longrightarrow Cr_2(SO_4)_3 + 5\,H_2O + 3\,[O]$$

$Na_2Cr_2O_7$ 碱性或中性水溶液是以 CrO_4^{2-} 形式存在，在高温及压力下与敞开位置的 α-C—H 发生反应（对于有位阻芳烃反应很慢，产率也低），氧化（芳香环上没有羟基、氨基的）芳烃侧链。

$KMnO_4$（碱性）广泛用于芳烃侧链 α-碳的氧化，有良好的选择性；对于氮杂环有一定的破坏作用，如果严格控制较低的反应温度，仍然还是一种可靠的方法。芳香环上的活性基团在碱性条件下的 $KMnO_4$ 中氧化可导致苯环的氧化破坏，如：4-乙酰氨基甲苯氧化为 4-乙酰氨基苯甲酸过程中，升高温度会有酰胺水解，导致氧化破坏；又如：间氟甲苯的氧化中，氟是芳香族的 S_NAr 亲核取代最好的离去基团，被 HO^- 取代，导致在 $KMnO_4$ 氧化中的环破坏，3-氟苯甲酸的产率仅为 40%。

芳香环上的—OH、—NH_2 基团是导致环氧化破坏的根本，为了芳烃的侧链氧化，芳香环上必须不含—OH、—NH$_2$活性基团。苯并氮杂环在剧烈条件的氧化中，苯环被氧化破坏，氮杂环得以保留。

1. 硝酸作氧化剂

硝酸作为氧化剂时反应温和，破坏性小，缺点是放出的大量 NO（在空气中氧化为 NO$_2$、N$_2$O$_3$）需要回收以及硝化副产物的处理。羧酸的产率一般为 75%~95%，对于活性底物总生成一些硝化产物，可在酸碱处理分离时在碱性溶液处理过程中用保险粉（Na$_2$S$_2$O$_4$）还原处理。对于特别活泼的底物如甲基萘，使用 10% HNO$_3$ 处理也只是发生硝化反应。所以在使用硝酸作氧化剂的氧化反应中，应该使用浓度尽可能低的硝酸氧化适用的底物。

硝酸在反应中不断消耗，到后期反应速度已经很慢，实际上只消耗计算量的硝酸，中途补加浓硝酸时必须加入到水相中。

在使用硝酸的氧化反应中释放出的气体是无色的 NO，遇空气立即氧化成棕黄色的 NO$_2$，N$_2$O$_3$ 是 NO 和 NO$_2$ 的复合物 O=N—O—N=O，使用稀硝酸的氧化反应如下式：

$$HNO_3 \longrightarrow [O] + HNO_2 \qquad ①$$

$$3\,HNO_2 \longrightarrow HNO_3 + 2\,NO + H_2O \qquad ②$$

总反应式：$3×①+②$　$2\,HNO_3 \longrightarrow 2\,NO + H_2O + 3\,[O]$

在浓硝酸中，生成的 NO 一部分被氧化成 NO$_2$（$NO + 2\,HNO_3 \longrightarrow 3\,NO_2 + H_2O$）。在用浓硝酸的氧化过程中，硝酸浓度不断下降，降到一定程度后，氧化速度已经很慢，这个浓度数值通过试验可以方便地得到，然后按消耗量调节，或在反应过程中补充调节。

氮的氧化物：N$_2$O（笑气）、NO、NO$_2$、N$_2$O$_3$（NO$_2$·NO）、N$_2$O$_4$、N$_2$O$_5$（N$_2$O$_4$·NO）。

N$_2$O：
$$NH_4NO_3 \xrightarrow[>100℃]{水} N_2O + 2\,H_2O$$

NO$_2$ 和 N$_2$O$_4$：具氧化性，溶于水生成硝酸和亚硝酸。在-10℃时 N$_2$O$_4$ 为无色结晶，bp 21.3℃，随温度升高其颜色变得棕红，至140℃时为100% NO$_2$，几乎为黑色。

$$N_2O_4\,(-10℃, 100\%) \longrightarrow 2\,NO_2\,(140℃, 100\%)$$

亚硝酸不稳定，极易分解为 NO、硝酸和水；NO$_2$、N$_2$O$_4$ 与水的反应为：

$$2\,NO_2 + 2\,H_2O \longrightarrow HNO_3 + HNHO_2 \qquad ①$$

$$3\,HNO_2 \longrightarrow HNO_3 + 2\,NO + H_2O \qquad ②$$

总反应式：$3×①+②$　$3\,NO_2 + H_2O \longrightarrow 2\,HNO_3 + NO$

NO 遇空气（氧）立即氧化成 NO$_2$，NO$_2$ 与 NO 生成稳定的 O=N—O—N=O，再溶于水生成亚硝酸，在足够氧的情况下和水连续转化为硝酸。

$$2\,NO + O_2 \longrightarrow 2\,NO_2 + 27\,kcal \qquad ①$$

$$NO_2 + NO \longrightarrow N_2O_3 \qquad ②$$

$$N_2O_3 + H_2O \longrightarrow 2\ HNO_2 \qquad\qquad ③$$

$$3\ HNO_2 \longrightarrow HNO_3 + 2\ NO + H_2O \qquad ④$$

总反应式：$3×①+6×②+6×③+4×④$ $4\ NO + 3\ O_2 + 2\ HNO_2 \longrightarrow HNO_3$

    硝酸的作用是催化氧化，将反应仪器安装交换回收装置，向体系中通入氧或空气，依通入氧的数量和仪器设计可以大幅降低硝酸用量和 NO_2、N_2O_3 的排放回收。

    如果把反应排出的 NO 与不足量的空气中的氧相混合，用碱吸收得到含少量硝酸钠的亚硝酸钠，过量空气导致生成硝酸钠。从冷凝器上口用水泵吸引，导入至 20% NaOH 中至饱和，浓缩得到 70%亚硝酸钠和 30%硝酸钠的混合硝盐。

    硝酸氧化实例：

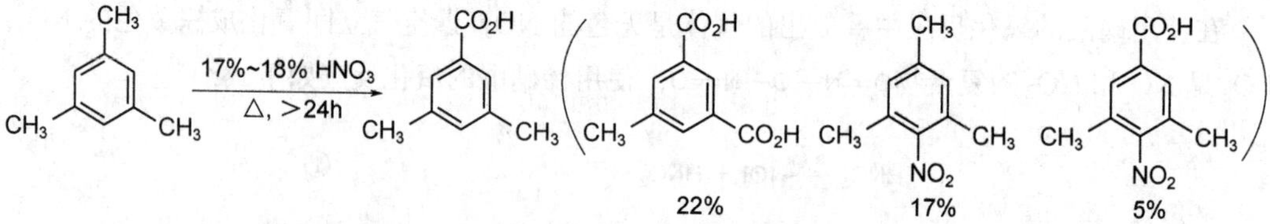

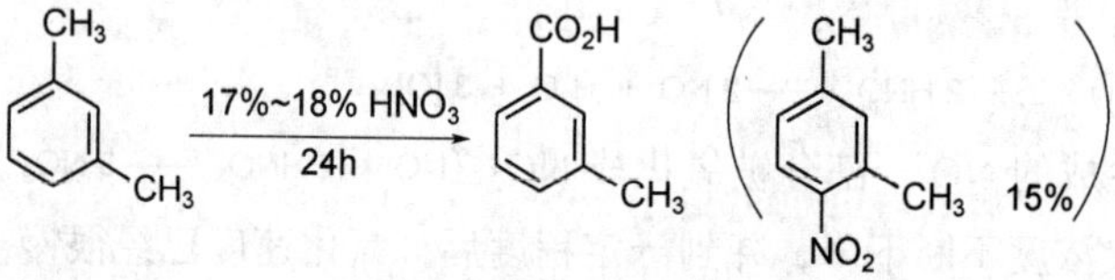

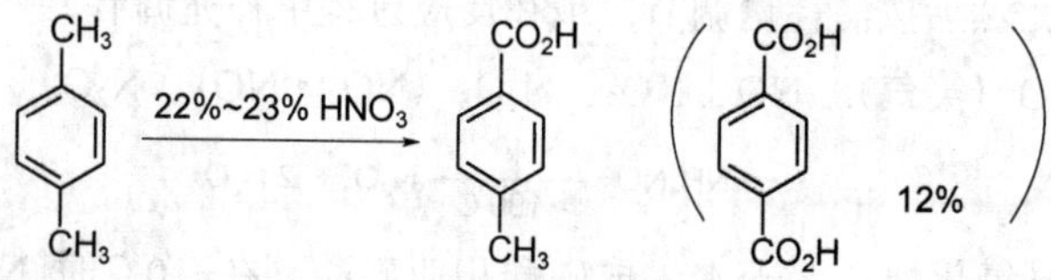

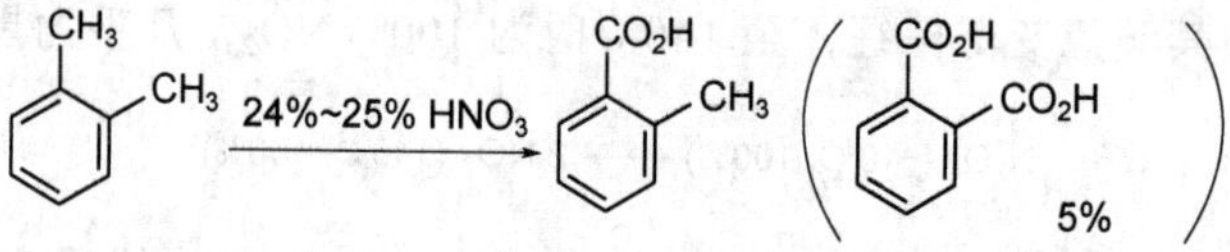

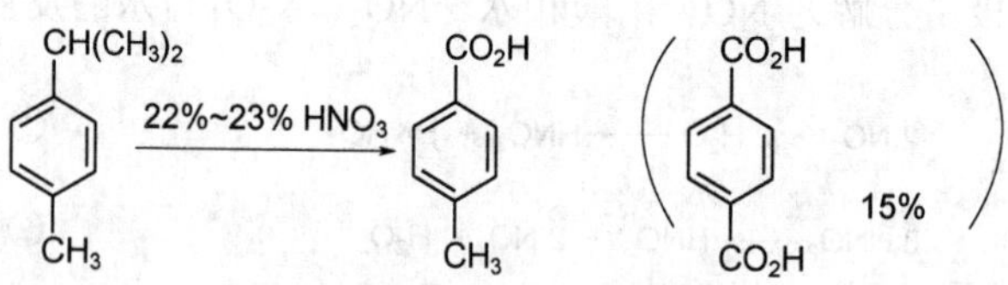

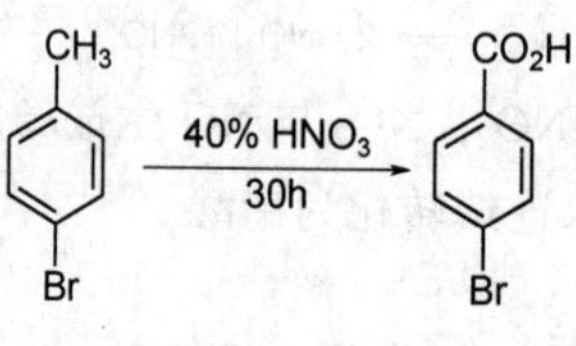

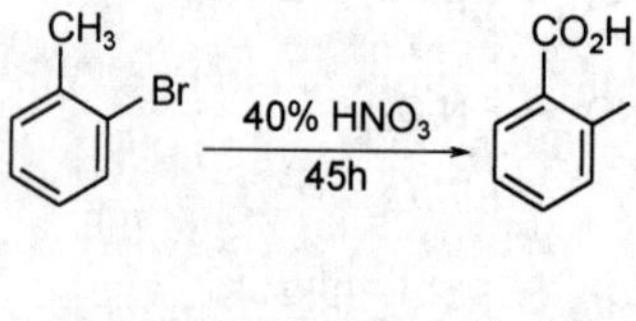

$$\text{[benzyl benzene]} \xrightarrow[\text{18h}]{22\%\sim23\% \text{ HNO}_3} \text{[benzophenone]} \left(\text{[} \bigcirc \text{-CH}_2\text{-} \bigcirc \text{-NO}_2 \text{]} \right) 2\%$$

2-甲基苯甲酸 M 136.16，mp 107～108℃，bp 258～259℃。

$$\text{[o-xylene]} + 2\text{HNO}_3 \xrightarrow[\triangle,\ 24h]{25\% \text{ HNO}_3} \text{[2-methylbenzoic acid]} + 2\text{NO} + 2\text{H}_2\text{O}$$

1.5m³ 不锈钢反应罐中加入 740L 24%（d 1.14）的稀硝酸和 200kg（1.87kmol）邻二甲苯，开始加热回流，8h 后从高位罐加入 420~440L 40% 的 HNO$_3$，再回流 8h。回收未反应的邻二甲苯，约 8h 完毕，回收到 15~20L 用于下次合成。停止加热放置 1.5h 使分层清楚，将下层"废酸"（d^{20} 1.08）放入不锈钢桶中，调节浓度重复使用；上层油状物趁热放到 3 个容积为 750L 装有冷水的不锈钢桶中，立即形成结晶球析出，冷至 50℃ 离心脱水，最后将未结晶的油状物（硝化产物）收集、集中处理。结晶用水冲洗，风干得 200kg[1]。

用氢氧化钠或氨水溶解，加热至 85℃，用保险粉还原，酸化后的粗品用沸水重结晶，mp 104~105.5℃。

4-甲基苯甲酸 M 136.16，mp 182℃，bp 275℃，易升华。

$$\text{[p-xylene]} + 2\text{HNO}_3 \longrightarrow \text{[4-methylbenzoic acid]} + 2\text{NO} + 2\text{H}_2\text{O}$$

1.5m³ 不锈钢反应罐中加入 740L 24%（d 1.14）的稀硝酸，200kg（1.87kmol）对二甲苯，加热回流 8h 后，大约 8h 从高位罐慢慢由插底管加入 420~440L 40% 硝酸，加完后再回流 8h。回收对二甲苯，约 8h 完毕，回收到 15~20L 用于下次合成。停止加热 10min 后向夹套通入冷水，冷却 1.5h 使产物基本凝固，将"废酸"（d^{20} 1.08）放入不锈钢桶中，调节浓度后重复使用，向反应罐中加入水冲洗吸附的废酸，放出留作中和时使用。

向反应罐中加入 400L 水和 650L 5% 氨水，加热至沸后，停止加热，由插底管通入蒸汽煮沸 15min，将溶解的反应物"铵盐"放至 3 个 1m³ 容积的不锈钢桶中，搅拌下趁热酸化[2]，冷至 50℃，离心分离脱水，水洗，风干。

"废酸"冷后析出少量粗品浮在液面，滤出，水洗，并入以上铵盐溶液中，酸化处理及风干，共得 220~240kg（其中杂质：对苯二甲酸 12%，硝基化合物 1%~2%，水 3%~4%）。

---

[1] 此粗品直接用于制取 2-甲基苯腈，产品中含 0.7%～1.2% 硝基物杂质，难以分馏除去，应该将其还原再酸化后处理的粗品去使用。

[2] 用它制 4-甲基苯腈，应该用硝酸酸化，以免其它无机酸对不锈钢设备的腐蚀；如果酸化至 pH 6，大部分对苯二甲酸未析出。

在此步骤，碱性条件下以保险粉还原，酸化除去产生的胺。

精制：测定其中对苯二甲酸后，以二酸计的氢氧化钠配成 5%溶液，与粗品一起在 60~70℃保温搅拌 1h，稍冷，滤出，水洗，干燥后得 190~200kg（对苯二甲酸含量 2%）。如果必要，可将此处理或未处理的粗品维持 250℃左右升华❶，得 150kg，外观浅黄色。升华过的粗品与乙醇（1mL/g）加热煮沸 10min，冷后分离，乙醇冲洗，干燥后得纯白色产品 130kg，mp 179~180.8℃，纯度（滴定法）98.8%。

3,5-二甲基苯甲酸 M 150.18，mp 170~171℃，易升华。

2.5m³ 不锈钢反应罐中加入 960L 10%~11%（d^{25}1.058~1.061）稀硝酸，从高位罐加入 78L 70%（d^{25}1.392~1.398）浓度的浓硝酸，反应罐中真空吸入 171kg（1.41kmol）均三甲苯和100kg前批次生产的"分离油"❷，加热回流 12h(NO 放出速率降至 150~200mL/s)后，再从高位罐加入 84L 70%的浓硝酸，继续回流 12h。

用 10%~11%稀硝酸冲洗高位罐及管道❸（或用少量水冲洗），再从高位罐加入 150kg（共320kg，2.66kmol）均三甲苯，再次用前批次生产剩余的 10%~11%稀硝酸（或水）冲洗高位罐及管道中残留的均三甲苯使流入反应罐中。

再从高位罐加入 90L 70%的浓硝酸（这是第 3 次补加），又加热回流 12h；从高位罐补加最后一次 96L 70%的浓硝酸，再回流 12h。

调小加热蒸汽量只作保温，从罐下口开始放料，把最先放出的约 500L（主要是熔化的混合产物）流放至 3 个开口的大塑料桶中；其后流出的主要是"废酸"，放至 1.8m³ 容积的不锈钢桶中以便冷却及酸的回收利用，此酸 d^{25}1.058~1.062。

混合物分离：熔化的物料至少放置 36h 以冷至 25~30℃，分 4 次用 φ1000mm 离心机分离出不结晶的"分离油"，每次离心都要 1h 以上，甩出的"分离油"单独处理（分离硝化产物）；离心机慢速运转（60~80r/min），用 18~20L 甲苯在离心物料作上下冲洗，然后离心机正常运转至少 40min，洗至白色或近于白色，风干❹得白色氧化混合物（酸）210~220kg，mp 150~170℃（约 70%~80%熔化）。

"混合酸"的分离：1m³ 反应罐中加入 500L 水，搅拌下加入 57kg（1.43mol）氢氧化钠❺，加热至 80℃，慢慢加入 215kg"混合酸"（折干），加热至 90℃，保温搅拌 1h 完全溶解，趁热，搅拌下慢慢于 2h 左右加入稀硫酸（100L 水中搅拌下加入 43kg（0.43kmol）

---

❶ 如果需要升华处理，应该在升华前去除硝基化合物以保证安全。应该使用空气催化氧化的方法来制备。

❷ 加入"分离油"是为了反应后的出料方便（应加入 150kg 才好，下料口容易捅通）。

❸ 使用 10%~11%的稀硝酸是上次合成剩余的，冲洗下来的物料流入反应罐中。浓硝酸与均三甲苯的硝化相当猛烈和危险，冲洗以减少接触。

❹ 不必风干，可折干计算重量；在碱溶液中加热回收吸附的甲苯后再酸化。

❺ 此碱量是根据"混合酸"的单酸和二酸比率计算的。

浓硫酸，混匀），加完后保温搅拌 1h。冷至 40~45℃离心分离，水洗（洗液与滤液合并保留以回收 5-甲基-*m*-苯二甲酸）**❶**，于 100℃烘干，得粗粒度的浅土黄色 3,5-二甲基苯甲酸 150kg，mp 152~160℃，纯度（滴定法）104%（按 3,5-二甲基苯甲酸计；其中含 5-甲基-*m*-苯二甲酸 6%），可直接用以制备酯和酰氯。

另法：

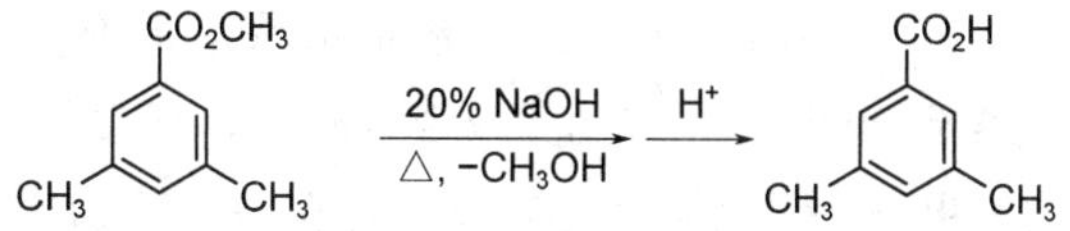

1m³反应罐中加入 75kg 20%（62.5L，375mol）氢氧化钠溶液，保持真空状态的反应罐中引入 245kg（1.49kmol，fp＞26℃）的 3,5-二甲基苯甲酸甲酯，搅拌下加热至回流，水解迅速发生，搅拌下保持回流约 3h，再加入 300kg 20%的氢氧化钠（共 1.87kmol）溶液，加完后再回流 2h，加入 300L 水保持 80℃左右脱色，过滤到另一个 1m³反应罐中，加热保持 80℃约 3h，慢慢加入浓度约 50%硫酸 [100L 水中慢慢加入 100kg（1kmol）浓硫酸，冰冷后脱色过滤]，中和至 pH 3。

析出的结晶稠厚，搅拌 30min 后从反应罐下口取样检测应为强酸性，冷至 60℃左右离心分离，水洗，蒸馏水洗，再甲苯冲洗至白色（很容易），再用蒸馏水洗脱甲苯，干燥后得 205~207kg（产率 91%，按酯计），mp 168~170℃，纯度＞99%。

芳香环上拉电子基团的影响使芳侧链的氧化变得困难，如：3-氟甲苯，氟原子具有较强的束缚电子的能力强，它的拉电子效应使 3-位甲基不能被 25% HNO₃氧化，更浓的硝酸使其在共轭影响的邻、对位硝化；使用 KMnO₄氧化，反应进行的也很缓慢，更多发生的是环破坏。

芳烃烷基邻位卤原子的拉电子影响比对位的大得多（电效应诱导的传递远不及脂肪族），如：2-溴甲苯使用 40%硝酸氧化，反应中随时补加硝酸（*d* 1.5）以维持固定浓度，回流反应 45h，约 60%被氧化；而 4-溴甲苯回流 30h，转化率大于 80%。

4-溴苯甲酸 *M* 210.03，mp 254.5℃，溶于乙酸（12mL/g）。

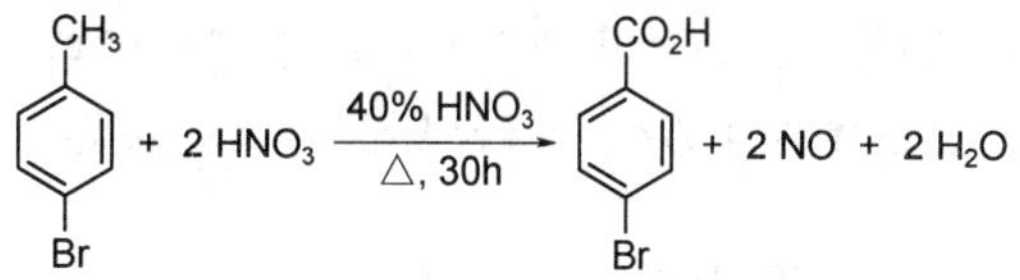

2L 三口烧瓶中加入 750mL 水和 510g（*d* 1.5）硝酸配成 40%溶液，加入 430g（2.5mol）4-溴甲苯，加热回流 10h 后加入 1/2 配制的 70% HNO₃[170mL 水中加入 392g（*d* 1.5，

---

❶ 分离粗品的母液和洗液加热至 90℃，以 30% H₂SO₄酸化（用 31kg 浓硫酸配制），冷至 50℃离心分离，水洗、烘干，得较细粒度的 5-甲基-*m*-苯二甲酸 47~48kg，纯度（滴定法）94%，mp 288~296℃。其中含量：二酸 92%，单酸 5%~7%，灰分 3%。

共 14.2mol）硝酸，混匀］，又回流 10h（开始有结晶析出）；加入另一半 70% HNO₃，再回流 10h，产物大部分结晶；反应时间共 30h。

冷后滤取白色结晶（未反应的 4-溴甲苯及硝化产物被结晶完全吸附），加入 1.8L 水中，氨水中和，加热至 80℃充分搅拌，分出含硝基物的 4-溴甲苯 81g。将铵盐溶液加热至 90℃，用保险粉还原至溶液颜色褪至浅灰或浅黄（由黄→橘红→浅黄或浅灰），约消耗保险粉 70~80g❶；加热至沸，慢慢以 30%盐酸中和至 pH 3❷，立即析出白色结晶，放冷至 60℃滤出结晶，水洗；将粗品加入 1.8L 水中用氨水中和，加热至沸，脱色过滤；浅黄或浅灰的清亮溶液加热至 90℃，以 20%盐酸慢慢酸化，保温搅拌 30min，放冷至 60℃滤出结晶，水洗；再于 1.8L 热水中❸搅拌使悬散开，调节 pH 为酸性，充分搅拌，滤出结晶，热水冲洗，干燥后得近于白色的产品 315g（产率 60%，按投入 4-溴甲苯计），mp 253~255℃，纯度（滴定法）>99%。

同样方法：由 2-溴甲苯氧化制备 2-溴苯甲酸的氧化速率慢了许多，同样的原料配比，每阶段补加 70% HNO₃ 后的回流时间从 10h 延长为 15h，氨水提取用水量也降为 1.2L，转化率为 60%。

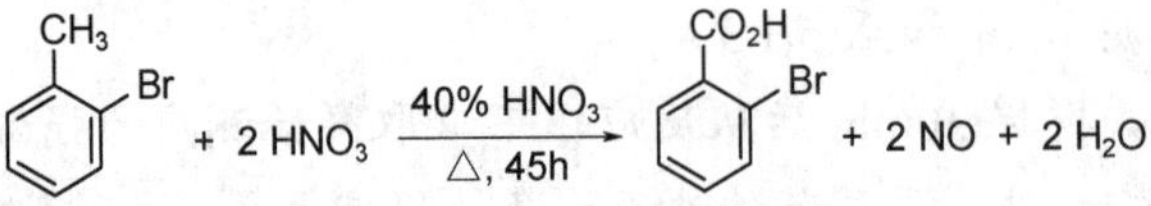

另法：从 o-氨基苯甲酸重氮化、溴取代的方法更方便制取 2-溴苯甲酸（见 608 页）。

同法（见 610 页）：

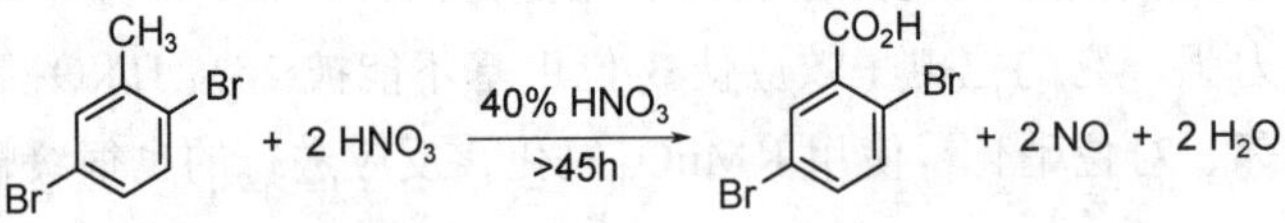

mp 157℃

氯甲基在酸性条件下很稳定，如：4-氯甲基苯腈在 50% H₂SO₄ 或 20%盐酸中长时间回流（115℃，10h），氰基水解而氯甲基保留。又如：4-甲基苄氯用 30% HNO₃ 在沸点温度氧化，得到 86.6%产率的 4-氯甲基苯甲酸，若用 50% HNO₃ 氧化，产率 96.5%。

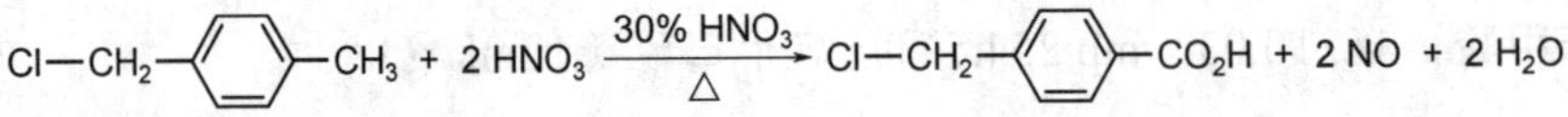

氮杂环在酸中生成稳定的盐，可以使用浓度更高的硝酸氧化侧链。如果苯并氮杂环的苯环含—OH 或—NH₂基团，剧烈条件可以使苯环破坏而氮杂环保留。

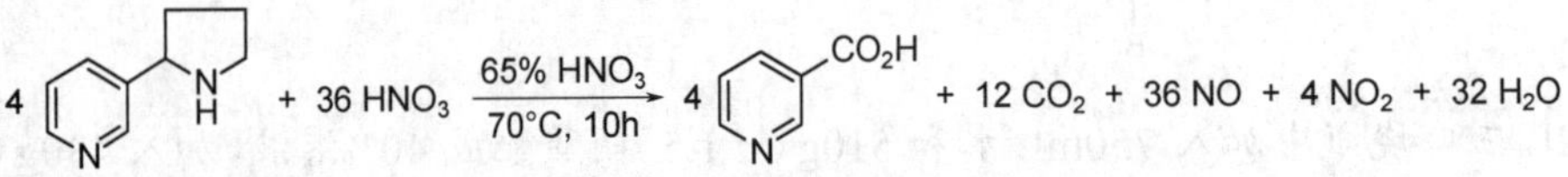

---

❶ 根据保险粉的用量计算，溶液中大约含有 0.12~0.15mol（36~37g）硝基取代酸，还原过程必须保持 pH>8，否则 NaHSO₃ 的酸性会使产物结晶析出。

$$—NO_2 + 3Na_2S_2O_4 + 4H_2O \longrightarrow —NH_2 + 6NaHSO_3$$

❷ 最后过剩的保险粉被酸分解，有硫黄析出，故又用碱溶解滤除硫黄。

❸ 因测熔点不清亮，含量也未达标，表示有无机盐，故又处理。

吡啶-2,3-二甲酸　*M* 167.12，mp 191℃。

$$3 \quad \text{（结构式：8-羟基喹啉）} + 16\ HNO_3 \xrightarrow{65\%\ HNO_3} 3 \quad \text{（结构式：吡啶-2,3-二甲酸）} + 16\ NO + 6\ CO_2 + 11\ H_2O$$

10L 三口烧瓶中加入 580g（4mol）8-羟基喹啉和 50mL 水，于 8h 左右分次加入 1.1kg 70%（*d* 1.5）的硝酸（必要时用流水冷却），反应缓和后慢慢升温至不再有猛烈的 NO 放出；冷后再加入 1.8kg 70%的 HNO_3，水浴加热至不再猛烈放出 NO；第 3 次加入 3.8kg 70%的 HNO_3，水浴加热 8h。水浴加热蒸出多余硝酸（水泵减压）至有结晶析出，冷后滤出结晶，以 30% HNO_3 浸洗 3 次，水洗。用 40%乙醇重结晶，再用沸水（10mL/g）重结晶，母液蒸发又得部分产品，得几乎无色的产品总量为 190~200g（产率 28%~30%），mp 185~190℃。

另法：2,3-二甲基吡啶用 $KMnO_4$ 氧化，产率 64%。

2. $KMnO_4$ 作氧化剂

$KMnO_4$ 在碱性、中性体系中作氧化剂时，生成不溶于水的 MnO_2 沉淀；在酸介质中氧化时（>25% H_2SO_4），锰原子氧化态从 Mn^{7+} 降到 Mn^{2+}，能多放出两个氧原子。这并不能说明在酸性介质中 $KMnO_4$ 的氧化能力更强，实际上，在碱性条件的氧化能力更强，反应速率也更快。

$$2\ KMnO_4 + H_2O \longrightarrow 2\ MnO_2\downarrow + 2\ KOH + 3\ [O]$$
$$2\ KMnO_4 + 3\ H_2SO_4 \longrightarrow 2\ MnSO_4 + K_2SO_4 + 5\ [O]$$

在酸性条件下的氧化，只在强酸（>25% H_2SO_4）中锰才可以降至+2 价生成 $MnSO_4$，况且对后处理带来诸多不便；$KMnO_4$ 与 H_2SO_4 生成的过锰酸产物存在安全问题（在分析纯级硫酸的生产中，蒸馏前向工业硫酸中加入少量 $KMnO_4$ 用以将 As^{3+} 氧化为 As^{5+}，可能未及时搅拌溶解的原因，加热过程中发生过多次不太严重的爆炸）。

碱性条件下 $KMnO_4$ 的氧化能力很强，可以较低温度下在芳烃侧链的 α-碳上发生氧化，反应进行的情况可以从反应物在滤纸上的渗圈颜色判定。$KMnO_4$ 的用量按下式计算调节。

$$2\ KMnO_4 + H_2O \longrightarrow 2\ MnO_2\downarrow + 2\ KOH + 3\ [O]$$
$$Ar—CH_3 + 3\ [O] \longrightarrow Ar—CO_2H + H_2O$$

氧化产物（羧酸钾盐）很容易和不溶于水的 MnO_2 分开，用无机酸酸化，沉淀析出难溶于水的羧酸，此法操作简单，能得到较好的产率；缺点是产生大量的 MnO_2 固体和其对产品盐吸附造成的损失。在某些条件下会导致芳环破坏而产率降低，实际上是和侧链氧化相竞争的结果，为此，要使用尽可能合适的反应温度以提高反应选择性，芳环破坏会消耗 $KMnO_4$，为此，不得不加大投料量。许多情况不能靠反应液在滤纸上的渗圈颜色变化判定反应终点，因为氧化一直在进行，只是开始时以侧链氧化为主，最后更多发生的是环破坏，经验是以反应液紫色褪去速率和 $KMnO_4$ 用量来考量反应终点，最好用色谱分析检查底物的减少和产物增加的情况来判定反应终点，也可以滤取反应液，酸化处理后检测实物的质量。

取代基的电性对于 $KMnO_4$ 的氧化速率影响不大，但要用实验的方法，选定合适的反应温度、介质条件、溶剂水和 $KMnO_4$ 的用量，一般反应温度为 50~80℃，对于特别的氧化可以添加硫酸铝钾或弱酸控制反应体系为弱碱性或中性以降低氧化的活性。

如下：N-乙酰化保护的 4-乙酰氨基甲苯用 $KMnO_4$ 氧化，如氧化温度高出酰胺在碱作用下的水解温度，更容易发生环破坏的氧化；又如：3-氟甲苯（酸）在碱作用下，氟被羟基取代，更容易发生环破坏的氧化分解；再如：苯均三甲酸的生产中，最后未完全氧化的甲基很难处理，所以也为使甲基氧化充分而选择有较多的环破坏，从而使用了大大过量的 $KMnO_4$。

4-氨基苯甲酸　M 137.14，mp 188~189℃，微溶于水（0.5%）。

a. 氧化——4-乙酰氨基苯甲酸　mp 253℃（分解）

$$+ \; 2 \, KMnO_4 \quad \xrightarrow[55℃]{\text{水}} \quad \xrightarrow{\text{H}^+}$$

300L 近于平底的反应罐（桶）中加入 100L 水，搅拌下加入 4.5kg（30mol）4-甲基-乙酰苯胺粉末，控制 55℃ 左右，约 7h 慢慢加入 12.6kg[❶]（80mol）$KMnO_4$ 配成的热饱和溶液，如果搅拌充分可直接加入 $KMnO_4$ 细小结晶（平底罐很容易使 $KMnO_4$ 分散溶解），加完后再保温搅拌 3h。分离 MnO_2，并以热水浸洗两次，洗液与滤液合并，酸化至 pH 3，结晶析出，滤出、水洗，干燥后得 4.05kg（产率 75%；如在 80℃ 氧化，产率 45%）。

b. 水解及中和——4-氨基苯甲酸

$$\xrightarrow[\triangle, \, 6h]{\text{HCl/H}_2\text{O}} \quad \xrightarrow{\text{NH}_3/\text{H}_2\text{O pH 3.8}}$$

20L 烧瓶中加入（a）中所得 4.05kg 4-乙酰氨基苯甲酸和 15L 30% 工业盐酸，加热回流 6h（取样能完全溶于水），放置过夜。次日滤出盐酸盐结晶，母液蒸发至 1/2 体积。仍可回收部分结晶，共得 3.3kg。将盐酸盐溶于 17L 水中脱色过滤，趁热以氨水中和至 pH 3.5~4.0，次日滤出结晶，mp 183~185℃。

精制：以上粗品溶于 36L 热水中，脱色过滤，次日滤出长针状（线状）结晶，干燥后得 2.1kg（产率 50%，按 4-乙酰氨基苯甲酸计），mp 187.4~188.2℃，外观淡黄棕色[❷]。

另法：4-硝基苯甲酸用 Na_2S 还原所得粗品用酸、碱处理后（mp 178~180℃），将它乙酰化析出结晶，再如上用盐酸水解，分离出盐酸盐结晶中和，再用水重结晶（mp 186.8~187.4℃）。如果只将粗品制成盐酸盐或钠盐结晶处理熔点达不到要求（或是由 o-氨基苯甲酸异构物造成，故乙酸处理步骤很重要）。

氟几乎是芳香族亲核取代最好的离去基团，甲基氧化后氟更容易被碱（OH^-）取代，其后与高锰酸钾反应，造成大量芳香环破坏。应该在酸性条件下氧化。

---

❶ $KMnO_4$ 用量应减少至 70mol。

❷ 产品外观颜色可能是水、脱色炭中的铁造成的。

3-氟苯甲酸　　M 140.12，mp 123～124℃。

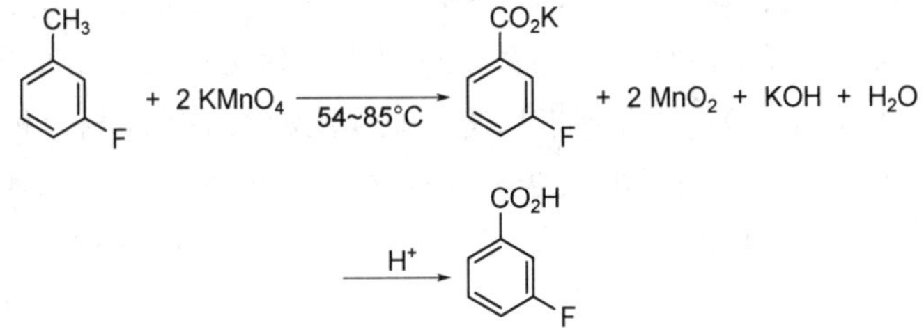

2L 三口烧瓶中加入 600mL 水和 111g（1mol）3-氟甲苯，搅拌下加热保持微沸（84～85℃），以半小时约 8g 的速率，大约 20h 加入 320g（2mol）KMnO$_4$（氧化速率很慢，曾于 100L 反应罐生产），加完后再保温搅拌 1h。稍冷，改作蒸馏装置，加热蒸出未氧化的 3-氟甲苯，得 27g。反应物稍冷滤除 MnO$_2$，并用水浸洗两次，洗液与滤液合并，以浓盐酸酸化，起初有大量 CO$_2$ 放出（有环破坏），冷后滤出细小结晶，水洗、干燥后得 38g（母液浓缩可回收 4g，按消耗计算产率 40%）。

另法：3-氨基苯甲酸重氮化，通过氟硼酸重氮盐分解制取。

1,3,5-苯三甲酸　　M 210.14，mp 380℃，手感如淀粉。

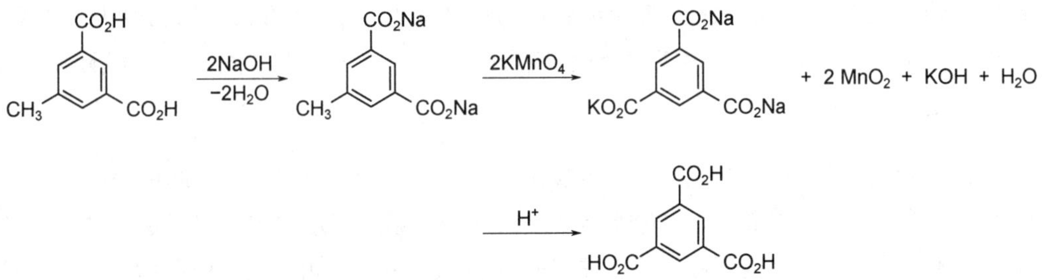

1m^3 反应罐中加入 640L 水和 62.4kg（1.54kmol）氢氧化钠，搅拌溶解，再加入 140kg（0.78kmol）5-甲基-m-苯二甲酸粗品（3,5-二甲基苯甲酸合成中分离出来的粗品，mp 280～298℃），加热维持 70℃±2℃❶，大约 10h 按如下方法慢慢加入 410kg 2.95kmol KMnO$_4$❷，反应放热，每次加入都要检查到温度升降的细微变化。

第 1～2h，6min 加料 1 次，每次 6kg，共加入 120kg；

第 3～6h，6min 加料 1 次，每次 5kg，共加入 200kg；

第 7～9h，10min 加料 1 次，每次 5kg，共加入 90kg。

全部加完后升温至 80℃ 搅拌 1h，此间质量控制方法如下：

取过滤清亮的反应液 30mL，加热至 80℃，滴加 15mL 浓盐酸，开始放出大量 CO$_2$，而后析出大量结晶，再约 80℃ 保温 10min，冷后滤出，水洗 3 次，甲醇洗，105℃ 烘干，

----

❶ 氧化温度很重要，温度高于 75℃ 会有更多的环破坏，较低的温度反应很慢。

❷ 如果氧化不完全，5-甲基-m-苯二甲酸和均间三甲酸很难分离为了 5-甲基-m-苯二甲酸全部氧化，故 KMnO$_4$ 过量较大，可能会导致部分芳环破坏。

检测纯度（滴定法）应大于 98%。如果纯度达不到要求，则按以上最后的反应条件补加 30~50kg KMnO$_4$。只要按要求控制反应温度和加入速率，一般能达到纯度要求，无须补加。

将反应物离心分离除去 MnO$_2$，并用热水洗脱吸附的反应液，洗液与滤液合并于另一个 1m^3 反应罐中，加热至 80℃，搅拌下从高位瓶慢慢加入如下配制的稀硫酸[1]（0.5m^3 反应罐中加入 250L 水，搅拌下慢慢加入 250kg 浓硫酸，搅匀）。酸化后再搅拌 30min，冷至 40℃离心分离，充分水洗至洗液 pH 4，干燥后得 110kg（产率 67%），纯度（滴定法）98.5%，mp 362~366℃。

附：5-甲基-m-苯二甲酸

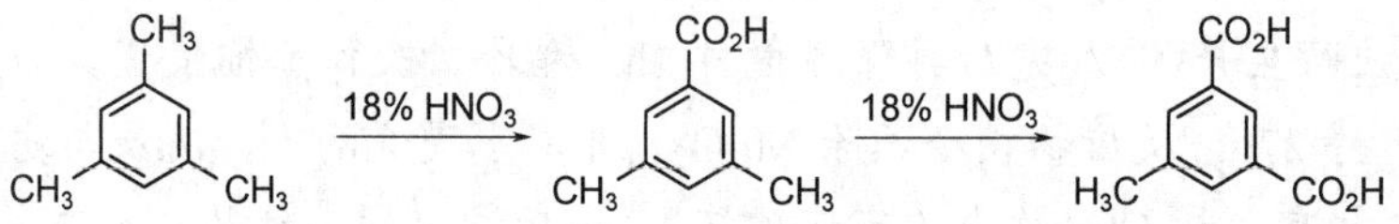

2L 三口烧瓶中加入 900mL 18%（d^{20}1.11）HNO$_3$ 和 360g（3mol）均三甲苯，搅拌下加热回流 12h；约半小时将 80mL 工业硝酸（d 1.5）加入水相，又加热回流 12h；又于水相约半小时加入 90mL 工业硝酸，搅拌下加热回流 12h；再从液面下加入 100mL 工业硝酸，加热回流 12h；第 4 次从液面下约半小时慢慢加入 150mL 工业硝酸，加热回流 12h，此时反应物中已形成结晶小球，开动搅拌以防形成泡沫。此时均三甲苯已经大部分氧化成了二酸及部分单酸，如果要制取二酸应该在此步骤分离及处理硝化产物，碱性条件下，用保险粉还原。

氮杂环侧链用 KMnO$_4$ 在碱性条件下氧化，容易导致杂环被破坏，为此要采用更缓和的反应条件。其次，吡啶羧酸有一定的水溶解度，应该注意其在水中的溶解问题。再者，可能存在氮杂环氮原子的氧化副反应生成 N-氧化吡啶羧酸，最初的粗品应先处理后再精制，如以下实例：在吡啶-2-甲酸粗品作甲苯提取中，用含较多水的粗品与甲苯共沸脱水同时溶解产品，脱水完成后，如继续加热（电热套），只是一直升温，至 108℃发生氧化物的分解（局部温度可能更高），突发较大放热、剧烈沸腾以后溶液变为棕黄色——可能是干燥固形物加热分解造成的。在以后的实验中，控制了溶料温度，析出结晶后母液回收甲苯（bp 111℃），未再见此类分解。

吡啶-2-甲酸（吡哆啉酸）　M 123.11，mp 138℃（139~142℃）；易溶于水，溶于乙醇和热甲苯。

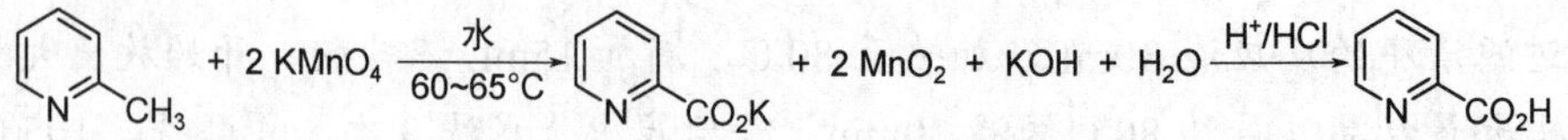

2L 三口烧瓶中加入 1L 水、140g（1.5mol）2-甲基吡啶，搅拌下加热至 65℃，维持

---

[1] 为了得到较大结晶以便于分离，温度保持约 80℃慢慢酸化。

60~65℃（其后用 50℃水浴调节反应温度）于 5h 左右慢慢加入 616g（3.9mol）KMnO₄（每次加入约 15g），加完后保温搅拌 3h，最后如有淡红紫色未褪尽可加入 1g 聚甲醛或 3mL 甲醛水溶液还原除掉。趁热滤除 MnO₂，600mL 热水分两次浸洗，洗液与滤液合并，加热浓缩至 400mL（蒸出含 2-甲基吡啶的水用于下次合成），浓盐酸酸化至 pH 4，蒸发，滤出结晶，再蒸发（至干）**❶**得 300g。

2L 三口烧瓶中加入上面全部产物和 100mL 水，再加入 1.2L 甲苯，搅拌下加热回流脱水（结晶物熔化），水蒸出的同时沸腾液温也从开始的 95℃逐渐上升至 100℃，此时水已脱完，氯化钾结晶也已全部析出，停止加热**❷**。趁热将甲苯溶液过滤，冷后滤出白色结晶；母液返回做第 2 次提取（控制温度小于 100℃），两次所得产品烘干得 88 ~ 95g，纯度（滴定法）99%，mp 136~138℃；母液第 3 次提取（＜100℃），放冷后只析出很少结晶，水浴加热，用水泵减压回收甲苯至 200mL**❷**，冷后滤取结晶，干燥后得 10g，mp 134~136℃，再用甲苯重结晶后才能合格，与以上合并，共得产品 96g（产率 52%）。

常压回收甲苯，溶液温度高于 111℃没有出现物质分解的现象，析出结晶的质量仍然很好，mp 134~136℃，可能是该氧化物的酸性更强，仍以钾盐的形式存在（与 KCl 沉在底部造成过热分解）而没有被提取；提取时，如果是油浴加热可不会造成分解。

吡啶-2,6-二甲酸 M 167.12，mp 252℃（无水）；溶于碱和强无机酸，水中得到含 1.5 个结晶水的结晶。

2L 三口烧瓶中加入 1L 水、107g（1mol）2,6-二甲基吡啶，控制 60~65℃搅拌下大约 5h 慢慢加入 789g（5mol）KMnO₄，加完后保温搅拌 3h，反应物从粉红色褪至无色。趁热滤除 MnO₂ 并用 600mL 热水分两次浸洗，洗液与滤液合并，浓缩至 0.8L，降温至约 40℃用 36%浓盐酸酸化至 pH 1.4（由于反应中有环破坏，大量 CO_2 放出，加入 100mL 盐酸以后，CO_2 放出才趋于缓和），共加入 218mL（2.56mol）浓盐酸。次日滤出结晶，于 105℃干燥后得 164g，含量（滴定法）55%**❸**。

精制：2L 烧杯中加入 1.6L 蒸馏水，加入以上全部粗品 164g，加热溶解后再加入 56mL**❸**36%浓盐酸，加热至沸，脱色过滤，放置过夜。次日滤出结晶，于 105℃干燥后得 104g（产率 62%），mp 252~254℃，纯度（滴定法）99.5%。液相色谱分析峰形也似有 *N*-氧化物，用 KMnO₄ 制得的吡啶甲酸也多如此。

---

❶ 当蒸发至近干时估算剩余水量，按下面 100mL 水量补足后作甲苯提取。

❷ 脱水至液温 100℃或稍低是很重要的，此时脱水已基本完毕。如果继续加热，体系一直升温，当液温升至 108℃就会大量放热，如暴沸的猛烈回流并发生扑溢，反应物从无色变为棕黄色，可能由于局部过热造成 *N*-氧化吡啶-2-甲酸分解（分解温度 162℃）。

N-氧化吡啶-2-甲酸

❸ 酸化至 pH 1.4 析出的结晶最多，主要是吡啶二酸和酸式钾盐的混合物，如果继续加酸，结晶物会减少，故此滤出。按经验作如下处理，按表 5-3 对照计算酸用量，另外增加 8%。

表 5-3 含单钾盐的二酸粗品的精制计算

无水物含量（滴定法）/% （以二酸计）	单钾盐与二酸的摩尔比	处理粗品数量/g （该量含 1mol 单钾盐）
47.9	1：0.166	232
49.0	1：0.2	238
50.77	1：0.25	246
53.3	1：0.33	260
57.9	1：0.5	288
67.3	1：1	372
77.4	1：2	539
82.8	1：3	706
86.1	1：4	873
88.3	1：5	1040
89.9	1：6	1208
91.2	1：7	1734
93.5	1：10	1875
96.5	1：20	3545
97.2	1：25	4380

注：以 100g（85mL）36%盐酸处理以下数量含钾盐粗品中和 1mol 单钾盐，少量其它无机盐未计入。

吡啶-2,4-二甲酸 M 167.12，mp 248~250℃（无水）；溶于强无机酸，水中得到含 1 个结晶水的结晶。

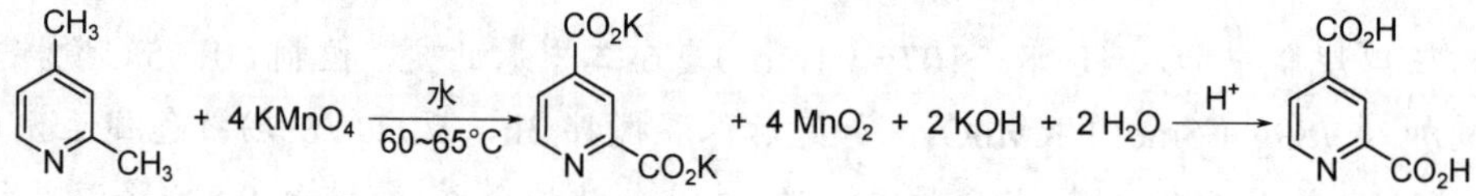

2L 三口烧瓶中加入 1L 水、107g（1mol）2,4-二甲基吡啶，控制 60~65℃，搅拌下约 5h 慢慢加入 789g（5mol）KMnO₄，加完后再保温搅拌 3h，反应物由粉红色褪至无色。趁热滤除 MnO₂ 并用 600mL 热水分两次浸洗，洗液与滤液合并，浓缩至 0.8L，降温至约 40℃用 36%浓盐酸酸化至 pH 1.4（由于反应中有环破坏，大量 CO₂ 放出，加入 110~120mL[1]以后气体放出才缓和），共加入 200~210mL 盐酸。次日滤出结晶，干燥后得 134g[2]，粉碎后用 270mL 乙酸（2mL/g）加热提取，再用 200mL 乙酸提取 1 次，提取液合并，蒸除 1/2 体积，冷后滤出结晶，得 114g，含量（滴定法）64%（乙酸处理并不能分离钾盐）。

精制：2L 烧杯中加入 1.5L 水和 40mL[3]36%浓盐酸，加热至沸，加入前面含量（滴

---

[1] 和其它两个异构体的氧化相比较，取代基电性和空间阻碍对于环破坏和产率的影响相对应，推电子基和敞开位置使氧化破坏容易发生。

[2] 应该在此步干燥和滴定含量后即做精制处理。

[3] 此试验时未归纳出计算表 5-3。事后计算此酸用量多了 25%，造成精制时的溶解损失。

定法）64%的粗品，加热溶解脱色过滤，放冷过夜。次日滤出结晶，用少量冷水浸洗，于 105℃烘干，得 63.5g（产率 38%）。mp 240~242℃，纯度（滴定法）99%。

吡啶-2,3-二甲酸　M 167.12，mp 228~229℃。

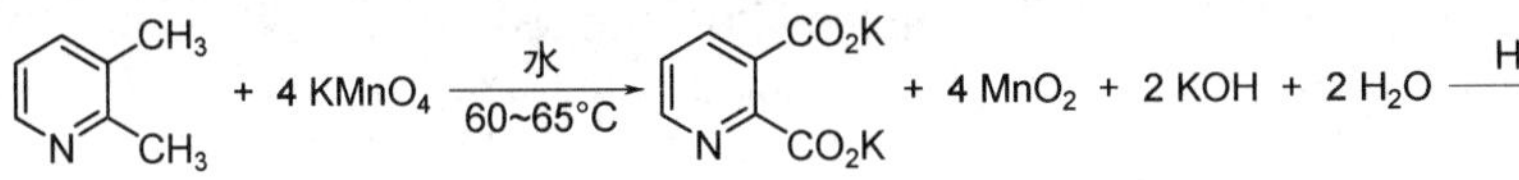

2L 三口烧瓶中加入 1L 水和 161g（1.5mol）2,3-二甲基吡啶，控制 60~65℃搅拌下于 5h 左右慢慢加入 1.2kg（7.5mol）KMnO$_4$❶，加完后再保温搅拌 3h，反应物由粉红色褪至无色。趁热滤除 MnO$_2$ 并以 600mL 热水分两次浸洗，洗液与滤液合并，浓缩至 1L，降温至约 40℃用 36%盐酸酸化至 pH 1.4（中和之初放出大量 CO$_2$，当加入 150~160mL 以后放出气体量就较少了），共加入盐酸 300~320mL，放置过夜。次日滤出结晶，冷水浸洗，干燥后得 168g，纯度（滴定法）95%。

精制：2L 烧杯中加入 1.5L 水和 5.5mL 36%盐酸（计算量），加热至近沸，加入以上干燥过的粗品 168g，加热溶解，脱色过滤，放置过夜。次日滤出结晶，以少许冷水浸洗一次，干燥后得 114g（产率 45.5%）❷，纯度（滴定法）99.3%，mp 188~191℃。

3. 重铬酸钠（和 CrO$_3$）作氧化剂

CrO$_3$、Na$_2$Cr$_2$O$_7$ 作氧化剂在硫酸、乙酸条件下进行，主要氧化芳香环；Na$_2$Cr$_2$O$_7$ 在中性或碱性条件下主要用于侧链氧化；乙酸、铬酸的混合酸酐 CrO$_2$(OAc)$_2$ 主要用于芳甲基氧化为芳醛，一经氧化立即被酰化生成芳甲基-1,1-二醇二乙酸酯而保护起来。

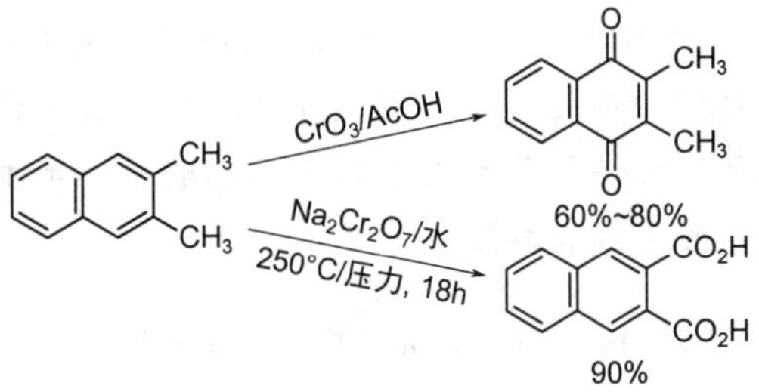

（1）重铬酸钠在中性、碱性水溶液中的氧化

重铬酸钠在中性、碱性水溶液中高温（压力）下将芳烃侧链氧化为羧酸，反应温和，选择性好，经过醇、醛（酮）得到高产率的羧酸。随着反应进行，反应物成碱性，碱浓度逐渐增加，产物为羧酸的钠盐，Cr^{6+}被还原为 Cr^{3+}并以 Cr$_2$O$_3$ 粉末（灰绿色）从反应物中析出得以分离，析出率约 95%，反应式如下：

$$Na_2Cr_2O_7 + H_2O \longrightarrow 3\,[O] + 2\,NaOH + Cr_2O_3\downarrow$$

$$Ar—CH_3 + [O] \longrightarrow Ar—CO_2H + H_2O$$

总反应式：$Ar—CH_3 + Na_2Cr_2O_7 \xrightarrow{\text{水}} Ar—CO_2Na + NaOH + Cr_2O_3 + H_2O$

芳香环上取代基性质对反应有影响，如：2,6-二甲基吡啶的氮杂环使用 NaCr$_2$O$_7$ 水溶液

---

❶ 随反应进行，碱的浓度不断增加，减去环破坏消耗的碱，KOH 浓度超过了 1mol/L，导致后面 MnO$_2$ 以胶体物析出。

❷ 产率低的原因是水中溶解度大造成损失。

在高温下氧化的选择性差，存在更多的环破坏，产量和质量均不及用 KMnO$_4$ 的氧化（同样有环破坏的 KMnO$_4$ 在 60~65℃的氧化产率为 62%）。

$$\text{CH}_3\text{-pyridine-CH}_3 + 2Na_2Cr_2O_7 \xrightarrow[245℃/压力, 18h]{\text{水}} NaO_2C\text{-pyridine-}CO_2Na + 2NaOH + 2Cr_2O_3 + 2H_2O$$

40%

环上—OH、—NH$_2$取代基有利于芳香环氧化造成环破坏。

反应的空间位阻使体积较大的 CrO$_4^{2-}$ 难以靠近 α-碳，对于有位阻的甲基，反应速率较小，产率也低，增加了环破坏，如联苯-2-甲酸。对于 C$_2$ 及以上的烷基链，往往进攻端位甲基，氧化结果是生成端位羧酸并进一步氧化。如：

$$\text{C}_6\text{H}_5\text{-}CH_2CH_2CH_2\text{-}CH_3 \xrightarrow[275℃]{Na_2Cr_2O_7} \text{C}_6\text{H}_5\text{-}CH_2CH_2CH_2\text{-}CO_2H$$

70%

【例】由乙基苯氧化生成苯乙酸。

$$\text{C}_6\text{H}_5\text{-}CH_2CH_3 \xrightarrow[275℃]{Na_2Cr_2O_7} \text{C}_6\text{H}_5\text{-}CH_2CO_2H$$

2.65g（0.025mol）乙基苯、14.9g（0.05mol）Na$_2$Cr$_2$O$_7$·2H$_2$O 和 100mL 水，于 300mL 压力釜中在振荡下快速加热至 275℃，保温 1h。快速冷却，滤去 Cr$_2$O$_3$，用乙醚提取未反应的乙基苯；水溶液酸化后用乙醚提取，蒸除乙醚，得 3.02g（产率 89%）苯乙酸。

按以上方法试验中：使用 1L 有搅拌的压力釜，加入 26.5g（0.25mol）乙苯、149g（0.5mol）Na$_2$Cr$_2$O$_7$·2H$_2$O 和 300mL 水，氧化温度 275℃。按通常条件下的升温、保温及降温，由于反应缓慢，自发的温度突变点出现较晚，并且出现压力异常现象。可能是因为加热时间较长，氧化剂又比计算量多出 1 倍，苯乙酸进一步氧化为酮酸、失羧，再氧化为苯甲酸，或者是苯乙酸失羧后再氧化。

联苯-2-甲酸　M 198.22，mp 114℃，bp 199℃/10mmHg；易溶于乙酸（0.3mL/g）。

$$\text{2-methylbiphenyl} + Na_2Cr_2O_7 \xrightarrow[245~250℃/压力, 48h]{\text{水}} \text{biphenyl-}CO_2Na + Cr_2O_3 + NaOH + H_2O \xrightarrow{HCl} \text{biphenyl-}CO_2H$$

1L 压力釜中加入 168g（＞70%，0.7mol）2-甲基联苯粗品[1]和 450mL 水溶解 300g（1mol）Na$_2$Cr$_2$O$_7$·2H$_2$O 的溶液，封闭压力釜。开动搅拌并加热，于 2h 左右将反应物温度升至 200℃，再慢慢加热约 1h 升温至 245~250℃（找到放热的起始点），维持 245~250℃（3.5MPa）反应 48h（中间开釜，较多的油状物，故而继续）。冷至约 80℃取出反应物，以 200mL 热水洗釜，并与反应物合并，滤除灰绿色的 Cr$_2$O$_3$，用 5% NaOH 浸洗两次，液体合并；分去油层，用 5% NaOH 提取油层，提取液与水溶液合并，滤清后用盐酸酸

----

[1] 所用原料中的联苯杂质与 2-甲基联苯未能用分馏方法分开。

化。几小时后初析出的过冷流体形成结晶，干燥后得 80g，纯度（HPLC）78%❶。

萘-2,3-二甲酸　M 216.19，mp 238~240℃（分解）。

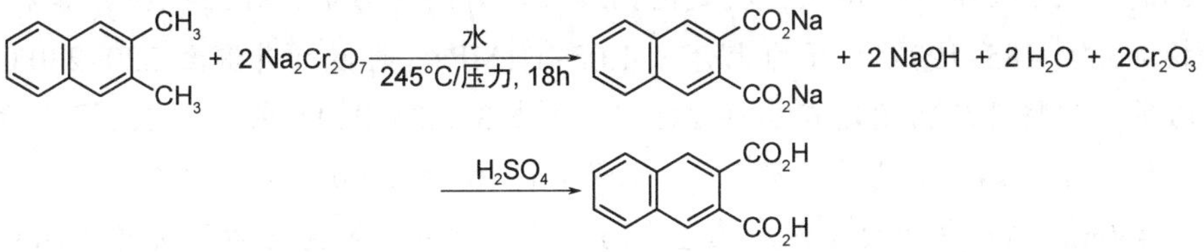

1L 压力釜中加入 47g（0.3mol）2,3-二甲基萘和 450mL 水溶解 224g（0.75mol）结晶重铬酸钠的溶液，封闭压力釜。开动搅拌并加热，约 3h 加热至 245~250℃，反应 18h（此时压力 4MPa）。冷至 90℃放空，取出反应物，并以 300mL 热水清洗压力釜，洗液与反应液合并，加热至 90℃滤除 Cr₂O₃，并以 400mL 热水煮洗 10min，滤出，热水洗，溶液合并滤清。趁热以 50% H₂SO₄ 酸化并保温 10min，稍冷滤出结晶，充分水洗，干燥后得 56~60g（产率 86%~92%），mp 238~240℃。

萘-1,4-二甲酸　M 216.19，mp > 300℃。

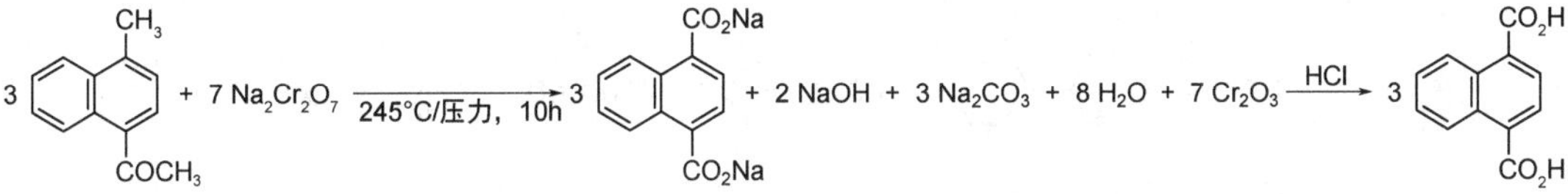

1L 压力釜中加入 55g（>92%，未折百，0.3mol）4-乙酰基-1-甲基萘和 450mL 水溶解 224g（0.75mol）Na₂Cr₂O₇·2H₂O 的溶液，封闭压力釜。于 3~4h 在搅拌下加热至 245~250℃，保温 10h（实际只保温了 3h）。冷至 90℃以下停止搅拌，放空，取出反应物，用 150mL 热水清洗压力釜，与反应液合并，加热至 90℃滤除 Cr₂O₃，并以 400mL 热水煮洗 10min，滤出并以热水冲洗，洗液与滤液合并，滤清。加热至约 90℃用 50% H₂SO₄ 慢慢酸化，保温 10min，稍冷滤出，用热水煮洗，干燥后得 50.5g，纯度（HPLC）87.7%，产率 74.2%（原料及产物折百），mp 298~312℃（反应时间应增至 5h）。

精制：以上粗品于 0.5L 水中以 NaOH 中和至 pH 9，脱色过滤，以 10%盐酸小心调节水溶液 pH 4.6，此时约 10%结晶析出；滤清后再酸化至强酸性，滤出结晶，水洗，干燥后得 42g（产率 71%），mp 305~320℃。

联苯-4-甲酸　M 198.22，mp 225℃（228℃）。

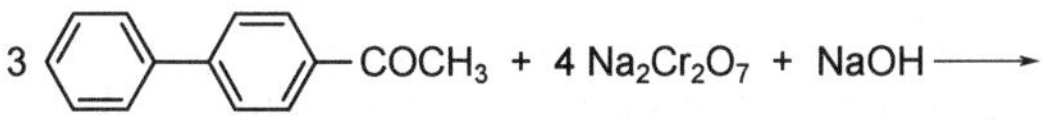

---

❶ 产物的 HPLC 色谱图如  所示；或可以直接分馏，或酯化后分馏，水解再精制。色谱图的主峰位置有一突起，与 2,6-二甲基吡啶用 KMnO₄ 氧化制得的化学分析质量都很好的吡啶-2,6-二甲酸相似，在色谱图中也有该突起 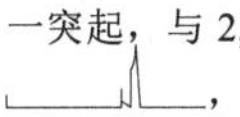 ，或许是仪器的问题，抑或其它的干扰，亦如 α,α,α-三氯甲基苯。

$$3 \ \text{(联苯)}-CO_2Na + 3 Na_2CO_3 + 5 H_2O + 4 Cr_2O_3 \longrightarrow 3 \ \text{(联苯)}-CO_2H$$

1L 压力釜中加入 59g（0.3mol）联苯-4-乙酮、450mL 水溶解了 150g（0.5mol）结晶重铬酸钠的溶液和 20g（0.5mol）氢氧化钠溶液，封闭压力釜。开始搅拌并加热，约 2h 将反应物加热至 185~190℃，压力上升至 1.05~1.1MPa；再慢慢升温至 220~230℃，调低电压，约半小时将反应物稳定在 240~245℃（压力 3~3.2MPa）（在 210~220℃以后升温速度稍显加快表示放热的氧化反应开始），保温 6h。放冷至 90℃停止搅拌，放空，取出反应物，用 450mL 热水分两次清洗压力釜，与反应物合并；加热至 90℃滤除 Cr_2O_3，Cr_2O_3 滤渣中仍有细小片晶，用热煮沸提取（2×400mL）；所有水溶液合并（为 1.8L），热至 90℃ 趁热滤清，以 50% H_2SO_4 酸化；冷至 50℃滤取结晶，用热水充分洗涤（很难洗透），干燥后得 33g（产率 54%，或许有其它难溶盐未被提取而损失），纯度（HPLC）96%~98%，外观黄色。

其它方法：联苯乙酮用 $KMnO_4$ 氧化，产率 70%；用 NaOCl 在甲基酮位置氧化降解，产率 88%。

4,4′-联苯二甲酸 M 242.24，mp 460℃（分解）；溶于沸乙酸（30mL/g），沸 DMF（50mL/g），180℃ DMSO（5.5mL/g）。

$$3 \ ClCH_2-\text{(联苯)}-CH_2Cl + 4NaOH + 4Na_2Cr_2O_7 \xrightarrow{240~245℃, 8h}$$

$$\longrightarrow 3 \ NaO_2C-\text{(联苯)}-CO_2Na + 6 NaCl + 8 H_2O + 4 Cr_2O_3 \xrightarrow{HCl} 3 \ HO_2C-\text{(联苯)}-CO_2H$$

本氧化反应是水解以后发生的，如果反应物中未加入苛性钠将苄氯水解（过程），此温度难以氧化，可见苄氯对于热水是相当稳定的。

1L 压力釜中加入 75.3g（0.3mol）4,4′-联苄氯[1]、450mL 水溶解 140g（0.466mol）$Na_2Cr_2O_7 \cdot 2H_2O$ 溶液和 26g（0.65mol）氢氧化钠溶液，封闭压力釜。开始搅拌并加热，约 2h 后升温至约 200℃（压力 1.2~1.3MPa），再约 1h 慢慢升温至 245℃±5℃（压力 3.2~3.3MPa），保温搅拌 8h，反应平温进行。放冷至 90℃停止搅拌，放空，取出反应物，用 450mL 热水洗出釜内剩余物，与反应物合并；加热至 90℃滤除绿色 Cr_2O_3，再用 450mL 热水洗釜后与 Cr_2O_3 搅匀，调节 pH 10 以洗脱吸附的联苯-4,4′-二甲酸（Cr_2O_3 干燥后为 69.5g，为计算的 98%），所有水溶液合并滤清；加热至约 80℃，以 50% H_2SO_4 趁热酸化至 pH 2（约用 65mL），滤出结晶，热水冲洗，再与热水搅拌成浆状洗涤两次（2×450mL），最后冲洗至洗液为无色，干燥后得近于白色的粉末 63g（产率 86%），纯度（HPLC）98.5%，mp > 430℃。

精制：用 4%二甲胺水溶液（10mL/g）[2]加热溶解粗品，脱色过滤，加热保持约 90℃，

---

[1] 纯度不合格的粗品很难用重结晶的方法精制，为此，必须使用纯度（HPLC）大于 98%的 4,4′-联苄氯用于氧化，如果氧化不充分则继续氧化弥补，本品还可以在碱性条件下用 $KMnO_4$ 氧化制取。

[2] 使用二甲胺的溶解处理过程中约 3%~4%生成了酰胺（不可用氨水），其后在 4%盐酸中加热以使酰胺水解，洗除二甲胺。

慢慢用盐酸酸化至 pH 2，继续加入浓盐酸使盐酸浓度达 4%，加热维持 95~98℃（不可沸腾以免溢出）搅拌 4h；冷至 70℃滤出结晶，用蒸馏水冲洗，再用蒸馏水搅拌成浆状洗两次，再蒸馏水冲洗，干燥后得 60g（产率 82%），纯度（HPLC）99%[●]，外观白色，Na、Fe、Cr、N 含量均小于 1µg/g。

另法（一）：

$$ClCH_2\text{—}\text{—}CH_2Cl \xrightarrow{4NaOCl} Cl_3C\text{—}\text{—}CCl_3 \xrightarrow[2.\ H^+]{1.\ NaOH} HO_2C\text{—}\text{—}CO_2H$$

10L 三口烧瓶中加入 4.2kg 26%（14mol）次氯酸钠溶液（为计算量的 4 倍，太过量），4.2L 水和 120g（3mol）氢氧化钠，再加入 0.1g 二氧化锰，搅拌下加入 168g（0.66mol）4,4'-联苯氯粉末，慢慢加热回流 5h。滤清后酸化，滤出，水洗，干燥后得 142g（产率 88%），mp 大于 300℃。

另法（二）：

$$CH_3CO\text{—}\text{—}COCH_3 \xrightarrow[-2HCCl_3,\ -4NaOH]{6NaOCl} \xrightarrow{H^+} HO_2C\text{—}\text{—}CO_2H$$

300g 12%（0.9mol）氢氧化钠溶液中加入 250g 冰，通入氯气至 pH 8 或中性，加入 1g 氢氧化钠使成碱性，加入 12g（0.05mol）4,4'-联苯乙酮粉末，于 70℃左右搅拌下反应 4h，物料基本消溶（应延长时间使消溶）。滤清后向滤液中加 NaHSO_3 溶液还原过剩的次氯酸钠，至 KI/淀粉试纸不显蓝色。滤清、酸化、滤出、水洗，产率 87%。

（2）CrO_3 及其它化合物对芳香环的氧化

在非催化的芳香环氧化过程中，醌是比较稳定的中间产物，氧化可以停留在醌的阶段，剧烈条件下芳香环破坏氧化为羧酸。常使用的氧化剂是酸性条件下的铬酸，对于稠环，氧化在电负性更强的位置上发生而不是侧链，只有芳香环上的强拉电子基使芳香环钝化才氧化侧链。

醌可被许多还原剂还原为氢醌，它与醌生成不溶于水的棕黑色的复合物"醌氢醌"污染产品，因而精制和处理醌类时不可以使用醇，常使用的溶剂是乙酸、苯和甲苯等。

1,4-萘醌 M 156.16，mp 125℃（128℃）。

$$\text{萘} + 2\ CrO_3 + 6\ CH_3CO_2H \xrightarrow[50℃]{AcOH} \text{1,4-萘醌} + 2\ Cr(AcO)_3 + 4\ H_2O$$

[●] HPLC 检测条件：C_{18} 色谱柱；波长 278nm；流动相：250mL 水中，加入 1g NaH_2PO_4 和 0.2g 甲酸铵，溶解后加入 15mL 乙酸混匀，加入等体积乙腈，混匀；流速 0.5mL/min。

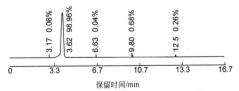

保留时间/min

5L 三口烧瓶中加入 128g（1mol）精制萘和 1L 冰乙酸，搅拌溶解，于 50℃ 左右慢慢滴入用 100mL 水和 30mL 浓硫酸配制的稀酸，再于 50℃ 左右慢慢滴入铬酸溶液［500g（5mol）铬酸酐[1]溶于 350mL 水的溶液，冷后加入 300mL 乙酸和 30g 硫酸，混匀］，加完后于 35℃ 搅拌半小时，中间控制取样按如下方法：

10mL 反应液用水稀释至 25mL，几分钟后滤出结晶，用 20% 乙酸洗，结晶为黄色表示到达终点，立即进行以下操作。

将反应物倾入 5L 水中，充分搅拌，滤出结晶，以 20% 乙酸浸洗，水洗，得黄色结晶，风干后得 110g（产率 70%），mp 123~124℃。

9,10-菲醌　M 208.22，mp 209~211℃，bp 360℃。

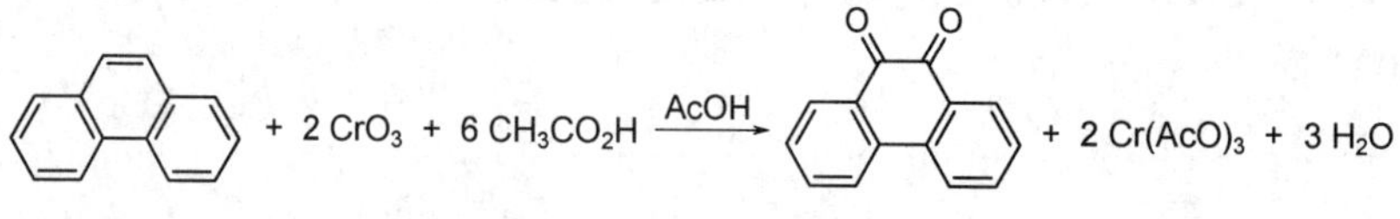

$$+ 2CrO_3 + 6CH_3CO_2H \xrightarrow{AcOH} \quad + 2Cr(AcO)_3 + 3H_2O$$

10L 烧瓶中加入 2.8L 水，慢慢加入 4.0kg（40mol）无水铬酸，控制 60℃ 以下慢慢加入 8L 乙酸，备用[2]。

氧化：40L 搪瓷桶中加入 9L 乙酸和 1.79kg（10mol）菲（mp 97.5~102.5℃），加热溶解，控制约 80℃[3]，搅拌下慢慢加入以上配制好的铬酸溶液，反应放热，加完后再搅拌 10min，放置过夜。次日滤出结晶，用乙酸洗涤两次去除粘着的乙酸铬，水洗至橘黄色，干燥后得 850g（产率 40%），mp 195~204℃。

精制：粗品用乙酸（8mL/g）重结晶（脱色），冷后滤出，乙醇冲洗，干燥后得 570~630g（产率 28%~30%），mp 208~210℃。

2-甲基-1,4-萘醌　M 172.18，mp 105~107℃；易升华，强刺激性气味。

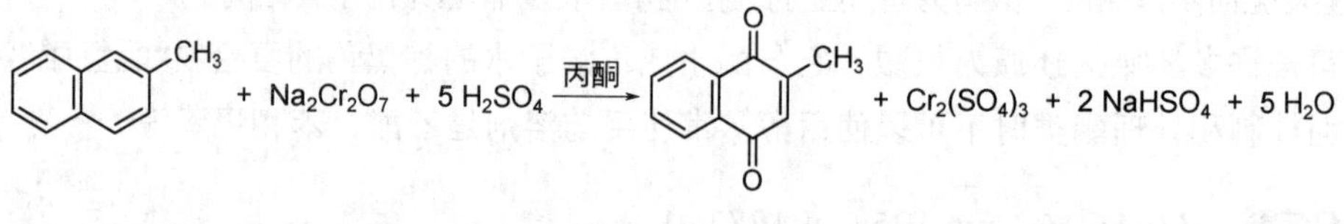

$$+ Na_2Cr_2O_7 + 5H_2SO_4 \xrightarrow{\text{丙酮}} \quad + Cr_2(SO_4)_3 + 2NaHSO_4 + 5H_2O$$

2L 三口烧瓶中加入 83g（0.58mol）2-甲基萘和 400mL 丙酮，搅拌下加入 400g（1.34mol）结晶重铬酸钠溶于 200mL 水的溶液，控制约 50℃ 慢慢加入 600g 80% 硫酸，反应放热，加完后再搅拌 2h，反应物变得稠厚，硫酸铬析出使搅拌困难。静置 1h，分取上层浅黄色的丙酮溶液，用水稀释，析出结晶，滤出，水洗；母液和水洗液合并用苯提取，脱色过滤，冷后滤出结晶，干燥后得 38g（产率 38%），mp 105~106℃。

---

[1] 铬酸酐的用量太过量，在以下 9,10-菲醌的制备中注意到，加入计算量铬酸以后放热较少，所以这里应加入 2.5~2.6mol 以后开始做中间控制。

[2] 不可以用冰乙酸溶解铬酸（难溶），也不可在沸水浴加热，会发生剧烈燃烧。

[3] 产率低的原因是反应温度太高导致过度氧化造成的，应找出合适的反应温度（或 60℃）。在加料量 2/3 以后开始中间控制，从放热注意反应的情况。

另法：双烯加成

又如：

苯酚、苯胺可以被铬酸氧化成对醌，只需加入稍过量的氧化剂。当两个羟基、两个氨基或一个羟基和一个氨基处于对位，用铬酸酸条件下的氧化得到高产率的对醌；处于邻位时，得到较低产率的邻醌；甚至对位是其它取代基，用铬酸氧化时，对位取代基可以被氧化为对醌。苯胺氧化为对醌的其它氧化剂，如：MnO_4（软锰矿粉，含量65%，60目），在24~26℃氧化18% H_2SO_4 中的硫酸苯胺，水蒸气蒸馏，由于气相很少进一步氧化，蒸出的苯醌直接进入铁粉还原，是对苯二酚的工业制法之一。

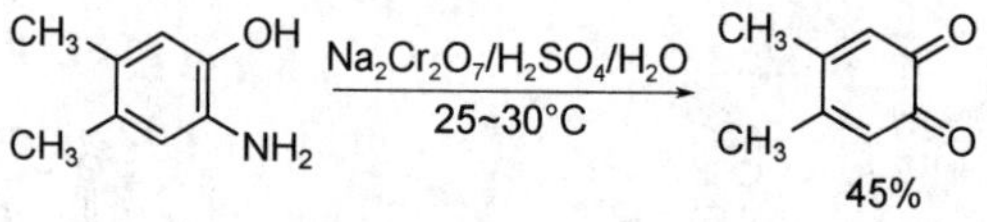

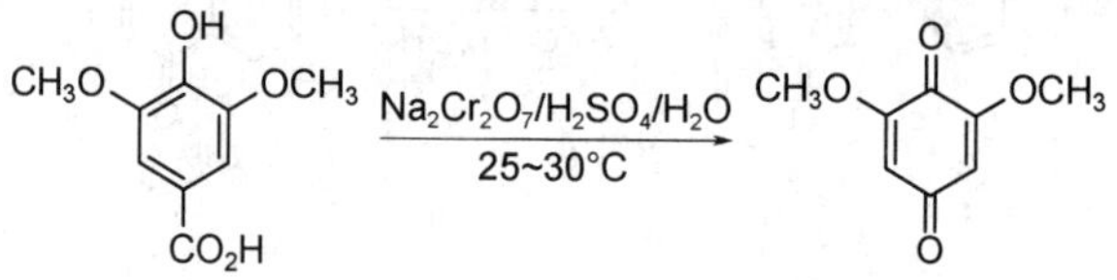

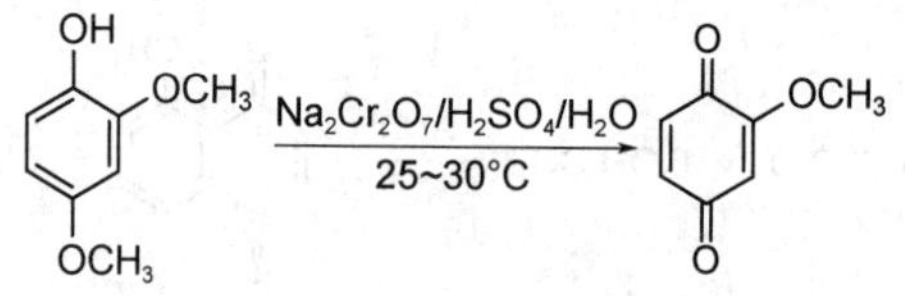

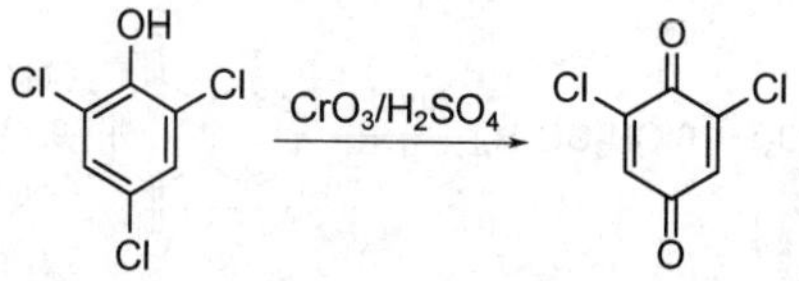

2,6-二溴-3-甲基-1,4-苯醌　　*M* 279.89。

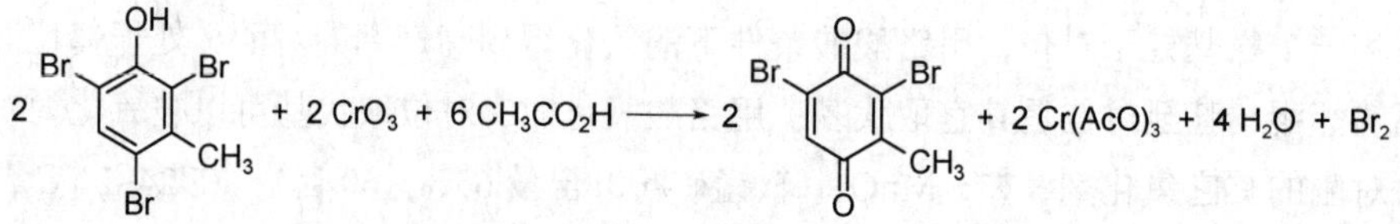

2L 三口烧瓶中加入 35g（0.1mol）2,4,6-三溴-3-甲基苯酚和 1.4L 70%乙酸，加热溶解，控制 70~75℃搅拌下大约 15min 由分液漏斗慢慢加入 11g（0.11mol）铬酸酐溶于 100mL 70%乙酸的溶液，加完后再搅拌几分钟。倾入 5L 水中，充分搅拌，放置 1h，滤出结晶，用稀乙酸重结晶，得 21g（产率 77%），mp 114~115℃。

【KMnO₄ 对芳香环的破坏氧化】

在中性、碱性及较低温度下常用作芳环侧链氧化为羧酸，剧烈条件也导致芳香环的破坏，推电子基使芳香环具有较大的电负性，更容易被氧化破坏。比较不同甲基吡啶在相同条件下氧化为羧酸的产率，可以相对判定环破坏的比率，65℃条件下氧化为羧酸的产率如下：

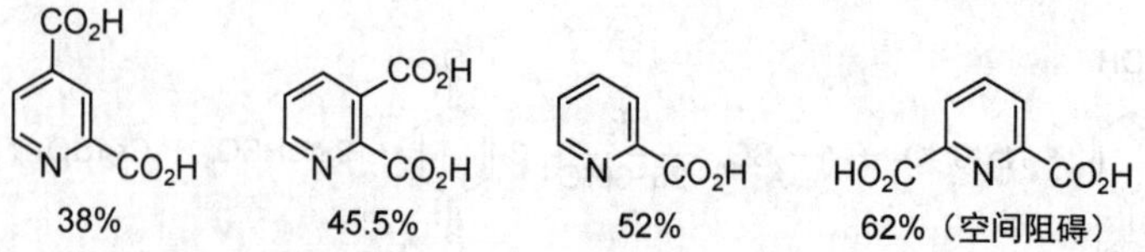

又如：

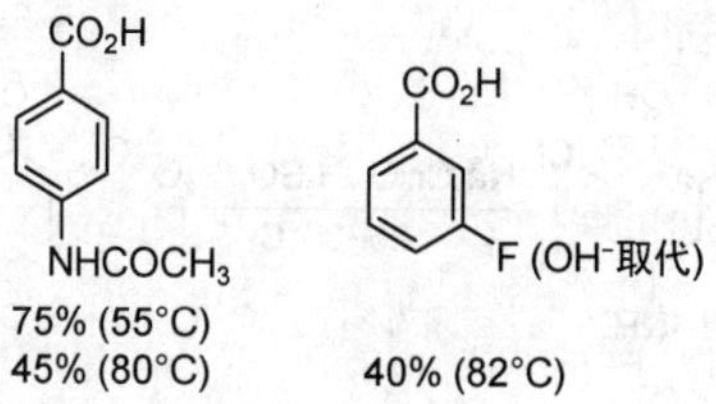

稠环的氧化发生在电负性更强的环上。如下所示（见 870 页）：

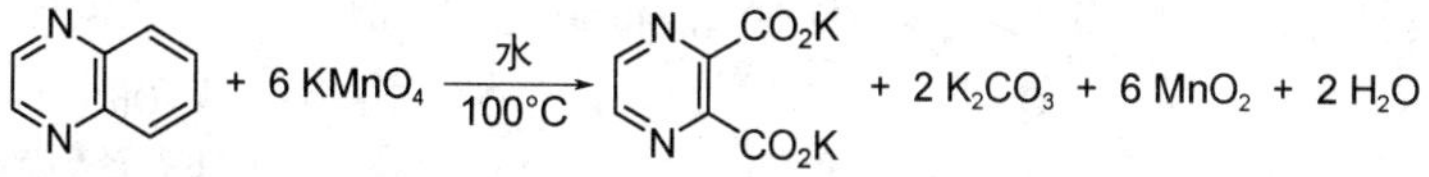

KMnO$_4$ 在丙酮、乙酸中的溶解度很小，为增加其溶解度，适当添加水，更多在水条件下进行。如反应物分为两相可添加表面活性剂在搅拌下进行。下面的萘氧化，为使氧化停止在中间产物阶段，使用稍低于计算量的 KMnO 在碱性水溶液中进行。

2-甲酰苯甲酸　M 150.13，mp 99℃；溶于热水。

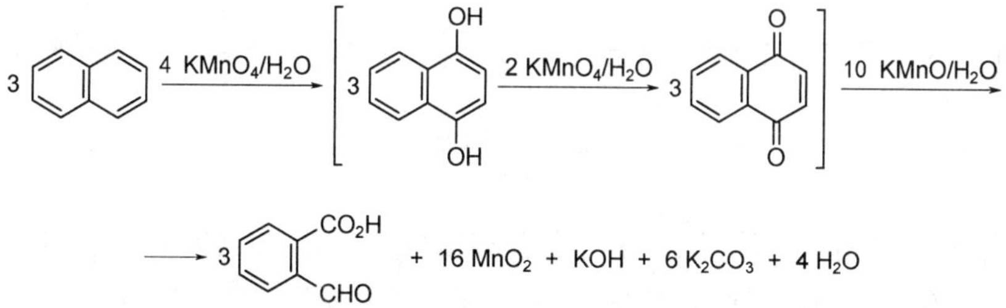

5L 三口烧瓶中加入 1L 2% NaOH 和 64g（0.5mol）精制萘，搅拌下加热至回流❶，激烈搅拌下于 1.5h 左右慢慢加入由 414g（2.68mol）KMnO$_4$ 溶于 3L 沸水的溶液，加完后加热搅拌回流半小时，加入 40mL 乙醇还原过剩的 KMnO$_4$ 直到颜色褪去。冷后滤除二氧化锰和未反应的萘，以冷水浸洗两次，洗液与滤液合并，以盐酸酸化，水浴加热减压蒸发至 1L 左右，放冷，滤除析出的邻苯二甲酸；溶液以 30% NaOH 中和至 pH 7.5（约用 100mL），加入 100g（0.96mol）亚硫酸氢钠，溶解后用水泵减压蒸馏至近干，最后在蒸发皿中于蒸汽浴蒸干，得含大量其它无机盐的相加合物；粉碎后加入 200mL 浓盐酸搅匀蒸干（粉碎蒸干以使夹杂在中间的产物充分水解），再次粉碎后用沸苯提取多次，苯提取液合并，在微沸状态（55℃左右）用水洗去最后的邻苯二甲酸，苯液蒸干得粗品。

精制：以上粗品用 100mL 热水重结晶（脱色），冰冷，滤出结晶，风干后得 30~31g（产率 40%~41%），mp 94~95℃；再用热水（2.7mL/g）重结晶，干燥后得 28~29g，mp 96.0~96.5℃。

另法：

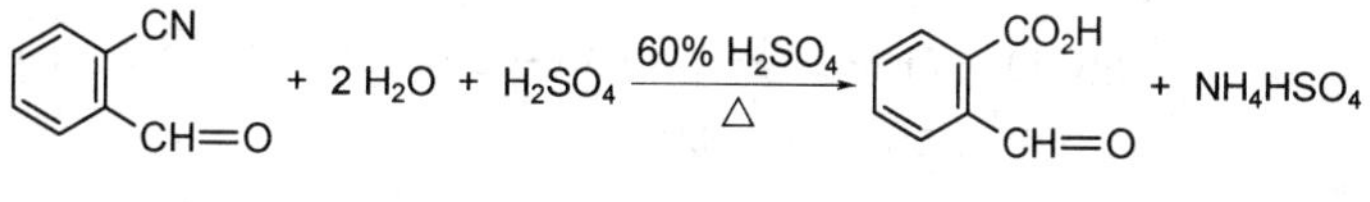

氮杂环在酸性条件下对于氧化是稳定的，在剧烈条件下，和它相并的苯环破坏而氮杂环保留。如：8-羟基喹啉在用硝酸氧化时得到吡啶-2,3-二甲酸（见 215 页），苯并咪唑氧化得到咪唑-4,5-二甲酸（见 859 页）；在温和条件——碱性水溶液中用过硫酸钾氧化得到较低产率的 5,8-二羟基喹啉。

---

❶ 加入热的 KMnO$_4$ 溶液，用反应放热维持回流。随水汽蒸发的萘在冷凝器中凝结，要随时捅下以防堵塞。

5,8-二羟基喹啉
20%~30%

$$3 \text{ (8-羟基喹啉)} + 16 \text{ HNO}_3 \xrightarrow[\triangle]{70\% \text{ HNO}_3} 3 \text{ (吡啶-2,3-二甲酸)} + 16 \text{ NO} + 6 \text{ CO}_2 + 11 \text{ H}_2\text{O}$$

吡啶-2,3-二甲酸
30%, mp 191℃

$$\text{(苯并咪唑)} + 3 \text{ Na}_2\text{Cr}_2\text{O}_7 + 15 \text{ H}_2\text{SO}_4 \longrightarrow \text{(咪唑-4,5-二甲酸)} + 3 \text{ Cr}_2(\text{SO}_4)_3 + 2 \text{ CO}_2 + 6 \text{ NaHSO}_4 + 13 \text{ H}_2\text{O}$$

咪唑-4,5-二甲酸
43%, mp 291℃

大大过量的硝酸对底物的硝化过程中都伴有相当多氧化（放出大量氮氧化物），造成环破坏，如：3,5-二硝基苯甲酸（产率47%）；双-三氟甲基硝基苯（产率37%）。

五、烯烃的氧化——羧酸

最简单的 C=C 双键的定性检测方法是使碱性 $KMnO_4$ 溶液褪色，为非专属的方法。约 30mg 试样溶于 2mL 丙酮中，加入 1~2 滴 1% $KMnO_4$ 水溶液，摇动后紫色褪去或产生褐色浑浊表示反应发生。这个试验说明烯的氧化很容易发生，双键在碱性 $KMnO_4$ 氧化时首先是环氧化，生成氧杂三元环，然后水合生成相邻二醇，是从烯 C=C 制取相邻二醇的重要方法；较高温度和过量 $KMnO_4$ 等剧烈条件下双键发生氧化裂解，得到两个羧酸。

壬二酸（杜鹃花酸） M 188.22，mp 112℃，bp 225.5℃/10mmHg。

$$\text{蓖麻子油} \xrightarrow{\text{KOH}} \xrightarrow{\text{H}^+} \text{CH}_3(\text{CH}_2)_5 - \underset{\underset{\text{OH}}{|}}{\text{CH}} - \text{CH}_2 - \text{CH} = \text{CH} - (\text{CH}_2)_7 - \text{CO}_2\text{H}$$

$$3 \text{ CH}_3(\text{CH}_2)_5 - \underset{\underset{\text{OH}}{|}}{\text{CH}} - \text{CH}_2 - \text{CH} = \text{CH} - (\text{CH}_2)_7 - \text{CO}_2\text{K} + 2 \text{ KMnO}_4 + 4 \text{ H}_2\text{O} \longrightarrow$$

$$3 \text{ CH}_3(\text{CH}_2)_5 - \underset{\underset{\text{OH}}{|}}{\text{CH}} - \text{CH}_2 - \underset{\underset{\text{OH}}{|}}{\text{CH}} - \underset{\underset{\text{OH}}{|}}{\text{CH}} - (\text{CH}_2)_7 - \text{CO}_2\text{K} + 2 \text{ MnO}_2 + 2 \text{ KOH} \qquad ①$$

$$3 \text{ CH}_3(\text{CH}_2)_5 - \underset{\underset{\text{OH}}{|}}{\text{CH}} - \text{CH}_2 - \underset{\underset{\text{OH}}{|}}{\text{CH}} - \underset{\underset{\text{OH}}{|}}{\text{CH}} - (\text{CH}_2)_7 - \text{CO}_2\text{K} + 8 \text{ KMnO}_4 \longrightarrow$$

$$3 \text{ KO}_2\text{C} - (\text{CH}_2)_7 - \text{CO}_2\text{K} + 3 \text{ CH}_3(\text{CH}_2)_5 - \underset{\underset{\text{O}}{\|}}{\text{C}} - \text{CH}_2\text{CO}_2\text{K} + 8 \text{ MnO}_2 + 8 \text{ H}_2\text{O} + 2 \text{ KOH} \qquad ②$$

总反应式（①+②）：$3\ CH_3(CH_2)_5-\underset{\underset{OH}{|}}{CH}-CH_2-CH=CH-(CH_2)_7-CO_2K + 10\ KMnO_4 \longrightarrow$

$3\ KO_2C-(CH_2)_7-CO_2K + 3\ CH_3(CH_2)_5-\underset{\underset{O}{\|}}{C}-CH_2CO_2K + 10\ MnO_2 + 4\ H_2O + 4\ KOH$

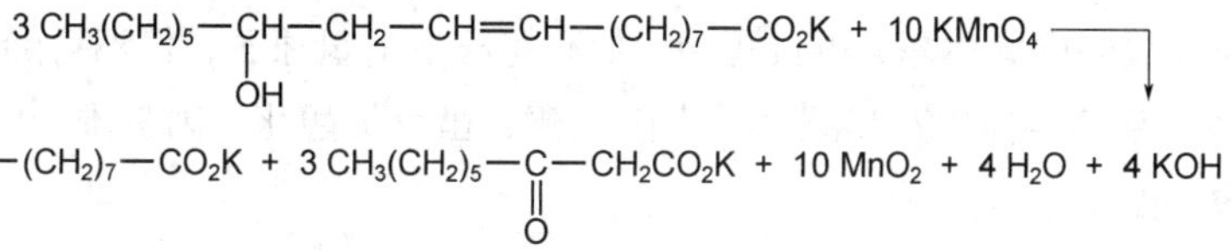

5L 三口烧瓶中加入 1L 乙醇，搅拌下加入 100g（1.75mol）氢氧化钾，溶解后加入 500g（约 0.5mol）蓖麻油（甘油三酯），搅拌下加热回流 3h。将反应物倾入 3L 水中充分搅拌，以稀硫酸酸化，静置，分取油层，以盐水洗两次，以无水硫酸钠干燥后滤出，得 12-羟基-9-十八烯酸 480g（约 1.5mol）。

氧化：以上产物分两次氧化（每次约 0.75mol），按上式计算 $KMnO_4$ 用量为 2mol，因有后续的氧化，实际使用 625g（3.9mol）$KMnO_4$，过量将近一倍。

12L 烧瓶安装强力搅拌和温度计，加入 625g（3.9mol）$KMnO_4$ 溶于 7.5L 热水，自然降温至 35℃，快速搅拌下一次性加入如下溶液：

1.6L 水中溶解 64g 85%（1mol）氢氧化钾，加入 240g（约 0.75mol）制备的 12-羟基-9-十八烯酸，溶解完全。

反应放热，温度很快上升至 75℃并放出大量 CO_2 气体，若此说明 $KMnO_4$ 及碱量不足[❶]——酮酸的氧化速率更快。如果搅拌效果不好产率会更低，继续搅拌半小时（若产生胶态 MnO_3，应当用盐酸适当中和 KOH 至 pH 10），趁热滤除 MnO_2 并用沸水浸洗两次，洗液与滤液合并，蒸发至 4L，滤清、酸化、冷后冰冷，滤出结晶，冷水浸洗，风干后得 70~80g，mp 95~105℃。

精制：粗品用沸水（15mL/g）重结晶，风干得 48~55g（产率 34%），mp 104~106℃。

六、醇的氧化

仲醇氧化为羧酸的中间体在酸、碱作用下可按两个方向烯醇化，平衡倾向于形成更稳定的烯醇。烯醇的碳碳双键（C═C）发生氧化裂解——得到两个羧酸或其它氧化产物，产物复杂。只有甲基酮的异构过程有较好的选择性，但产率仍然较低。

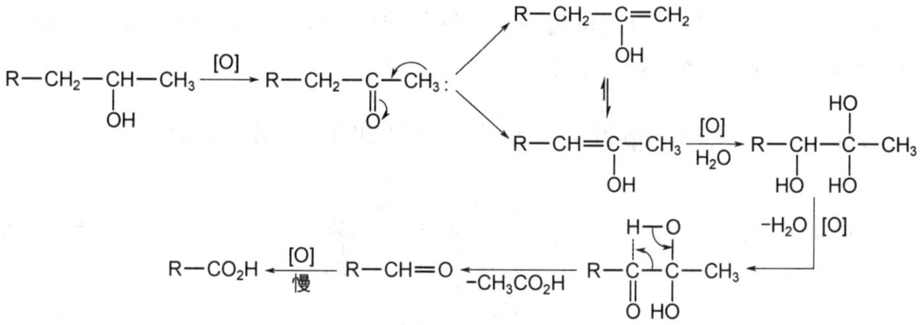

---

❶ 如果产生的酮酸完全氧化成稳定的产物，则需要增加 4.5mol $KMnO_4$，如下式：

$CH_3(CH_2)_5-\underset{\underset{OH}{|}}{CH}-CH_2-CH=CH-(CH_2)_7CO_2K + 6\ KMnO_4 \longrightarrow KO_2C-(CH_2)_7-CO_2K + CH_3(CH_2)_5CO_2K + 6\ MnO_2 + K_2CO_3 + 3\ H_2O$

在有氧化中间体醛、酮过程中，如有可移变的氢原子，但不可烯醇化，则直接在醇 α-碳发生氧化；芳基-α-仲醇及其酮——芳基-α-酮，虽可烯醇化，因其唯一的性质，氧化得较高产率的羧酸。如：

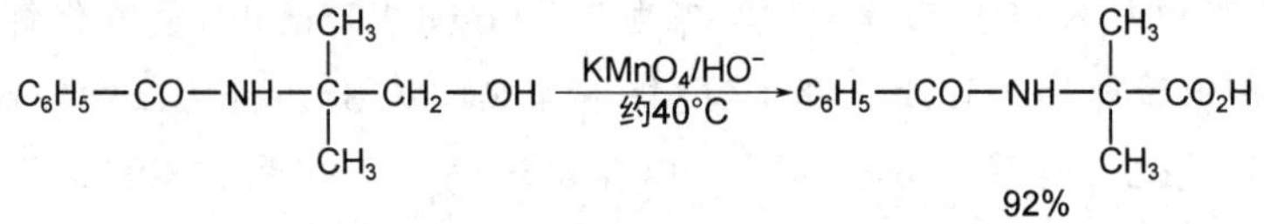

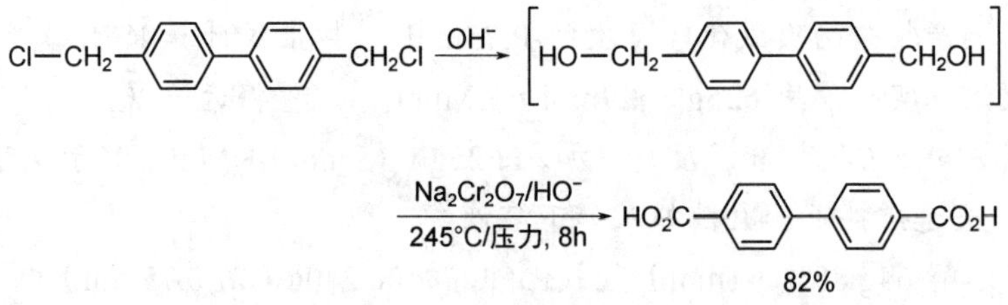

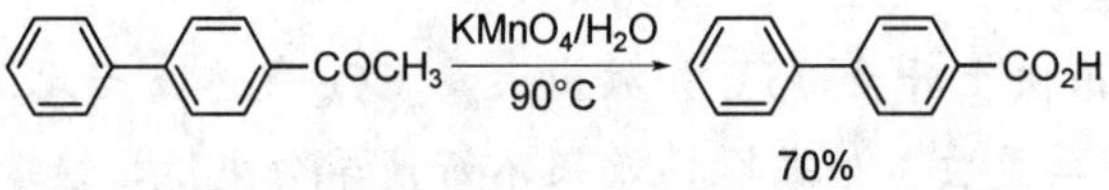

$$C_6H_5-CO-NH-\overset{\underset{\displaystyle |}{CH_3}}{\underset{\displaystyle |}{\underset{CH_3}{C}}}-CH_2-OH \xrightarrow[\text{约}40℃]{KMnO_4/HO^-} C_6H_5-CO-NH-\overset{\underset{\displaystyle |}{CH_3}}{\underset{\displaystyle |}{\underset{CH_3}{C}}}-CO_2H$$

92%

$$Cl-CH_2-\text{〔联苯〕}-CH_2Cl \xrightarrow{OH^-} \left[HO-CH_2-\text{〔联苯〕}-CH_2OH\right]$$

$$\xrightarrow[245℃/\text{压力, 8h}]{Na_2Cr_2O_7/HO^-} HO_2C-\text{〔联苯〕}-CO_2H$$

82%

$$\text{〔联苯〕}-COCH_3 \xrightarrow[90℃]{KMnO_4/H_2O} \text{〔联苯〕}-CO_2H$$

70%

正构伯醇用 $KMnO_4$ 在低温氧化产率较低。α-碳有支链烷基的醇，可以在仲碳原子上氧化，得到小分子羧酸的混合物；为了得到较好的收率，使用更为缓和的反应条件。如：2-乙基己醇有分支，电效应有利于在仲碳原子（2 位）氧化，与醇基氧化相竞争，用 $KMnO_4$ 剧烈条件下氧化得到很少正常产物——2-乙基己酸；在 5℃ 以下，场效应（长链端位甲基与 2 位 α-C—H 间的电子云有重合，见右图）作用下不易发生烯醇化的氧化裂解，而是醛基氧化，得到高产率的正常产物（产率 85%），反应时间 8~10h；在 50℃ 氧化，自然冷却，$KMnO_4$ 以粉末加入，产率 35%。

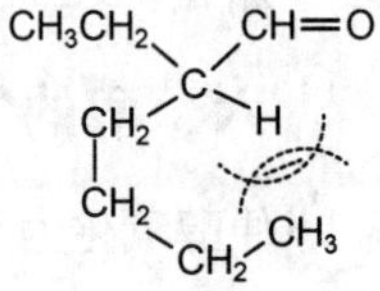

使用 70%硝酸氧化反应存在引发过程，产生多量 $NO \longrightarrow NO_2$ 气体以后才能顺利进行反应，积聚的醇和硝酸的突发反应存在安全隐患，为此，将反应起始温度提高到 80~85℃，加入部分硝酸和醇能立即反应，待反应正常后再向引发了的反应体系中交替加入其余的硝酸和醇，大量副产物是亚硝酸酯和硝酸酯。工业制法是催化氧化。

2-乙基己酸 M 144.22，bp 226~228℃，d_4^{20} 0.9031，n_D^{20} 1.4241。

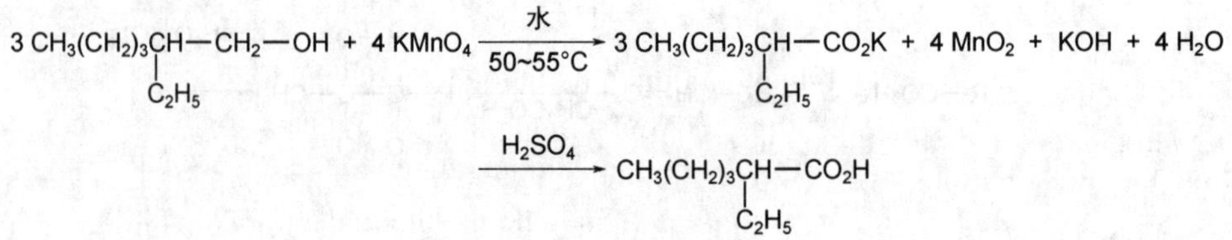

$$3\ CH_3(CH_2)_3\underset{\underset{\displaystyle C_2H_5}{|}}{CH}-CH_2-OH + 4\ KMnO_4 \xrightarrow[50\sim55℃]{\text{水}} 3\ CH_3(CH_2)_3\underset{\underset{\displaystyle C_2H_5}{|}}{CH}-CO_2K + 4\ MnO_2 + KOH + 4\ H_2O$$

$$\xrightarrow{H_2SO_4} CH_3(CH_2)_3\underset{\underset{\displaystyle C_2H_5}{|}}{CH}-CO_2H$$

70L 容积的陶罐中加入 30L 水，通入蒸汽加热至 50℃，加入 1.3kg（10mol）2-乙基己醇和 600g 40% NaOH 溶液，开动搅拌，控制 50~55℃（自然冷却），大约 3h 慢慢加入

3.3kg（20.5mol）$KMnO_4$[1]粉末，加完后再搅拌 1h。滤除 MnO_2 并用温水洗 3 次，洗液与滤液合并，浓缩至 4L；以 50%硫酸酸化，分取油层，得 500~550g；分馏，收集 220~228℃ 馏分，得 480g（产率 34%）。

另法：
$$3\ CH_3(CH_2)_3\underset{\underset{C_2H_5}{|}}{CH}\!-\!CH_2\!-\!OH + 4\ HNO_3 \xrightarrow{80℃} 3\ CH_3(CH_2)_3\underset{\underset{C_2H_5}{|}}{CH}\!-\!CO_2H + 4\ NO + 5\ H_2O$$

10L 三口烧瓶中加入 1.3kg（10mol）2-乙基己醇[2]和 200mL 70%的浓硝酸，搅拌，水浴加热至 90~95℃ 使反应开始，冷凝器上口大量 NO 放出，遇空气氧化成 NO_2（N_2O_3）；控制 85~90℃，约 6h 慢慢加入 1.4L 70%的浓硝酸，然后又慢慢加入 1L 80%硝酸，保温搅拌 1h；冷后分取油层（酸性水层为 38%~42%的稀硝酸），并用 10% 的氢氧化钠中和至强碱性，分取水层，用酸性水酸化，分出粗品 800g；水洗，以氯化钙干燥，得 650~700g；分馏，收集 216~226℃ 馏分[3]，得 500g（产率 35%）。

己酸 M 116.16，fp −1.5~−2℃，bp 205℃，d^{20} 0.9274，n_D^{20} 1.4165。

$$3\ CH_3(CH_2)_5\underset{\underset{OH}{|}}{CH}\!-\!CH_3 + 8\ HNO_3 \xrightarrow{90℃} 3\ CH_3(CH_2)_4\!-\!CO_2H + 3\ CH_3CO_2H + 8\ NO + 7\ H_2O$$

2L 三口烧瓶中加入沸石、60g 2-辛醇和 150g 70%浓硝酸，开动搅拌，水浴加热至剧烈反应开始，放出大量 NO→NO_2 或 N_2O_3 气体，维持 90℃ 左右，将另外 200g（总共 260g，2mol）2-辛醇和 1kg 70%浓硝酸（共 13mol）交替加入，加完后保温搅拌 1h。冷后分取油层，水洗 1 次，用 10%氢氧化钠中和油层至水层为强碱性，分取水层，用无机酸酸化，分离粗品；水洗，以无水硫酸钠干燥后分馏，收集 202~206℃ 馏分，得 110~120g（产率 46%~53%）。

七、醛的氧化

醛很容易在低温条件下用 $KMnO_4$ 氧化成羧酸，无 α-C—H 的醛和 α-芳醛用氧化剂氧化得到高产率的羧酸。苯甲醛和推电子基、共轭影响的芳醛，如：4-甲基苯甲醛、4-氟苯甲醛和 4-氯苯甲醛，在空气中室温条件下即缓缓氧化成酸，此反应为自由基反应（必须添加抗氧化剂，避光、密封保存）。

三氯乙酸 M 163.40，mp 57~58℃，bp 196~197℃，d^{61} 1.629；无色结晶，易溶于水，强腐蚀性，刺激性，与 NaOH 共热分解为氯仿和碳酸钠。

$$3\ Cl_3C\!-\!CH\!=\!O + 2\ HNO_3 \xrightarrow{78\sim89℃} 3\ Cl_3C\!-\!CO_2H + 2\ NO + H_2O$$

5L 三口烧瓶中（已在 200L 反应罐中生产）加入 2kg 80%的浓硝酸，搅拌下加热维持 78~85℃，于 90min 左右加入 1.48kg（10mol）无水氯醛（氯油），加完后，再保温搅

---

[1] 此 $KMnO_4$ 过量 50%，应予以调整。
[2] 应该把大部分己醇与后面的硝酸交替加入，得到同样的结果。
[3] 碱提取的粗品中含少许亚硝酸酯、硝酸酯，蒸馏时有少量 NO_2 放出。

拌 3h，至很少 NO 氧化为 NO_2 放出为止。加热蒸出水、稀硝酸和低沸物，至很少 NO_2 放出；减压分馏，收集 82~88℃/20mmHg 馏分，得 900~1100g（产率 55%~67%）**❶**。

康尼查罗反应是在强碱作用下，无 α-C—H 的醛分子间进行的氧化还原反应，不同的醛分子间的康尼查罗反应总是加成活性更强的醛被氧化成羧酸。首先浓碱在醛基加成为双负离子，然后异裂失去的 H^- 与其它醛基加成，其它醛被还原为醇；加成是相竞争的，为了制取特定的醇，不同醛之间要有巨大的加成活性差异，常使用加成活性更强的甲醛作还原剂，如下式：

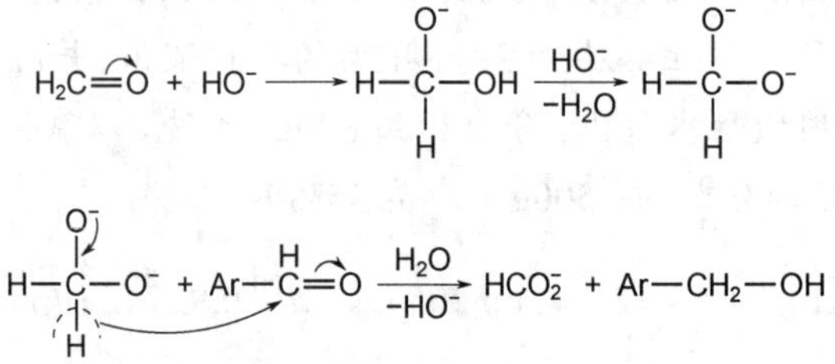

同种醛的康尼查罗反应得到一分子醇和一分子羧酸。单一的呋喃-2-甲醛在 20℃搅拌下加入 33% NaOH 中，反应得到呋喃-2-甲醇和呋喃-2-甲酸。

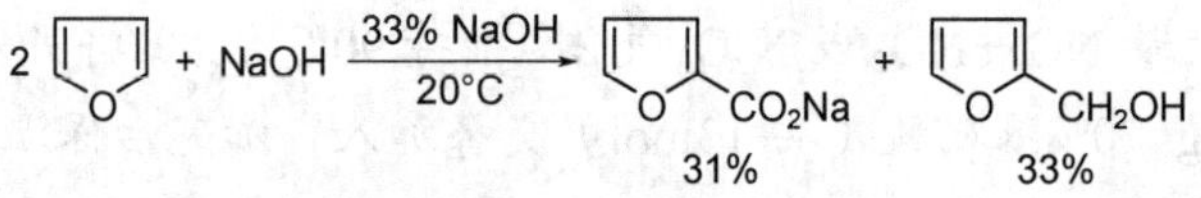

将单一芳醛加入较高温度下的浓苛性碱中剧烈地反应立即生成双负离子，在高温下均裂生成羧酸的钾盐，以避开康尼查罗的氧化还原反应。钾的较大金属原子半径对于反应均裂有利，如使用银盐可以在室温条件反应。

4-羟基-3-甲氧基苯甲酸（香兰酸） *M* 168.15，mp 213~215℃；针状晶体，可溶于热水。

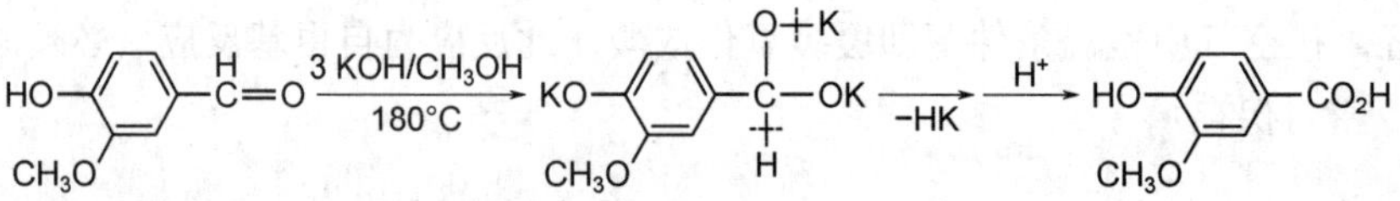

2L 不锈钢烧杯中加入 178g（4.3mol）氢氧化钠、178g（2.7mol）氢氧化钾和 50mL 水，加热溶解后升温至 160℃，搅拌下先加入 25g 香兰醛，稍后出现剧烈反应并放热至 180~195℃（反应温度大于 200℃甲氧基会发生水解，生成 3,4-二羟基苯甲酸，mp 202℃），维持 180℃左右将另外 127g（共 152g，1mol）香兰醛慢慢加入，约 12min 加完，之后再保温搅拌 5min，冷至 150℃倾出；冷后溶于 1L 水中，加入 1g 亚硫酸氢钠，冰冷着用盐酸慢慢酸化，滤出结晶，冰水浸洗，干燥后得 150~160g（产率 90%），mp 206~208℃。

---

❶ 产率低，拟以三氯甲基（Cl_3C—）水解造成。考虑以下因素：降低反应温度；减少硝酸用量及通入空气或氧气；用水泵减压回收硝酸以降低加热温度。

精制: 用含少量 SO_2 的热水（12mL/g）重结晶，得白色针晶（产率 95%），mp 209~210℃。

另外: 银的原子半径较大，双负离子的银盐很容易均裂。

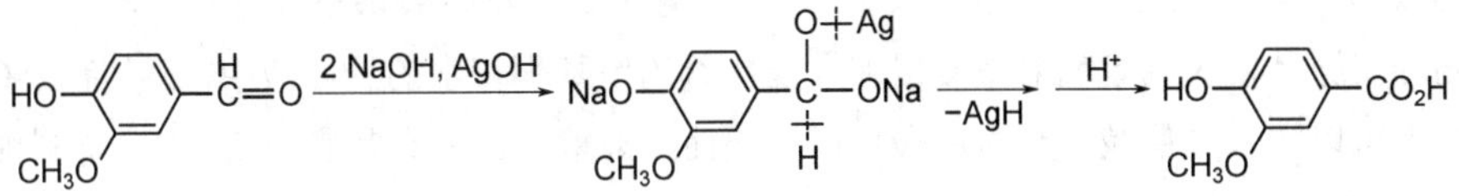

2L 烧杯中加入 170g（1mol）硝酸银和 1L 蒸馏水，搅拌溶解，搅拌着慢慢加入 44g（1.1mol）氢氧化钠溶于 400mL 水的溶液，加完后再搅拌 10min，让氢氧化银沉降，倾出水溶液，用蒸馏水倾泻法洗 3 次。

将湿的氢氧化银移入 4L 烧杯中，加入 2L 蒸馏水，搅拌下加入 200g（5mol）氢氧化钠，充分搅拌使溶解，放热使反应物温度升至 50~60℃，搅拌下一次性加入 152g（1mol）粉末状的香草醛，几分钟后黑褐色的氢氧化银被还原为单质银并大量放热，继续搅拌 10min 后滤出单质银，热水洗，洗液与滤液合并，加入 2g 亚硫酸氢钠，溶解，冷后用盐酸慢慢酸化，冷后滤出结晶，水洗，干燥后得 140~160g（产率 83%~95%），mp 209~210℃。

噻吩-3-甲酸 M 138.15，mp 138℃；可溶于热水。

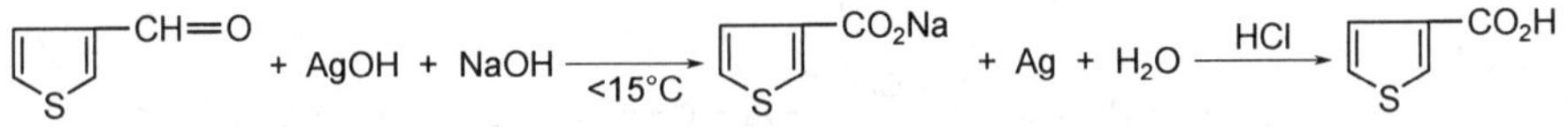

150g（0.88mol）硝酸银溶于 300mL 水中，慢慢加入至搅拌着的 70g（1.75mol）氢氧化钠溶于 300mL 水的溶液中，立即析出棕黑色的氢氧化银，维持 15℃以下搅拌着慢慢加入 47.5g（0.425mol）噻吩-3-甲醛，几分钟后反应完全。滤除黑色单质银[●]，用热水冲洗两次，洗液与滤液合并，用盐酸酸化，滤出，水洗，干燥后得 45g，mp 136~137℃，洗液与母液浓缩可回收 3~4g（总产率 94%~95%）。

八、酮的氧化

酮 $R-CH_2-\underset{\underset{O}{\|}}{C}-CH_2-R'$ 的氧化，经过烯醇化过程在羰基两侧的亚甲基位置上发生，可以得到 4 种羧酸的混合物。甲基酮的氧化产物比较简单，在亚甲基位置上发生得到比原来甲基酮少两个碳的羧酸和乙酸；用次氯酸钠的氧化（失去电子）在甲基位置上发生，得到比原来酮少一个碳的羧酸（氯仿反应）。

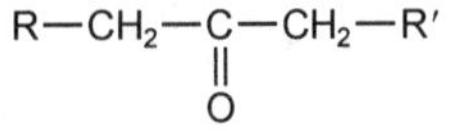

1. 在亚甲基位置上发生

α-甲基酮，如 2-辛酮，氧化产物是己酸和乙酸，是两种烯醇化间的平衡，在亚甲基位置上的烯醇化更稳定，氧化主要在亚甲基位置上发生。反应式见第 231 页"六、醇的氧化"。

2. 在甲基位置上发生——氯仿反应

甲基酮容易发生甲基位置上的烯醇化，与次氯酸钠迅速反应，未达到热力学的平衡反应

[●] 在亚硝基氧化为硝基的 2,2-二硝基-1,3-丙二醇的合成中，析出的单质银为有金属光泽的白色。

就已经发生。但是，不受位阻影响的亚甲基也有一定比例的烯醇化——在亚甲基位置上的氧化也占一定比例，这种情况一般不用做合成方法。

氯仿反应更多的用在无其它 α-C—H 的甲基酮的氧化及芳羧酸的制备。

反应的实施是将次氯酸钠溶液慢慢加入搅拌着的甲基酮和水的悬浮液中，无其它 α-C—H 的反应底物中可以加入少量碱（有时用酸）以尽快使其烯醇化；如有其它 α-C—H，加料顺序应予颠倒。反应完成后用亚硫酸氢钠还原过剩的次氯酸钠，然后酸化，以防生成 ClO 爆炸性气体。次氯酸钠在碱性条件不构成安全威胁。

$$NaOCl \longrightarrow NaO^- + Cl^+$$

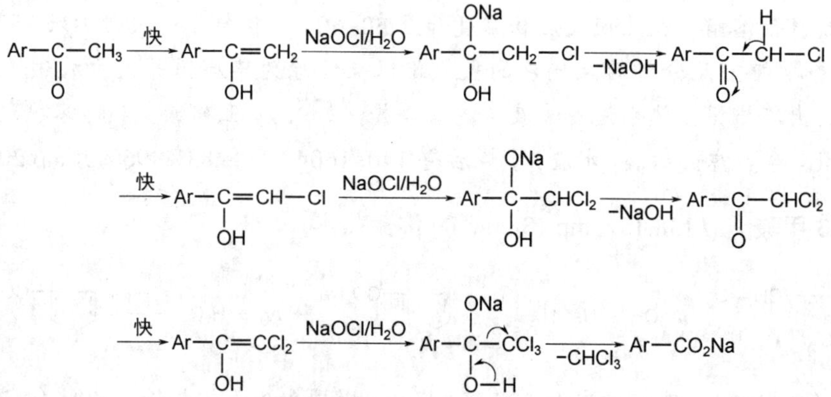

总反应式：

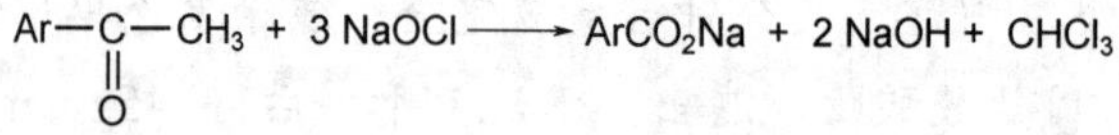

$$Ar-\underset{\underset{O}{\|}}{C}-CH_3 + 3\,NaOCl \longrightarrow ArCO_2Na + 2\,NaOH + CHCl_3$$

第一个氯原子取代以后，其 α-C—H 的酸性依次增强，更容易烯醇化及其后的氯取代。

在溴仿的合成中也体现了在第一个溴取代以后，其后 α-C—H 的活性依次增加。

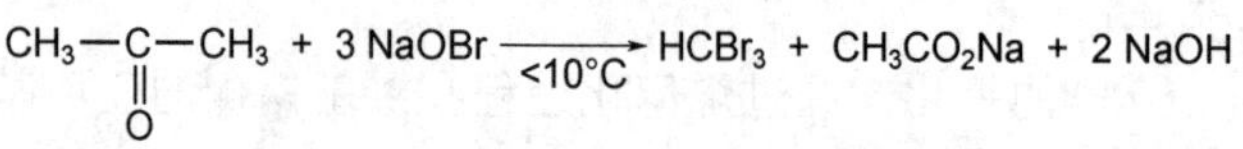

$$CH_3-\underset{\underset{O}{\|}}{C}-CH_3 + 3\,NaOBr \xrightarrow[<10℃]{} HCBr_3 + CH_3CO_2Na + 2\,NaOH$$

在溴仿的合成中，为了充分利用液溴，反应后或向次溴酸钠水溶液中加入稍欠量的次氯酸钠，与溶液 NaBr 进行交换，氯的电负性给予 Br^+ 具亲电能力，按下式反应：

$$Na^+Br^- + NaO^-Cl^+ \longrightarrow Na_2O + ClBr \longrightarrow NaCl + NaOBr$$

$$(2\,NaOH + Br_2 \longrightarrow NaOBr + NaBr)$$

联苯-4-甲酸　M 198.32，mp 225℃（228℃）；白色结晶性粉末，溶于乙酸；钾盐、钠盐，尤其钾盐在冷水中的溶解度很小。

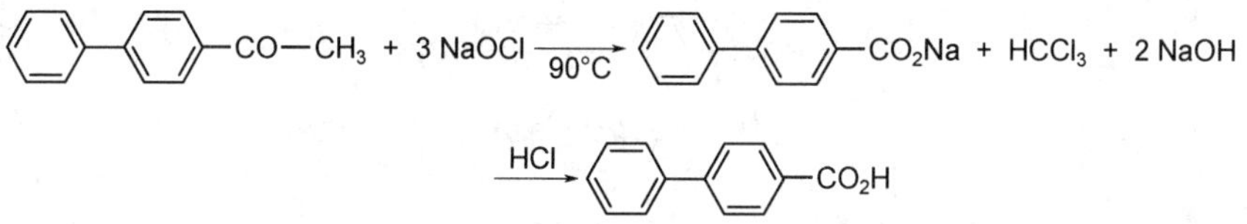

（biphenyl）—CO—CH$_3$ + 3 NaOCl $\xrightarrow{90℃}$ （biphenyl）—CO$_2$Na + HCCl$_3$ + 2 NaOH

$\xrightarrow{HCl}$ （biphenyl）—CO$_2$H

2L 三口烧瓶中加入 300mL 水和 15g 氢氧化钠，溶解后加入 59g（0.3mol）联苯-4-乙酮粉末。搅拌下加热维持 90℃±2℃，于 5h 左右慢慢加入 500mL 18%（1.25mol）次氯酸钠溶液❶，生成的氯仿从回流冷凝器下端的分水器收集（多被水解），加完后继续保温搅拌 12h❷。放冷后滤取钠盐结晶❸，使悬浮于 300mL 沸水中，加入 50mL 30%盐酸，煮沸 10min，稍冷滤出结晶，水洗，干燥后得 52g（产率 87%），mp 214.6~215.9℃。

精制：用乙酸（8mL/g）重结晶，脱色，得 36.5g，mp 222.7~224.6℃，纯度（HPLC）＞99%。

另法（一）：

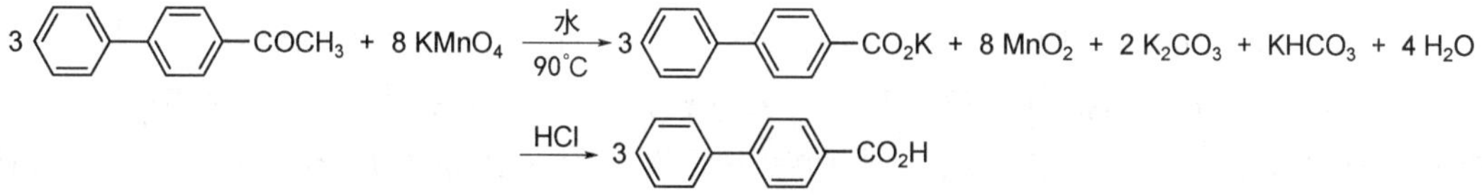

3 （biphenyl）—COCH$_3$ + 8 KMnO$_4$ $\xrightarrow{水}{90℃}$ 3 （biphenyl）—CO$_2$K + 8 MnO$_2$ + 2 K$_2$CO$_3$ + KHCO$_3$ + 4 H$_2$O

$\xrightarrow{HCl}$ 3 （biphenyl）—CO$_2$H

0.5m^3 敞口反应罐中加入 200L 水和 10kg（50mol）粉碎的联苯-4-乙酮，搅拌下加热使成糊状，维持 90℃±2℃慢慢加入 KMnO$_4$ 粉末至不再褪色，约用 25kg（162mol，此量已超过计算量的 22%）。联苯-4-甲酸钾的冷水溶解度很小，在过程中蒸发的水分要补足；加热至近沸，离心分离 MnO$_2$，沸水冲洗两次，洗液与滤液合并；加热至近沸（＞95℃），搅动着慢慢用盐酸酸化，稍冷至 50℃左右滤出，水洗至中性，干燥后得 7kg（产率 70%）（应在水洗前与 10%盐酸煮洗，以免有钾盐残留）。

精制：用乙醇（14mL/g）重结晶（不溶物为联苯-4-甲酸钾盐）；再用 NaOH 溶解，脱色过滤，酸化，水洗至 Cl$^-$消失，干燥后得成品，纯度（滴定法）＞99%，mp 224.2~225.3℃。

另法（二）：

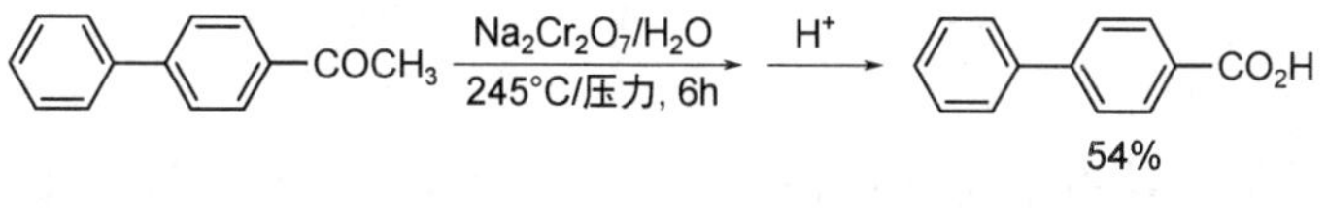

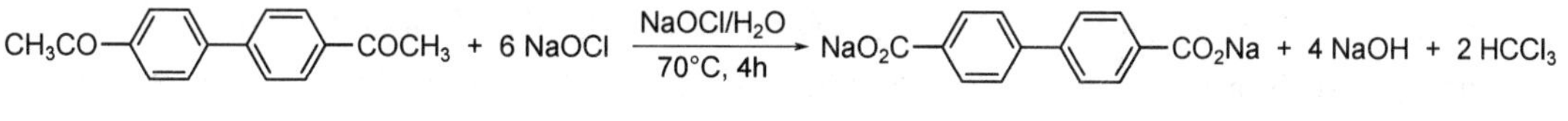

（biphenyl）—COCH$_3$ $\xrightarrow{Na_2Cr_2O_7/H_2O}{245℃/压力, 6h}$ $\xrightarrow{H^+}$ （biphenyl）—CO$_2$H
54%

CH$_3$CO—（biphenyl）—COCH$_3$ + 6 NaOCl $\xrightarrow{NaOCl/H_2O}{70℃, 4h}$ NaO$_2$C—（biphenyl）—CO$_2$Na + 4 NaOH + 2 HCCl$_3$

---

❶ 次氯酸钠溶液的配制：100g（2.5mol）氢氧化钠溶于 400mL 水中，控制温度低于 35℃通入氯气至 pH 8，然后用碱液调整 pH 10，备用，此量超过计算量的 38%。

❷ 应该中控检测用于确定 NaOCl 的用量及保温时间，大部分氯仿已被碱分解。

❸ 必须分离钠盐结晶；母液酸化无氯的气味说明 NaOCl 已经作用及分解完毕，应找出反应的终点以减少保温时间；酸化后得到 7g 质量很差的粗品。

$$\xrightarrow{\text{H}^+} \quad HO_2C - \underset{}{\bigcirc} - \underset{}{\bigcirc} - CO_2H$$

4,4'-联苯二甲酸
87%

（见 224 页）

$$CH_3CH_2 - \underset{}{\bigcirc} - COCH_3 + 3\,NaOCl \longrightarrow CH_3CH_2 - \underset{}{\bigcirc} - CO_2Na + 2\,NaOH + HCCl_3$$

$$\xrightarrow{\text{H}^+} CH_3CH_2 - \underset{}{\bigcirc} - CO_2H$$

4-乙基苯甲酸
mp 110~112℃

2-萘甲酸　$M\,172.18$，mp 185.5℃，bp > 300℃，$d^{100}\,1.077$。

$$\underset{}{\bigcirc\!\bigcirc} - COCH_3 + 3\,NaOCl \xrightarrow{55℃} \underset{}{\bigcirc\!\bigcirc} - CO_2Na + HCCl_3 + 2\,NaOH \xrightarrow{\text{H}^+} \underset{}{\bigcirc\!\bigcirc} - CO_2H$$

3L 三口烧瓶中加入 300mL 水，溶解 218g（5.45mol）氢氧化钠，冷后加入 1.2kg 碎冰，通入氯气使增重 161g（2.27mol）[❶]，安装机械搅拌、温度计、弯管接蒸馏冷凝器。开动搅拌并加热，维持 55~60℃，大约半小时慢慢加入 85g（0.5mol）2-萘乙酮（mp 53~55℃），反应放热，加完后再保温搅拌 1h。加入 50g NaHSO₃ 以分解过剩的次氯酸钠[❷]，冷后用浓盐酸酸化，滤出结晶、水洗。干燥后用乙醇（8mL/g）重结晶（脱色），得 75g（产率 87%），mp 184~185℃。

—COCH₂CO— 的亚甲基受两个羰基的影响，质子容易烯醇化移变，依次发生氯代，以二氯甲烷形式脱掉，生成二酸钠。虽如此，反应有空间阻碍，又有其它 α-亚甲基与之竞争，故使用较低温度以提高反应的选择性。

3,3-二甲基戊二酸　$M\,160.17$，mp 101~102℃（文献值 103~104℃）。

$$(CH_3)_2C\underset{}{\big<} \overset{CH_2-C=O}{\underset{CH_2-C=O}{}} \!\!CH_2 + 2\,NaOCl \xrightarrow[40℃,\,8h]{\text{H}^+/2HCl} (CH_3)_2C\underset{}{\big<} \overset{CH_2-CO_2H}{\underset{CH_2-CO_2H}{}} + CH_2Cl_2 + 2\,NaCl$$

配制溶液：1L 烧杯中加入 525mL 水，溶解 65g（1.16mol）氢氧化钾，加入 70g（0.5mol）5,5-二甲基-1,3-环己二酮（达米酮），搅拌使溶解，冷后备用。

3L 三口烧瓶中加入 300mL 水溶解 218g（5.45mol）氢氧化钠，冷后加入 1.2kg 碎冰，通入 161g（2.27mol）氯气[❸]。搅拌着，控制 40℃左右慢慢加入上面配制好的达米酮钾溶液，加完后保温搅拌 8h。加入 50g NaHSO₃ 以分解过剩的次氯酸钠；10min 后以浓盐酸

[❶] 参照以上联苯-4-甲酸的方法制备次氯酸钠和加料顺序。

[❷] 过剩的次氯酸钠有可能发生环上氯代。

[❸] NaOCl 用量过大，应该减少。50g NaHSO₃ 处理过剩的 NaOCl 也并不足，应该用淀粉-碘化钾试纸进行检测。NaOCl 的制备应以定量的碱通入氯气至 pH 8，之后再补充过量的氢氧化钠。

酸化至 pH 3，将反应物蒸发至开始有结晶析出，冷后用乙醚（4×200mL）提取，提取液合并，用无水硫酸镁干燥后回收乙醚，至剩约 160mL，趁热倾入烧杯中，继续在蒸汽浴上加热使乙醚挥发完全，剩余物冷后即固化，风干得 73~77g（产率 91%~96%），mp 97~99℃。

精制：用苯（1.5mL/g）重结晶，得 65~73g（产率 81%~91%），mp 101~102℃，外观无色。

其它方法：

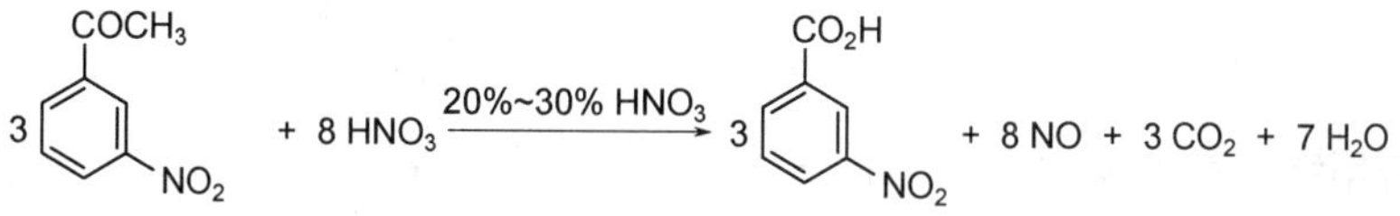

九、以 CO_2 为原料的羧基化

以 CO_2 为原料的羧基化是将 CO_2 作用于酚类碱金属（Na、K）盐，以钠盐为例，在酚羟基的邻位引入羧基，生成的羧酸盐与酚钠反应生成水杨酸钠和苯酚。反应是无水酚钠粉末与 CO_2 在压力容器中于 180~200℃加热完成的。

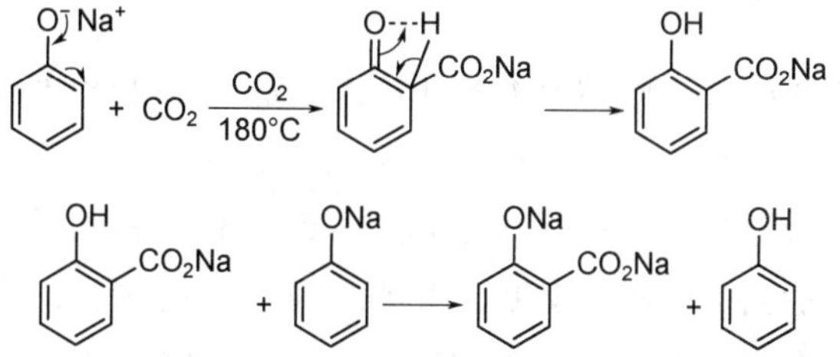

苯酚不再和 CO_2 反应。由于原料包裹，一次反应的转化率不是很高，为此，将生成的苯酚蒸出后再用 CO_2 处理，此操作往往需要数次才能反应完全——不再有苯酚蒸出。

苯酚钾盐和 CO_2 在 240℃反应，主要生成对位取代产物，钾的原子半径较大，在某种程度上影响苯酚环上的电子分布，又或是空间的因素，或是在高温下引起重排的结果。只有钾盐、铷盐、铯盐才能实现这一过程，锂盐和钠盐则不能。这种关系用超共轭效应解释比较合理，金属原子与氧原子间的键越长，就越容易发生这种重排（4-羟基苯甲酸的产率，使用铷盐、铯盐比使用钾盐有所提高），这种变化在一定程度上和金属原子的半径有关。

用 CO_2 在酚的芳香环上引入羧基是亲电取代反应，推电子基有利于反应的进行。

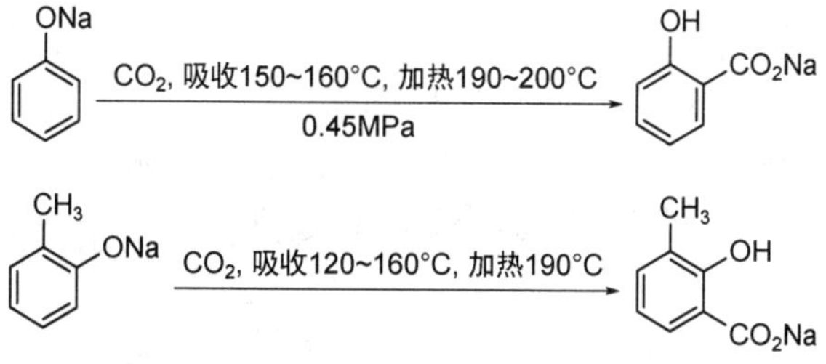

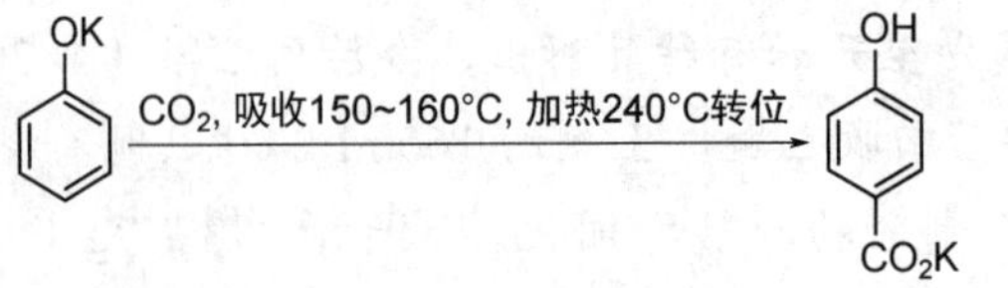

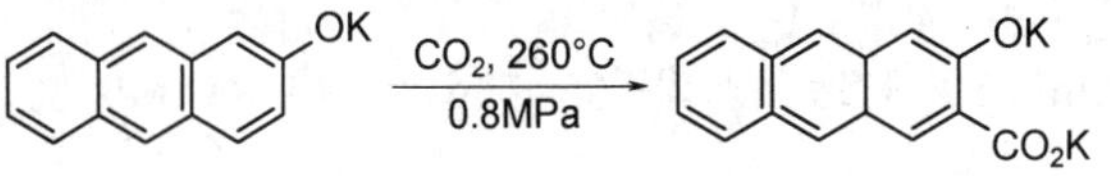

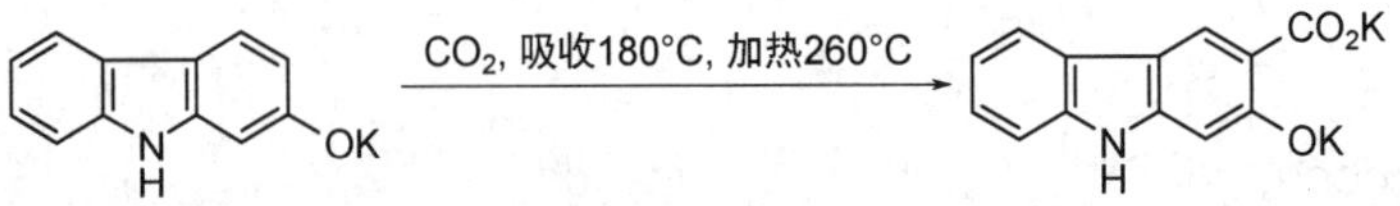

4-羟基苯甲酸　M 138.12，mp 214.5~215℃；无色针晶，溶于热水（7mL/g）。

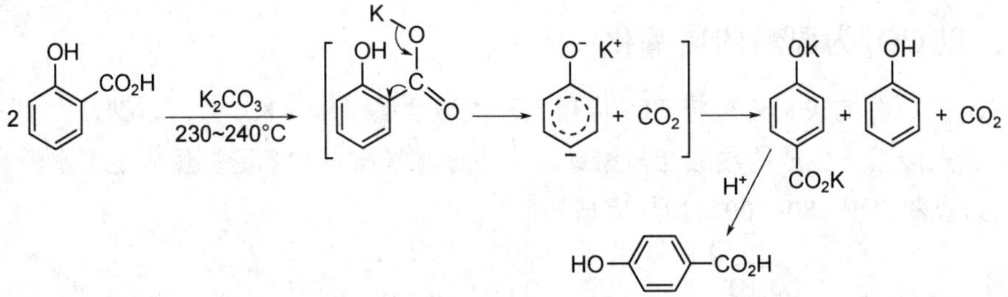

　　20cm 直径蒸发皿中加入 100g（0.72mol）水杨酸（mp 158~160℃）和 150mL 水，搅拌下加入 60g（0.43mol）碳酸钾，加热蒸发至糊状，在 110℃干燥后粉碎，加入烧瓶中 240℃油浴上加热并搅动 1.5h（至取样溶于水，盐酸酸化析出结晶，加热又能溶解表示反应完全）。冷后使溶于 1L 热水中，酸化后煮沸溶解，脱色过滤；冷却后滤出结晶，母液蒸发至 300mL 左右又得部分结晶，共得 40~45g（产率 80%~90%），mp 208~210℃。用水重结晶（7mL/g）得 35~40g，mp 211~212℃。

　　另法：从糖精副产物碱熔融（见 481 页）。

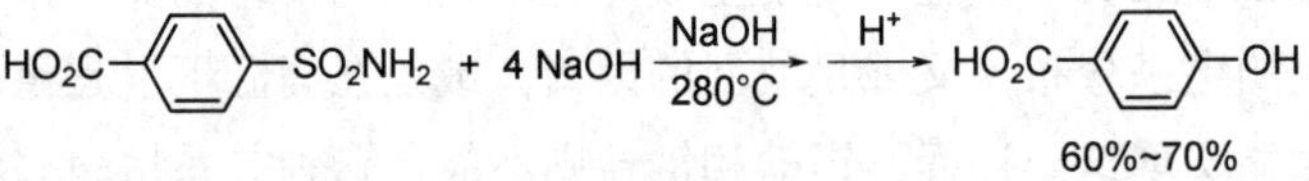

　　2-萘酚的羧基化可以在 a、b、c 三个位置上发生。a 位上有更大的电子云密度，与 CO_2 作用比较容易进入 a 位（130℃），生成 2-羟基-1-萘甲酸钠盐；在高温及压力下（230~240℃/0.45MPa）重排为 2-羟基-3-萘甲酸钠并生成 2-萘酚。

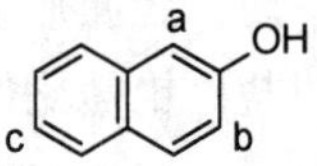

2-羟基-3-萘甲酸　M 188.18，mp 222~223℃。

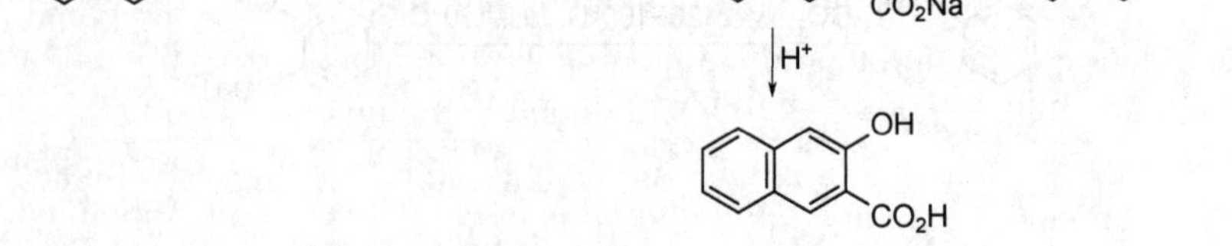

干燥粉末状的 2-萘酚钠盐在高温及 CO_2 压力下（230~260℃/0.45MPa）反应 8~10h，蒸发 2-萘酚；第 2 次、第 3 次各用 CO_2 处理 4h，蒸发 2-萘酚，三次共回收到未反应的 2-萘酚为原料投入总量的 42%。反应物用热水溶解，盐酸中和调节溶液的 pH 6.8，脱色滤清除去沥青状物，继续酸化得到粗品。

5-羟基吡啶-2-甲酸 M 139.11，mp 268℃。

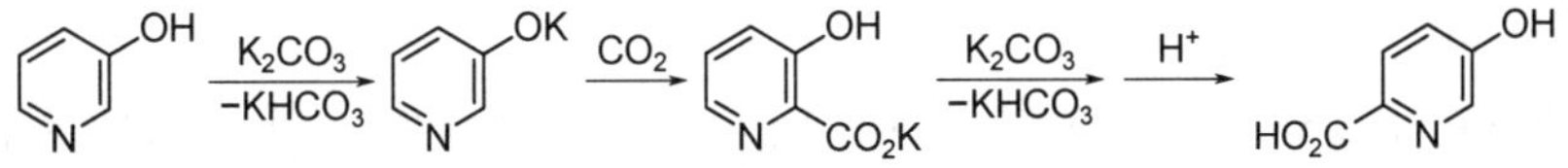

1L 压力釜中加入如下混合物：95g（1mol）3-羟基吡啶和 207g（1.5mol）炒制干燥过的无水碳酸钾，充分混匀。

封闭压力釜以防吸湿，用真空水泵抽去釜内空气。先用干燥的 CO_2 清除系统内的空气，然后压力釜与 CO_2 气源接通，慢慢打开进气阀及放空以清除最后残留的空气。向压力釜充入干燥的 CO_2 至压力 4MPa，开始加热，保持 225~240℃及压力 4.0~4.5MPa 反应 10h，停止加热，放置过夜。次日放空，取出反应物并粉碎。用 600mL 热水溶解，脱色过滤，于 80℃左右用浓盐酸慢慢酸化，调节至溶液对刚果红试纸显蓝色（pH 3），冷后滤出结晶❶，水洗，干燥后得 125g（含少许无机盐）。

附：3-羟基吡啶-2-甲酸，mp 219~221℃（分解）。

酚受更强推电子及共轭的影响，如：间苯二酚钠在添加碱 $NaHCO_3$ 的水溶液中与 CO_2 在 88~92℃进行，如果高出此温度，羧基化和脱羧同时进行，并且脱羧速率更快直至达到平衡，使产率大为下降。反应应该在压力条件下进行直至停止吸收 CO_2，并在压力下冷却。在较低温度下酸化析出粗品，湿品在大于 85℃烘干即开始失羧，应先风干后再烘干。4-氨基水杨酸也发生同样的失羧。

2,4-二羟基苯甲酸（β-雷景车酸） M 154.12，mp 213℃（水合物，封管及快升温），226~227℃（无水物，分解）；从水中得含有 0.5 个结晶水的结晶。

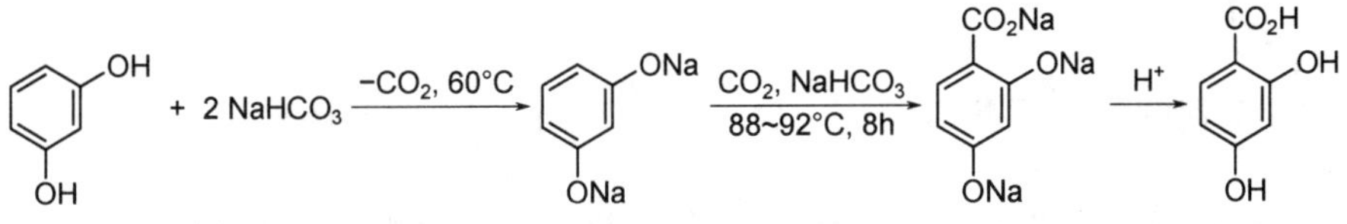

200L 反应罐安装两支插底的不锈钢通气管（内径 10mm，壁厚 1mm）、温度计及冷却面积大于 $0.8m^2$ 的双冷回流冷凝器，为了更好地利用 CO_2 应使两个反应罐串联使用。

配料：$0.5m^3$ 开口罐中加入 200L 水及 50kg（590mol）小苏打，开始搅拌并加热至 60℃，于半小时左右慢慢加入 25kg（227mol）❷间苯二酚，放出大量 CO_2，再慢慢加入

---

❶ 滤液用 $NaHCO_3$ 中和回收 3-羟基吡啶，再于弱酸性条件用铜盐沉出最后的 5-羟基吡啶-2-甲酸铜盐，处理后可回收到 8~9g 酸。

❷ 使用精制母液用于下次合成"成盐"，投入间苯二酚 20kg，得该种湿品 22kg，产率 63%。

40kg（470mol）小苏打，加热维持 88~90℃继续搅拌，半小时后基本溶解，平均分配加入两个如前安装的反应罐中。

维持反应温度 88~92℃以每小时 5.7~6.3kg（0.8~0.9L/s）的速率分别通到两个桶底的通气管，通入 CO_2 8h（随时检查及通堵）共通入 40~50kg。用水冷至 45℃以下，边搅拌边将反应物分别转入两个 0.5m^3 的陶罐中，搅拌下以 30％盐酸中和至 pH 2.5~3。次日离心分离，以 8L 水冲洗，共得湿品 24~25kg（水分 18％，灰分＜1%，产率 55%~58%）❶，mp＞200℃（分解）。

精制：100L 开口罐中加入 47L 水，加热至 95℃，搅拌下加入上面的 25kg 湿品，搅拌下加热至 85~90℃，用抽滤或压滤到冷却及搅动着的结晶罐中，全冷后离心脱水，以少许冷水冲洗❶，干燥后得 13.8kg，纯度 99%。

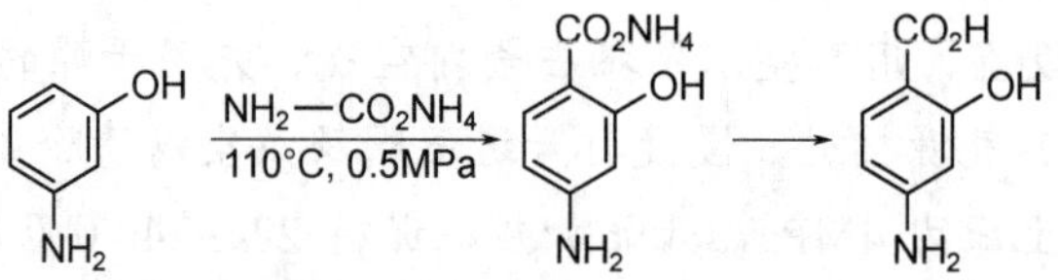

硫酚、硫原子的半径比较大，它对于苯环的共轭效应就比较弱，与金属原子的结合比较牢固，因而需要比甲苯酚制取水杨酸更高的反应温度（及压力）才能和 CO_2 作用，产物是硫化水杨酸。应该注意：硫酚在 350℃的高温可将 CO_2 还原为 CO；反应过程中也有 CS_2 生成。

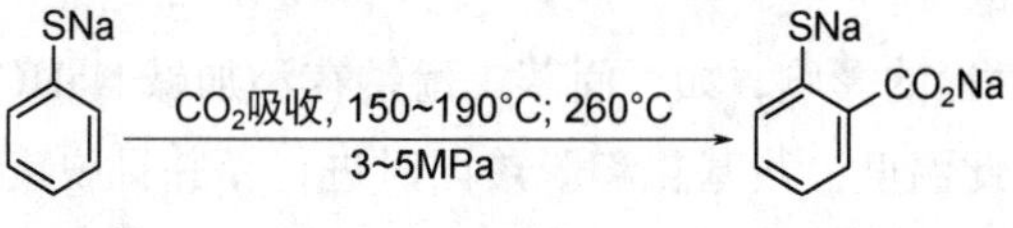

十、其它方法

1. *α*,*β*-不饱和酸

见无机酸钠盐（弱碱）作缩合剂——柏琴反应。

2. 叔基甲酸和叔基乙酸

叔基卤化物，由于巨大的空间阻碍，可通过格氏试剂得以使用通入 CO_2 的方法反应，水解，制得叔基羧酸。

2,2-二甲基丙酸（三甲基乙酸）　*M* 102.13，mp 35℃，bp 163.7℃。

$$(CH_3)_3C\text{—}Cl \xrightarrow[0\sim5°C]{Mg/乙醚} (CH_3)_3C\text{—}MgCl \xrightarrow[<8°C]{CO_2} (CH_3)_3C\text{—}CO_2MgCl \xrightarrow{水} (CH_3)_3C\text{—}CO_2H$$

3L 三口烧瓶中加入 61g（2.5mol）细小镁屑，用 200mL 无水乙醚盖没，静置下加入 5mL 氯代叔丁烷及 2~3 小粒碘，引发后控制较低温度，搅拌下于 8h 左右慢慢滴入 225g（2.5mol）氯代叔丁烷与 1.1L 无水乙醚的溶液❷，加完后再搅拌 15min。

---

❶ 使用精制母液用于下次合成“成盐”，投入间苯二酚 20kg，得该项湿品 22kg，产率为 63%。

❷ 应按丙烯基溴化镁的方法制备格氏试剂，使用低温（0~5℃）和更多的镁屑，或可以在制格氏试剂的同时引入 CO_2 使生成的格氏试剂随时反应掉以减少歧化及偶联。

用冰盐浴冷却，将滴液漏斗换以伸入液面下的温度及弯管接水银封；将冷凝器换以伸达液面以上 5 cm 的通气管。控制 <8℃ 搅拌着通入干燥的 CO_2（观察水银封的压力调节供气速率）2~3h 放热反应停止[❶]，反应物温度开始下降，降至 -5℃ 表示反应达到终点。慢慢滴入 25% 硫酸使反应物水层为酸性（约使用 220mL）[❷]，分取乙醚层，水层用乙醚（4×100mL）提取。提取液与分取的乙醚层合并，用 25% NaOH 从乙醚液中提取三甲基乙酸 4×100mL（3.1mol NaOH），合并的碱溶液搅拌下加热至近沸，保持 20min 以赶除其它挥发物，冷后以 25% H_2SO_4 酸化，分取上面油层为粗品，水层以共沸脱水的方法蒸出残留的粗品，与分出的粗品合并，以无水硫酸钠干燥，分馏，收集 162~165℃ 馏分，得 157~162g（产率 61%~63%）。

无水甲酸与无水叔丁醇的冷溶液加入至大量 <10℃ 的浓硫酸中，叔丁醇与浓硫酸作用生成酸式酯（继而会生成异丁烯）与甲酸硫酸酐反应，产物是叔戊酸与硫酸的混合酐，水解后分离出叔戊酸（反应温度似应更低）。

$$HCO_2H + H_2SO_4 \xrightarrow[<10℃]{H_2SO_4} HCO_2—SO_3H + H_2O$$

$$(CH_3)_3C—OH + H_2SO_4 \xrightarrow[<10℃]{H_2SO_4} (CH_3)_3C—O—SO_3H + H_2O$$

$$(CH_3)_3C—O—SO_3H \; [(CH_3)_2C{=}CH_2] \xrightarrow{+ \; H—CO_2—SO_3H} (CH_3)_3C—CO_2—SO_3H$$

$$\xrightarrow{水} (CH_3)_3C—CO_2H$$

三甲基乙酸 (新戊酸)
mp 35℃

下面实例是叔丁基硫酸酯对 1,1-二氯乙烯（$H_2C{=}CCl_2$）的加成，加成方位依马氏定则，电正性基团向电荷较多的碳原子（含氢原子较多的一端）进攻，向双键 π 电子靠近、成键，同时产生一个碳正离子与负性基团结合，生成 $(CH_3)_3C—CH_2—\underset{OSO_3H}{\overset{|}{C}Cl_2}$，在硫酸中分解生成硫酸酯，放出 HCl，水解后得到叔丁基乙酸。

3,3-二甲基丁酸（叔丁基乙酸）　M 116.16；mp 6~8℃；bp 185~190℃；d 0.192；n_D^{20} 1.410；难溶于水。

$$(CH_3)_3C—OH + H_2SO_4 \xrightarrow[-5℃]{H_2SO_4} (CH_3)_3C—O—SO_3H + H_2O$$

$$H_2C{=}CCl_2 + (CH_3)_3C—O—SO_3H \xrightarrow{-5℃} \left[(CH_3)_3C—CH_2—\underset{OSO_3H}{\overset{|}{C}Cl_2} \xrightarrow[-5℃, -2HCl]{2H_2SO_4} \right.$$

$$\left. (CH_3)_3C—CH_2—C(—O—SO_3H)_3 \right] \xrightarrow[-3H_2SO_4]{H_2O} (CH_3)_3C—CH_2—CO_2H$$

[❶] 此乙醚或当用无水甲苯代替以便于回收。

[❷] 析出的硫酸镁在水中溶解度较小，不便于反应物的分离和提取，可使用盐酸分解反应物。

200L 反应罐中加入 200kg 浓硫酸（＞93%）用冷冻液循环冷冻维持 0~ -5℃，从 0℃ 开始，搅拌下慢慢加入 1/4 如下配制的混合液：18.5kg（250mol）无水叔丁醇中搅拌下慢慢加入 36.8kg（380mol）1,2-二氯乙烯（bp 32℃）搅匀备用。再在 -3 ~ -5℃于 6 ~ 7h 加入其余的混合液❶。

反应放出大量 HCl 导至水吸收，加完后再搅拌 1h。搅拌下将反应物慢慢加入大约 300kg 碎冰中，继续搅拌 10min，静置半小时后吸取上面油层得 21kg。酸水层用 20kg 甲苯分两次提取❷，提取液与分取的油层合并，用 100kg 10%（250mol）氢氧化钠溶液充分搅拌，静置半小时。分取下面碱性水溶液加热煮沸，蒸馏残存的甲基及其它不溶于碱的有机物，冷后用硫酸酸化至 pH 3，静置半小时。分取上面油层为粗品，得 20.5kg（68% 析掉），纯度（GC）96% ~ 97%。

减压分馏，分离少许头分及高沸物，得成品 18kg，纯度（GC）98.5%。

在加完底物物料后，应当再加热至 60~65℃，以使反应充分。

由于环的僵化，桥头碳如 1-溴金刚烷在浓硫酸中溶剂叔丁醇分解为叔碳烯，由于环张力没有得到松弛，离解速度很慢，仅约为溴丁烷的千分之一，与甲酸硫酸酐反应生成 1-金刚酸。

1-金刚酸 *M* 180.22，mp 172~174℃。

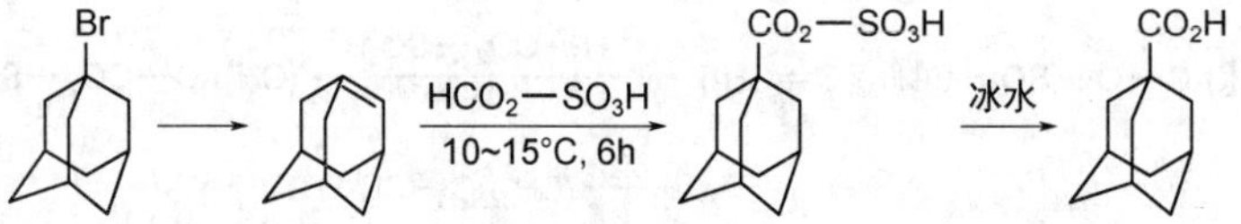

5L 三口烧瓶中加入 3.2L 浓硫酸，冰水浴冷却保持反应温度 10~15℃，搅拌下加入 108g（0.5mol）很好粉碎了的 1-溴金刚烷。搅拌使悬散开，于 6h 左右慢慢滴入（1 滴/3s）440mL（460g，10mol）＞95%的甲酸❸（用二氯亚砜处理工业甲酸的水分），在反应过程中大部分甲酸被硫酸分解为 CO 和水；反应生成的 HBr 也随之放出导至水面吸收，由于浓硫酸的氧化作用，有少量 HBr 被氧化成溴。加完后保温搅拌 2h，此时绝大部分 1-溴金刚烷进入反应而消溶——生成的金刚酸溶解在硫酸中，放置过夜。在放置过程仍有少量 CO 放出。次日反应物变清，反应完全。将反应物倾入于大量碎冰中，充分搅拌，2h 后滤出结晶，冰水洗；酸碱沉淀处理，水洗，干燥后得 76g（产率 85%）。

3. 以丙二酸二乙酯为原料的合成

丙二酸二乙酯的 α-C—H 受两个羰基拉电子的影响很容易以质子离去，呈现相当强的酸性。与碱作用生成钠盐，与卤烃作用生成烃基丙二酸二乙酯，经水解，脱去一个羧基，得到比原来卤代烃多两个碳的羧酸，一般只使用伯卤代烷，叔、仲卤代烃在碱作用下发生 β-消去——生成烯。下面在强碱 CH₃ONa 作用下的 1,3-溴氯丙烷和丙二酸二乙酯的反应，两个卤原子不同使

---

❶ 为防止硫酸凝结，故以此操作（100% H_2SO_4，mp 10.36℃；98% H_2SO_4，mp 3℃）。

❷ 从提取液分馏回收甲苯后只得到 300g 80% ~ 90%（GC 测含量）的粗品。

❸ 超大过量的甲酸（摩尔比 20∶1）绝大部分在反应中分解掉，依此硫酸用量也应减少，CO 放出状况说明甲酸存在。

反应得以依照其强弱顺序选择进行。

环丁烷-1,1-二甲酸二乙酯 M 200.24，bp 104.6℃/12mmHg，d_{20}^{25} 1.0470，n_D^{25} 1.4336。

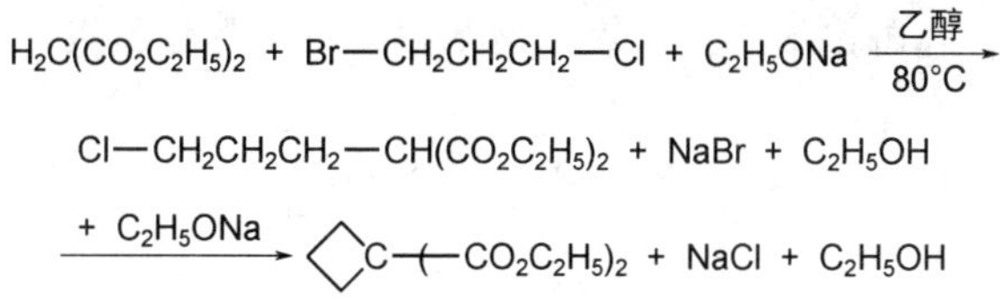

$$H_2C(CO_2C_2H_5)_2 + Br-CH_2CH_2CH_2-Cl + C_2H_5ONa \xrightarrow[80℃]{乙醇}$$

$$Cl-CH_2CH_2CH_2-CH(CO_2C_2H_5)_2 + NaBr + C_2H_5OH$$

$$\xrightarrow{+ C_2H_5ONa} \diamondsuit C{\longleftarrow}(CO_2C_2H_5)_2 + NaCl + C_2H_5OH$$

乙醇钠乙醇溶液：5L 烧瓶中加入 2.5L 无水乙醇，在回流冷凝器下慢慢加入 138g（6mol）金属钠切片，作用完后制得乙醇钠乙醇溶液。

缩合：5L 三口烧瓶中加入 480g（3mol）丙二酸二乙酯及 472g（3mol）1,3-溴氯丙烷（bp 141~142℃），搅拌下维持 80℃左右 1.5h 或更长时间慢慢加入以上制得的乙醇钠乙醇溶液，加完后，水浴加热，用水泵减压回收乙醇至液温 80℃/-0.07MPa。冷却后，搅拌下慢慢加入 0.9L 水以溶解析出的无机盐，分取有机层；水层用乙醚提取 3×0.5L，提取液与有机层合并，用 100mL 饱和食盐水洗，以无水硫酸钠干燥，回收乙醚，最后减压收尽，剩余物减压分馏，收集 91~96℃/4mmHg 馏分，得 320~330g[❶]（产率 53%~55%），d_{25}^{25} 1.042~1.044，n_D^{25} 1.433~1.434。

丙二酸二乙酯在乙醇钠作用下 C⁻与极化 c≡c(c⁺)双键亲核加成，如：

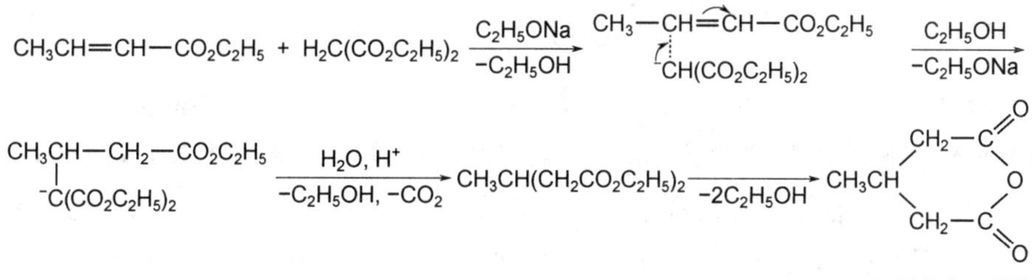

$$CH_3CH{=}CH{-}CO_2C_2H_5 + H_2C(CO_2C_2H_5)_2 \xrightarrow[-C_2H_5OH]{C_2H_5ONa} CH_3{-}CH{\equiv}CH{-}CO_2C_2H_5 \xrightarrow[-C_2H_5ONa]{C_2H_5OH}$$

$$CH_3CH{-}CH_2{-}CO_2C_2H_5 \atop {}^-C(CO_2C_2H_5)_2 \xrightarrow[-C_2H_5OH, -CO_2]{H_2O, H^+} CH_3CH(CH_2CO_2C_2H_5)_2 \xrightarrow{-2C_2H_5OH} $$

β-甲基戊二酸酐
60%~76%

又如：

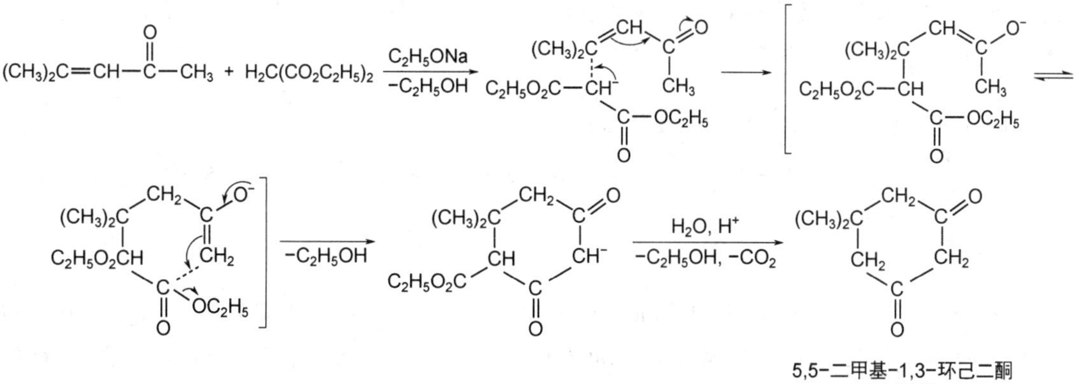

$$(CH_3)_2C{=}CH{-}CO{-}CH_3 + H_2C(CO_2C_2H_5)_2 \xrightarrow[-C_2H_5OH]{C_2H_5ONa}$$

5,5-二甲基-1,3-环己二酮
（达米酮）

---

❶ 用它水解及脱羧得到收率 80%的环丁基甲酸 $\diamondsuit{-}CO_2H$。

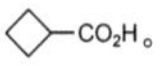

4. 从 α-甲基芳酮制取芳基乙酸

α-甲基芳酮 $ArCOCH_3$ 与吗啉及硫黄共热回流，反应涉及硫化物的羰基加成、脱水及重排，产物是芳基带着成键电子对向缺电子的 2-位碳迁移，生成芳基乙川硫代吗啉 $Ar-CH_2-C\equiv S-N\diagup\!\!\diagdown O$，在醇溶液中用氢氧化钠水解，得到芳基乙酸。

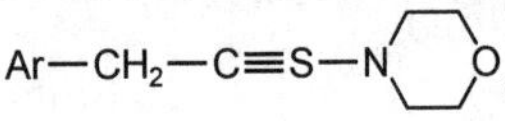

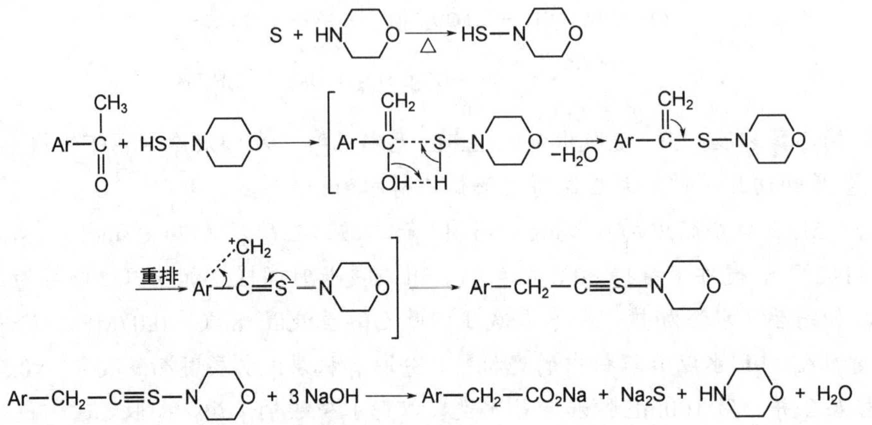

2,5-二甲氧基苯乙酸　M 196.21，mp 124.5℃。

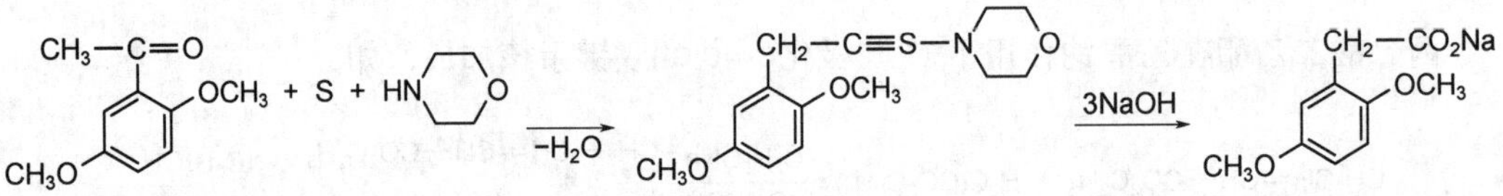

2L 三口烧瓶中加入 180g（1mol）2,5-二甲氧基苯乙酮，50g（1.56mol）硫黄粉及 130g（1.5mol）吗啉。搅拌下加热回流 10h，最初的回流温度是吗啉的沸点（bp 129℃），很快便下降至 120℃（吗啉进入反应有水生成；反应可能在 2~3h 内完成，也可能只完成脱水的一步；重排因邻位阻碍或许尚未进行，故回流 10h 也可能不足）。稍冷，加入 800mL 乙醇及 500g 50%（6.2mol）氢氧化钠溶液（此碱量太过了，应减少用量），再加热回流 10h。回收乙醇，用水泵最后收尽至液温 110℃/-0.07MPa，加入 600mL 热水煮沸以溶解反应物，稍冷滤除未反应的硫黄，以盐酸酸化，滤取结晶，用 5L 沸水重结晶，得 85g（产率 43%），mp 123~123.6℃。

联苯-4-乙酸　M 212.25，mp 161℃。

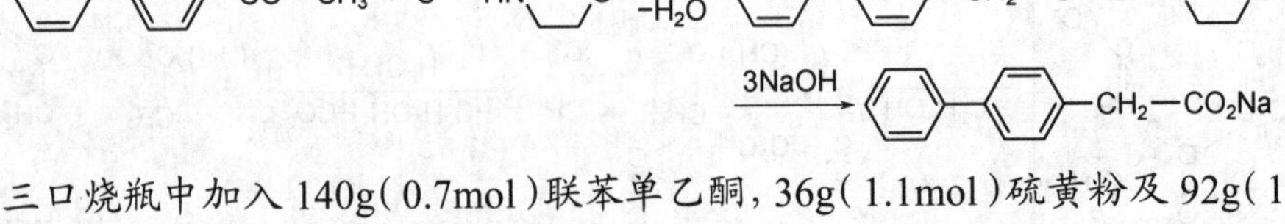

2L 三口烧瓶中加入 140g（0.7mol）联苯单乙酮，36g（1.1mol）硫黄粉及 92g（1.06mol）吗啉，加热至 80℃溶解后开动搅拌，加热回流 6h，回流温度很快从开始的 125℃下降至 116℃，反应物为棕红色液体，继续搅拌加热保持回流状态，加入如下配制的溶液：123g（3mol）NaOH 溶于 125mL 水及 500mL 乙醇的溶液。

加完后继续搅拌下加热回流 6h（85℃），反应物由土黄色变为棕黄色，取样能几乎完全溶于水表示水解完全。回收乙醇约 600mL 后停止搅拌，再改用水泵减压回收 120mL，与前者合并处理（回收乙醇和吗啉）❶。

向反应瓶中加入 700mL 热水加热使溶解，开动搅拌，维持 70~80℃由滴液漏斗慢慢加入用 170g（1.7mol）浓硫酸及 200mL 水配制的稀酸中和至 pH 3，在加入约 1/3 以后开始放出大量硫化氢并形成泡沫❷，切不可加入太快以防扑溢（H_2S 用 NaOH 溶液吸收以回收 $Na_2S \cdot 9H_2O$，或 NaHS 作还原剂使用）。加完后再搅拌半小时，滤出结晶，热水洗，干燥后得 160~165g，纯度（HPLC）91%，mp 151~156℃（产率 97%）。

【酯化及水解】

1L 三口烧瓶中加入以上全部 165g（0.7mol）粗酸、150mL 甲醇，搅拌下加入 40g 浓硫酸并加热至 80℃，大部分固体物酯化消溶；回流 3h，冷后分取上层油 160~170g（下面"醇酸"补加 50mL 甲醇重复用于酯化），水洗，碱水洗，再水洗，减压脱水，减压分馏。头分 3~5g 以后收集 178~182℃/3~5mmHg 馏分，得 113~120g。

1L 三口烧瓶中加入 25g（0.62mol）NaOH，溶于 250mL 水中，加入 113~120g 上面蒸馏过的酯，搅拌下加热回流 3h（半小时就已水解完全，这样长的时间是让硫凝聚）。加入 2g 脱色炭及 350mL 水❸脱色过滤，保持 95℃左右用 34g（0.34mol）浓硫酸及 100mL 水配制的稀硫酸慢慢酸化，于 70℃滤出结晶❹，水洗。干燥后得 104g（产率 68%，按联苯乙酮计），纯度（HPLC）98.3%，mp 148~153℃。

精制：用冰乙酸（2mL/g）重结晶（脱色），产品纯度 99.8%，mp 159.3~160.5℃。或用 78%乙醇（12mL/g）重结晶❺，得片状结晶 58~60g（干），mp 159.3~160.4℃。

5. 草酰氯向芳香核引入羧基

在二硫化碳（钝化、完全不发生傅-克反应）溶剂中，用草酰氯的方法是最简单向芳香环上引入草酰基氯的一步操作法，在之后的冲水过程被酸水解，得到羧酸。此方法的要点是过程中没有过剩的芳烃底物。草酰氯对某些底物构成位阻。

---

❶ 在 $2m^3$ 反应罐中扩大生产：回收到的乙醇及吗啉混合液以浓硫酸中和至 pH 3，蒸除乙醇至液温 140℃（馏出气温 78~81℃），回收乙醇当作 80%乙醇及 20%水计算使用。剩余物用 60% NaOH 温热的溶液中和至强碱性，冷至 50℃倾取液体部分（吗啉），用固碱（片状 NaOH）干燥，再干燥一次，按 85%纯度直接使用；或分馏，得 57~64g；用过的氢氧化钠干燥剂用于下次的水解或中和。

❷ 粗产品已经开始析出，酸化有 NaHS 过程，加入 1/3 酸以后才放出 H_2S。

❸ 用碱水解时，以 2g KOH 代替 NaOH 使可能出现的联苯甲酸以钾盐滤除。

❹ 在较高温度慢慢酸化以获得较大结晶，否则过滤困难。

❺ 醇母液与洗液合并，回收乙醇后得到的联苯乙酸重新精制或酯化。

2,5-二甲基苯甲酸　　M 150.18，mp 132.5~134.5℃，bp 268℃。

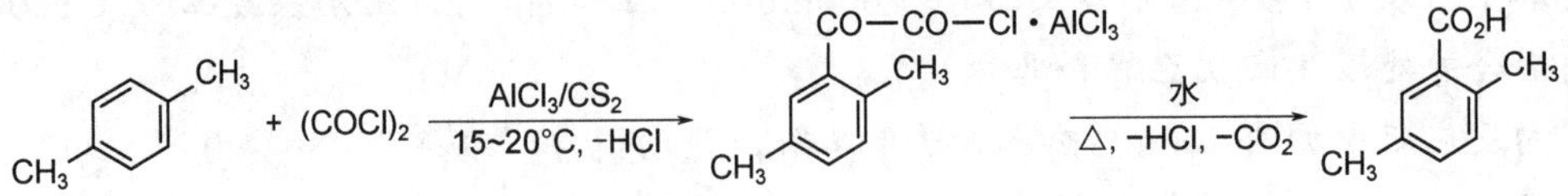

1L 三口烧瓶中加入 402g（3mol）三氯化铝及 720mL 无水二硫化碳，用冰水浴保持反应温度 15~20℃，搅拌着于 3h 左右慢慢加入 318g（3mol）对二甲苯与 384g（3mol）草酰氯的混合液。由于放出 HCl 吸热与反应放热相平衡，很容易控制反应温度。反应物逐渐变为棕红并析出络合结晶，加完后再搅拌 1h。将反应物慢慢加入 3kg 碎冰中，充分搅拌。分取下面有机层，水浴加热回收二硫化碳，冷后倾去剩余物中残存水，加入 500mL 水和 50mL 盐酸，搅拌下煮沸半小时，冷后滤出结晶，水洗，用酸碱溶析处理一次，干燥后得 330g（产率 73%），mp 131~132℃。

精制：用甲苯重结晶，mp 133~134℃。

注：对于 2,6-取代位阻，或许可使用氯甲酸甲酯。

6. 乙氧甲酰化——在 C^- 处引入羧酸乙酯

活泼的 α-C—H 在碱（醇钠）作用下生成碳负离子，与碳酸二乙酯或氯甲酸酯缩合，水解后得到羧酸。

下面实例中苯乙腈在较低温度和甲醇钠反应生碳负离子（C^-）和碳酸二乙酯反应，同时蒸除生成的乙醇使反应向右进行，最后水解及中和得到羧酸酯；作为副反应，碳负离子还可以在苯乙腈分子间在氰基加成（Na_2CO_3 作用下温度 >110℃）及发生异构。为了减少以上副反应，使用大过量的碳酸二乙酯，碳负离子一经生成就与碳酸二乙酯反应掉，同时蒸除产生的乙醇。

α-氰基苯乙酸乙酯　　M 189.21，bp 275℃，d 1.090，n_D^{25} 1.5012~1.5019。

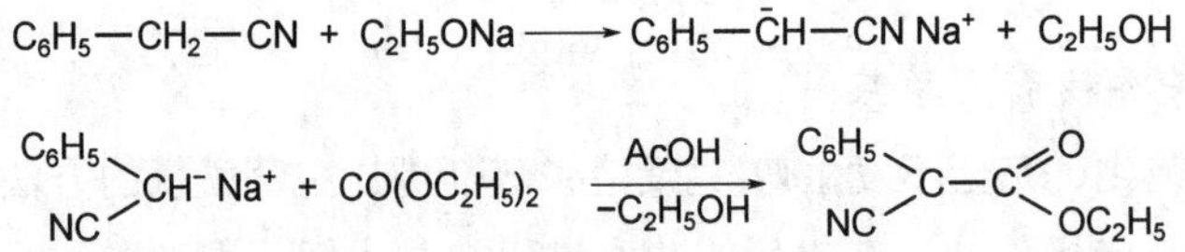

1L 三口烧瓶中加入 300mL 无水乙醇，在回流冷凝器下慢慢加入 12g（0.52mol）金属钠切片，金属反应完全后在 80℃ 水浴上加热，用水泵减压回收乙醇（为无水乙醇）至近干。

配置密封的机械搅拌，分液漏斗、蒸馏头附温度计接蒸馏冷凝器，用附有氧化钙干燥管的蒸馏瓶作接收器。向瓶中加入混合液：292g（2.5mol）干燥并蒸过的碳酸二乙酯（bp 126~128℃），80mL 甲苯及 58.5g（0.5mol）优质苯乙腈，混匀。

搅拌下缓缓加热，结固的乙醇钠很快进入反应并溶消；继续加热慢慢蒸馏，控制在 85℃ 左右馏出，馏出物是反应中乙醇钠以及碳酸二乙酯退减下来的乙醇和甲苯的混合物，在蒸馏过程中，以同样的速率从分液漏斗滴入无水甲苯，经两个小时大约加入了

200~250mL 甲苯（＜1 滴/秒），当反应完成，不再产生乙醇时，蒸馏温度升高到甲苯的沸点（＞110℃，含少量未反应的碳酸二乙酯），α-氰基苯乙酸乙酯钠盐析出。将反应物移入 1L 烧杯中放冷，加入 300mL 冰水充分搅拌，分取水层用乙酸酸化（35~40mL）。分取析出的油层，水层用乙醚提取（3×75mL），乙醚提取液与油层合并，水洗，以无水硫酸钠干燥后回收乙醚，剩余物减压分馏，收集 125~135℃/3~5mmHg 馏分，得 66~74g（产率 70%~78%），n_D^{25} 1.5012。

7. 其它特殊实例

底物构造对反应的局限性很大，几乎每一过程都是特殊的。下面事例中，SO_3 与柠檬酸中最强的羧基生成混合酸酐，然后如甲酸在浓硫酸中的分解，生成丙酮-1,3-二甲酸。

丙酮-1,3-二甲酸 M 146.10，mp 138℃；结晶性粉末。

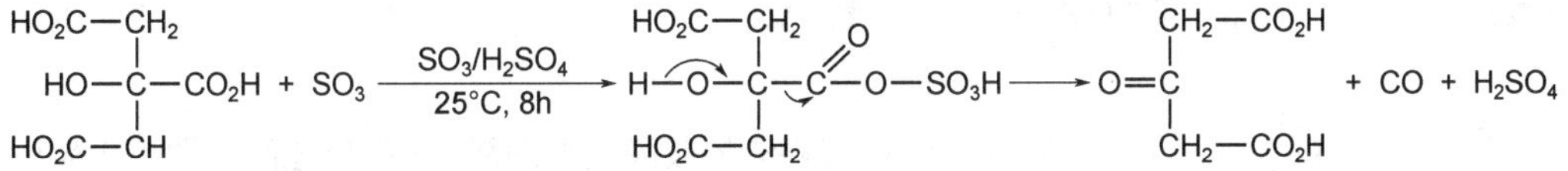

5L 三口烧瓶中加入 3kg 含 20% SO_3（7.5mol）的发烟硫酸，冷却控制 25℃左右搅拌下于 8h 慢慢加入 1.2kg（＞98%，6mol）工业无水柠檬酸粉末，mp 150℃（154℃），加完后再搅拌 4h 或更长[1]。移去冰水浴搅拌 5h，至 CO 很少生成后或再放置过夜。

10L 三口烧瓶中加入 2.5kg 碎冰，外部也要冷却，控制 25℃以下慢慢加入以上反应液。冷至 0℃用涤纶布介质滤出结晶，尽量滤干，用冰水搅开成糊状[2]，滤干，用冰水冲洗一次；再用乙酸乙酯浸洗及冲洗，滤干；再与 350mL 乙酸乙酯充分搅开，滤干并冲洗；风干后得 750g（产率 85%），可作一般使用。

精制：以上粗品与冰乙酸（1mL/g）搅开成糊状，滤干后用冰乙酸冲洗，乙酸乙酯浸洗两次（风干得 600g，mp 115~117℃），再用石油醚浸洗一次，干燥后产品的分解点 126℃[3]，纯度 98%（电位滴定）。

丙酮酸 M 98.06，mp 11.8℃（13.6℃），bp 165℃（分解），d^{20} 1.2672，n_D^{20} 1.4280。

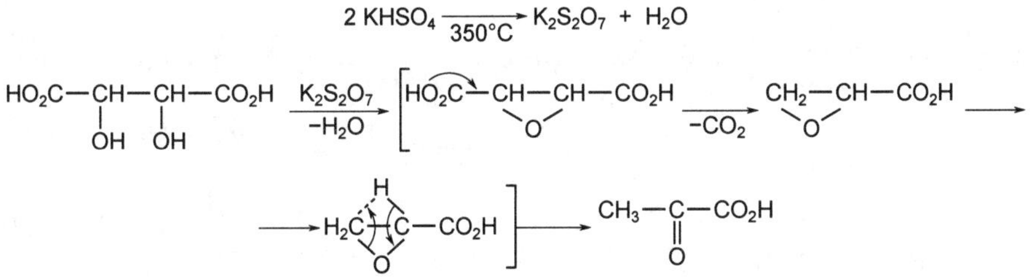

---

[1] 加入柠檬酸不可过快，反应物积累造成突发的放出 CO 泡沫会发生扑溢（发生过两次）或加入一层有机溶剂作消泡剂；反应物的黏度比硫酸大，CO 不易释放出，考虑把发烟硫酸和柠檬酸交替加入 100%硫酸中。

[2] 或当在搅成糊状以后，以 $NaHCO_3$ 饱和液调节水液至 pH 1.5~2 以中和无机酸（它是使产品不稳定的主要因素）后，进行冰乙酸、乙酸乙酯及石油醚洗。

[3] 这样的产品可以在室温保存半年以上。

焦硫酸钾：硫酸氢钾（mp 214℃），在铸铁锅中用直火加热熔化，直至水汽泡停止放出，并开始产生酸的烟雾——焦硫酸钾开始分解，放出 SO_3，此时温度约 350℃，停止加热，在铁盘中锭成片，粉碎，密封保存。

20L 搪瓷桶中加入 3.6kg（14mol）焦硫酸钾粉末与 2.4kg（16mol）d-酒石酸（即普通酒石酸）充分混匀，搅动着用煤气火加热使融化，继续加热至水汽较少放出，开始有丙酮酸的气味及烟雾❶，立即移入容积约 20L 的不锈钢罐中作蒸馏装置，用分散的煤气火均匀加热（因物料不均匀，有其它分解，时间短产量高❷，放出 CO_2 容易造成扑溢），蒸出粗品 1~1.2kg，纯度 80%（产率 56%~68%）。

减压分馏，收集 65~72℃/20mmHg 馏分，再分馏一次，得 500~550g（产率 35%~39%），纯度＞98%，外观淡黄色。

第三节　有机过酸及其它过氧化物

有机过酸有更强的分子内氢键而显示比其相应的羧酸更弱的酸性。有机过酸主要用于碳碳双键（C＝C）的氧化，邻二羟基化；醛、酮的氧化、重排（电负电心向缺电子氧的 1,2-迁移）；以及叔氨的 N-氧代。它们的氧化能力依其共轭酸的强弱。

过酸或过氧化氢对于 C＝C 双键的环氧化：在碱性条件，过氧负离子首先进攻双键极化正电的一端，是亲核的，而后是亲电（C⁻）的，共轭酸退减下来。在 C＝C 双键的环氧化过程中，C＝C 双键越是极化就更容易受过酸（R）Ar—CO₃H 或 H₂O₂ 的进攻；更强的共轭酸更容易退减下来发生环合；在有水混溶的溶剂中反应时，环氧烷由于小环巨大张力及碱的作用与水很快加成，生成相邻二醇；在低温和冰水条件使用过酸的氧化中，退减的共轭酸从背面进攻环氧烷，生成 β-羟基-强酸酯，水解后得到二醇。

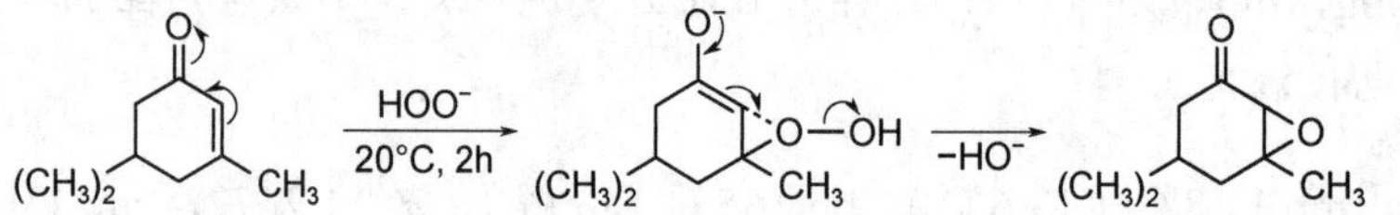

3,5,5-三甲基-2,3-环氧-1-环己酮　（见 109 页）

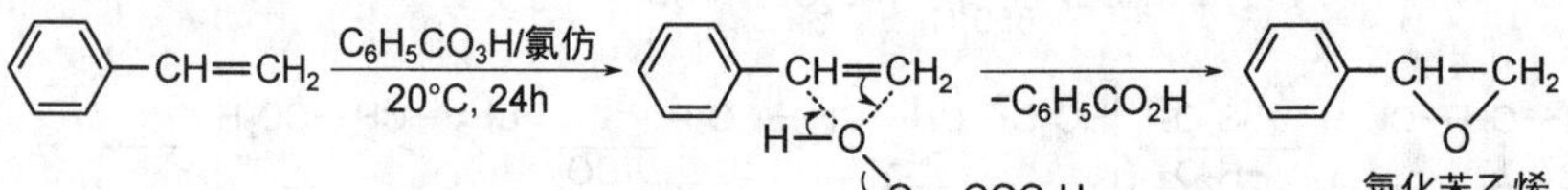

氧化苯乙烯　（见 109 页）

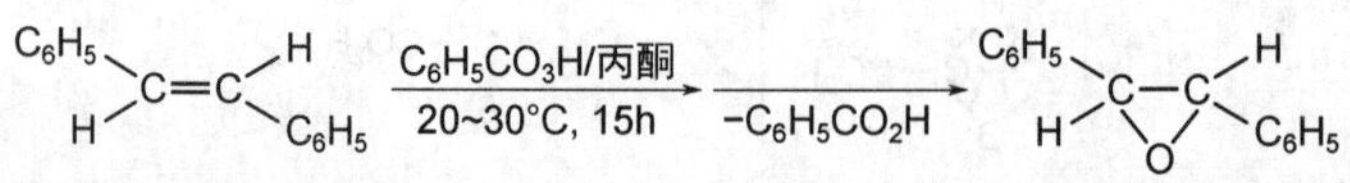

1,2-二苯基环氧乙烷　（见 110 页）

---

❶ 应该把混合好的物料在反应罐中用油浴加热。

❷ 过度加热，产品有分解（bp 165℃，分解点），反应物液温 190℃开始有馏出，产品主要在 205~220℃（液温）馏出，气温也从开始的 105℃（包含未蒸尽的水）很快升到 140~150℃，当液温升至 230~235℃反应结束。反应物温度实际上都在产物的分解点以上，应考虑其它方法加热，使用搅拌和更低些的反应温度。

长链对于 C=C 双键的反应有空间阻碍。

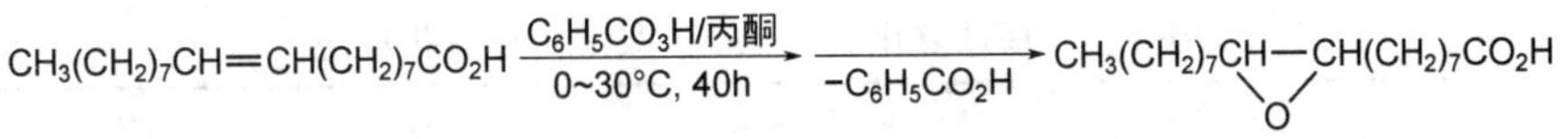

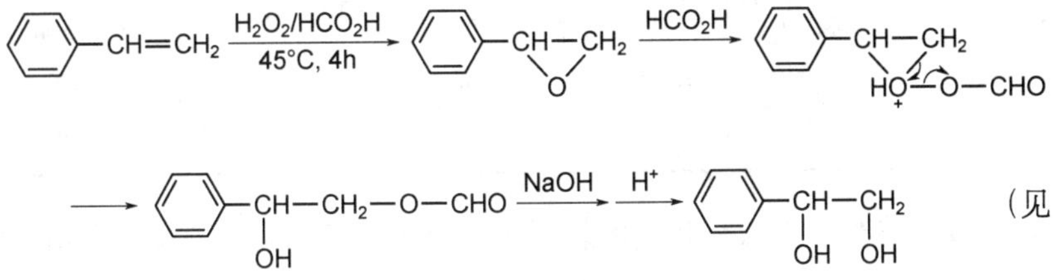

$$CH_3(CH_2)_7CH=CH(CH_2)_7CO_2H \xrightarrow[\text{0~30°C, 40h}]{C_6H_5CO_3H/\text{丙酮}} \xrightarrow{-C_6H_5CO_2H} CH_3(CH_2)_7CH-CH(CH_2)_7CO_2H$$

（见 111 页）

苯基乙二醇

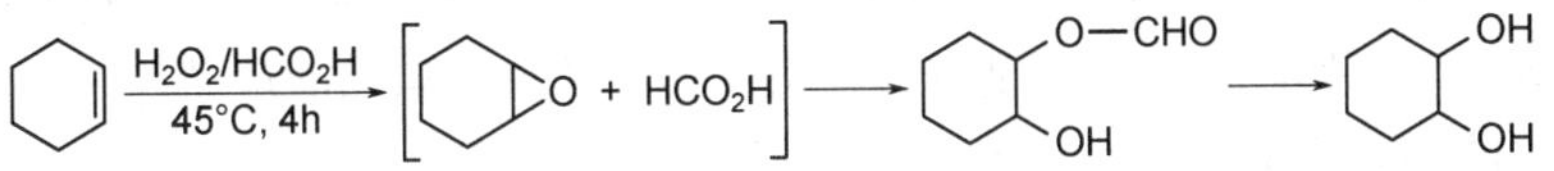

（见 111 页）

反-1,2-环己二醇

叔胺及氮杂环以及亚磷、亚砷与过酸或过氧化氢反应，得到在氮杂原子以及磷、砷原子的氧化产物，在含水溶剂中进行，反应速率依杂原子的电负性，得到很好的产率。

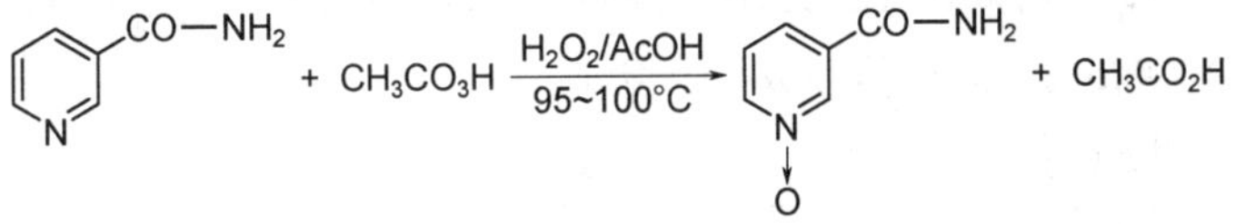

（见 835 页）

85%
N-氧代烟酰胺

（见 833 页）

N-氧代-4-羟基-2,2,6,6-四甲基哌啶自由基
79%(99%)

$$(C_6H_5)_3P + H_2O_2 \xrightarrow[\text{<40°C}]{\text{丙酮/水}} (C_6H_5)_3P=O + H_2O$$

（见 764 页）

氧化三苯基膦
91%

烯烃的环氧化使用双氧水在含水溶剂中进行，反应缓慢，产率不高。使用钒、钼、钨的氧化物或其锰盐、钠盐（Na_2WO_4）可以催化反应；醇的过氧化物（叔丁基过氧化氢、叔戊基过氧化氢、过氧化氢异丙苯）的氧化能力虽比过氧化氢稍差，但它与底物互溶，也方便使用溶剂。对于烯醇结构的 C=C 氧化具有很好的空间及主体的选择性，而不是像过氧化氢那样首先氧化醇基。

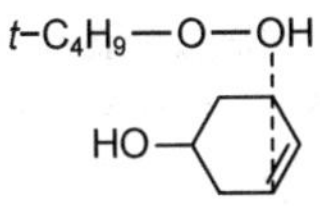

有介绍说，在金属催化剂作用下用烃基过氧化氢对 C=C 双键的环氧化反应，比较其氧化速率及反应条件如表 5-4 所示。

表 5-4　烃基过氧化氢对 C=C 双键的环氧化反应

氧化剂	烯（底物）	溶剂	催化剂	含量/%	反应条件	产率/%
HOOH	环戊烯	二氧六环	Mo（Ⅲ）	10	50℃, 10h	38
(CH₃)₃COOH	环戊烯	二氧六环	Mo（Ⅲ）	12	80℃, 8h	99
(CH₃)₃COOH	环戊烯	无	三-乙酰丙酮酸氧化钼	2	71℃, 1h	86

可以看出，反应条件、金属催化剂的状态对于反应速率的巨大差异，突出反映催化剂必须解除缔合状态，才能显示出催化剂的巨大活性。又如以上 4-羟基-2,2,6,6-四甲基-哌啶用双氧水在水条件的 N-氧化，反应很慢，使用催化剂 $Na_2WO_4 \cdot 2H_2O$（1.5%）及必须使用助催化剂 EDTA 二钠·$2H_2O$（1.5%）才得以正常进行，得到高产率及高质量的产品。其它助剂如四甲基乙二胺、三乙胺、二乙胺作为解除缔合试剂。

在使用和制取有机过酸及其它过氧化物时，应特别注意其对热、光照及强酸的不稳定性质，会发生放热分解，剧烈分解会燃烧，甚至可能发生爆炸；铁（Fe）对此项分解起催化作用，在过氧化氢叔丁基、过氧化氢异丙苯的生产处理中使铸铁锅炒过的无水硫酸钠（含硫酸铁）干燥产品发生过爆燃；在用氧化还原方法分析滴定产品纯度时使用铁盐作分解的催化剂，无铁杂质（Fe 含量 < 0.0005%）的产品存放是安全的。

有机过酸及其它有机过氧化物的合成介绍如下。

一、有机过酸

过苯甲酸　M 138.12，mp 41~43℃，bp 97~110℃/13~15mmHg；在热水中分解；易溶于醇、醚及氯仿。

$$(C_6H_5CO)_2O_2 + CH_3ONa \xrightarrow[\text{0~5℃}]{\text{甲醇}} C_6H_5-CO-OO-Na + C_6H_5-CO_2-CH_3$$
$$\xrightarrow{H^+} C_6H_5-CO_3H$$

0.5L 三口烧瓶中加入 100mL 甲醇，分次加入 5.2g（0.22mol）金属钠切片，反应完成后保持 0～-5℃，搅拌着慢慢滴入如下溶液：50g（0.21mol）干燥、分析测定含量的（测定熔点不可靠）过氧化二苯甲酰溶于 200mL 氯仿的溶液，混匀，冰冷备用。加完后再搅拌半小时，反应物变得浑浊（如使用乙醇钠则过苯甲酸钠立即析出）。

2L 烧杯中❶加入 500g 冰水，搅拌下加入以上反应物，充分搅拌使过苯甲酸钠溶于水中，分去氯仿层，水层用氯仿提取，除尽苯甲酸酯；水溶液用 5%硫酸酸化，用氯仿提取（3×100mL），提取液合并，水洗两次，以无水硫酸钠干燥❷，在 35℃水浴上加热，稍以

---

❶ 以下操作要在低温（0℃）尽快进行。过苯甲酸钠水中有较快水分解为苯甲酸钠、过氧化氢；但在酸化以后，在湿的氯仿中，冰冷及黑暗处可保存两周（在室温放置 5 天，即有 50%分解），此溶液可直接使用。
❷ 文献介绍：铁桶包装的工业氯化钙带入更多的 Fe 催化它会发生碎裂分解。

负压回收氯仿，剩余物真空干燥，得 22~23g（产率 75%~80%）。

另法： $C_6H_5-CH=O + O_2$（空气）$\xrightarrow[5℃]{}$ $C_6H_5-CO_3H$

5L 三口烧瓶中加入 520g（4.9mol）新蒸的苯甲醛及 4L 丙酮。配置干冰/丙酮浴的回流冰水冷凝器。保持 5℃ 左右从两个插底的粗砂芯分散头的通气管，在三个 125W 石英水银灯照射下通入急速的空气流反应 24h，如间断，也要保持反应物在 5℃ 以下；此时反应物中含量约 2mol，产率 40%~45%。

过 3-氯苯甲酸 M 172.57，mp 69~71℃；结晶性粉末，易溶于二氯甲烷、醇及乙醚中；该酸较稳定，可在室温储存。

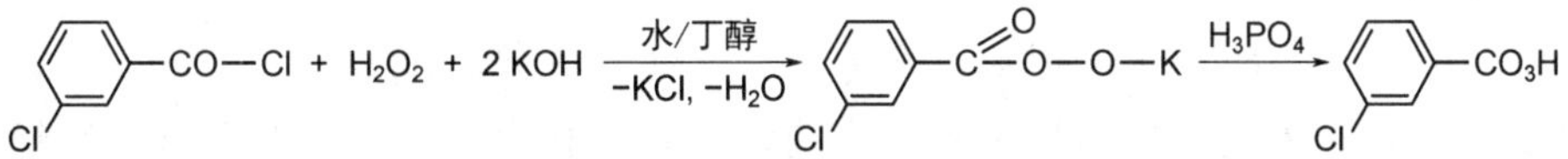

5L 三口烧瓶中加入 800mL 水，搅拌下加入 54g（1.35mol）氢氧化钠及 178g 85%（2.7mol）氢氧化钾[1]，溶解后加入 252g 27%（2mol）双氧水及 840g 叔丁醇。保持在 5℃[2]于 3h 左右慢慢加入 300g（1.71mol）3-氯苯甲酰氯，加完后保温搅拌 2h 至反应物无酰氯的气味。慢慢加入 150g 85%（1.3mol）磷酸酸化，静置半小时，分取有机层脱色滤清。

5L 三口烧瓶中加入 2L 蒸馏水，保持 30℃ 左右用水泵减压（约 30mmHg）以 0.8~1.0mL/s 的速率将上述叔丁醇溶液慢慢加入[3]，叔丁醇以共沸的形式蒸发，得到产品和水的浆状物。滤出结晶，水洗，干燥后得 240g（产率 81%），纯度 >99%。[4]

单过邻苯二甲酸 M 182.12。

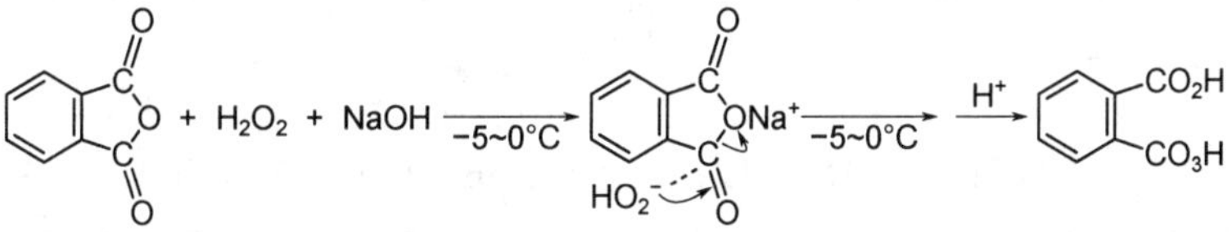

1L 三口烧瓶中加入 235mL 水，搅拌下加入 41g（1.02mol）NaOH，溶解后冷至 -10℃，慢慢加入冷至 0℃ 以下的 115g 30%（1.01mol）[5]双氧水，有放热；再冷至 -10℃，加入 74g（0.5mol）o-苯二甲酸酐粉末，快速搅拌半小时，不一定全溶，维持 <5℃ 用 285g 20%（0.58mol）硫酸酸化；用无过氧化物的乙醚提取三次（350mL、150mL、150mL），醚液合并，以 40% 硫酸铵洗两次（2×200mL），用无水硫酸钠在冰冷条件中干燥过夜。测定含

---

❶ 文献有使用含少量硫酸镁的氢氧化镁悬浮液作为反应用碱。

❷ 有介绍在 15℃ 反应，并且不使用其它有机溶剂。如果使用二氯甲烷为溶剂，该过酸极易溶解（有分子内氢键），间氯苯甲酸则完全不溶。

❸ 在约 30mmHg 压力下蒸出叔丁醇，沸点在 -5℃ 左右，要用干冰冷阱收集。

❹ 该项纯度似有误，应用碘量法滴定；工业品为含 3-氯苯甲酸的混合物，纯度 80%。

❺ 苯-o-磺基甲酸酐，磺基拉电子使羰基有更强的加成活性；相近文献，使用 0.6mol（过量 20%）的双氧水及反应温度 -5~0℃ 即可完成反应——邻磺基过苯甲酸是制备反式相邻二醇最好的过酸，酸性很强，与烯烃反应后直接得到反式二醇，苯-o-磺基甲酸酐退减下来。

量后计算产量 71~78g，产率 78%~86%，直接使用。

过氧化二苯甲酰　M 242.22，mp 106~108℃；不规则的白色结晶性粉末；不溶于水，难溶于甲醇、乙醇及 CS_2，易溶于氯仿、苯和石油醚。

$$2 C_6H_5-CO-Cl + H_2O_2 + 2 NaOH \xrightarrow{<10℃} C_6H_5-CO-O-O-CO-C_6H_5 + 2 NaCl + 2 H_2O$$

0.5L 10%（1.47mol）双氧水，控制 5~8℃搅拌着，保持反应物为弱碱性同步加入 142g（118mL，1mol）苯甲酰氯及 236mL 17%（1.19mol）氢氧化钠溶液，加完后继续搅拌至无苯甲酰氯气味，滤出，水洗，乙醇浸洗，风干得 105~115g（产率 86%～94%）[1]，mp 106~108℃。

精制：溶于温热的氯仿成饱和，滤清，以 2 倍甲醇析出产品。

纯度的测定：300mL 锥形瓶中加入准确计量的 0.3g 样品及 15mL 氯仿，溶解后用冰盐水冷却（约-5℃），加入 5mL 27%～30%甲醇钠甲醇溶液及 20mL 甲醇溶液，摇匀 5min 后加入 10mL 36%乙酸、2mL 40% KI 溶液及 100mL 新煮并冰冷的蒸馏水，以 0.05mol/L 标准海波溶液滴定，以淀粉为指示剂。

1.00mL、0.1000 0.05mol/L 海波 $Na_2S_2O_3$ 溶液 ⇌ 0.0121g 过氧化二苯甲酰。

二、烃基过氧化物——过氧醇及过氧醚

醇的过氧化物易溶于有机溶剂，比过氧化氢稳定，最常见的烃基过氧化物有如：叔丁基过氧化氢、过氧化二叔丁基；过氧化氢异丙苯、过氧化-二-异丙苯及过氧化的酮类；醇的过氧化物通常用叔醇与过氧化氢在酸催化下制取，经常是硫酸，也有使用高氯酸（$HClO_4$）、强酸树脂；也可以是烷烃与氧的自氧化反应，如过氧化氢异丙苯、过氧化氢四氢萘、过苯甲酸及异丁烷的氧化。

过氧化氢叔丁基（TBHP）　M 90.12，mp 6℃；bp 80~90℃（分解），35~37℃/17mmHg；d^{20} 0.890；又：bp 89℃（分解），34℃/20mmHg；fp 12.8℃（闭环），18.3℃（开环）；无色液体，可溶于水（11%），与多种有机溶剂互溶，尚属稳定，与氢氧化钠生成叔丁基过氧化钠能析出结晶。

$$(CH_3)_3C-OH + H_2SO_4 \xrightarrow{<25℃} (CH_3)_3C-O-SO_3H + H_2O \rightleftharpoons (CH_3)_3C-\overset{+}{O}H_2 \cdot HSO_4^-$$

$$(CH_3)_3C-\overset{+}{O}H_2 \cdot HSO_4^- + H_2O_2 \xrightarrow{20~25℃} (CH_3)_3C-O-OH + H_2SO_4 + H_2O$$

$0.5m^3$ 陶罐中加入 50L 水，搅拌下慢慢加入 250kg（2.5kmol）浓硫酸，搅匀放冷至室温，测其比重 d^{20} 1.72，含量 79%，如果超出可以冰水调节。

$0.3m^3$ 反应罐中加入 100kg 84%~86%（d^{20} 0.825，1.14kmol）叔丁醇，控制 20~25℃ 搅拌着于 7h 左右（用 18~19℃水冷却）慢慢加入以上的冷硫酸，备用。

氧化：$0.5m^3$ 反应罐中加入 162kg 27%～28%（1.28kmol）双氧水，搅拌下，冷却控

---

[1] 产品纯度 99%。为了安全，市售商品中添加 10%~30%水，或仅为潮湿。

制 20~25℃于 5h 或更长时间（绝不可快）均匀地加入以上酸式酯。加完后保温搅拌 1h，再于 20℃左右放置 2~3h 或放置过夜。分取上面油层❶，得粗品 75~80L（含量 72%~78%，产率 50%~52%，未计入过氧化二叔丁基），搅拌着慢慢加入工业碳酸钠调节产物 pH 5，滤清，以无水硫酸钠干燥过夜，并不时搅动，过滤分离后为工业品级产品：d^{20} 0.906；含量＞75%；过氧化二叔丁基＜25%。

如有必要按下面方法分离：

0.3m³ 反应罐中加入 80L 粗品，控制 20~25℃搅拌下慢慢加入上面配制的氢氧化钠溶液［25kg（0.62kmol）氢氧化钠溶于 195L 水中放冷］，立即析出钠盐结晶，随即溶解，有较大放热（以上碱的浓度 11%，不会保留析出的钠盐结晶），加完后保温搅拌半小时，静置 3h。分取上面油层得 18L（14kg）为过氧化二叔丁基❷，用 10%氢氧化钠洗一次，水洗两次，以无水硫酸钠干燥，得过氧化二叔丁基（含异丁烯）③。

基本清亮的水层移入 0.3m³ 反应罐中，控制 25℃以下搅拌着以 60%硫酸酸化至 pH 3，搅拌 10min 后静置 3h，分取油层得 55~59L，以无水硫酸钠干燥四次，每次都要干燥过夜，最后得 50~55L，d^{20} 0.8930。

过氧化二叔丁基　M 146.22，bp 80℃，d^{20} 0.794，n_D^{20} 1.389；遇浓硫酸发生爆燃。

$$2\ (CH_3)_3C-OH \xrightarrow{H_2SO_4} 2\ (CH_3)_3C-\overset{+}{O}H_2 \cdot HSO_4^- \xrightarrow{H_2O_2/H_2SO_4} (CH_3)_3C-O-O-C(CH_3)_3$$

同时在两个 10L 三口烧瓶配制两种溶液：其中一个烧瓶中加入 1.42kg 70% H_2SO_4，控制 20℃以下慢慢加入 2.24kg（30mol）98%叔丁醇，继续冰盐浴冷却至-7℃以下。

另一个烧瓶中加入 1.5L 27%（11.8mol）双氧水，冰盐浴冷却控制反应温度 10℃以下慢慢加入 3.48kg 浓硫酸，加完后冷却至-5℃备用。

合成：冷却至-7℃以下的叔丁醇硫酸单酯的溶液，在高效冰盐浴冷却下搅拌着，将冰盐浴中冷却至＜-5℃的过氧化氢硫酸溶液按以下方法加入❸：于 7min 左右加入 1L，反应物温度由-7℃上升到 3℃；再于 10min 左右加入 1L，反应物温度由 3℃上升至 10℃；再于 10min 左右加入 1L，反应物温度由 10℃上升至 20℃；仍要高效冷却，保持 20℃以下加完其余的过氧化氢硫酸溶液（曾经片刻升到 23℃），加完后再搅拌 2min❹。

立即用 5L 分液漏斗或分液瓶分取油层，水洗两次，以 5% NaOH 洗两次，以无水硫酸钠干燥后得 1.5~1.7kg（产率 87%～98%❺，按双氧水计；71%～80%，按叔丁醇计），外观淡黄，d^{20} 0.7960~0.7970❻，n_D^{20} 1.389~1.391。

---

　❶ 大量废酸，或部分可用以酸化分离产品；或部分调节浓度 79%~80%用以制取单叔丁酯。

　❷ 过氧化二叔丁基粗品含异丁烯，可在用前配得 79%~80%硫酸，在＜10℃洗两次，硫酸仍可作合成之用。

　❸ 硫酸浓度、反应温度及时间对于产物的分解是至关重要的安全问题。

　❹ 硫酸用量不可再少，操作时间不可延长，否则产率大幅下降（向缺电子氧的 1,2-迁移，分解为丙酮和甲醇，过氧化氢叔丁基分解更多）。

　❺ 除非使用管道分区合成以增加冷却面积比率。在使用了摩尔量叔丁醇的小试验中，加入过氧化氢的时间仅 5min，由于反应滞后，反应温度很快升至 23℃。应急处理，将烧瓶立即浸在其它-10℃的冰盐浴中，3~4min 降下来，产率按双氧水计 98%。在以上放大 10 倍的生产中，产率是 87%。

　❻ 若产品密度高出此区间，应用 5% NaOH 洗除 TBHP；洗后若密度超低，可用 78% H_2SO_4 洗除异丁烯或聚异丁烯。

高氯酸（$HClO_4$）作用下的氢过氧化物和叔苄醇的亲核取代。

过氧化二异丙苯　M 270.37，mp 39℃，bp 约 120℃（分解）。

$$C_6H_5-\underset{\underset{CH_3}{|}}{\overset{\overset{CH_3}{|}}{C}}-OH + (-CO_2H)_2 \xrightarrow{40\sim45℃} C_6H_5-\underset{\underset{CH_3}{|}}{\overset{\overset{CH_3}{|}}{C}}-O-\overset{\overset{O}{||}}{C}-\overset{\overset{O}{||}}{C}-OH + H_2O$$

$$C_6H_5-\underset{\underset{CH_3}{|}}{\overset{\overset{CH_3}{|}}{C}}-O-\overset{\overset{O}{||}}{C}-\overset{\overset{O}{||}}{C}-OH \xrightarrow{H^+} C_6H_5-\underset{\underset{CH_3}{|}}{\overset{\overset{CH_3}{|}}{C}}-O-\overset{\overset{+}{OH}}{C}-\overset{\overset{O}{||}}{C}-OH \xrightarrow[-(-CO_2H)_2,\ -H^+]{HOO-C(CH_3)_2-C_6H_5} C_6H_5-\underset{\underset{CH_3}{|}}{\overset{\overset{CH_3}{|}}{C}}-O-O-\underset{\underset{CH_3}{|}}{\overset{\overset{CH_3}{|}}{C}}-C_6H_5$$

5L 三口烧瓶中加入 1.22kg（8mol）过氧化氢异丙苯，搅拌下加入 1.2kg（8.8mol）枯木醇（α,α-二甲基苄醇），水浴加热保持 40~45℃，于半小时左右慢慢加入 0.5kg（5.5mol）粉碎的无水草酸[1]，保温搅拌 6h[2]；加入 6mL 1%高氯酸溶液（约 40~50mg $HClO_4$）继续保温搅拌 4h 或更长时间至过氧化氢异丙苯剩余<0.5%可认为反应终了（反应物为深黄色）。加入 1L 50℃热水以溶解草酸[3]；趁热过滤、未溶的草酸用 500mL 热水洗；趁热分取油层，用 10% NaOH 中和至强碱性（pH 10），洗去过氧化氢异丙苯和溶解的草酸，分去棕红色的水层。油层冰冷至 0~5℃，放置过夜使结晶完全；趁冷滤取结晶并以冰水洗压至无油珠滤出为止，再用冰冷的甲醇冲洗，风干得 1.2kg，mp 38~41℃（产率 55%）。未结晶的油层或因枯木烯影响产品析出结晶。

附：枯木醇　M 136.20，mp 34~35℃，bp 90~92℃/9mmHg，d^{20} 0.9724，n_D^{20} 1.5210。

800g（7.5mol）碳酸钠溶于 4L 热水，冷后加入 4kg 冰块，通入 SO_2 至 pH 3，制得亚硫酸氢钠溶液，维持 15~20℃搅拌下慢慢加入 1.4kg（8mol）过氧化氢异丙苯钠盐，加完后再搅拌 3h，反应物为橘红色，分取有机层，水层用苯提取两次。苯提取液与油层合并，用 1.5L 2% NaOH 分两次洗（洗液棕黄），再水洗，以无水碳酸钾干燥，回收苯后减压分馏，收集 94~98℃/11mmHg 馏分，得 1kg（产率 91%）。

过氧化二环己酮　M 246.31，mp 78℃；比较稳定，1g 样品在坩埚中电炉加热只炸出裂痕。

$$2\,\underset{}{\bigcirc}=O \xrightarrow[5℃]{2\,H_2O_2} 2\,\overset{\overset{O-OH}{|}}{\underset{\underset{OH}{|}}{\bigcirc}} \xrightarrow{H^+} \overset{\overset{O-OH}{|}}{\underset{\underset{OH}{|}}{\bigcirc}} + \overset{\overset{H_2O^+}{|}}{\underset{\underset{HOO}{|}}{\bigcirc}} \xrightarrow{-H_2O,\ -H^+} \overset{\overset{O-O}{|}}{\underset{\underset{OH\quad HO_2}{|}}{\bigcirc\ \bigcirc}}$$

5L 搪瓷盒中加入 980g（10mol）品质优良的环己酮。冰冷至 5℃，搅拌着慢慢加入 1.21kg 28%（10mol）冷至<5℃的双氧水，充分搅拌，反应放热，升温达到 40℃；继续冰冷至 15℃以下（可能有一些结晶析出），搅拌下一次性加入 200mL 7%盐酸，迅速搅匀，反应物放热升温至 30℃，搅拌使成松散状，搅拌困难（可考虑使用大量、浓度更稀的

---

[1] 无水草酸的酸性及吸湿性很强，$(CO_2H)_2\cdot 2H_2O$，有毒。

[2] 结晶草酸 mp 104~106℃；在 110℃烘干脱水过程有较严重的升华，或可采用其它方式处理；使用枯木烯的试验没有成功，或不是经过枯木烯。亦见 t-丁基-p-苯二酚 $(HO)_2C_6H_3-C(CH_3)_3$。

[3] 应直接滤出结晶草酸，用共沸脱水的方法脱去结晶水。

1%~2%盐酸，如不搅动会影响冷却）❶。滤出结晶，用 2L 蒸馏水冲洗两次，再用 2L 水搅拌成浆状，以 4% NaOH 调节 pH 6，滤出，水洗两次，风干后得 1.05~1.1kg（产率 85%~89%），mp 77~79℃。

过氧化二甲乙酮　M 194.23，水溶解度 10%，商品为 50%邻苯二甲酸二甲酯溶液。

$$2 \ \underset{CH_3CH_2}{\overset{CH_3}{}}C{=}O + 2 H_2O_2 \xrightarrow[20\sim30℃]{H^+} \xrightarrow{-H_2O} \ \underset{CH_3CH_2}{\overset{CH_2}{}}\underset{OH}{\overset{C}{}}\text{—O—O—}\underset{HOO}{\overset{C}{}}\underset{CH_3}{\overset{CH_2CH_3}{}}$$

1L 烧杯中加入 220g（3mol）丁酮，冰水冷却控制反应温度 20~30℃于 1h 左右慢慢加入 380g 28%（3.3mol）双氧水，加完后仍为清亮溶液。

另一个 1L 烧杯中加入 30mL 10%盐酸控制温度 20~30℃，搅拌着慢慢加入上面的反应液，反应放热，约 2h 可以加完，加完后再搅拌 1h 或更长。向反应物中加入 5.3g（0.05mol）碳酸钠以中和加入的盐酸，充分搅拌半小时，加入 80g 氯化钠充分搅拌。分取析出的上面油层，得 270g，以无水硫酸钠干燥两次，得 240g（产率 82%）。

三、过酸酯

过苯甲酸叔丁酯　M 194.21，bp 75~76℃/0.2mmHg，d^{20} 1.039~1.041，n_D^{20} 1.4955。

$$(CH_3)_3COOH \xrightarrow[<28℃]{NaOH/水} (CH_3)_3COONa \xrightarrow[5℃]{C_6H_5COCl} (CH_3)_3COO\text{—}COC_6H_5$$

10L 三口烧瓶中加入 0.9kg（10mol）叔丁基过氧化氢❷，搅拌下控制 15~28℃从分液漏斗慢慢加入 420g（10.5mol）氢氧化钠溶于 4L 水的溶液，充分搅拌，最后得到有些浑浊的溶液，静置后有油污物，用无铁（Fe）的脱色炭吸附滤清。

冰浴冷却，控制 5℃左右，于 4h 左右，搅拌着慢慢滴入 1.41kg（10mol）苯甲酰氯，加完后再搅拌 2h（反应物水层 pH 2~3）❶，加入约 40mL 30% NaOH 溶液调节水层为碱性 pH 10，应随时保持反应物 pH 9~10，继续搅拌 2h，分取油层得 1.92~2.1kg，d^{25} 1.014。

精制：以上粗品与 1.5L 10% NaOH 于 18~22℃搅拌 3h，分取油层，以无水硫酸钠干燥后得 1.4kg（产率 72%），d^{20} 1.0373❶。

过 2-乙基己酸叔丁酯　M 216.32。

$$(CH_3)_3COOH \xrightarrow[<20℃]{NaOH} (CH_3)_3COONa \xrightarrow{CH_3(CH_2)_3CH(C_2H_5)COCl} CH_3(CH_2)_3CH(C_2H_5)COOOC(CH_3)_3$$

2L 三口烧瓶中加入 243g（2.7mol）过氧化氢叔丁基和 300mL 水，控制 20℃以下搅拌着慢慢加入 108g（2.7mol）氢氧化钠溶于 300mL 水的溶液，得到基本清亮的溶液，以无铁的脱色炭脱色滤清❸。

---

❶ 细小结晶过滤困难，如使用 1.5L 冰冷的 2% HCl（以增加的水吸收放热），搅匀后放置几小时可望长大。曾使用强酸树脂催化，反应尚好，但因分离困难而放弃。

❷ 比重较低的原因是原料中的过氧化二叔丁基未能处理干净，以及在反应中被酸游离出来的过氧化氢叔丁基被产物包裹未能洗净造成的。曾使用过量的（>35%）过氧化氢叔丁基合成，这样就带入了更多的过氧化二叔丁基，滤清的假溶液并未真正除净，最后成品相对密度只达 d^{20} 1.02936；应使用过氧化叔丁基钠盐结晶为原料，控制反应物的碱性滴入苯甲酰氯。

❸ 此项实验，过氧化氢叔丁基过量 35%，制取钠盐溶液也未经脱色吸附滤清，从而带入了更多的过氧化二叔丁基而使产品纯度降低。

搅拌着，控制 5℃ 左右于 3h 慢慢滴入 325g（2mol）2-乙基己酰氯，加完后再搅拌 3h，分取油层，得 345g，纯度（滴定法）90%，产率 71%[1]。

精制：以上粗品与 200mL 10% NaOH 在 20℃ 左右搅拌 3h，分取油层，以无水硫酸钠干燥后滤清[2]，得 300g，纯度（滴定法）95%，产率 65%[3]。

分析原理：样品在甲醇氢氧化钾溶液中放置 5min 使过酸酯醇解；加入含 Fe^{3+} 作分解催化剂的冰乙酸及 NaI 溶液，分解出的碘以标准硫代硫酸钠滴定。

试剂溶液的配制：

① 含 Fe^{3+} 的冰乙酸溶液：溶解 0.1g $FeCl_3 \cdot 6H_2O$ 于 100mL 冰乙酸中，取 2.5mL（相当于 2.5mg $FeCl_3 \cdot 6H_2O$）溶液用冰乙酸冲稀至 500mL，混匀，封闭保存。

② KOH/甲醇溶液：65g KOH 溶于 500mL 甲醇中混匀，封闭保存。

③ NaI 溶液：50mL 煮沸并冷却了的无氧蒸馏水中加入 0.5g 碳酸钠，溶解后加入 75g NaI，溶解后摇匀，于冷暗处封闭保存。

仪器：200mL 有磨口塞的锥形瓶及称量管等。

操作手续：标准称量的 0.3g 样品至 0.001g；向两个锥形瓶中各加入 10mL KOH/甲醇溶液；在其中一个瓶中加入样品（另一个作空白），摇匀后放置 5min，用氮气赶出瓶中空气；各加入 30mL 含铁的冰乙酸及 5mL NaI 溶液，立即盖好，混匀，于冷暗处放置 10min；用无氧蒸馏水洗瓶吹洗锥形瓶盖及瓶口颈；分别用标准 0.05mol/L $Na_2S_2O_3$ 溶液滴定样品及空白至无碘的黄色（或以 0.1%淀粉溶液作指示剂），使用硫代硫酸钠的体积（mL）分别是 V_0（空白）和 V_1（样品）。

计算公式：$$有效氧含量 = \frac{(V_1 - V_0) \times 2M \times 8 \times 100}{1000G} \times 100\%$$

$$产品纯度 = 有效氧含量 \times \frac{产品分子量}{16 \times 有效氧个数} \times 100\%$$

式中　V_1 和 V_0 —— 分别为滴定样品和空白所用硫代硫酸钠的体积，mL；

　　　M —— 硫代硫酸钠的摩尔浓度，mol/L；

　　　G —— 样品质量，mg。

附：方便的测试方法

试剂溶液的配制：3g NaI 溶于 100mL 冰乙酸中，于冷暗处封闭保存。

操作手续：两个 150mL 磨口锥形瓶中各加入以上 10mL NaI 冰乙酸溶液，置于冷暗处，将准确称重的约 30mg 样品（准确至 0.0002g）小心加入于锥形瓶中盖好，摇匀使试样溶解，于冷暗处放置半小时，用约 10mL 无溶解氧的蒸馏水洗瓶冲洗瓶基及瓶颈，分别用标准硫代硫酸钠滴定，以淀粉为指示剂，计算公式同上。

---

[1] 2-乙基己酰氯容易水解，而使产率降低。

[2] 很难滤清，静置 24h 可以澄清，在干燥前应加用水洗。

[3] 过酸酯的纯度以有效氧计。

第四节　酸酐

相同的羧酸分子间脱去水生成单酐；不同的羧酸分子间脱水得到混合酸酐，加热时一般倾向于歧化为两个单酐（酸性强的酰基容易退减）。酸酐是很强的酰化剂。

一、乙酸酐作为酰化剂

乙酸酐与其它羧酸一起加热，乙酸酐在少量无机酸 P_2O_5（H_3PO_4）催化作用下生成乙酰基正离子，与其它羧酸作用生成混合酸酐，质子再生；质子与混合酸酐分子中电负性强的羰基氧原子质子化。另一个羧酸与之加成，酸性强的乙酸退减下来，生成新的单酐。如：

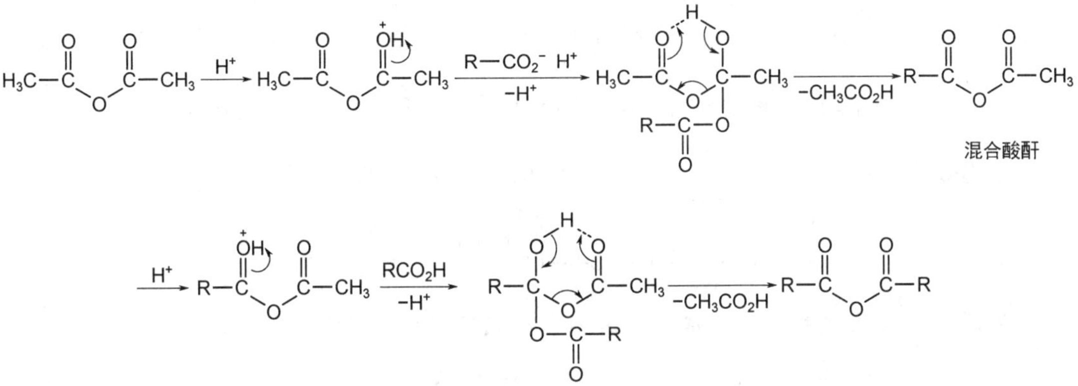

加成及退减的选择性虽不是很好（依反应物的沸点及电性差异），但该反应是平衡体系，为使反应向右进行到底，采取分馏的方法将退减下来的乙酸分出反应体系；有少量乙酸酐随乙酸一同蒸发，乙酸酐的用量依反应的加成活性和分馏分离效果而定，一般过量 0.5~1.5 倍。与大分子羧酸反应，则乙酸较容易退减和分离，选择性好，反应快，质量好，产率高。

苯甲酸酐　M 226.23，mp 42℃，bp 360℃，d^{15} 1.1989。

10L 烧瓶中加入 2.44kg（20mol）苯甲酸、2.45kg（24mol）95%工业乙酸酐[❶]和 0.5g 五氧化二磷，加入沸石，用有填充的 1m 分馏柱以 2 滴/秒的速率慢慢蒸出产生的乙酸，馏出约 1L 后补加 0.7L 乙酸酐继续分馏，至馏出总量 2.8~3L[❷]，柱顶温度升至 135℃以上，过剩的乙酸酐馏出。减压分馏，收集 220～230℃/20~40mmHg 馏分，得 2kg，外观呈黄绿色（铝化物常会给产品带来黄绿色，或可被乙酸酐溶析处理掉）。

另法：　$C_6H_5CO_2H + C_6H_5CO—Cl \xrightarrow{100\sim250℃} (C_6H_5CO)_2O + HCl$

烧瓶中加入等摩尔的苯甲酸和苯甲酰氯，加热至 100℃开始反应，放出大量氯化氢。于 100~120℃保温 2h，再 170℃保温 1h，最后加热至 250℃。稍冷、减压分馏，收集

---

❶ 长时存放的乙酸酐，由于包装不严，吸入湿气，有严重水解，使用前应当检测、蒸馏。

❷ 柱顶温度＞118℃以后应该分别收集，用于下次合成。

$200\sim230℃/20\sim40mmHg$ 馏分，产率 60%[❶]。于搪瓷盘中锭成片，白色，有酰氯气味，敞开放置 $1\sim2$ 月气味才消失，纯度（滴定法）99%。

己酸酐 M 214.30，mp $-41℃$，bp $254℃$（分解），$143℃/15mmHg$，d^{15} 0.9240，n_D^{20} 1.4297。

$$2\ CH_3(CH_2)_4CO_2H\ +\ (CH_3CO)_2O \xrightarrow{H^+} [CH_3(CH_2)_4CO]_2O\ +\ 2\ CH_3CO_2H$$

10L 烧瓶中依次加入 2.33kg（20mol）正己酸、2.45kg（24mol）95%工业己酸酐、0.5g 五氧化二磷和沸石，于电热套上加热（当用油浴）安装 1m 填充分馏柱，以 2 滴/秒的速率蒸出交换下来的乙酸，蒸出 1L 以后放冷[❷]。减压分馏，收集 $140\sim145℃/15mmHg$ 馏分。再分馏一次，得 1.1kg（产率 50%），外观淡黄色，纯度（滴定法）$98\%\sim100.6\%$，d^{15} 0.9308。

五元环环合的反应速率比六元环要快 50 倍以上，琥珀酸仅由于加热脱水即完成了环合。

琥珀酸酐 M 100.08，mp $119.6℃$，bp $261℃$，d^{20} 1.2340。

方法一：
$$\begin{array}{l} CH_2-CO_2H \\ | \\ CH_2-CO_2H \end{array} \xrightarrow{\triangle,\ 260℃} \begin{array}{l} CH_2-C \\ \qquad\ \ \diagdown O \\ CH_2-C \end{array} +\ H_2O$$

琥珀酸加热脱水后常压蒸馏，馏出物在乙酸酐中加热保温、溶析。

方法二：
$$\begin{array}{l} CH_2-CO_2H \\ | \\ CH_2-CO_2H \end{array} +\ (CH_3CO)_2O \xrightarrow[\triangle,\ 6h]{} \begin{array}{l} CH_2-C \\ \qquad\ \ \diagdown O \\ CH_2-C \end{array} +\ 2\ CH_3CO_2H$$

琥珀酸与 2mol 乙酸酐加热回流 6h，过滤，冷后滤出结晶，以无水乙醚淋洗。

二、酰氯和羧酸作用

使用酰氯对于羧酸的 *O*-酰化制取酸酐，在反应中有平衡，得到较低转化率的酸酐。添加吡啶或其它叔胺，作为质子捕获剂消除 HCl 使反应向右；同时也作为反应助剂，生成酰胺正离子，加强了羰基的加成活性。

[❶] 产率低及酰氯气味或有以下平衡 $C_6H_5CO_2H + HCl \rightleftharpoons C_6H_5COCl + H_2O$ 改变了物料配比；或可用甲苯溶析处理。

[❷] 此操作是已开封，没有检测的乙酸酐。产品的比重和含量高出，说明含混合酸酐；在蒸发 1L 乙酸后也应补加乙酸酐继续分馏蒸除乙酸。

第五节　酰氯

　　酰氯可以方便地从无机酰氯和羧酸作用制得。最常用的氯化剂是光气（$COCl_2$）、二氯亚砜（$SOCl_2$）、PCl_3、$POCl_3$、PCl_5，依羧酸和产物的性质选择使用。使用 $COCl_2$、$SOCl_2$ 的酰氯化，其它产物都是以气体放出，反应速率快，是经过混合酸酐分子内进行的氯化分解，也有酰氯和羧酸生成单酐的过程，单酐和一个 $SOCl_2$ 生成两个酰氯；很少有其它副反应，产率高。磷化物 $POCl_3$、PCl_3 使羧酸氯化，许多 HCl 逸散，最后仍有不是太少量的混合酐保留下来——没有 HCl 分解开氯化，产率要低些；仪器被焦磷酸沾污，清洗也比较麻烦。最强的氯化剂是五氯化磷 PCl_5（$Cl^- \cdot PCl_4^+$），由于反应方式不同，它不受螯合环的阻碍，如：o-苯二甲酸酐用它可以方便地制得 o-苯二甲酰氯。

　　光气广泛用以制取酰氯，副产物少，污染少，产物纯净，操作简便。但是光气剧毒，无色无味，容易造成伤害。生产和使用要有严格的安全措施，多由专业工厂生产和使用。市售有三光气供试验室之用。

一、二氯亚砜作氯化剂

　　二氯亚砜作为氯化剂同光气一样，除正常产物外其它生成物都以气体排出，反应速率快，过剩的二氯亚砜也很容易回收处理。缺点是工业二氯亚砜的黄色杂质会污染产品外观，不易蒸除。但对于沸点大于 180℃ 的酰氯，蒸馏前在 180℃ 左右作保温处理，然后蒸馏可以把颜色物质分解掉；如果颜色浅，可被日光照射退减。

　　二氯亚砜和羧酸作用首先生成混合酸酐，然后混合酸酐分子内氯化分解成两分子。如果方便，应该把向热的二氯亚砜中加入羧酸，以减少单酐和混合酸酐析出。

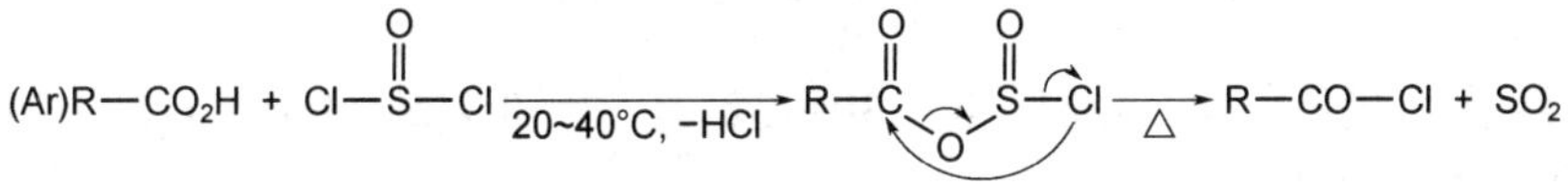

　　草酰氯用作氯化剂同光气类似，除正常产物外，其它为气体。

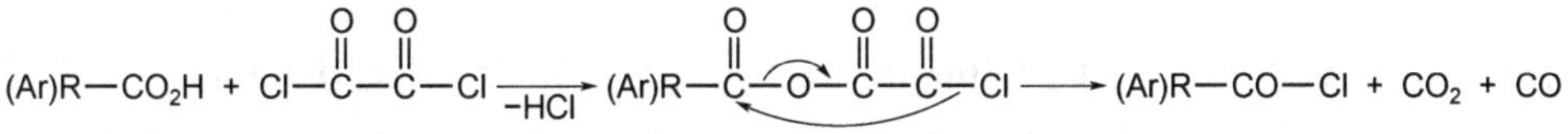

　　推电子取代基对于羧酸和无机酰氯生成混合酸酐及其后的分解氯代有利；而拉电子取代基的影响使反应的两个步骤缓慢。下面比较了一系列取代苯甲酸完成酰氯化的反应时间：

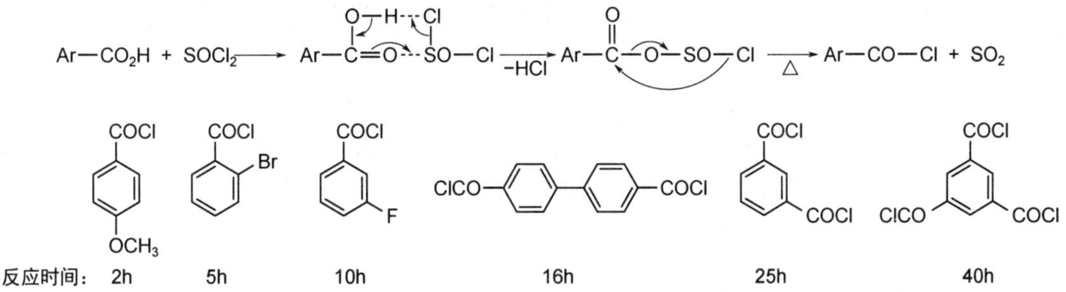

| 反应时间： | 2h | 5h | 10h | 16h | 25h | 40h |

吡啶或其它叔胺作为羧酸酰氯的催化剂，它首先与无机酰氯（$SOCl_2$）生成无机酰基铵（吡啶）离子的氯化物，加强了硫原子的电正性而催化了反应。

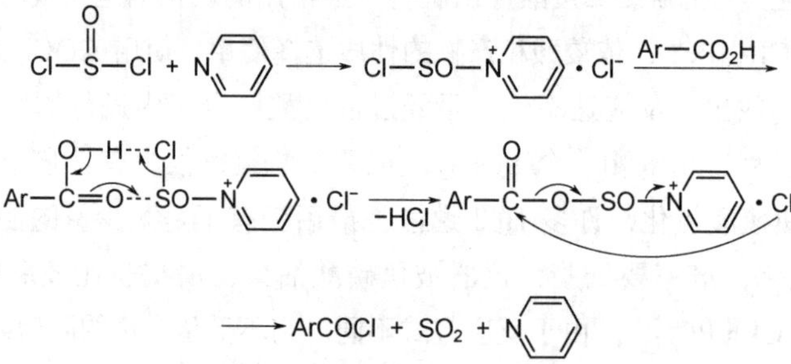

羧酸其它取代基及 C≡C 双键对于酰基氯化无重大影响；羧酸分子内具有螯合环的羧酸酰氯化，如：o-苯二甲酸（酐）的酰氯化要使用五氯化磷；工业丁二酸可能顺反异构的混合物，使用二氯亚砜的酰氯化，无论改变配比和延长反应时间都只有 30%酰氯化；又如：3-甲基-o-苯二甲酸，由于空间比较拥挤，两个羧基处于反式，可以使用 $SOCl_2$ 酰氯化。

2-乙基己酰氯　M 162.66，bp 179~180℃，d 0.939，n_D^{20} 1.4330。

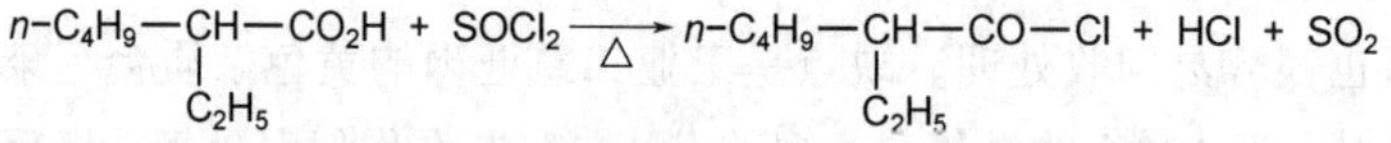

$$n\text{-}C_4H_9\text{—}CH\text{—}CO_2H + SOCl_2 \xrightarrow{\triangle} n\text{-}C_4H_9\text{—}CH\text{—}CO\text{—}Cl + HCl + SO_2$$

（式中 CH 下方为 C_2H_5）

5L 三口烧瓶中加入 2.4kg（20mol）二氯亚砜，搅拌下（开始时分层——场效应阻碍）于 3h 左右慢慢加入 2.15kg（15mol）2-乙基己酸，反应立即开始，放出的 HCl 导至水吸收，再用碱水吸收 SO_2，加完后加热回流 1h，分馏，收集 176~180℃馏分（主要在 177~179℃馏出），120~176℃馏分再分馏，共得 1.76kg（产率 70%）。

3,3-二甲基-丁酰氯　M 134.61，bp 130~132℃，d^{20} 0.965~0.968，n_D^{20} 1.4210；具特嗅气味（酰氯水解为酸）。

$$(CH_3)_3C\text{—}CH_2\text{—}CO_2H + SOCl_2 \xrightarrow{60\sim70℃} (CH_3)_3C\text{—}CH_2\text{—}COCl + HCl + SO_2$$

10L 三口烧瓶中加入 3.8kg（50mol）叔丁基乙酸和沸石，安装 800mm 球形管的回流冷凝器、分液漏斗、温度计。放出的气体从冷凝器上口导至水吸收。用电热套加热，维持 60~70℃于 5h 左右慢慢加入 9kg（75mol）二氯亚砜，加完后加热回流 3h，分馏收集 127~131℃馏分，得 5.4kg（产率 80%），纯度（GC）>98%，外观浅棕黄色；再分馏一次，收集 128~131℃馏分，得 4.8kg，纯度（滴定法）>99%❶，外观淡黄色，经日光照射一天可以消去。

（同法制取 2-丁烯-酰氯，bp 124~125℃，d^{20} 1.0905，n_D^{20} 1.460，产率 70%。）

另法：使用 $POCl_3$ 的酰氯化，产物酰氯和中间体混合酸酐的沸点差距较大，易分馏分开，产品外观和质量都很好，收率 55%。

---

❶ 产品中含微量 HCl，有时滴定含量为 100.1%~100.5%。用 $POCl_3$ 氯化，则无此弊端。

$$2\ (CH_3)_3C\text{—}CH_2\text{—}CO_2H + POCl_3 \xrightarrow{80°C} (CH_3)_3C\text{—}CH_2\text{—}CO\text{—}Cl + (CH_3)_3C\text{—}CH_2\text{—}CO\text{—}O\text{—}PO_2 + 2HCl$$

5L 三口烧瓶中加入 2.25kg（20mol）叔丁基乙酸，搅拌下加热维持 80℃ 左右。从分液漏斗于 3h 左右加入 1.55kg（10mol）三氯氧磷，由于生成混合酸酐放出 HCl 以及三氯氧磷加完后的加热回流 2h 一直有量不是太少的 HCl 放出（最后复杂的混合酸酐等固体可能使搅拌困难），冷后倾取深棕色液体❶，分馏，收集 127~131℃ 馏分，得 1.5kg（55%）纯度（GC）>98%。外观无色，再分馏一次，收集 130~131℃ 馏分，得 1.3kg，纯度（滴定法）99.7%。

3,5-二甲基苯甲酰氯　M 168.62，fp 6℃，bp 236℃。

$1m^3$ 反应罐中加入 660kg（约 3.99kmol）3,5-二甲基苯甲酸（滴定法测单酸含量 104%，粗品 mp 152~165℃），不开搅拌，从高位瓶于 12h 左右慢慢加入 900kg（7.6kmol）二氯亚砜，并缓缓加热，以不回流且放出的 HCl 能适应吸收为准❷，加完后于 4~5h 将反应物加热至开始有回流，再 2h 后开动搅拌，加热回流 3h❷，反应物温度从开始的 90℃ 逐渐升至 120~125℃；回收二氯亚砜至反应物温度达 180℃ 以上保温 3h，以分解二氯亚砜带入的颜色物质，共收集到 170~180kg 时停止搅拌，放冷至 60℃ 左右，从罐下口放出深棕色的酰氯粗品 700~750kg。

分馏：100L 蒸馏釜安装内径 10cm、高 300cm 的分馏柱，内作 2/3 填充 2×3cm 瓷环；分馏柱接 $1.5\ m^2$ 内外双冷的冷凝器；两个 20L 有下口阀门的"烧瓶"转换作接收器；通过安全罐接喷射泵，用负压向蒸馏罐吸入 130kg 粗酰氯，减压分馏，目测控制回流比 3：1，先蒸出约 3L 头分，作为"二氯亚砜"并入下次合成；再蒸出 5~6L 为中间物馏分，并入粗品下次分馏；以后馏出物几乎无色作成品收集，此时蒸馏罐内液温和柱顶温差 5~8℃（<10℃），以 10L 1h 的速率分馏，当釜内气温（此时温度计已够不到液面）152℃，与柱顶温度相差 13℃ 时，停止加热❸，收集到成品 105~107kg，纯度（滴定法）>98%（多数>99%），总产量 565~600kg（产率 83%~89%）。

4-甲基-3-硝基苯甲酰氯　M 199.60，mp 16℃，bp 160~162℃/15~20mmHg；淡黄色低熔点结晶，不溶于石油醚，易溶于乙醚及苯中。

a. 4-甲基-3-硝基苯甲酸（mp 187~189℃）

---

❶ 因 HCl 损失而未能使混合酸酐完成分解氯代——保留到最后；应将半固体的剩余的混合酸酐及第一次分馏的剩余物单独处理，确认其组分。

❷ 推电子影响显示：加入二氯亚砜即开始反应生成混酐，稍加热升温即开始分解氯化生成酰氯。

❸ 釜内剩余物主要是 5-甲基-1,3-苯二甲酰氯，稍冷，流放至铁桶中。

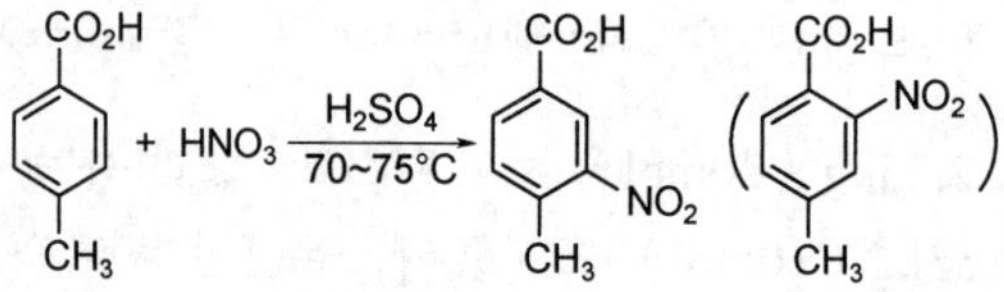

2L 三口烧瓶中加入 600mL 浓硫酸，搅拌下加入 408g（3mol）4-甲基苯甲酸，维持 70~75℃（大部分溶解）慢慢滴入 208g（d 1.5，3.2mol）工业硝酸，放热！加完后保温半小时，冷后倾入 5L 冷水中充分搅拌，放冷至 42~43℃，滤出结晶，水洗三次。

2L 烧杯中加入 520g 25%（3.25mol）氢氧化钠溶液加热至 90℃，搅拌下加入上面全部粗品，加水至 1.5L 体积，加热使粗品成钠盐溶解，封盖好放置过夜。次日滤出钠盐结晶[1]，以 15% NaCl 浸洗两次；使溶于 1L 热水中，于 80℃以 50%硫酸慢慢酸化，放冷至 40℃滤出，充分温水洗，干燥后得 300g（产率 55%），mp 185~186.5℃。

b. 酰氯化

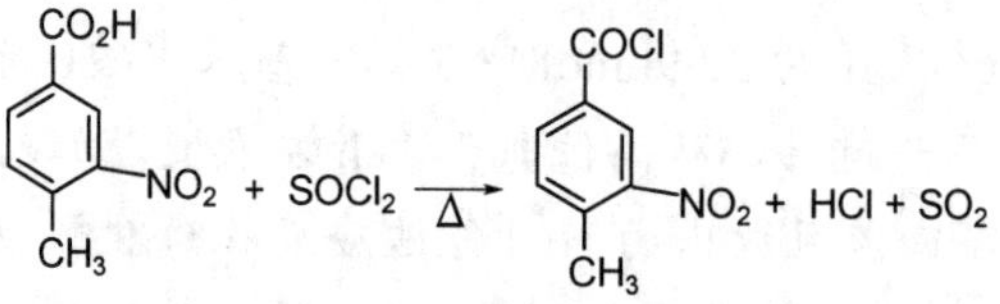

0.5L 三口烧瓶中加入 273g（1.5mol）4-甲基-3-硝基苯甲酸及 120g 二氯亚砜，温热使反应开始，至 90℃大部分羧酸消溶；开动搅拌，于 1h 左右再慢慢加入 240g（共 3mol）二氯亚砜，加完后再回流 3h，回流温度慢慢升至 138℃，回收二氯亚砜至液温 200℃，共回收到 68~75g。剩余物在烧杯中封盖好于 0℃放置过夜。次日，用冰冷的多孔漏斗滤出结晶[2]，得 195g；减压蒸馏，没有头分，直接收集成品，得 185g（产率 72%），纯度（GC）99.7%，fp 145℃。

4-甲氧基苯甲酰氯　M 170.60，mp 22℃，bp 145℃/14mmHg，n_D^{20} 1.5810。

a. 4-甲氧基苯甲酸　mp 182~185℃

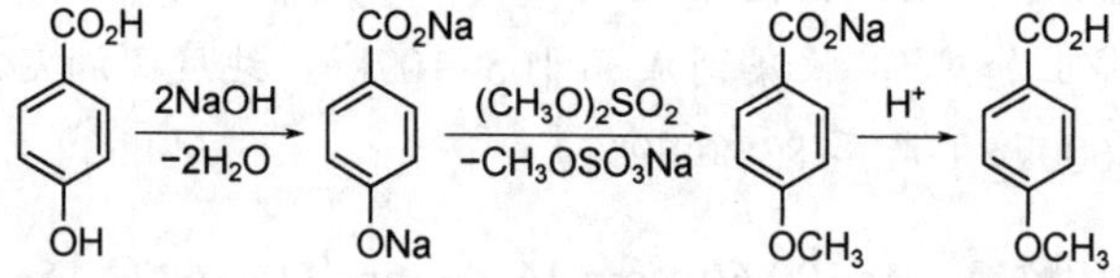

1L 三口烧瓶中加入 500mL 水，搅拌下加入 96g（2.4mol）氢氧化钠，溶解后加入 136g（1mol）4-羟基苯甲酸，溶解后控制温度 60℃±2℃[3]，于 1h 左右加入 138g（1.1mol）洗过并干燥的硫酸二甲酯，加完后保温搅拌 1h，再加热回流 1h[4]。冷后过滤，在 70~80℃酸化至 pH 3，滤出结晶，以 50℃温水洗两次，干燥后得 111.5g，纯度（GC）94%，产率

---

[1] 钠盐母液蒸发至 800mL，放冷过夜，次日滤出，酸化后当最初的粗品。

[2] 或粗品直接减压分馏。

[3] 以上 O-甲基化的反应温度似应在 50℃为宜；比照硫氰酸甲酯 S-甲基化在 40℃进行。

[4] 在弱酸条件水溶液回流过程 CH₃O—SO₃Na 没有水解。

70%，mp 173~176℃。

　　b. 酰氯化

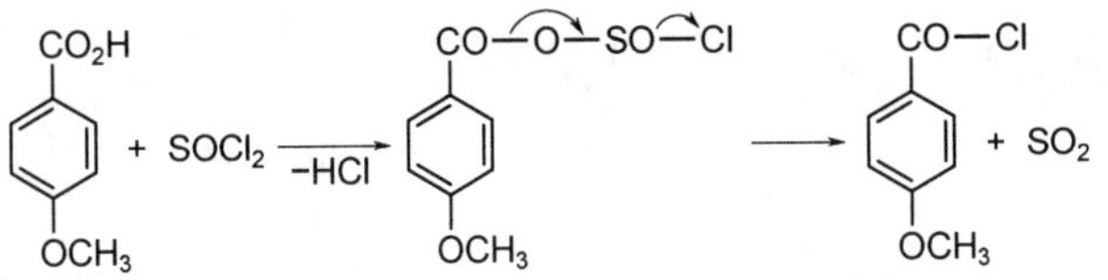

　　0.5L 三口烧瓶中加入 162g（94%，折百 1mol）4-甲氧基苯甲酸粗品，慢慢加入 120g 二氯亚砜，稍以加热至 50℃，1h 后再加入 120g（共 240g，2mol）二氯亚砜[1]，于 2h 左右将反应物加热至回流（基本清亮）1h 后用水泵减压回收二氯亚砜（−0.07MPa）剩余物减压分馏，收集 110~116℃/3mmHg 馏分[2]，得 131g（产率 77%）。

　　3-氟苯甲酰氯　M 158.88，bp 189℃，d^{20} 1.322，n_D^{20} 1.529。

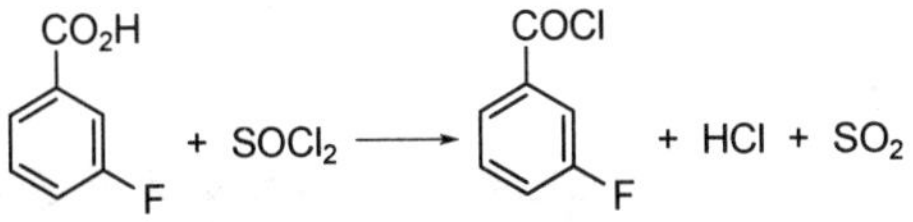

　　5L 三口烧瓶中加入 1.4kg（10mol）粉碎了的 3-氟苯甲酸及 1.8kg（15mol）二氯亚砜，搅拌下加热回流 10h，3-氟苯甲酸进入反应而溶消，再搅拌下加热回流 5h。分馏回收二氯亚砜后，柱顶温度很快上升，收集 185~189℃馏分，得微黄色的产品[3]1.27kg（产率 80%），纯度（GC）>98%。

　　1,3-苯二甲酰氯　M 203.03，mp 43~44℃，bp 276℃，d^{17} 1.3880，n_D^{47} 1.570。

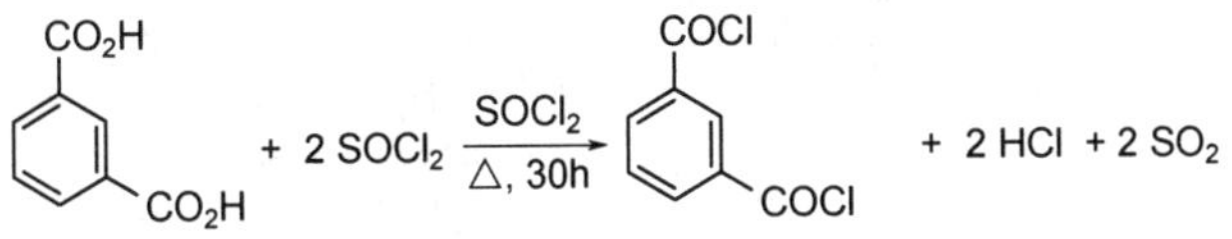

　　10L 三口烧瓶中加入 3.32kg（20mol）间苯二甲酸及 10kg（84mol）二氯亚砜，搅拌下加热回流至间苯二甲酸消溶进入反应，再回流 6h(共 30h)回收二氯亚砜至液温 190℃，稍冷、减压分馏，收集 158~166℃/15mmHg 馏分，得 3.5kg（产率 86%），纯度>99%，mp>40℃。

　　同样方法制取 4,4′-联苯二甲酰氯，使用 7 倍计算量的二氯亚砜，回流反应时间要 16h 才能使反应物溶消均一，产率 90%，产品可溶于四氯化碳（40mL/g）。

---

　　❶ 在加热之前放出的气体主要是 HCl，加热回流后才分解氯化，放出 SO_2。
　　❷ 必须以更好的 4-甲氧基苯甲酸，以方便酰氯的精制。
　　❸ 由于很快达到蒸馏温度并蒸馏，二氯亚砜带入的黄色杂质未能完全分解，随之蒸发混入产品中；如在 185℃左右或以上加热回流 3h，然后分馏，即得到无色的产品——该温度条件是必须的——有普遍意义。

$$\text{HO}_2\text{C}\text{—}\langle\text{联苯}\rangle\text{—CO}_2\text{H} + \text{SOCl}_2 \xrightarrow[\triangle,\ 16\text{h}]{\text{SOCl}_2} \text{Cl—CO—}\langle\text{联苯}\rangle\text{—COCl} + 2\text{HCl} + 2\text{SO}_2$$

4,4′-联苯二甲酰氯
90%,mp 188℃

1,3,5-苯三甲酰氯 M 265.48，mp 36℃。

$$\text{均苯三甲酸} + 3\text{SOCl}_2 \xrightarrow{\text{SOCl}_2,\ \text{吡啶}} \text{均苯三甲酰氯} + 3\text{HCl} + 3\text{SO}_2$$

1m^3 反应罐中加入 210kg（1kmol）均苯三甲酸（滴定法测定含量＞98.5%），从高位瓶慢慢加入 21kg（0.26kmol）无水吡啶（用量不可再少，否则反应更慢），加热保持 50~60℃[1] 于 12h 左右慢慢加入 720kg（6kmol）二氯亚砜；再于 4h 左右加热至有回流，放出的 HCl 和 SO$_2$ 导至水及碱水吸收，回流 4h 后试开搅拌，搅拌下回流 20h，反应物变清后再回流 6h，液温升至 120℃后回收二氯亚砜至液温在 180℃及以上[2]保温 3h；停止加热和搅拌，放冷至 50~60℃将反应物流放至开口塑料桶中，封好防止吸湿。冷后冰冷 48h，离心分离（冬季），或可以直接分馏分离。

精制：以上粗品溶于无水氯仿中脱色过滤，以除去未完全酰氯化的羧酸，回收氯仿后减压蒸馏，在 0℃冰冷结晶，在 10℃左右离心分离，成品的收率 60%。

可法可制得：

$$\text{NC—}\langle\text{苯}\rangle\text{—CO}_2\text{H} + \text{SOCl}_2 \longrightarrow \text{NC—}\langle\text{苯}\rangle\text{—CO—Cl} + \text{HCl} + \text{SO}_2$$

4-氰基苯甲酰氯
mp 70℃

$$\text{吡啶-4-甲酸} + \text{SOCl}_2 \xrightarrow{95℃,\ 2\text{h}} \text{异烟酰氯} \cdot \text{HCl} + \text{SO}_2 \qquad \text{（见 168 页）}$$

异烟酰氯盐酸盐
98%

二、POCl$_3$、PCl$_3$ 作酰氯化剂

从 POCl$_3$、PCl$_3$ 与羧酸反应制取酰氯也是通过混酐的分解氯代，如下式：

$$\text{R—C(=O)—OH} + \text{POCl}_3 \xrightarrow{-\text{HCl}} \text{R—C(=O)—O—POCl}_2 \longrightarrow \text{R—CO—Cl} + \text{ClPO}_2$$

实际上，摩尔比 1:1 的比例是不足的，ClPO$_2$ 仍可与羧酸反应，由于反应缓慢，反应中一直有氯化氢放出（RCO$_2$H + ClPO$_2$ → RCO—O—PO$_2$ + HCl），这个混酐的分解氯代是与 HCl 分子间进行（见下面叔丁基乙酰氯的反应式）。由于 HCl 与之反应缓慢以及 HCl 放出而不足，使它大部分保留到最后——消耗了羧酸，酰氯的产率只有 50%~60%。以下实例应改为：

---

[1] 加入 SOCl$_2$ 的速度要检查依放出气体和吸收情况。

[2] 应该考虑分别回收二氯亚砜和盐酸吡啶：mp 145~147℃，bp 224~226℃。

$$2\ ClCH_2CH_2CO_2H\ +\ PCl_3\ \xrightarrow[\triangle,\ 2h]{}\ 2\ ClCH_2CH_2CO-Cl$$

3-氯丙酰氯
约60%, bp 146℃　　　　　　　　　（见 166 页）

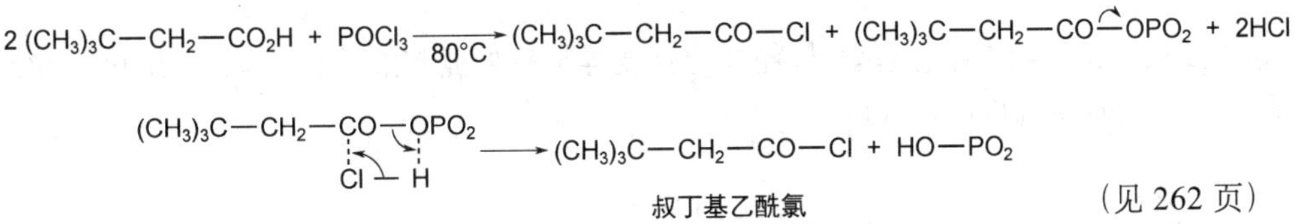

$$2\ (CH_3)_3C-CH_2-CO_2H\ +\ POCl_3\ \xrightarrow{80℃}\ (CH_3)_3C-CH_2-CO-Cl\ +\ (CH_3)_3C-CH_2-CO-OPO_2\ +\ 2HCl$$

叔丁基乙酰氯
55%, bp 131℃　　　　　　　　　（见 262 页）

三、五氯化磷作酰氯化剂

五氯化磷 PCl_5（$Cl^-\cdot PCl_4^+$）是很强的氯化剂，可与强拉电子基影响的羧酸生成混合酸酐 $\left(Ar-\overset{O}{\underset{}{C}}-O-PCl_3-Cl\right)$，$-O-PCl_3-Cl$ 基团的强大拉电子性质使混合酸酐很容易完成氯化分解，生成酰氯和氧氯化磷，如下式：亦如三硝基酚的氯化——苦味酰氯。

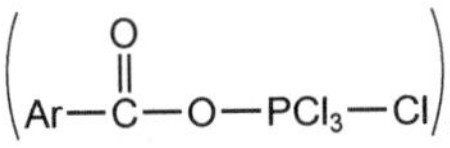

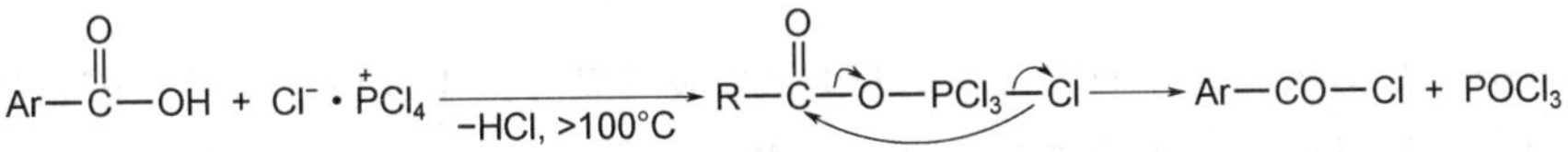

由于邻苯二甲酸、丁二酸分子内有螯合环，不能单独使用二氯亚砜酰氯化，但和五氯化磷能顺利完成氯化。

邻苯二甲酰氯　M 203.02，mp 12℃，bp 271℃，d 1.409，n_D^{20} 1.5684。

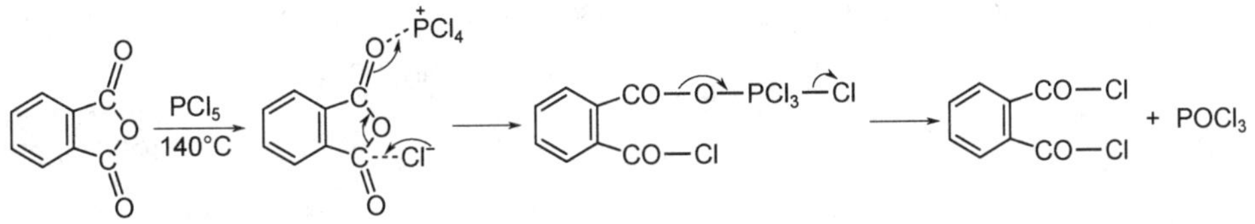

0.5L 三口烧瓶中加入 148g（1mol）优质 o-苯二甲酸酐及 220g（1.06mol）五氯化磷，充分混匀；安装有干燥管的回流冷凝器，于 150℃油浴上加热，苯酐熔化反应开始，有 $POCl_3$ 生成，放热使 $POCl_3$ 回流[❶]，加热回流 2h；稍冷，回收 $POCl_3$ 至液温 240℃，稍冷，减压蒸馏，收集 131~135℃/9~10mmHg 馏分，得 187g（产率 92%），fp 11℃。

四、亚胺酸酰氯

酰胺与质子酸或其它酸作用，质子结合位置不是在氮原子上，而是在电负性更强的氧原子上（酰胺在极性介质条件是以胺酸形式存在），在氧原子结合的正电荷能得到氮原子未共用电子对的分散而比较稳定，如果氮原子上有氢原子，该氢原子可以移变到氧原子成为亚胺酸，这种移变异构被酸、碱催化。亚胺酸亦相似于羧酸，可被氯化剂氯化，如：

---

❶ 此油浴温度太高，应在局部加热使反应开始。

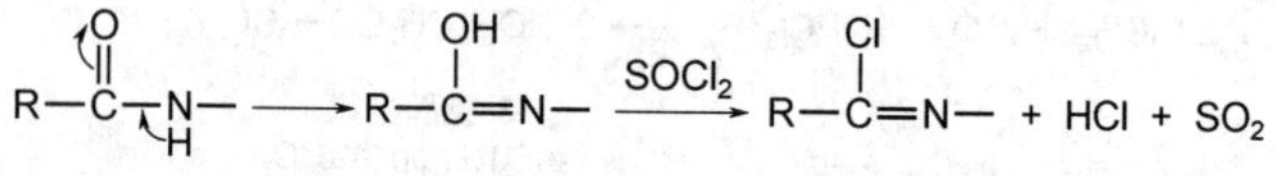

亚胺酸酰氯

氮杂环的 2 位、4 位酮（羰基）与羟基的互变异构有如亚胺酸（或酰胺）与氯化剂 $SOCl_2$、$POCl_3$ 完成氯化取代（也可被水解），如：

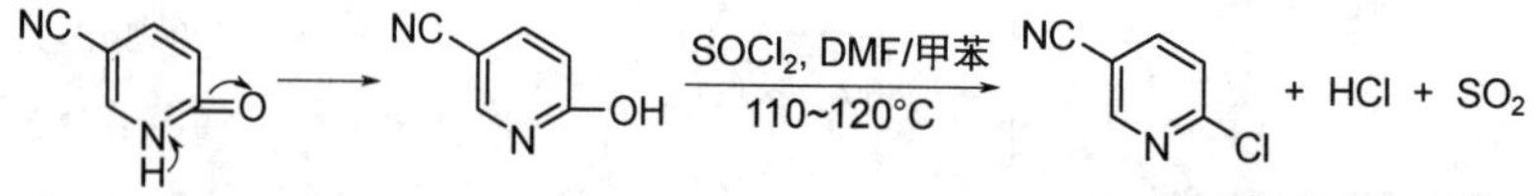

$SOCl_2$, DMF/甲苯
110~120℃
+ HCl + SO_2

2-氯-5-氰基吡啶
89%, mp 117℃

（见 830 页）

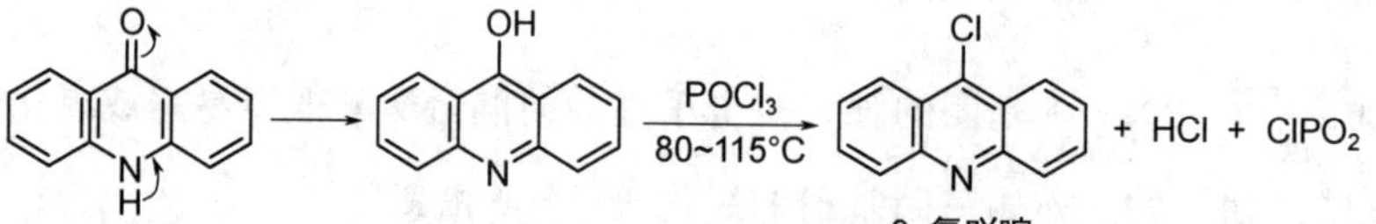

$POCl_3$
80~115℃
+ HCl + $ClPO_2$

9-氯吖啶
80%, mp 122℃

（见 853 页）

无水醇中的氰基化合物与 HCl 加成，通过亚胺酸酰氯与醇生成亚胺酸酯盐酸盐析出结晶，或可定量地水解为酯；与多量水加热水解为羧酸。

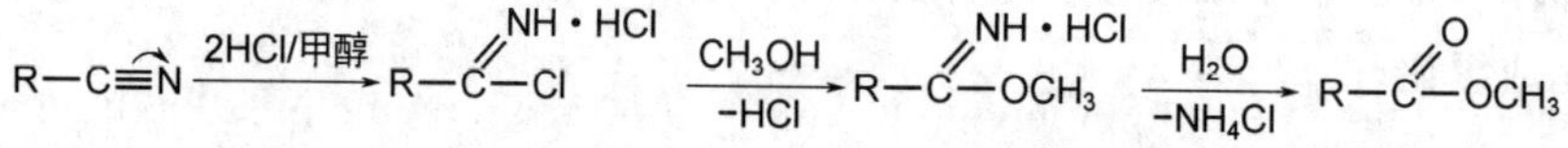

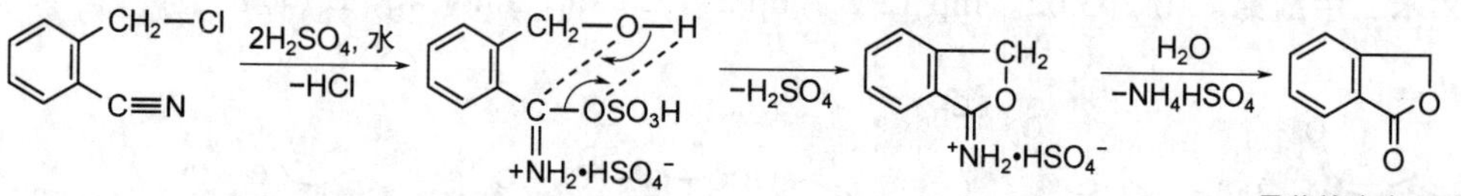

$R—C≡N$ →(2HCl/甲醇) $R—C—Cl$ (NH·HCl) →(CH₃OH, -HCl) $R—C—OCH_3$ (NH·HCl) →(H_2O, -NH₄Cl) $R—C—OCH_3$

异苯并呋喃-1-酮
90%, mp 75℃

（见 297 页）

第六章

酯

第一节　概述

酯是含氧酸与醇的脱水产物，最常见的羧酸酯有：单酯、双酯、酸式酯、内酯、交酯及聚酯。在一般制法中，由于反应生成水，酯化和水解是平衡体系的两个方面。

$$R-CO_2H + R'-OH \rightleftharpoons R-CO_2-R' + H_2O$$

α-羟基羧酸在分子间脱水生成交酯、聚酯；γ-羟基羧酸由于符合成环规律，特别有利于在分子内脱去水生成内酯——γ-内酯。

交酯

$$n\ HO-CH_2-CO_2H \longrightarrow [-O-CH_2-\overset{O}{\overset{\|}{C}}-]_n + n\ H_2O$$

聚酯

γ-内酯

γ-内酯

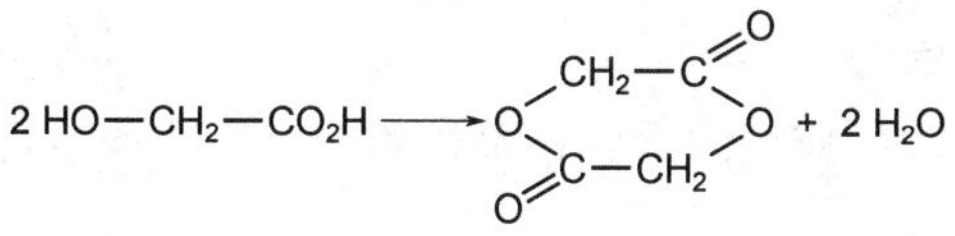

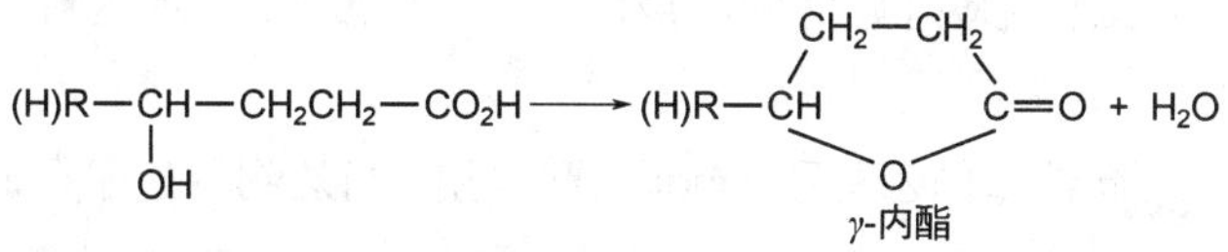

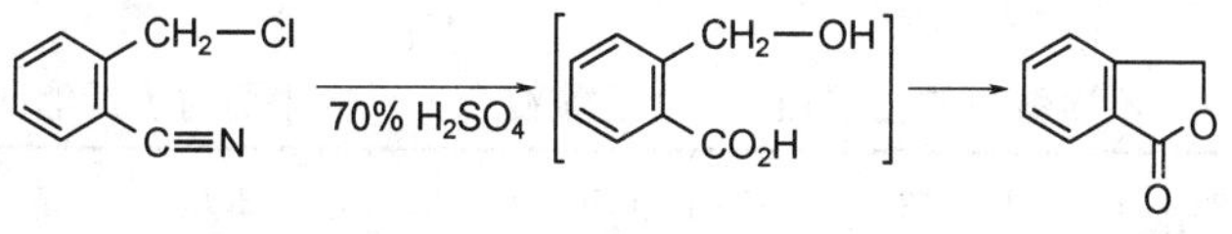

二元酸及其它多元酸可以完全酯化或都分酯化，部分酯化的叫酸式酯，具有酯的性质，羧基部分具弱酸的性质，溶于稀碱水溶液，二元酸与二元醇的酯化得到高分子的聚酯。

$$n\, R\underset{CO_2H}{\overset{CO_2H}{\diagdown}} + n\, HO{-}R'{-}OH \longrightarrow \left[R\underset{CO^+}{\overset{CO_2{-}R'{-}O^-}{\diagdown}}\right]_n + 2n\, H_2O$$

酯的其它制备方法：氰基在酸条件的醇解；羧酸盐与卤烃的复分解；酯交换；等等。

$$C_6H_5{-}CH_2{-}CN + R{-}OH + H_2SO_4 + H_2O \longrightarrow C_6H_5{-}CH_2{-}CO_2R + NH_4HSO_4$$

$$O_2N{-}\!\!\bigcirc\!\!{-}CH_2{-}Cl + CH_3CO_2Na \longrightarrow O_2N{-}\!\!\bigcirc\!\!{-}CH_2{-}O{-}COCH_3 + NaCl$$

$$HO_2C{-}\!\!\bigcirc\!\!{-}\!\!\bigcirc\!\!{-}CO_2H + 2\,(CH_3O)_3PO \xrightarrow[190\sim200℃]{(CH_3O)_3PO} CH_3O_2C{-}\!\!\bigcirc\!\!{-}\!\!\bigcirc\!\!{-}CO_2CH_3 + 2\,(CH_3O)_2PO(OH)$$

$$n\,\underset{CO_2{-}C_2H_5}{\overset{CO_2{-}C_2H_5}{|}} + n\, H{-}O{-}R{-}OH \longrightarrow \left[\underset{CO^+}{\overset{CO_2{-}R'{-}O^-}{|}}\right]_n + 2n\, C_2H_5OH$$

酯化是醇、酚羟基氧原子的酰化（O-酰化），另外还有巯基酯；作为酰化剂其活泼次序依酰羰基羰原子有效正电荷的大小。

$$R{-}CO{-}Cl > (R{-}CO{-})_2O > R{-}CO_2H > R{-}CO_2R'$$

无机含氧酸也可生成相应的酯，如：硫酸、磷酸、硝酸，磺酸以及亚硫酸、亚磺酸，亚磷酸、亚硝酸，都可以生成酯；其它酯如硅酸酯、碳酸酯、氰酸酯、硫氰酸酯。

第二节 羧酸酯

一、羧酸酯的制备方法

1. 羧酸和醇、酚的酯化

羧酸和醇、酚的酯化与相应酯的水解是平衡体系，质量作用定律决定平衡点，反应的平衡常数以下式表示：

$$k = \frac{(p-x)\times(q-x)}{x^2}$$

式中，p 和 q 分别表示反应开始时醇和羧酸的分子浓度；x 表示达到平衡时酯或水的分子浓度。

表 6-1 中列举了不同数量的乙醇和 1mol 乙酸作用，当达到反应平衡时生成酯的数量。结果表明在酯化反应中，提高羧酸或醇的配比，可大幅提高另一方的酯化转化率。

表 6-1　不同数量的乙醇和 1mol 乙酸混合，反应平衡时生成酯的数量

乙醇／mol	0.05	0.08	0.18	0.35	0.50	0.67	1.0	1.5	2.0	8.0
乙酸乙酯／mol	0.05	0.078	0.171	0.293	0.414	0.519	0.665	0.819	0.855	0.966

反应中总是羧酸提供酰基，醇提供烃氧基；在硫代羧酸和醇的酯化反应中，生成正常的

羧酸酯并放出 H_2S；而羧酸和硫醇的酯化反应，正常产物是酰化的硫醇——巯基酯，酯化和水解都是酰氧分裂，个别情况，叔基酯在酸条件发生烃氧分裂。

$$R-\overset{\overset{\displaystyle O}{\|}}{C}-SH + H-OR' \longrightarrow R-\overset{\overset{\displaystyle O}{\|}}{C}-OR' + H_2S$$

$$R-\overset{\overset{\displaystyle O}{\|}}{C}-OH + H-SR' \longrightarrow R-\overset{\overset{\displaystyle O}{\|}}{C}-SR' + H_2O$$

$$\begin{array}{c} CH_3CO-S-CH_2-CH-CH-CH_2-S-COCH_3 \\ \quad\quad\quad\quad\; | \quad\quad | \\ CH_3CO-O \quad\; O-COCH_3 \end{array} + 4\ CH_3OH \xrightarrow{\text{甲醇,H}^+} \begin{array}{c} HS-CH_2-CH-CH-CH_2-SH \\ \quad\quad\quad\quad | \quad\; | \\ \quad\quad\quad\quad HO \quad OH \end{array} + 4\ CH_3CO_2-CH_3$$

$$dl\text{-1,4-二巯基-2,3-丁二醇}$$

当羧酸受到强拉电基的影响酸性很强（质子离去），与之作用的醇受推电子的影响，叔碳基在强酸作用下生成碳正离子，这种情况下它们能以羧酸基 CO_2^- 和烃基正离子反应生成酯；这种情况其水解也能以烃氧分裂。碳正离子可能发生重排使有光学活性的醇消旋。

$$R_3C-OH \xrightarrow{H^+} R_3C-\overset{+}{O}H_2 \xrightarrow{-H_2O} R_3C^+$$

$$X-CH_2-CO_2H \xrightarrow{-H^+} X-CH_2-CO_2^- \xrightarrow{R_3C^+} X-CH_2-CO_2-CR_3$$

$$\xrightarrow{H^+} X-CH_2-\overset{\overset{\displaystyle +OH}{\|}}{C}-O-CR_3 \longrightarrow X-CH_2-CO_2H + R_3C^+$$

（1）反应速率和平衡

酯化反应，在室温速率很慢，以摩尔比 1:1 的乙酸和乙醇经过 368 天生成 55%的酯；在 100℃反应 32h，生成了 55.7%的酯；在 150℃只 24h 就达到了平衡，生成 66%（摩尔分数）的酯。依此，高沸点羧酸和高沸点醇仅凭加热脱水就能完成反应，即羧酸的自催化，如：己二酸双十八酯及聚酯的合成。

$$\begin{array}{c} CO_2H \\ | \\ (CH_2)_4 \\ | \\ CO_2H \end{array} + 2\ CH_3(CH_2)_{17}-OH \longrightarrow \begin{array}{c} CO_2-(CH_2)_{17}CH_3 \\ | \\ (CH_2)_4 \\ | \\ CO_2-(CH_2)_{17}CH_3 \end{array} + 2\ H_2O$$

酯化及水解都被强无机酸催化，依催化剂的浓度使反应能在几小时，甚至半小时内达到平衡；反应深度只和反应物物料配比及它们的结构特点有关，同时也会影响反应速率；如果在反应过程中随时除去反应生成的水，甚至只使用计算的物料配比即可使反应进行到底；如果不能达到较高的反应温度，可以使用共沸脱水的方法脱去水以使反应向右进行；使用催化剂以提高反应速率。在一般情况下，醇兼作溶剂，尤其是甲醇、乙醇，它们的分子量比羧酸小许多倍，在酯的制备中，兼作溶剂实际上已经超过计算量的许多倍。

为了使反应进行到底，可以使用催化剂；添加溶剂（常用苯、甲苯、氯仿、四氯化碳），依使用品类及用量不同可以调节反应温度的方法得以完成反应；过程中添加的溶剂、反应产生的水和酯化醇形成三元恒沸物，藉以分馏蒸出，分离水层，有机层从溢流管流回体系，从脱水器分出水层的数量和状况可以判知反应进行的情况。

图 6-1 是脱水器的安装示意图，表 6-2 是水、溶剂和乙醇三元恒沸物的组分。

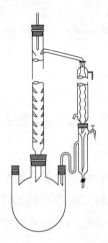

图 6-1　脱水器的安装示意图

表 6-2　水、溶剂和乙醇三元恒沸物组分

组分	各组分之沸点/℃	恒沸温度/℃	恒沸物中各组分/%	有机相中各组分%	水相中各组分/%	上下层体积比/%	上下层相对密度 d
苯	80.1		74.1	86	4.8		
乙醇	78.5	64.6	18.5	12.7	52.1	上 85.5	上 0.866
水	100		7.4	1.3	43.1	下 14.2	下 0.892
甲苯	110.6		51	81.3	24.5		
乙醇	78.5	74.7	37	15.6	54.8	上 46.5	上 0.849
水	100		12	3.1	20.7	下 53.5	下 0.855
氯仿	61.2		92.5	95.8	1.0		
乙醇	78.5	55.5	4.0	3.7	18.2	上 6.2	上 0.796
水	100		3.5	0.5	80.8	下 93.8	下 1.441
四氯化碳	76.8		86.3	94.8	7.0		
乙醇	78.5	61.8	10.3	5.2	48.5	上 15.2	上 0.935
水	100		3.4	< 0.1	44.5	下 84.4	下 1.519

羧酸和醇的结构特点对反应速率的影响：

芳香酸、芳香核上取代基电效应通过苯环传递的影响比脂肪族的影响不够多，推电子基虽有利于芳香酸的质子化，但不利于醇的进攻；拉电子基不利于羧基质子化，却有利于醇的进攻；彼此相抵，总的来说拉电子基的影响对此类亲核反应是有利的；强大的拉电子效应使羧酸的酸性很强，也有可能部分改变酯化的反应历程，以羧酸基（CO_2）进入反应和强酸作用下的叔基正离子反应。

芳香酸的空间阻碍对酯化反应速率的影响比较大，例如：邻苯二甲酸与正辛醇能顺利完成酯化，而对于有空间阻碍的 2-丙醇在相同条件很难反应；对苯二甲酸和 2-丙醇很容易完成反应，邻苯二甲酸只有转换成酰氯才能完成与 2-丙醇的酯化。

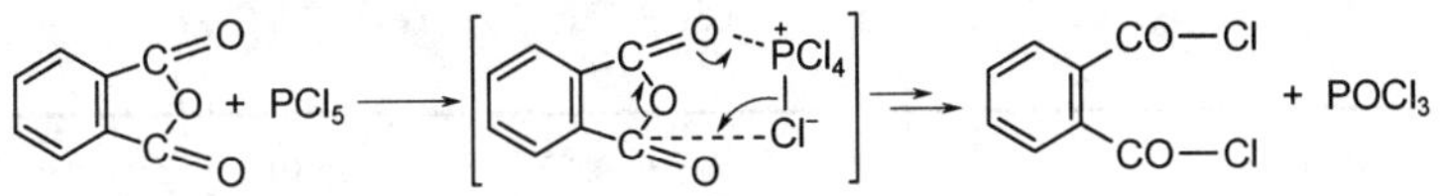

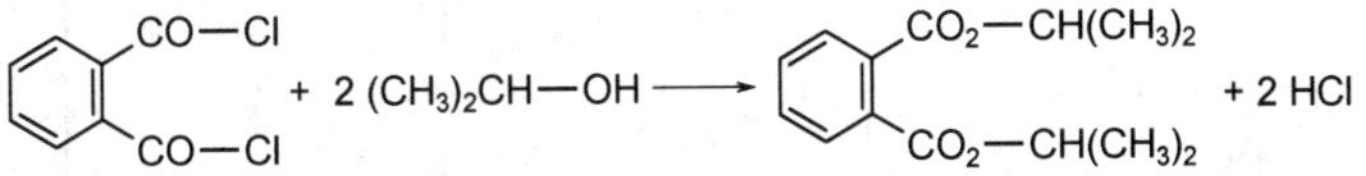

如芳香酸的两个邻位都被取代基占据，用常规催化剂和醇长时间回流也没有酯生成。但是如果使用过量的 H_2SO_4 催化剂——多于习惯用量乃至 100 倍，这个硫酸用量很可能是以酰基正离子参加反应的，采用共沸脱水的方法在较高的温度酯化以相当快的速率进行，在该条件，C_3 以上的正构伯醇会发生异构化，由于空间阻碍，异构了的醇不进入反应。如（见 283 页）：

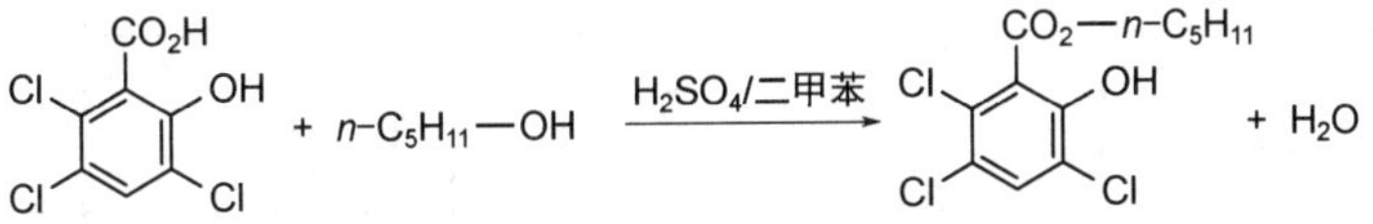

3,5,6-三氯-水杨酸正戊酯
70%

酯分子中羧酸碳链的螺旋排列使得氢原子或支链接近羰基碳及氧原子而使羰基碳有阻碍，接近氧原子的数目越多，构成阻碍越大，反应速率越低，这种使加成活性降低的效应即所谓六位（位阻）法则，见表 6-3。

表 6-3　用无机酸催化脂肪酸酯化的相对反应速率（以 CH_3CO_2H 为参比）

羧酸	六位原子个数	$k \times 10^3$	相对速率
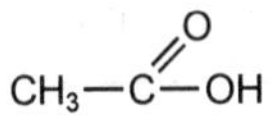	0	132	1
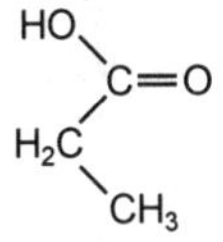	0	111	0.84
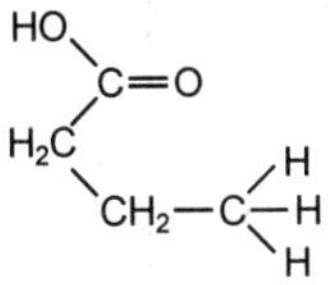	3	65.2	0.495
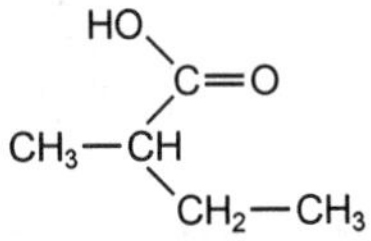	3	13.1	0.099
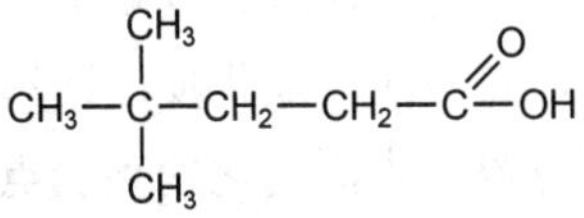	3	61.1	0.46

羧酸	六位原子个数	$k \times 10^3$	相对速率
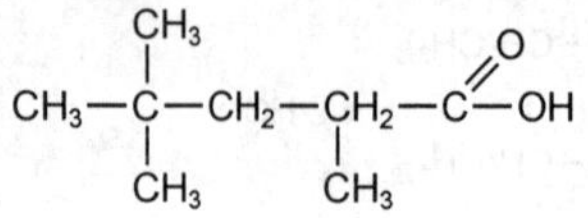 CH₃—C(CH₃)₂—CH₂—CH₂—CH(CH₃)—C(=O)OH	3	2.03	0.0015
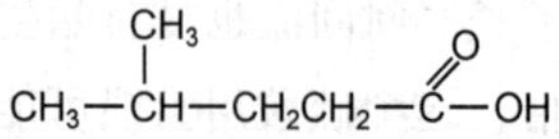 CH₃—CH(CH₃)—CH₂—CH₂—C(=O)OH	3	65.4	0.48
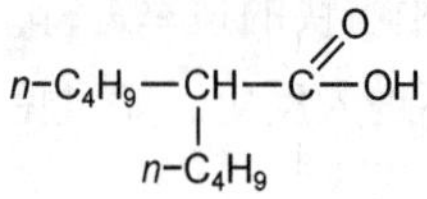 n-C₄H₉—CH(n-C₄H₉)—C(=O)OH	6	1.1	0.0083
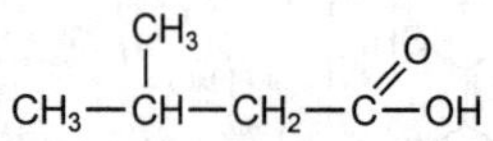 CH₃—CH(CH₃)—CH₂—C(=O)OH	6	15.4	0.117
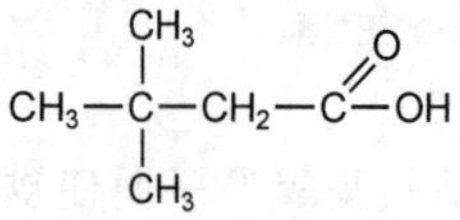 CH₃—C(CH₃)₂—CH₂—C(=O)OH	9	3.09	0.023
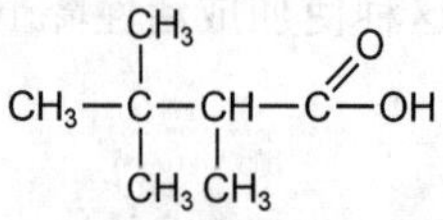 CH₃—C(CH₃)₂—CH(CH₃)—C(=O)OH	9	0.0817	0.00062
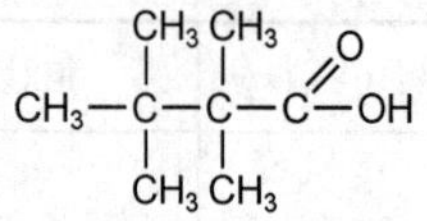 CH₃—C(CH₃)₂—C(CH₃)₂—C(=O)OH	9	0.0170	0.00013
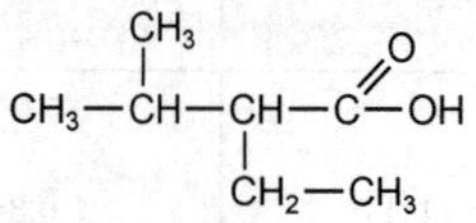 CH₃—CH(CH₃)—CH(CH₂CH₃)—C(=O)OH	9	0.078	0.00059
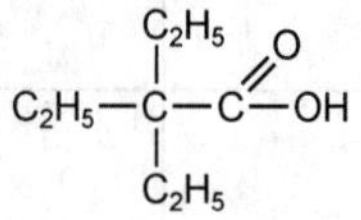 C₂H₅—C(C₂H₅)(C₂H₅)—C(=O)OH	9	0.0214	0.00016
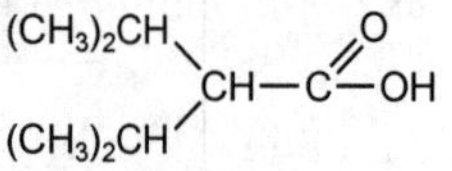 (CH₃)₂CH—CH((CH₃)₂CH)—C(=O)OH	12	0	
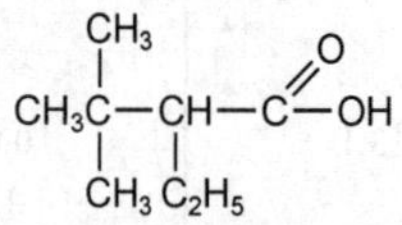 CH₃—CH(CH₃)—CH(CH₃)(C₂H₅)—C(=O)OH	12	0	

　　醇对于酯化反应速率的影响：测量多种伯、仲、叔醇分别与同一种羧酸以摩尔比 1∶1 混合，在相同温度、反应相同时间时发现，伯、仲、叔醇对于相同羧酸的酯化反应速率大致有 45∶20∶1 的关系；空间阻碍不只影响反应速率，还影响平衡位置，它们酯化的平衡点大致为 60%~68%（伯醇）、58%~60%（仲醇）和 2%~6%（叔醇），叔基酯不能用此方法合成。

催化剂的强弱及用量对反应速率有重大影响，催化剂的用量（在反应中的浓度）与反应速率成正比关系；不同催化剂，如：硫酸、磷酸作催化剂的第一个酸很强，第二个酸只表现微弱的作用，如：丁-2-烯酸与乙醇的酯化，由于"6位效应"位阻使羧基的加成活性降低、反应速率缓慢，用共沸脱水、使用硫酸为催化剂的摩尔比为0.02，要20h完成反应；使用0.01mol结晶一水合对甲苯磺酸要40~45h才能完成。按催化剂的用量（以摩尔计）推算其反应速率，其作用相近或相同。

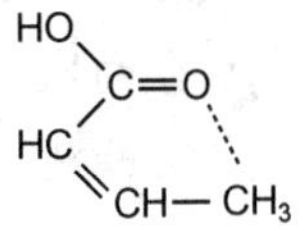

$$CH_3 - C_6H_4 - SO_3H \longrightarrow CH_3 - C_6H_4 - SO_3^- + H^+$$

$$H_2SO_4 \longrightarrow HSO_4^- + H^+$$

（2）无机酸作催化剂及使用范围

【硫酸作催化剂】

硫酸广泛用作羧酸酯的催化剂。一般用量的摩尔比为0.02~0.06；在甲酯、乙酯的合成中其用量可以很大；在单分子历程的反应中使用大量硫酸，甚至作为溶剂，如：2,4,6-三甲基苯甲酸的冷硫酸溶液加入至甲醇中的甲酯化。在拉电子影响及空间阻碍的羧酸如3,5,6-三氯水杨酸的（伯基）酯化，由于对硫酸的稳定性，可以在较高温度添加二甲苯作共沸脱水，并以二甲苯控制过度反应，又由于空间阻碍的关系，在反应中异构为仲基的醇不进入反应。

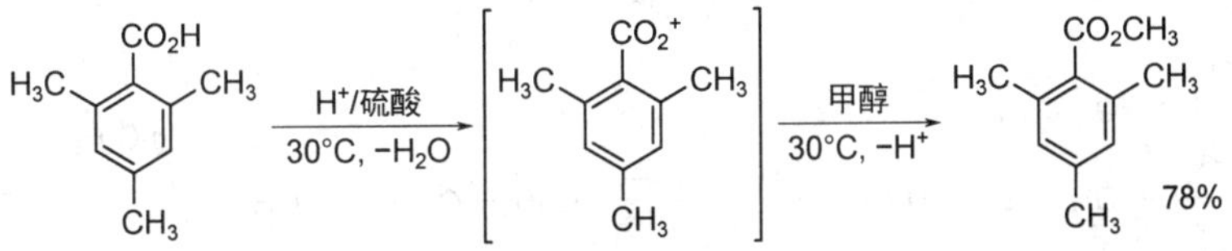

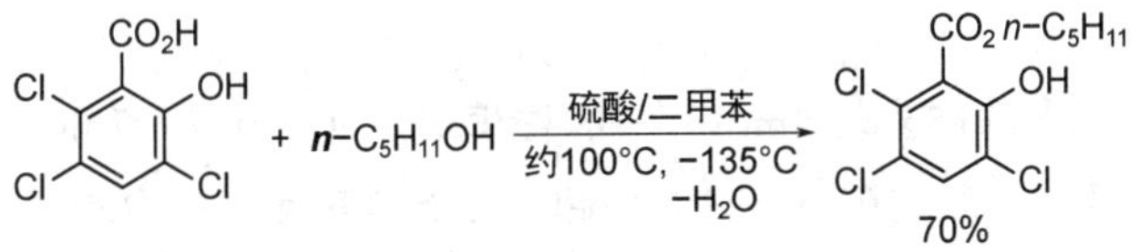

对于敞开无位阻的羧基，在与 C_3 以上伯醇酯化或有其它重排反应中，必须以少量硫酸（≤0.02mol）作催化剂、大量共沸脱水溶剂，以及较低的反应温度（<80℃）；如：羧基乙酸丁酯和柠檬酸三丁酯的合成。又如：在己二酸二辛酯的合成中，使用红外光谱鉴定及GC测定的大于98%的正辛醇与己二酸在硫酸催化的脱水酯化中，反应温度较高，则产物有异辛酯（红外光谱及核磁分析确认）。因而这种情况下应该使用非无机酸催化的高温脱水，如己二酸双十八酯的合成。

羟基乙酸丁酯 M 132.16，bp 80℃/10mmHg，d^{20} 1.022~1.023，n_D^{20} 1.425；尚可溶于水。

a. 羟基乙酸（mp 80℃）

$$Cl-CH_2CO_2H + H_2O + NH_3(NH_4^+ \ {}^-OH) \xrightarrow[40\sim50℃]{H_2O} HO-CH_2CO_2H + NH_4Cl$$

5L三口烧瓶中加入2.82kg（30mol）氯乙酸、750mL水（或全部前次氯化铵的洗液）

加热至 50℃搅拌使溶；控制 40~50℃，搅拌着以 10~15mL/s 的速率通入氨气，使增重 510~527g（30~31mol）。当通入 1/2 时开始析出 NH_4Cl，以后逐渐增多（约 14h 可以完成）。通氨后加热至 95℃左右搅拌半小时，放冷至室温，离心分离得到溶液。氯化铵用 750mL 冷水分两次浸洗，洗液用于下次合成。

b. 酯化

$$HO-CH_2CO_2H + n\text{-}C_4H_9OH \xrightarrow{H^+/H_2SO_4/丁醇} HO-CH_2CO_2-n\text{-}C_4H_9 + H_2O$$

10L 烧瓶中加入上面全部羟基乙酸溶液、5.5L（75mol）正丁醇、前次的中间馏分及高沸物，混合后共沸脱水，先脱出溶解水 150mL（3h 可以完成）。向反应物中慢慢加入 27mL 浓硫酸，继续加热共沸脱水酯化，至不再有水层分出为止。约 8h 可以完成，再继续半小时，共脱出水层 540~580mL。

稍冷，搅拌下加入 60g 碳酸钠（0.56 mol）搅拌 10min，调节反应物为中性，必要时再补加 10g 碳酸钠，放置过夜使溶解的无机盐析出，次日滤清。回收丁醇至液温升至 130℃；冷至 40℃以下开始加热作减压分馏，收集 78~81℃/10mmHg 馏分，得 2.9kg（产率 73%），纯度（GC）>98%，d^{20} 1.023。

柠檬酸三丁酯　M 360.14，fp -20℃，bp 178~180℃/3mmHg。

1L 三口烧瓶中加入 315g（1.5mol）一水柠檬酸、500mL（6.7mol）正丁醇及 3g 浓硫酸，混匀、加热溶解，安装 60cm 分馏柱接回流分水装置，用电热套加热分馏脱水，约 4h 共脱出水层 115~120mL，反应物温度升达 130℃。稍冷，加入 4g 碳酸钠充分搅动，调节反应物 pH 6~7，加热回收丁醇至液温 155℃放置过夜。次日滤清，减压分馏，收集 198~200℃/7mmHg 馏分，得 460g（产率 85%）❶，无色，d^{20} 1.0366，n_D^{20} 1.4429。

丁-2-烯酸的酯化速率由于构成六位效应，比丙烯酸的酯化速率慢了许多；丁二酸有子内氢，酯化更慢；而没有 "六位效应" 阻碍的羧酸的酯化（甲酯、乙酯）相对能够很快完成反应。

丁-2-烯酸乙酯　M 114.1，bp 136℃，d^{20} 0.9182，n_D^{20} 1.4242。

$$CH_3CH=CH-CO_2H + C_2H_5OH \xrightarrow{H^+/H_2SO_4/苯} CH_3CH=CH-CO_2C_2H_5 + H_2O$$

5L 三口烧瓶中加入 1.55kg（18mol）丁-2-烯酸，1.6kg（32mol）95%乙醇，再加入 20mL 浓硫酸，安装 60cm 分馏柱及回流分水装置，加入 1L 苯混匀，用电热套加热分馏

---

❶ 中间馏分及高沸物都很少，将它们重新分馏，总产率>93%。反应速度快（又催化剂用量少）是拉电子结构决定的。

脱水（有效分馏柱很容易控制三元恒沸点 62~64℃）至不再有水分出，约 20h 共脱出水层 1L（按水层组分计算脱水近于理论量），冷后水洗，干燥后分馏。收集 134.5~136.5℃ 馏分，得 1.4~1.5kg（产率 70%）。

琥珀酸二乙酯（丁二酸二乙酯）　M 171.19，fp −20℃，bp 216.5℃，d^{20} 1.0402，n_D^{20} 1.4198。

$$CH_2-CO_2H \quad \underset{CH_2-CO_2H}{} + 2\,C_2H_5OH \xrightarrow[30h]{H^+/H_2SO_4/苯} CH_2-CO_2C_2H_5 \quad \underset{CH_2-CO_2C_2H_5}{} + 2\,H_2O$$

10L 三口烧瓶中加入 3.6kg（30mol）丁二酸、5L 95% 乙醇、1L 苯及 200mL 浓硫酸，混匀，加入沸石，安装 1m 分馏柱及回流分水装置，用调控的电热套加热，控制柱顶 60~65℃ 分馏脱水至不再有水层分出为止，约 30h 可以完成（反应速率比丁-2-烯酸又慢了许多）。回收乙醇，冷后水洗，用碳酸钠洗出硫酸及单酯，以无水硫酸钠干燥后分馏。收集 210~220℃ 馏分，得 3.5~3.6kg（产率 70%）。

使用多量硫酸对于使用甲醇、乙醇的酯化还有其它方便，以等摩尔或稍多硫酸的酸式酯与羧酸的酯化能在甚至半小时内完成；并且可在较大的温度范围内选择以提高反应速率，是软硬酸碱的酯交换，如：4-羟基苯甲酸乙酯和吡啶-2,6-二甲酸甲酯。很多时候酯化完成以后可直接从反应物中分离出粗酯，其"醇酸"回收醇及蒸除水后重新酸式酯，补充醇后重新使用，如下生产已经重复处理使用达七次，未见异常。

3,5-二甲基苯甲酸甲酯　M 164.21，mp 31~35℃；bp 95~102℃/11~13mmHg，d 1.027。

$$CH_3OH + H_2SO_4 \longrightarrow CH_3-O-SO_3H + H_2O$$

$1m^3$ 反应罐配置机械搅拌、温度计、高位瓶及 $>2m^2$ 的回流冷凝器。

用负压向反应罐中吸入 280kg（8.7kmol）甲醇，搅拌及冷却下（<65℃）从高位瓶慢慢加入 150kg（1.5kmol）浓硫酸，停止搅拌，从人孔加入 270kg（1.8kmol）3,5-二甲基苯甲酸粗品（mp 152~165℃），封闭加料口开始加热，至 85℃ 待固体物料大部分溶消后开动搅拌，保温 1h（酯化基本完成），加热回流（88~90℃）3h；冷却降温至 45℃ 停止搅拌和冷却，静置 1h 使分层清楚；从罐下口将下层的"醇酸"流放至三个干燥的大塑料桶中（回收甲醇及蒸除水分后重复使用）❶。

反应罐中的酯层加入 150L 水及 150L 甲苯，开动搅拌，从加料口撒开加入 10kg 碳

---

❶ 此"醇酸"不得混入水，按如下方法处理，反复使用：全部"醇酸"吸入到反应罐中，加热回收甲醇至液温 115℃，回收到 95~100kg 含水甲醇留作他用；冷至 100℃ 左右，搅拌下加入 270kg（1.8kmol）3,5-二甲基苯甲酸粗品，再从高位瓶加入 180kg（5.6kmol）甲醇，加热回流进行酯化。

酸钠，再用 20% NaOH 中和调节水层的 pH 9~10，停止搅拌，静置 1h 使分层清楚；分取下面碱性水层，回收未酯化的 3,5-二甲基苯甲酸[1]。

罐中酯的甲苯溶液用水泵减压回收甲苯至液温 130℃/-0.08MPa（先用常压、后用负压）回收到 110kg 再用。剩余物冷至 70℃放出，得粗酯 300kg。

分馏：100L 蒸馏釜，安装内径 10cm、高 300cm、内做 2/3 填充 2cm×3cm 瓷环的分馏柱，柱顶有挡板（多孔）以防填充物上冲，柱顶接向下的 $2m^2$ 双管内冷的冷凝器，接收器经安全瓶接真空系统。用负压向蒸馏罐中引入 130kg 粗酯；用油泵减压慢慢回收未蒸尽的甲苯至釜内液温 145℃/-0.094MPa、柱顶温度达 110℃/-0.094MPa，回收完毕（回收到含酯的甲苯 5~8kg，并入下批甲苯液）。控制柱顶 110~120℃/-0.094MPa，以 10L/h 的速率约 10h 共得到 100~110kg[2]，釜内液温达 180℃；改换接收瓶收集"后中间馏分"至液温 190℃收集到 6~7kg，停止加热，降温至 160℃关闭减压、缓缓放空，从釜下口放出底料高沸物用于制备均苯三甲酸。

相似的方法制取：

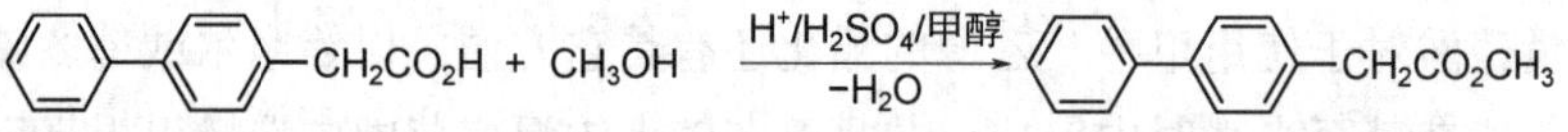

联苯-4-乙酸甲酯
80%

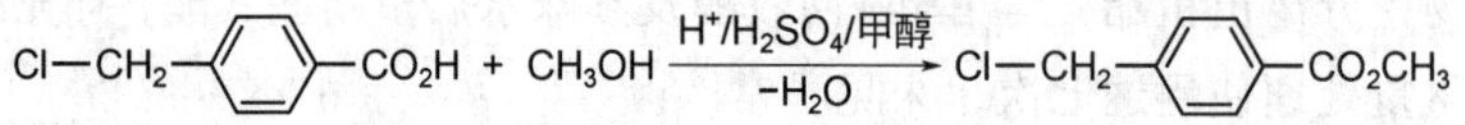

4-氯甲基-苯甲酸甲酯
mp 39~40℃

分离出 4-氯甲基苯甲酸甲酯在 15℃滤出，收率 54%，mp 32~37.5℃，用甲醇（0.3mL/g）溶析两次，成品收率 29%，mp 38.5~39.5℃，纯度 99.5℃。

4-羟基苯甲酸乙酯　M 166.17，mp 116~118℃，bp 298℃。

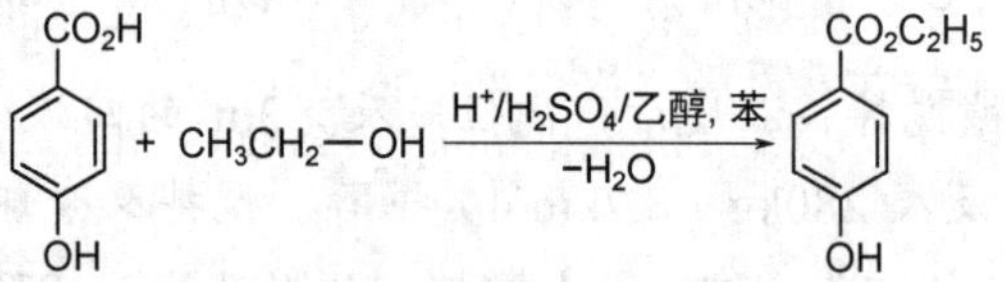

1L 烧瓶中加入 138g（1mol）4-羟基苯甲酸、375mL（6mol）乙醇、6g 浓硫酸及 150mL 苯，用电热套加热进行分馏脱水至不再有水分出，稍冷。加入 7g 碳酸钠以中和硫酸，再分馏脱水，放置过夜。次日滤清。回收乙醇和苯，至剩 250mL 左右，放冷、滤出结晶，以 50%乙醇浸洗两次，干燥后得 136g（产率 82%），mp 114~117℃。

精制：用乙醇（2mL/g）重结晶。

---

　　[1] 三批次的碱水洗液合并于 $1m^3$ 反应罐中，加热至 80℃，用 50% H_2SO_4 酸化至 pH 3。冷至 50℃离心分离，水冲洗。干后得 60kg 品质较好的粗品，用于酯化。
　　[2] 产品质量：冰点 26.5℃，用它水解制得 3,5-二甲基苯甲酸的纯度 99%。

另法：1mol 硫酸和 1.1mol 乙醇加热蒸除水（重量）生成酸式酯以后加入 1mol 羧酸，补加少量乙醇回流片刻，产率 88%。

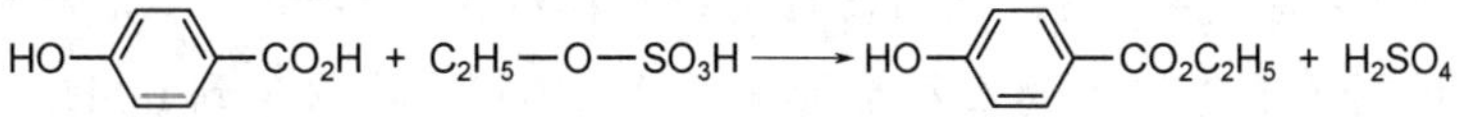

$$HO-\text{C}_6\text{H}_4-CO_2H + C_2H_5-O-SO_3H \longrightarrow HO-\text{C}_6\text{H}_4-CO_2C_2H_5 + H_2SO_4$$

吡啶-2-甲酸乙酯　M 151.17，mp 2℃，bp 241℃，d 1.119，n_D^{20} 1.5110。

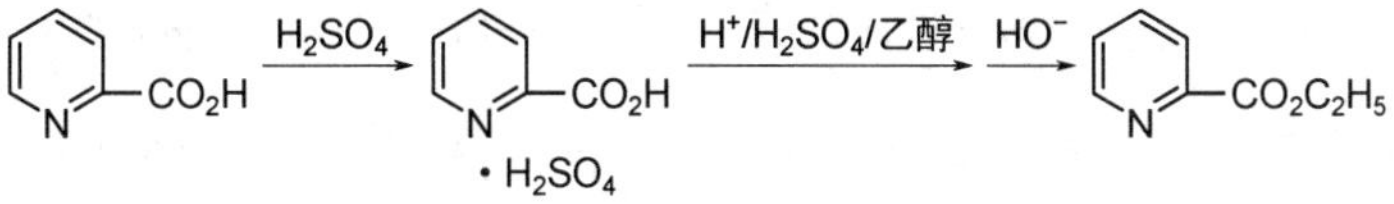

1L 三口烧瓶中加入 322g（7mol）无水乙醇，搅拌及冷却下慢慢加入 400g 浓硫酸[❶]，再加入 246g（2mol）吡啶-2-甲酸，搅拌着于 95℃保温 6h，放置过夜。次日将反应物倾入 1.2kg 碎冰中，以碳酸钠中和至 pH 10，放置 2h 或更长时间，滤出析出的硫酸钠。以冰水浸洗两次，洗液与滤液合并，用苯提取滤渣和水溶液（4×400mL）。提取液合并，以无水硫酸钠干燥后回收苯，至液温 120℃，剩余物减压分馏，收集 148~152℃/40mmHg 馏分，得 194g（产率 64%）。

另法：使用焦碳酸酯的酯化、反应不涉及水，处理简单、产率高。

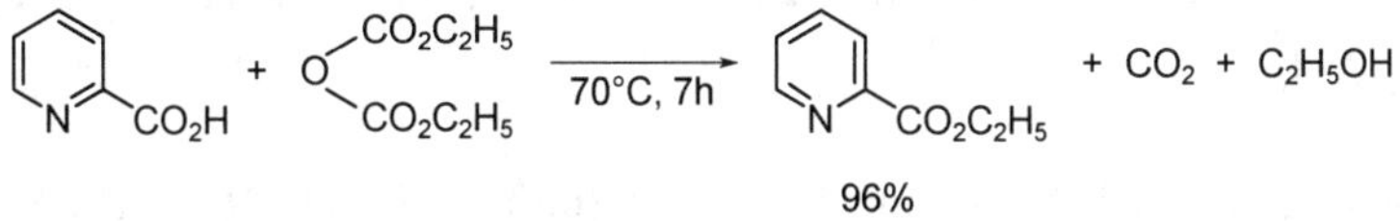

4-氰基苯甲酸甲酯　M 161.16，mp 67~68℃。

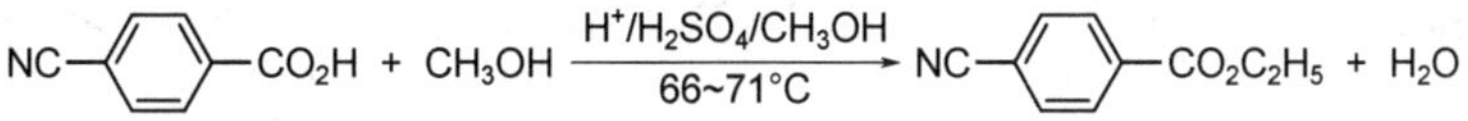

$$NC-\text{C}_6\text{H}_4-CO_2H + CH_3OH \xrightarrow[66~71℃]{H^+/H_2SO_4/CH_3OH} NC-\text{C}_6\text{H}_4-CO_2C_2H_5 + H_2O$$

1L 三口烧瓶中加入 240g（7.5mol）甲醇及 7.5mL（13.8g）浓硫酸，搅拌加入 220g（1.5mol）4-氰基苯甲酸，加热回流 1.5h，4-氰基苯甲酸进入反应（回流温度从 66℃上升至 71℃）并回流 1h，以碳酸钠中和硫酸后回收甲醇，冷后倾入两倍体积的温水中，再调节水层至 pH 8，冷却后，下面油层凝固，得粗品 240g。

精制：用苯（3.5mL/g）重结晶，干燥后得 190g（产率 79%），mp 64.5~65.5℃。

溴乙酸乙酯　M 167.01，bp 168~169℃（文献值 159℃），d_{20}^{20} 1.5039（文献值 1.5056）；强制激性、催泪性。

a. 溴代

$$CH_3-CO_2H + Br_2 \xrightarrow{-HBr} Br-CH_2-CO_2H$$

10L 三口烧瓶中加入 3kg（50mol）冰乙酸，100mL 乙酸酐及 110g（70mL）三氯化

[❶] 使用相等质量的物料配比，合成的产率 54%，说明过量的硫酸（154g）对于反应的脱水并不突显；应先以等摩尔的乙醇和硫酸在搅拌下加热赶除，产生的水分至液温 118~120℃成为酸式酯，然后加入其余物质用于酯化。

磷搅拌下加热至 100℃ 左右慢慢加入约 300mL 溴素（反应有引发过程；使用赤磷及 PCl₃ 的反应似乎更快！）开始放出 HBr 以后，保持 90℃ 左右再慢慢加入 3.2L（共 2.5L 45mol）溴素，加完后保温搅拌 2h，深红色的反应物褪至橘红色（共约 6h，此时 HBr 很少放出）时，加热回收过剩（未作用）的乙酸至馏出温度 140℃，共收集到 0.5L。

b. 酯化

$$Br—CH_2—CO_2H + C_2H_5OH \xrightarrow{乙醇/硫酸} Br—CH_2—CO_2C_2H_5 + H_2O$$

以上溴乙酸反应物小心移入至 15L 烧瓶中，加入 4.6kg（100mol）无水乙醇❶及 50mL 浓硫酸，混匀后加热回流 4h❶，水浴加热用水泵减压回收乙醇，用饱和盐水洗三次，以无水硫酸钠干燥后得 4.9kg，分馏收集 154~158℃ 馏分，得 4.2kg（产率 50%，按乙酸计；61%，按溴乙酸计）。

【盐酸、氯化氢作催化剂】

盐酸和氯化氢作催化剂，除按一般方法回流、共沸脱水的酯化外，也常用 HCl 将甲醇或乙醇饱和（简单醇才对 HCl 有足够的溶解度），然后加入羧酸，放置一定时间以后再将反应物在一定温度保温使反应完全；HCl 还与酯化产生的水生成水合物以使反应向右；或将羧酸和醇的反应物在一定温度保持 HCl 饱和。此方法只用于甲酯化、乙酯化，操作也多有不便，应尽可考虑其它方法。

2-氨基苯甲酸乙酯　　M 168.18，mp 13℃，bp 268℃，d 1.1174；无色液体，光照变黄。

15L 烧瓶中加入 7.5L 无水乙醇，通入干燥的 HCl 至饱和（20~25℃）增重 4kg，加入 2.74kg（20mol）o-氨基苯甲酸，摇匀、放置过夜。次日在回流冷凝器下，用水浴于 5~6h 加热至微沸，o-氨基苯甲酸经 10h 进入反应而消溶，再回流 14h❷，用水泵减压回收 4L 乙醇（放冷则析出盐酸盐）。搅拌下加入 10kg 碎冰中，以碳酸钠中和至强碱性，分取油层，水洗一次，以无水硫酸钠干燥后得 2.2kg（产率 66%）。

减压分馏并收集 144~148℃/15mmHg 馏分，得 1.8kg（产率 54%），fp 10.5℃，d^{20} 1.120~1.123❸；在 -2℃ 冰冻结晶，分离得 1.2kg，fp 12.5℃；进一步减压分馏得 1.05kg，fp 13℃，d^{20} 1.119。

肼基乙酸乙酯·HCl　　M 154.60，mp 152~154℃；无色片状晶体。

---

❶ 严重的副反应是溴被酯化产生的水水解，乙醇的用量比仅为 2.5mol；高浓度的水（8%）对于很活泼的 α-溴原子，如果在酯化过程回流 12h，最后产率下降至 35%~37%；曾试图用苯的共沸脱水蒸除产生的水，结果馏出物未见分层，可能是产生的水被溴的水解消耗掉了。或当以上述 4-羟基苯酸甲酯使用酸式脱硫酸酯的酯交换。

❷ 消溶后回流 4h 即可反应完全。应使用搅拌。

❸ 常压分馏外观浅黄，d^{20} 1.115；再减压蒸馏一次，d^{20} 1.116，fp 11.7℃。

a. 肼基乙酸钠

$$3 N_2H_4 + Cl—CH_2CO_2H \xrightarrow{20\sim25℃} H_2N—NH—CH_2CO_2^- \cdot \overset{+}{N}H_3—NH_2 + N_2H_4 \cdot HCl$$

$$\xrightarrow{2NaOH} H_2N—NH—CH_2CO_2Na + NaCl + 2 N_2H_4 \cdot HCl$$

2L 三口烧瓶中加入 320g（80%，5mol）水合肼溶液，控制 20~25℃搅拌下慢慢加入 95g（1mol）氯乙酸，反应放热，加完后放置过夜。次日，搅拌下加入 80g（2mol）氢氧化钠（<80℃），水浴加热减压回收水合肼（弃去首先蒸出的 80mL 水）至糖浆状仍继续蒸发●，将半固化的剩余物趁热倾于搪瓷盘中于 110℃烘干（不时翻动）至少 24h。加回到烧瓶中●、沸水浴加热、水泵减压（-0.09MPa）真空干燥至少 4h，以蒸尽最后的水合肼，降温至 60℃以下再放空，得到含氯化钠的肼基乙酸钠。

b. 肼基乙酸乙酯·HCl

$$H_2N—NH—CH_2CO_2Na + HCl + C_2H_5OH \xrightarrow[-NaCl, -H_2O]{HCl/乙醇} H_2N—NH—CH_2CO_2C_2H_5 \cdot HCl$$

将上述所得肼基乙酸钠加入 600mL 无水乙醇，通入干燥的 HCl 至饱和，增重 200g（HCl/C_2H_5OH，d^{20} 0.913），放置过夜，干固的块状物基本崩解开；次日维持 50℃搅拌 2h，再通入 HCl 使饱和（增重 150g），再于 50℃搅拌 3h，在回流冷凝下加热，从上口将放出的 HCl 导至无水乙醇吸收并用于下次合成，直至反应物液温升至 78℃，补加 200mL 无水乙醇，继续搅拌下回流半小时，趁热滤除氯化钠。滤液在密封下放冷，滤出结晶●，以 30mL 无水乙醇冲洗，干燥后得 60~70g，mp 145~147℃（产率 39%~45%）。

精制：用无水乙醇（5.5mL/g）重结晶，精制的收率 65%，mp 149.5~151.5℃，含量 99.7%。

从母液回收乙醇（重复用），从剩余物回收的粗品再精制。

2. 酯交换
（1）无机酸酯和羧酸的酯交换

无机酸酯，尤以硫酸酯对于羧酸或其钠盐的酯交换是很有用的、方便的酯的合成方法。无机酸对于羧酸的酯交换催化，可以得到更高的反应温度，介质的极性条件导致酯的烃氧分裂，倾向单分子历程，反应完全，操作方便；得到较高的产率。常使用的无机酸酯有硫酸二甲酯、硫酸二乙酯、磷酸三甲酯、磷酸三乙酯以及亚硫酸酯。

使用硫酸酯的反应迅速，在较高温度生成的硫酸有使反应物焦化的倾向，使产物的颜色变暗；由于强无机酸使 C_3 以上的醇异构，一般只用于甲酯、乙酯的合成。

以等摩尔（或醇稍多）硫酸与醇（甲醇、乙醇）生成酸式酯，加热蒸除产生的水，再添加适量醇以改善溶剂条件，加入羧酸，这样的反应物具备了大量的酸催化剂且体系中又没有

● 在 100L 反应罐中生产，加热温度可达 120℃，很方便蒸尽烘干。

● 以母液作第二次提取氯化钠渣滓只得到 5g 粗品，看来溶剂已经不少，以上的 200mL 无水乙醇似不必要，但要用热乙醇冲洗氯化钠。

水，这些条件使得酯化反应能在片刻完成；分离产物后，调节"醇酸"配比，重复使用。如：

$$C_2H_5{-}OH + H_2SO_4 \xrightarrow[-H_2O]{} C_2H_5{-}O{-}SO_3H \xrightarrow[-H_2SO_4]{HOC_6H_5CO_2H} HOC_6H_5CO_2{-}C_2H_5$$
$$88\%$$

（见 278 页）

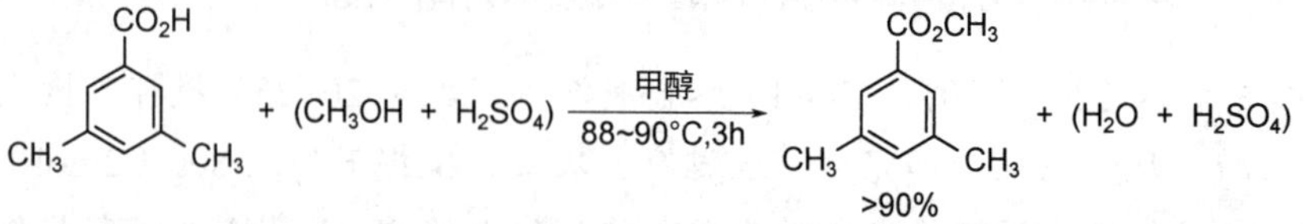

+ (CH_3OH + H_2SO_4) $\xrightarrow[88{\sim}90℃,3h]{甲醇}$ ... + (H_2O + H_2SO_4)

>90%

（见 277 页）

碱性基团应以足够的硫酸来获得酸性；空间阻碍的羧基酯化应当以酸条件的硫酸酯、碳酸酯来获得温度条件，或者在浓硫酸中使用硫酸酯、碳酸酯。

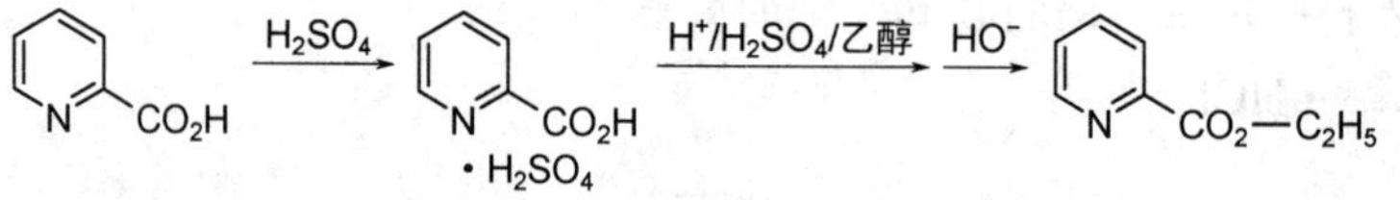

（见 279 页）

4-丁氨基苯甲酸乙酯　M 221.30，mp 69~70℃，bp 220℃/20mmHg。

a. 4-丁氨基苯甲酸（mp 151~152℃）

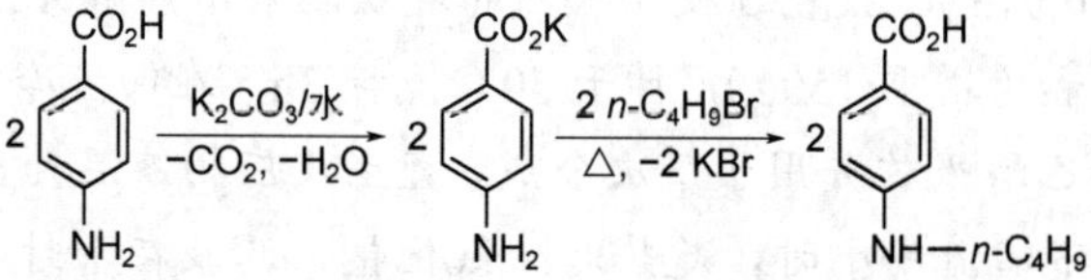

2L 三口烧瓶中加入 1.2L 水及 176g（1.25mol）无水碳酸钾或相当量的 NaOH，搅拌使溶解，慢慢加入 340g（2.5mol）4-氨基苯甲酸，加热至 70℃以氢氧化钠溶液调节至 pH 10，加入 343g（2.5mol）溴丁烷，搅拌下加热回流 12h（3h 后开始析出结晶）❶，放冷，滤出结晶，水洗，再用 100mL 甲醇冲洗，干燥后得 430g（产率 89%），纯度（滴定法）>98%，mp 149~151℃。

b. 酯化

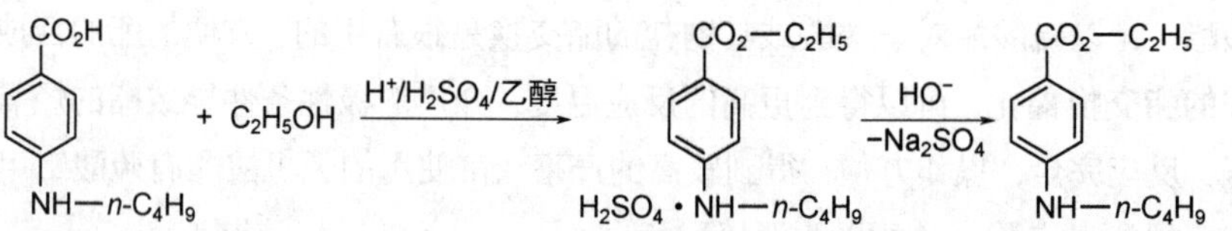

1L 三口烧瓶中加入 0.5L 95%乙醇，搅拌下加入 150g（1.5mol）浓硫酸❷，再加入 194g（1mol）4-n-丁氨基苯甲酸，搅拌下加热回流 4h；水浴加热用水泵减压回收乙醇至液温 ≤80℃/-0.08MPa（约回收到 400mL），稍冷、将剩余物加入至冷水中，以碳酸钠中和，

---

❶ N-烷基化以后使其羧酸的酸性更弱，生成的 HBr 与其钠盐使之以羧酸析出，羧酸的拉电子影响使其仲胺的碱性减弱，且其 N-丁基有一定程度的位阻，不易进一步烷基化。

❷ 或者用酸式酯的方法便于回收。

至析出约 20g（10%）含多量杂质的粗品❶，滤清后继续中和至 pH 8，加热至 75℃使析出的结晶熔化，用碳酸钠溶液调节水层为持久的弱碱性，冷后酯的油层凝固，倾出水层，得凝块 185~190g❷（产率 83%~86%）。

以上凝块 190g 用下面精制用过的甲苯母液溶析一次，次日滤出结晶，用 40mL 甲苯冲洗（风干燥后得 148~152g，不必干燥），再用 2.5mL/g 甲苯（或用 0.5mL/g 乙醇）重结晶❸，得 106g（产率 48%，未记入回收），mp 68.3~69.5℃。

吡啶-2,6-二甲酸二甲酯 M 195.24，mp 121~123℃；溶于热乙醇，易溶于丙酮。

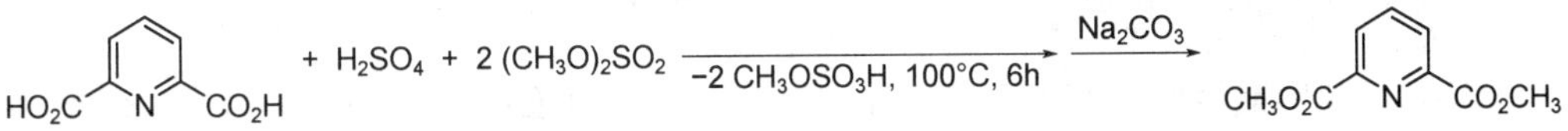

$1m^3$ 反应罐中加入 250kg（2.5kmol）浓硫酸❹，搅拌下慢慢加入 167kg（1kmol）吡啶-2,6-二甲酸，中和放热可达 80℃；再从高位瓶加入 350kg（2.8kmol）硫酸二甲酯，反应物温度下降至 60℃左右，稍加热保持 80℃搅拌 1h；再于 100℃±2℃反应 6h，停止加热，冷至 30℃左右准备水解。

$2m^3$ 反应罐中加入 400L 水及 700kg 碎冰，同时用冷冻液循环冷却保持 20℃以下，搅拌着于 1h 左右将上面的反应物慢慢加入，再以碳酸钠中和至 pH 8~10，只要放出 CO_2 允许，可以快加约 2h 可以中和好，共加入了 400~420kg（3.7~3.8kmol）❹碳酸钠，中和后立即离心分离以免析出硫酸钠结晶，用水冲洗❺，将粗品移入反应罐中用两倍冷水充分搅拌洗涤，离心分离及水冲洗，烘干得 140kg（产率 71%）❻，纯度（GC）>98%，mp 115~119℃。用甲醇（6mL/g）重结晶，得 116kg（产率 59%），mp 121~123℃，纯度 99.7%，白色、稍暗。

芳香酸的两个邻位都被取代基占据，按常规量的硫酸催化和醇长时间回流也不会有酯生成，或应该以硫酸酯或磺酸酯在酸作用下的烃氧分裂作用于羧酸，反应形式如在较高温度下羧酸的自催化作用。或者强酸酯（草酸二乙酯）在高温交换制备 $CH_3CH(NH_2)CO_2C_2H_5$。

3,5,6-三氯-水杨酸正戊酯 M 311.59。

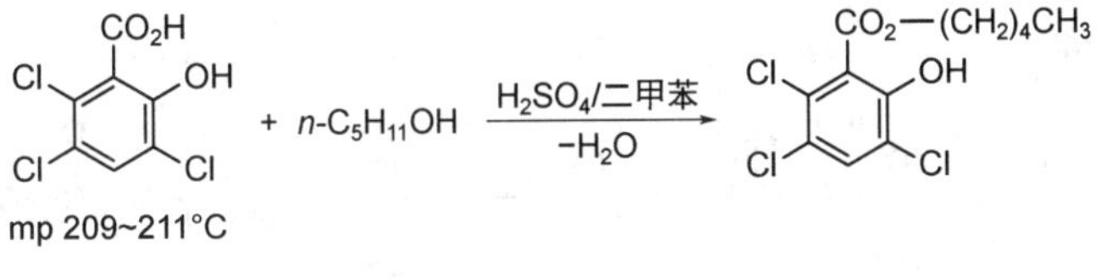

----

❶ 采用分步沉析的方法便于除去颜色杂质。

❷ 如果不是分步沉析，粗品约 208g（产率 93%），最后产品产量也相应提高，产品熔点 68.5~69.5℃（与前同），但色谱分析显示有杂质。

❸ 产品的外观颜色可用石油醚方便洗除。

❹ 将吡啶-2,6-二甲酸以外的其它物料都应减少 1/2，或配制 2.6kmol 酸式酯供酯化使用。此碳酸钠用量中和到生成 $CH_3O—SO_3Na$ 及水解产物。

❺ 反应母液以及水洗液应该用甲苯提取，检查回收。

❻ 放入水中约含大量硫酸的酯化反应物，不可避免地造成有水解道反应，至少应该将反应物由碱悬浮液中冰冷加入。

5L 三口烧瓶配置机械搅拌、回流分水器及温度计。

烧瓶中加入 366g（1.5mol）3,5,6-三氯-水杨酸及 528g（6mol）正戊醇，再加入 1.2L 二甲苯，搅拌下加热溶液，加入 80mL（150g，1.5mol）浓硫酸，开始加热分馏脱水，约 3h 脱水完毕。在脱水将近终了，反应物开始较快升温、有焦化产生的二氧化硫气味，反应物开始变棕，立即停止加热。冷后倾入 1L 冷水中充分搅拌，分取油层，水洗，用碳酸钠中和至水层中性，再水洗，以无水硫酸钠干燥后分馏回收溶剂❶至剩 1/2 体积，减压分馏，收集 182~184℃/2mmHg 馏分，得 390g（产率 70%）。

使用磷酸酯的酯交换反应虽然缓慢，但产物的外观良好。

联苯-4,4′-二甲酸甲酯　M 270.08，mp 214~218℃；白色有光泽的细小片晶，溶于沸苯（9mL/g）、沸 DMF（2mL/g）、THF（25mL/g）。

$$HO_2C-\!\!\langle\ \rangle\!\!-\!\!\langle\ \rangle\!\!-CO_2H \xrightarrow[190\sim200℃,\ 6h]{+\ 2\ (CH_3O)_3PO} CH_3O_2C-\!\!\langle\ \rangle\!\!-\!\!\langle\ \rangle\!\!-CO_2CH_3\ +\ 2\ (CH_3O)_2PO(OH)$$

1L 三口烧瓶中加入 650g（540mL，4.62mol）❷磷酸三甲酯（bp 197℃），搅拌下加入 121g（0.5mol）联苯-4,4′-二甲酸，于 190~200℃反应 6h，联苯二甲酸消溶，再保温搅拌 2h，放冷以析出较大结晶便于过滤分离，滤出（母液单独存放）❸用甲醇冲洗，用热水搅开洗两次，干燥后得 124g（产率 91%），纯度（HPLC）>99%，mp 211.6~212.8℃。

精制：用 DMF（2mL/g）溶析一次，滤出，水洗，干燥后得 104g，纯度（HPLC）>99%，mp 211~213℃。

其它方法：联苯二甲酰氯与甲醇钠溶液在 10℃反应。

（2）羧酸酯和醇的交换

羧酸酯（多是甲酯、乙酯、异丙酯等简单酯）和醇的交换相似于羧酸的酯化：通常在酸（碱）催化下进行，醇作为亲核试剂在羧酸酯羰基加成为碳四面体中间物，然后根据电负性多数是脱去甲醇、乙醇，是可逆的平衡；移去生成物使反应进行到底；反应速率依醇的亲核性质及退减下来的醇分离体系的难易程度；酯羰基的加成活性以及催化剂的浓度。

酸催化：

$$Ar\!-\!\!\overset{\overset{\displaystyle O}{\|}}{C}\!-\!OR \xrightarrow{H^+} Ar\!-\!\!\overset{\overset{\displaystyle +OH}{\|}}{C}\!-\!OR \xrightarrow[-H^+]{R'OH} Ar\!-\!\!\overset{\overset{\displaystyle OH}{|}}{\underset{\underset{\displaystyle OR'}{|}}{C}}\!-\!OR \xrightarrow{-ROH} Ar\!-\!\!\overset{\overset{\displaystyle O}{\|}}{C}\!-\!OR'$$

碱催化：

---

❶ 酸作用下伯醇异构化，受位阻影响仲醇不进入反应。溶剂组分沸点相近，不易分离：二甲苯 bp 137~144℃；正戊醇 136~138℃；2-戊醇 118~119℃；3-戊醇 114~115℃。

❷ 缩小配比，最后很难滤清可能是结晶太细造成的，应当保温放冷。

❸ 全部母液与 85g（0.35mol）联苯二甲酸加热 2h 可消溶进入反应，这是酸式酯催化的结果，处理烘干后得 106g，mp 211~213℃。

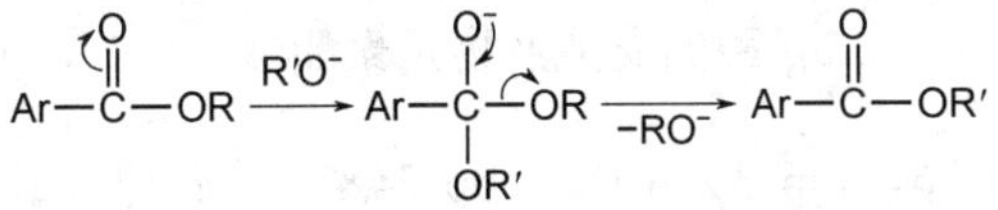

伯醇进行的酯交换大多能得到良好的产率（＞80%）；仲醇受空间位阻的影响交换的产率只35%左右（环己醇尚容易进行）；叔醇的空间位阻更大，使第一步在羧基加成就难以进行，而且交换产生的叔基酯在酸作用下常发生烃氧异裂——生成羧酸和叔基醚。

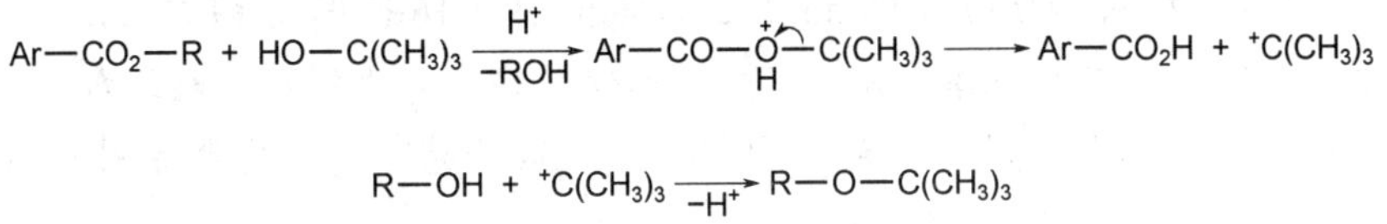

在酯的交换中，以交换下来的醇从反应物中分离出去的难易程度考虑反应条件，在容易分离的情况甚至只用比计算量稍多的醇就可以交换完全。

下面的酯醇解交换近似于酯的水解。为了恢复产物——多为电负性比甲醇更弱的醇，使用分子量最小的甲醇，进行醇解交换，在反应中不能靠蒸出产物醇的方法使反应向右移动，而是依据质量作用定律的规则使用大过量（10mol 左右）的甲醇进行交换平衡，羧酸以甲酯退减下来。

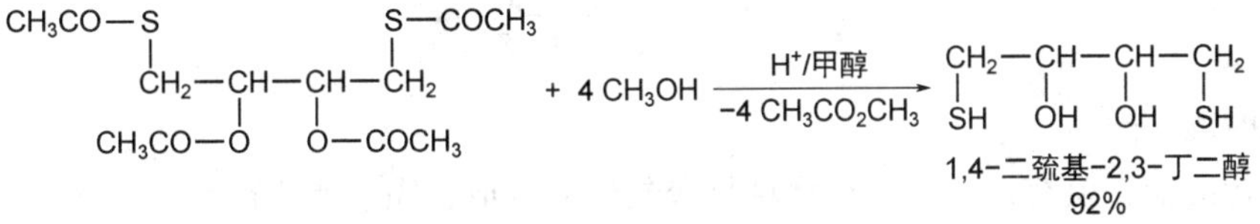

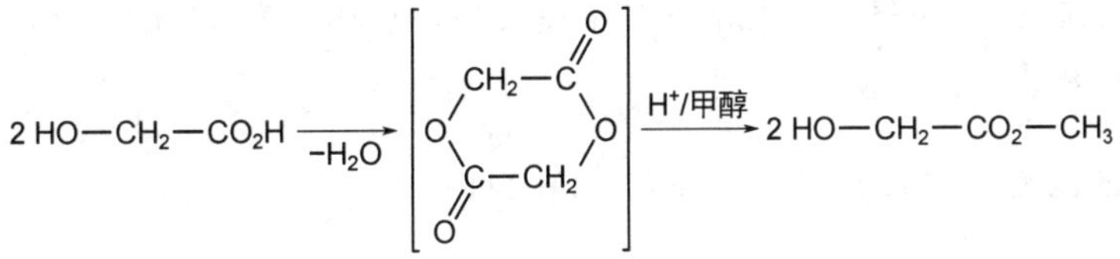

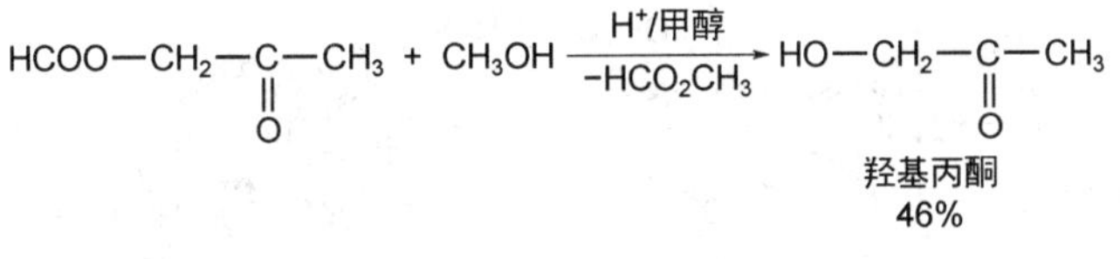

丙二酸单（异丙）酯在非极性溶剂中分子内氢键得到稳定（添加其它酸催化会造成反应混乱及失羧），氢键使羧基的酯化形成阻碍，但使得酯羧基碳的电正性加强而利于酯的醇解交换，交换下来的异丙醇难以逆转（见 300 页）。

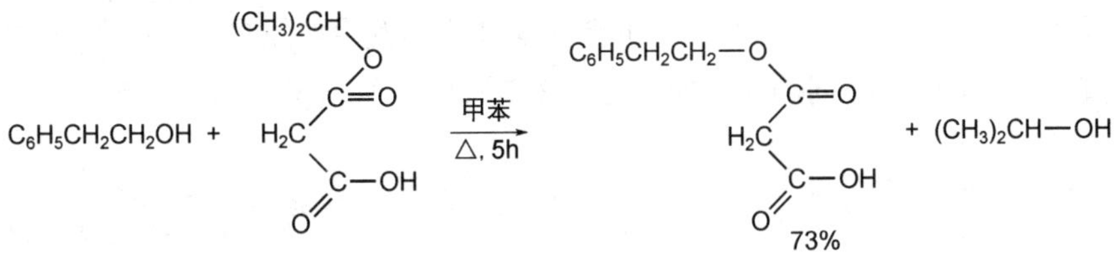

碳酸酯是二元酸的酯，与二元醇的交换产物是聚酯。

碳酸乙烯酯[❶]　M 88.06，mp 39~40℃，bp 248℃，d^{39} 1.3218，d_D^{20} 1.4159；溶于水及醇。

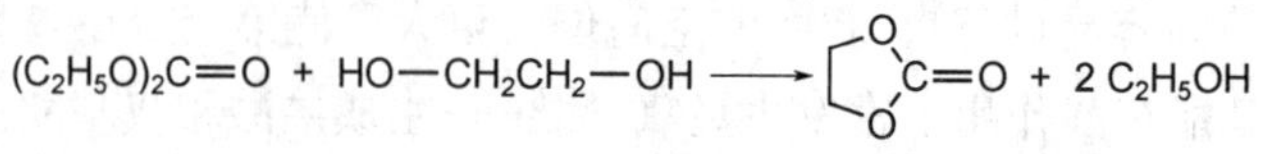

$$(C_2H_5O)_2C{=}O + HO{-}CH_2CH_2{-}OH \longrightarrow \underset{}{\overset{}{\text{环}}}C{=}O + 2\,C_2H_5OH$$

5L 三口烧瓶中加入 840mL（15mol）乙二醇和 2L（16mol）碳酸二乙酯，加入沸石，开动搅拌至 100℃时反应物互溶，加入 3g 无水碳酸钾，停止搅拌。继续加热，控制 1m 分馏柱柱顶温度＜80℃使交换下来的乙醇蒸出，反应物的沸腾温度也逐渐升高，约蒸出乙醇 675g，为计算量的 95%，停止加热。

将剩余物溶于 0.7L 以上回收的乙醇中，脱色过滤。放冷后充分冰冷，滤出结晶，乙醚浸洗、冲洗，减压干燥，得 650~700g（产率 50%~55%）。

又例如：

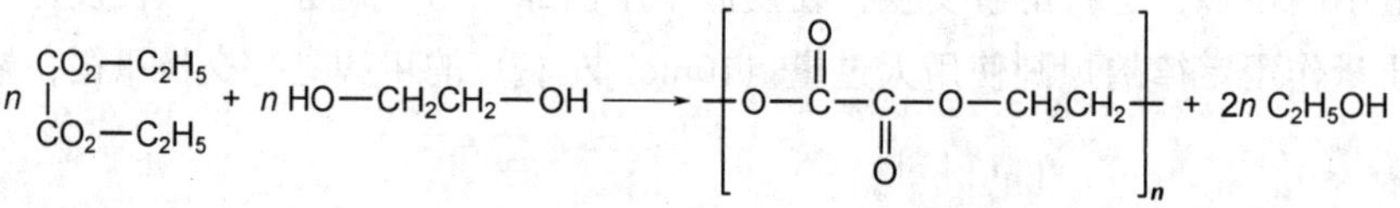

$$n\,\underset{CO_2-C_2H_5}{\overset{CO_2-C_2H_5}{|}} + n\,HO{-}CH_2CH_2{-}OH \longrightarrow \left[-O{-}\underset{O}{\overset{O}{C}}{-}\underset{O}{\overset{O}{C}}{-}O{-}CH_2CH_2{-}\right]_n + 2n\,C_2H_5OH$$

聚乙二酸二酯
mp 159℃

（3）酯和羧酸的交换

酯和羧酸进行的酯交换有两种情况：一种是酸式酯的合成、完全酯和羧酸的平衡；另一种是碳酸酯和羧酸进行的酯交换。后者有酰氧基碳酸酯过程，然后分解，由酰氧基提供酰基，碳酸酯基提供烃氧基完成反应。

吡啶-2-甲酸乙酯　M 151.17，mp 2℃，bp 241℃。

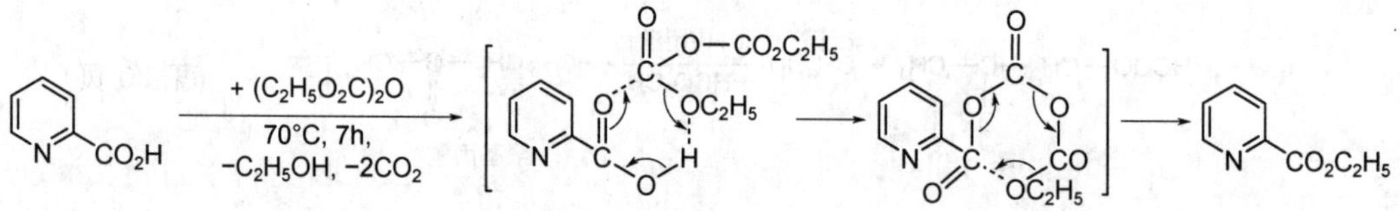

1L 三口烧瓶中加入 124g（0.76mol）焦碳酸二乙酯，搅拌下慢慢加入 62g（0.5mol）吡啶-2-甲酸，于 70℃反应 7h，放出大量 CO_2，停止放出气体后减压蒸馏，收集 117~118℃/10mmHg 馏分，得 73g（产率 96%）。

"强酸弱碱"和"弱酸强碱"两个不同的酯化酸催化不发生如复分解的反应，生成两个"强酸强碱"和"弱酸弱碱"不同的酯。如（见 813 页）：

---

❶ Aldrich 上是这样的称谓，分子式亦如此。其实应该叫聚碳酸乙二醇酯，其结构式为：$\left[-O{-}\underset{O}{\overset{O}{C}}{-}O{-}CH_2CH_2{-}\right]_n$

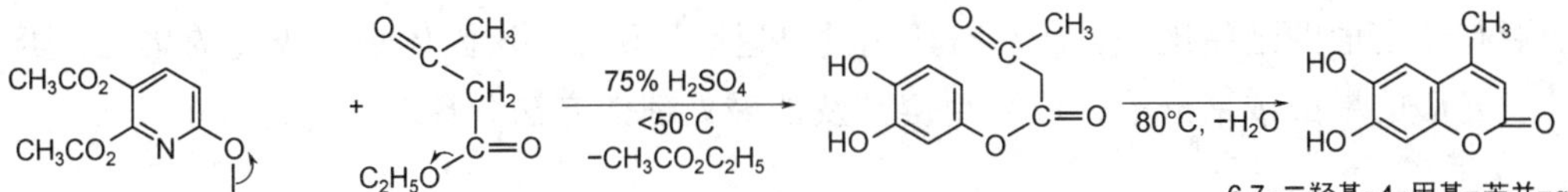

6,7-二羟基-4-甲基-苯并-α-吡喃酮
>70%

二元酸的第一个羧基受另一个羧基拉电子的影响表现为较强的酸性,在一个羧基首先酯化生成单酯后,另一个羧基表现为较弱的酸性,酯化速率也缓慢,还可以构成阻碍;两个羧基相距越近其影响也越大,控制醇的用量及反应条件可以控制以生成酸式酯为主;两个羧基相距较远时影响较弱,可以看作是它们各自的行为,反应体系是单酯、双酯、二元酸及水物料间的平衡,在 160~170℃以更快的速率进行。

为提高酸式酯的转化率,向反应物中加入一定数量的完全酯,抑制产生更多的完全酯,也兼作溶剂。反应达到平衡以后可以用酸、碱处理,或者用分馏的方法分离。

癸二酸单乙酯 M 230.31,mp 36℃,bp 183~187℃/6mmHg。

$$HO_2C—(CH_2)_8—CO_2H + C_2H_5OH \longrightarrow HO_2C—(CH_2)_8—CO_2—C_2H_5 + H_2O$$

1L 三口烧瓶中加入 202g(1mol)癸二酸和150g(0.58mol)癸二酸二乙酯,再加入 50mL 二丁醚及30g 盐酸(d 1.19),搅拌下用油浴加热维持 160~170℃反应至反应物均一;降温至 120℃以下慢慢滴入 60mL(＞1mol)乙醇,搅拌下加热回流 2h,冷至 75℃左右,用水泵减压蒸除低沸物(水、乙醚、正丁醚),再油浴加热,减压分馏,收集 156~158℃/6mmHg 馏分为二酯,得 150~157g 用于下次合成。收集 183~187℃/6mmHg 馏分[1],得 114~124g 单酯,mp 34~36℃;处理中间物又回收到 25g,共得 140g(产率 60%)。

等摩尔二乙酸和二酯在无机酸催化下,在 160~165℃共热数小时也能完成酯化物间的平衡。

无机酸酯与无机酸也有此项平衡,如:

$$2 (n\text{-}C_4H_9)_3PO + H_3PO_4 \xrightarrow{165\sim170℃, 10h} 3 (n\text{-}C_4H_9O)_2PO(OH) + n\text{-}C_4H_9OPO(OH)_2$$

磷酸二丁酯（50%）   （见 313 页）

3. 高沸点羧酸和高沸点醇的酯化及聚酯（气相色谱固定液）

二元酸、二元醇及其它高沸点羧酸和醇可以在常压加热至较高温度,凭羧酸的自催化作用完成酯化,生成的水随时蒸除,反应快、产率高,如:己二酸双十八酯的合成使用计算量的配比,在常压、较高温度反应后再减压蒸除低沸物。

二元酸的第一个羧基和稍过量的二元醇在 150℃反应脱水生成单酯及相当数量的线状低聚合物;它可以加热至更高温度,第二个羧基虽然较弱,在更高温度和真空下加热脱水及蒸除低沸物至 200~260℃/＜20mmHg,生成分子量分布较宽的二元酸与二元醇(摩尔比 1:1)聚酯。

固态酯采用结晶的方法处理;液态酯如己二酸二辛酯、癸二酸二辛酯减压蒸馏,在蒸

---

[1] 蒸馏的剩余物主要是癸二酸,mp 135~137℃,bp 273℃/50mmHg。

馏瓶上端有无定形的结晶出现，产品有严重的"返酸"现象；该固体物有较高的熔点，更可能是二元酸的聚酐或聚酐酯，应采用溶剂及酸碱处理的方法分离。

己二酸双十八酯　M 651.24，mp 63℃；难溶于甲醇、丙酮和乙醚。

$$(CH_2)_4\begin{array}{c}CO_2H\\\\CO_2H\end{array} + 2\ CH_3(CH_2)_{17}-OH \xrightarrow[160\sim180℃,\ 16h]{} (CH_2)_4\begin{array}{c}CO_2-(CH_2)_{17}CH_3\\\\CO_2-(CH_2)_{17}CH_3\end{array} + 2\ H_2O$$

5L 烧瓶中加入 2.7kg（10mol）正十八醇（mp 54~56℃）和 730g（5mol）己二酸，混匀后加入沸石，安装 60cm 长的空气冷凝管及温度计，用电热套加热控制反应温度 160~180℃反应 16h，生成的水从冷凝管上口逸出，至水汽停止蒸出。然后减压蒸除未反应的十八醇及最后的水至反应物液相 200℃/10~15mmHg，冷至 150℃放空，停止减压。加入 50g 脱色炭，搅动下放冷至 90℃左右过滤，将熔化滤清的产物在析出结晶以前加入至搅动着的 10L 乙醚中，立即析出结晶，冷后滤出，以丙酮浸洗一次，再冲洗一次，风干得 2.7kg（产率 83%），mp 61~63℃。

聚酯的合成：二元酸及二元醇的沸点都比较高，为弥补在第二步缩聚时的蒸出损失，实际二元醇的投入量为 1.2~1.3mol。第一步将混合物在 140~150℃常压加热蒸除产生的水，得到沸点更高的单酯；然后在减压下缓缓蒸出平衡产生的二元醇，至 200~250℃/10mmHg 以使反应物醇/酸的摩尔比更接近 1:1，最后得到的聚酯平均分子量就比较大，分子量分布也会较窄，精制也容易些。为了减少在合成中的氧化及高温下的"返酸"，要求物料纯净、油浴加热、氮气保护和高真空度。聚酯合成的通式为：

$$HO-R-OH + R'(CO_2H)_2 \xrightarrow[140\sim150℃,\ -H_2O]{} \left(R'\begin{array}{c}CO_2-R-O^-\\\\C^+O\end{array}\right)_{1\sim3}$$

$$\xrightarrow[200\sim250℃/10mmHg,\ -H_2O]{} \left(O-R-O-CO-R'-CO\right)_n$$

聚酯的端基：聚酯多为链式及少量环式的混合物，由于缩聚投料的醇是过量的、端基多为醇式，分子量越大、醇基比率也相应少些，用酰化的方法测定醇基比率计算分子量。

聚酯的熔点：聚酯多有一固定的熔点，其分子量达到一定数值以上，熔点无明显升高。

聚酯的精制：聚酯初制品的分子量分布比较宽，醇解反应可以在聚酯的任何羧基位置打开，不可用热醇处理它们。聚酯有比较小的极性，为了除去较大极性的小分子聚酯、醇及酸物质，将粗品溶解在四氯化碳、氯仿或 1,2-二氯乙烷中，滤清，搅拌下向其中慢慢加入甲醇，改变溶剂的极性使分子量较大（极性较小）的聚酯首先析出，而羟基比率较高的小分子聚酯仍留在溶液中，控制沉析比率，这一操作有时要沉析 2~3 次。

聚酯易溶于四氯化碳、氯仿和二氯乙烷中，在丙酮中的溶解度较小，在甲醇、乙醇、乙醚中的溶解度很小，利用这些溶剂配合将聚酯作沉析；溶剂沉析也会影响端基结果。

二元酸甲酯或乙酯与二元醇作常压分馏的酯交换、蒸除低沸物以及后处理。

$$n\ \text{C}_2\text{H}_5\text{O}_2\text{C}-\text{CO}_2\text{C}_2\text{H}_5 + n\ \text{HO}-\text{CH}_2\text{CH}_2-\text{OH} \xrightarrow[240℃/10mmHg]{150℃} +\text{O}_2\text{C}-\text{CO}_2\text{CH}_2\text{CH}_2 \xrightarrow{}_n + 2n\ \text{C}_2\text{H}_5\text{OH}$$

聚乙二酸乙二醇酯
mp 159℃

由二元酸与二元醇合成聚酯的熔点数据见表6-4。

表6-4　由二元酸与二元醇合成聚酯的熔点　　单位：℃

醇＼羧酸	乙二醇	1,2-丙二醇	1,3-丙二醇	1,4-丁二醇	1,5-戊二醇	新戊二醇	1,6-己二醇	庚二醇	辛二醇	壬二醇	癸二醇
碳酸	39~40√		47~48	59 175~176	44~46 117~118		55~60 128~129	97~98	22~23 116	95.5	10~11 55
乙二酸	159√ 172	178	87~88 186~187				66 79				*
丙二碳	*										
丁二酸	131√ 102~103		82	42√ 121	19 87	82~88√	55 15 110	47~49 86	71 109	71	68 108~109
戊二酸	⊕										14
己二酸	49~53	⊕	81 138	△√	>45		56 70			26	77
庚二酸											
辛二酸	40~41 80~81		108~110								
壬二酸	52			9			59				
癸二酸	75~79√ 42~81	⊕√	56 110	6√	37	⊕√	67 47			70	74
邻苯二甲酸	*	*					*				*
间苯二甲酸	102~107										*
对苯二甲酸	200 256				116						

注：*为流体；⊕未见文献、实为流体；△未见文献、实为固体；√已生产（北京化工厂）。

4. 酸酐对醇、酚的酯化

酸酐的酰化能力很强、但对于醇、酚的 O-酰化有引发过程，或以热，或以无机酸催化，或以碱来提高醇、酚氧原子的亲核性。如果向反应物中加入少量硫酸（摩尔分数 0.1%~0.2%）作催化剂，反应中酸酐的硫酸取得质子，生成羧酸和酰基正离子，酰基正离子与醇、酚反应完成酰化又释出质子催化了整个反应，反应迅速并有较大放热，所以，应先加入催化剂、控制一定温度再把物料加到一起。

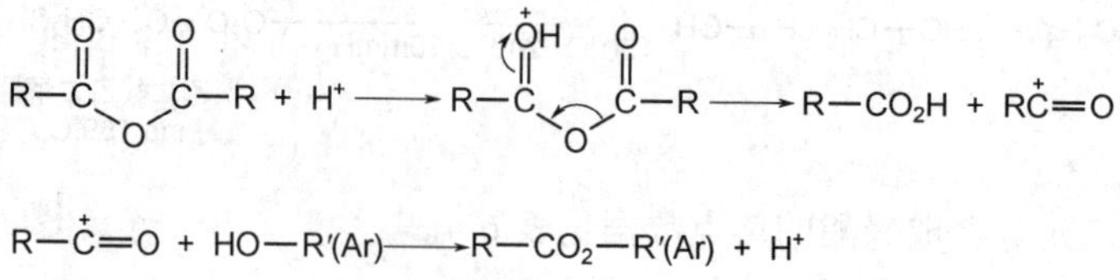

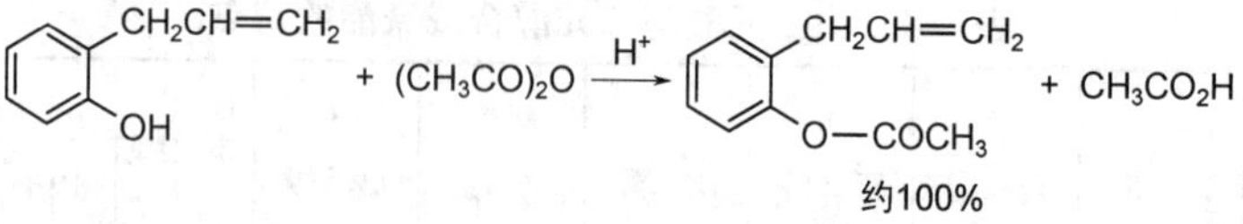

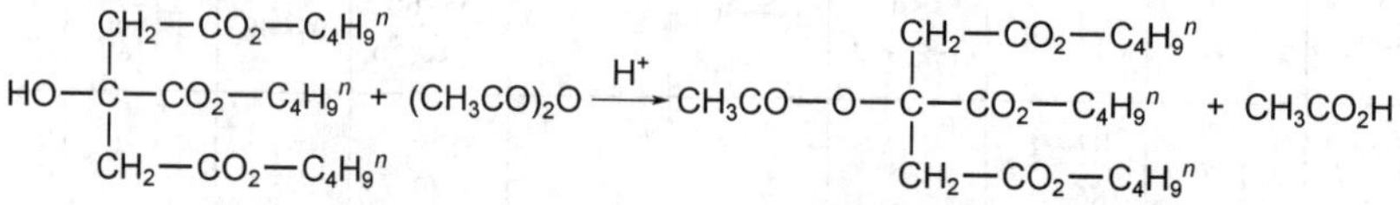

约100%

O-乙酰基-柠檬酸三丁酯（A-4酯）
95%

乙酸-1-萘酯　M 186.21，mp 43.5~44.5℃，bp 132~134℃/2mmHg。

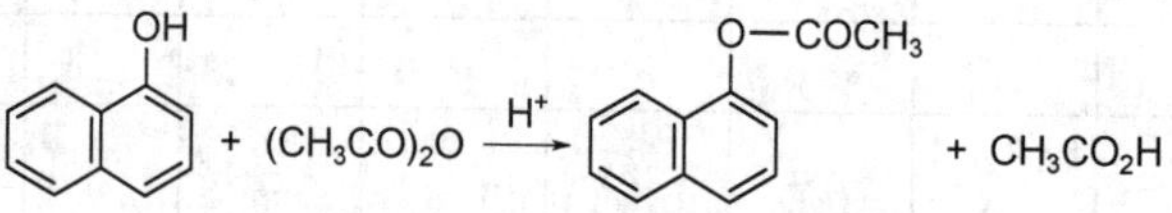

1L 三口烧瓶中加入 156g 85%（1.3mol）乙酸酐和 144g（1mol）1-萘酚，加热使溶解，冷至 50℃搅拌下加入 1 滴浓硫酸，反应立即开始，放热升温达 80~90℃，保温半小时[1]。冷后加入 500mL 水搅拌 10min，倾去水层，用热水熔化洗涤两次，最后用氢氧化钠溶液调节水层 pH 8~10，搅拌 10min，分去碱性水层再用热水洗一次，冷后产品凝固，倾去水，得粗品 180~190g（产率 95%~98%）。

精制：用乙醇（1.1mL/g）重结晶（脱色），干燥后得 140g（产率 75%），mp 43~45℃，外观白色至浅黄色。减压蒸馏可以完全去掉颜色。

醇、酚的钠盐形式 RO⁻（或 ArO⁻）的亲核性很强，在较低温度下的弱碱性水溶液中反应不会造成混乱，醇、酚的氧原子酰化，乙酸钠退减下来。

4-乙酰氧基苯甲酸　M 180.16，mp 190~193℃。

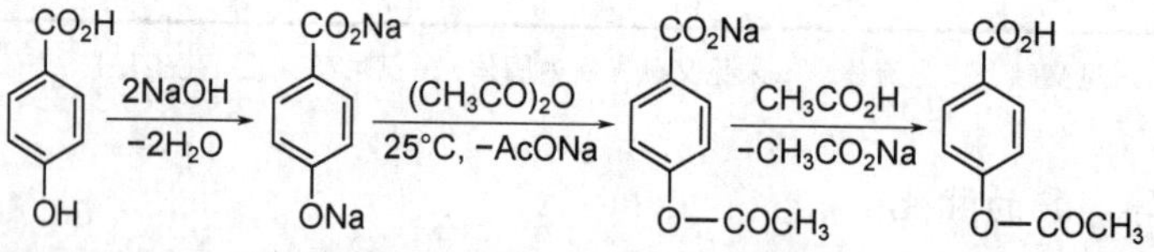

2L 三口烧瓶中加入 81g（2.02mol）氢氧化钠和 1.2L 水，搅拌溶解后加入 138g（1mol）4-羟基苯甲酸成二钠盐溶解，控制 25℃±2℃于 2h 左右慢慢滴入 137g 纯度大于 90%（1.2mol）乙酸酐，当加入 107g 以后（0.94mol 乙酸酐及 11g 乙酸）反应物开始析出结晶，

---

[1] 应先向乙酸酐中加入 1 滴硫酸，再 50~60℃加入 1-萘酚，回收乙酸并以乙酸钠中和硫酸，减压蒸馏。

剩余的 30g 乙酸酐与 60~70mL 30% NaOH 同步加入以控制反应物的弱碱性[❶]。加完后保温搅拌 1h，再调节至弱碱性搅拌 1h，以 50%乙酸酸化[❷]，2h 后滤出结晶，用水充分搅洗，烘干燥后得 170g（产率 94%），mp 183.5~185.5℃。

精制：先用精制成品的乙酸母液（4mL/g）溶析一次，再用冰乙酸或回收乙酸重结晶，产品纯度（HPLC）98.5%[❸]，mp 189.9~190.8℃。

二元酸的酸酐，如：o-苯二甲酸酐、丁二酸酐的酯化分两步进行，第一步是酸酐的反应，在无机酸催化下的反应非常迅速，能在几分钟内完成；第二步是有拉电子影响的羧酸的酯化，经过碳四面体中间物然后脱去水完成的。

有空间阻碍的醇对于二元酸酐，在第一步的酯化完成以后，第二步的酯化非常困难；使用助剂三氟乙酸酐参与的羧酸或酸酐很容易生成混合酸酐，在酸作用下，由于三氟甲基强大的拉电子作用，总是三氟乙酸退减下来，生成酰基正离子，与醇、酚完成酯化，此法适用于有空间阻碍的羧酸与醇、酚的酯化。亦见与 POCl₃ 形成混合酐的酰化。

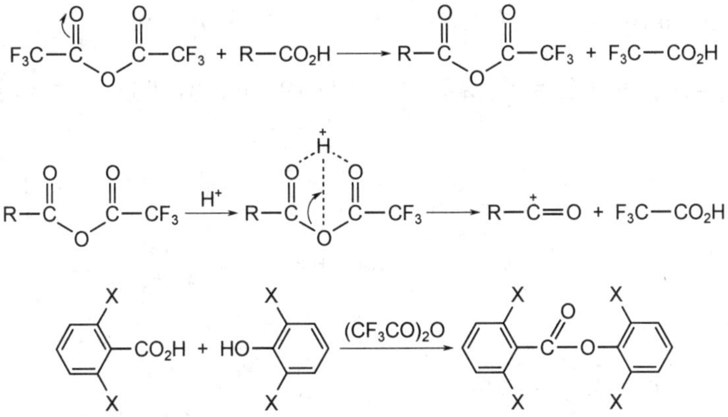

5. 酰氯和醇、酚的酯化

酰氯是很强的酰化剂，依底物不同使用吡啶或叔胺参与反应过程，兼作质子捕获剂，叔胺与酰氯作用生成酰化的铵正离子，它的拉电子作用使羧基碳原子有更大的电正性，很容易与醇、酚加成为碳四面体中间物，然后以叔胺盐酸盐退减下来，得到羧酸酯，反应如下式：

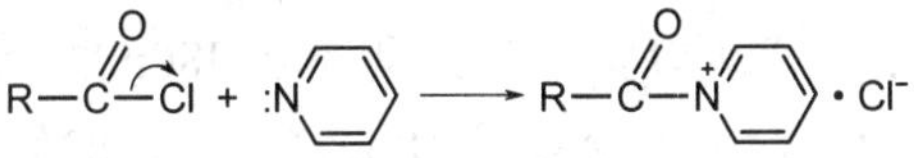

---

❶ 137g 90%乙酸酐对酰化过量 0.2mol 乙酸酐，相当于 0.4mol 乙酸及所含乙酸 13.7g（0.228mol）需要 0.62~0.63mol NaOH 来中和以保持反应物的弱碱性。或向反应物中加几滴指示剂监控反应物的弱碱性：百里酚蓝，pH 8.0（黄）~9.0（蓝）；酚红，pH 6.8（黄）~8.4（红）。

❷ 用乙酸中和以回收乙酸钠。

❸ 检测条件：色谱柱 C₁₈，4.6mm×200mm，常温、柱压 9MPa，检测器 UV（254nm），流动相为乙腈-水（用 Et₃N 及 HCl 调节至 pH 3）、流速 1mL/m。

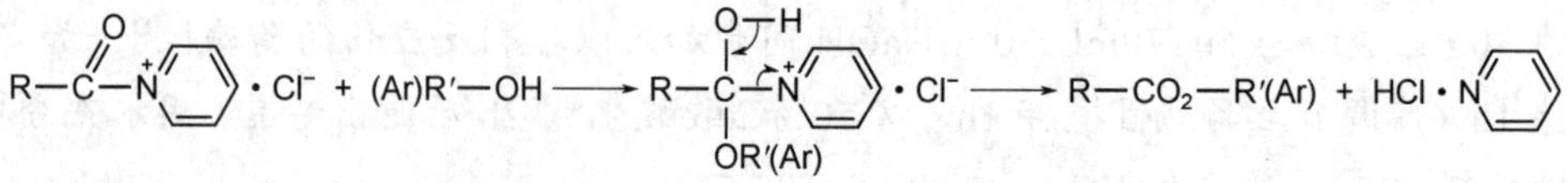

$$\text{R-C} \overset{+O}{\underset{}{\equiv}} \overset{}{N} \cdot Cl^- + (Ar)R'-OH \longrightarrow R-\underset{OR'(Ar)}{\overset{O}{\underset{|}{\overset{|}{C}}}} \overset{+}{N} \cdot Cl^- \longrightarrow R-CO_2-R'(Ar) + HCl \cdot N$$

反应的实施是向醇（或酚）和叔胺的混合物中加入酰氯、或向酰氯中加入混合物，以及非极性溶剂。对于有空间阻碍或电性原因使反应困难的合成都要使用叔胺作助剂。

氯乙酸叔丁酯　M 150.61，bp 48~49℃/11mmHg，d 1.053，n_D^{20} 1.4230。

$$ClCH_2COCl + HOC(CH_3)_3 + (CH_3)_2NC_6H_5 \longrightarrow ClCH_2CO_2C(CH_3)_3 + (CH_3)_2NC_6H_5 \cdot HCl$$

1L 三口烧瓶中加入 226g（2mol）氯乙酰氯，用水冷却控制放热的反应温度 60~70℃，搅拌着于 3h 左右慢慢加入如下溶液：163g（2.2mol）无水叔丁醇和 242g（2mol）N,N-二甲基苯胺，混匀。加完后保温搅拌 4h，冷至 20℃以下加入 80mL 氯仿及 100g 碎冰以溶解析出的 N,N-二甲基苯胺盐酸盐并作提取，分取下面棕红色酯的氯仿溶液，用加有少许盐酸的冰水洗两次，以无水硫酸钠干燥后于 70℃水浴加热回收氯仿，剩余物减压分馏，收集 58 ~ 65℃/20mmHg 馏分，得 220g（产率 70%），纯度 >95%。

草酸双(2,4,5-三氯-6-戊氧甲酰)-苯酯　M 677.19，mp 81~83℃；易溶于热乙醇，极易溶于氯仿和苯。

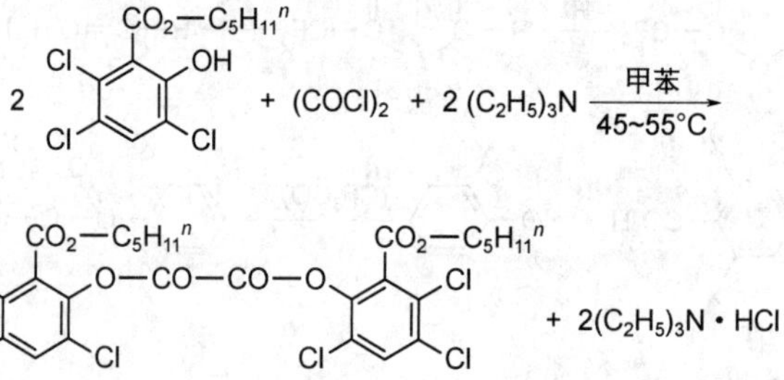

2L 三口烧瓶中加入 312g（1mol）3,5,6-三氯水杨酸正戊酯、900mL 无水甲苯和 91g（1mol）无水三乙胺，搅拌下加热至 50℃，维持 45~50℃从分液漏斗慢慢加入 62g（0.5mol）化学纯的草酰氯溶于 250mL 甲苯的溶液，加完后保温搅拌 6h（仍有酰氯气味）。趁热滤除三乙胺盐酸盐结晶，并以 300mL 温热的无水甲苯冲洗烧瓶和结晶盐，滤液与溶液合并，在 100℃油浴上加热、用水泵减压回收甲苯至剩 360~380mL，放冷后再于 0℃放置过夜。次日滤出结晶、以石油醚冲洗，风干燥后得 180g，mp 81~83℃；母液再减压回收甲苯至剩 140mL 左右，加入等体积的石油醚，充分搅拌，在 0℃放置过夜，次日滤出结晶，用石油浸洗至白色，风干得 75g，mp 81~83℃，共得 225g（产率 75%）。

2-苯甲酰氧基苯乙酮　M 240.26。

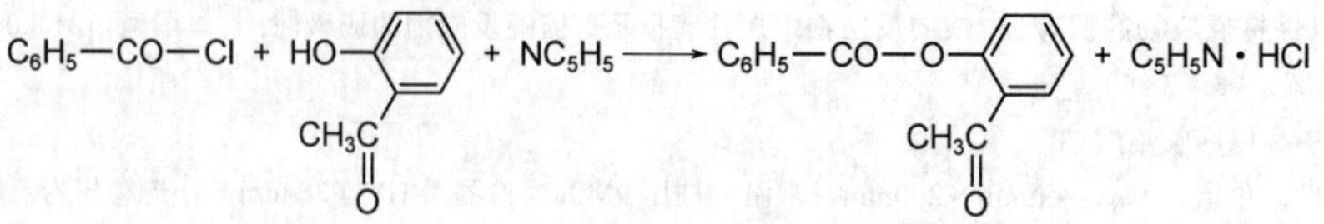

100ml 锥形瓶中加入 13.6g（0.1mol）2-羟基苯乙酮、21.2g（0.15mol）苯甲酰氯，混匀后慢慢加入 20g（0.25mol）无水吡啶，反应放热。稍冷，将反应物倾入 0.5L 水、0.5kg 碎冰及 15mL 盐酸的混合物中，充分搅拌，滤出结晶，用甲醇浸洗、水洗，得 22~23g，mp 81~87℃，用甲醇（1mL/g）重结晶，得 19~20g（产率 82%）。

同法（分别见 114 页和 301 页）可制备：

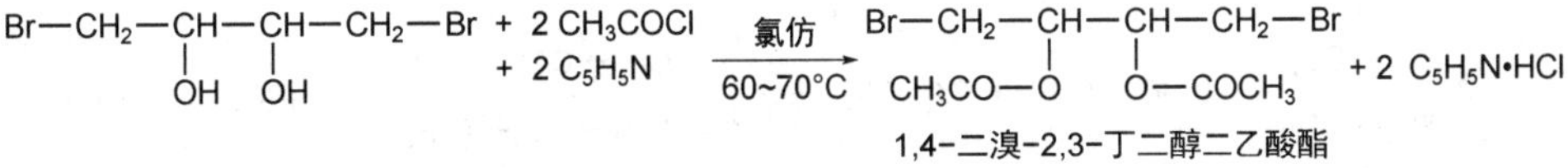
氯仿
60~70°C
1,4-二溴-2,3-丁二醇二乙酸酯

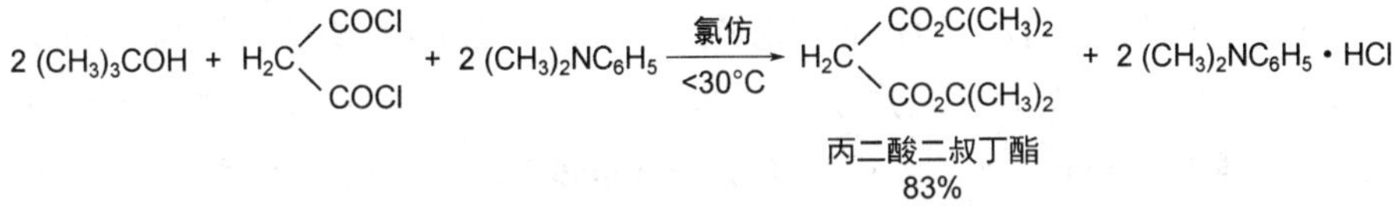
氯仿
<30°C
丙二酸二叔丁酯
83%

将光气通入 30℃以下无水醇（或酚）中得到氯代甲酸酯；如果在 80~90℃通入光气或把氯代甲酸酯在 80~90℃和无水醇混合在一起，反应迅速进行放出 HCl，得到碳酸酯。光气是无色无味、剧毒的重质气体。

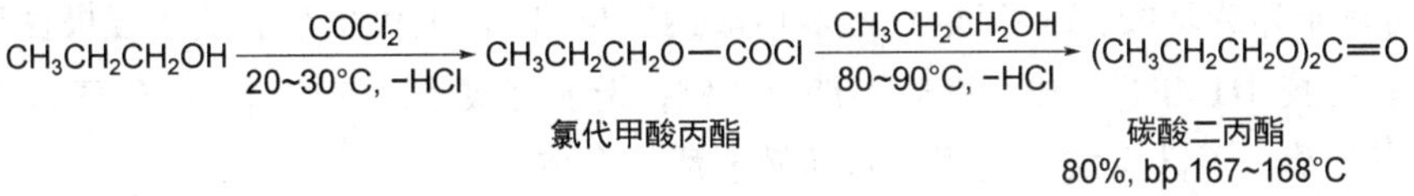
20~30°C, −HCl
氯代甲酸丙酯
80~90°C, −HCl
碳酸二丙酯
80%, bp 167~168°C

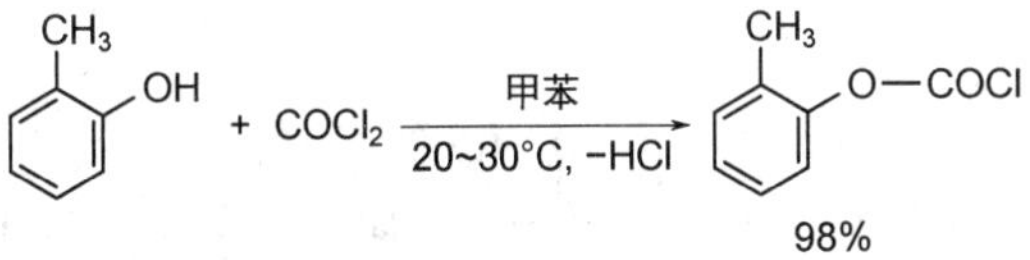
甲苯
20~30°C, −HCl
98%

（见 146 页）

二氯亚砜（ClSOCl，氯代亚硫酰氯）和光气（ClCOCl，氯代碳酰氯）相似，在较低温度（30℃）和过量的醇反应生成氯化亚硫酸酯；在 90℃进一步反应为亚硫酸二酯；如果醇量不足则发生分解为氯代烷，放出二氯化硫。

6. 羧酸和无机酰氯的混合酸酐作酰化剂——亦见混合酸酐用作 *N*-酰化剂

对于有空间阻碍的酰化反应，使用羧酸与 $POCl_3$ 形成混合酸酐进行酰化。向羧酸和酚（醇）的混合物中慢慢加入 $POCl_3$，立即生成羧酸与无机酸（酰氯）的混合酸酐 $R-C(=O)-O-POCl_2$，以其作为酰化剂和酚（醇）完成酯化。反应的选择性可用软硬酸碱理解。

以下示例中水杨酸、琥珀酸的酯化都具阻碍。

水杨酸 4-氯苯酯　*M* 248.66，mp 71℃。

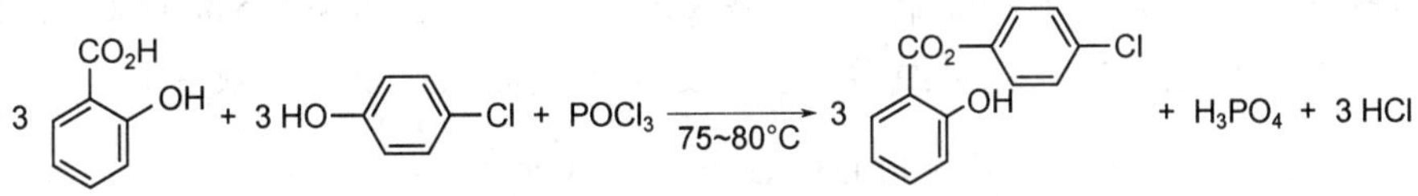
75~80°C

2L 三口烧瓶中加入 138g（1mol）水杨酸、128.6g（1mol）4-氯酚，温热使熔化（或可用二甲苯作溶剂），维持 75℃左右，搅拌着滴入 58.7g（0.38mol）三氯氧磷，加完后保温搅拌 4h，水杨酸基本消失，反应物变为基本均一（因产生磷酸而不能完全均一）。趁热将反应物慢慢加入 1L 12%（1.15mol）碳酸钠溶液中，充分搅拌、滤出结晶，充分水洗，风干得 174~189g（产率 70%~76%），mp 65~66℃。

精制：用无水乙醇重结晶，得 136~154g（产率 55%~62%），mp 69.5~70.5℃。

琥珀酸二苯酯　M 270.28，mp 121~122℃。

$$3 \begin{array}{c} CH_2-CO_2H \\ | \\ CH_2-CO_2H \end{array} + 6\,HO-C_6H_5 + 2\,POCl_3 \xrightarrow[约60℃]{苯} 3 \begin{array}{c} CH_2-CO_2-C_6H_5 \\ | \\ CH_2-CO_2-C_6H_5 \end{array} + 2\,H_3PO_4 + 6\,HCl$$

2L 三口烧瓶中加入 118g（1mol）琥珀酸、188g（2mol）苯酚及 139g（0.9mol）氧氯化磷，搅拌下于 1.5h 左右将反应物慢慢加热至 60℃，加入 0.5L 苯❶，加热回流 1h，趁热倾出苯层，再用 400mL 热苯分两次清洗烧瓶和提取，合并的苯液滤清、浓缩至 600mL 放冷，滤出结晶，乙醚冲洗，干燥后得 167~181g（产率 62%~67%），mp 120~121℃。

7. 羧酸盐和卤代烃（及无机酸酯）的交换

羧酸钠盐和活泼卤代烃的酯化反应不是经过加成为碳四面体过程，因而较少受空间阻碍的影响，可用于如叔基酸、2,6-二取代的苯甲酸钠盐与伯、仲溴代烷在非质子强极性溶剂［如：六甲基磷酰三胺（HMPT）］中；反应不涉及氢键，无须克服氢键的约束，可在室温条件反应，得到高产率的酯；不涉及酸，适用于对酸敏感酯的合成。

在醇或乙酸条件：

$$(Ar)R-\overset{\overset{\displaystyle O}{\|}}{C}-ONa + R'-X \longrightarrow (Ar)R-\overset{\overset{\displaystyle O}{\|}}{C}-O^-\ Na^+ \longrightarrow (Ar)R-CO_2R' + NaX$$

不同的离去基对反应速率的影响见表 6-5。

表 6-5　不同的离去基 X 对反应速率的影响（相对速率）

离去基 X	$CH_3X\,/\,CH_3OH$	$t\text{-}C_4H_9-X\,/\,80\%\ EtOH$
F^-		
Cl^-	1.0	1.0
Br^-	63	39
I^-	100	99
$CH_3-\!\!\!\bigcirc\!\!\!-SO_2-O^-$	630	150000

乙酸甲酯中作为杂质的甲醇不易除去，曾以无水乙酸钠粉末与洗好蒸过的硫酸二甲酯的混合物在水浴加热蒸出乙酸甲酯，收率 60%，其中仍含甲醇 0.5%（GC 结果）可能是物料含水或过碱造成的。当以油浴，使用更高的反应温度以提高效率。

$$2\,CH_3CO_2Na + (CH_3O)_2SO_2 \longrightarrow 2\,CH_3CO_2CH_3 + Na_2SO_4$$

---

❶ 应在开始时加入苯，在 70℃或回流下滴加 POCl₃，回流时间也应延长。

又如：

$$CH_3-C(=O)-CH_2-Br \xrightarrow[-KBr]{HCO_2K/CH_3OH} CH_3-C(=O)-CH_2-OC(=O)H \xrightarrow[-HCO_2CH_3]{CH_3OH} CH_3-C(=O)-CH_2-OH$$ （见 80 页）

羟基丙酮 40%

$$Cl-CH_2- \text{〈联苯〉} -CH_2-Cl \xrightarrow[138℃, -2NaCl]{2AcONa/AcOH} CH_3CO_2-CH_2- \text{〈联苯〉} -CH_2-O_2CCH_3$$ （见 79 页）

$$\xrightarrow[-2AcONa, 97℃]{2\ NaOH/水} HO-CH_2- \text{〈联苯〉} -CH_2-OH$$

4,4'-联苄醇　mp 193℃

$$\text{〈邻-二(CHCl}_2\text{)苯〉} \xrightarrow[123℃, 12h]{4AcONa/AcOH} \text{〈邻-二[CH(O_2CCH_3)_2]苯〉} \xrightarrow[\triangle, 2h]{2H_2O} \text{〈邻-二(CH=O)苯〉}$$ （见 143 页）

1,2-苯二甲醛
50%, mp 58℃

联苯-4-甲醇（4-苯基苄醇）　M 184.24，mp 99~101℃。

$$\text{〈联苯〉} -CH_2-Cl \xrightarrow[130~135℃, 5h]{AcONa/AcOH} \text{〈联苯〉} -CH_2-O_2CCH_3 \xrightarrow{NaOH/水} \text{〈联苯〉} -CH_2-OH$$

a. 酯化

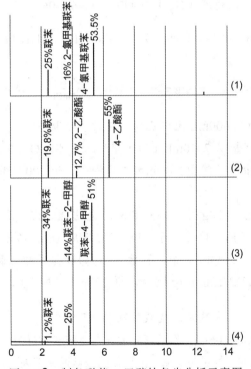

图 6-2[●]　制备联苯-4-甲醇的各步分析示意图

2L 三口烧瓶中加入 1.05L 85% 乙酸，开动搅拌并加热，慢慢加入 215g（2mol）碳酸钠，搅拌下加热蒸出稀乙酸至液温 138℃（约蒸出 300mL），放冷至 100℃左右加入 608g

---

[●] 检验条件：色谱柱 SE 30，气化室 280℃；柱温 220℃。

（相当于 1.5mol）4-氯甲基联苯的初制品 [图 6-2 中（1）: 4-氯甲基联苯 53%~55%，联苯 25%，可能 2-氯甲苯联苯 16%]。

搅拌下加热回流 5h 并随时蒸出部分稀乙酸以保持反应物温度 130～135℃，放冷至 60℃，又开始加热用水泵减压回收乙酸至液温 140℃/-0.09MPa，最后突然析出大量乙酸钠❶，约回收到 85% 乙酸 600mL 重复使用，冷至 100℃ 以下加入 600mL 热水，加热回流 15min，固体物基本溶解，搅拌下回流半小时，稍冷，分取酯层，水洗，分取下面酯层，得 610g [其中: 4-酯 55%；联苯 19.8%；未知物可能是 2-酯 12.7%；如图 6-2 中（2）]。

b. 水解

2L 三口烧瓶中加入 0.8L 水，搅拌下加入 140g（3.5mol）苛性钠，溶解后加入上面全部 610g 粗酯，搅拌下加热回流 8h，稍冷，倾入于烧杯中放冷凝固，用水冲洗，干燥后得 570g [其中: 联苯-4-甲醇 51%；联苯-2-甲醇（待定）14%；联苯 34%，见图 6-1 中（3）]。

分馏：以上水解产物减压分馏，收集以下馏分：130~160℃/8mmHg 得 90g，为联苯馏分；160~180℃/8mmHg 得 275g，为联苯甲醇馏分 [见图 6-2 中（4）]，剩余高沸物约 80g。

精制：以上联苯甲醇馏分，先用甲苯（1.3mL/g）溶析处理，再用甲苯（0.5mL/g）浸洗❷，干燥后得 195g，纯度（GC）> 95%，mp 91~96℃。

焦碳酸二乙酯　M 162.14，bp 93~94℃/18mmHg，d 1.101，n_D^{20} 1.3980。

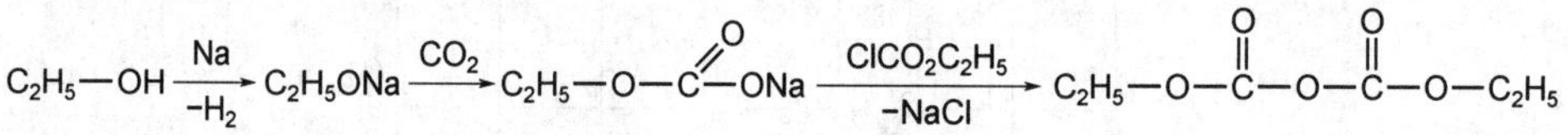

$$C_2H_5-OH \xrightarrow[-H_2]{Na} C_2H_5ONa \xrightarrow{CO_2} C_2H_5-O-\overset{\displaystyle O}{\overset{\|}{C}}-ONa \xrightarrow[-NaCl]{ClCO_2C_2H_5} C_2H_5-O-\overset{\displaystyle O}{\overset{\|}{C}}-O-\overset{\displaystyle O}{\overset{\|}{C}}-O-C_2H_5$$

1L 三口烧瓶中加入 600mL 无水乙醇，在回流冷凝下分次加入 46g（2mol）金属钠切片，反应完成后，搅拌着以 7~10mL/s 的速率通入无水 CO_2（2h 通入了 2.3~2.6mol CO_2），乙酯碳酸钠以小球状析出。滤出，以无水乙醇浸洗，于 100℃ 烘干燥后粉碎，得 200g（产率 89%）。

1L 三口烧瓶中加入 870g（d 1.135，8mol）氯甲酸乙酯，搅拌下慢慢加入以上的 200g 干燥并粉碎的乙酯碳酸钠，搅拌下于 75℃±2℃ 反应 18h。冷后滤除析出的氯化钠，以无水乙醚浸洗，洗液与滤液合并，蒸除乙醚后分馏，回收氯甲酸乙酯（bp 93℃）至液液 110℃。减压分馏，收集 83~87℃/12mmHg 馏分，得 228g（产率 70%，按钠计）。

8. 氰基的醇解——亚胺酸酯、盐酸盐及羧酸酯

氰基与无机酸（HCl、H_2SO_4）作用首先加成为亚胺酸酰氯或与硫酸的混合酐，与醇反应生成亚氨酸酯的盐，水解的产物是羧酸酯，无机盐的铵盐退减下来。如下式：

---

❶ 投入氧甲基联苯初制品包括 2 位异构物共计 2.1mol，投入碳酸钠，生成的乙酸钠比计算量多 0.9 倍，应考虑回收。或可使用酸性条件的水溶液。

❷ 甲苯母液合并，回收甲苯至液温 140℃ 放置过夜，又析出结晶；母液中：联苯-4-甲醇 24%（mp 48℃；bp 152℃/10mmHg）；联苯-2-甲醇 70%，又分馏，主体含量提高到 90%（GC 分析）。

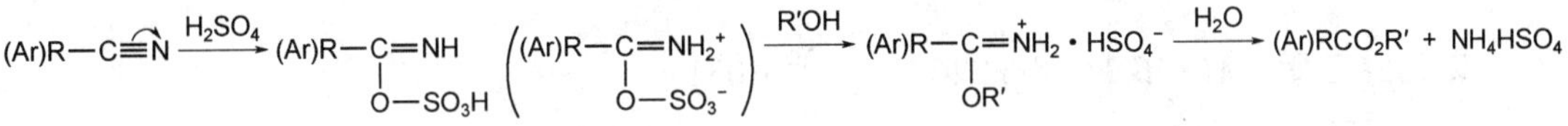

总反应式：$(Ar)R—C≡N + R'OH + H_2SO_4 + H_2O \longrightarrow (Ar)R—CO_2R' + NH_4HSO_4$

在含水硫酸中的氰基醇解直接得到羧酸酯——氰基醇解几乎是定量的，定量的水将亚胺盐水解得到羧酸酯，反应速率很快，产生的 NH_4HSO_4 也在冰冷后析出得以分离，或仅消耗稍过量的酸，也便于回收。

苯酞（异苯并呋喃-1-酮）　M 134.14，mp 75℃，bp 290℃，d^{90} 1.1636，n_D^{90} 1.536。

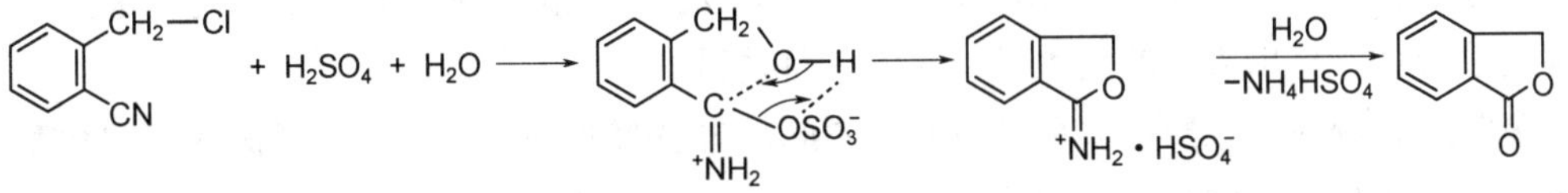

2L 三口烧瓶中加入 250mL 水，搅拌下加入 580g（5.8mol）浓硫酸，配制成 70% d 1.61 硫酸，加热回流着（145℃，应使用更低的温度和搅拌）慢慢加入 305g（2mol）2-氰基苄氯[1]，立即反应放出 HCl，加完不久反应物成为均一，而后开始有油层，待很少有 HCl 放出、再回流 1h，冷至 80 左右将反应物倾入于 2L 烧杯中放置过夜（冬季），次日取出上层之粗品凝块[2]，用热的 10% Na_2CO_3 洗至水层为持久的碱性，搅拌下冷却使凝成颗粒，滤出、水洗，干燥后得 241g（90%）。

精制：粗品用乙醇（1mL/g）重结晶（脱色），干燥后得 163g（产率 62%），mp 72~74℃，纯度（GC）99%。

另法：

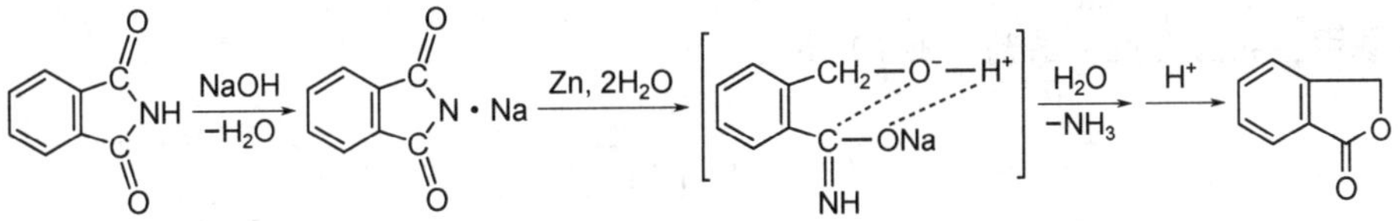

2L 三口烧瓶中加入 180g（2.75mol）有金属光泽的锌粉，200mL 水，搅拌下加入 1g 硫酸铜溶于 35mL 水的溶液，加完后再搅拌 10min（必须将锌粉活化），放水冷却下加入 200g 40%（2mol）氢氧化钠溶液，控制 5~8℃于半小时左右慢慢加入 147g（1mol）o-苯二甲酰亚胺粉末，加完后再搅拌半小时，加入 400mL 水于沸水浴上加热约 3h，至很少有 NH_3 放出。水泵减压浓缩至剩 400mL 左右，过滤，滤渣用热水浸洗，洗液与滤液合并，用盐酸酸化至 pH 3，煮沸 1h，酯化完全。冷后冰冷，滤出结晶，水洗，干燥后得 100g，用 1mL/g 乙醇重结晶，得 70g（产率 52%），mp 72~74℃。

下面苯乙腈的醇解合成中，醇、硫酸的配比是太过了，如果使用定量或稍多的水，下面应投以 5~6mol 的苯乙腈。

---

❶ 使用生成 2-氰基苄氯的最初母液 560g（色谱含量折百为 2 摩尔）得到相近的产率和质量。

❷ 下面酸层中析出 NH_4HSO_4 结晶，滤除后计算补加 70%硫酸，重复使用。

苯乙酸乙酯　M 146.21，bp 226℃，d^{20} 1.031。

$$\text{苯}-CH_2-CN + C_2H_5OH + H_2SO_4 + H_2O \longrightarrow \text{苯}-CH_2-CO_2-C_2H_5 + NH_4HSO_4$$

2L 三口烧瓶中加入 600g 95%（12.4mol）乙醇，冷却及搅拌下加入 600g（6mol）浓硫酸，再加入 353g（3mol）苯乙腈（如果停止搅拌，反应物分层），搅拌下于电热套加热回流 3h，冷后倾入 1.5kg 碎冰中，充分搅拌，分取酯层，洗去酸性，以无水硫酸钠干燥后减压分馏，收集 132~138℃/35mmHg 馏分，得 405~408g（产率 83%~87%）。

氰基物在 HCl 作用下的无水醇中醇解，中间物亚胺酸酯盐酸盐很容易分离出来，如果以盐酸盐的形式分离出来，然后水解，皆便于回收利用。

氰基化合物在无水醇中（多是甲醇、乙醇）与 HCl 加成，生成非常活泼的亚胺酸酰氯，立即和醇作用生成亚胺酸酯盐酸盐从溶液中析出结晶；氰基的加成活性对反应有重大影响，对于极性大的氰基的醇解无须太多过剩的醇及 HCl；还可以使用部分甲苯、醚、石油醚作为溶剂以方便处理；反应温度可以选择 10~40℃，如：以下苄基甲亚胺酸乙酯盐酸盐、4-二氯甲基苯甲亚胺酸乙酯盐酸盐的合成；又如：N-甲基氨基乙腈盐酸盐，由于甲铵基拉电子作用生成亚胺酸乙酯盐酸盐的反应速率就慢了许多，并且要大过量的（6.9 倍）HCl 及醇的协助；由于拉电子作用，其后的水解脱去 NH₄Cl 都是很快的。

无水 HCl 对于醇溶液中的间溴甲基苯腈和间甲氧甲基苯腈按下面方法制备亚胺酸甲酯盐酸盐的试验没有成功，可能是场效应的位阻造成的。

间溴甲基苯腈　　　　间甲氧甲基苯腈

苄基甲亚胺酸乙酯盐酸盐　M 199.68。

$$\text{苯}-CH_2-CN + C_2H_5OH + HCl \xrightarrow[10\sim15℃]{\text{乙醚}} \text{苯}-CH_2-C(\overset{+}{N}H_2 \cdot Cl^-)(OC_2H_5)$$

0.5L 三口烧瓶中加入 117g（1mol）苯乙腈、46g（1mol）无水乙醇及 180mL 无水乙醚，搅拌下冷却控制 10~15℃通入干燥的 HCl 至饱和，在冰浴中放置使结晶完全，滤出，以无水乙醚浸洗，减压干燥，得 169g（产率 84%）。

4-氯甲基苯甲亚胺酸甲酯盐酸盐　M 220.09，mp 177℃；可溶于沸甲苯（3mL/g）中。

$$Cl-CH_2-\text{苯}-CN + CH_3OH + HCl \xrightarrow[30\sim35℃]{\text{甲苯}} Cl-CH_2-\text{苯}-C(\overset{+}{N}H_2 \cdot Cl^-)(OCH_3)$$

1L 三口烧瓶中加入 152g（1mol）4-氰基苄氯和 300mL 甲苯，搅拌下加热使溶，冷至 36℃加入 64g（2mol）甲醇；控制 30~35℃通入 HCl 至饱和，大约吸收了 1.25mol HCl，大量结晶迅速析出，继续搅拌和通入 HCl 半小时❶；滤出，以 60mL 甲苯冲洗，风干后得

---

❶ 通入 1.25mol HCl 后实际上已经完全，之后通入 HCl 至饱和似不必要（或只起盐析的作用），这样给下面的过滤及干燥带来不便。

182g（产率 82%）[1]，mp 176~177℃。

同样方法：从二氯甲基苯腈制取 4-二氯甲基苯甲亚胺酸甲酯盐酸盐，*M* 254.53，mp177℃。

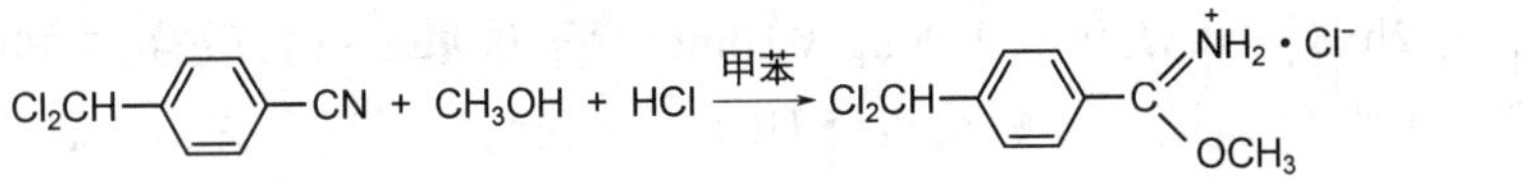

产率90%, mp 173~174°C, 纯度(HPLC) 96.5%

又如：1mol 对甲苯腈，先 110℃、再 135~140℃先后共通入 2mol 氯气，制得氯化产物 187.5g（其组成（HPLC）：二氯物 77%；一氯物 11.6%；三氯物 10.6%）与 300mL 甲苯、64g（2mol）甲醇的反应物通入 HCl 至饱和，冷至 10℃滤出结晶，以 75mL 甲醇冲洗，风干得 143g，纯度（HPLC）90%，mp 169.5~171℃（产率 50%，按对甲苯腈计）。

N-甲基甘氨酸乙酯盐酸盐　*M* 153.60，mp 123℃；无色针晶，易吸热。

a. 甲氨基乙腈盐酸盐（mp 103~106℃）

$$CH_3—NH_2\cdot HCl + CH_2{=}O + NaCN \xrightarrow[<6°C]{水} CH_3—NH—CH_2—CN + NaCl + H_2O$$

$$CH_3—NH—CH_2—CN + HCl \xrightarrow[<6°C]{乙醚} CH_3—NH—CH_2—CN\cdot HCl$$

10L 三口烧瓶中加入 1.36kg（20mol）甲胺盐酸盐及 2.8L 37%（35mol）甲醛水溶液，开动搅拌，盐酸盐溶解；冰盐浴冷却控制反应温度 0~6℃慢慢加入 1.08kg（20mol）91%~93%氰化钠溶于 2L 水的冷溶液，加完后再搅拌半小时，分取油层；水层用 1.2L 乙醚提取一次，提取液与分出的油层合并，用 260g 无水硫酸钠充分干燥过夜。次日滤出，倾入干燥的 10L 三口烧瓶中，控制 5℃以下搅拌着从分液漏斗慢慢加入如下的氯化氢乙醚溶液：2.4L 无水乙醚冰冷着通入 800g（22mol）无水 HCl，冰冷备用。

初有大量烟雾，当加入 1/2 以后有淡黄色黏稠的甲氨基乙腈盐酸盐开始析出[2]使搅拌困难，加完后再搅拌 15min，倾去乙醚液；再用 0.6L 无水乙醚搅拌洗涤，倾去乙醚液，向黏稠的半结晶的产物中加入 2.8L 无水乙醇，在防止湿气浸入的条件下于 60℃水浴上加热使溶解，静置半小时，让不溶物沉降，小心将清液倾入另一个干燥的 10L 烧瓶中封好，放置过夜（冬季），次日滤出结晶，用无水乙醇浸洗后，用水泵减压干燥，得 1.1~1.2kg（产率 51%~56%），mp > 95℃。

b. 亚胺酸乙酯盐酸盐及其水解

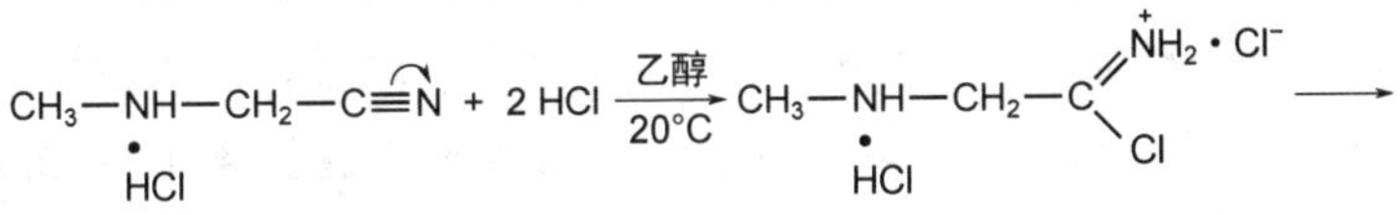

❶ 使用母液作第二次合成（补加甲醇）得产品 200g，产率 91%。

❷ 可能由于干燥不彻底以黏稠物析出，可将无水硫酸钠分两次干燥。

$$CH_3\text{—}NH\text{—}CH_2\text{—}\underset{\underset{OC_2H_5}{|}}{C}\overset{NH}{\parallel} \quad \cdot HCl \xrightarrow{H_2O} CH_3\text{—}NH\text{—}CH_2\text{—}CO_2\text{—}C_2H_5 \quad \cdot HCl$$

10L 三口烧瓶中加入 5L 无水乙醇, 通入 2.7kg (74mol) 干燥的 HCl, 冷却控制 20℃ 左右, 搅拌下 2h 左右慢慢加入 1.06kg (10mol) 甲氨基乙腈盐酸盐, 每次加入不宜过多, 尤其在开始要加得很慢, 否则放热使 HCl 挥发损失太多就得不到产品, 加完后再搅拌 15min, 封闭好, 放置过夜 (或更长)。

次日, 用冰盐浴冷却控制 5~7℃, 搅拌着以分液漏斗慢慢滴入 156mL (8.7mol) 水, 连同无水乙醇中的水 (0.5%×5000mL=25mL) 共计 10mol, 加完后保温搅拌 6h 以上, 封好放置过夜。滤除析出的氯化铵, 用 200mL 无水乙醇浸洗, 洗液与滤液合并, 滤清后, 在防止湿气的条件, 在 60℃ 水浴加热用水泵减压回收乙醇使析出结晶呈浓浆状, 加入 2.3L 丙酮, 水浴加热使溶, 滤清后放置过夜。次日滤出结晶, 丙酮浸洗真空干燥, 得 720g (产率 47%), mp > 100℃[●]。

9. 羧酸与烯的加成

羧酸与烯双键加成的反应速率取决于烯的质子化速率, 一般情况, 乙烯及正构端位烯很难与羧酸加成, 在较高温度 125~130℃ 以浓硫酸为催化剂尚可顺利进行; 反应中, 烯首先与硫酸生成酸式硫酸酯 (也可能有双酯), 而后是与羧酸的酯交换, 随反应温度提高, 烯的聚合也更严重; 使用乙醚作溶剂, 与硫酸以复合物降低了烯的聚合也降低了它的催化活性。

丙二酸乙酯叔丁酯　M 188.33。

$$H_2C\underset{CO_2C_2H_5}{\overset{CO_2C_2H_5}{\diagup\kern-1em\diagdown}} \xrightarrow[25\sim35℃]{KOH/乙醇} H_2C\underset{CO_2C_2H_5}{\overset{CO_2K}{\diagup\kern-1em\diagdown}} \xrightarrow{H^+} H_2C\underset{CO_2C_2H_5}{\overset{CO_2H}{\diagup\kern-1em\diagdown}} \xrightarrow{H^+/H_2SO_4/(CH_3)_2C=CH_2} H_2C\underset{CO_2C_2H_5}{\overset{CO_2C_4H_9{}^t}{\diagup\kern-1em\diagdown}}$$

a. 丙二酸单乙酯钾盐

1L 三口烧瓶中加入 100g (0.62mol) 丙二酸二乙酯及 400mL 无水乙醇, 搅拌下控制 25~35℃ 于 1h 左右慢慢加入 35g 85%[●] (0.53mol) 氢氧化钾溶于 400mL 无水乙醇的溶液, 加碱过程析出白色结晶物, 加完后保温搅拌 2h, 放置过夜。次日搅拌下加热使结晶溶解, 趁热过滤, 放冷后再冰冷, 滤取钾盐结晶, 以少许无水乙醇冲洗, 真空干燥; 母液及洗液在水浴加热回收乙醇至剩 120mL 左右, 冷后冰冷, 滤出及冲洗, 真空干燥, 共得干品 80~87g (产率 75%~82%)。

b. 丙二酸单乙酯

250mL 三口烧瓶中加入 80g (0.47mol) 丙二酸单乙酯钾盐及 50mL 水, 保持 5~10℃, 搅拌下于半小时左右慢慢滴入 40mL 浓盐酸 (d 1.18, 0.47mol), 几分钟后滤除氯化钾, 用 75mL 乙醚洗, 并提取水层, 分取乙醚层, 水层再用乙醚提取 (2×50mL), 提取液合并, 用无水硫酸钠干燥后回收乙醚, 最后减压放尽, 真空干燥 1h (50℃/1mmHg), 得

[●] 冬季气候干燥有利于避免吸湿, 产品熔点达到 > 118℃。
[●] 为便于无水乙醇重复使用, 应使用 98%~99% 的氢氧化钾。

58~62g（产率 93%~100%）。

c. 加成——丙二酸乙酯叔丁酯

0.5L 厚壁小口瓶中加入 100mL 乙醚、3.5mL 浓硫酸、冰盐浴冷却至 5℃以下，加入 56g（0.42mol）丙二酸单乙酯，继续冷至 -7℃，加入 65mL（0.75mol）异丁烯（bp-6.9℃）立即用胶塞封密，使用机械臂摇动过夜或可缩短。次日将反应瓶在冰盐浴冷却 1h 后小心打开，将反应物加入 250mL 20% NaOH 溶液及 200g 碎冰的混合物中充分搅拌。分取乙醚层，水层用乙醚提取（2×75mL），合并乙醚液，用无水硫酸镁干燥后加入 1g 氧化镁回收乙醚，减压分馏，收集 98~100℃/22mmHg 馏分，得 42~47g（产率 53%~58%），n_D^{23} 1.4142，n_D^{25} 1.4128。

丙二酸二叔丁酯 M 216.27。

$$CH_2(CO_2H)_2 + 2 (CH_3)_2C=CH_2 \xrightarrow[6~12h]{H^+/H_2SO_4/乙醚} CH_2(CO_2{}^tC_4H_9)_2$$

0.5L 硬质厚壁小口瓶中加入 100mL 乙醚❶、5mL 浓硫酸、50g（0.48mol）丙二酸及 120mL（1.5mol）异丁烯（量具及异丁烯钢瓶都在丙酮/干冰浴中冷后使用）立即用小号塞塞紧并用金属丝捆固，反应瓶也用铁丝网事前缚好以保安全。在室温下用机械臂摇动至丙二酸消溶（反应间，容器压力一般在 <7kg/cm²，约 6h 可以完成，有时也会到 12h 完成），反应完成后用冰盐冷却反应器至少半小时后小心打开瓶口，将反应物慢慢加入 270mL 20% NaOH 及 250g 碎冰混合物的烧瓶中，充分搅拌，分取有机层，水层用乙醚提取（2×75mL），乙醚溶液合并，以无水碳酸钾干燥后置于分液漏斗中。

将分液漏斗安装在 250mL 改良减压蒸馏瓶的上口上，接收器用淋水冷却；蒸馏瓶中先放入少量无水碳酸钾或氧化镁粉末在 100℃油浴上加热❷，从分液漏斗慢慢滴入以上用碳酸镁干燥过的乙醚溶液，过量的异丁烯及乙醚迅速蒸出，剩余物为丙二酸二叔丁酯。移去分液漏斗作减压蒸馏，收集 112~115℃/31mmHg 馏分，得 60~62g（产率 58%~60%），n_D^{25} 1.4158~1.4161，fp -5.9~-6.1℃。

其它合成：使用 1,4-二噁烷代替乙醚的合成丁二酸二叔丁酯的产率 52%，mp 31.5~35℃，bp 105~107℃/7mmHg。

相比而言，以下方法更好些。

a. 丙二酸酰氯　M 140.95，bp 55℃/19mmHg，d 1.449，n_D^{20} 1.4650。

---

❶ 不使用乙醚，异丁烯的用量从 1.5mol 增加至 3mol（为计算量的 3 倍）产率提高至 69%~92%，有低沸物（可能是二聚异丁烯、三聚异丁烯）不易分开；使用了乙醚，在多量异丁烯的情况，产率也只提高至 73%；没有乙醚常显示放热的升温，小量操作尚易控制，或可使用 p-甲苯磺酸，酸性强，可溶好。

乙醚与硫酸的共轭酸碱或为分子化合物，限制了硫酸的作用，因此多使用异丁烯产率也只 73%；不使用乙醚，释放出硫酸也催化了异丁烯的聚合，更多的异丁烯才提高产率；使用 1,4-二噁烷代替乙醚也会限制硫酸的作用。

❷ 仪器必须用碱水清洗干净并且干燥，以防曾经发生的任何酸性物质在加热时以致产品的剧烈分解，放出异丁烯和 CO_2，生成的羧酸又催化分解，是很危险的现象，不允许出现！如果发生就必须清洗仪器及碱洗产物，在蒸馏叔丁酯前向蒸馏瓶中加入少量无水碳酸钾或氧化镁以抑制分解。

$$CH_2(CO_2H)_2 + 2\,SOCl_2 \longrightarrow CH_2(COCl)_2 + 2\,HCl + 2\,SO_2$$

250mL 锥形瓶安装回流冷凝器（上端配置干燥管接水吸收）及温度计。

锥形瓶中加入 52g（0.5mol）粉碎并干燥的丙二酸[1]和 120mL（1.65mol）二氯亚砜，将反应物在 45~50℃[2]保温三天，此间要不时摇动，反应物的颜色逐渐变暗，变至棕红，也或淡蓝色，三天后将反应物在 60℃反应 5~6h。冷后移入蒸馏瓶中用水泵减压蒸馏（在负压管线和接收器之间连接有氯化钴干燥瓶），少量 SOCl_2 蒸馏后，收集 58~60℃/28mmHg 馏分，得 50.5~60g（产率 72%~85%），n_D^{20} 1.4572。

b. 酯化——丙二酸二叔丁酯

$$CH_2(COCl)_2 + 2\,(CH_3)_3COH + 2\,(CH_3)_2N{-}C_6H_5 \longrightarrow CH_2(CO_2C_4H_9)_2 + 2\,(CH_3)_2N{-}C_6H_5\cdot HCl$$

1L 三口烧瓶配置机械搅拌、温度计、分液漏斗及回流冷凝器共用干燥管。

烧瓶中加入 100mL（1mol）用金属钠处理并蒸过的无水叔丁醇[3]及 80mL（0.63mol）干燥无水的 N,N-二甲基苯胺（如有必要减压蒸馏），开动搅拌、控制有较大放热的反应温度在 30℃以下慢慢滴入如下溶液：28g（0.2mol）丙二酰氯与 60mL 干燥无醇的氯仿[4]混匀。约半小时可以加完，微显亮绿色的反应物加热回流 4h，冷后冰冷，控制 20℃以下慢慢加入 150mL（177g，25%，0.45mol）冰冷的稀硫酸，加完后用乙醚提取三次（3×250mL），提取液合并，依次用 25% H_2SO_4 洗一次、水洗、10% Na_2CO_3 洗、热水洗，用加有无水碳酸钾的无水硫酸钠干燥，水浴加热回收乙醚，用水泵减压放尽，向剩余物中加入 1g 煅烧过的氧化镁粉末减压蒸馏[5]，收集 63~67℃/1mmHg 馏分（或 110~111℃/20mmHg）得 35.8~36.2g（产率 83%~84%），fp -6℃，n_D^{25} 1.4159。

二、酯的水解

羧酸酯的水解，可以看作是酯化的逆反应，也有两种水解形式：

酰氧分裂 $R{-}\overset{O}{\overset{\|}{C}}{+}OR' + H{+}OH \rightleftharpoons R{-}\overset{O}{\overset{\|}{C}}{+}OH + H{+}R'$

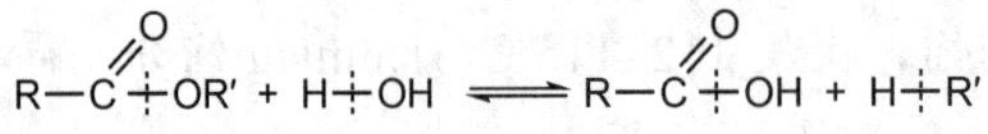

烃氧分裂 $R{-}\overset{O}{\overset{\|}{C}}{-}O{+}R' + HO{+}H \rightleftharpoons R{-}\overset{O}{\overset{\|}{C}}{-}O{+}H + HO{+}R'$

酯、羧酸和醇的结构及反应条件决定反应历程，大多数酯化及水解是酰氧分裂、是经过羰基加成的碳四面体过程；水的亲核性几乎是最弱的，而烃氧基又是很差的离去基，所以，酯在纯水中的水解速率是非常慢的，必须使用酸、碱催化。

中性条件酯的水解在压力下加热，可以获得比较高的反应温度以提高反应速率，如：β-酮酸酯与水在压力釜中加热得到的不是水解产物，而是经过液态的分解，产物是（失酸）酮、

---

[1] 如果没有粉碎好，反应会很慢，大量制备有焦化现象，产率会降低。

[2] 温度条件很重要，短时间高出也会使产率下降，未见用吡啶催化的介绍。

[3] 无水叔丁醇与 2.5%金属钠切片大约 2/3 反应后作蒸馏。

[4] 氯化钙干燥氯仿与简单醇生成分子化合物；再与氯化钙一起蒸馏，bp 61℃。

[5] 丙二酸二叔丁酯加热，微量酸也会使迅速分解，仪器必须用碱水洗净并干燥，加入氧化镁或碳酸钾以抑制分解，另有分解开始放出多量细小气泡沫，立即向桶入玻璃丝帮助消泡不致溢出，停止加热，重新处理和蒸馏。

CO_2、烯（醇）。如：丁二酰丁二酸二乙酯与水在150℃、压力从正常的压强（0.5MPa）出现几乎是瞬时反应，立即分解，压强很快升至4~6MPa（在限定容器）。见149页。

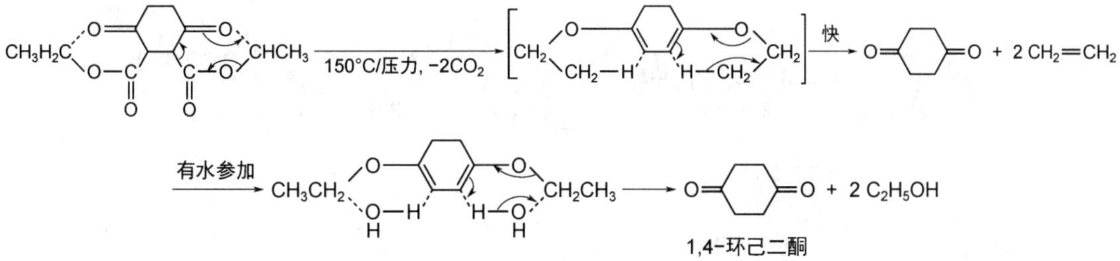

1,4-环己二酮
67%, mp 78°C

又：羟基乙酸甲酯易溶于水，与多量水回流并蒸除产生的甲醇即完成水解。为防止分子间脱水生成交酯、聚酯，最后在≤50℃减压蒸除水得到羟基乙酸。

$$HO-CH_2-CO_2-CH_3 + H_2O \xrightarrow[\triangle,\ -CH_3OH]{H_2O} HO-CH_2-CO_2H$$

80%, mp 80°C

β-羟基羧酸酯，由于成环规律，进攻试剂是分子内羟基的醇解，如：

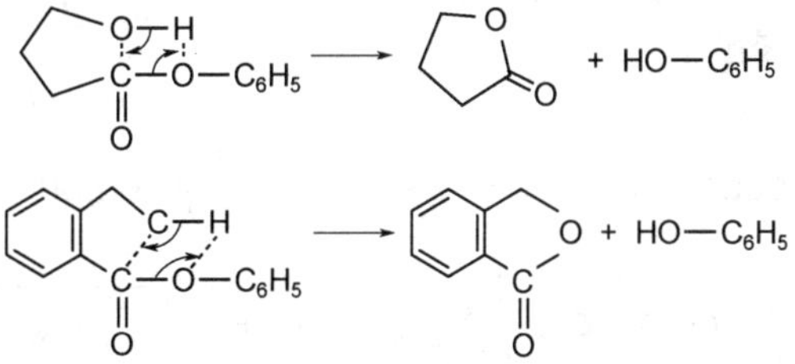

1. 碱作用下的水解

碱作用下酯水解是二级反应，反应速率 = k×[酯]×[HO^-]，决定于酯和碱的浓度及酯羰基的加成活性；退减下来的羧酸以盐的形式保持到最后，不可逆转，如下式：

$$R-\overset{O}{\overset{\|}{C}}-OR' + HO^- \longrightarrow R-\underset{OH}{\underset{|}{\overset{O^-}{\overset{|}{C}}}}-OR' \longrightarrow [RCO_2H + R'O^-] \longrightarrow RCO_2^- + R'OH$$

不同取代基影响的酯羰基的加成活性如表6-6所示。

表6-6　某些取代基乙酸乙酯碱水解的反应速率——酯羰基的加成活性

$$R^1R^2CH-CO_2C_2H_5 + HO^- \xrightarrow[25°C]{水} R^1R^2CH_2-CO_2^- + C_2H_5-OH$$

底物	R^1R^2CH-	相对反应速率
乙酸乙酯	CH_3-	1
α-氯代乙酸乙酯	$ClCH_2-$	760
α,α-二氯代乙酸乙酯	Cl_2CH-	16000
乙酰乙酸乙酯	CH_3COCH_2-	10000
丙二酸二乙酯	$C_2H_5OOC-CH_2-$	170000

下面磺基酯的碱分解是碱条件与甲酯基的酯交换，很快生成五元环的内酯。

环庚三烯异呋喃-2-酮　M 146.13。

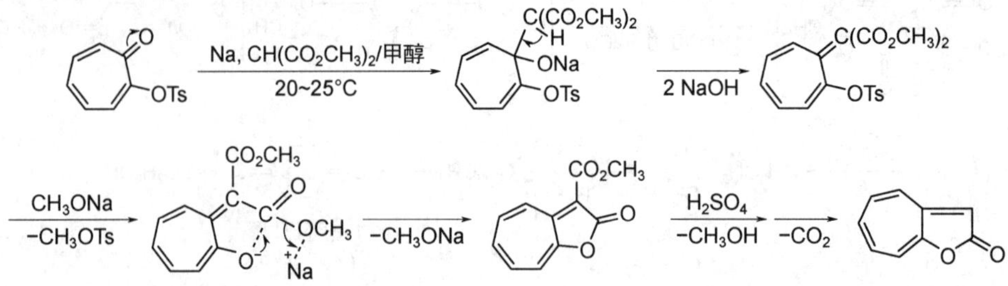

3L 三口烧瓶中加入 400mL 甲醇，分次加入 4.6g（0.2mol）金属钠切片，反应后控制 ＜50g 搅拌下加入 26.5g（0.2mol）丙二酸二甲酯与 50mL 甲醇的溶液。维持 20～25℃于 2h 左右慢慢加入 27.6g（0.1mol）对甲苯磺酸（环庚三烯-2-酮）酯溶于 1.5L 甲醇的溶液，加完后保温搅拌 5h，放置过夜。次日，水浴加热回收甲醇至液温 70℃，稍冷，用乙酸乙酯或甲苯提取三次。合并提取液，水洗，以无水硫酸钠干燥后回收溶剂，剩余物用石油醚析出环庚三烯叉丙二酸甲酯-2-内酯结晶，干燥后得 15g（产率 75%），mp 174~175℃。以下的水解及脱羧参见苯酐。

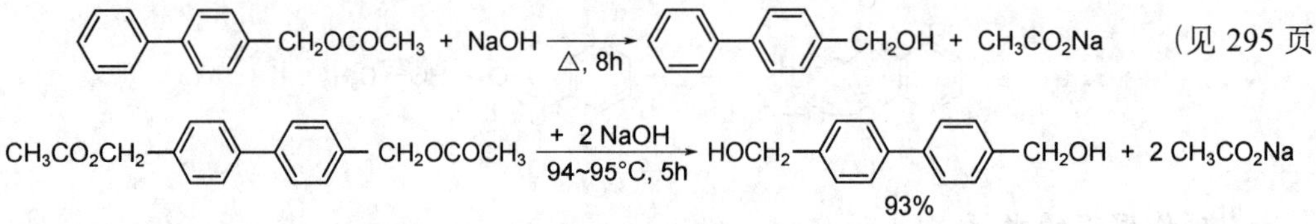

（见 295 页）

（见 79 页）

2. 酸催化水解

酯在碱作用下的水解反应速率和碱的浓度成正比，随着反应消耗，在中性附近降至最低；又随酸的浓度提高，水解速率迅速提高（酸催化水解），酯和 H_3^+O 的浓度决定反应速率，也是二级反应。反应速率 ＝ $k×$[酯]$×$[H_3^+O]。

酸催化的酯水解是经由碳四面过程的酰氧分裂，反应中羧基氧原子和质子配键结合，然后是弱的亲核试剂 H_2O 进攻碳正中心，质子迁移到烃氧原子，以醇的形式退减下来，完成水解。反应每一步都是可逆的，因为太多的水使平衡向右移动。

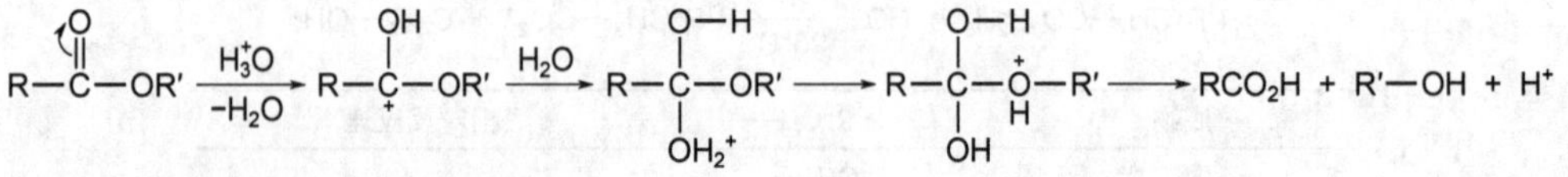

在酯的酸催化水解中，取代基的影响比碱作用下水解的影响小得多，因为：推电子基有利酯羧基和质子的配键结合，但不利于 H_2O 作为亲核试剂的进攻；拉电子基虽不利于羧基氧的质子化，但利于 H_2O 的进攻；取代基的电性对于两个步骤的作用相抵消或近于抵消。表 6-7 显示拉电子基对于酯的酸催化水解反应速率只是稍有提高。

表 6-7　对位取代的苯甲酸乙酯在酸催化下的水解反应速率

$$R\text{—}\underset{}{\boxed{}}\text{—}CO_2C_2H_5 + H_2O \xrightarrow{H^+} R\text{—}\underset{}{\boxed{}}\text{—}CO_2H + C_2H_5OH$$

R	相对反应速率
CH$_3$O	0.92
CH$_3$	0.97
Br	0.98
NO$_2$	1.02

$$O_2N\text{—}\boxed{}\text{—}CH_2O\overset{O}{\overset{\|}{C}}\text{—}CH_3 + H_2O \xrightarrow[\triangle]{H^+/H_2SO_4/70\% \text{ EtOH}} O_2N\text{—}\boxed{}\text{—}CH_2OH + CH_3CO_2H \quad （见 80 页）$$

4-硝基苄醇
90%, mp 97°C

$$O_2N\text{—}\boxed{}\text{—}CH(O_2CCH_3)_2 + H_2O \xrightarrow[\triangle]{H^+/H_2SO_4/70\% \text{ EtOH}} O_2N\text{—}\boxed{}\text{—}CH=O + 2\,CH_3CO_2H \quad （见 130 页）$$

4-硝基苯甲醛
>74%, mp 106°C

3. 浓硫酸作用下的单分子酰氧分解

浓硫酸对于羧酸或酯的溶剂分解产生酰基正离子，对于有较大空间阻碍羧酸的酯化以及酯的水解是有用的方法，这类酯（及酸）的特点是酯基组分有较大的酸性（如甲醇），在强酸作用下不致发生烃氧分裂；而羧酸组分的邻位取代基能使酰氧分裂以后生成的酰基正离子得到稳定，这样的反应才更容易发生。

比如：硫酸作用下的单分子酰氧分裂方法的每步都是可逆的，2,4,6-三甲基苯甲酸甲酯在浓硫酸中，溶剂分解生成了稳定的 2,4,6-三甲基苯甲酰正离子，当加入冰水中，得到水解产物——2,4,6-三甲基苯甲酸。

$$\xrightarrow{\text{硫酸}} \quad + CH_3O\text{—}SO_3H + H_3O^+ + 2\,H_2SO_4^-$$

$$\xrightarrow[<10°C]{\text{水}} \quad + CH_3OH + 3\,H_2SO_4$$

约100%

又如（见 811 页）：

$$+ 3\,H_2SO_4 \xrightarrow{\text{硫酸}} \quad + C_2H_5O\text{—}SO_3H + H_3O^+ + 2\,HSO_4^-$$

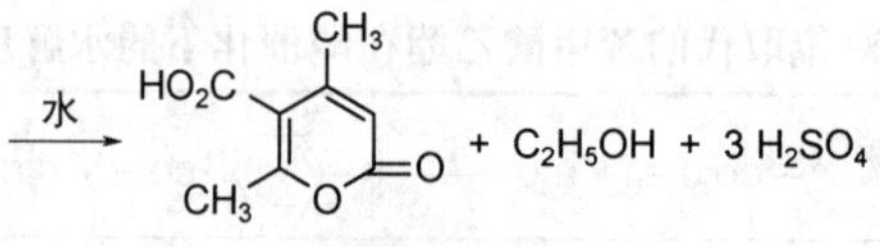

$$\xrightarrow{\text{水}} \text{HO}_2\text{C}\underset{\text{CH}_3}{\overset{\text{CH}_3}{\bigcirc}}\text{O} + \text{C}_2\text{H}_5\text{OH} + 3\text{H}_2\text{SO}_4$$

4,6-二甲基-α-吡喃酮-5-甲酸
40%~50%

用于酯化反应，如：将 2,4,6-三甲基苯甲酸的浓硫酸溶液加入冷甲醇中得到产率 78%的甲酯；硫酸中的酯加入冰水中将近 100%发生了水解，质量作用定律起决定的作用——必须使用大量冰水或醇。

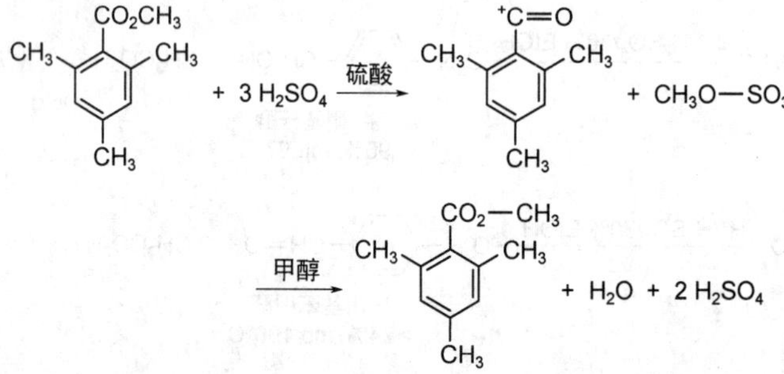

如下结构或更容易稳定酰基正离子，它较少地使用硫酸（仍比常规多用 30~50 倍）在共沸脱水的条件下，羧酸在硫酸的作用下部分地生成酰基正离子完成酯化，由于 2,6-位阻，只有酰基正离子才能完成 O-酰化，并且异构的醇不进入反应（回收的醇不能直接使用）。如下实例见 283 页。

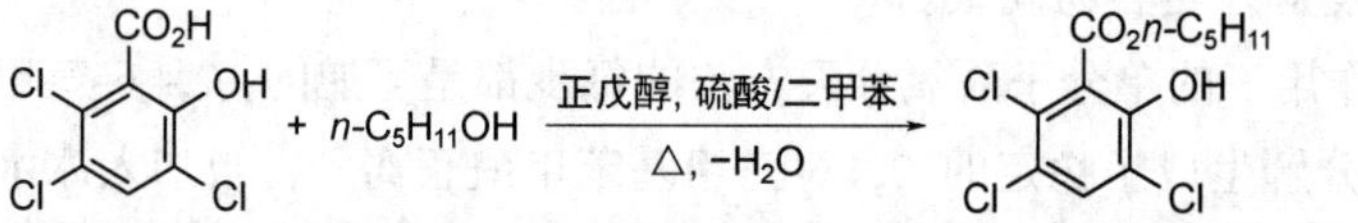

3,5,6-三氯-水杨酸正戊酯
70%

敞开位置羧酸的酯化有时也使用了多量的硫酸作为助剂进行简单醇的酯化，不是也不必通过酰基正离子的过程；或是通过与无机酸的酸酐过程与无机酸酯交换。如下实例见 283 页。

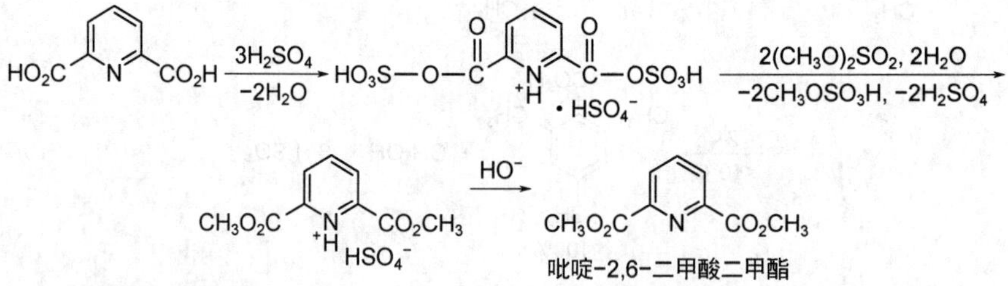

吡啶-2,6-二甲酸二甲酯
71%

第三节　无机酸酯

无机酸酯，如：硫酸酯、磺酸酯、亚硫酸酯；磷酸酯、亚磷酸酯；硝酸酯、亚硝酸酯；氰酸酯、异氰酸酯；硫氰酸酯、异硫氰酸酯等。

强无机酸酯，如硫酸酯、磺酸酯、磷酸酯，其酸组分多是较强的无机酸，对应酯的烃基部分都是比较弱的，其分解多发生烃氧分裂R—O—，可作为 O、N、S 的烃基化试剂；弱无机酸酯，如亚硝酸酯，多发生酰氧化裂R—O—N=O，生成 $^+$NO，用作重氮化及亚硝化试剂。有些同一酯在不同条件可发生不同的分裂，如：4-甲基苯亚磺酸二苯基甲酯、二苯甲基（酯烃基）表现为较弱的酸性，其正离子比较稳定，在高氯酸（$HClO_4$，很强酸）作用下发生烃氧分裂；如果在强碱条件，则发生酰氧分解——水解，如下式：

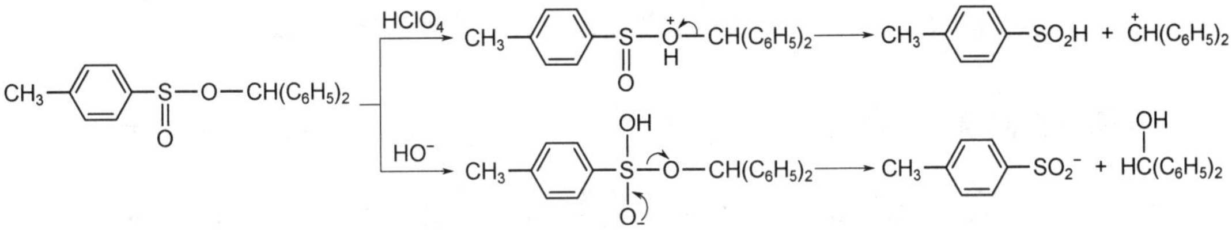

一、硫酸酯、磺酸酯及亚硫酸酯

硫酸二甲酯，无色液体，bp 188℃；剧毒，有较大挥发性，对皮肤强渗透性引起溃烂；是常用的工业原料。其工业品在贮存时多因吸湿发生水解，使用前用冰水洗脱无机酸及醇，一般要用冰水洗 5~6 次，直至由开始的浑浊洗至容易分层并且基本清亮，用无水硫酸钠干燥后或再减压蒸馏即可使用；不可以用无水氯化钙干燥——过程中有缓慢分解并放出 HCl。

$$(CH_3O)_2SO_2 + H_2O + CaCl_2 \longrightarrow CaSO_4 + 2\ HCl + 2\ CH_3OH$$

硫酸二丁酯　M 210.29。

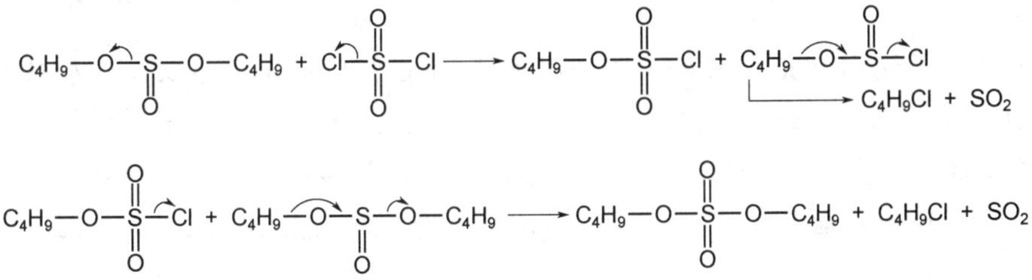

总反应式：$2\ (n\text{-}C_4H_9O)_2SO + SO_2Cl_2 \xrightarrow[80\sim100℃]{} (n\text{-}C_4H_9O)_2SO_2 + 2\ C_4H_9Cl + 2\ SO_2$

2L 三口烧瓶中加入 625g（3.2mol）亚硫酸二丁酯，从冷凝器上将放出的 SO₂ 导至碱吸收，搅拌下加热至 80℃，于半小时左右慢慢加入 217g（1.6mol）新蒸的二氯硫酰[①]，慢慢加热使生成的 1-氯丁烷回流（液温 90~100℃），反应缓和后稍冷，将烧瓶作蒸馏装置并蒸出氯丁烷（bp 77~78℃，d 0.886）至液温 130~135℃，保温至不再放出 SO₂；待反应冷后，冰冷，用冰水洗，再用冰冷的 Na₂CO₃ 溶液洗至水层为持久的碱性，再冰水洗。以无水硫酸钠干燥后减压分馏，收集 110~114℃/4mmHg 馏分，得 250~280g（产率

[①] 应该在反应的温度慢慢加入二氯硫酰（SO₂Cl₂，bp 70℃）。

74%~83%）；由于不纯、有辛辣气味❶，重新蒸馏，收集 109~111℃/4mmHg 馏分，得纯品，微有酯的气味。

芳磺酸酯，主要是 *p*-甲苯磺酸酯，因为 *p*-甲苯磺酰氯的来源方便，它的酯化物大多有较易处理的熔点、沸点；磺酰氯在比较低的温度对水有一定稳定性，简单醇的酸性强，与氢氧化钠作用生成 CH_3O^- 与磺酰氯生成磺酸酯，氢氧化钠只有计算量或稍多；大分子醇的酸性较弱，如果在水条件反应，大多是以 HO^- 进攻酰氯水解，这类醇和酰氯的反应常是用有机溶剂（如甲苯、氯仿、石油醚）以叔胺作质子捕获剂；或者使酰氯和醇直接反应。

p-甲基苯磺酸甲酯　*M* 186.23，mp 28℃，bp 292℃；无色柱状晶体，易溶于苯。

$$CH_3-\!\!\!\!\bigcirc\!\!\!\!-SO_2-Cl + CH_3OH + NaOH \xrightarrow[20\sim28℃]{甲醇/水} CH_3-\!\!\!\!\bigcirc\!\!\!\!-SO_2-OCH_3 + NaCl + H_2O$$

10L 三口烧瓶中加入 3.8kg（118mol）甲醇，再加入 3.8kg（20mol）用冰水洗过析干的 *p*-甲苯磺酰氯，搅拌着，冰水冷却控制 20~28℃慢慢加入 0.8kg（20mol）氢氧化钠溶于 2.4L 水的溶液，控制反应过程 pH 8~9，约 2h 可以加完，最后反应物应仍为弱碱性，调节为弱碱性保温搅拌 1h，滤出结晶，冰水洗，风干得 2.8kg（产率 77%）。

精制：减压蒸馏，收集 164~166℃/20mmHg 馏分，得 2.5kg，fp 24℃；纯度（滴定法）98.5%。

p-甲苯磺酸十四酯　*M* 352.58，mp 39℃；易溶于石油醚。

$$CH_3-\!\!\!\!\bigcirc\!\!\!\!-SO_2-Cl + HOCH_2(CH_2)_{12}CH_3 + C_5H_5N \xrightarrow{吡啶} CH_3-\!\!\!\!\bigcirc\!\!\!\!-SO_2-OCH_2(CH_2)_{12}CH_3 + C_5H_5N \cdot HCl$$

5L 烧杯中加入 1.07kg（5mol）十四醇和 1.58kg（20mol）无水吡啶，加热使溶，冷却控制 10~20℃，搅拌着于 1h 左右慢慢加入 1.05kg（5.5mol）*p*-甲苯磺酰氯，一经加入立即反应，放热；当加入 1/3 时开始析出盐酸吡啶，最后很稠，搅拌困难，加完后再搅拌 1h。将反应物加入至 1.5L 盐酸及 8kg 碎冰中充分搅拌使盐酸吡啶溶解，酯以油状物析出，搅拌使形成结晶，滤出，冰水洗，得湿晶 2kg。

精制：2kg 湿品溶于 2.8L 石油醚中，分去水层，用氯化钙干燥后滤清，冷后冰冷至 0℃滤出结晶，风干，得 1.2kg（产率 68%），mp 38.5~40℃。

p-甲苯磺酸(环庚三烯-2-酮)酯　*M* 276.29，mp 156~157℃。

$$\text{(环庚三烯酮-OH)} + Cl-O_2S-\!\!\!\!\bigcirc\!\!\!\!-CH_3 + C_5H_5N \xrightarrow[20\sim30℃]{氯仿} \text{(环庚三烯酮-O)}-SO_2-\!\!\!\!\bigcirc\!\!\!\!-CH_3 + C_5H_5N \cdot HCl$$

1L 三口烧瓶中加入 61g（0.5mol）2-羟基-环庚三烯酮及 150mL（146.7g，1.85mol）无水吡啶，冷却控制 25~30℃，搅拌着于 1.5h 左右滴入 115g（0.6mol）*p*-甲苯磺酰氯溶

---

❶ 辛辣气味是过剩的丁氧磺酰氯造成的。

于 150mL 氯仿的溶液；当加入 1/5 时反应物开始析出盐酸吡啶和产物的结晶，加完后，保温搅拌 3h，放置过夜。次日滤出结晶，用冰水浸洗去盐酸吡啶（3×150mL）于 60℃烘干，得 123g（产率 89%），mp 157.9~159.5℃。

母液在水浴上加热回收氯仿后减压回收吡啶，析出大量盐酸吡啶，加入 150mL 热水使块状物崩解开，滤出结晶，水洗，干燥后得 7g 棕色结晶，mp138~142℃。用甲苯（7mL/g）重结晶。

氯磺酸作用于十二醇生成酸式酯，对水稳定、在热水也很少水解，如下正十二烷基酯硫酸钠从水中析出结晶（溶解度 0.6%），合成中虽然使用过量 10% 的 HOSO₃Cl 在 40~50℃反应，也还是有 5%~8% 的十二醇未进入反应。

十二烷基硫酸酯钠盐　M 288.38，mp 206~207℃；无色片状结晶性粉末，易溶于热水。

$$n\text{-}CH_3(CH_2)_{10}CH_2OH + ClSO_3H \xrightarrow[-HCl]{} n\text{-}CH_3(CH_2)_{10}CH_2OSO_3H \xrightarrow{NaOH} n\text{-}CH_3(CH_2)_{10}CH_2OSO_3Na$$
bp 262℃

0.5L 三口烧瓶中加入 184g（1mol）十二醇，维持 40~50℃搅拌下于 2h 左右慢慢滴入 127g（1.09mol）氯磺酸（蒸过），加完后保温 1h，放出的 HCl 通过干燥管用水吸收[1]。将反应物倾入 0.8L 50℃热水中，搅匀后基本清亮（为假溶液），用 30% NaOH 溶液中和至 pH 8~9[2]，放置过夜（冬季）[3]。次日滤出结晶，得湿品 380~390g[4]。风干后再于 50℃干燥，再 60℃、后 80℃干燥（升温太快则融化），得 240~245g（产率 80%~84%）[5]。

亚硫酸酯，其合成亦如同光气与醇反应生成氯代碳酸酯和碳酸酯的合成。

二氯亚砜加入至冷醇中生成氯代亚硫酸酯，与过量的醇一起加热才生成亚硫酸酯。氯代亚硫酸酯是强酸酯，如果没有醇与之作用，受热便是发生烃氧分裂，烃基与分解产生的 Cl⁻ 生成氯代烷并放出 SO₂；亚硫酸酯是弱酸酯，反应分解是酰氧分裂；这里与 SOCl₂ 的反应生成两个氯代亚硫酸酯（强酸酯），继而烃氧分裂而生成氯代烷和 SO₂。

$$ROH \xrightarrow[30℃, -HCl]{} RO\text{—}SO\text{—}Cl \xrightarrow[80℃, -HCl]{ROH} R\text{—}O\text{—}SO\text{—}OR \xrightarrow[80℃]{SOCl_2} 2\ R\text{—}O\text{—}SO\text{—}Cl \xrightarrow{80℃} 2\ R\text{—}Cl + 2\ SO_2$$

亚硫酸二丁酯　M 194.30，bp 230℃，116℃/19mmHg，d^{20} 0.9957。

$$2\ n\text{-}C_4H_9OH + SOCl_2 \xrightarrow[35℃]{丁醇} (n\text{-}C_4H_9O)_2SO + 2\ HCl$$

---

❶ 在加入 1/4 氯磺酸之前，产生的 HCl 在反应物中溶解，呈放热态，饱和后的 HCl 放出，呈吸热态，热量平衡。如果最后冷至 30℃以下即析出结晶凝固。

❷ 溶液从棕黄色突然变为浅黄色表示已达中性。

❸ 放冷过程首先析出 NaCl、Na₂SO₄ 结晶，最后"全凝"。

❹ 其 1% 水溶解试验（50℃），非常浑浊（放冷产品以结晶析出），其石油醚提取物（十二醇）为 5.8%；增加氯磺酸至 1.176mol，石油醚提取物降至 4.8%。

❺ 在中和以后静置，倾泻分离最初的沉降物（NaCl、Na₂SO₄），粗品在真空下加热（鼓气）蒸除未反应的十二醇。其 1% 水溶解试验基本清亮，石油醚提取物 0.7%。这样的溶液可以滤清，冷后产品以细小片晶析出。综合考虑：予倾泻分离最初析出的无机盐；滤出的粗品以融态真空干燥水及十二醇。

2L 三口烧瓶中加入 684g（9.2mol）正丁醇，维持 35℃左右，搅拌下于 3h 慢慢加入 500g（4.2mol）二氯亚砜（bp 78~80℃），开始时放热、以后 HCl 放出吸热与反应放热平衡；加完后加热以完成第二步的反应，继续放出 HCl，维持大约 100℃保温 1h，减压分馏，收集 105~115℃/9mmHg 馏分，得 625~689g。再分馏一次，收集 109~112℃/14mmHg 馏分，得 585~674g（产率 74%~83%）。

二、磷酸酯、亚磷酸酯及烃基磷酸酯

磷酸酯和亚磷酸酯可以从 $POCl_3$ 或 PCl_3 和醇、酚作用制得，磷酸、亚磷酸的三个酸基的强弱依前后次序有很大差别，第一酸最强，依次可以生成单酯、二酯和三酯；亚磷酸酯的磷原子有未共用电子对，可被氧化为磷酸酯。

1. 磷酸酯和磷酰氯

完全的磷酸酯可以大量的醇或酚与 $POCl_3$ 共热、逐渐升高温度，从放出 HCl 的状况判知反应情况，尤其在最后反应缓慢，也还要在 200~250℃保温若干时间。

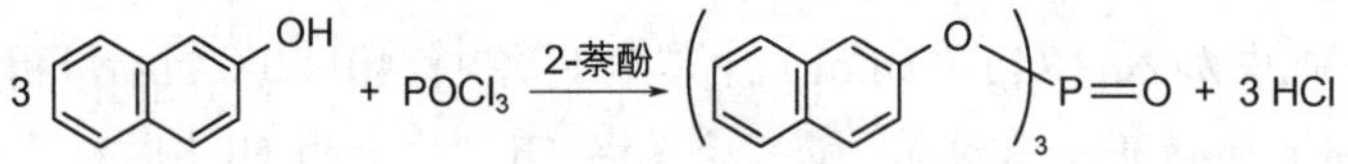

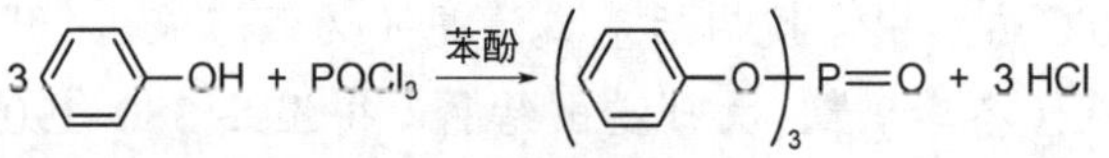

在不完全磷酸酯的合成中，长时间高温加热更倾向生成完全酯。例如：

氯代磷酸二苯酯的合成：使苯酚与氯化氧磷的摩尔比为 2:1，一起加热，在 155℃开始回流，随着反应进行，回流温度在 3h 左右升到了 270℃，此时实际上反应已经稍有过度，分析 GC：苯酚 2%，单酯 4.3%，二酯 70%，三酯 23%。又在 260~270℃保温 10h，组分变化为：苯酚 0.3%，单酯 5.2%，二酯 59.5%，三酯 35%。应当比较选出合适的反应条件，较大的沸点差距和较低的场效应使其易于通过分馏分离，它们的沸点：二氯代磷酸苯酯，bp 130~132℃/20mmHg；氯代磷酸二苯酯，bp 210~212℃/10mmHg，314~316℃/272mmHg；磷酸三苯酯，mp 50~52℃，bp 244℃/10mmHg。或水解后再按磷酸二丁酯的方法分离处理，磷酸二苯酯 mp 67~68℃。

为使不完全酯比较单一，在无水溶剂（苯或石油醚）添加叔胺作质子捕获剂以避免高温下的酯交换平衡。

氯代磷酸二苯酯　M 268.64，bp 210~212℃/10mmHg，d^{20} 1.299，n_D^{20} 1.5500。

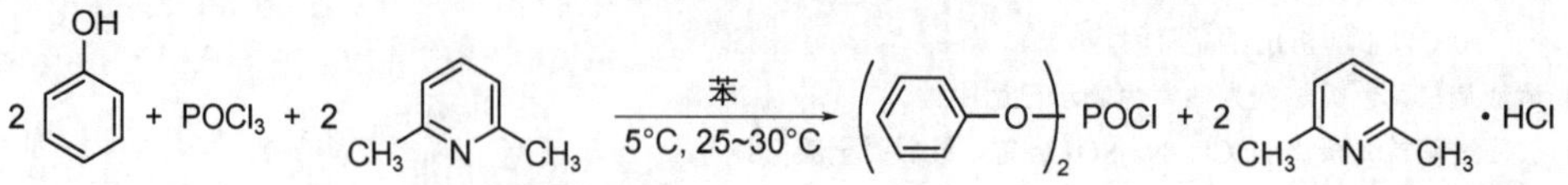

2L 三口烧瓶中加入 1.5L 无水苯、282g（3mol）苯酚及 230g（1.5mol）三氯氧磷，

控制 5℃左右搅拌着于 2h 左右慢慢加入 310g（3mol）无水 2,6-二甲基吡啶[1]，加完后保温搅拌 2h，放置过夜。次日滤除析出的 2,6-二甲基吡啶盐酸盐，用 300mL 无水苯分两次浸洗，洗液与滤液合并，回收苯至液温 200℃（重复使用），剩余物减压分馏，收集 209～213℃/10mmHg 馏分，得 240g（产率 60%），纯度（GC）98.7%。

磷酸单酯：醇、酚与过量的三氯氧磷（摩尔比 1:3）加热，虽然三氯氧磷过量较多，由于加热时间太长（20h），产物除单酯外还有 15%左右的二酯，因沸点差距较大，可以方便地用减压分馏的方法分开；其后水解，单酯极易溶于水，水量及冰冷是必须注意的。

磷酸苯酯二钠二水合物 M 254.08，水溶液 pH 8～9；白色丝光絮状结晶，难溶于丙酮。

a. 二氯代磷酸苯酯 （bp 130～132℃/20mmHg）

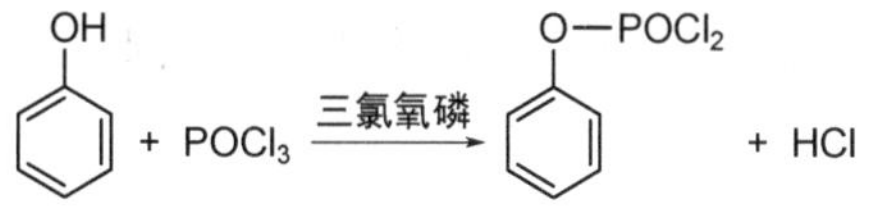

10L 三口烧瓶中加入 9kg（58mol）三氯氧磷，搅拌下加入 1.84kg（20mol）熔化的苯酚，用电热套加热，至 100℃左右放出大量 HCl，从冷凝器上口导至水面吸收，继续加热回流 10h，回收三氯氧磷至液温升至 200℃；放冷至 100℃左右，重新加热减压分馏，收集 130～135℃/25mmHg 馏分，头分很少，馏程馏分沸点很稳，得 3.8kg（产率 90%），高沸物剩余 600mL 二苯酯。

b. 水解——磷酸单苯酯

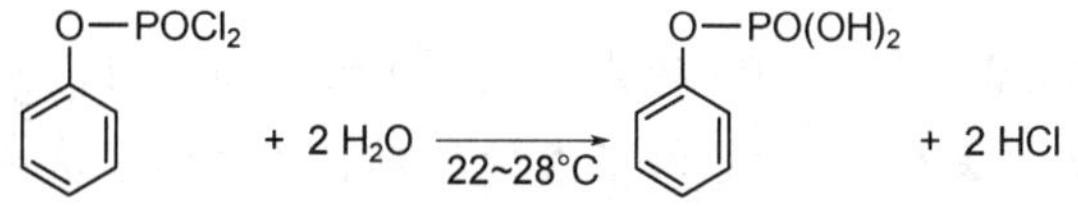

10L 三口烧瓶中加入 2L 水，冰水冷却控制 22～28℃搅拌下从分液漏斗慢慢加入 2.9kg（14mol）二氯代磷酸苯酯，加完保温搅拌 2h，倾入于烧杯中放置过夜。次日滤出结晶，风干至基本无 HCl 气味，得 2.2kg（产率 90%）。

c. 磷酸苯酯二钠

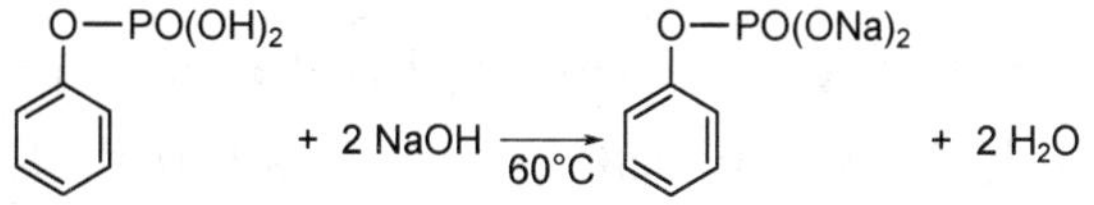

5L 烧杯中加入 350mL 蒸馏水和 520g（3mol）磷酸单苯酯，控制温度在 55℃以下搅拌着慢慢加入 400g 30% NaOH 溶液，磷酸单苯酯成单钠盐溶解；再加入 1.22kg（7mol）磷酸单苯酯，再慢慢加入 940g 30% (7mol) NaOH 溶液，最后调节反应物溶液至 pH 9，加入 100g 无铁的脱色炭在 60℃（水浴加热）搅拌半小时，很容易从棕色脱至无色，过滤后在 60℃水浴上加热减压浓缩至刚出现结晶，立即加入至 5L 滤清的丙酮中，充分搅

---

[1] 曾使用 N,N-二甲基苯胺在该条件的反应没有成功，可能是对于经过铵正离子的过程有位阻，或者应该提高反应温度，或者可使用吡啶、三乙胺。

拌、放置过夜。次日滤出、丙酮浸洗，风干得 2.2kg（产率 86%）。

磷酸 1-萘酯二钠　M 246.13，白色结晶，水溶液为弱碱性，pH 8~9。

a. 二氯代磷酸 1-萘酯　bp 198℃/20mmHg；在冰水中氯水解，沸水中酯水解。

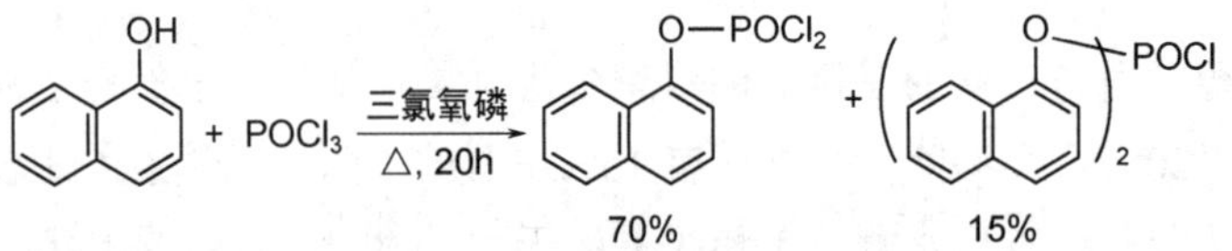

2L 三口烧瓶中加入 450g（3mol）$POCl_3$，加热至 50~60℃搅拌下加入 144g（1mol）1-萘酚及 1g 氯化钠，加热回流至无 HCl 放出（约 20h）。常压蒸除过量的三氯氧磷至液温 200℃，稍冷，减压分馏，收集 190~200℃/20mmHg 馏分，得 172g（产率 70%）；剩余高沸物为氯代磷酸二-1-萘酯，滤除后，母液进一步回收单酯。

另法：

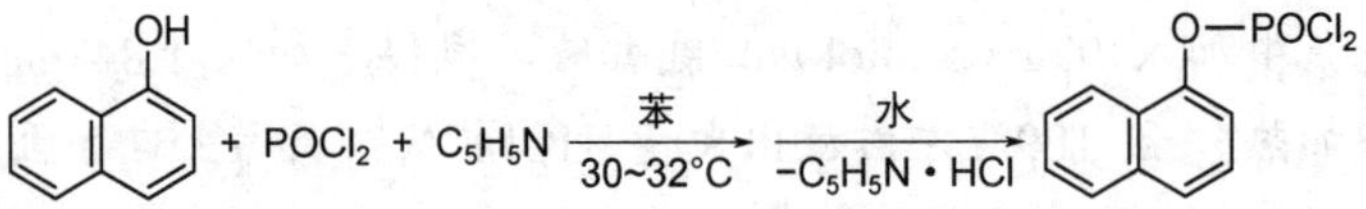

b. 水解——磷酸单 1-萘酯

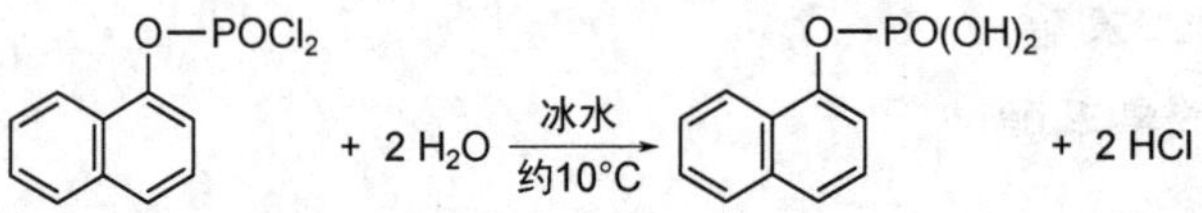

1L 烧杯中加入 100mL 水及 240g 碎冰，搅拌下慢慢加入 172g（0.7mol）上面的二氯代磷酸 1-萘酯，冰水浴冷却保持 10℃以下继续搅动，不久析出大量结晶，2h 后滤出，冰水冲洗一次，风干至无 HCl 气味。

c. 磷酸 1-萘酯二钠

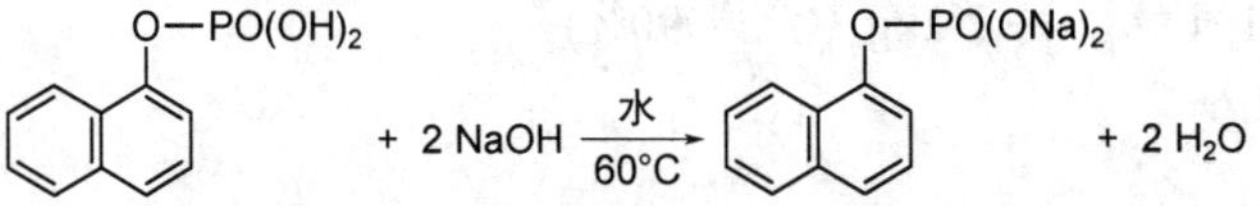

上面干燥无 HCl 气味的磷酸-单-1-萘酯结晶悬浮于两倍重的冷水中，搅拌下以 10% NaOH 中和至 pH 9 得不太深的棕黄色溶液，在 60℃水浴上加热，脱色过滤（很容易脱色），在水浴上加热、减压浓缩至出现结晶，趁热加入同体积的乙醇中冲洗，冷后滤出结晶，干燥后得成品。

五氧化二磷与不足量的醇在低温反应得到单酯、二酯及磷酸的混合物，反应在乙醚溶液中进行，产物各组分依溶解性质不同以分离之。

酯交换、磷酸三丁酯与 100%磷酸的混合物加热的烃氧分裂，依原料配比交换得到以单酯为主，或以二酯为主的产物。反应温度低于 150℃反应缓慢、高于 170℃有分子内消去反应，生成的烯烃逸出或使产物复杂。

磷酸二丁酯　M 256.11，d^{20} 1.055~1.060；无色稍黏稠的液体，难溶于水、易溶于苯。

$$2\,(n\text{-}C_4H_9O)_3PO \xrightarrow[\text{162~168℃,10h}]{P_2O_5,\ H_2SO_4} 2\,(n\text{-}C_4H_9O)_2PO(OH)$$

15L 烧瓶中加入 1.34kg 85% H_2SO_4 及 0.5kg 五氧化二磷，加热混匀，这样制成了 1.84kg（18.7mol）100%磷酸，加入 10.64kg（40mol）磷酸三丁酯，混匀后于电热套上加热维持 162~168℃ 保温 10h（呈微沸小气泡）[❶]，反应温度很重要。

冷后将反应物倾入 80L 水中[❷]，控制 35℃ 以下用浓氨水中和至 pH 9。用苯提取未反应的三丁酯（3×4L）；水溶液（单酯、二酯的铵盐）脱色滤清，以 d 1.4 硝酸酸化至 pH 2（酸化时不再出现析出浑浊——二丁酯）。次日分取下面油层，水洗 5 次以洗去溶解的单丁酯，得浅棕色粗酯 8kg（其中，二丁酯 85%，单酯 0~2%，中性物 15%[❸]）。

以上 8kg 粗酯加入 60L 水中，以浓氨水中和至 pH 9。以 8L 苯分两次提取中性物，水层脱色滤清，用硝酸酸化；分取下面油层，水洗 3 次，真空干燥 105℃/20mmHg，脱色过滤，得成品 6kg（产率 50%），纯度（电位滴定）>98%，有单酯痕迹。

产品规格：纯度（电位滴定）>98%；单丁酯<1.0%；d^{20}1.055~1.060；n_D^{20} 1.427~1.429；氯化物（Cl）<0.005%；乙醇溶解试验合格。

另法：　$3\,n\text{-}C_4H_9OH + P_2O_5 \xrightarrow[\text{30℃}]{\text{乙醚}} (n\text{-}C_4H_9O)_2PO(OH) + n\text{-}C_4H_9OPO(OH)_2$

5L 三口烧瓶中加入 500g（3.5mol）五氧化二磷及 2L 无水乙醚，搅拌着控制 30℃ 以下于 4h 左右慢慢加入 560g（7.5mol）无水丁醇，加完后温热使回流 1h，冷后过滤、回收乙醚，向剩余物中加入 4L 水充分搅拌，静置，分取二丁酯油层，充分水洗，得 527g（产率 82%，按丁醇计），d^{20} 1.060。

或可将三丁酯用醇钾分解为二酯钾盐，将纯净钾盐酸化。

磷酸酯可以从亚磷酸酯氧化制得，在水、丙酮或四氯化碳中进行，几乎是定量的，反应迅速、容易分离，如：

$$(C_2H_5O)_2\overset{O}{\overset{\|}{P}}H \rightleftharpoons (C_2H_5O)_2\ddot{P}\!-\!OH \xrightarrow{H_2O_2} (C_2H_5O)_2\overset{O}{\overset{\|}{P}}\!-\!OH$$
磷酸二乙酯

苯基磷酰二氯（苯基二氯氧膦）　M 194.99，mp 3℃，bp 258℃，d 1.375，n_D^{20} 1.5600。

$$C_6H_5\!-\!PCl_2 + \tfrac{1}{2}O_2 \xrightarrow[\text{<40℃}]{\text{四氯化碳}} C_6H_5\!-\!POCl_2$$

0.5L 三口烧瓶中加入 180g（1mol）苯基二氯化磷及 300mL 无水四氯化碳，控制放热的反应温度 30~40℃ 通入干燥的氧气，停止放热以后再通入 1h，回收四氯化碳，剩余

---

❶ 此为直火加热，"微沸状"可能就是消去反应放出的丁烯。

❷ 此水量太大不便提取中性物，如果改用 45L 水，碱化后用苯提取 5~6 次；碱化后用冰水洗 8 次可以洗净单酯。

❸ 最初认为中性物是苯或水，在 105℃/20mmHg 干燥后仍不合格，又继续脱除，至 115℃/20mmHg 有中性物缓缓馏出，这有可能是三丁酯，故做下面返工。

物减压分馏，收集 135~140℃/15mmHg 馏分，得 168g（产率 87%），n_D^{20} 1.5580。

2. 亚磷酸酯

三氯化磷与过量的无水醇作用生成亚磷酸酯，同时放出 HCl。由于亚磷未共用电子对的亲核性质，多量氯化氢很容易在一个酯基发生脱烷基反应——烃氧分裂——（生成氯烷）亚磷酸二酯而稳定下来；约 80%~90%发生了脱烷基，在较高温度可进一步脱掉烷基。为了得到亚磷酸二酯要控制较低温度以减少过度反应。

$$3\,ROH + PCl_3 \xrightarrow{\text{醇}} (RO)_3P + 3\,HCl$$

$$(RO)_2\ddot{P}-O-R + HCl \longrightarrow (RO)_2\overset{+}{P}\overset{H}{-}O-R \cdots Cl^- \longrightarrow (RO)_2PH=O + R-Cl$$

亚磷酸二酯的互变异构：$(RO)_2\overset{H}{P}=O \rightleftharpoons (RO)_2\ddot{P}-O-H$

亚磷酸二乙酯 M 138.10，bp 87℃/20mmHg，d^{20}1.0720，n_D^{20} 1.4101；在热水中可被水解。

$$3\,C_2H_5OH + PCl_3 \xrightarrow[5℃,\,-3HCl]{\text{乙醇}} [(C_2H_5O)_2P-O-C_2H_5] \xrightarrow{HCl} (C_2H_5O)_2PH=O + C_2H_5Cl$$

10L 三口烧瓶中加入 5.6kg（120mol）无水乙醇，控制 5℃±2℃搅拌下慢慢滴入 4.14kg（30mol）三氯化磷，放出的 HCl 从冷凝器上口导至水面吸收，用冷沸阱收集氯乙烷，加完后于室温搅拌 3h，放置过夜。次日通入氮气赶除 HCl，再沸水浴加热赶除 HCl，冷后重新加热，减压分馏，收集 68~75℃/10mmHg 馏分，得 2kg（产率 50%）。

卤化磷和苯溶液中的醇在较低温度反应（以氯作为缚酸剂）得到亚磷酸酯，铵盐从反应物中析出；亚磷酸酯对于空气氧敏感，要在氮气保护下减压蒸馏。工业品中有少量脱烷基产物及其它酸杂质，为得到优质产品，要和铝屑一起在氮气保护下加热保温，然后重新蒸馏。

$$3\,C_2H_5OH + PCl_3 + 3\,NH_3 \xrightarrow[10\sim15℃]{\text{苯}} (C_2H_5O)_3P + 3\,NH_4Cl$$
$$\text{bp 157.9℃}$$

3. 烃基磷酸酯

亚磷（酯）有未共用电子对，容易被氧化或与卤烃反应生成烃基磷酸酯。

氧化：在水、丙酮或四氯化碳中用氧、双氧水或 $KMnO_4$ 氧化，得到磷酸酯。

亚磷酸酯、磷酸酯与 HX 反应发生脱酯基反应，生成酸式磷酸酯和卤代烃，最终可完全脱去酯基，如溴代十八烷。

其它电正中心 Br—Br 与亚磷（余价加成）生成溴化溴化物$(C_2H_5O)_3\overset{+}{P}\,Br\cdot Br^-$，用作卤代试剂。

烃基电正中心：活泼卤烃进攻亚磷酯，经过季磷卤化物，进一步脱去酯基（烃氧分裂）生成烃基磷酸酯。底物的对应"酸·碱"必须够强才更顺利反应。

$$(RO)_3P \xrightarrow{Ar-CH_2Cl} (RO)_3\overset{+}{P}-CH_2-Ar\cdot Cl^- \longrightarrow (RO)_2\overset{+}{P}\overset{CH_2-Ar}{-}O-R\cdots Cl^- \xrightarrow{-RCl} (RO)_2\overset{O}{\underset{\|}{P}}-CH_2-Ar$$

与亚磷酸二酯的异构相似，受拉电子影响的二苯基亚磷酸乙酯仅由于加热（>130℃）酯基重排到磷原子，反应放热，剧烈反应会引起着火。

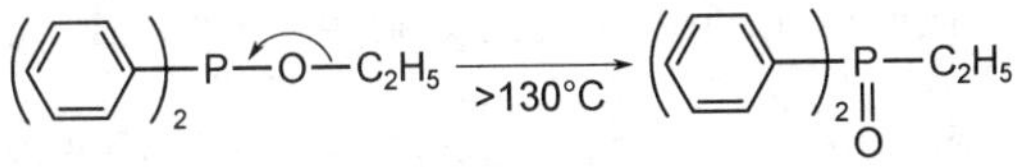

4-氰基苄基膦酸二乙酯　*M* 247.18。

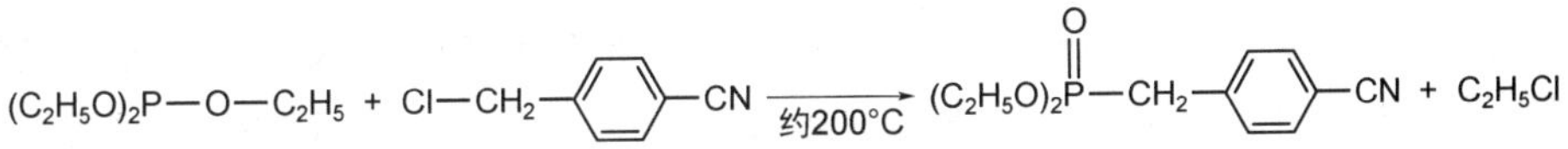

1L 三口烧瓶中加入 75.5g（0.5mol）4-氰基苄氯和 100g（95% GC，0.57mol）亚磷酸三乙酯，搅拌下加热至放热反应开始［放出的氯乙烷（bp 12.3℃）通过一短分馏柱接蒸馏冷凝器伸入冰盐浴中的冷阱收集］，保持反应物呈微弱的沸腾状，于 1h 左右从分液漏斗慢慢加入另外的如下混合液[1]：400g［纯度（GC）>95%，2.28mol］亚磷酸三乙酯和 302g（2mol）4-氰基苄氯温热[2]混匀。加完后于 3h 左右将反应物加热至大约 200℃保温 10min[3]，放冷至 120℃，用水泵减压、重新加热回收过剩的亚磷酸三乙酯及其它低沸物至液温~200℃/−0.09MPa（回收到 68g），剩余物为产品，得 625g，纯度（GC）>97%，产率 >98%[4]。

同样方法制取：

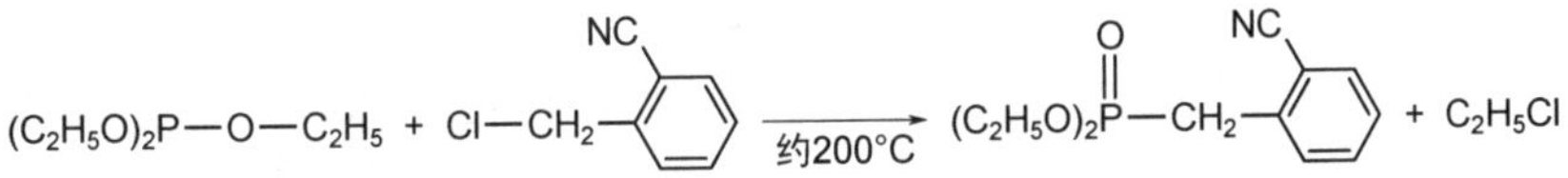

2-氰基苄基膦酸二乙酯

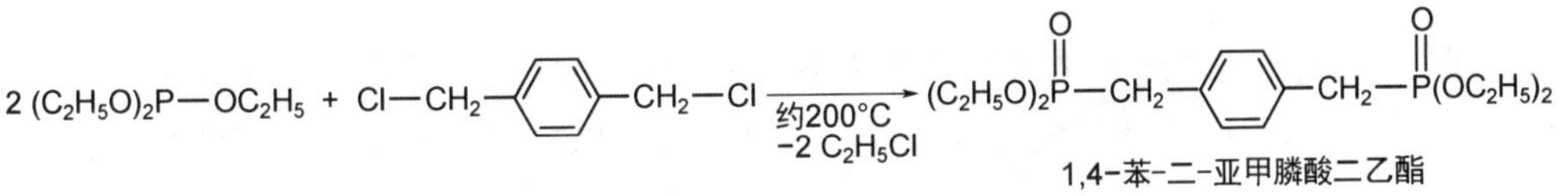

1,4-苯-二-亚甲膦酸二乙酯

相似方法：制取苯并噁唑-2（4′）-苄基膦酸二乙酯。

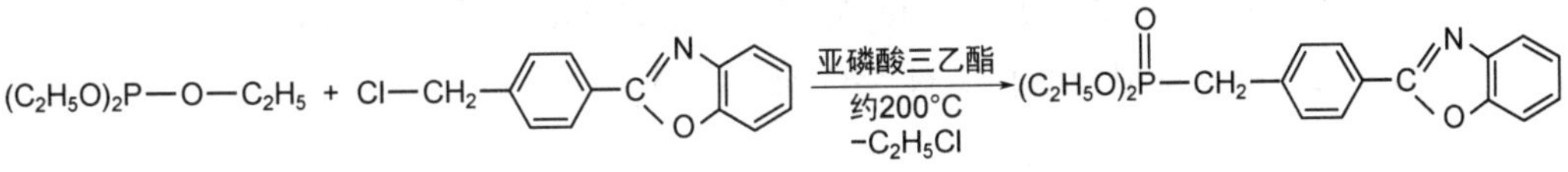

1mol 2-(4-氯苄基)苯异噁唑使用 1.6mol 亚磷酸三乙酯兼作溶剂，完成反应后回收过量的亚磷酸三乙酯，以石油醚沉析出产品。

---

[1] 在扩大千倍的生产中，后续的物料分 4 次配制、加入，由于反应放热，一旦反应便不可控制；在前边引发反应后稍以加热便可维持微弱的"回流"。

[2] 水浴加热控制 50℃使之溶解，混匀后放冷，室温下不会析出。

[3] 若只在 150℃反应及回收亚磷酸三乙酯，只回收到 56g，剩余物中仍含三乙酯及其它低沸物而重量稍有增加，其纯度（GC 检测）降低至 92%~93%（产率 97%），依此或可将最后的温度 200℃稍降低为 170℃。

[4] 回收的亚磷酸三乙酯减压分馏，考虑使用。

甲基膦酸二异丙酯　M 180.18。

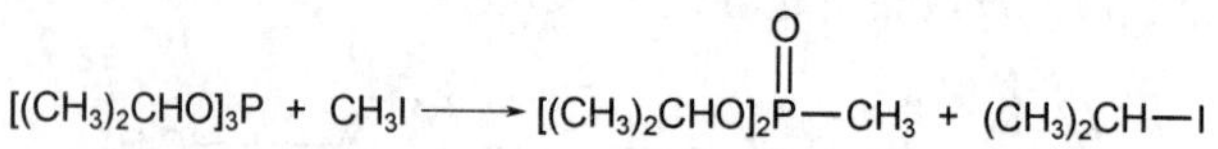

$$[(CH_3)_2CHO]_3P + CH_3I \longrightarrow [(CH_3)_2CHO]_2\overset{\overset{O}{\|}}{P}-CH_3 + (CH_3)_2CH-I$$

2L 三口烧瓶安装机械搅拌、冰水的回流冷凝器、分液漏斗及电热套加热。

烧瓶中加入 284g（113mL，2mol）碘甲烷（bp 43℃），煮沸后，分液漏斗中加入 416g（2mol）亚磷酸三异丙酯（无二酯），先滴加入 50mL，慢慢加热至放热反应开始。停止加热，用放热维持反应物回流看将其余的亚磷酸三异丙酯慢慢加入，在接近加完时放热不足以维持回流，应予以加热，加完后加热回流 1h。冷后将仪器改作分馏装置，首先蒸出碘代异丙烷（bp 88~90℃），剩余物减压分馏，又蒸出一些碘代异丙烷头分（共 310g），最后的剩余物减压分馏，除少量头分外几乎全部在 51℃/1mmHg 蒸出，得无色产物 308~325g（产率 85%~90%），d^{24} 0.985，d^{10} 0.997，n_D^{20} 1.4101。

同法，用碘乙烷合成乙基磷酸二异丙酯，加料时要加热以回流，料加完后加热回流 7h，减压蒸馏，沸点 61℃/0.7mmHg，产率 91%，d^{25} 0.968，n_D^{25} 1.4108。

酰氯是很强的亲电底物，与亚磷酸酯能迅速反应。

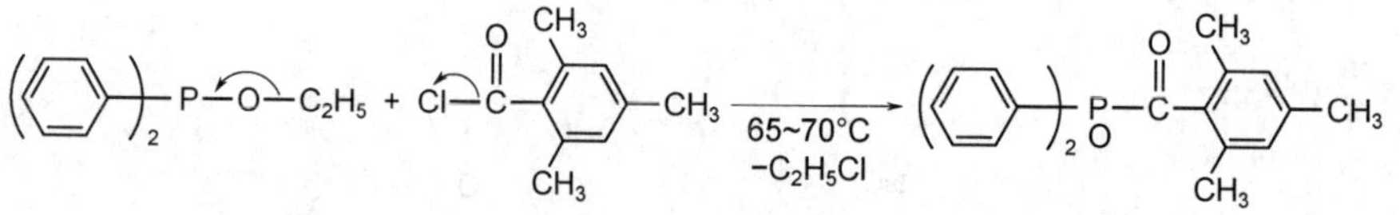

2,4,6-三甲基苯甲酰-二苯基-氧化膦
(SP-246)

三、亚硝酸酯

醇与亚硝酸作用生成亚硝酸酯。亚硝酸 HO⌒N=O 中 $\overset{+}{\text{NO}}$ 是比较弱的亲电试剂，醇的氧原子由于烷基的推电子作用有更大的电负性，容易在醇的氧原子亚硝化生成亚硝酸酯；酚类氧原子的未共用电子对与苯环共轭、分散到苯环使电负性减弱，不能在酚的氧原子上发生亚硝化，而是发生在共轭影响的羟基的对位，若对位被占据则发生在邻位——C-亚硝化。

醇与亚硝酸的作用，虽然介质是强酸性，参加反应的是 ROH 而不是 R—$\overset{+}{\text{OH}}_2$；亚硝酸作为亲电试剂，当酸的浓度很低时也能有 N_2O_3 参加反应。

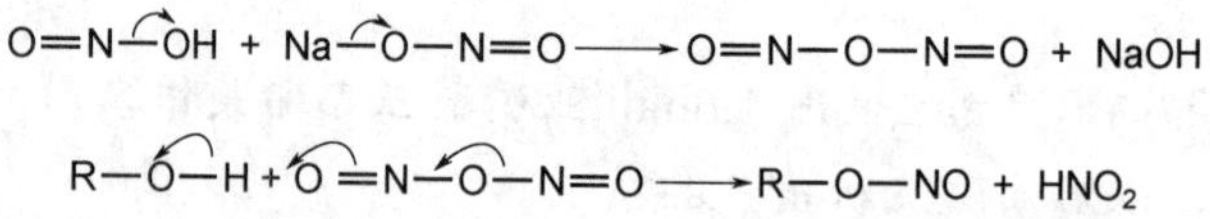

$$O=N⌒OH + Na⌒O-N=O \longrightarrow O=N-O-N=O + NaOH$$

$$R-O⌒H + O=N⌒O-N=O \longrightarrow R-O-NO + HNO_2$$

当酸的浓度很高，如用浓盐酸。也可能有 Cl—N=O 或 HO—$\overset{\cdot}{N}$—OH 参加反应，但不影响反应结果。

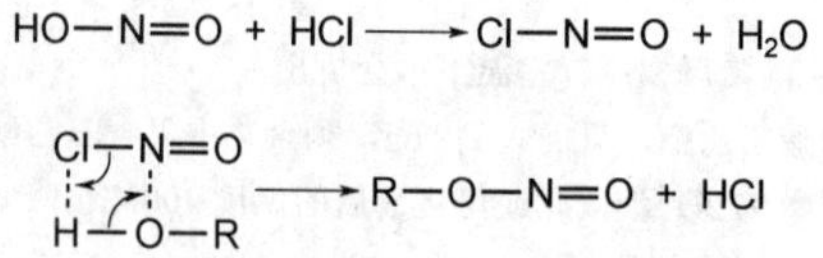

$$HO-N=O + HCl \longrightarrow Cl-N=O + H_2O$$

$$\begin{array}{c} Cl-N=O \\ H-O-R \end{array} \longrightarrow R-O-N=O + HCl$$

$$HO-N\overset{\curvearrowleft}{=}O + H^+ \longrightarrow HO-\overset{+}{\underset{|}{N}}-OH$$

$$HO-\overset{+}{\underset{\underset{R-O\cdots H}{|}}{N}}-OH \xrightarrow{-H_2O} R-O-\overset{+}{N}\overset{\curvearrowleft}{=}\overset{O}{\underset{H}{\cdots}} \xrightarrow{-H^+} R-O-N=O$$

亚硝酸作为亲电试剂进攻的，主要不是上式所表示的，而是它们的分解产物 $^+$NO。

$$O\overset{\curvearrowleft}{=}N\overset{\curvearrowleft}{-}O\overset{\curvearrowleft}{-}N=O \xrightarrow{H^+} HO\overset{+}{\underset{}{}}N\overset{\curvearrowleft}{-}O\overset{\curvearrowleft}{-}N=O \longrightarrow HO-N=O + {}^+NO$$

$$Cl-N=O \xrightarrow{H^+} Cl-\overset{+}{N}-O-H \longrightarrow HCl + {}^+NO$$

$$HO-\overset{+}{\underset{}{N}}\overset{\curvearrowleft}{\underset{}{O}}\overset{\curvearrowleft}{-}H \longrightarrow H_2O + {}^+NO$$

以下作为亚硝酸酯合成的通用方法，粗品中含有醇，因分子间氢键不能按一般分馏方法分开它们；作为亚硝化试剂，反应过程是醇退减下来，因此，醇不作为有害杂质，而是以其纯度计算使用。亚硝酸甲酯，bp $-12℃$；亚硝酸乙酯，bp $17℃$，室温下是气体，大量水抑制醇的挥发，能较好地分离。在使用时临时制备，将气体导入反应，如：2-亚硝基丁酮。

亚硝酸丁酯 M 103.12，bp 77.8℃，27℃/88mmHg，d^{20} 0.8803，n_D^{26} 1.3762；无色或淡黄色液体。

$$n\text{-}C_4H_9-OH + HCl + NaNO_2 \xrightarrow[<20℃]{} n\text{-}C_4H_9-O-NO + NaCl + H_2O$$

2L 三口烧瓶或烧杯中加入 370g（5mol）正丁醇、750mL（7.5mol）工业盐酸，冷却控制 20℃以下，搅拌着慢慢加入 370g（约 5.3mol）亚硝酸钠溶于 500mL 水的溶液，约 2h 可以加完，加完后再搅拌 1h；分取上面油层，水洗一次，以无水氯化钙干燥过夜，次日滤出，得 470g（产率 90%），外观淡黄，含少量丁醇。

其它方法：

$$R\overset{\curvearrowleft}{-}X + Na-O-N=O \longrightarrow R-O-N=O + NaCl$$

四、硫氰酸酯与异硫氰酸酯

硫氰酸(H^+ $^-SC{\equiv}N$)和异硫氰酸($S{=}C{=}N^-$ H^+)互变异构，形成双负离子$^-S-C{\equiv}N \rightleftharpoons S{=}C{=}N^-$。

硫氰酸比异硫氰酸的酸性强得多，但比其它无机酸还是很弱的。硫氰酸酯可以从硫氰化钠或硫氰化钾与硫酸酯或活泼卤烃在水或醇溶液中亲核取代（交换分解）制得，但不可以使用硫氰化铵（NH_4SCN），因为生成的硫氰酸酯与反应过程中平衡下来的 NH_3 很快加成，生成多量 S-烃基硫脲副产物。

$$R'-SO_2-O\overset{\curvearrowleft}{\underset{}{}}R + Na^+(或NH_4^+) \;^-S-C{\equiv}N \longrightarrow R'-SO_2-ONa (或NH_4^+) + R-S-C{\equiv}N$$

副反应：$R'-SO_2-ONH_4 (或NH_4SCN) \rightleftharpoons R'-SO_3H + NH_3 (NH_3 + HS-C{\equiv}N)$

$$\overset{..}{N}H_3 \overset{\curvearrowleft}{\underset{}{+}} C{\equiv}N \longrightarrow H_2N-C{=}NH$$
$$\qquad\quad \underset{RS}{|} \qquad\qquad \underset{RS}{|}$$

某些硫氰酸酯仅由于加热即重排为异硫氰酸酯,是在分子内进行的,受空间因素和电效应的影响,过渡态碳原子的电正性使重排容易发生。

$$O_2N-C_6H_4-CH_2-S-C\equiv N \longrightarrow O_2N-C_6H_4-CH_2\cdots \overset{N}{\underset{S}{\diagup}}C \longrightarrow O_2N-C_6H_4-CH_2-NCS$$

下面异硫氰酸烯丙酯是硫氰酸烯丙酯通过环过渡态、>70℃、协同进行的烯丙基重排完成的,从它水解得到烯丙基胺;硫氰酸异丙酯由于电性及空间阻碍的原因,不形成过渡态,加热分馏(>150℃)也不重排。

异硫氰酸烯丙酯 M 99.16,bp 150.7℃,d^{20} 1.013,n_D^{20} 1.5310;有刺激性、催泪性。

$$CH_2=CH-CH_2-Cl + NaS-CN \xrightarrow[45℃]{KI} \xrightarrow{\triangle} \left[\overset{C\equiv N}{\underset{CH_2-CH}{S\diagdown\diagup CH_2}} \right] \longrightarrow CH_2=CH-CH_2-NCS + NaCl$$

10L 三口烧瓶中加入 2.25L 水和 2.25L 乙醇,搅拌下加入 2.25kg(27mol)硫氰化钠及 60kg 碘化钾,加热使溶,维持 40~45℃,于 2h 左右慢慢加入 2kg(26mol)3-氯丙烯(bp 46℃),加完后再搅拌下加热回流 8h[1];稍冷,加入 3L 水以溶解析出的氯化钠,分取上面油层,以 3L 水洗一次,此时油层在下面[2];分出油层以无水硫酸钠干燥后蒸馏,收集 144~147℃馏分,得 2kg(产率 77%)。

硫氰酸异丙酯 M 101.07,bp 152~153℃,d^{20} 0.9784。

$$(CH_3)_2CH-Br + NaSCN \longrightarrow (CH_3)_2CH-SCN + NaBr$$

3L 三口烧瓶中加入 445g(5.5mol)硫氰化钠、1.25L 90%乙醇,搅拌下加热回流着慢慢加入 615g(5mol)溴化异丙烷,立即反应并析出溴化钠,加完后再加热回流 6h。冷后滤除溴化钠并以 250mL 乙醇冲洗,洗液与滤液合并,回收乙醇后用 0.5L 水洗,以无水硫酸钠干燥,分馏收集 146~151℃馏分,得 320~345g。

回收乙醇重新分馏的剩余物与前面中间馏分一起分馏,收集 146~151℃馏分,得 55~65g;与上面合并,共得 385~400g(产率 76%~79%),重新分馏,主要在 149~151℃馏分。

硫氰化钠、硫氰化钾水溶液中加入硫酸二甲酯制取硫氰酸甲酯时,由于硫酸二甲酯的水解及"酸、碱"交换是相竞争的,在 60℃加入硫酸二甲酯的反应,收率只有 20%;在 50℃反应,收率在 40%左右;在 40℃±2℃反应,收率为 78%(按硫酸二甲酯计)。详见 457 页。

$$(CH_3O)_2SO_2 + KSCN \xrightarrow[40℃]{\text{水}} CH_3-SCN + KO-SO_3CH_3$$
硫氰酸甲酯
78%, bp 130~135℃

---

[1] 比之与亚硫酸钠的制备,丙烯磺酸钠的回流 2h(并未用 NaI)这个时间是太长了,应该在回流 3h 后回收未作用的 3-氯丙烯,分取油层和滤除氯化钠,含醇水母液补充后用于下次合成,以减少废弃刺激性液体的处理。

[2] 如果是为了制备烯丙基硫脲、烯丙基胺,可直接使用。

【异硫氰酸酯】

硫脲的 N-烃基物的热分解或酸分解制取异硫氰酸酯，在热分解中，脱出的氨随时脱离反应体系以使反应得以进行，严重的副反应是底物和产物异硫氰酸酯间的加成。

异硫氰酸 1-萘酯 M 185.25，mp 55.5~57℃。

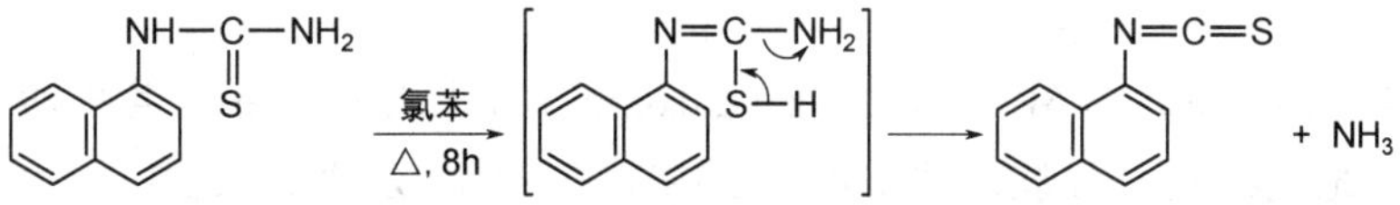

0.5L 烧瓶中加入 16g（0.08mol）1-苯硫脲及 180mL 新蒸的无水氯苯（bp 132℃）加热回流 8h，一经回流就开始有 NH_3 放出。反应完毕，减压回收氯苯至液温 90℃/−0.09MPa，冷后析出副产物及产物结晶，用 4×30mL 石油醚提取（不溶物是未反应物及二缩硫脲），提取液合并，蒸除溶剂、收尽，剩余物风干，得 12.7~13g（产率 86%~88%），mp 58~59℃。

相同的方法制取以下异硫氰酸酯（R—NCS）的反应时间和产率，如下：

R	回流时间	产率	R	回流时间	产率
苯基	8h	44%	4-联苯基	6h	49%
4-氯苯基	8h	46%	2-萘基	10h	70%
4-溴苯基	8h	78%	9-菲基	10h	70%

烃基硫脲与多量无机酸共热，同时水蒸气蒸馏随时蒸出生成的异硫氰酸酯，以减少底物和产物间的加成。

异硫氰酸苯酯 M 135.18，mp −21℃，bp 218~221℃，d^{20} 1.130，n_D^{20} 1.6515；见光变暗。

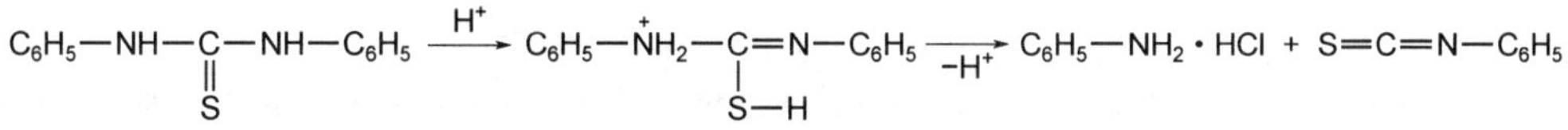

15L 烧瓶中加入 2.3kg（10mol）纯的二苯硫脲及 8L 25%盐酸，安装水蒸气蒸馏装置以随时蒸出产物以减少其它加成副反应。加热沸腾 2h 后，反应瓶中的二苯硫脲与生成的、没来得及未蒸出的异硫氰酸苯酯混为浸油状物（最好适当通入蒸汽以帮助蒸出产物），继续蒸馏至无馏出物为止，约 6h 可以完成。向馏出物中加入约 1/3 体积水来降低水层比重以便分离，得 920g（产率 68%）[1]。

加热和分离方式对产率有重大影响，或可添加二甲苯作回流并加以搅拌，帮助提取以随时使产物分离。

【伯胺和硫代光气反应】

硫代光气（$CSCl_2$）为橘红色强刺激性液体（bp 79℃，d 1.631），在较低温度及酸性条件

---

[1] 这是使用化学纯级的二苯硫脲得到这个产率，以后使用二苯硫脲粗品，产率下降了 30%。反应的剩余物冷后滤出结晶，用热水洗出盐酸苯胺，仍有相当多的不溶物可能是二苯硫脲和异硫氰酸苯酯的加成产物。

尚属稳定，与水或稀丙酮中的伯胺盐酸盐迅速反应，几乎定量生成异硫氰酸酯。

异硫氰酸 4-氯苯酯　M 169.25，mp 45℃，bp 249~250℃；遇光变暗。

$$Cl-\!\!\bigcirc\!\!-NH_2 + CSCl_2 \xrightarrow[<35℃,\,-HCl]{水} Cl-\!\!\bigcirc\!\!-\underset{H}{N}-\overset{S}{\underset{}{C}}-Cl \xrightarrow{-HCl} Cl-\!\!\bigcirc\!\!-N=C=S$$

10L 三口烧瓶中加入 3.5L 水及 249g（2.16mol）硫代光气（扣除其中四氯化碳），快速搅拌把硫代光气搅起、打散，控制温度 35℃以下于 1h 左右加入 235g（2mol）粉碎的 4-氯苯胺（或以盐酸盐溶液加入），加完后再搅拌 1h，分取油层；将油层作水蒸气蒸馏，蒸除未反应的硫代光气；更换变器继续水蒸气蒸馏，蒸出产品（冷凝器以温水作冷凝），冷后即凝。

精制：用乙醇（2mL/g）[1]重结晶，得 245~275g（产率 70%~81%），mp 44~45℃。

1,4-二异硫氰酸苯酯　M 192.26，mp 131~132℃。

$$H_2N-\!\!\bigcirc\!\!-NH_2 + 2\,CSCl_2 \longrightarrow S=C=N-\!\!\bigcirc\!\!-N=C=S + 4\,HCl$$

10L 三口烧瓶中加入 3.5L 水及 330g（纯度约 80%，2.3mol）硫代光气（约含 20%四氯化碳），再加入 400mL 苯以降低其溶液比重、以便于搅拌分散；控制温度 35℃以下于 2h 左右慢慢加入如下溶液：0.5L 水中加入 200mL 30%（2mol）工业盐酸及 108g（1mol）对苯二胺，加热溶解，脱色过滤，滤液应几乎无色[2]。加完后继续搅拌 2h；加热回收苯，冷后从反应物滤出结晶，风干得 192g（产率约 100%），mp 128~130℃，外观淡黄。

精制：用苯（1.2mL/g）重结晶，得白色结晶 100g，mp 129~131℃。

其它方法：

$$Ar-\underset{H}{N}-\overset{S}{\underset{}{C}}-S^-\cdot NH_4^+ + NaOCl \longrightarrow \left[Ar-\underset{H}{N}-\overset{S}{\underset{}{C}}-S^-\cdot Na^+ \right] \longrightarrow Ar-N=C=S + NaCl + NH_4OH + S$$

烃氨基二硫代甲酸盐与氯甲酸乙酯生成烃氨基硫代甲酰硫基甲酸乙酯，在碱条件分解的同时作水蒸气蒸馏（以减少 HO⁻对产物的加成）脱去硫代碳酸气（COS），得到高产率的异硫氰酸酯。

$$(R)Ar-NH-\overset{S}{\underset{}{C}}-S^-\,K^+ + Cl-CO_2C_2H_5 \xrightarrow{-KCl} \left[\begin{array}{c} S \\ (R)Ar-N \begin{array}{c} C \\ \\ C=O \\ O \\ C_2H_5 \end{array} S \\ H \end{array} \right] \longrightarrow (R)Ar-N=C=S + CoS + C_2H_5OH$$

---

[1]　应改用非极性溶剂，如苯，以避免发生其它可能的加成。

[2]　必须处理无机盐，否则颜色全都进入粗品，为棕色。

又：

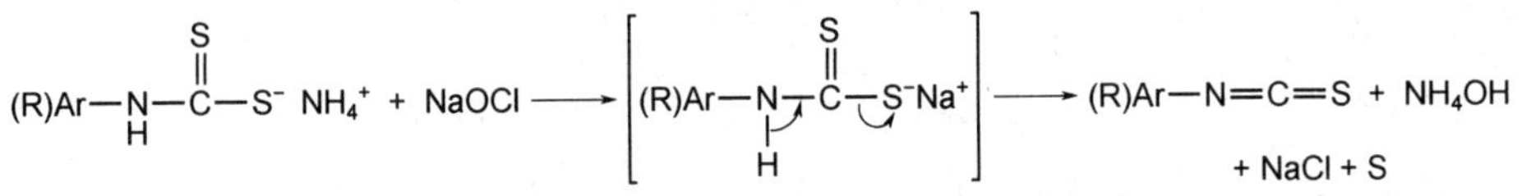

硫氰酸酯、异硫氰酸酯，对于亲核试剂，无论电中性的还是有负电荷的，如：醇、氨（胺）或羧酸的加成，总是在碳原子上发生。

醇的亲核性较弱，在稍高些的温度才顺利进行，得到氨基硫代甲酸酯，二异硫氰酸酯和二元醇加热得到氨基硫代甲酸的聚酯。

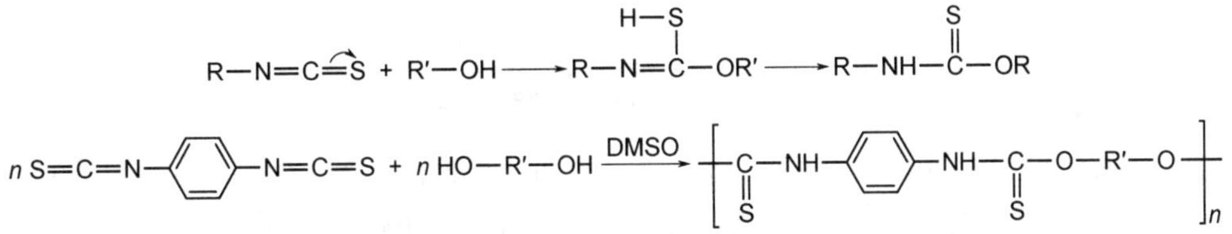

氨、胺的亲核性很强，在室温或微热即可完成反应，得到硫脲的衍生物，如（见 654~656 页）：

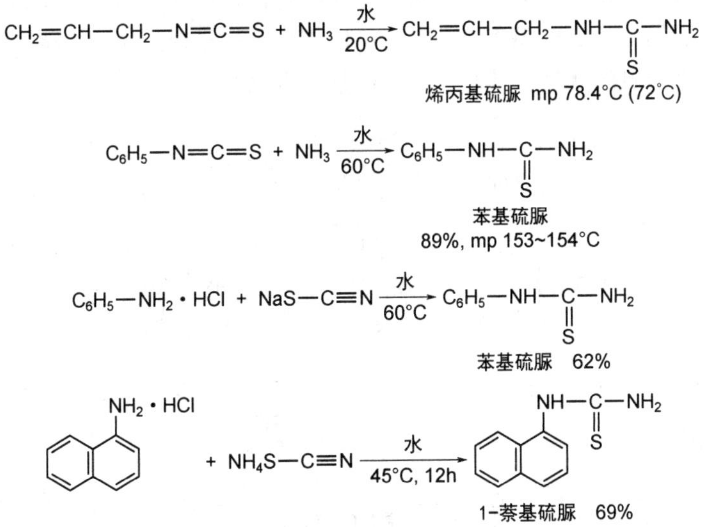

烯丙基硫脲 mp 78.4℃ (72℃)

苯基硫脲
89%, mp 153~154℃

苯基硫脲 62%

1-萘基硫脲 69%

和羧酸的加成：

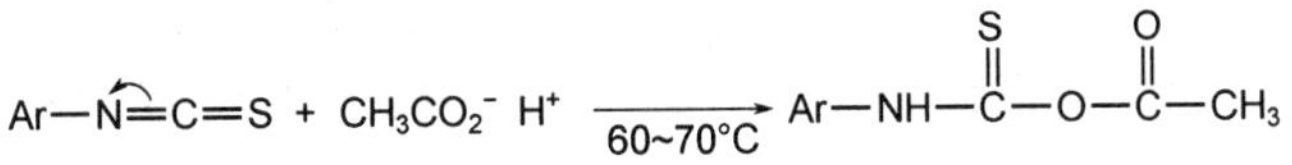

五、氰酸酯和异氰酸酯

异氰酸酯存在互变异构：$R-\overset{..}{N}-\overset{+}{C}=O \rightleftharpoons R-N=C=O \rightleftharpoons R-N=\overset{+}{C}-O^-$，它与亲核试剂的加成总是在碳原子上发生。异氰酸（酯）与亲核试剂的加成是 S_N2 双分子亲核反应，其加成难易依亲核试剂的强度，如下所示，甘氨酸的氨基碱性较弱，与异氰酸苯酯在 100℃加成、环合脱水，生成 1-苯基-2,5-二羟基咪唑。

$$\text{脂肪族胺的碱性一般都很强，在 0℃左右即可完成与异氰酸（酯）的加成。异氰酸的来源是溶液中的 KOCN，得：}$$

脂肪族胺的碱性一般都很强，在 0℃左右即可完成与异氰酸（酯）的加成。异氰酸的来源是溶液中的 KOCN，得：

$$CH_2=CH-CH_2-NH_2 \cdot HCl + KOCN \xrightarrow[-KCl]{\text{水}} [CH_2=CH-CH_2-NH_2 + HO-CN]$$

$$\longrightarrow CH_2=CH-CH_2-NH-\underset{\underset{OH}{|}}{C}=NH \Longrightarrow CH_2=CH-CH_2-NH-\underset{\underset{O}{\|}}{C}-NH_2$$

烯丙基尿素
70%, mp 78.8℃(85℃)

肼、羟胺是更强的碱，当异氰酸酯加入冰冷、过量的羟胺溶液中时，立即生成尿素的 *N*-羟基化合物；在稍高温度下过量的异氰酸（酯）与 *N*-羟基化合物进一步加成。

尿素在较高温度下分解为异氰酸并放出氨，异氰酸随即和未反应的尿素加成，再与异氰酸加成及脱氨环合，产物是三聚氰酸（mp > 360℃）；如果和碳酸钾一起加热熔融，生成的异氰酸异构后与添加的 K_2CO_3 生成氰酸钾；如果向熔化的尿素通入胺，与异氰酸加成为 *N*-烃基脲，或在水条件进行碱的变换；或醇与异氰酸加成为氨基甲酸酯。

$$H_2N-\underset{\underset{O}{\|}}{C}-NH_2 \left(H_2N-\underset{\underset{H-O}{|}}{C}=NH\right) \xrightarrow[>140℃, 150℃, -NH_3]{} \left[HN=C=O \xrightarrow{(NH_2)_2CO} H_2N-\underset{\underset{O}{\|}}{C}-NH-\underset{\underset{O}{\|}}{C}-NH_2\right.$$

$$\left. HN=C=O \right] \xrightarrow{-NH_3} \text{（三嗪环 HO-/OH）} \Longleftrightarrow \text{三聚氰酸}$$

$$2 H_2N-\underset{\underset{O}{\|}}{C}-NH_2 + K_2CO_3 \longrightarrow [2 HN=C=O] \longrightarrow 2 KOCN + 2 NH_3 + H_2O + CO_2 \qquad \text{（见 343 页）}$$

氰酸钾
>90%

$$CH_3-NH_2 + H_2N-\underset{\underset{O}{\|}}{C}-NH_2 \xrightarrow{\text{塔温140~150℃}} CH_3-NH-\underset{\underset{O}{\|}}{C}-NH_2 + NH_3$$

甲基脲 mp 90~95℃

$$C_2H_5O-\text{（苯环）}-NH_2 \cdot HCl + H_2N-\underset{\underset{O}{\|}}{C}-NH_2 \xrightarrow{\text{尿素/H}^+\text{/水}} C_2H_5O-\text{（苯环）}-NH-\underset{\underset{O}{\|}}{C}-NH_2 + NH_4Cl \qquad \text{（见 342 页）}$$

p-乙氧基苯基脲 82%

【氨基甲酸酯】

加热尿素脱去氨生成的异氰酸与醇加成为氨基甲酸酯，要求较高的反应温度；反应中在回流冷凝器下端尿素的结晶物质出现（未被回流的较冷的丁醇溶洗下来），证明有 HN=C=O 挥发出来，以及从反应物中回收到按投入尿素量 11%~14%的三聚氰酸，据此推知，丁醇与异氰酸的加成速率低于异氰酸的产生速率。

氨基甲酸丁酯 M 117.15，mp 54℃，bp 204℃（分解）；无色结晶，几乎不溶于水。

$$\text{H}_2\text{N}-\overset{\underset{\|}{O}}{\text{C}}-\text{NH}_2 + n\text{-}\text{C}_4\text{H}_9-\text{OH} \xrightarrow[>120℃, -\text{NH}_3]{\text{丁醇}} [\text{HN}=\text{C}=\text{O}] \longrightarrow \text{H}_2\text{N}-\text{CO}_2-n\text{-}\text{C}_4\text{H}_9$$

2L 三口烧瓶中加入 1L 正丁醇和 150g（2.5mol）尿素，搅拌下加热至回流，待尿素溶解后停止搅拌，继续加热回流 48h[❶]，以后放出氨的速率减缓、沸腾温度从开始的 120℃上升至 127℃，常压回收丁醇至液温 174℃[❷]，冷至 100℃以下加入 1L 石油醚（bp 60~90℃）作提取[❸]，不溶物 12~15g 是三聚氰酸；回收石油醚至液温 150℃，剩余物减压分馏，收集 108~109℃/18mmHg 馏分，得 240g（产率 81%），mp 53~54℃。

反应温度很重要，试图合成氨基甲酸异丙酯，回流温度只有 83℃，只略微有氨气味放出，110h 反应甚微；使用仲丁醇，回流温度 102℃，110h 后产率 35%；或应在更高的反应温度（140℃）将醇滴入熔化的尿素反应物中。

【异氰酸酯的合成】

异氰酸酯的合成方法与异硫氰酸酯相似；工业制法是采用胺的盐酸盐，在无水非极溶剂中进行，以抑制氨基甲酰氯中间物和胺的反应。

$$\text{R}-\text{NH}_2 \cdot \text{HCl} + \text{COCl}_2 \xrightarrow[\triangle, -2\text{HCl}]{} \left[\text{R}-\overset{\underset{|}{H}}{\text{N}}-\overset{\underset{\|}{O}}{\text{C}}-\text{Cl}\right] \longrightarrow \text{R}-\text{N}=\text{C}=\text{O} + \text{HCl}$$

如果直接使用胺（碱性强），胺的氮原子比醇的氧原子更容易给出电子。在第二步，胺与氨基甲酰氯分子间脱去 HCl，使进一步的 N-酰化生成烃基脲以及进一步与 R—N=C=O 聚合；以其无水盐酸盐在非极性溶剂中以降低底物胺的活性，它不和氨基甲酰氯反应，得以使氨基甲酰氯在分子内脱去 HCl，生成异氰酸酯。

如果有水存在，在反应的高温下水作为亲核试剂与异氰酸酯加成为氨基甲酸，可与异氰酸酯连续加成为聚合物。因此盐酸盐必须彻底干燥、溶剂要求无水。

如 1,6-己二胺盐酸盐在戊苯中在 180~185℃慢慢通入光气反应，得到收率大于 84%的六亚甲基-1,6-二异氰酸酯，如果在 205℃反应则 80%生成了聚合物。

六亚甲基-1,6-二异氰酸酯 M 168.20，bp 255℃，d^{20} 1.0528（1.040），n_D^{20} 1.452；无色液体、有毒。

$$\text{H}_2\text{N}-(\text{CH}_2)_6-\text{NH}_2 + 2\,\text{HCl} \xrightarrow{\text{甲醇}} \text{H}_2\text{N}-(\text{CH}_2)_6-\text{NH}_2 \cdot 2\,\text{HCl}$$

---

❶ 回流冷凝器下口出现结晶尿素，应及时捅下以免阻塞。$\text{HN}=\text{C}=\text{O} + \text{NH}_3 \longrightarrow (\text{NH}_2)_2\text{C}=\text{O}$

❷ 或可能在回收丁醇最后的高温时残留的尿素分解，产生三聚氰酸。

❸ 可不必提取，直接减压蒸馏。

$$H_2N-(CH_2)_6-NH_2 \cdot 2\,HCl \xrightarrow[-4HCl]{2COCl_2/\text{戊苯}} Cl-CO-NH-(CH_2)_6-NH-CO-Cl$$

$$\xrightarrow[180℃,\,-2\,HCl]{} O=C=N-(CH_2)_6-N=C=O$$

a. 盐酸盐

1L 烧杯中加入 145mL 甲醇及 116g（1mol）1,6-己二胺，控制 30℃以下，搅拌着慢慢加入 175mL（2mol）浓盐酸（d 1.19），搅匀后将此溶液加入至 2L 丙酮中搅匀，冷后滤出结晶，以 100mL 丙酮冲洗，干燥后得 170~187g（产率 90%~99%），mp 243~246℃（＞200℃有升华），虽然不太吸湿也要彻底干燥和粉碎。

b. 二异氰酸酯

1L 三口烧瓶安装机械搅拌、温度计及有分散头的通气管，回流冷凝器上口通过干燥管接水吸收，外用油浴加热。

烧瓶中加入 94.5g（0.5mol）己二胺盐酸盐粉末、500mL 戊苯或四氢萘（有介绍使用邻二氯苯作溶剂，发现使用回收邻二氯苯重新操作，因为含有一些 HCl 而使光气容易吸收，9h 完成反应），搅拌下加热保持 180~185℃、以 33g/h（2mol/s）的速率通入无游离氯的光气❶，未反应的光气和 HCl 导至水吸收，小心保持反应温度和光气通入速率❷8~15h，直至不溶的盐酸盐消失并停止放出 HCl 为止❸（通气管如被聚合物阻塞可以方便地被热甲醇洗掉，再用反应溶剂洗涤后使用）。冷后过滤，减压分馏，先蒸出戊苯（65~75℃/10mmHg），再收集 120~125℃/10mmHg 馏分，得 70~80g（产率 84%~95%）❹，d^{20} 1.0528，n_D^{20} 1.4585。

$$2\,R-NH-CO-Cl + 2CaO \longrightarrow 2\,R-N=C=O + CaCl_2 + H_2O[Ca(OH)_2]$$

另法：

$$H_3^+N-(CH_2)_6-NH-CO_2^- \xrightarrow[-HCl]{COCl_2} Cl-\overset{O}{\overset{\|}{C}}-NH-(CH_2)_6-\underset{H}{N}-CO_2H \xrightarrow[-HCl]{COCl_2}$$

$$Cl-\overset{O}{\overset{\|}{C}}-NH-(CH_2)_6-\underset{H}{N}-\overset{O}{\overset{\|}{C}}-O-\overset{O}{\overset{\|}{C}}-Cl \xrightarrow[-CO_2,\,-2HCl]{} O=C=N-(CH_2)_6-N=C=O$$

其它合成：

$$H_2N-\!\!\left\langle\!\!\bigcirc\!\!\right\rangle\!\!-SO_3H + COCl_2 + PCl_5 \xrightarrow{60℃} O=C=N-\!\!\left\langle\!\!\bigcirc\!\!\right\rangle\!\!-SO_2-Cl + POCl_3 + 3\,HCl$$

$$H_2N-(CH_2)_n-CO_2H + COCl_2 \longrightarrow HCl \cdot H_2N-(CH_2)_n-CO-Cl \xrightarrow{COCl_2} O=C=N-(CH_2)_n-CO-Cl$$

---

❶ 光气通过清洁汞没有变化说明光气纯净，否则用棉籽油洗瓶净化。

❷ 如果在 206℃反应（四氢萘的沸点），最终是 84%的聚合物。

❸ HCl 遇湿空气呈白色烟雾，而纯光气无此现象。

❹ 产品中如有中间产物氨基甲酰氯 R—NH—CO—Cl 可被乙醇中的硝酸银检出；可以不除去；50g 产品与 0.5g 生石灰粉末一起加热后减压蒸馏。

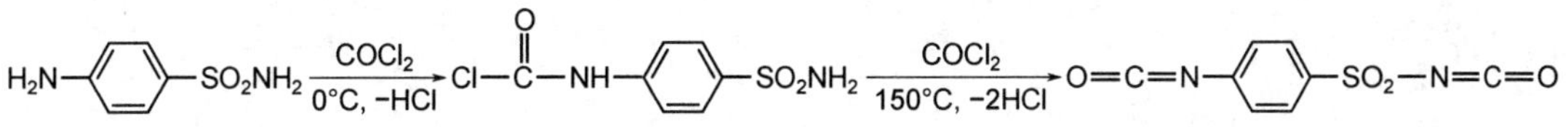

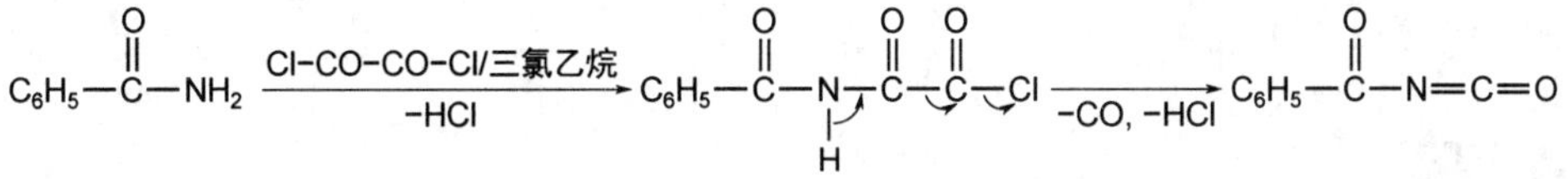

胺与 SOCl 反应制得 R—N=S=O，再在 80℃ 与光气反应得到异氰酸酯，产率 65%~78%。

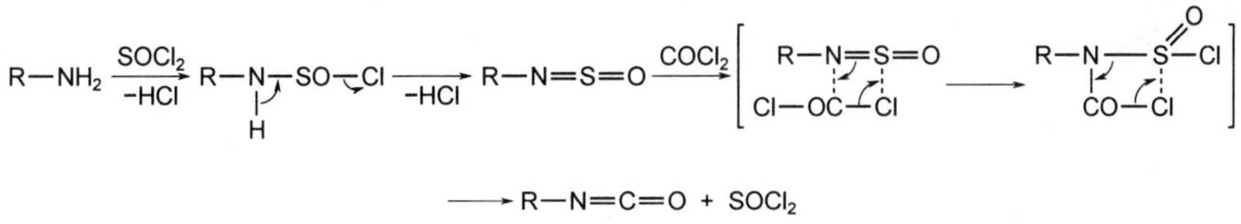

$$\longrightarrow R-N=C=O + SOCl_2$$

又：从芳甲异羟肟酸和二氯亚砜。

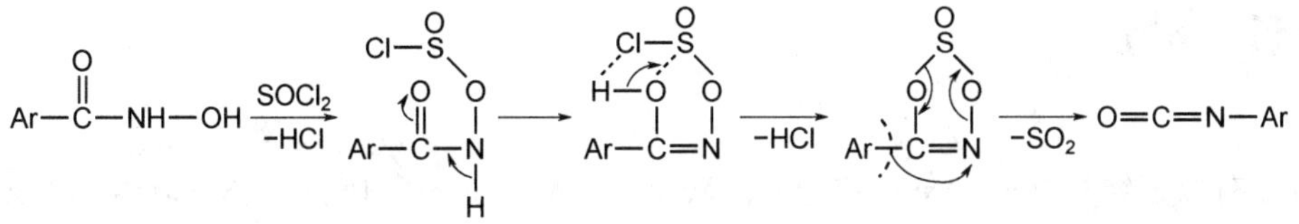

第七章

酰胺

第一节 概述

酰胺有以下结构 $R\!-\!\overset{O}{\underset{}{C}}\!-\!NH_2$，羧酸的酰胺可以有酰胺 $R\!-\!\overset{O}{\underset{}{C}}\!-\!NH_2 \rightleftharpoons R\!-\!\overset{OH}{\underset{}{C}}\!=\!NH$ 亚胺酸的互换异构，这种异构的互换也常见于氮杂环，多有不同熔点及其理化性质，如：

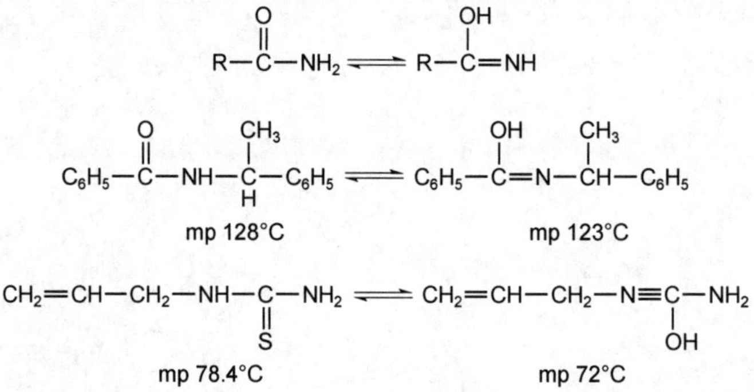

$$R\!-\!\overset{O}{\underset{}{C}}\!-\!NH_2 \rightleftharpoons R\!-\!\overset{OH}{\underset{}{C}}\!=\!NH$$

$$C_6H_5\!-\!\overset{O}{\underset{}{C}}\!-\!NH\!-\!\overset{CH_3}{\underset{H}{C}}\!-\!C_6H_5 \rightleftharpoons C_6H_5\!-\!\overset{OH}{\underset{}{C}}\!=\!N\!-\!\overset{CH_3}{\underset{}{C}}\!H\!-\!C_6H_5$$

mp 128℃ mp 123℃

$$CH_2\!=\!CH\!-\!CH_2\!-\!NH\!-\!\overset{}{\underset{S}{C}}\!-\!NH_2 \rightleftharpoons CH_2\!=\!CH\!-\!CH_2\!-\!N\!=\!\overset{}{\underset{OH}{C}}\!-\!NH_2$$

mp 78.4℃ mp 72℃

溶剂的极性影响它们的存在形式，从庚烷、苯中得到酰胺；在水中是亚胺酸异构体，当把亚胺酸加热至较高温度它转变为酰胺，或分解酰氨生成异氰酸酯。

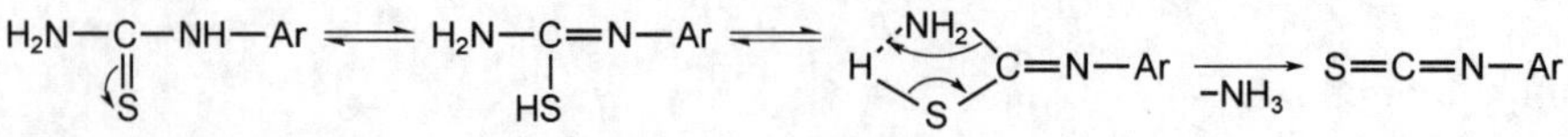

$$H_2N\!-\!\overset{}{\underset{S}{C}}\!-\!NH\!-\!Ar \rightleftharpoons H_2N\!-\!\overset{}{\underset{HS}{C}}\!=\!N\!-\!Ar \rightleftharpoons \underset{S}{\overset{NH_2}{\underset{}{C}}}\!=\!N\!-\!Ar \xrightarrow{-NH_3} S\!=\!C\!=\!N\!-\!Ar$$

尿酸的互换异构如下式，在 0℃碱作用下用碘甲烷或硫酸二甲酯甲基化时，在四个氮原子上都发生了甲基化（或以二甲酰亚氨盐的形式进入的甲基化反应）。

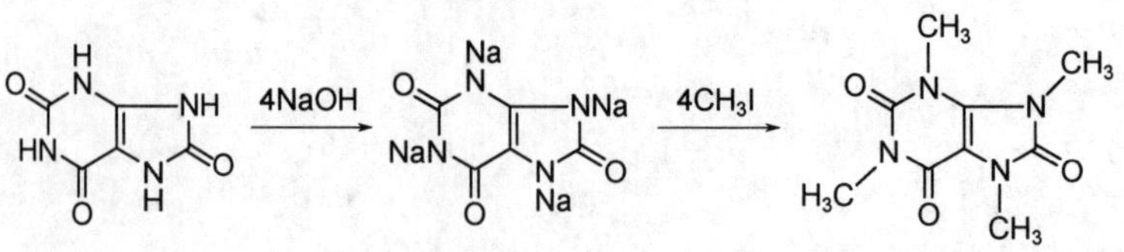

又如：己内酰胺在苯溶液中为酰胺的形式，在 80℃左右与加入的硫酸二甲酯反应生成 *N*-甲基己内酰胺；将己内酰胺溶解在少量硫酸二甲酯（极性大）中，在 80℃保温重排为己内酰胺酸后与加入的硫酸二甲酯反应，甲基化在氧原子上发生，生成 *O*-甲基己内酰胺；*O*-甲基己内酰胺在 *N*-甲基及少量硫酸二甲酯作用下，在 95℃加热转变为酰胺的形式，生成 *N*-甲基己内酰胺。

硫代酰胺及硫脲多以异构的形式存在，是比碳酸更弱些的硫亚胺酸，可溶于稀 Na_2CO_3 溶液，用于硫代酰胺的提取和分离。

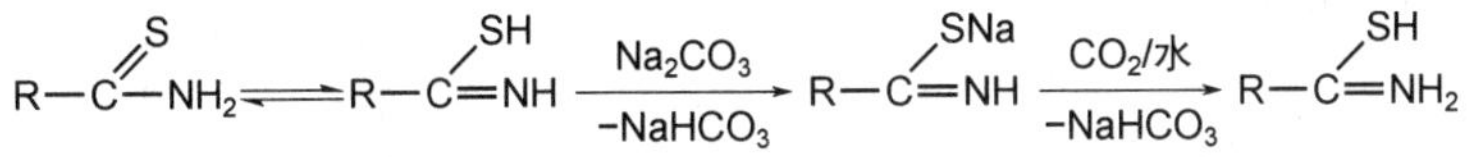

脂肪族卤代烃和乙醇溶液中的硫脲反应总是在硫原子上发生，生成 *S*-烃基硫脲卤氢酸盐。

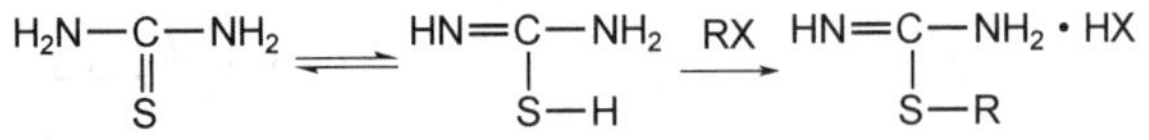

又如：双环己二酮草酰二腙的互换异构成稳定的共轭形式（见 122 页）。

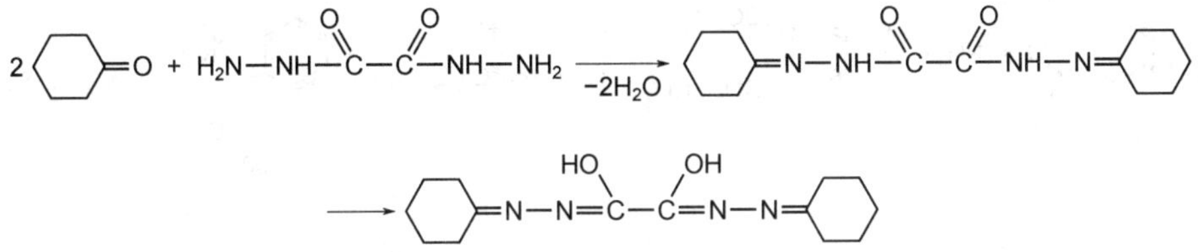

双环己酮草酰二腙
94%，mp 209℃

1. 在氨基引入酰基的目的

引入暂时性的酰基用于氨基的保护，如用卤素对芳香核上的卤代、硝化及芳侧键的氧化以及二氨类的单重氮化等等，先将氨基酰化、反应完后再将酰基水解掉，以达到保护的目的。一般使用乙酰化，方便有效，容易酰化也容易脱除；但亦不仅是乙酰化，例如：邻苯二胺中保护其中一个氨基，在另一个氨基重氮化时得到的不是正常的重氮化产物，而是在过程中环合为 1-乙酰基苯并三氮唑，只有把一个氨基"完全保护"，当被保护的氨基上没有了氢原子，邻位氨基才可以正常重氮化进行其它反应（见 630 页）。

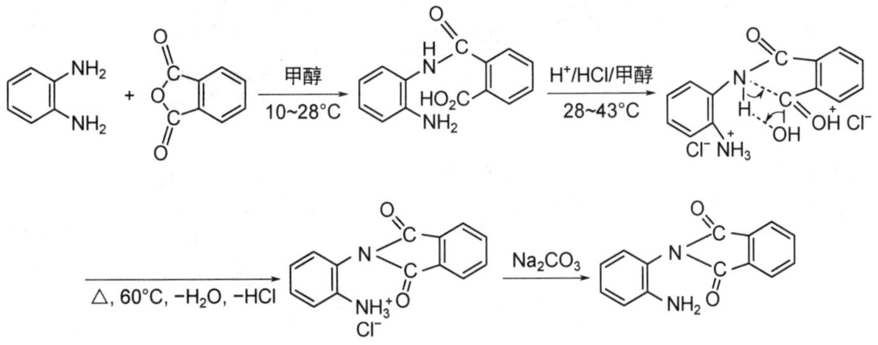

如果只是乙酰化保护，反应中，重氮基与乙酰氨基亲电环合为五元环的偶氮氨基化合物——1-乙酰苯并三氮唑。

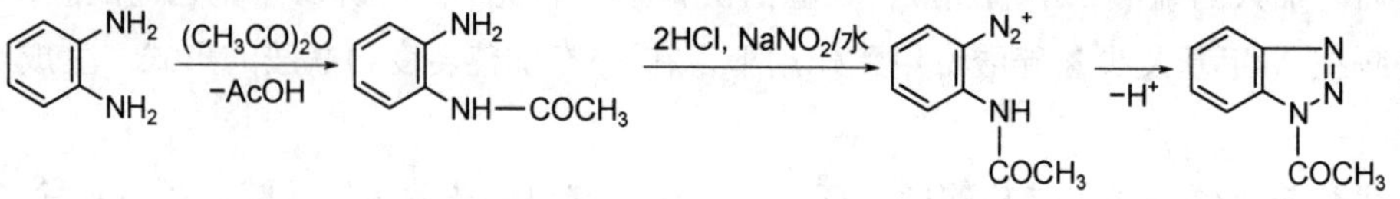

将一个氨基完全保护的方法还可以使 *o*-苯二甲酸酐和伯胺在 190~200℃ 加热脱水环合的方法完成——五元环的环合很容易完成。

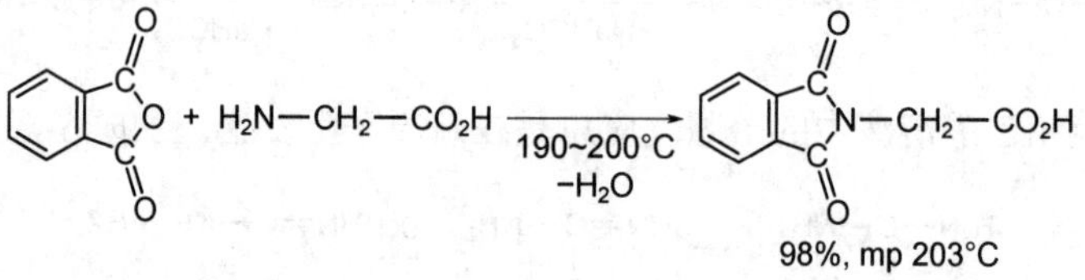

98%, mp 203℃

2. 其它环合的亚胺

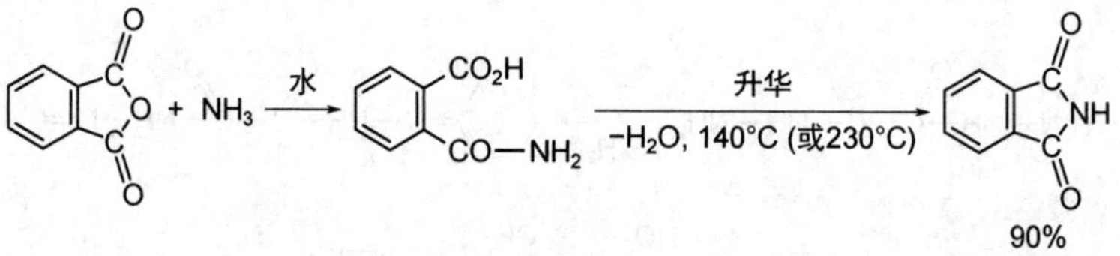

90%

（见 336 页）

mp 123~125℃
bp 285~290℃

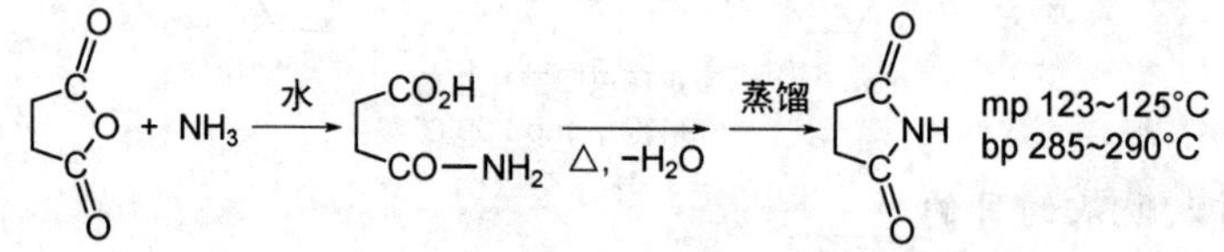

用于合成目的酰胺：腈的制取、霍夫曼降解制取伯胺以及某些氮杂环合成。

$$H_2N-CO-(CH_2)_8-CO-NH_2 \xrightarrow{260\sim340℃} NC-(CH_2)_8-CN + 2H_2O$$

（见 357 页）

癸二腈
50%, bp 204℃/16mmHg

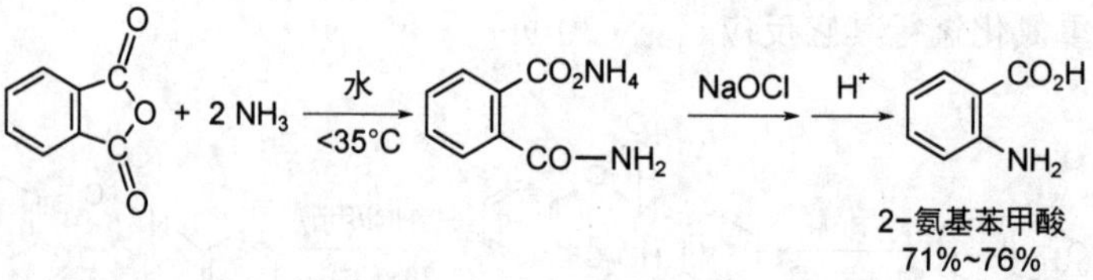

2-氨基苯甲酸
71%~76%

（见 730 页）

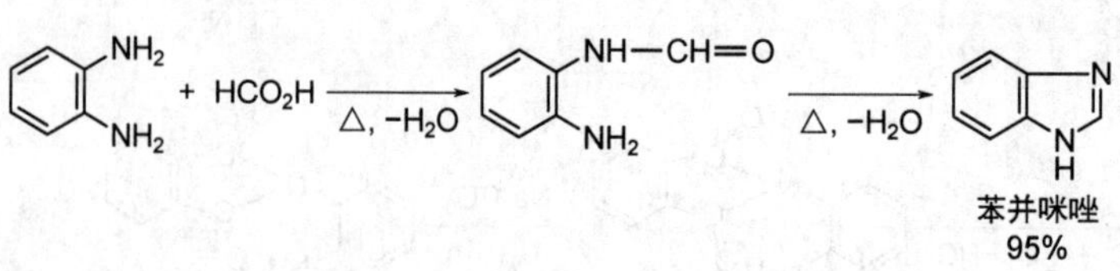

苯并咪唑
95%

（见 862 页）

第二节　酰胺的合成

简单的酰胺可以通过羧酸的铵盐加热脱水的方法制取，也可以使用更强的酰化剂，如酰氯、酸酐和胺（氨）反应，不涉及脱水；其它方法，如：①酯的胺（氨）解；②氰基的水合（不完全水解）；③酮肟的重排。

一、羧酸和胺（氨）的反应及脱水

1. 羧酸作 N-酰化剂

羧酸和胺（氨）反应脱去水生成酰胺，如果不作脱水处理，绝大部分或只生成铵盐；如果是强碱或强酸的反应，兼之能分馏脱去反应产生的水，都能得到良好的产率，反应是平衡体系，反应速率和酸碱强度之间、反应强度和空间阻碍之间有直接关系。

$$(Ar)R-CO_2H + H_2N-R' \rightleftharpoons (Ar)R-CO-NH-R' + H_2O$$

强碱，如：苯肼、二甲胺与水溶液中的乙酸也会部分酰化，甚至用作制备方法。

NH_3 在水解的平衡过程随着蒸出水和乙酸有蒸发损失，乙酰胺的产率为 50%；但对于在反应中不构成 HO^- 强碱水解的对甲苯胺，过程中没有损失，产率高达 98%。

乙酰胺　M 59.07，　mp 81~82℃，bp 222℃，d 1.159；有鼠尿气味和吸湿性。

$$CH_3CO_2H + NH_3 \rightleftharpoons CH_3CO_2^- \ NH_4^+ \xrightleftharpoons[-NH_3]{} CH_3CONH_2 + H_2O$$
$$\xrightarrow{H_2O} CH_3CO_2H + NH_4OH$$
$$NH_4^+HO^-$$

或当使用羧酸和尿素反应的方法以避开水（$NH_4^+HO^-$）。

6kg（100mol）乙酸及 1L 水通入 NH_3 至 pH 9。用 1m 分馏柱分馏脱水，分别处理以下馏分：＜105℃馏分当作水再用；105~190℃馏分通氨中和后再分馏。

烧瓶中的剩余物放冷至 80℃倾出、封盖好放冷过夜，次日离心分离，得粗品 fp＞75℃，按以上操作处理所有的头分及母液，所得粗品合并共得 3~3.2kg。

精制：常压分馏产物中总有分解产生的乙酸、乙酸铵不合格。故改用如下方法精制：4kg 以上粗品溶于 1L 95% 乙醇中，脱色结晶、离心分离，乙醇冲洗，50℃烘干，得 2.8~3kg（收率 50%），fp＞77℃；纯度 98.5%，乙酸＜0.2%。

N-乙酰-p-甲苯胺（p-甲基乙酰苯胺）　M 149.19，mp 148.5℃（153℃），bp 307℃，d^{15} 1.212。

$$CH_3CO_2H + H_2N-\!\!\!\bigcirc\!\!\!-CH_3 \xrightarrow{乙酸} CH_3CO-NH-\!\!\!\bigcirc\!\!\!-CH_3 + H_2O$$

30L 不锈钢的三口小罐中加入 10.7kg（100mol）对甲苯胺，再加入 9kg（150mol）冰乙酸或使用部分回收乙酸，加热回流 3h 后，由于反应产生水，回流温度液温从开始的 118℃下降至 113℃；用 1m 分馏柱分馏蒸除 1.5L 水后，（弃去水）回收稀乙酸至液温升至 160℃；再用水泵减压回收乙酸至液温 180℃/-0.07MPa，放冷至 148℃左右，在凝固以前将熔融态的反应物加入至搅拌着的 70℃左右的热水中，以 Na_2CO_3 中和至水相 pH 8~9。冷后滤出、水洗，干燥后的 15kg（收率 98%），mp 146℃[1]。

苯甲酰苯胺　M 197.23，mp 163℃，bp 119℃/10mmHg。

10L 三口烧瓶中加入 4.7kg（50mol）苯胺及 3.7kg（30mol）苯甲酸，混匀后安装长的弯管及蒸馏冷凝器，沸腾后开始有一些苯胺随水蒸出，约 4h 共蒸出 450~500mL 水及一些苯胺，此时已基本无水蒸出，继续加热回收苯胺（约 1L），稍冷、倾出反应物[2]，冷后粉碎，与 20L 5%盐酸在 70℃充分搅拌以洗除过剩的苯胺；滤出、水洗，再用 20L 5% NaOH 在 70℃充分搅拌以洗去未反应的苯甲酸，滤出，水洗，干燥后得 4.8kg（收率 81%），mp 158~160℃。外观紫色，应在 80℃用保险粉还原处理固体悬浮物。

精制：用乙醇（7.5mL/g）重结晶（用多量脱色炭）得 3.9kg，外观淡紫色；再结晶一次，得白色结晶 3.2kg（收率 52%），mp 161~164℃。

苯肼是很强的碱，为了只在最强碱 1 位引入一个酰基，避免过度酰化，用 50%乙酸共热回流，肼的 2 位与苯环共轭，碱性较弱，此条件只在 1 位乙酰化。

1-乙酰-2-苯基肼　M 150.18，mp 130~132℃。

$$CH_3CO_2H + H_2N—NH—C_6H_5 \xrightarrow{50\%乙酸} CH_3CONH—NH—C_6H_5 + H_2O$$

50L 反应罐中加入 10.8kg（100mol）粗苯肼及 12L 水与 12kg（200mol）冰乙酸配成的 50%乙酸，搅拌下加热回流 4h，稍冷放出，放置过夜。次日滤出结晶，水洗，干燥后得土黄色粗品 8.5kg（收率 56%），mp 124~128℃。

精制：用热水（6mL/g）重结晶，得 7kg，mp 127~128℃。

甲酰胺在高温的平衡过程中会分解出 CO；比较以下的共沸脱水及减压分馏。

甲酰胺　M 45.09，mp 2.3℃，bp 193℃，d^{20} 1.133。

$$HCO_2H + NH_3 \rightleftharpoons HCO_2^- \cdot NH_4^+ \rightleftharpoons HCO—NH_2 + H_2O$$

将 630g（10mol）甲酸铵加入 1L 三口烧瓶中，安装 30cm 分馏柱作蒸馏装置，用电热套加热，甲酸铵熔化后开始脱水生成甲酰胺，至分馏柱顶温度升至 190℃、液温 200℃，此时反应物有较多分解的小气泡，并有浓氨气味[3]，即认为反应完全（收集到馏出物 230~240g），剩余物为粗品 300~340g（产率 66%），fp -6℃。

---

[1] 应加入回收乙酸和工业乙酸中作精制处理，减压干燥回收乙酸。

[2] 应将熔融态的反应物加入搅拌着的热水中以得到小颗粒。

[3] 甲酰胺分解：$HCO—NH_2 \xrightarrow{200℃} CO + NH_3$

甲酰苯胺　　M 121.24，mp 50℃，bp 271℃。

$$HCO_2H + H_2N-C_6H_5 \xrightarrow{\text{甲苯}} HCO-NH-C_6H_5 + H_2O$$

10L 三口烧瓶中加入 2.8kg（30mol）苯胺及 3kg 85%（56mol）甲酸，再加入 400mL 甲苯（比苯能获得更高的反应温度以提高反应速率），加热回流脱水至无水分出为止，约 25h 可以完成。回收甲苯及甲酸，用水泵减压收尽后减压分馏，收集 160~166℃/15~20mmHg 馏分，得 2.8kg（产率 76%），mp 46~47℃。

同法制取 N,N-二丁基甲酰胺，bp 235℃，120℃/15mmHg，102~103℃/10mmHg，d^{20} 0.880，n_D^{20} 1.4435，产率 73%。

2. 羧酸和无机酸的混合酸酐作酰化剂

对于酰化有氢链及"六位效应"位阻难以直接得到酰胺，如：苯胺对于水杨酸或水杨酸甲酯共热至沸点，结果是物料被蒸出，没有水或醇，使用羧酸和无机酸的混合酸酐得到很好的效果，混合酸酐是在反应中作为中间体产生和使用的；胺作为亲核试剂在混合酸酐的羰基加成，或是无机酸退减下来以酰基正离子对胺的酰化；结果都是无机酸退减下来。作为混合酸酐的无机部分多以 PCl_3、$POCl_3$ 开始，如下式：

$$Ar-CO_2H + PCl_3 \longrightarrow Ar-CO-O-PCl_2 + HCl$$

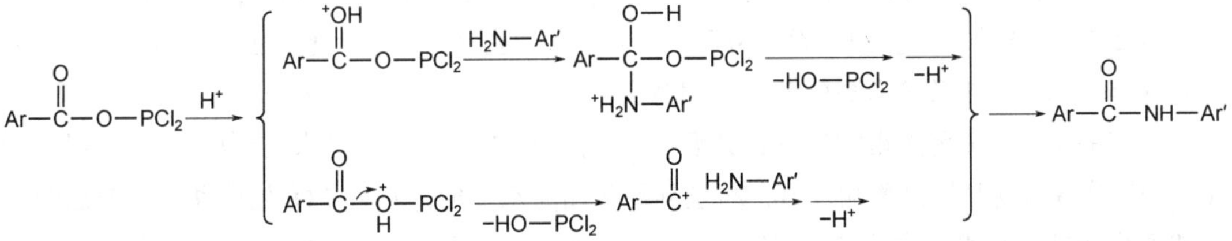

水杨酰苯胺　　M 213.24，mp 137~138℃。

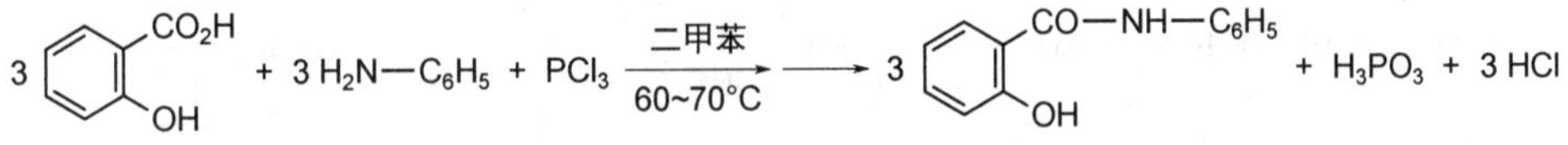

10L 三口烧瓶中加入 6L 二甲苯，1.38kg（10mol）水杨酸及 0.94kg（10mol）苯胺，搅拌下加热使溶解清亮，控制 60~70℃于 2h 左右慢慢加入 0.51kg（3.7mol）PCl_3，立即有大量 HCl 放出。从冷凝管上口导至水吸收，加完后加热回流 4h，稍冷，倾出上甲苯层，冷后滤出结晶，用二甲苯冲洗，干燥后得 1.81kg（产率 85%），mp 133~136℃。

精制：用 70%乙醇（5mL/g）重结晶，用入 1%乙酸及 1%脱色炭，冷后滤出，干燥后得 1.2kg，mp 134.5~136.5℃。

同法制得萘酚 AS（2-羟基-3-萘甲酰苯胺），mp 247~249℃，产率 94%。

另法：

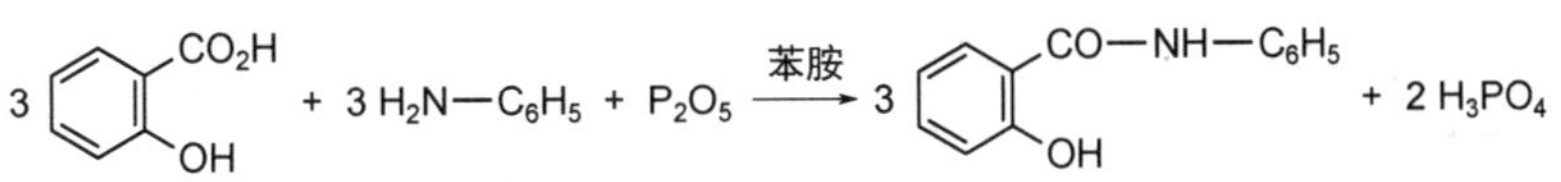

1L 烧杯中加入 465g（5mol）苯胺和 138g（1mol）水杨酸,加热溶解后,控制 100~120℃ 搅拌下尽快加入 120g（0.8mol）五氧化二磷,继续搅动,放热升温达 180℃;冷后将结固的反应物加入至 2L 10%盐酸中（使用 3%盐酸已够用）,搅动下加热使块状物崩解开,冷后滤出,以 5% Na_2CO_3 浸洗,水洗,干燥后得 110~130g（产率 51%~61%）,mp 132~134℃。

按以上方法精制,得 80g,mp 134.5~136.5℃。

N,N-二乙基-m-甲基苯甲酰胺　　M 191.27,bp 155℃/10mmHg,d 0.996;无色液体,用作驱蚊剂。

$$3 \text{ CO}_2\text{H-(}m\text{-CH}_3\text{)} + 3\text{ HN(C}_2\text{H}_5)_2 + \text{POCl}_3 \xrightarrow[70℃, \triangle]{\text{二甲苯}} 3\text{ CO-N(C}_2\text{H}_5)_2\text{-(}m\text{-CH}_3\text{)} + \text{H}_3\text{PO}_4 + 3\text{ HCl}$$

1L 三口烧瓶中依次加入 0.6L 二甲苯、136g（1mol）m-甲基苯甲酸和 110g（1.5mol）二乙胺,控制放热反应温度 70~80℃❶慢慢加入 85g（0.55mol）三氯氧磷,加完后加热回流 4h（125~128℃）至很少放出 HCl 为止。冷后倾出,用冷水洗两次,以 5%盐酸洗两次,水洗;回收二甲苯,剩余物减压分馏,收集 145~160℃/10mmHg 馏分,得 163g（产率 85%）。

3. 羧酸和尿素反应

羧酸和尿素共热至 160℃很快脱去水和 CO_2 得到酰胺,为使反应彻底,最后把反应物温度升至 200℃;过高加热反应物至 240℃以上会进一步脱水生成腈。此方法对于不易升华、热稳定性好的高沸点羧酸的合成酰胺有普遍意义。

反应的实施:先将尿素和羧酸充分混匀;加热至 130℃,有大量水汽放出、生成酰基脲;至 160℃分解为酰基异氰酸酯及氨:酰基异氰酸酯与水加成,脱去 CO_2 生成酰胺;放出的氨与羧酸生铵盐及脱水生成酰胺。200℃保温至很少气泡表示反应完全。

$$\text{R-C(=O)-OH} + \text{H}_2\text{N-C(=O)-NH}_2 \xrightarrow{120\sim130℃} \left[\text{R-C(OH)(OH)-NH-C(=O)-NH}_2 \right] \xrightarrow{-\text{H}_2\text{O}} \text{R-C(=O)-N(H)-C(=O)-NH}_2$$

$$\xrightarrow{160℃,\ -\text{NH}_3} \text{R-C(=O)-N=C=O} \xrightarrow{\text{H}_2\text{O}} \text{R-C(=O)-NH-C(=O)} \longrightarrow \text{R-C(=O)-NH}_2 + \text{CO}_2$$

$$\text{R-CO}_2\text{H} + \text{NH}_3 \longrightarrow \text{R-CO}_2^- \cdot \text{NH}_4^+ \longrightarrow \text{R-C(=O)-NH}_2 + \text{H}_2\text{O}$$

酰胺作为制腈的中间体,上式之现象在操作中能察觉得到,如下实例（见 355~357 页）:

$$\text{HO}_2\text{C-(CH}_2)_8\text{-CO}_2\text{H} + \text{(H}_2\text{N)C=O} \xrightarrow[\text{约160℃}]{} \xrightarrow{200℃} \text{H}_2\text{N-CO-(CH}_2)_8\text{-CO-NH}_2 + \text{CO}_2 + \text{H}_2\text{O}$$

---

❶ 如果低温反应,反应物成胶冻样,可能是二乙胺形成的盐酸盐或磷酰胺之故。

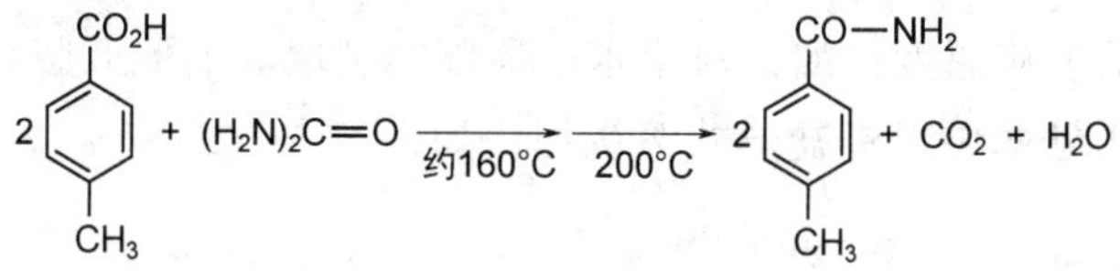

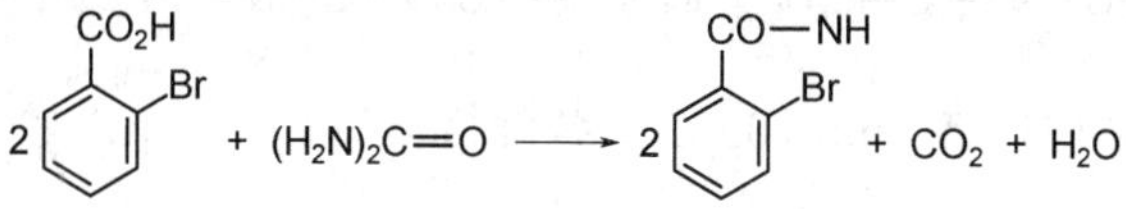

$$2 \underset{CH_3}{\underset{|}{C_6H_3}}CO_2H + (H_2N)_2C=O \xrightarrow[200℃]{约160℃} 2 \underset{CH_3}{\underset{|}{C_6H_3}}CO-NH_2 + CO_2 + H_2O$$

$$2 \underset{Br}{C_6H_4}CO_2H + (H_2N)_2C=O \longrightarrow 2 \underset{Br}{C_6H_4}CO-NH + CO_2 + H_2O$$

二、酰氯或酸酐作为 N-酰化剂

酰氯（也如羧酸和无机酸的混合酸酐）和酸酐是很强的酰化剂，对于碱性较弱以及有空间阻碍的酰化可以在较低温度进行。如下面实例中，丁-2-烯酸的共轭，1,6-己二酸的"6 位效应"位阻，癸酸的螺旋排列位阻，弱碱 $H_2N—CH_2—CO_2H$，o-氨基苯甲酸的 N-酰化；以及为了提高反应的选择性拉大两个反应基团的活性差异，如从氯代乙酰氯制取 N,N-二乙基-氯代乙酰胺。

丁-2-烯酰胺 M 85.11，mp 161.5℃，bp 143℃/13mmHg；无色结晶，微溶于水，可升华。

$$CH_3CH=CH-CO-Cl + 2NH_3 \xrightarrow[<5℃]{氨水} CH_3CH=CH-CO-NH_2 + NH_4Cl$$

10L 三口烧瓶中加入 8L 25%（100mol）浓氨水，冰盐浴冷却控制反应温度 <5℃，搅拌着，慢慢滴入 1.5kg（14mol）丁-2-烯酰氯粗品，加完后再搅拌 2h，滤出结晶，水洗两次，干燥后得 500g（产率 42%）❶。

又如：

$$Cl-CO-(CH_2)_4-CO-Cl + 4NH_3 \xrightarrow[25~35℃]{10\% 氨水} NH_2-CO-(CH_2)_4-CO-NH_2 + 2NH_4Cl$$

1,6-己二酰胺
mp 226~227℃

$$CH_3(CH_2)_8-CO-Cl + 2NH_3 \xrightarrow[<30℃]{10\% 氨水} CH_3(CH_2)_8-CO-NH_2 + NH_4Cl$$

癸酰胺
70%~80%, mp 108℃

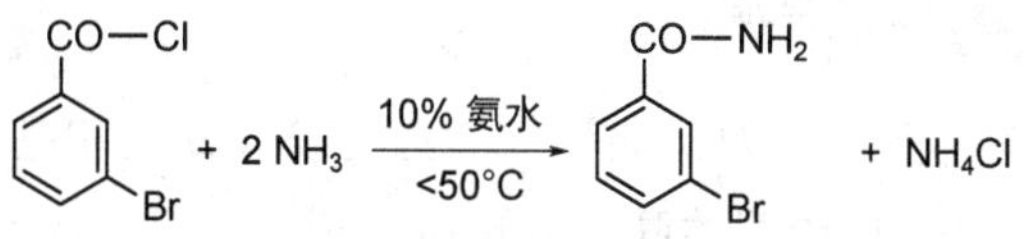

$$\underset{Br}{C_6H_4}CO-Cl + 2NH_3 \xrightarrow[<50℃]{10\% 氨水} \underset{Br}{C_6H_4}CO-NH_2 + NH_4Cl$$ （见 356 页）

3-溴苯甲酰胺

使用酰氯在水条件的酰胺化，生成的酰胺又难溶于水，加入的酰氯被析出的酰胺吸附，虽然酰胺的碱性比胺降低很多，由于酰氯的活性很强，在吸附的范围内选择性较小，更有机会进一步反应生成二酰亚胺；磺酰胺的对应酸较强（氨基的碱性较弱）较难生成二酰亚

---

❶ 产率低的原因可能是 NH_4OH（$NH_4^+ \cdot HO^-$）碱水解造成的，应使用 $H_2N—CO_2NH_4$ 或尿素的反应。

胺，可以使用较高的反应温度，如：对甲苯磺酰胺的制取。二酰亚胺难以用重结晶除去，因具酸性，可被 85%乙醇中以钾盐形式溶洗掉，如：

$$C_6H_5-\overset{O}{\underset{}{C}}-NH-\overset{O}{\underset{}{C}}-C_6H_5 + KOH \xrightarrow{\text{乙醇}} C_6H_5-\overset{O}{\underset{}{C}}-\overset{K^+}{N}-\overset{O}{\underset{}{C}}-C_6H_5 + H_2O$$

对甲苯磺酰胺　*M* 171.22，mp 105℃（水合物），139℃（无水）；微溶于水。

$$CH_3-\overset{}{\underset{}{\bigcirc}}-SO_2-Cl + 2NH_3 \xrightarrow[60\sim70℃]{5\%\sim10\% \text{氨水}} CH_3-\overset{}{\underset{}{\bigcirc}}-SO_2-NH_2 + NH_4Cl$$

10L 10%（50mol）氨水，加热维持 50~70℃慢慢加入 1.9kg（10mol）对甲苯磺酰氯，一经加入立即形成酰胺结晶（控制 69℃左右，并随时补充消耗的氨），约 1h 可以加完，加完后再搅拌 10min，冷后滤出、水洗，用沸水（12mL/g）重结晶。

为避免（$NH_4^+ \cdot HO^-$）碱对酰氯造成水解及进一步的酰化，在有机溶剂或水条件以弱碱性乃至中性、在更低的反应温度进行。可供使用的溶剂如乙醚、乙腈；更强的碱（胺）在更低的反应温度可以使用醇作溶剂。

比较稳定的酰氯在水条件的 *N*-酰化可以添加氢氧化钠、碳酸钠以及碳酸氢钠作为质子捕获剂，以减少酰氯水解和退减下来的 HCl 对胺的消耗，在更低的反应温度进行。

马尿酸（*N*-苯甲酰-氨基乙酸）　*M* 179.18，mp 190~193℃，d^{20} 1.371；尚可溶于热水。

$$C_6H_5-CO-Cl + H_2N-CH_2-CO_2H + 2NaOH \xrightarrow{20℃} C_6H_5-CO-NH-CO_2Na + NaCl + H_2O$$

氢氧化钠溶液的配制：84g（2.1mol）氢氧化钠溶于 120mL 水中。

2L 三口烧瓶中加入 0.5L 水和 94g（1mol）氨基乙酸，搅拌下加入如下 1/2 配制的氢氧化钠溶液并调节至 pH 8~8.5 或以酚红指示剂。控制反应温度 20~25℃，将剩余的氢氧化钠溶液与另一个分液漏斗中的 140g（1mol）苯甲酰氯于 1.5h 左右同步加入，随时调节加碱速率控制反应物 pH 7.5~8.5，加完后再搅拌半小时至无酰氯气味为止。脱色过滤后酸化，滤出结晶，水洗，烘干，用 150mL 乙醇煮洗除去苯甲酸，趁热滤出，干燥后得 140g（产率 77%），mp 184~188℃。

精制：先用 50%乙醇重结晶，再用水重结晶，得长针状结晶，mp 188~191℃。或可用乙酸重结晶以避免可能的酯化杂质。

在无水溶剂中添加其它叔胺——如：吡啶、三乙胺或 *N,N*-三甲基苯胺——作为"质子捕获剂"，同时作为反应的助剂形成中间体酰（叔）胺正离子。它具更大的加成活性。

$$R-\overset{O}{\underset{}{C}}-Cl + N\bigcirc \longrightarrow R-\overset{O}{\underset{}{C}}-\overset{+}{N}\bigcirc \cdot Cl^- \xrightarrow{R'-NH_4} R-\overset{\overset{O^-}{|}}{\underset{R'-\overset{+}{N}H\cdots H}{C}}-\overset{+}{N}\bigcirc \cdot Cl^- \longrightarrow \overset{O}{\underset{NHR'}{C}}R + C_5H_5N \cdot HCl$$

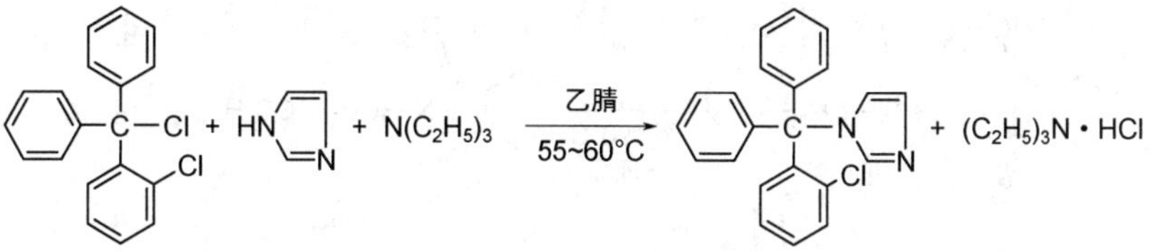

N-(α,α-二苯基-2-氯苄基)咪唑
80%

与氯乙酸相比，氯乙酰氯上 α-氯原子由于酰氯的影响对胺的亲核取代要活泼得多，当与亲核性很强的二乙胺反应时，反应对酰氯和 α-氯的选择性不是很大，因此必须使用极性小的非质子溶剂，还要更低的反应温度（乙醚溶液中，−5℃），将稍欠量的二乙胺慢慢滴入醚溶液中的酰氯中，不会造成反应混乱。产物为 N,N-二乙基-氯代乙酰胺（产率 70%~80%），bp 148~150℃／55mmHg，d 1.089，n_D^{20} 1.4700。

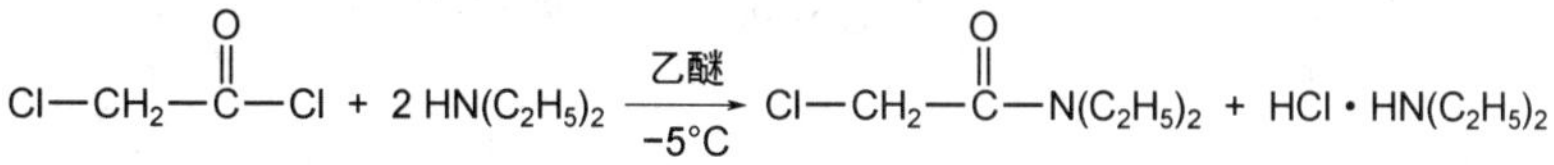

酸酐作为酰化剂可被无机酸催化，它接受一个质子立即生成酰基正离子和一个羧酸，酰基正离子迅速反应生成酰胺，同时释放出质子，反应是定量的；由于氨基的亲核性比醇、酚更强，一般不另加催化剂，为防止反应剧烈，物料要逐渐加入。

o-苯二甲酸酐在较低温度（25~35℃）和氨水反应生成 o-苯甲酰胺甲酸铵，控制反应物 pH 8~9 连续通氨和加入邻苯二甲酸酐，产物可析出结晶，分离使用，或不分离直接用于邻氨基苯甲酸的合成。

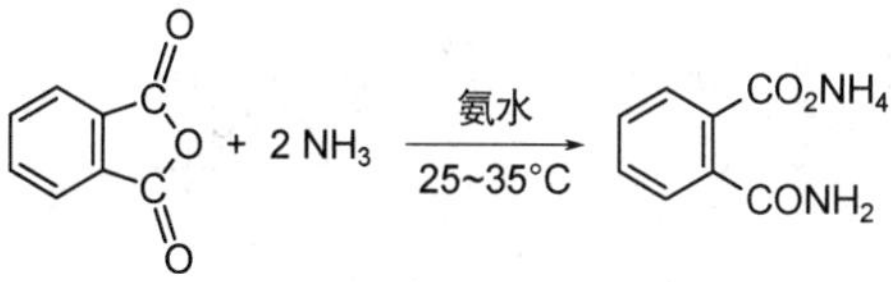

使用二元酸的酸酐将氨基完全保护，在醇溶剂中进行。第一步与氨基生成酰胺，然后与定量 HCl 将羧酸基质子化、脱水环合为二酰亚胺的五元环。如下所示（见 630 页）：

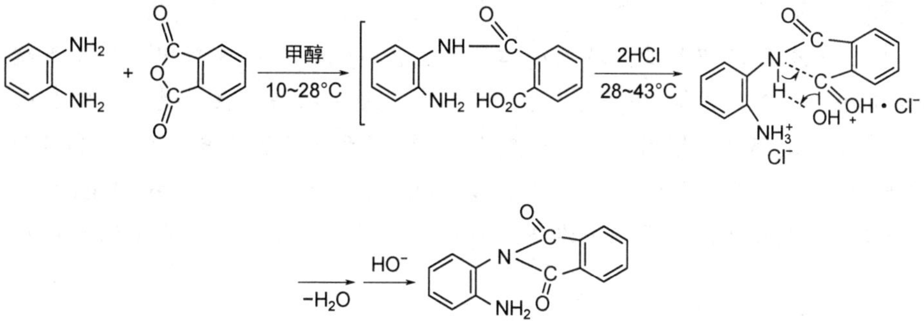

o-苯二甲酸酐及其它 C_4~C_6 的二元酸、与伯胺一起加热脱水得到环二酰亚胺。

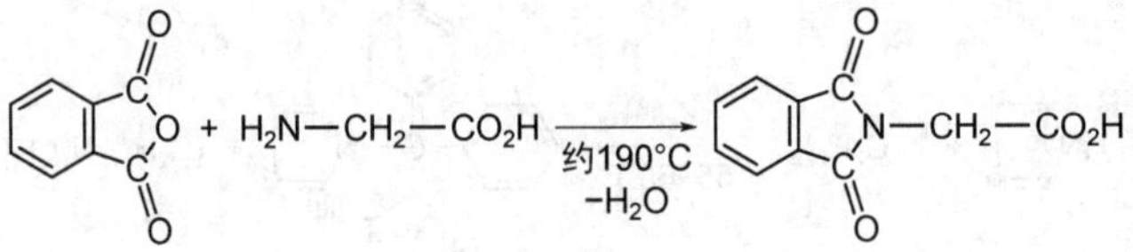

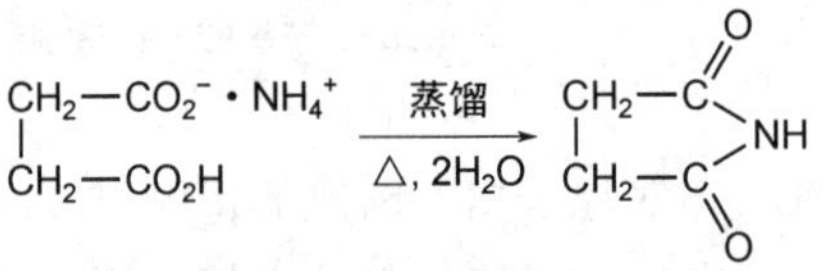

约190℃
−H₂O

蒸馏
△, 2H₂O

o-苯二甲酰亚胺　　M 147.13，mp 234℃（238℃）；白色结晶或粉末，易升华。

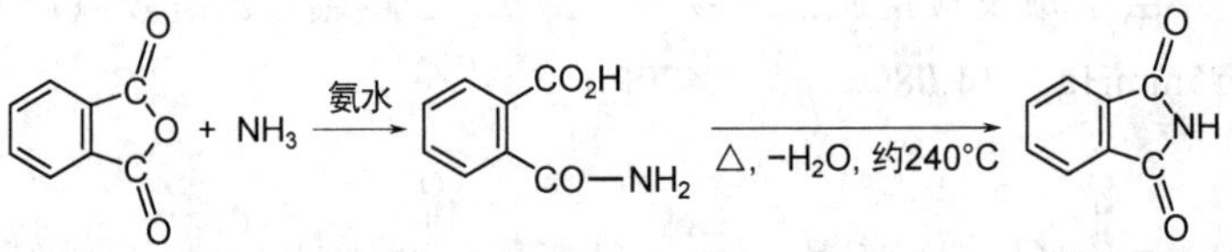

氨水

△, −H₂O, 约240℃

在大口径的 40L 不锈钢桶中加入 12L 18%~20%（125~140mol）氨水，搅拌下慢慢加入 15kg（100mol）邻苯二甲酸酐，加热溶解、继续加热蒸发水分，至初结成的干固物熔解，保持熔态半小时（严重升华）❶。趁熔态将其倾入皿或盘中盖好，冷后打碎，封好，得粗品 12.5~13kg（产率 85%~90%），mp 226~236℃❶。

o-苯二甲酰亚胺钾盐　　M 186.22。

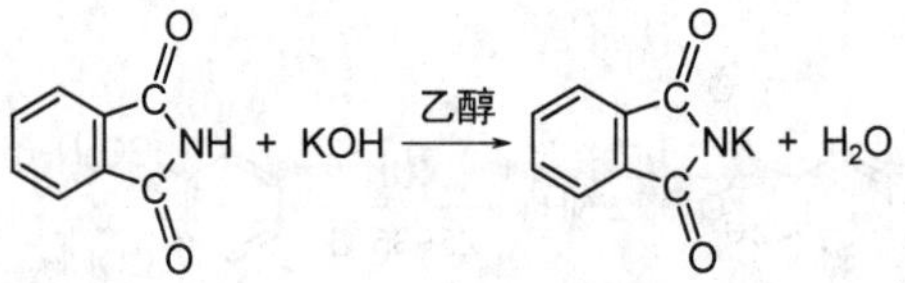

乙醇
NH + KOH ⟶ NK + H₂O

10L 烧瓶中加入 429g（3mol）粉碎的 o-苯二甲酰亚胺粗品及 8.5L 无水乙醇，水浴加热回流使溶或基本溶解，保温静置使溶液沉清备用（同时配制三瓶）。

配制氢氧化钾清液：504g 85%（7.8mol）氢氧化钾与 4.5L 无水乙醇搅拌使溶，于 50~60℃ 保温沉清。

将以上三瓶邻苯二甲酰亚胺溶液小心倾入直径 40cm 的搪瓷桶中，搅动下趁热将氢氧化钾清液小心加入，搅匀，封好放置过夜。次日滤出结晶（在器壁上后结晶出来的大的无色针晶可能是邻苯二甲酰亚胺，不要混入）❷。用无水乙醇冲洗，干燥后得 1.35~1.4kg（产率 76%~81%，以亚胺计；87%~90%，以 KOH 计），纯度（滴定法）94%❸。

邻苯二甲酰亚胺粉末（升华）在浓氨水或氨的醇溶液中悬浮，在室温与氨加成为邻

---

❶ 用乙醇重结晶的产物熔点高出，并微有浑浊，可能是合成温度太高生成大分子物（酞菁）。应在保温后作升华分离。有介绍说：铵盐用油温在 140℃ 加热完成环合。曾尝试过油浴 200℃ 加热，也熔点不清。

❷ 母液用于溶解邻苯二甲酰亚胺，可重复使用 4 次以上。

❸ 实际上 KOH 欠量 13%，已有 o-苯二甲酰亚胺混入产品而使产品纯度较低，KOH 用量应增至 8.5mol 为宜，并应使用 98%~99%的 KOH。

苯二甲酰胺。

o-苯二甲酰胺　*M* 164.18，mp 222℃；微溶于水、醇，不溶于酸。

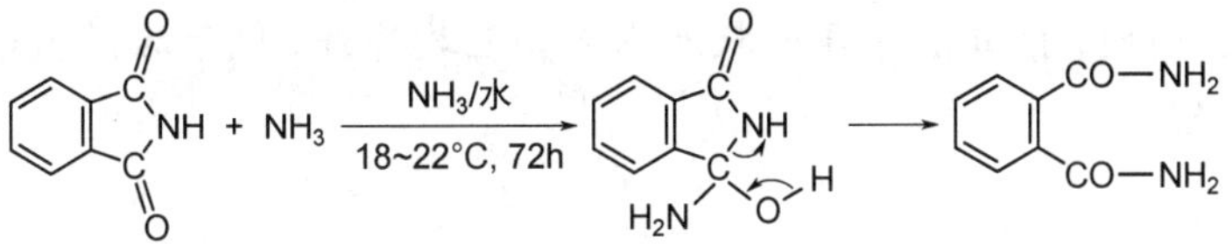

本产品不方便精制，操作中应避免污染。

升华的、品质优良的 *o*-苯二甲酰亚胺与 5 倍量的浓氨水相混合，于 18~22℃的冷水浴中放置三天，放置期间要经常摇动，*o*-邻苯二甲酰亚胺逐渐转变为二酰胺的结晶，滤出后水洗、乙醇浸洗[1]、再用乙醚或苯洗，风干得成品，mp 217~218℃。

三、酯的氨（胺）解

酯的氨（胺）解反应速率取决于酯羰基的加成活性及胺的碱性；受羧酸烃基的影响、也受酯基的影响，一般在水条件下进行；对于具有空间阻碍及推电子影响的羧酸酯的氨解是困难的，甚至不能直接氨解，如：乙酸乙酯的氨解尚可容易进行，随碳链加长的螺旋排列构成位阻及推电子影响使羰基碳的电正性降低，如：癸酸乙酯甚至温热也不氨解；丁-2-烯酸乙酯（$CH_3CH{=}CH{-}CO_2{-}C_2H_5$）、水杨酸甲酯、烟酸乙酯等，共轭及分子内 6 位与羰基氧原子形成氢键的场效应的影响也不能直接氨解。例如：水杨酸甲酯添加三乙胺作为催化剂或直接用三乙胺作溶剂可顺利氨解得到水杨酰胺（mp 144℃）。

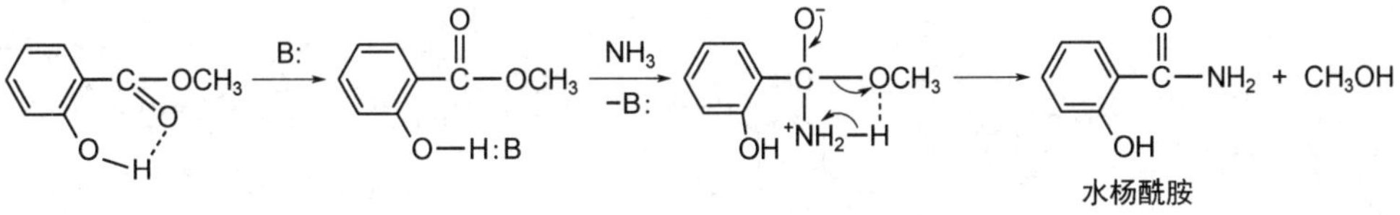

将氯乙酸乙酯加入 12~15℃的氨水中，控制 pH 9~10，氯乙酸乙酯和氨以相对应的速率加入，当生成的氯代乙酰胺达到饱和以后开始从反应液中析出结晶。而活泼的溴乙酸乙酯（$BrCH_2CO_2C_2H_5$）的氨解使用 10%的氨水，虽然在-5℃的低温，溴原子也非常容易在过程中被 $NH_4^+ \cdot HO^-$水解（比氯的水解快 40 倍）；为了减少水解，将冷至-5℃以下 10%的氨水滴加到快速搅拌、维持-10~-5℃溴乙酸乙酯中以保持在反应过程中氨及 HO^-不是太过量，以降低 α-溴的氨解及水解速率。或以氨作用于乙醚溶液中的酯或酰氯。

溴代乙酰胺　*M* 137.97，mp 91℃；针晶，可溶于水及醇。

$$Br{-}CH_2{-}CO_2{-}C_2H_5 + NH_3 \xrightarrow[-10{\sim}-5℃]{10\% \ NH_3 \cdot H_2O} Br{-}CH_2CO{-}NH_2 + C_2H_5OH$$

10L 三口烧瓶中加入 1.5kg（8.5mol）溴乙酸乙酯，安装机械搅拌、温度计及能保持

---

[1] 用水洗去水解产物酰胺铵盐；用温热乙醇洗去 *o*-苯二甲酰亚胺。

低温的分液漏斗，在冰盐浴中冷却至-10℃，另将 2.8L 10%（约 15mol）[1]氨水在冰盐浴中冷却保持-8℃以下备用。

强力搅拌下，控制-10~-5℃将冷却着的氨水慢慢滴入，加完后保温搅拌 1h，趁冷滤出结晶（从滤液中分出 150mL 重质油状液体），用乙醚冲洗，风干后得 500g 片状结晶（产率 42%），mp＞85℃。

其它酯基氨解：

在 12~15℃水中、控制 pH 9~10 以及同步通入氯乙酸乙酯和氨气制取氯代乙酰胺。

$$Cl-CH_2-CO_2-C_2H_5 + NH_3 \xrightarrow[12\sim15℃]{水, pH\ 9\sim10} Cl-CH_2-CO-NH_2 + C_2H_5OH$$

氯化乙酰胺
mp 116~118℃

又如：

$$Cl_3C-CO_2-C_2H_5 + NH_3 \xrightarrow[<30℃]{无水乙醚} Cl_3C-CO_2-NH_2 + C_2H_5OH$$

三氯乙酰胺

四、贝克曼重排——酮肟重排

酮肟在酸介质中重排为酰胺，是烃基带着成键电子对向缺电子氮的 1,2-迁移，烃基从背面进攻，肟的羟基或 O-酰化的酯在无机酸催化下以酸的形式从前边离去。对称的酮肟重排为单一的酰胺，不对称的酮肟可以得到两种酰胺，重排的结果取决于酮肟的存在形式及迁移基的电负性，如下反应（见 732 页）：

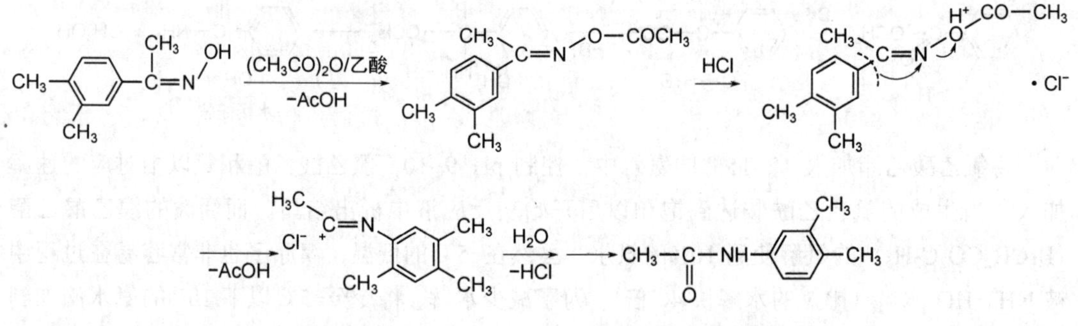

3,4-二甲基乙酰苯胺
77%，mp 99℃

五、氰基的不完全水解

氰基在酸、碱作用下水解的最终产物是羧酸，适当的反应条件可以把中间产物——酰胺分离出来；如果要从氰基转换为氨基，则是经过酰胺而后降解的反应——使用 NaOH 和 NaOCl 的混合液与氰基化合物作用，在水解为酰胺的过程立即与 NaOCl 发生降解，得到氨基化合物（第一步是慢步骤，第二步的降解在 0℃以下即可迅速反应）。如下反应（见 831 页）所示：

---

[1] 产率低的原因主要是 α-溴的水解及产物溶解损失。应将氨作用于无水乙醚中的溴乙酸乙酯以避开 NH₄OH。

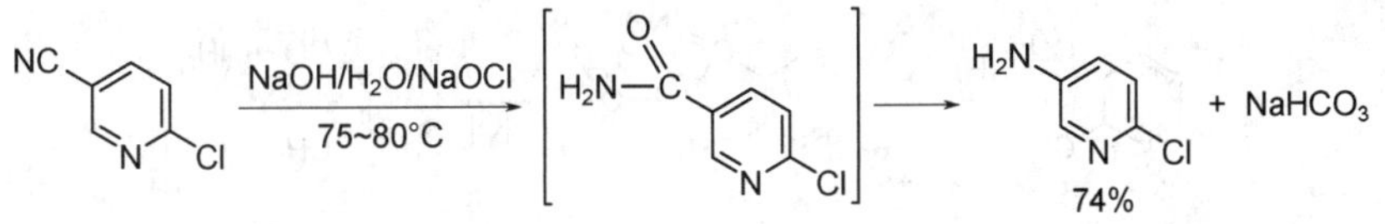

可用如下方法做不完全水解制取酰胺：

氰基化合物在甲（乙）醇溶液中与氯化氢（HCl）反应生成亚胺酸酰氯盐酸盐，进而酯化为亚胺酸甲（乙）酯盐酸盐；在浓盐酸中，亚胺酸酰氯盐酸盐被溶剂化，有一定稳定性，当被水稀释，改变溶剂状态，酰氯水解，析出酰胺结晶。也有氰基使用含水硫酸做不完全水解。

苯乙酰胺　M 135.17，mp 156℃。

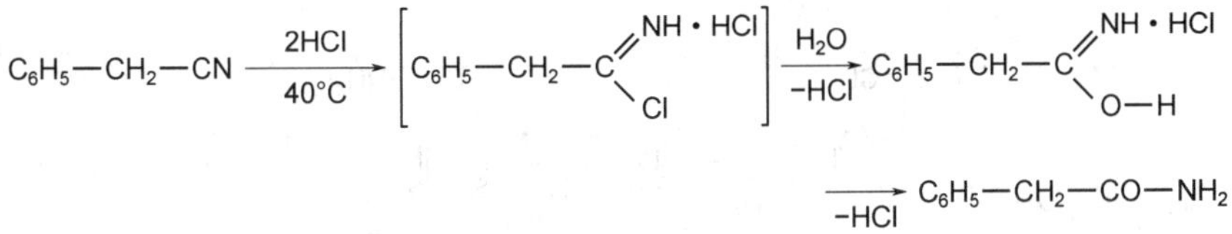

3L 三口烧瓶中加入 200g（1.7mol）苯乙腈及 800mL 35%（9.5mol）浓盐酸，快速搅拌着于 40℃水浴上加热保温、使反应物乳化，约半小时苯乙腈消溶生成亚胺酸酰氯盐酸盐，反应放热使反应物高出浴温 10℃，再搅拌半小时（酰氯水解较慢），然后冰冷，慢慢加入 800mL 冷水，当加入 150mL 时开始有结晶析出，加完继续冰冷，滤出结晶，水洗（干燥后得含微少苯乙酸的粗品 190~200g），与 0.5L 10%碳酸钠的冷溶液搅拌半小时，滤出水洗，干燥后得 180~190g（产率 78%~82%），mp 154~155℃。

浓碱作用下的乙二醇（钠）电负中心在氰基亲核加成，形成"六位效应"（氢键）阻碍使进一步的水解缓慢，当加入更多的水，提高了 HO⁻ 的浓度，使得亚胺酯水解得到酰胺。

2-苄基苯甲酰胺　M 211.27。

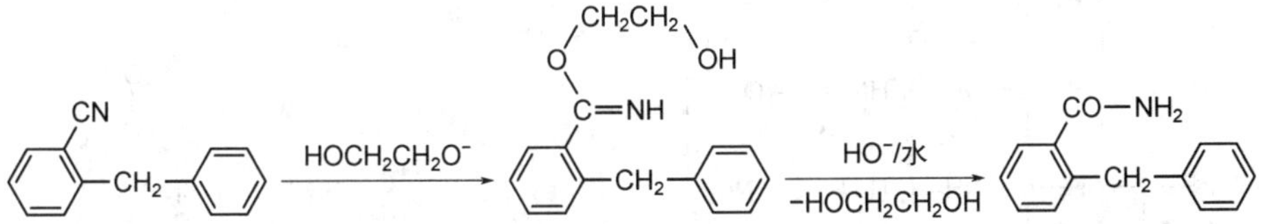

2L 三口烧瓶中加入 240mL 水及 192g（4.8mol）氢氧化钠，溶解配成 44% NaOH 溶液，搅拌下加入 960mL 乙二醇，以生成醇钠溶液；加入 232g（1.2mol）2-氰基-二苯甲烷，搅拌下加热回流（128℃）1.5h。冷后慢慢加入 80mL 水，冰冷，滤出结晶，水洗，干燥后得 178g（产率 70%），纯度（HPLC）95%，mp 167~169℃。

碱催化下双氧水（H_2O_2）在氰基加成。

2-甲基苯甲酰胺　M 135.17，mp 143℃（147℃）；易溶于乙醇。

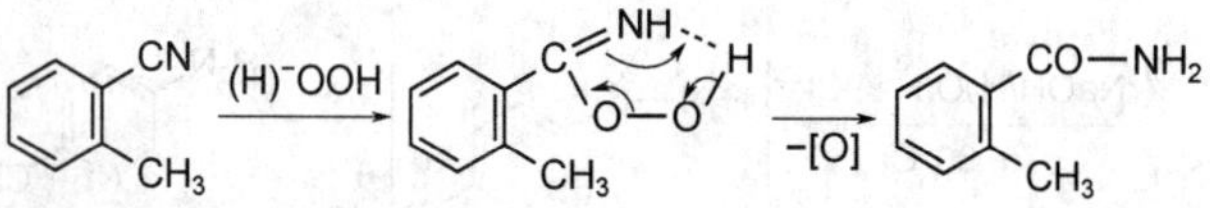

2L 三口烧瓶中加入 88g（0.75mol）2-甲基苯腈、400mL 乙醇，搅拌下加入 300mL 27%~30%（2.5mol）双氧水，冰水冷却，控制反应温度 40~50℃（不要超过 50℃）慢慢滴入 30mL 24%（0.18mol）氢氧化钠溶液，反应放热，反应物渐成均一并放出氧气。待反应缓和后再保温 3h。稍冷，以稀硫酸中和至 pH 8，水浴加热用水泵减压回收乙醇，再蒸出水，共 600mL；剩余物约 250mL，冷后滤出结晶，水洗，干燥后得 91~93g（产率 90%~92%），mp 141~141.5℃。

精制：用 10 mL/g 沸水重结晶，精制的收率 92%。

又：

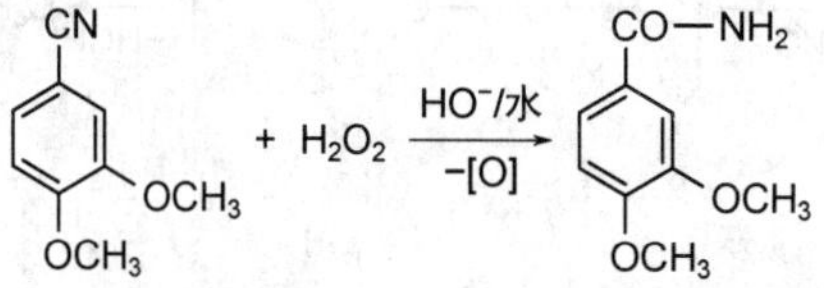

六、碳酰二胺——N-烃基脲

尿素是最简单的碳酰二胺，棱柱状结晶，易溶于水和乙醇，不溶于乙醚和苯，mp 135℃；具有一般酰胺的化学性质，易水解，与亚硝酸作用分解放出氮气；与无机酸成盐，还有它本身特有的性质：加热至 150℃分解生成异氰酸和放出氨气；异氰酸与尿素加成为二缩脲，这个反应很慢，加入催化剂（如 Na_2HPO_4，弱酸）使反应加速，在负压下反应更为迅速，有可能在几小时内完成；二缩脲在 230℃还可以与第三个尿素反应生成三缩脲（三聚氰酸）。

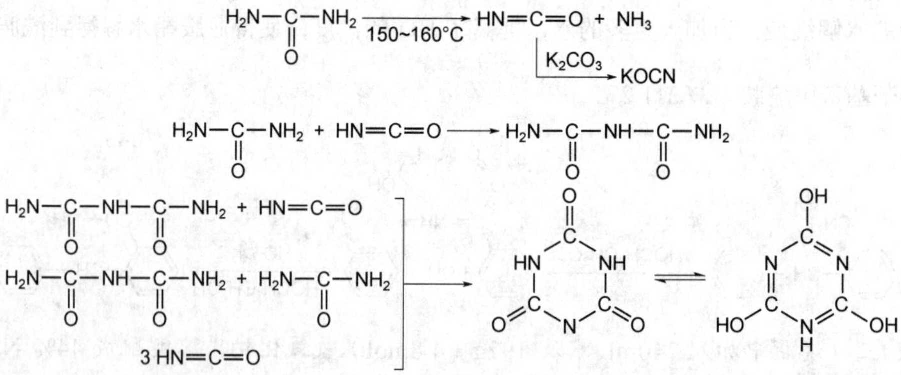

尿酸的 N-烃基化合物可从强碱有机胺在无水条件、较高温度下和尿素反应，NH_3 退减下来脱离反应体系；或弱碱胺与强酸盐在热水条件和尿素（过量）反应，NH_3（较强碱）退减下来与无机盐生成 NH_4Cl；以及有机胺（铵盐）在水条件下与氰酸（钾盐）加成。

1. 有机胺和尿素反应

有机胺和 150~160℃（浴温）融态的尿素很容易完成 N-烃基脲的合成，多使用比氨更强的胺，第一步和尿素羰基的加成很快，第二步脱出的氨立刻脱离反应体系。

$$H_2N-\underset{\underset{O}{\|}}{C}-NH_2 + R-NH_2 \longrightarrow H_2N-\underset{\underset{O}{|}}{\overset{\overset{R-NH}{|}}{C}}-NH_2 \xrightarrow{-NH_3} R-NH-\underset{\underset{O}{\|}}{C}-NH_2$$

反应中或有以下反应：$R-NH_2 + HN=C=O \longrightarrow R-NH-\underset{\underset{O}{\|}}{C}-NH_2$

尿素的一个氨基被更强的碱取代后，使羰基的加成活性稍有降低，反应的阶段性尚可清楚，如制备 N-甲基脲：甲胺气体通入熔化的 150~155℃尿素中，检查反应物的增重或取样分析确定反应的终点；基本完成后才进一步取代生成 N,N'-二甲基脲，可通过控制油浴温度来减少二缩脲。

$$H_2N-\underset{\underset{O}{\|}}{C}-NH_2 \xrightarrow[150\sim155℃,\ -NH_3]{CH_3NH_2} \underset{\text{mp }90\sim95℃}{CH_3-NH-\underset{\underset{O}{\|}}{C}-NH_2} \xrightarrow[150\sim155℃,\ -NH_3]{CH_3NH_2} \underset{\text{mp }101\sim104℃,\ \text{bp }270℃}{CH_3-NH-\underset{\underset{O}{\|}}{C}-NH-CH_3}$$

高沸点的胺，如苯肼的碱性很强，和计算量的尿素一起加热，检查放出氨的情况以推知反应完成的情况。

1,5-二苯碳酰二肼　M 242.28，mp 177℃；白色结晶，在空气中、尤其在碱性条件很容易氧化成橘红色；溶于乙醇、丙酮及乙酸。

$$2\ C_6H_5-NH-NH_2 + H_2N-\underset{\underset{O}{\|}}{C}-NH_2 \xrightarrow{155\sim160℃} (C_6H_5-NH-NH)_2C=O + 2\ NH_3$$

5L 三口烧瓶中加入 630g（10.4mol）尿素及 2.16kg（20mol）新制的苯肼，混匀后在回流冷凝器下于 155~160℃油浴上加热至很少有氨放出，约 3h 可以完成。稍冷、倾入❶12L含 1.5%乙酸的乙醇中，重新加热使析出的结晶溶解，脱色过滤，冷后滤出结晶，以含 0.5%乙酸的乙醇浸洗，冲洗，干燥后得白色结晶 2~2.05kg（产率 85%）。

二苯偶氮碳酰肼（二苯卡贝松）　M 482.55，mp 159~161℃。产品是：二苯偶氮碳酰肼和二苯碳酰二肼的分子化合物。

$$2\ (C_6H_5-NH-NH)_2C=O + H_2O_2 \xrightarrow[-2H_2O]{KOH/乙醇} \underset{M\ 482.55}{C_6H_5-N=N-\underset{\underset{O}{\|}}{C}-NH-NH-C_6H_5 \cdot (C_6H_5-NH-NH)_2C=O}$$

242g（1mol）二苯碳酰二肼溶于 1.5L 乙醇中，搅拌下加入含有 200g KOH 的乙醇热溶液，反应物立即变为红紫色，趁热加入 200mL 3%（0.18mol）双氧水，搅拌 10min，将反应物加入 2.5L 10%（2.5mol）稀硫酸及 15L 水的溶液中，2h 后滤出结晶，水洗。

精制：用乙醇重结晶，得 180~200g（产率 75%~82%），mp 149~155℃。

注：以上方法在生产中使用。为制取分子化合物计算上应该使用 0.5mol 双氧水；即使考虑过度氧化及空气氧化，在实际工作中的 0.18mol 双氧水仅为计算量的 36%，也似太少，应增至使用 0.38mol（计算量的 76%）为宜。或以纯的二苯偶氮碳酰肼（mp 156~157℃）

---

❶ 苯肼虽未过量，最后的反应物仍为弱碱性使产品容易被空气氧化。

与二苯碳酰二肼制成分子化合物，纯度 > 97%。

其它：气化的强碱胺（单分子状态）（如 4-溴苄胺、二乙基-1,3-丙二胺）和 CO_2 经过氨基甲酸铵 （R—NH—C—O$\overset{+}{N}H_3$—R） 或以下脱水的方法。

碱性比较弱的胺对于尿素的氨基取代，可用无机酸为助剂，以平衡退减下来的胺；尿素的第一个氨基被取代以后，羰基碳的电正性有所增加，更容易进一步取代生成 1,3-二取代的尿素。为了减少进一步取代，使用大过量的尿素，如：4-乙氧基苯胺与尿素反应，使用 4mol 尿素得到高产率的一取代物。例如：以等摩尔的尿素和苯胺盐酸盐，结果生成 38%的二苯基脲和 52%苯基脲。

N-p-乙氧基苯基脲 M 180.20，mp 173~174℃；白色有光泽的结晶，可溶于水和乙醇。

$$C_2H_5—O—\boxed{}—NH_2·HCl + H_2N—\underset{O}{\overset{\|}{C}}—NH_2 \xrightarrow{\text{尿素/水}} C_2H_5—O—\boxed{}—NH—\underset{O}{\overset{\|}{C}}—NH_2 + NH_4Cl$$

10L 三口烧瓶中加入 2L 水、40mL 乙酸，搅拌下加入 1.2kg（20mol）尿素，再加入 870g（5mol）4-乙氧基苯胺，开始加热，在最初沸腾的半小时为红紫色溶液，然后开始析出结晶并迅速增多，很快结块，移去热源。冷后再加入 1.5L 水搅开，滤出结晶，水洗两次，干燥后得近于白色的粗品 740~810g（产率 82%~90%）。

精制：用 30mL/g 沸水重结晶，mp 173~174℃。

二苯基脲 M 212.25，mp 239~241℃，bp 355℃。
苯基脲 M 136.13，mp 147℃，bp 238℃。

$$\boxed{}—NH_2·HCl + H_2N—\underset{O}{\overset{\|}{C}}—NH_2 \xrightarrow{-NH_4Cl} \boxed{}—NH—\underset{O}{\overset{\|}{C}}—NH_2 \left(\boxed{}—NH—\underset{O}{\overset{\|}{C}}—NH—\boxed{}\right)$$

5L 三口烧瓶中加入 1.5L 水和 190g（3.2mol）尿素，搅拌下加入 390g（3mol）盐酸苯胺并加热回流使溶解，约 1h 后开始析出结晶，2h 后趁热过滤，滤出二苯基脲；滤液放冷后滤出苯基脲，水洗。滤液及洗液合并，加热回流 3h，再如上述方法分离二苯基脲和苯基脲；再如上处理滤液及洗液，分离回收二苯基脲及苯基脲；最后的母液蒸发至 1/2 体积，又分离出二苯基脲及苯基脲。

以上共得二苯基脲粗品 122~128g（产率 38%~40%），用 40mL/g 乙醇重结晶，mp 235℃。

苯基脲粗品中含少量二苯基脲，用最少量的沸水使其基本溶解（剩余二苯基脲及少量苯基脲未溶），脱色过滤，滤液放冷，最初析出的絮状物中仍含二苯基脲；滤除后滤液再放冷，滤出结晶，干燥后得 212~215g（产率 52%~55%，按盐酸苯胺计）。

2. 有机胺（铵盐）在水条件与氰酸（钾）加成

异氰酸的加成活性远大于尿素羰基的加成活性，使反应得以在较低的温度进行，避免产物的进一步加成，得到高产率的 N-烃基脲。为了减少 KOCN 与水反应的损失，在 <60℃ 左右（KOCN 水解缓慢）将 KOCN 慢慢加入铵盐溶液中。氰酸钾用量一般过量 10%~20%。

苯基脲 *M* 136.13，mp 147℃，bp 238℃；无色针状晶体，易溶热水及热乙醇。

$$\text{\bigcirc}-NH_2\cdot HCl + KOCN \xrightarrow{-KCl} \text{\bigcirc}-NH_2 + HN=C=O \longrightarrow \text{\bigcirc}-NH-\underset{\underset{O}{\|}}{C}-NH_2$$

1m³ 反应罐中加入 700L 水、52~54L 30%（0.52~0.54kmol）盐酸❶，搅拌下加入 54kg（0.53kmol）苯胺，搅拌使成盐溶解。加热至 65℃ 停止加热，于 5min 左右加入 50kg（0.6kmol）粉碎的氰酸钾，反应放热使反应物温度上升了 12~15℃，几乎立即析出大量结晶使搅拌困难（似乎从 75℃ 开始加入 KOCN 操作更方便，要检察粗品质量变化）。加热至 85℃ 析出的结晶溶解，加入 2kg 脱色炭，加热至 90℃ 脱色过滤，滤液放冷过夜。次日分离结晶，风干燥后得 45kg（产率 62%）❷，mp 134~144℃。

精制：100L 反应罐中加入 70L 乙醇，加热及搅拌下加入 35kg 上面干燥的粗品及 400g 脱色炭使微沸 10min，脱色过滤，冷后滤出结晶，乙醇冲洗，干燥后得产品 26~27kg，mp 145~146℃，外观无色。

氰酸钾（KOCN） *M* 81.12，*d* 2.056；水溶液在 90℃ 以上分解。

$$2 H_2N-\underset{\underset{O}{\|}}{C}-NH_2 + K_2CO_3 \longrightarrow 2 KOCN + 2 NH_3 + H_2O + CO_2$$

3.5L 开口不锈钢或铁锅中加入 700g（5mol）无水碳酸钾和 800g（13.3mol）尿素，充分混匀，用直火或 2kW 电炉加热，立即开始反应，放出氨气、CO_2 和水泡，不停地用铲子按下拱起的反应物使它接触锅底，加热至熔化的反应物很少再有气泡发生，倾入搪瓷盘中，冷后粉碎，得粗品 800g（产率 98%），含量 101%~103%（滴定总碱，粗品中含少量 KCO_3 所致），适合多方面使用。

精制，如有必要按下法精制：800mL 水加热至 60℃，加入 800g 粉碎的粗品，充分搅拌使尽可能溶解，以乙酸中和至 pH 8，脱色过滤，立即加入 4L 乙醇，搅匀，冷后冰冷，次日滤出结晶，乙醇冲洗，干燥后得 640g。

***n*-庚基脲** *M* 158.24。

$$n\text{-}C_7H_{15}-NH_2\cdot HCl + NaOCN \xrightarrow[70℃]{\text{水}} n\text{-}C_7H_{15}-NH-\underset{\underset{O}{\|}}{C}-NH_2 + NaCl$$

400mL 烧杯中加入 35g 碎冰、150mL 冷水及 42.3g 18%（38mL，0.21mol）盐酸，搅拌下加入 24.1g（0.21mol）正庚胺，水浴加热保持 70℃ 左右。分次加入 14.3g（0.22mol）

---

❶ 粗品含约 3% 苯胺未反应，在原基础上增加 20% KOCN 未见好转，应该增加盐酸用量，使用 55L。
❷ 使用母液及水洗液部分使体积达 1.4m³ 当水如上合成，得粗品（干）60kg（产率 83%）。

氰酸钠粉末，保温搅拌 2~4h，反应物分为两层，放置过夜。次日滤出结晶，用冷水冲洗，得粗品。将干燥的粗品溶于 125mL 乙酸乙酯中，滤清，冷后滤出结晶，风干后得 28.5~29.5g（产率 86%~88%），mp 110~111℃。

烯丙基脲　M 100.12，mp 85℃；无色结晶，易吸湿。

$$CH_2=CH-CH_2-NH_2 \cdot HCl + KOCN \longrightarrow CH_2=CH-CH_2-NH-\overset{\displaystyle O}{\underset{\displaystyle \|}{C}}-NH_2 + KCl$$

5L 烧瓶中将 890g（90%，14mol）丙烯胺与 1.7L 30%（16mol）盐酸在冷却下交替加到一起，将此溶液移入 10L 的小搪瓷桶中，加热至 60℃，搅拌着以较快的速率加入 3kg（37mol）氰酸钾粉末❶，因其中含少量碳酸钾，开始时有 CO_2 放出（很快停止）。搅拌下加热至 85℃氰酸钾全部溶解，至 92℃开始有大量气体放出❷，立即停止加热，在通风处自行反应，很强烈呈"沸腾"状（氰酸钾分解放出 CO_2，但不会溢出）。反应缓和后，氯化钾和碳酸氢钾凝结成固体，烯丙基尿素被排在上层，趁热倾取，冰冷结晶，得 1.4kg 含水及 10%无机盐的结晶块，捣碎后离心分离或用多孔漏斗滤尽母液，得粗品 1.1kg。

精制：用 5mL/g 无水乙醇重结晶（脱色），冷后滤出，在干季可以风干，或者真空干燥，得 350g，mp 78~81℃；母液回收处理。

第三节　酰胺的水解

酰胺的水解和酯水解相似，比酯水解要困难些，反应速率取决于羰基的加成活性；即使简单的酰胺也不能只用水将它完全水解；使用强酸、强碱才能将它们完全水解，并且不可逆，反应速率和酸、碱及酰胺的浓度成正比。推电子的影响使羰基碳的电正性较低则其水解就困难，碳四面体过程的反应在很大程度上受空间因素的影响。

用碱水解首先经过双负离子：

$$Ar-\overset{\displaystyle O}{\underset{\displaystyle \|}{C}}-NH-R \xrightarrow[-H_2O]{2\ HO^-} Ar-\overset{\displaystyle O^-}{\underset{\displaystyle |}{\underset{\displaystyle O^-}{C}}}-\overset{\curvearrowright}{N}H-R \xrightarrow{H_2O} Ar-CO_2^- + H_2N-R + HO^-$$

在脂肪族酰胺的水解中，可能经过烯醇式与水的加成，脱去氨基化合物完成水解。

$$R-CH_2-\overset{\displaystyle O}{\underset{\displaystyle \|}{C}}-NHR' \xrightarrow[-H_2O]{HO^-} R-CH=\overset{\displaystyle O^-}{\underset{\displaystyle |}{C}}-NHR' \xrightarrow{H_2O} R-CH_2-\overset{\displaystyle O^-}{\underset{\displaystyle |}{\underset{\displaystyle OH}{C}}}-NHR' \xrightarrow[-H_2O]{HO^-}$$

$$R-CH_2-\overset{\displaystyle O^-}{\underset{\displaystyle |}{\underset{\displaystyle O^-}{C}}}-NH-R' \xrightarrow[-HO^-]{H_2O} R-CH_2-CO_2^- + R'-NH_2$$

---

❶ 此量 KOCN 太过了，应该减少至 1.5kg（18mol）。

❷ 加热至 85℃已经很过，至 92℃时 KOCN 开始水解放出 CO_2。

在酸条件的水解中，质子与羰基氧结合，然后水与质子化的羰基加成；经过质子移变、脱去氨基化合物（铵）完成水解。取代基的影响对于质子在羰基氧上结合及水的进攻两个步骤的作用相反彼此相抵，因而对于反应速率的影响不大。

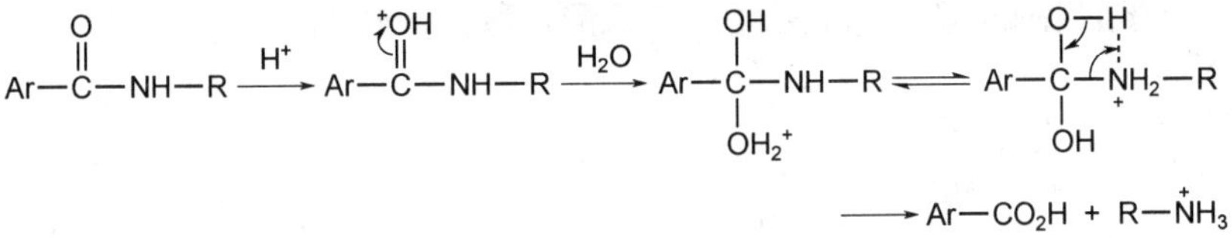

$$Ar-CO_2H + R-\overset{+}{N}H_3$$

一、用氢氧化钠水解

酰基芳胺在水中的溶解度很小，为了方便也常用乙醇作为溶剂或作悬浮，向其中加入比计算量稍多的氢氧化钠浓溶液进行水解（氢氧化钠与乙醇产生更强碱的碱 $C_2H_5O^-Na^+$）；对于拉电子影响的酰胺，羰基碳有较强的电正性，甚至碱一加完水解即完成了（反应液变为碱性），且只需要计算量的碱。如：

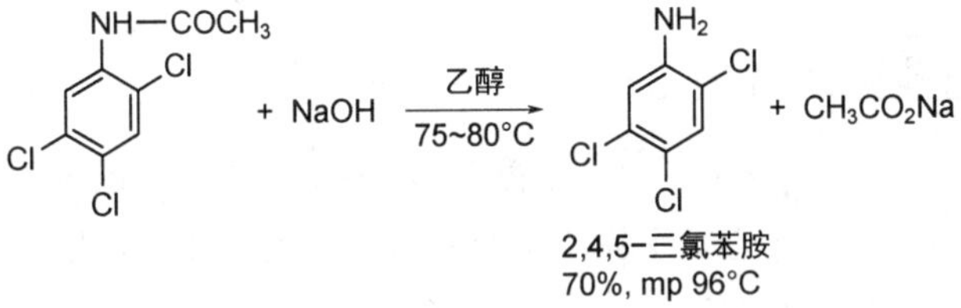

（见 440 页）

2,4,5-三氯苯胺
70%, mp 96℃

硝基是更强的拉电子基，邻位的影响更大，用氢氧化钠的含水乙醇溶液在室温就可以完成水解；而 4-硝基乙酰苯胺的水解则需要加热；利用其水解速率不同可将它们分开。

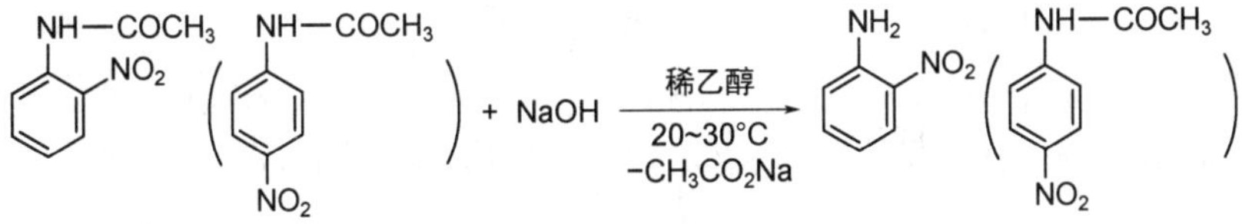

（见 518 页）

容易水解的酰胺与过量的氢氧化钠在水溶液及搅拌下的回流水解，提高反应的温度与使用醇的作用大致相抵。

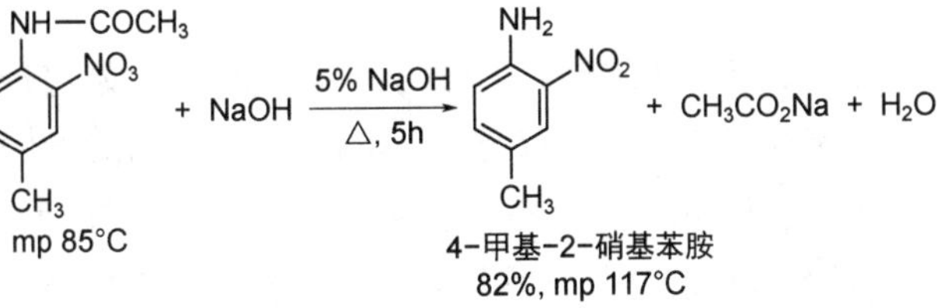

（见 516 页）

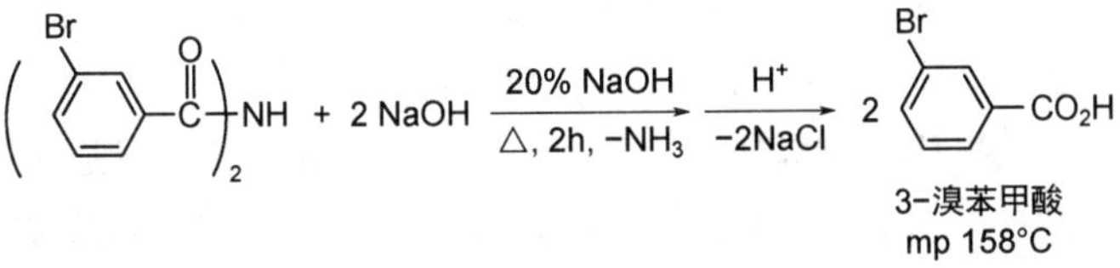

4-甲基-2-硝基苯胺
82%, mp 117℃

（见 357 页）

3-溴苯甲酸
mp 158℃

二、用盐酸水解

在醇溶液中用盐酸水解酰胺，水解下来的羧酸发生酯化，反应产物在冷后以盐酸盐析出，此法无特别优越之处。反应的实施是：向酰胺的乙醇液或悬浮液中加入比计算多一倍的浓盐酸，回流 6h 或蒸出生成的酯；回收乙醇后的盐酸盐碱化、分离。

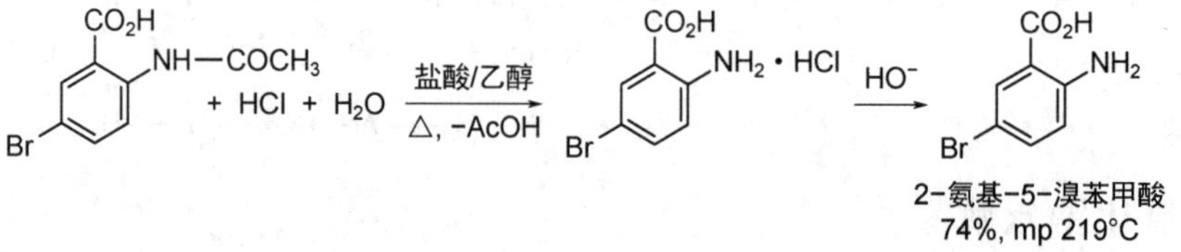

2-氨基-5-溴苯甲酸
74%, mp 219℃

（见 441 页）

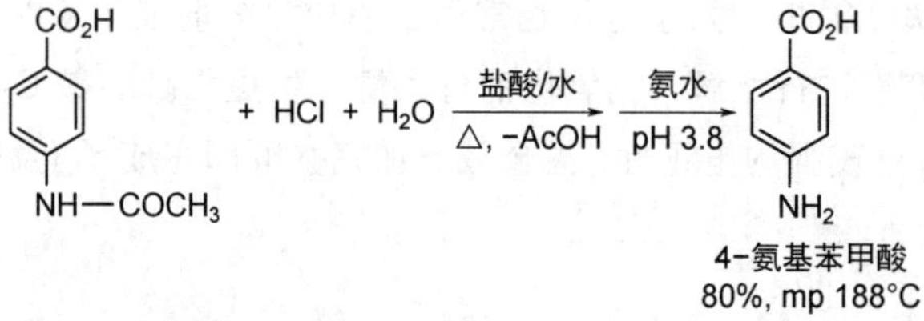

4-氨基苯甲酸
80%, mp 188℃

（见 216 页）

三、用不同浓度的硫酸水解

推电子影响的酰胺的水解，如：2,3-二甲基乙酰苯胺、3,4-二甲基乙酰苯胺，不能用氢氧化钠溶液水解，即使让它们回流 30h 也几乎完全没有水解；而使用不同浓度的硫酸可以得到更高的水解温度，硫酸不但是强的水解助剂，也是很好的溶剂，它能在加热时将酰胺全部溶解或大部分溶解（酰胺的极性很强），便于发生水解，水解下来的羧酸如乙酸，还可以在水解过程中蒸除；胺形成硫酸盐以结晶析出而得以分离。硫酸母液可调节浓度及补充 50% 硫酸重复使用。

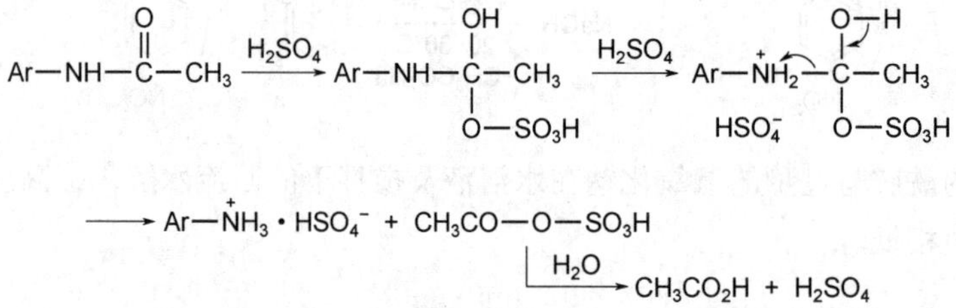

反应的实施：2mol H_2SO_4 配制成 50% H_2SO_4，加入 1mol 酰胺反应。这个浓度的硫酸可以水解推电子影响及对水解的碳四面体过程有阻碍的酰胺；这个浓度在几乎所有芳烃磺化的 π 值以下，不会发生磺化。过程中随时补充消耗的水以维持所要求的反应温度（蒸腾下蒸除了乙酸及部分水，以及水解消耗的水），依水解难易可调控反应温度从 120~160℃甚至更高。水解终点的控制：取 1mL 水解液用 10mL 水冲稀后应清亮；或者可以检查蒸出乙酸的情况来判定终点。水解后放冷，分离硫酸盐结晶，碱化得到产品。

比较下面乙酰二甲基苯胺几个异构体的水解难易情况：乙酰-2,6-二甲基苯胺因两个邻位推电子以及位阻的影响，水解最为困难；乙酰-2,4-二甲基苯胺及乙酰-2,3-二甲基苯胺，只有一个邻位甲基，间位、对位甲基在芳核上通过化学链传递的诱导效应较差，影响较弱，其水解就容易些；

而乙酰-3,4-二甲基苯胺的邻位没有推电子基，也没有"6位效应"位阻，很容易水解。

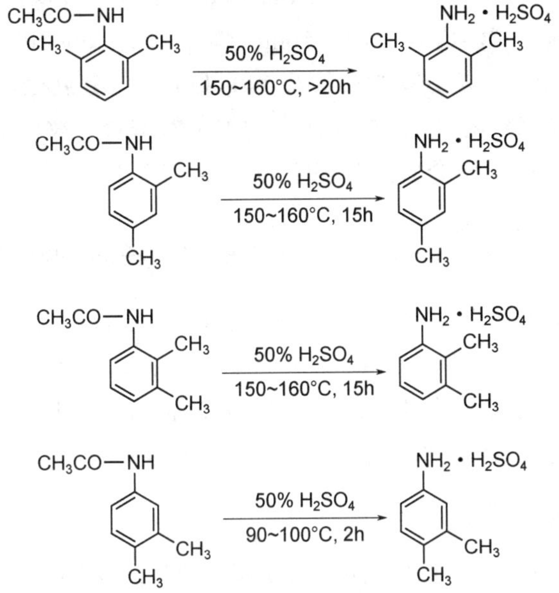

下面酰胺在碱中难被水解，要在 50% H_2SO_4 中加回流来实现。

4-溴苄胺 M 186.07，mp 20℃，bp 250℃，126~127℃/15mmHg；吸收空气中 CO_2 成碳酸盐。

a. N-乙酰基-4-溴苄胺 （M 228.10）

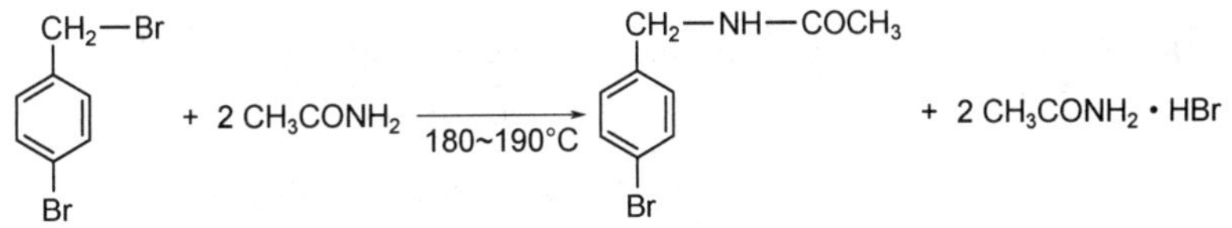

1L 三口烧瓶中加入 350g（5mol）优质的乙酰胺及 250g（1mol）4-溴苄溴，加热熔化后开动搅拌，将分层的反应物搅拌均匀；当加热至170℃时放热反应开始，停止加热，维持 180~190℃反应 1h，析出大量乙酰胺溴氢酸盐；放热反应缓和后，于1h左右，分两次再加入 250g（1mol）4-溴苄溴，保持 180~190℃反应 1.5h，放冷至 70~80℃，将反应物倾入1L 冷水中（倾出并不困难），充分搅拌使乙酰胺溴氢酸盐溶解，继续冷却，N-乙酰-4-溴苄胺凝固。倾去水层，再用热水搅拌洗涤一次，冷后滤出，得湿品490g。

b. 4-溴苄胺 ——酰胺的水解

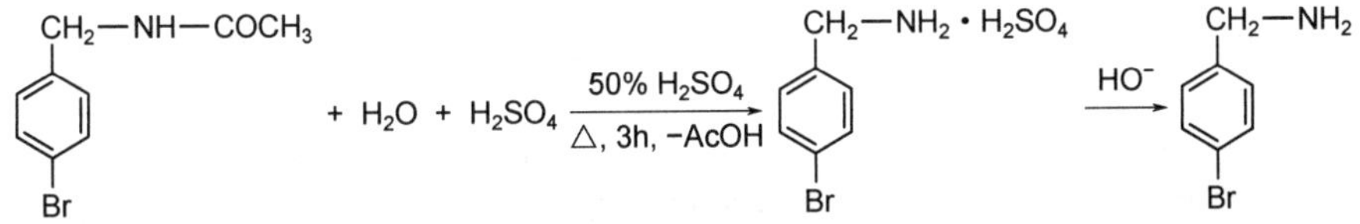

2L 三口烧瓶中加入 400mL 水，搅拌下加入 400g 浓硫酸，加入上面所得乙酰化物粗品 490g（湿），搅拌下加热回流 3h，放冷至80℃；在 4-溴苄胺硫酸盐析出以前将反应物

小心倾入 2L 烧杯中，弃去下面重油状物❶，放置过夜。次日滤出硫酸盐结晶，用 100mL 冰水冲洗，所得硫酸盐近于计算量，母液蒸除乙酸，调节浓度及用量重复使用。

中和：250g（6mol）氢氧化钠溶于 750mL 水中，维持 60~70℃加入上面硫酸盐保温搅拌半小时以中和完全；冷后分取下面油层 340~360g，用氢氧化钠干燥后减压分馏，收集 122~128℃/15mmHg 馏分，得 215g（产率 58%）❷，fp > 18℃。

c. 4-溴苄胺盐酸盐（$\frac{1}{2}$水合物，M 231.54，mp 279℃）

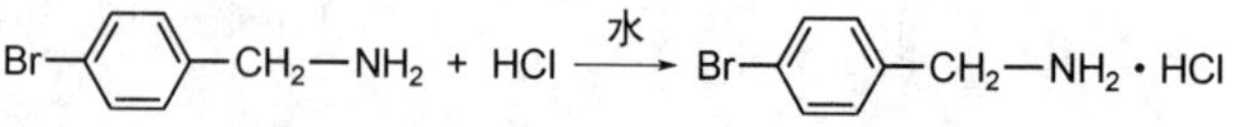

$$Br-\!\!\!\!\bigcirc\!\!\!\!-CH_2-NH_2 + HCl \xrightarrow{\text{水}} Br-\!\!\!\!\bigcirc\!\!\!\!-CH_2-NH_2 \cdot HCl$$

1L 烧杯中加入 430mL 蒸馏水及上面全部 215g（1.15mol）4-溴苄胺，搅拌下慢慢加入 115mL 36%（1.34mol）化学纯盐酸，中和放热，加热溶解初析出的结晶应清亮无不溶物，放置过夜，在放置的最初时间搅动几次。次日滤出结晶，于 110℃烘干，得 260g（产率 97%），纯度（滴定法）99%❸，mp 276~279℃（无水）。

四、用联氨分解酰胺

肼（联氨）是很强的碱，与酰胺的羰基加成反应温和，较弱的碱退减下来，如下式：

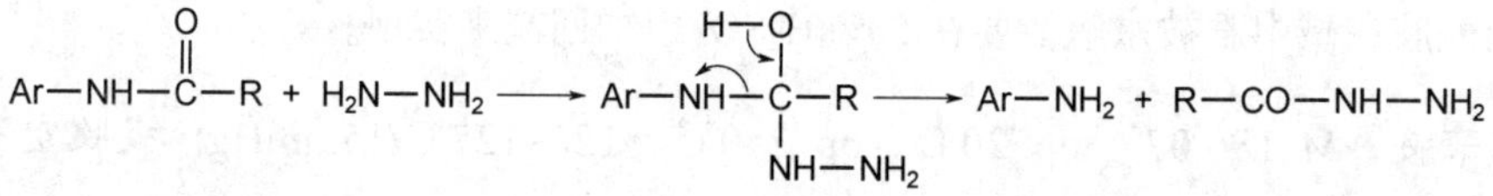

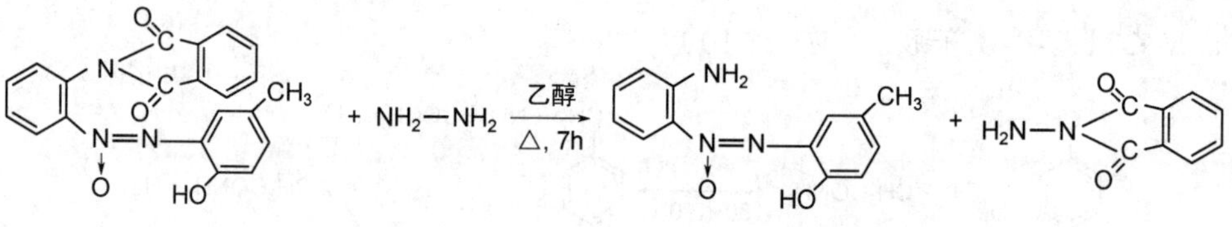

$$Ar-NH-\overset{O}{\overset{\|}{C}}-R + H_2N-NH_2 \longrightarrow Ar-\overset{+}{N}H-\overset{H-O}{\underset{NH-NH_2}{\overset{|}{C}}}-R \longrightarrow Ar-NH_2 + R-CO-NH-NH_2$$

2-氨基苯-氧化偶氮-2'-p-甲酚
35%

（见 632 页）

产率低的解决方法：应使用丁醇和无水肼以提高反应温度；也可以使用苯肼。

---

❶ 该油状物可能是原料中带入的 2-溴苄溴，受位阻影响它不进入反应。

❷ 使用粗品乙酰胺合成的产率低得多，减压分馏的高沸物底子是由于其中的乙酰胺在反应的高温下分解出氨的过度烃基化产物——仲胺；或应油浴加热控制反应温度 160~170℃；或从 o-苯二甲酰亚胺钾合成。

❸ 未经 110℃烘干的产品纯度为 96%（含 1/2 H₂O）。

第八章

腈

第一节　概述

最简单的腈是氰化氢（HCN，bp 25.7℃），氰基与氢原子间近于共价键，它是比碳酸更弱的酸，剧毒、味苦，有刺激性；在有机分子中的氰基呈拉电子性质。

强碱作用于苯乙腈很容易从 α-碳夺取 α-C—H，生成碳负离子中心作为亲核试剂在分子间的氰基加成。苯乙腈在比较高温度（＞110℃）下和 Na_2CO_3 也慢慢反应；为了除去苯乙腈中的少量杂质——氯苄，与重量比 5% Na_2CO_3 在 110℃加热搅拌处理 50min，更高温度、更强的碱、更长保温时间都会与分子间的氰基加成（产物橘红色）。

氰基（—C≡N）碳原子具电正性，化学性质活泼，可发生诸多反应用于合成。例如：

$$R—C≡N + H_2O_2 \xrightarrow{HO^-} R—CO—NH_2$$

$$CH_2=CH—CN + H_2O \xrightarrow{H^+/H_2SO_4} CH_2=CH—CO—NH_2$$

$$C_6H_5—CH_2—CN + 2 H_2O \xrightarrow{H^+} C_6H_5—CH_2—CO_2H$$

$$R—CN + R'—MgX \longrightarrow \underset{\underset{R'}{|}}{R—C}=N—MgX \longrightarrow \overset{\overset{O}{\|}}{R—C}—R'$$

$$CH_3—\overset{+}{N}H_2—CH_2—CN \underset{Cl^-}{} \xrightarrow{C_2H_5OH, HCl} CH_3—\overset{+}{N}H_2—CH_2—\underset{OC_2H_5}{C}=NH·HCl \underset{Cl^-}{} \xrightarrow{H_2O} CH_3—\overset{+}{N}H_2—CH_2—CO_2C_2H_5 \underset{Cl^-}{}$$

$$HO_2C—CH_2—CN + 2 C_2H_5OH + H_2O \longrightarrow CH_2(CO_2C_2H_5)_2$$

$$CH_3—C≡N + H_2S \xrightarrow{三乙胺} CH_3—CS—NH_2$$

$$NC\!-\!CN + 2\,H_2S \xrightarrow{\text{乙醇}} H_2N\!-\!SC\!-\!CS\!-\!NH_2$$

$$R\!-\!CN + 2\,H_2 \xrightarrow{\text{Raney-Ni}} R\!-\!CH_2\!-\!NH_2$$

$$\underset{\text{N}\,\text{Cl}}{\overset{\text{CN}}{\bigcirc}} \xrightarrow[\text{80℃}]{\text{NaOH, NaOCl/水}} \underset{\text{N}\,\text{Cl}}{\overset{\text{H}_2\text{N}}{\bigcirc}}$$

$$CH_3\!-\!\bigcirc\!-\!CN + SnCl_2 + 3\,HCl \xrightarrow{\text{无水乙醇}} CH_3\!-\!\bigcirc\!-\!\overset{H}{C}\!=\!NH\cdot HCl\cdot SnCl_4 \longrightarrow CH_3\!-\!\bigcirc\!-\!\overset{H}{C}\!=\!O$$

第二节　腈的制取

腈可以从以下方法制取：①卤代烃卤原子的氰基取代；②酰胺、醛肟的脱去水；③从甲叉亚胺的氧化；④极化 C=C 双键与 HCN 加成；⑤醛、酮羰基与 HCN 加成为 α-羟基腈（见123页）；⑥重氮基的氰基取代（见611页）；⑦其它方法。

一、卤代烃卤原子的氰基取代 ‼

卤代烃和氰化钠（钾）在极性溶剂中共热可顺利完成氰基取代；对于不太活泼的芳基卤化物以及具有 C=C 双键、会发生聚合的卤化物，可以考虑氯化亚铜在溶剂（助剂）吡啶、硝基苯中共热、较高的反应温度以及吡啶对反应的催化作用几方面。

反应速率的影响：卤代烃卤原子的活泼顺序为 I > Br > Cl，但是氰化钠较强的碱性，对于在卤代烃发生消去的速率也如上顺序；烃基对于消去的影响——3°> 2°> 1°，伯基卤化物一般能得到尚好的产率，仲溴不能依此得到正常产物；溴丙烯要求更温和的反应温度和加热方式。

反应的实施：60g（1.2mol）氰化钠溶于 75mL 热水中，搅拌下加入 300mL 乙醇，加入 1mol 卤代烃，搅拌下连续加热 6~8h 可以完成反应，副反应主要是 β-消去、HO⁻取代及氰基水解，为了得到较高的反应温度和避开水解，可以使用 DMF、DMSO，由于没有水，基本上没有水解发生。拉电子基的存在可使卤离子容易被氰基取代，氯乙酸钠在水溶液中和氰化钠在 80℃ 反应生成氰基乙酸钠；如果在90℃以上反应，氯乙酸钠的水解会相当严重，并且有剧毒的 HCN 放出（蒸发）。

4-氯丁腈　M 103.55，bp195~197℃，d 1.15，n_D^{20} 1.444。

$$Cl\!-\!CH_2CH_2CH_2CH_2\!-\!Br + KCN \xrightarrow{\triangle,\,1.5h} Cl\!-\!CH_2CH_2CH_2CH_2\!-\!CN + KCl$$

2L 三口烧瓶中加入 82g（1.2mol）氰化钾及 100mL 水，搅拌下加热使溶解，加入 350mL 95%乙醇及158g（1mol）1-氯-3-溴丙烷（bp142~147℃）水浴加热、搅拌下回流 1.5h，冷后加入 450mL 水，加入 80mL 氯仿提取反应物，分取有机层，用半饱和的氯化钠溶液洗去醇，再水洗，以无水氯化钙干燥。

回收氯仿至液温 120℃，剩余物减压分馏，收集 93~96℃/26mmHg 馏分❶，得 42~49g（产率 40%~47%）。

---

❶ 低沸物 15~20g 主要是 1-氯-3-溴丙烷；6~7g 高沸物主要是戊二腈。

对于 1,3-二溴丙烷的氰基取代，当一个氰基取代以后，第二个氰基取代就很快。

戊二腈（1,3-二氰基丙烷） M 94.12，mp −29℃，bp 286℃，d^{20} 0.992，n_D^{20} 1.4340。

$$Br-CH_2CH_2CH_2-Br + 2\,NaCN \xrightarrow{C_2H_5OH} NC-CH_2CH_2CH_2-CN + 2\,NaBr$$

50L 反应罐中加入 9kg（170mol）氰化钠和 11L 水，搅拌 2h 使其溶解，稍冷至 85℃，搅拌及回流下加入 15L 乙醇；再于 5h 左右加入 15kg（73mol）1,3-二溴丙烷及 15L 乙醇的溶液；加完后继续搅拌下加热回流 5h。用不大的负压回收乙醇，剩余物冷后过滤，滤液和滤渣用乙酸乙酯分别提取 3 次，用无水硫酸钠干燥后分馏回收乙酸乙酯，剩余物为粗品，冷后再过滤滤渣（否则在减压蒸馏时会起泡沫），减压分馏收集 144~147℃/13mmHg 馏分，得 5.4~6.0kg（产率 77%~86%），d^{20} 0.985~0.987，n_D^{20} 1.4335~1.4355。

氯化苄和含水醇中的氰化钠反应得到苯乙腈，α-C—H 受拉电子的影响而呈现"酸"的性质，与碱作用生成碳负离子；如果在水溶液中反应，碳负离子被有机相提取，与氯化苄亲核取代，得到比在醇溶液中反应生成更多的（约 20%）2,3-二苯基丙腈。如果将苯乙腈和氯化苄在氢氧化钠作用下反应，能完全生成 2,3-二苯基丙腈，它很稳定，与碱长时间回流氰基也不水解。

mp 92~93℃
bp 181~182℃/12mmHg

苯乙腈 M 113.15，mp 23.8℃，bp 233.5℃，d_{15}^{15} 1.0214。

$$C_6H_5-CH_2-Cl + NaCN \xrightarrow{水} C_6H_5-CH_2-CN + NaCl$$

5L 三口烧瓶中加入 1.7L 水及 420g（8.2mol）氰化钠，搅拌下加热溶解后加入 640g（5mol）氯化苄，搅拌下加热回流 8h。起初，氰化钠水溶液与氯化苄的密度接近，即使不搅拌氯化苄也是悬散在溶液中；然后，由于相对密度较小的苯乙腈增多，油层便浮在上面，此后必须搅拌。冷后分取油层，水洗，以 10% NaOH 搅拌洗涤 1h[●]，分离，以无水硫酸钠干燥后分馏，收集 218~234℃馏分，得 470g（产率 70%）。

4-甲氧基苯乙腈 M 147.18，bp 286~287℃，d^{20} 1.0845，n^{20} 1.5309。

a. 4-甲氧基苄氯　bp 116~120℃/15mmHg；d^{20} 1.159。

$$CH_3O-\!\!\!\bigcirc\!\!\!-CH_2-OH + HCl \xrightarrow[20\sim25℃]{盐酸} CH_3O-\!\!\!\bigcirc\!\!\!-CH_2-Cl + H_2O$$

1L 三口烧瓶中加入 136g（1 mol）4-甲氧基苄醇，搅拌下冷至 10℃左右，控制 20~25℃

----

❶ 应当用酸洗去碱物质再分馏。分馏后再按以下方法处理：8kg 苯乙腈［支链氯 0.5%（Cl）相当于含苄氯 2.3%］与 240g 工业碳酸钠在搅拌下用电热套加热至 110℃保温搅拌 40min，停止加热，搅拌下放冷，过滤后减压蒸馏，氯下降至<0.1%，即氯化苄降至 0.5%，d^{25} 1.0115～1.0135。

慢慢滴入 240mL（2.8mol）36%盐酸（d 1.18），加完后再搅拌半小时。分取 4-甲氧基苄氯粗品（含较多酸水），水层用 200mL 苯提取一次，与分出的含酸水的油层合并，分净酸水，苯溶液直接用于下面的氰化(如果回收苯后减压蒸馏，多种原因会导致脱去 CH_3Cl、生成聚醚)。

b. 氰基取代

$$CH_3O-\!\!\!\!\bigcirc\!\!\!\!-CH_2-Cl + NaCN \xrightarrow[\triangle,\ 7h]{苯/水} CH_3O-\!\!\!\!\bigcirc\!\!\!\!-CH_2CN + NaCl$$

2L 三口烧瓶中加入 75g（93%，1.4mol）氰化钠使溶于 600mL 水中，搅拌下加入上面的 4-甲氧基苄氯的苯溶液[❶]慢慢加热及搅拌下使微沸 7h，冷后分离苯层，水层用 100mL 提取一次，苯液合并，回收苯后得粗品 145g。

同法可制备 1-萘乙腈（见 195 页）：

$$\bigcirc\!\!\bigcirc + CH_2\!=\!O + HCl \xrightarrow[50\sim60℃,\ 10h]{H_2SO_4} \bigcirc\!\!\bigcirc^{CH_2-Cl} \xrightarrow{NaCN/乙醇} \bigcirc\!\!\bigcirc^{CH_2-CN}$$

58%
bp 167~169℃/25mmHg

溴丙烯在稍高温度，无论酸、碱条件都会多量分解。为氰基取代，使用氯丙烯和硝基苯溶剂中的氰化亚铜在 130~135℃反应。制得 3-丁烯腈，成品产率 37%；使用溴丙烯和添加了氰化亚铜的稀乙醇中的 NaCN 反应，操作简便，得到和以下相近产率的 3-丁烯腈，反应中有多量溴丙烯分解，可能是加热方式造成的。

3-丁烯腈　M 69.09，bp 119℃，d^{20} 0.8329，n_D^{20} 1.4060。

$$CH_2\!=\!CH\!-\!CH_2\!-\!Cl + CuCN \xrightarrow[130\sim135℃]{硝基苯} CH_2\!=\!CH\!-\!CH_2\!-\!CN + CuCl$$

10L 三口烧瓶中加入 2.5L 硝基苯，1.8kg（20mol）氰化亚铜粉末，用油浴加热，开动搅拌，蒸除物料中的水分至液温高于 145℃（也是为了溶解物料），冷凝器作回流装置，控制 130~135℃，搅拌着以 80cm 球形回流冷凝上口，用分液漏斗于 8h 左右慢慢加入 2.28kg（30mol）氯丙烯[❷]，反应物逐渐变得稀薄和棕色。加完后再保温搅拌 1h，稍冷、改作分馏[❸]，收集 115~122℃馏分，再分馏一次，收集 118~119℃馏分，得 520g（产率 37%）。

同法制备 2-甲基-3-丁烯腈，得相近的产率。

另法：

$$CH_2\!=\!CH\!-\!CH_2\!-\!Br + NaCN \xrightarrow{CuCN} CH_2\!=\!CH\!-\!CH_2\!-\!CN + NaBr$$

2L 三口烧瓶中加入 310g（6mol）氰化钠使溶于 450mL 热水，加入 10g 氰化亚铜，溶解后加入 100mL 乙醇，搅拌下用电热套加热保持微沸，于 2h 左右以分液漏斗慢慢加

---

❶ 或直接使用以苯甲醚氯甲基化的粗品。
❷ 冷凝器须高效以减少氯丙烯挥发损失。
❸ 蒸出过程有不少氯化亚铜、氰化亚铜沉出，冷后滤除固体物，硝基苯母液重复使用。

入 700g（5.5mol）溴丙烯（应使用氯丙烯），加完后搅拌下保持微沸 5h，反应物中析出相当多的黑棕色物质[1]。冷后过滤，用 200mL 苯浸洗滤渣，苯液与滤液合并，常压蒸出 4/5 体积，馏出液包括目标产物、苯、乙醇和水，充分摇动以帮助提取；分取苯层，以无水氯化钙干燥后仔细分馏，收集 115~120℃馏分（很少高沸物），头分再分馏，共得 160g（产率 42%）。

芳核上的卤原子远没有脂肪族卤原子活泼，不能用 NaCN、KCN 完成氰基取代；芳卤的氰基取代是通过中间络合进行的加成-消除的双分子亲核取代，在非质子溶剂（如二甲基甲酰胺、吡啶为助剂），比较高的温度下进行。

芳基卤化物卤原子离去的难易程度与脂肪族卤化物相反，氟在芳香族的亲核取代中是最容易离去的离去基（S_NAr）、高电负性的氟（$Ar \stackrel{\frown}{} F$）使作用的碳原子带有都分正电荷，有利于亲核试剂的进攻，使加成过渡态稳定而容易进行；邻位、对位的拉电子基使对应位置上离去基活化，例如，4-硝基卤代苯在 50℃被 CH_3ONa 取代的相对活性为：F（312）≫ Cl（1）> Br（0.74）> I（0.36）。

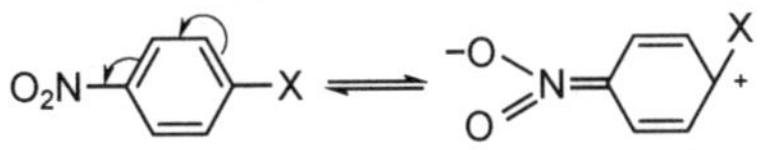

下面两个实例是通过中间络合物过程的反应。 1-溴代萘可以加热反应物至高温（220℃）和吡啶中的氰化亚铜顺利反应；2-溴吡啶的活性很高，似酰基溴，很快形成络合物。

1-氰基萘 M 153.18，mp 37.5℃，bp 299℃，d_{25}^{25} 1.1113，n_D^{18} 1.6296。

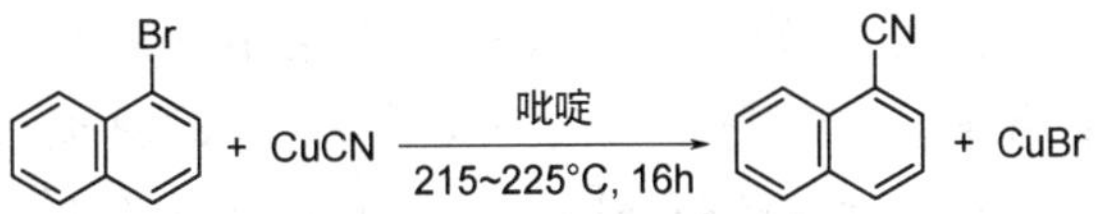

2L 三口烧瓶安装机械搅拌、温度计、回流冷凝器及电热套加热。烧瓶中加入 830g（4mol）优质的 1-溴代萘、450g（5mol）在 120℃烘干的氰化亚铜及 200mL 无水吡啶，搅拌下加热维持 215~225℃反应 16h（CuCN 在加热不久即可溶消）。稍冷、趁热将反应物加入 4L 10%氨水中，先用 2L 苯提取，再用乙醚提取（2×1L），提取液合并，用 10%氨水洗至铜氨络离子的蓝色不甚明显为止；再用 10%热酸洗，水洗；回收乙醚和苯，最后减压收尽，剩余物常压蒸馏，收集 299~300℃馏分，得 400g（产率 65%），fp 27.5℃。

2-氰基吡啶 M 104.11，mp 29℃，bp 215℃，d^{25} 1.0810，n_D^{25} 1.5242。

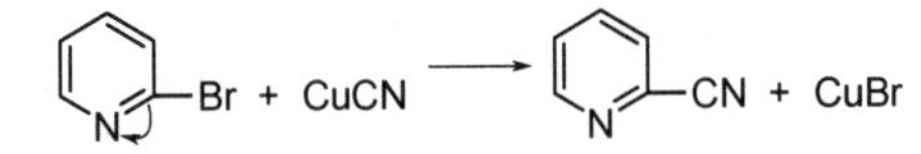

bp 192~194℃

---

[1] 应该用油浴或 85℃水浴加热，可能是加热温度过高引起的溴丙烯分解，关于溴丙烯亦见其溴化合成（第 397 页）。

250mL 蒸馏瓶中加入 100g（0.63mol）2-溴吡啶及 50g（0.56mol）干燥的氰化亚铜粉末，摇动下加热使氰化亚铜溶解。安装减压蒸馏装置，在减压下加热至反应开始，最初的馏出物含未反应的 2-溴吡啶，其后蒸出产物，应尽快蒸出，如加热时间太长会出现大量沥青状物[1]而使产率下降。馏出物用烯 NaOH 溶液洗去溴化物，减压分馏，收集 118~120℃/25mmHg 馏分，得 40g（产率 67%，按 CuCN 计）。

二、酰胺（及醛肟）脱去水

通过酰胺脱水是制取腈的常用方法。

$$R-\overset{O}{\overset{\|}{C}}-NH_2 \Longleftrightarrow R-C\overset{OH}{\underset{NH}{\diagdown}} \longrightarrow R-CN + H_2O$$

最常用的方法是高温下的气相或液相脱水；小量制备也常使用脱水剂脱水，如五氧化二磷，其它如$(CH_3CO)_2O$、$SOCl_2$、PCl_3、$POCl_3$；无机酰氯在反应中脱水产生 HCl 与生成的腈加成，必须以缚酸剂兼作溶剂以避免此项加成及其后的水解损失。操作简便，但其后缚酸剂不便回收。

1. 高温脱水法

羧酸和氨的气相在高温下迅速脱水，同时也有部分酰胺水解成酸，反应是一系列的平衡体系，过量的氨抑制酰胺水解，把反应推向右，生成稳定的腈。

乙腈 $M\,41.05$，bp 82℃，$d^{20}\,0.7828$；与水、醇、醚互溶。

$$CH_3CO_2H + NH_3 \xrightarrow[350\sim380℃]{氨} CH_3-CN + 2\,H_2O$$

一支长 150cm、直径 5cm 的碳钢管，外面用烧去有机纤维的石棉布包好并覆一层石棉灰膏，烘干燥后把两条 1.5kW 的电阻丝并联缠绕，各端接调压变压器及热电锅、自控仪表；再包上两条绕过的石棉布作外保温，管内有热电偶导出指示反应温度；管内填充直径 5mm 的半球形硅胶，烘干、检查电路。

加热控制管内 200℃ 以 1L/s 的速率通过 NH_3，于 4h 左右将管内升温至 350~380℃，以 4L/s 的速率通入 NH_3[2]，同时以 4mL/s 的速率加入乙酸。将收集到的产物用碳酸钾饱和、分离粗品、干燥，分馏收集 79~82℃ 馏分，产率 50%~60%。

注：乙腈多来自其它合成的副产物；从乙炔和氨催化合成 4-甲基吡啶的副产物中回收到相当多的乙腈（催化剂是硫酸锌），其比例可依反应温度调节。

控制乙酸和氨摩尔比 1:1，使用抚顺产活性白土作催化填充，400℃ 反应，得吡啶类物。

从丙酸 4.5mL/s、氨 4L/s，反应温度 380~400℃，可生成丙腈，产率 60%，bp 97.1℃。

---

[1] 此项分解或如溴丙烯的合成中的热分解，或可使用 2-氯吡啶（bp 166℃/712mmHg）慢慢加入至较低温度的可供反应的试剂中。

[2] 氨用量为计算量的 2.6 倍，过量 1.6 倍的氨吹走产品造成损失，因而应将仪器串联。

可以加热到其脱水温度的酰胺（高温）可以使用液相脱水的方法。生成的腈随时被蒸发，在脱水的同时有部分酰胺被水解成羧酸，依赖于羰基碳的电正性；生成的羧酸由于没有更多氨补充而保留到最后或随腈蒸出。为了弥补逸出的氨，应该向羧酸的反应物通入氨生成酰胺，维持在生成腈以上的高温下脱去水，并继续通入氨，被蒸出。

使用尿素作为氨的来源：将羧酸与稍多于计算量的尿素共热脱水和 CO_2，再在 200℃ 保温以完成酰胺化；然后是酰胺脱水生成相应的腈，使用更多的尿素对产率没有明显改善。羧酸和尿素反应的生成酰胺，反应式见 332 页。

4-甲基苯腈　M 117.15，mp 29.5℃，bp 217.6℃，d_{30}^{30} 0.9805；无色液体（低熔结晶）。

$$2\ \underset{CH_3}{\overset{CO_2H}{\bigcirc}} + (NH_2)_2C{=}O \xrightarrow[125℃,\ 160℃,\ 200℃]{} 2\ \underset{CH_3}{\overset{CN}{\bigcirc}} + CO_2 + 3\,H_2O$$

1L 烧瓶中加入 458g 89%（相当 3mol）p-甲基苯甲酸粗品[1]及 114g（1.9mol）尿素，充分混匀，加热熔融（有时对甲基苯甲酸升华）。由于生成的酰胺熔点高（mp158~160℃），气体膨起的酰胺形成泡沫，要及时搅开消除，水汽蒸发以后有腈产生，就不再膨起，此间约 40min。慢慢升温至 240℃，维持此温度将另外 336g（89%，相当于 2.2mol）p-甲基苯甲酸粗品与 114g（1.9mol）尿素的混合物分次加入，这次在 240~260℃ 加入物料就不再形成泡沫。安装一长的粗弯管作空气冷凝，接水冷凝器蒸馏，反应物温度达 270℃，而后由于生成 p-甲苯腈的数量增加，反应物的沸腾温度又慢慢降至 245℃，开始蒸馏；蒸到最后反应物温度又升到 265℃，蒸馏结束，当残留物温度降至 160℃ 左右立即倾出（再冷则凝固），约 100g[2]，共收集到馏出物 560g。

提取酸物质：以上馏出物中加入 560mL 水，维持 45℃ 左右的浓氨水中和至持久的碱性，分取油层，再用 5%氨水洗一次，分离得 426g（产率 70%）。常压分馏，收集 216~218℃ 馏分，得无色产品 358g（总产率 58%）[3]，mp 27.9~28.4℃，酰胺含量小于 0.5%。

同法制取 2-甲苯腈的操作要方便得多，产率高、不升华、容易清理。

$$2\ \underset{}{\overset{CO_2H}{\underset{}{\bigcirc}}}^{CH_3} + (NH_2)_2C{=}O \xrightarrow[125℃,\ 160℃,\ 200℃]{} 2\ \underset{}{\overset{CN}{\bigcirc}}^{CH_3} + CO_2 + 3\,H_2O$$

2-氯苯腈　M 137.57，mp 43~44℃，bp 232℃。

$$2\ \underset{}{\overset{CO_2H}{\underset{}{\bigcirc}}}^{Cl} + (NH_2)_2C{=}O \xrightarrow[160℃,\ 200℃]{} 2\ \underset{}{\overset{CN}{\bigcirc}}^{Cl} + CO_2 + 3\,H_2O$$

---

[1] 粗品 p-甲基苯甲酸中含 10%~20% p-苯二甲酸。

[2] 粗品 p-甲基苯甲酸中含 10%~20% p-苯二甲酸。残留物为 p-苯二甲酸、p-甲基苯甲酸及少量 p-甲苯腈的混合物。

[3] 扣除从提取液回收的原料酸 75~100g，计算产率为 65%~68%。

2L 三口烧瓶中加入 780g（5mol）2-氯苯甲酸及 180g（3mol）[1]尿素，充分混匀，加入沸石，于电热套上加热熔化，至 160℃保温 1h（反应平和），再于 200℃左右保温 1h，安装弯管及流水冷却的接收器。加热至液温 280℃开始蒸馏，反应物的液温也逐渐升高，到蒸馏结束反应物温度达 310℃。

向馏出物中加入 1.2L 水及 100mL 20%氨水，充分搅拌，保持 45℃左右和持久的碱性，分取上面粗品[2]，再用 3%氨水热洗一次，得粗腈 390g（产率 56%）。

常压分馏，收集 230~240℃馏分，得 307g（总产率 45%）[1]，mp 42~44℃。

2-溴苯腈　M 182.03，mp 55.5℃，bp 251~253℃。

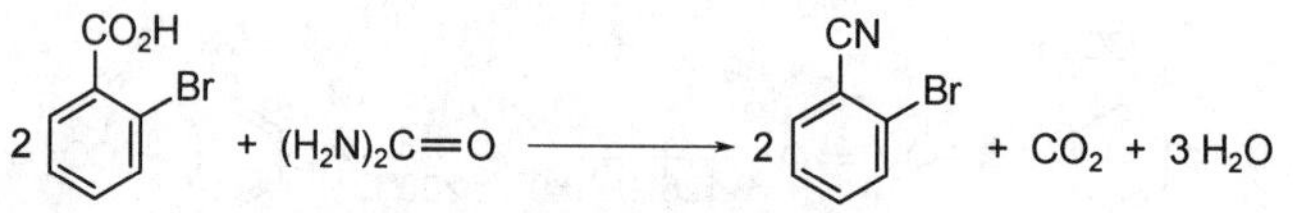

1L 三口烧瓶中加入 805g（4mol）2-溴苯甲酸及 150g（2.5mol）尿素，混匀，加入沸石于电丝套上加热，很容易熔化，在 160℃保温 1h，再于 200℃保温 1h，让生成的水蒸发掉。安装弯管及流水冷却的接收器，加热至 280℃开始蒸馏，同时有一些 2-溴苯甲酸蒸出，反应物温度也逐渐升至 340℃，蒸馏结束。

向馏出物中加入 1.5L 水及 150mL 20%氨水，加热使粗腈熔化，充分搅拌以洗去 2-溴苯甲酸，放冷后粗腈凝固，分离[3]，得粗腈 420~450g（产率 57%~61%）。

减压蒸馏，收集 126~130℃/15mmHg 馏分[4]，得 380~410g（总产率 52%~56%）[3]。

3-溴苯腈　M 182.03，mp 38~40℃，bp 225℃。

a. 3-溴苯甲酰氯和 3-溴苯甲酰胺

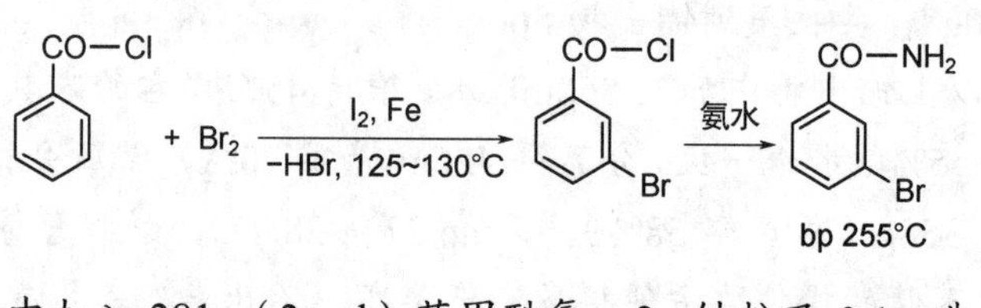

0.5L 三口烧瓶中加入 281g（2mol）苯甲酰氯、2g 铁粉及 0.1g 碘，搅拌下加热维持 125~135℃，于 4h 左右慢慢加入 320g（2mol）无水液溴，放出的 HBr 导至水面吸收，加完后保温搅拌 2h。冷后，慢慢加入冷却着的 0.5L 20% 氨水中（反应温度<50℃）[5]，立即析出结晶，滤出、水洗、干燥后约 250g（产率 62%）[5]。

b. 3-溴苯腈

---

[1] 由于产率低，增加尿素用量为 240g（4mol），腈的产率没有改善。

[2] 水溶液在 90℃用盐酸酸化，冷后滤出结晶，风干后得 275~290g 含少量腈的 2-氯苯甲酸用于下次合成。以上产率未计入回收。

[3] 分出的水溶液加盐至 90℃以稀硫酸酸化，冷后滤出 2-溴苯甲酸，水洗，干燥后得 240g，减去回收的 2-溴苯甲酸，计算产率为 74%~80%。

[4] 蒸馏的头分很少，高沸物底子主要是酰胺，约 35~45g。

[5] 由于析出酰胺易与酰氯生成二酰亚胺，因而应把反应温度降至 0℃以下，更多的氨水以减少二酰亚胺及酰氯水解。

$$\underset{\text{(3-溴苯甲酰胺)}}{} \xrightarrow{\triangle,\,240\,℃} \quad + \; H_2O$$

0.5L 三口烧瓶中加入以上 250g（1.25mol）的酰胺混合物，与 8g 尿素混合，加热脱水进行蒸馏至很少馏出物馏出为正●，得馏出物 135g，用氨水脱去酸性物质得到粗品，常压分馏，约 90g（产率 39%）。

附：**3-溴苯甲酸** M 201.22，mp 155~158℃。

将酰胺与过量 20% NaOH 一起加热回流 2h（约 1h 基本水解完全），脱色过滤，水浴加热、水泵减压浓缩至开始析出钠盐结晶（约 80℃）。放冷后滤出结晶，使溶于热水中，滤清、酸化，得白色结晶，mp 157~159℃。

癸二腈 M 164.25，bp 204℃/16mmHg，d^{20} 0.9513，n_D^{20} 1.4474。

$$HO_2C\!-\!(CH_2)_8\!-\!CO_2H + (H_2N)_2C\!=\!O \xrightarrow{160\sim200\,℃} NC\!-\!(CH_2)_8\!-\!CN + CO_2 + 3\,H_2O$$

10L 搪瓷桶中加入 1.01kg（5mol）癸二酸（mp 132~134℃）及 360g（6mol）尿素，充分混匀，加热熔融液于 160℃ 保温 2h，再 200℃ 保温 2h。由于气体膨起的酰胺稍冷即凝结，要及时搅开、按下，至很少气体放出。稍冷倾出，冷后打碎。

以上癸二酰胺于 5L 烧瓶中安装蒸馏装置，加热蒸馏。首先蒸出的是反应产生的水、一些 NH_3 及 CO_2，由于癸二腈沸点高，至 340℃（癸二腈，bp 330℃）才正常蒸馏，馏出物是癸二腈、氰基壬酸、水和微少癸二酸。用 3L 3% 氨水提取酸性物质——每次 1L。油层干燥后减压分馏，收集 185~188℃/12mmHg 馏分，约 400g（产率 50%）。

氨水提取液加热至沸，以浓盐酸酸化至 pH 7，趁热加入 800g（3.2mol）结晶氯化钡（$BaCl_2 \cdot 2H_2O$）的热水溶液，立即析出癸二酸钡，趁热滤出，热水洗，约得 90g。

滤液放冷过夜，次日滤出 ω-氰基壬酸钡，使溶于最少量水中（约 2L），滤清后以盐酸酸化，析出的油状物冷后即结凝，mp 51~52℃。

同样方法：从壬二酸制取壬二腈，从辛二酸制取辛二腈。

2. 五氧化二磷作脱水剂

五氧化二磷（P_2O_5）是很强的脱水剂，它在 347℃ 升华。P_2O_5 可与一分子水生成两分子偏磷酸：$P_2O_5 + H_2O \longrightarrow 2\,HPO_3$，偏磷酸在 250℃ 以上才明显升华；偏磷酸再取得一个水生成的正磷酸：$HPO_3 + H_2O \longrightarrow H_3PO_4$，正磷酸在 215℃ 以上分子间脱水生成焦磷酸，即失水磷酸：$2\,H_3PO_4 \xrightarrow{>215\,℃} H_4P_2O_7 + H_2O$，故工业磷酸的含量规格为 85%。

酰胺用 P_2O_5 作脱水剂，在腈的制备中习惯用量一般只按脱去一分子水计算，即：1mol 酰胺使用 1mol P_2O_5。绝大多数酰胺为固体，沸点也较高，和 P_2O_5 充分混匀后在减压下加热，从偏磷酸中蒸出生成的腈，产率较高，有少许酰胺随腈蒸出。

● 从高沸物底子水解，得到 3-溴苯甲酸。

溴乙腈　M 119.15，bp 150~151℃，d 1.722，n_D^{20} 1.4800。

$$Br-CH_2-CO-NH_2 + P_2O_5 \longrightarrow Br-CH_2-CN + 2HPO_3$$

2L 烧瓶中加入 270g（2 mol）溴乙酰胺及 355g（2.5mol）五氧化二磷充分混匀，安装一支长弯管伸入到近于接收器支管蒸馏瓶的底部（支管接油泵负压），用流水冷却接收器。开始加热，溴乙腈迅速蒸出，约 220~235g（产率 92%~98%）。

另法：

a. 羟基乙腈　bp 183℃（微有分解），d 1.040。

$$H_2C=O + KCN \xrightarrow[5℃]{水} KO-CH_2-CN \xrightarrow{H^+} HO-CH_2-CN$$

5L 三口烧瓶中加入 390g（6mol）氰化物及 700mL 水，搅拌使溶，用冰盐浴冷却控制 2~7℃，于 3h 左右慢慢加入 570g 37%（约 7mol）甲醛水与 200mL 水的溶液，加完后再搅拌半小时，控制 0~5℃用 30% H_2SO_4 慢慢酸化至 pH 3。用 6L 乙醚分 4 次提取，提取液合并，以无水硫酸钠干燥后水浴加热回收乙醚，剩余物减压蒸馏，收集 101~109℃/20mmHg 馏分约 240g（产率 70%）。

b. 溴代

$$8HO-CH_2-CN + 2P + 5Br_2 \xrightarrow{5℃} 8Br-CH_2-CN + 2H_3PO_4 + 2HBr$$

1L 三口烧瓶中加入 515g（9mol）羟基乙腈和 100g（3.2mol）红磷，控制放热温度 50℃左右，搅拌着慢慢加入 800g（5mol）液溴，加完后保温搅拌 2h，分离及提取粗品，干燥后减压分馏。

丙二腈　M 66.06，mp 32℃，bp 218~220℃，d^{34} 1.049；无色水样固体；溶于水（13%）、乙醇（20%）、苯（6.7%）。

$$NC-CH_2-CO-NH_2 + P_2O_5 \longrightarrow NC-CH_2-CN + 2HPO_3$$

15L 不锈钢小罐中（便于加热煮洗）加入 1.52kg（18mol）氰乙酰胺及 2.5kg（18mol）五氧化二磷，封好后滚动混匀；安装一支长 50cm、内径 15mm 弯管的及 300℃温度计，用 2L 支管蒸馏瓶作接收器、使弯管伸入近瓶底，用流水冷却，从支管接水泵负压（＞−0.08MPa），用石棉布垫好，在铁丝网的中间部分用煤气灶加热，5~10min 以后反应物变为棕黑色。当气相温度达 110℃压始蒸出丙二腈，此时将火开大以烤其周边作保温，约 15min 可以蒸完，焦化的反应物几乎充满了反应罐，蒸发速率变得很慢，蒸出温度最后升至 220℃/40mmHg（只在 120~130℃/40mmHg 馏出最多），馏出物也开始变得棕黄，停止加热，得 680~780g（产率 55%~60%），一般产量 680g。

精制：减压蒸馏，约 600g，fp＞32℃。

注：丙二腈也可以使用氰基取代溴乙腈来合成。

同法制取：

$$H_2N-CO-CH=CH-CO-NH_2 + 2\,P_2O_5 \longrightarrow NC-CH=CH-CN + 4\,HPO_3$$

反-丁烯二腈

75%, mp 98.5℃, bp 186℃

$$CH_3CH=CH-CO-NH_2 + P_2O_5 \longrightarrow CH_3CH=CH-CN + 2\,HPO_3$$

2-丁烯腈

75%, 120~121℃

$$Cl_3C-CO-NH_2 + P_2O_5 \longrightarrow Cl_3C-CN + 2\,HPO_3$$

三氯乙腈

80%, mp 83~84℃

3. 乙酸酐作脱水剂——酰胺及醛肟的脱水

乙酸酐作脱水剂，反应温和，破坏性小。酰胺与过量的乙酸酐共热，通过亚胺酸与乙酸的混合酐总是强"酸"退减下来（拉电子影响的酰胺则要求以更强的无机酸试剂构成混合酸酐，见下页），随时分馏蒸除产生的乙醇使反应向右进行。

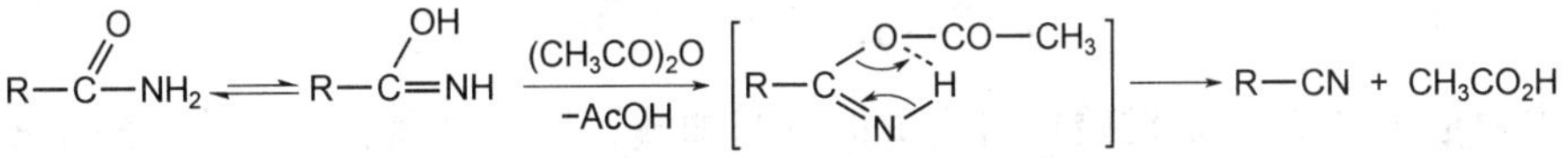

1,4-二氰基丁烷（己二腈）　$M\,108.15$，mp 1℃，bp 295℃，$d^{20}\,0.9670$，$n_D^{20}\,1.4380$。

5L 三口烧瓶中加入 720g（5mol）己二酰胺、1.7kg（96%，16mol）乙酸酐，再加入 7.6g 钼酸铵，安装伸入近瓶底的温度计及 100cm 填充分馏柱作分馏用，控制柱顶温度 <120℃分馏出产生的乙酸，约 5h 柱顶温度升至近于乙酸酐的沸点，蒸出约 1.9kg，反应物的沸点温度＞230℃。冷后以饱和碳酸钠洗去酸性[❶]，分离、干燥后减压分馏，得350g（产率 65%），$d^{20}\,0.960\sim0.964$。

醛肟和乙酸酐一起加热，迅速脱水得到相应的腈；肟具有很强的亲核性，拉电子基影响，对于中间步骤混合酸酐以生成氰基分解的脱去乙酸不利，需要以更强的、与无机酸的混合酸酐在无水、极性溶剂、碱性条件与酰胺反应，如 $Cl-S(=O)-\overset{+}{N}(CH_3)_2-\overset{\cdot}{C}HO\cdot Cl^-$ 与酰胺的脱去水；以及推电子的影响，反应速率比与酰胺的脱水快得多，其后的对应"酸"越强对反应越有利。

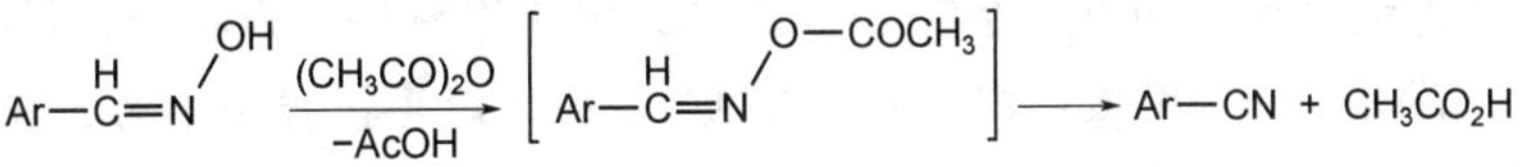

3,4-二甲氧基苯腈　$M\,163.18$，mp 68~70℃。

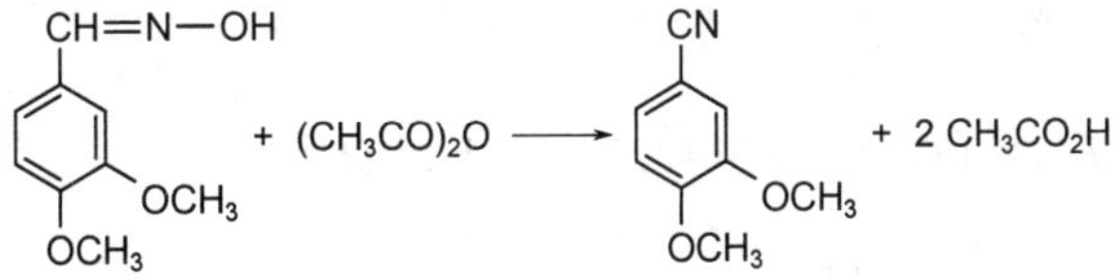

---

❶ 应该分开回收乙酸和乙酸酐。另法：酰胺的高温脱去水。

1L 三口烧瓶中加入 200g（94%，1.8mol）乙酸酐和 30g 3,4-二甲氧基苯甲醛肟，搅拌下小心加热至放热反应开始，维持起始的反应温度，分多次慢慢加入 152g（共 182g，1mol）3,4-二甲氧基苯甲醛肟，每次加入都要观察到明显的放热，加完后保温搅拌半小时，再加热回流 10min，冷后加入至约 600g 碎冰中（应先作回收乙酸）充分搅拌，滤出结晶，用水浸洗，干燥后得 115~123g（产率 70%~75%），mp 66~67℃。

精制：用苯或乙酸重结晶。

4. SOCl₂、POCl₃、COCl₂、PCl₃ 作脱水剂

酰胺在二甲基甲酰胺中，极性溶剂酰胺异构为亚胺酸的形式，与无机酰氯（如 SOCl₂）生成混合酸酐；然后是强无机酸退减下来。

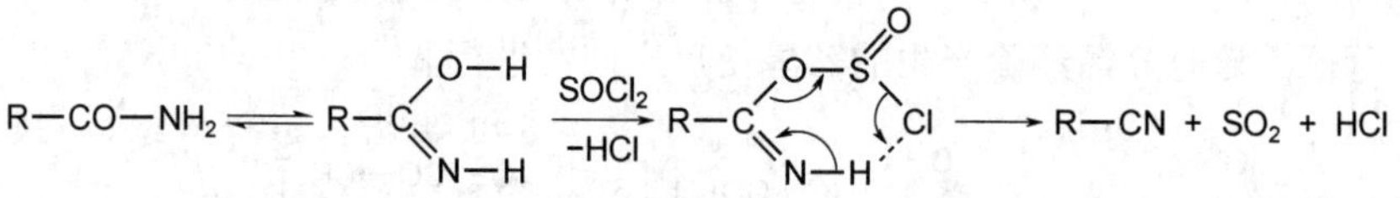

过程中为避免 HCl（无机酸）与生成的氰基加成为亚胺酰氯在其后的水解中损失，以及为了更容易和异构的酰胺生成混合酸酐及其退减，必须使用大过量的二甲基甲酰胺。反应过程中，无水条件下，无机酰氯首先和"叔胺"生成氯化无机酸酰季铵的氯化物，拉电子的影响，更容易和异构的酰胺生成混合酸及其退减。

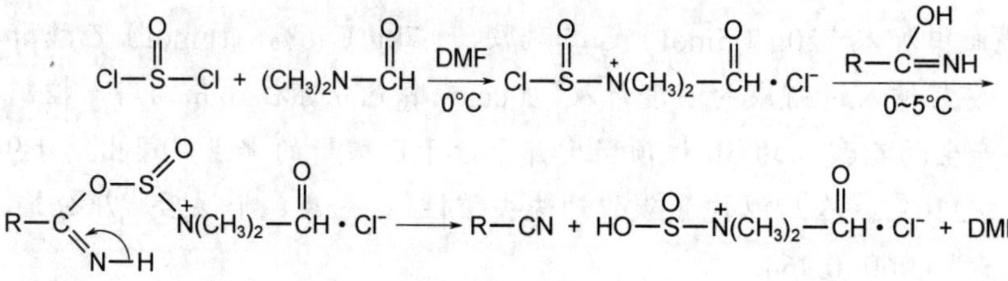

4-硝基-*o*-苯二腈　*M* 173.13，mp 142~144℃。

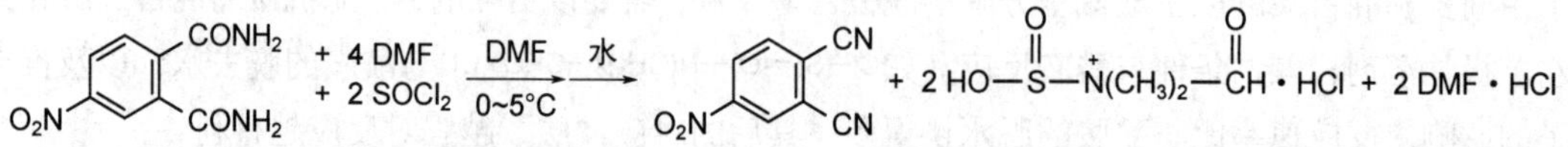

1L 三口烧瓶中加入 200g（2.7mol）无水二甲基甲酰胺，搅拌着，保持 0℃左右慢慢加入 131g（1.1mol）二甲基亚砜（放热不大），加完后再搅拌半小时，保持 0~5℃于 2h 左右慢慢加入 86.5g（0.5mol）4-硝基-*o*-苯二甲酰胺粉末（mp 195℃，分解）；有较大放热，加完后于室温搅拌 2h，将反应物慢慢加入至 0.6kg 碎冰中，充分搅拌，滤出结晶，以 Na₂CO₃ 水洗，再水洗，干燥后约 75%（产率 87%）。

1,4-苯二腈　*M* 128.13，mp 224~227℃；无色针晶。

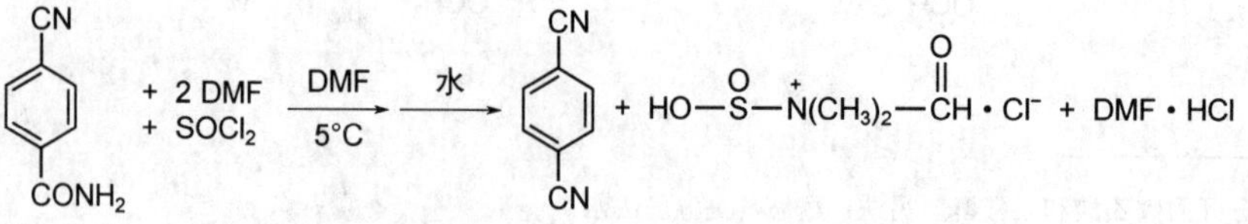

1L 三口烧瓶中加入 300g（4.1mol）无水二甲基甲酰胺，冰盐浴冷却控制反应温度小于 5℃，搅拌下慢慢加入 190g（1.6mol）二氯亚砜（放热不大），加完后再搅拌 10min，保持 0~15℃于 2h 左右慢慢加入 146g（1mol）4-氰基苯甲酰胺，有较大放热，反应物中悬浮的结晶晶形有改变。加完后再室温搅拌 2h，将反应物慢慢加入至约 800g 碎冰中，充分搅拌，滤出结晶，以冷水搅成浆状，以碳酸钠中和至 pH 8。滤出、水洗、干燥后得 109g，纯度（HPLC）91.5%，产率 77%，mp 210~222.5℃。

用 7mL/g 冰乙酸重结晶，得 92%（产率 70%），纯度（HPLC）＞98%，mp 222~225.3℃。

同法制取 4-甲氧基苯腈粗品，纯品纯度（HPLC）98.8%。

4-甲氧基苯腈　M 133.15，mp 57~59℃，bp 256~257℃。

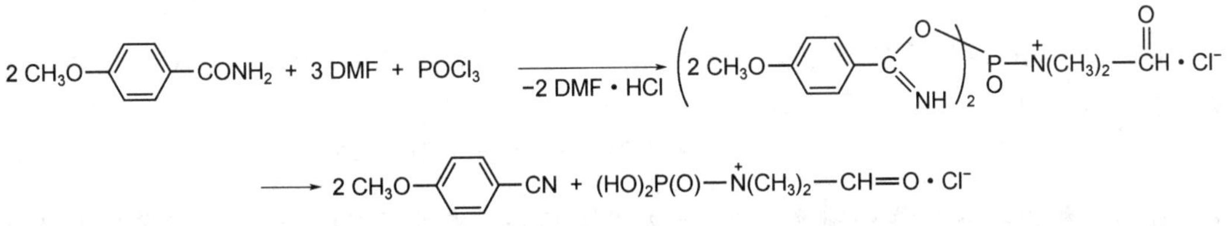

1L 三口烧瓶中加入 220g（3mol）无水二甲基甲酰胺，冰盐浴冷却，控制反应温度小于 5℃搅拌着慢慢加入 116g（0.76mol）氧氯化磷，放热不大，加完后再搅拌 10min。保持 0~15℃于 2h 左右慢慢加入 151g（1mol）4-甲氧基苯甲酰胺，有较大放热，加完后室温搅拌 2h。将反应物慢慢加入至约 0.8kg 碎冰中，充分搅拌，滤出结晶，与冷水搅拌成浆状以 Na_2CO_3 中和洗液至 pH 8，滤出、水洗、干燥后约 113g（产率 85%），纯度（HPLC）99%。

以羧酸为起始原料制取酰胺，首先与无机酰氯 $POCl_3$ 生成混合酸酐，强大的二氯磷酰基拉电子作用使羧基碳有了很强的电正性，很容易被氨解（二氯磷酸退减下来），生成酰胺和二氯磷酸铵。

二氯磷酸铵与酰胺生成"混合酸酐"，其无机酸部分较弱（没有 H^+），溶剂的极性很弱，需要更高的反应温度才能分解生成氰基；如使用 PCl_3 在二甲苯中反应，产率要低 50%。

4-氰基苯酚（4-羟基苯腈）　M 119.12，mp 110~113℃，bp 145℃。

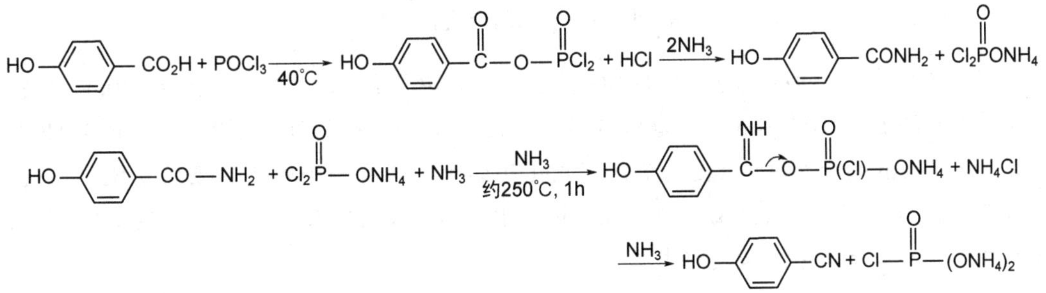

总反应式：

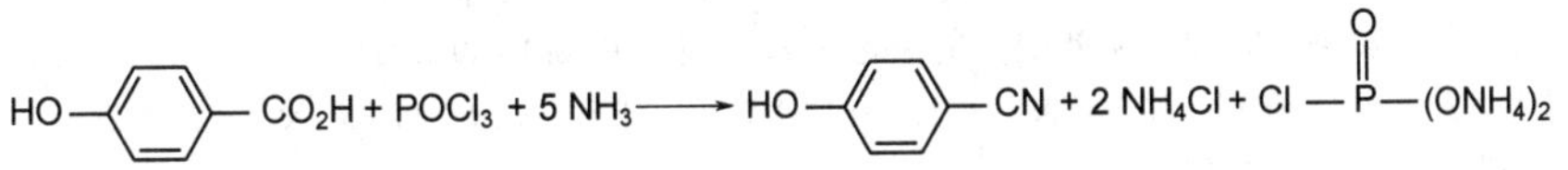

20L 反应釜中加入 13kg 二甲醚（mp 26~30℃，bp 259℃，d 1.073）、0.69kg（5mole）4-羟基苯甲酸，加热溶解后加入 770g（5mole）三氯氧磷，搅拌下保持 30~40℃通入氨至饱和；在氮气保护下继续保持足够的氨浓度慢慢加热至 250℃并保温 1h；冷至 100℃离心分离无机盐并以 2.5kg 热的二苯醚冲洗，滤液及洗液合并，用5L含0.5kg氯化钠的4% NaOH 溶液在 60~70℃充分搅拌提取，分取水层，用浓盐酸酸化至弱酸性 pH 4，冷层滤出结晶，50℃以下烘干，得 530g，纯度 97.5%。

三、极化的 C=C 双键与 HCN 加成

拉电子基影响使 C=C 双键的一端电正性加强、⁻CN 与之亲核加成，NaCN 碱催化以提高 ⁻CN 的离子浓度；反应放热，在极性溶剂进行。

在丁二腈的合成中，向丙烯腈中通入 HCN 和作为催化剂的 NaCN，添加少许硫酸铜作阻聚剂。

丁二腈（琥珀腈）　M 80.0g，mp 54.5℃，bp 267℃，d^{62} 0.985；无色蜡状固体，易溶于水、醇及醚。

$$CH_2=CH-CN + HCN \longrightarrow NC-CH_2CH_2-CN$$

在通风橱内安装仪器如图 8-1 所示：本品最好在夏季生产，以保证 HCN 能顺利流通而不致在管路中冷凝。保持各部位在 30℃左右。

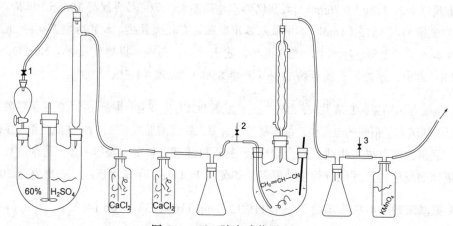

图 8-1　丁二腈合成装置

10L 三口烧瓶中加入 3L 60% H_2SO_4，电加热至 40℃停止加热；将 1.5kg（30mol）98% 氰化钠溶于 2L 温水的溶液，以每秒 3~4 滴的速率滴到硫酸的液面上❶，立即产生 HCN，通过一支 50cm 的分馏柱，经过两个充满氯化钙的干燥瓶及一个防止回吸的空瓶，将 HCN 导入 3L 三口烧瓶中的 1.06kg（20mol）丙烯腈、10g NaCN 及 10g 无水硫酸铜粉末的混合物中，用电热板加热❷以便移去热源。

---

❶ HCN 发生器无须使用搅拌，经常用手转动几下即可，但不可使 NaCN 积累以防突然反应而不均衡。如果发生太慢，引起回吸立即打开阀门 2 放空以调节；如果 KMnO₄ 溶液回吸，立即打开阀门 3 以调节之。

向分液漏斗添加 NaCN 溶液时，将分液漏斗阀门及阀门 1 关闭，打开塞子放空后再加入 NaCN 溶液。

❷ 最好用水塔，以便加热和降温。

开始通入时为防止积累的物料突发反应，先将丙烯腈加热至 75℃停止加热，而后由于反应放热，随着反应进行，最后可升至 120℃左右，反应物变为棕色（可能是氰化铜造成的），反应吸收很好，当 NaCN 溶液全部加完，停止发生通入 HCN 以后，打开分馏柱及冷凝器的上口塞子放空至少半小时，取出反应物。

粗品减压分馏，收集 158~165℃/15mmHg 馏分，得 1.1kg（产率 68%），mp 52~55℃。

α-苯基-β-苯甲酰基丙腈　M 235.28，mp 127℃。

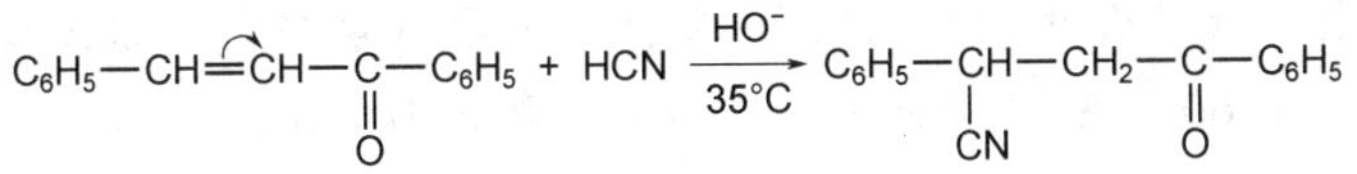

$$C_6H_5-CH\overset{\frown}{=}CH-C-C_6H_5 + HCN \xrightarrow[35℃]{HO^-} C_6H_5-CH-CH_2-C-C_6H_5$$
$$\underset{O}{|} \qquad\qquad\qquad\qquad \underset{CN}{|} \quad\quad \underset{O}{|}$$

5L 三口烧瓶中加入 208g（1mol）1,3-二苯基-丙-2-烯-1-酮、3.5L 95%乙醇及 60mL（1mol）冰乙酸，保持 35℃左右，于 1h 慢慢加入 130g（2mol）氰化钾溶于 370mL 水的溶液。当加入约 1/2 时，乙酸作用完毕，反应液变为碱性，反应液由最初的绿色变为黄色（由 Fe 造成的颜色和改变）。加完后再搅拌 3h，于冷暗处放置 50h，滤出结晶，以 50%乙醇洗、水洗，干燥后得 220~227g（产率 95%），mp 125℃[❶]。

精制：使用较少的乙醇让物料基本溶解，并且在析出少量结晶后滤清以分离高熔点物质。滤液放冷、滤出产品，mp 127℃。

下面实例中，底物 C=C 双键有很大极性，以 KCN 直接加成为加成产物的钾盐，以供后面的碱水解及脱酸；为避免中间产物以碳负离子对于底物的缩合，应将 KCN 溶液以较快速率加入。

苯基琥珀酸　M 149.19，mp 167~169℃；难溶于水，溶解度 < 0.1%。

a. 3-苯基-3-氰基-丙酸乙酯

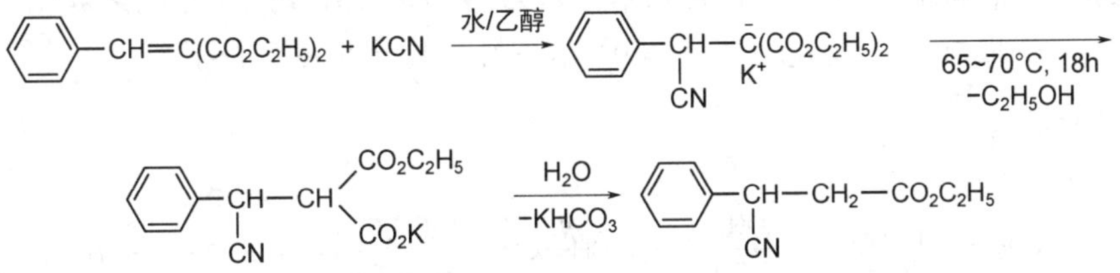

5L 三口烧瓶中加入 200g（0.81mol）苯甲叉丙二酸二乙酯和 2L 95%乙醇，搅拌着于 5min 左右加入 56g（0.86mol）氰化钾溶于 100mL 水的溶液，加完后再搅拌半小时。水浴加热于 70℃左右保温 18h 以完成酯基水解及脱羧，放冷至 15℃以下滤除析出的碳酸氢钾，并以乙醇冲洗两次（干燥后 70~72g，以 KHCO₃ 计算酯的产率约 90%）。洗液与滤液合并以 10%盐酸调节 pH 6~7，约用盐酸 10~20mL（0.025~0.05mol），用水泵减压回收乙醇，约半固体状的剩余物，冷后水洗，加入 0.5L 乙醚充分搅拌提取，分取乙醚层，水层再用 200mL 乙醚提取一次，醚液合并，以无水硫酸钠干燥后回收乙醚，最后减压收尽。

---

❶ 测熔点有少许高熔点物质，是产物的 α-C—H 在碱作用下以碳负离子在原料 C=C 双键间的加成缩合产物。

得红色油状粒酯 130~140g（产率 79%~85%），可直接用于下面的水解；如有必要减压分馏，收集 161~164℃/8mmHg 馏分。

b. 水解——苯基琥珀酸

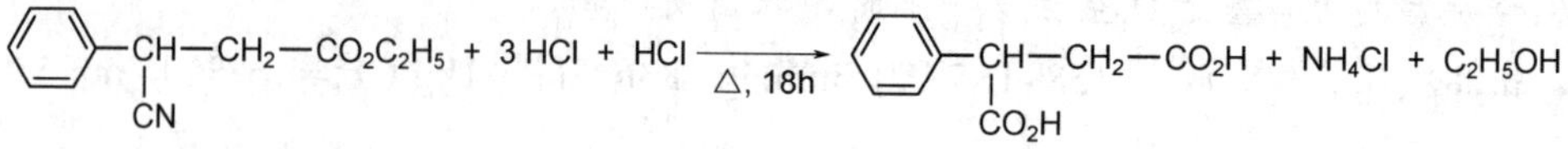

1L 三口烧瓶中加入上面所得粗酯及 500mL 浓盐酸，搅拌 3h 后开始加热回流 18h 至只剩下少量红色物质（分子间加成物），趁热小心移入烧杯中（除去红色杂质），冷后滤出结晶，水洗，于 60℃烘干，得 105~110g（产率 67%~70%），褐色，mp 163~164℃。

精制：用 30mL/g 沸水重结晶，精制的产率 85%~90%，mp 165.5~166℃。

另法（一）：

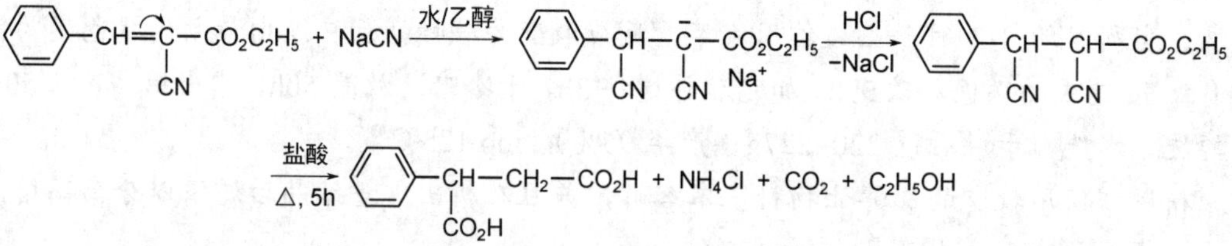

1L 三口烧瓶中加入 20g（0.4mol）氰化钠溶于 40mL 水的溶液，趁热加入 40mL 乙醇，搅拌下冷至 20℃左右，于 1min 内加入 40g（0.2mol）α-氰基-β-苯基丙烯酸乙酯（制备见下面备注），反应放热、不饱和键很快加成为 $C_6H_5-CH-C-CO_2C_2H_5$ 而消溶，在蒸汽浴上加热 2min，使反应完全，加入 200mL 水，以盐酸中和至弱酸性，α,β-二氰基-β-苯丙酸乙酯以黄色油状物析出，放置过夜或搅动刺激使凝，滤出、水洗。

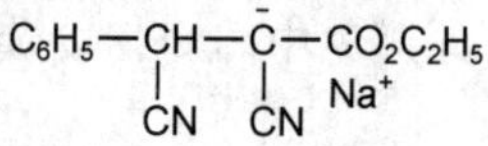

水解及脱羧：0.5L 三口烧瓶中加入 160mL 浓盐酸及以上的 α,β-二氰基-β-苯丙酸乙酯粗品，搅拌下加热回流呈黄色油状物基本淌溶后再回流 1h，约 5h 可以完成[1]。冷后滤出结晶，水洗，干燥后得 35~36.8g（产率 91%~95%，按初始原料计）。

另法（二）：

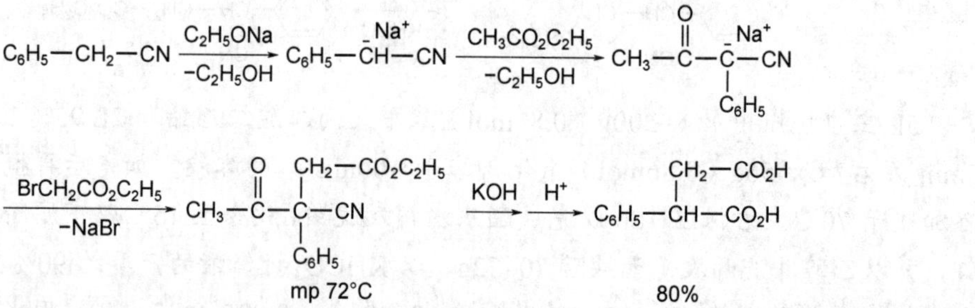

备注：α-氰基苯丙烯酸乙酯 M 201.22，mp 51~53℃，bp 188℃/15mmHg。

---

[1] 第一种方法 β-氰基丙酸乙酯的水解由于有 "6 位位阻" 要 18h 得以完成；第二种方法中 α,β-二氰基苯丙酸乙酯的水解增加拉电子基抵消位阻的影响，得以能在 5h 完成。

$$C_6H_5-CH=C-CO_2H + C_2H_5OH \xrightarrow[\triangle, \ 4.5h]{H^+/乙醇} C_6H_5-CH=C-CO_2C_2H_5 + H_2O$$
$$\qquad\qquad\quad | \qquad\qquad\qquad\qquad\qquad\qquad\qquad\qquad | $$
$$\qquad\qquad\quad CN \qquad\qquad\qquad\qquad\qquad\qquad\qquad\quad CN$$

1L 三口烧瓶中加入 259g（1.5mol）干燥的 α-氰基苯丙烯酸及 500mL 含 1%HCl 的无水乙醇，加热回流 4.5h，放置过夜，次日滤出（无色柱状）结晶以乙醇浸洗，干燥后得 235g（产率 77%），mp 50℃。

四、醛（酮）的羰基与 HCN 加成——α-羟基腈

详见第 123 页。

五、芳香重氮基的氰基取代

详见 611 页。

六、其它方法——丙烯腈 C=C 双键加成

丙烯腈为 C=C 双键与氰基共轭，烯的双键 π 电子发生偏移——碳原子发生缺电子状态（$CH_2=\overset{\frown}{C}H-C\overset{\frown}{=}N$），这种情况的加成是亲核的，如：HCl、HBr、$NC^-$、$HO^-$、$RO^-$、$NH_3$、$S^{2-}$ 的加成。

对于含活泼的氯硅烷、烷氧基硅烷的 H—Si（共价）更倾向自由基加成，使用氯铂酸（H_2PtCl_6）或叔胺为催化剂。具体实例见硅有机化合物部分。

1. 与质子酸加成

丙烯腈受氰基拉电子影响，共轭的双键 π 电子发生偏移，对于质子酸（HX）的加成是亲核的，不遵循马氏定则。

$$CH_2=\overset{\frown}{C}H-C\overset{\frown}{=}N + HX \longrightarrow [^+CH_2-CH=C=NH \longrightarrow X-CH_2-\overset{\frown}{C}H-C\overset{\frown}{=}NH] \longrightarrow X-CH_2CH_2-CN$$

对于非共轭关系的 3-丁烯腈，其与 HBr 加成是遵从马氏定则的，质子加成到端位双键的含氢较多的碳原子上（3-丁烯腈是新蒸的）（见 407 页）。

$$\overset{H}{\underset{H}{>}}C=CH-CH_2-CN + HBr \xrightarrow{40\sim45℃} CH_3-CHBr-CH_2-CN$$

3-溴丁腈
51%, bp 73~74℃/15mmHg

在有机过氧化物催化及光照下对于 HBr 的加成是自由基的，自由基 Br·也具亲电性，它进攻电子云密度较大的端位，对加成中间基的稳定有利，产物是 4-溴丁腈，是反马氏定则的。

质子酸对于丙烯腈的加成不遵循马氏定则。

3-氯丙腈 M 89.53，mp -51℃，bp 175~176℃，d^{25} 1.363。

$$CH_2=\overset{\frown}{C}H-CN + HCl \xrightarrow{10\sim15℃} Cl-CH_2CH_2-CN$$

2L 三口烧瓶中加入 1.06kg（20mol）丙烯腈，用冰水浴冷却控制反应温度 10~15℃，通入干燥的氯化氢使增重 690g（19mol），水浴加热 1h，冷后以无水碳酸钠中和并干燥，

减压蒸馏，收集 70~71℃/14mmHg 馏分，得 1.4kg（产率 82%，以 HCl 计）。

丙烯腈与过量的盐酸共热得到 3-氯丙酸。

$$CH_2{=}CH{-}CN + 2\ HCl + 2\ H_2O \xrightarrow{\triangle} Cl{-}CH_2CH_2{-}CO_2H + NH_4Cl$$

3-氯丙酸
mp41℃, bp 203~205℃

3-溴丙腈　M 133.98，bp 92℃/25mmHg，76~78℃/10mmHg，d 1.615，n_D^{20} 1.4800。

$$CH_2{=}CH{-}CN + HBr \xrightarrow{40{\sim}45℃} Br{-}CH_2CH_2{-}CN$$

10L 三口烧瓶中加入 5.3kg（100mol）丙烯腈，因为反应过程中在通入 HBr 时有固体物❶形成，发生堵管现象，安装两支可随时疏通的直角通气管，控制 40~45℃❶，通入 8.1kg（100mol）溴化氢。在 90℃ 水浴上加热 2h，冷后用无水碳酸钠中和酸性及干燥后减压蒸馏，产率 88%。

2. 与 H_2S 加成（S^{2-}）

H_2S 分子中氢与硫原子间似共价键，介质的酸性抑制 H_2S 解离；在碱性条件 S^- 是很强的亲核试剂——亦见 H_2S 与 $(CN)_2$ 加成为二硫代乙二酰胺，以及三乙胺作用下和乙腈的加成。

将丙烯腈慢慢滴入 15~17℃ 计算量的硫化钠水溶液中生成硫代二丙腈，提高反应温度，产物氰基会有水解（丙烯腈在 40℃ 以上才明显地水解）以及 S^- 在氰基加成。

3,3′-硫代二丙腈　M 140.20，mp 28℃，bp 213~214℃/15~20mmHg，d^{20} 1.120。

$$CH_2{=}CH{-}CN + Na_2S \xrightarrow[15℃,\ -NaOH]{H_2O/水} Na^+\ {}^-S{-}CH_2CH_2{-}CN \xrightarrow[15℃,\ -NaOH]{CH_2{=}CH{-}CN/水} S(CH_2CH_2CN)_2$$

10L 三口烧瓶配置机械搅拌、温度计、分液漏斗及冰水浴。烧瓶中加入 1.6kg（按 Na_2S 计 68%❷，15mol）工业硫化钠溶于 5.5L 水的溶液，保持 15~17℃ 搅拌着于 3h 左右慢慢滴入 1.6kg（30mol）丙烯腈，加完后保温搅拌 10h，冷却下放置过夜（＜20℃）。次日分取油层得 1.5kg，碱水层用 2L 苯提取，提取液回收苯后得 300~400g，与分取的粗品合并，用无水硫酸钠干燥，减压分馏，收集 210~216℃/16mmHg 馏分，得 1.5kg（产率 70%），fp＞17℃。

精制：以上蒸过的粗品在 0℃ 环境放置过夜以得到大结晶，次日在 0℃ 环境倾出未结晶的部分（8~10h，以控净液体），结固物熔化混匀为成品，fp＞27℃。

---

❶ 在 15~20℃ 通入 HBr 在通气管出口生成的固体物可能是 $Br{-}CH_2{-}C(Br){=}NH \cdot HBr$；升高温度，在 40~45℃ 通入 HBr、可能随时滴入，未出现结晶物。该 HBr 是向饱和氢溴酸中的红磷加入液溴发生的，经过氢溴酸红磷洗瓶、氯化钙干燥和安全瓶使用。

❷ 工业硫化钠纯度按 Na_2S 计为 68%，按 $Na_2S \cdot 2H_2O$ 计为 96%。

3. 与胺（氨）加成

$$CH_2\!=\!CH\!-\!CN + HN(C_2H_5)_2 \longrightarrow (C_2H_5)_2N\!-\!CH_2CH_2\!-\!CN$$

3-二乙氨基丙腈
95%, bp 187℃

$$2\,CH_2\!=\!CH\!-\!CN + NH_3 \xrightarrow{\ NH_4OH/水\ } HN(CH_2CH_2CN)_2$$

3,3'-氨二丙腈
57%, bp 205 ℃/25mmHg

4. 与水（HO⁻）及醇（RO⁻）的加成

H_2O 分子中是共价分子，在碱条件下 HO⁻ 是比较强的亲核试剂，但比 S⁻ 负离子的亲核性弱得多。在氢氧化钠催化下，丙烯腈与水加成为 3,3′-氧代二丙腈，反应分两步进行。如果反应温度高于 45℃，虽然加成速率大于氰基的水解速率，仍出现丙烯腈以及产物明显地水解为酰胺，分馏时有较多丙烯酰胺馏分及分馏后有较多高沸物物质；为了操作方便，选择在 40~42℃进行。由于副产物数量较大，精制应该用高效分馏。

3,3′-氧代二丙腈 M 124.14，bp 171~173℃/20mmHg，d^{20} 1.046，n_D^{20} 1.440~1.442℃；无色液体，难溶于冷水，与醇、醚、苯互溶。

$$2\,CH_2\!=\!CH\!-\!CN + H_2O \xrightarrow{\ NaOH\ } O(CH_2CH_2CN)_2$$

40cm 的搪瓷桶置于可控温的水浴中，从桶盖上配置伸入近桶底的机械搅拌、温度计及从高位瓶的加料口。

搪瓷桶中加入 100g（2.5mol）氢氧化钠使溶于 5.6L 水中，控制水浴温度 42~45℃[❶]，桶内反应物温度 42℃，加入 1.5L 丙烯腈，搅拌至不大的放热升温开始，或维持反应物 38~40℃至少搅拌半小时作为引发使反应开始，然后控制反应物温度 40~41℃于 5h 左右再慢慢加入 10.5L（共 12L 180mol）丙烯腈，加完后于 40~41℃，保温搅拌 5h[❷]，放置过夜。次日分取上面油层，用 5%盐酸调节产物 pH 5~6，再分去下面水层；上层仍含较多水，用食盐使饱和并充分搅拌以析出溶解的水，油层以无水硫酸钠干燥。

粗品先作常压分馏回收未作用的丙烯腈至液温 160℃[❸]，再用不大的负压-0.06MPa收尽，共收集到 0.5~0.6L 水层及 4L 丙烯腈用于下次合成。

剩余物稍冷至 110℃减压分馏，待丙烯腈蒸完后有一比较稳定的馏分 110~120℃/15~20mmHg，主要是 3-羟基丙腈[❹]；120~165℃/15~20mmHg 为中间馏分，是 3-羟基

---

❶ 因反应放热及随时加入冷的丙烯腈，热量相抵，故使浴温稍高于反应温度。

❷ 继续搅拌保温是必需的，这样仍有 1/3 丙烯腈未进入反应；尚有 1/12 的 3-烃基丙腈，照此，应该把加入丙烯腈的时间延长至 6h，把保温时间延长至 8h。提高反应温度是有害的，曾在 45~47℃反应，未反应的丙烯腈虽不足 1/10，但是相当多的丙烯腈发生了水解，在蒸馏头分中有大量丙烯酰胺（mp 86℃，bp 115℃/15mmHg，125℃/25mmHg）；同时氧代二丙腈也有不少的不完全水解物及聚合物，蒸馏有相当多底子。

虽然按规定控制的反应温度，如果搅拌不好，反应仍会很不完全。平底的反应容器利于反应物的分散。

❸ 在电热套加热回收丙烯腈的过程中有丙烯酰胺聚合，沸石被聚合物固定在烧瓶底部而不起作用，瓶壁上也有一些聚合物不便清洗，当加入阻聚剂。

❹ 3-羟基丙腈，bp 230℃，110℃/15mmHg，d_0^0 1.0588；n_D^{20} 1.4240。

丙腈、氧二丙腈、酰胺及小分子聚合物。成品收集 165~175℃/20mmHg 馏分❶，外观微浊；再分馏一次，收集 171~173℃/20mmHg 馏分，得 6.5kg（产率 58%），外观仍有轻雾样荧光，脱色处理可方便滤清。

与醇的加成，醇的酸性比水更强，与 NaOH 生成醇钠，RO⁻ 作为亲核试剂。

在碱催化下醇、多元醇与丙烯腈能完全加成，为减少丙烯腈聚合，应将丙烯腈慢慢加入氢氧化钠的醇溶液中，是 RO⁻ 的反应，或当添加阻聚剂。

$$R\!-\!OH + NaOH \longrightarrow RO^- Na^+ + H_2O$$

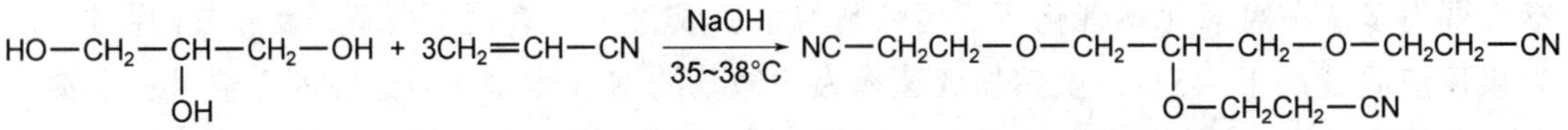

$$HO\!-\!CH_2\!-\!\underset{\underset{OH}{|}}{CH}\!-\!CH_2\!-\!OH + 3CH_2\!=\!CH\!-\!CN \xrightarrow[35\sim38℃]{NaOH} NC\!-\!CH_2CH_2\!-\!O\!-\!CH_2\!-\!\underset{\underset{O\!-\!CH_2CH_2\!-\!CN}{|}}{CH}\!-\!CH_2\!-\!O\!-\!CH_2CH_2\!-\!CN$$

1,2,3-三氰乙氧基丙烷　80%

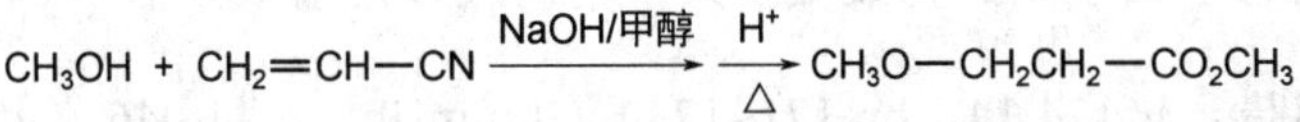

$$CH_3OH + CH_2\!=\!CH\!-\!CN \xrightarrow{NaOH/甲醇} \xrightarrow[\triangle]{H^+} CH_3O\!-\!CH_2CH_2\!-\!CO_2CH_3$$

3-甲氧基丙酸甲酯　77%

---

❶ 严格本工艺操作，蒸馏过程各馏分未出现结晶酰胺，蒸馏底子也较少。

第九章

醚

第一节　概述

醚的通式为 ROR（或 ROR′），依烃基分为单醚、混合醚、不饱和醚、环醚、聚醚和硫醚。

单醚：氧原子两端的烃基相同，如乙醚（二乙醚）、二丁醚、二苯醚。

混合醚：两端烃基不同，如叔丁基乙醚、苯甲醚。

不饱和醚：两侧烃的至少有一个有不饱和键。

环醚：即环氧化物，如环氧乙烷、四氢呋喃、二噁烷及冠醚。

聚醚：烃基与氧原子相间的大分子化合物，如聚乙二醇。

醚的性质：醚一般不溶于水，醚氧原子的未共用电子对及烃基的影响表现为"碱"的性质，与无机酸形成弱键，如：乙醚对于 HCl 的溶解度为 32%，这个浓度几乎就是 $(C_2H_5)_2O \cdot HCl$；乙醚与强"酸"BF_3 生成稳定的络合物 $(C_2H_5)_2O \cdot BF_3$，bp 128℃，可以蒸馏。

醚与强无机酸共热，醚键(R)Ar—O—R可以断开生成酚或醇。例如：愈创木酚与氢溴酸共热得到 o-苯二酚和溴甲烷；苯乙醚在傅-克反应中与乙酰氯（产生的 HCl）作用，脱去烷基，得到 4-羟基苯乙酮和氯乙烷（见 169 页）。又如：四氢呋喃在沸点条件通入 HCl 至饱和状态得到 4-氯-1-丁醇（见 395 页）；由于成环规律的原因，加热至沸腾又脱去 HCl，环合为四氢呋喃。

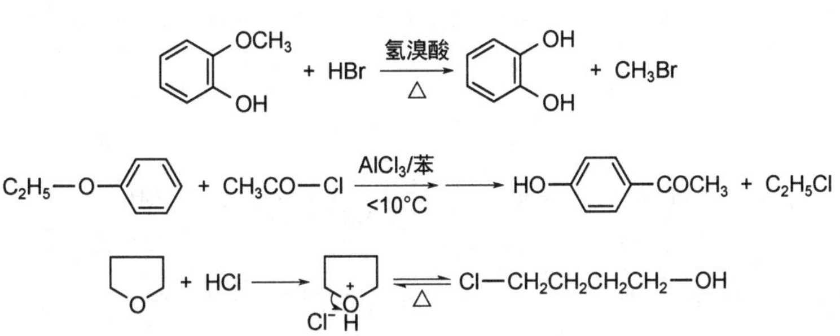

【醚基的分解是质子化的醚基】

丁氧基丙酸丁酯（工业生产丙烯酸丁酯的副产物）的醚基、酯基都是 $n\text{-}C_4H_9O\text{—}$，在同等条件的酸分解中，醚基的水解速率为酯基的 5 倍，原因是：酯基水解有本身的位阻（6 位效应）；而醚基的水解构成过渡态，协同进行——生成丙烯酸丁酯和丁醇。分解要求足够的质子酸浓度和反应温度，水解产物与水共沸、蒸出分离。产物中无 3-羟基丙酸丁酯馏分。

丙烯酸丁酯 M 128.17，bp 145~146℃，d^{20} 0.898，n_D^{20} 1.418。含稳定剂 4-羟基苯甲醚 0.002%。

$$n\text{-}C_4H_9O\text{—}CH_2\text{—}CH_2\text{—}\overset{O}{\overset{\|}{C}}\text{—}O^nC_4H_9 \xrightarrow{H^+/H_2SO_4} \ ^nC_4H_9\text{—}\overset{+}{\underset{H}{O}}\text{—}CH_2\text{—}CH{=}\overset{\overset{O^-\,H}{|}}{C}\text{—}O^nC_4H_9 \xrightarrow{-H^+}\ ^nC_4H_9OH + CH_2{=}CH\text{—}CO_2{}^nC_4H_9$$

2L 三口烧瓶安装机械搅拌、温度计、分液漏斗及 50cm 填充分馏柱、接高位冷凝器及分水装置。馏出产物从分水器上端引出，水层从分水器小口径分馏柱流回反应烧瓶中，用电热套加热。如图 9-1 所示——已经 200 倍中试。

烧瓶中加入 1.5kg "丁酯残液"（丁氧基丙酸丁酯 85%；丙烯酸丁酯 8%~10%；不挥发组分 5%~8%），搅拌下加入 115g 63%硫酸，搅拌下加热至 160℃开始有分解产物馏出；从分水器将上面的有机层溢流至接收器中收集；下面水层慢慢流回反应体系，流回速率以保持反应物温度 160~165℃为宜[❶]，当馏分速率变慢、或可随时向反应体系补加 "丁酯残液"（共处理了 3kg）至反应结束，停止加热，共收集到馏出物 2.7L[❷]，反应瓶温度下降至 100℃以下放出残液（也或继续作分解）。

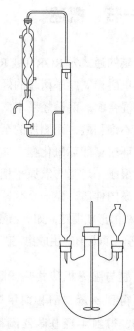

图 9-1　酸分解的仪器

馏出液的酸度按丙烯酸计为 3.5%，用计算量的 Na_2CO_3 调节至 pH 5~6，加入少量阻聚剂作共沸脱水，共脱出水层 120~135mL[❸]，剩余物分馏，收集以下馏分：

114~120℃馏分 1~1.1L，GC 检测，其中丁醇（bp 117.5℃）85%，丙烯酸丁酯 16%；

120~143℃为中间部分，0.13L；

---

❶ 在 160℃分解过程的氧化并不发生；在 180℃的分解处理试验也未见异常。

❷ 此时剩余物温度达 170℃，几乎停止馏出，流放出剩余物 0.2L，计算其组分：硫酸 72~75g；"不挥发组分" 150~170g；丁氧基丙酸丁酯 50g。

❸ 过量的水或从醚另侧开始分解产生，应该检查分解馏出液的丁烯以确认，其产生如下式：

$$C_2H_5\text{—}\overset{H}{\underset{H}{CH}}\text{—}CH_2\overset{+}{\underset{H}{O}}\text{—}CH_2CH_2\text{—}CO_2{}^nC_4H_9 \xrightarrow{-C_2H_5CH{=}CH_2} [HO\text{—}CH_2CH_2\text{—}CO_2{}^nC_4H_9]$$

$$\rightleftharpoons HO\text{—}CH_2\text{—}CH{=}\overset{\overset{O\,H}{|}}{C}\text{—}O^nC_4H_9] \xrightarrow{-H_2O} CH_2{=}CH\text{—}CO_2{}^nC_4H_9$$

143~148℃丙烯酸丁酯 0.83L，纯度（GC）95.7%。

各组分重新分馏得到丁醇和丙烯酸丁酯成品。

醚的氧化：尤以脂肪族醚的氧化是常见的现象，氧化是在亲电的 α 位发生，尤其有支链的仲碳原子容易在与空气的接触中氧化生成过氧化物（亦见 205 页过氧化氢异丙苯的合成），如：

引发：

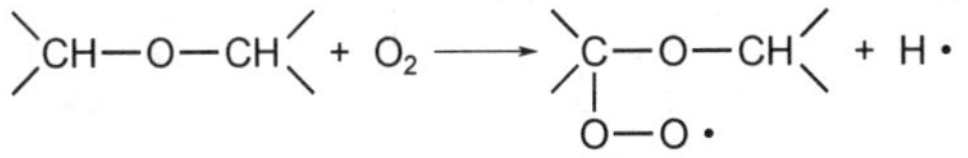

$$\text{>CH-O-CH< + O}_2 \longrightarrow \underset{\underset{O-O\cdot}{|}}{\text{>C-O-CH<}} + H\cdot$$

连锁反应：

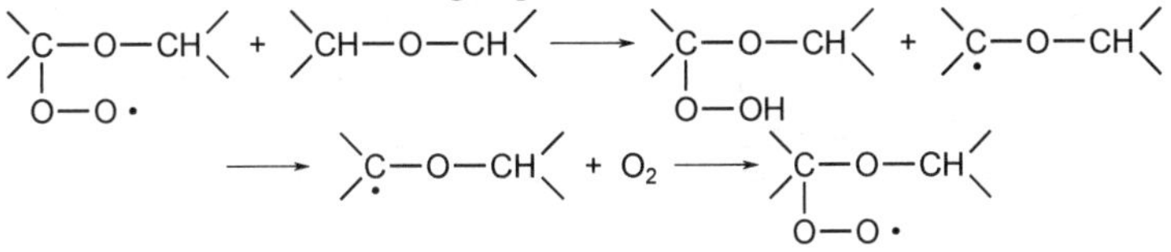

$$\underset{\underset{O-O\cdot}{|}}{\text{>C-O-CH<}} + \text{>CH-O-CH<} \longrightarrow \underset{\underset{O-OH}{|}}{\text{>C-O-CH<}} + \text{>C-O-CH<}$$

$$\longrightarrow \text{>C-O-CH< + O}_2 \longrightarrow \underset{\underset{O-O\cdot}{|}}{\text{>C-O-CH<}}$$

终止：

$$\underset{\underset{O-O\cdot}{|}}{\text{>C-O-CH<}} + H\cdot \longrightarrow \underset{\underset{O-OH}{|}}{\text{>C-O-CH<}}$$

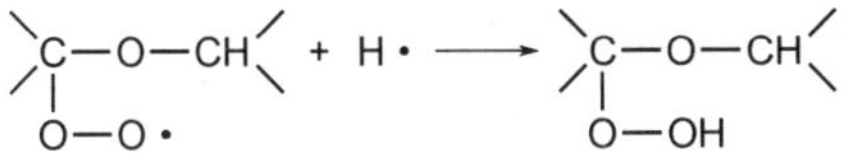

如下实例：

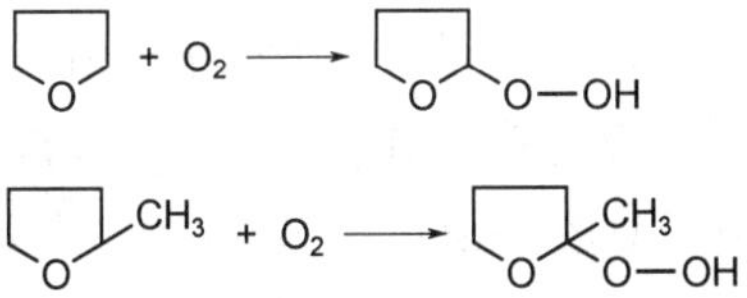

因此，醚的存放要远离火源、密封和避免光照，尽量存放于控温、通风的地窖中。

醚溶剂中的过氧化物有害并有一定危险性，一般可用还原剂（亚硫酸盐、硫酸亚铁）还原处理后再作蒸馏。虽经处理，残存的过氧化物在蒸馏时被浓缩，要考虑加热温度和加热方式，不允许蒸干。另外还要注意铁（及其化合物）和无机酸催化过氧化物分解。

第二节　醚的合成

一、单醚

单醚的两个烃基相同，由单一的醇在分子间脱水制得。

$$2\,\text{R-OH} \xrightarrow{\text{H}^+/\text{H}_2\text{SO}_4} \text{R-O-R} + \text{H}_2\text{O}$$

其合成方法：如乙醚的气相合成方法，操作简便、效果好，将气化的乙醇通过加热的脱水催化剂（如：氧化铝或在 200℃ 煅烧过的钾明矾——硫酸钾铝）在 200~250℃ 进行脱水，反应速率相当快；但高于 300℃ 则主要在分子内脱水生成乙烯，如图 9-2 所示，以氧化铝为催化剂，反应温度高于 350℃，几乎完全生成了乙烯；在 220~250℃，由于反应生成水而使反应有平衡，仅 60% 左右的醇转化，通过不同条件的冷凝分离水、乙醇和醚，乙醇重回系统。

另一种实验室方法也用于工业合成：将乙醇（GC 纯度 95%）和浓硫酸（纯度 95%）以质量比 5:9 相混（按折百有生成酸式酯计算，醇过量 18%），加热维持 130~135℃ 将乙醇气体分散导入，生成的乙醚随时蒸出，带出水和部分乙醇，经初冷分开水；乙醇返回系统，分馏得到乙醚。

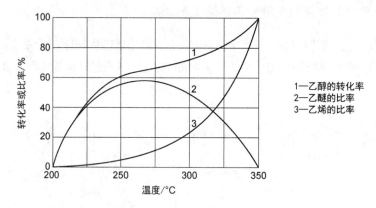

图 9-2 催化乙醇制取乙醚的转化比率

1—乙醇的转化率
2—乙醚的比率
3—乙烯的比率

第一步，醇与浓硫酸一经混合立即生成酸式硫酸酯，在加热的条件与另一分子醇反应，生成醚的同时释出硫酸；第二步，水的积聚抑制反应进行，也不能维持所需要的反应温度，采用回流分水的方法使醚和产生的水随时蒸出使反应连续进行。反应温度过高，硫酸对于反应物的氧化严重，焦化生成黑色物质，硫酸被还原放出 SO_2，在连续生产中要更替部分硫酸，反应中还是有少量副产物是乙烯的短线聚合物。

其它无机酸，如磷酸可以起到相类似的作用，它几乎不使乙烯聚合，也很少起氧化作用。

不同醇有不同适宜的反应温度，如：乙醇和硫酸一起加热，在 130℃ 主要生成乙醚，高于 150℃ 主要生成乙烯；正丁醇和硫酸在 115℃ 主要生成正丁醚，130℃ 以上主要生成丁烯；仲醇、叔醇不能依此法合成单键，在硫酸、磷酸作用下它们 100%生成烯烃。

二丁醚（丁醚）　M 130.26，bp 142℃，d^{20} 0.767，d^{0} 0.784，n_D^{20} 1.399。

$$2\ n\text{-}C_4H_9\text{—OH} \xrightarrow[\triangle]{硫酸} n\text{-}C_4H_9\text{—O—}C_4H_9 + H_2O$$

10L 三口烧瓶中加入 4.45kg（60mol）正丁醇，搅拌下加入 0.8kg（8mol）浓硫酸，加入沸石，安装 60cm 以上填充分馏柱（可以不使用搅拌）加热分馏，控制柱顶温度低于 96℃，以每秒 2~3 滴的速率进行分馏并脱去水，约 20h 可以脱水完全，共脱出水层 600~660mL，反应温度也以开始的 110℃ 逐渐升至 145℃[1]，反应物的颜色也稍有变暗。冷后向反应物中加入冰水，充分搅拌，分取上层，以 5%硫酸亚铁溶液洗两次，以碳酸钠干燥后，水溶加热用水泵减压分馏后再常压分馏，收集 140~142℃ 馏分，得 2kg（产率 50%）[2]。

同样方法从异戊醇制得异戊醚。

---

[1] 最后的反应物液温应控制≤130℃，应该注意加热温度及加热方式以减少生成丁烯。丁醚作为大量工业生产邻苯二甲酸二丁酯的副产物，有大量回收。

[2] 酸式酯保留到最后而无消耗，应按 52mol（60-8=52）丁醇计算产率为 59%；如果投入更多丁醇，产率也将相应提高；或在搅拌下，以-0.04~-0.05MPa 负压下保持 115~125℃用滴液漏斗从液面下随时加入丁醇，将二丁醚及水蒸出，连续反应。

二、混合醚

烷基的混合醚可以从不同醇的酸催化脱水制取，也可通过酸式硫酸酯与其它强"酸"醇的交换；许多伯基的混合醚是在碱作用下的酚（醇）钠与卤代烃或硫（磺）酸酯的取代。

1. 不同醇的分子间脱去水

伯基的混合醚可依单醚的合成方法，用分子相差较大的不同醇（便于分馏分离）在分子间酸催化脱水制取。对于仲基、叔基和伯基的混合醚，仲醇、叔醇在 70%~80%硫酸中很快生酸式酯，而后是与强酸醇交换生成混合醚，反应中使用溶剂提取，以作保护；叔丁醇在70%~80%硫酸中的酸式酯可以在室温或更低的温度进行，见过氧化二叔丁基的合成（见 255页，硫酸单叔丁酯及过氧化硫酸软硬酸碱交换）。又如：硬酸硬碱酸式酯被苯提取，滴入弱酸醇在苯溶液与之酸碱交换为醚及硫酸。

二苯甲基-2′-氯乙基醚 M 264.72。

$$Cl-CH_2-CH_2-OH + H_2SO_4 \xrightarrow[\triangle]{苯} Cl-CH_2CH_2-O-SO_3H + H_2O$$

$$Cl-CH_2CH_2-O-SO_3H + (C_6H_5)_2CH-OH \xrightarrow[\triangle, 4h]{苯} (C_6H_5)_2CH-O-CH_2CH_2-Cl + H_2SO_4$$

0.5L 三口烧瓶中加入 36g（0.45mol）氯乙醇，搅拌下加入 35mL 苯及 5mL（0.92mol）浓硫酸，水浴加热保持回流，约 1h 从分液漏斗慢慢滴入 55g（0.3mol）二苯甲醇及 65mL苯的溶液，加完后再搅拌下加热回流 4h。冷后分取苯层，酸水层用 35mL 苯提取一次，苯液合并，水洗，以无水氯化钙干燥后回收苯。剩余物减压分馏，收集 174~177℃/4mmHg馏分，得 60~65.3g（产率 81%~88%）无色黏稠状液体，n_D^{30} 1.5651，移入烧杯中凝固，mp 27.4~27.8℃，在冰箱中存放。

2. 醇、酚在碱作用下与卤代烃、硫酸酯的亲核取代

醇（酚）钠和伯卤代烃反应得到高产苯的醚；仲卤代烃、叔卤代烃以及相邻为仲基的伯卤代烃 $R-\overset{R'}{\underset{}{CH}}-CH_2-X$ 在强碱作用下发生 β-消去生成叔烯，醚的产率会很低。为了减少消去反应，一般使用氯代烷和尽可能低的反应温度在醇溶液中进行。

芳基卤化物的活泼性远不及脂肪族卤化物，受其它拉电子影响的芳基卤化物需要在较高的温度才得以和醇钠、酚钠反应生成芳基醚，这是通过加成-消除过程在芳核上进行的亲核取代，芳基卤对于取代难易次序为 F > Cl > Br，与脂肪族相反。

2,2′-二甲氧基-1,1′-联萘 M 314.13，mp 191~193℃。

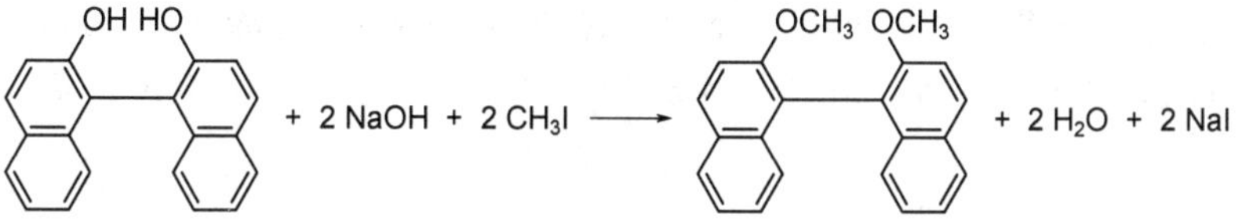

$$+\ 2NaOH + 2CH_3I \longrightarrow \quad +\ 2H_2O + 2NaI$$

2L 三口烧瓶中加入 144g（0.5mol）2,2'-联萘酚、600mL 乙醇，加热使溶。稍冷，搅拌下加入 100g 40%（1mol）氢氧化钠溶液，加热使析出钠盐结晶。冷后加入 170g（1.2mol）碘甲烷，混匀，于水浴加热回流 2h，析出大量结晶。冷后滤出，水洗，以 5% NaOH 调节洗液为碱性，滤出，水洗，干燥后得 150g（产率 98%），mp 188~189℃。

精制：用 8mL/g 苯重结晶，约 100g，外观暗黄色，mp 191~193℃。

4-庚氧基苯甲酸　M 236.31，mp 91~93℃。

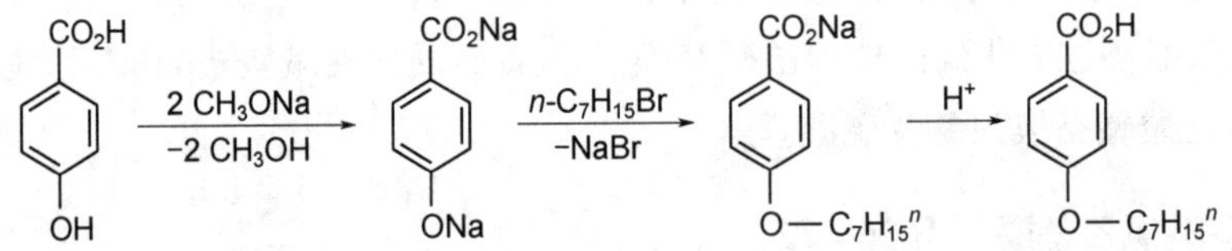

10L 三口烧瓶中加入 600mL 甲醇，搅拌下于水浴加热，加入 552g（4mol）4-羟基苯甲酸，回流及搅拌下于半小时左右加入 1.55kg（28%，8mol）甲醇钠的甲醇溶液，停止加热，再搅拌下于 1h 左右慢慢加入 790g（4.4mol）溴庚烷，很快大量结晶析出，加完半小时后析出结晶使搅拌困难；停止搅拌，加热回流 5h。加入 6L 热水，用木棒搅动至能开动搅拌后再开动搅拌，加热蒸出 2.8L 为稀甲醇；反应物成为均一溶液，倾入烧杯中放冷过夜。次日滤取絮状钠盐结晶，得湿品 1.8kg。

以上钠盐溶于 6L 70℃热水中，以 50% H_2SO_4 酸化，滤出结晶，用热水洗去 4-羟基苯甲酸（加热使结晶熔化后放冷），滤取凝块固体，得 800g，mp 89~92℃。

精制：以上粗品用甲苯（1.5mL/g）重结晶（脱色），冷后滤出，以 200mL 甲苯浸洗一次，干燥后得 700g（产率 74%），mp 91.3~94.3℃，纯度 99.6%。

同样方法制取 4-己氧基苯甲酸，mp 105~106℃。

3-甲氧基-4-甲氧甲氧基苄醇　M 198.22。

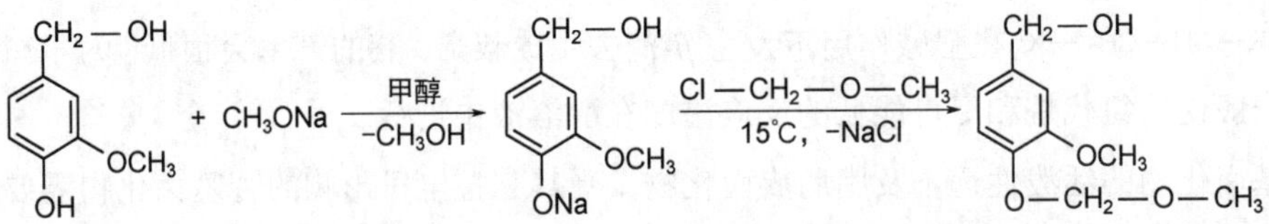

1L 三口烧瓶中加入 154g（>97%，mp 113.3~114.3℃，1 mol）香兰醇及 300mL 甲醇，搅拌下控制温度在 50℃以下慢慢加入 180g 30%（1mol）甲醇钠甲醇溶液，加完后再搅拌 1h，应基本清亮。冷后控制 15℃左右、于 1.5h 慢慢加入 85.6g（94%，1mol）氯甲基甲基醚❶，立即析出 NaCl，保温搅拌 4h，滤除氯化钠，以甲醇浸洗两次，洗液与滤液合并，在 50℃水浴加热，用水泵减压回收甲醇，向剩余物加入

---

❶ 甲醇钠与氯甲基甲基醚应酌情增加。

150mL 甲苯搅拌 15min 使粗品溶解，加入 200mL 饱和食盐水搅拌 10min，检查调节水相 pH 10❶，搅拌半小时，分去碱性水层，再用饱和盐水洗两次，以无水硫酸钠干燥过夜[扣除溶剂，纯度（HPLC）>78%]。油浴加热，水泵减压回收甲苯至液温 130℃/-0.08MPa，剩余物油泵减压分馏，收集 150~152℃/2mmHg 馏分，约90g，纯度（HPLC）93%；前馏分 45g 含量 70%，重新分馏得 15g。与产品部分合并，共得 105g（使用空气浴加热纯度会更低，高沸物有增加）。

2-苄氧基乙醇　M 152.19，mp -75℃，bp 265℃，d^{20} 1.064，n_D^{20} 1.5253。

$$HO—CH_2CH_2—OH \xrightarrow[-CH_3OH]{CH_3ONa} HO—CH_2CH_2—ONa \xrightarrow[-NaCl]{Cl—CH_2—C_6H_5} HO—CH_2CH_2—O—CH_2—C_6H_5$$

5L 三口烧瓶中加入 2kg（32 mol）无水乙二醇（bp 198℃），搅拌下加入 2kg 30%（10.7mol）甲醇钠甲醇溶液，搅拌下用油浴加热蒸除甲醇，最后用水泵减压蒸至 130℃/-0.07MPa 以蒸尽甲醇。

维持 70~90℃搅拌下从分液漏斗慢慢加入 1.27kg（10mol）氯化苄，立即反应析出氯化钠（放热不大），加完后保持搅拌 1h。冷后滤除氯化钠，减压分馏回收乙二醇约 1kg，剩余物冷后加入 2kg 碎冰中，充分搅拌，分取油层，水层用 1L 提取一次，与分取的油层合并，水洗，回收苯后减压分馏，收集 120~124℃/5mmHg 馏分，得 600g（产率 46%）❷，d^{20} 1.068，n_D^{20} 1.5232。

4,4'-双-甲氧甲基-联苯（BMMB）　M 242.32，mp 56℃，bp 180~182℃/5~6mmHg；无色蜡样固体，溶于石油醚（难溶于冷石油醚），易溶于醇及苯中。

$$Cl—CH_2-\!\!\!\!\bigcirc\!\!\!\!-CH_2—Cl + 2CH_3ONa \xrightarrow[60℃]{甲醇} CH_3O—CH_2-\!\!\!\!\bigcirc\!\!\!\!-CH_2—OCH_3 + 2NaCl$$

2L 三口烧瓶中加入 690g（28%，3.5mol）甲醇钠甲醇溶液❸，搅拌下加热维持 58~62℃于 2h 左右慢慢加入 377g（1.5mol，97%，mp 134.5~137.5℃）或385g（94%，mp 132~134℃）的联氯苄，立即反应并析出氯化钠（放热不大）。加完后保温搅拌 2h，再加热回流 2h（72℃），冷至 55℃滤除氯化钠并以 100mL 热甲醇冲洗，洗液与滤液合并，搅匀放冷，下面重质油层结固，甲醇层也析出部分结晶，分别收集及热水洗。使用两种不同质量的联氯苄合成的试验结果如下：

联氯苄含量	下层的产量和纯度❹		甲醇中析出的产量和纯度		总产率
94%	270g	96%	35g	98.5%（GC）	84%
97%	296g	99%	40g	99.8%	92%

---

❶ 甲氧甲基醚的酸稳定性差，比简单醚更容易水解，常用作保护基。

❷ 或使用氯乙醇在酸催化下与苄醇在苯层脱水，然后碱水解（氯）。

❸ 甲醇钠甲醇溶液可以减少 10%。

❹ 粗品的纯度比原料联氯苄的纯度更高，这是由于甲醇母液溶去了原料中的杂质；母液回收甲醇 450mL；剩余物水洗，得 20g 质量更差的粗品，纯度（GC）87%。

粗品的精制[❶]：以上粗品 320g（＞96%）溶于 225mL 精制成品的石油醚母液中，混匀、放冷再冰冷（中间搅动两次），趁冷滤尽母液，得 380g（干燥后 300~310g），mp 51~51.5℃，以上溶析过的产品不必干燥，将其溶于 300mL 沸程 90~120℃的石油醚中，混匀，加入 5g 炒过的无水硫酸钠及 3g 脱色炭于 50℃搅拌 10min，静置 5min 后重力过滤，无色清亮的滤液放冷后冰冷 3h（中间搅动两次），滤出结晶，以 30mL 石油醚浸洗一次，风干后得 220g，mp 51.5~52.5℃，纯度（GC）99.1%，Fe 含量＜10ng/g，Na 含量＜100ng/g。

二-2-氯乙基醚和醇钠反应得到二-乙氧乙基醚，如果物料含水，主要产物是二噁烷，以下反应不可避免有乙烯基醚产生。

$$Cl—CH_2CH_2—O—CH_2CH_2—Cl + 2\ C_2H_5ONa \xrightarrow[\triangle,\ 30h]{无水乙醚} (C_2H_5—O—CH_2CH_2)_2O + NaCl$$
$$40\%,\ bp\ 180\sim190℃,\ d\ 0.909$$

酚类由于羟基氧原子来共用电子对与芳环共轭，或者拉电子原因显示出比醇更强许多的酸性，其钠盐得以在水条件下与硫酸酯进行对应酸碱的交换，水介入离子对使生成中性产物的反应缓慢，而需要稍高的反应温度；相对稳定下来的 ArO^- 负离子使芳核的邻、对位有更大的电负性得以使 C^+ 进行亲电取代，如：间苯二酚的 O-甲基化在水条件要求 70℃，有更多的副产物；而在甲醇中只需要 10℃，产生较少副产物及较高质量和产率。

m-苯二甲醚　M 138.17，bp 220℃，85~87℃/7mmHg，d 1.055，n_D^{20} 1.5240。

1L 三口烧瓶中加入 110g（1mol）间苯二酚及 316g（2.5mol）用冰水洗过并干燥的硫酸二甲酯、150mL 甲醇，搅拌使溶，冰水冷却控制反应温度 10~30℃于 2h 左右慢慢加入 250g 40%（2.5mol）氢氧化钠溶液，反应放热，加完后[❷]保温搅拌半小时，加热回收甲醇 150mL（d 0.83，甲醇含量 77%），稍冷后分取上面油层，得 132g，GC 检测其纯度 96.3%，产率 92%，含单醚 1.9%，其它杂质 1.2%[❸]。

苯甲醚　M 108.14，bp 155℃，d_{15}^{15} 0.999，d^{20} 0.993，n_D^{20} 1.5179。

---

❶ 工业生产是用减压分馏精制，蒸馏前必须洗净及中和粗品的碱性，由于醚在碱性作用下＞200℃有分解，否则，蒸馏后的产物纯度将下降 0.5%~0.8%，可能发生了 Wittig 重排。

❷ 开始析出大量 $CH_3—O—SO_3Na$，加热后溶化，回收甲醇调节后再用于合成。

❸ 在水条件的反应温度要 70~73℃，才顺利反应，粗品纯度 84%，产率 80%，其它杂质 13%，该杂质可能是 ArO^- 影响下的在芳核上甲基化的产物（亦如：间苯二酚在水条件、碱作用下与 CO_2 的缩合——2,4-二羟基苯甲酸），这个副反应或因硫酸二甲酯太远造成的。应参照苯甲醚的合成，用加热回流以使 $CH_3—O—SO_3Na$ 也进入 O-甲基化——反应中试剂的强度较弱，浓度也较低。

$$C_6H_5-OH + (CH_3O)_2SO_2 + NaOH \xrightarrow{65\sim70℃} C_6H_5-O-CH_3 + CH_3O-SO_3Na + H_2O$$

$$C_6H_5-OH + CH_3O-SO_3Na + NaOH \xrightarrow{100℃} C_6H_5-O-CH_3 + Na_2SO_4 + H_2O$$

2L 三口烧瓶中加入 470g（5mol）苯酚，搅拌下加入 378g（3mol）硫酸二甲酯，慢慢加热至 70℃，维持放热的反应温度 65~70℃[❶]，于 1h 左右慢慢加入 573g 35%（5mol）氢氧化钠溶液（应增至 5.5mol），加完后加热回流半小时。冷后分取油层，水洗两次，干燥后分馏，收集 153~155℃馏分，约 464g（产率 85%）。

同样方法制取 3-溴苯甲醚，bp 210℃，d 1.1477，n_D^{20} 1.5640。

芳基卤化物的羟氧取代是通过加成-消去进行的在芳核的亲核取代（S_NAr）过程，反应被离去基邻、对位的强拉电子基活化，2-硝基卤代苯是好的底物；又 F 原子对于亲核试剂的氢键以及其它场效应都对取代产生影响。

4-硝基二苯醚　M 215.21，mp 56~58℃，bp 320℃。

$$O_2N-C_6H_4-Cl + C_6H_5-OK \xrightarrow[150℃]{Cu} \left[\text{中间体} \right] \xrightarrow{-KCl} O_2N-C_6H_4-O-C_6H_5$$

2L 三口烧瓶中加入 160g（1.7mol）苯酚及 80g 99%（1.42mol）氢氧化钾粉末，加热维持 130~140℃直至所有的氢氧化钾消溶[❷]。当苯酚钾温度下降至 110℃，加入 0.1g 铜粉及 78.8g（0.5mol）4-硝基氯苯（mp 83~84℃，bp 242℃），开动搅拌并加热，至 150~160℃猛烈反应开始并析出氯化钾（移开热源），5~7min 后反应缓和[❸]；再加入 78.8g（0.5mol）4-硝基氯苯，又开始猛烈反应 4~5min；加热保温半小时，稍冷，在反应物凝固前倾入含 50g KOH 的 1.5L 水中，充分搅拌以洗去过剩的苯酚，棕色的粗品沉降下来，滤出、水洗，风干后减压蒸馏，前馏分为 4-硝基氯苯，收集 188~193℃/8mmHg 馏分；再减压分馏一次，收集 188~190℃/8mmHg 馏分 173~177g（产率 80%~82%），mp 56~58℃。

从 2-硝基氯苯制取 2-硝基二苯醚的产率 84%，bp 183~185℃/8mmHg，制备 3-硝基二苯醚则要使用间硝基溴苯；如使用 3-硝基氯苯合成将出现大量沥青状物。

氯化铜与甲醇钠交换的甲氧基铜盐，叔胺或 DMF 作为助剂解除铜盐的缔合以提高 CH_3O^- 的浓度在芳核潜离去基位置进行加成-消去的亲核取代，铜盐对于负离子在取代芳基卤化物的反应中有催化作用。

此项反应在 2-溴-4-叔丁基苯酚的 HO^- 制取 4-叔丁基-o-苯二酚中，只是使用 25% NaOH 水溶液在 120~130℃加热就完成了芳基溴的 HO^- 取代，是芳基卤原子与邻位羟基或其钠盐的作用，o-溴酚分子内氢键使潜离去基苯基碳原子附近的电子云密度降低，更容易受亲核试剂的进攻，离去基也容易消除。

---

❶ 放大 50 倍生产。在 40~50℃反应缓慢，曾在加完氢氧化钠以后加热升温至 70℃才剧烈反应放热，因此提高并控制 65~70℃以更慢的速度加入氢氧化钠溶液。

❷ 应使用不锈钢容器用油浴加热。

❸ 应维持反应温度分多次加入 4-硝基氯苯。

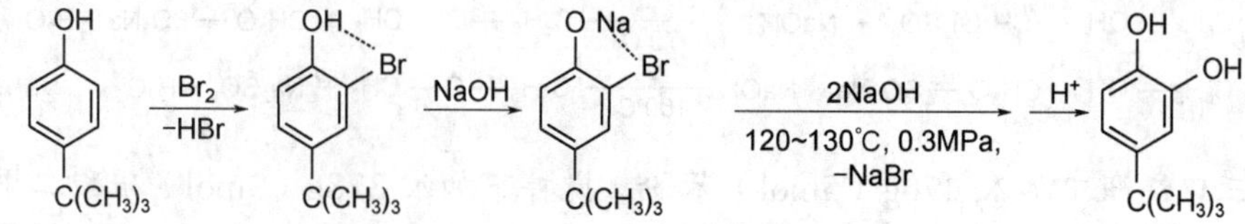

又如 2-苯基呋喃并[3,2-*b*]吡啶的合成（见 807 页）：

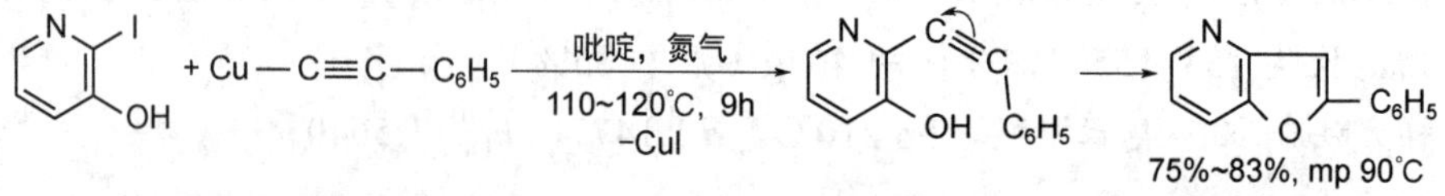

2-甲氧基-4-甲氧甲基苯酚　*M* 168.19。

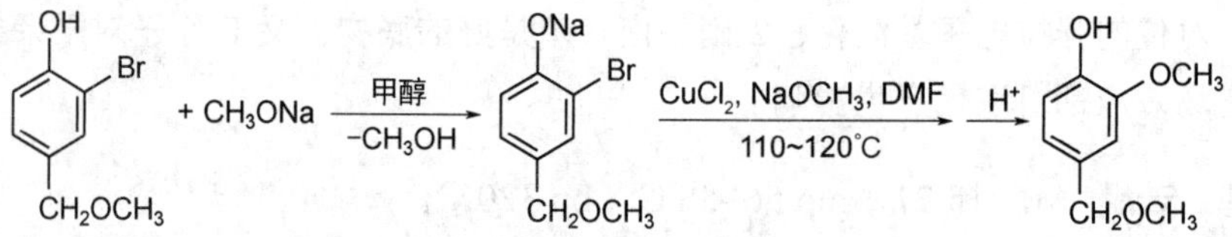

a.甲醇钠溶液

5L 三口烧瓶中加入 1.46L 甲醇，搅拌下加入 83g（2mol）氢氧化钠粉末。溶解后加入 383g（5mol）煅烧过的氧化钙粉末，在油浴回流 12h，放置澄清。

b. 取代及分离

2L 三口烧瓶中加入 730mL 8%（约 1mol）甲醇钠甲醇溶液、21.7g（0.1mol）2-溴-4-甲氧甲基苯酚、370mL 无水二甲基甲酰胺及 6g（0.045mol）氯化铜粉末，用氮气排除仪器系统中的空气，搅拌着于 110~120℃油浴上加热 4.5h，去除甲醇，最后蒸尽二甲基甲酰胺。冷后向反应物中加入 1.2L 5%（约 1.7mol）盐酸酸化，酸化后用乙醚提取，合并的提取液用饱和食盐水洗、水洗，回收乙醚，减压收尽，剩余物 24g，精制后得 16g（产率 95%）。

原文献是微量的制备试验，此记述放大为整数以直观。

3. 格氏试剂和原甲酸酯——醛缩醇

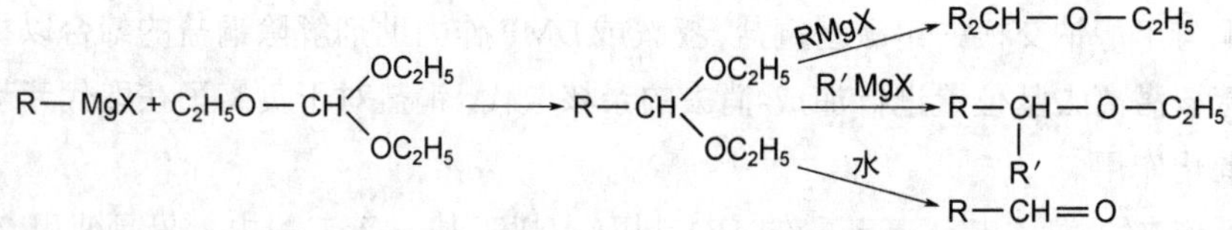

3-乙氧基戊烷（戊基-3-乙醚）　*M* 116.21，bp 104℃，d^{20} 0.765~0.766。

$$2\,C_2H_5-MgBr + C_2H_5O-CH(OC_2H_5)_2 \longrightarrow (C_2H_5)_2CH-OC_2H_5 + 2\,C_2H_5O-MgBr$$

10L 烧瓶中加入 505g（21mol）铁屑，用无水乙醚盖没，引发反应后慢慢加入 2.2kg（20mol）溴乙烷及 3L 无水乙醚的溶液制成格氏试剂[●]。加热保持回流着从分液漏斗于 2h 左右慢慢加入 1.03kg（7mol）原甲酸乙酯，不时摇动使反应物均匀，加完后摇匀，加热

[●] 在此应该回收乙醚重复使用。

回流 10h；冷后从冷凝器上口慢慢加入 4L 水，有大量乙烷放出，开始要加得很慢以免扑溢，放置过夜。

次日，小心倾出上面醚层（如不易分层可加入些许稀盐酸轻轻摇动几下即可分层），水层用回收乙醚提取一次与分出的醚层合并，分馏回收乙醚。剩余物分馏，收集 102~104℃馏分，得 350~400g（产率 43%~49%），d 0.76。

三、不饱和醚

乙烯基醚是重要的不饱和醚，它在 $SnCl_4$、BF_3、$AlCl_3$ 等"酸"催化下发生线型、环型聚合，如烯的聚合。

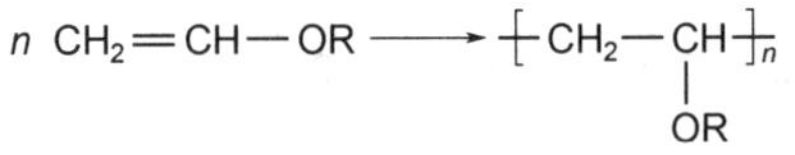

$$n\ CH_2=CH-OR \longrightarrow \begin{array}{c} \text{[}CH_2-CH\text{]}_n \\ | \\ OR \end{array}$$

乙烯基醚与丙烯腈的共聚物用于人造革；与氯乙烯的共聚物用于涂料；与顺丁烯二酸酐的共聚物是有规律的交替环节，它可溶于水，是黏稠的透明液体，用于皮革和织物的处理；与之共聚的材料与材料的使用目的有关。

乙烯基醚的加成符合马氏定则，如：

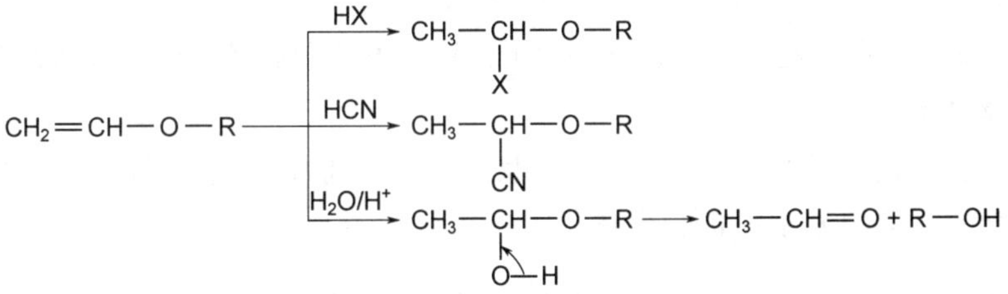

$$CH_2=CH-O-R \begin{cases} \xrightarrow{HX} CH_3-\underset{X}{CH}-O-R \\ \xrightarrow{HCN} CH_3-\underset{CN}{CH}-O-R \\ \xrightarrow{H_2O/H^+} CH_3-\underset{O-H}{CH}-O-R \longrightarrow CH_3-CH=O + R-OH \end{cases}$$

在反应温度 230℃左右、CuCl 阻聚及 $AlCl_3$ 催化、压力约 20MPa 下，乙烯基醚和氨加成生成 2-甲基-5-乙基吡啶（类似于乙炔和氨在气相、硫酸锌催化下制得 4-甲基吡啶和 2,4-二甲基吡啶）。

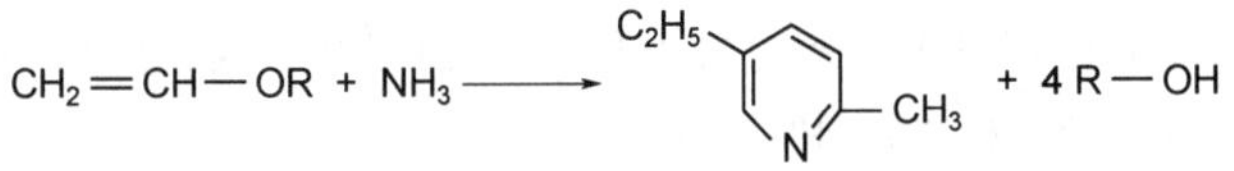

$$CH_2=CH-OR + NH_3 \longrightarrow \underset{\text{(吡啶环: }C_2H_5,\ CH_3)}{\text{吡啶}} + 4R-OH$$

1. 乙烯基醚的合成

碱催化下醇与乙炔加成得到乙烯基醚，催化剂是氢氧化钾的醇溶液、醇钠或载体上的氢氧化钠。酚类、伯、仲醇都容易和乙炔加成得到良好的产率；但不能与不饱和醇，如丙烯醇、丁烯醇加成。

乙炔或其它端位炔都能和伯醇加成，反应是在 15%醇钠的醇溶液中液相进行的，由于过程中有"碱"损失（或为有机碱盐）使反应速率变慢，必须随时向反应物中添加醇钠以维持反应中碱的浓度，连续操作中烯基醚随时蒸出，同时补加含 1%醇钠的醇，如：合成乙烯基乙醚时，合适的反应温度为 150~160℃；乙炔和甲醇在 120℃就能顺利反应，也必须采取措施才能达到反应要求的温度——使用高浓度的醇钾、压力或高沸点溶剂。反应放热。应该注意，乙炔易燃、易爆，在醇的气体充满反应体系，无氧条件下使用压力及加热仍属安全，防止静电及密闭电源开关是必须的；为了确保安全还是使用氮气保证体系条件和避免醚的氧化。

分子内适宜成环的位置，如：羟基、氨基和不饱和键很容易加成环合，如相邻的多元醇与乙炔反应首先生成乙烯基醚，依照成环规律很容易进一步在分子内加成。

$$CH_2-OH \atop CH_2-OH \quad + \quad HC\equiv CH \xrightarrow{KOH} \quad {CH_2-O-CH=CH_2 \atop CH_2-OH} \quad \longrightarrow \quad {CH_2-O \atop CH_2-O}{\diagdown \atop \diagup}CH-CH_3$$

α-烯基醚的其它合成方法：醛与无水醇在酸催化下生成半缩醛。用无水 HCl 饱和，完成半缩醛及其卤代，生成 α-氯代的醚：

$$CH_3-\overset{H}{\underset{}{C}}=O + HO-C_2H_5 \xrightarrow[-5℃]{H^+} CH_3-\overset{H}{\underset{OH}{C}}-O-C_2H_5 \xrightarrow[-H_2O]{HCl} CH_3-\overset{H}{\underset{Cl}{C}}-O-C_2H_5$$

这个反应几乎是定量的。分去酸水层，再 β-消去得 β-烯基醚：

$$CH_3-\overset{H}{\underset{Cl}{C}}-O-C_2H_5 \xrightarrow{-HCl} CH_2=CH-O-C_2H_5$$

商品乙烯基乙醚添加三乙醇胺作稳定剂。

2. β-烯基醚

β-烯基醚比 α-烯基醚稳定得多，从醇（酚）钠与不饱和卤烃作用，或从 β-烯醇和其它醇的酸催化脱水制得。

醇（酚）钠和氯丙烯作用：酚的酸性很强，向酚和氯丙烯的混合物中慢慢加入氢氧化钠溶液，得到较高产率的 β-不饱和混合醚。

$$\text{〇}-ONa + Cl-CH_2-CH=CH_2 \xrightarrow[65\sim70℃]{乙醇} \text{〇}-O-CH_2-CH=CH_2 + NaCl \quad （见 806 页）$$
$$75\%$$

丙烯醇与其它醇在酸催化下脱去水：丙烯醇在硫酸作用下质子化及脱水生成烯丙基正离子，正电荷被 C=C 分散到 1,3-位置，$CH_2=CH-CH_2^+$ 是相当稳定的，生成烯丙基正离子所需的能量很低，反应迅速。亲核试剂进攻 1,3-位的机会相等（双键移位），与醇作用生成烯丙基醚是主要反应，体系中也有相同的醇分子间的脱水产物。

下面实例中，由于丁醇和产物的沸点相近，且场效应使它们有共沸，不能用简单分馏的方法分离产物。使用欠量的丁醇以期尽可能少地进入反应，仍不能分离产物；或应使用更低的反应温度。

β-丙烯基丁醚（烯丙基丁醚）　　M 114.19，bp 117~118℃，d^{20} 0.783，n_D^{20} 1.4053。

$$CH_2=CH-CH_2-OH \xrightarrow[-H_2O]{H^+} \left[CH_2=CH-CH_2^+ \rightleftharpoons {}^+CH_2-CH=CH_2 \right] \xrightarrow{HO-{}^nC_4H_9} CH_2=CH-CH_2-O-{}^nC_4H_9$$

5L 三口烧瓶中加入 880g（98%，15mol）丙烯醇及 740g（10mol）正丁醇，开动搅拌，加入 20g 氯化亚铜及 60g 对甲苯磺酸（或 30g 浓硫酸）加热、分馏脱水，约 10h 从分水器共收集到水层 210~220mL，冷后以 10% NaOH 中和反应物呈中性，分取油层，水洗，以无水硫酸钠干燥后分馏收集 110~120℃馏分[1]，再分馏一次，收集 114~117℃馏分，产率 70%，纯度（GC）90%。

1,4-戊二烯 M 68.12，bp 25~26℃，d^{20} 0.661，n_D^{20} 1.389。

a. α-氯乙基-乙基醚（bp 107℃分解，d^{20} 0.990，n_D^{20} 1.411）

$$CH_3-\overset{H}{\underset{}{C}}=O + HO-C_2H_5 \xrightarrow[-5℃]{H^+} [CH_3-\underset{OH}{CH}-O-C_2H_5] \xrightarrow[-H_2O]{HCl} CH_3-\underset{Cl}{CH}-O-C_2H_5$$

1L 三口烧瓶配置机械搅拌，伸入近瓶底的通气管，使用冰盐浴冷却。

烧瓶中加入 200g（210mL，4.54mol）乙醛或重新蒸过的三聚乙醛（bp 121~121.5℃）及 200g（4.34mol）无水乙醇，冷却控制-5℃左右，搅拌下通入干燥的 HCl 至增重 200g（5.48mol HCl），约 2h 可以完成。反应物分为两层，分取上层，通入氮气赶除多余的 HCl，以无水硫酸钠干燥过夜[2]，得 412~432g（产率 87%~92%），滴定分析含氯 31.74%，计算值 32.66%。

b. α,β-二溴乙基-乙基醚

$$CH_3-\underset{Cl}{CH}-O-C_2H_5 + Br_2 \xrightarrow[0~5℃]{} CH_2Br-CHBr-O-C_2H_5 + HCl$$

1L 三口烧瓶中加入 425g（3.92mol）α-氯乙基-乙基醚粗品，冰盐浴冷却控制反应温度 0~5℃，搅拌着于 6h 左右慢慢加入 625g（3.92mol）液溴，停止加溴不久即可褪至无色，通入氮气赶除 HCl。减压蒸馏，收集 70~75℃/27mmHg 馏分，得 599~663g（产率 63%~73%），n_D^{20} 1.5097~1.5102。

c. 烯丙基溴化镁

$$CH_2=CH-CH_2Br + Mg \xrightarrow[0~5℃]{乙醚} CH_2=CH-CH_2-MgBr$$

5L 三口烧瓶中加入 195g（8mol）镁屑及 2.4L 无水乙醚，在冰浴冷却，加入几小粒碘（最好以格氏试剂引发；应先以少量溶剂及溴丙烯引发后再加入溴丙烯和乙醚）用氮气排除空气，控制 0~5℃于 17h 左右搅拌下慢慢加入 400g（3.3mol）溴丙烯及无水乙醚的混合液，加完后再搅拌 1h。小心倾入另个 5L 三口烧瓶中，未作用的铁屑用 200mL 无水乙醚浸洗一次，洗液并入格氏试剂反应液，混匀备用，清液用标准酸滴定含量为 2.6~2.9mol。

d. α-烯丙基-β-溴乙基-乙基醚

$$Br-CH_2-\underset{Br}{CH}-O-C_2H_5 + BrMg-CH_2-CH=CH_2 \xrightarrow{5℃} Br-CH_2-\underset{CH_2CH=CH_2}{CH}-O-C_2H_5 + MgBr_2$$

---

[1] 产物含二丙烯醚（bp 94℃）、丙烯醇（bp 95~97℃）、丁醇（118℃），不能以简单分馏分开；或应脱水完成以后作简单分离处理后，在<50℃向反应物中加入比残存醇过量（摩尔比）的苯二甲酸酐，以硫酸催化生成单酯，保温后用碱洗去单酯（酸式酯）。

[2] 本品有催泪性，遇湿气水解，在 0℃存放也会树脂化，应在冰柜中存放，或加阻聚剂。

将上面 5L 三口烧瓶中的格氏试剂（相当于 2.78mol）冷却控制 5℃左右，搅拌着于 3~4h 慢慢加入 580g（2.5mol）α,β-二溴乙基-乙基醚与同体积无水乙醚的溶液，加完后搅拌半小时，放至过夜。

次日慢慢加入 75mL 20%乙酸，再加入 500mL 水，分取乙醚层，用 10%碳酸氢钠溶液洗（4×100mL），再用饱和盐水洗（4×100mL），用无水硫酸钠干燥后回收乙醚，剩余物减压分馏，收集 72~73℃/21mmHg 馏分 370~390g（产率 77%~82%），n_D^{20} 1.4600~1.4606。

e. 1,4-戊二烯

$$CH_2-CH-CH_2-CH=CH_2 + Zn \longrightarrow CH_2=CH-CH_2-CH=CH_2 + BrZnO-C_2H_5$$
（Br、OC$_2$H$_5$ 取代基）

2L 三口烧瓶安装机械搅拌、35℃左右水冷的回流冷凝器，上口安分馏柱接冰水冷却的蒸馏冷凝器，下口伸入用干冰冷却着的接收器的底部。

烧瓶中加入 380g（1.97mol）α-烯丙基-β-溴乙基-乙基醚，搅拌下加入 550mL 丁醇、550g（8.4mol）锌粉及 2g 无水氯化锌粉末，在强力搅拌下加热至开始有 1,4-戊二烯蒸出，保持 1 滴/2 秒的馏出速率慢慢升温，当回流冷凝器有大量丁醇回流（5~6h）时反应结束，收集到的馏出物用冰水洗去丁醇（5×100mL），用无水氯化钙干燥后分馏收集 26~27℃馏分，得 97~102g（产率 72%~76%），n_D^{20} 1.3887~1.3890。

四、环醚

最常见的环醚有：环氧乙烷、1,2-环氧丙烷、环氧氯丙烷、四氢呋喃及二噁烷等，小的环氧烷的环张力与亲核试剂反应非常容易开环。

中性分子的环氧烷：环氧乙烷在冰水或有机溶剂中发生异裂，极性溶剂挤到碳和氧原子之间，是溶剂对反应的过渡态，是决定反应速率的步骤；四氢呋喃、二噁烷的张力很小，结构很稳定，常用作溶剂；冠醚是有一定结构的多个二元醇的脱水产物——环聚醚。

1. 环氧乙烷及 1,2-环氧丙烷

实验室制备环氧乙烷是将浓的氢氧化钠加入到热的氯乙醇中，环氧乙烷立即生成，产率高达 90%~95%；如果把顺序颠倒，环氧乙烷的产率只有 20%~30%，主要生成乙二醇。

$$Cl-CH_2CH_2-OH + NaOH \xrightarrow{-H_2O} Cl-CH_2CH_2-O^-Na^+ \longrightarrow \underset{O}{CH_2-CH_2} + NaCl$$
$$\xrightarrow{NaOH/水} HO-CH_2CH_2-OH + NaCl$$

环氧乙烷的工业制法是乙烯氧化（氧化乙烯），市售多为 200kg 钢瓶装（灰色）。

（1）与水反应

环氧乙烷在少量硫酸或碱存在下与足够多量的水生成乙二醇；如果水量不足，生成的乙二醇与环氧乙烷继续反应生成一缩二乙二醇、二缩三乙二醇、三缩四乙二醇……，这是环氧乙烷和醇的反应；由于无机酸催化醚的分解，缩聚的醚也在分解，不能继续延长增长；如果在较高温度让它重新组合及脱水，生成的产物是从反应体系分离，是二氧六环的工业

生产方法。

（2）与醇反应

环氧乙烷与醇在酸（如 BF_3、H_2SO_4）催化下反应生成乙二醇单醚，醚基使端位羟基具较强的酸性，有利于和环氧乙烷继续反应生成一缩二乙二醇单醚、二缩三乙二醇单醚。为了减少副反应，可将环氧乙烷一次性地加入更大过量的无水醇中（产物比率依质量作用定律，为此要过量 5~6mol），结果仍有 10%~20% 的二乙二醇单醚及 5% 的三乙二醇单醚。

气相条件反应在空间发展的此项副反应要少得多。

乙二醇单丁醚 M 118.18，bp 170℃，d^{20} 0.900~0.902；与水、醇、醚互溶。

$$\triangle_O + HO-{}^nC_4H_9 \xrightarrow[50\sim85℃]{BF_3/正丁醇} HO-CH_2CH_2-O-{}^nC_4H_9$$

10L 三口烧瓶配置机械搅拌、温度计、回流冷凝器及插底的通气管。烧瓶中加入 5.2kg（70mol）工业正丁醇，维持 30℃ 以下通入或加入 440g（10mol）环氧乙烷，加入 7mL $BF_3 \cdot Et_2O$[❶]。随后加热至 50℃ 开始放热，可升至 85℃ 左右，放置过夜，分馏回收丁醇[❷]，收集 165~171℃ 馏分，约 500g（产率 40%，按环氧乙烷计）[❸]。

或参照 2'-苄氧基乙醇的合成方法，使用乙二醇钠与卤代烃反应。

乙二醇单醚的工业制法是气相合成，[❸]将醇和环氧乙烷的气体以 6 比 1 压入至有填充的反应塔中，维持反应温度 200~210℃，压力 2~3.5MPa，依不同醇调节反应条件。

【聚乙二醇】

乙二醇在碱作用下作为亲核试剂与通入的环氧乙烷进入反应，避免了酸作用的醚键分解，使不断地缩聚成为大分子的聚乙二醇，其平均分子量可达 2 万以上。

$$HO-CH_2CH_2-OH \xrightarrow[-H_2O]{HO^-} HO-CH_2CH_2-O^- \xrightarrow[135℃]{n\triangle_O} HO+CH_2CH_2-O+_{n+1}H$$

计算乙二醇（或聚乙二醇）的数量配比，在 3%~5% 或更少 NaOH 催化下通入干燥的环氧乙烷，可以得到预判一定分子量范围的聚乙二醇；由于 NaOH 也作为亲核试剂，通常都比预判分子量的数值低，分子量越大，这个差别也越大；为了得到较窄的分子量分布，大分子的聚乙二醇是分次将分子量递增，并且每次都要移除小分子部分。

聚乙二醇在碱作用下，较高温度接触空气容易氧化，即使开始用氮气排除了空气，在常压下合成的粗品也常为浅棕色。

在合成中注意以下几项：①环氧乙烷的纯度，其中水分及醛在很大程度上影响了分子量的提高；②环氧乙烷以水批量压入釜中；③过高的反应温度（>180℃）下 HO^- 也会使醚键断

---

❶ 应该在起始反应温度以上（≤50℃）一次性加入催化剂。

❷ 干燥的丁醇（bp 117℃），回收丁醇挟带了 $Et_2O \cdot BF_3$，产物乙二醇单丁醚，使用此项丁醇的合成中，产率有较大下降，生成了更多的二乙二醇单丁醚。

❸ 使用同样方法合成乙二醇单甲醚、乙二醇单乙醚，得到按环氧乙烷计 70%~80% 的产率；究其原因：a.甲醇、乙醇的酸性强，反应更快；b.醇的配比量大，也更无水；c.沸点差别大，便于分离。

开，应该使用油浴以免局部的高温；④氧化问题。

精制：将粗品溶解在水中用盐酸调节至中性，水浴加热脱色过滤后用水泵减压脱水至 90~100℃/-0.09MPa，稍冷用苯提取以分离无机盐，回收过量苯；放冷结晶，滤除并压尽母液，水浴加热熔化，在氮气保护下减压干燥，或用石油醚沉析分离产品，或用不同的醇结晶处理。

聚乙二醇的分子量分布通常较宽，可在不同温度紧压，或者在苯或不同溶剂沉析处理，用液相色谱检查分子量分布，用 *o*-苯二甲酸酐酰化的方法测定平均分子量（与空白计算）。平均分子量和熔点有一定的对应关系，见表 9-1。

表 9-1　聚乙二醇的平均分子量与熔点的对应关系

平均分子量	600	1000	1500	2000	4000	6000	10000	20000	30000
熔点/℃	20~25	37~40	43~46		53~56	60~65		62~65	62~65

（3）其它亲核插入开环

① 环氧乙烷和氨（胺）的反应——*N*-羟乙基化（见 568 页）。

② 环氧乙烷和格氏试剂反应，得到比原来格氏试剂羟基增加两个碳的伯醇（见 88 页）。

$$n\text{-}C_{18}H_{37} \longrightarrow MgBr + \triangle\!O \longrightarrow n\text{-}C_{18}H_{37}\longrightarrow CH_2CH_2 \longrightarrow OMgBr \xrightarrow{水} n\text{-}C_{18}H_{37}\longrightarrow CH_2CH_2 \longrightarrow OH$$

n-二十醇
mp 73℃

1,2-环氧丙烷，亲核试剂从背面进攻中心碳原子，空间因素影响进攻位置，新键形成的同时推开离去基，反应很快，如：1,2-环氧丙烷（bp 34℃）与亚硫酸钠饱和水溶液在室温搅拌，硫比氧的亲核性强得多，得到高产率的 2-羟基丙烷磺酸钠。

$$CH_3 \longrightarrow CH \triangle\!CH_2 + Na_2SO_3 + H_2O \xrightarrow[25\sim30℃,\ >10h]{水} CH_3 \longrightarrow \underset{\underset{OH}{|}}{CH} \longrightarrow CH_2 \longrightarrow SO_3Na + NaOH$$

2-羟基丙烷磺酸钠
>80%

又如：体积较大的碘离子 I⁻ 进攻，在位置较小的位置打开环氧烷。

$$C_2H_5 \longrightarrow \underset{O}{\overset{CH_3}{C}}\triangle CH_2 \longrightarrow CH_3 + HI \longrightarrow C_2H_5 \longrightarrow \underset{\underset{OH}{|}}{\overset{\overset{CH_3}{|}}{C}} \longrightarrow \underset{\underset{I}{|}}{CH} \longrightarrow CH_3$$

2. 环氧氯丙烷

环氧氯丙烷是合成甘油的中间体，它与水、醇的反应也是从背面进攻（见 786 页）。

$$CH_2=CH\longrightarrow CH_2\longrightarrow OH + CH_2\triangle CH\longrightarrow CH_2\longrightarrow Cl \xrightarrow[50℃]{BF_3} CH_2=CH\longrightarrow CH_2\longrightarrow O\longrightarrow CH_2\longrightarrow \underset{\underset{OH}{|}}{CH}\longrightarrow CH_2\longrightarrow Cl$$

$$\xrightarrow[-NaCl,\ -H_2O]{NaOH} CH_2=CH\longrightarrow CH_2\longrightarrow O\longrightarrow CH_2\longrightarrow CH\triangle CH_2$$

2,3-环氧丙烯丙基醚（bp 155℃）

环氧氯丙烷是从氯丙烯与次氯酸加成为二氯丙醇（非常迅速），然后向其中加入浓碱，环氧化为环氧氯丙烷。

$$CH_2{=}CH{-}CH_2{-}Cl + HO^- Cl^+ \xrightarrow{<30℃} \underset{\underset{70\%}{\overset{|}{OH}}\ \underset{}{\overset{|}{Cl}}}{CH_2{-}CH{-}CH_2{-}Cl} \left(\underset{\underset{30\%}{\overset{|}{Cl}}\ \underset{}{\overset{|}{OH}}}{CH_2{-}CH{-}CH_2{-}Cl} \right)$$

$$\xrightarrow[-NaCl]{NaOH} \underset{O}{CH_2{-}CH{-}CH_2{-}Cl}$$

3. 二噁烷

乙二醇（bp 198℃）与浓硫酸以 12:1 的混合物加热维持 180~200℃，控制分馏柱顶温度小于 101℃，馏出物是二噁烷和水的混合物。

二噁烷（mp 11.7℃，bp 101.5℃）的工业生产方法是将环氧乙烷与水在硫酸催化。稍高温度的短线缩聚以及其后的脱水重排为二噁烷——向 5%硫酸中于 100℃通入环氧乙烷（压力 0.3MPa），通入环氧乙烷的数量按反应物中水的数量生成三缩四乙二醇计算；然后补加浓硫酸在 150~160℃加热三缩四乙二醇的反应物，进行醚键分解及环合，生成二噁烷（俗称二氧六环）及部分水一同蒸出，脱水及分馏得到纯品。

4. 冠醚

冠醚能与许多阳离子（及铵离子）络合——能破坏人体的正常代谢，属毒害物质——冠醚与阳离子的络合物是紧紧嵌在模板中心，依冠醚的大小可络合不同的阳离子。它易溶于多种有机溶剂，在非均相的反应中是有效的相转移试剂及作为解除缔合物的助催化剂（不是过渡金属的离子），冠醚的命名示例如下：

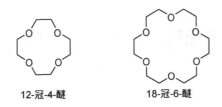

12-冠-4-醚   18-冠-6-醚

五、其它醚

醛与稍欠量的醇在酸催化下生成半缩醛(与过量的醇才生成缩醛)。在低温与无水醇反应，反应速率依羰基的加成活性，与通入的 HCl（饱和）卤代得到 α-卤代醚。

氯甲基甲基醚　　M 80.51，bp 55~57℃，d 1.060，n_D^{20} 1.3960；无色、强刺激性液体。

$$H_2C{=}O + HO{-}CH_3 \xrightarrow[<30℃]{H^+} \left[HO{-}CH_2{-}O{-}CH_3 \right] \xrightarrow[-H_2O]{HCl} Cl{-}CH_2{-}O{-}CH_3$$

2L 三口烧瓶中加入 350g（438mL，10.9mol）甲醇及 900g（37%，11.1mol）甲醛水，通入 HCl 至饱和（约增重 400g），静置。分取上面粗品层，酸水层用氯化钙饱和又分出粗品●，粗品合并，用氯化钙干燥以除去甲醇后，纯度（GC）94%；分馏，收集 55~60℃

● 应该使用聚甲醛以提高质量，简化操作，减少 HCl 用量及溶解损失。

馏分 580~600g（产率 62%~65%），纯度（GC）仍为 94%❶。

又如 α-氯乙基-乙基醚的合成（见 381 页）：

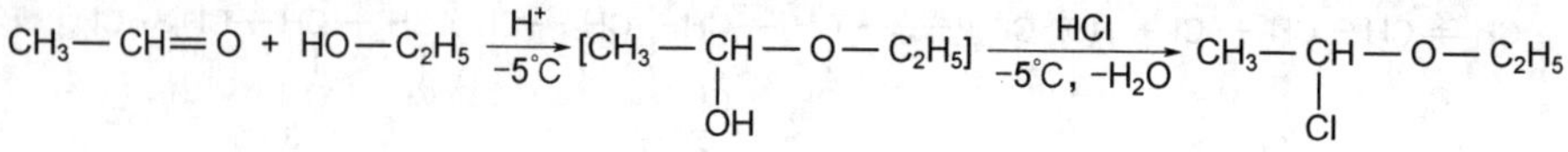

$$CH_3-CH=O + HO-C_2H_5 \xrightarrow[-5℃]{H^+} [CH_3-\underset{\underset{OH}{|}}{CH}-O-C_2H_5] \xrightarrow[-5℃,-H_2O]{HCl} CH_3-\underset{\underset{Cl}{|}}{CH}-O-C_2H_5$$

α-氯乙基-乙基醚
87%，bp 107℃（分解）

氯甲基醚　M 114.96，bp 101~101.5℃；无色、强刺激性液体。

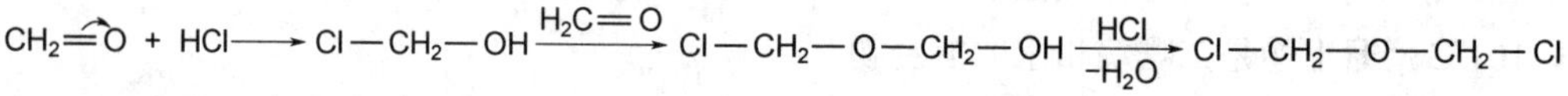

$$CH_2=O + HCl \longrightarrow Cl-CH_2-OH \xrightarrow{H_2C=O} Cl-CH_2-O-CH_2-OH \xrightarrow[-H_2O]{HCl} Cl-CH_2-O-CH_2-Cl$$

另法：

$$CH_2=O \xrightarrow{HCl} Cl-CH_2-OH \xrightarrow{H_2SO_4,\ H^+} Cl-CH_2-\overset{+}{\underset{\underset{H}{|}}{O}}-SO_3H \xrightarrow{CH_2=O} Cl-CH_2-O-CH_2^+$$

$$\xrightarrow[-H^+]{HCl} Cl-CH_2-O-CH_3-Cl$$

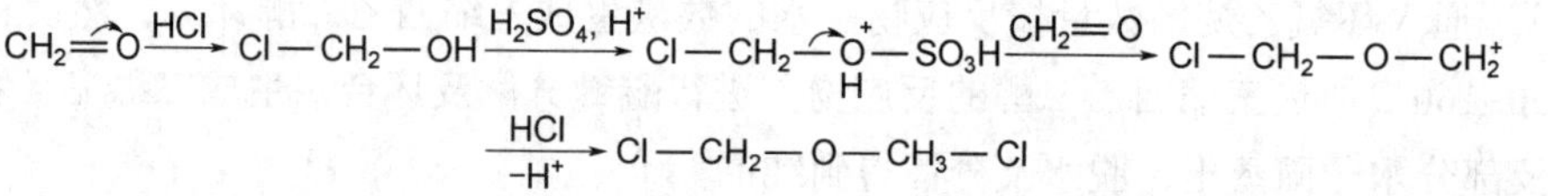

1L 三口烧瓶中加入 168mL（200g，d 1.19，2mol）盐酸及 240g（约 8mol 甲醛）聚甲醛粉末，搅拌着，维持 10℃以下，慢慢滴入 803g（452mL，6.9mol）氯磺酸，加入速率不要让 HCl 损失太多，约 6h 可以加完，加完后再搅拌 4h 至室温。分取上层，以冰水洗两次，以 NaHCO₃ 中和至中性，以无水硫酸钠干燥，得 350~370g。如有必要可作蒸馏，收集 100~104℃馏分，得 330~350g（产率 71%~76%），n_D^{25} 1.4420。

第三节　醚的分解及重排

醚键可被酸、碱分解。

1. 酸作用下的醚分解

酸条件的分解依醚键氧原子的质子化速率，分解方向依电性方向，如：愈创木酚（邻羟基苯甲醚）与溴氢酸在沸腾的温度下很容易分解开得到 o-苯二酚；有拉电子影响的 4-羟基-3-甲氧基-5-硝基苯甲醛由于质子化的困难，其分解速率不及前者的 1/10。

3,4-二羟基-5-硝基苯甲醛　M 183.11，mp 145~146℃；橘黄色细小结晶（针状）。

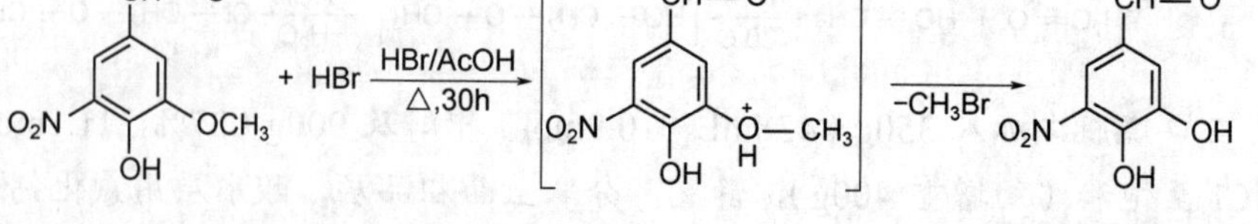

1L 三口烧瓶中加入 99g（0.5mol）4-羟基-3-甲氧基-5-硝基苯甲醛及 120mL 冰乙酸，

---

❶ 或由于产品中含缩甲醛 CH₃(OCH₃)₂，bp 41~42℃；或含甲醇，bp 64.6℃。

再加入 444g（300mL，d 1.45，47.5%）近于无色的氢溴酸，搅拌下加热回流 30h（12h 反应物成为均一溶液；23h 分解完成 88%，30h 完成 94%，不再放出溴甲烷）。加入 8g（无 Fe）脱色炭煮几分钟，放冷至 60℃左右过滤，滤液减压浓缩至剩 2/3 体积趁热倾入烧杯中。注意！要滤除首先析出的 7~9g 深棕色物质（HPLC 测含量 70%）后放冷，再冰浴，滤出结晶，以冰乙酸浸洗两次，干燥后得 40~45g（产率 43%~49%），外观棕黄，有晶形，纯度（HPLC）97%，母液继续浓缩回收粗品。

精制：用甲苯（20mL/g）重结晶[1]，mp 144.8~146.4℃，纯度（HPLC）99%。

又如（见 370 页）：

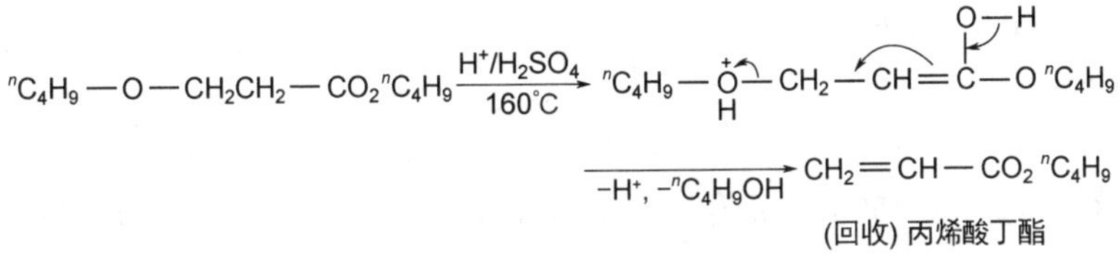

其它酸作用下的分解，如 $AlCl_3$（强酸）对于醚基氧原子有很强的络合能力，拉电子的作用使醚基异裂分解，如下所示，4-羟基苯乙酮见 169 页，2,2′-二羟基二萘嵌苯见 700 页。

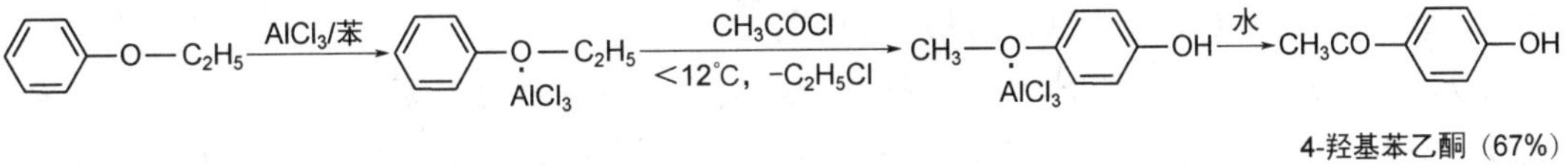

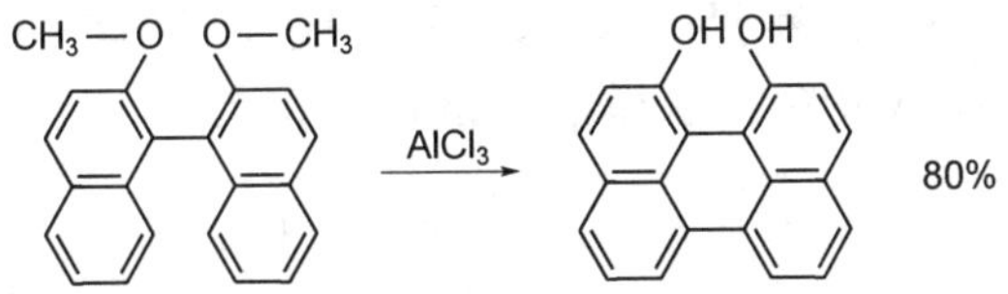

4-羟基苯乙酮（67%）

2. 强碱作用下的醚分解

尤指苄基醚有 α-C—H，与强碱 C_6H_5—Li 作用生成 α-碳负离子，烷基以缺电子状态碳负中心作 1,2-迁移，是分子内进行的 Wittig 重排。

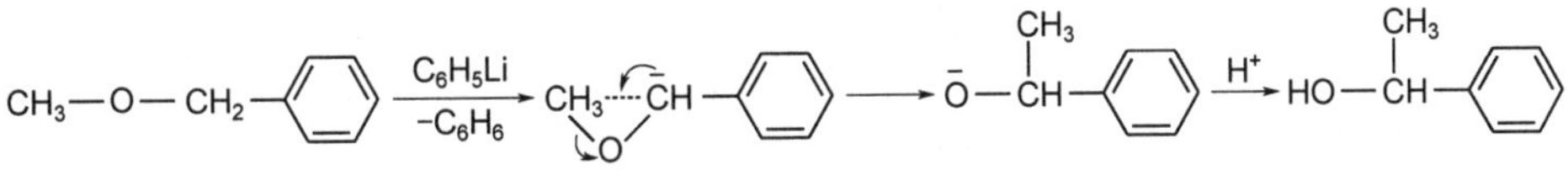

在碱作用下加热至 200℃，烷基以碳正离子被分解开与电负中心结合，如 4,4′-二-甲氧甲基联苯的减压蒸馏（约 200℃），由于痕迹量碱的作用，产品纯度比蒸馏前下降了 0.5%~0.8%。

用乙硫醇钠作为碱，使芳甲醚脱去甲基：

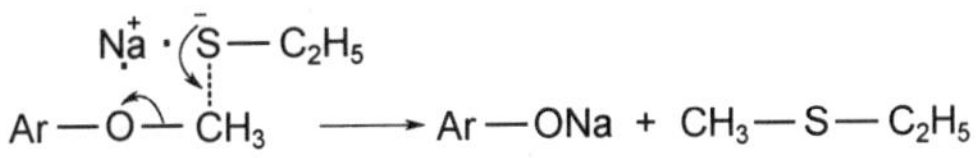

使用乙硫醇钠作为碱脱去芳基醚的烷基是软硬酸碱的交换，芳基必须有拉电子性质（作为硬碱），没有可被 S⁻ 取代或还原的基团；在较高温度下与 Na^+⁻S—C_2H_5 分解交换；S⁻作为亲核试

---

❶ 该颜色杂质易溶于乙醇和乙酸，几乎不溶于甲苯，用甲苯精制可以滤除，效果很好。

剂，甲基受拉电子的影响而呈部分电正性。

如：乙硫醇钠与苯二甲醚共热，脱去一个甲基生成羟基（钠）苯甲醚，酚钠的氧负离子改变了第二个甲氧基（甲基）的电正性，没有了拉电子的影响，不再进一步反应。依此从苯连三甲醚依次脱去两侧（1,3-）位置的两个甲基，制得 2,6-二羟基苯甲醚；从间苯三甲醚制得 3,5-二羟基苯甲醚。

5-甲基-3-甲氧基苯酚　M 138.17。

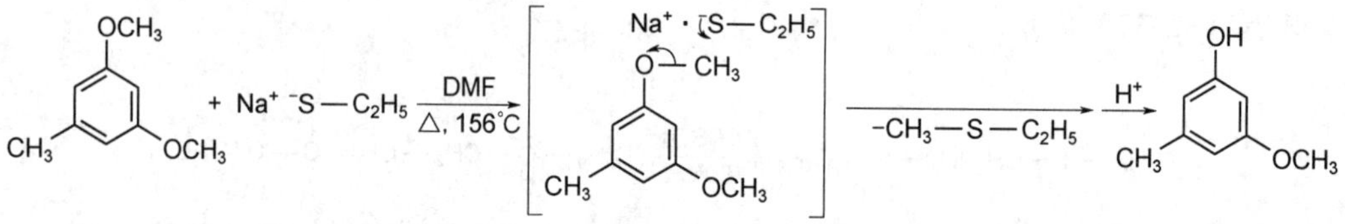

1L 三口烧瓶中加入 250mL 新蒸的无水二甲基甲酰胺（bp 153℃）、22g（0.55mol）60% NaH 油分散体，冰冷着，搅拌下于半小时左右加入 31g（0.5mol）乙硫醇（bp 25℃）溶于 150mL 二甲基甲酰胺的溶液（在通风处操作），加完后再搅拌 5min，一次性加入含有 38g（0.25mol）5-甲基-1,3-苯二甲醚的 100mL 二甲基甲酰胺溶液，加热回流 3h，产生的甲乙硫醚（bp 66~67℃）使回流温度降低[1]。

冷后将反应物加入 1.8L 冰水中，用石油醚提取未反应的底物原料，水溶液用盐酸酸化后用乙醚（3×250mL）提取产物。合并提取液，用食盐水洗，以无水硫酸镁干燥后回收乙醚，剩余物减压分馏，收集 156~158℃/25mmHg 馏分 28~30.5g（产率 81%~88%），用苯和石油醚重结晶，得浅黄色柱状结晶，mp 61~62℃。

---

[1] 反应完后应以减压回收溶剂，而后再作冰水处理。

第十章

卤素化合物

第一节　概述

有机卤化物卤原子容易被其它基团（原子）取代或消除，是重要的中间体，它可以参与多种类型的合成——多是亲核的取代反应。

卤化物的活性取决于烃基的结构和不同的卤原子（电效应和空间效应）；另外，亲核试剂、溶剂及催化剂对于反应历程、反应速率也有很大影响。所以，很难把品类众多的有机卤化物在同一基础上比较它们的活泼顺序。

一、烃基结构和空间因素的影响

在弱非极性溶剂中，抑制 C—X 键的解离，主要是双分子历程的亲核取代，烃基的空间阻碍影响过渡态的形成使反应致钝。

在强极性溶剂中，以弱的亲核试剂主要是发生单分子历程的亲核取代，C—X 键的解离是反应的关键步骤，反应速率与亲核试剂的关系不大。例如：在 100℃ 用甲酸溶剂分解下列溴烷的相对反应速率为：

$$R \overset{\frown}{} Br \longrightarrow [R^+ + Br^-] \xrightarrow{HCO_2H} R-CO_2H + HBr$$

CH_3-Br　0.58；　CH_3CH_2-Br　1.0；　$(CH_3)_2CH-Br$　26.1；　$(CH_3)_3C-Br$　1×10^8

叔基卤的解离使分子内的张力消失，碳正离子正电荷得到支键的分散而得以稳定，以不可比拟的速率解离。但在环形的桥头叔基卤原子（桥头化合物）的解离，张力不能被松弛而对解离不利；空间因素的影响，也不可能以 S_N2 历程亲核试剂从背面进攻；在 S_N1 反应中形成平面构型的碳正离子要克服很大的张力，如：1-溴金刚烷的甲酸分解生成金刚酸的过程中（详见 244 页），其解离速率比叔丁基低 3~4 个数量级，环越小越僵化，越难解离。

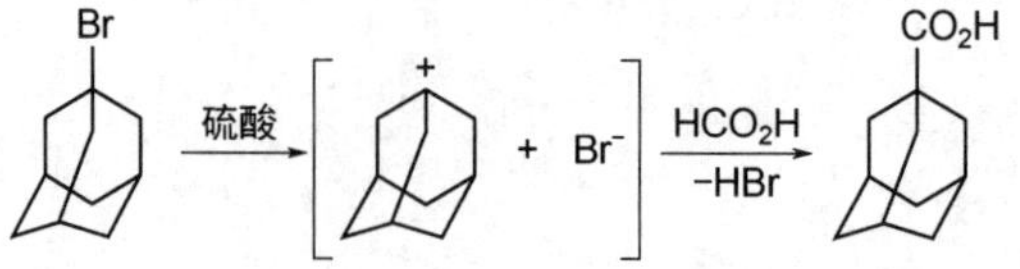

1-金刚酸
85%, mp 172~174℃

与碳正离子结合的苯基、烯基，β 位的双键与碳正离子共轭而得以稳定，如苄基正离子

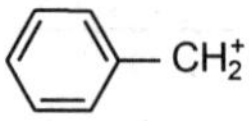

—CH₂⁺、烯丙基正离子CH₂=CH—CH₂⁺，使单分子的亲核取代反应速率有很大增加。

苄基苯环上其它基团对于 Z——CH₂X 离解的影响：①当取代基 Z 是推电子基，如 CH₃—、CH₃Ö—、(CH₃)₂N— 等，使苄基正离子稳定。例如，2,4,6-三甲基苄醇在强酸水溶液中能释放出单独存在的正离子，而苄醇就难以释放出单独存在的苄基正离子。

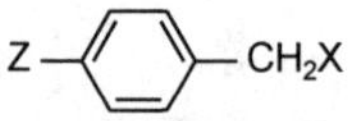

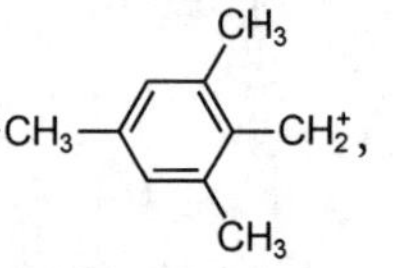

②当 Z 为拉电子基时，使 α-碳的电正性加强，卤原子难以带着成键电子对离开，致使单分子的亲核取代反应缓慢。

离去基的 α 位是双键、三键以及苯基时，离去基的未共用电子对被双键吸引，电子云的一部分向双键偏移而使 C—X 键加强，都使亲核取代反应缓慢——无论是单分子历程或双分子历程。

当芳核上卤原子的邻、对位有拉电子基，如：硝基、羧基、氰基、酯基、醚基时，虽然这些基团对于芳基正离子的单独存在不利，但它们较大地提高了 C—X 碳原子的电正性，对于亲核试剂从背面进攻的双分子亲核取代历程的反应都是十分有利的。例如：2,4-二硝基氯苯和联氨（肼）反应，很方便地制得 2,4-二硝基苯肼；而 2,4,6-三硝基氯苯的氯原子就更活泼，很像酰氯（又叫苦味酰氯）。又如：o-硝基氯苯和氨在压力下加热制得 o-硝基苯胺以及 o-硝基二苯胺等。再如下述反应：

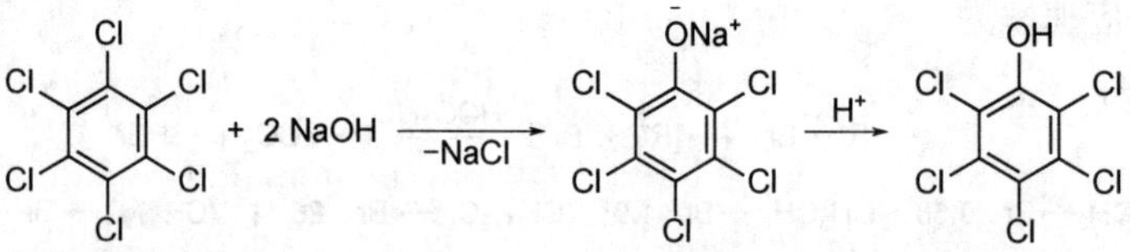

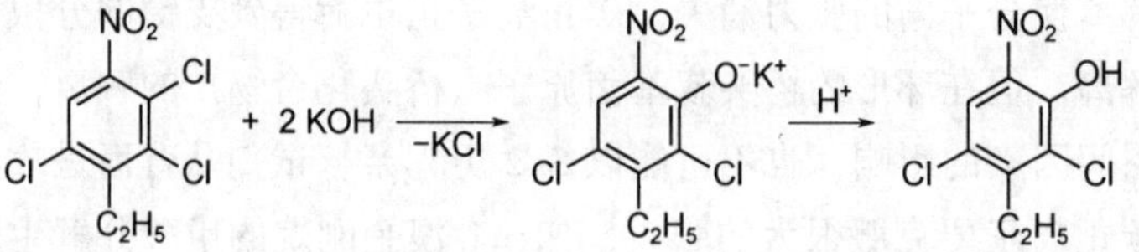

（见 444 页）

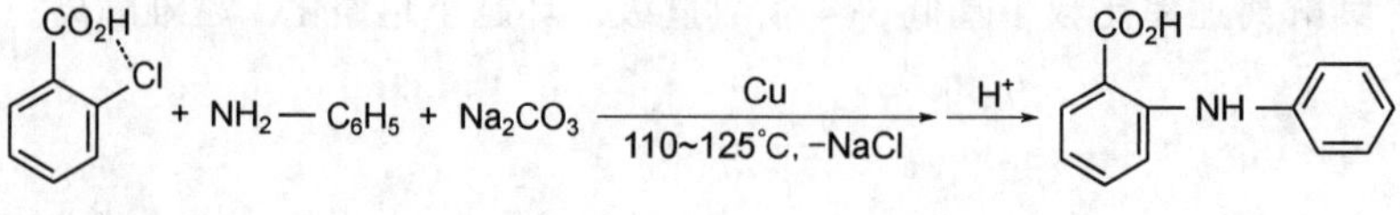

（见 564 页）

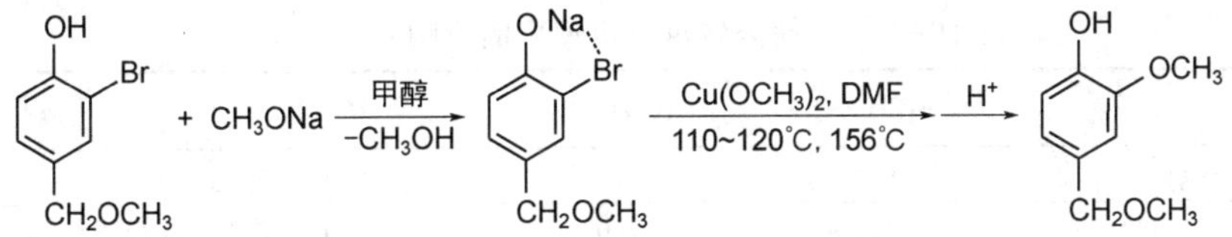

（参考 374 页）

二、卤原子作为离去基对于亲核取代的影响

卤原子作为离去基总是带着成键电子离去，脂肪族和芳香族卤化物的亲核取代不同，在脂肪族中，碳正中心的形成与亲核试剂对卤原子的静电吸引及其键能对于亲核取代有重大影响。如：下述不同卤原子的 α-卤代苯乙烷在溶剂中的相对分解速率为：X = I，91；Br，14；Cl，1.0；F，9×10^{-6}。

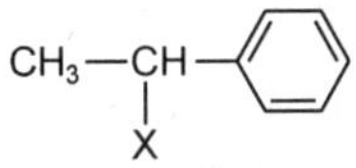

α-卤代苯乙烷

这一关系不符合电负性大、分解速率就快的规律，结果正相反。这是因为 C—I 的键能很小而可极化性又很大，在亲核试剂进攻时，过渡态发生 σ 键被拉长变形，非常有利于双分子亲核取代，以 I⁻ 的形式离去。

芳香族的 S_NAr 亲核取代中，亲核试剂首先在芳香核上电正性强的 C—X 碳上加成，然后消去卤原子完成亲核取代。这个历程所需能量主要依加成中间基的生成，该步骤还被芳核上其它拉电子基及电场引力活化；作为离去基，卤原子离去的难易次序与在脂肪族中的次序正好相反，在芳香族中氟（F⁻）是最容易离去的，原因是：生成加成中间基决定反应速率，高电负性的氟使芳香核 C—F 碳原子有较大的电正性稳定了加成过渡态而加速加成中间基的生成。

例如：下式中 4-硝基卤代苯在 50℃ 被 CH_3O^- 取代的相对活性如下：X = F，312 ≫ Cl，1 > Br，0.74 > I，0.36。

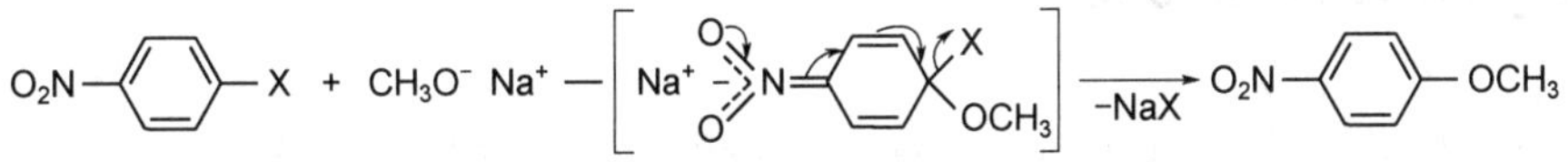

三、溶剂的影响

在极性溶剂中，容易解离的卤化物和弱的亲核试剂间的反应多属于单分子历程，在强极性溶剂中卤化物离解产生 C⁺，然后与亲核试剂（弱）反应。

在非（弱）极性溶剂中，难以解离的卤化物与强的亲核试剂间的反应多为双分子历程的亲核取代，亲核试剂从背面进攻碳正中心、亲核试剂与碳正中心接近和离去基的被推远、结合与离去基的离去协同进行，反应速率取决于亲核试剂的强度。

$$C_2H_5O^- > HO^- > C_6H_5O^- > AcO^- > H_2O$$

双分子亲核取代中，空间阻碍使亲核试剂难以靠近，难以形成过渡态，反应速率更慢；亲核试剂作为"碱"，依其活性还可以与质子结合发生消去反应。如表 10-1 在弱极性非质子溶剂（丙酮）中，R—Cl 氯原子被弱的亲核试剂 I⁻ 取代；R—Br 溴原子被氯取代，以突出空间阻碍对双分子亲核取代反应速率的影响。

表 10-1　空间阻碍对反应速率的影响

R	CH₃—	CH₃CH₂—	(CH₃)₂CH—	(CH₃)₃C—
Cl→I	93	1		0.0076
Br→Cl	100	1.065	0.022	0.0048

实际反应中并非绝对的单分子历程，也非完全的双分子历程，只是不同侧重而已。存在比较极端的例子，如：氯化苄 C_6H_5—CH_2—Cl 的水解，在水中按单分亲核取代进行，在丙酮中则主要按 S_N2 双分子亲核取代进行；又如：氯代叔丁烷在纯乙醇中按双分子亲核取代水解，巨大空间阻碍使水解速率仅为 50%乙醇中的 $3×10^{-5}$；再如：CH_3I、CH_3CH_2I 的水解是 S_N2 历程，在 50%乙醇中的水解速率比在纯乙醇中的水解慢得多。

常用的卤化剂是 Cl_2、Br_2、I_2、HCl、HBr、NaI、NaOCl、$SOCl$、SO_2Cl_2；偶尔会用卤化磷、氯化硫及季鏻卤化物等；配合使用的卤化剂有卤素和发烟硫酸、硫酸中的溴酸钠、盐酸中的氯酸钠，它们是很强的卤化剂，其使用各有特点。

钢瓶（氯气）的使用：氯气钢瓶为草绿色标识，有 50L 以下氯气钢瓶供实验室使用；大钢瓶盛装 500kg、1000kg，供工业生产使用；小钢瓶可以直立或高斜卧使用，切不可平放，以防液氯泄流；大钢瓶有两个用低熔点合金封堵的螺柱，是为清洗钢瓶用的出入口，该部分切不可用蒸汽加热，否则合金熔化，液氯浅漏便不好收拾。大钢瓶有两个出口是延伸到瓶内、分别伸向内壁两侧的开口管；使用时，将两个出口联线垂直地面（罐体平卧）从上口引出的是氯气，从下口引出的是液氯。

使用大钢瓶氯气一定要配置为了安全而固定的碳钢材质的缓冲罐、流量计、洗气瓶、空瓶，以便计算和控制流速；要特别注意防止反应物回吸和堵管，缓冲罐阀门、进出及压力表完好，用金属旋管和钢瓶连接；尤要注意，钢瓶最后仍保持有余压的规定，切不可用尽！

第二节　脂肪族卤化物

脂肪族卤化物包括卤代烷、卤代羧酸、α-卤代酮、卤代醇、苄卤等。

一、卤代烷（烯）、醇

卤代烷可以从以下方法制取：①醇与 HX 脱水；②醇在红磷参与下和溴或碘反应——无机酸酯与 HX 的脱酯基反应；③醇和 $SOCl_2$ 反应；④烯烃的 C=C 双键和卤素、HX、HOX 加成；⑤烯烃的气相卤代——卤代烯；⑥卤代烃卤原子交换。

1. 醇与 HX 脱水

醇与 HX 的脱水制取卤代烷的亲核取代，反应条件有较大差别；水对于 HX 溶剂化的卤原子半径越大，其结合力就越小，越容易分解开进入反应。I^- 与质子或溶剂的氢键结合较弱，容易解除，I^- 是卤族原子中最强的亲核试剂，卤原子半径很小的 F^- 与质子的结合很强，它束缚电子很紧而极化程度很差，F^- 在质子溶剂中的亲核取代几乎不可能。卤原子在质子溶剂中的亲核活性，$I^- > Br^- > Cl^-$。

醇的羟基被卤原子取代的反应速率依形成碳正离子的速率，大致有以下规律：叔基 >> 仲基 > 伯基，叔醇在酸中以不可比拟的速率解离是由于四个基团围绕碳原子而有较大的张力，离去基团离去以后，平面构型的叔碳正离子的张力得到松弛：基团越大，张力也越大，也容易离去而得以松弛；叔丁醇在室温与 3mol 浓盐酸一起搅拌就顺利生成氯代叔丁烷，洗涤及干燥处理后，蒸馏时（52℃）又开始有分解。仲丁醇和浓盐酸在少量 ZnCl$_2$ 作用下提高 Cl$^-$ 的浓度并且温热以提高反应速率；苄醇与浓盐酸温热，苄基正离子得到苯环的分散，很容易完成卤代。

高沸点醇在一定温度通入 HCl，添加或不加 BrCl$_2$，加热以提高反应速率并随时蒸除产生的水；较低沸点的卤代烷产物还可以控制一定温度与产生的水一同蒸出分离。

较难离开的羟基（硬酸碱）经常加入硫酸，形成锌盐 R$-\overset{+}{O}H_2$，有利于更快形成碳正离子。

氯代叔丁烷 M 92.57，微溶于水，bp 52℃，d^{20} 0.8420，n_D^{20} 1.3857。

$$(CH_3)_3C-OH + HCl \xrightarrow[30\sim35℃]{HCl/水} (CH_3)_3C-Cl + H_2O$$

1mol 叔丁醇与 3mol 浓盐酸（d 1.18）在室温一起搅拌 3h（应改为通入 HCl），放置半小时以分层清楚。分取上层，冰水洗 3 次，以冰冷的碳酸氢钠洗去酸性，以无水硫酸钠干燥，水浴加热分馏，以烘干的碳酸钙处理酸性，过滤得产品，产率 80%。

同法可制得以下二氯化物（见 132 页）：

$$HO-CH_2-CH-CH_2-OH + 2HCl \xrightarrow[110℃]{H^+/AcOH} Cl-CH_2-CH-CH_2-Cl + 2H_2O$$
$$\quad\quad\quad\quad | \quad\quad\quad\quad\quad\quad\quad\quad\quad\quad\quad\quad | \quad\quad\quad 70\%$$
$$\quad\quad\quad\quad OH \quad\quad\quad\quad\quad\quad\quad\quad\quad\quad\quad OH$$

3-氯丙醇 M 94.54，bp 165℃，d 1.1309；易溶于水。

$$HO-CH_2CH_2CH_2-OH + HCl \xrightarrow{160℃} HO-CH_2CH_2CH_2-Cl + H_2O$$
$$bp\ 214℃$$

2L 三口烧瓶安装分液漏斗、插底的通气管、温度计、粗弯管接蒸馏冷凝品，用支管蒸馏瓶作接收器，尾气从支管接水吸收。

烧瓶中加入 500mL 1,3-丙二醇，加热保持 160℃ 左右通入 HCl，生成的 3-氯丙醇杂有少量 1,3-丙二醇及生成的水被蒸出；从分液漏斗随时补加 1,3-丙二醇以保持液面高度，如此连续进行。向收集到的粗品中通入空气以赶除溶解的 HCl，以无水硫酸钠干燥，水浴或油浴加热减压分馏，收集 75~78℃/20mmHg 馏分[1]，前馏分再分馏回收，总产率 50%[2]，纯度（GC）97%。

氯代环己烷 M 118.61，mp −43.9℃，bp 142.5℃，d^{20} 1.000，n_D^0 1.016。

---

[1] 减压分馏过程有少许分解使产品带有了酸性，用无水碳酸钠处理后重新减压蒸馏又出现了酸性。

[2] 此项反应的合成温度太高，含有相当多的分解，应参照 132 页 1,3-二氯丙醇的合成，在 100~110℃ 通入计算量的（增重）HCl，或使 ZnCl$_2$ 催化，更方便和容易处理。

$$\text{C}_6\text{H}_{11}\text{—OH} + \text{HCl} \xrightarrow[\triangle]{\text{盐酸}} \text{C}_6\text{H}_{11}\text{—Cl} + \text{H}_2\text{O}$$

10L 三口烧瓶中加入 7L 30%（70mol）工业盐酸[❶]及 1kg（10mol）环己醇，加热回流至油层不再增加（约 4h）。分取油层，水洗两次，以无水氯化钙干燥后减压分馏，收集 52~54℃/25mmHg 馏分[❷]，得 0.66kg（产率 56%），d^{20} 1.000。

1-氯代十八烷　M 288.95，mp 28.6℃，bp 348℃（179℃/10mmHg），d^{20} 0.8641，n_D^{20} 1.4531。

$$\text{CH}_3(\text{CH}_2)_{16}\text{—CH}_2\text{—OH} + \text{HCl} \xrightarrow[165℃]{\text{ZnCl}_2} \text{CH}_3(\text{CH}_2)_{16}\text{—CH}_2\text{—Cl} + \text{H}_2\text{O}$$

5L 三口烧瓶中加入 1.62kg（6mol）十八醇和 40g 氯化锌，在 160~170℃通入干燥的 HCl 至饱和（16~18h），生成的水从空气冷凝管上口导出；以 3mL/s 的速率再通入 2h，放冷至 50℃，用温水洗两次，用 90%硫酸洗两次，再用温水洗两次，干燥后减压分馏，收集 175~180℃/10mmHg 馏分，得 1.5kg（产率 86%）。

苄醇的氯化——苄基氯：甲苯在支链上直接氯化、溴化得到苄基氯、苄基溴；副产物有 5%左右芳环上卤代，尤其芳环上有其它推电子基将会产生更多的芳环上卤代。在不能以结晶分离的情况下，为精制目的，或以相应的苄醇氯化是很方便的，推电子基使苄基正离子稳定，反应迅速、产率也高。如下（见 351 页）：

$$\text{CH}_3\text{—O—}\text{C}_6\text{H}_4\text{—CH}_2\text{—OH} + \text{HCl} \xrightarrow{\text{盐酸}\atop 35℃} \text{CH}_3\text{—O—}\text{C}_6\text{H}_4\text{—CH}_2\text{—Cl} + \text{H}_2\text{O}$$
4-甲氧基苄氯（90%）

4-氯甲基联苯　M 202.68，mp 71~73℃。

$$\text{C}_6\text{H}_5\text{—}\text{C}_6\text{H}_4\text{—CH}_2\text{—OH} + \text{HCl} \xrightarrow{\text{盐酸}\atop 75℃} \text{C}_6\text{H}_5\text{—}\text{C}_6\text{H}_4\text{—CH}_2\text{—Cl} + \text{H}_2\text{O}$$

1L 三口烧瓶中加入 400mL d 1.18（4.7mol）盐酸和 92g（>96%，0.5mol）联苯-4-甲醇（mp 100℃），加热保持 50℃搅拌半小时，再于 75℃搅拌半小时，固体物进入反应成为油状液态；再加入 92g（0.5mol）联苯-4-甲醇，于 75℃搅拌半小时后全部熔化成油状，再保温搅拌 1.5h（以上步骤繁琐，应改为在 75~100℃向熔化物中通入氯代氢），稍冷倾出；冷水洗，温水洗，冷后凝固，得 205g（产率约 100%），纯度（GC）96.5%。

环醚开环，向沸腾着的四氢呋喃中通入干燥的 HCl 至反应物的沸腾温度升至 105℃（产物的热分解点），得到 4-氯-1-丁醇，常压加热蒸馏则完全分解——放出 HCl 生成四氢呋喃。

在较高温度通入 HCl 可进一步氯化，产物是 1,4-二氯丁烷，酸水解得到 1,4-二氯丁醇。

[❶] 应该采用在 70~80℃通入 HCl 的方法。

[❷] 粗品常压分馏收集 142~144℃馏分，有少许分解的 HCl，用无水碳酸钠吸附处理后，改用减压分馏，未出现分解出 HCl。

4-氯-1-丁醇　M 128.57，bp 84~85℃/16mmHg，d^{20} 1.0883，n_D^{20} 1.4518。

$$\text{(四氢呋喃环)} + HCl \xrightarrow{65\sim105℃} HO-CH_2CH_2CH_2CH_2-Cl$$

5L 三口烧瓶配置回流冷凝器、插底的通气管和温度计，用电热套加热。烧瓶中加入 2.16kg（30mol）四氢呋喃，电热套加热保持微沸，通入干燥的氯化氢，随着反应进行沸腾温度也逐渐升高，以 20mL/s 的速率通入，大约 10h 可以完成。最后的沸点温度停止在 105℃左右表示反应已经停止。冷至 40℃左右通入空气驱除溶解的 HCl，再以轻体碳酸钙中和剩余酸性，减压分馏，收集 80~82℃/14mmHg 馏分[1][2]，得 1.75kg（产率 53%），用碳酸钙中和酸性，d 1.090~1.091。

在硫酸参与下的溴代，或者因为产物溴代烷在反应中作为溶剂对底物醇的互溶，使以后的反应速率降低许多，加入硫酸以酸式酯作为提取（相转移）以使反应继续进行；硫酸对于叔醇和仲醇以及 β 位有支链的伯醇，在反应过程中都会导致消去反应生成烯烃：

$$R-\overset{R'}{\underset{H}{CH}}-CH_2-O-SO_3H \xrightarrow{H^+} R-\overset{R'}{\underset{H}{C}}-CH_2\cdots\overset{H}{O}-SO_3H \xrightarrow{-H^+} R-\overset{R'}{C}=CH_2 + H_2SO_4$$

Br^- 的亲核性较强，反应迅速，应该使用高浓度的氢溴酸（可达 70%）或直接使用溴化氢。分离出的粗品中常含少量未反应的醇及消去产生的烯烃；醇与卤代烷共沸，不能以简单分解完全分开（溴乙烷中的乙醇可被水洗除），溴丙烷以上都要用 85%~95%硫酸洗除其中的醇及烯烃。以下实例各有特点。

1-溴丁烷　M 137.03，mp -112℃，bp 101.6℃，d 1.299。

$$n\text{-}C_4H_9-OH + HBr + H_2SO_4 \longrightarrow [n\text{-}C_4H_9-\overset{+}{O}H_2 \cdot HSO_4^-] \longrightarrow n\text{-}C_4H_9-Br + H_2O + H_2SO_4$$

10L 烧瓶中加入 2.22kg（30mol）正丁醇及 5.1kg（48%，37mol）氢溴酸，安装插入液面下的分液漏斗及蒸馏冷凝器[3]，用电热套加热至 70℃停止加热，从分液漏斗于 1h 左右慢慢加入 4kg 浓硫酸，放热，很快有溴丁烷蒸出（加酸期间搅拌几次）。加完后继续加热至无油珠馏出为止，以无水硫酸钠干燥后分馏，收集 100~102℃馏分，得 3.2kg（产率 77%）。

其它方法：

使用丁醇在红磷参与下的溴代（脱酯基反应）的方法更好，很少废弃物。

必须先向反应物中加入溴丁烷使达≥15%的浓度以提高加溴时在反应物中的溶解，最初阶段加溴速率不可太快。依此引发后按比例继续投入丁醇和溴。

---

❶ 用油浴加热及较高真空度以减少分解逆反应。

❷ 从蒸馏头分中回收到 200g 1,4-二氯丁烷，bp 43~45℃/16mmHg。

❸ 这是最早的合成方法。应该使用回流和搅拌，硫酸用量应减少至 2kg，加完硫酸再加热回流几小时，然后蒸出溴丁烷；用洗过粗品的硫酸作合成用酸。

对于 X_2 不能很好在反应物（溶剂）中溶解分散的情况，首先是 X_2 和简单醇 C_6 以下的 R—OH 的反应生成 R—O÷X，次卤酸酯均裂分解，自燃爆鸣；发生瞬时着火，过后继续加 X_2 的反应恢复正常，以往在制碘甲烷的初始阶段皆发生自燃爆鸣。

1-溴辛烷　M 193.13，mp−55℃，bp 201℃，d 1.118，n_D^{20} 1.4518。

$$n\text{-}C_8H_{17}\text{—OH} + HBr \xrightarrow[80\sim85℃]{HBr/硫酸} n\text{-}C_8H_{17}\text{—Br} + H_2O$$

$1m^3$ 反应罐中用负压吸入 455kg（3.5kmol）正辛醇及 200kg 60%硫酸，在 80~85℃用负压导入[1]或通入 280~300kg（3.5~3.8 kmol）HBr 至取样 100mL 油层用量筒称重测量比重达到 d^{20}1.12，水洗处理后分析纯度（GC）>95%，认为完成反应。从反应罐下口分出并弃去首先分出的 60kg "废酸"，其后分出的含水硫酸（包括中间层絮状物）共约 200kg，补加以下全部 "硫酸洗液"（60~65kg）重复使用。分离出棕褐色粗品 647~656kg，移入于 $1m^3$ 反应罐中，搅拌下慢慢加入 50kg 浓硫酸，搅拌半小时，停止搅拌，静置半小时，分取下面的 "硫酸洗液" 及絮状物（共 65kg）作为含水硫酸并入前边分出含絮状物的含水硫酸中重复使用。

向罐中粗品加入 350kg 水搅拌 10min，静置 1h，从罐上口用负压吸去上面水层。至少要分出 340L（95%）水层弃去；搅拌下加入 7kg 工业碳酸钠并加热至 40~50℃，搅拌半小时，静置半小时让碱水沉下，分出弃去。再在搅拌下慢慢加入 20kg 碳酸钠（纯碱）搅拌半小时，认为已经干燥好，搅拌下流放至离心机离心分离（以分离出碱量的 1/2 作为以上的 "7kg 碱"，用以中和其中的酸物质）。精制：减压蒸馏。

1,3-二溴丙烷　M 201.91，mp −34.4℃，bp 167℃，d^{20} 1.979；无色液体。

$$HO\text{—}CH_3CH_2CH_2\text{—OH} + 2HBr \xrightarrow[\triangle]{硫酸} Br\text{—}CH_2CH_2CH_2\text{—Br} + 2H_2O$$

10L 三口烧瓶中加入 1.52kg（20mol）1,3-丙二醇，再加入 8.4kg（48%，50mol）溴氢酸，加热至沸，保持微沸，于 1h 左右从分液漏斗慢慢加入 4kg 浓硫酸，加完后再加热回流 5h。稍冷，用蒸馏装置加热回流蒸出产物至冷凝器无油花为止。分取重油层，水洗，以 10% Na_2CO_3 洗，以无水硫酸钠干燥后减压蒸馏，得 3.2~3.4kg（产率 79%~84%），d^{20} 1.980~1.985，外观淡黄色。

为得到无色产品，将干燥过的粗品于电热套上加热回流 3h 让杂质分解，粗品的外观变为深棕色，然后减压蒸馏，得无色产品。

丙烯醇的烯丙基正离子 $CH_2\text{=}CH\text{—}CH_2^+$ 的互换异构如下式表示：

$$CH_2\text{=}CH\text{—}CH_2^+ \rightleftharpoons {}^+CH_2\text{—}CH\text{=}CH_2 \rightleftharpoons [CH_2\text{---}CH\text{---}CH_2]^+$$

β 位的 C=C 双键分散烯丙基的正电荷使该正离子稳定，单分子的亲核取代非常迅速。

---

[1] 此溴化氢为溴代放出 HBr 的回收利用。

溴丙烯　M 120.98，bp 71.3℃，d^{20} 1.430，n_D^{20} 1.4697；不溶于水。

$$CH_2 =\!\!\!= CH - CH_2 - OH + HBr \xrightarrow[70 \sim 80℃]{硫酸} CH_2 =\!\!\!= CH - CH_2 - Br + H_2O$$

10L 三口烧瓶安装蒸馏装置和水浴加热，烧瓶中加入 2.6kg 46%（15mol）无游离溴的溴氢酸及 580g（10mol）丙烯醇，混匀后于 70℃水浴上加热，从分液漏斗慢慢加入 2kg 浓硫酸[❶]，溴丙烯立即蒸出，慢慢加热使浴温至 80℃无油珠馏出为止[❷]。分取油层，以 10% 碳酸钠洗，水洗，以无水硫酸钠干燥后分馏，收集 69~72℃馏分，得 1.1~1.2kg（产率 91%~99%），纯度 99%~100.9%（以含 Br 量计），d^{20} 1.425~1.432[❸]。

6-溴己酸　M 195.06，mp 32~34℃，bp 138℃/8mmHg。

$$H_2N - (CH_2)_5 - CO_2H + HBr + NaNO_2 \xrightarrow{<20℃} HO - (CH_2)_5 - CO_2H + NaBr + N_2 + H_2O$$

$$HO - (CH_2)_5 - CO_2H + HBr \xrightarrow{硫酸} Br - (CH_2)_4 - CO_2H + H_2O$$

a. 6-羟基己酸——己内酰胺水解（6-氨基己酸）、重氮化及羟基取代

1L 三口烧瓶中加入 339g（3mol）己内酰胺，加热熔化，搅拌下于半小时左右加入 132g（3.3mol）氢氧化钠溶于 200mL 水的溶液，再加热回流 4h；稍冷，倾入 2L 烧杯中，搅拌下慢慢加入 535g（d 1.51，50%，3.3mol）氢溴酸以中钠盐，再加入 730g（d 1.51，50%，4.5mol）氢溴酸为重氮化之用，并在 45℃保温以免析出结晶。

3L 三口烧瓶中加入 315g（4.5mol）亚硝酸钠溶于 315mL 热水的溶液，冰水冷却控制 20~25℃，搅拌着从分液漏斗在液面下慢慢加入上面的溶液（铵盐），约 1.5h 可以加完；加完后加热至 110℃保温半小时，用氢溴酸调节为强酸性（约用 20mL），分取上层 6-羟基己酸 330g（纯度 75%，产率 62%[❹]）。

b. 溴代

1L 三口烧瓶中加入 615g（d 1.51 50%，3.78mol）氢溴酸、330g 以上全部 6-羟基己酸粗品，搅拌下加入 126g 浓硫酸，加热至 105℃左右反应 3h，冷后分取上面油层得 315g，用 1% NaHSO_3 溶液洗去游离溴，减压分馏，收集 130~139℃/8mmHg 馏分，得粗品 200g，冰冻结晶，滤出，得 168g。

滤出的未结晶部分及前馏分合并，按 50% 6-羟基己酸计量重新溴代处理。分馏、冰冷、滤取结晶又得 21g（共得 189g，产率按己内酰胺计为 32%）。

---

❶ 硫酸量应减少至 1~1.2kg。

❷ 浴温不可超过 85℃，尤其不可使用电热或直火，否则产物会有"焦油化"现象。

❸ Fluka 纯度（GC）99%，d^{20} 1.430；Aldrich 纯度 99%，d 1.398。

❹ 此处用氢溴酸中和是为了回收方便。

2. 醇在红磷参与下和溴或碘反应——脱酯基反应

醇在红磷参与下和溴或碘反应是通过卤化磷、亚磷酸酯、溴化季磷酯依次、同时进行 HX 脱酯基反应，HX 是立即进行着脱酯基溴代；同时，中间过程的亚磷（酯）与 Br_2 反应生成溴化·溴磷酯，都在进行脱酯溴代，亚磷被氧化；最后的酸或磷酸酯在稍高温度完成脱酯溴代，过剩的 HBr 开始放出，它是反应产物。放出溴化氢表示反应的阶段。

反应最后的磷酸、反应物中过饱和的 HBr 及较高的反应温度 120℃都有利于使脱酯基反应进行到底。最后阶段加溴要很慢，溴的用量仅为理论量的 103%~105%；粗品纯度 97%~102%（以含 Br 量计）；产率 > 95%，红磷因为有被产生的磷酸包裹，一般用量为理论量的 130%，因为回收方便，实际用量为理论量，稍有潮湿的红磷对反应无大影响。

反应式如下：

$$3\ Br_2 + 2\ P \longrightarrow 2\ PBr_3$$

$$3\ ROH + PBr_3 \xrightarrow[-3\ HBr]{} (RO)_3P \xrightarrow{HBr} (RO)_2P\!-\!\overset{+}{\underset{H}{O}}\cdots Br^- \ \overset{\frown}{R}\overset{\frown}{Br} \xrightarrow{-R-Br}$$

$$(RO)_2P\!-\!OH \xrightarrow{Br_2} (RO)_2\overset{+}{\underset{Br}{P}}\!-\!O\cdots H\cdots Br^- \xrightarrow{-HBr} (RO)_2\overset{}{\underset{O}{P}}\!-\!Br \xrightarrow[-HBr]{ROH}$$

$$(RO)_2\overset{}{\underset{O}{P}}\!-\!O\!-\!R \xrightarrow[-RBr]{HBr} (RO)_2\overset{}{\underset{O}{P}}(OH) \xrightarrow{2\ HBr} 2\ R\!-\!Br + H_3PO_4$$

总反应式：$8\ R\!-\!OH + 2\ P + 5\ Br_2 \longrightarrow 8\ R\!-\!Br + 2\ H_3PO_4 + 2HBr$

反应的实施：烧瓶中先加入红磷，加入醇并用以冲洗沾污在瓶壁上的红磷勿使暴露以防遇溴发生燃烧，维持 80~90℃开始慢慢加入液溴，反应放热；大部分溴已经加入，当反应开始放出 HBr 时，将反应物加热维持 115~125℃以更慢的速率直至将溴加完以及最后的保温。反应几乎是适量地进行，粗品纯度 > 97%~102%（以含 Br 量计）；醇 < 0.5%；1,2-二溴化物约 1%（1,2-二溴化物来源于磷酸及加热方式造成的 β-消去及溴加成，应改用油浴或蒸汽加热），应增加醇的用量，或依上式改用 9mol（醇），使 HBr 继续反应，减少放出。

此项合成反应物的强酸性对于 β-碳有支链的伯醇多发生 β-消去，有时也成为主要反应，如：异丁基$(CH_3)_2CH\!-\!CH_2\!-\!$推电子影响却使可能的次卤酸酯有一定稳定性；C_6 以下的 n-伯醇与 Br_2 的次卤酸酯不稳定，与 X_2 继续反应产生爆炸性的 XO。

$$R\!-\!OH \xrightarrow[-HX]{X_2} R\!-\!O\!\dotplus\!X \xrightarrow{-X\cdot} R\dotplus O\cdot \xrightarrow{X_2} R\!-\!X + XO$$

曾依此合成 1-溴丁烷，在搅拌下加溴不久发生了爆鸣的自燃，又立即熄灭，过后继续加溴正常反应。为此，应在反应物添加 15%溴丁烷以使溴在反应物中溶解。

$$8\ n\text{-}C_4H_9OH + 2\ P + 5\ Br_2 \xrightarrow{n\text{-}C_4H_9Br} 8\ n\text{-}C_4H_9\!-\!Br + 2\ H_3PO_4 + 2\ HBr$$

1-溴丁烷
85%, bp 101.6℃

又如：碘甲烷的合成中（见 400 页），向甲醇、红磷的混合反应物中直接加入碘片，多次发生爆燃，即燃即熄。爆燃后的反应都归正常。

$$10\ CH_3OH + 2\ P + 5\ I_2 \xrightarrow{CH_3I} 10\ CH_3\text{—}I + 2\ H_3PO_4 + 2\ H_2O$$
碘甲烷
\>90%

β-位有支链的简单伯醇在该条件的反应中多发生消去反应，如：异丁醇其卤代产物也多发生脱去 HBr 生成异丁烯，控制 50~60℃ 加入液溴的过程中，有不少异丁烯逸散，同时异丁烯也在和溴加成为 1,2-二溴化物——剩余更多的红磷；由于温度较低，有相当多的 PBr_3 滞留未反应，溴代烷的产率 40%~50%。

$$8\ (CH_3)_2CH\text{—}CH_2\text{—}OH + 2\ P + 5\ Br_2 \longrightarrow (CH_3)_2CH\text{—}CH_2\text{—}Br + H_3PO_4 + 2\ HBr$$
溴代异丁烷
40%~50%, bp 90~92℃

$\underset{R\text{—}CH\text{—}CH_2\text{—}OH}{\overset{R'}{|}}$、$\underset{R\text{—}CH\text{—}CH_2\text{—}Br}{\overset{R'}{|}}$ 在酸、碱作用下的 β-消去，依 R、R′ 碳链延长而减弱，如依此法，在 2-乙基溴己烷的合成中，这些 β-消去的副反应就少得多，这里，场效应致使叔碳原子上的氢（β-C—H）以质子离去稍显困难，故能制得尚可产率的溴烷。

$$8\ n\text{-}C_4H_9\text{—}\overset{C_2H_5}{\underset{|}{CH}}\text{—}CH_2\text{—}OH + 2\ P + 5\ Br \longrightarrow n\text{-}C_4H_9\text{—}\overset{C_2H_5}{\underset{|}{CH}}\text{—}CH_2\text{—}Br + 2H_3PO_4 + 2\ HBr$$
2-乙基溴己烷
70%, bp 75~77℃/16mmHg

红磷参与下醇的溴（碘）代常用于 n-C_7 以上伯醇的溴代合成。

1-溴代十六烷　M 305.35，mp 17~19℃（15℃），bp 210℃/30mmHg，195℃/14mmHg，d^{20} 0.999，n_D^{20} 1.4618。

$$8\ CH_3(CH_2)_{14}\text{—}CH_2\text{—}OH + 2\ P + 5\ Br_2 \longrightarrow 8\ CH_3(CH_2)_{14}\text{—}CH_2\text{—}Br + 2\ H_3PO_4 + 2HBr$$

10L 三口烧瓶中加入 5.1kg（21mol）十六醇和 217g（7mol）红磷，加热熔化后开动搅拌，加热至 70℃ 停止加热，从伸入液面下的分液漏斗于 2.5h 左右慢慢加入 2.17kg（710mL，13.6mol）液溴，反应放热，当加入 1/5 后，升温，于 100℃ 左右改为滴加，至开始有 HBr 放出；用加热维持 120℃ 左右以更慢的速率加完液溴，再保温搅拌 3h，此时取样，将几滴反应物加入至 15~16℃ 冷水中摇动 1min 不再凝固，表示反应基本完全；稍冷，分取上层粗品（下层为磷酸及过量的红磷），得粗品 6.16kg（97%），纯度 97%~102%（以含 Br 量计），d^{20} 1.011~1.012。

精制：硫酸洗、再水洗，干燥后减压分馏。

1-溴代十八烷 M 330.40，mp 28.5℃，bp 212℃/15mmHg，d 0.976。

依 1-溴代十六烷方法之后处理精制，得到相同质量和产率。由此证明是脱酯基反应。

$$3 CH_3(CH_2)_{16}—CH_2—OH + PBr_3 \longrightarrow [CH_3(CH_2)_{16}—CH_2—O\!\!+\!\!_2P—OH + CH_3(CH_2)_{16}—CH_2—Br + 2 HBr$$

$$[CH_3(CH_2)_{16}—CH_2—O\!\!+\!\!_2P—OH + 2 HBr \xrightarrow[\triangle]{水} 2 CH_3(CH_2)_{16}—CH_2—Br + H_3PO_3$$

10L 三口烧瓶中加入 3.24kg（12mol）mp 54~56℃ 的十八醇，从分液漏斗慢慢加入 1.63kg（6mol）溴化磷，大量 HBr 从冷凝器上口导出经安全瓶通入水面下吸收，由于放出 HBr，反应并吸热；加完后慢慢加热又放出大量 HBr，并有显著的黄色絮状磷化物出现。稍冷，从分液漏斗滴入 600mL 氢溴酸（d 1.5）以分解过剩的 PBr_3，有 PH_3 放出通过安全瓶在吸收 HBr 的水面上冒出，遇到空气而自燃。反应平和后再加入 4.2kg 的氢溴酸（d 1.5），加热回流 8h，开始时反应物分层清楚，而后的沸腾中很容易乳化，冷后分取油层，以 400g 无水硫酸钠在 50~60℃ 干燥，减压分馏，收集 218~222℃/20mmHg 馏分，得 3.2kg（产率 80%）。

同法可制备二苯基溴甲烷（见 426 页）：

$$8 (C_6H_5)_2CH—OH + 2 P + 5 Br_2 \longrightarrow 8 (C_6H_5)_2CH—Br + 2 H_3PO_4 + 2 HBr$$

碘代与溴代的方法相同；由于简单醇的次卤酸酯与卤素有 XO 产生的自燃爆鸣安全问题及固体碘的投料不便，把仪器做提取安装，利用先加入的碘甲烷作回流提取以碘液流回到反应物中，如此连续进行。用碘液流回的速率控制放热的反应。

碘甲烷 M 141.15， mp -66.4℃，bp 42.5℃，d^{20} 2.279，n_D^{20} 1.5380；无色液体，微溶于水（1.4%，20℃）；用铜作稳定剂。

$$10 CH_3OH + 2 P + 5 I_2 \xrightarrow{CH_3I} 10 CH_3—I + 2 H_3PO_4 + 2 H_2O$$

安装仪器如图 10-1 所示：

5L 三口烧瓶中加入 342g（11mol）红磷、1.6kg（50mol）甲醇及 2kg 碘甲烷，摇匀；碘瓶中放入 6.4kg（25mol）碘。用水浴加热烧瓶，碘甲烷蒸出进入"碘瓶"以溶解碘，碘液用阀门控制流回反应瓶中，用反应放热调节反应直至碘作用完毕❶，再加热回流 2h 即可蒸出碘甲烷（吸出剩余物下面的磷酸，再做如上投料），粗品水洗两次。硫代硫酸钠水洗，以无水硫酸钠干燥后分馏，产率 90%。

另法：

$$(CH_3O)_2SO_2 + KI \longrightarrow CH_3—I + CH_3O—SO_3K$$

0.5L 三口烧瓶中加入 166g（1mol）碘化钾、166mL 水加热溶解，维持 50℃±2℃ 搅拌下从分液漏斗慢慢加入 126g

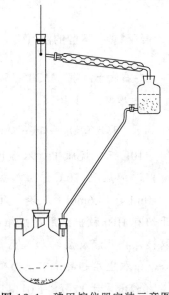

图 10-1 碘甲烷仪器安装示意图

---

❶ 如果直接向甲醇和红磷的混合反应物中加入碘片，多次发生不严重的爆鸣。

（1mol）冰水洗过的硫酸二甲酯[1]，生成的碘甲烷随时蒸出，加完后加热以蒸尽最后的碘甲烷，分取油层，干燥后分馏，收集 42~44℃馏分，得 128g（产率 90%）。

以上的醇在红磷参与下与 Br_2、I_2 的卤代是无机酸 HBr、HX 作用于磷酯的脱酯基反应，HBr 会引起某些底物醇的其它副反应——如消去、重排以及产生烯的加成，还会使含酯基底物的卤代中造成脱酯混乱。

季鏻卤化物 $(C_6H_5)_3\overset{+}{P}Br\cdot Br^-$（mp 235℃）和 $(C_6H_5O)_3\overset{+}{P}Br\cdot Br^-$ 是有效的卤化剂，它首先与醇（酚）的 S_N2 双分子亲核取代为分子内含有酯基的鏻卤化物（添加缚酸剂 DMF 以保持反应物的弱碱性，反应中不涉及酸及碳正离子）在分子内构成过渡态，完成—OH 转化为—Br 的卤代，定位准确，不发生消除和重排，在最容易发生重排的新戊醇 $(CH_3)_3C—CH_2—OH$ 的溴代中也几乎没有重排产物。

$$(C_6H_5)_3P + Br_2 \xrightarrow[<10℃]{DMF} (C_6H_5)_3\overset{+}{P}Br\cdot Br^- /DMF$$

$$(CH_3)_3C—CH_2—OH + (C_6H_5)_3\overset{+}{P}Br\ Br^- + DMF \xrightarrow[-DMF\cdot HBr]{DMF} (CH_3)_3C—CH_2—\overset{O}{\underset{Br}{C}}—P(C_6H_5)_3 \xrightarrow{-(C_6H_5)_3PO} (CH_3)_3C—CH_2—Br$$
新戊基溴

$$\triangleright—CH_2—OH + (C_6H_5)_3\overset{+}{P}Br\cdot Br^- + DMF \xrightarrow[-DMF\cdot HBr]{DMF} \triangleright—CH_2—\overset{O}{\underset{Br}{C}}—P(C_6H_5)_3 \xrightarrow{-(C_6H_5)_3PO} \triangleright—CH_2—Br$$
溴甲基环丙烷
75%

（见 164 页）

季鏻卤化物与底物醇（酚）反应生成磷酯和 HX，构成环过渡态的卤代是软硬酸碱的交换平衡。

碘代环己烷　　M 210.06，bp 80~81℃/20mmHg，d 1.624，n_D^{20} 1.5441。

$$(C_6H_5O)_3P + CH_3I \xrightarrow{约120℃} (C_6H_5O)_3\overset{+}{P}CH_3\ I^-$$
mp 22℃

$$(C_6H_5O)_3\overset{+}{P}CH_3\ I^- + HO—\bigcirc \longrightarrow \left[\begin{matrix} (C_6H_5O)_2\overset{CH_3}{\underset{O}{P}}—O—\bigcirc \\ C_6H_5—O\cdots H\cdots I \end{matrix} \right]$$

$$\longrightarrow I—\bigcirc + (C_6H_5O)_2P(O)CH_3 + C_6H_5—OH$$

1L 三口烧瓶中加入 310g（1mol）亚磷酸三苯酯，搅拌下加入 170g（1.2mol）碘甲烷，油浴加热使缓慢回流的液温升至 120℃（如油浴温度高出会发生脱酯基的碘代，生成碘苯和甲基膦酸二苯酯），反应物变暗、黏稠，停止加热。冷水冷却下慢慢加入 100g（1mol）环己醇（如果是叔戊醇、放热相当大）加完后再搅拌 2h，放置过夜。6~8h 反应完全。水浴加热减压蒸出碘代环己烷酸馏分＜90℃/20mmHg，水洗，以碳酸钠中和至 pH

---

[1] 可用 0.5mol 硫酸二甲酯，最后加热以利用 $CH_3O—SO_3K$ 的烷基化。

8，干燥后减压分馏，收集 66~68℃/12mmHg 馏分，得 136g（产率 65%）。

又如：

$$(C_6H_5)_3P + C_6H_5—Br \longrightarrow (C_6H_5)_4\overset{+}{P}\ Br^-$$

注：若无可移变的氢或应以磷酸酯用 HBr 分解。

3. 醇与二氯亚砜的反应

二氯亚砜作为醇的氯代试剂不涉水及其它物料，产物以外的其它产物均为气体，便于分离处理，操作简便；无论如何应尽量先考虑使用盐酸或氯化氢。

二氯亚砜作为氯化试剂是将醇慢慢加入沸腾着的二氯亚砜（75~80℃）中，生成氯化物及放出 HCl 和 SO$_2$；如果在低温（＜30~40℃）将二氯亚砜加入醇中，首先生成氯化亚硫酸单酯（放出 HCl），与过量的醇在 80~90℃ 完成反应生成亚硫酸酯（和光气与醇反应制得氯代甲酸酯以及碳酸酯相似），以及亚硫酸酯可以被过量的氯化亚砜分解为两个氯代亚硫酸酯，受热分解为氯代烷并放出 SO$_2$，反应如下式：

$$R—OH + SOCl_2 \xrightarrow[<30℃]{} R—O—SO—Cl + HCl$$

$$R—O—SO—Cl + R—OH \xrightarrow{70~80℃} R—O—SO—O—R + HCl$$

$$R—O—SO—O—R + SOCl_2 \longrightarrow 2\ R—O—SO—Cl$$

$$R—O—SO—Cl \xrightarrow{\triangle} R—Cl + SO_2$$

总反应式：

$$R—OH + SOCl_2 \longrightarrow R—Cl + HCl + SO_2$$

对于在反应条件（80~90℃）有固态过程（亚硫酸酯）的操作就不方便，如：4-苯基苄醇（mp 101℃），用二氯亚砜的氯化过程中首先生成氯化亚硫酸酯，C$_6$H$_5$—C$_6$H$_4$—CH$_2$—O—SO—Cl 是液态，很快融化，立即与另个 4-苯基苄醇生成固态的亚硫酸酯，(C$_6$H$_5$—C$_6$H$_4$—CH$_2$—O)$_2$SO 析出，它进一步与 SOCl$_2$ 反应，分解为两个氯代亚硫酸酯，因为反应物中已经没有了醇，以后的反应是分解氯代，放出的 SO$_2$ 把固体物吹膨起来使操作不便。应该把加料顺序改变为向沸腾着的反应物（SOCl$_2$）中分多次加入物质。或使用大量 SOCl$_2$ 较长时间，或使用溶剂。

使用二氯亚砜的氯化很容易进行到底，从以下实例比较它们的利弊和特点。

1-氯代十二烷　M 204.78，bp 130℃/15mmHg，d_4^{20} 0.8673，n_D^{20} 1.4425。

$$CH_3(CH_2)_{10}—CH_2—OH + SOCl_2 \xrightarrow{SOCl_2} CH_3(CH_2)_{10}—CH_2—Cl + HCl + SO_2$$

5L 三口烧瓶中加入 1.8kg（15mol）二氯亚砜，加热保持回流着，慢慢加入 935g（5mol）十二醇，加完后继续回流 3h。回收二氯亚砜的剩余物加入至冰水中充分搅拌，分取油层，水洗，以无水硫酸钠干燥后分馏，收集 240~245℃ 馏分，得 820g（产率 80%）。

另法：参照氯代十八烷用 HCl 氯代。

α,α-二苯基-2-氯苄基氯　　M 313.22，易溶于乙醇和苯，mp 132~135℃。

$$\text{(}C_6H_5\text{)}_2C(\text{o-ClC}_6H_4)\text{—OH} + SOCl_2 \xrightarrow{SOCl_2} \text{(}C_6H_5\text{)}_2C(\text{o-ClC}_6H_4)\text{—Cl} + HCl + SO_2$$

2L 三口烧瓶中加入 1.2kg（10mol）二氯亚砜，分多次慢慢加入 295g（1mol）α,α-二苯基-2-氯苄醇，加完后回流 3h；水浴加热回收二氯亚砜，最后用水泵减压收尽；加入 360mL 无水苯，加热溶解，脱色过滤，冷后滤出结晶，以无水苯浸洗一次，风干得 260g（产率 85%），mp 132~135℃。

N,N-二氯乙基-甲胺盐酸盐（盐酸氮芥）　　M 192.52，mp 108~110℃；对皮肤有较强刺激。

$$CH_3\text{—}N(CH_2CH_2\text{—}OH)_2 + 2\,SOCl_2 \xrightarrow[50℃]{苯} CH_3\text{—}N(CH_2CH_2\text{—}Cl)_2 \cdot HCl + HCl + 2\,SO_2$$

10L 三口烧瓶中加入 3.6kg（30mol）二氯亚砜及 2L 无水苯，维持 50℃左右搅拌着，于 3h 慢慢加入 1.19kg（10mol）N-甲基二乙醇胺，滴入之初首先析出絮状物，而后放出 HCl 和 SO₂，随即下沉分层。加完后在 50℃水浴加热，又放出大量 SO₂ 和 HCl，缓和后慢慢将浴温升至 80℃保温 3h（不可高出，否则产物变棕色），放置过夜。次日，控制水浴≤80℃用水泵减压回收（−0.07MPa）苯及二氯亚砜，析出大量银灰色的结晶，收尽后稍冷，加入 4L 丙酮；在 80℃以下水浴上加热回流使溶解，脱色过滤，冷后滤出结晶❶，用冷丙酮浸洗三次，风干后得白色结晶 1.2kg（产率 63%）。

二-2-氯乙基醚　　M 143.02，mp −47℃，bp 176~177℃，d^{20} 1.222，n_D^{20} 1.457。

$$HO\text{—}CH_2CH_2OCH_2CH_2\text{—}OH + 2\,SOCl_2 \xrightarrow{>80℃} Cl\text{—}CH_2CH_2OCH_2CH_2\text{—}Cl + 2\,HCl + 2\,SO_2$$

10L 三口烧瓶中加入 1.06kg（10mol）一缩二乙二醇，搅拌下于 3h 左右慢慢加入 3.3kg（2L，27mol）二氯亚砜，因开始 HCl 溶解，生成 >O·HCl 而放热，加入 1/3 以后（等当量）才开始放出 HCl 及 SO₂，加完后用电热套加热❷回流 8h（冷后用水浴加热，水泵减压回收过剩的二氯亚砜），冷后将反应物倾入 2kg 碎冰中充分搅拌，分取油层，水洗三次，得 1.16kg（产率 81%）。以无水硫酸钠干燥后减压分馏，收集 88~92℃/50mmHg 馏分，得 900g（产率 63%）❸。

4. 烯烃与卤化剂（X₂、HX、HOCl）的加成

（1）卤素与 C=C 双键加成

只有 Cl₂、Br₂ 可以加成到碳碳双键、三键，在离子反应中碘（I₂）的加成速率只有 Br₂

---

❶ 丙酮母液及洗液回收丙酮至剩 2L 左右，冷后得到的结晶当粗品。

❷ 如果只是沸水浴保温 8h，冰水处理得不到产品——没有完成最后的氯代分解，在冰水处理前要检查分出油的情况，同时检查放出 SO₂ 的状况。

❸ 不可以作水汽蒸馏，否则水解，效率降至 27%。

的 10^{-5}；反应过程是试剂的极化$^{\delta+}$Br→Br$^{\delta-}$，偶极电正的一端作为亲电试剂首先加成，加成方位是由双键极化方向及生成碳正离子中间体的稳定性决定的，是异侧加成；极性溶剂对于卤素的极化有利，在极性溶剂中，反应非常迅速、放热；但是，极性溶剂的负离子部分也能参与加成，产物中有混合加成产物，如在甲醇溶液中，溴在对称的 1,2-二苯基乙烯加成，除正常产物外，还有 1-溴-2-甲氧基-1,2-二苯乙烷，是在第二步 Br$^-$ 和 CH$_3$O$^-$ 相竞争的产物，虽然 CH$_3$O$^-$ 亲核性比 Br$^-$ 强许多，但由于反应物呈中性、酸性，CH$_3$O$^-$ 的浓度很低，主要还是 Br$^-$ 加成；在碱性条件才是 CH$_3$O$^-$、Br$^+$ 加成。

$$C_6H_5-CH=CH-C_6H_5 + Br_2 \xrightarrow{CH_3OH} C_6H_5-\underset{Br}{CH}-\underset{Br}{CH}-C_6H_5 \quad \left(C_6H_5-\underset{Br}{CH}-\underset{OCH_3}{CH}-C_6H_5\right)$$

又如：2,5-二甲氧基二氢呋喃（见 800 页）的中间过程是碳酸碱条件下的 CH$_3$O$^-$、Br$^+$ 加成及取代。

乙酸 CH$_3$CO$_2^-$H$^+$ 负离子部分的加成活性很低，可以作为卤素与 C=C 不饱和键加成的溶剂，卤素在水、醇、乙酸溶剂中与不饱和键加成的反应速率为二级反应，取决于试剂的浓度；加入可电离的盐（HX、NaX）以提高溶剂的极性使反应速率有很大提高，如以下反-丁烯二酸的 Br$_2$ 加成，加入氢溴酸使 Br$_2$ 的加成迅速进行（电性及空间因素对 HBr 不利）。

2,3-二溴丁二酸　M 275.89，mp 171℃；白色结晶，溶于水，易溶于乙醇及丙酮。

$$\underset{H}{\overset{HO_2C}{>}}C=C\underset{CO_2H}{\overset{H}{<}} + Br_2 \xrightarrow[65\sim70℃,\ 4h]{氢溴酸/水} \underset{Br}{\overset{HO_2C}{>}}\underset{}{C}-\underset{Br}{\overset{H}{}}C\underset{CO_2H}{}$$

1L 三口烧瓶中加入 232g（2mol）反-丁烯二酸、250mL 水及 110g 48%氢溴酸，搅拌下加热至 70℃反丁烯二酸溶解，维持 65~70℃慢慢加入 320g（2mol）液溴，加完后保温搅拌半小时，再加热回流 4h，冷后滤出结晶，水洗，风干燥后得 440g（80%）mp 167~171℃，母液反复使用。

内消旋体 meso-2,3-二溴丁二酸，mp 288~229℃。

$$F_3C-CH=CH_2 + Br_2 \xrightarrow[30\sim35℃]{水} F_3C-CHBr-CH_2Br \\ mp\ 36℃$$

酚芳核支链上双键的卤素加成，先将酚羟基酰化以避免在芳核上卤代，另外乙酸负离子的加成活性很低，反应在乙酸溶液中进行（见 806 页）。

1,3-丁二烯在与不同溶剂中的溴加成中，1,4-加成的比率因溶剂极性增大而提高。在非极性溶剂正己烷中，溴分子未发生极化，以分子溴在共轭二烯的一个双键加成，主要是 1,2-加成，较少发生 1,4-加成，表 10-2 说明 1,4-加成主要是离子加成。

表 10-2　1,3-丁二烯在不同溶剂中溴加成的 1,4-加成比率

溶剂	反应温度/℃	1,4-加成比率/%
乙酸	4	70
氯仿	−15	63
四氯化碳	−20	70
正己烷	−15	38

由于加成中间基的单键能自由旋转，又因基团间的排斥作用而得到反式加成产物。

反-1,4-二溴-丁-2-烯　M 213.91，mp 54℃，bp 205℃；从石油醚中得片晶。

$$CH_2=CH-CH=CH_2 + Br_2 \xrightarrow[-20℃]{CCl_4} [CH_2=CH\cdots\overset{+}{C}H-CH_2-Br] \longrightarrow Br-CH_2-CH=CH-CH_2-Br$$

在冰水浴冷却着的 5L 无水四氯化碳中通入 430g（8mol）1,3-丁二烯（增重）。

10L 三口烧瓶中加入以上丁二烯溶液，用干冰浴冷却控制−20℃左右，搅拌着于 1h 左右滴入 800g（5mol）液溴溶于 2L 无水四氯化碳的溶液，加完后搅拌下升至室温，水浴加热回收四氯化碳，冷后滤出结晶，mp 50~52℃；如有必要，用石油醚重结晶，得 720g（产率 67%）。

另法：　$3 HO-CH_2CH=CHCH_2-OH + 2 PBr_3 \longrightarrow 3 Br-CH_2CH=CHCH_2-Br + 2 H_3PO_3$

顺-1,4-二溴丁-2-烯，bp 82℃/6mmHg；与无机酸共热得反式产物。

又如：1,4-二苯基-1,3-丁二烯与 Br_2 的加成与以上不同，苯环与烯的双键共轭，Br^+ 加成到 2 位，得到了能被苯环分散的、更稳定的 1 位碳正离子，这样，Br^- 便加成在 1 位，产物主要是 1,2-加成，而 1,4-加成 < 4%。

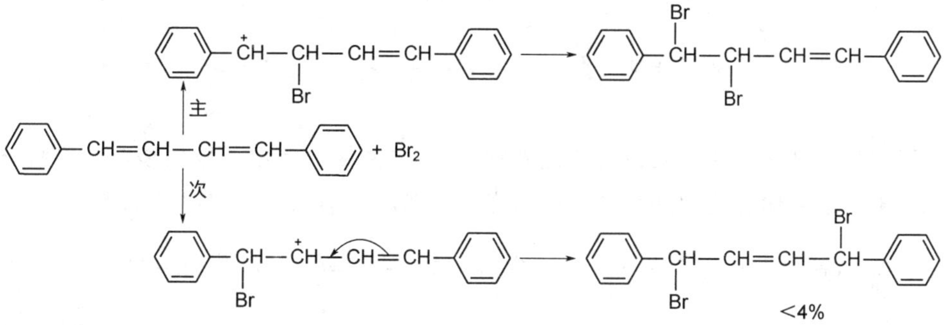

（2）卤化氢在双键的加成

不对称烯烃诱导的影响使 π 电子发生偏移，是相对极化了的 $R \rightarrow CH=CH_2$，与 HX 加成多是离子反应（只 HBr 才有自由基加成，HBr 异裂比产生自由基的能量低）。HX 与烯烃的加成是分两步进行的，第一步是质子加到双键，加成位置取决于双键的极化方向及形成碳正离子的稳定性，这一步是决定反应速率的慢步骤；第二步由另一个 HX 提供卤负离子；也可能 HX 与烯先形成络合物，然后第二个 HX 在异侧作用。

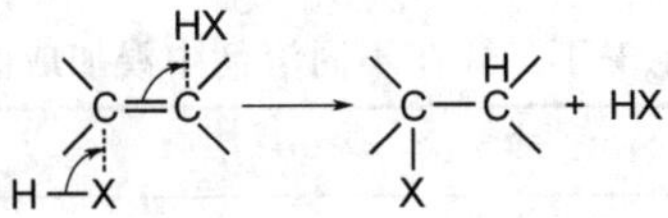

【HX 与 C=C 双键的离子加成】

当 C=C 双键与其它推电子基共轭使碳正离子稳定，如下面几个例子：

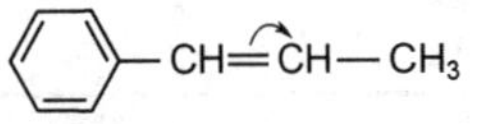

苯基-1-丙烯

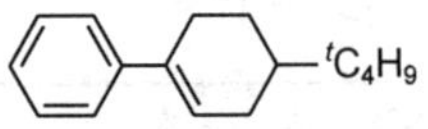

1-苯基-4-叔丁基环己烯

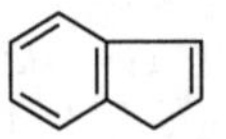

茚

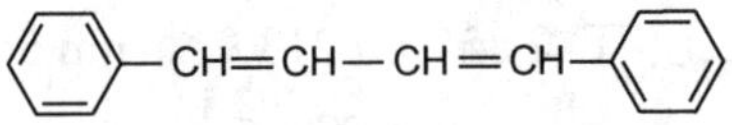

1,4-二苯基-1,3-丁二烯

它们与质子（电正性）加成后，得到被苯环分散的、更稳定的 1-位碳正离子，该碳正离子一经形成，在 C—C 键旋转以前就完成了负离子的加入，都是在双键同侧加入的，只涉及同侧的离子对，是同侧加成。

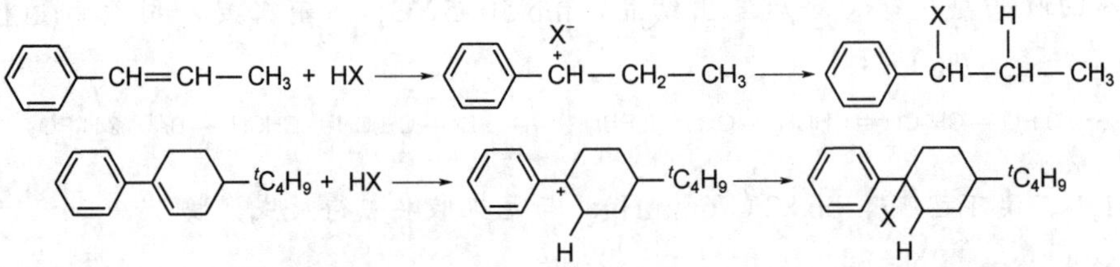

脂肪烃的共轭二烯、烃基的作用使双键π电子偏移，生成带有部分负电荷的 C-1 和带有部分正电荷的 C-4 对于 HX 的 1,4-加成起定位的作用。

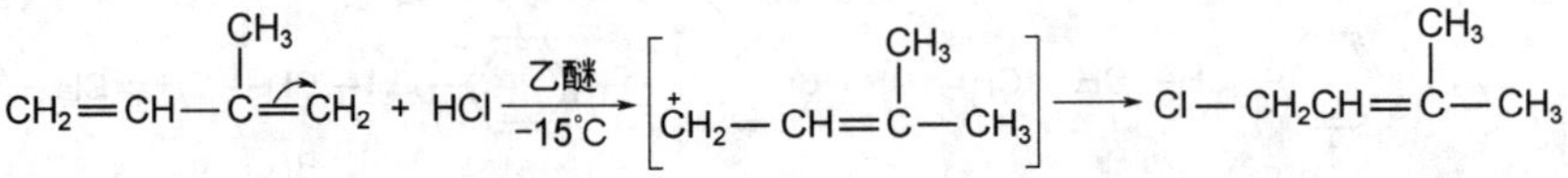

碳碳双键与其它异原子双键或三键共轭，C=C 双键的 π 电子发生移位，碳原子发生缺电子现象，这种情况的加成是亲核的（亦如丙烯腈与 HCN 的加成），如下实例：

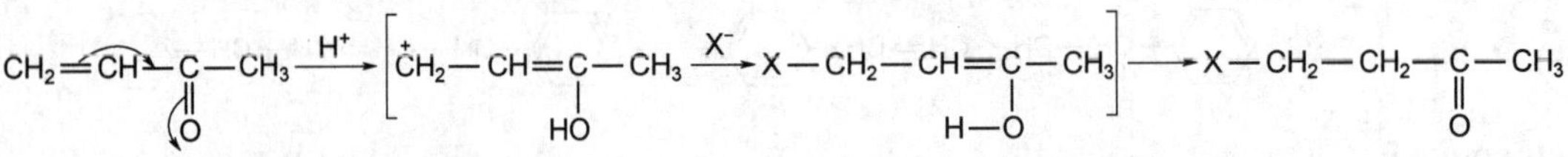

$$CH_3-CH=CH-CO_2H + HBr \xrightarrow{65\sim70℃} CH_3CHBr-CH_2-CO_2H \quad（见 419 页）$$

$$CH_2=CH-CO_2H + HCl \xrightarrow{<35℃} Cl-CH_2-CH_2-CO_2H \quad（见 366 页）$$

$$CH_2=CH-CN + HCl \xrightarrow{20℃} Cl-CH_2CH_2-CN \quad（见 365 页）$$

$$CH_2=CH-CN + HBr \xrightarrow{40\sim45℃} Br-CH_2CH_2-CN \quad（见 366 页）$$

非共轭的端位烯与 HBr 的加成依马氏定则进行，是亲电的。

3-溴丁腈 M 148.01，bp 73~74℃/15mmHg（186℃），d 1.47。

$$H_2C=CH-CH_2-CN + HBr \xrightarrow{40℃} [CH_3-\overset{+}{C}H-CH_2-CN] \longrightarrow CH_3-CHBr-CH_2-CN$$

0.5L 三口烧瓶中加入 160g（2.3mol）3-丁烯腈，维持 40~45℃通入 280g（2.2mol）干燥的 HBr（增重），减压分馏，收集 81~86℃/25mmHg 馏分，得 200g，纯度（GC）88%[❶]，加入 15g 五氧化二磷常压分馏，收集 180~184℃馏分（沸点稳定）得 175g（产率 51%），d 1.47。

4-溴丁腈（$BrCH_2CH_2CH_2CN$），bp 205℃，d 1.489，n_D^{20} 1.478。

【HBr 与 C=C 双键的自由基加成】

HBr 与新蒸的 3-溴丙烯在黑暗、无氧条件的加成速率很慢（有报道要 20 天），加成依马氏定则，产物是 1,2-二溴丙烷（亦见以上 3-溴丁腈，极性大，反应快）；如果有光照，尤其是加有少量过氧化物的条件，反应就非常迅速，产物是 1,3-二溴丙烷，是遵从反马氏定则的，过程是 Br· 首先加成在端位烯的氢原子比较多的碳原子上，而后是 H· 加成在中间基上；不同条件下，前者是离子加成，后者是自由基加成。

$$H_2C=CH-CH_2-Br + HBr \begin{array}{l} \xrightarrow{H^+} [CH_3-\overset{+}{C}H-CH_2-Br] \xrightarrow{Br^-} CH_3-CHBr-CH_2-Br \\ \xrightarrow{Br·} [Br-CH_2-CH-CH_2-Br] \xrightarrow[-Br·]{HBr} Br-CH_2CH_2-CH_2-Br \end{array}$$

3-溴丙烯

Br· 自由基在有机过氧化物或氧条件的光照引发反应。

$$C_6H_5-\overset{O}{\underset{\|}{C}}-O\dotplus O-\overset{O}{\underset{\|}{C}}-C_6H_5 \xrightarrow{100℃} 2\,C_6H_5-\overset{O}{\underset{\|}{C}}-O· \xrightarrow{-CO_2} 2\,C_6H_5· \xrightarrow[40℃]{2HBr} 2\,Br· + 2\,C_6H_6$$

自由基加成只改变 HBr 对端位烯烃的加成方向，对于 HCl、HI 不起作用，连锁反应要求进行的非常迅速，活化能必须很小，每一步骤都必须是放热的，如果有一个步骤是吸热的就不能正常进行。HCl、即使有 HCl 裂解为 Cl·，Cl· 加成后再从 HCl 夺取 H· 完成加成需要吸收热量 5~10 kcal/mol，这对反应不利难以进行，加成中间基便去进攻烯的双键，发生短线聚合；HI 虽易裂解，但与烯键碳的结合比较困难。

自由基与 C=C 加成方向由以下因素决定：①双键的极化方向；②加成中间基的稳定性；③位阻和离子加成的情况相类似，所不同的是：自由基的加成是 Br· 首先加成，中间基是带孤电子的溴桥。

对于多个极性基团取代的烯，在紫外光照下与 HBr 的加成产物就不容易预见估计，如：

$$F_2C=CFCl + HBr \xrightarrow{UV} \underset{88\%}{BrCF_2-CFClH}$$

$$F_2C=CFH + HBr \xrightarrow{UV} \underset{57\%}{HF_2C-CFHBr} + \underset{43\%}{BrF_2C-CFH_2}$$

以上两例中，加成产物的比率可以解释为：前者分子中没有氢原子，氯原子的拉电子性质虽

[❶] 3-丁烯腈是前一天制备的，以上制备是在室内散射光稍暗情况，通入 HBr 以后应有保温过程，之后常压分馏。

比氟较小，但氯比氟有较大的位阻，体积较大的 Br· 选择了比较宽松的一侧；后者分子虽有氢原子，但电性关系不是太突出，在两侧加成的机会也比较相近。

又如：烯的结构特别有利于加成为稳定的碳正离子，如：$R-\overset{\underset{\displaystyle |}{CH_3}}{C}=CH_2$、苯$-CH=CH_2$ 和

（茚结构），它们更倾向于离子加成；而有些化合物，没有基团可以分散生成碳正离子的正电荷，如：$Cl_2C=CHCl$ 和 HBr 加成，空间和电性的影响更倾向于自由基加成，加成产物是 $HCl_2C-CHClBr$。

加成反应常是两种反应相竞争的，欲使反应按某一历程进行，必须把另一种历程的反应压制到最低。由于自由基反应需要较高的能量而容易被控制，为了有效抑制自由基反应还可以添加抗氧化剂，如：4-羟基苯甲醚、对苯二酚、4-叔丁基-o-苯二酚、4-羟基二苯胺以及 N-丁基-苯氨基二硫代甲酸铜等。而在自由基反应中要避免离子反应就困难些，可以采取以下措施：①紫外光照（UV）或低温时的高效引发剂；②非极性溶剂以抑制试剂极化或解离；③低温（-10℃）可以使离子反应缓慢。虽然采取了如上措施，在自由基反应中总会有不同数量的离子加成产物，表 10-3 不同结构烯烃加成产物竞争比例。

表 10-3 烯烃结构对自由基加成的竞争比例（依电性而比例增大）

烯烃（HBr，Bz₂O₂）	加成中间体（主）	自由基加成产物及比例	离子加成产物及比率
$CH_3(CH_2)_{10}CH=CH_2$	$CH_3(CH_2)_{10}\overset{\cdot}{C}HCH_2Br$	$CH_3(CH_2)_{10}CH_2CH_2-Br$ 85%	
$CH_3-\overset{\underset{\displaystyle |}{CH_3}}{C}=CH_2$	$CH_3-\overset{\underset{\displaystyle |}{CH_3}}{\overset{\cdot}{C}}-CH_2-Br$	$CH_3-\overset{\underset{\displaystyle |}{CH_3}}{CH}-CH_2-Br$ 91%	$CH_3-\overset{\underset{\displaystyle Br}{\overset{\displaystyle CH_3}{|}}}{\overset{|}{C}}-CH_3$ 6%
$CH_3-\overset{\underset{\displaystyle |}{CH_3}}{C}=CH-CH_3$	$CH_3-\overset{\underset{\displaystyle |}{CH_3}}{\overset{\cdot}{C}}-CHBr-CH_3$	$CH_3-\overset{\underset{\displaystyle |}{CH_3}}{CH}-CHBr-CH_3$ 43%	$CH_3-\overset{\underset{\displaystyle Br}{\overset{\displaystyle CH_3}{|}}}{\overset{|}{C}}-CH_2CH_3$ 24%
$CH_3-\overset{\underset{\displaystyle |}{CH_3}}{CH}-CH=CH_2$	$CH_3-\overset{\underset{\displaystyle |}{CH_3}}{CH}-\overset{\cdot}{C}H-CH_2-Br$	$CH_3-\overset{\underset{\displaystyle |}{CH_3}}{CH}-CH_2CH_2-Br$ 80%	$CH_3-\overset{\underset{\displaystyle |}{CH_3}}{CH}-\overset{\underset{\displaystyle |}{Br}}{CH}-CH_3$ 13.6%
苯$-CH=CH_2$	苯$-\overset{\cdot}{C}H-CH_2-Br$	苯$-CH_2-CH_2-Br$ 60%	苯$-CHBr-CH_3$ 15%

自由基加成和离子加成一般都是异侧加成，产物通常是异侧加成和少量同侧加成的混合物；只有在很低温度或双键与苯环共轭，无须另一分子在异侧协同进攻即可顺利完成的加成才是同侧加成。下面实例是结构本身的阻碍使得成为顺式。

顺-1-溴-2-氯环己烷 M 197.49。

0.5L 三口石英瓶（为透紫外光）安装回流冷凝器、砂芯分散头的通气管、电磁搅拌子及冰水浴冷却。

石英瓶中加入 10g（0.085mol）1-氯环己烯、365mL 戊烷，在 100W 水银灯照射下通入干燥的 HBr，2h 后反应物用冰冷的 10% 碳酸钠溶液洗去酸性，水浴加热回收正戊烷，剩余物减压分馏，收集 91~97℃/10mmHg 馏分，得 12.4g（73%，反式 0.4%）。

从正戊烷重结晶后再分馏，收集 97.5~98℃/7mmHg 馏分，得纯品。

加成中间基可以重排到更稳定的位置，如：3,3,3-三氯丙烯与 HBr 的自由基加成，三氯甲基的巨大位阻也利于 Br˙在 C-1 位加成；而后一个氯原子从比较拥挤的位置迁移到最初中间基的位置。

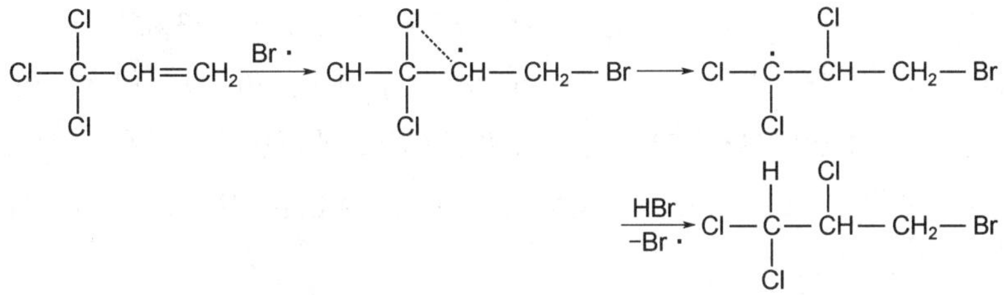

（3）次氯酸在 C═C 双键加成

次氯酸在水条件很容易异裂为 Cl^+和^-OH，和烯烃的加成是离子反应，3%次氯酸和 C═C 的加成也是亲电的，和氯丙烯的加成 Cl^+首先加成到 2 位，HO^-加成到 3 位是主要反应占 70%；也有部分 Cl^+加成到 3 位、HO^-加成到 2 位占 30%。在室温或稍高温度次氯酸与氯丙烯一经乳化即完成反应。制备高浓度的次卤酸具危险性，切忌反应物的酸性！

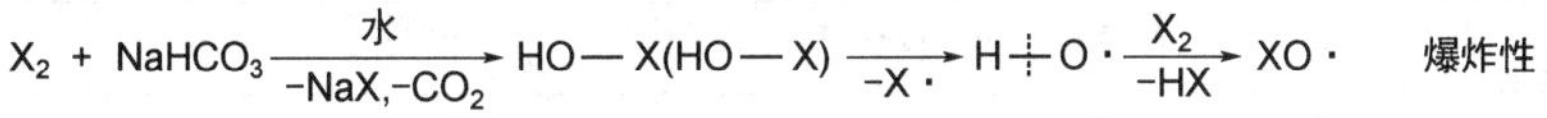

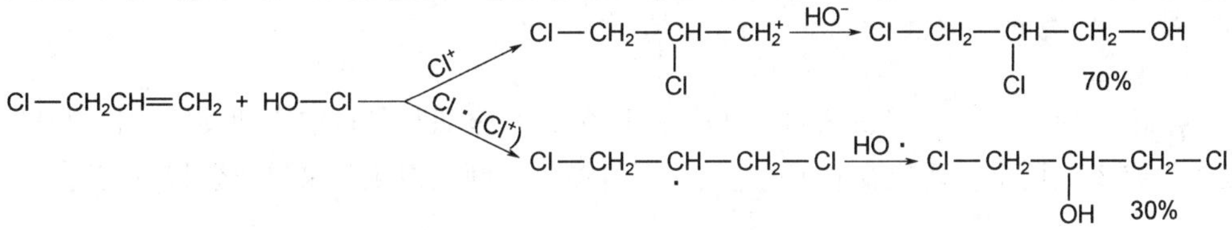

不同结构的烯烃与次氯酸发生加成，其产物异构体比例见表 10-4。

表 10-4　不同烯烃与次氯酸加成产物的异构体比例

$(CH_3)_2C{=}CH_2$	$CH_3—CH{=}CH_2$	$HO—CH_2CH{=}CH_2$	$Cl—CH_2CH{=}CH_2$	$Cl_2CH—CH{=}CH_2$
$CH_3—C(CH_3)(OH)—CH_2—Cl$ 100%	$CH_3—CH(OH)—CH_2—Cl$ 91% $CH_3—CH(Cl)—CH_2—OH$ 9%	$HO—CH_2CH(OH)—CH_2—Cl$ 73% $HO—CH_2CH(Cl)—CH_2—OH$ 27%	$Cl—CH_2CH(Cl)—CH_2—OH$ 70% $Cl—CH_2—CH(OH)—CH_2—Cl$ 30%	$CH_2CH—CH(Cl)—CH_2—OH$ 98%

5. 烯烃的 α-氯代和 α-溴代

烯烃在高温下的氯代在双键的 σ-位发生，如：

$$CH_3-CH=CH_2 + Cl_2 \xrightarrow{380℃} Cl-CH_2-CH=CH_2 + HCl$$

烯烃氯代各有特点，一般条件正构烯与卤素只发生加成反应，但是在高温，如：丙烯在 380℃ 与氯气以摩尔比 5:1 混合，由于反应放热，维持 500~510℃ 反应，除了得到按氯计 75%~80% 产率的加成产物氯丙烷外，还得到主要副产物是 1,2,3-三氯丙烷。表 10-5 对比了丙烯和乙烯的氯代：乙烯很稳定，和氯以 2:1 在 240℃ 反应，只 11% 氯进入反应，其中 90% 发生了加成、10% 发生了取代；在 280℃ 反应，有 60% 的氯进入反应，其中 87% 发生了加成、13% 发生取代。丙烯活泼得多，同样在 240℃ 反应，26% 进入反应，其中 60% 发生了加成、40% 发生取代；在 280℃ 反应，80% 的氯进入反应，其中加成降至 37%、取代提高至 63%；随反应温度提高，取代比率增加，加成比率减少，这个现象并不是先氯加成而后脱去 HCl，因为 $CH_3CHClCH_2Cl$ 甲基的氢原子与仲氯的脱去 HCl 要更高的温度。

表 10-5　乙烯、丙烯的氯化产物分配比率

烯烃	反应温度/℃	反应总氯/%	产物比率/%	
			加成	取代
乙烯	240	11	90	10
	280	60	87	13
丙烯	240	26	60	40
	280	80	37	63

反应条件：反应物中，烯烃:氯（摩尔比）=2:1。

叔烯，如异丁烯和 β-异戊烯（2-甲基-2-丁烯），在室温与氯接触立即反应，在双键的 α-位取代生成 3-氯丙烯；反应在 0.01s 完成。不另加催化剂，催化剂来自器壁和不纯物。

3-氯-2-甲基丙烯（氯代异丁烯）　M 90.55，bp 71~72℃，d 0.917，n_D^{20} 1.4278。

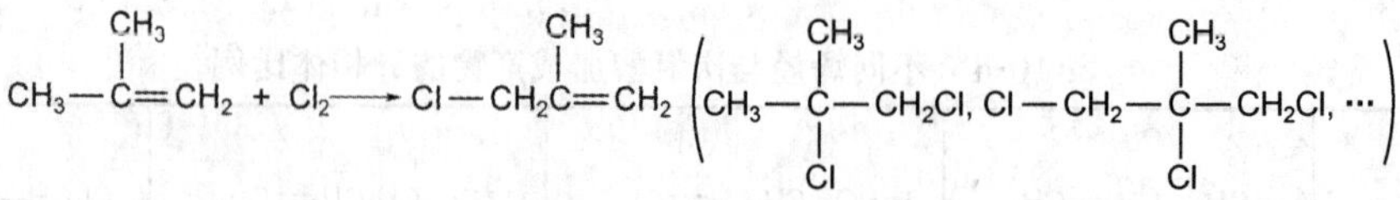

$$CH_3-\underset{CH_3}{\overset{}{C}}=CH_2 + Cl_2 \longrightarrow Cl-CH_2\underset{CH_3}{\overset{}{C}}=CH_2 \left(CH_3-\underset{Cl}{\overset{CH_3}{C}}-CH_2Cl,\ Cl-CH_2-\underset{Cl}{\overset{CH_3}{C}}-CH_2Cl, \cdots \right)$$

异丁烯和氯以摩尔比 1.5:1 从流量计引入铁制或玻璃的反应器中，一经接触立即反应放热（24 kcal/mol），控制反应温度 110~130℃，立即用内喷淋水降温维持反应温度并吸收其中的 HCl；未反应的异丁烯从接收器上口导至吸收。分取氯化产物，其组分：异丁烯 7%；氯代叔丁烷 8%；二氯-2-甲基丙烷 21%；氯代异丁烯 50%；多氯物 14%，干燥后分馏，收集 71~73℃ 馏分。

注：产物组分比率和反应温度有关，在不同温度氯化产物比率如图 10-2 所示。

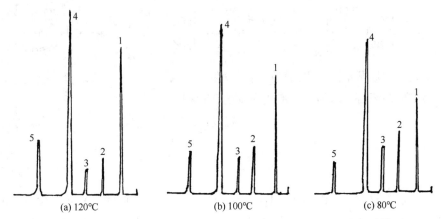

图 10-2 在不同反应温度下，异丁烯氯化的粗品组分 GC 分析示意图

1—异丁烯；2—氯代叔丁烷；3—未知；4—氯代异丁烯；5—多氯物

溴代琥珀酰亚胺（NBS 试剂）是碳碳双键 α-位溴代的有效试剂，双键不受影响，反应的原因是双键电子云密度比较集中，对于 α-C—H 键有某些削弱；对于其它如 C≡C、C=O、C≡N 以及芳基侧链的 α-溴代都有良好的选择性，更优势位置是三键的 α-位。

其它重键，如：肟的 α-溴代过程是重排为亚硝基，是亚硝基 α-C—H 的溴代，产物是 α-溴代亚硝基化合物。

反应中空气（氧）的存在是有害的，氧·O—O·在反应中与中间基（烯丙自由基）生成过氧化自由基，它的活性大为降低，阻截使反应能力差的烯烃的 α-溴代停止。

N-溴代琥珀酰亚胺进行的 α-C—H 的溴化是自由基反应，都要用有机过氧化物引发（不用紫外光），有机过氧化物按下式引发反应，选定夺氢位置：

总反应式：

$$CH_3C(=CH_3)CH=C(CH_3)CH(H)CH_3 + \underset{O=C}{\overset{O=C}{|}}NBr \longrightarrow H_3C-C(CH_3)=CH-C(Br)(CH_3)-CH_3 + \underset{O=C}{\overset{O=C}{|}}NH$$

当双键两端的烃基不同，中间过程可以发生如烯丙基重排的烯丙基孤电子的迁移，溴代得到以更稳定的烯丙自由基的位置取代为主的两种产物。

$$CH_3-CH_2-CH=CH_2 \xrightarrow{NBS}$$

主 $CH_3-\overset{\cdot}{CH}-CH=CH_2 \longrightarrow CH_3-\underset{Br}{CH}-CH=CH_2$ （主）

$CH_3-CH=CH-\overset{\cdot}{CH}_2 \longrightarrow CH_3-CH=CH-CH_2-Br$

又如：2-庚烯（$CH_3CH_2CH_2CH_2CH=CH—CH_3$）有两个不同的 α-位置，作为烯丙基中间基的 4 位比 1 位更利于孤电子的分散而得到稳定，用 NBS 试剂溴代，得到以 4-溴-2-庚烯为主的产物；过量的 NBS 试剂可以发生过度溴代，故应使用欠量。

4-溴-2-庚烯　M 177.09。

$$CH_3(CH_2)_3CH=CH-CH_3 + \underset{O=C}{\overset{O=C}{|}}NBr \xrightarrow{Bz_2O_2/CCl_4} CH_3(CH_2)_2CHBr-CH=CH-CH_3 + \underset{O=C}{\overset{O=C}{|}}NH$$

0.5L 三口烧瓶安装机械搅拌、氢气导入管及回流冷凝器，用电热套加热。

烧瓶中加入 40g（0.41mol）2-庚烯、48g（0.27mol）N-溴代琥珀酰亚胺（NBS）、350mL 新蒸的四氯化碳及 0.2g 过氧化二苯甲酰，开动搅拌，开始通入氮气，并加热回流 2h，虽然反应不是很快，这样长的时间已经足够，更长时间回流会使反应物变棕[注]，冷后滤除析出的琥珀酰亚胺，以四氯化碳冲洗（2×50mL），回收到 97% 琥珀酰亚胺。洗液与滤液合并，水浴加热分馏回收四氯化碳，剩余物减压分馏，收集 70~71℃/22mmHg 馏分，得 28~31g（产率 58%~64%）n_D^{25} 1.4710~1.4715。

又如：

$$\text{(3-甲基噻吩)} + NBS \xrightarrow[\triangle, \text{苯}]{\text{过氧化氢}} \text{(3-溴甲基噻吩)} + \underset{O=C}{\overset{O=C}{|}}NH$$

3-溴甲基噻吩

氰基乙酸的 α-C—H 非常活泼，应尽快加入 NBS 试剂，以减少在溴代完成以前脱羧。

二溴乙腈　M 198.86，bp 67~69℃/24mmHg，d 2.296，n_D^{20} 1.5390。

$$NC-CH_2-CO_2H + 2\underset{O=C}{\overset{O=C}{|}}NBr \xrightarrow{\text{水}} [NC-CBr_2-CO_2H] \xrightarrow{-CO_2} NC-CHBr_2 + 2\underset{O=C}{\overset{O=C}{|}}NH$$

2L 三口烧瓶中加入 63.8g（0.75mol）氰基乙酸及 750mL 冰水，搅拌使溶，在放出 CO_2 允许的情况下以尽可能快的速率加入 276g（1.5mol）N-溴代琥珀酰亚胺，约 6min 可以加完，冷却 2h 后滤除析出的琥珀酰亚胺，从滤液中分取二溴乙腈粗品；水层用二氯乙烷提取（3×80mL），再用以分别提取滤出的琥珀酰亚胺；提取液与分出的粗品合并。用 50mL 5% NaOH

---

❶ 这类化合亦如溴丙烯，应支起烧瓶用空气浴或 80℃水浴加热。

412　实用精细有机合成手册（第二版）

洗一次,再水洗,以无水硫酸钠干燥后水浴加热回收二氯乙烷,剩余物减压分馏,收集 70~72℃/20mmHg 馏分,得 112~119g (产率 56%~60%),d^{20} 2.2369,n_D^{20} 1.540~1.542。

6. 卤原子的交换

脂肪族化合物卤原子的取代交换,通常是从氯置换成碘或氟,或从溴置换成氟。按单分子历程进行时,反应速率取决于底物 R—Cl 键的异裂,与亲核试剂无关;按双分子历程进行时,亲核试剂参与过渡态的形成。

卤负离子作为亲核试剂的亲核能力,在质子溶剂中氟与水的结合,远比与碳正中心结合的趋势更强,不会发生氟代;碘与质子溶剂的氢键结合较弱,与碳正中心接近时,外层电子容易伸向碳正中心形成过渡态,在质子溶剂中亲核顺序:I > Br > Cl。

在非质子极性溶剂中,亲核试剂 X^- 的溶剂化程度比较小,无须克服氢键的约束,远大于在质子溶剂中的亲核能力,并且非质子极性溶剂(DMF、DMSO)对于底物 R—Cl 异裂的溶剂化远比在质子溶剂中大,降低了形成过渡态的活化能而使反应更快地进行,故多选用非质子极性溶剂。氟的电负性最大,F^- 对于碳正中心的反应最快,故有 F > Cl > Br > I 的次序。

氟代,在非质子强极性溶剂中(DMF、DMSO)无水条件,无须克服氢键,并且溶剂对于底物的极化容易形成过渡态,又可获得较高的温度条件,产物 C—F 键的键能又最高,而氟代最快。

有机氟化物一般都是剧毒,氟乙酸乙酯是已禁鼠药——氟乙酰胺的合成原料。

$$Cl—CH_2—CO_2C_2H_5 + KF \xrightarrow[120℃, 0.5h]{乙酰胺} F—CH_2—CO_2C_2H_5 + KCl$$
氟乙酸乙酯
50%, bp 118℃

1-氟己烷 M 114.14,bp 91.5℃,d^{20} 0.7995,n_D^{20} 1.3738;无色剧毒液体,挥发性高,对人的致死量 0.1~0.2g (30~40mL 气体),戴手套在通气处操作。

$$CH_3(CH_2)_4—CH_2—Br + KF \xrightarrow[160℃, 6h]{乙二醇} CH_3(CH_2)_4—CH_2—F + KBr$$

0.5L 三口烧瓶安装机械搅拌、伸入液面下的温度计、分馏柱接蒸馏冷凝器,烧瓶用油浴加热。烧瓶中加入 116g (2mol) 研成细粉并在 180℃烘过的无水氟化钾及 200mL 无水乙二醇,搅拌下于 160~170℃油浴上加热,于 5h 左右滴入 165g (1mol) 溴己烷 (bp 154~158℃)。滴加过程控制柱顶温度 60~90℃以随时蒸出生成的氟己烷,加完后更换接收器,用水泵减压蒸尽烧瓶中的氟己烷(用冰盐冷收集)。粗品合并,分馏[注],收集 89~92℃馏分,得 46~48g (产率 40%~42%)。

碘乙醇 M 171.97,bp 176~177℃,d 2.19;无色液体,有毒,见光和空气迅速变黄。

$$Cl—CH_2CH_2—OH + NaI \xrightarrow[\triangle]{丙酮} I—CH_2CH_2—OH + NaCl$$

---

❶ 约 10%头分(包含己烯)产品中少量己烯用 Br_2/KBr 溶液在低温处理,至出现明显的橘红色,水洗,干燥,分馏,收集 91~92℃馏分,得 42~47g,d^{20} 0.8011,n_D^{20} 1.375。

10L 烧瓶中加入 4.5L 丙酮及 3kg（20mol）粉碎并干燥脱去结晶水的无水碘化钠，水浴加热回流至基本溶解，回流着于 6h 左右慢慢加入 1.61kg（20mol）氯乙醇，加完后继续加热回流 12h，冷后滤除氯化钠，以无水丙酮冲洗，洗液与滤液合并，再加入 100g 无水碘化钠回流 6h，冷后过滤，回收丙酮（又析出少量含碘化钠的氯化钠，共计 920g），减压分馏收集 85~88℃/25mmHg 馏分；头分再减压分馏，共得 2.4kg（产率 70%）。产物外观红色，与无水硫代硫酸钠振荡 10min 可褪至无色；见光和空气又变黄，充氮保存，可用金属铜作稳定剂。

注：丙酮对于碘化钠有较大溶解度（39.9g/100mL，25℃）：$I^- \cdot (CH_3)_2C = O \cdot Na^+$ 被溶剂分解，I^- 与碳正中心迅速形成过渡态，反应退减下来的氯化钠从丙酮中析出，使反应进行到底。

二、酮、羧酸、酯的 α-卤代及不饱和酸的 HX 加成

1. 羧酸的 α-卤代

羧基拉电子的影响使 α-C—H 质子容易离去，被卤原子 X^+ 亲电取代。单纯的羧酸不够活泼，在红磷或 PCl_3 催化下，经过酰卤使 α-C—H 质子容易离去，完成 X^- 的亲电取代；卤代以后的酰氯作为酰氯化剂，平衡使羧酸脱氯化反应继续进行。使用 PCl_3 催化的溴代，不会形成 Cl^+ 进入反应。

使用酰氯的催化过程：

$$R-CH_3-CO-Cl + Cl_2 \longrightarrow R-CHCl-CO-Cl + HCl$$

$$R-CHCl-CO-Cl + R-CH_2-CO_2H \longrightarrow R-CHCl-CO_2H + R-CH_2-CO-Cl$$

总反应式：
$$R-CH_2-CO_2H + Cl_2 \longrightarrow R-CHCl-CO_2H + HCl$$

使用红磷或 PCl_3 催化的 α-卤代比单独使用酰氯的反应更快，是因为产生了 X^+：

$$2P + 3Br_2 \longrightarrow 2PBr_3$$

$$PBr_3 + Br_2 \longrightarrow Br^+PBr_3 \cdot Br^- \longrightarrow Br^+ + PBr_3 \cdot Br^-$$

$$PBr_3 \cdot Br^- + H^+ \longrightarrow PBr_3 + HBr$$

总反应式：
$$Br_2 + H^+ \longrightarrow Br^+ + HBr$$

巨大烃基推电子影响使 α-卤代反应缓慢，过高温度会发生 β-消去及以后 HX 加成为 β-卤代羧酸。

$$R-CH_2-CH-CO-Cl \xrightarrow{-HX} R-CH=CH-CO-Cl \xrightarrow{HX} R-CHX-CH_2-CO_2H$$

2-溴己酸 M 195.07，mp 4℃，bp 240℃（分解，脱 HBr）。

$$CH_3(CH_2)_3CH_2-CO_2H + Br_2 \xrightarrow{PCl_3} CH_3(CH_2)_3CHBr-CO_2H + HBr_2$$

1L 三口烧瓶中加入 232g（2mol）正己酸和 4mL PCl₃ 混匀，搅拌下维持 70~80℃于 2h 左右加入 320g（2mol）液溴，立即反应，放出的 HBr 导至水面吸收，加完后保温 1h，减压蒸馏，收集 155~158℃/35mmHg 馏分，得 310~320g（产率 79%~82%）。

α-溴代酰卤：羧酸首先生成酰卤而后溴代，如下式（见 68 页）：

$$R-CH_2-\overset{O}{\overset{\|}{C}}-OH \xrightarrow{PX_3} R-CH_2-\overset{O}{\overset{\|}{C}}-\overset{+}{\underset{Br^-}{OH}}-PX_2 \xrightarrow{-HO-PX_2} R-CH_2-\overset{O}{\overset{\|}{C}}-X \xrightarrow[-HBr]{Br_2} R-CHBr-\overset{O}{\overset{\|}{C}}-X$$

$$8\,(CH_3)_2CH-CO_2H + 2\,P + 13\,Br_2 \xrightarrow[90℃,\ 100℃]{} 8\,(CH_3)_2CHBr-COBr + 2\,H_3PO_4 + 10\,HBr$$

α-溴代异丁酰溴（75%）

丁二酸分子内有螯合，不能在反应中发生酰氯的传递，不能按常规 α-卤代；应先制成酰氯再按常规 α-卤代（见 192 页），虽然无须另加催化剂，但使用了少许红磷催化，实地观察到反应加速，反应后用尽用可能少的稀盐酸水解酰氯。

$$\begin{matrix} CH_2-CO-Cl \\ | \\ CH_2-CO-Cl \end{matrix} + Br_2 \xrightarrow[70~80℃,\ -HBr]{} \begin{matrix} Br-CH-CO-Cl \\ | \\ CH_2-CO-Cl \end{matrix} \xrightarrow[-2HCl]{2H_2O} \begin{matrix} Br-CH-CO_2H \\ | \\ CH_2-CO_2H \end{matrix}$$

溴代丁二酸
95%, mp 159℃

2. 酮及羧酸酯的 α-卤代

酮的 α-卤代是通过 α-C—H 的移变异构为烯醇式，然后与卤素迅速加成，继而脱去 HX 完成的，酮的 α-卤代是两步单分子反应——烯醇化和亲电取代；加入无机酸使烯醇化速率加快，以后才和 X₂ 迅速反应及脱去 HX。

$$CH_3-\overset{}{\underset{O}{C}}-CH_3 \xrightarrow{H^+} CH_3-\overset{+}{C}-CH_2 \xrightarrow{-H^+} CH_3-\overset{}{\underset{O-H}{C}}=CH_2 \xrightarrow{X_2} CH_3-\overset{X}{\underset{O-H}{C}}-\overset{X}{CH_2} \xrightarrow{-HX} CH_3-\overset{}{\underset{O}{C}}-CH_2-X$$

不对称的脂肪族酮、羰基两侧都有可移变的 α-C—H，烯醇化可以有两种产物，烯醇化的发生不是静态"酸"的强度决定分配比率，而是平衡体系，是动态因素起决定作用，使它向电稳定性转大的方向转变。在非质子溶剂中，未使用无机酸催化，烯醇化的程度很低，在没有达到两种烯醇化间的平衡就和亲电试剂（或卤素加成）反应，产物的比率依各自烯醇化的速率——动力学因素起作用——总是位阻较小（氢原子较多）"酸"的强度更大位置的质子移变占更大比率，生成分支较少的烯醇 $R-CH_2-\overset{}{\underset{O}{C}}-\overset{H}{\underset{H}{C}} \rightleftharpoons R-CH_2-\overset{}{\underset{O-H}{C}}=CH_2^{\delta-}$。在质子溶剂中，有无机酸催化下，两种烯醇化的平衡很快生成更稳定的烯醇——热力学因素起控制作用——与烷基的推电子性质及烯醇的平面结构有关，分支多的烯醇更稳定。

$$R-CH_2-\overset{}{\underset{O}{C}}-CH_3 \begin{cases} \xrightarrow{慢} R-CH=\overset{}{\underset{OH}{C}}-CH_3 \\ \xrightarrow{快} R-CH_2-\overset{}{\underset{OH}{C}}=CH_2 \end{cases}$$

丁酮在酸催化下迅速烯醇化并完成烯醇间的平衡，生成更稳定的 $CH_3CH{=}\underset{\underset{OH}{|}}{C}{-}CH_3$ 为主，在 40~50℃溴代生成 3-溴-2-丁酮；亦如：在盐酸催化下与亚硝酸乙酯的亚硝化，亲电取代制备 3-亚硝基-2-丁酮（丁二酮一肟）（见 529 页）。

3-溴-2-丁酮　M 151.01；难溶于水，强刺激性。

$$CH_3CH_2{-}\underset{\underset{O}{\|}}{C}{-}CH_3 \xrightarrow[40\sim50℃]{H^+/HCl} \left[CH_3CH{=}\underset{\underset{OH}{|}}{C}{-}CH_3\right] \xrightarrow[-HBr]{Br_2} CH_3CHBr{-}\underset{\underset{O}{\|}}{C}{-}CH_3$$

1L 三口烧瓶中加入 300mL 水及 30mL 浓盐酸，再加入 150g（2.08mol）丁酮，维持 40~50℃，搅拌下慢慢加入 320g（2mol）液溴，加完后再搅拌 1h，冷后分取油层，水洗，氯化钙干燥后减压分馏。

异构体：1-溴-2-丁酮，$CH_3CH_2{-}\underset{\underset{O}{\|}}{C}{-}CH_2Br$　bp105℃/150mmHg（165℃），d 1.479，n_D^{20} 1.4650。

丙酮的卤代，在 50℃用加入水吸收卤代放出的 HCl、HBr 以控制反应。

氯丙酮　M 92.55，mp -44.5℃，bp 119℃，d^{20} 1.15；催泪刺激性。

$$CH_3{-}\underset{\underset{O}{\|}}{C}{-}CH_3 + Cl_2 \xrightarrow{50℃} CH_3{-}\underset{\underset{O}{\|}}{C}{-}CH_2{-}Cl + HCl$$

1L 三口烧瓶中加入 350g（6mol）丙酮及 350mL 水，这样多的水正好吸收全部 HCl 并达到饱和，维持 50℃左右搅拌着通入氯气（有引发过程——开始的无机酸），开始反应很慢，烧瓶的空间充满黄绿色，几分钟后褪去、反应以较快的速率进行，反应放热，吸收很好，通入氯气直至回流冷凝器上口有明显的 HCl 放出为止，约 3h，称重增加 400~410g（为计算的 96%），反应物大部分粗品混溶于盐酸中（下层很少）于 20℃以下用 Na_2CO_3 中和（或用氢氧化钠以免接触刺激性气体），分出有机层得 410g[❶]。

溴丙酮　M 136.98，mp -36.5℃，bp 137~138℃，d^{23} 1.634，n_D^{15} 1.4697；与苯互溶，强催泪刺激性。

$$CH_3{-}\underset{\underset{O}{\|}}{C}{-}CH_3 + Br_2 \xrightarrow{水} CH_3{-}\underset{\underset{O}{\|}}{C}{-}CH_2{-}Br + HBr$$

5L 三口烧瓶中加入 2L 水、553g（700mL，9.5mol）丙酮及 500mL 乙酸[❷]，开动搅拌，维持 50~55℃慢慢滴入 1.5kg（9.3mol）液溴。开始有引发过程，随反应物中 HBr 浓度增大，反应速率加快，当加入 1/6 以后即可正常反应，加入 1/2 以后可以控制 40~45℃直至加完。保温搅拌半小时，反应物的颜色褪至橘黄色，放置过夜。

次日将反应物倾入 10L 搪瓷桶中，加入 1.2kg 碎冰，维持 10℃以下以 Na_2CO_3 中和

---

❶ 用苯提取以提高分离效果，应有水洗、干燥、分馏等过程。
❷ 此处乙酸不起催化作用，如为改善溴的溶解条件不如使用氢溴酸，应减少水的用量以便于处理和回收。

（当用氢氧化钠以免接触刺激性气体）当中和至 pH5，反应物褪至无色［此时耗用 670g（约 6mol）Na$_2$CO$_3$］以后中和共用碳酸钠 1.4kg，分取油层，得 1.1kg（d 1.64）[❶]。外观棕黄，不可久存（此粗品可用于制备羟基丙酮）。用氯化钙干燥后，油浴加热减压分馏，收集 38~42℃/13mmHg 馏分[❷]，得 600~700g（产率 47%~55%）。

α-芳酮：酰基使芳核钝化，在较低温度、极性溶剂的卤代只在羰基的 α-位发生，如：在乙酸中溶解的苯乙酮使用 2mol 溴制得 α,α-二溴苯乙酮；α-苯乙酮在反应中更容易生成与苯环共轭的稳定的烯醇，从而使反应的引发快、产率高、质量好。

α-溴代苯乙酮　　M 199.05，mp 51℃，bp 255℃，d 1.647；白色结晶，催泪刺激性。

$$C_6H_5-\underset{\underset{O}{\|}}{C}-CH_3 + Br_2 \xrightarrow[40\sim50℃]{H^+/水} C_6H_5-\underset{\underset{O}{\|}}{C}-CH_2-Br + HBr$$

10L 三口烧瓶中加入 7L 水，1.2kg（10mol）苯乙酮，用水浴维持 40~45℃搅拌着从分液漏斗慢慢滴入 1.6kg（10mol）液溴，大约 5h 可以加完。开始有引发过程，反应很慢［如果加入 1L 前次合成的酸水或 300mL 氢溴酸（d 1.45）引发就很快］，控制不要让未反应的溴积聚，正常反应开始以后，滴加的溴可在 1s 内消失。在溴化过程就析出大量结晶，加完后再搅拌半小时使结晶完全，放置过夜。

次日滤出，以甲醇浸洗两次，共 300~350mL，风干，得 1.8kg（产率 90%），mp 49~51℃。如有必要，用 0.5mL/g 甲醇重结晶（脱色），干燥后得 1.25kg，mp 49~51℃。

又如下反应（后者见 881 页）：

$$C_6H_5-\underset{\underset{O}{\|}}{C}-CH_3 + Br_2 \xrightarrow[50℃]{乙酸} C_6H_5-\underset{\underset{O}{\|}}{C}-CH_2-Br \xrightarrow{Br_2} C_6H_5-\underset{\underset{O}{\|}}{C}-CHBr_2 + 2HBr$$

$$\alpha,\alpha\text{-二溴苯乙酮}$$

$$CH_3-\underset{\underset{O}{\|}}{C}-O-CH_2CH_2CH_2-\underset{\underset{O}{\|}}{C}-CH_3 + Cl_2 \xrightarrow[0\sim5℃]{氯仿} CH_3-\underset{\underset{O}{\|}}{C}-O-CH_2CH_2-\underset{Cl}{\overset{Cl}{C}}-\underset{\underset{O}{\|}}{C}-CH_3 + HCl$$

$$乙酸3\text{-}乙酰基\text{-}3\text{-}氯\text{-}丙酯$$

3-溴丙酮酸　　M 166.96，mp54~56℃；水合物为无色片状或针晶，强催泪性。

$$CH_3-\underset{\underset{O}{\|}}{C}-CO_2H + Br_2 \xrightarrow{40℃} Br-CH_2-\underset{\underset{O}{\|}}{C}-CO_2H + HBr$$

锥形瓶中加入 13.9mL（0.2mol）丙酮酸，通入 CO$_2$ 气流，慢慢滴入 10.2mL（0.195mol）无水液溴，再 40℃保温搅拌 20min，放置过夜。次日用 3×50mL 热苯（不是沸苯）提取（约 2mL 丙酮酸未溶），在通入 CO$_2$ 情况下水浴加热回收溶剂，剩余物在冰浴中放置三天结晶，得粗品 23g（产率 68%），用苯重结晶，mp 54~56℃。

另法：1mol 丙酮酸于 50℃滴加 1mol 无水溴，产率 98%，用氯仿重结晶，mp 74℃。

---

❶ 比重高出，蒸馏有相当多的高沸物是进一步溴代或水解，应使用过量丙酮。

❷ 用苯提取以提高分离效果，应有水洗、干燥、分馏等过程。

丙酮酸在少许 100% H_2SO_4 催化以防突发反应，50℃溴化，产率 97%。

氰基影响的 α-溴代反应如下（见 68 页）：

$$CH_2(CN)_2 + 2\ Br_2 \xrightarrow[8\sim10℃]{KBr/水} \underset{85\%}{Br_2C(CN)_2} \xrightarrow{铜粉/苯} \underset{\substack{四氰基乙烯 \\ 55\%,\ mp\ 200℃}}{(NC)_2C=C(CN)_2}$$

α-溴代丙二酸二乙酯　M 239.06。

$$CH_2(CO_2C_2H_5)_2 + Br_2 \xrightarrow[80℃]{四氯化碳} Br-CH(CO_2C_2H_5)_2 + HBr$$

1L 三口烧瓶中加入 160g（1mol）丙二酸二乙酯及 150mL 四氯化碳，搅拌及光照下于 80℃左右从分液漏斗慢慢滴入 165g（1.03mol）无水溴（有引发过程），加完后加热回流 1h 至无 HBr 放出。冷后用冰冷的 5% Na_2CO_3 洗去无机酸，以无水硫酸钠干燥后回收溶剂，剩余物减压分馏。收集 130~150℃/40mmHg 馏分；前馏分分馏又得部分粗品。粗品合并，减压分馏，收集 132~136℃/33mmHg 馏分，得 175~180g（产率 73%~77%）。

重新分馏前馏分可增加 15g；剩余物约 20g 主要是二溴化物。

二氯硫酰（SO_2Cl_2）作氯化剂，反应温和，选择性好。

乙酰-α-氯代-乙酸乙酯　M 164.59，bp 179℃（分解），d^{20} 1.179，n_D^{20} 1.4414；催泪刺激性液体。

$$CH_3-\overset{O}{\underset{\|}{C}}-CH_2-\overset{O}{\underset{\|}{C}}-OC_2H_5 + SO_2Cl_2 \xrightarrow{0\sim5℃} CH_3-\overset{O}{\underset{\|}{C}}-\underset{\underset{Cl}{|}}{CH}-\overset{O}{\underset{\|}{C}}-OC_2H_5 + HCl + SO_2$$

1L 三口烧瓶中加入 262g（2mol）新蒸的乙酰乙酸乙酯，控制 0~5℃，搅拌着慢慢滴入 270g（2mol）二氯硫酰，加完后继续搅拌升至室温，放置过夜。次日，搅拌下加热至 90~95℃赶除 HCl 和 SO_2，减压分馏，收集 85~92℃/17mmHg 馏分，得 200g（产率 63%）。

2-氯-2-甲基环己酮　M 146.62。

3L 三口烧瓶中加入 224g（2mol）2-甲基环己酮及 1L 四氯化碳，用流水冷却，搅拌着慢慢滴入 297g（179mL，2.2mol）二氯硫酰与 300mL 四氯化碳的溶液，约 1h 可以加完，放出的 HCl、SO_2 从冷凝器上口导至水和碱水吸收；加完后再搅拌 2h，反应依次用水洗（3×100mL），饱和碳酸氢钠洗（2×200mL），饱和氯化钠水溶液洗，以无水硫酸钠干燥；水浴加热回收四氯化碳，最后用减压收尽，剩余物减压分馏，收集 94~96℃/27mmHg 馏分，得 243~248g（产率 83%~85%），d_4^{25} 1.088，n_D^{25} 1.4672。

3. 不饱和酸与 HX 的加成

碳碳双键受羧基拉电子的影响极化，相距越远也越弱，α,β-不饱和酸的烯基与羰基共轭，与 HX 加成主要是亲核的 X^- 首先加成在 β 位，而后质子 H^+ 加成到 α 位，得到 β-卤化羧酸；3,4-不饱和酸与 HX 加成，X^- 主要进入 4 位；4,5-不饱和酸与 HX 加成，反应的选择性差，加成产物是混合物。

$$CH_2 = CH - CO_2H + HCl \xrightarrow{<35℃} Cl-CH_2-CH_2-CO_2H$$
3-氯丙酸
80%, mp 38~40℃

$$CH_3CH = CH - CO_2H + HBr \xrightarrow{65~70℃} CH_3CHBr-CH_2-CO_2H$$

$$CH_3CH = CH - CH_2CO_2H + HBr \longrightarrow CH_3CHBr-CH_2CO_2H \text{（主）}$$

$$CH_3-CH = CH-CH_2CH_2CO_2H + HBr \longrightarrow \begin{matrix} CH_3-CHBr-CH_2CH_2CH_2CO_2H \\ + \\ CH_3CH_2-CHBr-CH_2CH_2CO_2H \end{matrix} \Big\} 混合物$$

端位非共轭的不饱和酸对于 HX 加成的方位选择性，离子加成依马氏定则，质子首先加成在端位碳上，如下所示，得到 γ-溴丁酸（3-溴丁酸）。

$$\overset{H}{\underset{H}{C}} = CH - CH_2 - CO_2H + HBr \longrightarrow CH_3 - CHBr - CH_2 - CO_2H$$

在有机过氧化物作用下的 HBr 加成是自由基 Br· 首先加成，是由电性及加成中间基的稳定性决定的，得到 γ-溴丁酸。

$$\overset{H}{\underset{H}{C}} = CH - CH_2 - CO_2H + Br \cdot \xrightarrow{过氧化物} Br-CH_2-\overset{\cdot}{C}H-CH_2-CO_2H$$

$$Br-CH_2-\overset{\cdot}{C}H-CH_2-CO_2H + HBr \longrightarrow Br-CH_2-CH_2-CH_2-CO_2H + Br\cdot$$

总反应式：$CH_2 = CH - CH_2 - CO_2H + HBr \xrightarrow{过氧化物} Br-CH_2CH_2CH_2-CO_2H$

3-溴丁酸 M 167.01，mp 18~19℃，bp 247℃ 或 122℃/16mmHg；无色片晶，可溶于水。

$$CH_3 - CH = CH - CO_2H + HBr \xrightarrow{60~70℃} CH_3 - CHBr-CH_2-CO_2H$$

5L 三口烧瓶中加入 1.72kg（20mol）丁-2-烯酸（巴豆酸），加热维持 60~70℃ 搅拌着通入干燥的 HBr（放热）至增重 1.6kg（20mol），此时吸收尚好，但不是很好；放冷至室温再通入 HBr 至饱和，放置过夜，又冷至-7℃以析出更多的结晶，于-8℃条件滤出结晶（应先减压蒸馏再结晶）得 1.9kg（产率 56%）。

顺-丁烯二酸酐的酸水解为反-丁烯二酸的反应速率不是很快——因为过程中有螯合，它与稀盐酸一起回流 3h，甚至更强烈的条件才能转换为反式。顺-丁烯二酸酐 1mol（50~60℃）作用于甲醇 11mol（硫酸 0.3mol 作催化剂，大量氯仿 4mol 对于酯有提取和保护作用）得到顺-丁烯二酸二甲酯；常规的回流分水得到的是反式酯。

顺-丁烯二酸酐与无水 HBr 容易加成，水解得到溴代琥珀酸。

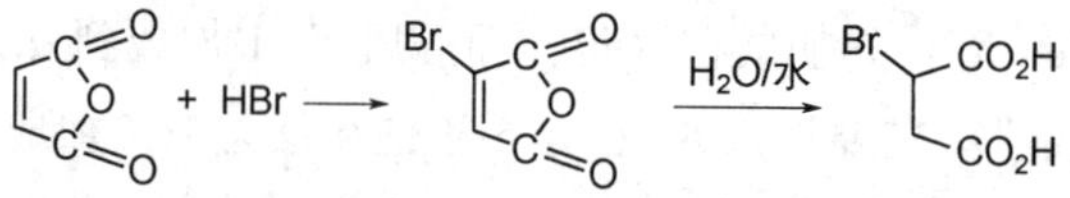

三、酮羰基的（PCl₅）卤代

五氯化磷的羰基氯代是在羰基的加成，而后脱去 POCl₃ 完成卤化。

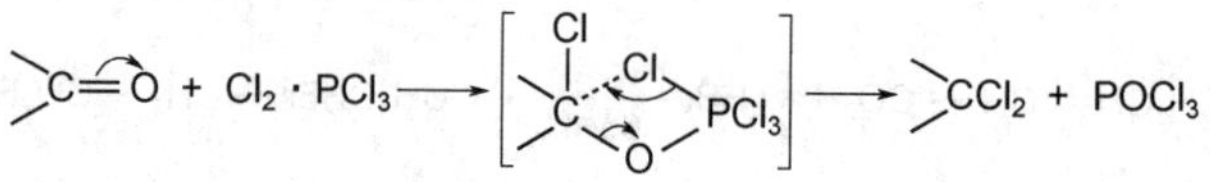

二苯基二氯甲烷 M 237.13，bp 305℃，210~212℃/48mmHg，d^{20} 1.249（1.235），n_D^{20} 1.605；无色液体。

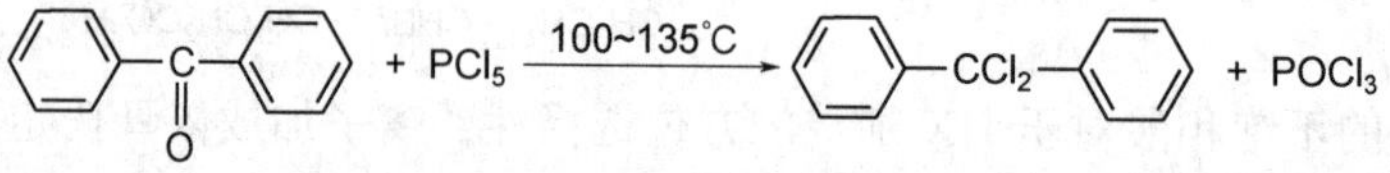

1L 三口烧瓶中加入 209g（1mol）五氯化磷及 182g（1mol）二苯甲酮，混合后于电热套上加热（配有回流冷凝器及温度计）熔化后再 120~130℃反应半小时；稍冷，再加入 182g（1mol）二苯甲酮及 269g（1mol）五氯化磷，加热回流 2h，回收氯化氧磷至液温 210℃，剩余物减压分馏，收集 180~182℃/17mmHg 馏分❶，得 360g（产率 76%）。

同法可制得（见 43 页）:

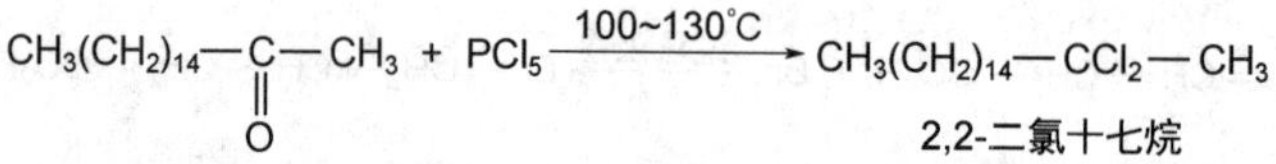

2,2-二氯十七烷

第三节　芳香族卤化物

芳香烃的直接卤代可以在芳香环上发生，也可以在支链上发生；在芳香环上的卤代是亲电反应，在支链上的卤代是自由基反应。

一、侧链的 α-卤代

芳香族支链的 α-C—H 自由基的卤代中，芳香环对于 α-碳孤电子的分散有利，卤代总是在 α-碳上发生；多个苯环使 α-C—H 更活泼，如二苯甲烷的卤代；苯环双键的氯加成与支链的 α-氯代反应历程相似，两者反应温度对反应速率的影响有很大差别，如甲苯在 0℃、

---

❶ 不易清洗的"高沸物"可能是二聚体，PCl₅ 应该过量。

无催化剂条件的氯代，侧链氯代和在苯环的加成各占 50%，而在沸腾及光照下，侧链氯代占绝对优势（氯苄最早的制法更高温度使取代混乱）。

又：同系物乙苯在铁粉催化的芳香环溴代中，在开始的低温度、催化剂 $FeBr_3$ 未产生以前，（由于乙苯 α-碳的孤电子——仲基——能更好地被分散）主要发生侧链的 α-溴代，最后产物有 8%侧链溴代，应直接使用 $FeCl_3$、$AlCl_3$ 或铁粉。

$$C_6H_5—CH_2—CH_3 + Br\!\!+\!\!Br \xrightarrow{-HBr} [C_6H_5—\overset{\cdot}{C}H—CH_3\ \overset{\cdot}{B}r\ ] \longrightarrow C_6H_5—CHBr—CH_3$$

有机过氧化物是有效的自由基引发剂，在完全黑暗中也能使反应迅速进行；光照及稍高温度有利于卤分子的均裂分解，利于侧链的 α-卤代；紫外光照也是重要的方法，对热敏感的卤代要用紫外光照。

过氧化物的适宜使用温度取决于自由基的稳定性：过氧化二苯甲酰 $40\sim110℃$；过氧化二叔丁基 $110\sim150℃$。过氧化物按下式产生自由基以引发反应。

$$C_6H_5—\overset{O}{\overset{\|}{C}}—O\!\!+\!\!O—\overset{O}{\overset{\|}{C}}—C_6H_5 \longrightarrow 2\,C_6H_5—\overset{O}{\overset{\|}{C}}—O\cdot \longrightarrow 2\,C_6H_5\cdot + 2\,CO_2$$

$$C_6H_5\cdot + Cl_2 \longrightarrow C_6H_5—Cl + Cl\cdot$$

$$C_6H_5—CH_3 + Cl\cdot \longrightarrow [C_6H_5—CH_2—H\cdot Cl \rightleftharpoons C_6H_5—CH_2\cdot HCl] \longrightarrow C_6H_5—\overset{\cdot}{C}H_2 + HCl$$

$$C_6H_5—\overset{\cdot}{C}H_2 + Cl_2 \longrightarrow C_6H_5—CH_2—Cl + Cl\cdot$$

氧和空气是有害的，它与烃自由基生成过氧化自由基 $R—O—O\cdot$，活性低以致使反应停止；氯自由基 $Cl\cdot$ 和氧原子结合也同样抑制反应，并且还有一定的危险性。

使用 Cl_2、Br_2 的直接侧链卤代，溴的活性较低、有更好的选择性，同样底物制取苄溴的产率比制备苄氯要高出 15%~20%（较少二溴代）；溴代比氯代需要更高的反应温度，而且还要注意对底物的氧化作用，如：无过氧化物催化，o-甲苯腈在 110℃可顺利氯化，而溴代要在 130℃使用硫酸洗过的无水溴反应，产物最后为中棕色。

芳基侧链的 α-卤代必须在无芳核取代催化剂条件下进行，芳核取代催化剂主要是铁盐，在物料蒸馏时（Fe^{2+}）容易除去，一般都能达到铁含量小于 1mg/L。

【芳核上取代基对于侧链 α-卤代的影响】

芳核上取代基的性质按一般规律使芳核上的卤代（亲电取代）活化或致钝，但对于侧链卤代，在芳核上的诱导传递远不及在脂族碳链上的影响，不是很大，但芳核上拉电子基也使侧链的 α-卤代困难一些；2-甲苯腈、4-甲苯腈的侧链 α-氯代及 α-溴代都观察到需要的反应温度有相应不大的变化；推电子影响的侧链卤代要求更缓和的反应条件以防取代混乱。

在水条件进行的 α-卤代，卤素与水先生成 HOCl、HOBr，是 X_2 自由基反应；4-甲苯腈与适量水的反应物，在紫外光照下通入氯气可以将甲基完全氯化（见 200 页），水量正好在反应的温度下被 HCl 饱和，放出 HCl 表示反应完全。

$$Cl_2 + H_2O \longrightarrow HCl + HOCl$$

$$NC-\underset{}{\bigcirc}-CH_3 + 3\ HO\!\!+\!\!Cl \xrightarrow[60\sim70℃]{水} NC-\underset{}{\bigcirc}-CCl_3 + 3\ H_2O$$

4-三氯甲基苯腈

又如：用双氧水作用于氢溴酸中的甲苯，甚至加入铁粉也主要发生侧链卤代，另一方面水也抑制芳核上的溴代。

甲苯用有机过氧化物在 90~100℃引发反应后，在 40~50℃通氯气至反应物 d^{50-60} 1.06~1.07（分馏 bp 177~181℃，得氯化苄）；再 60~70℃进一步氯化至 d^{50} 1.24~1.25，取得苄叉二氯，bp 82℃/10mmHg（215℃）；再 120~125℃氯化至停止吸收，制得 α,α,α-三氯甲苯。

α,α,α-三氯甲苯　M 195.48，mp -4.75℃，bp 220.6℃（214℃），d^{20} 1.3723，n_D^{20} 1.5580。

$$C_6H_5-CH_3 + 3\ Cl_2 \xrightarrow[45\sim65℃,125℃]{} C_6H_5-CCl_3 + 3\ HCl$$

1L 三口烧瓶中加入 369g（4mol）甲苯，加热至 85℃加入 0.4g 过氧化二苯甲酰，通入氯气并加热至 90℃反应引发开始，积聚的氯立即反应，放热使反应物温度升至 105℃，反应物褪至无色，关小或停止通氯使降温，维持 40~50℃通入计算量的 1/3 的氯增重 135~138g，此时已完成氯化苄（d^{50} 1.06~1.07）；升温维持 60~70℃又通入 1/3 的氯气增重，此时已完成苄叉二氯（d^{50} 1.25），可用以水解制取苯甲醛；最后升温维持 120~125℃通入氯气至不再吸收，再通入总氯化时间的 1/20 时间以使反应完全，得粗品 725g[1]［产率 92%，纯度（GC）87%，纯品产率 80%］。

o-二甲苯、o-氯甲苯的对位空缺，必须使用更低的反应温度以提高侧链卤代的选择性。比如：o-二甲苯的两个基团较近，相互的影响比较大，可明显地依次卤代；p-二甲苯的两个基团的影响比较小，相对比较独立，在氯化过程的中间产物也比较不对称。

α,α,α′,α′-四氯-o-二甲苯　M 243.95，mp 87~89℃。

1L 三口烧瓶配置插底的通气管、温度计、回流冷凝器上口接水吸收。

烧瓶中加入 424g（4mol）o-二甲苯，加热至 85℃加入 0.4g 过氧化二苯甲酰，慢慢通入氯气并加热至 90℃反应引发开始，积聚的氯立即反应，放热并有 5℃升温，草绿色消失，水冷降温，维持 40~50℃以 10mL/s 的速率通氯使增重 270g 左右（因 HCl 吹出 o-二甲苯损失及反应物溶解 HCl 重量相抵，此重正好为 α,α′-二氯代，取样分析 GC 含量 92.8%；升温维持 75~80℃通氯增重 140g，再于 95~97℃通氯增重 140g，此后在该条件不再反应，从冷凝器上口向下观察到明显黄绿色，以每 3mL/s 的速率再通

---

[1] 因为放出 HCl 吹出甲苯损失 30g 及少许苄氯，故通入氯气已经理论量或稍多，粗品纯度（GC）87%，d^{20} 1.34~1.35。峰形突起情况不明，另有 HPLC 分析表明：吡啶-2,6-二甲酸、联苯-2-甲酸有此峰形。

入半小时以使反应完全，总体 10h 反应结束。冷至 60℃将反应物倾入 1L 烧杯中放置过夜（冷至 18~20℃，再冷也无收益）。

为了分离方便，使用前次的母液❶以得较大松散的结晶，720~769g（产率 73%~78%）。

α,α′-二氯-*p*-二甲苯（4-氯甲基苄氯） *M* 175.06，mp 99~101℃，bp 254℃。

a. 4-甲基苄氯 mp 4℃，bp 200℃。

1L 三口烧瓶中加入 636g（6mol）对二甲苯，安装插底的通气管、温度计及回流冷凝器上口接水吸收。加热至 80℃左右加入 0.2g 过氧化二苯甲酰，维持 83~86℃❷于 7h 左右通入用 210g（1.33mol）KMnO$_4$ 与 1.4L 30%盐酸发生的、通过浓硫酸干燥的氯气（最后将发生器加热至 80℃）；向反应物中补加 0.2g 过氧化二苯甲酰，仍维持 83~86℃再一次通入如上发生的氯气，此时共增重 206g❸（约 5.9mol）氯，主体 56%~60%是 4-甲基苄氯 [见图 10-3（a）]，可用分馏、深冷结晶得到纯品。

b. 4-氯甲基苄氯

以上反应物控制 100~105℃通入两次如上发生的氯气，此时称重又增加 200g，主体 4-甲基苄氯 40% [见图 10-3（b）]❹；将反应物倾入于烧杯中，冷后种晶，于 15℃放置过夜，次日滤出结晶得 400g [见图 10-3（c）]，滤液部分 590g [见图 10-3（d）]。

粗品精制：400g 粗品（GC 纯度 78%~80%）用 0.4mL/g 甲苯溶析（15℃），再用 0.1mL/g 冰冷的甲苯冲洗，干燥后得 300g 4-氯甲基苄氯，纯度（GC）97%，三氯物 1.6%；用冰乙酸 0.5mL/g 溶析一次❺，风干得 280g，纯度（GC）99%，三氯化物 0.3%。

2-氰基甲苯、4-氰基甲苯，氰基拉电子影响使侧链的 α-卤代稍显困难，如：溴代的进一步取代很少，使溴代产率比氯代高出 15%——达 79%；使用过氧化物催化的反应温度比不催化低 10~20℃。

2-氰基甲苯的 α-卤代，拉电子的影响较大，观察到比 4-氰基甲苯的 α-氯代的反应温度高出 8~10℃；3-氰基甲苯比它们容易反应——通过芳环诱导传递的影响较弱。

---

❶ 或将母液与投料一起，对于吸收或有利。

❷ 通氯不久，最初的草绿色褪去；反应温度低于 83℃就吸收不好，此现象似乎提示应使用更多的催化剂，如 0.6g 过氧化二苯甲酰；或按以上 α,α,α′,α′-四氯-*o*-二甲苯的中间过程制取 α,α′-二氯物——调节温度条件。

❸ 因为反应缓慢，这是分两天完成的，若多用过氧化二苯甲酰以提高反应速率，降低反应温度以提高其选择性。

❹ 此通氯已接近计算量，切不可过量，三氯物的引入使精制困难（控制三氯物小于 10%）。
840g KMnO$_4$ 发生 940g（13.2mol）氯，实际使用 804g（11.4mol），损失率=[(13.2-11.4)×72]÷940×100%=13.6%。试图把更多的 4-甲基苄氯转化，通入比以上多出 1/10 的氯，三氯物升至 15%，使精制困难。

❺ 冰乙酸对三氯物有较大溶解；甲苯对环上氯化物有较大溶解，是适宜的处理溶剂。

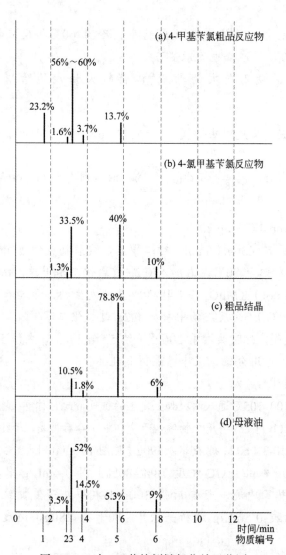

图 10-3 对二甲苯的侧链氯化结果监测

1—对二甲苯；2—2-氯-对二甲苯；3—4-甲基苄氯；4—未知物； 5—4-氯甲基苄氯；6—三氯化物

4-氰基苄氯　M 151.60，mp 79.5℃，bp 263℃；刺激性。

$$\text{4-甲基苯甲腈} + Cl_2 \xrightarrow[80\sim90℃]{过氧化物} \text{4-氯甲基苯甲腈} + HCl$$

　　1L 三口烧瓶中加入 585g（5mol）4-氰基甲苯及 0.5g 过氧化二苯甲酰，加热，维持 85~90℃以 8~10mL/s 的速率通入氯气，几分钟后烧瓶中充满氯气，颜色褪去，放热使反应物温度升高了 15℃，调节通氯速率使反应物温度降下来，保持 90℃左右继续通氯使增重 150g[1]；稍冷，将反应物倾入上次分离氯化物的油母液中以便于分离（倾入 200mL 石油醚中得稍多的产量），放置过夜冷至 15℃，滤出结晶以 200mL 甲醇母液浸洗，风干得 492g（产率 65%），纯度（GC）97%。

精制：浸洗过的粗品析干用甲醇溶析，次日滤出，用少许甲醇冲洗，干燥后得 438g（产率 58%），纯度（GC）>99%，mp 78.5~79.5℃。

2-氰基苄叉二氯　M 184.04，bp 134~137℃/14mmHg。

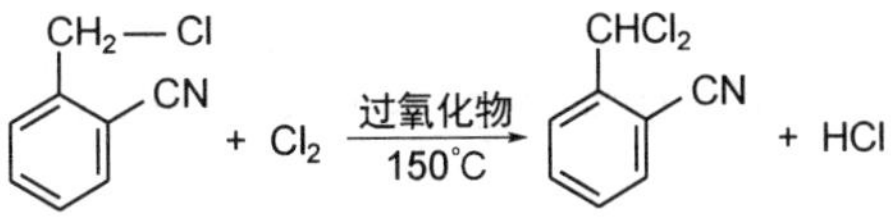

0.5L 三口烧瓶中加入 304g（2mol）2-氰基苄氯，加热熔化后搅拌着加入 0.2g 过氧化二苯甲酰[2]，维持 148~152℃以 3~3.5mL/s 的速率通入干燥的氯气，每隔 2h 补加 0.2g 过氧化二苯甲酰，从 6h 开始称重，约 8h 增重 67~69g，停止通氯，取样 HPLC 分析主体物含量为 77%~80%[3]。倾入烧杯中在冰浴中放置过夜，次日滤出结晶，得 120g，纯度（HPLC）92%；再以甲苯（0.25mL/g）溶析一次，得 72g，纯度 98%。

为得到 2-氰基苄叉二氯，可先用 NaOH 将三氯甲基（CCl_3）水解后再分馏处理。

相同方法从 4-氰基苄氯用过氧化二叔丁基催化，在 140℃氯化制好相近产率的 4-氰基苄叉二氯；用 NaOH 水解三氯甲基以便分离（98℃，pH 2~3）。

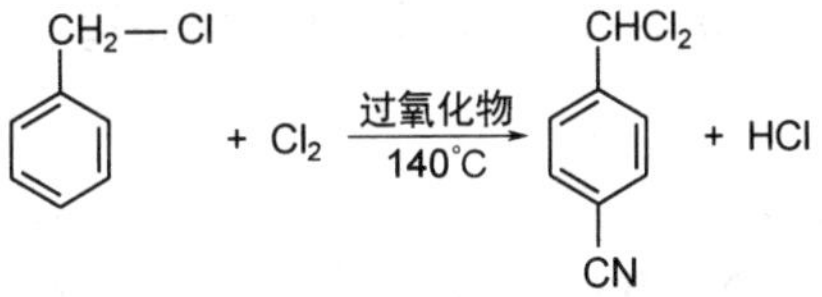

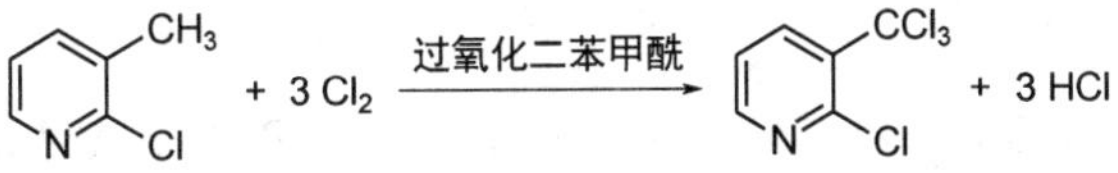

3-三氯甲基-2-氯吡啶

芳侧链 α-C—H 的溴代；α-C—H 的溴代需要比氯代更高的反应温度，由于溴原子的体积较大，受空间和电性的影响，一溴代和二溴代相比，反应温度有更大的差异而容易控制；溴代还会使反应物产生棕黄色，颜色影响光照，多使用有机过氧化物引发及催化反应。用甲醇处理产物可以去掉绝大部分游离溴的颜色，但引入了 HBr 的酸性；用甲醇处理、加热会有其它分解反应。

$$—CH_2—Br + CH_3OH \longrightarrow —CH_2—OCH_3 + HBr$$

---

[1] 通氯过程有 13~15g 物料被 HCl 吹出，它在冷凝器中被逸出的氯气氯化形成结晶，要注意堵塞；此增重已是计算量的 90%，通氯过多、产率下降。

[2] 过氧化二苯甲酰在高温下半衰期时间短，应改用过氧化二叔丁基；或光照氯化可在更低的温度进行，见 4-氰基-三氯甲苯（见 200 页）及其水解。

[3] 此等质量的产物可直接用于 2-氰基苯甲醛的合成（见 145 页）。

液溴与甲苯在 70℃反应制得溴苄，虽然使用欠量的溴，分馏所得产品的相对密度高出而纯度（支链溴）低，滴定分析结果为 93%，有相当部分环上被溴代。应以催化低温溴代及结晶处理。

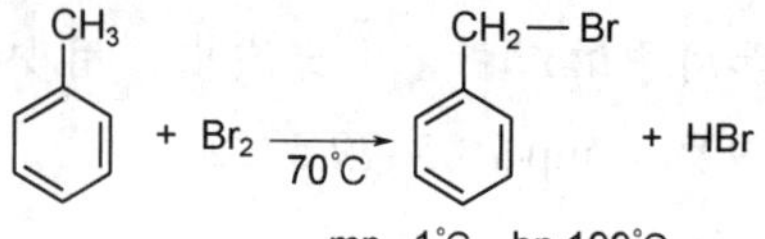

乙苯的 α-溴代同样有少许环上溴代，使用过氧化物引发催化得以在低温进行。

α-溴乙苯　M 185.07，bp 94℃/16mmHg，d 1.356，n_D^{20} 1.5600。

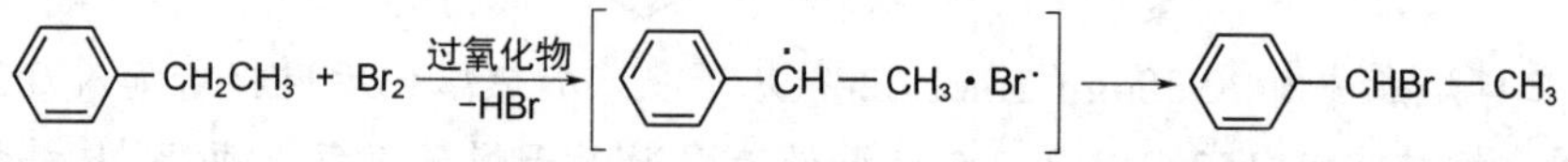

250mL 三口烧瓶中加入 106g（1mol）乙苯，搅拌下加热至 70℃加入 0.2g 过氧化二苯甲酰，加入 10 滴液溴，加热至 95℃左右引发反应开始，颜色褪去，控制 40℃±2℃于 5h 左右慢慢滴入总量 155g（0.95mol）无水溴，滴入后溴的颜色能很快消失；加完后于 50℃保温 1h，再加热至 70℃以赶尽 HBr。

水浴加热减压分馏[❶]，收集 69~72℃/5mmHg 馏分，得 121g（产率 62%），纯度（HPLC）96%。

2-氰基苄溴　M 196.04，mp 72℃，bp 124℃/3mmHg；易溶于四氯化碳，溶于甲醇 15g/100mL（25℃）。

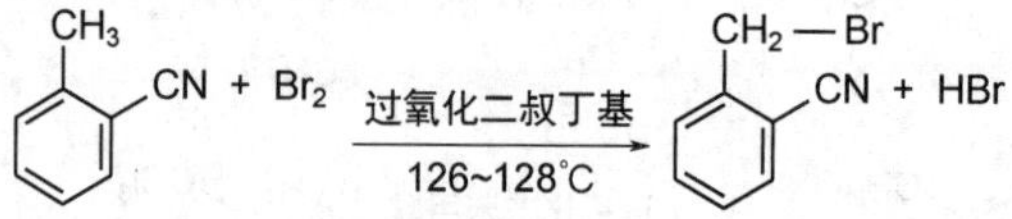

2L 三口烧瓶中加入 585g（5mol）o-甲苯腈，3mL PCl₃及 0.3mL 过氧化二叔丁基，搅拌下加热控制 126~128℃[❷]于 4h 左右慢慢加入 790g（4.95mol）用浓硫酸洗过的无水液溴，放出的 HBr 从冷凝器上口导至水吸收，加完后保温搅拌 1h，放冷后冰冷，倾去未结晶的油状物，得固体物 780g（产率 79%）。粗品用 1.5mL/g 甲醇溶析一次，滤出，冷甲醇冲洗，风干。

精制：用 0.5mL/g 四氯化碳重结晶（脱色），精制的产率 90%，mp 71.5~72℃，外观白色。

同样方法制取 4-氰基苄溴（mp 115~117℃），3-氰基苄溴（mp 94.1~95.6℃），用 1.5mL/g 四氯化碳重结晶。

二苯基溴甲烷　M 247.14，mp 45℃，bp 184℃/20mmHg，193℃/26mmHg；白色或淡黄色结晶，易溶于苯及石油醚，由于容易形成稳定的二苯甲基而易吸湿水解。

---

❶ 常压蒸馏分解为苯乙烯（共轭）。

❷ 反应温度降低，反应缓慢，温度高出或溴过量都会使反应物的颜色深重，如果不用过氧化物催化要在 132~137℃反应。

$$(C_6H_5)_2CH_2 + Br_2 \xrightarrow{\text{过氧化二苯甲酰}} (C_6H_5)_2CHBr + HBr$$

1L 三口烧瓶配置机械搅拌、温度计、分液漏斗、回流冷凝器上口接水吸收。

烧瓶中加入 221g（1.3mol）二苯甲烷，电热套加热维持 80~90℃搅拌下加入 0.1g 过氧化二苯甲酰，从分液漏斗慢慢滴入 200g（1.25mol）无水液溴，反应放热并放出 HBr 导至水面吸收，加溴过程只允许反应物为橘红色，更深的颜色则要补加 0.05g 过氧化二苯甲酰，反应物立即褪至浅黄色（过氧化物总量不要超过 0.5g）；加完后保温搅拌 1h 至无 HBr 放出，反应物为橘黄色；冷后将反应物倾入于烧杯中，冰冷至 0℃种晶（应减压分馏以免吸湿），放冷过夜（中间搅动几次），次日滤出结晶，以冷石油醚冲洗两次，真空干燥（冬季可以风干）❶得 190g（产率 61%）。

精制：用 0.5mL/g 石油醚溶解，于 0℃在经常搅动及封闭下析出结晶（防止湿气浸入），滤出结晶，用冰冷的石油醚冲洗，真空干燥，精制的产率 73%。

另法：

$$8\,(C_6H_5)_2CH-OH + 2\,P + 5\,Br_2 \longrightarrow 8\,(C_6H_5)_2CHBr + 2\,H_3PO_4 + 2\,HBr$$

1L 三口烧瓶中加入 12g（0.4mol）红磷、185g（1mol）二苯甲醇，加热熔化后开动搅拌，至 90℃停止加热，从分液漏斗于 2.5h 左右慢慢滴入 106g（0.66mol）无水液溴，反应放热，当加入约 1/5 时反应物升至 125℃，维持 125℃左右将其余的溴加完，当反应开始有 HBr 放出要加得很慢，加完后保温搅拌 1h，冷至 40℃小心用分液漏斗分去下面磷酸层，粗品在冰浴中冷却至少 5h，滤出结晶，以少许石油醚浸洗一次，得 97g，用 60mL 石油醚重结晶，得 75g（30%）mp 38~40℃。

滤出粗品的母液冷至-15℃可回收 20g 质量差的粗品。

4-溴甲基联苯 M 247.14，mp 133℃；溶于沸乙醇（3.5mL/g），沸苯（0.7mL/g）。

250mL 三口烧瓶中加入 168g（1mol）4-甲基联苯，加热至 90℃❷搅拌下加入 0.1g 过氧化二苯甲酰，加入 10 滴液溴，加热至 95℃时，溴的颜色迅速褪去进入反应，降温，维持 70~75℃于 3h 左右慢慢加入总量 151g（0.94mol）无水液溴，当加入约 1/3 时溴代反应变慢，补加 0.1g 过氧化二苯甲酰引发后再将剩余的溴加完，保温搅拌 2h，反应物为无色或淡黄。用 250mL 苯分次溶出反应物置于 0.5L 烧杯中，重新加热溶解析出的结晶后再放冷结晶，滤出结晶，以冷苯冲洗，干燥后得 140g（产率 60%）纯度 97.5℃，mp 128~130℃。

4-溴苄溴 M 249.94，mp 63℃，bp 120℃/10mmHg；白色结晶，强刺激性，易溶于甲苯。

---

❶ 在冬季的风干过程：3h 有明显吸湿；次日明显有熔化；三日后又结晶，吸湿水解成为二苯甲醇（mp 67℃）。

❷ 或用 200mL 四氯化碳溶剂，在 45℃溴化，溴的颜色能在 1s 内消失。

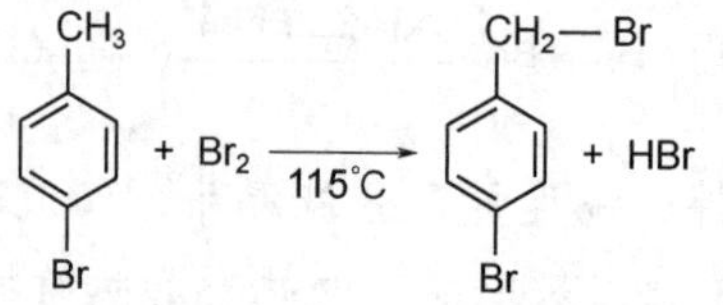

2L 三口烧瓶中加入 1.4kg（8.3mol）4-溴甲苯（fp 15~16℃）粗品，控制 115~125℃（在 105~110℃反应缓慢）于 3h 左右慢慢加入 1.28kg（8mol）无水液溴，加完后保温搅拌半小时，反应物为橘红色（如果在 125~130℃保温，反应物可褪至浅绿色）。在冰浴中放置 24h，倾出未结晶的液体部分；将结晶熔化后于 25℃放置过夜，又倾出未结晶的部分[1]，得结晶物 1.0kg；减压分馏，收集 120~124℃/10~12mmHg 馏分，得 900g；用 0.8mL/g 甲醇溶解，在经常搅动下放冷，滤出结晶，以少许甲醇冲洗，风干得 800g（产率 40%），纯度（GC）99.2%。

4-氯苄溴　M 205.49，mp 51℃，bp 110℃/12mmHg。

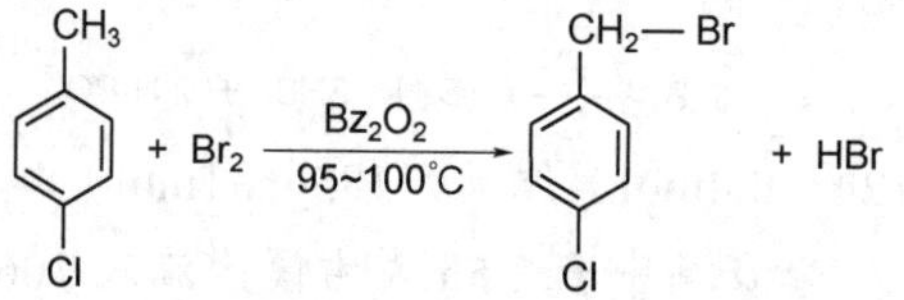

1L 三口烧瓶中加入 635g（5mol）4-氯甲苯、3mL PCl$_3$（似不必要）及 0.2g 过氧化二苯甲酰，搅拌着，维持 90~100℃于 1.5h 左右从分液漏斗慢慢滴入 200g 无水液溴，开始时溴的颜色能很快褪去，不久反应物成为深红色；又加入 0.3g 过氧化二苯甲酰，反应物又很快褪至无色；再于 2h 慢慢加入 300g 无水液溴，加完后又补加 0.3g 过氧化二苯甲酰，同样又褪至无色；再于 2h 加入 300g 无水液溴（共加入了 800g，5mol 液溴）及 0.2g 过氧化二苯甲酰，反应物很快褪至无色，冷至 50℃将反应物倾入烧杯中放冷后冰冷，滤出结晶[2]，用甲醇冲洗（3×100mL），风干后得 460g（产率 45%），纯度（GC）99.2%，mp 49.7~50.3℃。

类似的反应（分别见 155 页和 140 页）如下：

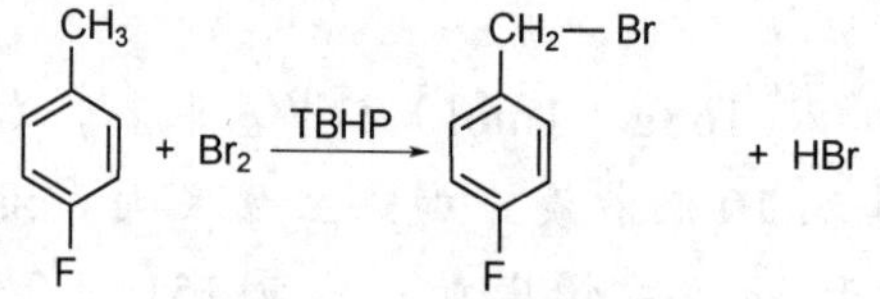

4-氟-苄溴
bp 85℃/15mmHg

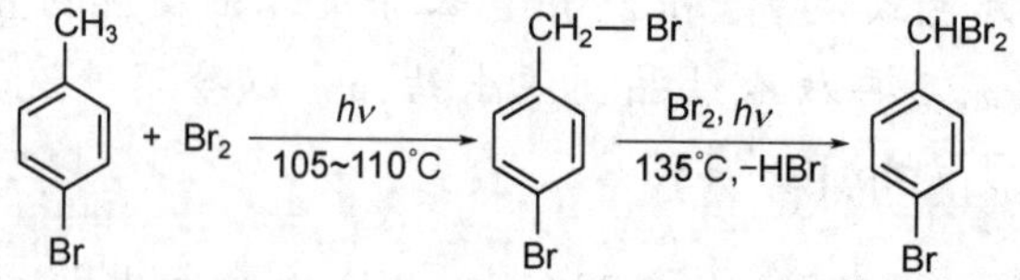

4-溴-苄叉二溴
70%, bp 171℃/19mmHg

---

[1] 未结晶的母液含 4-溴苄溴大于 30%（GC 检测），应减压分馏以分离之。

[2] 母液减压分馏处理。

2-溴-4-氟苄溴 *M* 267.93，mp 51~52℃，bp 127~129℃/20mmHg。

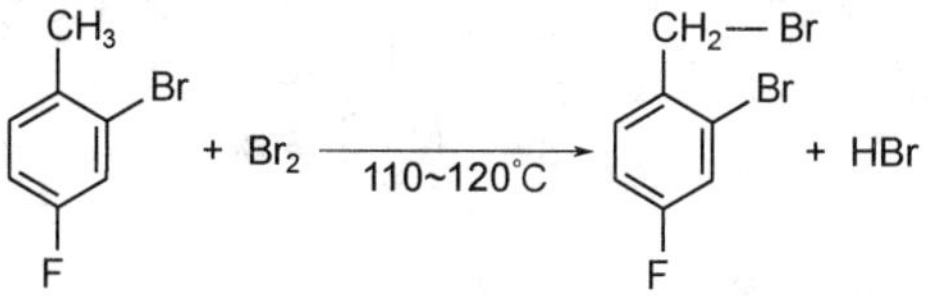

1L 三口烧瓶中加入 561g（3mol）2-溴-4-氟甲苯，搅拌着，维持 110~120℃于 6h 左右慢慢滴入 384g（2.4mol）无水溴❶，放出的 HBr 从冷凝器上口导至水吸收，加完后保温搅拌 1h（反应之初尚可褪至无色，很快就一直为橘黄色乃至橘红色），减压分馏，收集 127~129℃/12mmHg 馏分，得 475g（按溴计 73%），mp 50~52℃。

4-硝基苄溴 *M* 216.06，mp 99~100℃；片状或针状晶体。

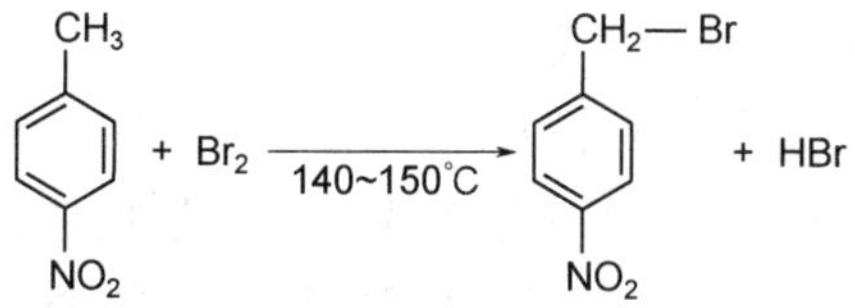

1L 三口烧瓶中加入 300g（2.2mol）工业无铁的 4-硝基甲苯（mp 51~52℃）。加热维持 140~150℃，搅拌着从分液漏斗于 2h 左右慢慢滴入 350g（2.2mol）无水液溴，放出的 HBr 从冷凝器上口导至水面吸收，加完后保温搅拌半小时；稍冷，将反应物倾入 4L 90~120℃的石油醚中❷，加热溶解，加入 15g 活性炭脱色过滤，冷后滤出结晶，以石油醚冲洗两次，风干得 280~313g（产率 59%~66%），mp 94%~97%。

精制：用 12mL/g 石油醚重结晶，得 250~280g，mp 97.5~99.5℃，外观淡黄色。

同样方法，从 3-羟基-4-硝基甲苯在 110~115℃ *α*-溴代，制得高产率的 3-羟基-4-硝基苄溴，mp 122~124℃。

苄醇的卤代，可参见 392 页"醇的卤代"部分。

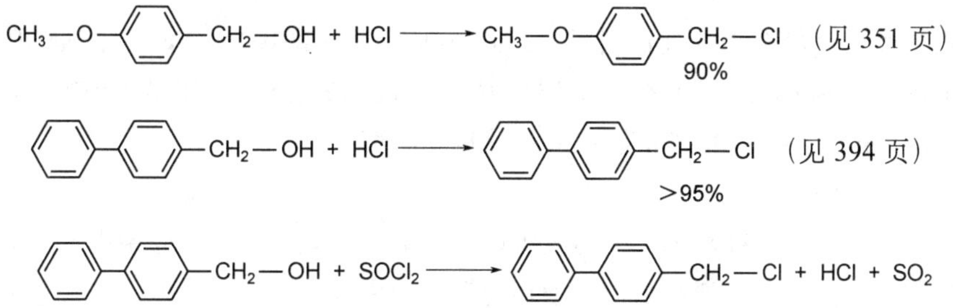

---

❶ 使用过量的底物是正当的。

❷ 应使用溶剂处理，如：甲苯、四氯化碳。

$$\text{(结构) —OH} + SOCl_2 \longrightarrow \text{(结构) —Cl} + HCl + SO_2 \quad \text{（见 403 页）}$$

脱酯基卤代见 398 页，氯甲基化见 682 页。

二、芳核上的亲电卤代

氯和溴是最常用的卤化剂，其活性 $Cl_2 > Br_2$，常使用无机催化剂使卤分子极化以加速反应。最常用的催化剂是：$FeCl_3$、$FeBr_3$、铁粉、I_2、$AlCl_3$。不同的催化剂在反应中的作用方式和用量有很大区别，如：$FeCl_3$、$AlCl_3$ 是活泼催化剂，与卤素可能存在下面平衡：

$$X_2 + AlCl_3 \rightleftharpoons X_2 - AlCl_3 \rightleftharpoons X^+ \cdot AlCl_3 \cdot X^-$$

催化剂用量和反应速率有正比关系：

$$\text{反应速率} = k \cdot [Ar-H] \cdot [X_2]^n \cdot [\text{催化剂}] \quad (n = 1, 2)$$

有水存在破坏了以上平衡，使反应缓慢或停止。比如：Cl_2 和苯制取氯苯，无水条件、铁粉（或 $FeCl_3$）为催化剂在 10℃ 以下即可顺利进行，加有少量水则要 30℃ 才能反应；又如：Br_2 和苯制取溴苯，在无水条件下 35℃ 可顺利进行，加入少量水要在 65℃ 才顺利反应。卤代时除考虑催化剂的特点和用量外，还特别强调无水，否则反应不能进行。

氯（Cl_2）很活泼，在非极性溶剂如四氯化碳中对于卤分子的极化不利，反应速率很慢，有较好的区域选择性。如：乙酰苯胺粉末在四氯化碳的悬浮液、低温下慢慢通入氯气，得到 2,6-二氯-乙酰苯胺；又如：萘的氯化也要使用多量四氯化碳作溶剂以使氯代选择在活泼的 1 位，高浓度会发生在稠环加成，低浓度、低温度才可得到较大比率的 1 位取代。

Br_2 溴代的主要特点是选择性好，反应中多量 HBr 在反应物中滞留，大量 Br^- 离子对于 Br_2 的解离不利，使反应速率下降。

碘（I_2）作为碘代试剂是很弱的，使用氯化碘的二氯甲烷溶液（氯化碘 $I-Cl$，沸点 97.4℃），氯的高电负性使碘有能力进行亲电取代；或使用氧化剂如 HNO_3、H_2O_2 把抑制反应的 I^- 氧化成 I_2 使反应向右移动。

依底物的性质可供选择的卤化剂很多，如 SO_2Cl_2、HX/H_2O_2、$NaOCl$、$NaOBr$、NBS、$NaBrO_3$、$X_2/SO_3/H_2SO_4$（$XO-SO_2X$）；以及作为醇、酚羟基的通过季**鏻**酸酯的脱酯基卤代试剂，如 $[(C_6H_5)_3PBr]^+Br^-$、$[(RO)_3PR']^+X^-$、PCl_5 等（见 401 页）。

【催化剂及助剂】

酚类和芳胺类，取代基与苯环共轭，推电子影响使苯环非常容易受亲电试剂进攻，它们的卤代不使用催化剂，并且要在低温、使用更温和的卤代试剂。

苯和甲苯，虽然同系物的卤代速率比苯快约 35 倍以上，为防止支链的 α-卤代，需要使用 $FeCl_3$ 催化卤分子异裂；若使用不当会有自由基的侧链卤代，如：乙苯在低温溴代中，催化剂铁粉在生成铁盐以前，还是生成不是太少的 α-溴代物。

卤代苯，卤原子为弱的拉电子基，其拉电子效应为：$F > Cl > Br > I$，诱导效应对于邻位的影响最大，对邻位的取代不利；它们的未共用电子对参与苯环的共轭也如上规律，共轭效应有利于在对位取代，共轭效应远大于诱导的拉电子影响，它们是邻、对位的定位基，并且主要在对位引入，以氟的影响最大；由于共轭，氟苯使亲电取代微显致活；其它由于共轭的减弱而显示致钝。芳核上的不同卤原子对于亲电取代的影响如下所示：

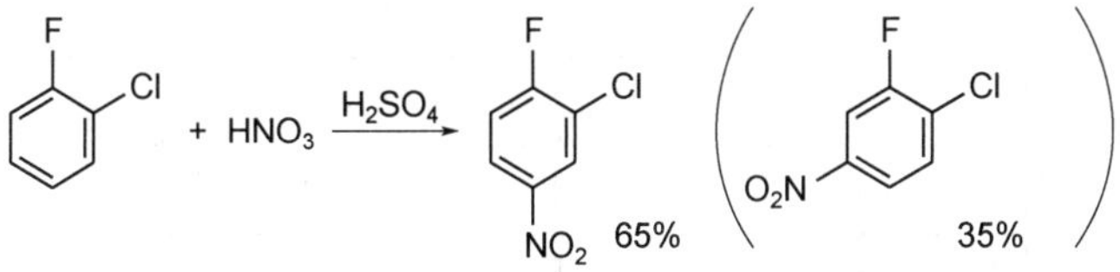

4-溴氟苯，它们的对位互被占据，反应中，拉电子影响占主导地位，以弱的亲电试剂突显其影响力——乙酰化发生在拉电子影响较弱的、溴原子的邻位；卤代也如此规律。

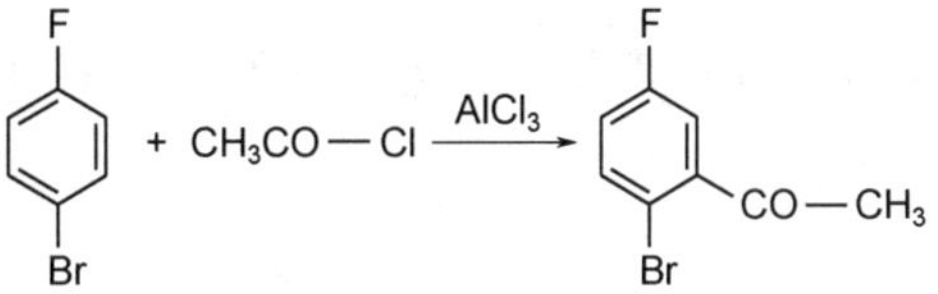

在卤代苯的卤代中要注意卤原子的交换问题；芳基碘化物在 Br^- 作用下以 IBr 脱离，可以被路易斯酸催化。例如：向溴苯中通入氯气有氯苯产生；向 4-碘甲苯中加入无水液溴作支链溴代，严重的脱碘。

酯基、羧基、氰基是拉电子基，使卤代变得困难，反应要求无水、更多的催化剂或更高的反应温度——无水氯化铁和碘配合使用，如：o-苯二甲酸酐的氯化（见 447 页）。

磺酰氯、硝基取代的芳环，卤代更为困难，如：硝基苯的溴代反应速率仅为苯溴代的 $1.8×10^{-6}$ 倍，使用多量（1mol）100% H_2SO_4 作为助剂与卤素生成 $Cl—O—SO_2—Cl$，它的反应速率是氯的 10^5 倍，在较低温度尚能反应；若使用发烟硫酸会有磺化发生。

硝基苯的溴化反应速率几乎是最慢的，使用多量 $FeCl_3$（铁粉）和碘配合使用催化还是可行的好方法（见 446 页）。

芳核上取代基对于溴化反应速率的影响见表 10-6。

表 10-6 芳核上取代基对于溴化反应速率的影响（以苯作为参比）

苯环上的取代基	相对反应速率	苯环上的取代基	相对反应速率
—H（苯）	1	—OH	$1.1×10^{11}$
—N(CH$_3$)$_2$	$5×10^{18}$	—OC$_6$H$_5$	$1.4×10^7$
—NHCOCH$_3$	$2.1×10^8$	—OCH$_3$	$1.2×10^9$
—N(CH$_3$)COCH$_3$	$2.4×10^5$	—O—CO—C$_6$H$_5$	$2.1×10$

苯环上的取代基	相对反应速率	苯环上的取代基	相对反应速率
—CH$_3$	3.4×10	—Br	0.08
—CH$_2$CH$_3$	2.9×10	—I	0.18
—CH(CH$_3$)$_2$	1.8×10	—CH$_2$Cl	0.76
—C(CH$_3$)$_3$	1.1×10	—CH$_2$CN	0.17
—F	1.2	—CO$_2$C$_2$H$_5$	5×10^{-4}
—Cl	0.11	—NO$_2$	1.8×10^{-6}

卤代的实施：可在气相、液体条件卤代，液相卤代也可使用溶剂，如冰乙酸、硫酸、四氯化碳或硝基苯，溶剂的作用不仅使反应物均一，还可以抑制或促进反应乃至影响取代位置，如乙酰苯胺在四氯化碳悬浮液，低温氯化得到 2,6-二氯-乙酰苯胺；又如 100% H$_2$SO$_4$，使大多数底物溶解，还作为助剂使卤素解离为 X—O—SO$_2$X，是很强的卤化剂而不必使用其它催化剂。

尽可能不使用溶剂。

1. 苯及同系物的芳核上卤代

苯及同系物的芳核上卤代一定要在铁粉、FeCl$_3$ 催化下进行，铁粉不是真正的催化剂，它与卤素生成 FeCl$_3$ 或 FeBr$_3$（或 FeX$_2$）以后才极化卤素和芳烃反应。

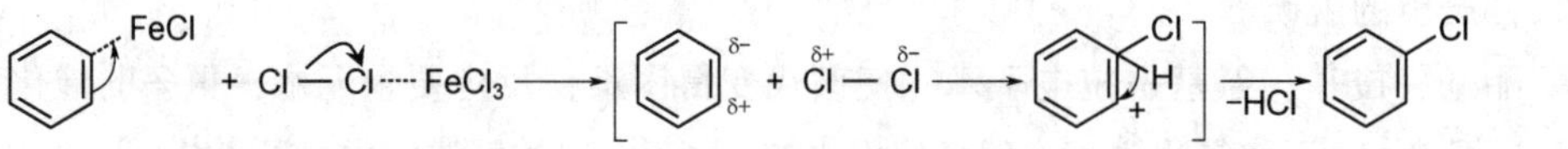

苯环上同时存在第一类取代基和硝基，第一类取代基可以占绝对的支配地位，如：4-硝基乙苯的三氯化，使用通常量 9 倍的 FeCl$_3$（9g FeCl$_3$/mol），还要与碘配合（0.16g I$_2$/mol），加大催化剂用量，使最后的反应得以在 20℃左右进行以提高反应的选择性（见 444 页）。

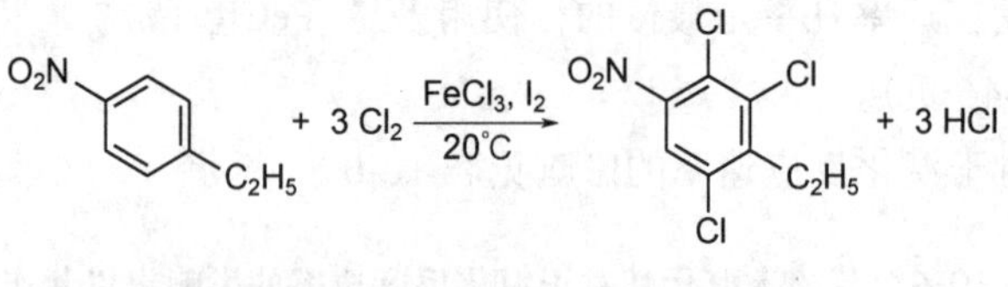

制取氯苯时，氯原子对于苯环的共轭使进一步氯化生成 1,4-二氯苯，其比率随氯苯的浓度提高而增加，为此，必须使用大过量的苯，但还是产生不是太少量的对二氯苯；从氯苯制取二氯苯在 50℃才顺利进行，由于对二氯苯共轭的对位互被占据，很少生成三氯苯；对二氯苯在无水条件、80℃才顺利生成 1,2,4-三氯苯。

溴代，苯的溴代在 30~40℃进行（甲苯在 20℃），苯仅以 10%"过量"以弥补被 HBr 吹出的损失——实为理论量，副产物对二溴苯仍然很少（＜2%），是由于溴原子对于苯环的共轭影响较弱，Br$^+$ 的活性也不及氯，共同影响所致，不容易进一步溴代。

溴苯 M 157.02，mp $-30.82℃$，bp $156℃$，$d^{20} 1.4950$，$n_D^{20} 1.5597$。

$$C_6H_5 + Br_2 \xrightarrow[30\sim40℃]{\text{铁, FeCl}_3} C_6H_5—Br + HBr$$

100L 反应罐中加入 56kg（0.7kmol）无水苯、200g（干法制得）三氯化铁及 1kg 铁粉，安装两支回流冷凝器上口接水面吸收、伸入液面下的温度计及高位瓶。

搅拌下先加入 1L 液溴，加热至 40℃ 反应开始放出 HBr 后，再以 1L/h 的速率加完共 100kg（0.64kmol）液溴[1]，开始时产生的 HBr 溶于苯放热使反应物温度上升了 3~4℃；以后反应放热与放出 HBr 的吸热相抵消；控制反应温度 30~40℃ 约 20h 可以加完；之后再保温搅拌 1h，慢慢升温至 110℃ 赶除溶解的溴化氢。水冷至 70℃，加热水蒸气蒸馏至冷凝器中出现对二溴苯的结晶为止；分取的粗品以无水硫酸钠干燥后常压分馏，收集 153~157℃ 馏分，得 75kg（按溴计，产率 75%）。

碘苯 M 204.01，mp $-31.4℃$，bp $188.6℃$，$d^{20} 1.823$，$1.6203\sim1.6223$；无色液体，见光和空气氧化变黄，于冷暗处保存。

$$2\bigcirc + I_2 + [O] HNO_3 \xrightarrow[65\sim70℃]{} 2\bigcirc—I + H_2O$$

10L 三口烧瓶中加入 4kg（51mol）纯苯及 2kg 粉碎的碘，加热至 50℃，控制 65℃ 左右，搅拌着于 6h 左右慢慢加入 1.5L（d 1.5）硝酸，加完后再加入 1.81kg（共计 3.81kg，15mol）碘，维持 65~70℃ 于 4h 左右慢慢加入 1.25L（d 1.5，共 61mol）硝酸[2]，加完后加热回流 15min，碘的紫色消退变为红棕色。

将反应物倾入于 3 倍冷水中充分搅拌，分取油层，水蒸气蒸馏至冷凝器中出现 4-硝基碘苯为止；分取下层粗品，以无水硫酸钠干燥后分馏，收集 180~190℃ 馏分；再分馏一次，收集 186.5~188.5℃ 馏分，得 5.2kg（产率 85%，按碘计）。

另法：苯胺重氮化，用 I^-（NaI）取代重氮基，产率更高，质量更好。

甲苯的环上溴代反应速率比苯快 35 倍，使用更低的反应温度及更少的催化剂，产是以对位取代为主，含邻位异构体的混合物；乙苯比甲苯更容易发生 α-溴代，为减少支链溴代，使用较多的铁粉并添加 $AlCl_3$ 催化及更低的反应温度。

4-溴甲苯 M 171.04，mp $24.8℃$（$28.5℃$），bp $184.35℃$，$d^{20} 1.3995$，$n_D^{20} 1.5477$。

---

[1] 加溴反应切不可混入水，如果混入了水，要在 65~70℃ 才可以重新反应。积聚的溴突然反应是很危险的，正确的处理方法是：卸出反应物，慢慢加入到加热着的反应罐中；特别注意加入的溴和放出的 HBr 数量要相当。

[2] 硝酸的用量太过，不可避免有硝基产物而难以分离干净（硝基苯的沸点 210~211℃）。

2L 三口烧瓶中加入 5g 铁粉、960g（10.6mol）甲苯（也应添加 FeCl$_3$ 或 AlCl$_3$），冷却控制 20~25℃，搅拌下于 4h 左右慢慢加入 1.6kg（10mol）液溴（引发反应开始后再正常加入），加完后保温搅拌 2h，再 80℃赶除 HBr，反应物仍为红色[1]，倾入 2L 冷水中充分搅拌，红色退去变为棕黄色，分去水层，油状物 1.7kg（产率 99%）。

分离异构体：2L 三口烧瓶中加入以上全部 1.7kg 混合物，搅拌下加热并维持放热的反应温度 125℃±2℃，于 1h 左右慢慢加入 300mL 浓硫酸，加完后保温搅拌 2h[2]；冷后加入至 1.5L 冷水中充分搅拌[3]，分取下面油层，水洗得 1.0~1.1kg；以无水硫酸钠干燥后常压分馏，收集 183~185℃馏分，得 0.9~1.0kg（产率 53%~58%），fp 15.4℃，再 0℃冰冷过夜，次日滤出结晶，得 700g。

4-溴乙苯　M 185.07，bp 204℃，d 1.3430，n_D^{20} 1.5440。

1L 三口烧瓶中加入 5g 铁粉及 2g AlCl$_3$[4]，再加入 530g（5mol）乙苯，搅拌下控制 20~25℃于 4h 慢慢加入 800g（5mol）液溴，加完后保温搅拌 2h，于 80℃加热以赶除 HBr，反应物仍为红色[5]；稍冷，将反应物倾入 1L 冷水中，充分搅拌，加入 3~5g NaHSO$_3$ 红色褪去至浅黄色。分取油层，水洗，得 830g（产率 90%）异构混合物。GC 分析结果：乙苯 3%，4-溴乙苯 68%，2-溴乙苯 26%。

分离异构物：1L 三口烧瓶中加入以上用硫酸钠干燥过的溴化产物及 160mL 浓硫酸，搅拌下慢慢加热至 100~110℃，小心控制磺化的反应温度 125~130℃搅拌 1h，升温至 140℃再保温 1h，冷后加入至 750mL 冷水中充分搅拌，分取油层[6]，水洗一次，得 560g，分析 GC：4-溴乙苯 91.2%，2-溴乙苯 7.8%。

又用 80mL 浓硫酸如上处理一次，得 400g，GC 分析：纯度 98.1%；2-溴乙苯 0.8%。分馏，收集 203~205℃馏分，得 372g。

---

❶ 反应物太红说明游离溴太多。

❷ 随着磺化进行，反应物也逐渐变为浅棕色，也容易乳化，保温 45min 以后取样（上层）滴在表面玻璃上冰冷应很快结晶，否则再以 56g 浓硫酸继续搅拌保温，最后分别处理磺化物以保证 2-溴乙苯的质量。

❸ 1.5L 水不可以再少，此酸水溶液浓缩的最初阶段回收到 60~80g 的 4-溴甲苯粗品；硫酸水溶液蒸发至 200℃左右开始水解，2-溴甲苯蒸出，分取油层，分馏收集 181~182.5℃馏分，得 240~300g（产率 14%~17%）2-溴甲苯，d^{20} 1.4200。

2-溴甲苯，mp -27.7℃，bp 181.7℃，d^{20} 1.4232，n_D^{20} 1.5565。

❹ 如果只用铁粉，粗品有侧链溴化物 8%，应直接使用 15g 工业 FeCl$_3$。

❺ 多量游离溴说明乙苯不足（大约 10%的乙苯被吹走造成损失），应使用 5.6mol 乙苯。

❻ 酸水液浓缩的最初阶段回收到 40~50g 4-溴乙苯粗品，磺酸溶液蒸出至 200~210℃，从回流分水器收集到油层 262g，其组成 GC 分析结果：2-溴乙苯 68%，4-溴乙苯 24%，说明：硫酸太过量，温度太高，选择性差；应控制 115℃慢慢加入浓硫酸及其后的保温，以色谱监测终点。

2-溴乙苯，bp 199℃，d 1.338，n_D^{20} 1.549。

4-溴联苯 M 233.11，mp 90~92℃，bp 310~312℃，145~148℃/4~5mmHg。

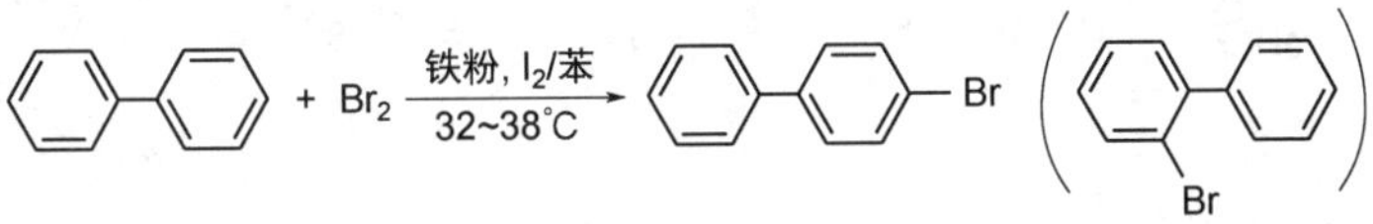

1L 三口烧瓶中加入 616g（4mol）联苯及 160g 苯，加入 1g 铁粉及 0.5g 碘，加热溶化，维持 45℃左右，搅拌着慢慢加入 60g 液溴以引发反应，当 HBr 开始放出，维持 32~38℃于 3h 左右慢慢滴入 580g（总共 640g，4mol）液溴，加完后保温搅拌半小时，加热至 100℃以赶除 HBr；冷至 70℃将反应物倾入含 16g NaHSO₃ 的 1L 热水中，充分搅拌、反应从深棕色褪至黄色，分出，再用热水洗一次；将有机层作简单分馏，蒸除水、苯及少量未反应的联苯，收集 305~315℃馏分，得 750g（80%溴化混合物）。

精制：750g 溴化混合物用 160mL 前次母液溶析处理，得湿品 600g；再用 0.2mL/g（湿）甲苯溶析，次日滤出结晶，以少许甲苯冲洗，风干得 432g，mp 82~85℃。

再用 0.2mL/g（湿）甲苯溶析一次，干燥后得 305g，纯度＞98%，mp 87.9~89.2℃。

注：从分馏出全部联苯以后的中间馏分及甲苯母液回收 2-溴联苯（mp 2℃，bp 297~298℃）。

4,4′-二溴联苯 M 312.02，mp 167~170℃，bp 355~360℃。

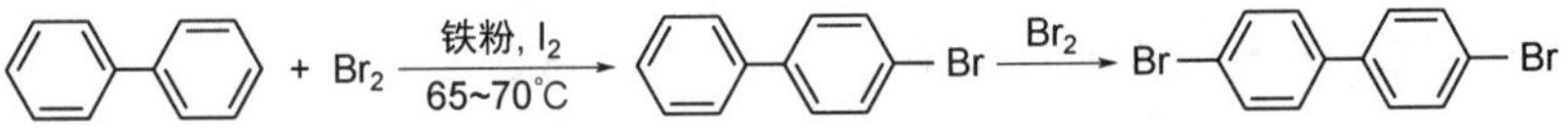

0.5L 三口烧瓶中加入 0.3g 碘及 0.5g 铁粉，加入 154g（1mol）联苯，加热溶化，搅拌下热至 65℃，于 1.5h 左右从分液漏斗慢慢加入 160g（1mol）无水液溴，加完后升温至 100℃左右再慢慢加入 60g 液溴；再 120℃左右慢慢加入 60g 液溴；再于 155℃左右慢慢加入 50g 液溴（总共 2.06mol），放出的 HBr 从冷凝器上口导至水面吸收。加完后保温搅拌 1h，冷至 100℃加入 80mL 甲苯搅拌使溶，搅拌 10min，倾入烧杯中封盖好放置过夜。次日滤出，以冰冷的甲苯冲洗（2×20mL），得 200g 浅灰色结晶。

精制：以上粗品用 2mL/g 甲苯溶解，脱色过滤，放置过夜，次日滤出结晶，干燥后得 150g（产率 48%），纯度（HPLC）＞99%，mp 166.8~168℃。

2. 卤芳烃的卤代

芳卤 I、Br 与其它卤素如 Br₂、Cl₂ 的卤代能发生卤原子的交换，如：溴苯中通入氯有氯苯产生；4-碘甲苯与溴作用有 I⁺ 分离，与反应物中 Br⁻ 结合；或同时有其它变体（对于苯、甲苯）的亲电取代，在 AlCl₃ 催化使反应物更容易发生。如：4-溴酚在 25℃用 HBr 处理时发生脱溴和溴代异构。

又如：

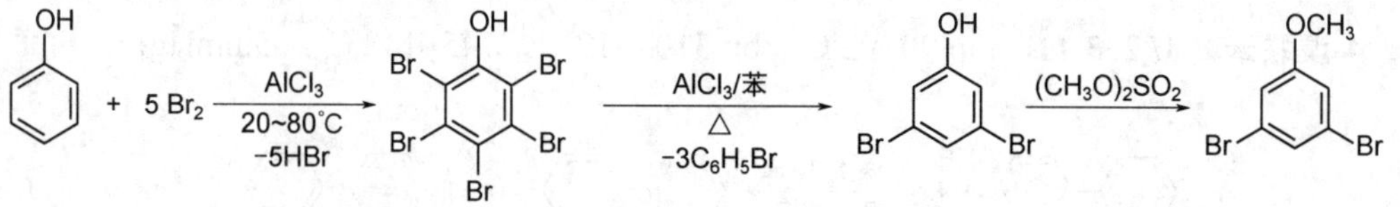

苯酚 + 5 Br$_2$ → (AlCl$_3$, 20~80℃, -5HBr) → 溴代苯酚 → (AlCl$_3$/苯, △, -3C$_6$H$_5$Br) → 3,5-二溴苯酚 → ((CH$_3$O)$_2$SO$_2$) → 3,5-二溴苯甲醚(OCH$_3$)

氯苯的溴代要在 100℃进行；而氟苯溴代在 50℃就能顺利进行，生成高产率的 4-溴氟苯，这是因为氟原子的共轭效应更大，而其拉电子影响不利于邻位取代，故亲电取代更利于选择 4 位。

4-溴氯苯　M 191.46，mp 68℃，bp 196℃，d^{71} 1.576，n_D^{70} 1.5531。

2-溴氯苯　bp 204℃，d 1.638，n^{20} 1.580。

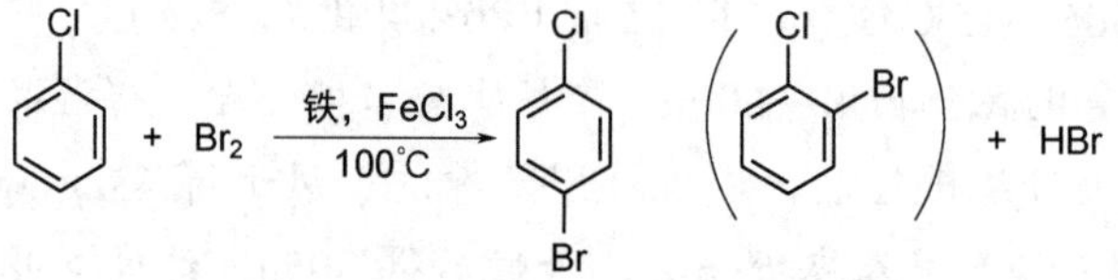

氯苯 + Br$_2$ → (铁，FeCl$_3$, 100℃) → 4-溴氯苯 (2-溴氯苯) + HBr

10L 三口烧瓶中加入 7.9kg（70mol）氯苯，15g（应使增至 35g 或更多）无水氯化铁粉末及一些铁粉，搅拌下加热至 100℃停止加热，维持 95~100℃于 6h 左右慢慢加入 5.6kg（35mol）液溴，加完后保温搅拌 10h 至很少 HBr 放出，此时反应物仍为红色。

将反应物水蒸气蒸馏，首先蒸出氯苯，而后主要蒸出 4-溴氯苯[1]，冷后冰冷，滤出结晶，风干后得 3.34kg（产率 50%，按溴计），mp 64~66℃。

4-溴氟苯　M 175.01，mp -8℃，fp -17.4℃，bp 152℃，d^{20} 1.593，n_D^{20} 1.5270。

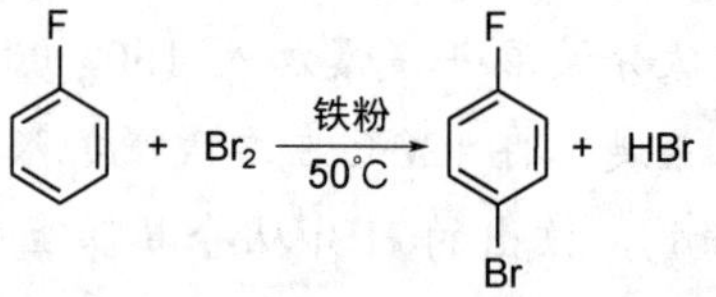

氟苯 + Br$_2$ → (铁粉, 50℃) → 4-溴氟苯 + HBr

10L 三口烧瓶中加入 6.73kg（70mol）氟苯及 15g 铁粉或 FeCl$_3$ 水浴加热，控制 50℃左右，搅拌下于 8h 慢慢加入 10.8kg（67.7mol）液溴，开始有引发，不可以加入太快，开始放出 HBr 以后再以正常速率加入，放出的 HBr 导至水面吸收。加完后保温搅拌 2h，水洗，用 Na$_2$CO$_3$ 调节水层中性，干燥后分馏，收集 150~152℃馏分，得 10kg，纯度（GC）>98%（产率 82%，按溴计）。

3. 稠环的卤代

萘及其它稠环化合物很容易氯代、溴代，过程中有加成趋向；非极性溶剂，没有催化剂的反应速率极慢（当加入催化剂使反应速率有极大提高，说明卤代是离子反应），积聚的氯使加成的比率增加。萘的直接卤代产物是 85% α-取代和 15% β-取代的混合物，为使产物比较单一，使用

---

[1] 应先水洗，分馏，然后结晶精制。

更低的反应温度及非极性溶剂以更慢的速率通入氯气。最清楚的方法是从 1-萘胺重氮化的氯代，产率 35%；或从季镓酯的分解卤代。

下面方法并不好，但亦可行——次氯酸的活性较弱而有较好的选择性，酸条件又有所加强。

1-氯代萘　M 162.62，mp $-2.3℃$，bp 258~259℃，d 1.1938，n_D^{20} 1.16326。

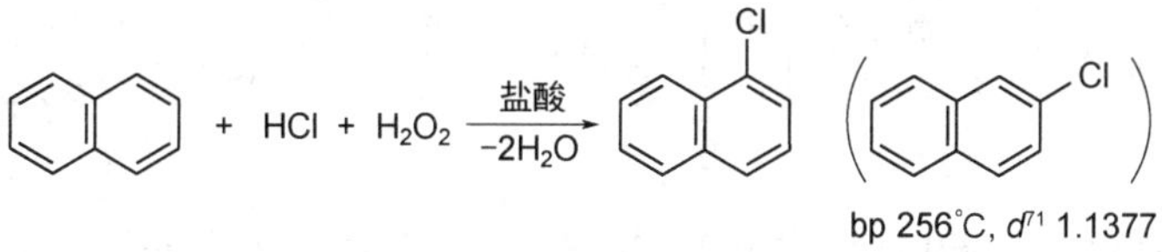

bp 256℃，$d^{\prime 1}$ 1.1377

3L 三口烧瓶中加入 500g（3.9mol）精制萘，1.2L 20%（7.3mol）盐酸，维持 85~95℃ 搅拌着，于 4h 左右慢慢加入 600mL 27%（5.2mol）双氧水，至取样加入冰水中不再固化；水蒸气蒸馏回收未反应的萘（170g），剩余物减压分馏，收集 126~138℃/12~13mmHg 馏分[❶]，得 245g，d^{20} 1.1990；又分馏出头分 5%，留底 10%，得产品 205g（产率 49%，按消耗萘计），d^{20} 1.1923[❷]，外观淡黄色，仍有少许萘应予 90%硫酸洗除。

1-溴代萘　M 207.08，mp $-2~-1℃$，bp 279~281℃，d 1.489，n_D^{20} 1.6570。

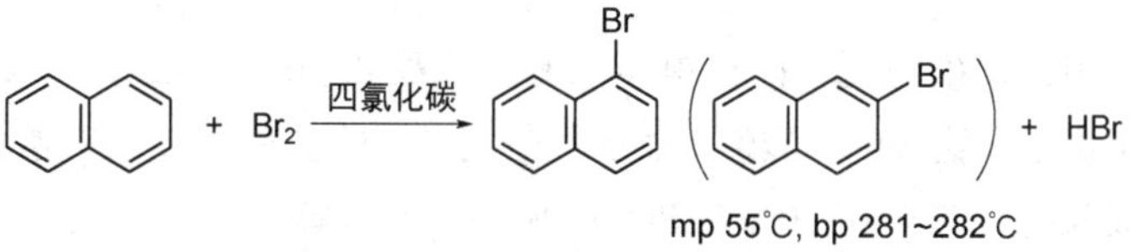

mp 55℃，bp 281~282℃

2L 三口烧瓶中加入 512g（4mol）精制萘、171mL 四氯化碳，水浴加热保持微沸，搅拌着于 12h 左右慢慢加入 707g（4.4mol）无水液溴，加完后保温搅拌 6h。回收四氯化碳，最后减压收尽，加入 30g 氢氧化钠粉末，于 95℃保温搅拌 4h[❸]，分离后减压分馏，收集 132~135℃/10~12mmHg 馏分，得 600~620g（包括中间馏分回收，产率 72%~74%）。

4. 芳胺的卤代

芳胺用卤素的直接卤代常伴有氧化发生，芳胺的氯化依其碱性及含氧（酸）溶剂条件，为避免氧化及卤代混乱，先将氨基酰化保护或在无水非极性溶剂中使用芳胺的无机酸盐，它在非极性溶剂中不溶，抑制了铵盐的解离而避免氧化。

苯胺在四氯化碳中的盐酸盐是这样制备的：向苯胺与四氯化碳的溶液中加入计算量的无水乙醇，通入氯气首先乙醇被氧化为三氯乙醛，生成的 HCl 使苯胺生成盐酸盐的细小颗粒悬散在溶液中，在较低温度通入氯气至饱和，生成 2,4,6-三氯苯胺。

---

❶ 蒸馏剩下许多高沸物底子，或因接触不均匀氯过量产生的二氯代物，应改善条件，以摩尔比 1：0.7：3 的萘-双氧水-20%盐酸（四氯化碳溶剂）反应。

❷ Aldrich 约 90%，mp $-20℃$，bp 112~113℃/5mmHg，d 1.194，n_D^{20} 1.6320。

❸ 不这样处理，产物会有缓慢分解放出 HBr，可能有加成产物。

2,4,6-三氯苯胺 M 196.46，mp 78.5℃，bp 262℃；白色针晶，易升华。

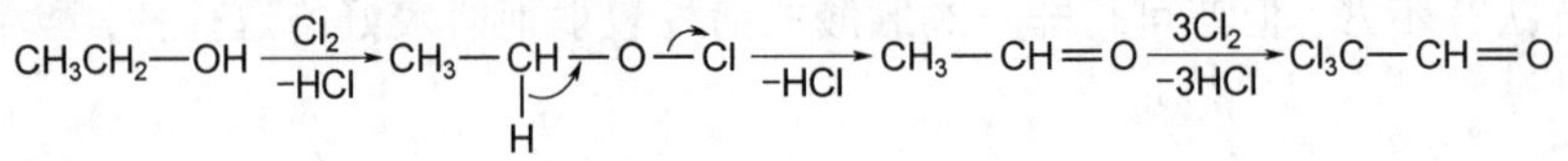

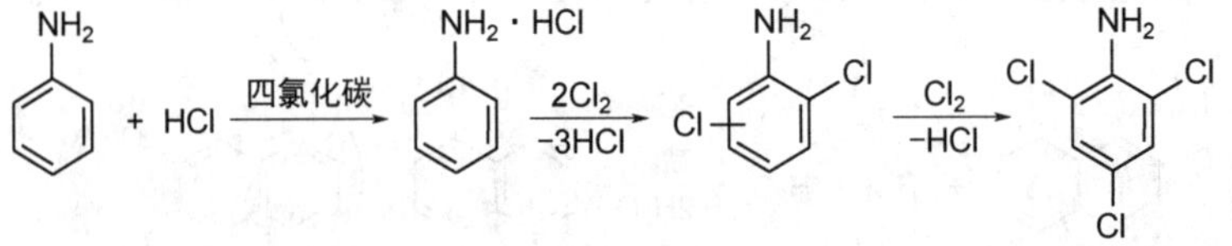

$$CH_3CH_2-OH \xrightarrow[-HCl]{Cl_2} CH_3-\underset{\underset{H}{|}}{CH}-O-Cl \xrightarrow{-HCl} CH_3-CH=O \xrightarrow[-3HCl]{3Cl_2} Cl_3C-CH=O$$

10L 三口烧瓶中加入 600g（6.3mol）苯胺及 6L 用氯化钙干燥过的四氯化碳（因其后搅拌困难，应增至 7L），加入 59g（75mL，1.28mol）无水乙醇（正好产生 6.4mol HCl）搅拌着控制 20℃通入氯气；通入后不久，析出的盐酸盐使搅拌困难，之后又逐渐变稀，而后又变稠厚，最后棕黄色的反应物完全变黄（氧化所致）表示反应或只是进入三氯阶段[1]；再通入 2h 或更长时间[2]，停止通氯，加热赶除溶解的 HCl，冷后加入 2L 冷水，加热回收四氯化碳，直至冷凝器中出现 2,4,6-三氯苯胺结晶。停止冷凝器用水，作水蒸气蒸馏，用冷却接收器的方法收集，蒸完后滤出结晶（未完成反应的中间物仍以盐酸盐的状态留在反应瓶中），风干后得 700~800g（产率 54%~64%）。

为了将卤原子引入准确位置，如：由 4-氨基苯磺酰胺制取 3,5-二氯-4-氨基苯磺酰胺，由于磺酰胺的拉电子影响，氨基的"碱性"很弱，在大过量的盐酸中以双氧水、通过次氯酸（较弱的氯化剂）完成氯化，其后在 70% H₂SO₄中加热回流水解。

2,6-二氯苯胺 M 162.02，mp 39~40℃，bp 240~250℃。

a. 3,5-二氯-4-氨基苯磺酰胺

$$H_2N-\bigcirc-SO_2-NH_2 + 2HCl + 2H_2O_2 \xrightarrow{\text{盐酸}} H_2N-\bigcirc-SO_2-NH_2 + 4H_2O$$

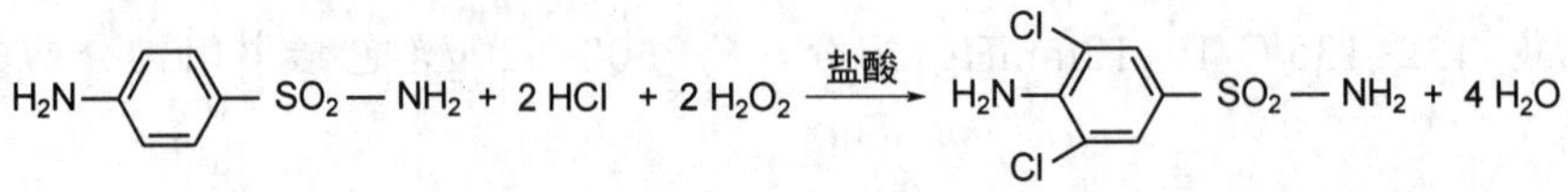

100L 开口反应罐中加入 30L 水及 35kg（20mol）4-氨基苯磺酰胺粉末，再加入 4.3kg 30%（35mol）工业盐酸，微热使溶，停止加热。搅拌下快速加入 46kg 30%（378mol）盐酸以析出细小结晶，控制 40~45℃搅拌下慢慢加入 5.5kg 27%~28%（43mol）双氧水（放热，一度升至 55℃），半小时可以加完，保温搅拌 1h，冷后滤出结晶，水洗，干燥后得 3.2kg（产率 66%）[3]，mp 196~201℃。

b. 水解

---

[1] 以上投料计算上要 24mol 氯气，为 537.6L，以 10mL/s 的速率通入至少 15h；此时氯的吸收已不是很好，或因大量 HCl 抑制 Cl₂的解离；或此时应以加热提高反应速率。

[2] 此间的 2h 肯定不够，以后应中控：取样、烘去溶剂，用 10%盐酸溶解干固物，溶去越多表示越不完全。

[3] 产率低的原因：或双氧水用量不足，应增加用量；或母液损失，可调节配比反复使用。

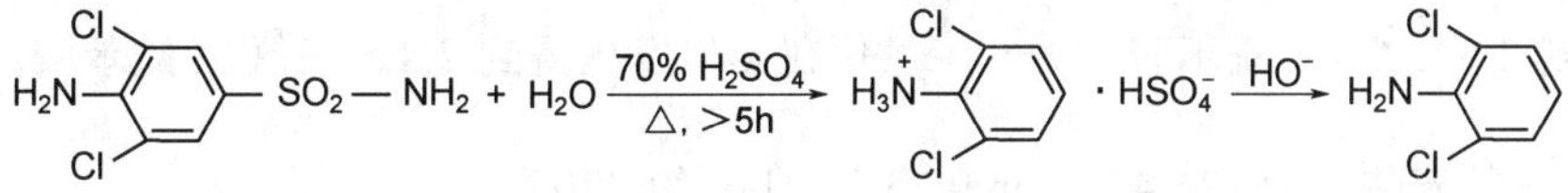

15L 烧瓶中加入 2.4kg（10mol）3,5-二氯-4-氨基苯磺酰胺及 10L 70% H_2SO_4，于加热套上加热回流 5h（中控终点），冷后倾入 50L 冷水中（水量应予减少），碱中和至 pH=3，水蒸气蒸馏，得 1.3kg（产率 80%）。

N,N-二甲基苯胺的"碱性"太强，它溴代的反应速率是苯溴代的 5×10^{18}，在酸性条件下溴代，以致来不及氧化，溴代已经完成，它的溴代，向 N,N-二甲基苯胺的乙酸溶液中加入液溴；或向 N,N-二甲基苯胺的过量氢溴酸溶液加入欠量的双氧水（放热），溴代 100%在 4 位发生；如果双氧水过量，进一步取代有位阻，氧化会很严重；双氧水欠量，有底物混入产品，仔细分馏得以分开。

4-溴-N,N-二甲基苯胺　　M 200.09，mp 55~58℃，bp 264℃。

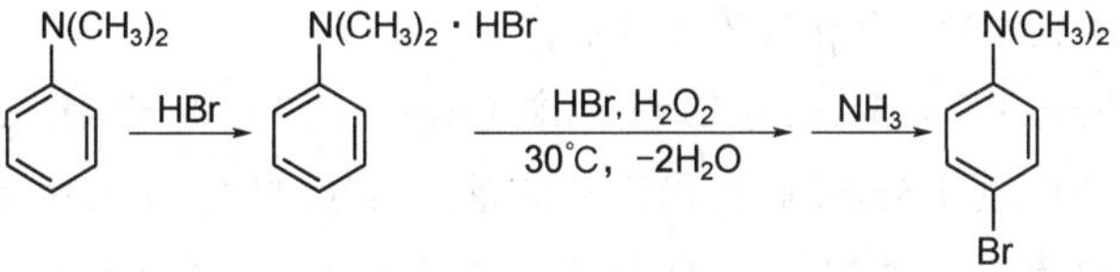

1L 三口烧瓶或烧杯中加入 121g（1mol）N,N-二甲基苯胺、200mL 水及 400g 24%（3.3mol）氢溴酸搅匀溶解，控制 30℃左右，搅拌着于 1h 慢慢加入 120g（27%~28%，0.95mol）双氧水（放热，一度升至 50℃），滴入双氧水的局部首先出现蓝色，随即消退至无色；稍冷，用 $NaHSO_3$ 处理掉最后的颜色；于 40℃以下用浓氨水中和至碱性，产物析出，冷后凝固，倾去水层；用热水洗后再凝固，减压分馏，收集 140~150℃/20mmHg 馏分，得 160g（产率 80%），mp 52~54℃，外观淡黄色（为残存 N,N-二甲基苯胺之故）；再减压分馏一次，头分很少，得稳定的白色产品。

酰化的氨基，"碱"性有较大削弱，如：2,4-二甲基-乙酰苯胺的卤代，酰氨基和两个甲基的定位指向是两个不同位置，酰氨基的定位指向只是稍强，必须以更温和的条件才能显示它的选择性——更低的反应温度、更多的溶剂，缓慢地通入氯气才依酰氨基的定位取向；否则会有相当多的甲基指向的氯代产物。

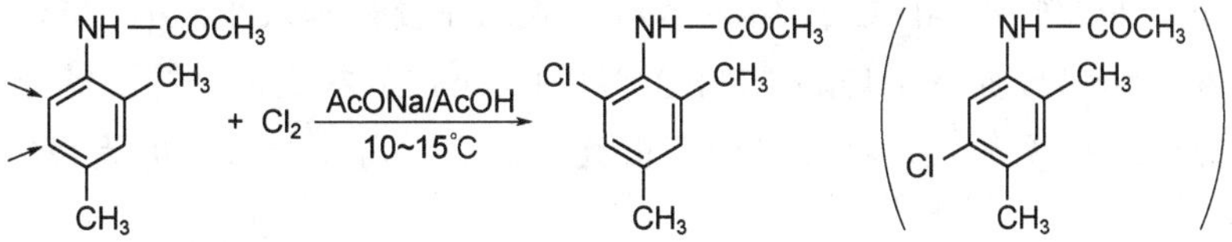

3-氯-乙酰苯胺的氯代中，3 位氯原子使乙酰氨基 2,4-位的活性降低；但氯的共轭性质却使 6 位的活性相对提高，与酰氨基对于 6 位的影响一致——6 位的活性是最高的。在乙酸中添加乙酸钠，使 X_2 异裂产生更强的卤化剂：$Cl_2 + CH_3COOH \rightarrow CH_3COOCl$。在 30℃以下氯化首先得到 2,5-二氯-乙酰苯胺，进一步氯化在 4 位发生得到 2,4,5-三氯-乙酰苯胺。

2,4,5-三氯苯胺　M 196.46，mp 96.5℃，bp 约 270℃。

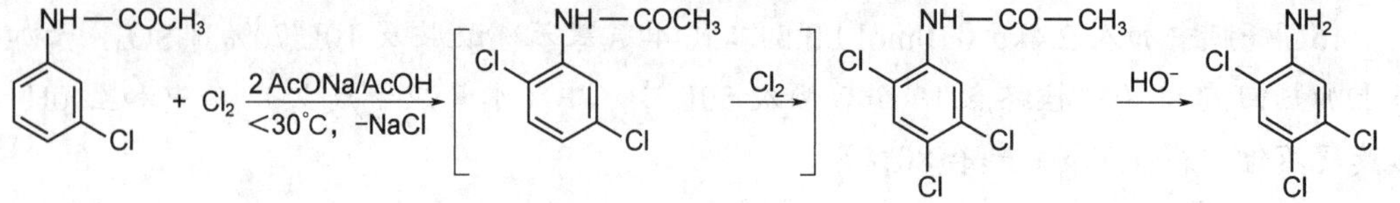

10L 三口烧瓶中加入 1.28kg（10mol）3-氯苯胺，搅拌下加入 1.4kg（12mol）工业乙酸酐（慢慢加入），最后于沸水浴加热 3h，冷后加入 7kg 冰乙酸，搅拌下慢慢加入 600g（5.6mol）工业碳酸钠；用冰水浴冷却控制 30℃ 以下通入氯气至饱和（烧瓶的空间充满了氯气，反应物变得很稠厚，在烧瓶壁上有冷却析出的结晶物；或应改用流水冷却，在 45℃ 反应），要快速搅拌以使它脱落；达到饱和后再通入 2h，放置过夜。次日通入空气以赶除多余的氯气，滤出结晶物[❶]，用热乙醇冲洗两次[❷]，再用热水洗去氯化钠，干燥后得 1.5~1.8kg；再用 10L/mg 乙醇共煮，趁热滤取结晶[❸]；最后用 4L/mg 乙醇煮洗一次，干燥后得 1.1~1.2kg（产物 50%）[❹]，mp 182~184℃。

水解：940g（4mol）2,4,5-三氯-乙酰苯胺（mp＞180℃）与 4L 乙醇加热至近沸，搅拌下慢慢加入 450g 40%（4.5mol）氢氧化钠溶液，至反应物为强碱性，半小时后以 50% 硫酸中和至 pH 8，回收乙醇（3L）重复使用，剩余物冰冷滤出结晶，水洗三次，干燥后得 600g（产率 70%），mp 92~94℃，应以稍高些的温度氯化，以使反应充分。

精制：减压蒸馏，收集 150~160℃/10~20mmHg 馏分。

另法：从 1,2,4-三氯苯硝化、还原。

4-溴苯胺　M 172.03，mp 66.4℃，bp 128℃/10mmHg，d^{100} 1.4970。

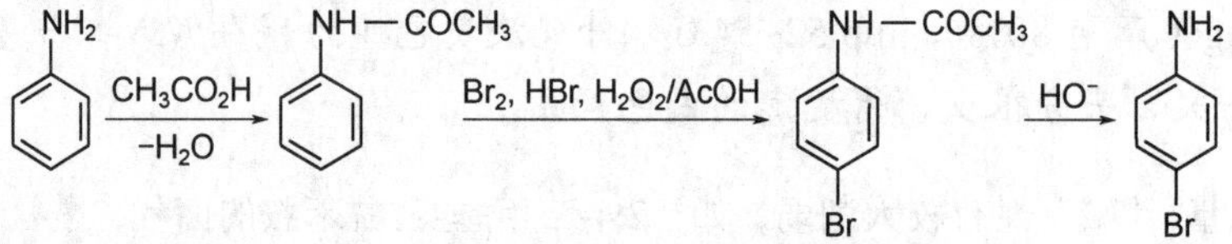

10L 三口烧瓶中加入 1.87kg（20mol）苯胺及 5L 冰乙酸，安装大于 60cm 长的填充分馏柱，加热分馏脱水，柱顶温度从 104℃ 于 5h 慢慢升至 115℃；反应物的液温升达 140~150℃（共脱出稀乙酸 1.6~1.8L），放冷至 100℃ 将蒸出的稀乙酸加回到反应物中。

搅拌及冷却下控制 40~45℃ 于 2h 左右从分液漏斗慢慢加入 1.6kg（10mol）液溴及 1L 冰乙酸的溶液，加完后再将 1.12kg 27%~30%（10.1mol）双氧水分为三等分，于 45℃、65℃、85℃ 分三次慢慢加入，将反应物倾出放冷，次日离心分离，用最初回收的稀乙酸

---

❶ 结晶物包括产物和氯化钠，补充乙酸重复使用，或蒸馏回收。

❷ 结晶物中有黏稠状油状物，先用乙醇洗掉后才能方便地用热水溶去氯化钠。

❸ 煮洗下来的乙醇溶液放冷至 42℃ 过滤，可回收到一些 2,4,5-三氯-乙酰苯胺；从最后的母液回收到 500g 2,5-二氯-乙酰苯胺。

❹ 产率低的原因是提前析出氯化不足的中间物。

冲洗[1]，得白色结晶（干）3.5kg（产率84%），mp 164~166℃。

水解[2]：以上全部冲洗过的4-溴乙酰苯胺与4kg 30%（30mol）氢氧化钠溶液在搅拌下加热回流8h，稍冷倾出放冷，油状物结固（上面水层补加700g氢氧化钠溶解后重复使用一次），结固的产物用水冲洗，得2.9kg。

精制：以上粗品风干后减压蒸馏，收集120~128℃/10mmHg馏分，得2.3kg（产率66%，按溴计）[3]，纯度99%，mp 60~62℃，外观无色。

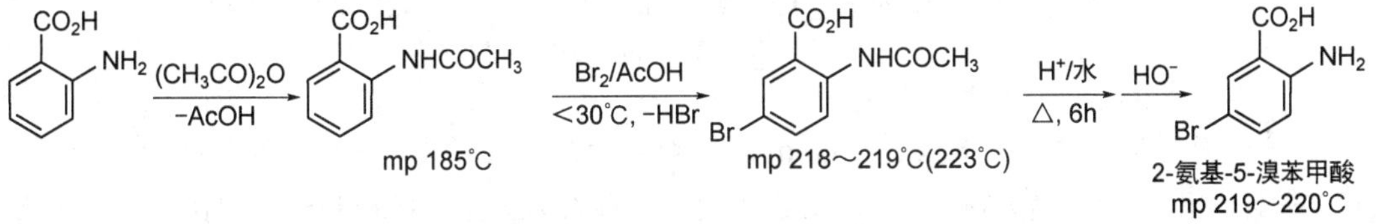

2-氨基-5-溴苯甲酸
mp 219~220℃

将粉碎的乙酰苯胺1mol悬浮在1.2~1.5L四氯化碳中，在15℃左右慢慢通入氯气，选择性地在2,6-位反应生成2,6-二氯-乙酰苯胺，通氯过程先是成融态物质，随即形成结晶（室外，有阳光可能会有自由基反应）。或当考虑2,4,5-三氯苯胺的氯化，并在乙酸溶液中及添加AcONa（见439页）。

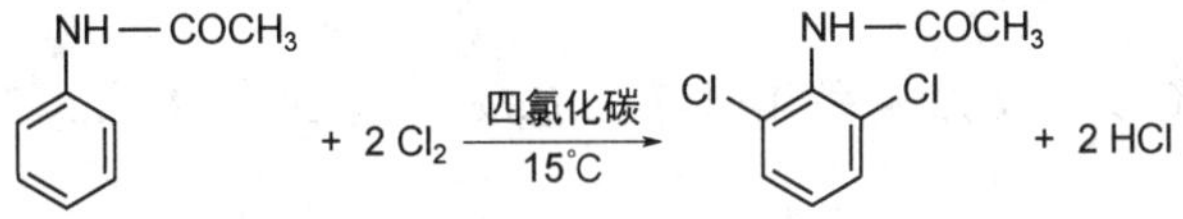

5. 酚的卤代

酚的羟基氧原子与苯环共轭，在苯环上非常容易完成亲电取代，可以直接使用卤素；其它卤化剂有：SO_2Cl_2、NaOCl；卤素和路易斯酸组合则是通过络合物形式的更强的卤化剂。

单独使用 SO_2Cl_2：

$$SO_2Cl_2 = Cl-SO_2-Cl \longrightarrow Cl\cdot + \cdot SO_2-Cl$$

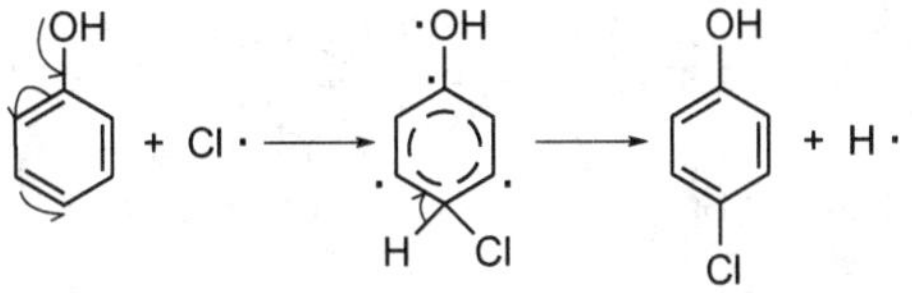

$$H\cdot + \cdot SO_2-Cl \longrightarrow HCl + SO_2$$

$$H\cdot + Cl-SO_2-Cl \longrightarrow HCl + SO_2 + Cl\cdot$$

---

❶ 分离结晶的母液共5.2kg，分馏脱水至102℃；收集柱顶102℃以后的1.7L用以冲洗4-溴-乙酰苯胺。剩余物约2.8L不必蒸出，当作乙酸用于下次合成。

❷ 另外的水解方法：可用计算量1.6倍的12%盐酸一起回流8h，用氨水调至碱性，冷后固化。

❸ 乙酸母液及蒸馏的头底未计入。

苯酚在 20~25℃慢慢加入计算量的 SO_2Cl_2，得到 65% 4-氯酚和 35% 2-氯酚的混合物，通过分馏和结晶分离它们；4-羟基苯甲酸乙酯在 90℃与 2mol 二氯硫酰反应，得到高产率的 3,5-二氯-4-羟基苯甲酸乙酯（应该用氯直接氯化）。

4-氯酚 M 128.56，mp 42℃，bp 217℃（219℃），d^{40} 1.2651，n_D^{40} 1.5579。

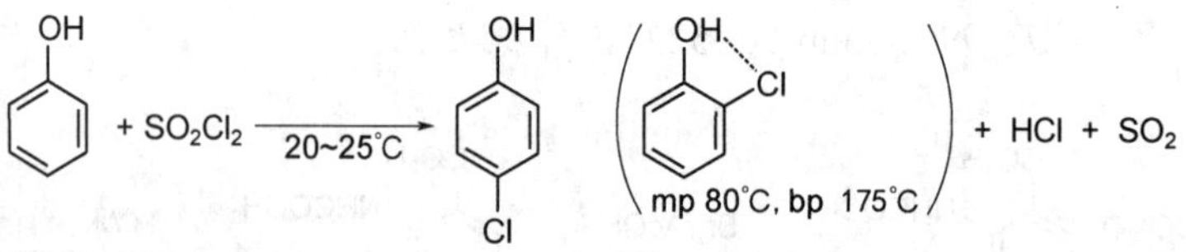

$0.5m^3$ 反应罐中加入 188kg（2kmol）苯酚，加热熔化后加入一些 2-氯化物以降低冰点，冷至 40℃，搅拌着加入约 3kg 二氯硫酰，立即反应放出 HCl 及 SO_2，HCl 用水吸收，SO_2 用碱吸收（中间有安全瓶以防回吸）。引发后，控制 20~25℃于 100h 左右慢慢加入 283kg（共 286kg，2.12kmol）二氯硫酰；加完后于 40℃搅拌 4h，再 50℃搅拌 4h，将反应物倒入大量冷水中充分搅拌，分取下面的油层，以无水氯化钙干燥过夜。

减压分馏，收集 100~105℃/20mmHg 馏分[❶]，得 120~130kg；再分馏一次，冷冻结晶，用棉离心机袋离心分离（产物对化纤织物溶融）即为成品，得 100kg（产率 40%）[❶]，fp 38~41℃。

从间乙酚在 15℃以下反应制得 4-氯-3-乙基酚，mp 50℃（见 512 页）。

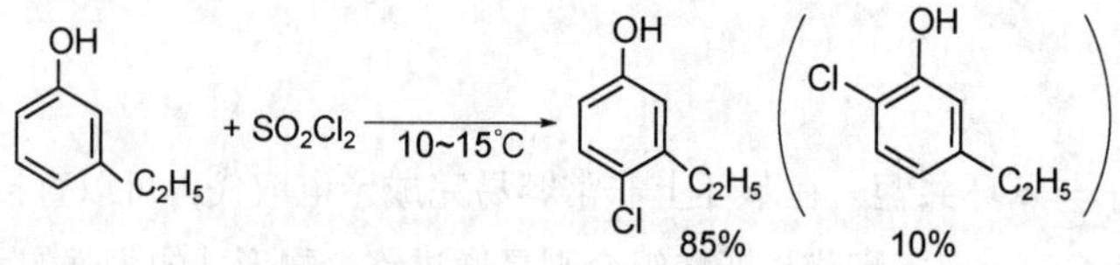

2,6-二氯酚 M 163.00，mp 65~67℃，bp 220℃。

a. 氯代——3,5-二氯-4-羟基苯甲酸乙酯（mp 116℃）

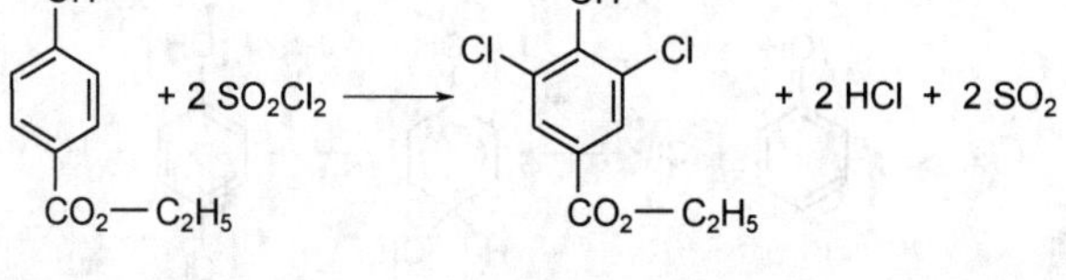

5L 三口烧瓶中加入 1.66kg（10mol）4-羟基苯甲酸乙酯，在沸水浴加热 1h（应在 120~125℃油浴加热使物料熔化），搅动几下，于 8~10h 慢慢加入 3kg（22mol）二氯硫酰（用沸水浴加热），放出大量 HCl 和 SO_2 从冷凝器上口导至水吸收，加完后保温搅拌 4h[❷]，稍冷、将反应物倾入大量冰水中充分搅拌，滤出，水洗，用 3L 70%乙醇重结晶，干燥后得 2kg（产率 85%），mp 109~117℃。

---

❶ 同样方法氯化时间可以缩短为 70h。2-氯酚（bp 175℃）容易和 4-氯酚通过分馏分离。产率低的原因是未能有效分馏和中间馏分的回收。

❷ 应延长保温时间或提高温度以使氯化完全。

b. 水解——3,5-二氯-4-羟基苯甲酸（mp 269℃）

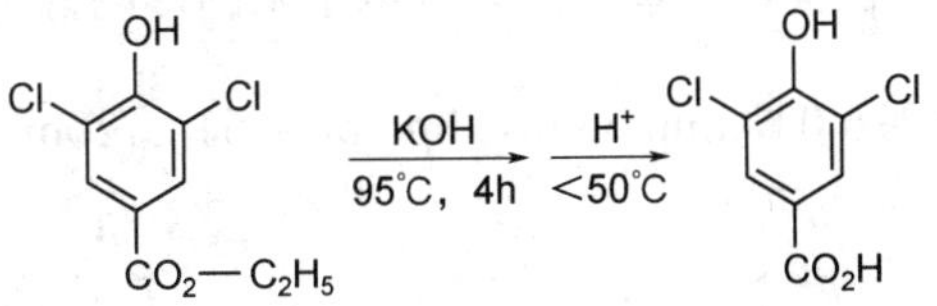

2 kg 以上粗酯与 3L 30% KOH 溶液在 95℃水浴上加热搅拌 4h，可水解完全，冷后以 30%盐酸酸化，滤出结晶，水洗，干燥后得 1.5kg（产率 92%），mp 265~268℃。

c. 脱羧

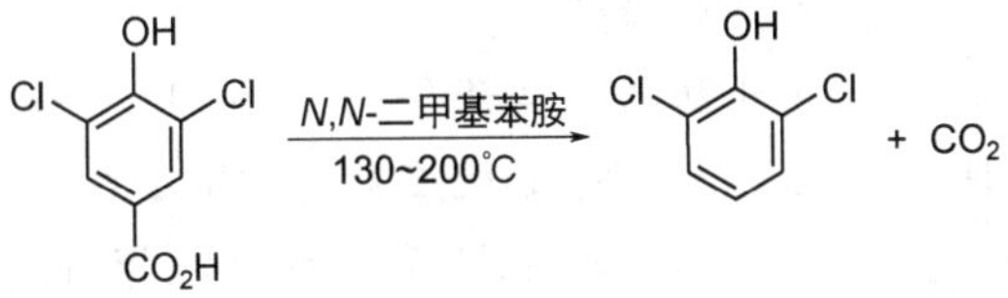

5L 三口烧瓶中加入 1.5kg（7.2mol）以上干燥的 3,5-二氯-4-羟基苯甲酸和 3L 新蒸的 N,N-二甲基苯胺（bp 193~194℃）摇匀，在回流冷凝器下加热溶解，至 130℃开始有 CO_2 放出，加热至 150℃放出大量 CO_2，最后在 200℃保温至无 CO_2 放出为止。冷后用浓盐酸酸化，用苯提取，提取液合并用稀盐酸洗两次，回收苯后的剩余物用石油醚重结晶，得 1kg（产率 85%；按起始原料计算产率为 61%），mp 64~67℃。

NaOCl（HOCl）、NaOBr（HOBr）依反应条件单独使用是酚类很好的卤化剂，次氯酸钠加入至酚钠水溶液中立即反应，在低温首先是邻位取代，过量的次氯酸钠会发生多卤代；与苯酚作用在碱性条件下可以在 2,4,6-位引入三个氯原子，再过量则引起氧化——反应物出现蓝紫色——此现象说明卤代进行得非常快。

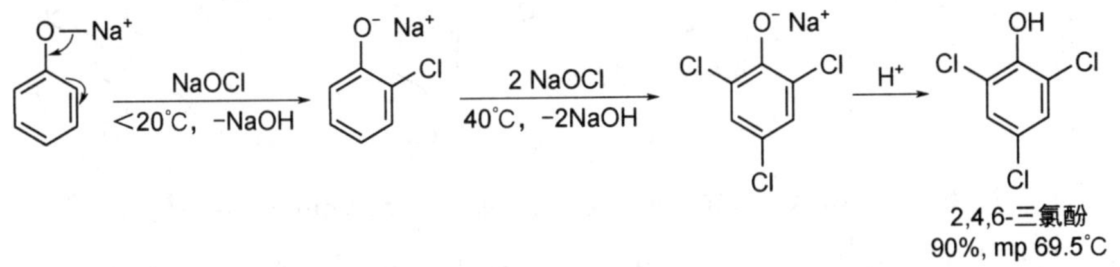

2,4,6-三氯酚
90%, mp 69.5℃

在催化剂作用下 $Br^+ \cdot AlCl_3Br^-$ 可完全卤代。

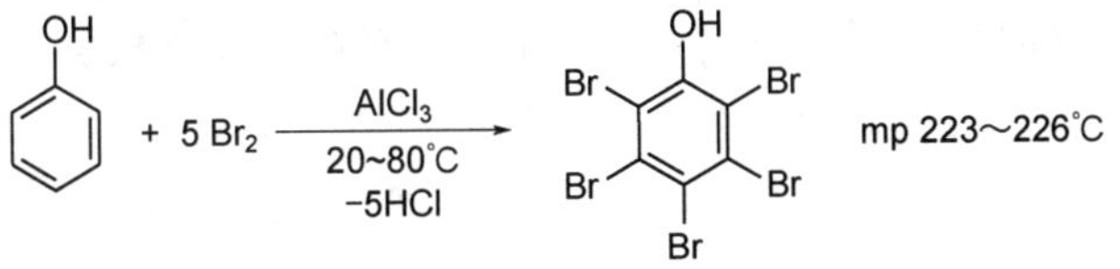

mp 223~226℃

6. 拉电子基影响的芳核卤代

拉电子基使在芳核上的亲电取代致钝，为此，要求反应条件：①物料无水；②较高的反应温度；③强力的催化剂——AlCl₃、铁/碘及较多的用量；④强极性溶剂；⑤特殊的、选用无

机卤化物如 $NaBrO_3$、$NaClO_3$、PCl_5、$SbCl_5$ 为卤化剂。以上条件可以互为增减调节。

底物分子中如果同时存在推电子基，则以推电子基的影响为主导。

2-溴-4-硝基甲苯　M 216.04，mp 78℃，bp 150~151℃/20mmHg。

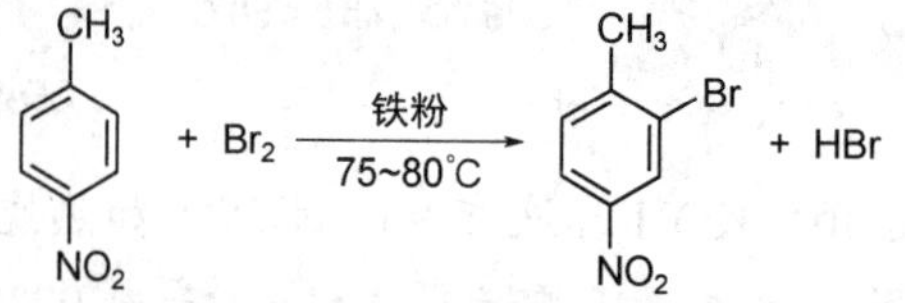

1L 三口烧瓶中加入 548g（4mol）4-硝基甲苯，安装机械搅拌、温度计、分液漏斗及回流冷凝器，上口接水吸收；用电热套加热。

向烧瓶物料中加入 10g 60 目铁粉，加热维持 75~80℃，搅拌着滴入 10mL（30g）无水液溴[1]，反应将有 HBr 开始放出，引发反应后于 4h 左右慢慢加入 640g（共 670g，4.2mol）无水液溴，加完后保温 1h，趁热将反应物倾入于 1kg 碎冰中充分搅拌、滤出结晶，水洗，亚硫酸钠水洗，再水洗。

精制：风干后溶于 200mL 乙醇中脱色过滤，冷后滤出，以 50%乙醇冲洗，风干，得 650g（产率 75%），mp 75~76℃。

下面，硝基的拉电子影响多氯代，使用多量的高强组合催化剂得以在较低温度快速进行，底物本身结构使卤代有较好的选择性。

其后，羟基取代、氯原子变双重拉电子的影响与亲核试剂 HO^-、CH_3O^- "加成消去"取代。

2,4-二氯-3-乙基-6-硝基酚　M 236.05，mp 50℃；易溶于甲醇及苯。

a. 氯代——2,3,6-三氯-4-硝基乙苯

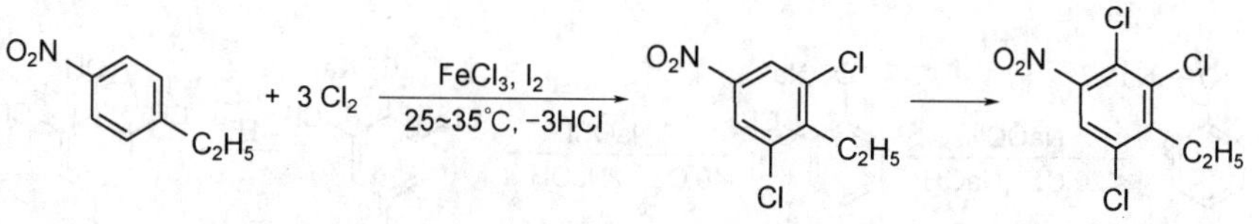

$0.5m^3$ 反应罐中加入 330kg（GC 纯度 92%~94%，约 2kmol）4-硝基乙苯[2]，开动搅拌，加入 18kg 无水 $FeCl_3$ 及 330g 碘，几分钟后开始通入氯气，反应放热，维持 25~35℃以 8~9kg/h 的速率通入氯气，总共通入 500~550kg（7~7.7kmol）氯气[2]，约 60h 可以完成（吸收很好）。在通入 480kg（6.77kmol）氯以后[2]，取样分析，达到标准即认为反应结束，停止通氯。检测标准（GC）：一氯物<2%；二氯物；目的产物>80%；四氯物<5%；尤其四氯物不可高出，它造成的副产物混入不易分离[3]。

---

❶ 液溴是用浓硫酸干燥过两次的，否则不反应，使用 $AlCl_3$ 作催化也不反应。

❷ 原料含乙苯6%，按五氯代计算耗氯。试验中用330g 94%(2.05mol)4-硝基乙苯,耗氯总量 $=N_1×3×71+N_0×5×71=502.7g=7.08mol$。实际增重246~250g，与计算增重很接近。式中 N_1 为4-硝基乙苯的物质的量，N_0 为乙苯的物质的量。

❸ 氢氧化钾/甲醇母液连续使用，所得粗品质量有下降，产物纯度（HPLC）：第一次 96.3%。第二次 93%；第三次 90%。纯度下降为遗留副产物产生的 2,4,5-三氯-3-乙基-6-硝基酚不被分离所致。

将以上氯化物移入 1m³ 反应罐中，加入 300L 水充分搅拌，分去水层；再温水洗（2×200L），用 NaHCO₃ 调节洗液 pH 6.5~7，深棕色的油状物变为棕黄色，得 540kg。

b. 氯的碱水解（羟基取代）——2,4-二氯-3-乙基-6-硝基酚

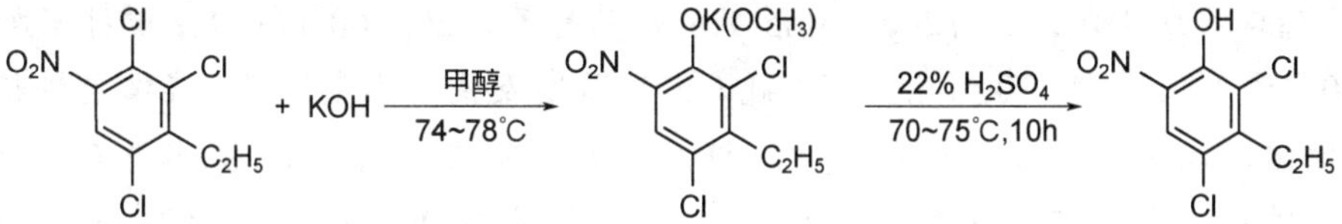

1m³ 反应罐中加入 100L 水、640kg 甲醇（配成 86% d 0.832 的含水甲醇），搅拌下加入 192kg 85%（2kmol）氢氧化钾，溶解后于 50℃ 左右加入 110kg GC 含量＞80%（约 350mol）以上氯化物 2,3,6-三氯-4-硝基乙苯，慢慢加热升温使回流（74~78℃）4h（未见突发反应），冷至 30℃ 以下离心分离出橘红色钾盐结晶❶，以 60L 甲醇冲洗（洗液并入母液）得钾盐湿品 120kg（析干 90kg）。

母液及洗液合并，补充 40kg 85% KOH 重复使用，可再重复使用一次（共 3 次）❶，以后回收甲醇至气温 80℃，共收集到含水甲醇 800kg，d 0.813，体积分数 93%。

以上 540kg 氯化物做下来要五次，共得钾盐湿品 580kg（析干 440kg）。

酸化：2m³ 反应罐中加入 700L 水，搅拌下加入 175kg 浓硫酸，加入上面全部羟基取代所得"钾盐"湿品 580kg（析干 440 kg），加热维持 70~75℃ 搅拌 10h❷，过程中，橘红色结晶很快变为红棕色的油泥状，又慢慢变为泥浆状，最后成为黄棕色的油状物；冷至 45℃ 分取下面油层，水洗 3 次，得 330kg 纯度（HPLC）93%❶（产率 65%，按 4-硝基乙苯计）。

精制：用 2.5 mL/g 甲醇重结晶，在 0℃ 分离，冷甲醇冲洗，风干得 210kg。

另法（见 512 页）：

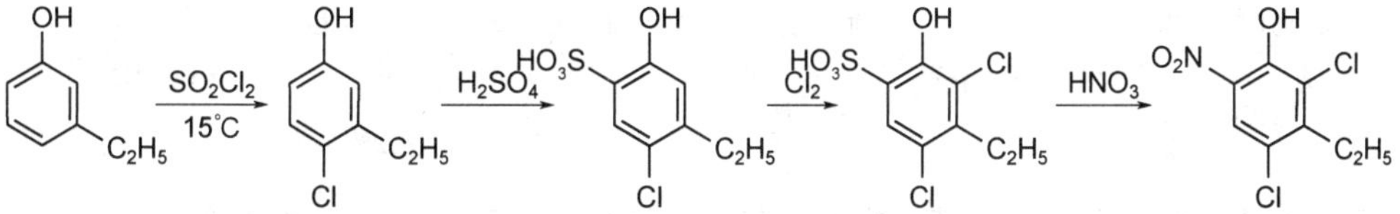

又：

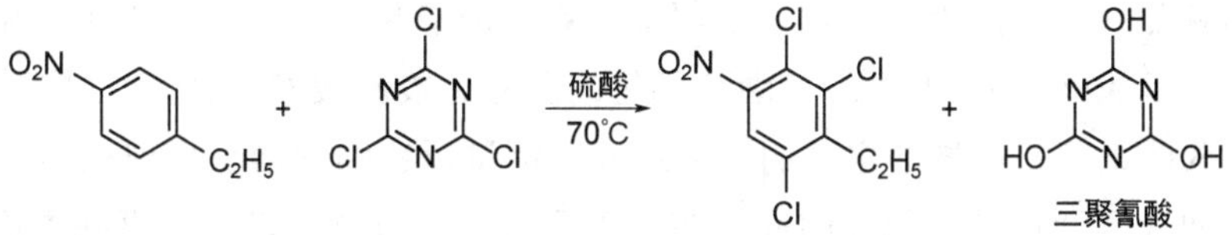

3-氯-4-氟-硝基苯 M 175.54，mp 41.5℃（44~47℃），bp 227~232℃。

---

❶ 氢氧化钾/甲醇母液连续使用，所得粗品质量有下降，产物纯度（HPLC）：第一次 96.3%；第二次 93%；第三次 90%。纯度下降为遗留副产物产生的 2,4,5-三氯-3-乙基-6-硝基酚不被分离所致。

❷ "钾盐"中有甲氧基取代物起包裹的作用，必待醚键分解开以后其酸化才得以完全，搅拌得好也要至少 6h 才基本完全，任何红色都表示未酸化完全。

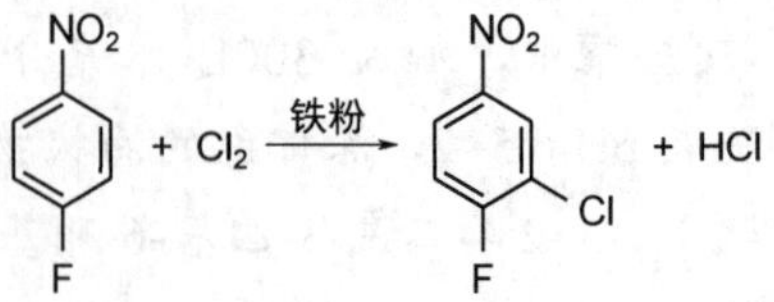

1L 三口烧瓶中加入 1.12kg（8mol）4-氟硝基苯、20g 60目铁粉，搅拌下加热维持 130~140℃通入使增重280g（8.1mol）氯（更高温度吸收仍不是很好，应增重铁粉用量或增加碘催化，或使用干法 $FeCl_3$），冷至 80℃左右将反应物倾入 1L 温水中充分搅拌，用滤布滤除铁粉，冷至 5℃左右滤取结晶物；加热熔化再放冷至室温，倾去未结晶的油状物及分出的水层，得 1.1kg（产率 78%）。

3-溴-硝基苯　M 202.01 mp 56℃，bp 265℃，d^{20} 1.7036，n_D^{20} 1.5979。

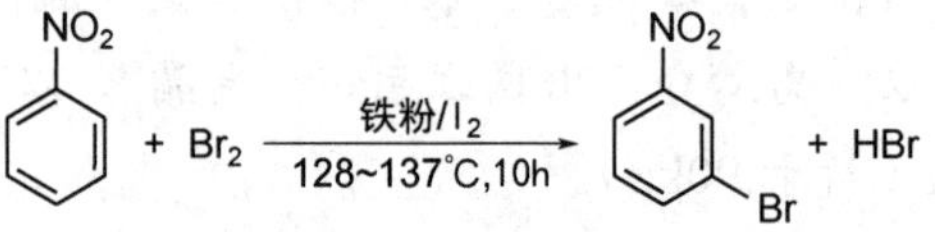

0.5L 三口烧瓶中加入 246g（2mol）硝基苯、3g 60目铁粉及 0.1g 碘，搅拌下控制 128~137℃于 10h 左右滴入 352g（2.2mol）无水溴[1]，加完后保温搅拌 3h，冷后加入至 300mL 水中，中和至 pH 4~5，油层用 10%海波洗，水洗，得 240~260g，以无水硫酸钠干燥后减压分馏，收集 125~135℃/10mmHg 馏分，得 170~180g（产率 40%），冷后凝固。

对于芳香羧酸、芳香磺酸芳核上的卤代，常使用它们的酰氯进行，以便于卤化及后续的处理，如：

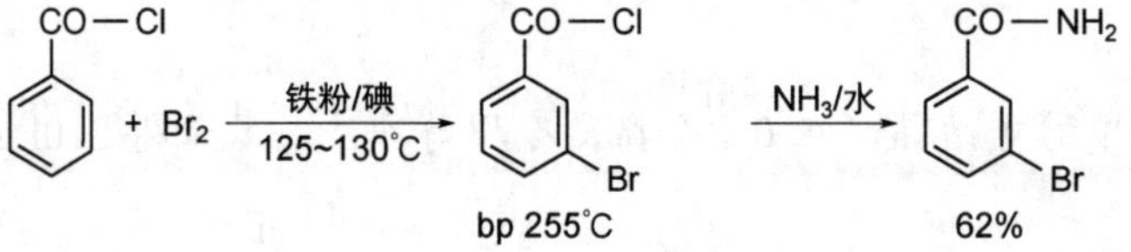

（见 356 页）

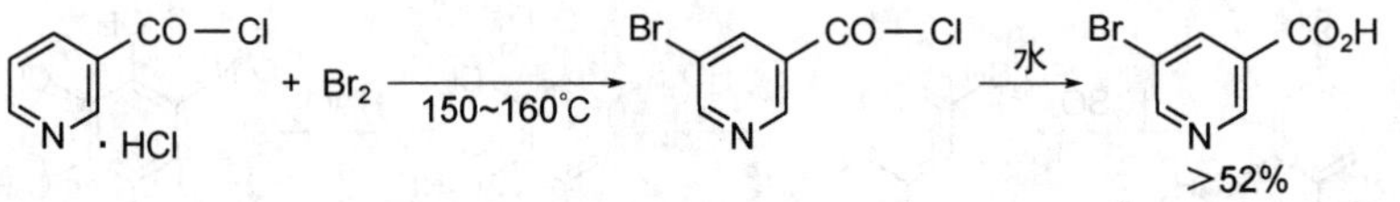

（见 825 页）

苯二甲酸酐有两个拉电子基，它的氯代使用铁粉及碘配合使用，是有效的催化剂；单独使用干法 $FeCl_3$、碘或铁粉均未得成功。

铁粉和碘配合使用的催化剂可以使邻苯二甲酸酐氯化，首先生成邻苯二甲酰氯，然后生成四氯苯二甲酸酐（mp 260℃）；继续氯化的反应是羧基被 Cl 取代，生成六氯代苯（mp 229℃）。生成四氯苯二甲酸酐之前的氯化过程中测试反应物的熔点出现在 74℃左右的最低熔点，通过通入氯计算是一氯代的混合物；以后氯化反应物的熔点一直在提高，直至生四氯苯二甲酸酐，之后进一步氯代生成六氯代苯（见图 10-4）。

---

[1] 硝基苯溴化的反应速率仅为苯的 1.8×10^{-6}，反应中有溴的回流而多量溴被 HBr 吹走损失，应增加铁粉用量或使用干法 $FeCl_3$ 18g 及 0.5g 碘配合使用。

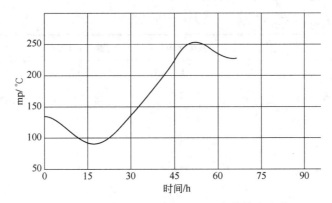

图 10-4　邻苯二甲酸酐氯化过程中的熔点变化

氯代-*o*-苯二甲酸酐

2L 三口烧瓶安装插底的通气管、温度计、回流冷凝器、气体导出管接水吸收。

烧瓶中加入 900g（6mol）优质 *o*-苯二甲酸酐，加热熔化后加入 15g 60 目细铁粉及 1g 碘作催化剂，搅拌下加热维持 150~160℃以 3mL/s 的速率通入干燥的氯气直至增重 610 ~ 630g（17.2 ~ 17.7mol），约 15h 可以完成❶，此时反应物熔点约 74℃❷。

放冷至 90℃左右加入 1.6L 热水中（分层）搅拌下加热至沸，酸酐水解成均一溶液，脱色过滤、放置过夜。次日滤出结晶，冷水洗，干燥后得 140g 分离的首次结晶，mp 179~188℃（3-位取代物水溶解度小，可用热水重结晶）。

母液加热至沸，趁热加入 120mL 浓盐酸搅匀，静置过夜，次日滤出结晶以 3% 盐酸浸洗一次，得湿品 380g（干燥后 300g），mp137~147℃，为分离的第二次结晶❸。

另法：3-氯代按以下方法取代。

2L 三口烧瓶中加入 600g（4mol）*o*-苯二甲酸酐及 80mL 氯磺酸，加热熔化，搅拌下加入 20g 铁粉及 1g 碘，维持 150~160℃以 2mL/s 的速率通入氯气，约 14h 增重 131g（3.8mol）氯；冷至 80℃加入 2.4L 热水中，搅拌使溶，脱色过滤，放置过夜；次日滤出结晶，得湿品 500g，mp 176~188℃，用 260mL 热水重结晶，得 260g。

---

❶ 反应中氯的吸收不是很好，约 20% Cl_2 没有被吸收进入反应，应增加催化剂用量为 30g 铁粉及 2g 碘，并提高反应温度。

❷ 增加催化剂用量，不断调节反应温度一直氯化下去生成四氯-*o*-苯二甲酸酐，至六氯代苯。

❸ 此熔点更接近 4-氯-*o*-苯二甲酸，做水重结晶处理。

有关氯化物的熔点如下：

羧酸	羧酸 mp/℃	酸酐 mp/℃	bp/℃
o-苯二甲酸	231（快），211	131.6	295
3-氯-o-苯二甲酸	186~187℃	124~125	—
4-氯-o-苯二甲酸	155~157	98	295
3,4-二氯-o-苯二甲酸	195	121	329
3,5-二氯-o-苯二甲酸	164	89	—
3,6-二氯-o-苯二甲酸	100（分解）	194.5	339
四氯-o-苯二甲酸		275	

在使用 100%（或 98%）硫酸作溶剂，浓硫酸可以使几乎所有极性底物溶剂化，使反应在较低温度就完成第二类取代基影响的芳核上卤代，氯气和硫酸按下式生成 $Cl—SO_2—O—Cl$（和 $H_2SO_4·H_2O$），它的氯化反应速率是 Cl_2 的 10^5 倍，反应产生的氯磺酸随即被 $H_2SO_4·H_2O$ 分解放出 HCl，硫酸作为助剂不被消耗。如下式：

$$Cl_2 + 2H_2SO_4 \xrightarrow{硫酸} Cl—SO_2—OCl + H_2SO_4·H_2O$$

$$Ar—H + Cl—SO_2—O—Cl \longrightarrow Ar—Cl + Cl—SO_3H$$

$$Cl—SO_3H + H_2SO_4·H_2O \longrightarrow HCl + 2H_2SO_4$$

总反应式：
$$Ar—H + Cl_2 \longrightarrow Ar—Cl + HCl$$

3-溴苯磺酰氯 M 255.52，mp 31~33℃，bp 300℃，164℃/14mmHg。

0.5L 三口烧瓶中加入 100mL 100% H_2SO_4 和 352g（2mol）苯磺酰氯（bp 252℃），搅拌下维持 80℃±2℃于 8h 左右滴入 320g（2mol）无水液溴，加溴不久即开始放出 HBr（夹带少量溴）导至水吸收，加完保温搅拌半小时，在 90℃、100℃、110℃、120℃各保温搅拌半小时，至很少 HBr 放出；冷后倾入 800mL 冷水中，搅拌下加入约 5g 亚硫酸氢钠还原未反应的状态，1h 后滤除白色沉降物。滤液加热至 70℃搅拌下加入 200g 细盐使基本溶解，趁热小心倾入另一烧杯中（剩下未溶的盐结晶），冷后滤取钠盐结晶，以 10% 氯化钠浸洗两次，甲醇冲洗，在 110℃烘干，得油状物 3-溴苯磺酸钠 330g（产率 64%）。以下制成磺酰氯的方法参见 474 页甲苯-3,4-二磺酰氯。

在过量发烟硫酸中的卤代，首先是 $X—SO_2—O—X$ 的卤代，其后是卤磺酸在高温的卤代。

$$X_2 + SO_3 \longrightarrow X—SO_2—O—X \xrightarrow{Ar—H} Ar—X + X—SO_3H$$

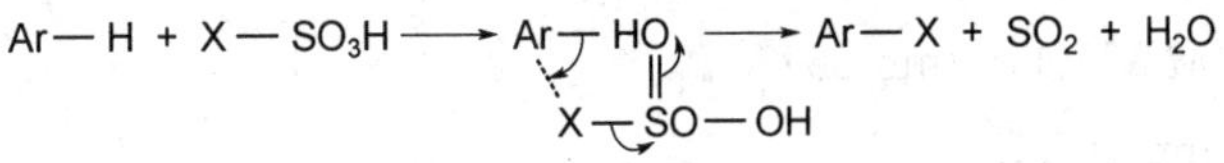

$$SO_3 + H_2O \longrightarrow H_2SO_4$$

总反应式：$2\,Ar-H + X_2 + 2\,SO_3 \longrightarrow 2\,Ar-X + SO_2 + H_2SO_4$

四碘-*o*-苯二甲酸酐　M 651.70。

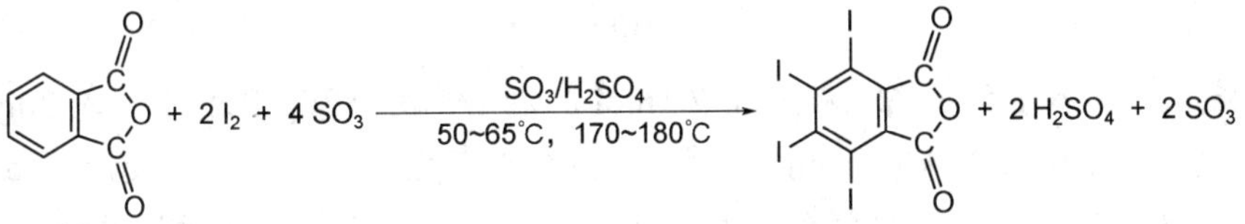

2L 三口烧瓶配置机械搅拌、温度计、回流冷凝器及上口接碱水吸收、电热套。

烧瓶中加入 148g（1mol）粉状苯二甲酸酐，600mL 60% SO_3（8mol SO_3）发烟硫酸，搅拌下加入 324g 碘，加热维持 40~50℃使碘进入反应，升温至 65℃然后冷却；加入 164g 碘，加热至 65℃使作用完全；再加入 54g 碘（共 542g，2.1mol），作用完后，除去冷凝水，加热赶除多余的 SO_3 和碘用发烟硫酸吸收；最后加热至 170~180℃保温 2h，稍冷，倾入烧杯中封盖好放置过夜。次日滤出结晶用浓硫酸浸洗，滤干燥后用冰水洗三次，用冰冷的亚硫酸氢钠溶液洗，再冰水洗，用丙酮洗三次，于 90℃烘干，得 520~535g（产率 80%~82%），mp 327~328℃。

其它卤化剂：如 $NaClO_3$/浓盐酸、$NaBrO_3$/40%H_2SO_4 的使用如下所示。

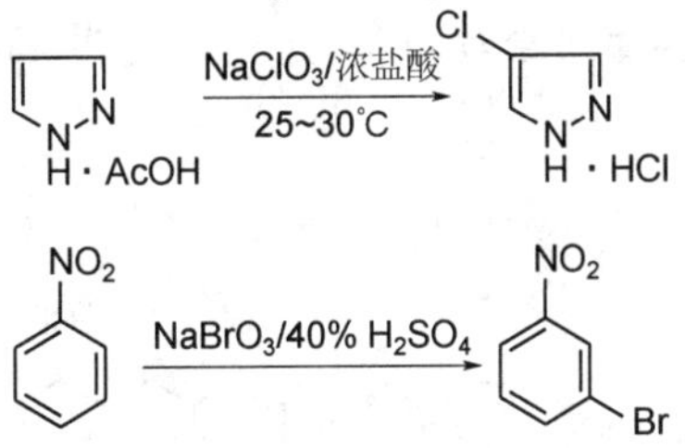

三、磺酸基、酚羟基、羧基的亲核卤代

1. 磺酸基的卤取代

蒽醌的直接 α-卤代有许多不便。下面方法简便可行：蒽醌-α-磺酸盐在稀盐酸溶液或悬浮液在近于沸点的温度慢慢加入 $NaClO_3$ 饱和溶液，磺酸基被氯取代，反应缓和；依磺酸钠的质量能得到很好的质量和产率。蒽醌二磺酸钠（钾）的氯代要更长的反应时间；第一个磺酸盐的取代比第二个磺酸基的被取代要困难许多，很少不完全取代中间物，产率低的原因多是由磺酸盐不纯、氯酸盐不足或反应时间过短造成的。

反应过程中有一些氯逸出，较高浓度的氯在氯化条件有 ClO 爆炸性气体产生。有以下事实：在 $0.2m^3$ 反应罐中的反应，开始加入氯酸钠不久，用作导出氯的玻璃接管脱落、碰到玻璃冷凝器，外管炸裂；查找原因时用第二个接管去碰另一支冷凝器，发生了同样的爆裂，故此移至室外用开口反应罐进行——以引风吹至碱性液面吸收。

1,5-二氯蒽醌　*M* 277.11，mp 251℃。

1,8-二氯蒽醌　mp 202℃。

a. 磺化[1]

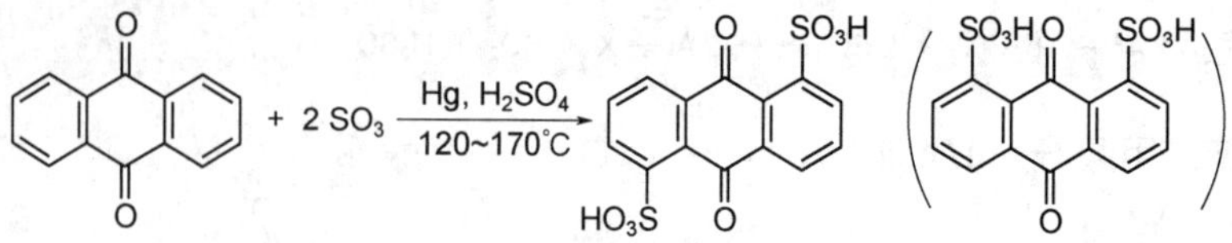

10L 烧瓶中加入 8.5kg（20% SO₃，2.1mol）发烟硫酸和 30g 硫酸汞（或 20g 汞），搅拌下加热使溶，再加入 2.1kg（10mol）蒽醌，搅匀后于电热套上加热，慢慢升温至 120℃保温 4h，再 150℃保温 4h；取样能完全溶于水后再 170℃保温 4h（过快升温会使红色氯化产物增加，汞盐对于氧化有催化，以及 SO₃ 损失），冷后加入至 1kg 碎冰中搅匀（应予过滤），放置过夜。次日滤出含结晶水的萘醌-1,5-二磺酸，以 75%硫酸浸洗两次，每次都要滤尽洗液（洗液与滤液合并分离蒽醌-1,8-二磺酸钾）。

为了得到 1,5-二磺酸可用盐酸重结晶；为了得到钠盐将以上粗品溶于 3L 热水中脱色过滤，以 5L 饱和食盐水析出，冷后滤出，以 10%盐水洗两次，干燥后得 1.34kg（产率 34%）。

分离出蒽醌-1,5-二磺酸的母液及洗液合并，冷却及搅拌下慢慢加入 2.4L 溶解氯化钾的饱和溶液，放出大量 HCl 并放热升温至 90℃（应选用其它钾盐以于操作），放冷至 50℃滤出蒽醌-1,8-二磺酸钾（母液放冷，回收的钾盐单独处理），以 10%氯化钾溶液洗两次，基本上洗去了红色物质（尽量滤除母液），干燥后得蒽醌-1,8-二磺酸钾 700~770g（产率 16%~17.4%）。

b. 1,8-二氯蒽醌

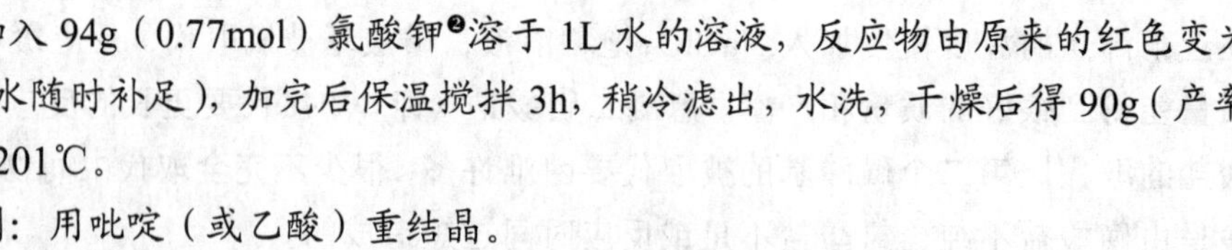

5L 烧杯中加入 270g（0.66mol）蒽醌-1,8-二磺酸钾、1.5L 水、360mL 30%工业盐酸，搅拌加热至 96℃（蒽醌-1,8-二磺酸钾并未溶解），维持 96~98℃，搅拌着于 20h 左右慢慢地均匀加入 94g（0.77mol）氯酸钾[2]溶于 1L 水的溶液，反应物由原来的红色变为鲜红色（蒸发的水随时补足），加完后保温搅拌 3h，稍冷滤出，水洗，干燥后得 90g（产率 83%），mp 194~201℃。

精制：用吡啶（或乙酸）重结晶。

c. 1,5-二氯蒽醌

---

❶ 对比同量、同法无汞催化的磺化：是将反应物倾入 20L 水中，加入 3kg 食盐，分出 2,6-取代；其后又加 2kg 食盐，分取 2,7-取代物；以 NaBrO₃ 氧化之除去颜色杂质。

❷ 氯酸钾用量应增至 1.4mol。

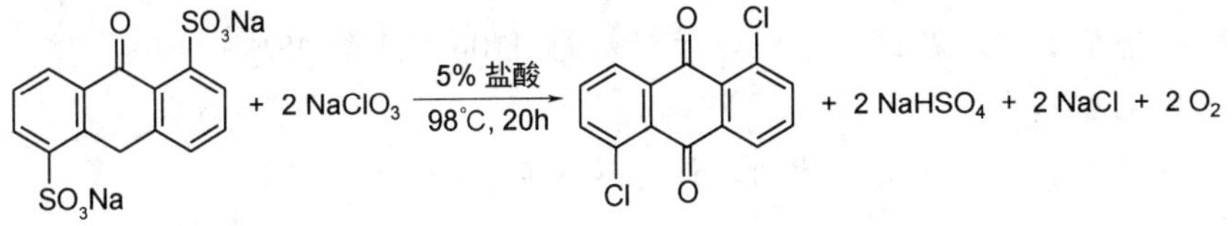

100L 容积的高体开口反应罐中加入 35L 水、4.5kg（10mol）蒽醌-1,5-二磺酸钠，再加入 7L 30% 工业盐酸（66mol），搅拌下加热维持 96~98℃ 于 20h 左右慢慢加入 1.7kg（16mol）氯酸钠溶于 17L 水的溶液（应增至 21mol），蒸发的水随时补足，加完后再保温搅拌 3h；稍冷滤出，水洗，干燥后得 1.8kg（产率 81%），mp 240~241℃。

精制：用吡啶重结晶，mp 248~251℃。

1-氯蒽醌　M 242.45，mp 162℃；可升华，溶于冰醋酸。

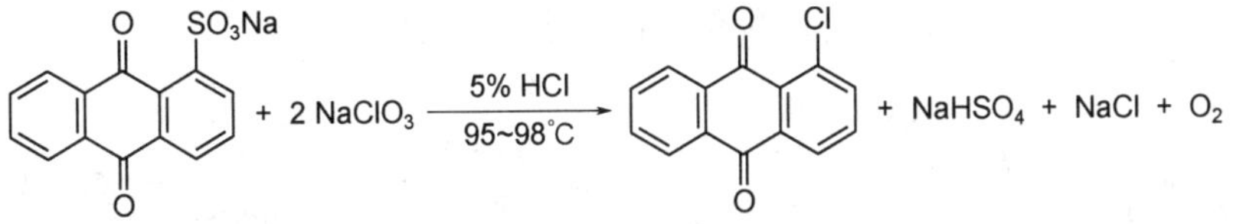

5L 热水中加入 660g（2mol）一水合蒽醌-1-磺酸钠，加入 850mL 30%（8mol）工业盐酸，搅拌下加热维持 95~98℃，于 6h 左右慢慢加入 260g（2.44mol）氯酸钠溶于 2.5L 热水的溶液，加完后再保温搅拌 2h（蒸发的水随时补足），趁热滤出结晶，以热水洗两次，干燥后得 473g（产率 97%），mp 159~160℃。

2. 酚（醇）及氮杂环羟基的卤代

受拉电子的影响，酚羟基有比较强的酸性；又如：叮啶酮的烯醇化、吡啶 2 位或 4 位的羟基，它们相似于亚胺酸，与 $SOCl_2$、$POCl_3$ 或 PCl_5 共热，羟基被氯原子取代，取代后的产物氯原子也很活泼，相似于酰氯，容易被其它亲核试剂取代或水解，亦如：三硝基酚，其为相当强的羧酸，也称苦味酸；氯化后的三硝基氯苯，其氯原子也非常活泼，也称苦味酰氯。

2,4,6-三硝基氯苯（苦味酰氯）　M 247.55，mp 83℃，d^{20} 1.799；黄色针状晶体。

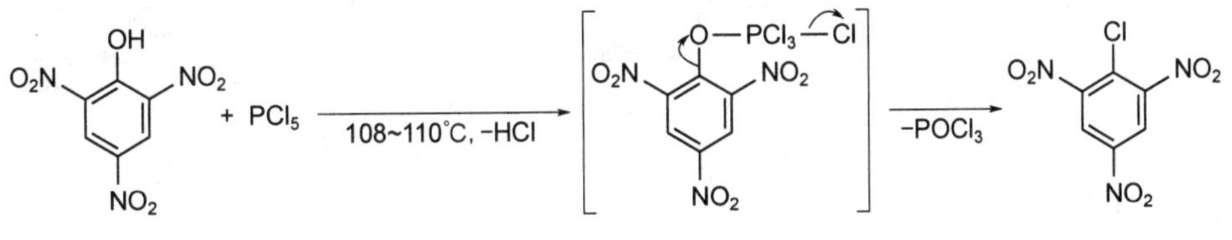

2L 烧瓶中加入 100g 苦味酸及 100g 五氯化磷，混匀后在冷凝器下于沸水浴上加热（使用水浴便于加热和控制反应温度），加热半小时后有部分反应熔化（或先加入几毫升 $POCl_3$）很快全部熔化成橘黄色液体，反应放热沸腾而回流；待反应缓和后再向反应物中加入 70g 苦味酸及 70g 五氯化磷，又开始反应，放热而回流；按如上比例共加入 400g（1.75mol）苦味酸和 400g（1.92mol）五氯化磷；加完后再沸水浴上保温 2h。水浴加热用水泵减压回收 $POCl_3$ 至不出为止（回收到 200~220g），稍冷，将剩余物加入搅动着的碎

冰中，充分搅拌半小时，滤出、水洗，干燥后得 410g（产率 95%）。

精制：用无水苯重结晶。

以下反应采用 POCl₃ 作氯化试剂，详见 853 页：

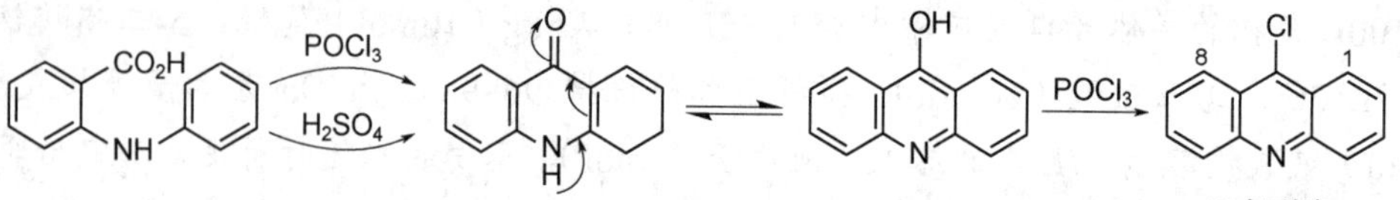

9-氯吖啶
80%, mp 122℃

5-氰基-2-羟基吡啶有如酮-酚（醇）的互变异构，在质子溶剂中与酮式有氢键络合，不发生质子移变的酮-醇异构，则不能被卤代；使用甲苯作溶剂，以无可移变氢的强极性物质 DMF 引发转变成酚（醇）得以被氯化，被甲苯提取（见 830 页）。

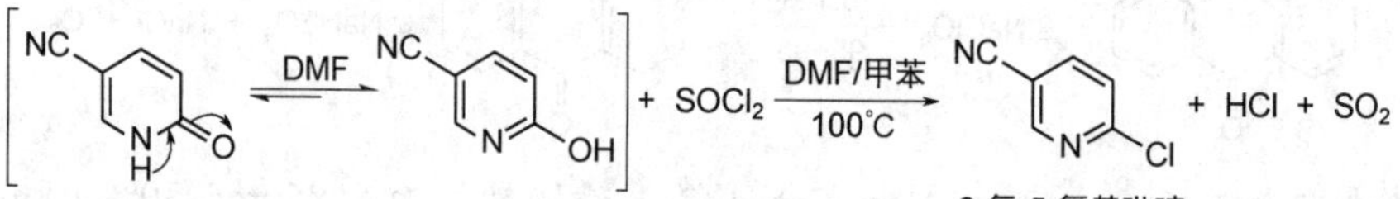

2-氯-5-氰基吡啶
89%, mp 117℃

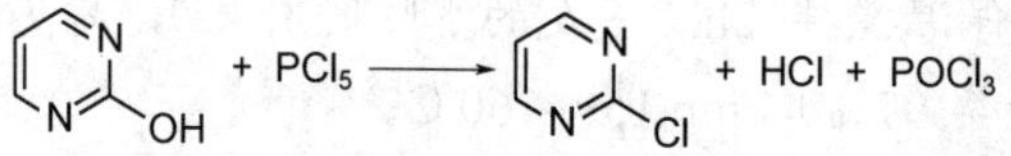

季鳞盐卤化物(C₆H₅)₃P⁺Br·Br⁻、(C₆H₅O)₃P⁺Br·Br⁻、(C₆H₅O)P⁺CH₃·I⁻是有效的卤化剂，反应是 S_N2 历程的亲核取代，添加缚酸剂 DMF 以保持反应物的弱碱性，反应不涉及酸及碳正离子，不发生消去和重排（见 164 页）。

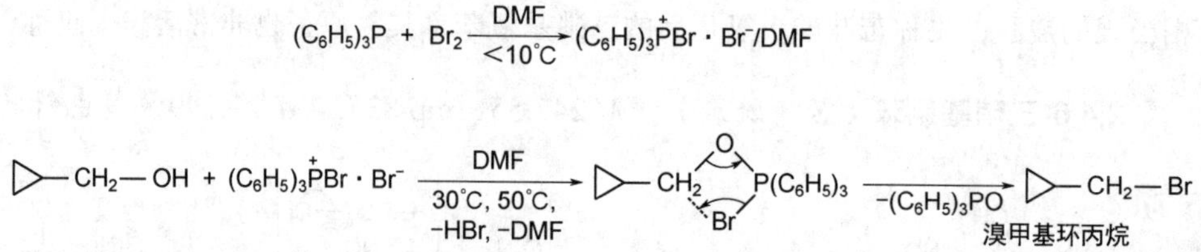

$$(C_6H_5)_3P + Br_2 \xrightarrow[<10℃]{DMF} (C_6H_5)_3\overset{+}{P}Br·Br^-/DMF$$

溴甲基环丙烷
75%

又（见 401 页）：

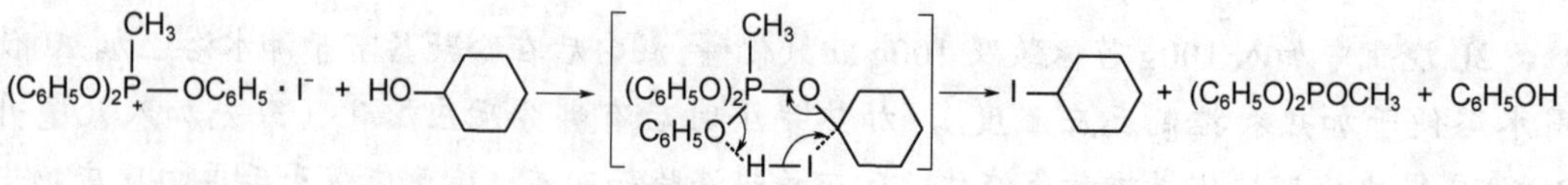

碘代环己烷

3. 羧基的氯代——六氯代苯（见 446 页）

第四节　氮、氧的氯化物和溴化物

有机N、O卤化物的合成多有次卤酸盐制备过程；虽然在设备中，初始及最后阶段容易构成酸条件，较高浓度的HOX是危险的，HOCl、HOBr、HOI的操作都发生过不严重的爆炸。又如：X_2和C_6以下的简单醇（C_6以上的烷基有屏蔽作用）的直接作用为次卤酸酯；用HX脱去（磷酸酯）酯基的卤代反应中，在CH_3I、n-C_4H_9Br的合成中，加入X_2的初始阶段常发生（几乎每次）燃爆，爆炸以后可正常继续反应，以后较大生产才改成的条件。

简单的有机N、O的氯化物和溴化物在推电子影响下都不稳定，一般都要求充氮、避光及冷藏。拉电子影响的NBS试剂尚属稳定［溴代琥珀酰亚胺生产中，离心脱水后取出，抖动离心机袋（化纤织物）曾静电引发粉尘爆炸性分解］。自由基引发按下式分解用于不饱和键相邻位置的卤代。

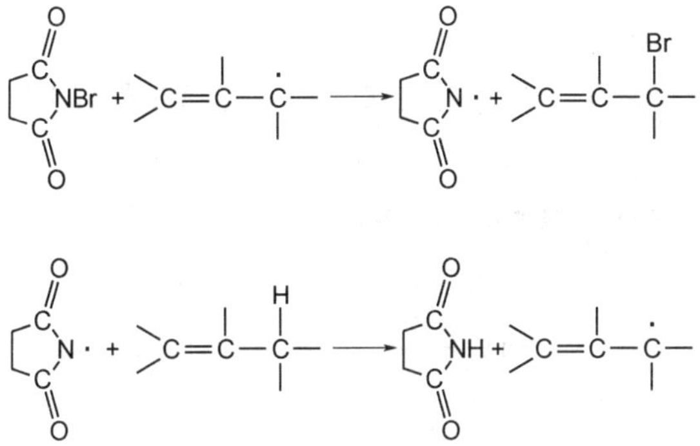

N-溴代乙酰胺　*M* 137.97。

$$CH_3-\overset{O}{\overset{\|}{C}}-NH_2 + Br_2 + KOH \xrightarrow[0\sim5^\circ C]{} CH_3-\overset{O}{\overset{\|}{C}}-NH-Br + KBr + H_2O$$

0.5L三口烧瓶中加入20g（0.35mol）乙酰胺及54g（0.34mol）液溴，保持0~5℃，搅拌着慢慢滴入33~34mL 50%（约0.45mol）氢氧化钾溶液至反应颜色退至浅黄色，得到近于固化的反应混合物，搅动下保温2h，向反应物中加入200mL氯仿及40g食盐，搅动下在水浴几分钟以作提取，倾去氯仿层；再用氯仿提取200mL、150mL、100mL，提取液合并，干燥后滤清，慢慢加入550mL己烷，立即析出结晶，冰冷后滤出，石油醚洗，风干得19~24g（产率41%~51%），mp 102~105℃，纯度＞98%。

分析：准确称取0.2g样品，加入30mL水和1g KI酸化后，以标准$Na_2S_2O_3$液滴定。

次氯酸叔丁酯在氯苯中按下式分解用作氯化剂，取代的选择概率（烃基）为：叔:仲:伯＝60:10:1。

$$(CH_3)_3C-O \,\vdots\, Cl \longrightarrow (CH_3)_3C-O\cdot + Cl\cdot$$

$$(CH_3)_3C-O\cdot + R-H \longrightarrow (CH_3)_3C-OH + R\cdot$$

$$R\cdot + Cl\cdot \longrightarrow R-Cl$$

次氯酸叔丁酯　　M 108.56，bp 77~78℃；无色液体，不溶于水。

$$2\,NaOH + Cl_2 \xrightarrow{\text{水}} NaOCl + NaCl + H_2O$$

$$(CH_3)_3C-OH + NaOCl \xrightarrow{\text{水}} (CH_3)_3C-O-Cl + NaOH$$

总反应式：$(CH_3)_3C-OH + NaOH + Cl_2 \xrightarrow[10~15℃]{\text{水}} (CH_3)_3C-O-Cl + NaCl + H_2O$

2L 三口烧瓶中加入 0.5L 水及 80g（2mol）氢氧化钠，搅拌使溶，控制 10~15℃ 加入 74g（1mol）叔丁醇及 0.5L 水的溶液，以 16mL/s 的速率通入氯气（通入计算量的氯之前吸收很好）半小时；此时已经过量 28%，再以 6mL/s 的速率通入半小时[❶]。分取油层，以 10% Na_2CO_3 洗至 pH 6，再水洗，以无水硫酸钠干燥，得 78~107g（产率 72%~99%），纯度 97%~98%，d_{20}^{20} 0.910，n_D^{20} 1.403。

必要时可用水浴加热蒸馏（不可用胶塞，硫促其猛烈分解）[❷]，得 75~104g，充氮、避光、冷藏。

注：本品在光照下分解为丙酮和氯甲烷。

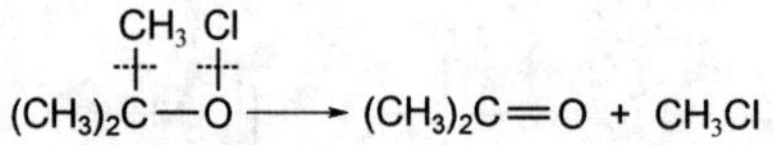

$$(CH_3)_2\overset{\displaystyle CH_3}{\underset{}{C}}\overset{\displaystyle Cl}{\underset{}{}}-O \longrightarrow (CH_3)_2C=O + CH_3Cl$$

---

❶ 理论量的氯按生成 NaOCl 计，其后吸收缓慢指生成次氯酸酯，退减下来碱的反应速度缓慢，如果生成次氯酯的反应速率很快，应该在通入 1.5mol 氯以后吸收缓慢，按反应过程总碱计以上通氯仍过量 0.25mol。依此，水相含有 2.62% HOCl 当是安全的（无酸）。

❷ 可用塑料塞代替。

第十一章

磺化、磺酸、亚磺酸、磺酰氯

第一节　概述

磺化特指使用硫酸、发烟硫酸或氯磺酸向有机分子内（多指芳环及某些杂环）直接引入磺基反应——为向脂族指定位置引入磺基，一般使用间接方法。

磺酸及其盐是重要的中间体，它可用于：①被其它原子或基团取代；②合成中的阻基目的；③分离异构物。

一、磺酸基被其它原子或基团取代

(1) 芳磺酸钠（钾）盐与氢氧化钠、钾熔融的羟基取代：

$Ar—SO_3Na \longrightarrow Ar—ONa$。

(2) 磺酸钠基团被氰基取代——与氰化钠在氮气保护下熔融，但产率不高。

(3) 磺酸钠基团被氯原子取代。

(4) 酚类磺酸基被硝基取代。

(5) 磺基被还原为亚磺酸。

(6) 磺酰氯被还原为巯基。

二、合成中的阻基目的

为引入取代基到预定位置，在芳核上先引入磺酸基以达到阻基和指定取代位置的目的。由于磺酸多为含结晶水的结晶以及磺酰氯或可被蒸馏，给精制以方便条件，处理以后再将磺酸基水解掉。如：

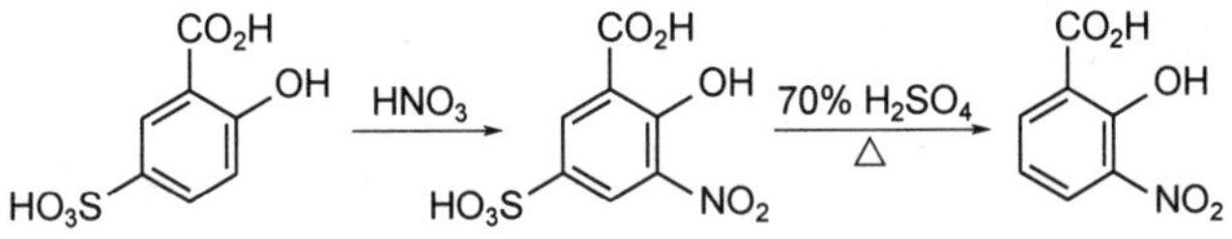

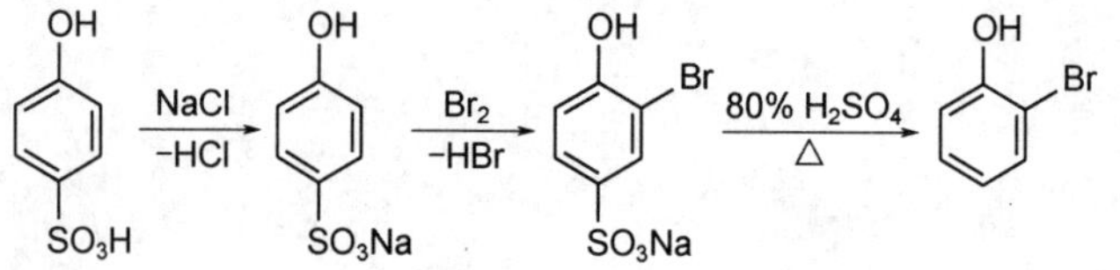

三、分离异构体及精制目的

为了精制目的，磺化处理以后再把磺基水解掉；由于磺化反应在一定条件的可逆性，只要能把水解下来的产物（第一类取代基的情况）随时分离出去，通过使用回流分水的水流蒸馏可以使完全水解；如果产物有其它第二类取代基占主导，水解速度虽然很慢，但不可逆，长时间加热也会水解完全。

在异构体的分离中，使用其某物质 π 值以下的硫酸浓度在一定温度处理，使其一磺化，用水洗脱分离及其以后的水解回收。如：从混合二甲苯分离出间二甲苯，混合二甲苯用 73.1%（$H_2SO_4 \cdot 2H_2O$）~78%的硫酸处理，只有间二甲苯磺化生成间二甲苯-4-磺酸·$2H_2O$，其结晶水消耗水，没有使硫酸浓度发生太大变化，无需使用过量的硫酸，分离及处理结晶，得到 99%（GC 检测）的间二甲苯。亦见 465 页的 p-甲苯磺酸一水合物。

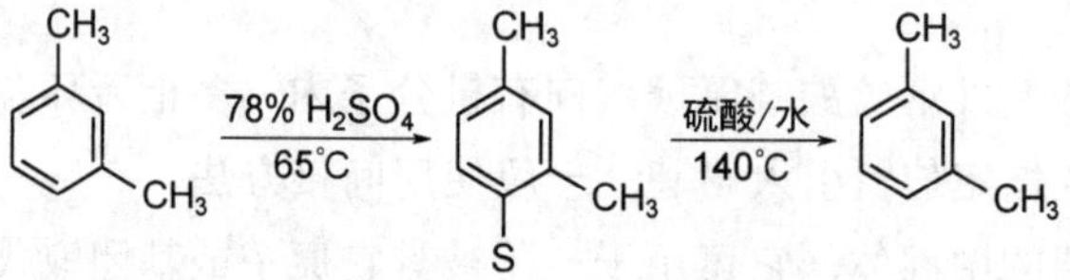

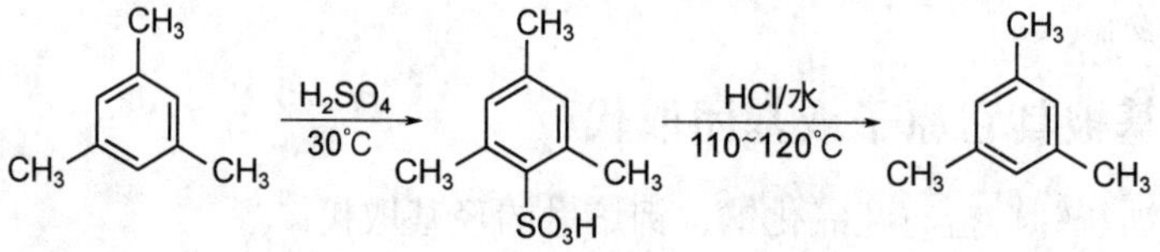

工业品 2-甲基萘（mp 34~36℃）中含少量甲苯（mp −22℃）、喹啉和异喹啉，虽然量很少，通过磺化、分离磺酸结晶、水解、水蒸气蒸馏，得 GC 纯度 99.7%的产品。

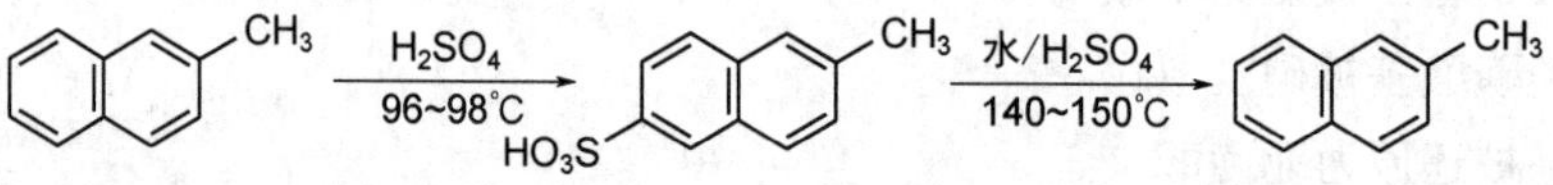

甲苯、乙苯的溴化，得到 25%~35% 2-溴代物和 65%~75% 4-溴代物，计算浓硫酸的用量，在 125~130℃磺化，2-溴代物被磺化而分离，其后水解并回收。

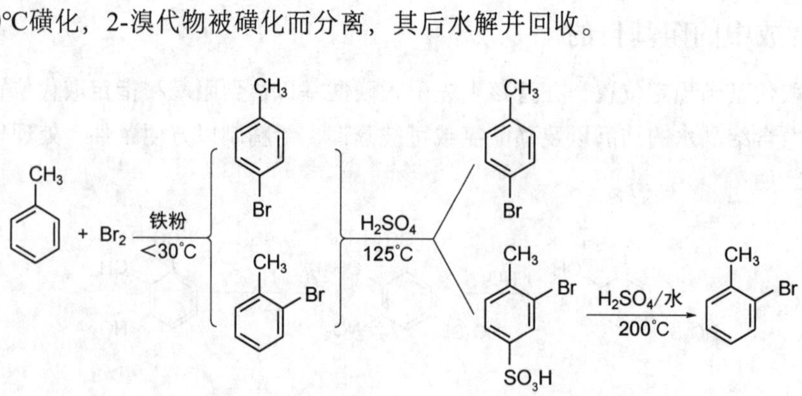

第二节 脂肪族磺酸

正构烷烃很难用通常的方法直接磺化，在有机过氧化物存在下，烷烃化氯仿溶液中与二氯硫酰（SO_2Cl_2）作用，依二氯硫酰的用量可以生成一磺酰氯、二磺酰氯；有分支的较大分子的烷烃与18% SO_3 发烟硫酸共热，生成磺酸、砜和硫酸酯，成分比较复杂。

为在准确位置上引入磺酸基，一般采用间接方法——卤原子被磺基取代；硫化物的含氧酸溶剂中氯气化——最后的产物是磺酰氯；在水溶剂中氧化为磺酸；在四氯化碳溶剂中则发生硫的氧化。

一、硫化物（$-SCN$、$-SH$、$-S-S-$）的氧化

有机硫化物在不同介质条件与氯的反应（氯氧化）是通过 HOCl 的氧化过程，反应迅速，在酸水条件下过量的次氯酸具危险性，当现象显示反应基本完成就要调节通入速度，通氯总量一般为计算量的 100%~105%，使用多量水，计算水相 HOCl 不超过 2%。

在无水乙酸溶液或水条件同时作溶剂保护下通入氯气，得到磺酰氯；在水条件通入氯气或使用硝酸氧化，得到磺酸。

【硫醇、硫氰酸酯的硝酸氧化】

反应是将底物料加入 70~80℃的 70%硝酸中，立即反应、放出大量 NO 气体，在空气中被氧化成红棕色的 NO_2 导至碱水吸收为亚硝酸钠（65%）和硝酸钠的混合物。用水溶解试验检查反应的终点。否则要继续保温或补加硝酸（放出氮氧化物）。硝酸用量为计算的 115%应已足够。氧化以后减压浓缩蒸除水及过剩的硝酸，或用异丁醇、异戊醇在室温提取，用蒸馏水洗除无机酸，滤清，或回收溶剂或在溶剂中以氢氧化钠中和，钠盐以片状结晶析出。

甲磺酸　M 96.11，mp 20℃，bp 167℃/10mmHg，d^{18} 1.4812，n_D^{16} 1.4317。

a. 硫氰酸甲酯（bp 130~135℃，d^{16} 1.0778，n_D^{25} 1.4670）

$$(CH_3O)_2SO_2 + KSCN \xrightarrow{38~42℃} CH_3-SCN + CH_3O-SO_3K$$

60L 搪瓷桶中加入 9.7kg（100mol）硫氰化钾及 10L 水，搅拌使溶，维持 38~42℃[❶]搅拌着于 4h 左右从分液漏斗慢慢加入 11kg（87mol）硫酸二甲酯，反应放热，加完后保温搅拌 2h；次日分出上面油层，水洗两次（油层沉在下面）得 5.0kg（产率 78%，按硫酸二甲酯计）。

b. 氧化

$$3CH_3-SCN + 11HNO_3 \xrightarrow{65~100℃} 3CH_3-SO_3H + 3CO_2 + 14NO + 4H_2O$$

50L 反应罐中加入 9L 水，搅拌下慢慢加入 16kg（d 1.51，250mol）硝酸，放热升温可达 85℃，维持 85~100℃于 3h 左右慢慢加入 5kg（68mol）以上硫氰酸甲酯（正好为计

---

❶ 反应温度高则硫酸二甲酯有水解，在 60℃反应收率只有 20%；50℃收率为 40%，温度以 40℃±2℃为宜。

算量），反应放热（将氮氧化物导至碱水吸收），次日蒸发反应物至 120℃。

油浴加热，用水泵减压蒸除水分，蒸液温 130℃/约 20mmHg；剩余物减压蒸馏，收集 148~151℃/5~7mmHg 馏分，得 3.5~3.8kg（产率 42%~45%，按硫酸二甲酯计；53%~59%，按硫氰酸甲酯计），含量（滴定法）100%~101%[1]，SO_4^{2-} <0.2%。

以下较大分子的磺酸，不经溶剂提取处理，从硬水引入钙镁生成的十二烷基硫酸钙（镁）水溶解度极小，也很难从水溶液滤清；下面 1-庚基磺酸钠水溶液则很方便滤清。

十二烷基磺酸钠一水合物　M 290.40；片状晶体，可溶于热水及乙醇，其钙、镁盐几乎不溶于水。

$$CH_3(CH_2)_{11}-SH + 2HNO_3 \xrightarrow{70~80℃} CH_3(CH_2)_{11}-SO_3H + 2NO + H_2O$$

$$CH_3(CH_2)_{11}-SO_3H + NaOH \longrightarrow CH_3(CH_2)_{11}-SO_3Na + H_2O$$

10L 小瓷罐中加入 1.5L 蒸馏水，搅拌下加入 1.5L（d 1.5，35mol）硝酸，放热升温，维持 70~80℃于 3h 左右慢慢加入 2.43kg（12mol）十二硫醇，立即反应并放出大量 NO，遇空气立即氧化成红棕色的 NO_2 气体，反应到后来成为糊状物，于沸水浴上加热 1h，至很少氮氧化物放出为止。加入 5L 蒸馏水[2]，十二烷基磺酸完全溶入，再于沸水浴上加热 2h，稍浑浊的溶液用酸煮洗过（无钙、镁、铁）的脱色炭脱色滤清（磺酸溶液容易滤清），清亮滤液加热维持 85℃左右，以 40% NaOH 溶液中和至 pH 9，放置过夜，次日滤出结晶[3]，必要时用沸水（10mL/g）重结晶。

1-庚基磺酸钠一水合物　M 202.27；可溶于冷水，易溶于热水，热乙醇。

$$CH_3(CH_2)_6-SH + 2HNO_3 \xrightarrow{70℃} CH_3(CH_2)_6-SO_3H + 2NO + H_2O$$

$$CH_3(CH_2)_6-SO_3H + NaOH \longrightarrow CH_3(CH_2)_6-SO_3Na + H_2O$$

10L 三口烧瓶安装机械搅拌、温度计、分液漏斗及回流冷凝器。

烧瓶中加入 1.2L 蒸馏水，搅拌下加入 3kg（d 1.5，47mol）硝酸，放热升温可达 80℃，待冷至 60℃，从分液漏斗慢慢滴入 2.64kg（20mol）庚硫醇，用水浴冷却控制反应温度 60~65℃，反应立即开始；前 1/2 硫醇切不可加入太快，以 6~7mL/min 为宜，如加入太快，猛烈放热会使加料的局部温度过高，可以使在加料的位置着火，立即停止加料即熄灭。加完后补加 1.3kg 75%（15mol）硝酸，维持 60~65℃再慢慢加入 930g（7mol）庚硫醇，加完后慢慢升温至 105℃保温 1h；稍冷，以 40% NaOH 中和至 pH 9。中和放热，如析出结晶可加热使溶，必要时可加尽可能少的水，加热溶解，放置过夜。次日滤出结晶，以

---

　　[1] 滴定含量高出 100%可能是产品中含游离硝酸所致，产率低的原因可能是氧化不足，应增加硝酸用量并检查头分组分继续氧化。

　　[2] 十二烷基磺酸的钙、镁盐不溶于水，很细小使精制的过滤困难。

　　[3] 应该用如下方法处理：氧化完以后再 120℃油浴加热使反应完全并蒸出水及部分硝酸，冷后用丁醇提取，再用蒸馏水洗三次，用酸洗处理（无钙、铁、镁）的脱色炭脱色滤清，以 30% NaOH 中和至 pH 9，冷后滤出结晶，水洗，醇洗及风干。

少许蒸馏水冲洗，风干得 4.4kg（产率 75%）。

精制：用乙醇（8mL/g）重结晶，干燥后得 3.5kg。

二、活泼卤原子被亚硫酸盐亲核取代

不同卤代烃的活性差异较大。烯丙基及苄基卤化物，由于卤原子离去后生成被烃基分散比较稳定的碳正离子而比较活泼；或是其它拉电子影响的活泼卤原子与水溶液中的 $(NaO)_2SO$ 完成双分子亲核取代；硫原子有未用电子对，是很强的亲核试剂，反应并不要太过量的亚硫酸钠。

$$R \overset{\frown}{} X + Na \overset{\cdots}{O} \overset{\cdots}{\underset{\cdots}{S}} O — ONa \xrightarrow{\text{水}} R — SO_3Na + NaX$$

烯丙基磺酸钠 $M\ 144.13$；轻体白色针晶，易溶于水及热乙醇。

$$CH_2=CH—CH_2—Cl + (NaO)_2SO \xrightarrow[45\sim60℃]{\text{水}} CH_2=CH—CH_2—SO_3Na + NaCl$$

50L 反应罐（容积实为 65L）中加入 50L 水，搅拌下加入 11.4kg（70mol）结晶亚硫酸钠（$Na_2SO_3 \cdot 2H_2O$），加热使溶。在高效回流冷凝器下，控制 42~46℃于 2h 左右慢慢加入 5.64kg（72mol）氯丙烯，仅允许氯丙烯有微弱的回流，加完后再加热回流 2h（不要更长时间以减少聚合，可添加红铜作阻聚）。回收未作用的氯丙烯，在蒸发锅中将反应液蒸发，在析出丙烯磺酸钠之前静置让氯化钠沉下后放冷，分离氯化钠和丙烯磺酸钠结晶。氯化钠用水浸洗，洗液和全部滤液并入下批一并蒸发及分离。丙烯磺酸钠粗品用水重结晶。共得产品 5~6kg（产率 51%~65%）❶，纯度（I_2 滴定）＞92%。

同法制得 2-甲基烯丙基磺酸钠，反应温度 65℃，浓缩后用水提取，产率 65%。

$$CH_2=\overset{\displaystyle CH_3}{\underset{\displaystyle |}{C}}—CH_2—Cl + Na_2SO_3 \xrightarrow{\text{水}}_{65℃} CH_2=\overset{\displaystyle CH_3}{\underset{\displaystyle |}{C}}—CH_2—SO_3Na + NaCl$$

反应能力较差的卤化物，磺基取代要求较高的反应温度并在压力釜中进行。

$$\text{（苯环）}—CH_2—Cl + Na_2SO_3 \xrightarrow[\text{压力}]{\text{水}}_{190\sim200℃} \text{（苯环）}—CH_2—SO_3Na + NaCl$$
苄基磺酸钠

苯甲醛-2-磺酸钠 $M\ 208.16$。

从前面制得的 2-氯苯甲醛粗品（＞80%）为原料的合成，需经过与亚硫酸氢钠加合物过程以当作精制。在磺基取代反应中，与先加入的氢氧化钠使加合物以亚硫酸钠分解开用于取代。

a. 醛与亚硫酸氢钠的加成

---

❶ 产率低的原因：①在蒸发过程中有聚合，应该使用阻聚剂，浓缩至绝大部分氯化钠已经析出，用水提取分离，产率稍高；②氯丙烯损失大，应该使用密封釜（管）、阻聚剂，较少用水（＜30L）和稍高温度，反应物用减压浓缩以降低加热温度和缩短加热时间；③从反应物直接分离氯化钠和粗产品，然后用水重结晶。

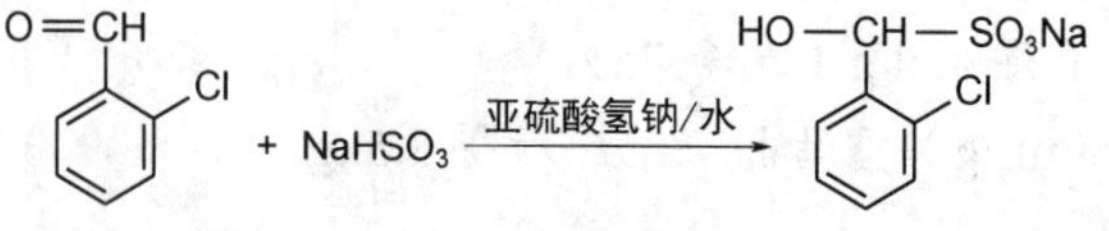

2L 烧杯中加入 550mL 热水，搅拌下加入 315g（>90%，约 1.5mol）无水亚硫酸氢钠 $Na_2S_2O_5$（此量溶于水生成了 3mol 亚硫酸氢钠）加热使溶，加入 350g 80%（折百 2mol）2-氯苯甲醛粗品（它直接影响产品的外观），充分搅拌 1h，当析出结晶以后在经常搅动下放冷以得松散的结晶。次日滤出，以 10%亚硫酸氢钠溶液浸洗，析干使用。

b. 磺基取代——苯甲醛-2-磺酸钠

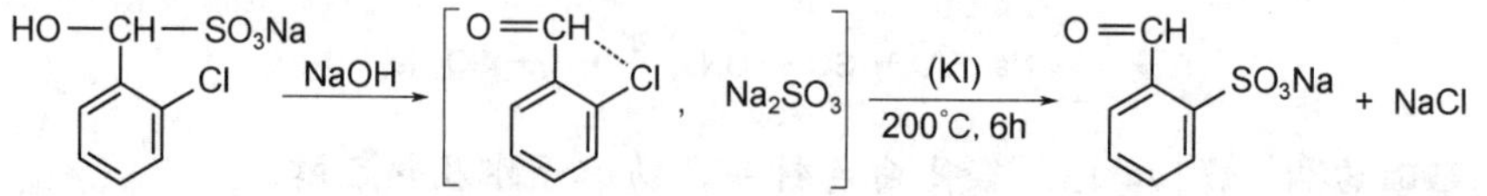

1L 压力釜中加入 244g（1mol）醛的加合物，再加入 25.5g（0.2mol）亚硫酸钠以使它过量，加入 380mL 水溶解 39.5g（0.98mol）氢氧化钠及 0.2g 碘化钾的溶液，搅匀后封盖压力釜，开动搅拌并加热，维持 198~200℃反应 6h，停止加热，放冷至 120℃以下通入冷水冷至 70℃停止冷却及搅拌；打开压力釜盖取出反应物（pH 8），维持 70℃左右，以盐酸（20%）调节至 pH 5；搅拌下浓缩至液温 120℃，停止加热和搅拌；放冷至 60℃（产品尚未析出结晶）滤除析出的氯化钠，滤液放冷后再冰冷。次日滤出结晶，以 8%氯化钠溶液浸洗，风干（滤液及洗液并入下次的酸化液去浓缩）。

另法：使用蒸过的 2-氯苯甲醛产品合成。

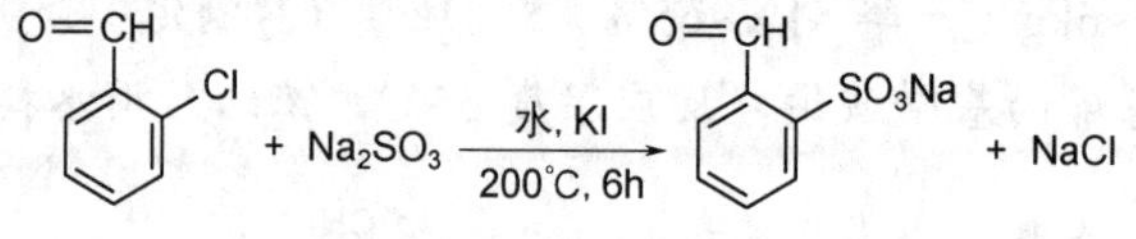

1L 压力釜中加入 152g（1.2mol）亚硫酸钠溶于 400mL 水的溶液，再加入 140g（1mol）2-氯苯甲醛及 0.2g 碘化钾，封盖压力釜，开动搅拌并加热，维持 198~200℃反应 6h，停止加热，放冷至 120℃以下通入冷水冷却至 70℃停止冷却和搅拌；打开压力釜取出反应物（pH 8）；维持 70℃左右以 20%盐酸调节至 pH 5，搅拌下浓缩至液温 120℃停止加热和搅拌，放冷至 60℃（产品尚未析出结晶）滤除析出的氯化钠，滤液在 100℃烘干（或喷淋减压干燥）粉碎后得 200g，纯度（滴定法）82%（折百产率 80%），HPLC 纯度 99.2%（未计入水和无机盐）。

2,4,6-三硝基氯苯 C—Cl 碳原子受三个硝基拉电子的影响有很大的电正性，与亚硫酸钠水悬浮液在 18~20℃一起研磨就完成了反应。生成 2,4,6-三硝基苯磺酸钠，该磺酸的酸性很强，在水条件其钠盐不与 $BaCl_2$ 交换；碳正中心有很强的电正性，与水作用稍热磺酸即水解生成三硝基酚，是双分子亲核反应。

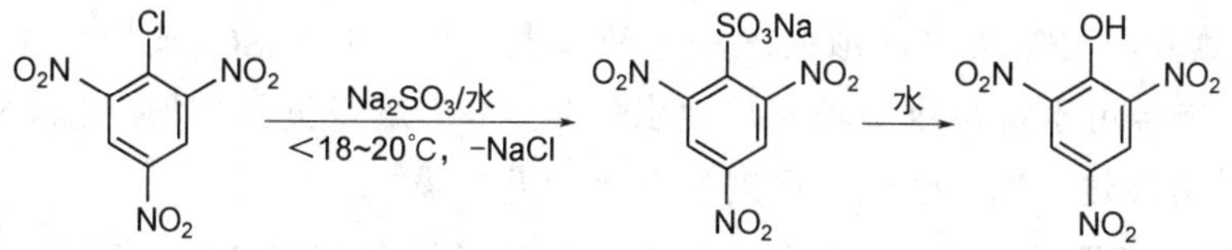

三、环氧烷与亚硫酸钠的亲核取代

有张力的环氧烷与亚硫酸钠反应生成无张力的、开链的羟基磺酸钠，是双分子的亲核取代，亲核试剂从背面进攻，空间因素对取代反应的方位起决定作用。

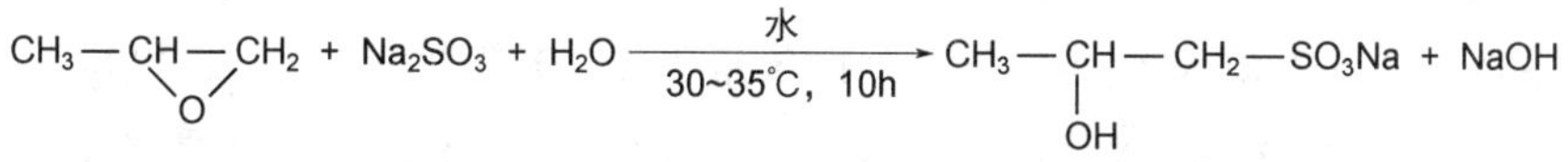

2-羟基丙基磺酸钠 (80%)

四、其它合成

2-磺基十六酸（2-磺基棕榈酸） M 335.47，mp 90~91℃；易溶于水、醇，易吸湿。

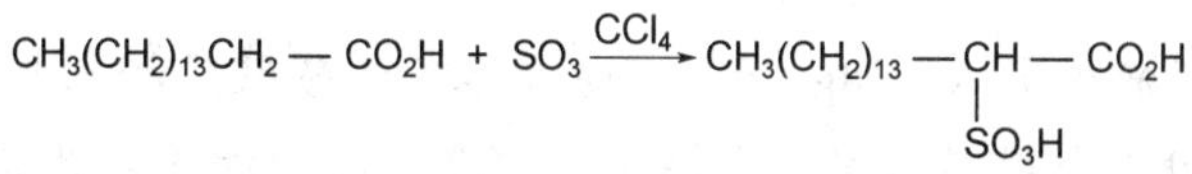

2L 标准口烧瓶配置机械搅拌、温度计、长形有刻度的滴液漏斗及出气口。

烧瓶中加入 200g（0.78mol）用丙酮重结晶的十六酸（mp 60.8~61.4℃）及 600mL 无水四氯化碳（或氯仿、四氯乙烯）溶解吸热，搅拌着于半小时左右滴入 53mL（100g，1.25mol）稳定的液体 SO$_3$❶，十六酸完全溶消，反应物颜色变暗，反应物温度逐渐升至 45℃，再 50~60℃保温 1h。冷后移去附属器件，封闭各出口，于-15℃冷却过夜（在 0℃放置、产率稍有降低）。次日，用直径 20cm 布袋漏斗滤出结晶，尽量压出母液并防止吸湿，用冰冷的四氯化碳冲洗，真空干燥 1~2 天至恒重，得暗色粗品 197~223g（产率 75%~85%）。

精制：用丙酮（7mL/g）溶解，冷至-20℃滤出亮灰色结晶，得 178~197g（产率 68%~75%）。

注：操作液体 SO$_3$ 必须戴胶手套、面罩，在通风处操作。

β-苯乙烯基磺酰氯 M 202.66，mp 89~90℃。

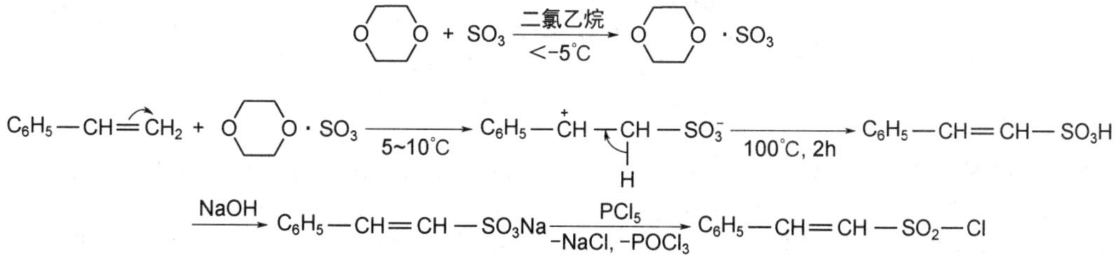

3L 标准口三口烧瓶配置机械搅拌、冷凝器（上口安有干燥管）。

烧瓶中加入 800mL 用分馏除去湿汽的、收集 82.6~82.8℃馏出的二氯乙烷，称重后开

---

❶ 用硫烷 S$_x$H$_y$ 稳定了的 SO$_3$；硫酸酐 mp 16.8℃，bp 44.7℃，d 1.970。

动搅拌,从加热 60% SO_3 发烟硫酸向冰冷着的二氯乙烷中引入 SO_3 使增重 300g(3.75mol)三氧化硫,通好后用冰盐浴冷却控制温度在-5℃以下,激烈搅拌下❶慢慢滴入与 SO_3 等重的、新处理并蒸馏过的❷二噁烷,得到复合物的悬浮液。

控制 10℃以下搅拌着于 1h 左右滴入与 SO_3 相等摩尔,即 382.5g(3.75mol)苯乙烯与 850mL 二氯乙烷的溶液,无色的悬浮液变为褐色乳液,移去冰水浴再搅拌 1h,放置过夜。次日于蒸汽浴上加热回流 2h,反应物变为暗棕色;冷后加入 3L 冰水中,充分搅拌使磺酸移入至水相,以 NaOH 溶液中和至 pH 6.2~6.5,分去二氯乙烷,水层用异丙醚提取(2×500mL)❸,水溶液脱色过滤,浓缩至将析出结晶时,在不时搅动下放冷、滤出结晶,母液再如上浓缩及滤出结晶,合并的钠盐结晶在 100℃烘干 2h,得 380g(产率 49%,按 SO_3 计)、纯度(滴定法)95%❹;第三次浓缩处理得 100g 结晶,纯度 80%;第四次得 75g,纯度 60%;它们需要依次使用前次精制的母液对后面的粗品作溶析处理,再用水重结晶;第四次浓缩得到的纯度 60%的粗品,要用第三次粗品的母液处理三、四次后再用水重结晶才能使结晶的纯度达到 95%。以后的母液无须处理,共得纯度大于 95%的钠盐450~500g(产率 58%~65%,按 SO_3 计)。

酰氯化:0.5L 烧瓶中加入 108g(0.5mol)β-苯乙烯磺酸钠粉末与 100g(0.58mol)五氯化磷充分混匀,回流冷凝器上端装干燥管。于沸水浴上加热,开始反应,液化后再加热 4h;水浴加热用水泵减压回收氧氯化磷。稍冷、半圆体的剩余物用沸氯仿提取(3×100mL);提取的剩余物冷后冰冷着用冰水溶解氯化钠及分解残留的氯化磷,再用 100mL 氯仿冰冷提取。提取液合并,用 200mL 冰水洗,5% $NaHCO_3$ 洗,再冰水洗,以无水氯化钙干燥后再用 3g 脱色炭脱色处理,浓缩至约 150mL,趁热慢慢加入 200mL 石油醚,冷后滤出结晶,得 81~86g(产率 83%~86%),mp 88~90℃。

---

❶ 反应温度升至 5℃产品将被污染;二噁烷在几小时内加完。

❷ 二噁烷与金属钠一起回流 12h 后分馏,收集 99.6~99.8℃馏分。

❸ 可以使用乙醚提取,蒸馏提取液得到少量 2,4-二苯基-1,4-丁内磺酸酯副产物,重结晶后的熔点 147~149℃。

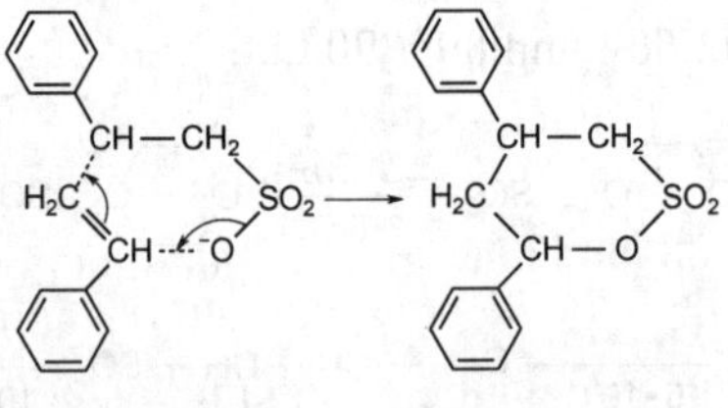

❹ 用标准溴酸钾-溴化钾溶液在无机酸条件产生的溴在双键加成;然后加入 KI,用标准连二亚硫酸钠溶液滴定过剩的碘。如果不饱和物的含量过低,是由于样品不够干燥,或回流时间不足,或在蒸发、干燥过程有水加成,产物是 α-羟基苯乙磺酸钠(如果没有加热回流直接水解,则主要是离子加成——α-羟基苯乙磺酸钠)。它在水中有较大溶解,此 92%的粗品用水重结晶的回收率 80%,产品纯度大于 99%。

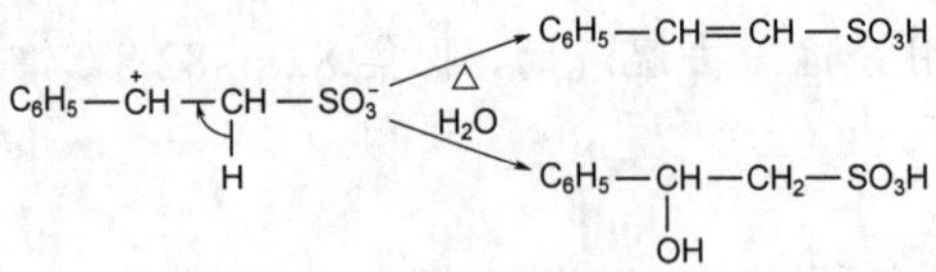

重结晶可使熔点提高至 89~90℃。

第三节　芳香族磺酸

芳烃引入磺基使得产物具有了酸性和较大的水溶性，芳磺酸主要是通过直接磺化的方法引入的；间接方法主要是低价硫化物的氧化、芳卤原子及重氮基的硫取代及其后氧化。

一、直接磺化

1. 直接磺化的要点

（1）硫酸的浓度及取代基的影响

主要的磺化剂是硫酸、发烟硫酸和氯磺酸；有水产生的磺化反应是可逆的，提高反应温度可以更快的反应速度使反应趋向平衡；移去生成的水可使反应进行到底。例如：使用 78% 的硫酸磺化 m-二甲苯、生成 2,4-二甲基苯磺酸，产物的结晶水消耗了反应产生及硫酸中的水，没有使硫酸的浓度降低。

又如：将甲苯加入至定量的热硫酸中，发生磺化的同时生成水合物而使反应进行到底，得到几乎理论量的对甲苯磺酸，其它或用水泵减压将产生的水蒸出体系（见 465 页）。

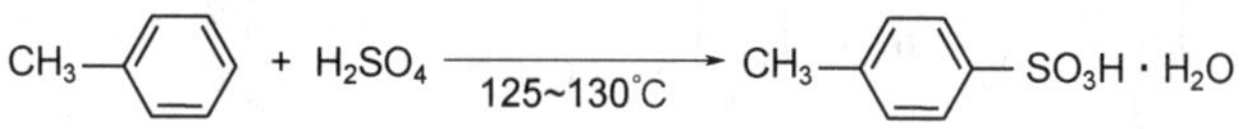

$$CH_3 - \langle \text{苯} \rangle + H_2SO_4 \xrightarrow{125\sim130℃} CH_3 - \langle \text{苯} \rangle - SO_3H \cdot H_2O$$

苯加入至热的硫酸中，未被磺化的苯与产生的水以混沸物蒸出，通过回流分水装置分去水，将苯返回体系；也有使用硫酸兼作脱水剂，它与水形成分子化合物 $H_2SO_4 \cdot H_2O$、$H_2SO_4 \cdot 2H_2O$（有最高冰点），为此，不得不使用多量硫酸——此法不可取。为了减少"废酸"数量，应使用更浓的硫酸，或在反应中添加、或者使用发烟硫酸或氯磺酸；使用发烟硫酸（SO_3）或氯磺酸的磺化反应中，只使用理论量或稍过量的磺化剂就能使反应进行到底；如果使用不当，尤其是发烟硫酸会使反应生成多种副产物。

取代基对于磺化有重大影响：推电子基使芳环相应碳的电负性加强，如：羟基、烷基，使亲电的磺化反应比未取代的苯更容易，如：甲苯、间二甲苯、1,3,5-三甲苯的磺化就特别容易；当环上取代基拉电子基占主导，特别是硫酸使它溶剂化，要使用硫酸酐（SO_3）或氯磺酸来磺化，反应迅速可在较低温度进行。

电负性基团的底物在浓硫酸中发生电离、生成有机阳离子 $Ar—X^+H$ 和 HSO_4^- 阴离子——溶剂化；下面列举在 100% H_2SO_4 中 0.1mol/L 浓度的解离比率：

$$A + H_2SO_4 \rightleftharpoons AH^+ + HSO_4^-$$

蒽醌、苯甲酸、苯乙酮等，100%电离；部分电离的如：4-硝基甲苯 73%，硝基苯、4-硝基氯苯 41%；它们在浓硫酸中的溶解度都比较大，当用水稀释，HSO_4^- 的浓度增加、使平衡向左，溶剂化的底物析出。

（2）反应温度和磺酸基的重排

过高的反应温度可引起反应物焦化、氧化及缩合；在使用发烟硫酸时还会引起多磺化及砜的产生；反应温度对取代位置起重要作用，高温条件磺基进入更稳定的疏开排列位置——不一定都有水解过程——许多情况分子内的转位是主要的，转移位置也是平衡过程，改变条件分离，如：

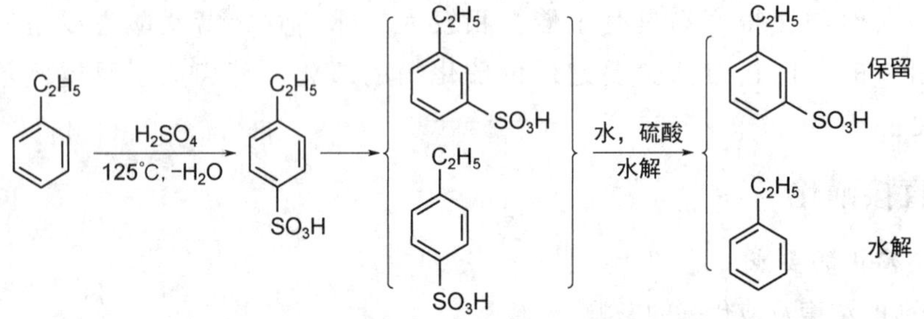

又如：

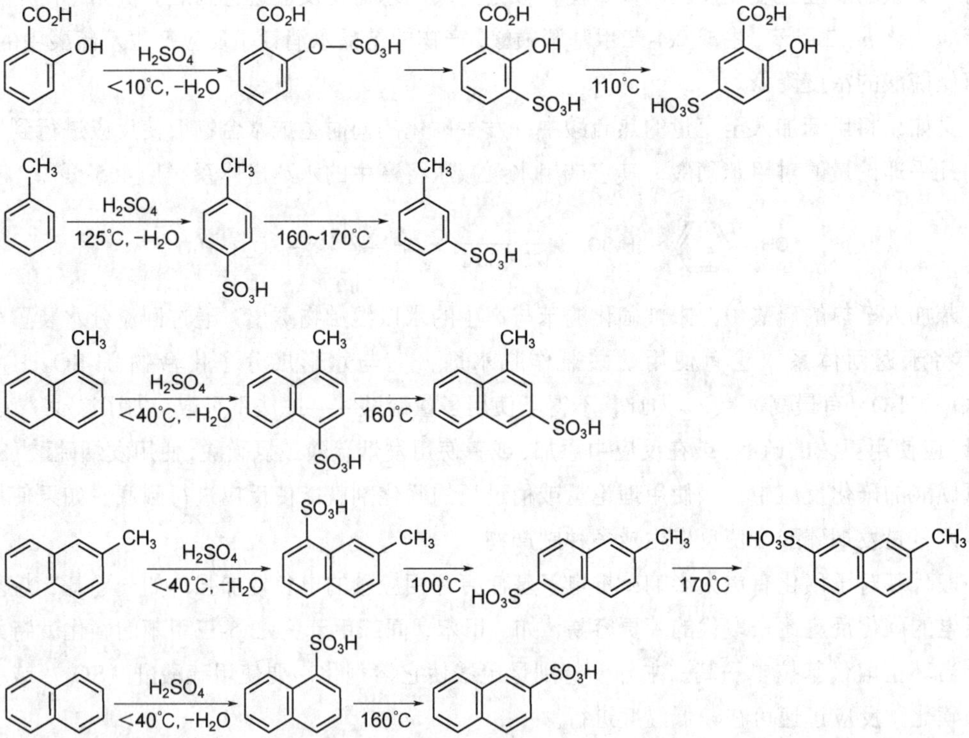

（3）副反应

在较高温度（150~200℃及以上）磺化时有氧化反应发生，Hg、As、Se 对于氧化有催化作用，从硫铁矿生产的工业硫酸（As^{3+} 蒸发）含微量砷。如果磺化底物不纯使氧化比较突出，例如：蒽醌用工业发烟硫酸制取 2,6-及 2,7-蒽醌二磺酸钠，有红色茜素类物质产生；又如：为了制取蒽醌-1-磺酸盐、蒽醌-1,5-二磺酸盐及蒽醌-1,8-二磺酸盐，使用汞盐作为定位催化剂，也催化了氧化，产物被氧化物沾染成红色膏状物；再如：不纯的 1-萘酚、4-甲基苯胺在磺化时的焦油化相当严重，直接感触到的特点是反应物的颜色浓重以至棕黑色及 SO$_2$ 气味。

2. 磺化的实施

(1) 第一类取代基芳烃的磺化

第一类取代基影响的芳核上容易引入磺酸基。使用浓硫酸作为磺化剂，随着反应进行，反应物中的水分逐渐增多，反应速度下降，最后达到平衡，反应停止；平衡状态剩余硫酸的浓度折算成 SO_3 的百分数以 π 值表示，π 值越小，表示平衡状态反应物中废酸的浓度越低，该底物容易磺化；π 值超过 80 的那些底物必须使用发烟硫酸（SO_3）才能磺化，它们是第二类（拉电子）取代基占主要的底物。不同芳香族化合物磺化的 π 值列于表 11-1 中。

表 11-1　不同芳香族化合物磺化的 π 值

反应底物	苯	甲苯	萘	蒽	硝基苯	蒽醌
一磺化的 π 值	66.4	65.8	α-, 56（58℃）；β-, 52（160℃）	43	82	82

磺酸可以从水、稀盐酸或乙酸重结晶。

如果磺酸以钠盐的形式分离，磺化反应物用水稀释后用饱和硫酸钠处理，由于芳基磺酸钠盐在酸中有更小的溶解度——$Ar-SO_3^-$ 被 HSO_4^- 析出；受酸碱强度影响，硫酸并不能磺酸钠交换，用作"盐析"的硫酸钠（或氯化钠）用量为生成磺酸钠并使溶液硫酸钠浓度达 10%~15%所需要的数量。为了分离方便应该在 80℃左右加入硫酸钠盐析。

p-甲苯磺酸一水合物　M 190.22，mp 106℃（无水）；易溶于水，溶于乙醇。

$$CH_3-\bigcirc + H_2SO_4 \xrightarrow{125\sim130℃} CH_3-\bigcirc-SO_3H \cdot H_2O$$

2L 三口烧瓶配置机械搅拌、温度计、60cm 分馏柱及分馏脱水装置。

烧瓶中加入 1.1kg（d 1.83~1.84，11mol）浓硫酸，搅拌下加热维持 125℃左右，以不被蒸馏的速度慢慢加入 990g（10.7mol）甲苯（反应放热，应停止加热；反应温度太高使产物的颜色加重），前 3/4 甲苯可以方便地加入而很快磺化；之后的 1/4 甲苯反应缓慢，将反应物温度升高至有甲苯回流并带出水分，继续加热至 130℃直至很少或停止回流为止，此间共脱出水层 70~100mL 约 4h 可以完成。再 125~130℃保温 1h，放冷至 80℃（低于 75℃就析出大量结晶），趁热倾入 800mL 精制成品用过的母液中❶，搅匀后放置过夜，次日滤出结晶、压干，得 1.9kg（产率 90%），纯度（滴定法）96%，外观灰色，SO_4^{2-} <0.2%，mp 102~104℃。

精制：以上粗品溶于同等重量（1.9L）水中❷，加热至 80℃搅拌使溶，脱色过滤，加入 2mL 27%双氧水❸搅拌均匀，放置过夜（不时搅动），次日离心分离（母液保存）烘干得成品。

5-磺基水杨酸二水合物　M 254.22，mp 110℃；无色柱状结晶；本品对 Fe 在酸性条件呈红色、碱性条件呈黄色。

---

❶ 这样多的母液是必需的，否则以块状物析出难以分离母液，最好用更多的母液，添加至 2.1L 以便于分离。

❷ 应该使用更多的水（1.1mL/g）才容易分离。

❸ 双氧水不可以多用，否则会使产品带有黄色。

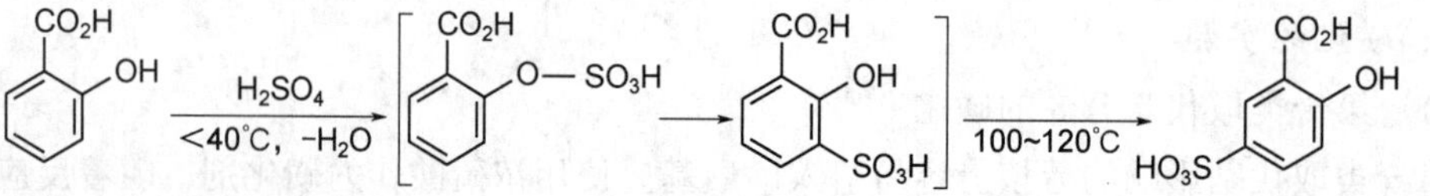

100L 开口反应罐中加入 105kg（1.05kmol）浓硫酸，加热至 45℃[1]，用聚四氟乙烯搅拌棒轻轻搅动着（不要撞击罐壁，以免提前析出结晶），加入 41.5kg（0.3kmol）品质优良、白色（无铁 Fe）的水杨酸，随加即溶，加完后搅匀；重新加热至 70~75℃仍有少许未溶消的水杨酸。此时开始析出产物结晶，停止加热，立即封盖好反应罐以防吸湿和过快散热。放热升温达 110℃，8h 后反应物温度下降至 60℃，用涤纶布离心机袋甩除"废酸"，最后是吸入湿气的洗涤过程，约 8h，SO_4^{2-} 浓度下降至 <3% 为止，得粗品为 60~65kg（产率 85%~90%），纯度 >95%。

精制：20L 蒸馏水中加入 30kg 以上粗品，使用无铁及磺基水杨酸处理过的脱色炭脱色过滤，滤液在 80℃水浴上加热，用水泵减压（≤250mmHg，-0.067MPa）浓缩至开始析出结晶时倾出放冷，次日离心分离，于 <80℃不时翻动下烘干，得分析纯级产品。

【萘及同系物的磺化】

萘在 40℃以下用浓硫酸磺化只得到 α-萘磺酸；100℃及以上温度磺化得到 90% β-萘磺酸及 10% α-萘磺酸的混合物；在 160℃ α-萘磺酸重排为 β-萘磺酸；多磺酸不会在同环上发生，也不会在 1,8-位置（迫位），而是发生在另环的疏开位置——电性和空间的原因，高温下磺基移变到更稳定的疏开位置。

2-甲基萘与相同质量的浓硫酸（摩尔比 1:1.42）在 100℃加热，磺基进入 6 位；在 170℃重排到 7 位。1-甲基萘在 40℃以下磺化，磺基进入 4 位；在 160℃加热，重排到 1 位。

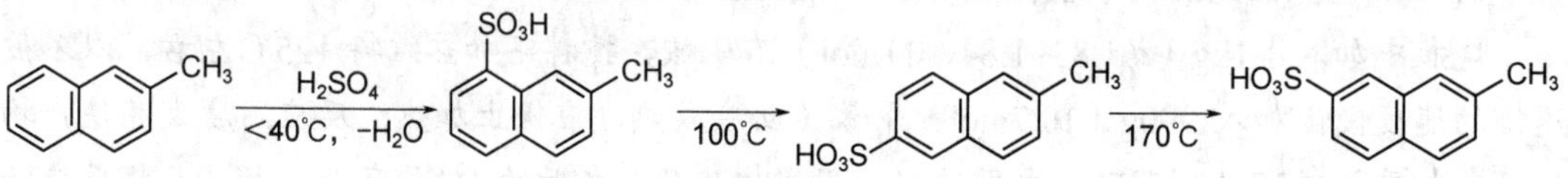

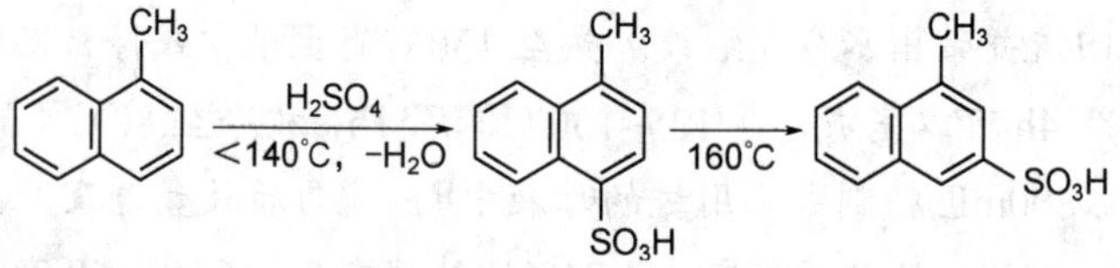

2,6-萘二磺酸钠 及 2,7-萘二磺酸钠 M 332.26。

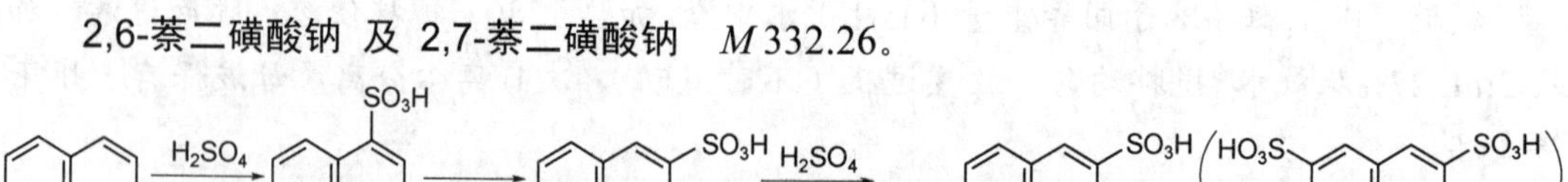

2L 三口烧瓶中加入 1kg（10mol）浓硫酸及 200g（1.55mol）精萘，搅拌下慢慢加热至 130℃，再于 170℃保温 5h，次日倾入 1.5L 水中，趁热，搅拌下加入 200g 精制盐（3.4mol）搅拌使溶，再加入 1L 饱和盐水（似应减少为 0.5L）于 80℃左右搅动 2h，趁热滤出 2,6-

---

[1] 起始和重新加热提高 10℃以免提前析出结晶。

萘二磺酸钠结晶，滤尽母液（母液保留），用热的 15%盐水浸洗一次，再用 50%乙醇浸洗；用热水（6mL/g）重结晶，得 2,6-萘二磺酸钠。

前边母液在 60~70℃水浴上加热使 2,7-萘二磺酸钠溶解（在 60℃保温未溶的部分主要是 2,6-取代物，另作处理），滤清后放冷，滤出物主要是 2,7-萘二磺酸钠粗品；使溶于最少量热水中（<2 倍水）保持少量未溶，滤清后放冷结晶；再如上重复结晶一次（水浴加热），用甲醇冲洗，风干得 2,7-萘二磺酸钠。

2-甲基萘-6-磺酸钠　*M* 245.34。

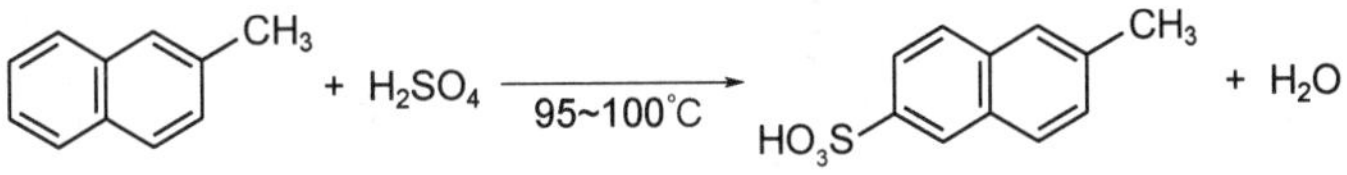

700g（5mol）2-甲基萘，维持 95~100℃搅拌着慢慢加入 700g（7mol）浓硫酸（剩余的硫酸浓度 π 值为 56），加完后保温搅拌 6h，冷至 70℃慢慢将反应物加入 1L 冷水中，脱色过滤，清亮溶液加热至 80℃，搅拌下加入 350（6mol）食盐，搅拌使溶，放冷，滤出结晶，以 5%食盐水洗，乙醇洗，干后得 980g（产率 80%）。

蒽和菲在较低温度向浓硫酸中加入也会产生多磺酸，为了避免过度反应，将浓硫酸向低温、溶剂中的反应物加入。

联苯的两个苯环的共轭关系使亲电取代比苯容易许多，如：溴化、乙酰化反应使用苯作为溶剂；环上取代基的影响也可以传递给另一个环，不发生多磺化以下反应详见 483 页。

联苯-4-磺酸
80%, mp141℃ (无水)

卤代苯磺化主要进入 4 位，使用浓硫酸在 110~150℃进行。如果有其它推电子基（如甲基、乙基、羟基等）占主导地位，则取代位置依占主导地位的取代基。例如：从 4-溴甲苯和 2-溴甲苯的混合物分离除去 2-溴甲苯就是用磺化处理的，然后水解回收 2-溴甲苯。

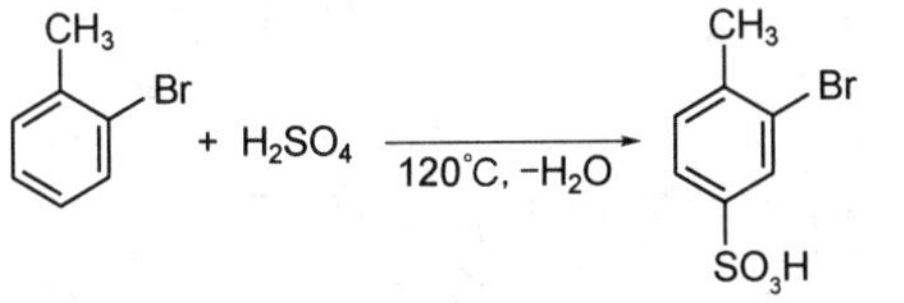

（见 433 页）

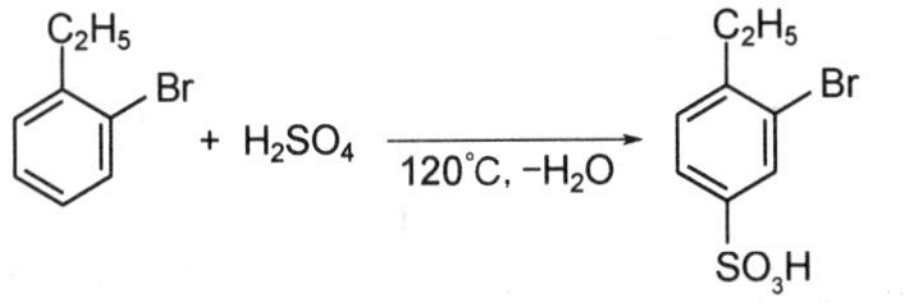

（见 434 页）

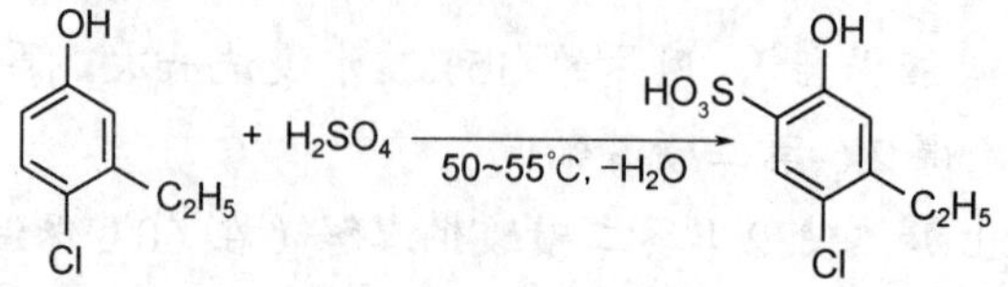

（见 512 页）

使用氯磺酸作为卤代苯的磺化剂在室温进行；与稍过的氯磺酸在 70℃ 反应得到磺酰氯。

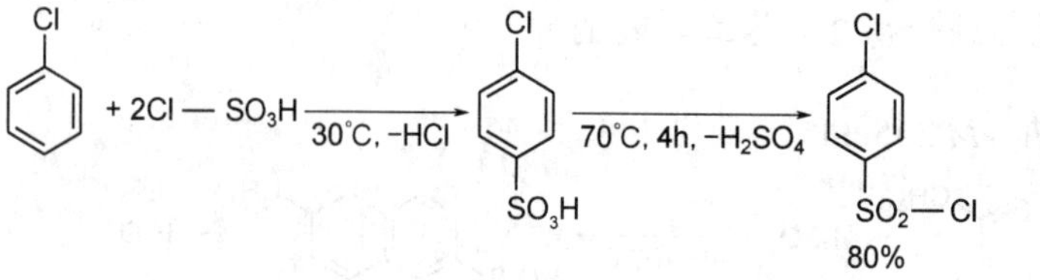

（见 474 页）

2,5-二氯苯磺酸 M 223.08。

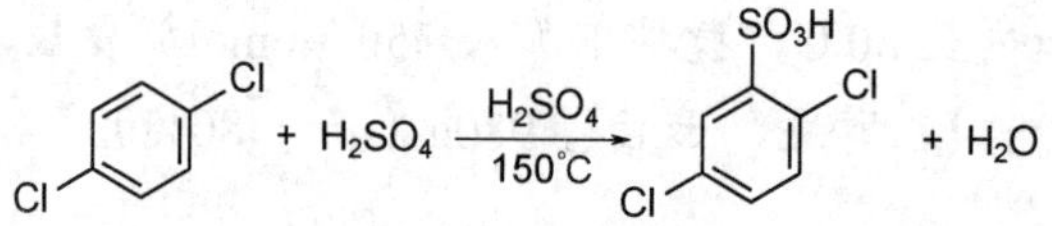

0.5L 三口烧瓶中加入 50mL（0.93mol）浓硫酸和 37g（0.25mol）对二氯苯，摇动下加热至 160℃ 约 15min 后对二氯苯消溶，不时摇动下保温半小时，反应产生的水蒸气从弯管导出冷凝[❶]，放冷至 80℃ 加入 10mL 水，立即析出大量磺酸结晶。

（2）第二类（拉电子）取代基影响的芳烃磺化

芳核上拉电子基占主导使亲电取代钝化，要使用更强的磺化剂——氯磺酸、发烟硫酸（SO₃）才能直接磺化完全；硫酸酐是很强的磺化剂，不同拉电子基对于磺化的影响不是很大。使用工业发烟硫酸，其中的 Hg、Se、As 对于底物氧化有催化作用。

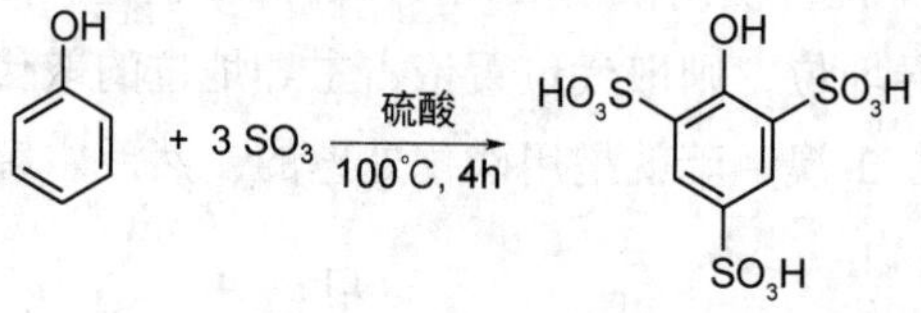

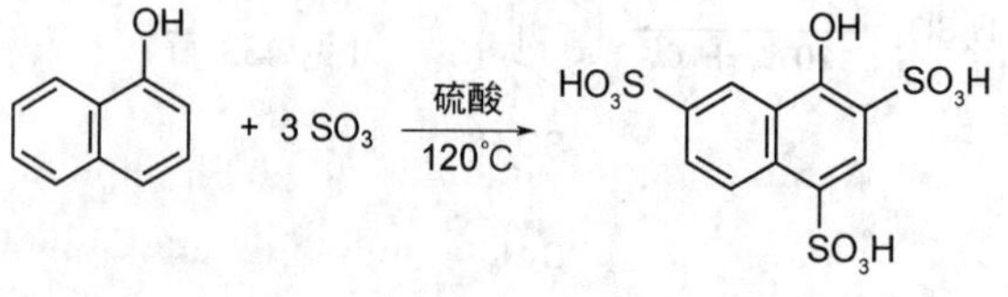

（见 511 页）

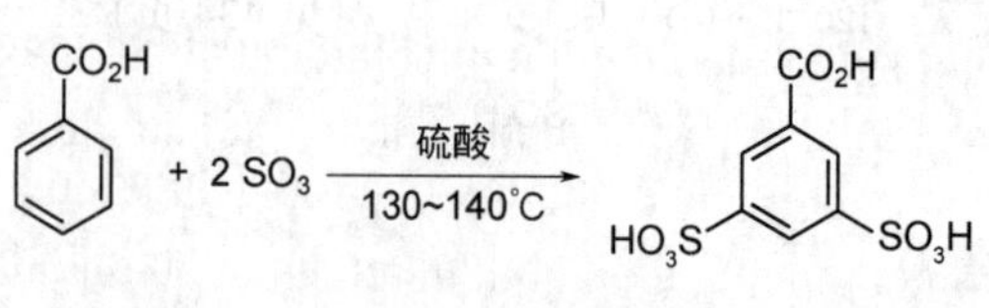

（见 482 页）

---

❶ 由于水汽的蒸出，硫酸用量至少应减掉 1/2，参见 *p*-甲基苯磺酸一水合物（见 465 页）。

3-硝基苯磺酸　　M 203.17，mp 48℃。

6.6m³ 铸铁釜中加入 1.416t 98%硫酸，再加入 3.24t（26.4kmol）硝基苯，搅拌下维持 80~85℃于 4h 左右加入 3.6t 含 65% SO_3（29.2kmol）的发烟硫酸，加完后再于 100~105℃ 保温 9h，收率 98%。

蒽醌-2,6-二磺酸钠二水合物　及　蒽醌-2,7-二磺酸钠四水合物

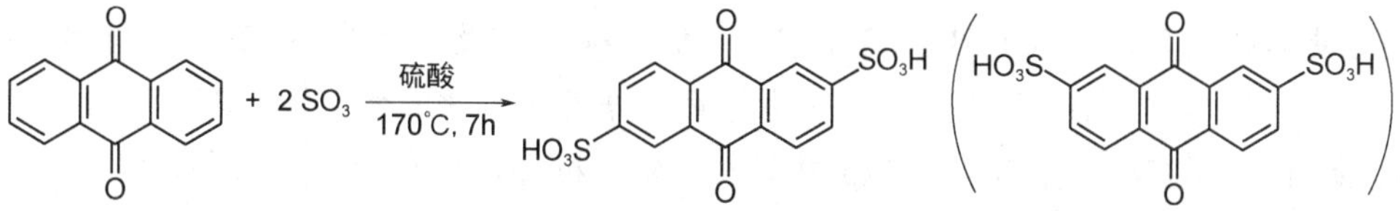

10L 烧瓶中加入 8kg 20% SO_3（20mol）发烟硫酸及 2.08kg（10mol）蒽醌，混匀后 安装空气冷凝管及伸入液面下的温度计，于电热套上缓慢加热至 170℃反应 7h（取样能 完全溶于水）放冷，在磺酸未析出结晶以前将反应物倾入 20L 水中，趁热加入 3kg 再制 盐，充分搅拌，此时只蒽醌-2,6-二磺酸钠析出结晶。维持 60℃左右滤出结晶，以 10%热 盐水冲洗一次，得蒽醌-2,6-二磺酸钠结晶。

滤液中再加入 2kg 再制盐，充分搅拌使溶解，加热至 95℃左右，搅拌下加入适量溴 酸钠或溴酸钾饱和水溶液以氧化使溶液中的红色褪至橘黄色（偏橙色），要很慢滴加（使 用氯酸盐氧化则慢得多），放置过夜。次日滤出黄色羽状结晶，以 15%盐水冲洗，风干得 1.0kg（产率 20%，按蒽醌计）蒽醌-2,7-二磺酸钠。

精制：1kg 粗品溶于 5L 50%乙醇中脱色过滤，橘黄色滤液放冷后析出细小的羽状结 晶。继续放置 5~7 天，细小结晶溶解又重新析出逐渐长大成为直径 1.5~2mm 黄色透明柱 状结晶。滤出、稀乙醇冲洗，在 40~50℃经常翻动下风干以免风化，得 700~800g（产率 14.5%~16.5%）。

（3）汞盐催化下的磺化

第二类取代基的芳族化合物在少量汞盐存在下使用发烟硫酸磺化，磺基不按通常规则进入 第二类取代基的间位，而是进入了对位，如：苯磺酸在 20% SO_3 发烟硫酸中，170~180℃磺化 时，汞盐不但催化了反应，而且影响取代位置，得到 1,3-苯二磺酸和 1,4-苯二磺酸的混合物； 硝基苯在汞盐存在下磺化得到 4-硝基苯磺酸。

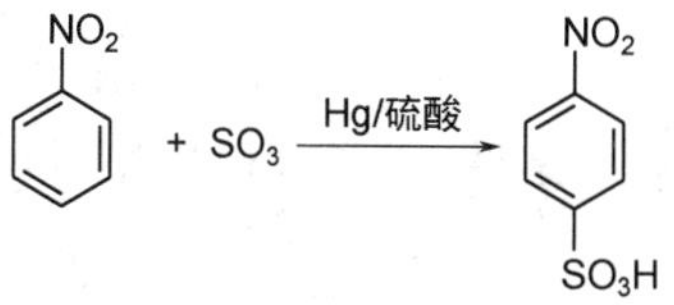

蒽醌的两个苯环可以看作是两个单独的个体行为，在有汞存在时磺化剂完全进入 1 位（α 位），进一步取代进入 5 位和 8 位，得到 1,5-蒽二磺酸和 1,8-蒽二磺酸的混合物。为了得到 1-蒽磺酸，必须使用大过量的蒽醌。

为了减少氧化应使用尽可低的反应温度及更少的汞盐。$HgSO_4$ 的水溶解度及 4×10^{-6}。

蒽醌-1-磺酸钠一水合物　M 328.27，mp 214℃（218℃）；淡黄色片晶。

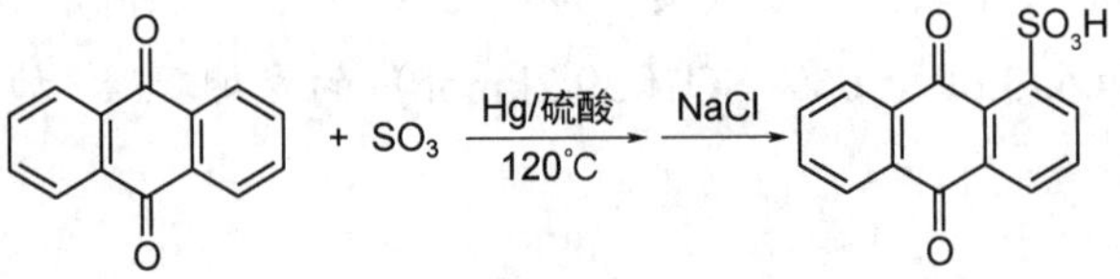

15L 烧瓶中加入 6.3kg 20%（15.6mol）发烟硫酸和 45g 硫酸汞（应改用 25g），加热至 60℃使溶解搅匀，加入 6.2kg（30mol）蒽醌，搅匀后慢慢加热至 120℃。保温 3h，冷后加入至 18L 水中，1h 后滤出未反应的蒽醌，并用热水冲洗两次[1]。滤液及洗液合并、滤清，加热至 90℃搅拌下加入 2.5kg 再制盐，充分搅拌，放冷后滤出结晶。以 5%盐水洗二次，再稀乙醇洗，干后得 2.7kg（产率 68%，按消耗蒽醌计）。

精制：湿的粗品 5.5kg（析干 2.4kg）溶于 70L 沸水中，以 Na_2CO_3 调节至 pH 6，脱色滤清，冷至 45℃种晶，放置过夜，次日滤出结晶（母液重复使用），用 50%乙醇冲洗，风干得成品。

（4）芳胺的烘焙磺化

芳伯胺的酸式硫酸盐在负压 160~180℃加热，磺基引入氨（铵）基的对位，当对位被占据时才在邻位引入，这个反应是酸催化下的重排；第一步是酸式硫酸盐；第二步，脱水生成芳氨基磺酸；第三步是酸催化下磺基重排到氨基的邻位，由于高温，直接重排到对位，如下式：

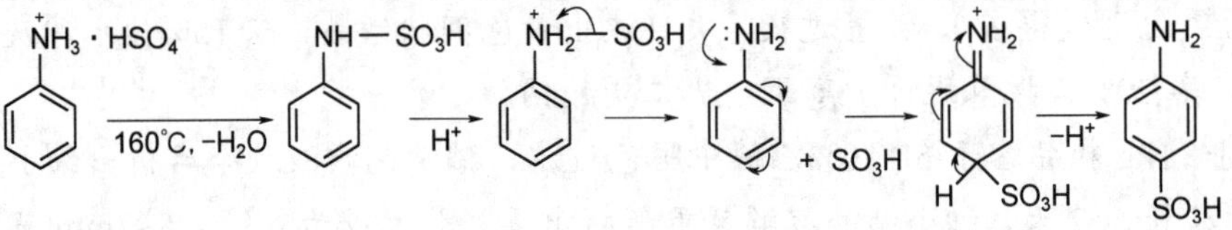

氨基苯磺酸以内盐的形式存在，在水中的溶解度较小，但尚可以水重结晶操作，氨基不与其它弱酸成盐；磺基与碱金属（强碱）的盐易溶于水。

烘焙操作是将芳伯胺加入至浓硫酸中，或从水溶液中制成酸式盐，干燥后于反应器中烘焙，产率达 95%。实验室的制备在烧瓶中进行，用油浴或空气浴，虽然在＜40mmHg 负压下加热，尚有浓硫酸作氧化剂的氧化发生，硫酸中的 Hg、As、Se 催化下氧化，芳胺的碱性越

---

[1] 回收蒽醌（干）3.75kg 重复使用，产率低的原因：或发烟硫酸计量不准确，很可能是 17% SO_3；或溶解损失。以下工作也有此项问题（见 450 页）。

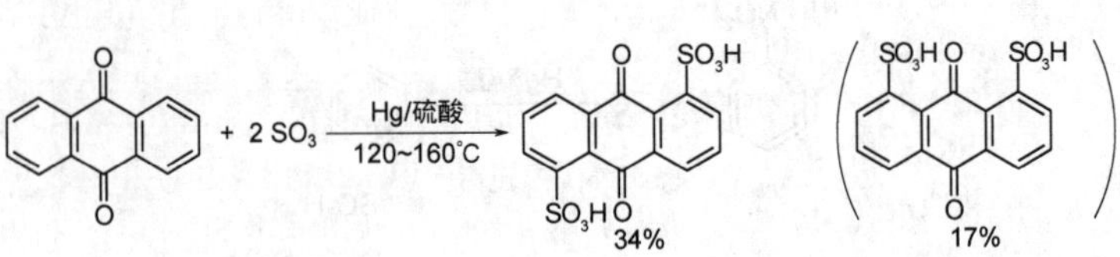

强也越容易被氧化。

2-氨基-5-甲基苯磺酸　*M* 187.22。

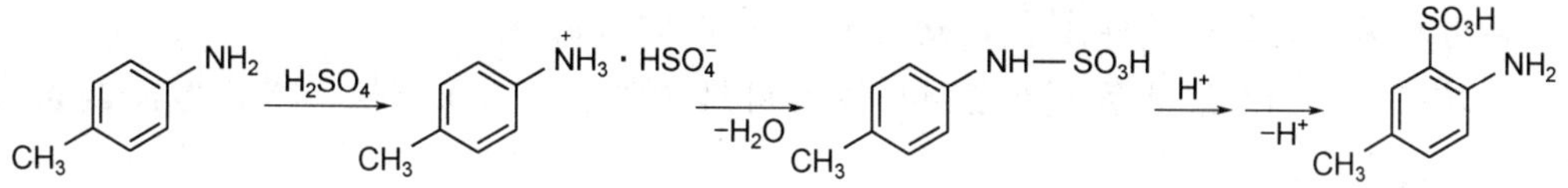

将 4.3kg（40mol）4-甲基苯胺在搅拌下加入 4.1kg（41mol）浓硫酸中，中和放热融为均一，趁热加入至 10 L 三口烧瓶中（或冷固后加入），用进气管进气泡做搅动，伸入液面下的温度计，弯管接冷凝器，支管蒸馏瓶作受器接减压系统，油浴加热控制反应温度 160~165℃/25~35mmHg 加热直至反应物固化❶。停止加热 1h 后，停止减压，用热的氢氧化钠溶液反复洗出反应物，脱色过滤，趁热用盐酸酸化，冷后滤出结晶，水洗，干后得 4.7kg（产率 75%）。

在实验室小量制备，为了方便取出反应物可以增加硫酸用量至 1.5~2mol，同时兼作溶剂，磺化反应物最后为浆状，很容易倾出，冷后滤出结晶。

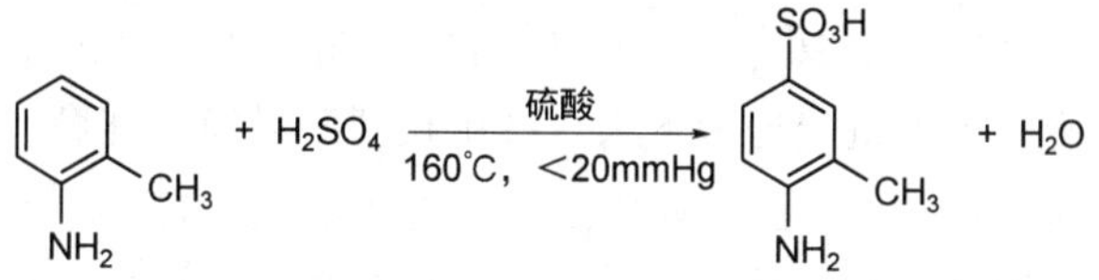

4-氨基-3-甲基苯磺酸

2-氨基苯甲酸在过剩硫酸中，较高温度会发生脱羧，但是用烘焙方法减压熔融 2-氨基苯甲酸的酸式硫酸盐结晶，得到高产率的 2-氨基-5-磺基苯甲酸。

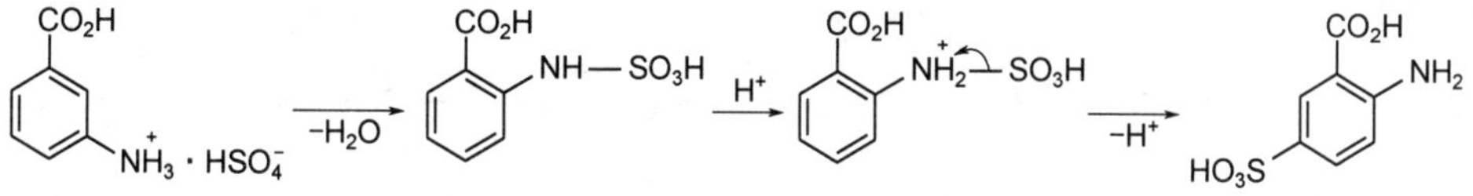

苯胺在无水 1,1,2,2-四氯乙烷中与氯磺酸作用生成苯胺的氯磺酸盐，由于在四氯乙烷中未解离，是酰氯的一端进入反应，磺基进入氨基的邻位。

2-氨基苯磺酸　*M* 173.19，mp 320℃（分解）。

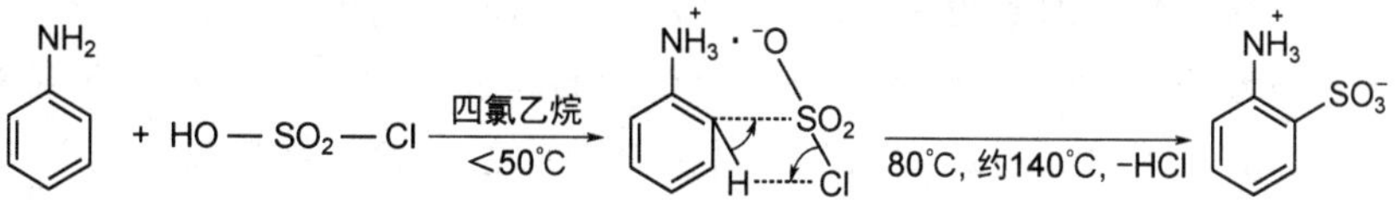

100 mL 三口烧瓶中加入 40g 新蒸的 1,1,2,2-四氯乙烷（bp＞145℃)及 9.3g（0.1mol)苯胺，温度控制在 50℃以下搅拌下慢慢滴入 5.7mL（12g 0.103mol）氯磺酸溶于 10mL 四

---

❶ 尾气的 SO₂ 气味表示有氧化，应停止加热，氧化和物料的纯净有直接关系。在反应物结固以前将温度计和通气管抽出液面，以方便提出反应物。

氯乙烷的溶液，反应物变浑而成糊状，为苯胺氯磺酸盐，用油浴慢慢加热至 80℃ 左右放出大量氯化氢，放出缓和后慢慢升温至 120℃；再加热回流 5~6h（147~148℃）稍冷，将反应物倾入于 0.5L 烧瓶中水蒸气蒸馏回收四氯乙烷。剩余的水溶液以氢氧化钠中至 pH 10，再用水蒸气蒸馏以蒸除苯氨基磺酸水解下来的苯胺。

将烧瓶中的钠盐溶液蒸发至 25mL 左右用热盐酸中和至强酸性，冷后滤取 2-氨基苯磺酸结晶，水洗，干后得 12g（产率 70%）。

精制：用水重结晶。

二、间接方法引入磺基

详见脂肪族磺酸（457 页）和磺酰氯。

第四节　磺酰氯

一、磺酸、亚磺酸及其盐的酰氯化

磺酸、亚磺酸及其盐与无机酰氯如 $SOCl_2$、$HOSO_2Cl$、$POCl_3$、PCl_5 共热得到磺酰氯或亚磺酰氯，中间产物是混合酸酐，（氯代）反应是混合酸酐的分解决定的，需要较高的反应温度和较长的反应时间，反应是无机酸退减下来。或用软硬酸碱简单理解。

推电子基影响的磺酸及盐（弱酸）可被 $SOCl_2$ 酰氯化（见 476 页）；拉电子影响的磺酸及盐的酰氯化，需要强力的氯化剂（如氯磺酸、氧氯化磷、五氧化磷）及较高的反应温度。

$$CH_3-SO_3H + SOCl_2 \xrightarrow[>95℃, 4h]{二氯亚砜} CH_3-SO_2-Cl + HCl + SO_2$$

4-甲苯亚磺酰氯　M 174.64，$n_D^{23.5}$ 1.6004。

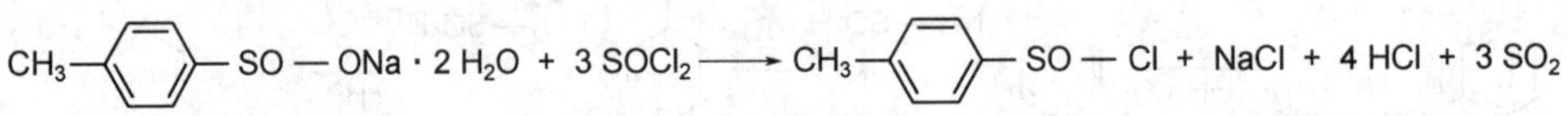

$$CH_3-\langle\rangle-SO-ONa\cdot 2H_2O + 3SOCl_2 \longrightarrow CH_3-\langle\rangle-SO-Cl + NaCl + 4HCl + 3SO_2$$

250mL 三口烧瓶中加入 179g（109mL，1.5mol）二氯亚砜，分次慢慢加入 42.8g（0.2mol）4-甲苯亚磺酸钠结晶粉末 $CH_3-C_6H_4-SO_2Na\cdot 2H_2O$ 约 15min 可以加完，放出大量 HCl 和 SO_2，最初加入反应物温度上升，以后由于放出气体吸热、反应物温度又下降至 0℃，最后反应物变为包有固体物的黄色液体，配置干燥管于室温放置 2h，此间仍缓缓放出气体形成泡沫，白色悬浮物渐渐形成半透明的白色沉降物。

在 50℃ 以下水浴上加热，水泵减压蒸除过剩的二氯亚砜，再加入用五氧化二磷干燥并蒸过的无水乙醚再蒸除，减压回收尽，得到含无机盐的黏稠物为粗品，用 110mL 无水乙醚分三次提取以分离无机盐，再于 50℃ 水浴上加热回收乙醚，最后减压收尽，得浅干草色的油状物 30~32g（产率 86%~92%）。

精制：减压蒸馏，收集 113~115℃/3~5mmHg 馏分，得 23~26g（产率 66%~74%），高沸物 2~3g。

曾试图用 SOCl₂ 将联苯-4-磺酸酰氯化，与过量 3 倍的 SOCl₂ 在 60℃、70℃、80℃保温 1.5h、8h 均未成功，磺酸消溶仍属正常，所得产物熔点为 124~148℃表示混合酸酐未能完全分解，完成氯代。应改变加料顺序以提高反应温度，详见甲磺酰氯，以下应避免使用五氯化磷。

联苯-4-磺酰氯 *M* 252.72，mp 116~117℃，bp 200~205℃/5~7mmHg；针状晶体，溶于苯。

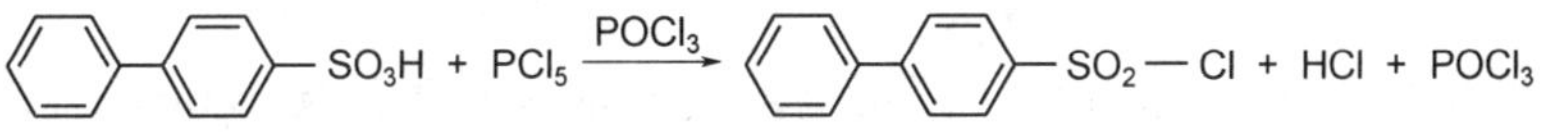

1L 三口烧瓶中加入 234g（1mol）无水的联苯-4-磺酸及 237g（1.15mol）五氯化磷，混合后加入 50mL 三氯氧磷，小心加热至 70℃开始反应，半小时后开动搅拌，于 80℃反应半小时磺酸消溶，再保温 1h[❶]，冷至 50℃搅拌下加入大量碎冰中充分搅拌，滤出结晶，冰水冲洗，以 25mL 冷苯冲洗，风干得 216g（产率 86%），mp 106.4~111.2℃。

精制：用四氯化碳（2mL/g）重结晶（脱色），冷至 15℃滤出结晶，以无四氯化碳冲洗，风干得白色结晶，mp 110.5~114.2℃。

2-甲基萘-6-磺酰氯 *M* 241.79。

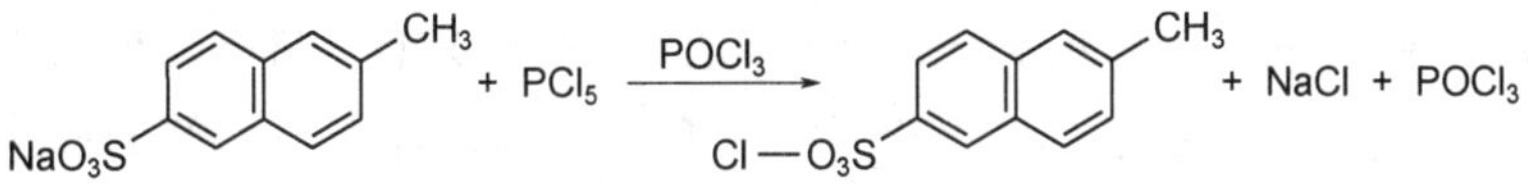

1L 烧瓶中加入 245g（1mol）2-甲基萘-6-磺酸钠粉末及 300g（1.5mol）五氯化磷（应改为 1.2mol 为宜），再加入 100g 三氯氧磷。混匀后于 130℃油浴上加热回流 2h，回收三氯氧磷（bp 105.8℃）。稍冷，加入大量碎冰中充分搅拌至形成结晶，在冰水中放置 1h，滤出、水洗、风干，得近于计算量的粗品，mp 80~90℃。

精制：用氯仿（2mL/g）重结晶，收率 50%，mp 92~95℃。

使用较少的五氯化磷氯化剂，让退减下来的 POCl₃ 在较高温度下也用于氯化，这样可以使反应达到较高的反应温度。由于反应物中无机盐及磺酸钠的比例较大，使搅拌困难、加热不均匀而必须以更长的反应时间——其后与 POCl₃ 的反应缓慢。单独使用 POCl₃ 要更长的反应时间;为了搅拌方便,使用更多量的 POCl₃ 使回流温度相应降低,要更长的反应时间(POCl₃, bp 105.8℃)。

苯磺酰氯 *M* 176.82，mp 17℃，bp 116~117℃/10mmHg，*d* 1.377，n_D^{20} 1.551。

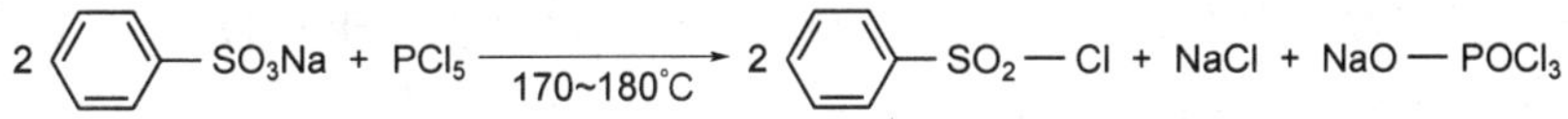

2L 烧瓶中加入 250g（1.2mol）研碎的五氯化磷及 450g（2.5mol）粉碎并在 140℃烘

---

❶ 或常压回收 POCl₃ 以后作减压蒸馏。

干的苯磺酸钠，充分混匀；于 170~180℃油浴上加热 15h，反应物有较弱的回流，在加热过程中每 3~4h 将反应物摇匀一次。冷后将反应物倾入于大量碎冰中充分搅拌，分取油层，以冰水洗两次，以无水硫酸钠干燥后减压分馏，收集 145~150℃/45mmHg 馏分，得 330~360g（产率 75%~80%）。

另法：

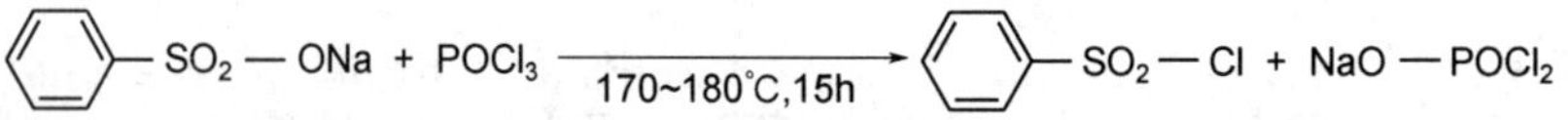

$$\text{C}_6\text{H}_5—SO_2—ONa + POCl_3 \xrightarrow[170~180℃,15h]{} \text{C}_6\text{H}_5—SO_2—Cl + NaO—POCl_2$$

1L 烧瓶中加入 270g（1.5mol）干燥并粉碎的无水苯磺酸钠及 180g（1.17mol）POCl₃，按以上方法加热处理，减压蒸馏、收集到 195~230g（产率 76%~86%）。

甲苯-3,4-二磺酰氯　*M* 289.16，mp 111℃。

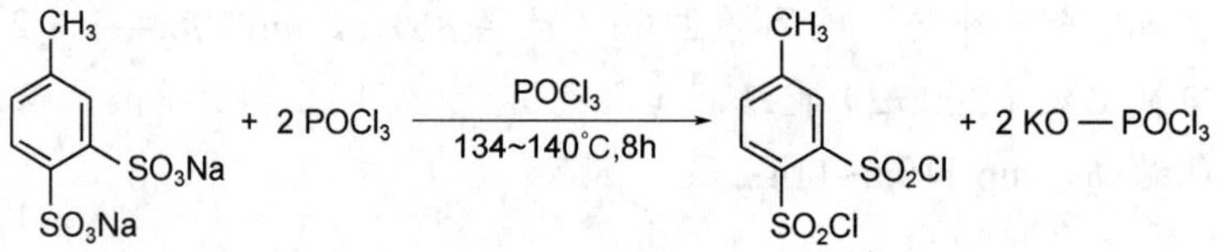

5L 三口烧瓶中加入 2.6L（4.2kg，27mol）❶三氯氧磷，搅拌下加入 1.33kg（4mol）无水甲苯-3,4-二磺酸钾粉末，油浴加热回流 8h。回收 POCl₃；稍冷，加入大量碎冰中充分搅拌，滤出结晶，冰水浸洗三次，风干后用无水甲苯溶解，小心倾倒出清液，以石油醚析出结晶，滤出，风干，得 700g（产率 60%），mp 107~109℃。

苯可用氯磺酸直接引入成为磺酰氯，与过量的氯磺酸在较低温度首先生成磺酸；第二步被氯磺酸酰氯化；制备磺酰氯计算上要使用 2mol 氯磺酸，为充分反应则要用过量 25%~50% 并且最后稍以加热，得到较高的产率，副产物是不同取代位置的异构体。萘及其它稠环不可以制备磺酰氯。

4-氯-苯磺酰氯　*M* 211.07，mp 55℃，bp 141℃/15mmHg。

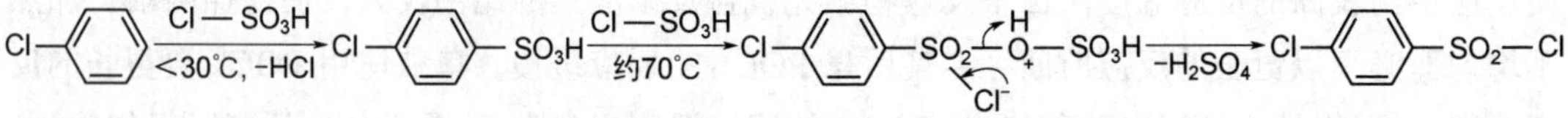

50L 反应罐中加入 35kg（20L，300mol）氯磺酸，冷却控反应温度 20~30℃搅拌下慢慢加入 11.2kg（100mol）氯苯，反应放热，放出的 HCl 从冷凝器上口导至水吸收，加完后继续搅拌保温 1h；于 2h 左右将反应物升温至 70℃保温 4h，冷后慢慢加入大量碎冰中，充分搅拌后 4-氯苯磺酰氯结晶析出，离心分离，冰水冲洗，风干后得 17kg（产率 80%）。

精制：用苯重结晶，mp 52~54℃。

又如：使用氯磺酸制取甲基苯磺酰氯。

---

❶ 应减少 POCl₃ 用量，以期得到更高的回流温度。

反应式（甲苯磺化）:42% / 38%

4-乙酰氨基苯磺酰氯
77%~81%, mp 149℃

在二氯硫酰与 AlCl$_3$ 形成分子化合物 $Cl\overset{+}{-}SO_2 \cdot AlCl_4^-$ 是更强的酰氯化试剂，可以向强拉电子基影响下的芳核直接引入磺酰氯基团。

$$Cl-SO_2-Cl + AlCl_3 \longrightarrow Cl\overset{+}{-}SO_2 \cdot AlCl_4^-$$

$$Ar-H + Cl\overset{+}{-}SO_2 \cdot AlCl_4^- \xrightarrow{-HCl} Ar-\overset{+}{\underset{O_2}{S}} \cdot AlCl_3Cl^- \longrightarrow Ar-SO_2-Cl \cdot AlCl_3 \xrightarrow{水} Ar-SO_2-Cl$$

二、硫化物的氯氧化

有机硫化物，如：S-烃基硫脲盐、硫醇（酚）、二硫化物等在水或其它含氧酸介质（提供 HO$^-$ 生成 HOCl 作为氧化剂）通入氯气，使硫化物氧化并氯化成磺酰氯；含氧酸也被氯代成为酰氯。见 457 页。

氯磺酸是最简单的磺酰氯，使用硫酸（含氧酸）与硫黄或硫的氯化物的氯氧化制备；硫黄首先氯化生成 S$_2$Cl$_2$、SCl$_2$，而后氯氧化（可能有二氯硫酰过程）得到氯磺酸。

氯磺酸 M 116.53，mp -80℃，bp 158℃，d_{20}^{20} 1.76~1.77；无色液体，在湿空气中发烟。

$$2 S + Cl_2 \longrightarrow Cl-S-S-Cl \xrightarrow{Cl_2} 2 SCl_2$$

$$2 H_2SO_4 + SCl_2 + 2 Cl_2 \longrightarrow 2 Cl-SO_3H + SO_2Cl_2 + 2 HCl$$

$$H_2SO_4 + SO_2Cl_2 \longrightarrow 2 Cl-SO_3H$$

总反应式：

$$3 H_2SO_4 + S + 3 Cl_2 \xrightarrow{38\sim42℃} 4 Cl-SO_3H + 2 HCl$$

2L 三口烧瓶中加入 1.25kg（12.5mol）浓硫酸、0.5g 硫酸亚铁和 402g（3mol）氯化硫（S$_2$Cl$_2$），反应物分层[1]，维持 38~42℃（开始阶段要搅拌）以 15~20mL/s 的速度通入氯气，反应的终点是烧瓶及冷凝器的空间被氯充满，变为草绿色，反应物变得均一，黏度变小。分馏，收集 153~158℃馏分，得 1.4kg（产率 72%，按硫酸计）[2]。

---

[1] S$_2$Cl$_2$ (bp 135.6℃) + Cl$_2 \longrightarrow$ 2 SCl$_2$ (bp 59℃)

[2] 此合成的总式：6 H$_2$SO$_4$ + S$_2$Cl$_2$ + 5 Cl$_2 \longrightarrow$ 8 Cl-SO$_3$H + 4 HCl。氧化硫过量 44%，与过量的氯生成 SCl$_2$，在前馏分被分离，与高沸物 H$_2$SO$_4$ 用于下次合成。

1. S-烃基硫脲的氯氧化

醇溶剂中的硫脲对脂肪族卤化物的亲核取代,得到高产率的 S-烃基硫脲·HX 结晶,在低温(<5℃)水溶液中通入氯气至放热反应停止;反应物添加溶剂氯仿或四氯化碳随时将生成的磺酰氯提取以减少水解。难溶于水的 S-烃基硫酸盐可以在冰乙酸中氯氧化,由于无水,可以在稍高的温度反应,产生尿素·HCl 结晶。

甲磺酰氯 M 114.55,bp 161~162℃,d^{18} 1.4805,n_D^{20} 1.4573;不溶于水。

$$(CH_3O)_2SO_2 + 2(NH_2)_2C{=}S \xrightarrow[90\sim110℃]{水} \left(\begin{array}{c} H_2N{-}C{=}NH \\ | \\ S{-}CH_3 \end{array}\right)_2 \cdot H_2SO_4$$

$$\left(\begin{array}{c} NH_2{-}C{=}NH \\ | \\ S{-}CH_3 \end{array}\right)_2 \cdot H_2SO_4 + 2H_2O \xrightarrow{水} 2CH_3{-}SH + 2\begin{array}{c} H_2N{-}C{=}NH \\ | \\ OH \end{array} + H_2SO_4$$

$$2CH_3SH \xrightarrow[-H_2O,\,-HCl]{HOCl} CH_3{-}S{-}S{-}CH_3 \xrightarrow{Cl_2} 2CH_3{-}S{-}Cl \xrightarrow[-4HCl]{4HOCl} 2CH_3{-}SO_2{-}Cl$$

$$Cl_2 + H_2O \longrightarrow HCl + HOCl$$

总反应式:

$$\left(\begin{array}{c} H_2N{-}C{=}NH \\ | \\ S{-}CH_3 \end{array}\right)_2 \cdot H_2SO_4 + 6H_2O + 6Cl_2 \xrightarrow{水} 2CH_3{-}SO_2{-}Cl + 2\begin{array}{c} H_2N{-}C{=}NH \\ | \\ OH \end{array} + H_2SO_4 + 10HCl$$

50L 反应罐中加入 12L 水、24.6kg(320mol)硫脲,维持 50~90℃搅拌下慢慢加入 22.7kg(180mol)硫酸二甲酯(反应放热),加完后于 100~110℃保温 2h,移入 50L 不锈钢桶中,放冷至 80℃加入 15L 乙醇,搅匀放冷,冷后滤出结晶,乙醇冲洗,风干得 30kg(产率 67%,按硫脲计;60%,按硫酸二甲酯计)❶。

50L 反应罐中加入 13.9kg(50mol)上述 S-甲基硫脲硫酸正盐、38L 水,冷却至 5℃以下加入 15L 氯仿,冷却控制低于 5℃,搅拌着通入氯气至放热反应停止并有氯气逸出,停止通氯;于 0℃左右通入空气赶除多余的氯气,分取氯仿层;水层用氯仿提取一次,合并氯仿溶液,冰水洗,以无水氯化钙干燥后回收氯仿,剩余物减压蒸馏,收集 80~100℃/120mmHg 馏分,得 7.5kg(产率 65%)。

应该以氮气赶除溶解的氯,以防可能产生危险的 ClO(可爆性气体)。

另法:

$$CH_3{-}SO_3H + SOCl_2 \xrightarrow[>95℃,\,4h]{} CH_3{-}SO_2{-}Cl + HCl + SO_2$$

1L 三口烧瓶中加入 152g(1.5mol)甲磺酸,油浴加热维持反应温度高于 95℃,搅拌下于 4h 左右滴入 236g(2mol)二氯亚砜,反应过程温度不可以太低,不可加入太快,加完后加热回流 4h。用水泵减压回收未反应的二氯亚砜,剩余物减压分馏,收集 64~66℃/

---

❶ 把硫酸二甲酯和溶剂中的硫脲反应以减少二甲酯的水解也方便回收。

20mmHg 馏分，得 122~143g（产率 71%~85%）。

十六烷基磺酰氯　*M* 324.96，mp 56~58℃。

a. *S*-十六烷基硫脲氢溴酸盐（详见 640 页）

b. 氯氧化——十六烷基磺酰氯

$$H_2N\!-\!\overset{\displaystyle |}{\underset{\displaystyle S-C_{16}H_{33}}{C}}\!=\!NH\cdot HBr + 3\,CH_3CO_2H + 3\,Cl_2 \longrightarrow C_{16}H_{33}\!-\!SO_2Cl + 3\,CH_3CO\!-\!Cl + NH\!=\!\overset{\displaystyle |}{\underset{\displaystyle OH}{C}}\!-\!NH_2\!-\!HBr + 2\,HCl$$

2L 三口烧瓶配置机械搅拌、插底的通气管，回流冷凝器，温度计及水浴。

烧瓶中加入 191g（0.5mol）粉碎干燥的 *S*-十六烷基硫脲氢溴酸盐及 1L 冰乙酸，搅拌下加热维持 30~50℃通入氯气，吸收很好，随着反应 R—S 硫脲逐渐消溶，反应物变清，继续通氯渐渐析出尿素盐的结晶，直至烧瓶的空间充满氯的黄绿色，表示反应完成。停止通氯，继续搅拌 10min，以两倍冰水稀释❶，析出结晶，滤出、冰水冲洗，风干得 160g（产率 98%），mp 56~58℃。

另法：

$$n\text{-}C_{16}H_{33}\!-\!SH + 2\,H_2O + 3\,Cl_2 \xrightarrow[30\sim40℃]{\text{水，四氯化碳}} n\text{-}C_{16}H_{33}\!-\!SO_2\!-\!Cl + 5\,HCl$$

5L 三口烧瓶中加入 216g（1mol）十六硫醇及 2.5L 四氯化碳，搅拌使溶，再加入 2L 水，搅拌及水冷却控制反应温度 30℃左右，以分散头的通气管以 3mL/s 的速度通入氯气至不再吸收（烧瓶的空间出现淡绿色），约 6h 可以完成（按计算已通入 97%的氯），再慢慢通入 1h（水中 HOCl 含量 1.31%属安全范围）。分取下面有机层，以无水氯化钙干燥后回收四氯化碳、减压收尽、剩余物为粗品 320~335g（产率 95%~98%）。

2. 硫醇及二硫化物的氯氧化

硫醇、二硫化物在水或乙酸中氧化成硫的氧化物，以后是氯氧化或磺酰氯。

2-硝基苯磺酰氯　*M* 221.62，mp 67℃。

$$2\,HNO_3 + 6\,HCl \longrightarrow 2\,NO + 4\,H_2O + 3\,Cl_2$$

3L 三口烧瓶配置机械搅拌、插底的通气管、温度计、回流冷凝器上口接水吸收，外用水浴加热。

烧瓶中加入 200g（0.65mol）二-硫代-2,2′-二硝基苯，1L 36%（12mol）浓盐酸，搅拌下从分液漏斗慢慢滴入 284g（70%，3.1mol）硝酸，同时以 0.3mL/s 的速度通入氯气并加热，于半小时左右加热至 70℃，半小时后二硫化物熔化（原料熔点 mp 197℃），加

---

❶ 应以负压回收乙酸（先行滤除尿素盐）。

完硝酸继续通氯 1h。倾去酸水，用温水洗两次（2×300mL），冷后凝固，溶于 140mL 冰乙酸中脱色过滤，冷后滤出结晶，冰水冲洗后浸洗，用碳酸氢钠溶液调节水液为中性，滤出、水洗、风干，得 240g（产率 84%），mp 64~65℃。

又如十六烷基硫醇的氯氧化（见 477 页"十六烷基磺酰氯"中另法）。

第五节　亚磺酸

亚磺酸通常是从磺酰氯在水条件被亚硫酸钠或锌粉还原制取：将磺酰氯逐渐加入亚硫酸钠溶液中，同步加入氢氧化钠溶液以保持反应的弱碱性（以中和产生的亚磺酸、亚硫酸），或在反应物中事前添加有 $NaHCO_3$，弱碱性使反应得以继续进行，过碱会使酰氯水解产物从反应液中以钠盐析出。反应式如下：

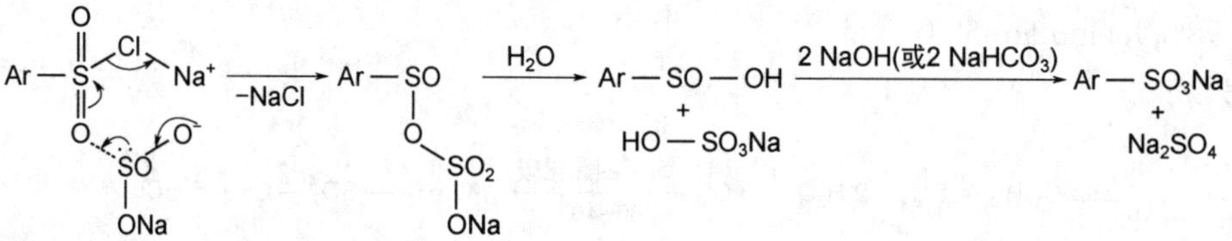

$$Ar-S(=O)_2(Cl)(Na^+) \xrightarrow{-NaCl} Ar-SO(O)(SO_2)(ONa) \xrightarrow[H_2O]{} Ar-SO-OH + HO-SO_3Na \xrightarrow{2\,NaOH(或2\,NaHCO_3)} Ar-SO_3Na + Na_2SO_4$$

总反应式：

$$Ar-SO_2-Cl + Na_2SO_3 + 2\,NaOH \longrightarrow Ar-SO_2Na + NaCl + Na_2SO_4 + H_2O$$

为了分离，可以氯化锌使芳亚磺酸钠成锌盐析出，分离及洗涤其它无机盐，使锌盐悬浮在水中用 Na_2CO_3 进行复分解；亚磺酸钠在反应物中的冷溶解较小，应直接分离处理，如 4-甲基苯亚磺酸钠直接从反应物析出，得到较高的产率（见 666 页）。

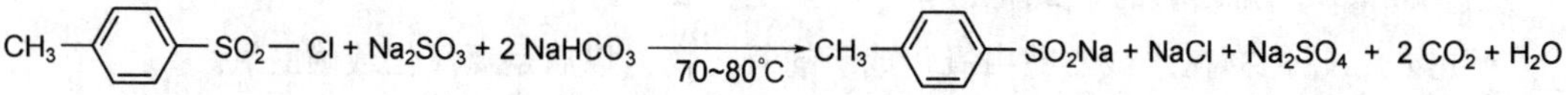

$$CH_3-C_6H_4-SO_2-Cl + Na_2SO_3 + 2\,NaHCO_3 \xrightarrow{70\sim80℃} CH_3-C_6H_4-SO_2Na + NaCl + Na_2SO_4 + 2\,CO_2 + H_2O$$

4-甲基苯亚磺酸钠（>74%）

使用 NaOH 维持 pH 8~9，碱性太强造成酰氯水解，以及以锌盐分离的操作损失，最后成品的产率相当低（40%）。

$$C_6H_5-SO_2Cl + Na_2SO_3 + 2\,NaOH \xrightarrow[0\sim50℃]{\triangle} C_6H_5-SO_2Na + NaCl + Na_2SO_4 + H_2O$$

磺酰氯的用锌粉还原是与过量的锌粉交替加入 80℃ 的热水中（或先加入锌粉）；大体积的热水溶液是亚磺酸锌盐和氯化锌的溶液[❶]用氢氧化钠复分解、亚磺酸钠留在热溶液中，滤除 $Zn(OH)_2$，亚磺酸钠从冷溶液中析出。

2-甲基萘-6-亚磺酸钠　M 229.34。

---

❶ $2\,Ar-SO_2-Cl + 2\,Zn \rightarrow (Ar-SO_2)_2Zn + ZnCl_2$。

2 ... ClO_2S—[2-甲基萘] $+ 2\,Zn \xrightarrow{80\sim90℃}$ ($^-O\!-\!OS$—[2-甲基萘])$_2 \cdot Zn^{2+} + ZnCl_2$

($^-O\!-\!OS$—[2-甲基萘])$_2 \cdot Zn^{2+} + 2\,NaOH \xrightarrow{90℃} 2$ $NaO\!-\!OS$—[2-甲基萘] $+ Zn(OH)_2$

2L 烧杯中加入 1.5L 80℃热水，维持 80℃左右，搅拌着交替加入 56.7g（0.82mol）锌粉（平底容器容易搅起来）及 90g（0.37mol）2-甲基萘-6-磺酰氯粗品（mp 80~90℃），约 10min 可以加完，加完后于 90℃左右保温搅拌 1h；慢慢加入 43mL 40%（0.6mol）氢氧化钠溶液，再加入 18g 碳酸钠配成的溶液，保温搅拌 5min，趁热滤除过剩的锌粉及沉出的 $Zn(OH)_2$、$ZnCO_3$，放置过夜，次日滤取 2-甲基萘-6-亚磺酸钠结晶，干后得 60g（产率 70%）。

芳烃与 SO_2 在 $AlCl_3$ 作用下的直接引入亚磺基，开始通入一些 HCl 是必需的，它参与了催化过程。生成亚硫酰（氯）与 $AlCl_3$ 的络合物 $^+SO_2H \cdot AlCl_4^-$，取代反应后 HCl 退减下来——再生、催化反应——氯化铝与产生的亚硫酸生成稳定的络合物，不再催化反应。因此，催化剂 $AlCl_3$ 的用量至少是等摩尔，反应在室温下进行，如下式：

$$HCl + AlCl_3 + SO_2 \longrightarrow {}^+SO_2H \cdot AlCl_4^-$$

$$Ar\!-\!H + {}^+SO_2H \cdot AlCl_4^- \longrightarrow Ar\!-\!SO_2H \cdot AlCl_3 + HCl$$

反应物复盐经水分解后，用氢氧化钠使亚磺酸成为溶解度大的钠盐，使 $AlCl_3$ 碱分解为碱式碳酸铝（难溶于水）的形式分离，从亚磺酸钠水溶液用盐酸酸化析出亚磺酸结晶。

4-甲基苯亚磺酸　M 156.22，mp 86~87℃。

CH_3—[苯环] $+ SO_2 + AlCl_3 \xrightarrow[-10℃]{HCl/CS_2} CH_3$—[苯环]—$SO\!-\!OH \cdot AlCl_3 \xrightarrow[\text{水}]{2Na_2CO_3/\text{水}}$

$\longrightarrow CH_3$—[苯环]—$SO\!-\!ONa + 3NaCl + HO\!-\!AlCO_3\downarrow + CO_2$

$\xrightarrow{HCl} CH_3$—[苯环]—$SO\!-\!OH + NaCl$

40g 二硫化碳中加入 15g（0.11mol）氯化铝及 10g（0.11mol）甲苯，混匀冷却至-10℃通入 HCl，5min 后再以 0.5mL/s 的速度通入 SO_2，约 2h 通入约 3.6L（0.16mol）SO_2，放置过夜。次日，倾入大量碎冰中，充分搅拌，加入 Na_2CO_3 溶液至碱性；水洗、蒸馏回收二硫化碳，趁热滤除碱式碳酸铝，并以沸水浸洗，滤液与洗液合并，蒸发至 150mL，用盐酸酸化，析出甲苯-4-亚磺酸结晶，得 16g（产率 94%），mp 84℃。

另法：甲苯磺酰氯用 $NaSO_3$ 还原。

苯亚磺酸　M 142.17，mp 83~84℃，>100℃（分解）；微溶于冷水，易溶于热水及苯中。

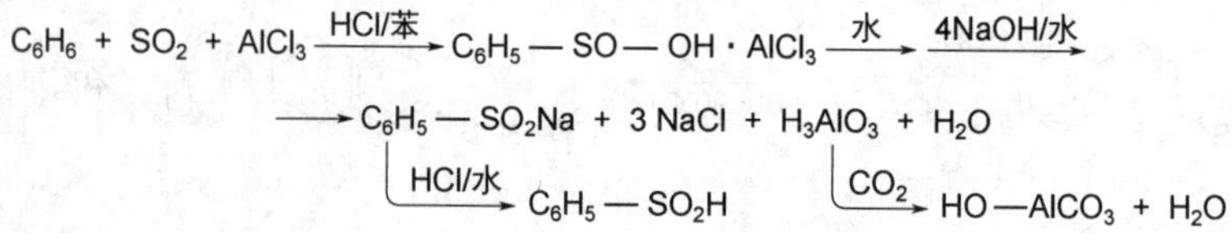

$$C_6H_6 + SO_2 + AlCl_3 \xrightarrow{\text{HCl/苯}} C_6H_5\!-\!SO\!-\!OH \cdot AlCl_3 \xrightarrow{\quad \text{水} \quad} \xrightarrow{4NaOH/\text{水}}$$

$$\longrightarrow C_6H_5\!-\!SO_2Na + 3\,NaCl + H_3AlO_3 + H_2O$$

$$\downarrow \text{HCl/水} \qquad\qquad\qquad\qquad \downarrow CO_2$$

$$\qquad\quad C_6H_5\!-\!SO_2H \qquad HO\!-\!AlCO_3 + H_2O$$

5L 无水苯中加入 2kg（15mol）三氯化铝，搅拌下通入约 50g 氯化氢，再通入 1.28kg（20mol）二氧化硫，放置过夜。次日倾入大量碎冰中充分搅拌，慢慢加入 2.6kg（65mol）氢氧化钠溶于 10L 水的溶液，加热回流使复盐的颗粒消失，水蒸气蒸馏回收苯，通入 CO_2 使碱式碳酸铝沉离分离，过滤，滤液蒸发浓缩至 20L 左右，以浓盐酸酸化，滤出，干后得 1.7kg（产率 80%，按 $AlCl_3$ 计），mp 83℃。

芳基重氮盐溶液（或磺酸内盐）以沉淀铜粉催化下与亚硫酸作用，得到高产率的亚磺酸。如下所示（见 596 页）：

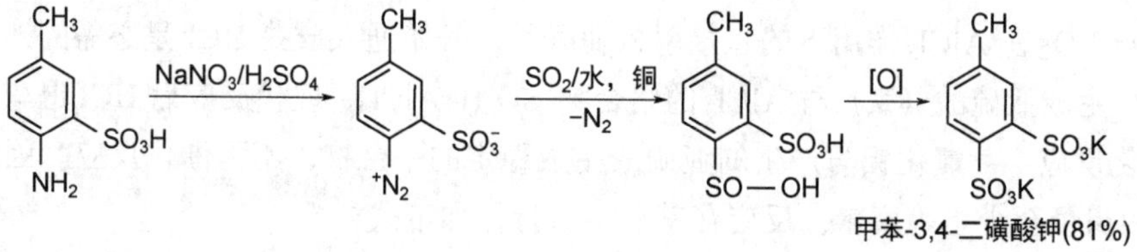

甲苯-3,4-二磺酸钾(81%)

第六节　芳基磺酸钠的碱熔

芳基磺酸钠（钾）或酰胺的碱熔被羟基取代的亲核反应（$-SO_3Na \rightarrow -OH$），在芳核 C−S 碳原子有效正电荷越大（受拉电子基影响）就越容易反应。

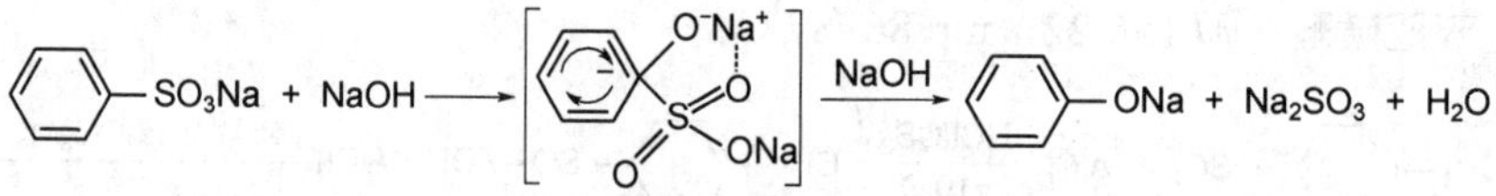

例如：2,4,6-三硝基苯磺酸钠，强大的拉电子影响，与稀 NaOH 溶液在 40℃即完成了羟基取代，得到 2,4,6-三硝基酚（钠）。又如：羧基使磺酸的碱熔的羟基取代也容易发生，有两个磺基的羧酸，第一个磺基很容易完成羟基取代，由于羟基的影响，间位羟基并没有在很大程度上影响第二个磺基的羟基取代，更高些的温度完成了第二个磺基的取代——如 3,5-二羟基苯甲酸的合成。

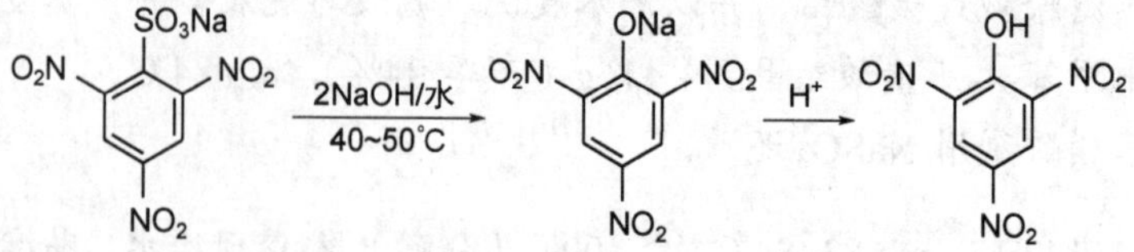

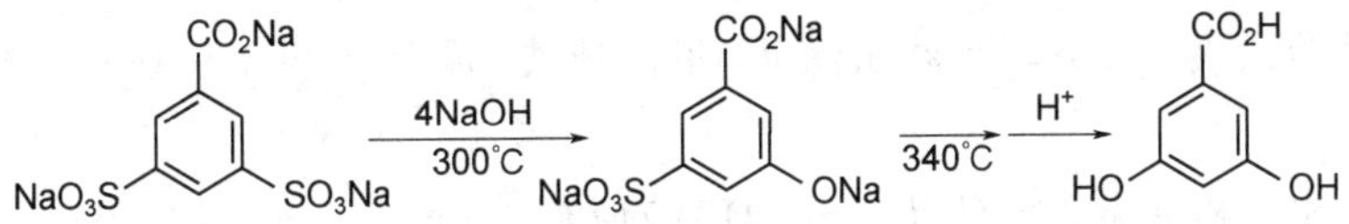

没有其它拉电子基的二磺酸的碱熔，第一个磺基受拉电子的影响很容易羟基取代，第二个磺基受羟基推电子的影响而被保留，如：2-萘酚-6-磺酸钠，磺基受羟基负离子通过环的共轭使芳环核上 C—S 碳原子的电正性降低，使碱熔的羟基取代变得困难。

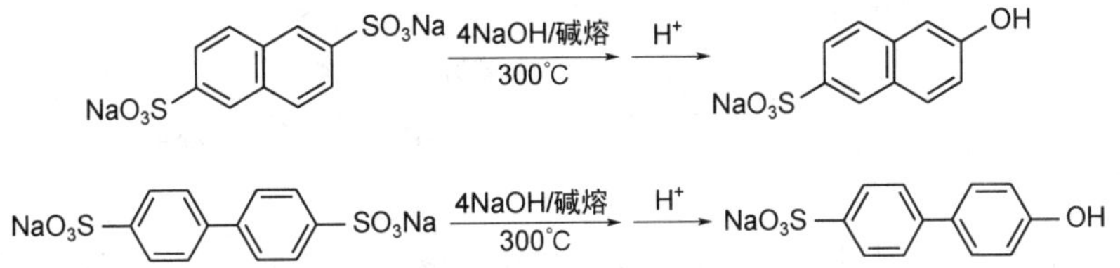

【碱熔的实施】

计算上，1mol 磺酸钠的碱熔要使用 2mol 氢氧化钠，由于反应过程析出退减下来的亚硫酸钠固体物，为了搅拌不得不使用更多过量的氢氧化钠；如果使用直火或电炉加热，搅拌不好会使局部温度过高，酚钠在高温下可被炭化以暗火燃烧。测试熔融的反应温度，要使用铜或不锈钢套管予以保护，否则温度计将被高温下的熔碱蚀掉。

KOH（mp 360.4℃），工业氢氧化钾依含水量其纯度有＞90%、＞85%；它们在不太高的温度（120~140℃）即可熔化。为碱熔方便，可以向氢氧化钠中添加一定数量的氢氧化钾，氢氧化钾是更强的碱，有利于羟基取代，但是一般不用。

碱熔产物的分离处理：打碎的碱熔产物趁热用较少的热水浸泡，让结块物崩解开，熔解氢氧化钠、酚钠，把亚硫酸钠剥离；分离后，溶液以 30%~40% H_2SO_4 中和至 pH 9，此时，只中和了过剩的氢氧化钠，放置过夜使结晶硫酸钠 $Na_2SO_4·10H_2O$ 结晶分离，也相应地浓缩了溶液；溶液用盐酸酸化至 pH 3（由于反应液中大量硫酸根影响析出速度，分离出结晶硫酸钠的反应物溶液当可使用硫酸酸化；酸化之初残留的亚硫酸钠分解出 SO_2 将棕色溶液还原为淡黄色；或在酸化之初在 80℃以上以 $Na_2S_2O_4$ 做还原处理）。

4-羟基苯甲酸　M 138.12，mp 214~215℃；微溶于冷水。

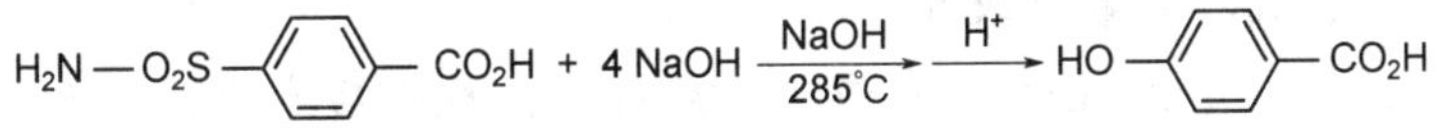

20L 铸铁锅中加入 3kg 氢氧化钠及 1kg 40%（共 85mol）氢氧化钠，于文火上加热至 280~285℃，搅动着，维持 280~285℃分几次加入 2.1kg（10mol）4-磺酰氨基苯甲酸（生产糖精的副产物），大量 NH_3 放出并形成泡沫，立即搅匀，由于产生亚硫酸钠，反应物呈黄绿色、难以搅拌的泥浆状，搅动下加热至反应熔成棕色糊状；若搅拌不好，局部温度过高，则锅底可能出现暗燃的炭火。停止加热，搅动使冷结成块状以便加水崩解——从加入磺酰胺至停止加热历时仅 12min。用 6L 水加热溶解，用 30% H_2SO_4 中和至 pH 9，放置过夜或更长时间以使析出大量结晶硫酸钠（$Na_2SO_4·10H_2O$）的大结晶，滤出，并以少量冷水浸洗，洗液与滤液合并，再以硫酸中和酸化至 pH 3，中和时放出大量 SO_2。溶液从棕色还原为淡黄，几小时后滤出结晶，用水冲洗，风干得 900~960g（产率 65%~70%），mp 211℃。

精制：用水（8mL/g）重结晶，mp 213~217℃。

3,5-二羟基苯甲酸·1.5H$_2$O（α-雷索辛酸）　M 181.14，mp 227℃（无水）。

a. 磺化

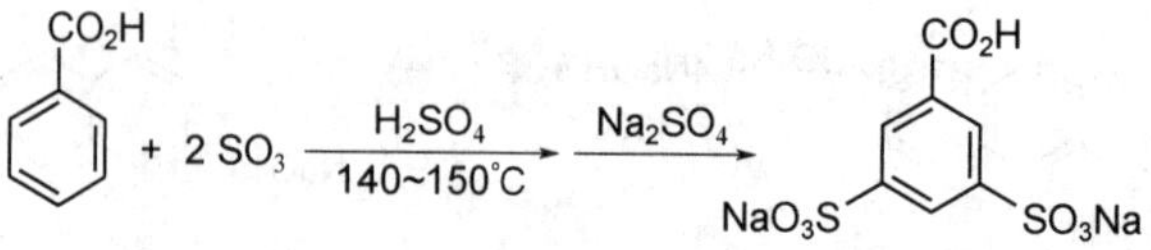

10L 烧瓶中加入 8kg 20%SO$_3$（20mol）发烟硫酸，摇动下加入 1.22kg（10mol）苯甲酸，摇匀后于 140~150℃保温 6h。冷后倾入 5kg 碎冰中，放热可升温至 90℃，搅拌下慢慢加入 4.8kg（15mol）结晶硫酸钠溶于 2L 水的热溶液以析出较大结晶。放冷后离心分离，以 15%硫酸钠溶液冲洗两次，干后得 3~3.2kg（产率 90%~95%）。

b. 碱熔

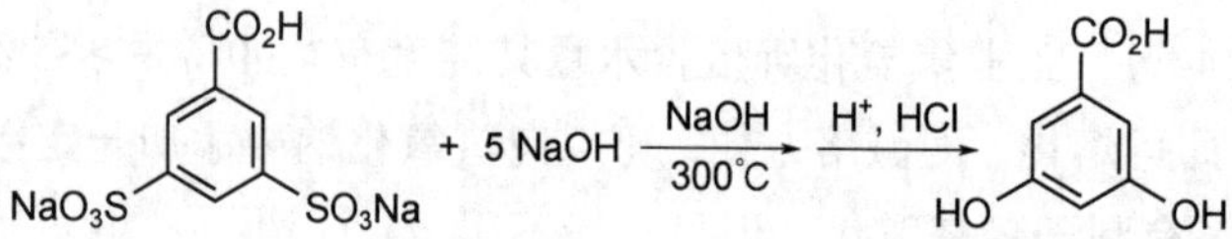

15L 容积的铁锅中加入 4.7kg（115mol）氢氧化钠[1]及 800mL 水，加热控制熔融温度 290~300℃，分次加入上面全部二磺酸钠粉末，由于物料含水及反应产生水的原因而形成大量泡沫，加完后于 300~320℃保温搅拌 15min 使反应物为流体（棕色，温度越高，颜色越深），Na$_2$SO$_3$ 不再增加。停止加热，将反应物倾出，用 6L 热水，搅动下使熔块崩解开，放置过夜。次日滤除析出的 Na$_2$SO$_3$ 并用 1L 饱和亚硫酸钠溶液浸洗二次，得亚硫酸钠湿品 3.2kg。洗液与滤液合并，以浓盐酸[2]酸化至 pH 3（立即析出结晶），次日滤出粗品，风干得 1.06kg，mp 230~233℃。母液用乙醚提取，再用于提取粗品，回收乙醚，风干得 1.3kg（产率 72%，按苯甲酸计）。

精制：1.3kg 粗品溶于 1L 蒸馏水中，脱色过滤，放冷后冰冷，滤出结晶。干后得产品 940g（产率 52%），mp 234~236℃，外观淡棕黄色，母液尚可回收 60g。

3-羟基苯甲酸　M 138.12，mp 202~203℃。

a. 3-磺基苯甲酸

---

[1] 曾用 3.2kg 氢氧化钠进行碱熔，因最后搅拌困难而引起酚钠在锅底炭化，反应物呈棕黑色；使用 4.7kg 氢氧化钠在碱熔的最后也能顺利搅拌。

[2] 应先以磺化"废酸"中和至 pH 9，分离结晶硫酸钠以后再以盐酸酸化以缩小操作体积，以方便提取。不宜用硫酸酸化，反应物中大量 SO$_4^{2-}$ 使析出结晶很慢。

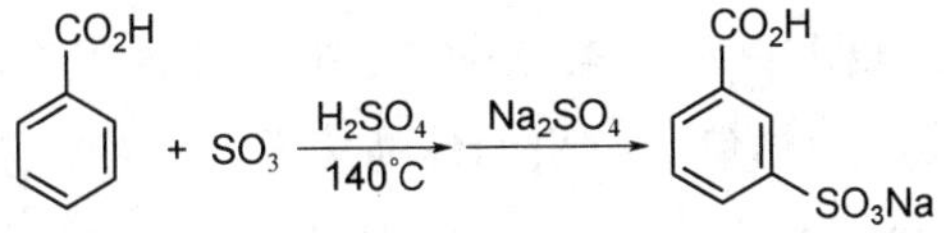

2L 烧瓶中加入 245g（2mol）苯甲酸，将 350g 50% SO_3（2.18mol）发烟硫酸分三次慢慢加入，第一次由于磺化放热就能把苯甲酸溶化，稍事冷却，再加第二次、第三次，勿使放热超过 140℃。加完后于 140~150℃ 保温 2h（实际上 1h 就已完全，取样 1mL 滴入至 5mL 冷水中清亮，放半小时微现浑浊；又保温 1h，以上情况没有改善），冷后慢慢加入 750mL 冷水中，放热勿使超过 80℃。搅拌下加入 550g（1.7mol）结晶硫酸钠，加热使初析出的结晶溶解，放冷滤出结晶，用 15%硫酸钠冲洗两次，风干后得 510g（产率 97%）含结水的磺酸钠，粉碎使用。

b. 碱熔

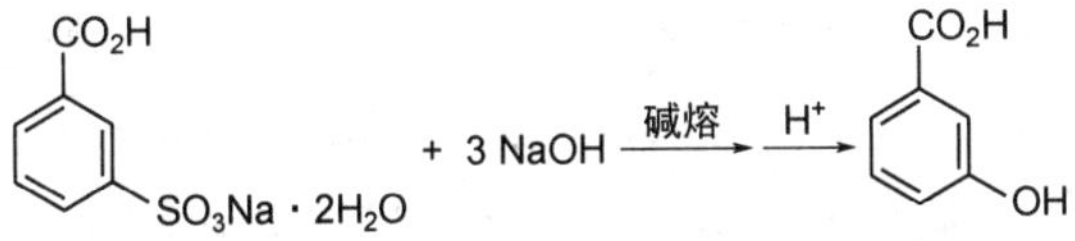

3L 容积的铁锅中加入 500g（12.5mol）氢氧化钠，加热熔化后分次加入以上全部结晶钠盐粉末，约半小时可以加完，加完后保持熔融 1h 至析出亚硫酸钠不再增多，水汽泡基本消失，停止加热，将碱融物搅开结固，加入至 1L 热水中使熔结块状物崩解开，趁热滤除亚硫酸钠并以饱和亚硫酸钠浸洗两次（过滤困难），洗液与滤液合并，以 30% H_2SO_4 中和至 pH 9 放置过夜。次日滤除结晶硫酸钠，并以 15%硫酸钠溶液冲洗两次，洗液与滤液合并，加热至 80℃，加入 1g 保险粉以还原颜色物质，用浓盐酸酸化，冷后滤出结晶，冷水浸洗，风干得白色粗晶 230g（产率 83%），mp 201.2~202.2℃。

精制：2L 水加热至沸，加入以上全部湿品，至 80℃ 即可溶解（微浑），加入 10g 脱色炭滤清，放冷过程仍出现苯甲酸的浑浊。次日滤出结晶，风干得 165g（产率 60%，按苯甲酸计），mp 200.8~202.2℃，纯度（滴定法）100.1%，苯甲酸杂质<0.5%。

水母液重复使用，得成品（干）200g（产率 72%），mp 208.8~202.2℃，纯度（滴定法）100.2%；杂质苯甲酸稍有增加，该用溶剂洗除。

4-羟基联苯 *M* 170.24，mp 166℃，bp 305~308℃；升华。

a. 4-磺基联苯（mp 141℃，无水物）

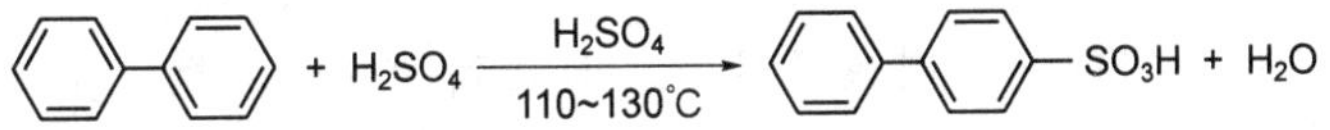

1L 三口烧瓶中加入 500g（5mol）浓硫酸，搅拌下加热至 110℃，慢慢加入 154g（1mol）联苯，放热使反应物温度上升至 120℃，5min 后联苯进入反应而溶消；将反应物降温至 110℃，再慢慢加入 154g（1mol）联苯；10min 后又加入 154g（共加入 462g，3mol）联苯，于 130℃ 左右保温 2h，放冷至 100℃ 将反应物加入至 330mL 热水中搅匀，放置过夜，次日滤出结晶，以 10%盐酸（300mL）冲洗，得湿品 800g。

以上湿品溶于 400mL 热水中加热至 90~95℃脱色过滤，再加热至 90~95℃，搅拌下慢慢加入 250mL 36%盐酸，加热使初析出的结晶溶解，放冷过夜。次日滤出结晶，得湿品 720g，干后得 427g，mp 138~141℃（anh），HPLC 纯度 98.5%。

b. 碱熔

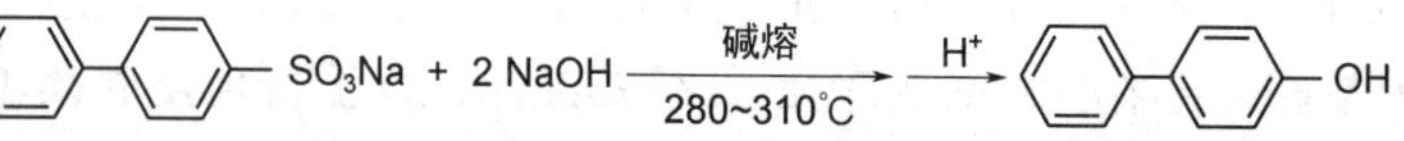

磺化保温以后，放冷至 100℃左右，加入至 2L 水中加热至沸，搅拌下慢慢加入 840g（2.8mol）结晶硫酸钠溶于 600mL 水的溶液，并加热至沸，放置过夜。次日滤出结晶（最后也很难滤干），用盐水冲洗，风干，粉碎，得 810g 磺酸钠。

2L 容积的铁锅中加入 1kg（25mol）氢氧化钠及 200mL 水，加热溶化及蒸除水以维持 280～310℃分次慢慢加入以上全部磺酸钠粉末，加热使稠厚的反应物熔融成糊状流体，颜色变为黄绿色并析出 Na₂SO₃，再于 300~310℃保温 10min，反应物开始变棕，停止加热，稍冷打碎，使溶于 4.5L 水中用磺化"废酸"中和至 pH 10，放置过夜。次日分离结晶硫酸钠并以少许冷水冲洗，洗液与滤液合并，加热至沸，趁热以盐酸酸化后再煮沸 10min（否则过滤很慢），放冷、滤出、水洗，风干得 640g（含无机盐）。

精制：粉碎的粗品用二甲苯提取 3 次（2.2L、1.6L、1.2L），提取液合并，脱色过滤，冷后滤出结晶，以二甲苯冲洗，干后得淡黄色结晶 255g（产率 50%），mp 160~166℃。

2,5-二甲基-3-羟基苯甲酸　*M* 166.18，mp 168℃；白色絮状，可溶于沸水 4%。

a. 2,5-二甲基-3-磺基苯甲酸

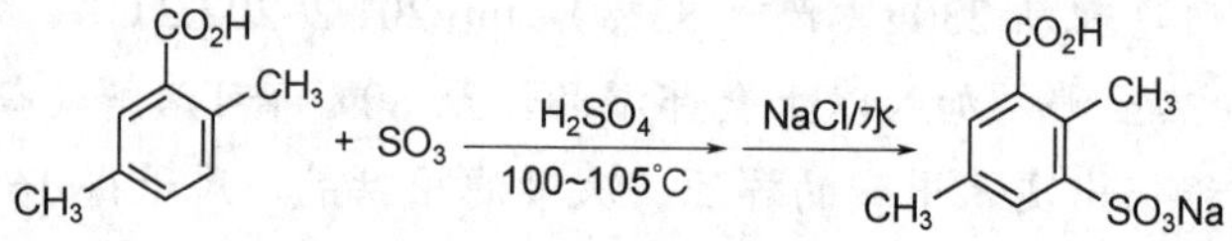

1L 三口烧瓶中加入 150g（1mol）2,5-二甲基苯甲酸，再加入 450g 含 20% SO₃（1.12mol）的发烟硫酸（放热不够，需考虑使用浓硫酸），开动搅拌，于 1h 左右将反应物加热至 100~105℃，保温搅拌 2h；冷至 70℃将反应物加入 200mL 冷水中，放热达 90℃；搅匀放冷，滤出结晶，尽量滤干，得磺酸湿品 350~370g。

以上湿品溶于 360mL 热水中，加热至 90℃，慢慢加入 660mL 热的饱和食盐水，立即析出磺酸钠结晶，冷后滤出，干后得 227g（产率 78%）。

用滤出钠盐的母液处理滤出磺酸的母液，回收到 70g 磺酸钠，使收率达 98%。

b. 碱熔

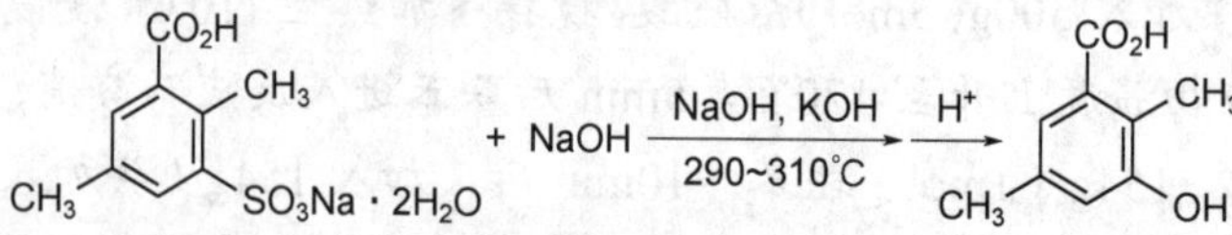

1L 铁锅中加入 280℃（6.9mol）氢氧化钠及 232g 85%（3.5mol）氢氧化钾，加热熔融保持 290~310℃于 20min 左右慢慢加入 227g（0.76mol）上面的二水合磺酸钠，

反应放出大量水汽并形成泡沫（有分层现象要很好搅动）。由于碱用量太大，反应物的流动性很好。如果反应物温度低于 280℃，反应物有凝固使搅拌困难（应在 300℃ 左右为宜），加完后保温搅拌 10min，趁热倾出，加入 1.2L 热水中使它崩解、溶化，冷后以 30% H_2SO_4 中和至 pH 9.5（冷后并未析出结晶硫酸钠）。冷至 60℃ 滤清，继续酸化至 pH 3，立即析出大量絮状结晶，冷后滤出，水洗二次，得（干）104g（产率82%），mp 163~168℃。

精制：以上湿的粗品溶于 2.2L 沸水中脱色过滤，放置过夜。次日滤出结晶，烘干后得 60g，mp 167~168.5℃；使用该母液精制，得 88g（产率 69%），mp167~168.4℃。

相同的方法制取 4-甲基-3-羟基苯甲酸，产率 63%，mp 207~209℃。

4-甲基-3-羟基苯甲酸
63%, mp 207~209℃

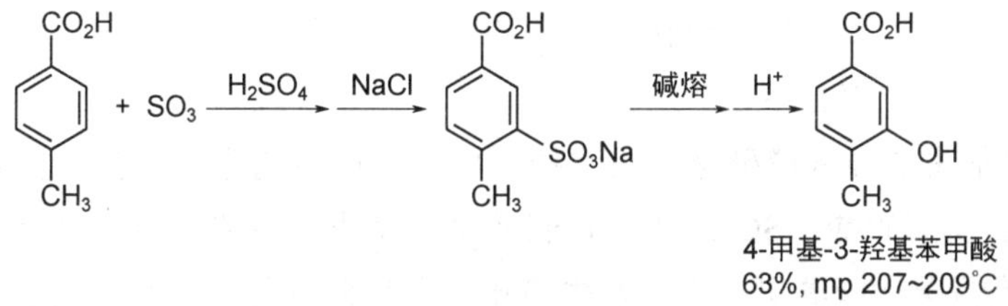

第七节　脱磺酸基

脱去磺基（及脱羧基、脱羰基）是氢置换另一个离去基团（—SO_3H → —H），脱磺酸基是磺化的逆反应，作为阻基目的，磺基从芳核上被质子（H^+）取代，是分子间的亲电取代，不同浓度的硫酸提供了不同的、沸腾下的反应温度；反应速度随硫酸浓度的提高而降低；随反应温度的升高而反应速度大为增加；提高硫酸浓度，反应物沸腾温度提高，总的结果是脱去磺基的速度提高了很多，随时把脱去磺基的产物蒸出反应体系，以减少磺化的逆反应。

特殊情况，为避免硫酸条件的逆变化，也有使用其它酸进行的分解，如：2,4,6-三甲基苯磺酸容易脱除磺基，也容易磺化为磺酸的逆反应，其磺基的脱除是与恒沸点热酸一起回流或随时蒸出均三甲苯，反应迅速进行。

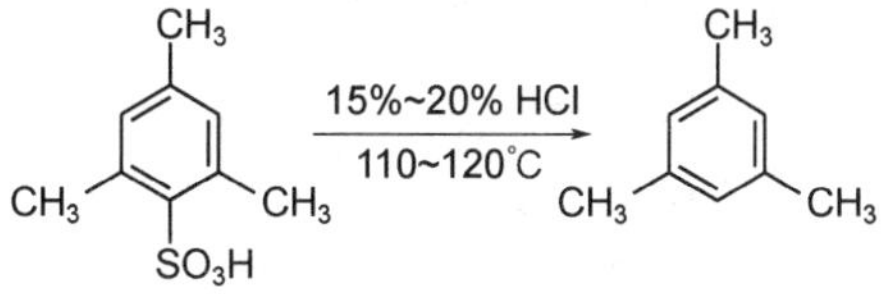

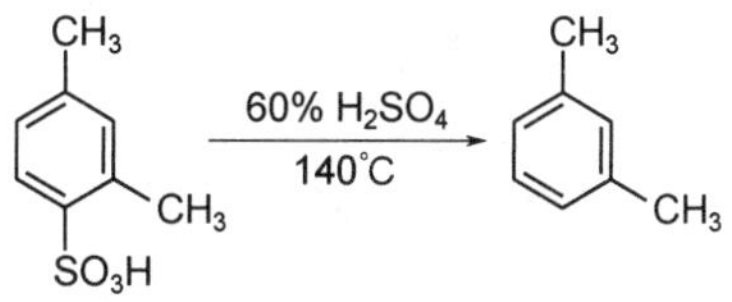

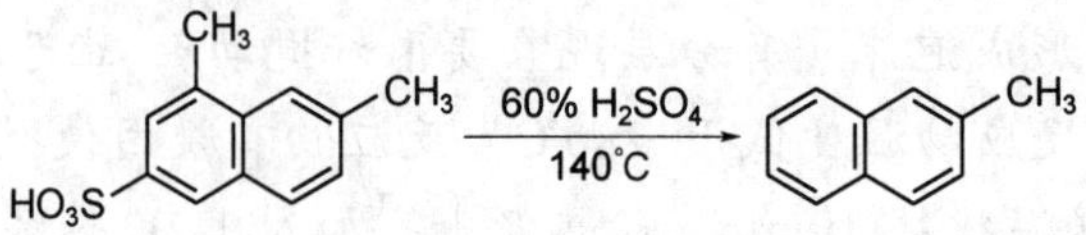

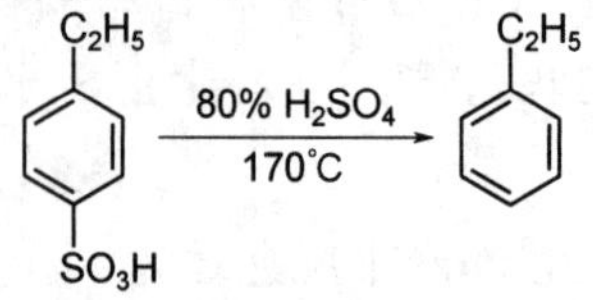

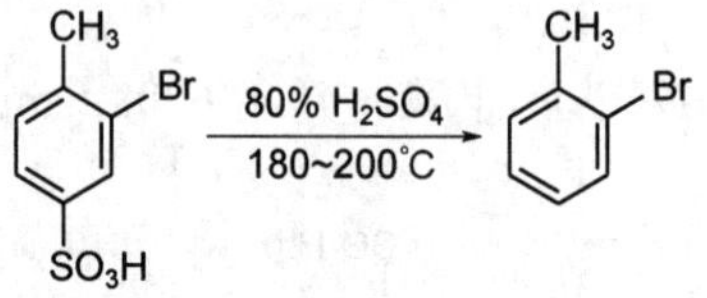

拉电子取代基占主导的脱磺基更困难些，由于拉电子的影响，在大多数情况下，磺化的 π 值＞80，要发烟硫酸（SO_3）才使它们磺化。而使用高浓度的含水硫酸，即使温度在 200℃以上在回流情况（或蒸出）也不发生磺化，只是分解开。

第八节 磺基被硝基取代

具体内容参见 511 页，此处不再赘述。

第十二章

硝基化合物——硝化及亚硝化

第一节　概述

　　硝基化合物是重要的有机中间体，可用于合成染料、香料和炸药；很容易用硝酸向芳核上直接引入硝基。还原得到氨基化合物及其后的许多衍生物；硝基化合物多有较大的毒性及燃爆性质。

　　硝基对于芳环的诱导和共轭的影响使苯环的电子云密度降低，尤其使邻、对位更为降低，其表现为：①使亲电取代变得困难；②使邻、对位的卤原子及其它潜离去基对于双分子亲核取代 $S_N Ar$ 反应更为活泼，容易被—NH—NH₃、—NH—OH、—OH、—OR 等基团直接取代。如：2,4-二硝基氯苯和联氨反应制得 2,4-二硝基苯肼；2-硝基氯苯在压力下和氢氧化钠反应制得 2-硝基酚，和氨反应制得 2-硝基苯胺。硝基取代的数目越多，潜离去基卤原子就更活泼，如：2,4,6-三硝基氯苯与水稍以加热即水解被羟基取代。

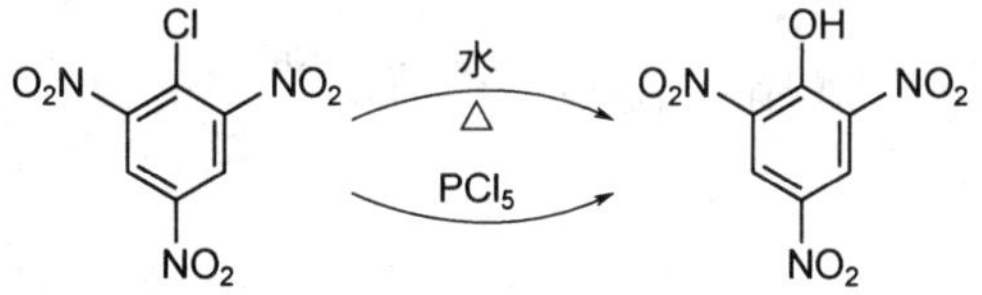

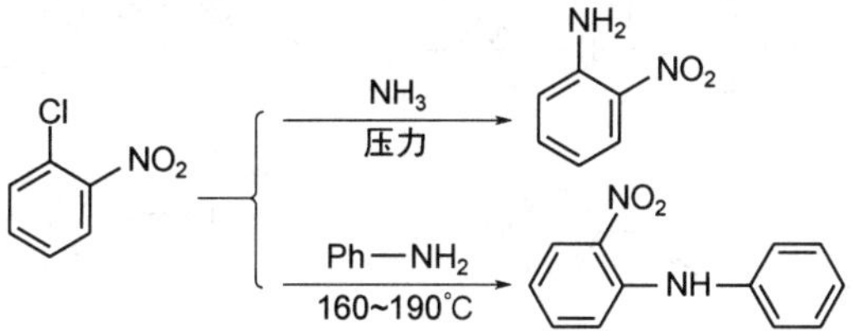

　　在强"碱"、较高温度条件的反应中，硝基以 $(R)Ar—N\underset{O}{\overset{O}{=}}$ ，作为氧化剂，特别是在有可被氧化物质的反应中，它可以在反应中使反应物分解或剧烈分解——依"酸""碱"的强度——是特别应该注意的、普遍存在的问题。如：硝基芳羧酸在 N,N-二甲基苯胺（碱）溶剂中加热

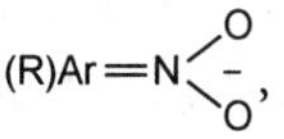

至 220℃发生比较剧烈分解、而不是脱羧；4-硝基溴苯（酸）与间苯二酚钾（碱）在甲苯中 110℃条件进行 O-烃基化发生焦油化。

在 S_NAr 双分子亲核取代中，为了避免或减少硝基作为 $(R)Ar=N\overset{O}{\underset{O}{\diagdown}}^-$ 氧化剂进入反应，使用较低的反应温度或欠量的"弱碱"反应试剂，以提高反应的选择性。

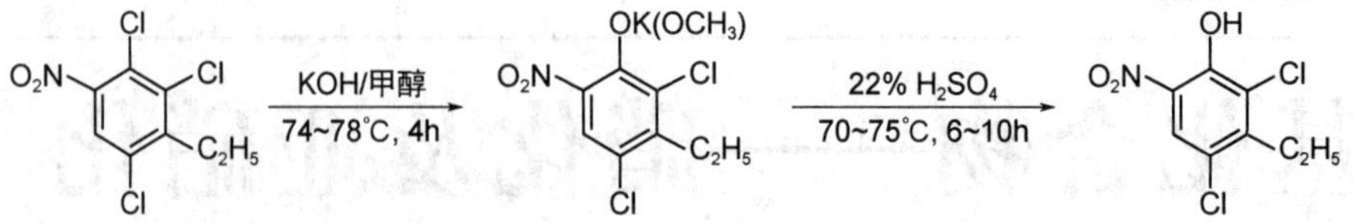

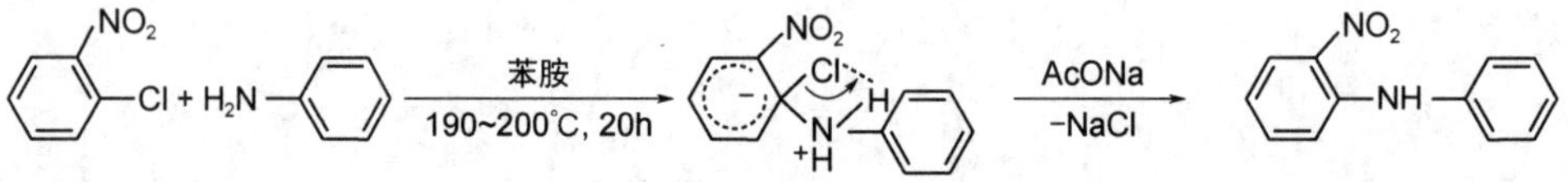

或添加铜粉以抑制自由基反应。

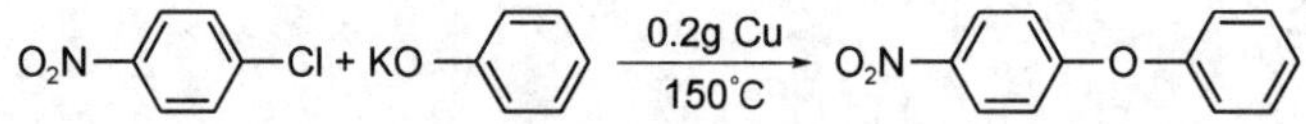

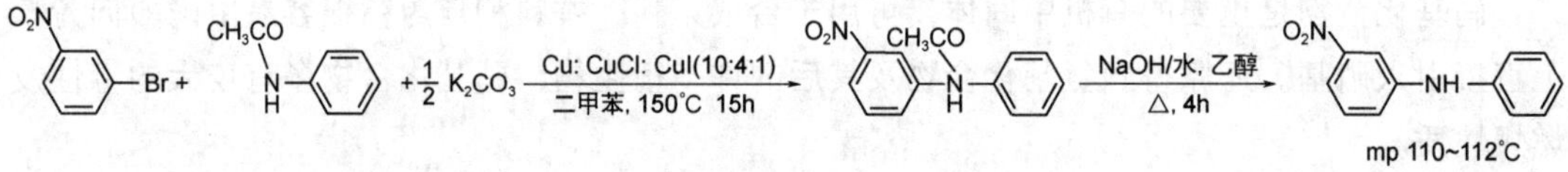

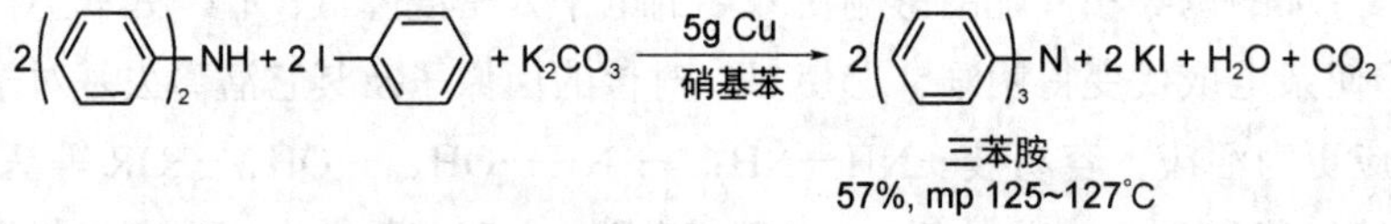

硝基以 $(R)Ar=N\overset{O}{\underset{O}{\diagdown}}^-$ 作氧化剂的合成，如：

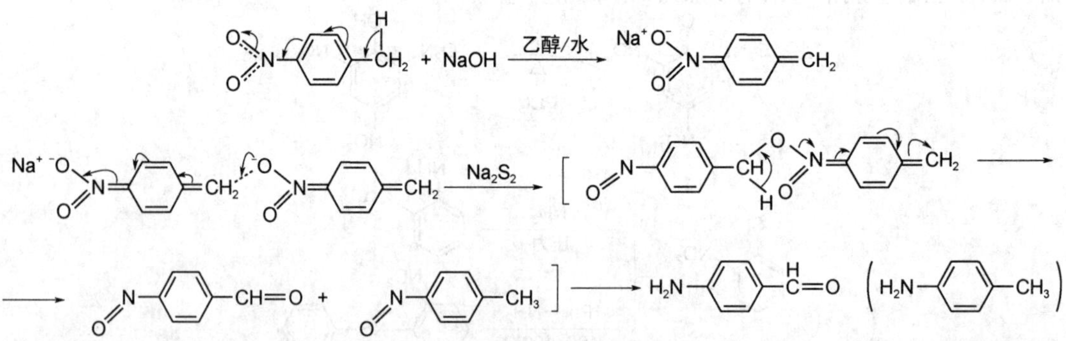

硝基异丙烷在醇钠作用下质子移变为异丙叉次硝酸钠，与苄基卤作用得到异丙叉次硝酸苄酯，分解为醛基，硝基被还原为肟（亚硝基）。

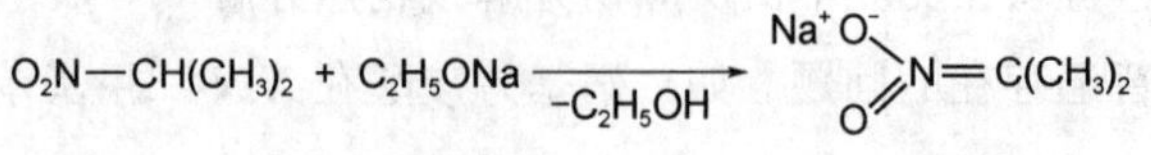

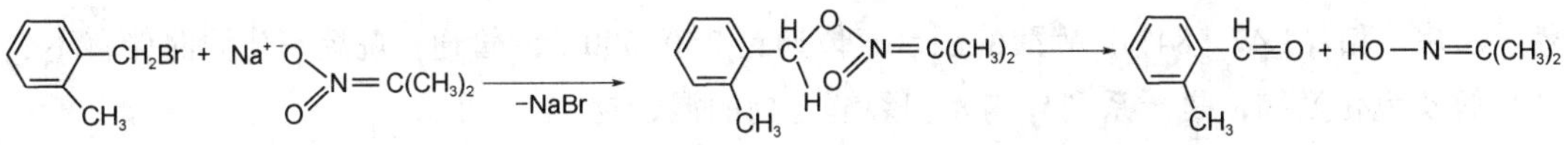

"铁"杂质催化了"碱"作用下硝基以$(R)Ar=N\begin{smallmatrix}O\\O\end{smallmatrix}$进行的氧化还原，也会使反应失败，如以上 4-氨基苯甲醛及 o-硝基二苯胺的合成中要求反应物中无铁杂质；而在无其它碱、在分子内氧化还原以环合的合成中，使用多量无水三氯化铁作助剂。

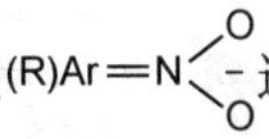

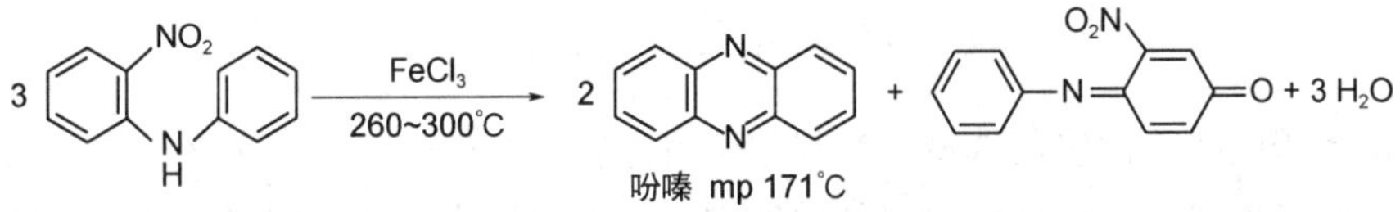

硝基在其它强拉电子基的影响下 C—NO$_2$ 碳原子有更大的正电性，受强的亲核试剂"碱"的进攻，硝基作为离去基被取代，亲核试剂的"碱"性越强、空间阻碍越小就越有利于试剂的进攻，产率一般为 50%。

2-氯-3′, 4′-二氰基二苯醚

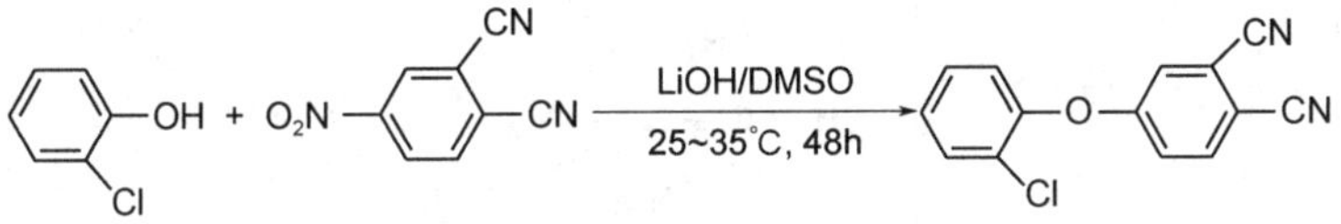

250mL 三口烧瓶中加入 180mL DMSO，搅拌下加入 17.3g（0.1mol）4-硝基-o-苯二腈、15.4g（0.12mol）2-氯酚，于 2h 左右慢慢加入 1.2g（0.05mol）氢氧化锂，于室温搅拌 48h，取样监测 4-硝基-o-苯二腈消失。将反应物加入到 10%~45%氯化钠水溶液中充分搅拌。DMSO 消溶，析出的结晶用乙醇重结晶，mp102~103℃。

硝基拉电子的影响使酚羟基的酸性增强、芳胺的碱性减弱；在脂肪族化合物中，硝基相邻的 α-C—H 具较强的酸性，硝基烷可溶于水、溶于氢氧化钠水溶液或析出钠盐结晶。在"碱"作用下硝基烷与羰基加成，与亚硝酸钠发生亚硝化，如下：

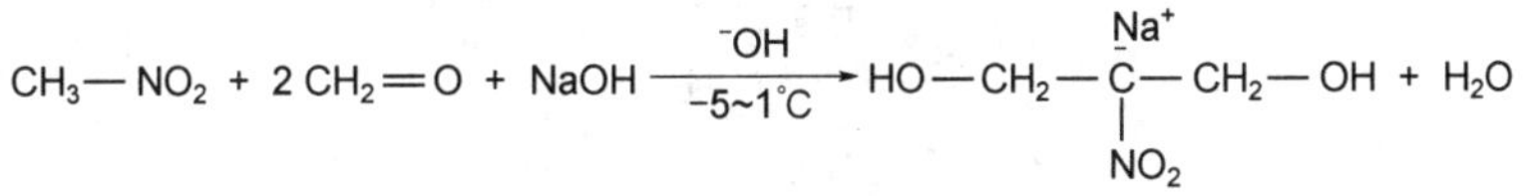

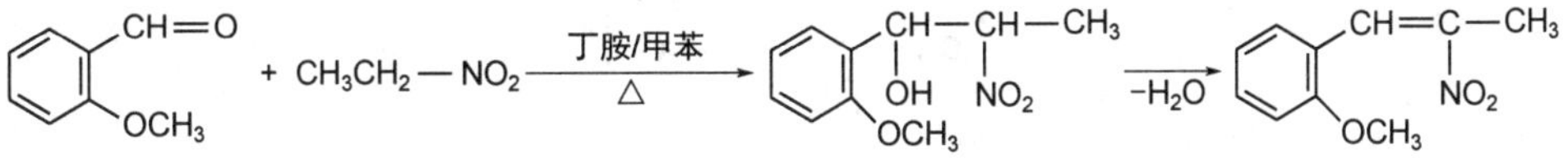

第二节　脂肪族硝基化合物

一、烷烃的直接硝化

硝基烷是相当活泼的，在有机合成中占重要位置。烷烃的直接硝化是将低级烷（如：甲

烷、乙烷）和 $d\,1.47$（84%）硝酸的混合气体通过 250~600℃ 的管道，烷烃硝化同时伴有不少热分解及氧化产物，是一系列异构体和裂解产物的混合物。

烷烃的硝化是自由基反应：

$$2\,HO \dotplus NO_2 \longrightarrow 2\,HO \cdot + 2 \cdot NO_2$$

$$R-H + HO \cdot \longrightarrow R \cdot + H_2O$$

$$R \cdot + \cdot NO_2 \longrightarrow R-NO_2$$

$$R-H + NO_2 \longrightarrow R \cdot + HNO_2$$

$$R \cdot + HO \cdot \longrightarrow R-OH$$

烷烃用稀硝酸硝化比较其选择性；叔碳位置最容易被硝化、仲碳次之、伯碳比较困难，这个规律反映了取代位置依生成中间基的稳定性。下面异戊烷的气相硝化产物在同等基础上比较——按伯、仲、叔碳原子上的氢原子个数为基础比较。

产物	百分比	比值
$CH_3-\underset{\underset{NO_2}{\vert}}{\overset{\overset{CH_3}{\vert}}{C}}-CH_2CH_3$	12.2%	12.2/1 = 12.2
$CH_3-\underset{\underset{NO_2}{\vert}}{\overset{\overset{CH_3}{\vert}}{C}}H-CH-CH_3$	14.0%	14/2 = 7.0
$O_2N-CH_2-\underset{\overset{\vert}{H}}{\overset{\overset{CH_3}{\vert}}{C}}-CH_2-CH_3$	24.1%	24.1/6 = 4.0
$CH_3-\underset{\overset{\vert}{H}}{\overset{\overset{CH_3}{\vert}}{C}}-CH_2-CH_2-NO_2$	11.1%	11.1/3 = 3.7
CH_3-NO_2	3.9%	
$CH_3-CH_2-NO_2$	8.8%	
$CH_3-\underset{\overset{\vert}{NO_2}}{\overset{\overset{CH_3}{\vert}}{C}}-NO_2$	16.1%	
$CH_3-\underset{\overset{\vert}{NO_2}}{C}H-CH_2CH_3$ 及 $CH_3-\underset{\overset{\vert}{H}}{C}-CH_2-NO_2$	9.8%	

比较以上数据，在异戊烷伯、仲、叔碳上硝化的难易程度大致为：伯 3.7~4；仲 7.0；叔 12.2。

二、α-卤代羧酸（及酯）卤原子被硝基取代

α-卤代羧酸钠盐和亚硝酸钠水溶液共热，而原子被硝基取代，并立即水解、脱酸或脱去亚硝酸，由于严重的副反应，产率一般只有 30% 左右，但是它容易分离，产物纯净，操作简便。

$$(H)R-\underset{X}{\underset{|}{CH}}-CO_2Na + NaNO_2 \longrightarrow \left[(H)R-\underset{X}{\overset{CO_2Na}{\underset{|}{\underset{|}{CH}}}}\cdots\underset{Na}{\overset{O}{\underset{|}{N}}}O\right] \xrightarrow{-NaX} (H)R-\underset{NO_2}{\underset{|}{CH}}-CO_2Na \longrightarrow$$

$$\xrightarrow[\text{(NaX)}]{H_2O/水 \quad -HX}$$

$$(H)R-\underset{OH}{\underset{|}{CH}}-CO_2Na$$

$$(H)R-CH_2-NO_2 \xleftarrow{-NaHCO_3} (H)R-\underset{H}{\overset{NO_2}{\underset{|}{\underset{|}{CH}}}}-\underset{OH}{\overset{CO_2Na}{\underset{|}{}}} \quad \Big\uparrow H_2O$$

$$(H)R-\underset{OH}{\underset{|}{CH}}-CO_2H \xleftarrow{-HO-NO} (H)R-\underset{HO}{\overset{CO_2Na}{\underset{|}{\underset{|}{CH}}}}-\underset{H}{\overset{NO}{}}$$

反应中由于副反应产生的酸性物质与正反应产生的 $NaHCO_3$ 中和及受热分解，放出大量 CO_2；酸性物致使后来在烧瓶的空间出现氮氧化物 NO_2 的颜色；由于大量气体放出，应将 α-卤代羧酸钠和亚硝酸钠的混合液逐渐加入到热反应器中。

硝基甲烷 M 61.04，fp $-29℃$，bp $101.2℃$，d^{20} 1.134，n_D^{20} 1.382；可溶于水（8%~10%）。

$$Cl-CH_2-CO_2Na + NaNO_2 \xrightarrow{>80℃} CH_3-NO_2 + NaCl + NaHCO_3$$

20L 搪瓷桶中加入 2.85kg（30mol）氯乙酸及 5L 水，搅拌使溶，以碳酸钠（撒开加入以免结块）中和至 pH 8（约用 1.7kg，16mol 碳酸钠），加入 2.07kg（30mol）亚硝酸钠，搅拌使溶（无明显热量变化）。将此溶液移入于 15L 烧瓶中，配置伸入液面下的温度计及一粗弯管接一支大口径的 100cm 球形管冷凝器[1]，在蒸汽浴上加热，当反应液温度升至 80℃立即停止加热，反应很快开始、放出大量 CO_2[2]，夹杂有氨的气味，立即用流水冷却以免溢出和减少被气体吹走损失，约 15min 以后反应缓和再开始加热至很少有馏出物（最后加热至 110℃可以多获得 30~40g 粗品），约半小时可以完成。分取油层（未包括最后多收的那部分）得 510mL，水层用食盐饱和可回收到 40mL，合并，以无水氯化钙干燥，分馏收集 99~101℃馏分，得 550g（486mL，产率 30%），外观淡黄色。

依此制取：硝基乙烷，bp 114~115℃，d 1.045，n_D^{20} 1.3920；硝基丙烷，bp 132℃，d 0.998，n_D^{20} 1.4020，它的合成是分次将混合的物料加入到加热的反应器中保温，冷后分离出粗品，产率 30%。

工业硝基甲烷来自甲烷的气相硝化，含少量硝基乙烷。

α-卤代羧酸酯的硝基取代（—X → —NO_2）：亚硝酸钠和无水极性溶剂中的间苯三酚生成有推电子影响的亚硝酸酯；α-卤代羧酸酯 α-C—X 在亚硝酸酯的氮原子上亲核取代；最后是脱酯基的卤代分解，生成 α-硝基羧酸酯。亲核取代及分解的动力是：推电子影响亚硝酸酯的活性——氮原子的亲核性，α-卤代羧酸酶、卤原子的活性及对亚硝基极化的影响。有报道称：α-硝基异丁酸酯的合成要 44h（或是空间阻碍的原因）产率 78%；依此法制备硝基乙酸

---

[1] 把反应物溶液逐渐加入到加热的反应器中，这样容易控制反应。

[2] CO_2 来自 $NaHCO_3$ 被中和及其热分解。

乙酯未能成功。

α-硝基丁酸乙酯　M 161.16；可溶于稀 NaOH 或饱和碳酸钠。

$$\text{均苯三酚} \xrightarrow[-H_2O]{\text{DMF, NaONO}} \text{（NaO-取代苯基-O—N=O）} \xrightarrow{CH_3CH_2CH(Br)CO_2C_2H_5} \text{（中间体）}$$

$$\longrightarrow CH_3CH_2CH-CO_2C_2H_5 \ (NO_2)$$

1L 三口烧瓶中加入 600mL DMF❶，搅拌下加入 36g（0.5mol）试剂级亚硝酸钠及 40g（0.32mol）无水均苯三酚，溶解后迅速加入 58.5g（0.3mol）新蒸的 α-溴丁酸乙酯，封闭烧瓶其它出口、仅留干燥管。水浴冷却下于室温搅拌 2.5h；加入 α-溴代丁酸乙酯后不久反应变为均一、呈暗红棕色。

将反应物加入 1.2L 冰水及 300mL 乙醚的混合物中充分搅拌，分取上层（有多量乙醚被下层溶液溶去），再用乙醚提取（4×100mL），提取液合并，水浴加热回收乙醚，最后减压收尽至 60℃，将剩余物移入 100mL 烧瓶中、再用少许乙醚冲洗仪器一并并入，减压蒸去溶剂，减压分馏，在约 33~71℃/1mmHg 有 2~3g 前馏分，收集正沸点 71℃/1mmHg 馏分得 33~36g（产率 68%~75%），n_D^{20} 1.4233，外观无色。

三、卤代烷卤原子的硝基取代

碘代烷、溴代烷是活泼的卤烃，在非极性溶剂乙醚中与亚硝酸盐的反应产物除硝基烷外还有亚硝酸酯，依亚硝酸盐的不同其产物比例有很大差别。

$$R—X + AgNO_2 \longrightarrow \underset{(主)}{R—NO_2} + \underset{(副)}{R—O—NO} + AgX \qquad (1)$$

$$R—X + NaNO_2 \longrightarrow \underset{(主)}{R—O—NO} + \underset{(副)}{R—NO_2} + AgX \qquad (2)$$

这个事实可以解释为：式（1）中使用银盐，银的原子半径大，电子云倾向银原子，不易生成离子对；而式（2）中使用钠盐，钠的原子半径较小，容易离子分解，主产物是亚硝酸酯。采用非极性溶剂限制了离子分解，得以比较 AgNO₂、NaNO₂ 的反应差异。

$$R \overset{|}{+} X + Ag—O—N=O \xrightarrow{\text{余价加成}} \underset{X \quad R}{Ag—O—N=O} \longrightarrow R—NO_2 + AgX$$

$$R \overset{\frown}{X} + Na \overset{\frown}{O}—N=O \longrightarrow R—O—N=O + NaX$$

卤代烷在亚硝基氮原子的余价加成不是离子反应，空间因素对反应有巨大影响，它们反应的产率大致为：伯基卤代烷 75%；仲基卤代烷 <15%，叔基卤代烷不反应。

伯卤代烷与亚硝酸银的反应是在无水乙醚中、低温、无水及避光条件下进行，由于两相，

---

❶ NaNO₂ 在二甲基亚砜中有更大溶解，可用 250mL DMSO 代替；更浓及更长的反应时间会有还原反应。

反应时间很长，一般要 70h 才能完成，即在 0℃ 搅拌 24h 以后再室温搅拌反应直至取样中控检测表示反应完全为止——检测方法：清洁铜丝在外焰上烧过放冷；反应物停止搅拌，用该清洁铜丝蘸取清液（不可以触及到卤化银），在外焰上烧一下，火焰变为绿色表示反应没有完全（或用色谱分析检查卤代烷底物）。

硝基辛烷　M 159.23，bp 66℃/2mmHg，n_D^{20} 1.4321。

$$CH_3(CH_3)_7 — Br + AgNO_2 \xrightarrow{\text{无水乙醚}} CH_3(CH_3)_7 — NO_2 + AgBr$$

0.5L 三口烧瓶配置机械搅拌、温度计、分液漏斗及回流冷凝器接干燥管。

烧瓶中加入 116g（0.75mol）亚硝酸银❶及 150mL 无水乙醚，维持 0℃ 左右搅拌着于 2h 左右慢慢滴入 96.5g（0.5mol）溴辛烷，于 0℃ 左右搅拌 24h，再于室温搅拌 24h 以上，直至取样清亮反应液对于硝酸银的乙醇液不出现浑浊❷。

反应完成后仍保持无水条件❸滤除卤化银，用无水乙醚冲洗（2×100mL），洗液与滤液合并，回收乙醚后减压分馏，收集以下馏分：<37℃/3mmHg，11.3g（占 14%、主要是亚硝酸酯）；37~70℃/3mmHg，6.8g 为中间馏分；最后收集 66℃/2mmHg 馏分，得 59.6~63.6g（产率 75%~80%），外观近于无色，n_D^{20} 1.4321~1.4323。

如下实例中用浓硫酸分解亚硝酸酯、强酸条件不会产生 α-C$^-$ 及以后亚硝化。

1,4-二硝基丁烷　M 148.13，mp 33~34℃，bp 176~178℃。

$$I — (CH_2)_4 — I + 2Ag—O—NO \longrightarrow O_2N—(CH_2)_4—NO_2 + 2AgI$$

1L 三口烧瓶配置机械搅拌、温度计、分液漏斗、回流冷凝器接干燥管。

烧瓶中加入 170g（1.1mol）亚硝酸银及 300mL 无水乙醚，搅拌下保持 0℃ 左右、于 3h 左右慢慢滴入 115g（0.5mol）1,4-二碘丁烷，保持 0℃ 搅拌 2h，再室温搅拌 24h 或更长时间至取清液对于硝酸银的乙醇溶液不出现浑浊为止。滤除碘化银以 200mL 无水苯浸洗，洗液与滤液合并，水浴加热回收溶剂，最后减压收尽（切不可让湿气进入）。按以下方法除掉亚硝酸酯。

0.5L 三口烧瓶中加入 200mL 浓硫酸，冰浴冷却保持 0~5℃ 搅拌下慢慢加入以上粗品，加完后再搅拌 10min，将以上反应物慢慢加入约 1kg 碎冰中充分搅拌，滤出结晶，冰水

---

❶ Ag-O-NO 的制法：1mol 硝酸银溶于 0.5L 蒸馏水中，激烈搅拌下慢慢加入 1.1mol 亚硝酸钠溶于 250mL 蒸馏水的溶液，于暗处放置 1h 后滤出，以蒸馏水冲洗两次，甲醇洗，于真空干燥器中氢氧化钠干燥至恒重，收率 87%，mp 140℃（分解），d 4.453。

❷ 方法提出者指出达到检测为负性的反应时间：溴代正伯烷，24h/0℃，又 48h/26~28℃；碘代正伯烷，24h/0℃，又 34h/26~28℃。

❸ 由于副反应产物亚硝酸酯在湿气下有分解的趋向：硝基烷的 α-C—H 作为酸、使 R—O—N=O 分解出的 $^+$NO 作为亲电试剂在硝基烷的 α-C-亚硝化，生成 α-亚硝基的硝烷，分离困难。

$$R—CH_2—O—N=O \xrightarrow{H^+} R—CH_2—\overset{+}{\underset{H}{O}}\!\!\!-N=O \xrightarrow{R—\bar{C}H—NO_2} R—CH_2—OH + R—CH—NO_2$$
$$\underset{NO}{|}$$

冲洗，风干后用甲醇重结晶（用干冰/二氯甲烷冷至-70℃），滤出结晶得 30~34g（产率 41%~46%），mp 33~34℃。

注：或可先向浓硫酸中加入适量伯胺（如乙醇胺），用重氮化消除亚硝酸酯。

四、C-亚硝基的氧化

C-亚硝基化合物可被稀硝酸或其它氧化剂氧化为硝基。

下面实例是用亚硝酸钠向碱条件（硝基）烷的 α-碳负离子直接引入亚硝基，以及其后氧化为硝基；氧化银是相当缓和的氧化剂，氧化亚硝基也只要理论量，选择性好；反应过程：氧化银的产生是将碱性反应物（退减下来的碱刚好相当）慢慢加入硝酸银的水溶液中，生成的氧化银随即氧化亚硝基为硝基、氧化银被还原为单质银。反应几乎是定量的。

2,2-二硝基-1,3-丙二醇 M 166.09，白色结晶，有吸湿性，易溶于苯，mp 145~148℃。

a. 2-硝基-1,3-丙二醇

$$CH_3 - NO_2 + 2\,CH_2{=\!=}O + NaOH \xrightarrow[-5\sim0℃]{\text{水}} HO - CH_2 - \overset{Na^+}{C(NO_2)} - CH_2 - OH + H_2O$$

2L 三口烧瓶中加入 350mL 37%（4.3mol）甲醛水（不可过量，否则生成三羟甲基硝基甲烷）和 122g（2mol）硝基甲烷。冰盐浴冷却控制反应温度-5~-1℃，搅拌下慢慢加入（1滴/秒）80g（2mol）氢氧化钠溶于 350mL 水的溶液（尤其在开始，放热严重、加几滴就要停下来，偶尔升到过 2℃），约 4h 可以加完，加完后再搅拌 1h。将反应物控制在 0℃左右以免反应物结块，钠盐析出。

b. 亚硝化

$$HO - CH_2 - \overset{Na^+}{C(NO_2)} - CH_2 - OH + Na\overset{}{O} - NO + H_2O \xrightarrow{0℃} HO - CH_2 - \overset{NO}{C(NO_2)} - CH_2 - OH + 2\,NaOH$$

以上钠盐溶液温度控制在 0℃左右，搅拌下慢慢加入 140g（2mol）亚硝酸钠溶于 200mL 水的溶液，加完后再搅拌 1h。

c. 氧化

$$HO - CH_2 - \overset{NO}{C(NO_2)} - CH_2 - OH + 2\,NaOH + 2\,AgNO_3 \xrightarrow{0℃} HO - CH_2 - C(NO_2)_2 - CH_2 - OH + 2\,Ag + 2\,NaNO_3 + H_2O$$

5L 三口烧瓶中加入 1.5L 蒸馏水，搅拌下加入 680g（4mol）硝酸银，溶解后保持 0℃左右、慢慢加入以上冰冷的亚硝基化合物溶液（理论量的 NaOH 已经在以上亚硝基化合物中具备），加完后再搅拌 2h，滤去白色有金属光泽的银粉，银粉及水溶液用乙醚提取（5×1.5L），合并的提取液用无水硫酸钠干燥，回收乙醚，最后减压收尽，冷后析出结晶，滤出得 300g（产率 90%）❶。

精制：以上粗品溶于 250mL 乙酸乙酯中脱色过滤，减压回收乙酸乙酯至剩 1/2 体积，

---

❶ 原料配比全为计算量，湿品是吸湿的水分。

冷后滤出，用二氯乙烷浸洗二次，干后得 150g，纯度（以 N 计）98%[❶]，mp138~145℃。

母液回收乙酸乙酯，尚可回收 100g 粗品。

如（526 页）：

$$3 \ \text{(2-甲基-4-亚硝基苯酚)} + 2\,HNO_3 \xrightarrow{20℃} 3 \ \text{(2-甲基-4-硝基苯酚)} + 2\,NO + H_2O$$

五、碱条件、硝基烷的 α-碳负离子向 C＝O 加成

硝基烷在碱条件下是碳负离子向电正中心引入 α-硝烷基，在水、醇、苯溶液中进行。硝基甲烷可溶于水 8%~10%，易溶于强碱或析出钠盐结晶。

$$H{-}CH_2{-}NO_2 + NaOH \xrightarrow{-H_2O} CH_2{=}N(O){-}O^-Na^+ \rightleftharpoons Na^+\,{}^-CH_2{-}NO_2$$

如：

$$2\,CH_2{=}O + CH_3{-}NO_2 + NaOH \xrightarrow[-5\sim0℃]{水} HO{-}CH_2{-}C(NO_2)^-Na^+{-}CH_2{-}OH + H_2O$$

$$Ar{-}N_2^+\cdot X^- + CH_3{-}NO_2 + 2NaOH \longrightarrow Ar{-}\overset{Na^+}{\overset{|}{C}}H{-}NO_2 + NaX + N_2 + H_2O \xrightarrow{H^+} Ar{-}CH_2{-}NO_2$$

反-β-硝基苯乙烯 M 149.15，mp 57~58℃，bp 250~260℃；有刺激性、淡黄色结晶。

$$C_6H_5{-}CH{=}O + CH_3{-}NO_2 + NaOH \xrightarrow[0\sim5℃]{甲醇/水} C_6H_5{-}\underset{OH}{CH}{-}CH_2{-}NO_2 \rightarrow C_6H_5{-}\underset{OH}{CH}{-}CH{=}N{-}ONa$$

$$\xrightarrow[-NaCl]{H^+} C_6H_5{-}\underset{OH}{CH}{-}CH_2{-}NO_2 \xrightarrow{H^+} C_6H_5{-}\underset{\overset{+}{O}H_2}{CH}{-}CH{-}NO_2 \xrightarrow{-H^+,\,-H_2O} C_6H_5{-}CH{=}CH{-}NO_2$$

5L 三口烧瓶配置机械搅拌、温度计、分液漏斗、外用冰盐浴冷却。

烧瓶中加入 1.2L 甲醇、305g（5mol）硝基甲烷，搅拌下加入 530g（5mol）苯甲醛；控制 0~5℃以很慢的速度（尤其最初的几滴）滴入 210g（5.25mol）氢氧化钠溶于 0.5L 蒸馏水的溶液，在缩合阶段大量放热，而后的碱化析出大量加成物结晶使搅拌困难，加完后再搅拌 15min；加入 3~3.5L 水中使钠盐溶解成透明溶液。

10L 三口烧瓶中加入 1kg 36% 盐酸及 1.5L 水，搅拌着、控制 20℃ 左右从分液漏斗慢慢加入以上钠盐溶液，立即析出黄色结晶，加完后再搅拌 10min，静置、倾去清液，滤出结晶，充分水洗，将结晶在水浴加热熔化、放冷凝固，倾去水、得粗品，用乙醇（0.7mL/g）溶析一次，得 650~670g（产率 87%~90%），mp 56~58℃。

---

❶ 纯度 98% 是反应不完全所致，此含量偏低或因亚硝化不足，氢氧化钠、亚硝酸钠量可适应增加（2%~3%），以下的氧化或可用稀硝酸氧化。

精制：用乙醇重结晶，风干得 600~620g（产率 80%~83%），mp 57~58℃。

以下硝基的还原主要是无机电解质水溶液中的铁粉还原。

2-甲氧基-苯丙-β-酮　M 164.20，bp128~130℃/14mmHg，n_D^{20} 1.5240。

a. 2-甲氧苯基-β-硝基-丙-α-烯**❶**

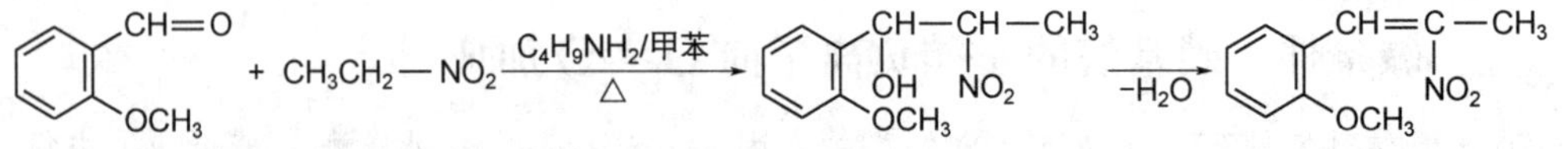

1L 三口烧瓶中加入 200mL 甲苯，开动搅拌，加入 136g（1mol）2-甲氧基苯甲醛、90g（90%，1.1mol）硝基乙烷**❷**，再慢慢加入 20mL 正丁胺，加热进行回流脱水，至无水脱出后再回流半小时。

b. 还原及水解

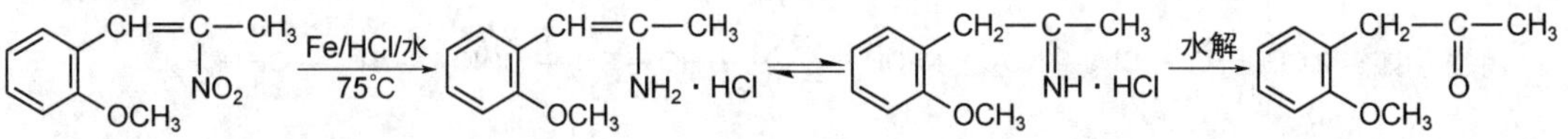

2L 三口烧瓶配置机械搅拌、大面积的回流冷凝器、电热套及分液漏斗。

烧瓶中加入上面全部硝基物反应液，再加入 500mL 水，搅拌下加入 200g（3.5mol）60 目铁粉及 4g 氯化铁，加热维持 75℃左右，于 2h 左右从分液漏斗慢慢加入 360mL 浓盐酸，加完后保温搅拌半小时**❸**。

以上反应物移入 5L 烧瓶中进行水汽蒸馏，以作水解同时蒸馏，直至无有机物缩合为止，约收集到 7~10L 馏出液；分取甲苯层，水层用 1L 甲苯提取，甲苯溶液合并，与 26g 亚硫酸氢钠或焦亚硫酸钠溶于 0.5L 水的溶液充分搅拌半小时，以洗除未反应的醛；分取甲苯层，水洗，水溶加热、水泵减压回收甲苯，得剩余物 107~120g（产率 65%~73%），n_D^{20} 1.5250~1.5270，粗品适合于一般用途。

精制：分馏，收集 128~130℃/14mmHg 馏分，得 102~117g（产率 63%~71%）。

用硝酸酯向碳负中心引入硝基：硝酸甲酯在醇钠作用下使硝（酸）基氮原子具电正性

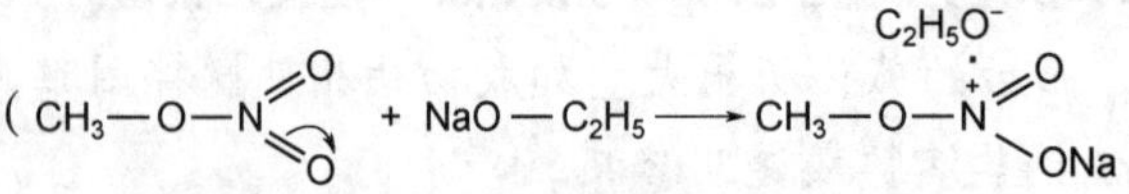

与碳负离子作用在硝基酯基上，然后 β-消去脱去甲醇，完成硝基取代。

苯基-硝基甲烷（α-硝苄）　M 137.14。

---

❶ 为制取 o-甲氧苯-2-硝基-1′-丙烯，将反应液水浴加热、水泵减压回收甲苯，剩余物在乙醇溶液中用石油醚析出结晶为纯品；或减压蒸馏，收集 135~138℃/1mmHg 馏分，然后种晶，产率 80%~90%，纯品的熔点 51~52℃。

❷ 硝基乙烷中杂质主要是硝基异丙烷，它不进入反应，对反应无影响。正丁胺一定要在最后以很慢的速度加入，以减少和醛加成。

❸ 这样长的时间不足以完成水解，或宜采用如回流分水的方法蒸出产物。

a. α-硝基（钠）苯乙腈

$$C_6H_5-CH_2-CN + CH_3-O-NH_2 + C_2H_5ONa \xrightarrow[-C_2H_5OH]{5℃} \left[C_6H_5-\overset{|}{\underset{|}{CH}} + \overset{+}{N}\overset{O^-}{\underset{OCH_3}{|}} ONa \right]$$

$$\longrightarrow C_6H_5-\overset{H\cdots OCH_3}{\underset{CN}{\overset{|}{\underset{|}{C}}-NO_2Na}} \xrightarrow{-CH_3OH} C_6H_5-\underset{CN}{\overset{|}{C}}=NO_2Na \rightleftharpoons C_6H_5-\underset{CN}{\overset{Na^+}{\overset{|}{C}}}-NO_2$$

2L 三口烧瓶配置机械搅拌、温度计、回流冷凝器及分液漏斗。

烧瓶中加入 600mL 无水乙醇，20min 左右加入 46g（2mol）金属钠切片，最后油浴加热使反应完毕（或有乙醇钠开始析出），冷后用冰盐水冷却控制 5℃左右从分液漏斗慢慢加入冰冷的 234g（2mol）苯乙腈及 216g（2.8mol）硝酸甲酯[1]的混合液，约 1h 可以加完，再保温搅拌 1h，封闭出口（只留干燥管出口），在冰浴中放置 24h。滤出钠盐结晶，用无水乙醚彻底洗涤，风干得 215~275g。

母液与洗液合并，水浴加热用水泵减压浓缩至剩 150mL 左右，冷后滤出结晶、用无水乙醚洗两次，风干、回收到 25~30g 钠盐结晶，共得 275~300g（产率 75%~82%）。

b. 水解及脱羧

$$C_6H_5-\underset{CN}{\overset{|}{C}}=NO_2Na + H_2O + NaOH \xrightarrow[100℃]{NaOH/水} C_6H_5-\underset{CO_2Na}{\overset{|}{C}}=NO_2Na + NH_3$$

$$C_6H_5-\underset{CO_2Na}{\overset{|}{C}}=NO_2Na \xrightarrow{2HCl/水} C_6H_5-\underset{CO_2-H}{\overset{|}{C}}=NO_2H \xrightarrow[-CO_2]{H^+} C_6H_5-CH=\overset{O}{\underset{O-H}{N}} \longrightarrow C_6H_5-CH_2-NO_2$$

5L 烧杯或搪瓷盆中加入 1.5L 水及 305g（7.6mol）氢氧化钠的溶液，搅拌下加热保持微沸，于 1h 左右加入上面全部钠盐，继续加热至不再有氨放出，约 3h 可以完成（蒸发的水要随时补足）；再加入 0.5L 冷水，在冰盐浴中冷却保持-5℃慢慢以浓盐酸酸化至 pH 3（约 2h 共加入约 900mL 浓盐酸），中和过程放出大量 CO$_2$；反应物用乙醚（0.5L、0.25L、0.25L）提取，提取液合并，用冰冷的饱和碳酸氢钠洗（2×100mL），至洗液近于无色，再水洗两次，以无水硫酸钠干燥并放置 24h 使不稳定的酸式硝基完成重排，回收及最后减压收尽乙醚，剩余物用油浴加热和高真空减压蒸馏，收集 90~92℃/3mmHg 馏分，得 135~150g（产率 50%~55%，按苯乙腈计）。

注：**硝酸甲酯** 以下制备（OS-I）仍在一定危险性，必须采取适当防护措施；方法提出者报道：进行过百余次制备未发生过爆炸或剧烈分解。

$$CH_3-OH + HO-NO_2 \xrightarrow{硫酸} CH_3-O-NO_2 + H_2O$$

1L 烧瓶中加入 425g 70%（4.7mol）硝酸，搅拌下加入 550g（98%，300mL，5.5mol）

---

[1] 硝酸甲酯 bp 64.5~65℃，对酸不稳定，不可存储。

浓硫酸，将混酸分作三份，各于 500mL 锥形瓶中冰冷备用。

控制大量放热的反应温度不超过 40℃，将如下对应的甲醇-硫酸慢慢加入：

0.5L 烧瓶中加入 119g（150mL，3.7mol）甲醇，冰冷及搅拌下慢慢加入 92g（50mL）浓硫酸，均分三份各于 150mL 锥形瓶中冰冷备用。

约 2~3min 可以加完；再静置几分钟（<15min），分取上层硝酸甲酯 ["废酸❶" 及时用水稀释，以免其溶解的硝酸甲酯分解放出大量氮氧化物（NO_2）]，粗品合并，用冰冷的盐水（22%，d 1.17）洗两次，并用 30% NaOH 调节洗液至弱碱性（洗去酸性以提高其稳定性），再盐水洗，冰水洗，以无水硫酸钠干燥后得 190~230g（产率 66%~80%），不可存储。

第三节　芳香族的硝基化合物

芳香族化合物一般都可以合适的条件直接硝化，主要问题是异构物的分离。硝化是放热很大的化学反应，很大放热表示反应发生；硝化剂的积累是很危险的，应及时处置。

苯的同系物及其它活泼底物可以单独使用硝酸或稀硝酸硝化，如：水杨酸、对氯酚、苯酚；或更缓和的条件——使用冰乙酸、乙酸酐中的硝酸；拉电子影响占主导的芳核的硝化，最常用的硝化剂是不同浓度的（硝酸/硫酸）混酸，在不同浓度的混酸中 HNO_3 的解离为 $^+NO_2$ 的比例不同，$^+NO_2$ 是真正的硝化剂，对反应速度有重大影响，按下式产生。

在硫酸中：$2 H_2SO_4 + HNO_3 \longrightarrow {}^+NO_2 + 2 HSO_4^- + H_3^+O$

乙酸酐中：$(CH_3CO)_2O + HNO_3 \longrightarrow CH_3CO_2-NO_2 + CH_3CO_2H$

$$CH_3-\overset{\overset{O}{\|}}{C}-O-NO_2 \xrightarrow{H^+} CH_3-\overset{\overset{+OH}{\|}}{C}-O-NO_2 \longrightarrow CH_3CO_2H + {}^+NO_2$$

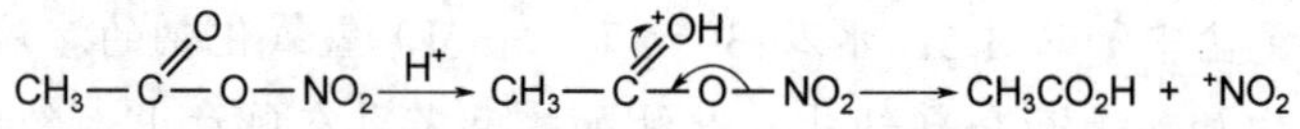

98%硝酸中：$2 HNO_3 \longrightarrow {}^+NO_2 + NO_3^- + H_2O$（这个平衡只有 4% $^+NO_2$ 生成）

硝化过程是硝基正离子 $^+NO_2$ 进攻芳核形成过渡态，然后脱去质子，如下式：

影响硝化反应速度及选择性的因素是：①硝化剂（产生硝基正离子的速度和浓度）；②芳核取代基对于过渡态稳定性（形成速度）的影响及空间阻碍；③反应温度。

一、硝化剂

依反应条件：对于不活泼的反应底物，其反应速度依 $^+NO_2$ 硝化剂和底物的浓度，各为一级，硝化剂和底物的结合是一个慢步骤；对于活泼的底物，与硝化剂的结合形成过渡态是一

---

❶ 以上原料配比：硫酸总量（98%折百）6.4mol；水总量（硫酸中 13g，硝酸中 127.5g，酯化产生 66.6g）共计 207.1g，为 11.5mol；"废酸" 组成大致为 $H_2SO_4·2H_2O$。

个快步骤，反应速度只取决于产生硝基正离子的速度；消去质子的速度一般都是很快的。依底物不同有三种硝化剂可供选择。

1. 不同浓度的硝酸

工业硝酸的浓度为 95%~98%，d^{20} 1.50~1.51，是柠檬黄色的发烟液体，作为硝化剂的反应按下式产生硝基正离子：$2HNO_3 \rightleftharpoons {}^+NO_2 + NO_3^- + H_2O$，由于硝化反应产生的水将硝酸稀释，产生硝基正离子的平衡，其浓度降低到一定程度，反应几乎近于停止。

例如：苯乙酮在 5℃硝化，硝酸的浓度下降到 70%，反应几乎停止；苯在 80℃硝化、当硝酸浓度降低到 50%时反应几乎停止。又如苯酚，在 10℃硝化，硝酸浓度<8%尚可反应。

2. 硝酸/硫酸的混酸硝化剂

使用最多的组合硝化剂是硝酸/硫酸，为了控制反应速度可以是不同比例的组合；特殊情况下，为了得到高浓度的 ${}^+NO_2$，有时添加发烟硫酸，或白发烟硫酸中加入 95%~98% HNO_3，用 SO_3 制成混酸（$HNO_3 + SO_3 \longrightarrow HSO_4^- + {}^+NO_2$）。

浓硫酸与浓硝酸（d 1.5）配成的混酸不是混合物而是反应产物，可以从外部现象上观察到：①放热；②硝酸中的氮氧化物消失、混酸变为无色；③混酸的蒸气压很低，不像硝酸那样发烟；④混酸的体积低于硫酸和硝酸的体积之和。混酸的反应如下式：

$$HNO_3 + H_2SO_4 \longrightarrow {}^+NO_2 + HSO_4^- + H_2O$$

$$H_2O + H_2SO_4 \longrightarrow HSO_4^- + H_3^+O$$

总反应式：
$$2H_2SO_4 + HNO_3 \longrightarrow {}^+NO_2 + 2HSO_4^- + H_3^+O$$

由于混酸有水产生使 HSO_4^- 离子的浓度增加使平衡向左，硝基正离子的浓度降低，在足够的浓硫酸中、硝酸能 100%地解离为 ${}^+NO_2$（产生的水被浓硫酸溶剂化），表 12-1 给出了不同比例的混酸中硝酸解离为 ${}^+NO_2$ 的百分比。

表 12-1　不同比例混酸中 HNO_3 解离为 ${}^+NO_2$ 的百分比

HNO_3/H_2SO_4	5	10	15	20	40	60	80	90	100
${}^+NO_2/HNO_3$	100	100	80	62.5	48.8	16.7	9.8	5.9	1

硝化的反应速度及方位选择性与底物取代基、反应物的浓度、反应温度、硝化剂及介质条件有关，混酸中硫酸的浓度比例在 90%时、硝化的反应速度有最大值，这可以从两方面解释：①硝化剂、硝基正离子的浓度最高，$HNO_3$100%解离；硫酸比例低于 90%，硝基正离子的浓度有较大降低；②反应底物、混酸中硫酸浓度大于 90%时，底物将 100%溶剂化，溶剂化的底物与 ${}^+NO_2$ 的反应要困难些。

3. 硝基乙酰作硝化剂

硝基乙酰 $CH_3CO_2—NO_2$ 作硝化剂是将>95%（d 1.51）的硝酸加入冷却着的乙酸酐中，虽然冰冷仍不稳定，发生过爆炸性的分解。安全起见，改变操作步骤如下：将硝酸加入冰乙酸中，它很稳定，用这样的混酸去硝化乙酸酐中的反应物。

硝酸/冰乙酸的混酸或在冰乙酸中的底物用硝酸硝化，在室温并不能将乙酸中的乙酰苯胺硝化，是因为冰乙酸的极性太小（介电常数 6.15，仅比乙醚 4.3 稍强；水 78.5）抑制硝酸解离出 $^+NO_2$；加入乙酸酐才顺利反应是乙酸硝酸酐在（乙）酸自动催化的（平衡）分解出 $^+NO_2$，使硝化继续进行；乙酸酐的用量只稍多于计算量。多数情况还需要硫酸催化。

$$(CH_3CO)_2O + HNO_3 \rightleftharpoons CH_3CO_2\text{—}NO_2 + CH_3CO_2H$$

硝基乙酸是比硝酸更温和的硝化剂，其位置选择性比硝酸的反应有所提高，它仅将活泼的底物，如乙酰苯胺、1,3,5-三甲基苯胺等硝化；而 3-氯-乙酰苯胺、乙酸-(β-苯基)-乙酯，甚至甲苯、叔丁苯也不能完成反应，只在加有少量硫酸以酰基正离子进行反应，反应速度依加入硫酸量 $0.1\sim0.5$ mL/mol。

不同芳香族化合物在低温下硝化异构体比例见表 12-2。

表 12-2 不同芳香族化合物在乙酸或乙酸酐中低温条件下硝化异构体比例

反应底物	溶剂/催化剂（1mol 底物）	硝化剂/溶剂	反应温度/℃	异构体比例（GC 结果）/%		
				o-	m-	p-
甲苯	80mL H_2SO_4	1mol d 1.5 HNO_3/40mL H_2SO_4	15	53.9	4	42.2
甲苯	200mL (AcO)$_2$O/H_2SO_4	1mol d 1.5 HNO_3/150mL AcOH	15	60	4.9	35.8
乙苯	200mL (AcO)$_2$O/H_2SO_4	1mol d 1.5 HNO_3/150mL AcOH		$46\sim50$	$2\sim4$	$46\sim51$
叔丁苯	200mL (AcO)$_2$O/H_2SO_4	1mol d 1.5 HNO_3/150mL AcOH	<15	8	8.6	83.3
苯乙醚	200mL (AcO)$_2$O/H_2SO_4	1mol d 1.5 HNO_3/150mL AcOH	15	51	7	42
乙酰苯胺	(AcO)$_2$O	1mol d 1.5 HNO_3/AcOH	$20\sim27$	36		38
2-甲基乙酰苯胺	(AcO)$_2$O	1mol d 1.5 HNO_3	$12\sim13$	50		10
联苯	AcOH	1mol d 1.5 HNO_3	$85\sim90$	20		62
2-甲基萘	AcOH	1mol d 1.5 HNO_3	$20\sim25$	60（1-硝基取代）		

二、取代基对于硝化位置选择性的影响

使用混酸的硝化反应中，反应速度很快、取代基的定位效应不足以约束 $^+NO_2$ 强亲电试剂的方位选择性，这种情况，经常有空间因素占主导地位；还发现，在有取代基的芳核上的硝

化产物中有比其它亲电取代更多的邻位产物，例如：甲苯的硝化产物中，因为⁺NO₂强大的电正性对电负性基团吸引的自由定位效应，邻硝基甲苯在产物中的比率可以高达58%~60%；拉电子基ArCO₂R、−CO−CH₃、−CO₂H、−CH＝O、−CN、−NO₂取代的苯环，虽然硝化主要进入间位，但由于⁺NO₂正电荷受取代基有负电原子的吸引，依电负性的强度使邻位取代的比例也不少，很少有对位取代；同是间位定位效应的基团，如：−CCl₃、−CF₃、$\overset{+}{N}H_3$、$\overset{+}{N}(CH_3)_3$、−CH₂−$\overset{+}{N}(CH_3)_3$、−$\overset{+}{S}(CH_3)_2$，因空间阻碍以及电正性对⁺NO₂的排斥作用，很少有邻位取代，而是生成少量对位取代产物，见表12-3。

表12-3　各种取代苯环的硝化产物中异构体的比例（因反应条件而有所变化）　　单位：%

取代基	o-①	m-①	p-①	取代基	o-	m-	p-
−CH₃	53.9(58.5)	4(4.4)	42(37.1)	−CO₂C₂H₅	24~28	66~73	1~6
−C₂H₅	47	3	48	−COCl		90	
−CH₂CH₂OAc	22.5	4.6	65.5	−NO₂	5~8	91~93	<2
−CH₂Cl	25(32)	10(15.5)	62(52.5)	−F	13		86.3
−CHCl₂	23	34	48	−Cl	27		72.6
−CCl₃	7	64	29	−Br	27		70
−CF₃	6	91	3	−I	35		63~65
−CH₂Ph			70	−$\overset{+}{N}H_3$		90	
−CH₂CN	24	20	56~74	−$\overset{+}{N}(CH_3)_3$	0	89	11
−CH₂NO₂	22	55	23	−CH₂−$\overset{+}{N}(CH_3)_3$	0	85	15
−CN	15~17	81~83	约2	−$\overset{+}{S}(CH_3)_2$	4	90	6
−OCH₃	30~40	2	60~70	Ph	22~25	1~2	60~62
−C(CH₃)₃	8	8.6	83.3				
−CONH₂		70					
−CH=O	15	72					
−COCH₃	28	68	2				
−CO₂H	15~20	75~85	1				

①括号中的数值为本文作者的实验结果。

可以从异构体的比率比较出其定位效应的强度及其特点。亲电取代的主要位置依强推电子基的定位指向，并且多进入它的对位。

（见506页）

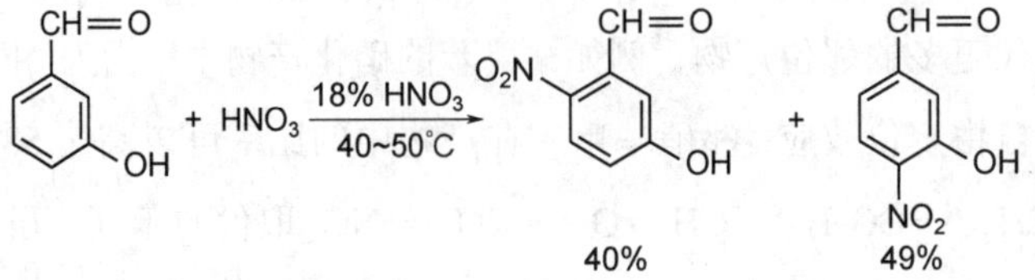

（见 507 页）

40%　　　49%

三、反应温度

硝基正离子和苯环形成过渡态的活化能一般都很小，它经常等不到各异构物达到热力学的平衡就消去了质子、恢复芳香体系生成稳定的产物；硝化的反应温度在一定范围内对异构物比例的影响不是很大，如：氯化苄在 0℃硝化和 25℃、70℃硝化，同样冷却至 0℃分离，得到同样产率（61%~62%）的 4-硝基苄氯，但是，在更低的温度下硝化只稍好的选择性；氟苯在低温硝化，其对位比率只略有提高。

硝化是很大的放热反应，必须在实验室确认它在该条件下的起始反应温度，控制比起始反应温度稍高的条件将混酸慢慢加入到搅拌着的反应物中，放出的热量用适当的冷却除去（36.4~36.6kcal/mol）。

四、副反应及注意事项

硝化反应中最危险的副反应是氧化及硝化剂积聚，有机物的硝酸氧化是反应物异常升温和放出氮氧化物；时刻注意过程中的放热情况，特别是使用过量的硝化剂时，操作完后必须处理至稳定的状态；如果底物及产物是稳定的，硝化剂不是太过量，正常的反应放热、氧化及多硝化是可以避免的。

五、硝化的实施

依底物不同选择硝化剂、制订反应条件，以下分类叙述。

1. 甲苯类的硝化

甲苯在使用混酸（HNO_3/H_2SO_4）的硝化中，甲基对硝基正离子 $^+NO_2$ 的吸引的自动定位效应使邻位取代竟达 53.9%；使用弱的硝化剂（硝基乙酰）进行硝化，邻位产物更达 60%；当甲基的一个氢原子被氯取代，由于氯原子的电负性比氢大，甲基和苯环的 σ-π 共轭有所降低，对于 $^+NO_2$ 的吸引也有所降低；如果两个氢被氯取代，两个氯原子吸引电子使苯环电子云密度降低，使对位取代更少、间位取代大增；当三个氢原子全被氯取代时，氯的电负性对于 $^+NO_2$ 的吸引被全部空间阻碍冲消掉，很少有邻位取代，变为如一个拉电子基，硝化产物主要是间位，对位次之。

甲苯 α-C−H 的其它取代对于硝化反应的影响类似。

4-硝基苄基氯　　M 171.58，mp 73℃。

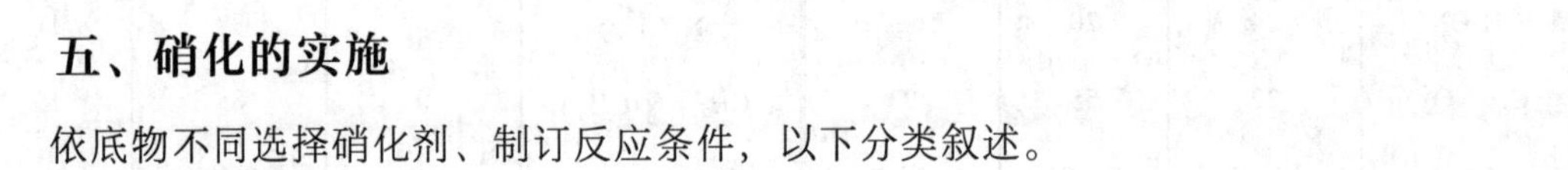

2L 三口烧瓶安装机械搅拌、温度计及分液漏斗，外用冰盐浴冷却。

烧瓶中加入 762g（6mol）氯化苄，搅拌及冷却控制反应温度 10℃左右[❶]，从滴液漏斗慢慢加入 480mL（d 1.42，70%，7mol）[❷]硝酸及 960g 浓硫酸配制的混酸，约 3h 可以加完；在硝化过程中即有结晶析出（为搅拌方便可提高反应温度至 40℃，或加入前次分出的未结晶的油状物），加完后再搅拌 1h 冷至 0℃以下，趁冷用玻璃布滤取结晶，用冰水冲洗，干后得 600g（产率 58%），mp 70~72℃。

γ-(4-硝基-苄基)吡啶　M 214.22，mp 73~74℃。

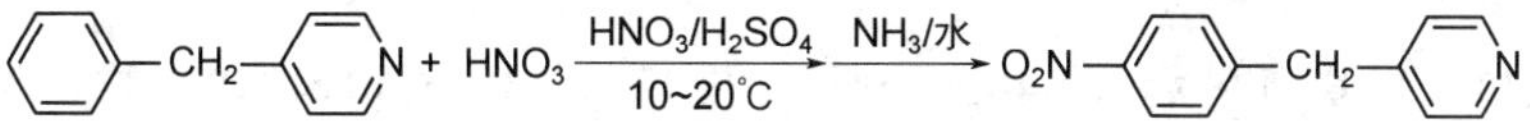

10L 三口烧瓶中加入 2L 浓硫酸，冰水浴冷却控制温度在 45℃以下，搅拌着慢慢加入 2.55kg（15mol）γ-苄基吡啶，成盐，溶入；控制 10~20℃慢慢加入如下的混酸：1.02kg（d1.5，16mol）硝酸慢慢加入 40℃以下 600mL 浓硫酸中，混匀。加完后再保温搅拌半小时，倾入 8kg 碎冰中，用浓氨水中和至强碱性；冷后倾去上面水层，将油层冰冷、用玻璃布介质减压过滤，约 24h 滤尽液体，得 2.4~2.5kg。

精制：以上硝化产物溶于 2L 70%乙醇中脱色过滤，冰冷至少 24h、滤出结晶[❸]，干后得 1.3~1.4kg（产率 40%~43%），mp 69~71.5℃；再于 95%乙醇（0.3mL/g）溶析一次，得 1.14~1.33kg（产率 35%~41%），mp 70.5~71.4℃。

对于硫酸敏感的底物（萘、联苯、酚可被磺化；分子中-CN、-O-COR、酮、醚基团可被水解，分解）应避免使用硫酸的混酸，而是使用硝基乙酰或在乙酸中使用 d1.5 硝酸，或者直接使用不同浓度的硝酸——见下面酚类的硝化。

4-硝基苄腈（4-硝基苯乙腈）　M 162.15，mp 117℃。

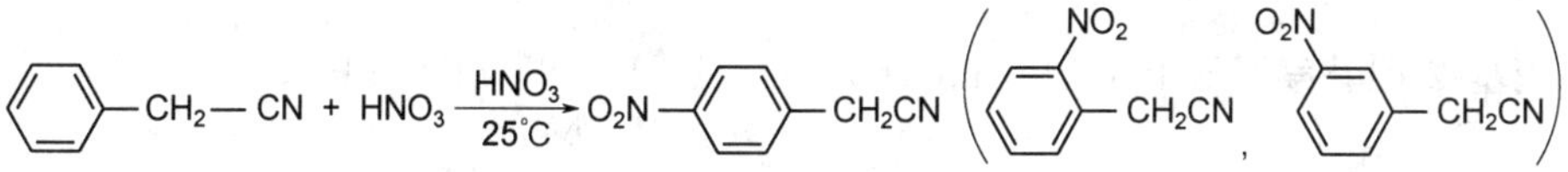

5L 三口烧瓶中加入 2.8kg（d 1.5，43mol）硝酸，控制 20~28℃搅拌下于 1.5h 左右慢慢滴入（1~2 滴/秒）468g（4mol）苯乙腈，加完后保温搅拌 3h，将反应物慢慢加入 6kg 碎冰中（温度<20℃）充分搅拌，滤出析出的结晶，冰水洗，风干得 477g，用乙醇（6mL/g）重结晶，得 300g（产率 46%），mp 116~117℃。

注：2-硝基苯乙腈，mp 85℃。

4-硝基苯乙醇　M 167.17，mp 60℃（62~64℃），bp 177℃/16mmHg。

---

❶ 在 0℃、25℃、70℃硝化，同样冷至 0℃以下分离结晶，产率同为 61%~62%。

❷ 使用 7mol d1.5（98%）的硝酸配制混酸硝化，分离出的"废酸"补充 6mol HNO$_3$，可重复使用两次，此后"废酸"相当于 H$_2$SO$_4$·2H$_2$O，或可再用。

❸ 放冷过程先以液态析出、分层，应及时种晶；从母液回收到 700g 粗品。

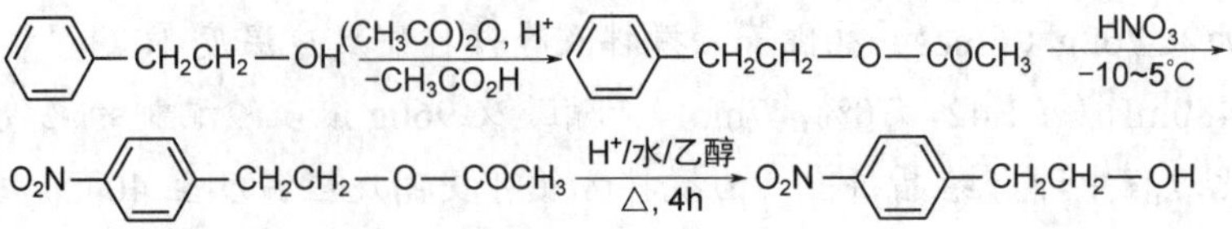

2L 三口烧瓶中加入 700g 85%以上（5.9mol）乙酸酐及 2 滴浓硫酸，90℃左右搅拌下于半小时左右慢慢加入 610g（5mol）苯乙醇，反应放热；再保温半小时，加入 0.1g 碳酸钠以中和硫酸，减压回收乙酸至液温 140℃/-0.096MPa，得乙酸酯 700~800g（产率 85%~97%），纯度 97%~98%。

硝化：1L 三口烧瓶中加入 640g 85%（d 1.47~1.48，8.6mol）❶硝酸，控制-5~-10℃于 8h 左右加入 329g（2mol）乙酸苯乙酯，加完后保温搅拌 2h。倾入 1kg 碎冰中充分搅拌，分取油层，水洗三次，得 420~425g（硝化转化率 98%），其中 2 位取代 22.5%，3 位 4.6%，4 位 65.5%，另有可能是二硝基物 6.3%（GC 测定）。

水解：2L 三口烧瓶中加入 600mL 乙醇、200mL 水及 80g 浓硫酸，加入以上全部 420~425g 乙酸酯，搅拌下加热回流 4h，回收乙醇 450mL。向剩余物中加入 0.5L 水充分搅拌，分取下面油层❷，在-16~-18℃冷却至少 20h，滤出结晶 170g，GC 纯度 83%；用甲苯（0.2mL/g）溶析一次，得 112g，纯度 93%；再用甲苯（0.2mL/g）溶析。

另法：

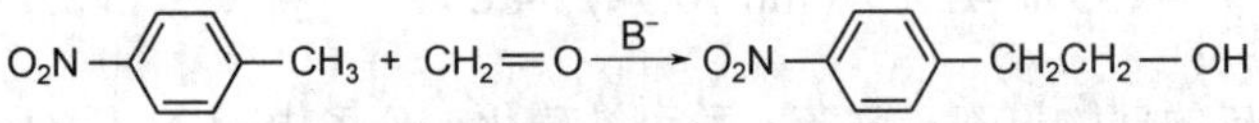

可以叔胺提高其活性，如：2-羟乙基吡啶（见 829 页）。

萘、联苯很容易硝化，为提高选择性，选用更缓和的条件——在冰乙酸中使用硝酸硝化；虽然反应缓和，也能充分利用硝酸。联苯比萘的硝化反应速度至少要慢 100 倍，硝酸也只是稍过量，而且反应完全。

1-硝基-2-甲基萘 M 197.20，mp 81~82℃，bp 188.8℃/20mmHg。

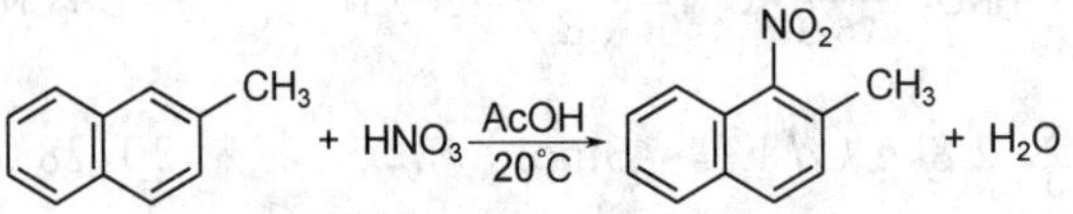

10L 三口烧瓶中加入 2.84kg（20mol）2-甲基萘及 6L 冰乙酸，加热使溶；冰水浴冷却控制反应温度 20℃左右，搅拌着于 3h 左右慢慢加入 1.4kg（d 1.51，22mol）硝酸，加完后保温搅拌 3h，再于 1h 左右将反应物温度加热至 80℃，放置过夜。次日滤出结晶，干后得 2.4kg（产率 61%）。

精制：滤出的粗品，水洗及乙醇冲洗，风干后用乙醇（1.5 mL/g）重结晶。

4-硝基联苯 M 199.21，mp 114.5℃，bp 340℃、220℃/30mmHg。

2-硝基联苯 mp 37.2℃，bp 170℃/13mmHg、192℃/30mmHg，d 1.44。

---

❶ 硝酸不可以更浓，用 d 1.5 的硝酸，其中二硝基物增至 19%。

❷ 其中：2 位产物 mp 2℃，bp 140℃/15mmHg；3 位产物 mp 50℃，bp 145℃/14mmHg；4 位产物 mp 64℃，bp 150℃/16mmHg。虽然分馏分离困难，但是还应先减压分馏以便于重结晶精制。

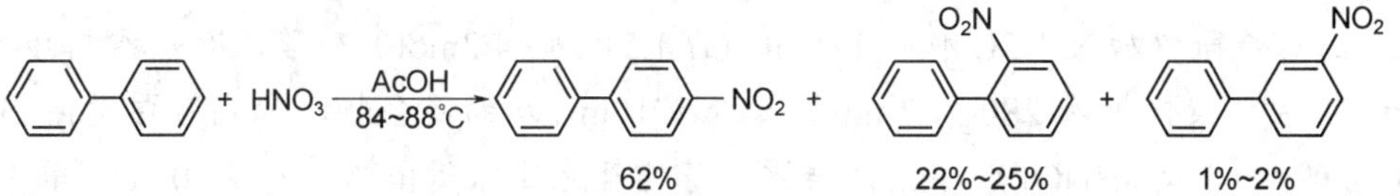

62%   22%~25%   1%~2%

0.5m³ 反应罐中加入 154kg（1kmol）联苯及 154kg（2.56mol）冰乙酸，加热至 88℃ 开动搅拌，维持放热的反应温度 84~88℃，于 6h 左右慢慢加入 80kg（1.25kmol）硝酸（有引发过程！）❶，再保温搅拌 3h。冷至 70℃将反应物流放至开口塑料桶中封盖放冷，（冬季）两天冷至 15℃以下，离心分离，乙酸母液重复使用一次（补足欠缺部分），两批的结晶 150kg 回收乙酸分两次浸洗，共得（干品）220kg（产率 55%）。

两批下来、乙酸母液（不包括洗液，洗液用于硝化合成）用 Na₂CO₃ 中和至 pH 3，回收乙酸；剩余物用浓 NaOH 中和残存的硝酸至 pH 4，水洗两次，得邻位混合物 170kg，其中：联苯 27%~30%；2-硝基联苯 58%~60%；4-硝基联苯 14%~15%。

减压分馏，先蒸出联苯馏分（mp 69~72℃，bp 255℃），剩余物分馏收集以下馏分 180~182℃/15mmHg，再分馏一次❷得 35~50kg❸，GC 纯度＞98%。

两批回收到 40kg 以上含硝基物的联苯，按分析计算又用于硝化合成。

2. 酚类的硝化

酚羟基对于苯环（p-π 共轭）是很强的推电子基，苯酚（类）的硝化反应速度极快、来不及过渡态的平衡便消去质子完成了反应，以致邻、对位取代产物的比率不是很大，除非其它拉电子的影响或 O-酰化以降低它的活性；在只有一个位置可被取代的情况也要抑制反应速度，同时还要注意硝酸对底物的氧化破坏作用。可以采取的措施如：①使用稀硝酸和尽可低的温度条件；②使冰乙酸作溶剂使反应缓和；③降低酚的活性可将 O-酰化［乙酰化（酯）、碳酸酯］或 O-烷基化；④使用间接方法——磺酸基被硝基取代以及酚亚硝化后的氧化。

苯酚在 0℃左右用 16%~17% HNO₃ 的硝化还是可行的，邻硝基酚和对硝基酚的物理性质有很大差异，可借水汽蒸馏或减压分馏的方法分离，邻硝基酚的分子内氢键使其有更大的芳香性，容易被水汽蒸馏。

2-硝基酚　M 139.11，mp 45.3~45.7℃，bp 216℃，d^{14} 1.485。

4-硝基酚　mp 114.9~115.6℃，bp 279℃（分解），d^{20} 1.479。

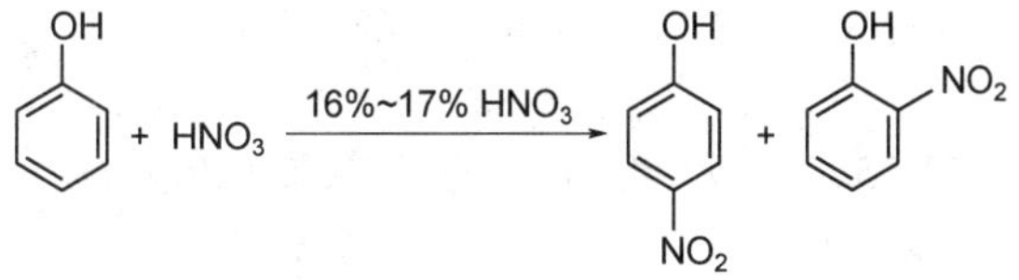

---

❶ 先加入约 5kg 硝酸，待正常反应后再慢慢加入其余的硝酸，当理论量硝酸加入后放热就不明显了，需要加热才能维持反应温度，并有 NO、NO₂ 放出（氧化）。

❷ 要仔细分馏，前馏分联苯容易分开，4 位异构体的分离比较困难（实验室容易做到），每次分馏都要将剩余高沸物加入下次的硝化产物中去冷却结晶分离；也可加入适量乙酸在一定温度下结晶分离 4-硝基联苯——再作分馏。

❸ 没有恒沸，全依柱数。

2L 三口烧瓶中加入 1.5L 水及 175mL（d 1.51，4~4.2mol）硝酸，冷却控制 0~5℃ 搅拌下于 3h 左右慢慢加入 280g（3mol）苯酚及 10mL 水的混合物，加完后再搅拌 2h，静置、分去酸水（2.8% HNO_3），下面油层水汽蒸馏至无油珠蒸出为止，得 80g（产率 19%）。剩余物冷却后析出 4-硝基酚。

2-甲基-6-硝基酚　M 153.14，mp 70℃，bp102~103℃/9mmHg。

2-甲基-4-硝基酚一水合物[❶]　M 171.15，mp 96℃（无水），30~40℃（水合物）；bp186~189℃/9mmHg。

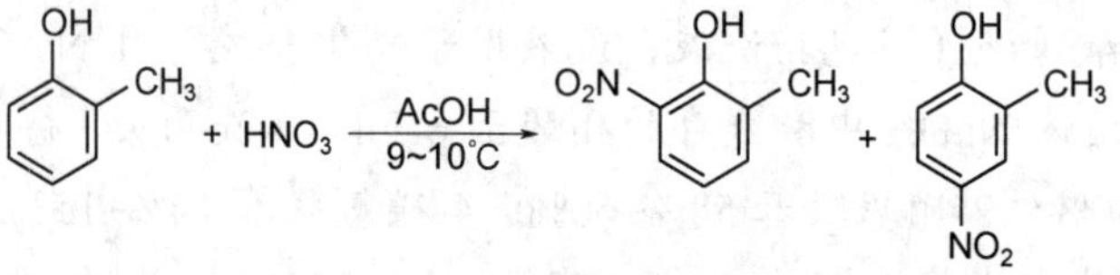

2L 三口烧瓶中加入 800mL 冰乙酸及 216g（2mol）2-甲酚，冰盐浴冷却控制反应温度 0~10℃，搅拌着于 2h 左右慢慢滴入 130g（2mol）d 1.5 硝酸及 200mL 冰乙酸配成的混酸，加完后再搅拌半小时；水浴加热回收乙酸约 700~750mL，剩余物水汽蒸馏至无油珠馏出为止（虽然馏出很慢也要蒸出至无油珠馏出为止），共收集到 2-甲基-6-硝基酚 90g（产率 29.5%）。

水汽蒸馏的剩余物放冷，用 800mL 3%~5%氨水分四次提取[❷]，提取液合并、脱色滤清、酸化、分出黑棕色的油状物 130g，冷后凝固，为 2-甲基-4-硝基酚水合物，油浴加热、用水泵减压干燥至 100℃/-0.09MPa，减压分馏，收集 165℃/5mmHg 馏分，沸程很稳，得 90g（产率 29%）。

同法制取：

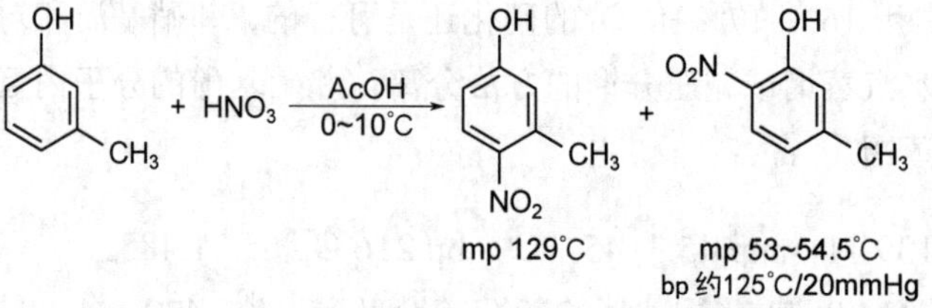

水汽蒸馏得 2-硝基-5-甲酚粗品90g，于-15℃分离结晶，用石油醚冲洗两次，干后得 30g，mp 53~54.5℃。

4-氯-2-硝基酚　M 173.55，mp 88~89℃；易升华及水汽蒸馏。

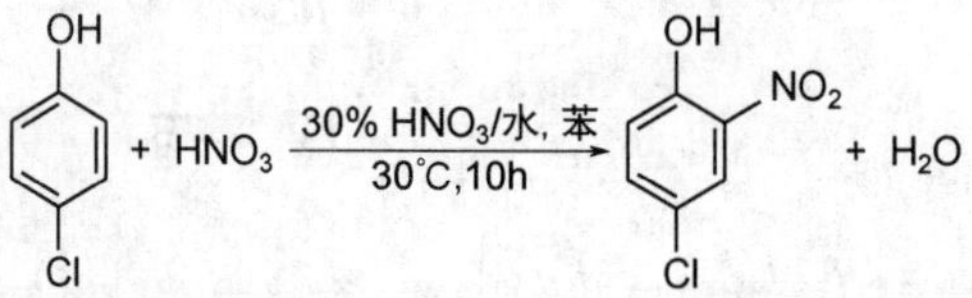

[❶] 2-甲基-4-硝基酚的合成当首选 o-甲酚的亚硝化及其后氧化。

[❷] 氨水提取的剩余物可能是以甲基定位指向的产物：2-甲基-3-硝基酚（mp 146~148℃）及 2-甲基-5-硝基酚的混合物，它们的酸性较弱，不溶于稀氨水而溶于稀 NaOH。

1m³ 反应罐中加入 257kg（2kmol）4-氯酚及 257L 苯，冰水冷却控制反应温度 30℃ 左右，搅拌下于 10h 左右慢慢加入如下配制的 30% 稀硝酸：330L 冰水中慢慢加入 1.41kg（d 1.51，2.23kmol）硝酸，混匀备用。加完后再搅拌 2h，分出酸水层，水洗一次，回收苯、最后减压收尽，粗品的产率 73%，mp 85~87℃。

拉电子基影响的增强、氧化副反应减少，以下事例将底物加入稀硝酸中。

2-羟基-5-硝基苯甲酸（5-硝基水杨酸） M 183.12，mp 229~231℃；溶于热水（3%）。
2-羟基-6-硝基苯甲酸

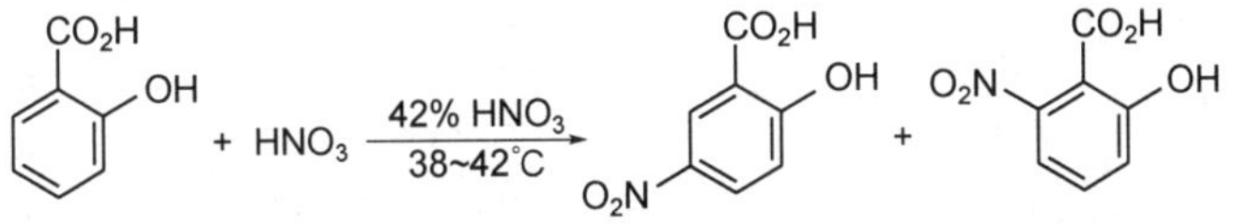

1L 三口烧瓶中加入 350mL 水，搅拌下加入 255g，d 1.51（170mL，4mol）硝酸，维持 38~40℃于 5h 左右慢慢加入 138g（1mol）优质水杨酸，加完后保温搅拌 2h，放置过夜（反应物只在结晶的外观稍有变化）。次日滤出结晶（"废酸" d 1.19，32% 调节浓度后重复使用），结晶用水冲洗，得湿品 260g（含水 42%，析干 151g，转化率＞82%），mp 130~190℃。

将以上全部湿品 260g 加入 260mL 热水中，以 40% NaOH 中和至 pH 7~7.7 得到橘黄至橘红色溶液（必要时加热），慢慢放冷、滤出钠盐结晶❶；使溶于 500mL 热水中，加热至沸，用盐酸酸化，慢慢放冷至 50℃滤出结晶，风干后得 108g，mp 190~214℃❷。

精制：以上粗品溶于冰乙酸（3mL/g）中重结晶（如若脱色处理、脱色炭必须用盐酸和少量产品一起煮过，无铁、烘干），冷后滤出结晶，干后得 80g（产率 43%），mp 228~230℃；或用沸水（60mL/g）重结晶。

3-羟基-4-硝基苯甲醛 M 167.12，mp 132~134℃；片状晶体，易溶于苯，可水洗蒸馏。
3-羟基-6-硝基苯甲醛 mp 166℃；细小针状晶体，难溶于苯。

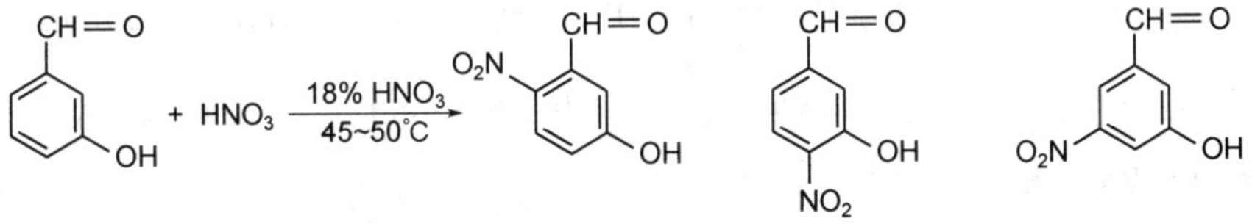

1L 三口烧瓶中加入 670mL 18%（d 1.1，2.1mol）稀硝酸，控制放热的反应温度 45~50℃，搅拌着于 3h 左右慢慢加入 73.2g（0.6mol）3-羟基苯甲醛，加完后保温搅拌 2h。冷后冰冷，滤出结晶，水洗，干后得异构混合物 73g（HPLC 产率 73%，其中：6-硝基取代 40%、4-硝基取代 49%、5-硝基取代 8.3%）。

分离异构体：以上 73g 混合物与 150mL 苯在搅拌下加热回流 10min，放冷至 50℃倾

---

❶ 钠盐母液加热至沸，用盐酸酸化，50℃滤出结晶水洗，干后得 30g。

❷ 钠盐再重结晶一次，然后酸化，50℃滤出结晶，水洗，粗品 mp 202~209℃，这一手续似不必要，但应以饱和食盐水冲洗钠盐为好。

取清液放冷，滤出结晶（3-羟基-4-硝基苯甲醛及少量 3-羟基-5-硝基苯甲醛）用苯母液开始提取两次，最后用新苯提取一次，苯母液合并，回收苯后又得2g；加上前边提取析出的结晶35g，共计37g 4位及少量5位的硝化混合物。将混合物水汽蒸馏至无馏出物（结晶）为止，得4位硝化产物 18~19g，mp 124~128℃，纯度94%；再用苯（3mL/g）重结晶，得12g，HPLC 纯度＞98%，mp 130~131.7℃。

苯提取的剩余物21g，mp 160~163℃，是 3-羟基-6-硝基苯甲醛粗品，用沸水（3mL/g）重结晶，得17g，HPLC 纯度98.8%，mp 164~166℃。

同法，从 4-羟基苯甲醛硝化制得高产率（＞70%）、高质量（粗品 HPLC 纯度＞98%）的 4-羟基-3-硝基苯甲醛。

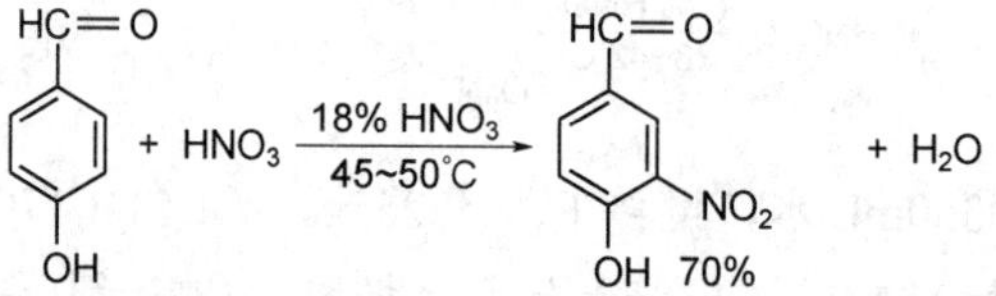

4-羟基-3-甲氧基-5-硝基苯甲醛　M 197.14，mp 178℃；暗黄色结晶，溶于乙醇。

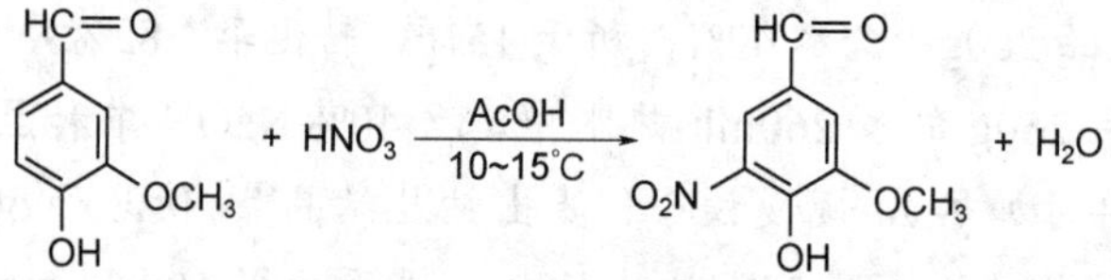

1L 三口烧瓶中加入 400mL 冰乙酸、152g（1mol）香兰素，搅拌下加热使溶；冷后用冰浴冷却，控制反应温度 10~15℃、于 2h 左右慢慢加入 65g（d 1.5，1mol）硝酸与 100mL 冰乙酸的溶液。加完后再搅拌1h，加入10g 乙酸钠以中和过剩的硝酸，水浴加热用水泵减压回收乙酸约 250mL，趁热倾出，放冷后滤出结晶，用回收乙酸冲洗、水洗，使悬浮于 350mL 水中的 $NaHCO_3$ 调节呈中性，充分搅拌、滤出、水洗，风干得160g（产率 81%），外观黄绿色，HPLC 纯度95%，mp 163~166℃。

粗制：以中性乙醇（8mL/g）重结晶，HPLC 纯度＞98%，mp 174~176℃。

酚羟基可以酰化或 O-烷基化保护并使芳环致钝，如：1,4-二甲氧基苯，用 25%~30% HNO_3（2mol）在 70~80℃可顺利完成硝化。

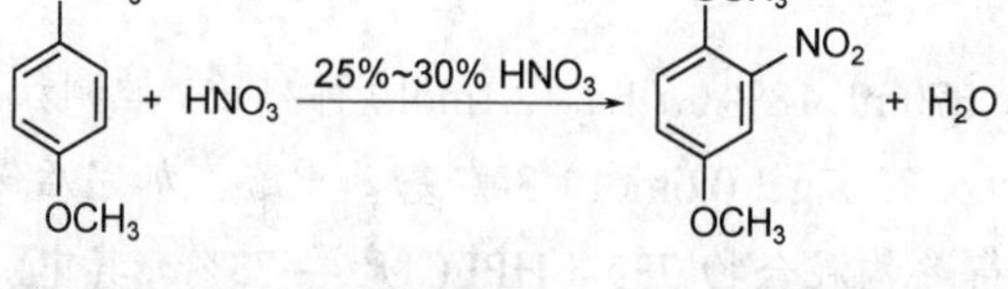

藜芦醛（3,4-二甲氧基苯甲醛）的硝化制取 3,4-二甲氧基-6-硝基苯甲醛，由于产物对光和热敏感，在较低温度使用浓硝酸硝化（硝酸 d 1.4，摩尔比 13:1），由于3位甲氧基的对位和 $^+NO_2$ 的"邻位效应"的共同影响使硝基进入醛基的邻位（甲氧基的对位）是硝化的主体产物，得到 3,4-二甲氧基-6-硝基苯甲醛。

6-硝基藜芦醛（3,4-二甲氧基-6-硝基苯甲醛）　M 211.17，mp 133℃。

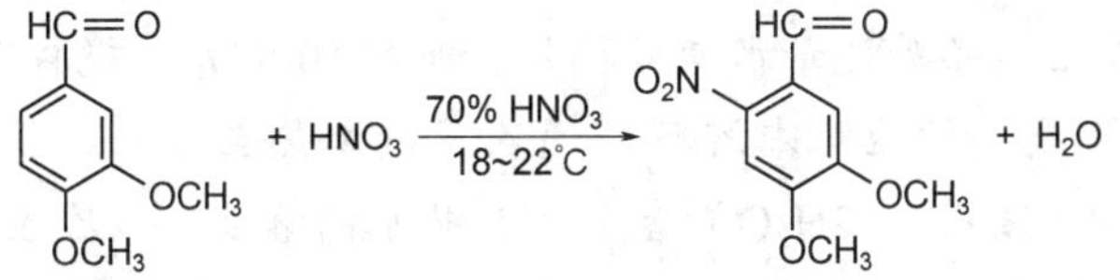

该产品对光和热不稳定，纯净的产品也应充氮、避光保存，冷藏于干燥条件；它的变质是氧化为 3,4-二甲氧基-6-硝基苯甲酸。工业品纯度大于 80%。

1L 三口烧瓶中加入 350mL 70%（d 1.4，5.4mol）浓硝酸，搅拌着控制反应温度 18~22℃，搅拌 1h 左右慢慢加入 70g（0.42mol）粉碎的 2,4-二甲氧基苯甲醛，加完后再保温搅拌 10min，将反应物加入 4L 冰水中，充分搅拌，几分钟后滤出结晶，冰水洗三次，避光下真空干燥（向下精制就不必干燥）。

精制：90g 湿品（含水 10%~20%）溶于 2L 热乙醇中，滤除首先析出的部分结晶，放置过夜；次日滤出结晶，母液在水浴加热、水泵减压浓缩至 700mL，放冷，得第二部分结晶，合并，避光下真空干燥，得 65~70g，mp 129~131℃。

以上产品再用 1L 95%乙醇重结晶，得 55%~60%（产率 62%~67%），mp 132~133℃。

更强的拉电子基影响的酚，如 2-硝基酚，在乙酸中使用乙酸稀释的 70%硝酸在 55~60℃硝化，反应物中添加硫酸以期以 HNO₃/H₂SO₄ 提高 $^+NO_2$ 的浓度，以此来提高在 6 位硝化的比率；又如，使用 70% HNO₃，其中水产生的 HSO_4^- 对于硝酸解离为 $^+NO_2$ 相抵，当予修正。

2,6-二硝基酚 M 184，mp 63~64℃；透明的黄色结晶。
2,4-二硝基酚 M 184，mp 115~116，d^{24} 1.683；透明的黄色结晶。

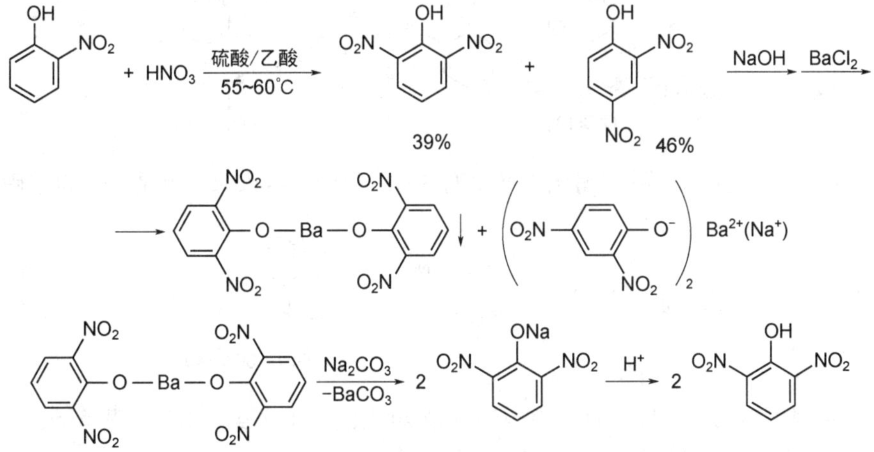

100L 反应罐中加入 16kg 冰乙酸和 10kg（71mol）o-硝基酚，加热使溶，于 60℃以下加入 15kg 浓硫酸❶。维持放热的反应温度 55~60℃，慢慢加入如下混酸：7.5L 冰乙酸于 40℃以下慢慢加入 10.3kg 70%（d 1.42，113mol）❶硝酸。加完后保温搅拌半小时，冷后加入 100L 冰水中，充分搅拌，滤出结晶，水洗，得湿品 16kg。

---

❶ 硝酸过量太多！当加入计算量的硝酸以后放热几乎停止，说明硝酸和硫酸都是过量。按投入物料及反应产生水计算，"废酸"中硫酸与水的比例相当于 H₂SO₄·2H₂O。如果使用 98%硝酸，仍投入 113mol（7.26kg），反应后"废酸"中硫酸与水的比率仍为 H₂SO₄·2H₂O，计算使用 95%工业硫酸的用量为 5.2kg。

分离异构物：以上湿品加适量水使成糊状，加入 100L 水，搅拌下加入 3kg（75mol）氢氧化钠配成的浓溶液，钠盐基本溶解，通入蒸汽加热至近沸，搅动下慢慢加入 5kg（20mol）结晶氯化钡（$BaCl_2 \cdot 2H_2O$）溶于 25L 热水的溶液，放冷至 40℃用布架滤出橘红色的 2,6-二硝基酚钡盐结晶，再用漏斗滤尽溶液，水洗，得湿品 8kg（洗液与滤液合并以处理分离 2,4-二硝基酚）[1]。

以上 2,6-二硝基酚钡盐湿品悬浮于 50L 沸水中，以约 3kg 工热碳酸钠配成的热饱和液调节至 pH 10，1h 后趁热滤除碳酸钡；放置过夜，次日滤出橘红色的 2,6-二硝基酚钠盐结晶，尽量滤干[2]，得湿品钠盐 3.5~3.7kg。将钠盐溶于热水，趁热酸化，滤出结晶，水洗，干后得 2kg，mp 61.5~62.5℃。

精制：14L[3] 95%乙酸加热至沸，加入 2kg 干品，溶解后脱色过滤，放置过夜，次日滤出，干后得 1.4kg，mp 62.5~63.5℃[4]。

在容易引起混乱的硝化中，常使用间接方法——磺基被硝基取代；酚的磺基被硝基取代并不是通过磺基分解，而是通过 σ 键络合过渡态过程的加成，消除完成的。亲电基团的取代环上的某个基团主要决定于潜离去基的离去倾向：容易形成稳定的正离子离去；离去基团还要有受体协助——HO^-、HSO_3^-、活泼芳烃；以及离去基芳核上相应位置的推电子使反应致活，容易形成 σ 络合过渡态。如：2,4-二硝基-1-萘酚-7-磺酸的合成中只酚环上的两个磺基被 $^+NO_2$ 取代，7-磺基保留——$^+NO_2$ 仅在受羟基推电子影响而形成 σ 络合过渡态的碳原子上完成取代。

离去基团还可以是叔（仲）基、卤原子中的碘（或溴），氯不易以 Cl^+ 的形式消去。如：

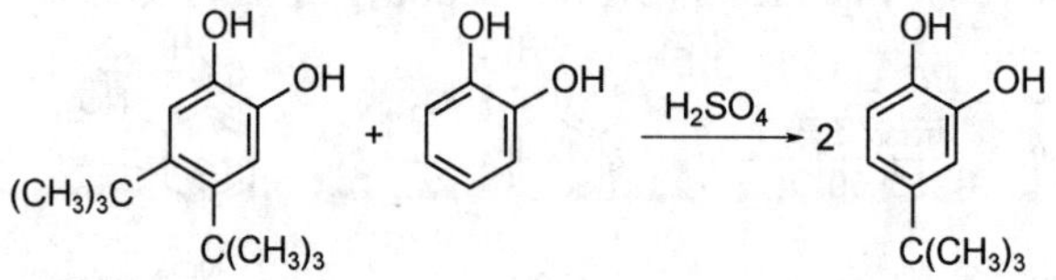

又如，4-碘（或溴）苯甲醚的硝化中产生有 30%~40%的 4-硝基苯甲醚——碘被硝基取代。

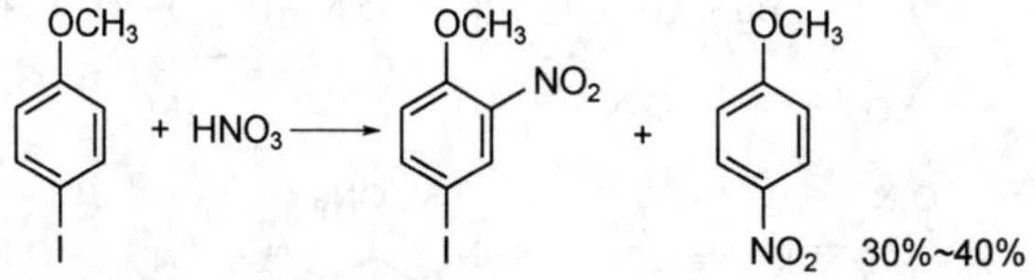

再如，4-碘甲苯的 α-溴代，有相当多的碘被 Br^+ 取代。Br^+ 是很好的亲电试剂。

在溴代叔丁苯时，叔丁基越多，溴取代的机会也就越多。

---

[1] 2,4-二硝基酚钠溶液用盐酸酸化后滤出得湿品 8kg，悬浮于 30L 热水中用浓 NaOH 中和溶解，脱色过滤，放冷至 25℃，此条件下只析出 2,4-二硝基酚的钠盐结晶，滤出，盐水洗，溶于水、酸化，得 2,4-二硝基酚。

[2] 从分离 2,6-二硝基酚钠结晶的母液加热，再用氯化钡溶液以钡盐分离及以后的处理（母液直接酸化回收，得 2,6-二硝基酚粗品 3.1kg，mp 55.5~59.5℃）。

[3] 精制的乙醇用量不可以减少，虽然使用 10L 也能溶解，在放冷过程中，产品最初以油状析出（或有缩醇产生）或改变溶剂。

[4] 此产品已很纯净，实测 pH 变色域为 pH 1.8 无色、2.4 黄色。

【磺基被硝基取代】

苯酚与浓硫酸共热得到二磺酸；用水稀释到 70%~75%，以过量的浓 HNO₃ 在 70~80℃ 先作硝化，然后于 100℃ 保温完成对磺基的取代，得到苦味酸。例如：使用 3.18 mol 硝酸（理论量的 106%），反应过程中大量氮氧化物使硝酸损失，苦味酸的收率 16.5%；使用 4.4mol（理论量的 146%），收率升至 56%。又如：1-萘酚-2,4,7-三磺酸作 2,4-位的硝基取代，使用 4.7 mol 硝酸（理论的 235%）处理，2,4-二硝基-1-萘酚-7-磺酸的收率 68%。在 2,4-二氯-3-乙基-6-磺基酚的磺基被 ⁺NO₂ 取代中，由于羟基和乙基共同的影响，其磺基非常容易被 ⁺NO 取代，产物几乎不溶于水，只使用比理论量稍多的硝酸，反应温度也比较低，即可得到高产率的硝基取代产物。

苦味酸（2,4,6-三硝基酚）　M 229.11，mp 122~123℃；溶于冷水 1.3%、沸水 6.6%、乙醇 8.3%。

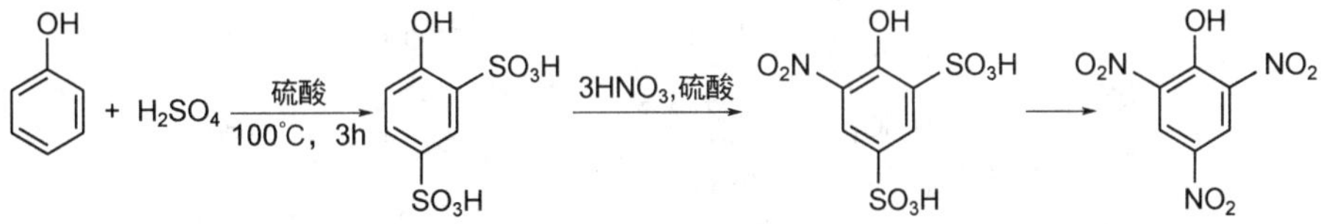

5L 烧瓶中加入 5kg 95%以上（50mol）硫酸，摇动下加入 940g（10mol）苯酚，混匀后于沸水浴加热 3h，冷后倾入 2kg 碎冰中，搅拌着控制 70~75℃于 2h 左右加入 2.82kg（d 1.5，44mol）❶硝酸和 400mL 水的含水硝酸，过程中有多量氮氧化物放出，加入 2/3 时放出气体渐少，加完后放置过夜。次日于沸水浴加热 3h，又有相当多的氮氧化物放出，并析出大量结晶，冷后倾入 7L 冷水中放置过夜❷，次日滤出结晶，水洗两次，风干得 1.3kg（产率 56%），mp 120~121.5℃。

2,4-二硝基-1-萘酚-7-磺酸三水合物（萘酚黄 S）　M 368.28，mp 151℃；亮黄色针晶。

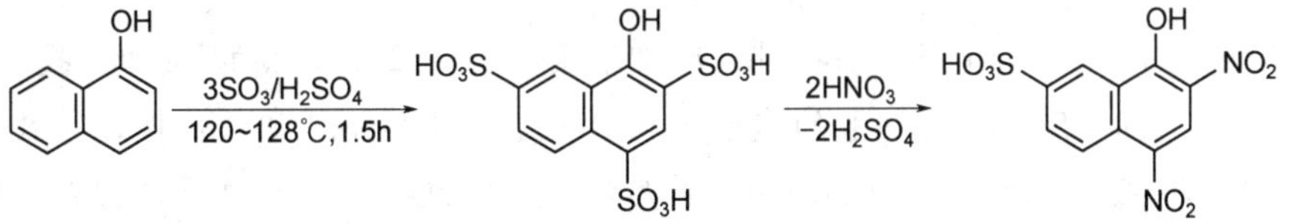

2L 三口烧瓶中加入 144g（1mol）品质优良的 1-萘酚（工业品），再加入 1.5kg（16% SO₃，约 3mol）发烟硫酸（或 18%~20% SO₃，计算使用），磺化放热，摇匀，慢慢加热并充分搅匀，于 120~128℃油浴加热 1.5h❸，冷后加入 1.5kg 碎冰中（放热！不得超过 60℃）。

控制放热的反应温度于 50℃ 左右，搅拌着慢慢加入 300g d 1.5（4.7mol）硝酸，放置过夜。次日滤出结晶，以浓盐酸洗两次，风干得 250g（产率 68%）。

精制：250g 以上粗品溶于 400mL 5%盐酸中，趁热过滤，冷后滤出结晶，以少许冰

---

❶ 约 1/3 的硝酸以氮氧化物损失掉，依此，硝酸没有过量。

❷ 产率低的原因可能是硝酸不足及溶解损失，因此硫酸及用水应相应减少。

❸ 磺化的终点按以下方法检测：取 1mL 反应液溶于 10mL 水中应清亮，加入 10mL 70% HNO₃ 于沸水浴加热 5min，冷后不出现絮状物或结晶表示磺化完全；否则会出现 2,4-二硝基-1-萘酚的浑浊。发烟硫酸应该使用 3.1mol。

水冲洗，于80℃干燥，得210%（产率57%）。

2,4-二氯-3-乙基-6-硝基酚　M 236.05，mp 48~50℃；黄色结晶、不溶于水。

a. 4-氯-3-乙基酚（mp 50℃）

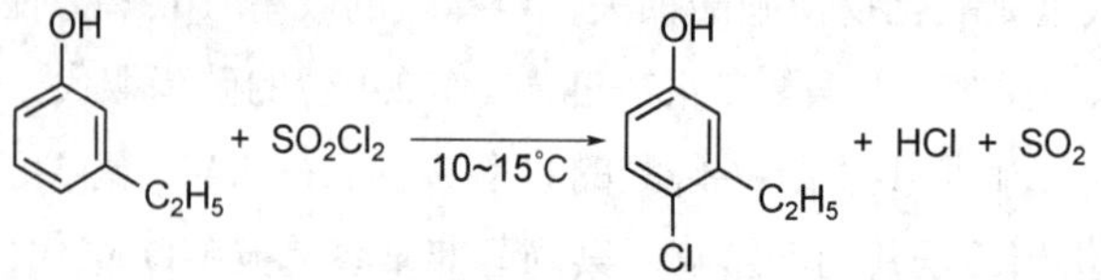

1m³ 反应罐中加入 203kg（＞96%，1.5kmol）间乙酚，搅拌及冷却维持 10~15℃于18h 慢慢加入 220kg（1.63kmol）二氯硫酰，加完后保温搅拌半小时，再 40℃保温 8h（取样 HPLC 分析结果：3-乙酚＜1%；4-氯-3-乙酚＞85%；邻位取代及其它）。

b. 磺化——4-氯-3-乙基-6-磺基酚

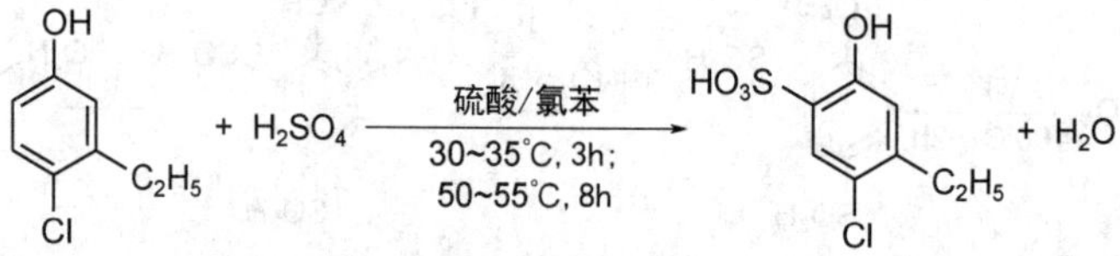

向以上反应物中加入 600kg 氯苯，将溶解的 HCl 和 SO₂ 等析出导至水吸收，冷却控制反应温度 30~35℃于 3h 左右慢慢加入 380g 95%（3.68kmol）浓硫酸❶，加完后升温至 50~55℃保温 8h（分析：未碳化底物＜1%；磺化主体＞85%）。

c. 氯化——2,4-二氯-3-乙基-6-磺基酚

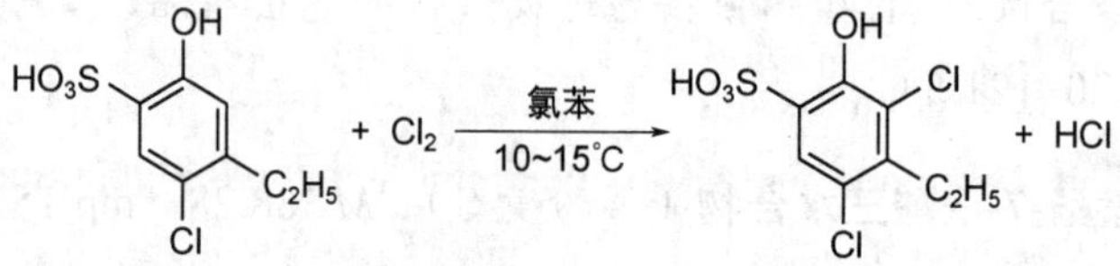

2m³ 反应罐中加入 600L 冷水，搅拌及冷却下慢慢加入上面磺化的反应物，搅拌半小时，控制 10~15℃于 13~15h 以 7~8kg/h 的速率通入 106kg（1.49kmol）氯气，停止通氯后再搅拌半小时（取水层试样分析：用 NaHCO₃ 中和后测试，一氯物＜1%；主体二氯物＞80%，三氯物＜5%）。静置 5h，分取下面水层至另一个 2 m³ 反应罐中以作硝基取代❷。

d. 硝基取代

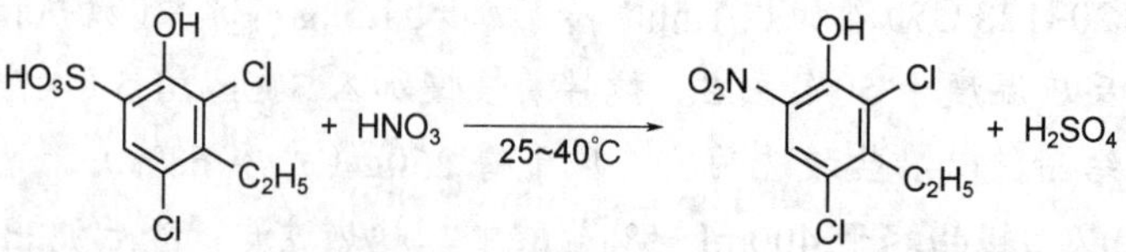

---

❶ 硫酸用量应该减少：380kg 95% H₂SO₄ 折百是 361kg（3.7kmol）减去消耗 1.5kmol，剩余 2.2kmol（215kg）。
水的总量 = 工业硫酸含水 19kg+磺化产生的 27kg=46kg。
"废酸"相对于水的浓度 H₂SO₄/水 = 215/（215+46）×100% = 82.3%（n = 65.8）。
如果减少至 250kg，按以上方法计算"废酸"的浓度为 69.6%（n = 55.6）。
❷ 氯苯层回收氯苯，剩余物为未被磺化的氯化物。

$2m^3$ 反应罐中的氯化反应物（含硫酸的碳酸水溶液）冷却控制在 25℃ 左右，搅拌下从高位瓶慢慢加入 99kg d 1.51（1.57kmol）硝酸与 47.5L 水配制的含水硝酸，约 4h 可以加完，保温搅拌 1h，升温至 40℃ 保温搅拌 5h，最后升温至 60℃，静置 3h 后分取下面重质油层，用热水洗三次，得 426kg（其中含水 9%；纯度＞90%；产率折百 90%，按间乙酚计）。

精制：用甲醇（2.5mL/g）重结晶。

另法：

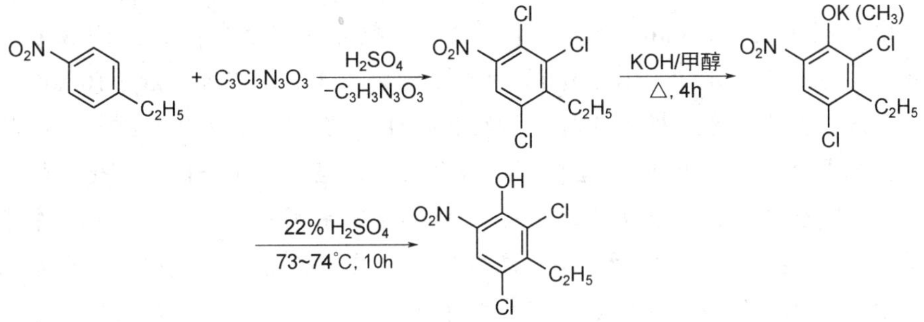

3. 卤苯的硝化

卤苯中卤原子使芳核对于亲电取代显示致钝，卤原子的未共用电子对与苯环共轭而使邻、对位活化，尤以对位取代占优势。F、Cl、Br、I 的原子半径依次增大，卤原子的可极化性依次增大，由于 $^+NO_2$ 的自动定位效应，使邻位取代的比率依次有所增加；氟苯中氟原子很小、与苯环更接近，对于苯环的共轭更为突出，对于 $^+NO_2$ 的吸引也很弱，亲电取代更多在对位发生；碘苯中碘原子外层电子可极化性相当突出（原子半径最大，受原子核和苯环的吸引都比较小），与 $^+NO_2$ 吸引，得到比其它卤原子影响更多的邻位产物（见表 12-4）。

表 12-4　卤苯硝化产物的异构体比率（GC 监测）

反应底物	溶剂硫酸	混酸比率		反应温度	产物产率/%	异构体比率/%		
（1mol）	（d 1.83）	HNO₃（d 1.5）	H₂SO₄	/℃		o-	m-	p-
甲苯	80mL	1.05mol	40mL	15	87	53.9	4	42
氟苯	80mL	1.05mol	40mL	30	87	13.5	0.2	86.3
氯苯	80mL	1.05mol	40mL	30	98	27		72.6
溴苯	80mL	1.05mol	40mL	30	98	26~27		74
碘苯	80mL	1.05mol	40mL	30	90	35~37		63~65

从以上的硝化过程观察到它们的活性差异：起初，卤苯在硫酸中溶解很少，硝化速度非常快；硝化剂加入 1/2 以后，由于硝化产物的溶解不同程度改变了溶剂的性质，使反应乳化及溶解，在硫酸中溶解的底物使亲电取代的活性降低，反应变得缓和。例如：甲苯比卤苯活泼得多，按卤苯硝化的条件，在 30℃ 硝化，混酸一经加入，立即发生有如爆炸性猛烈反应；把反应温度控制在 15℃，反应仍很猛烈；氟苯、氯苯的硝化也是相当猛烈的；溴苯、碘苯的硝化则比较平和。

4-硝基氟苯　M 140.10，mp 27℃，bp 206~207℃，d^{20} 1.3300，n_D^{20} 1.5316。

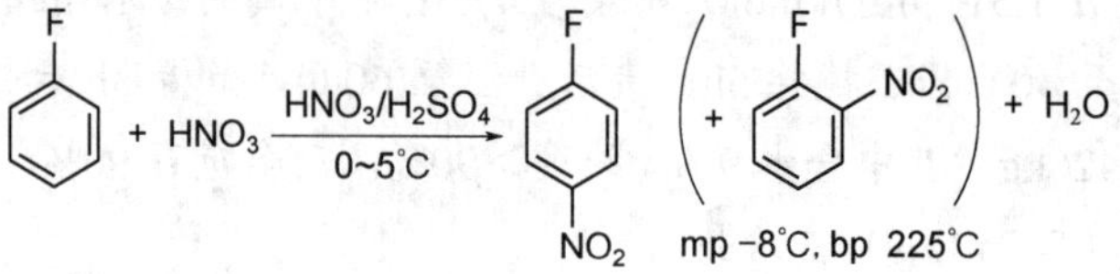

2L 三口烧瓶安装机械搅拌、温度计及分液漏斗，外用冰盐浴冷却。

烧瓶中加入 961g（10mol）氟苯，保持 0~5℃搅拌着从分液漏斗于 5h 左右慢慢加入如下的混液：将 665g（d 1.5，10.5mol）硝酸慢慢加入 40℃以下的 1kg（10mol）硫酸中，混匀。当加入 2/3 时为防止析出结晶，加入 200mL 冰乙酸。加完后再搅拌半小时，放置过夜（如在冬季会析出结晶），升至室温，分取上面油层，得 1.35kg（硝化产率 96%；分离出的"废酸"补充硝酸可重复使用一次）；粗品于冷水中充分搅拌，在冰水中冷却几小时，在 5℃滤出结晶，尽量滤干❶，将结晶熔化后再在 10℃放冷，这样长成大结晶以方便过滤出油状物，滤干得产品 1.02kg（产率 73%）。

4-硝基氯苯　M 157.56，mp 83.6℃，bp 243℃，$d^{90.5}$ 1.2979，n_D^{100} 1.5376。

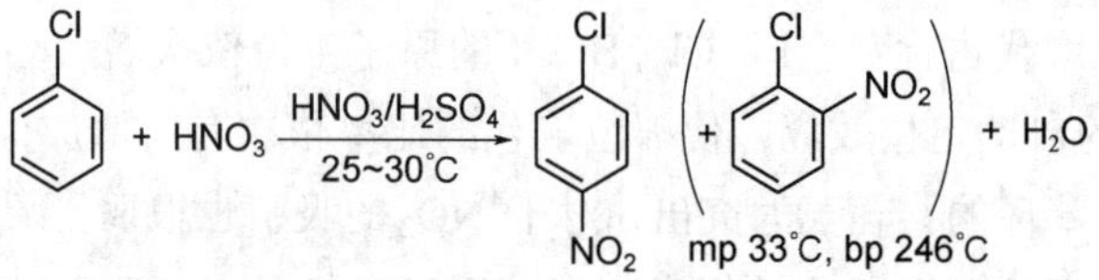

2L 三口烧瓶中加入 565g（5mol）氯苯，搅拌及冷却下控制 25~30℃慢慢加入 500g（5mol）浓硫酸（应与硝酸配成混酸滴入），于 2h 左右滴入 347g d 1.5（5.5mol）硝酸，加完后升温至 40~50℃搅拌 2h，冰冷至 0℃滤出结晶；冰水洗两次，再以 NaHCO₃ 调节至 pH 5~6，水冲洗，干后得 4-硝基氯苯 450~500g（产率 57%~63%）。

从滤出的"废酸"及油状物分离邻位油 250g（"废酸"调节补加 100g 浓硫酸可重复使用 1 次），水洗、减压分馏（前馏分中含氯苯），收集 100~102℃/7mmHg 馏分，冰冷后有 60%的结晶析出。

1,2,4-三氯-5-硝基苯　M 226.45，mp 57~58℃，bp 288℃，d^{20} 1.790。

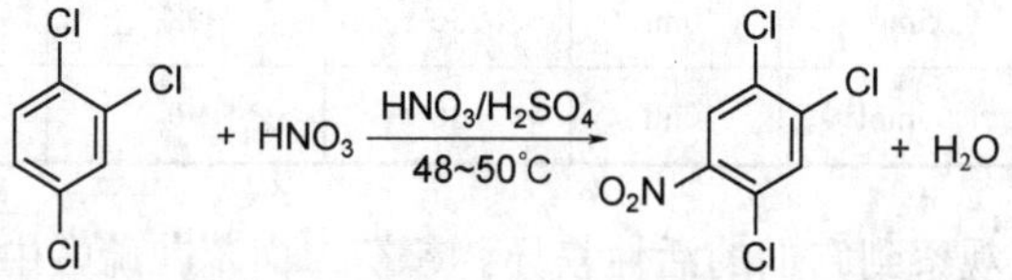

50 L 反应罐中加入 29.3kg（16L，300mol）❷浓硫酸，搅拌下加入 12.5kg（70mol）

---

❶ 分离出的油状物合并共 300mL，与 300mL 15% KOH 在搅拌下加热回流 2h，以使 o-硝基氟苯水解，向反应物中加入 300mL 热水以便分离，分取油层，加入至碎冰中，析出结晶，趁冷过滤得到回收的 4-硝基氟苯粗品，或先减压分馏后再做如上处理。从高沸物回收 2-硝基氟苯，mp -8℃；bp 225℃，116℃/22mmHg；d^{20} 1.338。

❷ 反应物中"废酸"相对于水的浓度为 80.7%，此项硫酸应减少为 10kg。

1,2,4-三氯苯，维持放热的反应温度 48~50℃慢慢加入如下混酸：5.6kg（d 1.5，88mol）硝酸慢慢加入 2.8L 浓硫酸中，混匀备用。加完后保温搅拌 2h，冷却后倾入大量碎冰中，充分搅拌、离心分离，水洗，风干后得 15kg（产率 95%）。

氟原子对于苯环的共轭效应和拉电子效应在卤族中都是最强的，其硝化，如果氟的对位是空缺的，主要在氟的对位取代；如果对位被占据，则避开氟拉电子影响的邻位，在其它适宜位置发生。

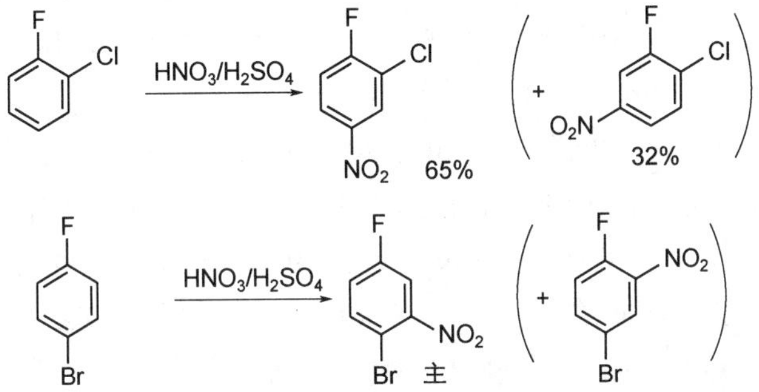

4. 芳胺的硝化

芳胺的硝化有两种情况：①在浓硫酸中形成铵盐用混酸硝化；②乙酰化的芳胺用弱的硝化试剂如含水混酸、硝基乙酰或稀硝酸的硝化。它们对于防止氧化及异构体比率各有特点。

（1）芳胺在浓硫酸中的铵盐用混酸硝化

苯胺在浓硫酸中生成铵正离子（$Ar-\overset{+}{N}H_3$；HSO_4^-）是很强的拉电子基，在有其它第一类取代基与其定位的位置一致，反应的选择性是同一的，都能得到较好的结果，在铵基间位硝化；如果硫酸量不足，不能生成稳定的铵盐，也会以胺的形式硝化，虽然很少，但它对于硝基正离子非常敏感，在邻、对位硝化并有氧化发生。常使用较多过量的硫酸在低温用混酸硝化，稀释后分离出难溶的硫酸盐。

4-甲基-3-硝基苯胺　M 152.15，mp 81.5℃；金黄色结晶，可溶于乙醇、易溶于氯仿。

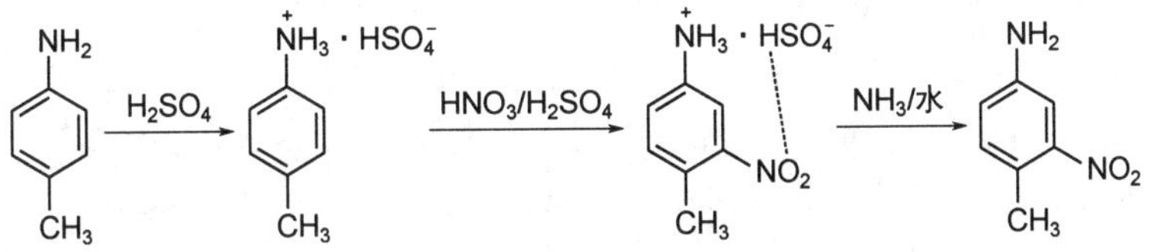

10L 三口烧瓶中加入 5kg（d 1.82，约 50mol）浓硫酸，搅拌加入 1.08kg（10mol）对甲苯胺，搅拌使溶，冰盐浴冷却控制 0~10℃慢慢加入如下的混酸：2kg（20mol）浓硫酸中慢慢加入 650g（d 1.5，10mol）硝酸，冷却备用。

加完后升温至室温搅拌半小时，倾入大量碎冰中充分搅拌，滤出硫酸盐，冰水洗两次；使悬浮于 8L 热水中，以氨水中和至 pH 8，滤出结晶❶，水洗，干后得 1.5kg（产率 98%）。

精制：用乙醇（1.5mL/g）重结晶，干后得 1kg（产率 66%），mp 75~77℃。

---

❶ 在热水条件的中和处理也未经溶解，只是变得稀薄，晶形改变。

2-氯-5-硝基苯胺　M 172.57，mp 121℃；金黄色针状晶体。

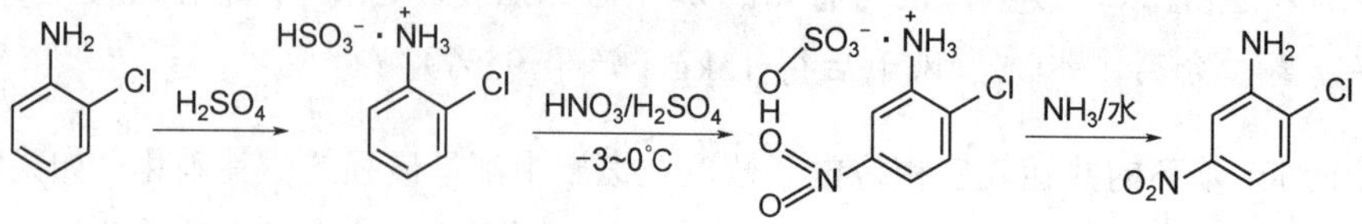

10L 三口烧瓶中加入 6kg（3.3L，d 1.83，60mol）浓硫酸，冷却及搅拌下可快速加入 1.28kg（10mol）2-氯苯胺，很快成盐溶入，放热升温达 80℃，或加热使溶。冷后用冰盐浴冷却控制-3~0℃从分液漏斗慢慢加入如下混酸，反应放热：在 4kg（40mol）浓硫酸中，冷却下慢慢加入 650g（10mol）d 1.5 硝酸，冰冷备用。

加完再于室温搅拌 2h，慢慢加入 10kg 碎冰中立即析出硫酸盐结晶，充分搅拌，半小时后滤出❶。冷水冲洗，使悬浮于 10L 热水中，以浓氨水中和至 pH 8，中和过程悬浮物变得稀薄，滤出、水洗、风干得 1.55kg（产率 90%），mp 115~118℃。

同样方法制取：2-溴-5-硝基苯胺，产率 80%，mp 137~139℃；4-溴-3-硝基苯胺，产率 80%，mp 114.8~126℃（粗品），纯度（HPLC）98%。

以上三例，硝化后反应物中硫酸对于水的浓度为 91.4%~92.6%。或使用部分发烟硫酸可以大量减少"废酸"的处理，如：1mol 底物使用 200g 20% SO_3 发烟硫酸及 200g 95% 浓硫酸配制成 400g 99.7%硫酸，反应后对于水的浓度为 95.7%，或补充硫酸以便于搅拌。

（2）N-乙酰苯胺的硝化

酰化的芳胺的"碱性"减弱了许多，使硝化反应速度降低、也不被硝化剂氧化、不与含水硫酸生成稳定的盐，取代在邻、对位发生，它不溶于水。

下面 4-甲基-乙酰苯胺的硝化中使用含水硫酸作为溶剂兼作脱水剂。硫酸浓度 82%~83%，比 $H_2SO_4 \cdot 1H_2O$ 的 84.5% 稍低，反应完成后反应物中硫酸对于总水的浓度降至 76.8%，比二水硫酸 $H_2SO_4 \cdot 2H_2O$ 的 73.1%稍高以使反应完全；如果使用二水合硫酸（73%）在相同条件（20~25℃）则大部分未被硝化。

4-甲基-2-硝基苯胺　M 152.15，mp 117℃；橘红色结晶，可随水汽挥发。

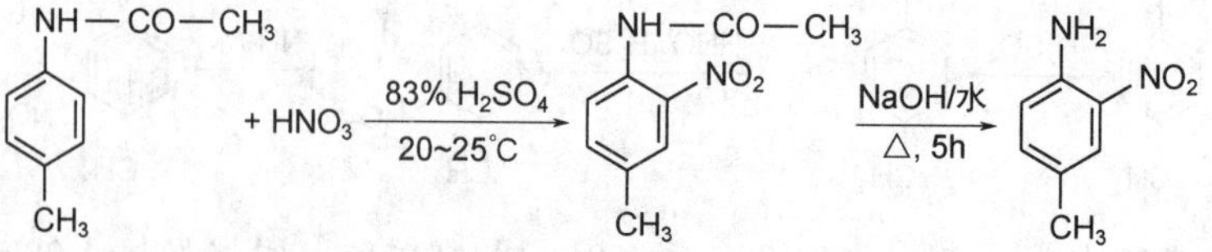

100L 三口反应罐中加入 57kg（83%，d 1.76，480mol）含水硫酸，冷却控制 20~25℃ 慢慢加入压碎了的 15kg（100mol）4-甲基乙酰苯胺，搅拌使成糊状，并把大颗粒可能弄碎，搅拌着控制 18~25℃于 7h 或更长时间❷慢慢加入 6.6kg d 1.5（105mol）硝酸与 2L 水

---

❶ 硫酸母液以氨水中和得到品质很差的粗品 150g。

❷ 硝化开始有明显放热（氧化原因），因为冷却的面积大，体现出来的反应放热并不严重，由于反应滞后，硝酸不可以加得更快，没有温升就不要冷却；硝化温度以 25℃为宜，一定要在 7h 或更长时间加入，用流水冷却很容易控制反应温度。

配成的含水硝酸；硝化之初，因有少量游离胺被氧化，反应物变为紫色，随着硝化进行，4-甲基乙酰苯胺结晶也渐渐消溶。该反应缓和、也要用冷水冷却❶，加完后维持 25~27℃至少再搅拌 3h（仍未反应完全），在水冷条件放置过夜。次日将上面漂浮的未反应的 4-甲基乙酰苯胺捞出，将反应物放入于 150L 冰水中充分搅拌、离心分离，水洗，干后得 18kg（产率 92%），mp 82~85℃。

酰胺水解：100L 反应罐中加入 100L 水，搅拌下加入 5kg（125mol）氢氧化钠，加热至沸、搅拌下分多次加入 19.5kg（100mol）以上硝化产物；加热回流 5h，趁热放出、冷却后滤出结晶，水洗，干后得 12.5kg（82%）mp 112~115℃。❷

精制：以上粗品用乙醇（2mL/g）重结晶，精制收率 50%，mp 114~116℃（乙醇溶解试验有浑浊❷）；如果用乙醇（10mL/g）溶解，脱色滤清，回收乙醇蒸除 4/5 体积，快冷，得橘红色细小结晶，精制收率 75%（溶解试验合格）。

本方法可调节硫酸浓度以减少硫酸用量，或参照水杨酸的硝化方法。

4-溴-2-硝基苯胺　M 217.02，mp 111~112℃；橘红色结晶，易溶于乙醇。

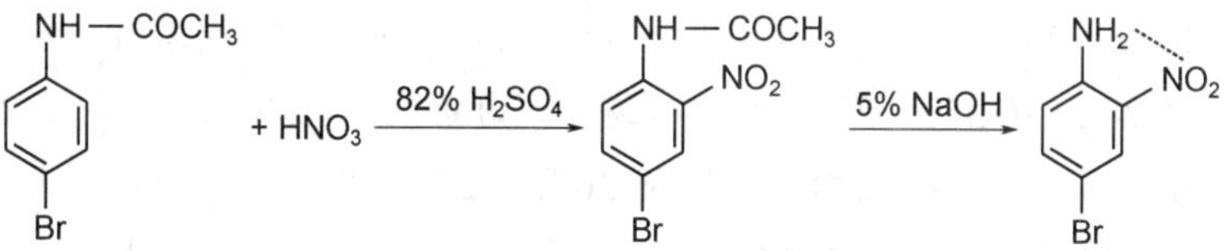

2L 三口烧瓶中加入 1.14kg 82%（d 1.72，9.5mol）含水硫酸，冷却及搅拌下加入 428g（2mol）粗碎的 4-溴-乙酰苯胺，控制 20~25℃于 5h 以上慢慢加入 40mL 82%硫酸与 133g（2.1mol）d 1.5 硝酸配制的混酸，随着硝化进行 4-溴-乙酰苯胺也渐渐消溶，反应趋于缓和；加完后再搅拌 1h，再在 30~35℃搅拌 1h，放置过夜。次日滤去未硝化的物料，加入 3L 冰水中，充分搅拌，滤出结晶，水洗，析干得 481g（产率 95%），HPLC 纯度 96%。

水解：5L 三口烧瓶中加入 2kg 5%（2.5mol）氢氧化钠溶液，搅拌下加热至沸、分次加入上面硝化物湿品，一经加入即水解，加完后再加热回流 3h（应延长），油状物稍冷即凝结，水层冷后滤出得 5g，共得 390g（纯度 90%），纯度 92%。

精制：用 90%的乙醇（2mL/g）重结晶，得 270g，纯度>99%，mp 109~111.5℃。

硝基乙酰是相当弱的硝化剂，有较好的选择性，为得到更多的邻位产物常在乙酸或乙酸酐中进行，它仅将 N-乙酰苯胺及烷基化的 N-乙酰苯胺硝化，甚至 3-氯-乙酰苯胺也只在加有少量硫酸作催化剂的情况才能反应（甲苯、叔丁苯的用硝基乙酰方法也必须硫酸催化），催化剂的作用是使硝基乙酰分解为硝基正离子，如下式：

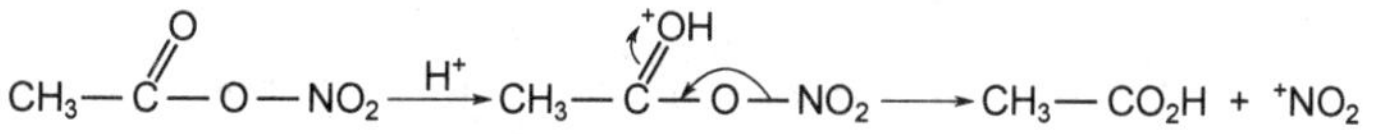

---

❶ 硝化开始有明显放热（氧化原因），因为冷却的面积大，体现出来的反应放热并不严重。由于反应滞后，硝酸不可以加得更快，没有温升就不要冷却；硝化温度以 25℃为宜，一定要在 7h 或更长时间加入，用流水冷却很容易控制反应温度。

❷ 乙醇溶解试验浑浊表示有未水解的酰胺，应使用乙醇溶剂碱水解更好。

硝基乙酰不稳定，当 d 1.51 的 95% 以上硝酸慢慢加入冷却着的乙酸酐中，可能是搅拌或冷却不好曾发生几次局部的、爆炸性分解，所以改为：先将硝酸加入 40℃ 以下的乙酸中，用它去硝化乙酸酐中的 N-乙酰苯胺——冰乙酸中的 N-乙酰苯胺在室温条件不被乙酸中的硝酸硝化，加入乙酸酐才立即反应、放热。

2-硝基苯胺　M 138.12，mp 71~72℃；橘红色片晶，易溶于乙醇。

4-硝基苯胺　mp 147.5℃；黄色结晶，可溶于乙醇。

a. 硝化

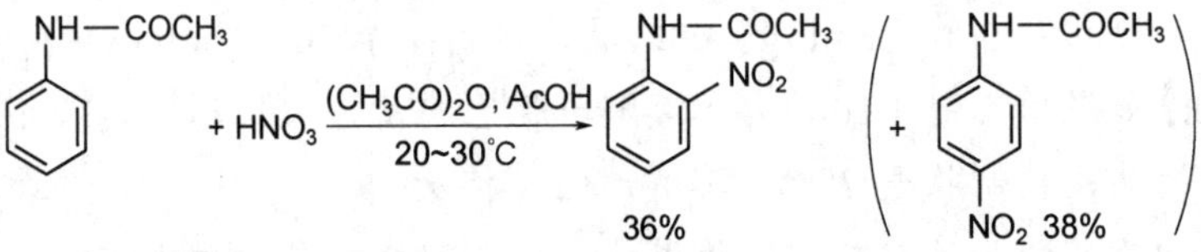

150L 容积的不锈钢桶外用冰水浴冷却，安装机械搅拌及高位瓶。

不锈钢桶中加入 25kg（230mol）工业乙酸酐及 27kg（200mol）N-乙酰苯胺，冰水浴冷却、控制 20℃±2℃，搅拌下慢慢加入如下配制的硝酸/乙酸溶液：14kg 冰乙酸，于 40℃下慢慢加 14.2kg（d 1.51，220mol）硝酸，混匀备用。当加入 1/3 时、乙酰苯胺溶入，硝化变为橘红色溶体，以后加入稍快，控制 30℃±2℃；当加入 1/2 时，反应物出现浑浊，开始析出 4-硝基乙酰苯胺结晶。硝化的总体时间约 6h，加完后再搅拌 2h，在冰水浴中放置过夜，使 4 位产物尽可能析出。次日离心分离 4-硝基乙酰苯胺，水洗，得湿品 14.5kg。

液体部分主要是邻位产物溶液（应该中和掉无机酸至 pH 4.5，减压回收乙酸），倾入 2.5 倍冷水中充分搅拌，次日滤出结晶，水洗，得湿品 24kg（折干 16kg），mp 85~94℃。

b. 分离异构体

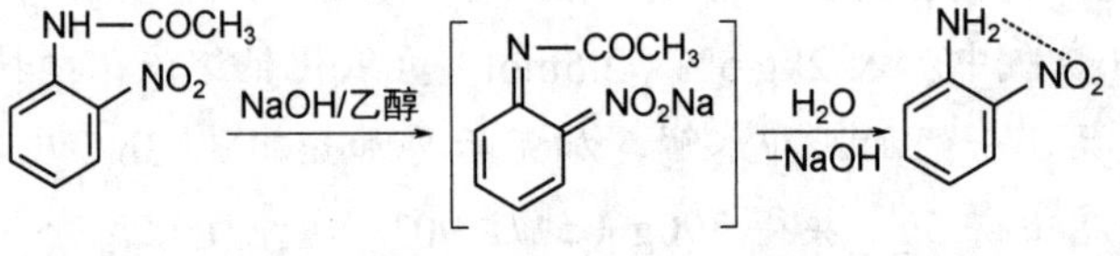

50L 40% NaOH（700mol）溶液中加入 100kg 碎冰及 70L 乙醇❶，搅匀，加入上面的 2-硝基乙酰苯胺湿品（析干 16kg），充分搅拌 20min，离心分离，得棕红色溶液，放置 24h（不加热也已水解完全），离心分离出橘红色针晶❷，水洗，干后得 10kg，mp 69~72℃（提取及水解的产率 82%；按乙酰苯胺计 36%）。

本品的工业制法：

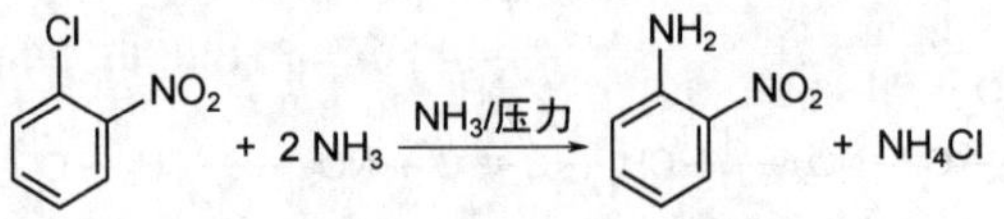

---

❶ 此项提取液用量应减少。

❷ 分离 2-硝基苯胺的母液补充 10L 乙醇及 6L 40% NaOH 重复提取和分离，析出的 2-硝基苯胺为暗红色。

3-氯-6-硝基苯胺　*M* 172.57，mp 126℃；可溶于乙醇，可升华。

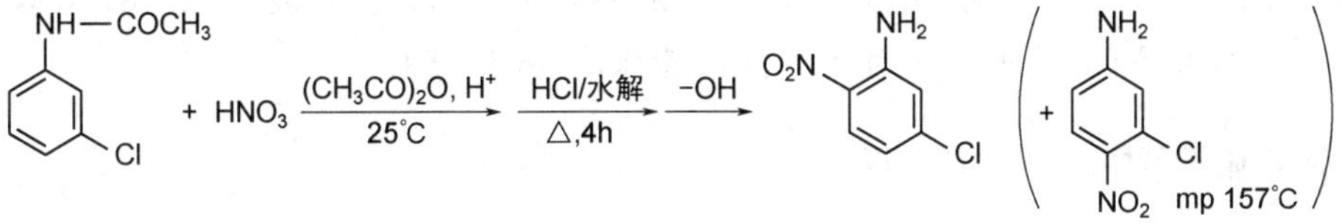

10L 三口烧瓶中加入 4.3kg（42mol）乙酸酐及 10mL 浓硫酸，搅拌着从分液漏斗加入 2.06kg（15mol）*m*-氯苯胺，反应放热、于沸水浴加热 1h。冷后加入 500mL 浓硫酸（此项硫酸似不必要，或使用 100mL），冰水浴冷却控制反应温度 25℃左右于 3h 慢慢滴入 1.0kg *d* 1.51（15.5mol）硝酸，加完后再 40℃搅拌半小时❶。倾入大量碎冰中充分搅拌，次日滤出结晶，水洗❷，用 12L 20%盐酸在搅拌下加热回流 4h，冷后以氢氧化钠中和碱化，水汽蒸馏（很慢），收集黄色结晶，为 3-氯-6-硝基苯胺，mp 122~126℃。

5. 芳醛（酮）的硝化

芳醛（酮）的硝化主要进入间位，由于 $^+NO_2$ 自主定位的"邻位效应"也有不是太少量的邻位取代及少量对位产物。

苯甲醛的硝化使用多量浓硫酸溶剂及较低温度，几乎避免了氧化；反应是将无酸的苯甲醛慢慢加入到低温、用计算量 SO_3 发烟硫酸和 *d* 1.5 的硝酸配制的混酸中——即 100%硫酸中的硝基硫酸，得到较好的产率；曾使用浓硫酸配制的混酸，效果只稍差。羟基、强推电子影响的醛用稀硝酸硝化，一经加入立即完成硝化——醛基得到稳定。

3-硝基苯甲醛　*M* 151.12，mp 58℃，bp 164℃/23mmHg，d^{20} 1.2792；极易溶于热苯。

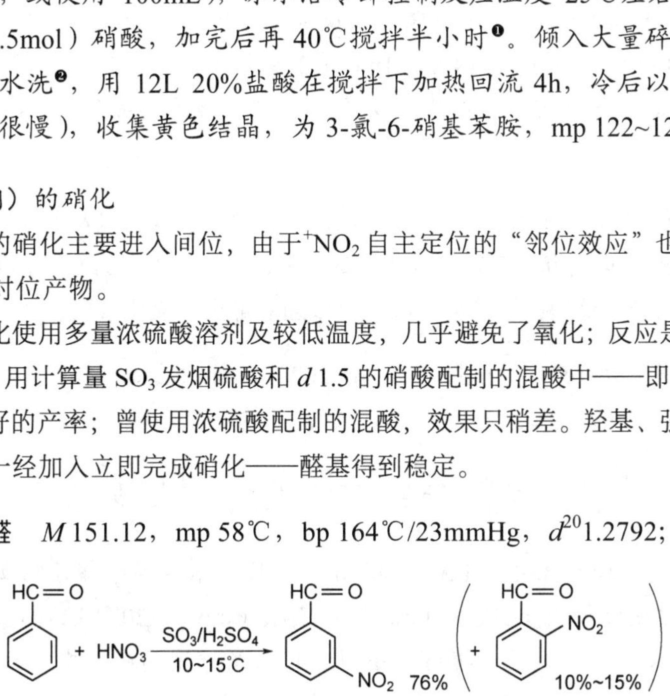

100L 反应罐中加入 101kg 20% SO_3（55L，250mol）发烟硫酸，搅拌及冷冻液冷冻下控制 10~15℃慢慢加入 16.3kg *d* 1.5（250mol）硝酸；加完硝酸 10min 后，用大约 5h 左右慢慢加入 25.3kg（238mol）新蒸的无酸的苯甲醛，加完后再搅拌半小时，反应物淡黄稍黏稠。加入足够量的碎冰中充分搅拌，在冰未融化完之前离心分离结晶及结晶块❸，依次冰水冲洗、5% Na_2CO_3 洗、再水洗，风干得 30kg（产率 83%）。

精制及分离：以上 30kg 粗品用苯（0.4mL/g）溶析过夜，次日滤除母液❸，结晶部分再如上用热苯（0.4mL/g）溶析处理，通常要溶析处理四次才能达到熔点＞56℃；风干后

---

❶ 或依以上 *o*-及 *p*-硝基苯胺，（回收 650~700mL 乙酸）冰冷过夜，过滤分离 4 位异构物；再水处理母液（2-取代）部分。

❷ 水处理后可用 NaOH 稀乙醇溶液作提取及水解，得到邻位产物。

❸ 从离心分离粗品的油状物及第一次苯溶析处理的母液合并，洗掉酸性油料，回收苯后减压分馏，回收 2-硝基苯甲醛（mp 43~46℃，bp 153℃/23mmHg）；或可通过 2-硝基苯甲二醇二乙酸酯（mp 87℃）结晶处理。

减压蒸馏[1]，将熔化的馏出物慢慢加入快速搅拌及冷却下的冷水中（用搪瓷桶）使产品立即凝结成小球状，为便于搅拌和造粒均匀，应不时将产物捞出过滤。风干后（苯溶解试验清亮）即为成品[2]，外观近于白色、微显黄绿，mp 57~58℃。

3-氯-6-硝基苯甲醛　M 185.57。

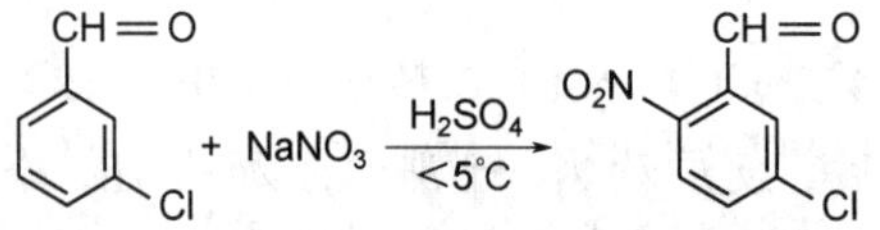

2L 三口烧瓶中加入 1L d 1.83 浓硫酸，搅拌下慢慢加入 105g（1.05mol）研成细粉的硝酸钠[3]，维持 0~5℃慢慢加入 140g（1mol）3-氯苯甲醛，加完后保温搅拌 2h，倾入大量碎冰中，充分搅拌滤出结晶，水洗，以 5% Na_2CO_3 溶液洗去酸性，再水洗，风干，得 180g（产率 98%），mp 68~70℃。

α-芳酮使用 10mol d 1.51 硝酸在低温反应，转化率仍较低，以及有在稀硝酸中的氧化；向反应物中添加 P_2O_5 以消除反应产生的水（或构成混酸）是可行的方法。在大量碎冰水中析出的结晶必须及时分离处理，否则会有部分（或通过烯醇）氧化成酸。

3-硝基苯乙酮　M 165.15，mp 81℃，bp 202℃；针状晶体。

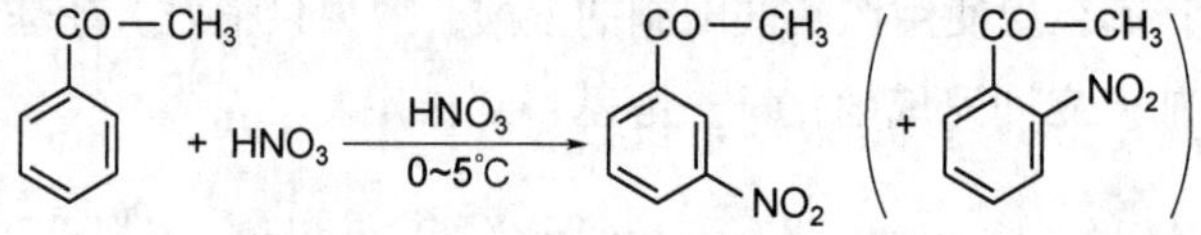

10L 三口烧瓶中加入 4.6L d 1.5（100mol）硝酸，冰盐浴冷却控制反应温度 0~8℃，搅拌下于 3h 左右慢慢加入 1.2kg（10mol）苯乙酮（mp 19~20℃）及 160mL 冰乙酸（以降低冰点）的混合物，加完后再搅拌半小时。倾入足够量的碎冰中，立即析出结晶，滤出，冰水冲洗[4]，以 Na_2CO_3 溶液冲洗，再水洗，风干。

精制：以上粗品用乙醇（0.6mL/g）重结晶（脱色），滤出的结晶用冷乙醇浸洗[5]，风干后得 500g（产率 33%）[6]，mp 78~80℃。

4-溴-3-硝基-α-苯丙酮　M 258.08，mp 79℃。

---

[1] 此项蒸馏只作去头分、留底，沸程很稳定。

[2] 减压分馏形成片状，在研碎中打碎时非常光滑、四处飞溅，故以造粒；苯溶解试验清亮表示已干燥，或在石油醚、乙酸乙酯中做造粒处理。

[3] 硫酸用量为以上 3-硝基苯甲醛的 3.8 倍，或应如上使用同等量的用发烟硫酸配制好的硝基硫酸。

[4] 捞去未融化的冰立即过滤，近干前立即用冰水冲洗去稀硝酸以减少氧化。

[5] 从乙醇母液及洗液回收乙醇的剩余物，不能以水汽蒸馏分开 2-硝基苯乙酮（mp 28~30℃，bp 285℃，159℃/16mmHg）；或应用减压分馏、苯结晶的方法回收异构物。

[6] 曾向硝酸中添加 P_2O_5，但无效果。应按以下方法尝试，不使用乙酸。

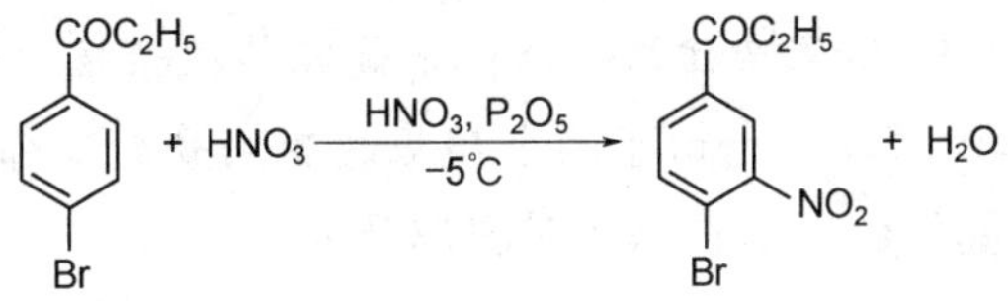

1L 三口烧瓶中加入 450mL d 1.51（10mol）硝酸，搅拌着于 30℃以下慢慢加入 47g（0.33mol）五氧化二磷粉末❶（此量 P_2O_5 正好消耗 1mol 水），冰盐浴冷却控制反应温度 −5℃±1℃，于 4h 左右慢慢加入 213g（1mol）4-溴苯丙酮 mp 45~47℃，加完后再搅拌半小时。将反应物加入足够量的碎冰中，充分搅拌，立即析出结晶，滤出、冰水冲洗，0.5L 冰水中以 $NaHCO_3$ 中和至 pH 5~6；滤出、水洗，风干得 234g，GC 纯度 94.1%，酸 0.5%（折百产率 85%），mp 70~72.8℃。

精制：用甲醇（1.5mL/g）重结晶，干后得 158g（产率 61%），GC 纯度 98.5%，mp 76~78℃。

用完全相同的方法从 4-氯苯乙酮制取 4-氯-3-硝基苯乙酮；使用甲醇（2.5mL/g）精制后的产率 67%，GC 纯度 99%。mp 96.7~97.5℃，外观近于白色。

6. 芳羧酸及其它拉电子影响的芳核硝化

硝酸/硫酸是很强的硝化剂，一般都能顺利完成硝化，拉电子基其影响力又有很大差别，可从表 12-3 取代苯环硝化的异构体比率判知其强度，以调节混酸的配比及反应条件；如果是两个强拉电子基的影响叠加，进一步的硝化就困难得多，要使大过量 100%硫酸中的硝基硫酸及较高的反应温度，在反应中有更多的氮氧化物放出。如 3,5-二硝基苯甲酸、2,5-双-三氟甲基-硝基苯的合成。如果同时存在推电子基，则亲电取代、推电子基的影响占主导。如：水杨酸，用 40%硝酸在 40℃可顺利硝化；又如：硝基甲苯用混酸硝化的反应速度比硝基苯快200~500 倍。

2,4-二硝基甲苯　M 182.13，mp 71℃，bp 300℃（分解），d^{71} 1.3208。

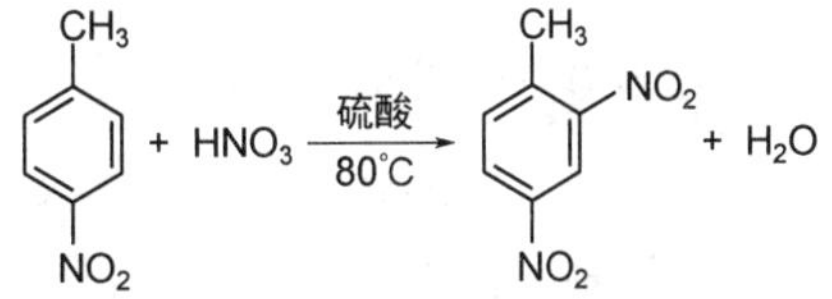

5L 三口烧瓶中加入 1.5L（28mol）浓硫酸❷及 1.37kg（10mol）对硝基甲苯，水浴加热使溶，维持 80~85℃搅拌下于 1h 左右加入如下配制的混酸：0.5L 硫酸中❷于 40℃以下加入 650g（d 1.5，10mol）硝酸，混匀。反应放热，加完后保温搅拌 10min，冷却后加入 8kg 碎冰中❷，充分搅拌、滤出结晶，水洗，干后得 1.8kg（产率 100%）；用乙醇（4mL/g）重结晶，得 1.5kg（产率 82%）。

同法，从 4-硝基氟苯硝化制得高产率的 2,4-二硝基氟苯（mp 28℃，bp 178℃/25mmHg）。

---

❶ 如不加 P_2O_5，粗品 GC 纯度 77%，并不能扩大生产。

❷ 硫酸总量和碎冰用量可以减少 1/2。

由于通过中间体过程的（S_NAr）亲核取代，F^- 是最容易被亲核取代的离去基。硝化反应物（2,4-二硝基氟苯）加入碎冰中；由于两个硝基的影响叠加，在水中有缓慢水解（结晶变软）应该加入有苯或氯仿的碎冰中以及时提取保护。

苯甲酸、苯甲酸酯的硝化主要进入间位，由于硝基正离子的自动定位效应，有相当部分在邻位引入，并且随反应温度的升高，邻位取代的比率有所增加，如：苯甲酸甲酯用混酸在 10℃、50℃、70℃硝化，其邻、间位取代比率有巨大变化；相比而言，氯化苯用混酸在 0℃、25℃、70℃硝化，得到相近异构体比率的硝化产物。这是因为混酸中 $^+NO_2$ 的浓度很大，对于第一类取基影响芳核的硝化速度非常快，它的电效应不足以约束 $^+NO_2$ 的选择性，来不及过渡态的平衡，就消去了质子，恢复了底物的芳香性质；而拉电子的羧基酯其电负性对于 $^+NO_2$ 的吸引，在较高温度反应时来不及过渡态的平衡，产物有较多的邻位取代；在低温反应有条件达到过渡态的平衡，硝化主要进入间位。

3-硝基苯甲酸甲酯　M 181.15，mp 80℃，bp 279℃。

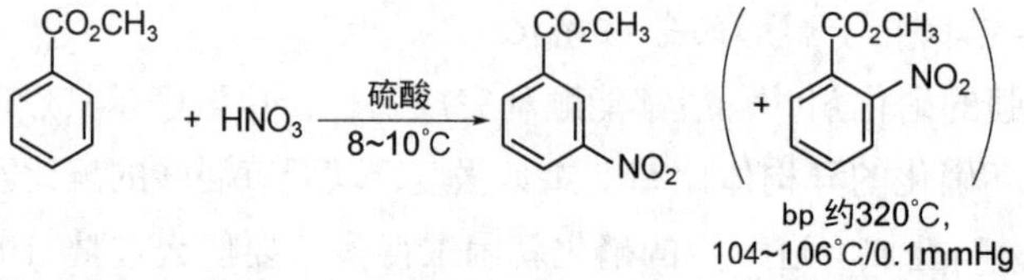

bp 约320℃，
104~106℃/0.1mmHg

2L 三口烧瓶中加入 735g（7.5mol）浓硫酸，冷却维持 8~10℃，搅拌下慢慢加入 204g（1.5mol）苯甲酸甲酯；保持 8~10℃[1]从分液漏斗慢慢加入如下的混酸：125mL 70%（d 1.42，2mol）浓硝酸与 230g 浓硫酸配制的混酸。加完后再搅拌 10min，将反应物加入 1.2kg 碎冰中充分搅拌，产物析出，滤出、水洗，再用冰冷的甲醇浸洗及冲洗，干后得 220~230g（产率 83%），mp 74~76℃。

精制：用甲醇（1mL/g）重结晶，mp 77~78℃。

3-硝基苯甲酸　M 167.12，mp 140~142℃；可溶于水、难溶于苯。

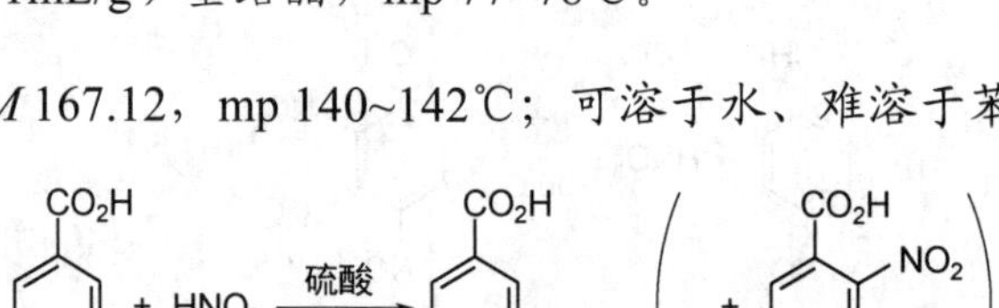

mp 146~148℃

10L 三口烧瓶中加入 4.57kg（46mol）浓硫酸，搅拌下加入 1.22kg（10mol）苯甲酸，加热至 80℃苯甲酸大部分溶解，控制 70~80℃从分液漏斗慢慢加入 795g d 1.5（12mol）硝酸（未溶的苯甲酸溶消），加完后再搅拌 10min，稍冷，倾入六倍重的冷水中充分搅拌，

---

[1] 反应温度对于产量及邻位混合物（油）的数量关系：

反应温度/℃	5~15	50	70
粗品产量/g	200~230	180~190	130
邻位油状混合物/mL	10~20	57	100

滤出结晶，水洗，得粗品，mp 136~139℃。

精制：以上粗品加入 1L 热水中，以浓 NaOH 中和至 pH 9，加热蒸发至出现一些钠盐结晶，放冷后滤出钠盐结晶并滤尽母液，用少许食盐水冲洗。将钠盐溶于热水，脱色滤清，趁热慢慢酸化，滤出、水洗、干燥，得到优良的产物。

另法精制：将前面粗品溶于热水（7mL/g）中，大部分溶解，少量未溶部分是包含更大芳香性的 2-硝基苯甲酸呈油状物沉下，水溶液脱色过滤，慢慢放冷至 46~50℃ 立即滤出结晶，干后得 1kg（产率 60%），mp 140~141℃。母液冷至室温回收到 120g，mp 111~115℃。

同法制取 4-甲基-3-硝基苯甲酸：

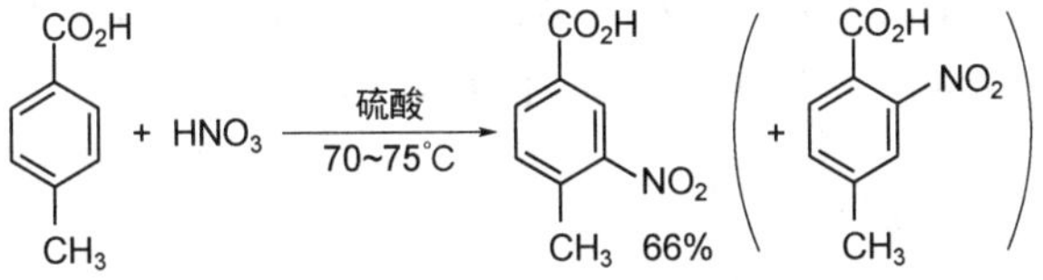

两个羧基的 α-苯二甲酸酐，对于苯环的拉电子的影响还是比—NO_2、—CF_3 弱些，在 100℃ 可以方便地用混酸硝化；提高反应温度、在 140℃，过渡态没有平衡之前反应是 $^+NO_2$ 的自动定位效应起作用，使 3 位取代有所提高。

邻苯二甲酰亚胺在浓硫酸中成为亚铵盐＞NH_2，它对于羰基氧原子的吸引使羰基氧失去对于 $^+NO_2$ 的吸引，成为更强的间位定位基团，只因为 4 位是敞开位置，几乎 100% 在 4 位引入硝基。为了使＞NH_2 稳定，应使用大过量的硫酸；低温条件以提高其选择性。

3-硝基-o-苯二甲酸 M 211.13，mp 220℃（216℃）；难溶于水，20℃ 溶解度为 2.05g/100mL。

4-硝基-o-苯二甲酸 M 211.13，mp 165℃；易溶于水。

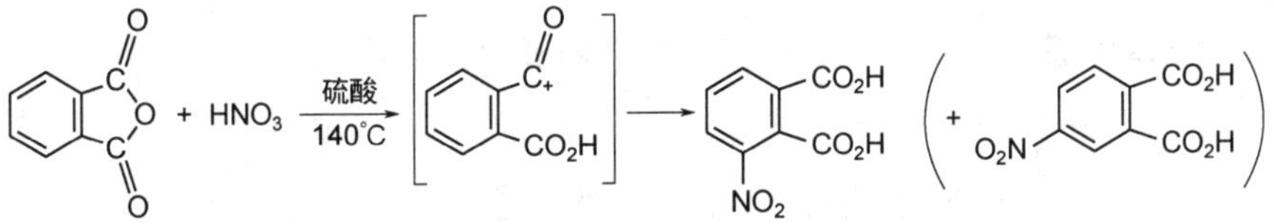

2L 三口烧瓶中加入 750g（5mol）o-苯二甲酸酐及 500mL 浓硫酸，搅拌下加热至 80℃ 即可溶入，维持放热的反应温度 140℃ 左右，于 3h 左右慢慢加入 415g（d 1.5，6.5mol）硝酸（加入理论量硝酸以后，放热微弱，必须加热以维持反应温度），加完后保温搅拌 1h；冷后加入 2L 冷水中，加热使初析出的结晶溶解，放置过夜；次日滤出结晶，得湿品 1kg。

分离异构物：以上混合物湿品溶于 1L 热水中，冷后滤出结晶❶，冷水浸洗两次，干后得 309g（产率 28%）❷，mp＞204℃（分解），为 3-硝基-o-苯二甲酸。

4-硝基-o-苯二甲酸 M 211.13，mp 165℃（Aldrich 纯度 92%，mp 170~172℃）；易溶于水。

a. 4-硝基-o-苯二甲酰亚胺（mp 200~202℃）

---

❶ 从母液回收 4-硝基-o-苯二甲酸。
❷ 方法余同，在 95~100℃ 硝化，3-硝基-1,2-苯二甲酸的收率降至 22.4%。

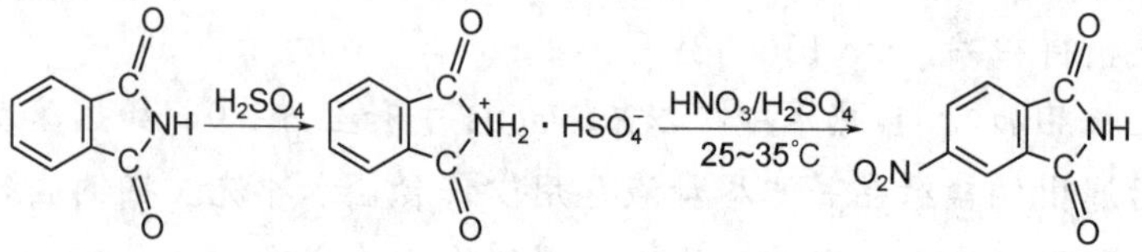

200L 反应罐中加入 146kg（1.5kmol）浓硫酸，搅拌下散开加入 30kg（200mol）邻苯二甲酰亚胺粉末，搅拌使溶，控制 25~35℃，从高位瓶于 6h 左右慢慢加入如下的混酸❶：29kg（300mol）浓硫酸，于 40℃以下慢慢加入 17.6kg（d1.5，280mol）硝酸混匀。

加完后保温搅拌 3h，放置过夜。次日将其加入足够量的碎冰中❷（250kg），控制 25℃以下充分搅拌，离心分离，水洗，干后得 42kg（约 100%），mp 185~192℃❸。

精制：用乙醇（20mL/g）重结晶，mp 197~198℃。

b. 水解

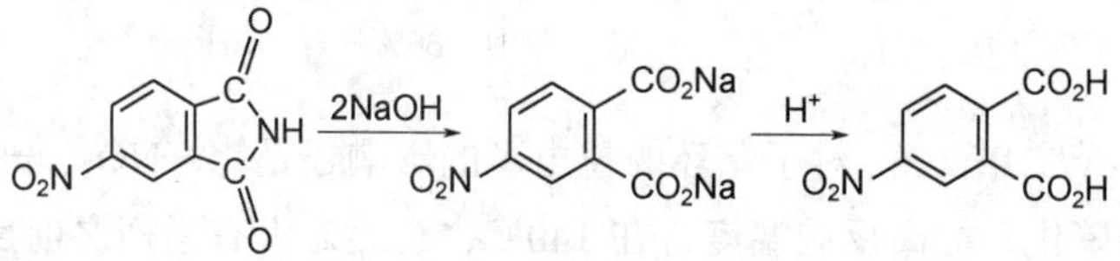

100L 水中溶解 14kg（350mol）氢氧化钠，搅拌下慢慢加入以上精制过的 4-硝基-o-苯二甲酰亚胺，加热溶解并使回流（104℃）至无氨气味（约 1h）；冷后用 36% 盐酸酸化；蒸发至 50L❹，冷后用乙醚提取，回收乙醚，风干得 30kg（产率 70%）mp 162~163℃。

苯甲酸引入一个硝基以后的再硝化变得很困难，—NO$_2$、—CF$_3$ 是很强的拉电子基，硝化要使用大过量的 100%硫酸中的硝基硫酸及更高的反应温度和时间。

3,5-二硝基苯甲酸　M 212.12，mp 209℃；尚可溶于热水。

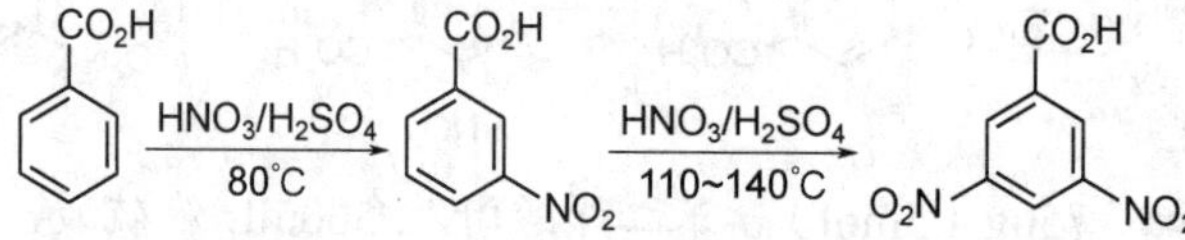

150L 不锈钢桶中加入 55kg（0.56kmol）浓硫酸，搅拌下加入 55g（20% SO$_3$，137mol）发烟硫酸，此时硫酸浓度 100%，立即使用以防吸水。

搅拌下加入 12.2kg（100 mol）苯甲酸，加热至 80℃苯甲酸溶入，控制 90~100℃于 5~6h 从液面下慢慢加入 30kg（d1.5，470mol）硝酸；加完后加热将反应物温度升至 120~130℃，于 3h 左右再慢慢加入 22.5kg（d 1.5，350mol）硝酸，加完后于 140℃保温 5h，过程中放出大量氮氧化物及硝酸蒸馏。冷后将反应物加入 150kg 碎冰中，几小时后滤出结晶，水洗，干后得 10kg（产率 47%），mp 204~208℃。

---

❶ 冷却面积大，容易控制。

❷ 搅拌下向足够的冰中加入以保持低温度。

❸ 粗品直接水解，所得 4-硝基-1,2-苯二甲酸粗品 32kg，mp 152~155℃。或通过钠盐结晶的方法精制。

❹ 或当先蒸发后再酸化、提取。

精制：用"酸、碱"溶析处理，得成品（干）9kg，mp 206~209℃。

同法制取 1,2,3-三羧基-5-硝基苯，mp 205~207℃。

另法：

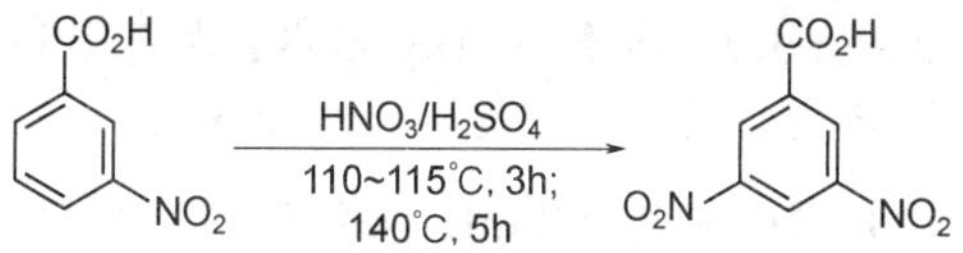

1L 三口烧瓶中加入 600g 20% SO_3（1.5mol）发烟硫酸，搅拌着控制 60℃以下慢慢加入 130g（d 1.5，2mol）硝酸，控制 110~115℃于 3h 左右加入 167g（1mol）间硝基苯甲酸，反应放热；慢慢于 1h 加热升温至 140℃±5℃保温搅拌 5h，补加 50mL（d 1.5，1.17mol）硝酸保温 5h；又补加 50mL 硝酸保温 5h，至反应物中结晶不再增多，冷却后滤出结晶，冰水浸洗至洗液变清，干后得 100g，mp 195℃[❶]。

2,5-双(三氟甲基)硝基苯　M 259.11，bp 71~72℃/7mmHg，d 1.535，n_D^{20} 1.427；淡黄色液体。

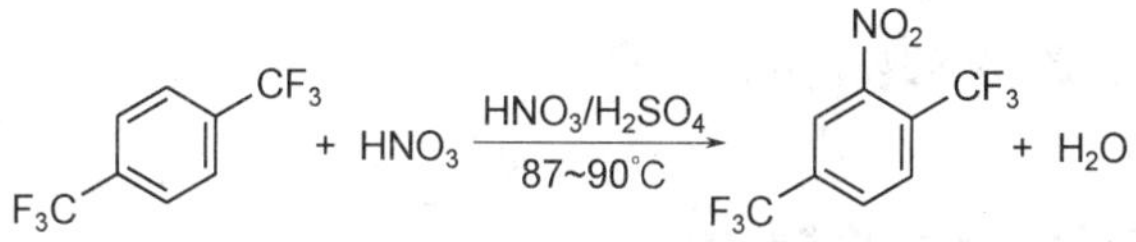

100L 反应罐中加入 25kg 浓硫酸，搅拌下控制 60℃以下加入 20kg 20% SO_3（50mol）发烟硫酸（配成了 45kg 101%硫酸，459mol），控制 40℃以下慢慢加入 22kg（d 1.5，340mol）硝酸，加完后维持 87~90℃于 4h 左右慢慢加入 10kg（46mol）1,4-双(三氟甲基)苯，反应放热并放出氮氧化物；加完后保温搅拌 12h（此时间很重要），冷至 30℃以下，分取上面油层，得 9.9kg；冰水洗一次，以冰冷的 NaHCO₃ 洗液洗去其它无机酸至 pH 4，能稳定 1min（不可使用更强的碱以免取代水解），分出、再冰水洗，得 7.9kg；以 0.8kg 无水硫酸钠干燥后得 7.5kg（主体 GC 含量 75%），水泵减压分馏蒸除前馏分（1,4-双三氟甲基苯，bp116℃）重新用于硝化，改换油泵减压分馏，收集 98~105℃/20mmHg 馏分，得 4.5kg（产率 37%），GC 纯度＞98%。

7. 芳香环上亚硝基的氧化

亚硝基正离子（⁺N=O）是很弱的亲电试剂，有很好的选择性；只在酚类、二甲基苯胺的对位引入，当对位被占据才进入邻位，得到高产率的亚硝基化合物。酚类的亚硝基用稀硝酸在室温条件即可氧化为硝基——许多酚用稀硝酸可直接引入硝基（见 505 页），得硝基酚的异构体混合物。

2-甲基-4-硝基酚　M 153.14，mp 96℃（无水物）、30~40℃（水合物），bp 186~190℃/9mmHg。

a. 亚硝化

---

❶ 在发烟硫酸条件的混酸及高温下加入底物当有邻位取代。

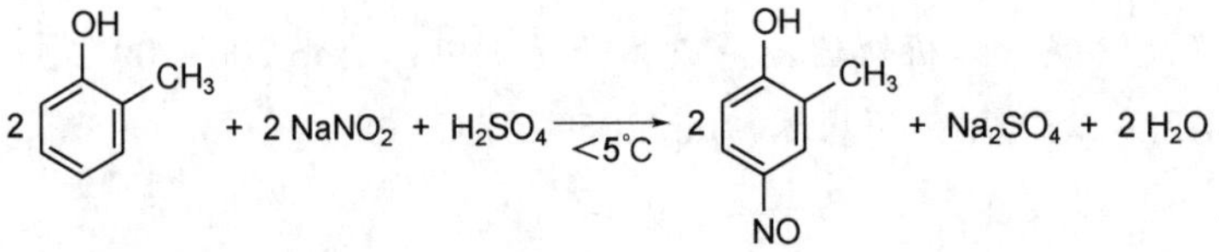

2L 烧杯中加入 27g（0.25mol）o-甲酚及 1kg 冰水，加入 35g（0.5mol）亚硝酸钠（亚硝酸钠及水的用量太大，参考 1-亚硝基-2-萘酚）搅拌使溶，维持 5℃以下，于半小时左右慢慢加入 17.5g（0.17mol）浓硫酸与 200mL 水的溶液，2h 后滤出结晶，水洗，以苯重结晶后的熔点 136℃。

b. 氧化

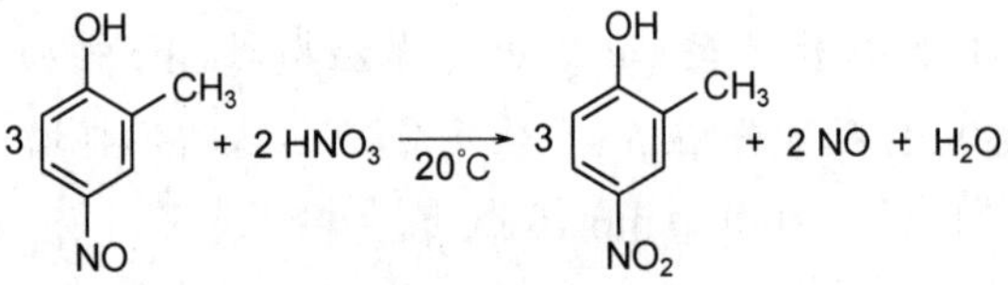

27.5g（0.2mol）以上亚硝基化合物粗品，维持 20℃左右慢慢加入 200mL 20%稀硝酸中搅拌 3h，滤出、水洗，溶于 5% NaOH 溶液中脱色过滤，冰冷着慢慢滴入 10%盐酸酸化，冰冷滤出，风干后产率 82%，mp 91℃。

第四节　氮杂环化合物的硝化

无机酸条件氮杂环成盐，拉电子的影响使亲电取代及氧化致钝，对于强的亲电试剂 $^{+}NO_2$ 的硝化反应要使用大过量的浓硫酸以稳定铵正离子；大过量的硝酸、较高的反应温度及更长的反应时间，如强拉电基影响的硝化——如：咪唑的硝化。

对于苯并的氮杂环用混酸硝化，也要大量浓硫酸以稳正铵正离子，硝酸过量不是很多，室温条件进行——如同芳胺在浓硫酸中的硝化（见 515 页）——取代在苯环的间位发生。

咪唑、苯并咪唑在浓硫酸中成盐，成为一个强拉电子基，硝化在间位引入；由于杂氮原子\NH 上的氢原子可以移变到另一个氮原子上，咪唑的 4、5 位，以及苯并咪唑的 6、7 位是同一的。

4-硝基咪唑　M 113.08，mp 311~313℃；不溶于水，不与稀无机酸成盐，溶于稀氨水。

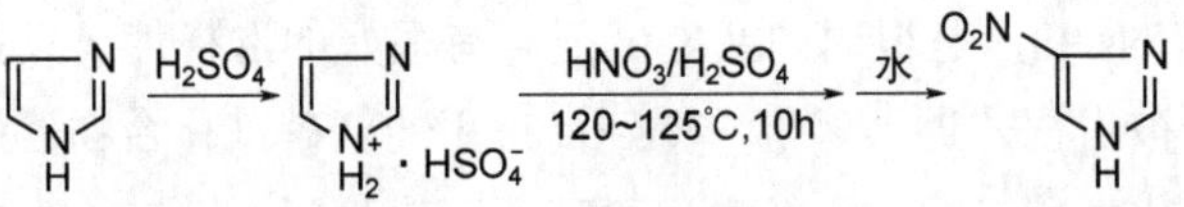

5L 三口烧瓶中加入 1.8L 浓硫酸，搅拌下慢慢加入 240g（3.5mol）咪唑，中和放热升温达 70~80℃；加热维持 120~125℃，于 10h 左右慢慢加入如下混酸：在 300mL 浓硫酸中于 40℃以下加入 720g（d 1.5，11mol）硝酸混匀。加完后保温搅拌 4h，稍冷，倾入 4kg 碎冰中，充分搅拌、滤出结晶，水洗，烘干，得几乎白色的结晶 300g（产率 75%），mp 309~311℃。

精制：4-硝基咪唑有较强的酸性，溶于稀氨水中，脱色过滤，用稀盐酸酸化，滤出、水洗，烘干得成品。

6-硝基苯并咪唑硝酸盐　　M 226.15，mp 217~218℃（222℃）；可溶于 6 倍沸水中。

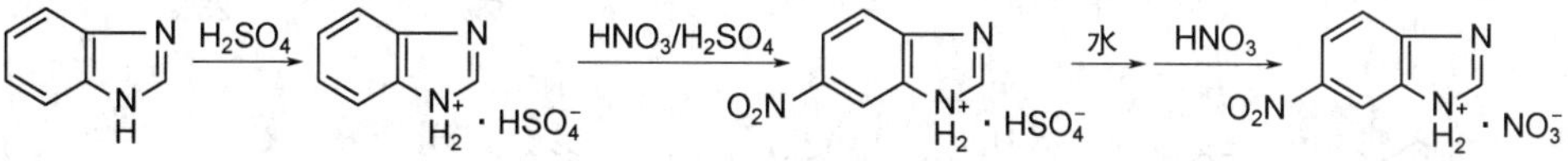

10L 三口烧瓶中加入 4L 浓硫酸，搅拌及冷却下慢慢加入 1.2kg（10mol）苯并咪唑，搅拌使溶；控制 15~30℃于 3h 左右慢慢加入如下混酸：1.2L 浓硫酸中于 40℃以下慢慢加入 1.12kg 70%（d 1.4，12.4mol）硝酸，混匀。加完后保温搅拌 2h；加入 8kg 碎冰中搅拌使溶，少许未溶可加热滤清[❶]；加入 2L d 1.4 纯硝酸，搅匀，放冷后冰冷，滤出结晶、冰水洗，再用 1L 丙酮分两次浸洗，干后得 1.6kg（产率 70%），mp 212~214℃。

精制：用 3%的稀硝酸（6mL/g）重结晶，得几乎白色结晶 1.4kg（产率 62%），mp 217~218℃。

苯并噻唑的硝化相似于苯环上有相邻的 S 和 N 的取代，在硫酸条件的反应中推电子基硫的（p-π 共轭）定位效应仍占主导地位（o-、p-定位）以及硫原子（$\ddot{S}$）对 $^+NO_2$ 的吸引使反应产生更多异构体。

6-硝基苯并噻唑　　M 180.18，mp 176~177℃；难溶于水、溶于酸、醇及苯中。

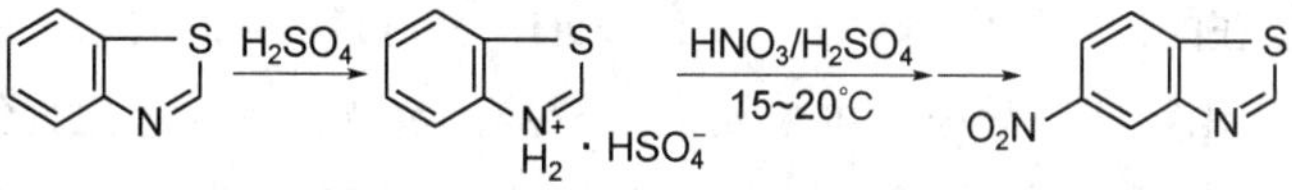

0.5L 三口烧瓶安装机械搅拌、温度计、分液漏及冰水浴。烧瓶中加入 200mL 浓硫酸，搅拌及冷却控制 15℃以下，从分液漏斗慢慢加入 68g（0.5mol）苯并噻唑，成盐，放热、溶解；维持 15~20℃加入如下混酸：60mL 浓硫酸中，40℃下慢慢加入 35g（d 1.5，0.55mol）硝酸，混匀。

加完后于室温搅拌 2h，加入 600g 碎冰中，放热升温达 70℃，得清亮溶液。搅拌下慢慢加入冷水至 2L 体积，6-硝基产物析出。次日滤取结晶，水洗，干后得 67~72g，mp 138~156℃，用乙醇（7mL/g）搅拌下加热回流 10min，稍冷滤出，得 40g（产率 44%），mp 162~172℃；再用乙醇重结晶，mp 172~177℃。

其它氮杂环化合物的硝化（分别见 841 页和 825 页）：

mp 37℃
8-硝基-2-甲基喹啉

mp 85℃
5-硝基-2-甲基喹啉

[❶] 硫酸盐溶液用碱中和，得到 6-硝基苯并咪唑（mp 203℃，209℃）。

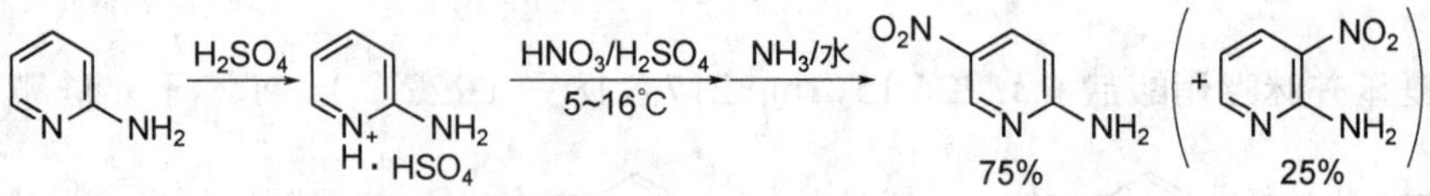

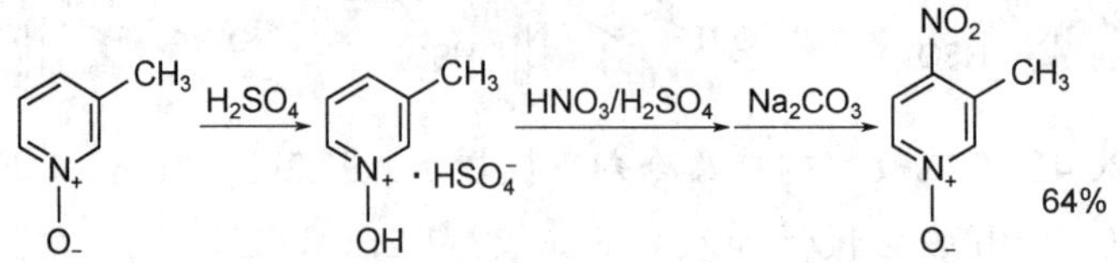

第五节 亚硝基化合物

亚硝基化合物包括在有机分子的 C、N、O 原子上有—N=O 亚硝基的化合物；常用的亚硝化试剂是酸条件下的亚硝酸钠 $NaNO_2/H^+$、亚硝酸酯 R—O—NO/H^+，亚硝酸钠在水或醇中、无机酸作用下产生亚硝酸或亚硝酸酯，真正的亚硝化试剂是亚硝基正离子（$^+N=O$）。

$^+N=O$ 是很弱的亲电试剂，有很好的选择性，仅以酚类、芳叔胺的对位以及 C^- 电负中心这些高活的底物为对象生成 C-亚硝基化合物；仲胺与亚硝酸生成 N-亚硝基化合物，伯胺则发生重氮化；与醇生成亚硝酸酯 R—O—NO。

在有机溶剂中的反应经常使用亚硝酸进行亚硝化（亚硝酸甲酯、乙醇在常温下是气体，亚硝酸丁酯是液体，必须在酸催化产生$^+N=O$；C_2H_5—$\overset{+}{O}H$—N=O $\longrightarrow$ $C_2H_5OH + {}^+NO$）。

亚硝基化合物的化学性质活泼，可被氧化为硝基化合物，或被还原为氨基化合物；不纯的亚硝基化合物容易分解，不宜久存；尤其 N-亚硝基化合物有致癌毒性，勿接触皮肤和吸入，亚硝基化合物通常在使用时临时制备。

一、脂肪族的 C-亚硝基化合物

硝基、羰基等拉电子的影响使 α-C—H 容易以质子离去或移变为碳负中心，与亚硝酸钠或亚硝酸酯作用，完成 $^+N=O$ 的亲电取代。

2-硝基-1,3-丙二醇，在 0℃ 以下于 NaOH 作用下与亚硝酸钠反应 100%完成 C-亚硝化（见494 页）。

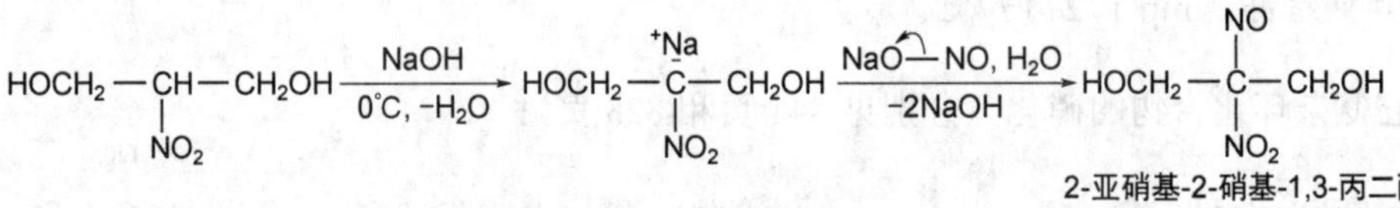

2-亚硝基-2-硝基-1,3-丙二醇

乙酰乙酸乙酯的 α-C—H 受两个羰基拉电子的影响，非常容易移变形成碳负中心，在乙酸（溶剂）作用下，α-C—H 质子移变、形成稳定的分子内氢键，用 $NaNO_2/AcOH$ 亚硝化（见 816 页）。

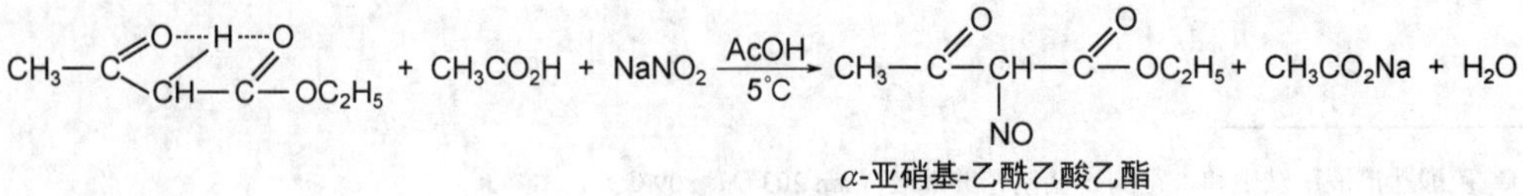

α-亚硝基-乙酰乙酸乙酯

或在碱作用下形成 α-碳负离子，与亚硝酸酯作用。

丁酮在酸催化下质子移变为烯醇式，平衡趋向生成分支较多、更稳定的烯醇式，与亚硝酸酯作用完成 $^+N = O$ 的亲电取代，这两步都需要无机酸催化。仲亚硝基和酮肟是互变异构体，在极性溶剂中多以酮肟的形式存在。

二甲基乙二肟 M 116.12，mp 243℃；白色结晶性粉末，可溶于醇。

a. 丁二酮一肟（mp 76℃）

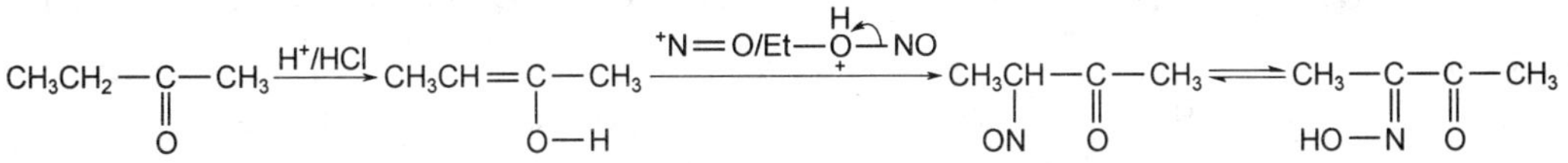

先配制两个溶液：

① 2L 水中加入 440g（4.5mol）浓硫酸，冷后加入 210g（4.5mol）乙醇，混匀。

② 2L 水中加入 650g 95%（9mol）亚硝酸钠及 210g（4.5mol）乙醇，溶解混匀。

10L 三口烧瓶配置机械搅拌、分液漏斗（供加溶液①使用）安装出气管与受器接近瓶底的通气管相接，并与分液漏斗有恒压管相通以使亚硝酸乙醇气体顺利引出。

烧瓶中加入溶液②，搅动下从分液漏斗慢慢加入溶液①，亚硝酸乙酯立即发生并引入到 2L 烧瓶受器中的 650g（9mol）丁酮及 40mL 浓盐酸的反应器中，水冷维持 40℃ 左右通入上面发生的全部亚硝酸乙酯，吸收很好；通完后加热回收乙醇及未反应的丁酮至液温 90℃，剩余物按 5mol 丁二酮一肟（棕红色）直接使用。

b. 羟胺加成

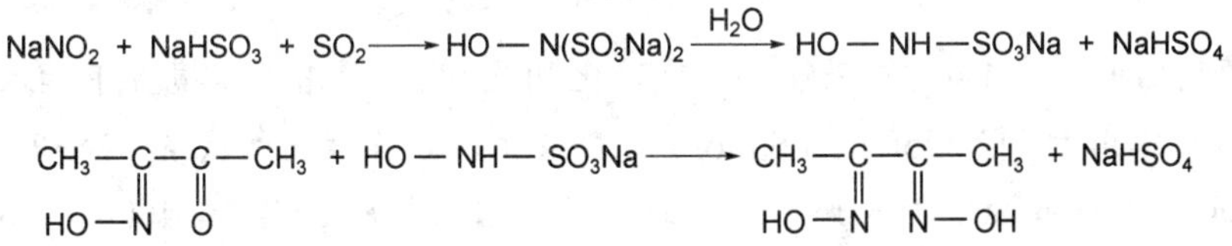

15L 陶罐中加入 5kg 碎冰及 540g（8mol）亚硝酸钠，搅拌下慢慢加入 1.64kg（8.6mol）焦亚硫酸钠（$Na_2S_2O_5$）与 750mL 水配成浆状物，加完后加入 150mL 乙酸，内加冰控制反应温度在 0℃ 以下，搅拌着慢慢从液面下加入 640g（d 1.15，6.7mol）盐酸至 pH 3，加入以上丁二酮一肟，再搅拌 10min；开始通入蒸汽加热至 70℃ 左右，保温 3h，冷后滤出结晶，水洗，干后得 540~575g（产率 51%~55%，按丁酮计），外观白色细小结晶，mp 238~240℃。

二、酚类的亚硝化

酚、羟基氧原子未共用电子对与苯环共轭，亚硝化进入羟基的对位，对位被占据时才进入邻位；4-亚硝基酚和苯醌的单肟是互变异构体，多是更稳定的醌式，这种性质可以解释为：酚羟基氢原子与芳香分子亚硝基氧原子间的氢键趋向更稳定的形式：

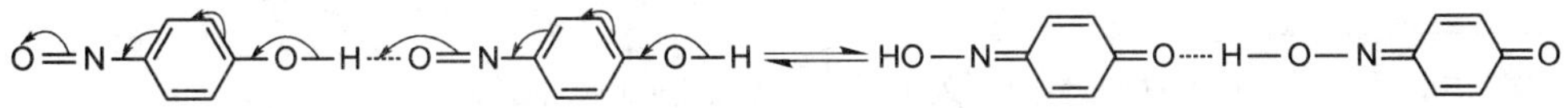

氢键是比较长的弱键，键能一般在 3~6kcal/mol，氢原子偏向电负性更强的一端，由于氢原子很小，分子间的氢键键角近于直线——负性原子间斥力最小而稳定。

酚比亚硝酸有更强的酸性，酚钠与反应物中产生的亚硝酸的亚硝化在 4 位、2 位引入，得到高产率的亚硝基化合物；对于酸性较弱的酚不易生成溶于水的酚钠，可用醇作溶剂，向其醇和酸的混合溶液中加入亚硝酸钠。

4-亚硝基酚　*M* 123.11，mp 132℃；黄色针晶，微溶于冷水，溶于醇，风干品可存放数天。

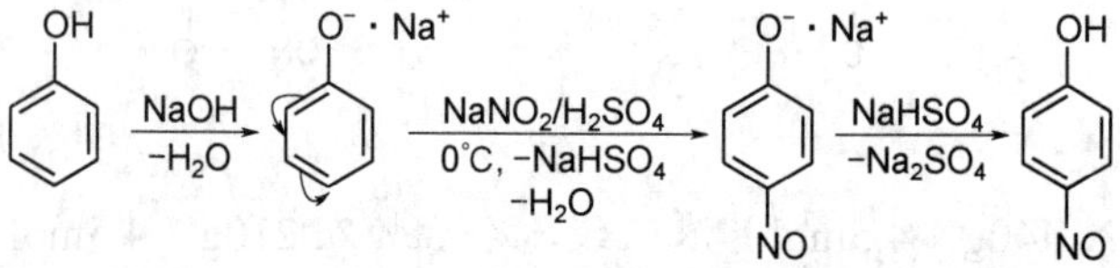

5L 三口烧瓶中加入 380mL 水及 42g（1.05mol）氢氧化钠的溶液，加入 94g（1mol）苯酚，搅拌使溶；再加入 72g（1.02mol）亚硝酸钠溶于 400mL 水的溶液，用内加冰控制 0℃左右，慢慢于 1h 以上滴入 115g（1.15mol）96%硫酸及 350mL 水的溶液，反应物逐渐变暗，析出黄色结晶也渐变暗（如果加酸太快还会出现棕色油状物），直至反应物为强酸性，保温搅拌 2h，滤出、水洗，风干得 81g（产率 66%），外观棕黄色。

1-亚硝基-2-萘酚　*M* 173.17，mp 109℃（112℃）；橘黄色结晶。

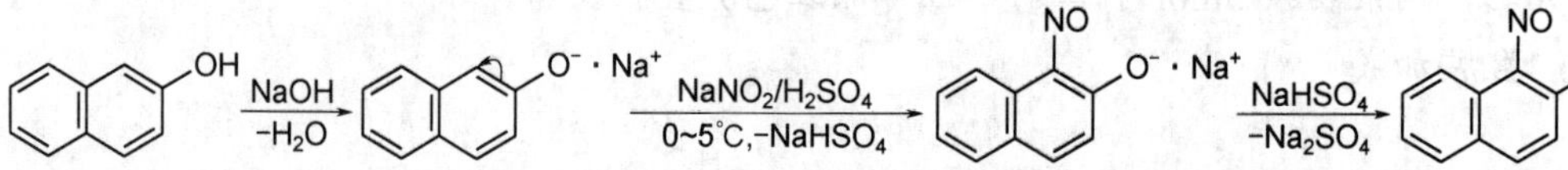

10L 搪瓷桶中加入 140g（3.5mol）氢氧化钠及 6L 水的溶液，搅拌下加入 500g（3.5mol）2-萘酚，溶解后加入 250g（3.6mol）亚硝酸钠，溶解后脱色滤清。冷却控制 0~5℃，搅拌着于 2h 左右从液面下加入如下配制的稀硫酸[1]，调节至 pH 3：460g（4.6mol）浓硫酸加入 800g 冰水中，冰冷备用。加完后保温搅拌 1h，滤出、用冰水洗去酸性，产物在风干过程中、外观以淡黄色变为深棕色[2]，得 595g（产率 99%），mp 106℃。

精制：用石油醚（8mL/g）重结晶，mp 106~109℃。

4-亚硝基-2-异丙基-5-甲酚　*M* 159.22，mp 175℃。

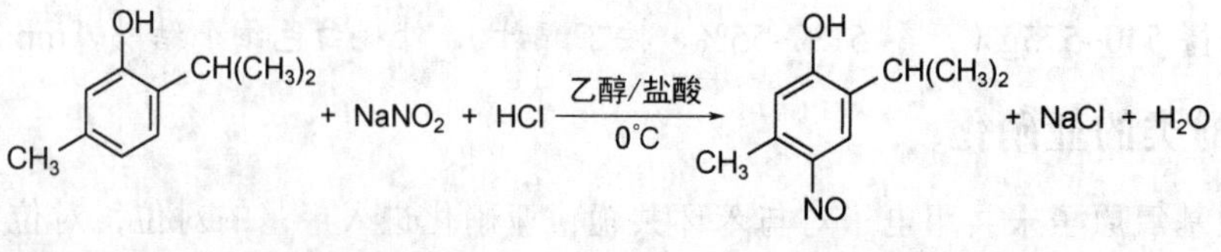

2L 三口烧瓶中加入 100g（0.66mol）2-异丙基-5-甲酚（麝香单酚），500mL 乙醇，搅拌使溶，再慢慢加入 500mL 浓盐酸；控制反应温度 0℃左右慢慢加入 72g（1.02mol）亚

---

[1] 最初应控制温度在 0℃以下快速搅拌下滴入稀硫酸，否则会出现沥青状物。

[2] 为方便风干，可先用含 1% HCl 的甲醇洗、苯洗、石油醚洗，然后风干。

硝酸钠，每次加入都要充分搅拌（首先溶液变为绿色，很快就析出绿色结晶）；当加入1/2 以后反应物变得稠厚（由于亚硝酸钠过量 54%，实际上已接近终点），加完后将反应物加入 8L 冰水中充分搅拌❶，滤出、水洗、风干。

精制：风干的粗品用 2L 热苯（脱色）重结晶，放冷析出黄色片状结晶，mp 160~164℃。母液水浴加热用水泵减压回收苯，得第二部分结晶（但含有树脂状杂质），共得 103g（产率 87%）。

三、芳叔胺的 C-亚硝化

芳叔胺中叔氨基没有可取代的氢原子；氮原子的未共用电子对与苯环共轭分散到对位；叔氨基对于邻位取代有位阻——C-亚硝化在 4 位发生，得到高产率的对位取代物。由于盐酸过量，通常还会析出橘黄色的盐酸盐结晶，如下式：

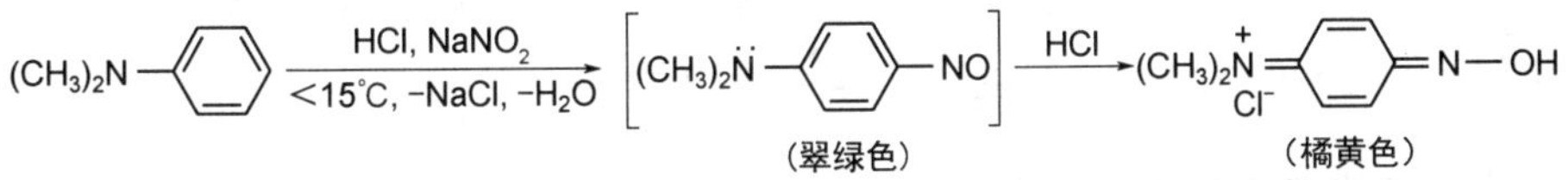

（翠绿色）　　　　　　（橘黄色）

芳叔胺的亚硝基化合物与碱共热，被 HO⁻（S_NAr）取代，分解为亚硝基酚和仲胺。

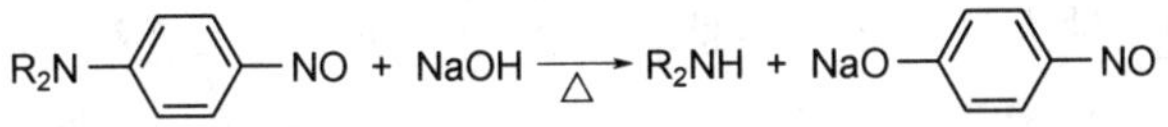

$$R_2N—\!\!\!-\!\!\!-NO + NaOH \xrightarrow{\triangle} R_2NH + NaO—\!\!\!-\!\!\!-NO$$

芳叔胺的 C-亚硝化主要用以还原制取氨基化合物，如 N,N-二乙基-1,4-苯二胺（见 542 页）和 N-乙基-N-羟乙基-1,4-苯二胺。

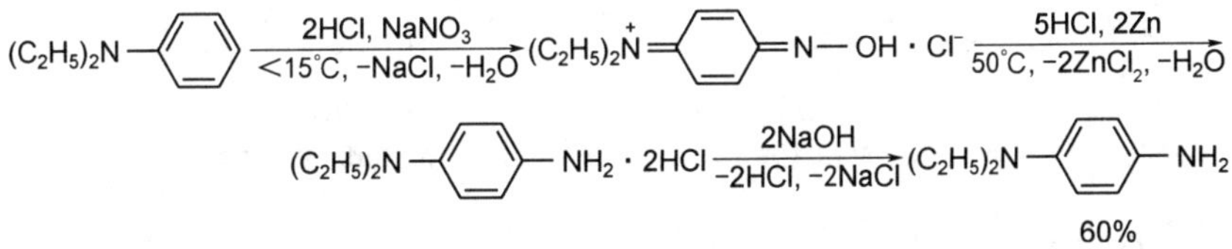

60%

四、N-亚硝基化合物

仲胺 R_2NH、$Ar—NH—R$ 氮原子的电负性很强，有可被亲电取代的氢，在酸条件与亚硝酸（钠）作用几乎定量地生成 N-亚硝基化合物，它的碱性很弱，不与无机酸形成稳定的盐、与酸水共热被催化水解。芳仲胺的 N-硝基在浓盐酸作用下通过酸分解生成亚硝酰氯（或在醇溶液中通过亚硝酸酯）在分子间重排到对位碳上。

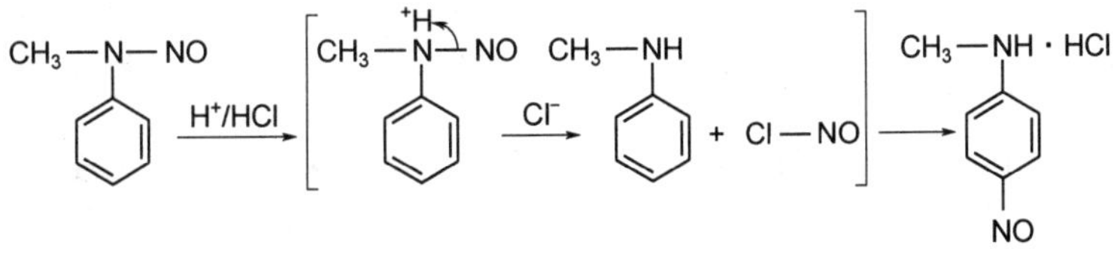

$$Cl—NO + C_2H_5—OH \longrightarrow C_2H_5—O—NO + HCl$$

---

❶ 反应物加入冰水中，一起搅动后，产物以淡黄色绒毛状析出。

因而芳仲胺的 *N*-亚硝化一般使用硫酸而不用盐酸。不过由于 *N*-亚硝化的剩余盐酸浓度很低，此项副反应微不足道，许多还是使用盐酸。

N-亚硝基-N-甲基苯胺　　*M* 136.17，mp 14.7℃，bp 225℃、121℃/13mmHg，d^{20}1.1240，n_D^{20} 1.5768。

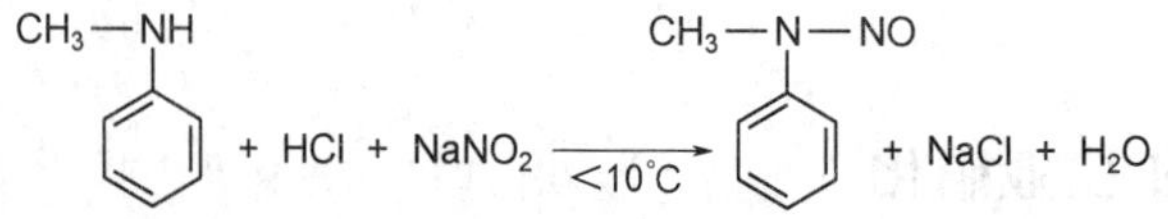

2L 三口烧瓶中加入 107g（1mol）*N*-甲基苯胺、400mL 水及 140mL（*d* 1.18，36%，1.6mol）浓盐酸，搅拌使溶解，内加水维持 10℃以下，搅拌着从分液漏斗慢慢加入 70g（1mol）亚硝酸钠溶于 250mL 水的溶液，加完后再搅拌 1h，分取油层；水层用苯提取两次，提取液与分出的油层合并，回收苯后的剩余物减压分馏，收集135~137℃/10mmHg 馏分，得亮黄色油状液体 118~127g（产率 87%~93%）。

N-亚硝氨基的稳定性和 *N*-取代基的性质及其纯度有关，具有毒性。推电子基使得到稳定，如：纯的 *N*-亚硝基二甲胺、*N*-亚硝基-*N*-甲基苯胺在 160℃也无明显分解，可以蒸馏或减压蒸馏；拉电子基使其稳定性大为降低，*N*-亚硝基-*N*-甲基脲的粗品要冷藏，室温条件即有分解；铜铁试剂（*N*-亚硝基苯胲铵盐）也属于拉电子性质，不太稳定，纯品避光、于阴凉处可存放三年以上，而稍差的成品、一年即有分解；尿素，尤以氨基磺酸作为分解亚硝酸的试剂，*N*-亚硝基物一经生成在低温也立即分解。

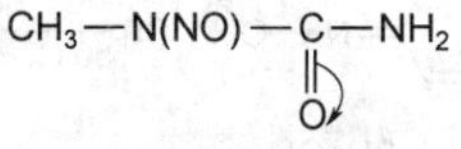

N-亚硝基-*N*-甲基脲 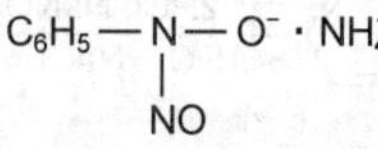　　　　　　　　　　　　　*N*-亚硝基苯胲铵盐

N-亚硝基-N-甲基脲　　*M* 103.08，mp 123~124℃；易溶于乙醇，可溶于苯和氯仿。

a. 1-乙酰-3-甲基脲（mp 181℃；可溶于水及乙醇）

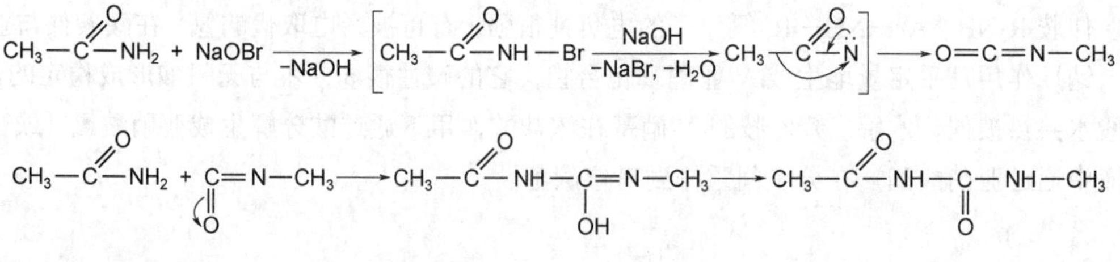

总反应式：

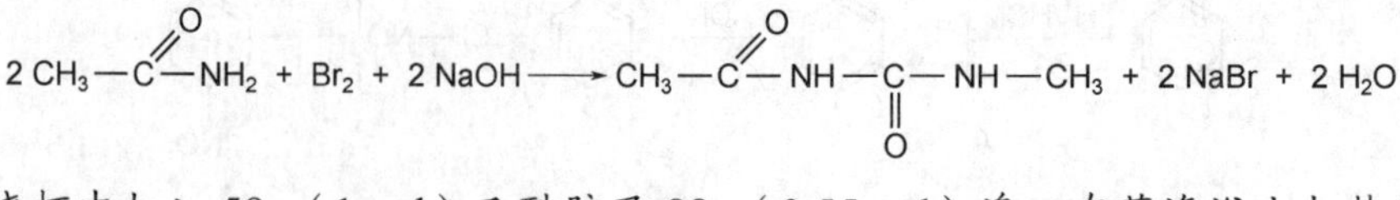

2L 烧杯中加入 59g（1mol）乙酰胺及 88g（0.55mol）溴，在蒸汽浴上加热使乙酰胺熔化；搅拌着慢慢加入 134g 30%（1mol）氢氧化钠溶液。在蒸汽浴上加热反应物至开始

起泡（表示有异氰酸甲酯）以后起泡剧烈[1]，继续加热 3~4min；产物从黄色或橘红色[2]的溶液中析出，冷却后冰冷、滤出结晶、风干得 49~52g（产率 84%~90%），mp 169~170℃，产物中含一些溴化钠不妨碍使用。

b. 酰胺水解及 N-亚硝化

$$CH_3-CO-NH-\underset{\underset{O}{\parallel}}{C}-NH-CH_3 + H_2O \xrightarrow[\text{约95℃}]{\text{水，盐酸}} H_2N-\underset{\underset{O}{\parallel}}{C}-NH-CH_3 + CH_3CO_2H$$

$$H_2N-\underset{\underset{O}{\parallel}}{C}-NH-CH_3 + HCl + NaNO_2 \xrightarrow{0\sim10℃} H_2N-\underset{\underset{O}{\parallel}}{C}-\underset{\underset{NO}{|}}{N}-CH_3 + NaCl + H_2O$$

1L 烧杯中，析干加入 49g（0.42mol）N-乙酰-N'-甲基脲和 50mL d 1.18（0.57mol）浓盐酸（应该研细乙酰物），搅动下在蒸汽浴上加热使溶，溶解后再加热 3~4min（为减少其它水解，总的加热时间控制在 8~10min），移去热源、立即冷却；加入 100g 碎冰、控制 0~10℃搅拌着慢慢加入 38g（0.55mol）亚硝酸钠溶于 50mL 水的溶液，加完后再搅拌几分钟，滤出结晶，冰水洗，干后得 33~36g（产率 76%~82%），mp 123~124℃。

另法：

$$CH_3-NH_2\cdot HCl + H_2N-\underset{\underset{O}{\parallel}}{C}-NH_2 \xrightarrow{\text{尿素/水}} H_2N-\underset{\underset{O}{\parallel}}{C}-NH-CH_3 + NH_4Cl$$

$$H_2N-\underset{\underset{O}{\parallel}}{C}-NH-CH_3 + HCl + NaNO_2 \xrightarrow{0℃} H_2N-\underset{\underset{O}{\parallel}}{C}-\underset{\underset{NO}{|}}{N}-CH_3 + NaCl + H_2O$$

甲基脲 1NaNO$_2$ 溶液：1L 三口烧瓶中加入 200g 24%（1.5mol）甲胺水溶液，以浓盐酸中和至 pH 2，约用 155mL 30%（1.52mol）盐酸，加水至 500mL；加入 300g（5mol）尿素，搅拌下加热使微沸 2.5h，再剧烈煮沸 15min，冷至室温后加入 110g（1.5mol）亚硝酸钠，用冰盐浴冷却保持 0℃以下备用。

3L 烧杯中加入 600g 碎冰及 100mL 30%（1mol）[3]盐酸，用冰盐浴冷却控制反应温度在 0℃以下，搅拌着从分液漏斗慢慢滴入以上 0℃以下的甲基脲/NaNO$_2$ 溶液，反应立即发生，生成的 N-亚硝基-N-甲基脲的细小结晶浮在上面；滤出，冰水浸洗，滤干[4]，真空干燥至恒重，得 105~115g（产率 66%~72%）[5]。

1,1-二甲基肼二盐酸盐 M 133.02，mp 82℃；易溶于乙醇。

a. N-亚硝基二甲胺 尚可溶于水，剧毒，bp 154℃；d^{20}1.0059；n_D^{20} 1.4358。

---

[1] 气泡是异氰酸甲酯水解产生的甲胺和二氧化碳：$CH_3-N=C=O + H_2O \xrightarrow{HO^-} CH_3-NH_2 + CO_2$

[2] 如果此时溶液为无色，则产物较晚析出，含 NaBr 也较多、产率也较低；合成中必须使用稍过的溴以减少碱引起的异氰酸甲酯的水解损失。

[3] 另法中，更低温度以提高 N-亚硝化的选择性。在亚硝化中，亚硝酸钠、N-甲基脲（$CH_3NH_2\cdot HCl$）用量皆为 1.5mol，而后的酸用量却是 1mol，似显不足，实际上其后是 NH$_4$Cl 和 NaNO$_2$ 的平衡产生的亚硝酸进行的，这样，以免使产生酸分解。

[4] 潮湿的样品必须能完全溶于甲醇，否则要浸洗、洗除尿素。

[5] 此法制得的产物在冷藏下可经久不变，在 20℃以上只能存放几小时；在 30℃可能突发分解放出刺激性烟物。

$$(CH_3)_2NH \cdot HCl + NaNO_2 \xrightarrow{70℃} (CH_3)_2N—NO + NaCl + H_2O$$

2L 三口烧瓶配置机械搅拌、温度计、分液漏斗，外用热水浴。

烧瓶中加入 245g（3mol）二甲胺盐酸盐、120mL 水及 20mL 7.3%~7.5%盐酸，水浴加热维持 70~75℃、搅拌着于 1h 左右从分液漏斗慢慢加入 235g（3.25mol）亚硝酸钠溶于 150mL 热水的溶液，在加入亚硝酸钠过程中随时检查反应物为酸性，必要时补充几毫升盐酸（共加约 30mL），加完后再搅拌 2h。

用水泵减压约 60℃/0.09MPa，沸水浴加热将其蒸干，向剩余物中加入 100mL 水再减压蒸干，以蒸出 N-亚硝基-二甲胺，向蒸出物中加入 300g 碳酸钾，溶解后分取油层，水层用乙醚提取三次，提取液与分出的油层合并，以无水碳酸钾干燥后，分馏回收乙醚，剩余物用油泵加热分馏，收集 149~150℃馏分，得 195~200g（产率90%），黄色油状液体，避光存放。

b. 还原

$$(CH_3)_2N—NO + 5 CH_3CO_2H + 2 Zn \xrightarrow{25℃} (CH_3)_2N—NH_2 \cdot AcOH + 2 Zn(AcO)_2 + H_2O$$

$$(CH_3)_2N—NH_2 \cdot AcOH + NaOH \longrightarrow (CH_3)_2N—NH_2 + AcONa + H_2O$$
$$\downarrow 2HCl$$
$$(CH_3)_2N—NH_2 \cdot 2HCl$$

5L 三口烧瓶中加入 200g(2.7mol)N-亚硝基二甲胺及 3L 水，搅拌下加入 650g(10mol)>98%锌粉（或相当量的稍差的锌粉及计算调节乙酸用量），控制 20~30℃于 2h 左右慢慢加入 1L 85%（14mol）乙酸[1]，加完后升温至 60℃左右搅拌 1h；冷后过滤，滤渣用水洗，洗液与滤液合并，冷却下慢慢加入 2kg 50%（25mol）氢氧化钠溶液，水汽蒸馏[1]，收集 6L 馏出液认为蒸馏完毕，以浓盐酸酸化至强酸性（约用 600mL）[2]，水浴加热减压蒸发至浆状[3]，真空干燥得黄色固体物 200~215g（产率 55%~59%）。

精制：用沸无水乙醇（1.2mL/g）重结晶，得白色结晶 180~190g（产率 50%~53%）。

苯基羟胺（苯胲，C_6H_5NHOH）也属于仲胺，在醚溶液中与亚硝酸酯作用完成 N-亚硝化，拉电子的作用使胲的羟基具有酸的性质，与氨生成铵盐（铜铁试剂）。为了稳定、保存在氨的气氛中，使用氨基碳酸铵（$H_2NCO_2NH_4$）作稳定剂。更重要的是产品不纯易造成 N-亚硝基物分解。

铜铁试剂（N-亚硝基苯胲铵盐） M 155.16，mp 154℃；白色片状细小结晶。

---

[1] 水汽蒸馏之初有氨及二甲胺蒸出逸散，是 N-亚硝基二甲胺的酸分解的还原产物，故不使用无机酸，选用以上的加料顺序。

$$(CH_3)_2N—NO \xrightarrow{H^+} (CH_3)_2\overset{H^+}{N}—NO \xrightarrow[-H^+]{H_2O} (CH_3)_2NH + HNO_2$$
$$\longrightarrow NH_3 + H_2O$$

[2] 此盐酸用量是以酸化为二盐酸盐。

[3] 为了制取 1,1-二甲基肼，将以浆状物在氮气保护下用氢氧化钠粉末碱化处理并蒸出，再用 KOH 干燥后蒸馏，bp 62~65℃；d^{20} 0.7914；n_D^{20} 1.4.75。1,1-二甲基肼吸湿性强（成为六水合物），腐蚀胶塞，为强还原剂；在热的条件、遇到新鲜空气可自燃，在氮气保护下操作和保存。

$$C_6H_5-NH-OH + C_4H_9-O-NO + NH_3 \xrightarrow[0℃]{NH_3/乙醚} C_6H_5-N(NO)-O^- \cdot NH_4^+ + n-C_4H_9OH$$

5L 三口烧瓶配置机械搅拌、温度计、插底的通气管、出气口及分液漏斗，外用冰盐浴冷却。

烧瓶中加入过滤清亮的 660g（6mol）苯基羟胺（苯胺）溶于 4L 乙醚的溶液，维持 0℃左右以 20~25mL/s 的速率通入氨气，约 15min 以后（大约通入了 0.9mol 氨气）保持氨气有比较多的过剩逸出❶，于 1.5h 左右搅拌着从分液漏斗慢慢加入 620g（6mol）新蒸的亚硝酸丁酯，加完后继续通氨，冷却半小时。滤出析出的结晶，用乙醚浸洗两次，再冲洗，避光下风干，得 750g（产率 80%）❷。

二环己胺是相当强的碱，与 CO_2 生成碳酸盐，与盐酸以络合物状态生成不溶于水的盐（如右图所示）。与体积巨大的磷酸，二环己胺只接受质子生成易溶于水的盐，其水溶液与亚硝酸钠作用完成阴离子的交换，生成难溶于水的亚硝酸二环己胺。在交换中二环己胺可能根本没有游离开。

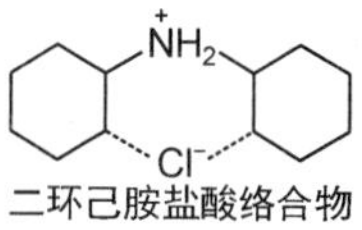

二环己胺盐酸络合物

亚硝酸二环己胺　M 228.34，mp 182~183℃；白色结晶性粉末，难溶于冷水，可溶于热水，溶于乙醇，与酸、碱作用可被分解。

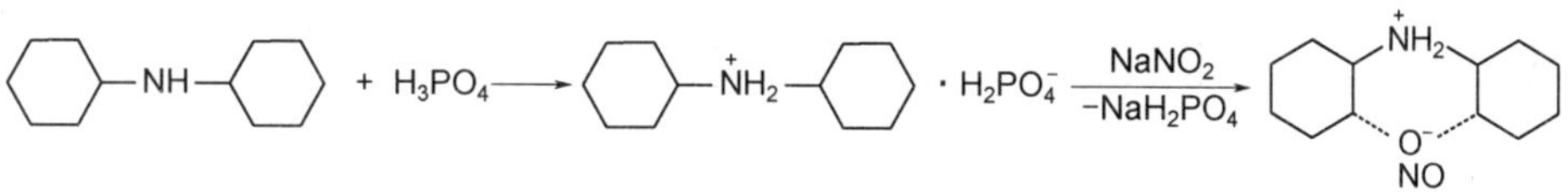

2L 烧杯中加入 170g（1mol）二环己胺及 600mL 水，搅拌下慢慢加入 115g 85%（1mol）磷酸，中和成盐为均一溶液，脱色过滤。

70g（1mol）亚硝酸钠溶于 200mL 水中，脱色过滤；控制磷酸二环己胺溶液 20℃左右，搅拌下将亚硝酸钠溶液慢慢加入❸，产品立即析出，加完后再搅拌 10min，滤出、充分水洗❹，干后得 170g（产率 78%）。

五、C-亚硝基的间接引入——芳胲的氧化及硝基的还原

芳胲是硝基还原的中间产物，在铁、铜催化下的分子间的自氧化还原，得到一分子亚硝基化合物和一分子胺。

2-亚硝基甲苯　M 121.14，mp 72~75℃；针晶，不溶于水。

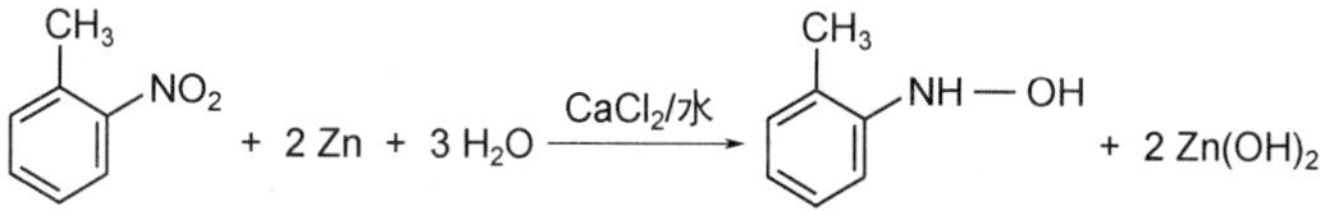

---

❶ 必须保持反应过程中氨气是充分过量的，否则产品会有颜色并不能久存。应该在出气口用醇的液封检查通氨情况；按以上以 1.5h 完成反应计算，以 25mL/s 的速率通入氨气刚好是计算量，只是过量加入亚硝酸丁酯以前通入的那部分氨；应该在 2~2.5h（25mL NH_3/s）完成反应。

❷ 产品的洗涤很重要，如有一批产品简单处理就达到分析纯级规格，结果一年以后就变成沥青状；另一批次，初制品经过两次处理才达到低一级的规格（三级），此样品两年后仍然良好。

❸ 亚硝酸钠会污染产品，亚硝酸钠过量、反应温度高于 25℃或加入太快都会使产品为淡黄色。

❹ 先用清水洗三次，再用蒸馏水洗至溶液的 pH 7.1~7.6。

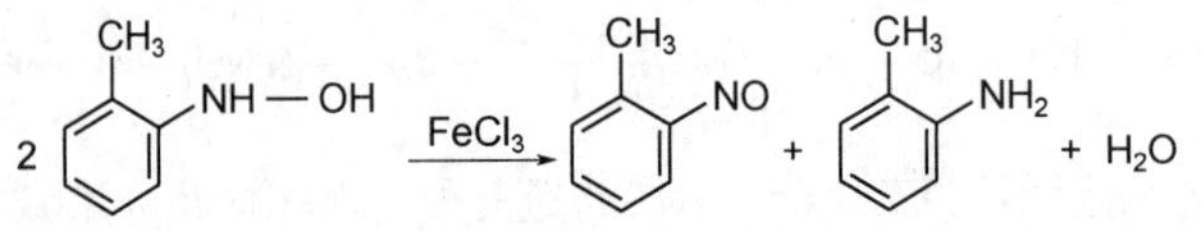

15.6g（0.11mol）2-硝基甲苯、24mL 水及 42mL 乙醇及 105g 氯化钙加热至沸，搅拌下慢慢加入 20g（0.3mol）锌粉，加完后再搅拌 10min，趁热过滤；冷后慢慢将滤液加入如下的溶液中：37g（0.2mol）氯化高铁溶于 600 冷水中。加完后将析出的 2-亚硝基甲苯滤出，水洗两次、水汽蒸馏，馏出的水溶液再水洗蒸馏，产率 20%，mp 72.5℃。

其它内氧化还原是发生在相同分子间的氧化还原；也可以发生在不同分子间，硝基常用氧化剂、在 α-C—H 发生——硝基被还原成亚硝基（或氨基），α-C—H 被氧化成醛，也或在氨基相宜位置（电负中心）氧化成醌。如：酸条件苯胺用氧化锰（软锰矿粉）氧化为苯醌。

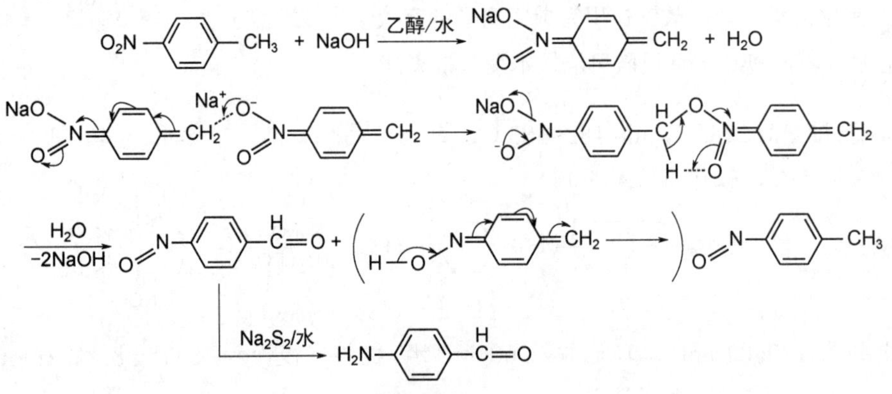

（见 182 页）

4-氨基苯甲醛
40%~50%, mp 68~70℃

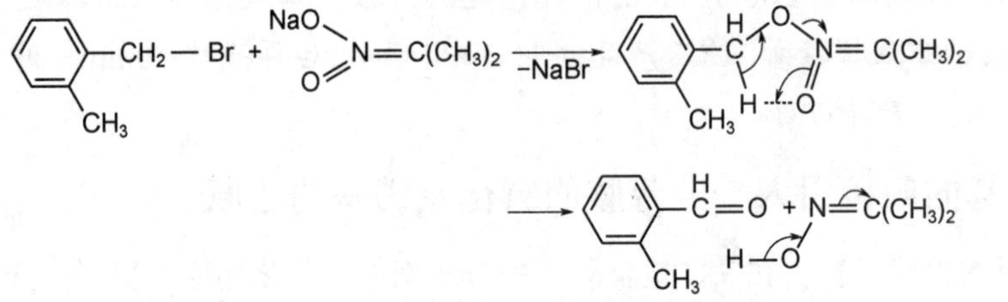

（见 183 页）

2-甲基苯甲醛
68%~73%, bp 190~200℃

又如：

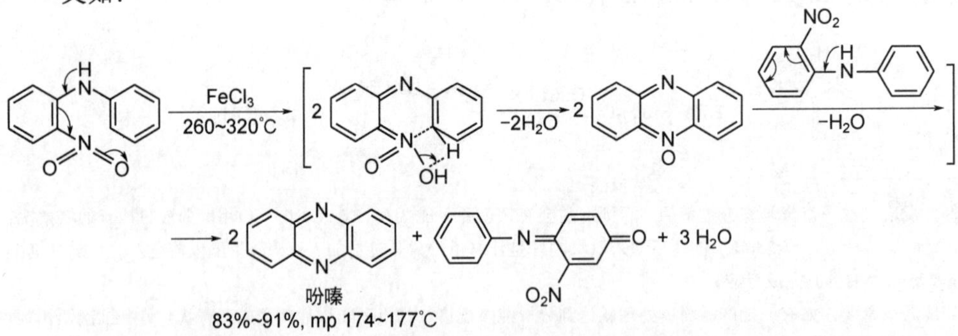

（见 869 页）

吩嗪
83%~91%, mp 174~177℃

N-亚硝基的重排到芳核，N-亚硝基的酸分解产生 $^+N=O$ 正离子对于芳核的亚硝化与酸条件下用 $NaNO_2$ 的反应类似。此项重排对于 C-亚硝化的制备无意义。

第十三章

胺及 *N*-烃基化

第一节　概述

　　胺、芳胺是重要的中间体——芳伯胺重氮化可与许多负性基团或原子亲核取代。

　　胺的氮原子有未共用电子时，能发生许多亲核反应；芳胺氮原子的未共用电子对与苯环共轭被分散到苯环，是比脂肪胺更弱的碱；芳胺核上推电子基使其碱性加强；拉电子基使其碱性减弱，甚至不能与稀无机酸生成稳定的盐。芳胺的碱性顺序如：

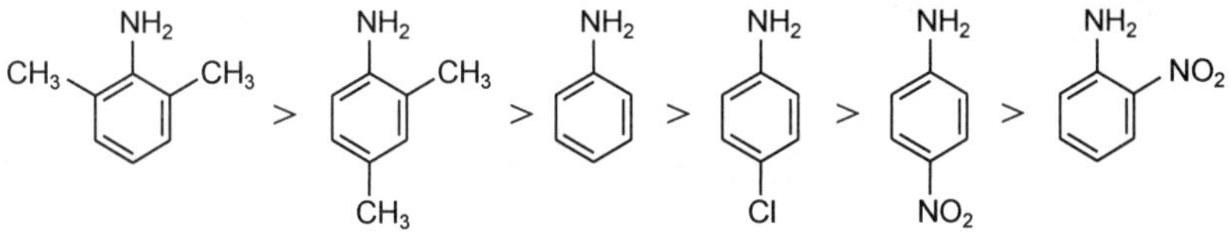

　　氨基的碱性还受空间场的影响——甲基推电子的作用使碱性加强；而叔胺或长碳链（螺旋排列）的影响，表现为较弱的碱性：$NH_3 < CH_3NH_2 < (CH_3)_3N < (CH_3)_2NH$。简单脂肪胺易燃；一般的氧化剂与胺作用生成相当复杂的物质，而过氧化氢与叔胺、仲胺生成 *N*-氧化物，先是以络合状态，而后分离出水完成反应。

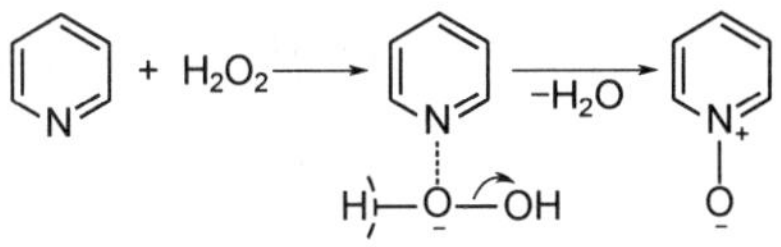

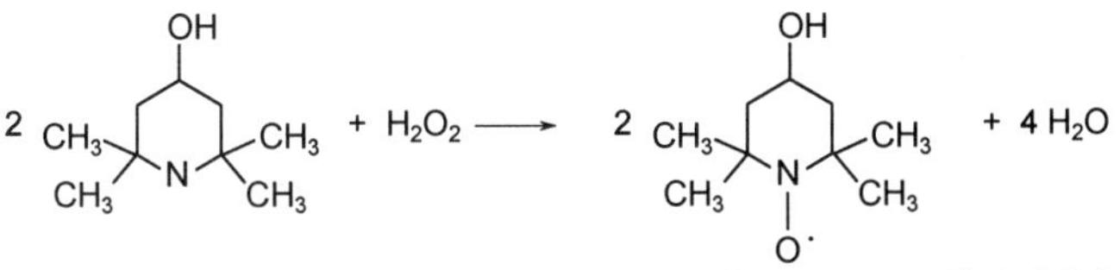

N-氧代-4-羟基-2,2,4,4-四甲基-吡啶自由基

　　在 5A 族，其它元素的有机物有同样的氧化反应，并且它们的活性是递增的，如制备氧化

三苯基膦、氧化三苯基胂，观察到的反应速度依次加快；不如 PH_3、三甲基膦遇空气自燃。

叔胺与卤代烃、无机酸酯（C^+）生成季铵盐（膦、胂化合物也发生同样的反应，生成季鏻、季钟盐），用氢氧化钠处理得到季铵碱，如：四甲基氢氧化铵。

$$(CH_3)_3N \ + \ CH_3Cl \longrightarrow (CH_3)_4N^+ \cdot Cl^-$$

$$(CH_3)_4\overset{+}{N} \cdot Cl^- \ + \ NaOH \longrightarrow (CH_3)_4N^+ \cdot OH^- \ + \ NaCl$$

$$(CH_3)_3\overset{+}{N}\!\!-\!\!CH_3 \cdots \overset{\frown}{OH} \xrightarrow{>120℃} (CH_3)_3N \ + \ CH_3OH$$

其它季铵碱加热分解依照霍夫曼规则，生成叔胺和支链较少的烯烃和水，如下季铵碱有两个甲基、叔丁基和乙基，碱进攻乙基时生成分支较少的烯烃。

$$CH_3\!-\!\underset{\underset{CH_3}{|}}{\overset{\overset{CH_3}{|}}{C}}\!-\!\overset{+}{N}\!-\!CH_2\!-\!CH_2 \ \ \underset{H \cdots \overset{\frown}{OH}}{} \xrightarrow{150℃} \ CH_3\!-\!\underset{\underset{CH_3}{|}}{\overset{\overset{CH_3}{|}}{C}}\!-\!N(CH_3)_2 \ + \ H_2C\!\!=\!\!CH_2 \ + \ H_2O$$

依结构特点，电正中心可以向更稳定的苄基迁移，并不是乙烯基退减下来。

$$\text{(structure)} \ \xrightarrow[-NaBr]{AcONa/乙酸} \ \text{(structure)} \ \xrightarrow{-N(CH_3)_2} \ \text{(structure)} \ \xrightarrow{H^+} \ \text{(structure)}$$

第二节 芳胺的制取

芳胺多从芳硝基、亚硝基，甚至偶氮化合物还原制取，活泼的芳基卤化合物的氨（胺）取代用于工业合成。

一、硝基、亚硝基化合物在供质子剂中用金属还原

活泼金属与供质子剂一起作用于硝基、亚硝基化合物，被还原为氨基，供质子剂如水、醇、乙酸及其它无机酸。

硝基化合物，硝基从金属表面取得一个电子成为负离子自由基，由于电性相抵、不能继续从金属取得电子，它在质子溶剂中得到一个质子成为自由基，继续从金属表面取得一个电子成为负离子，从质子溶剂取得质子，依次反应完成还原，如下式：

$$-N\overset{O}{\underset{O}{}} \xrightarrow{e} -\dot{N}\overset{O}{\underset{O^-}{}} \xrightarrow{H^+} -\dot{N}\overset{OH}{\underset{O}{}} \xrightarrow{e} -\ddot{N}\overset{OH}{\underset{O}{}} \xrightarrow{H^+} -N\overset{OH}{\underset{H}{}} \xrightarrow{-H_2O} -N\!\!=\!\!O$$

$$\xrightarrow{e} -\dot{N}\!-\!O^- \xrightarrow{H^+} -\dot{N}\!-\!OH \xrightarrow{e} -\ddot{N}\!-\!OH \xrightarrow{H^+} -NH\!-\!OH \xrightarrow[-H_2O]{2e, \ 2H^+} -NH_2$$

硝基在质子溶剂中的单电子还原并不都一直贯穿还原到氨基，由于中间过程的负离子自由基受其它取代基、金属的活泼性及供质子剂的溶剂条件影响能够稳定若干时间，使用不同

金属、不同溶剂及不同的 pH，能够得到不同阶段的还原产物；在强酸条件或电解质水溶液中得到还原的最终产物——芳胺；在中性或弱碱性条件水溶液中得到芳胲（如：苯基羟胺）；在强碱性、甲醇溶液中的质子浓度很低，羟胺与亚硝基偶联，生成反磁性双负离子，最终得到双分子的还原产物——偶氮苯。如下式：

$$-N{=}O + e \longrightarrow -\dot{N}-O^-$$

$$2\,-\dot{N}-O^- \longrightarrow \left[\begin{array}{c} O^- \\ | \\ -N-N- \\ | \\ O^- \end{array} \right] \xrightarrow{2H^+} \begin{array}{c} OH \\ | \\ -N-N- \\ | \\ OH \end{array} \xrightarrow{-H_2O} \begin{array}{c} -N{=}N- \\ \downarrow \\ O \end{array} \longrightarrow -N{=}N- \longrightarrow -NH-NH-$$

用锌粉在不同介质条件还原硝基苯，依提供质子的强弱得到不同的还原产物。

$$Ar{-}NO_2 \xrightarrow{Zn} \begin{cases} \xrightarrow{ArOH} Ar{-}NH_2 \\ \xrightarrow{H_2O,\ NH_4Cl} Ar{-}NH{-}OH \\ \xrightarrow{H_2O,\ NaOH} Ar{-}NH{-}NH{-}Ar \\ \xrightarrow{CH_3OH,\ NaOH} Ar{-}N{=}N{-}Ar \\ \xrightarrow{CH_3CH_2OH,\ NH_3} Ar{-}\underset{\underset{O}{\parallel}}{N}{=}N{-}Ar \end{cases}$$

1. 硝基化合物在电解质水溶液中用铁粉还原

用铁粉（深灰色，有金属光泽，50~60 目铸铁屑）在加有电解质的水中将硝基还原为氨基，是最常见、经济、方便的方法。其中，水是供质子剂，铁粉被氧化成棕黑色的 Fe_3O_4（$Fe_2O_3 \cdot FeO$）被析出分离。

用作还原剂的软铸铁屑中的碳成分（石墨）及其它元素 Mn、S、P 构成铁屑的不均一性而形成电池偶，在阳极铁被氧化，硝基在阴离获得电子，由于硝基的去极化作用而大大加速反应。为了加速铁屑的湿腐蚀，向水中加入无机电解质以提高电传导，不同的电解质其活性也不同，以强酸弱碱的盐，如：$FeCl_3$、NH_4Cl 最好，通常只要 2%~3%的氯化亚铁，反应中都是以盐酸的形式加入的，盐酸与水中搅拌起来的铁粉反应，同时洗净了铁粉表面使它更容易反应接触；使用 $FeBr_3$ 效果更好些。电解质的浓度增加虽有好处，但超过一定浓度反应速度反而下降。

硝基的还原是比较大的放热反应，浸酸后维持 95~100℃慢慢加入硝基化合物，如果是固态物料要分多次或以溶态加入，反应放热是以维持需要的反应温度；开始有引发过程；固体物料必须在前次的猛烈反应过后再加下一次；也有因物理条件使反应过程缓慢、有时间散掉反应热，看不到猛烈的放热，如：4-硝基联苯（mp114℃）的还原。

在浸酸以后加入少量硫酸铜或硫酸镍溶液，铜、镍沉积在铁屑上造成的电池偶可使反应更快；因为铸铁屑中其它杂质已经是足够成电池偶，这一手续一般不必要。

操作中，铁粉、硝基物和水三项要接触得好就必须使用特殊的强力搅拌，采取平底的铸铁或碳钢的反应罐；平底利于铁粉的分散，有近于釜底的出渣孔；耙式搅拌搅起铁粉较为吃力，浸酸后及反应过程中铁屑表面附有氧化铁及气体，此后搅拌就轻快许多。

还原的终点是硝基化合物的气味消失，或蘸取反应物在滤纸上的渗圈变为无色或很浅的棕黄色。如果每次加入硝基都有短时间的剧烈反应，那么，在加完硝基化合物以后维持不长时间就可以认为反应完全，产率都很好。观察反应速度的另一经验方法是在还原的初始查看试样在滤纸上渗圈出现 Fe_3O_4 的时间和反应温度。

反应物的分离：一般是趁温热滤出液态产物和铁泥分离，不要用碱处理反应物，否则胶态 $Fe(OH)_2$ 造成过滤困难；水溶液不会造成芳胺损失，主要损失是大量铁泥对产品的吸附，为此，选用透过性好的织物作为过滤介质，最后用热水及有机溶剂洗脱吸附。分离后回收溶剂，减压蒸馏，铁杂质催化芳香胺的氧化，甚至苯胺盐酸盐结晶在棕色瓶（含铁）长久存放，在与瓶壁的接触点上也有变化。

有些硝基化合物（如：2-硝基酚、2-硝基苯胺）的还原产物对铁敏感，不可以使用铁粉还原；又有些硝基化合物，如 2-烷基取代的硝基苯不被硫化钠还原，但可以方便地被铁粉还原。

4-氨基联苯 M 169.23，mp 54℃；白色或无色结晶，结晶在黑暗中打碎时在界面闪蓝色荧光。

$$4 \langle\rangle\langle\rangle-NO_2 + 9Fe + 4H_2O \xrightarrow[\triangle]{水} 4 \langle\rangle\langle\rangle-NH_2 + 3Fe_3O_4$$

2L 三口烧瓶中加入 600mL 水加热至沸，搅拌下加入 400g 60 目（7.1mol）铁粉，慢慢加入 40mL 45%氢溴酸，此后搅拌变得轻快了许多，再慢慢加入 15g 结晶硫酸铜溶于 50mL 水的溶液，加入 20g 4-氨基联苯（或 p-甲苯胺）以降低反应物中硝基化合物的熔点，加热保持不大的回流，每次加入 80g 4-氨基联苯（mp 114℃），微沸下还原半小时（反应缓慢，看不到剧烈的放热），每半小时加入一次，直至 400g（2mol）4-硝基联苯加完，最后保温搅拌 3h。冷至 80℃加入 600mL 甲苯，加热搅拌下回流半小时以作提取，放冷至 60℃滤除铁泥，再用 200mL 热甲苯浸洗铁泥，洗液与滤液合并于 40℃左右分取甲苯层，以无水硫酸钠干燥后回收甲苯，剩余物减压分馏，收集 180~185℃/10mmHg 馏分[1]，得 275g（产率 80%）；又分馏一次，得 240g，外观淡黄色[2]。

3-氯-4-氟苯胺 M 145.57，mp 44℃（45~50℃）；bp 97~99℃/5mmHg。

$$4 \underset{\text{F}}{\overset{\text{NO}_2}{\langle\rangle}}\text{Cl} + 9Fe + 4H_2O \xrightarrow{水} 4 \underset{\text{F}}{\overset{\text{NH}_2}{\langle\rangle}}\text{Cl} + 3Fe_3O_4$$

2L 三口烧瓶中加入 600mL 热水，搅拌下加入 700g（12.5mol）铁粉，慢慢加入 50mL 30%盐酸，加热保持 95~100℃于 3h 左右慢慢加入 700g（4mol）3-氯-4-氟硝基苯，加完

---

❶ 沸程很稳，前馏分有挟带较高熔点的杂质，可能是未还原的 4-硝基联苯（mp 114℃，bp 340℃）和 4-氨基联苯的混沸物，小心堵管。

❷ 重新蒸馏的产品外观仍不及用氯化亚锡的还原（纯白），应该在回收甲苯以后，在乙醇溶液中用少量氯化亚锡还原最后的硝基物，或用酸碱处理以后再蒸馏。

后保温搅拌 2h，于 60℃滤除铁泥（已无硝基苯气味），用热水冲洗，再用 50mL 热乙醇压洗，洗液与滤液合并（乙醇被滤瓶中的热水层冲稀），趁热分取下面油层，放冷后再于 5℃放置过夜，几乎全部结固，倾去水及未凝结的油状物，得 550g[❶]（产率 95%）。

以上粗品溶于 1.3L 10%盐酸中脱色过滤，趁热（45℃）用 40% NaOH 中和至 pH 8，维持 1min，pH 再降低也不调节[❷]，放冷至 5℃以下，滤出结晶，尽量滤干，加热熔化后放冷结固以分除水。

精制：用乙醇（0.2mL/g）重结晶。

1-萘胺 M 143.18，mp 50℃，bp 301℃，d 1.13；有不快的气味，易被空气氧化变色。

$$4 \underset{}{\text{NO}_2\text{-萘}} + 9\text{Fe} + 4\text{H}_2\text{O} \xrightarrow[95\sim100℃]{\text{水}} 4 \underset{}{\text{NH}_2\text{-萘}} + 3\text{Fe}_3\text{O}_4$$

2L 三口烧瓶中加入 300mL 水，加热至 90℃，搅拌下加入 350g（6.3mol）铁粉，慢慢加入 25mL 30%盐酸，控制 95~100℃于 2h 左右分多次加入 350g（2mol）1-硝基苯，加完后保温搅拌 1h，趁热用滤布过滤，用 150mL 热甲苯浸洗铁泥，与下面油层合并，分取油层，回收甲苯，减压分馏，收率 90%。

同法制取以下芳胺：

2-乙基苯胺　　mp -43℃，bp 209~210℃，d^{22} 0.983，n_D^{20} 1.5584。

4-氟苯胺　　bp 187℃，d^{22} 1.173。

3-氯苯胺　　mp -10.3℃，bp 229.9℃，d^{22} 1.2160，n_D^{20} 1.5941。

3-溴苯胺　　mp 16.8℃，bp 251℃，d^{22} 1.580，n_D^{20} 1.6250。

2. 在酸条件下用锌粉或氯化亚锡还原

在酸中用锌粉、铅粉或 $SnCl_2$ 还原硝基、亚硝基或偶氮化合物得到芳伯胺。

还原必须使用足够量的酸，可以是盐酸、硫酸或乙酸在 50℃左右及搅拌下进行，反应的终点是反应液硝基化合物变化的消失，变为无色或只允许微黄色，最后用浓氢氧化钠溶液使成氢氧化锌，进一步成为锌酸钠使基本溶消，然后分离或提取芳香胺。在下面实例中，4-亚硝基-N,N-二乙基苯胺的还原，大过量的盐酸与叔氨基成盐，拉电子的作用使亚硝基或硝基氮原子更容易从金属表面取得电子，过量的酸给出质子使还原依次进行，最后得到二盐酸盐。

如果酸量不足，在加入锌粉的还原过程中，pH 值升至 ≥3，介质提供质子的能力减弱，受二乙氨基推电子的作用，负离子自由基得到一定程度的稳定而造成积累，便发生自由基引发的偶联缩合，一经发生就很快生成大量沥青状物，即使补酸也无可挽救，盐酸用量应为化学计量的 120%。

优质的锌粉有明显的定量点，为还原充分，一般过量 10%~15%；过程使用的是有金属光泽、纯度大于 95%、40~50 目的锌粉；如果保存不当，引起潮湿及氧化变质。如果变化不大，

[❶] 此项粗品减压蒸馏后，稀盐酸溶解试验的 2%不溶，可能是还原不完全；也应检查氟的羟基取代产物。

[❷] pH 降低为氟的羟基取代。

应该在分析以后重新计算锌粉和酸（包括 ZnO）的用量。

4-氨基-*N*,*N*-二乙基苯胺　*M* 164.25，mp 19~21℃，bp 262℃；无色或淡黄色油状液体。

$$(C_2H_5)_2N-\!\!\bigcirc\!\!- \quad + \ 2\,HCl + NaNO_2 \xrightarrow{10℃} (C_2H_5)_2N-\!\!\bigcirc\!\!-NO \cdot HCl + NaCl + 2\,H_2O$$

$$(C_2H_5)_2N-\!\!\bigcirc\!\!-NO \cdot HCl + 2\,Zn + 5\,HCl \xrightarrow{50℃} (C_2H_5)_2N-\!\!\bigcirc\!\!-NH_2 \cdot 2\,HCl + 2\,ZnCl + H_2O$$

500L 陶罐中加入 40L 30%（380mol）盐酸，搅拌下加入 18kg（120mol）*N*,*N*-二乙基苯胺，内加冰控制 10~15℃，于 2h 左右从液面下慢慢加入 8.4kg（120mol）亚硝酸钠溶于 28L 水的溶液，反应物为橘红色；加完 20min 后开始析出橘黄色的 4-亚硝基-*N*,*N*-二乙基苯胺盐酸盐结晶，再加入 60L 30%（69kg，575mol）工业盐酸[1]，搅匀。

还原：在冬季，搅拌下自然冷却控制 50℃左右，于 4~5h 慢慢加入约 20kg（95%，290mol）锌粉，最后的 3kg 要升温至 55℃慢慢加入，反应物为无色溶液。

放冷至 35℃，用木棒搅着[2]慢慢加入 160kg 40%（1.6kmol）氢氧化钠溶液，至初生成的 Zn(OH)$_2$ 成锌酸钠而基本溶解。以 45L 苯（或用甲苯）分三次提取[3]，提取液合并，用倾泻法把提取跟过来的碱水分离掉，清亮的苯液回收苯后，最后用负压收尽。剩余物减压分馏，收集 170~174℃/30~35mmHg 馏分，得 10~13kg（产率 50%~65%）[4]。

4-氨基-*N*,*N*-二乙基苯胺二盐酸盐　*M* 237.17。

$$(C_2H_5)_2N-\!\!\bigcirc\!\!-NH_2 + 2\,HCl \xrightarrow[<40℃]{丙酮} (C_2H_5)_2N-\!\!\bigcirc\!\!-NH_2 \cdot 2\,HCl$$

30L 无水丙酮维持 40℃以下通入 HCl（冰冷的丙酮能吸收至 50% HCl，放置后变红，但仍可使用，析出的产物为流体，充分搅拌才逐渐结晶），搅拌着维持 pH 2~3 同步滴入 5kg（30mol）新蒸的 4-氨基-*N*,*N*-二乙基苯胺，最后调节反应物为 pH 2，再搅拌 2h，滤出结晶，以丙酮洗两次，于 50~60℃干燥至很少 HCl 气味，产率 95%。

4-氨基-*N*,*N*-二乙基苯胺硫酸盐　*M* 262.33，mp 185~187℃；白色结晶。

$$(C_2H_5)_2N-\!\!\bigcirc\!\!-NH_2 + H_2SO_4 \xrightarrow[<40℃]{乙醇} (C_2H_5)_2N-\!\!\bigcirc\!\!-NH_2 \cdot H_2SO_4$$

35L 新蒸的 95%乙醇，搅拌下慢慢加入 10.1kg（100mol）化学纯级的硫酸，冷却控制 40℃以下，搅拌着慢慢加入 16.6kg（100mol）新蒸的 4-氨基-*N*,*N*-二乙基苯胺，加完

---

[1] 盐酸必须足够量，如果还原过程的 pH ≥ 3，反应物的颜色变暗，很快析出大量沥青状物；如果锌粉的纯度小于 95%，则必须把氧化锌计入耗酸量。

[2] 用木棒按一个方向的斜下方向上搅动，不可太快，以免乳化，这样氨基物容易上浮、分离和提取。中和放热使升温至 60℃左右（应使用毒性小的甲苯提取）。

[3] 在提取前放置 1h 使氨基物上浮，苯提取的搅动方法很重要，要搅动到每个部位，提取前及每次放置分层时间都要封盖好以减少挥发和氧化。

[4] 产率低的原因是提取不充分造成的，应增加提取。

后再搅拌 10min 即析出大量结晶，在不时搅动下放冷至室温以防结块。滤出，用乙醇浸洗三次，风干得 20kg（产率 75%），外观微黄色❶，纯度（滴定法）大于 99%。

同法制得 4-亚硝基-*N*-乙基-*N*-羟乙基苯胺，4-氨基-*N*-乙基-*N*-羟乙基苯胺（bp 212℃/6mmHg）及其二盐酸盐、硫酸盐（含一水合物，mp 177~178℃）。

下面实例中，锌粉和盐酸的用量比计算量过量 3 倍和 5 倍，是太过了，加料顺序也似有异。

4-羟基-3-甲氧基苯乙胺 *M* 164.21。

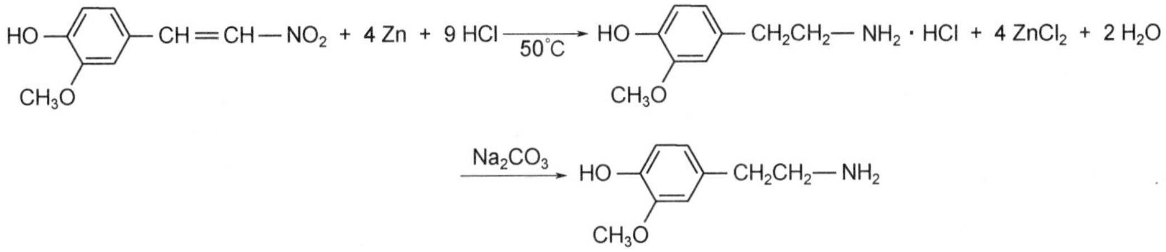

2L 三口烧瓶中加入 0.5L 水和 130g（2mol）锌粉，搅拌加入 135mL 乙醇溶解有 25g（0.128mol）*β*-硝基-4-羟基-3-甲氧基苯乙烯的溶液；加入 150mL 30%盐酸❷，反应放热使反应物温度升至 40℃，维持 45~60℃从分液漏斗慢慢加入 550mL 30%（共 7mol）工业盐酸，加完后于室温搅拌 6h，反应物呈无色。过滤，滤液用碳酸钠中和碱化至 pH 9，反应物用丁醇提取（4×200mL）。提取液合并，水浴加热、水泵减压回收丁醇至析出结晶，冷后滤出，用少许丁醇冲洗，于 50℃干燥，得 15.5g（产率 72%），mp 154~157℃。

硝基化合物用氯化亚锡（SnCl₂·2H₂O）的盐酸溶液在室温条件即可将硝基、亚硝基、偶氮化合物还原为氨基，几乎是定量的，反应放热。直接产物是芳胺盐酸盐和氯化高锡的复盐，如果所用的盐酸很浓或在乙醇溶液中反应，可以析出复盐结晶；在乙醇溶液中的反应不用另加盐酸，醇是供质子剂，生成的复盐如下式：$Ar-NH_2 \cdot SnCl_2(OC_2H_5)_2$ 或 $(Ar-NH_2)_2 \cdot SnCl_2(OC_2H_5)_2$；由于锡不便回收，应避免使用。以下反应可参见 842 页。

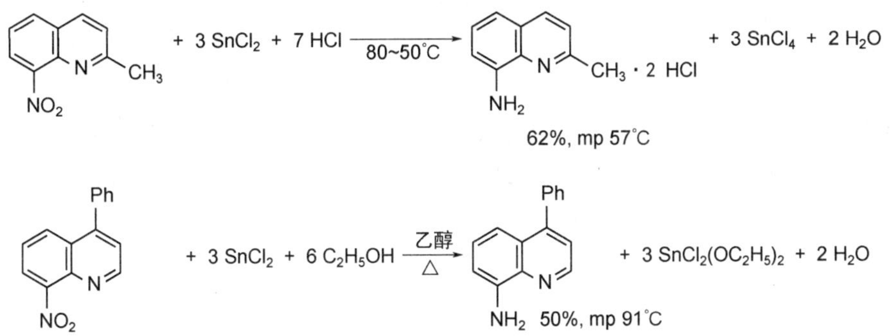

---

❶ 外观微黄色可能是微少量未还原的 *N*-亚硝基化物造成的；更优的产品可在风干前碱化，将 4-氨基-*N*,*N*-二乙基苯胺重新减压蒸馏，再如上制成硫酸盐，得到纯白的产品，对光和空气要稳定得多。

❷ 此 150mL 30%盐酸量已超过计算量的 30%。

$$\text{4-Ph-2-CH}_3\text{-8-NO}_2\text{-quinoline} + 3\,SnCl_2 + 6\,C_2H_5OH \xrightarrow[\triangle]{\text{乙醇}} \text{4-Ph-2-CH}_3\text{-8-NH}_2\text{-quinoline}\ 90\% + 3\,SnCl_2(OC_2H_5)_2 + 2\,H_2O$$

$$m\text{-OHC-C}_6H_4\text{-NO}_2 + 3\,SnCl_2 + 7\,HCl \xrightarrow{5℃,100℃} m\text{-OHC-C}_6H_4\text{-NH}_2 \cdot HCl \cdot SnCl_4 + 2\,SnCl_4 + 2\,H_2O$$

3. 芳胲——在中性或弱碱性水条件下用锌粉还原硝基化合物

硝基苯在 1.1mol 10%氯化铵水溶液中，在 50~55℃用锌粉还原为苯胺；反应开始后不久，因生成产物苯胺及氢氧化锌存在，介质变为弱碱性，维持了 pH 7.2~7.6，更多的碱性物质被氯化铵缓冲；氢氧化锌与氯化铵以复盐 $2NH_4Cl \cdot 5Zn(OH)_2$ 的形式析出。由于弱碱性、质子的浓度较低，反应缓和，但不能停留在亚硝基的阶段，而是进一步还原停留在芳胲的阶段；再进一步还原的反应速度比对硝基的还原更慢了许多，如下式：

$$5\,Ar—NO_2 + 10\,Zn + 4\,NH_4Cl + 15\,H_2O \xrightarrow[50~55℃]{\text{水}} 5\,Ar—NHOH + 2\,[2NH_4Cl \cdot 5Zn(OH)_2]$$

锌粉在使用前要检测纯度，按计算量散开加入，搅拌要使锌粉完全作用而不致沉积底部，平底的反应器及 $2NH_4Cl \cdot 5Zn(OH)_2$ 复盐吸附有利于锌粉散开。

芳胲易溶于热水借以和难溶的复盐分离。芳胲有毒，化学性质活泼，易被空气氧化，不可久存，只在使用前临时制备；在铁、铜作用下芳胲容易自氧化还原，如下式：

$$2\,Ar—NH—OH \longrightarrow \left[Ar—N \overset{O\cdots H}{\underset{H\cdots O}{\rightleftharpoons}} NH—Ar \right] \longrightarrow Ar—N{=}O + Ar—NH_3 + H_2O$$

利用芳胲这一性质可以在特殊位置上引入亚硝基。

$$o\text{-CH}_3\text{-C}_6H_4\text{-NO}_2 + 2\,Zn + 3\,H_2O \xrightarrow{CaCl_2/60\%\ \text{乙醇}} o\text{-CH}_3\text{-C}_6H_4\text{-NH—OH} \xrightarrow{FeCl_3} o\text{-CH}_3\text{-C}_6H_4\text{-NO} \quad (o\text{-CH}_3\text{-C}_6H_4\text{-NH}_2)$$
mp 72.5℃

苯基羟胺（苯胲）　M 109.12；无色针晶，可溶于冷水 2%，溶于热水 10%；本品不稳定不宜久存；其单酸盐相当稳定。本品随水蒸气挥发，剧毒，从皮肤沾染及吸入中毒，症状是头晕和缺氧；应在避光通风处操作。

$$5\,C_6H_5—NO_2 + 10\,Zn + 4\,NH_4Cl + 15\,H_2O \xrightarrow[50~55℃]{\text{水}} 5\,C_6H_5—NHOH + 2\,(NH_4Cl)_2 \cdot 5\,Zn(OH)_2$$

300L 容积的陶罐中加入 210L 水及 18kg（330mol）氯化铵，搅拌下加热使溶，再加入 37kg（300mol）硝基苯，控制 50~55℃于 2h 左右散开加入 44kg（600mol）锌粉，开始阶段要很慢，每次加入 0.6kg 间隔 5min，三五次后可以每次间隔 1.5min（反应开始后不久，反应物的 pH 就稳定在 7.2~7.6），加完后保温搅拌半小时。通入蒸汽至 70℃离心分离，用事前准备好的 120L 60℃ 热水冲洗，洗液与滤液合并，趁热搅拌下加入 120kg 细盐，充分搅拌最后仍有少许未溶的盐，放冷至 20℃ 以不离心分离析出的针状结晶部分，得 27kg（析干 22.5kg，产率 68%）。

精制：用水重结晶。

同样方法从 1-硝基萘制得 1-萘基羟胺。

4. 偶氮苯——在强碱的醇溶液中用锌粉还原硝基

在氢氧化钠（钾）条件，醇不是强的质子供给剂，还原反应缓和，依还原剂锌粉和氢氧化钠用量及反应条件得到不同强度还原产物——偶氮苯或氢化偶氮苯。

在还原的第一步，硝基被还原成亚硝基；在强碱作用下从金属得到一个电子生成负离子自由基，分子间偶联得到双分子还原产物；亚硝基也可以被还原为比较稳定的芳胺，较低温度（<50℃）亚硝基与芳胺反应生成氧化偶氮苯的速度很慢，提高反应温度对几种反应速度的提高是不同的，亚硝基与积聚的芳胺反应生成氧化偶氮苯的反应速度提高得最快，氧化偶氮苯很容易还原为偶氮苯；苯胺的进一步还原比硝基苯的还原要慢许多，通常提高反应温度也提高了硝基苯的还原速度，亚硝基一经生成就与芳胺生成氧化偶氮苯，很快还原为偶氮苯，过度提高反应温度会增加芳胺间的自氧化还原副反应。

$$Ar-\overset{+}{\underset{O^-}{\overset{OH}{N}}}-\overset{H}{\underset{}{N}}-Ar \left[Ar-\overset{OH}{\underset{O^-}{N}}-\overset{}{\underset{H}{N}}-Ar \longrightarrow Ar-\overset{OH}{N}-\overset{}{\underset{H}{N}}-Ar\right] \xrightarrow{-H_2O} Ar-\overset{OH}{\underset{O}{N}}=N-Ar \longrightarrow Ar-N=N-Ar$$

按反应式使用计算量的锌粉；在 75% 含水甲醇中溶解计算量的 NaOH 使成为 10.5%~11% 氢氧化钠溶液，在微沸的温度下还原硝基苯为偶氮苯；在近于水条件（25% 乙醇）的氢氧化钠的微沸状态，比较容易从水取得质子及较高温度、更多锌粉还原得到氢化偶氮苯。

偶氮苯 M 182.22，mp 68℃，bp 295℃，d^{20} 1.203；橘红色片晶。

$$2\ \langle\!\!\!\bigcirc\!\!\!\rangle-NO_2 + 4\ Zn + 8\ NaOH \xrightarrow[\triangle,\ 22h,16h]{甲醇} \langle\!\!\!\bigcirc\!\!\!\rangle-N=N-\langle\!\!\!\bigcirc\!\!\!\rangle + 4\ Na_2ZnO_2 + 4\ H_2O$$

200L 反应罐中加入 10kg（80mol）硝基苯、100L 甲醇，搅拌下[1]加入 44kg（30%，330mol）氢氧化钠溶液，加热控制不大的回流以每次（在 1min 加入）0.5kg/h 的速率散开加入，共 10.5kg（160mol）60 目有金属光泽的 95% 以上的锌粉，约 22h 可以加完（三天间断）。加完后再回流搅拌 16h，无硝基苯气味，保持 50~55℃ 用滤棒将溶液滤出，再以前次甲醇母液加热回流提取一次，合并的溶液放冷，滤出结晶，再离心滤尽母液及油状物，用甲醇冲洗，得湿品 5.5kg。

精制：用乙醇（4.5mL/g）重结晶，干后得 4kg（产率 55%）[2]，mp 65~67℃。

偶氮苯的其它制法：芳重氮盐在亚氨铜络作用下芳重氮基和芳基偶联，如 4,4′-二甲

---

[1] 搅拌应距罐底 3~5cm，本操作搅拌距罐底 10~12cm，由于搅拌不力，最后有相当部分未反应沉下的锌粉。加锌粉时停止回流。

[2] 回收甲醇为黄色，可重复使用；剩余物只有很少量偶氮苯，大部分为油状物。

基偶氮苯、4,4′-二乙酰偶氮苯（见 603 页）。

氢化偶氮苯（1,2-二苯基肼）　M 184.24，mp 131℃，d^{16} 1.158；易被空气氧化。

$$2 \langle\ \rangle - NO_2 + 5\,Zn + 10\,NaOH \xrightarrow{水} \langle\ \rangle - NH - NH - \langle\ \rangle + 5\,Na_2ZnO_2 + 4\,H_2O$$

1L 三口烧瓶安装机械搅拌、回流冷凝器，另一口供加入锌粉用。

烧瓶中加入 150mL 水及 50g（1.25mol）氢氧化钠❶搅拌使溶，再加入 50mL 乙醇及 41g（0.33mol）硝基苯，搅拌下加热保持微沸；慢慢加入约 100g 75%（折百约 1.15mol）锌粉，每次加入 6~8g，放热保持微沸，至放热反应停止就不再加入；加热回流片刻，反应物变为无色或微显黄色。加入 500mL 乙醇加热回流以溶解产物，趁热过滤，再用 50mL 乙醇冲洗烧瓶及滤渣，洗液与滤液合并，放冷后冰冷，滤出结晶，用充有 SO₂ 的 50% 乙醇冲洗，真空干燥。

氧化偶氮苯很容易被锌粉还原为偶氮苯，在硝基苯的还原中使用缓和的还原剂以控制反应。或用其它方法将偶氮苯氧化——如：偶氮氧化偶氮 BN（见 630 页）。

氧化偶氮苯　M 198.23，mp 36℃；淡黄色结晶，不溶于水，易溶于乙醇及苯中。

$$2 \langle\ \rangle - NO_2 + 3\,Na_3AsO_3 \longrightarrow \langle\ \rangle - \overset{\underset{|}{O}}{N}=N - \langle\ \rangle + 3\,Na_3AsO_4$$

5L 三口烧瓶中加入 226g（1.1mol）As₂O₃ 及 600mL 水，搅拌下分次加入 275g（6.9mol）氢氧化钠，加热使 As₂O₃ 溶入后再加入 600mL 水及 150g（1.2mol）新蒸过的硝基苯（亚砷酸钠过量 22%）。

快速搅拌下在油浴上加热回流 8h（104℃），移去热源，放冷至 80℃趁砷酸钠尚未析出，用加热了的分液漏斗分取上面油层，在烧杯中放冷后冰冷，滤出结晶，水洗，风干后得 102g（产率 85%），mp 35.5~36.5℃。

精制：用乙醇（0.5mL/g）重结晶，得 72g，mp 35.5~36.5℃，外观淡黄色。

另法：1L 三口烧瓶中加入 60g（1.5mol）氢氧化钠及 200mL 水，搅拌使溶，加入 41g（0.33mol）硝基苯，水溶加热维持 55~60℃于 1h 左右慢慢加入 45g（0.23mol）葡萄糖，加完后再保温搅拌 2h，水汽蒸馏蒸除未反应的硝基苯及过度还原产生的苯胺，至馏出液清亮为止（冷后）倾出反应液、水冷后冰冷，滤出结晶，研细后水洗，干后得 26~27g（产率 79%~82%），mp 34~35℃。

二、低价硫化物——Na₂S、NaHS、Na₂S₂O₄作还原剂

硫化钠、多硫化钠、硫氢化钠以及硫化铵、硫氢化铵是缓和的还原剂，在碱性条件下将某些硝基、亚硝基还原为氨基，能选择性地将多硝基部分还原而保留某个硝基，有良好的选择性——只能将烷基对位硝基还原，保留电负性更强的邻位；而使用金属或低价金属化合物则是首先还原烷基的邻位硝基。

---

❶ 使用欠量的碱以提高锌粉的还原能力。

2-硝基酚、4-氯-2-硝基酚、4-叔丁基-2-硝基酚在硫化碱溶液生成钠盐，是醌式结构，难以用硫化钠还原；对于同时有其它拉电子基的邻硝基酚，共轭被对位硝基吸引；使 2-硝基(酚)得以被硫化钠还原。

芳核上磺基、羧基的存在，对于用硫化钠还原硝基的反应，它们的钠盐溶于水使反应物均一。介质的强碱性影响硝基的存在形式，随着反应进行，反应产生碱可能会使过程复杂而发生其它的氧化还原，为减少碱的产生，也常使用二硫化钠、硫氢化钠、硫化铵或硫氢化铵作还原剂，下面列出它们产生碱的情况：

$$4\,Ar\!-\!NO_2 + 6\,Na_2S + 7\,H_2O \longrightarrow 4\,Ar\!-\!NH_2 + 3\,Na_2S_2O_3 + 6\,NaOH$$

$$4\,Ar\!-\!NO_2 + 6\,NaHS + H_2O \longrightarrow 4\,Ar\!-\!NH_2 + 3\,Na_2S_2O_3$$

$$Ar\!-\!NO_2 + Na_2S_2 + H_2O \longrightarrow Ar\!-\!NH_2 + Na_2S_2O_3$$

$$3\,Ar\!-\!NO + 2\,Na_2S_2 + 3\,H_2O \longrightarrow 3\,Ar\!-\!NH_2 + 2\,Na_2S_2O_3$$

$$2\,Ar\!-\!NO + 2\,NH_4HS + H_2O \longrightarrow 2\,Ar\!-\!NH_2 + (NH_4)_2S_2O_3$$

各种硫化碱 0.1mol/L 水溶液的 pH 值如下：

硫化碱	NH$_4$HS	NaHS	(NH$_4$)$_2$S	Na$_2$S$_3$	Na$_2$S$_2$	Na$_2$S
pH 值	8.2	10.2	11.2	12.2	12.5	12.6

工业硫化钠（硫化碱、臭碱）Na_2S 的含量 67%~68%（滴定分析），相当于 $Na_2S \cdot 2H_2O$ 的橘红色熔结物，暴露在空气中很容易氧化变质并风化，使用前用水冲洗掉表面的风化物以便计量。

硫化钠含量的测定：

150mL 有磨口塞的轻体瓶中准确称取约 0.5g 样品，加入 30mL 刚煮沸并冷却了的无氧蒸馏水溶解样品，溶解后加入 50.00mL 0.05mol/L 碘标准液，摇匀后仍保持碘的黄色，加入 2mL 浓盐酸，以 0.05mol/L 硫代硫酸钠标准液滴定过量的碘，以淀粉液为指示剂。

1.00mL 0.05mol/L 标准碘溶液相当于 0.003903g 硫化钠。

$$Na_2S + I_2 \longrightarrow 2NaI + S$$

反应的实施：

还原 1mol 硝基钠成伯胺需要 1.5mol 硫化钠，在实际工作中要过量 10%，是把硫化钠配制成 20%~25%的水溶液，在回流及搅拌下慢慢或以分多次的形式加入硝基化合物，反应放热，最后在搅拌下加热回流半小时以使反应完全。如果产物不溶水，可将反应物放冷后直接分离，水洗得到粗品，粗品应尽快精制处理或在水中存放以隔绝空气（对苯二胺、邻苯二胺粗品在敞开存放过程中遇到过两次有氧化并有烟气），避免硫化钠中铁杂质造成的（活泼基质）催化氧化。如果要酸化才能分离，硫代硫酸钠分解析出很细的硫黄使过滤困难，要在 80℃ 以上酸化、保温以使硫黄凝聚方可滤清以分离之。

3-硝基苯胺　*M* 138.13，mp 115℃；黄色针晶，可溶于热水（2%）。

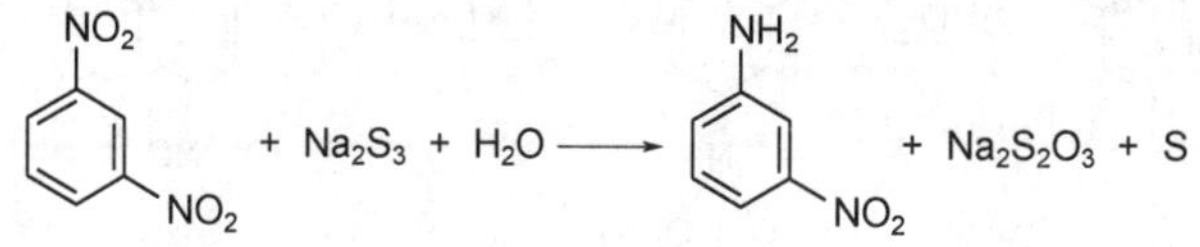

1L 三口烧瓶中加入 120g（0.5mol）结晶硫化钠 $Na_2S \cdot 9H_2O$、31g（1mol）硫黄粉，搅拌下加热使硫进入反应溶入后再加入 200mL 水，得 Na_2S_3 红色溶液。

5L 三口烧瓶中加入 3.5L 水加热至沸，加入 84g（0.5mol）间二硝基苯（mp 90℃），保持微沸，快速搅拌下于 10min 左右慢慢加入以上多硫化钠溶液，起初反应物颜色变得很深，随着反应进行，反应物变为橙色，加完后保温搅拌 10min，趁热用大漏斗滤除析出的硫黄，滤液冷后滤出结晶，风干得 54g（产率 78%），mp 111℃。

精制：用热水（50mL/g）重结晶，得 45.7g（产率 66%），mp 114~115℃。

***p*-苯二胺**　*M* 108.14，mp 143~145℃，bp 267℃。

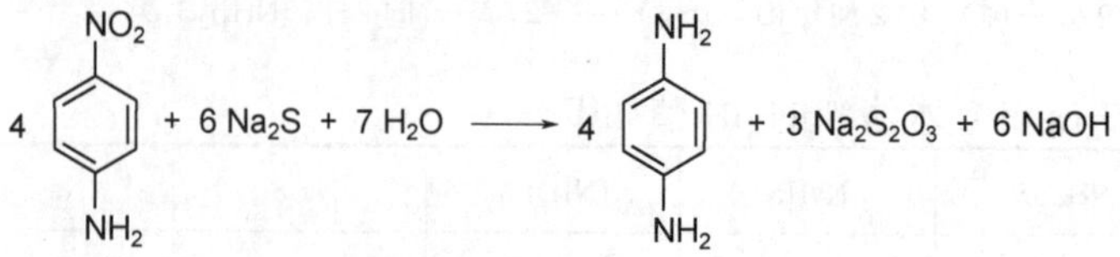

10L 三口烧瓶中加入 3.6L 水及 2.6kg（62%~68%，20mol）工业硫化钠，加热使溶，

搅匀，加入沸石（应使用搅拌），加入 500g 4-硝基苯胺加热回流 15min，猛烈反应过后再加入 500g 4-硝基苯胺回流 15min；再加入 380g（总共 1.38kg，10mol）4-硝基苯胺，加完后加热回流 2.5h[❶]，稍冷、趁热倾出，上层 1,4-苯二胺粗品稍冷即固化，取出以冷水冲洗，得暗褐色熔块 1.5~1.6kg（夹杂较多水液）。

盐酸盐：以上粗品溶于 3L 水及 1.2L 试剂盐酸（应调节使用工业盐酸）加热溶解，加入 20g 亚硫酸氢钠搅匀，再加入 100g 脱色炭脱色过滤，趁热加入 1.2L 盐酸搅匀，冷后滤出，得二盐酸盐结晶湿品 1.2kg；母液用水浴加热，水泵减压蒸发至 2/5 体积，冷后滤出得棕红色结晶 0.5kg。

精制：1.2kg 第一次得到的二盐酸盐粗品（湿）溶于 3L 沸水中脱色过滤，趁热加入 1L 乙醇[❷]及 300mL 试剂盐酸，搅匀后冷至 10℃滤出结晶，用乙醇冲洗，70℃烘干，得白色结晶 760g，无异构体产生。母液蒸发至 1.5L 可回收到二盐酸盐粗品 270g。

同样方法，从 o-硝基苯胺制取 o-苯二胺（mp 102~105℃，bp 256~258℃）的产率 80%，虽然还原反应不及 p-硝基苯胺的还原猛烈，但同样的还原时间已经足够。

3-氨基苯甲酸　M 137.14，mp 178℃；白色结晶，难溶于水。

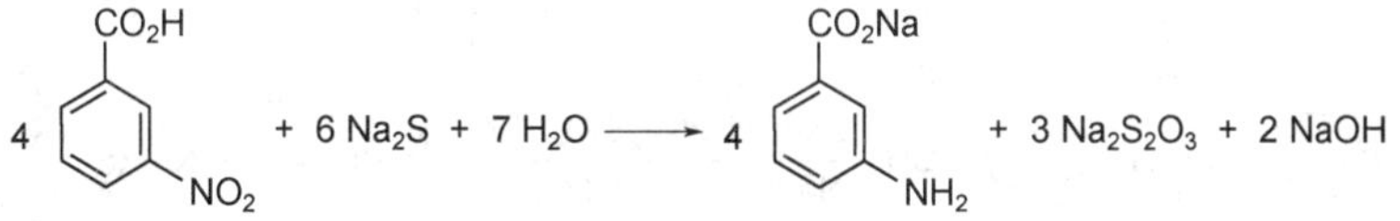

$$4\ \text{(3-硝基苯甲酸)} + 6\,Na_2S + 7\,H_2O \longrightarrow 4\ \text{(3-氨基苯甲酸钠)} + 3\,Na_2S_2O_3 + 2\,NaOH$$

300L 反应罐中加入 120L 水及 78g（62%，620mol）工业硫化钠小块，加热使溶，开动搅拌，控制不大的回流（约 100℃）于 6h 左右慢慢加入 60kg（320mol）3-硝基苯甲酸，加完后再保温搅拌（100~110℃）3h，将反应物倾入 500L 大罐中用盐酸酸化至强酸性，并加热于 70~80℃保温使硫黄凝聚，以便滤除。

用氢氧化钠中和至 pH 10，滤除凝聚的硫黄；清亮溶液加热维持 80℃左右慢慢以盐酸酸化至 pH 3.7，放置过夜，次日离心分离，冷水冲洗，80℃烘干得 31kg（产率 70%）。

4-氨基酚　M 109.13，mp 188~190℃；白色片状或针状结晶。

4-亚硝基酚的制备（见 530 页）：

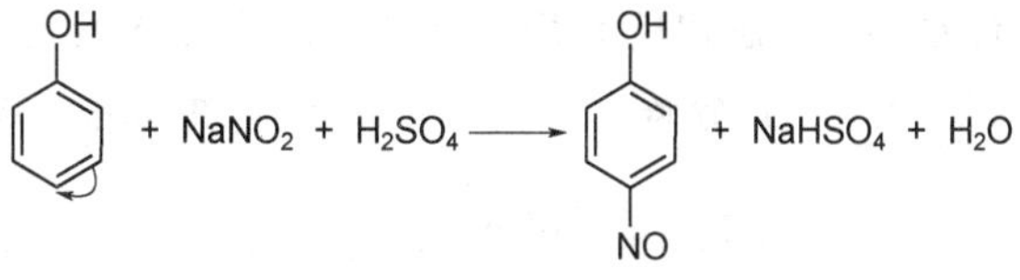

$$\text{(苯酚)} + NaNO_2 + H_2SO_4 \longrightarrow \text{(4-亚硝基苯酚)} + NaHSO_4 + H_2O$$

还原：

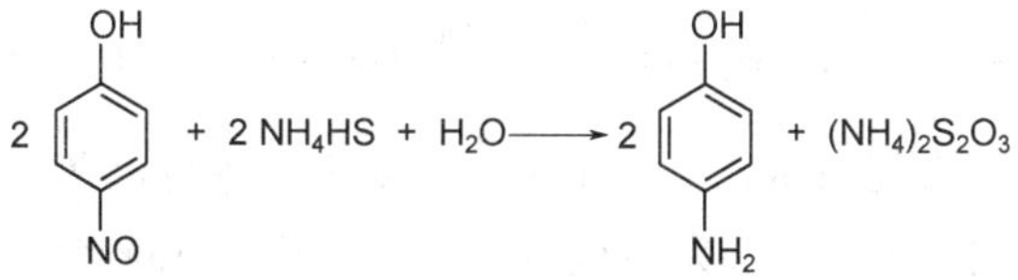

$$2\ \text{(4-亚硝基苯酚)} + 2\,NH_4HS + H_2O \longrightarrow 2\ \text{(4-氨基苯酚)} + (NH_4)_2S_2O_3$$

[❶] 加完硝基化合物应该搅拌下回流以充分反应。

[❷] 使用较少的水以减少使用乙醇。

0.5L 三口烧瓶中加入 210mL 25%（3mol）氨水，控制 50℃以下搅拌着慢慢加入 20.3g（0.165mol）4-亚硝基酚湿品（析干，制备见 530 页），加入后通入急速的硫化氢至饱和，开始时，反应物变浑、有硫析出，随时析出 4-氨基酚；饱和后，封盖好在 0℃放置几小时后滤出，冰水洗，风干得 15g（含硫黄 2%，产率折百 52.3%，按 0.5mol 苯酚计）。

精制：以上粗品溶于稀盐酸并调节至 pH 3，加热至沸，脱色过滤，以亚硫酸钠溶液调节 pH 约 8，趁热过滤，放冷后冰冷，滤出结晶，以 2% NaHSO$_3$ 溶液浸洗一次，风干得白色片状或针晶，mp 184~186℃，精制的收率 80%~90%。

偶氮化合物可被保险粉 Na$_2$S$_2$O$_4$（连二亚硫酸钠）或氯化亚锡还原为两个芳胺。

芳重氮基（Ar—N≡N$^+$）的偶合多只在高活化的芳叔胺或酚的对位发生，当对位被占据也可在邻位发生；含叔氨基的偶氮化合物可在酸条件、较低温度用氯化亚锡还原；含羟基、羧基的偶氮化合物在碱性条件、稍高温度用保险粉还原，都能得到较好的收率，如下式：

$$\text{2SnCl}_2, \text{7HCl} \quad \xrightarrow{-2\text{SnCl}_4, <40℃}$$

$$\xrightarrow[-4\text{Na}_2\text{SO}_3, -\text{H}_2\text{O}, 85℃]{5\text{NaOH}, 2\text{Na}_2\text{S}_2\text{O}_4}$$

保险粉分次加入到 80~90℃的偶氮化合物的 NaOH 或 Na$_2$SO$_3$ 溶液中，还原反应耗用碱（见 628 页），反应很快（如果使用磺酸钠，还原过程中放出大量 CO$_2$）。

$$\text{C}_6\text{H}_5-\text{N}=\text{N}-\text{...}-\text{OH} + 5\,\text{NaOH} + 2\,\text{Na}_2\text{S}_2\text{O}_4 \longrightarrow \text{H}_2\text{N}-\text{...}-\text{ONa} + \text{C}_6\text{H}_5-\text{NH}_2 + 4\,\text{Na}_2\text{SO}_3 + \text{H}_2\text{O}$$

65%

三、催化下使用联氨还原

联氨在钠、钯、镍催化下分解为 H$_2$、N$_2$ 及少量 NH$_3$，不同催化剂在不同条件下分解出 H$_2$、N$_2$ 和 NH$_3$ 的比例有差异，分解出的氢用于还原，反应物的碱性越强，分解出来的氢也越多；纯的水合肼绝大部分按下式分解；任何酸性都会导致分解出氨。

$$\text{H}_2\text{N}-\text{NH}_2 \xrightarrow{\text{Pt/Ba(OH)}_2} 2\,\text{H}_2 + \text{N}_2$$

被还原物也应该是纯净的，1mol 硝基化合物理论上需要 1.5mol 水合肼，如下式：

$$2\,\text{Ar}-\text{NO}_2 + 3\,\text{H}_2\text{N}-\text{NH}_2 \xrightarrow{\text{Raney-Ni}} 2\,\text{Ar}-\text{NH}_2 + 3\,\text{N}_2 + 4\,\text{H}_2\text{O}$$

反应在甲醇、乙醇、二噁烷或乙二醇中进行，高沸点醇得以在较高温度进行，从而降低催化剂的用量；反应液的浓度太高会发生偶联，也可能得到中间产物。由于催化剂分解联氨，放出气体只说明反应物中尚有联氨、催化剂尚有活性；反应的终点是靠检测盐定。骨架镍分次加入以保证总有活泼的催化剂。

2-氨基苯甲醚 M 123.16，mp 6.2℃，bp 224℃，d^{20}1.0923。

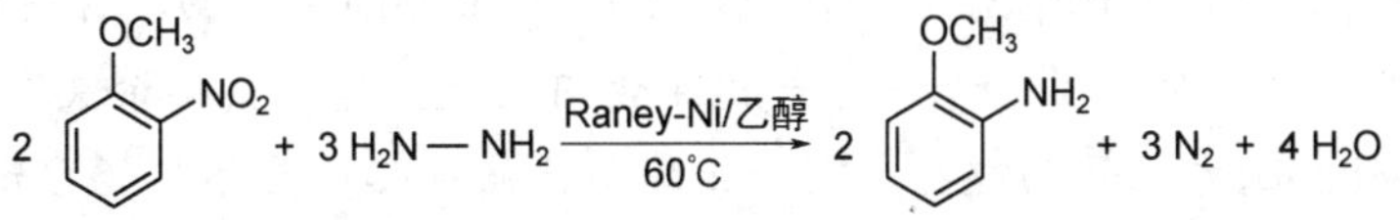

$$2 \text{(OCH}_3\text{, NO}_2\text{苯)} + 3\,H_2N-NH_2 \xrightarrow[60℃]{\text{Raney-Ni/乙醇}} 2\text{(OCH}_3\text{, NH}_2\text{苯)} + 3\,N_2 + 4\,H_2O$$

2L 三口烧瓶中加入 153g（1mol）2-硝基苯甲醚、1.6L 乙醇及 126g 80%（2mol）水合肼，搅拌着、控制 50~60℃于 2h 左右分 10 次加入 20g 骨架镍，加完后再保温搅拌半小时，再加热回流 5h（取样色谱检测终点，或稀盐酸溶解试验，否则补加水合肼及骨架镍继续反应）。分馏回收乙醇，剩余物溶于盐酸，脱色过滤，中和至碱性，分取油层，水洗，干燥后减压分馏，产率＞60%。

四、硝基的催化还原

纯粹的硝基化合物在压力釜中的骨架镍催化加氢还原，制得相应的氨基化合物，反应放热。反应温度对于氨基（—NH$_2$）分子间的脱氨有重大影响，如：2-硝基联苯的氢化还原制取2-氨基联苯，虽然向反应物中充氨，但仍有 5%~7%的脱氨产物 2,2′-二苯基-二苯胺，它不溶于稀盐酸而容易分离（二苯胺、二环己胺的盐酸盐是络合物状态，不电离）。硝基酚类的氢化速度很快，反应温度较低，脱氨微不足道，可不必补充氨。芳核上氯原子虽无太大影响，增加骨架镍用量以防压力釜中毒，来提高氢化反应速度（用量为 12g/mol 硝基）并使用溶剂。

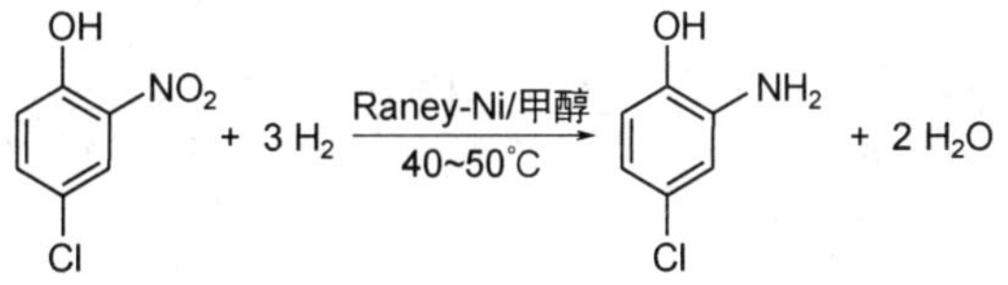

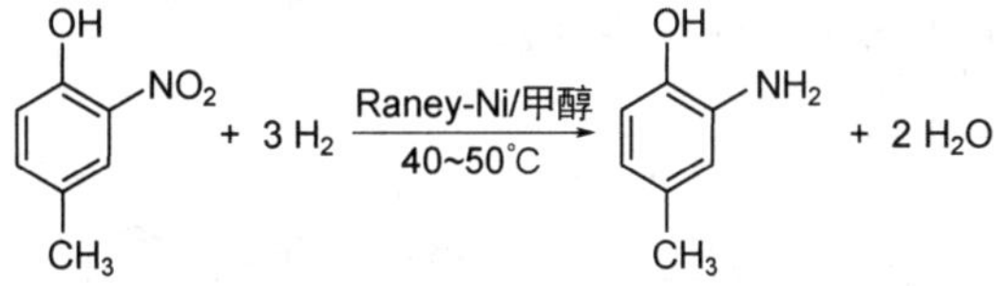

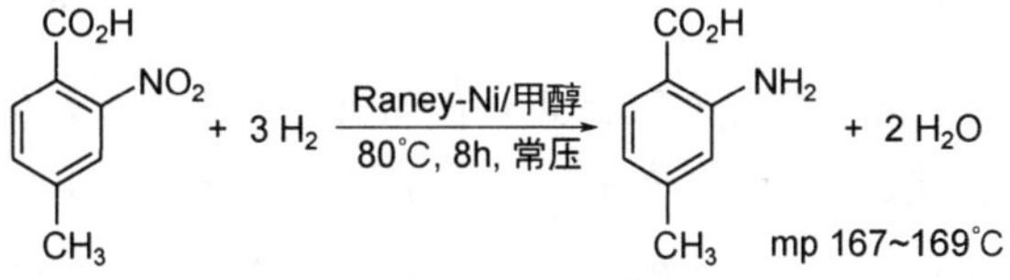

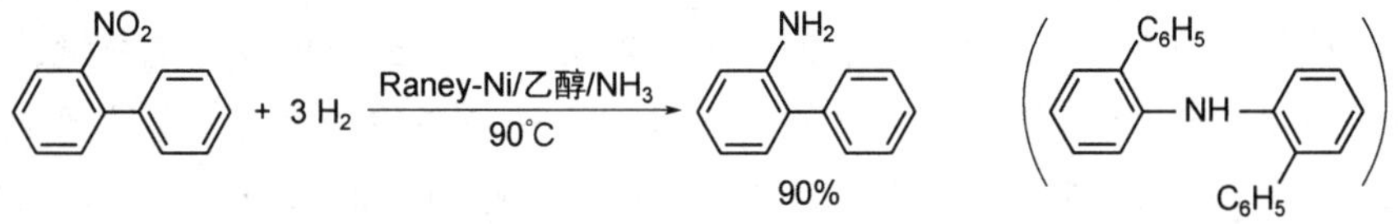

6-氨基-2,4-二氯-3-乙基苯酚盐酸盐 M 242.53；白色结晶，易溶于甲醇及丙酮。

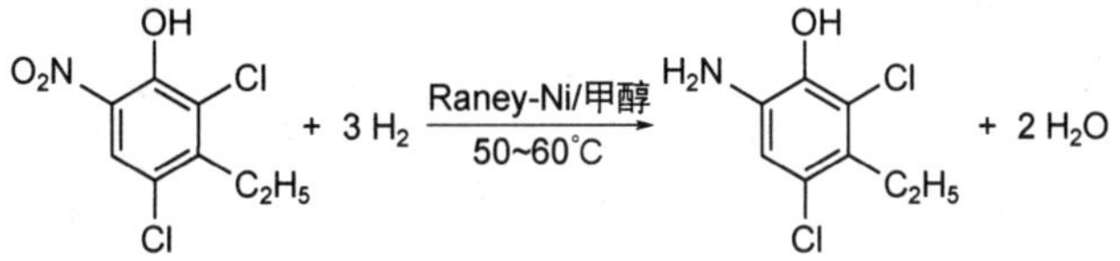

0.5m³ 压力釜中用负压吸入 35.4kg（150mol）2,4-二氯-3-乙基-6-硝基酚及 100kg 甲醇的浆状物，再吸入 2kg 用甲醇洗过的骨架镍及 10kg 甲醇的浆状物，再用 10kg 甲醇清洗容器及管路并吸入，封闭压力釜；用氮气排除釜内空气，再用氢排除氮气（三次），然后向釜内充氢 2MPa 压力；开动搅拌（有一压降）开始加热，至 50~60℃开始反应；压力下降至 10kgf/cm²（1MPa）以下再充氢至 20kgf/cm²（2MPa），适当冷却，控制 50~60℃ 如此反复至不再耗氢为止（或调节进气阀门维持釜压 1.5~2MPa 进行反应，实际耗氢量可依 21 页的经验公式计算），约 4h 完成反应，再保温 3h。出釜、滤清，冷却着慢慢加入 46kg 纯盐酸中和并盐析，冰冷后离心分离，用丙酮冲洗，风干后得淡黄色结晶 24~26kg（产率 65%~71%），HPLC 纯度 99%。

五、芳核的氨基化

在浓硫酸中，催化下用羟胺向芳核引入氨基。

常使用的催化剂是五氧化二钒、钒酸铵，其它铜、钛、锆盐也有使用。该反应需要其它拉电子基协助。在没有其它拉电子基的芳核上首先磺化，它需要大量硫酸或发烟硫酸，反应温度 100~140℃，如从苯制得间氨基苯磺酸；当分子内已有其它第二类取代基，氨基取代进入其它拉电子基的间位，如：从 4-硝基甲苯制得的产物是 2-氨基-4-硝基甲苯。该反应可能是经过磺化、羟胺化通过中间络合物进行的在芳核上加成-消去的（S$_N$Ar）亲核取代磺基。如：

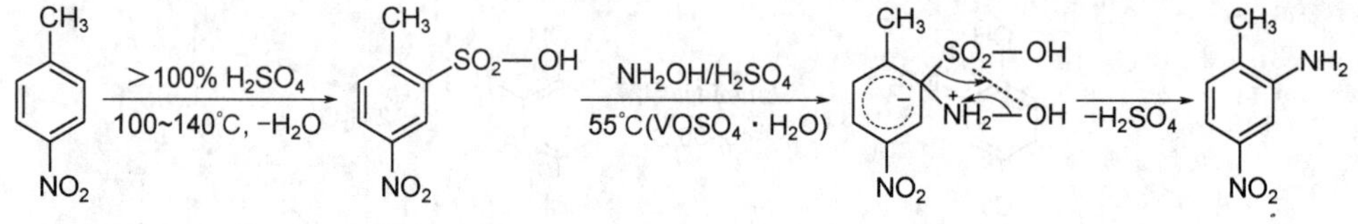

3-氨基苯磺酸　M 173.19（不作制备方法）。

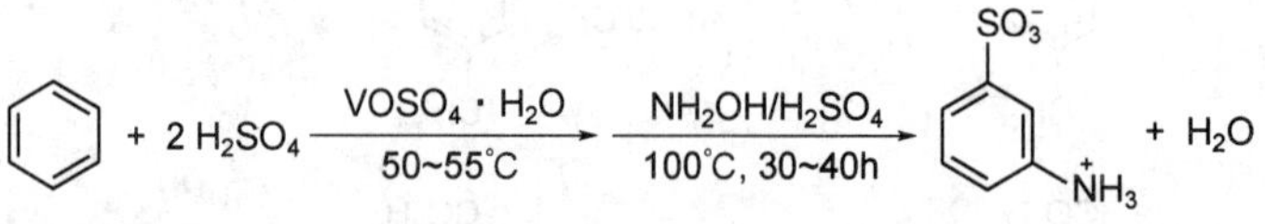

250mL 三口烧瓶中加入 78g（0.78mol）浓硫酸、0.07g 五氧化二钒，搅拌下加热至 100℃使进入反应；冷至室温，加入 7.8g（0.1mol）苯，于 50~55℃搅拌半小时，苯被磺化进入硫酸。加入 8.5g（0.51mol）硫酸羟胺，于沸水浴上加热 30~40h 至对斐林试液不析出铜。冷后将反应物倾入 0.6L 水中，趁热以石灰乳中和至弱碱性，充分搅拌，趁热滤除硫酸钙，并以 0.5L 沸水搅开，加热煮洗，过滤，洗液与滤液合并，蒸发至剩 400mL；以 Na$_2$CO$_3$ 调节 pH 8~8.5，使产品转为钠盐，冷后滤除析出的碳酸钙，水洗三次，洗液与滤液合并，蒸发至剩 50mL；脱色过滤，冲洗脱色炭，合并的溶液蒸发至 40mL，以浓盐酸酸化至强酸性，放置过夜，次日滤出结晶，烘干得 14g，纯度 82%~86%（产率折百 66%~70%），外观灰粉色。

第三节　脂肪胺——氨基的 N-烃基化

氨基的 N-烃基化是氨基的亲核取代反应，常用如下方法制取：①脂肪族卤代物和氨基反应；②胺对芳基卤代物的亲核取代 S_NAr；③其它烃基化试剂——无机酸酯；④N-羟乙基化；⑤酰胺的 N-烃基化；⑥醛（酮）与氨（胺）的加成——亚胺及还原；⑦氰基的加氢；⑧氨（胺）在 C=C 双键加成；⑨氰及酰胺。

一、脂肪族卤代物和氨基反应

脂肪族卤代物和氨、胺反应制取伯胺、仲胺、叔胺乃至季铵，要严格控制反应条件以减少进一步的烷基化。胺的碱性强弱有以下顺序：$NH_3 < R_3N$、$R—NH_2 < R_2NH$；以过量的胺制取仲胺以及以过量的卤代烷制取季铵盐都是方便的。

卤原子对于反应速度的影响：$I > Br > Cl$；烃基的影响：卤原子的离去速度依形成碳正离子的稳定性而提高；空间阻碍不利于氨（胺）从背面进攻，却更利于 β-消去。反应中、消去反应以及碳正离子的重排是最常见、最重要的副反应，由之而来的副产物且不易分离；此项副反应多发生在产物的过度反应，强"碱"的铵在较高温度、极性介质条件下会有更多消除引发的副产物——如同季铵盐的分解。

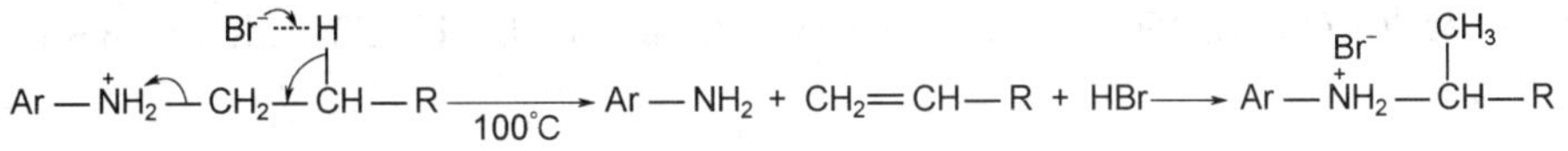

$$Ar—NH_2—CH_2—CH—R \xrightarrow{100℃} Ar—NH_2 + CH_2=CH—R + HBr \longrightarrow Ar—\overset{+}{N}H_2—CH—R$$

如：溴辛烷与 3mol 苯胺一起加热只要半小时就完成了反应；摩尔比 1∶1 的苯胺和溴辛烷在甲苯溶液中（极性小）要 10h 以上才能完成反应，由于辛基的碳链较长，螺旋排列造成的位阻使生成仲胺，由于加热、有相当部分生成了异辛基苯胺。

反应是多元的平衡体系，质子传递给更强的碱得以生成更稳定的盐以从反应物中析出结晶被分离出来，碱化后得到纯的仲胺；或使用弱碱作为缚酸剂以避免以上式中烷铵盐的分解重排。

室温或以下缓和的反应条件制取仲胺，生成的铵盐随时析出被分离。

N-乙基-m-甲苯胺　M 135.21，bp 221~222℃，d^{20} 0.9444，n_D^{20} 1.5451。

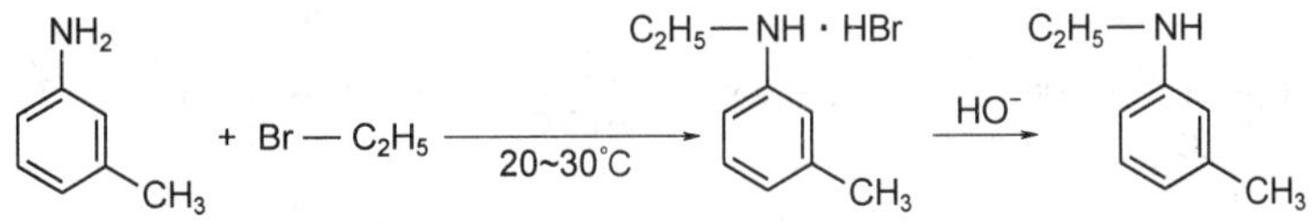

$$\text{（NH}_2\text{基间甲苯胺）} + Br—C_2H_5 \xrightarrow{20~30℃} \text{（}C_2H_5—NH·HBr\text{基间甲苯胺）} \xrightarrow{HO^-} \text{（}C_2H_5—NH\text{基间甲苯胺）}$$

2L 三口烧瓶中加入 500g（4.67mol）间甲苯胺，冷却控制 10~15℃搅拌着慢慢加入 523g（4.8mol）溴乙烷[1]，加完后再搅拌 1h（放置），用水冷却控制反应物温度 20~25℃ 保温 5h（反应放热，经常搅动），再 30℃保温 5h；倾入 2L 烧杯中封盖好，于 35℃保温

---

[1] 投入溴乙烷并非过量，最后尚有 20%~25%间甲苯胺未及反应（本试验始终是在 2L 烧杯中做的，为减少溴乙烷挥发损失，应该使用烧瓶及溶剂）。

5h，在经常搅动下放置过夜以防形成大块晶簇；次日滤出[1]，用甲醇冲洗两次，得 560g 氢溴酸盐结晶；用 NaOH 溶液碱化，得 N-乙基-m-甲苯胺 350g（产率 55%），GC 纯度 > 99%，n_D^{20} 5455。

苯胺与溴丙烷在 50~60℃反应会造成混乱，分离出较低产率的 N-丙基苯胺；使用 o-氨基苯甲酸以其钾盐的形式与溴丙烷反应兼作缚酸剂，产物以 2-N-丙氨基苯甲酸被离析出来，没有稳定的铵正离子，不发生 β-消去，因位阻影响也无进一步的烷基化。

N-丙基苯胺　M 135.21，d^{18} 0.949。

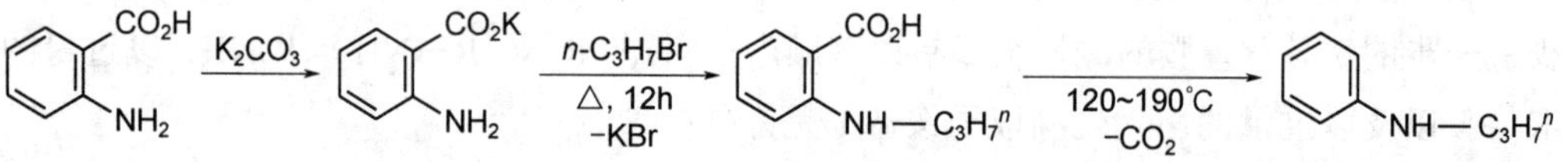

2L 三口烧瓶中加入 1L 水及 176g（1.25mol）无水碳酸钾，搅拌下加入 340g（2.5mol）o-氨基苯甲酸，全溶后用 K_2CO_3 调节反应液 pH 9，再加入 240g（2mol）溴丙烷，搅拌下加热回流 12h，溴丙烷消失进入反应，生成难溶的 N-丙基-o-氨基苯甲酸[2]；稍冷倾入烧杯中，冷后取出上面冷结了的 N-丙基-o-氨基苯甲酸，水洗，风干后装入 1L 蒸馏瓶中作蒸馏装置，至 120℃开始脱羧放出 CO_2，慢慢升温至 190℃左右放出 CO_2 就很少了，保温半小时。冷后以 10% NaOH 洗一次，再水洗，分馏，收集 218~224℃馏分，得 180g（产率 66%）。

相同方法，以等摩尔 4-氨基苯甲酸和溴丁烷制取 4-丁氨基苯甲酸的产率 89%，纯度 >98%（见 282 页）。

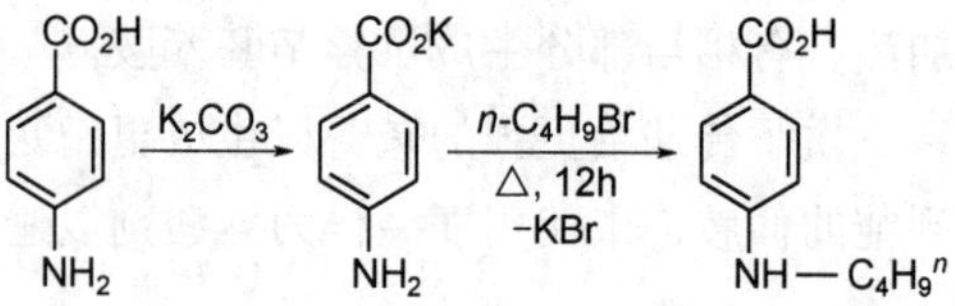

三苯基氯甲烷很活泼，在极性溶剂乙腈中和咪唑反应，添加三乙胺作缚酸剂。

N-(α,α-二苯基-2-氯苄基)咪唑　M 244.85，mp 142~143.5℃；用作抗真菌药物。

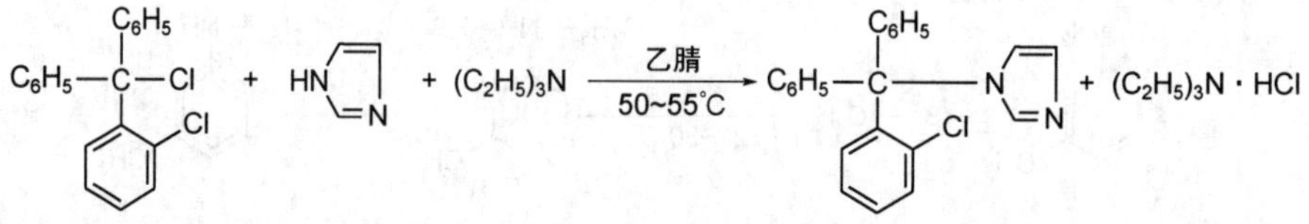

10L 三口烧瓶安装机械搅拌、温度计、分液漏斗及热水浴。

---

❶ 未结晶部分用碱处理得到油状物 250g，其中：间甲苯胺 60%，N-乙基-间甲苯胺 40%，不必中和处理，可直接与 120g 间甲苯胺用于下次合成。

❷ 未反应的 o-氨基苯甲酸的酸性较强，以钾盐的形式留在水溶液中；N-丙基-o-氨基苯甲酸在水中有一定溶解，并未完全析出。

烧瓶中加入 1.57kg（5mol）2-氯-三苯基氯甲烷及 5L 用五氧化二磷干燥并蒸过的乙腈，搅拌下加入 345g（5mol）咪唑，加热至 55℃，维持 50~55℃于 1h 左右从分液漏斗慢入 505g（5mol）用氢氧化钠干燥过的三乙胺。加完后保温搅拌 3h，升温至 70~75℃，趁热用大的（200mm）多孔漏斗滤除析出的三乙胺盐酸盐，再用热乙腈冲洗，洗液与滤液合并、混匀、放置过夜。次日滤出结晶，用乙腈冲洗，再水冲洗两次，于 80℃烘干，得 1.35~1.4kg（产率 80%~82%），mp 139~141℃。

下面实例是另一种缚酸形式，氟化钾作为碱，从 N-烷基化产生的 HX 交换产生 HF，HX + KF→KX + HF，氟化氢与添加物氟化钾生成很稳定的氢键络合物 KHF_2，把酸固定下来。本方法不作为制备使用，而以无机酸酯直接烷基化的方法更方便、经济。

N,N-二甲基-p-甲苯胺　M 135.21，bp 210~211℃，d^{20} 0.9366，n_D^{20} 1.5366。

$$CH_3 \text{—} \bigcirc \text{—} NH_2 + 2\,CH_3I + 4\,KF \xrightarrow[170℃]{\text{乙二醇}} CH_3 \text{—} \bigcirc \text{—} N(CH_3)_2 + 2\,KI + 2\,KHF_2$$

10L 三口烧瓶安装机械搅拌、温度计、通入冰水的回流冷凝器、分液漏斗及电热套加热。

烧瓶中加入 1.61kg（15mol）对甲苯胺、2.9kg（约50mol）无水氟化钾粉末及 5kg 乙二醇，开动搅拌并加热维持 170~180℃，得到均匀的反应物悬浮液，于 2h 左右从分液漏斗慢慢滴入 4.26kg（30mol）碘甲烷；在反应过程中，烧瓶壁上的结晶 KHF_2 越来越多，加完后再搅拌 1h，冷至 100℃停止搅拌；将反应物倾入 10kg 碎冰中，充分搅拌，分取油层，水洗，以无水碳酸钾干燥后分馏，收集 209~212℃馏分❶，得 1.47kg（产率 72%），d^{20} 0.9385。

受拉电子基（如：羧基、酯基、氰基、醚）影响的 α-卤原子，对于双分子亲核取代有利，容易形成过渡态，生成新键和离去基的离去协同进行。

$$B: + X\text{—}CH_2\text{—}CO_2H \longrightarrow B: \underset{X}{\overset{\curvearrowright}{\cdots}} CH_2\text{—}CO_2(H) \longrightarrow B\text{—}CH_2\text{—}CO_2(H) + X^-$$

氯乙酸在水溶液中和氨反应，因为氨在水中涉及以下平衡：$NH_3 + H_2O \underset{\text{水}}{\rightleftharpoons} NH_4^+ + HO^-$，$HO^-$ 是相当强的亲核试剂，它与氨相竞争；氨的浓度越小（水的比率大）使平衡向右，其结果是 HO^- 使 α-卤代酸（铵）的水解占绝对优势（见羟基乙酸）为此，α-卤代酸的氨取代不是用氨水，而是用碳酸铵（氨基甲酸铵），其水溶液在 50℃有以下平衡：

$$NH_3 + NH_4HCO_3 \rightleftharpoons (NH_4)_2CO_3 \underset{50℃,\,-H_2O}{\rightleftharpoons} NH_2\text{—}\overset{\displaystyle O}{\underset{}{C}}\text{—}ONH_4 \underset{NH_3}{\rightleftharpoons} NH=C\overset{\displaystyle OH(NH_3)}{\underset{\displaystyle ONH_4}{<}}$$

NH_4^+ 抑制了 HO^- 的浓度，减少了 α-C—X 的水解；同时碳酸铵又是大过量（过量三倍），

---

❶ 分馏有较多高沸物，可能是季铵，不宜以比重稍高而增加碘甲烷用量。

用此方法制得一系列的 α-氨基酸。

甘氨酸（氨基乙酸）　M 75.07，mp 233℃，d 1.1607；白色针晶，微甜；难溶于乙醇（0.06%）；在 100mL 水中的溶解度为：25g/25℃，39.1g/50℃，54.4g/75℃，62.2g/100℃。

$$NH_2-\underset{\underset{O^-}{\parallel}}{C}-O^-\ NH_4^+ \rightleftharpoons \overset{NH_3}{\underset{\underset{O^-\ NH_4^+}{|}}{NH}} =C-OH(NH_3)$$

$$HN=\overset{OH(NH_3)}{\underset{O^-\ NH_4^+}{C}} + Cl-CH_2-CO_2^-\ NH_4^+ \longrightarrow H_2N-CH_2-CO_2H + NH_4Cl + NH_4HCO_3$$

100L 高体的反应罐中加入 66L 23%（d 0.913，800mol）氨水，再加入 33kg（410mol）碳酸氢铵，搅拌下加热至 50℃使溶解，保温 10min 使平衡为氨基甲酸铵，冷至室温，搅拌下慢慢加入 9.5kg（100mol）[1]氯乙酸溶于 10L 水的溶液，由于中和放热使反应物温度上升了 10℃；慢慢加热，维持 50~55℃保温 5h，放置过夜。

次日蒸发至 16L 左右，放冷至 40℃，搅拌下加入 7L 甲醇放置过夜，次日滤出析出的产品和氯化铵，得 11.5kg；用 3L 水浸洗，充分搅动，滤出得 8kg；再用 3L 水分成两次浸洗，干燥得 4.2kg（产率 56%），味微甜（已无 NH$_4$Cl 的辣味）。

精制：4.2kg 以上粗品溶于 7L 沸水中脱色过滤，冷后滤出结晶，干后得 2.5kg；母液减压蒸发至 1/2 体积，脱色过滤，冷后加入 2L 甲醇，次日滤出结晶，干后得第二份结晶 1.4kg（母液用于下次处理）；共得成品 3.9kg[2]（产率 52%），纯度 99%。

甘氨酸叔丁酯盐酸盐　M 167.64，mp 141~143℃。

$$2\ NH_3 + Cl-CH_2CO_2C(CH_3)_3 \xrightarrow[<0℃,\ -NH_4Cl]{叔丁醇} H_2N-CH_2-CO_2C(CH_3)_3 \xrightarrow{HCl} HCl\cdot H_2N-CH_2CO_2C(CH_3)_3$$

a. 甘氨酸叔丁酯

1L 三口烧瓶中加入 0.6kg 无水叔丁醇，冰水冷却控制 10℃以下[3]通入氨气至饱和（以 4~5mL/s）后继续通氨，搅拌下于 2h 左右慢慢滴入 230g（1.5mol）氯乙酸叔丁酯，加完继续通氨并冷却 1h[4]，滤除析出的氯化铵，并以无水叔丁醇浸洗，洗液与滤液合并，水浴加热用不大的负压回收叔丁醇，最后收尽。冷后向剩余物中加入 120mL 甲苯，冰冷着通氨至饱和，滤除最后的氯化铵；以少许无水甲苯冲洗，合并的溶液在水浴加热、用水泵减压分馏回收甲苯，剩余物减压分馏，收集 55~80℃/53mmHg 馏分，得 85~100g（产率 42%~50%）。

---

[1] 如此大量碳酸铵不便回收，宜考虑使用 150mol 氯乙酸合成。

[2] 湿品在夏季放置会发霉，应及时干燥。

[3] 为防止酯基氨解、水解及酯交换，必须使用无水叔丁酯。

[4] 按 4~5mL/s 的速度通氨，在反应过程的 3h 只通入约 1.9~2.4mol 氨，尚不足计算量（3mol），除非饱和氨溶液已存有大量的氨。或当在氨饱和后再通氨保温 1h。

b. 盐酸盐

1L 三口烧瓶中加入 600mL 无水甲苯及 131g（1mol）甘氨酸叔丁酯，控制 30℃以下慢慢通入 33g（0.9mol）干燥的 HCl❶，大量针状结晶析出，再保温搅拌半小时，滤出、以甲苯冲洗，干后得 142g（产率 95%，按 HCl 计算）。

对于强碱，如：联氨、乙二胺亲核性很强，在水条件与氯乙酸钠反应，用 NaOH 作缚酸剂：加热至放热反应开始，在几分钟内完成反应，用反应物水溶液本身吸收大量放热，使只升温至 95~98℃，氨基取代占绝对优势，保温后酸化，得到高收率的乙二胺四乙酸。

$$H_2N—CH_2CH_2—NH_2 + 4\ Cl—CH_2CO_2Na + 4\ NaOH \xrightarrow[95℃]{} \xrightarrow{H^+} (HO_2CH_2C)_2N—CH_2CH_2—N(CH_2CO_2H)_2 + 8\ NaCl + H_2O$$
乙二胺四乙酸

$$3\ H_2N—NH_2 + Cl—CH_2CO_2H \xrightarrow[20~25℃]{NH_2NH_2/水} NH_2NH—CH_2CO_2H·NH_2NH_2 + NH_2NH_2·HCl$$

$$\xrightarrow[-NaCl]{2NaOH} NH_2NH—CH_2CO_2Na \xrightarrow[-NaCl, -H_2O]{HCl/乙醇} HCl·NH_2NH—CH_2CO_2—C_2H_5 \text{（见 280 页）}$$
48%, mp 152~154℃

二、醇及无机酸酯作 N-烃基化试剂

1. 硫酸酯、磷酸酯作为 N-烃基化试剂

强无机酸酯才容易发生烃氧异裂，常使用硫酸酯、磺酸酯、磷酸酯、亚磷酸酯作为烷基化试剂：（如：$R—O—SO_2^-$），用于 O、N、S、C 原子的烷基化：①羧酸的酯化及醚；②S-烃基硫脲及硫氰酸酯的合成；③与格氏试剂的 C-烷基化；④氨基的 N-烷基化。

使用无机酸酯的烷基化还可以将反应物加热至较高温度而无须使用压力。

强无机酸酯作为烃基化试剂的反应按双分子历程进行：

$$(R)Ar—NH_2 + R'—O—SO_2^- \longrightarrow (R)Ar—\overset{..}{N}H_2\cdots R'—O—SO_2— \longrightarrow (R)Ar—\overset{+}{N}H_2—R' + \ ^-O—SO_2—$$

作为亲核试剂的伯胺与硫酸二甲酯反应，依其用量和反应温度依次生成仲胺、叔胺乃至季铵，由于硫酸二甲酯、二乙酯容易水解，只更强的亲核试剂才在水条件下进入；另外，制取叔胺要使用过量 15%~20% 的硫酸酯向反应物中滞后加入氢氧化钠溶液或 Na_2CO_3 以中和释出的酸，下例中硫酸二甲酯用量为计算量的 150%。

4-甲苯磺酸酯作为 N-烷基化试剂，当伯胺与 4-甲苯磺酸酯以摩尔比 1:1 的混合物加热至 120℃得到仲胺与对甲苯磺酸稳定的盐，当摩尔比为 1:2 的混合物加热至 140℃并加入相当量

---

❶ 必须控制 HCl 为欠量以免叔丁酯在 HCl 作用下发生烃氧分裂（生成羧酸和氯代叔丁烷）；将 HCl 的醚溶液滴入至低温的酯醚溶液更方便计量。

的 Na_2CO_3 以中和生成的对甲苯磺酸，就生成叔胺。

N,N-二乙基-m-甲苯胺 *M* 163.26。

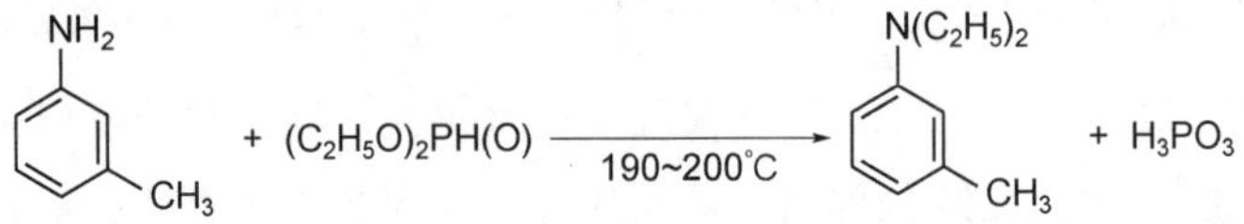

5L 三口烧瓶配置机械搅拌、插底的温度计、弯管接蒸馏冷凝器及电热套加热。烧瓶中加入 1.07kg（10mol）间甲苯胺，搅拌下缓缓加热℃，同时分次加入 2.6kg（80%，15mol）亚磷酸二乙酯（bp 200℃，*d* 1.072），继续加热至 190℃，蒸除低沸物至液温 200℃。将仪器改作回流，加热回流（200~210℃）8h，冷至 60℃以氨水中和至 pH 9，充分搅拌，分取油层，水洗，减压蒸除低沸物（*N*-乙基-*m*-甲苯胺，bp 221℃，d^{20} 0.924，*d* 0.957，n_D^{20} 1.5450），得粗品 1.4kg，纯度 95%（产率折百 81%）。

2. 酸催化的醇、酚作为 *N*-烃基化试剂

醇、酚作用的 *N*-烃基化，有 *N*-甲基苯胺、二苯胺、4-羟基二苯胺的生产，是在酸催化剂（0.1~0.2mol H_2SO_4、H_3PO_4、对甲苯磺酸）或 1%碘存在下在加热的压力下进行的，反应温度 180~215℃/3~3.5MPa。醇、酚与强无机酸（含氧酸）首先生成酸式酯，然后是胺的亲核取代。

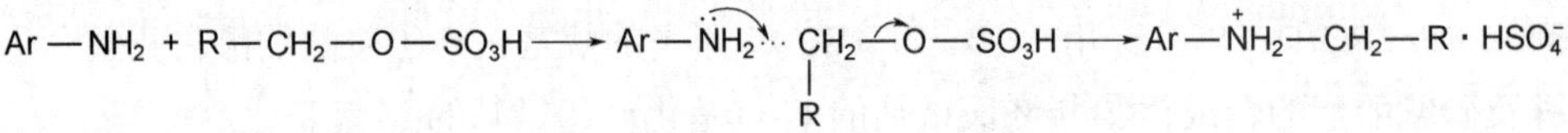

醇类只在使用甲醇的 *N*-烃基化时才使用硫酸；其它醇在反应的高温下会产生烯烃，烯烃在硫酸作用下发生聚合、异构化及其它副反应，有明显数量的醚产生。使用甲醇制取叔胺时，伯胺和甲醇的摩尔比为 1∶3，产物中仍含少量伯胺和仲胺，如 *N,N*-二甲基苯胺的合成；叔胺与醇在酸及高温下可以发生烃基交换，大分子醇（烃基）交换下甲基，由于形成阻碍不再进一步交换而稳定下来；异构化的醇不进入反应。

$$C_6H_5-N(CH_3)_2 + CH_3(CH_2)_{10}CH_2-OH \xrightarrow[300^\circ C,\ 4.5MPa]{H^+/\text{十二醇}} C_6H_5-N\begin{matrix}CH_2(CH_2)_{10}CH_3 \\ CH_3\end{matrix} + CH_3-OH$$

N,N-二甲基苯胺 *M* 121.18，fp 1.96℃，mp 2.45℃，bp 194.15℃，d^{20} 0.9557，n_D^{20} 1.5582。

$$C_6H_5-NH_2 + 2\ CH_3OH \xrightarrow[205\sim210^\circ C,\ 3.2MPa]{H^+/H_2SO_4/\text{甲醇}} C_6H_5-N(CH_3)_2 + 2\ H_2O$$

压力釜中加入 100kg（1.07kmol）苯胺及 110kg（3.4kmol）甲醇，搅拌下慢慢加入 10kg（100mol）浓硫酸，混匀。于 2h 左右将反应物加热至 205℃，维持反应温度 205~210℃（压力 3.2MPa）反应 6h；冷后将反应物水洗、中和至水层为碱性，分离后减压分馏，产率 95%，其中含少量 *N*-甲基苯胺（bp 196.25℃）。

大量硫酸兼作溶剂；叔丁醇加入到 10~20℃的浓硫酸中首先生成酸式硫酸酯，而后与其中的尿素亲核取代得到 *N*-叔丁基脲（异丁烯聚合为三聚、二聚）；*N*-叔丁基脲在乙二醇中用

NaOH 水解得到叔丁胺。

叔丁胺（t-丁胺）　M 74.14，bp 44.4℃，d^{20} 0.6958，n_D^{20} 1.3784；无色液体（常为淡蓝绿色），与水及有机溶剂互溶；本品为强碱，与空气中 CO_2 成碳酸盐。

a. 叔丁脲（针晶，mp 191℃，分解）

$$(CH_3)_3C-OH + H_2N-\underset{\underset{O}{\|}}{C}-NH_2 + H_2SO_4 \xrightarrow[10\sim25℃]{H_2SO_4} \xrightarrow{水} \xrightarrow{NaOH} (CH_3)_3N-\underset{\underset{O}{\|}}{C}-NH_2 + NaHSO_4$$

200L 有冷冻夹套的开口反应罐中加入 45L（d 1.83，0.84kmol）浓硫酸，开始冷却和搅拌，控制 10~25℃于 5h 左右慢慢加入 24.5kg（0.4kmol）尿素，加完后再搅拌几分钟；再 10~25℃于 5h 左右慢慢加入 61.5kg（0.83kmol）无水叔丁醇（工业）❶，加完后再搅拌 1h，放置过夜；次日分取下面酸层反应液；慢慢加入 400kg 碎冰中充分搅拌，维持 30℃以下用 NaOH 浓溶液中和至 pH 3~4，叔丁脲渐渐析出，几小时后离心分离，水洗得湿品 36kg，干后得 22.5kg（产率 47%，按尿素计）。

b. 水解

$$(CH_3)_3C-NH-\underset{\underset{O}{\|}}{C}-NH_2 \xrightarrow[95℃]{NaOH/乙二醇} \left[(CH_3)_3C-\underset{\underset{H}{|}}{N}\cdots\underset{\underset{ONa}{|}}{\overset{\overset{H-O}{|}}{C}}-NH_2 \right] \longrightarrow (CH_3)_3C-NH_2 + NH_2-CO_2Na$$

$$H_2N-CO_2Na + NaOH \xrightarrow{10℃} NH_3 + Na_2CO_3$$

50L 反应罐中加入 18L 乙二醇及 13.5L 40%（180mol）氢氧化钠溶液，搅拌下加入 7kg（60mol）叔丁基脲，加热至 95℃停止搅拌，继续慢慢加热，叔丁胺开始馏出，用冰水冷凝器冷凝收集，至馏出很慢❷（提取新馏出物用片碱或粒状 NaOH 处理不再分层），共收集到 5.6L 含水的馏出物，在冰冷下用氢氧化钠干燥三次，至片碱或粒状氢氧化钠不再结块表示已干燥好。分馏❸，收集 43.5~45.5℃馏分，得 2.4~3.1kg（产率 54%~71%），头分再分馏可回收 350g。

另法：

$$(CH_3)_3C-\underset{\underset{H}{N}}{\overset{}{\triangle}}CH_2 + H_2 \xrightarrow{Raney\text{-}Ni/二氧六环} (CH_3)_3C-NH_2$$

4-羟基二苯胺　M 185.25，mp 73℃，bp 330℃，215~216℃/16mmHg；白色结晶。

$$HO-\langle\rangle-OH + H_2N-\langle\rangle \xrightarrow[210℃,60h]{p\text{-}NH_2-C_6H_4-SO_3H} HO-\langle\rangle-NH-\langle\rangle + H_2O$$

---

❶ 此为冬季操作。叔丁醇过量太多，从反应物中分离出 16~17kg 三聚异丁烯。应减少硫酸和叔丁醇（1∶3）用量，也相应减少中和处理的用冰量，或以 $NaHCO_3$ 中和。

❷ 冷却得好，叔丁胺能完全冷凝，过程中没有太多的氨气味，只在最后反应物温度升至 110℃氨的气味才浓重起来，是氨基甲酸钠水解之故。反应完后的乙二醇碱液放冷后滤除碳酸钠及氨基甲酸钠等固体物，计算补充 4kg（100mol）氢氧化钠，加热溶解后补充 2.5kg 乙二醇重复使用。

❸ 分馏前粗品为无色或淡黄色；加热在正常馏出前，首先放出溶解 NH_3，收集到成品的颜色也逐渐变为淡蓝色，重新分馏也不能去掉，或为氧化所致。

10L 烧瓶中加入 3.3kg（30mol）对苯二酚、3.36kg（36mol）苯胺及 30g 对氨基苯磺酸，混匀，于电热套上加热保持微沸（反应物温度 180~210℃）反应 60h（分馏脱水，计算或观察脱水数量）。冷至 90℃将反应物倾入 2 倍热水中充分搅拌，分出，再用热水洗三次以洗尽未反应的对苯二酚（否则蒸馏时前馏分有对苯二酚，mp 171℃，会堵管造成危险），干后减压蒸馏两次，粗品用苯重结晶，用苯冲洗，风干后得 3.6~3.7kg（产率 65%~68%），mp 68~70℃。

3-氨基-2-萘甲酸 M 187.20。

$$ZnCl_2 + 4\,NH_3 \xrightarrow[<25℃]{NH_4OH} Zn(NH_3)_4^{2+} \cdot 2Cl^-$$

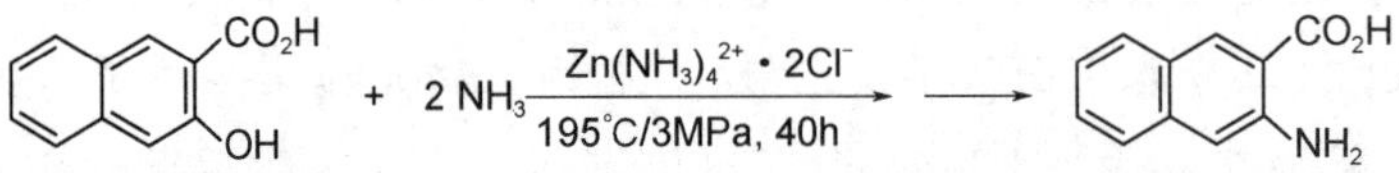

$0.5m^3$ 压力釜中加入 200L 水，冷却下从铜瓶通入 80kg（4.7kmol）氨气，制成 28% 的氨水；控制 25℃以下慢慢加入 40kg（0.3kmol）粉碎的氯化锌[1]，再加入 85kg（0.45kmol）3-羟基-2-萘甲酸，封闭加料口，搅拌下于 4h 左右将反应物加热至 195℃/3MPa 反应 40h。

冷至 90℃用蒸汽将反应物压入至 $2m^3$ 的反应釜中；向压力釜中加入 300L 水，加热至 90℃搅拌半小时，用蒸汽压出并入 $2m^3$ 反应罐中的反应物中；再向压力釜中加入 300L 水，热煮后用蒸汽压出并入反应物中，共收集到紫红色溶液约 900L。

向反应物溶液中慢慢加入 330kg 36%（3.3kmol）浓盐酸[2]加热煮沸半小时，趁热过滤，放冷，离心分离出盐酸盐结晶；母液用氯化钠盐析得第二部分结晶，烘干后粉碎，用冰乙酸煮洗，洗去未反应的 3-羟基-2-萘甲酸，煮洗两次后将盐酸盐溶于 600L 热水中，以 30% NaOH 中和及碱化使成钠盐溶解至 pH 10~11，趁热于 80℃左右脱色过滤，趁热用盐酸中和并调节 pH 4.5，趁热滤出结晶，用热水充分洗涤，甩干后烘干，产品 HPLC 纯度 99%，mp 210℃（分解）。

使用氨络离子的其它亲核的氨取代亦见 5-氨基烟酸（见 565 页）。

3. 骨架镍催化下的醇的 N-烃基化

醇与胺共热，分子在催化剂表面碰撞，在分子间脱去水完成 N-烃基化，无中间体，由于产物仲胺可与醇继续反应，最终产物可以是叔胺；N-烃基化的反应速度取决于空间位阻、催化剂的用量、反应温度及碱的强度；反应过高有脱氨发生。

低级醇兼作溶剂的反应温度在常压下不会太高，可以使用胺作溶剂或使用多量催化剂在强力搅拌下进行，以增加在催化剂表面的接触，反应时间也比较长（15~20h），可以间歇进行——联苯胺的 N-乙基化使用骨架镍用量为 125g/mol。

---

[1] 用比计算量稍多的氨水即可生成 $Zn(NH_3)_4^{2+} \cdot 2Cl^-$。

[2] 这个数量的盐酸只中和了除 $Zn(NH_3)_4^{2+} \cdot 2Cl^-$ 以外的氨以及使氨基成盐。

某些条件为了得到较高的反应温度，使用产物和骨架镍加热维持较高的反应温度，以比较慢的速度加入反应物料的混合物，同时作分馏蒸出低沸物以维持反应温度。

$$n\text{-}C_4H_9\text{—}NH_2 + CH_3CH_2CH_2\text{—}OH \xrightarrow[-H_2O]{Raney\text{-}Ni} n\text{-}C_4H_9\text{—}NH\text{—}C_3H_7$$
$$57\%$$

$$(n\text{-}C_4H_9)_2NH + n\text{-}C_4H_9\text{—}OH \xrightarrow[-H_2O]{Raney\text{-}Ni} (n\text{-}C_4H_9)_3N + H_2O$$
$$70\%,\ bp\ 216℃$$

大分子醇如正辛醇和苯胺反应，能得到较高的反应温度（160℃），催化剂用量仅为苯胺重量的 3%，12~14h 即可完成反应；而在 105℃ 反应 50h 只得到很少的产品；苯胺与辛醇摩尔比为 2∶1，产率 46%；增加苯胺用量以减少叔胺，以 3mol 苯胺与辛醇反应，产率升高至 65%，骨架镍可重复使用，操作可以间断进行。

n-辛基苯胺　M 205.33，bp 120~122℃/5mmHg；无色液体。

$$\text{C}_6\text{H}_5\text{—NH}_2 + HO\text{—}CH_2(CH_2)_6CH_3 \xrightarrow[165℃]{Raney\text{-}Ni/苯胺} \text{C}_6\text{H}_5\text{—}NH\text{—}CH_2(CH_2)_6CH_3 + H_2O$$

5L 三口烧瓶配置机械搅拌、温度计、回流冷凝器作回流分水装置，外用电热套加热。烧瓶中加入 940g（10mol）苯胺及 650g（5mol）正辛醇，再加入 30g 骨架镍，搅拌下加热维持反应温度 162~165℃ 蒸出三元恒沸物进行回流脱水，当脱水完毕，反应物温度就很快升到 175℃（12~14h 可以完成），共脱出水层 80mL；间歇操作对反应无明显影响。稍冷，小心倾出反应物，留下骨架镍重复使用。过滤后减压分馏[1]，收集 118~128℃/5mmHg 馏分，得 500g；再分馏一次，收集 120~122℃/5mmHg 馏分，得几乎无色产品 470g（产率 46%）[2]。

4. 醇金属作 N-烃基化试剂

醇铝在无水条件作用于伯胺，得到高产率的仲胺；醇铝对于产生叔胺的过程有阻碍，不产生叔胺。乙醇铝 $Al(OC_2H_5)_3$，白色坚韧固体，mp 157~160℃；N-乙基化的反应温度 270~350℃，必要时在压力下进行（三乙醇铝可以减压蒸馏）。

N-苄基化的反应要容易些，苄醇钾（$C_6H_5CH_2\text{—}OK$，半径大）在钾原子的拉动下，苄基碳原子更显电正性，容易接受 NH_2^- 的进攻。

2-苄氨基吡啶　M 184.24，mp 97℃。

---

[1] 前馏分重新用于合成；在反应过程中有不严重的脱氨现象。

[2] 以 3mol 苯胺比率，产率可达 65%。

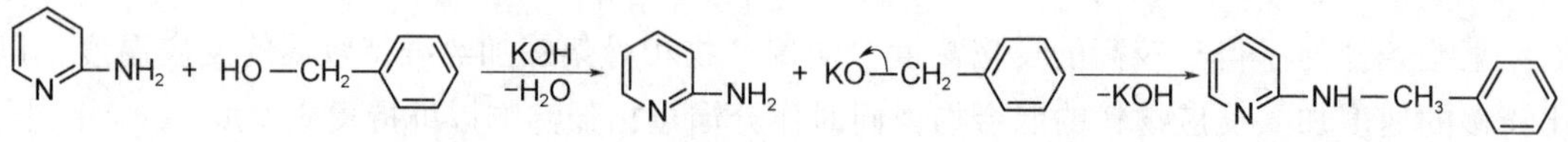

0.5L 减压蒸馏瓶的支管接流水冷却的 250mL 支管蒸馏瓶作为受器。烧瓶中加入 94g（1mol）优质 2-氨基吡啶（bp 210℃）、150g（1.4 mols）苄醇（bp 205℃）及 9g 氢氧化钾，混匀后用电热套加热，使沸腾足以维持反应产生的水夹带少量苄醇能一滴一滴地蒸出（约 5s 一滴）；半小时后反应物的沸腾温度从开始的 182℃逐渐升至 250℃，保温半小时后停止加热，馏出物约 19~20mL 水层及 2~4mL 油层。冷至 100℃左右将反应物加入至快速搅拌着的 250mL 冷水中，充分搅拌，滤出固体物，水洗，得白色结晶（干）180~183g（产率 98%~99%），mp 95~96℃。

精制：用异丙醇（3mL/g）重结晶，精制的收率 90%，mp 96~96.7℃。

同法制取：N,N'-二苄基-1,4-苯二胺，产率 92%；N-苄基苯胺，产率 90%。

三、胺对芳基卤化物的亲核取代

芳香族卤化物经过中间络合物进行的亲核取代不同于脂肪族卤化物的双分子亲核取代（亲核试剂进攻和离去基离去协同进行），而是分为两步进行的反应；亲核试剂进攻生成中间体络合物，然后离去基（如卤原子）带着成键电子对离去，这个反应的历程叫作芳香族的亲核取代，即 S_NAr。

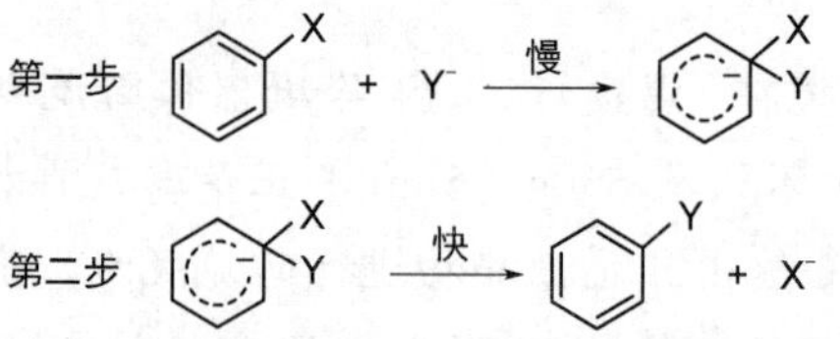

芳核的亲核取代比较困难，进攻实体和反应的成键生成中间络合物是决定反应速度的慢步骤；第二步是离去基的离开，也必须有受体，例如：氯苯转变为苯酚，氯苯和氢氧化钠要加热到 340℃，而和水的反应则要通过 550~600℃的含铜催化剂；又如：碘苯（碘是铜催化的最好的离去基）和二苯胺在硝基苯溶剂中、铜粉催化、在 190℃亲核取代得到三苯胺；菲啰啉铜螯合物在二甲苯溶剂中有更大溶解，反应快，方便脱水及后处理。

在碱作为缚酸剂的亲核取代中，碱的负离子也是亲核试剂（NaH、KOH、NaCO₃ 以及无水乙酸钠），在剧烈条件可能造成混乱，因而应该使用较弱的碱。比如：在三苯胺的合成中，使用 K_2CO_3、铜粉催化、硝基苯溶剂、190~200℃反应，转化率＞78%；使用 KOH、菲啰啉铜催化、二甲苯溶剂、165℃反应，转化率＞61%。又如：在 4,4'-二甲基三苯胺的合成中，使用 KOH、菲啰啉铜催化、二甲苯溶剂、165℃反应，转化率 60%；使用 NaH、菲啰啉铜催化、二甲苯溶剂、165℃反应，转化率 17%。

铜的络合试剂主要是胺不同，其它如菲啰啉、吡啶类、联喹啉（对碱稳定、具较高沸点）、硝基苯也能络合催化剂进入反应。硝基苯也为提高反应温度提供条件。

三苯胺 M 245.32，mp 126.5℃，bp 365℃，d 0.774；白色结晶。

$$\left(\underset{2}{\boxed{}}\right)_2\!\!-\!\!NH + \boxed{}\!\!-\!\!I + K_2CO_3 \xrightarrow[190\sim200℃]{Cu/硝基苯} 2\left(\boxed{}\right)_3\!\!-\!\!N + 2KI + H_2O + CO_2$$

mp 52℃

10L 三口烧瓶中加入 1.02kg（5mol）碘苯及 5L 硝基苯，再加入 800g（5mol）二苯胺，用煤气火烧的砂浴加热❶，搅拌下加入 690g（烘烤过的 5mol）无水碳酸钾粉末及 25g 沉淀铜粉，保持反应物微沸状态，随硝基苯蒸出及时分去生成的水❷、干燥后重新将硝基苯加回到反应物中（在扩大 12 倍的生产中是用碳酸钾处理的），约 8~10h 脱水完毕❷，共脱出水层 50mL（计算量 45mL，可能物料含湿），冷至 70℃滤除未作用的碳酸钾、产出的碘化钾及铜粉，用热的硝基苯浸洗一次，溶液合并，减压回收未作用的碘苯、硝基苯及少量二苯胺（色谱分析后重新计量用于下次合成），剩余物放冷结晶，滤出、水洗两次，用乙醇洗去二苯胺。

精制：用乙醇溶析一次以除尽二苯胺，减压蒸馏，收集 195~205℃/11mmHg 馏分，得 1.0kg（产率 78%），mp 120~124℃；又用乙酸乙酯（3mL/g）重结晶，得近于白色产品 700g（产率 57%），mp 125~127℃；从乙酸乙酯母液回收到 200g 粗品。

另法：$\left(\boxed{}\right)_2\!\!-\!\!NH + \boxed{}\!\!-\!\!I \xrightarrow{CuCl,\ 菲啰啉/二甲苯,\ KOH} \left(\boxed{}\right)_3\!\!-\!\!N + KI + H_2O$

1L 三口烧瓶中加入 85g（0.5mol）二苯胺、102g（0.6mol）碘苯及 180mL 二甲苯，加热溶解，搅拌下加入 3g（0.03mol）氯化亚铜粉末及 6g（0.03mol）菲啰啉，反应物颜色变暗，再加入 47g（82%~85%，0.7mol）片状 KOH，加热分馏脱水使反应物升温至 150℃以上，于 160℃±5℃保持不太快的速度分馏脱水，约 12~13h 脱水完毕，继续作回流脱水 2h，共收集到水层 18g❸。冷至 80℃左右加入 200mL 冷水，充分搅拌，于 60℃滤出铜络合物，用二甲苯浸洗一次（菲啰啉铜络合物重复使用过三次），洗液与滤液合并，分取二甲苯层，回收二甲苯至液温 185℃（剩余物约 125mL），冰冷、滤出结晶，风干得粗品 65g，从母液回收 15g，共得 80g（产率 65%），HPLC 纯度 95.3%。

4,4′-二甲基-三苯胺 M 273.88，mp 112~113℃。

$$2\ CH_3\!-\!\boxed{}\!\!-\!\!I + \boxed{}\!\!-\!\!NH_2 + 2KOH \xrightarrow{CuCl,\ 菲啰啉/二甲苯} (CH_3\!-\!\boxed{})_2\!\!-\!\!N\!\!-\!\!\boxed{} + 2KI + 2H_2O$$

1L 三口烧瓶中加入 47g（0.5mol）苯胺、284g（1.3mol）❹4-碘甲苯及 300mL 二甲苯，搅拌下加入 12g（0.06mol）菲啰啉及 6g（0.06mol）氯化亚铜粉末，反应物变为黑棕色并以络合物析出，加入 100g 85%（1.5mol）片状氢氧化钾，加热反应物维持 160℃±5℃缓慢进行分馏脱水，约 12~13h 脱水完毕，继续作回流脱水 2h，共收集到水层 33g，放冷到

---

❶ 反应罐中生产用导热油浴加热未达到以上用煤气火烧的砂浴试验的产率，这可能与加热方式有关，砂浴加热局部能获得更高的反应温度。

❷ 可用回流从上层分水。

❸ 为减少碘苯、二甲苯在分水器中滞留，应使用小容积的分水器。

❹ 使用 1.2mol 4-碘甲苯，最后有较多仲胺（25%）；增至 1.3mol 4-碘甲苯，仲胺降至 12.4%；未见有太多 4-碘甲苯剩余，或应使用 K_2CO_3 和提高反应温度。

80℃左右加入 200mL 冷水充分搅拌，于 60℃滤出铜络合物重复使用；分取二甲苯层❶，水洗两次，回收二甲苯至液温 185℃，放冷、滤出结晶，以少许二甲苯冲洗，干后得 79g，纯度 92%（产率折百 53%），母液未计。

精制：用乙酸乙酯重结晶❷，得 65~68g，HPLC 纯度 96%。

多数潜离去基受其它取代基的影响使它致活或致钝：离去基邻、对位的拉电子基使与潜离去基相连的碳原子有效正电荷增强，容易受亲核试剂进攻形成中间络合物；间位的拉电子基不能参与络合物过渡态负电荷的分散而需要较高的能量，拉电子基只利于邻、对位的亲核取代；以及亲核试剂及离去基的活性对反应的影响。

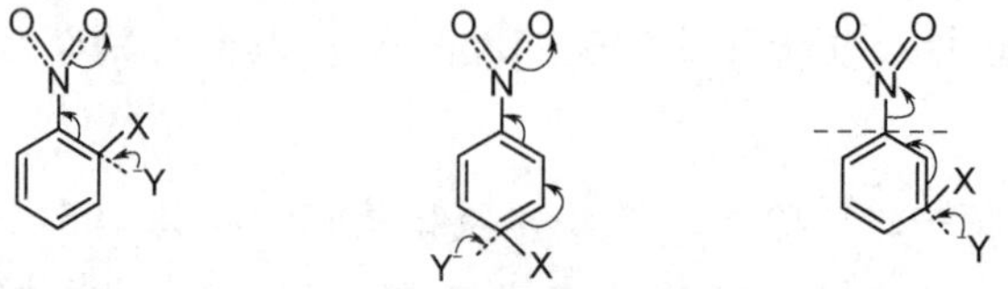

o-硝基二苯胺　M 214.23，mp 75.5℃；橘红色片晶。

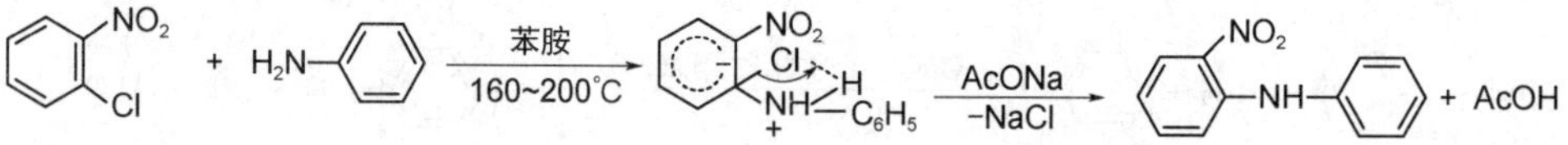

5L 三口烧瓶中加入 1.3kg（14mol）苯胺、632g（4mol）o-硝基氯苯，用电热套加热，开动搅拌，加入 410g（5mol）无水乙酸钠粉末❸，安装一支约 20cm 高的弯管接蒸馏冷凝器，加热至 160℃开始反应，约 6h 慢慢加热至 190℃，反应沸腾（应使用更多的苯胺以便于搅拌），维持 190~200℃反应 16~20h，约有 600mL 苯胺及 100mL 稀乙酸层的混合物被蒸出，冷至 100 左右将反应物倾入 1.4L 15%盐酸中，加热使剩余的苯胺及产生的氯化钠溶解，冷后滤取结晶（棕色）为粗品。

精制：风干的粗品溶于 1.5L 乙醇重结晶，干燥后得 460g（产率 53%），橘红色片晶。

N-苯基-o-氨基苯甲酸　M 213.24，mp 185~188℃。

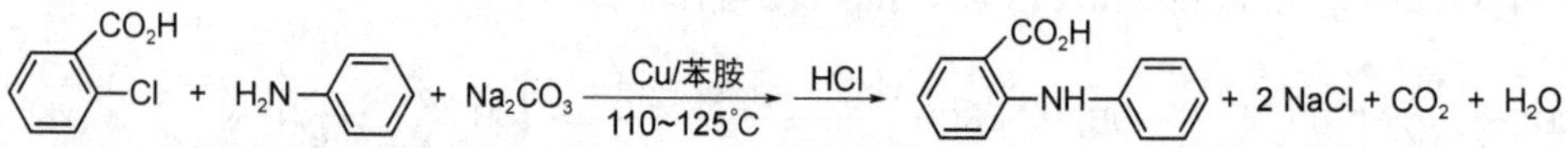

20L 容积的搪瓷罐中加入 2.35kg（15mol）o-氯苯甲酸和 2.2kg（23mol）苯胺，搅匀，o-氯苯甲酸大部分溶解、继而结固，夹套蒸汽加热又很快熔化，搅拌下加入 7g 铜粉，加热至 110℃停止加热；搅拌下于 20min 左右加入 2.1kg（20mol）工业碳酸钠，放出大量 CO_2，反应放热（勿使超过 125℃），反应物变得很稠，于 125℃左右保温 4h，反应物呈黑灰色半固体❹。冷后用 20L 水加热溶解（应水汽蒸馏蒸除过剩的苯胺后再向下处理）

---

❶ 分出的水层中和后通入氯气以回收碘。

❷ 使用 HPLC 含量 70%的粗品精制的结果为 93%，最大杂质是苯胺 0.83%，还有许多更小杂质。应先减压分馏，然后重结晶。

❸ 无水乙酸钠是用不锈钢锅炒干的，铁的存在会使反应失败。

❹ 在 100L 开口反应罐中生产时，或增加苯胺用量，或提高反应温度以便于搅拌。

脱色过滤，用盐酸中和至 pH 8~9，此时尚未析出结晶，加热维持 80~85℃搅拌下慢慢加入连二亚硫酸钠使溶液褪至黄色（约用 200g），脱色过滤，趁热用盐酸中和酸化至 pH 4.5~5，稍冷滤取灰黄色的粗品，用 0.5% NaHSO₃ 溶液浸洗两次，干燥后得 1.72kg（产率 54%），mp 175~180℃。

下面 HN(CH₃)₂ 是强的亲核试剂。除此之外，底物取代基的影响使反应容易进行。

5-氨基烟酸 *M* 138.13。

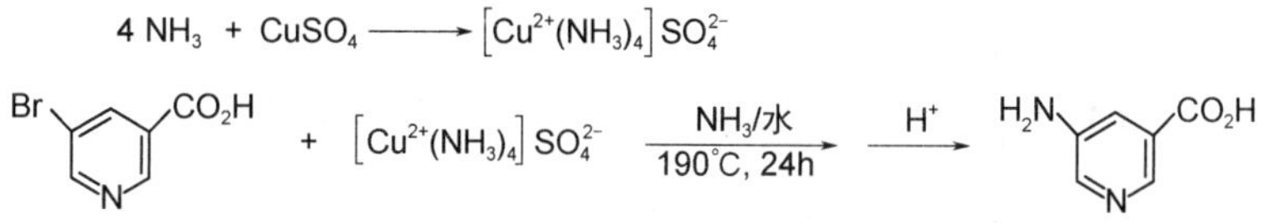

2L 压力釜中加入 203g（lmol）5-溴烟酸，再加入用 440mL 28%（6.5mol）浓氨水与 53%（0.21mol）结晶硫酸铜配制的溶液，于 190℃±2℃反应 24h，冷后移入于 2L 烧杯中，加热至 80℃左右慢慢加入 53g（0.22mol）结晶硫化钠的水溶液，加完后保温 1h，滤除析出的硫化铜；溶液再脱色过滤，以 20%盐酸中和至 pH 5，冷后滤出结晶，水洗、干燥后得 100g（产率 71%），mp 293~295℃。

N,N-二甲基-4-硝基苯胺 *M* 166.18，mp 164.5℃。

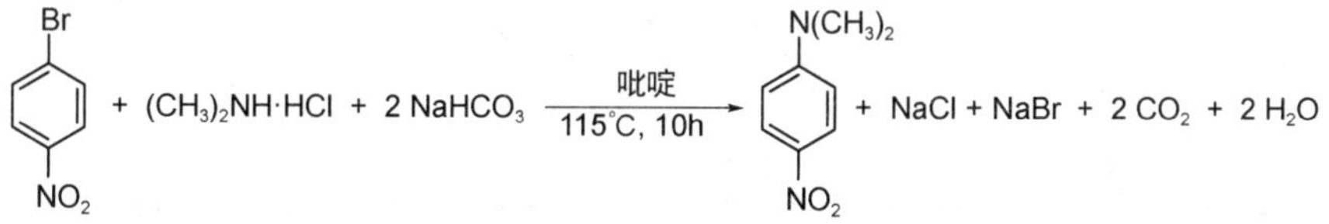

5L 三口烧瓶中加入 202g（1mol）4-硝基溴苯和 1.5L 吡啶，搅拌下加入 250g（3moL）碳酸氢钠，慢慢加入 50mL 水溶解 150g（1.85mol）盐酸二甲胺的溶液，加热回流 10h，趁热过滤，滤渣用 1L 丙酮分三次浸洗；洗液与滤液合并，加热至沸，慢慢加入热水至出现浑浊，冰冷过夜。滤出结晶，mp163.5~164.1℃。母液浓缩至 1/3 体积，冰冷过夜，用甲醇处理后的产品与前合并，共得 160~165g（产率 94%~97%），mp 163.5~164℃。

同法制得 N,N-二甲基-2-硝基苯胺。产率 85%，bp 149℃/20 mmHg，n_D^{25} 1.608。

更多个拉电子基影响芳核上的亲核取代使反应迅速进行，如 2,4,6-三硝基苯的取代物，离去基虽有较大差异，但受三个硝基的影响都很容易完成亲核取代。

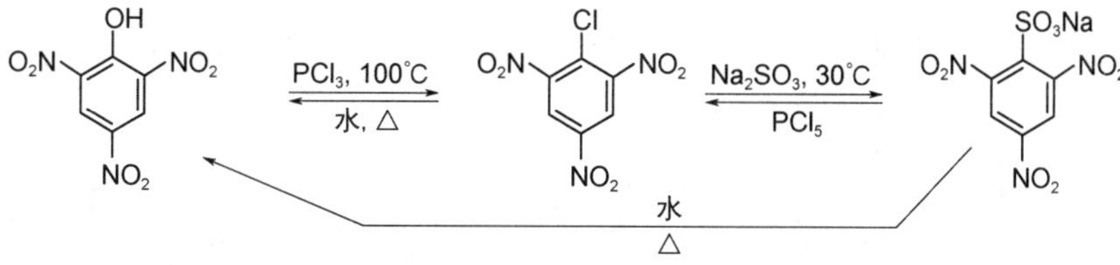

其它拉电子基，如 CH₃CO−、−CN、−CO₂H，也使邻、对位的亲核取代活化，但比硝基、

磺基的影响相差许多；离去基邻、对位的推电子基使亲核取代难以进行。如：2,6-萘二磺酸钠碱熔融的羟基取代，磺基彼此影响，第一个磺基很容易完成羟基取代；酚钠负离子的影响使第二个磺基的羟基取代很困难，除非另有拉电子基在起作用。

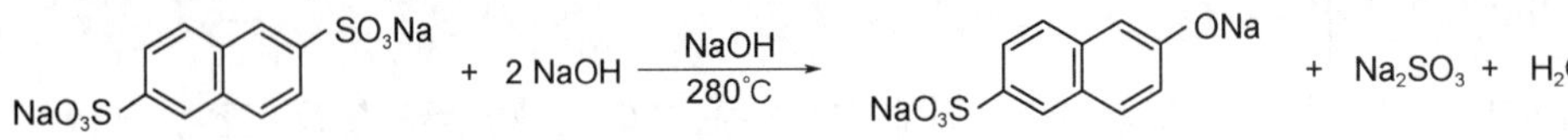

4-硝基卤代苯在50℃和甲醇钠反应，卤原子的相对活性：F (312) ≫ Cl (11) > Br (0.74) > I (0.36)，氟的离去反应速率是碘的860倍以上。

对于有两个硝基的卤代苯，如 2,4-二硝基氟苯，在下面的 S_NAr 亲核取代中，氟的离去速率比 4-硝基碘苯快 3300 倍，即由 4-硝基氟苯的 860 倍提高到 2,4-二硝基氟苯的 3300 倍。其原因有二：①两个硝基拉电子效应有叠加而加强；②氟原子的电负性与亲核试剂（环丁胺）形成氢键络合物而增强了碳正中心的电正性。又如 2,4-二硝基氟苯在冰水中酸条件下仍可缓慢水解——4-硝基氟苯用混酸硝化的反应物加入至碎冰中，初（零下温度）产物熔点约 28℃，很快，冰未来得及融化就有水解（羟基取代）发生，应立即分离在溶剂中干燥。

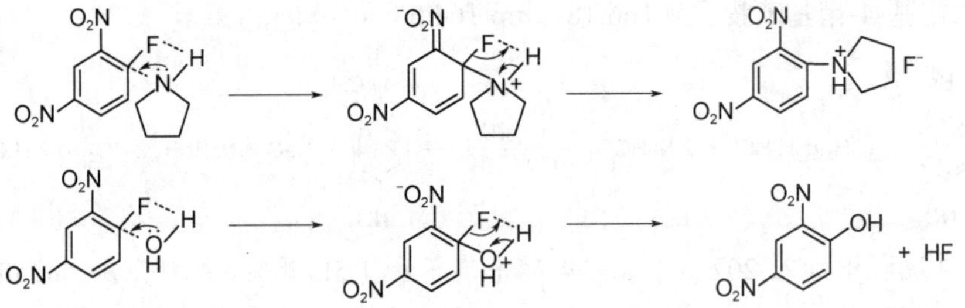

硫负离子是很强的亲核试剂，在间位拉电子影响的潜离去基也很容易完成亲核取代。

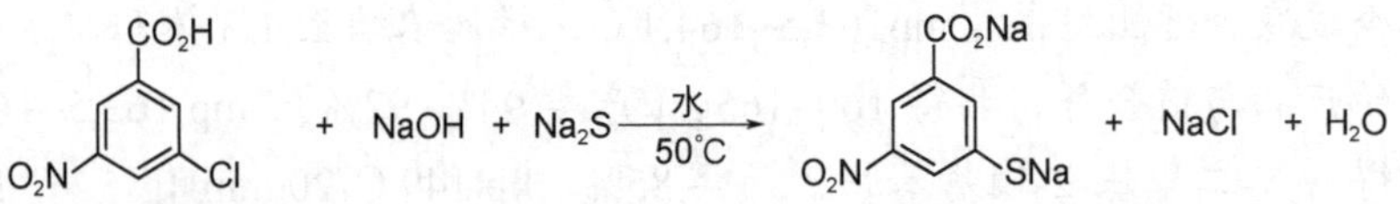

氯作为离去基虽然不是很强，在多个氯的影响下有了很好的离去性质，如：六氯苯与氢氧化钠共热制得五氯酚，受酚氧负离子的影响不再进一步的水解。

没有致活基团影响的 Ar—Br (I) 被 HO^-、CH_3O^-、NH_2^- 的取代是苯炔机理；在强碱作用下卤原子邻位最显酸性的氢与卤原子依 I>Br>Cl 消去形成苯炔，亲核基团加成依苯炔的极化方向进入。

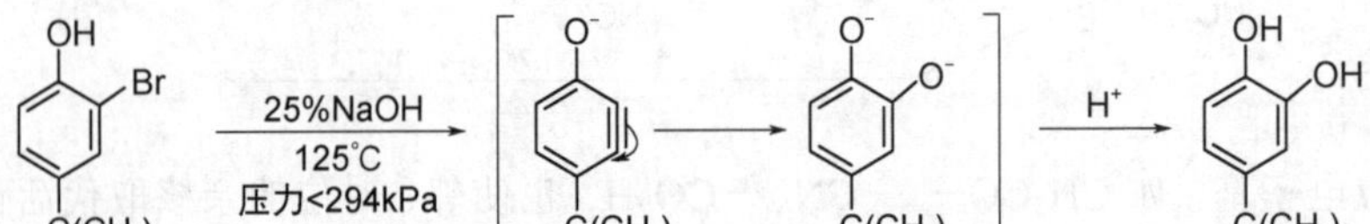

四、酰胺的 N-烃基化

苯二甲酰亚胺钾（钠）、氨基负离子 $\diagdown N^- K^+$ 可以在较低温度与卤代烃反应完成取代，水解后得到伯胺。

乙酰胺的氨基受羰基的影响较大，其亲核性质较弱，需要较高的反应温度，在反应的高温度，尤以未重结晶精制的酰胺发生异构，目的产物 N-烃基化的收率会很低——酰胺兼作溶剂、缚酸剂，生成的盐从反应物中析出。

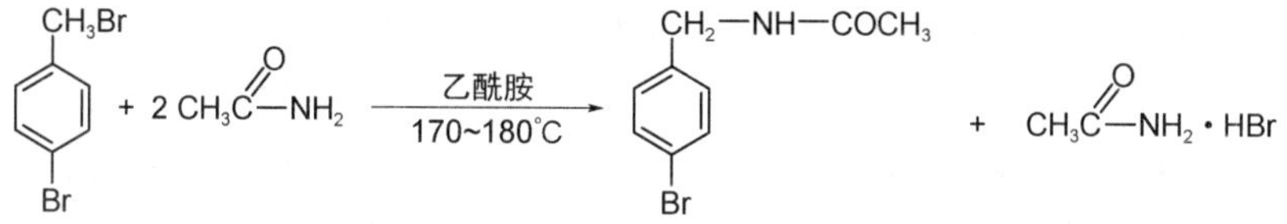

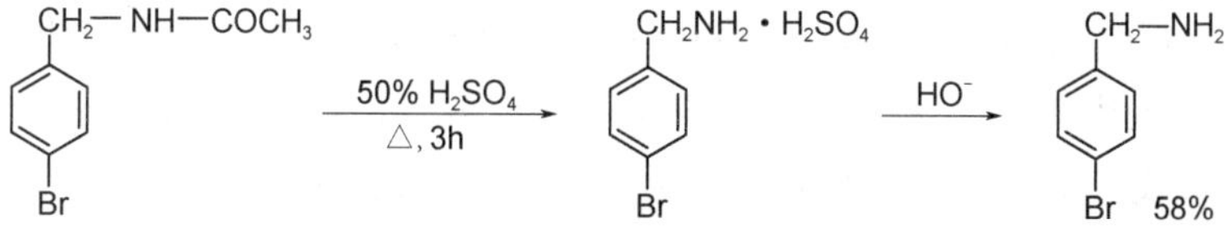

（见 347 页）

酰胺的氢原子在氮原子和羰基氧原子间依不同条件可以转换，如：尿素、硫脲在水或其它极性溶剂中异构化为 $\substack{HN=C-NH_2 \\ H-O}$、$\substack{HN=C-NH_2 \\ H-S}$；在水条件的硫代酰胺可溶于稀碳酸钠用以精制；又如：己内酰胺在苯溶液中为酰胺形式，甲基化发生在氮原子上生成 N-甲基己内酰胺；在极性溶剂硫酸二甲酯中为亚胺酸形式，甲基化发生在氧原子上，生成己内亚胺酸甲酯，它在 N-甲基己内酰胺中（极性溶剂），在 95~98℃加热又重排为 N-甲基己内酰胺，如下式：

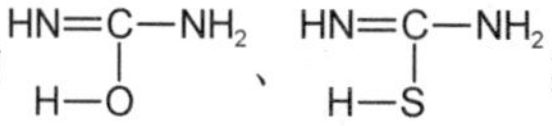

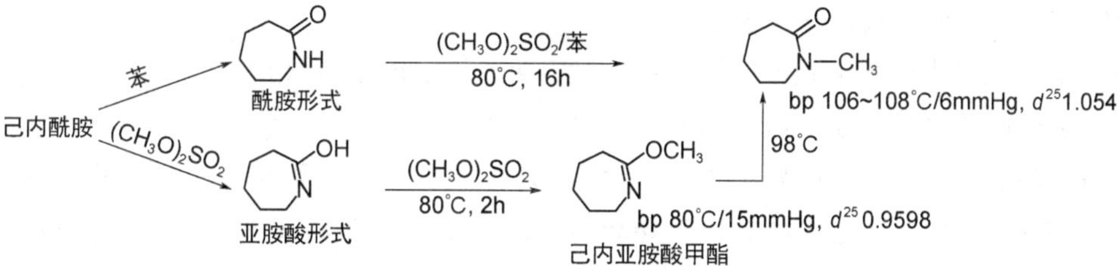

N-甲基己内酰胺 M 127.19，bp 106~108℃/6mmHg，d^{25} 1.054，n_D^{20} 1.4840；尚可溶于水，与苯互溶。

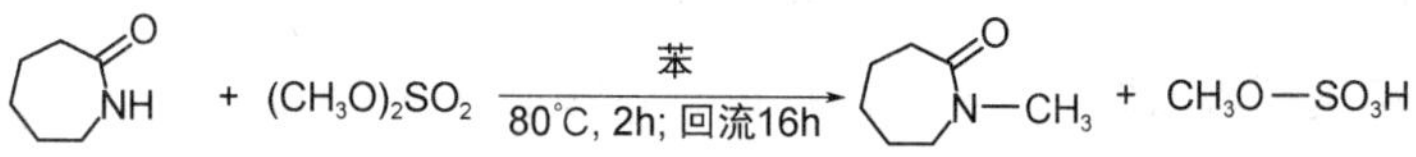

5L 三口烧瓶安装机械搅拌、温度计、分液漏斗及回流冷凝器。烧瓶中加入 1.8L 无水苯及 678g（6mol）己内酰胺，搅拌下加热使溶，保持微弱的回流，搅拌着于 2h 左右以分液漏斗慢慢加入 916g（7.2mol）洗好并干燥的硫酸二甲酯，加完后再加热回流 16h 以使 O-甲基化产物重排为 N-甲基化产物。冷后、倾入 10L 容积的搪瓷桶中，冷却控制温度在 30℃以下，搅拌着、慢慢加入 600g（4.2mol）碳酸钾溶于 1.4L 水的溶液，中和至碱性，分取有机层；水层用 0.8L 苯提取一次，苯液合并，以无水硫酸钠干燥过夜。水浴加热回收苯，剩余物减压分馏，收集 105~109℃/5mmHg 馏分，得 480g（产率 64%），GC 纯度 99%，d^{25} 1.035。

另法：（两步）

a. O-甲基己内酰胺（己内亚胺酸甲酯）（bp 80℃/15mmHg，d^{25} 0.9598）

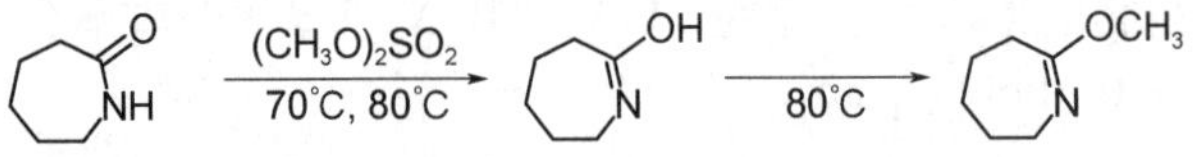

5L 三口烧瓶中加入 315g（2.5mol）洗好并干燥的硫酸二甲酯，搅拌下加热维持 60~70℃慢慢加入 1.13kg（10mol）己内酰胺（mp 69~71℃），加完后再于 80℃左右保温搅拌半小时以使转变为己内亚胺酸。维持 80℃左右，搅拌下于 2h 左右加入 1.2kg（9.5mol）硫酸二甲酯，加完后保温 2h；稍冷，加入 1.5L 苯，加热于 75℃保温搅拌半小时，冷后用冰水冷却保持 30℃以下慢慢加入 520g（13mol）氢氧化钠溶于 1L 水的溶液中和至弱碱性保温搅拌半小时，检查水层仍为中性或弱碱性；分取苯层，以无水硫酸钠干燥后用水浴加热、水泵减压回收苯，剩余物减压分馏，收集 59~62℃/6mmHg 馏分（高沸物为未反应的己内酰胺及 N-甲基化产物），得 1.2kg（产率 80%），d^{25} 0.9703。

b. 重排为 N-甲基己内酰胺

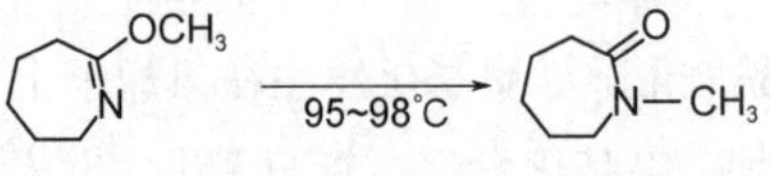

2L 三口烧瓶中加入 420g（3.3mol）N-甲基己内酰胺（作为助剂）、63g（0.5mol）硫酸二甲酯，搅拌下于沸水浴上加热维持 95℃左右，于 1h 慢慢加入 1.27kg（10mol）己内亚胺酸甲酯，加完后保温搅拌 5h。

5L 三口烧瓶中加入 60g（1.5mol）氢氧化钠溶于 600mL 水的溶液（用以处理事先加入的 0.5mol 硫酸二甲酯），冰水冷却控制 30℃以下，搅拌着慢慢加入以上重排的反应物，加完后保温搅拌半小时，再加入 1.5L 苯搅拌提取半小时；分取苯层，水层用 0.3L 苯提取一次，苯液合并，以无水硫酸钠干燥后用油浴加热、水泵减压回收苯，剩余物减压分馏，收集 124℃/10~12mmHg 馏分，得 1.4kg（减去前边加入的 420g N-甲基己内酰胺，实际产量 980g，产率 77%）。

五、氨（胺）与环氧（乙）烷亲核反应

环氧乙烷、甲基环氧乙烷（环氧丙烷）由于环的张力很大而容易打开，与氨（胺）作用依投入环氧乙烷数量得到 N-羟乙基化的胺（乙醇胺、二乙醇胺、三乙醇胺），反应放热；是氨从敞开的背面进攻的双分子亲核取代；和环氧丙烷反应因空间因素影响，进攻敞开的 3 位。

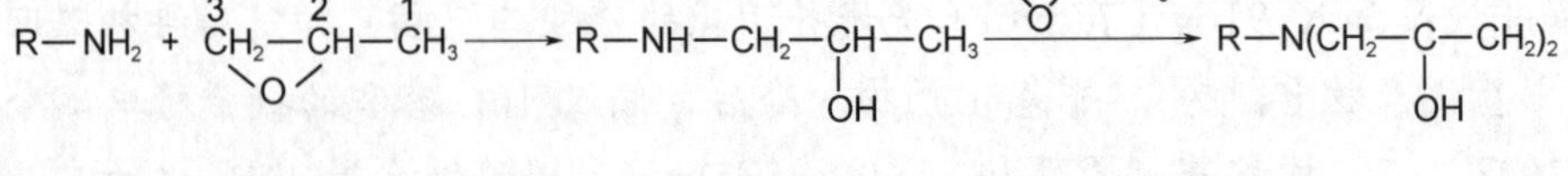

反应在水条件下进行时，水介入环氧乙烷的 C—O 键参与反应的过渡态，分子发生电荷的分离（未分离的离子对）是决定反应速度的步骤；如果是—CH₂CH₂OH 介入环氧乙烷，则

发生了—CH₂CH₂—O—CH₂CH₂OH（O-羟乙基化），虽然氮（胺）与—CH₂CH₂OH 相比是更强的亲核试剂，当水的用量不足时——醇的酸性强，也参与过渡态的形成继续与环氧乙烷反应；为了减少与氨竞争，增加水量以减少乙醇基介入的 O-羟乙基化。水介入了环氧乙烷解离的离子对才容易产生乙二醇，所以，副产物乙二醇是很少的。

$$CH_3-N\begin{smallmatrix}CH_2CH_2-O\cdots CH_2-CH_2\\ \\CH_2CH_2-OH\end{smallmatrix}\ \ H_2O \longrightarrow CH_3-N\begin{smallmatrix}CH_2CH_2-O-CH_2CH_2-OH\\ \\CH_2CH_2-OH\end{smallmatrix}$$

N-羟乙基化及进一步与环氧乙烷的 O-羟乙基化生成聚醚，其反应速度和它们（N、O）的浓度有直接关系。在下面实例中，甲胺的亲核性很强，在 20℃就能和环氧乙烷迅速反应，生成的醇羟基具有较强的酸性，容易与环氧乙烷形成过渡态继续反应，其后的酸性更强，提高甲胺的浓度，最后会有相当多进一步 O-羟乙基化的产物；N-乙基苯胺与苯环共轭的关系分散了氨基的部分电负性，要在 55~60℃及以上才能反应，由于是两相，在水层面中的水是相当大的，很少有进一步的 O-羟乙基化，更多的副产物是乙二醇，如果通入环氧乙烷太快来不及反应，在有机相溶解积聚，则可能突发反应，放热使反应物扑溢甚至喷出。上面事实证明水介入环氧乙烷的 C—O 键形成过渡态的过程。

N-甲基二乙醇胺 M 119.16，bp 248℃，123~125℃/4mmHg，d^{20} 1.0377，n_D^{20} 1.4678。

$$CH_3-NH_2 + 2\ CH_2{-}CH_2\ (\text{O}) \xrightarrow[10\sim25℃]{H_2O} CH_3-N(CH_2CH_2OH)_2$$

10L 烧瓶中加入 7L 15%[❶]（33mol）甲胺水溶液，用冰水浴冷却控制 10~25℃，通入 3.1kg（70mol）环氧乙烷（增重），在 6~8h 完成，通入过程不时搅动，放置过夜。次日蒸馏，收集 244~248℃馏分，得 2kg，纯度＞95%（产率折百为 50%）[❷]，再减压分馏一次。前馏分再分馏可得部分优良产品。

另法（见 572 页 N-甲基二乙醇胺）：

$$CH_2{=}O + HN(CH_2CH_2OH)_2 + HCO_2H \xrightarrow{-CO_2,\ -H_2O} CH_3-N(CH_2CH_2OH)_2$$

N-乙基-N-羟乙基苯胺 M 165.23，mp 约 35℃，bp 267~268.5℃，d^{20}1.0506，n_D^{20} 1.5620。

10L 三口烧瓶中加入 6.1kg（50mol）N-乙基苯胺及 1L 水，维持 55~60℃，搅拌着从插底管以 20mL/s 的速率通入环氯乙烷[❸]，共通入 2.2kg（50mol）环氯乙烷，约 16h 可以

---

❶ 曾用 30%甲胺溶液，通入计算量的环氧乙烷，分馏数次仍未达质量要求；使用 20%甲胺溶液，也遇到分馏上的麻烦；最终以甲胺溶液以 15%为宜。

❷ 产率低的原因：应使用搅拌、等摩尔或稍低量的环氧乙烷及控制 10~20℃。

❸ 反应缓慢，通入环氧乙烷切不可太快，如果在较低温度 45~50℃通入，在反应物中聚存多量环氯乙烷，曾发生过突热反应造成喷溢；在 55~60℃可顺利反应；如果温度超出，会产生更多的乙二醇；最好控制温度在 55~57℃为宜。

完成。再保温搅拌 4h，放置过夜（反应之初，N-乙基苯胺浮在水层上面，正常情况在反应完成以后产物比重增高，有机相在水层下面；如果通入环氧乙烷太快，未来得及反应的环氧乙烷被水解生成了乙二醇、比重增大，而有机相含有较多未反应的 N-乙基苯胺而比重较低，使产物悬散乳化或仍浮在上面）。次日，加入 3L 苯提取反应物，分取提取液，回收苯，剩余物减压分馏，收集 140~150℃/15mmHg 馏分，得 5kg（产率 60%）。

仲胺是较强的碱，它容易进一步烃基化生成叔胺，使用水介入环氧乙烷来降低反应温度，以减少过度反应；虽然 N-羟乙基的芳胺对于进一步的反应有些许阻碍，仍要求大过量的伯胺以减少产生叔胺。

N-羟乙基苯胺　　*M* 137.18，bp 286℃，157℃/17mmHg；难溶于水。

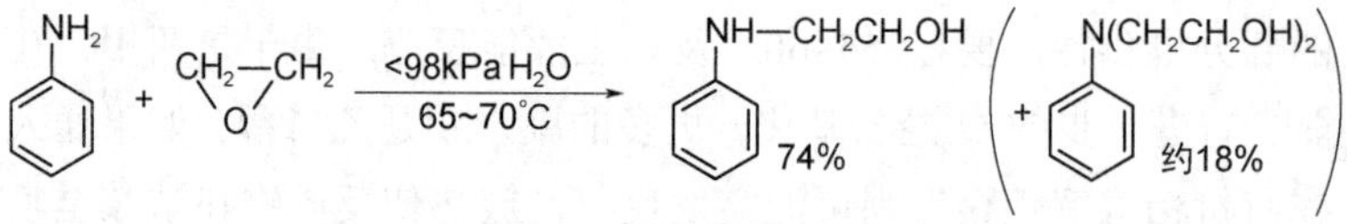

压力釜中加入 140kg（1.5kmol）苯胺、14L 水，维持 65~70℃，搅拌着，控制釜压小于 1kgf/cm² （98kPa）向釜内连续压入 28kg（0.63kmol）环氧乙烷，约 5h 可以完成；再保温搅拌 3h，冷后分取有机层，减压分馏，收集以下馏分：<85℃/6mmHg 为苯胺馏分，用于下次合成；135~140℃/6mmHg 为中间馏分，得 8kg；150~156℃/6mmHg 馏分为 N-乙醇基苯胺，得 65kg（74%，按环氧乙烷计）；剩余的高沸物 17kg，主要是 N,N-二羟乙基苯胺。

N,N-二羟乙基苯胺　　*M* 181.24，mp 58℃，bp 228℃/15mmHg。

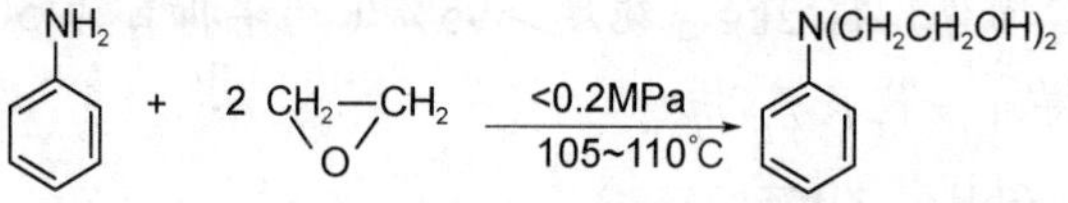

压力釜中加入 140kg（1.5kmol）苯胺，维持 105~110℃分多次或连续导入 132kg（3kmol）环氧乙烷，反应过程中控制釜压小于 0.2MPa，加完后保温搅拌 3~5h，冷后放空，得粗品 265kg。分馏，收集 190~200℃/5~6mmHg 馏分，收率 88%。

咔唑只是很弱的碱、又有空间阻碍，难以按以上方法完成 N-羟乙基化；它对于强碱呈弱酸性，与氢氧化钾生成亚胺钾 N⁻K⁺，在 0℃与环氧乙烷反应生成 N-乙醇钾。

N-乙烯基咔唑　　*M* 193.25 白色片晶，易溶于有机溶剂，纯品在 80℃加热 20min 可完成聚合，加入二苯胺阻聚剂重新减压蒸馏，解聚为单体，mp 64℃；bp 215~230℃/15~20mmHg。

a. *N-羟乙基咔唑*

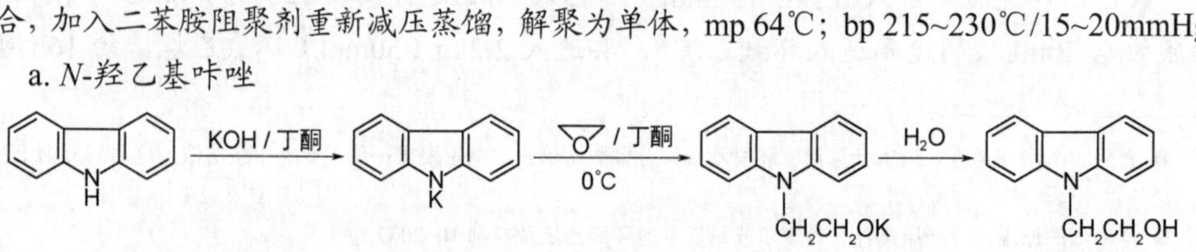

5L 三口烧瓶中依次加入 840g（5mol）粉碎的品质优良的咔唑（mp 245℃）和 1.5L

无水丁酮，安装机械搅拌、温度计、分液漏斗，外用冰盐浴冷却。开动搅拌，慢慢加入 280g（5mol）新熔结（350℃）并粉碎的氢氧化钾粉末；控制 0℃±1℃于 2h 左右从分液漏斗慢慢加入 750g 无水丁酮溶解 245g（5.5mol）环氧乙烷的溶液，加完后保温搅拌 2h，移去冰盐浴再室温搅拌 1h；再于 50~60℃搅拌 2h，冷后过滤，滤渣用无水丁酮冲洗，洗液与滤液合并，沸水浴加热用水泵减压回收丁酮至不出为止（约回收 1.5~1.8L），剩余物倾入 2.5L 水中，充分搅拌、分出，水洗两次，再用乙醚提取，回收乙醚，减压蒸馏，收集 240~260℃/20mmHg 馏分，得 820~850g（产率 77%~80%），为过冷状态，冷后为不透明的半流体。

b. 醇的分子内脱水 —— N-乙烯基咔唑

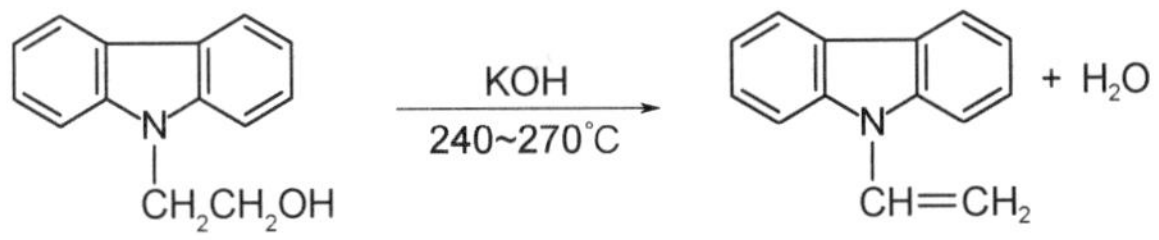

10L 不锈钢桶中加入 1.06kg（5mol）以上 N-乙醇基咔唑及 280g（5mol）氢氧化钾，混匀，于文火上加热至 240℃开始反应，放出水汽（接触水汽、皮肤过敏、数月解除），保持 250~270℃约 20min 脱水完毕；稍冷，用热水洗去 KOH，搅拌下冷却，至结晶变得松散后滤出；水洗，风干后加入 1g 二苯胺一起减压蒸馏，收集 215~230℃/20mmHg 馏分，得 480~580g（产率 50%~60%，或脱水不完全）。含二苯胺、可以存放。

精制：用甲醇重结晶除去二苯胺，mp 60~61.5℃，不可久存。

另法：工业制法为咔唑在 260~270℃与乙炔加成。

六、醛（酮）与胺（氨）的加成（生成亚胺）及还原

醛、酮与氨、伯胺加成，经过 α-氨基醇中间物，继而脱去水生成亚胺；醛、酮与羟胺反应生成肟（亚硝基），一般不经分离，直接还原得到 N-烃基化的胺，其还原方法为有机还原剂及催化氢化。

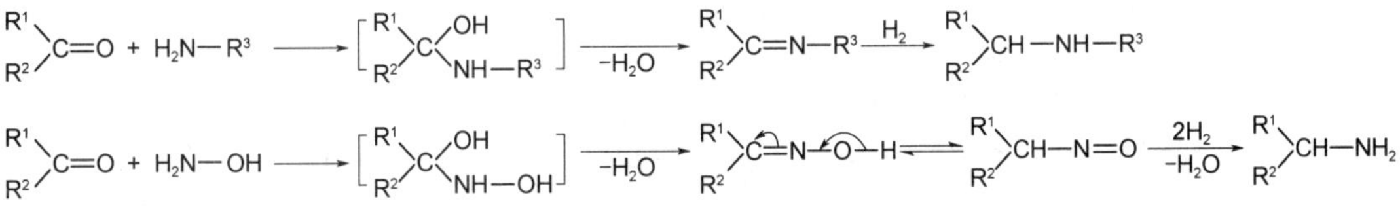

1. 有机还原剂

异丙醇在异丙醇铝作用下将叉亚胺还原成氨基，异丙醇被还原成丙酮被分馏蒸出。

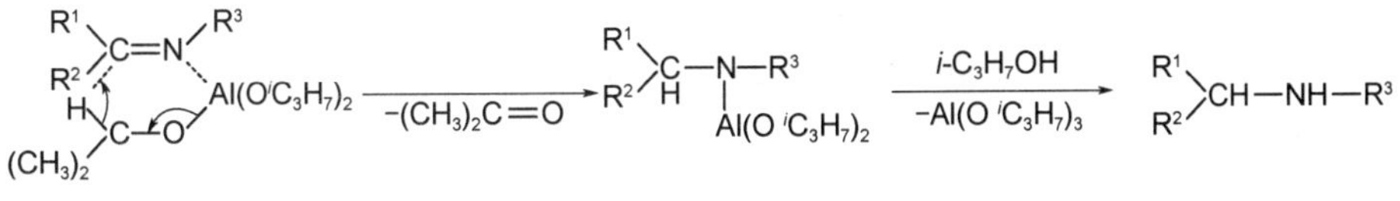

甲醛、甲酸及草酸是常用的还原剂。在 N-甲基化中使用甲醛作为原料同时用作还原剂，将甲醛和胺混合到一起，先生成亚胺（放热），如果反应温度升至较高（＞70℃），则同时进

行着亚胺的还原；反应物的中性、弱碱性对还原有利；仲胺是更强的碱，更容易进一步和醛加成及还原——生成叔胺，如下式：

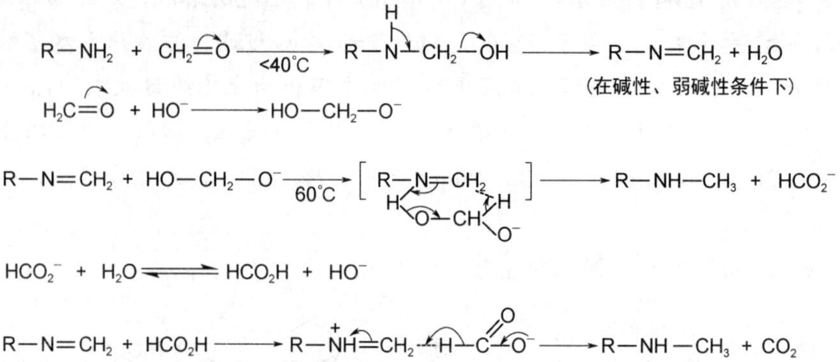

总反应式：

$$2\ R-NH_2 + 3\ CH_2{=}O \longrightarrow 2\ R-NH-CH_3 + CO_2 + H_2O$$
$$2\ R-NH-CH_3 + 3\ CH_2{=}O \longrightarrow 2\ R-N(CH_3)_2 + CO_2 + H_2O$$

使用无机酸的铵盐要在 80~100℃才开始反应；仲胺的铵盐要高的温度（＞140℃）及过量（＞10%）的甲醛才好反应完全，得到叔胺的盐。缓和的反应条件、适当的原料配比，可以选择地制取伯、仲、叔胺。在较高温度条件下，产生的甲酸继续用作还原。

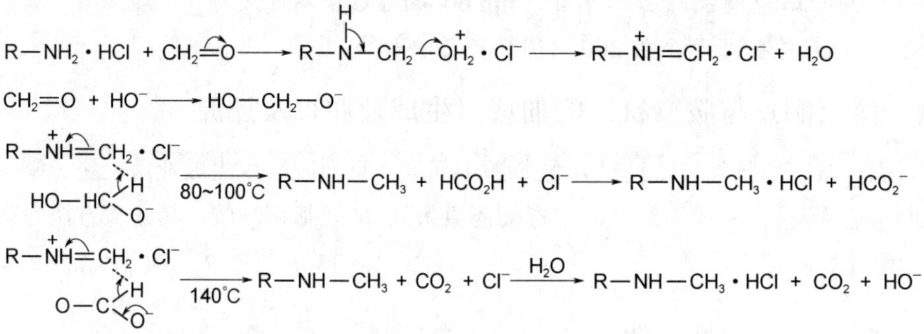

总反应式：

$$2\ R-NH_2 \cdot HCl + 3\ CH_2{=}O \xrightarrow[100℃]{} 2\ R-NH-CH_3 \cdot HCl + CO_2 + H_2O$$
$$2\ R-NH-CH_3 \cdot HCl + 3\ CH_2{=}O \xrightarrow[160℃]{} 2\ R-N(CH_3)_2 \cdot HCl + CO_2 + H_2O$$

为减少叉亚胺和氨（胺）的过度反应，通常是加入计算量的混合物料。应使用无机酸的铵盐更方便。

下面 *N*-甲基二乙醇胺的合成是分开两步完成的，其投料按计算量，甲醛与甲酸的投料比略显不足。

N-甲基二乙醇胺　　*M* 119.16。

$$(HOCH_2CH_2)_2NH + CH_2{=}O \longrightarrow (HOCH_2CH_2)_2N{-}CH_2{-}OH \xrightarrow{HCO_2H} (HOCH_2CH_2)_2\overset{+}{N}H{-}CH_2{-}\overset{\frown}{O}H \cdot HCO_2^-$$

$$\xrightarrow{-H_2O} (HOCH_2CH_2)_2\overset{+}{N}{=}CH_2\cdots H{-}\overset{O}{\overset{\|}{C}}{-}O^- \xrightarrow{-CO_2} (HOCH_2CH_2)_2N{-}CH_3$$

50L 反应罐中搅拌及水冷下控制在 40℃以下交替加入 10.1kg（100mol）乙醇胺及 7.5kg 40%（100mol）甲醛水溶液❶，加完后加热至 70℃停止加热，于 1h 左右慢慢加入 5.5kg 88%（100mol）甲酸，反应放热并放出大量 CO_2；加完后加热至 110℃保温 6h❷，反应物颜色变为淡黄色。移入于烧瓶中加热分馏脱水至液温升至 180℃（有脂肪胺的气味并有泡沫）❸，冷后减压分馏，收集 118~122℃/5mmHg 馏分❹，得 7kg（产率 58%）❺。

以下 N-甲基吗啉实际上是使用了甲醛兼作还原剂，其后所加甲酸似不必要；甲醛也似太过量。

N-甲基吗啉 M 101.15，bp 116~117℃，d^{15} 0.9214，d^{20} 0.9051，n_D^{20} 1.4332；无色液体，与水互溶，与空气中 CO_2 生成碳酸盐。

$$\text{O}\bigcirc\text{NH} + H_2C{=}O + HCO_2H \longrightarrow \text{O}\bigcirc\text{N}{-}CH_3 + CO_2 + H_2O$$

10L 三口烧瓶中加入 1.31kg（15mol）吗啡啉（bp 129℃），搅拌下通过分液漏斗慢慢加入 4L 37%（约 50mol）甲醛水溶液❻，反应放热而回流；加完后再慢慢加入 900g 88%（16.5mol）甲酸，于电热套加热回流 4h。冷后、在冷却及搅拌下慢慢加入 400g（10mol）氢氧化钠，安装弯管接蒸馏冷凝器，加热蒸馏，蒸出约 3L 馏出液❼，将收集到的馏出液以粒状氢氧化钠饱和，冷后分取上层粗品；再以氢氧化钠干燥过夜，次日分馏，收集 114~116.5℃馏分，得 1.4kg（产率 92%）。

无机酸的铵盐与欠量的甲醛可以制得伯胺或仲胺的盐；为制备叔胺则需要过量的甲醛。

甲胺盐酸盐 M 67.52，mp 232~234℃，bp 225~230℃/15mmHg；无色结晶，有吸湿性，易溶于热乙醇。

$$2 NH_4Cl + 3 CH_2{=}O \longrightarrow 2 CH_3NH_2 \cdot HCl + CO_2 + H_2O$$

---

❶ 甲醛的用量应增加 10%，即使用 100mol。

❷ 保温时间也似太长，或 110℃保温 2h 足矣。

❸ 泡沫显示有甲酸铵盐分解，应使用蒸汽夹套加热，减压浓缩。

❹ 这样的产品合于一般使用（N-甲基吗啡啉、N,N'-二-氯乙基甲胺盐酸盐），作为成品应重蒸一次 [原料二乙醇胺（bp 285℃，217℃/150mmHg）和产品 N-甲基二乙醇胺的沸点 245℃相近]。

❺ 原料甲醛不足、反应不完全，以及有未反应的甲酸妨碍分离。

❻ 此项反应式应为：$2\,\text{O}\bigcirc\text{NH} + 3\,CH_2{=}O \longrightarrow 2\,\text{O}\bigcirc\text{N}{-}CH_3 + CO_2 + H_2O$

工业甲醛水含 8%~10%甲醇，其密度比纯的甲醛水溶液小，37%甲醛水的相对密度为 1.09。此操作投入甲醛数量太多，当投入 1/2 体积（约 25mol）后放热就不再明显，实际上此时反应已接近完成（已超过按上式计算的 22.5mol），以后的甲酸似不必要。

❼ 当收集 2L 以后，要不时接取馏出液以 KOH 饱和，观察有无分离。

2L 烧瓶中加入 480g（8.8mol）氯化铵及 1050g（12.9mol）37%甲醛水，溶解后于沸水浴加热 8h，至 CO_2 停止放出，放置过夜；次日滤出含氯化铵的粗品（不应有此手续），母液蒸发至微沸的液温 160℃，冷后滤出得 200g 粗品；母液再蒸至 160℃，冷后析出粗品 50g；最后的母液为混合物。

精制：230g 粗品用 90%乙醇（1.5mL/g）重结晶（NH_4Cl 难溶），脱色过滤，冷后滤出，得无色透明的大片状结晶，得 120g。

三甲胺盐酸盐　M 95.57，mp 277~278℃、283~284℃（分解）；有吸湿性，可溶于乙醇。

$$2\,NH_4Cl + 3\,(CH_2{=}O)_3 \longrightarrow 2\,(CH_3)_3N \cdot HCl + 3\,CO_2 + 3\,H_2O$$

15L 烧瓶中加入 1.08kg（20mol）氯化铵及 3kg（33mol）多聚甲醛，充分混匀，加入沸石，安装 1.2m 长的球形管冷凝器，用沸水浴加热烧瓶底部（用蒸汽浴加热便于必要时用流水冷却；也或分次加入混合的物料）至 85~95℃反应物熔化，即反应放出大量 CO_2，约 2h 反应缓和，再于 140~160℃保温 2h 至无 CO_2 放出为止。

冷后将烧瓶放回水浴中依气体发生装置，从分液漏斗慢慢加入 6kg 50%（75mol）氢氧化钠溶液，三甲胺立即发生、通过安全瓶通入化学纯的盐酸中，溶液浓缩随时取出析出结晶，得 1.42kg❶（产率 74%）。

N,N,N',N'-四甲基乙二胺　M 116.21，bp 121~122.5℃，d^{20} 0.777；易溶于水及乙醇。

$$H_2N{-}CH_2CH_2{-}NH_2 \cdot H_2SO_4 + 6\,CH_2{=}O \xrightarrow[-2H_2O, -CO_2]{} (CH_3)_2N{-}CH_2CH_2{-}N(CH_3)_2 \cdot H_2SO_4$$

$$\xrightarrow{2NaOH} (CH_3)_2N{-}CH_2CH_2{-}N(CH_3)_2$$

15L 烧瓶中加入 1.98kg（22mol）多聚甲醛粉末❷及 1.6kg（10mol）乙二胺硫酸盐的混合物，安装 100cm 长的球形管冷凝器，上口用橡皮管导向通风处，用油浴或电热套加热，至 90~100℃开始熔化，即有 CO_2 放出伴有少许甲醛（或停止加热，不让反应猛烈；反应中有聚甲醛在冷凝器中凝聚，应随时捅通，应使用 17~18mm 较大内径的冷凝器）；反应缓和后，再加入 1.6kg（10mol）乙二胺硫酸盐和 1.98kg（22mol）多聚甲醛的混合物，于 100℃左右反应 2h；最后于 140~160℃保温 3h，基本上停止放出 CO_2。冷至 40℃，保持 60℃以下用 40% NaOH 中和反应物至强碱性（约用 4kg，40mol）。将烧瓶作蒸馏装置，加热蒸出约 3.5L 馏出物，至检查最后的馏出物用 KOH 饱和不再析出油层。冷却下慢慢加入 350g 氢氧化钾，溶化后即分为两层，分取上层以 600g 氢氧化钾分三次干燥，将无水物分馏，收集 121~122.5℃馏分❸，得 1.16kg（产率 50%），纯度 98.4%，d^{20} 0.776。

---

❶ 干燥的样品能完全溶于氯仿表示无氯化铵；用苯甲酰氯及稀 NaOH 处理其稀水溶液不析出结晶或沉淀表示无二甲胺。

❷ 由于反应猛烈，有少许多聚甲醛被 CO_2 吹出损失，故用量按甲醛计超量 10%，并要求平和地反应。曾使用计算量的甲醛，由于反应不完全，使产品的滴定含量超过 100%。

❸ 未完全甲基化的头分制成硫酸盐继续反应处理。

过量的氨与生成的叉亚胺 $CH_2=NH$ 亲核加成，例如：甲醛与稍过量的氨作用生成桥环化合物——六亚甲基四胺（乌洛托品）。

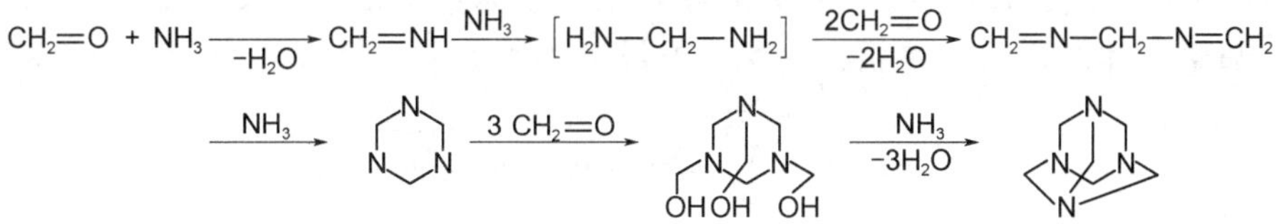

$$CH_2=O + NH_3 \xrightarrow[-H_2O]{} CH_2=NH \xrightarrow{NH_3} [H_2N-CH_2-NH_2] \xrightarrow[-2H_2O]{2CH_2=O} CH_2=N-CH_2-N=CH_2$$

甲醛（或多聚甲醛）与稍过量联氨水溶液于 48~60℃作用生成四甲醛三嗪，反应中任何一点的过量甲醛都会引起分子间反应生成亚甲撑-二-四甲醛三嗪，它不溶于水，在用乙醇冲洗结晶时，也要先向乙醇中加入少量联氨以保证无可反应的醛、酮。

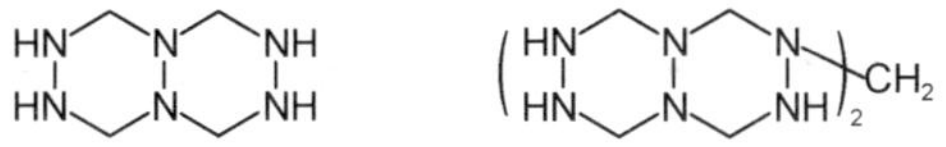

四甲醛三嗪   *M* 180.21，mp 245℃；无色针状晶体，可溶于水（28%），几乎不溶于乙醇；为强还原剂，遇强氧化剂可燃；遇酸产生醛，发生聚合生成亚甲撑化合物。

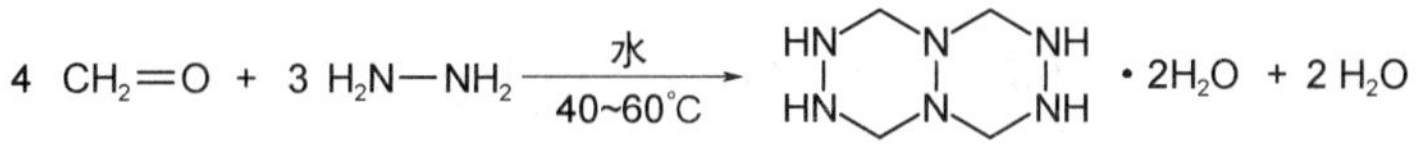

10L 三口烧瓶安装机械搅拌、温度计及水浴。烧瓶中加入 6.4L 43%（6.5kg，56mol）水合肼❶，搅拌着，从室温开始慢慢加入粉碎的多聚甲醛，反应放热，很快进入反应——消溶；每次加入不宜太多，维持反应温度60℃以下于 2h 左右加入 2.1kg 多聚甲醛(相当于 70mol 甲醛)，加完后再搅拌 15min，趁热过滤（不必脱色，因为脱色炭中铁杂质使溶液变红），放置过夜，次日滤取结晶，以添加有水合肼的（碱性）乙醇冲洗 1~2 次，风干得 1kg。

母液在水浴加热、水泵减压浓缩至 3/5 体积，放冷结晶；母液浓缩至 3/5 体积，重复结晶❷，共得干品 2~2.1kg（产率 63%~67%），水溶解试验合格。

氰基负离子（⁻CN）与亚甲胺加成：在低温的甲醛水中溶解铵盐，加入氰化钠与铵盐复分解，产生的氨（胺）与甲醛加成及脱水生成亚甲胺，与 HCN 加成为氨基乙腈；如果甲醛过量，与伯胺进一步加成为甲叉氨基乙腈。

甲叉氨基乙腈（亚甲氨基乙腈）   *M* 68.08。

$$NH_4Cl + CH_2=O + NaCN \xrightarrow[-NaCl]{\substack{H_2O \\ 0~5℃}} [NH_3 + CH_2=O + HCN] \xrightarrow{-H_2O} H_2N-CH_2-CN$$

$$H_2N-CH_2-CN + CH_2O \xrightarrow{0~5℃} CH_2=N-CH_2CN + H_2O \cdot (CH_2=N-CH_2CN)_3$$

---

❶ 此水合肼超过计算量的 6.6%，联氨不足会产生不溶于水的亚甲撑-二-四甲醛三嗪。

❷ 铁对于氧化有催化作用，母液浓缩到后来有分解的甲醛和联氨的气味，但所得产品尚好；过滤结晶在近滤"干"时，新鲜空气通过结晶缝隙而发生氧化、放热，立即用含水合肼的乙醇浸洗，最好通以充足的氮气流。

5L 三口烧瓶中加入 1.62kg 37%（19mol）甲醛水及 540g（10mol）氯化胺，搅拌使溶，控制 0~5℃[1]于 6h 左右慢慢滴入 490g（0.98mol）氰化钠溶于 850m 水的溶液；当加入 1/2 后，剩下的氰化钠溶液与 880mL 冰乙酸同步加入（乙酸加入不久，产物结晶开始析出）；加完后再搅拌 2h，滤出、水洗、干后得 415~475g（产率 61%~71%），mp 129℃。

$$CH_3-NH_2 \cdot HCl + CH_2=O + NaCN \xrightarrow[<6℃]{水} CH_3-NH-CH_2-CN + NaCl + H_2O$$

$$CH_3-NH-CH_2-CN + HCl \xrightarrow[<6℃]{乙醚} \underset{60\%}{CH_3-NH-CH_2-CN \cdot HCl}$$

（见 299 页）

***N,N*-二乙氨基乙腈**　M 112.18，bp 170℃，n_D^{20} 1.4260；无色液体，可溶于水。

$$CH_2=O + NaHSO_3 \longrightarrow HO-CH_2-O-SO_2Na$$

$$(C_2H_5)_2NH + HO-CH_2-O-SO_2Na \longrightarrow (C_2H_5)_2N-CH_2OH \cdot NaHSO_3 \xrightarrow[-Na_2SO_3, -H_2O]{NaCN} (C_2H_5)_2N-CH_2CN$$

3L 烧杯中加入 750mL 水及 312g 失水亚硫酸氢钠（折合 3mol NaHSO$_3$），搅拌使溶，再慢慢加入 245g（225mL，37%，3mol）工业甲醛水，放热，最后加至 60℃；于 35℃慢慢加入 219g（3mol）二乙胺，再搅拌 2h，急速搅拌下让反应物分层，慢慢加入 150g（3mol）氰化钠溶于 400mL 水的溶液，加完后再搅拌半小时；分取油层，干燥后减压分馏，收集 61~63℃/14mmHg 馏分，得 298g（产率 88%），n_D^{25} 1.4320。

2. 亚胺的催化加氢

低压的气相条件加氢：丙酮和氨的气体与氨的气体通过镍、铬/Al$_2$O$_3$ 催化剂，在放热的反应温度 150~180℃反应，依物料配比得到异丙胺或二异丙胺为主的混合物，提高氨和氢的配比以降低二异丙胺的比率，丙酮的转化率大于 95%。

$$\underset{CH_3}{\overset{CH_3}{>}}C=O + NH_3 \xrightarrow{-H_2O} \underset{CH_3}{\overset{CH_3}{>}}C=NH \xrightarrow{H_2} \underset{CH_3}{\overset{CH_3}{>}}CH-NH_2$$

$$(CH_3)_2CH-NH_2 + O=C(CH_3)_2 \xrightarrow{-H_2O} (CH_3)_2CH-N=C(CH_3)_2 \xrightarrow{H_2} (CH_3)_2CH-NH-CH(CH_3)_2$$

$$(CH_3)_2CH-NH_2 + HN=C(CH_3)_2 \xrightarrow{-NH_3}$$

在液相的骨架镍催化加氢，是向负压状态压力釜中的加氢底物、骨架镍及溶剂的混合物中以液氨的形式压入计算量 1.4~1.5mol 的氨，这样得以快速完成氨加成以减少以上副反应，然后在一定温度及压力下加氢加成。

---

[1] 如果搅拌不好或温度高出会出现沥青状物。

醛基的加成活性很强，如果在第一步氨加成的过度反应造成混乱的情况可使用较差碱性的羟胺先制成肟，它异构为亚硝基，然后是亚硝基的还原得到伯胺。

空间因素对于催化加氢的影响很大，从苯乙酮经过亚胺的兰尼镍催化加氢制取 α-苯乙胺的产率为 19%；而从 β-苯丙酮的反应则几乎是定量地得到 β-苯丙胺。

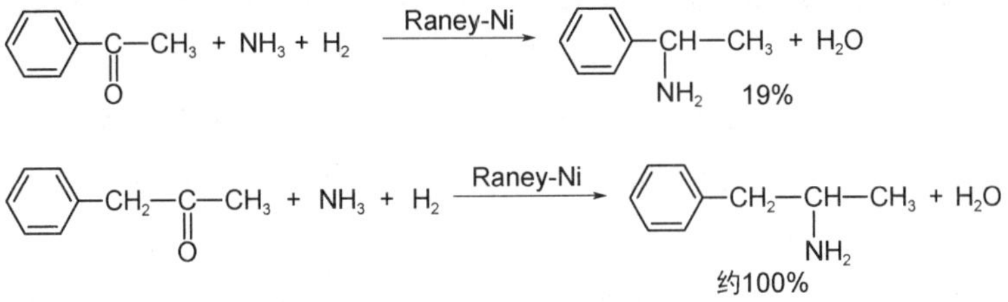

七、氰基的催化加氢

氰基加氢最终的正常产物是伯胺、伴有少量脱氨产物（仲胺），由于反应温度较高（>110℃）和反应时间较长，使脱氨的比率有所增加；为抑制脱氨副反应，可事先向反应物中充氨，质量作用定律限制了生成的胺与亚胺（C═N）加成、脱氨；生产中是将一定量的液氨气化压入反应物中，以充入足够的氨；也或增加溶剂用量（醇）以溶解更多的氨，但不可以用醇作溶剂。

$$R-C\equiv N \xrightarrow{H_2} R-CH=NH \xrightarrow{NH_3} R-CH(NH_2)_2 \xrightarrow[-NH_3]{H_2} R-CH_2-NH_2$$

副产物仲胺、叔胺或环胺是过程中的脱氨产物，以下列两种方式进行：

第一种是在加氢过程中，已经生成的伯胺在亚胺加成后再脱去氨，在缓和的反应条件主要是以这样的方式产生仲胺。

$$R-C\equiv N \xrightarrow{H_2} R-CH=NH \xrightarrow{H_2} R-CH_2-NH_2$$

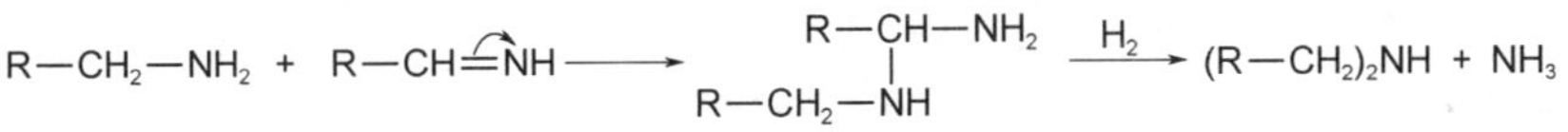

$$R-CH_2-NH_2 + R-CH=NH \longrightarrow \begin{array}{c}R-CH-NH_2\\R-CH_2-NH\end{array} \xrightarrow{H_2} (R-CH_2)_2NH + NH_3$$

第一种是高温、高压（约 10MPa）下，生成的伯胺在催化剂表面碰撞脱氢、加成及脱氨。

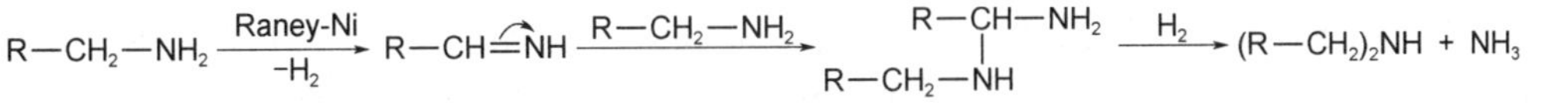

$$R-CH_2-NH_2 \xrightarrow[-H_2]{Raney-Ni} R-CH=NH \xrightarrow{R-CH_2-NH_2} \begin{array}{c}R-CH-NH_2\\R-CH_2-NH\end{array} \xrightarrow{H_2} (R-CH_2)_2NH + NH_3$$

符合成环规律的二腈，加成过程非常容易脱氨，产物是环胺，如下所示：

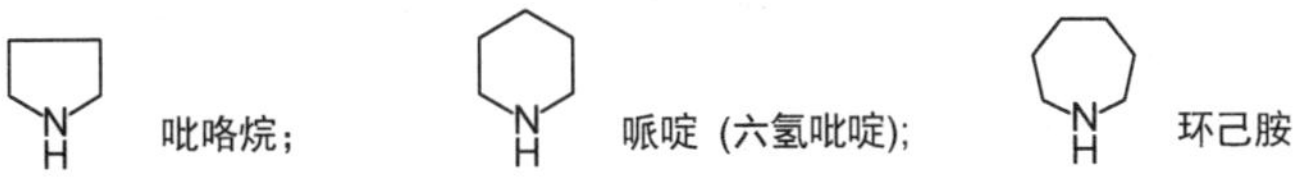

吡咯烷；   哌啶（六氢吡啶）；   环己胺

N,N-二乙基-1,3-丙二胺 M 130.24，bp 169.4℃，d_{20}^{20} 0.8289，n_D^{20} 1.443；遇空气中 CO_2 发烟（生成碳酸盐），易溶于水。

$$(C_2H_5)_2N-CH_2CH_2-CN + 2H_2 \xrightarrow[130\sim150℃]{Raney-Ni} (C_2H_5)_2N-CH_2CH_2CH_2-NH_2$$

50L 容积带有内冷却管的压力釜，检查各接点密封无虞，向釜内压入 26kg（28L，200mol）二乙氨基丙腈及 0.8kg 骨架镍，用负压将釜抽至近于真空，开动搅拌，压入 6L 液氨；充氮 0.3MPa 放空至 0.05MPa；再充氢 1MPa，放空排氢至 0.05MPa，共三次；最后充氢至 3MPa，开动搅拌，加热至 135℃开始反应，停止加热（反应放热），必要时向釜内冷却管缓缓开启热水或常压蒸汽降温；反应迅速，来不及一次次充氢，几乎是一直用阀门控制放热的反应温度 135~145℃和压强 1~3MPa，向釜内充氢至釜压不再下降，15min 以后停止加热保温，停止搅拌（约 2~2.5h 可以完成）让骨架镍沉降，而不致在压出物料时被排出，温度下降至 80℃停止冷却，用釜内余压压出物料得粗品；立即进料连续生产以保持骨架镍的活性，这样已经连续使用五次以上未现异常。

粗品过滤，减压排除溶解氨，减压精馏，收集 44~46℃/13mmHg 馏分，得 25kg（产率 88%）。

二腈的加氢首先在一个氰基饱和，推电子的影响使第二个氰基的加氢稍显困难，要 130℃左右及更高的氢压力，充入更多的氨才能得到比较满意的结果。碳链相近的二胺是很强的碱，能吸收空气中的 CO_2 生成氨基碳酸铵而呈现烟雾。

二腈加氢的反应条件为：温度 120~140℃，气压 5 MPa，5~7g 骨架镍/mol 氰基，氨用量大于 1.5mol。

1,8-辛二胺 M 144.26，mp 52℃，bp 240~241℃（225~226℃）；无色结晶，有恶臭，溶于水及醇。

$$NC-(CH_2)_6-CN + 4H_2 \xrightarrow[140℃]{Raney-Ni} H_2N-CH_2-(CH_2)_6-CH_2-NH_2$$

1L 摇动式压力釜中加入 150g（1.1mol）辛二腈及 150mL 含 12%~15% NH_3 的乙醇溶液[1]，加入 15g 骨架镍，封闭压力釜，用氮气排除空气，再两次用氢排除氮气，最后充氢至 5MPa；开始摇动并加热，初有 0.3MPa 的压降为溶解氢，加热随之压强上升，至 70℃压强又有压降 0.6~0.7MPa，可能是杂质 ω-氰基庚酸的氰基吸收氢；以后压强又随加热温度而上升；当热至 130℃开始反应（又现压降），调节加热维持 138~145℃，当压降至 2MPa 就要补充氢气至 5MPa，直至停止吸收（总共吸收了 14.0MPa 压降）；保温搅拌 1h，停止加热和摇动（从开始到反应结束共历时 12h——使用机械搅拌，反应速度可大为提高）；放冷后放空，吸取反应物，分离骨架镍[2]，回收溶剂，减压分馏[3]，收率 60%。

另法：从癸二酰胺霍夫曼降解的收率 40%（反应物未作提取）。

下面的脱氨制取仲胺或是 S_NAr 亲核取代，将伯胺加热至高温，在酸、碘催化下进行，其反应各异。

---

❶ 不应该使用醇，很可能在长时间的高温下产物会发生 N-乙基化。
❷ 骨架镍仍有活性，要妥善处理，或留在釜中重复使用。
❸ 在减压分馏时从油泵的尾气中散发出氨的气味，或仍有脱氨，较多的高沸物底子包括了丁仲胺及 N-乙基化的产物。

N-(4-甲氧苯基)-α-萘胺　*M* 249.51，mp 110℃，bp 250~255℃/13mmHg。

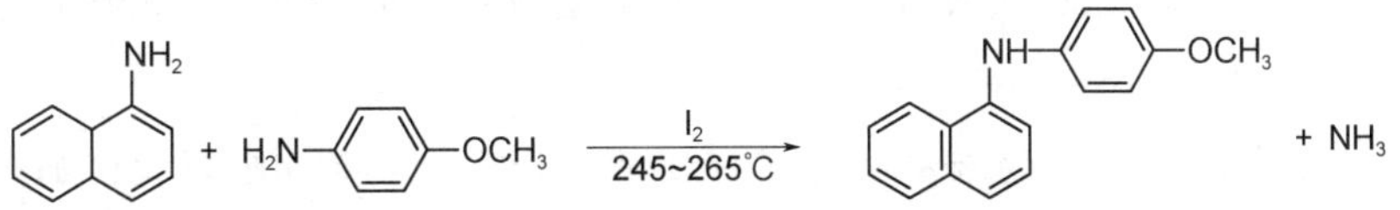

0.5L 三口烧瓶中加入 125g（1mol）4-氨基苯甲醚及 145g（1mol）1-萘胺，加热熔化后开动搅拌，加入 0.5g 碘，加热至 245℃反应物有微弱的回流，6h 左右反应物温度升至 265℃（放冷可结固）；减压蒸馏，收集 245~260℃/13mmHg 馏分[1]，得 167g（产率 67%），为黄色过冷黏稠流体，很快结固。

精制：以下粗品用甲苯（0.5mL/g）溶解，放冷过夜，次日滤出用甲苯溶析一次[2]，风干得 112g（产率 45%），mp 109~110.5℃，纯度 99%，外形中低中灰黄色。

八、金属氢化物还原——酰胺及氰基化合物的还原

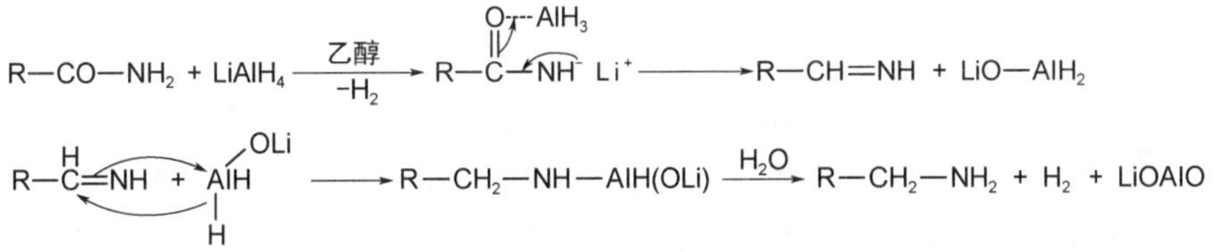

如：*N*-甲基十二胺（见 106 页）、*N,N*-二甲基-环己甲胺（见 107 页）、环己基甲醛（见 106 页）、辛胺（见 108 页）的合成。

九、氨（胺）在 C ═ C 双键加成

C═C 双键受取代基影响极化，在一侧呈缺电子状态，与氨（胺）亲核加成，如：在丙烯腈的加成，反应速度依氨基碱性增强而加快；因空间阻碍而反应缓慢；通常都有较高的产率，操作简便，一般无须溶剂，可以在较大温度范围内变化，在更高温度反应时要添加阻聚剂。

$$NH_3 + CH_2{=}CH{-}CN \xrightarrow[<45^\circ C]{NH_3/NH_4OH} H_2N{-}CH_2CH_2{-}CN \xrightarrow[<45^\circ C]{CH_2=CH-CN} HN(CH_2CH_2CN)_2$$

57%, bp 205℃/20mmHg

3-二乙氨基丙腈　*M* 126.20，bp 187℃、82~84℃/27mmHg；尚可溶于水。

$$(C_2H_5)_2NH + CH_2{=}CH{-}CN \longrightarrow (C_2H_5)_2N{-}CH_2CH_2{-}CN$$

100L 容积搪瓷反应罐中加入 39.5kg（0.74kmol）丙烯腈，此时反应物温度 24~27℃，搅拌着从高位瓶流放入 20kg 二乙胺，再于 3h 左右慢慢加入 36kg（总共 56kg，0.76kmol）二乙胺（反应物温度从 27℃上升至 40~43℃），加完后停止搅拌，反应仍在进行；当反应

---

[1] 前馏分为原料组分，可重复用于合成。

[2] 甲苯母液回收溶剂，减压蒸馏及后处理。

物温度升至 60℃时，向夹套通入半量冷水，搅拌 10min，放置过夜（放置 6~7h 后反应物温度升至 69~70℃）；次日加热回流，回流的液温逐渐升高至 160℃，此时的转化率大于 90%，常压分馏，收集 184~187℃馏分。

头分加热回流 8h，回流的液温从 68℃上升至 160℃，又有 90%转化；加热蒸除头分的过程仍在反应，除去机械损失，总转化率约 100%。

2-氯苯胺的碱性较弱，与丙烯腈在少量乙酸铜阻聚剂存在下回流 3h 得到 50%产率的加成产物 3-(2'-氯苯氨基)丙腈；而 2-丁基苯胺虽有丁基造成阻碍，而其碱性却是增强，与丙烯腈同样在阻聚剂存在下加热回流，产率是 68%。

3-(2'-氯苯氨基)丙腈 M 180.64，bp 139~141℃/3mmHg，d_{25}^{25} 1.2103，n_D^{20} 1.5734。

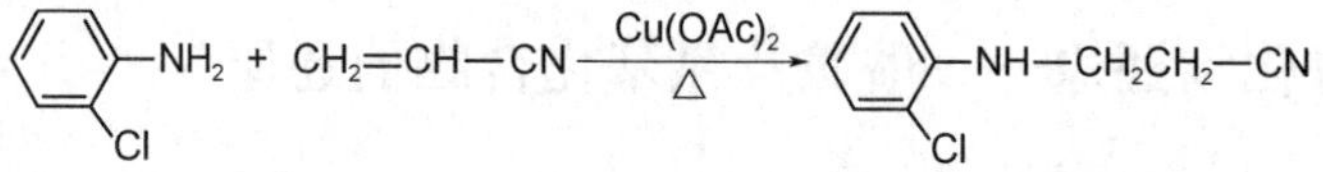

0.5L 三口烧瓶中加入 255g（2mol）邻氯苯胺及 106g（2mol）丙烯腈，再加入 10g 结晶乙酸铜，搅拌下加热回流 3h，回流温度从 95℃慢慢升至 130℃（延长回流时间转化率稍提高），减压蒸馏，收集到 17~20g 丙烯腈；收集 57~60℃/3mmHg 馏分，得到 110~120g 2-氯苯胺；产品收集 139~141℃/3mmHg 馏分，得 182~192g（产率 50%~53%），n_D^{25} 1.5728~1.5735。

高沸物残留 30~35g，为丙烯腈聚合物，应更换有效阻聚剂。

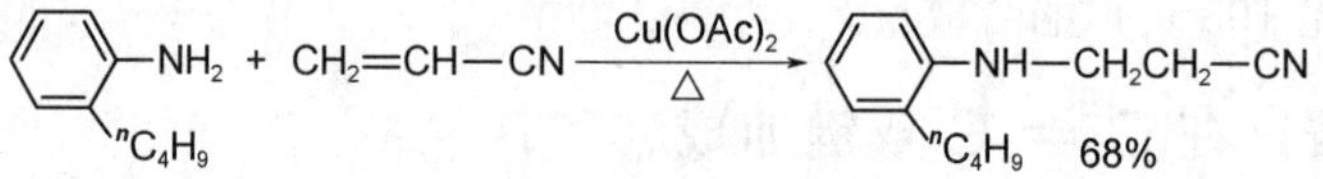

第十四章

重氮化及重氮基的变化

第一节　概述

脂肪胺，一般是强碱，在过量的无机酸或乙酸中用亚硝酸（钠）处理，立即重氮化，推电子的作用使它立即分解，放出氮气、生成相应的醇，如：6-氨基己酸（较远的羧基影响小）的重氮化及分解取代生成 6-羟基己酸。

$$H_2N-CH_2(CH_2)_4-CO_2H + HNO_2(N_2O_3) \longrightarrow \left[\begin{matrix} O-N-NH-CH_2(CH_2)_4-CO_2H \\ O=N \end{matrix} \longrightarrow \begin{matrix} N-N-CH_2(CH_2)_4-CO_2H \\ O=N-O\cdots H \end{matrix} \right]$$

$$\longrightarrow HO-N=N-CH_2(CH_2)_4-CO_2H \xrightarrow{\text{水}} HO-CH_2(CH_2)_4-CO_2H + N_2$$

6-羟基己酸　60%

芳伯胺在无机酸中用亚硝酸钠处理，得到的重氮盐正电荷被苯环及拉电子基加强，与强无机酸生成稳定的盐，反应定量地进行。

$$Ar-NH_2 + HNO_2 \xrightarrow{-H_2O} Ar-N=N-OH \xrightarrow[-H_2O]{HCl} Ar-\overset{+}{N}=N\cdot Cl^- \longrightarrow Ar-\overset{+}{N}\equiv N\cdot Cl^-$$

因溶液的 pH 不同，重氮盐的电正中心和构型可互相转换，在不是很强的碱性溶液中是活泼的顺式——有利于羟基取代，在很强的碱性溶液中电性相斥，转变为稳定的、不活泼的反式，是重氮酸的钠盐。

$$Ar-\overset{+}{N}\equiv N\cdot X^- \rightleftharpoons Ar-N=\overset{+}{N}\cdot X^- \rightleftharpoons \begin{matrix} Ar & OH \\ N=N \end{matrix} \rightleftharpoons \begin{matrix} Ar \\ N=N \\ ONa \end{matrix}$$

$$\text{pH<6} \qquad\qquad \text{pH 8~9} \qquad\qquad \text{pH 9~11} \qquad\qquad \text{pH>12}$$

重氮盐一般不稳定，在水溶液中的分解一般是单分子反应，其分解速度和芳核上其它取代基对于重氮基的电效应及溶剂效应有关；它们有盐的一般性质——水溶性及负离子的交换，如：在水溶液中其它酸的重氮盐转变为氟硼酸的重氮盐；重氮盐受热、光照、非极性溶剂或引发剂作用下可使某些重氮盐爆炸性地分解，这也是它们不安全的隐患之处。

依重氮盐的结构，酸/碱条件、溶剂性质以及催化剂使它们以不同形式分解产生芳基或芳基正离子：在强酸性、强极性溶剂中更倾向产生芳基正离子；中性或弱碱性条件、非极性溶剂中，重氮盐（Ar—N≡N—X）、重氮酸（Ar—N≡N—OH）近于共价键，其共价成分越强，分解也更倾向产生自由基，尤其推电子的影响使S⁻硫亲核试剂与重氮基电正中心 N⁺反应的中间物发生爆炸性的碎裂分解；其它如：硝基影响的芳基重氮盐和硫化钠反应、或其金属的复盐结晶被撞击也会发生猛烈的碎裂分解——比较重氮基的被硫基团取代（见 481 页），羧基、磺基的影响使 S⁻的取代平和地进行。

芳核上的邻、对位拉电子基使重氮盐稳定，推电子基使重氮（基）盐的稳定性降低，如：2,4-二甲基苯重氮盐（溴化物、水溶液）的分解点 26℃，2,6-二甲基苯重氮盐水溶液的分解点是 23℃，它们的稳定性在稀水溶液中和盐的负离子性质无关；氟硼酸重氮盐结晶是稳定的盐，比较它们的热分解温度也相应地对比它们在水溶液中的热稳定性。

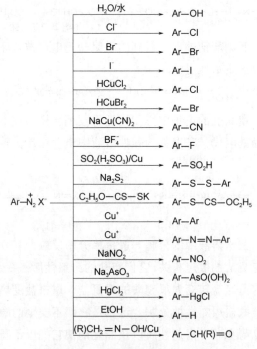

重氮化及其变化是有机合成中的重要反应，通过它可以完成许多在芳核难以直接进行的取代反应，以及重氮基的还原得到芳肼，如苯肼、4-硝基苯肼；重氮基作为亲电试剂在弱碱性条件与酚、芳叔胺偶合；以及重氮基的芳基取代。

亲核试剂的强度，因重氮盐芳基底物、反应条件和分解方式不同，都使亲核试剂的强弱显示较大变化，大致有以下次序：

Ar—S⁻>R₂NH>RO⁻>HO⁻>Ar—O⁻>Ar—NH₂>I⁻>⁻CN>Br⁻>Cl⁻>H₂O

重氮基的取代反应如图 14-1 所示。

图 14-1 芳基重氮基的取代反应

第二节 影响重氮化反应的因素

一、酸的影响

芳伯胺在无机酸水溶液中重氮化，酸的用量为 2mol；在使用硫酸时，强碱性的芳胺重氮化按 2mol 计算，无论如何必须使用过量酸以避免产生偶氮氨基物，通常的酸用量为 1.1~1.25mol。

$$Ar-NH_2 + H_2SO_4 + NaNO_2 \longrightarrow Ar-N_2^+ \cdot {}^-O-SO_3Na + 2H_2O$$

如果酸量不足，生成的重氮盐 $Ar-N=N^+ \cdot X^-$ 虽然亲电性不是太强，它能与未反应、游离出来的强碱胺迅速反应生成不溶于水的偶氮氨基化合物（也叫作三氮烯）。

$$Ar-N=N^+ \cdot X^- + H_2N-Ar \longrightarrow Ar-N=N-NH-Ar + HX$$

芳核上其它拉电子基电性使芳胺的碱性较弱，使重氮盐的亲电性又很强。在重氮化过程中虽然酸量充足，由于酸浓度降低，有水解游离出来的胺产生偶氮氨基化合物。可在足够量碎冰中用尽可能短的时间（5~20s）完成重氮化，如 2,4-二氯氟苯；或在浓硫酸中用亚硝基硫酸重氮化，如 2,4,5-三氯酚、2,4,6-三氯苯。

用氢溴酸作为重氮化的酸比使用盐酸的反应速度快得多，而使用硫酸又比用盐酸慢些，实际上重氮化的反应速度都很快，通常只用硫酸和盐酸；只在重氮基被溴取代的反应中才使用氢溴酸；硫酸的亲核性最差，在重氮基的亲核取代中常使用硫酸作为重氮化的酸以避免其它亲核基团与正反应竞争；氟硼酸（HBF_4）只在氟取代时使用——常是以其它负离子的重氮盐与 HBF_4 或 $NaBF_4$ 交换被溶析分离。

二、芳胺的影响

不同取代的芳伯胺，依其碱性强弱、成盐难易、重氮盐的水溶解度以及重氮化后的反应条件而采取不同方法、不同条件重氮化。

1. 强碱性的芳胺

推电子基取代的强碱性的芳胺与无机酸生成易溶于水而稳定的铵盐，它们的重氮盐比较不稳定，如：虽然芳基正电荷不被 π 体系分散，但甲基诱导的影响使 Ar^+ 稳定、使重氮基容易分解，重氮化的反应温度应控制在 5℃以下，操作时间也不允许太长，否则分解严重，并且"铁"对其分解有催化作用。

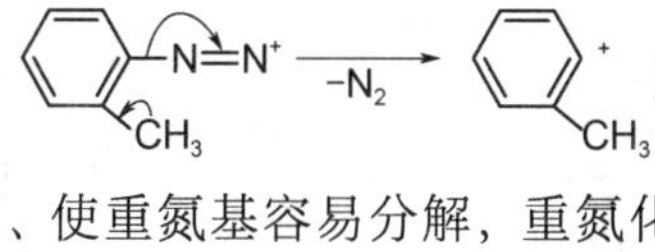

2. 较弱碱性的芳胺

芳胺环上有羧基、两个卤原子、甚至有硝基时，拉电子的影响使氨基的碱性较弱，其盐的水溶解度比较小，也容易水解开。如：2,4-二氯苯胺与稍多于等摩尔的稀盐酸甚至加热也不能完全成盐，总有相当部分油状或结晶的游离胺；与 2mol 盐酸可以完全成盐溶解，用一般方法重氮化的过程中生成多量偶氮氨基化合物固体物；如果与 2.5mol 盐酸一起研磨成糊状，向其中加入 500~550g 碎冰，足以吸收 1mol 芳胺重氮化放出的热量，在 10s 以内加入 1.05mol 亚硝酸钠溶液，搅拌 2~3min 使最后的小颗粒重氮化完毕，反应物基本清亮，只有很少的偶氮氨基物。此方法具普遍意义。

3. 弱碱的芳胺

这类芳胺受更强拉电子基的影响碱性更弱，如含两个及以上拉电子基的芳胺，比如：氨基蒽醌、2,4-二硝基苯胺、2,4,5-三氯苯胺，与稀无机酸不能生成稳定的盐而不能在水条件重氮化，必须用浓硫酸溶解、100%成盐，用亚硝基硫酸重氮化，它是极强的 $^+N=O$ 供给剂，只用计算量或者稍多（1.03mol）亚硝酸钠加入至冷却着的浓硫酸中制得。在与浓硫酸中的芳胺（盐）反应时由于热量抵消而放热不大，生成的硫酸重氮盐在硫酸溶剂中由于 HSO_4^- 在体系中的平衡而相当稳定，重氮化过程几乎不用再冷却，其重氮盐甚至冲水后也要加热煮沸才被水解。

$$3H_2SO_4 + NaNO_2 \xrightarrow[<40℃]{H_2SO_4} HO-SO_2-O-N=O + NaHSO_4 + H_3O^+HSO_4^-$$

$$Ar-NH_2 \cdot H_2SO_4 + HO-SO_2-O-N=O \longrightarrow Ar-N_2^+ {}^-OSO_3H + H_3O^+ + HSO_4^-$$

4. 氨基苯磺酸的重氮化

氨基苯磺酸是内盐，难溶于水，重氮化前将它制成细小结晶以便于反应；也可以将氨基苯磺酸钠与 $NaNO_2$ 溶液一起加入 10℃ 以下的稀硫酸中进行重氮化，由于生成的重氮盐也是内盐结晶（磺酸重氮盐）难溶于水，反应缓慢，为此，要稍长些的反应时间及稍过量的（1.1mol）亚硝酸钠，这类重氮盐结晶是比较稳定的。

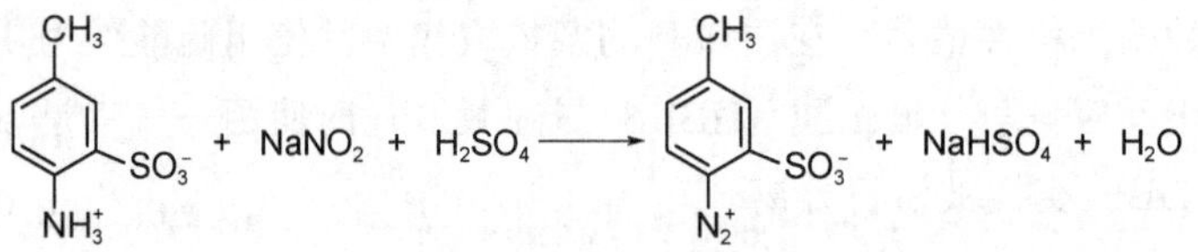

5. 二氨（胺）类的重氮化

邻苯二胺：首先在一个氨基重氮化，另一个氨基受重氮正离子的影响、碱性很弱，铵盐容易水解开，不是继续重氮化，而是依成环规律的原因在分子内生成偶氮氨基化合物的五元环——苯并三氮唑；将一个氨基乙酰化并不能起到保护的作用，这个氨基还保留着一个氢原子，乙酰化的氨基是游离的，更便于与重氮正离子脱去质子环合，生成 N-乙酰-苯并三氮唑。

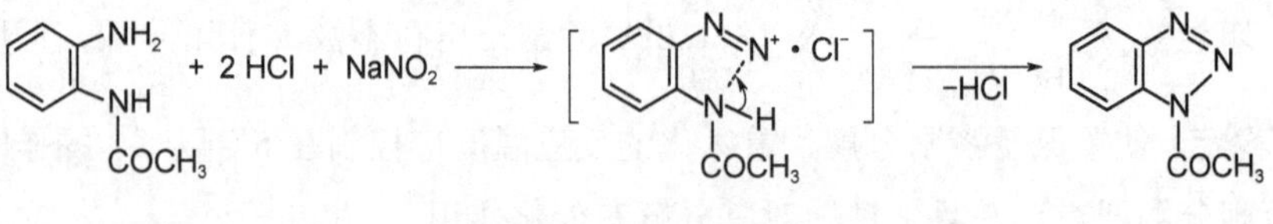

只有将其中一个氨基完全保护，即使得一个氨基没有可取代的氢；另一个氨基可以进行重氮化及以后的反应；再水解酰胺。

完全保护是用邻苯二甲酸酐完成的，苯二甲酸酐与甲醇溶液中的邻苯二胺在低温即能迅速完成第一步的 N-酰化；第二步是在酸作用下及温热完成五元环的二酰亚胺。

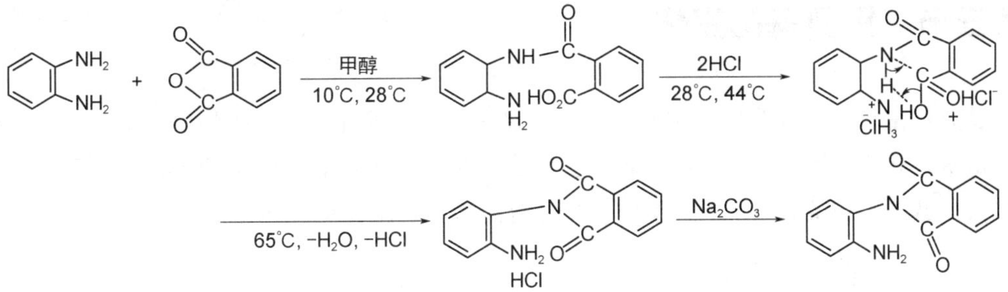

对苯二胺：重氮化首先在一个氨基发生，另一个氨基在重氮正离子的影响下碱性较弱，为防止产生偶氮氨基化合物应事前将一个氨基酰化保护，如果两个氨基都要重氮化，是在浓硫酸中向亚硝基硫酸中加入，以确保完全重氮化。

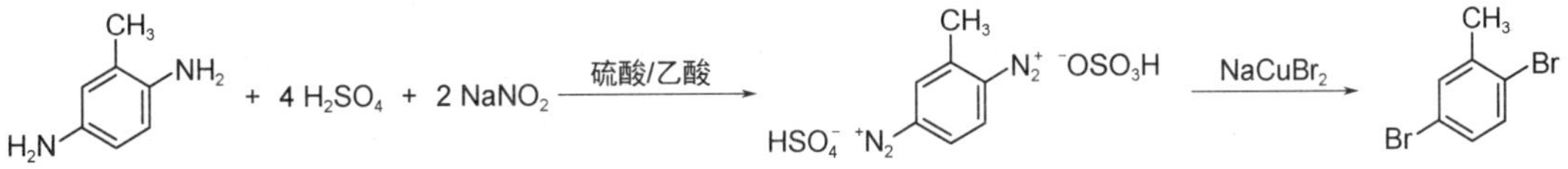

间苯二胺：是较强的二胺，第一个氨基重氮化以后，其拉电子效应在芳环诱导传递对于间位氨基的影响比较小；第二个氨基仍容易重氮化。

三、重氮化的反应温度

芳胺的碱性越强也越容易重氮化，其重氮盐也比较不稳定，在水溶液中进行的重氮化一般控制在 5℃以下进行，操作时间也不宜太长；在连续反应的过程中重氮盐不作停留，这种情况的重氮化可以在 20~30℃乃至更高温度进行，如 2-溴甲苯、2,4-二甲基溴苯。

在浓硫酸中用亚硝基硫酸重氮化，生成的重氮盐要稳定得多，也没有其它亲核试剂干扰，可以在稍高的温度 35~40℃进行。

为了减少由于操作时间太长造成重氮盐的分解及副反应，应该使用高效冷却；如果稀的反应物水溶液对以后的反应无妨，则用 500g 碎冰对 1mol 氨基的重氮化放热的冷却已经足够使重氮化能在-5~7℃、10~20s 内完成——亚硝酸钠溶液是倾加的。

四、亚硝酸钠

重氮化是定量反应，应该准确计算；如果不足就会有过剩芳胺的盐，在后处理时可能有偶氮氨基物生成；如果亚硝酸钠过量，亚硝酸或氮氧化物可能有氧化作用，重氮化的终点就是利用亚硝酸的氧化作用使（淀粉-碘化钾）试纸显蓝色；因为过剩的亚硝酸处理很方便，建议使用稍过量的亚硝酸钠，一般为计算量的 102%~103%，反应完成后用尿素或氨基磺酸分解掉，尤其是氨基磺酸和亚硝酸的反应很快，几乎立即反应，分解放出氮气，如下式：

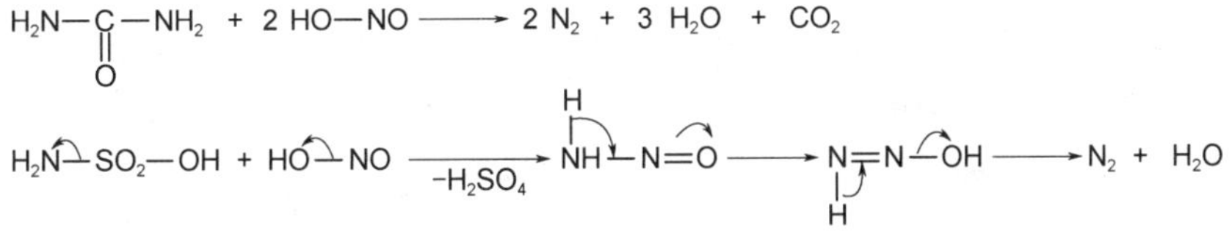

第三节　重氮基的变化

重氮化是有机合成重要的中间过程，通过它可以完成许多单分子的亲核取代（S$_N$1）及按自由基方式的分解取代；依底物特性、目的产物及反应条件的不同，反应过程可以是离子的或自由基的，通常只是不同侧重的结果，有时产物也比较复杂。

一、离子的取代反应

重氮盐—N$_2$作为离去基离去生成芳基正离子，其与亲核试剂——负离子或有未共用电子对的中性分子的结合是离子反应，是与其它亲核试剂同时进行、相竞争的亲核取代。

$$Ar{-}N_3^+X^- \longrightarrow Ar^+ + X^- \longrightarrow Ar{-}X$$

反应中，第一步重氮盐的分解是慢步骤，芳核上取代基，溶剂效应决定重氮盐单分子分解的反应速度，与重氮盐的负离子部分无关；在重氮盐芳基的邻位有推电子基使分解产生芳基正离子的能量较低，该重氮盐就比较不稳定；拉电子基使芳基重氮盐的稳定性提高。例如：2,4,5-三氯苯重氮盐在 60%~70%硫酸中水解（羟基取代），要在 140℃才完全水解。而 2,6-二甲基苯重氮盐的分解温度为 23℃。第二步，芳基正离子与亲核试剂的结合是相竞争的，活泼的芳基正离子及较高的反应温度显示较差的选择性。

1. 重氮基被 OH、Cl、Br、I 的取代

重氮基的羟基取代为避免其它亲核试剂相竞争，只使用硫酸作为重氮化的酸，重氮化以后在酸水条件加热分解，完成羟基取代，产率较高。

2,4-二甲酚　M 122.17，mp 27~28℃，bp 210℃，d^{20} 0.9650，n_D^{20} 1.5420。

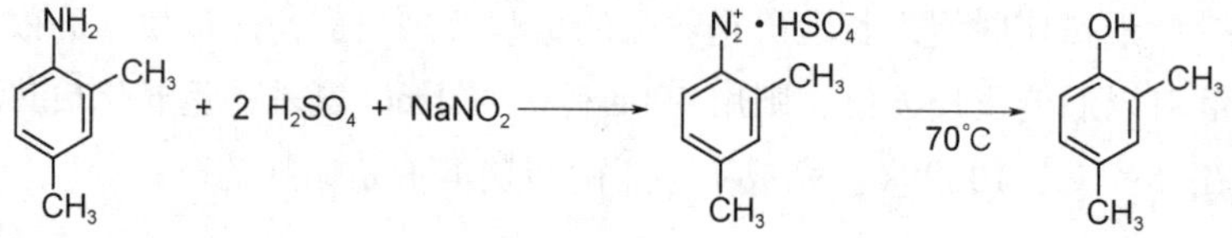

1L 烧杯中加入 300mL 水搅拌下加入 250mL 浓硫酸（应减少至 150mL 以内），搅拌下趁热加入 121g（1 mol）2,4-二甲基苯胺，溶入后快速搅拌下冷却以析出细小结晶，外用冰盐浴冷却，搅拌着，控制 15℃左右（必要时可以内加冰）从液面下慢慢加入 75g（1.05mol）亚硝酸钠溶于 100mL 水的溶液，加完后得清亮的重氮盐溶液。

将以上重氮盐溶液分次加入 80℃水浴加热的烧瓶中以分解、完成取代，反应放出大量的氮气，在回流分水装置作水汽蒸馏，得 96~100g（产率 78%~82%）。

2,4,5-三氯苯胺受三个氯原子拉电子的影响，氨基的碱性不便在水条件与无机酸生成稳定的盐；在浓硫酸中用亚硝酰硫酸重氮化，受拉电子基的影响，重氮盐相当稳定，稀释至 50%~60% H$_2$SO$_4$，加热煮沸（140~150℃）才能水解完全。

2,4,5-三氯酚　M 197.45，mp 68~70.5℃，bp 244~248℃。

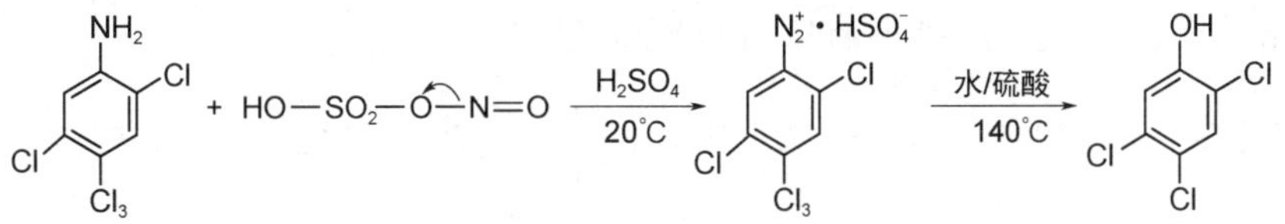

10L 三口烧瓶中加入 2L 浓硫酸，搅拌下加入 590g（3mol）2,4,5-三氯苯胺，中和放热，必要时加热使其成盐溶解；冷却控制 20℃左右，搅拌着慢慢加入如下配制的亚硝酸钠溶液：2L 烧杯中加入 1.8L 浓硫酸，冷却保持 35℃以下，搅拌着慢慢加入 240g（3.4mol）干燥的亚硝酸钠，勿使放出 NO 以减少损失（有部分 $NaHSO_4$ 析出）。此重氮化反应的热量变化不大，加完后再搅拌半小时。

水解：15L 烧瓶中加入 2L 水，搅动下将上面重氮盐溶液慢慢加入，由于硫酸稀释放热，可达 110℃，加完后加热回流 3h（140℃），放冷后滤出结晶[●]。水洗，得棕色熔块 500g，用 2L 5% NaOH 溶液加热煮沸溶解，脱色过滤，用盐酸酸化，放置过夜。次日倾去水层，水洗，得棕色熔块 400g（产率 67%），减压蒸馏得白色产物。

其它酸（盐酸、氢溴酸）作为重氮化的酸，在羟基取代中，重氮盐的负离子部分、无机盐（NaCl、NaBr）及过剩酸是与之相竞争的其它亲核试剂，竞争的结果（产物的比率）与芳基正离子的稳定性及亲核试剂的活性及其浓度有关。在使用盐酸的重氮化及热分解中，由于 Cl⁻ 的亲核性较弱，尤以水量占绝对优势及重氮盐芳核拉电子基的影响使芳基正离子有更强的活性而选择性较差，主要是羟基取代。如：间氨基苯乙酮，用盐酸作为重氮化的酸，加热水解得到 60% 间羟基苯乙酮和 10% 间氯苯乙酮。芳核上的推电子基使分解产物的电正中心稳定，卤代的选择性依其亲核性 I＞Br＞Cl＞H_2O 渐好，得到渐高产率的卤代产物。比如，邻甲苯胺、对甲苯胺使用氢溴酸重氮化及加热分解，受甲基的影响芳基正离子有一定的稳定性，得到 50% 羟基取代产物和 40%~44% 溴取代产物；又如，2,4-二甲苯甲胺使用过量的氢溴酸重氮化及热分解，受两个甲基的影响芳基正离子要稳定得多，有很好的选择性，较少羟基取代，溴代收率为 73%。

3-羟基苯乙酮 M 136.15，mp 96℃，bp 296℃、153℃/3mmHg；针状晶体，可溶于热水。

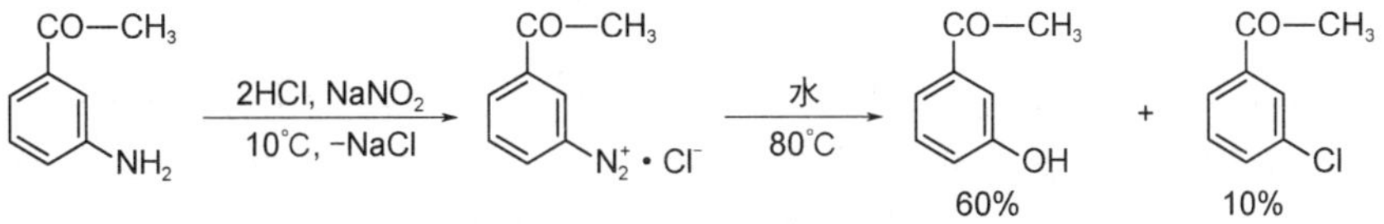

2L 三口烧瓶中加入 300mL（d1.15，3mol）盐酸及 300mL 水，搅拌下加入 135g（1mol）m-氨基苯乙酮，溶解后内加冰控制 10℃以下，搅拌着从液面下慢慢加入 73g（1.03mol）亚硝酸钠溶于 100mL 水的溶液。加完后，于沸水浴加热 4h 至很少有氮气放出。电加热作蒸馏至不再出油状物为止，分出得 15g 3-氯苯乙酮，GC 纯度 93%，bp 229℃，d1.191。

剩余物冷后滤出结晶，用 10% NaOH 溶解，脱色过滤，酸化，冷后滤出，吹洗及甩干，得 80g（产率 58%）。用沸水（30mL/g）重结晶，放冷至 50℃滤除首先析出的带有

[●] 水液先用甲苯提取，再提取硫酸溶液，以期回收、提高产率。

颜色的结晶；滤液放冷，析出的结晶为纯白色。

2-溴甲苯　M 171.04，mp $-26℃$，bp $181.7℃$，d^{20} 1.4232，n_D^{20} 1.5565。

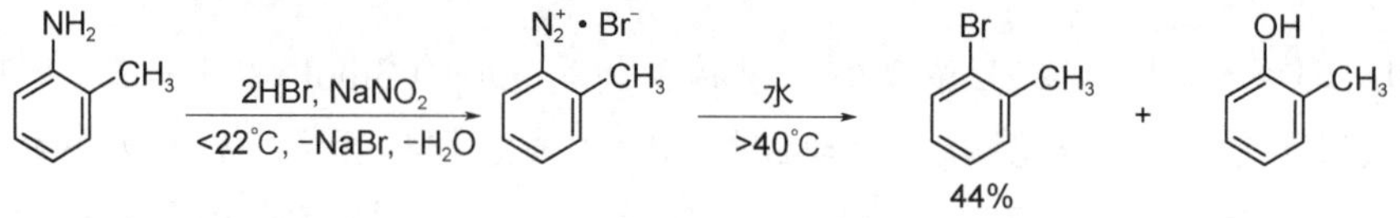

3L 烧杯中加入 2kg 45%（11.5mol）氢溴酸，搅拌下加入 540g（5mol）o-甲苯胺成盐溶解，冷后用冰水浴冷却控制温度在 22℃以下，搅拌着从分液漏斗慢慢加入 350g（5mol）NaNO$_2$ 溶于 500mL 水的溶液；重氮化的前后已开始有分解取代。加完后将重氮盐溶液慢慢加入到 10L 烧瓶中的 2kg 45%氢溴酸中（50℃以上），冷后分取油层得 630g 2-溴甲苯及 2-甲酚的混合物，酸水层为 3.7L。

再如上重氮化，每次都要添加 1.2L 前次分出的酸水以便搅拌，重氮化以后将反应物加入至前次剩下的、加热了的酸水中加热分解取代（不另加新的氢溴酸），每次分出的油层[1]610~630g 这样重复三次，以上共四次，投入 2-甲苯胺 2.16kg（20mol）、45%溴氢酸 10kg（56mol）、亚硝酸钠 1.4kg（20mol），分出油层混合物 2.5kg。

分离：以上 2.5kg 混合物油层，与 1L 水及 1.43kg（40%，14mol）氢氧化钠溶液充分搅拌，水汽蒸馏或只用碱提取去除 2-甲酚，分出 2-溴甲苯以浓硫酸冷洗两次，水洗，干燥后分馏，收集 179~182℃馏分，再减压蒸馏，得无色产品 1.4kg（产率 41%）。

碱水提取液水汽蒸馏，蒸除最后的 2-溴甲苯及少许 2-甲酚。然后酸化，分出 2-甲酚粗品。常压分馏，产品无色（产率 32%~34%），mp 31℃，bp 191℃，d^{20} 1.027。

2,4-二甲基溴苯　M 185.07，mp 0℃，bp 205℃、84℃/14mmHg，d 1.370，n_D^{20} 1.5520。

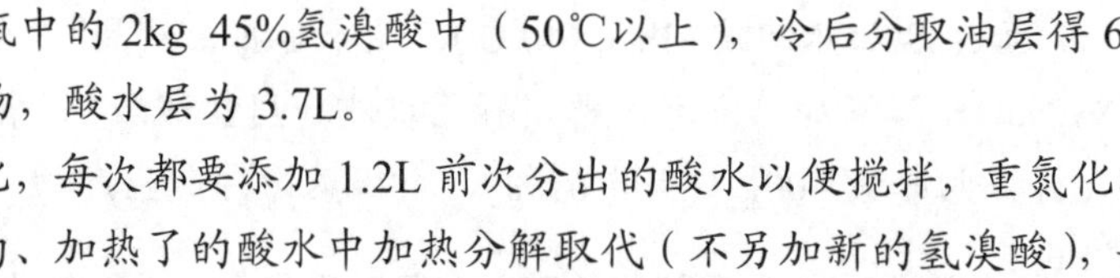

5L 烧杯中加入 610g（5mol）2,4-二甲基苯胺及 3.75L（d 1.45，30mol）氢溴酸，迅速搅拌成细小结晶析出，控制温度在 15℃以下，搅拌着用分液漏斗从液面下慢慢加入 385g（5mol）亚硝酸钠溶于 400mL 水的溶液，开始时由于结晶稠厚、搅拌不起来，反应不是很好，有 NO$_2$ 放出，加了一些就好许多。重氮化以后将反应物加入至热的有回流冷凝器的 10L 烧瓶中，立即分解放出氮气，反应缓和后于沸水浴加热保温 3h。水汽蒸馏蒸出粗品至无油状物分出为止[2]，以 10% NaOH 洗三次，水洗，干燥后减压分馏，收集 80~84℃/13~15mmHg 馏分，得 680g（产率 73%）。

---

❶ 以最后的"废氢溴酸"作水汽蒸馏回收残留的 2-溴甲苯及 2-甲酚。同法制取 4-溴甲苯及 4-甲酚。
❷ 应直接分出粗品，只将酸水作水汽蒸馏以收尽有机物，将蒸出的有机物与分出的粗品合并，再以 10% NaOH 洗除羟基取代物，酸化回收 2,4-二甲酚。

完全相同的方法制取 2,6-二甲基溴苯，在 23℃就有重氮盐分解溴代，而 2,4-二甲基苯重氮溴化物的分解溴化是在 26℃开始。

碘代反应，由于碘原子半径较大，价电子受原子核的吸引约束力比较小，在溶剂中的氢键结合比较松弛，极化程度较高，与碳正中心接近时其外层电子伸向碳正中心。所以，无论负离子是 Cl^- 或 HSO_4^- 重氮盐，在与 I^- 作用时，芳核上其它取代电效应影响芳正离子的稳定性，较高能量的 Ar^+ 选择性较差，碘代产率较低，如 3-硝基碘苯 54%；推电子影响的 Ar^+ 能得到较好产率，如 4-碘酚 70%、碘苯 76%、4-碘甲苯 90%。

重氮基的碘取代反应中，亲核试剂不只是 I^-，碘负离子被重氮基的氧化有碘生成，在溶液中生成 I_3^- 作为进攻实体；在用盐酸作为重氮化的酸时，由于水介质对 I^- 的氢键结合比和对 Cl^- 的结合松弛，在反应中有以下交替。

$$Ar-N_2^+ \cdot Cl^- + I^- \longrightarrow Ar-N_2^+ \cdot I^- + Cl^-$$

4-碘苯酚　M 220.21，mp 93~94℃，bp 138~140℃/3mmHg，d^{112} 1.857。

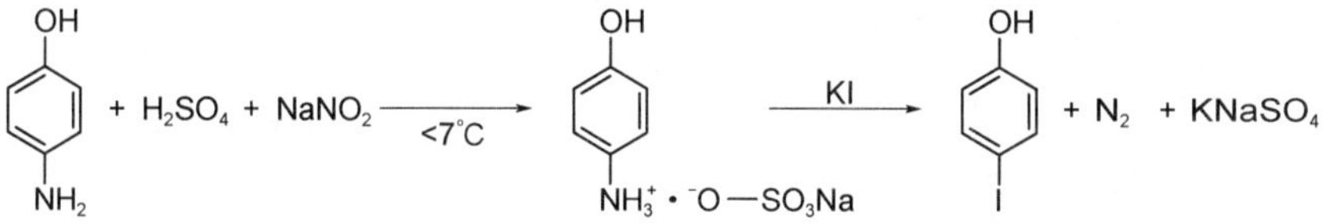

2L 烧杯中加入 0.5L 水，搅拌下加入 120g（1.2mol）硫酸、109g（1mol）4-氨基酚（mp 182~183℃，分解），搅拌使溶解。冷后再加入 38g（共 1.58mol）浓硫酸，混匀，内加冰控制 7℃以下从分解漏斗慢慢加入 72g（1.02mol）亚硝酸钠溶于 150mL 水的溶液，加完后再搅拌 10min，将重氮盐溶液移入 5L 烧杯中，搅拌下慢慢加入 200g（1.2mol）碘化钾溶于 200mL 盐水的溶液，加入 1g 铜粉以加速反应（此加入顺序应当颠倒），加完后于水浴加热至停止放出氮气；冷后分取下面重质油层及结晶物，水层用氯仿提取三次（3×165mL），提取液与分出的粗品合并，用 10%硫代硫酸钠溶液洗去游离碘，油浴加热回收溶剂，剩余物减压分馏，收集 138~140℃/3mmHg 馏分，用 2L（90~120℃）石油醚重结晶，得 148~150g（产率 67%~68%），mp 94℃，外观无色。

同法制得：碘苯 76%；4-碘甲苯，粗品产率 92%，GC 纯度 97%。

3-碘硝基苯　M 249.01，mp 38.5℃，bp 285℃；黄色至橘黄色结晶。

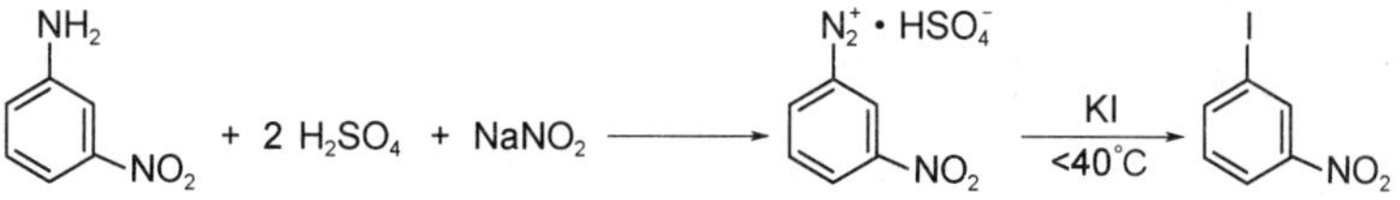

5L 烧杯中加入 420g 浓硫酸，搅拌下加入 270g（2mol）3-硝基苯胺，溶解后慢慢加入 2kg 碎冰，维持 5℃左右从分液漏斗慢慢加入 140g（2mol）亚硝酸钠溶于 0.5L 水的溶液，反应液基本清亮，过滤后使用。10L 体积的瓷罐中加入 1.8L 热水及 560g（3.4mol）碘化钾，搅拌使溶，维持 40℃以下慢慢加入以上重氮盐溶液，立即反应，放出氮气，冷

后分取下面油层及结晶，热水洗，以 10%硫代硫酸钠洗，再水洗，冰冷，滤出结晶，风干得粗品。

精制：以上粗品溶于己醇（5mL/g）中滤清；回收己醇，冰冷滤出，风干，精制的收率 75%；或用 600mL（60~90℃）石油醚反复回流提取，风干后得 220g（产率 44%），mp 35~36℃。

可依此扩大 15 倍生产。

相同的方法制取 2-硝基碘苯，mp 56.5℃。

1-萘重氮盐非常活泼，在重氮化过程中温度稍高就开始分解，离子反应产生酚及自由基偶联产物，常以复杂的沥青状物出现，为了提高正常产物的收率，维持碘化钠溶液在 50℃左右慢慢加入重氮盐溶液，让它们一经接触就立刻反应掉，用水汽蒸馏把正常产物从沥青状物中分离出来。从 1-萘胺重氮化的分解取代都发生类似的情况；而 2-萘胺重氮化的分解取代都能得到尚可的产率。

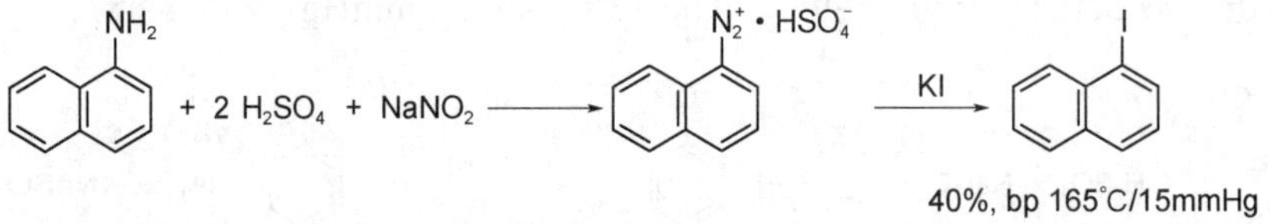

40%, bp 165℃/15mmHg

2. 重氮基被氟取代

氟的原子半径很小，外层电子受原子核的吸引束缚的比较紧，和水有很强的氢键，不可能在水溶液中完成重氮基的氟取代；氟取代是通过干燥的氟硼酸重氮盐的加热分解完成的，这样就完全避免了氢键络合，是将氟引入芳核的常用方法。

氟硼酸溶液加入无过剩亚硝酸的重氮盐溶液中，溶解度较小的氟硼酸重氮盐结晶（羽状）立即析出并放热。滤出、水洗、醇洗，风干后在配有蒸馏或回流冷凝器的烧瓶中热分解、完成氟取代，同时放出 N_2 和 BF_3 气体；在加热分解时也不大容易控制，产率也较低。纯的、干燥的氟硼酸重氮盐比较稳定，有一定熔点（分解点）；如果氟硼酸重氮盐不纯，尤其那些活泼、熔点较低的氟硼酸重氮盐在风干时就缓慢分解并逐渐加快。

氟硼酸重氮盐的分解取代是单分子反应，中间体不一定涉及单独的芳基正离子，作为亲核试剂的也不是单独的 F^-，而苯基正电中心从 BF_4^-（$F_3B F^-$）夺取 F^-，完成氟取代的同时放出 N_2 和 BF_3，很少副产物是联芳基化合物；取代位置受芳核原有取代基（重氮基）的支配，正好和对芳基正离子的亲核取代一样是带正电荷的中间体，自由基反而不大受原取代基的支配；从制取氟苯的蒸馏底子中收集到占氟苯比率 1/30（3.3%）的 4-氟联苯，是自由基反应产生的。生成氟苯的反应，如果是分子间发生的，则应该产生很多更为复杂的联芳基化合物。因而可以认定氟硼酸重氮盐的分解氟取代是分子内（顺式）分解，很少涉及芳正离子。

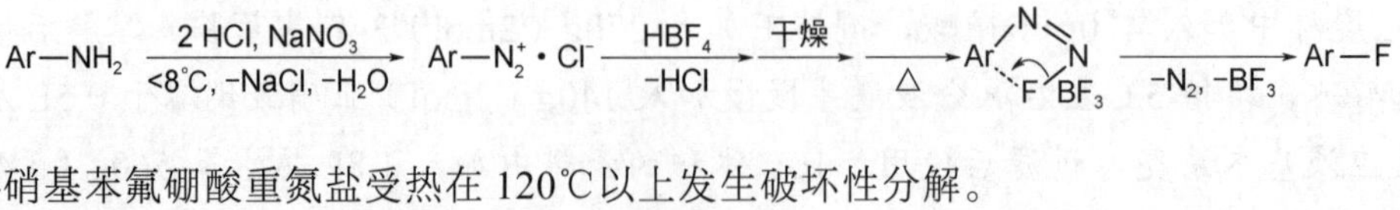

2-硝基苯氟硼酸重氮盐受热在 120℃以上发生破坏性分解。

氟硼酸重氮盐的热稳定性亦见第十四章概述部分。

三氟化硼 BF_3 硼原子的价电子层不完整，很容易和有未共用电子对的原子形成配键络合物，如：BF_3 通入乙醚中生成 $(C_2H_5O)_2O \cdot BF_3$，bp 128℃，d^{20} 1.13，BF_3 为平面结构，没有极性，几乎不溶于水；与冷水反应甚慢，遇空气发白烟，对热稳定，无可燃性，mp -160℃，bp -110℃。溶于氟酸生成氟硼酸，与热水（50~55℃）分解转化为氟硼酸及硼酸，借以回收，如下式（以钾盐、重量法测定 HBF_3 的含量）：

$$BF_3 + HF \longrightarrow HBF_4$$

$$BF_3 + 3H_2O \xrightarrow[50~55℃]{} [3HF + H_3BO_3] \xrightarrow{3BF_3} 3HBF_4 + H_3BO_3$$

氟硼酸的配制：用稍过量的 40% 氢氟酸溶解硼酸，放热，必要时冷却，得氟硼酸溶液。

$$H_3BO_3 + 4HF \longrightarrow HBF_4 + 3H_2O$$
$$\text{bp} > 150℃（分解）$$

3-氟甲苯　M 110.13，mp -87.7℃，bp 116℃，d^{20} 0.9986，n_D^{20} 1.4691。

2L 烧杯中加入 500mL 30%（5mol）工业盐酸，搅拌下加入 535g（5mol）间甲苯胺，冷后滤出盐酸盐结晶，母液脱色处理、冷后首先使用。

2L 烧杯安装机械搅拌、温度计、伸入液面下的分液漏斗及冰盐浴。

烧杯中加入 600mL 30%（6mol）工业盐酸，搅拌下加入 1/2 上面脱色处理过的盐酸盐母液，立即析出盐酸盐结晶，搅拌及冷却控制温度在 8℃ 以下，开始慢慢加入 350g（5mol）亚硝酸钠溶于 400mL 水的溶液，同时，以快于加入亚硝酸钠溶液的速度加入另一半盐酸盐母液及结晶——只要搅拌方便就加盐酸盐，直至加完。重氮化完毕，继续冷却至 5℃ 以下，使用手动搅拌，一次性地加入如下配制并冷至 5℃ 以下的氟硼酸溶液，立即析出大量结晶，迅速搅拌均匀，继续冷却和搅动，20min 后滤出结晶（橘红色）。滤干后以 150mL 冰冷的乙醇冲洗，风干得 680g（产率 68%），外观仍有粉红色，mp 93℃（分解）。

氟硼酸溶液：310g（5mol）硼酸溶于 1kg（20mol）40% 氢氟酸中，放热，放冷备用。

分解：上面干燥的氟硼酸重氮盐加入至 5L 烧瓶中，安装蒸馏冷凝器及冷却着的受器供收集 3-氟甲苯使用。小心用酒精灯在局部加热分解，放出的 BF_3 用 50~55℃ 热水或氟酸吸收，氮气放空；最后用电热加热使分解完全并蒸出，所得粗品水洗一次，得 290g（分解产率 81%，按 m-甲苯胺计算产率为 52.7%）[1]。

采用完全相同的方法，从 4-甲基苯胺制取 4-氟甲苯的产率稍有提高。

---

[1] 产率低的原因是重氮盐分解时有产物被气体吹走损失，要改善冷却条件；提高产率的关键是重氮盐母液的重复使用，其方法是：没有被分解的冷却着的全部重氮盐母液补加 200mL 30% 盐酸重复使用一次，因为母液中的重氮盐总有分解，最终产率只提高到 64%。

氟代苯　M 96.11，mp -41.2℃，bp 85.1℃，d 1.0225，n_D^{40} 1.4684。

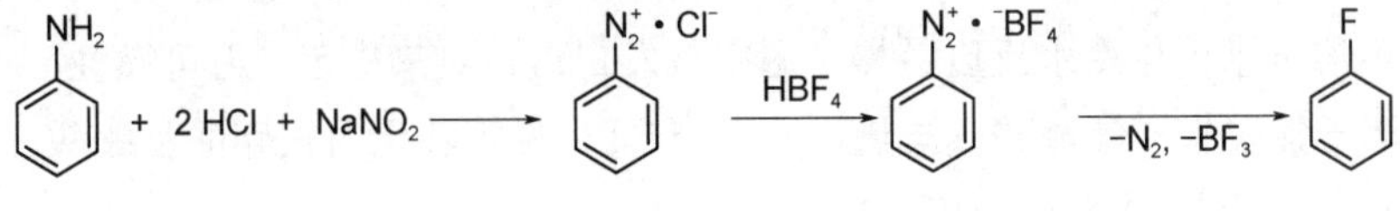

5L 烧杯配置机械搅拌、温度计、伸入液面下的分液漏斗及冰盐浴冷却。

烧杯中加入 650mL d 1.15 30%（6.5mol）盐酸，搅拌下加入 94g（1mol）苯胺，析出盐酸苯胺细小结晶，控制 0~5℃[1]，搅拌着从液面下慢慢加入 360g（5.14mol）亚硝酸钠溶于450mL 水的溶液，当加入接近 1/5 或者容易搅拌后即开始加入共计 540g（4mol）析干的盐酸苯胺，在亚硝酸钠溶液还剩 1/5 时把盐酸苯胺加完，约 3h 重氮化完毕。继续冷却至 5℃以下改用手动搅拌，一次性地加入冷至 5℃以下的如下氟硼酸溶液，立即析出大量结晶。迅速搅匀，继续冷却和搅动，约 20min 后滤出结晶（母液冰冷留用[1]），用冰水冲洗一次，再用150mL 乙醇冲洗，洗去颜色和酚以便干燥，风干后得 660g（产率 68%）[2]，外观淡紫色。

分解：5L 烧瓶中加入上面干燥的氟硼酸重氮盐作蒸馏装置，使用冰冷的受器收集蒸出的氟苯，小心用酒精灯加热局部分解，最后用电加热使完全分解并蒸出（BF$_3$ 用 50~55℃热水或冷氟酸吸收），粗品水洗，得 260g（分解产率 80%）。分馏收集 84~86℃馏分，得238g（产率 49.5%，按苯胺计）。[3]

4,4'-二氟联苯　M 190.19，mp 88~81℃，bp 254~255℃。

a. 重氮化

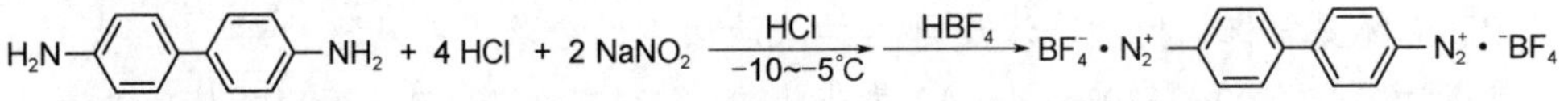

氟硼酸溶液：塑料杯中加入 208g（3.36mol）硼酸粉末用 444g 60%或 666g 40%（13.4mol）氢氟酸分三次溶解硼酸，放热，得氟硼酸溶液，冷却备用。

5L 三口烧瓶中加入 1.1L 30%（11mol）盐酸，搅拌下加入 280g（1.5mol）研成细粉的工业联苯胺，并于沸水浴加热 2h 使成二盐酸盐，立即冰冷。

用冰盐浴冷却控制反应温度在-5℃以下，搅拌着于 2h 左右从分液漏斗慢慢加入 232g（3.2mol）亚硝酸钠溶于 800mL 水的溶液，加完后再冷却搅拌半小时，并冷至-10℃，将冰冷的氟硼酸溶液以较快速度加入，再冷却搅拌半小时，冷至 10℃以下，滤出，冰水冲洗，以 200mL 甲醇冲洗，风干，得 390~400g（产率 8%），mp 135~137℃。

b. 分解

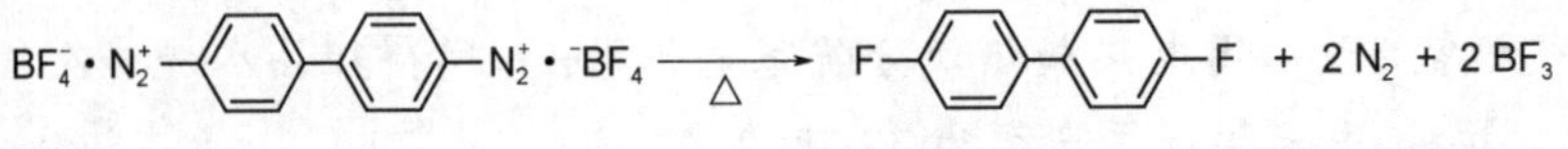

---

[1]　大面积制冷在低温操作以提高重氮盐的质量及稳定性；也便于保持母液的留存质量；母液补加 200mL 30%盐酸，全部使用 5mol 盐酸苯胺，氟硼酸重氮盐的产率（干）740~760g（产率 77%~79%）。如果使用更浓的盐酸：550mL d 1.18、36%（6.5mol）盐酸，6.25mol HBF$_4$，不使用母液，氟硼酸重氮盐的（干）产率是 74%。

[2]　产率低的原因是重氮盐的溶解损失。

[3]　缓慢分解，冷却的好可以减少产品被气体吹走损失，分解的粗品产率为 83%，分馏的头分及高沸物很少，高沸物水汽蒸馏收集到 7g 4-氟联苯。

1L 烧瓶中加入上面干燥的氟硼酸重氮盐，在回流冷凝器下小心用酒精灯以局部加热，最后用电加热至 160℃保温 1h，减压蒸馏，得 155~158g（产率 80%~81.5%），mp 88~89℃。

同法可制取 2-氯氟苯，bp 137.6℃，n_D^{30} 1.2233。

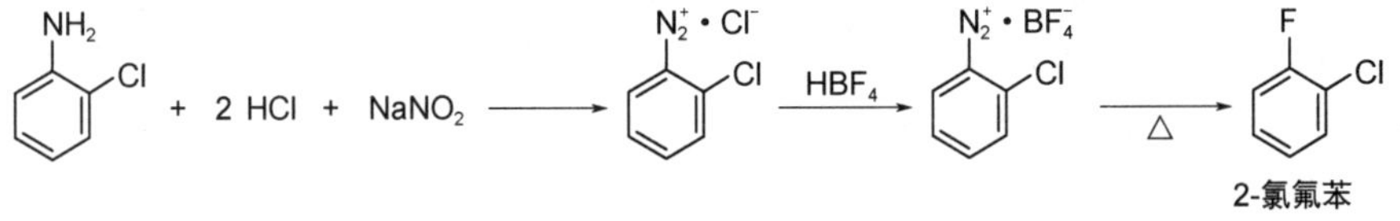

2,4-二氯氟苯　M 164.98，bp 174℃，d^{20} 1.4060，n_D^{20} 1.5265。

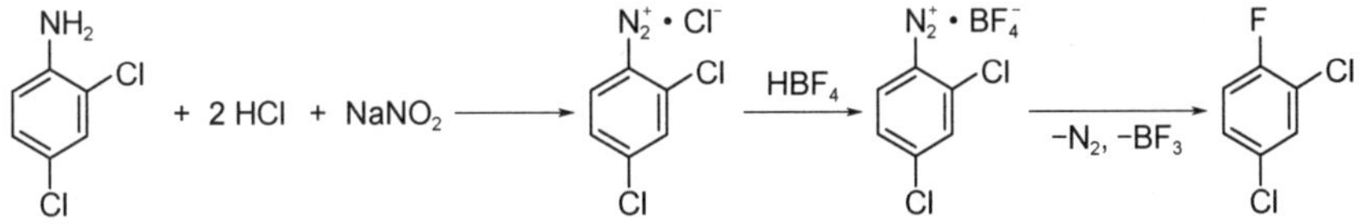

5L 烧杯中加入 396g（2mol）2,4-二氯苯胺与 500mL 30%（5mol）工业盐酸一起研磨的浆状物（研细至 60~80 目），同时配制以下两个溶液：

①亚硝酸钠溶液：155g（2.2mol）亚硝酸钠溶于 200mL 热水中，冰冷。

②氟硼酸溶液：124g（2mol）硼酸用 400g 40%（8mol）氢氟酸溶解，冰冷。

向 2,4-二氯苯胺二盐酸盐的浆状物中加入 1.1kg 碎冰（这些足以吸收重氮化放出的热量），搅拌着于 5s 内从烧杯中加入上面冰冷的亚硝酸钠溶液，加完后搅拌 3min，捞除未融化的冰，反应物基本清亮，只有很少偶氮氨基物向上浮动，还有不多未被重氮化的 2,4-二氯苯胺二盐酸盐颗粒沉在下面。用布过滤后仍用冰盐浴冷却至 5℃以下，搅拌着一次地加入上面冰冷的氟硼酸溶液，立即析出大量羽状氟硼酸重氮盐结晶；继续冷却和搅动，20min 后滤出结晶，冰水冲洗，再乙醇冲洗，风干得 334g（产率 64%）❶。

分解：1L 烧瓶中加入以上风干了的重氮盐，作蒸馏及 BF₃ 吸收装置，用酒精灯在局部加热，先融化而后慢慢分解，直至产生气体的反应缓和后再加热回流半小时；将反应物蒸出，水洗一次，得橘黄色粗品 189g（分解的产率 90%），用无水硫酸钠干燥后分馏，收集 172~175℃馏分（沸程稳定在 174℃），得 165g（产率 50%，按 2,4-二氯苯胺计）；头底水汽蒸馏以除去颜色，再分馏，可回收部分产品。

5-氟烟酸　M 141.10。

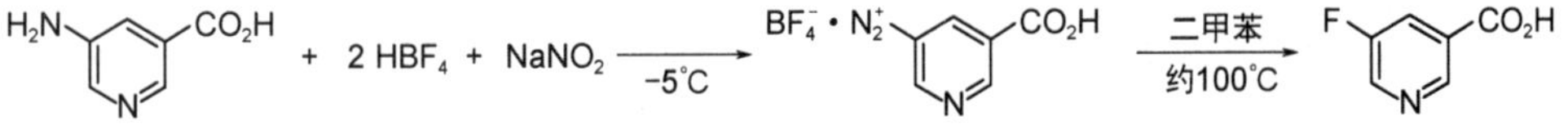

2L 烧杯中加入 70g（0.5mol）5-氨基烟酸及以下配制的氟硼酸溶液：93g（1.5mol）

---

❶ 产率低的原因是水溶解损失。为提高产率可增加 10%的氟硼酸用量，进一步冷却及母液重复使用一次。这个浓度搅拌已经困难，数量似不可减少。

硼酸慢慢加入至 300g 40%（6mol）氢氟酸中溶解，冰冷备用[❶]。为了搅拌方便再加入 340mL 四氢呋喃，冰盐浴冷却控制温度在-5℃以下，搅拌着用分液漏斗从液面下慢慢加入 34.5g（0.5moL）亚硝酸钠溶于 50mL 水的溶液，由于析出大量结晶不便搅拌，又加入 220mL 四氢呋喃，重氮化以后继续冰冷搅拌 1h。滤出氟硼酸重氮盐结晶，用冰冷的乙醇冲洗，再用四氢呋喃洗至近白色，干后得 77g（产率 65%）。

分解：1L 三口烧瓶中加入 500mL 二甲苯，搅拌加热保持 100℃左右，分若干次加入 119g（0.5mol）氟硼酸重氮盐，每次待剧热反应过后再加下一次，加完后加热回流 1h。冷后滤出结晶，用 10% Na_2CO_3 溶液溶解，脱色过滤，以稀盐酸调节至 pH 3，滤出析出的结晶，水洗，干燥后得 53g（产率 73%，按重氮盐计），mp 191~192℃。

3. 重氮基被硫基团取代

含硫基团如 S^{2-}、$R—S^-$、$Ar—S^-$、$NC—S^-$、$C_2H_5O—CS_2^-$，经常是它们的钠（或钾）盐，以及亚硫酸（SO_2），它们几乎是最强的亲核试剂，与中性或弱碱性溶液中的重氮盐或重氮酸的带有正电荷的氮原子迅速生成芳基重氮硫化物，随即分解放出氮气完成取代，生成芳基硫化物。特别注意：推电子基及硝基影响的重氮硫化物爆炸性的碎裂分解。

芳基重氮硫化物 $Ar—N{=}N—S—C(S)—OC_2H_5$（乙黄原酸重氮苯酯），因硫与氮原子间的结合有共价性质，难溶于水；其后的分解取代可以是离子型的，也可以是自由基型的；芳核上取代基及硫化物的性质对于其分解的形式起重要作用，在重氮基邻位的羧基、磺基化碱性条件成盐，使芳基正电中心稳定，芳基重氮硫化物迅速发生异裂分解，都能制得高产率的硫取代物。如 2 位有羧基的重氮盐加入到有过量碱的二硫化钠溶液中，其反应过程有观察到的清晰的次序：首先，$—S^-$ 与 N^+ 结合生成芳基重氮硫化物，以羧酸的形成析出橘红色的结晶；其后（<1s）才是羧基成盐（溶解），同时芳基重氮硫化物迅速异裂分解，放出氮气、生成芳基硫化物。

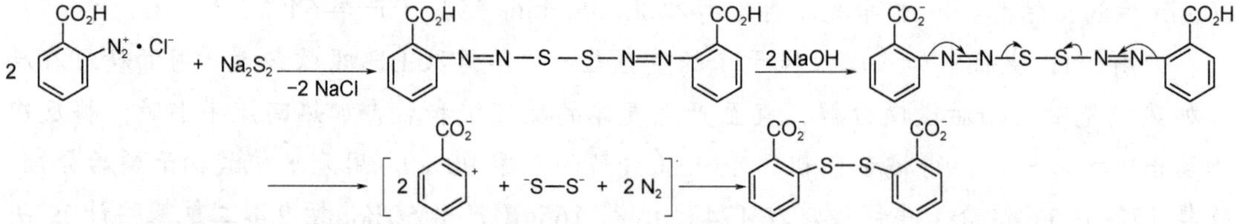

邻氨基苯甲酸、4-氨基甲苯-3-磺酸重氮化以后和 Na_2S_2、EtO—C(S)—SK 反应，以及在 Cu 粉催化下和 H_2SO_3（SO_2）的反应都得到满意的结果。

没有这些酸基团，甚至拉电子基团的影响，不溶于水的芳基重氮硫化物时常发生爆炸性的碎裂分解，是特别要注意的安全问题。

$$Ar{+}N{=}N{+}S—C(S){+}O—C_2H_5 \longrightarrow Ar\cdot + N_2 + CS_2 + \cdot CH_2—CH_3$$

$$CH_3{+}CH_2—O\cdot \longrightarrow CH_3\cdot + CH_2{=}O$$

例如：o-甲苯胺重氮化以后加入 10℃以下的乙黄原酸钾溶液中，首先生成不溶于水的乙

---

❶ 应该使用盐酸代替重氮化的酸。

原黄酸重氮-2-甲基苯酯Ar—N=N—S—C(S)—OC$_2$H$_5$（Ar = 2-甲苯基），它没有立即分解，而是积聚，加完不久发生了类似爆炸性的碎裂分解；在 60~70℃ 反应，重氮盐一经加入立即爆溅分解；又使该重氮盐和 Na$_2$S 反应，发生似乎更剧烈的爆溅分解［应该有(Ar—N=N—)$_2$S 生成］，溅在地面上的反应物风干后踩踏或撞击有火花发生；对甲苯胺重氮化的硫化制备也有诸如此类问题。又如：2-溴-5-硝基苯胺重氮化后和硫化钠反应，发生猛烈的碎裂反应。

S$^-$负离子是最强的亲核试剂，即使在强碱水溶液中进行硫取代，HO$^-$也不构成竞争。

硫代水杨酸（2-巯基苯甲酸） *M* 154.18，mp 165℃，168~169℃；白色略带微黄色针晶。

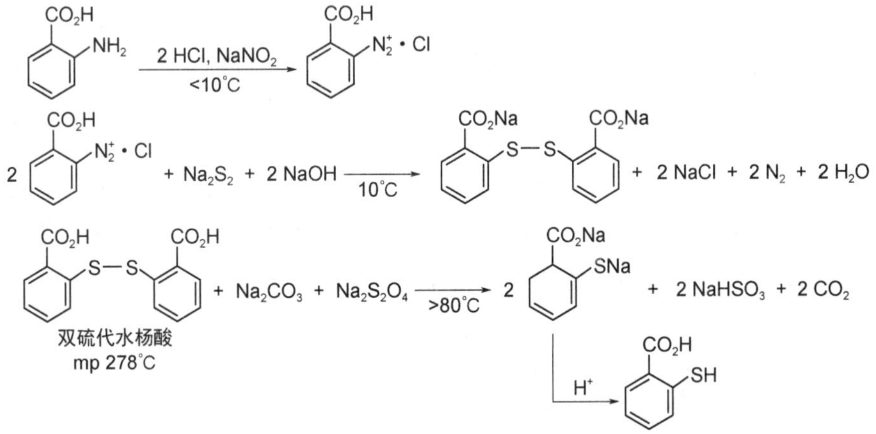

首先配制二硫化钠碱溶液：300L 敞开反应罐中加入 40kg（＞65%，＞330mol）工业硫化钠及 75L 水，加热搅拌使溶，再加入 10kg（330mol）硫黄粉，搅动下加热煮沸使硫黄溶消成二硫化钠，当冷至 50℃ 左右，搅动下慢慢加入 20kg（0.5kmol）氢氧化钠，溶解为橘红色溶液。

重氮化：外有套罐的 500L 容积的陶罐中加入 250L 水及 50L *d* 1.15（0.5kmol）工业盐酸，搅动下加入 68.5kg（0.5kmol）工业邻氨基苯甲酸，加热使溶，脱色过滤（对产品外观影响重大），在接近析出结晶时，搅拌下迅速加入 50L（0.5kmol）工业盐酸使析出细小结晶，冷后移去套罐中的水。用内加冰的方法控制反应物 5~10℃，搅拌着从液面向下慢慢加入 35kg（0.5kmol）亚硝酸钠溶于 50L 水的溶液，加完 5min 后加入 1.5kg 尿素溶于热水并放冷的溶液。

双硫代水杨酸：将二硫化钠溶液移入于 750L 陶罐中，如二硫化钠已经结晶可少加些水使基本溶化，内加冰控制 10℃ 左右，搅拌着于 1h 左右将上面的重氮盐溶液慢慢加入，加入的重氮盐溶液立即反应，析出橘红色结晶，随后立即成为钠盐溶入，同时分解放出氮气；反应物从开始的橘红色到最后变为黄绿色，最后仍有少许不溶物。加热至沸，趁热以盐酸酸化以分解无机硫化物。为了除去硫黄，再用碳酸钠粉末碱化至强碱性，于 80℃ 左右保温半小时，滤除硫黄，清亮滤液加热至 80℃ 左右，酸化后离心分离，充分水洗，干后得 77kg（产率 94%）。

还原：200L 开口反应罐中加入 150L 水，搅拌下加入 18kg（160mol）碳酸钠使溶解，之后加入 9.2kg（30mol）双硫代水杨酸，加热至 60℃开始慢慢加入 13kg 80%以上的（60mol）$Na_2S_2O_4$，升至 70℃以上开始猛烈反应，放出大量 CO_2，继续加热至 105℃保温 20min，稍冷的盐酸中和至刚有结晶析出，并使析出少量结晶以去掉颜色及部分杂质。过滤后趁热酸化，趁热滤出淡黄色结晶，水洗、再用含 SO_2 水洗，于 60℃左右烘干，得 8.5~9kg（产率 92%~97%），mp 151~160℃。

精制：用乙酸重结晶。

另法：[❶]

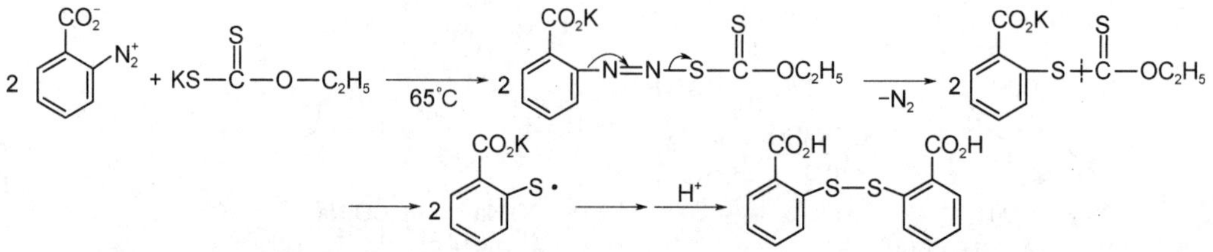

1mol o-氨基苯甲酸与 1.5mol 盐酸及 1L 水，重氮化以后用 Na_2CO_3 调节反应物为中性，慢慢加入至 65℃的 1.1mol 乙黄原酸钾的 25%溶液中，加完后加热至沸，脱色过滤，趁热酸化，滤出结晶，水洗，产率 95%，mp 273~278℃。

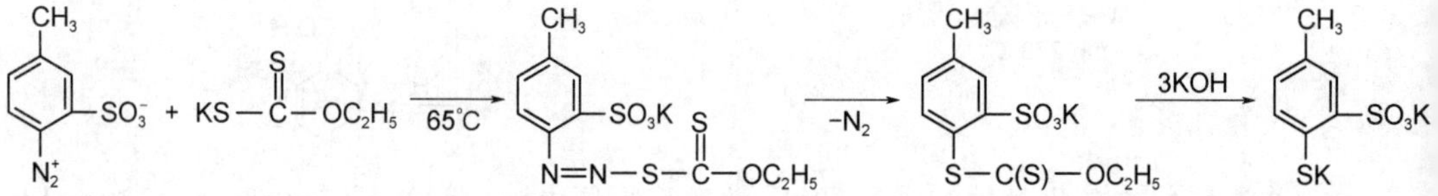

酸性条件，重氮盐在水条件与亚硫酸反应得到亚磺酸，是向饱和的 SO_2 水溶液中（其饱和溶解度约 7%）加入重氮盐并继续通入 SO_2，同时分若干次加入新鲜的沉淀铜粉，直至取样加入新鲜铜粉不再放出氮气表示反应完全。

甲苯-3,4-二磺酸钾

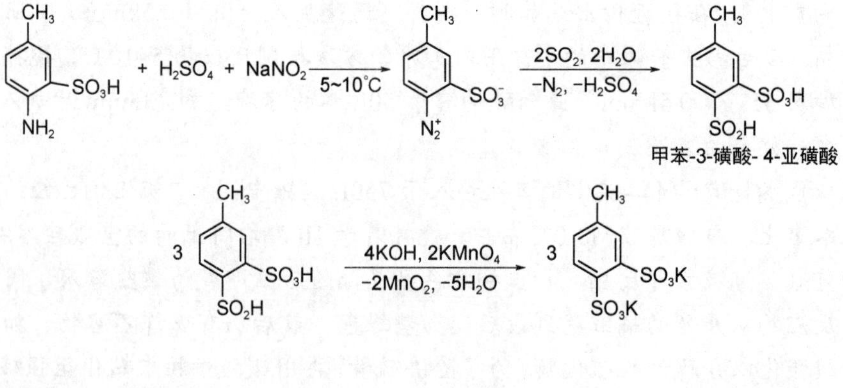

甲苯-3-磺酸- 4-亚磺酸

---

❶ 与本方法不同的是，4-氨基甲苯-3-磺酸重氮化以后加入 60~70℃乙黄原酸钾中，立即反应生成乙原黄酸重氮-(4-甲苯-2 磺酸钾)苯酯，它立即分解放出氮气，生成比较稳定的乙黄原酸-(4-甲苯-2-磺酸钾)苯酯，进一步在碱条件水解，产物是硫基取代。

10L 容积的小搪瓷桶中加入 935g（5mol）4-氨基甲苯-3-磺酸及 4L 水，搅拌下慢慢加入 40% NaOH 中和磺酸至 pH 8 使溶解，迅速搅拌及冷却下以 30%硫酸酸化使磺酸成细小结晶析出。反应物中加入 1.6kg（50%，8mol）冷的硫酸，内加冰控制温度 5~10℃，搅拌着从液面下慢慢加入 390g（5.5mol）亚硝酸钠溶于 800mL 水的溶液，1.5h 可以加完，加完后再搅拌 15min，滤出重氮盐结晶，备用。

亚磺酸：隔热保温的 40L 容积的搪瓷桶中加入 10L 冰、水及以上重氮盐，通入 SO₂ 至饱和（约通入了 700g SO₂），用内加冰控制 5~10℃继续通入 SO₂，搅拌下分若干次加入新鲜的铜粉，有明显地分解放出氮气，大约 4h 可以完成（最后已无氮气小泡，反应物变清），共加入铜粉约 60g；继续搅拌 4h，停止冷却，通入空气赶除溶解的 SO₂ 至无 SO₂ 气味为止，以 KOH 溶液中和至 pH 7~7.5。

氧化：为避免甲基氧化，冷却控制 15℃以下，用 KMnO₄ 溶液氧化至出现持久的红紫色，继续搅拌 10min 后加入少许乙醇以消耗掉过剩的 KMnO₄；以稀硫酸调节溶液至 pH9，滤清后于沸水浴上加热，水泵减压蒸发至微有结晶析出，放冷过夜；次日滤除其它无机盐（K₂SO₄）溶液，继续浓缩至干（分次滤取产物结晶），烘干后共得甲苯-3,4-二磺酸钾 1.33kg（产率 81%），直接用于制取甲苯-3,4-二磺酰氯。

二、重氮基的自由基取代

重氮盐溶液在碱化过程中生成的重氮酸（Ar—N＝N—OH）有共价性质，有产生自由基的倾向，变热、光照或从单电子转移剂（铜、亚铜盐、锌、亚铁）得到一个电子，非极性溶剂以及引发催化都能使芳基重氮盐分解产生芳基自由基。

重氮酸的共价性质可被溶剂（苯或其它底物）提取，在"溶剂"中发生均裂分解产生芳基，与底物反应生成加成中间基，然后被另一分子重氮酸作用夺去氢（H·）完成反应，同时又释出另一个芳基，如：4-氯联苯、苯基吡啶、3-硝基联苯；此项反应由于同时存在离子反应、芳基夺氢以及加成中间体的稳定性，另外还可以彼此偶联生成部分氢化的四联苯，发生歧化反应等，产率一般都不高。

【重氮酸酯均裂分解产生芳基 Ar·】

芳胺在底物溶剂中用亚硝酸酯重氮化，加热均裂分解放出氮气，获得芳基，与溶剂（底物）分子加成，偶联为加成中间基，脱去氢（H·）完成反应。

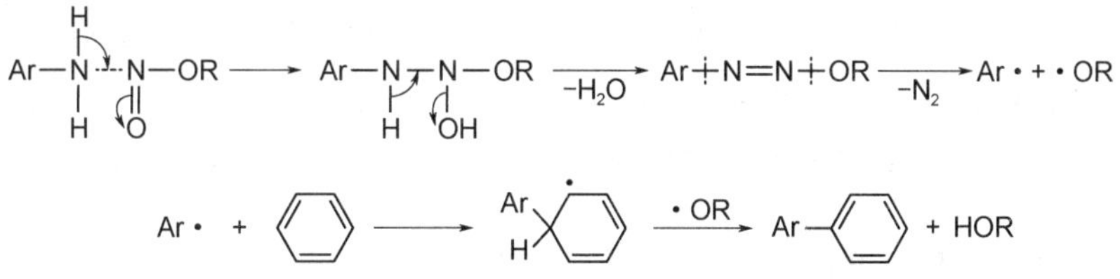

自由基的主要特征是电中性的，无论底物取代基是推电子的还是拉电子的，其反应速度都比没有取代基的苯更快，这是因为自由基进攻芳核产生加成中间基是慢步骤，如果所需能量低，反应速度就快；邻位取代基更利于自由电子的分散，自由基主要进攻取代基的邻位，其次是对位，而间位比较少；对于巨大位阻、又不能分散自由电子的取代基，如叔丁基、三氟甲基为取代基，自由基的进攻位置主要是它的间位，其次是对位，其反应速度比没有取代

基的苯还慢许多。以过氧化二苯甲酰的热分解产生苯基与不同取代的苯反应，其反应速率及产物比率见第一章表1-1。

硝基和甲基对于苯环的电效应不同，由于它们对苯环的共轭关系，当 Ar· 自由基进攻后，生成的加成中间体自由电子都可以分散到苯环；邻位更容易分散到取代基，对位次之；而间位的加成中间体自由电子不能得到取代基的分散而能量较高，故间位产物较少。

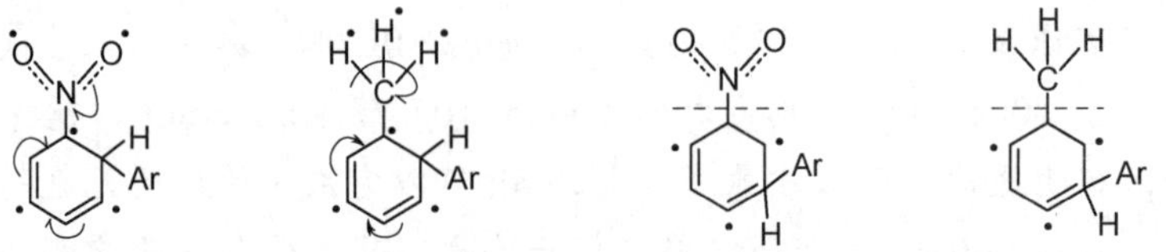

下一步，加成中间体的氢原子（H·）或被其它自由基提取，或在碱性、中性条件与重氮酸作用分解脱去水，放出氮气；恢复芳香体系生成联芳基化合物，同时产生芳基自由基。

$$Ar+N=N+OH \longrightarrow Ar-N=N· + ·OH \longrightarrow Ar· + N_2 + ·OH$$

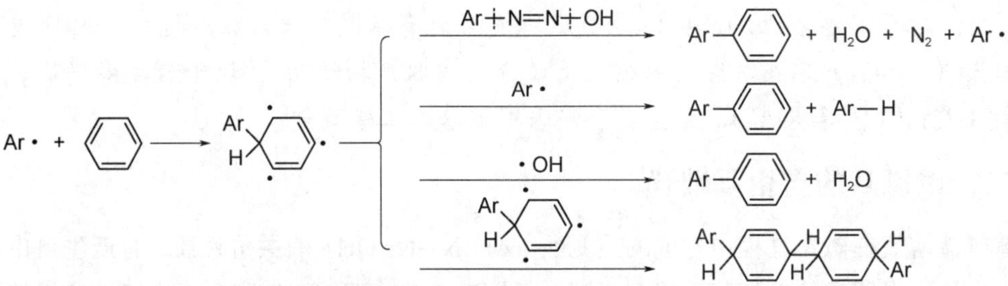

【单电子转移——产生芳基自由基】

为了减少水溶液中重氮盐的离子分解，使用新鲜沉淀的铜粉或亚铜盐作用于水溶液中的重氮盐，亚铜在反应中失去一个电子成为 Cu^{2+}，重氮正离子得到一个电子生成重氮基，进一步分解放出氮气，生成芳基进入反应——偶联、二聚、加成及取代反应。

1. 重氮基的烃基取代

（1）苯基取代——偶联及二聚

重氮酸（Ar-N=N-OH）的共价性质在非极性溶剂中倾向均裂分解产生芳基，为了得到比较单一的联芳基化合物，使用取代了的芳基重氮盐和苯或简单取代的苯反应——向苯和重氮盐的反应物中滴加氢氧化钠溶液，生成的重氮酸被苯提取，均裂产生的取代苯基和苯偶联；或者以三氮烯的过程（偶氮氨基化合物）在苯溶液中加热均裂分解，与苯偶联生成加成中间体，氢原子（H·）被裂解产生的氨基［·N(CH₃)₂］提取完成反应；以及重氮酸酯的均裂分解，与苯生成加成中间体，氢原子被裂解产生的·OR提取，恢复芳香体系。

4-氯联苯　M 188.66，mp 77℃，bp 175℃/14mmHg。

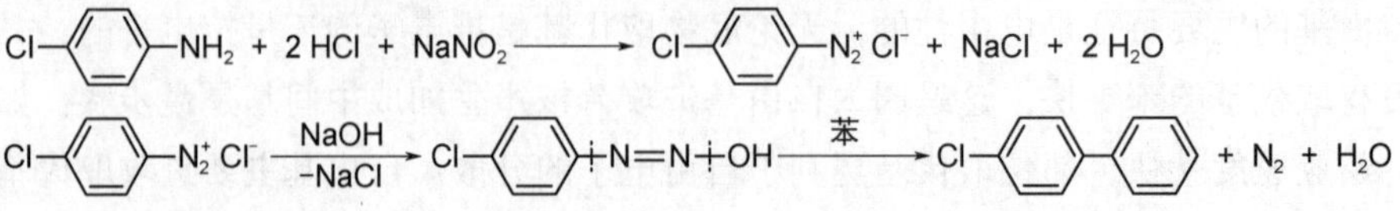

256g（2mol）4-氯苯酸溶于360mL水及240mL 30%（2.4mol）盐酸中（放热），冷

后搅拌下再加入 300mL 30%（3mol）盐酸，使析出细小结晶，冰浴冷却控制 10℃以下，从液面下慢慢加入 140g（2mol）亚硝酸钠溶于 200mL 水的溶液。重氮化完成以后将重氮盐溶液移至 10L 三口烧瓶中，再加入 4L 苯，控制反应温度 10℃左右，在强力搅拌下于 6~7h 慢慢滴入 200g（5mol）氢氧化钠溶于 0.5L 水的溶液，加完后再搅拌 48h 方取苯液，回收苯后剩余物减压分馏，收集 180~195℃/25mmHg 馏分，得 76g（产率 20%）[1]。

精制：用石油醚重结晶，得 50g，mp 74~78℃。

工业生产方法是联苯的直接氯化。

2-苯基吡啶　M 155.20，bp 270~272℃，146℃/15mmHg，d^{20} 1.086，n_D^{20} 1.4610。

$$C_6H_5-NH_2 + 2\ HCl + NaNO_2 \longrightarrow C_6H_5-N_2^+\ Cl^- + NaCl + 2\ H_2O$$

$$C_6H_5-N_2^+ \cdot Cl^- + 2\ \text{（吡啶）} \xrightarrow[<10℃]{\text{吡啶}} \text{（吡啶-}C_6H_5\text{）}$$

按旁法以最少体积制备苯胺的重氮盐溶液，加入同体积的吡啶，搅匀后放置三天。用浓盐酸中和反应物至强酸性使产物及吡啶成盐酸盐；用乙醚提取其它有机物，弃去提取液。吡啶盐水溶液用冰水浴冷却，控制 10℃以下，搅拌着慢慢加入浓 NaOH 溶液碱化至强碱性，放置过夜。

次日，用乙醚提取强碱性溶液，提取三次，提取液合并，回收乙醚，剩余物分馏，收集吡啶馏分（bp 115℃）后减压分馏，收集苯基吡啶馏分，得黄色油状物，在冰浴中放置过夜。次日滤出结晶，得 4-苯基吡啶，用热水重结晶[2]；未结晶的油状物是 2-苯基吡啶和 3-苯基吡啶的混合物。

分离：未结晶的油状物溶于乙醇中与冷的苦味酸乙醇饱和液相混合，立即析出苦味酸-2-苯基吡啶盐结晶，放置几小时后滤出，再乙醇重结晶，2-苯基吡啶苦味酸盐的熔点 169~171℃；用 NaOH 分解苦味酸盐（或在苯溶液中水解，滤出苦味酸钠），回收溶剂，分馏收集 265~267℃馏分，得 2-苯基吡啶。

重氮盐水溶液被无机碱中和、碱化与添加的仲胺（强碱）反应，生成共价的、不溶于水的三氮烯（偶氮氨基化合物）；纯的三氮烯在大量苯中加热分解，放出氮气，芳基与苯生成加成中间基，氢自由基（H·）被仲氨基·N(CH₃)₂ 提取，完成芳基取代；H· 也可以被硝基苯基提取，完成反应的同时生成硝基苯。正常反应分解下来的仲胺与滴加的对甲苯磺酸溶液以盐析出。

3-硝基联苯　M 199.21，mp 62℃，bp 225~230℃/25mmHg；从乙醇中得针晶。

$$O_2N-C_6H_4-NH_2 + 2\ HCl + NaNO_2 \xrightarrow{0℃} O_2N-C_6H_4-N_2^+\ Cl^- \xrightarrow[<10℃]{Na_2CO_3,\ HN(CH_3)_2} O_2N-C_6H_4-N=N-N(CH_3)_2$$

---

[1] 产率低的原因为搅拌不够有力及损失，产率应在 30%左右。

[2] 4-苯基吡啶，mp 69~73℃，bp 280~282℃（274~275℃）；3-苯基吡啶，bp 269~270℃，d 1.082。

$$O_2N-C_6H_4-\overset{+}{N}=N+N(CH_3)_2 \xrightarrow[80℃]{苯} \left[O_2N-C_6H_4\cdot + N_2 + \cdot N(CH_3)_2 \longrightarrow O_2N-C_6H_4-\overset{\cdot}{\underset{H}{C_6H_5}} + \cdot N(CH_3)_2 \right.$$

$$\longrightarrow O_2N-C_6H_4-C_6H_5 + HN(CH_3)_2 \left. \right] \xrightarrow{CH_3-C_6H_4-SO_3H} O_2N-C_6H_4-C_6H_5 + N_2 + CH_3-C_6H_4-SO_3^- \cdot H_2\overset{+}{N}(CH_3)_2$$

a. 1-m-硝基苯基-3,3-二甲基三氮烯（mp 101℃）

3L 三口烧瓶中加入 276g（2mol）间硝基苯胺、500mL 热水及 250mL（30%，2.5mol）盐酸，搅拌下加热使成盐酸盐溶解（85℃），搅拌下加入至冷却着的 500mL 30%（d 1.15，5mol）盐酸中以得到细小结晶。用冰盐浴冷却控制反应温度在 0℃以下，搅拌着，用分液漏斗从液面下慢慢加入 144g（2.1mol）亚硝酸钠溶于 350mL 水的溶液，加完后再搅拌 10min，加入 10g 尿素溶于 25mL 水的溶液以分解过剩的亚硝酸。

10L 搪瓷桶中加入 2.5L 水，搅拌下加入 750g（约 7mol）工业碳酸钠，溶解后又析出少许结晶碳酸钠，随着以后的反应即消溶。内加冰控制 10℃以下，加入 423g 25%（2.35mol）二甲胺溶液，搅拌着将上面的重氮盐溶液于半小时左右加入，加完再搅拌 20min，滤出、水洗、滤干。

精制：以上三氮烯粗品与 2L 己醇在沸水浴加热，放冷后滤出结晶，用乙醇冲洗，风干后得 348~365g（产率 89%~94%），mp 100.8~101.5℃。

b. 取代——3-硝基联苯

5L 三口烧瓶配置机械搅拌、回流冷凝器、分液漏斗及沸水浴。烧瓶中加入 116.4g（0.4mol）以上精制过的三氮烯及 2.5L 苯，搅拌下于沸水浴加热保持回流，快速搅拌下于至少 5h 从分液漏斗慢慢加入 148g（0.8mol）94%以上基本无水的对甲苯磺酸溶于 750mL 苯的溶液，加完后再回流 1.5h；冷至 50℃搅拌下加入 800mL 水以溶解对甲苯磺酸二甲胺，分去水层，苯层用水洗三次，5%氢氧化钠洗三次，再水洗，干燥，回收苯，剩余物用油浴加热减压蒸馏，有 3~5mL 硝基苯馏分及中间馏分，收集 115~118℃/0.1mmHg 馏分，得 50~60g（产率 42%~50%），mp 53~57℃。

精制：用甲醇（1mL/g）溶解，冷后（分层）用玻璃棒导出晶核，结晶完全后滤出结晶，甲醇浸洗，风干后得 40~50g（产率 34%~42%），mp 58.5~59.5℃。

芳重氮盐与碱条件的过量氨络亚铜硫酸盐（溶液）作用，发生单电子转移，生成芳基重氮基，进一步分解放出氮气生成芳基；在没有其它试剂与之竞争（或在不饱和键加成）的情况，活泼的芳基发生二聚；因芳核上取代基电性差异可以产生不同比例的两种产物。

$$Ar-N=N^+ \xrightarrow[-Cu^{2+}]{Cu^+} Ar-N=N^+ \longrightarrow Ar-Ar + Ar-N=N-Ar$$

当芳核上邻、对位是强拉电子基，它立即夺取电子，分解放出氮气，则主要发生二聚，生成联芳基化合物，如 2,2′-联苯二甲酸；如果是推电子基，使重氮基比较稳定，它与进一步均裂产生的芳基偶联生成偶氮化合物，如 4,4′-二甲基偶氮苯；又从 4-氨基苯乙酮重氮化及亚铜作用下的分解，得到 4,4′-二乙酰联苯及 4,4′-二乙酰偶氮苯的混合物。

2,2′-联苯二甲酸　M 242.23，mp 229℃；微溶于热水。

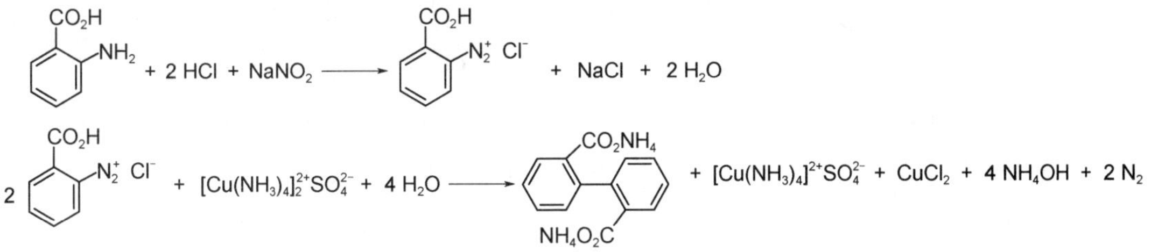

a.　硫酸·氨络亚铜溶液的制备

$$CuSO_4 + 4\,NH_4OH \longrightarrow [Cu(NH_3)_4]^{2+}SO_4^{2-} + 4\,H_2O$$
硫酸氨络铜(II)

还原：$2\,[Cu(NH_3)_4]^{2+}SO_4^{2-} + 2\,NH_4OH \longrightarrow [Cu(NH_3)_4]_2^{+}SO_4^{2-} + N_2 + H_2SO_4 + 2\,H_2O$

$$H_2SO_4 + 2\,NH_4OH \longrightarrow (NH_4)_2SO_4 + 2\,H_2O$$

总反应式：

$$2\,CuSO_4 + 10\,NH_3 + 2\,NH_4OH \longrightarrow [Cu(NH_3)_4]_2^{+}SO_4^{2-} + (NH_4)_2SO_4 + N_2 + 2\,H_2O$$

注：硫酸·氨络亚铜易被空气氧化，应隔绝空气存放，两天内尽快使用。

5L 三口烧瓶中加入 1.5L 热水，搅拌下加入 375g（1.5mol）结晶硫酸铜，加热溶解，放置在硫酸铜开始析出结晶以前加入 630mL 28%（d 0.90，10mol）浓氨水，冷却控制 10℃以下慢慢加入如下配制的羟胺溶液：126g（0.76mol）硫酸羟胺（或 1.5mol 盐酸羟胺）溶于 360mL 水中，冰冷保持 10℃以下用 360g 20%（1.8mol）NaOH 溶液中和碱化。在还原过程放出氮气，反应液从深蓝色变为灰蓝色，得硫酸·氨络亚铜溶液。

b.　重氮化

2L 烧杯中加入 450mL 热水及 100mL 30%（1mol）盐酸，搅拌下加入 140g（1mol）o-氨基苯甲酸，加热使溶；稍冷，在将要析出结晶时，搅拌下一次性加入 180mL（1.8mol）30%盐酸，使析出细小结晶。用冰盐浴冷却（必要时内加冰）控制 6℃左右，搅拌着慢慢从液面下加入 76g（1.1mol）亚硝酸钠溶于 750mL 水的溶液，加完后再搅拌 10min，加入 3g 尿素溶于 25mL 水的溶液，搅匀。

c.　二聚——2,2′-联苯二甲酸

保持硫酸·氨络亚铜溶液 10℃以下，搅拌着将重氮盐溶液从液面下于 2h 左右慢慢加入，反应放出氮气；加完后再搅拌下加热至沸，慢慢以 15%盐酸酸化，次日滤出结晶，水洗两次，风干得 110g（产率 90%），mp 222~227℃。

精制：以上粗品用稀 NaHCO$_3$ 溶液溶解，脱色过滤，趁热用稀盐酸慢慢酸化，滤出结晶，水洗，干后得 90%（产率 72%），mp 225~228℃。

同法制得较低产率的 4,4′-联苯二甲酸。

***dl*-4,4′,6,6′-四氯-2,2′-联苯二甲酸**　M 380.00，mp 258~259℃。

a. 3,5-二氯-2-氨基苯甲酸（mp 231℃）

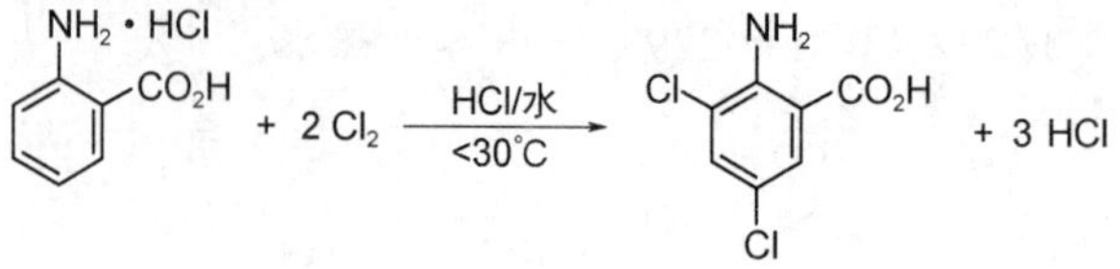

2L 三口烧瓶中加入 45g（0.33mol）o-氨基苯甲酸、850mL 水及 150mL 浓盐酸，称重后，维持 30℃以下，搅拌着通入 45g（0.63mol）氯（或用氧化的方法发生定量的氯），通完后再搅拌 10min，将产品滤出、水洗、风干，得 55~65g，mp 205℃。

精制：用苯（4mL/g）煮洗，冷后滤出，苯洗、风干得 46.5~53g（产率 69%~78%），mp＞211℃。

b. 重氮化

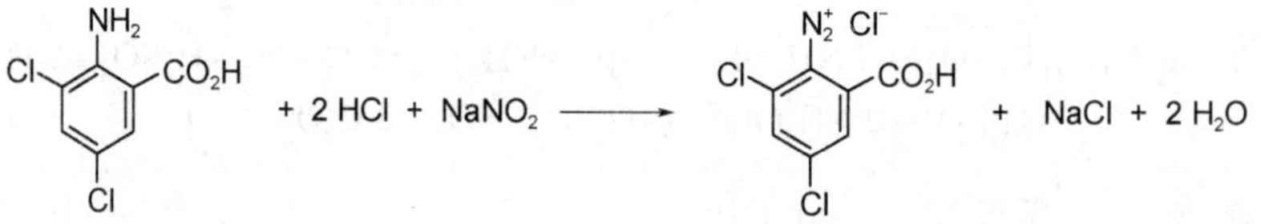

1L 烧瓶中加入 700mL 水及 12g（0.3mol）NaOH，溶解后加入 50g（0.24mol）3,5-二氯-2-氨基苯甲酸，搅拌使溶，再加入 20g（0.29mol）NaNO$_2$ 配成的溶液，冰冷备用。

2L 三口烧瓶中加入 100mL（d 1.19，38%，1.23mol）浓盐酸及 200mL 水，冰水浴冷却控制温度在 10℃以下，搅拌着从分液漏斗于 2~3h 慢慢滴入以上碱性溶液（一经加入立即析出 2-氨基-3,5-二氯苯甲酸，瞬间即被重氮化消溶），加入速度不要让未重氮化物积聚，加完后再搅拌 10min，过滤后使用（此重氮盐稳定，在 10~15℃可存放一天）。

c. 硫酸·氨络亚铜溶液的配制

3L 三口烧瓶中加入 125g（0.5mol）结晶硫酸铜溶于 300mL 水的溶液，搅拌下加入 210mL（28%，d 0.90，3mol）浓氨水，维持 10℃以下慢慢加入如下的羟胺溶液：40g（0.57mol）盐酸羟胺溶于 140mL 水中，维持 10℃以下慢慢加入 116g 20%（0.58mol）氢氧化钠溶液。一经加入立即放出氮气，深蓝色的反应液变为灰蓝色，不可存放。

d. 二聚

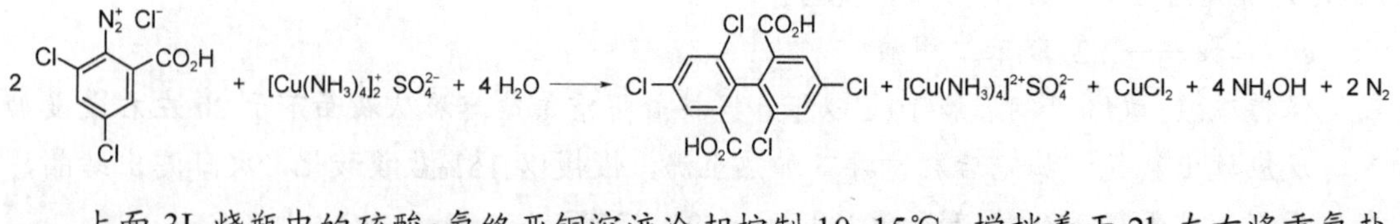

上面 3L 烧瓶中的硫酸·氨络亚铜溶液冷却控制 10~15℃，搅拌着于 2h 左右将重氮盐溶液从液面下慢慢加入，立即反应放出氮气，加完后将反应物移入至 4L 烧杯中，加热至 80~90℃用稀盐酸慢慢酸化，放置过夜，次日滤出，大量水洗，干后得 29~38.5g，mp 180~215℃。同 4mL/g 浓硫酸搅拌下加热至 150℃保温 5min 以磺化分离其它取代物，放置过夜，次日滤出，用浓硫酸浸洗（3×15mL）；用 50mL 沸水煮洗，得粗品 19~22g（产

率 41%~48%），mp 243~250℃，外观白色。

20g 以上粗品用 70mL 浓硫酸重复度处理一次，得 6.34g。mp 258~259℃。

4,4′-二甲基偶氮苯　M 210.28，mp 144℃，bp 320℃；橘红色针状晶体。

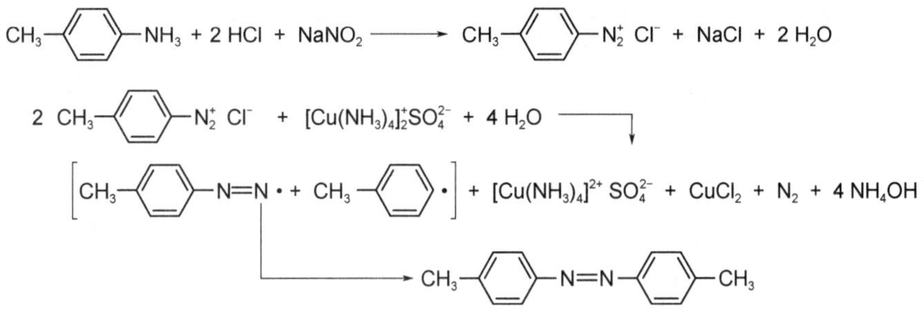

a. 硫酸·氨络亚铜溶液

5L 三口烧瓶中加入 1.2L 沸水及 300g（1.2mol）结晶硫酸铜，搅拌使溶，稍冷（约 50℃）加入 550mL（d 0.90，28%，8mol）浓氨水，冷却保持 10℃以下慢慢加入如下配制的羟胺溶液：1L 烧杯中加入 85%（1.2mol）盐酸羟胺溶于 300mL 水的溶液，冰冷及搅动下慢慢加入 55g（1.37mol）氢氧化钠溶于 100mL 水的溶液，搅匀，冰冷备用。还原放出氮气，反应液从深蓝色变为灰蓝色，冰冷备用。

b. 重氮化

1L 烧杯中加入 200mL 水、105mL（30%，1.05mol）盐酸，搅拌下加入 108g（1mol）对甲苯胺，加热使浴，冷后再加入 105mL（1.05mol）盐酸使析出细小结晶，冰冷后先加入 100g 碎冰（仍在冰冷）控制 10℃以下慢慢加入 70g（1mol）亚硝酸钠溶于 120mL 水的溶液（必要时可内加冰＜200g），加完后再搅拌 10min。

c. 偶联——4,4′-二甲基偶氮苯

控制以上硫酸·氨络亚铜溶液 30℃以下，搅拌着从分液漏斗慢慢加入以上的重氮盐溶液，反应放出氮气；加完后再搅拌半小时，滤出深棕色的结晶，水洗、风干后得 90~95g（产率 85%~90%）。

减压蒸馏，得橘红色结晶 80g，用甲苯溶析一次，得 60g（产率 57%），mp 142.1~143.2℃。

同法：从 4-氨基苯乙酮制取 4,4′-二乙酰偶氮苯，滤出的结晶产物用热乙醇洗去多量物质（主要是 4,4′-二乙酰联苯），从棕黑色洗至深棕色，再用甲苯（20mL/g）重结晶，得橘红色片晶，收率 16%，mp 224℃。

（2）苯基在不饱和键加成

芳基 Ar·在 C＝C 双键或异原子双键加成引入芳基，亚铜参与单电子的还原氧化过程，重氮盐芳核上强拉电子基的吸引更容易取得一个电子，芳重氮基分解生成芳基；芳基在不饱和键加成为加成中间基，在与负离子完成加成的同时释放出一个电子使 Cu^{2+} 还原为 Cu^+，亚铜催化整个过程，如下式：

$$Ar\!-\!N\!=\!N\!-\!Cl \longrightarrow Ar\!-\!N\!=\!N^+\,Cl^-$$

$$Ar\!-\!N\!=\!N^+ + e(Cu^+) \longrightarrow \left[Ar\!+\!N\!=\!N\cdot\ +Cu^{2+}\right] \longrightarrow Ar\cdot\ +N_2$$

$$Ar\cdot\ +\ \underset{\alpha}{C_6H_5}\!-\!\underset{\beta}{CH}\!=\!CH_2 \longrightarrow C_6H_5\!-\!\underset{\cdot}{CH}\!-\!CH_2\!-\!Ar \xrightarrow{Cl^-} \underset{\underset{Cl}{|}}{C_6H_5\!-\!CH}\!-\!CH_2\!-\!Ar\ +\ e$$

$$(e + Cu^{2+} \longrightarrow Cu^+)$$

或 $$\underset{\cdot}{C_6H_5\!-\!CH}\!-\!CH_2\!-\!Ar \xrightarrow[-Cu^+]{Cu^{2+}} \underset{+}{C_6H_5\!-\!CH}\!-\!CH_2\!-\!Ar \xrightarrow{Cl^-} \underset{\underset{Cl}{|}}{C_6H_5\!-\!CH}\!-\!CH_2\!-\!Ar$$

$$\xrightarrow[-H^+]{} C_6H_5\!-\!CH\!=\!CH\!-\!Ar \xleftarrow[-KCl,-H_2O]{KOH}$$

芳基 Ar·在 C═C 双键的加成位置是由双键的极化方向、空间阻碍及加成中间基的稳定性决定的，以上苯乙烯的 α 位、体积巨大的苯基不易靠近，β 位则比较敞开，且孤对电子在 α 位的中间基受到苯环的分散而比较稳定，所以，苯基加成在 β 位置。又如：

$$Ar\cdot\ +\ CH_2\!=\!CH\!-\!CN \longrightarrow Ar\!-\!CH_2\!-\!\underset{\cdot}{CH}\!-\!CN \xrightarrow{Cl^-} \underset{\underset{Cl}{|}}{Ar\!-\!CH_2\!-\!CH}\!-\!CN\ +\ e$$

或 $$Ar\!-\!CH_2\!-\!\underset{\cdot}{CH}\!-\!CN \xrightarrow[-Cu^+]{Cu^{2+}} Ar\!-\!CH_2\!-\!\underset{+}{CH}\!-\!CN \xrightarrow{Cl^-} \underset{\underset{Cl}{|}}{Ar\!-\!CH_2\!-\!CH}\!-\!CN$$

$$\xrightarrow[-H^+]{} Ar\!-\!CH\!=\!CH\!-\!CN \xleftarrow[-KCl,-H_2O]{KOH}$$

又如：氯化重氮苯在含少量氯化亚铜的桂皮酸乙酯丙铜溶液中加热分解，芳基加成在桂皮酸乙酯双键的 α 位，是加成中间基的稳定性决定的，而后是体积小的 Cl⁻加成。

$$Ar\!-\!N\!=\!N\!-\!Cl \longrightarrow Ar\!-\!N\!=\!N^+ + Cl^-$$

$$Ar\!-\!N\!=\!N^+ + e(Cu^+) \longrightarrow \left[Ar\!-\!N\!=\!N\cdot\right] \longrightarrow Ar\cdot\ +\ N_2 + Cu^{2+}$$

1-p-硝苯基-1,3-丁二烯 M 175.19，mp 79℃；黄色结晶，不稳定，可在冷暗处存放几周。

a. 1-p-硝苯基-4-氯-丁-2-烯

$$O_2N\!-\!\!\!\!\diagdown\!\!\!\!\diagup\!\!\!\!-\!NH_2 + 2HCl + NaNO_2 \xrightarrow{0℃} O_2N\!-\!\!\!\!\diagdown\!\!\!\!\diagup\!\!\!\!-\!N_2^+\,Cl^- + NaCl + 2H_2O$$

$$O_2N\!-\!\!\!\!\diagdown\!\!\!\!\diagup\!\!\!\!-\!N\!=\!N^+ + e\,(Cu^+) \longrightarrow \left[O_2N\!-\!\!\!\!\diagdown\!\!\!\!\diagup\!\!\!\!-\!N\!=\!N\cdot\right] \longrightarrow O_2N\!-\!\!\!\!\diagdown\!\!\!\!\diagup\!\!\!\!\cdot\ +N_2 + Cu^{2+}$$

1L 三口烧瓶中加入 138g（1mol）研细的、乙醇重结晶过的 4-硝基苯胺，加入 200mL（2.7~2.8mol）浓盐酸及 100mL 水，搅动下在蒸汽浴上加热 15min 使成为盐酸盐，快速搅拌下用冰盐浴冷却以得细小结晶，加入 100g 碎冰，控制 0℃左右，快速搅拌于 1h 慢慢滴入 70g（1mol）亚硝酸钠溶于 150mL 水的溶液，加完后继续冷却搅拌 20min，过滤后备用。

2L 三口烧瓶中加入 1L 丙酮，80g（0.59mol）三水乙酸钠溶于 100mL 水的溶液，再加入 30g 氯化铜溶于 50mL 水的溶液，保持 0℃以下加入 130mL（86g 1.6mol）丁二烯（bp 4.5℃）溶于丙酮的溶液。快速搅拌下将冰冷着的重氮盐溶液于 2h 左右滴入（2 滴/秒），放出氮气，加完后于室温搅拌 16h，加入 1L 乙醚搅拌几分钟分取乙醚层，水洗（4×1L）；用 20g 无水硫酸镁干燥，水浴加热回收乙醚；最后减压收尽（15mmHg），得暗棕色油状物 187~199g[❶]。

b. 1,4-脱除 HX —— 1-p-硝苯基-1,3-丁二烯

$$O_2N-\!\!\!\bigcirc\!\!\!-\overset{\overset{H}{|}}{C}H-CH=\!CH-CH_2\overset{\curvearrowleft}{C}l + KOH \xrightarrow[15\sim30℃]{KOH/甲醇} O_2N-\!\!\!\bigcirc\!\!\!-CH=\!CH-CH=\!CH_2 + KCl + H_2O$$

2L 三口烧瓶中加入以上 1-p-硝基苯基-4-氯-2-丁烯粗品，使溶于 0.5L bp 90~100℃石油醚及 0.5L 苯的混合液中，加入 5g 脱色炭，回流 2h，过滤后，蒸汽浴加热，用水泵减压回收溶剂；剩余物移入于 2L 三口烧瓶中，用 400mL 甲醇清洗加入。

用冰水浴冷却，控制 15~30℃，于半小时左右慢慢加入 112g（2mol）氢氧化钾溶于 600mL 甲醇的溶液（冷），加完后再搅拌几分钟，将反应物慢慢加入 1.2L 冷水中充分搅拌，滤出结晶，冰水洗，风干后溶于 700mL 石油醚中，用 5g 脱色炭脱色过滤后冰冷，滤出结晶，真空干燥，得 100~108g（产率 57%~62%），mp 77~79℃[❷]。

2-p-乙酰苯基对苯二酚 M 228.24。

a. 重氮化及芳基加成 —— 2-(p-乙酰苯基)-p-苯醌

$$CH_3CO-\!\!\!\bigcirc\!\!\!-NH_2 + 2HCl + NaNO_2 \longrightarrow CH_3CO-\!\!\!\bigcirc\!\!\!-N_2^+\ Cl^- \xrightarrow{NaHCO_3} CH_3CO-\!\!\!\bigcirc\!\!\!-N=\!N-OH$$

$$CH_3CO-\!\!\!\bigcirc\!\!\!-\overset{+}{N}=\!N+OH \xrightarrow{-N_2} [CH_3CO-\!\!\!\bigcirc\!\!\!-\cdot] + \underset{O}{\overset{O}{\bigcirc}} \longrightarrow CH_2CO-C_6H_4\ \underset{O}{\overset{O}{\bigcirc}} \xrightarrow[-H_2O]{\cdot OH} CH_3CO-C_6H_4\ \underset{O}{\overset{O}{\bigcirc}}$$

配有机械搅拌的 0.5L 烧杯中加入 27g（0.2mol）4-氨基苯乙酮、50mL 水及 20mL 36%（d 1.18）浓盐酸，加热使成盐酸盐溶解，稍冷、搅拌下一次性加入 33mL 浓盐酸使析出细小结晶（共加入了 0.62mol 盐酸），冰冷后加入 110g 碎冰（这些冰化物吸收重氮化放出的热量），于 3~5s 内搅拌下加入 13.8g（0.2mol）亚硝酸钠溶于 50mL 水的溶液，加完后再搅拌几分钟，得清亮溶液，必要时过滤后使用。

2L 烧杯中加入 500mL 水及 20g（0.185mol）研成细粉的苯醌（刺激性），快速搅拌下加入 34g（0.4mol）碳酸氢钠粉末及 50g 碎冰，加入 10mL 左右的上面重氮盐溶液以引发反应（如果不是立即反应放出氮气，可加入少许对苯二酚以极化苯醌），内加冰维持 15℃以下于 1h 左右从分液漏斗慢慢加入上面的重氮盐溶液，加完后再搅拌 1h，再室温搅拌 1h，滤出结晶，水洗三次，风干得黄绿色粗品 40~41g（产率 96%~98%），mp 125~135℃

---

❶ 提出者报道说：小量制备可以减压蒸馏，bp 160~165℃/1mmHg。
❷ 用石油醚又精制两次，溶点 78.6~79.4℃；于棕色瓶中室温存放几周，仍正常。

（从丁醇重结晶 mp 139~140℃；有报道纯品 mp 152~153℃）。

b. 还原——2-*p*-乙酰苯基对苯二酚

$$CH_3CO-C_6H_4 \text{—(quinone)} + Na_2S_2O_4 + 2 H_2O \longrightarrow CH_3CO-C_6H_4\text{—(hydroquinone, OH)} + 2 NaHSO_3$$

1L 三口烧瓶中加入 40g（0.22mol）＞95%保险粉（$Na_2S_2O_4$）❶溶于 300mL 水的溶液，搅拌着于 15min 左右加入上面粗品溶于 250mL 氯仿的溶液，加完后再搅拌 10min，滤出棕色结晶，水洗，干燥后得 32~37g（产率 78%~92%），mp 178~184℃。

c. 精制处理——通过 *O*-乙酰化及醇解交换

$$CH_3CO-C_6H_4\text{—(OH,OH)} \xrightarrow[-2CH_3CO_2H]{2 (CH_3CO)_2O, H^+} CH_3CO-C_6H_4\text{—(O-COCH_3)} \xrightarrow[-2CH_3CO_2CH_3]{H^+/CH_3OH} CH_3CO-C_6H_4\text{—(OH,OH)}$$

35g（约 0.153mol）氢醌粗品悬浮于 52g（0.5mol）乙酸酐❷中，搅动下加入 1 滴浓硫酸，粗品氢醌立即乙酰化，放热、溶解；冷后倾入 400mL 水中充分搅拌，滤出结晶，水洗，风干后减压蒸馏，收集 236~241℃/1mmHg 馏分，用 20mL 丁醇溶析、滤出无色结晶，干燥后得 32~35g（产率 67%~73%），mp 104~105℃。

醇解：0.5L 三口烧瓶中加入 140mL 甲醇、34g（0.16 mol）以上 *O*-乙酰化的氢醌，加热溶解后放冷至室温(有少量溶晶析出)，通入氮气排除空气，加入含 6~7g HCl 的 70mL 甲醇，在氮气保护下于室温搅拌 2h，析出的乙酰化氢醌溶消后再搅拌 1h，使充分反应❸。将反应物倾入 500g 碎冰中，析出淡黄色结晶，滤出、水洗，风干得 24.8g（产率 54%，按苯醌计），mp 193~194℃。

【芳基 Ar·和醛肟、酮肟的加成及水解——芳醛、芳酮】

重氮酸溶液在亚铜催化下的单电子转移产生芳基，芳基和肟加成及其后的水解得到 α-芳酮；和甲醛肟加成得到芳醛肟，水解后得到芳醛。

$$Ar-N=N-OH \longrightarrow [Ar-N=N^+ + {}^-OH \xrightarrow{Cu^+} Ar-N=N\cdot + {}^-OH] \longrightarrow Ar\cdot + N_2 + {}^-OH + Cu^{2+}$$

$$Ar\cdot + H_2C=N-OH \longrightarrow Ar-CH_2-\overset{\cdot}{N}-OH \xrightarrow[-Cu^+]{Cu^{2+}} Ar-CH_2-\overset{+}{N}-OH \xrightarrow[\substack{HO^- \\ -H_2O \\ HO\cdot \\ -H_2O}]{} Ar-\overset{H}{\underset{}{C}H-N=O \rightleftharpoons Ar-CH=N-OH$$

水解：$Ar-CH=N-OH + H_2O + HCl \longrightarrow Ar-CH=O + NH_2OH \cdot HCl$

2-甲基苯乙酮 *M* 134.18，bp 210~213℃（214℃），d^{20} 1.026（1.016）。

---

❶ 工业保险粉 $Na_2S_2O_4$ 含量大于 85%，保存不当会降低，应测定含量后使用。

❷ 这样高的沸点（10mmHg 要 295℃）不便蒸馏，或回收乙酸让乙酰化物从乙酸中析出结晶，再乙酸重结晶。

❸ 如若回收甲醇，必须先中和无机酸再回收。

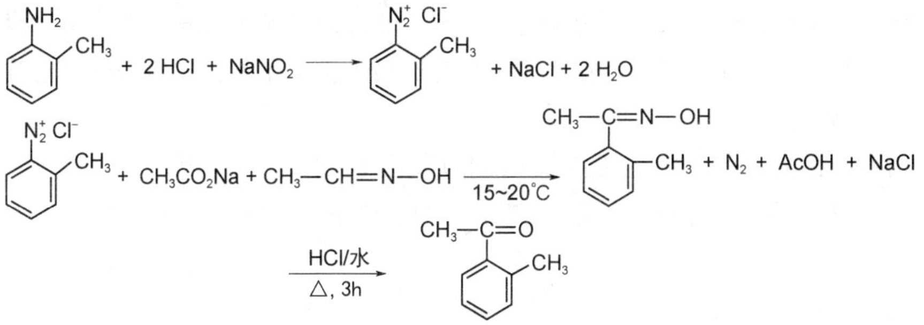

a. 重氮化及中和——重氮酸

0.5L 三口烧瓶中加入 51.6mL 36%（0.6mol）浓盐酸及 43mL 水，搅拌下加入 54g（0.5mol）o-甲苯胺使溶，冷后在搅拌下一次性加入 43mL 36%（0.5mol）浓盐酸以析出细小结晶，再加入 70g 冰水，冰水浴冷却着，控制 5℃以下于半小时左右从分液漏斗于液面下慢慢加入用 35g（0.5mol）亚硝酸钠溶于 70mL 水的溶液，加完后再搅拌几分钟，向反应物中加入 8.5g（0.1mol）$NaHCO_3$，溶解后加入 40%乙酸钠溶液调节反应物 pH＞5，约用 105g 40%（0.5mol）乙酸钠溶液。

b. 芳基加成——o-甲基苯乙酮肟

1L 三口烧瓶中加入 15g（0.06mol）结晶硫酸铜、200mL 及 42mL 乙酸，搅拌使溶，加入 35.4g（0.6mol）乙醛肟溶于 300mL 水的溶液，加入 10g（0.6mol）亚硫酸钠，溶解后用乙酸钠调节至 pH 5，冷却控制 15~20℃，于半小时左右慢慢加入上面的重氮盐溶液，放出氮气；加完后再搅拌半小时，加入 250mL 甲苯于 50℃左右搅拌半小时以作提取，分取甲苯溶液。

肟的水解：酮肟的甲苯溶液与同体积的 20%盐酸在搅拌下加热回流 3h，冷后分取甲苯层，分别用 5% NaOH 洗、水洗，干燥后分馏回收溶剂，产品收率 73%。

2. 重氮基被卤原子 Cl、Br 取代

芳伯胺通过重氮化的被 Cl、Br 原子取代，为避免其它亲核试剂的竞争，芳伯胺使用硫酸或相应的盐酸或氢溴酸作为重氮化的酸；然后与相应的亚铜的分子化合物生成重氮盐的复盐；芳核上取代基影响到分解速度、分解方式和卤代的产率，亚铜作为催化剂使用 0.3mol。

芳重氮基的邻、对位有拉电子基，其亚铜复盐较为稳定，往往得到比较高的卤代产率，可能和氟硼酸重氮盐的氟取代相似——不涉及独立的芳基、分子内进行的分解取代，在 2-溴苯甲酸的合成中看到了与亚铜复盐和 $CuBr_2$ 析出的过程。

$$Ar-N=N^{+\ -}OSO_3Na + HCuBr_2 \longrightarrow Ar-N=N-CuBr_2\downarrow + NaHSO_4$$

$$Ar{+}N=N-CuBr{+}Br \longrightarrow [Ar^{\cdot} + N_2 + CuBr + {}^{\cdot}Br] \longrightarrow Ar-Br + N_2 + CuBr$$

在 2-溴苯甲酸的合成中，还发现有量不是太少的单质铜，说明是独立的芳基反应。

$$Ar^{\cdot} + CuBr \longrightarrow [Ar^{+} + Cu + {}^{-}Br] \longrightarrow Ar-Br + Cu$$

在离子取代中，推电子基使芳基正离子稳定，如：2,4-二甲基苯重氮盐在氢溴酸中分解生成稳定的芳基正离子，取代的选择性很好，得到高产率的溴代产物；而邻甲苯胺、对甲苯胺的重氮化分解取代，由于只有一个甲基的影响，取代的选择性较差，得到45%溴代和50%羟基取代的产物，使用亚铜催化，溴代比率没有提高；推电子基使重氮基的电正性减弱，不与亚铜生成复盐络合物。

亚铜盐和氢卤酸分子化合物（溶液）按下面方法配制：

$HCuCl_2$　按照质量份配比，1份CuCl溶于2.3份30%盐酸中配成溶液（紫色）。

$HCuBr_2$　按照质量份配比，1份CuBr溶于4.2份45%氢溴酸中配成溶液（深紫色）。

$NaCuBr_2$　制法见2,5-二溴甲苯；或用溴化钠溶解溴化亚铜。

2-溴苯甲酸　M 201.03，mp 150℃；无色针晶，易溶于甲苯（3mL/g），极易溶于热乙酸。

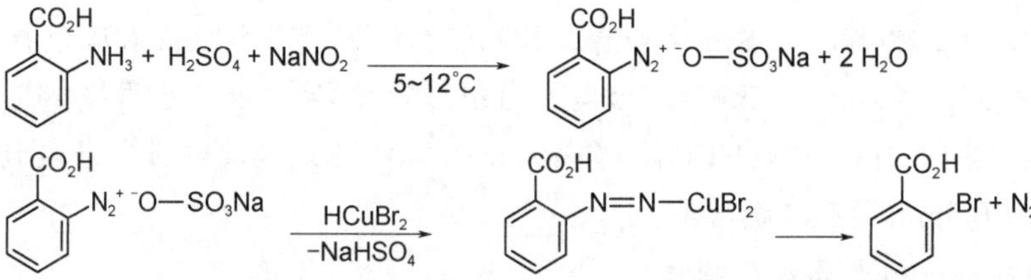

2L烧瓶中加入0.8L水及210g（1.5mol）o-氨基苯甲酸搅拌成糊状，搅拌下慢慢加入90mL（160g，1.6mol）浓硫酸与100mL水配制冷的稀硫酸，这样可以避免结块。杯部冷却、充分搅拌10min，控制5~12℃从液面下慢慢加入107g（1.5mol）亚硝酸钠溶于150mL水的溶液，加完后的体积约1.4L，基本清亮。加入5g尿素与20mL水的溶液以分解过剩的亚硝酸，放置10min，让少许未重氮化的o-氨基苯甲酸沉下（更长时间放置和冷却会析出硫酸氢钠结晶），将此重氮盐溶液慢慢加入到用加热维持75~80℃的如下配制的溶液中[❶]：73g（0.5mol）溴化亚铜溶于337g 48%（226mL，2mol）氢溴酸中。

加入之初析出深棕色的结晶，随即放出氮气变为深灰色结晶[❷]，加完后加热至80℃，（可加入少许甲醇作消泡剂）搅拌10min，冷后滤出结晶，并以热水滤至洗液不显蓝色，干燥的样品熔点140℃软化，mp 142~148℃。

将湿品与1.2L热水搅成糊状的40% NaOH中和至pH 9(灰绿色的溶液变为黄绿色)，加热至80℃滤除暗红色的铜粉（约30g），滤液为黄棕或暗灰色，加热至80℃，以稀硫酸慢慢酸化，滤出结晶，水洗，干后得300g，纯度约98%，mp143~145.5℃。

处理水杨酸：以上粗品与100mL浓硫酸混匀，搅拌下慢慢加热使熔化，至105℃搅拌10min将水杨酸磺化；稍冷，搅拌下加入至2.5L热水中，充分搅拌使其崩解，或要加热煮沸，冷后滤出，水洗，干后得270g（产率89%），mp 148~150℃。

精制：以上粗品用乙酸（1.1mL/g）溶解，以无铁的活性炭脱色过滤，在不时搅动下放冷以免结块，冷至20℃左右滤出，以少许乙酸漫洗，得湿品220g，外观棕黄色；又如

---

❶ 该重氮盐稳定，与$HCuBr_2$反应缓慢，在70℃以上才能正常反应。

❷ 因为是在酸条件反应，凸显出羧基的拉电子效应使该重氮盐稳定的性质，要较高温度才能正常反应；而在碱性条件的硫取代中，首先生成的硫的重氮盐也是比较稳定的，当羧基与碱反应后，负离子使芳基重氮硫化物稳定性降低，它在10℃以下就立即分解放出氮气，完成硫取代（硫代水杨酸）。

上溶、析、洗，干燥后得 175g（产率 58%），mp 148~149.5℃，纯度（滴定法）99.7%，外观微黄色。

另法（见 214 页）：

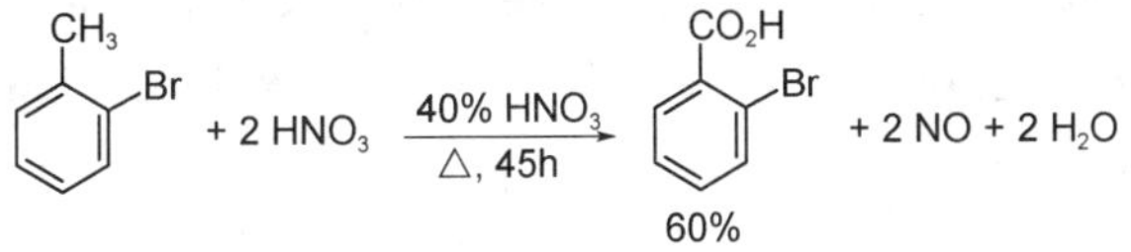

4-溴苯甲酸　*M* 201.03，mp 254℃；可溶于乙酸（12mL/g）。

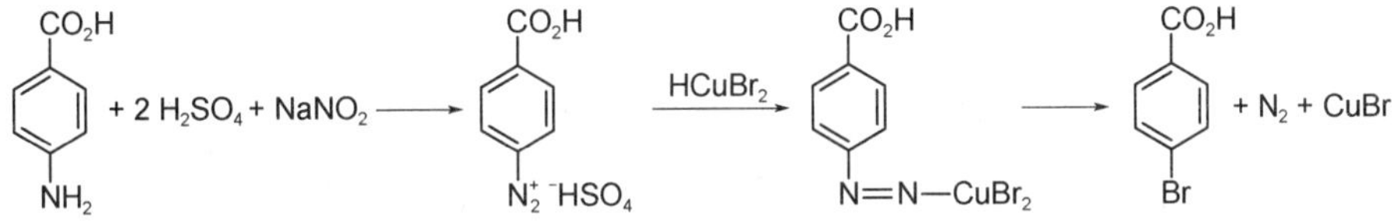

2L 烧杯中加入 1L 水及 110mL（2mol）浓硫酸，加热至近沸，搅拌下加入 137g（1mol）*p*-氨基苯甲酸，加热使溶，放冷、析出结晶，内加水控制 7℃以下，搅拌着于液面下慢慢加入 77g（1.1mol）亚硝酸钠溶于 100mL 水的溶液，加完后再搅拌 10min，绝大部分重氮化而消溶，仍剩少许颗粒未溶，此时体积约 1.8L，将此重氮盐溶液慢慢加入 60℃左右的如下配制的溶液中：160g（1.1mol）溴化亚铜溶于 400mL 42%氢溴酸中。

加入后立即反应，放出氮气，析出黄色细小结晶并形成泡沫，由于泡沫不易消失，共加入了约 50mL 甲醇作消泡，加热水汽蒸馏回收甲醇；稍冷滤出结晶，过滤很慢❶。将湿品悬浮在 2L 水中用 NaOH 中和至 pH 9，过滤，棕色溶液保持近沸用稀盐酸慢慢酸化，充分搅拌，稍冷滤出，热水洗，烘干得 155g（产率 77%），mp 244~248℃❷

精制：用乙酸（15mL/g）重结晶，mp 249~250℃。

另法（见 213 页）：

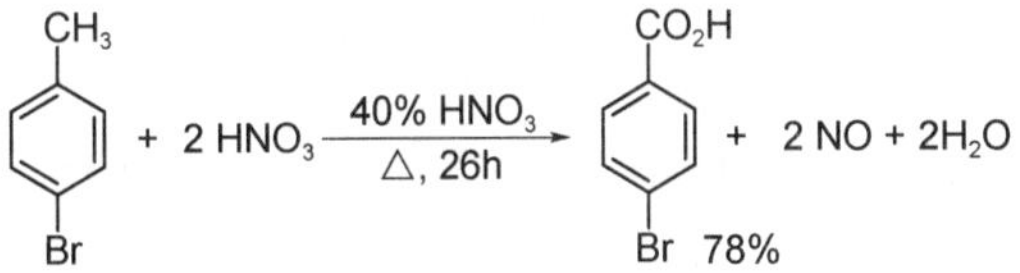

2-氯苯甲酸　*M* 156.57，mp 142℃。

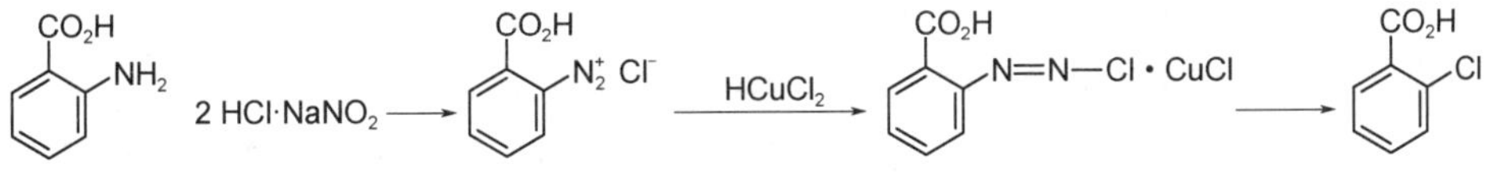

60L 陶罐中加入 5.48kg（40mol）*o*-氨基苯甲酸、20L 水及 10L 30%（100mol）盐酸，内加冰控制 10~15℃，搅拌着从液面下慢慢加入 2.8kg（40mol）亚硝酸钠溶于 4L 水的溶液，加完后再搅拌 10min，加入 80g 尿素配成的水溶液搅匀以分解过剩的亚硝

---

❶ 提高亚铜反应液的温度，或在近于沸腾的条件加入重氮盐溶液以期析出较大的结晶以便于过滤。

❷ 对位比邻位重氮基的溴代产率稍低是由于对位羧基的影响较弱，羟基取代有所增加造成的；可用浓硫酸洗除。

酸，10min 后将此溶液慢慢加入如下配制的亚铜溶液中：4.2kg（42mol）氯化亚铜溶于 8L 工业盐酸中。

加入后立即反应放出氮气，随即析出结晶，加完半小时后通入蒸汽加热至沸，放冷至 60℃滤出结晶（如果冷至室温，最后析出杂质水杨酸污染产品），用大量热水洗至洗液为无色（水杨酸对铁产生粉红色），干后得 5.2kg（产率 84%）mp 139~141℃。

精制：使用无铁的脱色炭用沸水重结晶，如果产品外观是粉色，可先将粗品的钠盐溶液用 KMnO$_4$ 氧化处理后再水重结晶，得白色结晶，mp139~142℃。

2,5-二溴苯甲酸 M 279.72，mp 157℃。

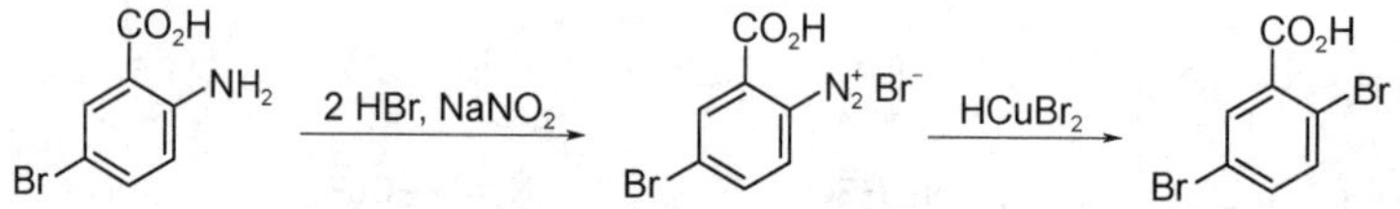

2.16kg（10mol）5-溴-2-氨基苯甲酸与 14L 水相混，加入 1.02kg 40%（10.2mol）氢氧化钠溶液，加热使溶，稍冷，加入 725g（10.5mol）亚硝酸钠，搅拌使溶。冰冷着、搅拌下将此溶液慢慢加入至<5℃的 7L 38%（d 1.35~1.36，43mol）氢溴酸中，一经加入立即完成重氮化，将此重氮盐溶液慢慢加入如下配制的亚铜溶液中去：1.6kg（11mol）溴化亚铜溶于 4.5L 38%（28mol）氢溴酸中。立即反应，放出氮气，随即析出结晶，加完 2h 后加热至沸，放置过夜。次日滤出结晶，水洗，将粗品悬浮于 10L 水中以 40% NaOH 中和成盐溶解。脱色过滤，趁热用盐酸酸化，滤出结晶，水洗，干后得 2.5kg（产率 89%），mp 152~153℃。

精制：用 50%乙醇重结晶，收率 70%，mp 155~157℃。

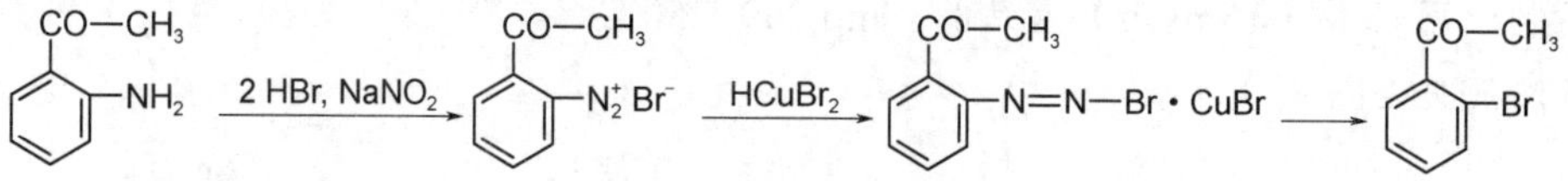

2-溴苯乙酮   77%

2-萘胺重氮化在氯化亚铜或溴化亚铜作用下得到相应卤代物的产率尚好。

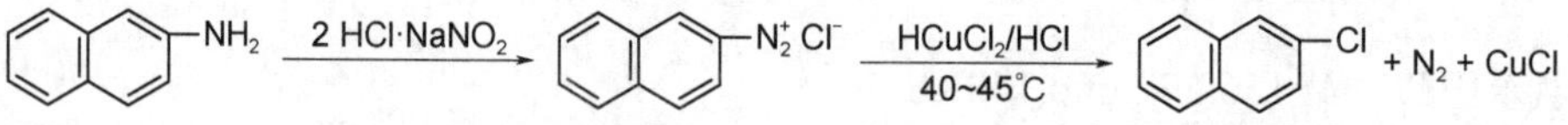

2-氯化萘   65%

1-萘胺重氮化，其重氮盐特别容易分解，与氯化亚铜盐酸溶液反应的产物也很复杂，以沥青状物水汽蒸馏，有萘首先蒸出，其后是 1-氯代萘蒸出，产率在 35%左右。或可通过 1-萘酚的磷酸酯（参考 452 页）——使用季鏻盐卤化物。

在水条件、推电子影响使芳基正离子的稳定性增加，更多比率的羟基取代；只在推电子基影响更大的情况下，芳基正离子稳定地显示 X$^-$对它的选择优势，如：2,4-二甲基溴苯的产率 73%（离子反应）；以下 2,5-二氨基甲苯的重氮化溴代反应中，如果有分步进行的，在一个重氮基的影响下，另一个重氮基的溴代要亚铜催化，一个溴代完成以后，第二个重氮基没有其它拉电子的影响（电性改变）溴代比率有较大幅度下降，如同 2-甲基苯胺的重氮化溴代，亚铜不起作用。

2,5-二溴甲苯　M 249.94，fp 5.62℃，bp 236℃，d^{19} 1.8127，n_D^{18} 1.5982。

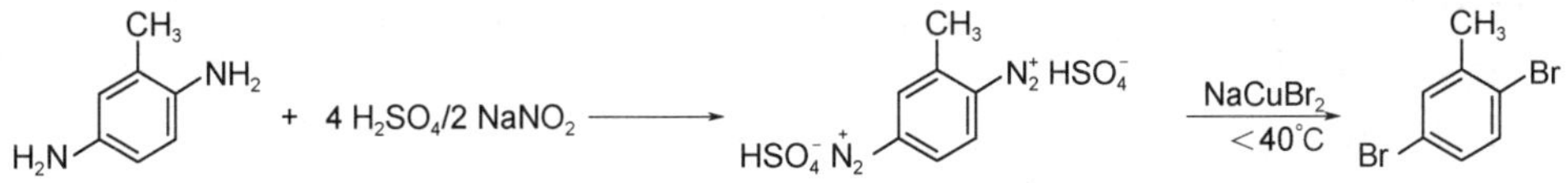

5L 烧杯中加入 1.5L 浓硫酸，控制 30℃以下慢慢加入 154g（2.2mol）干燥的亚硝酸钠粉末；再慢慢加入 122g（1mol）2,5-二氨基甲苯❶❷溶于 750mL 乙酸的溶液，以保证两个氨基完全重氮化，加完后再搅拌 10min。将此重氮盐硫酸溶液慢慢加入温度控制在 40℃以下的下面亚铜溶液中：144g（0.57mol）结晶硫酸铜，48g（0.57mol）铜粉或铜屑，2.4L水及 395g（2.7mol）结晶溴化钠 $NaBr \cdot 2H_2O$，搅拌下加入 72g（0.78mol）浓硫酸，回流 5h，得黄色溶液，如仍有蓝色可加少许 Na_2SO_3 使蓝色褪去。

总反应式：

$$CuSO_4 + Cu + H_2SO_4 + 4\,NaBr \xrightarrow{\triangle} 2\,NaCuBr_2 + 2\,NaHSO_4$$

一经加入立即分解、放出氮气，加完后水汽蒸馏，得 108g（产率 44%），d 1.8217。

3. 重氮基被氰基取代

芳重氮基在碱性条件的氰化亚铜作用下被氰基取代，得到芳腈。

$$Ar-N=N-Cl + NaCu(CN)_2 \xrightarrow{-NaCl} Ar \dotplus N=N \dotplus CNCu \dotplus CN \longrightarrow Ar-CN + N_2 + CuCN$$

应该注意，强碱条件的重氮酸酐重排为 N-亚硝基偶氮氨基化合物，使产率下降。

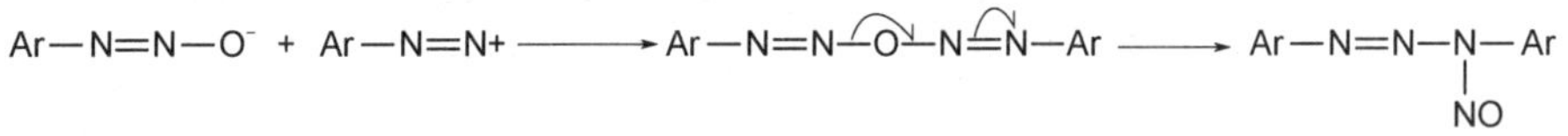

在 4-溴苯胺重氮化的氰基取代制取 4-溴苯腈过程中，电中性的芳基 Ar、芳基自由基 Ar·、芳重氮基 Ar—N=N· 被产物提取，有芳基 Ar· 二聚、与产物偶联产生联芳基化合物；与重氮基偶联为偶氮化合物，诸多副反应消耗重氮盐降低产率和亚铜未及再生而使用较多的亚铜。在液体、不溶水的合成中，使用苯溶剂和低温度，重氮盐溶液加入到搅拌的中心位置接近亚铜的水相立即反应完成取代，随即被溶剂提取，减少了被产物提取带来的副反应。

4-溴苯腈　M 182.03，mp 114~114.5℃，bp 235~237℃/60mmHg；极易溶于苯，易升华。

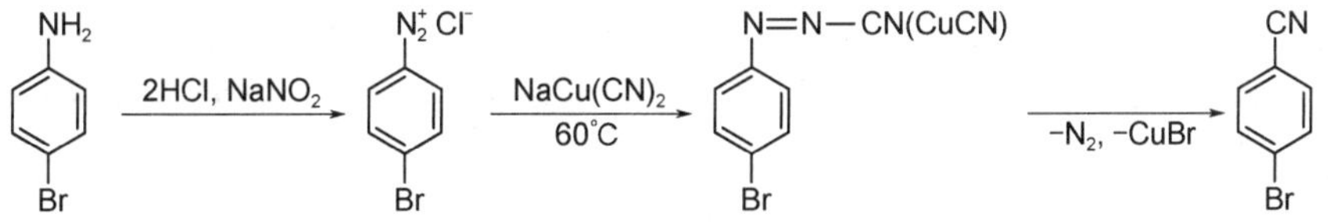

---

❶ 2,5-二氨基甲苯应是新蒸的，或直接使用干燥的硫酸盐。

❷ 直接使用溴化亚铜效果更好。

a. 氰化亚铜-氰化钠复盐溶液

5L 烧杯中加入 208g（2.1mol）氯化亚铜及 1L 水，搅拌下慢慢加入 355g（94%，6.5mol）氰化钠溶于 1L 水的溶液，氯化亚铜变为氰化亚铜，继而与过量的氰化钠成复盐溶解，反应放热但无须冷却。

b. 重氮化

5L 烧杯中加入 0.8L 水、200mL 30%（2mol）盐酸，加热至 70℃，搅拌下加入 345g（2mol）4-溴苯胺，搅拌使溶；冷后，快速搅拌下加入 200mL 30%（2mol）盐酸以析出细小结晶。冰浴冷却、先局部加入一些冰，在局部重氮化以便搅拌；控制温度在 7℃以下，从液面下慢慢加入 142g（2mol）亚硝酸钠溶于 200mL 水的溶液，加完后再搅拌几分钟，滤除少量悬浮物（偶氮氨基物）。

c. 氰基取代

将上面氰化亚铜溶液加热保持 60℃左右（在室温反应产率会更低），搅拌下慢慢加入上面的重氮盐溶液，立即反应并放出氮气，初加 1/3 生成棕色结晶，或棕红色的油状物很快即凝，加完后继续搅拌半小时冷后滤出❶，水洗（风干得 360g 含多量副产物杂质的粗品），将产物与 20g 亚硫酸钠一起至无结晶蒸出为止，收集到 6~8L 馏出液（约 6h 可以完成），最后的馏出物为橘黄色也一并收集，滤取结晶，风干后得 210g（产率 57%），mp 102~110℃。

精制：用苯（1.5mL/g）溶析，mp 111.3~112.7℃。

同法制得 2-氰基萘。

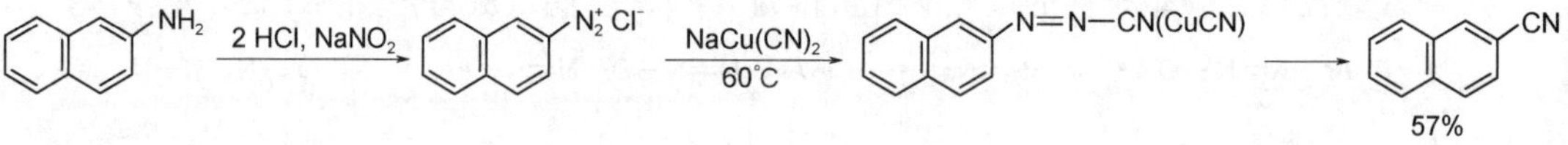

碱性条件的邻位硝基促进了重氮基的自由基式分解取代。

2-硝基苯腈 M 148.12，mp 111℃。

13.8g（0.1mol）2-硝基苯胺与 17.5mL 38%（0.22mol）浓盐酸一起研磨成糊状，移入于 1L 烧杯中，加入 500mL 冰水，搅拌成悬浮液，于 1h 左右从液面下慢慢加入 7g（0.1mol）亚硝酸钠溶于 40mL 水的溶液，加完后再搅拌 1h，静置后将清亮溶液以很慢的速度滴入至 90~100℃的下面溶液中：25g（0.1mol）结晶硫酸铜溶于 150mL 热水中，再加入 20g（0.4mol）氰化钠，溶解后保持 90~100℃。

---

❶ 含铜的氰化亚铜液（不包括洗液）减压浓缩至 1/2 体积，补加 100g（2mol）氰化钠，可再作用于 1.5mol 重氮盐溶液。产物水汽蒸馏收集到 140g（收率 51%）。母液如上处理及补加氰化钠重复使用一次以后就很少显示催化作用。而废渣的处理，应使用酰胺脱水的方法，更简便也便于回收。

加完后加热至沸，趁热过滤，冷后滤出结晶；滤渣用母液反复提取直至提取液冷后不再析出结晶，滤出的结晶合并，水洗，风干后用四氯化碳溶解以除去无机盐，回收四氯化碳得粗品，用稀乙酸重结晶，得 9.7g（产率 65%），mp 109.5℃。

4. 重氮基被砷基取代

碱性条件的芳基重氮盐在铜催化下与亚砷酸钠反应得到芳基砷酸；其还原性的亚砷与 Cu^{2+} 作为单电子转移试剂催化了基式分解过程，如苯基砷酸。铜 Cu^{2+} 催化了重氮酸的自由基式分解同时也催化亚砷生成砷基。

$$Na^+ \ ^-O—\dot{A}s(ONa)_2 + Cu^{2+} \longrightarrow [\cdot O—\dot{A}s(ONa)_2] \longrightarrow O=\dot{A}s(ONa)_2 + Na^+ + Cu^+$$

$$Ar\!+\!N\!=\!N\!+\!OH \longrightarrow Ar\cdot + N_2 + \cdot OH$$

$$Ar\cdot + O=\dot{A}s(ONa)_2 \longrightarrow Ar—AsO(ONa)_2$$

$$HO\cdot + Cu^+ \longrightarrow HO^- + Cu^{2+}$$

$$HO^- + Na^+ \longrightarrow NaOH$$

总反应式：$Ar\!+\!N\!=\!N\!+\!OH + Na^+ \ ^-O—Ar(ONa)_2 \xrightarrow{Cu^{2+}} Ar—AsO(NOa)_2 + N_2 + NaOH$

苯基胂酸　　M 202.04，mp 158~162℃（脱水生成酐）；可溶于水，易溶于醇。

$$As_2O_3 + 3 Na_2CO_3 \longrightarrow 2 Na_3AsO_3 + 3 CO_2$$

2L 烧杯中加入 1L 沸水，散开加入 500g（4.7mol）碳酸钠，加热使溶，搅拌下慢慢加入 250g（1.26mol）三氧化二砷，加热使溶，再加入 11g 结晶硫酸铜溶于 100mL 水的溶液，成为 2.5mol 亚砷酸钠及 1mol 碳酸钠的溶液。

2L 烧杯用加入 1L 水、450mL 30%（4.5mol）工业盐酸，慢慢加入 186g（2mol）苯胺并搅匀溶解，冷后，内加冰控制温度在 7℃以下，搅拌下从液面下慢慢加入 145g（2.1mol）亚硝酸钠溶于 200mL 水的溶液，加完后再搅拌几分钟。

取代：将亚砷酸钠溶液移入 5L 烧杯中，冷却控制 10℃左右，于 2h 慢慢加入上面的重氮盐溶液，立即反应放出氮气，加完后再搅拌 1h；再慢慢加热至 60℃趁热过滤，滤渣用热水冲洗，溶液合并、浓缩至 1.5L，趁热加入浓盐酸至不再析出沥青状物❶（取少量清液加入 2~3 滴盐酸不再出现沥青状物）❷。约用工业盐酸 100~150mL，此时的 pH 下得到苯基砷酸一钠，滤清后加入 250mL（2.5mol）30%盐酸，搅匀、放置过夜，次日滤出结晶，水洗，得粗品。

精制：以上粗品溶于 500mL 沸水中脱色过滤，放冷，滤出结晶，冷水浸洗，冲洗，干后得 162~180g（产率 40%~45%），mp 154~158℃。

尤其是邻位硝基在碱条件影响重氮基的分解方式——亲核取代。

---

❶ 沥青状物用 200mL 5% NaOH 提取，同样做如上处理回收。

❷ 最后阶段或用乙酸调节至不再出现沥青状物。

2-硝基苯基胂酸　　M 247.03。

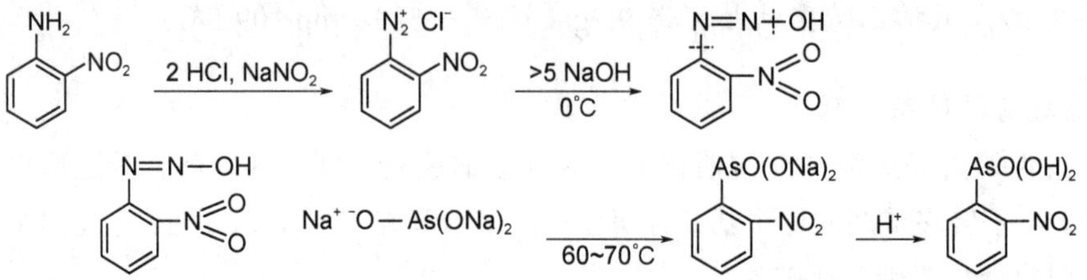

138g（1mol）2-硝基苯胺与 600mL 18%（3.4mol）盐酸研成糊状，移入 2L 烧杯中，加入 600g 碎冰，一次性加入 76g（1.1mol）亚硝酸钠溶于 100mL 水的溶液，加完后再搅拌几分钟，过滤；将滤液慢慢加入至保持 0℃的 770mL 25%（6mol）氢氧化钠溶液中[1]，再将此溶液慢慢加入到 190g（1mol）亚砷酸钠溶于 1.8L 水的溶液中，在水浴慢慢加热于 60~70℃保温 2h（不可以高出），用乙酸酸化至 pH 5（此时的产物在溶液中为一钠）；脱色过滤，用盐酸酸化至 pH 3，充分冷却，滤出淡黄色的结晶，得 150g（产率 61%）。

无水乙醇中的芳胺用亚硝酸乙酯重氮化（或在无水乙醇中硫酸作用于亚硝酸钠产生亚硝酸酯）得到芳基重氮酸酯，亚铜催化自由基式分解，与反应物中的 AsCl₃ 反应及水解，反应连贯完成。

3-硝基苯基胂酸

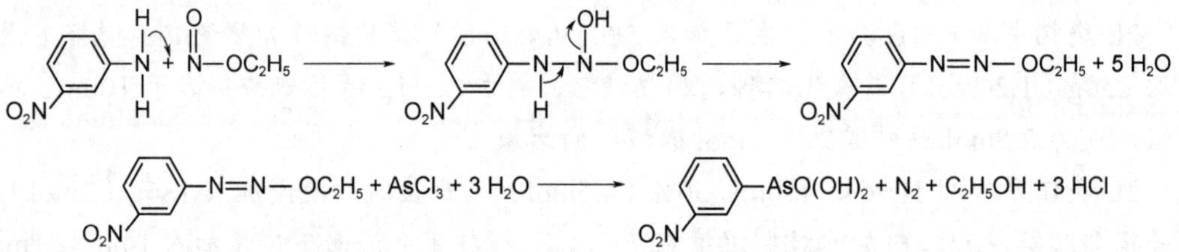

250mL 无水乙醇中溶解 13.8g（0.1mol）3-硝基苯胺，加入 10g（0.1mol）浓硫酸，冰盐浴冷却，保持 0℃以下搅拌下慢慢滴入 28g（0.15mol）三氯化砷[2]，再慢慢加入 7g（0.1mol）亚硝酸钠溶于 10mL 水的溶液，用淀粉/碘化钾试纸检查重氮化的终点；加入 1g 研细的溴化亚铜粉末，充分搅拌；慢慢于水浴上加热至 60℃，保温至不再有氮气放出，水浴加热蒸出乙醇，产物从残液中析出。

另法：

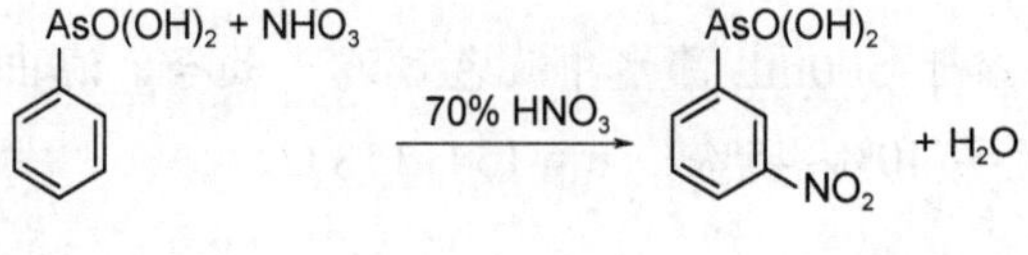

---

[1] 这样多的氢氧化钠以及加入顺序可能是为了让其成为稳定的重氮酸钠。

[2] AsCl₃ 剧毒、刺激性液体，接触皮肤会引起溃烂性伤害，应立即用肥皂水洗净。在反应时可能已是亚砷酸乙酯。

100mL 锥形瓶中加入 80g 70%（d 1.42，0.8mol）硝酸及 10g（0.05mol）苯基砷酸，慢慢加热使溶，慢慢蒸出 2/3 体积，剩余物倾入冷水中，滤出结晶。

5. 重氮基被硝基取代

芳核上邻、对位拉电子基使芳重氮盐稳定，有很强的电正性，在中性或弱碱性条件从还原性底物、铜或亚铜取得一个电子生成重氮基，重氮基分解为芳基，与亚硝基作用完成硝基取代。

$$Ar-N=N^+ + Cu^+ \longrightarrow [Ar-N=N\cdot] \longrightarrow Ar\cdot + N_2 + Cu^{2+}$$

$$Cu^{2+} + {}^-O-\ddot{N}O \longrightarrow [\cdot\overset{\frown}{O}\overset{\frown}{N}O] \longrightarrow \cdot NO_2 + Cu^+$$

$$Ar\cdot + \cdot NO_2 \longrightarrow Ar-NO_2$$

随着反应进行，碱性增强，反应中还有重氮酸酐产生，它可以均裂产生芳基，还可以重排为 N-亚硝基-偶氮氨基化合物稳定下来便不再进入反应，使产率下降。

$$Ar-N=N-O^- + Ar-N=N^+ \longrightarrow \begin{cases} Ar+N=N+O-N=N-Ar \longrightarrow Ar\cdot + N_2 + \cdot O-N=N-Ar \\ Ar-N=N-\overset{\frown}{O}-N\overset{\frown}{=}N-Ar \longrightarrow Ar-N=N-\underset{\underset{NO}{|}}{N}-Ar \end{cases}$$

虽然干涸的氟硼酸重氮盐相当稳定，在水溶液条件仍是缓慢分解进入反应。

1,4-二硝基苯　M 168.11，mp 173~174℃，bp 183.4℃/34mmHg，d 1.625。

$$O_2N-\underset{}{\bigcirc}-NH_2 + 2HBF_4 + NaNO_2 \longrightarrow O_2N-\underset{}{\bigcirc}-N_2^+\ {}^-BF_4 + NaBF_4 + 2H_2O$$

$$O_2N-\underset{}{\bigcirc}-N_2^+\ {}^-BF_4 + NaNO_2 \xrightarrow{Cu/NaNO_2} O_2N-\underset{}{\bigcirc}-NO_2 + N_2 + NaBF_4$$

0.5L 烧杯中加入 37.5g（0.6mol）硼酸，冷却及搅动下慢慢加入 120g 40%（2.4mol）氢氟酸❶，放热，生成氟硼酸溶液；向其中加入 34g（0.25mol）4-硝基苯胺粉末，冰水浴冷却控制温度在 10℃以下，搅拌着慢慢加入 17g（0.25mol）亚硝酸钠溶于 34mL 水的溶液，过程中析出大量氟硼酸重氮盐结晶；滤出，用冷的氟硼酸冲洗（或冰水冲洗），乙醇洗，干燥后得 56g（产率 95%）。

2L 烧杯中加入 400mL 水、200g（2.8mol）亚硝酸钠及 40g 铜粉，快速搅拌下于 2h 左右慢慢加入上面的氟硼酸重氮盐与 200mL 水的浆状物，反应放出氮气泡沫，可不断加入乙醚作消泡剂；反应完后滤出结晶，水洗，再用 5% NaOH 溶液洗，水洗；烘干后用苯提取（300mL、200mL、150mL）提取液合并，沸水浴加热回收苯，剩余物用水乙酸重结晶，得 28~34.5g（产率 67%~82%），mp 172~173℃。

精制：用乙醇重结晶得橘黄色结晶，mp173℃。

同样方法制取 1,2-二硝基苯，产率 33%~36%，mp116℃。

曾使用硫酸按常规将 2-硝基苯胺重氮化，用轻体碳酸钙中和硫酸，以铜粉使重氮酸自由基式分解与大过量亚硝酸钠作用，过滤后用苯提取滤渣，产率 30%。

---

❶ 氢氟酸、氟硼酸有透皮性和灼烧感，切勿接触皮肤，勿入口眼。

6. 重氮基被金属 Hg 原子取代（见 757 页）

重氮盐很容易与金属卤化物生成复盐从溶液中析出，重氮组分芳核上推电子基不利于复盐的稳定，如：$(CH_3)_2C_6H_3—N{=}N—Cl \cdot SnCl_2$，93℃分解。某些还会发生有如爆炸性的碎裂分解；芳核上拉电子基使重氮基很容易从铜获取一个电子，使分解放氮生成芳基，与进攻试剂完成反应。芳基重氮盐与卤化金属的复盐在丙酮、乙酸乙酯中更倾向自由基式分解，（用金属粉末还原）金属铜粉必须是够量的，不允许危险的金属复盐残留。

$$Ar—N{=}N—Cl + HgCl_2 \longrightarrow Ar—N{=}N—Cl \cdot HgCl_2\downarrow$$

$$Ar{+}N{=}N{+}Cl \cdot HgCl_2 \xrightarrow{Cu} Ar^{\cdot} + N_2 + {}^{\cdot}Cl \cdot HgCl_2$$

$$Cu + {}^{\cdot}Cl \cdot HgCl_2 \longrightarrow HgCl_2 + CuCl$$

$$Ar^{\cdot} + HgCl_2 \longrightarrow Ar—HgCl + Cl^{\cdot}$$

$$Cl^{\cdot} + Cu \longrightarrow CuCl$$

总反应式：$Ar—N{=}N—Cl + HgCl_2 + 2\,Cu \xrightarrow{丙酮} Ar—HgCl + N_2 + 2\,CuCl$

式中复盐在有机溶剂中有部分解离，重氮正离子从金属表面获得一个电子成为芳基重氮基、分解为芳基，它和金属卤化物反应，如下式：

$$Ar—N{=}N\overset{\frown}{C}l \cdot HgCl_2 \longrightarrow Ar—N{=}N^+ + {}^-Cl \cdot HgCl_2$$

$$Ar—N{=}N^+ + Cu \longrightarrow [Ar{+}N{=}N^{\cdot}] \longrightarrow Ar^{\cdot} + N_2 + Cu^+$$

$$Cu^+ + {}^-Cl \cdot HgCl_2 \longrightarrow HgCl_2 + CuCl$$

$$Ar^{\cdot} + HgCl_2 \longrightarrow Ar—HgCl + Cl^{\cdot}$$

$$Cl^{\cdot} + Cu \longrightarrow CuCl$$

总反应式：$Ar—N{=}N—Cl + HgCl_2 + 2\,Cu \xrightarrow{丙酮} Ar—HgCl + N_2 + 2\,CuCl$

依下面事实可以解释为离子反应的特征。如：$Ar—N{=}N—Cl \cdot FeCl_3$ 在丙酮溶液中，当加入氯化汞的丙酮溶液（升华 $HgCl_2$ 易溶于丙酮）时生成难溶的 $Ag—N{=}N—Cl \cdot HgCl_2$，说是离子反应的理由并不充分，它未涉及重氮组分本质的变化。

$$Ar—N{=}N—Cl \cdot FeCl_3 + HgCl_2 \longrightarrow Ar—N{=}N—Cl \cdot HgCl_2 + FeCl_3$$

关于有离子反应特征的解释，有如下事实：芳基金属卤化物芳核上推电子基使金属原子 [如 Sb（Ⅲ）] 的碱性加强；重氮组分芳核上拉电子基使重氮基所在碳原子有较大电正性（酸），两者反应，有未共用电子对的 Sb（Ⅲ）立即与重氮组分芳核上的碳原子反应，放出氮气，完成了分子间重氮基的金属原子取代，此事实说明有离子反应的特征——没有使用提供单电子的金属物质，如下式：

苯胺重氮化，与氯化锌的复盐在无水丙酮中用锌粉还原，与加入的底物三氯化砷作用，反应完全，得到三苯胂，证明是自由基反应。

$$Ar—N{=}N—Cl + ZnCl_2 \longrightarrow Ar \dotplus N{=}N \dotplus Cl \cdot ZnCl_2 \xrightarrow{Zn} Ar^{\cdot} + N_2 + {}^{\cdot}Cl \cdot ZnCl_2$$

$$2\ {}^{\cdot}Cl \cdot ZnCl_2 + Zn \longrightarrow 3\ ZnCl_2$$

$$3\ Ar^{\cdot} + AsCl_3 \longrightarrow (Ar)_3As + 3\ Cl^{\cdot}$$

$$2\ Cl^{\cdot} + Zn \longrightarrow ZnCl_2$$

总反应式：$3\ Ar—N{=}N—Cl \cdot ZnCl_2 + AsCl_3 + 3\ Zn \longrightarrow (Ar)_3As + 3\ N_2 + 6\ ZnCl_2$

2-萘胺重氮化与氯化汞生成的复盐在无水丙酮中用铜粉还原，得到 2-萘基-氯化汞。重氮盐和氯化汞的复盐不稳定，受热、撞击、强光照可能会引发碎裂分解。

2-萘基氯化汞　$M\ 363.22$。

5L 烧杯中加入 500mL 水、110mL 浓盐酸及 143g（1mol）2-萘胺，加热使溶，冷后，搅拌下加入 340mL（共 450mL，5.3mol）浓盐酸以析出细小结晶，内加冰控制 6℃左右慢慢加入 70g（1mol）亚硝酸钠及 100mL 水的溶液；加完后滤清，向此冷溶液中慢慢加入 271g（1mol）氯化汞溶于 300mL 水及 300mL 盐酸的溶液，复盐析出，几分钟后滤出结晶，以冰水浸洗两次，丙酮浸洗三次，析干得 380~390g（产率 82%~84%）；不可干燥和撞击，不可受热及光照，以防引发碎裂分解爆炸，应及时用掉。

2L 烧杯中加入 139g（0.3mol）上述复盐及 700mL 冰冷的丙酮，搅拌着，维持 10~20℃慢慢加入 38g（0.6mol）铜粉（在 70℃沉出的），加完后再搅拌半小时放置过夜。次日滤出，用 3L 二甲苯反复提取，得（干品）52~54g（产率 40%~49%），mp 266~267℃。

2,2′-二萘汞　$M\ 454.92$。

2L 烧杯中加入 231g（0.5mol）以上复盐、700mL 冰冷的丙酮，搅拌下加入 189g（3mol）铜粉，迅速冷至 20℃，于 20℃搅拌 1h；再加入 700g 28%浓氨水，搅拌 1h，放置过夜。次日滤取固体物，水洗两次，丙酮洗，干燥后用二甲苯反复提取，回收二甲苯，得淡黄色结晶 51~55g（产率 45%~48%），mp 241.5~243.5℃。

7. 重氮基被氢（H）取代——脱重氮基

脱去重氮基最多使用的是酸条件的用还原剂还原，常使用的还原剂是乙醇（常伴有副反应产物醚生成）以及强碱条件甲醛作还原剂（也见 90 页）；在推电子作用占主导的重氮底物要更强的还原剂；也有使用 $SnCl_2$，以及碱条件的亚锡酸钠、次磷酸。

芳胺在乙醇溶液中的重氮化及分解：为避免其它亲核试剂相竞争，只使用硫酸作为重氮化的酸；在乙醇溶液中的苯胺用亚硝酸乙酯重氮化而生成重氮酸乙酯，加热重氮酸乙酯溶液，它按自由基式分解，放出氮气，得到两种产物——氢取代和乙氧基取代（芳醚），氢取代的同时乙氧基被氧化成乙醛。

重氮化：

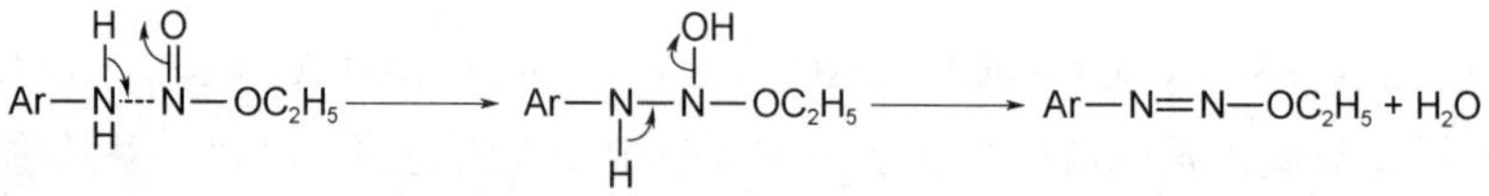

分解：

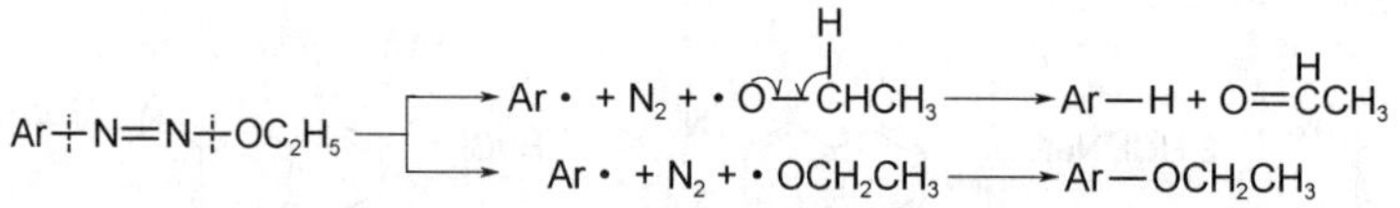

芳伯胺在甲醇溶液中的重氮化及分解特别有利于生成芳基甲醚。

乙醇作为还原剂，在酸条件有利于醚的产生，在碱条件有利于氢取代；更主要的是取代基对芳基重氮基分解及取代的影响，尤其在重氮基邻位有拉电子基时，容易完成氢取代，常得到满意的产率；当芳核上的推电子基占主导时，如：2,3-二甲基苯胺，按通常方法在乙醇中重氮化及分解，两个甲基使其容易按离子分解，生成 50% 的 2,3-二甲酚及 2,3-二甲基苯乙醚；几乎没有氢取代产物；使用更强的还原剂如 $SnCl_2/HCl$，也只有 30%~32% 的氢取代（o-二甲苯），羟基取代 15%，氯取代 12%~15%。

3-溴甲苯　M 171.04，mp $-39.8℃$，bp $183.7℃$，d^{20} 1.4009，n_D^{20} 1.5510。

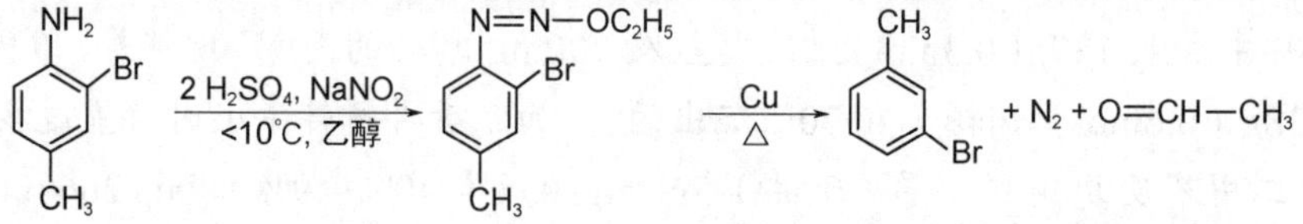

2L 三口烧瓶中加入 650mL 乙醇及 205g（1.1mol）2-溴-4-甲基苯胺，加热溶解，冷后，冷却及搅拌下慢慢加入 250g（2.5mol）浓硫酸，保持 10℃ 以下、从液面下慢慢加入 84g（1.2mol）亚硝酸钠溶于 100mL 水的溶液，加完后移入 5L 烧瓶中，加入 20g 铜粉促其自由基式分解。在回流冷凝器下小心加热，猛烈分解，放出氮气和乙醛，反应液由红棕色变为黄色；水汽蒸馏，分取油层（应以分馏回收乙醇，剩余物加水，分取油层），用碱水洗两次，以 90% H_2SO_4 洗一次，水洗，以无水硫酸钠干燥后常压分馏，收集 180~184℃ 馏分，得 110g（产率 59%），d^{20} 1.408~1.412。

同样方法从 2-硝基-4-甲基苯胺制得 3-硝基甲苯，产率 62%~72%，分解时不加铜粉。

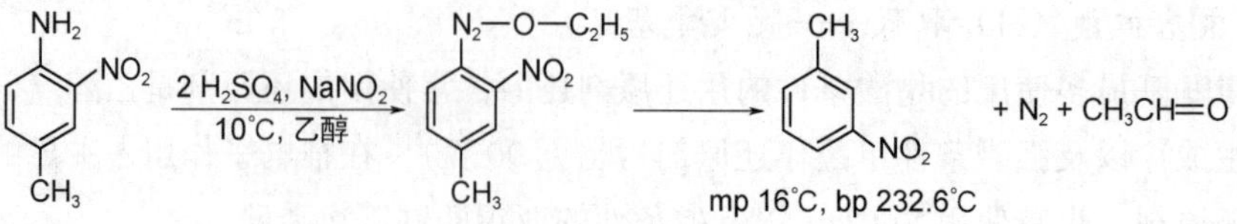

1,3,5-三氯苯 M 181.45，mp 63~64℃，bp 208℃；易水汽蒸馏。

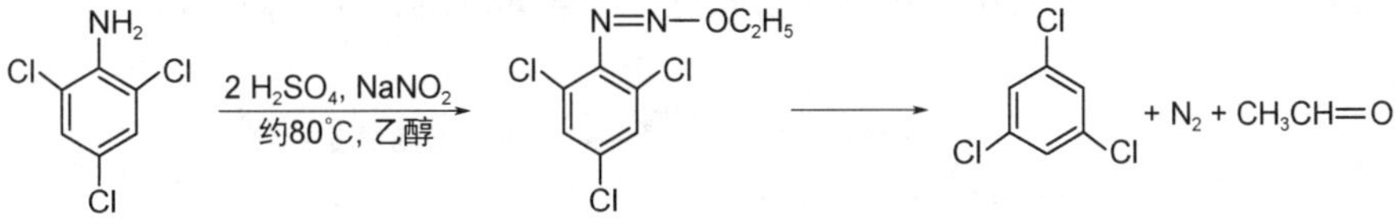

350g（1.78mol）2,4,6-三氯苯胺溶于 600mL 热乙醇中，冷后慢慢加入 300g（3mol）浓硫酸，搅拌着在回流冷凝器下慢慢加入 140g（2mol）亚硝酸钠与 1kg 浓硫酸配制的亚硝酰硫铵●，进行重氮化及分解，一经加入立即反应、放出氮气及乙醛，反应放热呈沸腾状，加完后保温半小时，将反应物作水汽蒸馏，共得粗品 230g（产率 72%）。分馏收集 207~210℃馏分，得 190g（产率 58%）。

另法：从 1,2,4-三氯苯重排。

2-氨基-5-碘苯甲酸钠溶液溶解过量的亚硝酸钠，将此溶液慢慢加入足够量的盐酸中，冰冷保持 10℃以下。得到的羧基与重氮基内盐的沉析物，分次加入含少量硫酸铜细粉的热（70℃）乙醇中分解，完成还原。

3-碘苯甲酸 M 248.02，mp 187~188℃；可溶于热水，能升华。

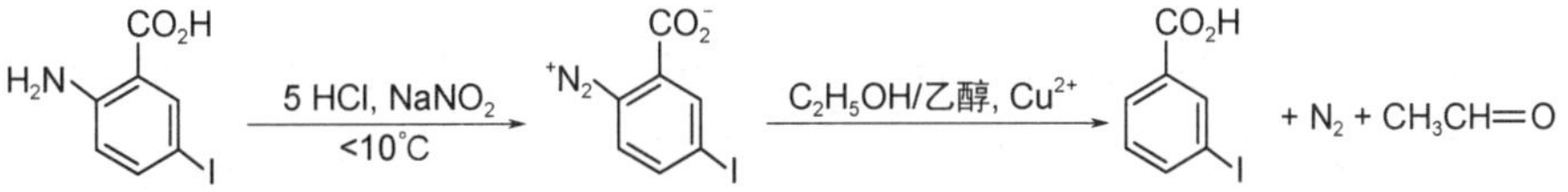

2L 烧杯中加入 1L 水、160g 30%（1.2mol）氢氧化钠溶液及 263g（1mol）2-氨基-5-碘苯甲酸，加热使溶；加入 84g（1.2mol）亚硝酸钠搅拌使溶，冷至 10℃备用。

3L 烧杯中加入 600mL 30%（6mol）盐酸，冷却保持 10℃左右，搅拌着从分液漏斗慢慢加入上面的钠盐混合液，加完后再搅拌 10min，在冰浴冷却下静置使重氮盐结晶沉降，小心倾出清液，剩下重氮盐浆状物。

脱重氮基：5L 三口烧瓶中加入 1.5L 乙醇及 5g 结晶硫酸铜细粉，搅拌下加热维持 70℃左右慢慢加入上面的重氮盐浆状物，加完后再保温搅拌半小时，放冷后滤出结晶物，风干得 210g。

精制：以上结晶溶于 210mL 10%氨水中，加热至 80~90℃脱色过滤，放冷后再冰冷，滤出铵盐结晶（收率 80%）；将铵盐用水重结晶，直至得到白色或近于白色的铵盐（约三次）；溶于四倍热水中用盐酸酸化，滤出，水洗，干后得 80~90g，mp 187~188℃。

用 $SnCl_2$/盐酸处理重氮盐的氢（H）取代：$SnCl_2$/盐酸在稍高温度（约 100℃）处理重氮盐，$SnCl_2$ 与重氮盐生成复盐，它主要发生均裂分解完成氢取代，同时有不是太少的离子反应生成酚及氯化物。$SnCl_2$ 是很强的 H 取代试剂，这个方法主要用在乙醇不能完成的、推电子占主导的芳重氮基的氢取代。

● 有一些 $NaHSO_4$ 析出，或可向反应物中直接加入亚硝酸钠的浓溶液。

反应的实施：将重氮盐的浓溶液慢慢加入氯化亚锡的浓盐酸溶液中，首先生成了复盐，它难溶于盐酸，在热的反应物中析出的是融化状态，随即分解，反应如下式：

$$SnCl_2 + HCl \xrightarrow{\text{盐酸}} HSnCl_3 \text{（水溶解度更大）}$$

$$Ar-N\equiv N-Cl + SnCl_2 \longrightarrow Ar-N\equiv N^+ \cdots {}^-SnCl_3$$

$$Ar \dotplus N\equiv N \dotplus SnCl_3 \xrightarrow{90\sim100℃} Ar \cdot + N_2 + \cdot SnCl_3$$

$$HCl \cdot {}^+ \cdot SnCl_3 \longrightarrow SnCl_4 + H \cdot$$

$$Ar \cdot + H \cdot \longrightarrow Ar-H$$

总反应式：

$$Ar-N\equiv N^+ Cl^- + SnCl_2 + HCl \xrightarrow{90\sim100℃} Ar-H + N_2 + SnCl_4$$

副反应：

$$Ar-N\equiv N^+ Cl^- \longrightarrow Ar-Cl + N_2$$

$$Ar-N\equiv N^+ Cl^- + H_2O \longrightarrow Ar-OH + N_2 + HCl$$

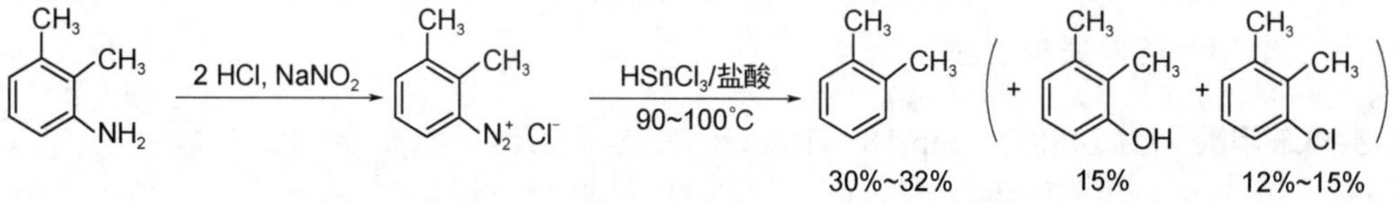

在强碱条件用甲醛的还原是氢带着电子对转移，甲醛在强碱作用下生成双负离子，由于双负离子对电子的排斥作用，氢带着电子对进攻电正中心，重氮基被氢取代，放出氮气，甲醛被氧化为甲酸（亦见醛、酮的还原）。

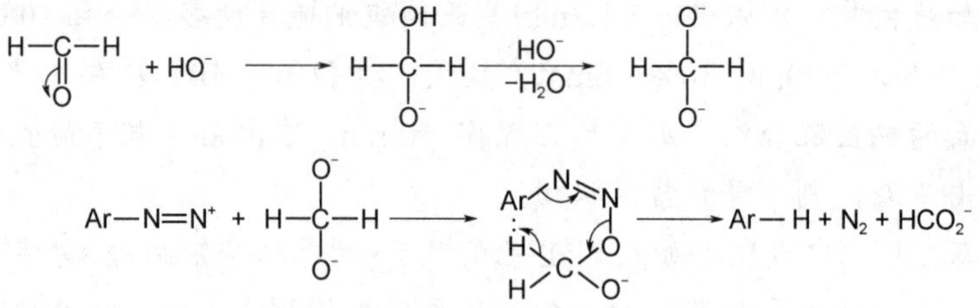

第四节　芳肼

重氮盐还原得到芳肼（Ar—NH—NH₂），两个相邻有未共用电子对的氮原子有很强的亲核性质，在空气中缓慢氧化，不纯的芳肼、甚至 2,4-二硝基苯肼长时间存放（两年以上）也会氧化成沥青状物，铁等金属杂质对它们的氧化起催化作用；推电子基使它们更容易氧化，如：苯肼与工业脱色炭（含铁）一起加热脱色过滤，滤尽以后吸附在炭上的苯肼由于空气通过而氧化放热、发烟，及时处理；又如：4-羟基苯肼盐酸盐对空气敏感，在 80℃烘干后从烘箱取出时、在新鲜空气中很快燃烧分解，即使在室温也不能存放时间过长（存放 20 天时盛装瓶被炸开，可能是分解产生的气体积聚所致，也可能是突然的，或因氧化亚锡的作用），为了使产物稳定，应该把它制纯、避光、充氮保存。

一、用亚硫酸钠还原重氮基

重氮基用亚硫酸钠还原得到高产率的芳肼，如下式：

$$Ar-N=N-Cl + Na_2SO_3 \longrightarrow Ar-N=N-SO_3Na + NaCl$$

$$Ar-N=N-SO_3Na + Na_2SO_3 + HCl \ [H-O-SO-ONa] \longrightarrow Ar-\underset{\underset{SO_3Na}{|}}{N}-NH-SO_3Na + NaCl$$

$$Ar-\underset{\underset{SO_3Na}{|}}{N}-NH-SO_3Na + H_2O \xrightarrow{H^+} Ar-NH-NH-SO_3Na + NaHSO_4$$

$$Ar-NH-NH-SO_3Na + H_2O + HCl \xrightarrow{\triangle} Ar-NH-NH_2 \cdot HCl + NaHSO_4$$

总反应式：

$$Ar-N=N^+ \ Cl^- + 2\,Na_2SO_3 + 2\,H_2O + HCl \longrightarrow Ar-NH-NH_2 \cdot HCl + 2\,NaCl + 2\,NaHSO_4$$

将重氮盐溶液（有过量酸）加入亚硫酸钠浆状物中，立即与亚硫酸钠生成橘红色的偶氮磺酸钠结晶（$Ar-N=N-SO_3Na$），随即又溶解消失；加酸后与生成的 $NaHSO_3$ 加成为"二磺酸钠"；然后在加热下酸性水解，芳肼盐酸盐析出。如果亚硫酸钠浆状物为碱性（pH＞7），反应温度＞40℃，都会导致自由基取代及偶联，尤其重氮盐芳核上有拉电子基更容易生成大量复杂的沥青状物，使产率降低或实验失败；在制备 4-硝基苯肼时虽然注意了这些问题，但还是产生了不少沥青状物，由于产物是盐酸溶液，很容易分离。

苯肼 M 108.14，mp 24℃（水合物）、19.5℃（无水），bp 243.5℃、115~116℃/10mmHg，d^{20} 1.0987，n_D^{20} 1.6084；棱柱状无色结晶，光照及空气中变暗。

$$\text{苯}-NH_2 \xrightarrow[-NaCl, -2H_2O]{2HCl, NaNO_2} \text{苯}-N=N-Cl \xrightarrow[-NaCl]{Na_2SO_3} \text{苯}-N=N-SO_3Na \xrightarrow[-NaCl]{Na_2SO_3, HCl}$$

$$\longrightarrow \text{苯}-\underset{\underset{SO_3Na}{|}}{N}-NH-SO_3Na \xrightarrow[70℃]{2H_2O, HCl} \text{苯}-NH-NH_2 \cdot HCl + 2\,NaHSO_4$$

200L 陶罐中加入 30L 30%（290mol）工业盐酸，搅拌下加入 11.2kg（120mol）苯胺，放冷后内加冰控制 6℃左右，搅拌着从液面下慢慢加入 8.4kg（124mol）亚硝酸钠溶于 24L 水的溶液，加完后再搅拌几分钟，加入 200g 尿素配成的水溶液以分解过剩的亚硝酸。

另一个 500L 陶罐中加入 38L 水，搅拌下慢慢加入 38kg（约 300mol）亚硫酸钠，搅拌很稠厚，防止结块；以盐酸调节为 pH 6❶。控制亚硫酸钠浆状物在 40℃以下，搅拌加入上述重氮盐溶液。

重氮盐一经加入立即出现橘红色结晶，随即溶消，放热不大，约 15min 可以加完，最后的 pH 仍为 6，反应物为清亮的橘黄色溶液；如反应温度＞40℃则为橘红色。搅拌下向反应物中通入蒸汽加热至 60℃时开始从高位瓶在液面下慢慢加入 80L 30%（800mol）

---

❶ 此 pH 6 很重要，如果 pH≥7 在反应时会出现沥青状物。

工业盐酸，约半小时可以加完，到后来大量浅棕色的盐酸盐结晶（先）析出[❶]，于 60~70℃ 保温 2h，放冷过夜。次日在 30℃以下离心分离，得湿品 18kg（含水 18%，析干产率 82% 含无机盐未扣除，故不可靠，应直接碱化反应物）[❷]。

于搪瓷桶中加入 18L 40%（25.2kg，250mol）氢氧化钠溶液，于 50℃左右搅拌下加入以上盐酸盐，再保温搅拌 10min 以中和完全，分出粗品、以固体氢氧化钠干燥后减压蒸馏，收集 128~132℃/20mmHg 馏分，得 7.6kg（产率 58%，以苯胺计），fp 16℃。

同样方法制备：2,4-二氯苯肼盐酸盐，mp 230℃（分解）；4-氯苯肼盐酸盐，mp 218℃（分解），225℃（分解）。

4-氯苯肼盐酸盐的精制：分离出盐酸盐粗品析干，用沸水（6mL/g）溶解，脱色过滤，趁热慢慢加入 1/3 体积的浓盐酸，分次滤出结晶，冷水浸洗，乙醇浸洗，50℃烘干，收率按 4-氯苯胺计为 67%，mp 212℃（分解）。

4-硝基苯肼 M 153.14，mp 158℃；橘黄色结晶，可溶于热苯（1%）、乙醇、乙酸乙酯。

100L 陶罐中加入 8.28kg（60mol）对硝基苯胺粉末用 2L 水湿润之，加入 15L 30%（145mol）工业盐酸，充分捣碎后再搅拌 15min，内加冰控制 6℃左右用高位瓶从液面下慢慢加入 4.2kg（62mol）亚硝酸钠溶于 12L 水的溶液，加完后再搅拌几分钟，加入 100g 尿素配成的水溶液以分解过剩的亚硝酸，10min 后，控制以下亚硫酸钠浆状物在 20℃以下时[❸]将以上重氮盐溶液慢慢加入。

500L 陶罐中支起放入一个容积 200L 的陶缸，夹套以作加热和冷却，内缸中加入 8L 水，搅拌下加入 14.3kg（75mol）失水亚硫酸氢钠（$Na_2S_2O_5$），搅拌着加入 14kg 40%（10L，140mol）氢氧化钠溶液，控制最后 pH 约为 6[❹]。

重氮盐溶液一经加入立即析出橘黄色结晶，随即溶消，放热不大也必须控制 20℃以下加入，约半小时可以加完，再搅拌 10min。继而控制＜40℃，从液面下慢慢加入 40L 30%（400mol）盐酸，有不多的 SO_2 放出，用夹套热水加热反应物至 50℃，开始析出大量黄色"二硫酸钠"结晶致使搅拌困难；热至 75~78℃"二硫酸钠"水解，生成 4-硝基苯肼盐酸盐溶解而后变清，沥青物状的其它分解产物包含着目的产物，要很好地搅拌使溶出，控制水浴 78℃保温搅拌 2h。之后放去热水用冷水冷却。次日用布架滤清，弃去包有少量

---

❶ 此酸量按总碱超过约 400mol（40L），故加到后来即析出盐酸盐结晶。

❷ 如果直接碱化反应物，盐酸不必过量太多。可减少 20L，依此中和用碱总量及最后过量的盐酸 200mol，共计要 61mol（24.4kg）氢氧化钠，碱化后用甲苯提取。

❸ 加入重氮盐溶液的反应温度必须在 20℃以下，如果在 28℃就会有较多的自由基分解，放出氮气，而后出现许多沥青状物。

❹ 如果直接使用亚硫酸钠，须分散加入以防结块，最后用盐酸调节使 pH 为 6；如果 pH≥7，在合成过程中还原时会出现较多的沥青状物。

无机盐的沥青状物。将溶液滤清，冰水冷却控制 30℃以下用氨水中和至 pH 9，2h 后用布架滤出、离心脱水，依次水洗、蒸馏水洗、甲醇冲洗（细小结晶离心困难，要耐心），风干得橘黄色结晶性粉末 4.2kg（产率 46%），mp 148~150℃❶。

精制：用甲苯（100mL/g）重结晶，mp 155~158℃。

二、用氯化亚锡还原

重氮盐在过量盐酸条件用氯化亚锡盐酸溶液还原。

$$SnCl_2 + HCl \longrightarrow H\,SnCl_3$$
$$Ar{-}N{\equiv}N^+\,Cl^- + HSnCl_3 \longrightarrow Ar{-}N{=}N{-}SnCl_3 + HCl$$
$$Ar{-}N{\equiv}N{-}SnCl_3 + HSnCl_3 \longrightarrow \underset{\underset{SnCl_3}{|}}{Ar{-}N}{-}NH{-}SnCl_3$$
$$\underset{\underset{SnCl_3}{|}}{Ar{-}N}{-}NH{-}SnCl_3 + 3\,HCl \longrightarrow Ar{-}NH{-}NH_2 \cdot HCl + 2\,SnCl_4$$

总反应式：

$$Ar{-}N{=}N{-}Cl + 2\,SnCl_2 + 4\,HCl \longrightarrow Ar{-}NH{-}NH_2 \cdot HCl + 2\,SnCl_4$$

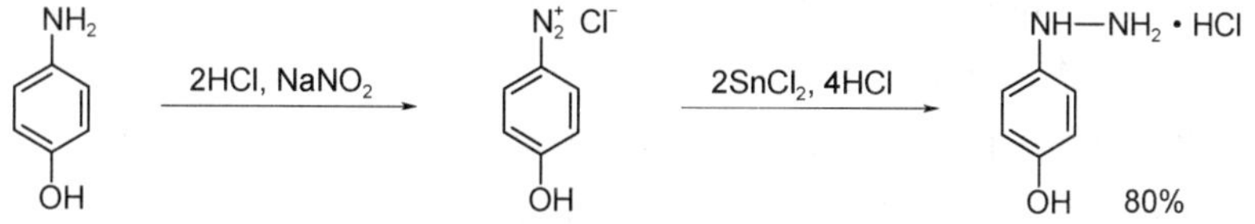

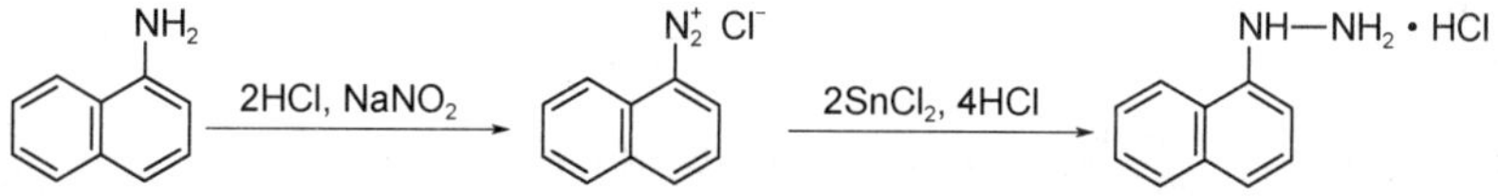

三、其它肼——联氨作亲核取代及 N-亚硝基的还原

联氨有很强的亲核性，即使是拉电子影响的联氨，第二个氮原子仍有较强的亲核性。为提高它亲核的选择性，常采用酰化的方法抑制它的亲核性，或将联氨的一个氨基或 1,2-两个氨基保护，也或将一个氨基作完全保护，在一个氨基反应后再将酰基水解掉。

联氨的碱性很强，作为亲核试剂可以把其它酰胺的氨基交换下来。

联氨有四个可取代的氢，为了单取代，不得不使用很大过量的联氨。

苄基肼　M 122.17，mp 26℃；bp 103℃/41mmHg；强吸湿性。

$$C_6H_5{-}CH_2{-}Cl + 2\,H_2N{-}NH_2 \xrightarrow{\ N_2H_4/乙醇\ } C_6H_5{-}CH_2{-}NH{-}NH_2 + H_2N{-}NH_2 \cdot HCl$$

1L 三口烧瓶中加入 310g（80%，5mol）水合肼及 200mL 乙醇，维持 45~50℃搅拌着于 2h 左右（时间不可以缩短）慢慢滴入 127g（1mol）氯化苄，加完后保温搅拌 1h，回

---

❶ 粗品不可久存，由于不纯则很快开始分解，给后来的精制带来麻烦，在夏季最好不超过三天。如果在风干中没有分解，用以上叙述的方法精制还是很方便的；或者将以上粗品先经盐酸盐处理一次。

收乙醇（200mL）至液温 110℃；继续蒸水约 25mL，此时液温 120℃。放冷至 40℃，分取上面油层（含水）115~125g，下面水层 290g❶。

分出的上面油层用水泵减压脱水至液温 130℃/-0.08MPa（150mmHg）脱出的水 20mL，剩余物冷至 100℃以下减压分馏，收集 86~90℃/20mmHg 馏分，得 50g（产率 41%）❷。

2,4-二硝基苯肼　M 198.14，mp 199~200℃。

$$N_2H_4 \cdot H_2SO_4 + 2\,CH_3CO_2K \longrightarrow H_2N{-}NH_2 + K_2SO_4 + 2\,CH_3CO_2H$$

400mL 烧杯中加入 35g（0.27mol）硫酸肼、125mL 热水、85g（0.87mol）乙酸钾，搅拌下加热至微沸，冷至 70℃加入 75mL 乙醇。过滤后用 75mL 乙醇浸洗析出的硫酸钾，洗液与滤液合并，加入至 1L 三口烧瓶中；搅拌下加入 50.5g（0.25mol）2,4-二硝基氯苯溶于 250mL 乙醇的溶液，慢慢加热使回流 1h，在回流最初的 10min 有较大放热并析出结晶。冷后滤出，以 50mL 热乙醇浸洗，水洗，干后得 30g，mp 190~192℃；母液回收乙醇至 1/2 体积，得第二部分结晶。

精制：用丁醇（30mL/g）重结晶，共得 40~42g（产率 81%~85%）。

注：铁、铜对产品存贮的稳定性有害；精制溶剂中的醛、酮与本品有加成反应。

下例见 280 页：

肼基乙酸乙酯 · HCl
39%~45%，mp154℃

1,2-二甲基肼·2HCl　M 133.02；mp 167~169℃；强吸湿性。

a. 1,2-二-苯甲酰肼（mp 234~238℃）

$$C_6H_5{-}CO{-}Cl + H_2N{-}NH_2 \cdot H_2SO_4 + 4\,NaOH \xrightarrow{<50℃} C_6H_5{-}CO{-}NH{-}NH{-}CO{-}C_6H_5 + Na_2SO_4 + 2\,NaCl$$

2L 三口烧瓶配置机械搅拌、两个分液漏斗及冷水浴。烧瓶中加入 48g（1.2mol）NaOH 溶于 400mL 水的溶液，搅拌着控制 50℃以下慢慢加入 65g（0.5mol）硫酸肼，

---

❶ 回收的乙醇补加 30mL 95%乙醇重复使用；分出的下面水层（水合肼及盐）补加 125g（80%，2mol）水合肼重复使用，这样做下来，分出上层 170g，用 70g 20%氢氧化钠溶液洗后得 159g，减压脱出水 33.5g，剩余物减压分馏得成品 54g（产率 44%），最后的液温 160℃/20mmHg，剩下相当多的高沸物及一些无机盐。或当酰化保护以提高选择性。

❷ 回收物料重复使用、产率只稍有提高；高沸物底子超比例增加可能是苄基肼进一步反应的结果，所以，应该在回收乙醇及脱水后，在分层以前用定量的氢氧化钠粉末处理并使苄基肼盐酸盐得以分离；或者减压回收水合肼（bp 120.1℃）；最后用碱处理残留物。

再加入 100mL 水冲洗加料口，全溶后从两个分液漏斗同步加入 145g（140mL，1.03mol）苯甲酰氯及 45g（1.1mol）氢氧化钠溶于水并调节至与苯甲酰氯同等体积的溶液，约 1.5h 可以加完。加完后保温搅拌 2h，滤出结晶，以 50%丙酮浸洗，再水洗，滤干。

精制：粗品用冰乙酸（650mL）重结晶，干后得 80~90g（产率 66%~75%），mp 234~238℃，从母液可回收少量产物。

b. *Sym* -二苯甲酰二甲基肼（mp 87℃）

$$C_6H_5-CO-NH-NH-CO-C_6H_5 + 2 (CH_3O)_2SO_2 \xrightarrow[90℃]{2\ NaOH} C_6H_5-CO-\overset{\overset{\displaystyle CH_3}{|}}{N}-\overset{\overset{}{|}_{\displaystyle CH_3}}{N}-CO-C_6H_5$$

2L 三口烧瓶中加入 80g（0.33mol）1,2-二苯甲酰肼、600mol 水及 10g（0.25mol）氢氧化钠，搅拌着于沸水浴加热保持 90℃左右，于 2h 左右同步加入 320g（240mL，2.54mol）硫酸二甲酯及 250mL 36%（349g，d 1.39，3.1mol）氢氧化钠溶液，加完后保温搅拌半小时，趁热倾入 2L 烧杯中，冷后滤出结晶，温水浸洗，风干，溶于 100mL 氯仿中，滤清，蒸干得 77~83g（产率 86%~93%），mp 77~84℃。

注：或应在无水条件反应，也便于硫酸二甲酯的回收。参见 *N*-甲基己内酰胺。

c. 1,2-二甲基肼·2HCl——酰胺水解

$$C_6H_5-CO-\overset{\overset{\displaystyle CH_3}{|}}{N}-\overset{\overset{}{|}_{\displaystyle CH_3}}{N}-CO-C_6H_5 + 2\ HCl + 2\ H_2O \xrightarrow[\triangle,\ 2h]{32\%\ HCl} CH_3-NH-NH-CH_3 \cdot 2\ HCl + C_6H_5-CO_2H$$

2L 三口烧瓶中加入 67g（0.25mol）对称-二苯甲酰二甲基肼及 250mL 32%盐酸，慢慢加热回流 2h，用甲苯提取苯甲酸；水溶液用水浴加热减压蒸干，冷后滤取结晶，用 25mL 乙醇及 3mL 浓盐酸的溶液温热浸洗，再无水乙醇冲洗，真空干燥，得 22~23g（产率 66%~69%）。

精制：用含少许氯化氢的无水乙醇（20mL/g）溶解，稍冷加入 1/5 体积的乙醚，冷后析出白色结晶性粉末，滤出，真空干燥，mp 165~167℃。

联氨是比氨更强的碱，可以把其它酰胺的氨（胺）交换下来，产率低的原因是反应有平衡；如果使退减下来的氨（胺）能随时脱离反应体系，交换的产率可以很高，如：1,5-二苯基-碳酰二肼的产率可达 85%。

1-苯基-3-氨基脲　*M* 151.17。

$$C_6H_5-NH-\overset{\overset{}{\underset{\displaystyle O}{\|}}}{C}-NH_2 + H_2H-NH_2 \rightleftharpoons C_6H_5-NH-\overset{\overset{}{\underset{\displaystyle O}{\|}}}{C}-NH-NH_2 + NH_3$$

0.5L 三口烧瓶中加入 68g（0.5mol）苯基脲（mp 145~146℃）及 120mL 42%（1mol）水合肼溶液，搅拌下于蒸汽浴上加热 12h，脱色过滤，用热水冲洗脱色炭，合并的溶液水浴加热减压蒸发至剩 100mL 左右，冷却后冰冷，滤出结晶、水洗，得第一部分结晶；母液及洗液再浓缩至 25mL 左右，冷却后冰冷，滤出结晶及洗涤，得第二部分结晶。两

次共得含 20%未反应苯基脲的粗品 47~52g，外观棕色，mp 约 115℃。

精制：以上粗品溶于 4mL/g 无水乙醇中，加入同体积的浓盐酸，产物的盐酸盐析出；滤液冰冷后滤出结晶，乙醇洗，并干燥，共得盐酸盐 46~48g。

以上盐酸盐用沸水（3mL/g）溶解，滤清；以 10% NaOH 中和至碱性，冷后滤出，水洗，干后得 28~30g（产率 37%~40%），mp 120~123℃。

联氨作为强碱可使酰胺的胺交换下来，如下所示：

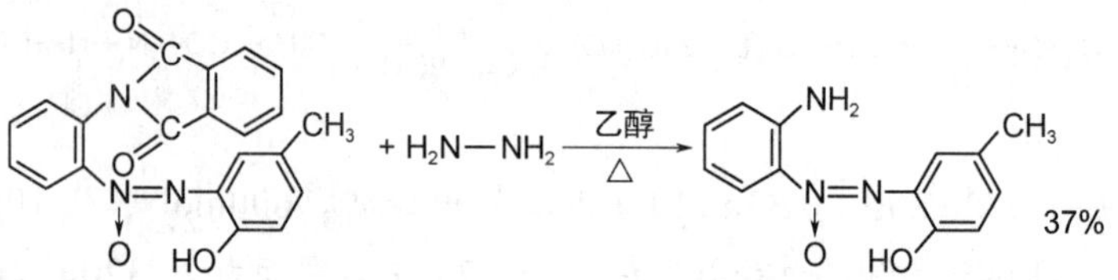

【N-亚硝基的还原】

甲基-1-苯基肼　*M* 108.16。

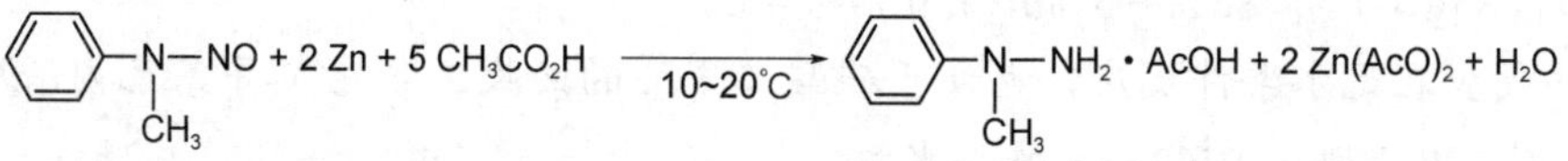

2L 三口烧瓶中加入 300mL 水，开动搅拌，加入 200g（3.1mol）锌粉，控制 10~20℃（可以内加冰）猛烈搅拌下于 2h 左右慢慢加入 100g（0.73mol）N-亚硝基-N-甲基苯胺与 210g（200mL，3.5mol）冰乙酸的溶液，加完后于室温搅拌 1h。慢慢加热至 80℃趁热过滤，除去未作用的锌粉并以 5%盐酸洗三次（3×100mL），溶液合并于 3L 烧杯中以 40% NaOH 处理至初生的 Zn(OH)$_2$ 成锌酸钠基本溶解（约用 1.2L），分出油层，水层用苯提取三次（3×100mL），提取液与分出的油层合并，水浴加热回收苯，剩余物减压分馏，收集 106~109℃/13mmHg 馏分，得 46~50g（产率 60%）。

同法可制得 1,1-二甲基肼二盐酸盐（见 533 页）和 1,1-二甲基肼乙酸盐（如下所示）。

第五节　偶合及偶氮化合物

芳香族偶氮化合物为橘黄色至橘红色结晶，一般比较稳定，取代基的性质影响它们的热稳定性，如：CH_3—⟨⟩—N=N—⟨⟩—CH_3（bp 210℃/10mmHg）；脂肪族偶氮化合物（及其它方法合成）受拉电子基的影响受热容易均裂分解，常用作自由基反应的引发剂，如：

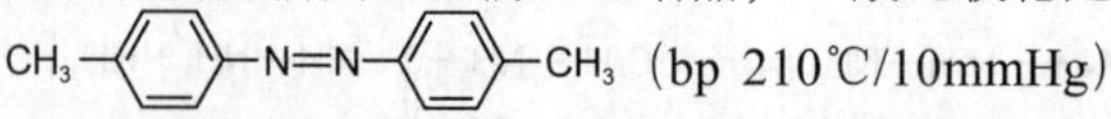

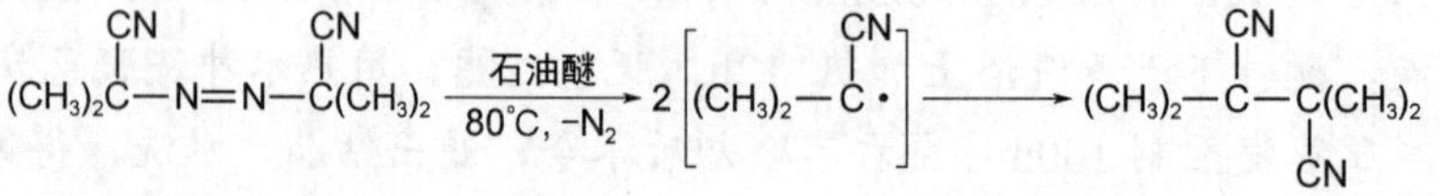

联环己基-1,1′-二腈

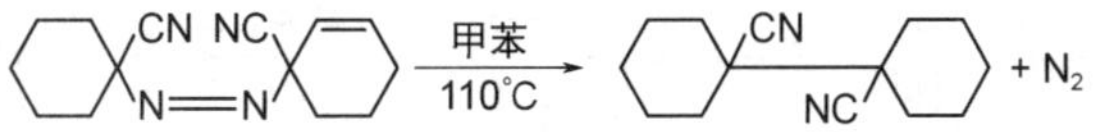

250mL 烧瓶中加入 50mL 甲苯及 20g（0.082mol）偶氮-1,1-二环己腈，加热回流 8h，冰冷过夜。次日滤出结晶，干后得 11.5~12.2g（产率 65%~69%），mp 224.5~225℃。

偶合是重氮基对于芳核的 Ar—H 亲电取代，重氮基氮原子的未共用电子对分散重氮正离子的电正性，它是相当弱的亲电试剂，有很好的选择性，只在高活化的芳核上偶合；一般只在芳香叔胺、酚类这些活泼底物的对位发生；当对位有其它基团占据时才在邻位发生，反应在弱碱性、中性条件进行。

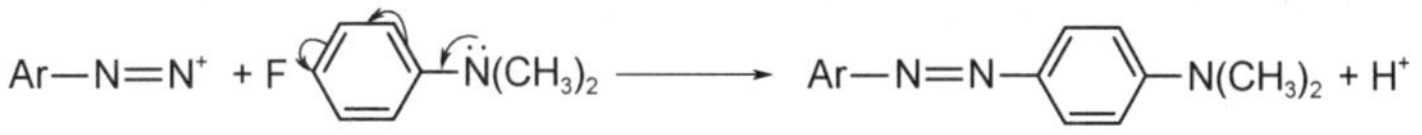

重氮组分芳核上的拉电子基使重氮正离子的电正性加强，使偶合反应容易进行；芳核上推电子基使重氮基的电正性减弱，使偶合反应速度降低。如表 14-1 所示。

表 14-1　重氮基芳核上取代基对于偶联的相对反应速率

重氮芳核组分	偶联的相对反应速率
C_6H_4-	1
$4-O_2N-C_6H_4-$	1300
$4-Br-C_6H_4-$	13
$4-CH_3-C_6H_4-$	0.4
$4-CH_3O-C_6H_4-$	0.01

被重氮基正离子进攻的酚类、芳香叔胺的芳核上其它推电子基使反应速率提高。

反应物的 pH 值对于偶合反应速率的影响是重要的，当 pH 值改变时，重氮盐 $Ar-\overset{+}{N}\equiv NCl^-$、$Ar-N=N^+Cl^-$（pH 8~9）和重氮物 $Ar-N=N-Cl$（有共价性质）及重氮酸 $Ar-N=N-OH$ 之间可以相互转变。在酸性条件（pH<6）是重氮盐 $Ar-\overset{+}{N}\equiv NCl^-$ 的形式，偶合速度相当缓慢；在弱酸性、中性至弱碱性条件，$Ar-N=N^+$ 的浓度递增，使偶合加速。在酚（钠）的偶合中应该注意，当反应物的碱性不是很强（pH 9~11）时，是活泼的顺式重氮酸。如果碱性很强（pH>12），则转变为稳定的、不活泼的反式重氮酸钠。结构如下所示：

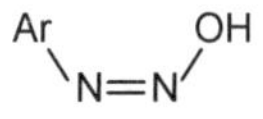

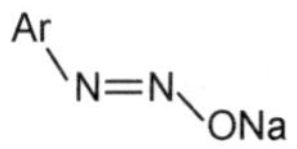

在弱碱性条件下，芳基重氮正离子在酚羟基对位偶合的中间体比较稳定，质子消去是慢步骤；如果碱过量、碱性太强，加之重氮基的电正性较强，可以在酚芳环上发生双重偶合。

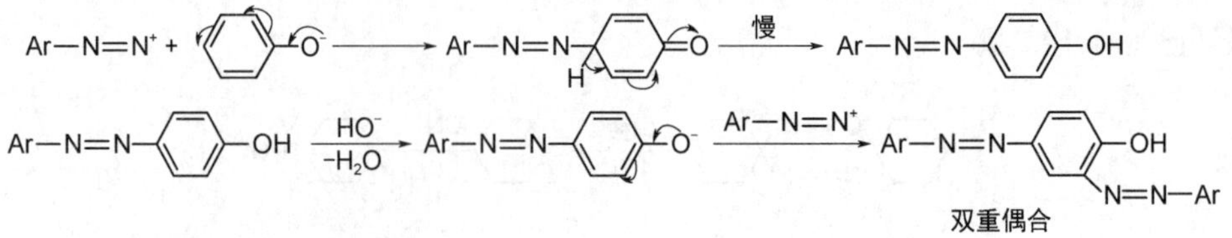

芳香叔胺与重氮基的偶合则是在中性或弱酸条件下进行，酸性太强则游离胺的浓度太低以致使反应停止；为减少双重偶合，应使用弱酸条件及欠量的重氮盐。

与氨基酚的偶合中 pH 值影响偶合位置，在弱酸性（pH 5）条件下酸不与叔胺生成稳定的盐，叔氨基的影响占主导地位；在碱性条件下，酚的氧负离子与苯环共轭占主导地位，偶合在酚羟基的对位或邻位发生。

酰化的芳香胺、酰化的酚类只与更强电正性的重氮基才发生偶合。

1-萘胺、1-萘酚的偶合在 4 位或 2 位发生；2-萘胺、2-萘酚的偶合只在 1 位发生，如果 1 位被占据便不能发生偶合。

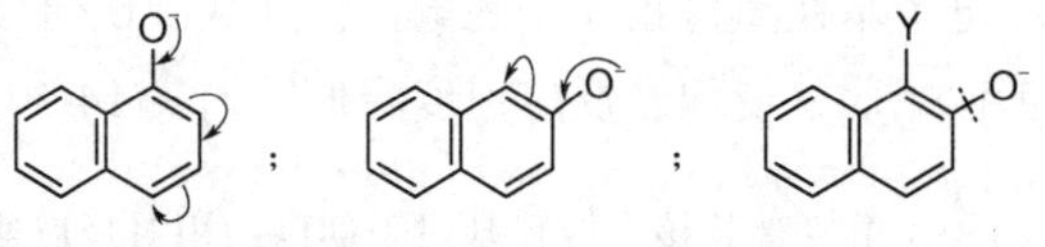

以下实例，重氮盐与初始过量碱中的酚钠偶合，虽然是在低温，但仍有较多的双重偶合产物生成。

4-氨基-1-萘酚盐酸盐　M 195.65，mp 273℃。

a. 1-萘酚钠溶液

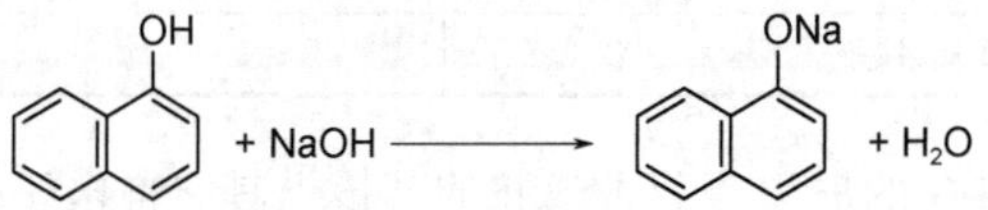

5L 烧杯中加入 900mL 10%（2.5mol）氢氧化钠溶液及 200g（1.39mol）1-萘酚（mp ＞90℃）；（纯品 mp 94~96℃），充分搅拌使溶解。

b. 苯胺重氮化

$$C_6H_5—NH_2 + 2\ HCl + NaNO_2 \longrightarrow C_6H_5—N_2^+\ Cl^- + NaCl + 2\ H_2O$$

3L 烧杯中加入 500mL 水，400mL 30%（d 1.15，4mol）工业盐酸，搅拌下加入 128g（1.38mol）苯胺，冷后冰冷，加入 800g 碎冰，搅拌下，可以较快速度加入 100g（1.43mol）亚硝酸钠溶于 100mL 水的溶液。几分钟后加入 5g 尿素的溶液以分解过剩的亚硝酸，冰冷备用。

c. 偶合——1-萘酚-4-偶氮苯

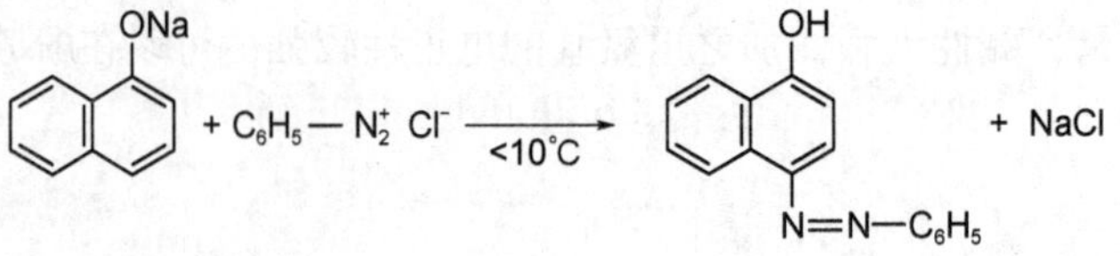

以上 1-萘酚钠溶液用内加冰（约 1kg）保持 10℃以下，快速搅拌以防形成胶状小球。于 15min 左右将重氮盐溶液用分液漏斗从液面下加入❶，加完后再搅拌半小时，再于 5~10℃放置 3h，滤出结晶、充分水洗。

提取（除去双重偶合产物）：5L 烧杯中加入 3L 10%（8.2mol）氢氧化钠溶液，加入以上偶合产物粗品，充分搅拌 10min 以使产物溶解，过滤；滤渣主要是双重偶合产物，再用 0.5L 10% NaOH 提取一次❶。提取液合并进行以下还原。

d. 还原——4-氨基-1-萘酚

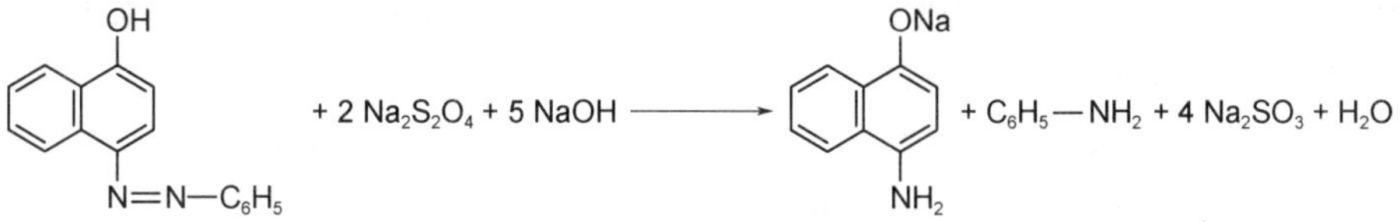

5L 三口烧瓶中加入以上包含了还原所需氢氧化钠的 1-萘酚钠-4-偶氮苯提取液，搅拌下慢慢加入 550g（≥80%，2.6mol）保险粉继续搅拌至深红色褪去（30~40min），反应物放热升温达 50℃❷，上面浮有一层苯胺。冷后分去苯胺层（当再用苯提取），搅拌下慢慢加入 630mL 30%（6.3mol）工业盐酸，沉析出 4-氨基-1-萘酚（检查滤液不再析出结晶），滤出，以含 SO_2 的水充分洗涤。

盐酸盐：5L 烧杯中加入 2L 蒸馏水煮沸以赶除溶解氧，加入 340mL 试剂级盐酸，加热及搅拌下加入上面粗品至基本澄清，滤除不溶物约 20~30g❸。冷后滤清，慢慢加入 1.2L 试剂级盐酸，几小时后滤出结晶，用 15%盐酸浸洗，得第一批结晶；母液及洗液合并，水浴加热减压浓缩至 1/2 体积，冷后滤出第二部分结晶，两次共得 175~200g（产率 65%~74%），淡紫色结晶。

精制：以上产品溶于热水，用浓盐酸析出，外观仍为淡紫色。

甲基红（4-二甲氨基苯-偶氮-苯-2'-甲酸） M 269.31，mp 181~182℃；酸碱指示剂，外观红色，从冰乙酸中得针状结晶，从甲苯中得片状结晶，其盐酸盐为蓝色针状晶体。

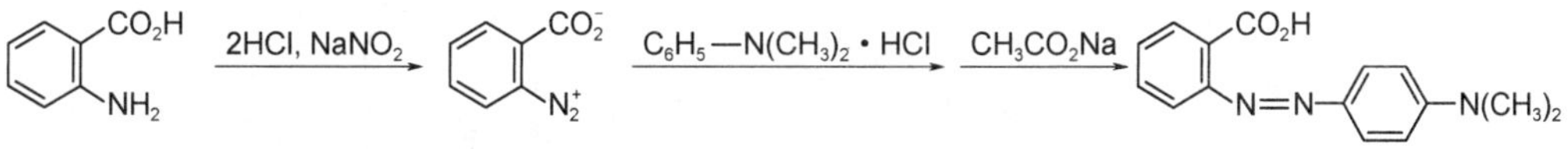

重氮化：5L 三口烧瓶中加入 1.5L 水及 721g（5mol）o-氨基苯甲酸，搅匀后加入 550mL 30%（5.5mol）工业盐酸，加热溶解，脱色过滤，用热水冲洗滤渣，洗液与滤液合并于 10L 三口烧瓶中；冷后、搅拌下再加入 700mL 30%（7mol）盐酸，内加冰控制 10℃以下❸用分液漏斗从液面下慢慢加入 360g（5mol）亚硝酸钠溶于 500mL 水的溶液，加完后再搅拌

---

❶ 与过量碱中的酚钠偶合，在初始阶段不可避免地有双重偶合发生。［可参照第 630 页"偶氮氧化偶氮 BN"中与酚类的偶合（步骤 a 和 e），是随时加碱控制偶合过程的 pH 为 9~10。］

❶ 双重偶合的酚类的酸性较弱，分离出双重偶合产物 10~90g，mp 197~198℃。

❷ 酸不溶物或因保险粉用量不足、还原未尽；应加热（约 80℃）保温。

❸ 用冰量不得超过 2.8kg，这样多的冰已足够吸收重氮化放出的热量。

几分钟。加入 10g 尿素的水溶液以分解过剩的亚硝酸。

偶合：以上重氮盐溶液中按上式计算有过量盐酸 7.5mol。用冰水浴冷却控制 7℃以下，搅拌着慢慢加入 848g（885mL，7mol）N,N-二甲基苯胺成为盐酸盐（尚未完成偶合）加完后保温搅拌 1h。保持<7℃，于 10h 左右慢慢滴入 656g（8mol）无水乙酸钠溶于 1.2L 水的溶液（2 滴/3s），加完后再搅拌 3h，经常搅动下放置 24h❶，最后以 40% NaOH 调节 pH 7.5（约用 240mL，3.3mol；有明显的 N,N-二甲基苯胺气味）以完成最后的反应，让难溶的甲基红盐酸盐能解开，再在不时搅拌下放置 24h。

滤出结晶，充分水洗，再用 10% 乙酸洗去吸附的 N,N-二甲基苯胺，至洗液 pH 5，蒸馏水洗，甲醇浸洗，风干后用甲醇煮洗一次，干后得 820~870g。

精制：用冰乙酸重结晶，或用甲苯(10mL/g)提取，结晶，得 790~840g(产率 58%~62%)，mp 181~182℃，也或用钠盐、盐酸盐结晶处理。

以下实例的两则与酚类的偶合是随时加碱控制偶合过程的 pH 9~10，以减少双重偶合。

偶氮氧化偶氮BN（2-萘酚-1-偶氮-苯-2'-氧化偶氮-5-甲基-2-羟基苯） *M* 398.41，mp 288~289℃；橘红色结晶性粉末，尚可溶于氯仿、二氧化碳及苯，溶解度约 1%。

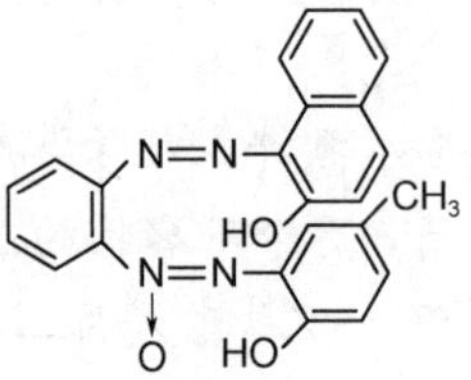

a. 2-*o*-苯二甲酰亚氨基苯胺（mp 184℃）

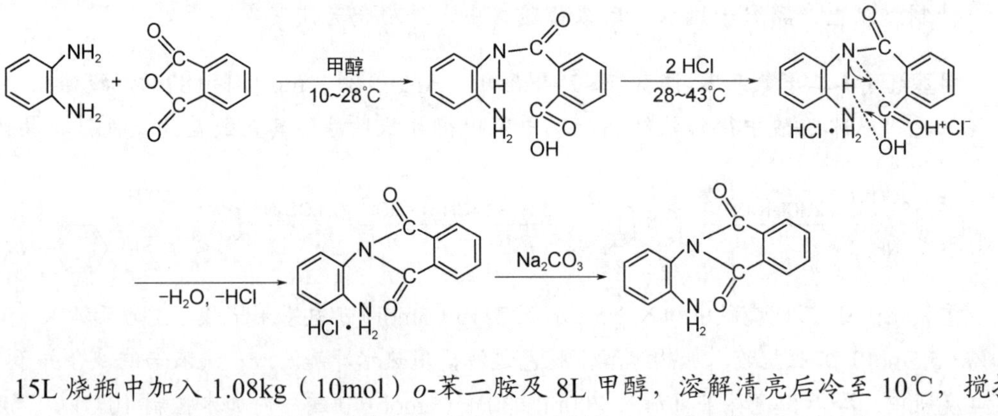

15L 烧瓶中加入 1.08kg（10mol）*o*-苯二胺及 8L 甲醇，溶解清亮后冷至 10℃，搅拌下加入 1.48kg（10mol）*o*-苯二甲酸酐粉末，继续搅拌，反应放热升温至 27~28℃，很快成为糊状，保温半小时；加入 1.8L 36%（20mol）试剂级盐酸，继续搅拌几分钟，反应物温度从 28℃上升至 43℃，渐成为红色溶液；水溶加热至 65℃，有白色结晶析出，停止加热、放置过夜；次日滤出结晶（过度加热可能会使酰胺水解；母液或水浴加热减压回

---

❶ 虽然较弱的酸性条件，偶合的速度仍很缓慢。如果只是放置了 24h，滤下来的母液中的物料仍在慢慢反应，还会有产物析出。故此用 NaOH 调节反应物至弱碱性 pH 7.5 使反应完全。

收溶剂），用 2L 甲醇中加入 300mL 盐酸的溶液冲洗，得盐酸盐结晶。

将以上结晶悬浮于 1.5L 5%（7mol）碳酸钠溶液中充分搅拌，保持溶液为持久的碱性 10min，滤出、水洗、甲醇洗，风干得黄色结晶 1.2kg（产率 50%），mp 182~184℃。

b. 重氮化及偶合——2-o-苯二甲酰亚氨基苯-偶氮-2′-羟基-5′-甲基苯

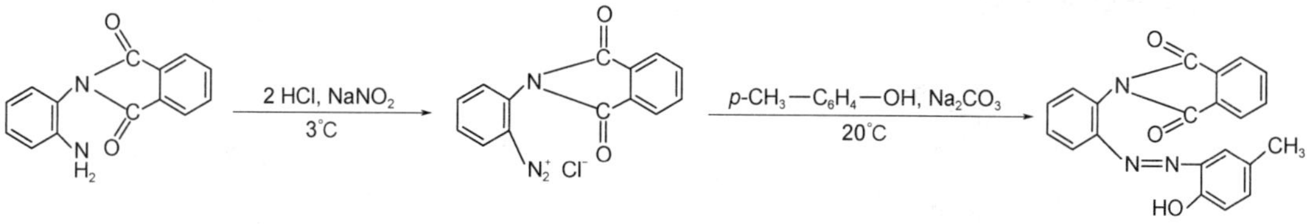

20L 搪瓷缸中加入 7.7L 36%（87mol）盐酸❶，搅拌下加入 1.19kg（5mol）上面的 2-o-苯二甲酰亚氨基苯胺粉末，充分搅拌使成盐酸盐结晶悬浮在盐酸中。用冰盐浴冷却、必要时向反应物中加些冰块，控制 3℃ 左右搅拌着于 2h 左右用分液漏斗慢慢加入 440g（6.75mol）亚硝酸钠溶于 1.25L 水的溶液（此操作未用冰浴，内加冰用量未超过 7kg）得浅棕色溶液。以下在碱条件的偶合不必分解过剩的亚硝酸。

配制两个溶液：

A. 550g（5mol）4-甲酚溶于 45L 乙醇及 400g（10mol）氢氧化钠的溶液中，放冷备用（在 80L 容积的瓷罐中配制）。

B. 6.3kg（61mol）碳酸钠溶于 25L 水中，放冷备用。

偶合：控制 4-甲酚钠乙醇溶液在 20℃ 以下，将碳酸钠水溶液和重氮盐溶液按比例同步加入［体积接近 2：（1.13~1.15）重氮盐溶液］过程中始终控制反应液的弱碱性，重氮盐溶液一经加入立即出现橘红色，随即析出结晶——表示正常偶合，且碱性不是很强；加完后再搅拌 2h，放置过夜，次日滤出含相当多无机酸的结晶，以 60% 乙醇浸洗；将橘红色结晶悬浮在水中，以盐酸酸化至 pH 2，滤出、水洗、乙醇洗；干后得 1.3~1.4kg（产率 73%~78%），mp 152~155℃。可以向下步氧化，或如下精制：用乙酸（5mL/g）重结晶，mp 162~164℃。

c. 偶氮苯氧化——2-o-苯二甲酰亚氨基苯-氧化偶氮-2′-羟基-5′-甲基苯

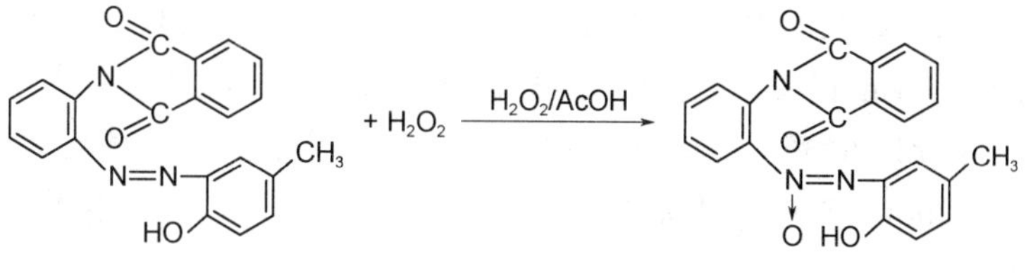

20L 烧瓶中加入 11L 冰乙酸及 358g（1mol）上面的偶氮化合物粗品（mp 152~155℃），搅拌下在水浴上加热至 65℃ 溶解成红色溶液，慢慢加入 650mL 28%~30%（5mol）双氧水，放热升温可达 78℃；控制 70~78℃ 搅拌下于 12h 左右再慢慢加入 3L 28%~30%（24mol）

---

❶ 重氮化盐酸用量及偶合时的乙醇及碱量都应缩减为 1/2 量。

双氧水❶，加完后再保温搅拌 6h，至反应物颜色不深于如下的颜色标准为终点：10mL 蒸馏水中加入 1 滴 0.1%甲基橙溶液。

放冷后加入 70L 蒸馏水混匀、放置过夜。次日滤出黄色结晶，水洗，得湿品 360g，再于冷暗处风干，得 180g（产率 47%）。

d. 二酰亚胺的肼解

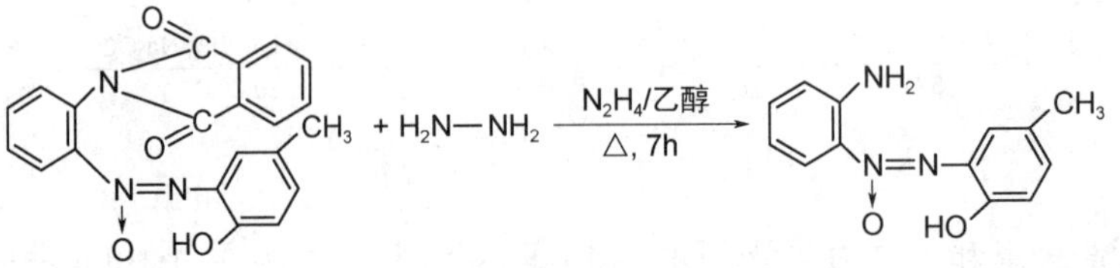

2L 烧瓶中加入 187g（0.5mol）以上的氧化偶氮化合物及 1.2L 乙醇，加热使溶解，水浴加热、回流着慢慢加入 120mL 50%（1.2mol）水合肼，加完后再回流 7h，放冷过夜。次日滤出 o-苯二甲酰肼（包括部分产物），用 360mL 乙醇分两次洗，洗液与滤液合并，回收乙醇至剩 350mL、冷后滤出结晶，得 18~19g，mp 120℃。

包含产物的酰肼（酸肼）使悬浮于 1.2L 水中，绝大部分溶解，滤取不溶的橘红色产物，用稀氨水浸洗，水洗，干后得 25g，mp 114~116℃，共得 44g（产率 37%）。

e. 偶氮氧化偶氮 BN —— 重氮化及偶合

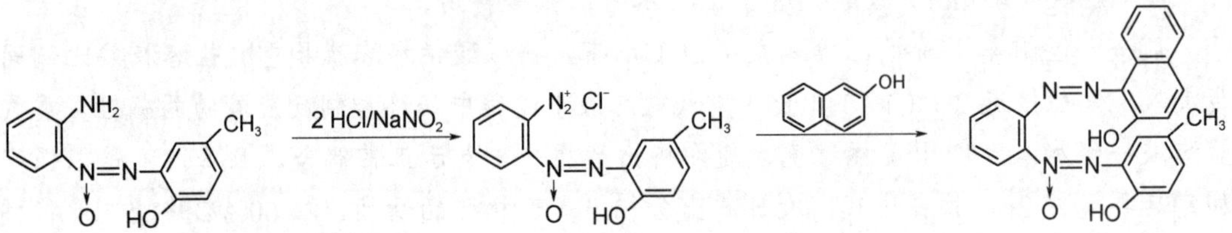

因为不精制，操作要特别小心防尘，内加冰也是用蒸馏水冻结的。

先配制两个溶液：

A. 1L 烧杯中加入 600mL 水、10mL 乙醇，混匀后加入 59g（1.05mol）氢氧化钾，溶解后加入 151g（1.05mol）2-萘酚，溶解，滤清，冰冷备用。

B. 400g（7mol）氢氧化钾溶于 400mL 水中，稍冷，加入至 3L 乙醇中，滤清、冰冷。

重氮化：243g（1mol）2-氮代偶氮-p-甲酚-苯胺溶于 4.5L 热乙醇中，滤清，搅拌下加入 800g 36%（8mol）盐酸，冰盐浴冷却及内加冰（<3.5kg）维持反应温度 0℃左右，慢慢加入 76g（1.1mol）亚硝酸钠溶于 200mL 蒸馏水的溶液，加完后再搅拌几分钟，得橘红色重氮盐溶液。

偶合：20L 容积的瓷罐中加入以上 2-萘酚钾溶液，维持 15℃以下搅拌着将以上氢氧化钾溶液及重氮盐溶液按比例同步加入（约 1：2.8 重氮盐溶液），在反应过程中控制反

---

❶ 先加入的 5mol 双氧水应该够用，或直接使用过氧乙酸，或使用钨酸钠及 EDTA 二钠催化（见 N-氧代-2,2,6,6-四甲基哌啶-4-醇自由基）。

应物的 pH 为 8~9❶，使最后的 pH 仍为 9；开始时出现的血红色胶冻样物随时成为结晶性粉末析出，加完后再搅拌 10min，放置 2h 后滤出，以 3L 乙醇反复浸洗及冲洗，50%乙醇洗，充分水洗、50%乙醇洗，干燥后得 230g（产率 56%）。

钙镁试剂（3-羟基-4-偶氮-*p*-甲酚-萘磺酸）　*M* 358.37，mp 350℃；橘黄色结晶性粉末，可溶于水、醇及氢氧化钠溶液。

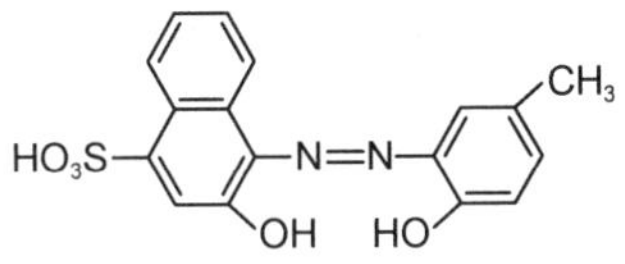

a. 重氮化

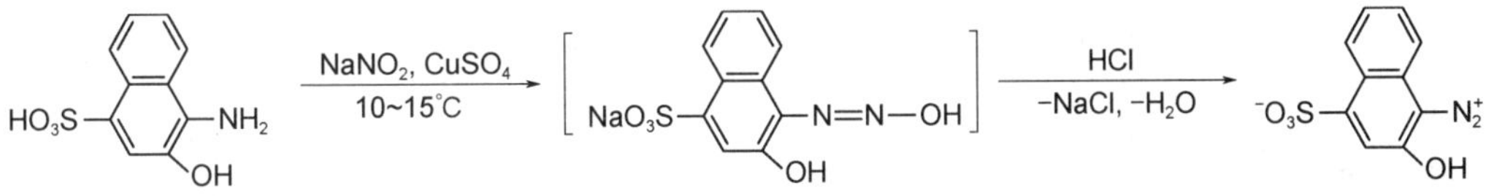

5L 三口烧瓶中加入 1L 蒸馏水及 20g 硫酸铜溶于 250mL 水的溶液，再加入 240g（1mol）1-氨基-2-羟基-萘-4-磺酸（1,2,4-酸），充分搅拌半小时，维持 10~15℃搅拌着慢慢加入 70g（1mol）亚硝酸钠溶于 700mL 水的溶液，约半小时可以加完，再搅拌半小时，过滤得橘黄色溶液（2-羟基萘-重氮酸-4-磺酸钠）；搅拌着慢慢加入 20%盐酸至不再析出结晶为止（淡黄色细小针晶），滤出，用 15%盐酸洗两次，阴凉处风干，得 220~240g（产率 90%~95%）。

b. 偶合

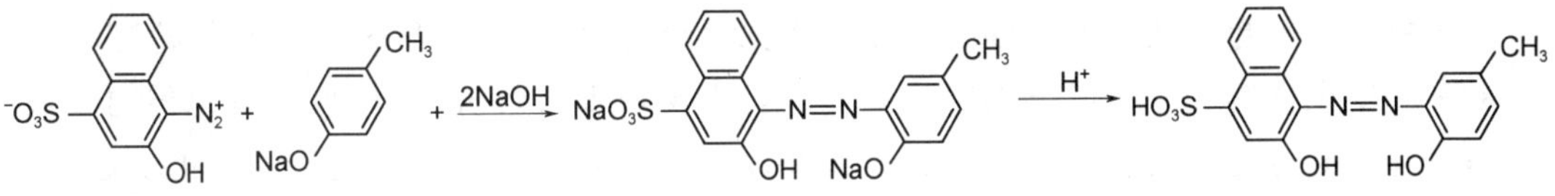

5L 烧杯中加入 100g（2.5mol）氢氧化钠，使溶于 0.5L 水中，稍冷，加入 110g（1mol）优质的 4-甲酚，搅拌使溶；再加入 200mL 50%（303g，3.8mol）氢氧化钾溶液❶，控制反应温度 15℃左右慢慢加入上面重氮盐结晶，加完后再保温搅拌 3h，直至在滤纸上不显示残留的不溶物；用蒸馏水冲稀至 3.5L，滤清后、冷却控制 15℃以下用浓盐酸酸化至 pH 3，几小时后滤出结晶，用加有 30mL 盐酸的 1L 15%氯化钠溶液分两次浸洗，风干后与氯仿一起回流 1h，趁热滤取结晶，用氯仿冲洗，风干得 100g❷。

精制：用丙酮提取产物、蒸发回收溶剂，染料的纯度大于 80%。

---

❶ 偶合的 pH 不可低于 6，否则过剩的亚硝酸钠会进入反应生成 1-亚硝基-2-萘酚；氢氧化钾溶液是过量的，最后可能剩余 400mL 左右，偶合过程的 pH 8~9 可以从反应物的颜色明辨出来：pH≤8 为深（暗）红色，pH≥9 为正红色，有明显的差别。

❷ 产率低的原因可能是：碱性太强生成有不活泼的反式重氮酸钠未进入反应，也或有双重偶合，参照"偶氮氧化偶氮 BN"中与酚类的偶合（步骤 a 和 e）都是同步加入碱以维持偶合反应的弱碱性。

钙试剂（2-羟基-4-磺基萘-偶氮-2′-羟基-3′-萘甲酸） M 438.41，mp 300℃。钠盐：M 460.39 蓝绿色结晶性粉末，pH 12~14 的碱性水溶液为蓝色，和 Ca^{2+} 形成红色络合物。

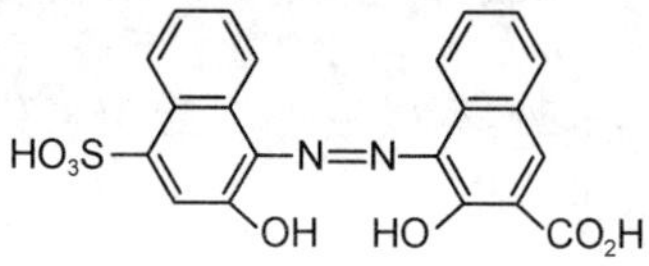

a. 重氮化

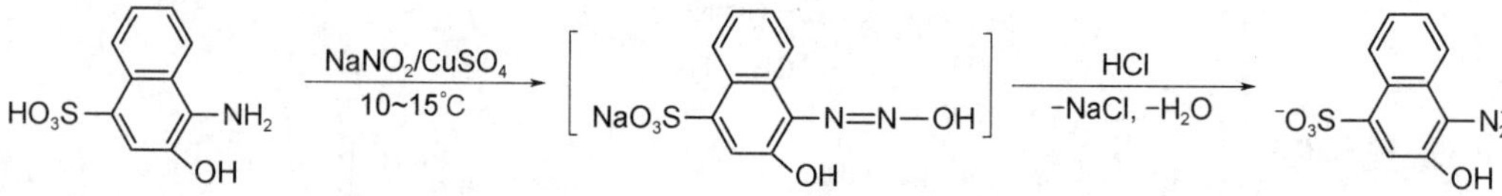

用以上钙镁试剂的方法中，（以 8mol 1-氨基-2-羟基-4-萘磺酸）制取重氮盐，得 1.8~1.9kg（产率 90%~95%）。

b. 偶合

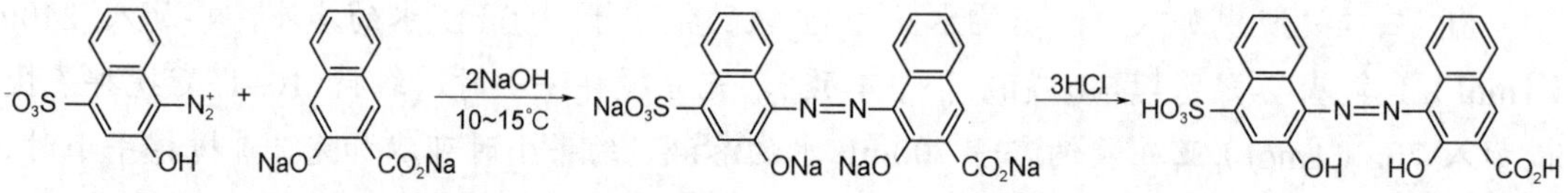

70L 瓷罐中加入以上析干的 1.8~1.9kg（7.4mol）重氮盐结晶及 4L 蒸馏水，搅成糊状冷至 10℃以下备用。

40L 搪瓷桶中加入 10L 蒸馏水，搅拌下加入 4kg（100mol）氢氧化钠，溶解后加入 1.22kg（6.5mol）2-羟基-3-萘甲酸，搅拌使溶，冷后加入 5kg 碎冰搅匀。

控制重氮盐悬浮液在 10~15℃，搅拌下慢慢加入 2-羟基-3-萘甲酸钠盐及碱的溶液（如果反应温度太低则反应缓慢，而温度太高又会出现沥青状物），加完后保温搅拌 3h，反应物由黄色变为纯蓝色表示反应完成（偶合以后的碱性溶液不可久置，应碳化以后再放置过夜）。用蒸馏水冲稀至 35L，过滤清亮，保持 10~15℃用 15%盐酸酸化至 pH 3，检查反应物在滤纸上的渗圈不再显蓝色（约用 8~10L），放置过夜。次日滤出结晶，水洗两次、再乙醇浸洗，滤出，乙醇冲洗，离心分离，于 10L 烧瓶中与氯仿搅拌下回流提洗 1h，趁热滤出、用氯仿冲洗❶，干后得 1.5kg❷（产率 50%）。

以上偶合，碱过量 2.6 倍（72mol），在加入 1/3 后即构成了强碱性；或参照"偶氮氧化偶氮 BN"和 4-甲酚的偶合使用 Na_2CO_3 控制反应的弱碱性并以慢速加入。

蓝四氮唑 M 727.65，mp 243℃（分解）；淡黄色结晶性粉末，可溶于水，乙醇，不溶于乙醚。

---

❶ 洗去 2-羟基-3-萘甲酸。
❷ 产品纯度 70%，折算产率为 35%；灰分（SO_4^{2-}）15%~20%，计算值 15.6%。

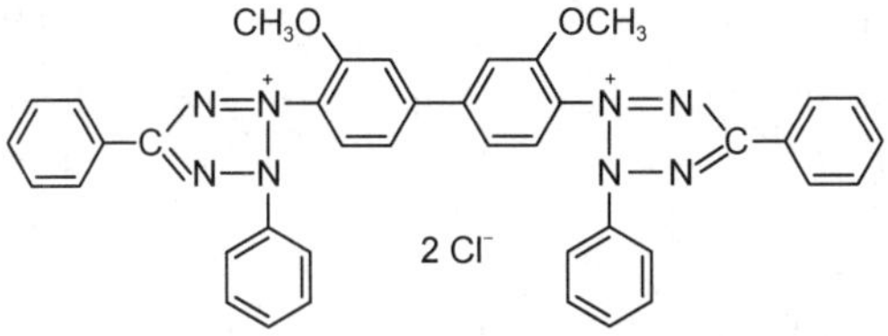

2 Cl⁻

a. 联大茴香胺的精制

2L 三口烧瓶中加入 1.2L 12%（4mol）盐酸，搅拌下加入 500g（2mol）联大茴香胺（很黑），搅拌下加热至近沸，加入适量饱和的保险粉（Na₂S₂O₄）水溶液，过滤清亮后再用无铁的脱色炭脱色过滤。冷后用氨水中和至碱性，滤出，水洗，风干后得灰白色带紫的结晶性粉末 320g。

b. 苯甲醛苯腙

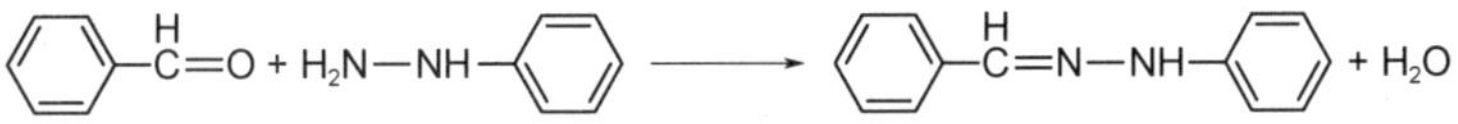

5L 三口烧瓶中加入 320g（3mol）无酸的苯甲醛，3L 乙醇及 10mL 乙酸，搅拌均匀，搅拌下慢慢加入 324g（3mol）苯肼，于沸水浴上加热 3h 开始析出结晶后再保温 1h，冷后滤出，乙醇浸洗，干后得 550g（产率 93%），mp 156℃。

c. 重氮化

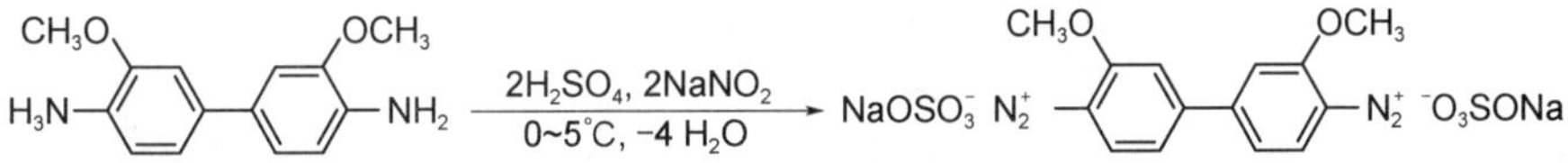

5L 三口烧瓶中加入 320g（1.3mol）精制过的联大茴香胺及 2.7L 10%（2.9mol）硫酸，搅拌下温热使溶解，维持 0~5℃，搅拌着从分液漏斗慢慢加入 194g（2.8mol）亚硝酸钠溶于 250mL 水的溶液，清亮溶液中加入 6g 尿素溶于水的溶液以分解过剩的亚硝酸，得酱紫色溶液，必要时滤清。

d. 双偶氮脒腙（3,3′-二甲氧联苯-4,4′-二-偶氮-甲(苯)偕-苯肼）

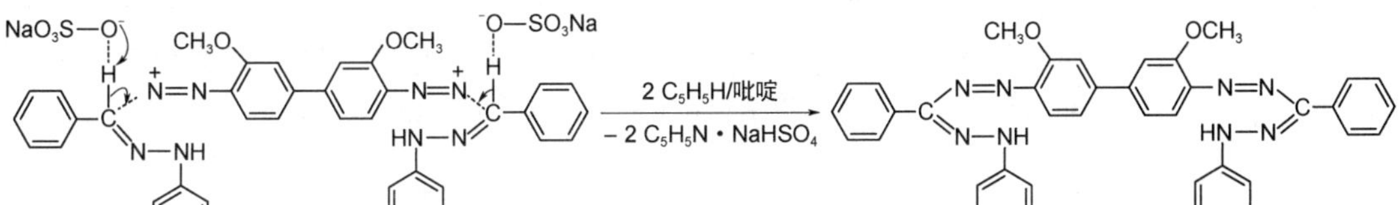

10L 搪瓷桶中加入 534g（2.72mol）以上苯甲醛苯腙，使溶于 3L 吡啶中，维持 10℃以下，快速搅拌着慢慢加入以上重氮盐溶液，加完后保温搅拌 2h 或更长时间，滤出结晶，再与另 1L 吡啶共热几分钟，冷后滤出；再煮洗一次，洗除单偶氮咪腙，干后得 170g（产率 20%）双偶氮咪腙，外观紫褐色，有金属光泽，mp 244℃（分解）。

其它方法：见以下（硝基蓝四氮唑）双偶氮脒腙的合成及处理。

e. 环合——蓝四氮唑

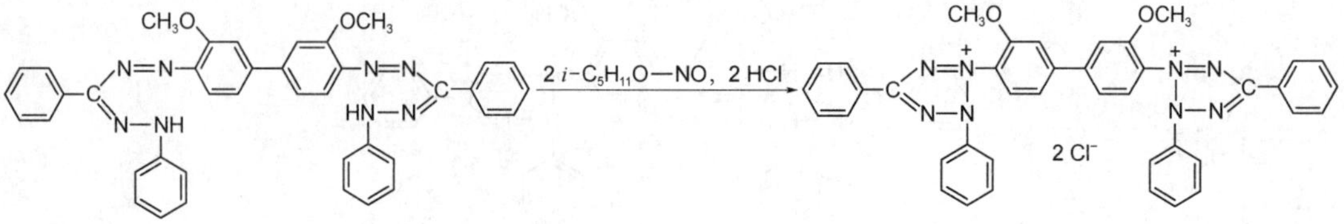

2-L 三口烧瓶中加入 67g（0.1mol）粉碎的双偶氮脒腙、0.9L 无水乙醇，用冰水浴冷却着通入 HCl（20mL/s）20min（约吸收　mol），加入 45mL（39.3g，0.33mol）亚硝酸异戊酯，继续通入 HCl 直至反应物的颜色从蓝紫色变为透明的棕红色，约 1h 可以完成；加入脱色炭加热回流半小时，避光过滤，淡黄色的滤液在水浴上加热用水泵减压回收乙醇至出现结晶，放冷后滤出以无水乙醇浸洗一次，干后得 52g（产率 71%），mp 243℃（245~247℃，分解点）。

硝基蓝四氮唑·H_2O·CH_3OH　M 867.75；淡黄色结晶性粉末，不溶于水，溶于乙醇。用于氧化酶的检定及生物染色剂。可有以下情况影响熔点：一水物；三水物；一水及一甲醇物；一水及一乙醇物；mp 156℃（162℃）；无水物，mp 185~187℃（分解）；189~190℃（分解）。

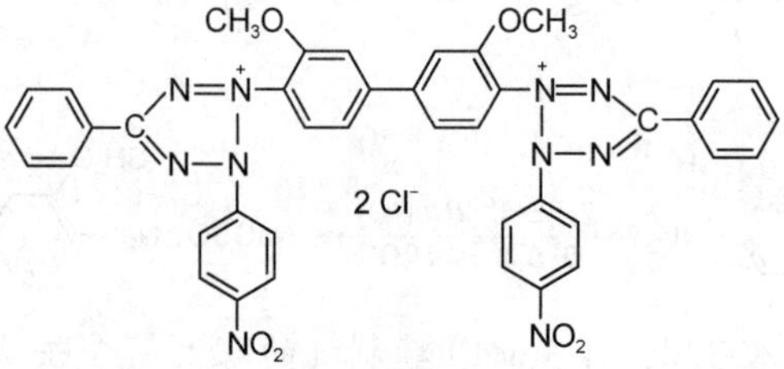

硝基蓝四氮唑

a. 苯甲醛-4-硝基苯腙（mp 193~195℃）

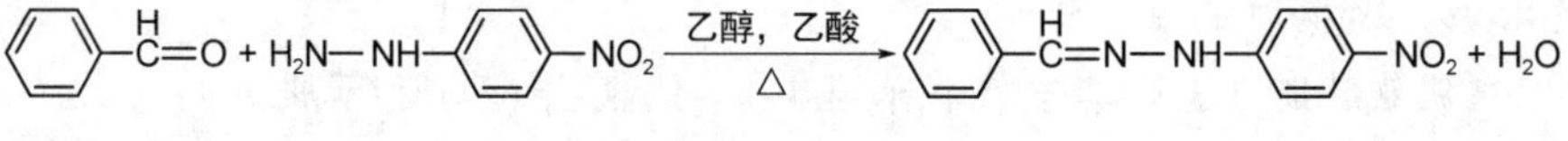

5L 三口烧瓶中加入 320g（3mol）无酸的苯甲醛及 3L 乙醇，再加入 10mL 乙酸，搅拌下加入 459g（3mol）4-硝基苯肼，在沸水浴上加热回流至开始析出淡黄色结晶后再回流 1h，冷后滤出，用乙醇浸洗，干后得 615g（产率 84%），mp 193~195℃。

b. 重氮化

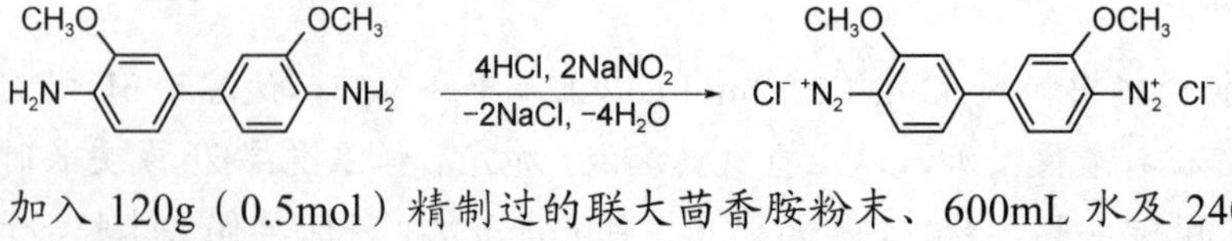

2L 烧杯中加入 120g（0.5mol）精制过的联大茴香胺粉末、600mL 水及 240mL 36%（d 1.18，2.8mol）浓盐酸，搅拌着维持 0~5℃慢慢滴入 70g（1mol）亚硝酸钠溶于 150mL水的溶液（必要时可以内加冰），加完后再搅拌 10min，加入 3g 尿素溶于水的溶液以分解过剩的亚硝酸。

c. 双偶氮脒腙（3,3′-二甲氧基联苯-4,4′-偶氮-甲(苯)偕-4-硝基苯肼）

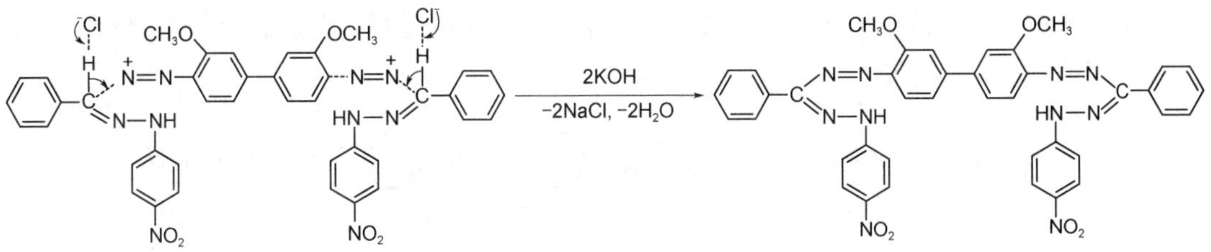

5L 三口烧瓶中加入 241g（1mol）苯甲醛-4-硝基苯腙、2kg（2.25L）四氢呋喃，温热使溶解，放冷后，控制 10℃以下，快速搅拌着慢慢加入以上重氮盐溶液，加完后再搅拌半小时。然后慢慢加入 30% KOH 溶液中和并碱化，得黑色浑浊液，加入 0.8L 冰水及 1.8L 甲醇，搅拌半小时。滤出结晶，水洗，甲醇浸洗，干后得含单偶氮脒腙的混合物 190g。

分离：用 10 倍的二噁烷分若干次热洗，洗除单偶氮脒腙，得双偶氮脒腙 156g（产率 33%），mp 252℃；外观深灰色，粉碎后使用。

d．环合——硝基蓝四氮唑

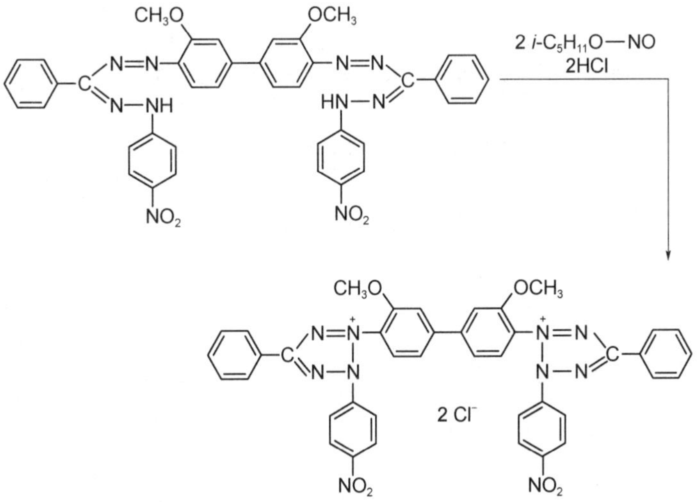

1L 三口烧瓶配置机械搅拌，插底的通气管，回流冷凝器及滴液漏斗。

烧瓶中加入 15g（0.02mol）以上的双-偶氮脒腙、450mL 无水乙醇，搅拌及冷却下以 5mL/s 的速率通入 HCl，半小时后开始滴入 4mL（0.03mol）亚硝酸异戊酯，继续通入 HCl，以后每 10min 加入几滴亚硝酸异戊酯，直至反应物成为棕色的均一溶液；再通入 HCl 两小时，反应物变为黄绿色溶液，双偶氮脒腙完全消溶，加入脱色炭加热回流几分钟，脱色过滤，水浴加热用水泵减压浓缩至近干，滤出。用 100mL 无水乙醇加热溶解，脱色过滤，冰冷过夜。次日滤出结晶，乙醇浸洗，80℃以下干燥，得 7.5g（产率 50%），mp 185~187℃。

母液回收溶剂后可得 3g 质量差的产物，mp＞150~160℃。

【偶氮化合物的其它制法】
重氮基与电中性的胺生成偶氮氨基苯，重排为氨基偶氮苯。

硝基苯在氢氧化钠甲醇溶液中、氢氧化钠作用下用锌粉还原得到偶氮苯（见 545 页），进一步还原得到氢化偶氮苯。

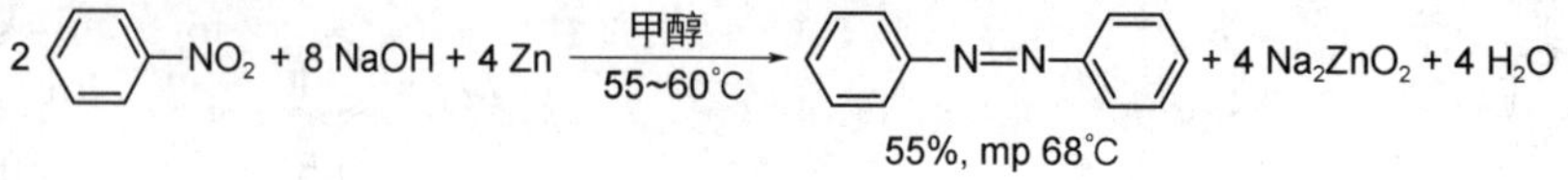

$$2\ \text{\textcircled{}}-NO_2 + 8\ NaOH + 4\ Zn \xrightarrow[55\sim60℃]{\text{甲醇}} \text{\textcircled{}}-N=N-\text{\textcircled{}} + 4\ Na_2ZnO_2 + 4\ H_2O$$

55%, mp 68℃

$$2\ \text{\textcircled{}}-NO_2 + 10\ NaOH + 5\ Zn \xrightarrow[90℃]{\text{水，乙醇}} \text{\textcircled{}}-NH-NH-\text{\textcircled{}} + 5\ Na_2ZnO_2 + 4\ H_2O$$

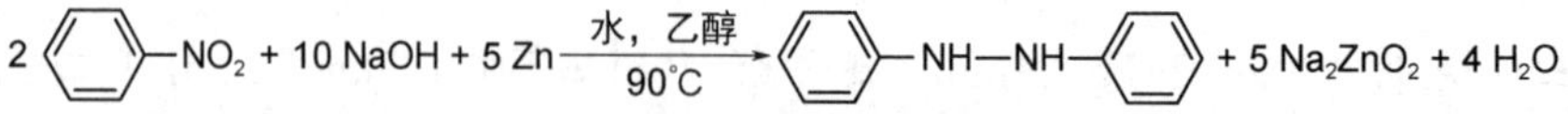

mp 131℃

推电子基（或拉电子性质较弱）影响的芳基重氮基在氨络亚铜作用的自由基式分解，产生的芳基重氮基与进一步分解的芳基间发生偶联，得到偶氮化合物或是主要的；较强拉电子影响的芳基重氮基的自由基式分解更为迅速，产物是联芳基化合物。以下反应详见 603 页。

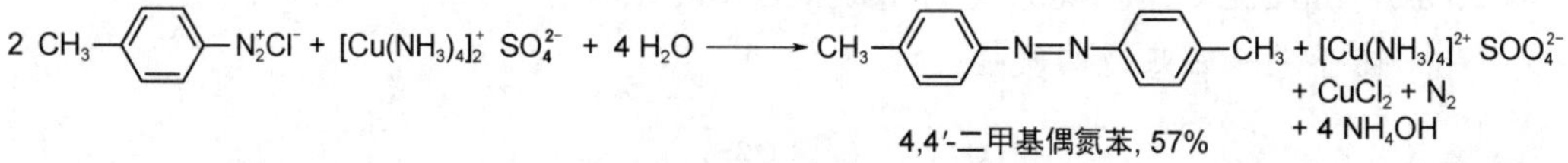

$$2\ CH_3-\text{\textcircled{}}-N_2^+Cl^- + [Cu(NH_3)_4]_2^+\ SO_4^{2-} + 4\ H_2O \longrightarrow CH_3-\text{\textcircled{}}-N=N-\text{\textcircled{}}-CH_3 + [Cu(NH_3)_4]^{2+}\ SOO_4^{2-}$$
$$+\ CuCl_2 + N_2$$
$$+\ 4\ NH_4OH$$

4,4′-二甲基偶氮苯, 57%

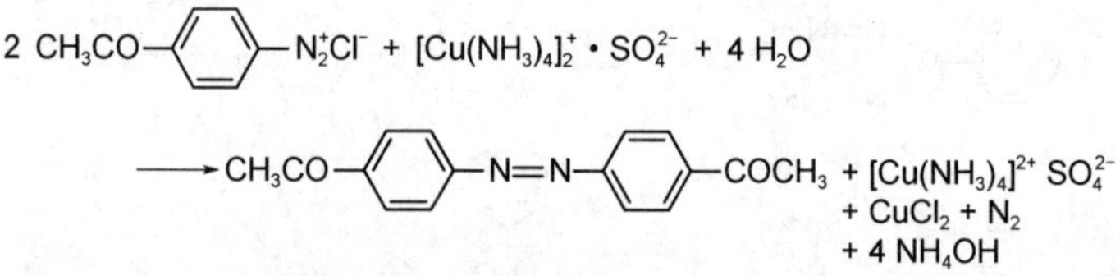

$$2\ CH_3CO-\text{\textcircled{}}-N_2^+Cl^- + [Cu(NH_3)_4]_2^+ \cdot SO_4^{2-} + 4\ H_2O$$

$$\longrightarrow CH_3CO-\text{\textcircled{}}-N=N-\text{\textcircled{}}-COCH_3 + [Cu(NH_3)_4]^{2+}\ SO_4^{2-}$$
$$+\ CuCl_2 + N_2$$
$$+\ 4\ NH_4OH$$

4,4′-二乙酰-偶氮苯, 16%~30%

第十五章

硫化合物

第一节　概述

硫、氧原子同为一族，它们有相近的性质；有机化合物中氧原子的位置大多可以是硫原子，如下所示：

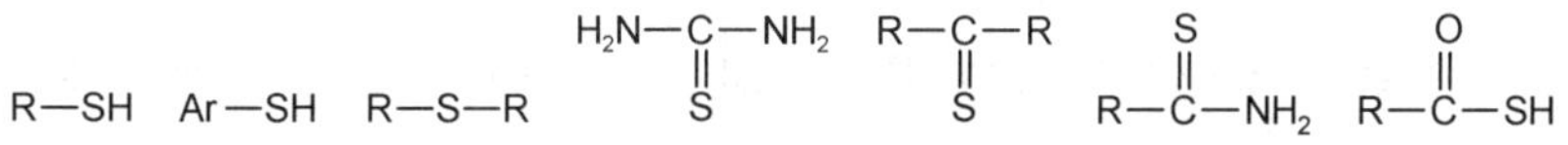

$$R{-}SH \quad Ar{-}SH \quad R{-}S{-}R \quad \underset{S}{\overset{H_2N{-}\overset{\displaystyle \|}{C}{-}NH_2}{}} \quad \underset{S}{\overset{R{-}\overset{\displaystyle \|}{C}{-}R}{}} \quad \underset{S}{\overset{\displaystyle \|}{R{-}C{-}NH_2}} \quad \underset{O}{\overset{\displaystyle \|}{R{-}C{-}SH}}$$

　　硫醇　　　硫酚　　　硫醚　　　　硫脲　　　　硫酮　　　硫代酰胺　　硫代羟酸

低价硫原子可以氧化成高价，如：硫醇可以氧化成二硫化物，进一步氧化成磺酸；硫醚氧化成亚砜或砜。高价硫化物可以还原为低价硫化物。

硫原子比氧原子半径大，氧原子比硫原子有更大的电子云密度，电负性 O>S，氧原子吸引质子的能力就大，硫醇 S—H 键长（1.33Å）大于 O—H 键长（0.956Å），硫醇 S—H 的质子容易离去，硫化氢、硫醇等表现为比水、醇更大的酸性；硫代乙酸的酸性大于乙酸，硫代乙酰苯胺可溶于稀碳酸钠水溶液，通入 CO_2 又被中和析出结晶。

在水、醇溶液中，水、醇和 S—H 相竞争的结果是，S—H 的质子更容易离去，表现为更强的酸性，生成的—S^- 是很强的亲核试剂。

$$R{-}ONa + R'{-}SH \longrightarrow R'{-}SNa + R{-}OH$$
$$NaOH + H_2S \longrightarrow NaSH + H_2O$$

第二节　硫醇和硫醚

硫醇有恶臭，容易被空气氧化成二硫化物，有比醇更强的酸性；分子间的氢键结合比较松弛，沸点、熔点比相应的醇更低。

一、卤代烷与硫脲作用——*S*-烃基硫脲及水解

硫脲在极性溶剂中呈异硫脲状态 $H_2N-\underset{SH}{\overset{\parallel}{C}}=NH$，与脂肪族卤化物作用得到 *S*-烃基硫脲的 HX 盐，用氢氧化钠溶液水解、酸化，得到高产率的硫醇，是制备硫醇常用的方法。

卤代烃和硫脲的反应在最后反应缓慢，并未完全，虽然剩余不是太多的卤代烷（和硫脲），在碱水解过程中，卤代烷和硫醇钠反应生成了硫醚，使硫醇的产率大为下降；如果中间把 *S*-烃基硫脲盐分离出来水解，未反应的物料（硫脲和卤代烷）仍保留在母液和洗液中，与下一批重复使用，物料有重叠继续反应，可得到按投料计＞90%的产率，如十六硫醇。比较以下实例。

庚硫醇　*M* 132.27，mp -43℃，bp 177℃，d^{20} 0.8427，n_D^{20} 1.4521。

$$2\ H_2N-\underset{S}{\overset{\parallel}{C}}-NH_2 + 2\ Br-(CH_2)_6CH_3 \xrightarrow[\triangle,\ 6h]{乙醇} 2\ HBr\cdot H_2N-\underset{S-(CH_2)_6CH_3}{\overset{\parallel}{C}}=NH \xrightarrow[\triangle,\ 6h]{4\ NaOH}$$

$$\xrightarrow{H^+} 2\ CH_3(CH_2)_6-SH + H_2N-\underset{NH}{\overset{\parallel}{C}}-NH-CN + 2\ NaCl + 2\ H_2O$$

10L 三口烧瓶中加入 5L 乙醇及 1.34kg（18mol）硫脲，加热使溶，保持微沸下慢慢加入 2.8kg（16mol）溴庚烷，加完后回流 6h，回收乙醇 2.5L；回流及搅拌下加入 2.5kg（40%，25mol）氢氧化钠溶液，再回流 6h（有结晶析出）放冷过夜。滤除氰基脲，并用乙醇冲洗（3×250mL），合并的溶液酸化、分出粗品，分馏，收集 80~84℃/30mmHg 馏分[1]，得 1.5kg（产率 70%）。

同法制得十二硫醇，bp 142~145℃/15mmHg，d_{20}^{20} 0.8450，产率 79%。

十六硫醇　*M* 258.52，mp 18~20℃，bp 204℃/20mmHg。

$$H_2N-\underset{S}{\overset{\parallel}{C}}-NH_2 \rightleftharpoons H_2N-\underset{SH}{\overset{\parallel}{C}}=NH + Br-(CH_2)_{15}CH_3 \xrightarrow[\triangle,\ 6h]{乙醇} HBr\cdot H_2N-\underset{S-(CH_2)_{15}CH_3}{\overset{\parallel}{C}}=NH$$

$$2\ HBr\cdot H_2N-\underset{S-(CH_2)_{15}CH_3}{\overset{\parallel}{C}}=NH + 4NaOH \xrightarrow{H^+} 2CH_3(CH_2)_{15}-SH + H_2N-\underset{NH}{\overset{\parallel}{C}}-NH-CN + 2\ NaBr + 2\ H_2O$$

a. *S*-十六烷基硫脲氢溴酸盐

5L 三口烧瓶中加入 418g（5.5mol）硫脲及 2.5L 乙醇，搅拌下加热使溶，于半小时左右慢慢加入 1.55kg（5mol）溴代十六烷，加完后继续搅拌下回流 6h，倾入烧杯中盖好放置过夜。次日滤出结晶，以冷乙醇冲洗（3×200mL），得湿品 1.5kg（含乙醇 20%，析干产率 62%）[2]。

b. 水解

5L 三口烧瓶中加入 3L 水及 762g（2mol）上述析干的 *S*-十六烷基硫脲盐，搅拌下加

---

[1] 剩余高沸物底子约 300g，主要是硫醚，相当于 2.5mol 溴庚烷的产物。

[2] 洗液及母液合并，按以上数量投料得 *S*-烃基硫脲盐，析干得 1.78kg（产率 92%）。

热至 80℃、加入 500g 30%（3.7mol）氢氧化钠溶液，加热回流 6h，很快出现硫醇的油层，冷后酸化，分取油层，以无水硫酸钠干燥，得 508g，GC 纯度 94%（折百产率 92%）；减压分馏，收集 200~205℃/20mmHg 馏分，得 470g，纯度 >98%（折百产率 >89%）。

有空间阻碍的卤烷的硫代反应速度要慢，也不易进行到底，或应回流更长的时间，应该如上 1-十六醇的方法把硫代和水解两步骤分开以期提高产率。

2-甲基丙硫醇　M 90.19，bp 88.7℃，d^{20} 0.8339，n_D^{20} 1.4387。

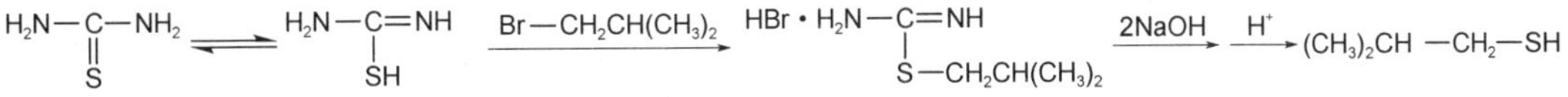

5L 三口烧瓶中加入 800g（10.5mol）硫脲及 2L 甲醇，搅拌下加热使溶解，保持微沸、搅拌下慢慢加入 1.4kg（10mol）溴代异丁烷，立即析出 S-烃基硫脲·HBr 结晶，加完后加热回流使其溶解❶，回收甲醇后加入 2.5kg 40%（25mol）氢氧化钠溶液，搅拌加热回流 6h❷，稍冷，将回流作蒸馏装置；加热及搅拌下用 50%硫酸酸化，产物随即蒸出，至无油珠馏出为止。分取油层，以无水硫酸钠干燥后分馏，收集 85~88℃馏分，得 360~500g（产率 40%~55%）。

呋喃-2-甲硫醇　M 114.17，bp 155℃，47℃/12mmHg，d^{20} 1.1319，n_D^{20} 1.5329。

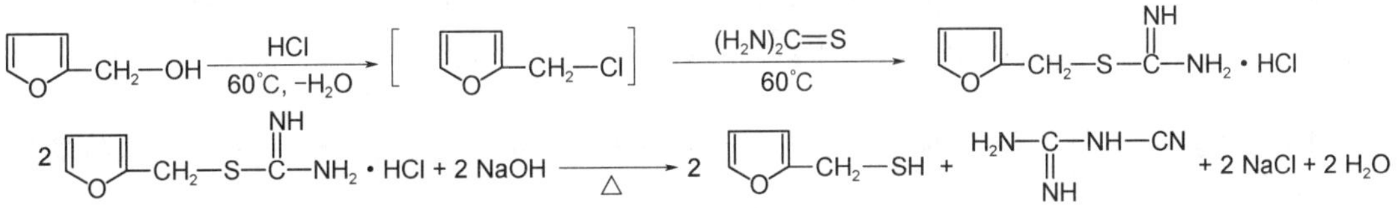

3L 三口烧瓶中加入 500mL 水，380g（5mol）硫脲，搅拌下加热溶解，于 60℃左右慢慢加入 400mL 38%（d 1.19，5mol）浓盐酸，再慢慢加入 490g（434mL，5mol）呋喃-2-甲醇（加入初始有引发过程），反应放热。将暗绿色清亮溶液放置过夜。

次日向反应物中加入 225g（5.6mol）氢氧化钠溶于 250mL 水的溶液，有少量油状物分离出来(为硫醇及烃基硫脲的混合物)。用回流分水器收集蒸出的粗品至无油珠分出为止，分得的油层以无水硫酸钠干燥后在氮气保护下分馏，得几乎无色的产品 310~340g(产率 50%~60%)。

二、乙黄原酸钾与卤代烃作用及水解

乙黄原酸钠（钾）$C_2H_5O-CS-S^-Na^+$（K^+）是很强的亲核试剂，与卤代烃作用生成乙黄原酸酯，很容易被碱水解，酸化得到硫醇；粗品卤代烃给产品混入了相应的醇以及未反应卤代烃很难靠分馏处理掉（除非处理乙黄原酸酯）；此法不及前法中 S-烃基硫脲盐结晶可以方便地被溶剂洗脱及回收。

---

❶ 硫脲用量应该过量 10%；加完溴化异丁烷以后应有回流过程；最好应该是将 S-烃基硫脲分离出来（母液重复使用）用碱水解。

❷ 检查放出异丁烯的情况来判定碱化前反应的情况。

如下实例：乙醇中的氢氧化钠和二硫化碳几乎定量地生成乙黄原酸钠，不必分离，与稍欠量的卤代烷反应生成乙黄原酸酯，以稍过量的氢氧化钠水解、酸化分离出硫醇。

1-己硫醇 M 118.24，bp 151℃，d^{20} 0.8424，n_D^{20} 1.4496。

$$C_2H_5O^-Na^+ + CS_2 \xrightarrow{<30℃} C_2H_5-O-CS-SNa \xrightarrow{CH_3(CH_2)_5-Br} C_2H_5-O-OS-S-(CH_2)_5-CH_3$$

$$C_2H_5-O-CS-S-(CH_2)_5CH_3 + 3\ NaOH \longrightarrow CH_3(OH_2)_5-SH + CH_3OH + Na_2COS + H_2O$$

2L 三口烧瓶中加入 100mL 水及 100g（2.5mol）氢氧化钠，搅拌使溶，冷后加入 0.5L 乙醇，搅拌成均一溶液（95%乙醇、不用加水、稍以温热也容易溶解），冷却控制30℃以下慢慢滴入 195g（2.5mol）二硫化碳，加完后再搅拌 10min（很稠），移去冰水浴，从分液漏斗于半小时左右慢慢加入 420g（2.5mol）溴己烷[❶]，反应放热，有 NaBr 析出。加完后于搅拌下加热回流 1h，放置过夜。次日滤除析出的溴化钠并以乙醇冲洗，滤液与洗液合并[❷]。

水解：2L 三口烧瓶中 320g（8mol）氢氧化钠及 400mL 水的溶液，维持 60℃左右、搅拌下从分液漏斗慢慢加入上面的乙黄原酸己酯的溶液。反应放热，如不给予冷却，会使反应物有回流，加完后于沸水浴保温 2h，以浓盐酸酸化，分取油层得 300g。

分馏：收集 150~152℃馏分，得 180g（产率 58%），GC 纯度 96%（含正己醇 3%~4%）。

三、硫代乙酸盐与卤代烷作用——硫基乙酸酯及其醇解

硫代乙酸钾与卤代烃在乙醇中作用得到乙酸巯基酯，然后在酸催化下与甲醇共热进行酯交换，是平衡体系，质量作用定律决定平衡位置。亦见酯交换。

1,4-二巯基-2,3-丁二醇 M 154.25，mp 42~43℃（dl-）；白色细小结晶，较强的吸湿性，极易溶于水，易溶于乙醇及乙醚。

a. 四乙酰-1,4-二巯基-2,3-丁二醇酯

$$Br-CH_2-CH-CH-CH_2-Br + 2\ CH_3CO-SK \xrightarrow[\triangle,\ 4h,\ -2KBr]{C_2H_5OH} CH_3CO-S-CH_2-CH-CH-CH_2-S-COCH_3$$

（CH_3CO-O O-COCH_3 ... CH_3CO-O O-COCH_3）

40g（0.12mol）1,4-二溴-2,3-丁二醇二乙酸酯及 30g（98%，0.26mol）硫代乙酸钾加入 300mL 无水乙醇中，搅拌下加热回流 4h；水浴加热回收乙醇；冷后用乙醚提取四次，回收乙醚后得 32g；减压蒸馏（bp 164℃/2mmHg），用甲醇重结晶，得四乙酰-1,4-二巯基-2,3-丁二醇酯 24g（产率 62%），mp 73℃。

b. 酯交换

$$CH_3CO-S-CH_2-CH-CH-CH_2-S-COCH_3 + 4\ CH_3OH \xrightarrow{甲醇/HCl} HS-CH_2-CH-CH-CH_2-SH + 4\ CH_3CO_2CH_3$$

（CH_3CO-O O-COCH_3 ... OH OH）

21g（0.065mol）以上精制的 dl-四乙酸酯与 100mL 甲醇（含 3.6g HCl）一起回流 5h；

---

❶ 此溴己烷粗品含己醇（bp 156~157℃）；溴己烷（bp 158℃）与己硫醇的沸点 151℃接近，并有混沸，很难通过分馏分离开来。

❷ 按以下方法处理乙黄原酸己酯：先回收乙醇，水浴加热减压蒸除物料带入的己醇以及未反应的溴己烷，以免在碱水解时与硫醇钠生成硫醚。

在氮气保护下回收甲醇，剩余物减压蒸馏，收集 125~130℃/2mmHg 馏分，得 9.2g（产率 92%），用新蒸过的乙醚重结晶，真空干燥，mp 42~43℃。

其它合成：从内消旋 1,4-二溴-2,3-丁二醇二乙酸酯制得 *meso*-四乙酸酯，mp 126℃；醇解酯交换制得 *meso*-1,4-二巯基-2,3-丁二醇，用石油醚重结晶，收率 63%~90%，mp 80~82℃。

四、碱金属硫化物 NaHS、Na₂S 与卤代烃的亲核取代

NaHS 与卤代烃的亲核取代制取硫醇，为了硫醇与 NaHS 的平衡生成 R—SNa 与卤代烃进一步反应生成硫醚，必须保证反应物的弱酸性（大过量的 H₂S），以及反应物的无水、低温，以限制碱金属硫化物的解离。卤代烃的烃基推电子效应使生成的巯基为更弱的酸性；为了减少 R—SNa 进一步生成硫醚，必须使用大过量的 NaHS。

2,3-二巯基丙醇　M 124.22，bp 68~70℃/0.1mmHg，d^{20} 1.244，n_D^{20} 1.574。

$$CH_3-OH + Na \xrightarrow[\text{-H}_2]{\text{甲醇}} CH_3ONa \xrightarrow[\text{<10℃}]{\text{H}_2\text{S/甲醇}} NaHS + CH_3OH$$

$$Br-CH_2-\underset{\underset{Br}{|}}{CH}-CH_2-OH + 2NaHS \xrightarrow[\text{<30℃，7d}]{\text{H}_2\text{S/甲醇}} HS-CH_2-\underset{\underset{OH}{|}}{CH}-CH_2-OH + 2NaBr$$

5L 三口烧瓶中加入 2.5L 甲醇，在回流冷凝器下慢慢加入 138g（6mol）金属钠小块（使用 NaOH 最后的产率要低 20%），控制甲醇钠溶液<10℃通入干燥的 H₂S 至饱和——NaHS，搅拌下加入 218g（1mol）2,3-二溴丙醇[❶]，混匀后在室温（20~30℃）放置 7 天（或在 60℃反应 8h）。水浴加热用水泵稍以负压回收甲醇[❷]至剩余 500mL，控制 40℃以下用浓盐酸酸化（如析出无机盐可添加少量水以阻止析出）调节至 pH 3，用氯仿提取（4×500mL），提取液合并，用无水硫酸钠干燥，水浴加热回收氯仿，剩余物在氮气保护下减压蒸馏，收集 82~92℃/1mmHg 馏分，得 80g（产率 65%）。

制取硫醚的条件要宽松得多，可以使用较高的反应温度，也可以在水条件进行；卤代烃受拉电子基影响更容易反应。下面例子中产率低的原因是没有反应完全。

辛硫醚　M 258.52。

$$CH_3(CH_2)_7-Br \xrightarrow[\text{-NaBr}]{\text{Na}_2\text{S}} CH_3(CH_2)_7-SNa \xrightarrow[\text{-NaBr}]{CH_3(CH_2)_7-Br} (CH_3(CH_2)_7)_2S$$

5L 三口烧瓶中加入 700g（68%，相当于 Na₂S·2H₂O；6mol）工业硫化钠及 1L 水，加热溶解后再加入 1.2L 乙醇，搅拌下回流着于半小时左右加入 1.7kg（9mol）溴辛烷，反应缓慢无明显的热量变化，搅拌下加热回流 5h 或更长时间，冷后分取上层。水洗，以无水硫酸钠干燥后得 1.24kg，减压分馏，收集 180~186℃/20mmHg 馏分，得 475g（产率

[❶] 若使用 2,3-二氯丙醇在 60℃反应 8h，产率要低些。

[❷] 所有用减压回收溶剂也要用氮气保护。

41%）❶。

又如：

$$2\ HO-CH_2CH_2-Cl + Na_2S \xrightarrow[35℃]{水} HO-CH_2CH_2-S-CH_2CH_2-OH + 2\ NaCl$$

2,2-硫代二乙醇
79%，bp 164~166℃/20mmHg

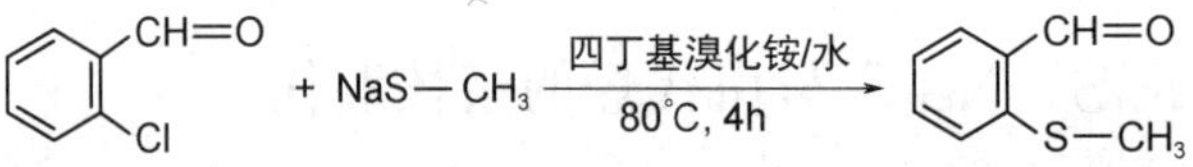

2-甲硫基苯甲醛
95%
（见 663 页） 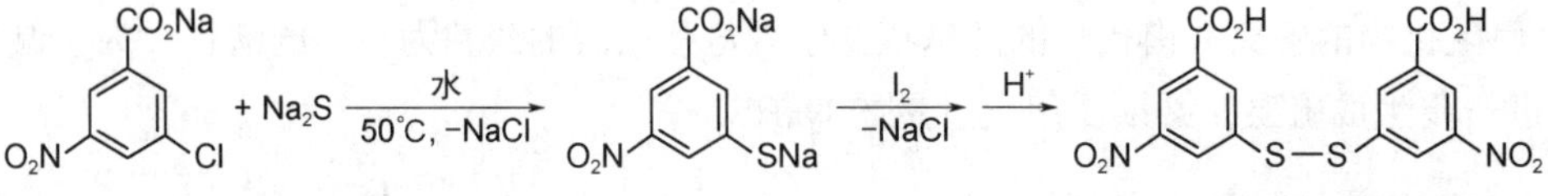

5,5′-二硫代-双(3-硝基苯甲酸)
51%
（见 663 页）

五、硫化氢与碳碳双键（C=C）加成

（1）离子加成

碱催化下−S⁻与极化的碳碳双键亲核加成，得到高产率的加成产物，如：丙烯腈的 C=C 双键受氰基拉电子的影响而极化，慢慢加入到 15~17℃的硫化钠水溶液中，得到高产率的 3,3′-硫代二丙腈，虽然反应生成有大量氢氧化钠，在该温度条件参加加成的是−S⁻，而不是 HO⁻；氢氧化钠在最后使氰基有少许水解。

$$2\ CH_2=CH-CN + Na_2S + 2\ H_2O \xrightarrow[15~17℃]{水} S(CH_2CH_2CN)_2 + 2\ NaOH$$

3,3′-硫代二丙腈
30%
（见 366 页）

$$HO-CH_2CH_2-SH + CH_2=CH-CN \xrightarrow{50~60℃} HO-CH_2CH_2-S-CH_2CH_2-CN$$

β-氰基-β′-羟基-二乙硫醚
92%，bp 180℃/14mmHg

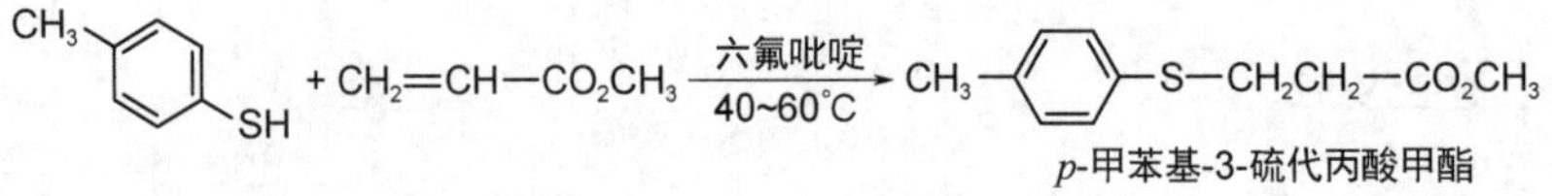

p-甲苯基-3-硫代丙酸甲酯

3,3′-硫代-二丙酸二甲酯 M 206.26，bp 148℃/18mmHg，d 1.198，n_D^{20} 1.4740。

$$2\ CH_2=CH-CO_2CH_3 + H_2S \xrightarrow{AcONa/乙醇} S(CH_2CH_2CO_2CH_3)_2$$

2L 三口烧瓶中加入 150g（1.74mol）丙烯酸甲酯、100g（0.73mol）三水乙酸钠及 800mL 乙醇（应该使用甲醇以免其它酯交换），水浴加热搅拌使溶，回流着以 0.6~1mL/s 的速率通入 H₂S，共 25h（约 2.2mol H₂S）回收溶剂及未反应的丙烯酸甲酯，冷后用乙醚提取（2×

---

❶ 产率低的原因是没有反应完全，减压分馏时头馏分沸点稳定在 85℃/20mmHg 是未进入反应的溴辛烷，因为接触不好或应该把水量减少至 0.5L，回流时间也应该延至 10h 以提高硫醚的产率，以增加接触，或使用表面活性剂。

100mL），以无水硫酸钠干燥后回收乙醚，剩余物减压分馏，收集 162~164℃/18mmHg 馏分，得 128~147g（产率 71%~81%）。

3-甲硫基丙酸　M 120.71，mp 20~21.5℃（16.5℃），bp 235~240℃（105℃/10 mmHg）。

a. 甲硫醇钠溶液

$$\left(\begin{array}{c} H_2N-C=NH \\ | \\ S-CH_3 \end{array}\right)_2 \cdot H_2SO_4 + 4\ NaOH \longrightarrow 2\ CH_3-SNa + \begin{array}{c} H_2N-C-NH-CN \\ \| \\ NH \end{array} + Na_2SO_4 + 4\ H_2O$$

$$\downarrow H^+ \longrightarrow CH_3-SH \xrightarrow{NaOH} CH_3-SNa$$

2L 三口烧瓶中加入 685g（2.5mol）S-甲基硫脲硫酸盐 475 及 1L 水，安装密封搅拌，配置恒压分液漏斗及回流冷凝器，从上口用皮管将产生的甲硫醇气体通过安全瓶用插底的通气管导入下面的氢氧化钠溶液中。

2L 三口烧瓶中加入 180g（4.5mol）氢氧化钠溶于 800mL 水中，冷却、冰冷备用。开动搅拌，将 200g（5mol）氢氧化钠溶于 300mL 水的溶液从恒压分液漏斗慢慢加入，发生的甲硫醇（bp 6℃）通过安全瓶导入至氢氧化钠冷溶液中，当甲硫醇停止放出表示反应已经完成，多余的氢氧化钠溶液不必加入。

b. 3-甲硫基丙腈（bp 96~98℃/12mmHg）

$$CH_3-SNa + CH_2=CH-CN + H_2O \xrightarrow[15\sim18℃]{\text{水}} CH_3-S-CH_2CH_2-CN + NaOH$$

以上盛有甲硫醇钠水溶液（约 4.5mol）的 2L 三口烧瓶安装机械搅拌、分液漏斗、温度计，外用冰水浴冷却控制反应温度 15~18℃，搅拌着于 1h 左右从分液漏斗慢慢加入 238g（4.5mol）丙烯腈，反应放热；再于室温搅拌 5h，分取油层，得 450~460g；油层用 50mL 苯提取一次，提取液与分出的粗品合并，以无水硫酸钠干燥后减压分馏，收集 131~136℃/40~50mmHg 馏分，得 434g（产率 95%）。

c. 水解

$$CH_3-S-CH_2CH_2-CN + NaOH + H_2O \xrightarrow[-NH_3]{} \xrightarrow[-NaCl]{H^+} CH_3-S-CH_2CH_2-CO_2H$$

2L 三口烧瓶中加入 800mL 水及 240g（6mol）氢氧化钠，搅拌使溶，加热维持 80℃±2℃ 从分液漏斗慢慢加入 434g（4.3mol）3-甲硫丙腈，反应放出大量氨气，从冷凝器上口导至水吸收。加完后于 1h 左右加热至回流，使回流 1h[❶]。将反应物用水浴加热，用水泵减压浓缩至 1/2 体积，冷后用浓盐酸酸化至 pH 3，滤除析出的大量氯化钠并用 100mL 甲苯浸洗。洗液及滤液合并，继续浓缩至液温 140℃停止加热，稍冷，分去残存的水，得 529g。减压分馏，收集 140~144℃/10mmHg 馏分，得 254g（产率 47%），GC 纯度 98%。

---

❶ 回流不久放出有硫化物的臭味，可能有分解生成甲硫醇，$CH_3-S-CH_2-\overset{H}{\underset{\smile}{C}}H-CN$ (—CO₂Na)，或应延长在 80~90℃ 的保温时间；或检查放出氨的情况及数量。3-甲硫基丙酰氯，$CH_3SCH_2CH_2COCl$，bp 98~101℃/34mmHg。

硫代-巯基磷酸-O,O-二甲酯$(CH_3O)_2P(S)$—SH 是较强的硫代酸，能在较高温度、非水条件与不饱和键加成为硫代磷酸巯基酯，酸水解后得到在不饱和键加成的巯基产物；添加叔胺以提高—S⁻的浓度，为防止不饱和键聚合要添加阻燃剂。

$$(CH_3O)_2P(S)\text{—SH} + \,>\!\!C\!\!=\!\!C\!\!<\,\xrightarrow{R_3N,\ 对苯二酚}(CH_3O)_2P(S)\text{—S}\text{—}\overset{|}{\underset{|}{C}}\text{—CH}<$$

$$\xrightarrow{4\ H_2O,\ 15\%盐酸}\ HS\text{—}\overset{|}{\underset{|}{C}}\text{—CH}< + 2\ CH_3OH + H_3PO_4 + H_2O$$

硫代-巯基磷酸-O,O-二甲酯很容易从甲醇与五硫化二磷作用制得，同似于无机酸的酸式酯，反应几乎是定量的，无需分离和精制，可直接用于合成。

巯基琥珀酸 M 150.15，mp 157~158℃；易溶于水、醇、醚，难溶于苯。

a. 硫代-巯基磷酸-O,O-二甲酯

$$4\ CH_3OH + P_2S_5 \xrightarrow{约60℃} 2\ (CH_3O)_2P(S)\text{—SH} + H_2S$$

1L 三口烧瓶中加入 85g（2.65mol）甲醇，搅拌下控制温度在 60℃以下慢慢加入 145g（0.65mol）粉碎的五硫化二磷，加完后继续搅拌使五硫化二磷消失或基本消失，冷却后将清液倾入另一个三口烧瓶中使用。

b. 马拉磷酯——二甲氧基硫代磷酸巯基琥珀酸二乙酯

$$(CH_3O)_2P\text{—SH} + C_2H_5O\text{—}\overset{O}{\overset{\|}{C}}\text{—CH}=CH\text{—}\overset{O}{\overset{\|}{C}}\text{—OC}_2H_5 \xrightarrow{80℃,\ 14h} C_2H_5\text{—O}\text{—}\overset{O}{\overset{\|}{C}}\text{—}\underset{\underset{S\text{—P(S)}(OCH_3)_2}{|}}{CH}\text{—CH}_2\text{—}\overset{O}{\overset{\|}{C}}\text{—OC}_2H_5$$

以上反应物约 220g（约 1.3mol）硫代-巯基磷酸-O,O-二甲酯粗品中加入 3mL 三甲胺浓溶液及 1g 对苯二酚，加入 172g（1mol）反-丁烯二酸二乙酯，混匀后于 60~80℃水浴加热保温 14h。冷却后倾入 5 倍冷水中，充分搅拌，分取下层，水洗两次，得 320g（产率 97%）。

c. 水解

$$C_2H_5\text{—O}\text{—}\overset{O}{\overset{\|}{C}}\text{—}\underset{\underset{S\text{—PS}(OCH_3)_2}{|}}{CH}\text{—CH}_2\text{—}\overset{O}{\overset{\|}{C}}\text{—OC}_2H_5 \xrightarrow[\triangle,\ 16h]{6H_2O,\ 15HCl} \underset{CH_2\text{—CO}_2H}{\overset{HO_2C\text{—CH—SH}}{|}} + 2\ C_2H_5OH + 2\ CH_3OH + H_3PO_4 + H_2S$$

330g（1mol）马拉磷酯、200mL 水及 330mL 30%盐酸，加热回流至油层消失（约 6~7h），然后再回流 8h，水浴加热，用水泵减压浓缩至 1/3 体积、烧瓶中出现结晶，放冷滤出，得湿品 160g，用水重结晶，得 130g。

另法：$$\underset{CH\text{—CO}_2H}{\overset{HO_2C\text{—CH}}{\|}} \xrightarrow[-2H_2O]{2NaOH} \xrightarrow[\triangle,\ 20h]{NaHS} \xrightarrow{H^+} \underset{CH_2\text{—CO}_2H}{\overset{HO_2C\text{—CH—SH}}{|}}$$

240g 25%（1.5mol）氢氧化钠溶液，冷却下通入硫化氢至增重 51g（1.5mol）H_2S，备用。

0.5L 三口烧瓶中加入 34.8g（0.3mol）反-丁烯二酸，60mL 水，搅拌下加入 24g（0.6mol）氢氧化钠，继续搅拌使反-丁烯二酸成钠盐溶解；搅拌下于 1h 左右慢慢加入上面制得的 NaHS 溶液，搅拌下加热回流 20h。冷后用 30%硫酸酸化，立即用新蒸过的乙醚提取，合

并的醚溶液用水洗，以无水硫酸钠干燥，水浴加热回收乙醚，减压收尽，得35.5g（产率79%），mp 150~151℃。

精制：用水重结晶，mp 152~153℃。

（2）自由基加成

硫化氢、硫醇、硫代乙酸与 $\diagup C \!=\! C \diagdown$ 在引发剂作用下发生自由基加成，加成方位的选择性取决于加成中间基的稳定性、空间阻碍及双键的极化方向，加成中间基的稳定性对加成方位起重要作用；为减少离子加成，应使用非极性溶剂；与亚硫酸酯、亚硫酸盐加成得到磺酸；与磺酰氯加成得到砜。

$\diagup C \!=\! C \diagdown$ 与 H_2S 加成制取硫醇，硫化氢必须很大过量及缓和条件；即使这样也还是生成不是太少的硫醚。

$$CH_3-CH=CH_2 + H-S-CH_2CH_2CH_3 \xrightarrow{UV} \left[\begin{array}{c} H\cdot \quad \cdot \\ CH_3-CH-CH_2-S-CH_2CH_2CH_3 \end{array} \right] \longrightarrow \underset{95\%}{(CH_3CH_2CH_2)_2S}$$

3-乙酰巯基-2-甲基戊烷 M 160.27。

$$CH_3CH_2CH=C\overset{CH_3}{\underset{CH_3}{\diagdown}} + CH_3CO-S-H \xrightarrow{UV} \left[\begin{array}{c} CH_3CH_2CH-C\overset{\cdot}{\overset{CH_3}{\diagdown}}CH_3 \\ \; \\ CH_3-CO-S \end{array} \right] \xrightarrow{H\cdot} \begin{array}{c} CH_3CH_2-CH-CH\overset{CH_3}{\underset{CH_3}{\diagdown}} \\ \; \\ CH_3CO-S \end{array}$$

1L 三口烧瓶中 336.6g（4mol）2-甲基戊-2-烯，用 100W 紫外灯照射下，搅拌着慢慢滴入 152g（2mol）硫代乙酸，加完后再在光照下搅拌 1h，减压分馏，收集 70℃/13mmHg 馏分，得 309g（产率 95%）。

2-苯氧乙基硫醇 M 154.23。

$$C_6H_5-O-CH=CH_2 + H_2S \xrightarrow{ABIN} \underset{62\%}{C_6H_5-O-CH_2CH_2-SH} + \underset{32\%}{(C_6H_5-O-CH_2CH_2)_2S}$$

20g（0.166mol）苯基乙烯基醚与 12g（0.353mol）硫化氢冷凝在封管中（-60℃）加入 0.04g 偶氮二异丁腈。封闭管口、于室温放置 14 天；再 60℃放 53h。开管，分馏反应物，收集 96~100℃/4~4.5mmHg 馏分，得 2-苯氧乙基硫醇 16g；剩余物 7.2g，用乙醚重结晶，得 2-苯氧乙基硫醚，mp 54.5~55℃。

六、S、SCl₂在芳烃取代

硫黄粉-无水氯化铝催化下与大过量芳烃作用生成硫醚，如芳烃配比较少，则产生大量进一步反应的产物——二硫蒽；其它硫化物如 S_2Cl_2、SCl_2 在 $AlCl_3$ 或 $ZnCl_2$ 作用下和苯反应生成硫醚。由于与 $AlCl_3$ 有络合物形成过程，在低温下，该氯化铝不再起作用，抑制了进一步的反应。虽然在低温反应，也还是有一些二硫蒽产生。

二苯硫醚 M 186.28，mp -40℃，bp 296℃，d 1.118，n_D^{20} 1.6327。

$$2\,C_6H_6 + S_2Cl_2 \xrightarrow[<10℃]{AlCl_3/苯} C_6H_5-S-C_6H_5 + 2\,HCl + S$$

5L 三口烧瓶中加入 858g（11mol）无水苯，搅拌下加入 464g（3.48mol）三氯化铝，冰水浴冷却，控制 10℃以下慢慢加入 405g（3mol）S_2Cl_2 及 390g（5mol）无水苯的溶液，反应立即生成暗黄色的络合物并放出氯化氢，约 1h 可以加完。加完后再搅拌 3h，倾入 1kg 碎冰中充分搅拌，分取苯层，水浴加热回收苯，最后减压收尽。加入 0.5L 甲醇充分混匀，于冰浴中放置过夜。次日滤除析出的硫黄。回收甲醇后减压分馏，收集 155~170℃/18mmHg 馏分，得 470~490g，外观黄色（含硫）。从高沸物中回收到 10g 左右的二硫蒽（mp 157~159℃，bp 366℃）。

精制：以上粗品中加入 70g 锌粉，搅拌下于沸水浴加热，再加入 200g 40%氢氧化钠溶液保温搅拌 1h。冷后分取产物，水洗两次，以无硫酸钠干燥后减压分馏，收集 162~163℃/18mmHg 馏分，得 450~460g（产率 81%~83%），外观几乎无色。

2,2′-硫代-双-4-t-辛基酚　M 442.70，mp 136℃；易溶于氯仿、苯和石油醚。

$$2\ t\text{-}C_8H_{17}\text{—}\bigcirc\text{—OH} + SCl_2 \xrightarrow[<10℃]{ZnCl_2/苯} \quad\quad + 2\ HCl$$

1L 三口烧瓶中加入 206g（1mol）4-t-辛基酚，1g 无水氯化锌及 800mL 无水苯，溶解后冷却控制温度在 10℃以下，搅拌着于 2h 左右慢慢加入 56g（0.55mol）三氯化硫（不允许过量），放出的 HCl 导至水吸收。加完后保温搅拌 2h，回收苯至剩余液体 400mL，倾出放冷，滤出结晶❶，用石油醚浸洗一次，干后得 135g（产率 61%），mp 131.5~133℃，纯度 96%。

七、重氮基的硫取代

内容详见 594 页，此处不再赘述。

第三节　硫代酰胺、硫代羧酸和硫酮

羰基、氰基与 H_2S 的加成活性依碳正电中心的强弱及 $-S^-$(H) 的浓度；首先加成为碳四面体中间物，然后是电负性大的基因退减下来生成硫代产物；反应被酸、碱催化，常使用 HCl 使酮羰基碳原子的电子性增强，利于 H_2S 的加成。

$$C_6H_5\text{—}\underset{O}{\overset{}{C}}\text{—}C_6H_5 \xrightarrow{H^+} C_6H_5\text{—}\underset{OH^+}{\overset{}{C}}\text{—}C_6H_5 \xrightarrow[-H^+]{H_2S} C_6H_5\text{—}\underset{OH}{\overset{S-H}{C}}\text{—}C_6H_5 \xrightarrow[-H_2O,\ -H^+]{H^+} C_6H_5\text{—}\underset{}{\overset{S}{C}}\text{—}C_6H_5$$

碱催化反应常用叔胺（如三乙胺），它提高了 $-S^-$ 的浓度使反应速度提高，如：CH_3CN（乙腈）、$(CN)_2$（氰气）与 H_2S 的加成制取硫代酰胺。

---

❶ 应从母液再作回收。

硫代酰胺 (Ar)R—$\overset{\text{S}}{\overset{\|}{C}}$—NH$_2$ 的异构体 (Ar)R—$\overset{\text{NH}}{\overset{\|}{C}}$—SH 具有比碳酸稍弱的酸性，与 1%~2%氢氧化钠、5% Na$_2$CO$_3$ 生成钠盐溶解于水，通入 CO$_2$ 从溶液中析出硫代酰胺异构体，用作产品提纯处理。

从羧酸与 H$_2$S 加成制取硫代羧酸是困难的，使用酰氯和低温下的 NaHS 反应，或使用乙酸酐在酸、碱催化下和 H$_2$S 反应，生成硫代乙酸。

氰气(CN)$_2$、腈在碱催化下与 H$_2$S 加成为硫代酰胺；(CN)$_2$ 受拉电子相应影响，有很强的加成活性，无须另加催化剂，(CN)$_2$ 与 H$_2$S 按比理论量稍多的 H$_2$S 配比同步通入 50℃的乙醇中即顺利加成为二硫代乙二酰胺；如果使用有分散头的通气管可使吸收产率大于80%；乙腈的加成活性较低，没有催化剂时需要高温高压才能反应；而使用催化剂，在三乙胺中60℃常压下即可与 H$_2$S 加成。同法制取硫代苯甲酰胺。

二硫代乙二酰胺（入必安酸）　　M 120.20，mp＞300℃（245℃分解）；橘红色结晶，可溶于乙醇。

$$2\,CuSO_4 + 4\,NaCN \longrightarrow (CN)_2 + Cu_2(CN)_2 + 2\,Na_2SO_4$$

$$(CN)_2 + 2\,H_2S \longrightarrow H_2N{-}CS{-}CS{-}NH_2$$

合成装备流程图如图 15-1 所示。

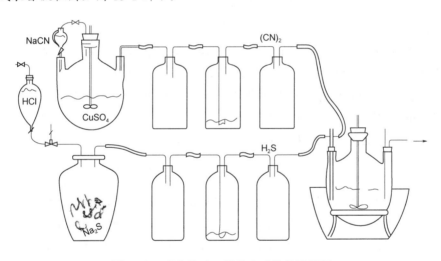

图 15-1　卤硫代乙二酰胺合成装备流程图

① 10L 三口烧瓶中加入 2kg（8mol）结晶硫酸铜溶于 5.3L 水的溶液，这个浓度在夏季放置过夜不会析出结晶。慢慢加入以下氰化钠溶液发生氰气：3L 下口瓶（即分液瓶）中加入 720g（14mol）氰化钠溶于 2L 水的溶液。

② 20L 容积酸罐或塑料桶中加入 1.2kg 68%（10.5mol）工业硫化钠小块，另于高位瓶中备 20%盐酸或稀硫酸以供发生 H$_2$S 之用。

10L 三口烧瓶中加入 7L 滤清的 95%工业乙醇，安装机械搅拌，两支可以随时捅通的、插底的通气管❶，温度计及导出放空管❷，检查各部位密封，不得漏气。

首先滴入稀硫酸发生 H_2S❸（>20mL/s）通入 20min 后，开始以 2 滴/s 的速度向硫酸铜溶液中滴加氰化钠溶液，氰气立即发生；调节加料速度控制气体配比 H_2S:$(CN)_2$>2:1，从水洗瓶目测估计❹，两种气体分别导入搅拌着的 50~55℃乙醇溶液中。待氰气停止发生后立即打开进气口的瓶塞以免回吸；硫化氢发生器停止加酸，H_2S 停止发生后立即打开进气口的瓶塞。整个操作约 3h 可以完成❺，每天两次，三天共六次，滤出橘红色结晶，乙醚冲洗，干后得 1.4kg❻（产率 60%）。

硫代乙酰胺 M 75.13，mp 115℃；无色棱柱状结晶，可溶于水、醇及苯中。

$$CH_3—CN + H_2S \xrightarrow[55~60℃]{三乙胺} CH_3—CS—NH_2$$

乙腈与三乙胺的相同体积相混，控制 55~60℃通入足够的 H_2S，冷后滤出结晶，产率 70%，mp 110~113℃。母液继续使用。

另法：五硫化二磷中硫原子和磷原子间的配键，当与羰基接近时形成过渡态，分子内电荷分离、分解开，在非质子溶剂（如苯）中进行，或不使用溶剂。

$$(Ar)R—CO—NH_2 + P_2S_5 \longrightarrow \begin{matrix} S←P—S—PS_2 \\ S \\ (Ar)R—C—NH_2 \end{matrix} \longrightarrow (Ar)R—\overset{S}{\underset{\|}{C}}—NH_2 + S←P—S—PS_2 → \cdots$$

反应在 50~60℃很容易进行，5mol 乙酰苯胺与 1mol 粉碎的五硫化二磷的混合物在苯介质条件（水浴加热）反应，苯的沸点可以保持放热的反应温度不会超过 80℃，反应完后分取苯液，冷后滤出结晶硫代乙酰苯胺，母液反复用以提取。

或将以上反应物在搅拌下冷却制得小粒块，然后用冰水使崩解开，洗去大部分无机酸，用 NaOH 或 Na_2CO_3 溶液溶解粗品（成钠盐），以 CO_2 中和以析出。

精制：下面以硫代乙酰胺为例来说明。

$$5 CH_3CO—NH_2 + P_2S_5 \longrightarrow 5 CH_3CS—NH_2 + P_2O_5$$

100L 容积的开口蒸发锅中加入 12kg（200mol）乙酰胺及 12kg（约 50mol）粉碎的、纯度大于 85% 的五硫化二磷，搅动下于半小时左右将反应物加热至熔融态（约 50℃），立即停止加热，放热反应开始，当升至 70℃反应物变为流体，约 40min 以后放热停止；

---

❶ 最好安装三支通气管以便在通堵时及时更换，常是 H_2S 的管子出口发生阻塞；每天用后必须洗净阻塞物结晶及黑棕色物质。

❷ 反应瓶的放空管应导至一个加有三乙胺、乙醇瓶作最后吸收，然后导远。

❸ 硫化氢不足会使产品外观变暗，使通氰气的管子出气口出现黑色物质。

❹ 如果使用搅拌，吸收产率大于 80%；产品结晶对气体的吸附使反应明显加快，此制备中未使用搅拌，只是用手动搅拌几次。

❺ 每次操作完后打开气体发生器瓶使瓶口倾斜，让剩余的毒气流出，半小时后滤出析出的氰化亚铜，被污染的紫色可用稀盐酸浸洗掉。

❻ 产品的质量已经很好，必要时可用乙醇重结晶。

再慢慢加热至 80℃（不得超过 90℃，否则有分解），于 80℃保温搅拌，约半小时后反应物出现结晶，开始凝固，停止加热，封盖好保温。

如果反应物结固，稍以加热使底部接触面熔化，取出捣碎，慢慢加入至冰水冷却着的 12L 水及 12kg（约 110mol）碳酸钠的浆状物中，慢慢加入，中和过程不得超过 35℃，充分搅拌使块状物崩解开，冰冷过夜。次日离心分离，得灰绿色（在蒸发锅中操作，对不锈钢有腐蚀）含无机盐的粗品 7~9kg。

提取**❶**：以上粗品用甲醇在 60℃水浴上加热溶解，加入 0.8kg 脱色炭脱色过滤，滤液放冷，滤出黄色结晶 1.9~2.4kg；母液水浴加热，减压回收甲醇，回收到 2.8~2.9kg 粗品，这样提取去掉了绝大部分无机盐，共得粗品 4.7~5.3kg。

精制：6L 水加热至 80℃，加入 5kg 提取到的粗品，加热溶解脱色过滤，冰冷过夜，次日滤出，得 4.3kg。

以上 4.3kg 水结晶过的粗品使溶于 5.7L 甲醇中，脱色过滤，冷后冰冷过夜，次日滤出结晶，得 2.5kg 湿品，在室温条件用水泵减压（-0.08MPa）干燥 30h，得产品 2kg（产率 13.3%）**❷**，mp 114~115℃。

硫代乙酰苯胺合成方法如下：

$$5\ CH_3\overset{O}{\overset{\|}{C}}-NH-\bigcirc + P_2S_5 \xrightarrow[80℃]{苯} 5\ CH_3\overset{S}{\overset{\|}{C}}-NH-\bigcirc + P_2O_5$$

硫代乙酰苯胺
30%, mp 79℃

酸酐在碱、酸催化下通入 H_2S 的硫取代也是通过碳四面体加成中间体，而后是氧基团退减下来，生成硫代乙酸。

$$CH_3-\overset{O}{\overset{\|}{C}}-O-\overset{O}{\overset{\|}{C}}-CH_3 + H_2S \longrightarrow CH_3-\overset{O-H}{\underset{SH}{C}}O-\overset{O}{\overset{\|}{C}}-CH_3 \longrightarrow CH_3-CO-SH + CH_3CO_2H$$

生成加成中间体是慢步骤，乙酸酐是同系物中最容易反应的。加入少量碳酸钠或乙酸钠在 75℃左右通入 H_2S 至饱和（接近理论量）吸收很好，仔细分馏得到硫代乙酸；酸催化是酸酐分解为酰基正离子与 H_2S 反应生成硫代乙酸。反应速度很快，反应完成后用无水乙酸钠中和无机酸。

硫代乙酸 M 76.12，mp -17℃，bp 93℃，d^{20} 1.074；无色液体，有特臭。

$$(CH_3CO)_2O + H_2S \xrightarrow[70~75℃]{AcONa} CH_3CO-SH + CH_3CO_2H$$

2L 三口烧瓶中加入 10g 氢氧化钠及 1.08kg（10mol）95%以上乙酸酐，水浴加热维持

---

❶ 或用水重结晶更方便。
❷ 未计入母液回收。此方法不及在苯溶液中反应的方法方便。

70~75℃，通入干燥的 H₂S[1]，在过程中 NaOH 生成了乙酸钠或硫代乙酸钠而消溶，反应变为粉红而又变为橘红色，直至增重大于 310g（计算量的 90%）后再于 75℃保温 3h，次日用沸水浴加热，水泵减压（-0.07MPa/200mmHg）通过分馏柱分馏得粗品；馏出物再用 100cm 分馏柱分馏，收集 85~95℃馏分及 95~103℃馏分，后馏分再分馏，收集 85~95℃馏分，共得 450g，纯度大于 85%（产率 56%，按通入 H₂S 计）。再分馏，收集 85~93℃馏分，纯度 90%[2]。

另法：

$$(CH_3CO)_2O + H_2S \xrightarrow{H^+} CH_3-CO-SH + CH_3CO_2H$$

2L 三口烧瓶中加入 1.08kg（10mol）95%以上乙酸酐和 22g 乙酰胺，从室温开始通入 H₂S，吸收很好，可以快速通入，反应物很快升至 50℃，继续通入使增重 310g（9.1mol）H₂S（或仍要 75~80℃保温），加入 25g 无水乙酸钠粉末以中和产生的氯化氢，分馏，收集 88~91.5℃馏分，得 480g（产率 70%，按 H₂S 增重计）。

苯甲酰氯有一定的稳定性，与乙醇溶液中的 NaHS 反应生成硫代苯甲酸。在乙醇溶液中 NaHS 的电离度很小（NaHS + C₂H₅OH ⇌ C₂H₅O⁻Na⁺ + H₂S），C₂H₅O⁻的浓度很低；况且，C₂H₅O⁻电负性大，与溶解（醇、水）溶剂化的程度也大，而原子半径比较大的 -S⁻ 解除溶剂化所需的能量较小，在低温反应能得到较好的选择性。

硫代苯甲酸　M 138.19，mp 24℃，bp 85~87℃/10mmHg，d 1.174，n_D^{20} 1.6040。

$$C_6H_5-CO-Cl + 2 KHS \xrightarrow{10℃} [C_6H_5-CO-SK] \xrightarrow{H^+/水} C_6H_5-CO-SH + 2 KCl + H_2S$$

2L 三口烧瓶中加入 0.8L 90%乙醇，搅拌下加入 200g 85%（3mol）氢氧化钾，溶解后控制 10℃以下通入 H₂S 至饱和；冰盐浴冷却，保持 10℃以下慢慢滴入 200g（1.4mol）[3]新蒸的苯甲酰氯，加完后再搅拌 1h，滤除析出的氯化钾，以 90%乙醇冲洗，洗液与滤液合并，水浴加热，在氮气保护下减压蒸干，得几乎干固的钾盐；将固体溶于 0.7L 水中过滤，用 500mL 苯提取水溶液[3]，滤清后的钾盐溶液用 20%盐酸酸化；用新蒸的乙醚提取（2×500mL），提取液合并，水洗，用无水硫酸钠干燥后回收乙醚，剩余物在氮气保护下减压分馏，收集 85~87℃/10mmHg 馏分，得 120~150g（产率 61%~76%），n_D^{20} 1.6027；再减压分馏一次，纯度（碘滴定法）99.5%，n_D^{20} 1.6030。

芳酮在乙醇溶液中用饱和的 HCl 催化并脱水，在冰冷的条件通入 H₂S 化合得到硫酮。

硫代苯乙酮　M 136.21，mp 122℃；常态为三聚体，加热至熔点以上分解为单体。

$$C_6H_5-\underset{O}{\overset{\|}{C}}-CH_3 + H_2S \xrightarrow[<5℃, 12~15h]{HCl/乙醇} C_6H_5-\underset{S}{\overset{\|}{C}}-CH_3 + H_2O$$

---

[1] 硫化氢剧毒，必须把出气口导至碱水吸收。吸入 30mL 浓的 H₂S 可以使人在 1s 之内晕倒，而来不及察觉它的臭味，在清新空气处 1min 苏醒，无后遗症。在 40℃通入 H₂S 只是吸收溶解，很少反应，应在 80℃通入 H₂S 及其后的保温。

[2] 应该使用填充分馏柱以减少挟带乙酸，收集 88~91.5℃馏分。

[3] 用等摩尔苯甲酰氯（或过量）会导致生成相当多的苯甲-1,1-二-苯甲酸巯基酯。

20g（0.167mol）苯乙酮溶于 150ml 乙醇中，冰盐浴冷却控制反应温度低于 5℃，同时通入 H_2S 和 HCl，反应放热，当 HCl 达到饱和后停止通入；而 H_2S 以小气泡继续通入 12~15h，放置过夜。次日滤出结晶，用乙醇冲洗。

精制：用丙酮与乙醇（1∶1）混合溶剂重结晶，得 21g（产率 87%），mp 121~122℃。

硫代二苯甲酮　M 189.29，mp 53~54℃，bp 174℃/14mmHg；蓝色针状晶体，微溶于乙醇，易溶于苯和氯仿；充氮、避光、冷藏。

$$C_6H_5-\underset{\underset{O}{\|}}{C}-C_6H_5 + H_2S \xrightarrow[<5℃,\ 50h]{HCl/乙醇} C_6H_5-\underset{\underset{S}{\|}}{C}-C_6H_5 + H_2O$$

250mL 三口烧瓶中加入 25g（0.14mol）二苯甲酮，125mL 乙醇，溶解后，冰盐浴冷却及搅拌下同时从两个插底的通气管通入 HCl 和 H_2S，约 1h 后反应物变为蓝色，又 2h 后 HCl 达到饱和，停止通入；继续通入 H_2S 小泡，20h 后紫色的反应物用干冰保持低温滤出结晶，得 23~25g，立即放入真空干燥器，否则几小时内变为油状物。用石油醚（20mL/g）重结晶，得 18~21g（产率 66%~77%），长针状晶体，mp 53~54℃。

另法：
$$C_6H_5-CCl_2-C_6H_5 + 2\ NaHS \xrightarrow{无水乙醇} C_6H_5-\underset{\underset{S}{\|}}{C}-C_6H_5 + 2\ NaCl + H_2S$$

150mL 无水乙醇中加入 4.6g（0.2mol）金属钠小块，通入干燥的 H_2S 至饱和。

2L 三口烧瓶中加入 25g（0.11mol）二苯二氯甲烷，通入干燥的 CO_2 赶除瓶中的空气，冰水冷却着慢慢滴入上面制得的硫氢化钠溶液（快速搅拌），反应剧烈[❶]，反应物变为深蓝色，于室温放置半小时后用水冲稀，用乙醚提取，以无水氯化钙干燥，回收乙醚。剩余物在氮气保护下减压蒸馏，硫代二苯甲酮的沸点 174℃/4mmHg，如果够纯，蓝色油状物冷后即结晶，得 10~12g。

精制：用石油醚（20mL/g）重结晶，得 8.4~9.9g（产率 40%~50%），mp 53~54℃。

其它制法：$AlCl_3$ 作用下的硫代光气和苯作用，或二苯甲酮和 P_2S_5 作用。

$$(C_2H_5)_2N-\!\!\!\!\bigcirc\!\!\!\!-CO-\!\!\!\!\bigcirc\!\!\!\!-N(C_2H_5)_2 + H_2S \xrightarrow{POCl_3/苯} (C_2H_5)_2N-\!\!\!\!\bigcirc\!\!\!\!-CS-\!\!\!\!\bigcirc\!\!\!\!-N(C_2H_5)_2 + H_2O\ (H_3PO_4)$$

第四节　硫脲及氨基二硫代甲酸盐

氰化钾与硫黄粉共热煮得到硫氰化钾（钠），$-S-C\equiv N$ 的硫原子和氮原子都可以提供电子对，是双负离子，是可通变的平衡：$-\overset{-}{S}-C\equiv N \rightleftharpoons \overset{-}{S}=C=\overset{-}{N}$；硫氰酸 $HS-C\equiv N$ 的酸性更强，多是硫原子的一端发生亲核取代生成硫氰酸酯；某些硫氰酸酯仅由于加热（有过渡态生成）重排为异硫氰酸酯（见 318 页）。

硫氰酸在酸条件水解为硫代碳酸气 COS 和氨；硫氰酸被硫化氢分解为二硫化碳和氨，这两个反应都是在硫氰酸亲核加成，在碳原子上发生。

---

❶ 由于硫氢化钠对于硫酮的还原，与硫酮加成为二硫化物 $(C_6H_5)_2CH-S-S-CH(C_6H_5)_2$，反应中必须保持 NaHS 为欠量。如加料次序颠倒，得到 70%收率的二硫化物。

$$HS-C\equiv N + H_2O \xrightarrow{H^+} HS-\underset{\underset{O-H}{|}}{C}=NH \longrightarrow S=\underset{\underset{O\curvearrowleft H}{|}}{C}\widehat{}NH_2 \longrightarrow COS + NH_3$$

$$HS-C\equiv N + H_2S \longrightarrow HS-\underset{\underset{S-H}{|}}{C}=NH \longrightarrow S=\underset{\underset{S\curvearrowleft H}{|}}{C}\widehat{}NH_2 \longrightarrow CS_2 + NH_3$$

硫氰酸铵加热至 170~180℃，硫氰酸铵分解为硫氰酸和氨，硫氰酸重排为异硫氰酸，与氨加成为硫脲，是平衡体系。

$$NH_4^+\,\overset{-}{S}-C\equiv N \rightleftharpoons NH_3 + S=C\widehat{}NH \rightleftharpoons H_2N-\underset{\underset{S}{\|}}{C}-NH_2$$

硫脲的 N-烃基衍生物可从以下方法制取：①氨（胺）与硫氰酸（酯）的加成；②氨（胺）与二硫化碳加成及其分解（脱 H_2S）；③黄原酸盐（或酯）与胺作用。

一、氨（胺）与硫氰酸（酯）的加成

有机铵盐与硫氰酸钠在水溶液中生成硫氰酸和胺，氨（胺）基在硫氰酸（异硫氰酸）的碳原子上加成为硫脲的 N-烃基衍生物，反应中有不同程度的二缩硫脲衍生物。

$$R-NH_2\cdot HCl + NaS-CN \xrightarrow[-NaCl]{} R-NH_2 + HS-CN\,(S=C\equiv NH) \longrightarrow R-NH-\underset{\underset{O}{\|}}{C}-NH_2$$

硫氰酸不稳定，在水条件容易水解，为弥补损失，适当增加硫氰化钠用量至 1.2~2mol；产率和底物胺的强度有关。为避免氨和有机胺（尤其是碱性弱的胺）在加成中相竞争——生成硫脲，在水条件的反应不使用硫氰化铵。

在非水条件甲苯溶剂中反应可以避免硫氰酸的水解，不必过于增加硫氰酸盐的用量，（使用 1.1mol）强碱胺还可以使用硫氰化铵，生成的氯化铵在甲苯溶剂中立即析出脱离反应体系；游离胺进入反应，非极性溶剂对于产物的溶解度很小而抑制了二缩物的生成，得到高产率的 N-烃基硫脲。

4-丙氧苯基硫脲　M 182.28。

$$C_3H_7O-\text{（苯环）}-NH_2 \xrightarrow{HCl/甲苯} C_3H_7O-\text{（苯环）}-NH_2\cdot HCl \xrightarrow[3h]{NH_4SCN\ 约100℃} C_3H_7O-\text{（苯环）}-NH-\underset{\underset{S}{\|}}{C}-NH_2 + NH_4Cl$$

$0.6m^3$ 反应罐中加入 350L 甲苯和 50kg（330mol）4-丙氧基苯胺，搅拌下通入 12.05kg（330mol）干燥的氯化氢，中和放热，反应物温度逐渐升至 55~60℃，析出大量盐酸盐结晶；慢慢加入 27.1kg（356mol）干燥并粉碎的硫氰化铵，加完后慢慢加热至 100℃左右保温搅拌 3h 至反应完全（干固的试样在稀碱溶液中不析出胺的油状物），冷至 20℃离心分离，用甲苯（2×20L）浸洗，将结晶于反应罐中加入 300L 水搅拌半小时，离心分离，水冲洗，风干后得 62.5kg（产率 90%），mp 144~148℃。

1-萘基硫脲（ANTU）　M 202.28，mp 198℃（分解）；可溶于热乙醇，味苦、剧毒。

$$\underset{\text{1-萘胺盐酸盐}}{\text{NH}_2 \cdot \text{HCl}} + \text{NH}_4\text{SCN} \xrightarrow[\text{95℃, 12h}]{\text{水}} \underset{\text{(产物)}}{\text{NH}-\overset{\text{S}}{\underset{}{\text{C}}}-\text{NH}_2} + \text{NH}_4\text{Cl}$$

10L 三口烧瓶中加入 540g（3mol）1-萘胺盐酸盐及 7L 水，搅拌下维持 95℃±2℃于 12h 左右从分液漏斗慢慢加入 460g（6mol）硫氰化铵❶溶于 0.7L 水的溶液，冷后滤出结晶、水洗，干燥后得 450g（产率 74%），mp185℃（分解）（在熔化前已开始分解）。

精制：用乙醇（20mL/g）重结晶，首次得 250g，mp 188~191℃（分解）；母液回收乙醇至剩 1/2 体积，又得 170g，mp 189~191℃（分解）；两次共得 420g（产率 69%）。应在 5℃ 前放入，按分解点测试。

苯基硫脲　M 152.22，mp 153~154℃（分解）；可溶于沸水（17mL/g）、沸乙醇（3mL/g）。

$$\underset{}{\text{NH}_2 \cdot \text{HCl}} + \text{NaSCN} \longrightarrow \underset{}{\text{NH}-\overset{}{\underset{\text{S}}{\text{C}}}-\text{NH}_2} + \text{NaCl}$$

1L 三口烧瓶中加入 162g（2mol）硫氰化钠溶于 160mL 水的溶液，搅拌下慢慢加入 93g（1mol）苯胺及 100Ml 36%（1.18mol）浓盐酸配制的浆状物（一次性加入立即析出有氯化钠和苯胺）在沸水浴上加热保温 12h❷，冷后滤出结晶，水洗，乙醇浸洗，风干后得 130~140g。

精制：用沸水（25mL/g）重结晶❸，得 91~98g（产率 59%~64%），mp 148~150℃❹，外观白色针状晶体。

另法：

$$\text{C}_6\text{H}_5-\text{N}=\text{C}=\text{S} + \text{NH}_3 \xrightarrow[60℃]{\text{NH}_3/\text{水}} \text{C}_6\text{H}_5-\text{NH}-\text{CS}-\text{NH}_2$$

10L 三口烧瓶中加入 2.7kg（20mol）异硫氰酸苯酯及 5L 20%的工业氨水，搅拌下控制 60℃ 左右通入氨气至饱和，逐渐形成苯基硫脲结晶析出❺。冷后滤取结晶并以乙醇冲洗及浸洗（从母液中分离出未反应的异硫氰酸苯酯），干后得 2.1~2.7kg（产率 69%~89%，按投入异硫氰酸苯酯计），mp 145~147℃。

精制：用乙醇（4mL/g）重结晶，精制的收率 70%，mp 150~152℃；产品沸水溶解试验（1g 样品溶于 30mL 沸水）有荧光；又精制一次，mp 153~154℃。

其它方法：或苯氨基二硫代甲酸铵脱 H_2S，或苯胺与硫脲的脱氨。

异硫氰酸酯和醇的加成，由于醇的亲核性比胺差很多，需要更高的反应温度，得到氨基硫代甲酸酯；二异硫氰酸酯和二元醇加成的产物是聚酯，如：

---

❶ 应该使用硫氰化钠（钾），其用量或过量太多。

❷ 保温 3h 开始析出产物结晶，至 12h 以后产物不再增加，油状物苯胺也已消失，更长时间保温会使二缩硫脲增多。

❸ 重结晶滤除了相当部分不溶于水的副产物杂质（大量硫脲用水重结晶的生产中由于降温缓慢，也出现白色难溶物质），可能是二苯硫脲、二缩硫脲——苯胺长时间滞留以及温度条件造成的，应该在非水溶剂中反应。

❹ 再用水精制后 mp 149~151℃；再精制 mp 151~153℃，未达分析纯级熔点 mp 153~155℃，原因是以 1℃/min 的速率升温（实测 151.4~152℃）10min，加热缓缓分解造成不合格；熔样冷凝重新测定其熔点降为 140℃；由于此类产品的热分解，应该按分解点测试，以 3℃/min 的速率升温。

❺ 通氨饱和后再保温搅拌 3~4h。

$$C_6H_5-N=C=S + n\text{-}C_4H_9OH \longrightarrow C_6H_5-NH-C(S)-O-C_4H_9^n$$

$$n\ S=C=N-\!\!\!\!\bigcirc\!\!\!\!-N=C=S + n\ HO-(CH_2)_4-OH \xrightarrow[150℃]{DMSO} \left[\!\!\begin{array}{c}C-NH-\!\!\!\!\bigcirc\!\!\!\!-NH-CO(CH_2)_4\\ \parallel \\ S\end{array}\!\!\right]_n$$

在硫氰酸酯、异硫氰酸酯的处理中要注意其它加成及交换反应。

烯丙基硫脲　M 116.19，mp 71~72℃（从乙醇中），78.4℃（从苯中结晶）；可溶于冷水及乙醇。

$$CH_2=CH-CH_2-N=C=S + NH_3 \xrightarrow{\text{氨/水}} \underset{\displaystyle\overset{\parallel}{S}}{CH_2=CH-CH_2-NH-C-NH_2}$$

10L 三口烧瓶配置回流冷凝器、分液漏斗、温度计及插底的通气管。

烧瓶中加入 3L 20%氨水，以每秒约 50mL 的速度通入氨气的同时，以每小时 800mL（8mol）异硫氰酸烯丙酯从分液漏斗加入（两者加入的摩尔数几近相当），反应放热，用热水浴控制 75~85℃[❶]，于 5~6h 共加入 4.6kg（45mol）异硫氰酸烯丙酯；继续通氨至饱和，反应物成为均一溶液，放冷再冰冷过夜，次日滤出结晶，乙醇冲洗，风干，得淡黄色粗品 2.5~3kg（产率 48%~57%）[❶]，mp 68~70℃。

精制：用乙醇（1.1mL/g）重结晶，搅动下冷却，冰冷过夜，次日滤出以冷乙醇冲洗，风干得 1.7~2.1kg 烯丙基异硫脲，mp 70~72℃；用苯重结晶（溶解度 1.5%）为烯丙基硫脲熔点达到 77.8~78.2℃。

二、氨（胺）与二硫化碳加成及其分解（脱 H_2S）

二硫化碳有毒，在空气中可被氧化，100℃以上可自燃；CS_2 碳原子有部分正电荷，与氨（胺）在 0℃可亲核加成为氨基二硫代甲酸，与过量氨（胺）生成氨基二硫代甲酸铵。

$$NH_3 + CS_2 \xrightarrow{NH_3/\text{乙醇}} \left[\overset{+}{N}H_3-\underset{}{\overset{S}{\underset{\parallel}{C}}}-S^- \longrightarrow H_2N-\underset{}{\overset{S}{\underset{\parallel}{C}}}-SH\right] \xrightarrow{NH_3} \underset{71\%}{H_2N-\overset{S}{\underset{\parallel}{C}}-S^-\overset{+}{N}H_4}$$

氨基二硫代甲酸铵盐加热至 95~110℃即可脱去 H_2S 生成硫脲或 N-烃基硫脲。

$$R-NH-\overset{S}{\underset{\parallel}{C}}-S^- + NH_4 \xrightarrow{95\sim110℃} \left[R-NH-\overset{SH}{\underset{\overset{|}{+}NH_3}{\underset{|}{C}}}-S^- \rightleftharpoons R-NH-\overset{S-H}{\underset{NH_2}{\underset{|}{C}}}-SH\right] \xrightarrow{-H_2S} R-NH-\overset{S}{\underset{\parallel}{C}}-NH_2$$

可被酸催化：

$$R-NH-\overset{S}{\underset{\parallel}{C}}-S^- + NH_4 \xrightarrow[95\sim110℃]{H^+\text{催化}} \left[R-NH-\overset{S-H}{\underset{\overset{|}{+}NH_3}{\underset{|}{C}}}-SH \rightleftharpoons R-\overset{+}{N}H_2-\overset{S-H}{\underset{NH_2}{\underset{|}{C}}}-SH \rightleftharpoons R-NH-\overset{S-H}{\underset{NH_2}{\underset{|}{C}}}-\overset{+}{S}H_2\right] \xrightarrow{-H^+,-H_2S} R-NH-\overset{}{\underset{\parallel}{C}}-NH_2$$

下面合成中，最后总有一些未完成第二步脱 H_2S 的氨基二硫代甲酸铵，可被水洗除。

***N,N'*-乙烯基硫脲**　M 102.06，mp 202~203℃；可溶于冷水 2%（30℃）。

[❶] 产率低的原因可能是反应温度太高，在 HO^- 作用下造成异硫氰酸酯的水解生成烯丙胺及 COS；另外，又由于 $CH_2{=}CH{-}CH_2{-}NH_2$ 电性及浓度低，仍得到尚可的产率。

$$H_2N \overset{CH_2-CH_2}{\diagdown} NH_2 + CS_2 \xrightarrow[30\sim40℃]{稀乙醇} HN \overset{CH_2-CH_2-NH_2}{\underset{C-SH}{\diagdown}} \xrightarrow[95℃]{H^+/HCl} HN \overset{H_2C-CH_2}{\diagdown} NH + H_2S$$

10L 三口烧瓶中加入 1.72kg（70%，约 20mol）乙二胺、2.6L 乙醇及 2.6L 水，搅拌着，冰水冷却控制 40℃以下，慢慢加入 1.67kg（22mol）二硫化碳，析出大量铵盐结晶，再搅拌半小时；沸水浴加热 1~2h 开始有 H₂S 放出，加入 160mL 浓盐酸，在搅拌下加热至很少 H₂S 放出（约 6h），冷后滤出结晶，得 1.7kg（产率 80%）❶。

精制：用沸水（3mL/g）重结晶，干后得 1.3kg（产率 62%），mp 198~202℃。

N,N′-二苯基硫脲　M 228.32，mp 154℃；白色片晶，溶于乙醇。

$$2\,C_6H_5-NH_2 + CS_2 \xrightarrow[>40℃]{稀乙醇} C_6H_5-NH-\overset{S}{\overset{\|}{C}}-S^-\,{}^+NH_3-C_6H_5 \xrightarrow{98℃} (C_6H_5-NH)_2C{=}S + H_2S$$

10L 三口烧瓶中加入 2.8kg（30mol）苯胺、3L 乙醇及 2L 水，搅拌着，控制温度在 40℃以下慢慢加入 1.15kg（15mol）二硫化碳，加完后再搅拌 1h，于 2h 左右将水浴加热至沸，至很少 H₂S 放出为止（应再加热 3h 以上）；冷后滤取结晶，水洗，稀盐酸洗，再水洗，再乙醇浸洗，mp 146~150℃❷。

以下强碱胺有利于 C$\overset{\frown}{=}$S 加成。

硫代碳酰二肼（1,3-二氨基硫脲）　M 106.06，mp 171~174℃（分解）；白色结晶，易溶于热水。

$$2\,H_2N-NH_2 + CS_2 \xrightarrow{<20℃} H_2N-NH-C(S)-SH \cdot H_2N-NH_2 \xrightarrow{80℃} (H_2N-NH)_2C{=}S + H_2O$$

10L 三口烧瓶中加入 3kg 50%（30mol）水合肼及 3L 水，搅拌着，保持 10℃左右于 3h 慢慢滴入 1.06kg（14mol）二硫化碳，析出大量结晶，加完后再搅拌 2h，慢慢加热至 50℃全溶；至 80℃开始放出大量 H₂S，反应剧烈，用流水冷却，待反应缓和后继续在搅拌下于沸水浴加热 4~5h（过高温度加热会有分解），反应液从淡绿色变为橘黄色；待 H₂S 停止放出后放冷，滤出结晶，冷水浸洗，冲洗❸，干后得 650g（产率 43%），mp166~170℃（分解），分解很快，未见熔化过程。

精制：用沸水（7mL/g）重结晶，干后得 580g，mp 170℃（分解）。

1,5-二苯基硫代碳酰二肼　M 258.34，mp 150℃（分解）；不溶于水，溶于乙醇。

$$2\,\boxed{}{-}NH{-}NH_2 + CS_2 \xrightarrow{甲苯}{<20℃} \boxed{}{-}NH{-}NH{-}\overset{S}{\overset{\|}{C}}{-}SH \cdot H_2N{-}NH{-}\boxed{} \xrightarrow{-H_2S} \left(\boxed{}{-}NH{-}NH\right)_2 C{=}S$$

---

❶ 粗品的熔点高出，含较多盐酸盐中间物所致，应更长时间保温。

❷ 产量"很好"，用此粗品（含较多铵盐）制取异硫氰酸苯酯的产率要低 30%［257］；或当以无机酸催化。

❸ 可能未反应完全，应继续水浴保温及水浴加热减压浓缩。

10L 三口烧瓶配置机械搅拌、温度计、分液漏斗、回流冷凝器及冰水浴。

烧瓶中加入 1.65kg（15mol）新蒸的苯肼、6L 甲苯，搅拌下冷却维持 10℃左右以较快的速度加入 675g（8.8mol）二硫化碳；10min 后开始析出大量结晶，反应物变得很稠，继续搅拌 1h，反应物为浅绿色，缓缓加热、1~2h 后结晶物溶解、开始放出 H_2S；继续加热及搅拌，又开始析出结晶，加热温度不超过 98℃，2h 后放出 H_2S 减少，反应物变为黄色；再保温搅拌 1h，放置过夜。次日滤出结晶，以甲苯浸洗，乙醇洗，风干得 1.05kg（产率 54%），mp 137℃（分解）。

氨基二硫代甲酸盐可以像无机盐的复分解交换成其它盐，如：铵盐、Na^+、Zn^{2+}、Cu^{2+} 等。它们各有自己的用途，如：作为阻聚剂的二丁氨基二硫代甲酸铜，有金属光泽的黑暗色结晶，不溶于水、易溶于有机溶剂——乙酸戊酯作重结晶溶剂。

$$2\ (n\text{-}C_4H_9)_2N\text{—}C(S)\text{—}SNa + CuSO_4 \xrightarrow{90\%} [(n\text{-}C_4H_9)_2N\text{—}C(S)\text{—}S^-]_2 \cdot Cu^{2+} + Na_2SO_4$$

二丁氨基二硫代甲酸铜

$$C_6H_5\text{—}NH_2 + CS_2 + NH_3 \xrightarrow{\text{氨水}} C_6H_5\text{—}NH\text{—}C(S)S^-\ {}^+NH_4$$

>90%，只溶于水

二甲氨基二硫代甲酸钠二水合物　M 179.24，mp 120~122℃；白色结晶，易溶于水，被强无机酸分解为二甲胺（盐）和二硫化碳。

$$(CH_3)_2NH + CS_2 + NaOH \xrightarrow{20\sim35℃} (CH_3)_2N\text{—}C(S)\text{—}SNa + H_2O$$

300L 开口反应罐安装机械搅拌、硬塑料板盖，两个容积 20L 的下口瓶（烧瓶下接阀门），供加料使用：二甲胺乙醇溶液和氢氧化钠溶液共用 1 号瓶；2 号瓶供加 CS_2 使用。

从 1 号瓶将 120kg 40%（0.89kmol）二甲胺乙醇溶液移入反应罐中，用冰水冷却，控制 20~25℃搅拌下先加入约 10kg（约8L）二硫化碳。再于 35℃以下，与 1 号瓶 71.5kg 50%（0.89kmol）氢氧化钠溶液同步，用 2 号瓶加入 57.5kg（前边已经加入约 10kg；共 67.5kg，0.89kmol）二硫化碳。过程中随时检查反应物的 pH<8，并随时用硬塑料铲子铲落罐壁上的结晶，还要停止搅拌以铲开罐底下的结晶块（可以添加前次的部分母液以免出现结晶块），约 5h 可以加完。加完后停止搅拌并把结晶块压碎，再搅拌调节反应物最后的 pH 大约为 9，放置过夜。

次日离心分离脱出母液[●]，用丙酮（2×10L）冲洗，得湿品 99~106kg，50℃以下干燥后得 98~105kg（产率 61%~62%），纯度 >99%。

N-乙基苯氨基二硫代甲酸锌（橡胶用促进剂）　M 457.97；白色轻体粉末，几乎不溶于水。

$$\underset{\overset{|}{C_2H_5}}{C_6H_5\text{—}NH} + CS_2 + NH_3 \longrightarrow \underset{\overset{|}{C_2H_5}}{C_6H_5\text{—}N}\text{—}C(S)\text{—}S^-\ {}^+NH_4$$

[●] 每批母液组分如下：水约 38kg；NaOH 0.2~0.5kg；乙醇 75~76kg；产物 55~58kg。常压回收乙醇至剩 1/2 体积，分离后用水重结晶。

$$2 \, C_6H_5 \!-\! \underset{\underset{C_2H_5}{|}}{N} \!-\! CS_2^- \; {}^+NH_4 + Zn(NH_3)_4^{2+} \cdot 2Cl^- \longrightarrow \left(C_6H_5 \!-\! \underset{\underset{C_2H_5}{|}}{N} \!-\! C(S) \!-\! S^- \right)_2 Zn^{2+} + 2 \, NH_4Cl + 4 \, NH_3$$

$1m^3$ 反应罐中加入 650L 蒸馏水，开动搅拌，从高位瓶加入 150L（140kg，19%~20%，1.56kmol）氨水❶，制成了 3%~4% 的稀氨水。开始冷冻液循环，搅拌下加入 1kg 活力洗衣粉作表面活性剂搅拌 15min，从高位瓶加入 45kg（47L，0.37kmol）❷N-乙基苯胺；控制 15~18℃慢慢加入 36kg（28.5L，0.474kmol）二硫化碳❸继续搅拌 18h❸，静置 4h 让二硫化碳夹带机械杂质及颜色沉下，小心将沉下的油层放出分净，这样就得到了苯基乙氨基二硫代甲酸铵溶液，静置过夜。

配制锌氨络盐溶液：200L 陶罐中加入 32kg 蒸馏水及 75kg 19%~20%（80L，0.83kmol）工业氨水，搅匀，控制 50℃以下、搅拌着慢慢加入 29kg（0.21kmol）工业无水氯化锌，溶清或基本溶清，脱色过滤、滤清备用，此时滤液体积约 128L，放置过夜有时出现白色絮状物，为氨有损失之故，应该把氨水用量增加至 80kg。

$$ZnCl_2 + 4 \, NH_3 \xrightarrow[<50℃]{NH_4OH} Zn(NH_3)_4^{2+} \cdot 2\,Cl^-$$

【复分解——锌盐】

用固定的、距反应罐底 20cm 吸料管❹将 N-乙基苯氨基二硫代甲酸铵通过吸滤引入到另一个洗净的 $1m^3$ 反应罐中，搅拌下搬开加入 1kg 保险粉（>85% $Na_2S_2O_4$）或以溶液加入，搅拌半小时后将锌氨溶液于 2~2.5h 从高位瓶慢慢加入以防析出凝块，当加入 80% 约 90~100L）。

取 50mL 反应液滤清，取 10mL 溶液加入 2mL 锌氨溶液混匀，只允许出现微弱的浑浊；另取 10mL 滤液加入 2mL N-乙基苯氨基二硫代甲酸铵溶液（事前尚存的），混匀后不应产生浑浊，即认为终点❺。

达到终点以后再搅拌 10min，用直径 800mm 离心机分 4~5 次离心脱水。在脱水不是太干、未出现龟裂前用蒸馏水淋洗（每次脱水后用 50L 蒸馏水淋洗），最后甩干。于 70℃烘干 20h，得成品 80~90kg（产率 94%，按 N-乙基苯胺计）。

三、黄原酸盐（或酯）与胺作用

黄原酸盐及酯与胺作用制取 N-烃基硫脲是与二硫化碳作用的变法。

黄原酸酯的热分解是分子内进行的顺式消去，产物是分支较多的烯、硫醇和硫代碳酸气 COS，空间阻碍对消去位置起重要作用。

---

❶ 氨用量超过按 N-乙基苯胺计算的三倍，以促进第一步的反应；以保证在下面复分解时不析出其它无机锌。从反应过程及反应物的不均一性质看，NH_4OH 不构成对 N-乙基苯胺的竞争。

❷ 二硫化碳的用量超过 N-乙基苯胺计算的 28%，过量的二硫化碳夹带机械杂质及提取颜色物质一起沉出分离。

❸ 反应时间和反应温度有直接关系。应增加二硫化碳用量以充分提取颜色，否则使产品锌盐的颜色暗重不明快。

❹ 用固定尺寸位置的插底管可以避免机械杂质混入，大约 1/10 的物料未进入锌盐工序，在连续生产中则是全量过程。

❺ 达到终点以后剩余的锌氨溶液计量并入下次使用。

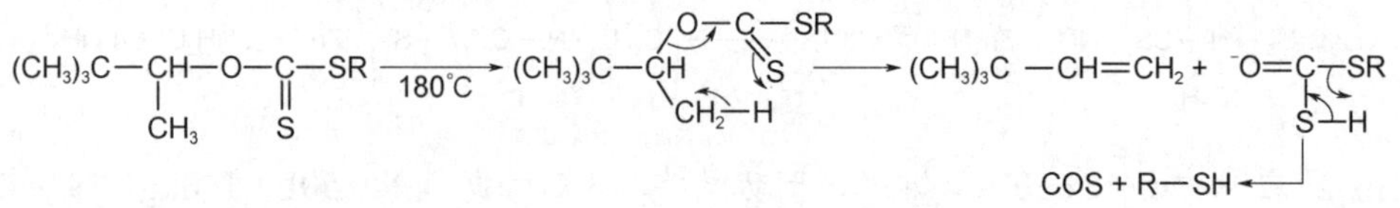

(CH₃)₃C—CH—O—C—SR $\xrightarrow{180℃}$ ... → (CH₃)₃C—CH=CH₂ + O=C—SR

COS + R—SH

黄原酸酯用碱水解得到硫醇（见 641 页）；用胺分解处理得到硫醇和 1,3-二烃基硫脲。

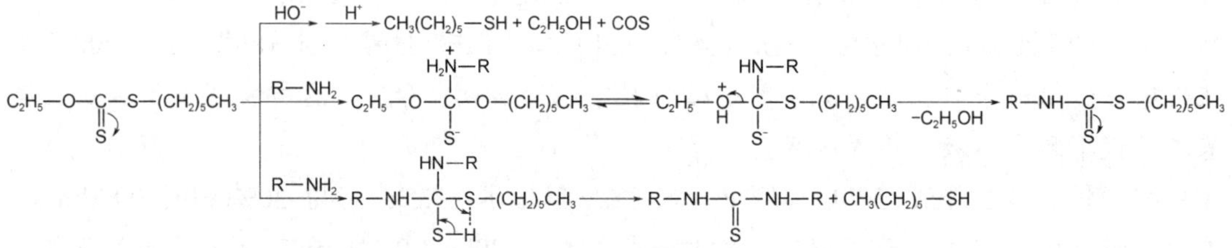

黄原酸盐与胺加成的产物是 1,3-二烃基硫脲，是使用 CS₂ 反应的变法。

2-巯基苯并咪唑　M 150.20。

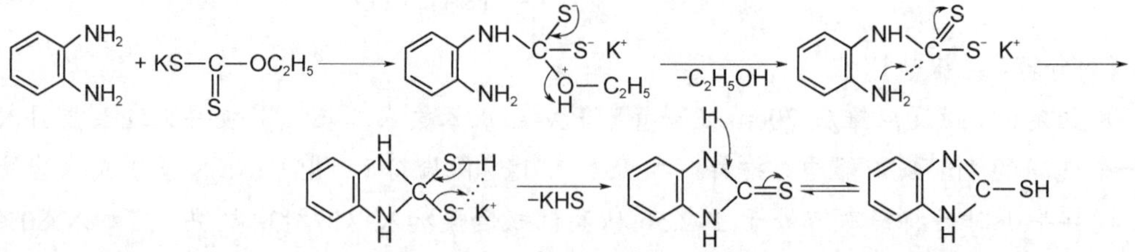

32.4g（0.3mol）o-苯二胺、52.8g（0.33mol）乙黄原酸钾[1]与 300mL 乙醇及 45mL 水一起加热回流 3h；加入 12g 脱色炭脱色过滤，滤液加入 200mL 热水再脱色滤清以稀乙酸酸化，冷后滤出结晶，水洗、风干得 37.8~39g（产率 84%~86%），mp 303~304℃。

第五节　硫酚

硫酚有特殊气味，在空气中可被氧化；应密封、充氮、避光保存。

硫酚可以从如下几种方法制取：①磺酰氯的还原；②卤原子的硫亲核取代；③硫代甲酰芳基酯的热重排及水解（Ar—OH⟶Ar—SH）。

一、磺酰氯的（金属/供质子剂）还原

磺酰氯在质子溶剂中用金属还原是单电子的转移过程，磺酰氯从金属表面取得一个电子成为自由基式负离子，从酸取得质子；再以金属表面取得电子的连续过程，过程中有几乎是瞬时反应能得到较高的产率，纯锡不一定好；苔状锡的用量通常超过计算的 2~3 倍，与酰氯的混合物中加入比锡计算稍多的浓盐酸，在沸水浴上加热过程有快速反应。

粗粒度（60 目）、有金属光泽的锌粉是好用的还原剂，由于锌与无机酸作用迅速（水条件），要求在低温（0~15℃）和加入的锌粉反应若干时间，以后升至室温，最后加热；锌粉用

---

❶ 可用 KOH 乙醇溶液，于 40℃ 以下滴入 CS₂，乙黄原酸钾析出，不必分离。

量为计算量的 160%；在乙酸溶剂中用 Zn/HCl/AcOH 还原，反应平和，产率良好。

4-甲硫酚 *M* 124.21，mp 44℃，bp195℃。

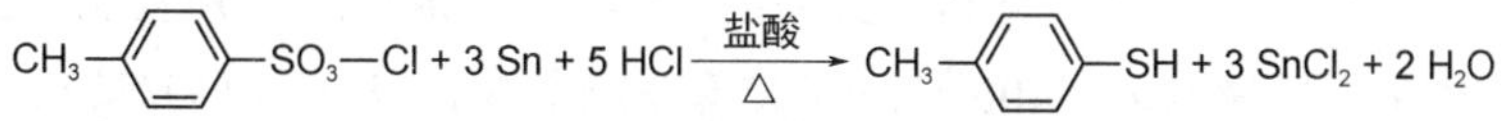

CH3
SO3—Cl + 3 Sn + 5 HCl
盐酸
△
CH3
SH + 3 SnCl2 + 2 H2O

5L 烧瓶中加入 167g（0.8mol）4-甲苯磺酰氯及 660g（5.6mol）苔状锡的混合物，先加入 1.5L 30%盐酸于沸水浴上加热 5h；再加入 0.8L（共 23mol）盐酸，继续加热 6h；水汽蒸馏，馏出的油珠冷后即结固，滤出、风干得 89g（产率 90%）。

甲苯-3,4-二硫酚（锡试剂） *M* 185.27，mp 33℃，bp 268℃，*d* 1.179。

CH3
SO2Cl
SO2Cl
+ 6 Sn + 10 HCl
△
CH3
SH
SH
+ 6 SnCl2 + 4 H2O

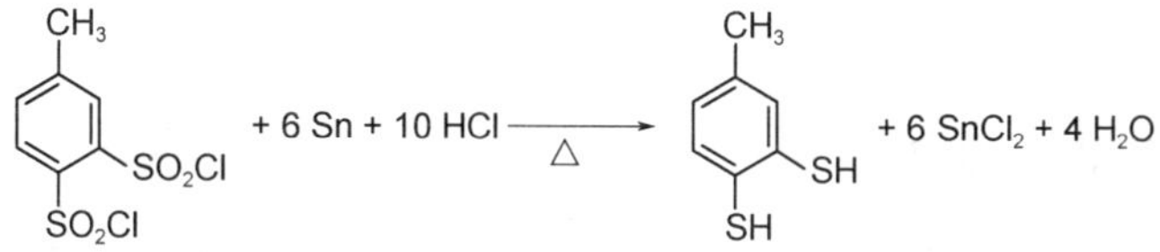

10L 烧瓶中加入 1.4kg（12mol）苔状锡及 180g（0.6mol）甲苯-3,4-二磺酰氯粗品的混合物，加入 4L 30%（40mol）盐酸，安装球形管的回流冷凝器，于沸水浴上加热，约 15min 出现猛烈的近于瞬时反应[1]，3~5min 反应结束，停止。甲苯-3,4-二硫酚的油状物浮在上面，冷后分出得 70g（产率 75%）。在氮气保护下减压蒸馏，得几乎无色的产品，纯度＞99%，fp 33℃；稀 NaOH 溶解试验合格。

改进方法：

CH3
SO2Cl
SO2Cl
+ 6 Zn + 10 HCl
AcOH
80℃
CH3
SH
SH
+ 6 ZnCl2 + 4 H2O

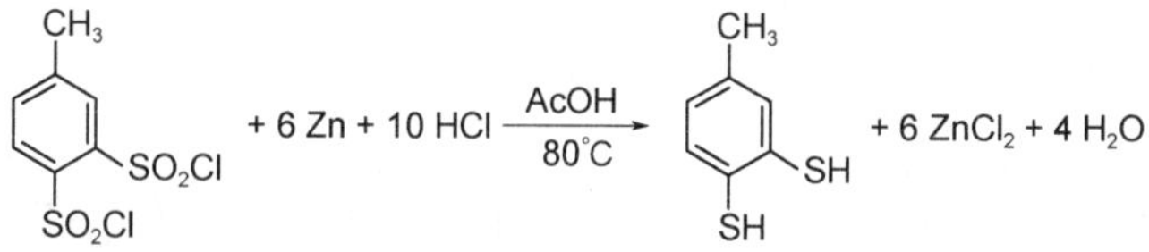

1,5-萘二硫酚 *M* 192.81，mp 119~121℃。

SO2—Cl
SO2—Cl
+ 6 Zn + 6 H2SO4
Zn/Hg
△, 6h
SH
SH
+ 6 ZnSO4 + 2 HCl + 4 H2O

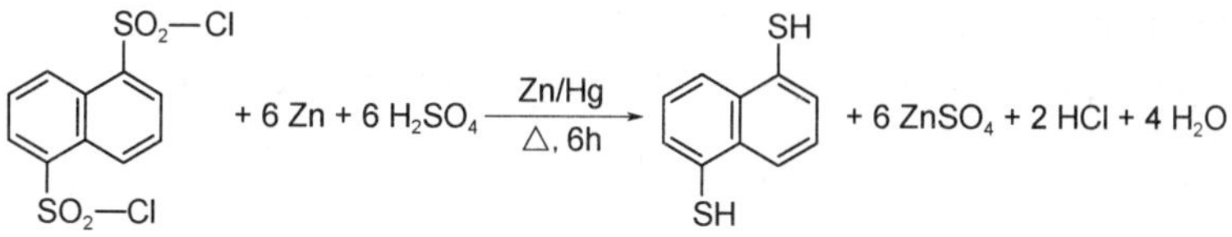

2L 三口烧瓶中加入 600g 33%（2mol）稀硫酸，搅拌下加入 100g 含 15% Hg 的锌汞齐（1.5mol）、20g（0.06mol）1,5-萘二磺酰氯，搅拌下加热使微沸 6h，放置过夜。次日滤出、用乙醚提取三次（先提取水溶液、再提取滤渣；二硫化物不溶）。提取液合并，回收乙醚至剩 50mL 后放冷，滤出结晶；母液再浓缩至 10mL，冷后滤出第二部分结晶，共得 7.1~9.1g（产率 60%~77%），mp 119~121℃。

精制：真空升华，用稀 NaOH 溶解、以稀盐酸沉析，mp 121~122℃。

---

[1] 1956 年生产三瓶，均出现瞬时反应，很好。1958 年生产未出现瞬时反应，收率仅 25%，可能是锡的质量太纯没有构成电池偶。后来改用在 80℃、冰乙酸中用锌粉-盐酸还原，反应平和、效果良好。具体方法如 *n*-十六烷（见 42 页）。

硫酚　　M 110.18，mp 14.8℃，bp 168.7℃，d^{20} 1.0766，n_D^{20} 1.5893。

$$C_6H_5-SO_2-Cl + 3 Zn + 3 H_2SO_4 \longrightarrow C_6H_5-SH + 3 ZnSO_4 + 2 H_2O + HCl$$

10L 三口烧瓶中加入 8.6kg 25%（21mol）稀硫酸，冰盐浴冷却控制温度 0℃以下，搅拌着于半小时左右慢慢滴入 540g（3mol）苯磺酰氯（fp 15~17℃）使凝结成分散的颗粒；再于 1h 左右慢慢加入 120 目的锌粉 1.08kg（＞90%，15mol）。烧瓶装有 1m 球形内管回流冷凝器，加完后保持低温搅拌 1.5h 或更长时间；移去冰盐浴继续搅拌让反应物升温，有一短时间的猛烈反应、要用冰水冷却烧瓶，猛烈反应过后搅拌下加热回流 4~7h 使锌粉作用完毕。

水汽蒸馏（或从分水器）得 323g，干燥后分馏，收集 166~169℃馏分。得 300g（产率 91%）。

二、芳卤原子的硫亲核取代

硫化钠或碱条件下的其它巯基化合物 S⁻对于芳基卤化物的亲核取代是双分子 S_NAr 反应，尤其在离去基的邻、对位有强拉电子基使与卤原子相结合的核上碳原子具更大的电正性，有利于双分子亲核取代。如下实例：氯苯与大过量的硫化钠在 300℃以上才顺利反应得到硫酚钠；当硫化钠不充分时，主要产物是二苯硫醚。

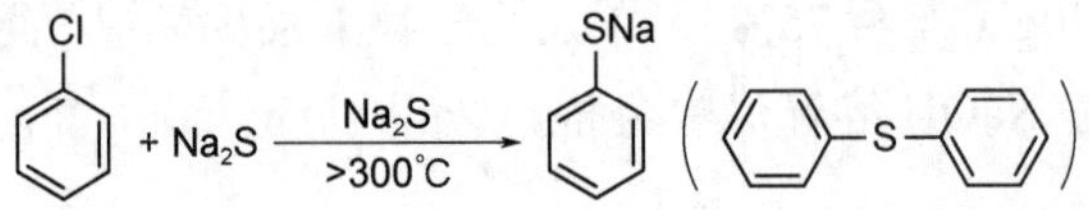

拉电子基的影响：

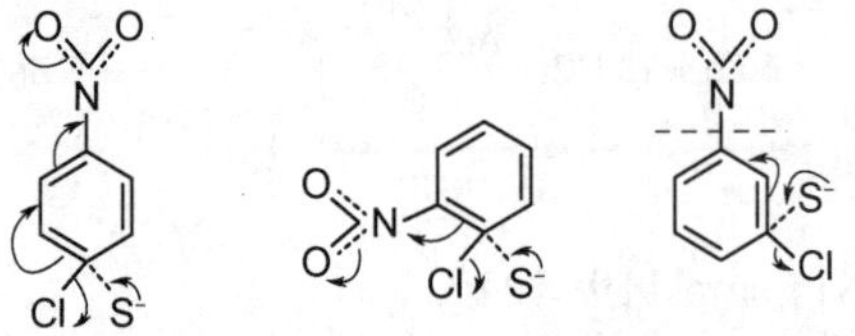

受邻位硝基及其它拉电子基的影响、卤原子很容易被 S⁻取代，Na_2S_2 两个相邻有未共用电子对的硫负离子有更强的亲核性，可以在较低温度（30~100℃）完成反应，取代完成以后，硫与苯环共轭使硝基在该条件不被硫化钠还原。

2,2′-二硫代-双-硝基苯　　M 208.32，mp 192~194℃；黄色结晶，不溶于水。

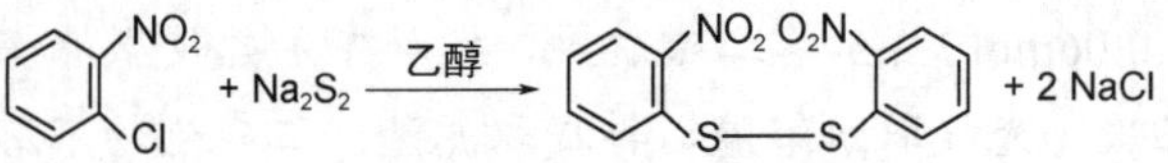

2L 三口烧瓶中加入 1.5L 95%乙醇、175g(68%，1.5mol)工业硫化钠小块、48g(1.5mol)升华硫黄粉，搅拌下于水浴加热使成为 Na_2S_2 乙醇溶液。

5L 三口烧瓶中加入 315g（2mol）邻硝基氯苯及 600mL 乙醇，搅拌下从分液漏斗于 2h 左右慢慢滴入以上的二硫化钠乙醇溶液，反应剧烈；加完后加热回流 2h，冷后滤出二硫化物及氯化钠，盐水洗、水洗、乙醇洗，风干得 180~210g（产率 58%~66%），

mp 192~195℃。

进一步还原可生成 2-氨基硫酚，mp 19~20℃，bp 70~72℃/0.2mmHg。

$$\text{（2-硝基苯基二硫化物）} + 7\ Zn + 14\ HCl \xrightarrow[<40℃]{\text{乙醇}} 2\ \text{（2-氨基硫酚）} + 7\ ZnCl_2 + 4\ H_2O$$

2-氨基硫酚

受两个（即使是间位）拉电子基的影响，如：3-氯-5-硝酸苯甲酸钠水溶液和硫化钠在 50℃左右反应可顺利完成取代；产物的—S⁻受拉电子的影响，它的亲核性比硫化钠弱得多；甲基作为推电子基 $CH_3 \rightarrow S^- Na^+$ 使得—S⁻具更强的亲核活性。

5,5′-二硫代-双(3-硝基苯甲酸)　M 396.35。

$$2\ \text{（3-硝基-5-氯苯甲酸）} \xrightarrow[50℃,\ -NaCl]{NaOH,\ Na_2S} 2\ \text{（硫代钠盐）} \xrightarrow[-NaI]{I_2} \text{（二硫代双硝基苯甲酸钠）}$$

5L 三口烧瓶中加入 41g（1.02mol）氢氧化钠、1.5L 水，溶解后加入 201g（1mol）3-氯-5-硝基苯甲酸，搅拌使溶解，维持 45~50℃慢慢加入 240g（1.5mol）结晶硫化钠 $Na_2S \cdot 9H_2O$ 溶于 1.5L 水的溶液，加完后再搅拌 3h[❶]。

向以上反应物中滴入碘液（I_2/KI），氧化至对淀粉碘化钾试纸呈蓝色反应，或反应液出现碘的黄色，再搅拌半小时；以稀盐酸酸化，析出夹杂少量硫黄的粗品。再用稀碱液溶解，滤除硫黄的清亮溶液用盐酸酸化、滤出结晶、水洗，风干后用冰乙酸（7mL/g）重结晶，干燥后得 100g（产率 51%），mp 237℃。

2-甲硫基苯甲醛　M 152.21。

$$\text{（2-氯苯甲醛）} + Na^+\ {}^-S—CH_3 \longrightarrow \text{（2-甲硫基苯甲醛）} + NaCl$$

250mL 四口烧瓶中加入 11.2g（0.28mol）氢氧化钠及 80mL 水，溶解后在氮气保护下通入 13.8g（0.28mol）甲硫醇至不再吸收，加入 1.1g 四甲基溴化铵及 28.1g（0.2mol）2-氯苯甲醛，搅拌下于 80℃反应 4h。冷后用二氯甲烷提取（2×50mL），提取液合并，水浴加热回收溶剂，剩余物减压分馏，收集 106~108℃/5mmHg 馏分，得 28.9g（产率 95%）。

芳卤与其它硫化物的取代：

$$Ar—X + {}^-SCN \longrightarrow Ar—SCN + X^-$$

$$Ar—X + Na_2SO_3 \xrightarrow[>200℃]{\text{压力}} Ar—SO_3Na + NaCl$$

$$\text{（2-氯苯甲醛）} + Na_2SO_3 \xrightarrow[200℃/\text{压力},\ 200℃,\ 6h]{\text{水, KI}} \text{（2-磺酸钠苯甲醛）} SO_3Na + NaCl \quad \text{（见 459 页）}$$

[❶] 应减少硫化钠用量以减少碘的消耗。

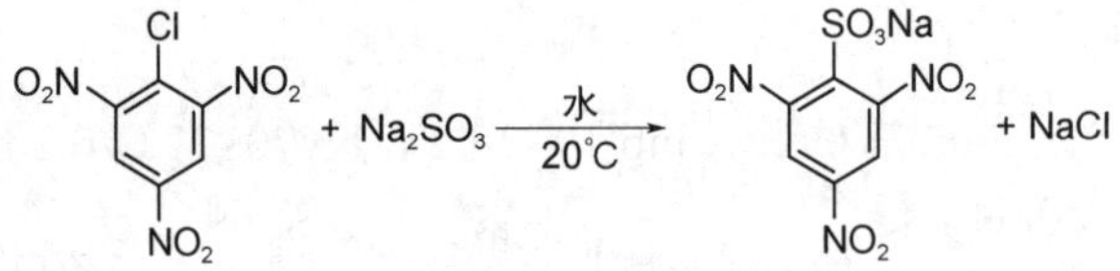

三、硫化甲酸苯基酯的热重排及水解

从酚制取相应的硫酚。使用二甲氨基硫代甲酸酯，没有可转变的 β-C—H、二甲氨基使硫原子具更强的亲核性，在高温（275℃）下重排为巯基酯（由于氧原子有更大的电负性，退减下来完成硫取代），经碱水解、酸化得到硫酚。亦见羧酸酯、黄原酸酯的裂解。

$$Ar-O-C(S)-N(CH_3)_2 \longrightarrow Ar-SH$$

2-萘硫酚 M 160.24，mp 81℃，bp 286℃。

a. 二甲氨基硫代甲酸-2-萘酯

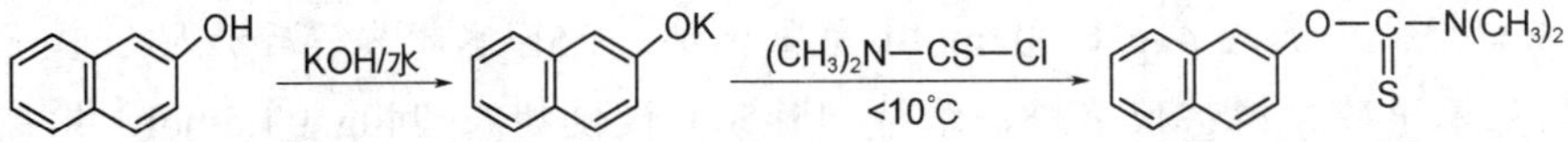

1L 三口烧瓶中加入 29g（0.52mol）氢氧化钾及 350mL 水，溶解后加入 84g（0.5mol）2-萘酚（mp123~124℃），溶解后保持 10℃以下从分液漏斗慢慢滴入 87g（0.7mol）二甲氨基硫代甲酰氯溶于 150mL 无水四氢呋喃的溶液，加完后再搅拌半小时；用 KOH 调节至 pH 9，用苯（3×200mL）提取，提取液合并，水洗，水浴加热回收溶剂。粗品用 250mL 甲醇重结晶，干后得 78~84g（产率 68%~73%），mp 90~95.5℃。

b. 重排及水解

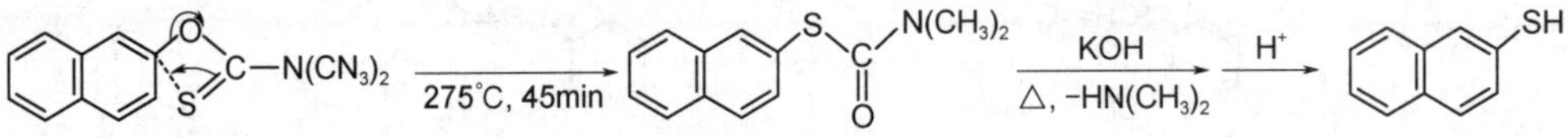

1L 三口烧瓶中加入 69.3g（0.3mol）二甲氨基硫代甲酸-2-萘酯，在氮气保护下于 270~275℃ 加热反应 45min。稍冷、加入 150mL 乙二醇，搅拌下加入 30mL 水溶解 25.5g（0.45mol）氢氧化钾的溶液，加热回流 1h，放出的二甲胺导至水吸收，检查放出二甲胺的情况可判知水解的情况。冷后倾入 450mL 冰水中充分搅拌，用氯仿（2×150mL）提取未反应的酯。

水溶液用稀盐酸酸化后用氯仿提取产物（3×150mL），提取液合并，以无水硫酸钠干燥，回收氯仿。剩余物减压蒸馏，收集 92~94℃/0.4mmHg 馏分，得 34~38g（产率 71%~80%）。

精制：用甲醇重结晶，得 31~33.6g（产率 63%~70%），mp 80~81℃。

第六节　砜与亚砜

砜与亚砜为无色结晶，小分子砜与亚砜可溶于水。芳香族砜作为发烟硫酸磺化副产物，如：二苯砜，将 SO_3 导入 80℃的无水苯中有 8% SO_3 生成了二苯砜。砜和亚砜的主要制法是从硫醚氧化；芳基醚很容易从磺酰氯在 AlCl₃ 作用下和芳烃反应制得。

硫醚用缓和的氧化剂，如空气、稀硝酸或双氧水氧化制得亚砜；进一步氧化为砜，砜对于强氧化剂也相当稳定。

$$R-S-R+[O] \xrightarrow{HNO_3} R-SO-R \xrightarrow{[O]/HNO_3} R-SO_2-R$$

在丙酮或乙酸溶液中用双氧水氧化，几乎定量地氧化成亚砜。

二辛基亚砜　M 274.51，mp 74℃；不溶于水，易溶于醇。

$$(n\text{-}C_8H_{17})_2S + H_2O_2 \xrightarrow[50\sim56℃]{丙酮} (n\text{-}C_8H_{17})_2SO + H_2O$$

5L 三口烧瓶中加入 1.2L 丙酮及 475g（1.84mol）二辛基硫醚，保持微弱的回流（50~56℃）、搅拌下于 1h 左右滴入 210g 28%（1.73mol）双氧水，加入不久，由于丙酮被水稀释而析出部分硫醚，反应物变得浑浊；加完后再搅拌下回流 2h（1h 后反应物变清，表示反应基本完成），趁热将反应物倾入 2L 烧杯中放凉、冰冷过夜。次日滤出结晶❶，风干后得 420g（产率 83%）。

精制：用苯（1.5mL/g）重结晶，冷后滤出、用苯冲洗，精制的收率 80%，mp 72~74℃。

二丙砜　M 150.24，mp 29.5~30℃，bp 270℃，d^{50} 1.278，n_D^{30} 1.4456；微溶于水，易溶于醇。

$$3\,C_3H_7-S-C_3H_7 + 4\,KMnO_4 + 2\,H_2O \xrightarrow[70℃]{水} 3\,C_3H_7-SO_2-C_3H_7 + 4\,KOH + 4\,MnO_2$$

10L 三口烧瓶中加入 1.2kg（10mol）丙硫醚（bp 143℃）及 5L 水，水浴加热保持 70℃左右、搅拌着于 3h 左右加入 2.24kg（14.1mol）KMnO₄，加完后再搅拌保温 2h，反应物的紫色不再褪去；加入 50mL 乙醇保温搅拌使紫色褪去，稍冷、过滤；二氧化锰用热乙醇浸洗两次，再冲洗，回收乙醇的剩余物与滤液合并，冰冷过夜，次日滤出结晶，干后得 1kg（产率 70%）。

精制：用 20% 乙醇（4.5mL/g）重结晶，脱色三次才滤清❷，冰冷过夜，次日滤出结晶，干后得 400g，fp＞25℃；母液减压浓缩至 1/2 体积又得 200g，fp 26℃。

二甲砜　M 94.13，mp 110℃，bp 218℃，d^{111} 1.1702；易溶于水。

$$3\,CH_3-SO-CH_3 + 2\,KMnO_4 + H_2O \xrightarrow[45℃]{水} 3\,CH_3-SO_2-CH_3 + 2\,KOH + 2\,MnO_2$$

20L 搪瓷桶中加入 10L 水，控制 40℃（应以更高的反应温度）搅拌近于桶底，不要让 KMnO₄ 结晶沉下以免局部过热。交替加入 1.61kg（20mol）二甲基亚砜及 2.3kg（约

---

❶ 有约 10% 未反应的硫醚被滤下来，母液及未反应的硫醚重新用于合成，按硫醚计算总产率为 95%。

❷ KMnO₄ 用量为理论量，故有少许硫醚未反应，应该在氧化以后减压浓缩以蒸除未反应的硫醚，粗品用水洗去吸附的碱，减压蒸馏。

14.5mol）KMnO₄，加完后于 45℃保温搅拌 40min，反应物仍保有紫色，加入 40mL 乙醇，搅拌下加热使粉红色褪去；沸水浴加热、趁热过滤，用热水浸洗滤渣，洗液与滤液合并，用盐酸中和至 pH 7，减压浓缩至析出大量氯化钾结晶（应滤除氯化钾继续浓缩，再分别提取；或不予中和，浓缩碱性溶液更方便分离），冷至 60℃左右用苯提取（5×5L），提取液回收苯后的剩余物常压蒸馏，得 1.2kg。

精制：用水（0.85mL/g）重结晶（脱色），冷后滤出结晶，风干后得 840g。

以磺酰氯使用等摩尔的 AlCl₃ 和芳烃作用制得芳基砜。具体方法如从羧酸的酰氯制取 α-芳酮，得到良好的产率。

$$(Ar)R-SO_2-Cl + C_6H_6 + AlCl_3 \xrightarrow[50\sim80℃,\ -HCl]{苯} (Ar)R-SO_2-C_6H_5$$

4-甲基-二苯砜　M 232.30，mp 127~128℃，124℃；易溶于苯。

$$CH_3-\langle\rangle-SO_2-Cl + C_6H_6 \xrightarrow[50\sim70℃]{AlCl_3/苯} CH_3-\langle\rangle-SO_2-\langle\rangle + HCl$$

0.5L 锥形瓶中加入 100mL 无水苯及 27g（0.2mol）三氯化铝。温热至 50℃、摇动着慢慢加入 38g（0.2mol）4-甲苯磺酰氯，放出大量 HCl，反应温度不要超过 60℃；停止放出 HCl 以后加热至沸，冷后倾入 200mL 冷水中充分搅拌至苯层变为淡黄，分取苯层，回收苯后的剩余物冷后滤出结晶，得 43g（产率 93%）。

同法制取：$Cl-\langle\rangle-SO_2-Cl + \langle\rangle-Cl \xrightarrow{AlCl_3} \xrightarrow{水} Cl-\langle\rangle-SO_2-\langle\rangle-Cl$

mp 143~146℃

亚磺酸盐 $(Ar)R-\overset{}{S}O\overset{}{-}O^-Na^+$ 可作为亲核试剂制取砜。

甲基-4-甲苯基砜　M 170.23，mp 86~88℃。

a. 4-甲基苯亚磺酸钠

$$CH_3-\langle\rangle-SO_2-Cl + Na_2SO_3 + 2NaHCO_3 \xrightarrow{70\sim80℃} CH_3-\langle\rangle-SO-ONa + Na_2SO_4 + NaCl + 2CO_2 + H_2O$$

5L 烧杯配置机械搅拌、温度计及热水浴。烧杯中加入 2.4L 热水，搅拌下加入 600g（4.76mol）亚硫酸钠，再加入 420g（5mol）碳酸氢钠，维持 70~80℃于 3h 左右加入 484g（2.54mol）4-甲苯磺酰氯，加完后保温搅拌 1h 或更长时间，放置过夜，次日滤出 4-甲苯亚磺酸钠结晶。

另法：见 479 页。

b. 甲基-甲苯基砜

$$CH_3-\langle\rangle-\overset{O}{\underset{}{S}}-O^-Na^+ + CH_3-O-SO_3CH_3 \longrightarrow CH_3-\langle\rangle-S(O_2)-CH_3 + NaO-SO_3Na$$

5L 三口烧瓶中加入以上的 4-甲基苯亚磺酸钠、400g（4.76mol）NaHCO₃ 及 490g（370mL，3.88mol）硫酸二甲酯，搅匀；搅动着从分液漏斗慢慢滴入 70~100mL 水至能够开动搅拌；在强力搅拌下于 3h 左右慢慢加入 850mL 水，加完后继续搅拌、加热回流 20h。反应物冷至 55℃用苯提取（6×200mL），提取液合并、用氯化铅干燥，水浴加热回收苯，最后减压收尽，得到的固体物真空干燥，得 298~317g（产率 69%~74%，按 4-甲苯磺酰氯计），mp 83~87.5℃。

精制：可从苯、四氯化碳或乙醇重结晶。

第七节　其它硫化物

二硫化碳可以与负离子或者未共用电子对的中性分子，如醇、氨（胺）、卤素、亚磷以及 S^- 等物质作用，或加成、或生成络合物。如：

$$R-OH + CS_2 + NaOH \longrightarrow R-O-CS_2^- \, Na^+ + H_2O$$

$$2\,NH_3 + CS_2 \xrightarrow{NH_3/H_2O} H_2N-CS-S^- \, NH_4^+$$

$$Ar-NH_2 + CS_2 + NH_3 \xrightarrow{NH_3/H_2O} Ar-NH-CS-S^- \, NH_4^+$$

$$R-NH_2 + CS_2 + NaOH \longrightarrow R-NH-CS-S^- \, Na^+ + H_2O$$

$$Cl_2 + CS_2 \longrightarrow Cl-CS-S-Cl \xrightarrow{Cl_2} Cl_3C(-S-Cl)_2 \xrightarrow[-SCl_2]{Cl_2} Cl_3C-S-Cl \xrightarrow[-SCl_2]{Cl_2} CCl_4$$

二硫化碳络合物：三烷基膦与 CS_2 带有部分正电荷的碳原子生成络合物，三烷基膦是电子给体，如：

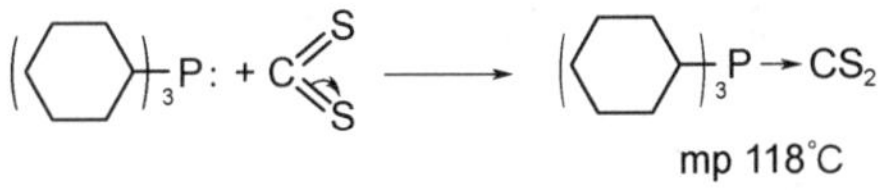

mp 118℃

硫负离子与二硫化碳加成。

三硫代碳酸二甘醇酸　M 226.28，mp 176℃；黄色固体。

$$KOH + H_2S \xrightarrow{-H_2O} KHS \xrightarrow[-H_2O]{KOH} K_2S$$

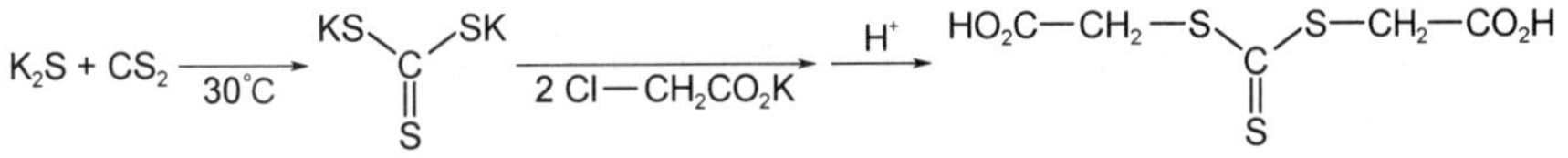

250mL 三口烧瓶中加入 63g 85%（0.96mol）氢氧化钾及 100mL 水，搅拌使溶，用冰水冷却着通入硫化氢至饱和（增重 33~34g），将反应物倾入 2L 三口烧瓶中，安装机械搅拌、温度计、回流冷凝器及氮气导入管；通氮排除瓶中空气后开动搅动搅拌，再加入 63g 85%（0.96mol）氢氧化钾，溶解后，冰水浴冷却、控制反应物温度 30~35℃于半小时左右滴入 76g（1mol）新蒸的二硫化碳，加完后再搅拌 2h，反应物为橘红色，冰冷存放，停止通氮。

1L 烧杯中加入 139g（2mol）氯乙酸，使溶于 300mL 水中，维持 25℃以下，用 135g 85%（2.1mol）氢氧化钾与 300mL 冷水溶液（或 K_2CO_3）中和至 pH 8~9。

维持三硫代碳酸钾反应物在 40℃以下慢慢滴入以上的氯乙酸钾溶液，加完后保温搅拌 2h；冷却控制 20℃以下用浓盐酸酸化，滤出黄色结晶，冰水洗，干后得 152~160g（产率 67%~71%），mp 169~174℃。用水重结晶后 mp 174~176℃。

卤素（如 Cl_2）与二硫化碳（在碘催化下）能完全加成；与过量的氯反应、脱去 SCl_2 及氯化，生成三氯甲基硫基氯；用锡还原脱氯得到硫代光气。

硫代光气（硫代碳酰氯）　M 114.98，bp 73~74℃，d^{15} 1.508，n_D^{20} 1.5442；橘红色重质液体，不溶于水，在热水中缓慢水解，毒性如光气，但刺激性极易发现而得到处理，对皮肤会引起皮疹；吸入会引起暂时性呼吸短促。

a. 三氯甲基硫基氯（M 185.89，bp 147~148℃，d^{20} 1.6947，n_D^{20} 1.5484；黄色油状液体）

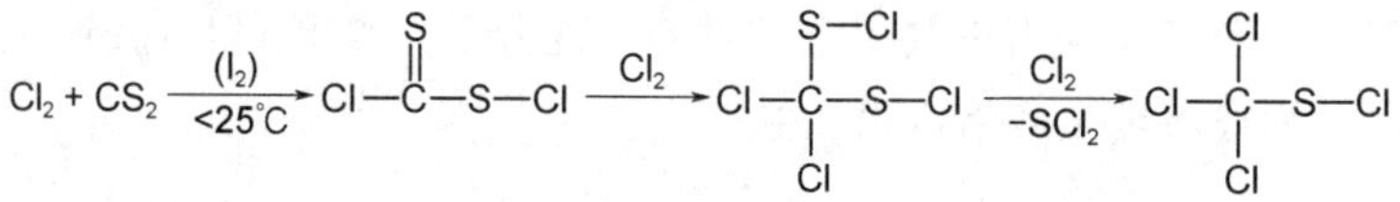

$$Cl_2 + CS_2 \xrightarrow[<25℃]{(I_2)} \underset{\underset{Cl}{|}}{Cl-\overset{\overset{S}{\|}}{C}-S-Cl} \xrightarrow{Cl_2} \underset{\underset{Cl}{|}}{Cl-\overset{\overset{S-Cl}{|}}{C}-S-Cl} \xrightarrow[-SCl_2]{Cl_2} \underset{\underset{Cl}{|}}{Cl-\overset{\overset{Cl}{|}}{C}-S-Cl}$$

5L 三口烧瓶安装 80cm 球管冷凝器作回流装置、温度计及插底的通气管，外冰水浴冷却（曾以 100L 反应罐扩大）。

烧瓶中加入 1.26kg（1L，16.5mol）干燥的二硫化碳及 1g 碘，控制 20~25℃以 10mL/s 的速度通入氯气，吸收很好、放热不大使增重 2.6~2.8kg（理论量应为 3.5kg[❶]），约 30h 可以完成，得深红色含有 SCl_2、CS 及 CCl_4 的混合物 4.06kg，d^{20} 1.60~1.61。

将反应物简单分馏，沸程如下：＜37℃，40mL；37~53℃，60mL（含 CS_2）；53~60℃[❷]，800mL（SCl_2 馏分）；60℃以前馏分总重 1.43kg；60~140℃为中间馏分 280g；＞140℃未蒸出，为含二氯化二硫[❸]的三氯甲基硫基氯粗品 2.1kg[❹]。

$$\underset{\underset{Cl_2C-S-Cl}{}}{S-Cl} + Cl_2 \xrightarrow{-SCl_2} Cl_3C-S-Cl \xrightarrow{Cl_2}{-SCl_2} CCl_4 \quad bp\ 77℃, d\ 1.594, n_D^{20}\ 1.4595$$

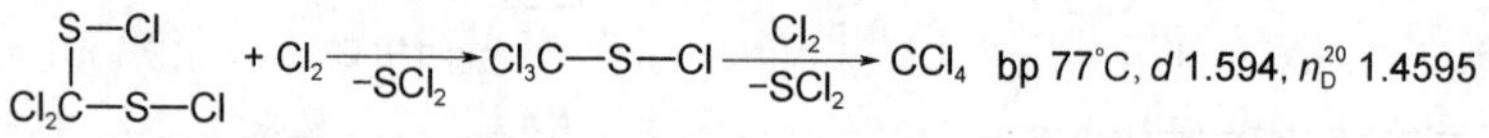

通入 2.8kg 氯气，产物 d^{20} 1.61；分馏蒸除低沸物以后得 2.1kg，为了减少过度氯解产生 CCl_4，不可通入更多氯气。或应在 15℃以下通氯气，用仪器分析检测终点。

从蒸馏各组分的外观看：开始蒸出橘红色的 SCl_2；中间馏分为橙色，当用水洗涤为黄色液体 1.66kg（产率 54%）；应减压分馏以除去四氯化碳。

b. 硫代光气

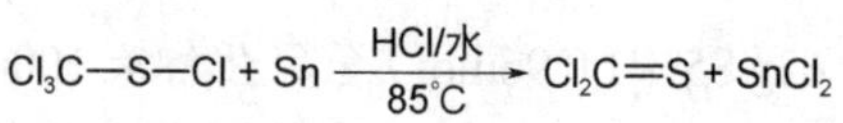

$$Cl_3C-S-Cl + Sn \xrightarrow[85℃]{HCl/水} Cl_2C{=}S + SnCl_2$$

80L 容积的四口陶罐安装如图 15-2 所示：两支作蒸馏用的 100cm 球管冷凝器；两支近于插底的加料管，供加三氯甲基硫基氯和 20%盐酸；中间口安装温度计；罐下口供通入蒸汽及最后卸出氯化亚锡溶液；"液位计"下口安装阀门以供随时放出氯化亚锡溶液。

---

❶ 通入氯气为欠量，否则更多氯解产生更多的四氯化碳。
❷ 沸程稳定在 58~59℃，是 SCl_2，橘红色液体，bp 59℃，d_{15}^{15} 1.62。
❸ S_2Cl_2 为黄红色液体，bp 135.6℃，d 1.678；遇水分解。由于沸点和三氯甲基硫基氯相近，分馏过程未出现 S_2Cl_2 的稳定馏分。
❹ 收率按 CS_2 计算为 68%，水洗处理后得 1.66kg，产率为 54%。

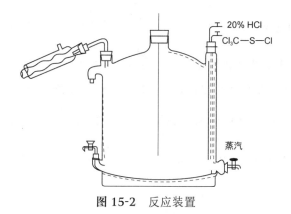

图 15-2　反应装置

从中间口加入 45kg（原 1.5~2mm 的镲片锡及 10L 20%盐酸；从下口通入蒸汽加热至 85℃，以微弱的蒸汽加热控制 90~97℃，开始从高位瓶于 5h 左右慢慢加入 43kg（约 26L）三氯甲基硫基氯[1]，与之同步从另一个高位瓶加入 2×26L（d 1.1）20%盐酸，即：控制加料和盐酸的速度比为 1:2，并不时从中间液位阀门放出"氯化亚锡废酸溶液"，产物挟蒸汽馏出被冷凝收集。分取红色重质粗品，以无水氯化钙干燥后分馏，收集 68~75℃馏分[2]，得 9.3kg。GC 纯度 78%~81%[3]（产率 47%~49%，按三氯甲基硫基氯计）。

再用 10L 烧瓶及 100cm 填充分馏柱分馏，收集 72~75℃馏分，得 7kg（密封保存），GC 纯度 80%，d 1.52。杂质组分为四氯化碳。

硫化物，如硫醇、S-烃基硫脲、二硫化物或硫，在水或其它含氧酸中进行氯氧化，生成磺酰氯；水、乙酸、硫酸提供氧原子，它们在反应中生成了 HCl、CH_3COCl、$HOSO_2Cl$（见 475 页，硫化物的氯氧化）；巯基化合物在非可供氧溶剂中通入氯化则是发生氯化生成二硫化物，进一步氯化生成硫基氯化物 Ar—S—Cl，即发生氯解。

2-硝基苯硫基氯

M 189.61，mp 75℃；遇湿气有分解，不可久存。

$$\text{(结构式)} + Cl_2 \xrightarrow[50\sim60℃]{CCl_4} 2 \text{(结构式)}$$

1L 三口烧瓶中加入 154g（0.5mol）2,2′-二硫代-双-硝基苯（mp 193~195℃），600mL 无水四氯化碳及 0.25g 碘，保持 50~60℃、搅拌着从插底的通气管以 3~3.5mL/s 的速度通入干燥的氯气，从回流冷凝器上口安装四氯化碳的液封，控制通氯速度使没有或很少氯气逸出；2~3h 后固体物料消溶成棕色溶液，趁热过滤，用少许四氯化碳冲洗烧瓶及漏斗，洗液与滤液合并，放冷后再冰冷，滤出结晶，风干后得 126~135g（产率 66%~71%），mp 73~74.5℃。

母液在水浴加热回收四氯化碳，得第二部分结晶 48~58g，mp 67~72℃。

精制：用四氯化碳（2mL/g）重结晶，精制的收率 75%，mp 70~75℃。

---

❶ 加料之初反应较猛烈，空气、氢气夹杂产品挥发，放出的刺激性烟雾应导至热碱水吸收分解。

❷ 分馏至液温 130℃，此时也已经停止蒸馏；停止加热。分馏过程从 68℃很快上升至 70℃，主要是 72~73℃馏出；高沸物重新用于还原收率很低，可能不是三氯甲基硫基氯。

❸ 杂质是与产品共沸的四氯化碳，此产品适合于一般合成。

注：包括回收的总产率约 95%。

双-二乙氨基硫代碳酰二硫化物 $(C_2H_5)_2N-\overset{\overset{S}{\parallel}}{C}-S-S-\overset{\overset{S}{\parallel}}{C}-N(C_2H_5)_2$ 在无水四氯化碳溶剂中与氯作用首先氯解，然后进一步分解析出硫黄，生成氨基硫代甲酰氯。

二乙氨基硫代甲酰氯　M 151.65，mp 48~51℃，bp 100℃/5mmHg。

$$(C_2H_5)_2N-\overset{\overset{S}{\parallel}}{C}-S-S-\overset{\overset{S}{\parallel}}{C}-N(C_2H_5)_2 + Cl_2 \xrightarrow{70℃} 2\ (C_2H_5)_2N-\overset{\overset{S}{\parallel}}{C}-S-S-Cl$$

$$\longrightarrow\ (C_2H_5)_2N-\overset{\overset{S}{\parallel}}{C}-Cl + 2\ S$$

250mL 三口烧瓶中加入 74g（0.25mol）干燥并粉碎的双-二乙氨基硫代甲酰二氯化物（mp 69~71℃），油浴加热熔化后保持 70~75℃，快速搅拌下从插底的通气管以 2mL/s 的速度通入干燥的氯气。大约 10min 后，在通入总量的 1/3~1/4 以后，改于 55℃ 左右通入氯气。大约计算量的 90% 氯通入以后开始析出硫黄，反应物从清亮的橙红色液体变为黄色糊状混合物，吸收了 18g（0.25mol）氯以后就认为反应完全，此间历时 40min。

反应物用四氯化碳提取分离硫黄，水浴加热回收四氯化碳。剩余物用油浴加热、减压蒸馏❶，收集 80~85℃/1mmHg，或 117~120℃/13~14mmHg 馏分，得 71~72g（产率 94%），mp 48~51℃。

二甲氨基硫代甲酰氯　M 123.61，mp 42~44℃，bp 90~95℃/5mmHg。

$$(C_2H_5)_2N-\overset{\overset{S}{\parallel}}{C}-S-S-\overset{\overset{S}{\parallel}}{C}-N(CH_3)_2 + Cl_2 \xrightarrow[70℃]{ICl_4} 2\ (CH_3)_2N-\overset{\overset{S}{\parallel}}{C}-S-Cl \xrightarrow{-2S} 2\ (CH_3)_2N-\overset{\overset{S}{\parallel}}{C}-Cl$$

3L 无水四氯化碳冰冷着通入干燥的氯气至饱和使吸收 740g（10.4mol）氯。

10L 三口烧瓶安装机械搅拌、回流冷凝器、分液漏斗及电热。烧瓶中加入 2.4kg（10mol）很好粉碎了的双-二甲氨基硫代甲酰二硫化物及 5L 无水四氯化碳，搅拌下慢慢加热使回流，保持回流着将以上的氯溶液迅速加入，加完后再搅拌 10min，水浴加热回收四氯化碳（4L），放冷后滤除析出的硫黄，以四氯化碳冲洗，洗液与滤液合并、再水浴加热回收四氯化碳，剩余物减压蒸馏，收集 65~68℃/2mmHg 馏分，得 1.98kg（产率 80%）。

---

❶ 减压蒸馏的液温升至 140℃ 有明显分解，160℃ 以上剧烈分解。

第十六章

缩合

第一节 概述

缩合反应是有机合成中重要、复杂、品类繁多的化学反应，它不能按引入基团或反应特点给以明晰的定义。归纳缩合反应大致有以下特点区别于其它反应：

① 反应的结果生成新的 C−C 键，产物比原来的有机分子复杂。

② 反应过程中有简单的无机或有机小分子脱出，如：H_2O、X_2、HX、NH_3、CH_3OH、C_2H_5OH、H_2、N_2、O_2、CO。

③ 反应过程多使用缩合剂、催化剂；也有仅通过加热或光照进行的缩合。

按脱出的简单分子分类似乎有更多的共性，如：脱水缩合，脱醇缩合，脱卤及脱 HX 缩合等等；为了明确区分也常用发现者的名字命名。

缩合剂、缩合催化剂只参与反应过程；缩合剂与反应物或反应产物结合而使反应向右，其用量依它们在反应中的作用而有很大区别。

表 16-1 总结了常用的缩合剂及催化剂依脱去简单分子的使用范围。

表 16-1 常用的缩合剂及催化剂在缩合反应中的使用范围

缩合催化剂	脱去分子								加成缩合
	X	H_2O	H_2	HX	C_2H_5OH	NH_3	N_2	CO	
无水 $AlCl_3$		+	+	+					+
无水 $ZnCl_2$		+		+	+	+			+
H_2SO_4		+		+	+	+			+
无水 $FeCl_3$									
无水 HCl		+				+			+
NaOH		+		+					+

缩合催化剂	脱去分子								加成缩合
	X	H_2O	H_2	HX	C_2H_5OH	NH_3	N_2	CO	
Na	+				+				
Mg	+								
Cu	+								
CH_3ONa	+	+		+	+				+
Pt-C, Raney-Ni			+						
$NaNH_2$				+					
无水 HF		+		+					
NH_3		+							
Cu^+							+		

第二节　脱水缩合

在碱作用下，受拉电子基影响的 α-C—H 呈酸性，容易以质子离去、生成 α-碳负离子，随后立即加成到底物羰基或其它电正性更强的碳原子上生成新的 C—C 键；通常加成在活性更强、没有 α-C—H 的羰基碳上，如果不同的两种底物都有 α-C—H 会使反应混乱。

如果两种底物，只有一种底物有且只有一个 α-C—H 时，缩合产物是引入 α-羟烃基 (Ar) R—CH(OH)—；当有两个 α-C—H 时，依物料配比及空间条件可以继续加成——如羟甲基化，产物是多元醇，如 2-硝基-1,3-丙二醇；也可以在分子内脱去水形成双键，完成脱水缩合，如桂皮酸。

在酸作用下：推电子基影响的芳核和加成活性很强的醛（甲醛、乙醛）缩合——亲电取代、α-羟烃基化——生成苄基醇；再进一步反应：Cl^- 取代醇的羟基得到氯苄基氯的，或与芳烃进一步脱水缩合，如 1,1-双-(3,4-二甲苯基) 乙烷的合成（见 686 页）：

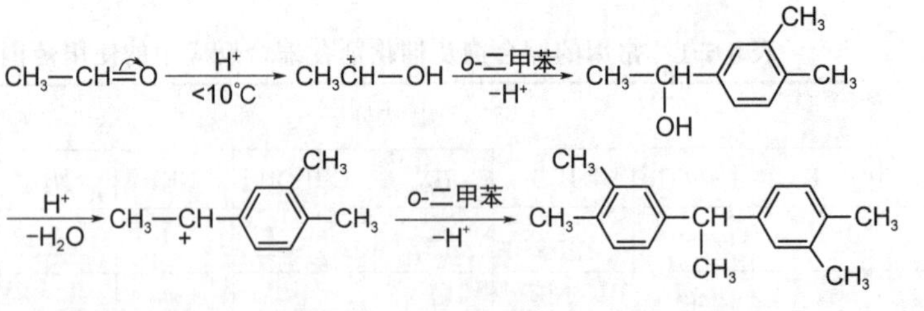

$$CH_3-CH \stackrel{\frown}{=} O \xrightarrow[<10℃]{H^+} CH_3\overset{+}{CH}-OH \xrightarrow[-H^+]{o\text{-}二甲苯} CH_3-\underset{OH}{\overset{}{CH}}$$

$$\xrightarrow[-H_2O]{H^+} CH_3-\overset{+}{CH} \xrightarrow[-H^+]{o\text{-}二甲苯}$$

1,1-双-(3,4-二甲苯基)乙烷

一、醛、酮羰基和溶液甲基、亚甲基的脱水缩合

具有 α-C—H 的化合物，如：α-氰基乙酸（及酯）、丙二腈、硝基烷、丙二酸二乙酯、苄基膦酯基化合物以及醛、酮、羧酸酐及酯的甲基、亚甲基等，在碱作用下失去质子，与底物

羰基亲核加成；或进一步脱去水形成 C═C 不饱和物。

缩合的反应速度依 α-C—H“酸”的强度、催化剂、底物羰基的加成活性而有很大差异，依其特点分述如下。

1. 醇钠、氢氧化钠为缩合催化剂

在缩合过程中，碱多作为催化剂使用，也有参加反应过程最后被束缚消耗，这种情况要使用过量的碱。在水条件使用氢氧化钠溶液作催化剂；在非水条件使用醇钠；也可用氢氧化钾粉末参加反应。对于 α-C—H 作用先失去质子生成 α-碳负离子与底物羰基加成，反应放热。作为催化剂使用的氢氧化钠水溶液，为避免过度副反应，控制在相当低的温度、在初始阶段要以很慢的速度加入，水条件以稀释反应物及分散放热。

脱水缩合的中间产物（醛醇、酮醇）可以分离出来：

① 第一步的缩合以后，缩醇使第二个 α-C—H 因电性及空间因素变得不够活泼，不易进一步缩合或脱去水生成 C═C 双键，如：2-乙基-3-羟基己醛（见 94 页）。

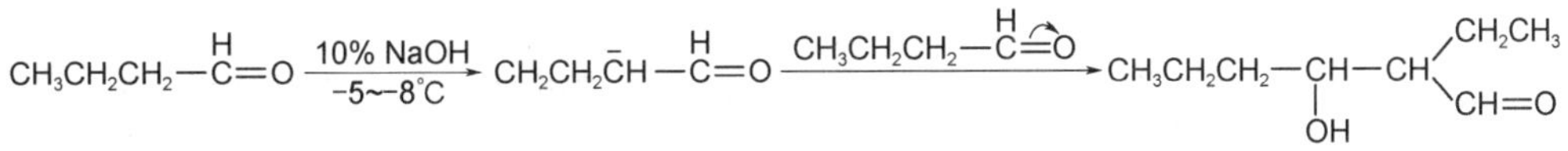

② α-碳上只有一个氢原子，如：异丁醛和甲醛的缩合。

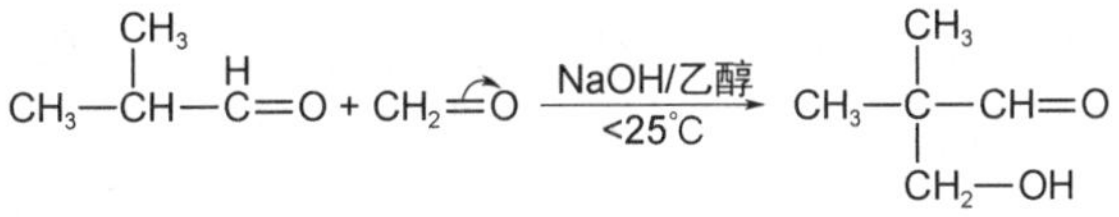

③ 电负中心与甲醛很容易缩合（羟甲基化），使用低温条件以避免反应混乱，依甲醛的用量，α-C—H 依次完成全羟甲基化。

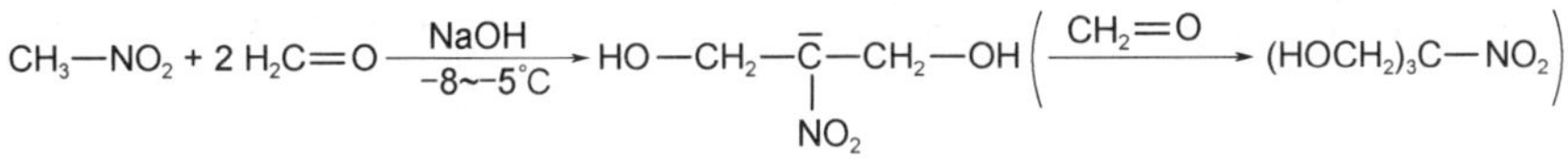
（见 494 页）

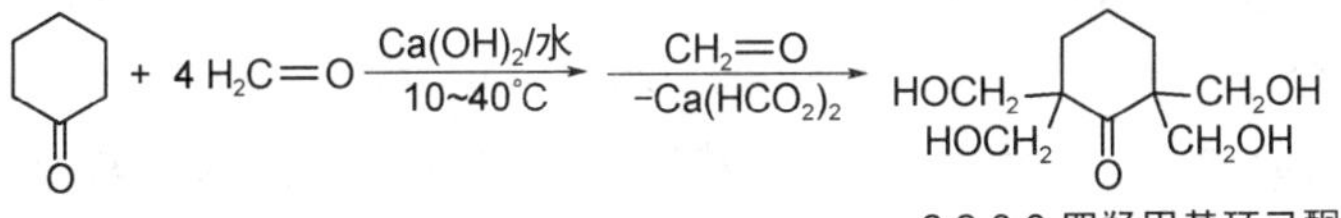
（见 91 页）

2,2,6,6-四羟甲基环己酮

电负中心与芳醛的缩合——芳基-α-羟烃基化——很容易完成；第二步的脱水由于分子内拉电子基的影响也很容易完成，生成与苯环共轭的芳基-α,β-不饱和物。

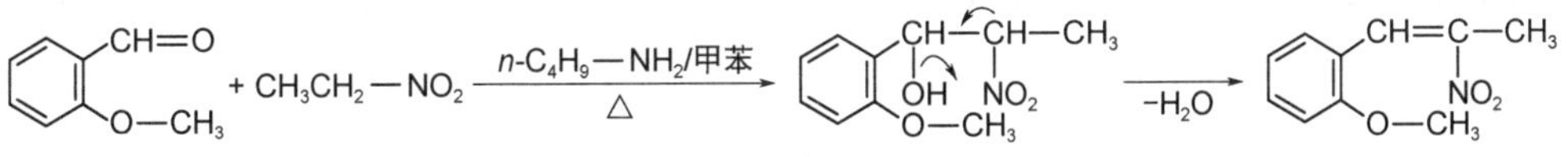

（见 496 页）

苄基膦酯基的拉电子影响使 α-C—H 具较强的酸性，在非水条件的甲醇钠、氢氧化钾作用下与醛、酮缩合，尤其是醛，加成活性强、空间阻碍小，在较低温度可顺利进行。如 63~64 页的例子：

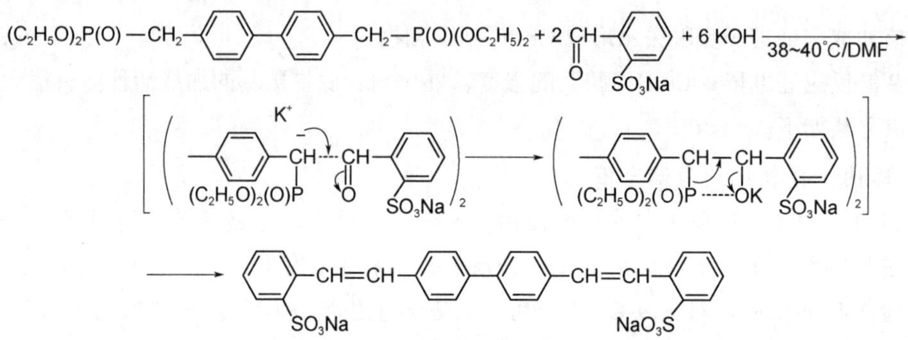

$$(C_2H_5O)_2P(O)-CH_2--CH_2-P(O)(OC_2H_5)_2 + 2\ CH- + 6\ KOH \xrightarrow{38\sim40^\circ C/DMF}$$

4,4'-双-(2-磺酸钠苯乙烯基)联苯（CBS-X 增白剂）

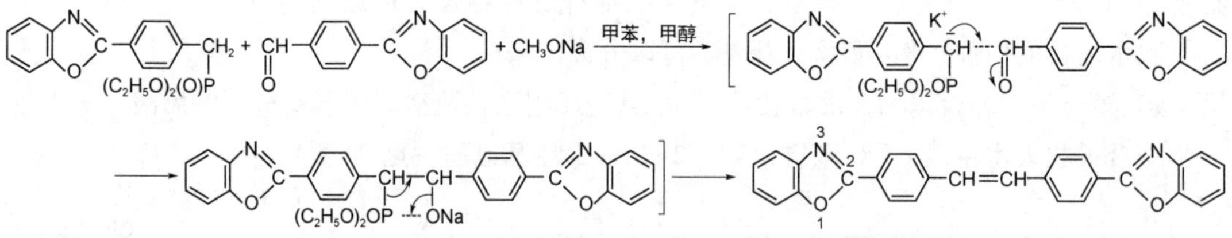

4,4-双-(2-苯并噁唑-1,2-二苯乙烯（OB-1 增白剂）

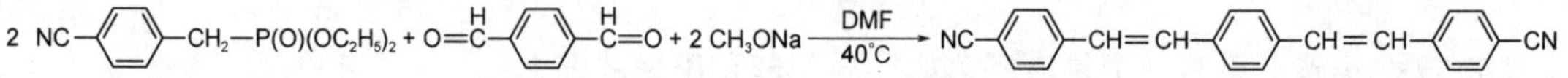

1,4-双-4'-（氰基苯乙烯基）苯（OB-4 增白剂）

其它合成：在低温可以提高反应的选择性、选择在加成活性更强的醛基，第二步很容易在分子内脱水生成与苯环共轭的烯。

苯甲叉丙酮（4-苯基-丁-3-烯-2-酮） $M\ 146.18$，mp $42^\circ C$，bp $260\sim262^\circ C$，$d^{45}\ 1.0097$，$n_D^{45}\ 1.5836$。

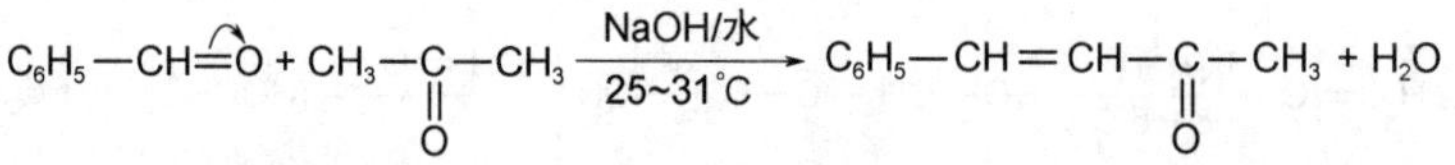

$$C_6H_5-CHO + CH_3-\underset{O}{\overset{}{C}}-CH_3 \xrightarrow[25\sim31^\circ C]{NaOH/水} C_6H_5-CH=CH-\underset{O}{\overset{}{C}}-CH_3 + H_2O$$

2L 三口烧瓶中加入 635g（11mol）丙酮、420g（4mol）苯甲醛和 400mL 水，搅拌及冷却控制 25~31℃，以分液漏斗慢慢滴入 100mL 10% NaOH 溶液，约 2h 可以加完，加完后再搅拌 3h。以 10%盐酸酸化，分取油层，水层用苯提取一次，提取液与分取的油层合并。回收苯后的剩余物减压分馏，收集 148~160℃/25mmHg 馏分，得 430~470g（产率 73%~80%）；再分馏一次，收集 137~143℃/16mmHg 馏分，mp 40~42℃。

苯甲叉苯乙酮（1,3-二苯基-丙烯酮，查尔酮） $M\ 208.26$，mp $62^\circ C$（$52\sim57^\circ C$），bp $348^\circ C$（分解），$d^{62}\ 1.0712$。

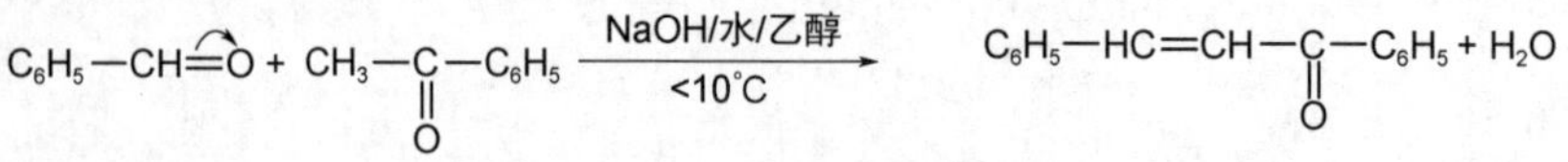

$$C_6H_5-CHO + CH_3-\underset{O}{\overset{}{C}}-C_6H_5 \xrightarrow[<10^\circ C]{NaOH/水/乙醇} C_6H_5-HC=CH-\underset{O}{\overset{}{C}}-C_6H_5 + H_2O$$

5L 三口烧瓶中加入 2L 10%（5.5mol）氢氧化钠溶液、1.5L 乙醇，冰冷至 10℃以下以免苯乙酮分子间缩合；搅拌下加入 497g（4mol）苯乙酮（使烯醇化）使乳化；控制 30℃

以下于 1h 左右慢慢滴入 440g（4mol）苯甲醛，加完后继续搅拌及冷却直至反应物结固，放置过夜。次日滤出，以冰冷的乙醇浸洗一次，得粗品 800g（产率 95%），mp 50~54℃。再用乙醇（5mL/g）重结晶，得 670g（产率 76%），mp 55~57℃。

乙酸乙酯的 α-C—H 的酸性较弱，为了使生成碳负离子，避免酯基水解，须在无水条件使用醇钠反应交换；为减少乙酸乙酯分子间的脱醇缩合（生成乙酰乙酸乙酯），要使用更低的反应度；α-碳负离子一经生成，立即与加成活性更强的醛基底物加成，完成脱水缩合形成 C=C 双键。醇钠是向反应物中添加少许无水乙醇，在反应过程中和金属钠逐渐生成乙醇钠与乙酸乙酯生成 α-碳负离子立即进入反应；乙醇再生。

桂皮酸乙酯（苯丙烯酸乙酯）　M 176.22，mp 12℃（6℃），bp 271.5℃，d^{20} 1.048~1.049。

$$2\ C_2H_5-OH + 2\ Na \longrightarrow 2\ C_2H_5-ONa + H_2$$

$$CH_3-CO_2C_2H_5 + C_2H_5-ONa \xrightarrow[<0℃]{\text{乙酸乙醇}} Na^+\ {}^-CH_2CO_2C_2H_5 + C_2H_5OH$$

2L 三口烧瓶安装机械搅拌、温度计、回流冷凝器及电加热。

烧瓶中加入 400mL 无水甲苯及 29g（1.26mol）金属钠小块，搅拌下加热至钠熔化，移去热源，快速搅拌下放冷至室温，以制成钠小粒。

小心移去甲苯，在冰盐浴冷却下加入 352g（4mol）乙酸乙酯，搅拌下保持 0~-5℃，加入 4mL 无水乙醇，再于 2h 左右从分液漏斗慢慢滴入 106g（1mol）无酸的苯甲醛，钠小粒逐渐作用近于消失，加完后再搅拌 1h。慢慢加入 200mL 水，充分搅拌，分取酯层，以含有少许盐酸的水洗一次，再水洗，以无水硫酸钠干燥后回收乙酸乙酯，剩余物减压分馏，收集 167~173℃/46mmHg 馏分，得 120~130g（产率 68%~73%），fp 5~12℃，d^{20} 1.049。

注：应使用桂皮酸酯化的方法。

为防止过度反应，将回流冷凝的丙酮通过 Ba(OH)$_2$ 颗粒，这样生成的二丙酮醇（即 4-甲基-4-羟基-戊-2-酮）随时被丙酮回流而脱离 Ba(OH)$_2$ 催化，在没有催化的情况下产物分解为丙酮的速度很慢，使二丙酮醇得以保留；氢氧化钡对于丙酮的反应主要是催化丙酮和二丙酮醇间的平衡。

从二丙酮醇分子内脱水制取 4-甲基-戊-3-烯-2-酮（异丙叉丙酮），下面以碘催化的方法更好。

4-甲基-戊-3-烯-2-酮（异丙叉丙酮）　M 98.15，bp 129℃，d 0.858，n_D^{20} 1.4450。

a.　4-甲基-4-羟基-戊-2-酮（bp 67~69℃/19mmHg，d^{20} 0.9397）

2L 烧瓶作回流提取装置，外用蒸汽浴加热。烧瓶中加入 1.19kg（1.5L，20.5mol）丙酮及沸石，提取器内放入尽可能高出虹吸管的滤纸筒，内放尽可能多的氢氧化钡（或含结晶水），注意封好底部，不要让氢氧化钡漏出，让丙酮能顺利通过以增加接触。随反应进行丙酮液的沸腾温度逐渐升高至蒸汽浴加热很少回流为止，95~120h 可以完成（中间可停止），产物含量大约 80%，d^{20} 0.91。水泵减压回收丙酮（-0.05MPa），得 920g（折合产率 73%）d^{20} 0.928，纯度 95%。

减压分馏，收集 71~74℃/23mmHg 馏分，得 850g（产率 71%），d^{20} 0.936~0.938。

b. 脱水——异丙叉丙酮

$$CH_3-\underset{\underset{OH}{|}}{\overset{\overset{CH_3}{|}}{C}}-CH_2-\overset{\overset{O}{\|}}{C}-CH_3 \xrightarrow{(I_2)} CH_3-\underset{}{\overset{\overset{CH_3}{|}}{C}}=CH-\overset{\overset{O}{\|}}{C}-CH_3 + H_2O$$

1L 三口烧瓶中加入以上回收丙酮以前的全部粗品 1.1kg，加入 0.1g 碘，作缓慢分馏，回收丙酮至气温 80℃；80~126℃的中间馏分重新分馏，收集 126℃以上剩余物与前边的剩余物合并，仔细分馏，收集 126~131℃馏分，得 650g（产率 65%，按丙酮总量计）。

2. 无水羧酸钠盐（弱碱）作缩合剂——柏琴反应

醛与具有 α-C—H 的酸酐（以提高 α-C—H 的活性）在无水羧酸钠存在下加热，高温缩合并脱水生成 α,β-不饱和酸；虽然羧酸钠盐的碱性较弱，但反应物可以加热至较高的反应温度而使反应速度提高。

桂皮酸（反-β-苯丙烯酸）　M 148.16，mp 136℃，bp 320℃。

$$C_6H_5-\overset{\overset{H}{|}}{C}=O + (CH_3CO)_2O \xrightarrow[146\sim152℃,\ 20h]{乙酸钠} \cdots \xrightarrow{-AcOH} C_6H_5-\overset{\overset{H}{|}}{C}=CH-CO_2H$$

2L 三口烧瓶中加入 280g（3.4mol）粉碎的无水乙酸钠、660g（6.4mol）95%以上工业乙酸酐及 636g（6mol）无酸的苯甲醛；搅拌下加热回流 20h（初始的回流温度在 146℃左右，6h 后乙酸钠溶入，回流温度上升至 152℃；又 1h 后反应物变得浑浊；又回流 10h 反应物变得基本清亮，回流温度又回落，脱出乙酸；这些变化反映了反应过程的变化）。稍冷（此间应以水泵减压回收乙酸），搅动着倾入 3L 水中，加热作水汽蒸馏回收到 100g 苯甲醛；冷后滤出粗品于 3L 水中用氨水中和至 pH 8.5，脱色过滤，趁热酸化，冷后滤出结晶，水洗，干后得 585g（产率 78%，按消耗苯甲醛计），外观白色，mp 132~133℃，用 70%乙醇重结晶，得（干品）500g，mp 133.2~134℃。

同法制得 2-甲基-3-苯基丙烯酸和间硝基苯丙烯酸。

$$C_6H_5-\overset{\overset{H}{|}}{C}=O + (CH_3CH_2CO)_2O \xrightarrow[\triangle,\ 16\sim20h]{丙酸钠} C_6H_5-\overset{\overset{H}{|}}{C}=\underset{}{\overset{\overset{CH_3}{|}}{C}}-CO_2H$$

$$\underset{O_2N}{}\!\!\!\!\!\!\!\!\!\!\!\!\!\!\!\overset{}{}C_6H_4-\overset{\overset{H}{|}}{C}=O + (CH_3CO)_2O \xrightarrow{乙酸钠} C_6H_4-\overset{\overset{H}{|}}{C}=CH-CO_2H$$

3. 胺类及吡啶为催化剂

胺类及吡啶作为碱，甚至以催化剂量，对于受强拉电子基影响的 α-C—H 作用，与加成活性强的醛及简单酮加成，进一步脱水生成 α,β-不饱和化合物；对于加成活性很强的醛，与活性更强的 α-C—H 的脱水缩合，甚至在低温或不使用催化剂亦可完成反应。

可作为催化剂的有：吡啶、喹啉、六氢吡啶、二乙胺、仲胺、叔胺乃至有机酸铵盐；或碱性底物的自催化作用。

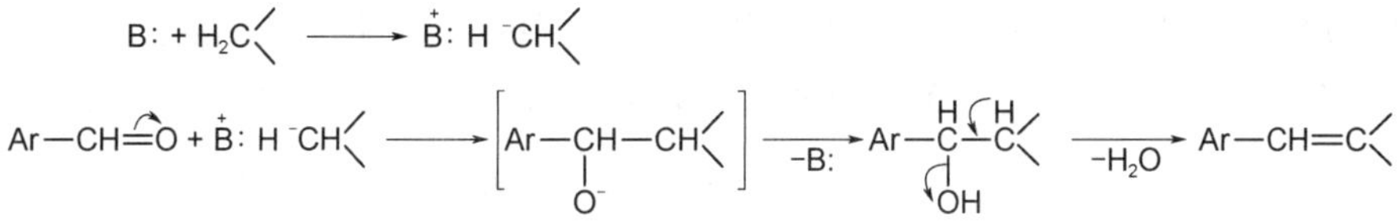

3,4-二羟基-5-硝基苯丙烯酸 2-苯乙酯　M 329.30。

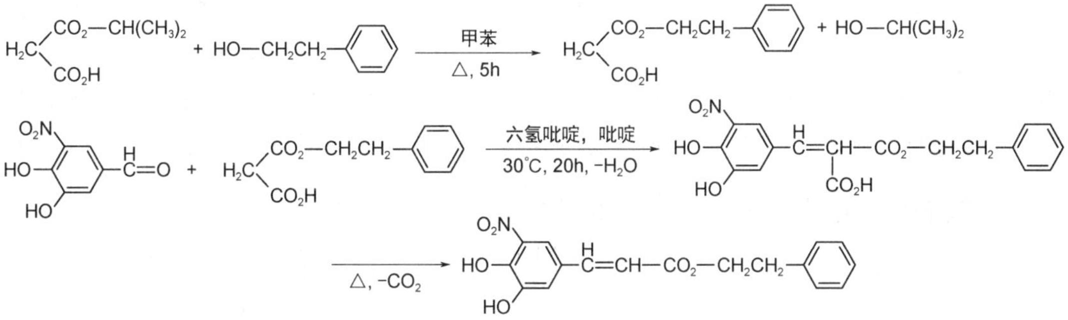

0.5L 三口烧瓶中加入 36g（0.25mol）丙二酸单异丙酯、31g（0.25mol）β-苯乙醇及 250mL 甲苯，搅拌下加热回流 5h 完成酯交换。

冷至室温，搅拌下加入 30g（0.37mol）无水吡啶、18.3g（0.1mol）3,4-二羟基-5-硝基苯甲醛（＞98%，粉碎），溶解后再加入 2.5mL 六氢吡啶，维持 25~30℃搅拌 16~20h（用 HPLC 监测转化的终点）。反应结束后用水泵减压回收溶剂及脱羧（-0.08MPa），冷后加入 300mL 乙醚，搅拌半小时提取产物，提取液用 5%盐酸洗一次，再用 5% Na_2CO_3 洗，再水洗，以无水硫酸钠干燥后回收乙醚，得橘黄色固体物 24g（产率 73%），重结晶后的熔点 152~153℃。

又如：

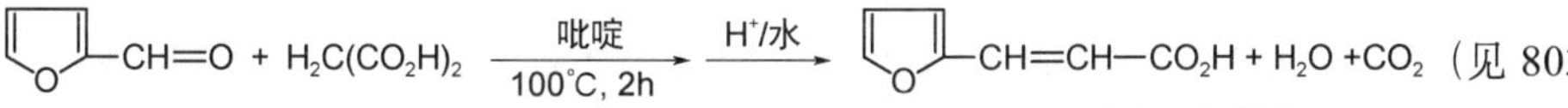

呋喃-2-丙烯酸
91%, mp141℃

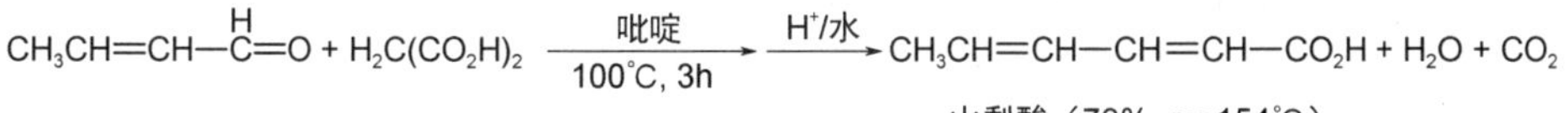

山梨酸（73%, mp154℃）

环己酮的加成活性仅次于简单醛，比丙酮的加成活性强许多；拉电子基影响的 α-C—H 有很强的活性，可使用更弱的碱催化反应；而对于加成活性较差的酮，则要使用更强的碱，如 1,1,1-三氯叔丁醇。以下分别述之。

环己烯基氰基乙酸 *M* 165.19。

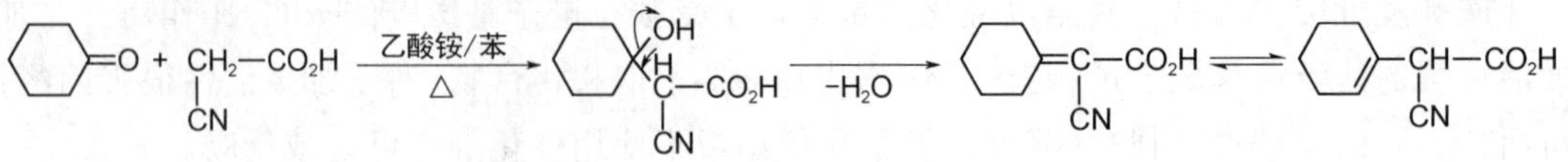

0.5L 三口烧瓶中加入 100g（1.1mol）环己酮、85g（1mol）氰基乙酸及 3g 乙酸铵和 75mL 苯，搅拌下用电热分馏脱水，约 2h 脱出 18mL 水层，再继续此操作 1h[❶]。稍冷，将此反应物移入于 1L 分液漏斗中作洗涤处理，用 100mL 苯冲洗烧瓶后并入反应物，再用 200mL 乙醚冲洗（溶解度更大）后并入。合并的溶液用温水洗两次（2×50mL），回收乙醚；稍冷后用水泵减压回收苯至剩 300mL，冷后冰冷析出棱柱状结晶，滤出，用冷苯冲洗，干后得 88~92g；母液及洗液合并，水泵减压浓缩至剩 150mL，如上处理，干后又得 21~25g，共得 109~127g（产率 65%~76%），mp 110~110.5℃。

以上脱水后的反应物用油溶加热回收溶剂，最后减压放尽（冷后凝固），继续加热减压蒸馏（固体物熔化后即开始脱羧、放出 CO_2，同时粗产品馏出 110~120℃/30~40mmHg 馏分）。将收集到的粗品与 50mL 苯相混，用 5% Na_2CO_3 洗，水洗，干燥后回收溶剂，剩余物减压分馏，收集 74~75℃/4mmHg 馏分，得 92~110g（产率 76%~91%），n_D^{25} 1.4769。

2-氰基己酸乙酯 *M* 169.23，bp 230~233℃，d^{25} 0.9537，n_D^{20} 1.4262。

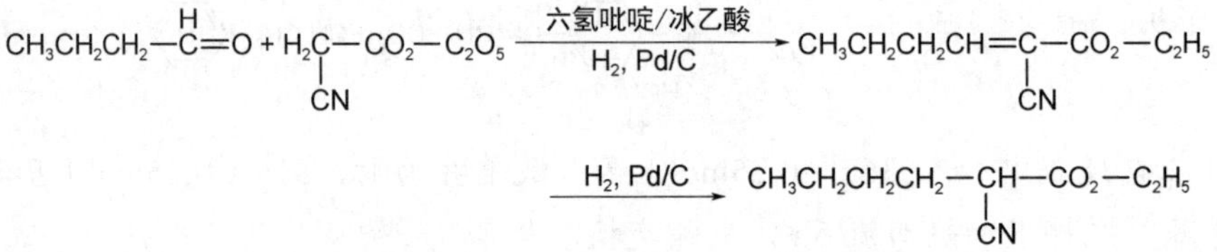

0.5L 压力釜中加入 56.5g（0.5mol）新蒸的氰基乙酸乙酯、43.2g（0.6mol）新蒸的正丁醛及 1g 10% Pd/C 催化剂，再加入 80mL 冰乙酸及 2mL 六氢吡啶溶于 20mL 冰乙酸的溶液，混匀；排除空气后充氢，压力 0.1~0.2MPa，摇动压力釜，放热，反应迅速进行，约 1~2h 吸收理论量的氢以后停止吸收。

将反应液过滤，用 50mL 苯冲洗反应釜及滤渣，洗液与滤液合并，用饱和食盐水洗两次，水洗两次，洗下来的含乙酸的水层用苯提取两次，苯液合并；回收苯后减压蒸馏，收集 108~109℃/9mmHg 馏分，得 79~81g（产率 94%~96%）。

7,7,8,8-四氰基-二甲醌（TCNQ） *M* 204.19，mp 295℃（289℃）（分解）；橘红色片晶，可溶于乙腈。

a. 1,4-二(二氰甲基)-1,4-环己二烯（*M* 208.22）

[❶] 按如下处理制取环己烯基乙腈：

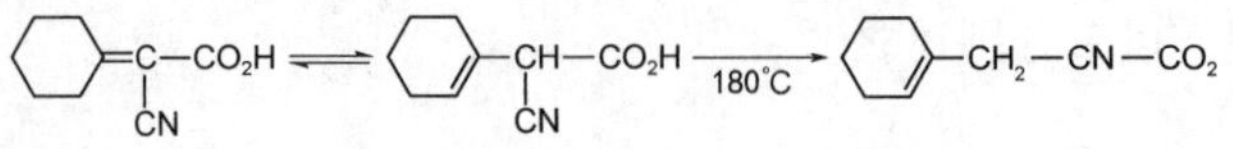

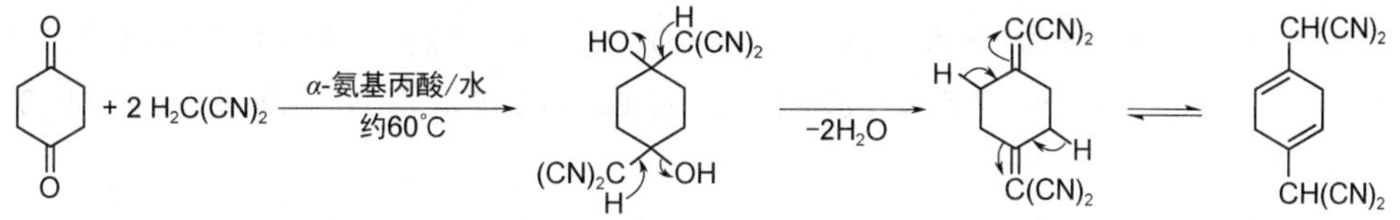

10L 三口烧瓶中加入 1.12kg（10mol）1,4-环己二酮（mp78℃）及 1.32kg（20mol）丙二腈（mp 32℃），水浴加热使溶；搅拌下一次性加入 10g α-氨基丙酸溶于 1L 蒸馏水的溶液，充分搅拌并微微加热，当有结晶开始析出时移去热水停止加热，反应放热，当升温至 60℃时随时向反应物中补加蒸馏水（为了降温、也为降温方便，否则很稠），共加入了 3.4L，继续搅拌至反应物温度开始下降为止。冷后滤出结晶，蒸馏水洗，乙醇洗，风干后得 2.0kg（产率 95%），mp 212℃。

b. 7,7,8,8-四氰基二甲醌

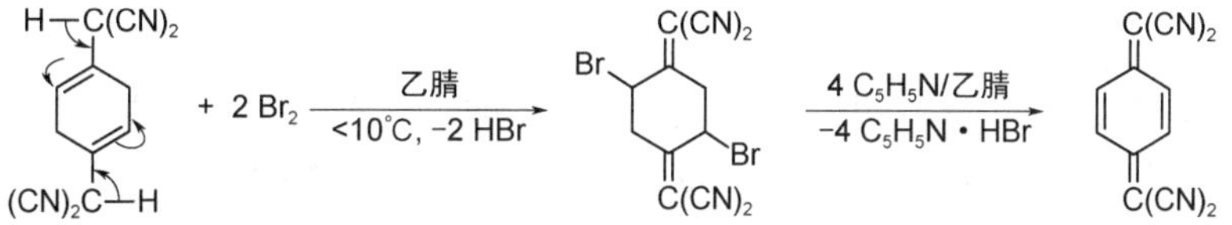

10L 三口烧瓶配置机械搅拌、温度计、分液漏斗、氮气导入管及冰水浴。

烧瓶中加入 416g（2mol）1,4-二（二氰甲基）-1,4-环己二烯及 6L 新蒸的乙腈，通入氮气（也可以不用）控制 10℃以下从分液漏斗于半小时左右慢慢滴入 640g（4mol）液溴（较小的温升），加完后再搅拌半小时。再于 6℃以下滴入 632g（8mol）无水吡啶与 900mL 乙腈的溶液（共约 1.5L），前 1/2 可以较快加入，为中和反应物中的 HBr；以后的放热较大，在加完前 1/2 以后停止加入，至停止放热并开始降温后，再控制反应温度以较慢的速度加入剩余的吡啶/乙腈溶液。加完后移去冰水浴再搅拌 3~4h。加入 3L 蒸馏水❶搅拌 1h，滤出结晶，蒸馏水洗，乙醇洗，风干后得 350g（产率 85%），外观橘黄至棕黄色❷。

精制：用乙腈重结晶（冷热溶解度差别较大）。

乙叉丙二酸二乙酯　M 186.21，bp115~118℃/17mmHg，d1.019，n_D^{20} 1.4420。

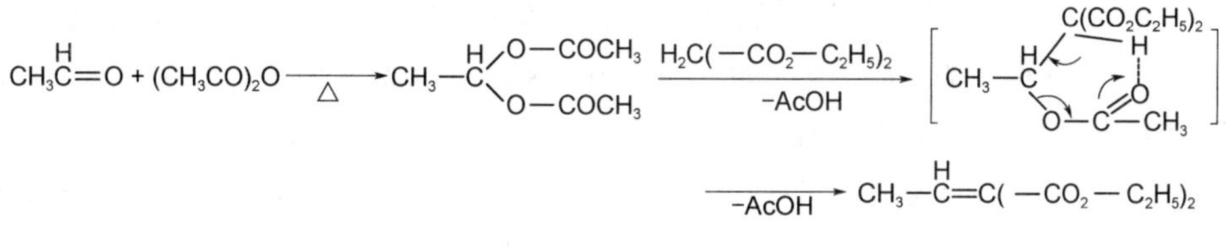

1L 三口烧瓶中加入 60g（0.45mol）三聚乙醛（相当于 1.35mol 乙醛）、108g（1.06mol）乙酸酐，安装冰水冷却的回流冷凝器，顶端装干燥管。用电热套缓缓加

---

❶ 加完吡啶溶液反应已经完成，加水后反应物立即变为绿色，可能是"去离子水"不够纯净，或含铁造成的，如果不加水，可便于回收乙腈；夹杂在产物中的溴化物可用温热的蒸馏水洗脱。

❷ 无论中间体、反应物或成品，Fe 及碱性都会使它们的外观变绿，应该使用蒸馏水，在加水前调节反应物为中性，并且要把每步的原料处理好。

热至 125℃开始有微弱的回流，从分液漏斗以每半小时滴入 15mL（1 滴/7s）的速度慢慢加入 100g（0.62mol）丙二酸二乙酯，反应物的回流温度逐渐下降（至 100℃），继续回流 4h。

反应物蒸馏，蒸出乙醛、乙酸及过剩的乙酸酐，至气温升至 140℃，剩余物减压分馏，前馏分包括乙叉二乙酸酯 $CH_3CH(O_2CCH_3)_2$ 和丙二酸二乙酯，收集 102~106℃/10mmHg 馏分，得 79~89.5g（产率 68%~77%），n_D^{25} 1.4394。

戊二酸 M 132.12，mp 98℃，bp 200℃/20mmHg。

a. 丙烷-1,1,3,3-四甲酸乙酯

$$H_2C=O + H_2C(CO_2C_2H_5)_2 \xrightarrow[5℃;\ 25℃,\ 15h]{乙二胺/水} [HO-CH_2-CH(CO_2C_2H_5)_2] \xrightarrow[-H_2O,\ 100℃,\ 6h]{H_2C(CO_2C_2H_5)_2}$$

$$\longrightarrow (C_2H_5O_2C)_2CH-CH_2-CH(CO_2C_2H_5)_2$$

5L 三口烧瓶中加入 1.6kg（10mol）丙二酸二乙酯，搅拌下加入 400g 40%（5.3mol）甲醛水，保持 5℃左右慢慢加入 25g（35mL）乙二胺，加完后慢慢让反应物温度升至室温反应 15h；再于沸水浴加热 6h。稍冷，分去水层、油层在水浴上加热，用水泵减压脱水；然后用油浴加热减压分馏，收集 190~200℃/12mmHg 或 210~215℃/20mmHg 馏分[1]，得 1kg（产率 61%）。

b. 水解——戊二酸

$$H_2C\begin{matrix} CH(CO_2C_2H_5)_2 \\ CH(CO_2C_2H_5)_2 \end{matrix} + 4H_2O \xrightarrow{HCl/水} H_2C\begin{matrix} CH_2-CO_2H \\ CH_2-CO_2H \end{matrix} + 4C_2H_5OH + 2CO_2$$

0.5L 烧瓶中加入 125g（0.37mol）以上蒸馏得到的酯，125mL 浓盐酸及 125mL 水，加热回流 6~8h 使反应物均一，完成反应；水浴加热用水泵测压蒸除水后改用油泵、油浴加热减压蒸馏，收集 185~195℃/10mmHg 馏分，将其用水湿润并温热使生成的酸酐[2]水解，风干后用苯重结晶，得 38~40g（产率 76%~80%），mp 96~97℃。

其它拉电子或异原子多重键影响的 α-C−H 键与醛、酮加成，如 2-甲基吡啶、4-甲基吡啶、2,4-二甲基吡啶、2-甲基喹啉的甲基氢原子，在 c≡N 的影响下，在自身碱作用下与加成活性很强的醛缩合生成稳定的相应的醇，如：2,4-二甲基吡啶与甲醛水缩合制取 4-甲基-2-(2)-羟乙基-吡啶有很好的选择性，加热回流要使用直火以获得局部的高温；如果使用过热蒸汽加热反应罐的回流，其反应速度甚微；可在压力条件以得到更高的反应温度。分离的 2-羟乙基产物在碱作用下脱水生成 C=C 双键，完成脱水缩合。例如（见 829 页）：

2-乙烯基吡啶
52%，bp 80℃/23mmHg

---

[1] 蒸馏的高沸物底子约 500g，主要是进一步缩合产物；或许应该在分去水层以后加水洗，用盐酸中和并蒸洗除去残留的催化剂及甲醛。

[2] 戊二酸酐，mp 57℃，bp 150℃/10mmHg；戊二酸的工业制法是从 γ-丁内酯和 KCN 作用，然后水解。

加成活性更强的醛与更强的 α-C-H 缩合的反应速度要快得多。例如（见 830 页）：

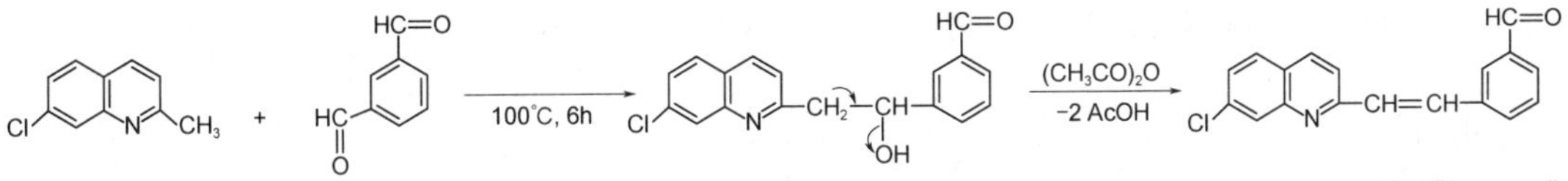

7-氯喹啉-2-乙烯基苯基-3'-甲醛
61%

又如：纯丙酮中烯醇化的程度不足千分之一（<0.1%），在 60~70℃ 及催化剂量（1.5%）的硝酸铵促进了它的烯醇化；通入小阻碍的 NH_3 与之加成，进而脱水环合，得到 2,2,6,6-四甲基哌啶-4-酮。

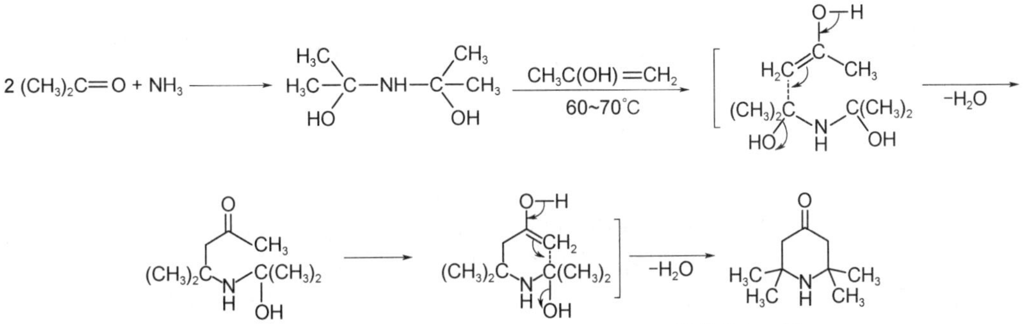

2,2,6,6-四甲基哌啶-4-酮
>85%

氯仿（$Cl_3\overset{..}{C}$-H）作为亲核试剂对于酮的加成显示较大的位阻，须要较强的碱以提高亲核试剂的碱性 Cl_3C^-，在非极性溶剂（四氢呋喃）中与羰基加成，使用 KOH 以生成钾盐析出抑制了逆反应。

1,1,1-三氯-2-甲基-丙-2-醇（1,1,1-三氯叔丁醇） M 177.46，mp 79℃；白色针晶，易升华。

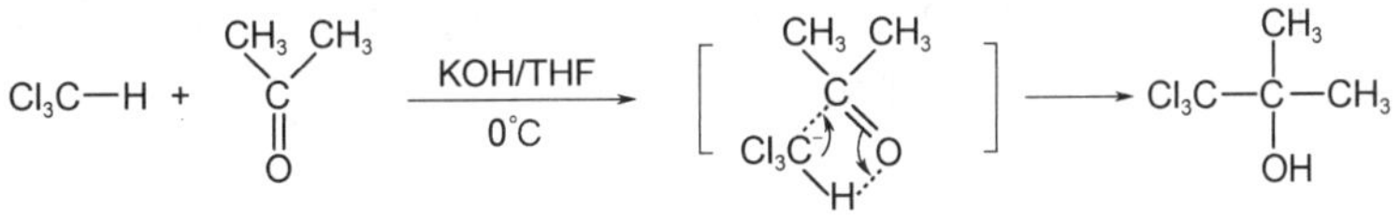

2L 三口烧瓶中加入 1L 四氢呋喃，控制 0℃±2℃ 搅拌下慢慢加入 240g 87%（3.7mol）❶氢氧化钾粉末，反应放热！加完后保温搅拌半小时；保持 0℃ 左右从分液漏斗于 2h 左右慢慢滴入 156g（200mL，2.7mol）丙酮及 298g（200mL，2.5mol）氯仿的溶液。由于生成三氯叔丁醇钾盐结晶析出，反应物逐渐变得稠厚，加完后再保温搅拌 2h 或更长时间。将反应物倾入 1kg 碎冰中充分搅拌，以浓盐酸中和至 pH 6❷，分取上面有机层，以无水氯化钙干燥后回收四氢呋喃、未反应的氯仿和丙酮，最后用水泵减压收尽至液温 100℃/-0.07MPa❸。剩余物水汽蒸馏，用冷却的接收器收集产物。冷后滤出粗品得 320g（产率 64%~68%）$Cl_3C-C(CH_3)_2OH \cdot 0.5H_2O$（$M$ 186.47），文献产量 340g。

---

❶ 反应中，氯仿对于 KOH 有消耗，故用量不能太少，而产率又是按氯仿计算的，或可以使用更低的反应温度。

❷ 由于氯仿消耗 KOH，故用以中和的盐酸只约 1.8mol。

❸ 回收溶剂用无水氯化钙干燥后重复使用。

精制：为了除去结晶水，用 0.5~0.7mL/g 石油醚（bp 90~120℃）溶解粗品，分出水层，放冷结晶，mp75~77℃。

4. 强酸作用下的脱水缩合

在酸条件下醛（酮）的分子间缩聚：是通过烯醇化的分子间缩合为苯环的基本结构；也可以在醛（酮）的羰基亲核加成及脱去水生成 α-叉酮；或醇缩醛（酮）。丙酮有两个甲基容易发生 α-C-H 移变而烯醇化，两个方向都很容易和酮羰基缩合及脱去水——生成富尔酮。苯乙酮缩聚成 1,3,5-三苯基苯（见 689 页）。

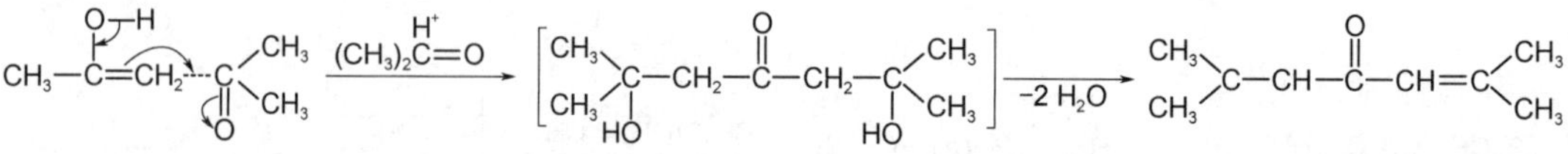

富尔酮（mp 28℃）

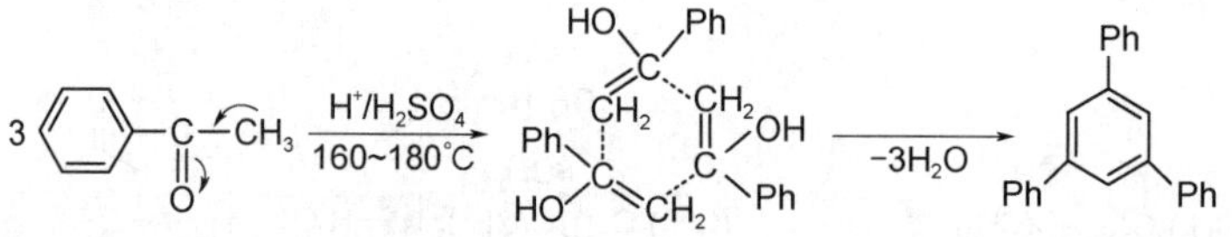

1,3,5-三苯基苯
49%，mp 174℃

醛容易缩聚，甲醛水在室温放置即有缩聚；无水乙醛在室温通入 SO_2 即可缩聚为三聚乙醛。

二、芳烃的羟烃基化、氯烃基化

芳烃从甲醛和 HCl 引入氯甲基，其它醛，如：三聚乙醛和 HCl 与芳烃反应得到 α-氯乙基化合物；苯甲醚和丙醛与 HCl 作用，在对位引入 α-氯丙基；反应速度依底物烃的电负性及醛羰基碳-CH=O 的电正性，低级醛容易发生 α-氯烷基化，高级醛则比较困难，产物容易发生 β-消去——产物是与芳基共轭的 α-烯烃，如：2-乙烯基噻吩（见 871 页）。

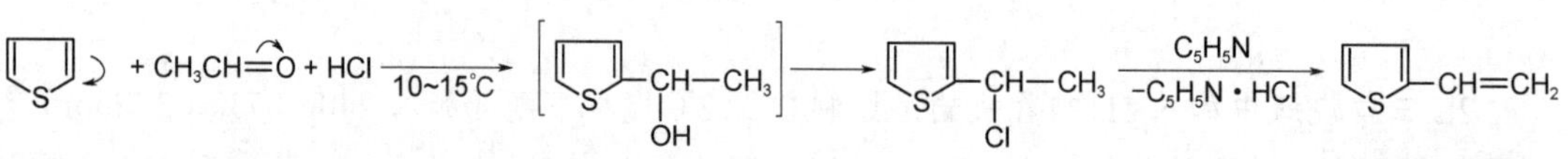

2-乙烯基噻吩
50%~55%

反应过程是质子化的醛与芳烃的亲电取代（缩合）得到苄醇，然后 HCl 取代羟基并脱去水完成反应；氯化过程中，苄基正离子比较稳定，与芳烃缩合生成"二聚物"是重要的副反应 $2\ Ar-CH_2^+ \longrightarrow Ar-CH_2-Ar-CH_2^+ + H^+$。可作为催化剂的有 $ZnCl_2$、$AlCl_3$、硫酸，如下式：

$$CH_2=O + H^+ \longrightarrow {}^+CH_2-OH$$

$$Ar-H + {}^+CH_2-OH \longrightarrow Ar-CH_2-OH + H^+ \longrightarrow Ar-CH_2-\overset{+}{O}H_2 \longrightarrow Ar-CH_2^+ + H_2O$$

$$Ar-CH_2^+ + HCl \longrightarrow Ar-CH_2-Cl + H^+$$

总反应式：　　　　　$Ar-H + CH_2=O + HCl \longrightarrow Ar-CH_2-Cl + H_2O$

依试剂的特征和反应条件可以向环上引入一个或两个氯甲基，甲醛的加成活性很强，反应速度主要依芳烃核上碳的电负性，推电子基使缩合及第二步的脱去羟基容易生成，很快完成卤代——引入了氯甲基，反应温度 20~60℃。

1. 氯甲基化

当芳核上有-OR、-OH、-R 取代基以及萘环的 1-位很容易在水条件完成氯甲基化；醛与酚的反应剧烈，生成高分子的酚醛树脂，为使酚氯甲基化，将酚的羟基与氯甲酸酯生成烷氧基甲酸芳基酯，氯甲基化以后再将它水解；也可以在碱条件使酚与甲醛缩合——羟甲基化，再氯化，异构混合物要分离。

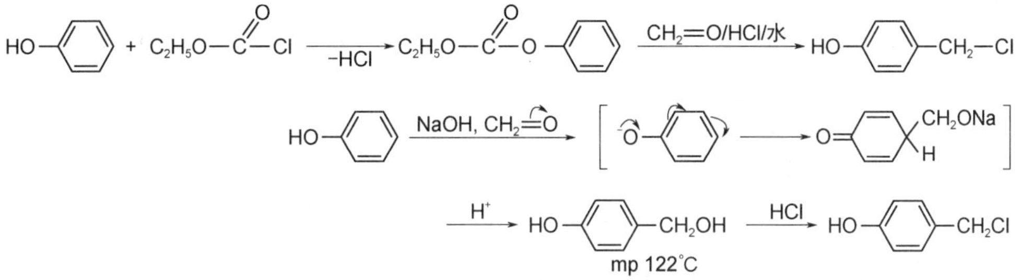

苯乙醚的氯甲基化是向添加 ZnCl$_2$ 的苯乙醚和甲醛水的反应物中通入 HCl 至饱后完成的，转化率很好（分出的产物加热或酸催化，在分子间脱去氯乙烷生成聚醚）。应当以相应苄醇氯化的方法处理这些不便减压蒸馏提纯的氯甲基化产物（见 394 页），如：

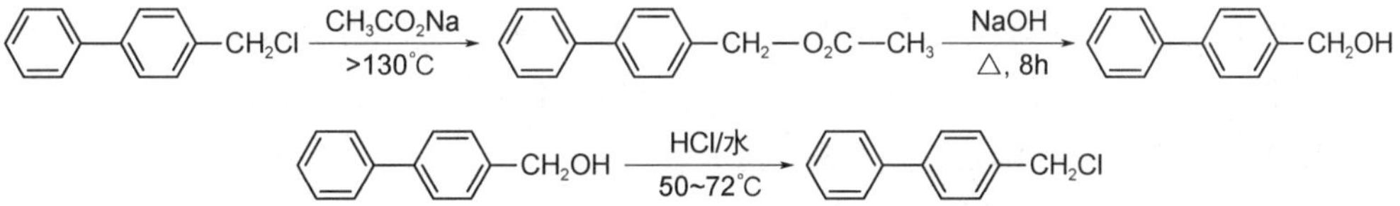

烷基苯的氯甲基主要进入对位、少量邻位以及生成"二聚物"，如四氢萘的氯甲基化。

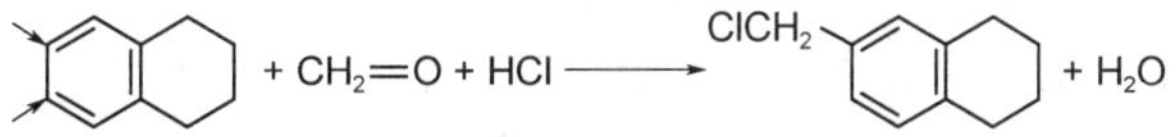

萘及其它稠环化合物的氯甲基化更容易些，为了减少过度反应，使用欠量的甲醛水及过量的盐酸，在较多硫酸作为缩合剂下进行，物料的接触条件要求在较高的温度（50℃）进行；第一个氯甲基化在 1 位（见 195 页），过度反应进入舒开位置的 5 位。

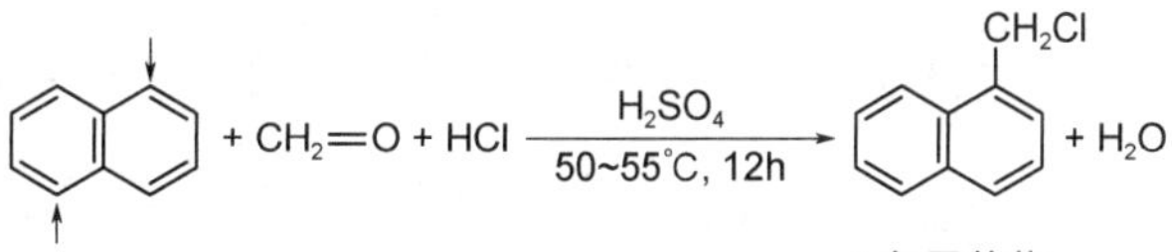

1-氯甲基萘

为了提高反应速度和减少异构副产物，使用吡啶以 C$_5$H$_5$N$^+$—CH$_2$—O$^-$（HCl）造成邻层位阻以改良介质条件，参见 3-二甲氨甲基吲哚（818 页）、吡咯-2-甲醛（815 页），以及酰氯的 R—C(=O)—N$^+$ 用于酰化。N$^+$ 正离子的拉电子作用促进了反应。

卤代苯中卤原子的拉电子性质使亲电的氯甲基化反应钝化，其它拉电子基影响的芳烃不能在水条件氯甲基化，在无水条件的氯甲基化或经由氯甲基醚的过程，是氯化甲基的亲电取代；生成的水在反应中去除或不要有水生成。

氯甲基甲基醚（ClCH_2OCH_3）、氯甲基醚（ClCH_2OCH_2Cl）（见 386 页）在无水条件、酸作用下的氯甲基正离子，是很强的氯甲基化试剂，如：在低浓度的发烟硫酸中（约 100% H_2SO_4）用氯甲醚作用于 4-硝基甲苯，得到几乎定量的 2-甲基-5-硝基苄氯。

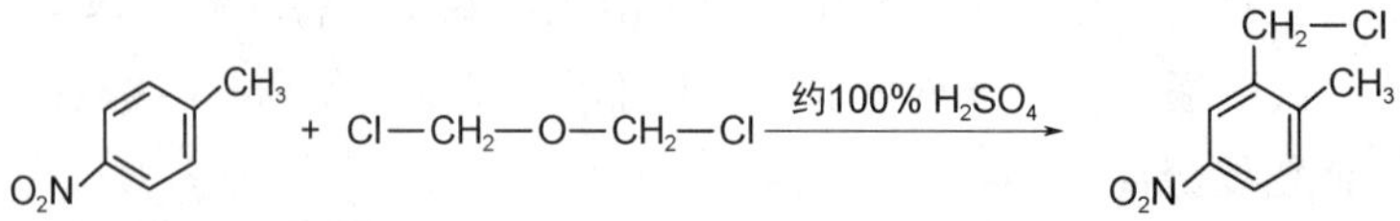

α,α'-二氯-p-二甲苯（4-氯甲基苄氯） M 175.06，mp 101℃，bp 254℃；无色片晶。

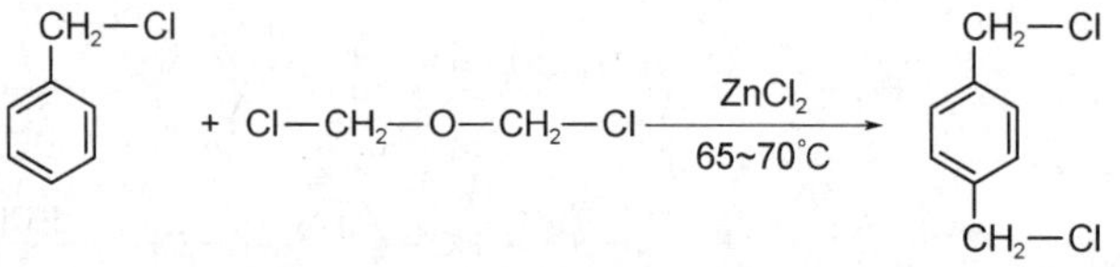

1L 三口烧瓶中加入 254g（2mol）氯化苄、230g（2mol）双-氯甲基醚，搅拌下加入 180g 无水氧化锌粉末，维持 65~70℃以 20mL/s 的速度通入 137g（3.7mol）氯化氢，过量的氯化氢从冷凝器上口导至水面吸收。冷至 50℃将固体物滤出，用 40℃水洗两次，再用 70℃水洗一次，得第一部分粗品；从水洗液分出的油层合并，干燥后减压分馏，收集 75℃/14mmHg 馏分，得 140g 为氯化苄；收集 120~145℃/14mmHg 馏分，放冷结晶，滤出，用温水、热水洗去 2-氯甲基苄氯（mp 55℃，bp 239~241℃），剩下的固体物为第二部分结晶，共得 92g。精制：从冰乙酸（0.5mL/g）溶析。

注：工业方法以对二甲苯氯化产物分离。

使用甲醛和氯化氢的氯甲基化。

$$CH_2=O + HCl \longrightarrow Cl-CH_2-OH \xrightarrow[-H_2O]{H^+} Cl-CH_2^+ \xrightarrow[-H^+]{Ar-H} Ar-CH_2-Cl$$

无水介质可以是石油醚、四氯化碳、浓硫酸或冰乙酸，石油醚溶剂制于 $+CH_2Cl$ 反应生成中性分子的氯甲基化产物，反应中同时添加 $SOCl_2$、PCl_3 或 $POCl_3$ 以消耗反应生成的水；此法可以在稍高温度使 HCl 作用于添加有 $ZnCl_2$ 的芳烃和多聚甲醛的混合物中。

4-氯甲基联苯（4-苯基苄氯） M 202.68 易溶于苯，有刺激性，mp 71~73℃。

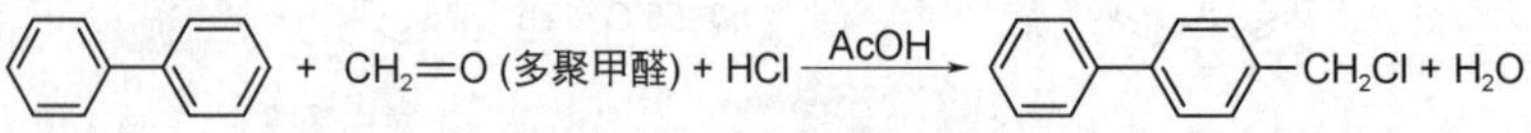

2L 三口烧瓶中加入 260g 冰乙酸，搅拌下加入 500g 36%（5mol）浓盐酸，加入 100g 多聚甲醛（折 3.3mol 甲醛）、310g（2mol）联苯，慢慢加热维持 60℃左右，于 1h 慢慢加入 510g 85%磷酸，保温搅拌 1h；于 2h 升温至 80℃搅拌 12h，再于 10h 慢慢加入 70g（0.46mol）三氯氧磷，再保温搅拌 14h，冷至 70℃停止冷却，加入 0.5L 甲苯及 0.4L 水搅拌半小时。分取油层，酸水层再用 0.4L 甲苯提取，甲苯提取液合并，用温水洗三次。回收甲苯至液温 130℃用水泵减压收尽，剩余物得 400g（组分：4-氯甲基联苯 65%；2-氯甲基联苯 5%；联苯 14%；4,4′-二氯甲基-联苯 14%）。

注：参见 1-氯甲基萘。

4,4′-二氯甲基联苯（BCMB） *M* 251.15，mp 137℃。

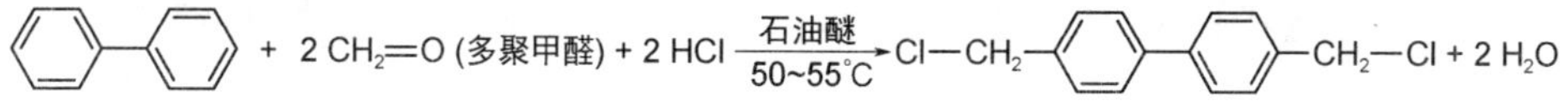

2L 三口烧瓶中加入 480g（3.1mol）联苯、600mL 石油醚（bp 60~90℃），开动搅拌，加入 195g（折 6.45mol 甲醛）多聚甲醛粉末及 195g 无水氧化锌，加热至 60℃反应物融化，控制 50~55℃通入 HCl 至饱和❶，固体物全溶（取样分析检查有机组分变化）。加入 0.5L 水洗去氯化锌❷，以 0.5L 5% Na_2CO_3 洗，再水洗；有机层在 70℃水浴加热，减压（-0.06MPa）回收石油醚至不出为止。剩余物中加入 1L 甲苯加热使溶，脱色过滤，冷后滤出结晶，以 100mL 冷甲苯冲洗，干后得 510g（产率 67%），mp133~135℃，HPLC 纯度 98%。

2. 羟甲基化

酚类在碱作用下，在醛基的 4 位、2 位缩合、引入羟甲基，如：香兰醇。

在酸条件缩合醛以碳正离子与电负性强的芳核缩合，生成 α-苄醇，在酸作用下脱去水，苄基正离子与芳烃进一步亲电（脱水缩合）取代，生成二芳基甲烷。

4-羟基-3-甲氧基苄醇（香兰醇） *M* 154.17，mp 115℃；易溶于热水、醇及苯中。

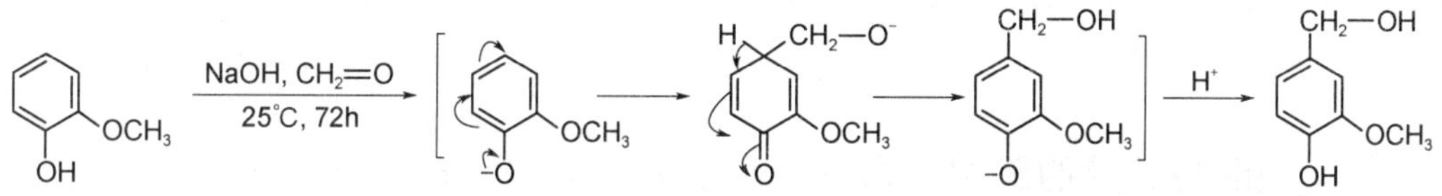

1L 三口烧瓶中加入 405g 10%（1mol）氢氧化钠溶液及 124g（1mol）2-甲氧基苯酚（愈创木酚），充分搅拌使析出钠盐结晶（反应物 pH 9），室温下加入 80g 38%（1mol）甲醛水，于室温搅拌 72h。将反应物慢慢加入至 1kg 碎冰及 75g（0.75mol）浓硫酸的混合物中，充分搅拌，趁冰冷滤出结晶，风干后用苯和乙醇（2：1）的混合溶剂重结晶，得 75g（产率 48%），mp 110~112℃。

另法：15mL 的玻璃容器中加入 5mL 异丙醇、0.614g（4.92mmol）愈创木酚、0.21g（4.92mol）氢氧化钠及 1.476g（4.92mol）18-冠-6-醚，用氢气排除空气，搅拌下加热至 80℃反应溶清后放冷至室温，加入 3.63mL 如下配制的甲醛半缩异丙醇溶液（相当于 2.46mmol 甲醛）：2.01g（0.067mol）升华的多聚甲醛溶于 98mL 异丙醇中，备用。混匀后排除空气、于 50℃搅拌反应 14h，此时以甲醛计算转化率为 97.6%。上述实验如不加入冠醚造成"位阻"，则甲醛的转化率为 99.1%，两种情况下反应产物组分为：

---

❶ 通 HCl 速度 10mL/s，通入 10h，约消耗 600g（16mol）氯化氢，过量 1.7 倍以 HCl 作为反应的脱水剂。可使用串联的方法通入 HCl；在通入过程中，尤其在较后阶段有阻塞管道现象，应随时检查管路压力并随时捅通。

❷ 应该减少水量（如 100mL），趁热分出下面水层以回收氯化锌。

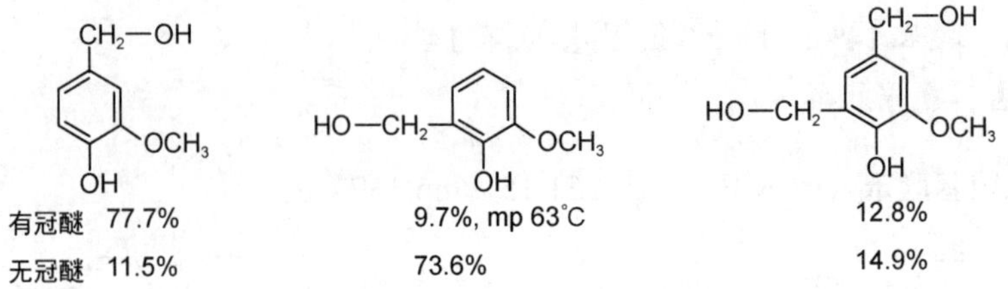

| 有冠醚 77.7% | 9.7%, mp 63℃ | 12.8% |
| 无冠醚 11.5% | 73.6% | 14.9% |

1,1-双(3,4-二甲苯基)乙烷 M 238.38，bp 173~174℃/3mmHg，d 0.982，n_D^{20} 1.5640。

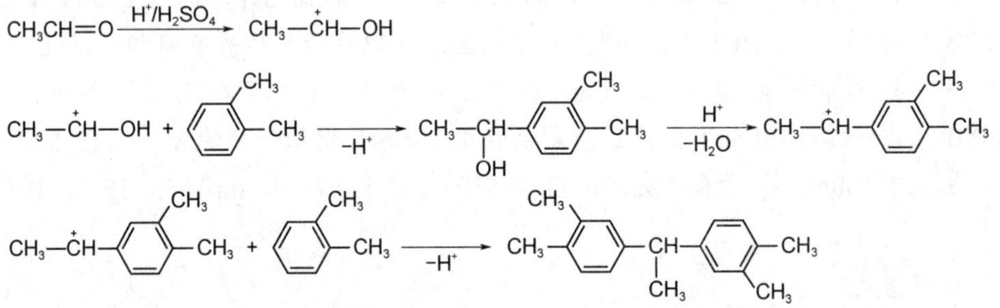

1L 三口烧瓶中加入 300g 浓硫酸，控制 10℃左右，搅拌着于 1h 左右从分液漏斗慢慢滴入如下的混合液：424g（4mol）o-二甲苯中加入 45g（1mol）乙醛（或三聚乙醛）混匀，加完后保温搅拌半小时，由于有氧化，反应物变为深棕色。静置，分取上面油层，水洗，以氢氧化钠溶液调节水层为中性；再水洗，回收邻二甲苯后的剩余物减压分馏，收集 170~175℃/5mmHg 馏分，得 134g（产率 56%），GC 纯度 96.3%。

注：推电子基使缩合容易发生；为避免磺化，应该选用其它溶剂及缩合剂。

三、羧酸与芳烃的脱水缩合——α-芳酮（亦见 165 页）

羧酸与推电子基影响的芳烃的脱水缩合得到 α-芳酮，常使用的缩合剂是浓硫酸、磷酸、无水 $ZnCl_2$、$SnCl_4$、无水 $AlCl_3$ 以及 PCl_3，效率一般都比较高；个别情况，为了避免焦化及其它副反应、也有使用反应能力差的磷酸、焦磷酸；对于与强电负性的芳环缩合，为避免磺化及其它副反应，应使用较低的反应温度。

分子内成环的脱水缩合依成环规律很容易完成五元环或六元环，依芳烃取代基的电性不同，使亲电的反应条件有很大区别，如：

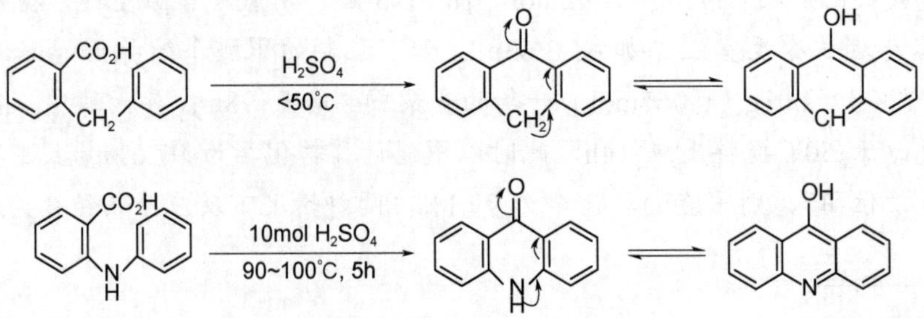

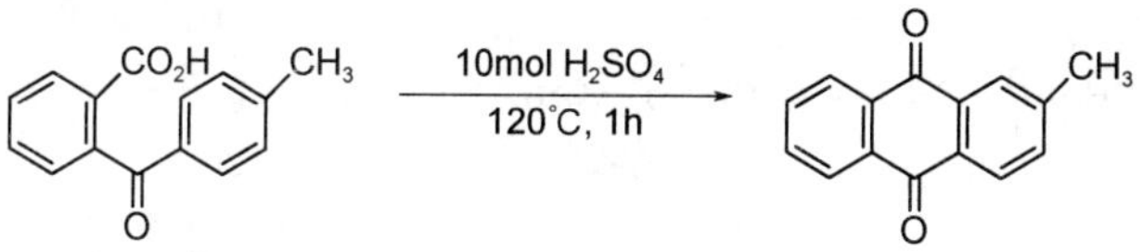

（见 177 页）

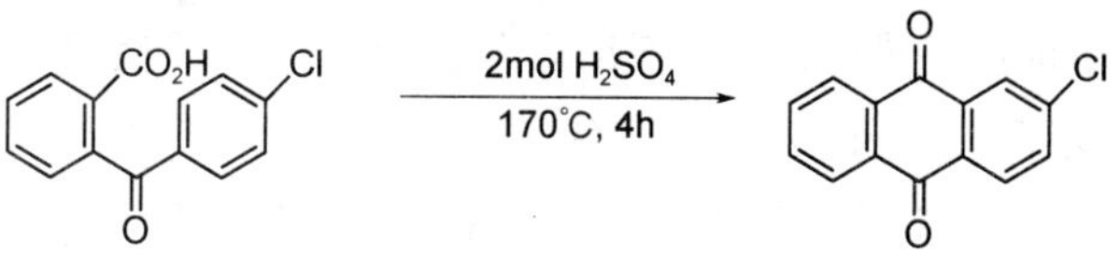

（见 177 页）

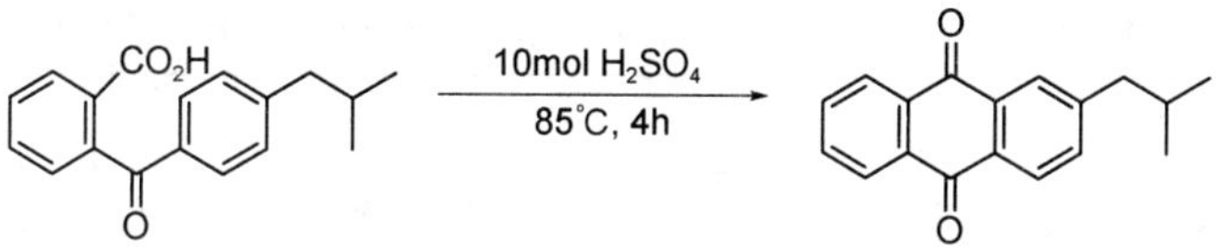

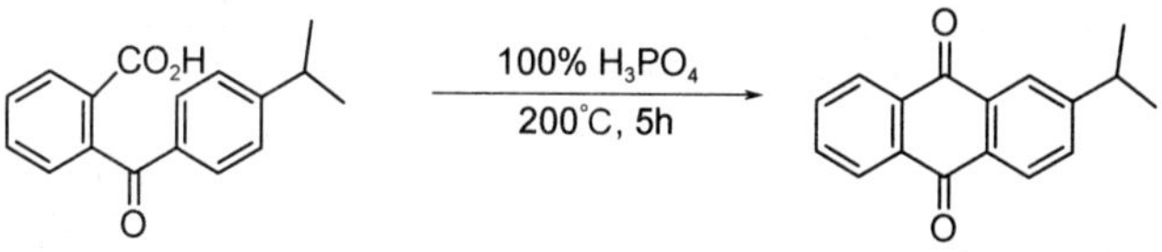

（见 178 页）

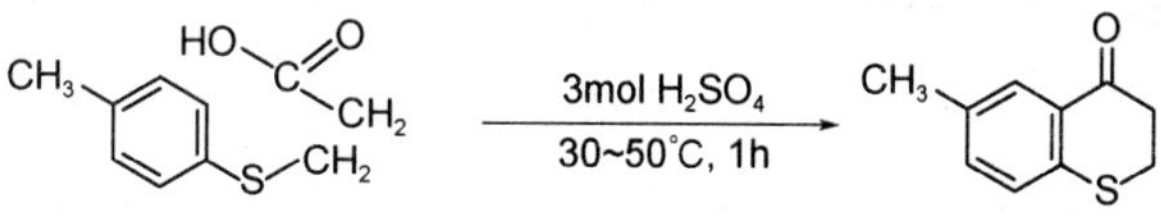

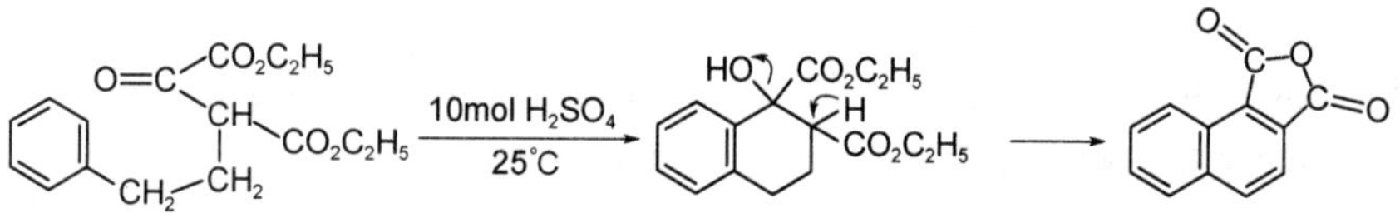

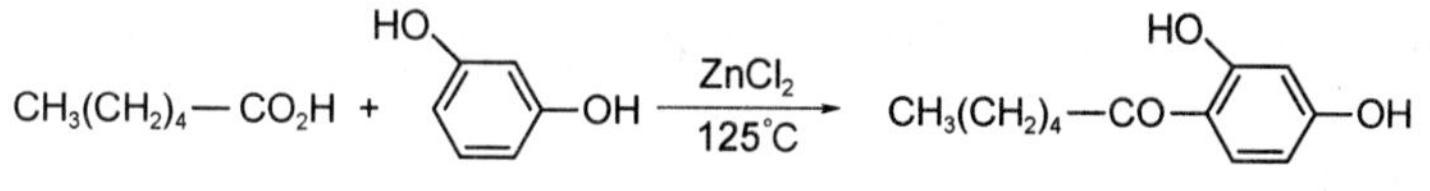

（见 174 页）

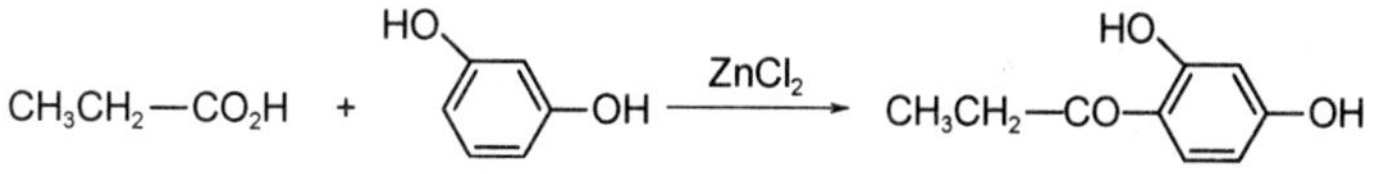

（见 170 页）

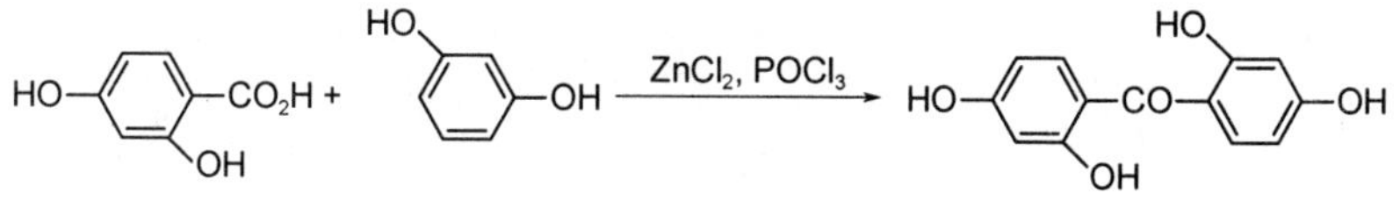

（见 174 页）

在使用 AlCl₃ 为缩合剂的酸酐和芳烃的缩合中，宜参考 4-溴苯乙酮、α-苯丙酮的合成，其羧酸在更高温度也参加了缩合，依此应该把 AlCl₃ 的用量减少至 1.2~1.5mol；如果使用浓硫酸，在第二步的缩合中，硫酸的用量也应以提高反应温度和硫酸浓度而作较大降低。参比诸实例调节，如：2-氯蒽醌之脱水缩合或使用方便回收的缩合剂。

芳核上的叔戊基在强无机酸作用下容易离去并重排为新戊基，所以，叔戊苯是在无水氯化锌催化下用叔戊烯和苯缩合。

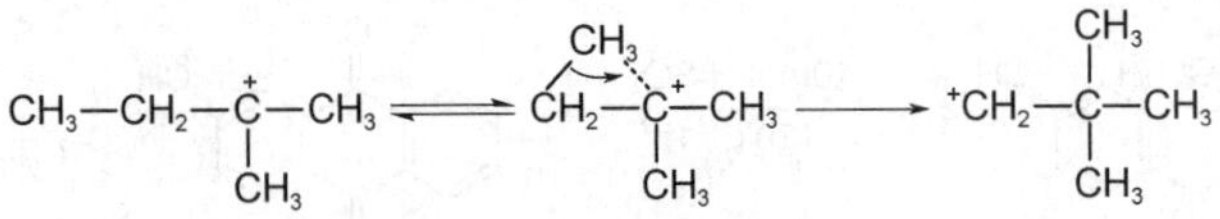

为了制取 4'-t-戊基苯甲酰-2-苯甲酸的步骤中，强酸"AlCl$_3$"能使叔戊基发生重排及重排以后的缩合；为减少重排应采取以下措施：①降低反应温度-8~-5℃；②使用 1mol AlCl$_3$ 或其它弱酸缩合剂；③过量的叔戊苯（2.2mol）；④升华级的苯二甲酸酐；⑤负压（-0.09MPa）下操作以随时除去产生的 HCl。表 16-2 列出各项试验反应条件及产物情况。

表 16-2 反应条件对于 4'-t-戊基苯甲酰-2-苯甲酸产物的情况

序号	物料配比/mol			反应条件		粗品（总）		质量分析（HPLC）/%		
	苯酐	AlCl$_3$	叔戊苯	负压/MPa	温度/℃	产量/g	收率/%	主体	异构物	其它
1	1	1.5	1.1	-0.09	-5~-8	240	81	75.6	15.3	9.1
2	1，粉碎	1.5	1.1	-0.09	-5~-8	240	81	69.7	10.7	19.6
3	1，粉碎	1.5	1.3	-0.09	-5~-8	243	82	70.4	10.5	19.1
4	1，粉碎	1.5	1.6	-0.09	-5~-8	283	95	74.3	11.9	13.8
5	1，粉碎	1	2.2	-0.09	8~10	未记		95.0	1.2	1.8
6	1，粉碎	1	1.1	-0.09	-5~-8	198	66	75.0	2.4	22.6

对比表中各项数据，得出以下结论：

① 增加 AlCl$_3$ 用量至 1.5mol，粗品产量、异构物及其它产物迅速增加。

② 增加叔戊苯用量则粗品重量增加，异构物及其它产物迅速减少。物料配比（摩尔比）宜作如下调整：苯酐 1.0，AlCl$_3$ 1.0，叔戊苯 1.5~2；温度-5~-8℃。

更应考虑使用其它"酸"作缩合剂，如：100%磷酸；ZnCl$_2$。

4'-t-戊基苯甲酰-2-苯甲酸 M 296.34，mp 140℃；无色柱状或结晶性粉末，易溶于甲苯（0.3mL/g）、乙醇及乙酸中，不溶于水。

按表 16-2 中序号 6 的实验叙述：

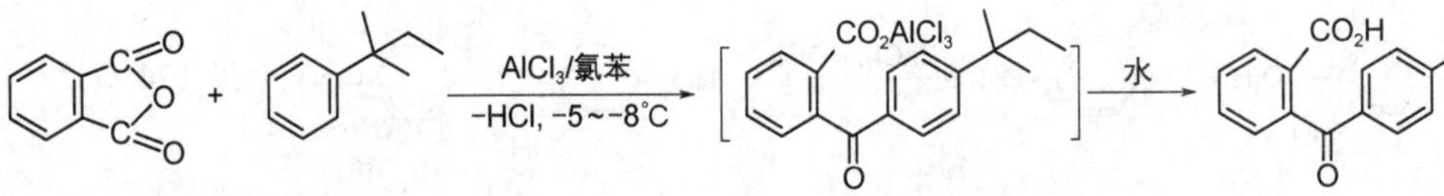

1L 四口烧瓶配置密封机械搅拌、回流冷凝器上口接水泵负压、温度计、另一侧口用粗管接一个 200mL 锥形瓶供加 AlCl$_3$ 使用。

烧瓶中加入 360mL 无水氯苯、89g（0.6mol）粉碎的邻苯二甲酸酐及 98g（0.66mol）叔戊苯，锥形瓶中放入 88g（0.6mol）碎小的 AlCl$_3$，搅拌下冷却控制-5~-8℃，维持负压＜0.09MPa；于 3h 左右从密封的锥形瓶加入其中的 AlCl$_3$，反应物逐渐变为橙色，邻苯二甲酸酐也逐渐消溶；加完后再搅拌半小时，10℃搅拌半小时，70℃半小时；稍冷移去负压、停止搅拌。将反应物加入至 0.5L 12%硫酸中（应该用盐酸）搅拌下加热至 60℃，分取上面乳白浑浊的有机层[①]，用 60℃热水洗（3×280mL）去邻苯二甲酸及铝盐；加入至 300mL 热水中，用氢氧化钠溶液中和至刚刚出现乳白的浑浊（pH 4~4.5），分取油层，油浴加热减压回收氯苯、未作用的叔戊苯及其它物质，至液温 150℃/−0.09MPa，继续加热减压蒸馏至液温 190℃/−0.09MPa，其中，1.87min（32%）物质及叔戊苯（1.3%）消失。

碱溶、酸析处理后，mp 138.3~139.8℃，HPLC 纯度 91.1%。色谱图如图 16-1 所示。

注：HPLC 监测产物，分析结果见图 16-1。其中，10℃保温处理后分析如图 16-1（a）；在 70℃保温后，1.87min 的物质由 22%增至 32%，叔戊苯由 6.9%下降至 1.3%，见图 16-1（b）；碱溶、酸析处理后分析结果如图 16-1（c）所示。

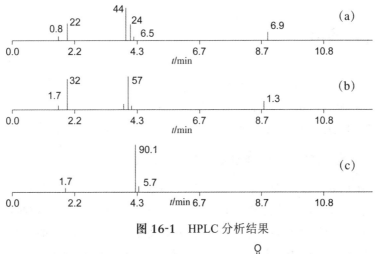

图 16-1 HPLC 分析结果

甲基酮分子间的脱水环合；芳基甲基酮最容易在酸作用下烯醇化为与苯环共轭的 α-芳基烯醇，在分子间加成环合及脱水，完成反应。

1,3,5-三苯基苯 M 306.41，mp 174℃，bp 约 460℃；可溶于乙醇，易溶于甲苯。

0.5L 三口烧瓶中加入 300g（2.5mol）苯乙酮，搅拌下加入 6mL 浓硫酸，安装回流分水装置，用电热套空气浴加热（至 130℃开始有水分出）、于 170~180℃搅拌下保温脱水，约 3h 以后就很少有水分出，再于 190℃保温半小时（共脱出水层 33mL）[②]，降温至 100℃左右将反应物倾入烧杯中放置过夜。次日滤出结晶（母液单独存放），结

[①] 有絮状物应滤除，约 12~15g。

[②] 按脱出水计算产率为 73%，按 130g 粗品、纯度折百产率为 49%；以脱水数量计算，约 1/3 发生其它缩合脱水，也有可能母液中有较多的产物留存，应将母液分馏处理以提高产量。

晶用 40mL 甲苯浸洗一次（干后得 130g，HPLC 纯度 97%）^❶，再用甲苯（1.5mL/g）溶析一次；然后用甲苯（1.5mL/g）重结晶（脱色），干后得 95g，纯度＞99%，mp 171~172℃，淡暗黄色。

1,3,5-三甲基苯的合成中，由于 H_2SO_4 对于丙酮的异构化和环合过程中的氧化作用，不使用硫酸；可使用盐酸和丙酮在 100~200℃ 作用；使用其它酸或强酸树脂及间二甲苯的甲基化重排。

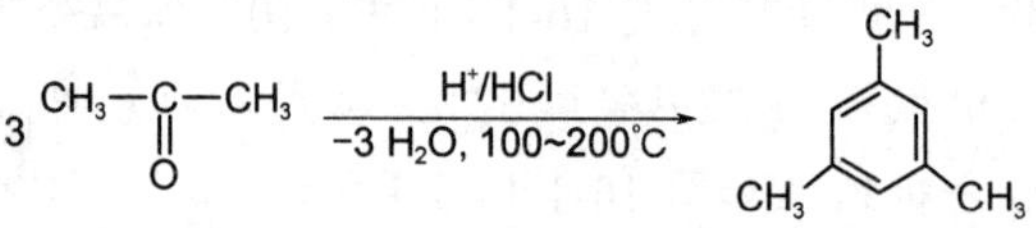

第三节　脱醇缩合

脱醇缩合是 α-C-H 在碱作用下碳负离子和酯的羰基加成，生成碳四面体中间物，然后脱去醇完成缩合。酯基的 α-C-H 是较弱的酸，一般只用醇钠或金属钠颗粒夺取质子——生成 α-碳负离子参加反应，和一般羰酸酯、草酸酯或原甲酸酯反应。亦见 149 页。

一、克莱门森缩合——β-酮酸酯和 α-酮酸酯

酯的 α-C-H 只表现较弱的酸性；酯羰基的加成活性远不及醛，也不及酮；羰酸酯在强碱（一般是醇钠）作用下才生成 α-碳负离子、与另一分子酯的羰基加成，然后是醇退减下来完成缩合。相同的酯缩合得到单一的 β-酮酸酯，如：乙酰乙酸乙酯、丁二酰丁二酸二乙酯；两种不同的羰酸酯缩合可以得到四种不同比例的 β-酮酸酯，但对于加成活性很强、没有 α-C-H 的酯，如甲酸酯、草酸酯，它们只作为碳负离子的加成目的物，由其它 α-C-H 底物在醇钠作用下生成 α-C⁻（或醛、酮烯醇化的电负中心）立即和它们的羰基加成、脱醇、完成缩合，产物是甲酰乙酸酯、β-酮醛或 α-酮酸酯。

例如：

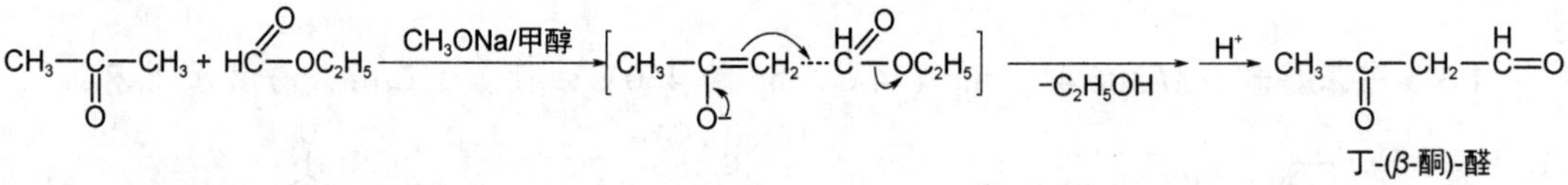

又如（见 858 页）：

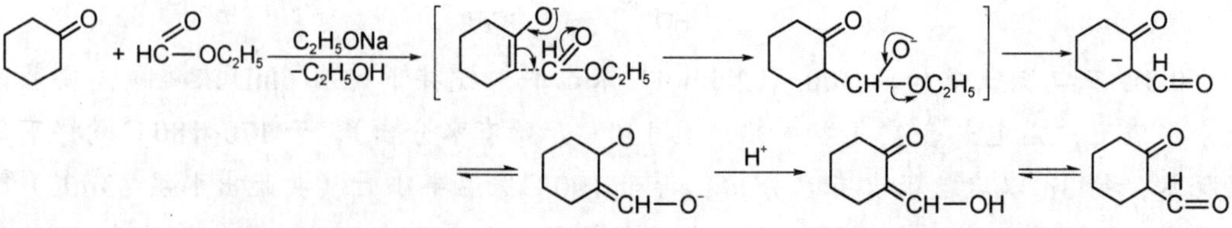

α-羟甲烯基环己酮 70%

2-羟基-二苯甲酰甲烷　M 240.26；黄色针晶。

❶ 同上页脚注❷。

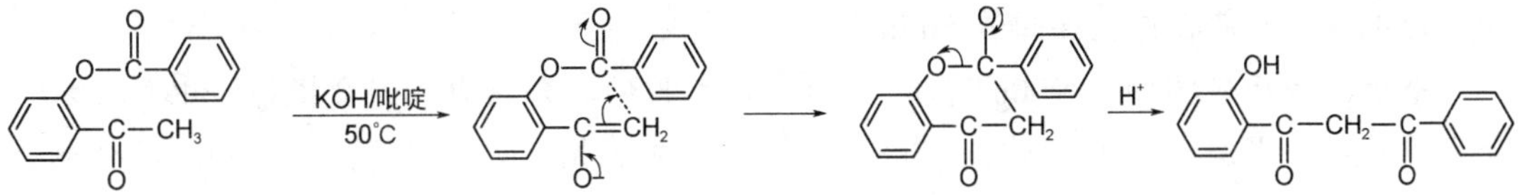

250mL 三口烧瓶中加入 20g（0.083mol）2-苯甲酰氧基苯乙酮、75mL 无水吡啶，搅拌下加热至 50℃，慢慢加入 7g 85%（0.11mol）氢氧化钾粉末，保温搅拌 15min 后大量黄色钾盐析出，冷后以 10%乙酸酸化，滤出结晶，水洗，干后得 16~17g（收率 80%~85%），mp 117~120℃。如有必要用乙醇重结晶。

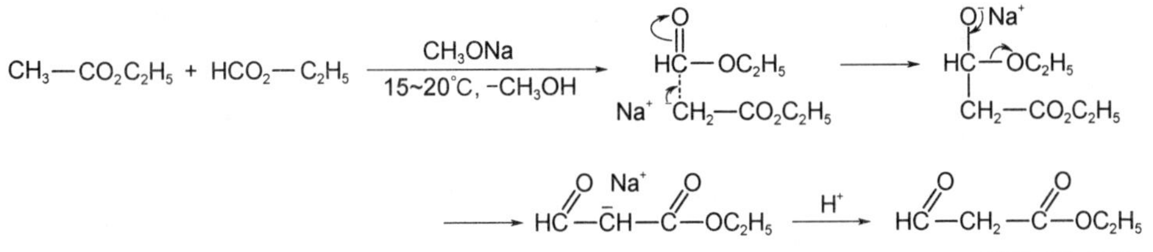

（见 866 页）

甲酰乙酸乙酯

二元酸酯间的缩合有两种情况：依成环规律，如：乙二酸二乙酯、庚二酸二乙酯，得到分子内的缩合产物；丁二酸二乙酯在乙醇钠作用下的缩合则是在分子间进行的，得到丁二酰丁二酸二乙酯（见 149 页），反应的结果都是具有环酮结构的 β-酮酸酯。反应结果不易成环的二元酸酯的脱醇缩合相似于不同酯间的缩合，产物复杂，一般不用于合成。

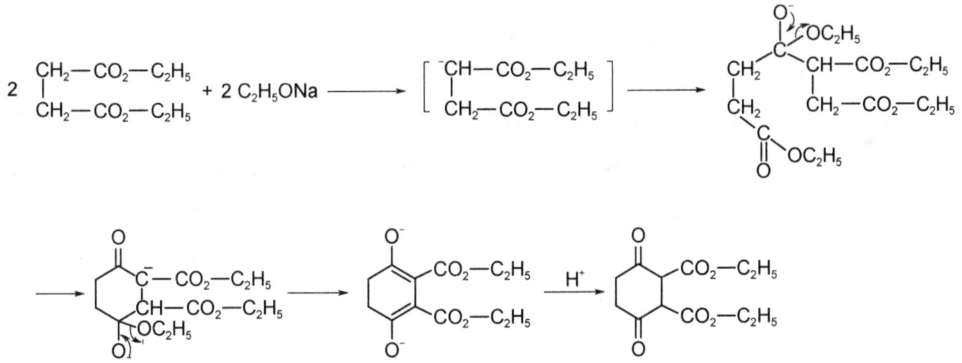

51%　　（见 149 页）

环戊酮-2-甲酸乙酯　M 156.18，bp 102~104℃/11mmHg，d^{20} 1.078(1.054)，n_D^{20} 1.4519。

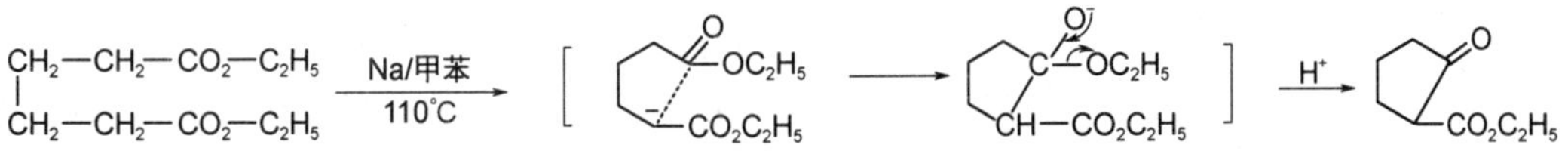

2L 三口烧瓶配置机械搅拌、回流冷凝器及分液漏斗。

烧瓶中加入 23g（1mol）金属钠及 250mL 用金属钠干燥过的甲苯，搅拌下加热使金属钠熔化、甲苯回流；金属钠被搅拌分散开，于 2h 左右从分液漏斗慢慢滴入 202g（1mol）己二酸二乙酯，反应立即开始（为了搅拌方便，不时向反应物中添加无水甲苯，此间共加入约 1L），加完后再搅拌回流 5min。

冷后，将反应物倾入 900g 碎冰及 100mL 乙酸的混合物中，充分搅拌以中和提取；分取甲苯层，水洗，再用 7% Na_2CO_3 洗两次❶，再水洗，回收甲苯，剩余物减压分馏，收集 83~88℃/5mmHg 馏分，得 115~127g（产率 74%~81%）。

1,7-二氯-4-庚酮 　M 183.08。

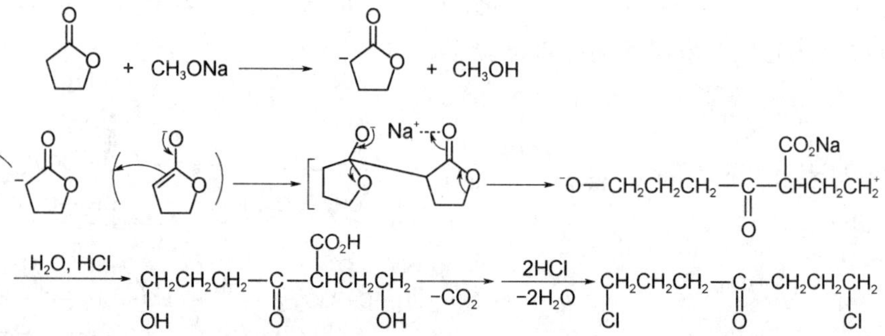

0.5m^3 反应罐中加入 109kg 28%（545mol）甲醇钠甲醇溶液，加热蒸除甲醇至液温升至 102℃停止加热，加入 100 kg 无水苯。维持 50℃左右搅拌半小时把甲醇钠搅拌成悬浮液；控制 50~60℃于 1h 左右慢慢加入 45g（523mol）γ-丁内酯，再加入 50kg 无水苯，搅拌下加热回流 3h，用水泵负压在 50℃以下回收溶剂。冷后，搅拌下慢慢加入 248 kg 36%（2.48kmol）浓盐酸，放出 CO_2 待缓和后可以快加入，再加入 3.5kg 无水氯化锌，慢慢加热回流 6h，冷后分取油层，得 45kg，纯度 72%（含苯，折百产率 67%）。

另法：3L 三口烧瓶中加入 600mL 甲醇，慢慢加入 50%（2.17mol）金属钠切片，反应完后在搅拌下加入 344g（4mol）γ-丁内酯，半小时后加热回收甲醇 450mL，再水泵减压收尽，将冷凝器作回流装置，搅拌下慢慢加入 960g 36%（9.5mol）浓盐酸，放出大量 CO_2，反应物由黄色变为暗红棕色，加热回流半小时❷。冷后冰冷、用乙醚提取（200mL、100mL、100mL），提取液合并，干燥后回收乙醚，剩余物分馏，收集 106~110℃/6mmHg 馏分，得 263~278g（产率 72%~76%），n_D^{25} 1.4713，外观紫色，迅速冷藏。

二环丙基甲酮　bp 160~162℃，d 0.977，n_D^{20} 1.4670。

上述另法中回流半小时后含盐酸的反应物不必提取，直接用来环合制备二环丙基甲酮。

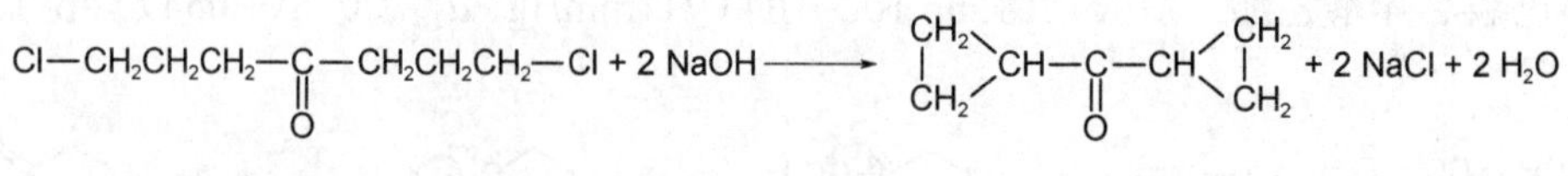

为了减少其它缩合，在搅拌下尽快加入 480g（12mol）氢氧化钠溶于 600mL 水的冷

---

❶ 产物中仍有 1%~2%己二酸二乙酯，用下面方法处理：将环戊酮-2-甲酸乙酯的甲苯溶液冷却至 0℃以下，控制 0℃以下搅拌下慢慢滴入 300mL 10% KOH 溶液中，充分搅拌以使产物生成钾盐溶于水，分离出的甲苯层再用氢氧化钾溶液提取两次（2×150mL）；碱提取液合并，用乙醚提取其它有机物，滤清后于 0℃左右用乙酸酸化，分取油层，水洗、干燥后减压分馏，得 100~115g（产率 67%~74%）。可从反应物分离钾盐，再冰解酸化。

❷ 以上粗品可直接制取二环丙基甲酮。

溶液；析出多量氯化钠，搅拌下加热回流半小时；将冷凝器作蒸馏装置加热蒸馏，收集到 650mL 二环丙基甲酮和水的混合物，冰冷着、搅拌下慢慢加入无水碳酸钾使饱和，分出粗品约 130mL，水层用乙醚提取三次并与粗品合并，干燥后回收乙醚，剩余物仔细分馏，收集 72~74℃/33mmHg 馏分，得 114~121g（产率 52%~54%），n_D^{25} 1.4654。

【碳负离子和单酸二乙酯的脱醇缩合——α-酮酸酯】

羧酸酯及其它具有 α-C—H 的化合物在醇钠作用下生成碳负离子，与草酸二乙酯的羰基加成（第一个酯羰基有很强的加成活性）脱去醇完成缩合，反应几乎是立即发生、常析出钠盐结晶，酸化后得到对于草酰基的 α-酮酸酯（对于起始底物仍是 β-酮酸酯）。

α-酮酸酯在 130℃ 以下尚属稳定，150℃ 以上则分解放出 CO、生成烃基酸乙酯。

草酸二乙酯对于醇钠是稳定的，可以与底物混合加入，也可以首先加入以免其它缩合。

3,4-二氢-1,2-萘二甲酸酐　　*M* 200.19。

a.　α-苯乙基-丁-(2-酮)-二酸二乙酯

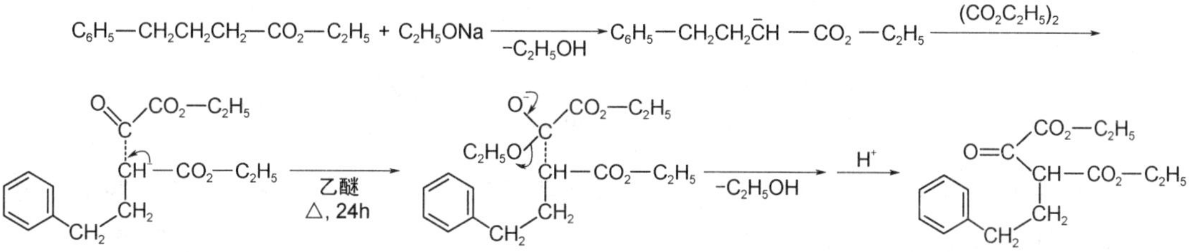

1L 三口烧瓶中加入 260mL 无水乙醚及 6.1g（0.27mol）金属钠小粒，搅拌下慢慢加入 12.6g（0.27 mol）无水乙醇，反应完成后加入 57g（0.39mol）草酸二乙酯，半小时后慢慢滴入 50g（0.26mol）4-苯基丁酸乙酯，加完后加热回流 24h，冰冷下以稀酸酸化，分取有机层，水洗，在 70℃ 水浴回收乙醚，最后减压收尽。

b.　环合–脱水缩合——3,4-二氢-1,2-萘二甲酸酐

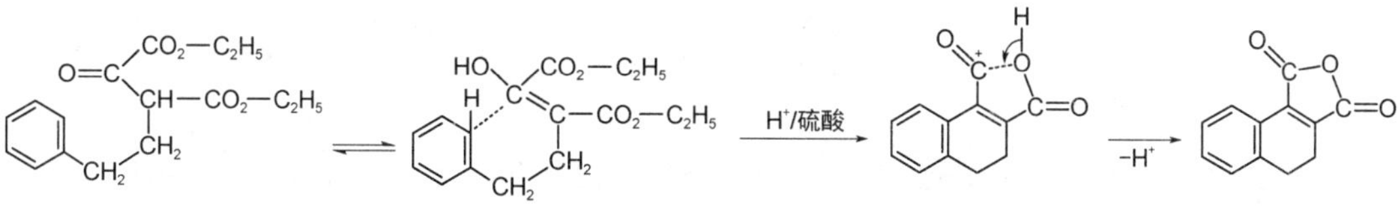

500mL 浓硫酸冰冷控制 25℃ 以下搅拌着慢慢加入以上粗酯，加完后再保温搅拌 2h，倾入 2kg 碎冰中，滤出析出的酸酐，冰水洗，真空干燥，得 40~45g，mp 117~122℃；减压蒸馏，得 38~42g（产率 73%~80%），mp 122~124℃，外观淡黄。

精制：用苯重结晶，mp 125~126℃。

苯基丙二酸二乙酯　　*M* 236.27，mp 16~17℃，bp 205℃（分解）、168℃/12mmHg；d^{20} 1.095，n_D^{20} 1.4977。

a.　α-苯基-丁-(2-酮)-二酸二乙酯

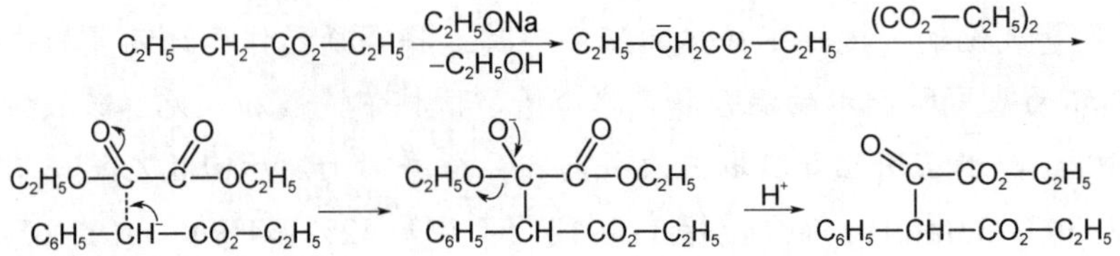

$$C_2H_5-CH_2-CO_2-C_2H_5 \xrightarrow[-C_2H_5OH]{C_2H_5ONa} C_2H_5-\bar{C}HCO_2-C_2H_5 \xrightarrow{(CO_2-C_2H_5)_2}$$

2L 三口烧瓶配置机械搅拌、回流冷凝器及分液漏斗。

烧瓶中加入 500mL 无水乙醇（用金属钠处理并蒸过），分次加入 23g（1mol）金属钠切片。加完反应后冷至 60℃以下，搅拌着加入 146g（1mol）草酸二乙酯，并以无水乙醇冲洗容器和漏斗一并加入。随后加入 175g（1.05mol）苯乙酸乙酯，立即停止搅拌、将反应物倾入 2L 烧杯中，立即析出结晶，放置过夜。向反应物中加入 800mL 乙醚、搅匀，滤出结晶，用乙醚冲洗。

2L 烧杯中加入 500mL 水及 53g（29mL，0.54mol）浓硫酸，冰冷及搅拌下慢慢加入上面钠盐结晶，充分搅拌、分取有机层，水层用乙醚提取三次，提取液与粗品合并，干燥后回收乙醚，剩余物为 α-苯基-丁-(2-酮)-二酸二乙酯。

b. 脱去羧基——苯基丙二酸二乙酯

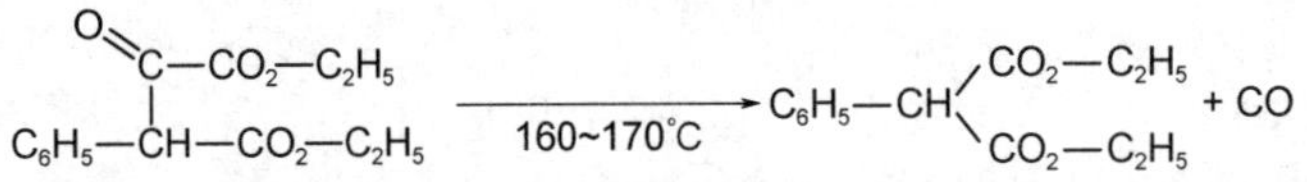

0.5L 三口烧瓶作减压分馏装置，用水泵减压及油浴加热；控制浴温 175~180℃、于 1h 左右慢慢加入上面的 α-酮酸酯粗品，加完后继续加热保温至停止放出气体及产物蒸出，约 5~6h 可以完成。蒸出的产物重新加热、用油泵减压作减压蒸馏以使分解完全，得苯基丙二酸二乙酯粗品。

减压分馏，收集 158~162℃/10mmHg 馏分，得 189~201g（产率 80%~85%）。

3-苯基-氰基丙酮酸乙酯　M 217.23，mp 130℃，bp 206℃/20mmHg。

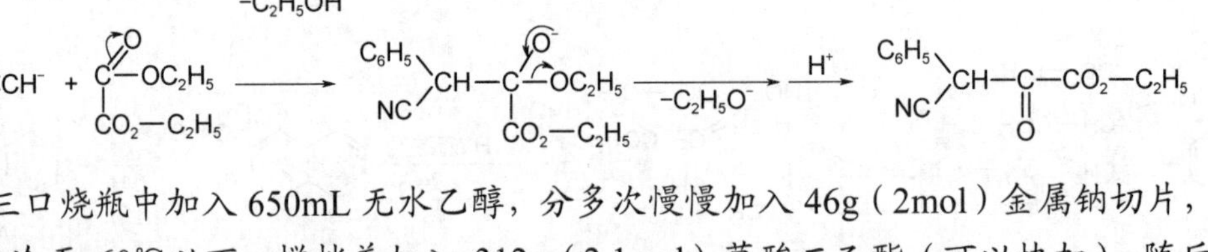

1L 三口烧瓶中加入 650mL 无水乙醇，分多次慢慢加入 46g（2mol）金属钠切片，反应完成后冷至 60℃以下，搅拌着加入 312g（2.1mol）草酸二乙酯（可以快加），随后加入 234g（2mol）苯乙腈，将反应物移入 2L 烧杯中封盖好放置过夜。次日，加入 300mL 冷水搅拌均匀，以浓盐酸酸化，冷后滤出结晶，水洗、风干后得粗品 360~385g（产率 82%~88%），mp 126~128℃。

精制：用 60 倍稀乙醇重结晶，得 300~325g（产率 69%~75%），mp 130℃。

环己酮-2-甲酸乙酯　M 170.21，bp 106~108℃/12mmHg，d^{20} 1.067，n_D^{20} 1.478。

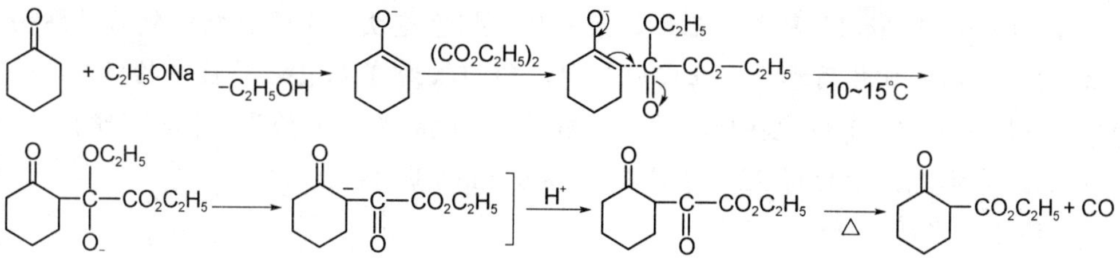

2L 三口烧瓶安装机械搅拌、回流冷凝器及分液漏斗。

烧瓶中加入 600mL 无水乙醇，分多次慢慢加入 46g（2mol）金属钠切片，加热回流使反应完全；冷却控制 10~15℃、搅拌着慢慢加入如下混合液：190g（2mol）优质环己酮与 292g（2mol）草酸二乙酯，混匀。

加完后保温搅拌 1h，再于室温搅拌 6h，将反应物慢慢加入至加有 50mL 浓硫酸的碎冰中，充分搅拌，分取油层，水层用苯提取四次，提取液与粗品合并，水洗，水浴加热回收苯，最后减压尽；剩余物改用油浴加热作减压分馏，蒸除未反应的环己酮及草酸二乙酯至 90℃/10~12mmHg 为头分，收集 106~165℃/10~15mmHg 馏分，得 250~265g。

脱去羧基——环己酮-2-甲酸乙酯：以上 α-酮酸酯中加入 0.1g 铁粉，于 100mmHg 负压下减压分馏（以获得分解需要的温度），得 200~210g（产率 59%~62%），n_D^{25} 1.4676~1.4679。

4-吡喃酮-2,6-二甲酸（白屈菜酸） M 184.10，mp 262℃（水合物）、270℃（无水）分解。无色针晶，微溶于乙醇，可溶于热水，从水中得常含一分子 H_2O 的结晶。

a. 2,4,6-三酮-庚二酸二乙酯（mp 100℃）

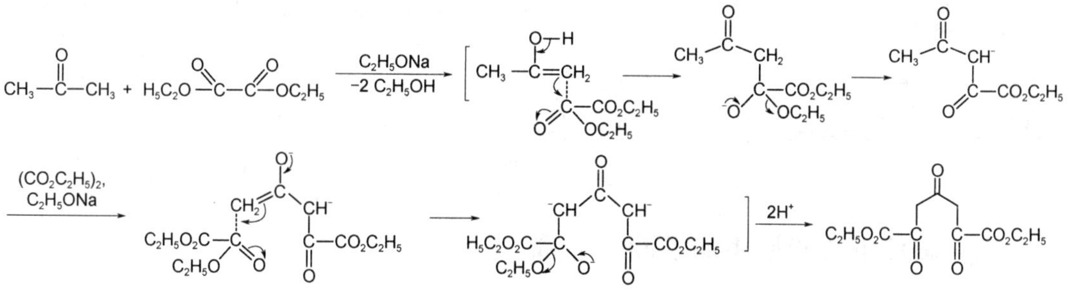

醇钠的制备：1L 烧瓶中加入 600mL 无水乙醇（应增至 800mL），46g（2mol）金属钠切片分若干次加入，最后加热回流使反应完成，封好备用。

3L 三口烧瓶中称重加入 1/2 上面制得的醇钠溶液，当冷至将要析出结晶时搅拌着加入如下配制的混合液：58g（1mol）丙酮与 150g（1.03mol）草酸二乙酯，混匀。反应放热、反应物变为透明棕色，继续搅拌在将要析出结晶时❶立即加入另一半的乙醇钠溶液，

---

❶ 此后不再加另一份草酸二 O 乙酯，直接向下处理得到乙酰丙酮酸乙酯（产率 65%，bp 117~119℃/29mmHg）。

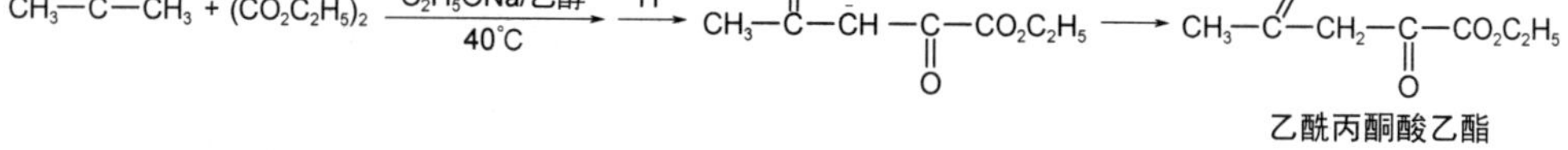

乙酰丙酮酸乙酯

然后倾入 160g（1.1mol）草酸二乙酯，最初仍是棕色透明，很快就析出钠盐结晶而结固（停止搅拌）。油浴加热用水泵减压回收乙醇，约回收到 150mL，将反应物倾入 3L 烧杯中的 800mL 冰水中，充分搅拌使块状物崩解开，慢慢的浓盐酸酸化，冰冷下搅拌半小时。滤出结晶，冷水洗，干后得 220g（产率 85%），mp 98~100℃。

b. 环合及水解

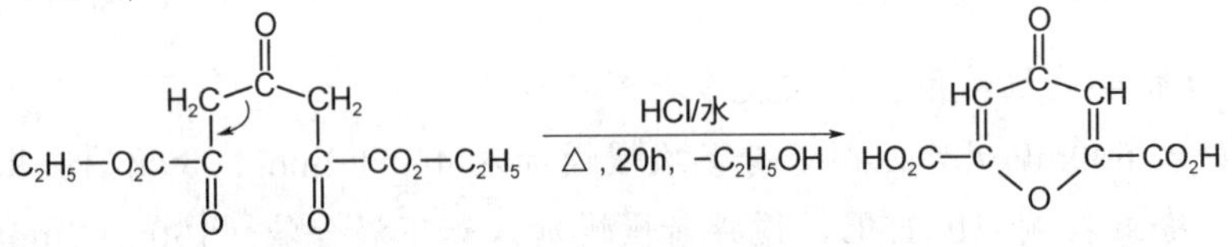

以上未干燥的酯于 5L 烧瓶中（在水解过程中沸腾形成泡沫）加入 300mL 浓盐酸，在蒸汽浴上加热 20h（应使用搅拌）。冷后滤出细小结晶，冰水洗，在 100℃烘干 2h 后再 160℃干燥，得 140~145g（产率 76%~79%），mp 257℃（分解）。

其它：

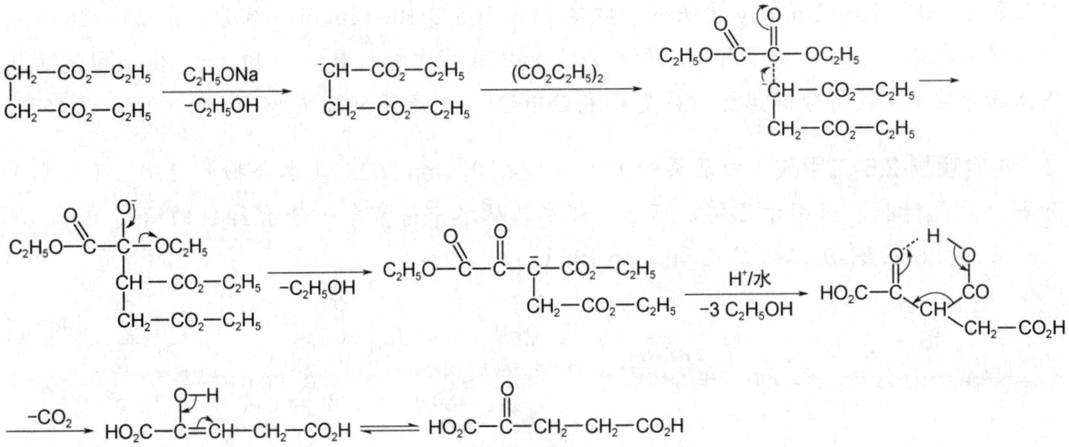

戊-2-酮-二酸
mp 114~116℃

二、碳负中心和原甲酸乙酯的缩合

原甲酸乙酯和格氏试剂反应及水解得到醛，和过量的格氏试剂反应得到醚，如：戊基-3-乙醚（3-乙氧基戊烷，见 378 页）。

$$2C_2H_5-MgBr + HC(OC_2H_5)_3 \xrightarrow{\triangle} (C_2H_5)_2CH-OC_2H_5 + 2\,MgBr(OC_2H_5)$$

3-乙氧基戊烷

碳负离子和原甲酸乙酯的缩合：

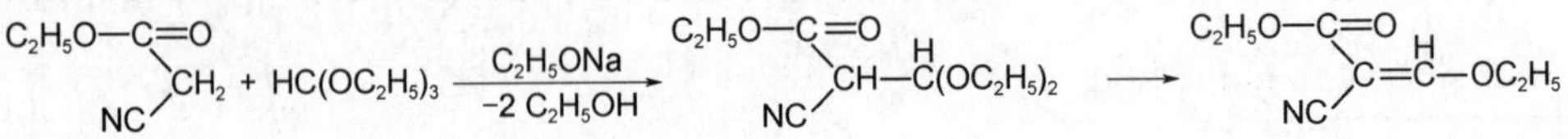

第四节　脱氢缩合

脱氢形成碳碳双键可以在分子内进行，也可以在分子间进行，常使用化学试剂氧化或催化脱氢。

一、氧化剂及 $AlCl_3$ 作用下的脱氢缩合

氧化剂在有机分子较大电负性位置上，或在强碱作用下的碳负中心取得一个电子或 $H\cdot$ ，然后偶联；氧化剂可以是氧、硫黄、硝酸、重铬酸盐、硝基化合物、$FeCl_3$。

$AlCl_3$ 使芳基底物极化，质子移变以 HCl 脱出反应体系，在分子内形成碳键。

2-萘酚钠水溶液用 $FeCl_3$ 在80℃氧化，得到近于理论量的 2,2'-联萘酚。

2,2'-联萘酚　M 286.33，mp 218℃。

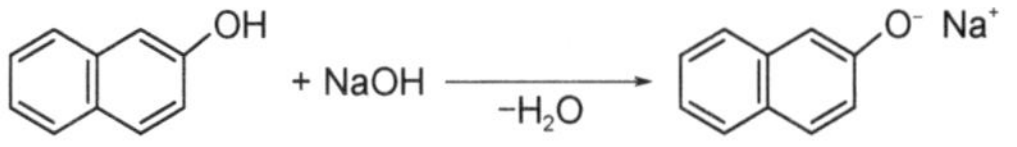

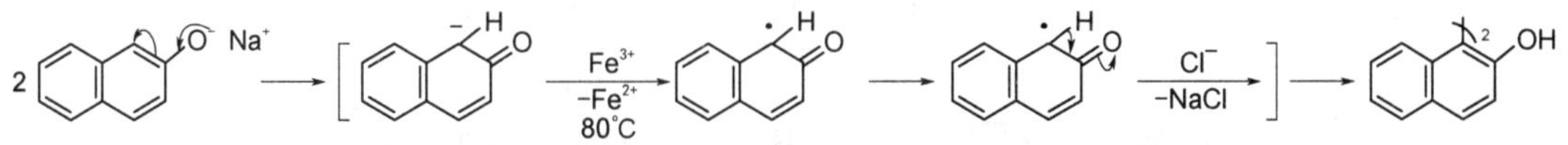

2L 三口烧瓶中加入如下配制的 2-萘酚钠溶液：1L 蒸馏水中加入 41g（1.02mol）氢氧化钠，溶解后加热至 80℃左右，搅拌下加入 145g（1mol）2-萘酚，溶解后脱色过滤，加入 7mL 乙酸，搅匀。

另配制高铁盐溶液：178.4g（1.1mol）氯化高铁溶于 400mL 水中，滤清备用。

将 2-萘酚钠溶液加热保持 80~85℃，搅拌着慢慢加入高铁盐溶液，随即析出结晶，加入 $FeCl_3$ 溶液至反应液在滤纸上渗圈试验出现明显的黄色或黄绿色为止。滤出结晶、充分水洗，得湿品（含水 30%）200g；使悬浮于 1L 蒸馏水中，加入 105g 40%（1.04mol）氢氧化钠溶液，加热搅拌使溶，加入 1g $Na_2S_2O_4$ 及 20g 脱色炭，滤清，控制 80~85℃用盐酸酸化，滤出、水洗，得（干）130g（产率 90%），mp 185~200℃，外观淡黄色，用热乙醇（水浴加热）浸洗三次（3×100mL），mp 202~210℃。

精制：以上产品用苯重结晶，得白色片晶，mp 216~218℃。

又如：3-羟基吲哚、3-羟基苯并噻吩（3-羟基硫茚）在碱作用下用高价铁 Fe^{3+} 或铬酸盐 CrO_4^{2-} 氧化。

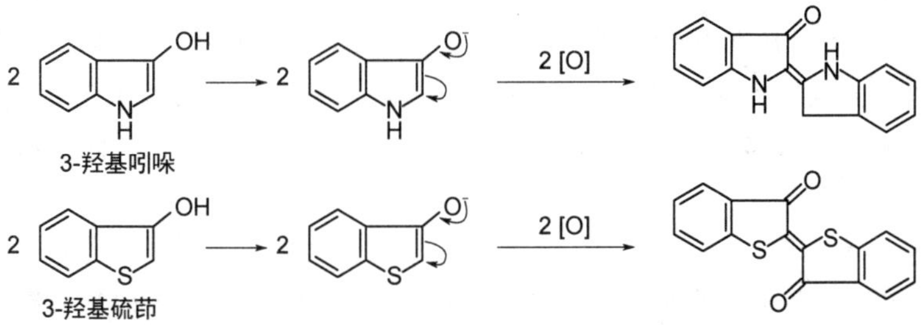

4,4′-二硝基联苄（4,4′-二硝基二苯乙烷）　M 272.26，mp 180℃；难溶于醇，可溶于苯。

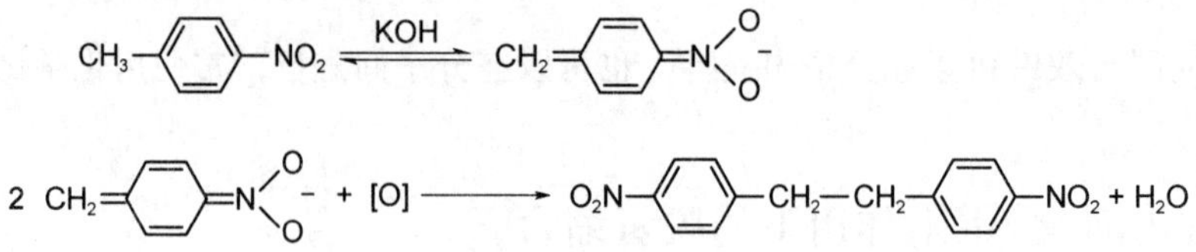

3L 三口烧瓶中加入 2L 甲醇，搅拌及冷却下加入 680g（85%，10.2mol）氢氧化钾，溶解后成为 25% KOH 甲醇溶液。冷却控制 10℃左右加入 100g（0.73mol）4-硝基甲苯，10min 后、快速搅拌下从插底的通气管通过分散头通入急速的压缩空气反应 3h。移去冰水浴、再于室温通入 5h，滤出结晶，水洗、沸水洗，再用 300mL 热乙醇洗，风干后用 3L 沸苯重结晶（滤除少量橘红色物质[1]），得 73~75g（产率 74%~76%），mp 178~180℃，外观橘黄色；再用苯重结晶得黄色针晶，mp 179~180℃。

另法：从 1,2-二苯乙烷硝化。

又如：二苯胺用硫黄（碘催化）氧化得到吩噻嗪（见 881 页）。

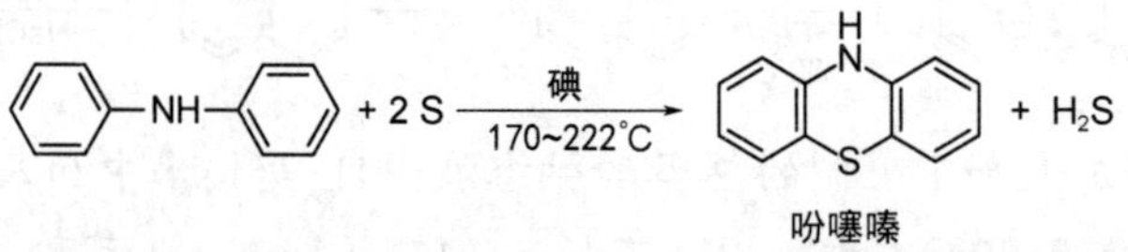

吩噻嗪

二苯胺在乙酸中、硫酸参与下用重铬酸钾氧化的脱氢缩合得到亚胺醌；然后用亚硫酸还原为 N,N'-二苯联苯胺。

N,N'-**二苯联苯胺**　M 336.44，mp 251~252℃；从甲苯中得银白色片晶，热甲苯中的溶解度为 0.5%；对 NO_3^- 呈深蓝色。

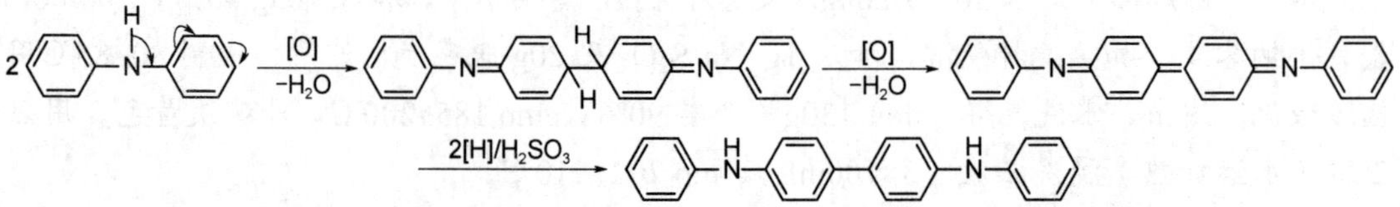

150L 容积的陶罐中加入 96L 水及 8L 浓硫酸，再加入 16L 冰乙酸混匀，冷至 30℃搅拌着慢慢加入 370g（2.18mol）二苯胺溶于 4L 乙酸的溶液，如果有二苯胺硫酸盐析出可稍热使溶，放冷至 15℃，搅拌下，于 1h 左右慢慢滴入 191g（0.65mol）重铬酸钾溶于 4L 水的溶液[2]，反应物温度最后约升至 30℃，开始滴入不久反应物为绿色，最后变为蓝绿色表示醌式结构生成，加完后再搅拌 10min，放置过夜。次日用布架滤出[3]，绿色膏状物用水洗一次，然后用水调成浆状，搅拌着慢慢加入 160g（1.5mol）亚硫酸氢钠或焦亚硫

---

[1] 为内氧化还原产物。

[2] 必须滴加，不可以成线流入。该实验是在冬季做的，反应温度容易控制，实验中 $K_2Cr_2O_7$ 的实际用量为 160g（0.54mol），应予补足。

[3] 滤液补加乙酸、硫酸和水，可重复使用。

酸钠，充分搅拌半小时，加热至 40℃左右再搅拌 10min，反应物由蓝绿色变为灰绿色表示还原完全，否则要补加亚硫酸氢钠，滤出、水洗至洗液近于无色，烘干后研成细粉，得 360g。

100L 反应罐中加入 80L 甲苯及以上 360g 研细的粗品，搅拌下加热回流 10min，停止搅拌、用蒸汽加热保温静置半小时让未溶物沉降，保温着用塑料管连接滤棒过滤，至少要反复提取五次，得淡粉色片晶＞170g（产率＞50%）❶，mp＞240℃。

再用甲苯重结晶一次，得银白色或微显蓝色结晶，mp 248~251℃❷。

无水 AlCl₃ 作用下的脱氢缩合多用于含氧取代基的环的嵌并环合——生成稠环化合物。反应中，AlCl₃ 在 α-酮、醇及酚的氧原子反应，释放出质子生成碳-碳键、放出 HCl 完成环合。反应要求更多的 AlCl₃ 和较高的反应温度 110~140℃，如下式 9,10-菲醌的合成：

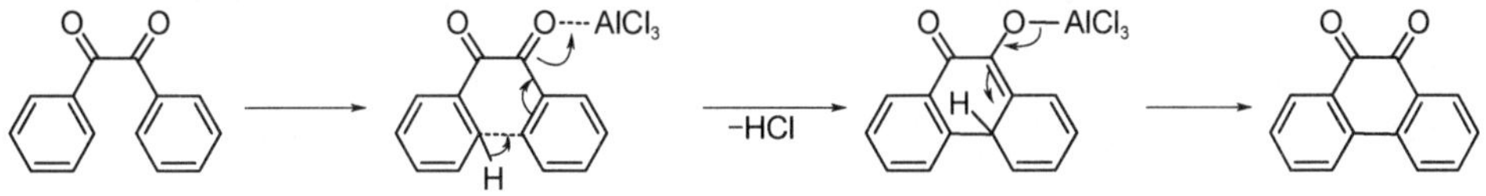

1-萘基苯基甲酮与 4-羟基-萘基苯基甲酮的缩合方位不同，1-萘基苯基甲酮缩合在萘基芳环的 α 位发生，生成苯嵌蒽酮；而 4-羟基-萘基苯基甲酮、羟基的影响使缩合成环在羟基环上发生得 3-羟基-1,2-苯并芴酮（以芴酮基本结构命名）。

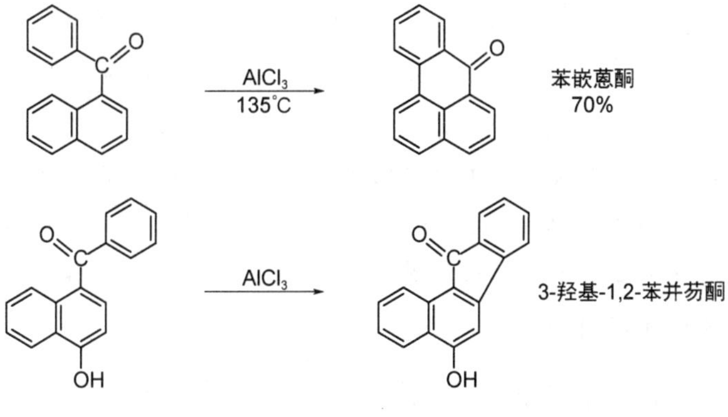

2-苯甲酰氧基-3-萘甲酸与 AlCl₃ 共热，首先苯甲酰基重排到 1 位，然后在萘芳环的 α 位缩合，生成 4-羟基蒽酮-3-甲酸（苯嵌蒽酮为命名的基本结构）。

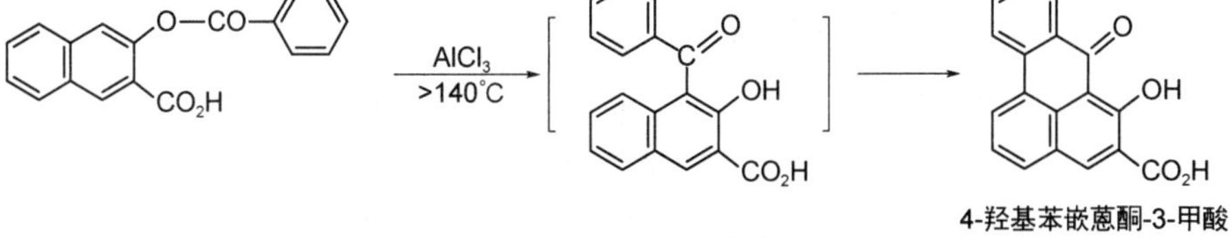

---

❶ 本次工作中只提取了三次，再提取仍可得部分产品。

❷ 产品的冷硫酸溶解试验（0.1g 样品溶于 10mL 分析纯级的浓硫酸中应无色）微显蓝色，可能是硫酸中 NO_3^- 造成的，抑或是浓硫酸对它的氧化，或应再结晶一次。

9-芴酸 M 210.23，mp 223℃；无色结晶。

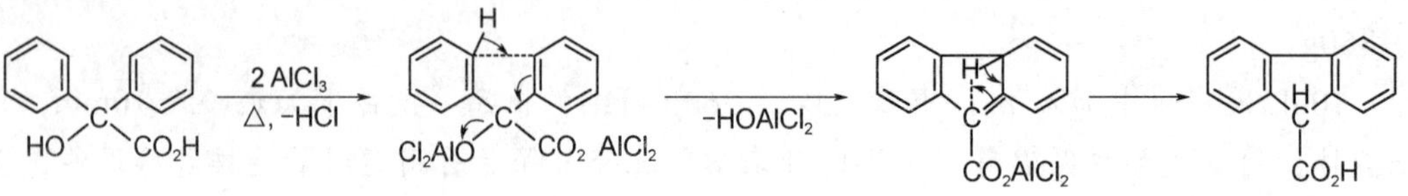

2L 三口烧瓶中加入 0.7L 无水苯、45.6g（0.2mol）二苯基乙醇酸（mp 150~151℃），冰盐浴冷却控制 5℃以下搅拌着慢慢加入 80g（0.6mol）无水三氧化铝；移去冰盐浴再搅拌半小时，慢慢加热使回流 3h，放出大量 HCl，反应物由黄色变为橘红色。冷却后、冰冷着慢慢加入碎冰，水解缓和后加入 400mL 冰水及 200mL 浓盐酸；加热回收苯，冷至 80℃左右滤出结晶，水洗，粉碎后用 400mL 10% Na_2CO_3 溶液加热溶解，脱色过滤，有未溶解的部分再用 200mL 10% Na_2CO_3 热煮后过滤，碱性溶液合并，脱色过滤，冷后酸化、滤出、水洗，干后得 29~41g（产率 93%~97%），mp 215~222℃。

精制：用 50%乙醇（6mL/g）重结晶，精制的收率 60%~70%，mp 221~223℃。

1,12-二羟基苊（2,2′-二羟基二萘嵌苯） M 284.32。

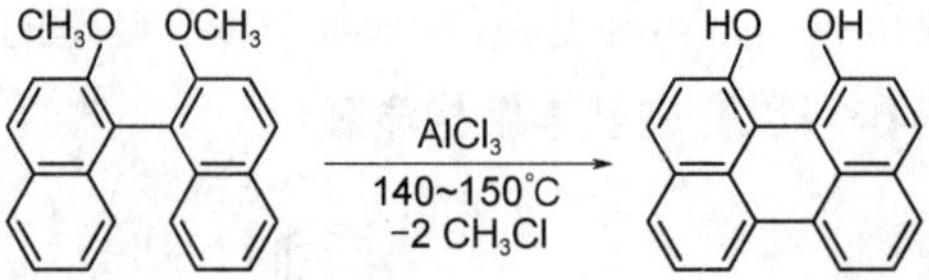

3L 烧瓶中加入 314g（1mol）2,2′-二甲氧基-1,1′-联苯（实际是在烧杯中做的）、1.24kg（9mol）无水氯化铝（应减少至 4.5mol）；充分混匀、于 140~150℃油浴上加热；起初有大量氯甲烷放出，随即熔化为黑色流体，保温 1h（有 $AlCl_3$ 升华），保温后加入 6L 10% 盐酸中煮沸 2h，倾去酸水，取出黑色沥青状物，冷后结固、打碎；使溶于 4L 1% NaOH 溶液中脱色过滤，以稀乙酸中和析出浅黄绿色结晶粉末，滤出、水洗，在氢氧化钠真空干燥器中干燥两天，得 250g（产率 80%）。

硫黄粉作用下的脱氢反应要求较高的反应温度，并放出 H_2S。

1,2-萘二甲酸酐 M 198.18。

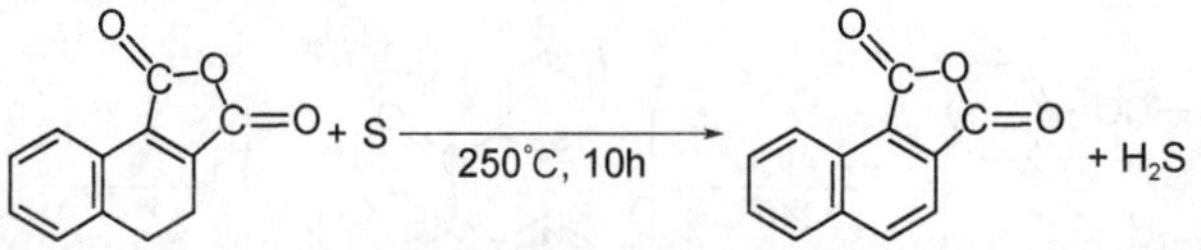

20g（0.1mol）3,4-二氢-1,2-萘二甲酸酐与 3.2g（0.1mol）硫黄粉混合，于 230~250℃熔融盐浴中加热，不时搅动，约 20min 硫黄消融，再在 250℃加热至不再有硫化氢放出（约 10h 可以完成）。减压蒸馏，收集 210~215℃/12~13mmHg 馏分，馏出物用 150mL 甲苯溶解，必要时滤清，慢慢加入 150mL 石油醚，冷后滤出结晶，苯洗，干后得 15~18g（产率 76%~91%）。少量硫杂质使产物呈淡黄色针晶，mp 166~167℃。

芪二酸（1,2-二苯乙烯-4,4'-二甲酸）　M 268.27，mp 约 460℃；大部分普通有机溶剂中很难溶解，可溶于 DMF；在沸环丁砜（bp 285℃）中的溶解度约 2.5%。

$$2\ HO_2C-\underset{}{\bigcirc}-CH_3 + 2\,S \longrightarrow HO_2C-\underset{}{\bigcirc}-CH=CH-\underset{}{\bigcirc}-CO_2H + 2\ H_2S$$

1L 三口烧瓶中加入 136g（1mol）4-甲基苯甲酸及 32g（1mol）硫黄粉，充分混匀，于 245℃熔盐浴加热，反应物熔化、变暗，放出硫化氢，开始析出黄色固体物（主要是芪二酸），控制反应物在 245~250℃保温至停止放出 H_2S，最后加热至 271℃保温 3h，至停止放出 H_2S 为止[❶]。

放冷至 140℃，维持 140~145℃（二甲苯沸点）慢慢加入 600mL 二甲苯，加热回流使未反应的 4-甲基苯甲酸溶解至固体物崩解开，再回流 10min，放冷至 70℃左右滤出固体物并用二甲苯在沸水浴上加热搅拌洗涤两次[❷]，再用二噁烷煮洗两次（2×100mL），以洗去聚合酸，得粗品 105g。将粗品溶于 2% KOH 溶液（25mL/g）中保温以使硫杂质凝结，脱色过滤[❸]，趁热用盐酸慢慢酸化并加热煮沸，滤出结晶。

若反应温度太高或升温太快，则会产生更多以下副产物。

$$HO_2C-\underset{}{\bigcirc}-CH_3CH_2-\underset{}{\bigcirc}-CO_2H\ ;$$

（含硫杂环副产物结构图）

二、催化脱氢

催化脱氢是一定温度（压力）条件的加氢与脱氢的平衡过程；六元的环烷在 Pt/C、Pd、Ni、Co 催化下，170℃脱氢没有中间产物，生成苯、联苯或萘；在该条件下其它环烷不脱氢，如：

（环己基环戊烷脱氢为苯基环戊烷的反应式）

由于催化脱氢是在相当高的温度下进行，故只适用于对热稳定的物质的脱氢，如：二苯甲烷通过高温下的 Pt/C 催化剂在分子内脱氢环合生成芴；二苯胺在分子内脱氢环合，得到咔唑。

（二苯甲烷 Pt/C 300℃ 生成芴 + H₂ 的反应式）

（二苯胺 Pt/C 生成咔唑 + H₂ 的反应式）

---

❶ 文献报道：在 270℃以上保温 2h 有 79.5%的 4-甲基苯甲酸进入反应；产品产率以消耗 4-甲基苯甲酸计为 45.5%，如计入回收则为 57.3%。

试验中：加热至 210℃，升华的硫在冷凝管中凝结，要及时捅下；开始放出 H_2S 以后以 6℃/h 的速率升温，约 7h 升至 250℃左右保温 2h。

❷ 所有二甲苯溶液合并，回收二甲苯以后的剩余物主要是 4-甲基苯甲酸及少量硫。蒸馏（升华）4-甲基苯甲酸（bp 275℃）重复使用。

❸ 另法处理：趁热向钾盐滤液中加入与粗品同等重量的氯化钾搅拌使溶，使芪二酸钾盐析出，冷后滤取钾盐结晶。将钾盐溶于 2L 水中脱色过滤，趁热以浓盐酸酸化，稍冷滤出，水洗，干后得 50g（产率 37%，按投入 4-甲基苯甲酸计）。

无水吡啶（bp115℃）与多量骨架镍一起加热及搅拌反应回流150h得到 2,2'-联吡啶；从喹啉（bp 235℃）分子间脱氢（回流）得到 2,2'-联喹啉，由于反应温度不够高，反应缓慢、产率低，不作为合成方法。

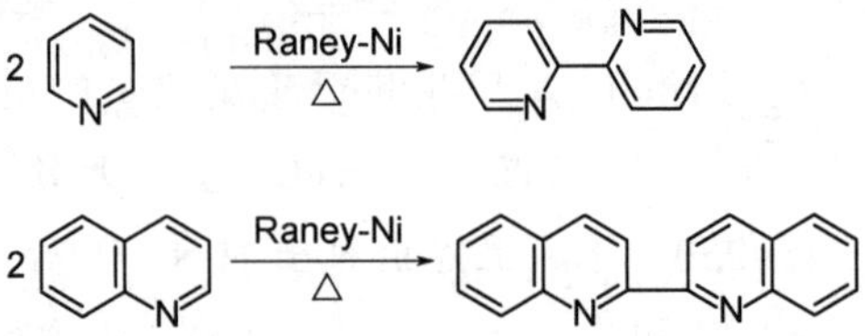

铜催化剂：一般直接使用铜盐和（吡啶）胺，不一定先制成络合物；下面是制备铜·四甲基乙二胺的方法：

$$CuCl + 2\ (CH_3)_2N{-}CH_2CH_2{-}N(CH_3)_2 + H_2O + [O] \xrightarrow[]{O_2/水，甲醇} Cu(OH)_2 \cdot 2(CH_3)_2N{-}CH_2CH_2{-}N(CH_3)_2 \cdot Cl^-$$

27mL 水及 0.5L 甲醇的含水甲醇中加入 100g（1mol）氯化亚铜及232.5g（2mol）四甲基乙二胺，搅拌使溶，通入氧气半小时（6~7mL/s）吸收了约 0.5mol 的氧气，滤取络合物，用丙酮洗涤，真空干燥，得424g（产率97.6%），紫色粉末，mp 138~139℃（分解）。

二苯基乙二酮（联苯甲酰）　M 210.23，mp 94~95℃。

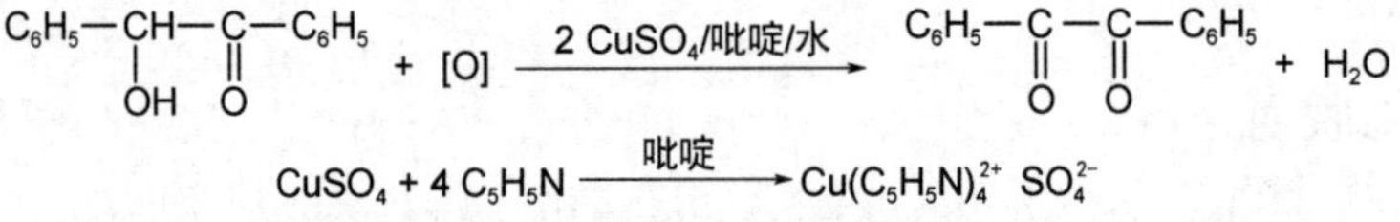

$$CuSO_4 + 4\ C_5H_5N \xrightarrow[]{吡啶} Cu(C_5H_5N)_4^{2+}\ SO_4^{2-}$$

12L 三口烧瓶中加入 4kg 吡啶、1.6L 水，加热及搅拌下加入 4.1kg（16.4mol）结晶硫酸铜，加热溶解后加入 1.7kg（8mol）1,2-二苯基羟基乙酮（安息香）粗品，于 100℃快速通入空气 2h，反应物变为深绿色，生成的联苯甲酰浮在上面，次日分离[❶]，水洗，以 3L 10%盐酸加热熔洗，冷后滤出，水洗。用四氯化碳（2mL/g）重结晶，冷后滤出，母液浓缩又得部分产品，共得 1.45kg（产率 86%），mp 94~95℃[❷]。

其它制法：其它氧化剂、Cl₂、HNO₃ 以及电解方法。

2,3-二-*p*-甲苯基-2,3-二氰基-丁二酸二甲酯　M 376.42。

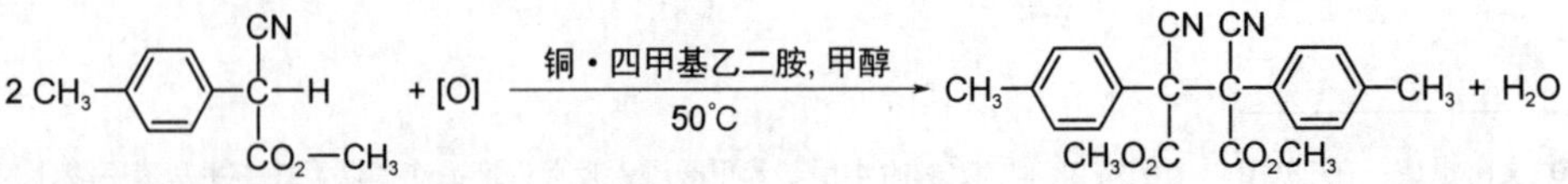

250mL 三口烧瓶中加入 75mL 甲醇及 7.5g（0.04mol）2-(*p*-甲苯基)-氰乙酸甲酯及 1g 铜·四甲基乙二胺催化剂（见上述铜催化剂）维持 50℃左右在搅拌下通入氧气直至反应

---

❶ "吡啶络硫酸铜"母液中通入空气 24h，很容易将亚铜重新氧化，补充 200g 吡啶重新用来氧化第二批安息香。

❷ 使用稀硝酸氧化、反应不完全，粗品的熔点要低 6~7℃，同样重结晶以后的熔点仍低 1℃。

物由紫色变为蓝色，停止搅拌冷至室温，反应物又成为无色，加入 5mL 7% 盐酸，放置后滤出产物，水洗、再甲醇洗两次，得 6.63g，mp 217.5~219℃。母液加入 100mL 水混匀，用氯仿提取，又得 0.57g。

第五节　加成缩合

加成缩合是电负中心与异原子双键、极化双键或共轭烯的亲核加成，如：①安息香缩合；②碳负中心和 α,β-不饱和键 C=C、异原子双键 C=O 加成；③双烯加成。

一、安息香缩合

芳香醛、杂环醛及某些不含 α-C–H 的脂肪醛在含水乙醇中，在少量 KCN、NaCN 催化下发生双分子缩合生成乙醇酮化合物，最具典型特征的是安息香合成，故此类合成称之为安息香缩合。KCN、NaCN 的催化作用是专一的，其它碱如 HO^- 不起作用，其专一属性表现为只在生成碳负离子时才进行加成，然后 ^-CN 退减下来（再生），如下式：

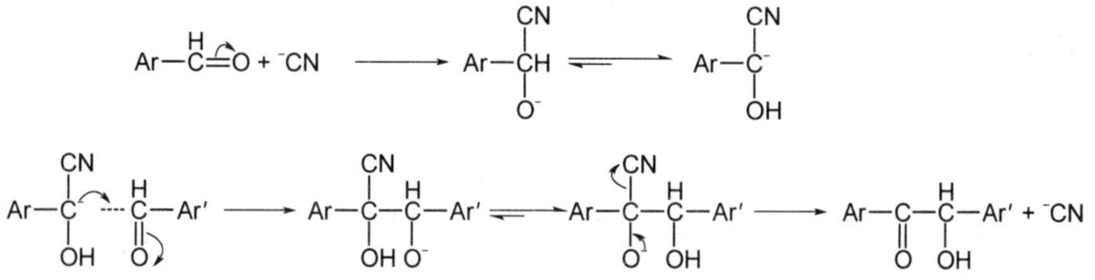

芳香醛邻、对位的推电子基或拉电子基都对反应不利：强推电子基使醛的羰基碳原子电正性降低而不利于氰基（^-CN）的进攻；强拉电子基虽利于 ^-CN 基在羰基加成，其后生成的碳负离子受两方面双重拉电子的影响而电负性降低，以致不能和另一个醛分子羰基加成，如：4-硝基苯甲醛不能生成任何安息香：

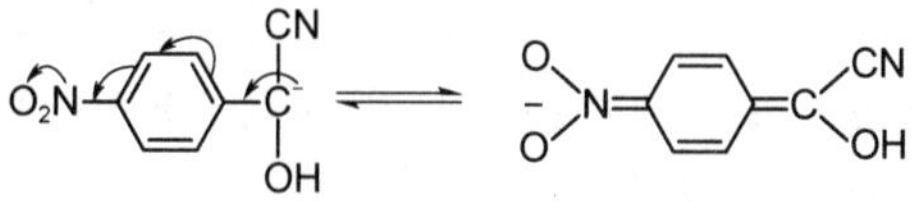

但是，对二甲氨基苯甲醛、对甲氧基苯甲醛能和苯甲醛缩合、生成混合安息香，是 ^-CN 首先与加成活性更强的苯甲醛加成形成碳负离子，然后安息香缩合，如：

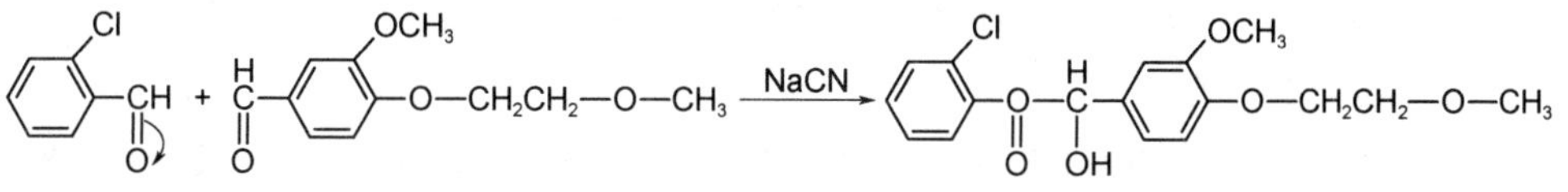

2′-氯-3-甲氧基-4-甲氧乙氧基安息香

安息香（1,2-二苯基乙醇酮）　M 212.25，mp 137℃，bp 334℃、194℃/12mmHg，d^{20} 1.316；白色结晶，微溶于热水及乙醚，溶于热乙醇。

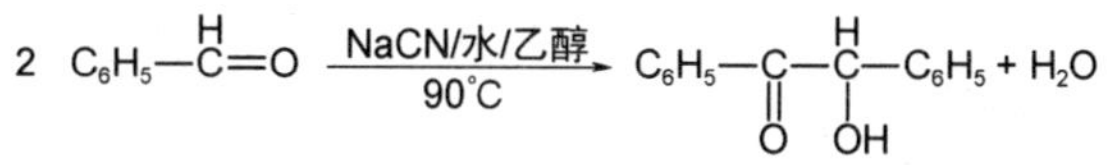

5L 三口烧瓶中加入 500mL 水及 50g（1mol）氰化钠，搅拌使溶，再加入 625mL 95% 乙醇及 500g（4.7mol）无酸的苯甲醛，搅拌着、在高效回流冷凝器下于沸水浴上加热使微沸半小时，约 20min 开始析出结晶；冷后滤出、冷乙醇洗、水洗，干后得 450~460g（产率 90%）；用乙醇（8mL/g）重结晶，得 308g（产率 61%），mp 129℃[1]。

二、碳负中心和 α,β-不饱键、异原子双键加成

其 α-C-H 活泼氢的化合物，如：丙二酸二乙酯、丙二腈、氰基乙酸乙酯、β-酮酸酯以及 HCN 等。在碱作用下生成碳负离子与 α,β-双键的（亲核）加成缩合，反应速度取决于双键的极化程度、空间因素及亲核试剂——碱的强度。

如：达米酮的合成是丙二酸二乙酯与醇钠作用生成碳负离子，然后与异丙叉丙酮（α,β-不饱和键）的碳碳双键进行亲核加成缩合，第二步的缩合是碱作用下烯醇的平衡，成环规律及空间因素决定由酮的甲基质子移变，在酯的羰基加成，脱去醇完成反应。

5,5-二甲基-1,3-环己二酮（达米酮） M 140.19，mp 150℃；可溶于丙酮。

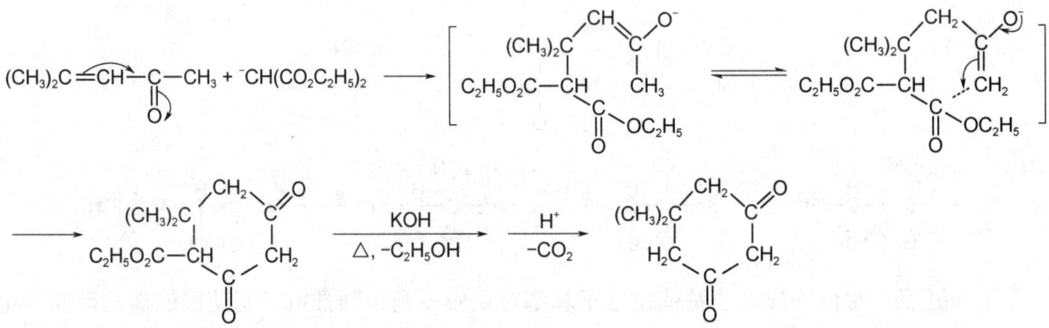

2L 三口烧瓶安装机械搅拌、分液漏斗及回流冷凝器，用水浴冷却及加热。

烧瓶中加入 400mL 无水乙醇，分若干次加入 23g（1mol）金属钠切片，待作用完后，控制 50℃以下、搅拌着慢慢加入 170g（1.06mol）丙二酸二乙酯，再慢慢加入 100g（1.02mol）异丙叉丙酮，加完后慢慢升温使回流 2h。慢慢加入 700g 18%（2.2mol）氢氧化钾溶液再回流 6h，趁热用 10%盐酸中和至中性（约用 550mL），再于沸水浴加热回收乙醇，脱色过滤两次，趁热酸化并煮沸 1h 以完成脱羧。放冷滤出结晶，冷水浸洗，风干后得 96~122g（产率 67%~85%），mp 145~147℃。

精制：以上粗品用丙酮（10mL/g）重结晶，得浅绿色针晶，mp 147℃；又精制一次的熔点为 147~148℃[2]。

本品分析纯（AR）标准：外观淡黄绿色针晶；mp 146~149℃；纯度>99.5%；对醛的灵敏度、水溶解试验及乙醇溶解试验合格；灰分<0.05%。

又如：$NC-CH_2-CO_2-C_2H_5 + C_2H_5O^- \longrightarrow NC-\bar{C}H-CO_2-C_2H_5$

---

[1] 本品为酸性，宜考虑其它溶剂精制。

[2] 相间的二酮为浅黄绿色，亦如 2,4-戊二酮。

$$CH_2\!=\!CH\!-\!CO_2\!-\!C_2H_5 + NC\!-\!\overset{-}{C}H\!-\!CO_2\!-\!C_2H_5 \xrightarrow{H^+} C_2H_5\!-\!O_2C\!-\!\underset{CN}{\overset{|}{C}H}\!-\!CH_2CH_2\!-\!CO_2\!-\!C_2H_5$$

2-氰基戊二酸二乙酯

乙炔的加成缩合，乙炔的三键把两个碳原子拉的很紧，碳碳引力的加强使 C–H 键具有较强的酸性（比环戊二烯稍弱），在液氨中与 $NaNH_2$（或与其它碱如 KOH、C_2H_5OK）生成乙炔钠（钾）、作为亲核试剂与没有 α-C–H 的醛（酮）在羰基加成；如果有活泼 α-C–H，反应的平衡会使反应混乱，应尽量避开强碱条件，采用其它如中性或催化条件下进行。

$$2\ CH_2\!=\!O + HC\!\equiv\!CH \longrightarrow HO\!-\!CH_2\!-\!C\!\equiv\!C\!-\!CH_2\!-\!OH \xrightarrow{2H_2} HO\!-\!CH_2CH_2CH_2CH_2\!-\!OH$$

$$R\!-\!C\!\equiv\!CH + \underset{O}{\overset{|}{CH_3\!-\!\overset{||}{C}\!-\!CH_3}}\ \left(\underset{HO}{\overset{|}{CH_2\!=\!C\!-\!CH_3}}\right) \xrightarrow[100\sim110℃]{Ni,\ Cr,\ Cu} \underset{HO}{\overset{R-C\equiv C}{\overset{|}{CH_3\!-\!\overset{|}{C}\!-\!CH_3}}}$$

1,1'-双环己醇-乙炔　　*M* 222.33，mp 109~111℃；无色结晶，可溶于四氯化碳，溶于丙酮。

$$2 \langle\!\!\!\bigcirc\!\!\!=\!O + HC\!\equiv\!CH \xrightarrow{CaC_2,\ KOH/苯} \overset{OH}{\underset{HO}{\bigcirc\!-\!C\!\equiv\!C\!-\!\bigcirc}}\quad [CaC_2 + KOH \longrightarrow KC\!\equiv\!CH + CaO]$$

2L 三口烧瓶中加入 600mL 无水苯，搅拌下加入 56g（0.85mol）85% KOH 细粉及 76.4g（1.19mol）100 目的碳化钙细粉，于 1h 左右滴入 85g（0.87mol）环己酮[1]，微有放热，加完后继续搅拌 24h，反应物呈凝乳状、未反应的物料呈悬散于反应物中。放置 4h 或更长时间，冰冷及搅拌下于 5~6h 慢慢滴入 400mL 20%（2.5mol）盐酸，（最初有未反应的碳化钙水解放出臭电石气）加完后滤出产物及滤渣，风干后用 0.9L 四氯化碳加热提取，趁热过滤，滤渣再提取一次，提取液冰冷过夜，次日滤出结晶，干后得 47.3~50.3g（产率 49%~52%），mp 106.5~109℃；母液回收部分溶剂，冰冷过夜，滤出结晶，干后得 7.8~12.9g，mp 100~109℃。

精制：用四氯化碳或丙酮重结晶，或升华，mp 109~111℃。

β-氯乙烯基-异戊基-甲酮　　*M* 160.64，bp 96~98℃/20mmHg，n_D^{25} 1.4619；刺激、糜烂性液体。

$$(CH_3)_2CHCH_2\!-\!\overset{O}{\overset{||}{C}}\!-\!Cl + HC\!\equiv\!CH + AlCl_3 \xrightarrow{四氯化碳} \left[(CH_3)_2CH\!-\!CH_2CH_2\!-\!\overset{O^-\text{-}AlCl_3}{\overset{|}{\underset{\underset{H-C\equiv CH}{}}{C}}}\!-\!Cl}\right] \xrightarrow{-HCl}$$

$$(CH_3)_2CHCH_2\!-\!\underset{Cl}{\overset{OAlCl_2}{\overset{|}{\underset{|}{C}}}}\!-\!C\!\equiv\!CH \xrightarrow{HCl} (CH_3)_2CHCH_2\!-\!\underset{Cl}{\overset{OAlCl_2}{\overset{|}{\underset{|}{C}}}}\!-\!CH\!=\!CH\!-\!Cl \xrightarrow{水} (CH_3)_2CHCH_2\!-\!\overset{O}{\overset{||}{C}}\!-\!CH\!=\!CH\!-\!Cl$$

1L 四口烧瓶安装机械搅拌、分液漏斗、插底有分散头的通气管，出气口安装一个小

---

[1] 环己酮的加成活性仅次于醛。

油封以检查乙炔的吸收情况；乙炔气体通过空瓶、硫酸干燥，作泄压的三通阀门及空瓶然后进入烧瓶，外用冰浴冷却。

先通入乙炔清除瓶中的湿气，向烧瓶中加入 260g 品质优良的无水四氯化碳，通入乙炔使饱和，搅拌下加入 98g（0.74mol）AlCl$_3$ 细粉，继续通入乙炔至饱和，几分钟后，于半小时左右慢慢滴入 84.7g（0.63mol）新蒸的异己酰氯，使通入乙炔的速度稍快于吸收速度，在 0.3~1h 后的吸收速度突然变快（有引发过程），调节通气速度，约半小时或更长时间吸收变慢，直至吸收很慢为止。

2L 烧杯中加入 300mL 饱和食盐水及 700g 碎冰，搅拌着慢慢加入上面的反应物，充分搅拌，分取有机层，水层用乙醚提取三次（3×100mL），提取液与分取的油层合并，加入 2g 对苯二酚，用氯化钙干燥后在低于 50℃ 的水浴上加热回收溶剂，最后用水泵减压收尽，最后的剩余物用油泵减压、尽快蒸出，收集大约 90℃/5mmHg 以前的馏出物。

重新减压分馏，收集 96~98℃/20mmHg 馏分，得 55~65g（产率 54%~64%），n_D^{25} 1.4619。

羰基化反应：乙炔和 CO 在催化剂作用下加成生成环丙烯酮，它与水、醇、硫醇、氨或 HCN 等在羰基处加成为丙烯酸的衍生物。

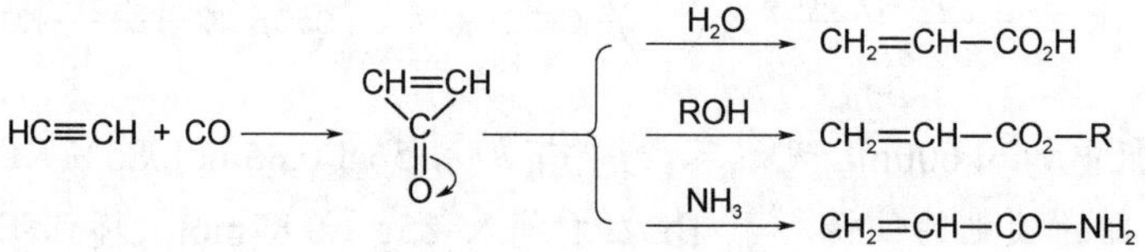

$$HC{\equiv}CH + CO \longrightarrow$$
（环丙烯酮）
- $\xrightarrow{H_2O}$ $CH_2{=}CH{-}CO_2H$
- $\xrightarrow{ROH}$ $CH_2{=}CH{-}CO_2{-}R$
- $\xrightarrow{NH_3}$ $CH_2{=}CH{-}CO{-}NH_2$

乙炔的环化反应，在氰化镍及压力下聚合为环多烯，如：苯、环辛四烯。

$$HC{\equiv}CH \xrightarrow[80{\sim}100℃]{氰化镍/THF, 15kg/cm^2} 环辛四烯$$

乙炔的其它加成：

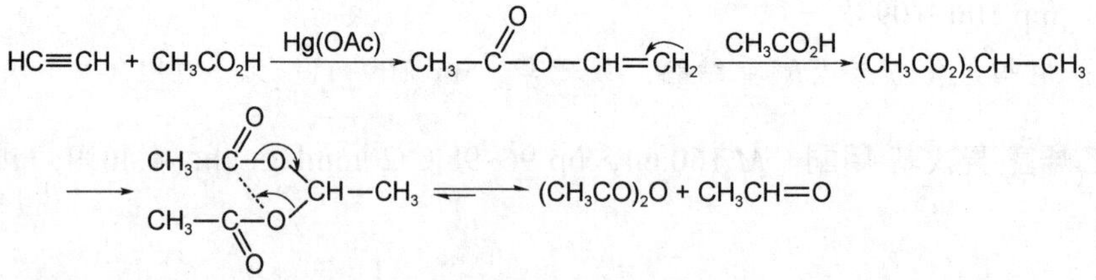

$$HC{\equiv}CH + CH_3CO_2H \xrightarrow{Hg(OAc)} CH_3{-}C({=}O){-}O{-}CH{=}CH_2 \xrightarrow{CH_3CO_2H} (CH_3CO_2)_2CH{-}CH_3$$

$$\longrightarrow (CH_3CO)_2O + CH_3CH{=}O$$

乙烯和乙醇加成：乙炔用氮稀释，通过 150~160℃ 的乙醇氢氧化钾饱和溶液（常压），产出物冷却收集乙醇，其后用冷阱收集乙烯基乙基醚。氢氧化钾有消耗（不应使用玻璃反应器）、同时向反应物中添加含 1% 氢氧化钾的乙醇溶液。

$$HC{\equiv}CH + C_2H_5{-}OH \xrightarrow[150{\sim}160℃]{KOH/乙醇} H_2C{=}CH{-}O{-}C_2H_5$$
乙烯基乙基醚 bp 33℃

三、共轭烯类的加成缩合——双烯加成及"芳构化"

纯的环戊二烯在室温即可缓缓在分子间加成为二聚体，不进一步聚合；在 200℃左右又裂解为单体——环戊二烯。

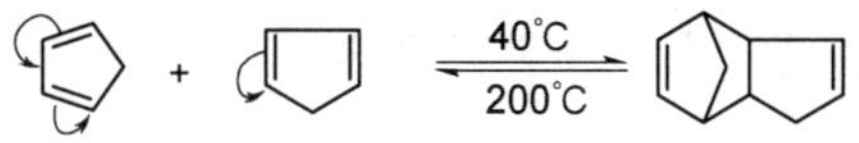

羰基使 C=C 双键极化，苯醌的两侧都可以和环戊二烯加成；环戊二烯、甲基环戊二烯等共轭二烯几乎定量地发生 1,4-加成，反应速度和它们的极化程度有关，如：

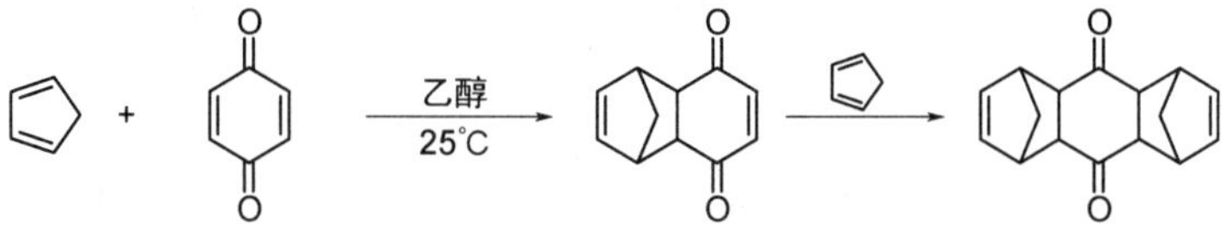

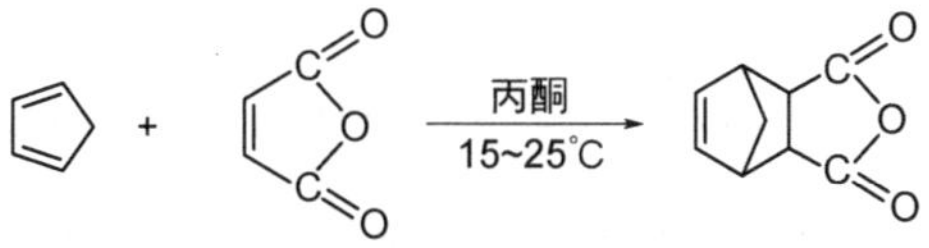

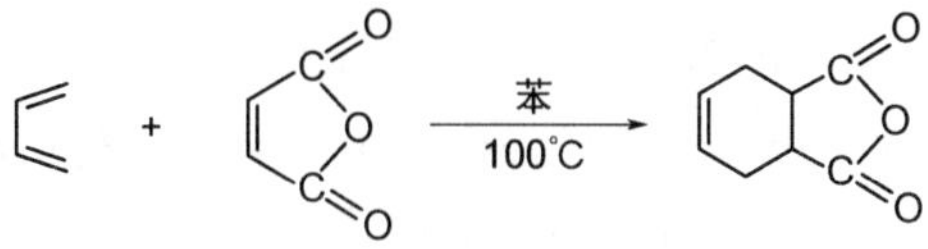

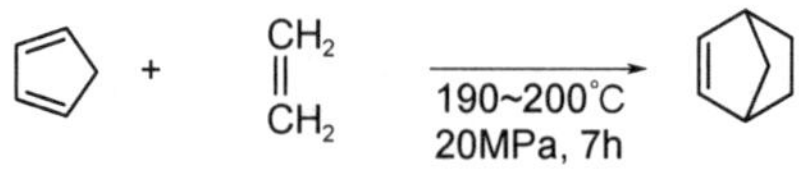

其它共轭烯如二丙烯醛、丁烯醛，五元杂环如呋喃、噁唑也发生类似的缩合。

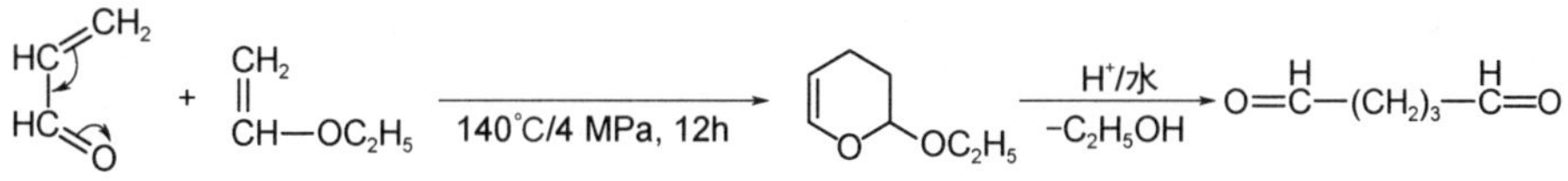

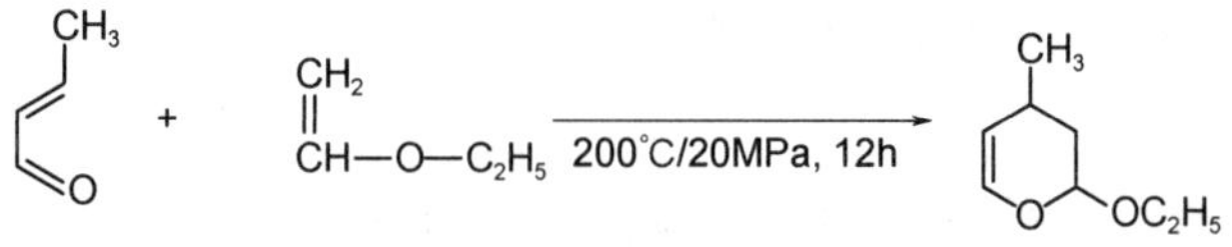

3,6-内亚甲基-1,2,3,6-四氢-苯二甲酸酐（Nadic 酸酐）　 M 164.15，mp 165~167℃；白色结晶，可升华，微溶于乙醇，易溶于丙酮和苯。

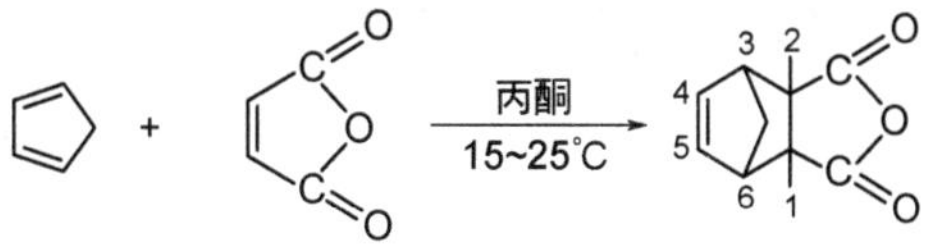

环戊二烯：在使用前临时以二聚环戊二烯解聚，在 0℃存放也不得超过 10h。

5L 三口烧瓶配置机械搅拌、分液漏斗及高效分馏柱，外用电热套加热。

烧瓶中加入 2L 四氢萘（bp 207℃）及沸石，加热保持 190~200℃，从分液漏斗慢慢滴入二环戊二烯（bp 170℃），随即解聚、环戊二烯蒸出，控制分馏柱顶温度 35~45℃，加料速度控制在 2 滴/秒以下，馏出物的受器冰冷，立即使用，如有必要可用氯化钙干燥。本生产是将环戊二烯直接蒸馏到反应物中去。

加成缩合：10L 三口烧瓶中 **❶** 加入 4kg（40.8mol）顺-丁烯二酸酐及 2L 丙酮，水浴加热搅拌使溶，冰水浴冷却控制 15~25℃，搅拌着于 8h 左右将 2.64kg（40mol）刚解聚的环戊二烯慢慢加入，大量结晶析出，加完后再冰冷下搅拌 1h，滤出结晶，用冷丙酮冲洗二次，烘干得 4.8kg（产率 73%）。

精制：用丙酮（1mL/g）重结晶，丙酮冲洗，干后得 3.2kg，mp 162~164℃。

母液回收丙酮至 1/2 体积，冷后滤出结晶，再如上精制，又得 1~1.2kg。

产品用途：玻璃、搪瓷、塑料、树脂、钢丝的表面处理，杀虫剂、润滑油及纺织品的整理渗透剂。

降冰片烯（去甲基冰片烯，3,6-内亚甲基环己烯）　M 94.16，mp 46℃，bp 94~97℃。

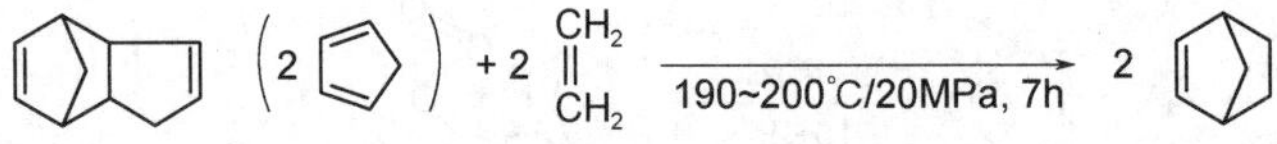

1L 压力釜中加入 200g（1.5mol）二环戊二烯，用乙烯排出釜内空气，充入乙烯至釜压 6.7~7.2MPa（25℃），搅动下加热至 190~200℃（此温度下的压力为 20MPa）保温反应 7h，冷后于通风处放空、取出反应物，分馏，收集 93~100℃馏分，得 162~202g（产率 57%~71%）。重新分馏，收集 94~97℃馏分，mp 44~44.5℃。

乙烯基醚与丙烯醛在压力釜中 140℃的加成缩合有瞬时反应。

戊二醛　M 100.13，bp 187~189℃、71~72℃/10mmHg；无色液体，与水、醇互溶，溶于苯。

a. 2-乙氧基-3,4-二氢-α-吡喃

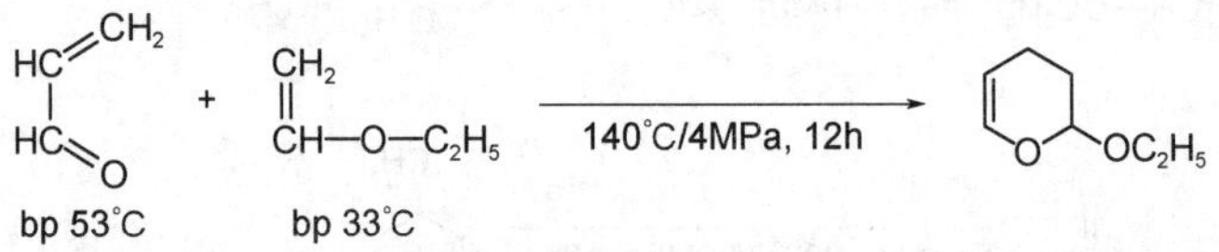

280g（5mol）丙烯醛及 400g（5.5mol）乙烯基乙醚分别冷至 0℃以下，控制 0℃慢慢混匀，加入 4g 对苯二酚，混匀后加入至 2L 容积的压力釜中，在搅拌下加热至 140℃反应 12h［中试过程出现瞬时反应，压力上升至 4MPa——或许是未（少）加对苯二酚造成的］。冷后放空，得到的产物近于黑色，减压分馏，收集 62~65℃/50mmHg 馏分，产率 84%，d_{25}^{25} 0.966，n_D^{20} 1.4376。

b. 戊二醛——水解

---

❶ 曾使用直径 40cm 的搪瓷桶生产，以计算二环戊二烯的数量，解聚产物直接馏入反应物中，合成的母液连续使用三次未见异常。

$$\text{（吡喃醚结构）} \xrightarrow[\text{H}^+/\text{水}]{\text{H}_2\text{O}} \left[\cdots \right] \xrightarrow{-\text{C}_2\text{H}_5\text{OH}} \text{HO—CH=CH—CH}_2\text{—CH=CH—OH} \longrightarrow \text{O=C—CH}_2\text{CH}_2\text{—C=O}$$

1L 三口烧瓶中加入 300mL 水、25mL d 1.19 盐酸，搅拌下加入 128g（1mol）2-乙氧基-3,4-二氢-1,2-吡喃，半小时后反应物变清亮，反应放热使温度升至 38~40℃，放置 2h 使反应完全，用 NaHCO3 中和至 pH 4，用氯化钙饱和后用乙醚提取两次。回收乙醚，剩余物减压分馏，收集 75~81℃/15mmHg 馏分，得 57g（产率 57%），n_D^{25} 1.4370。

2-甲氧基-3,4-二氢-4-甲基-α-吡喃　　M 128.17，bp 135~138℃，n_D^{25} 1.4370。

$$\text{（巴豆醛）} + \text{（乙烯基甲醚）} \xrightarrow{200℃/20\text{MPa, 12h}} \text{（4-甲基-2-甲氧基吡喃）}$$

2L 压力釜冷至 0℃以下，加入 1.1g 对苯二酚和 286g（4.08mol）巴豆醛，维持 0℃左右，搅拌下加入 294g（5.06mol）冰冷的乙烯基甲醚（bp 5~6℃），封闭后慢慢加热并开始摇动，维持 200℃反应 12h（在 220℃时的压力为 19MPa）。冷后放空，取出黑色产物，分馏收集 42~50℃/19mmHg 馏分，得 270~297g（产率 52%~57%），n_D^{25} 1.4349~1.4374。

二十三烷-12-酮（月桂酮）　　M 338.61，mp 69℃，bp 230℃/3mmHg。

$$2\ n\text{-C}_{10}\text{H}_{21}\text{—CH}_2\text{—C(=O)—Cl} + 2\ \text{N(C}_2\text{H}_5)_3 \xrightarrow[5\sim10℃]{\text{乙醚}} \left[2\ n\text{-C}_{10}\text{H}_{21}\text{—CH—C(=O)—N}^+\text{(C}_2\text{H}_5)_3 \cdot \text{Cl}^- \right] \xrightarrow{-2\ \text{HCl} \cdot \text{N(C}_2\text{H}_5)_2}$$

$$\begin{array}{l} n\text{-C}_{10}\text{H}_{21}\text{—CH=C=O} \\ \text{O=C=CH—C}_{10}\text{H}_{21} \end{array} \longrightarrow (\text{环丁二酮中间体}) \longrightarrow (\text{开环中间体}) \xrightarrow{\text{H}_2\text{O}}$$

$$\underset{n\text{-C}_{10}\text{H}_{21}\text{—CH—C(=O)—CH}_2\text{—}n\text{-C}_{10}\text{H}_{21}}{\overset{\text{CO}_2\text{H}}{}} \xrightarrow{-\text{CO}_2} n\text{-C}_{10}\text{H}_{21}\text{—CH}_2\text{—C(=O)—CH}_2\text{—}n\text{-C}_{10}\text{H}_{21}$$

3L 三口烧瓶中加入 1.26L（900g）无水乙醚，搅拌下加入 153g（0.7mol）十二酰氯，冰浴冷却下于半小时左右慢慢加入 70.7g（0.7mol）无水三乙胺，加完后再搅拌 10min，放置过夜。次日，加入 125mL 2%硫酸以洗去三乙胺盐酸盐[注]，再水洗，回收乙醚。剩余物移入于 1L 烧杯中，加入 0.5L 2% KOH 溶液，搅拌下于水浴上加热 1h，冷后冰冷，撇取上层蜡状产物，用 400mL 甲醇/丙酮混合溶剂重结晶，冰冷后滤出，冷甲醇冲洗，风干后得 55~65g（产率 46%~55%），mp 62~64℃。

其它方法：十二酸镁盐的分子脱羧。

---

❶ 按以下处理更方便：加入 150mL 2% H₂SO₄，水浴加热回收乙醚，用水泵减压收尽，趁热分取油层，减压分馏，收集 215~230℃/3mmHg 馏分，得 64~75g，用 750mL 丙酮重结晶，风干得 55~65g，mp 68~69℃。

极化的 C=C 双键与 HCN 加成制备丁二腈（见 362 页）。

第六节 脱 HX 缩合

即卤代烃分子内、分子间脱 HX，生成双键和三键，见 51 页。

第七节 脱卤缩合

相邻二卤分子内及分子间甲叉二卤的脱卤，见 67 页。

第八节 其它缩合

一、羧酸碱土金属盐干馏（分子间）脱羧——酮、醛的合成

详见第 180 页。

二、柯栢尔缩合——羧酸盐的电解

羧酸盐的电解是单电子转移（失去电子）的氧化反应——羧酸负离子在阳极失去一个电子、然后失羧生成烃自由基：

$$R-CO_2^- \xrightarrow{-e} R-CO_2 \cdot \longrightarrow R\cdot + CO_2$$

该自由基非常活泼，立即偶联生成烃或者酯。

$$2\,R\cdot \longrightarrow R-R$$

$$R\cdot + R-CO_2\cdot \longrightarrow R-CO_2-R$$

如果是羧酸的钠盐电解，Na^+ 在阴极得到一个电子，单质钠与水生成 NaOH；HO^- 在阳极失去一个电子生成 $HO\cdot$ 自由基，与烃基 $R\cdot$ 结合生成醇。

$$HO^- \xrightarrow{-e} HO\cdot \xrightarrow{R\cdot} R-OH$$

二元酸单酯盐电解得到偶联的中性酯以及如上副产物。

$$RO_2C-(CH_2)_n\,CO_2^- \xrightarrow{-e} RO_2C-(CH_2)_n\,CO_2\cdot \xrightarrow{-CO_2} RO_2C-(CH_2)_n\cdot \xrightarrow{RO_2C(CH_2)_n\cdot} RO_2C-(CH_2)_n-(CH_2)_n-CO_2R$$

三、双分子还原

以上羧酸盐水溶液的电解是负离子失去一个电子生成自由基（氧化反应），然后偶联的缩合；酯或酮的羰基在非极性溶液中从金属表面获得一个电子生成负离子自由基（还原反应），由于负离子对于电子排斥作用，它不能继续取得电子而是分子间自由基发生偶联，是双分子还原（见 96 页），如：5-羟基-辛-4-酮（见 96 页）、频哪醇（见 97 页）的合成。

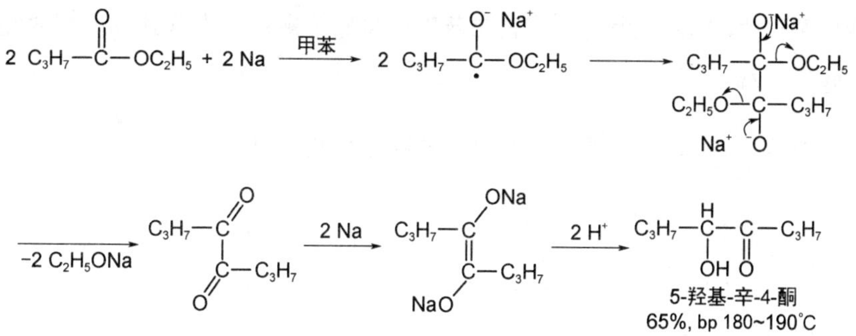

$$2\ C_3H_7-\overset{\displaystyle O}{\overset{\|}{C}}-OC_2H_5 + 2\ Na \xrightarrow{\text{甲苯}} 2\ C_3H_7-\overset{\displaystyle O^-\ Na^+}{\overset{|}{\underset{\bullet}{C}}}-OC_2H_5 \longrightarrow \ \ C_3H_7-\overset{\displaystyle ONa}{\overset{|}{\underset{|}{C}}}-OC_2H_5$$

5-羟基-辛-4-酮
65%, bp 180~190℃

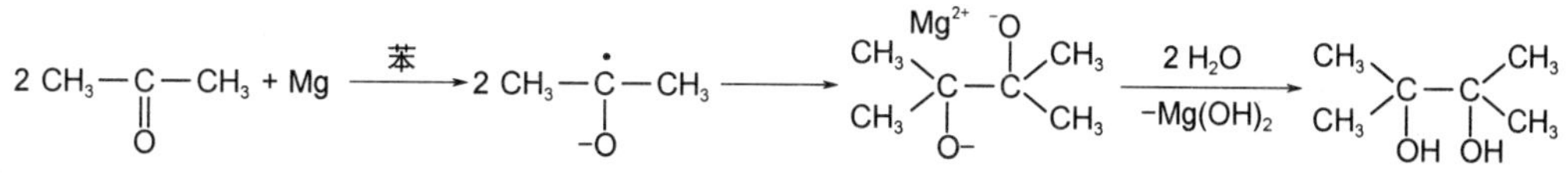

频哪醇 35%, mp 43℃

四、酸酐在 α-C—H 位置的酰化

和酸酐在"酸"作用下与芳烃的缩合有某些相似。酸酐在"酸"作用下分解为酰基正离子及羧酸负离子，R—CO$_2^-$ 与路易斯酸络合或平衡移变，烯醇碳负电中心与酰基正离子反应完成缩合。作为催化剂的"酸"如 BF$_3$、AlCl$_3$。

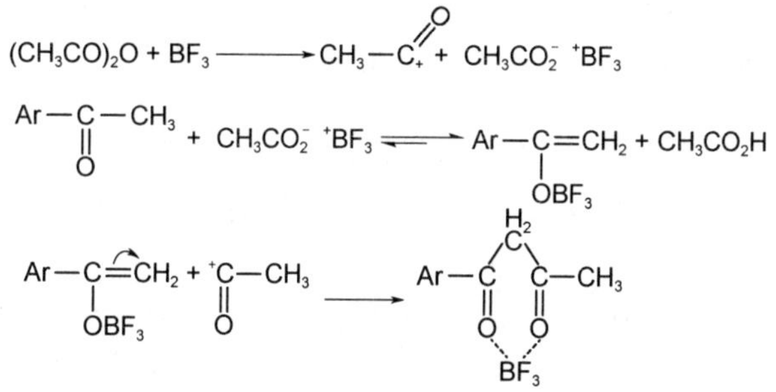

$$(CH_3CO)_2O + BF_3 \longrightarrow CH_3-\overset{\displaystyle O}{\overset{\|}{C_+}} + CH_3CO_2^-\ {}^+BF_3$$

$$Ar-\overset{\displaystyle O}{\overset{\|}{C}}-CH_3 + CH_3CO_2^-\ {}^+BF_3 \rightleftharpoons Ar-\overset{\displaystyle OBF_3}{\overset{|}{C}}=CH_2 + CH_3CO_2H$$

总反应式：

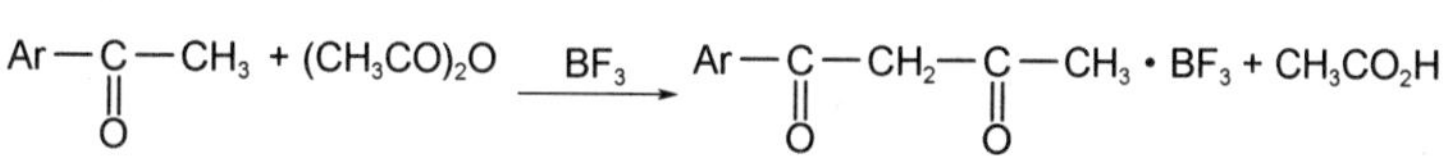

α-乙酰基-苯乙酮

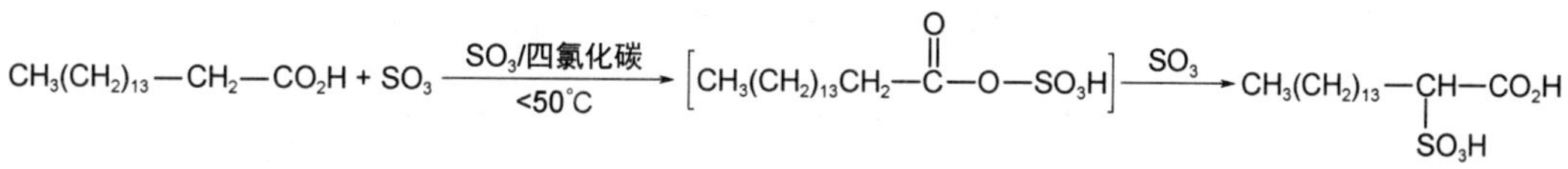

$$CH_3(CH_2)_{13}-CH_2-CO_2H + SO_3 \xrightarrow[<50℃]{SO_3/四氯化碳} \left[CH_3(CH_2)_{13}CH_2-\overset{\displaystyle O}{\overset{\|}{C}}-O-SO_3H\right] \xrightarrow{SO_3} CH_3(CH_2)_{13}-\underset{\displaystyle SO_3H}{\overset{|}{C}H}-CO_2H$$

α-磺基十六酸
75%~80%

五、羰基的光化学反应——自由基偶联

芳香酮、脂肪酮在液相、光照下从氢原子供给体、溶剂（如：异丙醇）或底物分子内取得氢原子而被还原，生成的自由基（自由基式醇）发生偶联，如：苯基频哪醇的合成中，二苯甲酮羰基在光照下从溶剂异丙醇取得一个氢原子生成自由基或二苯甲醇；异丙醇失去氢原子成为异丙醇基，它更容易失去氢原子。与第二个二苯甲酮生成稳定的二苯甲醇基；两个二苯甲醇基偶联生成四苯基乙二醇；异丙基被氧化为丙酮。两个自由基式二苯甲醇，第一个来

自光激发夺取氢产生的,第二个自由基式二苯甲醇氢原子来自自由基式异丙醇的氢原子迁移,这步不是光化学反应。

苯基频哪醇(四苯基乙二醇)　　M 366.46,mp 190~195℃(分解);无色结晶。

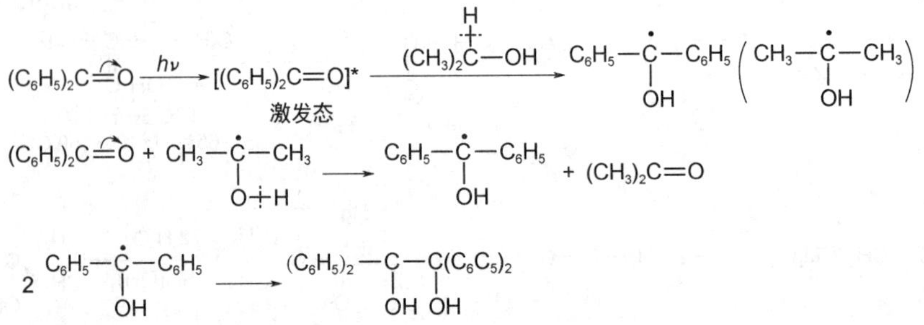

1L 三口烧瓶中加入 150g(0.82mol)二苯甲酮、665g(0.85L,11mol)异丙醇及 1 滴冰乙酸,加热至 45℃摇动使二苯甲酮溶解,用木塞塞紧并捆扎好,在日光下暴晒 5h 后开始析出结晶。如果天气晴好约 5 天可以完成反应(每天摇动几次);光照不好则要 8~10 天。烧瓶中充满了晶体,冰冷后滤出结晶,用冰冷的异丙醇冲洗,风干得 141~142g (产率 93%~94%),mp 188~190℃。

母液及洗液合并,再加入 150g 二苯甲酮如上处理,得到与以上相近的产率,母液在操作中有丙酮挥发及异丙醇补充,可以使用 6~7 次或者更多。

如果二苯甲酮分子的邻位有 α-C—H,它很活泼,(在没有其它 H·来源的情况)它可以提供 H·,是分子内氢的迁移变为烯醇式,并与原来的芳酮互变异构,不发生还原及偶联。

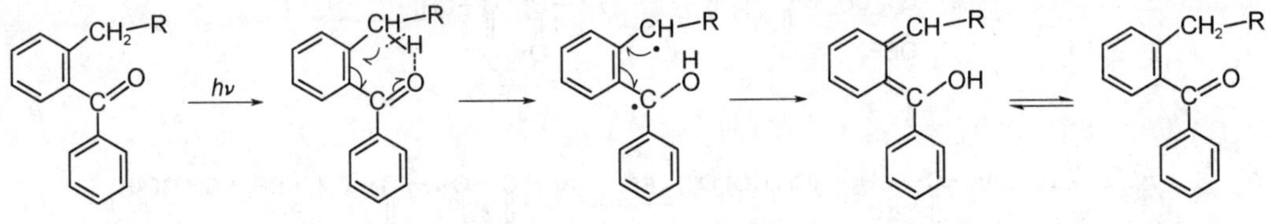

在没有氢原子供给体,或在气相光化反应中,它不同于液相条件,自由基不能发生碰撞偶联转移其能量,而是发生碳键断裂、脱去羰基为其中间产物,而后发生偶联。

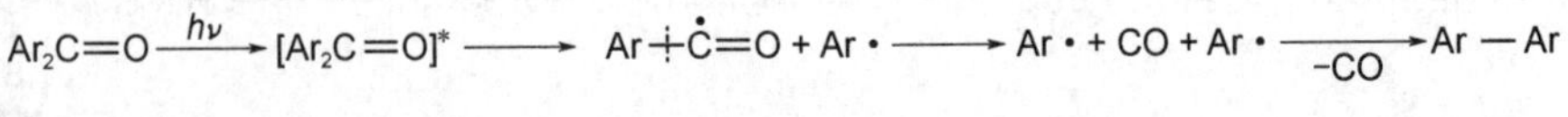

又如:

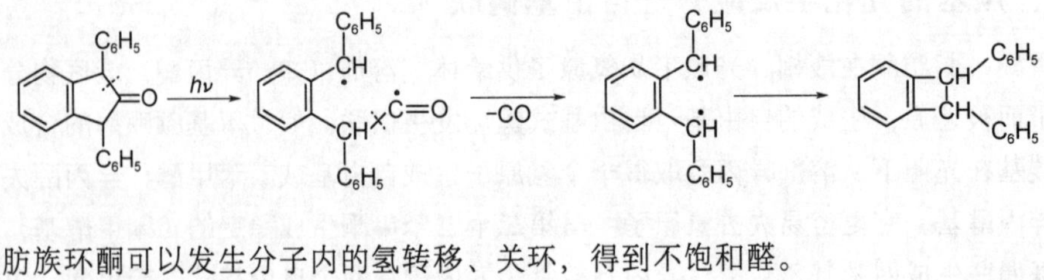

脂肪族环酮可以发生分子内的氢转移、关环,得到不饱和醛。

较大烷基的脂肪族酮，光照下在相宜位置的氢原子发生迁移、生成双自由基，可以发生关环，也可以发生碳键断裂——多发生在羰基的 α-碳和 β-碳之间断裂，是光消去反应。

$$Ar-\overset{O}{\underset{\|}{C}}-CH_2-CH_2-CH_2-R \xrightarrow{h\nu} Ar-\overset{O}{\underset{\|}{C}}\cdots\overset{CH_2-CH_2}{\underset{H}{\diagdown}}CH-R \longrightarrow Ar-\overset{\cdot}{\underset{OH}{C}}\quad\overset{CH_2-CH_2}{\diagdown}\overset{\cdot}{CH-R}$$

（关环）
$$\overset{H_2C-CH_2}{Ar-\underset{\underset{OH}{|}}{C}-CH-R}$$

（碳键断裂）
$$Ar-\underset{OH}{C}=CH_2 \left(Ar-\overset{O}{\underset{\|}{C}}-CH_3\right) + CH_2=CH-R$$

六、电负中心对 $CH_2OHN(CH_3)_2$ 缩合及 β-消去 $HN(CH_3)_2$——形成端烯

季铵盐、季铵碱、氧代叔胺，依 β-C—H 的活性，经过 β-消去热解为端烯，或用作加成的底物——见叔胺、季铵碱的裂解（见 73 页）。

电负中心对于羟甲基二甲胺的羟基取代在酸条件下进行，是亲核的缩合，其后的反应，如果氨基氮的 β-位有可移变的氢原子，受热则发生 β-消去，生成端烯。如：吲哚-3-乙酸（见 818 页）的中间体——3-甲叉吲哚；又如：甲基-乙烯基甲酮的合成。

$$CH_2=O + HN(CH_3)_2 \cdot AcOH \xrightarrow[8\sim15\,^{\circ}C]{AcOH} CH_2\overset{OH}{\underset{N(CH_3)_2 \cdot AcOH}{\diagup}}$$

（吲哚与羟甲基二甲胺在 AcOH、−H₂O 条件下反应，再经 水、乙醇、NaCN，−HN(CH₃)₂·AcOH，80h 等步骤，经 3-甲叉吲哚、⁻CN、CH₂CN，再经 NaOH Δ、H⁺ 生成）

吲哚-3-乙酸 82%

甲基-乙烯基甲酮 M 70.09, bp 36.5~36.8℃/145mmHg, d 0.842, n_D^{20} 1.4110；对苯二酚作稳定剂。

a. 二乙氨基-丁-3-酮（bp 76℃/16mmHg, d 0.860, n_D^{20} 1.4330）

$$CH_3-\overset{O}{\underset{\|}{C}}-CH_3 \rightleftharpoons CH_3-\underset{OH}{C}=CH_2 + CH_2\overset{OH}{\underset{N(C_2H_5)_2}{\diagup}} \xrightarrow[\triangle,\,12h,\,-H_2O]{HCl} CH_3-\overset{O}{\underset{\|}{C}}-CH_2-CH_2-N(C_2H_5)_2 \cdot HCl$$

$$\xrightarrow{NaOH} CH_3-\overset{O}{\underset{\|}{C}}-CH_2CH_2-N(C_2H_5)_2$$

3L 三口烧瓶中加入 600mL（8.2mol）丙酮、80mL 乙醇及 2 滴浓盐酸，搅拌下加入 68g 聚甲醛粉末（相当 2.26mol 甲醛），再加入 176g（1.7mol）二乙胺盐酸盐，水浴加热回流 12h，亮黄色的反应液中仍有少量凝胶状物。冷却下慢慢加入 65g（1.6mol）氢氧化钠溶于 300mL 水的溶液中和至碱性，用乙醚提取三次（3×200mL），提取液合并用饱和盐水洗两次（2×100mL）。盐水液用新乙醚提取两次（2×150mL），乙醚液合并、用无水

硫酸钠干燥后于水浴 50℃回收乙醚。最后减压收尽，剩余应及时减压分馏❶，最好用干冰的冷阱冷却受器❶，收集 63~67℃/7mmHg（或 75~77℃/15mmHg）馏分，得 150~171g（产率 66%~75%），n_D^{25} 1.430~1.431。产物中会有少量 1,1-双-二乙氨甲基丙酮。

b. *β*-消去 —— 甲基-乙烯基甲酮

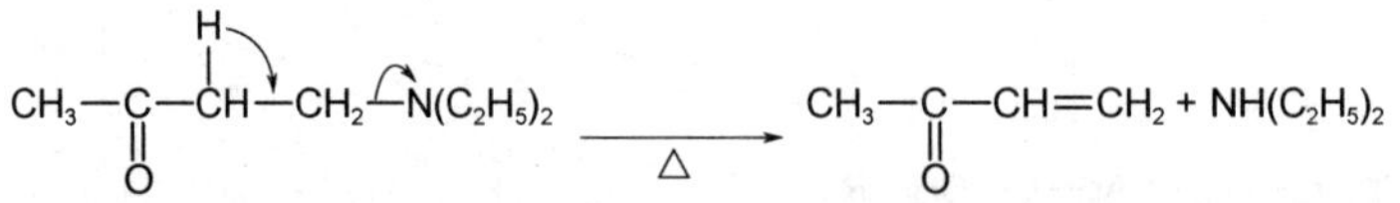

$$CH_3-\underset{\underset{O}{\|}}{C}-\overset{\overset{H}{|}}{C}H-CH_2-N(C_2H_5)_2 \xrightarrow{\triangle} CH_3-\underset{\underset{O}{\|}}{C}-CH=CH_2 + NH(C_2H_5)_2$$

以上产物用电热套加热、水泵减压缓慢蒸馏，收集到的馏出物再减压分馏。

又如：*N,N*-二甲基环己甲胺虽有 *β*-C—H，但不活泼，用双氧水氧化制得 *N*-氧代的叔胺，有过渡态，加热分解以二甲基羟胺形式脱出，得到甲叉环己烷（见 72 页）。

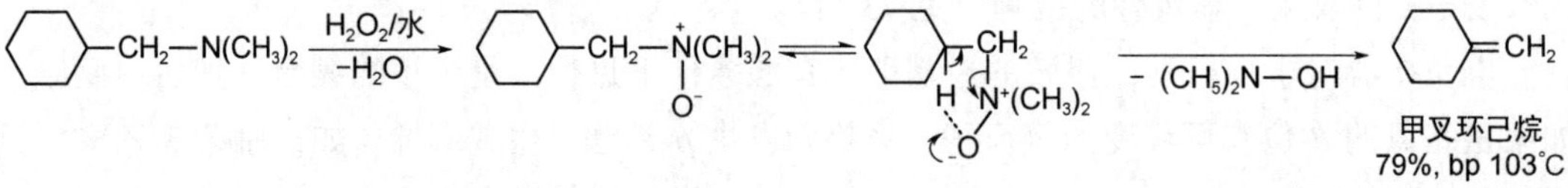

$$\text{环己基}-CH_2-N(CH_3)_2 \xrightarrow[-H_2O]{H_2O_2/水} \text{环己基}-CH_2-\overset{+}{N}(CH_3)_2\ O^- \rightleftharpoons \text{环己基} \quad \xrightarrow{-(CH_5)_2N-OH} \text{甲叉环己烷}$$

甲叉环己烷
79%, bp 103℃

❶ 应及时处理，存放 1~2 天的中间体粗品在蒸馏时会分解，用干冰冷却的受器为收集分解的产物。以上产物使用油浴加热、在＜12mmHg 减压蒸馏很少分解。

第十七章

重排

第一节　概述

　　重排是有机分子在酸、碱、光、热作用下电中心发生改变，或分子的基团发生迁移，或碳骨架发生改变，是分子结构本身特性决定的。由于电性和空间的关系，某些基团或原子向更稳定、空间比较松弛的位置迁移，生成新的化合物或异构体，或是作为中间过程发生的改变。

　　重排分为亲电重排、亲核重排、协同重排、自由基重排；又可分为分子内和分子间的重排；有在重排前后各组分原子数目的比例没有变化，也有在重排后的组分比例发生了变化，某些原子或基团来自其它分子，这些原子或基团多是甲基、苯基、氢、氧或卤原子；也有在重排中失去某些小分子，如水。

　　迁移基带着成键电子对的 1,2-迁移，虽然有时把反应写成分步的，实际上 1,2-迁移始终没有真正离开，是基团的迁移和离去基的离去同时进行的。如：

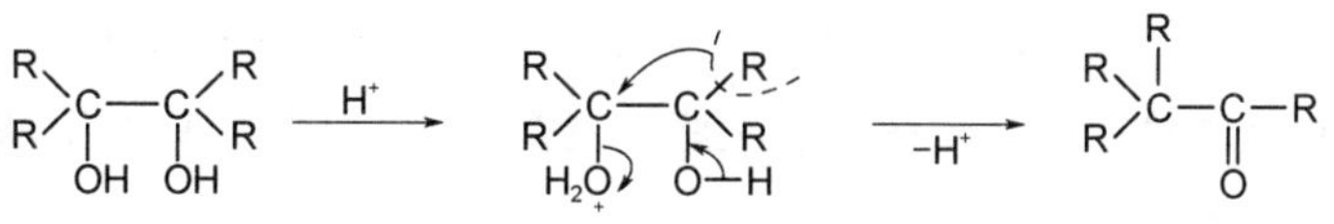

　　芳核上氢、氧原子取代基上的基团重排到芳核上，多是脱离开原来的分子而后的取代，是分子间的反应，如：−X、−R、−NO、−NO$_2$、R−CO−等；另外，芳核上的烷基、磺酸基、卤原子在"酸"作用下也发生重排，这种分子间的重排依电性及空间因素的影响也能重排到其它环上。

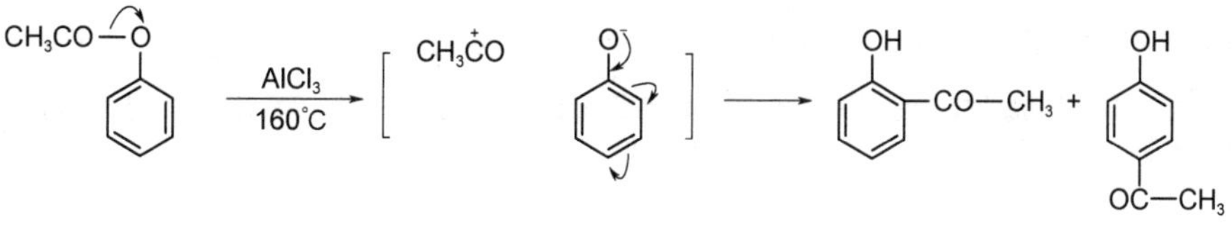

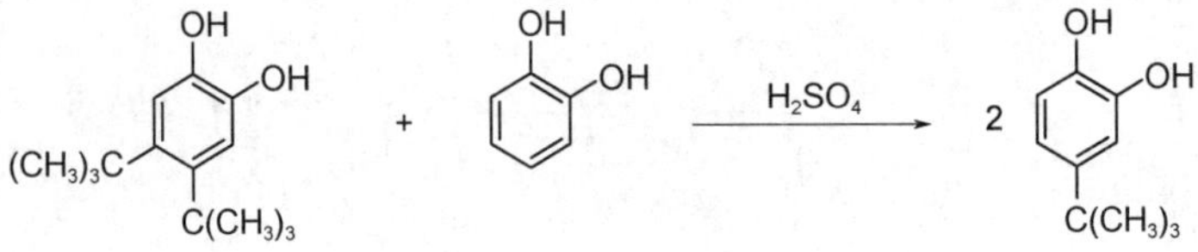

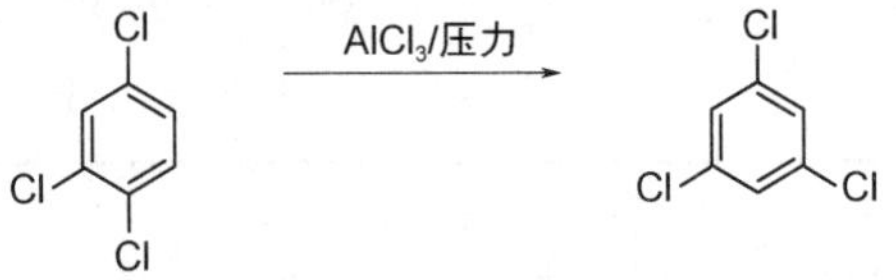

联苯胺重排及 *N*-硝基-芳仲胺的重排，由于硝基以正离子的形式离开在能量上不利，是分子内发生的重排。

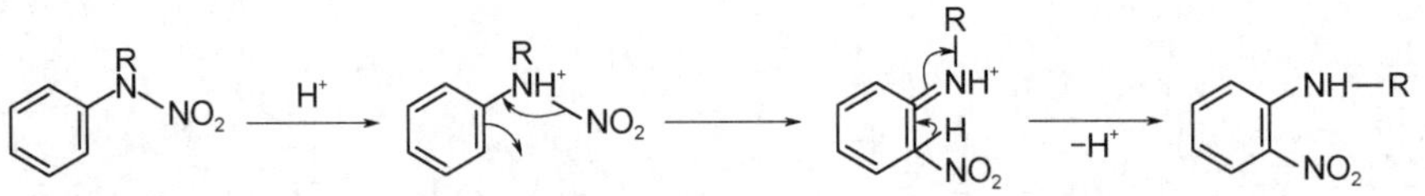

碱作用下的重排：强碱从 α-C—H 夺取质子产生电负中心，离去基丢开原来的成键电子对向负电中心迁移，是亲电重排（亦见 376 页脚注❶），如：

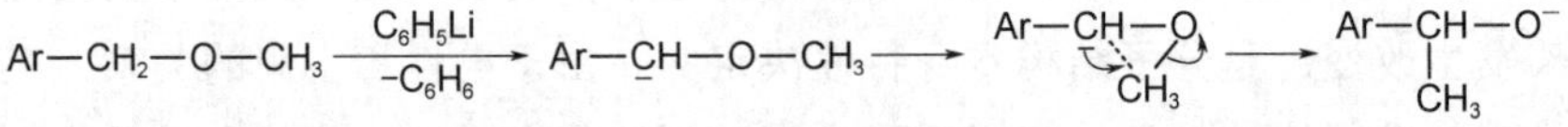

协同重排：过程中不存在正离子、负离子、碳烯、氮烯等单独的实体；不受溶剂的影响；也不被酸、碱催化；没有发现引发剂对它有影响；反应过程具有环过渡态的特征，仅由于加热即完成重排。

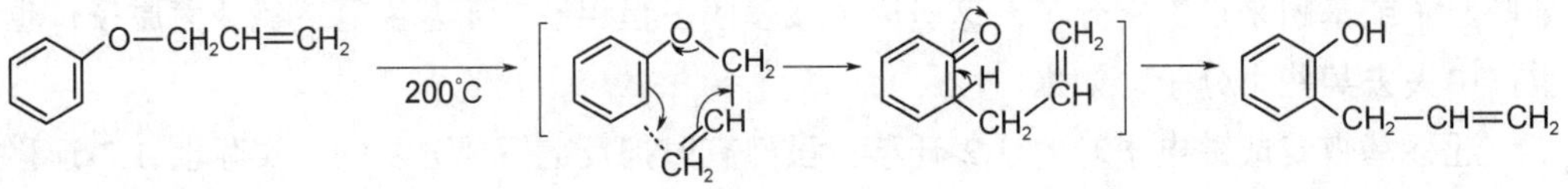

自由基重排：自由基的重排取向比其它的重排取向小得多（在形成自由基时就选择了生成稳定的自由基），反应过程是首先生成自由基，迁移基带着一个电子作 1,2-迁移、生成更稳定的自由基，由于能量原因，一般不发生烷基或氢原子的迁移，只发苯基迁移，苯基迁移的活化能较低，容易形成桥式过渡态。

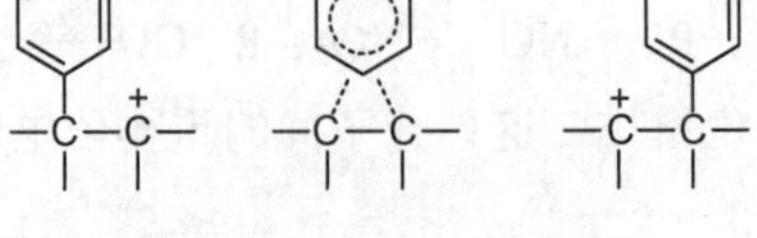

也常有碳链上的卤原子迁移，在过氧化物作用下的溴与 1,1,1-三氯丙烯加成产物中，正常产物 $Cl_3C-CHBr-CH_2Br$ 占 47%；重排产物 $Br-CCl_2-CHCl-CH_2Br$ 占 53%；重排反应的动力可能是在中间过程三氯甲基的氯原子比较拥挤，拉电子的作用使 C—Cl 键削弱的原因。

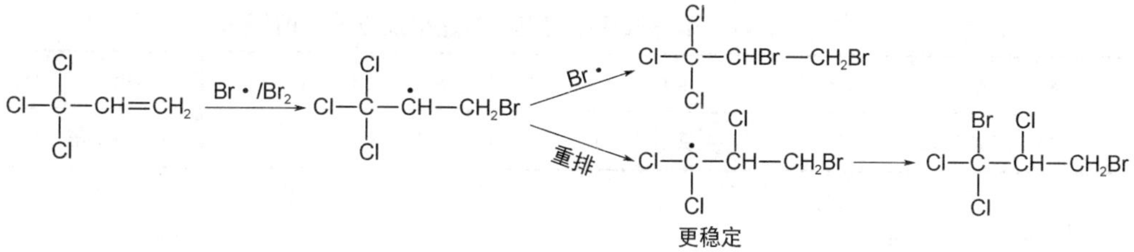

$CCl_3-CH=CH_2 \xrightarrow{Br\cdot/Br_2} CCl_3-\overset{\cdot}{C}H-CH_2Br$

经 $Br\cdot$ 得到 $CCl_3-CHBr-CH_2Br$ (上)

经 重排 得到 $\overset{\cdot}{C}Cl_2-CHCl-CH_2Br \longrightarrow BrCCl_2-CHCl-CH_2Br$ （更稳定）

第二节　脂肪族碳链的重排

有机分子碳骨架有较大的稳定性，但是在 C—X、C—O、C—N 键的异裂过程中碳原子失去成键电子对形成碳正离子，该碳正离子就是迁移基带着成键电子对迁移的目的位置；在与反应体系中的电负性底物结合之前完成了迁移基的迁移，电正中心改变了位置，生成更稳定的碳正中心后与电负性底物结合，这是亲核重排。

强碱夺去质子生成碳负离子，而后发生的重排是亲电重排。

一、碳正离子的重排——亲核重排

碳链上绝大多数基团的迁移是 1,2-迁移，即邻基或邻位氢原子带着成键电子对迁移到相邻的缺电子碳上；在脂环中也常见 1,3-迁移，迁移的结果是生成更稳定的碳正离子。重排要求一定的能量，见仲丁基苯的合成（见 26 页），使用溴代仲丁烷在 $AlCl_3$ 作用下和苯在 40℃反应，有 40%~50%重排为叔丁基，在 0℃反应没有发生重排。

迁移的难易为 H>苯基>甲基，工作中并不一定完全依照这个规律，其它条件，在 1,2-迁移中离去基从前边离去的同时迁移基从背面进攻空间因素对迁移有重大影响——重排朝向更为松弛的结构形式；另外，以伯、仲碳正离子重排为稳定的叔碳正离子从能量上有利，也多有发生，如：频哪醇重排。

频哪醇重排和反频哪醇重排骨架结构的改变正好相反：

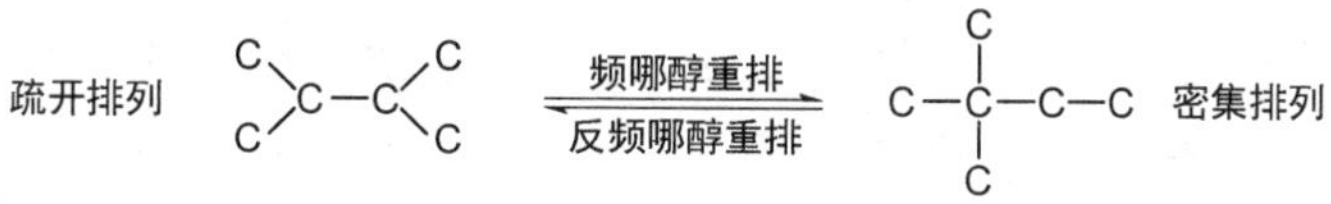

疏开排列　$C-C(C)(C)-C(C)(C)-C$ ⇌（频哪醇重排 / 反频哪醇重排）$C-C(C)(C)-C(C)-C$ 密集排列

反应的朝向取决于生成稳定的碳正离子和反应条件。

在频哪重排中涉及三个问题：①生成更稳定碳正离子的位置；②空间因素对迁移基从背面进攻形成三中心二电子过渡态的影响；③过度反应——恢复原来的碳架结构——反频哪醇重排。

作为迁移基，如果是苯基，在它的对位（或间位）有推电子基使芳基的电负性增强，有利于桥式过渡态形成而使迁移的倾向加强；邻位取代基对于生成桥式过渡态有阻碍，使苯基迁移困难；芳基上的拉电子基都使迁移困难乃至不发生。如表 17-1 所示。

表 17-1　苯环取代基对其 1,2-迁移反应速率的影响

推电子基并无位阻	苯基 1.0	4-甲氧苯基 500	4-甲苯基 15.7
拉电子基及有位阻	4-氯苯基 0.7	2-甲氧苯基 0.3	3-甲苯基 1.95

1. 频哪醇重排

无机酸或 BF₃ 作用于 α,β-取代的乙二醇类发生脱去水，生成碳正离子，相邻碳上的一个基团或氢原子发生了重排；同时生成新的碳正离子，其醇基受正电荷的吸引释出质子生成酮，为了减少过度反应使反应逆转——随时将生成的频哪酮蒸出，脱离反应体系。

3,3-二甲基-丁-2-酮（频哪酮）　M 100.16，mp −49.8℃，bp 106℃，d^{25} 0.8012，n_D^{20} 1.3952。

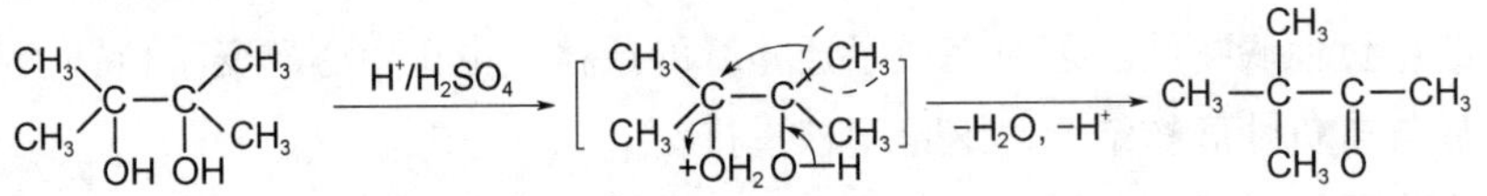

2L 三口烧瓶中加入 750g（26%）H₂SO₄ 和 250g 六水频哪醇[1]，安装分液漏斗及蒸馏冷凝器，加入沸石，加热使生成的频哪酮蒸出至油层不再增加；分取油层，水层含少量频哪醇，返回烧瓶中补加 60mL 浓硫酸以维持硫酸的浓度，再加入 250g 水合频哪醇加热蒸馏，如此直至 1.4kg（4.4mol）水合频哪醇反应完毕。合并的粗品用无水硫酸钠干燥后分馏，收集 103~107℃馏分，得 287~318g（产率 62%~72%）。

α,α,α-三苯基苯乙酮（四苯基乙酮）　M 348.45，mp 182℃。

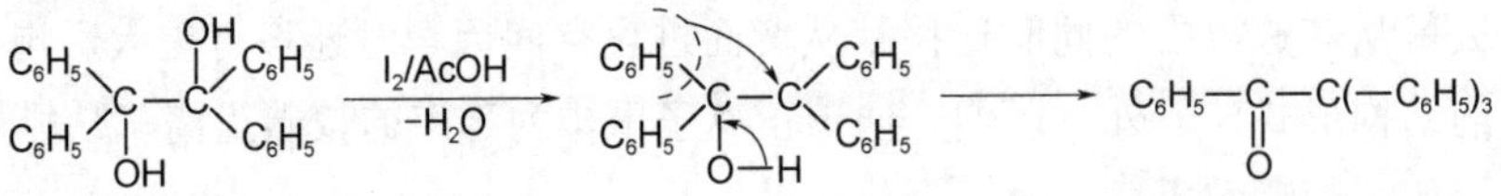

1L 三口烧瓶中加入 100g（0.27mol）苯基频哪醇 [四苯基乙二醇，mp 190~195℃（分解）]、500mL 冰乙酸及 1g 碘，搅拌下加热回流 5min，苯基频哪醇溶消进入反应，得橘红色溶液，倾入 1L 烧杯中放冷，α,α,α-三苯基苯乙酮以线状结晶析出，滤出，以冷乙酸洗至无色（洗 3~4 次），干后得 90~91g（产率 95%~96%），mp 178~179℃。

精制：用苯溶解，以石油醚沉析，收率 90%，mp 179~180℃。

1,1-二苯基-2,2-二甲基-乙二醇在酸作用下质子首先进攻 1 位的醇基脱去水，生成在 1 位受两个苯基分散而得到稳定的碳正离子。重排过程，2 位碳上的甲基迁移的同时，醇基失去质子，完成重排，得到 2,2-二苯基-丁-3-酮，如下式：

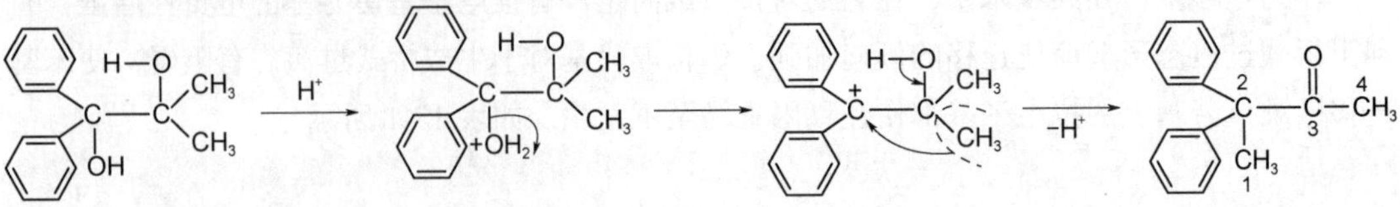

---

[1] 可先将水合频哪醇分馏脱去水以后使用。

相邻的叔、仲基活泼卤化物水解，生成相邻的叔基、仲基乙二醇，在酸作用下，在叔基醇脱去水生成稳定的叔基正离子；下面重排中显示出氢原子的迁移活性。

3-甲基-丁-2-酮　M 86.14，bp 94~94.5℃，d^{20} 0.804，n_D^{20} 1.3880。

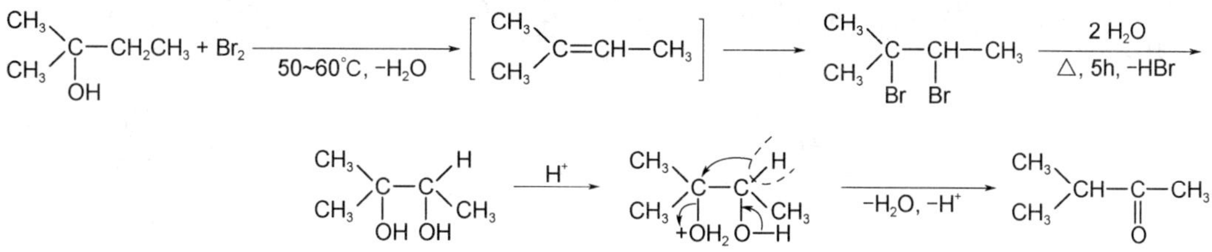

2L 三口烧瓶中加入 172g（2mol）叔戊醇，水浴加热维持 50~60℃搅拌着于 2h 左右慢慢滴入 320g（2mol）溴水，加完不久溴的颜色即可褪去。加入 500mL 水，加热回流 5h 至油层不再增多，再回流 2h。稍冷，将回流改蒸馏，蒸馏至馏出物的相对密度大于 1.0 表示已经蒸出氢溴酸，停止蒸馏。馏出液以 $NaHCO_3$ 中和至 pH 6（用强碱中和会发生分子间缩合），分取油层，以无水氯化钙干燥后分馏，收集 92~94℃馏分，得 102g（产率 69%）。

分子体积较大的$(C_2H_5)_2O\cdot BF_3$或就是 BF_3 从反-氧化二苯乙烯比较敞开的一侧进攻，环氧打开，在 2-位形成碳正离子的同时，处于异侧的 1-位苯基从背面进攻碳正中心（而不是处于同侧的氢）完成了重排，水解后得到二苯基乙醛。

二苯乙醛　M 196.25，bp 315℃（分解）、157.5℃/7mmHg，d^{21} 1.1061，n_D^{21} 1.5220。

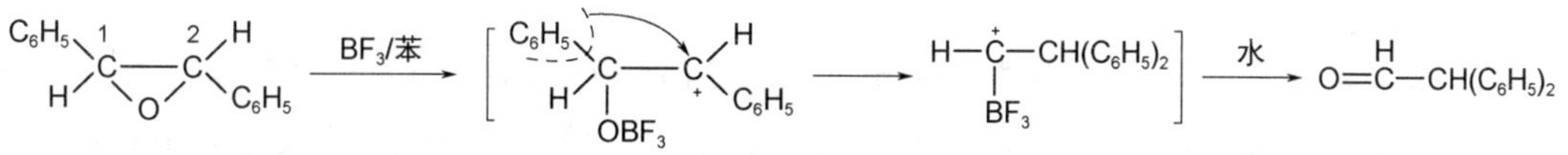

1L 分液漏斗中加入 29.2g（0.2mol）反-1,2-二苯基环氧乙烷溶于 450mL 无水苯的溶液，再加入 13.2mL（0.1mol）乙醚-三氟化硼络合物，立即摇匀，只放置 1min（更长时间放置会使产率下降）[❶]，水洗两次（2×300mL），干燥后回收苯，剩余物减压分馏，收集 115~117℃/0.6mmHg 馏分，得 29~32g[❷]（产率 74%~82%），n_D^{25} 1.5875~1.5877。

下面合成中 3,5,5-三甲基-2,3-环氧-环己酮经过重排、平衡，再重排（都是从背面进攻碳正中心）生成 2-甲酰-2,4,4-三甲基环戊酮，重排的副产物是 3,5,5-三甲基-1,2-环己二酮。

---

❶ 更长时间放置会发生过度反应——反频哪醇重排，生成 1,2-二苯乙酮。

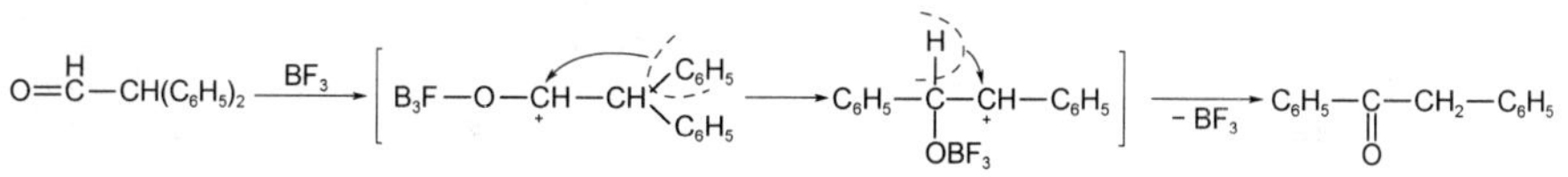

❷ 产品可以通过腙的形式作熔点鉴定，其 2,4-二硝基苯腙的 mp 146.8~147.8℃。

2,4,4-三甲基-环戊酮 M 126.20。

a. 重排——2-甲酰-2,4,4-三甲基环戊酮（bp 200℃，49~50℃/2mmHg，n_D^{25} 1.4495）

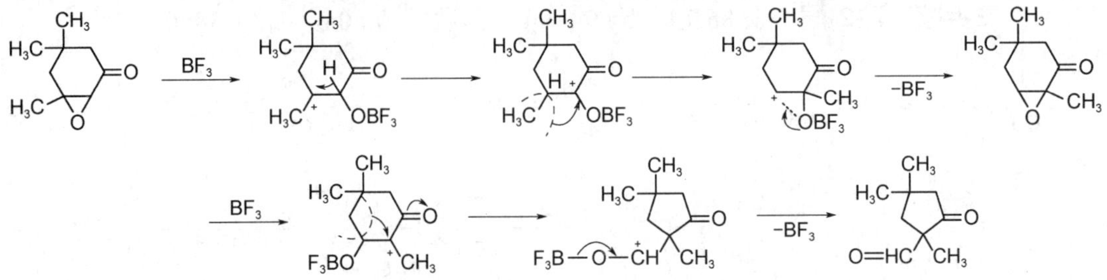

1L 分液漏斗加入 38.6g（0.25mol）3,5,5-三甲基-2,3-环氧环己酮溶于 400mL 无水苯的溶液，加入 20mL（0.16mol）三氟化硼-乙醚络合物，摇匀后放置半小时[1]，加入 100mL 乙醚再摇匀，水洗两次（2×100mL）。

苯溶液用无水硫酸镁干燥后，水浴加热蒸除乙醚和苯，剩余物减压分馏，分离 49~50℃/2mmHg 馏分得 2-甲酰-2,4,4-三甲基环戊酮（n^{25} 1.4495），最后高沸残留物中有少量烯醇式的 3,5,5-三甲基-1,2-环己二酮（从石油醚重结晶的熔点 92~95℃）[1]。

为了制取 2,4,4-三甲基环戊酮，不必分离出酮醛。

b. 脱去甲酰基——2,4,4-三甲基环戊酮

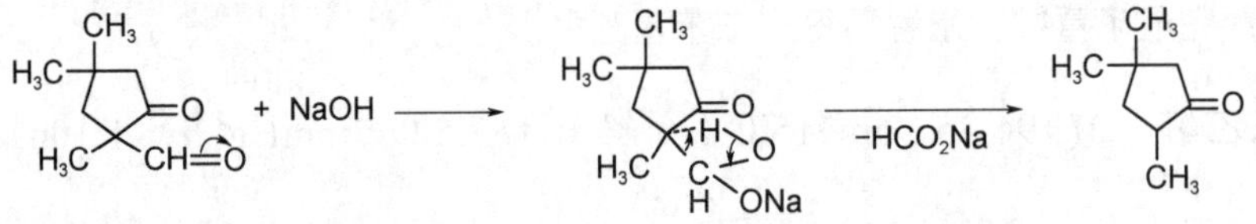

2L 三口烧瓶中加入以上水洗过的反应液及 240g 17%（1mol）NaOH 溶液，激烈搅拌使反应物乳化 2min 分去碱水层，水洗一次，合并的水层用乙醚提取两次 2×50mL（碱水层另行处理）[1]，乙醚提取液与分取的反应液合并，用无水硫酸镁干燥后水浴加热回收溶剂，当蒸馏温度升至 80℃，烧瓶中的剩余物约 150mL，有薄荷的气味，减压分馏，收集 61~62℃/21mmHg 馏分，得 17.7~19.8g（产率 56%~63%）[2]，n_D^{28} 1.4278~1.4288。

缓和氧化安息香制得联苯甲酰（二苯基乙二酮）；联苯甲酰的重排也是频哪醇重排；它与浓氢氧化钠作用，HO⁻在羰基加成为碳四面体中间物，羟基与相邻羰基氧原子的弱键使羰基碳原子具有较大的电正性，苯基在氧负离子的推动下与羰基碳通过三中心二电子过渡态作

---

[1] 放置（反应）更长时间会发生过度重排，生成 3,5,5-三甲基-1,2-环己二酮，它烯醇化可溶于碱，在用碱的脱去醛基过程中被碱提取，酸化后可回收约 1g，从石油醚重结晶的产物熔点可能就是酮式的熔点 92~93℃。

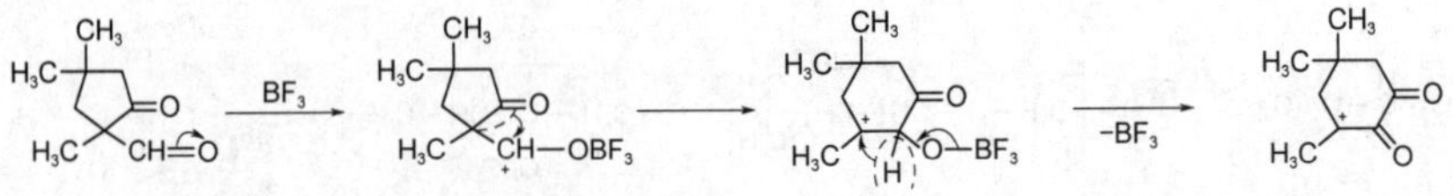

[2] 蒸馏得到的量不是太少的高沸物，其主要组分是没有脱去醛基的物料，可以用碱水处理作回收。

1,2-迁移，重排生成二苯基羟基乙酸。

二苯基羟基乙酸 M 228.25，mp 151℃ (153℃)，181℃分解。

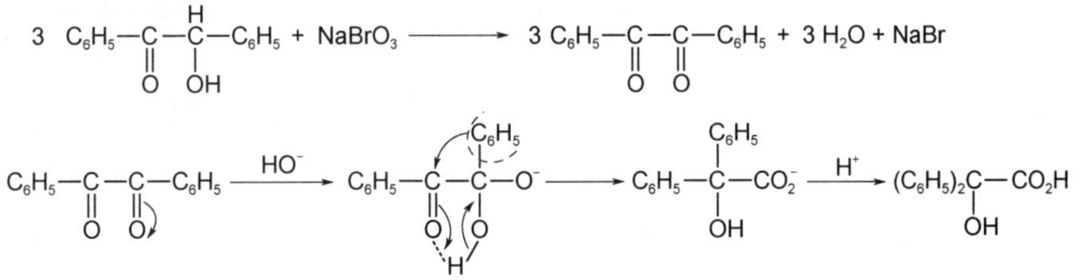

$$3 \ C_6H_5-\underset{O}{\underset{\|}{C}}-\underset{OH}{\underset{|}{\overset{H}{\underset{|}{C}}}}-C_6H_5 + NaBrO_3 \longrightarrow 3 \ C_6H_5-\underset{O}{\underset{\|}{C}}-\underset{O}{\underset{\|}{C}}-C_6H_5 + 3 \ H_2O + NaBr$$

5L 三口烧瓶中加入 800mL 热水及 115g（0.76mol）溴酸钠，搅拌使溶，再小心加入 500g（12.5mol）氢氧化钠，溶解后于水浴上加热，或冷却保持反应温度 85~90℃以免更高温度导致产物失羧（生成二苯甲醇），搅拌下慢慢加入 460g（2.2mol）安息香，加完后保温搅拌 6h（蒸发的水随时补足），蒸取样能完全溶于水，加入 4L 热水搅拌使溶，放置过夜。次日滤除脱羧产物二苯甲醇；溶液以 50% H_2SO_4 酸化（约用 1.3L），滤取结晶，水洗，干后得 450～480g（产率 90%～97%），mp 149~151℃。

2. 反频哪醇重排

反频哪醇重排常见在频哪醇重排的过度反应（副反应），如：反-1,2-二苯基环氧乙烷经频哪醇重排制取二苯乙醛的过度反应（反频哪醇重排）的产物是 1,2-二苯乙酮；制 2-甲酰-2,4,4-三甲基环戊酮的反频哪醇重排得到 3,5,5-三甲基-1,2-环己二酮。从碳链变化形式看，反频哪醇重排都是从密集排列重排到疏开排列，也是通过三中心二电子过渡态的 1,2-迁移。

例如：3,3-二甲基-2-丁醇在酸作用下发生的反频哪醇重排，生成 2,3-二甲基-2-丁烯；如果在 HCl/ZnCl$_2$ 中反应，更快发生（叔基）氯代，发生氯代后的重排，或重排后的氯代。

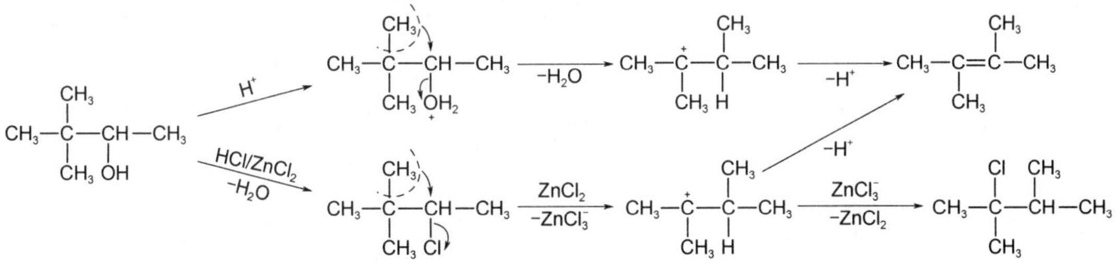

又如：二苯基羟基乙醛在醇溶液中，硫酸作用下重排为安息香，是反频哪醇重排。

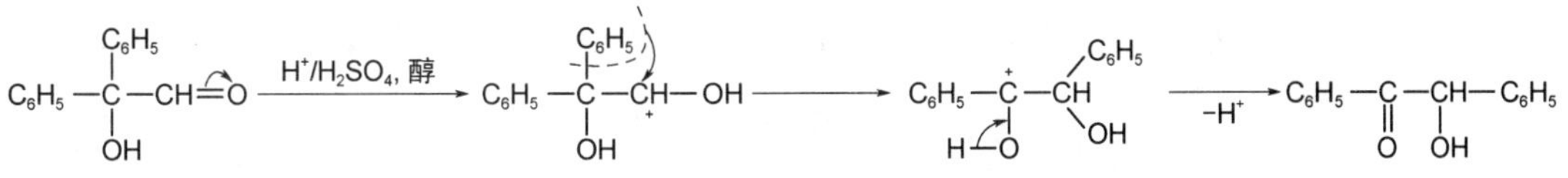

脂环的扩大也是反频哪醇重排（疏开排列），首先在脂环的相邻位置形成碳正离子，而后开环的碳链作 1,2-迁移，生成扩大一个碳原子的脂环。C_3~C_8 脂环基甲胺的重氮化都能发生重排，C_3~C_5 小环在反频哪醇重排中环张力消除对反应有利，得到较好的产率；C_6~C_8 的脂环基甲胺，重氮化分解以后的反频哪醇重排是环扩大——应力增大对反应不利。

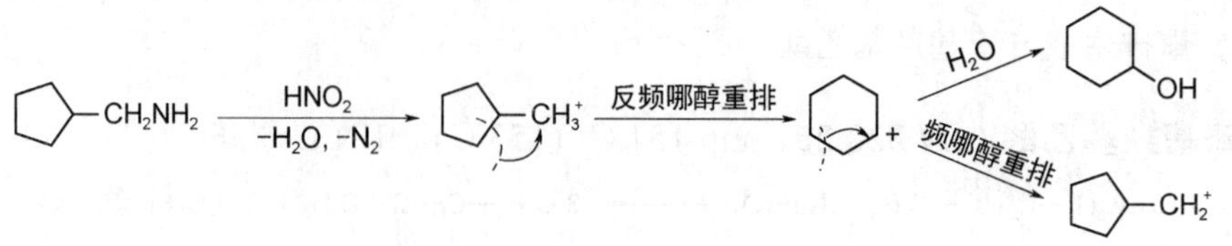

又如：

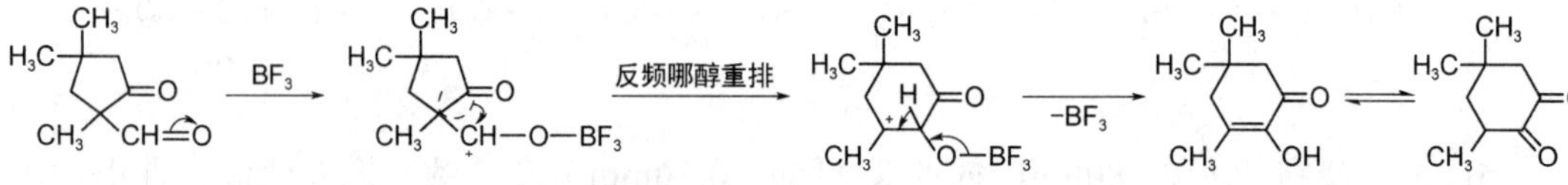

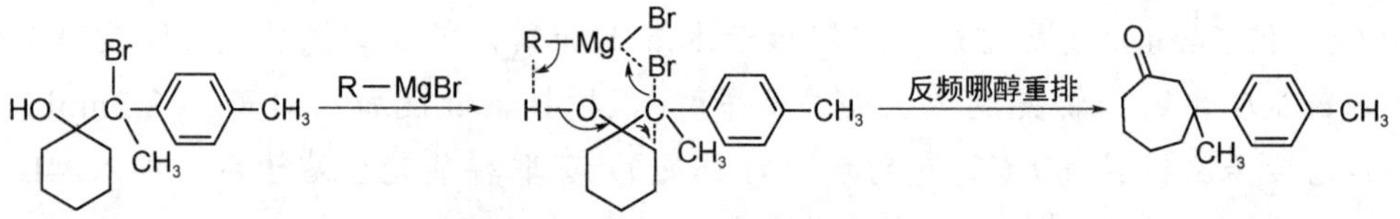

二、烯丙基重排——双键迁移

烯丙基的双键是活化中心，双键的迁移（重排）可以是亲核的，也可以是亲电的。

烯丙基亲核重排：在双分子的亲核取代中，如底物 R—$\overset{\gamma}{C}H$=$\overset{\beta}{C}H$—$\overset{\alpha}{C}H_2$—Cl，亲核试剂可以进攻烯丙基的两个位置，一个是从背面进攻 α-碳原子，离去基从前面离去，这是正常的双分子亲核取代反应；另一个是亲核试剂进攻烯丙基的双键碳（γ-碳原子），离去基离去的同时双键发生移位——烯丙基重排，即重排的双分子亲核取代。反应侧重和溶剂条件有关。

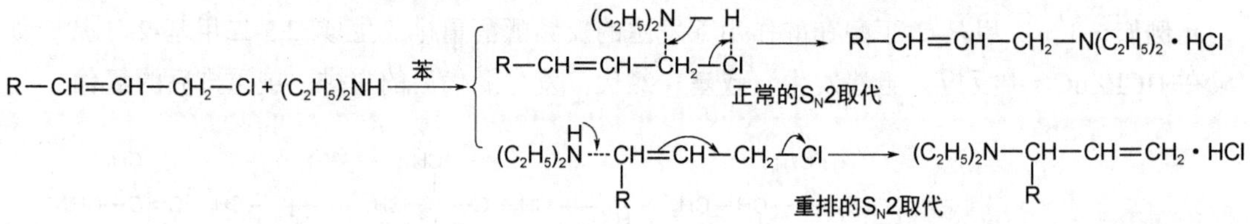

R—CH=CH—CH₂—Cl + (C₂H₅)₂NH

正常的S$_N$2取代

重排的S$_N$2取代

烯丙基的亲电重排：强碱从苯基、烯基及其它羰基 α-C—H 夺取质子，而后趋向更稳定的形式重排。如：

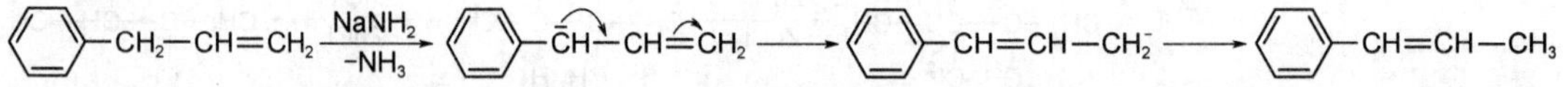

又如：下面化合物 A 在乙醇溶液中用 KOH（C₂H₅OK）处理，首先酯水解，其后脱去仲溴（取代环合），再 β-消去支链溴，最后是烯丙基重排，最终生成 2-甲基苯并呋喃（见 806 页）。为提高反应过程的选择性是分阶段逐渐加入 KOH 乙醇溶液及升温的。

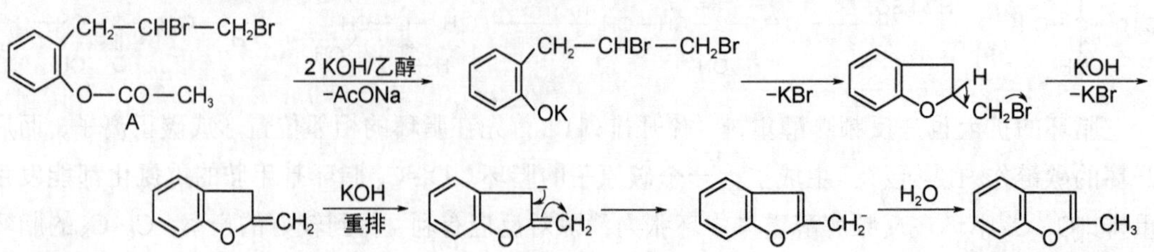

2-甲基苯并呋喃
53%, bp 198℃

三、亲核取代及重排

1. 维悌希（Wittig）重排

苄基醚、烯丙基醚，其中的苯基和双键都具有拉电子的性质，使 α-C—H 活化，在苯基锂强碱作用下生成 α-碳负离子，迁移基以缺电子状态向碳负中心作 1,2-迁移，是分子内进行的；如果不是由于碱产生了负离子（α-C$^-$），仅由于加热的高温，发生迁移基以缺电子状态向一切可以发生亲电取代的位置进行亲电取代。

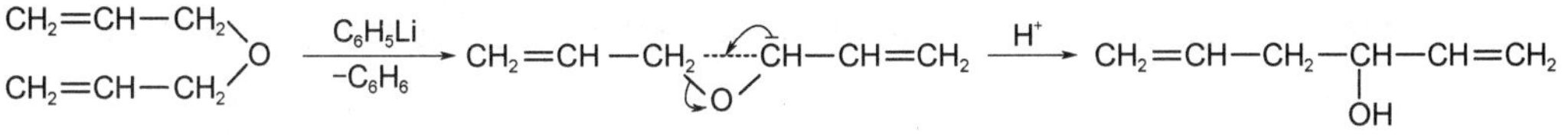

又：

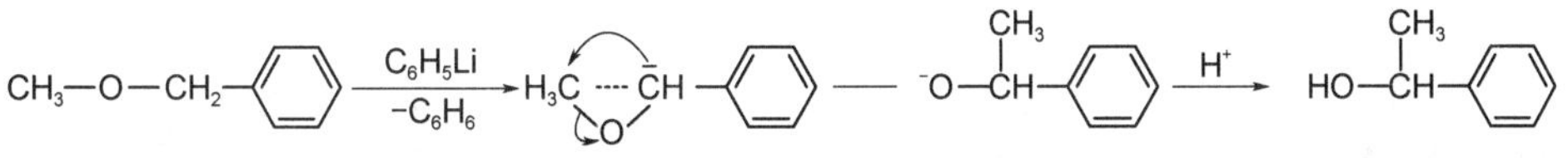

又如：4,4′-双-甲氧甲基联苯粗品中微少的弱碱在油浴加热减压蒸馏的温度发生有 Wittig 重排，使产品质量下降 0.5%~0.8%，而不能达到 >99% 的质量标准。

2. α-卤代酮脱 HX 重排——法沃尔斯基重排

α-卤代酮，羰基另侧有 α-C—H，在强碱作用下，在分子内脱去 HX 环合生成环丙酮类型的中间体；而后碱在羰基加成为碳四面体过程，继而从能量上有利的一侧开环完成重排。依所用"碱"的不同得到不同的羧酸衍生物——用氢氧化钠作用得到羧酸；用醇钠作用得到酯；用 NH$_2^-$ 作用得到酰胺。

例如：下面两例 α-卤代酮用 NaOH 进攻 α-C—H 形成碳负中心从背面进攻另侧的 α-碳，卤原子从前面离去，形成三元环酮，反应速度依碱的强度和浓度。重排的结果都是 3-苯基丙酸。

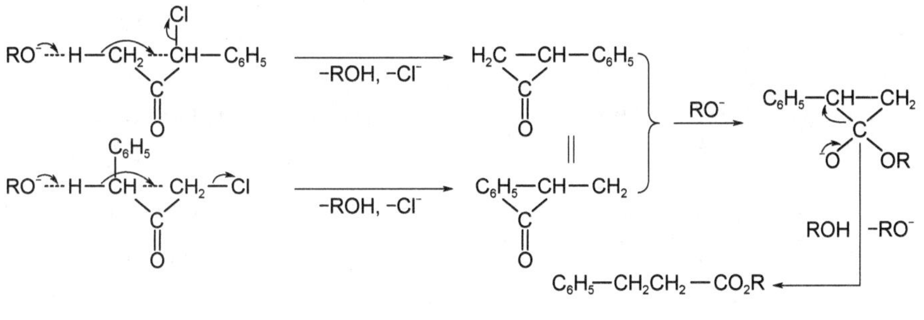

又如：2-氯代环己酮重排为环戊基甲酸酯，为减少酮分子间的缩合是把 2-氯代环己酮慢慢加入到大过量的甲醇钠粉末的乙醚悬浮液中，使反应立即完成。

环戊基甲酸甲酯　M 128.17。

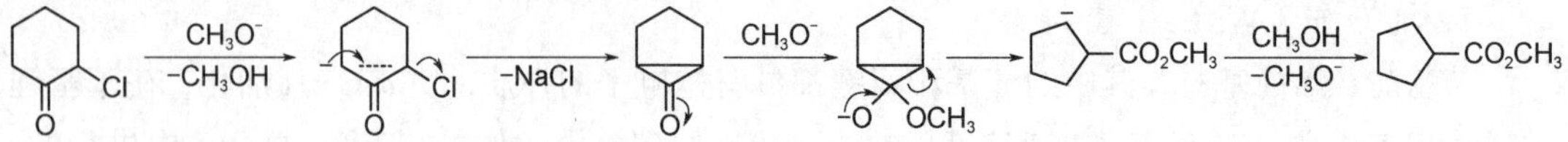

1L 三口烧瓶配置机械搅拌、分液漏斗、温度计及安有干燥管的回流冷凝器。烧瓶中加入 300mL 无水乙醚，搅拌下加入 58g（2.5mol）金属钠制得的甲醇钠粉末。控制 30~35℃从分液漏斗于 1h 左右慢慢滴入 135g（1mol）优质的 2-氯环己酮（mp 23℃，bp 82~83℃/10mmHg，d 1.161）与 30mL 无水乙醚的溶液，反应放热；加完后再加热回流 2h 或放置过夜。

次日，搅拌下慢慢加入 175mL 水以溶解氯化钠，分取乙醚层，水层用乙醚提取两次，分出的醚溶液合并，用 5%盐酸洗，5% NaHCO₃ 溶液洗，饱和盐水洗，以无水硫酸钠干燥后回放乙醚，剩余物减压分馏，收集 70~73℃/48mmHg 馏分，得 72~78g（产率 56%~61%）。

四、季铵盐的分解及重排

1. 季铵盐的热分解

季铵的 C⌒N 异裂分解产生降解的胺（或铵）及分支较少的烯烃——通常为端位烯，是酸性更强的 β-C—H 与 N⁺的 β-消去，分子内能构成过渡态，协同进行的裂解，反应温度就可能低些；弱的对位碱（如：卤负离子）需要更高些的裂解温度，如：

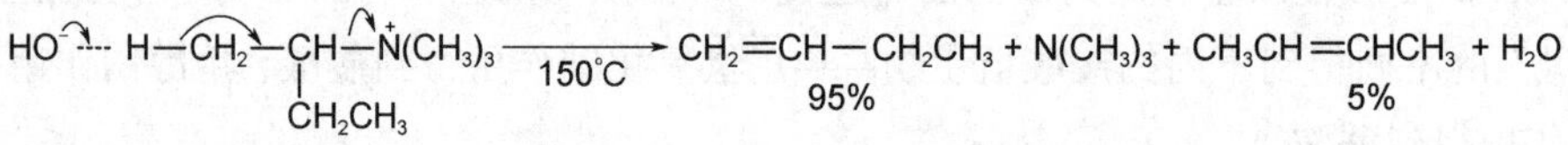

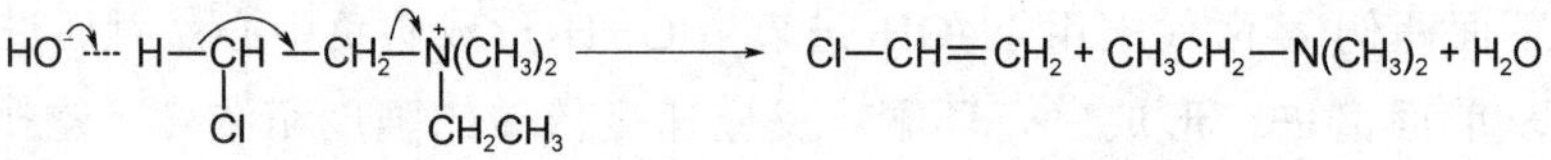

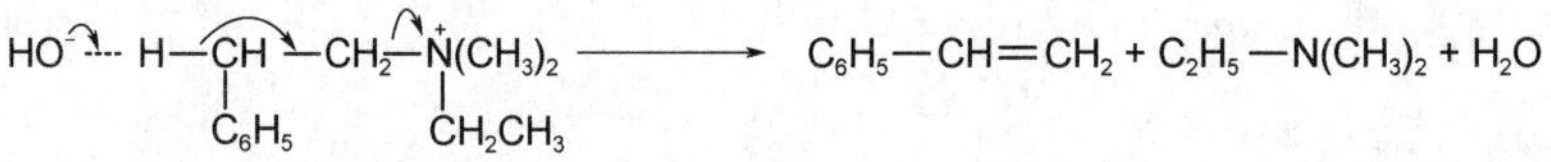

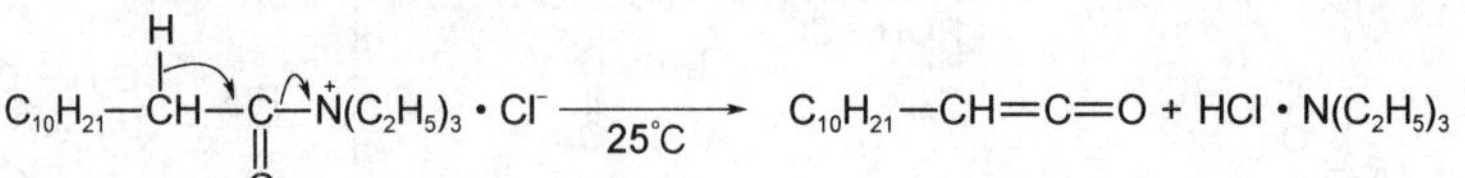

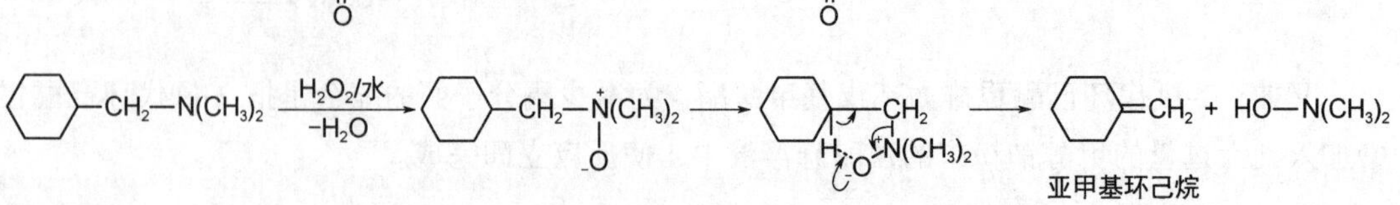

亚甲基环己烷

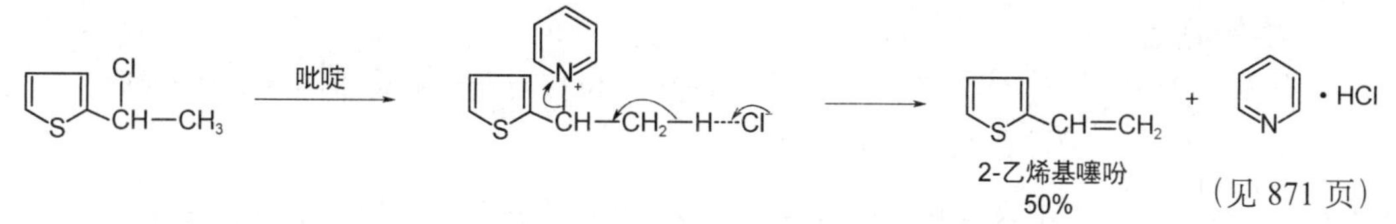

2-乙烯基噻吩
50%

(见 871 页)

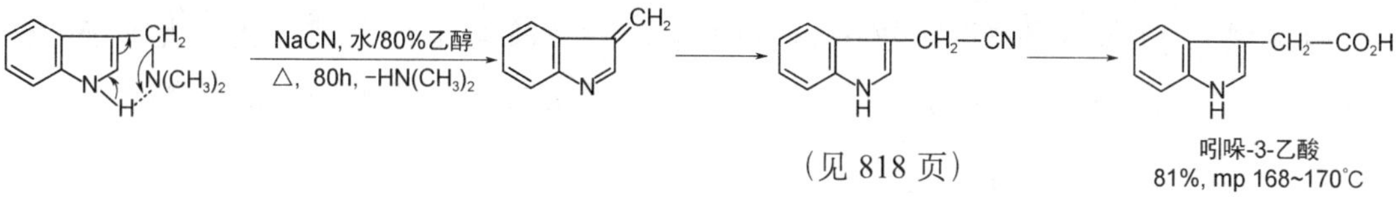

(见 818 页)

吲哚-3-乙酸
81%, mp 168~170℃

没有 β-H 的季铵热分解得到叔胺，退减下来的烃基正离子被任何对应碱捕获，如：

$$(CH_3)_3\overset{+}{N}—CH_3 \quad \overset{-}{\cdot}OH \xrightarrow{150℃} (CH_3)_3N + CH_3—OH$$

下面实例依对应强酸、强碱，弱酸、弱碱进行反应。亦见羧酸盐和卤代烃的交换（见 294 页）。

2-甲基苄醇 M 122.17，mp 35~36℃。

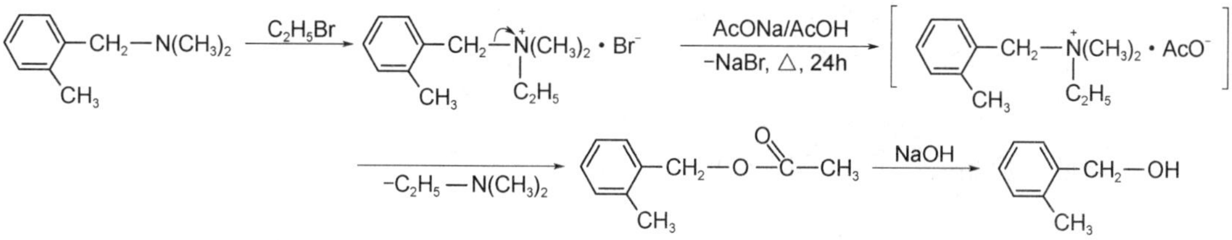

250mL 三口烧瓶中加入 40mL 乙醇和 29.8g（0.2mol）2-甲基-N,N-二甲基苄胺，搅拌下于 45℃左右慢慢加入 32.7g（0.3mol）溴乙烷，加完后放置 2h。水浴加热回流 1h，稍冷，再加入 10.8g（0.1mol）溴乙烷，加热回流 3h，水溶加热回收溴乙烷及乙醇，最后减压收尽，剩余物冷后加入 300mL 乙醚烧开搅匀。次日滤出结晶，乙醚冲洗，真空干燥，得 47.5~49g（产率 92%~95%），季铵盐容易吸湿。

0.5L 三口烧瓶中加入 38.7g（0.15mol）上述溴化季铵盐，24.6g（0.3mol）熔融干燥的无水乙酸钠溶于 100mL 冰醋酸的溶液，搅拌下加热回流 24h，冷后倾入 250mL 冰水中，用 84g（1mol）碳酸氢钠中和大部分乙酸后用乙醚提取（2×75mL），提取液合并，用饱和 NaHCO₃ 溶液洗，以无水硫酸钠干燥后回收乙醚，剩余物减压分馏，收集 119~121℃/15mmHg 馏分，得 2-甲基乙酸苄酯 21.6~22.4g（产率 88%~91%），n_D^{25} 1.5041~1.5045❶。

水解：250mL 烧瓶中加入 50mL 甲醇、16.4g（0.1mol）上述乙酸酯，加入 5g（0.125mol）氢氧化钠溶于 50mL 水的溶液加热回流 2h；冷后加入 50mL 水，用乙醚提取（3×75mL），合并的提取液用 50mL 水洗，以无水硫酸钠干燥后回收乙醚，用水泵减压收尽。剩余物溶于石油醚中，冷后冰冷，滤取无色结晶，风干；母液浓缩至 6~7mL 再作如上处理，又得部分结晶，共得 2-甲基苄醇 11.6~11.8g（产率 96%），mp 33~36℃。

---

❶ 2-甲基乙酸苄酯应当从 o-二甲基单氯化物与乙酸钠的交换制取。

2. 季铵的重排

没有 β-C–H 的季铵，当 N^+ 的 α-碳上有同时被 β-位拉电子基双重影响的 α-C–H 时，如以

下结构 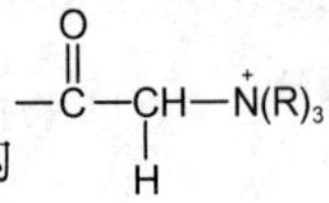
$$\underset{\underset{H}{|}}{-\overset{\overset{O}{\|}}{C}}-CH-\overset{+}{N}(R)_3$$
，则容易被碱夺去质子生成碳负中心；另一方面，季铵有迁移基容易发

生 $C\overset{\frown}{-}N$ 异裂，尤其是苄基，以缺电子状态（容易发生）向负电中心作 1,2-迁移，是分子内进行的重排，不同的季铵一起进行重排实验处理时未发现交换产物。反应速度依碱的强度变化。

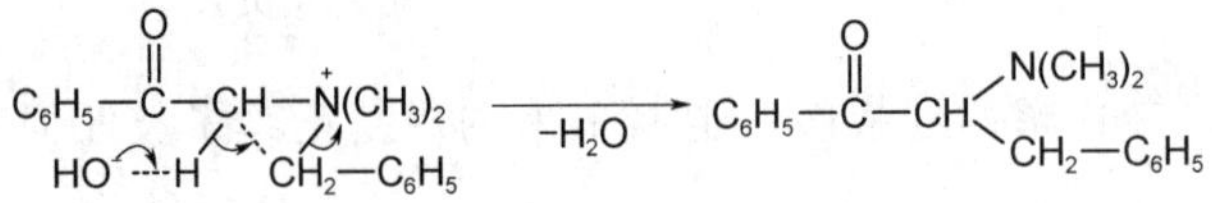

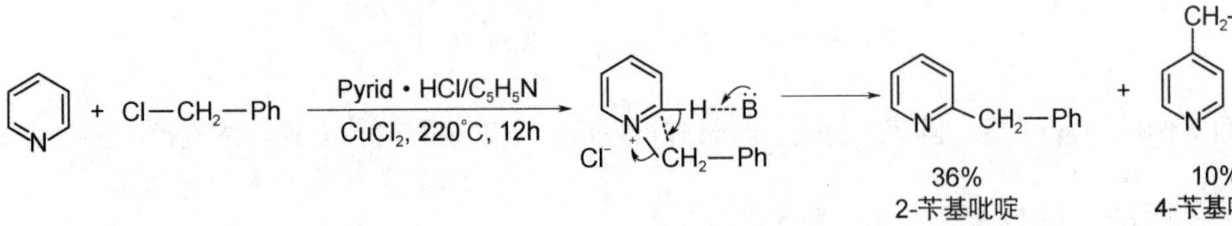

(见 823 页)

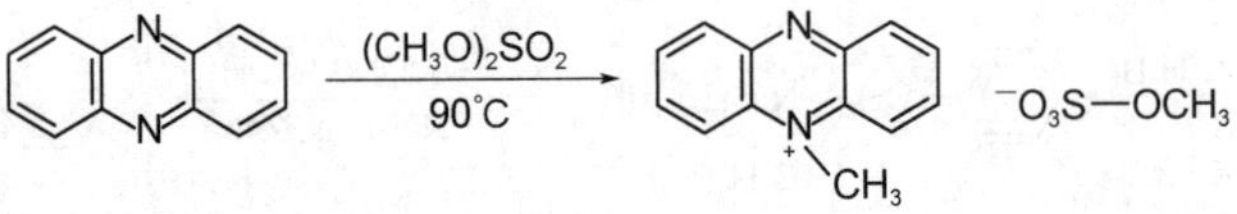

36%
2-苄基吡啶

10%
4-苄基吡啶

甲硫吩嗪反应温度高于 90℃时发生以下重排:

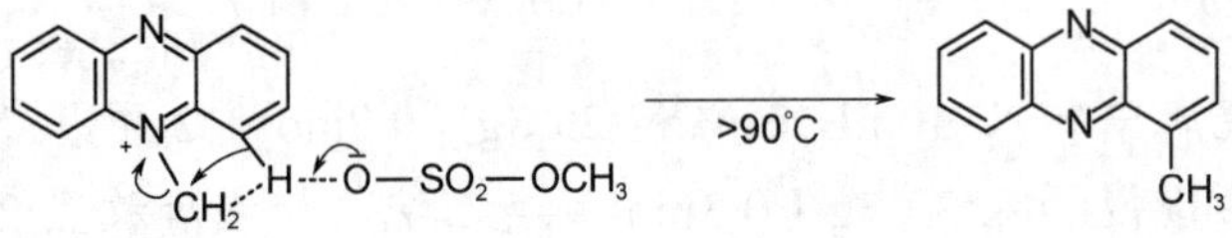

又如:

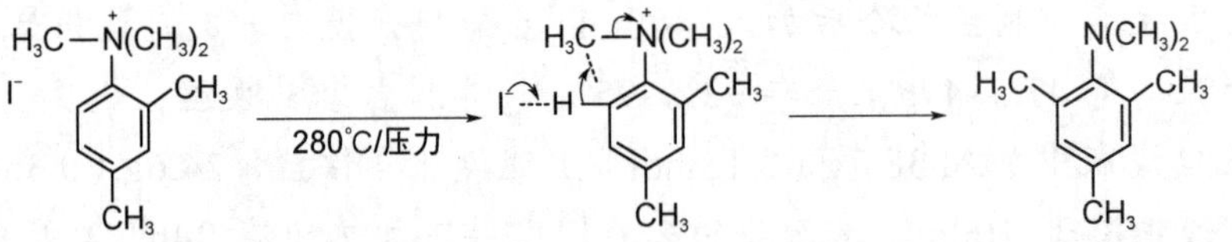

2-甲基-N,N-二甲基苄胺　M 149.24，bp 198℃，n_D^{20} 1.5060。（应从 2-甲基苄氯合成）

a. 季铵盐——碘化三甲基苄铵

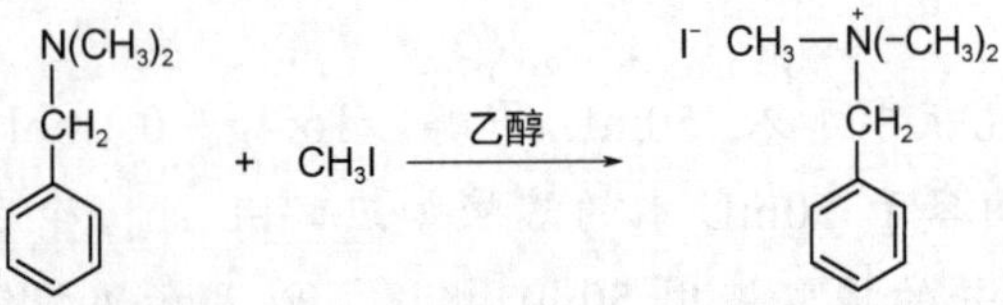

1L 三口烧瓶中加入 200mL 无水乙醇及 135g（1mol）N,N-二甲基苄胺，搅拌下加热保持微弱的回流，于半小时左右慢慢滴入 190g（1.34mol）碘甲烷，加完后继续加热回流半小时或更长时间，冷后，搅拌着加入 1L 无水乙醚中，种晶或用玻璃棒摩擦使产生晶核，放置过夜；次日滤出，用无水乙醚浸洗两次（2×100mL），风干得 260~274g

（产率 94%~99%），mp 178~179℃。

b. 重排

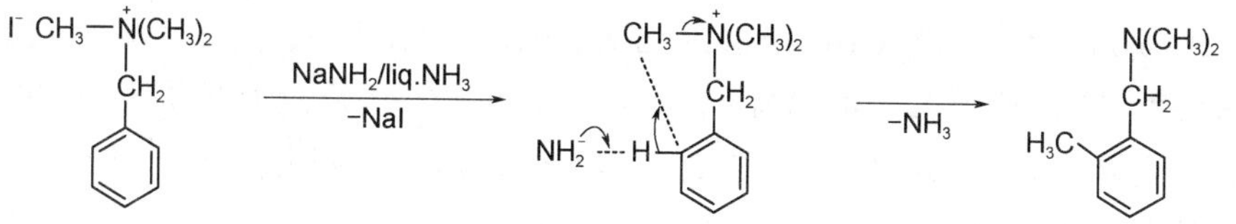

2L 三口烧瓶中加入 800mL 液氨（烧瓶配置机械搅拌及空气冷凝管），先加入少量金属钠切片至出现比较持久的蓝色以除去任何水分。加入 0.5g 无水硝酸铁粉末，然后慢慢加入 27.8g（1.2mol）金属钠切片（每片约 0.5g），约 15min 可以加完，加完后再搅拌 20min，蓝色反应物变为深灰色 $NaNH_2$ 的悬浮液，摇动烧瓶将烧瓶空间瓶壁上的钠镜冲刷下来。在烧瓶侧口安装粗的橡皮管连接盛有 277g（1mol）碘化三甲基苄铵的锥形瓶，开动搅拌，于 15min 左右将季铵盐慢慢加入，反应物立即变为微绿的紫色，逸散的液氨要补足；继续搅拌 2h，小心加入 27g 氯化铵粉末以分解过剩的氨基钠，烧瓶上换装分液漏斗，搅拌着慢慢滴入 100mL 水的溶解固体物质，继续搅拌让反应物升至室温；加入 100mL 乙醚，充分搅拌，分取乙醚层，水层用乙醚提取两次（2×70mL）；合并的乙醚液水洗两次（2×50mL），以无水碳酸钾干燥，回收乙醚，剩余物减压分馏，收集 72~73℃/9mmHg 馏分（常压 197~198℃馏分）得 134~141.5g（产率 90%~95%），n_D^{20} 1.5050~1.5060。

五、碳负中心向缺电子氧的 1,2-迁移

碳负中心向缺电子氧的 1,2-迁移是通过过氧化物异裂重排的氧化。

烃基作为迁移基带着成键电子对向缺电子氧作 1,2-迁移，它不同于向缺电子氮的迁移，氮原子的电负性小，比较容易造成缺电子状态；而要把氧原子造成缺电子状态就要困难许多，需要较高的能量，反应中缺电子氧是通过过氧化物在酸催化下的异裂分解造成的，它吸引迁移基带着成键电子对向缺电子氧作 1,2-迁移，反应中不存在单独的质点，是分子内瞬间、协同完成的重排。过氧键的异裂是反应的关键步骤，反应速度依迁移基推电子性质及过氧酸的拉电子效应、酸催化剂的强弱及用量（参加过氧化氢异丙苯的催化裂解）。烃基的迁移难易有以下规律：苯基＞烷基＞甲基，推电子取代的苯基更利于重排，邻位取代基造成位阻。

醛、酮的氧化重排都要经过过酸或双氧水对羰基加成，然后在酸催化下完成重排，异链的醛、酮迁移基重排为一般羧酸的酯基（水解得到羧酸、醇或酚）；环酮重排为环扩大的内酯，所用的过氧酸一般为过氧乙酸、过氧化苯甲酸及过氧化氢（双氧水）；过三氟乙酸强大的拉电子基是最强的重排试剂。

苯基容易形成重排的过渡态，邻位取代的苯基对于重排构成位阻，但羟基在碱性条件，氧负离子与之共轭提高了迁移基的电负性，抵消了部分位阻的影响，重排的产物是甲酸酯。

儿茶酚（邻苯二酚）　　M 110.11，mp 105℃，bp 121℃/10mmHg；无色结晶，溶于水及醇。

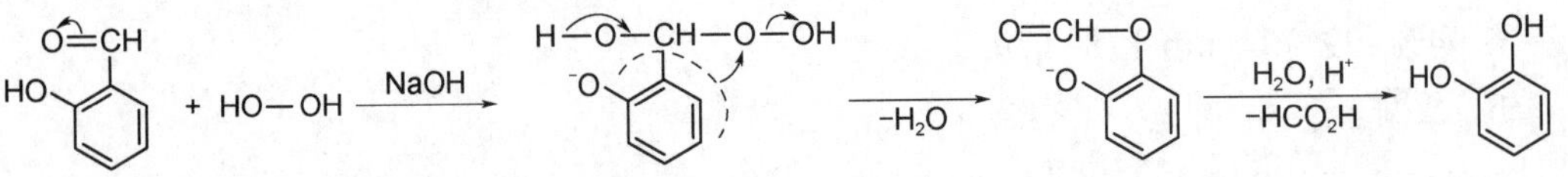

5L 三口烧瓶中加入 40g（1mol）氢氧化钠，使溶于 1L 水中，搅拌下加入 122g（1mol）优质水杨醛[1]，溶解后加入 1.4L 3%（1.2mol）双氧水，反应放热升温可达 50℃，反应溶液的颜色变暗；放置几小时后用乙酸中和，水溶加热减压蒸发至近干；粉碎后置于油脂提取器中用 100mL 甲苯回流提取 5h，冷后滤取 o-苯二酯，将剩余物料渣再粉碎，继续回流提取，滤取结晶，产物合并，得 70~76g，mp104℃，外观浅绿色片晶；母液回收甲苯又可得 6~12g，粗品合并，减压蒸馏，收集 119~121℃/10mmHg 馏分，再用甲苯（6mL/g）重结晶，得 76~80g（产率 69%~73%），mp 104~105℃，无色片晶。

使用 2-羟基苯乙酮、4-羟基苯乙酮发生同样的重排，重排产物是乙酸酯。

硝基二苯甲酮是苯基作电负中心向缺电子氧作 1,2-迁移；由于反应能较弱，使用较强的过氧乙酸在无机酸催化下进行。

4-硝基苯甲酸苯酯　M 243.21。（当从 4-硝基苯甲酸开始）

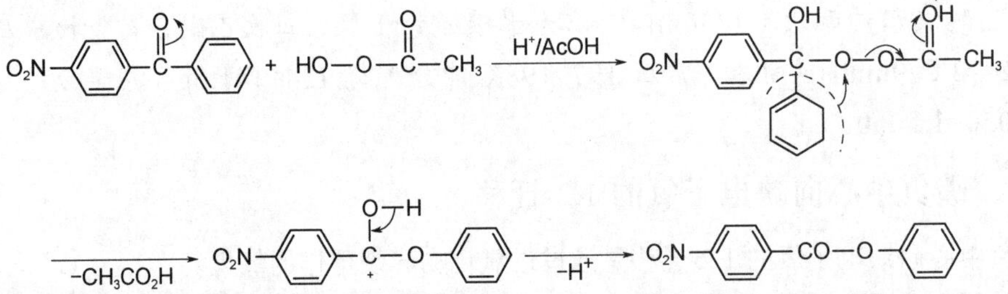

4.54g（0.02mol）4-硝基二苯甲酮溶于 50mL 乙酸中，加入 3mL 浓硫酸，冷却及搅拌下滴入 8mL 40%（0.04mol）过乙酸，于室温搅拌半小时。以 Na_2CO_3 中和后用乙醚提取，干燥及回收乙醚后得 4-硝基苯甲酸苯酯 4.6g（产率 94%），mp 128~130℃。

脂环酮用过氧酸氧化重排得到内酯。

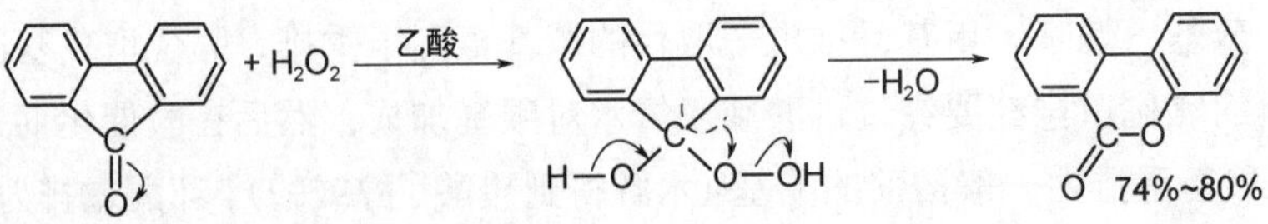

6-(2′-乙酰氧乙基)己内酯　M 200.22，bp150~154℃/5mmHg。

a. 2-(2′-乙酰氧化基)环己酮（M 184.23，bp142~146℃/15mmHg）

---

[1] 使用工业水杨醛合成的产率＜50%。

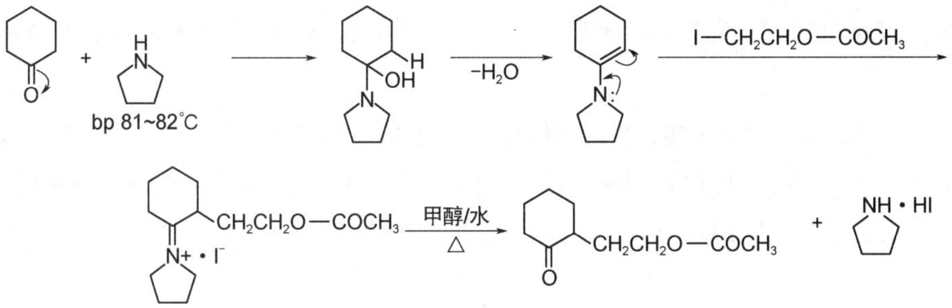

1L 三口烧瓶中加入 50g（0.5mol）环己酮、250mL 苯及 120g（1.69mol）环丁胺，安装回流冷凝器，加热回流脱水至无水分出为止。水浴加热回收过剩的环己胺和苯，最后减压收尽；剩余的油状物中加入 250mL 无水苯，搅拌及回流下于 2h 左右慢慢加入 130g（0.6mol）乙酸-2-碘乙基酯，再搅拌下加热回流 5h，油浴加热回收苯，最后减压蒸除过剩的乙酸-2-碘乙基酯；冷后加入 150mL 甲醇及 40mL 水，搅拌下加热回流 2h，减压蒸除和水，补加 100mL 水，冷后用乙醚提取（3×400mL），提取液合并用无水硫酸钠干燥后回收乙醚，剩余物减压分馏，收集 152~156℃/20mmHg 馏分，得 62g（产率 67%）。

b. 碳电负中心向缺电子氧的 1,2-迁移

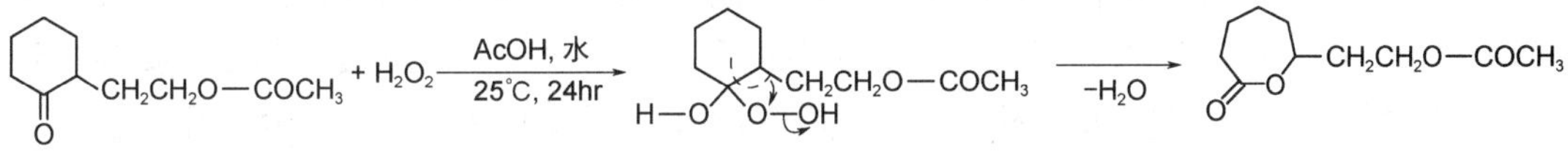

0.5L 三口烧瓶中加入 36.5g（0.2mol）2-(2′-乙酰氧乙基)环己酮、70mL 乙酸及 70mL 30%（0.6mol）双氧水，混匀后于室温放置 24h，反应物用 350mL 二氯乙烷提取，提取液用 5% Na_2CO_3 洗至中性，水洗，以无水硫酸钠干燥后回收溶剂，剩余物减压分馏，收集 150~154℃/5mmHg 馏分，得 24.2g（产率 60%）。

异丙苯用氧气氧化为过氧化氢异丙苯，在酸催化下苯基带着成键电子对向缺电子氧作 1,2-迁移，在工业上生成苯酚和丙酮；副产物是甲基迁移的结果，产生甲醇和苯乙酮，其它副产物是过氧化氢异丙苯的还原产物，亦见 204 页。

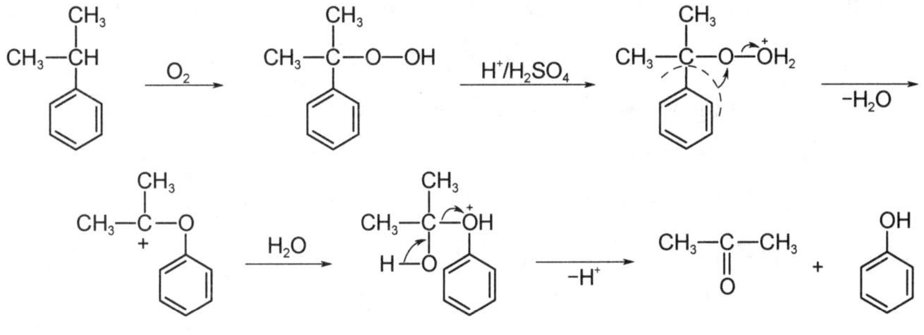

六、碳负中心向缺电子氮的 1,2-迁移

羧酸酰胺与次氯酸钠在碱作用下的霍夫曼重排，肟在酸作用下的贝克曼重排，以及异羟肟酸—C(=O)—NH—OH 的洛森重排，都是经过氮烯（缺电子氮）中间过程发生的重排降解。氮烯中

间物的氮原子价电子层不完整——只有六个电子，迁移基带着成键电子对向缺电子氮作 1,2-迁移。

霍夫曼重排：酰胺与次氯酸或次氟酸钠作用生成 *N*-氯代酰胺，在强碱作用下发生 α-消去，生成氮原子外层只有六个电子的氮烯——是缺电子的电正中心，它吸引相邻碳上的烃基带着成键电子对向缺电子氮作 1,2-迁移，是分子内重排，如下式：

$$2\ NaOH + Cl_2 \longrightarrow NaOCl + NaCl + H_2O$$

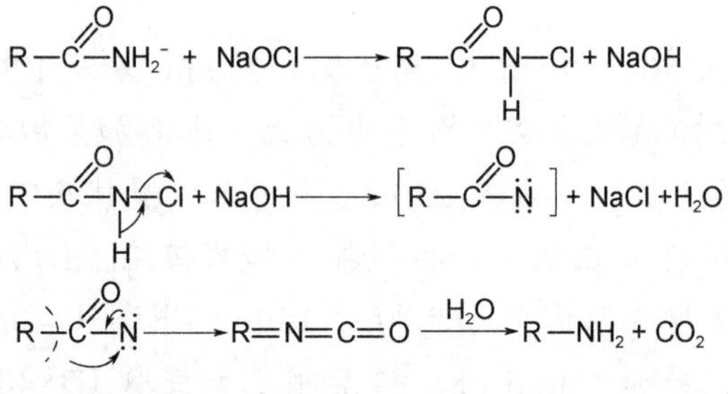

总反应式：$R\text{—}CO\text{—}NH_2 + 4\ NaOH + Cl_2 \longrightarrow R\text{—}NH_2 + Na_2CO_3 + 2\ NaCl + 2\ H_2O$

反应在水或加有醇的溶液中进行，向计算量的氢氧化钠溶液中通入理论量的氯气，搅拌下加入酰胺，重排立即进行并大量放热。

比如：邻苯二甲酰亚胺在次氯酸钠和氢氧化钠溶液中很快生成 *N*-氯代酰胺并开环生成钠盐溶解；在 0℃以下即可发生重排，生成 *o*-氨基苯甲酸（钠）。工业上是苯甲酰胺-2-甲酸铵和次氯酸钠反应，它们是均相，反应迅速；而癸二酰胺在次氯酸钠作用下降解，因为是两相，反应缓慢，在 40℃也要一起搅拌到反应结束。

2-氨基苯甲酸 *M* 137.14，mp 146℃；白色片晶，微甜，在甘油溶液有荧光。

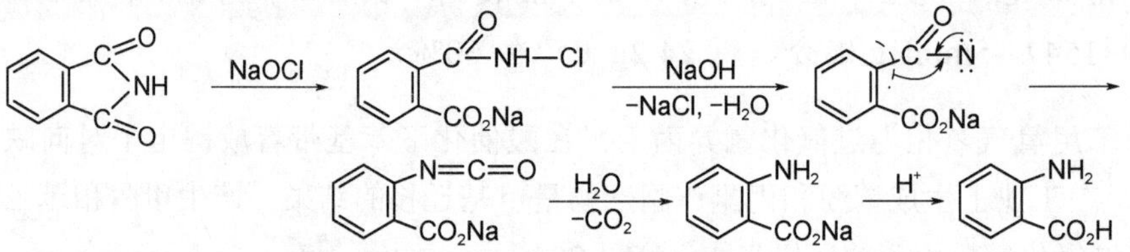

0.5kg（40%，5mol）氢氧化钠溶液，控制 40℃以下通入 67g（0.95mol）氯气[1]［为计量方便，可以使用 76g（1.9mol）氢氧化钠配成的溶液通入氯气至 pH 7~8，再补加氢氧化钠溶液］，加入 400g 碎冰，反应物温度降低至-7℃左右，搅拌下一次性加入 133g（1mol）粉碎了的 *o*-苯二甲酰亚胺（或 1mol 邻苯二甲酸酐制得的苯甲酰胺-2-甲酸铵），搅拌使反应开始，约半小时后放热反应开始，温度上升至 65~70℃，2h 后以浓盐酸酸化至较少有 CO_2 放出[1]（约用 30%盐酸 190~200mL），脱色过滤，继续中和，调节反应液至 pH 3.5，冷后滤出结晶，水洗，得淡黄色粗品。

精制：以上粗品溶于 10%盐酸中，脱色过滤，以氨水中和调节至 pH 3.5，滤出结晶，水洗，干后得微黄色的结晶产品 100~105g（产率 71%~76%），mp 143~146℃。

---

[1] 氯气不可过量，以免过剩的 NaOCl 被过量的中和酸中和产生 HOCl 将产品氧化。

工业方法：以邻苯二甲酸酐和浓氨水及通入氨气，控制 30~35℃及 pH 8~9，交替加到一起，或分离结晶或直接用于合成（苯甲酰胺-2-甲酸铵）。

3-氨基吡啶　M 94.12，mp 64~65℃，bp 252℃；白色结晶，可溶于水及醇。

2L 三口烧瓶中加入 75g（1.87mol）氢氧化钠溶于 800mL 水的溶液，控制 10℃以下搅拌着慢慢滴入 95.8g（0.6mol）溴，加完后一次性加入 60g（0.49mol）烟酰胺粉末，继续搅拌，反应物变为清亮，放热升温达 75℃；冷后，反应物用食盐水饱和，用乙醚提取（作连续提取 20h），乙醚溶液用氢氧化钠干燥后回收乙醚，剩余物冷后结晶，得 39~41g（产率 84%~89%），mp 61~63℃。

精制：以上粗品溶于 300mL 苯及 80mL 石油醚的混合溶剂中，加入 2g 亚硫酸氢钠及 5g 脱色炭共热 20min，趁热过滤，放冷及冰冷过夜。次日重力过滤，滤出结晶（如果吸滤，它可能被吸湿融化）用 25mL 石油醚浸洗，真空干燥，得 28~30g（产率 60%~65%），外观白色，mp 63~64℃。回收溶剂至剩 150mL，冰冷，可回收到 2~3g 粗品。

同法可制备 1,8-辛二胺：

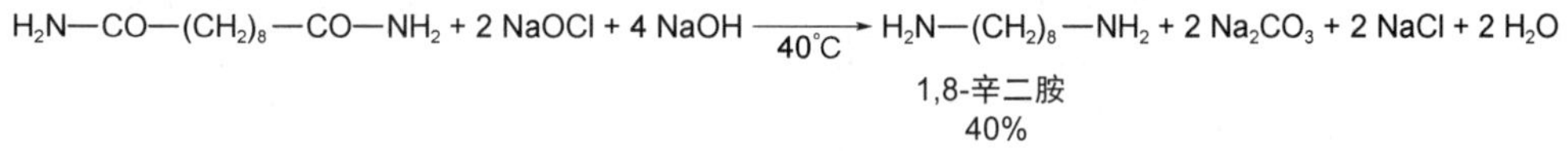

$$H_2N-CO-(CH_2)_8-CO-NH_2 + 2NaOCl + 4NaOH \xrightarrow{40℃} H_2N-(CH_2)_8-NH_2 + 2Na_2CO_3 + 2NaCl + 2H_2O$$

1,8-辛二胺
40%

从氰基做不完全水解，在酰胺阶段与次氯酸钠反应及重排；反应是在水介质条件进行：把碱和次氯酸钠的混合液逐渐加入温热的氰化底物的反应物中，氰基第一步的水合生成酰胺（见氰基的不完全水解）是慢步骤，碱性条件的次氯酸钠尚属稳定，经得起加热的反应条件，此方法减少了碱的用量，以保持反应物较弱的碱性，减少了 2 位氯的水解。

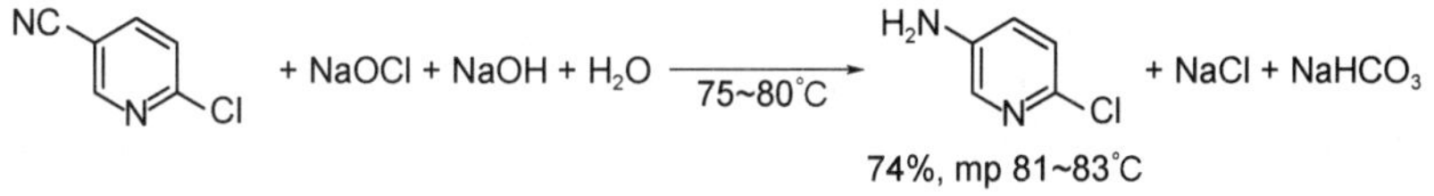

74%，mp 81~83℃

贝克曼重排（酮肟重排）：酮肟在 HCl/冰乙酸溶液中，或氯化乙酰、乙酸酐、氯化磷、磺酰氯、浓硫酸或焦磷酸（100%磷酸）条件重排为酰胺，是烃基带着成键电子对向缺电子氮作 1,2-迁移。反应的第一步是酮肟的羟基质子化或酰化（I）；而后是脱去水或含氧酸，生成缺电子电正中心——氮烯（II）；构成使相邻碳上的烃基带着成键电子对 1,2-迁移到缺电子氮上的条件，是分子内的迁移，生成碳正中心（III）；在碳正中心水合（IV）；脱去质子生成异构的酰胺（V）完成重排。如下式：

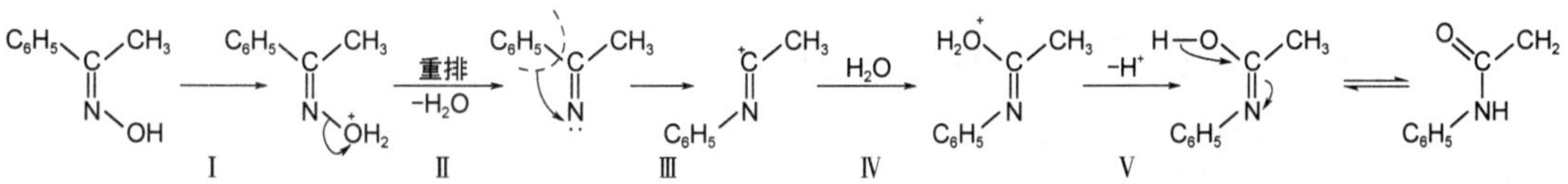

迁移基一般处于肟羟基的反式位置，从背面进攻缺电子氮原子，质子化的羟基从前面离

去；不同的酮肟在一起重排时没有交替产物证明是分子内进行的 1,2-迁移。酮肟有两个烃基和一个 C=N 双键，另一端的羟基可以有两种异构形式：如果一端的两个烃基相同，则对称的酮肟只是一种形式，重排为单一的酰胺；如果两个烃基不同，不对称的酮肟与另一端的羟基可有两种异构形式，重排的结果可以得到两种酰胺的混合物；受电性因素和烃基体积的影响，总是体积较大、电负性较强的基团处于双键另一端，羟基的反式位置，所以，总是电负性更大的烃基成为产物酰胺的 N-取代基。

反应速度依迁移基的推电子性质、位阻及离去基的拉电子效应，反应中提高"酸"的强度使反应速度提高，也或将肟羟基酰化——制成酯，如磺酸酯、苦味酸酯，仅加热即可完成重排。不同酯基对于重排反应速度的影响如下：

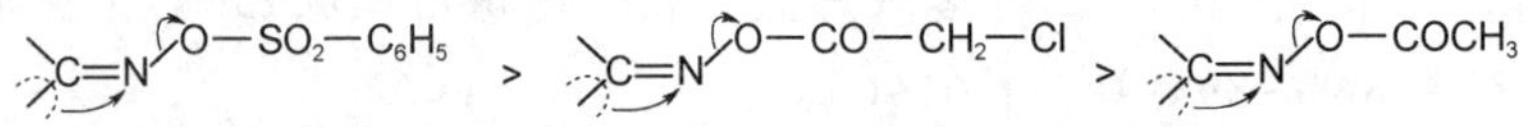

多磷酸（100% H_3PO_4）作用下的酮肟重排，由于反应物体积小、浓度高、流动性差，放出的大量热不易分散、也不易操作，产率也并不高。见其下另法。

3,4-二甲基-乙酰苯胺　M 163.22，mp 99℃；从乙醇中得针晶。

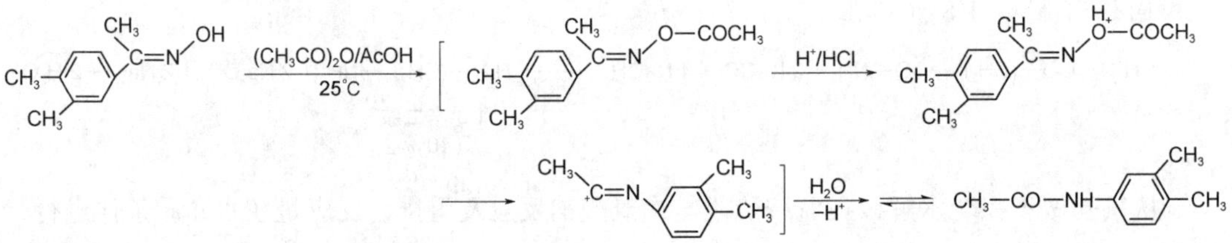

5L 烧瓶中加入 900g（5.5mol）3,4-二甲基-苯乙酮肟、1.8L 冰乙酸，摇匀后加入 900g 工业乙酸酐，酮肟溶解（可能已被酰化），在 10℃ 以下通入 HCl 至饱和（增重 280g，6.8mol），于室温放置 3d（次日开始有结晶析出）后滤出结晶，干后得 700g（产率 77%），mp 95~97℃。

另法：（使用多磷酸作助剂）

400mL 烧杯中加入 100g（100% H_3PO_4）多磷酸，加入 30g（0.18mol）3,4-二甲基苯乙酮肟，充分搅拌均匀（为很黏的黄色油膏状），慢慢加热至 80℃ 放热反应开始，升温可达到 170~180℃（如果增大反应量，由于冷却面积小，反应物的流动性又很差，升温可达 200℃ 以上）。冷后将反应物加入至 300g 冷水中，充分搅拌，开始析出的类似油状物很快形成结晶，滤出、水洗，干后得 28~29g，mp 85~95℃。用甲醇重结晶得 20g，mp 94~96℃。

注：更方便的方法是从 o-二甲苯的硝化及还原。

七、碳负中心向缺电子碳的 1,2-迁移

重氮甲烷通过光、热的分解产生碳烯（卡宾）：CH_2。

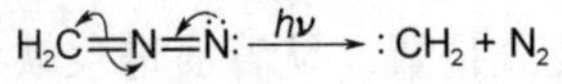

碳烯碳原子的价电子层只有 6 个电子，是缺电子状态，是非常活泼的中间体，事实上并不涉及游离的碳烯。依它们插入和加成的反应速度比较它们的活性，有以下规律：

$$:CH_2 > :CH-CO_2-R > :CH-C_6H_5 > :CHBr \approx CHCl > :CCl_2$$

$:CH_2$ 是最活泼的卡宾，$:CCl_2$ 是最不活泼的卡宾（在瑞门/蒂曼反应中用二氯卡宾插入的芳醛的合成中使用）。下例合成详见 163 页。

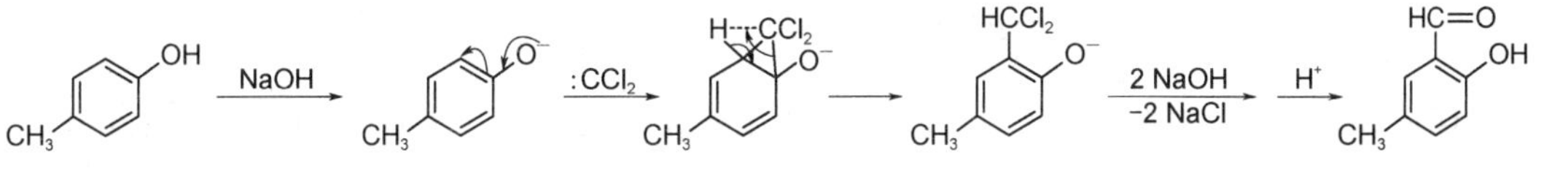

2-羟基-5-甲基苯甲醛

烷基的碳烯非常活泼，一经产生就立即发生相邻碳上的烷基或氢原子带着成键电子对向缺电子碳作 1,2-迁移。烷基卡宾、二烷基卡宾太活泼，很少见。

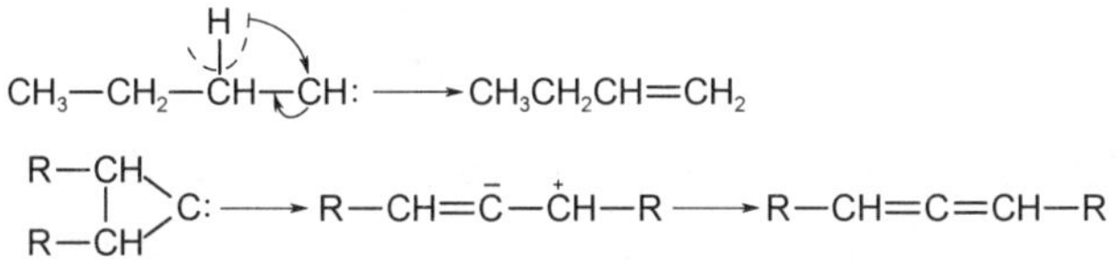

羧酸酰氯与重氮甲烷作用首先生成 α-重氮甲基酮；在 Ag^+ 催化下重氮甲基分解生成酰基卡宾，以后是迁移基带着成键电子对向缺电子碳作 1,2-迁移，经过烯酮的中间过程；烯酮在水中发生水合反应，产物是增加了一个碳的羧酸；在醇中反应得到增加了一个碳的羧酸酯。如下式：

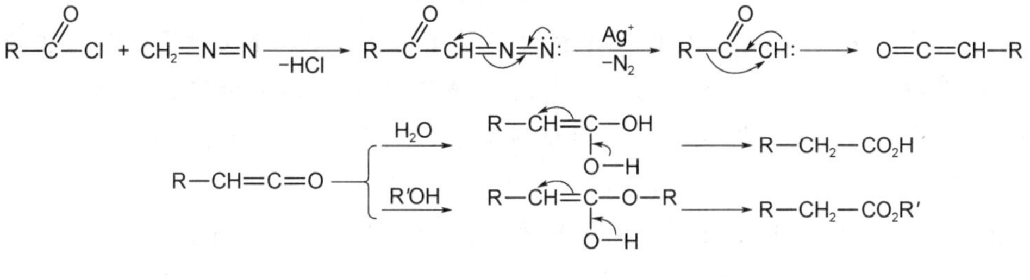

碳数目不变的 α-烯酮的合成，如：

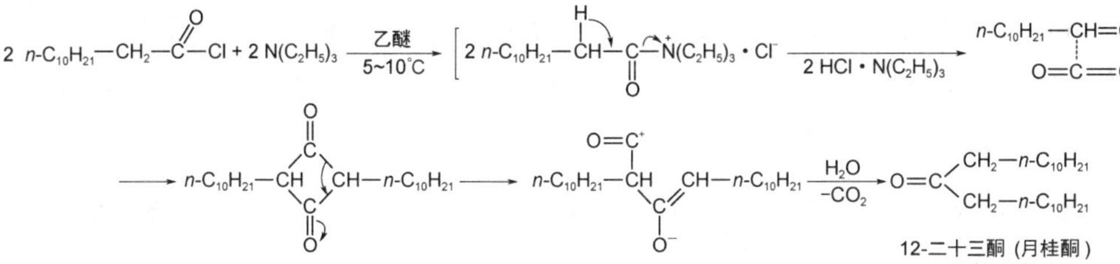

12-二十三酮（月桂酮）
46%~55%

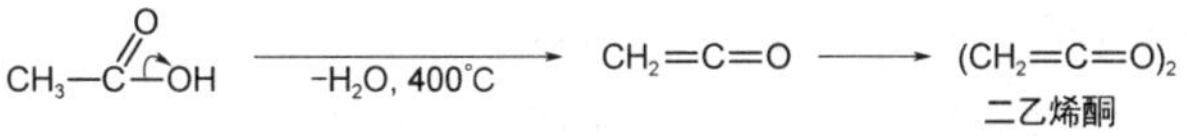

（见 709 页）

二乙烯酮

芳基卡宾、脂环基卡宾重排为环扩大的卡宾，或二聚、或夺取质子。

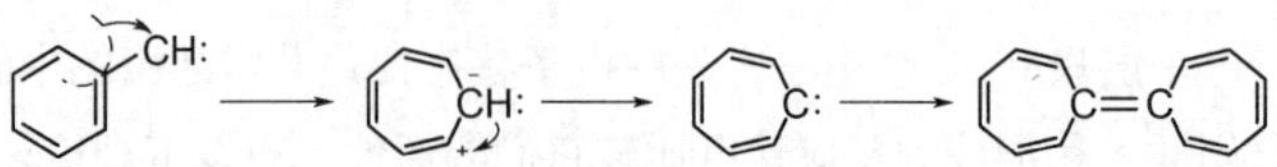

脂环酮与重氮甲烷加成及重氮甲基分解，放出氮气，生成 1-羟基-1-碳烯-环己烷；向缺电子碳重排的结果得到扩大了一个碳的脂环酮，如果重氮甲烷过量，还可以继续加成重排，再扩大（由于环张力的原因而需要能量）。检查放氮的情况来参比反应的情况，下面实例中，重氮甲烷一经生成就立即反应掉了，这样就不会因重氮甲烷带来的不安全问题，涉及重氮甲烷的合成多是在反应中产生和使用的。

环庚酮　*M* 112.17，bp 179℃、65℃/12mmHg，*d* 0.95，n_D^{20} 1.4610，n_D^{25} 1.4592。

$$p\text{-}CH_3—C_6H_4—SO_2—N(NO)—CH_3 + C_2H_5OH \xrightarrow{\text{KOH/乙醇}} CH_3N_2 + CH_3—C_6H_4—SO_3—C_2H_5 + H_2O$$

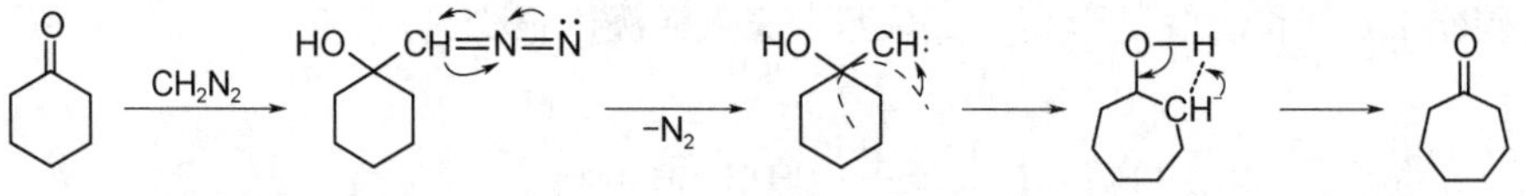

0.5L 三口烧瓶配置机械搅拌，温度计、分液漏斗及回流冷凝器，上口安装检查放出氮气状态的浅水封。

烧瓶中加入 49g（0.5mol）新蒸的环己酮（bp 154~155℃）、125g（0.58mol）*N*-亚硝基-*p*-甲苯磺酰甲胺、150mL 95%乙醇及 10mL 水，以使未酯化产生的对甲苯磺酸钾溶解（亚硝基化合物未溶）。在冰盐浴中冷却保持 0℃左右，轻轻搅动着，以很慢的速度（1 滴/8s）滴加 50mL 50%乙醇溶解 15g（0.26mol）的水溶液。当加入 0.5~1mL 以后开始明显地放出氮气，反应放热，控制 10~20℃（当放热升温至 35℃时，对以后的反应未见异常），于 2h 左右滴入其余的溶液（以 $C_2H_5O^-$进攻磺基硫原子生成磺酸酯，重氮甲烷进入反应），亚硝基化合物逐渐消失，反应物变为橘黄色溶液，继续搅拌半小时。用 7%盐酸酸化至对石蕊试纸显酸性（约用 50~52mL），搅拌下加入 100g（0.94mol）亚硫酸氢钠溶于 200mL 水的溶液，几分钟后大量加合物结晶析出，再搅拌 10h，滤出，用乙醚洗至洗液为无色（过度反应的环辛酮不与 $NaHSO_3$ 加成）。

分解加合物：0.5L 三口烧瓶中加入 150mL 热水，搅拌下加入 125g（1.17mol）碳酸钠，慢慢加入上面的加合物，保持温热搅拌 10min，分取有机层，水层用乙醚提取四次（4×25mL），提取液与分取的油层合并，以无水硫酸钠干燥后水溶加热回收乙醚，剩余物减压分馏，收集 64~65℃/12mmHg 馏分（头分很少），得 18.5~20.2g（产率 33%~36%），n_D^{25} 1.4592。

重氮甲烷为高毒性、可爆炸性气体，在制备和使用时要特别谨慎及防护，必须戴厚皮手套及护目镜，在通风处操作。应注意以下事项：①玻璃仪器有安全钢罩；②仪器的接口及活动部位只用橡胶或塑料制品，不可用磨口以防剐蹭；③使用包裹"泰夫尤"的搅拌或电磁搅拌，不可用手拿摇动；④反应中要有足够的乙醚以维持重氮甲烷与乙醚络合物 $(C_2H_5)_2O\cdot CH_2N_2$ 的稳定，切不可以浓缩所得乙醚溶液；⑤不可以大量制备，不可以光照和久存。下面是两种制备方法。

重氮甲烷 CH_2N_2，M 42.04，mp $-145℃$；bp 约 $0℃$；为剧毒可爆性气体；于无水乙醚溶液中冷暗处存放$(C_2H_5)_2O \cdot CH_2N_2$，不可久存。

$$p\text{-}CH_3\text{-}C_6H_4\text{-}SO_2\text{-}N\overset{NO}{\underset{CH_3}{}} + C_2H_5\text{-}OH \xrightarrow{KOH/乙醚} \left[\begin{array}{c} p\text{-}CH_3\text{-}C_6H_4\text{-}SO_2\text{-}N\text{---}CH_2 \\ C_2H_5O \quad\quad N\text{---}H \\ OK \end{array} \right]$$

$$\longrightarrow H_2C=N=N + n\text{-}CH_3\text{-}C_6H_4\text{-}SO_3C_2H_5$$

0.5L 三口烧瓶配置机械搅拌、蒸馏冷凝器、接牛角管接锥形瓶受器，从出气口导入到第二个锥形瓶受器近底部的位置；两个串联的受器在冰盐浴中冷却，第一个瓶中加有 10mL 无水乙醚，第二个瓶中加入 25mL 无水乙醚。

烧瓶中放入 10g 氢氧化钾，使溶于 15mL 水中，加入 50mL 95% 乙醇，水浴加热维持 65~67℃，搅拌着于 1h 左右从分液漏斗慢慢加入 43g（0.2mol）N-亚硝基-p-甲苯磺酰甲胺溶于 200mL 乙醚的溶液，加完后以同样的速度加入乙醚以蒸尽反应的重氮甲烷至馏出液变为无色为止（约用 50~100mL），合并的乙醚液含产品 5.9~6.1g（产率 72%）。❶

另法：从 N-亚硝基-N-甲基脲合成。

$$\underset{\underset{NO}{\overset{\overset{\displaystyle O}{|}}{|}}{H_2N\text{-}C\text{-}N\text{-}CH_3}} + KOH \longrightarrow H_2N\text{-}C\overset{\overset{H\text{---}O}{}}{\underset{\underset{O}{N}}{\underset{OK \quad H}{N\text{---}CH_2}}} \longrightarrow CH_2=N=N + H_2N\text{-}CO_2K + H_2O$$

0.5L 三口烧瓶中加入 60mL 50% KOH 溶液，搅拌下加入 200mL 乙醚，冰水浴冷却保持 5℃ 左右慢慢加入 20.6g（0.2mol）N-亚硝基-N-甲基脲❷，搅拌下于 50℃ 水浴加热，重氮甲烷和乙醚一同蒸出，约蒸出 130~140mL 馏出液才变为近于无色，切不可以将乙醚全部蒸出。受器中的乙醚液合并，滴定分析计算含量折算❶含有 5.3~5.9g（产率 63%~67%），如有必要可用固体氢氧化钾干燥。

---

❶ 重氮甲烷-乙醚溶液含量的测定：重氮甲烷与苯甲酸羧基加成，脱水及分解放出氮气，重排为苯乙烯酮，用标准碱溶液滴定过剩的苯甲酸。

反应式：

$$C_6H_5\text{-}CO_2H + CH_2=N=N \xrightarrow{-N_2} C_6H_5\text{-}\underset{\underset{CH:}{|}}{\overset{\overset{O\text{-}H}{|}}{C}}\text{-}OH \xrightarrow{-H_2O} C_6H_5\text{-}\overset{\overset{\displaystyle O}{||}}{C}\text{-}CH: \longrightarrow C_6H_5\text{-}CH=C=O$$

250mL 锥形瓶中加入 50mL 无水乙醚及准确称取约 1.2g 苯甲酸，溶解后在冰盐浴中冷却保持 0℃ 左右，加入相当于 0.005mol N-亚硝基物制得的重氮甲烷乙醚溶液，重氮甲烷的颜色褪去后用 0.2mol/L 标准 NaOH 溶液滴定过剩的苯甲酸，以酚酞为指示剂。

计算：含量 $= \dfrac{W(g) - V(mL)N_{0.2} \times 0.0244}{122.12} \times 42.04$

❷ 加完 N-亚硝基-N-甲基脲以后再搅拌几分钟，倾取深黄色的乙醚层，以片状氢氧化钾干燥几小时，其乙醚溶液含重氮甲烷约 5.6g（产率 66%）。

第三节 芳香族化合物的重排

芳香族化合物 N、O 原子上的取代基团：−OH、−X、−NO、−NO$_2$ 及偶氮、烃基，在"酸"作用下重排到芳核（N、O）的邻、对位。亦见芳醚及芳季铵的重排。

一、芳胺 N-取代基的重排

1. 芳胲的重排

芳胲在稀硫酸作用下重排为对氨基酚，反应首先是质子作用到羟氨基的氧原子上（电负性更强）生成锌正离子、以水形式脱去；重排异构在对位形成碳正中心，和水作用生成 4-氨基酚；如对位被占据可重排到邻位。重排过程，其它亲核试剂依其强度和浓度与之竞争。

例如：在甲醇溶液的芳胲重排为 4-氨基苯甲醚和 2-氨基苯甲醚的混合物；在盐酸条件下重排为 4-氯苯胺和 2-氯苯胺；在芳胺存在下重排为 N-苯基-p-苯二胺；在苯酚存在下重排为在苯酚对位的亲电取代产物对羟基联苯胺和 N-苯基-对羟基苯胺。

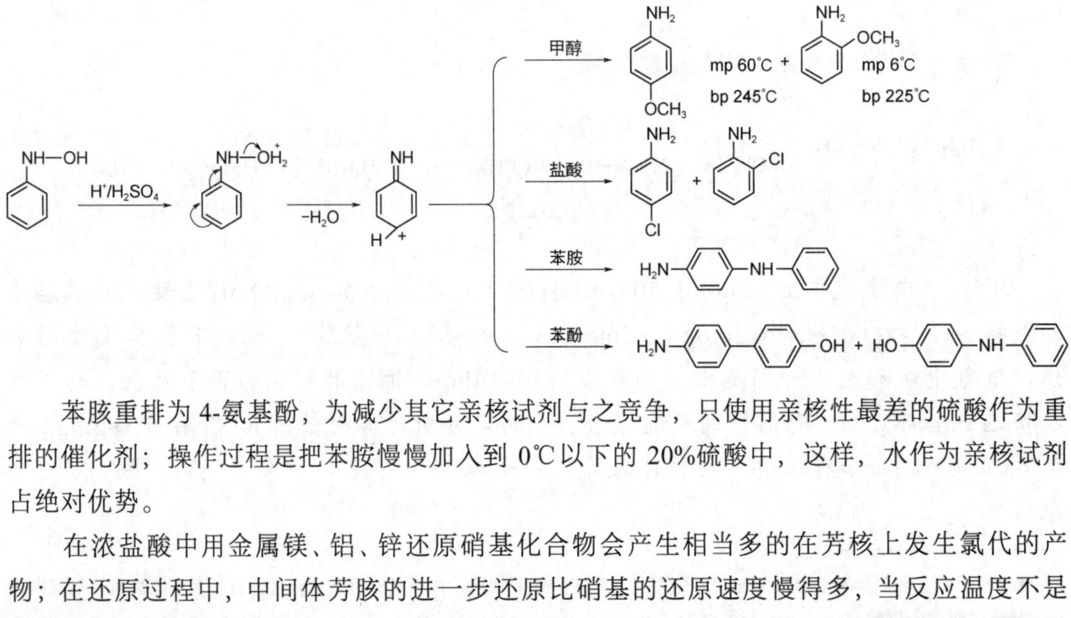

苯胲重排为 4-氨基酚，为减少其它亲核试剂与之竞争，只使用亲核性最差的硫酸作为重排的催化剂；操作过程是把苯胲慢慢加入到 0℃以下的 20%硫酸中，这样，水作为亲核试剂占绝对优势。

在浓盐酸中用金属镁、铝、锌还原硝基化合物会产生相当多的在芳核上发生氯代的产物；在还原过程中，中间体芳胲的进一步还原比硝基的还原速度慢得多，当反应温度不是太高，质子酸（盐酸）的浓度也不是太高时有利于芳胲的稳定（见 544 页苯胲）；反应温度较高及高浓度的盐酸（Cl⁻）有利于苯胲的分解氯代重排；或者是同时经过苯胲质子化，脱去水，重排异构在对位形成碳正中心，完成 Cl⁻取代。

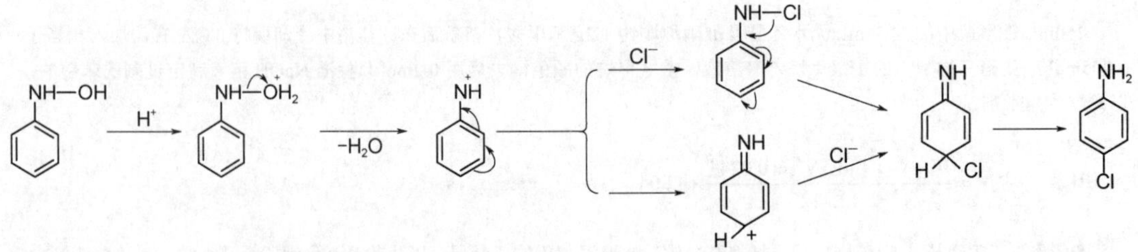

2. N-亚硝基的重排

芳仲胺不能按一般方法在环上直接亚硝化，而是首先生成剧毒的 N-亚硝基化合物，在醇溶液中在浓盐酸（而不是用其它酸）作用下，在室温，亚硝基从氨基氮原子重排到芳胺的对位，生成 4-亚硝基-N-甲基苯胺（通过亚硝酰氯 Cl—N=O），以盐酸盐形式从反应物中析出。

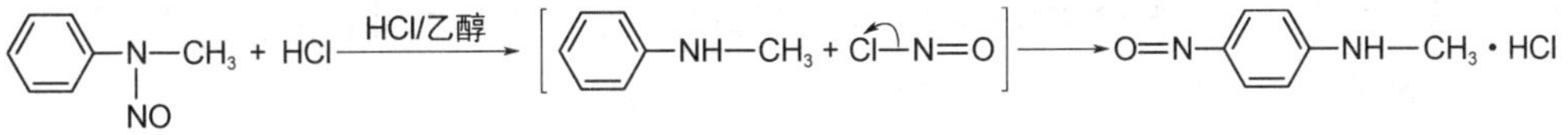

3. N-硝基苯胺的重排

在乙酸酐溶液中以硝酸（通过硝基乙酰，是温和的硝化剂，见 499 页，甚至不能将甲苯、叔丁苯、m-氯-乙酰苯胺正常硝化）作用于芳仲胺得到 N-硝基物。在"酸"作用下重排为邻硝基芳仲胺及少量对位异构体，未发现游离的硝化剂——是分子内的重排。

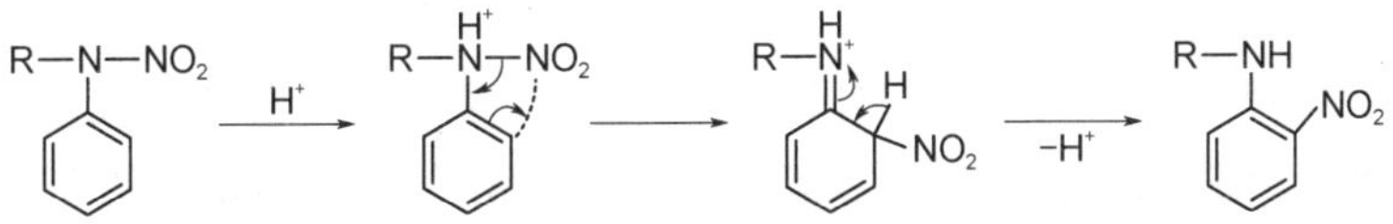

例如：下式中 N-硝基-p-硝基-N-甲基苯胺在重排中添加更容易硝化的物质，添加物没有被硝化，重排的硝基进入到原自芳核的邻位，得到 2,4-二硝基-N-甲基苯胺。

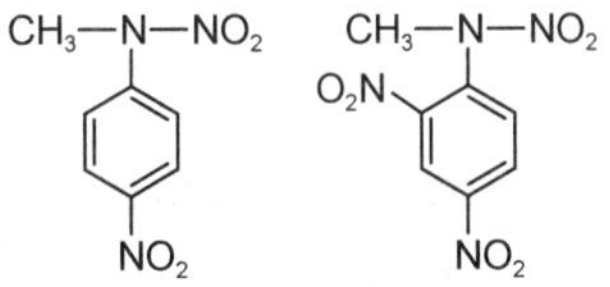

又如：N-硝基-2,4-二硝基-N-甲苯苯胺在重排中添加更容易硝化的苯酚，重排的结果：除正常产物 2,4,6-三硝基-N-甲基苯胺外，尚有脱去 N-硝基的 2,4-二硝基-N-甲基苯胺及硝基酚，是分子间反应的产物，其原因可能是：芳核上两个巨大拉电子的影响使重排的反应速度降低及 N-硝基容易离去，脱离的 $^+NO_2$ 才可能与添加的苯酚发生硝化；但是，在该条件下 $^+NO_2$ 决不可能使 2,4-二硝基-N-甲基苯胺硝化，由此证明，2,4,6-三硝基-N-甲基苯胺是 N-硝基-2,4-二硝基-N-甲基苯胺分子内重排的产物。

4. 偶氮氨基苯的重排

偶氮氨基苯在相应的芳胺中与少量芳胺盐酸盐共热，重排为 4-氨基偶氮苯；如对位已被占据，可以得到低产率的邻位产物。

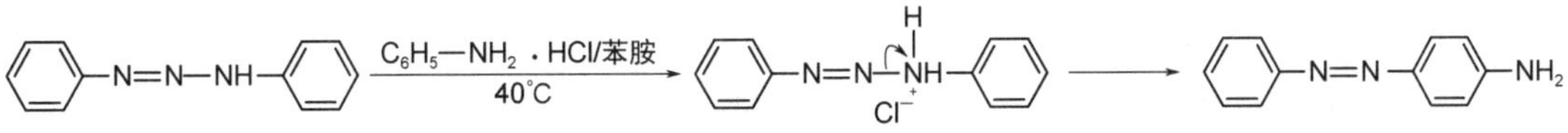

mp 123~126℃, bp>360℃

5. N-氯代-乙酰苯胺的重排

N-氯代-乙酰苯胺在盐酸作用下几乎定量地重排为 4-氯代-乙酰苯胺（很少邻位），产物的异构比例和乙酰苯胺直接氯化的结果相同，并且在反应中有游离的氯（Cl_2），实际上就是乙酰苯胺的直接氯代，许多 N-卤代物就是用作卤化剂的，是分子间的反应（重排）。

N-氯代-乙酰苯胺与盐酸一起用作某些底物的温和氯化剂，其它 *N*-氯代酰胺也发生同样的分解，如：*N*-氯代-4-甲苯磺酰胺，*N*-氯代琥珀酰亚胺，三聚氰酰氯（$Cl_3C_3N_3$，mp 148℃）。

6. *N*-烷基芳胺的重排——亦见季铵盐的分解（见 724 页）

N-烃基苯胺、*N,N*-二烃基苯胺的 HX 盐或季铵盐加热至 275~320℃，*N*-烃基重排到芳核氨基的对位（C_3 以上）；当对位被占据，可重排到邻位，"酸"作为催化剂；三个碳以上的烷基正离子（下面以丙基为例）在反应中发生重排，反应体系存在以下平衡（有烯烃、卤代烃）：

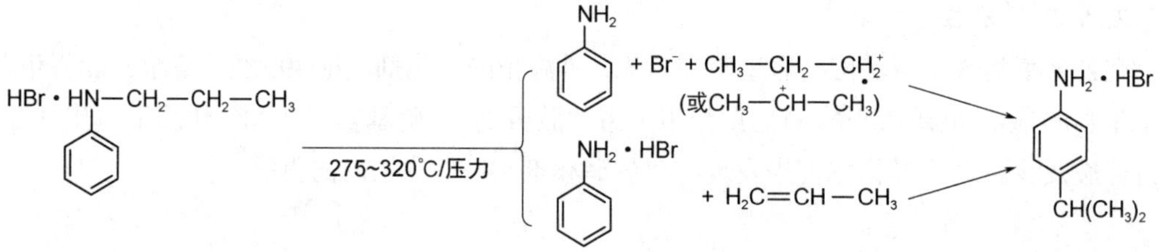

N-甲基芳胺重排时也可能有 CH_3X 产生（无论如何是很少量的），它只以甲基正离子的形式发生重排，在压力、高温进行，得到高产率、在芳核上甲基化的芳胺，如：

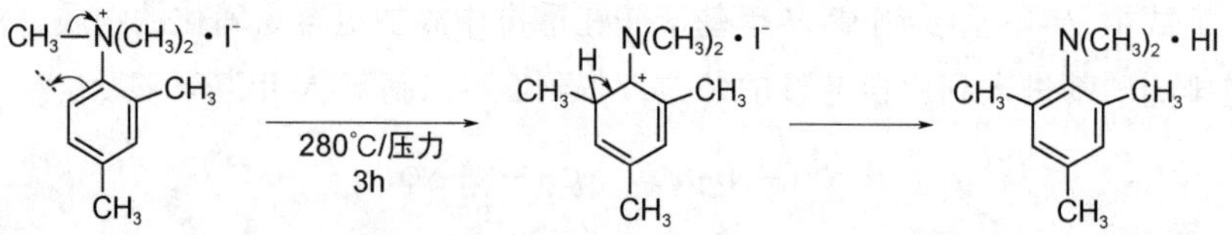

N-烷基化的芳胺加热分解为烷基正离子和苯胺负离子（异构为负电荷的醌式结构），烷基被重排到氨基的对位（和芳基醚的重排相似）。

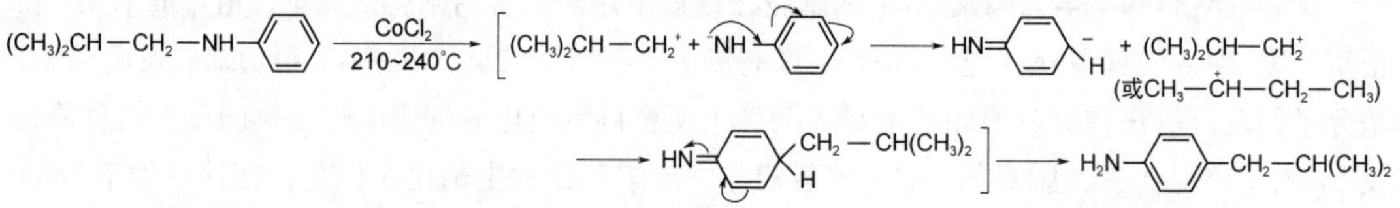

7. 联苯胺重排

氢化偶氮苯在盐酸或稀硫酸作用下重排为 4,4′-联苯胺，同样产生少量邻位产物；重排过程首先双重质子化，然后 $^+N-N^+$ 键均裂生成两个自由基式正离子，自由基转移到苯环的对位，在对位发生偶联，生成 4,4′-联苯胺；不同的氢化偶氮苯在一起重排时不发生交叉移位，是分子内重排，如下式：

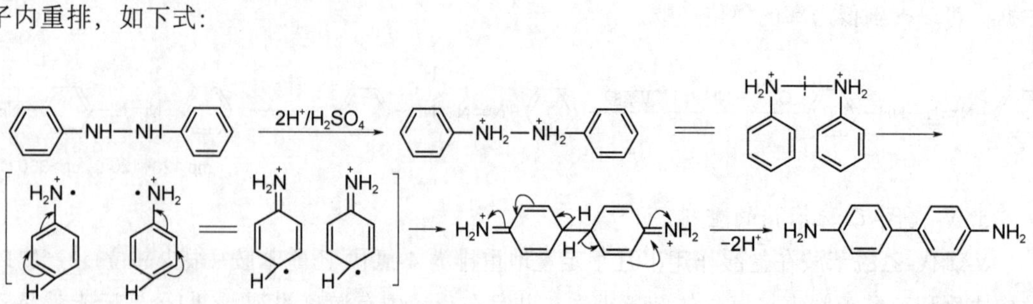

关于联苯胺重排的另一种解释说它不是均裂，而是异裂，双重质子化的氢化偶氮苯异裂

的同时在两个苯基的对位形成新键。

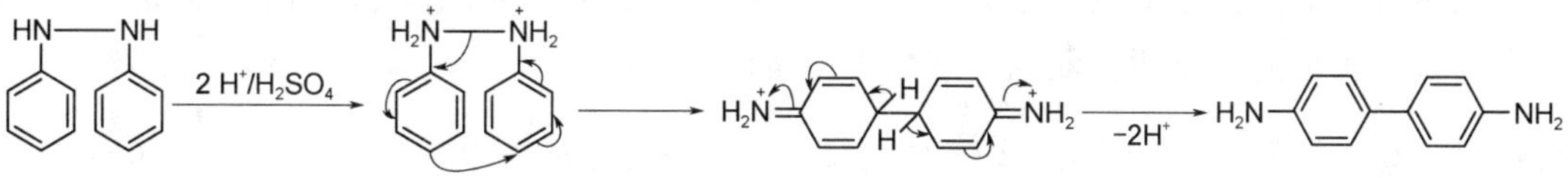

当氢化偶氮苯的一个苯基的对位被占据，则苯基对位重排到芳环的氨基上，为对半联苯胺；如果氢化偶氮苯两个苯环的对位都被取代基占据，则一个苯环的邻位重排到芳环的氨基上，重排为邻半联苯胺。

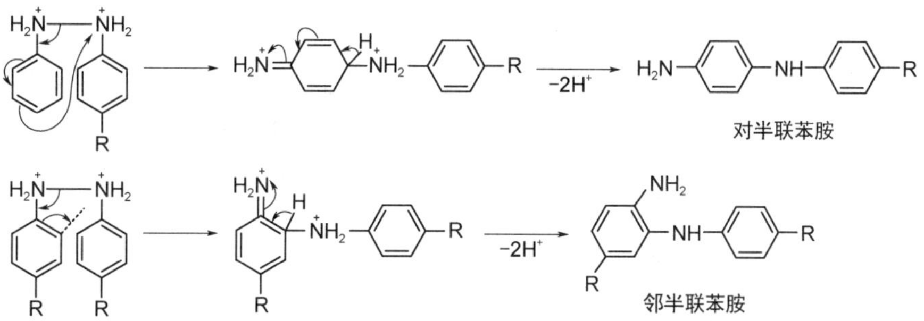

联苯胺 M 184.24；银白色鳞片状细小结晶。

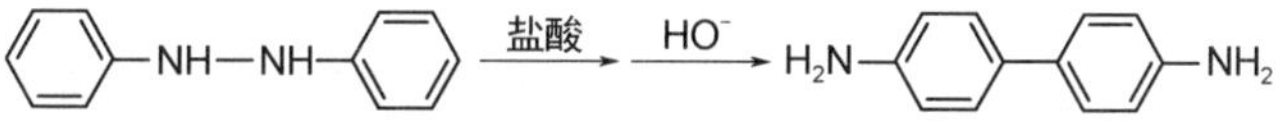

1L 三口烧瓶中加入 400mL 36% 盐酸，冷却保持 0℃ 左右，搅拌着于半小时左右慢慢加入 37g（0.2mol）氢化偶氮苯溶于 350mL 乙醚的溶液，加完后再搅拌半小时，滤出结晶，以稀盐酸洗、水洗、乙醇洗、苯洗，风干后得二盐酸盐结晶 40g（产率 78%）。

中和：600mL 水中加入 1mL 浓盐酸，加入以上二盐酸盐结晶，加热溶解脱色过滤，放置至刚要析出结晶时以 30% NaOH 中和至强碱性，析出银白色细小结晶，滤出、水洗、压尽水分，干后用乙醇或甲苯重结晶❶，风干后得 20g。

二、芳醚及芳基酯的重排

苄基醚在强碱作用下从 α-C—H 夺取质子，迁移基以缺电子状态向负电中心作 1,2-迁移，生成苯基仲醇。如：

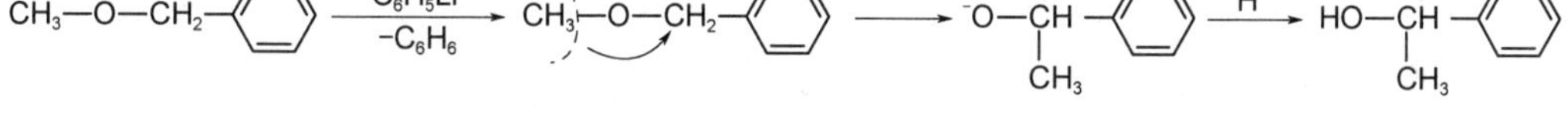

在"酸"作用下苄基苯基醚（C_6H_5—CH_2—O—C_6H_5）、芳基醚（Ar—O—R）的重排是分子间的，烷基以正离子的形式离解开，在反应中与一切电负中心亲电取代，当迁移基是 C_3 以上的烷基时可以发生碳正中心的改变。苄基苯基醚在无水 $AlCl_3$ 作用下的重排，由于苄

---

❶ 乙醇母液以稀硫酸分离硫酸联苯胺；从最后的母液分离异构物。

基正离子的稳定性在它离开之前就受到苯环 2 位的吸引，苄基只重排到苯环的邻位，是分子内的重排；如果只是加热，至 250℃发生分解，稳定性强的苄基进入到更稳定的位置，进入对位是主要的以及邻位取代，这个重排是分子间的。

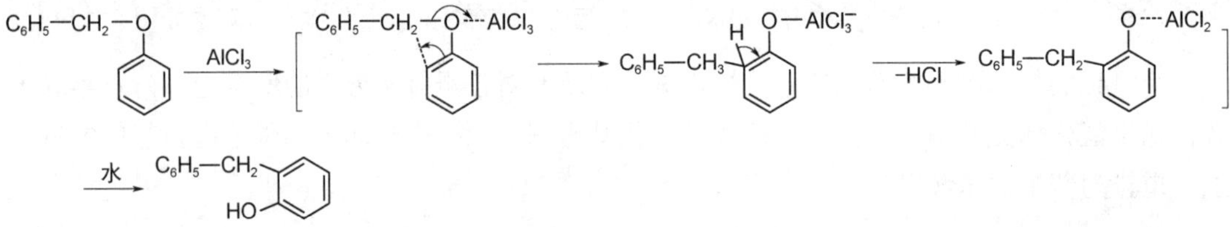

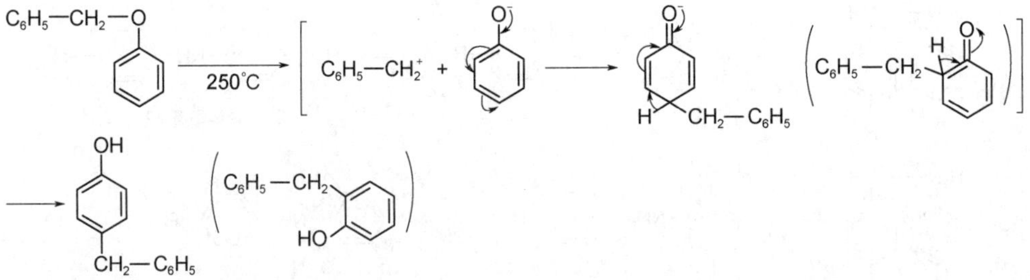

羧酸芳基酯的重排：乙酸苯酯与三氯化铝在 160℃共热 6h，*O*-乙酰基重排到芳环的 2,4-位（*C*-乙酰化）生成 2-及 4-羟基苯乙酮，是分子间的重排，异构物比例取决于催化剂和反应温度（见 169 页）。

mp 4~6℃，bp 218℃　　mp 106℃ bp 320℃

2-及 4-羟基苯乙酮

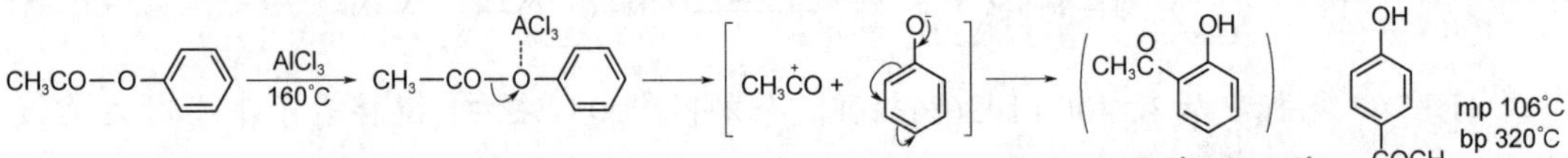

下面实例：极性溶剂、强碱作用下形成过渡态，在较低温度即可完成重排（见 690 页）。

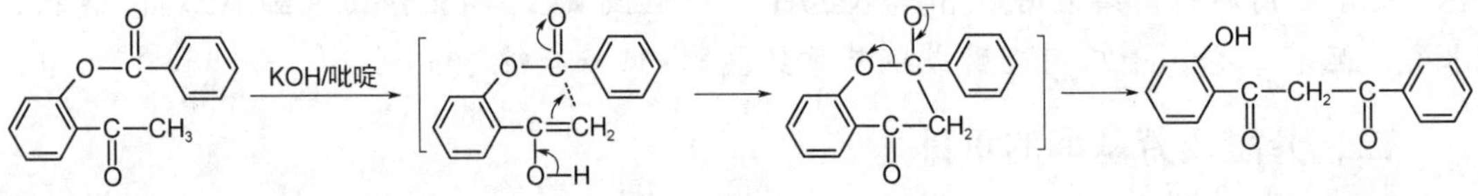

2-羟基-二苯甲酰甲烷　80%

三、协同重排

协同重排过程中不产生中间体，也不受溶剂、催化剂的影响；反应是经过环过渡态，仅由于加热或光照即可完成——原化学键断开的同时形成新键。

如：苯基烯丙基醚加热至 200℃，100%重排为 2-烯丙基苯酚，这个反应是双丙烯体系所特有的［3,3′］σ-键的迁移，也叫克莱森重排，其特点是：分子中有两个 C═C 双键，其中间有一个亚甲基和一个杂原子（O、N、S）的六个电子；这个杂原子与一个双键共轭，即具有烯基-烯丙基醚的结构（$>C=\overset{|}{C}-O-CH_2-\overset{|}{C}=\overset{|}{C}-R$）——1,5-二烯。

重排过程：两个烯基处于顺式，由于杂原子的拉电子效应构成环过渡态而发生重排；凡以上结构中间有杂原子的 1,5-二烯，处于顺式可发生重排，处于反式则不发生（见 806 页）。

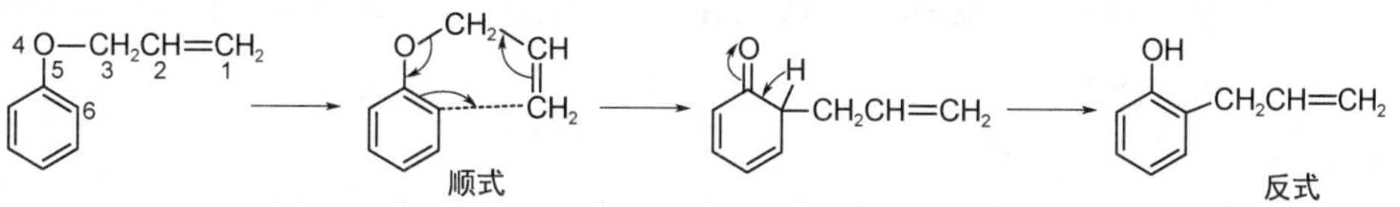

当邻位被占据，重排到邻位的产物是不稳定的烯酮，空间的拥挤使烯丙基处于与苯环的 3,4-位置构成顺-1,5-二烯，受酮羰基拉电子作用形成过渡态，发生第两次重排——烯丙基重排到对位，碳原子的顺序与起始醚的顺序一致。

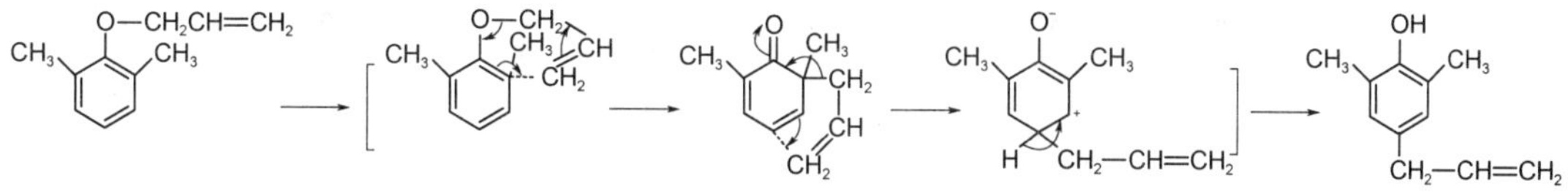

2-羟甲基萘与 α-二甲氨基-乙烯基甲醚进行类似的酯交换，得到 α-二甲氨基乙烯基-2-萘甲醚，与萘环的 1-位构成顺式-1,5-二烯，而后重排。

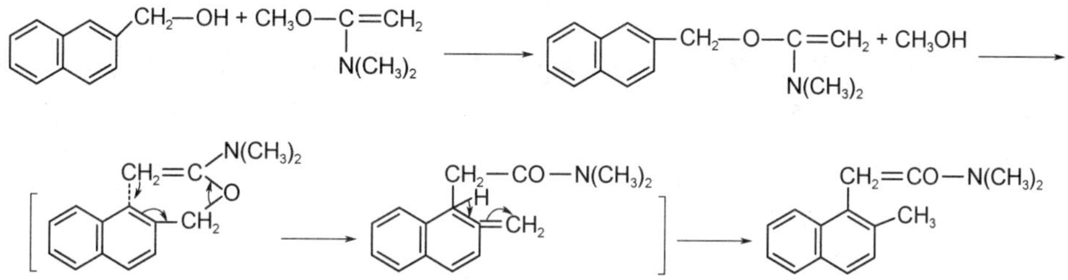

在脂肪族化合物中，烯基烯丙基醚也发生同样的重排。

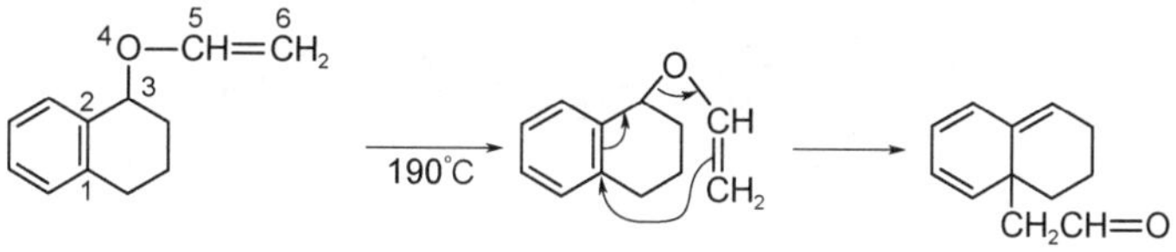

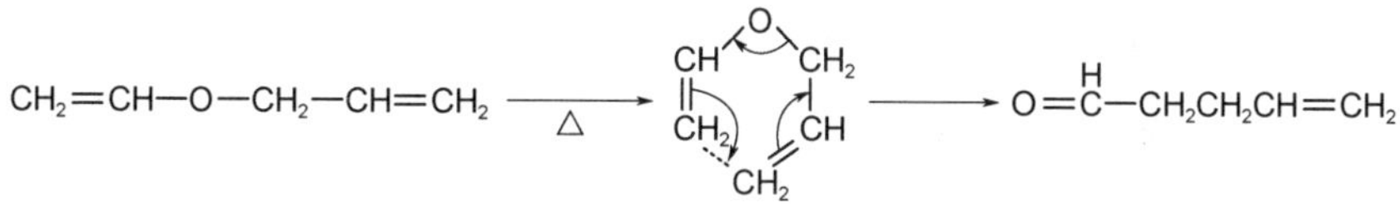

γ-不饱和酸的合成：羧酸丙烯酯通过羰基的烯醇化，生成 α-烯醇基烯丙基醚构成了 1,5-烯基醚；为使构成环过渡态，将烯醇硅烷化，巨大的硅烷基空间位阻的因素把二烯推向顺式，O-硅烷化也使烯基-烯丙基醚固定下来（不再转变成酮式），加热完成重排；最后水解掉硅氧烷，得到 γ-不饱和羧酸。

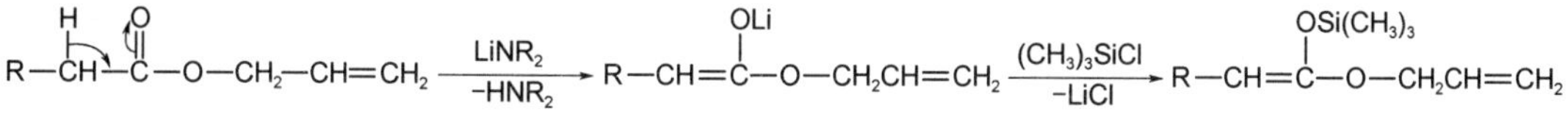

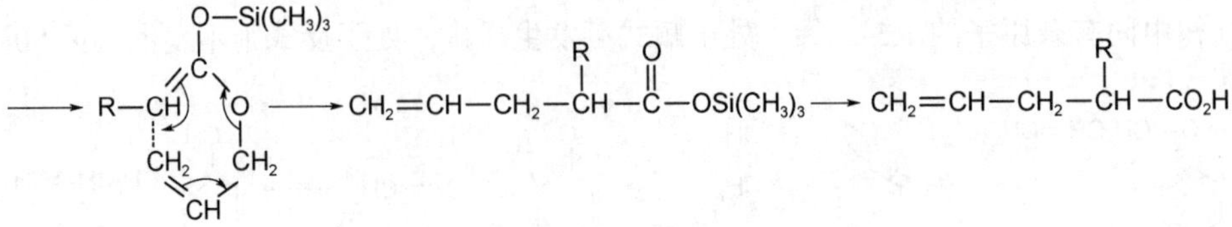

以下方法合成 γ-不饱和酸也是烯丙基重排：原酸酯与丙烯醇进行酯交换，而后由 β-消去脱去一个乙醇形成 C=C 双键，构成烯基-烯丙醚的结构（1,5-二烯基醚）。由于乙氧基对丙烯氧基的排斥作用使 1,5-二烯处于顺式过渡态而完成重排，产物是 γ-不饱和酸乙酯。

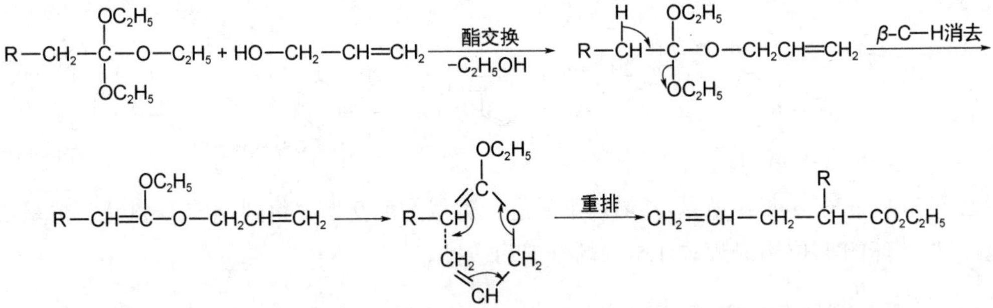

张力大的顺式二乙烯基环丙烷（1,5-二烯）加热至 120℃ 即可完成（环过渡态）σ 键的迁移，得到 1,4-环庚二烯，产率 91%；但对力张力很小的顺式二乙烯基环戊烷，加热至 220℃ 才有可能重排，重排为 1,5-环壬二烯，由于重排涉及开环，重排前张力很小，而重排后张力又要增大，故此只有 5%发生了重排。

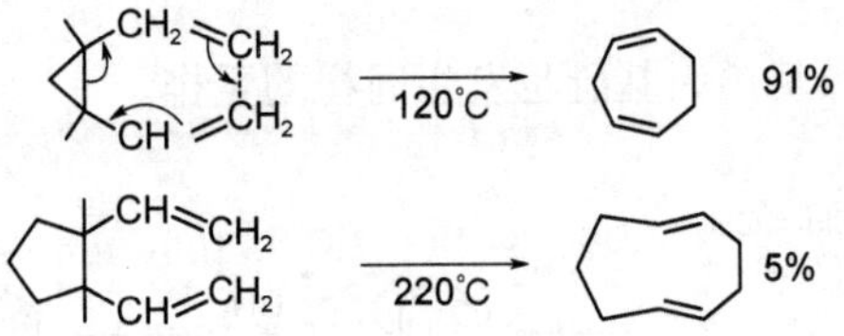

第十八章

元素有机化合物

第一节　概述

　　元素有机化合物是包括有机金属化合物及磷、砷、硼、硅等元素的有机物；有机金属化合物指有机分子中有 C—M（碳-金属）键的化合物，常见的金属原子如：K、Na、Li、Mg、Al、Fe、Ni、Sn、Pb、Hg 等。

　　仅与烃基成键的多价金属原子为单式有机金属化合物；如果还有其它非碳原子与金属键连——常是与质子酸的负离子部分成盐——称为混式有机金属化合物。

　　单式有机金属化合物多有一定挥发性，在不太高的温度加热并不分解；简单的单式有机金属化合物可以蒸馏或减压蒸馏，对于活泼性很强的有机金属化合物的处理和保存要用氮气保护，如：小分子锌、铝、镁以及磷、砷的有机化合物遇空气（氧）反应甚至自燃；亚铁、镍的有机化合物在空气中缓慢氧化；汞、锡、铅的有机化合物则比较稳定；混式比相对应的单式有机金属化合物要稳定得多。

　　加热至更高温度会使有机金属化合物均裂分解，分解温度依 C—M 键的键能。键能在 167~209kJ/mol（40~50kcal/mol）要 200~400℃均裂分解；键能在 125~167kJ/mol（30~40kcal/mol），裂解温度在 50~200℃之间。均裂可被光、过氧化物催化，如有机汞对热尚属稳定，但对光照敏感，最常见的现象是产品经光照后变暗——褐色（有汞析出），有机金属化合物光照和热分解的产物相同。

　　$Ar_3M—MAr_3$（Ar 表示芳基）型的有机金属化合物，由于 M—M 的键能比较小而呈现有较高的活性；依金属的活性，或易被空气氧化，易和卤、硫原子或金属钠反应，如：某些分解为自由基 $Ar_3Me—MeAr_3 \longrightarrow 2\,Ar_3M\cdot$ 三个芳基使这个自由基得到稳定。

　　加热四甲基铅得到铅沉积和游离甲基，游离甲基的单电子不能被分散而能量较高，寿命很短，在较低温度它可以与各种金属反应生成甲基的金属化合物，这可以从停止加热后沉积的铅消失得到证明；加热四丙基铅、四丁基铅不能得到游离的丙基、丁基，因为它们在实验的条件下发生歧化，如：四乙基铅在 200℃不发生裂解，但在液态烃中在 230~250℃

反应，有游离的乙基夺取氢生成的乙烷和歧化生成的乙烯；四烃基锡与氯化锡在230~250℃共热得到平衡的产物。

　　三(氯乙烯)二氯化锑在无溶剂条件下加热至200~250℃均裂分解，产物有氯乙烯基偶联为1,4-二氯-1,3-丁二烯，其歧化产物乙炔及1,2-二氯乙烯。

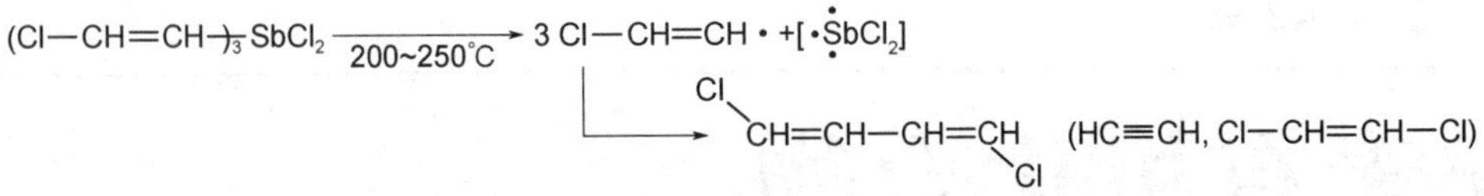

$$(Cl-CH=CH-)_3 SbCl_2 \xrightarrow{200~250℃} 3\ Cl-CH=CH\cdot + [\cdot \ddot{S}bCl_2]$$

$$\downarrow$$

$$\underset{\underset{Cl}{|}}{CH}=CH-CH=CH \quad (HC\equiv CH,\ Cl-CH=CH-Cl)$$

　　如果以"二聚（偶联）是通过活化的络合物进行的反应，从溶剂或其它物料夺取氢、歧化或其它反应是独立的自由基进行的反应"为准则，活泼的自由基能立即从活泼溶剂夺取到氢，而来不及偶联；对于稳定的自由基则主要发生偶联，它甚至不去夺取氢。在有溶剂参与的反应中，偶联、自由基夺取氢（歧化），其反应类型依溶剂的性质及底物生成自由基的稳定性不同而改变，如以下反应：

　　二苯基汞在无溶剂（无氢的提供者）条件下加热至150℃，均裂分解为汞及苯基，苯基的孤电子因不能分散到其它位置而很活泼，它立即偶联为联苯。

$$(C_6H_5)_2Hg \xrightarrow{>150℃} Hg + 2\ C_6H_5\cdot \longrightarrow C_6H_5-C_6H_5$$

　　它还可以和多种金属卤化物反应，生成其它有机化合物，如：和AsCl₃一起加热生成二氯苯胂和氯化苯汞；又如：四丁基锡和计算量的无水氯化锡共热，从络合物发生的热均裂分解，得到高产率的（＞82%）二丁基二氯化锡。反应的平衡依赖硬酸碱的强弱。

$$(C_6H_5)_2Hg + AsCl_3 \longrightarrow C_6H_5-HgCl + C_6H_5-AsCl_2$$

$$(n\text{-}C_4H_9)_4Sn + SnCl_4 \xrightarrow{230℃} 2\ (n\text{-}C_4H_9)_2SnCl_2$$

　　二苯基汞在容易给出氢的溶剂（质子溶剂）中加热煮沸，均裂产生的苯基总是从溶剂夺取氢、生成苯及溶剂的脱氢产物；而二苄基汞，即使在醇溶液中的均裂，由于苄基的孤电子与苯环共轭得到分散而比较稳定，主要发生偶联，生成1,2-二苯乙烷。

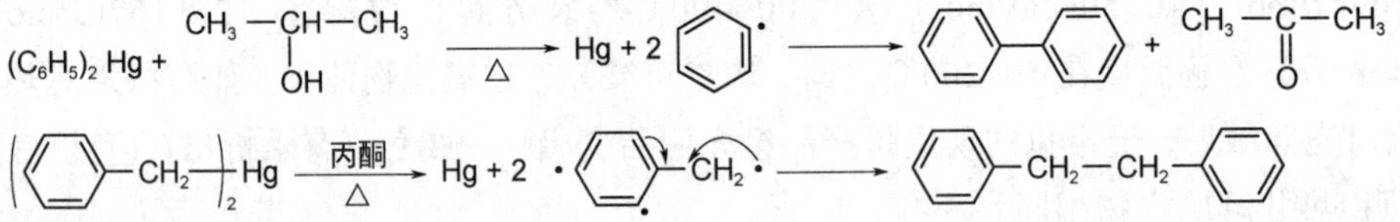

　　银的有机化合物在溶剂中零度以下（甚至更低温）就分解得到偶联产物，没有自由基与溶剂的偶联产物及其它分解，说明是络合物分子内完成的；溴烷和金属钠在无其它活泼溶剂的乌兹反应——烃基偶联，如果反应温度太高（约200℃），和钠反应会发生严重的裂解、歧化。

　　有机汞在溶剂中的均裂分解生成金属汞和烃自由基的过程中，如果C_6H_5-Hg·能从溶剂夺取卤原子生成比较稳定的C_6H_5-Hg-Cl，不再进一步反应，在不同溶剂中分解，其最终产物也不尽相同。如：二苯基汞在四氯化碳中的光分解生成氯化苯汞、氯苯和六氯乙烷。

$$(C_6H_5)_2Hg + 2\,CCl_4 \xrightarrow{h\nu} C_6H_5\!-\!HgCl + C_6H_5\!-\!Cl + Cl_3C\!-\!CCl_3$$

又如：苯基硅氧烷，尤其是苯基组分比较高的硅氧烷（苯基硅油）在大约 300℃ 及真空下处理时的脱苯基现象是热均裂反应，苯基发生偶联及夺取氢生成苯被蒸出，而硅氧烷自由基相偶联（产生支链相交的键，也称交链）使硅油的黏度增大，使硅胶的分子量倍增，变得近于固体，有弹性；甲基硅油尚属稳定。

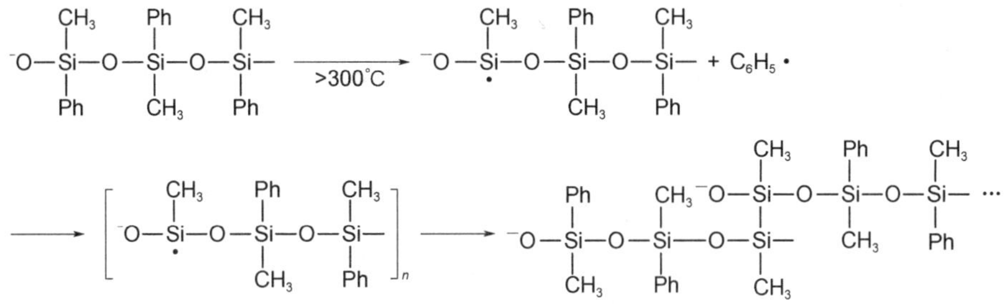

第二节　有机金属化合物的合成

有机金属化合物可用以下方法合成：①活泼金属与烃的反应及烃基交换；②卤代烃与金属反应；③格氏试剂与金属卤化物作用；④有机金属化合物与活泼金属交换；⑤金属卤化物在络合溶剂（金属）中与烃反应。

一、活泼金属与烃的反应及烃基交换

活泼碱金属 K、Na、Li 与活泼烃反应或烃与其它烃金属进行交换，其难易取决于 C—H 键的酸性和金属的碱性，烃的酸性越强，越容易反应；金属的碱性越强，越容易反应。

C—H 键的氢原子受拉电子基的影响得到削弱，α-C—H 显示更强的酸性；小的环烷烃对电子的约束力较强，使 C—H 呈现较强的酸性。

依光谱方法测定烃类在环己胺中和其铯盐的反应，计算出各类烃的酸性，以 pK 为度，pK 值越小，其共轭酸的酸性越强，得到下列结果，见表 18-1。

表 18-1　在环己胺中，其铯盐与以下烃交换显示烃的酸性

烃	pK	备注
饱和烷烃	50 ~ 60	不和碱金属反应
$C_6H_5\!-\!CH_2\!-\!H$	40.9	
$(CH_3\!-\!C_6H_4)_2\!-\!CH\!-\!H$	35.1	苄基碳负离子得到苯环的分散，有一定的稳定性
$(C_6H_4)_2\!-\!CH\!-\!H$	33.4	
$(C_6H_4)_3\!-\!C\!-\!H$	31.4	

烃	pK	备注
$C_6H_5-C≡C-H$	26.5	炔的叁键约束电子较紧，氢原子比较裸露而呈现
$H-C≡C-H$	23.2	较强的酸性
(芴)	22.7	
(茚)	19.9	环戊二烯两个 C=C 双键约束电子的影响使 α-C—H 具较强的酸性；苯基使这个效应减弱
 (环戊二烯)	16.6	
$NC-CH_2-H$	31.3	
$CH_3-SO_2-CH_2-H$	31.1	
$C_6H_5-SO_2-CH_2-H$	29.0	拉电子基对 α-C—H 酸性的影响大致有以下顺序：
$CH_3-\overset{O}{\underset{\|}{C}}-CH_2-H$	26.5	$-NO_2 > {\overset{\|}{\underset{\|}{C}}}=O > {\overset{\|}{\underset{\|}{S}}O_2} ≅ -CN$
O_2N-CH_2-H	17.2	
$NC-\underset{H}{\overset{\|}{C}}H-CN$	11.2	

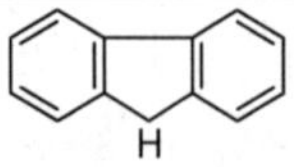

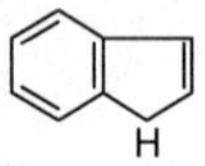

环戊二烯在用金属钠干燥处理并蒸过的无水苯中用粒状金属钾作用制得环戊二烯钾，再用碘甲烷或氯甲烷烷基化制得甲基环戊二烯。

甲基环戊二烯　M 80.12，其二聚物 mp −51℃；bp 200℃（分解），d 0.941，n_D^{20} 1.4980。

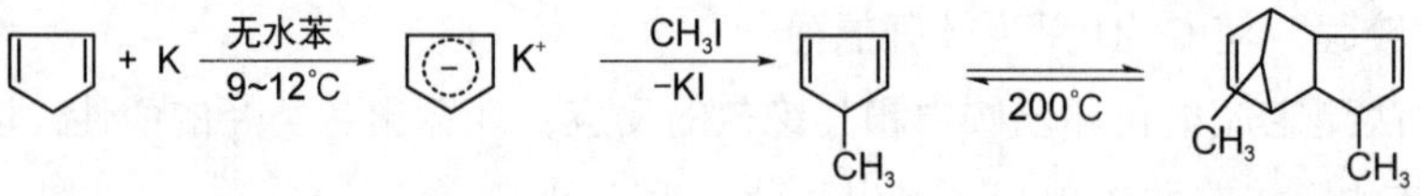

5L 三口烧瓶中加入 2.4L 用金属钠干燥并蒸过的无水苯[1]，加入 120g（3mol）新切的金属钾切片，缓缓加热并开动搅拌，热至 60℃时金属钾熔化，移去热源，在搅拌下放冷至室温，金属钾凝成颗粒。

用冰水浴冷却控制 9~12℃，搅拌着从分液漏斗慢慢滴入 200g（3mol）新解聚的环戊二烯，加完后继续搅拌至反应物呈糊状物（约 2h），生成环戊二烯钾。搅拌下用电热套加热保持微沸，从分液漏斗慢慢滴入 426g（3mol）碘甲烷，加完后再保温搅拌 1h。冷后滤除碘化钾结晶并以无水苯冲洗两次，洗液与滤液合并，用电热套或蒸汽浴加热回（分）馏回收苯，剩余物减压分馏，得甲基环戊二烯二聚物；再用电热套加热及高效分馏，得

---

[1] 所用无水苯必须是用金属钠干燥并蒸过以保证无水，其它干燥不可取，唯 P_2O_5 干燥仍需认证。用无水氯化钙干燥后仍含 0.05%水，与钾反应放热使钾熔化，发生了氢气爆燃，反应系统最好充氮排除空气和氢气。

单体 100g（产率 41%）。

卤代烃与金属制得烃金属化合物，和酸性更强的烃进行交换，方便比较安全地制得其它烃金属化合物——亦见间接方法制取格氏试剂（见 752 页）及芳烃上的直接汞化（见 757 页）。

$$C_2H_5\text{—Li} + \underset{\text{(fluorene)}}{\qquad} \xrightarrow{-C_2H_6} \underset{\overset{|}{\text{Li}}}{\qquad}$$

$$C_6H_5\text{—Li} + \underset{O}{\qquad} \xrightarrow{-C_6H_6} \underset{O}{\qquad}\text{Li}$$

$$C_6H_5\text{—Li} + \underset{\underset{\curvearrowright}{N}}{\qquad} \xrightarrow{\text{乙醚}} \underset{\underset{\text{Li}}{N}}{\qquad}\overset{C_6H_5}{\underset{H}{}} \xrightarrow[110^\circ C, 8h]{\text{甲苯}} \underset{N}{\qquad}C_6H_5 \qquad \text{（见 826 页）}$$

为减少卤代烃在碱金属作用下的乌兹偶联反应，要使用较低的反应温度；在下面实例中，反应生成的烃基钠与添加底物共热，完成烃金属的交换。

苯基锂　*M* 84.05。

$$C_6H_5\text{—Br} + 2\,\text{Li} \xrightarrow[30^\circ C]{\text{乙醚}} C_6H_5\text{—Li} + \text{LiBr}$$

1L 三口烧瓶配置机械搅拌、温度计、分液漏斗及装有干燥管的回流冷凝器。

烧瓶中加入 3.5g（0.5mol）切成绿豆粒大小的金属锂及 100mL 无水乙醚，开动搅拌，从分液漏斗加入约 10mL 如下混合液：40g（0.25mol）溴苯及 50mL 无水乙醚，混匀。此时通常发生较为猛烈的放热，如不放热反应，可以温热引发，反应一经开始就立即移开热源，以后慢慢加入其余的溶液。加完后继续搅拌下回流，约 1h 后锂的颗粒消失，苯基锂的产率 75%[❶]，可直接用于合成，应及时使用。

苯基钠　及　苄基钠

$$C_6H_5\text{—Cl} + 2\,\text{Na} \xrightarrow[30\sim40^\circ C,\,-\text{NaCl}]{\text{甲苯}} C_6H_5\text{—Na} \xrightarrow[110^\circ C,\,3h]{\text{CH}_3\text{—C}_6\text{H}_5} \underset{}{\qquad}\text{—CH}_2\text{—Na} + C_6H_6$$

1L 三口烧瓶中加入 380mL 无水甲苯、29g（1.26mol）金属钠小粒，搅拌下加入大约 9g 氯苯，温热以引发反应，反应平和后维持 30~40℃，于 2h 左右慢慢加入 47.8g（共 56.5g，0.5mol）氯苯，加完后保温搅拌 2h，反应物变为糊状，苯基钠的产率约 79%[❷]，应及时使用。

为了制得苄基钠，将以上反应物在搅拌下加热回流（约 110℃）3h，使之转变为苄基钠，转化率按氯苯计算为 77%。

苯基钠还可与间二甲氧基苯发生金属交换反应：

---

❶ 苯基锂试样和二苯甲酮反应，称重析出的三苯甲醇，计算产率。

❷ 将试样倾入过量的干冰中，测定苯甲酸以计算苯基钠的产率；苄基钠用同样的方法处理后测定苯乙酸。

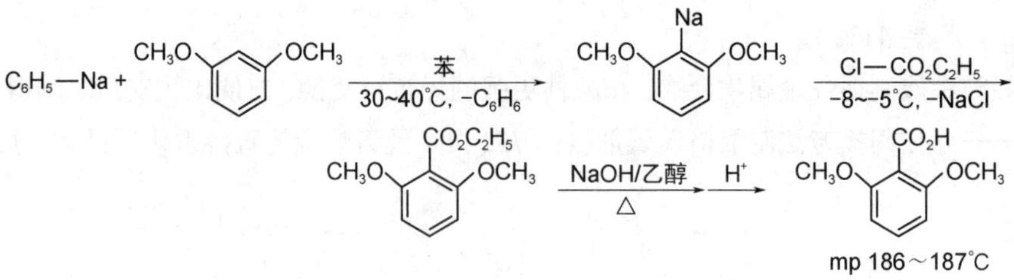

$C_6H_5—Na +$ [3,5-dimethoxybenzene structure CH_3O, OCH_3] →(苯 / $30\sim40°C, -C_6H_6$)→ [structure with Na, CH_3O, OCH_3] →($Cl—CO_2C_2H_5$ / $-8\sim-5°C, -NaCl$)→

[CH_3O OCH_3 $CO_2C_2H_5$ structure] →(NaOH/乙醇 △ / H^+)→ [CH_3O OCH_3 CO_2H structure] mp 186~187℃

二、卤代烃与金属反应

卤代烃与金属的反应是 C–X 键的均裂进行的，大多数卤代烃与碱金属在室温或稍高的温度即可顺利进行（多要引发）生成烃基金属——如以上及乌兹合成；卤代烃与高价金属反应生成比较稳定的烃基金属卤化物，在该条件不进一步反应，如：烃基卤化锡、烃基氯硅烷及格氏试剂、汞化物等，常使用的卤代烃是氯代烃溴代烃，特殊情况才使用碘代烃，其活泼次序取决于 C–X 键均裂的键能，如表 18-2 所示。

表 18-2　C–X 键均裂的键能　　　　　　　　单位：kcal/mol

烃基	C—X 键键能		
	X = I	X = Br	X = Cl
$CH_3—$	54	67	80
$C_6H_5—$	61	71	—
$C_6H_5—CH_2—$	39	51	—
$CH_2=CH—CH_2—$	36	46	60
I—	36	42	50

碘代烃与汞在散射光照或及加热下均裂为原子碘及烃基；而后，烃基与金属汞生成有孤电子的烃基汞；它进一步从碘代烃夺取碘原子生成烃基碘化汞和烃基；烃基与金属汞反应，如此不已，至反应结束，如下式：

$$R—I \longrightarrow R· + I·$$
$$R· + ·Hg· \longrightarrow R—Hg·$$
$$R—Hg· + R—I \longrightarrow R—Hg—I$$

总反应式：　　　　　　　　　　$$R—I + Hg \longrightarrow R—Hg—I$$

又如：在强光照射下，碘乙烷（及 C_2 以上）的碘烷与汞作用，最终的产物碘化亚汞、乙烷和乙烯，没有碘化乙基汞；可能是生成的碘代乙基汞在强光照射下发生 C–Hg 键均裂，分解为 $CH_3CH_2·$ 和 $·HgI$；乙基夺取氢及歧化生成乙烷和乙烯；$·HgI$ 偶联为碘化亚汞 Hg_2I_2，如下式：

$$C_6H_5 + Hg—I \longrightarrow C_6H_5\cdot + \cdot HgI$$

$$2\ I—Hg\cdot \longrightarrow I—Hg—Hg—I$$

$$CH_3—CH_2\cdot + \overset{\overset{\displaystyle H}{|}}{CH_2}—CH_2\cdot \longrightarrow CH_3—CH_3 + CH_2{=}CH_2$$

再如：碘丙烯均裂分解的键能几乎是卤代烃中最低的，在乙醇溶液中与金属汞一起振荡，迅速生成高产率的（80%~90%）碘化丙烯基汞；过程中，丙烯自由基并没有从容易给出氢的乙醇夺取氢，而直接生成了碘化丙烯基汞——可能是通过络合物的分子内部完成的——反应之初，首先按以上过程生成了部分碘化亚汞（I—Hg—Hg—I），其后与碘丙烯生成络合物，在络合物内部协同反应生成丙烯基碘化汞，同时释出碘化汞（HgI_2），它与粉状小球的汞作用又被还原为亚汞，如此反复。

$$CH_2{=}CH—CH_2—I + Hg \longrightarrow CH_2{=}CH—CH_2—Hg—I \xrightarrow{h\nu} [CH_2{=}CH—CH_2\cdot] + \cdot HgI \longrightarrow I—Hg—Hg—I$$

$$CH_2{=}CH—CH_2—I + Hg_2I_2 \longrightarrow \underset{\underset{\displaystyle Hg\ \ Hg}{\underset{\displaystyle |\qquad |}{I\qquad\ \ I}}}{CH} \quad \longrightarrow CH_2{=}CH—CH_2—Hg—I + HgI_2$$

$$HgI_2 + Hg \longrightarrow I—Hg—Hg—I$$

键能在 50kcal/mol 以下的卤代烃都能和汞顺利反应，其它元素 Mg、Zn、Sn、Pb、As 等也都能和卤代烃以类似的形式，在不同温度反应生成混式有机金属化合物。例如：

卤代烃与镁在醚溶液中制备格氏试剂也常用碘代烷作引发剂。

氯甲烷通入到用氯化钠分散的锡中，得到二甲基二氯化锡，产率高达 95%，很少其它副产物；碘代烃活泼许多，碘丁烷和锡粉在 150℃反应，得到二丁基二碘化锡。

$$2\ CH_3—Cl + Sn \xrightarrow[290\sim300℃]{Sn/盐} \underset{mp\ 103\sim105℃}{(CH_3)_2SnCl_2}$$

$$2\ n\text{-}C_4H_9—I + Sn \xrightarrow{150℃} (n\text{-}C_4H_9)_2SnI_2 \longrightarrow (n\text{-}C_4H_9)_2SnO$$

氯甲烷通入银或亚铜催化的 300℃硅粉中，得到高产率的二甲基二氯化硅及少量三甲基氯化硅 $[(CH_3)_3SiCl]$、甲基三氯硅烷以及氢硅烷。

$$2\ CH_3—Cl + Si \xrightarrow{300℃} (CH_3)_2SiCl_2 + (CH_3)_3Si—Cl + CH_3—SiCl_3$$

锑粉与卤代烃在 140℃反应，主要得到三烃基二氯化锑（R_3SbCl_2）。

卤代烃与金属钠在室温即可反应生成烃基钠，与金属性差的卤化物，甚至非金属卤化物反应，制得其它金属（元素）有机化合物；烃基金属卤化物卤原子更容易被烃基取代，生成单式有机金属（元素）化合物（依软硬酸碱简单解释）——是重要的合成方法。

$$4\ C_6H_5—Br + 8\ Na + SnCl_4 \xrightarrow[\triangle]{苯} \underset{\underset{\displaystyle 49\%,\ mp\ 228℃}{四苯基锡}}{(C_6H_5)_4Sn + 8\ NaCl\ (或 NaBr)}$$

（见 775 页）

$$3\ C_6H_5—Cl + 6\ Na + AsCl_3 \xrightarrow[\triangle]{苯} \underset{\underset{\displaystyle 90\%,\ mp\ 61℃}{三苯基胂}}{(C_6H_5)_3As + 6\ NaCl\ (或 NaBr)}$$

（见 771 页）

三、格氏试剂与金属卤化物的反应

格氏试剂的通式为(Ar)R—MgX，烃基作为亲核试剂用于许多方面的合成，是最常用的混式有机金属化合物。它的制法主要是卤代烃作用于无水乙醚或环丁醚（四氢呋喃）参加的、无水非质子溶剂中的镁屑，不经分离直接使用（要分离未作用的过剩镁屑）。

$$(Ar)R—X + Mg \xrightarrow{\text{乙醚}} (Ar)R—Mg—X$$

乙醚、四氢呋喃的作用不仅是溶剂，而且是与格氏试剂生成稳定的络合物以促进反应向右进行，这个络合物常会以固体物析出；格林尼亚曾将乙基镁碘化物（C_2H_5MgI）等的乙醚溶液小心蒸发，剩余物又减压放尽溶剂后分析，发现组分中还有一分子乙醚，加热至 150℃数小时以后才除去；在制备格氏试剂中，使用较少乙醚不足以溶解格氏试剂时，在反应后常分为两层或冷后结固，倾去上面乙醚层，下面的结晶固体物用冰水处理后又析出相当多的乙醚混在烃的产物中，为分解络合物析出的。在使用其它溶剂制备格氏试剂时，也必须在初始阶段使用四氢呋喃或乙醚以使生成络合物，其用量也必须大于1mol，否则反应很慢。

1. 格氏试剂的制备通法

1.05~1.1mol 新鲜镁锵屑用最少量的无水乙醚盖没，将 1.0mol 卤代烃与相近体积或者稍多的无水乙醚溶解混匀，先加入少许卤代烃乙醚溶液，加入引发剂放置几分钟（或温热），3~5min 即可引发，反应放热，变得稍有浑浊——是生成的格氏试剂与乙醚中残存的水分反应的现象，如果加入混合液太多，放热使剧烈地回流；引发反应后控制一定的反应温度慢慢加入其余的混合液，加完后保温或加热回流 2h，此时镁屑只剩下过量的那部分。大量制备采用填充了镁锵屑的反应管道以不时添加镁锵屑。

① 镁屑的质量和用量：虽然镁中少量其它金属杂质使镁更活化，一般还是使用纯镁，它的其它金属杂质已经足够（主要是铁），受潮及氧化的镁屑影响引发反应及产率，不可使用。镁屑用量一般为 1.05~1.1mol；只在制取不稳定的、非常活泼的格氏试剂时才增大用量，使用更细小的镁屑以增大接触。通常使用的是厚度 0.2~0.3mm、宽 8~12mm 的镁锵屑，干燥保存，如果在雨季，使用前要在 80~100℃烘干；为了减少开始时醚的用量以提高卤代烃的浓度及便于引发，使用前还是要把它揉搓弄碎。

② 引发反应：镁表面的氧化膜及湿气抑制引发反应，所以，使用新刨的镁屑，在干燥处存放，在雨季要烘干处理及时使用。即便如此，在开始仍要引发剂引发，常用的引发剂是碘、碘甲烷或格氏试剂；它们的作用都是为清除镁屑表面水汽及氧化物，提高其反应活性，而使用格氏试剂的引发则是最直接的，是很好的活化剂，只要保管好，直接使用能立即引发反应开始。

引发操作：向无水乙醚或环丁醚盖没的镁屑中加入总量2%~3%的卤代烃，不要扰动以保持局部的高浓度，向该部位加入 2~3 小粒碘或 1~1.5mL 碘甲烷，不要搅动，必要时可以温热该部位，如果其它条件没有问题，3~5min 后即开始反应；稍现浑浊，放热可使乙醚回流，浑浊消失；反应缓和后再将卤代烃的乙醚溶液慢慢加入。

③ 卤代烃：对于卤代烃的一般要求：水分＜0.05%；不含卤素、羰基化合物以及酸物质，其它杂质总量＜0.3%；纯度＞98%的工业品。卤代烃制取格氏试剂的反应速度取决于 C—X

均裂的键能（见表 18-2），其中卤原子依 Br > Cl，很少使用碘代烃，最好使用氯代烃，它来源方便，比较纯净，副反应也较少。

烃基结构影响反应速度及副反应，大致有以下关系：

$$CH_2=CH—CH_2—X > C_6H_5—CH_2—X > (CH_3)_2CH—X > CH_3CH_2CH_2—X > C_6H_5—X >$$
$$CH_3(CH_2)_{10}—CH_2—X$$

活泼的卤代烃，其格氏试剂也活泼，容易分解；如：氯丙烯、氯化苄、溴代异丙烷等，它们太活泼，不能按一般常规方法制得格氏试剂，反应的结果多是格氏试剂的分解、歧化及偶联产物，在制备格氏试剂时要采用特殊、更严格的反应条件。如：$(CH_3)_3C—Mg—Cl$（见242页）和 $CH_2=CH—CH_2—Mg—Br$（见381页）。

空间因素对制取格氏试剂的影响。如：2,4-二甲基溴苯能方便地制得格氏试剂；2,6-二甲基溴苯相当困难；2,4,6-三甲基溴苯就更为困难。又如：二苯基溴甲烷反应起来也相当困难；4,4′-二溴联苯，一般方法在第一个溴反应后结束，第二个溴保留；4-氯溴苯也只在溴制成格氏试剂而氯原子保留。

④ 副反应：从卤代烃制取格氏试剂的主要副反应是偶联、格氏试剂分解以及歧化分解为烯烃和烷烃；依卤代烃的性质而有不同侧重；偶联起来的副反应可能就是卤代烃通过与格氏试剂的络合物进行的，卤代烃加入速度太快，存积的卤代烃有太多机会和格氏试剂偶联。

带有分支的空间阻碍的活泼卤代烃，使生成格氏试剂及发生偶联的反应速度缓慢，更容易发生歧化分解。如：

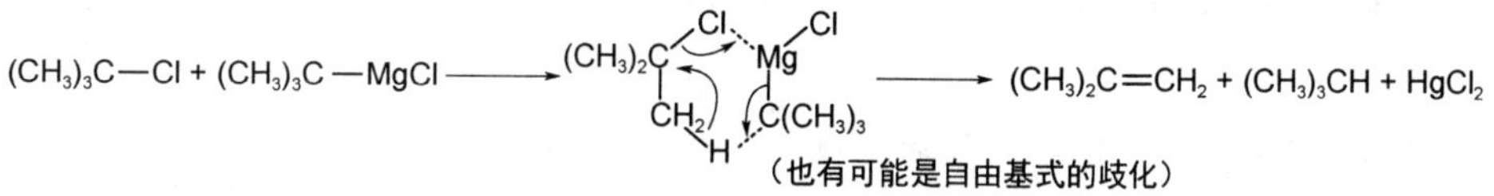

（也有可能是自由基式的歧化）

空间阻碍小的活泼卤代烃，如：氯化苄，在制备格氏试剂时，容易通过与格氏试剂络合（$C_6H_5—CH_2^+$稳定）发生偶联，按一般通法合成，得到 1,2-二苯乙烷的产率高达 60% 以上。

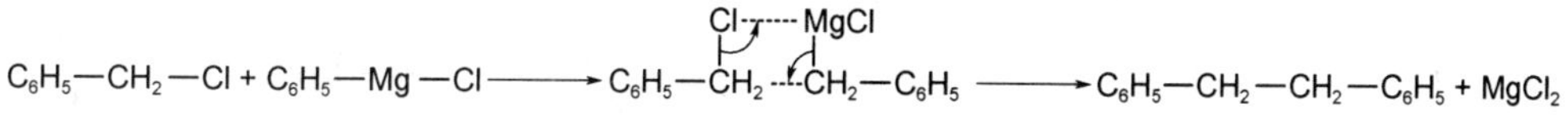

有介绍说：氯化叔丁烷制格氏试剂时要加得很慢；苄基氯要快加入能得到好的产率。既然有正常格氏试剂以后的正常产物生成，就说明生成格氏试剂的反应速度大于偶联及歧化分解的速度，那么更严格的反应条件应该是：无水乙醚（含水量 < 0.02% 的 KF 方法）；过剩（1.5倍）新鲜的细碎镁屑；低温（0℃）及低浓度，更长的反应时间（17h）及使用搅拌，如 t-丁基氯化镁（见 242 页）、烯丙基溴化镁（见 381 页）的制备。

具有R—CH(R′)—CH₂—X结构的卤代烃，尤其 R、R′为甲基及衍生物（异丁基型结构）比叔丁基的阻碍小，更容易发生歧化分解；正构卤代烃，如：1-溴十八烷制备格氏试剂，在稍高温度（60℃），偶联产物三十六烷竟达 26%，而正构伯卤化物不利于消去反应，1-十八烯也只占 2%。

溴苯在制格氏试剂时，由于 $C_6H_5—Br$ 键能较高，反应较慢，最后虽然加热回流保温，仍有约 8%未进入反应的溴苯，但是，偶联产物＜1%；在加入偶联催化剂（无水 NiCl₂），剩余的溴苯很容易和格氏试剂分解偶联，产生 18%~20%联苯。

⑤ 溶剂：制格氏试剂的溶剂要求无水、无醇、无碱、无容易移变的氢。工业乙醚通常含 0.1%水及 0.5%醇；用多孔的轻体氯化钙（1/10）干燥，不仅脱去了水，也脱去了醇，处理后，水分可降至 0.04%以下，这样的乙醚适于一般格氏试剂合成。乙醚的干燥处理方法： 240L 容器中加入 200L 工业乙醚，加入 12kg 多孔无水氯化钙，每天在橡胶地板上滚动三次，四天后测定水分＜0.04%（KF 方法），沉降或过滤后即可使用；如有必要，以清液重量加入 5%在 400℃烘烤并放冷的 5A 分子筛进一步干燥，水分可降至 0.015%；或用电石（碳化钙）处理及蒸馏，以除去可能存在的过氧醚。

使用醚作溶剂，无论如何用量都比较大，由于沸点低，挥发损失严重。为了回收方便，使用其它溶剂（如：苯）代替大部分醚，由于醚要与格氏试剂生成络合物以促进反应，醚的用量必须大于 1mol（或使用 1.5mol），大部分在引发阶段投入。

⑥ 反应温度和搅拌：合成格氏试剂反应物的沸腾状态（如：乙醚）是以把轻体的镁屑翻腾起来；为了抑制副反应，应该在更低的反应温度和使用搅拌。工业生产是在管道填充了镁屑的连续合成，反应物在镁屑间流动代替了搅拌，并且使得镁是大过量。

⑦ 格氏试剂的含量：正常情况下，由于副反应的存在，其合成产率约为 80%~85%。其含量的测定一般采用酸滴定方法，它滴定了格氏试剂的有效组分以及水、醇、空气氧消耗了格氏试剂产生的一切碱物质（不包括偶联及歧化分解消耗的镁）。

比较准确的方法，用过量的干冰处理，用标准碱滴定格氏试剂与 CO₂ 生成的羧酸，以酚酞为指示剂。

⑧ 格氏试剂的存贮：格氏试剂要密封，于阴凉、干燥处存放。

2. 间接方法制取格氏试剂

许多烃的格氏试剂不易制取，可以采用简单的格氏试剂与之进行交换，交换的难易依烃 C—H 键的酸性。

乙炔及其它端位炔烃与格氏试剂交换制得炔烃的格氏试剂。

$$HC\equiv CH + C_2H_5-MgBr \xrightarrow[-C_2H_6]{} HC\equiv C-MgBr \xrightarrow[-C_2H_6]{C_2H_5-MgBr} Br-Mg-C\equiv C-Mg-Br$$

环丁砜与格氏试剂反应，在 2 位和 5 位交换；在氮杂环，它们首先生成 N—Mg—Br，在乙醚溶液中回流片刻即完成迁移到电负性大的碳原子上；咔唑没有更活泼的 C—H，生成 N—Mg—Br 以后不再重排。反应位点如下所示：

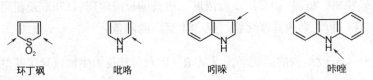

环丁砜　　　　吡咯　　　　　吲哚　　　　　　咔唑

3. 格氏试剂在有机合成中的应用

（1）格氏试剂和金属卤化物制备有机金属及其它元素的有机化合物

格氏试剂和金属性差的金属卤化物（软酸）进行金属原子的交换，得到更稳定的有机金属（元素）化合物，反应是通过络合物的中间过程进行的，没有独立的烃基；依格氏试剂的用量配比和加入方式得到单式或混式有机金属（元素）化合物。

反应中必须除尽格氏试剂中过剩的镁屑，其它卤化物也要溶解稀释和使用搅拌。如反应中有固体物析出，还要保温搅拌更长时间。由于有机"金属"化合物对酸不稳定，反应完后不是按通常的使用盐酸处理反应物中的碱性物质，而是用氯化铵溶解 $Mg(OH)_2$ 以便于分离（层）。如果用酸处理，单式有机金属化合物可能被强酸分解为混式有机金属（元素）化合物。

格氏试剂和卤化物反应制取其它有机元素化合物的实例如：

$$HgCl_2 + C_2H_5-MgBr \longrightarrow C_2H_5-HgCl$$

$$HgCl_2 + 2 C_2H_5-MgBr \longrightarrow (C_2H_5)_2Hg$$

$$SnCl_4 + 4\ n\text{-}C_4H_9MgBr \longrightarrow (n\text{-}C_4H_9)_4Sn$$

$$(C_6H_5)_2SnCl_2 + 2 C_2H_5-MgBr \longrightarrow (C_6H_5)_2Sn(C_2H_5)_2$$

$$2\ PbCl_2 + 4 C_6H_5-MgBr \longrightarrow (C_6H_5)_4Pb$$

$$PCl_3 + 3 C_6H_5-MgBr \longrightarrow (C_6H_5)_3P$$

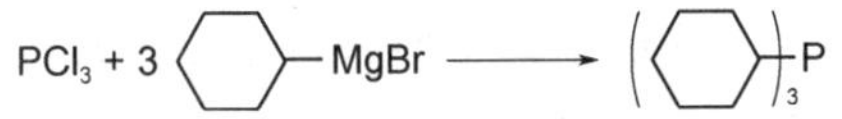

$$C_6H_5-PCl_2 + 2 CH_3-MgBr \longrightarrow C_6H_5-P(CH_3)_2$$

$$AsCl_3 + 3 C_6H_5-MgBr \longrightarrow (C_6H_5)_3As$$

$$SbCl_3 + 3 C_6H_5-MgBr \longrightarrow (C_6H_5)_3Sb$$

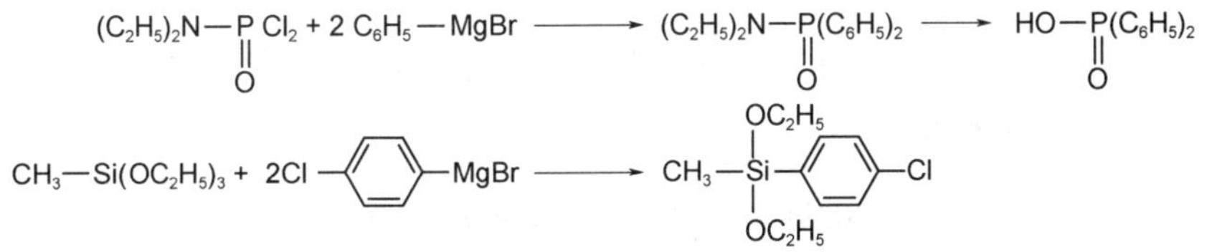

（2）格氏试剂和氰基反应

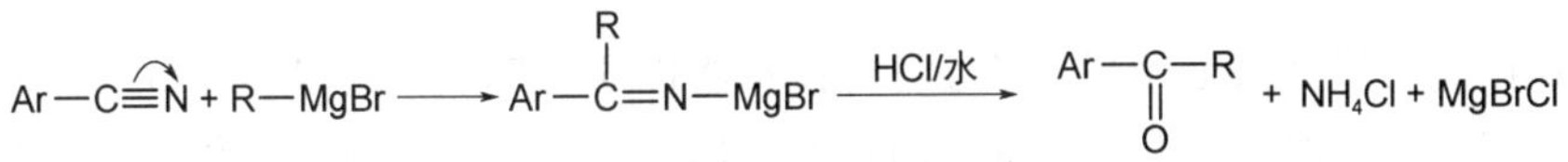

（3）格氏试剂和羰基（醛、酮、羧酸酯）的加成及水解，见 82 页。

（4）格氏试剂和硫酸酯、磺酸酯的 C-烷基化，见 10 页。

（5）格氏试剂和其它酯反应

格氏试剂和原甲酸乙酯作用及水解生成醛（见 161 页）：

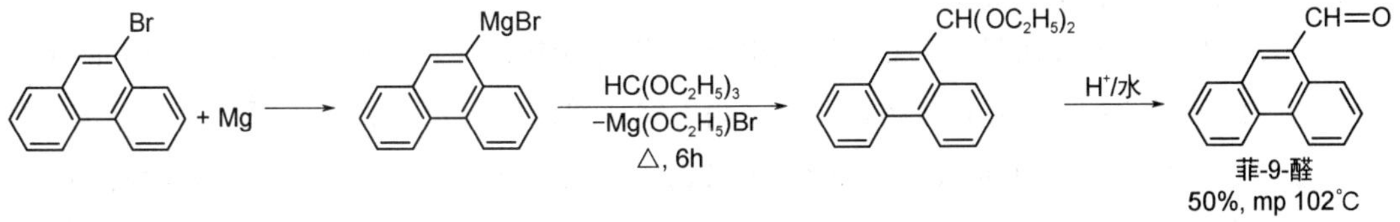

生成的醛和格氏试剂进一步反应生成仲基醚（见 378 页）：

$$2\ C_2H_5{-}MgBr + HC(OC_2H_5)_3 \longrightarrow [C_2H_5{-}CH{=}O] \longrightarrow (C_2H_5)_2CH{-}O{-}C_2H_5$$

3-乙氧基戊烷
33% bp 104℃

格氏试剂和正碳酸乙酯反应得到羧酸、或酮、或叔醇。

（6）格氏试剂和环氧乙烷反应

$$n\text{-}C_{18}H_{37}{-}Br + Mg \longrightarrow n\text{-}C_{18}H_{37}{-}MgBr \xrightarrow{\triangledown} n\text{-}C_{18}H_{37}{-}CH_2CH_2{-}OH$$

二十醇
mp 73℃, bp 269℃

（7）格氏试剂和 CO_2、CS_2、SO_2 反应得到羧酸、二硫代羧酸、亚磺酸。

（8）格氏试剂和卤代烃作用——偶联，见 7 页。

四、有机金属化合物对活泼金属（元素）的交换

有机金属化合物在高温均裂分解为烃基和金属，烃基和同时存在的其它活泼金属，如 Li、Na、K、Mg、Al、Zn 等形成新键，反应的结果主要是析出原金属和得到活泼金属的有机金属化合物，是平衡体系；在高温度下烃基 R· 还会发生歧化。

$$R{-}Mg{-}R + 2\ Li \longrightarrow 2\ R{-}Li + Mg$$
$$R{-}Hg{-}R + Mg \longrightarrow R{-}Mg{-}R + Hg$$
$$3\ R{-}Hg{-}R + 2\ Al \longrightarrow 2\ R_3Al + 3\ Hg$$

在制取硫化物的反应中，硫和析出的金属生成稳定的硫化金属，均裂下来的烃基只能和硫反应，产物是单一的硫化物。

$$(C_6H_5)_4Sn + 5\ S \longrightarrow 2\ (C_6H_5)_2S_2 + SnS$$
$$(C_6H_5)_4Pb + 5\ S \longrightarrow 2\ (C_6H_5)_2S_2 + SbS$$

五、金属卤化物在络合溶剂中

金属卤化物呈缔合状态存在。它与烃（活泼烃 R—H）的交换及其它反应非常缓慢，须要解除缔合才能反应，如：在络合性很强的溶剂（如二乙胺、四甲基乙二胺、三乙胺）作用下把镍盐、铁盐解聚成单分子状态；其它胺（也作为络合试剂）把金属盐解聚成单分子状态。金属原子的裸露使它的活性提高很多，能相当容易地与环戊二烯完成金属-质子的交换，生成 π-配键化合物。

许多其它有机金属化合物，如：烃基锂，也是缔合状态，在烃类溶剂中，烃金属与 R—H 交换很慢，而在四甲基乙二胺中就能以较快的速度达到这种交换的平衡。

环戊二烯具有比较强的"酸性"，这是由于环戊二烯失去质子后形成的环戊二烯负离子为六个电子的 π 体系⬠，具有芳香性，分子内电子云密度较高，可将电子部分地给予可接受电子的"酸"物质，形成所谓 π-配键络合物；钛（Ti）、钒（V）、铬（Cr）、铁（Fe）、钴（Co）、镍（Ni）、锆（Zr）、锇（Os）与环戊二烯都能生成茂金属，茂金属是嵌在两个环戊二烯中间的，具有夹心结构。同族中，金属原子的半径越大，反应速度越慢。

在二茂镍的合成中，第一步是 $NiCl_2$ 解除缔合状态，与二乙胺生成络合物，这可以从反应现象上观察到生成深蓝色的悬浮物；而后与环戊二烯反应，生成二茂镍。湿的二茂镍在空气中缓慢氧化，不纯物很快从绿色变为褐色；干燥的纯品要稳定得多。为了保存，产品应该纯净，在棕色瓶中充氮保存。有介绍说：二茂镍（充氮）能耐 400℃ 高温；在沸水中，盐酸或氢氧化钠溶液中皆稳定，说明这种 π 键的牢固程度。

二环戊二烯镍（二茂镍） M 188.90，mp 174℃（充氮）；深绿色有光泽的结晶，纯品放置数天不变质，不纯物很快变为褐色，应充氮避光保存。

a. 无水氯化镍

$$NiCl_2 \cdot 6\,H_2O + 6\,SOCl_2 \xrightarrow{\triangle} NiCl_2 + 6\,SO_2 + 12\,HCl$$

2L 三口烧瓶中加入 238g（1mol）粉碎的结晶氯化镍，慢慢加入 1L 高纯度近于无色的二氯亚砜[1]，放出大量 HCl 及 SO_2，结晶慢慢变为黄色，半小时后反应趋于缓和；加热，又放出大量 HCl 及 SO_2，回流 1h 后氯化镍变为橘黄色，最后变为橙色。回收二氯亚砜，最后减压收尽，趁热取下，打开瓶口向下倾斜使二氯亚砜气体流出（或用负压导至水吸收）。倾于蒸发皿中在氢氧化钾干燥器中真空干燥 36h，其间将氢氧化钾和氯化镍分别搅动几次，得 140g，继续干燥至无二氯亚砜气味为止，得 129g（产率 99%）。

b. 二茂镍

$$2\,\boxed{} + NiCl_2 + 2\,(C_2H_5)_2NH \xrightarrow{\text{二乙胺}} \boxed{}\!-Ni\!-\boxed{} + 2\,(C_2H_5)_2NH \cdot HCl$$

5L 三口烧瓶配置机械搅拌、回流冷凝器和分液漏斗、氮气导入管及冰盐浴。

烧瓶中加入 130g（1mol）橘黄色粉末状无水氯化镍及 140mL（bp 60~90℃）石油醚，通入氮气赶除系统中的空气，冷却半小时搅拌着从冷凝器上口以 2 滴/秒的速度慢慢滴入 800mL 无水二乙胺（初始，可能有些白色烟雾，为未除尽的二氯亚砜所致），约 2h 可以加完，反应物变为灰蓝色；再搅拌半小时，回流 1h，此时有较多深蓝色物质及一些白色粉末相混杂；停止加热后再搅拌 1h，停止通氮，封闭各出口，放置过夜。次日，反应物变得更蓝，开始通入氮气，搅拌着于 2~3min 从分液漏斗加入 240g（3.6mol）刚解聚蒸出并干燥 15min 的环戊二烯，继续在冰水浴下冷却 1h，反应物开始变绿，加热回流 1h[2]，反应物变为深绿色，加入 1.4L 石油醚，搅拌下回流 15min。趁热过滤，滤液用热石油醚冲洗，提取液在氮气保护下回收石油醚及二乙胺（bp 55℃）至剩 200mL 左右，在充氮条件下迅速冷却，滤出结晶，分别用二乙胺冲洗两次、石油醚冲洗两次，真空干燥，得 36~100g（产率 18%~48%），mp 173~174℃（分解，氮气氛）。

二环戊二烯铁（二茂铁） M 186.04，mp 174℃，bp 249℃；淡黄色针晶，溶于醇、

---

❶ 应先烘去大部分结晶水，再用少量 $SOCl_2$ 处理最后的水以提高 $NiCl_2$ 的质量。

❷ 收率只有 18%，可能是在冰水浴中反应时间不够，应搅拌更长的时间及放置过夜，回流更长时间；另外原因也可能是提取不完全，或者 $NiCl_2$ 的细度及质量对产率有影响。

醚及苯中；溶于浓硫酸中为深红色，有蓝色荧光。充氮气避光保存，有樟脑气味。

a. 无水氯化亚铁

$$2\,FeCl_3 + Fe \xrightarrow{\text{THF}} 3\,FeCl_2$$

5L 三口烧瓶中加入 2L 用氢氧化钾干燥过的四氢呋喃，冰水浴冷却及搅拌下慢慢加入 547g（3.37mol）干法制得的无水氯化高铁，放热可达 50℃，再慢慢加入 100g（＞93%，＞80目，1.64mol）铁粉，很快生成氯化亚铁析出，放热不大，加完后再强力搅拌 1h；再油浴或电热套加热，搅拌下回流 8h，FeCl₃ 高铁的颗粒消失，生成氯化亚铁，水浴加热回收四氢呋喃，最后减压收尽（应而粗碎）。

b. 二茂铁

$$2\,\square + FeCl_2 + 2\,(C_2H_5)_2NH \xrightarrow{\text{二乙胺}} \bigcirc\!\!-\!Fe\!-\!\!\bigcirc + 2\,(C_2H_5)_2NH \cdot HCl$$

以上烧瓶作回流装置，用冰盐浴冷却，于 5℃以下慢慢加入如下溶液[1]：2L 用氢氧化钾干燥并蒸过的二乙胺及 600g（10mol）刚解聚并干燥 15min 的环戊二烯，混匀、冰冷。

反应放热，当加入约 2/3 以后的放热不再明显，反应缓慢时[2]可以快些加入，加完后以比较快的速度强力搅拌 6h，反应物变为棕黄色浆状物，放置过夜；次日，水浴加热回收二乙胺，最后减压收尽，冷后用无氧的冷纯水洗出并打成浆状，滤出，以煮沸过的无氧纯水洗二次，风干[3]，得900g，用 6L 苯分两次提取，回收苯，得 600g（产率 64%）。

精制：用 4L 苯重结晶，真空干燥，得 300g，mp 173~175℃。母液回收苯，得粗品 200g。

2,2′-硫代-双-4-t-辛基酚镍·丁胺络合物（UV-1084，紫外光吸收剂 1084）　M 572.52，mp 258℃；有特臭、近于可流动的草绿色粉末；不溶于水（强疏水性）、醇；极易溶于氯仿及苯。

2L 三口烧瓶中加入 88.6g（0.2mol）2,2′-硫代-双-4-t-辛基酚（mp 131.5~133.5℃）[4] 和 1L 新蒸的氯仿，搅拌下加热溶解；稍冷，再加入 88.6g（1.2mol）正丁胺及 400mL 20%（0.32mol）结晶乙酸镍 (CH₃CO₂)₂Ni·4H₂O 水溶液，搅拌下回流 4h。分取氯仿层，水层用 100mL 氯仿提取[5]，与分取的氯仿层反应液合并，滤清后按以下方法处理：

---

[1] 四氢呋喃未回收尽。初加入二乙胺及环戊二烯溶液时因物料稠厚，只能用手搅动，到加入一定数量以后才可开动搅拌；或可先加入部分二乙胺（如 1L）。

[2] 当加入混合液的 2/3 以后，放热几乎停止，反应缓慢，应考虑亚铁的质量或调节物料配比。

[3] 风干过程氧化严重，应考虑在回收二乙胺以后，或水洗以后直接用苯提取，以分离二乙胺盐酸盐及其它铁盐。

[4] 物料的质量和外观直接影响产品的外观，外观是重要指标。

[5] 从分出的水层回收镍及碱化回收丁胺（bp 78℃，d 0.74），或补充后再用。

1L 三口烧瓶中加入约 1/2 以上的氯仿溶液，水浴加热回收氯仿（其间使用搅拌以消除因溶液沸腾产生的消沫），当剩余物空间允许时再开始加入其余的溶液继续回收，至液温升至 bp 85~86℃，趁热将绿色的浓溶液于半小时左右滴入至搅拌着的 400mL 热甲醇中，产物以粉末析出；冷后滤出，再用 200mL 甲醇，搅拌下加热回流 10min，稍冷滤出，干后得 84g（产率 73%），mp 248~252℃。

另法处理：2L 三口烧瓶中加入 1L 蒸馏水，加热至 98~100℃，搅拌着于 2h 左右慢慢滴入上面的氯仿溶液（少量水随氯仿蒸出），产物以粉末状析出；最后蒸尽氯仿，稍冷滤出结晶粉末，以 100mL 热甲醇煮洗，再与 300mL 甲醇在搅拌下回流 10min，冷后滤出，以热甲醇浸洗，干后得 89g（产率 77%），mp 218~222℃[1]。

第三节　有机汞化合物

有机汞化合物对热尚属稳定，但对光敏感，光解和热解是同样的结果，单式有机汞的均裂分解首先脱掉一个烃基自由基 R·；生成的烃汞基自由基 R—Hg·可以偶联，也可以进一步分解为烃基自由基和汞；烃基可以从溶剂夺取氢或其它原子，或发生偶联；分解速度和其后的反应有关；例如：二苯基汞与溴仿一起加热至 130℃并不反应（可以和碘仿反应），而在紫外光照下，在甲苯、丙醇中就相当容易分解。

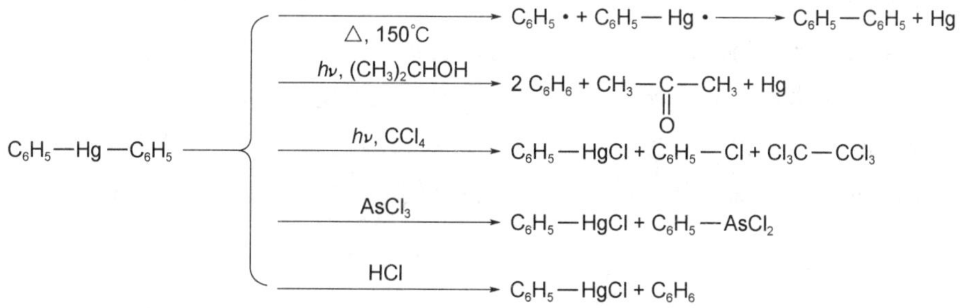

基于以上诸多反应的原因，在制备有机汞时要避开强光照射、高温以及强"酸"等活性化合物对它们的影响；光照比热更容易使其分解。

一、芳核上的直接汞化

在芳核上的直接汞化，可以是离子的也可以是自由基的；在强极性溶剂中，容易解离的汞盐在较低温度下就可以发生亲电取代；在非极性溶剂中，乙酸汞的解离度比较小，在较高温度主要是自由基历程的反应。

在自由基历程的汞化中，单取代的芳核原有取代基多是对于自由电子的分散有利，汞化时主要在原有取代基的邻位发生，其次是对位；对于有两个取代基的芳核上汞代时，则主要发生在对于自由基电子分散更为有利的那个取代基的邻位。如 4-硝基苯酚与二甲基汞共热，汞基取代主要发生在硝基的邻位，由此也证明是自由基反应，如果是亲电反应则应该发生在

---

[1] 可用甲醇和氯仿的混合液处理结晶。

羟基的邻位。

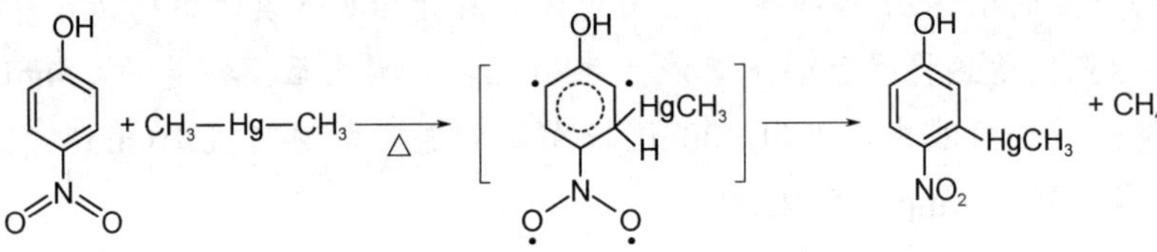

苯酚作为自由基汞化的底物，反应速度就慢得多（许多酚作为自由基的捕获剂）。为此，是欠量的乙酸汞加入到预热至 170℃ 的苯酚中，由于是在高温下，自由基的裂解反应几乎立即发生，得到以 2 位取代（利于自由电子的分散）为主的产物，也有部分 4 位取代以及多汞代。

在较低温度（95~100℃）反应，这个反应主要是亲电的，得到以对位取代为主的产物，较少邻位，很少或没有多汞，以水溶解度不同得以分离。

2-羟基苯基氯化汞　M 329.13，mp 152℃；白色羽状结晶，微溶于热水。
4-羟基苯基氯化汞　M 329.13，mp 224℃；白色羽状结晶，微溶于热水。

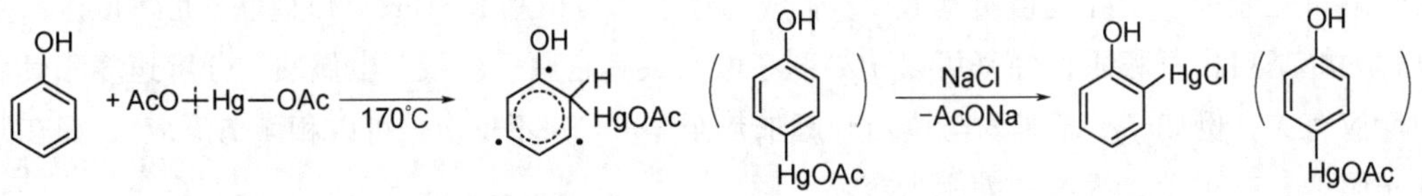

50g（0.53mol）苯酚加热至 170℃，搅动下于 5~10min 慢慢加入 100g（0.31mol）乙酸汞，继续保温搅拌使消溶进入反应；将反应物加入到 2L 沸水中并用热水冲洗反应器，煮沸 5min[❶]，趁热过滤；溶液加热煮沸，搅拌下加入 20g（0.34mol）氯化钠溶于 200mL 热水的溶液，有沉淀析出——为 4 位产物、多汞及颜色物质——再将其加热至沸，脱色过滤，放冷滤出白色羽状结晶，水洗，风干得 45g（产率 44%），mp ＞147℃。

又：

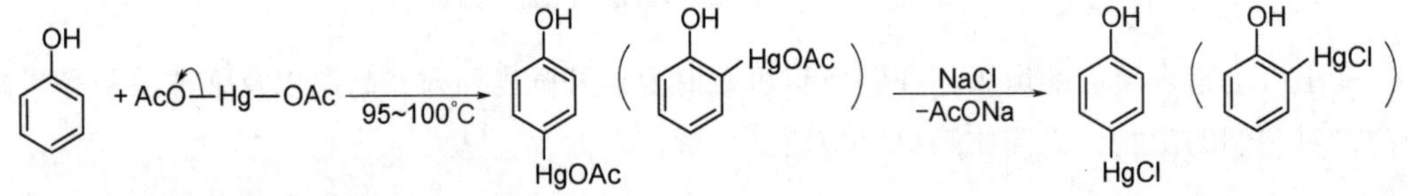

50g（0.53mol）苯酚在蒸汽浴上加热，搅拌下慢慢加入 100g（0.31mol）乙酸汞，保温搅拌使消溶进入反应；将反应物加入至 2L 沸水中并用热水冲洗反应器，加热煮沸 5min[❶]，搅拌下加入 20g（0.34mol）氯化钠溶于 200mL 热水的溶液[❷]，首先析出对位汞化物，趁热立即滤出结晶，水洗，干后得 72g（产率 68%），mp 224~225℃。

母液冰冷，滤出邻位产物，得 28g（产率 27%），mp 152.5℃。

自由基汞化的反应速度、异构体比例与中间络合物自由电子的分散程度有关，分散性越

---

❶ 不可以过度加热，有机汞在质子溶剂中容易分解。

❷ 在加入氯化钠溶液之前应将冲稀的反应液滤清。

好，生成中间基所需的能量就越低，在该位置发生取代的比率就越大，如：苯甲酸或其酯，取代基很利于自由电子的分散，汞化只在邻位发生。

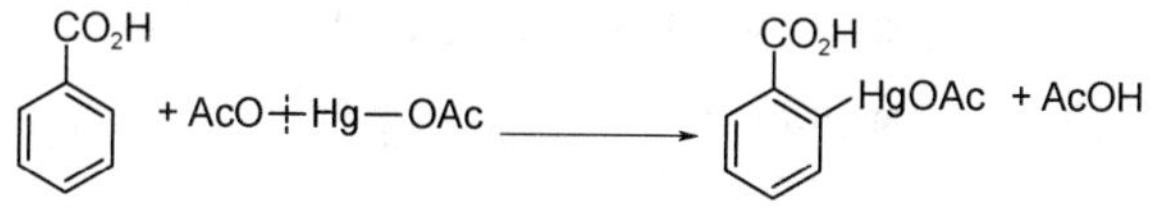

反应中黄色氧化汞很容易和乙酸作用生成乙酸汞；在乙酸苯汞的合成中，苯和乙酸都是极大过量，又由于反应温度较低，很少多汞，用丙酮提取以分离之，同样滤掉了其它亚汞，得到很好的质量和产率。

乙酸苯汞 M 336.74，mp 151℃从苯或乙酸中得棱柱状结晶，溶于乙醇、丙酮和苯，易溶于乙醚；与盐酸共热分解为苯、乙酸及氯化汞。

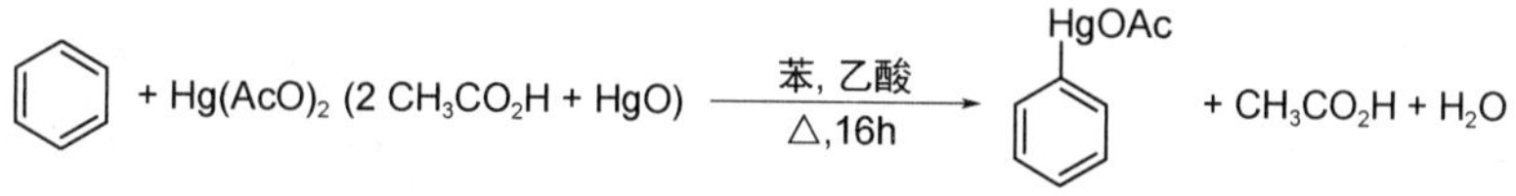

5L 三口烧瓶中❶加入 1.2kg 冰乙酸及 50mL 乙酸酐，搅拌下加入 648g（3mol）黄色氧化汞，再加入 10g 无水硫酸铜粉末及 2.4L 工业纯苯（不必共沸脱水），搅拌下加热回流 16h，氯化汞几乎全部消失进入反应❶；继续加热回收苯❷，搅拌下倾入 4L 水中，滤取结晶，＜60℃干燥，得 857g（产率 85%），mp＞145℃。

精制：以上粗品溶于 8.5L 丙酮（10mL/g）中，重力过滤清亮以除去多汞及亚汞❸，回收丙酮至开始有结晶析出时，倾入烧杯中放冷，次日滤出结晶，以丙酮冲洗一次，风干后得 750g，mp 147~149℃。

以上产品溶于 825mL 冰乙酸（1.1mL/g）中，过滤后用蒸馏水析出，干后得 695g，mp 149~151℃，应在 85℃以下水浴加热减压回收部分乙酸，放冷结晶。

二、格氏试剂方法

欠量的格氏试剂引入到氯化汞的乙醚溶液中去，制得烃基汞的氯化物；当格氏试剂是足够量——HgCl₂ 被冷凝器回流下来的乙醚提取，回流到格氏试剂中去，生成单式有机汞，反应存在如下平衡：

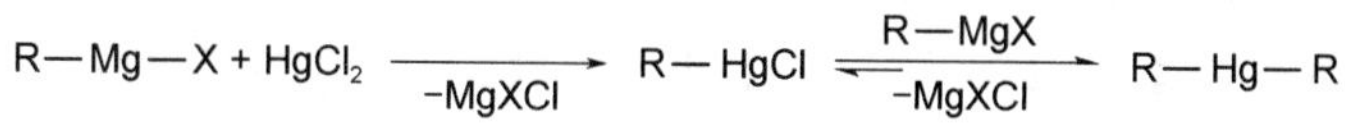

混式有机汞的阴离子部分可以交换，与碱作用生成碱式化合物析出；与过量碱生成碱式盐溶于水；与酸作用产物逆转；与卤素作用则被分解。

---

❶ 已在 200L 反应罐中生产，用蒸汽加热；因搅拌距罐底太高（约 20cm）而搅拌速度又不是太高，最后有沉在罐的下口管节中的 HgO 未进入反应。

❷ 回收苯后应趁热过滤，减压回收乙酸至剩 1.2L 体积，放冷结晶。

❸ 丙酮的精制处理是有必要的，多汞、亚汞不溶于丙酮，借以分离；用负压过滤并不好，溶剂挥发析出产物从背面堵塞介质，不能过滤，重力过滤无阻塞之虞。

$$R—HgCl \xrightarrow[-NaCl]{NaOH} R—Hg—OH \xrightarrow[-H_2O]{NaOH} R—Hg—ONa \xrightarrow[-NaCl, -H_2O]{2\ HCl} R—Hg—Cl$$

$$R—Hg—OH + HCl \xrightarrow{-H_2O} R—Hg—Cl$$

$$Ar—Hg—OAc + NaCl \xrightarrow{-AcONa} Ar—Hg—Cl$$

$$Ar+Hg—OAc + Br_2 \xrightarrow{-HgBrOAc} Ar—Br$$

溴代乙基镁的格氏试剂加入到按格氏试剂产率计算的氯化汞乙醚溶液中，立即生成氯代乙基汞，回收乙醚的剩余物用 10% NaOH 提取，提取的碱式盐用盐酸酸化，析出氯代乙基汞。

氯化乙基汞 M 265.13, mp 194℃；白色鳞片状细小结晶，难溶于水（0.01%~0.02%）；难溶于乙醇（0.75%，18℃）；（3.5%，78℃）；易升华，剧毒，对皮肤有刺激性。

$$C_2H_5—Br + Mg \longrightarrow C_2H_5—MgBr \xrightarrow{HgCl_2/乙醚} C_2H_5—HgCl + MgBrCl$$

格氏试剂：15L 烧瓶中加入 524g（22mol）镁屑，用 3L 无水乙醚盖没，引发反应后慢慢加入 2.2kg（20mol）溴乙烷（或相当量的氯乙烷）及 2.2L 无水乙醚的溶液，加完后再回流半小时，共做四瓶（约 80mol）溴乙烷。由于乙醚质量及副反应影响，产率按 75% 使用。

氯化汞乙醚溶液：15L 烧瓶中加入 11L 无水乙醚，在搅动下加入 1.0kg（3.7mol）粉碎的升华氯化汞，加热回流使溶解（中间搅动三次，否则吸水结块，不易溶解）约 4h 可以溶好，共做 16 瓶（59mol 氯化汞）供合成使用。

合成：将以上 16 瓶氯化汞的热溶液加入至安有三支回流冷凝器的、事前预热至温热的 200L 容积的反应罐，加热至稍有回流，轻轻搅动着，从下口瓶慢慢加入上述合成的 4 瓶格氏试剂，反应放热，加完后加热回流 1h，回收乙醚至另一干燥的铁桶中（封好，重复使用），回收至干。冷却剩余物，仍冷却着（以减少单式汞挥发）打开罐盖，取出全部固体物。如罐不进水，保持干燥，上好罐盖及安装，准备下次合成。

产物分离处理：以上五批集中处理；或在 300L 反应罐中，不作取出，五批以后集中处理。将以上含 $MgCl_2$、$MgBr_2$ 以及未反应的 $HgCl_2$ 的氯代乙基汞粗品加入至 300L 容积的陶罐中，加入 100L 水及 30L 30%工业盐酸，搅拌下通入蒸汽至 80℃ 保温搅拌 3h，冷后滤出，离心脱水，水洗，得湿品 58~62kg。

300L 陶罐中加入以上全部湿品及 200L 蒸馏水，搅拌下加入 40%氢氧化钠溶液 40kg（400mol），通蒸汽加热至 60℃ 继续搅拌至基本溶解，封盖好放置过夜使不溶物沉降以方便过滤。次日用布架滤清（不用负压以免阻塞），最后再用漏斗滤清；清亮滤液在搅动下以浓盐酸酸化至 pH 3，放置几小时后离心脱水，蒸馏水冲洗，于 60℃ 左右避光干燥，有特殊气味[1]，干后得 52~54kg（产率 66%~69%，按 $HgCl_2$ 计[2]；50%，按溴乙烷计），mp 189~194℃。

注：使用按估计产率计算过量 70%（过量 0.7 倍）的格氏试剂作回流提溶氯化汞，

[1] 此气味可能是二乙基汞所致，或应在处理前增加苯提取回收二乙基汞。

[2] 氯化汞乙醚溶液每瓶剩下未溶的氯化汞折抵下次数量使用，依实际用量按 $HgCl_2$ 的产率 69%~72%计算。

提取完后，又回流 20h，这样多的格氏试剂，如此长的反应时间，产物中仍保有 10% 的混式有机汞，原因更可能是产物间的平衡（如：单式有机锡与氯化锡共热的制备混式有机锡）；混式有机汞以"碱式盐"的形式溶解在水层而容易分离。

二乙基汞　M 258.73，bp 159℃，d^{20} 2.4460；无色重质液体，不溶于水，剧毒。

$$2\ C_2H_5{-}MgBr + HgCl_2 \xrightarrow[\triangle]{\text{乙醚}} (C_2H_5)_2Hg + 2\ MgBrCl$$

在 15L 烧瓶中用 388g（16mol）镁屑、1.64kg（15mol）溴乙烷及 7L 无水乙醚制得的格氏试剂，小心倾入另一个 15L 烧瓶中（留下未反应的镁屑），安装回流提取器及回流冷凝器，上口安装干燥管；用水浴加热。

向格氏试剂中补充 2L 无水乙醚；提取器中放入滤纸筒，填充 964g（3.55mol）粉碎的氯化汞[1]；开始加热使回流，提取氯化汞的乙醚溶液自动流回格氏试剂中去；随着反应进行，镁盐析出，约 30h 提取完毕，再回流 20h（应该缩短为 5h 及回收无水乙醚），冷后慢慢加入 4L 水[2]，混匀，分取乙醚层[3]，以无水硫酸钠干燥后过滤，滤渣用乙醚浸洗，乙醚液合并，回收乙醚，剩余物减压分馏，收集 65~66℃/18mmHg 馏分，得产品 620g（产率 67%），d^{20} 2.4435。

同样方法制取二丁基汞，产率 67%，bp 116~118℃/18mmHg。

三、亚磺酸的汞基取代

苯亚磺酸钠在水溶液中可以方便地与氯化汞水溶液作用生成苯亚磺酸氯化汞，它不稳定，立即分解放出 SO_2，在准确位置完成汞基取代。

4-甲苯基氯化汞　M 327.19，mp 233℃；丝状，微溶于热苯。

$$CH_3{-}\!\!\!\!\underset{}{\bigcirc}\!\!\!\!{-}SO_2Na + HgCl_2 \xrightarrow[>95℃,\ -NaCl]{\text{水}} CH_3{-}\!\!\!\!\underset{}{\bigcirc}\!\!\!\!{-}\underset{O}{\overset{}{S}}{-}O{+}HgCl \xrightarrow{-SO_2} CH_3{-}\!\!\!\!\underset{}{\bigcirc}\!\!\!\!{-}HgCl$$

3L 烧杯中加入 1L 水，加热至沸，搅拌下加入 155g（0.55mol）氯化汞，充分搅拌使溶（$HgCl_2$ 的水溶解度：20℃，6.9g/100mL；100℃，48g/100mL），慢慢加入 116g（0.54mol）4-甲苯亚磺酸钠（二水合物），立即析出白色凝乳状沉淀物，并放出大量 SO_2；继续加热保温，搅拌至很少 SO_2 放出，约 2h 可以完成。冷后滤出，水洗，于 80℃烘干后用 800mL 二甲苯反复提取三次，得产品 90~100g（产率 51%~57%），mp 233℃。

同样方法制得 2-甲基萘-6-氯化汞。

2-甲基萘-6-氯化汞

四、混式有机汞负离子的交换

混式有机汞：乙酸的混式有机汞与其它强酸盐在水条件负基交换，生成难溶于水的其它混式有机汞。在使用盐类进行交换时，如果用量不足，可能由于水解，生成盐基性的混式有

---

[1] 格氏试剂过量太多，应该把 $HgCl_2$ 用量增加至 1.35kg（5mol）。

[2] 如果用盐酸酸化，氯代乙基汞析出，不便分离；还会有产品分解。

[3] 分出的水层，当用乙醚提取，然后酸化回收氯代乙基汞。

机汞——如氯化汞溶于水时出现的浑浊。

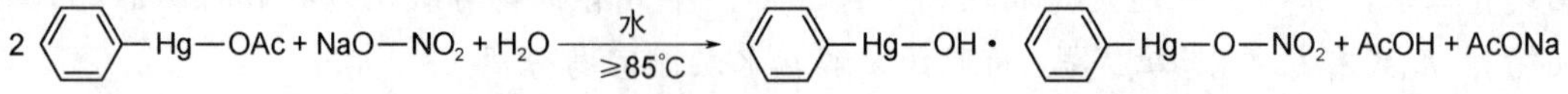

盐基性硝酸苯汞 mp 178~184℃

负基的交换多在热水中进行，虽然乙酸苯汞在水中的溶解度较少，但相比其它混式有机汞还算大得多；有必要时可使用含水丙酮作溶剂。

五氯酚苯汞 80%, mp 212℃

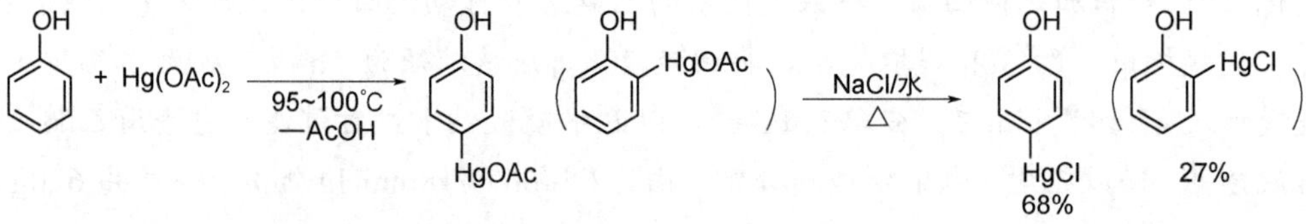

乙基汞硫代水杨酸钠（硫柳汞） M 404.82，mp 232~234℃（分解）；乳白色结晶性粉末，极易溶于水，易溶于醇，不溶于苯。

a. 乙基汞硫代水杨酸（mp 111~113℃）

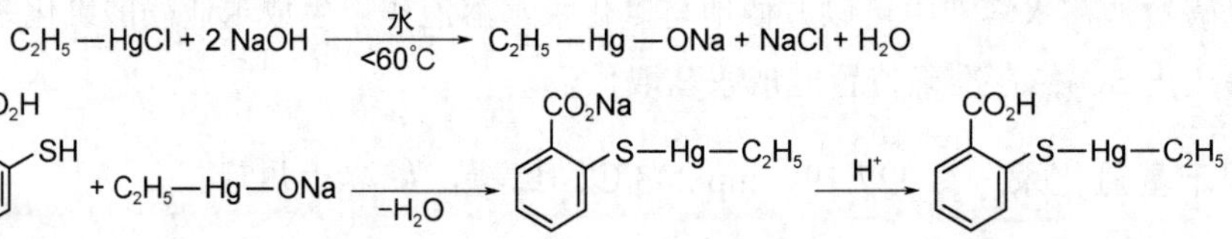

300L 容积的开口反应罐中加入 240L 蒸馏水，搅拌下加入 16kg（400mol）化学纯氢氧化钠，溶解后加入 53kg（200mol）氯代乙基汞，稍加热至 50℃，待基本溶解后慢慢加入 32.5kg（210mol）**❶**硫代水杨酸（mp 151~160℃），充分搅拌使完成反应。

使用机械搅拌，从下口瓶慢慢加入 15%化学纯盐酸**❷**，中和调节反应物 pH 6~6.1，搅拌 10min 左右，pH 仍为 6~6.1，可认为已经调节好，此时约有 3kg 产物随同杂质及颜色物质析出，过滤分离另行处理。将粗滤的溶液移入 300L 反应罐中，加入 3kg 用盐酸煮洗并蒸馏水洗过的脱色炭，搅拌下加热至 80℃过滤清亮。清亮溶液酸化，开始时要滴加盐酸，否则以黏稠物析出，而不是以结晶状析出**❸**。酸化时间要在 5h 以上，酸化至 pH 5.0，搅拌 10min 后的 pH 仍为 5.0 可认为酸化至终点（约用 40L 15%盐酸）。放置过夜。次日离心分离，用蒸馏水冲洗三次**❹**，60℃以下避光干燥，得 60~62kg（产率 78%~80%），mp

---

❶ 所用硫代水杨酸不够纯粹（为自己合成的产品，见 595 页），故多用一些。

❷ 必须使用机械搅拌，使用下口瓶加酸，在通风处操作，以减少人体接触，否则挥发性的有毒气体熏蒸刺激皮肤产生疼痛及水泡——可能是二乙基汞。

❸ 如果事前加入了 1L 乙醇可避免以黏着状析出。

❹ 母液及最初的冲洗液酸化至 pH 3，析出黏着的沉降物，不久即凝结，得 10~14kg 待苯提取液处理。

＞108℃。

提取：100L 开口反应罐中加入 22kg 以上粗品及 75L 无水苯，搅拌下加热至 70℃ 左右，溶解后加入 0.5kg 优质无铁的脱色炭，搅动着使在近于沸点保持 5min，停止加热及搅拌，封盖好静置半小时让不溶物沉下，用滤棒小心过滤（不要让不溶物糊住滤棒）；滤液放冷析出结晶，离心分离，用无水苯冲洗一次；母液及洗液合并，补充新蒸至 75L 体积，以后每次提取处理 15kg 上面的粗品，直至提取处理完毕。最后再提取母液酸化的沉降物。

精制：以上提取过的产品析干，用苯（4mL/g）重结晶（脱色），于 50℃ 干燥。

如果产品的外观不好，可用乙醇（1.2mL/g）溶解，脱色过滤，滤液放冷，放三天以长大结晶，乙醇重结晶的收率 90%，mp 110~112℃；检测汞离子[1]。

b. 钠盐

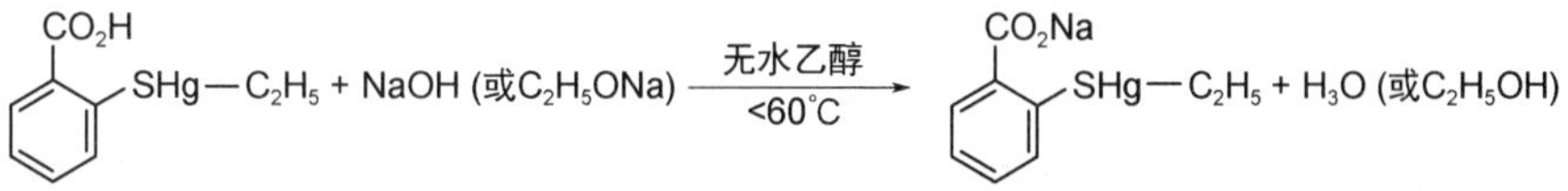

10L 三口烧瓶中加入 7L 滤清的无水乙醇，开动搅拌，加入 1.1kg（27mol）化学纯氢氧化钠，搅拌不要让氢氧化钠沉下，溶解放热不要使液温超过 50℃（否则放置过夜会变为橘红色，不便使用；乙醇中应无醛），必要时用流水冷却。3h 可以溶完。

15L 蒸过的乙醇溶解 9.58kg（25mol）乙基汞硫代水杨酸，控制 55℃ 左右搅动着用上面的乙醇钠溶液中和至 pH 7.5±0.1（溴百里酚蓝试纸为蓝绿色）。如果出现浑浊可以用品质优良无铁、干燥的脱色炭脱色滤清，再检查 pH 值并调正；向清亮溶液中，轻轻搅动下加入 16L 滤清的工业丙酮，搅匀，再检查 pH 值，封盖好放置过夜。次日滤出结晶，用调节 pH 7~7.2 的无水乙醇冲洗，再用无水苯冲稀以免干燥时结块。60℃ 下烘干得 6.7~7.4kg（产率 67%~73%），游离汞检测合格。

第四节　磷、砷、锑有机化合物

VA 族 P、As、Sb 的有机化合物在许多方面与 N 的有机化合物有某些相似，如：都有未共用的电子对，有碱的性质，具有亲核性；与"酸"生成稳定的络合物，也容易氧化形成配键，以及偶胂、季鏻。

一、有机膦、胂的氧化

三价的磷、砷化合物与氧化剂如 $KMnO_4$、H_2O_2，甚至空气氧作用，得到它们的氧化产物，反应几乎是定量的；反应速度依 P < As < Sb，在很大程度上也受取代基的影响，如：三甲基

---

[1] 乙基汞硫代水杨酸及其钠盐含 Hg 离子的测定：0.2kg 样品于 50mL 试管中，加入 10mL 0.1mol/L NaOH 溶液，溶解后加入 3mL 硫化铵溶液，立即析出浅黄色沉降物（依硫化铵浓度，颜色有轻重），混匀后于冷暗处放置 10h 沉降物不变暗即认为合格（此时间似太长，应以标准杂质计量对比）。

膦（bp 37.8℃），在空气中可自燃；二甲基苯膦，未共用电子对受到苯环的分散，又沸点较高，对于亲电的氧化反应变得稍有稳定，在空气中只缓慢氧化；三苯基膦、三苯基胂比较稳定，在丙酮中、20~40℃用双氧水氧化，得到几乎定量的氧化产物。

氧化三苯基膦　M 278.29，mp 157℃，d^{20} 1.2124；易溶于醇及苯。

$$(C_6H_5)_3P + H_2O_2 \xrightarrow[<30℃]{丙酮} (C_6H_5)_3P{=}O + H_2O$$

1L 三口烧瓶中加入 200g（0.77mol）三苯基膦，使溶于 400mL 丙酮中，冰水冷却控制 25~35℃，搅拌下慢慢滴入 103g（27%，0.82mol）双氧水；加完后保温搅拌 10min，加热回收丙酮 350mL；剩余物冷后加入 150mL 蒸馏水，滤出结晶，以 30%丙酮浸洗一次，干后得 195~200g（产率 91%~93%）。

精制：用丙酮（2mL/g）溶析一次，得 135g，mp 156.2~157.5℃。

氧化三苯基胂　M 322.24，白色结晶；溶于水形成水合物（C_6H_5）$_3$As$=$O·H_2O，mp 115~116℃；无水物易溶于苯和丙酮，mp 189℃。

$$(C_6H_5)_3As + H_2O_2 \xrightarrow[<30℃]{丙酮} (C_6H_5)_3As{=}O + H_2O$$

1L 三口烧瓶中加入 200g（0.66mol）三苯基胂使溶于 400mL 丙酮中，控制 25~35℃搅拌着慢慢滴入 92g（27%，0.73mol）双氧水，加完后保温搅拌 10min，加热回收丙酮约 350mL；剩余物冷后加入 240mL 苯，共沸回流将水脱尽，冷后冰冷，滤出结晶，用苯浸洗，得 190~195g（产率 91%~93%），mp 186~188℃。

另法：三苯基胂的丙酮溶液用 $KMnO_4$ 氧化。

其它也见 N-氧代化合物、氮杂环及其它叔胺、仲胺（氮原子）与双氧水或过酸作用。

亚磷还可被空气或氧气氧化，如：向苯基二氯化膦的四氯化碳溶液中，在 35~40℃通入干燥的氧气或空气至放热反应停止即生成苯基二氯氧膦（见 313 页）。

$$C_6H_5{-}PCl_2 + [O]\ O_2 \xrightarrow[35~40℃]{四氯化碳} C_6H_5{-}POCl_2$$
$$87\%$$

与以上用氧气氧化的方法相似，使用硫黄粉将苯基二氯化膦硫化，得硫代产物。

苯基二氯硫磷（苯基硫代磷酰二氯）　M 211.05，bp 205℃/130mmHg，d 1.360，n_D^{20} 1.6240。

$$C_6H_5{-}PCl_2·AlCl_3 + S \xrightarrow[30℃]{PCl_3} C_6H_5{-}PSCl_2·AlCl_3 \xrightarrow[<0℃]{HCl/水} C_6H_5{-}PSCl_2 + AlCl_3·6\ H_2O$$

苯基二氯化膦：投入 4.12kg（30mol）三氯化磷、10mol，780g 无水苯，搅拌下加入 12.8mol 三氯化铝，加热回流赶除 HCl 的反应物转化率 70%。

控制反应温度 25~30℃，搅拌着慢慢加入 352g（11mol）硫黄粉，很快进入反应，放热，加完后慢慢升温至 80℃，用水泵减压回收三氯化磷。

解除络合：10L 三口烧瓶中加入 2.6L 15%盐酸，维持 0℃，搅拌下慢慢加入以上的反应物进行水解，用石油醚提取产物，干燥后回收溶剂，减压分馏，产率73%。

二、季鏻和季钾

磷、锑的高价卤化物，如 PCl_5、$SbCl_5$、$(C_6H_5)_3\overset{+}{P}\,Br\cdot Br^-$（mp 235℃）、$(C_6H_5O)_3\overset{+}{P}\,Br\cdot Br^-$、$(C_6H_5O)_3\overset{+}{P}\,CH_3\cdot I^-$，可以用作−OH及某些−H的卤代试剂。

亚鏻、亚胂与卤代烃反应生成季鏻盐（卤化物），反应速度和卤代烃及溶剂条件有关。脂肪族卤化物反应形成碳正中心的能量可被烃基分散，R—X的键能比芳基卤化物 Ar—X 的键能低些，在极性溶剂中能以较快的速度完成反应；芳基卤化物是非极性溶剂，反应会慢许多。如：

$$(C_6H_5)_3P + C_6H_5-Br \xrightarrow[200℃,\ 8h]{C_6H_5-Br,\ AlCl_3} (C_6H_5)_4\overset{+}{P}\,Br^-\cdot AlCl_3 \longrightarrow (C_6H_5)_4\overset{+}{P}\,Br^-$$
$$\text{mp } 297\sim300℃$$

$$(C_6H_5O)_3P + CH_3I \xrightarrow[\triangle,\ 120℃]{} (C_6H_5O)_3\overset{+}{P}-CH_3\ I^-$$

（注：温度高出会以 C_6H_5I 形式脱出一个酯基）

5-羧戊基三苯基溴化鏻　M　457.35，mp 198℃；白色结晶，可溶于水。

$$(C_6H_5)_3P + Br-(CH_2)_5-CO_2H \xrightarrow[22h]{\text{甲苯}} (C_6H_5)_3\overset{+}{P}-(CH_2)_5-CO_2H\cdot Br^-$$

1L 三口烧瓶中加入 262g（1mol）三苯基膦、250mL 甲苯，搅拌下加热溶解后再加入 195g（1mol）6-溴己酸，继续搅拌加热回流22h（bp 114℃），析出白色结晶逐渐增多。冷后滤出，用甲苯浸洗，干后得273g（产率59%），mp 196~198℃。

精制：可用水（3mL/g）重结晶。

上面芳基卤化物作为亲电试剂的反应是困难的，困难在于 Ar⌒X 芳基卤的键能较高。下面为制取苯基的季钾，使胂以 $(C_6H_5)_3\overset{+}{As}\rightarrow O^-$ 的形式发生亲电反应，与过量的苯基格氏试剂在醚/苯溶剂中加热，立即完成对于芳基的亲电取代。

四苯基钾氯·HCl（·$x\,H_2O$）　M 455.25　mp 211~213℃；易溶于水及乙醇，微溶于丙酮。

四苯基钾氯（·$x\,H_2O$）　M 418.80；mp 264~265℃（水合物，100℃失水）。

$$(C_6H_5)_3As\rightarrow O + C_6H_5-MgBr \xrightarrow[\triangle]{\text{乙醚/苯}} \left[\begin{array}{c} C_6H_5-MgBr \\ (C_6H_5)_3As=O \end{array} \right] \longrightarrow (C_6H_5)_4\overset{+}{As}-OMgBr^-$$

$$\xrightarrow{\text{HCl/水}} (C_6H_5)_4\overset{+}{As}\cdot Cl^-（\text{或}Br^-）\underset{}{\overset{38\%HCl}{\rightleftharpoons}} (C_6H_5)_4\overset{+}{As}\cdot Cl^-\cdot HCl$$

2L 三口烧瓶中加入 40g（0.124mol）氧化三苯基胂及 1L 无水苯，搅拌下加热使溶，搅拌着慢慢加入用 34.6g（0.22mol）溴苯制得的格氏试剂溶液，立即析出黏稠的络合物；加完后继续搅拌，加热回流（50~60℃）1h；冷后，小心倾出溶剂部分，向剩余物中加入 100mL 水及 5mL 盐酸的溶液以水解反应物，再加入 500mL 36%盐酸，搅拌下于沸水浴上加热 2h，使可能的溴化物转换为氯化物（应该使用氯苯制备格氏试剂）；冷后冰冷，滤出结晶，以浓盐酸洗，乙醚洗，得 50~56g。

精制：50g 粗品溶于 200mL 25%热盐酸中，脱色过滤，冷后滤出白色结晶，浓盐酸洗，乙醚洗，干后得 42~45g（产率 74%~80%），mp 204~208℃（分解）。

三、烃基膦酸、烃基胂酸及烃基膦酸酯

亚磷酸钠、亚砷酸钠与卤代烃的烃基化是亲核反应，反应速度依 C—X 键的强弱和反应条件；与卤代烃在含水乙醇中以提高其互溶的程度——使反应物浓度增加，极性溶剂提高反应速度，在室温 3~5 天可完成反应，或加热回流 8~10h。

丙基胂酸　M 168.01，mp 125℃。

$$n\text{-}C_3H_7\text{—}I + :As(OK)_3 \longrightarrow \left[n\text{-}C_3H_7\text{—}\overset{+}{\underset{OK}{As}}(OK)_2 \cdot I^- \right] \xrightarrow[-KI]{} \xrightarrow{H^+} n\text{-}C_3H_7\text{—}AsO(OH)_2$$

5L 三口烧瓶中加入 1.5L 水，搅拌下加入 345g（6mol）氢氧化钾，趁热加入 200g（1mol）三氧化二砷，搅拌使溶；冷后，搅拌下慢慢加入乙醇至刚要析出结晶为止（约用 1.5L），搅拌下加入 340g（2mol）碘丙烷，此时又析出少量亚砷酸钾，向其中再加入适量水以减少析出结晶，在不断搅动下放置 4 天。

加热回收稀乙醇约 2L（含未反应的碘丙烷）；剩余物用 15%盐酸中和至开始析出三氧化二砷，慢慢通入氯气至白色 As₂O₃ 消失，表示水中亚砷全部氧化成胂酸溶于水，I⁻被氧化成碘（I₂）析出，过滤回收碘。

将滤液及洗液置于 3L 烧杯中，于 80~85℃慢慢加入 79g 氧化镁粉末，保温搅拌 10min，滤出，水洗；滤液及洗液合并，再加入 20g（共 99g，2.5mol）氧化镁粉末以沉尽砷酸物质，加热至沸，稍冷滤出，水洗，全部镁盐合并，用乙醇洗两次，使悬浮于 1L 乙醇中，冰冷及搅拌下慢慢加入 250g（2.5mol）浓硫酸，加完后再搅拌 1h，放置过夜（乙醇溶液中硫酸缓冲溶液只酸化了烃基胂酸镁）。次日滤除酸式硫酸镁、酸式砷酸镁，并用乙醇浸洗两次，洗液与滤液合并，回收乙醇，冷后滤出，用水重结晶。

砷基乙酸钠　M 249.91。
砷基乙酸　mp 152℃（分解），d^{20} 2.425。

$$As(ONa)_3 + Cl\text{—}CH_2CO_2Na \longrightarrow (NaO)_2As\text{—}CH_2\text{—}CO_2Na + NaCl$$

$$\xrightarrow{BaCl_2} (BaO_2As\text{—}CH_2CO_2^-)_2Ba^{2+} \xrightarrow[-BaSO_4]{Na_2SO_4} (NaO)_2\overset{O}{\overset{\|}{As}}\text{—}CH_2\text{—}CO_2Na$$

1L 烧杯中加入 300mL 水，搅拌下加入 160g（4mol）氢氧化钠，溶解后趁热加入 100g（0.5mol）三氧化二砷，搅拌使溶，冷至 20℃以下，搅拌着加入 48g（0.5mol）氯乙酸，反应放热可达 75℃。1h 后慢慢加入 160mL（2.7mol）冰乙酸酸化过量的亚砷酸以 As₂O₃析出，冷后滤除，并以 50mL 水浸洗，洗液与滤液合并。

2L 烧杯中加入 600mL 水加热至沸，慢慢加入 185g（0.75mol）结晶氯化钡（BaCl₂·2H₂O），加热保持 90℃以上慢慢加入以上反应液，立即析出细小的钡盐结晶，保温搅拌半小时，放置过夜，次日滤出，水洗五次，风干得 220g（含水 13%，产率 96%）。

以上钡盐不必干燥，使悬浮于 0.5L 85℃的热水中，保持 85℃左右，慢慢加入 108g（0.76mol）无水硫酸钠溶于 0.5L 热水的溶液，加完后保温搅拌 1h；过滤清亮，用热水浸

洗，洗液与滤液合并，水浴加热减压蒸发析出钠盐结晶，得 100~120g（产率 90%~96%）。

精制：用水重结晶。

亚磷酸酯与卤代烃作用首先生成烃基季𬭸酯的卤化物，反应放热，升至一定温度以卤代（乙）烷的形式脱去一个酯基，生成烃基膦酸酯，强碱夺去 α-C−H，它与醛、酮的羰基脱去磷酸酯钠形成 C═C 双键——羰基的烯基化、维悌希-洪森-埃孟斯缩合，如：

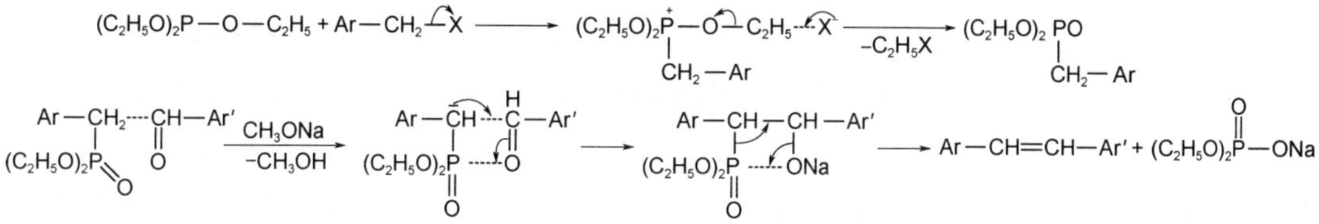

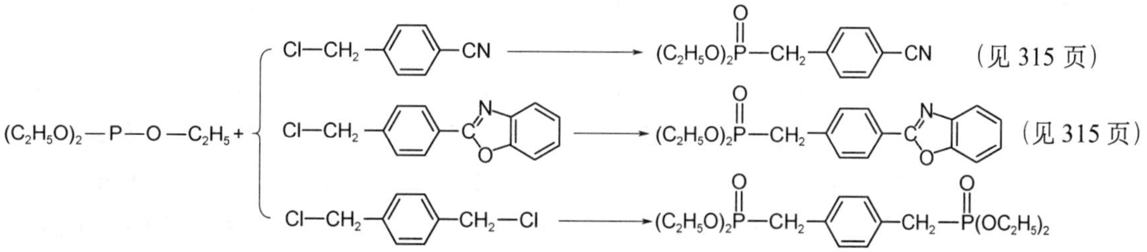

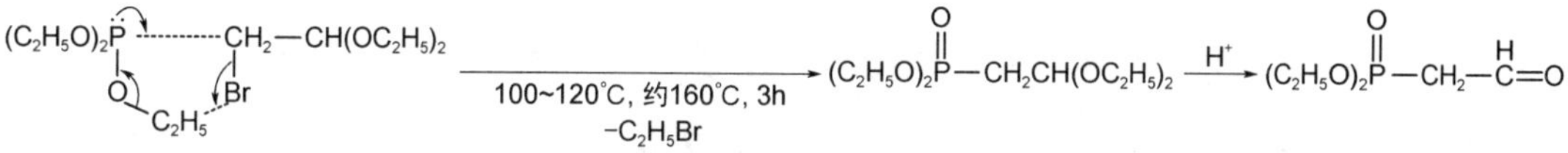

$$[(CH_3)_2CH-O]_2P-O-CH_2(CH_3)_2 + CH_3I \longrightarrow (CH_3)_2CH-I + [(CH_3)_2CH-O]_2\overset{O}{\overset{\|}{P}}-CH_3$$

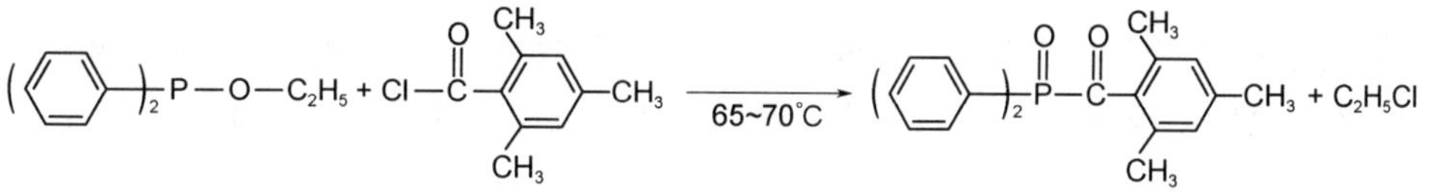

SP-246

苯重氮基的砷基取代（见 613~614 页）：

$$C_6H_5-\overset{+}{N_2}Cl^- + As(ONa)_3 \xrightarrow[-N_2,\ -NaCl]{Cu^{2+}} \xrightarrow{H^+} C_6H_5-AsO(OH)_2$$

苯基胂酸

40%~45%，mp 158~162℃

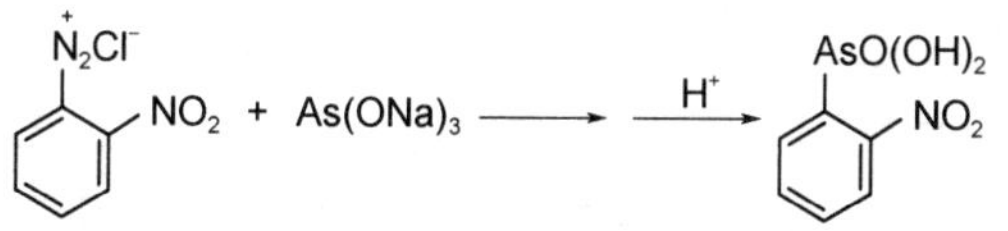

2-硝基苯基胂酸 61%

芳核上的直接砷基取代：用正砷酸取代反应是亲电的，与推电子基影响的芳基底物共热，砷基引入到取代基的对位，并不需要催化剂；由于砷酸对底物的氧化作用，反应中产生相当多的沥青状物，产率低下，方法不可取。

$$H_2N-\langle\rangle + H_3SO_4 \xrightarrow[160℃,\ 6hr]{苯胺} \xrightarrow{HO^-} \xrightarrow{H^+} H_2N-\langle\rangle-AsO(OH)_2 + H_2O$$

4-氨基苯基胂酸

14% mp 254℃(>300°)

4-羟基苯基胂酸　M 218.04，mp 170~174℃；白色针晶，易溶于水及乙醇。

$$HO-\langle\rangle + H_3AsO_4 \xrightarrow{140~146℃} HO-\langle\rangle-AsO(OH)_2 + H_2O$$

2L 三口烧瓶中加入 720g（80%，d 1.9，3.8~4mol）砷酸，搅拌下在油浴上加热至 150℃，约有 120mL 水蒸发，此时砷酸的纯度达 95%。稍冷加入 300g（3.2mol）苯酚，在 155~160℃ 油浴上加热，又有水蒸出，至反应物温度升至 146℃，改作回流，由于反应仍有水产生，回流温度下降至 141℃，反应物变得稠厚，有沥青状物，停止加热。稍冷，将反应物倾入 4L 水中，充分搅拌，分取水层，加热至 80℃ 左右，用粉碎的 $Ba(OH)_2\cdot8H_2O$ 中和，最后用其水溶液调节至碱性（约用 750g 左右）；趁热过滤，滤渣用热水浸洗三次，洗液与滤液合并，冷后滤清，维持 80℃ 左右用稀硫酸和氢氧化钡溶液调节溶液无 Ba^{2+} 及 SO_4^{2-}，滤除硫酸钡，热水浸洗，洗液与滤液合并，滤清，减压蒸发至 3L，以 NaOH 中和至 pH 8，滤清后水浴加热减压蒸发至多量结晶析出，加入 2.5 倍体积乙醇，混匀，放置过夜。次日滤出沉淀，乙醇洗，干后得 240g；母液回收乙醇后如上处理又得 12g，共得 252g（产率 33%）。

鉴定：产品（钠盐）溶液对 $FeCl_3$ 溶液不产生紫色，表示无邻位产物。

四、格氏试剂对 P、As、Sb 氯化物的反应

格氏试剂对于 P、As、Sb 氯化物反应以后，其卤原子更容易离去，倾向生成单式有机物；为了制取混式 P、As、Sb 的有机物，将加料顺序作了颠倒，混式物的产率仍是较低，且比较复杂，不同于烃基取代的混式有机金属化合物使以下的反应致钝，如：氯代乙基汞的合成产率 70%，软硬酸碱来解释。为制取其它元素的混式有机物，将部分位置预先保护。

二苯基膦酰氯　M 236.24，无色液体，bp 215~225℃/15mmHg、176℃/8mmHg，d^{20} 1.240，n_D^{20} 1.610。

a. *N,N*-二乙氨基磷酰二氯

$$POCl_3 + 2\ HN(C_2H_5)_2 \xrightarrow[0~5℃]{甲苯} \overset{O}{\overset{\|}{Cl_2P}}-N(C_2H_5)_2 + (C_2H_5)_2NH\cdot HCl$$

2L 三口烧瓶中加入 400mL 无水甲苯，搅拌下加入 329g（200mL，2.14mol）三氯氧磷，冰盐浴冷却控制 0~5℃ 慢慢加入 283g（400mL，3.86mol）二乙胺溶于 400mL 无水甲苯的溶液，立即有盐酸二乙胺析出，反应放热，约 5h 可以加完。加完后保温搅拌 1h，滤除盐酸盐，以 400mL 无水甲苯分两次浸洗，洗液与滤液合并，减压回收甲苯，剩余物减压分馏，收集 68~72℃/4mmHg 馏分，得 285g（产率 75%）。

b. 取代及水解——二苯基膦酸

$$2\ C_6H_5{-}MgCl + Cl_2P{-}N(C_2H_5)_2 \xrightarrow[\substack{40\sim50\,℃,\ -2MgCl_2}]{\text{甲苯, THF}} (C_6H_5)_2\overset{\displaystyle O}{P}{-}N(C_2H_5)_2 \xrightarrow[\triangle]{H^+/水} (C_6H_5)_2\overset{\displaystyle O}{P}{-}OH$$

2L 三口烧瓶中加入 37g（1.54mol）镁屑，用 100mL 无水四氢呋喃盖没，加入 0.5mL 碘甲烷引发反应；保持微沸，于 2.5h 左右慢慢加入如下溶液：169g（1.5mol）氯苯，100mL 无水甲苯及 50mL 四氢呋喃混匀。

加完后保温搅拌 1.5h。冷后小心倾出格氏试剂于另一三口烧瓶中（剩留少量未反应的镁屑），控制 40~50℃，搅拌着于 1.5h 左右慢慢加入 114g（0.6mol）二乙氨基磷酰二氯与 100mL 无水甲苯的溶液，加完后保温搅拌 2h。冷后，控制 20℃以下慢慢加入盐酸中和至强酸性（应再过量些）；搅拌下加热回流 3h，冷后析出结晶，滤出，水洗，干后得 78g（产率 59%，按二乙氨基磷酰二氯计），mp 188~189℃。

c. 酰氯化

$$(C_6H_5)_2PO(OH) + SOCl_2 \xrightarrow[\triangle,\ 3h]{} (C_6H_5)_2POCl + HCl + SO_2$$

0.5L 三口烧瓶中加入 110g（0.5mol）二苯基膦酸，微热着，慢慢加入 179g（110mL，1.5mol）二氯亚砜，搅拌下回流 3h，水浴加热回收二氯亚砜，最后水泵减压收尽，剩余物减压蒸馏，收集 215~220℃/15mmHg 馏分，得 96g（产率 81%）。

三烷基膦、三烷基胂在空气中容易氧化。三甲基膦，bp 37.8℃，遇空气自燃。三丁基膦也很活泼，在氮气保护下按一般合成并无大危险。三辛基膦挥发性小及空气阻碍的原因，长久保存也不变化；但是在高温、减压蒸馏以后在 >150℃ 放空，新鲜空气进入蒸馏瓶中，瓶中的蒸气即自燃，必须放冷后再放空（或充氮平衡压力）。

三苯基膦，磷原子受三个苯基共轭吸电子的影响比较稳定；砷原子半径比磷大，更容易被氧化，从三苯基膦、三苯基胂的双氧水的氧化中可观察到它们氧化速度的变化。

三烷基膦是强的电子给予体，与 CS_2 生成稳定的络合物，其溶解度比较小，有一定熔点，以精制和鉴定之；该络合物在乙醇中加热并蒸发 CS_2 可以完全分解开，得到原来的烷基膦。

三环己基膦 M 280.44，mp 78℃；无色结晶，不溶于水；湿品易被空气氧化；与 CS_2 形成络合物 $[(C_6H_{11})_3P]_2\cdot CS_2$，mp 118℃。

$$3\ \text{⬡}{-}Br + 3\ Mg \longrightarrow 3\ \text{⬡}{-}MgBr \xrightarrow[0\sim-5\,℃]{PCl_3} (\text{⬡})_3 P + 3\ MgBrCl$$

5L 三口烧瓶配置机械搅拌、回流冷凝器及氮气导入管，开始通入氮气。

烧瓶中加入 150g（6.04mol）镁屑，用最少量的无水乙醚盖没，引发反应后慢慢加入如下配制的溶液：978g（6mol）溴化环己烷及 2L 无水乙醚混匀。加完后加热回流 1h。冷后，将格氏试剂溶液小心移入另一个 5L 三口烧瓶中作如上安装，开动搅拌并通入氮气，用冰盐浴冷却控制反应温度 -5℃ 左右。从分液漏斗慢慢加入 206g（1.5mol）三氯化磷与 0.5L 无水乙醚的溶液，加完后于室温搅拌 1h，再加热回流 2h。冷后从分液漏斗慢慢加入 250g 氯化铵溶于 1.2L 水的溶液以分解反应物，分取乙醚层，以无水硫酸钠干燥后在氮气保护下回收乙醚，加入 300mL（太多了）二硫化碳混合，立即析出结晶；滤出，以石油醚冲洗两次，干后得 264g 络合物。

分解络合物：264g 络合物及 1.6L 乙醇一起缓缓蒸馏，分解下来的 CS_2 随之蒸出，在蒸馏过程反应物的红色褪去，如果最后仍有红色，可再加些乙醇再蒸馏即可褪去（应该以分馏蒸出），剩余物冷后即可结晶，用丙酮重结晶，得产品 200g（产率 47.5%，按 PCl_3 计），mp 76~78℃。

注：制此格氏试剂似应在沸点以下为宜。

苯基二甲基膦 M 138.15，bp 210℃、74~75℃/5mmHg，d^{20} 0.9669，n_D^{20} 1.5630；无色液体，有恶臭，易被空气氧化，充氮避光保存。

$$2\ CH_3Br + 2\ Mg \longrightarrow 2\ CH_3-MgBr \xrightarrow{C_6H_5PCl_2} C_6H_5-P(CH_3)_2 + 2\ MgBrCl$$

10L 三口烧瓶配置回流冷凝器、插底的气体导入管，烧瓶中加入 360g（15mol）镁屑，用最少量的无水乙醚盖没，加入 2mL 碘甲烷引发反应；之后，以另一个 10L 三口烧瓶作溴甲烷发生器，瓶中加入 4L 45%氢溴酸（先处理掉游离溴）及 2L 甲醇，混匀后加入沸石，从分液漏斗开始滴加浓硫酸，溴甲烷立即发生，通过水洗瓶、Na_2SO_3 溶液洗瓶及两个有效的氯化钙干燥瓶。当各瓶中空气被赶尽（观察到有重质的气体流出），开始连接到制备格氏试剂的 10L 三口瓶的气体导入管，约 4h 共加入了 2L 浓硫酸，通入溴甲烷直至镁屑基本反应完毕（如溴甲烷发生太慢可用蒸汽加热发生器），在反应过程中补加了 1L 无水乙醚（有钢瓶装的氯甲烷就方便得多）。反应完毕，拆去气体导入管，于 2h 左右慢慢加入 800g（4.5mol）苯基二氯化膦及 1L 无水乙醚的溶液，在加入过程不时摇动烧瓶，加完后摇匀，加热回流 3h，放置过夜。次日用氯化铵溶液分解反应物，分取乙醚层，在氮气保护下回收乙醚；水层用乙醚提取；剩余物在氮气保护下减压分馏，收集 68~70℃/5mmHg 馏分，得 310~320g（产率 50%）d^{20} 0.9669。

三苯基膦 M 262.30，mp 82℃，bp 188℃/1mmHg，d^{20} 1.0749，n_D^{80} 1.6355；无色结晶，不溶于水，易溶于乙醇，极易溶于苯。

$$3\ C_6H_5-Br + 3\ Mg \longrightarrow 3\ C_6H_5-MgBr \xrightarrow{PCl_3} (C_6H_5)_3P + 3\ MgBrCl$$

15L 烧瓶中加入 500g（20.5mol）镁屑，用最少量无水乙醚盖没，加入 300mL 如下配制的混合液：3.14kg（20mol）溴苯及 4L 无水乙醚混匀。引发反应后，于 4h 左右慢慢加入其余的混合液，放热可维持反应物回流而把镁屑翻动起来，加完后加热回流 1h，只剩下很少细薄的镁屑。稍冷，将格氏试剂小心倾入另一个 15L 烧瓶中（剩留未反应的镁屑），加热维持格氏试剂溶液回流着，于 3h 左右慢慢加入 680g（5mol）PCl_3 与 1.5L 无水乙醚的混合液。为了便于反应，隔几分钟摇动一次。加完后摇均匀，加热回流 2h。

次日，从分液漏斗慢慢滴入水（应先回收无水乙醚）以水解反应物，最初滴加速度要很慢，待反应缓和后可以快加，加水过程也要不时摇动，直至反应物完全崩解开，共加水 6~8L。分取有机层，滤清后，水浴加热回收乙醚，最后减压收尽。剩余物倾入盆皿中，四天后结晶完全，滤出❶，用乙醇浸洗一次❷，干后得 760g（产率 57%）。

精制：760g 粗品溶于乙醇（4.5mL/g）中，脱色过滤，冷后滤出结晶，乙醇冲洗，干后得 660g，mp 81~82℃，外观微黄色，有膦化物的特殊气味。

另法：$3\,C_6H_5—Cl + PCl_3 + 6\,Na \xrightarrow{\text{苯}} (C_6H_5)_3P + 6\,NaCl$

三苯基锑　M 363.09，mp 55℃，bp 377℃，d^{25} 1.4345；易溶于苯及石油醚。

$$3\,C_6H_5—Br + 3\,Mg \longrightarrow 3\,C_6H_5—MgBr \xrightarrow{SbCl_3} (C_6H_5)_3Sb + 3\,MgBrCl$$

1.9mol 镁屑、1.8mol 溴苯及 1.2L 无水乙醚剩成的格氏试剂，将其移入另一个 2L 三口烧瓶中以分离过剩的残留镁屑。搅拌着，加热保持微沸，从分液漏斗慢慢加入 114g（0.5mol）新蒸的 PCl_3 及 300mL 无水乙醚的溶液。加完后再加热回流 5h。冷后加水水解❸，分取乙醚层，水层用乙醚提取三次（水层过滤析出的三苯基锑及镁盐；先提取水溶液再提取滤渣），乙醚液合并，回收乙醚，得粗品 145g，mp 49℃。

精制：以上粗品用石油醚（2mL/g）溶解，回收石油醚，冷后滤出，干后得 110g，mp 50℃；产品规格：mp 51~54℃，可能是格氏试剂用量不足所致，应用苯重结晶。

同样方法制取三苯基胂。

五、烃基钠（卤代烃/钠）对 P、As 氯化物的反应

在非极性溶剂中，金属钠作用于卤代烃和其它元素卤化物的反应类似乌兹合成，是卤代烃和其它元素卤化物的混合物加入到苯和钠粒的悬浮物中（苯的稳定性是合适的溶剂，个别情况不便使用其它溶剂），反应有引发过程，产物总是以单式为主的元素有机物；一般情况，钠粒要过量 10%；反应完后在氮气（稀释、吹出放出的氢气）保护下，用氯化铵粉末处理过剩的金属钠，放出的氢和氨被氮气冲稀导至水面吸收。

三苯基胂　M 306.24，mp 61℃，d^{48} 1.2225；白色结晶，微溶于冷乙醇，易溶于苯。

$$3\,C_6H_5—Cl + AsCl_3 + 6\,Na \xrightarrow{\text{苯}} (C_6H_5)_3As + 6\,NaCl$$

2L 三口烧瓶中加入 130g（5.6mol）钠小粒、900mL 无水苯及 10mL 如下的混合液：170g（0.93mol）$AsCl_3$（剧毒、腐蚀）与 272g（2.42mol）氯苯，混匀❹。

搅拌下小心加热至放热反应开始（钠表面变为暗紫色，并开始有回流），加热保持微沸，于 1.5h 左右慢慢滴入（1 滴/秒）其余的物料，加完后保持微沸搅拌下回流 8h。趁热过滤（或冷后过滤），滤渣中包含少量未作用的钠，用冰水处理及溶解氯化钠，滤取不溶

---

❶ 滤得的母液 700g，其组分（GC 检测）：溴苯 30%，三苯基膦 18%，联苯 16%，其处理如下：700g 母液水汽蒸馏回收溴苯及联苯后（减压分馏回收），倾去水层的剩余物用 950mL 93%乙醇溶解，过滤后放冷至 50℃倾取上层淡黄色的醇溶液，放冷滤取结晶，得 70~80g 粗品，用母液再提取两次，共得三苯基膦粗品 126g。

❷ 对乙醇浸洗下来的醇溶液，回收乙醇，剩余物并入母液中作水汽蒸馏。

❸ 应该使用氯化铵水溶液分解处理，以便于分层、分离。

❹ 应补足氯苯和钠的用量，或减少 $AsCl_3$ 用量。

于水的三苯基胂加入至苯液中，加热使溶，分层少量水层；回收苯，最后减压收尽未作用的氯苯，剩余物稍冷即凝结，得 230~240g，mp 57~59℃。

精制：以上粗品用乙醇（3mL/g）重结晶，冷后冰冷过夜，次日滤出，以少许乙醇浸洗，风干后得 218~225g（产率 88%~91%），mp 61℃。

六、AlCl₃ 作用下卤代烃、芳烃对亚磷（砷）的烃基化

亦可参见 765 页季磷和季钟。

卤代烃在 AlCl₃ 作用下极化；亚磷、亚砷作为亲核试剂与烃基电正中心反应，得到烃基膦（胂）卤化物与氯化铝的络合物稳定下来，然后水解开；只在难以发生的反应中才使用 AlCl₃ 使底物极化，如：

$$(C_6H_5)_3\dot{P} + C_6H_5\!-\!Br \xrightarrow[200℃, 8hr]{C_6H_5-Br,\ AlCl_3} (C_6H_5)_4P^+\ ^-BrAlCl_3 \longrightarrow (C_6H_5)_4P^+\ Br^-$$
mp 249~300℃

$$PCl_3 + R\!-\!Cl + AlCl_3 \xrightarrow[60～65℃]{二氯乙烷} \left[\begin{array}{c}R \quad Cl\\ \overset{..}{Cl_3P}\quad AlCl_3\end{array}\right] \longrightarrow R\!-\!\overset{+}{P}Cl_3 \cdot AlCl_4^-$$

醇解：与过量的无水醇反应得到烃基膦酸酯——用作稀土萃取剂。

$$R\!-\!\overset{+}{P}Cl_3 \cdot AlCl_4^- \xrightarrow{醇解} \left[R\!-\!\overset{+}{P}Cl_3 + 3\ HO\!-\!R' \xrightarrow{-3HCl} R\!-\!P(OR')_3\right]$$

$$\longrightarrow \underset{O-R'}{R\!-\!\overset{+}{P}(OR')_2} \cdot AlCl_4^- \xrightarrow{-R'Cl, -AlCl_3} \underset{O}{R'\!-\!P(OR')_2}$$

烃基化以后在 -10℃ 以下，使用比理论量稍多的水或浓盐酸将与 AlCl₃ 的络合物分解开，得到膦酰氯、AlCl₃ 以六水合物形式析出。

三氯甲基膦酰二氯　M 236.24。

$$CCl_4 + PCl_3 + AlCl_3 \longrightarrow Cl_3C\!-\!\overset{+}{P}Cl_3 \cdot AlCl_4^-$$

$$\underset{Cl}{Cl_3C\!-\!\overset{+}{P}Cl_2} + H\!-\!OH \cdot AlCl_4^- \xrightarrow{-20～-10℃, -HCl} \underset{O-H\cdot Cl^-\cdot AlCl_3}{Cl_3C\!-\!PCl_2} \xrightarrow{-HCl, -AlCl_3} Cl_3C\!-\!POCl_2$$

2L 三口烧瓶安装机械搅拌、温度计、回流冷凝器及分液漏斗。

烧瓶中加入 133g（1mol）氯化铝、137g（1mol）三氯化磷及 184g（1.2mol）四氯化碳，搅拌下小心加热使猛烈的反应开始，反应物变得稠厚而凝固，使搅拌停止。稍冷，加入 1L 二氯甲烷（bp 40℃）搅动，可稍高加热使固体物崩解散开。冷后用冰盐浴冷却，控制 -10℃ 以下，快速搅拌着，慢慢滴入 180mL 冰水，加完后移去冰盐浴再搅拌 15min，趁冷滤除结晶氯化铝 AlCl₃·6H₂O，并用二氯甲烷冲洗三次，洗液与滤液合并，分层水层，以无水硫酸钠干燥后回收溶剂，最后减压收尽，得粗品 192~199g（产率 81%~84%），外观白色，mp 155~156℃。

在 AlCl₃ 作用下 PCl₃ 对芳烃反应的烃基化，生成芳基二氯化膦；PCl₃ 不与 AlCl₃ 生成稳定的络合物，与苯反应后生成稳定的络合物 $C_6H_5\!-\!PCl_2 \cdot AlCl_3$ 而溶在过量的三氯化磷中；为解开此项络合，向其中加入与 AlCl₃ 摩尔比 1:1 的三氯氧磷，与 AlCl₃ 生成更强的配键络合物从反应物中以结晶析出，释出苯基二氯化膦，该反应几乎足量的。

苯基二氯化膦 M 178.97，bp 224.6℃、140~142℃/57mmHg， d^{20} 1.319， n_D^{24} 1.5919。

$$C_6H_6 + PCl_3 + AlCl_3 \xrightarrow[60℃,\ -HCl]{PCl_3} C_6H_5-PCl_2 \cdot AlCl_3 \xrightarrow[-POCl_3 \cdot AlCl_3]{POCl_3} C_6H_5-PCl_2$$

10L 三口烧瓶中加入 4.12kg（30mol）三氯化磷、0.78kg（10mol）无水苯，开动搅拌，分次加入 1.69kg（12.8mol）无水氯化铝。小心加热至 60℃左右，有大量 HCl 放出并开始有回流，继续加热至很少 HCl 放出为止（约 7h）。冷却保持 60℃左右，搅拌下从分液漏斗慢慢加入 2kg（12.8mol）三氯氧磷，立即析出 Cl₃PO·AlCl₃ 络合物结晶，反应放热，加完后保温搅拌 2h（以理论量析出），冷后滤出（有强刺激性）。结晶用石油醚提取两次，滤液及石油醚洗液分别回收三氯化磷和石油醚，剩余物合并，减压分馏，收集 100~110℃/30mmHg 馏分，得 1.2kg（产率 70%）。

在 AlCl₃ 作用下苯对于 PCl₃ 的烃基化，平衡倾向更深层次的烃基化；以上为制取苯基二氯化膦，使用足够量的 AlCl₃ 以使生成 C₆H₅—PCl₂·AlCl₃ 络合物被稳定下来，并且使用多量 PCl₃ 控制了反应；反应温度控制了歧化，避免了生成二苯基氯化膦；但是，在高温 200℃以上，随时蒸除平衡下来的 PCl₃，则这个反应很容易完成——反应速度依 AlCl₃ 的用量。

二苯基氯化膦 M 220.04，bp 320℃、185~190℃/20mmHg， d 1.229， n_D^{20} 1.6360；易吸湿，溶于石油醚及苯。

$$2\ C_6H_5-PCl_2 \xrightarrow[190~235℃]{AlCl_3} (C_6H_5)_2P-Cl + PCl_3$$

1L 三口烧瓶中加入 800g（4.45mol）苯基二氯化膦及 30g❶三氯化铝，加入沸石，在 17~20cm 分馏柱下用电热套加热蒸出交换下来的 PCl₃，当液温升至 185℃开始有三氯化磷蒸出，约 6h 将反应物慢慢升至 235℃继续保温 1h 就不再有 PCl₃ 蒸出，共蒸出 135g（分析剩余物 660~665g；GC 检测结果：二苯基氯化膦 56%，一苯基二氯化膦 38%，三苯基膦 3%），减压分馏，收集：苯基二氯化膦（包括中间馏分）320g，二苯基氯化膦 170g，GC 纯度 98%，高沸物底子约 150g (二苯基氯化膦)₂·AlCl₃❷及二苯基氯化膦。

另法： $$2\ C_6H_5 + PCl_3 + AlCl_3 \longrightarrow \underset{70\%}{(C_6H_5)PCl} + \underset{25\%}{C_6H_5-PCl_2} + (C_6H_5)_3P$$

1L 三口烧瓶中加入 314g（4mol）无水苯、320g（2.4mol）AlCl₃，搅拌下加热维持 85~90℃于 1.5h 左右慢慢加入 302g（2.2mol）三氯化磷，放出的 HCl 导至水吸收，加完后保温搅拌 1h，再于 1h 左右将反应物升温至 135℃保温搅拌至几乎停止放出 HCl（约 3h 可以完成）。产物水解后分析❸：一苯基二氯化膦 25%，二苯基氯化膦 70%。

---

❶ 使用 60g AlCl₃，约 4h 即达反应终点，分析产物：二苯基氯化膦 60%；一苯基二氯化膦 30%；三苯基膦 5.5%；又延长 5h 并提高反应温度至 250℃，共蒸出 PCl₃ 170g（剩余物分析：二苯基氯化膦 60%；一苯基二氯化膦 21%；三苯基膦 11%），减压分馏，得：一苯基二氯化膦 160g，二苯基氯化膦 170g，高沸物底子＞300g❹。

❷ 计算投料关系，认定可能是 [(C₆H₅)₂P—Cl]₂·AlCl₃。

❸ 反应物以 POCl₃ 分解络合物，以及水解后使用 THF、二氧六环提取分离都很困难；当以催化剂量的 AlCl₃，尽可能高的反应温度在压力下进行，反应后直接蒸出产品。

第五节　锡、铅有机化合物

有机锡化合物比较稳定，在不太高的温度蒸馏时不被分解；可以从格氏试剂或卤代烃（烃基钠）作用于卤化锡制取；混式有机锡从卤代烃在较高温度与锡作用，或从无水卤化锡与单式有机锡共热交换制取。

有机锡剧毒，依其挥发性吸入人体引起中枢神经中毒，轻微的中毒症状表现为头晕及头后部有痛感，停止接触后仍可延续 1~2 月。操作措施严密及良好通风。

一、格氏试剂对 SnCl₄、PbCl₂ 的反应

小量制备单式有机锡是将蒸馏过的无水氯化高锡（bp 114℃）的苯溶液滴加到过量的格氏试剂中去，如果格氏试剂不足会部分停留在中间阶段（是平衡体系，也见 759 页格氏试剂方法制备有机汞）、少量混式有机锡用蒸馏方法分馏（留高沸物）并不困难；固体物可用非极性溶剂重结晶分离。

在反应过程中由于析出卤化镁，反应物有包裹而不均一，反应不易完全，要长时间回流，最好使用搅拌。

四丁基锡　M 347.15，bp 145℃/10mmHg，d^{20} 1.0572，n_D^{20} 1.4730。

$$4\,(n\text{-}C_4H_9) — MgBr + SnCl_4 \longrightarrow (n\text{-}C_4H_9)_4Sn + 4\,MgBrCl$$

10L 三口烧瓶中加入 360g（15mol）镁屑，用 1.5L 无水乙醚盖没，配置机械搅拌（此次操作未用搅拌）、回流冷凝器及分液漏斗，先加入 100mL 如下混合液 [2.1kg（15mol）溴丁烷及 3L 无水乙醚[1]混合] 及 2~3 小粒碘以引发反应；引发反应后，于 3~4h 慢慢加入其余的溶液，加完后再加热回流 1h，稍冷，再加入 1L 无水乙醚，摇匀。于 3~4h 慢慢滴入 675g（2.6mol）[2]无水四氯化锡与 1L 无水苯的混合液，在加入的局部剧烈反应并析出白色沉降物，加完后摇匀，加热回流 6h。稍冷将反应物倾入于搪瓷桶中，冰水冷却下慢慢加入 0.6kg 氧化铵溶于 3.5L 水的溶液，如不易分层可补加些乙酸（最好先回收无水乙醚以后再做水解）。分取上层以无水硫酸钠干燥后回收乙醚和苯，剩余物减压分馏，收集 141~143℃/8mmHg 馏分（沸程很稳定），得 675g（产率 52%），d_{20}^{20} 1.0595[3]，n_D^{20} 1.4746。

相同方法合成：四乙基锡，产率 52%，bp 175℃，$d^{19.7}$ 1.1988；二苯基二乙基锡，产率 52%；四苯基锡，产率 50%，mp 227~228℃。

四苯基铅　M 515.62，mp 229℃；从苯中得棱柱状结晶。

$$4\,C_6H_5 — MgBr + 2\,PbCl_2 \longrightarrow (C_6H_5)_4Pb + Pb + 4\,MgBrCl$$

---

[1] 盖没镁屑的乙醚已经足够，其它乙醚应换为苯以便回收。
[2] 四氯化锡用量按格氏试剂的有效率 70% 计算。
[3] 此密度高出或因含有混式锡。

10L 三口烧瓶中加入用 156g（6.62mol）镁屑、962g（6mol）溴苯及 2.4L 无水乙醚制得的格氏试剂（不要混入未作用的镁屑），加入 4L 无水苯。开动搅拌，加热至微有回流，停止加热，分多次慢慢加入 778g（2.8mol）[1]干燥的氯化铅粉末，一经加入，反应物变为黑色证明有铅生成。加完后，继续加热搅拌下回流 8h。冷后倾入碎冰及少量盐酸的混合物中（应该用氯化铵溶液）充分搅拌，滤取包含铅的棕黑色粗品，风干后用 4L 苯反复热提取四次，滤出粗品得 200~240g；母液回收苯至剩 1.5L，冷后滤出，干后得 60~100g，共得粗品 300g（产率 41.5%），mp 225℃。

精制：用苯重结晶，mp 227~229℃。

二、卤代烃（烃基钠）对 SnCl₄ 的反应

卤代烃及四氯化锡在金属钠粒作用下的反应类似乌兹合成，在非质子、非极性溶剂中进行；金属钠要过量 10%，由于钠粒表面不够新鲜，反应有引发过程。

四苯基锡 M 427.12，mp 228℃；白色结晶。

$$4\ C_6H_5—Br + SnCl_4 + 8\ Na \xrightarrow[\triangle]{\text{苯}} (C_6H_5)_4Sn + 4\ NaBr + 4\ NaCl$$

10L 三口烧瓶安装机械搅拌，大口径、高效回流冷凝器，分液漏斗及电热套。

烧瓶中加入用 260g（11mol）金属钠制得的小颗粒及 2L 无水苯，开动搅拌，加热保持微弱的回流，于 2h 左右慢慢加入如下混合液：628g（4mol）溴苯（应增至 675g，4.3mol）、261g（1mol）SnCl₄ 及 0.5L 无水苯。初始先加入约 50mL 混合液，待引发反应缓和后再慢慢加入其余的混合液，随时观察到反应的放热；加完后继续加热，搅拌下回流 8h。冷后将反应物过滤，滤出的固体物小心加至多量乙醇中以分解过剩的金属钠[2]，再后加入至冰水中彻底处理，以溶解溴化钠、氯化钠；滤出粗品，水洗及干燥。用 3L 苯热提取五次，得 170g，mp 224~226℃；母液及合成的苯母液合并，回收苯至剩 300mL 左右，冷后滤出，得 40g，mp 170℃；共得 210g（产率 49%）。

精制：用无水苯（10mL/g）重结晶及苯冲洗，干后得 200g，mp 228~231℃。

三、卤代烃和金属反应

金属锡的烃基化，工业上使用配比的锡-钠或锡-镁合金与卤代烃在常压或压力下进行。当合金中足够量的锡、钠配比，使用更多的卤代烃，产物是单式有机锡；如欠量，则产物是混合物。

$$4\ R—Br + 4\ Na\text{-}Sn \longrightarrow R_4Sn + 4\ NaBr$$

又如：碘丁烷与锡粉在 125~150℃回流 3h，得到二丁基二碘化锡，用氢氧化钠水解处理得到二丁基氧化锡，更高取代的副产物可用丙酮洗除。

---

[1] 氯化铅的用量应按格氏试剂的有效率 70% 计算——使用 585g 氯化铅。由于氯化铅过量，较多混式有机铅未被提取，或后加的氯化铅未进入反应。

[2] 有介绍使用氯化铵粉末处理过剩的金属钠更安全。

$$2\ n\text{-}C_4H_9 \!-\! I + Sn(粉) \xrightarrow[125\sim150℃]{正丁醇} (n\text{-}C_4H_9)_2\,SnI_2 \xrightarrow[-2NaI,\ -H_2O]{2\ NaOH} (n\text{-}C_4H_9)_2SnO$$

又：氯甲烷的活性就差许多，需要更高的反应温度，熔化的锡用大量氯化钠分散，通入氯甲烷，生成的二甲基二氯化锡随时被蒸出。

$$2\ CH_3\!-\!Cl + Sn(融) \xrightarrow[295\sim300℃]{Sn(融)} (CH_3)_2SnCl_2$$

二甲基二氯化锡
95%，mp 105℃

四、元素有机化合物与其卤化物的交换平衡

金属性质和非金属性质的元素有机化合物与其氯化物的交换平衡的方向不同,或可用软、硬酸碱简单解释，强金属性质的单式有机化合物与其卤化物的交换，平衡更倾向于生成混式有机金属化合物。例如：四苯基锡与$SnCl_4$在200~230℃的交换平衡，在2~3h即可完成，产物比较单一，得到二苯基二氯化锡；又如二丁基二氯化锡等。

非金属性质的单式元素有机物是比较稳定的，较难和它们的卤化物进行交换；烃基卤化物更倾向生成进一步烃基化的元素有机化合物，如：苯基二氯化膦在 $AlCl_3$ 催化下，在200~230℃的交换平衡,生成了60%的二苯基氯化膦及10%~15%的三苯基膦,退减下来的PCl_3被蒸出。

二苯基二氯化锡　M 343.82，mp 42℃，bp 333~337℃。

$$(C_6H_5)_4Sn + SnCl_4 \xrightarrow[230\sim250℃]{} 2\ (C_6H_5)_2SnCl_2$$

2L 三口烧瓶中加入 1.28kg（3mol）四苯基锡和780g（3mol）无水四氯化锡，搅拌下于电热套上加热熔化均匀，于230~250℃保温2h，减压分馏，收集202~215℃/10~13mmHg馏分，得1.7kg（产率82%），fp＞20℃。

同法制得：二丁基二氯化锡，产率85%，bp 113.6℃/60mmHg；三苯基氯化锡，mp 106℃，bp 240℃/12.5mmHg；三苯基氢氧化锡，mp 124℃。

其它混式有机锡，如：顺-丁烯二酸二丁基锡、反-丁烯二酸与二丁基氧化锡在甲苯中共沸脱水；蒸除甲苯溶剂后以石油醚析出结晶。

顺-丁烯二酸二丁基锡　M 368.98；白色结晶性粉末，易溶于醇及苯。

$$\begin{array}{c} HO_2C\!-\!CH \\ \| \\ CH\!-\!CO_2H \end{array} + (n\text{-}C_4H_9)_2SnO \xrightarrow[\triangle]{甲苯} (n\text{-}C_4H_9)_2Sn\begin{array}{c} O_2C\!-\!CH \\ \| \\ O_2C\!-\!CH \end{array}$$

15L 三口烧瓶中加入928g（8mol）反丁烯二酸、1.38kg（8 mol）二丁基氧化锡[1]及8L甲苯，安装70cm高的分馏柱，加入沸石，搅匀，在电热套上加热分馏脱水，控制分馏柱温度84~85℃（甲苯与水的恒沸点），脱出理论量的水以后（约蒸发1L共沸物）分馏柱顶温度很快升至甲苯的沸点110℃；再蒸发3L甲苯，稍冷，脱色过滤，用水泵减压

---

[1] 如二丁基氧化锡的质量不好，可用热甲醇，丙酮浸洗两次，以洗更多烷基化物质，再于80℃烘干后使用。

回收甲苯至液温 120℃/100mmHg，反应物的黏度增大并有泡沫❶。放冷至 60℃倾入 2.5 倍体积的石油醚（沸程 60~90℃）中，充分搅拌使分层的混合物乳化，继续搅拌 1~2h 并形成结晶，此后仍要不时搅动以免结块，至结晶松散以后放置过夜。次日滤出，用石油醚浸洗两次，风干后得 2.2~2.4kg（产率 79%~86%），纯度＞98%。

软硬酸碱的交换平衡也见在格氏试剂方法中二乙基汞的合成，不再用盐酸或氯化铵以减少二乙基汞的分解。

第六节　硼、铝有机化合物

三价的硼、铝原子的价电子层不完整，是缺电子状态，如三氯化铝、甲硼烷都是以二聚体 $(AlCl_3)_2$、$(BH_3)_2$ 的形式存在；由于它们的缺电子，表现为较强的亲电性质，与有未共用电子对的 N、O 原子形式配键络合物，如：三氟化硼与乙醚生成 $Et_2O \cdot BF_3$ 有稳定的沸点，bp 126℃；甲硼烷与叔丁胺生成 $t\text{-}C_4H_9\text{—}NH_2 \cdot BH_3$，mp 94℃，可被稀无机酸分解开。

甲硼烷（BH_3）在催化剂作用下与烯烃加成，与活泼烯的加成可以不用催化剂，加成方位是反马氏定则的——不是离子反应——是 B、Al 的亲电性质决定的，常使用溶剂二乙二醇二乙醚、乙醚在 0℃反应；虽然使用过量的烯烃，在该条件下也只是双加成产物（随着烃基的引入，B—H 键的共价性增强，其加成活性降低）。

$$2\ R\text{—}CH{=}CH_2 + BH_3 \longrightarrow (R\text{—}CH_2\text{—}CH_2)_2 B\text{—}H$$

$$2\ \bigcirc + BH_3 \longrightarrow \left(\bigcirc \right)_2 B\text{—}H$$

硼烷是易燃、剧毒的气体，它经常是用硼氢化钠（$NaBH_4$，$NaH \cdot BH_3$）与更强的"酸" BF_3 作用产生硼烷，它很快二聚为乙硼烷 $(BH_3)_2$。如果以甲硼烷作为反应物，它是在合成中发生而直接进入反应，如：在四氢呋喃中的叔丁胺与反应中生产的甲硼烷立即生成更稳定的叔丁胺·甲硼烷络合物——O-醚溶剂避免甲硼烷二聚。

叔丁胺·甲硼烷　M 86.97，mp 96℃；无色结晶，微溶于水 1%，不溶于石油醚，易溶于极性有机溶剂；被酸分解放出氢，为强还原剂，有毒。

$$NaH \cdot BH_3\ (NaBH_4) + BF_3 \cdot O(C_2H_5)_2 \xrightarrow{THF} BH_3 + NaH \cdot BF_3$$

$$t\text{-}C_4H_9\text{—}NH_2 + BH_3 \xrightarrow{THF} t\text{-}C_4H_9\text{—}NH_2 \cdot BH_3$$

2L 三口烧瓶中加入 760mL 无水四氢呋喃❷、110g（1.5mol）叔丁胺及 38g（1mol）

---

❶ 粘在瓶壁上的产物用热甲苯清洗。

❷ 新蒸的工业品已经可用，不可用氢氧化钾干燥，易产生过氧化物，此处所用四氢呋喃是用炒过的无水硫酸钠干燥后蒸馏所得。

粉碎的硼氢化钠[1]（使用 KBH_4 不易分解开，产率会很低），用冰盐浴冷却，控制反应温度＜20℃慢慢滴入 190g（1.35mol）$BF_3 \cdot O(C_2H_5)_2$ 络合物，反应放热（$NaH \cdot BH_3$ 为欠量，其它物料干燥处理好不会有剧毒，易燃的 BH_3 放出），加完后再搅拌 3h，再加热回流 4h，放置过夜。次日，在 70℃ 水浴上加热，稍以负压回收四氢呋喃及过量的叔丁胺（约 500mL 左右）；冷后加入 400mL 蒸馏水以分解、溶解其它无机盐，充分搅拌，原来的浆状物变为有结晶存在的悬浮液；用 500 苯提取两次，苯液合并，用蒸馏水洗一次，在 60℃ 水浴上加热，水泵减压（-0.065MPa）回收苯，剩余物放冷结晶，滤取结晶，水浸洗，石油醚冲洗，干后得 40g，mp 94~96℃；苯母液及石油醚洗液合并，再如上回收溶剂。结晶、水浸洗、石油醚洗，又得 20g，mp 93~96℃，共得 60g（产率 69%）。

格氏试剂与 $BF_3 \cdot O(C_2H_5)_2$ 作用得到四苯硼化合物，反应物用不含钾的饱和氯化钠水溶液处理，立即生成四苯硼化钠析出，分离；溶解提取，蒸除溶剂得到结晶；也可以使用硼酸三乙酯作用于过量的格氏试剂。四苯硼化钠用作土壤钾的测定，生成不溶于水的钾盐。

$$3\ C_6H_5\!-\!MgBr + BF_3 \cdot O(C_2H_5)_2 \xrightarrow{-3\ MgBrF} (C_6H_5)_3B \xrightarrow{C_6H_5\!-\!MgBr} (C_6H_5)_4\bar{B} \cdot \overset{+}{M}gBr$$

mp 145℃
bp 203℃/15mmHg

$$(C_6H_5)_4\bar{B} \cdot \overset{+}{M}gBr + NaCl \xrightarrow{NaCl/水} (C_6H_5)_4\bar{B}\overset{+}{N}a + MgBrCl$$

四苯硼化钠
50% mp>300℃

铝烷（AlH_3）比硼烷有更强的加成活性，与烯烃能完全加成，较小分子的烷基铝和烷基锌相似，在空气中可自燃，遇水猛烈分解；制备过程中，所有物料及操作都必须干燥，在氮气保护下进行。

$LiAlH_4$（$LiH \cdot AlH_3$）在无水乙醚中和加入的"酸"$BF_3 \cdot O(C_2H_5)_2$ 作用，产生 AlH_3；将溶液蒸除乙醚溶剂后得到 $AlH_3 \cdot 0.24O(C_2H_5)_2$ 络合物结晶。由于铝原子的缺电子状态（亲电性），加成方位是反马氏定则的，与不饱和键完全加成后并没有完全填充它的缺电子状态，产物中仍有部分三烃基铝与乙醚的络合物，如：

$$LiAlH_4 + BF_3 \cdot O(C_2H_5)_2 \xrightarrow{乙醚} AlH_3 + LiHBF_3$$

$$3\ CH_3\!-\!\overset{CH_3}{\underset{}{C}}\!=\!CH_2 + AlH_3 \xrightarrow[60\sim65℃,\ 压力]{乙醚} (CH_3\!-\!\overset{CH_3}{\underset{}{CH}}\!-\!CH_2\!-\!)_3Al + (CH_3\!-\!\overset{CH_3}{\underset{}{CH}}\!-\!CH_2\!-\!)_3Al \cdot 0.5O(C_2H_5)_2$$

bp 33~35℃/0.1~0.2mmHg　　bp 58~59℃/0.1~0.2mmHg

烷基铝仅由于加热即可发生 β-消去——生成烯、脱离下来，在处理这类有机物时尽可能在比较低的温度下进行，虽然高真空对于它们的分解有利，但是得到了更低的蒸馏温度。如：三异丁基铝在真空下 130℃ 以上就明显分解，在 160~180℃ 就只得到二异丁基铝（bp 116~118℃/1mmHg，d 0.798）。

---

[1] $NaH \cdot BH_3$ 尚属稳定，常温下不和水、醇及空气中的 CO_2 反应。

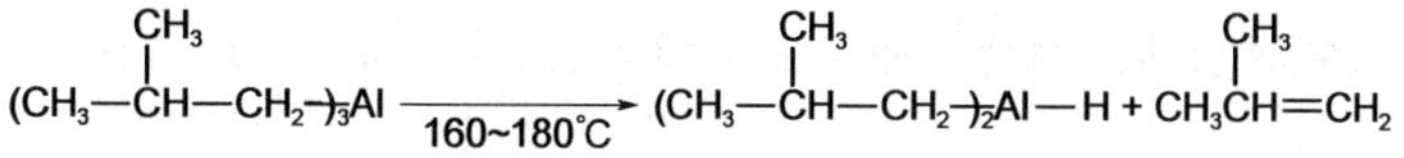

$$\underset{\text{}}{(CH_3\text{---}CH\text{---}CH_2\text{---})_3Al} \xrightarrow{160\sim180℃} \underset{\text{二异丁基铝}}{(CH_3\text{---}CH\text{---}CH_2\text{---})_2Al\text{---}H} + CH_3CH=CH_2$$

（以上结构中含 CH_3 取代基）

第七节　锌有机化合物

有机锌多以碘代烃（溴代烃）作用于锌铜偶粉末（含铜 5%~10%）来制取，首先生成混式有机锌，继而生成单式有机锌，必要时用碘引发反应。

$$R\text{---}I + Zn \longrightarrow R\text{---}Zn\,I \longrightarrow R\cdot + \cdot ZnI$$
$$R\text{---}Zn\,I + \cdot ZnI \longrightarrow R\text{---}Zn\cdot + ZnI_2$$
$$R\text{---}Zn\cdot + R\cdot \longrightarrow R_2Zn$$

简单的单式有机锌易挥发，热的气体在空气中能自燃。应在氮气保护下操作。

二乙基锌　$M\,123.49$，bp $118℃$，$d^{18}\,1.182$。

$$C_2H_5\text{---}I + C_2H_5\text{---}Br + 2\,Zn \longrightarrow (C_2H_5)_2Zn + ZnIBr$$

1L 三口烧瓶安装机械搅拌、高效的回流冷凝器及氮气导入管。操作始终都在氮气保护下进行。

烧瓶中加入 260g（4mol）含铜 5%的锌铜偶粉末，缓缓通入氮气以排除系统中的空气；开动搅拌，向反应物中加入 1/2 如下配制的混合液：156g（1mol）碘乙烷（bp 73℃）及 109g（1mol）溴乙烷，混匀。

小心加热至微弱的回流，直至放热反应开始。如反应猛烈，要移开热源或适当冷却，但不可让放热的反应停息。向反应物中慢慢加入其余的物料，反应完成后放冷，将仪器改作减压蒸馏，用水泵减压（-0.06~-0.07MPa）蒸出反应产物，得 106~110g。

在氮气保护下分馏，收集 115~120℃馏分，得 100~104g（产率 81%~84%）。

在使用有机锌过程的合成中，如：α-溴代羧酸酯与新鲜的锌粉作用，立即生成混式有机锌，它立即与同时加入的反应底物、加成活性比酯羰基更强的醛或酮的羰基加成；如果加成活性相近，卤化锌的羧酸酯也在羧酸酯分子间加成——生成 3-酮酸酯，是相竞争的。

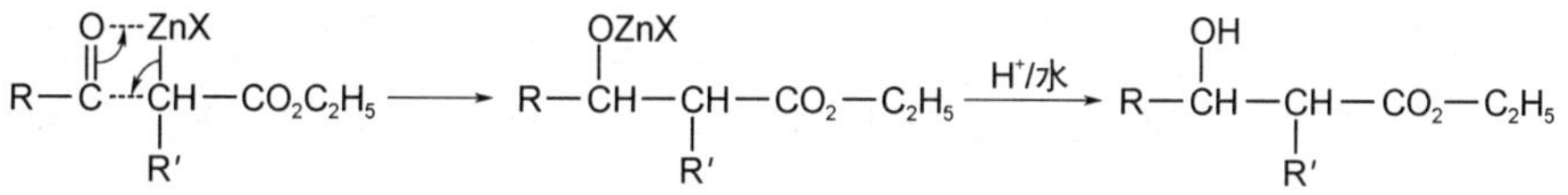

$$\underset{R'}{\overset{O\text{-}ZnX}{R\text{---}\overset{|}{C}\text{---}CH\text{---}CO_2C_2H_5}} \longrightarrow \underset{R'}{\overset{OZnX}{R\text{---}\overset{|}{CH}\text{---}CH\text{---}CO_2\text{---}C_2H_5}} \xrightarrow{H^+/水} \underset{R'}{\overset{OH}{R\text{---}\overset{|}{CH}\text{---}CH\text{---}CO_2\text{---}C_2H_5}}$$

副反应：此项反应并不是太少。

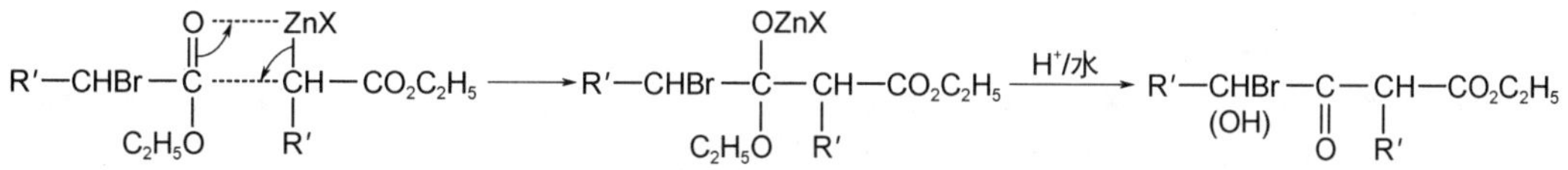

$$\underset{C_2H_5O\quad R'}{\overset{O\cdots ZnX}{R'\text{---}CHBr\;\;\overset{|}{C}\text{---}\overset{|}{C}\text{---}CO_2C_2H_5}} \longrightarrow \underset{C_2H_5O\;\;O\;\;R'}{R'\text{---}CHBr\text{---}\overset{OZnX}{\overset{|}{C}}\text{---}CH\text{---}CO_2C_2H_5} \xrightarrow{H^+/水} \underset{(OH)\;\;O\;\;R'}{R'\text{---}CHBr\text{---}\overset{|}{C}\text{---}\overset{|}{C}\text{---}CO_2C_2H_5}$$

氰基的加成活性比醛酮低得多，为了减少与之竞争的羧酸酯与有机锌羧酸酯分子间的加成，就要降低酯羰基的活性，为此，使用仲丁酯以加强其空间阻碍，如：

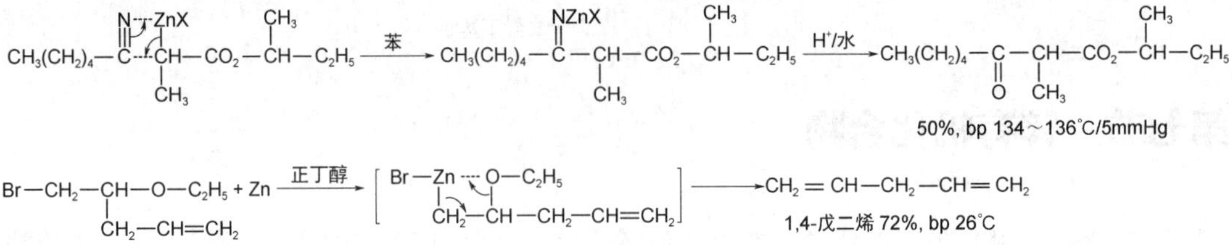

50%, bp 134～136℃/5mmHg

1,4-戊二烯 72%, bp 26℃

4-乙基-2-甲基-3-羟基辛酸乙酯 M 230.33。

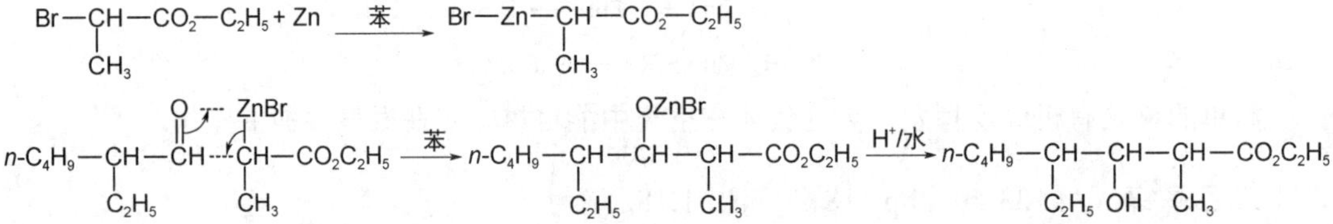

3L 三口烧瓶安装机械搅拌、蒸馏冷凝器及分液漏斗、氮气导入管。

烧瓶中加入 98.1g（1.5mol）新鲜的锌粉❶、0.75L 无水苯，为了干燥，搅拌下缓慢蒸出 180~200mL 苯，停止加热。把冷凝器作回流装置，顶端用 U 形管装少量水银以检查氮气流量，开始通入氮气。搅拌下加热保持微弱的回流，于 2h 左右慢慢滴入如下混合液：64.1g（0.5mol）2-乙基己醛❷，271g（1.5mol）α-溴丙酸乙酯❸，0.5L 苯混匀。先加入 50mL 以上溶液，通常反应立即开始，锌表面变暗，反应物出现浑浊（也或稍晚开始）；引发反应后再慢慢滴入其余的溶液，加完后再搅拌下加热回流 2h，搅拌下放冷，停止通氮，移去通氮的导气管。冰冷及搅拌下慢慢加入 915g 30%（750mL，d 1.22，2.8mol）稀硫酸❹，加完后快速搅拌 1h，分取苯层，水层以 1L 苯分两次提取，苯液合并，依次用 0.5L 水洗，饱和 NaHCO₃ 水洗，再水洗，用无水硫酸钠干燥后回收苯，最后减压收尽，剩余物 150~165g，减压分馏，收集 122~124℃/5mmHg 馏分，得 100g（产率 87%），n_D^{25} 1.4415。

第八节   硅有机化合物

硅与碳同属一族，能生成许多类似碳的化合物，它不能形成长链的硅烷，但能形成分子量超过百万、硅和氧原子相间的硅氧烷长链或硅树脂。硅有机化合物中，硅和氧或其它原子只形成单键。

---

❶ 物料配比对产品率有重大影响，为充分利用底物醛就必须使用大过量的 α-溴代羧酸酯，锌粉用量也随之增加，如锌粉用量增加不多，为 65.4g（1mol），其它不变，产品率降为 68%。
❷ 工业 2-乙基己醛重新蒸馏，收集 163～163.2℃馏分，n_D^{25} 1.4155，添加稳定剂。
❸ α-溴酸酯具有强催泪性。
❹ 此硫酸量也似太过量。

一、硅烷

纯的 SiO_2 和镁粉在高温共热生成硅化镁（氧化镁升华），和盐酸作用得到硅烷的混合物，可被分离：甲硅烷（SiH_4），bp -112℃；乙硅烷（$H_3Si-SiH_3$），bp -15℃；丙硅烷，bp 53℃；丁硅烷，bp 85℃。硅原子间的长链不稳定，Si-H 键也非常活泼；遇空气可自燃；遇水水解；可与双键加成，与卤素剧烈反应生成氯硅烷及 HCl；Si-H 键能发生多种加成及取代反应。

二、烃氧基硅烷

氯硅烷非常活泼，与无水乙醇立即反应生成乙氧基硅烷并放出 HCl 气体。

$$CH_3-SiCl_3 + 3\ C_2H_5-OH \longrightarrow CH_3-Si(-O-C_2H_5)_3 + 3\ HCl$$

含氢的硅氧烷 Si-H 键非常活泼，如：硅氯仿 $H-SiCl_3$，与无水醇反应，氯原子首先被醇取代，Si-H 也被乙氧基取代。

$$HSiCl_3 + 3\ C_2H_5OH \xrightarrow{-3\ HCl} H-Si(-O-C_2H_5)_3 \xrightarrow[-H_2]{C_2H_5OH} Si(OC_2H_5)_4$$

为了抑制这个副反应，是把欠量的无水乙醇滴入到更低温度冷却的硅氯仿中，这样，始终都保持了醇是欠量的，生成的 HCl 随时排出，由于硅氯仿的沸点较低（bp 32℃），虽然使用了冰水冷凝器及-8℃以下的反应温度，也还是有硅氯仿挥发，在反应物料配比中必须注意到此项损失。如果把加料顺序颠倒，即使使用欠量的醇，产物也主要是正硅酸乙酯 $Si(OC_2H_5)_4$（bp 147~148℃）。醇解以后 Si-H 键的活性降低，影响以后的加成。

三乙氧基硅烷　M 164.28，bp 135℃，d^{20} 0.896，n_D^{20} 1.376~1.379。

$$H-SiCl_3 + 3\ C_2H_5OH \xrightarrow{-8℃} H-Si(-O-C_2H_5)_3 + 3\ HCl$$

5L 三口烧瓶安装机械搅拌、温度计、分液漏斗及回流冷凝器，上口接流水吸收及外用冰盐浴冷却。

烧瓶中加入 2.72kg（20mol）硅氯仿，控制-8℃以下，搅拌着慢慢滴入 2.3kg（50mol）无水乙醇，反应剧烈；加完后，分液漏斗换以插底的通氮气管，通入干燥的氮气赶除溶解的 HCl，移去冰盐浴继续赶除至很少 HCl 吹出为止。常压分馏收集 124~133℃馏分，得 1.1kg。

二乙氧基-甲基硅烷　M 134.55。

$$CH_3-SiHCl_2 + 2\ HO-C_2H_5 \xrightarrow{-8℃} CH_3-SiH(-O-C_2H_5)_2 + 2\ HCl$$

10L 三口烧瓶安装机械搅拌、温度计、分液漏斗及回流冷凝器上口接水吸收，外用冰盐浴冷却。

烧瓶中加入 2.87kg（25mol）甲基二氯硅烷，控制-8℃以下，搅拌着于 6~8h 慢慢滴入 1.85kg（40mol）❶无水乙醇（放出的 HCl 吹失部分物料），加完后通入氮气赶除 HCl，2h 后移去冰盐浴继续赶除 HCl，1h 后慢慢升温至 60℃赶除 HCl 至很少吹出为止，分馏，收集 90~100℃馏分❷。

三、烃基硅烷

硅烷烃基化的方法与同族锡的烃基化很相似，以如下方法制取：①卤代烃作用于 300℃银或铜（CuCl）催化下的硅粉；②卤代烃（烃基钠）对 SiCl₄ 的取代；③格氏试剂与硅的卤化物 Si—Cl、烷氧基 Si—O—C₂H₅ 的取代；④Si—H 在 C≡C 不饱和键上加成。

$$2\ CH_3—Cl + Si \xrightarrow[300℃]{Cu} (CH_3)_2SiCl_2 + CH_3—SiCl_3 + (CH_3)_3SiCl + CH_3—SiHCl_2$$

$$CH_3—Si(OC_2H_5)_3 + Cl—C_6H_5 + 2\ Na \xrightarrow[110℃]{甲苯} CH_3—\overset{\overset{\displaystyle C_6H_5}{|}}{Si}(OC_2H_5)_2 + NaCl + NaOC_2H_5$$

$$CH_3—Si(OC_2H_5)_3 + Cl—\langle\bigcirc\rangle—MgBr \xrightarrow{乙醚} CH_3—\overset{\overset{\displaystyle C_6H_4—Cl}{|}}{Si}(OC_2H_5)_2 + MgBrO—C_2H_5$$

$$CH_3—SiHCl_2 + CH_2{=}CH—CH_2—CN \xrightarrow{HPtCl_6} CH_3—SiCl_2—CH_2CH_2CH_2—CN$$

1. 金属钠作用下的卤代烃对 Si—O—C₂H₅ 的取代

金属钠作用下卤代烃对于硅酯烷氧基的取代，在反应中首先生成烃基钠，与电负性比卤原子（氯苯）更强的 Si—O—C₂H₅ 生成活泼络合物，立即分解取代，反应迅速，在高浓度硅酯中的反应物来不及和甲苯溶剂反应。

反应的实施是：甲基三乙氧基硅烷和甲苯溶剂中的金属钠，加热使钠熔化，搅拌使成细碎小珠，当加入卤代烃，烃基钠一经生成，立即完成 Si 的烯基化。进一步烃基化变得困难，产物比较单一；由于 Si—O—R 容易水解，其后的处理要求无水，反应完成后从反应物中蒸出可以蒸出的物料，然后分馏分离。

甲基-苯基-二乙氧基硅烷　M 210.35，bp 216℃ 104~105℃/10mmHg，d^{20} 0.9627，n_D^{20} 1.4701。

$$CH_3—Si(—OC_2H_5)_3 + 2\ Na + Cl—C_6H_5 \xrightarrow{110℃} CH_3—\overset{\overset{\displaystyle C_6H_5}{|}}{Si}(—OC_2H_5)_2 + NaCl + NaOC_2H_5$$

30L 三口不锈钢反应罐中安装机械搅拌❸、回流冷凝器、分液漏斗及温度计，用三个 1.5kW 电炉调压控制加热（或用燃气灶）。

反应罐中加入 15L 无水甲苯及 2.76kg（120mol）去掉油污的金属钠切块，再加入 10.7kg（60mol）甲基三乙氧基硅烷（bp 151℃，d^{20} 0.9383）。开始加热，至 110℃金属钠熔化后开动搅拌，控制较弱的回流下，于 6h 左右从分液漏斗慢慢加入 6.8kg（60mol）

---

❶ 使用 2kg（43.5mol）无水乙醇，得到相当多的甲基三乙氧基硅烷，bp 141～143℃。

❷ 中间馏分 80~90℃可重新分馏。

❸ 应该使用＞150W 的单相串激电动机用调压变压器控制转速，搅拌是不锈钢材质，要尽可能轻（空管制作）。

氯苯，反应有引发过程。反应之初，钠球表面变为蓝色，反应放热，可以从回流有增大看出，小心掌握。加完后保温搅拌 2h，再慢慢滴入 1L 无水乙醇以分解过量的金属钠，继续加热搅拌 1h。停止加热半小时以后再停止搅拌并拆除，并用胶塞塞住（只允许进入1/3）；将冷凝器更换下口烧接有粗大阀门的蒸馏冷凝器，用水泵以不大的减压回收甲苯；然后用机械油泵在 20mmHg 以下真空下尽量蒸出可蒸出的部分❶，停止加热及保温，1h后关闭冷凝器下口阀门，在负压下放冷过夜（或充氮）。

产品馏分用 100cm 填充分馏柱分馏，收集 214~217℃馏分，分馏三次，得甲基-苯基-二乙氧基硅烷 6.3kg（产率 50%），GC 纯度＞99%。

甲基-苯基-二氯硅烷　M 191.13，bp 205℃，d 1.176，n_D^{20} 1.5190。

a. 高温气相热缩合法

主反应：

$$CH_3{-}\underset{\underset{Cl}{|}}{\overset{\overset{Cl}{|}}{Si}}{-}H + Cl{-}C_6H_5 \xrightarrow{610\sim630℃} CH_3{-}\underset{\underset{Cl}{|}}{\overset{\overset{Cl}{|}}{Si}}{-}C_6H_5 + HCl$$

bp 205℃

副反应：

$$CH_3{-}\underset{\underset{Cl}{|}}{\overset{\overset{Cl}{|}}{Si}}{-}H$$

$\xrightarrow{\text{Cl}-\text{C}_6\text{H}_5\text{裂解}}$ $CH_3{-}\underset{\underset{Cl}{|}}{\overset{\overset{Cl}{|}}{Si}}{-}Cl$ + C_6H_6

$\xrightarrow{\text{歧化}}$ $CH_3{-}\underset{\underset{Cl}{|}}{\overset{\overset{Cl}{|}}{Si}}{-}Cl$ + $CH_3{-}\underset{\underset{H}{|}}{\overset{\overset{H}{|}}{Si}}{-}Cl$　bp 81℃

$\xrightarrow{\text{歧化}}$ $CH_3{-}\underset{\underset{Cl}{|}}{\overset{\overset{CH_3}{|}}{Si}}{-}CH_3$ + $H{-}\underset{\underset{Cl}{|}}{\overset{\overset{H}{|}}{Si}}{-}Cl$

bp 70℃

装有导流隔板或其它填充物衬铜的碳钢反应管：内径 150mm，总高 1920mm，其中预热段 700mm，温度 250~300℃；反应段 1000mm，温度 610~630℃；塔顶 200mm，温度 500℃。反应过后立即分三个阶段冷却，冷阱收集三个馏分；甲基-苯基-二氯硅烷的最高产率 37%。

甲基二氯硅烷和氯苯的活化能相差很大，提高温度甲基二氯硅烷容易裂解及歧化，而降低反应温度氯苯又不易反应，因而比较适宜的反应温度是 610~630℃。

为了充分利用甲基二氯硅烷，使用过量的氯苯（为 1：2.5 的氯苯），接触时间 40~45s。反应管中裂解沉积物对反应有利——连续试验的产率有所提高。

---

❶ 蒸馏冷凝器是长 100cm、内径 16~18mm 的下口接有真空阀门的球形管冷凝器。蒸馏结束后，次日取出罐内的固体渣子（不必清除太净，只要不进水可连续使用），它们包含少量金属钠，遇空气可引起冒烟，应立即加入铁桶中加水分解。

b. 光照法（产率 25%）

$$CH_3-\underset{\underset{Cl}{|}}{\overset{\overset{Cl}{|}}{Si}}-H + C_6H_6 + 2\,Cl_2 \xrightarrow[45℃]{Cl_2} CH_3-\underset{\underset{Cl}{|}}{\overset{\overset{Cl}{|}}{Si}}-C_6H_5 + 2\,HCl$$

5L 三口烧瓶配置机械搅拌、温度计、插底的通气管、水冷凝器出口接水吸收。

烧瓶中加入 1.15kg（10mol）甲基二氯硅烷（bp 41℃）及 780g（10mol）无水苯，先用氮气排除仪器中的空气，用水浴冷却、控制反应温度 44~47℃，在光照下以 6mL/s 的速度通入干燥的氯气，8h 共通入 7.7mol 氯气，反应物组分如表 18-3 所示。

表 18-3　光照法 Si—H 苯基化产物组成

产物组成	比例（文献值）/%	比例（中化院实验）/%
甲基-苯基-二氯硅烷	23.3	26
甲基二氯硅烷	28.6	13
苯	27.9	37.4
氯苯	—	痕迹
甲基三氯硅烷	14.3	23.7
甲苯		痕迹
高沸物	6	—

注：提高反应温度、延长反应时间、加强光照功率可提高甲基-苯基-二氯硅烷的含量，但副产物甲基三氯硅烷也随之增加；增加苯的投入量，则甲基三氯硅烷相应减少。

2. 格氏试剂对 Si—OC$_2$H$_5$ 的取代

格氏试剂对于 $CH_3-Si(OC_2H_5)_3$ 的反应类似于原甲酸酯 $HC(OC_2H_5)_3$ 的反应，有较好的选择性。

甲基-p-氯苯基-二乙氧基硅烷　M 244.78，bp 120℃/10mmHg，d^{20} 1.0640，n_D^{20} 1.4832。

$$Cl-\!\!\!\!\bigcirc\!\!\!\!-Br + Mg \longrightarrow Cl-\!\!\!\!\bigcirc\!\!\!\!-MgBr$$

$$Cl-\!\!\!\!\bigcirc\!\!\!\!-MgBr + CH_3-Si(OC_2H_5)_3 \xrightarrow{<12℃} CH_3-\underset{\underset{}{\overset{\overset{C_6H_4-Cl}{|}}{Si}}}{}(-OC_2H_5)_2 + MgBr(OC_2H_5)$$

10L 烧瓶中加入 390g（16mol）镁屑，用最少的无水乙醚盖没，加入 300mL 如下混合液以引发反应：2.7kg（15mol）4-氯溴苯和 2L 无水乙醚、混匀。加入几小粒碘，约 15min 内开始反应；引发反应后，用放热维持回流、于 6h 左右慢慢加入其余的溶液，加完后加热回流 4h。

10L 三口烧瓶安装机械搅拌、分液漏斗和温度计，外用冰水浴冷却。

烧瓶中加入 2.6kg（15mol）甲基三乙氧基硅烷及 1L 无水乙醚，控制反应温度在 12℃以下，搅拌着从分液漏斗将以上的格氏试剂慢慢加入，加完后保温搅拌 4h，放置过夜。次日用木棍搅开沉降物，分次加入 1L 无水乙醇，放置过夜。

第三天，油浴加热回收乙醚后，先用水泵减压蒸出，然后用油泵减压蒸出可蒸出的部分（至 190℃/15mmHg）。将馏出物分馏，收集 115~120℃/10mmHg 馏分；再分馏一次，收集 118~120℃/10mmHg 馏分，得 1.84kg（产率 50%），GC 纯度＞98%（格氏试剂按 80% 计算，产率为 62%）。

3. Si—H 与不饱和键加成

氯硅烷，如硅氯仿（三氯硅烷 H—SiCl₃）、甲基二氯硅烷 CH₃—SiHCl₂ 以及它们的硅氧烷，Si—H 是相当弱的键（71.4kcal/mol），尤其是硅氯仿的 Si—H 键非常活泼，在催化剂的作用下能与许多 C═C 双键加成。常用的催化剂是氯铂酸（2.6g H₂PtCl₆·6H₂O 溶于最少量的丙醇中，最后加入丙醇调节至 50mL，配成 0.1mol/L 溶液），其它催化剂如叔胺要缓和得多。

氯硅烷的极化比相应的乙氧基硅烷活泼得多，使用氯铂酸催化的 Si—H 在 C═C 双键的加成反应中常出现瞬时反应（一般在 60~90℃ 开始反应）放热，使反应物温度急剧上升不易控制，有必要在压力条件反应，较大的空间压力釜金属可吸收部分热量。有瞬时反应才能得到较高的产率，否则要低很多。

甲基-γ-氰丙基二氯硅烷　M 182.12。

$$CH_3-\underset{\underset{Cl}{|}}{\overset{\overset{Cl}{|}}{Si}}-H + CH_2=CH-CH_2-CN \xrightarrow[56\sim160℃]{H_2PtCl_6} CH_3-\underset{\underset{Cl}{|}}{\overset{\overset{Cl}{|}}{Si}}-CH_2CH_2CH_2CN$$

5L 三口烧瓶配置机械搅拌、800mm 球形内管的回流冷凝器及温度计。

烧瓶中加入 345g（3mol）甲基二氯硅烷（bp 41℃）和 210g（3mol）β-丁烯腈，加入 2mL 0.1mol 氯铂酸丙醇溶液，微微加热、反应物在 56℃ 沸腾，10~30min 内出现瞬时反应，反应一经开始立即移开热源（煤气灶），必要时用热水冷却烧瓶（但此未用），自行的放热可维持 10min，反应物温度升至 150~160℃，此后加热回流 3h[❶]。

如上操作五次，反应均属正常，反应物合并，常压蒸除低沸物至液温 210℃，用 100cm 分馏柱减压分馏，收集 126~127℃/16mmHg 馏分，得 2.05kg（产率 75%）。

在猛烈反应过后的高温条件继续加入各 3mol 物料及更多（1.5 倍，5mL）催化剂继续加热，没有出现瞬时反应；回流更长时间，回流温度停止在 125℃ 不再升高；经计算，其后的无瞬时反应的产率为 35%（虽在 125~145℃）。

三氟丙基-甲基二氯硅烷　M 211.08。

$$CH_3-\underset{\underset{Cl}{|}}{\overset{\overset{Cl}{|}}{Si}}-H + CH_2=CH-CF_3 \xrightarrow[90\sim160℃]{H_2PtCl_6} CH_3-\underset{\underset{Cl}{|}}{\overset{\overset{Cl}{|}}{Si}}-CH_2CH_2-CF_3$$

5L 压力釜在干冰/丙酮浴中冷至 -20℃，抽真空后吸入如下配制的溶液：752g（6.6mol）甲基二氯硅烷及 2.5mL 0.1mol 氯铂酸丙酮溶液。再冷至 -50℃，用不大的负压吸入 430g（6mol）三氟丙烯，减压不关闭阀门。从干冰浴中取出（空气浴）升至室温。之后，以 1℃/h 的速率升

---

❶ 更长时间回流仍使反应缓缓进行。

温[1]至 90℃左右出现瞬时反应，温度和压力急剧上升（否则产率将很低），压力又很快下降；再加热于 160℃保温 2h。冷后取出反应物，分馏收集 120~122℃馏分，得 1.0kg（产率 79%）。

三乙氧基-氰丙基硅烷　M 231.36。

$$(C_2H_5O)_3Si—H + CH_2=CH—CH_2—CN \xrightarrow[116~133℃]{H_2PtCl_6} (C_2H_5O)_3Si—CH_2CH_2CH_2—CN$$

5L 三口烧瓶中加入 670g（10mol）β-丁烯腈、1.64kg（10mol）三乙氧基硅烷及 6mL0.1mol 氯铂酸丙醇溶液，摇匀。用电热套加热回流，回流温度从开始的 116℃随着反应进行逐渐上升至 132℃或更高（未见瞬时反应），直至回流 3h 再无明显温升为止。分馏蒸除低沸物至液温升至 210℃，稍冷重新加热，减压分馏，收集 110~120℃/20mmHg 馏分，得 580g（产率 25%）。

三乙氧基-γ-氨丙基硅烷　M 221.34，n_D^{23} 1.4196。

$$(C_2H_5O)_3Si—H + CH_2=CH—CH_2—NH_2 \xrightarrow{H_2PtCl_6} (C_2H_5O)_3Si—CH_2CH_2CH_2—NH_2$$

1L 三口烧瓶中加入 494g（3mol）三乙氧基硅烷及 1mL 1%结晶氯铂酸的丙醇溶液，于 80~90℃搅拌下滴入 171g（3mol）丙烯胺，加完后于 100~105℃反应 6h，分馏，收集 120~124℃/30mmHg 馏分。

2,3-环氧丙氧丙基-三乙氧基硅烷　M 278.41，bp122~125℃/3mmHg；d^{25} 1.003，n_D^{25} 1.4256。

a. 2,3-环氧丙基-烯丙-基醚（bp155℃，d 0.962，n_D^{20} 1.4330）

$$CH_2=CH—CH_2—O—H + CH_2—CH—CH_2—Cl \xrightarrow[50℃]{BF_3} CH_2=CH—CH_2—O—CH_2—CH—CH_2—Cl$$

$$\xrightarrow[-NaCl]{NaOH} CH_2=CH—CH_2—O—CH_2—CH—CH_2$$

3L 三口烧瓶中加入 464g（8mol）无水丙烯醇及 2mL 1.5%BF₃·O(C₂H₅)溶液，搅拌下于 50℃左右慢慢加入 755g（8.2mol）环氧氯丙烷，约 4h 可以加完，放置过夜。次日维持 20~25℃搅拌下滴入 900g 50%（11mol）氢氧化钠溶液。加完后滤除氯化钠并用水冲洗，分去水层，油层合并；水洗三次，干燥后分馏，收集 154~155℃馏分。

注：应使大过量的丙烯醇，一次性加入环氧氯丙烷；以减少生成的氯代醇基醚和环氧氯丙烷的进一步反应和吸收热量，回收丙烯醇；然后环氧化。

b. Si—H 加成

$$(C_2H_5—O—)_3Si—H + CH_2=CH—CH_2—O—CH_2—CH—CH_2 \xrightarrow{H_2PtCl_6} (C_2H_5—O—)_3Si—CH_2CH_2CH_2—O—CH_2CH—CH_2$$

2,3-环氧丙氧丙基-三乙氧基硅烷

---

❶ 安有空气浴温度计以调节加热速度，操作场地设有安全防护措施。

1L 三口烧瓶中加入 114g（1mol）环氧丙基-烯丙基醚，80mL 甲苯，加热至 90℃；加入 1mL 0.1mol H₂PtCl₆·6H₂O 丙醇溶液，搅拌着慢慢加入 164g（1mol）三乙氧基硅烷（维持使反应放热、温度缓缓上升），加完后慢慢升温至 130℃以上再加热回流 2h 或更长时间，减压分馏，收集 121~126℃/5mmHg 馏分。

加成活性很强的硅氯仿与丙烯腈的 C=C 双键加成，使用助剂三丁胺，在硅氯仿的沸点温度（bp 32℃）可缓慢反应，完成反应要 40~50h。

氰乙基三乙氧基硅烷 M 217.34，bp125℃/15mmHg，n_D^{25} 1.4153。

a. 氰乙基三氯硅烷

$$Cl_3Si-H + CH_2=CH-CN \xrightarrow[\triangle, 40h]{三丁胺} Cl_3Si-CH_2CH_2-CN$$

3L 三口烧瓶中加入 1.36kg（10mol）硅氯仿，冰水浴冷却及搅拌下滴入 60g 无水三丁胺；再慢慢滴入 550g（10mol）丙烯腈，加完后移去冰水浴，慢慢加热保持微沸反应40h。

b. 醇解——氰乙基三乙氧基硅烷

$$Cl_3Si-CH_2CH_2-CN + 3 C_2H_5OH \xrightarrow[\triangle]{乙醚} (C_2H_5O)_3Si-CH_2CH_2-CN + 3 HCl$$

将上述反应物水浴加热，回收未反应的硅氯仿和丙烯腈，更换受器，用水泵减压（-0.03MPa）收尽；冷后加入 2 倍体积的无水乙醚，搅拌下慢慢加入同体积的（2L）无水乙醇，加完后加热回流 3h，回收乙醚及过剩的乙醇，剩余物减压分馏，收集 122~125℃/15mmHg馏分。

甲基-氰乙基二氯硅烷 M 168.09。

$$CH_3-\underset{\underset{Cl}{|}}{\overset{\overset{Cl}{|}}{Si}}-H + CH_2=CH-CN \xrightarrow[130℃, 50h]{(C_2H_5)_3N, CuCl} CH_3-\underset{\underset{Cl}{|}}{\overset{\overset{Cl}{|}}{Si}}-CH_2CH_2-CN$$

10L 三口烧瓶配置机械搅拌、温度计、回流冷凝器及电加热套。

烧瓶中加入 4.7kg（40mol）甲基二氯硅烷和 2.12kg（40mol）新蒸的丙烯腈，搅拌下加入 200g 氯化亚铜、260g 三乙胺及 220g 四甲基乙二胺，于 6h 左右升温至 50℃，开始有回流，保持微弱的回流于 22h 左右回流温度升至 70℃；又 20h 升至到 130℃，再保温4h（共约 52h），通入 HCl 至显酸性以中和有机胺，放置几小时后过滤，收集滤液。滤渣用无水乙醚浸洗两次，洗液与滤液合并，回收乙醚后，常压分馏；再分馏一次，收集127.5~128.5℃馏分。

硅氯仿 Si—H 具较强的酸性，和端位十八烯加成生成十八烷基三氯硅烷，不使用催化剂及助剂，在压力釜中以更高的反应温度（240~250℃）加热，压力上升至停止上升；由于反应、压强下降，至不再下降为止，完成反应约需 16h。

$$Cl_3Si-H + CH_2=CH-(CH_2)_{15}-CH_3 \xrightarrow[240\sim250\text{℃/压力, 16h}]{} Cl_3Si-CH_2-CH_2-(CH_2)_{15}-CH_3$$
$$80\%$$

四、硅醇及多缩硅醇

氯硅烷遇水立即水解得到相当于醇的含氧化物——硅醇，硅原子可以同时存在两个羟基而不在分子内脱去水、不形成双键，但很容易在分子间脱去水得到线型或及环型的缩聚体，是自动发生的；硅三醇缩聚成网状结构的硅树脂，在酸、碱条件迅速进行。

制取硅醇，反应的中性、弱碱性以及低温是必要条件，为此水解下来的 HCl 必须立即被添加物中和掉，如：$(CH_3)_3Si-Cl$ 水解，用 $Al_2(SO_4)_3$ 或 $CaCO_3$ 保持反应对于溴百里酚蓝指示剂（pH 6.0 黄~7.6 蓝）呈中性为绿色（pH 6.8~7.2），在 0℃进行。

$$(CH_3)_3Si-Cl + H_2O \xrightarrow[0\text{℃}]{Al_2(SO_4)_3\text{或}CaCO_3} (CH_3)_3Si-OH$$
$$97\%$$

如果在沸水条件，主要得到分子间的脱水产物六甲基二硅氧烷$(CH_3)_3Si-O-Si(CH_3)_3$，bp 102℃。

二甲基二氯硅烷用 $Al_2(SO_4)_3\cdot CaCO_3$ 或 $MgCO_3$ 在 0℃处理，得到产率 80%的二甲基硅二醇；如果随时用氨水调节反应物至中性，则主要得到二聚物。

$$(CH_3)_2SiCl_2 + 2\,H_2O \xrightarrow[0\text{℃}]{Al_2(SO_4)_3,\ CaCO_3} (CH_3)_2Si(OH)_2$$
$$80\%$$

$$2\,(CH_3)_2SiCl_2 + 2\,H_2O \xrightarrow[\triangle,\ 0\text{℃}]{NH_3} \underset{\underset{OH}{|}}{(CH_3)_2Si}-O-\underset{\underset{OH}{|}}{Si(CH_3)_2}$$

又如：二苯基二氯硅烷的丙酮溶液用 $NaHCO_3$ 及 $Al_2(SO_4)_3$ 保持反应物的中性。在 0℃处理，得到产率 91%~96%的硅醇；如果用 NaOH 调节反应物至中性，只得到 36%的硅醇。以上两类甲基、苯基取代的氯硅烷，对于过程中 Si^+ 强度的影响以及缓冲碱、强碱对于反应的选择性存在差异。

烷氧基硅烷 $Si-O-C_2H_5$ 的水解远不及 $Si-Cl$ 水解迅速，但在加热下能迅速水解生成在分子间脱去水的多缩硅醇，多缩硅醇具有硅原子和氧原子相间的高分子直链，与 SiO_2 的构造有某些相似，相当稳定，具有不易氧化、电绝缘、对热（>300℃）稳定；依基团性质、分子量和用途，分为硅油、硅橡胶和硅树脂。

硅油：分子量在 30 万以下的无色油状液体。几个有固定结构的硅油如 DC 703、DC 704、DC 705，其结构式如下所示。

DC 703

DC 704   DC 705

硅橡胶：分子量 40 万~300 万，很难流动至不流动的半固体，没有弹性。

硅树脂：有支链、交链结构的高分子化合物，无色透明的半固体或固体物，有弹性，形体流动性随温度有较大变化。

1. 硅油

纯的二甲基二氯硅烷水解得到硅二醇，在分子间脱水缩聚成线型或环型的高分子化合物；三甲基氯硅烷水解得到三甲基硅醇，然后立即二聚为六甲基二硅氧烷，它作用于长链的端基使缩聚在此端不继续延长；这个反应在催化剂作用下、链的不断打开、又不断结合的平衡，使分子量限定在一定范围内，反应如下：

$$n \left[\begin{matrix} CH_3 \\ Si-O \\ CH_3 \end{matrix} \right] + (CH_3)_3Si-O-Si(CH_3)_3 \xrightarrow{80℃} CH_3-\begin{matrix} CH_3 \\ Si-O \\ CH_3 \end{matrix}\left[\begin{matrix} CH_3 \\ Si-O \\ CH_3 \end{matrix} \right]_n \begin{matrix} CH_3 \\ Si-CH_3 \\ CH_3 \end{matrix}$$

所用催化剂是强碱（四甲基氢氧化铵），它比氢氧化钠稍弱，在强碱作用下把硅氧烷打开、又不断缩聚的平衡；反应完成后在较高温度催化剂分解为三甲胺及甲醇，在高温及真空下被蒸除、不留痕迹，以保证多缩硅醇的稳定性。

$$(CH_3)_3\overset{+}{N}-CH_3 \cdot \overset{-}{O}H \xrightarrow{180℃} (CH_3)_3N + CH_3-OH$$

四甲基氢氧化铵的制取中使用强无机碱 KOH，调聚后的产物中不允许任何碱物质残留，即使很微量（0.1μg/g）也对产品在高温下有破坏作用，为此，在去除了有机碱后的硅油中，在室温下充以很稀薄的 HCl 以中和任何碱性物质，然后处理小分子硅油。

【合成操作的实施】

二氯硅烷及二乙氧基硅烷的水解。二氯二烃基硅烷虽然很容易水解，但要水解得十分彻底也不容易，所以，用酸水在 40℃左右水解后，得到环型、线型的缩聚化合物，水洗至中性（要用温热的蒸馏水洗 7~8 次，或用 0.5% NaOH 溶液在 40℃左右搅拌洗涤，并随时用 0.5% NaOH 调节水洗液为中性，搅拌约 6h，直至原来乳化、不透明的水解产物变得半透明和容易分层；用温热的蒸馏水洗去任何碱、酸）。二烃基二乙氧基硅烷要在比较高的温度（90℃）水解更长时间；含氰基的氯化物单体在 40℃水解以减少氰基水解。由于缩聚线体的原因，端基羟基的含量较高，加热负压脱水后加入总量 0.01%的结晶四甲基氢氧化铵 $(CH_3)_4NOH \cdot 5H_2O$ 于 80~90℃/150mmHg 以氮气鼓泡 2h，又有水分蒸出去，测定羟基含量从开始的 3%~4%下降至 0.15%，分解催化剂后计量使用。

向其中加入计算量的封头基（六甲基二硅氧烷）或低黏度硅油（已含有封头基）及 0.01%的四甲基氢氧化铵五水合物，于 80~90℃/150mmHg 鼓氮缩聚 6h；升温至 180℃/20mmHg分解催化剂并蒸出分解产物，冷至室温、吸入很稀的 HCl（浓度约 1%，流速 0.1mL/s）处理 1h；最后在氮气保护下，在 350℃/<10mmHg 蒸除小分子至 2 滴/min，在真空下放冷，得到产品。

裂解：两种单体水解物不互相溶或必须制成混合环体，在制取硅油时裂解重整为均一状态，通常以混合环体分离。将两种水解物按计算比例混合，加入总量 1%~2% 的 KOH 粉末，在 60℃鼓氮 1h（已开始重整），于 80~90℃/20mmHg 进行鼓氮、重整缩聚呈胶状，开始裂解，同时有蒸馏、慢慢升温作减压蒸馏，重整为环体被蒸出，主要是四硅氧烷，也有三环体、五环体及短线缩合物；由于其它基团都比甲基大许多而较后蒸出，依次蒸出含一个其它基团的环体、含两个其它基团的环体……；将馏出物分馏分离，或通过分析确定特殊基团的数目直接用于合成。

裂解过程中，最主要的副反应也是脱去苯基的、严重的自由基交联，如：在制含苯基的环体中，前馏分中有苯；制含氯苯基环体时，前馏分中有氯苯，其具体操作实例如：

含氯苯基环体

$$\left[\begin{array}{c}CH_3\\|\\Si-O\\|\\CH_3\end{array}\right]_n + \left[\begin{array}{c}CH_3\\|\\Si-O\\|\\C_6H_4Cl\end{array}\right]_{n'} \longrightarrow \left[\begin{array}{c}CH_3\\|\\Si-O\\|\\CH_3\end{array}\right]_n\left[\begin{array}{c}CH_3\\|\\Si-O\\|\\C_6H_4Cl\end{array}\right]_{n'}$$

安装仪器如图 18-1 所示。

2L 烧接有低侧支管的三口烧瓶中加入 500g 脱水后的氯苯基单体及 1000g 甲基硅油相混合(不互溶)，加入 10g KOH 粉末、混匀，于 80~90℃/20mmHg 鼓氮 1h；升温至 120℃/20mmHg 开始有馏出物，加热控制 1~2 滴/秒的速度进行裂解蒸馏，于 6h 左右升温至 320℃/20mmHg，裂解结束，共蒸馏出 1.2kg。

分馏：将收集到的裂解物减压分馏，收集以下馏分：①<70℃/20mmHg 馏分 200g 主要是 D 4（八甲基四硅氧烷环体，bp 176℃）；②70~136℃/20mmHg 馏分，为 D 4 和相当部分七甲基一氯苯基四硅氧烷（测 Cl 含量 1.25%，折算一氯苯基环体含量为 13.8%），③136~138℃/2~5mmHg 馏分 360g（测 Cl 为 8.8%，折算一氯苯基环体纯度为 97.5%——纯品 Cl 含量计算值为 9.0%）；④138~178℃/2~5mmHg 馏分 50g，主要是六甲基-二-氯苯基四硅氧烷。

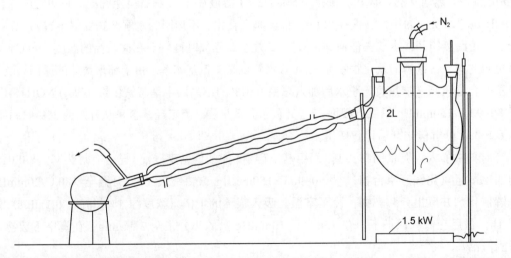

图 18-1 制备硅油的仪器安装，热空气浴安有接点温度计接继电器及调压变压器控制电炉的加热和断电

在用途对于质量要求允许的情况下可以使用四甲基氢氧化铵直接调聚（以及分解催化剂及以后处理）制取硅油。

硅油的命名：甲基硅油的命名多用黏度表示，分子量越大，其黏度也越大；含有其它基团则要标明其它基团的名称及占基团总数的百分比（以初始投料计算），另外标明黏度及/或平均分子量。其它基团的数目按以下方法计算百分数（大分子硅油的封头基略去不计）。

$$n = \frac{x}{a_{Me} + x} \times 100\%$$

式中，n 表示特殊基团的百分数，%；a_{Me} 是甲基的最小公倍数；x 是特殊基团的最小公倍数。

【苯基硅油】

制造不明苯基含量的硅油，为综合利用，采用如下程序：

DC 703（苯基 25%甲基硅油）有固定结构（见 788 页），由于分子量比较小、封头基是计算在内的，它共有 12 个基团——9 个甲基和 3 个苯基，苯基含量 = $\frac{3}{9+3} \times 100\% = 25\%$ 。

M 571.05，bp190℃/0.2mmHg、278℃/10mmHg，d^{25} 1.0115，n_D^{25} 1.4932

为了得到更高产率的 DC 703，封头基的用量为计算量的 2.5 倍，调聚后，分解催化剂，减压分馏，收集以下馏分：① < 100℃/10mmHg 馏分，主要是封头基（剂），用于下次合成；②100~250℃/10mmHg 中间馏分；③250~290℃/10mmHg 馏分为粗品，再分馏一次或蒸馏低沸物即为成品；④剩余物在 350℃（< 10mmHg）蒸馏低分子后，即为 OV 17（苯基 50%甲基硅油，实测苯基 41%；国外样品 38%，为脱苯基所致）。

其它苯基硅油则是按苯基硅油的中间馏分其苯基含量计算物料配比，调聚。

高苯基硅油是指苯基占 65%、75%、85%的苯基硅油，苯基组分越高，脱苯基发生交联也越严重，使其物理性质有较大变化——温度对其黏度的改变很大。如：65%苯基硅油在室温尚可流动；75%苯基硅油则难流动；85%苯基硅油几乎不流动——如硅树脂；当加热至 100℃它的流动性就很好，实际上脱苯基已使苯基含量下降了 20%~30%，是由于硅原子上有两个苯基的情况更容易发生脱苯基(硅烷自由基孤电子被另个苯环分散而得到稳定)，它在反应中发生交联，改变了硅油的性质，苯基则是夺取氢生成了苯。

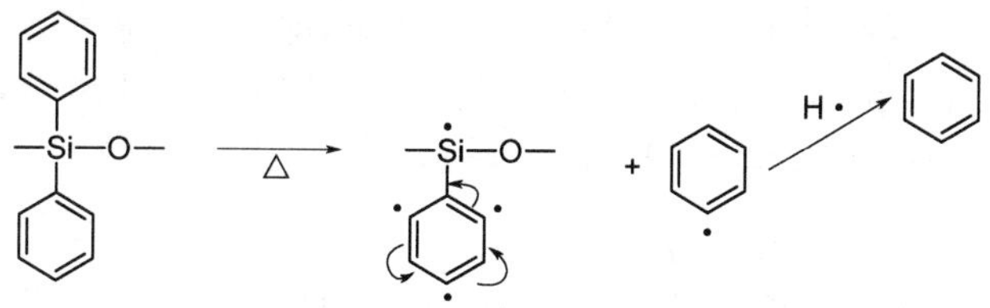

苯基硅油（聚苯基硅醇） 作为气相色谱固定液使用。

a. 苯基 50%甲基硅油（OV 17）

如图 18-1：2L 三口烧瓶的中间口安装插底、拉细尖端的插底管作充氮鼓泡用；侧口安装 0~350℃温度计；另一侧口下方绕接一短支管接蒸馏冷凝器，下端接 0.5L 支管蒸馏瓶作受器，支管接油泵减压系统。将烧瓶置于有良好保温的陶管（耐火材料）作空气浴

（只有烧瓶各接口露在外面），下面用调压变压器控制电炉加热；空气浴中安装一支 100~360℃接点温度计，用继电器控制电炉电源。

以下安装皆同，不赘述。

烧瓶中加入 400g −Si(CH₃)C₆H₅−O− 甲基苯基单体（环体、线体混合物）及 60g 甲基封头剂（六甲基二硅氧烷）及 0.1g 重结晶过的四甲基氢氧化铵(CH₃)₄NOH·5H₂O，于 80℃保温鼓氮使催化剂溶入，在不高的负压下进行，约 6h 可以完成调聚。

升温至 180℃（<20mmHg）仍予以氮气，破坏催化剂 1h，冷后停止通氮。用不大的负压导入很稀的 HCl（约 1%）鼓泡（2 泡/s）1h 以中和其中任何碱物质。继续换以氮气在真空下加热，于 2h 左右将反应物升温至 320~340℃（<10mmHg）（炉温 340~360℃）蒸除低沸物，约 6h 后馏出速度降至<2 滴/min。在真空下放冷，停止鼓氮[1]，得 200g。

规格：苯基含量 41%~42%[2]；极性+；最高使用温度 200℃。

b. 苯基 35%甲基硅油（OV 11）

2L 三口烧瓶中加入 544g（4mol）−Si(CH₃)C₆H₅−O− 甲基苯基单体、140g（1.8mol）甲基环体［D4；按 −Si(CH₃)₂−O− 计］及 90g（0.54mol）封头剂，混匀应清亮，加入 0.1g 四甲基氢氧化铵结晶，于 80℃鼓氮使催化剂溶入均一，继续保温鼓氮 6h 完成调聚，放冷后停止通氮。

次日，在真空下加热升温至 180℃（<20mmHg）鼓氮下分解催化剂 1h，冷后停止通氮和减压；用不大的负压导入很稀（1%）的 HCl（2 泡/s）1h，以中和任何其它碱物质。

重新通氮，在真空下于 2h 左右将反应物升温至 330~340℃/<10mmHg，蒸除低沸物，约 6h 蒸出速度下降至<2 滴/min，在真空下放冷[1]后停止通氮，得成品 400g。

规格：苯基含量 34%~36%[2]；极性+；最高使用温度 250℃。

c. 苯基 25%甲基硅油（DC550）

2L 三口烧瓶中加入 272g（2mol）−Si(CH₃)C₆H₅−O− 甲基苯基单体、272g（苯基 50%，约 2mol）OV 17 蒸出的低沸物，再加入 296g（4mol）（D 4），混匀后加入 0.1g 四甲基氢氧化铵结晶；控制 80℃左右鼓氮调聚 7h，真空下加热至 180℃/20mmHg 分解催化剂 1h；在鼓氮及真空下放冷。用不大的负压导入（2 泡/s），很稀（约 1%）的 HCl 气流 1h；真空及鼓氮下于 2h 左右升温至 330~340℃（<10mmHg）蒸除低沸物，6h 后蒸出速度降低至<2 滴/min，停止加热，在真空下放冷[1]，停止通氮，得成品 460g。

规格：苯基含量 24%~26%；极性+；最高使用温度 200℃。

d. 苯基 20%甲基硅油（OV 7）

2L 三口烧瓶中加入 272g（2mol）−Si(CH₃)C₆H₅−O−甲基苯基单体，222g（3mol）D 4−Si(CH₃)₂−O−甲基单体，混匀后加入 45g（0.27mol）六甲基二硅氧烷封头剂，再加

---

[1] 真空下放冷及使用氮气以免氧化影响外观。

[2] 苯基含量越高，脱苯基现象也越严重，苯基含量低于 30%，很少脱苯基；苯基含量的硅油 50%，脱苯基近 16%；苯基含量 70%的硅油，约 20%脱去苯基；尤以二苯基硅油的脱苯基很严重，发生严重的交联，使产物近似于树胶。

入 0.06~0.08g 四甲基氢氧化铵结晶，于 80℃ 左右用不大的负压鼓氮调聚 6h，再真空下加热至 180℃ / 20mmHg 分解催化剂 1h；在真空下放冷后再停止通氮，以不大的负压导入稀薄的 HCl 鼓泡（HCl 浓度 1%，流速 2 泡/min）1h 以中和其它碱，在真空及鼓氮下于 2h 左右将反应物升温至 330~340℃/<10mmHg 蒸除低沸物，约 6h 蒸出速度降至<2 滴/min，停止加热，在真空下放冷❶后停止通氮，得 270~280g。

规格：苯基含量 19%~21%❷；极性+；最高使用温度 200℃。

e. 苯基 5%甲基硅油（SE 52）

2L 三口烧瓶中加入 136g（1mol）甲基苯基单体 –Si(CH₃)C₆H₅–O–，670g（9mol）甲基单体 –Si(CH₃)₂–O–（D 4），再加入 45g（0.27mol）六甲基二硅氧烷封头剂及 0.12g 四甲基氢氧化铵结晶，于 80℃ 左右用不大的负压鼓氮调聚 6h；升温至 180℃/20mmHg 鼓氮分解催化剂 1h；充氮及真空不放冷，以不大的负压导入稀薄的 HCl 鼓泡（1% HCl 浓度，流速 2 泡/min）1h，以中和其它碱。再鼓氮及真空下加热于 2h 左右升至 330~340℃ / <10mmHg 蒸除低沸物，约 6h 馏出速度下降至<2 滴/min，停止加热，真空下放冷❶后停止通氮，得成品 500g。

规格：苯基含量 5%；极性+；最高使用温度 250℃。

注：氯化氢的浓度经验掌握，嗅觉稍显刺激即可。

2. 硅胶

硅胶是分子量为 40 万~300 万的全甲基的缩硅氧烷，以 D 4（即八甲基四硅氧烷环体，mp 17.5℃，bp 175.8℃，d^{20} 0.956，n_D^{20} 1.3968）为原料。为制取分子量大于 100 万的高分子硅胶，要求 D4 的 GC 纯度>99.95%，分馏后再结晶以精制之。缩聚时不使用封头剂，使用更少量的精制的四甲基氢氧化铵，甚至微量水都限制分子量的增长。

依照前边方法，使用结晶四甲基氢氧化铵为催化剂，使用分馏及结晶处理过的 D4 进行缩聚，其分子量只达 120 万（SE 30），可能是催化剂结晶水造成的干扰。

3. 市售硅油和硅胶的牌号及规格（见表 18-4）

表 18-4　市售硅油、硅胶的牌号及规格

品名（牌）		黏度/mPa·s	分子量	性状
甲基硅油				
OV 101		1200	30000	
DC 200				
DC 220		44		
DC 330		50		
甲基硅胶				
OV 1			3×10⁶~4×10⁶	
SE 30（GC 用）			1×10⁶~2.5×10⁶	
E 301				
SE 31	乙烯基 1%			
E 32	乙烯基 1%			

❶❷ 同上页对应脚注。

品名（牌）		黏度/mPa·s	分子量	性状
苯基硅油				
OV 3	苯基 10%			
OV 7	苯基 20%			
OV 11	苯基 35%			
OV 17	苯基 50%	1500	30000	
OV 22	苯基 60%			似树胶
OV 25	苯基 75%		30000	胶
SE 54	苯基 5%，乙烯基 1%			
SE 52	苯基 5%	200		
DC 510	苯基 5%	50~1000		
DC 550	苯基 25%	1000~150		
DC 703	苯基 25%		571.05	
DC 704	苯基 50%		484.82	
DC 705	苯基 62.5%		546.89	
氯苯基硅油				
DC 506	氯苯基 11%	75		
F 61	氯苯基 11%	500		
氰乙基硅油				
XE 60	—CH$_2$CH$_2$CN 25%			
XF 1165	—CH$_2$CH$_2$CN 65%			
氰丙基硅油				
OV 22	—CH$_2$CH$_2$CH$_2$CN 25%			
Silar 5 cp	—CH$_2$CH$_2$CH$_2$CN 50%，苯基 50%			
Silar 10 cp	—CH$_2$CH$_2$CH$_2$CN 100%			
三氟丙基硅油				
QF1	—CH$_2$CH$_2$—CF$_3$ 50%	300, 1000, 10000		
FS1265	—CH$_2$CH$_2$—CF$_3$ 50%	300, 1000, 10000		
OV210	—CH$_2$CH$_2$—CF$_3$ 50%			
SP2401	—CH$_2$CH$_2$—CF$_3$ 50%	700		

第十九章

杂环化合物

第一节　概述

共轭环上的非碳原子叫杂原子，最常见的杂原子是 O、N、S，都有未共用电子对参与环的共轭，是具有一定芳香性的含杂原子的环。杂环化合物品类繁多，除杂环母核外还可以并有苯环或/及并其它杂环，以及各种取代基。

一、杂环化合物的命名

杂环化合物依杂原子可分为 O、N、S 等杂环；又依成环的原子数目分为五元环、六元环等；含多个杂原子的杂环更多用英文名称的汉字译音在左边加一口字旁，读汉字的原音，杂环的母核出现次数较多，容易记忆；也有许多译音不成系统、没有规律，结构式也较复杂，不易记忆，现将重要的杂环及其名称分列如下。

五元环：五元环的中文，用天干（地支）的"戊"字加芳字的"艹"头——茂字表示五元。

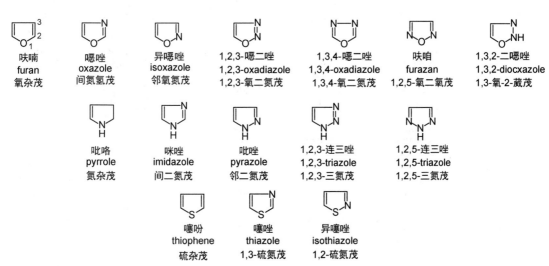

六元环：六元环的中文名，简单的六元环用天干（地支）的第六位"己"字，上面加芳字的" 艹 "头正好是苊（qi）字，O、S杂原子的六元环上，如有亚甲基或酮，也要标明它的位置。

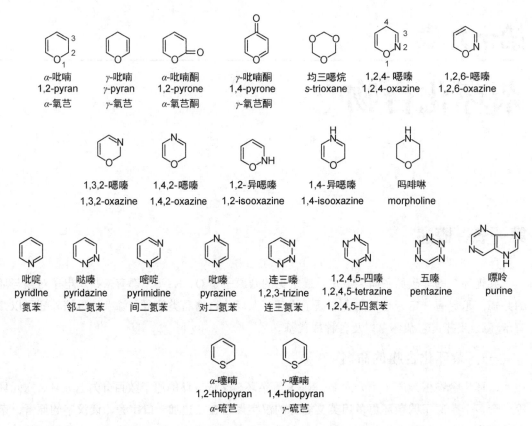

α-吡喃
1,2-pyran
α-氧苊

γ-吡喃
γ-pyran
γ-氧苊

α-吡喃酮
1,2-pyrone
α-氧苊酮

γ-吡喃酮
1,4-pyrone
γ-氧苊酮

均三噁烷
s-trioxane

1,2,4-噁嗪
1,2,4-oxazine

1,2,6-噁嗪
1,2,6-oxazine

1,3,2-噁嗪
1,3,2-oxazine

1,4,2-噁嗪
1,4,2-oxazine

1,2-异噁嗪
1,2-isooxazine

1,4-异噁嗪
1,4-isooxazine

吗啡啉
morpholine

吡啶
pyridlne
氮苯

哒嗪
pyridazine
邻二氮苯

嘧啶
pyrimidine
间二氮苯

吡嗪
pyrazine
对二氮苯

连三嗪
1,2,3-trizine
连三氮苯

1,2,4,5-四嗪
1,2,4,5-tetrazine
1,2,4,5-四氮苯

五嗪
pentazine

嘌呤
purine

α-噻喃
1,2-thiopyran
α-硫苊

γ-噻喃
1,4-thiopyran
γ-硫苊

个别情况以相似碳环母体加上杂原子的方法命名，如茚；更多不沿用碳环母体，而使用译音名称。

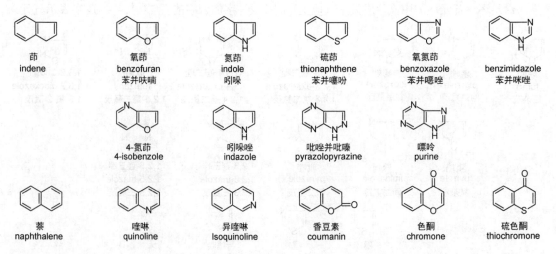

茚
indene

氧茚
benzofuran
苯并呋喃

氮茚
indole
吲哚

硫茚
thionaphthene
苯并噻吩

氧氮茚
benzoxazole
苯并噁唑

benzimidazole
苯并咪唑

4-氮茚
4-isobenzole

吲哚唑
indazole

吡唑并吡嗪
pyrazolopyrazine

嘌呤
purine

萘
naphthalene

喹啉
quinoline

异喹啉
Isoquinoline

香豆素
coumanin

色酮
chromone

硫色酮
thiochromone

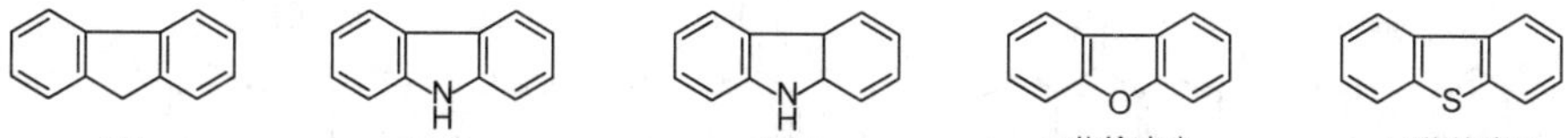

芴
fluorene

咔唑
carbazole

吖啶
acridine

二苯并呋喃
dibenzofuran

二苯并噻吩
dibenzothiophene

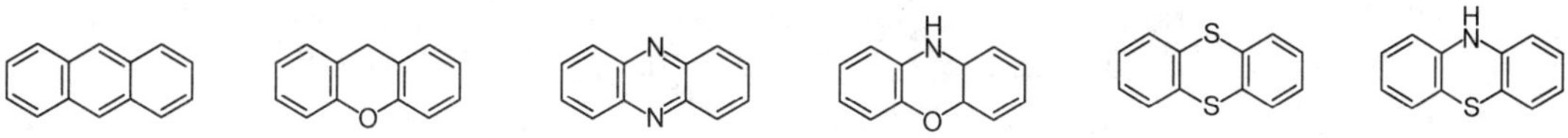

蒽
anthracene

呫吨
xanthone

吩嗪
phenazine

吩噁嗪
phenoxazine

二硫蒽
thianthrene

吩噻嗪
phenothiazine

二、杂环化合物的一般性质

杂环中 O、N、S 杂原子未共用电子对参与环的共轭，使杂环具有一定的芳香性，π 电子的分布不均匀使它们对于碱性条件的氧化不稳定，却能方便地催化加氢；它们的热稳定性不如苯；其羧酸可加热脱羧，取代反应有各自的特点。

氮杂环，如吡啶、喹啉、咪唑、吩嗪等是比较强的碱，尤其氮原子相互影响，与无机酸生成更稳定的盐；与卤代烃或无机酸酯作用生成季铵盐。在酸条件下对于氧化剂稳定，如果并有苯环的氮杂环，剧烈条件的氧化首先是苯环破坏而氮杂环保留；对于亲电取代在相并的苯环上发生，如果没有相并的苯环，由于成盐的关系则在间位（3 位）发生，亲核取代在2 位或 4 位发生，如：

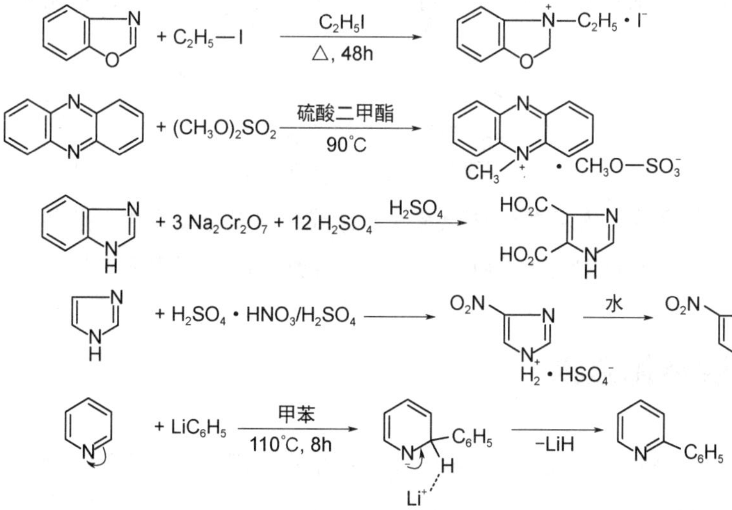

$$+ C_2H_5-I \xrightarrow[\triangle, 48h]{C_2H_5I}$$ 结构 $N^+-C_2H_5 \cdot I^-$

$$+ (CH_3O)_2SO_2 \xrightarrow[90℃]{硫酸二甲酯}$$ 结构 CH_3 $N^+ \cdot CH_3O-SO_3^-$

$$+ 3 Na_2Cr_2O_7 + 12 H_2SO_4 \xrightarrow{H_2SO_4}$$ HO_2C，HO_2C，咪唑结构

$$+ H_2SO_4 \cdot HNO_3/H_2SO_4 \longrightarrow$$ O_2N 结构 $H_2^+ \cdot HSO_4^-$ $\xrightarrow{水}$ O_2N 结构

$$+ LiC_6H_5 \xrightarrow[110℃, 8h]{甲苯}$$ 结构 C_6H_5 Li^+ $\xrightarrow{-LiH}$ 结构 C_6H_5

氮杂环中的 2 位、4 位羟基（醇）与酮式的互变异构，更倾向芳香性的共轭形式，如：咪嗪、硫代咪嗪、吖啶酮等，其 2,4-位羟基具有羧酸的性质，其卤原子也如酰氯；氮原子也影响到2,4-位的烷基——尤以 2 位烷基——使 α-H 质子移变（碱催化剂是氮杂环本身），可与醛、酮羰基（>100℃）发生加成催合。

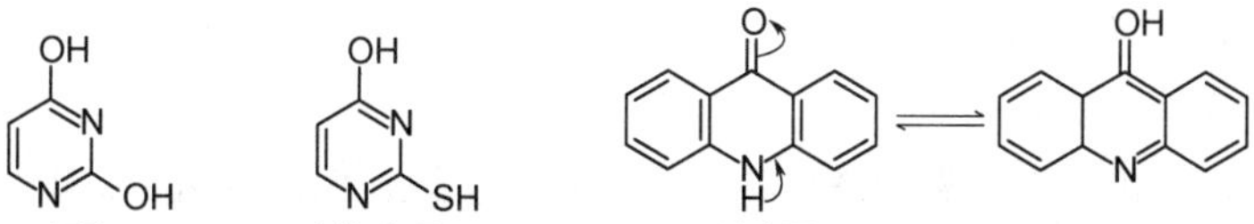

咪嗪
硫代咪嗪
吖啶酮

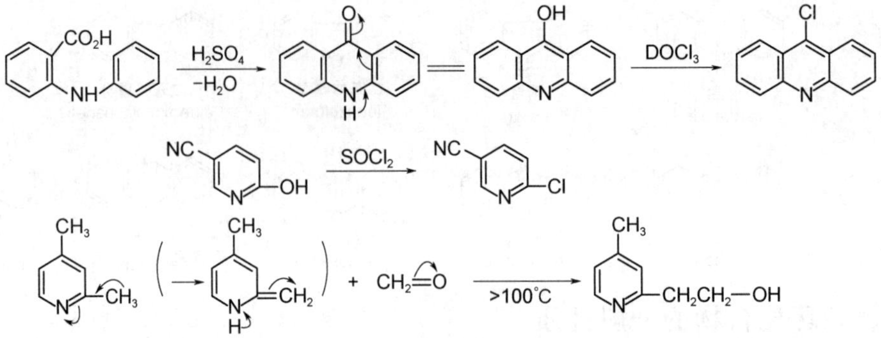

在硫杂环中，噻吩环中巨大硫原子的未共用电子对参与环的共轭，使在环上的亲电取代比与苯更容易发生——在 2 位发生——如：磺化、卤代及氯甲基化等。

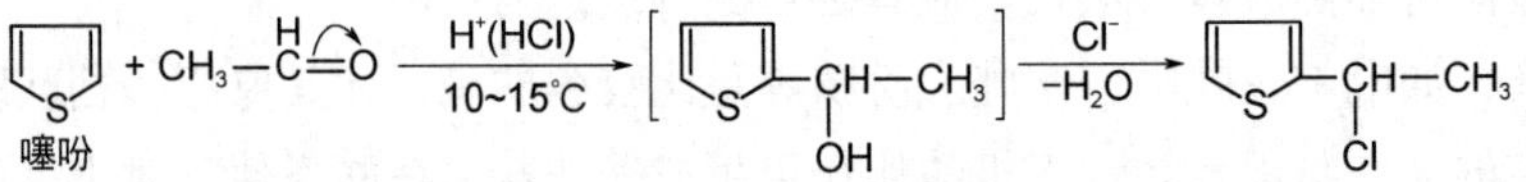

有些杂环化合物中，杂原子与环不是共轭关系，不具有芳香性质，如：α-吡喃酮、γ-吡喃酮，应表现为内酯及环醚的性质；由于电性及空间的关系，其羰基不具有酮的性质；拉电子的影响使醚基（氧）不大容易接受质子从而增大了它的稳定性（其它氧杂环对于酸容易开环作其它合成）它们对浓硫酸当属稳定，对于稀硫酸或碱在室温水解，是酯的性质。

α-吡喃酮　　　γ-吡喃酮

由于杂环化合物在许多方面的化学稳定性差，或是难以直接取代，杂环上的取代基许多是在合成杂环时使用含有该取代基的物料底物，在合成、环合时引入的。

第二节　氧杂环化合物

最主要的氧杂环是呋喃、吡喃、吡喃酮及其衍生物，用作其它方面的合成。

一、呋喃及其衍生物

呋喃是无色液体，长时间存放被空气氧化变黄、变棕及树脂化，对于强无机酸
不稳定，与稀酸共热开环并树脂化，与浓硫酸作用剧烈分解；它可被 ［吡啶·SO_3］
磺化剂在 α 位引入磺酸基；在乙酸酐中用硝基乙酰引入硝基。

呋喃

1. 从呋喃（或衍生物）的合成
呋喃环的打开以合成某些醛、酮。

某些呋喃或其衍生物可由 1,4-二酮（醛）烯醇化及脱水制取，如：2,5-己二酮（从乙炔制取乙酸的副产物）在浓盐酸作用下脱水环合，生成 2,5-二甲基呋喃；其逆反应在稀乙酸中硫

酸催化下加热水解，得到收率 86% 的 2,5-己二酮；又如：四氢呋喃通入 HCl 开环加成得到 4-氯丁醇，4-氯丁醇在沸点条件脱去 HCl，又环合为四氢呋喃（见 395 页）。

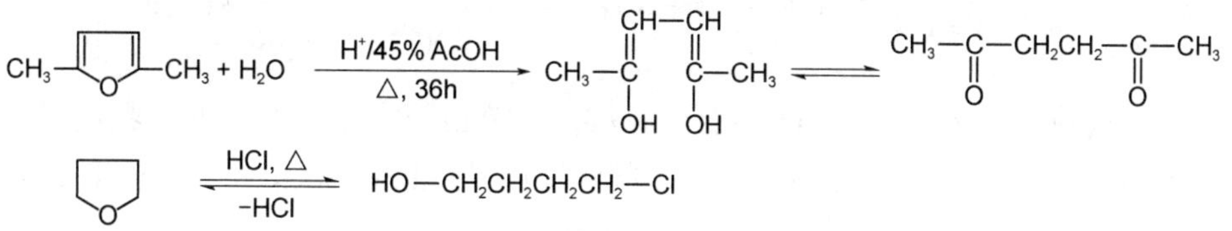

4-氯-1-丁醇
53%, bp 84~85℃/16mmHg

呋喃环双键有很强的加成活性，属于共轭二烯类，可发生 1,4-加成。

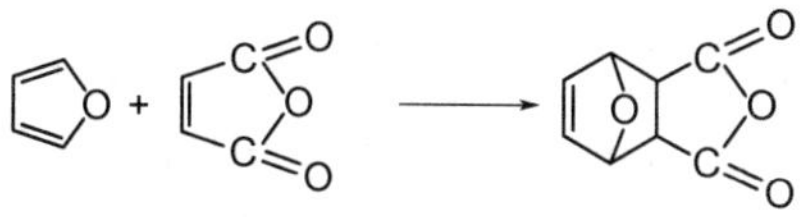

γ-氧代庚二酸二乙酯　*M* 230.26。

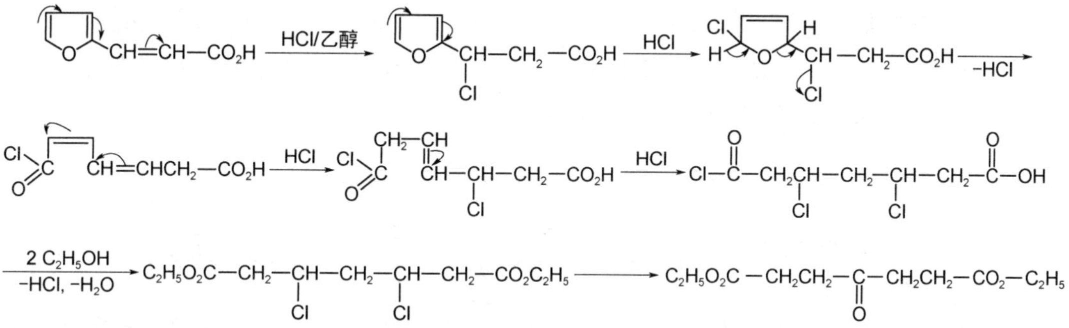

3L 三口烧瓶中加入 476g（3.45mol）呋喃-2-丙烯酸及 1.58kg 95% 乙醇，搅拌下加热保持微沸，开始通入 HCl 至微沸下的饱和状态停止通入（约 90min 可以完成）。安装毛细管以作减压时使用；回流冷凝器改作蒸馏，水浴加热常压回收乙醇约 250mL，然后以水泵缓缓减压再蒸出 300mL 乙醇。剩余物冷后搅拌下慢慢加入饱和 Na₂CO₃ 水溶液以脱去氯化氢（约用 Na₂CO₃ 2.45mol）及水合反应物用苯提取两次（2×250mL，可加入氯化钠帮助分层），提取液合并，水洗，分馏，收集 116~121℃/0.3mmHg 馏分，得 579~657g（产率 73%~83%），n_D^{20} 1.4395~1.4400。

2-氨基-3-羟基吡啶　*M* 110.12，mp 172~174℃；溶于甲醇（10%），易溶于热水（33%）。

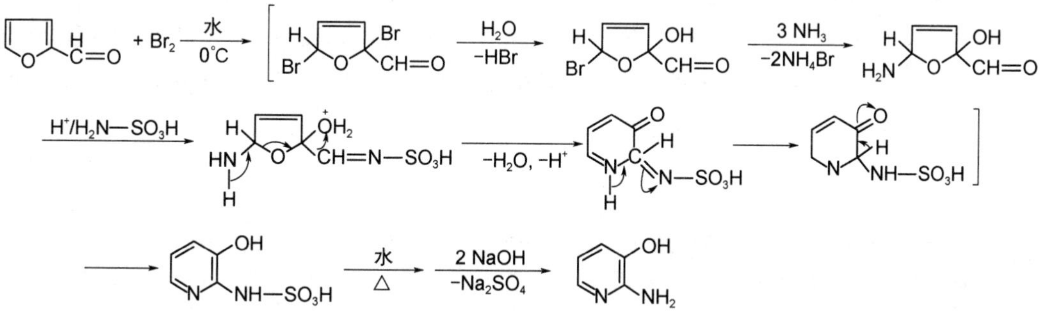

总反应式：

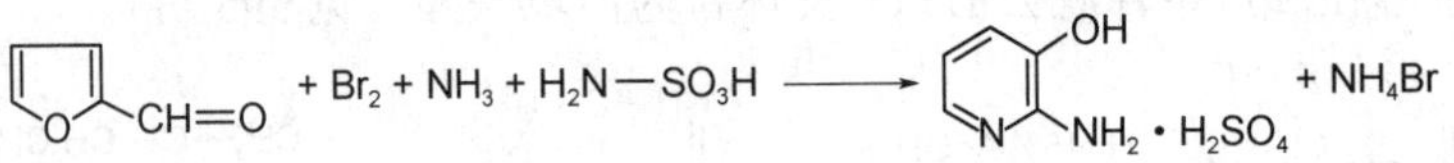

1L 三口烧瓶中加入 49g（0.5mol）优质糠醛及 350mL 水，冰盐浴冷却着控制 0℃±2℃，搅拌着于 2h 左右慢慢滴入 80g（0.5mol）液溴，加完约 20min 后反应物褪色至近于无色；维持 10℃以下慢慢滴入如下配制的溶液：97g（1mol）氨基磺酸、100mL 水，冷却及搅拌下慢慢加入 100mL 17%（0.93~1mol）氨水，冰冷备用。加完后，保温搅拌 5h，滤出 3-羟基吡啶-2-氨基磺酸，水洗，得浅黄色粗品（湿）30g，mp 122~124℃。

水解：以上湿的磺酸粗品与 30mL 水搅拌下加热溶解，继续加热回流 5min，脱色滤清；冷后，搅拌下加入 30% NaOH 小心中和至 pH 8，冰冷几小时滤出结晶，冰水冲洗，干后用甲醇在 40~50℃提取两次（2×75mL），滤清后回收甲醇，冷后滤出结晶，得 14g，再用 20mL 甲醇洗一次，干后得 10g[❶]，mp 167~171℃。

2,5-二甲氧基四氢呋喃 M 132.14，bp 147℃、52~54℃/20mmHg，d^{20} 1.022~1.02，n_D^{20} 1.4182；无色液体，溶于水及多种溶剂，对酸及热不稳定；具脂肪族醛的气味。

a. 2,5-二甲氧基二氢呋喃

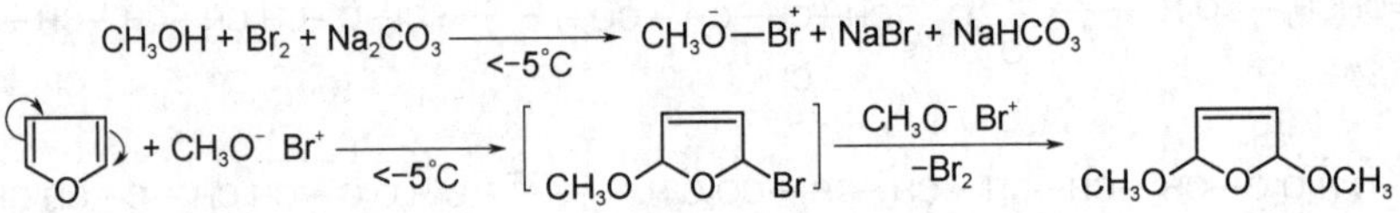

无水甲醇：15L 烧瓶中加入 10L 工业甲醇及 40g 镁屑，用 1~2 小粒碘引发反应，反应完成后进行蒸馏，密封保存，防止吸湿。

溴的甲醇溶液：5L 三口烧瓶中加入 2.5 无水甲醇，冰盐浴冷却控制温度在 0℃以下，搅拌着慢慢加入用浓硫酸（干燥）洗过两次的 1.29kg（8mol）无水液溴[❷]，冰冷备用。

10L 三口烧瓶中加入 8L 无水苯和 612g（640mL，9mol）呋喃，搅拌及冷却下加入 0.8kg（7.5mol）烘干的无水碳酸钠；用冰盐浴冷却控制 -5~-10℃，于 3~4h 慢慢加入以上溴的甲醇溶液，当加入 1L 左右时再补加 0.8kg（7.5mol）无水碳酸钠；加完后保温搅拌 2h；滤除溴化钠、碳酸氢钠及未反应的碳酸钠，用无水甲醇冲洗合并的反应液，用无水硫酸镁干燥后滤清，在 40℃水浴加热及冰水冷凝器，用水泵减压（-0.07~-0.08MPa）蒸除溶剂至剩余 1.2~1.5L，再滤除溴化钠，并用少许甲醇冲洗滤渣，合并的溶液改用油浴（40~50℃）加热减压分馏，至馏出温度升至 30℃/20mmHg，收集产品 61~66℃/20mmHg 馏分，得 750g；再分馏一次，收集 64~66℃/20mmHg 馏分，得 760g（产率按呋喃计为 67%；按溴计为 60%），d^{20} 1.072。

---

❶ 产率低的原因可能是：溴素加成温度和介质；溴的氨取代中氨的用量比计算量缺少 1/3。
❷ 可能是低温和浓度条件使次卤酸酯得到稳定，如若改变条件，要做破坏试验确定。依以上条件做过六次，未见不安全现象出现。

b. 加氢——2,5-二甲氧基四氢呋喃

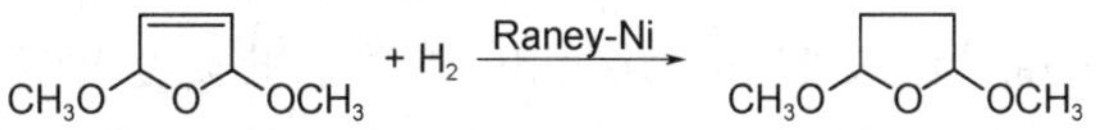

20L 加氢压力釜中加入 3.9kg（30mol）2,5-二甲氧基二氢呋喃和 300g（应减少为 100g）用甲醇洗过的骨架镍，再用负压吸入 1L 甲醇冲洗吸料管路，依次用氮气、氢气排空两次（已开始反应），充氢 3MPa 压强，开动搅拌，约 8min 压强下降至 1MPa；又充氢至 20MPa，约半小时后压降不再下降，反应温度从开始的 0℃以下（冬季）上升至 50℃[1]，余压放空，取出反应物，滤去骨架镍；于 40℃水浴上加热，水泵减压（-0.07~-0.08MPa）蒸除溶剂，最后减压分馏，收集 50~54℃/20mmHg 馏分，得 2.42kg（产率 61%）。

同理（见 839 页）：

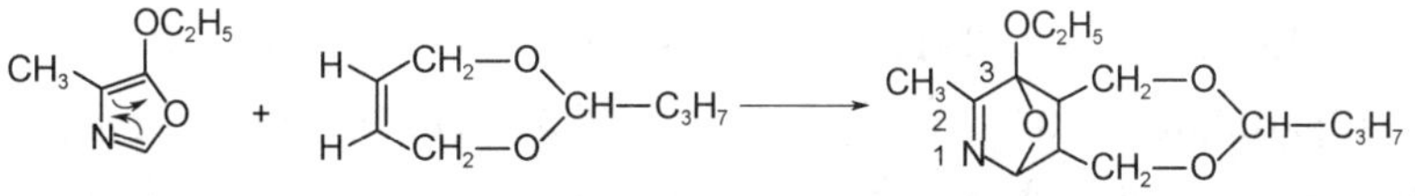

2-甲基-3-乙氧基-3,6-内氧-4,5-二甲醇缩丁醛

关于脱羧：

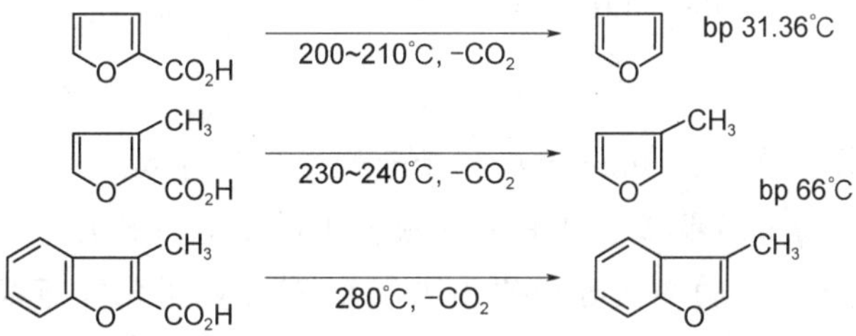

以下 4-甲基-5-乙氧基噁唑-2-甲酸，杂环氮原子吸引电子与羧基构成有如酮酸的结构，使它在酸水条件（pH 2.0）、65~70℃即顺利脱羧（见 807 页）。

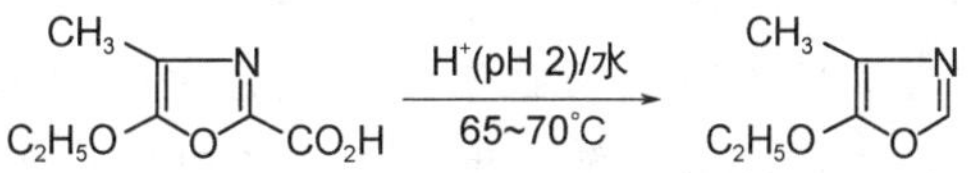

4-甲基-5-乙氧基噁唑

3-甲基呋喃　M 82.10，bp 66℃，d^{18} 0.923，n_D^{19} 1.4330。

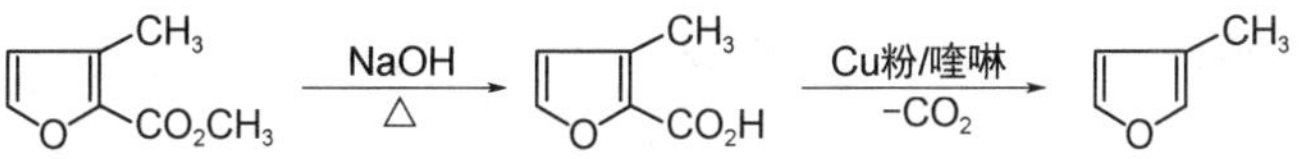

250mL 烧瓶中加入 35.2g（0.25mol）3-甲基呋喃-2-甲酸甲酯和 85mL 20%（0.5mol）

---

❶ 此加氢操作是在冬季做的，过程中没有加热及冷却，因为巨大的釜体吸收了部分热量，而升温不是很高。

氢氧化钠溶液，加热回流 2h，冷后酸化，滤出、水洗，干后得 27.5~28.5g（产率 87%~90%）。

脱羧：250mL 烧瓶中加入 25.2g（0.2mol）3-甲基吡啶-2-甲酸、50g 喹啉及 4.5g 铜粉，加热至 250℃开始有蒸馏，缓缓放出 CO_2，约 2~3h 反应完毕，最后加热至 265℃；收集到的粗品在密封下用无水硫酸镁干燥；分馏，收集 64~66℃馏分，得 13.5~14.5g（产率 83%~87%），n_D^{20} 1.429~1.4315。

糠醛（呋喃-2-甲醛）是从玉蜀黍芯与稀硫酸（10%）共热水解，经过醛醣（木糖）脱水环合取得，广泛存在于玉蜀黍芯、花生皮及米糠中以多糖的形式存在，在无机酸作用下水解为单醣，进一步脱水环合得到 10%~12%（按玉蜀黍重量计）糠醛被蒸出。为了得到木糖，打碎了的玉蜀黍芯同 2% H_2SO_4 共煮 4h 就必须停止加热，最好得到收率 7%（按玉蜀黍芯重量计）纯品的木糖，一般收率为 5%~6%。

木糖 *M* 150.13，mp 150~152℃（145~148℃）；白色针晶或结晶性粉末，微甜，易溶于水（117g/100mL，20℃）；溶于乙醇，不溶于乙醚；新配制水溶液的比旋光度 $[\alpha]_D^{20}$=+92°，放置 2h 后（或加入少量氨水）比旋光度 $[\alpha]_D^{20}$=+19°（*c*=4，24h）。木糖分子结构如下：

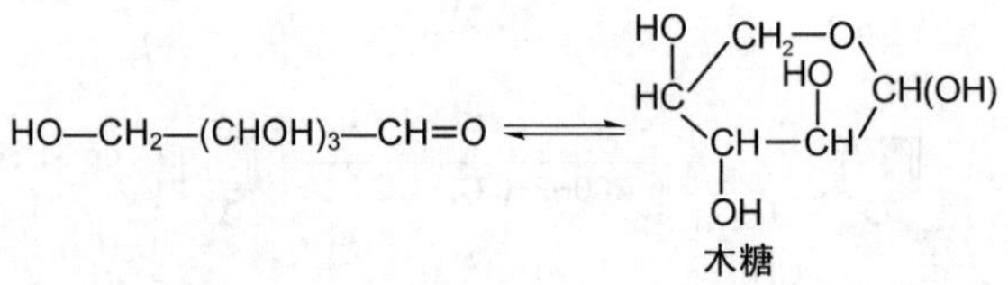

干燥的玉蜀黍芯打碎至 5~8mm 大小，于干燥通风处存放。

陶罐中加入打碎的玉蜀黍芯于 4 倍量（质量）的 2% H_2SO_4 中，用铅制的旋管通过蒸汽加热使微沸 4h（蒸发的水随时补足并搅匀）；稍冷，用化纤布架过滤后，离心机甩干，再用热水浸洗一次，滤出及甩干，洗液与过滤液合并；滤渣用碱中和后弃去。

合并的酸性溶液用氢氧化钡中和至 pH 6~7❶，最后用稀的氢氧化钡溶液和稀硫酸调节溶液中没有 Ba^{2+}、也没有 SO_4^{2-}；滤除硫酸钡，并用热水浸洗；清亮的溶液用沸水浴加热，用水冲泵减压（-0.08MPa）减压蒸发至糖浆状，加入两体积的乙醇充分搅拌 1h，静置 2h 使不溶物沉下，滤清后再减压回收乙醇至剩余物为糖浆状，趁热加入同体积的乙醇充分搅匀，冷后种晶，在冰浴中静置两天或更长时间，离心分离结晶，用冷乙醇洗去颜色。

精制：以上粗品用最少量的热水溶解，脱色过滤，滤液用沸水浴加热、减压蒸发至糖浆状，加入两倍体积的乙醇，充分搅拌；冷后种晶，在冰浴中放置两天或更长时间使结晶完全，离心分离，乙醇冲洗，于 50~60℃烘干即为成品。❷

呋喃甲醛具芳醛的一般性质，其加成活性比苯甲醛稍弱；在无机酸催化下与乙酸酐作用

---

❶ 或用石灰乳处理硫酸以及调整。

❷ 本品与 HBr 的醚溶液作用，1~2h 后显示红紫色，以区别阿拉伯醣。

生成 α-呋喃-甲二醇-1,1-二乙酸酯。

α-呋喃-甲二醇-1,1-二乙酸酯   *M* 198.17。

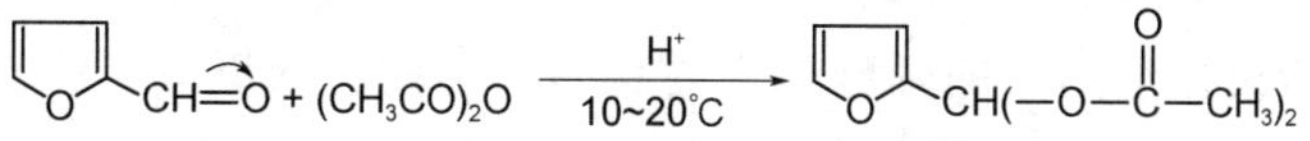

250mL 三口烧瓶中加入 102g（1mol）乙酸酐，搅拌下加入 2 滴硫酸，控制 10~20℃ 从分液漏斗慢慢滴入 96g（1mol）新蒸的呋喃甲醛；加完后保温搅拌 10min，移去冰水浴，约 5min 后升至 35℃ 或更高，至反应物温度开始下降后再搅拌半小时；向反应物中加入 0.4g 无水乙酸钠粉末以中和其中的硫酸。用油浴加热减压分馏，收集 140~142℃/20mmHg 馏分，得 129~139g（收率 65%~70%）[●]，mp 52~54℃。

在碱作用下与酸酐共热（柏琴反应）生成 α,β-不饱和酸——亦如桂皮酸的合成；下面的方法，丙二酸的 α-碳（α-C⁻）是更强的碱，有更快的反应速度及更高的产率。

反-α-呋喃丙烯酸   *M* 138.12，mp 142~144℃，bp 286℃（112℃真空下可升华）；从水中得针晶。

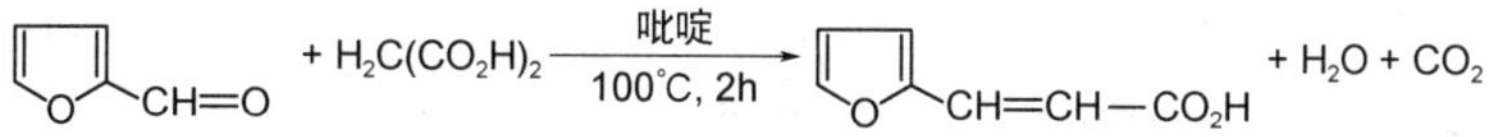

192g（2mol）优质糠醛、208g（2mol）丙二酸及 96g（1.2mol）吡啶的混合物在回流冷凝器下于沸水浴上加热 2h；冷后加入 200mL 水，以浓氨水中和至碱性，脱色过滤，用 80mL 热水冲洗烧瓶及漏斗，溶液合并，趁热用浓盐酸酸化，冷后冰冷，滤出结晶；以冰水浸洗两次，烘干后得 252~254g（产率 91%~92%），mp 141℃。

α-呋喃丁烯-2-酮   *M* 136.16，mp 39~40℃；无色或淡黄色结晶，易氧化，避光保存。

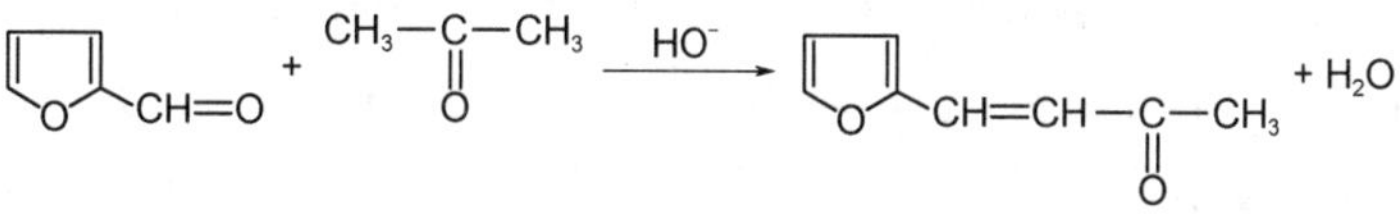

5L 三口烧瓶中加入 385g（335mL，3.8mol）优质糠醛及 3L 煮沸除溶解氧并冷却了的蒸馏水，搅拌下加入 500g（8.6mol）丙酮，冰浴冷却保持反应温度在 10℃ 以下，慢慢滴入 75mL 33% NaOH 溶液（反应放热被水吸收，并有器壁的广大冷却面积使反应温度容易控制），加完后再保温搅拌 4h；移去冰水浴，让反应物温度升至室温，以 10% H_2SO_4 中和并酸化至 pH 3。分取下面油层，减压分馏，收集 135~145℃/50mmHg 馏分（相当多的高沸物是进一步的缩合产物），得 310~340g（产率 60%~66%），fp 37℃。

安息香缩合，亦见 703 页。

[●] 产率低的原因可能是乙酸酐的含量较低或用量不足，蒸馏有 50~70g 前馏分。

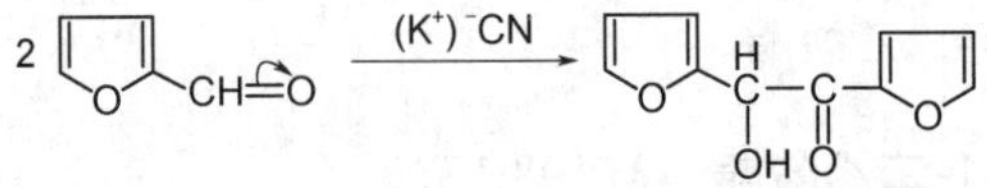

2. 呋喃及其它含氧杂环的合成

甲基酮在非极性溶剂中的烯醇化主要是动力学控制的反应，是甲基位置上的质子移变——烯醇化，非极性溶剂和低温条件抑制了烯醇化的平衡；甲醇（钠）粉末使烯醇化发生并立即反应生成烯醇钠；又立即与反应物中的氯乙酸甲酯反应，生成同一层面的乙酸甲酯和 α-甲叉烃基物的醚；受酯羰基和醚基拉电子的影响，α-C—H 与不饱和键加成为甲基化的环氧乙基甲酸甲酯；而后仅由于加热即环合——是以环过渡态协同进行的——生成 3-甲基呋喃-2-甲酸甲酯。

3-甲基呋喃-2-甲酸甲酯（3-甲基糠酯甲酯） M 140.15，mp 36~38℃，bp 72~76℃/8mmHg。

a. 5,5-二甲氧基-3-甲基-2,3-环氧-戊酸甲酯（bp 113~122℃/8mmHg）

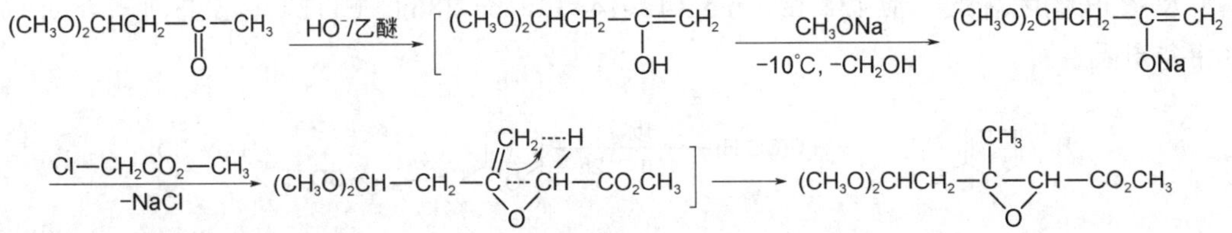

2L 三口烧瓶安装机械搅拌，用三通管安装温度计（从支管接通入氮气），烧瓶的另一口用粗皮管连接供加甲醇钠粉末的 200mL 三角瓶。

烧瓶中加入 132g（1mol）4,4-二甲氧基丁-2-酮、800mL 无水乙醚及 174g（1.6mol）氯乙酸甲酯；供加料的三角瓶中放入 86g（1.6mol）甲醇钠粉末❶，在冰盐浴中冷却控制反应温度-10~-5℃，搅拌着于 2h 左右慢慢加入以上的甲醇钠粉末，加完后再保温搅拌2h，放置过夜。次日，控制 0℃ 左右搅拌下慢慢加入 10mL 冰乙酸及 500mL 水的溶液调节反应物至 pH 5；倾取乙醚层，水层用乙醚提取（3×100mL），合并的乙醚溶液用含 1g NaHCO₃ 的饱和食盐水洗去酸性，再用饱和食盐水洗，用 35g 无水硫酸钠干燥；水浴加热回收乙醚，得到近于理论量的粗酯，直接用于环合。

如有必要可按如下方法处理：油浴加热减压蒸馏，收集 113~122℃/8mmHg 馏分，得 185~195g（收率 90%~95%），实际上已有少量环合；在 89~93℃/1mmHg 蒸馏时不发生环合。

b. 环合——脱醇

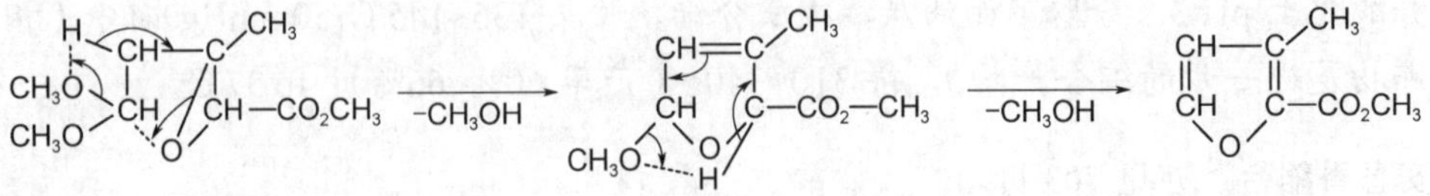

---

❶ 甲醇钠粉末的制备：36g（1.6mol）金属钠切片，分次加入至冷凝器下面的 800mL 甲醇中，反应完毕，蒸尽甲醇后于 150℃ 真空干燥，冷后粉碎。

0.5L 三口烧瓶作分馏装置，加入上面的环氧戊酸酯粗品，用油浴加热，缓缓蒸出环合反应产生的甲醇。当加热温度升至 160℃时，已无甲醇蒸出（收集至近于理论量的甲醇64g），剩余物作减压蒸馏，收集 72~78℃/8mmHg 馏分，得 91~98g（收率 65%~70%），mp 34.5~36.5℃。

精制：用甲醇重结晶，mp 36.5~37℃。

由于氧杂环对于强无机酸不稳定，在一般反应中都应考虑它们的酸分解及开环的问题，必要时也要在相当低的温度下进行，如：3-甲基苯并呋喃-2-甲酸乙酯的合成，受羧基影响具有一定的稳定性，但在使用浓硫酸的环合过程中，虽然在 5℃以下进行环合，产率还是相当低的（34%~42%），存在芳醚磺化或酯基水解副反应；因而应使用其它缩合试剂。

3-甲基苯并呋喃　M 132.16，bp 196~197℃，d^{20} 1.0540，n_D^{16} 1.5536。

a. α-苯氧基-乙酰乙酸乙酯

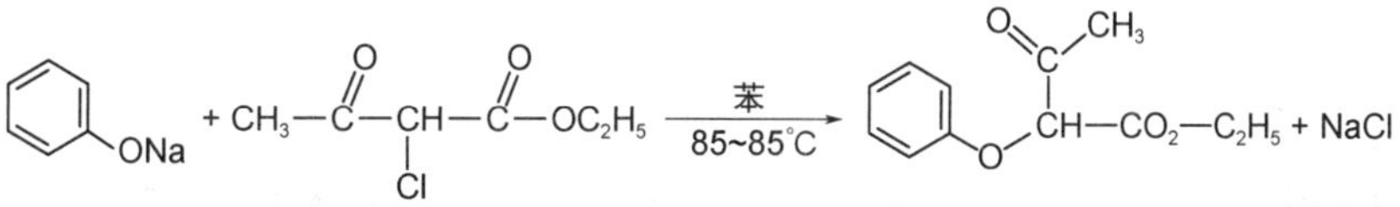

2L 三口烧瓶中加入 116g（1mol）苯酚钠干粉及 1L 无水苯，搅拌下于沸水浴上加热保持微沸，从分液漏斗慢慢滴入 165g（1mol）乙酰-氯代乙酸乙酯，加完后再搅拌下加热回流 4h；冷后用冷水洗去氯化钠，分出苯溶液在水浴上加热回收苯，最后用水泵减压收尽，剩余物为粗品酯，得 188~200g（产率 85%~90%）。

b. 环合——3-甲基苯并呋喃-2-甲酸乙酯（mp 51℃）

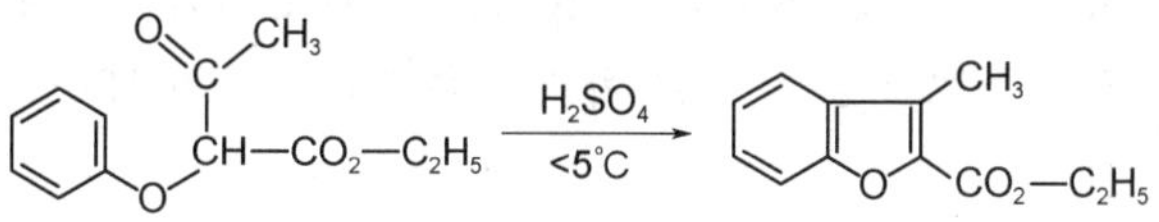

2L 三口烧瓶中加入 195mL 浓硫酸，用冰水浴冷却控制 0~5℃，搅拌着从分液漏斗慢慢加入 195g 上面的粗品酯，加完不久反应物近于结固。放置 1h 后搅动着向反应物中慢慢加 0.5kg 碎冰及 0.5L 水，搅匀后用苯提取两次（2×250mL），提取液合并，水洗，饱和 NaHCO₃ 溶液洗，以无水硫酸钠干燥后回收苯，剩余物减压分馏，收集 162~167℃/10mmHg 馏分，淡黄色产物凝固后用石油醚洗，风干得 60~75g（产率 34%~42%），mp 49~51℃。

c. 水解及脱羧

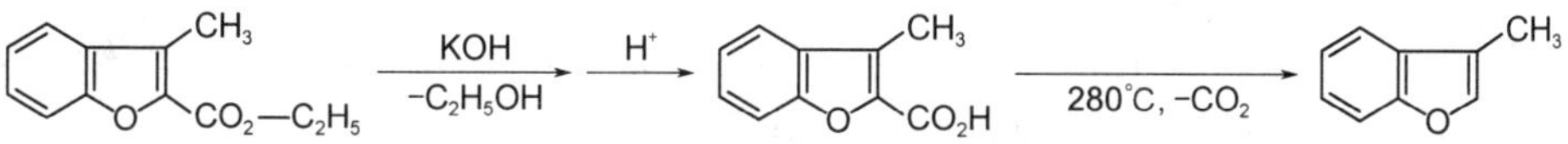

70g（0.34mol）3-甲基苯并呋喃-2-甲酸乙酯与 500mL 10% KOH 溶液一起加热回流 1h，趁热用盐酸酸化，冷后滤出，水洗，干燥后得 3-甲基苯并呋喃-2-甲酸 54~57g（产率 90%~95%），mp 192~193℃。

脱羧：50g（0.28mol）以上羧酸，加热至 280℃放出 CO_2 并蒸出粗品，粗品分馏，收集 195～197℃馏分，得 31.3～33g（产率 84%～85%），n_D^{25} 1.5520。

2-甲基苯并呋喃　M 132.16，bp 197.3～197.8℃，d^{20} 1.0540，n_D^{20} 1.5495。

a. 苯基烯丙基醚及重排为 2-烯丙基苯酚

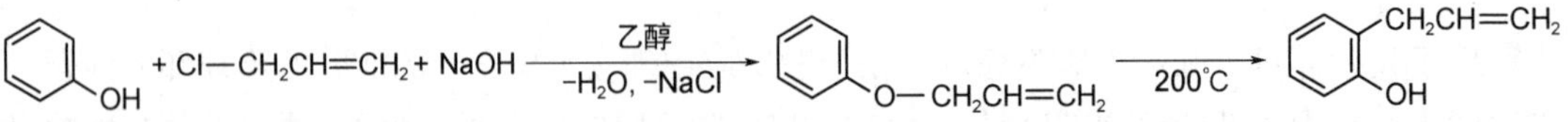

10L 三口烧瓶中加入 1.9kg（20mol）苯酚、4L 乙醇及 1.9kg（24mol）3-氯丙烯，搅拌下加热保持微沸，慢慢加入 850g（21mol）氢氧化钠溶于 1L 水的溶液，加完后回收乙醇，剩余物水洗去氯化钠，分取油层，以无水硫酸钠干燥后得粗品醚 3kg。

为了得到苯基烯丙基醚，用油浴加热减压分馏，收集 66～67℃/10mmHg 馏分。

重排：将以上粗品作常压分馏，收集 218～220℃馏分，得 1.85kg 2-烯丙基苯酚（产率 70%）。

b. 酯化及溴加成

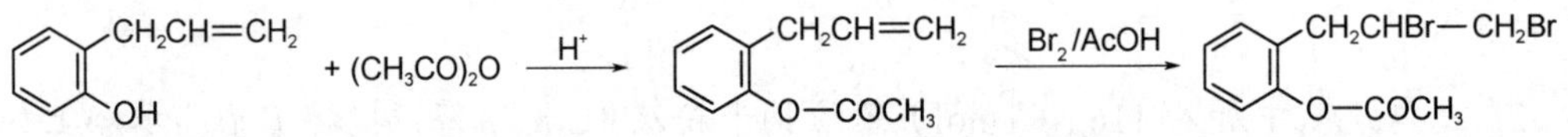

5L 三口烧瓶中加入 1.35kg（10mol）2-烯丙基苯酚，加入 2kg（＞85%）乙酸酐，混匀后加入沸石，小心加入 0.5mL 浓硫酸，10min 后再加入 0.5mL 浓硫酸，放热使反应物温度升高约 40℃；再加热至回流，即完成了 O-乙酰化。

溴加成：冰盐浴冷却控制反应物温度低于 5℃，搅拌着于 6h 左右慢慢滴入 1.6kg（10mol）液溴与 600mL 冰乙酸的溶液，反应放热，加完后保温搅拌 1h。将反应物倾入大量碎冰中，充分搅拌，分取油层，水洗两次，得 3.4kg（约 100%）。

c. 环合——脱 HBr

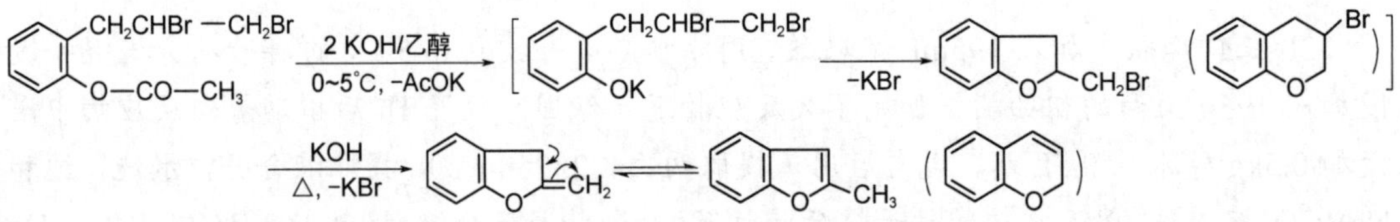

15L 三口烧瓶中加入上面 3.4kg 全部溴化物，冰盐浴冷却控制反应温度在 5℃以下，搅拌着从分液漏斗慢慢加入 2.1kg（40mol）氢氧化钾溶于 7L 乙醇的溶液（开始时放热较大，而后缓和），加完后保温搅拌 2h，放置过夜。次日，先于 40℃保温 2h，再 60℃搅拌 2h，再搅拌下加热回流 12h；分馏回收乙醇，剩余物作水汽蒸馏，从馏出物分取油层，分馏收集 195～198℃馏分，得 700g（产率 50%）。

亲核取代及加成环合（亦见 380 页）：

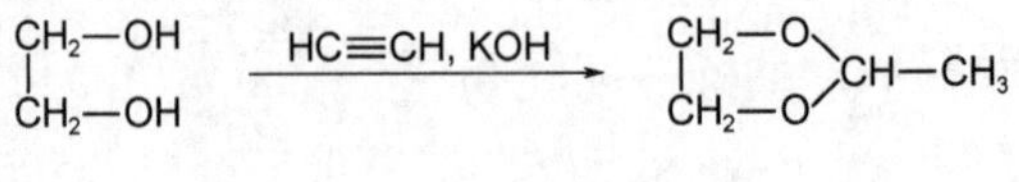

2-苯基呋喃并[3,2-*b*]吡啶　*M* 183.21。

a. 硫酸·氨络亚铜

$$2\,CuSO_4 + 10\,NH_3 + 2\,H_2N{-}OH \xrightarrow{\text{水}} [Cu(NH_3)_4]_2^{+}SO_4^{2-} + (NH_4)_2SO_4 + N_2 + 2\,H_2O$$

2L 三口烧瓶中加入 25g（0.1mol）结晶硫酸铜，溶于 200mL 热水中，稍冷，加入 100mL 28%（1.4mol）浓氨水，在氮气保护下，搅动着加入 13.9g（0.2mol）盐酸羟胺[❶]溶于 200mL 水的溶液（放出氮气），得淡蓝色的硫酸·氨络亚铜溶液（氮气保护下存放）。

b. 苯基乙炔亚铜

$$[Cu(NH_3)_4]_2^{+}SO_4^{2-} + 2\,HC{\equiv}C{-}\!\!\bigcirc\!\! \longrightarrow 2\,CuC{\equiv}C{-}\!\!\bigcirc\!\! + (NH_4)_2SO_4 + 6\,NH_3$$

上面的硫酸·氨络亚铜溶液在氮气保护下[❷]，搅拌着迅速加入 10.25g（0.1mol）苯基乙炔溶于 500mL 95%乙醇的溶液，苯基乙炔亚铜以深黄色固体物析出。加入 0.5L 煮过的无氧溶解的冷水，搅匀，静置，用倾泻法分离，用无溶解氧的冷水洗五次（5×100mL），再用乙醇洗（5×100mL），乙醚洗（5×100mL）；在 65℃左右减压干燥 4h，得 14.8~16.4g（产率 90%~99%）亮黄色固体物，在棕色瓶中充氮保存。

c. 2-苯基呋喃并[3,2-*b*]吡啶

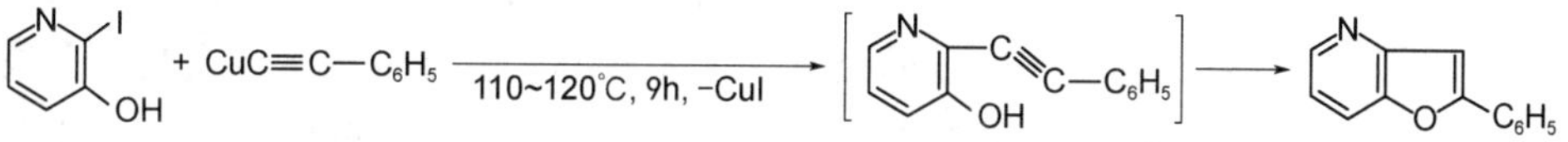

0.5L 三口烧瓶中加入 2.47g（0.015mol）苯基乙炔亚酮粉末，通入氮气排除空气 20min 后加入 80mL 新蒸的无水吡啶，搅拌 20min 以后加入 3.3g（0.0149mol）3-羟基-2-碘-吡啶；于 110~120℃油浴，在搅拌及氮气保护下反应 9h；其间，物料消溶，反应物的颜色由黄色变为深绿色；于 60~70℃减压浓缩至 20mL 左右，冷后加 100mL 浓氨水，搅拌 10min；用乙醚提取（5×100mL），提取液合并，水洗，以无水硫酸钠干燥，回收乙醚，粗品为橙色半固体，得 2.6~2.76g。用 100mL 环己烷加热溶解，过滤清，浓缩至 30mL，冷后冰冷，滤出得 2.3~2.7g，mp 83~89℃。在 110~120℃/0.1~0.2mmHg 真空升华得产品 2.2~2.4g（产率 75%~82%），mp 90~91℃。

【脱水环合——POCl₃ 作脱水剂】

4-甲基-5-乙氧基噁唑　*M* 127.14。

a. *N*-乙氧乙二酰基-L-丙氨酸乙酯（酯化、酯交换、酯氨解——草酰物）

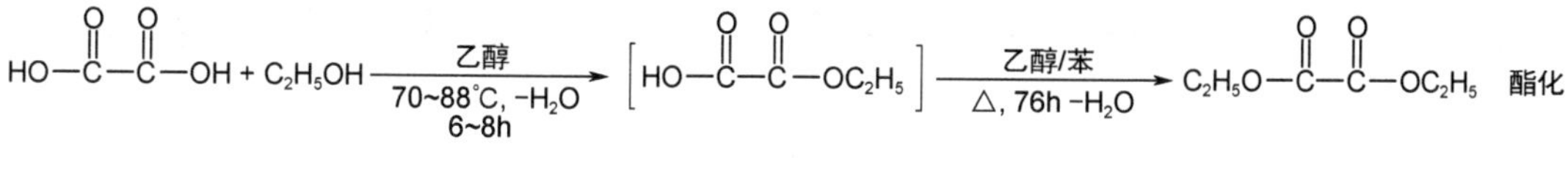

[❶] 盐酸羟胺的用量也似太过，见 601 页。

[❷] 空气进入有 1,4-二苯基丁炔产生。

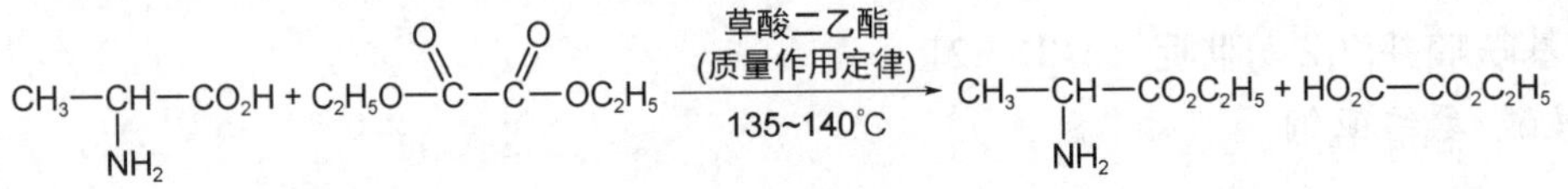

草酸二乙酯（质量作用定律）135~140℃ —— 酯交换

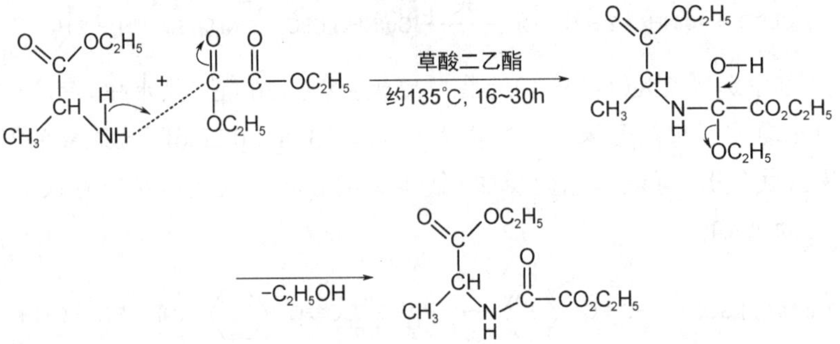

草酸二乙酯 约135℃, 16~30h

−C₂H₅OH —— 酯氨解

0.6m³ 反应罐中加入 126L 95%乙醇、103.8kg（0.82kmol）结晶草酸[$(CO_2H)_2 \cdot 2H_2O$] 及 62.4kg（0.7kmol）L-丙氨酸，加热升温维持 70~80℃使微弱回流半小时；用点击式启动搅拌，正常搅拌后加热回流8h，待物料溶解或基本溶解后停止加热；加入 36kg（33.5L, 0.24kmol）草酸二乙酯、117L 纯苯及150L 95%乙醇，继续加热作回流脱水，约76h，夹套蒸气压从开始的 0.015MPa 上升到 0.06MPa 无水分出。

常压回收苯及过剩乙醇至 135~145℃，此时没有或很少生成草酰物[1]；加入 145.2kg（135L，0.99kmol）草酸二乙酯[2]、50L 纯苯和 100L 95%乙醇，继续加热，以釜内温度 90~105℃控制较小的分水速度和较低的分水温度（<25℃）进行脱水；最后，釜夹套蒸气压从开始脱醇时的 0.04MPa 随分醇状况于 16~30h 调节至 0.3MPa[1]，釜内气压下降至只大于大气压力 20~60mmHg[3]。

回收草酸二乙酯[4]：以上反应物先用水冲泵蒸除前馏分至塔顶温度＞90℃/50mmHg （−0.006~−0.007MPa）；以后收集草酸二乙酯馏分（控制塔顶温度约 80℃/23mmHg），釜内液温逐渐升至146℃，至很少馏出为止，停止加热；放冷至 100℃以后再水冷至 60℃，检测余量（HPLC）＞91%为合格。

b. 4-甲基-5-乙氧基噁唑——脱水环合、酯水解及脱羧

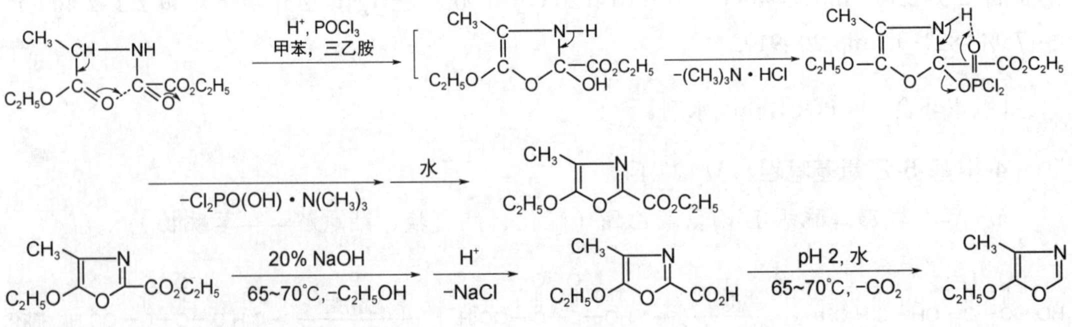

H⁺, POCl₃ 甲苯、三乙胺   −(CH₃)₃N·HCl

−Cl₂PO(OH)·N(CH₃)₃   水

20% NaOH 65~70℃, −C₂H₅OH   H⁺ −NaCl   pH 2, 水 65~70℃, −CO₂

---

[1] N-草酰物属于 α-酮酸酯，在 130℃尚属稳定，150℃以上则分解放出 CO，故有上限温度。

[2] 酯交换，质量作用定律决定反应速度和深度，添加草酸二乙酯同时也为避免氨解混乱。

[3] 在此上限温度条件，釜内气压降低表示只有微少乙醇蒸发。

[4] 草酸二乙酯$(CO_2C_2H_5)_2$，M 146.14，mp −41℃，bp 185℃、96℃/50mmHg，d 1.076，n_D^{20} 1.400。

0.6m^3 反应罐中加入 180L 无水甲苯（或 85℃共沸脱水），搅拌下用负压引入 55kg（91%，0.23kmol）以上 N-草酰物；再慢慢加入 40kg（0.26kmol）POCl$_3$；最后慢慢加入 106.7kg（147L 10.5kmol）干燥过的三乙胺，以中和反应所需及物料水解产生的酸物质。用水浴（活蒸汽）加热，于 2h 左右慢慢升温，控制 80~82℃反应 2h，再以 1℃/h 的速率升温，于 8h 升温至 88~90℃（共 10h，最后不得超过 92℃）。

分离和提取：水冷保持 50℃以下慢慢加入 100L 水，搅拌 5min 静置半小时，分去水层；再用 50L 水搅拌 5min，静置半小时，分离水层与上面水溶液合并，用 40L 甲苯搅拌 5min，分离后再用 40L 甲苯提取一次；分离的甲苯提取液与环合反应物（甲苯溶液）合并；从水溶液回收三乙胺。

酯水解及脱羧：环合反应液（4-甲基-5-乙氧基噁唑-2-甲酸乙酯甲苯溶液）中加入 50L 软水，搅拌 5min，静置半小时，分离水层后的甲苯溶液应近于中性（pH 5~6）。开动搅拌，于 3h 左右慢慢加入如下配制的氢氧化钠溶液：12.5kg（0.31kmol）氢氧化钠溶于 50L 水的溶液（配制得 62.5kg 20% NaOH）。反应放热升温至 65~70℃，以后控制 65~70℃直至加完，加完后再保温搅拌 1.5h，分取碱水层（甲苯层用水洗两次 2×20L，脱水蒸馏回收）。

钠盐水溶液含水解醇，水浴加热，用水泵减压蒸发至近干（如不蒸尽乙醇，影响粗品噁唑的分层处理）。放冷至 40℃以下，加入 40L 软水搅拌使基本溶解。

控制 40℃以下，搅拌着慢慢加入 30%盐酸（29~31L 0.28~0.31kmol）中和并酸化至反应液 pH 2.0~2.5❶。搅拌下，水浴加热升温至 65~70℃，保温 2h 至无 CO$_2$ 气泡为止。10min 后以液碱中和至 pH 8~10。

分离：反应物用 0.05MPa→0.2MPa 夹套蒸汽加热，收集 95~100℃馏出液 40L，静置 1h 使分层清楚，分取下层为 4-甲基-5-乙氧基噁唑粗品。

分馏：分离的 4-甲基-5-乙氧基噁唑粗品及上面的"前馏分"一起用蒸汽夹套加热分馏，釜内液温 120℃以前馏出物分去水层，下面油层返回釜中，脱水完毕，继续加热蒸除低沸物，当釜内液温升达 150℃，停止加热，放冷及冷却至 60℃以下取样分析：含量＞96%，水分＜0.5%。

二、吡喃、吡喃酮及其衍生物

吡喃、吡喃酮都有两种异构体，没有共轭关系，不具有芳香性。

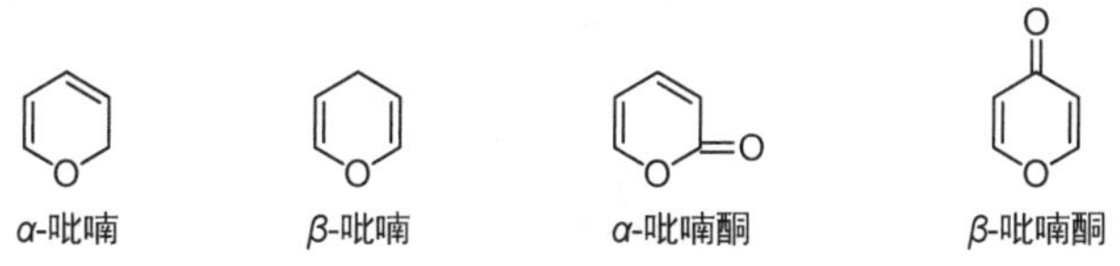

α-吡喃　　　β-吡喃　　　α-吡喃酮　　　β-吡喃酮

苯并-γ-吡喃在碱性条件异构为比较稳定的、与苯环共轭的苯并-α-吡喃。

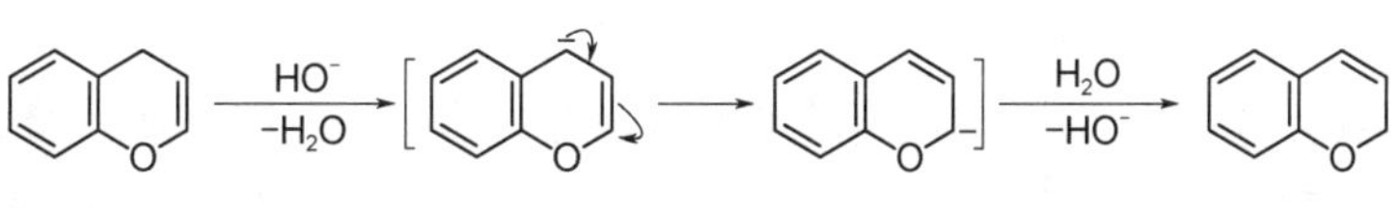

---

❶ 此低温条件未及脱羧，pH 值用精密试纸调控；β-酮酸、α-酮酸在酸条件很容易脱羧，又氧杂环在强酸条件容易分解开环，所以，此项脱羧，酸不可以太过，温度不可高出，时间不可延长（CO$_2$ 停止放出 10min 后及时碱化）。

α-吡喃酮具有不饱和 δ-内酯的结构和性质（bp 101~103℃/20mmHg），催化加氢得到饱和的 δ-内酯；γ-吡喃酮（bp 210~215℃）易溶于水，结构中有醚键、双键和羰基，用碱处理时在 C—O 键异裂；由于两个双键及空间阻碍都不具有酮的性质。它们对于硫酸、发烟硫酸稳定，对于碱的不稳定性表现如酯的性质，常用以合成醛、酮，如下式：

$$\text{（反应式）} \quad \xrightarrow{HO^-/水} \quad [\quad \rightleftharpoons \quad] \quad \xrightarrow{H^+} \quad HO-CH=CH-CH-CH=CH-OH \quad \rightleftharpoons \quad O=CH-CH_2-C-CH_2-CH=O$$

又如（见 708 页）：

$$\text{（反应式）} \quad \xrightarrow[20\sim40℃]{H^+,\ H_2O} \quad \rightarrow \quad \xrightarrow{-H^+} \quad \rightleftharpoons \quad O=CH-CH_2-CH_2-CH_2-CH=O$$
戊二醛

α-吡喃酮-5-甲酸甲酯是环内酯，与稀氨水在低温即发生氨解开环、氨基加成及脱水，生成如不饱和的酰胺的氮杂环；环侧羧基酯水解得到 6-羟基烟酸（见 839 页）。

$$\text{CH}_3\text{O}_2\text{C}\text{（吡喃酮结构）} \quad \xrightarrow{NH_3/H_2O} \quad \cdots \quad \xrightarrow{-H_2O} \quad \text{（吡啶酮结构）}$$

$$\xrightarrow[\triangle]{NaOH} \quad NaO-CO-\text{（吡啶环）}-ONa \quad \xrightarrow{H^+} \quad HO_2C-\text{（吡啶环）}-OH$$
6-羟基烟酸　72%，mp 299℃

吡喃和吡喃酮对浓硫酸、发烟硫酸的稳定是反应中没有水。如 2,4-二甲基-α-吡喃酮-5-甲酸的酯化及酯的水解，由于空间阻碍及对碱、稀酸的不稳定性，很难用一般方法酯化及水解；用单分子历程的方法——在浓硫酸中溶剂化，是质子化中间体的平衡，为了酯基水解要使用大量浓硫酸使平衡向右进行。当反应物投入至大量冰水中才发生水解，或解除质子化——酯基保留，这些都是质量作用定律起作用。

$$C_2H_5O-CO-\text{（吡喃酮结构）} \quad \xrightarrow[-HSO_4^-]{H^+/5H_2SO_4} \quad \text{（质子化中间体）} \quad \rightleftharpoons \quad \text{（质子化中间体）}$$

酯基水解 ↓　　　　　　酯基保留（解除质子化）↓

$$HO-CO-\text{（吡喃酮结构）} \qquad\qquad C_2H_5O-CO-\text{（吡喃酮结构）}$$
40%~50%　　　　　　　　　30%

如果为了酯化，在浓硫酸中醇以硫酸酯的状态在酸作用进行酯交换，如吡啶-2,6-二甲酸二甲酯；"非无机酸"条件使用强酸酯（无机酸酯）在高温状态进行的酯交换，如联苯-4,4-二甲酸二甲酯；草酸二乙酯也可以利用强酸酯进行酯交换，退减下来的单酯很容易与乙醇及苯脱水完成反应（此反应没有无机酸），如 L-丙氨酸乙酯，质量作用定律决定反应的终点，大量草酸二乙酯也便于回收。

阔马酸甲酯（α-吡喃酮-5-甲酸甲酯） *M* 154.12，mp 67℃，bp 178~180℃/6mmHg。

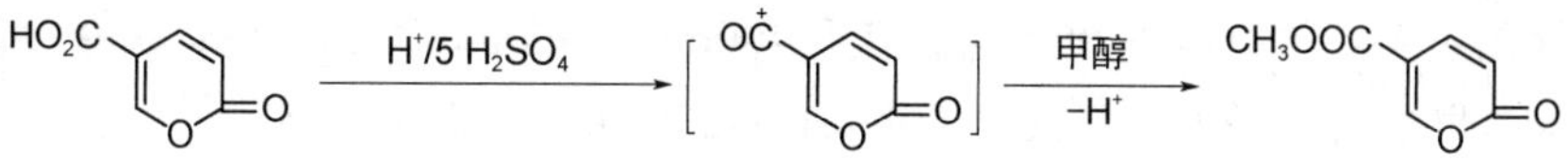

0.5L 三口烧瓶中加入 139mL 浓硫酸，冷却控制 20~30℃搅拌下慢慢加入 50g（0.36mol）粉碎的阔马酸（放热不大），溶解后从分液漏斗慢慢滴入 70g（2.2mol）甲醇，水浴加热 1h，冷后慢慢加入 0.8kg 碎冰中，用冰盐浴冷却及搅拌下以 Na₂CO₃ 中和至碱性（约用 Na₂CO₃ 220~260g），首先有少量棕色浆状物，滤除；以冰水洗四次，风干得 17.5~24.5g（产率 32%~45%）。

注：应考虑在少量硫酸作用下用硫酸二甲酯或使用焦碳酸酯；乙二酸酯进行交换。

4,6-二甲基-α-吡喃酮 *M* 124.15，mp 51.5℃，bp 245℃；易溶于水及醇。

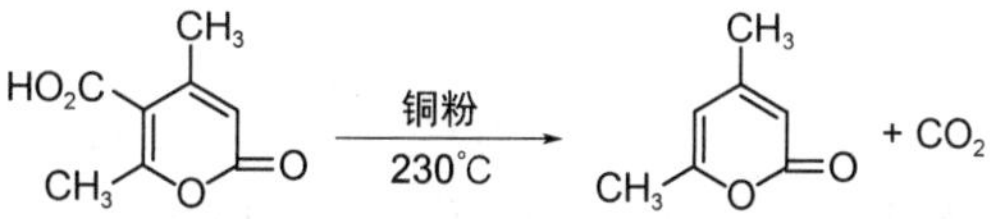

减压蒸馏瓶中加入 50g（0.3mol）4,6-二甲基-α-吡喃酮-5-甲酸及 2g 铜粉，于 230~235℃油浴上加热，用水泵减压作减压蒸馏装置，加热脱羧放出 CO₂，脱羧完成后，提高真空度蒸出产物，得 34~35g；重新减压蒸馏，得 30~32g（产率 80%~85%），mp 50~51℃。

【吡喃酮的制取】

从乙酰乙酸乙酯合成 4,6-二甲基-α-吡喃酮-5-甲酸乙酯（4,6-二甲基阔马酸乙酯），在低于室温、硫酸作用下部分异构为烯醇，烯醇双键与另一分子乙酰乙酸乙酯的酮羰基加成缩合，在酯基加成脱醇（环合），最后分子内脱水完成反应，得到 4,6-二甲基-α-吡喃酮-5-甲酸乙酯及其水解产物（羧酸）的混合物（第一步的加成缩合有过渡态）。

4,6-二甲基-α-吡喃酮-5-甲酸（4,6-二甲基阔马酸） *M* 168.15。

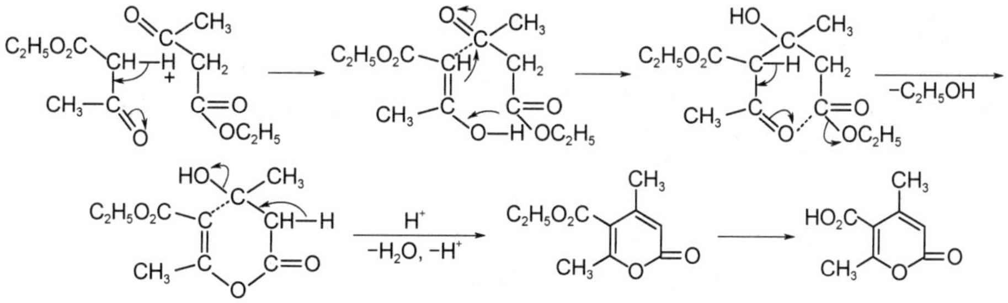

2L 三口烧瓶中加入 900mL 浓硫酸，冰水浴冷却下保持 10~15℃于搅拌下慢慢加入 650g（5mol）乙酰乙酸乙酯，加完后安装干燥管以防吸湿（或者封闭），于干燥处放置 5~6 天（如果只放置 24h，产率要降低 10%）。搅拌下将反应物慢慢加入至足量（约 2kg）

冰水中，充分搅拌、滤出析出的结晶，以冰水洗三次，得到酯和羧酸的混合物；酸水用 6L 乙醚分四次提取、醚液合并。将滤出的混合物加入至醚液中溶解，用水洗一次，用冰冷的饱和 Na_2CO_3 提取其中的羧酸（$10 \times 100mL$）❶；水溶液合并，用浓盐酸酸化，再加热使析出的结晶溶解，放冷后滤出结晶，溶于 400mL 热水中，脱色过滤，放冷后滤出结晶，干后得 4,6-二甲基阔马酸 91~115g（产率 21%~27%），mp 154~155℃。

乙醚溶液用无水硫酸钠干燥后回收乙醚，剩余物减压蒸馏，收集 185~192℃/35mmHg 馏分，得 4,6-二甲基阔马酸乙酯 130~175g（产率 26%~36%），mp 18~20℃。

酯的水解：以上酯与五倍量（质量比）的浓硫酸相混合，于沸水浴上加热 5~8h，冷后加入至足够量的碎冰中，再如以上方法分离，提取处理及分开酯和羧酸，约 40%~50% 发生了水解，30% 的酯保留。

下面、乙酰乙酸乙酯在碱 RO^- 作用下，亚甲基以碳负离子（α-C^-）为脱去酯基进攻另一分子乙酰乙酸乙酯的酯羰基完成脱醇缩合，生成 2,4,6-庚三酮-3-甲酸乙酯，3 位 α-C^-H 最容易移变，在 6 位羰基加成环合；最后分子内脱水完成反应，得到 2,6-二甲基-γ-吡喃酮-3-甲酸乙酯，如下式：

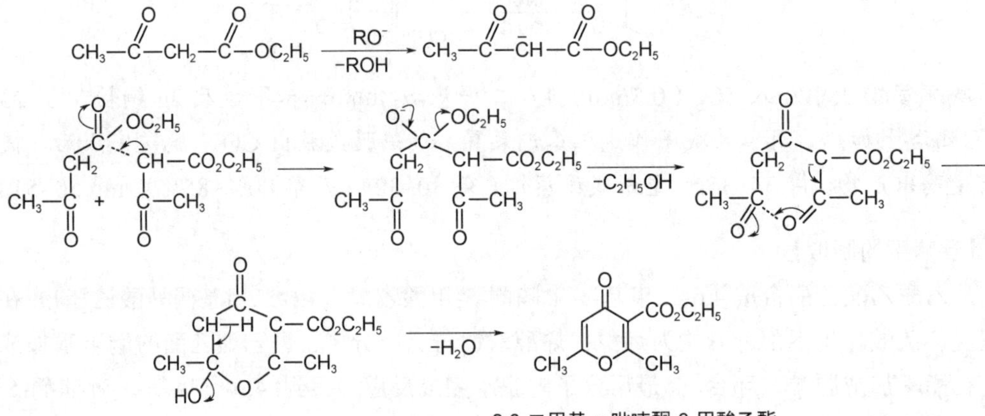

2,6-二甲基-γ-吡喃酮-3-甲酸乙酯

苹果酸在室温、≥100% H_2SO_4 作用下脱去水和 CO 生成丙醛酸，在分子间脱水缩（环）合。

α-吡喃酮-5-甲酸（阔马酸）　M 140.10，mp 207~209℃，bp 218℃/120mmHg；在热水中缓慢分解。

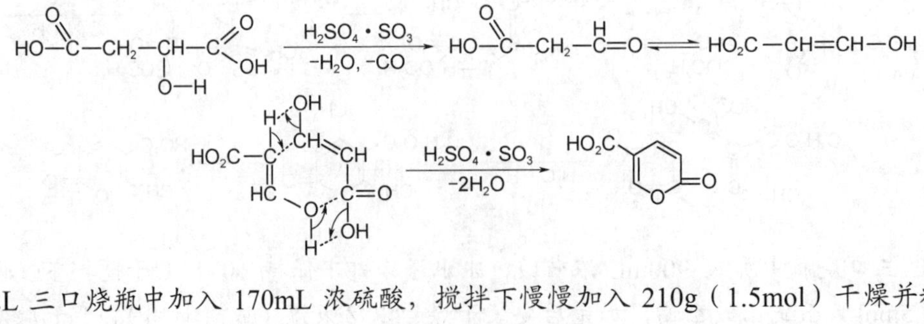

2L 三口烧瓶中加入 170mL 浓硫酸，搅拌下慢慢加入 210g（1.5mol）干燥并粉碎的

---

❶ 醚提取液中含硫酸乙醚分子化合物，故用碱较多。

苹果酸（mp 126~128℃），必要时用水冷却，向悬浮的反应物中每 45min 加入 50mL 含 20%~30% SO₃ 的发烟硫酸（缓缓放出 CO），共加三次❶。水浴加热 2h，冷后慢慢加入至足够量（约 0.8kg）的碎冰中充分搅拌，再于冰浴中冷却放置 24h，使结晶完全。滤出、冰水洗三次，干燥得 75~80g，mp 195~200℃；再甲醇（5mL/g）重结晶，冰冷后滤出，甲醇冲洗，干后得 68~73g（产率 65%~70%），mp 206~209℃。

黄酮（2-苯基-苯并-γ-吡喃酮）M 222.24，mp 100℃；针状晶体，溶于醇及苯。

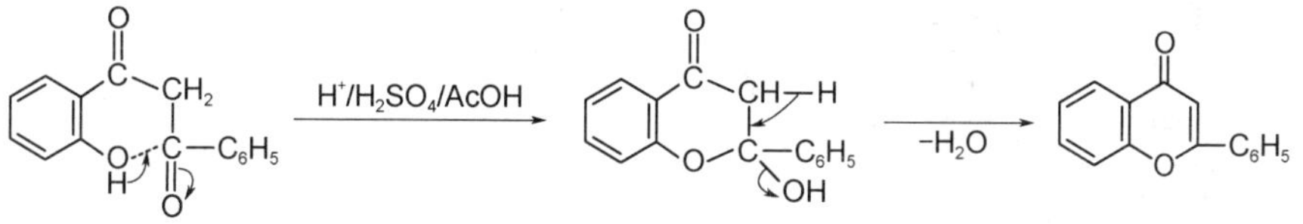

250mL 锥形瓶中加入 16.6g（0.069mol）2-羟基-二苯甲酰甲烷及 90mL 冰乙酸，温热溶解后慢慢加入 3.5mL 浓硫酸，摇匀，在回流冷凝器下于蒸汽浴上加热 1h，冷后慢慢加入足够量（约 500g）的碎冰中，充分搅拌，滤出结晶，冰水洗，50℃干燥后得 14.5~15g（产率 94%~97%），mp 95~97℃。

另法：

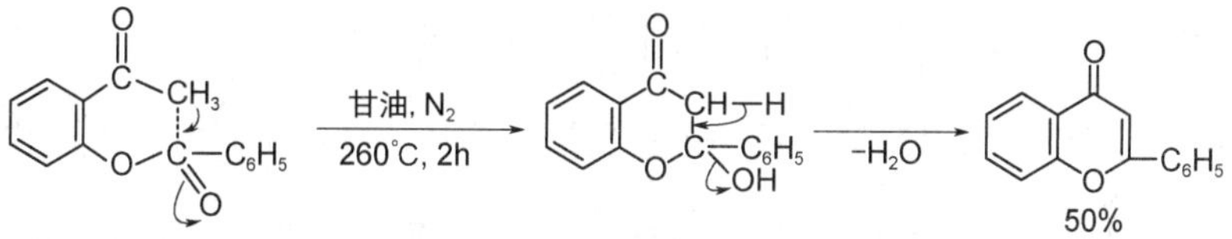

β-酮酸酯和多元酚（或其酯）在硫酸作用下的酯交换及其环合脱水。

6,7-二羟基-4-甲基-苯并-α-吡喃酮 M 192.18，mp 276℃；溶于乙醇及甲苯。

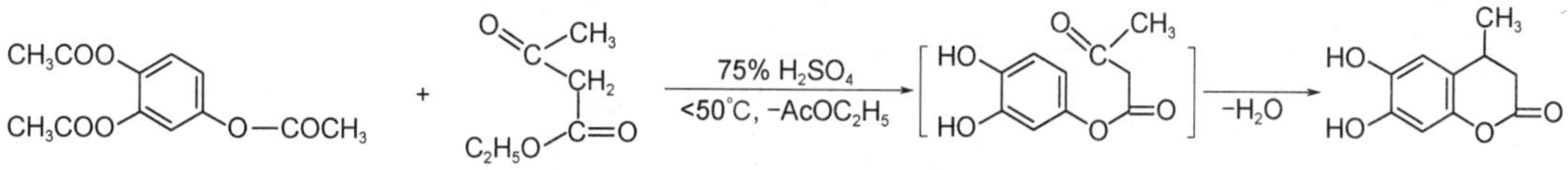

1L 三口烧瓶中加入 65g（0.5mol）乙酰乙酸乙酯及 126g（0.5mol）1,2,4-苯三酚乙酸酯，充分混匀，搅拌着、控制温度在 50℃以下，从分液漏斗慢慢加入 500mL 75% 硫酸（过浓的硫酸会使反应物磺化，浓度更低又不反应），反应放热，反应物变为淡红色溶液；用水浴加热升温至 80℃保温搅拌半小时；冷后慢慢倾入于 2kg 碎冰中，充分搅拌，滤出结晶，水洗三次，干后得 88g（产率 92%）。

精制：以上粗品与两倍量的硼砂（$Na_2B_4O_7 \cdot 10H_2O$，约 0.5mol）及 600mL 水混合，加热使溶，冷后析出 6,7-二羟基-4-甲基-苯并-α-吡喃酸·硼酸结晶，滤出，水洗；溶于 1.5L 水中，滤清后加入用 25mL 浓硫酸配成的稀硫酸，产品析出；冷后滤出结晶，水洗，干后得 74g（产率 77%），mp 272~274℃。

---

❶ 亦见 866 页咐唑，直接使用发烟硫酸的制备方法。

第三节　氮杂环

常见的氮杂环包括含一个氮原子的杂环、含两个氮原子的杂环以及含不同杂原子的杂环，如下所示：

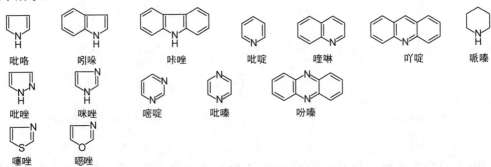

吡咯　　吲哚　　　　咔唑　　　吡啶　　　喹啉　　　　吖啶　　　哌嗪

吡唑　　咪唑　　　嘧啶　　　吡嗪　　　　吩嗪

噻唑　　噁唑

氮杂环在强酸条件生成盐，使亲电取代及氧化反应变得困难，如：8-羟基喹啉用浓硝酸氧化的结果是苯环破坏而氮杂环保留，生成吡啶-2,3-二甲酸；苯并咪唑氧化得到咪唑-4,5-二甲酸；氮杂环对于碱性条件的氧化敏感，在氮杂环破坏分解。

杂原子使环上 π 电子分布不均匀；在中性或碱性条件，杂环及并有苯环的杂环，亲电取代位置又有区别，如： 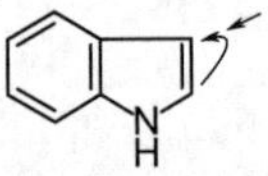　、 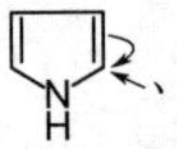　、 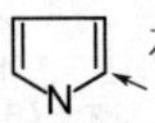　在指向位置上发生；在酸性条件的亲电取代进入氮杂原子的间位，如果并有苯环，则主要进入苯环的相当于有第二类取代基影响的位置，如： 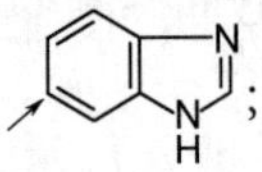　；又如：氮杂原子上没有氢原子，未共用电子对更倾向于共轭，如喹啉、其取代的指向很像萘，取代进入 8 位、5 位 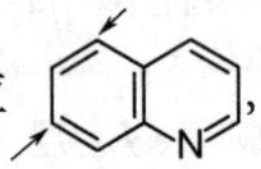　，但要困难得多。

没有氢的氮杂原子的 2 位和 4 位羟基，由于 π 电子分配不均，使它具有较强的酸性，如"亚胺酸"可被氯化，其氯化物也容易被碱水解。

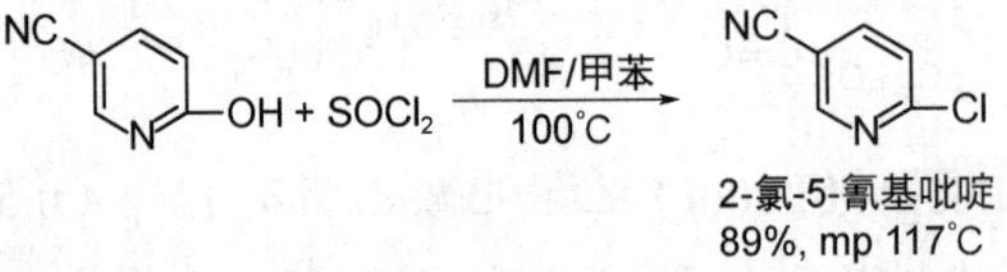

NC—OH + SOCl₂ ——DMF/甲苯, 100℃——→ 2-氯-5-氰基吡啶
89%, mp 117℃　　　　　　（见 830 页）

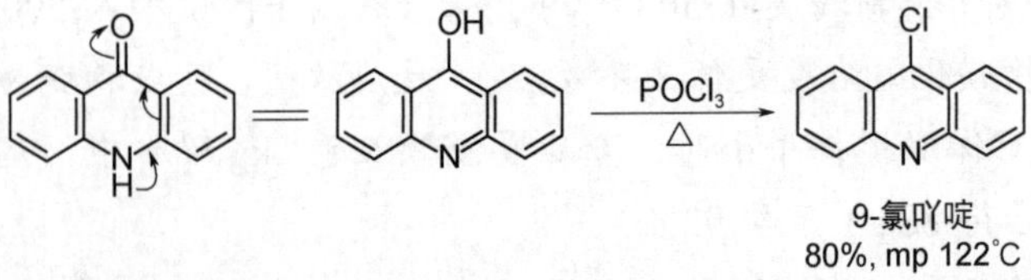

——POCl₃, △——→ 9-氯吖啶
80%, mp 122℃　　　　　　（见 853 页）

氮原子上连有氢、由于氮原子与环的共轭而呈现弱酸性，在碱性条件下作为亲核试剂反应生成 N-取代物，类似于二酰亚胺的反应，如（见 570 页）：

——KOH/丁酮, 0℃, 60℃——→　——0℃——→　——水, -KOH——→ N-CH₂CH₂-OH ——KOH, 270℃, -H₂O——→ N-CH=CH₂
N-乙烯基咔唑

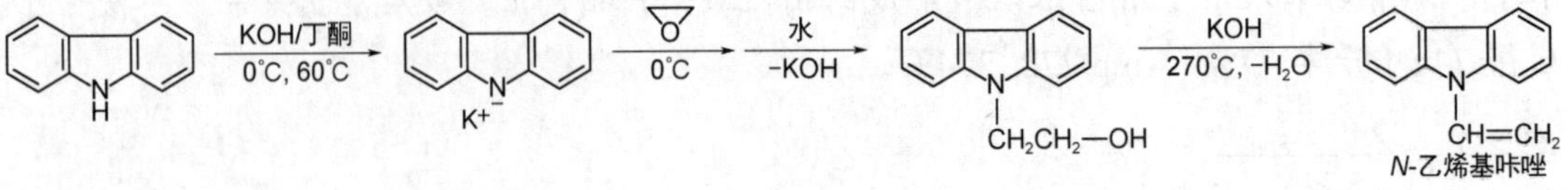

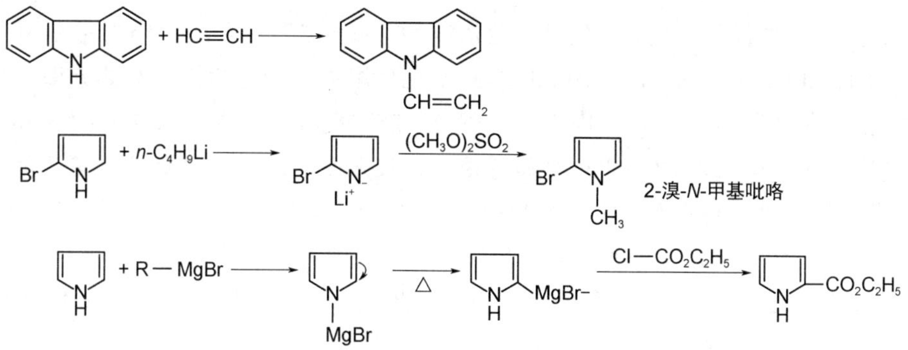

吡啶、吩嗪六元环的氮原子上没有氢原子，它们可以像叔胺与卤代烃反应生成季铵盐，拉电子作用下季铵发生重排作 1,2-迁移。如*α*-苄基吡啶（见 823 页）和甲硫吩嗪（见 868 页）的合成中，由于能量有利，苄基更容易发生此项重排。

α-及 *γ*-苄基吡啶 46%

甲硫吩嗪（*N*-甲基吩嗪·甲酯硫酸盐）

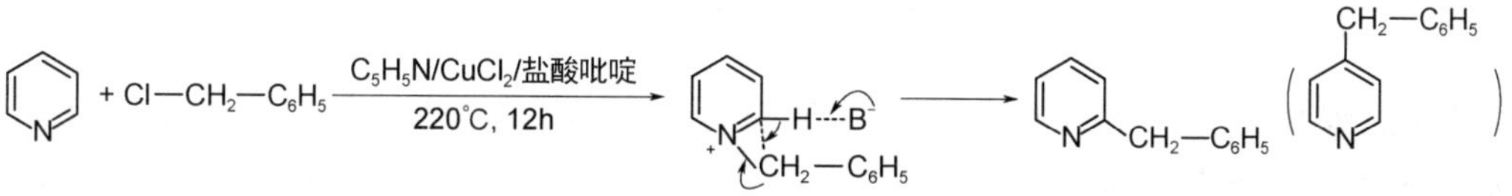

一、吡咯、吲哚与咔唑

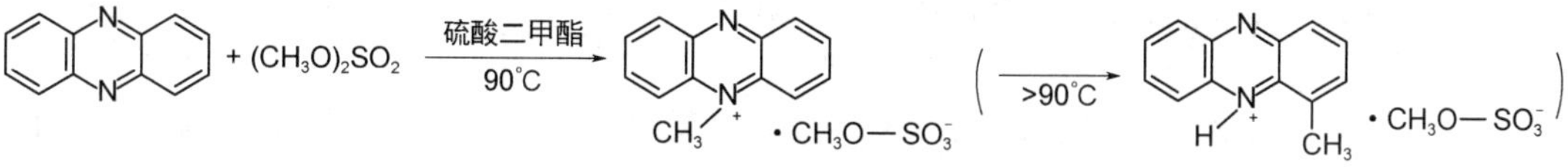

氮杂环比叔胺的碱性更弱；氮原子上的氢原子可以离去，表现为相当弱的酸，与格氏试剂作用得到 N—MgX，加热回流重排到 *α* 位；吡咯的 *α* 位有更大的电子云密度，亲电取代在 *α* 位发生。*N*,*N*-二甲基甲酰胺（DMF）与三氯氧磷生成分子化合物，使甲酰基有更强的亲电性质，在 *α* 位取代后，水解、中和无机酸，粗品析出；直接引入了醛基。

吡咯-2-甲醛 *M* 95.10，mp 46~47℃，bp 217~219℃，n_D^{16} 1.5939。

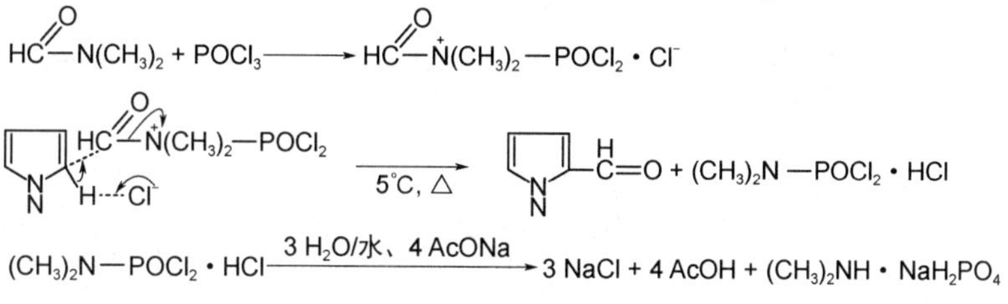

3L 三口烧瓶配置机械搅拌、温度计、分液漏斗、回流冷凝器及冰盐浴。

烧瓶中加入 80g（1.1mol）新蒸的 DMF，搅拌着在 10~20℃下从分液漏斗慢慢滴入 169g（1.1mol）新蒸的三氯氧磷，生成分子化合物，反应放热，约 15min 可以加完（移去冰盐浴，过度冷却可能固化，可以温热或使用溶剂使溶化❶）；再搅拌 15min，向反应

❶ 亦见吲哚-3-甲醛，使用过量的（摩尔比 3.7/1）DMF 以防结晶。

物中加入 250mL 二氯乙烷搅匀。使用冰盐浴冷却，控制 5℃左右、于 1h 从分液漏斗慢慢加入 67g（1mol）新蒸的吡咯与 250mL 二氯乙烷的溶液，加完后慢慢加热升温、搅拌下回流 15min，有少量 HCl 放出。冷后，控制 20~25℃搅拌着慢慢加入 750g（5.5mol）结晶乙酸钠溶于 1L 水的溶液[❶]，开始要加得很慢，反应平和后可以快加。加完后加热回流 15min，充分搅拌以水解中和完全，冷后分取有机层；水层用乙醚提取三次（3×170mL）；乙醚提取液与二氯乙烷溶液合并，用饱和碳酸钠溶液洗去乙酸（3×100mL），以无水硫酸钠干燥后回收乙醚和二氯乙烷，剩余物用油浴加热减压蒸馏，收集 78℃/2mmHg 馏分（少许头分和高沸物），得 85~90g（产率 85%~95%），冷后结晶。

精制：用 25mL/g 石油醚（bp 40~60℃）重结晶，mp 44~45℃；精制的效率 85%。

吡咯的环合成：氨、胺与羰基的加成环合脱水是合成氮杂环的基本方法，1,4-二羰基化合物与氨加成及进一步脱去水，因为是五元环，反应迅速，得到高产率的吡咯化合物。如 2,5-己二酮与过量的氨基甲酸铵一起加热，得到 2,5-二甲基吡咯。

2,5-二甲基吡咯　M 95.15，bp 165℃（172℃），d^{20} 0.9353，n_D^{20} 1.5030；几乎不溶于水，充氮避光保存。

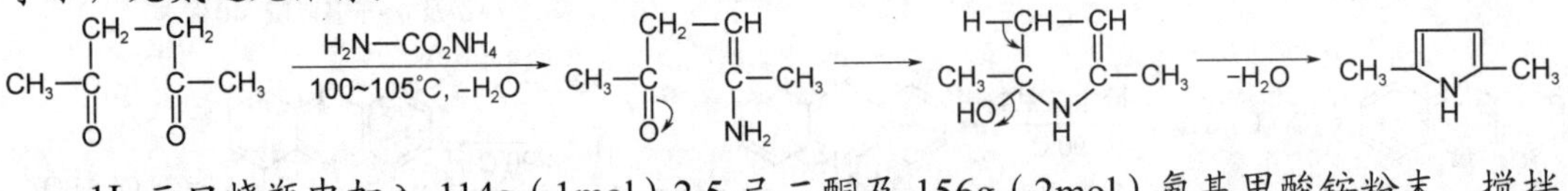

1L 三口烧瓶中加入 114g（1mol）2,5-己二酮及 156g（2mol）氨基甲酸铵粉末，搅拌下于 100℃油浴加热至停止发泡（约 1.5h），再 115℃加热半小时；放冷后冰冷、分取上层粗品；下层用氯仿提取两次，提取液与粗品合并，在氮气保护下以硫酸钠干燥，回收氯仿；剩余物减压分馏，收集 70~78℃/25mmHg 馏分，产率 81%~86%，充氮避光保存。

α-氨基-β-酮酸酯一经生成，立即与底物中未受氨基影响电性的 β-酮酸酯羰基加成脱水及环合加成脱水。

2,4-二甲基吡咯　M 95.15，bp 165℃（171℃），d^{20} 0.9236。

a. 2,4-二甲基吡咯-3,5-二甲酸乙酯（mp 137℃）

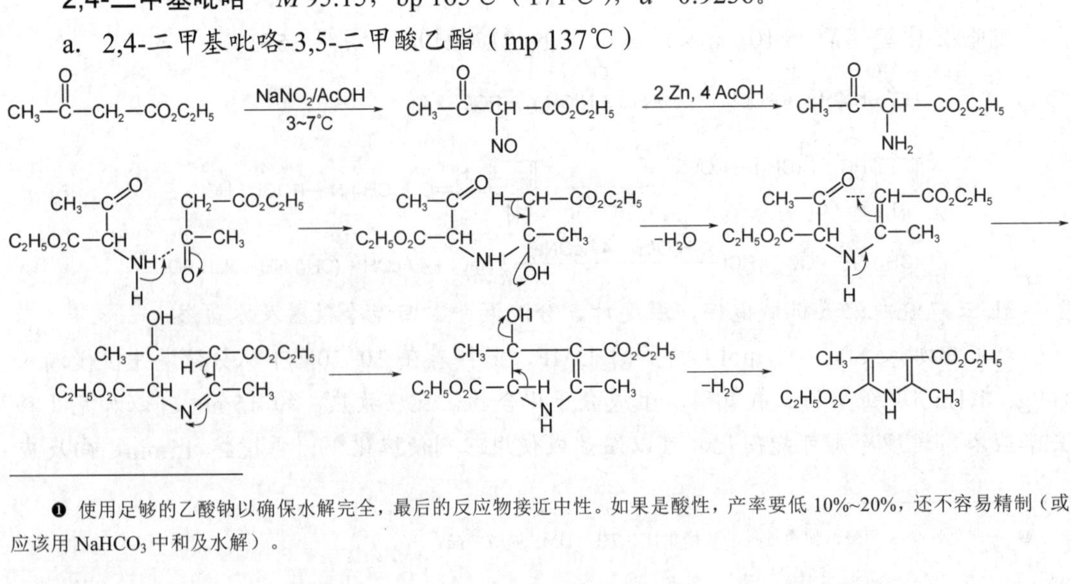

---

❶ 使用足够的乙酸钠以确保水解完全，最后的反应物接近中性。如果是酸性，产率要低 10%~20%，还不容易精制（或应该用 NaHCO₃ 中和及水解）。

2L 三口烧瓶中加入 390g（3mol）乙酰乙酸乙酯及 900mL 冰乙酸，在冰盐浴中冷却控制反应温度 3~7℃，搅拌着从分液漏斗慢慢加入 105g（1.5mol）亚硝酸钠溶于 0.5L 水的溶液。此时 1/2 的乙酰乙酸乙酯被亚硝化。

移去冰盐浴，搅拌下于 1.5h 左右慢慢加入 200g（3mol）优质锌粉以还原亚硝基（反应放热近于沸腾），同时氨基加成脱水及环合加成脱水；加完后加热回流 1h，趁热倾入大量冷水中；次日滤出结晶，水洗，粗品产率 57%~64%，mp 126~130℃。

精制：用乙醇（2mL/g）重结晶，mp 136~137℃。

b. 2,4-二甲基吡咯——水解及脱羧

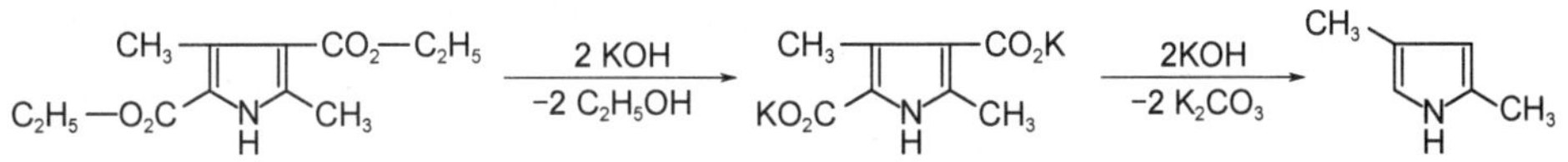

用超过计算量一倍的 70% KOH（拉电子影响的羧酸钾用 KOH 加成）加热回流 3h，用过热蒸汽水汽蒸馏，馏出物用乙醚提取，在氮气保护下干燥及回收乙醚，剩余物分馏，收集 160~165℃馏分，产率 57%~63%。氮气保护，避光保存。

吲哚（苯并吡咯）片晶，mp 52℃；易被空气氧化使外观变暗，它是很弱的碱，不与稀无机酸成盐；吡咯环与相并苯环有共轭关系，亲电取代在 3 位发生（不同于吡咯在 2 位发生）；氮原子上的氢原子可以离去，与格氏试剂作用得到 >N—MgX，由于金属原子可以让出它的成键电子对及与苯环共轭的关系，平衡使在 3 位形成碳负中心，在 3 位亲电取代。

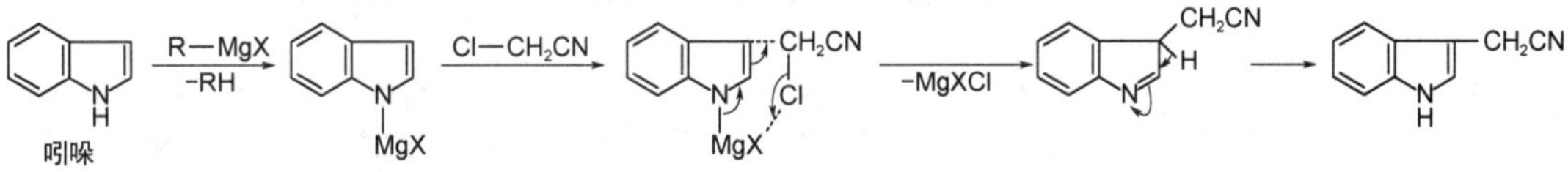

DMF 与 POCl₃ 的分子化合物在吲哚的 3 位亲电取代，直接引入醛基。

吲哚-3-甲醛 M 145.16，mp 198℃。

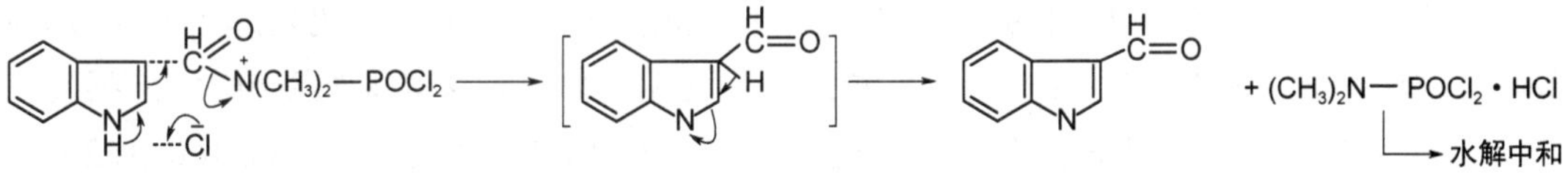

3L 三口烧瓶配置机械搅拌、温度计、分液漏斗、干燥管及冰盐浴。

烧瓶中加入 274g（3.7mol）DMF，保持 8~10℃搅拌下慢慢滴入 144g（0.94mol）新蒸的三氯氧磷，反应物为桃红色；再慢慢加入 100g（0.85mol）吲哚溶于 100mL（95g）二甲基甲酰胺中，混匀。加完后移去冰盐浴让反应物升至室温，再搅拌 1h，至黏稠的反应物变得稠厚或糊状，如未形成结晶对产物的质量和产率无重大影响。冰浴冷却着、慢慢加入 0.5kg 碎冰，得桃红色溶液。

冰浴冷却下慢慢加入 375g（9.4mol）氢氧化钠溶于 500mL 水的冷溶液（42%），在加入的初始阶段可内加冰（约 0.5kg）帮助冷却，当加入 1/2 时反应物的颜色由桃红变为蓝绿色或黄绿色，此时碱量已中和完所有的酸；以后的一半可以加快些，在接近终了时，大量无机盐及粗品析出，反应物可能会凝结起来，加入 100mL 水使方便搅拌，将反应物加热至沸、放冷后冰冷，次日滤出；使悬浮于 1L 水中充分搅拌以洗去无机盐，滤出，水洗，干后得 120g（产率 97%），mp 196~197℃。

精制：用乙醇（8.5mL/g）重结晶。

吲哚-3-乙酸　*M* 175.19，mp 168~170℃；可溶于二氯乙烷，极易溶于乙醇。

a. 3-二甲氨甲基吲哚（mp 129℃）

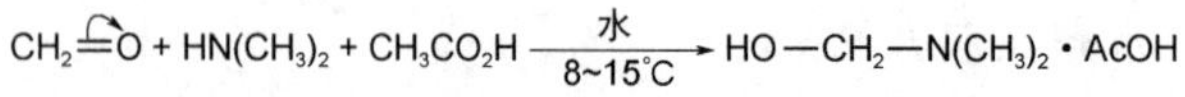

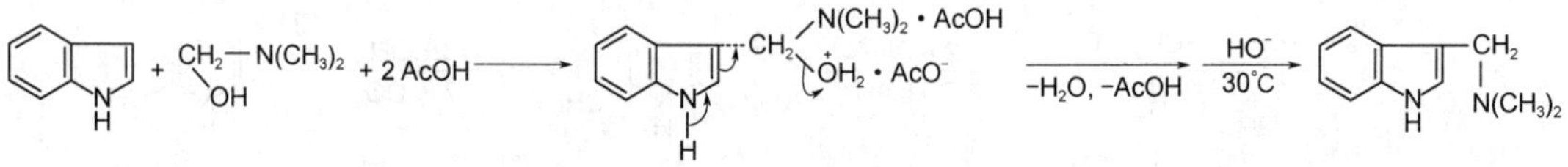

60L 不锈钢桶中加入 9kg 30%（60mol）二甲胺水溶液（准确计量），冰水浴冷却控制 8~15℃、搅拌着从分液漏斗慢慢加入 7.2kg（120mol）冰乙酸，中和放热；再慢慢加入准确计量的 4.7kg 35%（55mol）过滤了的甲醛水溶液（热量变化不大），半小时后加入 5.15kg（50mol）打碎了的吲哚，加完后搅拌 1h，放置过夜。

次日，50kg 10%（125mol）氢氧化钠溶液控制温度低于 30℃，搅拌着将以上反应液慢慢加入，产物随即析出，加完 3~4h 后滤出，水洗，干后得 7.8kg（产率 89%），mp 126~129℃。

b. 叔胺重排分解——异原子-1,4-二烯加成；氰基水解——吲哚-3-乙酸

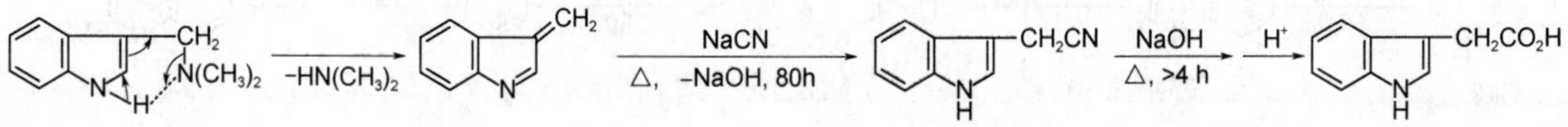

200L 反应罐中加入 20L 蒸馏水❶及 10.6kg（93%，200mol）氰化钠，搅拌下加热溶解，再加入 80L 乙醇及上面的 7.8kg（45mol）3-二甲氨基甲基吲哚，搅拌下加热回流 80h（几小时后可以停止搅拌）。水解：搅拌下加入 1.88kg（47mol）氢氧化钠溶于 20L 水的溶液，回流 4h，回收乙醇 53~55L，冷后滤清，控制 10~15℃以减少剧毒的 HCN 挥发。用试剂盐酸酸化；次日滤出，蒸馏水浸洗，干后得 6.4kg（产率 81%），mp 160~162℃。

精制：6.4kg 以上干燥的粗品溶于 2.7L 无水乙醇和 82L 二氯乙烷的混合溶剂中❷，加入 300g 不含铁的干燥脱色炭，搅拌下加热回流 1h。滤清后放冷，冰冷过夜❸，滤出结晶，用二氯乙烷洗两次，于 70℃以下烘干，得 4.3kg 微显橙色❹，纯度（滴定法）＞97%，mp 168℃。

吲哚在冰乙酸中与丙烯酸和乙酸酐生成的混合酸酐（以使 C═C 更大极化）双键加成，

---

❶ 本品对铁（Fe）显色，一切物料都要避开铁混入。

❷ 曾试图用多种溶剂重结晶，二氯乙烷能溶解红色物质，但对于产品的溶解度太小，故加入部分乙醇以提高溶解度。

❸ 母液回收溶剂至剩 1.2L，回收到 0.9kg 粗品，再如上法精制。

❹ 此微显橙色的产品用回收溶剂（二氯乙烷沸点 83℃，和乙醇的沸点接近，几乎没有改变混合溶剂的组分比例）溶析一次，得到纯白色的产品。

产物是吲哚-3-丙酸和乙酸的混合酐，碱水解及酸化，得到吲哚-3-丙酸。

吲哚-3-丙酸　*M* 189.22，mp 134℃；不溶于水，易溶于苯。

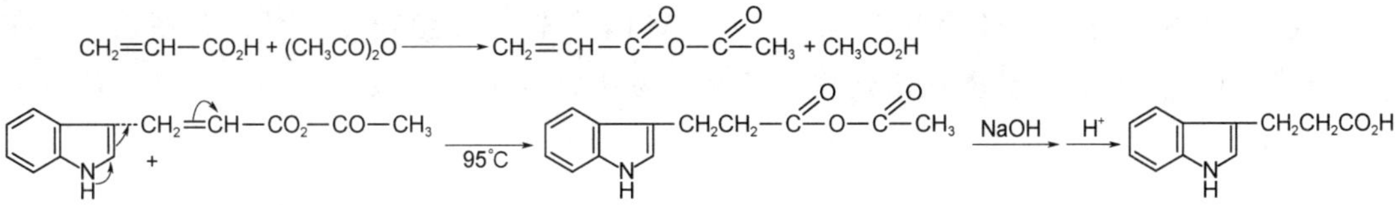

15L 烧瓶中加入 6.34kg 冰乙酸，搅拌下加入 1.64kg（14mol）吲哚，水浴加热使溶解；加入 2.16kg（30mol）新蒸的丙烯酸，再加入 2.6kg（25mol）优质乙酸酐，充分混匀，于 90~95℃水浴上加热保温 4h，放置过夜。次日于沸水浴上加热，用水泵减压回收乙酸及丙烯酸至不出为止，放冷。

水解：30L 容积的搪瓷桶中加入 20kg 10%（50mol）氢氧化钠溶液，加热保持 70~75℃搅拌着慢慢加入前面回收酸以后的剩余物，充分搅拌，脱色过滤（剩下有未溶的沥青状物约 300~400g——或开始应加阻聚剂），滤液用试剂盐酸酸化至 pH 3，放置过夜。次日滤出结晶，水洗、干后得 1.86kg（产率 70%），mp 122~126℃。

精制：以上粗品用沸水（30mL/g）重结晶，mp 131~133℃；又用 14mL/g 及 0.5mL/g 混合溶剂重结晶，冰冷至 10℃滤出，冷苯洗，干后得成品，纯度（滴定法）＞99%，mp 133~134℃，外观近白色。

在较高温度，氢氧化钾参与下，吲哚的电负中心在 3 位，和内酯在碱作用下的 C—O 键异裂，产生 C⁺中心反应，得到吲哚-3-丁酸。

吲哚-3-丁酸　*M* 203.24，mp 135℃；不溶于水，溶于乙醇。

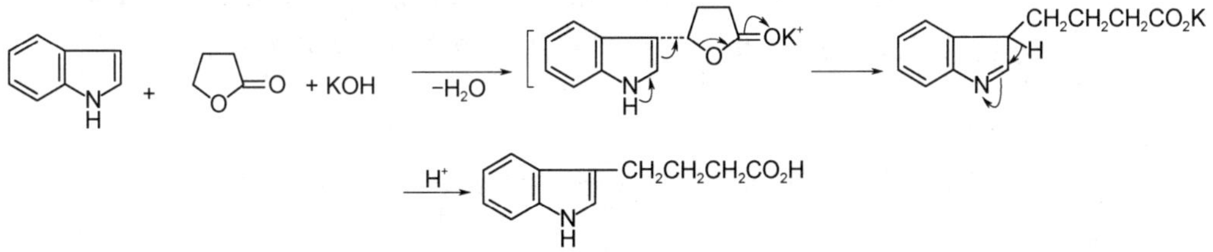

5L 三口烧瓶安装机械搅拌、温度计及高 15cm 的弯管接蒸馏冷凝器，用油浴加热。烧瓶中加入 250g 90%（4mol）氢氧化钾粉末及 2L 新蒸馏过的四氢萘，搅拌下加入 468g（4mol）吲哚及 344g（4mol）新蒸的 γ-丁内酯，慢慢加热至 180℃开始有水蒸出，维持 1 滴/2s 的速度蒸出水和四氢萘，馏出物分离水及干燥后随时返回反应物中，共脱出水层 72~80g❶、约 24h 可以完成，操作不宜中断（实际上是间断进行的），以免 KOH 沉下结固不便反应。脱水完毕，减压回收四氢萘，冷至 150℃以下停止搅拌并提起，冷至 100℃以下，将反应物加入 1L 水中充分搅拌，分去有机层；水层用无铁的脱色炭脱色滤清至无

---

❶ 反应产生水及氢氧化钾含水计算，应脱出 97g 水。

色，冷却下用试剂盐酸酸化，粗品析出[❶]。

3-羟基吲哚氧化制得靛蓝，进一步氧化生成靛红。

靛红（2,3-吲哚醌；吲哚啉-2,3-二酮） M 147.14，mp 203.5℃；橘红色结晶，微溶于热水，可溶于乙醇，在氢氧化钠作用下异构为亚胺酸而溶于碱。

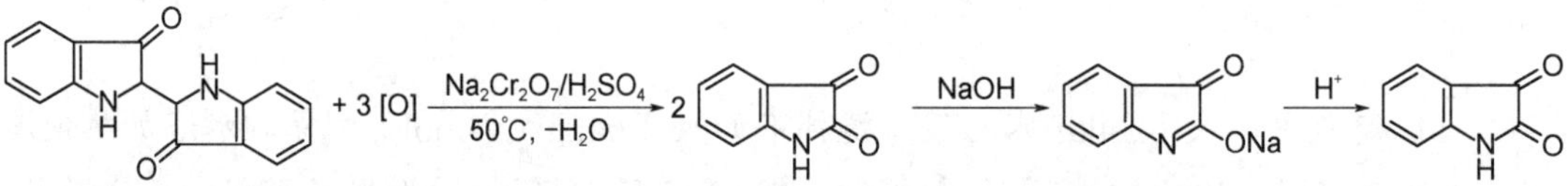

300L 开口反应罐中加入 20kg（76mol）靛蓝及 13kg（44mol）结晶重铬酸钠溶于 26L 热水的溶液搅拌成浆状；加热至 50℃，维持 50℃左右慢慢加入如下配制的铬酸混合液：27kg（91mol）[❷]重铬酸钠结晶（$Na_2Cr_2O_7 \cdot 2H_2O$）溶于 54L 热水中，搅动下，慢慢加入 22L（41kg，390mol）浓硫酸（析出 CrO_3），搅匀使用。靛蓝不与无机酸成盐，过度氧化会导致环破坏。

加完后保温搅拌 4h[❷]；加水至 300L 体积，放置过夜。次日离心分离，水洗，得湿品 26kg；使溶于 60L 10%（150mol）氢氧化钠溶液中，脱色过滤，用蒸馏水冲稀一倍体积，以 15%盐酸酸化（开始有液态物析出很快即凝），酸化后滤出，水洗，得湿品 16kg，再用 60L 沸水重结晶[❸]（脱色），得 10kg（产率 44.7%），纯度 99%，mp 201~204℃。

另法：用稀硝酸氧化靛蓝 $2\,HNO_3 \longrightarrow 2\,NO + H_2O + 3\,[O]$

100g（0.427mol）很好粉碎的靛蓝与 300mL 沸水搅拌成浆状，保持微沸，搅拌下以 1~2 滴/秒的速度慢慢加入 80g（58mL，60%，d 1.37，0.76mol）硝酸（理论量为 0.85mol），约半小时可以加完，加完后再搅拌几分钟[❹]。反应物用沸水提取两次（3×2L），提取液合并，脱色过滤，蒸发至 1.5L 再过滤一次（如果有较多的沥青状物，冷后滤出，以沸水提取一次，控制一定温度滤清），蒸发至吲哚醌结晶盖满液面，冷后滤出。

【吲哚环的合成】

o-氨基苯甲酸与氯乙酸的亲核取代制成 2-羧基-苯氨基乙酸，脱水环合、脱去羧基，制得 3-羟基吲哚。

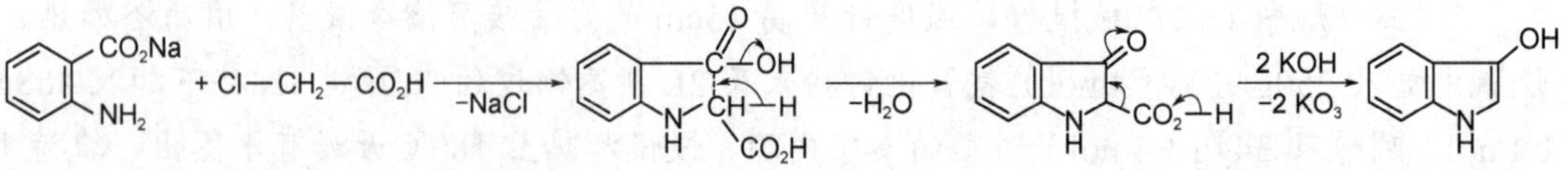

---

❶ 注意原料质量，在一次生产中使用了不同批次的 γ-丁内酯，前者产率和质量均属正常，而后者都不好，但脱水数量与前相近，或应改变加料方式、或使用其它溶剂和碱物质。

❷ 氧化剂 $Na_2Cr_2O_7$ 超过计算量 77%，而硫酸只超过 2.5%，按下式计算：
$Na_2Cr_2O_7 + 5\,H_2SO_4 \longrightarrow 2\,NaHSO_4 + Cr_2(SO_4)_3 + 4\,H_2O + 3\,[O]$
产率低的原因是硫酸不充分而氧化不足，苯环破坏及溶解损失，在氧化过程中应予 HPLC 控制；应增加酸用量。

❸ 曾用沸乙醇（10mL/g）重结晶，因溶剂中有还原性杂质而使产品的外观不明快。

❹ 应该从冷却后的反应物中滤出粗品，用 10% NaOH 提取处理后再精制。

费歇尔的方法是将苯肼和丙酮酸的腙与无水氯化锌共热，经过复杂的加成、脱氨，以及最后脱羧得到吲哚；也用于其它衍生物的合成。

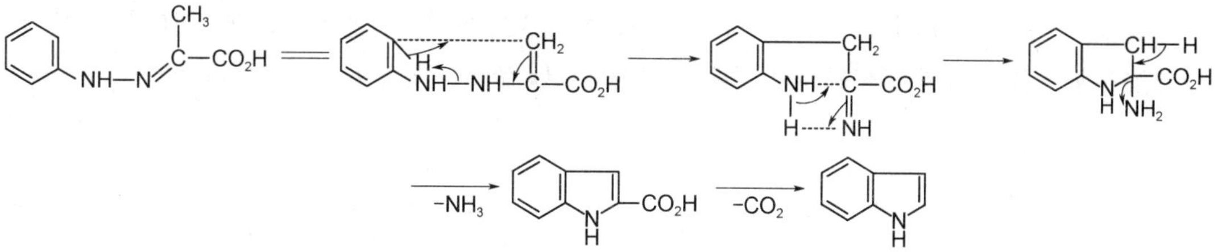

又如：苯乙酮与苯肼的腙在二甲苯溶剂中，加入苯乙酸及无水氯化锌缓缓加热升温至195~200℃反应，酸处理后得到 2-苯基吲哚。

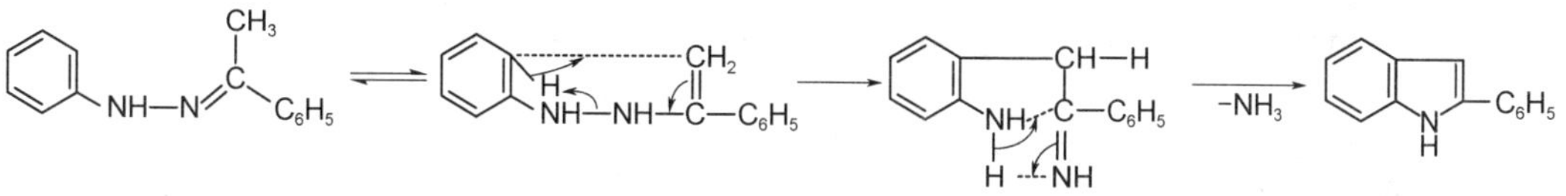

又如：丙酮苯腙与无水氯化锌（质量比 1:1.2）相混合、加热至 110℃放热反应开始，移去热源自行升温至 180℃。剧烈反应很快升至 250℃而猛烈沸腾；水汽蒸馏或溶剂提取分离。

2-甲基吲哚　M 131.18，mp 59~61℃，bp 272℃，d^{20} 1.07；易溶于醇、醚及苯中，有异臭。

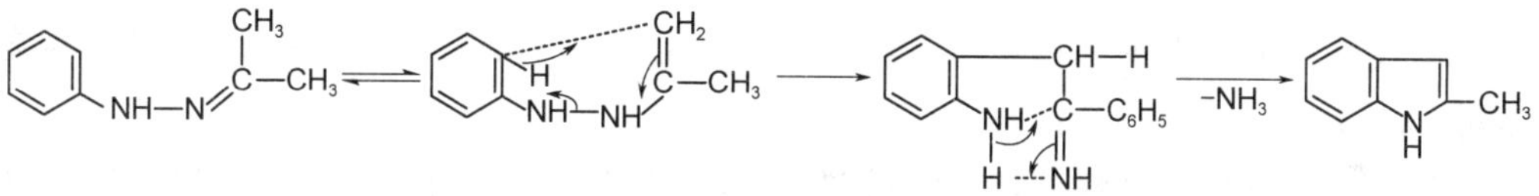

丙酮苯腙：5L 烧瓶中加入 1.3kg（22mol）丙酮，于 60℃以下慢慢加入 2.2kg（20mol）新蒸的苯肼，反应放热，加完后于 50~60℃保温 1h，再于沸水浴加热 2h，稍冷分去下面水层；水泵减压下加热至 180℃/<40mmHg 蒸去最后的水，得黄色油状液体 2.4kg（产率 81%）。

环合及脱氨：15L 烧瓶中加入 600g（4mol）丙酮苯腙，720g 粗碎的无水氯化锌，充分混匀，于沙浴上加热至 110~120℃移去加热明火，反应放热升温达 180℃；猛烈反应开始，很快升达 230~250℃（接近产物沸点）[1]，反应物呈沸腾状，此间有一些产物从高大的空气冷凝管上被吹出损失，约 5min 后反应缓和，得黑色油状物，冷后结固[2]。加入 1.2L 水及 400mL 浓盐酸，水浴加热使反应物溶化，加热下水汽蒸馏至无油状物馏出为止[3]（约蒸出 20L）。冷后滤出结晶，风干后减压蒸馏，收集 140~160℃/20~40mmHg 馏分，得 310~360g（产率 60%~69%）[1]，mp 54~56℃。

---

[1] 由于蒸出损失，只得到 35%的收率，应逐渐加入混合物料或末端收集。
[2] 向反应物中加入少量水，冷后分离或提取；也可选择从反应物直接减压蒸出粗品以避免水汽蒸馏。
[3] 可使用回流分水的方法以提高"水汽蒸馏"的温度。加入盐酸或许有害。

第十九章　杂环化合物　**821**

精制：用甲醇（0.7mL/g）溶解，脱色过滤，加入少量水搅匀，冷后冰冷，滤出结晶上，风干得成品，精制的收率 70%，mp 59~60℃。

又如：2,3-二甲基吲哚的合成，苯肼与 80% H_2SO_4 的溶液，控制 80~90℃加入丁酮；也或向酸中加入腙，过程中有异构化平衡，在 100℃保温 2h，处理后用二甲苯提取。

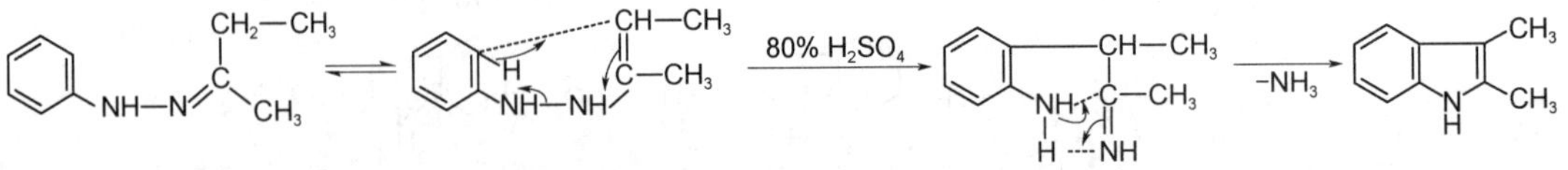

环己酮的加成活性仅次于醛，乙酰化的肼基使醛、酮脱水形成 C═C 双键；也利于氨基的退减。

1,2,3,4-四氢咔唑　M 171.24，mp 118~120℃，bp 325~330℃。

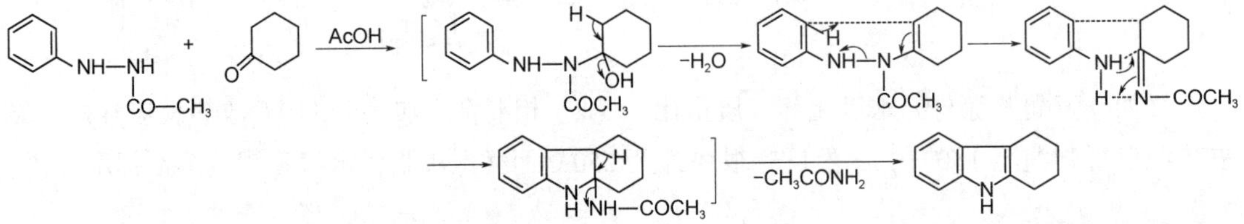

1L 三口烧瓶中加入 98g（1mol）环己酮（依含量调节用量）和 360mL 冰乙酸，搅拌下加热保持回流着，于 1h 左右慢慢滴入 108g（1mol）苯肼，加完后再搅拌下回流 1h；稍冷、倾入烧杯中，在不时搅拌下放冷，滤出结晶，冰水洗，再用 100mL 75%乙醇洗，干后得 145~155g（产率 85%~91%）。

精制：以上粗品用甲醇（4.7mL/g）重结晶（此量为饱和用量，应增加甲醇用量以方便过滤），干后得 120~135g，mp 115~116℃。母液浓缩至剩 1/4 体积可回收 10g 粗品。

1,2-苯并-3,4-二氢咔唑　M 219.29。

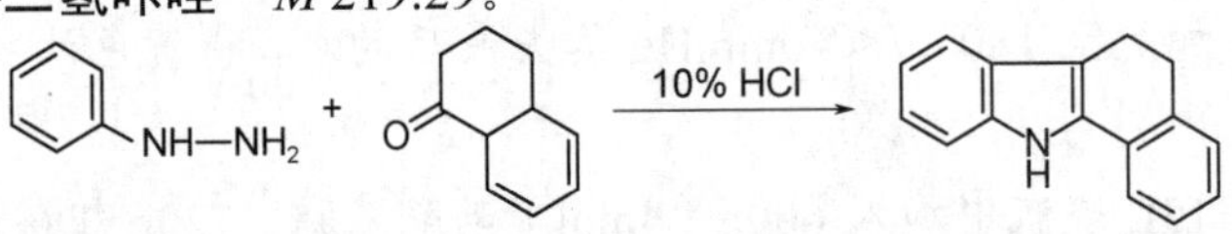

2L 三口烧瓶中加入 500mL 水，搅拌下加入 172mL 36%（2mol）盐酸，加热及搅拌下加入 108g（1mol）苯肼，保持回流状态于 1h 左右慢慢加入 146g（1mol）苯并-α-环己酮（α-萘满酮），加完后再搅拌下加热回流 1h；稍冷，倾入烧杯中，在不时搅动下放冷至室温，滤出结晶，用水浸洗，再用 75%乙醇洗；风干后用 2.3L 甲醇重结晶（脱色），冷后滤出，干后得 105~110g；母液浓缩可回收 75~80g，总产率 82%~87%，mp 163~164℃。

其它合成：

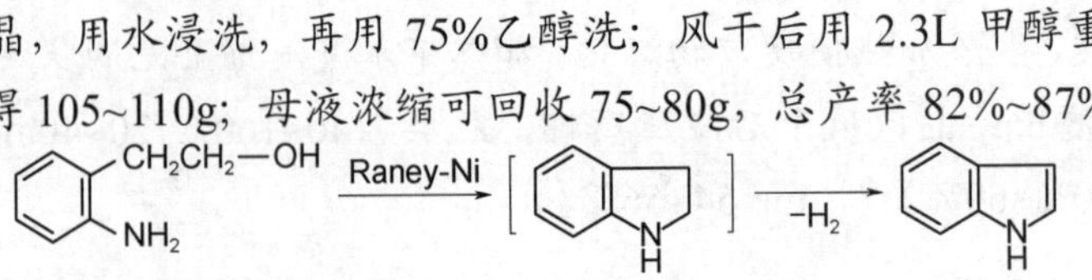

亦见 561 页。

二、吡啶及其衍生物

吡啶为无色液体,有特殊气味,光照及空气使它变黄,避光保存;bp 111.5℃;

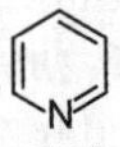

d 0.8919。

吡啶

除合成用途外也常用作反应助剂；对许多无机盐有一定络合溶解度，如：$CuCl_2$、$CuCl$、$ZnCl_2$、$HgCl$、$AgNO_3$ 等；作为溶剂，与水及多种有机溶剂互溶。

1. 取代反应

吡啶氮杂原子未共用电子对参与环的共轭，它是较弱的碱，只与强无机酸、苦味酸生成比较稳定的盐，盐酸吡啶可以蒸馏，bp 224~226℃，mp 145~147℃。

吡啶作为叔胺与卤代烷作用生成季铵盐（如下图所示）。为了生成季铵盐，非质子、强极性溶剂对反应有利，在丙酮（水＜0.5%）中吡啶或其它叔铵与卤代烷的混合物在室温放置几天，或加热回流几小时即生成季铵盐（反应速率：其它叔胺＞吡啶）。生成结晶的难易有以下经验：大分子正构烷基的季铵盐容易析出结晶；氯化物难以析出完美的结晶。如溴代正辛烷、氯代十二烷以上与吡啶反应容易析出完美结晶。

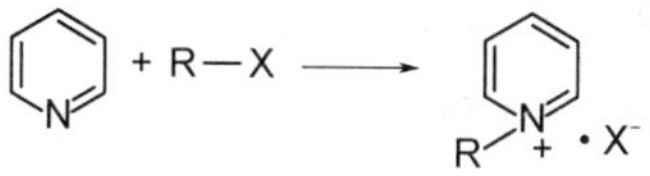

$$\text{吡啶} + R-X \longrightarrow R-N^+ \cdot X^-$$

季铵盐在盐酸吡啶中得到高温条件；在吡啶碱性条件（含少量 $CuCl_2$）加热，则吡啶 N-烃基发生重排，主要进入 2-位，其次是 4-位，亦见季铵的分解和重排（见 724 页）。

α-苄基吡啶（2-苄基吡啶） M 169.23，mp 8~10℃，bp 276℃/742mmHg、148~149℃/16mmHg，d 1.054，n_D^{20} 1.5790。

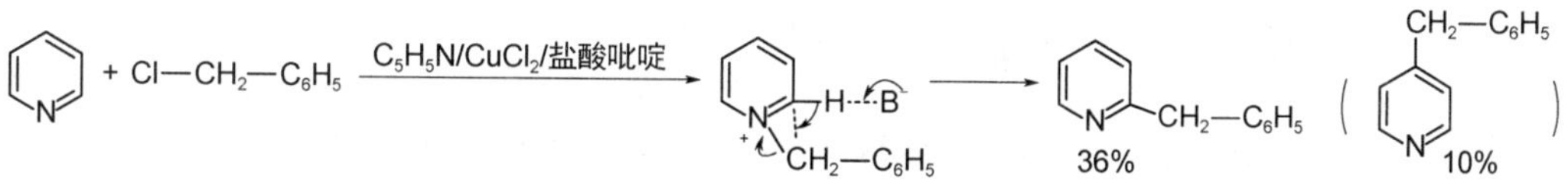

$$\text{吡啶} + Cl-CH_2-C_6H_5 \xrightarrow{C_5H_5N/CuCl_2/盐酸吡啶} [\text{中间体}] \longrightarrow \text{2-苄基吡啶 } 36\% \quad (\text{4-苄基吡啶 } 10\%)$$

5L 三口烧瓶中加入 1.8L 30%（18mol）盐酸，搅拌下加入 1.44kg（18mol）吡啶，混匀中和后分馏蒸水至柱顶温度 200~215℃，此时盐酸吡啶开始蒸出，蒸出少部分以后停止加热，将分馏柱改换回流冷凝器。搅拌下加入 24g 无水氯化铜（褐色）及 320g（4mol）无水吡啶，再于 1h 左右慢慢加入 506g（4mol）氯化苄，搅拌下加热回流 12h（反应物颜色从深蓝渐渐变深，最后有类似黑炭的固体物并有泡沫）。稍冷，加入 1.2L 水及 80mL 30% 盐酸，冷后用滤布过滤，滤液用浓氨水中和至碱性。分取油层（水层应该用苯提取两次与分出的油层合并），水洗两次，以无水硫酸钾干燥后得 550g。分馏收集 270~280℃馏分❶及 280~290℃馏分❷，共得 310g（产率 46%）。

吡啶的氮原子使环上其它碳原子的电子云密度有所降低，尤其在强酸条件下，吡啶盐相似，是强的、第二类取代基的拉电子作用，使亲电取代更为钝化，在 β 位（3 位）发生；亲核取代主要在 2 位发生。

---

❶ 分馏开始不久稳定在 96℃，是吡啶和水的共沸点；以后很快升至 270℃。

❷ 在 2-苄基吡啶（bp 278℃）蒸完以后的高沸物很少，为 4-苄基吡啶（bp 287℃）；用此项未蒸出的 4-苄基吡啶粗品硝化，制得 γ-(4-硝基-苄基)吡啶的产率 37%，见 503 页。

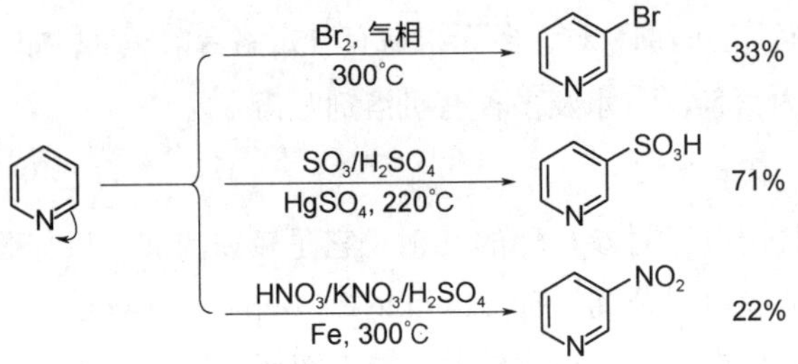

3-溴吡啶　M 158.00，bp 173~174℃，d 1.640，n_D^{20} 1.5700。

a. 过溴·吡啶氢溴酸盐（mp 101~104℃）

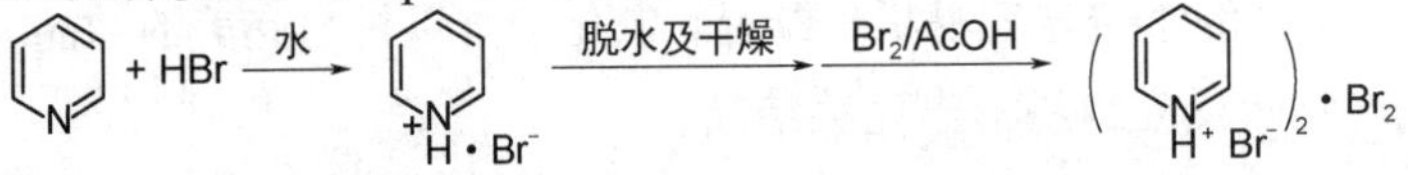

1L 三口烧瓶中加入 168.5g 48%~49%（d 1.49，1mol）氢溴酸，搅拌下加入 79.1g（1mol）吡啶，油浴加热分馏脱水，再用水泵减压蒸干，最后在 160℃/<50mmHg 真空干燥。放冷至 120℃左右加入 240g 冰乙酸，加热回流使吡啶氢溴酸盐溶解，控制 60℃左右、搅拌下慢慢加入 80g（0.5mol）无水溴与 80mL 冰乙酸的溶液，加完后倾入烧杯中封盖好。冷后冰冷，滤出结晶，于 32℃±2℃减压干燥，得 190g（产率 79%），mp 101~104℃。由于蒸水时吡啶氢溴酸有损失，故产品的过溴含量高于计算值 33.3%，达到 39.5%（含二溴物）。

b. 3-溴吡啶

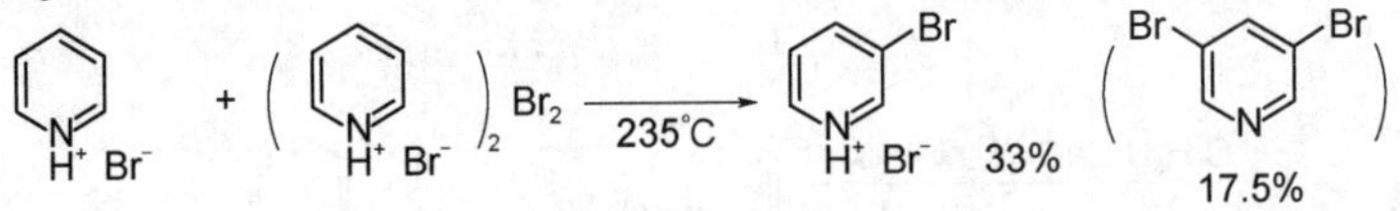

再如上制备一份干燥的吡啶氢溴酸盐，加入上面制得的过溴·吡啶氢溴酸盐，充分混匀，安装机械搅拌、温度计及回流冷凝器，上口接空瓶及水吸收。搅拌下在油浴上加热，至 200℃开始有 HBr 放出，维持 235℃左右反应至不再有 HBr 放出为止，约 3h 左右可以完成。

将反应物水洗蒸馏，蒸出 3,5-二溴吡啶，收集约 1.5L 馏出液可以蒸完，滤出，得 10.5g（17.5%，按溴计）；向剩余物中加入约 300g 40%（3mol）氢氧化钠溶液中和至强碱性，作水洗蒸馏至油珠为止，约收集 700mL 馏出液，用食盐饱和，分取油层，得 50g，用片状氢氧化钠干燥后分馏，收集 160~175℃馏分，得 26g（产率 33%，按溴计）。

具有其它拉电子基使吡啶的盐不稳定，在较高温度的平衡过程中使亲电取代反而容易进行（是其较弱拉电子基的影响），如烟酰氯盐酸盐的溴化制取 5-溴烟酸；又如，吡啶环上有推电子基，虽是在酸条件下，推电子的作用大于拉电子的作用，按推电子基的定位指向。

5-溴烟酸　M 202.01，mp 182~183℃；淡黄色针晶，易溶于乙酸。

a. 烟酰氯盐酸盐（mp 151~152℃）

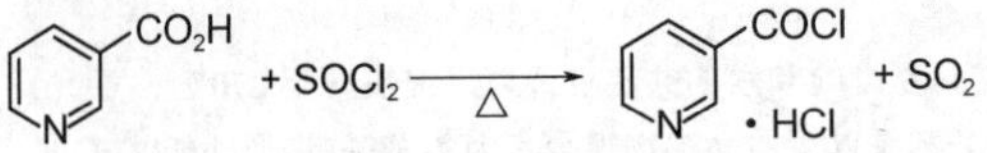

1L 三口烧瓶中加入 123g（1mol）烟酸和 980g（8mol）二氯亚砜，加热回流至反应物基本均一，再回流 2h，回收二氯亚砜，最后用水泵减压收尽。

b. 溴化

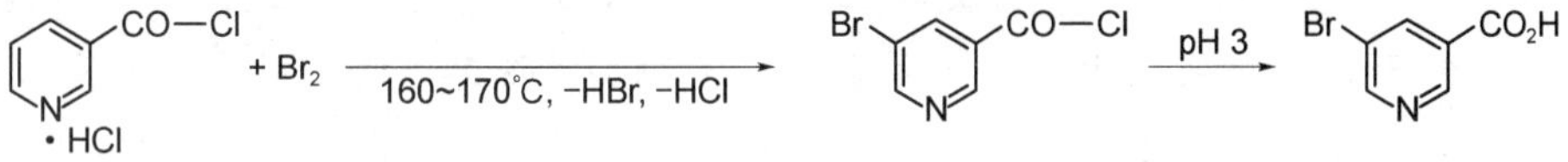

将蒸馏冷凝器作回流装置，加热维持 150~160℃，使盐酸、烟酰氯溶化，搅拌着于 1h 左右慢慢加入 180g（1.12mol）无水溴，反应迅速进行，放出大量 HBr 夹杂有 HCl 及不是太少量的溴气体，从冷凝器上口导至水面吸收；其间将反应物温度逐渐提高至 170℃，加完后保温搅拌 1.5h（10min 以后就很少放出 HX）。放冷至 120℃将反应物倾入 0.5kg 碎冰中，充分搅拌，冰融化后，搅拌下加热使溶、脱色过滤（蒸汽有刺激性），滤液用水冲稀一倍❶，以 Na₂CO₃ 中和至 pH 3，滤出结晶，水洗，干后得 104g（产率 52%），mp 179~182℃。

2-氨基-3-硝基吡啶　*M* 139.11，mp 165~167℃。
2-氨基-5-硝基吡啶　*M* 139.11，mp 186~188℃。

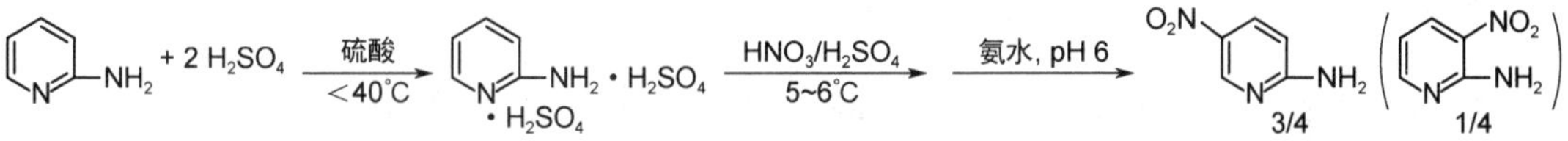

0.5L 三口烧瓶中加入 100mL 浓硫酸，控制温度低于 40℃，搅拌着慢慢加入 47g（0.5mol）品质优良的 2-氨基吡啶，加完后再搅拌几分钟；控制 5~6℃（有介绍 45℃左右）慢慢加入如下的混酸：80mL 浓硫酸控制 40℃以下慢慢加入 105g（*d* 1.5、1.6mol）硝酸，混匀。加完后保温搅拌 6h，慢慢加入至 1.2kg 碎冰中，以浓氨水中和至 pH 6，滤出黄色结晶，水洗，70℃烘干，得 55g（产率 78%），其中 5-硝基物占 3/4，3-硝基物占 1/4。

N-氧代-3-甲基吡啶的硝化进入 *γ* 位（甲基的邻位）。

N-氧代-3-甲基-4-硝基吡啶　*M* 154.13。

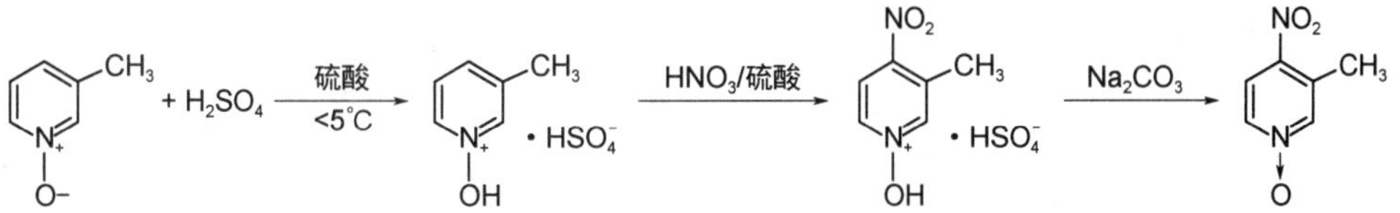

3L 三口烧瓶中加入 650mL（12mol）浓硫酸，冰盐浴冷却控制 5℃以下，搅拌着慢慢加入熔化的 140g（1.65mol）*N*-氧代-3-甲基吡啶（mp 37~39℃），加完后移去冰水浴。控制 60℃左右，分多次共加入 495mL（*d* 1.5、11mol）工业硝酸（每次加入约 50mL），

---

❶ 如果不用水冲稀，直接中和，滤出结晶，水洗，干后得 140g，mp 170~175℃；用冰乙酸（3.5mL/g）重结晶，冰乙酸浸洗，100℃烘干（乙酸气味很难烘尽），得 106g（产率 52%），mp 179.5~181.5℃。

加完后于半小时左右慢慢升温至刚刚有氮氧化物放出（95~100℃），立即用冰水冷却，气体放出还是增大[❶]，几分钟后变得缓和，于 100~105℃保温 2h。冷后倾入 2kg 碎冰中充分搅拌，慢慢以 1.36kg（12.5mol）Na_2CO_3 中和，滤出黄色结晶及析出的无机盐，用温水浸洗以溶去无机盐；水溶液用氯仿提取三次，再用以提硝基固体物三次[❷]，提取液合并，以无水硫酸钠干燥后回收氯仿，剩余物用 1.5L 丙酮加热溶解，脱色过滤，回收丙酮至剩 1/2 体积；冷后冰冷，滤出结晶，乙醚洗，风干后得 162~173g（产率 64%~68%），mp 137~138℃；母液浓缩至 150mL 体积，回收到的粗品重结晶后得 15g。

又如：3-羟基吡啶在碱性条件用 CO_2 的羧基化生成 5-羟基吡啶-2-甲酸（见 241 页）。

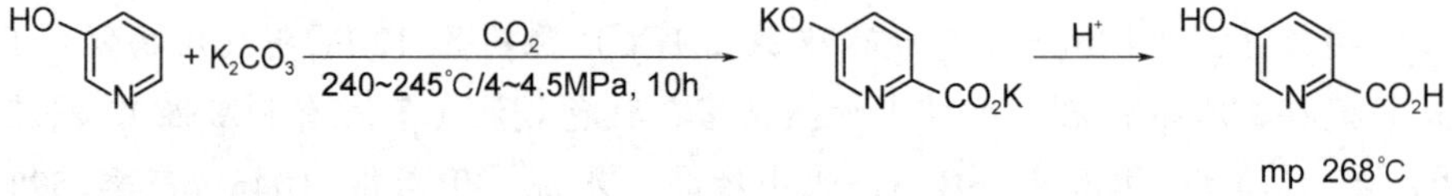

mp 268℃

【亲核取代】

在吡啶环上的亲核取代主要进入 2 位，其次是 4 位。

吡啶与苯基锂在无水甲苯中回流，在 2 位引入苯基；与氨基钠在甲苯中回流得到 2-氨基吡啶；与 KOH 在高温反应得到 2-羟基吡啶；骨架镍与吡啶长时间加热，在分子间脱氢，得到 2,2′-联吡啶。

2-苯基吡啶　M 155.20，bp 270~272℃，d^{25} 1.0833，n_D^{20} 1.6210。

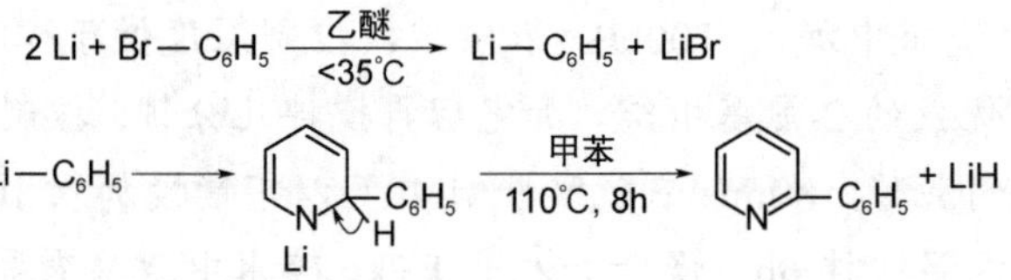

向从 40g（0.25mol）溴苯制得的苯基锂反应物中慢慢加入 40g（0.5mol）无水吡啶及 100mL 无水甲苯的溶液，于油浴加热回收乙醚至液温 110℃；搅拌下加热回流 8h，冷后加水分解，分取甲苯层，用 KOH 干燥后回收甲苯，剩余物减压蒸馏，收集 140℃/12mmHg 馏分，得 15.5~19g（产率 40%~49%）。

另法（见 599 页）：

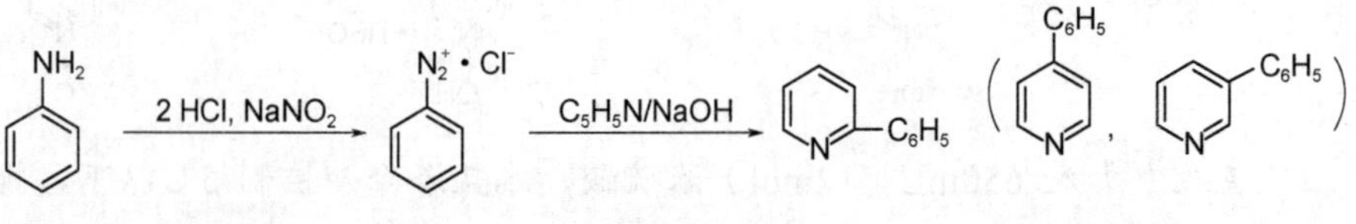

2-氨基吡啶　M 94.12，mp59~60℃，bp 210℃。

---

❶ 该硝化方法仍有危险，或可参照 3,5-二硝基苯甲酸（见 524 页）、2,5-双(三氟甲基)硝基苯（见 525 页）的方法实施比较安全和容易控制。

❷ 或在中和后直接提取。

吡啶 + NaNH₂ $\xrightarrow[\triangle, 8h]{甲苯}$ 2-吡啶-NH—Na $\longrightarrow$ 2-吡啶-NH₂

2L 三口烧瓶中加入 0.5L 甲苯、150g（3.84mol）粉碎的氨基钠（mp 210℃）及 200g（2.5mol）无水吡啶，用油浴加热，搅拌下回流 8h（回流温度有升高）。放冷后倾出甲苯重复使用；烧瓶中的黏固物在冰水冷却下小心加入 250mL 水，放热。分取上层，水层用甲苯提取，提取液与分出的上层合并，分馏回收甲苯，剩余物分馏，收集 190~205℃ 馏分；再分馏一次，收集 202~207℃ 馏分，得 165~175g（产率 69%~74%）。

2,6-二氨基吡啶　M 109.13，mp 120~122℃；易被空气氧化。

2-氨基吡啶 + 2 NaNH₂ $\xrightarrow[180℃, -NH_3]{4-异丙基甲苯}$ Na—NH-吡啶-NH—Na $\xrightarrow{水}$ H₂N-吡啶-NH₂

2L 三口烧瓶中加入 250mL 无水 4-异丙基甲苯溶剂（bp 176~178℃），加入 115g（3mol）粉碎的氨基钠及 85g（0.9mol）新蒸的 2-氨基吡啶，搅拌下在 140~160℃ 油浴上加热 2h，在 160℃ 以上开始有氨气放出。再将油浴升温至 180~190℃ 反应 7h 直至停止放出气体，此时生成的是吡啶-二氨基钠。

放冷后倾出 4-异丙基甲苯供下次使用。烧瓶中的剩余物在水冷却下慢慢加入 400mL 冰水水解，冷后滤出，水洗两次[1]，风干后用苯重结晶（脱色）得产品 70~78g（产率 71%~79%），mp 119~121℃。

2,6-二氨基吡啶也可以从吡啶和过量的氨基钠直接制取。吡啶还可发生下列反应：

吡啶 + 2 KOH $\xrightarrow{320℃}$ 2-吡啶-OK $\longrightarrow$ 2-吡啶-OH $\Longleftrightarrow$ 2-吡啶酮

2 吡啶 $\xrightarrow[\triangle >10h, -H_2]{Raney\ Ni}$ 2,2'-联吡啶

受 N-氧代的影响亲核取代在 2 位。

2-氯-3-氰基吡啶（2-氯烟腈）　M 138.55。

N-氧代烟酰胺（CO—NH₂）$\xrightarrow{PCl_5/POCl_3}$ (CN, N-氧代) $\xrightarrow{PCl_5}$ (中间体) $\xrightarrow{-POCl_3, -HCl}$ 2-氯-3-氰基吡啶（CN, Cl）

1L 三口烧瓶中加入 85g（0.62mol）N-氧代烟酰胺和 180g（0.86mol）五氧化磷，充分混匀，慢慢加入 400g（243mL）三氯氧磷，安装球形回流冷凝器，搅拌下于油浴上加热，从 70℃ 开始半小时左右将浴温升高至 100℃，维持 100~105℃ 反应，放出 HCl 越来越快，POCl₃ 猛烈地回流，从油浴中取出用水冷却[2]，反应物为暗红色（反应温度高出、

---

[1] 所有水溶液用苯提取，与重结晶的苯母液一起回收。

[2] 此反应相似于从苦味酸制取 2,4,6-三硝基氯苯的反应（见 451 页）；应使用水浴或盐水浴。

颜色会深重），待反应缓和后再油浴加热回流 1.5h；控制浴温 100℃左右，用水泵减压回收 POCl$_3$ 至有产物开始升华，稍冷、将暗红色油状物慢慢加入至 300g 碎冰中充分搅拌，调节总体积为 600mL 冰冷过夜。次日，滤出亮棕色结晶，水洗，使悬浮于温度在 15℃以下的 300mL 5% NaOH 溶液中，搅拌半小时洗去任何酸性物质，滤出，以 5% NaOH 洗、水洗两次，在五氧化二磷真空干燥器中干燥。

在索氏油脂提取器中放入粗滤纸筒，先加入约 5mm 厚无水碳酸钠以干燥及除去酸物质，再加入干燥的粗品。烧瓶中加入 0.7~0.8L 无水乙醚，作回流提取 2~3h，套筒中剩有多量胶状物。提取完毕，加入无水乙醚使溶液体积 0.8~0.9L，脱色过滤，回收乙醚，得 30~33g（产率 34%~39%）❶，mp 105~106℃。

4-苯基-2-氰基吡啶 M 180.21。

a. *N*-氧代-4-苯基吡啶（mp 153~155℃）

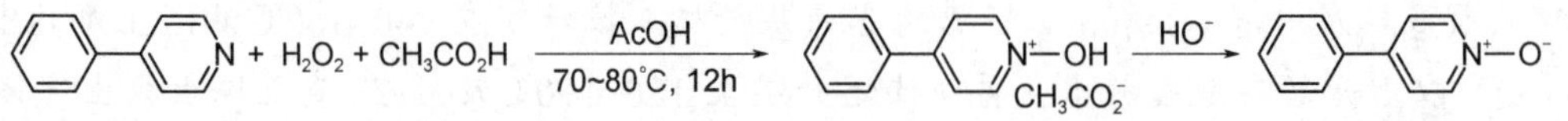

0.5L 三口烧瓶中加入 28g（0.18mol，mp 73℃），4-苯基吡啶及 130mL 冰乙酸，搅拌下温热使溶，慢慢加入 20mL 30%（0.18mol）双氧水，于 70~80℃水浴上加热保温 5h；再加入 20 mL 30%（0.18mol）双氧水，再混匀保温 8h。水浴加热减压浓缩，剩余物以温热的饱和碳酸钠溶液中和至碱性；用 200mL 氯仿分两次提取，以无水硫酸钠干燥后回收氯仿，得粗品 28g（产率 91%），mp 149℃，直接用于下面合成。

b. 氰基取代

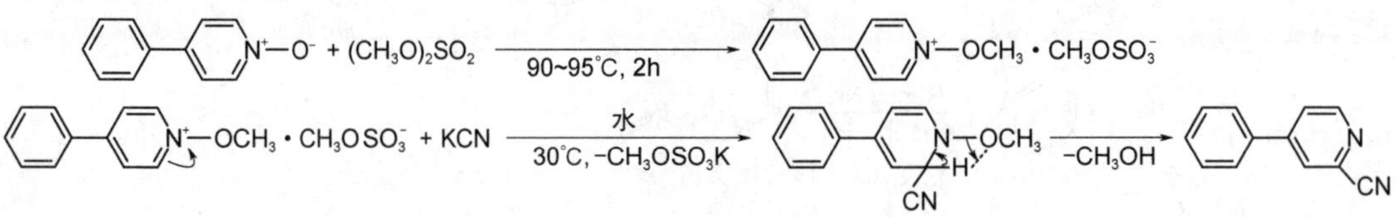

0.5L 三口烧瓶中加入 26g（0.2mol）优质的硫酸二甲酯，搅拌下慢慢加入 34g（0.2mol）*N*-氧化-4-苯基吡啶，反应缓和后将反应物升温至 90~95℃保温 2h，冷后将反应物溶于 200mL 冰水中备用。

1L 三口烧瓶中加入 200mL 水，搅拌下加入 39g（0.6mol）氰化钾，溶解后，维持反应温度 25~30℃慢慢加入上面的 4-苯基吡啶-*N*-甲氧基·甲酯硫酸盐溶液，加完后保温搅拌 3h，析出结晶，滤出、水洗、风干，得 25.5g（产率 71%）。

减压蒸馏，收集 120~140℃/2mmHg（或 170~180℃/15mmHg）馏分，使溶于热丙酮中，用 60~70℃石油醚冲析出结晶，干后得 20g（产率 54%），mp 98~100℃，外观白色粉末。

2. 取代基的变化

吡啶环上氮杂原子对于环上取代基变化的影响一般不是很大，如：硝基的还原；氨基的

---

❶ 产率低的原因可能是在酰胺的脱水步骤消耗了五氧化二磷。

重氮化及其变化；烷基的氧化；酰胺的降解、水解及 P_2O_5 的脱水——腈；氰基的水解以及羧酸的酰化、酰氯等。特别应该注意的是：2 位、4 位的 $-CH_3$、$-NH_2$、$-Cl$、$-OH$，它们受氮杂原子吸引电子的影响而不同于苯环，某些反应特征更接近甲基酮、酰胺、酰氯和羧酸。

2-甲基吡啶、4-甲基吡啶、2-甲基喹啉的 α-C—H 容易离去，并且 2 位比 4 位更活泼，与甲醛缩合得到相应的乙醇基吡啶，压力下的更高温度使反应加速；"碱"催化了反应，作为催化剂的可以是甲基吡啶本身——直火加热的局部得到更高的反应温度。

羟乙基吡啶在强碱（片状 KOH 或 50%KOH 溶液）作用下共沸脱水蒸馏（β-消去）得到乙烯基吡啶。

2-乙烯基吡啶 M 105.14，bp 159~160℃（分解、树脂化）、79~82℃/29mmHg、48~51℃/12mmHg，d^{20} 0.974，n_D^{20} 1.549；可溶于水；可溶解 15%的水；随水气挥发，与多种溶剂互溶；产品添加有 0.1% 叔丁基-o-苯二酚作稳定剂。

a. 2-羟乙基吡啶 （甘油状，bp 121℃/15mmHg，n_D^4 1.111，n_D^{20} 1.5268）

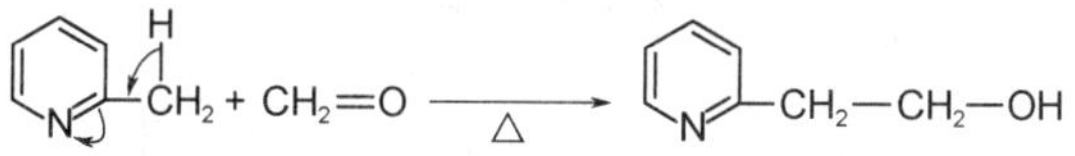

10L 烧瓶中加入 2L（20moL）2-甲基吡啶（bp 129℃）、4L 水及 1L 37%（12mol）甲醛水溶液，直火加热回流 20h（用压力蒸汽加热的常压反应罐，反应速度更慢许多）；水浴加热用水泵减压（-0.07~-0.08MPa）回收未反应的物料至不出为止，剩余物约 600g。回收物料补加 1L 甲醛水❶，如上重复三次，共得 1.6~1.8kg❷。

b. 脱水——2-乙烯基吡啶——β-消去

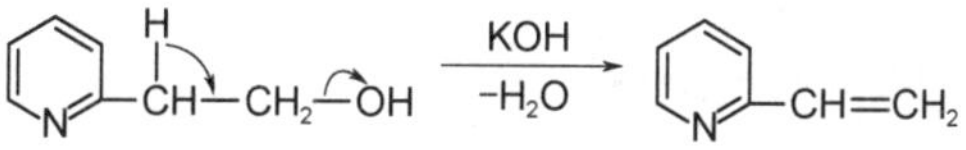

5L 三口烧瓶中加入 1kg（8mol）2-羟乙基吡啶及 330g 片状 KOH 混匀后用电热套加热作减压蒸馏，到反应物温度升至 160℃脱水反应开始，当发生的气泡将要溢出时立即移开热源❸，稍缓后继续加热蒸馏，反应物温度缓缓升至 200℃/20mmHg 很少有产物馏出时，趁热倾出剩余物、冷水用水和丙酮交替清洗烧瓶。使用煤气灶加热，约 15min 反应即可结束（使用 KOH 溶液常压共沸脱水反应、反应平稳、容易处理）。

馏出物分开水层❹，用氢氧化钠干燥三次，减压分馏，收集 79~82℃/29mmHg 馏分，得 430~440g（产率 52%），以上全部 2-羟乙基吡啶完成脱水共得 650~800g 2-乙烯基吡啶。

同样方法：从 4-甲基吡啶制得 4-羟乙基吡啶、4-乙烯基吡啶（bp 58℃/12mmHg）；从 2,4-二甲基吡啶制得 4-甲基-2-羟乙基吡啶、4-甲基-2-乙烯基吡啶，得到与以上相近的产率。

---

❶ 补充甲醛水溶液每次递减 1/3。
❷ 如减压蒸馏，必先水汽蒸馏除尽甲醛，以免在机械泵中甲醛聚合。
❸ 此气泡现象表示有产物聚合；以下交替用水和丙酮清洗烧瓶也表示有聚合。
❹ 水层应予以提取回收。

7-氯喹啉-2-乙烯基苯基-3′-甲醛　*M* 293.78。

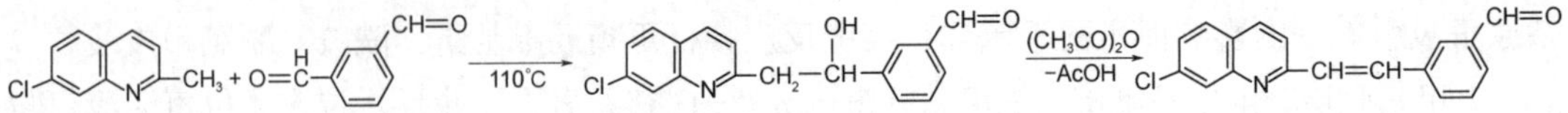

250mL 三口烧瓶中加入 35.5g（0.26mol）间苯二甲醛及 35.2g（0.2mol）7-氯-2-甲基喹啉，充分混匀，于 110℃左右保温搅拌 3h，有水汽在烧瓶上端凝结［有少量结晶物析出，是进一步缩合的产物 1,3-二（7-氯喹啉-2′-乙烯基）苯，mp 258~260℃；应该在此步分离］，稍冷，加入 30mL（0.3mol）乙酸酐，于 135℃保温 3h，放冷后滤出结晶，mp 142~158℃。

精制：用甲苯（6mL/g）重结晶，得 36g（产率 61%），mp 144~148℃。

2-氨基吡啶的氨基比一般酰胺的碱性稍强些，具有较强的亲核性质（生成 2-苄氨基吡啶，见 561 页）；与乙酸酐共热被乙酰化；强无机酸与吡啶 N 原子成盐后，氨基的碱性更弱，不足以生成稳定的盐，是平衡过程，亲电取代在氨基的邻、对位发生（见 825 页）。

2-苄氨基吡啶
90%，mp 97°C

2-氨基-5-硝基吡啶

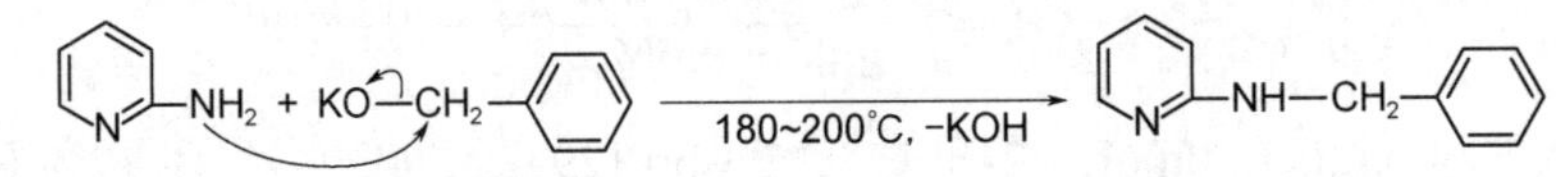

2-乙酰氨基-5-硝基吡啶　*M* 181.15。

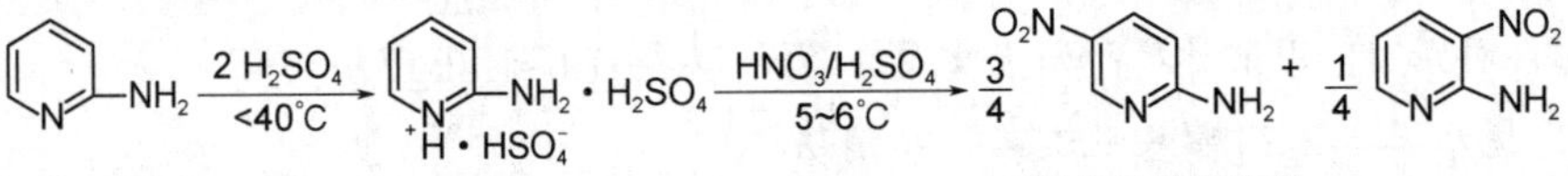

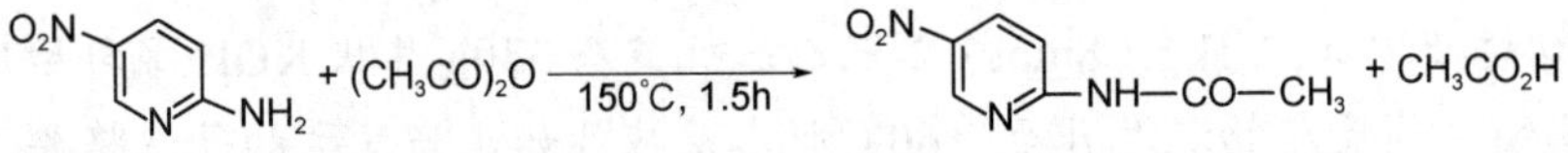

14g（0.1mol）2-氨基-5-硝基吡啶及 35mL 乙酸酐的混合物在油浴上加热回流 1.5h，稍冷后加入 20mL 水再加热回流半小时以水解过剩的乙酸酐。减压蒸除乙酸后再加入 35mL 水，滤出结晶，干后得 17.5g；用乙醇重结晶得 14.3g（产率 80%），mp 195~196℃。

2-氯-5-羟基吡啶　*M* 129.55。

a. 2-氯-5-氰基吡啶

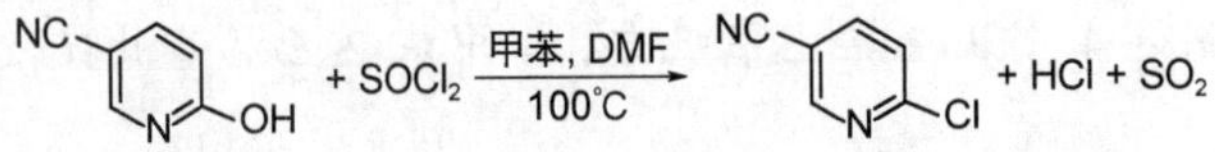

1L 三口烧瓶中加入 240mL 甲苯、120g（1mol）2-羟基-5-氰基吡啶及 7mL DMF（催化），搅拌下加热维持 100℃，于 2h 左右从分液漏斗慢慢滴入 131g（1.1mol）二氯亚砜，加完后继续加热保温搅拌至固体物反应溶解澄清后再保温搅拌半小时，减压回收未反应的二氯亚砜及部分甲苯（共蒸出 60~70mL），稍冷、倾入烧杯中放置过夜。次日滤出结

晶，冰水洗，干后得 123g（产率 89%），纯度 98%，mp 114~117℃。

b. 氰基的不完全水解及降解——2-氯-5-氨基吡啶（mp 81~83℃）

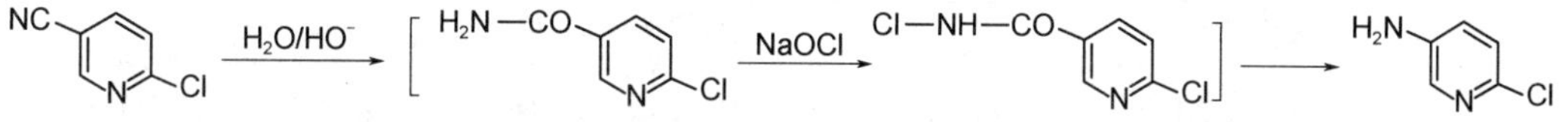

1L 烧杯中加入 50g（1.25mol）氢氧化钠使溶于 120mL 水中，再入用 76g（1.9mol）氢氧化钠制备的 0.95mol 次氯酸钠溶液（pH 6.5~7.5，包括所用 400mL 冰及水）。

2L 三口烧瓶中加入 310mL 水，维持 80℃左右搅拌下加入 138.5g(1mol）2-氯-5-氰基吡啶，维持 78~82℃从分液漏斗慢慢加入上面配制的次氯酸钠与氢氧化钠的溶液（反应放热与加入的冷溶液对热量几乎平衡），反应物逐渐变澄清，加完后保温搅拌半小时❶，趁热过滤，放冷、滤出结晶，风干后得 69g，纯度 95%。母液用乙醚提取三次（20mL、100mL、50mL），提取液合并，水浴加热浓缩至干，得 33g，纯度 90%。两部分产物纯度折合产率 74%。

精制：用四氯化碳重结晶，得 75g（产率 60%），纯度 98.5%。

c. 重氮化及水解——2-氯-5-羟基吡啶

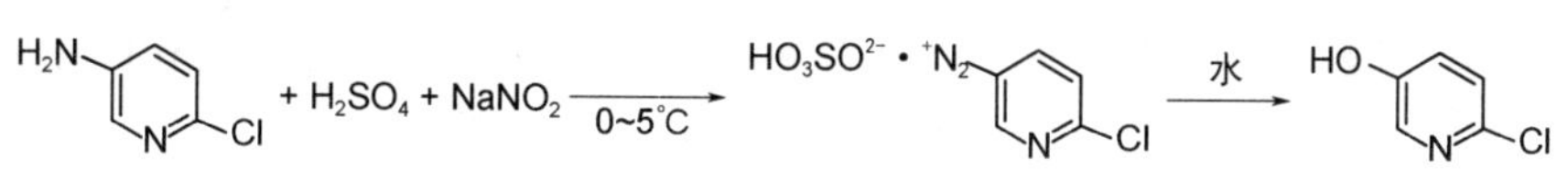

0.5L 三口烧瓶中加入 170mL 水，搅拌下加入 170g（1.7mol）浓硫酸，冷却至 35℃左右加入 64.3g（0.5mol）2-氯-5-氨基吡啶，搅拌使溶；冰盐浴冷却、控制 0~5℃于 1h 左右慢慢滴入 41.5g（0.6mol）亚硝酸钠溶于 60mL 水的溶液，加完后再搅拌 2h，用氨基磺酸或尿素水溶液分解过量的亚硝酸。

2L 三口烧瓶中加入 1.2L 冰乙酸❷，搅拌下加热至 100℃，维持 98~100℃于 1h 左右慢慢加入上面的重氮盐溶液，加完后保温搅拌 2h，冷至 50℃以下，以 180g（1.7mol）碳酸钠中和硫酸，搅拌半小时后滤除硫酸钠并以乙酸浸洗两次，乙酸溶液与母液合并，水浴加热减压回收乙酸至近干，粉碎后用乙酸乙酯提取（0.5L，加热），回收溶剂至近干，得棕色结晶 36.1g，HPLC 纯度 90%，折合产率 50%。

又如：

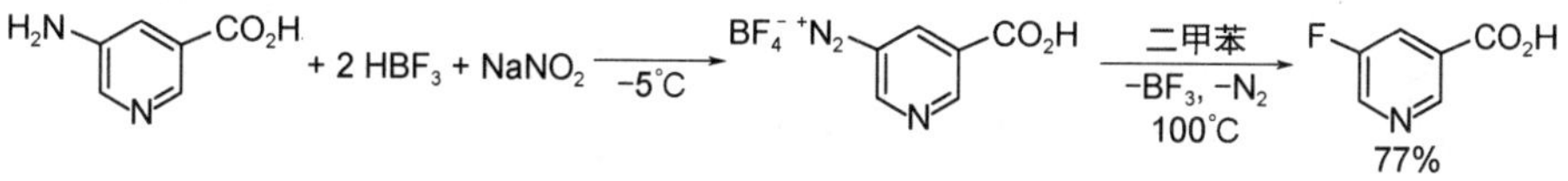

（见 593 页）

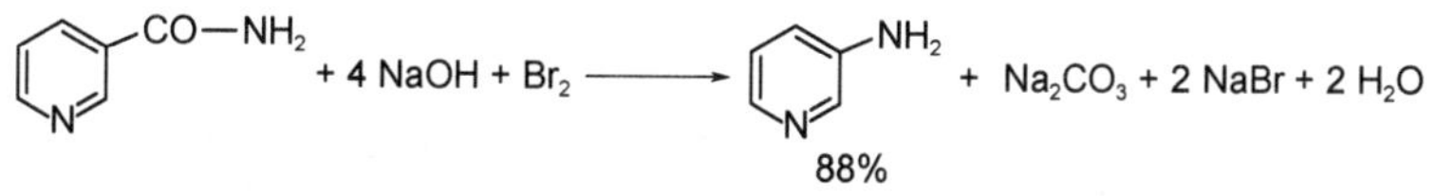

（见 731 页）

---

❶ 氰基水解及降解的总反应式为：R—CN + NaOH + H₂O + NaOCl ⟶ R—NH₂ + NaCl + NaHCO₃。

❷ 减少乙酸用量会出现沥青状物，或应该使用盐酸重氮化及羟基取代以抑制氯水解。

$$\text{2-bromopyridine} + CuCN \longrightarrow \text{2-cyanopyridine} \qquad \text{（见 353 页）}$$

$$\text{2,5-dibromopyridine} + CuCN \longrightarrow \text{5-bromo-2-cyanopyridine}$$

$$\underset{\text{5-bromonicotinic acid}}{Br\text{—}} + 3 NH_3 \xrightarrow[190℃/\text{压力, 24h}]{[Cu(NH_3)_4]^{2+}\ SO_4^{2-}} H_2N\text{—}CO\text{—}NH_4 \xrightarrow{H^+(pH\,5)} H_2N\text{—}CO_2H \qquad \text{（见 565 页）}$$

72%

$$\text{nicotinamide } (CO\text{—}NH_2) + P_2O_5 \longrightarrow \text{3-cyanopyridine (CN)} \quad \text{mp }52℃,\ \text{bp }201℃$$

2-乙酰氨基-5-氨基吡啶　$M\ 151.17$，mp 157℃；无色结晶，对光和空气氧敏感。

$$\underset{\text{NH—COCH}_3}{O_2N\text{—}} + 3 H_2 \xrightarrow{Pt/C} \underset{\text{NH—COCH}_3}{H_2N\text{—}} + 2 H_2O$$

　　烧瓶中加入 400mL 甲醇、4g Pt/C 催化剂、18.1g（0.1mol）2-乙酰氨基-5-硝基吡啶，排除空气后充以稍高于常压的氢气，摇动或搅拌着至耗用了理论量的氢以后，滤除催化剂，水浴加热、用水泵减压蒸除溶剂，用水或氯仿重结晶，产率 90%，mp 156.5～157.5℃。

【*N*-氧代化合物及其支链的氧化】

　　氮杂环在强酸条件生成铵正离子，吸引电子的结果使亲电取代及其氧化变得困难。如：8-羟基喹啉在中性、碱性条件下，用过硫酸铵在室温、水溶液中氧化得到 5,8-二羟基喹啉，此反应是被羟基致活的苯环氧化；在酸性条件剧烈的浓硝酸氧化，苯环被破坏，得到吡啶-2,3-二甲酸（见 215 页）。

$$\underset{\text{OH}}{\text{8-羟基喹啉}} + 16 HNO_3 \xrightarrow{70\%\ HNO_3} \underset{\text{CO}_2H}{\overset{\text{CO}_2H}{\text{吡啶}}} + 16 NO + 2 CO_2 + 9 H_2O$$

吡啶-2,3-二甲酸
57%

　　氮杂环侧链烷基在碱性条件用 KMnO$_4$ 氧化，氮杂环的稳定性不及苯环，常伴有不是量太少的（约20%）氮杂环破坏，有时还可能伴有 *N*-氧代产物，如下所示（另见 218～219 页）：

$$\text{2-甲基吡啶} + 2 KMnO_4 \xrightarrow{60\sim65℃} \text{吡啶}\text{—}CO_2K \xrightarrow{H^+} \text{吡啶}\text{—}CO_2H$$

吡啶-2-甲酸
52%

$$CH_3\text{—吡啶—}CH_3 + 4 KMnO_4 \xrightarrow{60\sim65℃} KO_2C\text{—吡啶—}CO_2K \xrightarrow{H^+} HO_2C\text{—吡啶—}CO_2H$$

吡啶-2,6-二甲酸
62%

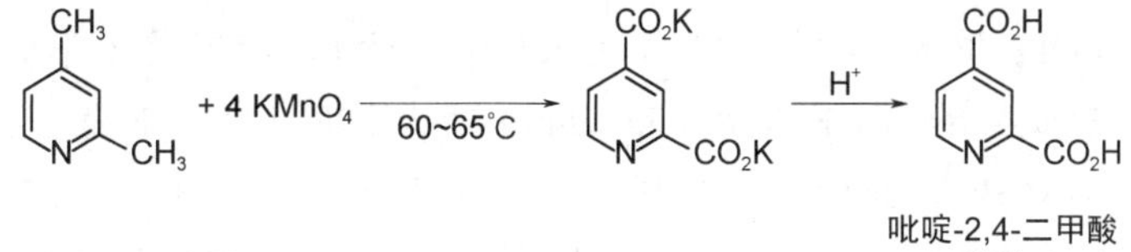

吡啶-2,4-二甲酸
38%

氮杂环及其它叔胺、仲胺，其氮原子的未共用电子对与过氧酸或过氧化氢作用，首先生成 N-过氧化物，然后在两个氧原子间异裂，它们的稳定性依"酸""碱"的强度：N-氧代-甲基吡啶与乙酸能生成稳定的盐，碱使它们分解开，N-氧代吡啶的乙酸盐不稳定，在其蒸馏时（约 5mmHg）分解开，首先蒸出乙酸；N-氧代烟酰胺不与乙酸成盐。

过氧酸在分子内配位成环 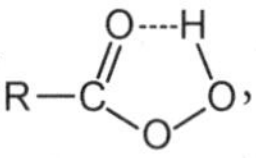 ，虽有过氧化氢基团，但较难发生电离，它比相应羧酸的酸性更弱，比过氧化氢的氧化能力更强；许多 N-氧化不必使用过乙酸，可向叔胺底物的冰乙酸溶液中加入浓的过氧化氢，生成的过乙酸随时进入反应，巨大的乙酸用量能提高生成过氧乙酸的速度，使 N-氧代以较快的速度进行；反应速度都不是很快，"碱"性强的叔胺，如：只用双氧水，甚至在室温放置（1 天以上）即得到良好的产率。

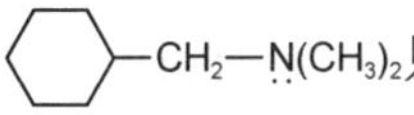

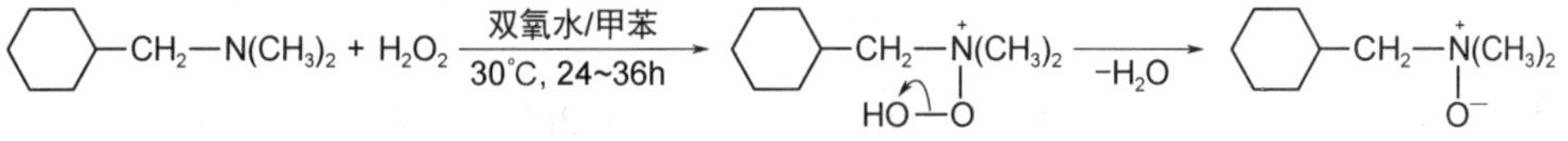

2,2,6,6-四甲基哌啶-4-醇用双氧水催化氧化，钨酸钠是良好的催化剂，必须在有机胺 EDTA 二钠作用下把它解聚为单分状态才起作用——在 6~7h 完成 N-氧化。

N-氧代-4-羟基-2,2,6,6-四甲基哌啶自由基 M 172.25；橘红色柱状结晶，易溶于水，极易溶于醇、醚及苯中，难溶于石油醚；从水中得含 1.5 分子水的结晶，风干过程可风化，外观变为黄色，无水物 mp 72℃（英文名缩写：4-hydroxy-TEMPO，free radical）。

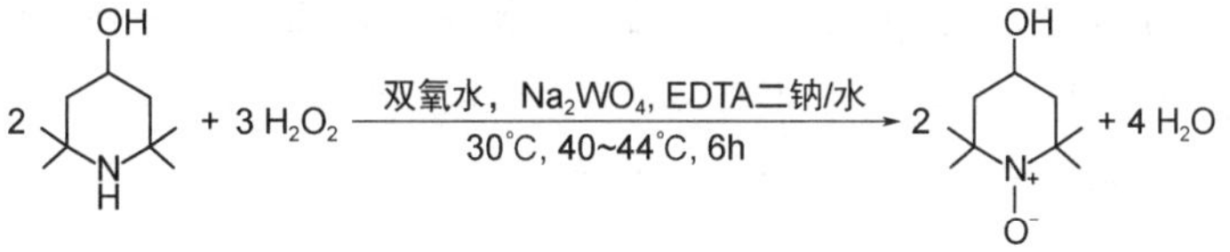

2m³ 反应罐中加入 450L 蒸馏水，开动搅拌，加入 582kg（3.75kmol）四甲基哌啶醇、9kg 钨酸钠及 9kg EDTA 二钠，搅拌 10min 后从高位瓶加入 200kg 29%~30%（1.7kmol）双氧水，控制反应物温度 29~31℃；除去夹套水或蒸汽，待反应放热使反应物温度升至 42℃，向夹套充入 1/3 冷水以控制放热的反应温度不超过 44℃；待反应物温度开始下降，控制反应温度 40~44℃，开始从高位瓶以 250kg/h 的速率均匀地再加入 850kg 29%~30% 双氧水，约 3.5h 可以加完［共加入了 1050kg 29%~30%（8.9~9.2kmol）双氧水[1]］。加完后保温 3h，取样 GC 分析，当四甲基哌啶醇组分降至＜5%，开始加热，使夹套蒸汽压慢慢升至约 0.05MPa，用水泵减压蒸水，至蒸出 900kg±50kg 为止（弃去），停止加热和减

---

[1] 此合成，双氧水用量比计算过量 60%（约 400kg），应分析保温后的组分，以减少双氧水的用量。

压。稍冷，加入 500kg 甲苯，搅拌下调节反应物温度于 60~65℃静置半小时以分层清楚，点动搅拌半秒以使机械杂质向下移动。又 10min 后从罐下口分去下面水层（约 480L）[注①]，减压回收甲苯 360~365kg，此时馏出的甲苯已经清亮，脱水完毕，在 62~63℃静置 1h，进一步沉下机械杂质（最好过滤），以较慢的速度（不扰动沉下的机械杂质）将甲苯溶液排放至开口桶中，不时搅动，放冷至＜25℃，离心分离，用石油醚冲洗，风干得 360kg，mp 70~71℃。

甲苯母液（或并入下批生产作回收）加入滤清的石油醚洗液，搅匀，放置过夜；次日离心分离，石油醚冲洗，风干得 150kg，mp 69~71℃，以上共得 510kg（产率 79%）。

4-羟基-2,2,6,6-四甲基哌啶按以下方法合成：向加有 1%硝酸铵的丙酮中控制 56~70℃通入氨；丙酮在碱作用下缩合为二异丙叉丙酮，而后是氨加成；再催化加氢得到醇，如下式：

$$3\ CH_3-\overset{O}{\underset{\parallel}{C}}-CH_3 + NH_3 \xrightarrow[\text{56~70℃, -H}_2\text{O, 0.1MPa}]{NH_4NO_3} \Big[(CH_3)_2 \quad (CH_3)_2 \Big] \longrightarrow \quad \xrightarrow{H_2/Ni}$$

mp 63℃, bp 105℃/18mmHg   mp 131℃, bp 215℃

N-氧代-2-甲基吡啶   M 109.13，mp 48~50℃，bp 259~261℃。

$$+ H_2O_2 + CH_3CO_2H \xrightarrow[\text{70~80℃, 10h}]{\text{乙酸}} \quad \cdot CH_3CO_2^- \xrightarrow{Na_2CO_3}$$

5L 三口烧瓶中加入 3L 冰乙酸，搅拌下加入 466g（5mol）2-甲基吡啶，慢慢加入 500mL 27%双氧水，于 70~80℃保温搅拌 5h；再加入 300mL 27%（共计 7mol）双氧水，保温搅拌 10h，水浴加热减压浓缩至剩 1L；加入 1L 水再蒸发至剩 1L；加入 2.5L 氯仿，搅拌下加入碳酸钠中和至强碱性；分取氯仿层以无水碳酸钠干燥后回收氯仿，剩余物减压蒸馏，收集 124~126℃/15mmHg 馏分，得 450~470g（产率 82%~87%）。

同样方法制取 N-氧代-4-甲基吡啶，mp 185~186.5℃。

N-氧代-3-甲基吡啶   M 109.13，mp 40℃，bp 280℃。

$$+ H_2O_2 \xrightarrow[\text{70~80℃, 24h}]{H_2O_2, \text{乙酸}} \xrightarrow{NaOH}$$

2L 三口烧瓶中加入 600mL 冰乙酸，搅拌下加入 200g（2.15mol）新蒸的 3-甲基吡啶，再慢慢加入 350mL 27%（3mol）双氧水，于 70~80℃水浴上保温 24h，水浴加热减压浓缩蒸出水和乙酸；再加入 200mL 水，蒸除水和乙酸及过剩的双氧水；冷后，加入 2L 氯仿，冰冷及搅拌下慢慢以 40% NaOH 溶液中和至强碱性，分取氯仿层以无水碳酸钠干燥

[注①] 此水层用于下次合成，以提高收率并减少催化剂用量。

后回收氯仿，剩余物减压蒸馏，收集 84~85℃/0.3mmHg 馏分，得 175~180g（产率 73%~77%）。

N-氧代吡啶 M 95.10 mp 61~65℃；bp 270℃；吸湿性强，密封保存。

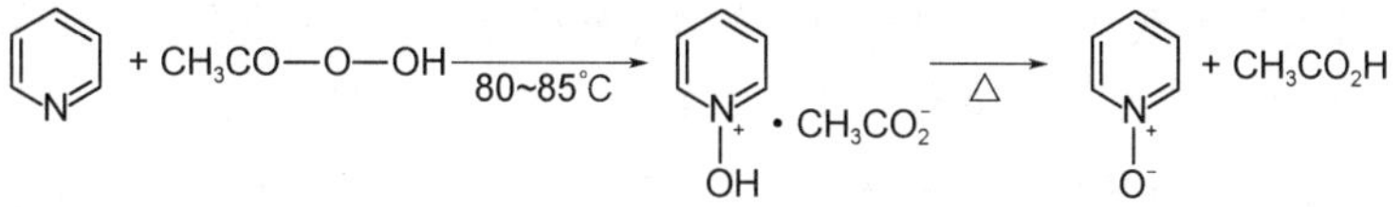

1L 三口烧瓶中加入 110g（1.39mol）吡啶，维持 80~85℃，搅拌着于 1h 左右加入 285g 40%（1.5mol）过氧乙酸❶（可用冰乙酸及双氧水代替方法），加完后保温搅拌 2h，减压回收乙酸（＜120℃/30mmHg）❷，剩余物为 N-氧代吡啶乙酸盐，约 180~190g。用冷阱捕集分解产生的乙酸，减压蒸馏，收集 100~105℃/1mmHg 馏分，得 103~110g（产率 78%~83%）。

N-氧代吡啶盐酸盐

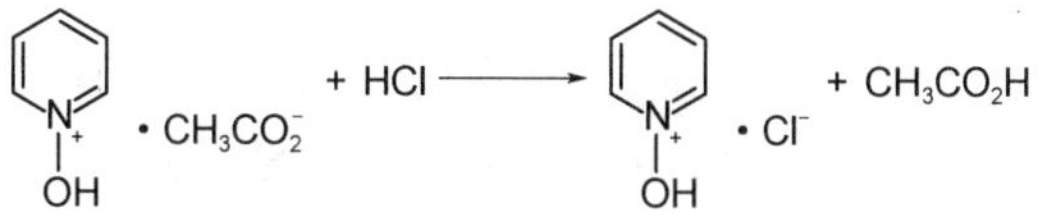

向反应后的乙酸溶液通入比理论稍多的 HCl 或加入 1.37mol 浓盐酸，水浴加热减压回收乙酸，剩余物中加入 300mL 异丙醇，加热回流半小时，趁热过滤，冷后滤出结晶，用 50mL 异丙醇浸洗，乙醚洗，干后得 139~152g（产率 76%~83%），mp 179.5~181℃。

N-氧代烟酰胺 M 138.13，mp 291~293℃。

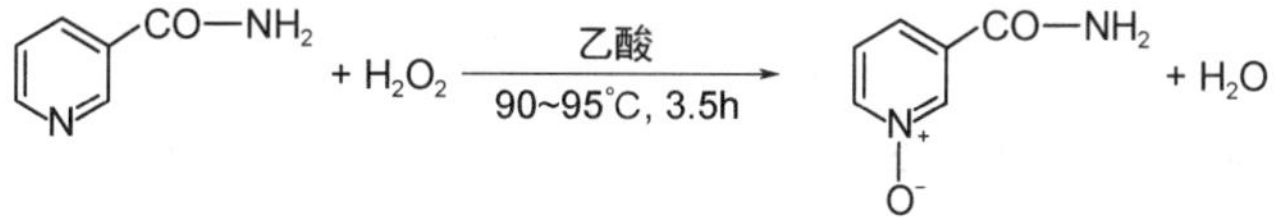

2L 三口烧瓶中加入 100g（0.82mol）烟酰胺粉末（mp 129~131℃），1L 冰乙酸水浴加热使溶，搅拌下慢慢加入 170g 27%（1.5mol）双氧水，蒸汽浴加热 2.5h，减压蒸除水及回收乙酸（700mL）；加入 200 水混匀，再尽可能蒸出水和乙酸，得粗品；使溶于最少量的沸水中，加入 50mL 乙醇以分解其它氧化物，脱色过滤，冷后冰冷，滤出结晶，乙醇洗，丙酮洗，风干得 82~99g（产率 73%~82%），mp 291~293℃（280℃开始变棕）。

---

❶ 过氧乙酸有毒，切勿吸入及沾及皮肤。

市售过氧乙酸其组分大致为：过氧乙酸 40%；乙酸 39%~40%；H_2O_2 约 5%；硫酸 1%；水。因硫酸组分使过氧化物不稳定，使用前分析含量。

试验重制法：10g 冰乙酸中加入 2 滴浓硫酸，控制 20℃以下，摇动着滴入 9.1g（90%，0.26mol）双氧水，放置 4h 后，过氧乙酸含量 44%；12~15h 后含量升至 46%。

❷ 无机酸使过氧化物不稳定，在蒸馏及浓缩前应处理掉硫酸。

3. 吡啶环的合成

吡啶来源于炼焦的化学产品中；工业上将乙酸和氨通过 400~420℃ 的活性白土，或乙炔和氨通过载体上的硫酸锌制得 4-甲基吡啶、乙腈及 2,4-二甲基吡啶的混合物；其组成比例依反应条件互有增减；从乙醇和氨制三乙胺的副产物中也有甲基吡啶产生。

2,6-二甲基吡啶的合成，两个乙酰乙酸乙酯的 α-C—H 在碱（二乙胺）作用下与甲醛水缩合脱水，生成 2,6-庚二酮-3,5-二甲酸乙酯，具有对于环合有利的二酮结构（亦如 2,5-二甲基吡咯的合成）；为避免酯基氨解，在醇溶液中，在冰冷下通入氨至饱和，完成酮羰基与氨的加成及脱水环合；用理论量的硝酸氧化二氢物完成吡啶环的合成。

2,6-二甲基吡啶　M 107.16，mp $-6℃$，bp 143~146℃，d 0.920，n_D^{20} 1.4970。

a.　庚-2,6-二酮-3,5-二甲酸乙酯

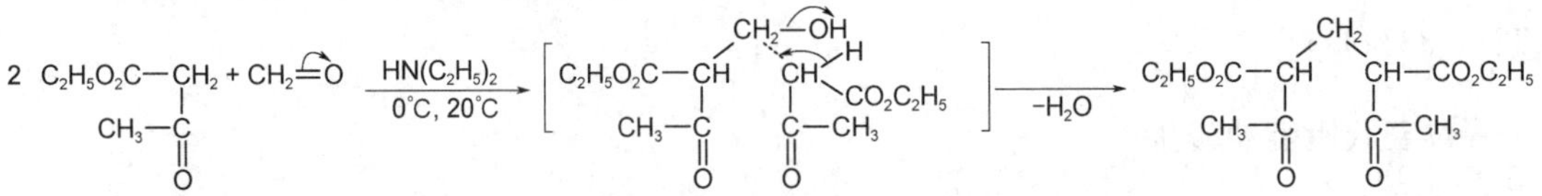

1L 三口烧瓶中加入 500g（3.85mol）新蒸的乙酰乙酸乙酯，搅拌着，在冰盐浴冷却下，控制 0℃ 左右加入 152g 40%（2mol）甲醛水，再慢慢滴入 20 滴（约 1mL）二乙胺，在冰冷下搅拌 6h，再于室温搅拌 48h，分取上面油层，水层用 50mL 乙醚提取，提取液与分取的油层合并，以无水氯化钙干燥后回收乙醚，剩余物得 500g。

b.　环合——1,4-二氢-2,6-二甲基吡啶-3,5-二甲酸乙酯

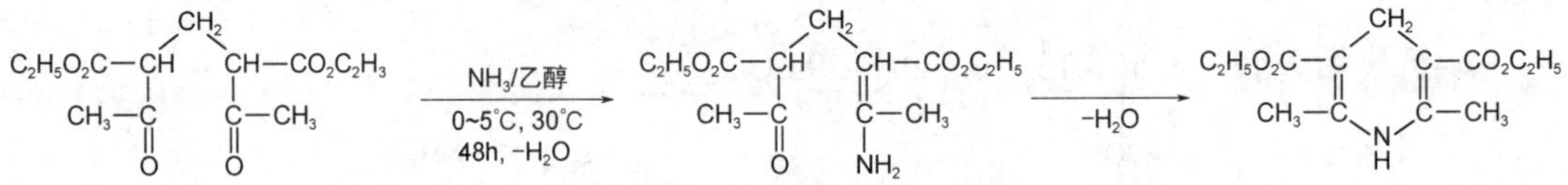

以上庚-2,6-二酮-3,5-二甲酸乙酯与同体积的乙醇混匀，控制 5℃ 及以下通入氨气（至饱和）约 4~5h 可以完成，于室温放置 48h，水浴加热用水泵减压蒸出大部分乙醇，冷后滤出结晶，乙醇洗，干后得 415~435g（产率 84%~89%），mp 175~180℃。

c.　氧化脱氢——2,6-二甲基吡啶-3,5-二甲酸乙酯

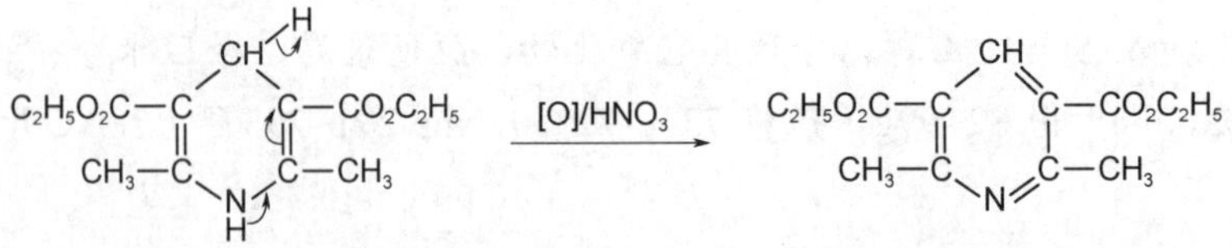

5L 三口烧瓶中加入 200g（0.79mol）以上 1,4-二氢-2,6-二甲基吡啶-3,5-二甲酸乙酯，搅拌下加入由 270mL 水、72g 70%（d 1.42，0.8mol）硝酸及 78g（0.78mol）浓硝酸配制的混合酸，小心加热，不要让泡沫溢出，约 15min 反应物变为红色溶液（不可过度加热）。冷后加入 1L 水，以浓氨水中和至碱性，半小时后滤出结晶，水洗，风干后减压蒸馏，收集 170~172℃/8mmHg 馏分，得 115~130g（产率 58%~65%）。

d. 酯的水解及脱羧

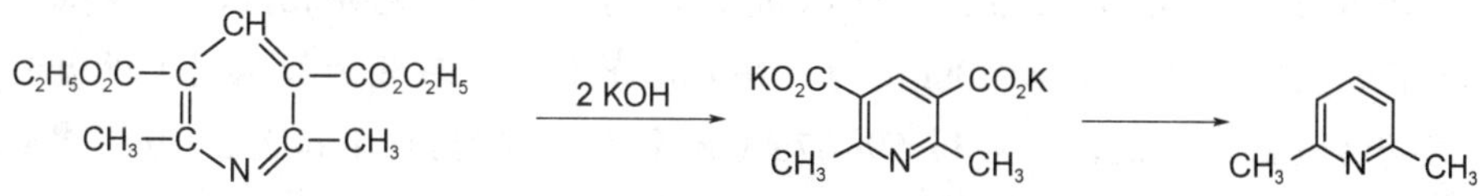

2,6-二甲基吡啶-3,5-二酸钾　　　2,6-二甲基吡啶

2L 三口烧瓶中加入 130g（0.52mol）以上蒸过的二甲酸乙酯和 400mL 乙醇，搅拌下加热保持回流，从分液漏斗慢慢加入 78.5g（1.37mol）氢氧化钾溶于 400mL 水的溶液，加完后再回流半小时，水浴加热减压乙醇和水至近干，取出并粉碎。

将上面的钾盐粉末与 390g 氧化钙粉末充分混匀，于不锈钢材质的瓶中作蒸馏装置，用文火加热蒸出可以被蒸出的物质。将馏出物分馏，首先蒸出 90℃ 以前的馏分；剩余物用 KOH 干燥后分馏，收集 142~144℃ 馏分，得 35~36g（产率 63%~66%，按 2,6-二甲基吡啶-3,5-二酸乙酯计；30%~36%，按乙酰乙酸乙酯计）。

不同分子间的缩合及环合：在碱作用下，氰基乙酰胺的 α-碳作为 C^- 与其它加成活性更强的羰基（醛）加成及脱水；另一方面，酰氨基与分子内的酮羰基加成及脱水，完成环合。

3-氰基-6-甲基-2-(1H)-吡喃酮　M 134.14，mp 293~295℃。

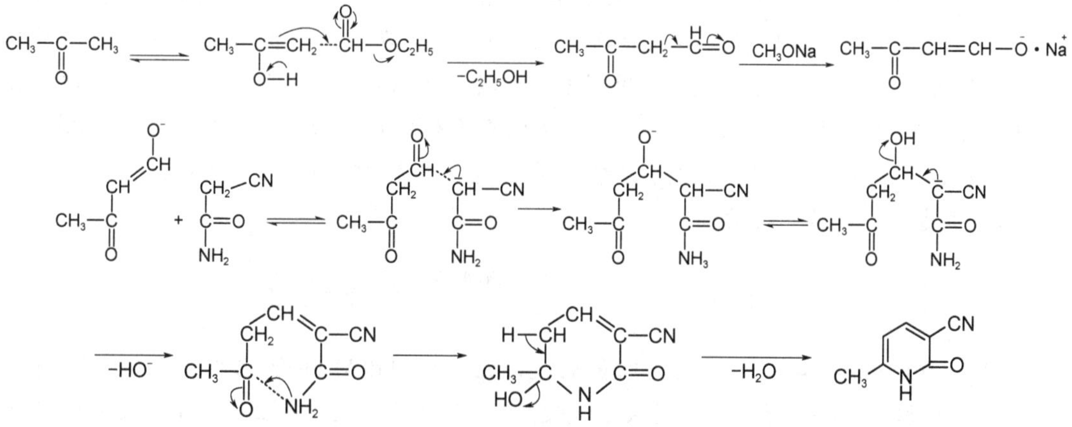

2L 三口烧瓶配置机械搅拌、分液漏斗及配有干燥管的回流冷凝器。

烧瓶中加入 46.5g（0.86mol）甲醇钠粉末[1]及 1L 用金属钠干燥并蒸过的无水乙醚，维持 5℃ 以下，搅拌着于 1h 左右滴入（1 滴/秒）46.4g（0.8mol）无水丙酮及 59.2g（0.8mol）甲酸乙酯[2]的混合液，加完后保温搅拌半小时或更长时间，移去冰水浴，搅拌下在 70℃ 水浴上加热蒸除乙醚，最后用水泵减压收尽。

向烧瓶中的甲酰丙酮（乙酰基乙烯醇钠 $CH_3\!-\!\underset{\underset{O}{\|}}{C}\!-\!CH\!=\!CH\!-\!ONa$）中加入如下溶液：加入

---

[1] 不可用工业级的甲醇钠粉末。可以金属钠和甲醇制备，油浴加热，水泵减压蒸除多余的甲醇，在不放空的条件改用油泵蒸尽，最后在 200℃/10mmHg 干燥半小时。

[2] 工业甲酸乙酯须做如下处理：用 3% Na_2CO_3 洗，以无水硫酸钠干燥后分馏；或用无水碳酸钾干燥，再 P_2O_5 干燥，分馏收集 53~54℃ 馏分。

下面溶液：20mL 水、8mL 冰乙酸的溶液用哌啶（六氢吡啶）中和至对石蕊试纸呈碱性，然后加入到 67g（0.8mol）氰乙酰胺与 400mL 水的溶液中。充分混匀，将烧瓶作回流装置，搅拌下加热回流 2h，加入 200mL 水，用乙酸酸化（以石蕊为指示剂）析出大量黄色结晶，放冷后滤出，水洗，干后得 59~67g（产率 55%~62%），mp 292~294℃[❶]（充氮，mp 296.5~298.5℃）。

4-苯基吡啶 M 155.20，mp 69~73℃、74~76℃，bp 274~275℃、280~282℃。

a. 4-苯基-1,2,3,6-四氢吡啶

$$2\ CH_2\!=\!O + NH_4Cl \xrightarrow{65℃} HO\!-\!CH_2\!-\!N\!=\!CH_2 \cdot HCl + H_2O$$

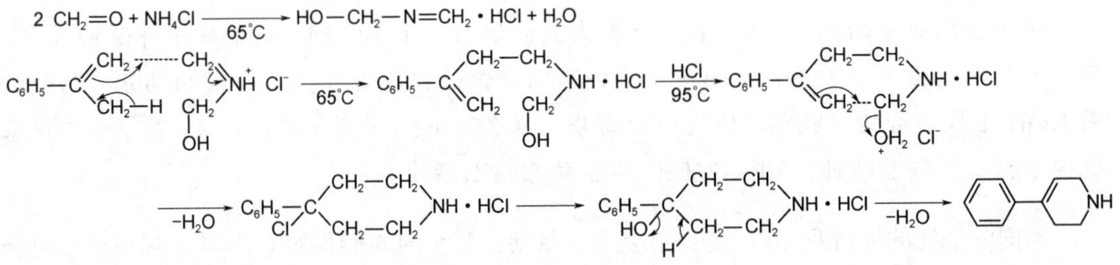

2L 三口烧瓶中加入 668g 37%（8.2mol）甲醛水及 216g（4mol）氯化铵，搅拌使溶，加热维持 65℃左右（2℃），剧烈搅拌下慢慢滴入 236g（2mol）枯木烯，加完后再保温搅拌 1h，放热反应停止，放冷至 35℃左右加入 0.5L 甲醇搅拌半小时，放置过夜。次日，水浴加热回收甲醇和蒸除水；向剩余物中加入 600mL 浓盐酸使溶，维持 90~95℃搅拌 3h。冷后倾入 0.8L 水中充分搅拌，用甲苯提取其它有机物；水溶液脱色滤清，以氢氧化钠中和至强碱性，用甲苯提取；提取液合并以无水碳酸钾干燥，减压回收甲苯，剩余物减压分馏，收集 95~110℃/1mmHg 馏分，得 145g（产率 45%），n_D 1.5880。

b. 脱氢——4-苯基吡啶

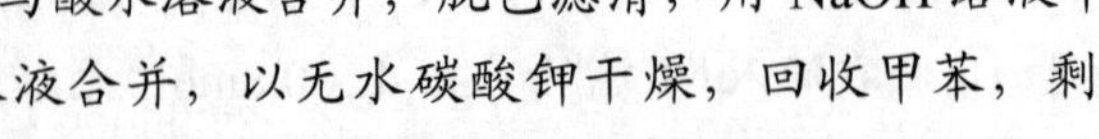

$$\text{4-苯基-1,2,3,6-四氢吡啶} \xrightarrow[135℃,\ N_2,\ 6h]{C_6H_5\!-\!NO_2,\ Pd/Al_2O_3} \text{4-苯基吡啶}$$

88g（0.55mol）4-苯基-1,2,3,6-四氢吡啶、5g 10% Pd/Al$_2$O$_3$ 催化剂及 450g 硝基苯，在回流分水器及搅拌下于 135℃通入氮气反应约 6h 至无水脱出为止，冷后加入 100g 36%（1mol）浓盐酸，充分搅拌。分取酸水层，滤清后用甲苯提取其它中性物质（三次），再用水提取甲苯溶液，与酸水溶液合并，脱色滤清，用 NaOH 溶液中和至强碱性，用新的甲苯提取三次，提取液合并，以无水碳酸钾干燥，回收甲苯，剩余物减压分馏，收集 95~100℃/1.2mmHg 馏分，得 61g（产率 71%），冷后固化。

精制：用庚烷重结晶两次，产品熔点 74~76℃。

另法脱氢：0.5L 三口烧瓶中加入 145g（0.9mol）4-苯基-1,2,3,6-四氢吡啶及 5g 10% Pd/Al$_2$O$_3$ 催化剂，安装氮气导入管、机械搅拌及回流冷凝器，通入氮气，搅拌下加热维持 200℃左右反应 20h；稍冷，加入 200mL 乙醇，滤清后回收乙醇，剩余物减压蒸馏，

---

❶ 成品须真空干燥，70~100℃/<30mmHg，以减少氧化。

收集 95~100℃/1.5mmHg 馏分；馏出物用庚烷重结晶两次，得 64g（产率 45%），mp 69~71℃。

6-羟基烟酸 *M* 139.11 难溶于乙醇，溶于乙酸，mp 304℃（分解）。

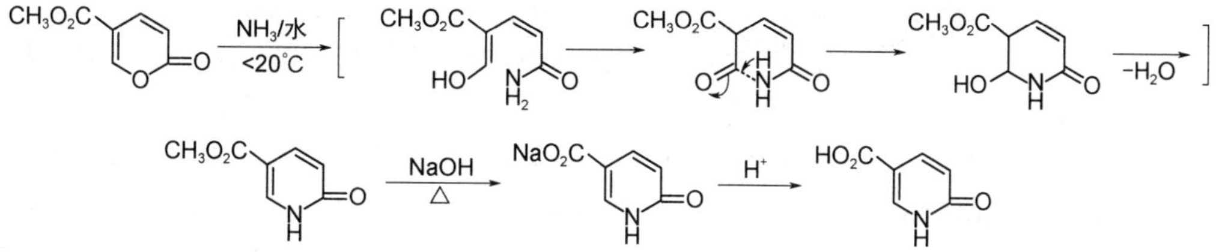

0.5L 三口烧瓶中加入 117mL 7%（0.48mol）氨水，搅拌下于 20℃以下慢慢加入 45g（0.29mol）阔马酸甲酯，约 10min 可以加完，再搅拌 45min 得红色溶液。

2L 烧杯中加入 708mL 17%（3mol）氢氧化钠溶液，加热至近沸，将上面的反应物加入煮沸 5min，立即冷却至室温；冷却控制 30℃以下搅拌着用浓盐酸酸化，析出结晶后再冷却搅拌 1h；滤出，冰水洗，80℃干燥，得 29~37g（产率 72%~91%），mp 299℃。

精制：用 50%乙醇重结晶。

又如，2-氨基-3-羟基吡啶的合成（见 799 页）：

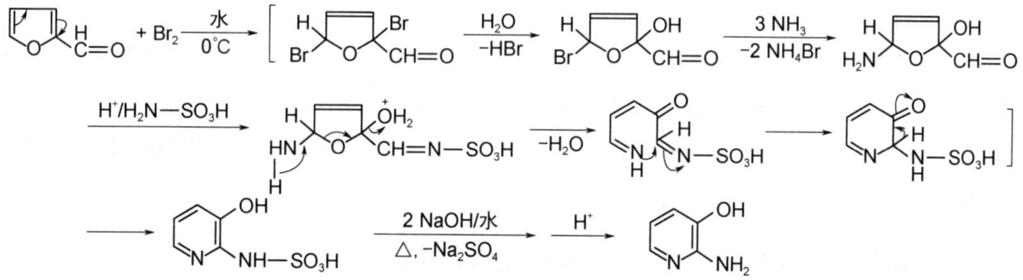

噁唑环，含异（氮、氧）原子共轭的两个双键，与活泼双键（如：—CH＝CH—）进行 1,4-加成，生成有 3,6-内氧的氮杂环；在稀酸水（pH 5.2）条件下，在内氧开环及脱水，完成共轭的氮杂环——生成吡啶或吡啶衍生物。

2-甲基-3-羟基-4,5-二羟甲基吡啶盐酸盐（维生素 B$_6$） *M* 205.64。

a. 双烯加成——2-甲基-3-乙氧基-3,6-内氧-4,5-二甲醇缩丁醛

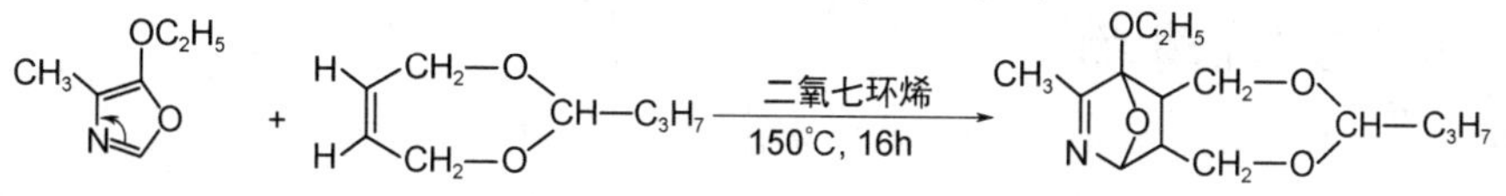

6.3m³ 反应罐中加入 5150kg（36.2kmol）2-丙基-1,3-二氧环环庚-5-烯（简称二氧杂环庚烯），搅拌下加热分馏，蒸出部分二氧杂环庚烯使反应物温度升至 148℃，维持 148~152℃于 2h 左右加入 400kg 96%（3kmol）2-甲基-3-乙氧基噁唑，加完后保温搅拌 16h。减压分馏回收二氧杂环庚烯，至气相温度约 127.5℃/5mmHg。稍冷，加入 600L 乙醇，混匀。

b. 重排及水解——2-甲基-3-羟基-4,5-二羟甲基吡啶盐酸盐（维生素 B_6）

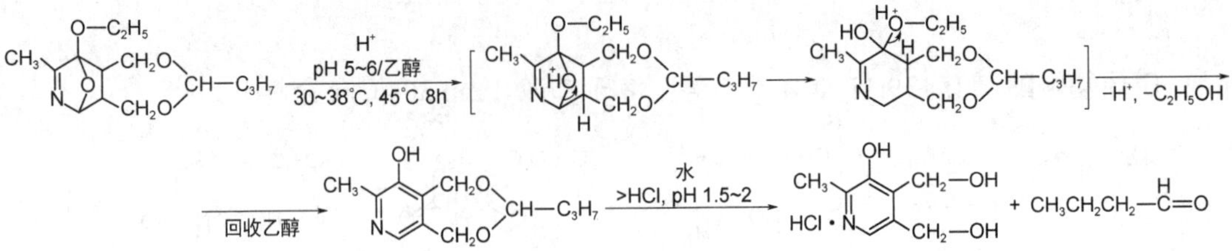

$2m^3$ 反应罐中加入上面双烯加成产物的乙醇溶液，控制 30~38℃于半小时左右用浓盐酸调节反应物 5<pH<6；搅拌 5min 以后重新调节❶，约用 28L 30%盐酸。于 44~46℃搅拌下保温 8h，再 58~62℃保温搅拌 2h，控制反应物液温 65℃以下❶用水泵减压蒸除乙醇。

缩醇水解及回收丁醛：*M* 72.1，bp 75℃，*d* 0.800，n_D^{20} 1.3740。

蒸除醇、水以后，搅拌下加入 250L 30%（2.5kmol）盐酸，最后调节 pH 1.5~2.0 及先前调节 pH 5~6 用量，共计用酸 320L（3.1kmol），搅拌下于 75~78℃保温半小时。冷却至 47℃以下开动水泵减压分馏蒸出丁醛，至最后液温至 75~78℃/-0.05MPa 几近停止馏出。最后减压蒸水至 75~78℃/-0.08MPa；加入 900L 乙醇，搅拌下加热至 75℃保温搅拌半小时使产物溶解，再不时搅动下（每半小时搅动半 min），慢慢水冷至 20℃，离心分离及乙醇冲洗，共得湿品 450~550kg。

c. 精制

$2m^3$ 反应罐中加入 $1.5m^3$ 蒸馏水，搅拌下加入 1.5L 浓盐酸，加入以上湿品 600kg，加热至 70℃，加入 30kg 脱色炭及 250g EDTA 二钠，维持 85℃搅拌 45min，离心过滤，滤渣用热水冲洗，洗液并入滤液，在液温 95℃以下减压浓缩，不时冷却搅动下离心分离，乙醇冲洗。

又如，*α*-苯基呋喃并[3,2-*b*]吡啶的合成（见 807 页）：

$$2\,CuSO_4 + 10\,NH_3 + 2\,H_2N{-}OH \longrightarrow [Cu(NH_3)_4]_2^{2+}SO_4^{-} + (NH_4)_2SO_4 + N_2 + 2\,H_2O$$

$$[Cu(NH_3)_4]_2^{2+}SO_4^{2+} + 2\,HC{\equiv}C{-}C_6H_5 \longrightarrow 2\,CuC{\equiv}C{-}C_6H_5 + (NH_4)_2SO_4 + 6\,NH_3$$

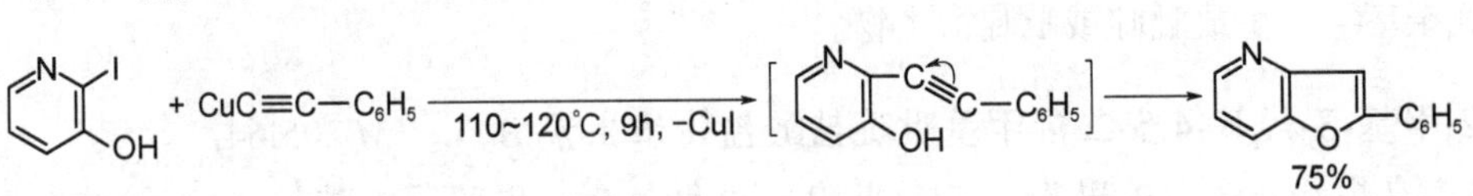

三、喹啉及其衍生物

喹啉和异喹啉（也叫 2-氮杂萘），在酸条件下，$\geqslant\overset{+}{N}H$吸引电子使氮杂环钝化，亲电取代在相并的苯环上发生，主要进入 8 位，其次是 5 位，如：喹啉与发烟硫酸化作用，在较低温度首先在 8-磺化；

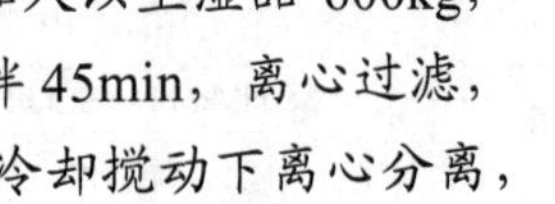

喹啉　　异喹啉

❶ 应使用精密 pH 试纸控制；或同时用甲基红（变色域 4.6 红色~6.2 黄色）为橙色；刚果红（变色域 3.0 蓝色~5.0 红色）为红色。选此 pH 只为打开内氧，脱掉乙醇，而不致使醛缩醇水解，使回收乙醇中混入丁醛。此项反应液的 pH 值是缓冲溶液。

加热至300℃磺基重排到6位，这和萘的磺化有某些相似，只是比萘的磺化及重排困难了许多。

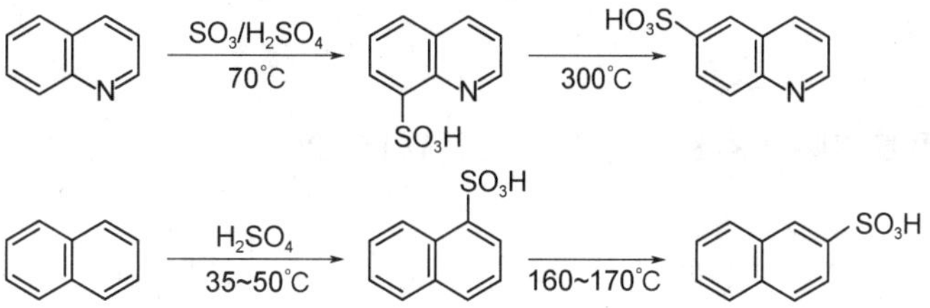

1. 取代反应

喹啉衍生物多是从相应的反应底物在合成喹啉环时引入的；相并苯环上取代基的反应更如芳香族苯环上取代基的变化，如：硝基的还原，羧酸的失羧等；相并吡啶环上取代基的变化也如吡啶，尤以2位—CH_3、—NH_2、—OH、—Cl的变化。

2-甲基喹啉（喹那啶）在100%硫酸中，用比理论量稍多的硝酸钾粉末在50℃硝化，得到产率大于37%的8-硝基-2-甲基喹啉及8%以上的5位取代物。

8-硝基-2-甲基喹啉　M 188.19，mp 134~141℃；茶黄色结晶，溶于醇、醚、苯及丙酮中。

5-硝基-2-甲基喹啉　mp 85℃；茶黄色结晶。

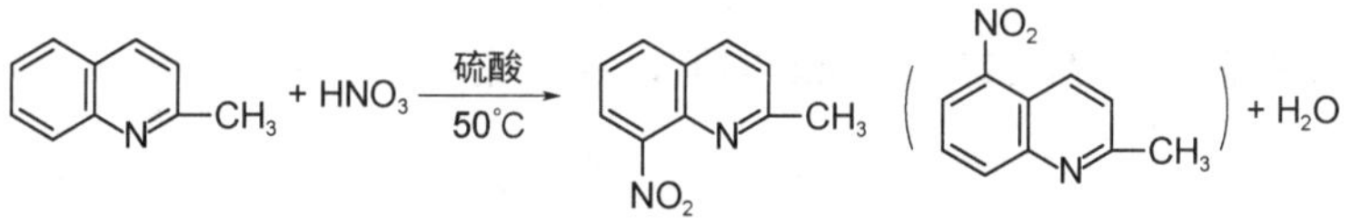

60L搪瓷桶中加入36kg d 1.84浓硫酸，控制80℃以下慢慢加入14.3kg（100mol）2-甲基喹啉；冷至40℃以下慢慢加入18kg含40% SO_3的发烟硫酸（或以20%发烟硫酸配制，此时硫酸浓度为99%~100%），控制50℃左右，于4~5h慢慢撒开加入11g（110mol）粉碎的硝酸钾，加完后再搅拌4h，封好放置过夜[1]。

次日，将硝化反应物慢慢加入至大量碎冰中（约300kg）冰冷[2]，通入氨气至pH 9，放置过夜；又次日，用布架滤出结晶物并用冰水冲洗，离心分离油状物[3]；用含水50%丙酮搅拌成糊状，再离心分离油状物和水，如上处理共三次，每次都要在离心机上用50%丙酮冲洗；风干得6~7kg（产率32%~37%），mp 128~135℃。

另法（见849页）：

---

[1] 这次生产，保温搅拌的时间不够长，在放置过程，沉下来反应的硝酸钾继续反应，使温度上升至90℃，得到如上产率；应使用更高的反应温度，或80~85℃，保温搅拌至停止放热；或直接使用混酸硝化。产率低的原因或更多在磺化及硝基取代方面。

[2] 要冰冷通氨中和，否则会以沥青状析出，给分离带来不便。

[3] 所有的油状物合并，于搪瓷桶中放置几天（冬季），丙酮挥发后析出针状结晶，离心分离，以50%丙酮搅拌成糊状，离心分离；又如上处理及分离，以50%丙酮冲洗，干后得2kg。将含异构体（8-硝基）的粗品溶于10L 12%硫酸中脱色过滤两次，以浓氢氧化钠溶液中和至pH 4，有红棕色物质析出，溶液变为橘黄色；脱色过滤，继续中和至pH 8，淡黄色的5-硝基-2-甲基喹啉析出，冰冷，滤出，水洗，干后得600g，mp>80℃。

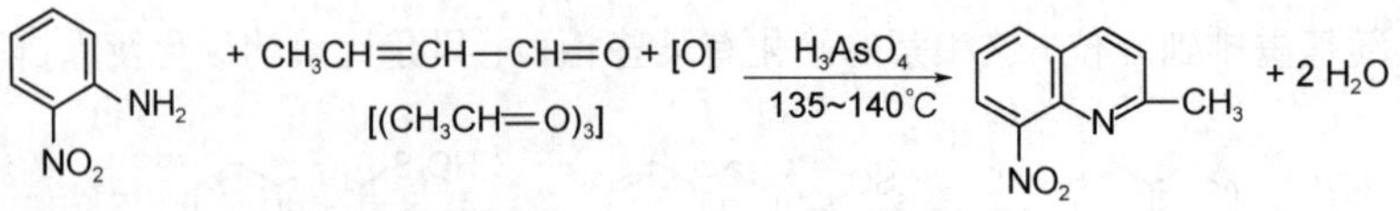

$$+ \ CH_3CH=CH-CH=O + [O] \quad [(CH_3CH=O)_3] \xrightarrow[135\sim140\,^\circ C]{H_3AsO_4} \quad + \ 2H_2O$$

8-氨基-2-甲基喹啉（8-氨基喹那啶） M 158.20。

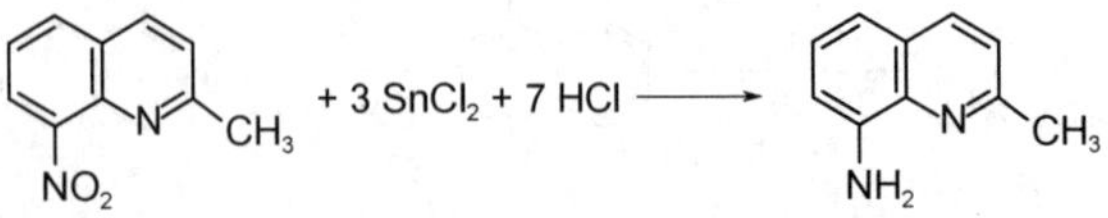

$$+ \ 3SnCl_2 + 7HCl \longrightarrow$$

5L 三口烧瓶中加入 1.8L 30%工业盐酸，搅拌下加入 1.35kg（6mol）结晶氯化亚锡，温热使溶解，于 80℃以下慢慢加入 380g（2mol）8-硝基-2-甲基喹啉及 1.5L 盐酸的溶液，加完后，于 80~85℃水浴上保温 3h，其间有瞬时反应成为均一溶液；又随即析出复盐结晶，保温以后倾入 10L 搪瓷桶中，于 60℃左右以 40% NaOH 溶液碱化至生成的锡酸成锡酸钠基本溶解（约用 5~6kg），将碱化产物分两个 10L 烧瓶，加热下水汽蒸馏，共收集到 36L 馏出液，分出油层或结晶；水溶液用盐酸酸化后蒸发至约 1.5L，用氢氧化钠碱化至强碱性，冷后冰冷，倾出清液，沉降物用丙酮提取三次（0.5L、0.3L、0.2L）；提取液合并回收丙酮，剩余物分为两层，上层为粗品，得 110~120g，与前边分出的粗品合并，共得 190~200g（产率 60%~62%），fp 50℃。

8-氨基-4-苯基喹啉 M 233.12，mp 91℃；橘黄色结晶。

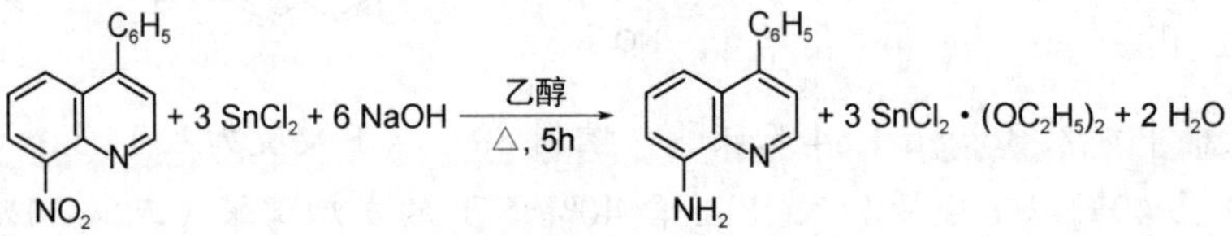

$$+ \ 3SnCl_2 + 6NaOH \xrightarrow[\triangle,\ 5h]{乙醇} \quad + \ 3SnCl_2 \cdot (OC_2H_5)_2 + 2H_2O$$

10L 三口烧瓶中加入 6L 乙醇、500g（2mol）8-硝基-4-苯基-喹啉，搅拌使溶解，于 40℃以下慢慢加入 1.6kg（7mol）结晶氯化亚锡，溶解后加热回流 5h，次日滤出复盐结晶，乙醇冲洗，干后得 900g；母液回收乙醇后处理。

分解复盐：900g 以上复盐结晶与 900g 热水搅拌成糊状，以 40% NaOH 溶液处理使初生成的锡盐成锡酸钠而基本溶解，静置 48h 使固体物沉降，倾出上面清液，滤取沉降物，以 6L 苯分别加热反复提取水溶液和沉降物（各 5 次）至最后的提取液只是很浅的黄色；提取液合并，水洗，回收苯，剩余物放置过夜，次日滤出结晶，干后得 220g（产率 47%），mp 88~91℃。

同样方法制取 8-氨基-2-甲基-4-苯基喹啉，多用 SnCl₂，产率 90%。

2,2′-联喹啉 M 256.51，mp 196℃；白色至淡黄色结晶，溶于热乙醇及苯中。

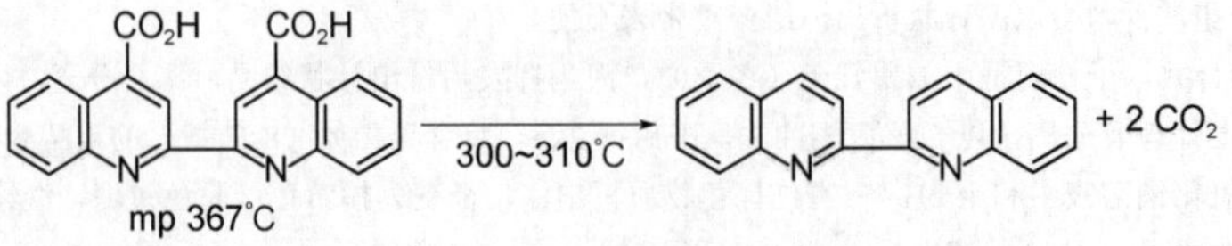

$$\xrightarrow{300\sim310\,^\circ C} \quad + \ 2CO_2$$

mp 367℃

0.5L 烧瓶中加入 150g（0.43mol）2,2'-联喹啉-4,4'-二甲酸加热保持反应物温度300~310℃进行脱羧，约 1.5h 可以完成，趁热倾出。冷后打碎，以 5% NaOH 溶液溶解煮沸以洗去未脱羧的酸，滤出，水洗，干后用 15mL/g 溶解，脱色滤清，回收苯至 1/4 体积，放冷后滤出，以冷苯洗，干后得 75~85g（产率 68%~77%），mp 193~195℃。

另法：喹啉与 10%（质量比）的骨架镍一起加热，搅拌下回流 8h，收率只有 1%；或更改催化剂，同时添加硝基物作氢的变体。

异喹啉相似于环酰亚胺，氮杂环−C₆H₄−CH=N−双键具较强的加成活性，与苯甲酰腈（mp 32℃，bp 206℃）加成为 1-氰基-N-苯甲酰-1,2-二氢异喹啉；1 位氢原子受氰基拉电子的影响具有较强的酸性，与苯基锂作用，以碳负子与碘甲烷完成甲基取代，生成 1-甲基-1-氰-N-苯甲酰-1,2-二氢异喹啉；然后是氢氧化钾作用下的复分解——脱去氰基及苯甲酰基——生成1-甲基异喹啉。

1-甲基异喹啉 M 143.19，mp 10℃，bp 126~128℃/16mmHg，d 1.078，n_D^{20} 1.6140。

a. 氰基-N-苯甲酰-1,2-二氢异喹啉

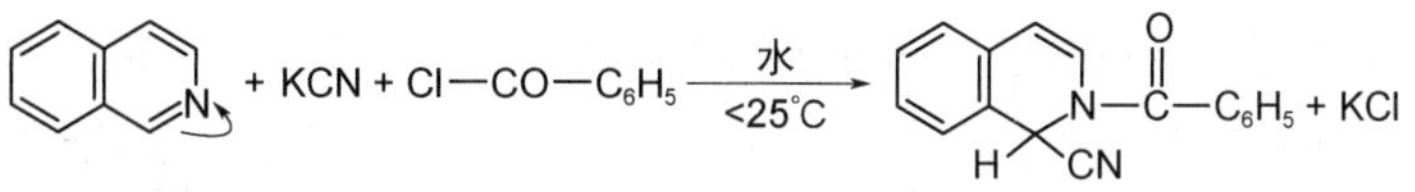

5L 三口烧瓶中加入 391g（6mol）纯的氰化钾[❶]溶于 2.5L 水的溶液，再加入 258g（2mol）新蒸的异喹啉，冰水浴冷却控制反应温度小于 25℃（否则产品的颜色会深重），开动搅拌使反应物乳化，于 3h 左右慢慢滴入 562g（4mol）苯甲酰氯。加完，继续搅拌1h 后出现褐色小球，再搅拌 2h，滤出固体物，水洗，以 400mL 12%盐酸洗，再 500mL水洗，再乙醇冲洗；以 2~3L 无水乙醇重结晶，再用 95%乙醇 100mL 浸洗，风干得 303~400g（产率 58%~77%），mp 125~127℃，外观奶黄色。

b. 1-甲基-1-氰-N-苯甲酰-1,2-二氢异喹啉——甲基化

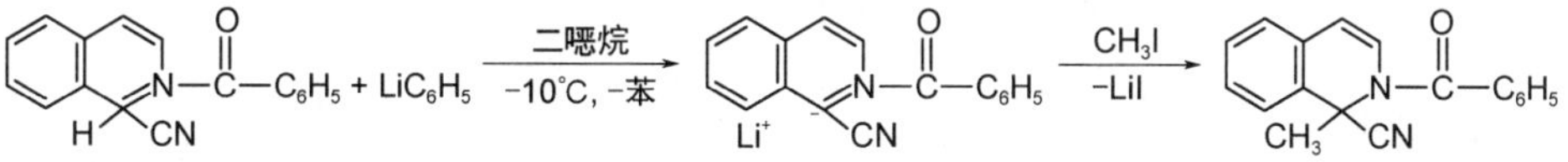

2L 三口烧瓶配置机械搅拌、分液漏斗、氮气通入管及回流冷凝器。

首先向仪器中吹入干燥的氮气 1h。然后向瓶中加入 83.5g（0.83mol）1-氰基-N-苯甲酰基-1,2-二氢异喹啉、350mL 无水二噁烷[❷]及 100mL 无水乙醚，搅拌着并通入氮气使固体物溶解，用冰盐浴冷却控制-10℃，于半小时左右从分液漏斗慢慢加入含30g（0.35mol）苯基锂的乙醚溶液。随即析出红色结晶，10min 后加入 56.2g（0.4mol）碘甲烷，保温搅

[❶] 工业氰化钠、氰化钾的纯度常为 93%，如保管不好会更低；反应中其它强碱会使反应引入羟基，脱去苯甲酸钾，得到的产物仍是异喹啉；为避免此项副反应，或可在开始用强酸中和掉其它强碱。

[❷] 所用溶剂都应是用金属钠干燥并蒸过。

拌 2h，搅拌过夜。

反应物在分液漏斗中水洗 3×50mL，干燥后，水浴加热回收溶剂，引发使析出结晶，滤出，以 50%乙醇洗，风干得 62~63g（产率 71%~72%），mp 120~122℃，外观奶黄色。

冷母液加冰至刚显浑浊，加热滤清，冰冷，得到的不纯物不宜用于下面的合成。

c. 1-甲基异喹啉——脱去氰基

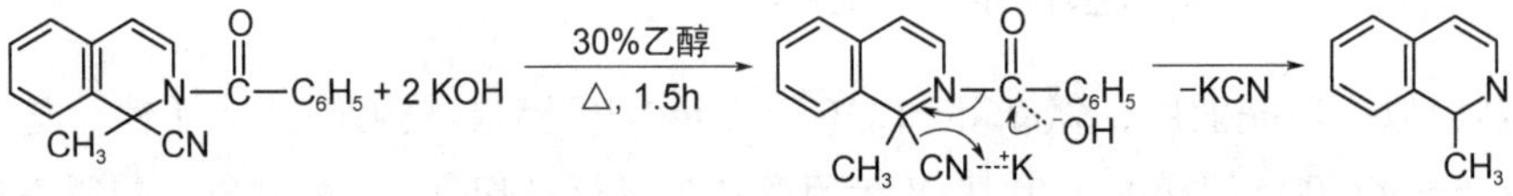

0.5L 三口烧瓶中加入 62g（0.227mol）1-甲基-1-氰基-N-苯甲酰基-1,2-二氢异喹啉和 50mL 95%乙醇，搅拌下加入 37.6g（0.57mol）85% KOH 溶于 100mL 水的溶液，加热至沸，1h 后反应物成为均一溶液。冷却后用乙醚提取（4×75mL），提取液合并，用水洗两次（2×25mL），以无水硫酸钠干燥，水浴加热回收乙醚，最后减压收尽，剩余物减压蒸馏，收集 81℃/1mmHg（135℃/10mmHg）馏分。得 24~26g（产率 74%~80%），n_D^{20} 1.6119。

2. 喹啉环的合成

喹啉环的合成主要是斯克劳普（Skraup）的合成法，从芳伯胺与 α,β-不饱和醛（酮）或 β-氯代的醛酮反应；然后是芳氨基的邻位与羰基缩合（环合）及脱水；反应速度和芳伯胺的碱性及烯 C=C 双键以及羰基的加成活性有关；最后是缓和的氧化脱氢；斯克劳普方法是通过加成（或取代），脱水缩合（环合），氧化脱氢三个步骤完成的；三个步骤的活性都比较强才能得到较好或尚可的产率。依反应的电性及空间因素设定原料配比及反应条件；作为氧化剂的多是相应的硝基化合物、硝基苯、砷酸；或如：2,6-二甲基吡啶的合成中使用稀硝酸脱氢，从 4-苯基-1,2,3,6-四氢吡啶的脱氢使用 10% Pd/C（同时使用氧化剂使反应加速），此方法脱氢的实施得益于被分离的中间体。

喹啉环合成的三个步骤可以下式表示：

① 加成或取代

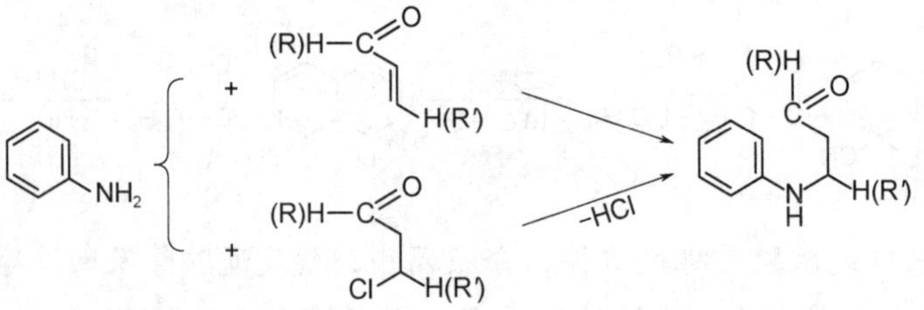

② 脱水缩合（环合）

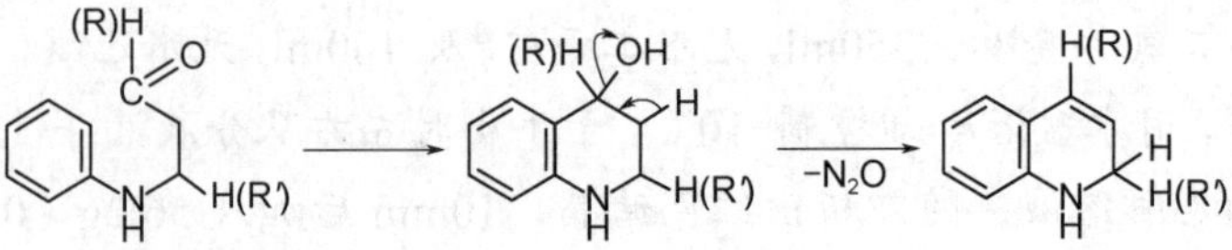

③ 氧化

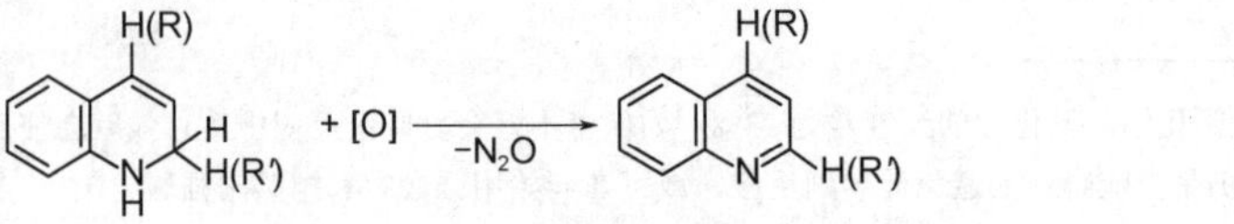

由于烯醛（酮）容易聚合，沸点较低，具刺激性，一般不直接使用，而是使用在反应中生成 α,β-不饱和醛（酮）的物料，这样更方便、经济，如：甘油、三聚乙醛等。

$$\underset{\underset{OH}{|}}{HO-CH_2-CH-CH_2-OH} \longrightarrow \underset{bp\ 53℃}{CH_2=CH-CH=O} + 2\,H_2O$$

$$(CH_3CH=O)_3 \longrightarrow \underset{bp\ 104℃}{CH_3CH=CH-CH=O} + H_2O + CH_3CHO$$

$$CH_2=CH-CH(OAc)_2 + H_2O \longrightarrow CH_2=CH-CH=O + 2\,AcOH$$

$$\underset{\underset{OCH_3}{|}}{CH_3-CH-CH_2-C(OAc)_2} + H_2O \longrightarrow CH_3CH=CH-CH=O + 2\,AcOH + CH_3OH$$

$$\underset{\underset{OH}{|}}{R-CH-CH_2-\overset{\overset{R'}{|}}{C}=O} \longrightarrow R-CH=CH-\overset{\overset{R'}{|}}{C}=O + H_2O$$

由于 α,β-不饱和醛（酮）在反应过程中的分解及转化率问题，又因芳胺的碱性强弱，原料甘油，三聚乙醛必须过量，一般使用 2~3mol。没有注意到加入时的温度（范围内）条件对于产率有重大影响，说明使用过于超量；为控制产生的大量泡沫不致溢出，多在 120~125℃，或使用更大容器在 135~140℃反应，以很慢的速度加入甘油或三聚乙醛，加完及反应缓和后都要在 140℃左右保温 4~6h，以反应物的微沸状态维持反应温度，必要时可蒸发或加水以调节之。

喹啉环的合成：第一步、第二步都是在硫酸条件完成的，其用量依总水计算，使最后的硫酸浓度为 60%~70%；如使用磷酸，其后的浓度要更高些。

如果方便，最好把三个步骤分开做；或把某步分开做以期得到较好的效果，如将第一步分开做或比较方便，在反应中直接使用 β-氯代的醛（酮）。

2-羟基-4-甲基喹啉的合成，从乙酰乙酰苯胺开始，只有脱水缩合一步，产率达 95%。（亦见 2-氯蒽醌（177 页）、吖啶酮（852 页）。

2-羟基-4-甲基喹啉　M 159.19，mp 223℃（245℃），bp $>360℃$、270℃/17mmHg；易溶于醇，微溶于苯。

$$\text{(乙酰乙酰苯胺)} \xrightarrow[\text{约95℃}]{\text{3/1 } H_2SO_4} \text{(4-羟基-4-甲基-3,4-二氢喹啉-2-酮)} \xrightarrow{-H_2O} \text{(4-甲基喹啉-2-酮)} \rightleftharpoons \text{(2-羟基-4-甲基喹啉)}$$

1L 三口烧瓶中加入 177.2g（1mol）乙酰乙酰苯胺与 158mL（293g，3mol）浓硫酸，在 40℃以下混合，局部加热，利用放热维持 90~95℃左右，放热停止后再 95℃保温 15min，冷后倾入冰水中以 NaOH 中和，滤出，水洗，干后得 150g（产率 95%），mp 222~223℃。

4,7-二苯基-1,10-菲啰啉　M 332.41，mp 221℃；微溶于热水 1%，苯 3%；易溶于氯仿 10%。

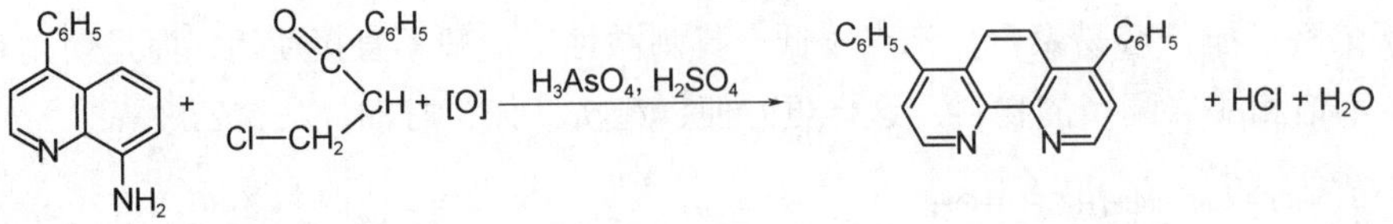

5L 三口烧瓶中加入 250mL 水,搅拌下慢慢加入 1.5kg 浓硫酸,再加入 180g(0.82mol) 8-氨基-4-苯基喹啉及 530g 砷酸;维持 100℃左右慢慢加入 430g(2.8mol)β-氯化苯丙酮,加完后于 135~140℃保温搅拌 3h,冷后倾入 5L 冷水中,充分搅拌;几小时后滤出结晶物,以 10% 硫酸洗,再悬浮于水中用氨水处理至强碱性,滤出,水洗,干后得固体物 800g;用 20L 苯分四次加热提取,滤清后回收苯,冷后滤出结晶,丙酮洗,乙醚洗,干后得浅棕色粗品 300g,mp 215~217℃,纯度约 90%。

精制:粗品溶于氯仿(7mL/g)中脱色滤清,水浴加热回收氯仿,冷后滤出结晶,以氯仿浸洗,丙酮洗,乙醚洗,干后得 150g(产率 55%),mp 218~221℃。

8-硝基-4-苯基喹啉　M 250.36,mp 127~130℃;可溶于丙酮,易溶于苯。

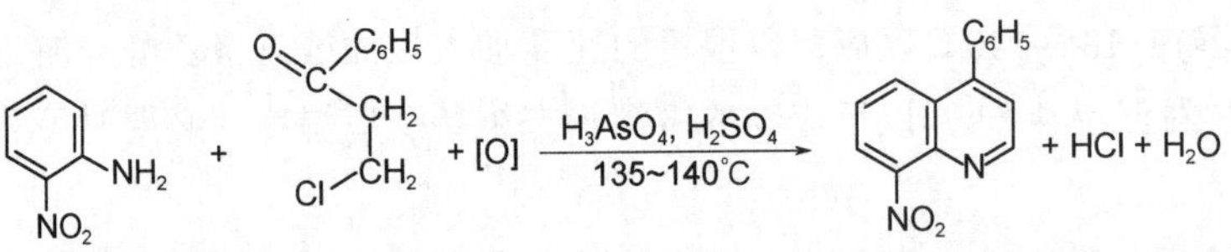

10L 三口烧瓶中加入 560mL 水,搅拌下慢慢加入 3.2kg 浓硫酸,再加入 1.12kg(8mol) 2-硝基苯胺及 1.6kg 砷酸(d 2.2),维持 130℃❶左右慢慢加入 2.2kg(12mol)β-氯化苯丙酮(有 HCl 放出),加完后在 135~140℃保温搅拌 3h。冷后倾入 8L 冷水中充分搅拌,以 40% NaOH 中和至强碱性,产物以棕色球状析出。滤出,水洗,风干;水母液以 16L 热苯提取(4×4L),再用以提取结晶物;合并的提取液滤清后回收苯,得近于黑色的油状物,放置过夜。次日,形成结晶的黏稠物,用少许丙酮搅拌并冰冷,滤出,以丙酮洗两次,乙醚冲洗,风干得 700g。母液回收丙酮后仍可得 250~300g(总产率 50%)❶,mp 123~127℃。

从以下制取喹啉及邻菲啰啉的实例比较可知,丙烯醛(CH₂=CH—CH=O)中 C=C 双键有较强的加成活性,有利于第一步氨基在双键的加成;醛基有更小的空间阻碍及更大的加成活性,有利于第二步的环合,得到较好的产率。

5-氯-8-羟基喹啉　M 179.61,mp 124℃;白色针晶,易溶于氯仿及乙醇。

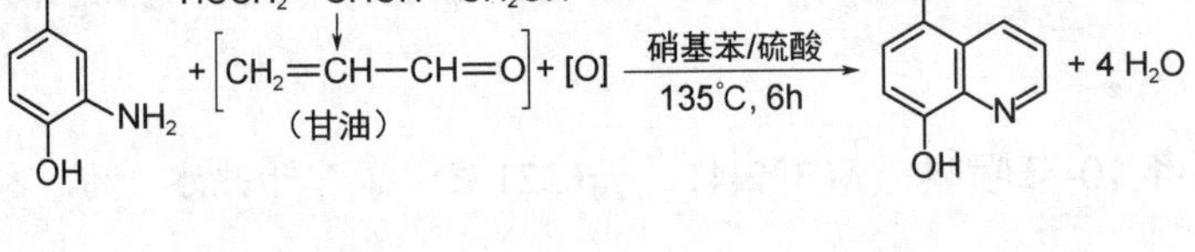

---

❶ 对比 4,7-二苯基-1,10-菲啰啉,应增加 β-氯代苯丙酮的用量;或应在较低温度加入以减少水解损失。

2L 三口烧瓶中加入 150mL 水，搅拌下加入 418g（4.1mol）浓硫酸，制成 80%的硫酸，稍冷，加入 385g（1mol）5-氯-2-羟基苯胺硫酸正盐$(C_4H_6ClNO)_2·H_2SO_4$ 结晶及 80g 硝基苯，加热维持 135℃左右，于 90min 慢慢加入 400g（4.3mol）甘油，反应放热，发生大量气体泡沫，无扑溢之虞，加完后保温搅拌 6h。

冷后倾入冷水中[❶]，以浓氨水中和至 pH 7，析出大量黄色结晶，滤出，水洗，干后得 400g，减压蒸馏，得馏出物 245~250g（产率 62%~69%）。

精制：用 20mL/g 乙醇（或 4.5mL/g 丁醇）重结晶（沸腾下的饱和溶解度：乙醇 8mL/g；丁醇 1.5mL/g），得 147~163g（产率 41%~45%），mp 123.8~125.2℃，GC 纯度 98.3%。

6-甲基喹啉
M 149.19，fp −22℃，bp 258.6℃，d^{20} 1.0654。

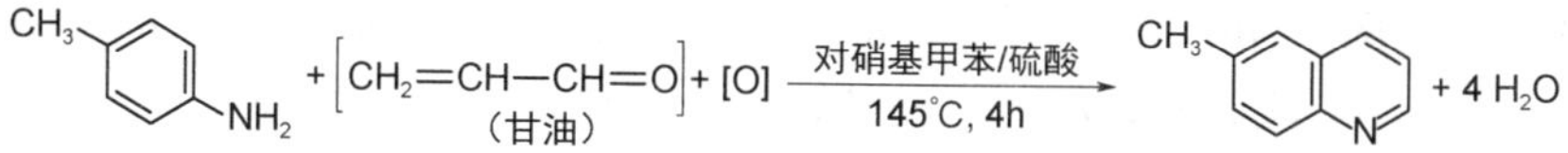

2L 三口烧瓶中加入 200g（1.86mol）对甲苯胺，100g 对硝基甲苯及 400g（4.3mol）甘油，搅拌下加热使反应物溶为均一，在高效回流冷凝器下慢慢加入 600g（6mol）浓硫酸，小心加热至放热反应开始（145℃），立即离开热源，反应缓和后加热回流 4h，水汽蒸馏蒸出过剩的对硝基甲苯，以 40% NaOH 中和至强碱性，再水汽蒸馏蒸出产物，馏出物用苯提取；回收苯后常压蒸馏，收集 258~260℃馏分，得 135g（产率 49%）。

6-氯喹啉
M 163.61，mp 44℃，bp 262~264℃。

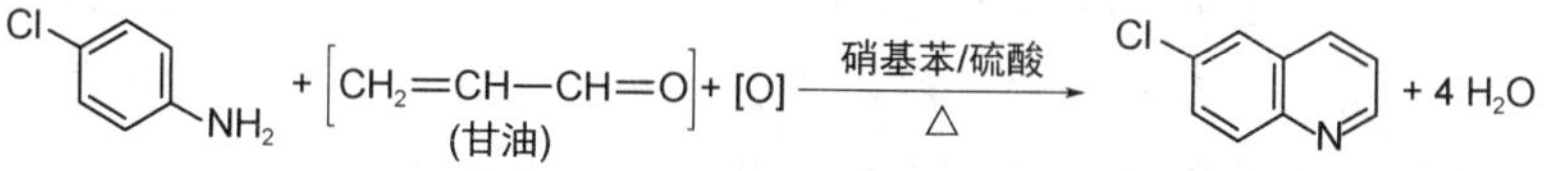

2L 三口烧瓶中加入 128g（1mol）4-氯苯胺，55g 硝基苯及 300g（3.2mol）甘油，搅拌下慢慢加入 310g 浓硫酸，小心加热，加完后很快发生猛烈反应，放热，必要时用水冷却，反应缓和后，加热回流 6h，冷后加入至 6L 冷水中水汽蒸馏，除去过剩的硝基苯，除尽后用 40% NaOH 中和至碱性，再水汽蒸馏蒸出产物，产率 85%~88%，mp 41~42℃，bp 159℃/42mmHg。

7-氯-2-甲基喹啉（7-氯喹那啶）
M 177.63，mp 74~78℃，bp 约 270℃。

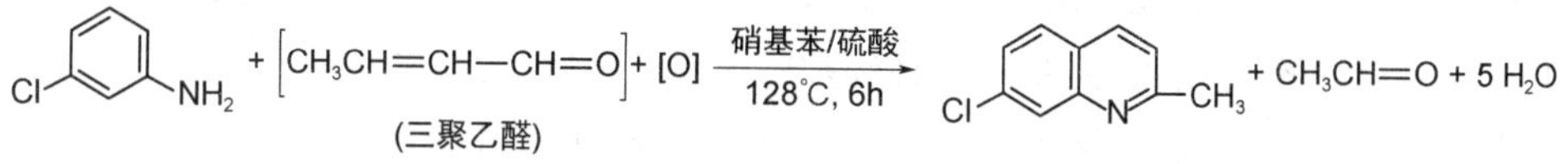

2L 三口烧瓶中加入 255g（2mol）间氯苯胺、100g 硝基苯，搅拌下加入 600g 80%硫酸，加热维持 120℃左右，于 3~4h 慢慢加入 396g（3mol）三聚乙醛，加完后，加热回流（128℃）6h，用回流分水的方法回收未作用的硝基苯；冷后将反应物加入至 1.5L 水中，脱色过滤，以 40% NaOH 中和至强碱性，析出的粗品沉下，冷后凝固，倾

---

❶ 应先予水汽蒸馏蒸除过剩的硝基苯及脱色处理。

去水层，用热甲苯提取水层和凝固物（400mL、200mL、100mL、100mL），提取液合并，干燥后分馏回收甲苯，剩余物减压分馏，收集 168~173℃/30mmHg 馏分，得 150g（产率 42%）[❶]。

7,8-苯并喹啉 M 179.22，mp 52℃，bp 338℃/719mmHg、233℃/47mmHg。

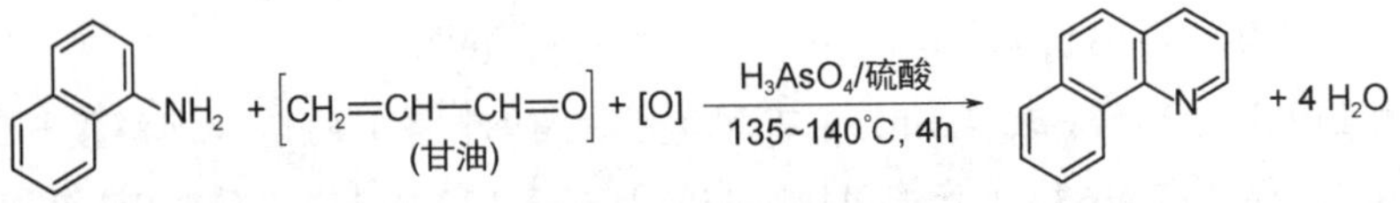

2L 三口烧瓶中加入 145g（1mol）1-萘胺、300g（3.2mol）甘油及 140g 砷酸，搅拌下慢慢加入 350g 浓硫酸，小心加热至放热反应开始，立即移去热源，反应缓和后加热回流（135~140℃）反应 4h，稍冷倾入 1.5kg 碎冰中充分搅拌，滤清后以 40% NaOH 中和至 pH 9，沉析出沥青状物油，冷后即凝结，滤出，水洗，风干得 80g（产率 44%）。

另法：使用硝基苯作氧化剂。

2L 三口烧瓶中加入 172g（1.2mol）1-萘胺、300g（3.2mol）甘油及 80g 硝基苯，搅拌下慢慢加入 300g 浓硫酸及 100g 冰乙酸，小心加热至放热反应开始，移去热源，反应缓和后加热回流（140℃）24h；冷后倾入 1.5L 冷水中，滤清后以 40% NaOH 中和至 pH 9，分开水层及"沥青状物"，用 1L 苯分几次提取水层和沥青状物，提取液合并，回收苯后的剩余物分馏，收集 300~342℃馏分。

以上馏分溶于 10%盐酸中脱色过滤（应先以重氮化除去未反应的 1-萘胺），水浴加热减压浓缩，以浓盐酸盐析；冷后滤出，以盐酸浸洗，使悬浮于水中；再以 NaOH 碱化，分离出油状物或结晶；用乙醚溶解过滤以除去无机盐，回收乙醚、减压蒸馏。

相同的方法，从 2-萘胺制取 5,6-苯并喹啉，mp 93~94℃，bp 352℃。

6-硝基喹啉 M 174.16，mp 153~154℃；可溶于热水，溶于乙醇。

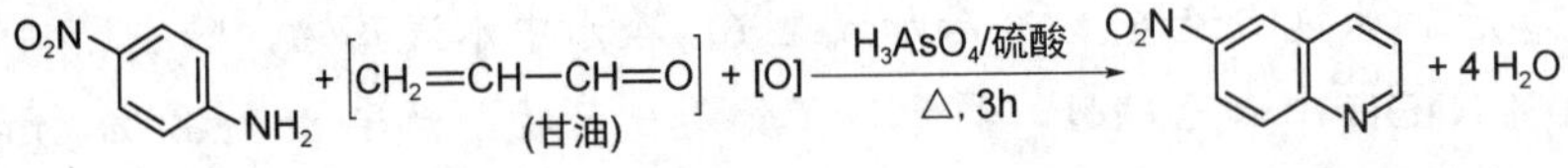

2L 三口烧瓶中加入 138g（1mol）4-硝基苯胺、290（3mol）甘油，搅拌下加入 140g 砷酸，再慢慢加入 275g 浓硫酸，在回流冷凝器下小心加热至放热反应开始，立即移开热源，反应缓和后再加热回流 3h，稍冷，倾入于 1.5L 水中，放置过夜。次日过滤，用 40% NaOH 溶液碱化，冷后滤出结晶，以 10%盐酸溶解，脱色过滤，和氨水碱化，滤出结晶，水洗，干后用乙醇重结晶，得 119g（产率 70%），mp 148~149℃。

同法制取 8-硝基喹啉，其原料中的砷酸减少了 2/3（用量为 50g），产率为 74%，mp 88~89℃（产率 92℃）。

8-硝基-2-甲基喹啉（8-硝基喹那啶） M 188.19，mp 139~141℃。

---

❶ 三聚乙醛用量应增加至 4mol。

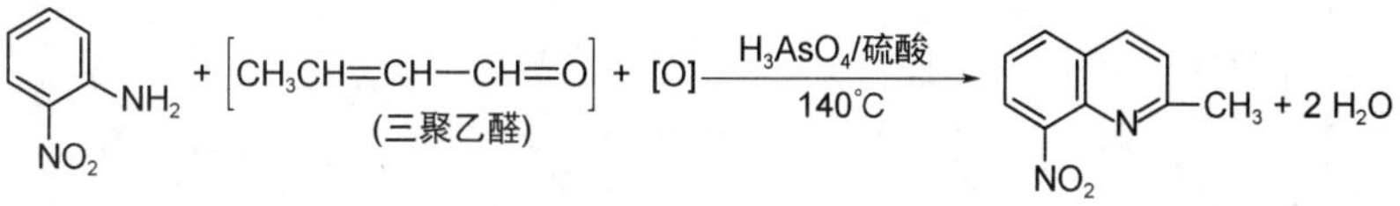

反应式：o-硝基苯胺 + [CH₃CH=CH—CH=O] (三聚乙醛) + [O] → (H₃AsO₄/硫酸, 140℃) → 8-硝基-2-甲基喹啉 + 2 H₂O

10L 三口烧瓶中加入 5kg 80%硫酸和 1.6kg（d 2.2）砷酸，搅拌下慢慢加入 1.15kg（8mol）o-硝基苯胺，搅拌下维持 120℃[1]左右慢慢加入 1.6kg（12mol）三聚乙醛，反应放热约 3~4h 可以加完。然后将反应物移入 20L 烧瓶中，将其置于搪瓷反应罐中用夹套蒸汽加热维持 120℃以上继续反应，反应放热温度可升至 140~150℃[1]，反应过程中发生的泡沫会有溢出，收集放回烧瓶继续反应。次日，用 16L 水洗出反应物，过滤[2]，滤渣用热水洗两次。洗液与滤液合并，通入氨气中和至 pH 5[3]，粗品析出，滤出，水洗，干后得棕色粗品 450g[4]（产率 30%），mp 120~128℃。

对于加成活性较低又具空间阻碍的 Ph—CO—CH=CH—CH₃，与弱碱且存在位阻的芳胺，如从 8-氨基喹啉、o-硝基苯胺的合成，只得到相当低的产率；也或是因为底物的 HCl 加成过程不足。

8-硝基-2-甲基-4-苯基喹啉 M 264.28，mp 136~137℃。

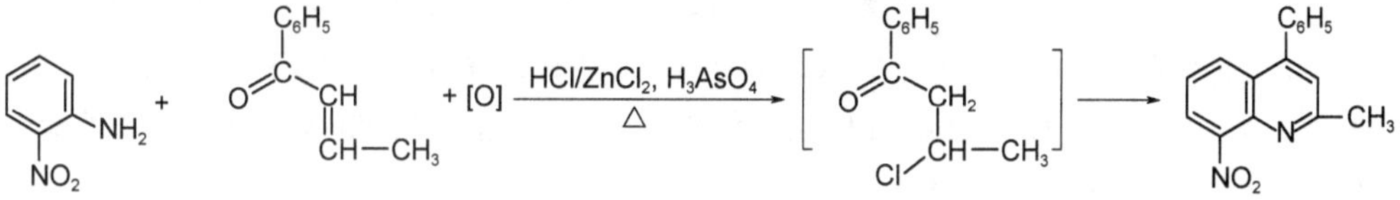

10L 三口烧瓶中加入 2L 浓盐酸，140g（1mol）o-硝基苯胺[5]及 120g 砷酸，搅拌下慢慢加入 100g 无水氯化锌（以上物料都要慢慢加入以减少 HCl 损失），维持 120~130℃从分液漏斗慢慢加入 180g（1.3mol）4-苯基丁-2-烯酮，加完后加热回流 5h。冷后分取酸水层，油层用 1L 盐酸提取一次。提取液合并，用 40% NaOH 碱化后用苯提取三次，提取液合并，回收苯；剩余物中加入同体积的甲醇，冷后滤出结晶，以乙醇浸洗三次，干后得 40g；再乙醇重结晶，干后得 30~34g（产率 11%~12%），mp 128~134℃。

2,9-二甲基-4,7-二苯基-1,10-菲啰啉 M 360.46，mp 282~283℃；可溶于乙醇、氯仿及苯。

---

[1] 控制 135℃加入三聚乙醛，得到同样的结果，但要加入很慢，仍要将它在反应罐中加热继续反应，或使用更高些的温度慢慢加入以免在反应罐中进一步反应；砷酸用量应减少至 0.6kg 或以其它硝化物作氧化剂。
产率低的原因：三聚乙醛的用量应增加至 16mol；或反应物滤出后，母液通氨或用氢氧化钠碱化、用甲苯提取、浓缩及分离。

[2] 过滤困难，可先离心粗滤然后滤清。

[3] 通氨，pH>5 时黑色物质一同沉出； pH<5 时又沉析不完全。

[4] 应分两步沉析，滤除在 pH 5 沉析的粗品后，母液在<10℃用氨水碱化至 pH 9，所得产物用 50%丙酮浸洗，或水汽蒸馏蒸除未反应的 o-硝基苯胺。

[5] 应调节加料顺序，以完成 HCl 加成及氨基取代；或参照下面的反应，氨基在碳碳双键的加成。

$$\text{8-氨基-2-甲基-4-苯基喹啉} + \text{4-苯基-丁-2-烯酮} + [O] \xrightarrow[120℃, 4h]{H_3AsO_4/H_3PO_4} \text{2,9-二甲基-4,7-二苯基-1,10-菲啰啉} + 2H_2O$$

1L 三口烧瓶中加入 45g（0.2mol）8-氨基-2-甲基-4-苯基喹啉及 134mL 85% 磷酸，搅拌下加入 30g（0.2mol）4-苯基-丁-2-烯酮❶，于 120℃ 保温半小时；慢慢加入 50g 砷酸，再保温搅拌 4h 或更长时间。冷后用 40% NaOH 碱化后用热苯提取三次，提取液合并，回收苯后得结晶；再用苯重结晶，得 10g，从母液回收处理，可回收到 1.7~2.5g，共得 11.7~12.5g（产率 17%），mp 277~284℃❷。

2,9-二苯基-1,10-菲啰啉 *M* 332.41。

$$\text{8-氨基-2-苯基喹啉} + \text{HC} \text{CH} \text{HC} C_6H_5 + [O] \xrightarrow[135℃, >2h]{H_3AsO_4/H_3PO_4} \text{2,9-二苯基-1,10-菲啰啉} + 2H_2O$$

2L 三口烧瓶中加入 220g（1mol）8-氨基-2-苯基喹啉和 600mL 85% 磷酸，搅拌下加入 288g 砷酸，加热至 100℃，慢慢加入 265g（2mol）苯丙烯醛，加完后于 135℃ 左右保温搅拌 2h。冷后加入至冰水中，用 NaOH 或氨水中和至强碱性，稍冷滤出结晶，水洗，干后用苯提取，回收苯后剩余物用稀盐酸溶解，脱色过滤，用 NaOH 碱化，析出结晶，干后用苯重结晶，mp 185~186℃。

菲啰啉类结构与 CuSO₄ 络合或与苦味酸以分子化合物的形式脱离反应体系，然后分解开，得以分离及回收。

2,9-二甲基-1,10-菲啰啉 *M* 226.28，mp ＞80℃（分解）（水合物）、163℃（无水）；易溶于醇、醚、苯及丙酮。

$$\text{8-氨基-2-甲基喹啉} + [CH_3CH=CH-CH=O] + [O] \xrightarrow[140℃]{H_3AsO_4/H_3PO_4} \text{2,9-二甲基-1,10-菲啰啉} + 2H_2O$$
（三聚乙醚）

10L 搪瓷桶中加入 4kg 85% 磷酸及 0.8kg（*d* 2.2）砷酸，开动搅拌，慢慢加入 315g（2mol）8-氨基-2-甲基喹啉，溶解后，维持 110℃ 左右慢慢加入 550g（4mol）三聚乙醛，约 3h 可以加完，再于 140~150℃ 反应 4h。冷后用 20L 水洗出反应物，通入氨中和至碱性，冷后滤出或离心分离，用冷水洗去无机盐❸。如此操作四份。

将四份上述黑色产物用乙醇（4×15L）提取（虽然过滤困难，仍要滤干）滤清。回收乙醇的剩余物用 6L 苯分三次提取溶解，向苯溶液中加入 500g（2.2mol）苦味酸溶于

---

❶ 应增加 4-苯基丁-2-烯酮用量，提高反应温度（135℃ 左右），延长反应时间。

❷ 测定熔点之熔化过程：277℃ 收缩，284℃ 熔化；应使用充氮气，闭管，按分解点以 3℃/min 升温测试。

❸ 应该直接用苯提取、脱水及苦味酸盐沉析分离。

1L 苯的溶液，立即析出棕黄色片晶，次日滤出，以少许丙酮冲洗两次，风干后得苦味酸盐 600~620g，mp 228~230℃（应该是黄色结晶，mp 236℃）。

分解苦味酸盐：10L 三口烧瓶中加入 3.2L 12% NaOH 溶液，搅拌下加入 300g 苦味酸盐及 3.2L 苯，水浴加热，搅拌下回流 8h；冷至 50℃分取苯层，回收苯至剩 250mL，冷后滤出结晶，得 100g，mp 140~150℃。全部苦味酸盐分解后共得粗品 212g（产率 13.3%）[❶]。

精制：以上粗品用 30%丙酮（12mL/g）重结晶，干燥后得 160~170g，mp 160.5~161.9℃[❷]。

2-苯基-1,10-菲啰啉　M 256.31。

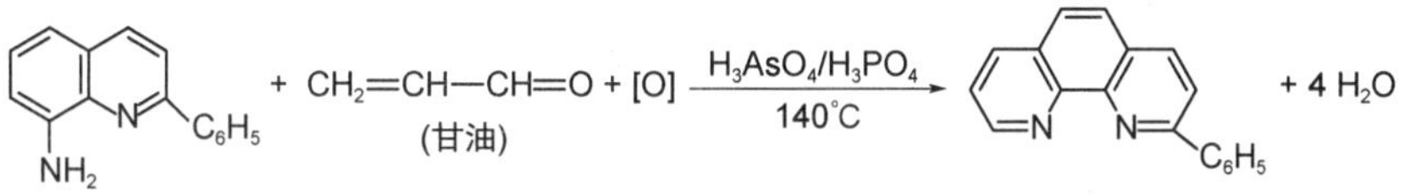

3L 三口烧瓶中加入 220g（1mol）8-氨基-2-苯基喹啉、220g 砷酸，搅拌着慢慢加入 1kg 80%硫酸，加热至 100℃慢慢加入 368g（约 3.8mol）甘油，小心加热至 140℃保温搅拌 2h，冷却用水冲稀，以浓氨水中和至碱性，滤出，水洗，干后用沸苯提取，回收苯后的剩余物用石油醚重结晶，得 60g（产率 23.4%），mp 104℃。

1,10-菲啰啉　M 180.21，mp 97℃（104℃）（水合物），117~119℃（无水）；微溶于水（<0.3%），可溶于苯（1.4%），溶于醇。

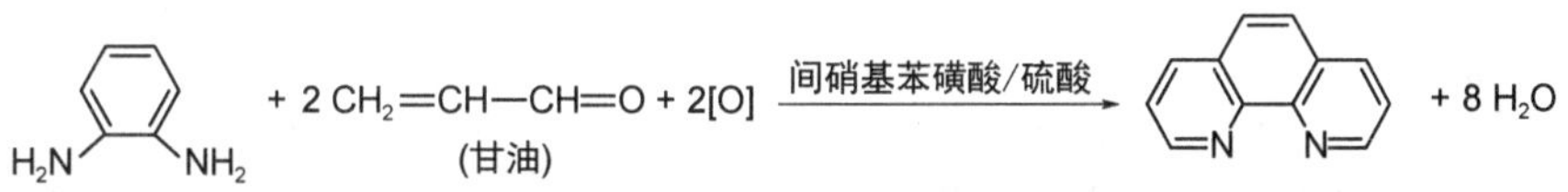

2L 三口烧瓶中加入 2kg 含 24% SO_3（6mol）的发烟硫酸，搅拌下加入 740g（6mol）硝基苯，搅拌下于 110℃反应 3h，冷后加入 300mL 水中备用。

10L 三口烧瓶中加入 325g（3mol）o-苯二胺、1.5kg（16mol）甘油及 825g（3.3mol）结晶硫酸铜；再加入 3.6kg 70%硫酸，搅拌下加热维持 125~135℃（呈微沸状），慢慢加入上面制得的间硝基苯磺酸硫酸溶液（反应比较猛烈）。加完后保温搅拌 3h，冷后倾入 15kg 碎冰中，以 40% NaOH 中和至 pH 3，放置过夜。次日滤出固体物（包括菲啰啉铜络合物），水洗，（干后）得 1kg。

分解络合物：1kg 上述产物与 5L 水混匀，搅拌下加入 800g（3.3mol）结晶硫化钠，并加热至近沸，保持 2h 或更长时间，生成黑色硫化铜及黑色油状物（熔化的菲啰啉），以稀硫酸调节反应物至 pH 3（由于是向反应物中通入蒸汽保温的，此时体积约 20L）[❸]，加入脱色炭煮沸过滤，冷后滤出结晶；再用母液提取滤渣几次，滤出的结晶风干，共得

---

❶ 从分离苦味酸盐以后所得母液，洗液回收；再经苦味酸处理，可回收到苦味酸盐 160g；水解全部苦味酸盐共得粗品 262g（收率 14.4%）。

❷ 产品外观允许微黄，如熔点低，可用苯（3mL/g）重结晶，精制的收率 60%。

❸ 母液中的产品溶解应予回收；为缩小体积，应使用外加热分解络合物，用甲苯提取；作为氧化剂的硝基苯磺酸（磺化）发烟硫酸也应减少为 4mol；为减少硫酸用量应使用无水硫酸铜。

120g 水合物（产率 20%）❶，mp 97℃（水合物）。

吲哚醌的杂环部分是环酰胺，与碱共热水解为 2-氨基-苯乙酮酸盐；氨基底物与丁二酮的羰基加成脱水；进一步 α-甲基烯醇化，双键与碱及羰基影响的酮（羰基）加成，脱水环合后，酸化得到 2,2′-联喹啉-4,4′-二甲酸。

2,2′-联喹啉-4,4′-二甲酸（联辛可宁酸）　　M 344.33。

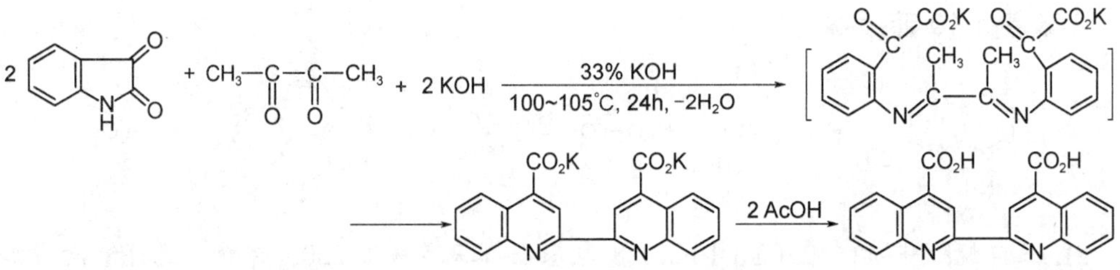

2L 三口烧瓶中加入 73.5g（0.5mol）吲哚醌、23.2g（0.27mol）丁二酮及 380mL 33%（2.8mol）氢氧化钾溶液，搅拌下在 100℃反应 24h，冷后滤取析出的钾盐结晶，以 20% KOH 溶液浸洗至洗液为无色；将钾盐溶于 1L 沸水中脱色过滤，趁热用稀乙酸酸化，滤出结晶，水洗，烘干，得 51g（产率 58%），mp 367℃（分解，失羧）。

另法：或使用 40% KOH 溶液，慢慢加入二甲基乙二肟或 3-氯丁酮与碱中的吲哚醌反应，其它条件及产率相近。

四、吖啶

吖啶是无色柱状结晶，mp 110~110.5℃；氮杂原子与相并的苯环共轭，是更弱的碱，只与强无机酸生成稳定的盐；对皮肤有较强的刺激性，有灼烧感（也或有 9-氯吖啶微少原因）。其制法如下：吖啶酮与锌粉共热蒸馏得到吖啶；或其它方法还原。

吖啶

N-苯基-2-氨基苯甲酸与浓硫酸或在浴或更高温度加热进行脱水缩合环合，用水冲稀析出吖啶酮，产率 90%；还可使用其它脱水缩合环合，与 10 倍理论量（兼作溶剂）三氯氧磷共热，至 80℃发生猛烈的脱水环合得到吖啶酮，经过烯醇化，在回流温度下发生氯代制得 9-氯吖啶；在氯仿溶剂中氯原子被(4-甲苯磺酰)肼基取代；与乙二醇中的 NaOH（RONa）共热、分解还原得到吖啶。该反应是"脱亚氨"还原方法——磺酸肼在介质中的热分解：

$$Ar-SO_2-NH-NH- \xrightarrow[50\sim150℃]{} Ar-SO_2H + H-N\!=\!N-$$

亦见羰基的联氨还原（见 35 页），如：

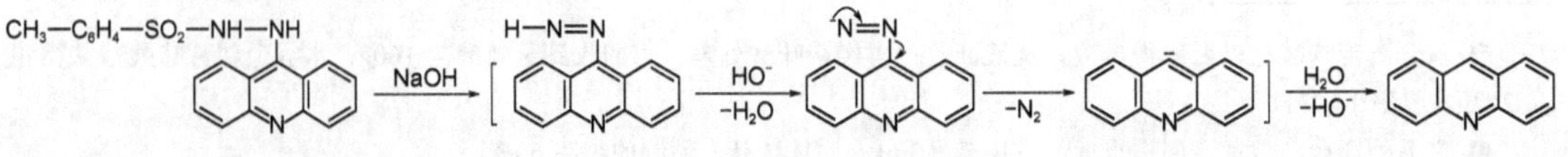

---

❶ 同上页脚注❸。

吖啶 *M* 179.22，mp 110.5℃，bp＞360℃，d^{20} 1.005；无色针晶状或棱柱状晶体，易溶于醇、醚、苯及丙酮中，稀溶液显蓝色荧光，有刺激性。

a. 9-氯吖啶（mp 122℃；淡黄色针晶，有刺激性）

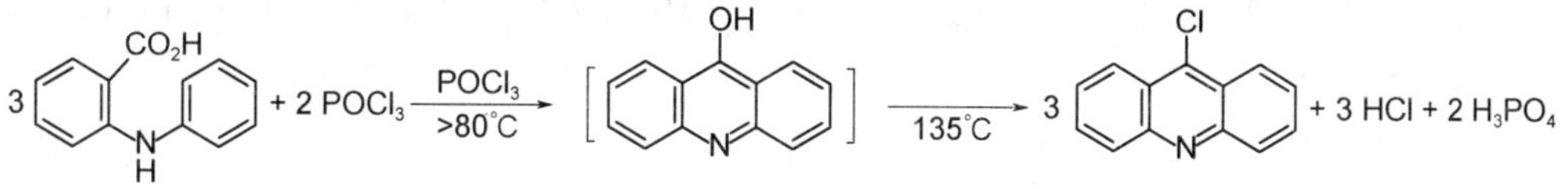

10L 三口烧瓶中加入 3kg（1.8L，20mol）三氯氧磷❶，于浅水浴上加热，安装高效回流冷凝器（放出 HCl 导至水面吸收），加入 140g *N*-苯基-*o*-氨基苯甲酸，加热至80℃开始反应，放热使反应物回流，用流水冷却烧瓶，几分钟后反应缓和；再加入 100g *N*-苯基-*o*-氨基苯甲酸，再加热至猛烈反应开始，如此反复共加入 640g（3mol）*N*-苯基-*o*-氨基苯甲酸；再加入 3kg 三氯氧磷，分次加入 640g *N*-苯基-*o*-氨基苯甲酸。最后加热回流2h，回收 POCl₃ 至液温155℃❷（应以浴温≤120℃用水泵减压收尽，用氯仿提取）。稍冷，控制＜20℃（水温高出可能会导致 9-氯吖啶有水解）将反应物与 7L 氯仿的溶液加入大量碎冰中，充分搅拌，以浓氨水中和，调节水层为持久的中性或弱碱性。分取下面氯仿层，以无水氯化钙干燥后，水浴加热回收氯仿❸，至开始有结晶析出，趁热，在通风处倾入于结晶皿中，在经常搅动下放冷至室温，压碎勿使结块，以丙酮浸洗两次，风干后得灰棕色产品 1.04kg（产率80%），mp 113~118℃。

b. 9-*p*-甲苯磺酰联氨基-吖啶

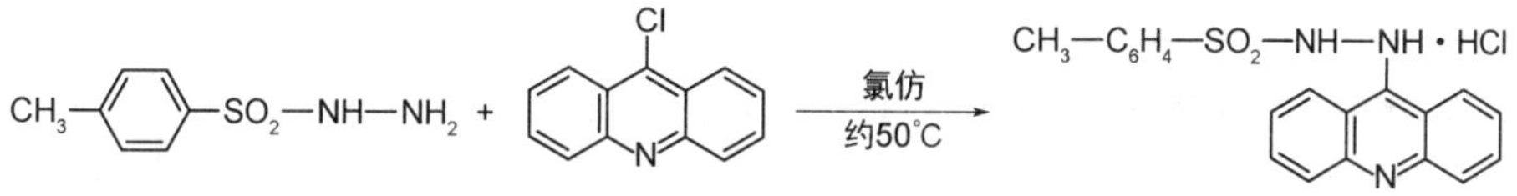

20L 搪瓷桶中加入 7.5L 氯仿及 950g（5mol）*p*-甲苯磺酰肼❹，水浴加热至50℃溶解。稍冷，在冷却下慢慢加入 1.08kg（5mol）9-氯吖啶，加入即溶，随即析出结晶，反应放热，加完后放置过夜。次日滤出，用氯仿浸洗两次，干后得1.8kg（产率88%）。

c. 联氨方法还原——吖啶

---

❶ 为加料方便，应先加入 *N*-苯基-*o*-氨基苯甲酸，在加热下从分液漏斗慢慢加入三氯氧磷；把两个步骤分开，以减少多聚体。

❷ 因为 9-氯吖啶有挥发，回收的 POCl₃ 为浅绿色，只作重复使用。

❸ 以氯化钙干燥后不必回收氯仿，调节浓度，用于下一步的合成。

❹ 对甲苯磺酰肼，可溶于水、苯，易溶于氯仿，mp 112℃。

$$CH_3-C_6H_4-SO_2-Cl + 2\ H_2N-NH_2 \xrightarrow[<30℃]{甲苯} CH_3-C_6H_4-SO_2-NH-NH_2 + H_2N-NH_2 \cdot HCl$$

3.9kg（18mol）用水洗过、析干的对甲苯磺酰氯溶于 9L 甲苯中，过滤后分去最后的水层，冰水浴冷却着控制温度在30℃以下，搅拌着于4h左右从分液漏斗慢慢加入 3.6kg 50%（36mol）水合肼，大量片状结晶析出。加完后再搅拌半小时，滤出，冰水洗，甲苯冲洗，干后得 2.5kg（产率74%），mp 107.5~109.5℃。

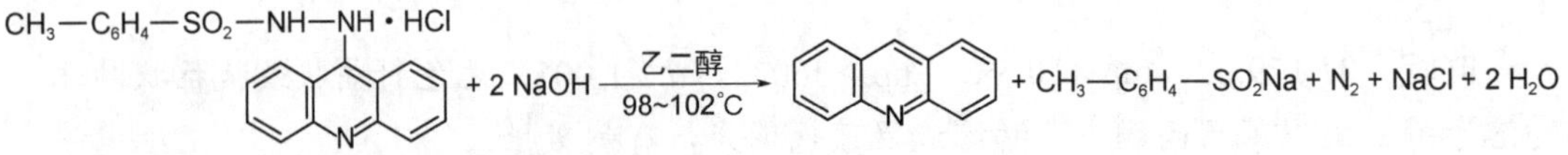

$$CH_3-C_6H_4-SO_2-NH-NH \cdot HCl$$

（9-对甲苯磺酰联氨基吖啶） $+ 2\ NaOH \xrightarrow[\text{98~102℃}]{\text{乙二醇}}$ （吖啶） $+ CH_3-C_6H_4-SO_2Na + N_2 + NaCl + 2\ H_2O$

60L 高型的搪瓷反应罐配置可以随时开启的盖子，以便随时搅动和最后的捞取结晶。

反应罐中加入 21kg 乙二醇、20L 水及 10kg 40% NaOH 溶液，搅匀；加入 1kg（2.5mol）9-p-甲苯磺酰联氨基吖啶粉末，在经常搅动下用蒸汽加热至 98~102℃，有细小（N_2）气泡放出，加热保温 4~6h（约 2h 后，结晶物大部分溶消，上面少量棕色物质是吖啶）封好，停止加热，放置过夜，次日捞出上面漂浮的棕色结晶，水洗，风干，得 300~350g[❶]，母液重复使用[❷]。

盐酸吖啶 M 233.69（$C_{13}H_9N \cdot HCl \cdot H_2O$），mp 250~255℃（无水）。

以上操作四次共得粗吖啶 1.65kg，溶于 7.5L 5.5%的盐酸中，脱色过滤，每次加入 400g 脱色炭（共脱色 4~5 次）直至滤液在滤纸上的渗圈为黄色（无红棕色）为止。次日，盐酸吖啶以黄色透明片状结晶析出，风干，得 1.1kg（一水物），产率 47%。

盐酸盐母液用氨水中和处理，可回收 80g；脱色炭用热水洗脱，氨水中和得粗品 80g；将它们制成盐酸盐及以后处理。

中和及精制：1.1kg 盐酸吖啶（未包括回收部分）溶于 3L 热水中，以氨水中和至碱性，冷后滤出，水洗，干后得 838g（产率 91%），外观黄色。

用乙醇（1.2mL/g）重结晶，放冷，有细小结晶析出，放置三天细小结晶长大成粗大、淡黄透明的柱状结晶，滤出，以 50%乙醇冲洗，风干得 467g，mp 110~110.5℃。

五、吡唑

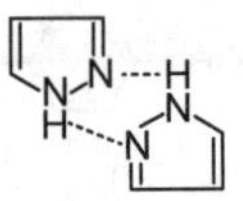

吡唑是有两个相邻氮杂原子的五元环，具有分子间氢键的双分子化合物。如右图所示：

吡唑 mp 70℃，bp 180℃

吡唑存在互变异构，5 位取代和 3 位取代是同一的，

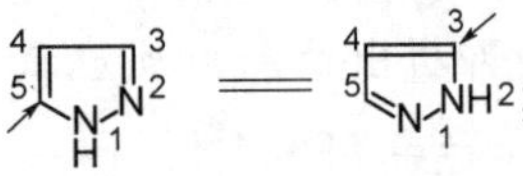

$$\underset{\text{(4,5 位,N1)}}{\overset{\text{3,N2}}{\boxed{}}} = \underset{}{\overset{}{\boxed{}}};$$ N-取代无互变异构；它可以加氢，但比较困难，其氢化产物都是从环合成制得，有以下命名：

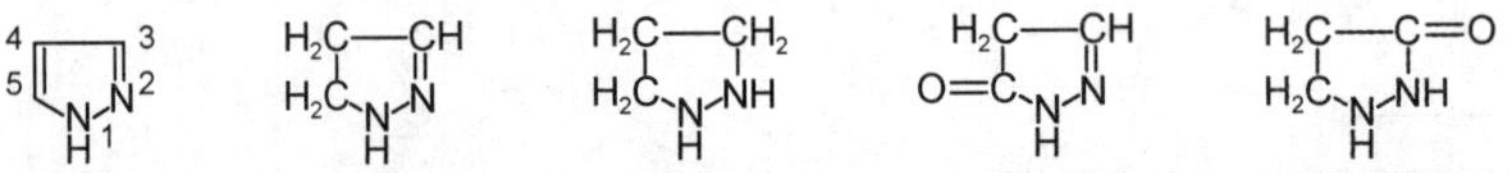

吡唑	吡唑啉 二氢吡唑	吡唑啉 四氢吡唑	5-吡唑酮	3-吡唑啉酮

它们结构中都有—N—N—两个相邻的氮杂原子，其合成一般都从—N—N—结构开始，如：联氨、重氮甲烷、肼类；另一方面的反应底物是相间的两个电正中心，如：β-酮（醛）酸酯，

[❶] 以上脱卤还原四次，共 10mol 9-p-甲苯联氨基吡啶，捞出粗品 1.3kg，其熔点至 118℃基本全熔（反应过程应予氮气保护以减少氧化）使用至少四次后的反应液过滤出悬浮在反应液中品质较好的吖啶（干）350g，共得粗品 1.65kg（产率 92%）。应考虑在盐酸处理一次后碱化，干后减压蒸馏作初始的精制。

[❷] 母液重复使用，每次都要补充消耗及损失的氢氧化钠固体（800g）、乙二醇 0.3~0.5kg。

α,β-不饱和醛（酮或羧酸酯）；如果两个碳正中心有差异或者两个氮原子–N–N–有差异，依"酸，碱"的强度选择进行，尤以生成五元环合是过程中最快的过程。

3,5-二甲基吡唑　M 96.13，mp 107.5~108℃，bp 218℃；溶于水，易溶于乙醚及苯。

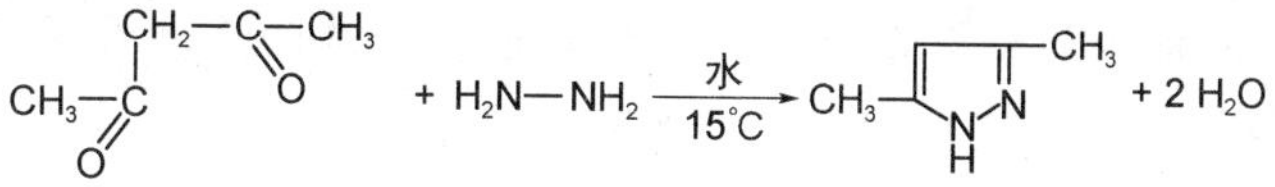

1L 三口烧瓶中加入 65g（0.5mol）硫酸肼 $N_2H_4·H_2SO_4$，使溶于 400mL 10%（1.1mol）氢氧化钠溶液中，控制 15℃ 左右，搅拌着慢慢滴入 50g（0.5mol）乙酰丙酮，加完后再搅拌 1h，加入 200mL 水以溶解所有的无机盐；用乙醚提取（5×125mL），乙醚提取液合并，用饱和盐水洗，以无水硫酸钠干燥，回收乙醚，最后减压收尽，得 37~39g（产率 77%~81%），mp 107~108℃；再用 250mL（沸程 90~100℃）石油醚重结晶，得 35~37g（产率 73%~77%）。

β-酮酸酯，如乙酰乙酸乙酯，酮羰基的加成活性较强，和肼（强碱）在水条件即可顺利脱水，而后在酯羰基加成、脱醇，产物是 5-吡唑酮；4-硝基苯肼的碱性较弱，在稍高的温度才能反应；吡唑酮可异构为烯醇，呈酸性，溶于稀 NaOH，可发生酯化。

3-甲基-2-吡唑-5-酮　M 98.11，溶于水，溶于沸乙醇（12mL/g）；mp 215℃（223~225℃）。

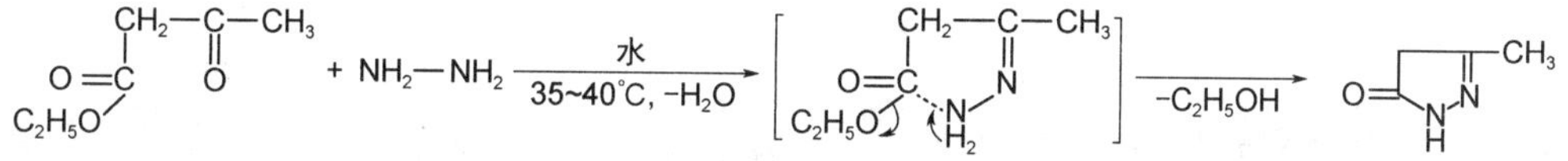

0.5L 三口烧瓶中加入 130g（1mol）乙酰乙酸乙酯和 200mL 水，水浴冷却控制反应温度 35~40℃，搅拌着于 1.5h 左右加入 62.5g 80%（1mol）水合肼，反应滞后几分钟有较大放热，当加入约 1/4 时反应物变得均一，随即析出结晶，加完后保温搅拌 1h；再加热回流（90℃，含乙醇）半小时，冷后滤出结晶，水洗，干后得 85~90g（产率 86%~91%），mp 220~223℃。

如果用乙醇（15mL/g）重结晶，熔点下降为 219~220℃。

1,3-二甲基-2-吡唑-5-酮　M 112.13，mp 117℃（122℃），bp 130℃/17mmHg；易溶于水及苯（结构互变），升华。

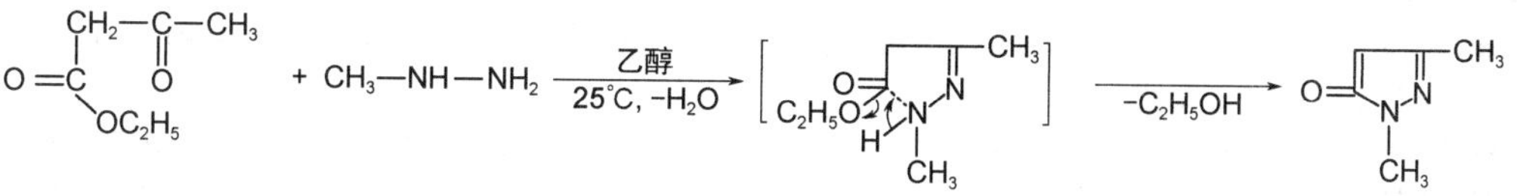

0.5L 三口烧瓶中加入 130g（1mol）乙酰乙酸乙酯、150mL 无水乙醇，水浴冷却控制

反应温度 25℃±2℃，搅拌着于 1.5h 左右慢慢滴入 46.1g（1mol）无水甲基肼❶，加完后保温搅拌 2h。控制水温在 70℃左右减压回收乙醇，有大量结晶析出；如果有水得到的剩余物是黏稠的流体，放置过夜则凝固❷。加入 150mL 甲苯溶解粗品，以 5g 无水硫酸钠作干燥剂，加入 5g 脱色炭脱色过滤，稍冷，加入 100mL 石油醚，析出结晶并放置过夜。次日滤出，以回收溶剂（甲基与石油醚的混合溶剂）浸洗两次，再用 30mL 氯仿冲洗，干后得 72g（产率 64%），mp 116~117℃，外观近于白色。

1-*p*-硝基苯基-3-甲基-2-吡唑-5-酮　*M* 219.20，mp 218℃（分解）；黄色絮状结晶，可溶于稀 NaOH，溶于多种有机溶剂。

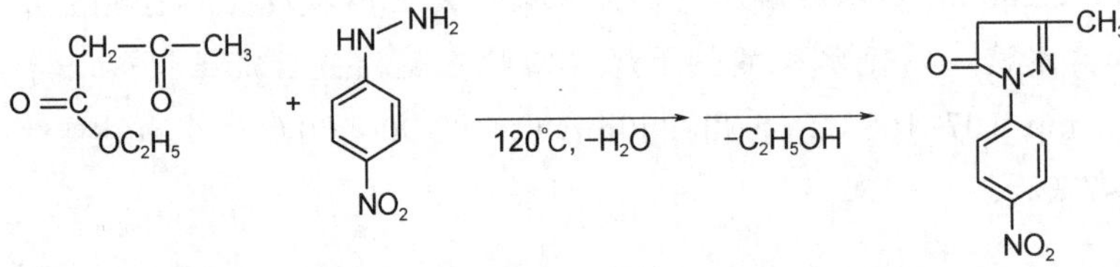

5L 三口烧瓶中加入 1.3kg（10mol）乙酰乙酸乙酯、1.52kg（10mol）*p*-硝基苯肼，搅拌下，油浴加热，至 120℃±5℃（有回流）反应 2.5h，趁反应物未结固❸，立即倾出，冷后打碎，用乙醇在搅拌下煮洗两次，干后得 1.3kg，mp 141℃❹。

精制：粗品用冰乙酸（8mL/g）重结晶，得 0.9kg（产率 41%），mp 217~219℃❺。

1-苯基-3-甲基-2-吡唑-5-酮　*M* 174.20，mp 128~130℃，bp 287℃/265mmHg。

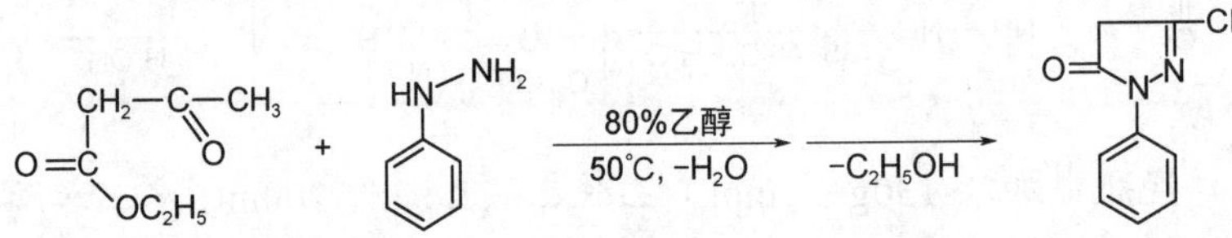

5L 三口烧瓶中加入 1.3kg（10mol）乙酰乙酸乙酯、380mL 80%乙醇，维持 40~50℃，搅拌着于 1h 左右从分液漏斗慢慢加入 1.08kg（10mol）新蒸的苯肼，加完后保温搅拌 3h。冷后滤出结晶，乙醇洗，干后得 1.36kg（产率 80%），mp 124~127℃。

α,β-不饱和酸酯，如：丙烯酸甲酯、甲基丙烯酸甲酯与肼的脱醇缩合及亚胺的在 *α,β*-双键 C=C 的加成环合，产物是吡唑啉-3-酮；由于酯的羰基与 *α,β*-双键 C=C 共轭，并且酯基——氧原子（烷氧基）未共用电子的偏移使羰基碳的电正性降低，其加成活性较弱，碱（醇钠）

---

❶ 无水甲基肼为无色液体，bp 87℃，在空气中受热可自燃，遇湿气（水合）发烟；本试验所用无水甲基肼为棕色瓶包装，剩余部分长时间放置未见异常。

❷ 黏稠状橘红色产物溶于热甲苯中脱色过滤，放冷析出结晶（不使用石油醚）；或者使用氯仿溶解及处理，该红色物质易溶于氯仿。

❸ 此条件尚未反应完全，或使用甲苯溶剂同时作蒸除乙醇，或便于反应和倾出反应物。

❹ 所用 4-硝基苯肼的质量较差；如果使用好质量的 4-硝基苯肼在反应的阶段就结固了，用热乙醇煮洗过的粗品熔点 204~214℃。

❺ 如果按分解点以 3℃/min 的速率升温，其熔点为 220~222℃（分解）。

的介入增强了羰基碳的电正性，使第一步的酯基肼解容易完成，碱（醇钠）退减下来，形成羰基与 C=C 共轭，使 C=C 双键极化，利于亚胺的加成环合，反应中水是有害的，应控制物料水分小于 0.5%。

4-甲基-1-苯基-吡唑啉-3-酮（啡尼酮 B）　M 176.22，mp 131~132℃；易溶于醇。

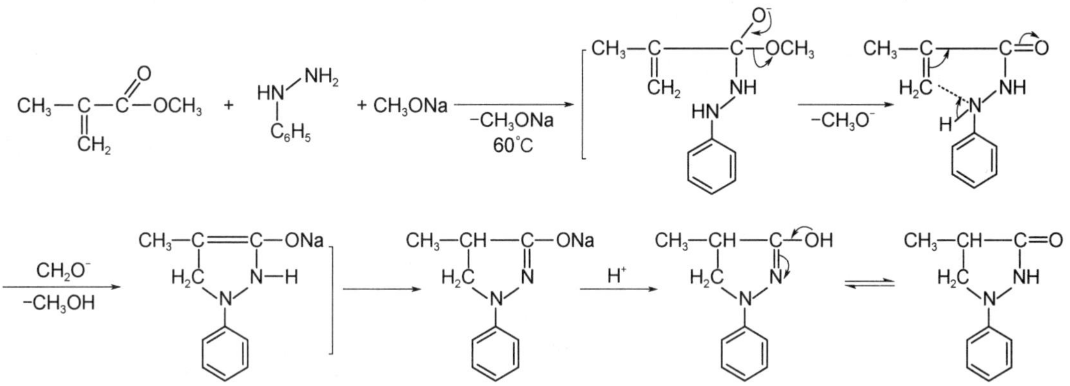

100L 反应罐中加入 40L 甲醇（水<0.3%）、20kg（28%，100mol）甲醇钠甲醇溶液，搅拌着加入 7.6kg（70mol）新蒸的苯肼，加热至 60℃停止加热；于半小时左右慢慢加入 9.5kg（95mol）新蒸的、加入了 20g 对苯二酚阻聚剂的甲基丙烯酸甲酯（放热不大），加完后再搅拌半小时；加热回流 8h，其间析出大量钠盐（此后应停止搅拌回收部分甲醇）；稍冷至 60℃慢慢加入 20L 水，加热使钠盐溶解，加入 12.5L 50%（104mol）乙酸中和至弱酸性，再搅拌 10min；将反应物移入于搪瓷桶中放冷，滤出结晶；从母液回收可得少量粗品，粗品合并；以精制成品的母液溶析一次，冷后滤出，干后得 9.5~10kg（产率 77%~81%）。

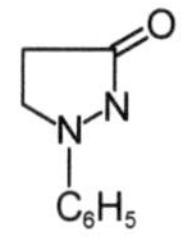

精制：以上粗品用乙醇（2mL/g）重结晶（脱色），快冷，滤出结晶，以石油醚浸洗两次，风干得白色结晶 6kg（产率 49%）[❶]，mp 130~132℃。

啡尼酮

同法：从丙烯酸乙酯制取 1-苯基-吡唑啉-3-酮（啡尼酮）。

甲酰乙酸酯（合成见 866 页）作为合成底物，由于它的稳定性差，多是在使用前临时制备，或是作为合成的前期反应：醇钠或钠从"酸"底物夺取 α-C−H 生成 α-碳负离子，与甲酸酯脱醇缩合制得。甲酰乙酸酯（如：β-醛酸酯或 β-醛基酮）用于合成，如：与肼反应得到吡唑衍生物——五元环；与硫脲、尿素反应得到嘧啶衍生物——六元环。

甲酰乙酸乙酯

其它相间电正中心的底物，依"酸、碱"强弱选择进行，如：

---

❶ 或用甲醇（2.5mL/g）重结晶以便回收利用。从使用过的乙醇母液回收产品计算产品的总产率为 69%。

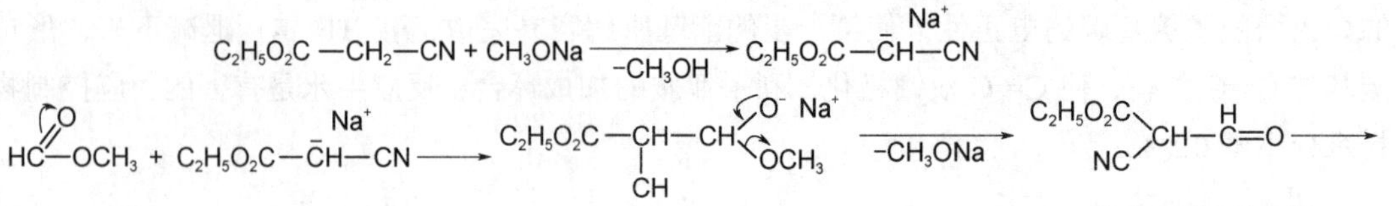

α-氰基-甲酰乙酸乙酯

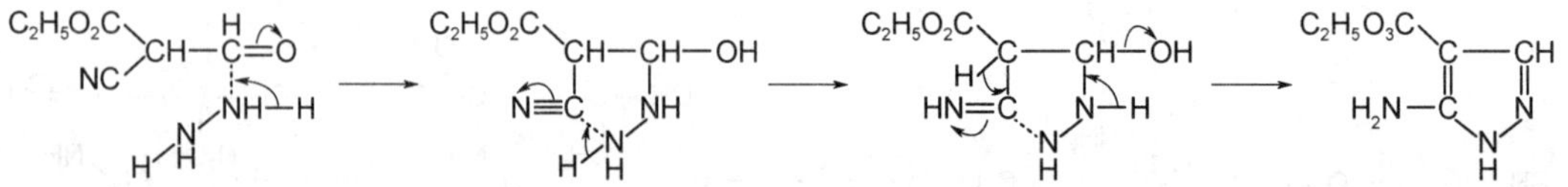

5-氨基吡唑-4-甲酸乙酯

吲哚唑（4,5-苯并吡唑） *M* 118.14，mp 147~149℃，bp 267~270℃。

a. 2-甲酰环己酮

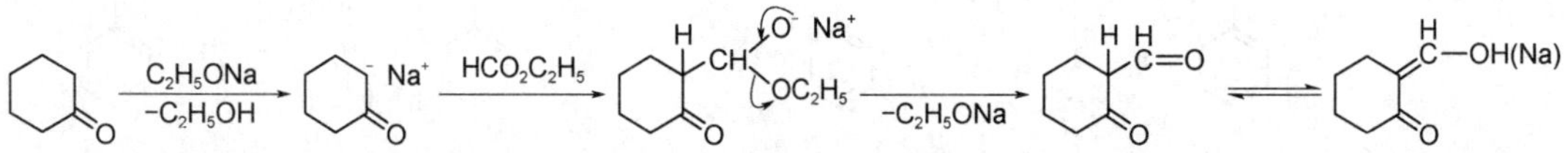

5L 三口烧瓶中加入 2L 无水乙醚、23g（1mol）切成小薄片的金属钠、98g（1mol）新蒸的环己酮，冰水浴冷却下加入 110g（1.5mol）甲酸乙酯，搅拌下加入 5mL 无水乙醇（反应有引发过程），继续搅拌 6h，至金属钠作用完毕。

慢慢加入 200mL 水搅拌半小时，分出乙醚层用 50mL 水提取；水溶液合并，用新乙醚提取水溶液两次，得到环己酮-2-甲烯醇钠水溶液；以 15%盐酸酸化，用新乙醚提取两次，合并的乙醚溶液用饱和盐水洗，以无水硫酸钠干燥后回收乙醚，剩余物水浴加热减压分馏，收集 70~72℃/2mmHg 馏分，得 88~94g（产率 70%~74%），n_D^{25} 1.5110，此 2-甲酰-环己酮在冰箱中只能存放几天。

b. 4,5,6,7-四氢吲哚唑

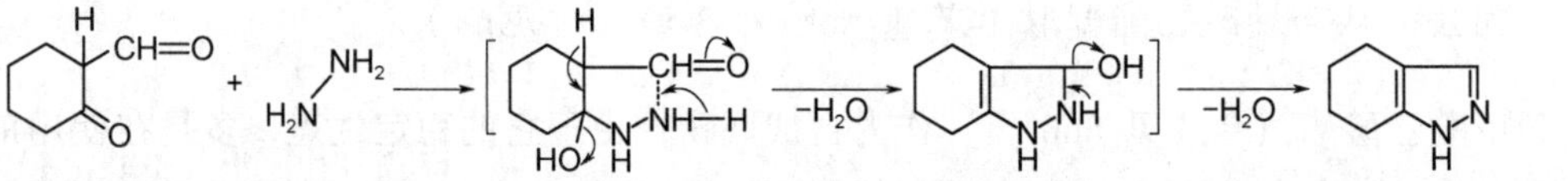

2L 三口烧瓶中加入 63g（0.5mol）2-甲酰环己酮、500mL 甲醇，搅拌下慢慢加入 25g（0.5mol）100%水合肼，半小时后水浴加热回收甲醇至近干；再加入 100mL 乙醇再减压蒸干，剩余物溶于 100mL 热石油醚中，过滤后放冷、再冰冷，滤出结晶，以石油醚浸洗一次，干后得 58~60g（产率 95%~98%），mp 79~80℃。

c. 脱氢——吲哚唑

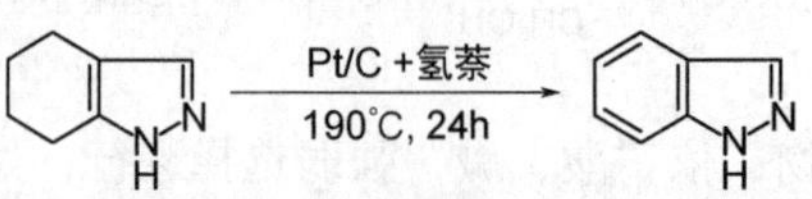

将 50g（0.41mol）4,5,6,7-四氢吲哚唑、35g 5% Pt/C 催化剂及 1L 无水十氢萘，在搅

拌下加热回流24h（十氢萘，bp 189~191℃），稍冷后放置过夜。次日滤出结晶，以石油醚浸洗；粗品溶于750mL 热苯中滤清后慢慢加入 2L 石油醚，在冰浴中冷却几小时后滤出结晶，风干得 24~25g（产率 50%~52%），mp 146~147℃。

另法：

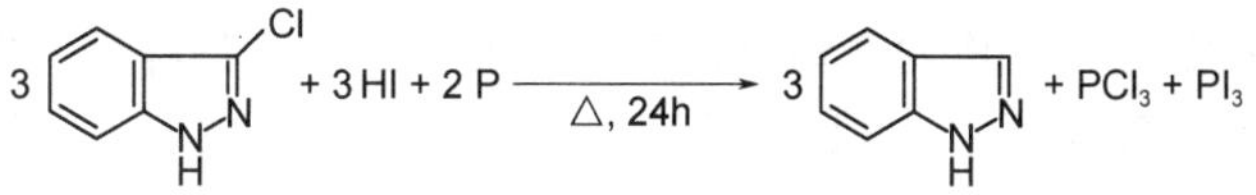

1L 三口烧瓶中加入 15.3g（0.1mol）3-氯吲唑噁❶、18.6g（0.6mol）红磷、100mL 恒沸氢碘酸（bp 127℃，含量 57.5%），搅拌下加热回流24h。冷后过滤，用 40mL 分两次清洗烧瓶及红磷。洗液与滤液合并，减压蒸发至剩 40mL 左右，加入 80mL 水冲稀后滤清，冰冷着，以浓氨水中和至强碱性，次日滤出，水洗，干后得 12~13g，mp 143~145℃。

精制：以上粗品溶于 400mL 苯中，滤清后加入 1L 石油醚，冰冷，滤出结晶，干后得 9.1~10.2g（产率 77%~86%）。

六、咪唑

咪唑是两个氮原子相间的共轭五元环，存在分子间氢键 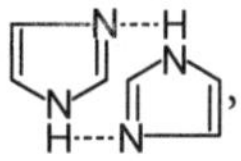 ，mp 91℃，bp 256℃，可互变异构 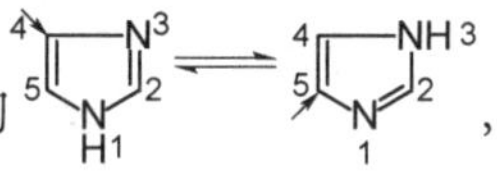 ，4 位和 5 位取代是同一的，N-取代无互变异构。

咪唑是两性物质，在水中与无机酸生成稳定的盐，如：；也可以质子离去（例如：亚胺酸）而呈酸性，可溶于稀碱，若环上有其它拉电子基则它的酸性更强。例如：4-硝基咪唑可溶于稀氨水。

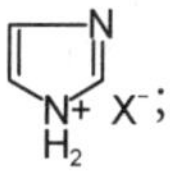

1. 其它反应

咪唑在无机酸中生成稳定的盐，使亲电取代困难，并且进入间位，如：磺化、硝化；在酸条件下对于氧化剂稳定，如：苯并咪唑在硫酸条件、70℃用 Na_2CrO_7 氧化，苯环破坏，氮杂环保留，得到 4,5-二羧基-咪唑；在碱性条件用 $KMnO_4$ 氧化，氮杂环分解。

咪唑-4,5-二甲酸 M 156.10，mp 288~291℃（分解）。

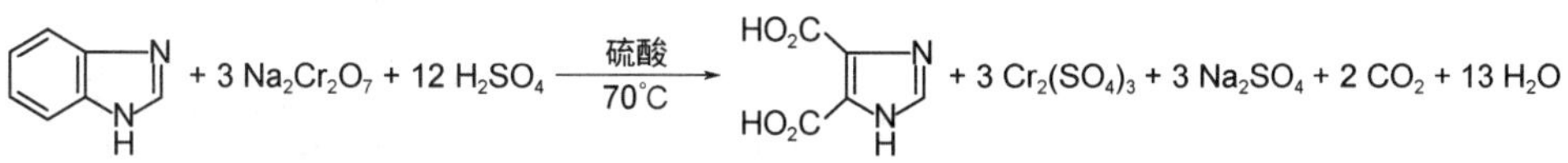

---

❶ 3-氯吲唑噁的合成：

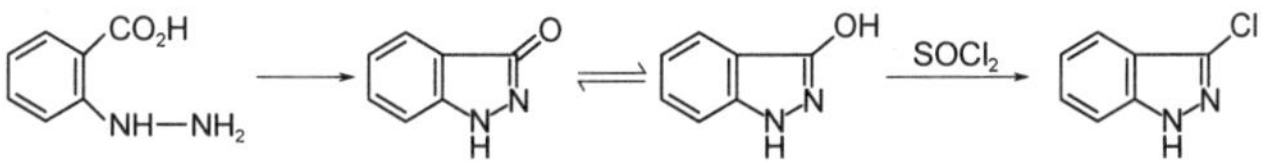

2L 三口烧瓶中加入 1.3kg 50%（6mol）硫酸及 47g（0.4mol）苯并咪唑，成盐溶解。控制 70℃±2℃，搅拌着于 2h 左右慢慢加入 360g（1.2mol）结晶（二水合物）重铬酸钠，一经加入立即反应，反应物变为暗绿色。加完后保温搅拌 2h，移入烧杯中加入同体积水搅匀，放置过夜；次日滤出结晶，水洗，干后得 27g（产率 43%）❶，mp 280℃。

咪唑在质子捕获剂存在下作为亲核试剂反应，生成 N-取代的咪唑（见 554 页）。

咪唑硝化：在浓硫酸中成盐；在比较的温度（125℃）及多量混酸硝化，得到较高产率的 4-硝基咪唑，引入硝基后使 −N=C−NH− 亚氨基的酸性更强而溶于稀氨水；苯并咪唑的硝化硝基进入苯环容易许多——相当于苯环上有一个强拉电子基，在间位引入，只用比计算量稍多的混酸在室温进行；6 位硝基对于咪唑环的影响较小，仍可以弱碱与无机酸成盐而溶于水，但其硝酸盐的水溶解度却很小——与硝酸生成氢键络合物，亦如盐酸二环己胺一样难溶于水。下面两个例子的合成过程详见 526 页和 527 页。

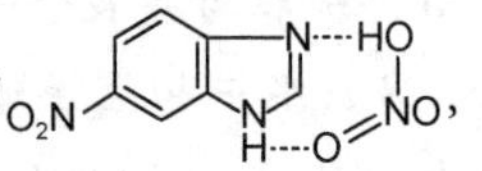

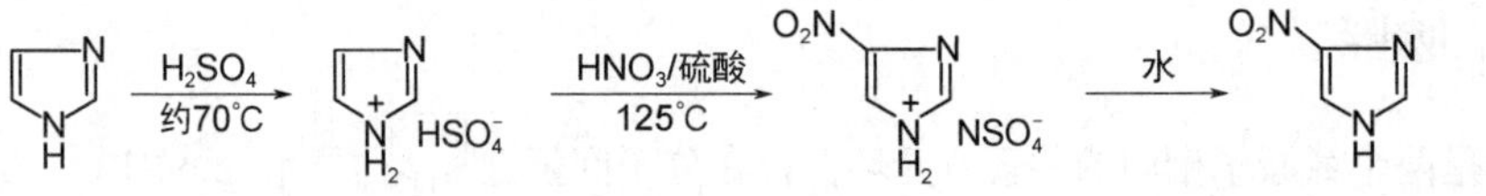

4-硝基咪唑 75%

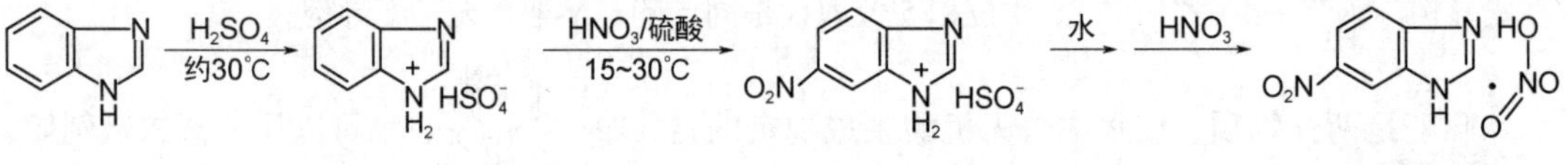

6-硝基苯并咪唑（70%）及其硝酸盐

2. 咪唑环的合成

咪唑环具有 −N−C−C−N− 结构，从 1,2-二胺或及酰化物，或其它多重键（如：−CN）加成环合得到咪唑啉，然后脱氢得到咪唑或衍生物，如：

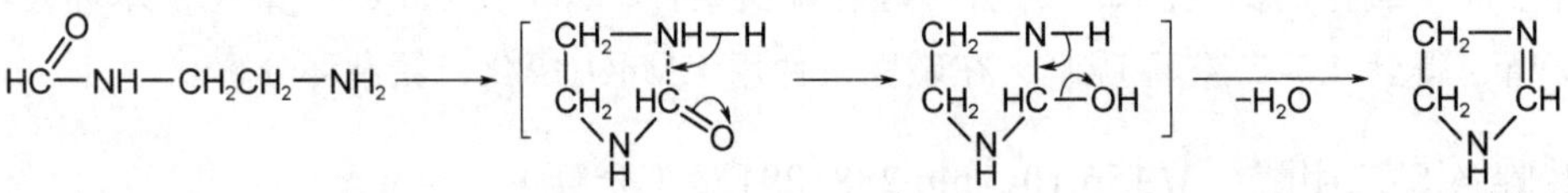

咪唑啉

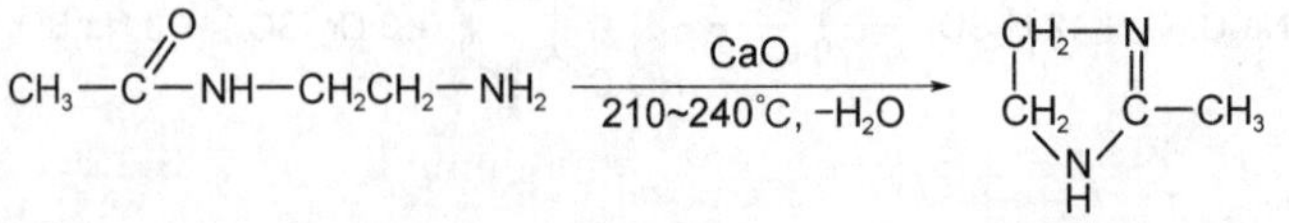

2-甲基咪唑啉

---

❶ 产率低的原因：或反应温度太高，可能杂环破坏而氧化不够；或因以上配料皆为上式计算用量，而氧化不够。

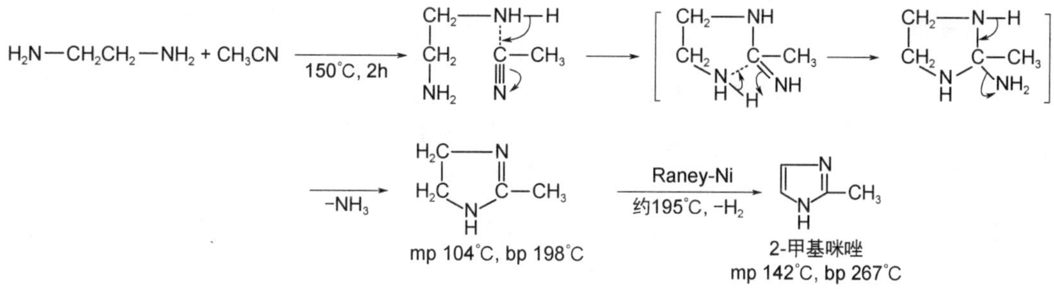

$H_2N—CH_2CH_2—NH_2 + CH_3CN \xrightarrow{150℃,\ 2h}$ ...

mp 104℃, bp 198℃

Raney-Ni
约195℃, −H₂

2-甲基咪唑
mp 142℃, bp 267℃

$Br_2 + NaCN \longrightarrow Br—C≡N + NaBr$

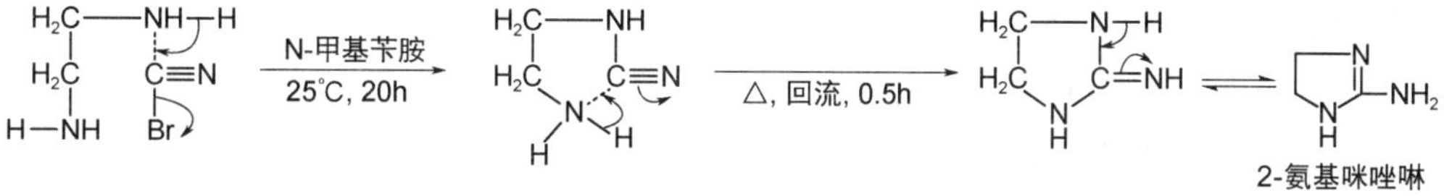

N-甲基苄胺
25℃, 20h

△, 回流, 0.5h

2-氨基咪唑啉

咪唑　M 68.08，mp 91℃，bp 256℃（260℃），$d^{10}1$ 1.0303；易溶于水及乙醇。

a. 咪唑-4,5-二甲酸　[难溶于水（0.03%，20℃）；mp 288℃（分解）]

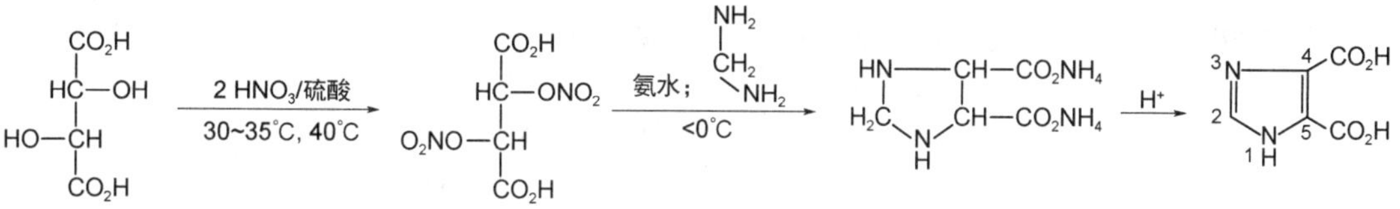

2 HNO₃/硫酸
30~35℃，40℃

氨水；
<0℃

H^+

100L 开口反应罐中加入 20L d 1.5 硝酸，加热至 45℃，再加入前次用过 20L 回收的混酸及 20L 浓硫酸（首次合成则是用 40L d 1.5 硝酸及 40L d >1.83 浓硫酸配制的混酸），调节混酸温度 30~35℃，搅拌下撒开加入 10kg（67mol）d-酒石酸（即普通酒石酸，mp 167~171℃），加完后再搅拌几分钟，反应物温度从 32℃上升至 40℃；将反应物封盖好以免吸湿，放置过夜，必要时向夹套通入部分冷水，或冷却片刻。

次日，使用干燥的离心机，用玻璃布介质离心分离硝酸酯结晶，立即加入到有足够冰的容积 750L 的陶罐中，由于自成冰盐混合物，反应物温度降至−5~−8℃（分离出来的废酸密封保存，留下批使用）；随时加冰保持 0℃以下用浓氨水中和至 pH 8~9（约用 d 0.90 的氨水 40~60L）；搅动着加入之前配制的醛氨溶液❶，搅匀后即可捞出未溶的冰块，放置过夜（从加入硝酸酯至加完醛氨溶液共历时 40~60min）。

次日，将一部分"废混酸"稀释，用以中和反应物至 pH 3❷，几小时后用布架滤出结晶，水洗几次，干后得 4.5~5.5kg（产率 43%~52%），mp 288~291℃（分解）。

❶ 醛氨溶液：25L，26%（d 0.9 370mol）氨水，内加冰控制 15~20℃搅动下加入 25L，38%（d^{20} 1.08，342mol）甲醛水溶液，混匀，备用。

❷ 沉析咪唑-4,5-二甲酸时，有 CO_2、NO 气体放出，为过剩的甲醛被"废酸"中的硝酸氧化所致；当中和至 pH 5 时有絮状物开始析出。

应使用更浓的硫酸以缩小溶液的体积。

b. 脱羧

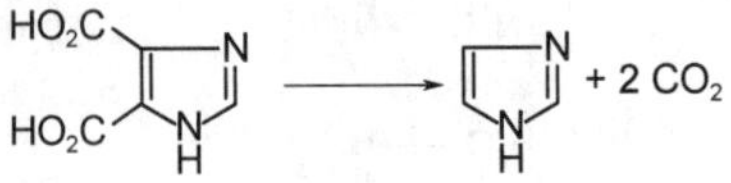

$$\text{(咪唑-4,5-二甲酸)} \longrightarrow \text{(咪唑)} + 2\,CO_2$$

5L 烧瓶中加入 1.57kg（10mol）咪唑-4,5-二甲酸，15g 铜铬催化剂[❶]充分混匀。配置温度计及直径 1.5cm，长 45cm 的弯管作空气冷凝器，接收器为用流水冷却的 5L 烧瓶。反应瓶用双层石棉布垫好，用直火加热，初始阶段有铵盐升华的白色烟雾，收集 160℃以上的馏出物，最后温度可升达 265℃，烧瓶中只剩下少许焦油状物，得粗品 570~590g（产率 82%~87%），mp 87~89℃，以上全部脱羧后共得 1.68~2.0kg。

注：此为冬季（干）生产，对于操作有诸多方便。

同法：用乙醛氨溶液制取 2-甲基咪唑-4,5-二甲酸。

邻苯二胺与过量的甲酸共热，第二步的反应由于是和近似醛的羰基加成及脱水，并加成为五元环而反应速度更快且较猛烈，几乎不留中间体；使用 68%的甲酸，加热于 110℃回流 3h 也得到高产率的苯并咪唑，它溶于碱，也溶于无机酸。

苯并咪唑 M 118.18，mp 172~174℃；可溶于热水。

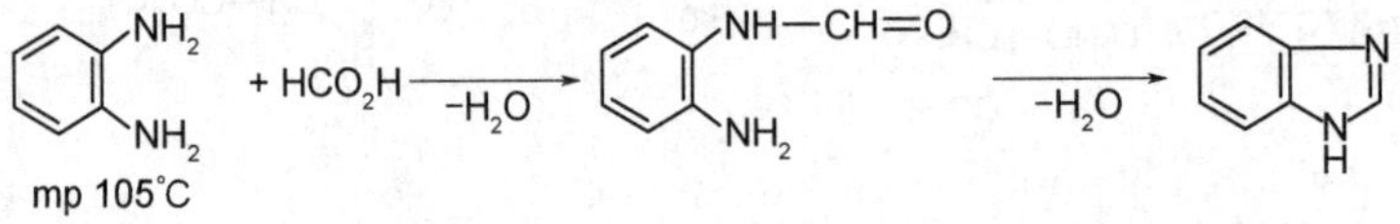

$$\text{(邻苯二胺 mp 105℃)} + HCO_2H \xrightarrow{-H_2O} \text{(中间体)} \xrightarrow{-H_2O} \text{(苯并咪唑)}$$

15L 三口烧瓶中加入 3.24kg（30mol）打碎的邻苯二胺及 2kg 85%（36mol）甲酸，混匀后在高效回流冷凝器下于蒸汽浴上加热至放热反应开始，立即停止加热（反应猛烈，不宜使用小容器，必要时用流水冷却烧瓶）。反应缓和后于沸水浴加热 6h，趁热倾入搪瓷桶中，加入 2L 水搅拌，冷后以 40% NaOH 或氨水中和至 pH 8。次日滤出，水洗，干后得 3.4kg（产率 95%），mp 165~170℃，外观紫灰色，用乙醇重结晶精制。

同法制得 5,6-二甲基苯并咪唑，mp 205~206℃。

七、嘧啶

嘧啶是有两个氮原子相间的六元环，结构如图所示，mp 22℃；bp 123℃；在酸条件的亲电取代甚为钝化；只有在推电子基如甲基、羟基影响下才发生亲电取代，在 5 位发生，如：硝化；亲核取代首先进入 2 位，其次是 4 位及 6 位。

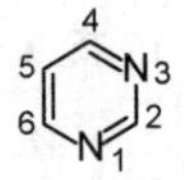

嘧啶

---

❶ 有介绍说：如不使用催化剂产量要低 20%；催化剂的制法如下：

溶液 I：26g（0.1mol）硝酸钡及 218g（0.9mol）结晶硝酸铜溶于 0.8L 水中。

溶液 II：126g（0.5mol）重铬酸铵 $[(NH_4)_2Cr_2O_7]$ 溶于 0.6L 热水及 150mL 浓氨水中。

将溶液 II 慢慢加入至溶液 I 中，立即析出大量棕色沉淀，滤出，充分水洗至洗液只有很浅的蓝色；干后于 350~450℃加热 1h，粉碎后以 2.4L 10%乙酸分三次洗，再蒸馏水洗，干后得黑棕色粉末。

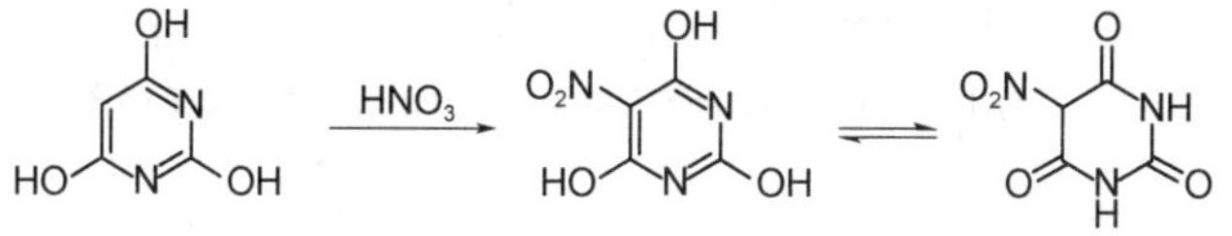

5-硝基巴比妥酸
mp 183℃（分解）

加成反应在 5,6-位发生，依极化方向。

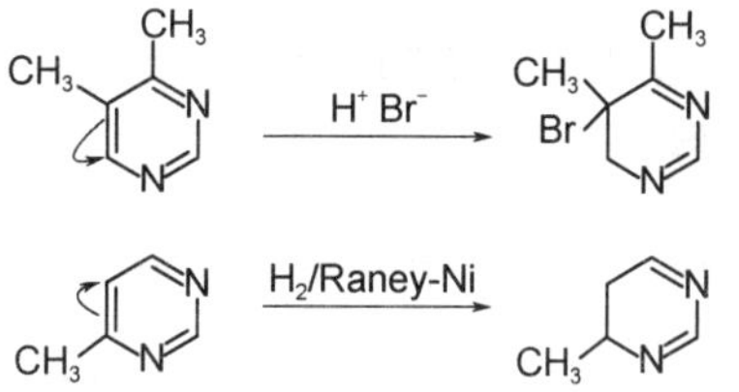

嘧啶环上 2,4,6-位的巯基、羟基受氮原子 c≡N 的影响具有较强的酸性。尤其 2 位的酸性更强，很像是酸（亚胺酸）与无机酰氯作用发生氯取代；该氯原子也很活泼，有如酰氯，容易被热水水解或其它取代。

2-氯嘧啶　　M 114.54，mp 66~68，bp 75~76℃/10mmHg。

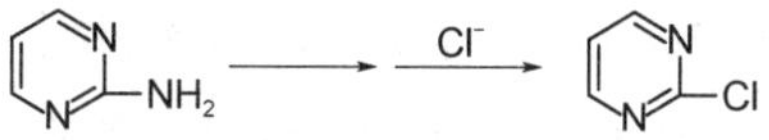

3L 三口烧瓶中加入 500mL d 1.19（6mol）浓盐酸，冰盐浴冷却控制温度在 0℃以下，搅拌着慢慢加入 142g（1.5mol）mp 127℃的 2-氨基嘧啶粉末，冷至 -15℃（更低温度可能固化），维持 -10~-15℃ 于 1h 左右慢慢滴入 207g（3mol）亚硝酸钠溶于 370mL 水的溶液（开始有引发过程），加完后再搅拌 1h，可能升至 -5℃。

维持 0℃ 以下，以 30% NaOH 中和至 pH 7（约用 3mol 氢氧化钠，中和温度低于 0℃ 时产率更低），立即滤取包含氯化钠的结晶，于冰柜中存放。先用乙醚提取水溶液（4×75mL），再用它提取结晶部分，合并的提取液用氯化钙干燥后回收乙醚，剩余物用异戊烷重结晶，得白色结晶 40~46g（产率 26%~27%），mp 64~65.5℃。

注：参见 3-氨基苯乙酮用盐酸重氮化，得到 10% 3-氯苯乙酮和 60% 3-羟基苯乙酮；Cl⁻ 的亲核性只比水稍强，且氯代物还容易水解；选择性又和概率有关，故使用更低的反应温度和更浓的盐酸。

此项合成应分开两步，提取羟基产物，然后氯代。

【嘧啶的环合成】

嘧啶分子中有 -N-C-N- 结构，其合成可从含有此结构特征的相应底物，如：尿素 $H_2N-C(=O)-NH_2$、硫脲 $H_2N-C(=S)-NH_2$、胍 $H_2N-C(=NH)-NH_2$ 等，合成为 2-羟基、2-硫基、2-氨基取代的嘧啶；也或从它们的 O,S,N-烷基化的衍生物（如：
）合成相应的烷基化产物；与之对应的反应底物是相间的二电正中心——$β$-酮（醛）羧酸（酯）、丙二酸二乙酯以及酮（醛）烯醇化衍生物，如：乙氧甲烯——氰基乙酸乙酯、乙氧甲烯-丙二腈。

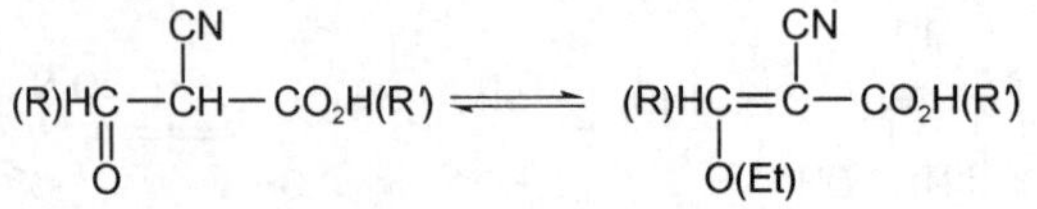

两底物有两个相间的电负中心，与有两个相间的电正中心底物依"酸、碱"强弱匹配选择。尿素、硫脲在反应过程及反应产物是个酸，它消耗了碱，所以，必须使用过量的碱，最后酸化沉析出产品。

β-酮酸酯（乙酰乙酸乙酯、丁酰乙酸乙酯以及丙二酸二乙酯）与尿素、硫脲在醇溶液中，在碱作用下羰基加成、脱水（醇）环合。

2-巯基-4-羟基-6-甲基嘧啶（甲基硫氧嘧啶）　M 142.18，mp 299~305℃。

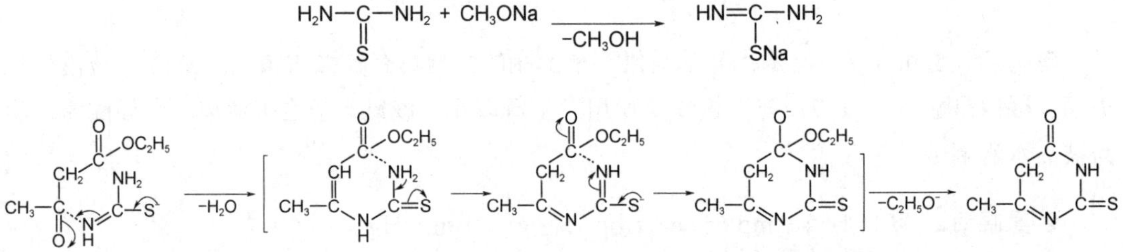

10L 三口烧瓶中加入 6kg（30mol）甲醇钠甲醇溶液，搅拌下慢慢加入 1.56kg（20.5mol）硫脲，加热使溶；再慢慢加入 1.95kg（15mol）乙酰乙酸乙酯，水浴加热回流 18h；回收甲醇至不出为止。向剩余物中加入 8L 沸水继续加热，搅拌使钠盐凝块溶解，脱色过滤，用盐酸中和至 pH 6，再用乙酸调节 pH 5；冷后滤出结晶，水洗，乙醇冲洗，干后得 2~2.2kg（产率 83%~91%）。

精制：用冰乙酸重结晶。

同样方法：从丁酰乙酸乙酯制得丙基硫氧嘧啶，粗品产率 73%~76%，mp 204℃；用沸水（60mL/g）重结晶两次达到文献熔点 218~220℃。

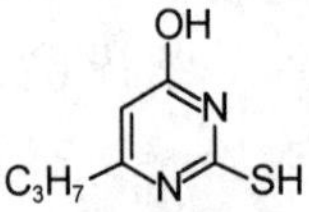

丙基硫氧嘧啶

同法：从丙二酸二乙酯制得 4,6-二羟基-2-巯基嘧啶（硫代巴比妥酸），如果和尿素反应，制得 2,4,6-三羟基嘧啶（丙二酰缩脲，巴比妥酸）。

2,4-二羟基-6-甲基嘧啶（6-甲基脲嘧啶）　M 126.12，mp 318℃（＞290℃）；可溶于沸水（10mL/g），溶于稀碱水溶液，不溶于苯。

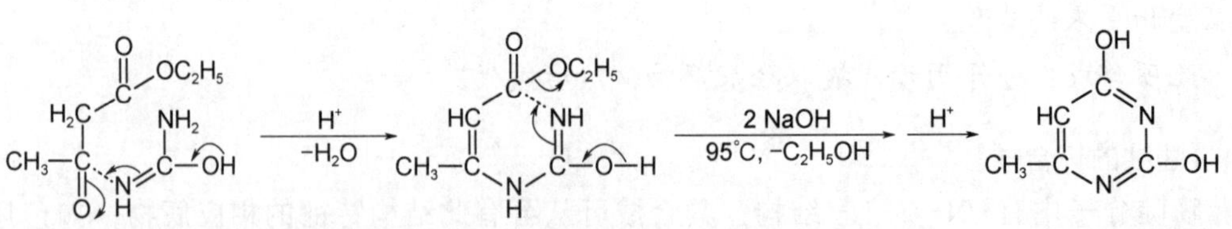

蒸发皿中加入 80g（1.33mol）尿素粉末与 160g（1.23mol）乙酰乙酸乙酯，25mL 乙醇及 10 滴浓盐酸相混，混匀后于硫酸干燥器中干燥至干（约 7 天可以完成），得脲基酯粗品 200~205g。将以上粗酯研细，加入至搅拌着的、温度 95℃左右的 1.2L 7%（2.2mol）氢氧化钠溶液中保温搅拌至反应物基本清亮，于 60℃左右以盐酸中和至 pH 5，滤出结晶，

水洗，乙醇洗，干后得 110~120g（产率 71%~77%），mp＞300℃（分解）。

另法：从甲基硫氧嘧啶与氯乙酸反应为 $-S-CH_2-CO_2H$，其后水解取代。

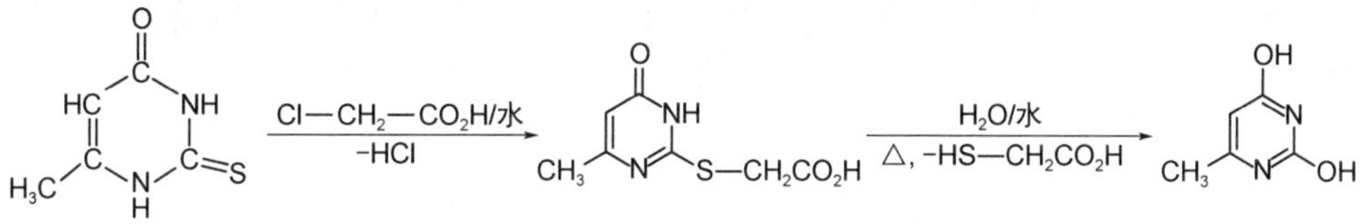

15L 烧瓶中加入 570g（4mol）6-甲基硫氧嘧啶及 8L 水，搅拌均匀，搅拌下加入 570g（6mol）氯乙酸；搅拌下加热回流至不溶的 6-甲基硫氧嘧啶的硫代乙酸水解取代生成羟基——6-甲基咄嗪——溶于沸水而消失（约 4h 可以完成），继续回流 4h，趁热滤清，冷后滤出结晶，水洗三次，干后得 400g（产率 79%），纯度 98%。

精制：用沸水（15mL/g）重结晶。

3-n-庚基-5-氰基胞嘧啶（3-n-庚基-5-氰基胞嗪）　M 234.30。

a. 3-n-庚脲-甲烯丙二腈（M 234）

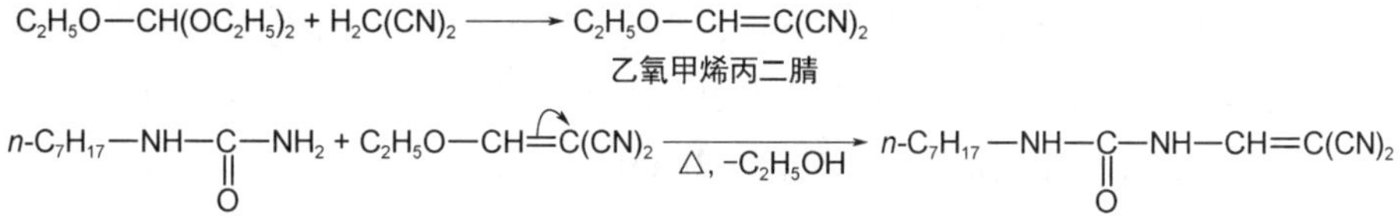

$$C_2H_5O-CH(OC_2H_5)_2 + H_2C(CN)_2 \longrightarrow C_2H_5O-CH=C(CN)_2$$
乙氧甲烯丙二腈

$$n\text{-}C_7H_{17}-NH-\overset{\displaystyle O}{\overset{\|}{C}}-NH_2 + C_2H_5O-CH=C(CN)_2 \xrightarrow[\triangle,\ -C_2H_5OH]{} n\text{-}C_7H_{17}-NH-\overset{\displaystyle O}{\overset{\|}{C}}-NH-CH=C(CN)_2$$

250mL 三口烧瓶中加入 28.5g（0.18mol）n-庚基脲、11.9g（0.18mol）丙二腈及 26.7g（0.18mol）原甲酸乙酯，搅拌下于油浴上加热回流 2h，冷后冰冷，滤出结晶；母液在水浴上加热蒸发至出现结晶，冷后滤出，共得湿品 41~42g。

精制：以上湿品溶于 75mL 75%乙醇中，脱色，重力过滤，冷后冰冷，滤出，水洗（4×10mL），于 50℃真空干燥，得白色结晶 33.8~34.8g（产率 80%~83%），mp 130~132℃。

b. 环合

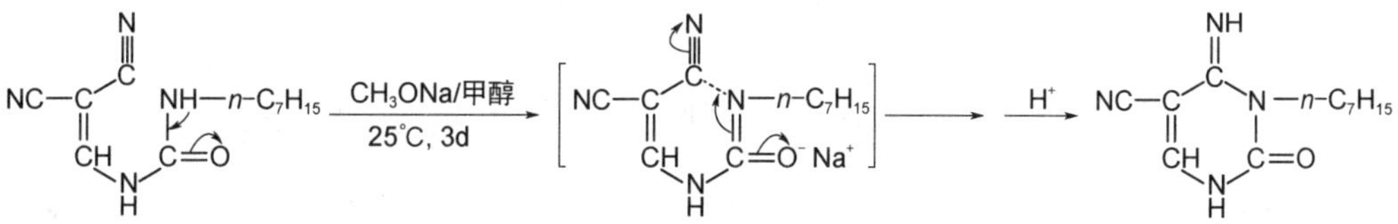

250mL 锥形瓶中加入 33.8g（0.145mol）3-n-庚脲-甲烯丙二腈、70mL 甲醇，摇动下慢慢加入 8.5g（0.16mol）甲醇钠粉末（或 60mL 甲醇中加入 3.6g 金属钠的反应液），反应放热，封闭好于室温放三天；将反应物加入 300mL 冷水中充分搅拌，慢慢以 11mL（0.18mol）冰乙酸酸化；滤出结晶，以蒸馏水洗三次，将湿的粗品溶于 600mL 热乙醇中滤清，水浴加热浓缩至剩 200mL 左右，放冷后冰冷，滤出白色结晶，干后得 29.7~31.1g（产率 88%~92%），mp 192~197℃。

精制：以上粗品 20g 用乙醇（12mL/g）重结晶，得 17.8g 细小针晶，mp 199.5~202.5℃。

苹果酸在 0℃ 左右的发烟硫酸中脱去水和 CO 产生甲酰乙酸，与 3-羟基丙烯酸互为异构，与硫酸胍环合脱水制得 2-氨基-4-羟基嘧啶；与尿素加成环合及脱水得到 2,4-二羟基嘧啶。

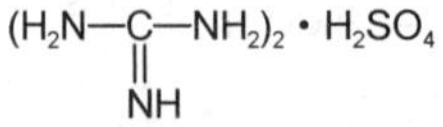

硫酸胍 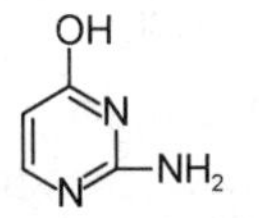　　　　　　　　　　　2-氨基-4-羟基嘧啶

2,4-二羟基嘧啶（呲嚓）　M 112.09，mp 335℃；针晶，难溶于冷水，不溶于苯。

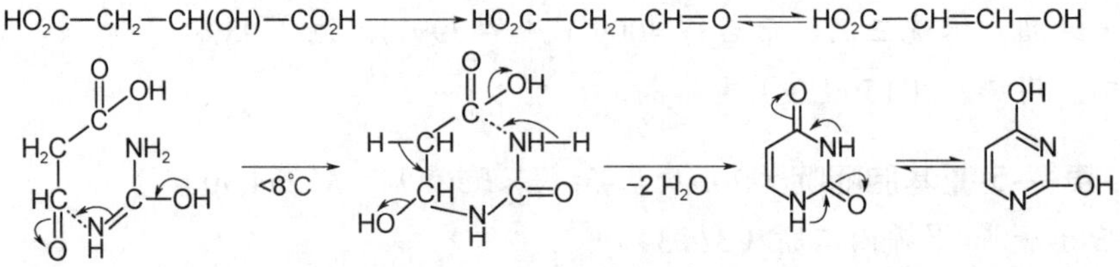

10L 三口烧瓶中加入 5.5L 含 18% SO_3（10kg，22mol SO_3）的发烟硫酸，冰盐浴冷却控制 0~8℃，搅拌下慢慢加入 1.32kg（22mol）烘干的尿素，反应放热，约 5h 可以加完；10min 后，再于 2h 左右慢慢加入 1.35kg（10mol）苹果酸，加完后再搅拌半小时，放置过夜。

次日，用水浴小心加热，因放出 CO_2 注意不要溢出（反应比较平和），慢慢升温，最后在沸水浴上加热 1.5h，冷后将反应物加入 15kg 以上的碎冰中（用冰量不可少，因为产品溶于高浓度的稀硫酸中）。冷后滤出，水洗，用 15L 沸水重结晶（脱色）冷后滤出，干后得 560~590g（产率 50%~55%）。

另法：乙酸乙酯在 15~20℃ 醇钠作用下与甲酸甲酯脱醇缩合为甲酰乙酸乙酯；在 45℃ 以下与加入的硫脲亲核加成，脱醇环合为 2-硫代呲嚓，再氧化脱硫氧代。

a. **2-硫代呲嚓**（硫氧嘧啶）（M 128.15，mp>300℃）

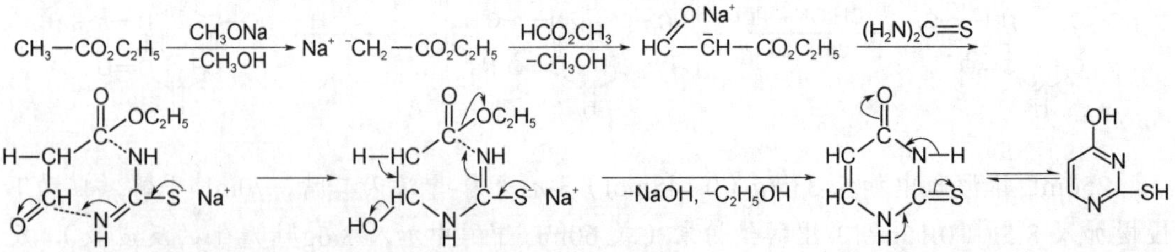

2L 三口烧瓶中加入 269g（3.1mol）乙酸乙酯，控制 15~20℃ 搅拌着慢慢加入 118g（2.1mol）甲醇钠粉末；于 1h 左右慢慢加入 70.4g（1.17mol）甲酸甲酯，加完后再搅拌

$3h^①$，移去冰水浴，慢慢加入 76g（1mol）硫脲粉末，让反应物慢慢升温，加完后于 45~50℃保温搅拌 2h，大量钠盐析出，过量未反应的甲酸甲酯（bp 32℃）挥发使钠盐结晶膨起来致使搅拌困难；加入 280mL 水使钠盐溶解，过滤后以盐酸中和至 pH 6，析出结晶，滤出，水洗，干后得 116.6g（产率 91%）。

b. 脱硫氧代——2,4-二羟基嘧啶

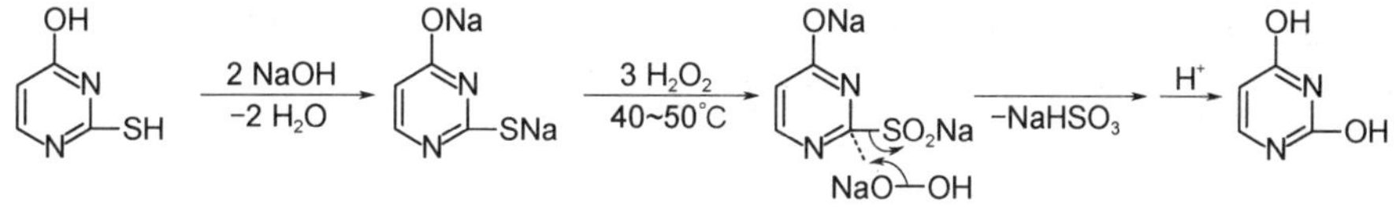

0.5L 三口烧瓶中加入 30mL 水溶解 12g（0.3mol）氢氧化钠，搅拌下加入 12.8g（0.1mol）硫氧嘧啶^②，溶解后控制 40~50℃ 慢慢加入 38g（30%，0.33mol）双氧水，保温 2~3h 后酸化至强酸性，滤出结晶，水洗，干后得 10.7g（产率 95%）。

又如：

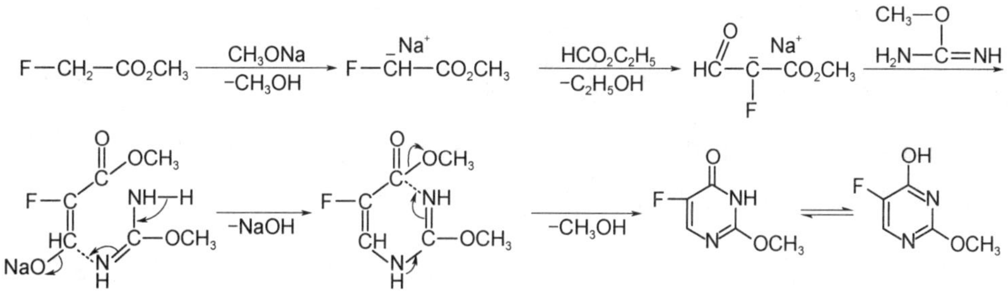

2-巯基-4-氨基嘧啶-5-甲酸乙酯　M 199.24。

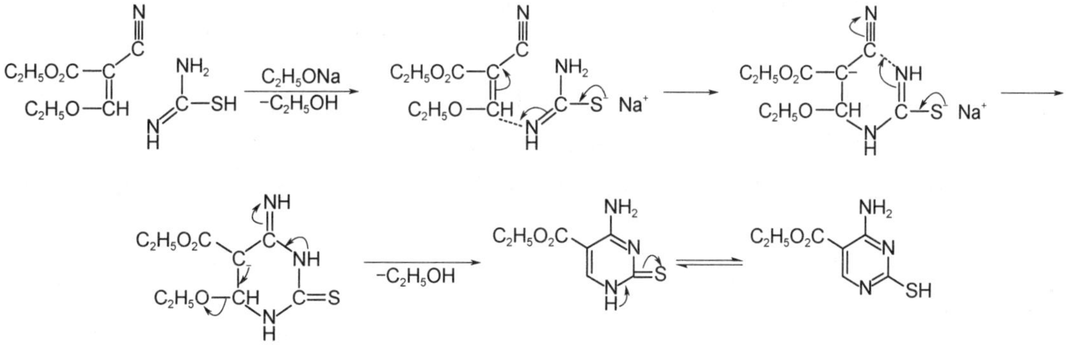

5L 三口烧瓶于电热套中，配置机械搅拌、分液漏斗、回流冷凝器及干燥管。

烧瓶中加入 625mL 无水乙醇，搅动下慢慢加入 23g（1mol）金属钠切片；反应完后，慢慢加入 76.1g（1mol）硫脲，基本溶解后保持温热，于 2h 左右从分液漏斗滴入 169g

---

❶ 反应温度和时间不可超出，否则会有乙酰乙酸乙酯产生，导致产生 6-甲基硫氧嘧啶及进一步的脱硫氧代生成 2,4-二羟基-6-甲基嘧啶杂质而不易精制。

❷ 或以 S-乙酸衍生物水解（脱硫氧代），见 864 页 2,4-二羟基-6-甲基嘧啶。

（1mol）用红外灯加热保持液态的乙氧甲烯基-氰乙酸乙酯[1]（mp 45~50℃）加完后搅拌下加热回流 6h，其间，产物以钠盐析出；冷至 50℃，加入 1.75L 水及 65mL 乙酸使反应物成弱酸性，加热回流 5min，放冷至室温，滤出 2-巯基-4-氨基-嘧啶-5-甲酸乙酯[2]，水洗（5×50mL），50mL 丙酮洗，乙醚洗去黄色杂质，得 152~159g（产率 76%~80%）[3]，mp 259~260℃（按分解点 4℃/min 升温，mp 280~285℃）。

其它合成：或两底物各有电正中心和电负中心，依"酸、碱"强度匹配选择。如：β-氨基-羰酸酯与甲酰胺的羰基加成及其后的酯基的氨解环合。

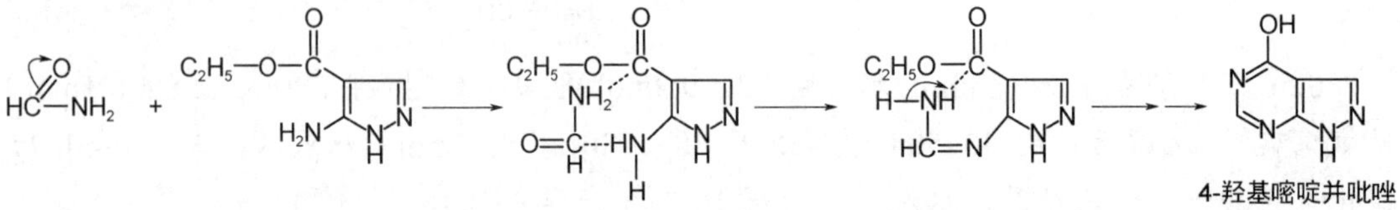

4-羟基嘧啶并吡唑

八、吩嗪

吩嗪是两个苯环间夹有两个分别的氮杂原子，也叫夹二氮蒽；杂环母体

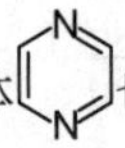

也叫对氮苯；相并一个苯环 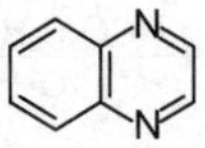 也叫 1,4-二氮萘。

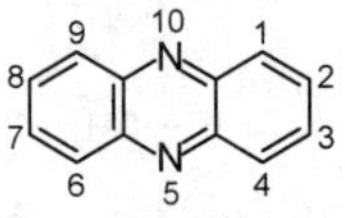

吩嗪

吩嗪的氮原子与硫酸二甲酯作用为季铵盐，使另一个氮杂原子的碱性减弱，虽然使用大量的硫酸二甲酯也只在一个氮杂原子上生成季铵盐。

甲硫吩嗪（N-甲基吩嗪·甲酯硫酸盐）　M 306.34，mp 158~160℃[4]；黄色结晶，易溶于水和乙醇，不溶于乙醚和苯。

5L 三口烧瓶中加入 2.5L 洗好并减压蒸馏过的硫酸二甲酯 [bp 188.5℃（分解点），76℃/11mmHg，无游离酸]，控制油浴温度 100℃，搅拌下将硫酸二甲酯加热至 95℃，立即加入 500g（2.77mol）粉碎、优质的吩嗪，很快进入反应并消溶。加热至 90℃后立即

---

[1] 从原甲酸乙酯和氰乙酸乙酯加热制取乙氧甲烯基-氰乙酸乙酯，bp 190~193℃/30mmHg。

$$(C_2H_5O)_2CH-OC_2H_5 + NC-CH_2-CO_2C_2H_5 \longrightarrow C_2H_5O-CH=C(CN)-CO_2C_2H_5 + 2\ C_2H_5OH$$

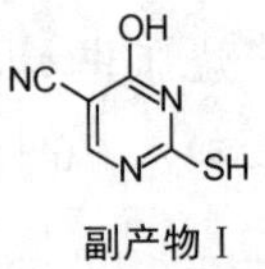

[2] 从滤液回收在酯羰基加成环合（脱醇）的副产物 I。母液在 0℃冰冷过夜，次日滤出析出的 2-巯基-4-羟基-5-氰基嘧啶（副产物 I），用乙酸（20mL/g）重结晶，得较纯的产物 10~18g（收率 7%~12%），mp 165~172℃，浅黄色。

副产物 I

[3] 可用 50%乙酸（170mL/g）重结晶。

[4] 稍高的温度 N-甲基会重排到苯环，故产品的熔点常比较低，有酸产生，酸在重排中起催化作用；或仍需降低反应温度，或硫酸二甲酯需进一步处理；熔点测试或可按分解点以 3℃/s 升温。

取出冰冷❶，滤出结晶，乙醚冲洗，干后得 650g（产率 76%）。

精制：用沸乙醇（2mL/g）重结晶，快速溶解，过滤和冷却，滤出结晶，用乙醚浸洗一次，再冲洗，风干，mp 152~157℃。

吩嗪的制取，o-硝基二苯胺与少量干法制得的无水三氯化铁粉末作催化剂的混合物加热完成分子间的氧化还原，得到吩嗪的反应混合物，粉碎后用盐酸提取分离。

吩嗪　M 180.21，mp 174~177℃（171℃）；从乙醇中得黄色针晶，不溶于水，溶于稀酸，易升华。

$$3 \underset{\text{NO}_2}{\overset{\text{NH}}{\bigodot}} \xrightarrow[260~320℃]{\text{FeCl}_3} 2 \bigodot_{N}^{N} + \bigodot - N = \bigodot = O + 3\,H_2O$$

在直径 25cm、高 20cm 碳钢有法兰口的小罐，罐盖上安装能插入近罐底的温度计（360℃）及两个直径 2.5~3cm、高 200cm 的空气冷凝管❷。

将 1kg（5mol）干燥的 o-硝基二苯胺及 40g 无水氯化铁粉末充分混匀，平铺于罐中，安装齐备，用调压变压器控制的 2kW 电炉小心在罐支架下面加热，以免局部过热，至260~265℃（不可高出，否则产率大为下降）放热反应开始，立即移去热源，放热使反应温度可升至 320~330℃，由于冷凝不够，冷凝器上口有升华出吩嗪的红色烟雾，下口还有几滴水滴下。开始滴下的水滴降温可能使反应停止，要重新加热使反应开始，引发后移去热源，待自发的放热反应停止。冷后取出罐内深棕色的凝结物；如果反应温度超出，最后的放热升温也会超出，如果达到了 340℃（只高出了 10℃）反应凝结物为蜂窝状，产率就比较低了。

将凝结物很好地粉碎，用 6L 15%盐酸热煮提取❸，共提取 5~6 次，提取的酸液合并，以氨水中和至碱性，冷后滤出，干后得 500~550g（产率 83%~91%）。

精制：用乙醇重结晶，得黄色针状晶体。

吡嗪-2,3-二甲酸　M 168.11，mp 188℃（分解）。

a.　1,4-二氮杂萘（M 130.15，mp 29~32℃，bp 220~223℃）

$$\underset{\text{NH}_2}{\overset{\text{NH}_2}{\bigodot}} + \overset{\text{O}}{\underset{\text{O}}{\underset{\text{CH}}{\overset{\text{CH}}{|}}}} \xrightarrow[70~80℃]{\text{水}} \bigodot_{N}^{N} + 2\,H_2O$$

5L 三口烧瓶中加入 135g（1.25mol）o-苯二胺和 2L 70℃热水，搅拌下加入 344g（1.29mol）

---

❶ 稍高的温度 N-甲基会重排到苯环，故产品的熔点常比较低，有酸产生，酸在重排中起催化作用；或仍需降低反应温度，或硫酸二甲酯需进一步处理；熔点测试或可按分解点以 3℃/s 升温。

❷ 空气冷凝管应改为粗大的弯管连接，以 20L 大瓶作受器以流水冷却；也避免了回滴水使反应停止。

❸ 以后的提取应减少酸量；提取物也应进一步研细。

乙二醛·2NaHSO₃加合物❶于 1.5L 80℃热水的溶液；15min 后冷至室温，慢慢加入 500g（4mol）一水碳酸钠，1,4-二氮萘以油状或结晶析出，用乙醚提取（3×300mL），提取液合并，以无水硫酸钠干燥，水浴加热回收乙醚的剩余物几乎是纯品。

减压蒸馏，收集 108~111℃/12mmHg 馏分，得 138~147g（产率 85%~90%），mp 29~32℃。

b. 氧化——吡嗪-2,3-二甲酸

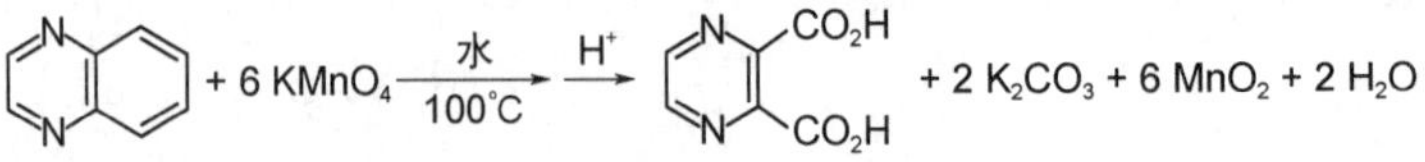

12L 三口烧瓶安装高效的机械搅拌、回流冷凝器及 1L 分液漏斗。

烧瓶中加入 145g（1.12mol）以上 1,4-二氮杂萘和 4L 90℃热水，快速搅拌下于 1.5h 左右从分液漏斗慢慢加入用 1.05kg（6.6mol）KMnO₄ 配制的热饱和溶液（90℃水约 3.5L），反应放热可维持较弱的回流。加完半小时后，滤去二氧化锰用 1L 热水分次浸洗，洗液与滤液合并，共 9~10L。水浴加热减压浓缩至 3L 左右体积，用盐酸中和（大量 CO₂ 放出），约用 550mL 36%（6.6mol）盐酸❷。继续水浴加热减压蒸发至近干，将湿的块状物打碎，风干至 HCl 的气味很淡。干燥的物料在烧瓶中与 200mL 水混合，加入 2L 丙酮回流提取 15min，冷后过滤，得滤液；固体物再与 100mL 混匀，用 1L 丙酮回流提取，冷后过滤，提取液合并❸，水浴加热回收丙酮，减压收尽。剩余固体物与 2.5L 丙酮加热回流使溶解，脱色过滤，回收丙酮，得亮绿色的二酸，如仍有 HCl 气味，可在氢氧化钠干燥器中干燥后于 105℃烘干，得 140~145g（产率 75%~77%），mp 165~167℃。

精制：用 150mL 水重结晶（脱色），在 110℃烘干几小时，精制的收率 82%，mp 183~185℃（分解）。

第四节　硫杂环化合物

常见的主要单杂原子硫杂环化合物有噻吩  和噻喃 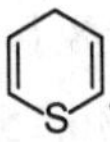 。

一、噻吩

噻吩存在于煤焦油的前馏分中，bp 84.16℃，是焦油苯的杂质成分，噻吩硫杂原子未共用电子参与环的共轭，具有和苯相近的芳香性，硫杂原子巨大的原子半径使 α-位置有更大的电子云密度，亲电取代在 α-位置发生，比苯环更容易发生，如：为了除去"焦油苯"中的噻吩，用浓硫酸在室温处理，噻吩更容易磺化。

---

❶ 如果直接使用乙二醛水溶液和 o-苯二胺反应，只得到30%左右的产物及大量树脂状物的混合物。

❷ 此量盐酸已过，加热温度过高，时间太长，过量盐酸都会使产物有分解，变暗；也或有 N⁺—O⁻ 造成，参见吡啶-2-甲酸。

❸ 或再提取一次。

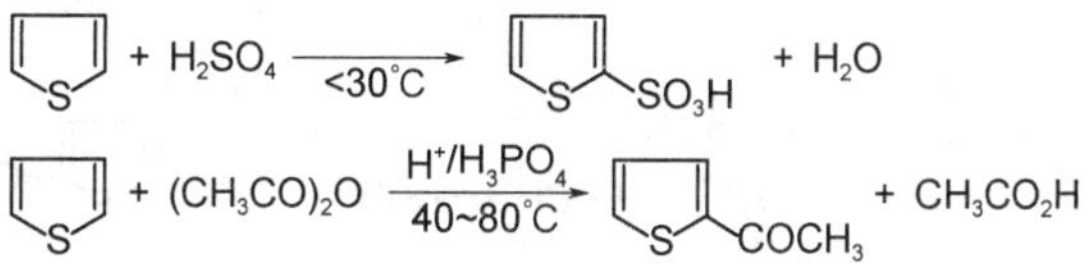

2-乙酰噻吩　M 126.18，mp 10~12℃，bp 213.5℃，d^{20} 1.168，n_D^{20} 1.5667。

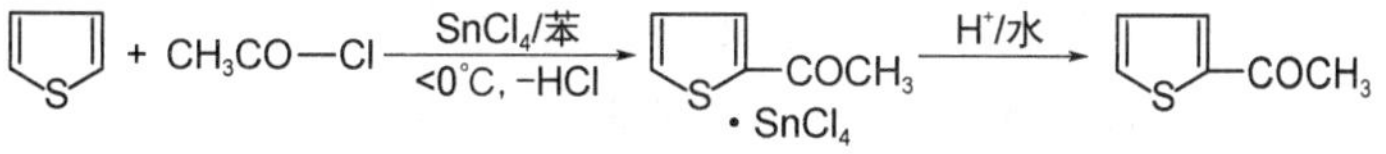

0.5L 三口烧瓶中加入 16.8g（0.2mol）噻吩和 200mL 无水苯，搅拌下加入 15.8g（0.2mol）乙酰氯，冷却控制 0℃以下搅拌着于 40min 左右慢慢滴入 52g（0.2mol）无水四氯化锡（加入几滴后反应物呈紫色，立即析出紫色沉淀），加完后再搅拌 1h。慢慢加入 100mL 5%盐酸以水解络合物，分取苯层，水洗，以无水氯化钙干燥后回收苯，剩余物减压分馏，收集 89~91℃/9mmHg 馏分，得 20~21g（产率 79%~83%）。

和苯的直接碘代相似，由于噻吩更容易亲电取代，使用更低的反应温度；为减少作为氧化剂的硝酸引起的硝化反应，使用 40%的稀硝酸将产生的 HI 氧化成碘再用于反应，虽此，还是有一些硝化产物产生，产率也比用此法合成碘苯的产率更低些。

2-碘噻吩　M 210.04，mp −40℃，bp 180~182℃，d 1.902，n_D^{25} 1.6465。

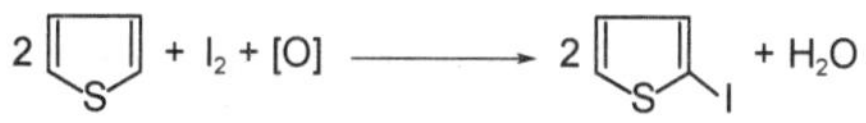

250mL 三口烧瓶中加入 38g（0.15mol）粉碎的碘片及 42g（0.5mol）噻吩，快速搅拌下以分液漏斗慢慢加入如下 1/4 的稀硝酸：28mL d 1.42（0.44mol）硝酸及 28mL 水，混匀。

温热一下反应物以引发反应，一经开始就猛烈进行[●]，同时放出氮氧化物，必要时用流水冷却，反应缓和后再滴加其余的硝酸，加完后于水浴加热半小时，冷后分取红色油层。与 40% NaOH 一起水汽蒸馏，至最后冷凝器中出现黄色 2-碘-5-硝基-噻吩结晶为止。分取馏出液中的黄色油层，以无水氯化钙干燥后减压分馏，收集 89~93℃/36mmHg 馏分，得 43~45g（产率 68%~72%，按碘计），n_D^{25} 1.6465。

在足够量 HCl 存在下芳烃与甲醛、乙醛的缩合见芳烃的羟烃基化和氯烃基化。如下 2-乙烯基噻吩的合成：首先是噻吩的高活性，在低温度完成了取代及氯化生成 α-(1)-氯乙基噻吩；而后在吡啶作用下生成季铵盐及其后的热分解。

2-乙烯基噻吩　M 110.08。

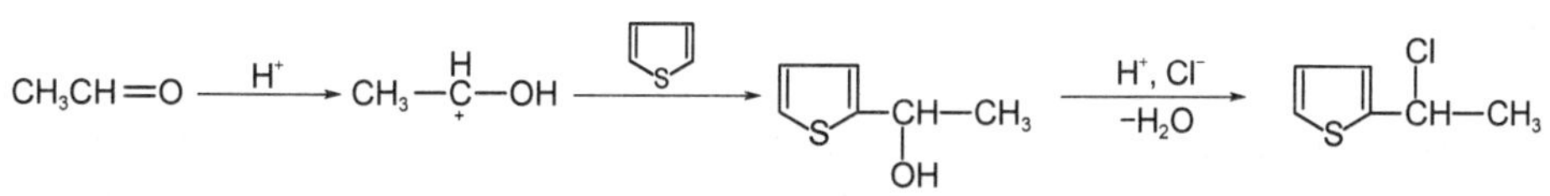

---

❶ 按投入碘量计算，先加入的 1/4 稀硝酸为 0.11mol，已经过量 10%，以后的硝酸保温过程是硝化反应的条件；硝酸的用量及浓度都应降低。

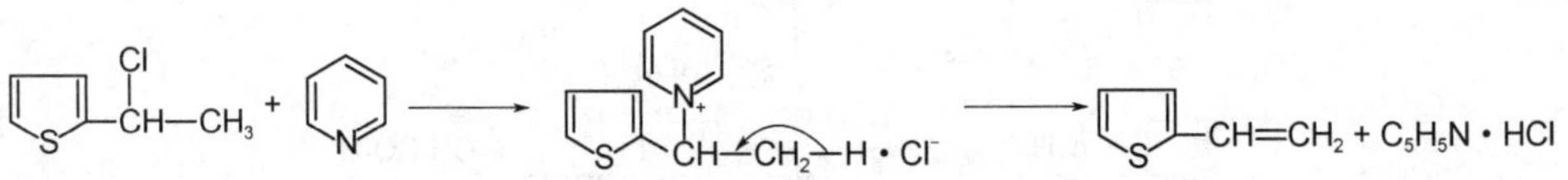

2L 三口烧瓶中加入 336g（4mol）噻吩、176g（1.33mol）三聚乙醛（相当于 4mol 乙醛），搅拌着，冰盐浴冷却控制 10~15℃慢慢滴入 300mL 36%浓盐酸，再慢慢通入 HCl 至饱和，于室温搅拌 2h；将反应物加入 300g 碎冰中充分搅拌，分取有机层；水层用乙醚提取，在氮气保护下回收乙醚，剩余物与分取的油层合并。

1L 三口烧瓶中加入 316g（4mol）吡啶及 2g 1-亚硝基-2-萘酚，搅拌下慢慢加入以上的氯化物，加完后再搅拌片刻，在氮气保护下减压蒸馏（接收瓶中加有 1g 1-亚硝基-2-萘酚），收集 125℃/50mmHg 以前的馏分（高沸物稍冷即结是盐酸吡啶）。馏出物倾入 400mL 盐酸及 400g 水的混合物中充分搅拌，分取有机层，水层用乙醚提取两次❶。用饱和盐水洗后在氮气保护下回收乙醚，剩余物与分出的油层合并，以无水硫酸镁干燥后减压分馏，收集 65~67℃/50mmHg 馏分，得 191~224g（产率 50%~55%）。

同样方法制取 5-氯-2-乙烯基噻吩的产率 47%；5-溴-2-乙烯基噻吩的产率为 35%。其它拉电子基的影响就不能依此发生第一步的缩合。

三氯氧磷与甲酰-N-甲基苯胺生成分子化合物，使甲酰基羰基碳原子有更大的电正性与底物噻吩在 2 位完成亲电取代，水解后得到高产率的醛（亦见 159 页）。

噻吩-2-甲醛 M 112.15，bp 198℃，85~86℃/16mmHg，d^{20} 1.200，n_D^{20} 1.5900；于冷暗处充氮保存。

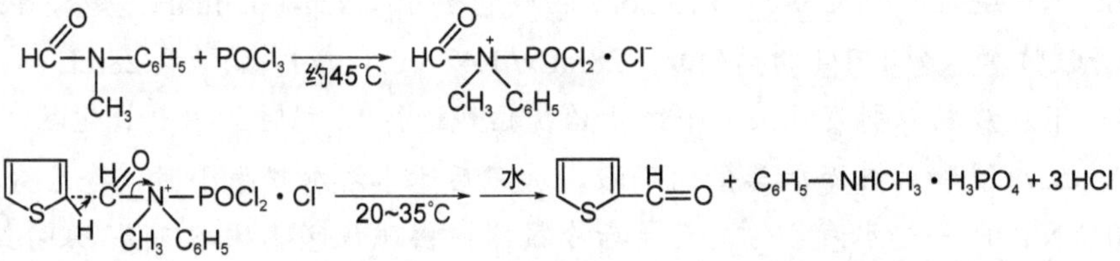

0.5L 三口烧瓶中加入 135g（1mol）甲酰-N-甲基苯胺，搅拌下慢慢加入 153g（91mL 1mol）POCl$_3$，反应放热可达 45℃，反应物由黄色变为红色。半小时后用冷水冷却维持 20~25℃（温度高出则产率降低）慢慢滴入 92.4g（1.1mol）噻吩，加完后保温搅拌 2h，放置过夜。次日将暗红色黏稠的反应物慢慢加入至搅动着的 650g 碎冰中，充分搅拌；分取油层，水层用乙醚提取三次，提取液与分出的油层合并，用 5%盐酸洗两次以除去 N-甲基苯胺；酸水用乙醚提取一次，醚液合并用饱和 NaHCO$_3$ 洗，以无水硫酸钠干燥后回收乙醚，剩余物减压分馏，收集 97~100℃/27mmHg 馏分，得 80~83g（产率 71%~74%），n_D^{23} 1.5849。

噻吩巨大的硫原子使环 π 电子不平均分配使 3 位有某种程度的电正性，也使 3 位 α-亚甲基的电正性增强；从 3-溴甲基噻吩在氯仿溶液中与乌洛托品立即反应析出"西弗盐"，在水

---

❶ 从酸水中的乙醚提取或当改用苯或石油醚。

溶液中加热即可完成水解，得到噻吩-3-甲醛（d 1.280，产率 50%，见 155 页）；共轭关系使醛羰基的加成活性较低，不必使用无机酸将氨中和。

噻吩-3-甲醛被缓和氧化剂（计算量的湿氧化银）在碱作用下于 10℃ 以下定量地氧化为噻吩-3-甲酸（见 235 页）、氧化银被还原为单质银——通过双负离子的均裂分解 $-\overset{ONa}{\underset{H}{\overset{|}{\underset{|}{C}}}}-O+Ag$。

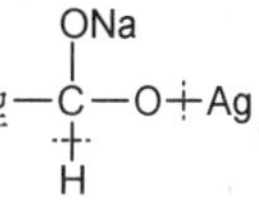

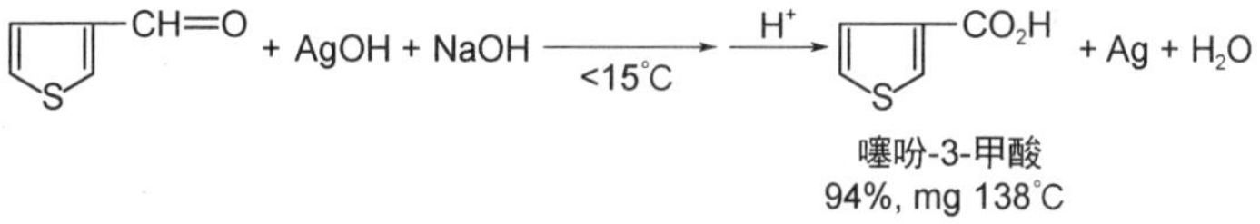

3-甲基噻吩　M 98.17，mp −69℃，bp 115.4℃，d^{20} 1.0218，n_D^{20} 1.5204；无色或淡黄色液体。

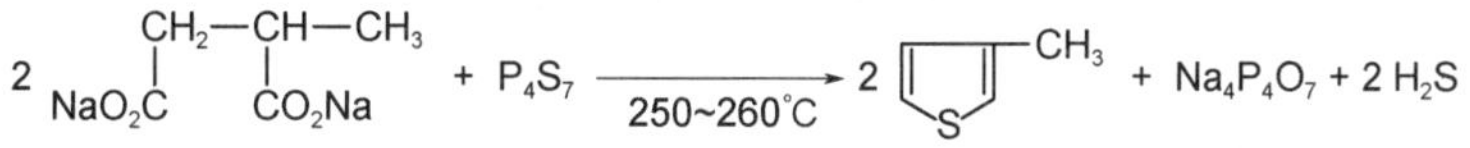

1L 三口烧瓶中加入 150mL 矿物油（bp＞260℃）或二苯醚❶，慢慢通入 CO_2 以清除瓶内空气，用电热套加热维持 250℃ 左右，从塞子上的三角漏斗用合适的玻璃棒慢慢压入如下的浆状物：90g（0.51mol）无水甲基丁二酸钠粉末、100g（0.28mol）$P_4S_7$❷与 250mL❶ 矿物油充分混匀的混合物。

反应生成的 3-甲基噻吩伴有相当多的硫化氢迅速蒸出，约 1h 可以加完，加完后继续加热，至 278℃ 不再有馏出物为止，共收集到 33~38mL❶。用 50mL 5% NaOH 洗，再用稀盐酸洗；用 250mL 蒸馏瓶蒸馏以防泡沫溢出，收集 112~115℃ 馏分，得 26~30g（产率 50%~60%），n_D^{25} 1.5170。

同样方法用丁二酸钠制取噻吩的产率 25%。

苯并噻吩-2-甲酸　M 178.20。

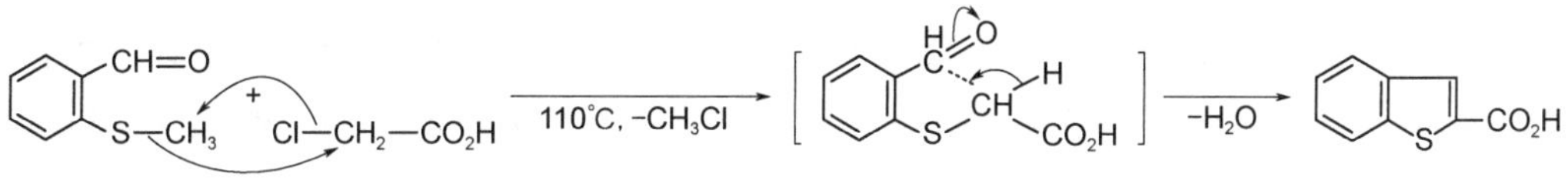

250mL 四口瓶中加入 30.4g（0.2mol）2-甲硫基苯甲醛及 28g（0.3mol）氯乙酸，搅

---

❶ 如用二苯醚（bp 259℃），得含二苯醚的馏出物 60mL。

❷ P_4S_7 的纯度要求不严格。

拌下加热至 110℃ 反应 10h；加入 175mL 甲苯加热溶解反应物，过滤，冷后滤出结晶，干后得 28.5g（产率 80%）。

苯并噻吩-2-乙酮（2-乙酰苯并噻吩）　*M* 176.23。

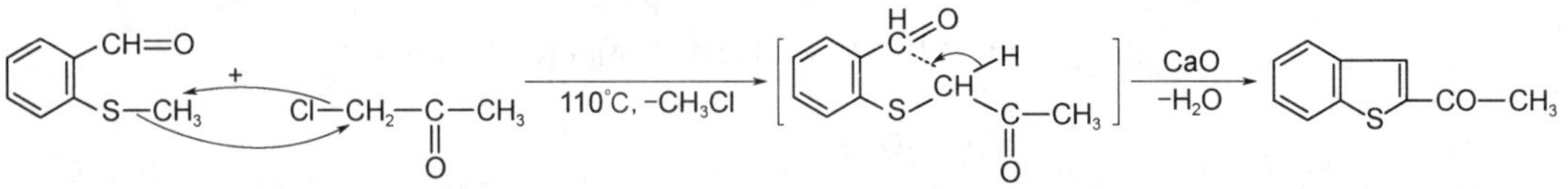

250mL 四口瓶中加入 30.4g（0.2mol）2-甲硫基苯甲醛、27.8g（0.2mol）氯丙酮及 1.52g 氧化钙粉末，以使反应脱水，搅拌下加热维持 110℃ 反应 2h。冷至 80℃ 加入 195mL 环己烷（bp 81℃）加热溶解、脱色过滤、冷后滤出，干后得 32.8g（产率 93%）。

二、其它苯并的硫杂环

这类化合物如：二苯并噻吩、9,10-二硫蒽及苯并噻喃 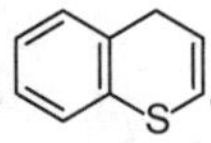 。

联苯与计算量的硫黄华（升华硫）在少量 AlCl₃ 作用下共热，得到近于计算量的二苯并噻吩。

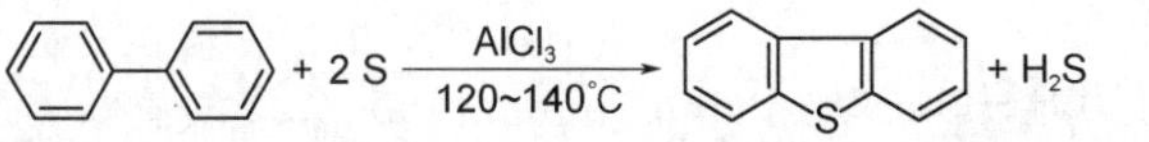

硫与过量的苯反应也不停留在二苯硫醚阶段，共轭及成环规律更容易进一步反应生成二硫蒽；只有在苯是很大过量时才得到尚可产率的二苯硫醚及多量二硫蒽。

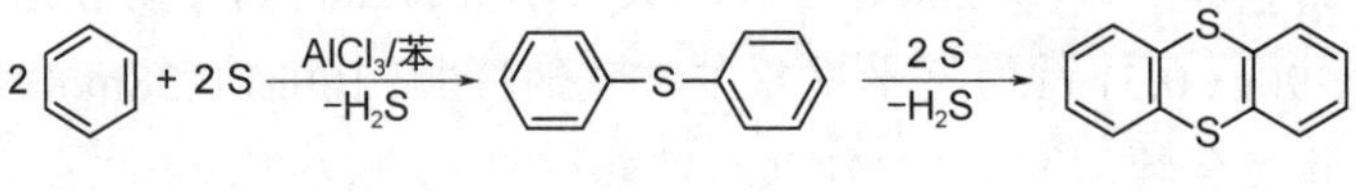

6-甲基-3,4-二氢-苯并噻喃-4-酮（6-甲基-3,4-二氢-1,4-萘硫酮）　*M* 178.25，fp 36℃，bp 174℃/12mmHg。

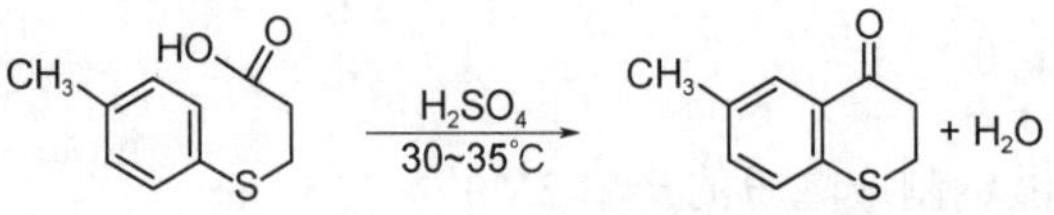

2L 三口烧瓶中加入 1.5L 浓硫酸[●]，水浴冷却控制 25~35℃ 搅拌着于 1h 左右慢慢加入 295g（1.5mol）4-甲苯基硫代-3'-丙酸，加完后保温搅拌 1h，将反应物慢慢加入至搅拌着的 2.5kg 碎冰中，充分搅拌，用甲苯提取三次（1L、0.5L、0.5L），提取液合并，水洗，Na₂CO₃ 水调节洗水 pH 8；水浴加热用水泵减压回收甲苯至不出为止，剩余物 210g（产率 78%），fp 36~38℃，纯度 98%。

从 6-甲基-3,4-二氢-苯并噻喃-4-酮用锌汞剂/盐酸还原制得 6-甲基 3,4-二氢-苯并噻喃。

[●] 此硫酸量太多，为避免磺化可使用酰氯在 AlCl₃ 作用下环合，如：2-甲基氢茚-1-酮（167 页）。

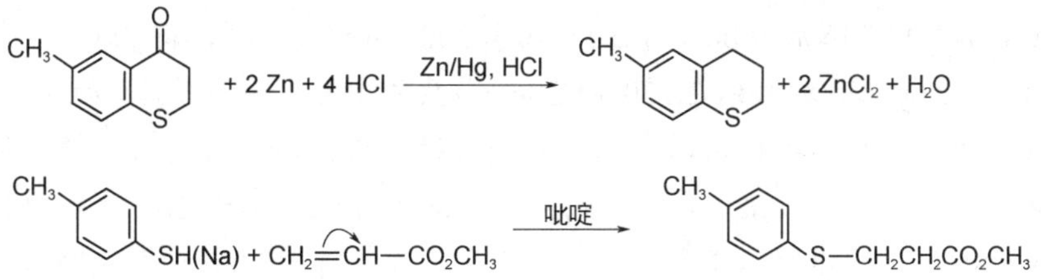

第五节 不同异原子的杂环

常见的具有不同的两个杂原子的杂环化合物有噻唑、噁唑、吩噻嗪等。

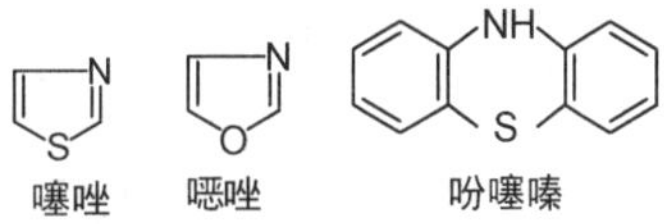

噻唑   噁唑   吩噻嗪

一、噻唑

噻唑具有碱性，bp 117 ~ 118℃，d 1.200，n_D^{20} 1.539；与强无机酸生成稳定的盐，取代基多从环合成的原料引入的；如果并有苯环，则亲电取代在苯环上发生。

1. 噻唑及苯并噻唑

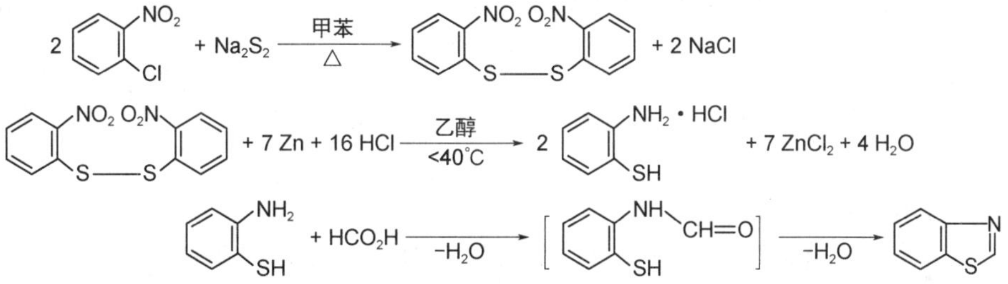

硫黄华与 N,N-二甲基苯胺一起加热回流，才能通过 S 取代，脱去甲烷，加成环合及硫作用下的脱氢，得到较低产率的苯并噻唑；以硝酸盐的形式（如下）从酸水溶液中分离，分离后用氨水中和使之游离出来。

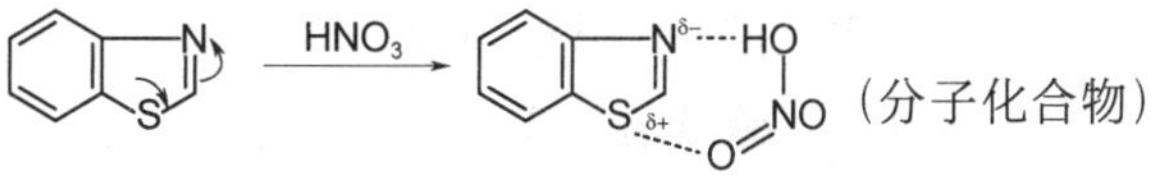

（分子化合物）

苯并噻唑 M 135.1g，mp 2℃，bp 231℃，d^{22} 1.2384，n_D^{20} 1.642；无色液体、避光、充氮保存。

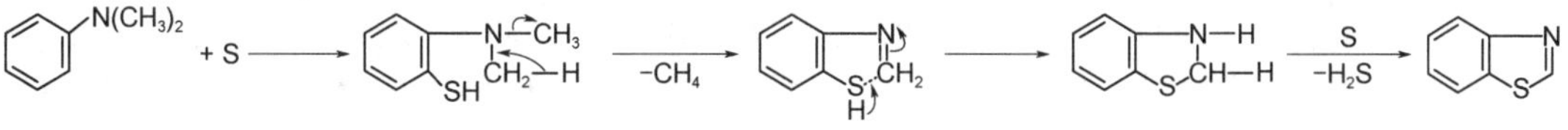

20L 烧瓶中加入 6.01kg（50mol）N,N-二甲基苯胺及 9kg（281mol）硫黄粉，混匀后于沙浴上加热回流至无 H_2S 放出为止（回流时间＞18h）。回流冷凝器改为 40cm 分馏柱

加热分馏（*N,N*-二甲基苯胺，bp 193℃），收集 200~260℃馏分❶，得 2kg。

分离：以上 2kg 粗品加入到 2L 30%（20mol）盐酸中充分搅拌使溶，加入 2kg（25mol）硝酸铵溶于水的溶液至不再析出苯并噻唑硝酸盐结晶为止，冷后滤出；母液再用硝酸铵处理，冰冷滤出，合并硝酸盐，用冰冷的硝酸铵溶液冲洗后溶于 10L 热水中脱色过滤，以氨水中和至不再出现浑浊；分取油层，水洗，蒸馏，得 1.72kg（产率 25%，按 *N,N*-二甲基苯胺投入量计）。

另法：

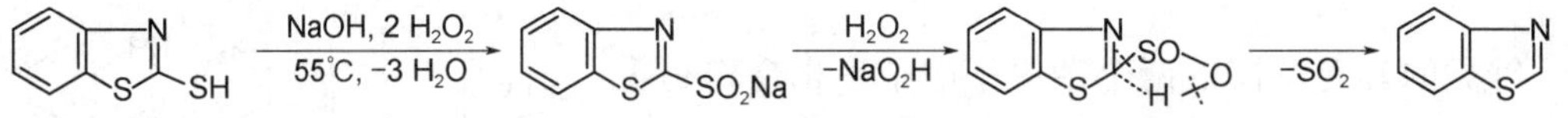

10L 三口烧瓶中加入 1.67kg（10mol）2-巯基苯并噻唑（促进剂 M）、4L 水，搅拌使悬散开，慢慢加入 1.03kg 40%（10.2mol）氢氧化钠溶液使成钠盐溶解，控制 50~60℃ 于 3h 左右慢慢加入 3.8kg 28%（30mol）双氧水❷，加完后保温搅拌 4h，以浓氨水中和至强碱性，分取油层得 990g；减压分馏，收集 90~95℃/10~12mmHg 馏分❸，得 700g（产率 50%）；以碱性反应直接水汽蒸馏得 700~750g。

硫代乙酰苯胺的环合生成 2-甲基苯并噻唑（产率 30%，mp 14℃，bp 238℃，n_D^{20} 1.6170）：

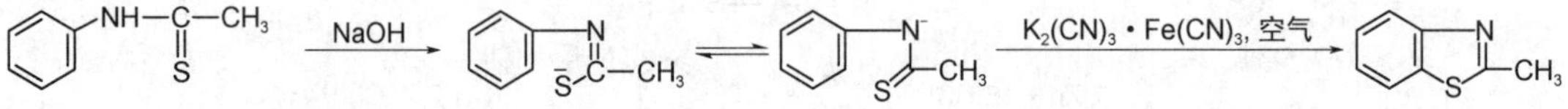

2. 2-氨基苯并噻唑与 2-氨基噻唑

2-氨基苯并噻唑，mp 132℃。可以从苯基硫脲与理论量的氯或溴在亚硫酰（硫羰）基加成、环合及 HX 完成反应；也可以使用其它氯化剂，如：氯化硫（S_2Cl_2，bp 138℃）、二氯硫酰（SO_2Cl_2，bp 68~70℃）是相当缓和的氯化剂。

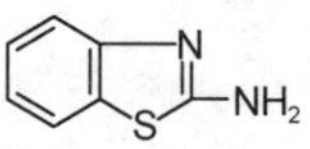

2-氨基苯并噻唑

环合是亲电取代，如卤素在硫羰基的加成中有过量的卤素、反应温度太高或加入速度太快，都会导致在苯环上卤代；苯环上的拉电子基，或使用溴、使用弱极性溶剂以降低在苯环上的卤取代，并使产物 2-氨基苯并噻唑以氢卤酸盐形式析出而得以分离。

在氯仿溶液中，当溴和苯基硫脲的硫羰基加成、环合完成以后，过量的溴才容易在相并的

---

❶ 回收物料及剩余物补充消耗物料量重新用于合成。

❷ 双氧水的酸性比亚硫酸更强，加入双氧水不久反应物渐渐出现黄色的 2-巯基苯并噻唑，在接近加完时反应物变为浅绿色，又很快变为黄色（产物被双氧水氧化，以及之后被亚硫酸还原），反应物也从开始的碱性变为中性至弱酸性并有 SO_2 气味放出，开始有油状物形成；以上现象说明了反应的发展过程。以后又补加了 150mL 双氧水，如果加入更多会使反应物的颜色明显变暗。

亦见亚磺酸的汞取代：

❸ 有不少高沸物可能是未反应的物料及碱条件亚磺酸（钠）的羟基（过氧化钠）取代产物，如：咖嗪？

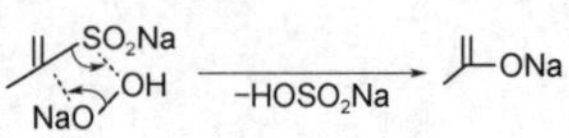

苯环上溴代，生成 2-氨基-5-溴-苯并噻唑——5 位是硫原子的对位及酸条件下氮原子的间位。

2-氨基-5-溴-苯并噻唑　*M* 229.09。

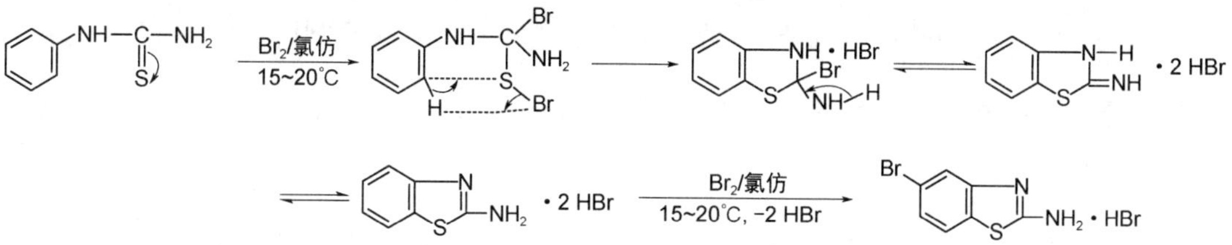

2L 三口烧瓶中加入 75g（0.5mol）苯基硫脲及 750mL 氯仿，搅拌下慢慢加热蒸出部分氯仿以脱除物料中的水分，冷却控制反应物温度 15~20℃，于 5h 左右慢慢滴入 192g（1.2mol）无水溴❶溶于 350mL 氯仿的溶液。加完后再搅拌 1~2h，滤出浅橙色的氢溴酸盐，溶于 1.5L 热水中脱色过滤，于 80~90℃以浓氨水中和至 pH 9，趁热滤出结晶，以热水洗两次以除去未溴化的 2-氨基苯并噻唑。

精制：以乙醇（50%）重结晶，mp 210~211℃。

Aldrich 的规格：mp 126~129℃；纯度 97%（可能是有苯环溴代产物）。

另法：2-氨基苯并噻唑在乙酸中溴化。

2-氨基苯并噻唑　*M* 150.20，mp 132℃；白色结晶，难溶于水，溶于醇、醚及苯中。

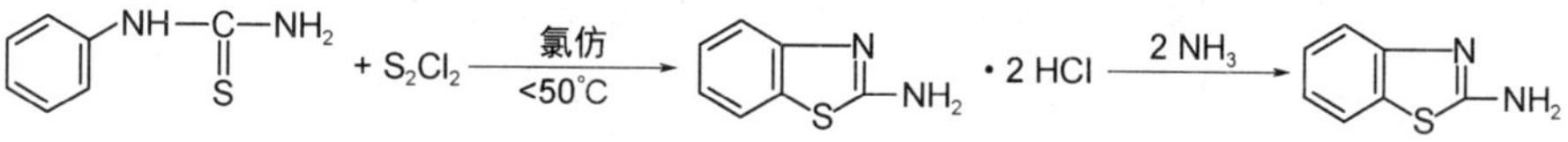

苯基硫脲与氯仿（10mL/g），搅拌下蒸出部分氯仿以做到体系无水，于 50℃以下搅拌着慢慢滴入氯化硫，几小时后加热回流 10h；冷后加入水作水汽蒸馏以除尽氯仿及分解未反应的氯化硫，调节反应物 pH 3，脱色过滤，用氨水碱化至 pH 9，冷后滤出，干燥。

另法（一）：羟胺在苯并噻唑的亚胺 C=N 加成及脱水。

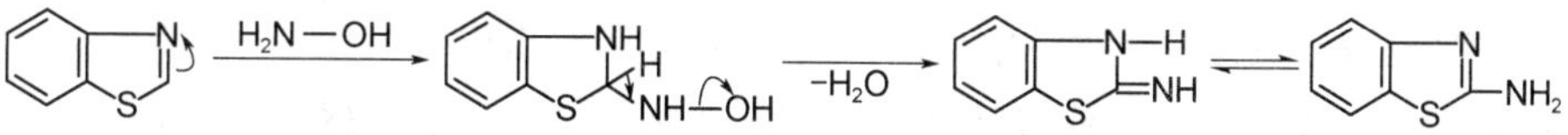

将 12.2g（10mL，0.09mol）苯并噻唑加入 100mL 8%（0.2mol）氢氧化钠乙醇溶液中，再加入 7g（0.1mol）盐酸羟胺，搅拌，放置几小时。然后加热回流 2h，冷后滤出结晶，水洗，用水或苯重结晶。

另法（二）：亦见 821 页费歇尔吲哚环的合成——在双键环合及脱去氨。

---

❶ 另文献完全依此制备 2-氨基苯并噻唑，使用 90g（0.56mol）溴，加完后再搅拌 1h，微微加热，不久析出结晶（橙色）；在热水中碱化至 pH 10，用热水重结晶，mp 127~128℃（文献熔点 132℃）。

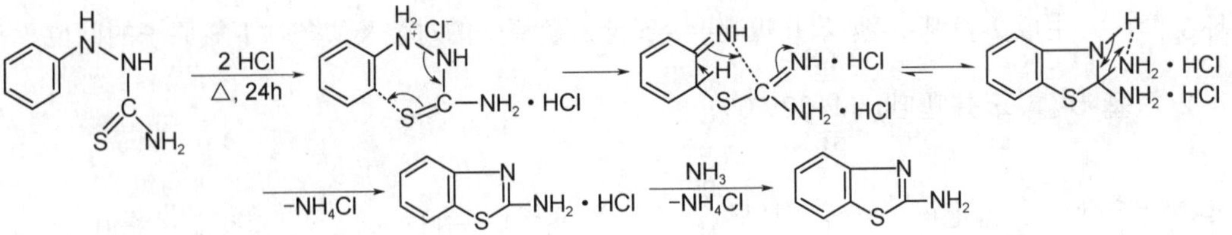

苯氨基硫脲与 20%盐酸在 125~130℃加热回流 24h；减压浓缩、脱色过滤、碱化得到 2-氨基苯并噻唑。

4-丙氧基苯基硫脲与卤素在硫羰基的加成及环合中，受推电子基的影响，很容易发生在苯环丙氧基的邻位卤代。为避免在苯环上卤代，应使用低温、极性更弱的溶剂，更慢地加入卤素，无水及温和的反应条件以提高反应的选择性，使用更接近理论量的卤素。

2-氨基-6-丙氧基苯并噻唑 M 208.08。

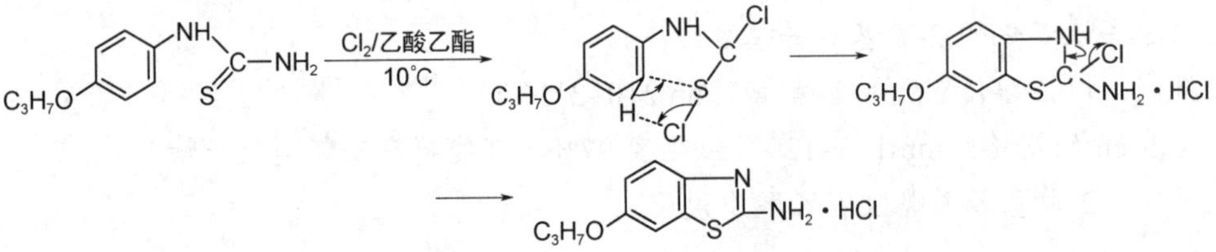

0.6m³ 反应釜中加入 23.7kg（113mol）4-丙氧苯基硫脲、450L 乙酸乙酯，搅拌下慢慢蒸出部分乙酸乙酯以除去任何水分，将无水的悬浮液冷却保持 10~15℃，搅拌着于 10min 左右慢慢加入 0.762kg（250mL 4.75mol）无水溴溶于 5L 乙酸乙酯的溶液；再于 5h 或更长时间通入 8.08kg[❶]（114mol）干燥的氯气（为防止环上氯代，必须使用通氯的分散头及很好搅拌），通完后保温搅拌 1h；用水泵减压回收溶剂（<50℃/50~70mmHg）至搅拌困难；加入 500L 水继续回收至无乙酸乙酯蒸出，得到产品盐酸盐溶液，脱色过滤，保持 70℃左右以浓氨水碱化至 pH 9~10（约用 18%氨水 25L），冷至<20℃离心分离，水洗，用蒸馏水洗去 Cl⁻，干后得 23.52kg（产率 93%），mp 135~137℃[❷]。

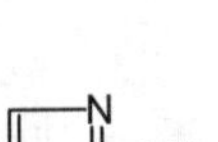

2-氨基噻唑是从硫脲与 α-卤代醛（酮）——相邻的双重电正中心——亲核作用的环合；在极性溶剂，中性或酸性条件下，硫脲异构为（硫）醇式，亚胺在 α-卤代醛（酮）的羰基加成，而后是硫取代了卤原子，脱去 HX 完成反应。

2-氨基噻唑

α-卤代酮、α-卤代-β-酮酸酯尚属稳定，可直接使用。氯乙醛、溴乙醛不稳定，一般制成氯乙醛缩乙醇使用，即：向无水乙醇通入氯气，将乙醇氧化成乙醛同时产生 HCl，在氯化氢

---

❶ 此氯量以及前边加入的溴，其卤素总量已超过理论的 5%。可能是考虑反应滞后及其它损失的原因；为减少环上氯代，通氯数量应准确到±10g。

当通入氯气总量 95%（即 7.67kg）以后，卤素总量已达到理论量（113mol），此时仍有约 10%起始原料未进入反应，此后，应以更慢的速度通入，以便监测通入数量和反应进行的情况。如果超过规定数量 5%的氯——即 8.4kg，会发生许多环上氯化。应以液相色谱随时监控反应的终点。

❷ 如果产品熔点<132℃表示样品不干或有环上氯代，不能被甲苯、乙酸乙酯重结晶去除。

作用下与无水乙醇生成乙醛缩乙醇，然后氯化；或氯化以后的氯乙醛再与无水乙醇作用为氯乙醛缩乙醇；氯乙醛可继续氯化，最终产物是三氯乙醛（氯油），由于中间进程的产物复杂，一般分开制取——从乙醛缩乙醇卤代；生成的 HX 用添加的轻体碳酸钙中和掉，以避免 HX 对物料的破坏作用。α-卤代物有刺激性。

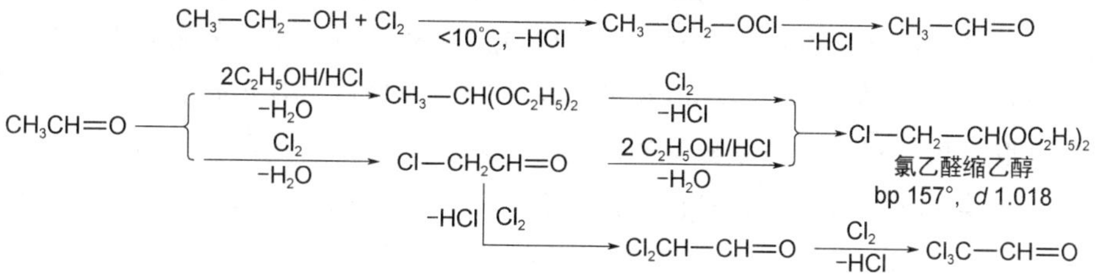

溴乙醛缩乙醇　M 197.08，bp 180℃（170℃分解）、66℃/18mmHg，d 1.310（1.280），n_D^{20} 1.4376。

$$2\ CH_3CH(OC_2H_5)_2 + 2\ Br_2 + CaCO_3 \xrightarrow{<20℃} 2\ Br—CH_2—CH(OC_2H_5)_2 + CaBr_2 + H_2O + CO_2$$

5L 三口烧瓶中加入 2.36kg（20mol）乙醛缩二乙醇，搅拌下加入 1.1kg（11mol）轻体碳酸钙，冷却控制反应温度<30℃从分液漏斗慢慢加入 3.2kg（20mol）溴，加完后保温搅拌半小时，放置过夜。

次日，将反应物倾入 3kg 碎冰中，充分搅拌，分取上面油层，加入冰冷的碳酸钠溶液以中和去除酸性，以无水硫酸钠干燥后减压分馏，得 3~3.2kg（产率 75%~80%）。

2-氨基噻唑　M 100.14，mp 93℃，bp 140℃/11mmHg；白色结晶，微溶于水，溶于热水及醚。

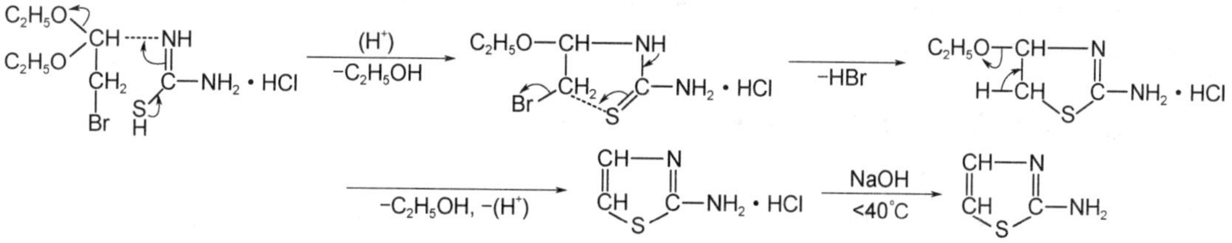

5L 三口烧瓶中加入 760g（10mol）硫脲、2L 水及 15mL 浓盐酸，搅拌 10min 后于半小时左右从分液漏斗慢慢加入 2kg（10mol）溴乙醛缩乙醇，反应放热，反应物成为均相，加完后再搅拌半小时，加热回流，同时蒸出乙醇及部分水（蒸出约 1L）。

控制 40℃以下以 40% NaOH 中和至碱性，冷后滤出结晶，水洗，干后得粗品 850g（产率 85%）。将粗品溶于 3.5L 10%（约 10mol）盐酸中，脱色过滤，用 NaOH 沉析出产品，水洗两次，干后得 700g（产率 70%）。如果必要可用乙醇重结晶。

下面，氯丙酮、3-溴丁酮、α-溴代苯乙酮与硫脲的反应与以上反应近同。

2-氨基-4-甲基噻唑　M 114.17，mp 45~47℃，bp 231~233℃、136℃/30mmHg。

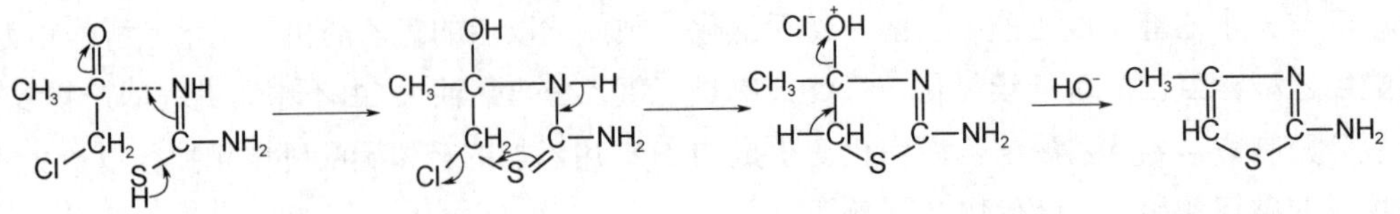

5L 三口烧瓶中加入 760g（10mol）硫脲和 2L 水，搅拌使溶解，于半小时左右从分液漏斗慢慢加入 925g（10mol）氯丙酮，反应放热，逐渐变为均相，加完后再搅拌半小时，然后加热回流 2h。稍冷至 50℃以 40% NaOH 中和至强碱性，趁热分取上面油层。水层冷后用乙醚提取三次，提取液与分出的油层合并，以氢氧化钠干燥两次，回收乙醚，剩余物减压分馏，收集 117~120℃/8mmHg 馏分，得 800~850g（产率 70%~75%），mp 40~45℃。

同法：使用乙醇为溶剂，从 3-溴丁酮与硫脲制取 2-氨基-4,5-二甲基噻唑氢溴酸盐的产率 70%，mp 224~225℃。

2-氨基-4-苯基噻唑　　*M* 177.13。

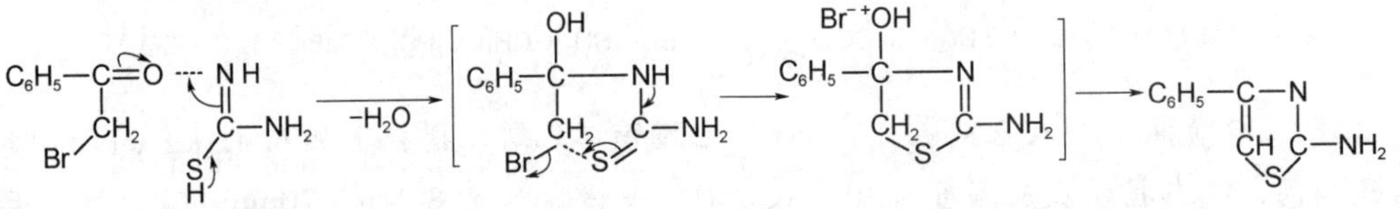

0.5L 三口烧瓶中加入 19.9g（0.1mol）α-溴代苯乙酮于沸水浴上加热熔化，加入 7.6g（0.1mol）硫脲（mp 174~177℃），搅动下使熔化片刻。将反应产物（氢溴酸盐）用热水溶解，脱色过滤，用氢氧化钠碱化，冷后滤出结晶。水洗，干后得 15g（产率 85%），mp 143~145℃；乙醇重结晶，mp 147~148℃。

3. 2-巯基噻唑及 2-巯基苯并噻唑

2-巯基噻唑的合成都是从二硫化碳为起始原料，或先制成氨基二硫代甲酸铵，在水溶液中与 α-卤代醛（酮）进行加成、取代环合及脱水，制得 2-巯基噻唑或取代物。

2-巯基-4-甲基-5-乙酰氧乙基噻唑　　*M* 217.31。

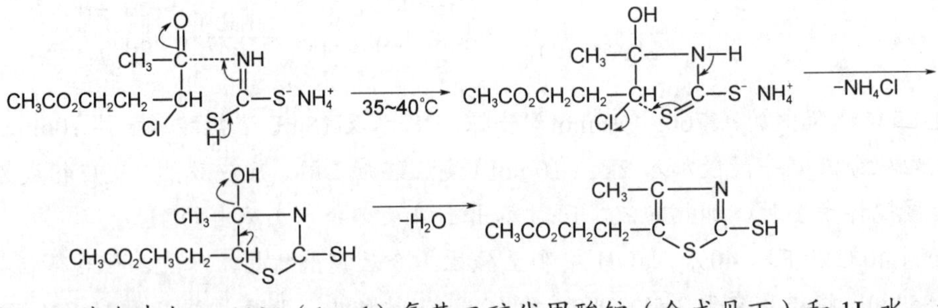

2L 三口烧瓶中加入 110g（1mol）氨基二硫代甲酸铵（合成见下）和 1L 水，搅拌使溶解，控制 35~40℃从分液漏斗慢慢加入 175g（1mol）乙酸 3-乙酰基-3-氯丙酯（合成见下），加完后继续搅拌保温至乳液变清（约 1h），而后产物以白色结晶析出。放冷后冰冷，滤出结晶，水洗，风干后得 116g（产率 62%）。

精制：用丙酮重结晶，mp 100~102℃。

注：所用原料的合成如下。

氨基二硫代甲酸铵

$$2\,NH_3 + CS_2 \longrightarrow NH_2\!\!-\!\!\underset{\underset{S}{\parallel}}{C}\!\!-\!\!S^-NH_4^+ \rightleftharpoons NH\!\!=\!\!\underset{\underset{SH}{}}{C}\!\!-\!\!S^-NH_4^+$$

在 170g 10%（1mol）氨的乙醇溶液（饱和）中，加入 150mL 无水乙醇及 38g（0.5mol）二硫化碳的溶液，在封闭下于室温放置 10h，滤出金黄色的氨基二硫代甲酸铵结晶，乙醇冲洗，风干后得 39g（产率 71%）。

乙酸 3-乙酰基-3-氯丙酯

$$HO\!-\!CH_2CH_2CH_2\!-\!\underset{\underset{O}{\parallel}}{C}\!-\!CH_3 \xrightarrow[110℃,-AcOH]{(CH_3CO)_2O} CH_3CO_2\!-\!CH_2CH_2CH_2\!-\!\underset{\underset{O}{\parallel}}{C}\!-\!CH_3 \xrightarrow[-5℃,-HCl]{Cl_2} CH_3CO_2\!-\!CH_2CH_2\underset{\underset{Cl}{|}}{CH}\!-\!\underset{\underset{O}{\parallel}}{C}\!-\!CH_3$$

1L 三口烧瓶中加入 480g（4mol）乙酸酐及 3mL 吡啶[❶]，搅拌下加热至 110℃ 慢慢加入 307g（3mol）5-羟基戊-2-酮，加完后加热回流 2h，减压分馏，收集 106~108℃/23mmHg 馏分，得 285g（产率 66%）。

氯化：1L 三口烧瓶中加入以上 285g（2mol）乙酸酯及 285g 无水氯仿[❷]，冰盐浴冷却，控制 0~-5℃ 快速搅拌下通入 140g（2mol）氯气；赶除 HCl 后，回收氯仿，剩余物减压分馏，收集 110~130℃/22mmHg 或 90~93℃/2mmHg 馏分，得 220g（产率 62%）。

2-巯基苯并噻唑（促进剂 M）的工业制法，如：
苯胺与溶解有硫黄的二硫化碳在高温（>260℃）压力釜（充氮，压强 8MPa）反应 3h。

2-硝基氯苯、多硫化钠及 CS₂ 在较低温度（130℃）和较低压力（0.35MPa）反应。

二、吩噻嗪（硫撑二苯胺）

二苯胺与理论量的硫黄华的混合物在碘催化下加热，因共轭及成环规律的因素很容易反应，得到近于理论量的吩噻嗪。

吩噻嗪 M 199.28，mp 183~185℃，bp 371℃；白色结晶，易升华，易溶于醇及苯。

1L 烧瓶中加入 169g（1mol）二苯胺（mp 52℃），64g（2mol）硫黄华及 1g 碘粉末

[❶] 为了减少乙酸酐在酮羰基加成——生成二乙酸酯，故不用无机酸催化，而是用吡啶，以 $CH_3CO\!-\!N\!\!\!\!\overset{\frown}{\underset{\smile}{}}\!\!\!\!\!\bigcirc \cdot CH_3CO_2H$ 催化反应。

[❷] 氯仿较小的极性以减少 HCl 的溶解，降低酯基的离解。

充分混匀，安装插底的温度计及空气冷凝管，导出 H_2S 至碱水吸收；用油浴加热，反应物熔化至 170℃放出大量 H_2S，随着反应放热慢慢升高温度，最后有少量黄色物质升华，是产物、硫黄及二苯胺的混合物（可能是升温太快造成的）；最后在 200~210℃油浴上保温半小时❶，将反应物作升华处理；将最初的含碘、硫黄的吩噻嗪单独收集和处理；然后收集白色粗品（仍有黄色污染点）。

精制：用乙醇（1.2mL/g）重结晶，精制收率 70%，外观白色。

三、噁唑

苯并噁唑

噁唑，bp 69~70℃，d 1.050。

苯并噁唑，mp 27~30℃，bp 182℃；氮原子未共用电子对，具有叔胺的性质，与卤代烷作用生成季铵盐；氧原子使其具有内酯的性质。

苯并噁唑的合成与苯并咪唑（862 页）、苯并噻唑（875 页）的合成相似。它是从 2-氨基酚与甲酸、乙酸（或酐）的脱水，或与亚胺酸（甲）酯脱氨、脱醇（氨解或酯交换）完成的五元环合。

2-甲基苯并噁唑与过量的碘乙烷长时间回流（低温回流 48h）生成季铵盐结晶，析出的铵正离子使甲基呈现 α-C—H "酸"的性质，α-C—H 容易以质子离去，与原甲酸乙酯脱醇缩合，及在无水吡啶中脱去一个 HI 及最后乙醇。

3,3′-二乙基-2,2′-(1,3-丙二烯)-二-苯并噁唑碘化物　M 460.31；有金属光泽玫瑰红色的片状结晶，可溶于乙醇及吡啶。

a. 2-甲基苯并噁唑（mp 8.5~10℃，bp 200~201℃，d^{20} 1.1211）

$$\text{（反应式：邻氨基酚} + (CH_3CO)_2O \longrightarrow [\text{中间体}] \xrightarrow{-3\text{AcOH}} \text{2-甲基苯并噁唑}$$

10L 三口烧瓶中加入 2.75kg（25mol）o-氨基酚，从分液漏慢慢加入 7.5L ＞85%（62mol）工业乙酸酐，反应放热，加完后摇匀，再加热回流 20h，分馏回收乙酸及过剩的乙酸酐；继续分馏，收集 190~205℃馏分，得 2.6kg。粗品中含少量乙酸酐，在冷却及搅拌下慢慢加入无水碳酸钾至不显酸性（约用 500g）；过滤，滤渣用 1.5L 无水苯浸洗两次，回收苯后的剩余物与滤得的粗品合并，重新分馏，收集 200~205℃馏分，得 2.3kg（产率 69%）。

b. N-乙基-2-甲基苯并噁唑碘化物

$$\text{（反应式：2-甲基苯并噁唑} + C_2H_5-I \xrightarrow{\triangle,\ 48h} \text{N-乙基-2-甲基苯并噁唑碘化物）}$$

10L 三口烧瓶中加入 4.4kg（33mol）2-甲基苯并噁唑及 6.25kg（40mol）碘乙烷，混匀后在高效回流冷凝器下用水浴加热回流 8h；再加入 2.1kg（15mol）碘乙烷，之后再回

---

❶ 亦如下方法精制：趁未结固以前倾出反应物于盘皿中（升华严重）盖好，稍冷即凝固，得 200g 灰绿色产物，粗碎后使溶于 2L 75%丙酮中，加入 30g 脱色炭处理；所得粗品再用乙醇（1.2mL/g）重结晶，乙醇精制的收率 70%，mp 181~183℃，外观浅的暗黄色。

流 40h，放冷后滤取析出的淡黄色结晶；母液再回流 40h，又得部分结晶，合并后用少许苯冲洗，干后得 6.3kg（产率 67%），母液尚可利用。

c. 3,3′-二乙基-2,2′-(1,3-丙二烯)-二-苯并噁唑碘化物。

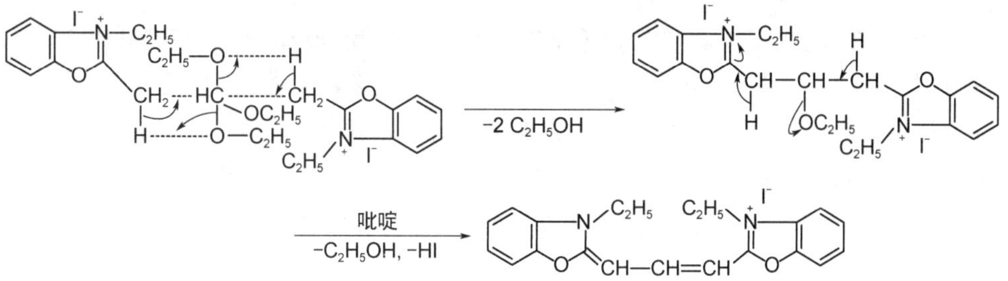

$$-2\,C_2H_5OH$$

吡啶
$$-C_2H_5OH,\ -HI$$

5L 三口烧瓶中加入 1.6kg 无水吡啶，搅拌下加入 868g（3mol）·N-乙基-2-甲基苯并噁唑碘化物，加热使溶，再加入 960g（6.5mol）原甲酸乙酯，此时反应物为黄色糊状，搅拌下用油浴加热回流半小时，反应物成红色溶液，随即开始析出结晶。继续回流 2h，冷后滤出结晶，用 400mL 乙醇分两次浸洗，风干后得 400g（产率 58%），mp 262~267℃ [1]。

又：

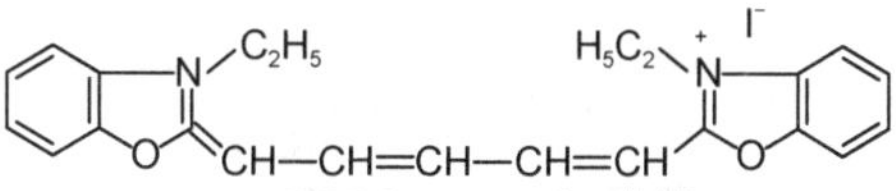

DODC, mp 232℃（分解）

亚胺酸酯盐酸盐有很强的加成活性 $(R)Ar-\overset{\overset{NH\cdot HCl}{\|}}{C}-OCH_3$，与邻氨基酚反应，在铵盐 $\rangle C=\overset{+}{N}H_2Cl^-$ 作用下碳原子有更大的电正性，环合能在 1~2h 内完成。

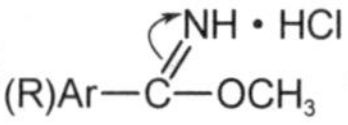

2-(4′-氯甲苯基)-苯并噁唑 M 243.68，mp 149~150℃；难溶于甲醇，易溶于氯仿。

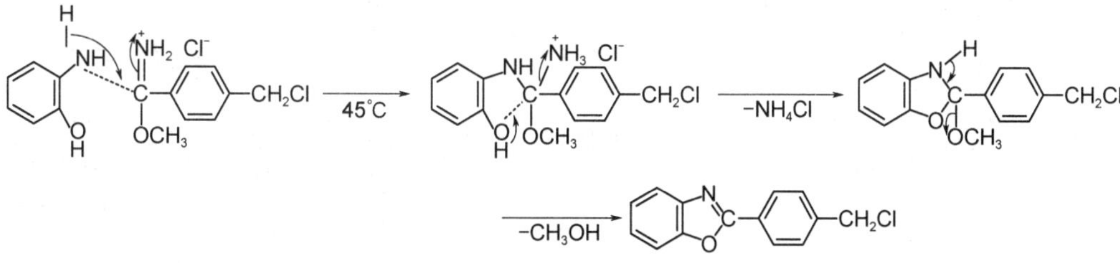

$$45℃$$

$$-NH_4Cl$$

$$-CH_3OH$$

2L 三口烧瓶中加入 220g（1mol）4-氯甲基苯甲亚胺酸甲酯盐酸盐。1L 甲醇，120g 冰乙酸，搅拌均匀，搅拌下加入 109g（1mol）o-氨基酚，温热至 45℃即溶为均一溶液，随即析出片状结晶；加热至回流又变为细小结晶（搅拌并不困难）。回流 1h 后放冷至 45℃，滤出结晶混合物，以 100mL 甲醇冲洗[1]，再用冷水洗除氯化铵，干后得 162g（产率 66%），mp 148.6~149.5℃，HPLC 纯度＞98%。

---

[1] 原料纯度高，仪器清洁，所得产品无须精制。又：Aldrich 目录记述的熔点是 278℃，或应以分解点测试。产率低的原因或因在热的条件下慢慢加入原甲酸乙酯；或延长回流时间；或应母液回收。

[1] 产品在热甲醇中的溶解度为 5%，从母液回收到 20g，mp 142~146℃。

精制: 用氯仿（4mL/g）重结晶, 纯度＞99%。

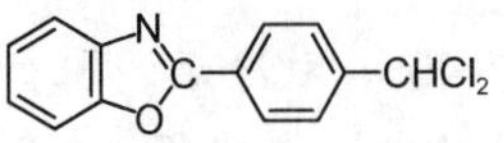

同法制取: 2-(4′-二氯甲基苯基)-苯并噁唑, M 278.12, mp 120℃。

2-(4′-二氯甲基苯基)-苯并噁唑

使用 96.5%（HPLC 纯度）, mp 173~174℃的 4-二氯甲苯基-苯甲亚胺酸甲酯盐酸盐制得 2-(4′-二氯甲基苯基)-苯并噁唑的产率 87%, HPLC 纯度 99%, mp 118.9~119.7℃；从母液回收到 17g, HPLC 纯度 82%, mp 109~115℃品质较差的产物。

折百使用, 从纯品 66% 4-二氯甲基苯腈制得的 4-二氯甲基-苯甲亚胺酸甲酯盐酸盐的纯度 84%；折百使用 1mol, 与 o-氨基酚反应, 回流 2h, 于 40℃滤出结晶物, 洗涤处理后得干品 210g, 产率 75%, HPLC 纯度 98.4%, mp 118.2~119.4℃。

【脱水环合——POCl₃ 为脱水剂】

① N-乙氧乙二酰基-L-丙氨酸乙酯——酯化、酯交换、酯基氨解——草酰物（见 807 页）。

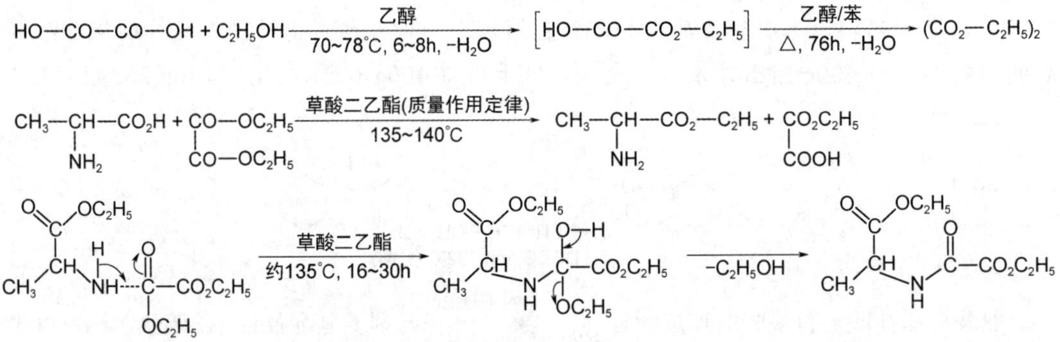

② 4-甲基-5-乙氧基噁唑——环合、水解及脱羧（见 807 页）。

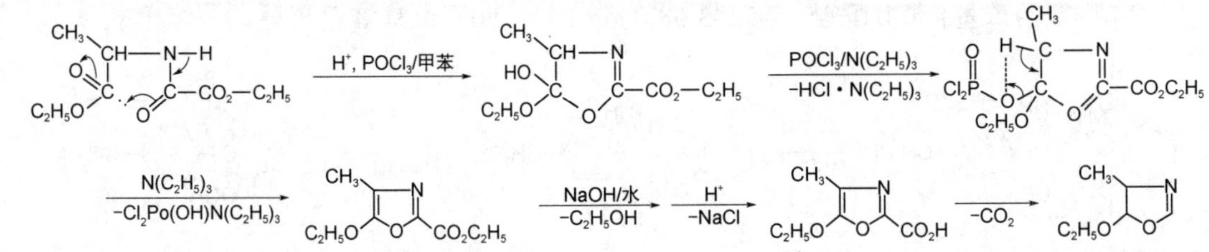

4-甲基-5-乙氧基噁唑

附 录

附录 I　粗产品的提纯

在有机化学品的生产中，使用纯粹的物料经常是得到更高的产品质量和产率，所以，将合成中间体原料的质量和经济问题放在同等位置上考量。无论如何，合成的初产品总会包含杂质——副产物、未反应的物料、分解产物、色泽、机械杂质及无机盐，为了分离它们，利用杂质和目的产物的物理和化学性质不同，创造适当的条件处理使之分离。在产品的精制中常使用以下方法：①重结晶；②蒸馏和分馏；③水蒸气蒸馏；④升华。也有需要先经简单的化学处理制成容易分离开的衍生物，然后用以上物理方法与杂质分离，然后再分解开。还有在合成中利用场效应或其他位阻确定反应方位。

一、重结晶

溶质溶于溶剂，经过脱色处理后再改变条件——温度、浓度及溶剂性质，使产品从溶液中析出结晶得以分离，多使杂质留在溶液中——溶质析出，极性溶剂对极性杂质有更大溶解。结晶体是有规则的晶形、化学成分均一的固体，结晶过程的条件（溶剂、温度、浓度、搅拌）不同析出结晶的大小、外观形状、色泽等外部特征也会有所不同，还可以使某些异原子双键的 $\alpha\text{-C}-\text{H}$ 质子移变为异构体。

关于结晶的几个因素：晶核的形成及晶体成长，溶质从过饱和溶液中析出的过程首先是析出晶核，然后成长为晶体，在成长的过程中新的晶核还在不断出现，若对析出晶核的速度及晶核成长的速度加以控制，最后可能得到如期大小的晶体；最后达到平衡，析出溶质不再增加，动态平衡使比表面积大的细小结晶容易溶解，而溶质的再析出则主要是使原有的结晶长大，这在析出结晶放置几天后（昼夜温差）很容易观察到。结晶的效果、形状和所使用的溶剂关系密切，结晶操作的控制条件的个性差异很强，主要靠经验积累。

1. 溶剂的选择

选择精制溶剂时要对粗产品合成各方面的材料分析研究，分析它们杂质的特点，所使用溶剂必须适合以下要求：

① 溶剂的化学稳定性，不与产品溶质反应（也有作为助剂参与反应过程）。

② 溶剂的极性、溶剂的温度变化对产品的溶解度应有较大变化。

③ 溶剂对于杂质应该是很易溶解或不溶。

④ 产品能从溶液中析出完美的结晶。

⑤ 溶剂（也或溶液）的性质对于脱色炭脱色能力及干燥的影响。

⑥ 溶剂的毒害性质、回收及经济因素。

所谓有关产品的材料就是根据产品的合成方法、原料来源及副产物等，或通过分析确认它可能会有哪些杂质，把它们的物理、化学性质加以分析比较、予以处理，这个处理包括精制前的化学处理，有时以酸、碱以及氧化、还原处理，或通过盐、某些简单衍生物、络合物（复盐）以结晶的形式从混合物中分离出来（这样的分离效果甚好），然后再分解开；无论如何，在精制前的预处理都是十分重要的。

例如：马尿酸（$C_6H_5CONHCH_2CO_2H$）粗品的精制。

测定粗品的熔点比纯品低 20~30℃，又熔化的试样不清亮（有无机盐）。马尿酸的合成是：将苯甲酰氯滴入至未经分离合成甘氨酸的中性反应物中，同步以氢氧化钠溶液中和反应产生的酸物质。粗品中不可避免地有酰氯水解物——苯甲酸；虽然浓缩蒸出可分解的 $H_2N-CO_2-NH_4$，由于反应的弱碱性，大量氯化铵平衡也会分解出氨而有苯甲酰胺产生；产品与杂质在几种溶剂中的溶解度如下：

化合物名称	熔点/℃	在 100mL 溶剂中的溶解度/g		
		水	乙醇	乙醚
马尿酸	187	2.33（20℃）	微溶/冷	难溶
苯甲酰胺	130	1.35（25℃）	17（25℃）	易熔
苯甲酸	122	0.27（18℃）	47（15℃）	40（15℃）

由于浓缩的甘氨酸反应液冲水比较稀，弱碱条件产生的 NH_3 在反应中的平衡主要是以 NH_4^+ 存在，应该很少产生苯甲酰胺，主要副产物是苯甲酸和马尿酸一同沉析出来而混入，苯甲酸在乙醇中的溶解度很大，先用乙醇洗去粗品中的苯甲酸，最后用 50%含水乙醇重结晶以减少产品酯化，并且除去了最后的苯甲酸。

有时采用对杂质有较小溶解度而对产品的溶解度很大的溶剂，一般只用作提取，然后再用其它方法精制；如果杂质所占比例甚小，也不一定是它首先析出，当产品结晶析出后溶液中溶质的总浓度降低而提高了对该杂质的溶剂化程度。

通常使用的溶剂有：水、甲醇、乙醇、乙酸、丙酮、乙腈、乙酸乙酯、乙醚、苯、甲苯、氯仿、四氯化碳及不同沸程的石油醚；另外，二甲基甲酰胺（DMF）、二甲基亚砜（DMSO）也常使用；二硫化碳、硝基苯由于它们的毒性及燃爆性质尽量不用；应该考虑使用挥发性较小，方便回收的溶剂。

2. 溶解度线图

为了使重结晶的精制更有效，先通过试验绘制出温度和溶解度的关系，再测绘出介稳区的图线，在这个区域内的溶液是过饱和的过冷溶液，也不析出晶核，在有晶核的情况下，溶质析出主要利于原有晶核的长大，但是由于晶核刺激扰动，并不能完全避免出现新的晶核。

不稳区：溶液是高度过饱和的过冷溶液，可以析出大量晶核或细小结晶。稳定区：溶液是未饱和的，即使种晶也只会使晶种溶解。

附 为了得到大而整齐的结晶，附图 1 是缓慢冷却及很慢搅动的情况，溶液温度从 a 降到 b，刚进入介稳区，过饱和的程度是 bm，此时并不析出晶核；当投入晶种时，晶种开始长大，由于晶种的刺激，晶核也在产生，而不是冷到不稳区才形成；根据晶核成长的速度控制降温速度，即使降到 b 温度（已是太过），过饱和的 bm 完全的晶核析出也只有 bm 数量的晶核；为了得到较大的结晶，必须控制晶核数量，使溶液在整个结晶过程中始终处于介稳区内的低过饱状态以利于原有结晶的成长；如果冷却到终点 c、温度 b 与 c 间的溶解度差是 mn，则 mn 数量的溶质主要向着 bm 数量晶核或细小结晶的长大。

附图 2 是快速冷却及搅拌的情况，溶液温度从 a 下降到高过饱和的不稳区 b′，立即析出晶核——可以析出 b′ 温度所有过饱和的 b′m′ 数量的晶核；同样冷却到 c，析出溶质即使完全用在晶核的长大，也只有 m′n′ 数量的溶质。

因为溶质析出的速度远大于晶体的成长速度，它仍在析出晶核使结晶细小甚至为粉末状。晶种并不限于溶质本身、尘埃等机械杂质都能引起或作为晶核，它仍是最先的"晶核"，最大的结晶就是机械杂质作为晶核成长的。

在非严格控制的冷却结晶中，以浓溶液析出的结晶经常是细小不整齐的结晶；从稀溶液析出的结晶经常比较大、比较规则的结晶。如附图 3 所示：在较高温度的饱和溶解度是 a，介稳区的温度差是 ab；在较低温度的饱和溶解度是 c，介稳区的温度差是 cd，其差别远大于 ab；在较高温度的饱和浓度很容易冷到不稳区而析出多量晶核，而较低温度的饱和溶液介稳区的温度差 cd 较大，溶液对流容易克服局部的过冷，因之，析出晶核较少有更多的机会长大。

热溶液暴露的表面溶剂挥发使局部高度过饱和而过早出现晶核，因之，在静置的结晶过程向溶液表面小心加入溶剂或稀溶液使覆盖表面或封盖好使挥发的溶剂"回落"覆盖在溶液表面；另外，容器用隔热材料支垫起来以免局部过冷形成晶簇。

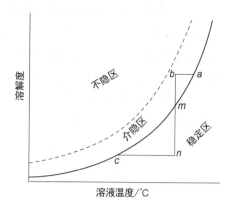

附图 1　缓慢冷却、很慢搅动

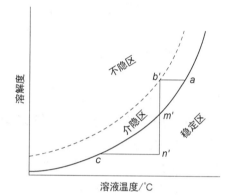

附图 2　快速冷却及搅拌

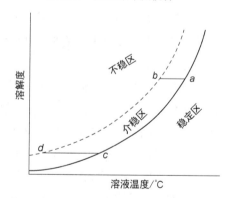

附图 3　不同温度下的结晶

3. 结晶的先后、大小和形状对产品质量的影响

重结晶操作不一定要从高温、高浓度降到室温或更低温度来获得更高的产量，经常是首先析出和最后析出的结晶质量差别较大，为要求更高的质量，有时要分离出一部分头尾——滤掉最先析出的包括了颜色的一部分结晶，然后放冷至一定温度下滤出产品——母液中刻意剩余了少量包有杂质的产物另外回收。

在重结晶的操作中，细小的结晶吸附了较多母液，当结晶是便于洗涤的，不致因洗涤损失较多的产品时，这样的情况以较小的结晶为好；若洗涤的溶剂对于产品有较大溶解度，则应以较大结晶、在低温处理来减少损失。

对于热稳定性差的产品的精制，要严格控制加热方式以免局部过热，控制加热温度和时间，操作要快，如：2,4-二羟基苯甲酸及甲硫吩嗪的精制处理。

静置放冷结晶容易形成晶簇（结晶块），它包留的母液不易滤除和洗脱。为了避免形成晶簇，在结晶过程中应不时搅动，并添加前次精制母液以便搅动。

4. 重结晶的几种特殊情况

有些有机物在某溶剂中的溶解度随温度改变的变化不大（或溶解度很大），则是将滤清的溶液浓缩，使产品从溶液中逐渐析出——如蔗糖及磺基水杨酸的精制。

使用两种互溶的溶剂组合（混合溶剂）的作用是：极性有很大差异的溶剂组合，产品在某溶剂中有很大溶解，然后小心加入不溶或很少溶解的溶剂使溶解度降低，产品析出，如：除去甘氨酸粗品中的氯化铵；除去聚酯中的较小分子——缩小分子量分布；或因不同目的直接使用不同比例的溶剂组合。

冰冻结晶：许多低熔点物质，产品本身不纯即作为溶剂溶液，常采用在适宜温度下结晶分离，某些情况还有多次不同温度下的结晶（固体物）分离；也有少加溶剂，然后降温使大部分结晶析出，在设定的条件下分离母液，最后以蒸馏除去残留的溶剂。

5. 酸、碱沉淀方法

具有酸、碱特殊基团的有机物可以通过酸、碱处理以分离其它无该特征基团的物质。常使用的酸如：无机酸、甲酸、乙酸；碱如：NH_3、$NaOH$、KOH；个别情况使用强碱 $HN(CH_3)_2$，如用于 4,4′-联苯二甲酸的处理。应该注意：有少许酰胺产生，最后用盐酸加热将它水解开；此方法多用在难溶水的酸、碱的精制以减少损失。

在通常酸、碱沉淀的沉析中控制操作的 pH 值，使杂质在最初或最后析出以分离之；同时存在酸、碱基团的有机物，如氨基酸类，在酸碱沉析时，酸碱都不可过量，要以它们的等电位点为终点控制。

更有效的方法是分离出它们盐的结晶，然后再将它在水溶液中沉析分离，如：5-硝基水杨酸、3-硝基苯甲酸以及 α-萘乙酸的精制。

6. 产品颜色杂质的除去

粗品中的颜色杂质多来源于氧化、分解产物，合成原料不纯会从更多方面产生杂质，色泽也会更严重。由于氧化带来的色泽，如：氨基化合物、酚类等可以用还原的方法处理；若溶剂或产品属于酸性，可用锌粉、$NaHSO_3$ 处理；若溶液属于碱性，可用 $Na_2S_2O_4$ 处理，再用无铁的脱色炭吸附硫，精制溶剂可以是水、醇、乙酸等。

对于氧化稳定的产物可以用氧化方法将色泽物质破坏为不显色的焦化物质，可供选择的氧化剂有：酸性条件的溴酸钠、氯酸钠；较高浓度的硫酸洗涤（铝杂质），以及不同浓度的硝酸氧化。例如：蒽醌使用发烟硫酸磺化总有红色茜素类物质产生，脱色、还原均无作用，在酸溶液中用 $NaBrO_3$ 处理很容易把它破坏掉；碱性条件使用 $KMnO_4$ 处理 2-氯苯甲酸中的水杨酸（它对于 Fe，在酸性条件显红色，碱性条件显黄色）。

高温条件可使某些颜色物质凝聚、分解破坏，如：1,3-二溴丙烷粗品减压蒸馏总有浓重的黄色，在 170℃ 加热回流 2~3h 后重新减压蒸馏得到无色的产品；又如：3-氟苯甲酰氯及其二氯亚砜带入的黄色也必须在 170℃ 左右保温处理。

脱色炭脱色：脱色炭有很强的吸附能力，1g 脱色炭在 100mL 沸水中能吸附 30mg 亚甲基蓝的颜色。在工作中，因脱色条件不同而有很大变化：在酸性条件脱色能力最好；在碱性条件就差很多；溶剂对于脱色炭的脱色能力（未考虑溶质的影响）大致有以下关系：水 > 甲醇≈乙酸 > 乙醇 > 丙酮 ≫乙酸乙酯 > 乙醚 > 甲苯 > 苯 > 氯仿 > 四氯化碳；脱色炭在乙酸乙酯以后的溶剂中脱色能力微弱，但是这些溶剂对于许多颜色物质有较大溶解，石油醚对于许多颜色物质几乎不溶。

一般用溶剂重结晶多在 80~120℃ 加热搅拌 10~30min，脱色炭用量为溶质的 5% 左右。

蒸馏、分馏、水汽蒸馏大多数可以方便地去掉颜色，硫、铝杂质的颜色有机物随产品一起蒸馏，大多可用硫酸热洗除。

二、蒸馏及分馏

纯物质在一定温度有一定的蒸气压，在标准状况（760mmHg，0.1MPa）它的蒸气压达到 760mmHg 柱压力的温度条件为该物质的沸点，是一常数，常压或减压蒸馏、分馏，截取沸点馏分以分离杂质及颜色，卤化物在 160℃ 以上保温可以分解某些颜色物质。

1. 蒸馏

简单蒸馏一般用于沸点 <300℃，与分离物沸点差距较大的物质的分离，分离效果不是很好，可用作中间体的处理或用于纯物质的去掉颜色和机械杂质。

2. 分馏

理想溶液是指产品与要分离物质分子间没有溶剂化及其它作用力——相互吸引或相互排斥——的混合物，各组分的分压符合拉乌尔定律，即 $p = n_a p_a$（式中，p 为分压；n_a 为混合物中该物质的分子百分数；p_a 为该纯物质在该条件的蒸气压），各组分的分压和在混合物中的分子百分数成正比关系，此为理想溶液，其蒸气压为各自分压之和，即 $p = n_1 p_1 + n_2 p_2 + \cdots$。

附图 4（a）中苯和甲苯的混合物是理想溶液，各自不同混合比例其蒸气压的直线关系说明各自分压与各自的分子百分数成正比；各自组分为零时，它的分压为零；苯的分子百分数为 100% 时，在 90℃ 苯的蒸气压为 1000mmHg 柱；当甲苯分子百分数为 100% 时，它的蒸气压为 400mmHg 柱。

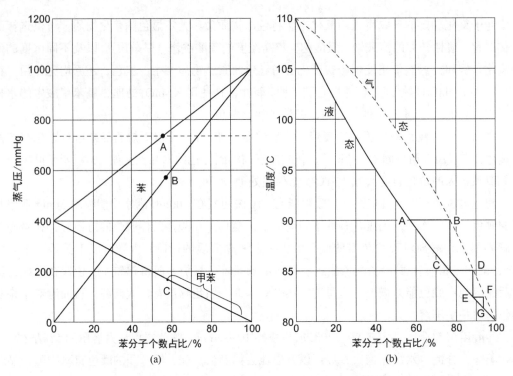

附图4 苯与甲苯的蒸气压、沸点及组分的关系

在90℃构成沸点760mmHg柱A溶液沸点混合物，其组分为：苯58%分子，甲苯为42%分子，该组分构成的沸点是90℃，各组分的分压为：苯580mmHg（B）；甲苯180mmHg（C）。初馏分冷凝，各组分占比为：

$$苯 \quad \frac{580}{760} \times 100\% = 76.3\%$$

$$甲苯 \quad \frac{180}{760} \times 100\% = 23.7\%$$

在初馏分混合蒸气的组分中，苯组分在混合液中所占比例从58%提高至76.3%；甲苯组分从原来的42%下降至23.7%；随着分馏进行，蒸馏液中的甲苯组分逐渐提高以致最后近于纯的甲苯，各阶段的初馏沸点及组分的关系如附图4(b)。

58%苯与42%甲苯的混合物蒸馏时，它的沸点是90℃（A），与之相平衡的是蒸气B，它冷凝成液态C。即：76.3%苯和23.7%甲苯的混合物，它在85℃沸腾，与之相平衡的是气态D，它冷凝为液态E，即含85%的苯；它在82.5℃沸腾，冷凝为液态G，为95%苯。这样分馏的结果可以得到纯苯，这样的反应过程是在分馏柱（塔）内连续完成的。

分馏柱：试验室用的分馏柱一般按柱高（长）和内径分为：35cm（φ23~25mm），45cm（φ25~27mm），60cm（φ27~30mm）和100cm（φ35~37mm）；支管内径一般为6~10cm；以及大口径的回流管以防液泛。分馏柱的配置与蒸馏气化量要适当，当组分的沸点相差不大，要选择高效分馏柱，并在操作中保持较大的回流比，一般为（5~8）:1；试验室分馏多靠外界环境冷却控制，分馏温度在120℃以下，分馏柱可不必保温；120~160℃则要适当保温，或用阻燃纸把分馏柱作适当包裹；如分馏温度高于 160℃则要用石棉布保温，否则可能在分馏柱内完成冷凝（在保温材料留有视孔以作观察，以便控制），冷凝液混合物从支管溢出，开始时在分馏柱内回流预热。

温度计插入位置，温度计水银球上端和分馏柱支管口下限相平或稍低以保证受热稳定；也常在蒸馏瓶安装伸入液面、近于瓶底的温度计以检查分馏状况。分馏柱的样式如附图 5 所示。

经常遇到的分馏是非理想溶液，蒸馏液各组分的分压不符合拉乌尔定律，即：不同分子比例各自的分压不与分子百分数成直线关系，由于不同的分子间有弱键引力（氢键及场效应）或斥力，使它们出现最高恒沸点或最低恒沸点。

如：丙酮和氯仿分子间有引力，两物质相混合时溶解的特别好，并且放热，分子间形成氢键$(CH_3)_2C = O\cdots HCCl_3$，分馏时，当蒸馏液达到一定比例出现最高恒沸点 64.7℃，附图 6 (a)。又如：丙酮和二硫化碳相混合时，两者分子间有斥力，混合物先出现浑浊，而后由于分馏，两者达到一定分子百分比才溶解好，分馏有最低恒沸点 39.3℃——35%丙酮分子和 65%二硫化碳分子，见附图 6 (b)。

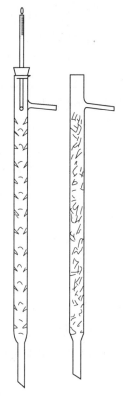

附图 5　分馏柱样式

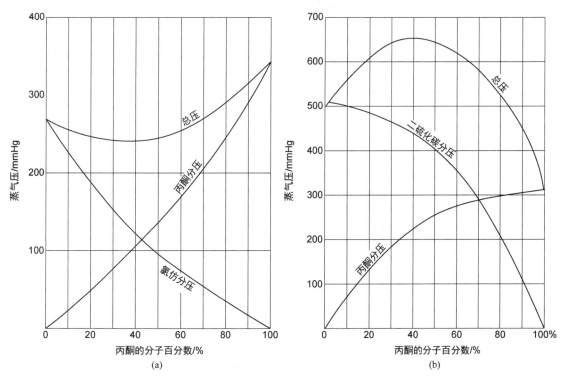

附图 6　在不同比例混合物的蒸气压及各自的分压

最低恒沸点（见附图 7 中 A）时丙酮和二硫化碳分子间有斥力，其沸点 39.3℃比其中任何一个单独的纯物质的沸点都低，一定温度下不同比率的混合物其蒸气的分压和总压不是直线关系。在其它百分比的情况分馏时，首先蒸出的是最低恒沸点的混合物，如果某物质的比率不是很大，并且沸点温差较大，待其以最低恒沸点蒸完后，蒸馏温度能很快上升到某一纯物质的沸点蒸馏得到纯物质。

最高恒沸点（见附图 7 中 B）时丙酮和氯仿分子间的氢键引力使混合物的共沸点比任何一个单独存在的沸点都高，它的基本特点是：在最高恒沸点以外的其它比例组成的混合物分馏时，首先蒸出来的是占比最高的某物质占优势，随着它的减少，蒸馏液中两组分趋向最高恒沸点的组分百分比，液态与气态的分子比相同，不能以分馏方法分离。

如果杂质数量较少，最低恒沸点可能比较短暂，容易分离；有最高恒沸点的情况，如"杂质"的数量很少，或可能将最高恒沸点的"杂质"留在最后的底物，再作处理。

杂质来源于未反应的物料、副反应以及不恰当的溶剂处理。如：从丙醇（以上）与氢溴酸制取溴丙烷，经水洗、干燥后的分馏，由于丙醇与产物间的分子间氢键，有最高恒沸点，产品中始终包含丙醇，应先用硫酸洗除。又如：硫代光气与副产物四氯化碳以络合物的形式形成最高恒沸物 $Cl_2C{=}S{\cdots}CCl_4$ 一直保持到最后。又如：2,2-二甲基丁酸（bp 240~245℃）合成水解后不恰当地使用甲苯（bp 110℃）提取，虽然与溶剂的沸点差距较大，但由于与甲苯分子间引力的作用 R—C(=O···H)(O—H)CH₂—C₆H₅，分馏回收甲苯后总有与甲苯的共沸物除不去，必须先用碱酸处理，除去残留的甲苯以后就几乎完全达到合格。再如：1,1,1-三氯乙烷中加有二噁烷稳定剂，形成 ⬡O···CCl₃—CH₃，要水洗八次才能将二噁烷去除。

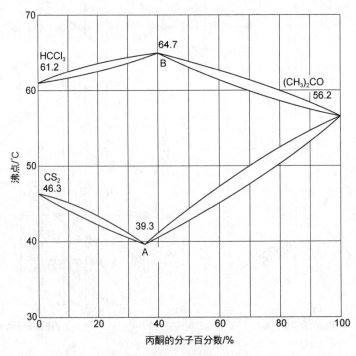

附图 7 最高和最低恒沸点

为了解除产品与杂质形成共沸的困扰，粗品分馏前应予以处理：吸附、洗涤、干燥，如果可能，结晶处理的方法更有效；用醇、无机酸洗去极性物质，或用苯洗去极性小的物质；如果提取，使用非极性溶剂，如苯、乙醚、石油醚，以免造成分子间引力形成高沸点。

3. 减压蒸馏和减压分馏

减压蒸馏一般只用于纯物质的外观处理；更多使用减压蒸馏，减压可以避免产品的受热分解和接触空气的氧化；对于稳定的物料处理，常压分馏比减压分馏的效果更好；易升华的固体物质不宜使用减压蒸馏，必要时在系统中间安装吸收或阻截装置以截止升华的物料阻塞管路；还要控制蒸馏温度和产品熔点间有较大的温差并使用比较粗的蒸馏支管，以免馏出物在进入受器之前在蒸馏支管内凝结。

减压分馏截取馏分，依真空度见"常压减压沸点对照表"，蒸馏固体物料应先快速蒸出以预热支管，之后再以比较慢的速度蒸出前馏分及中间馏分（所谓"慢出头"），在加热条件不变的情况下，在前馏分、中间馏分（经常是与其它小分子的低沸物）出完之后，正常产物馏出速度有变快的倾向是普通现象。

压力表：一般使用内径 5mm，长（高）900mm 的 U 形管制作的压力表准确直观，它可以准确到小于 1mmHg；读法：以当时大气的大气压（以 mmHg 柱计，1mmHg = 0.1316kPa）减去所使用压力表汞柱的液面差（以 mmHg 计）。

减压蒸馏的仪器装置如附图 8 所示，由于测量真空度的位点不同、蒸馏速度不同，蒸馏温度往往高于查比到的该真空度下的沸点温度；这是因为温度计的位置处于蒸馏蒸气尚未冷凝，而压力的测试点是在冷凝之后，在沸点读数上反映出来的不同，为了缩小这个差异，应该以更慢的速度进行蒸馏，让蒸馏气尽量在支管中冷凝又不让馏出停止，这个操作尽量以 <1 滴/秒的速度为宜，此时的读数比较准确。

减压蒸馏（分馏）的操作：向蒸馏瓶中装入 2/3 体积的物料，开动水泵，加热，先蒸除水分及残存的溶剂，蒸除前馏分后停止加热，降温至允许——改换油泵高真空度不致溢出——的温度后更换受器，开动油泵，调节稳定后开始加热，缓缓蒸尽前馏分、中间馏分；再更换受器收集沸点稳定的产品馏分；最后馏出速度减慢，蒸馏温度开始升高，表示减压分馏结束，还可以从蒸馏瓶中剩余物的液温变化判定蒸馏状况；停止加热。

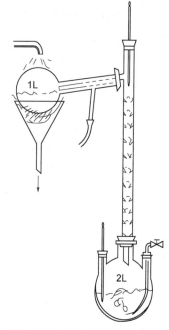

附图 8 减压蒸馏装置示意图

易氧化的物料在高温减压蒸馏间的换受器及结束后不可突然放空，否则冲入新鲜空气可能引起瓶中的蒸气爆燃。正确的操作应该是停止加热，在真空下放冷至安全温度以下方可放空；或关闭减压阀门，向系统中充氮气以平衡压力。

机械泵长时间运转，部件受热膨胀，停泵以后有时会被冷却的部件卡住，在停泵以后的降温过程要开动 2~3 次，以免卡住使启动不便。

三、水汽蒸馏

水汽蒸馏（又称水蒸气蒸馏）也是某些有机产物的精制分离方法，因该项处理能源耗费大，应尽可能避免使用。水汽蒸馏要求产物不溶于水或水溶解度很小，或者采用简单的方法就能和水分开（回流分水）。水汽蒸馏可以用于：①某些异构体的分离；②从树脂或焦油状物中分离可挥发的有机物；③某些热稳定性差的物质的分离。

不溶于水的组分在常压下水汽蒸馏，分子间有斥力，相当于与水的低沸恒沸物，水汽蒸馏的沸点都低于100℃，蒸出的共沸混合物中各自的分子百分数和各自的分压成正比。

在二元体系的水汽蒸馏的馏出物中，各组分所占比率按下式计算：

$$x = \frac{p_2 M_2}{p_1 M_1 + p_2 M_2} \times 100\%$$

式中，x 为有机组分所占比例%；$p_1 M_1$ 为水的分压乘以水的分子量；$p_2 M_2$ 为有机物的分压乘以其分子量。

事实上，一般水汽蒸馏的馏出物中，由于水蒸气没有来得及和有机物组分构成恒沸的平衡就蒸出脱离体系，馏出物中总是水占更大比例；而在共沸脱水的反应过程中，水是在反应中缓慢放出的，共沸的有机物总是比水占绝对优势，很容易得到最低恒沸馏分，在分馏柱顶能读到准确的恒沸点温度（如：在顺丁烯二酸二丁基锡合成中，甲苯与水的恒沸点为85℃；以及酯化脱水等），能收集到准确比例的恒沸馏出混合物。

对于沸点较高的化学物质的水汽蒸馏分离，由于蒸汽的温度相对较低，难以在常压、通常条件的水汽蒸馏，应使用过热蒸汽或以更高的加热温度下（120~180℃）将蒸汽通过，以使比较快的蒸出。

为了缩小操作体积，减少溶解损失，使用分水器可以随时将馏出的混合液产物分离，分离的水从溢流管流回"水汽蒸馏瓶"中，如此反复连续。分水器的构造如附图9所示。

水汽蒸馏常用作某些异构体的分离，多是氢键使异构体在物理性质方面有差异：芳香族的2位取代利于分子内形成氢键，4位取代、3位取代有利于在分子间形成氢键，氢键键角可以稍偏离直线，偏离太多则不稳定；氢键不只存在于O、N、F之间，也在S、Cl、Br、I，与有足够酸性的α-C−H之间有很弱的引力。分子内氢键使它更具芳香性，易溶于非极性及极性小的溶剂中；分子间氢键的缔合使它具有更高的熔点、沸点，分子内氢键使它们具有较低的沸点、熔点。

除氢键外还借助于其它场效应作为用水汽蒸馏对异构体的分离条件，如：硝基苯乙酮的异构体，2位、3位异构体能随水汽蒸发，而对位异构体不随水汽蒸发。

分子内和分子间的氢键对于芳香族化合物物理性质的影响大致如附表1所示。

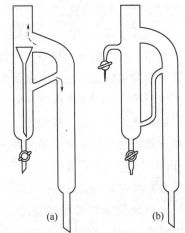

附图9　水汽蒸馏分水器的构造

(a) 用以分离重质产物；下面的连通溢流管为了让馏出物初步冷却以提高分离效率，也可在分离器内加入一长管小漏斗；(b) 用以分离轻质产物

附表1　分子内和分子间氢键对芳香族化合物物理性质的影响

物理性质	分子内氢键	分子间氢键
熔点	较低	高
沸点	较低	高
蒸气压	高	低
汽化热	小	大
极性	小	大
相对密度	高	低
黏度	小	大

四、升华

升华是固态物料因热挥发和冷凝聚固的过程，为了加速升华，在生产中是向加热成液态（熔态）的物料吹入空气或氮气帮助它挥发，加热的热源不得使用明火（应使用电热油浴）并控制在一定温度范围内操作，否则在最后阶段剩余物在罐内产生炭火引起有机粉尘爆燃，为此应该吹入氮气升华，或在后阶段使用氮气帮助挥发以把系统换作氮气。使用过滤布袋作捕集器或旋风分离器，或导流隔板的沉降室收集。最重要的问题是防止出散粉尘及明火爆燃，参比以下产品的升华：

吩噻嗪　mp 183~185℃；

吖啶　mp 110℃；

2-萘酚　mp 122~123℃；

吩嗪　mp 174~177℃；

4-甲基苯甲酸　mp 182℃；

o-苯二甲酰亚胺　mp 238℃。

升华罐如附图10所示。

五、其它处理方法

因为共晶、共沸不能直接用通常的精制手段处理，为了得到纯品，也常采用如下方法：①在合成中使用

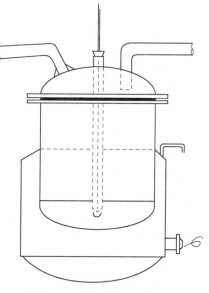

附图10　升华罐装配示意图

造成位阻以提高反应的选择性；②粗产品的预处理；包括：i. O,N-化合物的酰化及水解；ii. 不同浓度的硫酸洗涤；iii. 磺化及水解；iv. 络合、分子化合物的解开，v. C=C双键加成及消除；vi. 醛、酮的缩环二醇（与乙二醇、新戊二醇、季戊四醇）及水解以分离位阻异构物，如2,4-取代与2,6-取代的芳基-*α*-酮的分离。

附录Ⅱ　辅助试剂的处理及制备

一、溶剂的处理

常用溶剂有甲醇、乙醇、无水叔丁醇、丙酮、石油醚、乙醚、四氢呋喃、乙酸、苯、甲

苯、氯仿、四氯化碳、二硫化碳、吡啶、二甲基甲酰胺（DMF）、硝基苯，以下分别叙述。

甲醇　CH_3OH　M 32.04，bp 64.6℃，d 0.791。

工业甲醇的纯度＞99%，必要时做以下检测。①纯度：精密测定相对密度查表对照；②有机杂质：色谱法；③水分：KF 方法。

乙醇　CH_3CH_2OH　M 46.07，bp 78℃，d 0.785。

工业乙醇有两种规格：95%和 99.5%（GC 无水乙醇）。依来源不同，其所含杂质亦有区别，除共同存在的水分外，酿造乙醇含杂醇，主要是异戊醇；石油乙醇含少量杂质、甲醇、酮；无水乙醇含微小量低级烷。

无水叔丁醇　$(CH_3)_3COH$　M 74.12，mp 25℃，bp 83℃，d 0.786，n_D^{20} 1.3870。

无水叔丁醇（水分＜0.1%）与 0.5%~2%金属钠切片，在干燥管隔绝湿气，电加热，待大部分钠进入反应后进行蒸馏。

丙酮　$(CH_3)_2C=O$　M 58.08，bp 56℃，d 0.791，n_D^{20} 1.3590。

工业丙酮有两种规格：纯度＞99%和＞99.5%，主要杂质是过氧化氢异丙苯的逆向重排分解产生的甲醇，不可以用碱性干燥剂干燥水分，应该用多孔的氯化钙干燥。

石油醚　不同馏程的轻质石油产品，馏程分别为 30~60℃、60~90℃、90~120℃三个馏分。它们是饱和脂肪烃的混合物；工业石油醚中含少量不饱和烃，如有必要，用浓硫酸洗除；最后微少量不饱和烃用 $KMnO_4$ 饱和溶液洗除至出现持久的 $KMnO_4$ 的紫色（有介绍在 10% H_2SO_4 条件下用 $KMnO_4$ 洗），然后水洗及蒸馏。

乙醚　$(C_2H_5)_2O$　M 74.12，bp 34.6℃，d 0.708。

乙醚从乙醇在硫酸作用下脱水制得，工业乙醚纯度 99%，其杂质为乙醇、乙烯及水。工业乙醚用多孔的氯化钙干燥两天（每天搅动三次），乙醇与氯化钙生成分子化合物以及水被无水氯化钙干燥，用 KF 方法测定水分可降至＜0.04%；沉清或过滤后作为无水乙醚用于合成；特殊需要使用金属钠可进一步干燥，或用格氏试剂进一步干燥，再进行蒸馏。

四氢呋喃（环丁醚）　C_4H_8O　M 72.11，bp 67℃，d^{20} 0.886，n_D^{20} 1.4070。

无色液体，具醚的特殊气味，容易空气氧化，有过氧化物生成，商品中含有 0.01%~0.03% 2,6-二叔丁基-4-甲酚作为抗氧化剂，密封保存，长久存放的原料在使用前要用淀粉-KI 试纸检查过氧化物；或者 100mL 磨口锥形瓶中放入 1.00mL 样品、5mL 36%乙酸、1mL 40% KI 溶液及 1mL 1%淀粉溶液为指示剂，于冷暗处放置 20min 不应出现蓝色。

四氢呋喃的主要杂质是水和过氧化物，其处理方法参见二茂铁的合成，在四氢呋喃中制备无水氯化亚铁（$2\,FeCl_3 + Fe \rightarrow 3\,FeCl_2$），无水氯化亚铁可以方便地除去水和过氧化物。

乙酸　CH_3CO_2H　M 60.05，mp 16.2℃，bp 116~118℃，d 1.049，n_D^{20} 1.3720；无色刺激性、腐蚀性液体，与水及多种有机溶剂互溶。

分馏或用无水脱水剂处理后分馏。

苯　C_6H_6　M 78.11，mp 5℃，bp 80℃，d 0.874，n_D^{20} 1.5010；无色、不溶于水，与多种溶剂互溶，毒性较大，中毒症状表现头晕、白血球下降，恢复缓慢。

工业品 GC 纯度＞99%，冰点 5℃；水分＜0.05%；焦油苯的质量较差，含少量噻吩，必要时用浓硫酸冷洗、再水洗，干燥后分馏。苯的结构均匀对称，是非极性溶剂，可代替乙醚用于提取；甲苯则与羧酸形成混沸物，不便于分离。

甲苯 $C_6H_5-CH_3$ M 92.14，bp 111℃，d 0.867，n_D^{20} 1.4960；不溶于水，与多种溶剂互溶，具毒害性如苯，但比苯的毒性小许多；二甲苯长期接触，二十年后未见异常。

工业品 GC 纯度 > 99%，水分 < 0.05%；无色清亮。

氯仿 $HCCl_3$ M 119.38，bp 60.5~61.5℃，d 1.492，n_D^{20} 1.4460；无色重质液体，光照及空气存在下有分解，应避光保存。

$$HCCl_3 + [O] \xrightarrow{h\nu} HCl + COCl_2$$

工业氯仿乃至试剂级氯仿也加有 0.5%~1.0%乙醇（或异戊烯）作稳定剂，如必要按以下方法处理，首先用色谱分析确认稳定剂的成分及含量。

方法一：用浓硫酸 1/10 洗三次，然后水洗，干燥后分馏，可以去掉醇和烯。

方法二：水洗三次，以无水氯化钙干燥处理 24h（与醇反应）分馏。

四氯化碳 CCl_4 M 153.82，mp −23℃，bp 77℃，d 1.594，n_D^{20} 1.4595；无色重质液体。

四氯化碳是从 CS_2 氯化制得（见硫代光气）：

$$CS_2 + 2\,Cl_2 \xrightarrow{<20℃} Cl_2C(SCl)_2 \xrightarrow{2\,Cl_2} CCl_4 + 2\,SCl_2$$

工业四氯化碳含 CS_2、SCl_2 有时高达 4%，按如下方法处理：

1L 四氯化碳中加入 60mL（100mL 水中溶解 60g NaOH）的溶液，于 50~60℃搅拌半小时，水洗；再用以上半量的碱液处理一次，水洗三次（洗去乙黄原酸及乙醇），残存的乙醇用无水氯化钙干燥处理，滤除生成的分子化合物，然后分馏。

二硫化碳 CS_2 M 76.14，bp 46.5℃，d 1.266，n_D^{20} 1.6270；无色、高毒性、具有硫化物特有的气味，不溶于水，高挥发性、非常易燃（与空气混合的爆燃的临界范围很大），二硫化碳在空气中受热至 100℃ 以上可以自燃（如：洒落在蒸汽管线上）；它对于神经系统和循环系统有较大危害；操作场所必须有良好通风，仪器设备安装严密。

工业二硫化碳是从焦炭和硫黄共热制得，主要杂质是其它硫化物，按以下方法处理：先用 0.5% $KMnO_4$ 溶液将其它低价硫化物氧化，水洗除去；残留微量其它硫化物用量金属盐的水溶液处理；水浴加热共沸脱水、蒸馏，供分析试验用。

合成用途的二硫化碳分去水封，干燥后蒸馏即可使用。

注：由于它的毒性和高度易燃性质，尽量避免使用。

吡啶 C_5H_5N M 79.10，bp 115.5℃，d 0.978，n_D^{20} 1.5100；干燥好的吡啶吸湿性很强，有特殊气味及毒性。

最简单的处理方法：用片状氢氧化钠干燥后分馏，避光保存；其它处理方法是通过盐酸盐结晶或蒸馏盐酸盐结晶（bp 215℃）。

二甲基甲酰胺（DMF） $HCON(CH_3)_2$ M 73.10，mp −61℃，bp 153℃（分解），d 0.944，n_D^{20} 1.4310；具酰胺的气味，与水及多种溶剂互溶。

常压蒸馏有少许分解产生 CO 和 $HN(CH_3)_2$，回收 DMF 如含水较多，可用与苯共沸脱水，< 80℃，水泵负压回收苯，再减压分馏；工业品、进口商品纯度 99%，水分 < 0.9%。

硝基苯　M 123.11，mp 5~6℃，bp 210~211℃，d 1.196，n_D^{20} 1.5510；淡黄色液体。

硝基苯的极性大、沸点高，有时也用作溶剂，应该注意：在强碱条件和高温下硝基苯具有较强的氧化剂性质而潜有危险性，要注意有机处理物的性质；在蒸馏或回收硝基苯时要留够剩余物，切不可过热或蒸干（应该用浴温加热和减压）；具毒性，不可吸入和沾染。

二、常用试剂的制备和注意事项

以下包括光气、一氧化碳、氯气、硫化氢、氰化氢、溴化氢、氯化氢；氯化亚铜、溴化亚铜、氰化亚铜、亚硫酸亚铜、甲醇钠粉末、叔丁醇钠无水叔丁醇溶液、氰化钠、铜粉、无铁脱色炭、钠小颗粒、无水氯化锌、氯化铝、溴化铝、乙醇铝、硫酸二甲酯、五硫代二磷、次氯酸钠溶液、硫化钠、无水甲酸、乙酸酐、汞齐废渣的回收。

光气　$COCl_2$　M 98.92，bp 7.56℃，d^{20} 1.381；无色、无味、剧毒的气体，切勿吸入，与冷碱水分解为氯甲酸盐，与热碱水才完全水解（不同于热水）。

工业制法：
$$CO + Cl_2 \longrightarrow COCl_2$$

CO_2 通过 750~800℃ 的焦炭填充塔被还原为 CO；CO 与 Cl_2 混合生成光气，反应放热。由于它的毒性，本品仅由专业工厂生产和使用；小量使用含20%光气的甲苯溶液及三光气有售 [$(Cl_3CO)_2CO$，mp 79~83℃，bp 203~206℃]。少量杂质是 Cl_2 和 HCl，一般不超过 0.2%。

实验室制法：
$$CCl_4 + H_2SO_4 \xrightarrow[120\sim130℃]{H_2SO_4} COCl_2 + HCl + HO—SO_2—Cl$$

0.5L 三口烧瓶中加入 500g 100%（5.2mol）硫酸或低浓度发烟硫酸（如：5% SO_3）及 10g 硅藻土，搅拌下加热保持 120~130℃，从分液漏斗慢慢滴入 230g（1.5mol）四氯化碳，产生的光气从冷凝器上口经安全瓶导入至 1L 三口烧瓶中的甲苯中吸收，其中的 HCl 引出导至水吸收。

一氧化碳　CO　M 38.01；无色、无味、窒息性气体。

工业制法：二氧化碳或空气、氧气通过 750~800℃ 的焦炭填充塔（炉）发生一氧化碳。

实验室制法：
$$HCO_2H \xrightarrow[70\sim80℃]{H_2SO_4} CO + H_2O$$

0.5L 三口烧瓶中加入 250g（2.5mol）浓硫酸，搅拌下加热保持 70~80℃ 慢慢滴入 170g（90%，3.3mol）甲酸，立即产生 CO，其中少量水汽和 CO_2 通过安全瓶被冷碱水吸收，再通过无水氯化钙干燥后引入使用。

氯　Cl_2　M 70.91；淡草绿色气体，比空气重、窒息性、刺激性气体；较高浓度的氯气与氨反应产生白色烟雾（NH_4Cl），借以检查管线接点泄漏。

在实验室没有钢瓶氯气的情况，按以下方法发生氯气可供使用。

$$16\ HCl + 2\ KMnO_4 \xrightarrow{60℃} 5\ Cl_2 + 2\ MnCl_2 + 2\ KCl + 8\ H_2O$$

按上式计算：1.00g $KMnO_4$ 与 5.36mL 30%盐酸反应可以发生 1.12g 氯气，为了使反应完全，使用 7mL 30%盐酸。为了发生 3.0mol 的氯气供使用，按以下方法操作：

2L 三口烧瓶安装机械搅拌、回流冷凝器、分液漏斗作等压安装，外用电热套可供加热；从冷凝器上口依次连接安全瓶，两个供干燥氯气的硫酸洗瓶，又一个安全瓶，通过三通管（以便随时可以断开）接使用氯气的反应器。

以上 2L 烧瓶中放入 210g（1.29mol）＞97%高锰酸钾碎粒，控制氯气的发生速度慢慢滴入 30%工业盐酸，加入约 1L 以后开动搅拌，之前，不时用手捻动搅拌以使均匀地发生氯气；当发生氯气速度远低于加入盐酸的速度，慢慢加热至 50~60℃，直至 1.45L30%盐酸加完，最后加热至 90℃以赶尽溶解的氯气；如上，发生了 3.22mol 的 Cl_2，扣除各部位空间留存约 3L（0.13mol），实际上提供了可使用的氯为 3.1mol（219.8g）。

硫化氢 H_2S M 34.07；无色恶臭、剧毒的气体，吸入 30mL 浓重的 H_2S 气体会使人来不及感觉到气味，立即晕倒，这往往是局部的高浓度。将患者移开十几秒时间可以清醒（症重者则要人工呼吸、输氧并立即送医），未见有后遗症状。

硫化氢的发生方法见：二硫代乙二酰胺。

氯化氢 HCl M 36.07；无色、遇湿气发烟的刺激性气体，易溶于水。

在氯碱工厂为收集逸散尾气，将氯引入到冷却着的乙醇中，它被氯化为三氯乙醛（氯油）并产生 5mol 的 HCl，引出被吸收至 30%是工业盐酸。

$$CH_3CH_2-OH \xrightarrow[-HCl]{Cl_2} CH_3-\overset{H}{\underset{}{\overset{+}{C}}}H-O+Cl \xrightarrow[-HCl]{} CH_3CH=O \xrightarrow[-3HCl]{3Cl_2} Cl_3C-\overset{H}{\underset{}{C}}=O$$

试剂盐酸和氯化氢的专业生产是氯气和过量的氢气的电引发化合（放热）。

溴化氢 HBr M 80.90；无色、遇湿气发烟的刺激性气体，易溶于水（$HBr \cdot H_2O$）及乙酸。

制备方法：

$$5 Br_2 + 2 P + 8 H_2O \longrightarrow 10 HBr + 2 H_3PO_4$$

10L 三口烧瓶中加入 560g（18mol）红磷，以 5.6L 水冲洗瓶壁上沾附的红磷，搅拌及水冷却控制 40℃以下，从分液漏斗慢慢滴入 6.4kg(40mol)溴，这样制得了 12.5kg 51.7%的氢溴酸（其中含 12.4%磷酸 1.5kg 是磷酸条件下溴化氢的饱和状态），可供一般使用。

向以上氢溴酸中再加入 700g（22.5mol）红磷（勿沾染瓶壁），搅拌下从分液漏斗慢慢加入 8.1kg（50mol）溴，发生的溴化氢通过加有红磷的饱和氢溴酸及安全瓶，到两个氯化钙的干燥瓶，再通过安全瓶，经三通阀门（以便随时断开）接引至反应器。这样发生了 8~8.1kg 溴化氢。

氰化氢 HCN M 27.026，bp 25.7℃；无色、味苦、剧毒的气体。人对于稀薄的 HCN 感到苦味，闻不到苦味或便是危险了；在闻到苦味的情况应及时处理并离开，并无危险，也未见症状。

HCN 的发生及使用见丁二腈。

$$NaCN + H_2SO_4 \xrightarrow[40℃]{} HCN + NaHSO_4$$

大量使用 HCN 有液态氰化氢商品。

氯化亚铜 Cu_2Cl_2（CuCl） M 98.99，d 3.53；白色结晶性粉末，几乎不溶于水，易溶于盐酸成为分子化合物；见光，尤其在潮湿的情况下容易被空气氧化。

制备方法：

$$2 CuSO_4 + 2 NaCl + Na_2SO_3 + H_2O \xrightarrow[50℃]{} Cu_2Cl_3 + Na_2SO_4 + 2 NaHSO_4$$

2.5kg（10mol）结晶硫酸铜溶于 12L 热水中，加入 590g（10mol）结晶氯化钠，搅拌使溶，于 50℃左右搅拌下加入 650g（5mol）亚硫酸钠配制的浓溶液，立即析出白色氯化亚铜，搅匀，封盖好放冷过夜，次日滤出结晶[❶]，水洗两次，乙醇冲稀，风干得 820g（产率 82%）。

溴化亚铜 CuBr M 143.47，d 4.718；白色结晶性粉末，难溶于冷水，易溶于氢溴酸（$HCuBr_2$），可溶于氨水，避光、干燥保存。

制备方法：使用溴化钠 $NaBr \cdot 2H_2O$（M 138.95），方法同以上氯化亚铜。

氰化亚铜 CuCN M 89.56，d 2.92；白色或淡黄色结晶性粉末，几乎不溶于水，溶于氰化钠溶液成复盐 [$CuCN \cdot 2NaCN$，即 $Na_2Cu(CN)_3$]，干燥避光保存。

方法一：使用氰化钠制备氰化亚铜，方法同氯化亚铜。

方法二：从发生氰气 $(CN)_2$ 的"废液渣"中回收氰化亚铜，见二硫代乙二酰胺。

$$2\ CuSO_4 + 4\ NaCN \longrightarrow Cu_2(CN)_2 + (CN)_2 + 2\ Na_2SO_4$$

方法三：从氯化亚铜与氰化钠的复分解。

$$CuCl + NaCN \xrightarrow[-NaCl]{} CuCN \xrightarrow{2\ NaCN} Na_2Cu(CN)_3$$

416g（4.2mol）氯化亚铜悬浮于 2L 水中，搅拌下慢慢加入 680g 95%（13mol）氰化钠溶于 1L 热水的溶液，反应放热，需冷却控制温度在 60℃以下，生成的氰化亚铜随即溶于过量的氰化钠溶液中，在烧杯中存放数日无明显变化。

亚硫酸亚铜 $Cu_2SO_3 \cdot H_2O$ M 225.16；白色结晶性粉末，难溶于水，溶于 Na_2SO_3 溶液成复盐（$Cu_2SO_3 \cdot 2Na_2SO_3$），潮湿的产品极易氧化成深绿色。

制备方法：

$$2\ CuSO_4 + 2\ Na_2SO_3 + H_2O \longrightarrow Cu_2SO_3 \downarrow + Na_2SO_4 + 2\ NaHSO_4$$

250g（1mol）硫酸铜溶于 1L 水中，搅拌下加入 378g（3mol）亚硫酸钠溶于 1L 水的溶液，搅拌使初生的黄褐色沉淀物基本溶解，冰冷过滤，得到 $Cu_2SO_3 \cdot 2Na_2SO_3$ 复盐溶液。

为了得到亚硫酸亚铜结晶，滤液以 10%乙酸调节溶液至 pH 5，析出白色结晶，滤出，水洗两次，丙酮洗一次，用新蒸的乙醚洗，再用 30~60℃石油醚冲洗，立即风干，得白色结晶性粉末 79g（产率 70%）。

甲醇钠粉末 CH_3ONa M 54.02，mp > 300℃；市售商品纯度 95%。

$$2\ CH_3OH + 2\ Na \xrightarrow{甲醇} 2\ CH_3O\!-\!Na + H_2$$

1L 烧瓶中加入 700mL 甲醇，在回流冷凝器下慢慢加入 46g（2mol）金属钠切片，反应完后回收甲醇，最后用水泵减压收尽，再于 150℃油浴上真空干燥，粉碎后再干燥。

叔丁醇钾 叔丁醇溶液$(CH_3)_3COK$ M 112.22，mp 256~258℃。

---

❶ 水母液为天蓝色（Cu^{2+}），应重复使用 1~2 次，且 NaCl、Na_2SO_3 用量增加 10%。

制备方法：

$$2\,(CH_3)_3COH + 2\,K \longrightarrow 2\,(CH_3)_3COK + H_2$$

1L 三口烧瓶中加入 300mL 用金属钠处理并蒸过的无水叔丁醇，回流冷凝器上端安有无水氯化钙的干燥管，搅拌着通入干燥的氮气，控制 15℃以下，以每次 0.5g 的速度慢慢加入 13.7g（0.35mol）金属钾小块，使作用完毕。

氰化钠 NaCN M 49.01；白色细小结晶，易溶于热水（1mL/g）；剧毒，不得与伤口接触，不得入口眼，妥善保管。

氰化钠具强碱性，可被空气中的 CO_2 分解放出 HCN。工业品有两种外观规格：细小结晶和紧压制成 3cm 直径的球状，以减少与空气接触被 CO_2 分解。

无水氯化锌 $ZnCl_2$ M 136.28；工业品的纯度约 95%。作为脱水缩合剂常作如下处理：将工业品加热熔化赶除水分，至熔融液温度升至 350℃（$ZnCl_2$, mp 293℃）保温 2h，赶尽最后的水分；维持干燥下锭成薄片，在球磨机中粉碎或其它粗碎，密封保存。

氯化铝 $AlCl_3$ M 133.34；工业品的纯度 >98%，是向熔化着的铝中吹入氯气，升华的氯化铝被旋风分离器收集。淡黄色的小颗粒容易吸湿，具较强的腐蚀性、刺激性。干燥处密封保存。作为缩合剂使用的物料撒在水湿的平板上立即分解，放出白色烟雾，有声音，并有跳动起来的现象。

溴化铝 $AlBr_3$ M 266.71，mp 97℃，d 3.205；淡黄色结晶性粉末或结晶熔块，强吸水性、刺激性，易升华，易溶于二氯甲烷（>30%）。

制备方法：

$$2\,Al + 3\,Br_2 \xrightarrow{300\sim350℃} 2\,AlBr_3$$

直径 3.5cm、长 52cm 放置倾斜角 15°左右的玻璃管用 1.5kW 电阻线缠绕；在有电阻线的管段填充管径 1/3~1/2 的铝镟片，慢慢加热至 300℃时开始从分液漏斗滴入用浓硫酸洗过两次（或又蒸过）的无水溴，一经加入，立即气化并与铝镟片反应、放热，生成的 $AlBr_3$（液态）经变径管流入蒸馏瓶中，稍冷即凝，尾气从支管导出室外，产率按溴计 >98%。

铜粉 Cu M 63.54；纯品为朱红色粉末；本品为深的棕红色，用于脱氯。

制备方法：

$$CuSO_4 + Zn \xrightarrow[\text{约}40℃]{\text{水}} Cu + ZnSO_4$$

常温下的硫酸铜饱和水溶液，搅拌下慢慢加入比计算稍多的、60 目、有金属光泽的锌粉，加完后再搅拌半小时，静置后倾去清液，用 30%乙酸洗去最后的锌，用 30%乙酸浸洗两次，每次半小时，滤出，乙醇冲洗，烘干。

无铁（Fe）的脱色炭 工业脱色炭为 60~80 目，常含有铁（Fe）及其它无机杂质，可能以氧化物的形式存在，铁杂质会残留在产品中，可作为酚类、氨（胺）类在空气中的氧化催化剂；为此，除去脱色炭中的铁杂质是必要的。用 10%~15%盐酸在搅拌下煮沸半小时，用热水洗至中性再用蒸馏水洗，于 110℃烘干，检查应无铁及铅的反应。

1g 品质优良的脱色炭在 100mL 沸水中将 30mg 亚甲基蓝脱色至无色（苏联 ГОСТ 标准），

煮沸 3min。

脱色炭的制法：6mm×6mm 大小的玉蜀黍芯用 40% $ZnCl_2$ 溶液加热并渗透，分离溶液后，隔绝空气，于 500℃ 加热炭化为骨架炭，粉碎至 60 目左右，水洗后烘干，其脱色能力>28。

钠小颗粒 Na M 22.99，mp 97.8℃，d 0.968。

10L 容积的搪瓷桶中[1]加入约 3L 用金属钠干燥过的煤油或二甲苯，加热维持 100℃ 左右加入 0.5kg 新切开的金属钠小块，继续加热使金属钠熔化，至 110℃ 移去热源，开动搅拌（低位）调整搅拌速度使钠形成钠小粒（如小米大小），在搅拌下放冷至 40℃ 以下，倾去热载体，用无水苯洗脱载体（3~4 次），在无水苯中存放。

无水氯化铁 $FeCl_3$ M 162.21；微显橙的正黄色。作为缩合剂使用的无水氯化铁是从铁粉在高温下直接氯化（干法）制得。外观为深棕色，细小顺茬晶簇。

乙醇铝 $(C_2H_5O)_3Al$ M 162.21，mp 157~160℃；可燃及腐蚀性固体。

$$2\,Al + 6\,C_2H_5OH \xrightarrow{\quad 碘 \quad} 2\,(C_2H_5O)_3Al + 3\,H_2$$

1L 三口烧瓶中加入 27g（1mol）铝镟屑、300mL 无水乙醇、0.1g 碘及<0.1g 升华的氯化汞（在异丙醇铝的制备中不加氯化汞），在局部小心加热即开始猛烈反应，放出大量氢气从冷凝器上口导出至高远；反应缓和后在油浴上加热回流，生成的乙醇铝呈粉末状。回收乙醇、慢慢升温至乙醇铝变为液态，用粗支管的减压蒸馏瓶作减压蒸馏，受器与真空管路间安装一充满玻璃丝的阻截装置以防升华的物料（乙醇铝）阻塞管路，首先应快速蒸出，以加热支管，防止在支管凝结造成阻塞。

硫酸二甲酯 $(CH_3O)_2SO_2$ M 126.13，mp −32℃，bp 188℃，d 1.333，n_D^{20} 1.3865。

由于渗透性强，造成刺激损害，对皮肤及黏膜引起溃烂；尤不可吸入其蒸气；沾及皮肤、衣物应立即用肥皂水洗净，小心操作后要立即洗手和手套。伤者常是弄及皮肤造成伤害以后才发现的，轻度伤害引起"皮疹"的水泡也要 6~7 天才能痊愈。

工业品的纯度 98%，未封好的桶盖，每天昼夜温差吸入的湿气使它慢慢水解产生了甲醇和酸式酯，为了洗脱，每次用两倍体积的冰水至少洗六次，至能较快分层，酯层从浑浊变至稍浑，以无水硫酸钠干燥后减压分馏。

不可以用氯化钙干燥，它与残存的水把硫酸二甲酯水解，酸式酯与氯化钙反应有 HCl 产生。

五硫化二磷 P_2S_5 M 222.27，mp 286~289℃，d 2.090；较强吸湿性放出 H_2S。

制备方法：

$$2\,P + 5\,S \longrightarrow P_2S_5$$

在直径 40cm 的搪瓷桶中加入 3.72kg（120mol）红磷及 9.6kg（300mol）硫黄华的混合物，用火柴点燃后立即封盖好，它继续"燃烧"反应，放热；放冷后打开，打碎融块，取出黄绿色凝块，封闭保存。

使用前捣碎或在齿牙式粉碎机打碎至 1~1.3mm 颗粒。

---

[1] 平底（大）反应器容易分散；在烧瓶中处理，最后钠粒多会黏结。

次卤酸钠溶液　NaOX　次卤酸钠溶液在碱性条件对热有一定稳定性；无机酸性条件下，生成的次卤酸有分解为爆炸性的 XO 的风险，在制备它们的生产中都发生过不太严重的"爆炸"；在制备次碘酸钠（NaOI）溶液时，由于搅拌不好，未进入反应的碘沉下（可能是脱卤，没有搅拌）造成局部的酸性及温度升高，"爆炸"使 150L 的陶缸"炸"掉了缸底。又：光照和静电问题——离心分离 NBS 试剂时，为抖落出离心机袋中最后的结晶，曾发生静电引起的"爆炸"。

制备方法：

$$2\ NaOH + X_2 \longrightarrow NaOX + NaX + H_2O$$

30% NaOH 溶液控制 20~45℃搅拌下慢慢通入氯气（或慢慢加入稍欠量的溴或碎碘粒），反应很快，放热；当反应液（物）pH 降至 9 反应完全，避光保存。

硫化钠　Na_2S　$M\ 78.04$；硫化钠是强碱性物质，与酸立即反应放出剧毒的 H_2S。

工业硫化钠为 200kg 以融态、薄铁桶包装、密封的凝结物，净面外观橘红色，直接测定纯度为 68%，按 $Na_2S \cdot 2H_2O$ 计算为 98%~99%（测定方法见 548 页）。开桶打碎的块状物在空气中放置，很容易氧化风化，应以大块少接触空气、密封存放；使用前用水冲洗掉风化物再计算使用量；如果使用大量结晶硫化钠 $Na_2S \cdot 9H_2O$ 可按 182 页脚注❷处理。

无水甲酸　HCO_2H　$M\ 46.025$；强刺激性、毒性及腐蚀性。

工业甲酸的含量 85%，试验室用二氯亚砜处理其中的水，见金刚酸见 244 页。

乙酸酐　$(CH_3CO)_2O$　$M\ 102.09$，mp $-73℃$，bp $138{\sim}140℃$，$d\ 1.082$，$n_D^{20}\ 1.3900$。

工业乙酸酐纯度 97%，由于包装密封不严密，尤其在湿季，由于昼夜温差而吸入湿气造成乙酸酐水解，有时竟达 50%，尤其到后来桶内的空间较大，可吸入更多湿汽，水解将更多。乙酸酐包装必须严密，不可久存，使用前必须检测纯度。

汞齐废渣中汞的回收

如：2,4-二羟基苯丙酮（见 32 页）的还原中，连续使用多次的锌汞齐废渣，最后高比例的汞齐在水中过筛（孔径 10mm×10mm）分离出较大的锌汞齐（补充锌汞齐）继续使用，筛下更小的（含汞更高的废渣）倾去水，以 30%硝酸作用掉绝大部分锌；从剩余物回收汞或制成硝酸汞。

附录 Ⅲ　催化氢化——烯烃及其它多种键的还原

催化氢化及还原的难易，由于屏蔽、电效应以及催化剂的活性及溶剂条件的不同差别非常大，不存在简单的比较基础，在相近结构的小范围内还是有一定的规律性，例如：苯、萘、蒽、菲的加氢速度，以苯环的加氢速率为 100 比较如下：

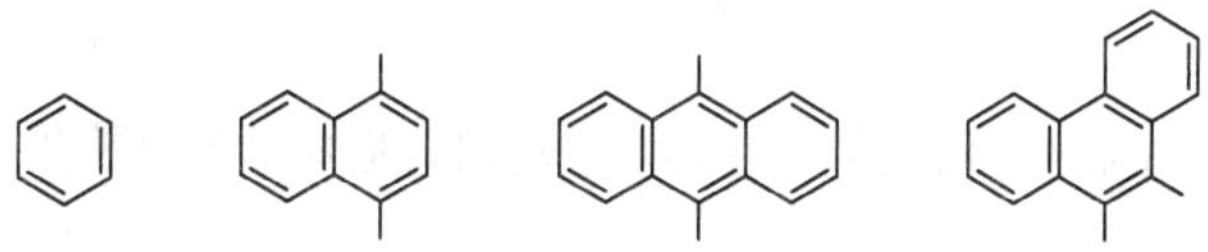

| 100 | 314 | 326 | 472 |

又如：同样是不饱和碳碳双键，$CH_3O-\text{(furan ring)}-OCH_3$、$\text{(2-allylphenol structure, OH and CH}_2\text{CH=CH}_2\text{)}$在 0℃以下就能迅速加氢，用 Raney-Ni 催化可以在 1h 内完成反应；而屏蔽较大的四取代或相当于四取代的 $>\!C\!=\!C\!<$（环结构）、（环结构）在 90~100℃，良好搅拌下反应也需要 15h 以上才能完成。概念性的认识，其加氢速度有以下规律，在同一类化合物中又有很大差异，超出以下顺序：

$$NO_2 > C\!=\!O > C\!=\!C > C\!\equiv\!N > 氮杂环 > 苯环 > CO_2H$$

如果同时存在其它可被还原的基团，可以从以下方面考虑反应条件选择氢化：①较低活性的催化剂或使用抑制剂；②提供计算量的氢；③选择和改良不同的溶剂。

最常用的催化剂是 Ni、Pd、Pt 以及沉积在活性炭、硫酸钡、石棉、沸石或硅胶载体上以增大比表面积的催化剂，是广泛使用的催化剂。

另一类的氢化催化剂如：铬与铜、铬与锌的氧化物组成的复合催化剂，它们的活性不及 Ni、Pd、Pt，特点是有特殊的选择性，对于含氧基团更活泼些——在 10MPa，125~130℃将醛、酮还原成醇，无副产物；在 20~30MPa、200~250℃下将羧酸及酯还原为伯醇，反应在压力釜中进行，以乙醇、二噁烷或甲基环己烷为溶剂。

一、催化剂的活性及中毒

骨架镍的活性很大程度上取决于它的组成及颗粒度，太粗则比表面积小，过细则部分破坏了它的构造，两者都使活性降低，一般以 60 目为宜，在水中能比较好的沉降。一般经验性地检查其活性的方法是：从甲醇中取出少量（约 30mg）骨架镍，在滤纸上吸去熔剂，然后在日光照射下干燥后，在 10s 内能引燃滤纸（如蚕食桑叶）并有跳跃的火星，这样的骨架镍认为是好用的；一般在甲（乙）醇中反应以提高催化剂吸附氢的活性。

干燥的骨架镍在空气中很快引发自燃，一般保存在碱性水中以隔绝空气，使用前再用甲醇洗脱水。骨架镍是用途广泛、经济、方便回收的加氢催化剂，其不足之处是容易中毒、自燃性质及用量较大。可使骨架镍中毒的物质如：卤素原子、硫、砷、钒、铬、钨、锰等（某些铬、钨、锰化合物作用气相加氢催化剂 MoS_2、WS_2）。

在有可能中毒的情况往往使用多量（33g/mol）骨架镍催化剂，以免使压力釜中毒，以在较低的温度下使反应快速进行。被还原的物料应该是精制过的。如：

$$\text{(2,6-dichloro-3-ethyl-4-nitrophenol)} + 3H_2 \xrightarrow[50\sim60℃,\ 4h]{\text{Raney-Ni/NH}_3/甲醇} \text{(2,6-dichloro-3-ethyl-4-aminophenol)} + 2H_2O \quad 71\%$$

在没有可能引起催化剂中毒的情况加氢，以下实例中骨架镍使用了五次以上。

$$(C_2H_5)_2N-CH_2CH_2-CN + 2H_2 \xrightarrow[130\sim150℃,\ 2.5h]{\text{Raney-Ni/NH}_3} (C_2H_5)_2N-CH_2CH_2-CH_2-NH_2 \quad 85\%$$

在反应釜中的液相加氢，溶剂数量及溶媒电场对反应物的偶极作用，对反应速度和反应的选择性有很大影响。如：

$$\text{C}_6\text{H}_5\text{—CH=CH—}\overset{\text{H}}{\text{C}}\text{=O} + \text{H}_2 \xrightarrow{\text{Pt[FeCl}_3, \text{Zn(OAc)}_2]} \text{C}_6\text{H}_5\text{—CH=CH—CH}_2\text{—OH}$$

又如：环己烯在 pH 4~5 弱酸性溶剂中很容易加氢，但在含 0.01mol NaOH 的 96%乙醇中几乎不反应。

$$\text{(环己烯)} + \text{H}_2 \xrightarrow{\text{pH 4~5/乙醇}} \text{(环己烷)}$$

Raney-Ni 吸附氢数量的改变，对反应物的吸附及加氢速度有重大影响：1g 骨架镍在 70℃ 4MPa 压力下能吸附 700~800mL 氢气，这样的吸附相当于 Ni·2H$_2$，几乎被氢填满，它对于三取代的乙烯 〉=〈 的空间因素使加氢速度缓慢，要提高温度（比敞开的双键情况提高 20~30℃，即在 100~120℃）才能正常反应加氢；对于四取代乙烯 〉=〈 的加氢失去了活性，补加了未预先吸附氢的催化剂，得以正常加氢，得到 2,3-二甲基己烷；又如 (C$_6$H$_5$)$_2$C=CHCH$_3$ 按一般正常操作在 90~100℃加氢——先加入催化剂，要 15h 以上才能完成反应；最后加入催化剂，加到固体物料上面，或预先吸收了 200~300mL/g 催化剂的氢，使反应在 6h 完成（见 14 页）。

二、加氢催化剂的制备

1. 镍催化剂

（1）骨架镍

镍铝合金：

$$2\,\text{Al} + \text{Ni} \longrightarrow \text{Al}_2\text{Ni}$$

0.5L 容积的陶土坩埚中加入 150g 铝镟屑，在焦炭火炉中（750~800℃）加热使铝熔化（Al，M 26.98，mp 660℃，d 2.702），搅动下分四次加入 150g 镍镟屑，反应放热；熔化均匀后取下并倾入不锈钢盘中锭成薄片（质脆），粉碎后过筛 60 目，得到 50%铝镍合金。

骨架镍：

$$\text{Al}_2\text{Ni} + 6\,\text{NaOH} \longrightarrow \text{Ni(H)} + 2\,\text{Al(ONa)}_3 + 3\,\text{H}_2$$

2L 三口烧瓶中加入 900mL 40%（12.8mol）氢氧化钠溶液，搅拌下慢慢加入 200g（含 Al 约 3.7mol）60 目镍铝合金，放出大量氢气导出室外，反应缓和后保持 70℃保温至很少有氢气放出；静置，倾去水层；用温热的蒸馏水洗五次（5×500mL，并非洗碱性），保存于净水中，使用前用溶剂（醇）洗两次（不可以过滤）并称取湿重。

（2）沉积在载体上的镍催化剂

气相的催化氢化使用沉积在载体上（石棉、沸石、硅胶）的镍催化剂，首先制得的是沉积在载体上的氧化镍，使用前在高温下用氢气还原（活化）。和骨架镍的预先吸附氢相似，催化剂的活性随活化温度提高而降低，在 250℃还原制得的催化剂非常活泼，通常要很长的时间还原；在 450℃以上，镍几乎完全失去活性；适宜的活化温度为 290~320℃。

方法一：

$$\text{Ni(NO}_3)_2 + (\text{NH}_4)_2\text{CO}_3 \longrightarrow \text{NiCO}_3 + 2\,\text{NH}_4\text{NO}_3$$

58g（0.2mol）结晶硝酸镍 Ni(NO$_3$)$_2$·6H$_2$O 溶于 80mL 水中，与 50g 用盐酸处理过的硅藻土一起研磨成均一的浆状物，慢慢加入 34g（0.43mol）碳酸铵溶于 200mL 水的溶液，充分搅拌、滤出、水洗，于 110℃烘干。

方法二：

$$Ni(NO_3)_2 \xrightarrow{\triangle} NiO + 2 NO_2 + [O]$$

298g（1mol）结晶硝酸镍溶于 300mL 水中，将 200g 酸洗石棉或浮石浸渍后干燃并煅烧后得到镍含量 22%的镍石棉催化剂。

以上碳酸镍、氧化镍沉积物被氢还原活化后，用于氢化的相宜温度为：C=O、C=NH，100~150℃；C=C，180~200℃；CH−OH，250~270℃。

2. 氧化铂──→铂黑

氧化铂（$PtO_2 \cdot H_2O$，M 245.11）为重质细小颗粒，不溶于水及浓硝酸；溶于热王水及热盐酸中成为氯铂酸 [$H_2PtCl_6(\cdot xH_2O)$，M 409.81]；溶于氢溴酸生成溴铂酸，很容易以钾盐析出。

氧化铂是在使用前才将它还原成铂黑：氧化铂与溶剂一起在摇动或搅拌下通入氢气，棕色的氧化铂变为黑色细粉或悬浮物，这一过程通常在 2~3min 完成。一般情况，最好把氧化铂在溶剂中先还原成铂黑，然后使用。

有习惯上在溶剂中与被还原底物与氯化铂一起处理，底物的性质对 PtO_2 的还原速度影响很大，有时要 10~15min 才能完成，有时要更长时间；对于醛类的还原可以与 PtO_2 一起处理及还原，还可以把铂黑分散得更细，也更活泼，并且可以将在空气条件失去或降低活性的催化剂复活；在其它底物的还原中企图依此法恢复催化剂的活性，却使它完全失去了活性。

（1）氧化铂的制法

$$H_2PtCl_6 + 6 NaNO_3 \xrightarrow{360℃} Pt(NO_3)_4 + 6 NaCl + 2 HNO_3$$

$$Pt(NO_3)_4 \xrightarrow[300\sim400℃,-4NO_2,-O_2]{} PtO_2 \xrightarrow{水} PtO_2 \cdot H_2O$$

瓷皿中加入 3.5g 氯铂酸 $H_2PtCl_6 \cdot xH_2O$❶、10mL 水，溶解后再加入 35g 纯的硝酸钠（mp 306℃），搅匀后小心加热蒸发水分，再慢慢加热升温至 350~360℃，熔融的反应物放出棕红色的 NO_2，同时慢慢析出棕色的 PtO_2，快速搅动以免泡沫飞溅。当温度升至 400℃左右，放出的气体渐少；再升温至 500~550℃煅烧半小时❷，如果煅烧的时间和温度不够，在后处理时容易出现胶体，不便很好地过滤。冷后用 52mL 热水溶解反应物中的无机盐以分离重质的 PtO_2，用倾泻法洗两次，滤出、水洗（常在水洗时出现胶体，一旦出现胶体物，立即停止加水，这样对于产量和以后的活性有所降低，但无大碍），洗至无 NO_3^- 为止；于干燥器中干燥，得 1.57~1.65g（产率 75%~79%）。催化剂重复使用几次后活性似有降低。

（2）铂黑的制取——甲醛作还原剂

$$H_2PtCl_6 + 2 H_2C=O + 8 NaOH \xrightarrow{<0℃, 60℃} Pt + 6 NaCl + 2 HCO_2Na + 6 H_2O$$

---

❶ 任何滤液在弃去之前都要检测是否有铂以便回收。

检测方法：10mL 试样中加入 2mL 浓盐酸摇匀，加入 1mL 饱和氯化亚锡溶液，如出现黄色乃至绿色，加入 5mL 乙醚摇动后，颜色被乙醚提取表示有铂存在。

铂的回收：用过的铂催化剂及含铂"废液"蒸干后用王水溶解，过滤后蒸除酸液至近干；用最少量的水溶解，过滤后将氯铂酸以铵盐析出；氯铂酸铵不吸湿，可准确称重，与硝酸钠熔融，PtO_2 的产量是铵盐质量的 1/2（以质量计为 51%）。

❷ 在较低温度制得的产物常是浅棕色，水洗时容易变成胶体；正常温度分解硝酸铂的产物为棕色；600℃以上得到的 PtO_2 为很深的棕色，相近的条件制备的亦有差异。

0.5L 三口烧瓶中加入 80mL 20%（含不是太多盐酸）氯铂酸溶液及 150mL 33%甲醛水，冷至-10℃，快速搅拌着、控制 0℃以下慢慢加入 400g 50% KOH 溶液，加完后于 55~60℃保温搅拌半小时，静置使产物沉下，倾去水溶液，用倾泻法水洗至中性（pH 6~7），不可滤干，在水或溶剂中密封保存。

3. 钯催化剂

（1）氧化亚钯　PdO(·xH$_2$O)　M 122.40，mp 870℃。

350mL 容积的柄皿中放入 2.2g（0.02mol）金属钯及 6mL 王水，加热反应溶解后再加入 6mL 水、混匀，加入 55g 纯品硝酸钠粉末搅拌均匀，慢慢加热蒸除水分至干，继续加热至 270~280℃反应物融化（mp 270~306℃）放出大量 NO$_2$ 及 O$_2$ 的气体形成泡沫，放出气缓和后慢慢升温至 500~550℃煅烧 10~15min，倾出锭成片状，用 200mL 蒸馏水加热溶洗去其中钠盐，滤取深棕色的氧化钯，用 1%硝酸钠溶液充分洗涤❶在真空干燥器中干燥，得 2.3~2.4g（产率 91%~95%）。

（2）5%钯-炭催化剂——沉积在脱色炭上的 PdO

优质的脱色炭与 10%硝酸在蒸汽浴上加热 2~3h，冷后滤出，充分水洗，于 110℃烘干、备用。

350mL 容积的瓷柄皿中加入 2.5g 金属钯，慢慢加入 6mL 王水，加热反应溶消后于蒸汽浴上加热蒸发至干，干固物中加入 0.5mL 浓盐酸及 30mL 蒸馏水，溶解后过滤，用蒸馏水冲洗滤纸，溶液及洗液共 35~45mL。

0.5L 三口烧瓶中加入 230mL 蒸馏水及 50g 以上处理过无其它金属离子的脱色炭，搅拌下加热至 80℃左右，从分液漏斗慢慢加入以上的氯钯酸溶液；保持 80℃左右慢慢滴入 10% NaOH 溶液使反应液呈碱性，继续保温搅拌 1h，此时，氧化亚钯已完全沉积在活性炭上，稍冷滤出，以温热的蒸馏水洗至 pH 7~7.5；滤出，于 110℃烘干，密封保存。

（3）5%钯-炭催化剂——用甲醛作还原剂

$$Na_2PdCl_6 + 2 CH_2{=}O + 8 NaOH \longrightarrow Pd + 6NaCl + 2 HCO_2Na + 6 H_2O$$

0.5L 三口烧瓶中加入 230mL 蒸馏水及 50g 上述酸处理过的无其它金属离子的脱色炭，搅拌下加热至 80℃左右，从分液漏斗慢慢加入以上用 2.5g（0.023mol）金属钯制得的氯钯酸溶液，加入 4mL 37%（0.049mol）甲醛水，再保持 80℃左右慢慢滴入 10% NaOH 溶液使反应物呈碱性，继续保温搅拌 1h，稍冷滤出❷，以热蒸馏水洗至 pH 7.5~7，在溶剂中存放。

（4）5%钯-硫酸钡催化剂——用甲醛作还原剂

氯钯酸溶液：8.2g（0.0278mol）氯钯酸钠溶于 70mL 10%盐酸中备用。

2L 三口烧瓶中加入 126.2g（0.4mol）结晶氢氧化钡 [Ba(OH)$_2$·8H$_2$O] 溶于 1.2L 热水中的溶液，维持 80℃左右，快速搅拌下一次性地加入 120mL 30%硫酸，立即析出细小硫酸钡结晶粉末，再以稀硫酸调节至 pH 3，慢慢加入上面的氯钯酸溶液，再慢慢加入 8mL

---

❶ 参考上页氧化铂的制法。洗液应无色透明，橙色荧光表示有氧化钯，开始变向胶体时应立即停止洗涤（溶液中的钯可以回收）。

❷ 不可烘干、滤干，否则会自燃。或以重力法过滤及水洗。

37%（0.099mol）甲醛水；80℃左右用 30% NaOH 溶液使反应物呈碱性，保温搅拌 10min，滤出，充分水洗 8~10 次，冲洗，在溶剂中存放（或重力法过滤的水洗）。

4. CuO-Cr$_2$O$_3$ 铜铬复合催化剂

复合催化剂是高温、高压条件下进行的、有特殊选择性的催化剂。

2L 烧杯中加入 0.6L 水，加热后加入 31.3g（0.12mol）硝酸钡使溶解，再加入 233g（1mol）结晶硝酸铜［Cu(NO$_3$)$_2$·2.5H$_2$O］，溶解后加水至总体积达 0.9L；维持 80℃左右慢慢加入含有 151.2g（0.6mol）重铬酸铵［(NH$_4$)$_2$Cr$_2$O$_7$］及 150mL 28%浓氨水的 720mL 水溶液，立即析出棕黑色沉淀物，充分搅拌，冷后滤出，充分水洗，于 75~80℃烘干后粉碎；分三份在瓷皿中用直火加热至 350~450℃进行热分解，放出大量氮氧化物（当分解开始立即停止加热），继续搅拌，反应物变黑。合并的黑色产物用 600mL 10%乙酸洗三次，水洗，于 115℃烘干后磨碎，得 150g。

附录Ⅳ　常用的酸、碱、甲醇、乙醇及丙酮的密度与含量对照表

硫酸　H$_2$SO$_4$　M 98.08

w/%	d_4^{20}	d_{20}^{20}	ρ/(g/L)	c/(mol/L)
5	1.0318	1.0336	51.6	0.526
8	1.0522	1.0541	84.2	0.858
10	1.0661	1.0680	106.6	1.087
15	1.1020	1.1039	165.3	1.685
20	1.1398	1.1418	228.0	2.324
26	1.1872	1.1893	308.7	3.147
30	1.2191	1.2213	365.7	3.729
36	1.2685	1.2707	456.7	4.656
40	1.3028	1.3051	521.1	5.313
46	1.3570	1.3594	624.2	6.365
50	1.3952	1.3977	697.6	7.113
56	1.4558	1.4584	815.3	8.312
60	1.4987	1.5013	899.2	9.168
66	1.5646	1.5674	1032.6	10.528
70	1.6105	1.6134	1127.4	11.495
76	1.6810	1.6840	1227.6	13.026
80	1.7272	1.7303	1381.8	14.088
86	1.7872	1.7904	1537.0	15.671
90	1.8144	1.8176	1633.0	16.650
92	1.8240	1.8272	1678.1	17.110
96	1.8355	1.8388	1762.1	17.966
98	1.8361	1.8394	1799.4	18.346
100	1.8305	1.8337	1830.5	18.663

磷酸　H_3PO_4　$M\,98.00$

$w/\%$	d_4^{20}	$w/\%$	d_4^{20}
6	1.031	55	1.378
10		60	1.422
16	1.086	65	1.470
20	1.135	70	1.518
26	1.1528	75	1.570
30	1.180	80	1.620
36	1.224	85	1.670
40	1.2536	90	1.722
45	1.285	95	1.775
50	1.330	100	1.834　(mp 44℃)

盐酸　HCl　$M\,36.47$；恒沸点盐酸，bp 109℃，20.24%，$HCl\cdot8H_2O$

$w/\%$	d_4^{20}	d_{20}^{20}	$\rho/(g/L)$	$c/(mol/L)$
5	1.0228	1.0246	51.1	1.402
6	1.0278	1.0296	61.7	1.691
8	1.0377	1.0395	83.0	2.276
10	1.0467	1.0494	104.8	2.872
12	1.0576	1.0594	126.9	3.480
14	1.0676	1.0695	148.5	4.098
16	1.0777	1.0796	172.4	4.728
18	1.0878	1.0898	195.8	5.369
20	1.0980	1.1000	219.6	6.022
22	1.1083	1.1102	243.8	6.686
24	1.1185	1.1205	268.4	7.361
26	1.1288	1.1308	293.5	8.047
28	1.1391	1.1411	318.9	8.747
30	1.1492	1.1503	344.8	9.454
32	1.1594	1.604	371.0	10.173
34	1.1693	1.1714	397.6	10.901
36	1.1791	1.1812	424.5	11.639
38	1.1886	1.1907	451.7	12.385
40	1.1977	1.1999	469.1	13.137

氢溴酸　HBr　$M\,80.90$；恒沸点氢溴酸，bp 126℃，47.5%，$HBr\cdot5H_2O$

$w/\%$	d_4^{20}	$\rho/(g/L)$	$w/\%$	d_4^{20}	$\rho/(g/L)$
10	1.0723	107	48	1.488	
20	1.1579	232	50	1.5173	758
30	1.2580	377	55	1.5953	877
35	1.3151	460	60	1.6784	1007
40	1.3772	561	65	1.7675	1149
45	1.4446	650			

氢碘酸 HI　*M* 127.91；**恒沸点碘氢酸**，bp 127℃，57.5%

w/%	d_4^{20}	ρ/(g/L)	*w*/%	d_4^{20}	ρ/(g/L)
20.77	1.1758	244	56.78	1.6998	966
31.77	1.2962	412	61.97	1.8218	1128
42.7	1.4489	619			

硝酸　HNO$_3$　*M* 63.02；**恒沸点硝酸**，bp 120.5℃，68%

w/%	d_4^{15}	d_4^{20}	d_{20}^{20}	ρ/(g/L)	*c*/(mol/L)
5		1.0257	1.0276	51.3	0.814
7		1.0370	1.0389	72.6	1.152
9		1.0485	1.0504	94.4	1.497
11		1.0602	1.0620	116.6	1.850
15		1.0840	1.0859	162.6	2.580
16		1.0901	1.0921	174.4	2.768
20		1.1150	1.1170	223.0	3.538
24		1.1406	1.1426	273.7	4.344
28		1.1668	1.1688	326.7	5.184
30		1.1801	1.1822	354.0	5.618
34		1.2068	1.2090	410.3	6.511
38		1.2335	1.2357	468.7	7.438
40		1.2466	1.2489	498.7	7.913
43.47	1.2737				
48.48	1.3057				
52.35	1.3299				
56.60	1.3545				
60.37	1.3754				
68.15	1.4127				
74.79	1.4404				
83.55	1.4722				
87.93	1.4857				
91.56	1.4949				
95.90	1.5037				
97.76	1.5085				
98.86	1.5137				
99.70	1.5204				

乙酸　CH$_3$CO$_2$H　*M* 60.01，mp 16.2℃，bp 116~118℃

w/%	d_4^{20}	d_{20}^{20}	ρ/(g/L)	*c*/(mol/L)
5	1.0052	1.0070	53.3	0.837
7	1.0080	1.0098	70.6	1.175
9	1.0107	1.0125	90.0	1.515
10	1.0120	1.0138	101.2	1.685
15	1.0187	1.0205	152.8	2.545
20	1.0250	1.0269	205.0	3.414
26	1.0323	1.0341	268.4	4.470
30	1.0369	1.0388	311.1	5.180
36	1.0434	1.0452	375.6	6.255
40	1.0474	1.0492	419.0	6.977
46	1.0528	1.0547	484.3	8.065

$w/\%$	d_4^{20}	d_{20}^{20}	$\rho/(g/L)$	$c/(mol/L)$
50	1.0562	1.0581	528.1	8.794
56	1.0605	1.0624	592.9	9.890
60	1.0629	1.0648	637.7	10.620
66	1.0659	1.0678	703.5	11.715
70	1.0673	1.0692	747.1	12.441
76	1.0680	1.0699	811.7	13.516
80	1.0680	1.0699	854.4	14.227
84	1.0673	1.0692	896.5	14.928
86	1.0666	1.0685	917.3	15.275
88	1.0658	1.0677	937.9	15.618
90	1.0644	1.0663	958.0	15.953
92	1.0629	1.0648	977.9	16.284
94	1.0606	1.0625	997.0	16.602
96	1.0578	1.0597	1015.5	16.912
98	1.0538	1.0557	1032.7	17.196
100	1.0477	1.0496	1047.7	17.446

氢氧化钠 NaOH M 40.01

$w/\%$	d_4^{20}	d_{20}^{20}	$w/\%$	d_4^{20}	d_{20}^{20}
6	1.0648	1.0667	24	1.2631	1.2653
8	1.0869	1.0888	26	1.2848	1.2871
10	1.1089	1.1109	28	1.3094	1.3087
12	1.1309	1.1329	30	1.3277	1.3301
14	1.1530	1.1550	32	1.3488	1.3512
16	1.1751	1.1771	34	1.3697	1.3721
18	1.1971	1.1993	36	1.3901	1.3926
20	1.2192	1.2214	38	1.4102	1.4127
22	1.2412	1.2434	40	1.4299	1.4324

氢氧化钾 KOH M 56.11

$w/\%$	d_4^{20}	d_{20}^{20}	$w/\%$	d_4^{20}	d_{20}^{20}
7	1.0599	1.0618	34	1.3230	1.3254
10	1.0873	1.0893	38	1.3661	1.3685
13	1.1153	1.1172	40	1.3881	1.3906
16	1.1435	1.1456	44	1.4391	1.4356
20	1.1818	1.1839	46	1.4560	1.4586
24	1.2210	1.2231	48	1.4791	1.4817
28	1.2609	1.2632	50	1.5024	1.5050
30	1.2813	1.2836			

氨　NH$_3$　M 17.03；氨水

w/%	d_4^{20}	d_{20}^{20}	w/%	d_4^{20}	d_{20}^{20}
1	0.9938	0.9956	17	0.9327	0.9344
3	0.9883	0.9870	18	0.9294	0.9310
5	0.9770	0.9787	20	0.9228	0.9245
7	0.9690	0.9707	22	0.9164	0.9181
9	0.9613	0.9630	24	0.9102	0.9118
11	0.9538	0.9555	26	0.9040	0.9056
13	0.9466	0.9483	28	0.8980	0.8996
15	0.9396	0.9412	30	0.8920	0.8936
16	0.9361	0.9378			

甲醇　CH$_3$OH　M 32.03

w/%	d_4^{20}	d_{20}^{20}	ρ /(g/L)	c/(mol/L)
15	0.9740	0.9757	146.1	4.561
20	0.9666	0.9683	193.3	6.035
26	0.9676	0.9593	249.0	7.773
30	0.9514	0.9531	285.4	8.911
36	0.9416	0.9433	339.0	10.583
40	0.9347	0.9363	373.9	11.672
46	0.9235	0.9251	424.8	13.263
50	0.9156	0.9172	457.8	16.292
54	0.9072	0.9088	489.9	16.295
58	0.8987	0.9003	521.2	16.274
62	0.8901	0.8917	551.9	18.230
66	0.8810	0.8825	581.4	18.153
70	0.8715	0.8730	610.0	19.046
74	0.8618	0.8633	637.7	19.910
78	0.8518	0.8533	664.4	20.744
82	0.8416	0.8431	690.2	21.547
86	0.8312	0.8327	714.9	22.318
90	0.8204	0.8219	738.4	23.053
92	0.8148	0.8163	749.6	23.404
94	0.8089	0.8103	760.3	23.738
96	0.8034	0.8048	771.3	24.081
98	0.7976	0.7990	781.6	24.402
100	0.7917	0.7931	791.7	24.717

乙醇　CH₃CH₂OH　*M* 46.07

w/%	d_4^{20}	d_{20}^{20}	ρ (g/L)	c/(mol/L)
20	0.9687	0.9704	193.7	4.205
30	0.9539	0.9556	286.2	6.211
40	0.9352	0.9369	374.1	8.120
50	0.9139	0.9157	457.0	9.919
56	0.9004	0.9020	504.2	10.944
60	0.8911	0.8927	534.2	11.606
66	0.8771	0.8786	578.9	12.565
70	0.8676	0.8692	607.3	13.183
76	0.8533	0.8549	648.5	14.077
80	0.8436	0.8451	674.9	14.650
86	0.8284	0.8299	712.4	15.464
90	0.8180	0.8194	736.2	15.979
96	0.8103	0.8027	769.2	16.697
98	0.7954	0.7968	779.5	16.920
100	0.7893	0.7907	789.3	17.133

丙酮　(CH₃)₂C=O　*M* 58.08，bp 56℃

w/%	d^{15}	d^{20}	d^{25}
30	0.9609	0.9573	0.9541
35	0.9529	0.9493	0.9455
40	0.9449	0.9407	0.9369
45	0.9352	0.9309	0.9268
50	0.9255	0.9205	0.9167
55	0.9153	0.9105	0.9060
60	0.9045	0.8995	0.8948
65	0.8927	0.8878	0.8828
70	0.8803	0.8755	0.8707
75	0.8644	0.8613	0.8553
80	—	0.8498	0.8445
85	—	0.8359	0.8307
90	—	0.8130	0.8164
95	—	0.8075	0.8021
100	0.7973	0.7920	0.7863

附录Ⅴ　常用的羧酸指示剂变色范围

指示剂名称	pH 变色域	结构式
甲基紫	0.1 ~ 2.0 黄 0.15 ~ 3.2 紫	

指示剂名称	pH 变色域	结构式
百里酚蓝 （麝香草酚蓝）	红 1.2~2.8 黄	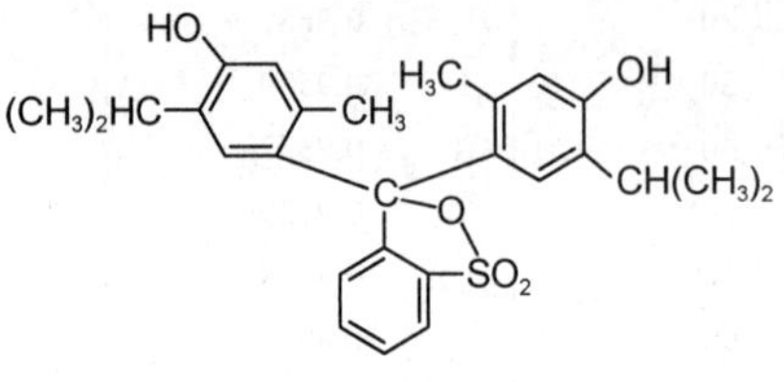
橘黄Ⅳ	红 1.4~3.2 黄	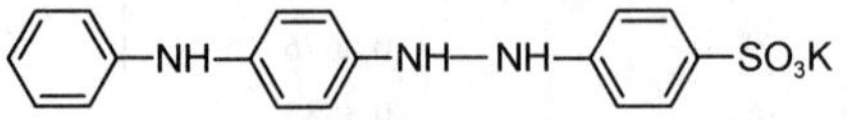
2,6-二硝基酚	1.7~4.4 黄 无色 2.2~4.0	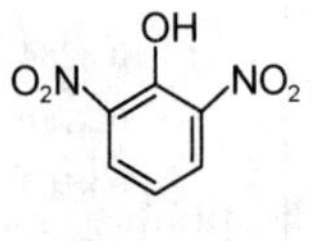
二甲基黄 对二甲氨基偶氮苯	红 2.9~4.0 黄	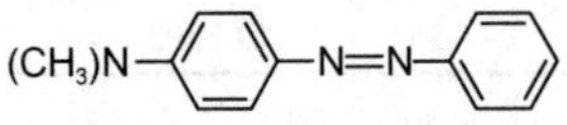
甲基橙 橘黄Ⅲ，金莲橙	红 3.0~4.4 黄	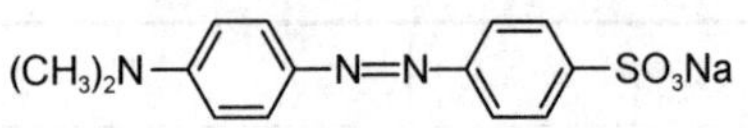
刚果红	蓝 3.0~5.0 红	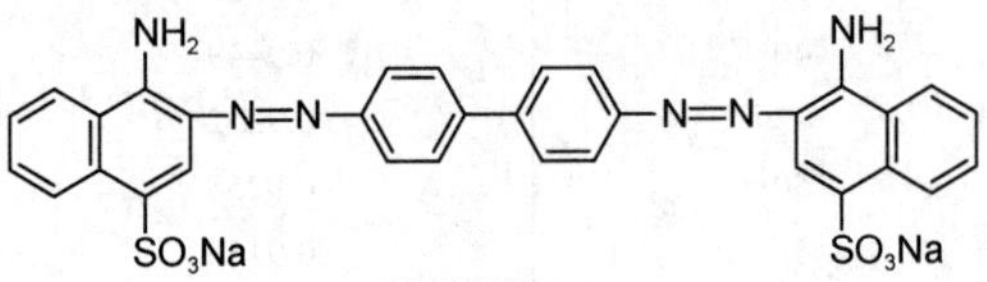 M 696.67
溴氯酚蓝	黄 3.2~4.8 蓝	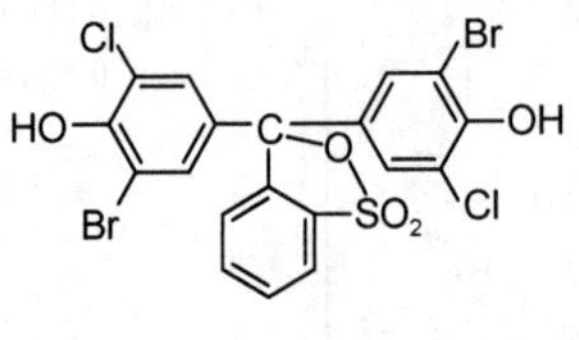
溴甲酚绿 溴甲酚绿钠盐	黄 3.8~5.4 蓝	

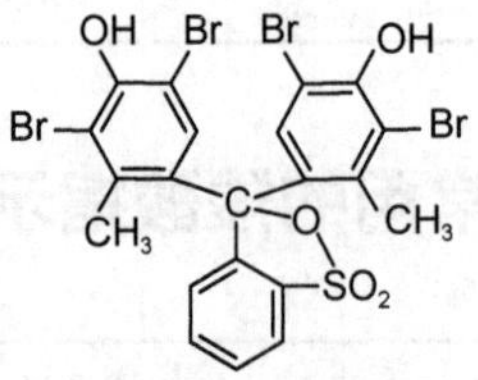

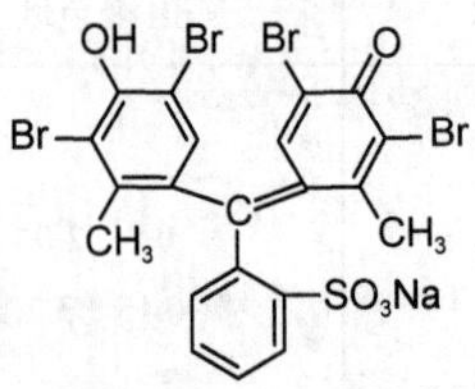

指示剂名称	pH 变色域	结构式
甲基红	红 4.6~6.2 黄	
溴酚红	黄 5.7~7.2 红	
溴百里酚蓝 (溴麝香草酚蓝)	黄 6.0~7.6 蓝	
中性红 3-氨基-4-甲基-6-二甲 氨基吩嗪盐酸盐	红 6.8~8.0 黄	
酚红	黄 6.8~8.4 红	
百里酚蓝 (麝香草酚蓝)	黄 8.0~9.0 蓝	
邻甲酚酞	无色 8.2~9.8 红	
酚酞	无色 8.2~10.0 红	

指示剂名称	pH 变色域	结构式
百里酚酞 （麝香草酚酞）	无色 9.0~10.2 蓝	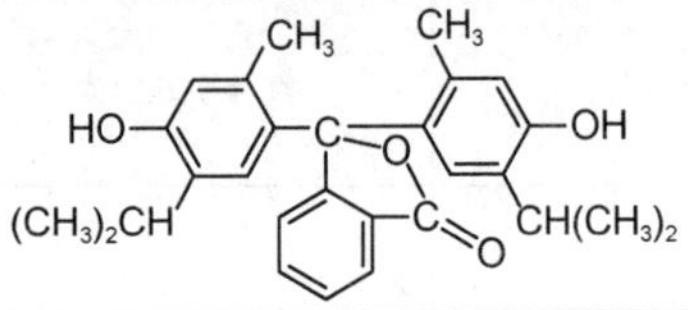
橘黄 II	橙 11.0~13.0 红	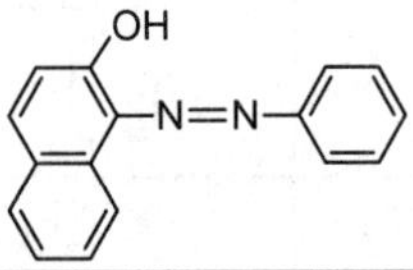
橘黄 G	黄 11.5~14.0 橙红	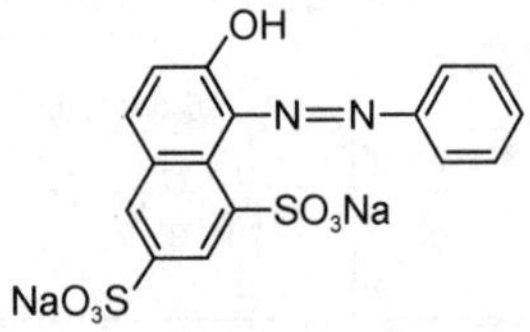

附录Ⅵ 安全注意事项及事例

在有机合成中有诸多的安全问题——易燃、爆、腐蚀、刺激、毒性及其对环境、生态的损害及治理问题，一切危害都是有条件的，只要工艺合理、安全措施得当，都可以把危害降到可控、最低；某项工艺工作开始首先考虑回收、综合利用、污染治理及排放问题；把有害物分解掉或使之变成稳定的不被简单分解的无害物质；把处理干净从大海来的 NaCl、Na$_2$SO$_4$、MgCl$_2$ 等海洋成分，通过短渠道让它回归大海。对于常年大量生产的产品，要配有职能组织或人员负责它的技术和安全工作，确保生产的安全与进步；制订短期和长时的工作规划；定期（<2 年）对工艺规程重新修订。

生产及管理人员要仔细理解操作工艺规程（或拟定的试验方案）每步的用意及安全规定，制订出严谨的技术安全措施，文字准确无可误解、严格遵守防患；拟有改动，要展宽试验条件及破坏试验以确认，尤以对瞬时反应的认知。现就见到、听到的问题，出现条件原因及杜绝措施告诸以警惕。

一、设备及仪器安装

基于完善试验仪器的生产设备的操作工艺规程，其规定手续以序号标明，以对应工作的记录表格，其后注明注意事项。问题多出于气体、液体的物料反流倒吸、跑、冒、滴、漏，以及错误地开关阀门造成的，或应安装等压阀（管）以调节压强。

1978 年前后某厂向罐中碱性底物中通入环氧乙烷，由于班后未关罐体阀门及放空，冬季，夜间造成物料回收，碱性催化环氧乙烷缩聚放热，使 250L 环氧乙烷气罐爆炸，将罐体炸平。

1980 年前后，某石油化工厂，在生产过程中临时设备小修，由于交接不明确，其后在继续运转过程未开冷却阀门，发生物料分解爆炸。

1992 年，一小工厂在进行有气体（NO）排放的氧化反应时，用负压上料后未开启冷却放空阀门，反应温度越来越高，反应越快，发生了爆炸事故。

搅拌和沸石：一般操作都应使用搅拌，标准口的烧瓶配有"聚四氟乙烯"头的紧压橡皮圈作密封口的机械搅拌；非标准口的烧瓶用胶塞（也可用聚四氟乙烯生料带缠绕保护）、中间有玻璃短管、以中等弹性的短胶管抱封通过中心的搅拌，封口处可用机油或石蜡油作润滑。只在均相有回流的反应可使沸石——烧结石英砂或烧结黏土，并要求加热部位低于反应物的液面。

静电：工业生产（包括储运）中，氢气、石油气（气、液）在管道内快速移送流动、产生静电火花引起着火，必须在设备的每一关节、一定距离内安装有效的接地线；同时控制物料在管道内的流速小于 5m/s，高于室温的条件应当更慢，尤其出口当用插底管引出，以减少与空气接触引发自燃，最好使用氮气保护。场所电源开关、照明及电机都必须使用"防爆"，以及良好通风。

注：塑料管内移送石油醚热溶液，管内也应内置接地线。

二、反应温度

反应物料的组合，不同的介质条件，对反应过程、反应温度和速度可有很大不同。反应温度必须在该条件的起始反应温度以上，这个温度可以通过在试验的开始反应阶段观察到现象的变化——热量变化或通入气体溶解的吸收状况，反应物的形体变化，或通过分析检查组分的改变。有机反应多有引发过程，引发开始后还要降低温度，重新找出能正常反应的温度条件。这个观测到的温度变化通常是在比较高的反应速度下显示的，为提高反应的选择性，常使用更低些的反应温度和相应更长的反应时间。经验的，如果降低 10℃，其反应速度将下降至原来的 1/3~1/4，必须以足够的反应时间以确保较少的试剂物料聚积以防骤然反应；如果将反应温度提高 10℃，反应速度将提高 3~4 倍；如果反应速度很快，可以使反应温度降低；如果反应速度很慢，很少副反应的情况，反应温度可以使用更高些，这个温度的改变必须通过试验确定。

"反应温度"不可以泛指以下或以上，必须给定范围，反应的温度和时间是同一个问题的两个方面，都是反应条件。

三、加热和冷却

加热，常使用电热套、热水浴、压力蒸汽浴、空气浴、热油浴以及石棉布下的直火；冷却，常使用水浴、冰水浴、冰盐浴或盐水冷冻液以及干冰/乙醇；加热和冷却对于反应物的反应温度一般不要相差太多（因为反应器容积及热交换面积的比率可有较大变化），以 10~30℃为宜。应该注意，明火直接电热温度不认为是反应温度，强烈的热源也许就是局部过热条件进行的反应（见 2-羟乙基吡啶，829 页），或者应在一定压力下以提高反应温度；如果是冷却，温度计的显示则是即时的反应温度，过度冷却可能使反应停止，试剂物料积聚也可能造成骤然反应的危险；骤然发生的瞬时反应往往给出较好的质量和较高的产率，反应的每一步骤都是放热的，骤然放出巨大热量，为了避免物料和产物的损失，一般在压力釜中进行，为了控制散热和压强，投料后应留有 70%~80% 的空间以保证安全。如：

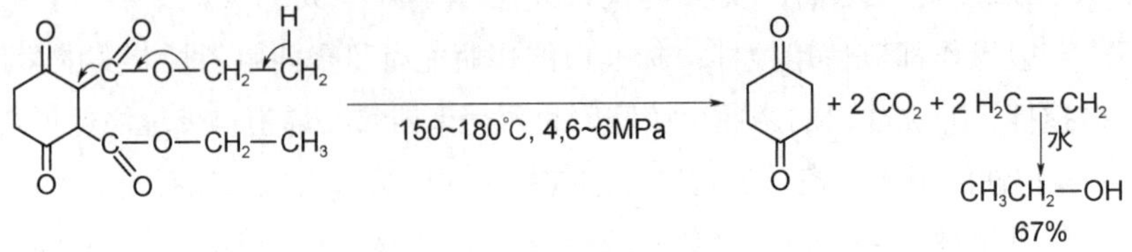

$$\text{（环己烷-1,2-二羧酸二乙酯）} \xrightarrow[4,6\sim6MPa]{150\sim180℃} \text{（环己-1,4-二酮）} + 2CO_2 + 2H_2C=CH_2 \xrightarrow{\text{水}} CH_3CH_2-OH$$

67%　　（见 149 页）

$$CH_3-SiHCl_2 + CH_2=CH-CH_2-CN \xrightarrow[56℃\sim160℃]{H_2PtCl_6} CH_3-SiCl_2-CH_2CH_2CH_2-CN \quad \text{（见 785 页）}$$

75%

分别投料无瞬时反应，回流温度只升高至 125℃（常压），产率只有 35%。

$$CH_3-SiHCl_2 + CH_2=CH-CF_3 \xrightarrow[90\sim160℃压力]{H_2PtCl_6} CH_3-SiCl_2-CH_2CH_2-CF_3 \quad \text{（见 785 页）}$$

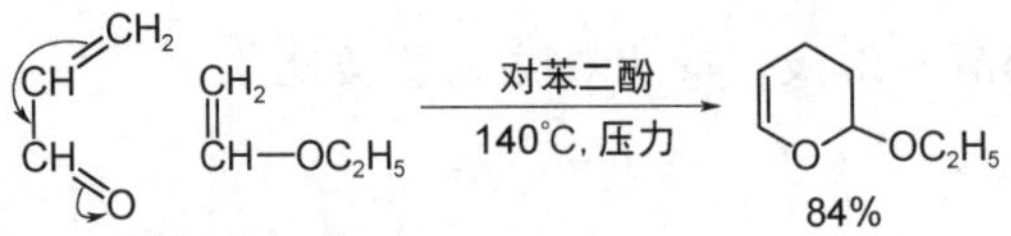

79%

$$\xrightarrow[140℃,压力]{\text{对苯二酚}} \text{（2-乙氧基-3,4-二氢-2H-吡喃）} \quad \text{（见 708 页）}$$

84%

以下错误操作造成危险和事故事例：

① 过氧化氢叔丁基的生产中（冬季）使用了 <10℃ 的水冷却，过度冷却使在 1h 左右加入了物料（水温比规定的 18~20℃ 低了 10℃，只用了规定时间 5h 以上的 <1/5，可能在反应中没有显示放热），在放置 3~4h 后的继续反应放热中发生了爆炸。

② "在 9℃ 以下" 的硝化反应，反应前用冰冻液（-15℃）降温较长时间，降温过低；以较短的时间加入了硝化剂，不久发生了着火并爆炸。

③ 同上，在生产间硝基苯甲酸中，加完硝化剂在放置过程发生了喷罐，可能也是不当冷却造成了骤然反应。

四、过度反应

物料配比必须得当，考虑反应物性质状态，尤其在氧化还原性质差别比较大的氧化反应中，即使是局部的剧烈反应也会引起局部自燃（即燃即熄），甚至在较低温度也会发生；应该使用更低的反应温度或更低浓度的氧化剂。

硫醇的硝酸氧化——庚基磺酸（钠）（见 458 页）——在氧化过程的局部着火。

乙酸酐、硫酸中的 4-硝基甲苯用 CrO_3 氧化为 4-硝基苯甲-1,1-二醇二乙酸酯（分离、水解制取 4-硝基苯甲醛），加 CrO_3 较快，有发生剧烈氧化产生的小火球（可能是有未溶的 CrO_3 沉积造成）从 13~17℃ 的反应物中冒出（总体反应仍属正常），用冰乙酸溶解 CrO_3 在沸水浴上加热发生喷火。

五、化学品的爆炸、分解及燃烧

某些有机化合物在有缺陷的合成操作中及不当的存放过程会发生分解、自燃，更剧烈时分解发生爆炸；含弱键的化合物（键能在 30~50kcal/mol）热均裂分解产生活泼自由基，分解速度取决于自由基的稳定性、分解方式及反应条件。

这些化合物包括：次卤酸 HOX 及其衍生物、有机过氧化物、硝酸酯及硝基化合物、推电子易影响的硫代重氮化合物；特别注意有机过氧化物、硫代重氮化合物对于热、Fe^{3+}、S^{2-}、光照、强无机酸催化的碎裂分解，反应速度非常快——自燃或爆炸；长时间存放的乙醚、四氢呋喃、二乙二醇醚，使用前要考虑过氧化物的问题。

（1）次卤酸及其衍生物在无机酸作用下会分解产生爆炸性的 XO

$CH_3-\overset{O}{\underset{|}{C}}-O-Br$：向乙酸和红磷的反应物中加溴，同时加热，在加入约 1/3 时，反应物分解，气体顶开回流冷凝器，从烧瓶中发生喷封。

CH_3OBr、CH_3OI、$C_4H_9{}^nOBr$：C_6 以下的简单醇和红磷的反应物中加入溴或固体碘的生产卤代烷（通过磷酸酯的卤代，见 398 页），加溴不久发生爆鸣，以后的反应仍属正常。加入卤代烷和预热，改变反应物的初始状态，则反应正常。

$NaOCl$、$NaOBr$、$NaOI$：在制备和使用次卤酸盐时，酸性造成无机酸条件，产生次卤酸，有分解产生的 XO；在生产中都发生过不太严重的"爆炸"；在制备次碘酸钠时由于搅拌不好，未反应的碘沉下造成局部酸性和温度升高，"爆炸"使 150L 容积的陶缸"炸"掉了缸底及反应液模溅；在制备和使用次卤酸钠时要特别注意无机酸性、光照及静电问题——离心分离 NBS 试剂时在抖落离心机袋内的结晶时，可能是静电引起的 XO 爆炸，造成了肩肘伤害（见 453 页）。

蒽醌磺酸钠在稀盐酸热悬浮液中用 $NaClO_3$ 完成磺酸基的氯代，也有 ClO 产生，爆断了两支冷凝器（见 449 页）。

（2）硝酸酯

$CH_3-CO-O+NO_2$　在使用硝基乙酰作硝化剂的硝化中，20 世纪 50 年代曾将发烟硝酸慢慢加入冰冷的乙酸酐中，发生过多次不太严重的爆炸，今已改变加料顺序，是把发烟硝酸（>95% HNO_3）或乙酸溶液加入反应底物与乙酸酐的溶液中完成硝化的。

2015 年 8 月 12 日天津港危险品仓库的大爆炸，最后公布的爆炸主体是硝酸甘油酯，这些危险品应在冷库中存放，或还有其它问题。

（3）有机过氧化物

过氧化氢异丙苯的（硫）酸分解为苯酚和丙酮，分解速度依硫酸的浓度：在 1%硫酸条件要 5h；10%硫酸中要 1h；在 98%硫酸中<0.1s 就发生爆炸性分解并着火。亦见过氧化二叔丁基的合成中使用硫酸助剂，由于过程中有酸分解，在不同温度条件的反应，产率有很大变化（见 255 页）；又如：1g 过氧化二环己酮样品在磁坩埚中，用电炉加热处理，将坩埚炸裂。

1980 年，一石油化工厂在过氧化氢异丙苯的生产中设备小修，由于交接不清，在继续的生产过程中未打开冷却阀门，发生了爆炸大事故。

在过氧化氢叔丁基的生产中使用硫酸助剂（考虑研究使用强酸树脂或高氯酸），由于操作反应温度太低，加料速度太快，积聚未反应的物料在静置 3~4h 后发生了严重的爆炸，气浪将屋板打穿。

2015 年 8 月 12 日天津港危险品仓库的特大爆炸事故:(22：45)~(2：50)以火灾报警;

23:30 爆炸，气浪造成损失范围约 1.0km；爆炸点出现直径 60m，最深处 1m 坑，初报是有机过氧化物，检测现场残留：空气中有甲苯、二甲苯（以及 CCl_4、HCN），依爆炸威力及从爆炸抛远的大桶燃烧爆炸情况，估计可能有过苯甲酸叔丁酯造成的碎裂反应。

$$Ar + \overset{O}{\overset{\|}{C}} - O + O - \overset{CH_3}{\overset{|}{C}}(CH_3)_2 \longrightarrow Ar\cdot + CO_2 + \cdot CH_3 + O=C(CH_3)_2$$

$$Ar\cdot + \cdot CH_3 \longrightarrow Ar - CH_3$$

事后发布：主要是硝酸甘油酯引起的爆炸，这样危险品都应冷库存放。

铁（Fe^{3+}）催化有机过氧化物分解；两个工厂，过氧化氢叔丁基及过氧化氢异丙苯，使用在铁锅炒烤的（在本品用过）回收硫酸钠干燥时，从室温条件开始催化分解，发生自燃。

（4）硫代重氮化合物的碎裂分解

硫化重氮化合物有共价性质 $-\overset{..}{S}-\overset{..}{N}=\overset{..}{N}-Ar$，尤其是芳邻位推电子基影响的硫化重氮物很不稳定，甚至一经生成就发生爆炸性的碎裂分解，而邻位是羧基、磺基（作为"碱"）影响的芳重氮盐对于乙黄原酸钾（钠）、硫化钠、二硫化钠以及亚硫酸的反应，都能顺利完成亲核取代（见 594 页）。

邻甲苯胺重氮化以后加入到 10℃ 以下的乙黄原酸钾溶液中，生成的乙黄原酸重氮酯聚积，很快就发生了如同爆炸性的碎裂分解，气浪冲击打穿了约 4m 高处石棉瓦棚顶成 2m 直径大洞（50L 容积搪瓷桶中约 10L 反应物）；如在 40~70℃ 反应，重氮盐一经加入立即爆灭分解。

邻甲苯胺重氮化以后滴入到 40~50℃ 的硫化钠溶液中，立即爆灭分解；次日，溅落在水泥地面上的反应物干固，虽然是胶底鞋踩上，仍有细微的爆炸声并有火花，可能是有 $o\text{-}CH_3\text{-}C_6H_4\text{-}N = N\text{-}S\text{-}N = N\text{-}C_6H_4\text{-}CH_3\text{-}o$ 生成。

2-溴-5-硝基苯胺重氮化后和硫化钠反应，同样发生猛烈的碎裂分解。

（5）爆鸣

爆鸣及爆燃都具爆炸性质，PH_3 可自燃，NH_3、简单胺（膦、胩）；烷、烯、炔、醇、苯、升华的有机粉尘、活泼金属粉尘及其简单有机金属化合物，在空气中达到一定浓度、温度范围内遇明火及火花即可引发爆鸣，由于空气及温度原因可以即爆即灭或继而燃烧。

自燃，在空气条件、一定温度条件物料可以自燃，如：大堆积的煤（烟）炭、谷物粮库都是活性物质，都需予以通风降温，如：煤堆积的使用荆（竹）编筒通风透气降温。强还原性物料在减压蒸馏中间更换受器时放空，新鲜空气冲入，在该高温度下常引起爆鸣，此种情况的减压蒸馏应以阀门转向隔断负压，以氮气平衡气压或降温至一定温度以下再更换受器，以减少氧化反应。

强还原性物料（如 p-羟基苯肼盐酸盐）在烘箱内（约 100℃ 较低空气浓度）烘干后取出，热的物料遇新鲜空气引起了自燃。

在从母液浓缩、滤取四甲醛三嗪 $\begin{smallmatrix} HN & N & NH \\ & & \\ HN & & NH \end{smallmatrix} \cdot 2H_2O$ 结晶，最后是新鲜空气通过结晶间隙，因为母液或有 Fe^{3+} 造成的分解放热，发烟，由于及时用含有水合肼的乙醇冲洗才未及于危险。

CS_2 具有较高的毒性，高度极化的硫原子，其气体浓度在较高浓度范围内遇明火可发生爆鸣；在 100℃ 以上可自燃，应尽量避免用作溶剂。

其它可爆炸物很多，如黑火药（15%硫黄华，10%硬木炭，75%硝酸钾及适量水炒干后粉碎）。撞击引发：$KClO_3$（花炮厂多发）、四氮苯（引发枪弹）。电击或雷管引发：硝酸铵（可盖爆）、三硝基酚、三硝基甲苯（TNT）。

（6）化学品的侵害、毒害

人的皮肤对于外界侵害有相当强的抗御能力。

无机化学品主要发生的侵害：腐蚀性、刺激性及毒性，参考 898 页无机试剂的制备和注意事项——主要由它们的毒害性质和透皮性质共同的作用造成的伤害。

＞30% NaOH 溅及皮肤首先腐蚀表皮，然后使蛋白质变性继续腐蚀，如蚊虫叮咬，如不及时清洗，则深入腐蚀见血；又：有人溶化固碱块，其 30%~40% 热 NaOH 溅入眼中，虽及时水洗就医，仍造成几近失明（有光感）；如今溶化固碱，将包装铁桶架高，上下各打孔洞，从上孔通入蒸汽，浓的液碱从下口流出。

浓硝酸溅及皮肤立即生成硝化蛋白造成了伤害，也当及时清洗；浓硫酸造成的伤害是腐蚀吸水，可能有几秒钟的清洗时间。

$AsCl_3$、$(CH_3O)_2SO_2$、氢氟酸沾染在皮肤上，应立即用碱水或肥皂水清洗——是它们的透皮性质引入造成溃烂。特别注意对于有透皮性质的毒害品的吸入和沾及皮肤。

化学品的侵害除一般沾染、过敏外，更多是由于吸入造成的伤害，必须随时监测毒害品在场所的存在及浓度；在小范围，随时留意环境气味的变化及时处理，如：氨的腥臊气味、H_2S 的臭味、HCN 的苦味、$(CN)_2$ 的刺激呼吸道，以及苯、苯胺、硝基苯等熟知的味道；有的闻到浓重的该气体来不及反应就造成了伤害；也有毒性很大而它的气味却很小，可造成疏漏忽略，如光气，就要随时检查管道接点的密封情况；对于沾染物、散落物及时清理；对于所用化学品理化性质必须了解清楚，存放位置、周边环境清洁清楚才不致失误。

人在接受毒害物质，同时，代谢也在排除毒害物质；接受大于排除，过剩积累到一定量以后才显示到伤害（少有不同毒害物质相叠加造成的伤害）。因个人及毒害品不同，其排除速度各异——可能和个人体质及生活习惯有关。

H_2S 硫化氢恶臭、剧毒——有吸入约 30mL 浓重的硫化氢气体，会使人来不及应对，在 1s 内立即晕倒（是局部的高浓度），离开现场十余秒清醒，未见后遗症（见有两例）。

苯的毒性较大、中毒症状头晕、白细胞降低；有甲苯吸入少有头晕，邻二甲苯、对二甲苯常年操作，二十年后未见异常。

硫酸二甲酯，剧毒，由于它良好的透皮性（气味不明显）而对皮肤、黏膜引起溃烂，尤不可吸入其蒸气；弄及皮肤立即用肥皂水洗净，由于它无明显的刺激性，常是弄及皮肤造成伤害以后才发现的，所以，小心操作以后要立即洗手，轻度伤害引进水泡"皮疹"也要 6~7 天才恢复。

氨（NH_3）的毒性不是很大，刺激性却很强，吸入浓厚的氨气会引起支气管痉挛不能呼吸，是很危险的，应立即漱口，喝水以洗脱，必要时以人工呼吸及送医，氨气有爆燃性质。

苯胺类有绵软的气味，毒性主要表现为血氧消耗，吸入较多苯胺气体表现为嘴唇及指甲下显蓝紫色、头晕、脱离现场 3~5 小时后恢复正常，未见后遗症。

α-卤代酮（酸）（α-C−X）、苄氯、酰卤以及氮杂环 2 位和 4 位的卤代物有透皮性，虽无重大伤害，其刺激性造成的灼痛感在温热条作有缓解，2~3 天后可止息。

氰化物，有人将 1g KCN 溶于 200~300mL 水中饮入 30~40mL，行约十米不支，求救送医，洗胃及其它处理，无后遗症；又人自述：液态 HCN 溅入口中一细滴，急唾及漱口，送医无恙。HCN 味苦，在可忍条件 10min 或更长，无恙。

氟有机物剧毒，鼠药、蟑螂药的有毒成分——极毒。

有机汞，挥发性强的二乙基汞容易吸入引起中毒，医院认定是汞中毒，要求排汞，用 EDTA 二钠络合；它的络合排解广泛，有同事建议中毒者每天来厂活动、沏两次茶水，以单宁酸与之络合排解，月后正常。

有机锡，挥发性有机锡会引起中枢神经中毒——头的后部钝痛——似颈椎病症状，两个月后缓解，未见后遗症，有闻化三厂长期从事有死亡事例。

过敏：多显示皮肤过敏，在前胸、腹部、四肢内侧皮肤瘙痒，出现红肿皮疹状，有 N-乙烯基咔唑蒸气所致。

六、储运

依化学品的性质，规定仓库分类，考虑日照、淋雨、排水（流水）及照明；消防通道及对应的消防设施；地库温度及干燥控制；通风及地面处理；货位准确、码放高度及间距合理；库区环境及排水都有具体规定。

危险品运输：专用车辆有具体要求，专职司机及证件，按规定路线、时间行驶。

特别注意：作为包装器材铁的催化氧化，塑料的穿透问题；以及稳定剂的使用。包装器材的破损以及防漏口问题。

七、其它提示

操作工艺规程必须完备，叙述无可误解，注明注意事项，每月生产前必须学习操作工艺规程，明确安全技术措施；计算、制订预计成本；生产后（阶段）作出技术安全总结，计算成本，并对以后的生产提出要求和建议附之，以沟通和延续。连续生产的品种也须半年或每季学习和总结，以取得各环节的统一、进步和提高。

国家消防局规定：长期生产的产品生产工艺规程，最长两年必须修订一次；非定型设备的用压力蒸汽加热，夹套的使用压强不得超过 $1.0kgf/cm^2$（0.1MPa），夹套容积 < $0.2m^3$，高于此规定，则按压力容器认定、核审。

附录VII   可利用的相关条件和试剂

在实验工作中考虑的不够全面是正常的，遇到问题、提出问题，重新考虑和研究求得更好是进步的过程；不深入、习惯的简单思维模式常会进入误区，必须深思熟虑比较与之相关的方法和条件，找出差异所在，调整它们的关系，选用恰当的试剂和反应条件，不断修正，总结如下。

一、催化剂

催化剂改变某步骤的反应速度、但不能改变反应的平衡，催化剂和反应物作用而降低其活化能，反应完成后催化剂退减下来再生；有时使用双重催化剂，不同类型的反应使用不同的催化剂，反应条件又有所不同。

反应速度和催化剂在反应物中的浓度（在反应物中的状态）成正比关系；以下卤化物的氨基取代，碘原子是铜催化下的最好的离去基，其它溴化物、氯化物也可被氨基取代，如：拉电子影响的 *o*-氯苯甲酸和苯胺很容易制得 *N*-苯基-*o*-氨基苯甲酸（见 564 页），产率低的原因是反应物不均匀。应考虑用其钠盐在水溶液中以络合致活的铜催化剂和苯胺反应。

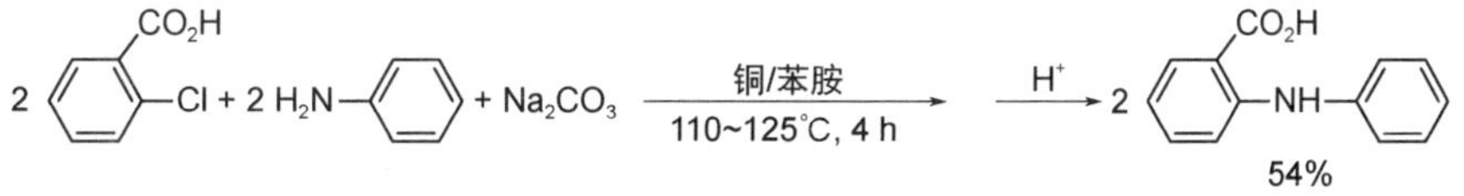

以上反应不及在水溶液中的4-氨基苯甲酸钾和溴丁烷反应制取4-丁氨基苯甲酸(见282页)。以及相同的方法制取 *N*-丙基-*o*-氨基苯甲酸（见 554 页）。

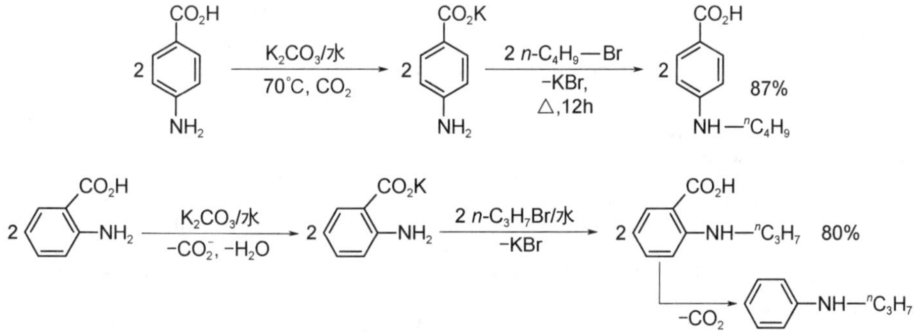

通过络合剂致活的催化剂可以提高反应速度,它把缔合状态的催化剂解聚成单分子状态,使能在更低的温度下反应。比较以下事例:

(见 563 页)

4,4′-二甲基-三苯胺 53%

（见 562 页）

三苯胺 78%

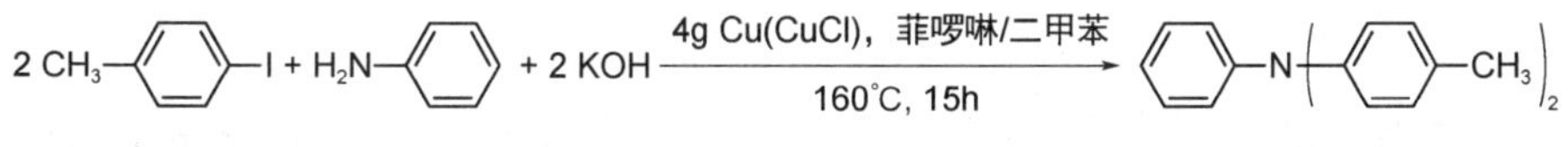

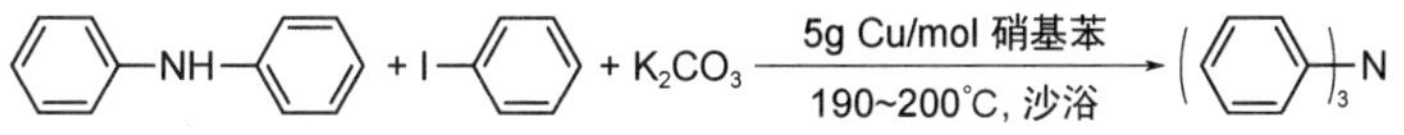

以上二例应改进催化剂的溶解、加热方式，以提高反应温度。

下面 5-氨基烟酸的制备，催化剂能较好地溶解进入反应（见 565 页）。

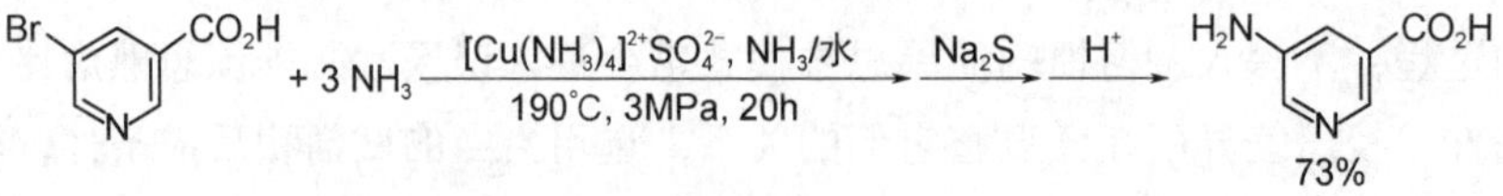

又如：从 2,2,6,6-四甲基哌啶-4-醇的用双氧水氧化为 4-羟基-2,2,6,6-四甲基-N-氧代哌啶自由基（见 833 页），使用钨酸钠作催化剂必须使用 EDTA 二钠络合剂，否则很慢或不反应。

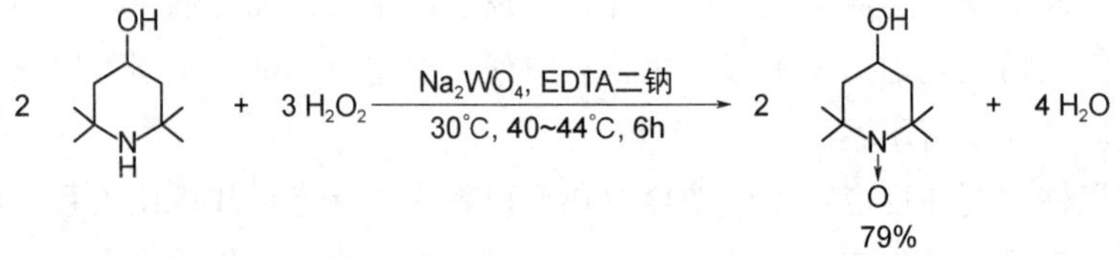

催化剂的用量（浓度）对于反应速度的正比关系，在以下横向比较也得出相近的概念：甲苯在 20~25℃溴化只要 0.5g 铁粉/1mol 甲苯，溴代的转化率为 95%（见 433 页）；从 4-硝基乙苯氯化制取 2,3,6-三氯-4-硝基乙苯，多个拉电子基的影响，使用大量（9g FeCl₃，0.16g I₂，相对于 1mol 原料）催化剂，使反应得以在 25~35℃进行（见 444 页）。

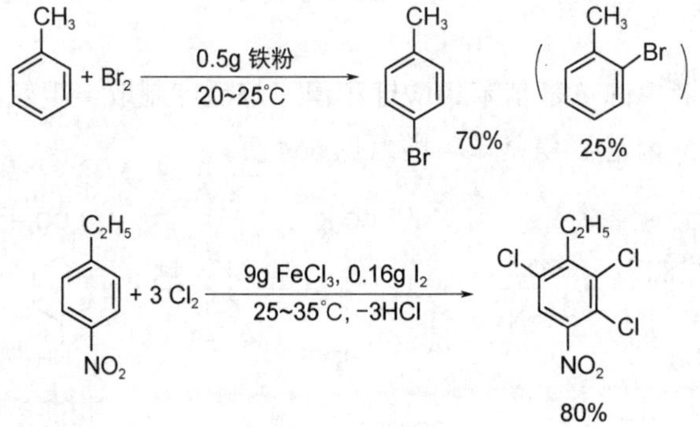

又：以前，硝基苯在 40% H_2SO_4 中，用 $NaBrO_3$ 的溴化制取 3-溴硝基苯，有大量硫酸排放需要处理；如下使用 1.5g 细铁粉和 0.05g I₂ 作催化剂——应加倍或直接使用 FeBr₃、FeCl₃——在较高温度用无水溴直接溴代（见 446 页）。

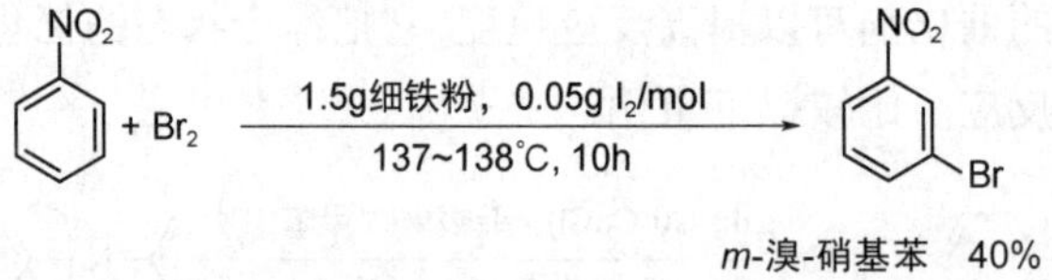

m-溴-硝基苯　40%

再如：o-苯二甲酸酐用 5g 细铁粉、0.25g I₂（也或使用氯磺酸作双催化）氯化制备四氯苯二甲酸酐（见 446 页）。

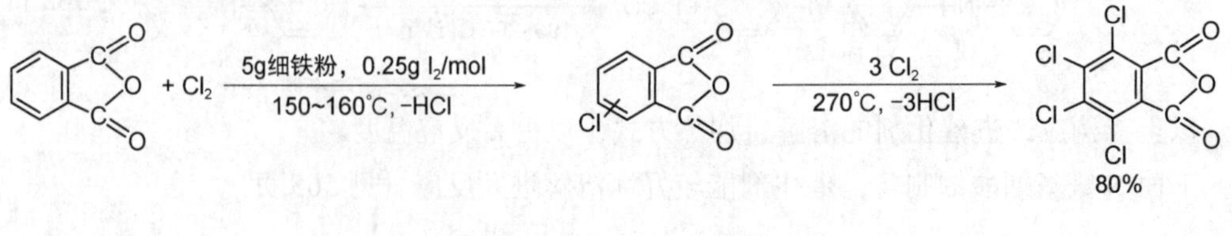

二、以络合物试剂获得高温条件的取代

在酸条件下吡啶盐相当于是强拉电子基，使亲电取代钝化，亲电取代在 β 位（3 位）发生；具有其它强拉电子基使吡啶盐不稳定，在较高温度的平衡过程使亲电取代反而容易，如烟酰氯的 5 位溴代（见 824 页）。

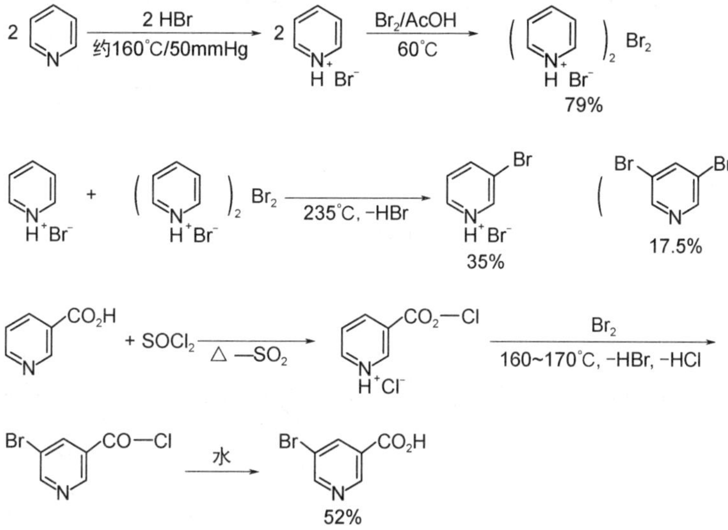

三、通过季磷酯的脱酯基卤代

为了在准确位置上的卤代（不涉及碳正离子及重排），使用季鏻卤化物，亦当考虑使用 PBr_5，或底物的磷酸酯与氢卤酸反应（如：1-溴代十八烷，见 400 页），作为羟基卤代此类季鏻卤化物，如：

碘化甲基鏻酸三苯酯

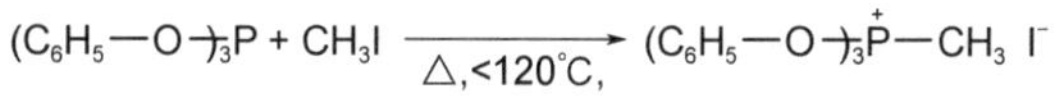

亚磷酸三苯酯与碘甲烷一起油浴加热回流至反应物温度近 120℃，更高温度会发生脱苯基卤代 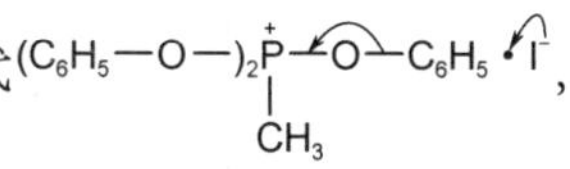 ，有碘苯产生。碘化甲基鏻酸三苯酯与其它醇反应生成有其它基团的季鏻酯，产生的 HX 在推电子影响的酯基异裂 C—O 产生的电正中心完成卤代，一个苯氧基以苯酚退减下来（见 401 页）。

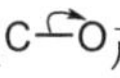

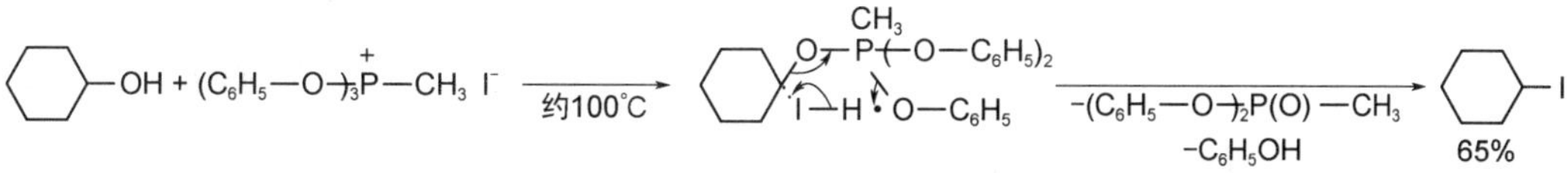

四苯基溴化鏻 萘酚（电性相近的酚类）的羟基卤代，不可以使用脂基的季鏻卤化物，以免脱酯基混乱，而应使用溴化四苯基鏻，如：

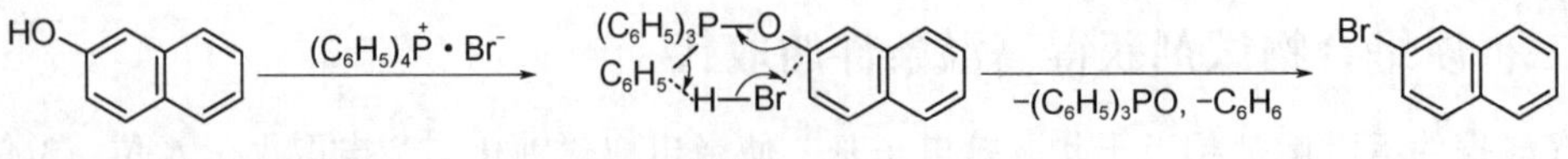

2-溴代萘

四苯基溴化磷的制法（参见 772 页）：

mp 297~300℃

又：$(C_6H_5)_3As{=}O + C_6H_5{-}MgBr \xrightarrow[\triangle]{乙醚，苯} (C_6H_5)_4\overset{+}{As}{-}\overset{-}{O}MgBr \xrightarrow{HBr/水} (C_6H_5)_4\overset{+}{As} \ Br^-$

溴化三苯基溴化磷

$(C_6H_5)_3P + Br_2 \xrightarrow[<10℃]{DMF} (C_6H_5)_3Br\overset{+}{P} \ Br^-$

实例（见 164 页）：

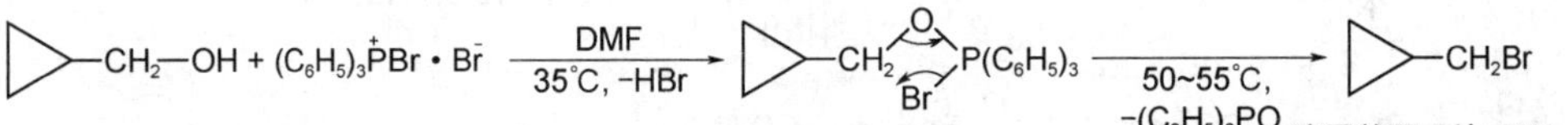

溴甲基环丙烷 75%

五氯化磷

$$PCl_3 + Cl_2 \longrightarrow PCl_5$$

氯的强大拉电子作用使磷酯总是朝向生成磷的氧化物分解开，完成卤代，如下 2,4,6-三硝基氯苯的制备（见 451 页）。

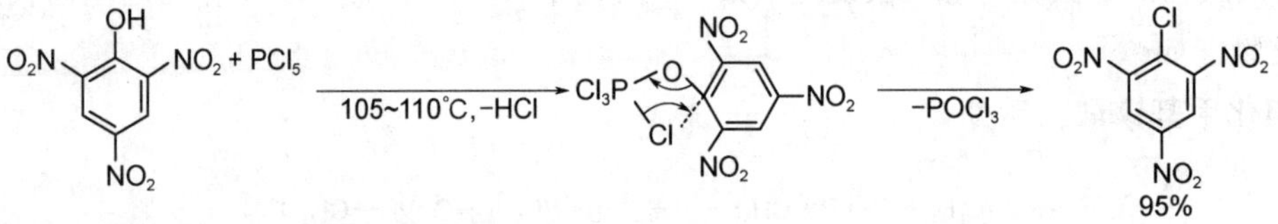

95%

四、通过季铵的定位取代

重排应用（见 726 页季铵的重排）如下：

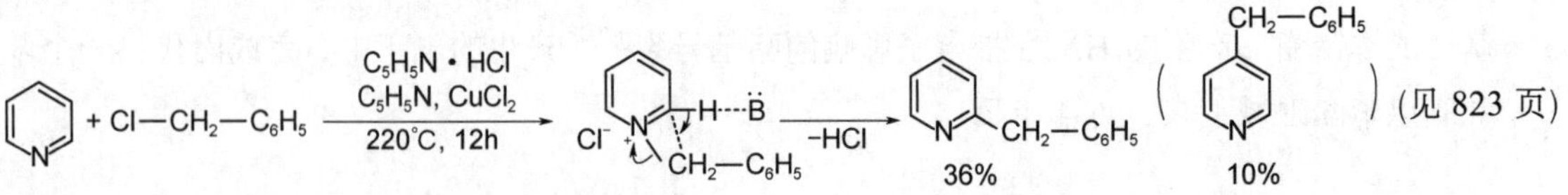

（见 823 页）

36%   10%

2-苄基吡啶 36%及 4-苄基吡啶 10%

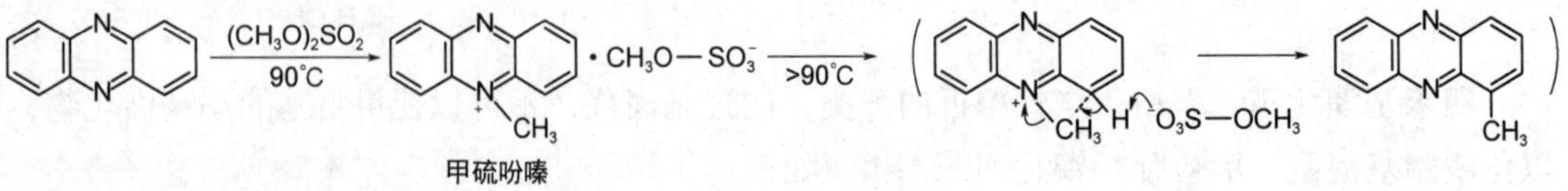

甲硫吩嗪

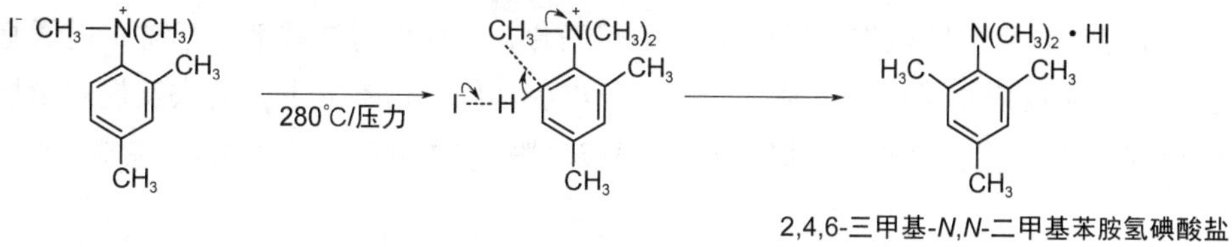

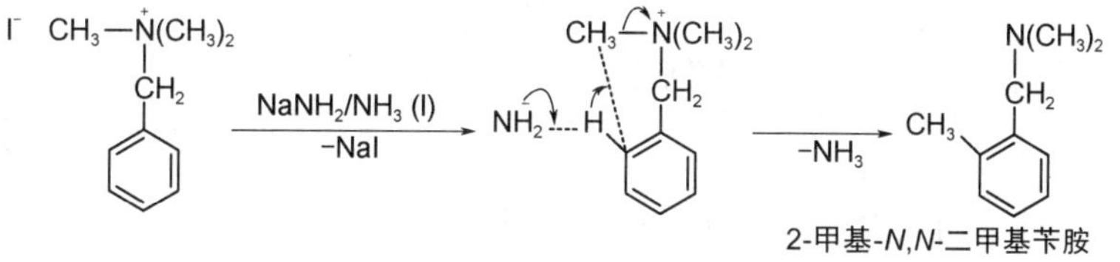

2,4,6-三甲基-N,N-二甲苯胺氢碘酸盐

2-甲基-N,N-二甲基苄胺　　（见 726 页）

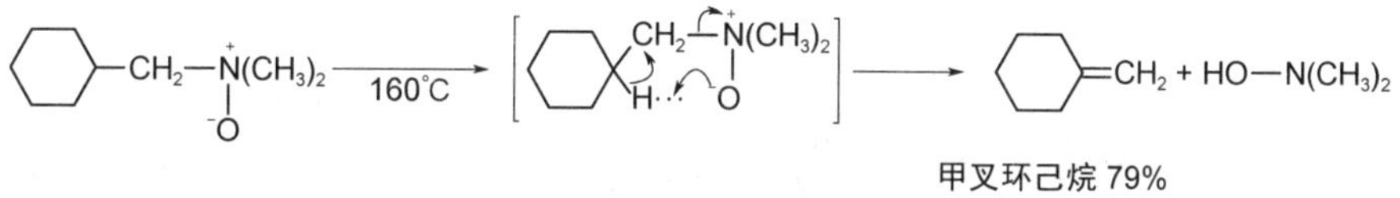

甲叉环己烷 79%　　（见 72 页）

N-氧代吡啶，杂环氮原子 N$^+$的拉电子性质导致亲核取代在 2 位发生（见 827~828 页）。

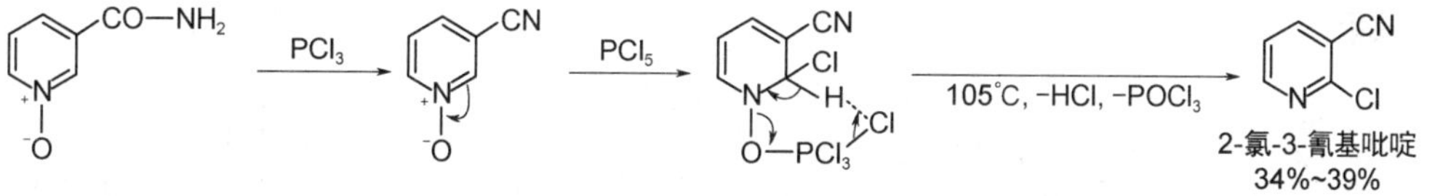

2-氯-3-氰基吡啶
34%~39%

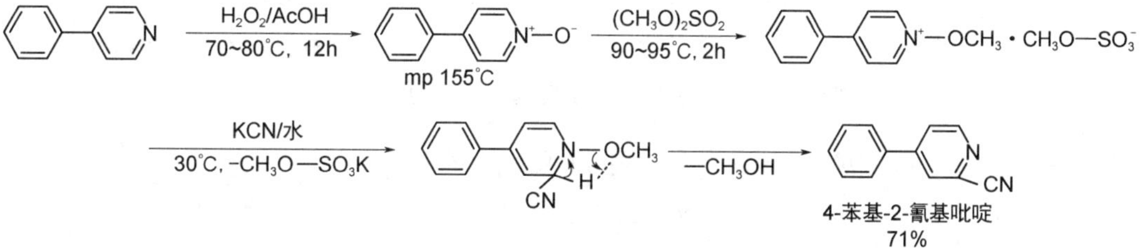

4-苯基-2-氰基吡啶
71%

五、形成位阻或过渡态以提高反应的选择性

络合物试剂或反应试剂与底物的结合形成位阻或过渡态。如：

氯磺酸

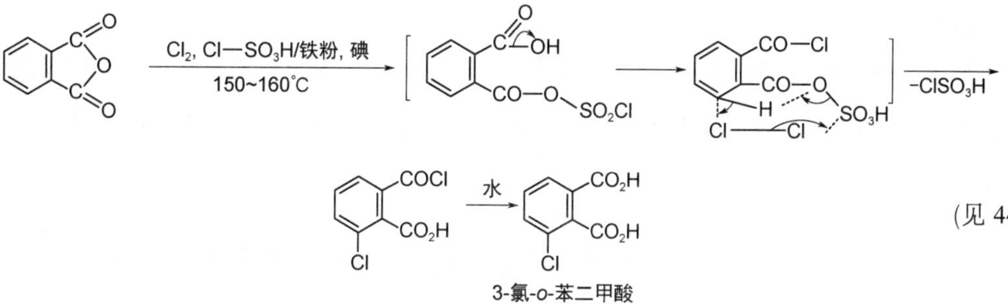

3-氯-o-苯二甲酸　　（见 447 页）

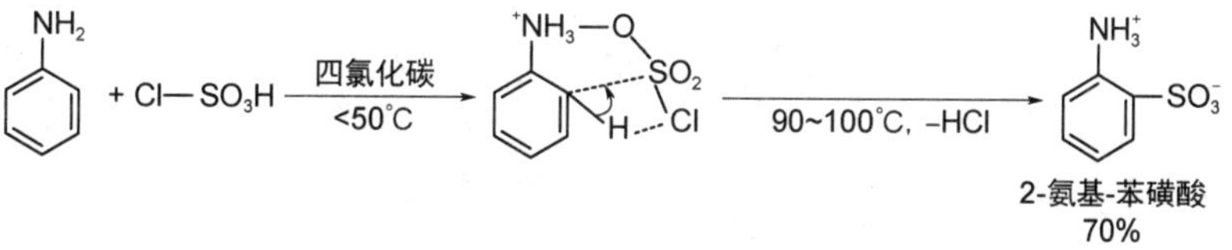

2-氨基-苯磺酸
70%　　（见 471 页）

o-氨基苯甲酸钾盐作为以卤烷的 N-烷基化，同时作为缚酸剂，产物 o-丙氨基苯甲酸以内盐的形式从反应物中离析出来——不进一步烷基化，也不发生 β-消去及烃基重排——羧基受邻位取代基，尤其是推电子基的影响，很容易脱羧（120℃），得到 N-正烷基苯胺（见 554 页）。

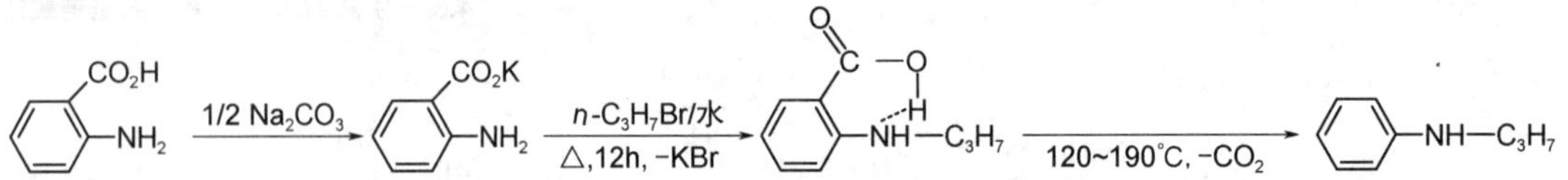

N-丙基苯胺 66%

乙二醇　氰基的不完全水解——以分子内氢键构成水解阻碍。

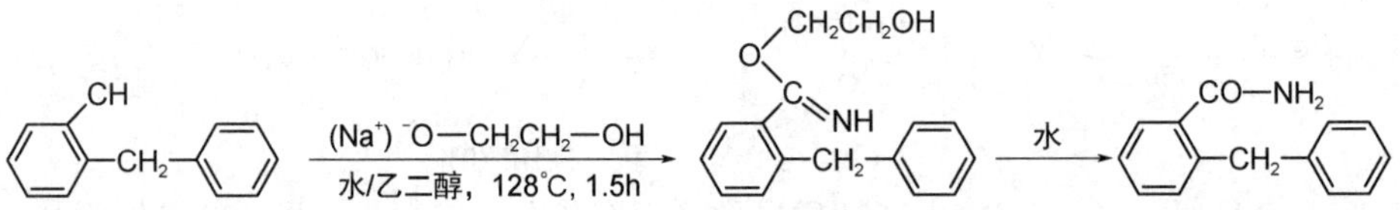

（见 339 页）

2-苄基苯甲酰胺 70%

双氧水

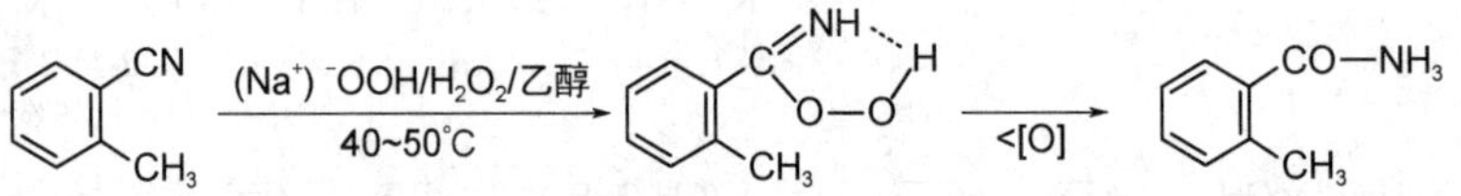

（见 339 页）

2-甲基苯甲酰胺 90%

氰基的不完全水解成酰胺，及其后降解为氨基，连续进行。

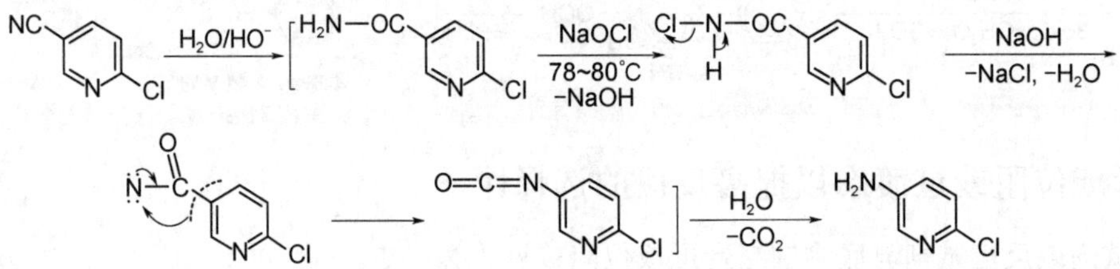

（见 831 页）

2-氯-5-氨基吡啶
74%，mp 81~83℃

吡啶

酯化：同时存在（醛、酮）羰基的醇用乙酸酐的酯化，为减少乙酸酐在羰基加成为 1,1-二乙酸酯，不可用无机酸作催化剂，而是用吡啶或其它叔胺以 CH_3-CO-N^+〈吡啶〉·AcO⁻ 完成醇的乙酰化（见 881 页）。

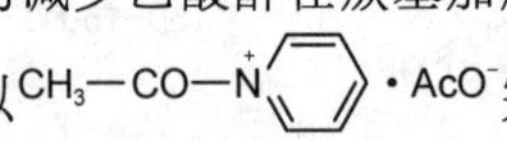

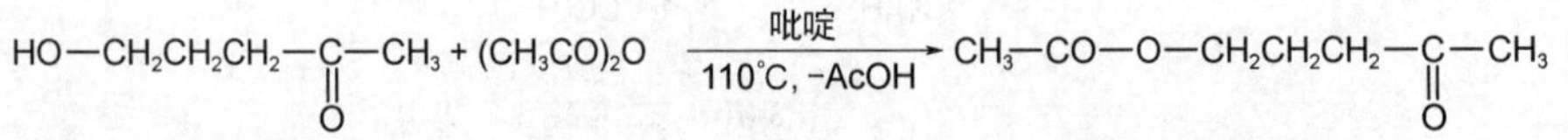

3-乙酰基-乙酸丙酯 66%

羟甲基化：

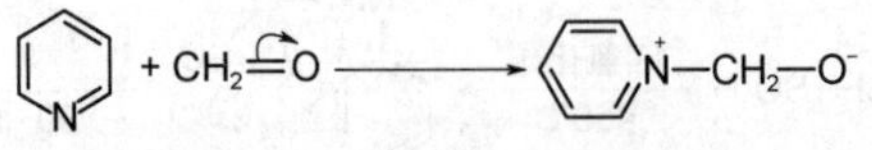

二噁烷（二氧六环）

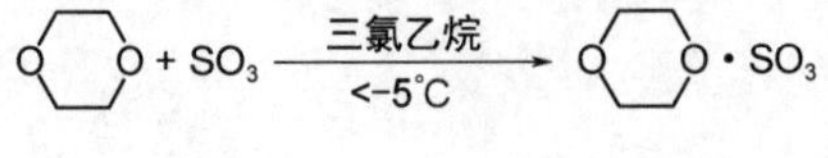

反应如:

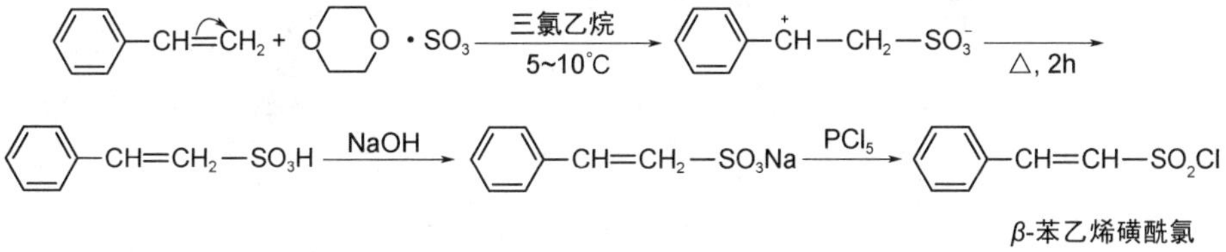

（见 461 页）

β-苯乙烯磺酰氯

六、反应温度、试剂活性及介质条件对反应选择性的影响

对于化学性质稳定的反应或可以提高反应温度，或以更强的反应试剂提高反应速度，降低物料消耗；更多要求的是提高反应的选择性，使用活性更弱试剂或底物，以更低的反应温度，彼此间可以互相调节，如下所示。

1. 卤代

N,N-二甲基苯胺的碱性太强，它溴代的反应速率是苯溴代的 5×10^{18} 倍，在酸性条件下以致来不及氧化，溴代反应就已经完成，且溴代 100%在对位发生，生成 4-溴-N,N-二甲基苯胺。

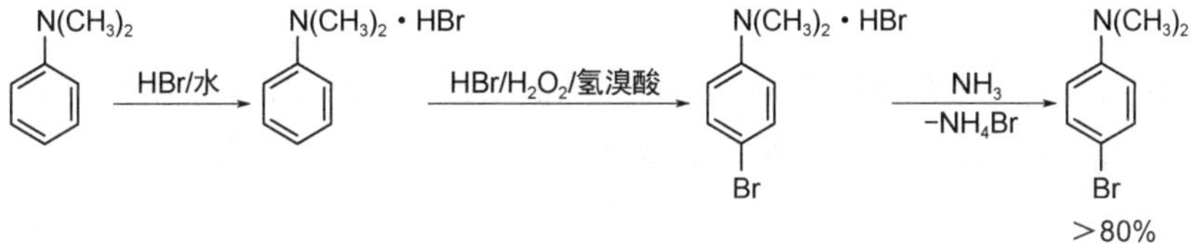

（见 439 页）

使用 $AlCl_3$ 催化，用溴代仲丁烷向苯引入仲丁基，在 40℃反应，有 40%~50%是重排后的叔基取代；重排需要能量，如果在 10℃以下反应，重排是微不足道的，得到正常产物。

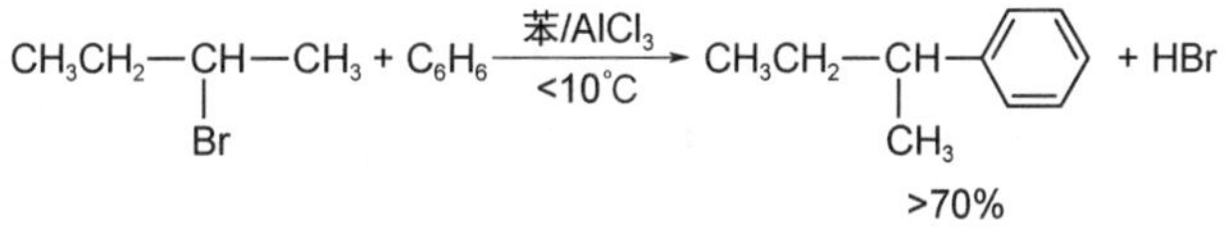

（见 26 页）

制备仲胺，为避免进一步 N-烷基化（生成叔胺）以及 β-消去，使用较低的反应温度，产物仲胺是更强的碱，以盐的形式从反应物中析出分离。

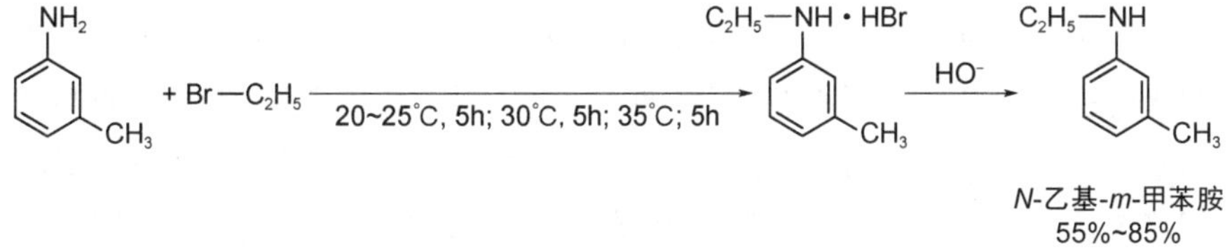

（见 553 页）

N-乙基-m-甲苯胺
55%~85%

乙酰苯胺在含水乙酸溶液中溴化，得到产率大于 84%的 4-溴-乙酰苯胺结晶，水解后减压蒸馏得成品 4-溴苯胺的产率大于 66%（见 440 页）。

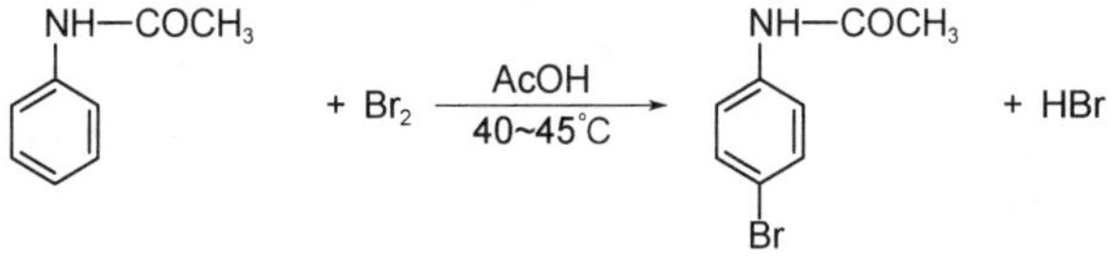

乙酰苯胺粉末悬浮在无水四氯化碳溶剂中，用 Cl_2 在低温氯化，制得 2,6-二氯乙酰苯胺；使用回收四氯化碳重复，得到的产物是 2,4-三氯-乙酰苯胺，可能是回收四氯化碳中含较多无机酸（HCl）催化了卤素分子异裂以及改变了溶剂的性质。

乙酰化的芳胺在添加了足够量的乙酸钠以中和产生的 HX 的乙酸中卤代，首先在乙酰氨基的邻位发生——须以较低的反应温度、更多的溶剂、更慢地通入氯气（见 439 页）。

2. 磺化及磺基取代——氢解、硝基取代

芳磺基在硫酸中的溶剂化使它容易被质子（及强的亲电试剂，如 $^+NO_2$）排除。磺化首先进入推电子基影响最大的邻位，该位置也容易受质子的亲电进攻——质子排除；反应的难易依电性影响的强弱。磺基的"质子排除"性质可被用于取代定位及某些混合产物的以磺酸结晶精制及分离。较高的温度条件，磺基进入到比较稳定的对位，只在对位被占据时才进入邻位。

磺化：

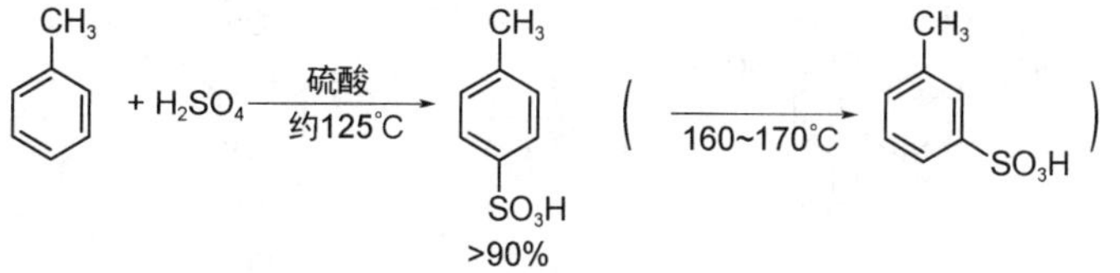

（见 465 页）

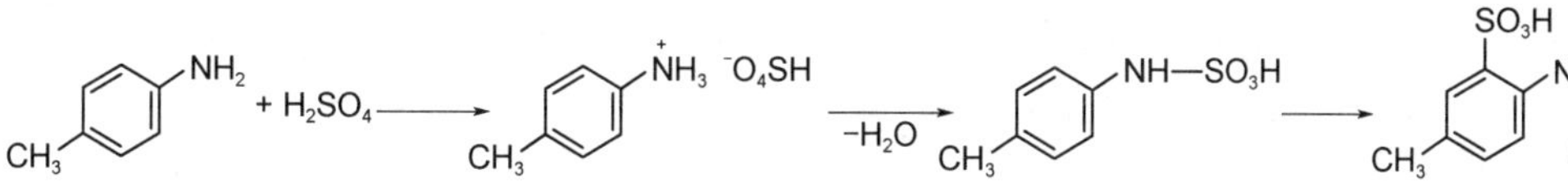

约125℃ 160~170℃

>90%

（见 470 页）

2-氨基-5-甲基苯磺酸
75%

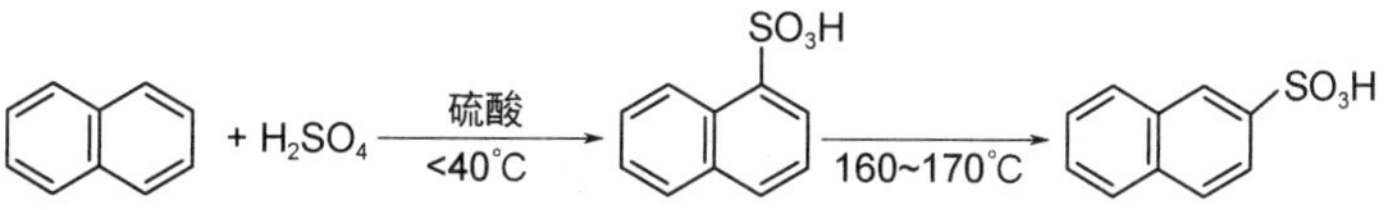

硫酸 <40℃   160~170℃

质子排除：

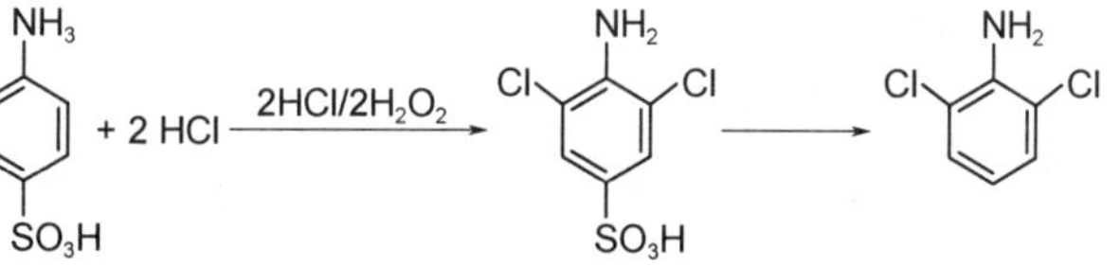

2HCl/2H₂O₂

（见 438 页）

2,6-二氯苯胺

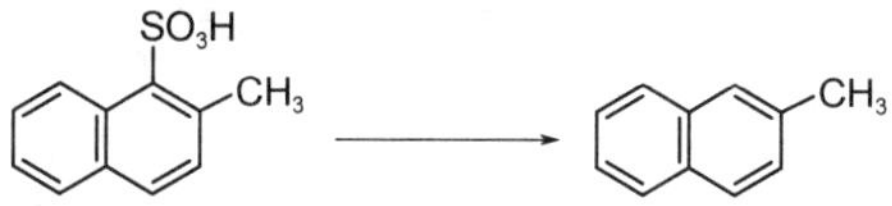

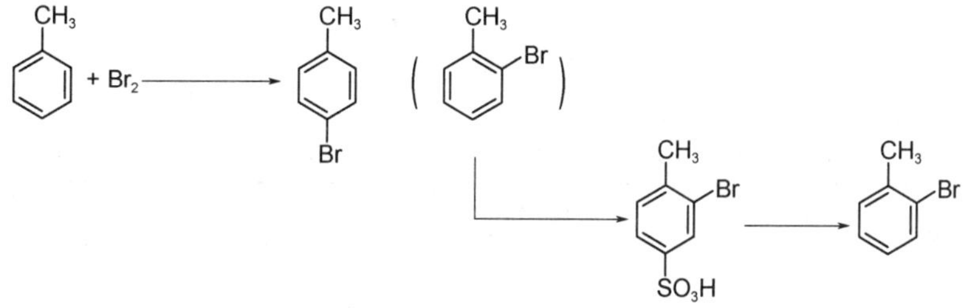

（见 434 页）

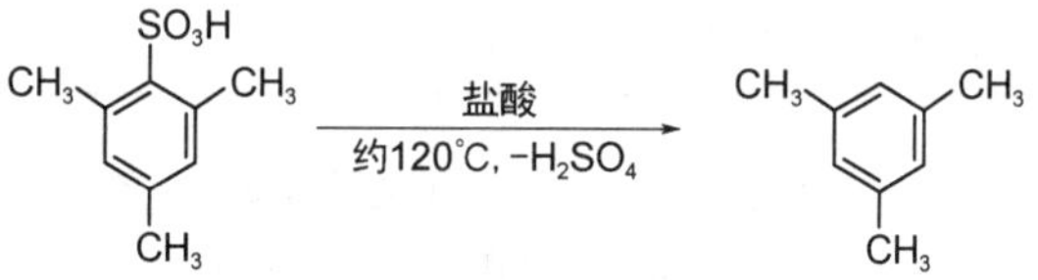

盐酸
约120℃，−H₂SO₄

受推电子基的影响越大，也越容易受其它更强亲电试剂的进攻磺基，受$^+NO_2$进攻，硝基取代在反应中不逆转。

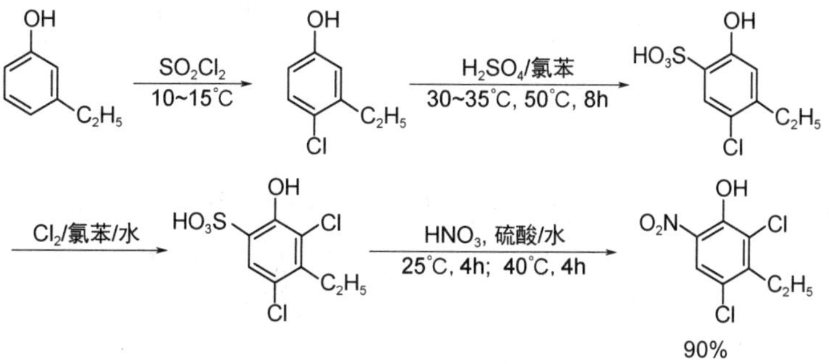

SO₂Cl₂
10~15℃

H₂SO₄/氯苯
30~35℃，50℃，8h

Cl₂/氯苯/水

HNO₃、硫酸/水
25℃，4h；40℃，4h

（见 512 页）

90%

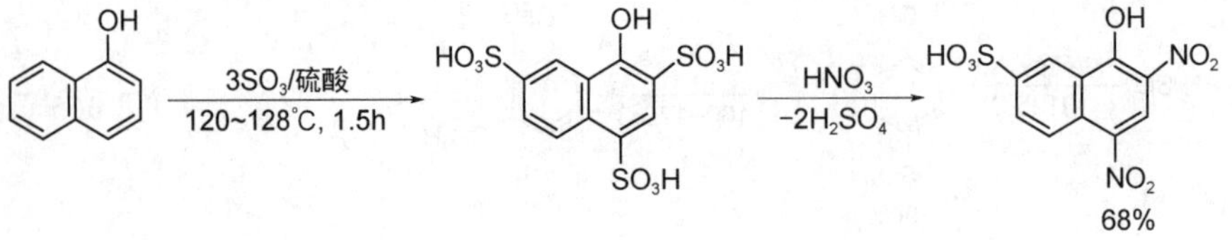

(见 511 页)

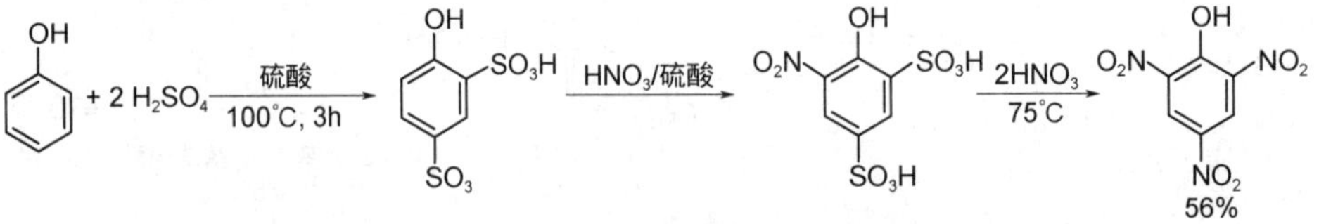

(见 511 页)

3. 环合

如下不同取代的苯甲酰苯-2-甲酸缩合为不同取代的蒽醌，使用硫酸作缩合剂参加反应过程并兼作溶剂，其用量比例、反应温度和反应速度（时间）的关系，对比 2-氯蒽醌，以作调整。

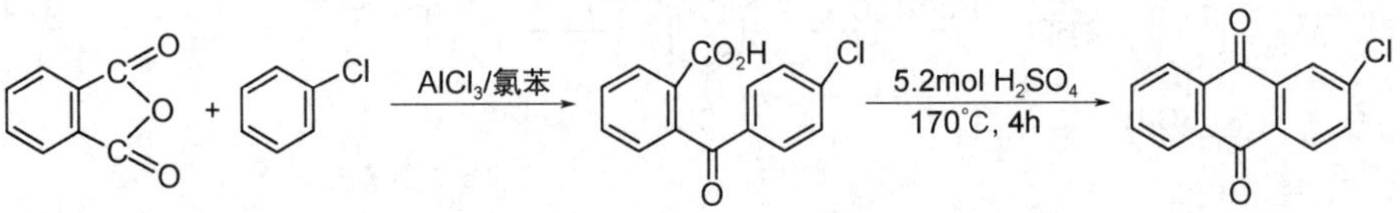

2-氯蒽醌 95%

产物名称	缩合剂用量	反应条件		产率/%
		温度/℃	时间/h	
2-氯蒽醌	5.2mol H_2SO_4	170	4	95
2-甲基蒽醌	25mol H_2SO_4	140	1	95
2-新戊基蒽醌	30mol H_2SO_4	85	4	89
2-t-戊基蒽醌	14mol 100% H_3PO_4	200	5	71

以下百里酚酞的合成（见 175 页），百里酚的电性使和 o-苯二甲酸酐酰化很容易完成，在比较低的温度（105~107℃）、无水 $ZnCl_2$ 催化进行；而其空间的因素，对第二步的缩合显示位阻而用量不足，故应增加氯化锌的用量。

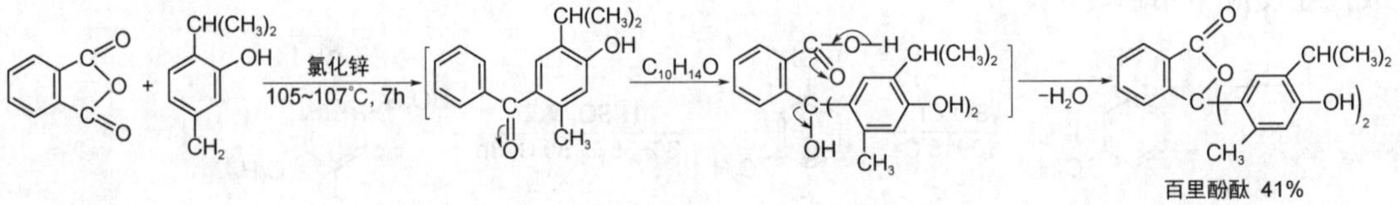

百里酚酞 41%

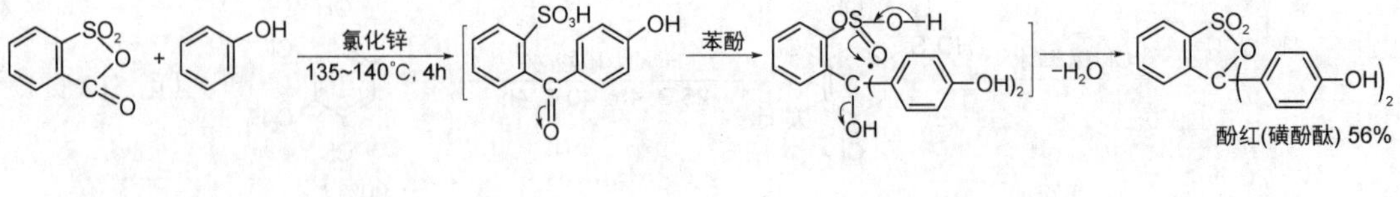

酚红(磺酚酞) 56%

无水 AlCl$_3$ 作用下的脱氢缩合——嵌并环合（见 699 页）——生成稠环化合物。

无水 AlCl$_3$ 是很强的酸（价电子层不完整），在多量无水 AlCl$_3$ 作用下于 110~140℃加热，C−H 以质子排除生成碳-碳键，放出 HCl 完成环合。

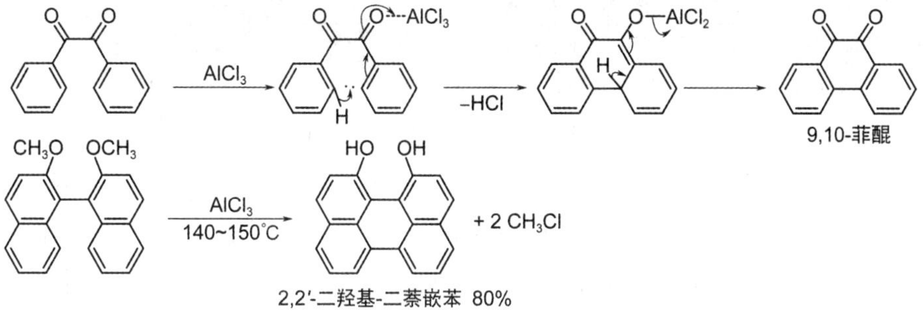

9,10-菲醌

2,2′-二羟基-二萘嵌苯 80%

（见 700 页）

4. 加热方式

由于加热方式不同，反应速度会有较大差异，如：三苯胺的制取，使用沙浴比使用油浴加热的产率要高（见 562 页）。

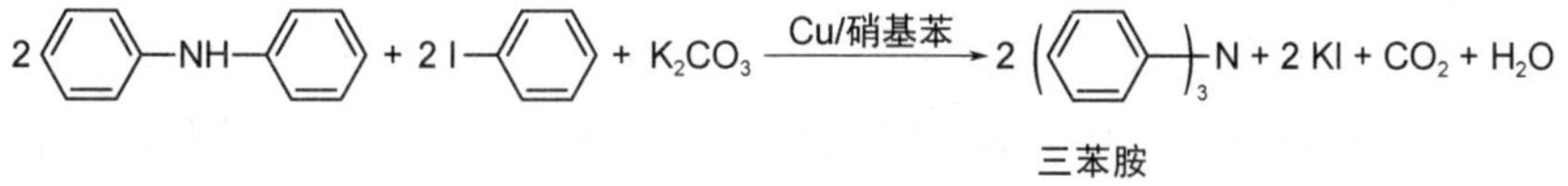

三苯胺

又如：2-甲基吡啶、4-甲基吡啶、2,4-二甲基吡啶的与甲醛（水）加成缩合，是在直火上加热回流 20h，回收，处理及蒸馏后得到相应的羟乙基吡啶；如果使用夹套压力蒸汽的加热回流，则反应很慢，是直火加热在烧瓶壁的局部高温使反应加速造成的差别。进一步，其后碱条件的分子内脱水为 2-乙烯基吡啶（见 829 页），应从与固体碱混合物加热（直火石棉）更改为水介质条件作水汽蒸馏以降低氢氧化钾的消耗及方便回收。

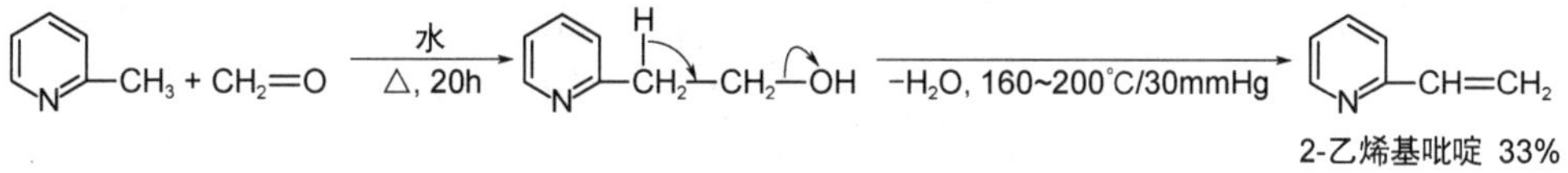

2-乙烯基吡啶 33%

2,4-二甲基吡啶与甲醛水缩合为 4-甲基-2-羟乙基吡啶。

7-氯-2-甲基喹啉与 m-苯二甲醛的缩合（见 830 页），局部高温使进一步缩合产生。

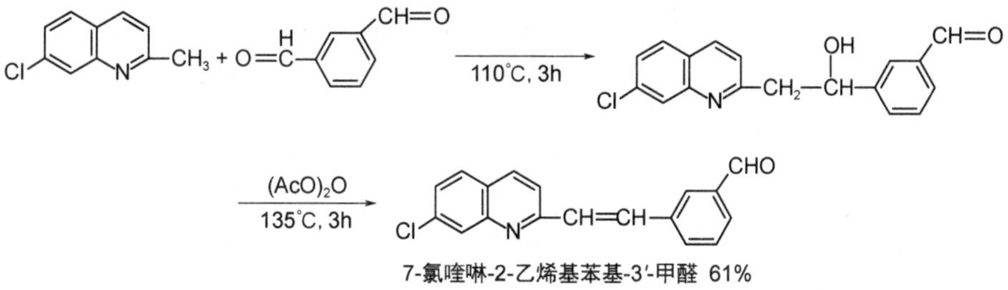

7-氯喹啉-2-乙烯基苯基-3′-甲醛 61%

又如：咔唑（亚胺）受两个相并苯环的影响是很弱的碱，难以在常温和环氧乙烷加成，以 KOH 使生成亚胺钾再作用于环氧乙烷，然后分子内脱水制得 N-乙烯基咔唑（见 570 页）。

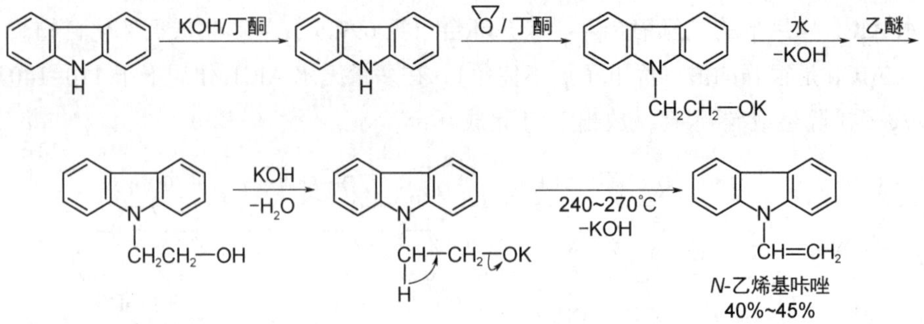

KOH/丁酮 → ⌂/丁酮 → 水 / −KOH → 乙醚 →

CH₂—CH₂—OK

KOH / −H₂O → 240~270℃ / −KOH → N-乙烯基咔唑 40%~45%

5. 溶剂的影响

溶剂和反应物分子或离子通过静电结合的溶剂分解，溶剂的性质对分子的异裂有重要影响：首先，溶剂挤到分子的碳电正中心和离去基团（电负中心）之间，被推开的两种离子被溶剂围绕（溶剂化）使它们得到稳定；其后，分别与其它的离子结合——是溶剂介入的复分解反应。如果决定反应速度的关键步骤涉及到离子的产生和消失，则介电常数大的（强极性）溶剂使化合物分子的离解速度就快些；如果是由离子生成中性物过程，由于要克服离子的溶剂化，则反应速度就慢些。

依反应物电性，如 S_N2 反应，$R_3N + R'\text{-}Cl \longrightarrow R'R_3N^+Cl^-$，极性溶剂对于反应加速。例如：以 3mol 苯胺与 1mol 溴代正辛烷一起加热，能在半小时内完成反应，而在非极性溶剂甲苯中，底物以摩尔比 1/1 混合要回流 10h 以上才能完成反应；由于辛基碳键较长造成位阻，反应只生成仲胺；由于反应温度较高，有相当部分烷基发生了 β-消去后，生成的烯与苯胺加成为异辛基苯胺（见 561 页），经核磁确认，此项 β-消去相似于季铵的热分解（见 724 页）。

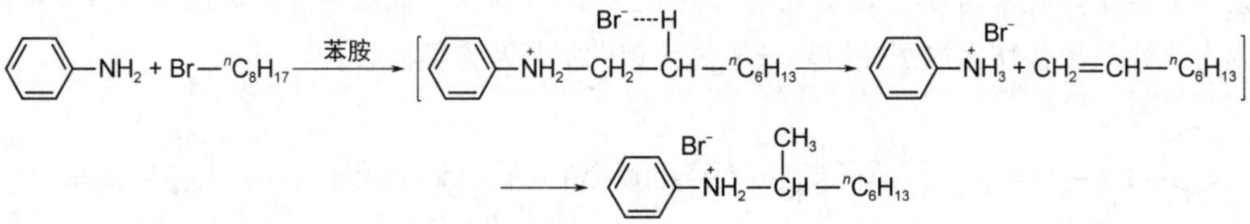

又如：o- 及 p-氨基苯甲酸，其钾盐在水溶液中与溴丙烷、溴丁烷反应，由于该氨基的碱性较弱，钾盐同时作为缚酸剂，N-烷基化以后，产物以内盐的形式离析出来，不进一步烷基化，不发生 β-消去及重排。

又如：咪唑与空间阻碍巨大的 2-氯-三苯基-氯甲烷，在非质子强极性溶剂乙腈中反应，以三乙胺作缚酸剂，在 55℃ 反应，反应迅速，产物为 1-o-氯-三苯甲基咪唑（见 554 页）。

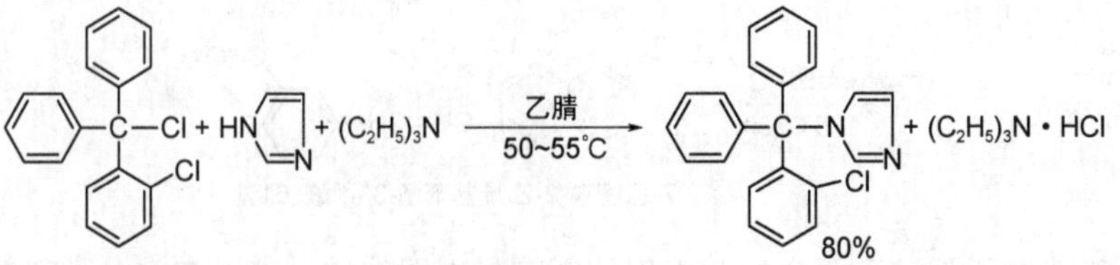

又如：p-羟基苯甲酸钾盐在甲醇中，60℃ 左右与溴庚烷反应，约 90min 完成（见 374 页）。

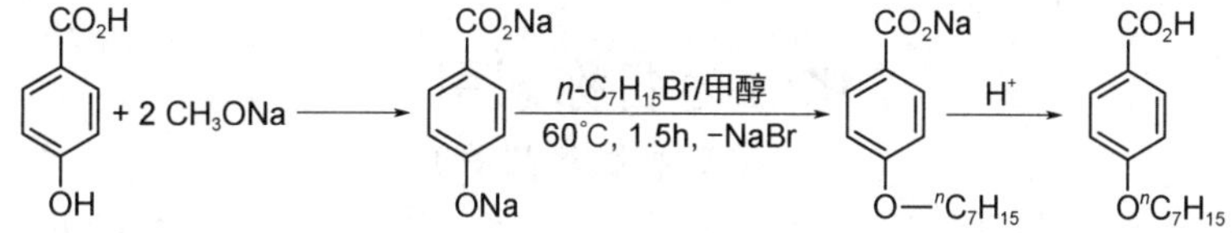

$$CO_2H$$ ...

4-庚氧基苯甲酸
74%

常用的质子溶剂、非质子溶剂的介电常数如附表 2 所示。

附表 2　常用的质子溶剂、非质子溶剂的介电常数

质子溶剂	bp/℃	介电常数	非质子溶剂	bp/℃	介电常数
甲酰胺		109	DMSO	189	46.3
水	100	78.5	DMF	153	37
甲酸		58	乙腈	82	37
甲醇	64.6	32.6	硝基苯	210	36
乙醇	78	24.3	丙酮	56	20.7
1-丙醇	97	20.1	氯苯	132	5.7
2-丙醇	82.4	18.3	氯仿	60.5~61.5	4.8
乙酸	116 ~ 118	6.15	乙醚	34.6	4.38
			苯	80	2.38
			四氯化碳	77	2.2

化合物名称索引
（按笔画顺序排列）

一　画

乙二胺四乙酸（EDTA）　557

乙二酸乙二醇聚酯　289

乙二醇单丁醚　383

乙叉丙二酸二乙酯　679

乙氧乙基醚　376

N-$\varDelta'$-乙氧苯基脲　242

2-乙氧基-3,4-二氢-α-吡喃　708

3-乙氧基戊烷　378,696

乙烯四甲酸乙酯　60

乙烯基乙基醚　706

2-乙烯基-4-甲基吡啶　829

2-乙烯基吡啶　829

4-乙烯基吡啶　829

N-乙烯基咔唑　570

N,N'-乙烯基硫脲　657

2-乙烯基噻吩　871

乙黄原碳钠　642

2-乙基-1,3-己二醇　94

2-乙基-1-己烯　49

2-乙基己酰氯　262

2-乙基己酸　232

4-乙基甲酸　4

N-乙基-m-甲苯胺　553

N-乙基-2-甲基苯并噁唑碘化物　882

4-乙基-2-甲基-3-羟基辛酸乙酯　780

4-乙基庚烷　39

乙基汞硫代水杨酸钠　762

4-乙基苯甲酸　238

N-乙基-苯氨基二硫代甲酸锌　658

N-乙基-N-羟乙基-1,4-苯二胺　543

N-乙基-N-羟乙基苯胺　569

4-乙基联苯　36

2-乙基溴乙烷　321

乙腈　354

乙酰-α-丁酰乙酸乙酯　147

1-乙酰-3-甲基脲　532

N-乙酰-4-甲基苯胺　329

4-乙酰-1-甲基萘　168

乙酰丙酮酸乙酯　695

4-乙酰苯甲酸乙酯　129

2-乙酰苯并噻吩　874

乙酰苯肼　330

2-p-乙酰苯基对苯二酚　605

6-(2'-乙酰氧乙基)己内酯　728

2-乙酰氧基乙基环己酮　728

5-乙酰氧乙基-2-巯基-4-甲基噻唑　880

4-乙酰氧基苯甲酸　290

乙酰胺　329

4-乙酰氨基苯甲酸　216

4-乙酰氨基苯磺酰氯　474

2-乙酰氨基-5-氨基吡啶　832

2-乙酰氨基-5-硝基吡啶　830

2-乙酰氨基-5-溴苯甲酸　441

O-乙酰基柠檬酸三丁酯（A-4酯）　290

二　画

三　画

四　画

六　画

七　画

反应类型索引

一、水解

注：小标题为水解化合物的类型，方括弧【】内为水解所用试剂及条件。

1. 卤代烃

　(1) —CCl$_3$ → —CO$_2$H

【H$_2$SO$_4$】2,4,6-三氯苯甲酸　199

【NaOH】4-氰基苯甲酸　199

　　联苯-4,4′-二甲酸　225

　(2) —CHX$_2$ (X = Cl, Br) → —CH=O

【SO$_3$/H$_2$SO$_4$】o-苯二甲醛　143

【95% H$_2$SO$_4$】2-(4′-甲酰苯基)-苯并噁唑　144

【70% H$_2$SO$_4$】p-苯二甲醛　141

　　2-氯苯甲醛　140

【60% H$_2$SO$_4$】4-甲酰苯甲酸　141

【H$^+$/H$_2$O】二苯甲酮　139

　　3,3′,4,4′-四甲基二苯甲酮　139

　　水杨醛　146

【CaCO$_3$/H$_2$O】4-溴苯甲醛　140

【AcONa】o-苯二甲醛　144

【CH$_3$ONa】2-氰基苯甲醛　145

　　4-氰基苯甲醛　146

　　2-(4′-甲酰苯基)-苯并噁唑　144

　(3) —CH$_2$X → CH$_2$OH (—OR)

【H$_2$O】4-溴-2-羟基-二氢呋喃-2-甲醛　800

【Na$_2$CO$_3$/H$_2$O】3-氯-丁-2-烯醇　58

【NH$_4$OH】羟基乙酸　275

　(4) Ar—X → Ar—OH

【KOH/EtOH】3,4-二氯-3-乙基-4-硝基酚　444

【NaOH/H$_2$O】4-t-丁基-o-苯二酚　29

　(5)

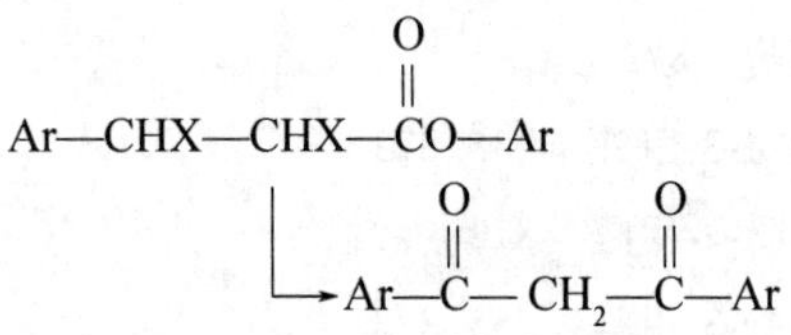

$$Ar—CHX—CHX—\overset{\overset{\displaystyle O}{\|}}{C}O—Ar$$
$$\longrightarrow Ar—\overset{\overset{\displaystyle O}{\|}}{C}—CH_2—\overset{\overset{\displaystyle O}{\|}}{C}—Ar$$

【CH$_3$ONa】二苯甲酰甲烷　52, 185

2. 氰基化合物

　(1) —CN → —CO$_2$H

【70% H$_2$SO$_4$】苯酞（异苯并呋喃-1-酮）　297

【65% H$_2$SO$_4$】α-萘乙酸　195

　　苯乙酸　194

【60% H$_2$SO$_4$】4-甲酰苯甲酸　141

【50% H$_2$SO$_4$】4-氯甲基苯甲酸　196

【HCl/H$_2$O】戊二酸　197

　　苦杏仁酸　198

　　苯基琥珀酸　363

　　4-氯甲基苯甲酸　196

【NaOH/H$_2$O】4-甲氧基苯乙酸　194

　　苯乙酸　194

　　吲哚-3-乙酸　818

　　3-甲硫基丙酸　645

　　α-硝基苯乙酸　497

　(2) —CN → —CONH$_2$

二、加成

注：小标题为底物类型，方括弧【】内为加成试剂。

乙酸-(o-2,3-二溴丙基)苯酯　806

（4）硫基加成到C═C双键上

【Na₂S】3,3′-硫代二丙腈　366

【NaHS】巯基琥珀酸　646

【H₂S/AcONa】3,3′-硫代二丙酸甲酯　644

【H₂S/压力】苯氧乙-2-硫醇及二-苯氧乙基硫醚　647

【Ar(R)—SNa】3-(4′-甲苯基)-硫代丙酸甲酯　644

　　3-甲硫基丙腈 → 3-甲硫基丙酸　645

　　3-氰基-3′-羟基-二乙硫醚　644

【(CH₃O)₂PS—SH】二甲氧基硫代磷酸巯基琥珀酸二乙酯　646

　　硫代苹果酸（巯基琥珀酸）　646

【CH₃CO—SH/UV】3-乙酰巯基-2-甲基戊烷　647

【SO₃】β-苯乙烯基磺酸、β-苯乙烯基磺酰氯　461

（5）⁻OH（醇或水）加成到C═C双键上

【HO⁻】3,3′-氧代二丙腈　367

【CH₃O⁻】3-甲氧基丙酸甲酯　368

【甘油/NaOH】1,2,3-三-氰乙氧基丙烷　368

【吡啶/O⁻】α-苯基呋喃并[3,2-b]吡啶　807

【二氯乙烯/H₂SO₄】3,3-二甲基丁酸（叔丁基乙酸）　243

【H⁺/HClO₄/RO₂H】过氧化二异丙苯　256

（6）（羧）酸加成到C═C双键上

【HCN/HO⁻】丁二腈　362

　　吲哚-3-乙腈　818

　　α-苯基-β-苯甲酰丙腈　363

　　α,β-二氰基-β-苯丙酸乙酯 → 苯基丁二酸　264

　　3-苯基-3-氰基丙酸乙酯 → 苯基丁二酸　363

【丙二酸/H⁺】丙二酸二叔丁酯　301

【丙二酸单乙酯】丙二酸乙酯-叔丁酯　300

【分子内 α-CH】5,5-二甲氧基-3-甲基-2,3-环氧

戊酸甲酯　843

（7）＞CH⁻在 α,β-不饱和酮上的加成

【丙二酸二乙酯】5,5-二甲基-1,3-环己二酮　704

【⁻CH(CN)CO₂C₂H₅】2-氰基戊二酸二乙酯　704

（8）：CCl₂（二氯卡宾）插入

【HCCl₃/HO⁻】2-羟基-5-甲基苯甲醛　163

　　乙醛缩-二-2,2-二氯环丙基甲醇　164

（9）其它加成

【Ar—N₂⁺】2-(p-乙酰苯基)-p-苯醌　605

【吲哚】吲哚-3-丙酸　819

【C⁺】3,3-二甲基丁酸　243

【Si—H】氰乙基三氯硅烷　787

2．加成到＞C═O上（包括酯羰基）

（1）氨基加成

【C₆H₄(NH₂)₂】1,4-二氮杂萘　869

【NH₃/水】o-苯二甲酰胺　337

　　1,4-二氢-2,6-二甲基吡唑-3,5-二甲酸甲酯　836

【NH₂CO₂NH₄】2,5-二甲基吡咯　816

【α-CH—NH₂】2,4-二甲基吡咯-3,5-二甲酸乙酯　816

【(CH₃)₂NH, CH₂O】羟甲基二甲胺 → 吲哚-3-乙酸　818

　　羟甲基二乙胺 → N,N-二乙氨基乙腈　576

　　N-羟甲基二乙醇胺　573

　　N-甲基吗啡啉　573

【HCONH₂】4-羟基嘧啶并吡唑　868

【NH₂NH₂】四甲醛三嗪　575

　　3,5-二甲基吡唑　855

　　3-甲基-2-吡唑-5-酮　855

　　1-苯基-3-甲基-2-吡唑-5-酮　856

　　1-p-硝基苯基-3-甲基-2-吡唑-5-酮　856

　　4-甲基-1-苯基-吡唑啉-3-酮　857

　　1-苯基--吡唑啉-3-酮　857

四、脱去小分子

注：小标题为反应类型，方括弧【】内为反应试剂或/和条件。

1．脱去水

（1）醇脱去水——烯、醚和胺

（2）羧酸脱水 → 酸酐

（3）酰胺脱水

（4）醛肟脱水 —C=N—OH → —CN

五、氧化

注：小标题为反应类型，方括号【】内为氧化剂名称。

七、酰化

八、烃基化

九、卤代（及磺酰氯）

十、磺酸、磺酰氯及亚磺酸

1．磺酸（盐）及磺酰氯

十一、硝基及亚硝基化合物

十二、重氮基的变化

十三、杂环化合物

十四、元素有机化合物

十五、重排

十六、缩合